Microbiologia Médica
NONA EDIÇÃO

O GEN | Grupo Editorial Nacional – maior plataforma editorial brasileira no segmento científico, técnico e profissional – publica conteúdos nas áreas de ciências da saúde, exatas, humanas, jurídicas e sociais aplicadas, além de prover serviços direcionados à educação continuada e à preparação para concursos.

As editoras que integram o GEN, das mais respeitadas no mercado editorial, construíram catálogos inigualáveis, com obras decisivas para a formação acadêmica e o aperfeiçoamento de várias gerações de profissionais e estudantes, tendo se tornado sinônimo de qualidade e seriedade.

A missão do GEN e dos núcleos de conteúdo que o compõem é prover a melhor informação científica e distribuí-la de maneira flexível e conveniente, a preços justos, gerando benefícios e servindo a autores, docentes, livreiros, funcionários, colaboradores e acionistas.

Nosso comportamento ético incondicional e nossa responsabilidade social e ambiental são reforçados pela natureza educacional de nossa atividade e dão sustentabilidade ao crescimento contínuo e à rentabilidade do grupo.

Microbiologia Médica
NONA EDIÇÃO

Patrick R. Murray, PhD, F(AAM), F(IDSA)
Vice-President, Microbiology
Sparks, Maryland;
Adjunct Professor, Department of Pathology
University of Maryland School of Medicine
Baltimore, Maryland

Ken S. Rosenthal, PhD
Professor of Immunology
Augusta University/University of Georgia Medical Partnership
Athens, Georgia;
Emeritus Professor,
Northeastern Ohio Medical University
Rootstown, Ohio

Michael A. Pfaller, MD, F(CAP), F(AAM), F(IDSA)
Consultant
JMI Laboratories
North Liberty, Iowa
Professor Emeritus
University of Iowa College of Medicine
Iowa City, Iowa

Tradução
Angela Nishikaku

Revisão Técnica

Prof. Dr. Roberto Nepomuceno de Souza Lima (Capítulos 1 a 38; 57 a 61; 65 e 66)
Doutor em Relação Patógeno-Hospedeiro pelo programa de Pós-Graduação do Instituto de Ciências Biomédicas da Universidade de São Paulo. Professor Doutor de Microbiologia, Parasitologia e Imunologia da Faculdade São Leopoldo MANDIC.

Maria de Fátima Azevedo (Capítulos 39 a 56; 62 a 64; 67 a 77)
Clínica Geral. Formada pela Faculdade de Ciências Médicas da Universidade do Estado do Rio de Janeiro (UERJ).
Pós-graduada pela Sociedade Brasileira de Medicina Interna (Hospital da Santa Casa da Misericórdia do Rio de Janeiro).
Médica concursada do Ministério da Saúde e do Município do Rio de Janeiro.
Médica do Trabalho (FPGMCC-Unirio).
Membro da Comissão de Ética do CMS João Barros Barreto.

- Os autores deste livro e a editora empenharam seus melhores esforços para assegurar que as informações e os procedimentos apresentados no texto estejam em acordo com os padrões aceitos à época da publicação, *e todos os dados foram atualizados pelos autores até a data do fechamento do livro*. Entretanto, tendo em conta a evolução das ciências, as atualizações legislativas, as mudanças regulamentares governamentais e o constante fluxo de novas informações sobre os temas que constam do livro, recomendamos enfaticamente que os leitores consultem sempre outras fontes fidedignas, de modo a se certificarem de que as informações contidas no texto estão corretas e de que não houve alterações nas recomendações ou na legislação regulamentadora.
- Data do fechamento do livro: 20/02/2022
- Os autores e a editora se empenharam para citar adequadamente e dar o devido crédito a todos os detentores de direitos autorais de qualquer material utilizado neste livro, dispondo-se a possíveis acertos posteriores caso, inadvertida e involuntariamente, a identificação de algum deles tenha sido omitida.
- **Atendimento ao cliente: (11) 5080-0751 | faleconosco@grupogen.com.br**
- Traduzido de:
MEDICAL MICROBIOLOGY, 9th EDITION
Copyright © 2021, Elsevier, Inc. All rights reserved.
First edition 1990
Second edition 1994
Third edition 1998
Fourth edition 2002
Fifth edition 2005
Sixth edition 2009
Seventh edition 2013
Eight edition 2016

    This translation of *Medical Microbiology*, *9th Edition* by Patrick R. Murray, Ken S. Rosenthal, Michael A. Pfaller is published by arrangement with Elsevier Inc.

    ISBN: 978-0-323-67322-8

    Esta edição de *Medical Microbiology*, *9a Edição*, de Patrick R. Murray, Ken S. Rosenthal, Michael A. Pfaller, é publicada por acordo com a Elsevier Inc.

- Direitos exclusivos para a língua portuguesa
Copyright © 2023 by
GEN | Grupo Editorial Nacional S.A.
Publicado pelo selo Editora Guanabara Koogan Ltda.
Travessa do Ouvidor, 11
Rio de Janeiro – RJ – 20040-040
www.grupogen.com.br

- Reservados todos os direitos. É proibida a duplicação ou reprodução deste volume, no todo ou em parte, em quaisquer formas ou por quaisquer meios (eletrônico, mecânico, gravação, fotocópia, distribuição pela Internet ou outros), sem permissão, por escrito, do GEN | Grupo Editorial Nacional Participações S/A.
- Adaptação de Capa: Bruno Gomes
- Editoração eletrônica: Cambacica Projetos Editoriais

> Nota
> Este livro foi produzido pelo GEN | Grupo Editorial Nacional, sob sua exclusiva responsabilidade. Profissionais da área da Saúde devem fundamentar-se em sua própria experiência e em seu conhecimento para avaliar quaisquer informações, métodos, substâncias ou experimentos descritos nesta publicação antes de empregá-los. O rápido avanço nas Ciências da Saúde requer que diagnósticos e posologias de fármacos, em especial, sejam confirmados em outras fontes confiáveis. Para todos os efeitos legais, a Elsevier, os autores, os editores ou colaboradores relacionados com esta obra não podem ser responsabilizados por qualquer dano ou prejuízo causado a pessoas físicas ou jurídicas em decorrência de produtos, recomendações, instruções ou aplicações de métodos, procedimentos ou ideias contidos neste livro.

- Ficha catalográfica

CIP-BRASIL. CATALOGAÇÃO NA PUBLICAÇÃO
SINDICATO NACIONAL DOS EDITORES DE LIVROS, RJ

M962m
9. ed.

Murray, Patrick R
  Microbiologia médica / Patrick R. Murray, Ken S. Rosenthal, Michael A. Pfaller ;tradução Angela Nishikaku ; revisão técnica Roberto Nepomuceno de Souza Lima, Maria de Fátima Azevedo. - 9. ed. - Rio de Janeiro : GEN | Grupo Editorial Nacional S. A. Publicado pelo selo Editora Guanabara Koogan, 2022.
  856 p. : il. ; 28 cm.

  Tradução de: Medical microbiology
  Inclui índice
  ISBN 9788595158245

  1. Microbiologia. 2. Microbiologia médica. I. Rosenthal, Ken S. II. Pfaller, Michael A. III. Nishikaku, Angela. IV. Lima, Roberto Nepomuceno de Souza. V. Azevedo, Maria de Fátima. VI. Título.

22-75906
CDD: 616.9041
CDU: 579.61

Meri Gleice Rodrigues de Souza - Bibliotecária - CRB-7/6439

A todos que utilizarem este livro-texto, que possam se beneficiar de seu uso, como nós o fizemos em sua preparação.

Prefácio

Nosso conhecimento sobre microbiologia e imunologia está em constante crescimento, e será muito mais fácil entender os avanços no futuro se construirmos logo de início uma boa base de compreensão.

A microbiologia médica pode ser um campo confuso para um iniciante. Nós nos deparamos com muitas questões ao aprendermos microbiologia: como eu aprendo todos os nomes? Quais agentes infecciosos causam quais doenças? Por quê? Quando? Quem está em risco? Existe tratamento? No entanto, todas estas perguntas podem ser reduzidas a uma questão essencial: **qual informação eu preciso saber e que me ajudará a compreender como diagnosticar e tratar um paciente infectado?**

Certamente, há uma série de teorias sobre o que um estudante precisa saber e como ensiná-lo, o que supostamente valida a infinidade de livros-texto de microbiologia que inundaram as livrarias nos últimos anos. Embora não seja possível afirmar que haja uma única abordagem correta para ensinar microbiologia médica (não há realmente uma abordagem perfeita para educação médica), nós realizamos as revisões deste livro-texto com base na experiência adquirida ao longo de anos de ensino de estudantes de medicina, residentes e bolsistas na área de doenças infecciosas, bem como no trabalho dedicado às oito edições anteriores.

Tentamos apresentar os conceitos básicos da microbiologia médica de forma clara e sucinta, de modo que diferentes tipos de alunos sejam considerados. Espera-se que o texto esteja escrito de forma direta, com explicações simples de conceitos difíceis.

Como nas edições anteriores, temos **figuras** novas e aprimoradas para ajudar na aprendizagem. Os **detalhes** estão resumidos em formato de tabelas em vez de um texto extenso, e há ilustrações coloridas para aqueles que aprendem melhor visualmente. Os boxes Casos Clínicos fornecem a relevância que expõe a realidade na ciência básica. **Pontos importantes** são enfatizados em **boxes** para ajudar os estudantes, principalmente em sua revisão, e as **questões para estudo** no início de alguns capítulos tratam de aspectos relevantes de cada um deles. Cada seção (bactérias, vírus, fungos, parasitas) começa com um capítulo que resume as doenças microbianas e também fornece **material para revisão**.

Nossa compreensão sobre a microbiologia e a imunologia está em rápida expansão, com novas e excitantes descobertas em todas as áreas. Utilizamos nossa experiência como autores e professores para selecionar a informação e as explicações mais importantes para inclusão neste livro-texto. Cada capítulo foi cuidadosamente atualizado e expandido para incluir descobertas novas e clinicamente relevantes. Em cada um desses capítulos, tentamos apresentar o material que, acreditamos, irá ajudar o estudante a adquirir interesse bem como um claro entendimento do significado dos microrganismos individuais e suas doenças.

A cada edição de *Microbiologia Médica*, refinamos e atualizamos nossa apresentação. Há muitas mudanças nesta nona edição. O livro começa com uma introdução geral à microbiologia e capítulos sobre o microbioma humano e a epidemiologia das doenças infecciosas. O microbioma humano (ou seja, a população normal de microrganismos que residem em nossos corpos) pode agora ser considerado outro sistema orgânico, com 10 vezes mais células do que as células humanas. Essa microbiota educa a resposta imune, ajuda a digerir nossos alimentos e nos protege contra microrganismos mais nocivos. Capítulos adicionais na seção introdutória apresentam as técnicas utilizadas por microbiologistas e imunologistas e são seguidos de capítulos sobre a função do sistema imune. Os desenvolvimentos recentes em métodos de identificação microbiana rápida são destacados. As células e os tecidos imunes são introduzidos, seguidos de um capítulo aprimorado sobre imunidade inata e capítulos atualizados sobre imunidade específica a antígenos, imunidade antimicrobiana e vacinas. Cada uma das seções sobre bactérias, vírus, fungos e parasitas é introduzida por capítulos relevantes sobre ciências básicas e, em seguida, há um capítulo resumido que destaca as doenças microbianas específicas antes de prosseguir com as descrições dos microrganismos individuais, "o desfile dos microrganismos".

Cada capítulo sobre os microrganismos específicos começa com um resumo (incluindo palavras-chave), que é essencial para a parte apropriada do capítulo na versão eletrônica. Como nas edições anteriores, temos boxes de resumos, tabelas, fotografias clínicas e casos clínicos originais. Os boxes **Casos Clínicos** estão incluídos porque acreditamos que os estudantes os consideram particularmente interessantes e instrutivos e são uma forma eficiente de apresentar este assunto complexo. Cada capítulo com "o desfile dos microrganismos" é introduzido por questões relevantes para estimular os estudantes e orientá-los enquanto exploram o capítulo. Em essência, esta edição oferece conjuntamente um texto compreensível, detalhes, perguntas, exemplos e um livro de revisão em um único livro-texto.

Aos nossos futuros colegas: os estudantes

À primeira impressão, o sucesso na microbiologia médica parece depender da memorização. A microbiologia parece consistir apenas em inúmeros fatos, mas há também uma lógica para ela e para a imunologia. Como um detetive médico, o primeiro passo é conhecer seu vilão. Os microrganismos estabelecem um nicho em nossos corpos; alguns são benéficos, ajudando na digestão de alimentos e educando nosso sistema imunológico, enquanto outros podem causar doenças. A capacidade dos microrganismos de causar doenças, e a doença que deles pode resultar, depende de como o microrganismo interage com o hospedeiro e das respostas protetoras inatas e imunes subsequentes.

Há muitas maneiras de abordar o ensino em microbiologia e imunologia, mas, em última análise, quanto mais você interage com o material usando múltiplos sentidos, mais você irá memorizar e aprender. Uma abordagem **divertida** e **eficaz** para aprender é **pensar como um médico e tratar cada microrganismo e as doenças causadas por esse agente como se fossem uma infecção em seu paciente. Crie um paciente para cada infecção microbiana e compare e contraste os diferentes pacientes**. Crie uma cena e faça as sete perguntas básicas quando você abordar este material: Quem? Onde? Quando? Por quê? Qual? O quê? E Como? Por exemplo: Quem está em risco para a doença? Onde este organismo causa infecções (tanto o local corporal quanto a área geográfica)? Quando o isolamento deste organismo é importante? Por que este organismo é capaz de causar doença? Quais espécies e gêneros têm importância médica? Quais testes diagnósticos devem ser realizados? Como esta infecção é tratada? Cada organismo encontrado pode ser sistematicamente examinado.

Utilize o seguinte acrônimo para criar um caso clínico e aprender a informação essencial de cada microrganismo: **DIVIARDEPTS**.

- Como a *d*oença microbiana se manifesta no paciente e qual é o diagnóstico diferencial?
- Como você confirmaria o diagnóstico e *i*dentificaria o agente etiológico da doença?
- Quais são os fatores de *v*irulência do organismo que causam a doença?
- Quais são os aspectos úteis e prejudiciais da resposta imune *i*nata e *a*daptativa para a infecção?
- Quais são as condições ou mecanismos específicos de *r*eplicação do microrganismo?
- Quais são as características gerais da *d*oença e suas consequências?
- Qual é a *e*pidemiologia da infecção?
- Como você pode *p*revenir a doença?
- Qual é o seu *t*ratamento?
- Quais questões *s*ociais são causadas pela infecção microbiana?

Para responder às perguntas do DIVIARDEPTS será necessário que você transite em diferentes pontos do capítulo para encontrar as informações, mas isso o ajudará a aprender o material.

Familiarize-se com o livro-texto e seus materiais *online*, e você não só aprenderá o material, como também terá um livro de revisão para consultar no futuro. Para cada um dos microrganismos, aprenda de três a cinco palavras ou frases que estão associadas a ele – palavras que estimularão sua memória (**palavras-chave**, fornecidas no resumo do capítulo) e organize os diversos fatos em um quadro lógico. Desenvolva **associações alternativas**. Por exemplo, este livro-texto apresenta organismos na estrutura taxonômica sistemática (frequentemente denominada "desfile dos microrganismos", que os autores consideram ser a maneira mais fácil de introduzir os organismos). Considere um determinado atributo de virulência (p. ex., produção de toxinas) ou tipo de doença (p. ex., meningite) e liste os organismos que compartilham essa propriedade. Faça de conta que um paciente está infectado com um agente específico e crie o histórico do caso. Explique o diagnóstico para seu paciente imaginário e também para seus futuros colegas profissionais. Em outras palavras, não tente simplesmente memorizar página após página de fatos; em vez disso, use técnicas que estimulem sua mente e desafiem sua compreensão dos fatos apresentados ao longo do texto, e o estudo **será mais divertido**. Utilize o resumo do capítulo no início de cada seção dos organismos para **revisar** e auxiliar a refinar seu "diagnóstico diferencial" e classificar os organismos em "boxes ou quadros lógicos". Nenhum livro-texto desta magnitude seria bem-sucedido sem as contribuições de inúmeras pessoas. Nós agradecemos o apoio profissional valioso e o suporte fornecido pela equipe da Elsevier, particularmente Jeremy Bowes, Joanne Scott e Andrew Riley. Também queremos agradecer aos muitos estudantes e colegas profissionais que ofereceram seus conselhos e críticas construtivas durante todo o desenvolvimento desta nona edição de *Microbiologia Médica*.

Patrick R. Murray, PhD, F(AAM), F(IDSA)
Ken S. Rosenthal, PhD
Michael A. Pfaller, MD, F(CAP), F(AAM), F(IDSA)

Agradecimentos

Gostaríamos de agradecer a todos os editores e a equipe que nos ajudou no desenvolvimento e na produção deste texto.

Material Suplementar

Este livro conta com o seguinte material suplementar:

- Questões de autoavaliação
- Estudos de caso e questões adicionais
- Respostas das questões e dos estudos de caso
- Animações.

O acesso ao material suplementar é gratuito. Basta que o leitor se cadastre e faça seu *login* em nosso *site* (www.grupogen.com.br), clique no menu superior do lado direito e, após, em Ambiente de aprendizagem. Em seguida, insira no canto superior esquerdo o código PIN de acesso localizado na primeira orelha deste livro.

O acesso ao material suplementar *online* fica disponível até seis meses após a edição do livro ser retirada do mercado.

Caso haja alguma mudança no sistema ou dificuldade de acesso, entre em contato conosco (gendigital@grupogen.com.br).

Sumário

SEÇÃO 1
Introdução, 1

1. Introdução à Microbiologia Médica, 2
2. Microbioma Humano na Saúde e na Doença, 6
3. Esterilização, Desinfecção e Antissepsia, 12

SEÇÃO 2
Princípios Gerais do Diagnóstico Laboratorial, 17

4. Microscopia e Cultura *In Vitro*, 18
5. Diagnóstico Molecular, 24
6. Diagnóstico Sorológico, 31

SEÇÃO 3
Conceitos Básicos da Resposta Imunológica, 37

7. Elementos das Respostas Protetoras do Hospedeiro, 38
8. Respostas Inatas do Hospedeiro, 49
9. Respostas Imunes Antígeno-Específicas, 64
10. Respostas Imunes aos Agentes Infecciosos, 84
11. Vacinas Antimicrobianas, 104

SEÇÃO 4
Bacteriologia, 115

12. Classificação, Estrutura e Replicação Bacteriana, 116
13. Metabolismo e Genética Bacteriana, 130
14. Mecanismos de Patogênese Bacteriana, 145
15. Papel das Bactérias na Doença, 155
16. Diagnóstico Laboratorial de Doenças Bacterianas, 164
17. Agentes Antibacterianos, 173
18. *Staphylococcus* e Cocos Gram-Positivos Relacionados, 182
19. *Streptococcus* e *Enterococcus*, 196
20. *Bacillus*, 215
21. *Listeria* e Bactérias Gram-Positivas Relacionadas, 222
22. *Mycobacterium* e Bactérias Álcool-Ácido Resistentes Relacionadas, 231
23. *Neisseria* e Gêneros Relacionados, 247
24. *Haemophilus* e Bactérias Relacionadas, 257
25. *Enterobacteriacea*, 265
26. *Vibrio* e Bactérias Relacionadas, 280
27. *Pseudomonas* e Bactérias Relacionadas, 287
28. *Campylobacter* e *Helicobacter*, 295
29. Bacilos Gram-Negativos Diversos, 303
30. *Clostridium*, 317
31. Bactérias Anaeróbias Não Formadoras de Esporos, 329
32. *Treponema*, *Borrelia* e *Leptospira*, 338
33. *Mycoplasma*, 352
34. *Rickettsia*, *Ehrlichia* e Bactérias Relacionadas, 355
35. *Chlamydia*, 366

SEÇÃO 5
Virologia, 375

36. Classificação, Estrutura e Replicação Viral, 376
37. Mecanismos de Patogênese Viral, 392
38. Papel dos Vírus na Doença, 402
39. Diagnóstico Laboratorial de Doenças Virais, 410
40. Agentes Antivirais e Controle das Infecções, 417
41. Papilomavírus e Poliomavírus, 425
42. Adenovírus, 435
43. Herpes-Vírus Humanos, 442

44 Poxvírus, 465
45 Parvovírus, 472
46 Picornavírus, 477
47 Coronavírus e norovírus, 488
48 Paramixovírus, 494
49 Ortomixovírus, 507
50 Rabdovírus, Filovírus e Bornavírus, 517
51 Reovírus, 525
52 Togavírus e Flavivírus, 533
53 Bunyaviridae e Arenaviridae, 545
54 Retrovírus, 551
55 Vírus da Hepatite, 569
56 Doenças Causadas por Príons, 585

SEÇÃO 6
Micologia, 591

57 Classificação, Estrutura e Replicação de Fungos, 592
58 Patogênese das Doenças Fúngicas, 599
59 Papel dos Fungos na Doença, 609
60 Diagnóstico Laboratorial de Doenças Fúngicas, 611
61 Agentes Antifúngicos, 622

62 Micoses Superficiais e Cutâneas, 634
63 Micoses Subcutâneas, 644
64 Micoses Sistêmicas Causadas por Fungos Dimórficos, 654
65 Micoses Oportunísticas, 671
66 Infecções Fúngicas e Similares de Etiologia Incomum ou Incerta, 698

SEÇÃO 7
Parasitologia, 709

67 Classificação, Estrutura e Replicação dos Parasitas, 710
68 Patogênese das Doenças Parasitárias, 717
69 Papel dos Parasitas nas Doenças, 721
70 Diagnóstico Laboratorial de Doenças Parasitárias, 723
71 Agentes Antiparasitários, 732
72 Protozoários Intestinais e Urogenitais, 740
73 Protozoários do Sangue e dos Tecidos, 754
74 Nematódeos, 776
75 Trematódeos, 795
76 Cestódeos, 806
77 Artrópodes, 818

Índice Alfabético, 835

Microbiologia Médica NONA EDIÇÃO

SEÇÃO 1

Introdução

RESUMO DA SEÇÃO
1. Introdução à Microbiologia Médica, 2
2. Microbioma Humano na Saúde e na Doença, 6
3. Esterilização, Desinfecção e Antissepsia, 12

1 Introdução à Microbiologia Médica

Perspectiva histórica

Imagine o entusiasmo do biólogo holandês Anton van Leeuwenhoek em 1674, quando observou uma gota de água através de suas lentes microscópicas cuidadosamente posicionadas e descobriu um mundo de milhões de pequenos "animálculos". Quase 100 anos depois, o biólogo dinamarquês Otto Müller ampliou os estudos de van Leeuwenhoek e organizou as bactérias Photina MTs e espécies de acordo com os métodos de classsificação de Carolus Linnaeus. Esse foi o início da taxonomia dos microrganismos. Em 1840, o patologista alemão Friedrich Henle propôs critérios para provar que os microrganismos eram responsáveis por causar doenças humanas (a "teoria germinal" da doença). Robert Koch e Louis Pasteur confirmaram essa teoria nas décadas de 1870 e 1880 com uma série de experimentos elegantes, comprovando que os microrganismos eram responsáveis por causar antraz, raiva, peste, cólera e tuberculose. Outros cientistas brilhantes continuaram a provar que uma coleção diversificada de microrganismos era responsável por causar doença em seres humanos. A era da quimioterapia começou em 1910, quando o químico alemão Paul Ehrlich descobriu o primeiro agente antibacteriano, um composto eficaz contra a espiroqueta causadora da sífilis. Depois disso, vieram as descobertas da penicilina por Alexander Fleming em 1928, da sulfanilamida por Gerhard Domagk em 1935 e da estreptomicina por Selman Waksman em 1943. Em 1946, o microbiologista americano John Enders foi o primeiro a cultivar vírus em culturas de células, o que levou à produção de culturas de vírus em larga escala para o desenvolvimento de vacinas. Milhares de cientistas seguiram esses pioneiros, com base nos fundamentos estabelecidos por seus antecessores e cada um acrescentando uma observação que expandiu a compreensão sobre os microrganismos e seu papel na doença.

O conhecimento e a prática da microbiologia estão passando por uma notável transformação como consequência dos rápidos avanços tecnológicos na análise do genoma. Os testes diagnósticos moleculares foram simplificados e são suficientemente baratos, possibilitando a detecção rápida e a identificação de organismos. As percepções antes não reconhecidas sobre as propriedades patogênicas dos organismos, as relações taxonômicas e os atributos funcionais da microbiota endógena estão sendo reveladas. A complexidade da microbiologia médica que hoje conhecemos rivaliza com os limites da imaginação. Atualmente, sabemos que existem milhares de diferentes tipos de microrganismos que vivem em, sobre e ao nosso redor, centenas dos quais causam doenças humanas graves. Para compreender essa informação e organizá-la de modo útil, é importante entender alguns dos aspectos básicos da microbiologia médica. Para começar, os microrganismos podem ser subdivididos nos cinco grupos gerais descritos a seguir: vírus, bactérias, arqueobactérias, fungos e parasitas, cada um deles com seu próprio nível de complexidade. As arqueobactérias não parecem causar doenças, mas os artrópodes podem ter uma relação causal da doença em humanos e são discutidos neste livro.

Vírus

Os vírus são as menores partículas infecciosas; variam de 18 a 600 nm de diâmetro (a maioria dos vírus apresenta diâmetro < 200 nm e não pode ser vista com um microscópio óptico). O genoma de vírus humanos consiste em ácido desoxirribonucleico (DNA) ou ácido ribonucleico (RNA). Os ácidos nucleicos virais necessários para a replicação são contidos em um capsídio proteico com ou sem um envelope de membrana lipídica. Os vírus são parasitas verdadeiros, exigindo células hospedeiras para replicação. As células que eles infectam e a resposta do hospedeiro à infecção ditam a natureza da manifestação clínica. Mais de 2.000 espécies de vírus foram descritas, com aproximadamente 650 infectando humanos e animais. A infecção pode levar à rápida replicação e destruição da célula ou à relação crônica em longo prazo com possível integração da informação genética viral no genoma do hospedeiro. Os fatores que determinam quais deles ocorrem ainda são parcialmente compreendidos.

As doenças virais podem variar desde o resfriado comum ao ebola, que causa risco de morte, com manifestações agudas, crônicas e até aquelas que promovem o câncer. A resposta imunológica proporciona tanto a proteção como a patologia e pode ser a principal causa da doença. Muitas vezes iniciada com sintomas inespecíficos semelhantes à gripe, causados por respostas do hospedeiro ao vírus presente no sangue, a doença viral é caracterizada pelo(s) tecido(s)-alvo infectado(s) pelo vírus. A sintomatologia clássica orienta o diagnóstico com confirmação por isolamento em cultura celular, detecção de componentes virais ou respostas imunes antivirais com um papel evidente na detecção e no sequenciamento genético. Os tratamentos avançaram tanto que há agora uma cura tolerável para o vírus da hepatite C e manutenção duradoura frente às infecções pelo vírus da imunodeficiência humana (HIV). As novas vacinas reduziram o risco de vários vírus, e as vacinas para o papilomavírus humano e para o vírus da hepatite B também estão prevenindo as neoplasias malignas.

Bactérias

As bactérias são enganosamente simples em estrutura. São organismos **procariotos**, unicelulares simples, sem membrana nuclear, mitocôndria, complexo de Golgi ou retículo endoplasmático, que se reproduzem por divisão assexuada. A maioria das bactérias tem um envoltório celular gram-positivo com uma espessa camada de peptidoglicano ou um envoltório celular gram-negativo com uma fina camada de peptidoglicano e uma membrana externa sobreposta. Bactérias como *Mycobacterium tuberculosis* têm envoltórios celulares mais complexos, enquanto outras carecem desse envoltório e o compensam sobrevivendo apenas no interior de células hospedeiras ou em um ambiente hipertônico. O tamanho (1 a 20 μm ou mais), a forma (esféricas, bastonetes e espirais) e o arranjo espacial (células únicas, cadeias e aglomerados) das células são utilizados para a classificação preliminar das bactérias, e suas propriedades fenotípicas e genotípicas formam a base para a classificação definitiva.

Vivemos em um mundo microbiano com microrganismos presentes no ar que respiramos, na água que bebemos e no alimento que comemos, muitos dos quais são relativamente avirulentos, mas alguns são são capazes de produzir doença de risco à vida. O corpo humano é habitado por milhares de espécies de bactérias diferentes, algumas vivendo transitoriamente e outras em uma relação permanente de parasitismo. Essa população de microrganismos residente em nossos intestinos e em nossa pele, assim como em outras superfícies mucoepiteliais (denominada de "microbioma humano") age quase como um órgão do corpo. Cada um de nós abriga um microbioma único que, parecido com uma impressão digital, tem semelhanças, mas também diferenças individuais. Embora influenciado por nossa genética e policiado por nosso sistema imune, o microbioma é sensível ao ambiente, à nossa dieta e aos antibióticos e outros medicamentos que tomamos. À medida que os métodos de análise genética se tornam mais rápidos e mais baratos, as influências de tipos específicos de microrganismos dentro do microbioma sobre o nosso sistema imunológico, metabolismo, metabolismo dos medicamentos, comportamento e saúde geral são desvendadas. No futuro próximo, haverá um maior uso da manipulação terapêutica do microbioma intestinal com transplantes fecais, além do tratamento atual de colite recorrente causada por *Clostridium difficile* para corrigir a doença inflamatória intestinal, síndrome metabólica associada ao diabetes tipo 2 e outras doenças.

A doença bacteriana pode resultar dos efeitos tóxicos dos produtos bacterianos (p. ex., toxinas) ou quando as bactérias invadem os tecidos e fluidos corporais normalmente estéreis. Algumas bactérias são sempre patogênicas, expressando fatores de virulência causadores de danos aos tecidos, enquanto outras causam doenças ao estimular a inflamação, e muitas fazem as duas coisas. A identificação correta de bactérias infectantes possibilita a predição do curso da doença e a terapia antimicrobiana apropriada. Infelizmente, o uso inadequado de antimicrobianos e outros fatores levaram à seleção de bactérias resistentes a vários antimicrobianos, que não podem ser eliminadas pela conduta terapêutica.

Fungos

Ao contrário das bactérias, a estrutura celular dos fungos é mais complexa. Estes são organismos **eucariotos** que contêm um núcleo bem definido, mitocôndrias, complexo de Golgi e retículo endoplasmático. Os fungos podem existir tanto na forma unicelular (**levedura**), que pode se replicar assexuadamente, como na forma filamentosa (**mofo ou bolor**), que pode se replicar assexuada ou sexuadamente. Alguns fungos têm a forma filamentosa no ambiente e a forma esférica unicelular no corpo a 37°C. Estes são conhecidos como fungos **dimórficos** e incluem organismos como *Histoplasma*, *Blastomyces* e *Coccidioides*.

As infecções fúngicas variam de infecções benignas da pele àquelas que causam risco à vida, como pneumonia, sepse e doenças desfigurantes. A maioria dos fungos é controlada de modo eficaz pela imunidade do hospedeiro e pode residir dentro de um indivíduo por toda a vida, mas esses mesmos fungos podem causar doenças graves no hospedeiro imunocomprometido. A terapia antimicrobiana aborda vias metabólicas únicas às estruturas dos fungos, mas pode ser tóxica e requer tratamentos demorados. Como no caso das bactérias, o uso extensivo de agentes antifúngicos no ambiente hospitalar resulta na seleção de leveduras e fungos filamentosos que expressam resistência intrínseca e adquirida a várias classes distintas de agentes antifúngicos.

Parasitos

Os parasitos são os microrganismos mais complexos. Embora todos os parasitos sejam classificados como organismos eucariotos, alguns são unicelulares e outros são multicelulares. Eles variam em tamanho, desde pequenos protozoários de 4 a 5 μm de diâmetro (o tamanho de algumas bactérias) a tênias que podem medir até 10 m de comprimento e artrópodes (insetos). De fato, considerando o tamanho de alguns desses parasitos, é difícil imaginar como esses organismos passaram a ser classificados como microrganismos. Seus ciclos de vida são igualmente complexos, com alguns indivíduos estabelecendo uma relação permanente com os seres humanos e outros que passam por uma série de estágios de desenvolvimento em uma progressão de hospedeiros animais. A doença parasitária é diagnosticada por sintomas, um bom histórico do paciente e a detecção do patógeno. Dicas úteis são obtidas a partir do histórico de viagens e da dieta do paciente, porque muitos parasitos são exclusivos de diferentes regiões globais. As terapias existem para alguns, mas não para todos os parasitos, e o desenvolvimento de resistência aos agentes antiparasitários dificulta a prevenção e o tratamento de muitas infecções.

Imunologia

É difícil discutir a microbiologia humana sem discutir também as respostas de defesa inatas e adquiridas aos microrganismos. Nossas respostas imunes inatas e adquiridas evoluíram para manter nosso microbioma normal e nos proteger contra infecções por patógenos. As barreiras físicas impedem a invasão pelo microrganismo; as respostas inatas reconhecem padrões moleculares de componentes microbianos e ativam as defesas locais; e respostas imunes específicas adaptativas ou adquiridas atacam os microrganismos invasores por eliminação e bloqueio de suas toxinas. Infelizmente, a resposta imunológica é frequentemente muito tardia ou muito lenta para prevenir ou limitar a propagação da infecção. A guerra que se segue entre as proteções do hospedeiro e os invasores microbianos se intensifica e, mesmo quando bem-sucedida, a resposta inflamatória resultante muitas vezes contribui ou pode ser a causa dos sintomas da doença. Para melhorar a capacidade do corpo humano de prevenir infecções, o sistema imune pode ser reforçado, seja pela transferência passiva de anticorpos presentes em preparações de imunoglobulina ou por imunização ativa com componentes dos microrganismos (vacinas). Por fim, as respostas imunes inatas e adaptativas representam a melhor prevenção e cura de doenças microbianas.

Diagnóstico microbiológico

O laboratório de microbiologia clínica tem uma função importante no diagnóstico e controle de doenças infecciosas. Tecnologias moleculares, proteômicas e imunológicas mais recentes são utilizadas para aumentar a informação que o laboratório pode fornecer.

Muitos dos testes diagnósticos exigem amostras viáveis, e a qualidade dos resultados depende da qualidade do espécime coletado do paciente, do meio pelo qual é transportado do paciente até o laboratório e das técnicas utilizadas para demonstrar o microrganismo na amostra. Além disso, o espécime coletado deve ser representativo do sítio de infecção e não contaminado, durante a coleta, com outros organismos que colonizam a pele e as superfícies mucosas. As determinações da suscetibilidade antimicrobiana requerem microrganismos viáveis e representativos, purificados da amostra clínica. Conhecer as concentrações inibitórias mínimas ou biocidas de fármacos específicos é importante para descrever o melhor tratamento.

Os procedimentos para análise do genoma e dos antígenos tornaram-se mais baratos e disponíveis para um número maior de patógenos. Esses procedimentos podem não exigir amostras viáveis e são ensaios muito sensíveis e específicos, que podem agilizar a análise.

Microbiologia e imunologia na clínica

Relativamente poucos organismos são classificados como sempre patogênicos (p. ex., vírus da raiva, *Bacillus anthracis*, *Shigella*, *Sporothrix schenckii*), enquanto alguns estabelecem a doença apenas em circunstâncias bem definidas ou em certas condições (p. ex., infecções oportunísticas em indivíduos imunocomprometidos). Algumas doenças surgem quando uma pessoa é exposta a organismos de fontes externas, denominada **infecção exógena** (p. ex., vírus da gripe, *C. tetani*, *Neisseria gonorrhoeae*, *Coccidioides immitis* e *Entamoeba histolytica*), mas a maioria das doenças humanas é produzida pela disseminação de organismos da própria microbiota do indivíduo para sítios do corpo normalmente estéreis (p. ex., sangue, cérebro, pulmões, cavidade peritoneal), resultando em doença (**infecções endógenas**). Algumas infecções causam uma doença única bem definida, frequentemente provocada pela ação de um fator de virulência, tais como uma toxina (p. ex., *C. tetani* [tétano]), enquanto outras podem causar diversas manifestações clínicas (p. ex., *Staphylococcus aureus* provoca endocardite, pneumonia, infecções de feridas, intoxicação alimentar). A mesma doença também pode ocorrer a partir de diferentes microrganismos (p. ex., a meningite pode ser causada por vírus, bactérias, fungos e parasitas).

Ao compreender as características do microrganismo e a resposta do hospedeiro à infecção, uma abordagem do tipo Sherlock Holmes pode ser aplicada ao vilão microbiano para resolver o caso clínico da doença infecciosa. Além disso, precauções adequadas podem ser tomadas para proteger a si mesmo e aos outros contra infecções, assim como uma abordagem sensata pode ser desenvolvida para prescrever a terapia adequada. Ao se aproximar de um paciente com uma doença infecciosa, há quatro questões que devem ser respondidas (Boxe 1.1).

A questão 1 e a primeira etapa no tratamento de uma doença infecciosa é reconhecer e distinguir uma infecção de outras enfermidades. As infecções são muitas vezes acompanhadas por febre, inflamação, linfadenopatia e outros sintomas (Tabela 1.1). Muitas dessas apresentações da doença são causadas pela resposta inflamatória frente à infecção. Essas mesmas manifestações da doença podem ser induzidas por outras síndromes.

A questão seguinte é "onde está a infecção"? Conhecer o sítio infeccioso pode fornecer pistas sobre os possíveis microrganismos causadores da infecção e é importante na escolha de um antimicrobiano que pode alcançar o sítio ou o tecido atingido.

As respostas à questão 3 são os principais temas deste livro: Qual microrganismo está causando a infecção e como está causando a doença? Embora a distinção entre as infecções bacterianas, virais, fúngicas e parasitárias possa, muitas vezes, ser realizada a partir do histórico e das

---

Boxe 1.1 Quatro questões relacionadas ao paciente com doença infecciosa.

1. É uma infecção?
2. Qual é o sítio de infecção?
3. Qual microrganismo está causando a infecção e como está causando a doença?
4. A doença deve ser tratada? Em caso afirmativo, qual é o melhor tratamento?

Tabela 1.1 Indicativos de uma infecção.

- Febre
- Contagem elevada de neutrófilos
- Pneumonia
- Diarreia
- Erupção cutânea
- Abscesso
- Sintomas gripais
- Calafrios
- Linfadenopatia
- Hepatoesplenomegalia
- Perda ponderal inexplicável
- Dor de garganta
- "Algias"
- Sepse
- "Calor nas articulações"

manifestações físicas do paciente, alguns testes laboratoriais podem ajudar a orientar o diagnóstico. Por exemplo, as infecções bacterianas são frequentemente acompanhadas por aumento dos níveis séricos de proteína C reativa e procalcitonina, que são componentes de uma resposta inflamatória. Uma vez que o diagnóstico diferencial (uma lista de vilões mais prováveis) é obtido, então os exames confirmatórios podem identificar o agente etiológico. Os Capítulos 4 a 6 introduzem os diferentes tipos de exames e suas aplicações para cada um dos microrganismos discutidos. Além disso, para conhecer o exame mais apropriado para um microrganismo ou síndrome microbiana, também é importante conhecer as limitações, a sensibilidade e a especificidade dos métodos.

Cada vez mais pessoas estão vivendo com imunodeficiências causadas por tratamentos para câncer, doenças autoimunes ou infecções (p. ex., AIDS). Elas se tornam suscetíveis às infecções causadas por microrganismos menos virulentos ou não virulentos que não afetam outros indivíduos. A relevância da resposta imunológica deficiente torna-se muito evidente nas proteções contra esses microrganismos.

A doença bacteriana é geralmente determinada pelos fatores de virulência do microrganismo. Para alguns, é uma correspondência unívoca, tais como para os produtores de toxinas *Corynebacterium diphtheriae*, *Vibrio cholerae* e *C. botulinum*. Para outros, a doença pode resultar da colonização, de subprodutos tóxicos ou das respostas inflamatórias e imunes ao microrganismo. As respostas inflamatórias e imunes são desencadeadas por estruturas do microrganismo. Estruturas microbianas repetitivas fornecem padrões moleculares associados ao patógeno que induzem respostas inatas, enquanto as estruturas específicas são reconhecidas pela resposta imune adquirida. Além disso, as estruturas bacterianas e fúngicas geralmente induzem a ativação de uma cascata de proteínas solúveis do sistema complemento, que recruta macrófagos e neutrófilos ao sítio de infecção, inicia a inflamação, ativa a produção de anticorpos e gera um poro de membrana molecular no microrganismo. As infecções intracelulares – incluindo aquelas causadas por vírus, bactérias, fungos e parasitas – necessitam de uma resposta imune distinta, e as consequências também são diferentes. As células humanas respondem a uma infecção por microrganismos intracelulares inibindo processos celulares e ativando respostas celulares citolíticas (respostas de célula *natural killer* [NK], células T e macrófagos), que matam ou isolam as células infectadas. O anticorpo é gerado para inativar as toxinas, prevenir a ligação do microrganismo e facilitar sua incorporação e eliminação por macrófagos e neutrófilos. A natureza da doença e a suscetibilidade de um indivíduo a um patógeno são determinadas pela rapidez com que a resposta protetora pode agir a uma infecção, a eficácia dessa resposta e suas consequências imunopatológicas. A inflamação acompanha a maioria das respostas imunes e, às vezes, é igualmente importante tratar a inflamação e a infecção a fim de reduzir a gravidade da doença.

A quarta questão deve ser muito ponderada: a doença causada pelo microrganismo deve ser tratada e, em caso afirmativo, qual é o melhor tratamento? Elaborar uma terapia apropriada é necessário para infecções que não são autocontroladas. Embora seguro, o tratamento com antibióticos pode perturbar a microbiota normal, propiciando que bactérias ou fungos mais patogênicos ocupem o lugar. Uma terapia adequada requer que se obtenha o suficiente do medicamento antimicrobiano correto para um alvo microbiano sensível no sítio de infecção no corpo. A potência do antimicrobiano e o espectro de ação, além das propriedades farmacológicas do fármaco, são determinados pela estrutura e mecanismo de ação do medicamento. Os microrganismos podem ser naturalmente resistentes, sofrer mutações ou adquirir informação genética para torná-los resistentes; aqueles que são resistentes aos antibióticos serão selecionados e persistirão. As escolhas antimicrobianas iniciais podem tentar cobrir todos os patógenos possíveis, mas na identificação do microrganismo e de suas suscetibilidades antimicrobianas, devem ser prescritos os antibióticos mais específicos, mais baratos, mais fáceis de administrar e com menos efeitos adversos. A **administração antimicrobiana** adequada reduzirá o custo, os efeitos adversos e o desenvolvimento potencial de cepas resistentes. Os medicamentos antimicrobianos são discutidos nos Capítulos 17, 40, 61 e 71.

Além das quatro questões relacionadas com o paciente, o profissional de saúde também deve saber como proteger a si e aos outros da infecção. As principais questões incluem: Existe uma vacina? Quais precauções de segurança devem ser tomadas? Como as mãos, os objetos e as superfícies contaminados podem ser desinfetados? O melhor método para proteger um indivíduo da infecção é prevenir a exposição ou o contato, e o segundo melhor método é ser imunizado contra o microrganismo, por infecção prévia ou vacina. Técnicas adequadas de higienização e desinfecção são discutidas no Capítulo 3, e as vacinas são discutidas no Capítulo 11. O acesso restrito a áreas ou indivíduos infectados por meio da **quarentena** auxiliou na prevenção da disseminação do vírus da varíola e com uma vacina eficaz, assim como um programa mundial de vacinação, levou à eliminação do vírus.

Conhecer as características epidemiológicas do microrganismo ajuda a determinar o potencial de exposição e a identificar quem está em risco de infecção. Isso inclui os meios de propagação, o vetor, se utilizado, a distribuição geográfica e a presença sazonal do microrganismo, bem como a influência da saúde pessoal, da genética, de hábitos e de estilo de vida, o que aumenta o risco de infecção e doença. Perguntar ao paciente se ele viajou recentemente tornou-se uma questão-chave na obtenção de um diagnóstico e é uma indicação da globalização das doenças.

Resumo

É importante compreender que nosso conhecimento do mundo microbiano está evoluindo continuamente. Assim como os primeiros microbiologistas fizeram suas descobertas com base nos fundamentos estabelecidos por seus antecessores, as gerações do presente e do futuro continuarão a descobrir novos microrganismos, novas doenças e novas terapias. Os capítulos a seguir são destinados a servir de base do conhecimento que pode ser utilizado para construir sua compreensão sobre os microrganismos e suas doenças.

2 Microbioma Humano na Saúde e na Doença

Até o momento do nascimento, o feto humano vive em um ambiente notavelmente protegido e geralmente estéril; no entanto, isso muda rapidamente conforme a criança é exposta a bactérias, arqueobactérias, fungos e vírus da mãe, de outros contatos próximos e do meio ambiente. Ao longo dos anos seguintes, comunidades de organismos (**microbiota normal** [Tabela 2.1]) serão formadas nas superfícies da pele, narinas, cavidade oral, intestinos e sistema geniturinário. O objetivo deste capítulo é obter uma compreensão do papel que essas comunidades desempenham nas funções metabólicas e imunológicas de indivíduos saudáveis, dos fatores que regulam a composição das mesmas e como a perturbação dessas comunidades pode resultar em estados patológicos.

Projeto microbioma humano

Nosso conhecimento atual do **microbioma** está enraizado na conclusão bem-sucedida do Projeto Genoma Humano, um esforço internacional de 13 anos, iniciado em 1990, que determinou as sequências de aproximadamente 3 bilhões de nucleotídios que compõem os 23 mil genes codificadores de proteínas no ácido desoxirribonucleico (DNA) humano. Muito semelhante aos esforços para enviar o ser humano à Lua, o maior legado desse trabalho foi o desenvolvimento de tecnologias que propiciam a geração e a análise de enormes quantidades de dados do sequenciamento de DNA e de ácido ribonucleico (RNA).

O Projeto Genoma Humano foi seguido pelo Projeto Microbioma Humano, estudo multinacional de 5 anos que analisou a composição genética das populações microbianas que vivem dentro e sobre adultos saudáveis (**microbioma**). Para colocar a complexidade desse programa em perspectiva, estima-se que as células bacterianas superem as células humanas no hospedeiro em 10:1, e que a população bacteriana contribua pelo menos com 300 vezes mais genes codificadores de proteínas exclusivas.

O Projeto Microbioma Humano foi lançado em 2007, com coletas de amostras de nariz, boca, pele, intestino e vagina de voluntários adultos hígidos. Os microrganismos foram identificados por sequenciamento de regiões-alvo do gene *16S* do RNA ribossômico, e as informações sobre o conteúdo genético de toda a população foram determinadas pelo sequenciamento de todo o genoma de um subconjunto de espécimes. Essas análises mostraram que há variações substanciais nas espécies e na composição gênica de indivíduos e em diferentes sítios do corpo. Por exemplo, as bactérias que colonizam o intestino são diferentes daquelas na boca, pele e outros sítios do corpo. O local do corpo com maior diversidade taxonômica e genética foi o intestino; já a vagina foi o menos complexo. Microambientes, como diferentes regiões da boca, intestino, superfície da pele e vagina, também tinham seu próprio microbioma único (Figura 2.1).

Microbioma fundamental (*core microbiome*)

A maioria dos indivíduos compartilha um **microbioma fundamental (*core microbiome*)**, definido aleatoriamente como as espécies que estão presentes em um local específico

Tabela 2.1 Glossário de termos.

Termo	Definição
Microbiota	Comunidade de microrganismos que vive dentro e sobre um indivíduo; pode variar substancialmente entre sítios ambientais e nichos no hospedeiro na saúde e na doença
Microbioma	Conjunto agregado de genomas microbianos na microbiota
Microbioma fundamental (ou *core microbiome*)	Espécies microbianas comumente compartilhadas entre indivíduos em locais específicos do corpo; embora normalmente representados por um número limitado de espécies, constituem a maior proporção da população microbiana
Microbioma secundário	Espécies microbianas que contribuem para a diversidade única de indivíduos em locais específicos do corpo; normalmente presente em números proporcionalmente pequenos
Redundância funcional	Funções necessárias (p. ex., metabolismo de nutrientes, regulação da resposta imune) fornecidas pelos diversos membros da microbiota
Diversidade taxonômica	Número diversificado de espécies que compõem a microbiota
Proteômica	Estudo dos produtos proteicos da população que constitui o microbioma
Metabolômica	Estudo da atividade metabólica da população que constitui o microbioma
Prebiótico	Componente alimentar que apoia o crescimento de um ou mais membros da microbiota
Probiótico	Organismo vivo que, quando ingerido, acredita-se que proporcione benefícios ao hospedeiro

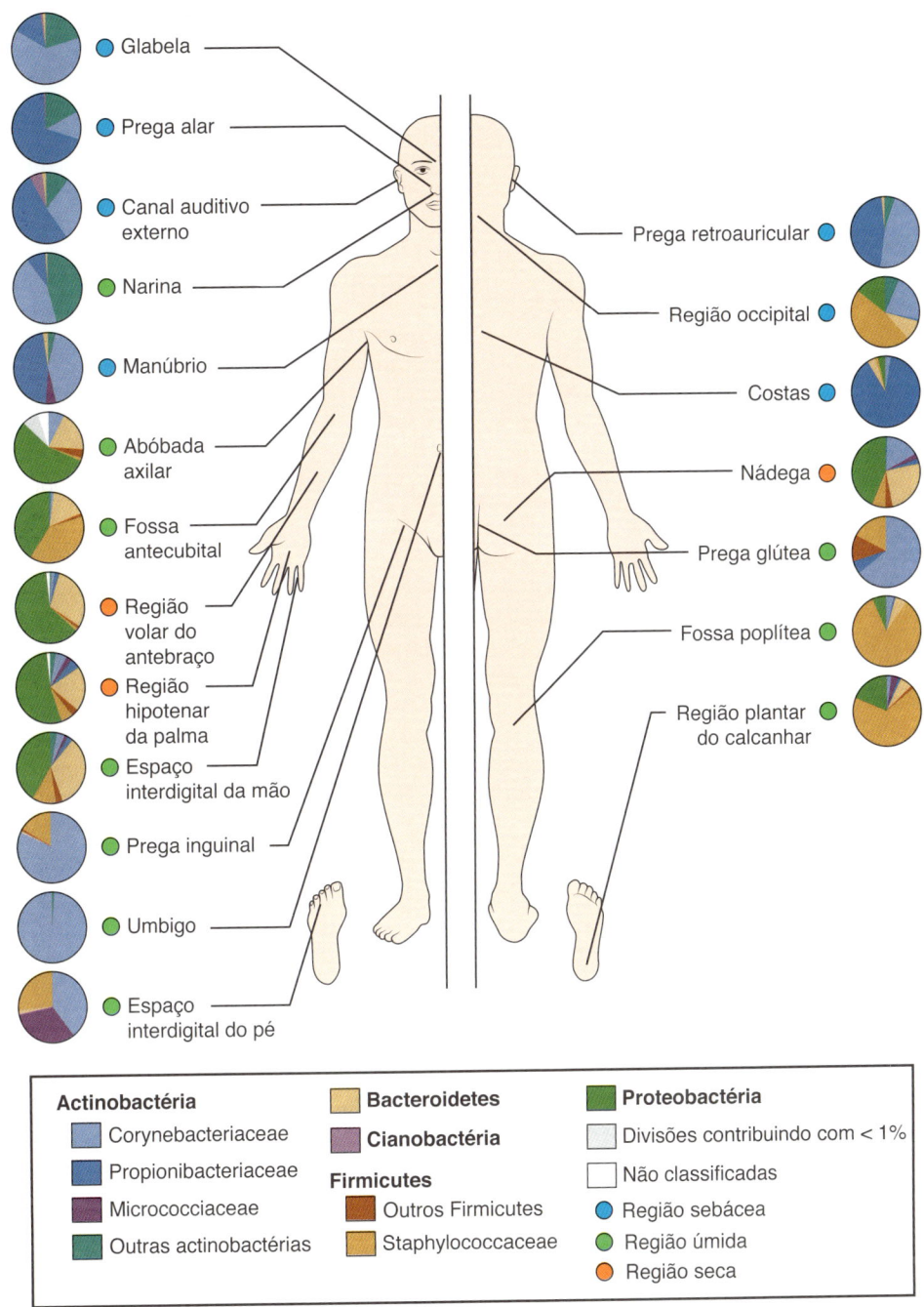

Figura 2.1 Distribuição topográfica das bactérias em locais da pele. Como em outros sítios do corpo, a distribuição do microbioma da pele depende do microambiente do sítio amostrado, como sebáceo ou oleoso (*círculos azuis*); úmido (*círculos verdes*); e superfícies planas e secas (*círculos vermelhos*). (De Grice, E., Segre, J. 2011. The skin microbiome. Nat. Rev. Microbiol. 9, 244-253.)

em 95% ou mais dos indivíduos. O maior número de espécies compartilhadas está presente na boca, seguido pelo nariz, intestino e pele, e o menor número de espécies compartilhadas é encontrado na vagina. Além disso, a quantidade reduzida de espécies que compõem o microbioma fundamental é a mais numerosa, representando a maioria da população total, enquanto a porção restante da população (**microbioma secundário**) consiste em pequenos números de muitas espécies que podem não ser amplamente compartilhadas pelos indivíduos. Isso implicaria que os membros do microbioma fundamental são extremamente importantes, fornecendo funções essenciais que devem ser retidas para atividades metabólicas e imunológicas normais, além de funções fornecidas pelo microbioma secundário que também são extremamente importantes, mas podem ser fornecidas por uma variedade de organismos. Em outras palavras, embora haja uma enorme variedade de espécies entre os indivíduos, há menos variedade na composição genética de cada sítio. A **diversidade taxonômica** da população é grande, mas as propriedades funcionais são altamente conservadas (**redundância funcional**) em microrganismos associados à saúde. Isso não é surpreendente se considerarmos que o microbioma é uma comunidade que existe em uma relação simbiótica com seu hospedeiro, fornecendo funções metabólicas necessárias, estimulando a imunidade inata e prevenindo a colonização por patógenos indesejáveis. Assim, variações interpessoais do microbioma podem existir em indivíduos saudáveis, desde que as funções necessárias sejam atendidas.

Evolução do microbioma e da microbiota normal

A **microbiota normal** de um determinado sítio do corpo consiste em uma comunidade única de microbiota fundamental e secundária que evoluiu por meio de uma relação simbiótica com o hospedeiro e uma relação competitiva com outras espécies. O hospedeiro fornece um local para colonizar, além de nutrientes e alguma proteção de espécies indesejadas (respostas imunes inatas). Os microrganismos fornecem funções metabólicas necessárias, estimulam a imunidade inata e regulatória e impedem a colonização por patógenos indesejáveis (Figura 2.2). A habilidade para tolerar a quantidade de oxigênio ou a sua falta (estado redox), o pH e a concentração de sal, bem como para eliminar minerais essenciais e coletar e metabolizar os nutrientes disponíveis determina o número e a natureza das espécies que povoam um local do corpo. Bactérias anaeróbias ou anaeróbias facultativas colonizam a maioria dos sítios corporais em decorrência da falta de oxigênio em regiões como boca, intestino e sistema geniturinário.

A composição da microbiota é influenciada pela higiene pessoal (p. ex., uso de sabonete, desodorantes, enxaguantes bucais, descamação da pele, enemas, duchas vaginais), dieta, fonte de água, medicamentos (principalmente antimicrobianos) e exposição a toxinas ambientais. Beber água de fonte natural, em vez de água clorada da cidade, ou uma dieta que consiste em mais ou menos fibras, açúcar ou gorduras pode selecionar diferentes bactérias intestinais com base em sua capacidade de usar os minerais essenciais (p. ex., ferro) e nutrientes. A alteração do ambiente com alimentos ou medicamentos também pode modificar a microbiota (Figura 2.3). Essas alterações podem ser aceitáveis se o microbioma fundamental (*core microbiome*) e as propriedades funcionais essenciais do microbioma forem mantidos, mas podem resultar em doença se essas funções forem perdidas. Historicamente, a maior preocupação com o uso de antibacterianos de amplo espectro era a seleção de bactérias resistentes; no entanto, um problema maior deve ser a ruptura do microbioma e a perda de funções essenciais.

Das aproximadamente 200 espécies únicas de bactérias que colonizam o intestino, a maioria é membro das Actinobactérias (p. ex., *Bifidobacterium*), Bacteroidetes (p. ex., *Bacteroides*) e Firmicutes (p. ex., *Eubacterium*, *Ruminococcus*, *Faecalibacterium*, *Blautia*). Curiosamente, a importância de muitas dessas bactérias não foi avaliada antes de o sequenciamento genético ser usado para identificar e quantificar a microbiota intestinal. Dentro do cólon, algumas bactérias travam uma batalha interespecífica para estabelecer seu nicho com bacteriocinas (p. ex., colicinas produzidas por *Escherichia coli*), outras proteínas antibacterianas e metabólitos que impedem outras espécies de crescer. Essas moléculas também beneficiam o hospedeiro, eliminando bactérias invasoras, incluindo *Salmonella*, *Shigella*, *Clostridium difficile*, *Bacillus cereus* e outros patógenos.

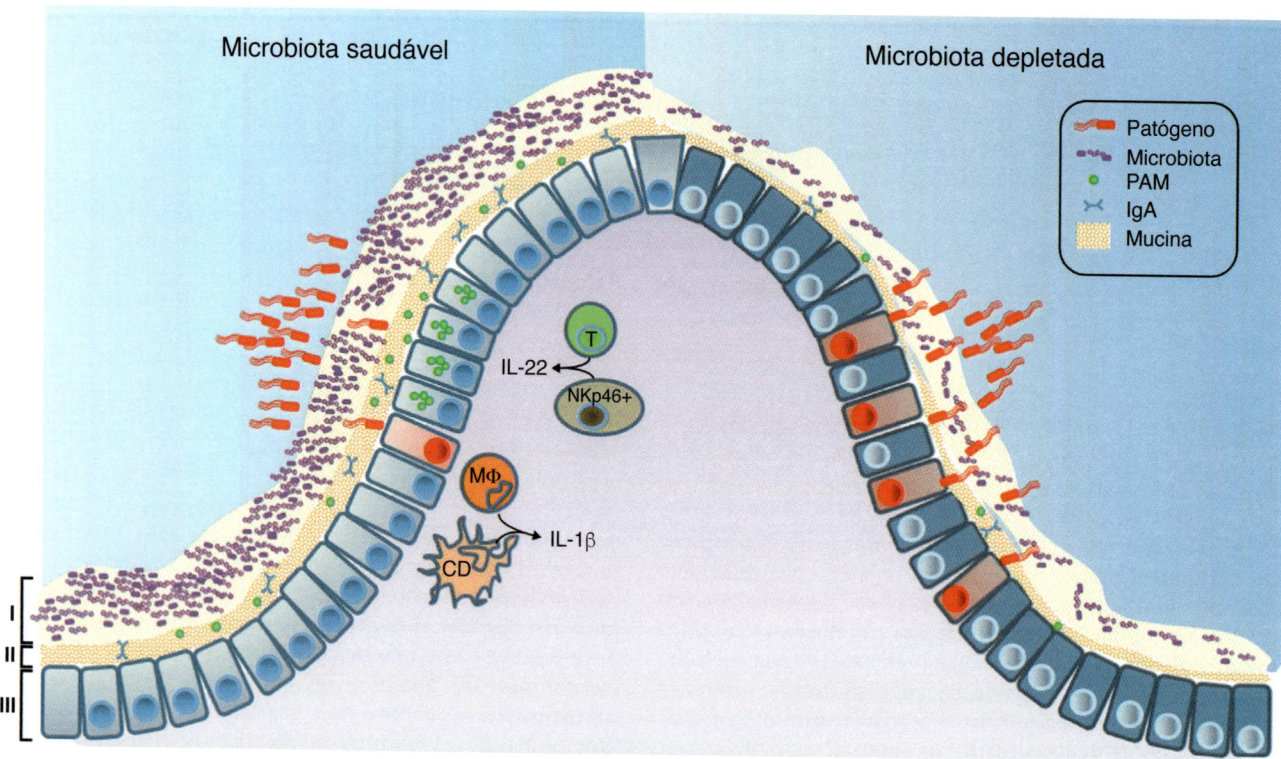

Figura 2.2 Proteção da microbiota intestinal contra infecções entéricas. (I) A saturação dos sítios de colonização e o consumo de nutrientes limitam o acesso do patógeno aos tecidos do hospedeiro; (II) a microbiota prepara a imunidade inata pela estimulação da produção de mucina, imunoglobulina (*Ig*)A e peptídios antimicrobianos (*PAM*); e (III) a microbiota estimula a expressão da interleucina (*IL*)-22, que aumenta a resistência epitelial e a produção de IL-1β, que promove o recrutamento de células inflamatórias. (De Khosravi, A., Mazmanian, S. 2013. Disruption of the gut microbiome as a risk factor for microbial infections. Curr. Opin. Microbiol. 16, 221-227.)

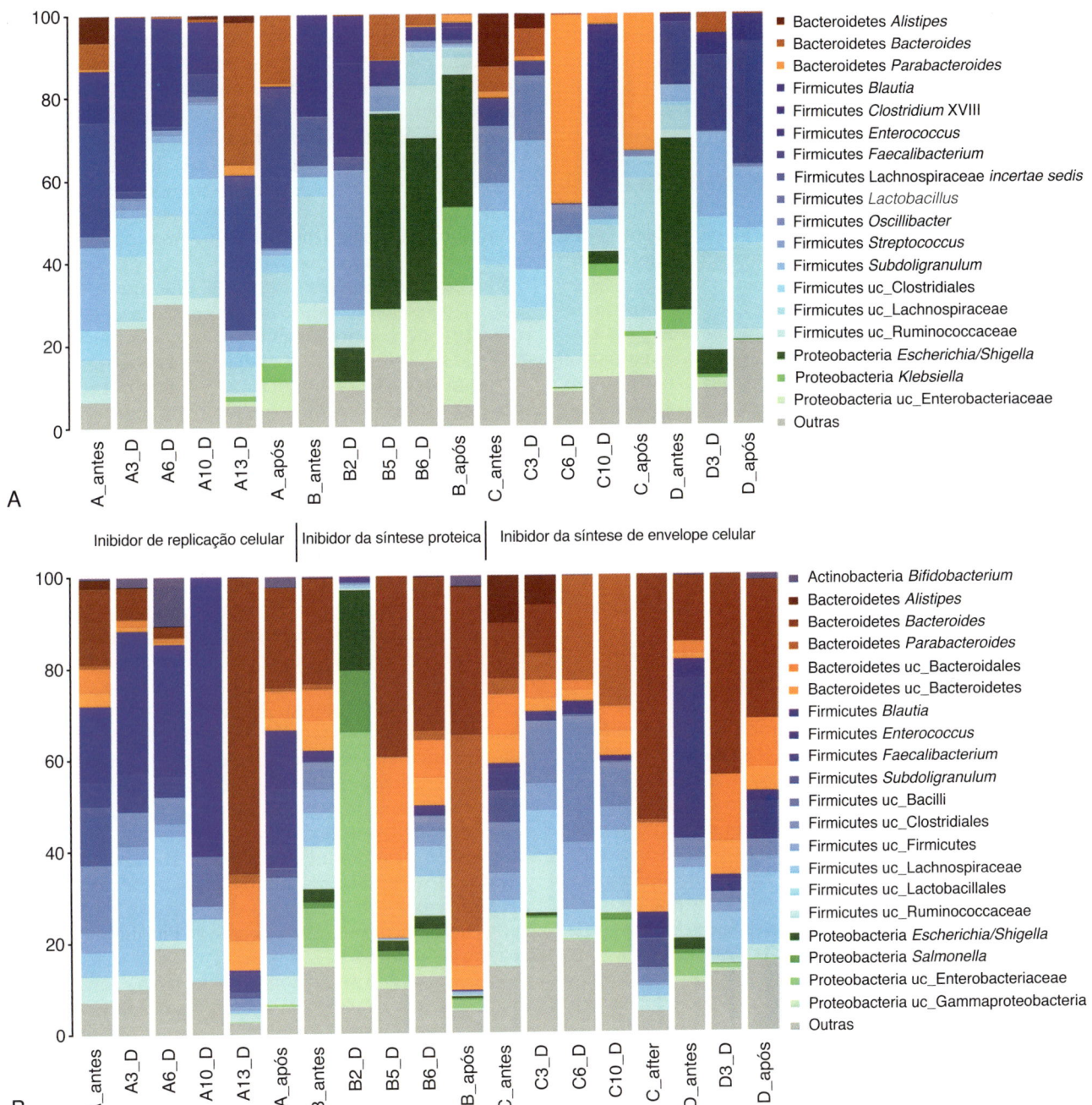

Figura 2.3 Efeito dos antibacterianos na microbiota intestinal. Amostras fecais foram coletadas de quatro pacientes tratados com antibacterianos: paciente A, moxifloxacino; paciente B, penicilina + clindamicina; paciente C, cefazolina seguida de ampicilina/sulbactam; e paciente D, amoxicilina. Amostras fecais coletadas antes, durante (p. ex., 3_D é o dia 3 da terapia) e após a terapia foram usadas para avaliar a microbiota total. As alterações são observadas durante e após a interrupção da terapia. **A.** Microbiota total (gene *16S* rRNA). **B.** Microbiota metabolicamente ativa (transcritos de *16S* rRNA). (De Perez-Cobas, A. E., Artacho, A., Knecht, H., et al., 2013. Differential effects of antibiotic therapy on the structure and function of human gut microbiota. PLoS One. 8, e80201.)

A bactéria também deve resistir aos peptídios antimicrobianos e à imunoglobulina (Ig) A produzidos pelo hospedeiro e liberados no intestino.

O metabolismo dos nutrientes desempenha um papel importante na relação simbiótica entre o hospedeiro humano e o microrganismo. As bactérias no intestino humano são responsáveis pelo metabolismo de carboidratos complexos (incluindo celulose) para fornecer ácidos graxos de cadeia curta, como acetato, propionato e butirato, que podem ser prontamente transportados e utilizados pelas células do nosso corpo. Esses ácidos também limitam o crescimento de bactérias indesejáveis. Outras bactérias se alimentam de carboidratos, as mucinas que revestem o epitélio ou os óleos liberados no suor. Bacteroidetes e Firmicutes são mais eficientes do que outras na quebra de carboidratos complexos, incluindo compostos da parede celular da planta (celulose, pectina e xilana) e carboidratos derivados do hospedeiro, incluindo aqueles ligados às mucinas ou sulfatos de condroitina da camada mucosa protetora do intestino. Aumentos na proporção dessas bactérias no microbioma intestinal podem levar a uma maior eficiência no armazenamento de subprodutos metabólicos. Isso pode ser um benefício para populações desnutridas ou pacientes com doenças debilitantes, como câncer, ou pode levar à obesidade em populações bem nutridas.

Papel do microbioma na doença

Se o microbioma normal caracteriza a saúde, então as alterações no microbioma podem significar doença; essa é uma relação que estamos apenas começando a entender.

Em 1884, Robert Koch e Friedrich Loeffler definiram a relação entre um organismo e uma infecção. Os **postulados de Koch** baseavam-se no conceito de um organismo: uma doença. A pesquisa do microbioma introduziu um novo conceito de doença causada por uma comunidade de organismos, em vez de uma única espécie de bactéria, e a influência se estende além das doenças "infecciosas" tradicionais para incluir distúrbios imunológicos e metabólicos, como doença inflamatória intestinal, obesidade, diabetes tipo 2 e doença celíaca. Estamos agora na vanguarda de uma nova era de redefinição do conceito de doenças infecciosas.

A perturbação da microbiota normal (comumente referida como **disbiose**) pode levar à doença pela eliminação de organismos necessários ou possibilitando o crescimento de bactérias inadequadas. Por exemplo, após exposição a antibacterianos e supressão da microbiota intestinal normal, o *C. difficile* é capaz de proliferar e expressar enterotoxinas, levando à inflamação do cólon (**colite associada a antibióticos**). Outra doença do cólon, a **colite ulcerativa**, é associada a um nível aumentado de bactérias que produzem sulfatases que degradam a mucina, levando à degradação do revestimento protetor da mucosa da parede intestinal e à estimulação de respostas imunes inflamatórias. Os indivíduos com uma microbiota intestinal mais eficiente em quebrar os carboidratos complexos internalizam em vez de eliminar esses nutrientes; portanto, eles são suscetíveis à **obesidade** e têm uma predisposição a síndromes metabólicas, como **diabetes tipo 2**. Nem todos os pacientes geneticamente predispostos à **doença celíaca**, uma enteropatia imunomediada precipitada pela exposição às proteínas do glúten, são sintomáticos. A microbiota intestinal da maioria dos indivíduos é composta por bactérias capazes de digerir glúten, o que pode ser suficiente para proteger esses indivíduos geneticamente predispostos. Na ausência dessas bactérias, a doença pode ocorrer. Mudanças no microbioma da pele estão associadas à progressão para **infecções de feridas crônicas** e exacerbações episódicas de **dermatite atópica**. A alteração no microbioma vaginal de relativamente poucos organismos predominantes para uma população mista heterogênea está associada à progressão para **vaginite**.

Diagnóstico e terapêutica

Uma compreensão da influência da disbiose na patologia da doença pode levar a testes diagnósticos avançados e caminhos para intervenção terapêutica. Assim como a presença de *Salmonella* ou *Shigella* significa um estado patológico, mudanças na diversidade e composição da microbiota fecal também podem indicar suscetibilidade ou início da doença. O exemplo mais óbvio é a doença por *C. difficile*, que é uma patologia clínica precedida por uma depleção da microbiota normal decorrente do uso de antibacterianos. Curiosamente, os pacientes com infecções crônicas recorrentes por *C. difficile* são tratados com sucesso pelo repovoamento (alguns dizem **"repopulação"**) dos intestinos com transplantes de fezes de um cônjuge saudável ou parente próximo, ou com amostras de fezes criadas artificialmente consistindo em uma mistura complexa de organismos fecais aeróbios e anaeróbios.

Alterações mais sutis no microbioma intestinal podem predizer o desenvolvimento de enfermidades como a **enterocolite necrosante** (**ECN**), doença inflamatória intestinal e uma tendência à obesidade. A ECN é uma doença intestinal devastadora que atinge crianças prematuras. Amostras de fezes coletadas prospectivamente de fetos com menos de 29 semanas de idade gestacional que desenvolvem ECN demonstram uma disbiose distinta antes do desenvolvimento da doença. Lactentes com doença de início precoce têm uma predominância de Firmicutes (principalmente *Staphylococcus*), ao passo que lactentes com ECN de início tardio têm uma predominância de Enterobacteriaceae.

Os efeitos das alterações do microbioma também foram descritos na patogênese da doença inflamatória intestinal e do câncer colorretal. A proliferação de bactérias, tais como *Akkermansia muciniphila*, que produzem sulfatases que degradam a mucina, é responsável pela degradação do revestimento da parede intestinal. Além disso, um aumento nos membros da família anaeróbia Prevotellaceae leva à regulação positiva da inflamação mediada por quimiocinas. *Bacteroides fragilis* enterotoxigênico também pode induzir respostas inflamatórias mediadas por células T *helper*, que estão associadas à colite e são um precursor de hiperplasia do cólon e de tumores colorretais. Finalmente, *Methanobrevibacter smithii*, um membro menor do microbioma intestinal, melhora a digestão dos glicanos da dieta por *B. thetaiotaomicron* e outras bactérias intestinais centrais, levando ao acúmulo de gordura.

As alterações do microbioma que levam à doença podem não ser caracterizadas pela presença ou ausência de um microrganismo específico, porque mais de um organismo pode fornecer a função necessária. É provável que futuros diagnósticos determinem a presença ou ausência de um produto gênico específico (**proteômica**) ou função metabólica (**metabolômica**).

Probióticos

Probióticos são misturas de bactérias ou leveduras que, quando ingeridos, colonizam e proliferam, mesmo que temporariamente, o intestino. Os consumidores de probióticos acreditam que sua ação ocorra pelo reequilíbrio do microbioma e de suas funções, como melhorar a digestão dos alimentos e modular a resposta imune inata e adaptativa do indivíduo. O motivo mais comum de as pessoas usarem probióticos de venda livre é para promover e manter a função intestinal regular e melhorar a tolerância à lactose. Os probióticos são comumente bactérias gram-positivas (p. ex., *Bifidobacterium*, *Lactobacillus*) e leveduras (p. ex., *Saccharomyces*). Muitos desses microrganismos são encontrados em cápsulas ingeríveis e como suplementos alimentares

(p. ex., iogurte, kefir). Probióticos são utilizados para tratar diarreia associada ao *C. difficile* e doença inflamatória intestinal, para fornecer proteção contra as doenças causadas por *Salmonella* e *Helicobacter pylori*, como terapia para dermatite atópica pediátrica e doenças autoimunes e até mesmo para a redução da cárie dentária, embora o valor dos probióticos para muitas dessas condições não seja comprovado. Ainda que os probióticos, em geral, sejam suplementos alimentares seguros, muitos deles são ineficazes. As espécies, mistura de espécies, dose, além da viabilidade dos organismos probióticos dentro de uma formulação probiótica influenciam sua potência, eficácia e potencial terapêutico. O que está claro é que, assim como o uso de misturas artificiais complexas de organismos para tratar a doença recorrente por *C. difficile*, "probióticos inteligentes" cuidadosamente desenvolvidos serão provavelmente um complemento importante para a terapia médica no futuro.

Perspectiva

Em um futuro próximo, com procedimentos de sequenciamento de DNA mais rápidos e baratos, a análise do microbioma de uma pessoa pode se tornar um teste diagnóstico de rotina para prever e tratar uma ampla gama de doenças. No entanto, uma série de questões ainda precisa ser resolvida: Podemos prever doenças em um indivíduo monitorando as mudanças no microbioma? Quais mudanças são mais importantes, função taxonômica ou genética? Podemos prevenir ou tratar doenças restabelecendo um microbioma saudável? Isso pode ser feito pela prescrição de microrganismos de reposição específicos (p. ex., transplante fecal) ou com uma mistura universal (probiótico)? O uso de suplementos metabólicos (**prebióticos**) pode promover uma microbiota saudável? O uso de antimicrobianos será substituído pelo uso de terapias com "microbioma inteligente"? Outras questões incluem: Qual é o papel do genoma do hospedeiro, fatores ambientais e nossas práticas higiênicas na formação do microbioma? Quais serão os requisitos de informação para orientar o diagnóstico ou a terapêutica? Independentemente das respostas a essas e outras perguntas, é certo que estamos testemunhando o início de uma nova era da microbiologia que pode mudar radicalmente nossa abordagem de previsão, diagnóstico e tratamento de doenças.

Bibliografia

Blum, H., 2017. The human microbiome. Adv. Med. Sci. 62, 414–420.
Cho, I., Blaser, M.J., 2012. The human microbiome: at the interface of health and disease. Nat. Rev. Genet. 13, 260–270.
Damman, C.J., Miller, S.I., Surawicz, C.M., et al., 2012. The microbiome and inflammatory bowel disease: is there a therapeutic role for fecal microbiota transplantation? Am. J. Gastroenterol. 107, 1452–1459.
David, L.A., Maurice, C.F., Carmody, R.N., et al., 2014. Diet rapidly and reproducibly alters the human gut microbiome. Nature 505, 559–563.
Faith, J.J., Guruge, J.L., Charbonneau, M., et al., 2013. The long-term stability of the human gut microbiota. Science 341, 1237439.
Gevers, D., Knight, R., Petrosino, J.F., et al., 2012. The Human Microbiome Project: a community resource for the healthy human microbiome. PLoS Biol. 10, e1001377.
Grice, E., Segre, J., 2011. The skin microbiome. Nat. Rev. Microbiol. 9, 244–253.
Human Microbiome Project Consortium, 2012. A framework for human microbiome research. Nature 486, 215–221.
Human Microbiome Project Consortium, 2012. Structure, function and diversity of the healthy human microbiome. Nature 486, 207–214.
Li, K., Bihan, M., Methé, B.A., 2013. Analyses of the stability and core taxonomic memberships of the human microbiome. PLoS ONE 8, e63139.
McDermott, A.J., Huffnagle, G.B., 2014. The microbiome and regulation of mucosal immunity. Immunology 142, 24–31.
Morgan, X.C., Segata, N., Huttenhower, C., 2013. Biodiversity and functional genomics in the human microbiome. Trends Genet. 29, 51–58.
Murray, P., 2013. The Human Microbiome Project: the beginning and future status. Ann. Clin. Microbiol. 16, 162–167.
Perez-Cobas, A.E., Artacho, A., Knecht, H., et al., 2013. Differential effects of antibiotic therapy on the structure and function of human gut microbiota. PLoS ONE 8, e80201.
Petrof, E.O., Claud, E.C., Gloor, G.B., et al., 2013. Microbial ecosystems therapeutics: a new paradigm in medicine? Benef. Microbes 4, 53–65.
Petschow, B., Dore, J., Hibberd, P., et al., 2013. Probiotics, prebiotics, and the host microbiome: the science of translation. Ann. N Y Acad. Sci. 1306, 1–17.
Shaffer, M., Armstrong, A., Phelan, V., et al., 2017. Microbiome and metabolome data integration provides insights into health and disease. Transl. Res. 189, 51–64.
Venter, J.C., Adams, M.D., Myers, E.W., et al., 2001. The sequence of the human genome. Science 291, 1304–1351.
Zmora, N., Zilberman-Schapira, G., Mor, U., et al., 2018. Personalize gut mucosal colonization resistant to empiric probiotics is associated with unique host and microbiome features. Cell 174, 1388–1405.

3 Esterilização, Desinfecção e Antissepsia

Um aspecto importante do controle de infecções é a compreensão dos princípios de esterilização, desinfecção e antissepsia (Boxe 3.1).

Esterilização

É a destruição total de todos os microrganismos, incluindo as formas mais resistentes, como esporos bacterianos, micobactérias, vírus não envelopados (não lipídicos) e fungos. Isso pode ser feito usando esterilizantes físicos, de vapor de gás ou químicos (Tabela 3.1).

Vapor saturado sob pressão é um método de esterilização amplamente utilizado, barato, não tóxico e confiável. Três parâmetros são fundamentais: tempo de exposição ao vapor, temperatura e quantidade de umidade. O ciclo de esterilização mais comumente usado é o uso de vapor saturado aquecido a 121°C por 15 minutos. Manter a temperatura adequada é essencial, porque uma queda de 1,7°C aumenta o tempo de exposição necessário em 48%. Se não houver umidade, a temperatura deve chegar a 160°C. A esterilização por calor seco requer tempos de exposição prolongados e danifica muitos instrumentos, por isso, atualmente, não é recomendada.

O gás de **óxido de etileno** é utilizado para esterilizar itens sensíveis à temperatura ou pressão. O tratamento é geralmente de 4 horas, e os itens esterilizados devem ser arejados por mais 12 horas para eliminar o gás tóxico antes de serem usados. Embora o óxido de etileno seja altamente eficiente, regulamentos específicos limitam seu uso porque

Tabela 3.1 Métodos de esterilização.

Método	Concentração ou nível
ESTERILIZANTES FÍSICOS	
Vapor sob pressão	121°C ou 132°C para vários intervalos de tempo
Filtração	Tamanho do poro de 0,22 a 0,45 μm; filtros HEPA
Radiação ultravioleta	Exposição variável a 254 nm de comprimento de onda
Radiação ionizante	Exposição variável à radiação por micro-ondas ou radiação gama
ESTERILIZANTES DE VAPOR DE GÁS	
Óxido de etileno	450 a 1.200 mg/ℓ a 29 a 65°C por 2 a 5 h
Vapor de peróxido de hidrogênio	30% a 55 a 60°C
Gás de plasma	Gás de peróxido de hidrogênio altamente ionizado
ESTERILIZANTES QUÍMICOS	
Ácido peracético	0,2%
Glutaraldeído	2%

HEPA, filtro de ar particulado de alta eficiência.

é inflamável, explosivo e cancerígeno para animais de laboratório. Por essas razões, a esterilização por óxido de etileno é evitada se alternativas aceitáveis estiverem disponíveis.

Os vapores de **peróxido de hidrogênio** são esterilizantes eficazes por causa da natureza oxidante do gás, e são usados para a esterilização de instrumentos. Uma variação é a **esterilização por gás de plasma**, em que o peróxido de hidrogênio é vaporizado e, em seguida, os radicais livres reativos são produzidos por frequência de micro-ondas ou energia de radiofrequência. Por ser um método de esterilização eficiente que não produz subprodutos tóxicos, a esterilização por gás de plasma substituiu muitas das aplicações do óxido de etileno. No entanto, não pode ser usado em materiais que absorvam o peróxido de hidrogênio ou que reagem com ele.

Dois **esterilizantes químicos** também são empregados: **ácido peracético** e **glutaraldeído**. O ácido peracético, um agente oxidante, tem excelente atividade e seus produtos finais (ácido acético e oxigênio) não são tóxicos. Em contraposição, a segurança é uma preocupação com o glutaraldeído; deve-se ter cuidado ao manusear esse produto químico.

Boxe 3.1 Definições.

Antissepsia: uso de agentes químicos na pele ou outro tecido vivo para inibir ou eliminar microrganismos; nenhuma ação esporicida está implicada
Desinfecção: uso de procedimentos físicos ou agentes químicos para destruir a maioria das formas microbianas; esporos bacterianos e outros organismos relativamente resistentes (p. ex., micobactérias, vírus, fungos) podem permanecer viáveis; os desinfetantes são subdivididos em agentes de níveis alto, intermediário e baixo
Germicida: agente químico capaz de matar microrganismos; inclui virucida, bactericida, esporicida, tuberculocida e fungicida
Desinfetante de alto nível: germicida que mata todos os patógenos microbianos, exceto um grande número de esporos bacterianos
Desinfetante de nível intermediário: germicida que mata todos os patógenos microbianos, exceto endosporos bacterianos
Desinfetante de baixo nível: germicida que mata a maioria das bactérias na forma vegetativa e vírus com envelope lipídico e de tamanho médio
Esterilização: uso de procedimentos físicos ou agentes químicos para destruir todas as formas microbianas, incluindo esporos bacterianos

---

Desinfecção

Microrganismos também são destruídos por procedimentos de desinfecção, embora organismos mais resistentes possam sobreviver. Infelizmente, os termos *desinfecção* e *esterilização* são trocados casualmente e podem resultar em alguma confusão. Isso ocorre porque os processos de desinfecção foram categorizados como níveis alto, intermediário e baixo. A desinfecção de alto nível geralmente pode se aproximar da esterilização em eficácia, ao passo que as formas de esporos podem sobreviver à desinfecção de nível intermediário e muitos microrganismos podem permanecer viáveis quando expostos à desinfecção de baixo nível.

Mesmo a classificação dos desinfetantes (Tabela 3.2) por seu nível de atividade é enganosa. A eficácia desses procedimentos é influenciada pela natureza do item a ser desinfetado, número e resistência dos organismos contaminantes, quantidade de material orgânico presente (que pode inativar o desinfetante), tipo e concentração de desinfetante e duração e temperatura de exposição.

Desinfetantes de alto nível são considerados para itens utilizados em procedimentos invasivos que não podem resistir à esterilização (p. ex., certos tipos de endoscópios e instrumentos cirúrgicos com plástico ou outros componentes que não podem ser autoclavados). A desinfecção desses e de outros itens é mais eficaz se a limpeza da superfície para remover a matéria orgânica preceder o tratamento. Exemplos de desinfetantes de alto nível incluem tratamento com calor úmido e uso de líquidos, tais como glutaraldeído, peróxido de hidrogênio, ácido peracético e compostos de cloro.

Desinfetantes de nível intermediário (alcoóis, compostos de iodóforo, compostos fenólicos) são usados para limpar superfícies ou instrumentos nos quais a contaminação com esporos bacterianos e outros organismos altamente resistentes é improvável. Eles têm sido chamados de instrumentos e dispositivos semicríticos e incluem endoscópios de fibra óptica flexíveis, laringoscópios, espéculos vaginais, circuitos respiratórios de anestesia e outros itens.

Desinfetantes de baixo nível (compostos quaternário de amônio) são usados para tratar instrumentos e dispositivos não críticos, tais como manguitos de pressão arterial, eletrodos de eletrocardiograma e estetoscópios. Embora estes itens entrem em contato com os pacientes, eles não penetram nas superfícies mucosas ou em tecidos estéreis.

O nível de desinfetantes utilizados para superfícies ambientais é determinado pelo risco relativo que essas superfícies representam como reservatório para organismos patogênicos. Por exemplo, para limpar a superfície de instrumentos contaminados com sangue, deve-se usar um desinfetante de nível superior, enquanto para limpar superfícies que estão "sujas", como pisos, pias e bancadas, um nível diferente pode ser considerado. A exceção a esta regra é se uma determinada superfície estiver envolvida em uma infecção nosocomial, como um banheiro contaminado com *Clostridium difficile* (bactéria anaeróbia formadora de esporos) ou uma pia contaminada com *Pseudomonas aeruginosa*. Nesses casos, um desinfetante com atividade apropriada contra o patógeno implicado deve ser selecionado.

Antissepsia

Agentes antissépticos (Tabela 3.3) são utilizados para reduzir o número de microrganismos nas superfícies da pele. Esses compostos são selecionados por sua segurança e eficácia. Um resumo de suas propriedades germicidas é apresentado na Tabela 3.4. **Alcoóis** têm excelente atividade contra todos os grupos de organismos, exceto esporos, e não são tóxicos, embora tenham a tendência de secar a superfície da pele porque removem lipídios. Também não apresentam atividade residual e são inativados por matéria orgânica. Assim, a superfície da pele deve ser limpa antes da aplicação do álcool. Os **iodóforos** também são excelentes agentes antissépticos para a pele, com uma gama de atividades semelhante às dos alcoóis. Eles são ligeiramente mais tóxicos para a pele do que o álcool, apresentam atividade residual limitada e são inativados por matéria orgânica. Os iodóforos e as preparações de iodo são frequentemente empregados com alcoóis para desinfetar a superfície da pele. A **clorexidina** tem ampla atividade antimicrobiana, embora elimine organismos em uma taxa muito mais lenta do que o álcool. Sua atividade persiste, embora a matéria orgânica e os altos níveis de pH diminuam sua eficácia. A atividade do **paraclorometaxilenol** (**PCMX**) é limitada principalmente para as bactérias gram-positivas. Por ser atóxico e ter atividade residual, tem sido utilizado em produtos para a lavagem das mãos. O **triclosana** é ativo contra bactérias, mas não contra muitos outros organismos. É um agente antisséptico comum em sabonetes, desodorantes e alguns produtos de creme dental.

Tabela 3.2 Métodos de esterilização.

Método	Concentração (nível de atividade)
CALOR	
Calor úmido	75 a 100°C por 30 min (alto)
LÍQUIDO	
Glutaraldeído	2 a 3,2% (alto)
Peróxido de hidrogênio	3 a 25% (alto)
Compostos de cloro	100 a 1.000 ppm de cloro livre (alto)
Álcool (etílico, isopropílico)	70 a 95% (intermediário)
Compostos fenólicos	0,4 a 5,0% (intermediário/baixo)
Compostos iodóforos	30 a 50 ppm de iodo livre por litro (intermediário)
Compostos quaternários de amônio	0,4 a 1,6% (baixo)

ppm, partes por milhão.

Tabela 3.3 Agentes antissépticos.

Agente antisséptico	Concentração
Álcool (etílico, isopropílico)	70 a 90%
Iodóforos	1 a 2 mg de iodo livre por litro; 1 a 2% de iodo disponível
Clorexidina	0,5 a 4,0%
Paraclorometaxilenol	0,50 a 3,75%
Triclosana	0,3 a 2,0%
Compostos quaternários de amônio	0,4 a 1,6% (baixo)

Tabela 3.4 Propriedades germicidas dos desinfetantes e agentes antissépticos.

Agentes	Bactérias	Micobactérias	Esporos bacterianos	Fungos	Vírus
DESINFETANTES					
Álcool	+	+	–	+	+/–
Peróxido de hidrogênio	+	+	+/–	+	+
Fenólicos	+	+	–	+	+/–
Cloro	+	+	+/–	+	+
Iodóforos	+	+/–	–	+	+
Glutaraldeído	+	+	+	+	+
Compostos quaternários de amônio	+/–	–	–	+/–	+/–
AGENTES ANTISSÉPTICOS					
Álcool	+	+	–	+	+
Iodóforos	+	+	–	+	+
Clorexidina	+	+	–	+	+
Paraclorometaxilenol	+/–	+/–	–	+	+/–
Triclosana	+	+/–	–	+/–	+

Mecanismos de ação

A seção a seguir analisa resumidamente os mecanismos de funcionamento dos esterilizantes, desinfetantes e antissépticos mais comuns.

CALOR ÚMIDO

Tentativas de esterilizar itens usando água fervente são ineficientes, porque apenas uma temperatura relativamente baixa (100°C) pode ser mantida. Na prática, a formação de esporos por uma bactéria é frequentemente demonstrada ao ferver uma solução de microrganismos e então subcultivar a solução. A fervura mata os organismos vegetativos, mas os esporos permanecem viáveis. Em contraste, o vapor sob pressão em uma autoclave é uma maneira muito eficaz de esterilização; a temperatura mais alta causa desnaturação de proteínas microbianas. A taxa de morte de microrganismos durante o processo de autoclave é rápida, mas é influenciada pela temperatura e duração da autoclavagem, tamanho da autoclave, vazão do vapor, densidade e tamanho da carga e colocação da carga na câmara. Deve-se ter cuidado para evitar a criação de bolsas de ar, que inibem a penetração do vapor na carga. Em geral, a maioria das autoclaves é operada a temperaturas de 121 a 132°C por 15 minutos ou mais. A inclusão de preparações comerciais de esporos de *Bacillus stearothermophilus* pode ajudar a monitorar a eficácia da esterilização. Uma ampola desses esporos é colocada no centro da carga, removida no final do processo de autoclave e incubada a 37°C. Se o processo de esterilização for bem-sucedido, os esporos são mortos e os organismos não conseguem crescer.

ÓXIDO DE ETILENO

O óxido de etileno é um gás incolor (solúvel em água e em solventes orgânicos comuns) utilizado para esterilizar itens sensíveis ao calor. O processo de esterilização é relativamente lento e influenciado pela concentração do gás, umidade relativa e teor de umidade do item a ser esterilizado, tempo de exposição e temperatura. O tempo de exposição é reduzido em 50% para cada duplicação da concentração de óxido de etileno. Da mesma maneira, a atividade do óxido de etileno dobra, aproximadamente, a cada aumento de temperatura de 10°C. A esterilização com o óxido de etileno é ótima em uma umidade relativa de aproximadamente 30%, com atividade diminuída em umidade mais alta ou mais baixa. Isso é particularmente problemático se os microrganismos contaminados são secos em uma superfície ou liofilizados. O óxido de etileno exerce sua atividade esporicida por meio da alquilação dos grupos terminais hidroxila, carboxila, amino e sulfidrila. Esse processo bloqueia os grupos reativos necessários para muitos processos metabólicos essenciais. Exemplos de outros gases alquilantes fortes usados como esterilizantes são o formaldeído e a β-propiolactona. Como o óxido de etileno pode causar danos aos tecidos viáveis, o gás deve ser dissipado antes que o item possa ser usado. Esse período de aeração é geralmente de 16 horas ou mais. A eficácia da esterilização é monitorada pelo teste com esporos de *B. subtilis*.

ALDEÍDOS

Tal como ocorre com o óxido de etileno, os aldeídos exercem seu efeito por meio da alquilação. Os dois aldeídos mais bem conhecidos são o **formaldeído** e o **glutaraldeído**, que podem ser empregados como esterilizantes ou desinfetantes de alto nível. O gás formaldeído pode ser dissolvido em água, criando uma solução denominada formalina. Baixas concentrações de formalina são bacteriostáticas (ou seja, inibem, mas não matam organismos), enquanto concentrações mais altas (p. ex., 20%) podem matar todos os organismos. A combinação de formaldeído com álcool pode potencializar essa atividade microbicida. A exposição da pele ou de membranas mucosas ao formaldeído pode ser tóxica, e os vapores podem ser cancerígenos. Por essas razões, o formaldeído, hoje, é raramente usado em ambientes de cuidados de saúde. O glutaraldeído é menos tóxico para tecidos viáveis, mas ainda pode causar queimaduras na pele ou nas membranas mucosas. Ele é mais ativo em níveis de pH alcalino ("ativado" por hidróxido de sódio), mas é menos estável. O glutaraldeído também é inativado por material orgânico; portanto, itens que serão tratados devem primeiro ser limpos.

AGENTES OXIDANTES

Exemplos de oxidantes incluem ozônio, ácido peracético e peróxido de hidrogênio – este último, o mais comum. O **peróxido de hidrogênio** mata com eficácia a maioria das bactérias em uma concentração de 3 a 6% e elimina todos os microrganismos, incluindo esporos, em concentrações mais altas (10 a 25%). A forma oxidante ativa não é o peróxido de hidrogênio, e sim o radical hidroxila livre formado pela decomposição do peróxido de hidrogênio. O peróxido de hidrogênio é utilizado para desinfetar implantes plásticos, lentes de contato e próteses cirúrgicas.

HALOGÊNIOS

Halogênios, como compostos que contêm iodo ou cloro, são usados extensivamente como desinfetantes. Os **compostos de iodo** são os halogênios mais eficazes disponíveis para desinfecção. O iodo é um elemento altamente reativo que precipita proteínas e oxida enzimas essenciais. É microbicida contra praticamente todos os microrganismos, incluindo bactérias formadoras de esporos e micobactérias. Nem a concentração, nem o pH da solução de iodo, afetam a atividade microbicida, embora a eficiência das soluções de iodo seja aumentada em soluções ácidas, porque mais iodo livre é liberado. O iodo age mais rapidamente do que outros compostos de halogênio ou compostos quaternários de amônio. No entanto, sua atividade pode ser reduzida na presença de alguns compostos orgânicos e inorgânicos, incluindo soro, fezes, líquido ascítico, escarro, urina, tiossulfato de sódio e amônia. O iodo em sua forma elementar pode ser dissolvido em iodeto de potássio aquoso ou álcool ou pode formar um complexo com um transportador. O último composto é referido como um *iodóforo* (*iodo* significa iodo, e *phor* significa transportador). Povidona-iodo (iodo formando complexo com polivinilpirrolidona) é utilizado com mais frequência e é relativamente estável e não tóxico para tecidos e superfícies metálicas, mas é caro ao compararmos com outras soluções de iodo.

Compostos de cloro também são amplamente usados como **desinfetantes**. Soluções aquosas de cloro são rapidamente bactericidas, embora seus mecanismos de ação não sejam definidos. Três formas podem estar presentes na água: cloro elementar (Cl_2), que é um agente oxidante muito forte; ácido hipocloroso ($HOCl$); e íon hipoclorito (OCl_2). O cloro também se combina com amônia e outros compostos nitrogenados para formar cloraminas ou compostos N-cloro. Ele pode exercer seu efeito pela oxidação irreversível de grupos sulfidrila (SH) de enzimas essenciais. Acredita-se que os hipocloritos interajam com os componentes citoplasmáticos para formar compostos N-cloro tóxicos, que interferem no metabolismo celular. A eficácia do cloro é inversamente proporcional ao pH, com maior atividade observada em níveis de pH ácido. Isso é consistente com uma maior atividade associada ao $HOCl$ em vez de concentrações de OCl_2. A atividade dos compostos de cloro também aumenta com a concentração (p. ex., um aumento de duas vezes na concentração resulta em uma diminuição de 30% no tempo necessário para matar) e a temperatura (p. ex., uma redução de 50 a 65% no tempo de morte com um aumento de 10°C na temperatura). A matéria orgânica e os detergentes alcalinos podem reduzir a eficácia dos compostos de cloro. Esses compostos demonstram boa atividade germicida, apesar de os organismos formadores de esporos serem de 10 a 1.000 vezes mais resistentes ao cloro do que as bactérias na forma vegetativa.

COMPOSTOS FENÓLICOS

Compostos fenólicos (germicidas) raramente são considerados desinfetantes. No entanto, são de interesse histórico porque foram usados como um padrão comparativo para avaliar a atividade de outros compostos germicidas. A proporção da atividade germicida por um composto em teste para isso, por uma concentração definida de fenol, produziu o coeficiente de fenol. Um valor igual a 1 indicava atividade equivalente; maior que 1 indicava atividade menor que o fenol; e valor menor que 1 indicava atividade maior que o fenol. Esses testes são limitados, pois o fenol não é esporicida em temperatura ambiente (mas é esporicida em temperaturas próximas de 100°C) e tem baixa atividade contra vírus que não contêm lipídios. Isso é compreensível, pois se acredita que o fenol atue rompendo as membranas lipídicas, resultando no extravasamento do conteúdo celular. Os compostos fenólicos são ativos contra as micobactérias normalmente resistentes, porque a parede celular desses organismos tem uma concentração muito alta de lipídios. A exposição de compostos fenólicos a compostos alcalinos reduz significativamente sua atividade, enquanto a halogenação dos fenólicos aumenta sua atividade. A introdução de grupos alifáticos ou aromáticos no núcleo de fenóis halogenados também aumenta sua atividade. Os bisfenóis são dois compostos fenólicos ligados entre si. A atividade desses compostos também pode ser potencializada por halogenação. Um exemplo de bisfenol halogenado é o **hexaclorofeno**, um antisséptico com atividade contra bactérias gram-positivas.

COMPOSTOS QUATERNÁRIOS DE AMÔNIO

Compostos quaternários de amônio consistem em quatro grupos orgânicos ligados covalentemente ao nitrogênio. A atividade germicida desses compostos catiônicos é determinada pela natureza dos grupos orgânicos, com a maior atividade observada nos compostos com grupos de 8 a 18 carbonos. Exemplos de compostos quaternários de amônio incluem **cloreto de benzalcônio** e **cloreto de cetilapiridínio**. Eles agem desnaturando as membranas celulares para liberar os componentes intracelulares. Os compostos quaternários de amônio são bacteriostáticos em baixas concentrações e bactericidas em altas concentrações; no entanto, organismos como *Pseudomonas*, *Mycobacterium* e o fungo *Trichophyton* são resistentes a esses compostos. De fato, algumas cepas de *Pseudomonas* podem crescer em soluções de quaternário de amônio. Muitos vírus e todos os esporos bacterianos também são resistentes. Detergentes iônicos, matéria orgânica e diluição neutralizam os compostos quaternários de amônio.

ALCOÓIS

A atividade germicida dos alcoóis aumenta com o acréscimo do comprimento da cadeia (máximo de cinco a oito carbonos). Os dois alcoóis mais comumente utilizados são o **etanol** e o **isopropanol**. Eles são bactericidas de ação rápida contra bactérias vegetativas, micobactérias, alguns fungos e vírus que contêm lipídios. Infelizmente, os alcoóis não têm atividade contra esporos bacterianos e apresentam baixa atividade contra alguns fungos e vírus não contendo lipídios. Sua atividade é maior na presença de água. Assim, o álcool a 70% é mais ativo do que o álcool a 95%. O álcool é um desinfetante comum para as superfícies da pele e, quando seguido pelo tratamento com um iodóforo, é extremamente eficaz para essa finalidade. Os alcoóis também são usados para desinfetar itens como termômetros.

Bibliografia

Block, S.S., 1977. Disinfection, Sterilization, and Preservation, second ed. Lea & Febiger, Philadelphia.

Brody, T.M., Larner, J., Minneman, K.P., 1998. Human Pharmacology: Molecular to Clinical, third ed. Mosby, St Louis.

Widmer, A., Frei, R., 2011. Decontamination, disinfection, and sterilization. In: Versalovic, J., et al. (Ed.), Manual of Clinical Microbiology, tenth ed. American Society for Microbiology, Washington, DC.

SEÇÃO 2

Princípios Gerais do Diagnóstico Laboratorial

RESUMO DA SEÇÃO
4 Microscopia e Cultura *In Vitro*, 18
5 Diagnóstico Molecular, 24
6 Diagnóstico Sorológico, 31

4 Microscopia e Cultura *In Vitro*

A base da microbiologia foi estabelecida em 1676, quando Anton van Leeuwenhoek, utilizando um de seus primeiros microscópios, observou bactérias na água. Quase 200 anos depois, Pasteur foi capaz de crescer bactérias no laboratório em um meio de cultura que consistia em extrato de levedura, açúcar e sais de amônio. Em 1881, Hesse utilizou ágar da cozinha de sua esposa para solidificar o meio nas placas que Petri produziu, que assim propiciou o crescimento de colônias macroscópicas de bactérias. Ao longo dos anos, os microbiologistas retornam à cozinha para criar centenas de meios de cultura que agora são usados rotineiramente em todos os laboratórios de microbiologia clínica. Embora os testes que detectam rapidamente antígenos microbianos e os ensaios moleculares baseados na análise de ácidos nucleicos tenham substituído a microscopia e os métodos de cultura para a detecção de muitos organismos, a capacidade de observar microrganismos por microscopia e crescer microrganismos no laboratório continua sendo um procedimento importante nos laboratórios clínicos. Para muitas doenças, essas técnicas permanecem como os métodos definitivos para identificar a causa de uma infecção. Este capítulo fornecerá uma visão geral das técnicas de microscopia e cultura mais comumente empregadas e detalhes mais específicos serão apresentados nos capítulos dedicados ao diagnóstico laboratorial nas seções individuais de cada organismo estudado.

Microscopia

Em geral, a microscopia é utilizada em microbiologia para dois objetivos básicos: a detecção inicial de microrganismos e a identificação preliminar ou definitiva dos mesmos. O exame microscópico de espécimes clínicos é usado para detectar células bacterianas, elementos fúngicos, parasitas (ovos, larvas ou formas adultas) e aglomerados de vírus (inclusões virais) presentes nas células infectadas. As propriedades morfológicas características podem ser usadas para a identificação preliminar da maioria das bactérias e são utilizadas para a identificação definitiva de muitos fungos e parasitas. A detecção microscópica de organismos corados com anticorpos conjugados com corantes fluorescentes ou outros marcadores provou ser muito útil para a identificação específica de muitos organismos. Cinco métodos microscópicos gerais são utilizados (Boxe 4.1).

Boxe 4.1 Métodos microscópicos.

Microscopia de campo claro (luz)
Microscopia de campo escuro
Microscopia de contraste de fase
Microscopia de fluorescência
Microscopia eletrônica

MÉTODOS MICROSCÓPICOS

Microscopia de campo claro (luz)

Os componentes básicos dos microscópios de luz consistem em uma fonte de luz utilizada para iluminar a amostra posicionada sobre uma platina, um condensador utilizado para focalizar a luz sobre a amostra e dois sistemas de lentes (**objetiva** e **ocular**) usados para ampliar a imagem do espécime. Na microscopia de campo claro, o espécime é visualizado por transiluminação, com a passagem da luz através do condensador para o espécime. A imagem é então ampliada, primeiro pela lente objetiva e depois pela lente ocular. O aumento total da imagem é o produto das ampliações das lentes objetiva e ocular. Três lentes objetivas diferentes são comumente utilizadas: poder de aumento pequeno (ampliação de 10 vezes), que pode ser utilizado para escanear um espécime; grande aumento a seco (40 vezes), que é empregado para observar microrganismos de grandes dimensões, tais como parasitas e fungos filamentosos; e imersão em óleo (100 vezes), que é utilizada para observar bactérias, leveduras (fase unicelular dos fungos) e os detalhes morfológicos de organismos e células de maiores dimensões. As lentes oculares ampliam ainda mais a imagem (geralmente, 10 a 15 vezes). Portanto, o uso de uma lente em óleo de imersão (100 vezes) com uma lente ocular de 10 vezes fornece uma ampliação total de 1.000 vezes, que geralmente é necessária para visualizar bactérias em uma amostra.

A limitação da microscopia de campo claro é a resolução da imagem (ou seja, a capacidade de distinguir que dois objetos são separados e não representam o mesmo objeto). O **poder de resolução** de um microscópio é determinado pelo comprimento de onda da luz utilizado para iluminar o objeto e o ângulo da luz que entra na lente objetiva (denominado **abertura numérica**). O poder de resolução é maior quando o óleo é colocado entre a lente objetiva (geralmente a lente de 100×) e o espécime, pois o óleo reduz a dispersão de luz. Os melhores microscópios de campo claro apresentam um poder de resolução de aproximadamente 0,2 μm, que permite a visualização da maioria das bactérias, mas não dos vírus. Embora a maioria das bactérias e dos microrganismos de grandes dimensões possa ser observada com o microscópio de campo claro, os **índices de refração** dos organismos e a marcação de fundo são semelhantes. Dessa maneira, os organismos devem ser corados com um corante para que possam ser observados, ou um método microscópico alternativo deve ser aplicado.

Microscopia de campo escuro

As mesmas lentes objetivas e oculares utilizadas em microscópios de campo claro são empregadas em microscópios de campo escuro; contudo, um **condensador** especial é usado, prevenindo a luz transmitida de iluminar diretamente o espécime. Apenas a luz oblíqua e difusa atinge a amostra e passa pelo sistema de lentes, fazendo com que a amostra seja iluminada e pareça brilhante contra um fundo negro. A vantagem desse método é que o poder de resolução da microscopia de campo escuro é significativamente aumentado em comparação com o da microscopia de campo claro (*i. e.*, 0,02 μm *versus* 0,2 μm), o que torna possível detectar bactérias extremamente finas, tais como *Treponema pallidum* (agente etiológico da sífilis) e *Leptospira* spp. (leptospirose). A desvantagem desse método é que a luz passa ao redor e não através dos organismos, dificultando o estudo de sua estrutura interna.

Microscopia de contraste de fase

A microscopia de contraste de fase possibilita examinar os detalhes internos dos microrganismos. Nessa forma de microscopia, como os feixes de luz paralelos passam por objetos de diferentes densidades, o comprimento de onda de um feixe se move fora de "fase" em relação ao outro feixe de luz (ou seja, o feixe que se move através do material mais denso é mais retardado do que o outro feixe). Com o uso de **anéis anulares** no condensador e na lente objetiva, as diferenças na fase são amplificadas de modo que a luz em fase parece mais brilhante do que a luz fora de fase. Isso cria uma imagem tridimensional do organismo ou espécime e possibilita uma análise mais detalhada das estruturas internas.

Microscopia de fluorescência

Alguns compostos denominados **fluorocromos** podem absorver a luz ultra-azul ou a luz ultravioleta de curto comprimento de onda e emitir energia em um comprimento de onda visível mais alto. Apesar de alguns microrganismos apresentarem fluorescência natural (**autofluorescência**), a microscopia de fluorescência normalmente envolve a coloração de microrganismos com corantes fluorescentes e, em seguida, a análise com um microscópio de fluorescência especialmente desenvolvido. O microscópio utiliza uma lâmpada de vapor de mercúrio de alta pressão, halogênio ou xenônio que emite um comprimento de onda de luz mais curto do que o emitido pelos microscópios de campo claro tradicionais. Uma série de filtros é utilizada para bloquear o calor gerado da lâmpada, eliminar a luz infravermelha e selecionar o comprimento de onda apropriado para excitar o fluorocromo. A luz emitida do fluorocromo é então ampliada por lentes objetivas e oculares tradicionais. Organismos e espécimes corados com fluorocromos aparecem iluminados e brilhantes contra um fundo escuro, embora as cores variem dependendo do fluorocromo selecionado. O contraste entre o organismo e o fundo é grande o bastante para que o espécime possa ser examinado rapidamente em pequeno aumento, e depois o material é analisado em maior aumento, uma vez detectada a fluorescência.

Microscopia eletrônica

Ao contrário de outras formas de microscopia, **bobinas magnéticas** (em lugar de lentes) são usadas em microscópios eletrônicos para direcionar um feixe de elétrons de um filamento de tungstênio através de uma amostra e em uma tela. Como é utilizado um comprimento de onda muito menor, a ampliação e a resolução são melhoradas drasticamente. Partículas virais individuais (em oposição aos corpos de inclusão viral) podem ser vistas com a microscopia eletrônica. As amostras são geralmente coradas ou revestidas com íons metálicos para criar o contraste. Há dois tipos de microscópios eletrônicos: **microscópios eletrônicos de transmissão**, nos quais os elétrons como a luz passam diretamente pelo espécime, e os **microscópios eletrônicos de varredura**, em que os elétrons saltam da superfície da amostra em um ângulo e uma imagem tridimensional é produzida. Hoje, a microscopia eletrônica é utilizada mais como uma ferramenta de pesquisa do que como um auxílio diagnóstico, e a amplificação de ácidos nucleicos, altamente sensível e específica, representa o teste diagnóstico primário em uso corrente.

MÉTODOS DE EXAME

Espécimes clínicos ou suspensões de microrganismos podem ser colocados sobre uma lâmina de vidro e examinados ao microscópio (exame direto a fresco). Embora grandes organismos (p. ex., elementos fúngicos, parasitas) e material celular possam ser visualizados usando esse método, a análise dos detalhes internos é muitas vezes difícil. A microscopia de contraste de fase pode superar alguns desses problemas; alternativamente, o espécime ou organismo pode ser corado por uma variedade de métodos (Tabela 4.1).

Exame direto

Métodos de exame direto são os mais simples para preparar amostras para o exame microscópico. A amostra pode ser suspensa em água ou salina (**montagem a fresco**), misturada com álcali para dissolver o material de fundo (**método do hidróxido de potássio [KOH]**) ou misturada com uma combinação de álcali e um corante de contraste (p. ex., **lactofenol azul de algodão, iodo**). Os corantes coram o material celular de maneira não específica, aumentando o contraste com o fundo, e possibilitam o exame das estruturas detalhadas. Uma variação é o **método da tinta da China ou tinta nanquim**, no qual a tinta escurece o fundo em lugar da célula. Esse método é utilizado para detectar cápsulas que envolvem os organismos, tais como a levedura *Cryptococcus* (o corante é excluído pela cápsula, criando um halo claro ao redor da célula leveduriforme) e *Bacillus anthracis* encapsulado.

Colorações diferenciais

Uma variedade de colorações diferenciais é empregada para corar organismos específicos ou componentes do material celular. A **coloração pelo método de Gram** é a mais bem conhecida e mais amplamente utilizada, formando a base para a classificação fenotípica de bactérias; as leveduras também podem ser coradas por esse método (leveduras são gram-positivas). As colorações com **hematoxilina férrica** e **tricômio** são valiosas para identificar parasitas protozoários, e a coloração **Wright-Giemsa** é utilizada para identificar parasitas sanguíneos e outros organismos selecionados. Corantes, tais como metenamina prata e azul orto-toluidina, foram amplamente substituídos por corantes diferenciais ou fluorescentes mais sensíveis ou tecnicamente mais fáceis.

Colorações de organismos álcool-ácido resistentes

Pelo menos três diferentes colorações de organismos álcool-ácido resistentes são utilizadas, cada uma explorando o fato de que alguns organismos retêm um corante primário, mesmo quando expostos aos agentes de descoloração fortes, como misturas de ácidos e alcoóis. O método de **Ziehl-Neelsen** é o mais antigo, mas requer aquecimento do espécime durante o procedimento de coloração.

Tabela 4.1 Preparações microscópicas e colorações utilizadas no laboratório de microbiologia clínica.

Método de coloração	Princípio e aplicações
EXAME DIRETO	
Exame a fresco	A preparação não corada é examinada por microscopia de campo claro, campo escuro ou contraste de fase
KOH a 10%	O KOH é utilizado para dissolver materiais proteináceos e facilitar a detecção de elementos fúngicos que não são afetados por solução alcalinas fortes; corantes como o lactofenol azul de algodão podem ser adicionados para aumentar o contraste entre os elementos fúngicos e o fundo
Tinta da China (nanquim)	Modificação do procedimento com KOH em que a tinta é adicionada como material de contraste; corante utilizado principalmente para detectar *Cryptococcus* spp. em líquido cefalorraquidiano e outros fluidos do corpo; a cápsula polissacarídica de *Cryptococcus* spp. exclui a tinta, criando um halo ao redor da célula leveduriforme
Solução iodada de Lugol	O iodo é adicionado a preparações a fresco de espécimes parasitológicos para aumentar o contraste de estruturas internas; isso facilita a diferenciação de amebas e leucócitos no hospedeiro
COLORAÇÕES DIFERENCIAIS	
Coloração pelo método de Gram	Coloração mais comumente usada em laboratório de microbiologia, formando a base para a separação dos principais grupos de bactérias (p. ex., gram-positivas, gram-negativas); após a fixação da amostra à lâmina de vidro (por aquecimento ou tratamento com álcool), a amostra é exposta ao cristal violeta e depois o iodo é adicionado para formar um complexo com o corante primário; durante a descoloração com álcool ou acetona, o complexo é retido em bactérias gram-positivas, mas perdido em organismos gram-negativos; a contracoloração com safranina é retida por organismos gram-negativos (por essa razão, sua cor é vermelha); o grau em que o organismo retém o corante é em função do organismo, condições de cultura e habilidades do microscopista para a coloração
Coloração com hematoxilina férrica	Utilizada para detecção e identificação de protozoários nas fezes; ovos e larvas de helmintos retêm bastante corante e são mais facilmente identificados com a preparação a fresco
Metenamina prata	Em geral, realizada em laboratórios de histologia e não em laboratórios de microbiologia; utilizada principalmente para a detecção por coloração de elementos fúngicos nos tecidos, embora outros organismos (p. ex., bactérias) possam ser detectados; a coloração com prata requer habilidade porque a coloração inespecífica pode tornar as lâminas incapazes de serem interpretadas
Coloração com azul de ortotoluidina	Utilizada principalmente para detecção de organismos *Pneumocystis* em amostras respiratórias; os cistos coram de azul-avermelhado a roxo-escuro em um fundo azul-claro; a coloração de fundo é removida por reagente de sulfação; as células de leveduras coram e são difíceis de distinguir de células de *Pneumocystis*; os trofozoítos não coram; muitos laboratórios substituíram esse corante por outros fluorescentes específicos
Coloração tricômica	Alternativa à hematoxilina férrica para corar protozoários; os protozoários apresentam citoplasmas corados em verde azulado ao roxo com núcleos vermelhos ou vermelho-arroxeados e corpos de inclusão; a coloração de fundo do espécime é verde
Coloração Wright-Giemsa	Utilizada para detectar parasitas sanguíneos, corpos de inclusão virais e de clamídias, além de *Borrelia*, *Toxoplasma*, *Pneumocystis* e *Rickettsia* spp.; esse é um corante policromático que contém uma mistura de azul de metileno, azure B e eosina Y; o corante Giemsa combina o azul de metileno e a eosina; íons de eosina são carregados negativamente e coram componentes básicos das células em laranja a rosa, enquanto outros corantes coram estruturas celulares acídicas em vários tons de azul a roxo; os trofozoítos de protozoários têm um núcleo vermelho e citoplasma azul-acinzentado; leveduras intracelulares e corpos de inclusão normalmente coram em azul; riquétsias, clamídias e *Pneumocystis* spp. coram em roxo
COLORAÇÕES DE ORGANISMOS ÁLCOOL-ÁCIDO RESISTENTES	
Coloração de Ziehl-Neelsen	Usada para corar micobactérias e outros organismos álcool-ácido resistentes; os organismos são corados com carbolfucsina básica e resistem à descoloração com soluções ácido-alcalinas; o fundo é contracorado com azul de metileno; os organismos ficam vermelhos contra um fundo azul-claro; a captação de carbolfucsina requer o aquecimento da amostra (corante álcool-ácido resistente quente)
Coloração de Kinyoun	Coloração fria de organismos álcool-ácido resistentes (não requer aquecimento); mesmo princípio da coloração de Ziehl-Neelsen
Auramina-rodamina	Mesmo princípio de outros corantes de organismos álcool-ácido resistentes, com exceção de que os corantes fluorescentes (auramina e rodamina), são utilizados para coloração primária e o permanganato de potássio (agente oxidante forte) é empregado como contracorante e inativa corantes fluorocromos não ligados; organismos fluorescem em verde-amarelado contra um fundo preto
Coloração álcool-ácido resistente modificada	O agente descolorante fraco é usado com qualquer um dos três corantes usados para organismos álcool-ácido resistentes listados; enquanto as micobactérias são fortemente álcool-ácido resistentes, outros organismos coram fracamente (p. ex., *Nocardia*, *Rhodococcus*, *Tsukamurella*, *Gordonia*, *Cryptosporidium*, *Isospora*, *Sarcocystis*, *Cyclospora*); esses organismos podem ser corados mais eficientemente usando um agente descolorante fraco; os organismos que retêm esse corante são denominados parcialmente álcool-ácido resistentes

Continua

Tabela 4.1 Preparações microscópicas e colorações utilizadas no laboratório de microbiologia clínica. *(continuação)*

COLORAÇÕES FLUORESCENTES	
Coloração com laranja de acridina	Utilizada para detecção de bactérias e fungos em espécimes clínicos; o corante é intercalante de ácidos nucleicos (nativos e desnaturados); em pH neutro, bactérias, fungos e material celular coram em laranja-avermelhado; em pH ácido (4,0), bactérias e fungos permanecem laranja-avermelhados, mas o material de fundo cora em amarelo-esverdeado
Coloração com auramina-rodamina	Mesma dos corantes álcool-ácido resistentes
Coloração com Calcofluor branco	Utilizada para detectar elementos fúngicos e *Pneumocystis* spp.; o corante se liga à celulose e à quitina nas paredes celulares; o microscopista pode misturar o corante com KOH (muitos laboratórios substituíram a tradicional coloração com KOH por esta coloração)
Coloração com anticorpos por fluorescência direta	Os anticorpos (monoclonais ou policlonais) são complexados com moléculas fluorescentes; a ligação específica a um organismo é detectada pela presença de fluorescência microbiana; a técnica mostrou ser útil para detectar ou identificar muitos organismos (p. ex., *Streptococcus pyogenes, Bordetella, Francisella, Legionella, Chlamydia, Pneumocystis, Cryptosporidium, Giardia*, vírus influenza, herpes-vírus simples); a sensibilidade e a especificidade do teste são determinadas pelo número de organismos presentes na amostra em teste e a qualidade dos anticorpos utilizados nos reagentes

KOH, hidróxido de potássio.

Muitos laboratórios substituíram esse método pela coloração de organismos álcool-ácido resistentes a frio (**método de Kinyoun**) ou pelo uso de corante fluorocromo (**método da auramina-rodamina**). O método do fluorocromo é a coloração de escolha, porque uma grande área da amostra pode ser examinada rapidamente por meio da simples busca de organismos fluorescentes contra um fundo preto. Alguns organismos são "parcialmente álcool-ácido resistentes", retendo o corante primário somente quando são descorados com uma solução fracamente ácida. Essa propriedade é característica de apenas alguns organismos (ver Tabela 4.1), o que a torna bastante valiosa para sua identificação preliminar.

Colorações fluorescentes

A coloração pelo método de auramina-rodamina de organismos álcool-ácido resistentes é um exemplo específico de coloração fluorescente. Inúmeros outros corantes fluorescentes também são usados para corar amostras. Por exemplo, o **corante laranja de acridina** pode ser utilizado para corar bactérias e fungos, e o **Calcofluor branco** cora a quitina nas paredes das células fúngicas. Embora o corante laranja de acridina seja bastante limitado em suas aplicações, o Calcofluor branco tem substituído o uso das colorações com KOH. Outro procedimento é o exame de espécimes com anticorpos específicos conjugados com corantes fluorescentes (**colorações com anticorpos fluorescentes**). A análise da presença de organismos fluorescentes é um método rápido tanto para a detecção quanto para a identificação do organismo.

Cultura *in vitro*

O sucesso dos métodos de cultura é definido pela biologia do organismo, o sítio da infecção, a resposta imune do paciente à infecção e a qualidade dos meios de cultura. A bactéria *Legionella* é um importante patógeno respiratório; no entanto, não crescia em cultura até que se soubesse que a recuperação do organismo necessitava do uso de meios suplementados com ferro e L-cisteína. *Campylobacter*, um patógeno entérico importante, não era recuperado em amostras de fezes até que meios altamente seletivos fossem incubados a 42°C em uma atmosfera microaerófila. *Chlamydia*, uma importante bactéria responsável por infecções sexualmente transmissíveis, é um patógeno intracelular obrigatório que deve ser cultivado em células vivas. *Staphylococcus aureus*, a causa da síndrome do choque tóxico estafilocócico, produz doença pela liberação de uma toxina no sistema circulatório. A hemocultura quase sempre será negativa, mas a cultura do sítio no qual o organismo está crescendo detectará o organismo. Em diversas infecções (p. ex., gastrenterite, faringite, uretrite), o organismo responsável pela infecção estará presente entre muitos outros organismos que fazem parte da população microbiana normal no sítio de infecção. Muitos meios foram desenvolvidos que suprimem microrganismos normalmente presentes e propiciam a detecção mais fácil de organismos de relevância clínica. As imunidades inata e adaptativa do paciente podem suprimir o patógeno, de modo que técnicas de cultura altamente sensíveis são frequentemente necessárias. Da mesma maneira, algumas infecções são caracterizadas pela presença de relativamente poucos organismos. Por exemplo, a maioria dos pacientes sépticos tem menos de um organismo por mililitro de sangue; portanto, a recuperação desses organismos em uma hemocultura tradicional requer a inoculação de um grande volume de sangue em caldos de enriquecimento. Finalmente, a qualidade dos meios deve ser cuidadosamente monitorada para demonstrar que eles terão o desempenho esperado.

Relativamente poucos laboratórios preparam seus próprios meios de cultura atualmente. A maioria dos meios é produzida por grandes companhias comerciais com experiência na sua produção. Embora isso tenha vantagens óbvias, significa também que os meios não são "produzidos recentemente". Em geral, isso não é um problema, apesar de poder afetar a recuperação de alguns organismos fastidiosos (p. ex., *Bordetella pertussis*). Portanto, laboratórios que realizam ensaios sofisticados frequentemente têm a capacidade de preparar uma quantidade limitada de meios especializados. As formulações desidratadas da maioria dos meios estão disponíveis, de modo que isso possa ser realizado com o mínimo de dificuldade. Consulte as referências na Bibliografia para informações adicionais sobre a preparação e o controle de qualidade dos meios.

TIPOS DE MEIOS DE CULTURA

Os meios de cultura podem ser subdivididos em quatro categorias gerais: (1) meios não seletivos enriquecidos, (2) meios seletivos, (3) meios diferenciais e (4) meios especializados (Tabela 4.2). Alguns exemplos desses meios são resumidos a seguir.

Meios não seletivos enriquecidos

Esses meios são desenvolvidos para auxiliar no crescimento da maioria dos organismos sem exigências de crescimento fastidioso. A seguir, estão alguns dos mais comumente utilizados:

Ágar-sangue. Muitos tipos de meios ágar-sangue são utilizados em laboratórios clínicos. Eles contêm dois componentes principais: um meio basal (p. ex., soja tríptica, infusão cérebro-coração, *Brucella* base) e sangue (p. ex., ovelha, cavalo, coelho). Diversos outros suplementos também podem ser adicionados para ampliar a variedade de organismos que podem crescer nos meios.

Ágar chocolate. Esse é um meio ágar-sangue modificado. Quando o sangue ou a hemoglobina são adicionados aos meios basais aquecidos, eles ficam marrom (daí o nome). Esse meio auxilia no crescimento da maioria das bactérias, incluindo algumas que não crescem em ágar-sangue (*Haemophilus*, algumas cepas patogênicas de *Neisseria*).

Ágar Mueller-Hinton. Esse é o meio recomendado para testes de rotina de suscetibilidade das bactérias aos antibacterianos. Tem uma composição bem definida de extratos de carne e de caseína, sais, cátions divalentes e amido solúvel, necessária para que os resultados dos testes sejam reprodutíveis.

Caldo de tioglicolato. Esse é um dos vários caldos de enriquecimento utilizados para recuperar baixos números de bactérias aeróbias e anaeróbias. Diversas formulações são usadas, mas a maioria inclui digesto de caseína, glicose, extrato de levedura, cisteína e tioglicolato de sódio. A suplementação com hemina e vitamina K aumentará a recuperação de bactérias anaeróbias.

Ágar Sabouraud dextrose. Esse é um meio enriquecido que consiste em digesto de caseína e tecido animal suplementado com glicose, utilizado para o isolamento de fungos. Uma variedade de formulações foi desenvolvida, mas a maioria dos micologistas utiliza a formulação com uma baixa concentração de glicose e pH neutro. Ao reduzir o pH e adicionar antibacterianos para inibir bactérias, esse meio pode ser seletivo para fungos.

Meios seletivos e meios diferenciais

Os meios seletivos são desenvolvidos para a recuperação de organismos específicos que podem estar presentes em uma mistura de outros organismos (p. ex., um patógeno entérico nas fezes). Os meios são suplementados com inibidores que suprimem o crescimento de organismos indesejados. Esses meios podem ser diferenciais pela adição de ingredientes específicos que possibilitam a identificação de um organismo em uma mistura (p. ex., adição de lactose e um indicador de pH para detectar organismos fermentadores de lactose). A seguir, alguns exemplos de meios seletivos e diferenciais:

Ágar MacConkey. Esse é um ágar seletivo para bactérias gram-negativas e diferencial para distinguir bactérias fermentadoras de lactose de não fermentadoras de lactose. O meio consiste em digestos de peptonas, sais biliares,

Tabela 4.2 Tipos de meios de cultura.

Tipo	Meios (exemplos)	Objetivo
Não seletivo	Ágar-sangue	Recuperação de bactérias e fungos
	Ágar chocolate	Recuperação de bactérias incluindo *Haemophilus* e *Neisseria gonorrhoeae*
	Ágar Mueller-Hinton	Meio para o teste de suscetibilidade bacteriana
	Caldo de tioglicolato	Caldo de enriquecimento para bactérias anaeróbias
	Ágar Sabouraud dextrose	Recuperação de fungos
Seletivo, diferencial	Ágar MacConkey	Seletivo para bactérias gram-negativas; diferencial para espécies fermentadoras de lactose
	Ágar sal-manitol	Seletivo para estafilococos; diferencial para *Staphylococcus aureus*
	Ágar xilose-lisina desoxicolato	Ágar seletivo, diferencial para *Salmonella* e *Shigella* em culturas entéricas
	Meio de Lowenstein-Jensen	Seletivo para micobactérias
	Ágar Middlebrook	Seletivo para micobactérias
	CHROMagar™	Seletivo, diferencial para bactérias e leveduras selecionadas
	Ágar inibidor de bolores (fungos filamentosos)	Seletivo para fungos filamentosos
Especializado	Ágar BCYE	Recuperação de *Legionella* e *Nocardia*
	Ágar cistina-telurito	Recuperação de *Corynebacterium diphtheriae*
	Caldo Lim	Recuperação de *Streptococcus agalactiae*
	Ágar MacConkey-sorbitol	Recuperação de *Escherichia coli* O157
	Ágar Regan-Lowe	Recuperação de *Bordetella pertussis*
	Ágar TCBS	Recuperação de espécies de *Vibrio*

BYCE, extrato de levedura-carvão tamponado; *TCBS*, tiossulfato-citrato-sais biliares-sacarose.

lactose, vermelho neutro e cristal violeta. Os sais biliares e o cristal violeta inibem bactérias gram-positivas. Bactérias que fermentam lactose produzem ácidos que precipitam os sais biliares e causam uma coloração vermelha no indicador vermelho neutro.

Ágar sal-manitol. Esse é um meio seletivo utilizado para o isolamento de estafilococos. O meio consiste em digestos de caseína e tecido animal, extrato de carne, manitol, sais e vermelho fenol. Os estafilococos podem crescer na presença de uma alta concentração de sais, e *S. aureus* pode fermentar manitol, produzindo colônias de coloração amarela nesse ágar.

Ágar xilose-lisina desoxicolato (XLD). Esse é um ágar seletivo utilizado para a detecção de *Salmonella* e *Shigella* em culturas entéricas. É um exemplo de abordagem muito inteligente para detectar bactérias importantes em uma mistura complexa de bactérias insignificantes. O meio consiste em extrato de levedura com xilose, lisina, lactose, sacarose, desoxicolato de sódio, tiossulfato de sódio, citrato de amônio férrico e vermelho fenol. O desoxicolato de sódio inibe o crescimento da maioria das bactérias não patogênicas. Aquelas que crescem normalmente fermentam lactose, sacarose ou xilose, produzindo colônias amarelas. *Shigella* não fermenta esses carboidratos, de modo que as colônias apresentam cor vermelha. *Salmonella* fermenta xilose, mas também descarboxila a lisina, produzindo um produto da diamina alcalina denominado cadaverina. Isso neutraliza os produtos de fermentação ácida; assim, as colônias têm coloração vermelha. Visto que a maioria das bactérias do gênero *Salmonella* produz sulfeto de hidrogênio a partir de tiossulfato de sódio, as colônias ficarão negras na presença de citrato de amônio férrico, possibilitando a diferenciação entre *Salmonella* e *Shigella*.

Meio Lowenstein-Jensen (LJ). Esse meio, utilizado para o isolamento de micobactérias, contém glicerol, farinha de batata, sais e ovos inteiros coagulados (para solidificar o meio). O verde malaquita é adicionado para inibir bactérias gram-positivas.

Ágar Middlebrook. Esse meio contendo ágar é utilizado também para o isolamento de micobactérias. Contém nutrientes necessários para o crescimento de micobactérias (sais, vitaminas, ácido oleico, albumina, catalase, glicerol, glicose) e verde malaquita para a inibição de bactérias gram-positivas. Diferentemente do meio LJ, este meio é solidificado com ágar.

CHROMagar™. Esses ágares seletivos diferenciais são utilizados para o isolamento e a identificação de uma variedade de bactérias (p. ex., *S. aureus*, bactérias entéricas) e leveduras. Um exemplo de modelo desses meios é um desenvolvido para espécies de *Candida*. Esse meio contém cloranfenicol para inibir bactérias e uma mistura de substratos cromogênicos exclusivos. As diferentes espécies de *Candida* apresentam enzimas que podem utilizar um ou mais substratos, liberando o composto colorido e produzindo colônias coloridas; assim, *Candida albicans* forma colônias verdes, *C. tropicalis* forma colônias roxas e *C. krusei* forma colônias rosa.

Ágar inibidor de bolores (fungos filamentosos). Esse meio é uma formulação seletiva enriquecida utilizada para o isolamento de fungos patogênicos, exceto dermatófitos. O cloranfenicol é adicionado para suprimir o crescimento de bactérias contaminantes.

Meios especializados

Uma grande variedade de meios especializados foi criada para a detecção de organismos específicos que podem ser fastidiosos ou normalmente presentes em grandes misturas de organismos. Os meios mais comumente utilizados são descritos nos capítulos de organismos específicos estudados neste livro.

CULTURA CELULAR

Algumas bactérias e todos os vírus são **microrganismos estritamente intracelulares**; isto é, eles podem crescer apenas em células vivas. Em 1949, John Franklin Enders descreveu uma técnica para o cultivo de células de mamíferos para o isolamento de poliovírus. Essa técnica foi ampliada para o crescimento de grande parte dos organismos estritamente intracelulares. As culturas celulares podem ser de células que crescem e se dividem sobre uma superfície (**monocamada de células**) ou que crescem suspensas em caldo. Algumas culturas de células são bem estabelecidas e podem ser mantidas indefinidamente. Essas culturas são comumente disponíveis comercialmente. Outras devem ser preparadas imediatamente antes que sejam infectadas por bactérias ou vírus e não podem ser mantidas no laboratório por mais de poucos ciclos de divisão (**culturas de células primárias**). A entrada em células é frequentemente regulada pela presença de receptores específicos, então a capacidade diferencial para infectar linhagens celulares específicas pode ser utilizada para prever a identidade da bactéria ou do vírus. Informação adicional sobre o uso de culturas de células é descrita nos capítulos seguintes.

Bibliografia

Chapin, K., 2007. Principles of stains and media. In: Murray, P., et al. (Ed.), Manual of Clinical Microbiology, ninth ed. American Society for Microbiology Press, Washington, DC.

Murray, P., Shea, Y., 2004. ASM Pocket Guide to Clinical Microbiology, third ed. American Society for Microbiology Press, Washington, DC.

Snyder, J., Atlas, R., 2006. Handbook of Media for Clinical Microbiology, second ed. CRC Press, Boca Raton, Fla.

Wiedbrauk, D., 2011. Microscopy. In: Versalovic, J., et al. (Ed.), Manual of Clinical Microbiology, tenth ed. American Society for Microbiology, Washington, DC.

Zimbro, M., Power, D., 2003. Difco and BBL Manual: Manual of Microbiological Culture Media. Becton Dickinson and Company, Sparks, Md.

5

Diagnóstico Molecular

Como as evidências deixadas na cena de um crime, o ácido desoxirribonucleico (DNA), o ácido ribonucleico (RNA) ou proteínas de um agente infeccioso em uma amostra clínica podem ser utilizados para ajudar a identificar o agente. Em muitos casos, o agente pode ser detectado e identificado mesmo que não possa ser isolado em cultura ou detectado por métodos imunológicos. Além disso, técnicas moleculares, como sequenciamento do ácido nucleico e análise de proteínas por espectrometria de massa, estão substituindo rapidamente os métodos tradicionais, como testes bioquímicos na identificação de bactérias e fungos isolados em cultura.

O assunto deste capítulo é apresentado geralmente em livros com conteúdo abrangente; portanto, temos aqui apenas uma visão geral e ampla dos métodos e aplicações do diagnóstico molecular. Os métodos abrangem técnicas de detecção de ácidos nucleicos e proteínas, enquanto as aplicações são para detecção, identificação ou caracterização dos microrganismos. A detecção desses patógenos (vírus, bactérias, fungos e parasitas) é principalmente realizada diretamente de amostras clínicas, enquanto a identificação e caracterização podem ser realizadas a partir de amostras clínicas ou com microrganismos isolados em cultura. Exemplos do uso de testes de diagnóstico molecular estão resumidos na Tabela 5.1.

Sondas de ácido nucleico não amplificadas

Os oligonucleotídios de DNA ou RNA (geralmente com menos de 50 nucleotídios de comprimento) marcados com moléculas de sinal repórter ligam-se a sequências específicas complementares ao ácido nucleico microbiano para a detecção do microrganismo em uma amostra clínica ou para a identificação do microrganismo isolado em cultura. Um grande número da sequência alvo deve estar presente para que essas sondas sejam úteis. Geralmente, estes não são utilizados para a detecção direta de microrganismos em amostras clínicas, porque a sensibilidade do teste é muito baixa (em amostras clínicas, poucos microrganismos

Tabela 5.1 Exemplos de aplicações de testes de diagnóstico molecular.

Teste	Ensaio molecular	Diagnóstico alternativo
Testes IH	SASM, SARM	Cultura mais sensível, porém mais lenta
	Clostridium difficile	Imunoensaio oferecido, porém é insensível; teste molecular de escolha
	Bactérias gram-negativas resistentes aos carbapenêmicos	A cultura é mais sensível, porém mais lenta
Testes em saúde reprodutiva	Chlamydia trachomatis	Cultura de tecidos ou sorologia; teste molecular de escolha
	Neisseria gonorrhoeae	Cultura; teste molecular de escolha
	Trichomonas vaginalis	Cultura ou microscopia; teste molecular de escolha
	Streptococcus do grupo B	Cultura; teste molecular de escolha
	Vaginose bacteriana	Microscopia; teste molecular de escolha
Painéis moleculares multiplex	Infecções respiratórias (bactérias, vírus)	Cultura ou imunoensaios para bactérias selecionadas; imunoensaios para vírus selecionados; teste molecular de escolha para a maioria dos agentes
	Infecções entéricas (bactérias, vírus, parasitas)	Cultura ou imunoensaios para bactérias selecionadas; imunoensaios para vírus selecionados; teste molecular de escolha para a maioria dos agentes
	Hemocultura positiva (para bactérias e leveduras)	Identificação rápida por MALDI; testes moleculares complementam a cultura (não substituem)
	Meningite (bactérias, vírus)	Nenhuma alternativa para vírus; complementa a cultura para bactérias (não substitui)
Testes virais a partir de amostras sanguíneas	HIV	Imunoensaio; teste molecular de escolha
	Vírus da hepatite (A, B, C)	Imunoensaio; teste molecular de escolha
	HPV	Citologia; teste molecular de escolha
	Vírus diversos	Teste molecular de escolha
Testes diversos	Mycobacterium tuberculosis	Cultura e/ou microscopia
	Streptococcus do grupo A	Substitui os imunoensaios ou a cultura

IH, infecção hospitalar; HIV, vírus da imunodeficiência humana; HPV, papilomavírus humano; MALDI, ionização de desorção a laser assistida por matriz; SASM, Staphylococcus aureus sensível à meticilina; SARM, Staphylococcus aureus resistente à meticilina.

estarão presentes para uma detecção confiável). No entanto, eles podem ser usados para identificar organismos isolados em cultura, como micobactérias, fungos dimórficos e vírus, porque um grande número deles estará presente. Outra aplicação de sondas moleculares é a detecção de sequências específicas amplificadas pelos métodos listados a seguir.

MÉTODOS DE AMPLIFICAÇÃO DE ÁCIDOS NUCLEICOS

Os métodos de amplificação de ácido nucleico (AAN) são agora amplamente usados em laboratórios clínicos para a detecção direta de patógenos em amostras clínicas. Uma variedade de métodos AAN foi desenvolvida, mas apenas quatro deles, comumente utilizados, são descritos aqui: reação em cadeia da polimerase (PCR, do inglês *polymerase chain reaction*) e modificações da PCR, amplificação mediada por transcrição (AMT), amplificação por deslocamento de cadeia (ADC) e amplificação isotérmica mediada por *loop* (LAMP).

Reação em cadeia da polimerase

A DNA polimerase é usada para sintetizar uma sequência específica de DNA microbiano (sequência alvo). Dois oligonucleotídios iniciadores (*primers*) flanqueiam o DNA de fita dupla a ser sequenciado por ligação às fitas complementares de DNA. A amplificação ocorre aquecendo o DNA para separar as fitas duplas, resfriando a reação para propiciar que os *primers* se liguem às duas fitas de DNA e, em seguida, estendendo as sequências dos *primers* com a DNA polimerase. Esse ciclo de aquecimento, resfriamento e polimerização prossegue por uma série de ciclos, cada vez aumentando exponencialmente o número de cópias do DNA alvo (Figura. 5.1). A PCR é a técnica AAN mais comumente

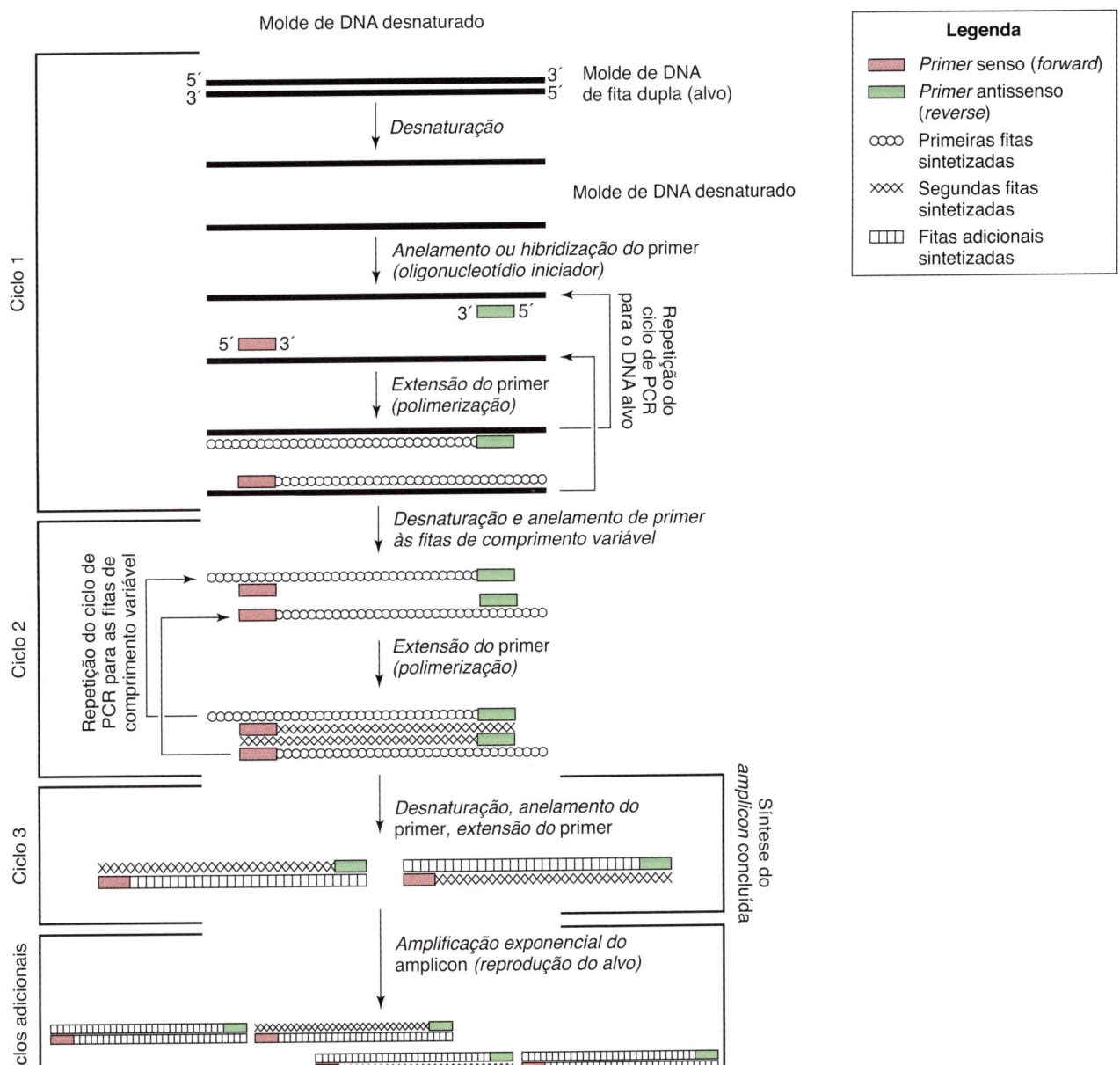

Figura 5.1 Amplificação do alvo pela reação em cadeia da polimerase. (De Wolk, D., Mitchell, S., Patel, R., 2001. Principles of molecular microbiology testing methods. Infect. Dis. Clin. North Am. 15 (4) [Figura 1].)

usada em laboratórios clínicos para a detecção de patógenos em amostras clínicas. Também há uma série de variações da PCR. A **PCR com transcrição reversa** (RT-PCR) foi desenvolvida para amplificar alvos de RNA. A **nested PCR** aumenta a sensibilidade da PCR ao realizar duas reações de amplificação sequenciais utilizando dois pares de *primers* e reações de PCR. O primeiro par de *primers* é usado para uma amplificação por PCR tradicional. O segundo par de *primers* amplifica uma sequência interna do primeiro produto da reação. Esse processo aumenta a sensibilidade e também a especificidade da amplificação por PCR. A **PCR *multiplex*** usa vários pares de *primers* para amplificar simultaneamente múltiplos genes alvos. A **PCR em tempo real** possibilita a amplificação da sequência de ácido nucleico alvo e a detecção simultânea do produto de amplificação, diminuindo o tempo para detectar uma reação positiva.

Amplificação mediada por transcrição

A AMT é um método de amplificação isotérmica de RNA (realizado a uma temperatura constante). O RNA alvo é transcrito em DNA complementar (cDNA) e, então, cópias de RNA são transcritas usando RNA polimerase (Figura 5.2). As vantagens da AMT incluem cinética rápida, eliminação da necessidade de aquecimento e resfriamento com um termociclador e o produto de RNA de fita simples não precisa ser desnaturado antes da detecção. Uma desvantagem dessa técnica é o desempenho relativamente baixo com alvos de DNA.

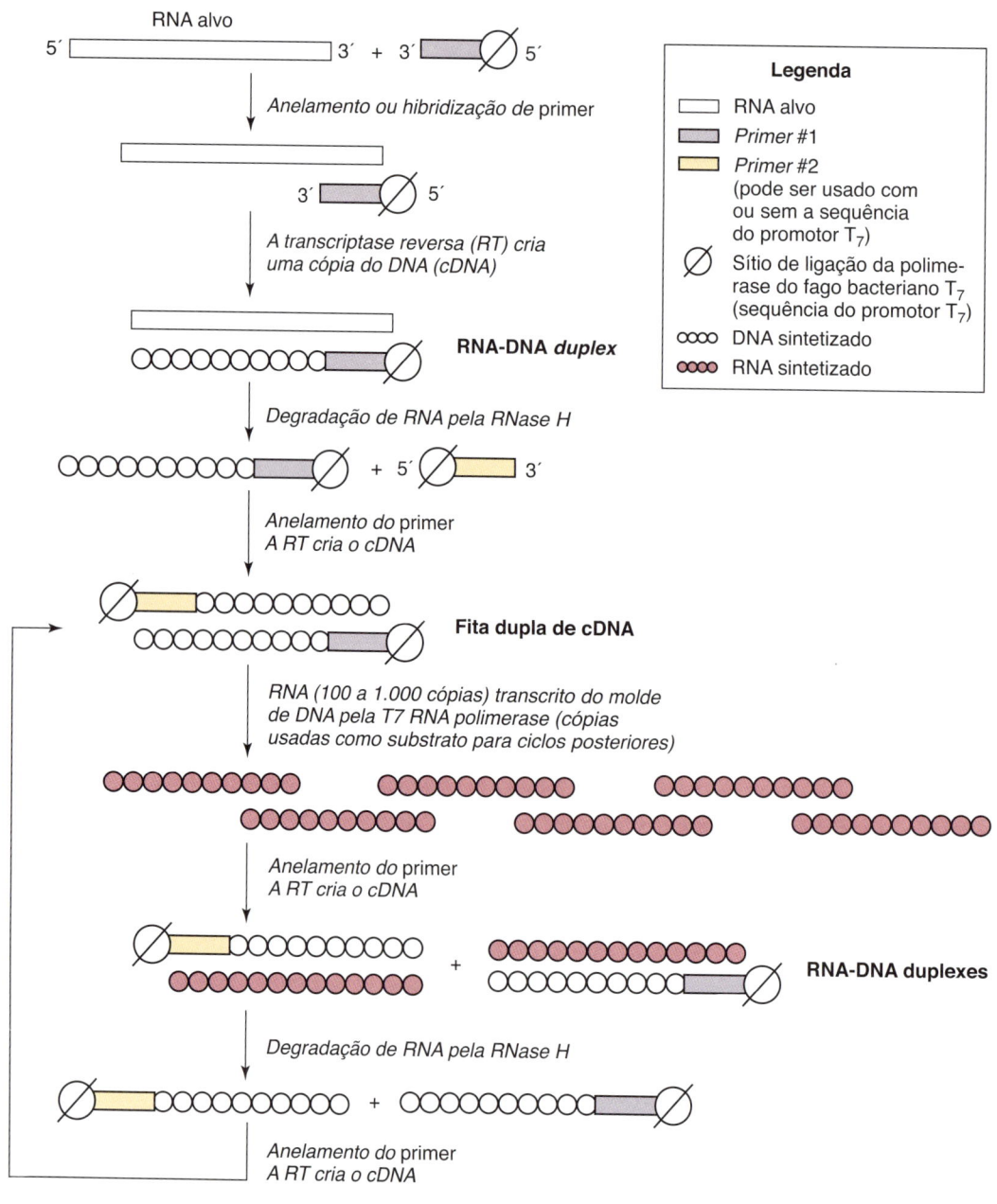

Figura 5.2 Amplificação do alvo baseada na transcrição. (De Wolk, D., Mitchell, S., Patel, R., 2001. Principles of molecular microbiology test methods. Infect. Dis. Clin. North Am. 15 (4) [Figura 6].)

AMPLIFICAÇÃO POR DESLOCAMENTO DE CADEIA

A ADC é um método de amplificação isotérmica para detecção de sequências específicas de RNA e DNA (Figura 5.3). O alvo do DNA de cadeia dupla (ou híbrido de DNA-RNA) é desnaturado e, em seguida, hibridizado com dois pares de *primers*. O par de *primers* para amplificação hibridiza na extremidade 5' da sequência alvo e contém uma sequência de endonuclease de restrição. O segundo par de *primers* se liga logo após a extremidade 3' da sequência alvo. As fitas complementares são estendidas simultaneamente, criando cópias de fita dupla da sequência alvo. A amplificação do alvo ocorre quando a endonuclease cria um corte na extremidade 5' e, em seguida, a DNA polimerase se liga ao local do corte e sintetiza uma nova fita enquanto desloca a fita *downstream* (sequência localizada imediatamente abaixo). Esse processo se repete criando a amplificação exponencial da sequência alvo. Essa amplificação isotérmica tem sensibilidade muito alta, mas a hibridização não específica do *primer* pode ocorrer em misturas complexas de microrganismos.

Amplificação isotérmica mediada por *loop*

LAMP é uma variação isotérmica da ADC usando quatro a seis pares de *primers* para amplificar a sequência alvo de DNA ou RNA. Os produtos amplificados são monitorados em tempo real medindo a turbidez do precipitado de pirofosfato de magnésio produzido durante a reação de amplificação. Esse método de amplificação é particularmente atraente porque é rápido e não requer instrumentação onerosa.

Análise de ácidos nucleicos

Muito parecido com letras, palavras, frases e parágrafos em um livro, as sequências de ácidos nucleicos no DNA e RNA contam uma história sobre as capacidades genéticas de um microrganismo isolado. No nível mais elevado, uma sequência de DNA ou RNA pode ser selecionada e usada para identificar um microrganismo em nível de gênero ou espécie ou caracterizar um gene que codifica um marcador de virulência ou de resistência a antibacterianos. Em um nível mais profundo, as sequências de DNA podem ser utilizadas

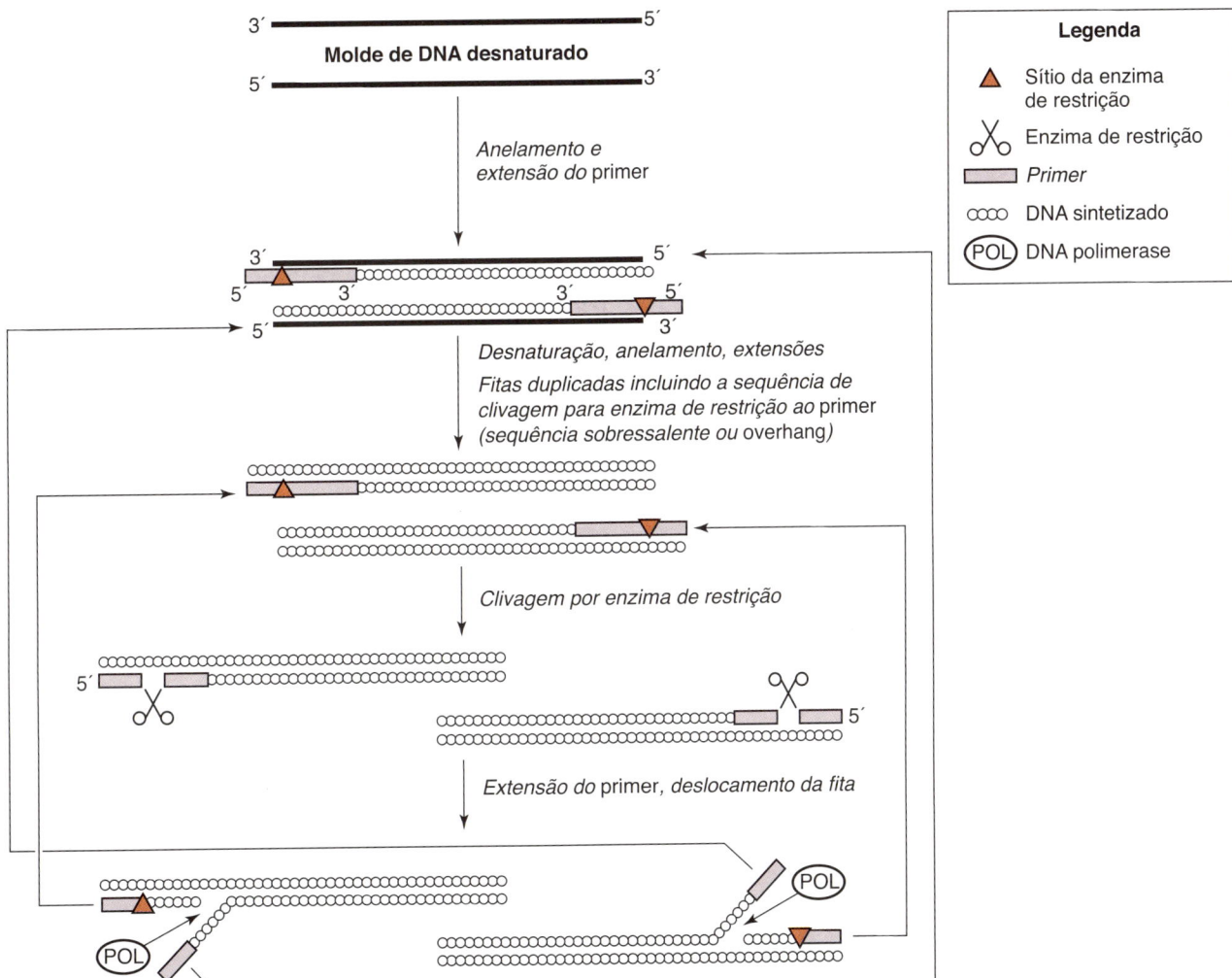

Figura 5.3 Amplificação do alvo com deslocamento da cadeia. (De Wolk, D., Mitchell, S., Patel, R., 2001. Principles of molecular microbiology testing methods. Infect. Dis. Clin. North. Am. 15 (4) [Figura 7].)

para subtipar um microrganismo para fins epidemiológicos. Serão discutidas, nesta seção, as técnicas mais comumente usadas para identificação e subtipagem epidemiológica de microrganismos.

SEQUENCIAMENTO DE ÁCIDOS NUCLEICOS

O sequenciamento pode ser subdividido em sequenciamento direcionado, no qual uma região específica de DNA ou RNA é sequenciada, e sequenciamento do genoma completo (SGC), no qual todo o genoma microbiano é sequenciado. O primeiro é empregado principalmente para identificar um microrganismo ou detectar um gene de virulência, além do gene de resistência a antibacterianos, enquanto o SGC é usado para subtipagem ou genotipagem de microrganismos. Sequenciar os genes do RNA ribossômico é um procedimento comum para a identificação definitiva de bactérias e fungos, porque porções desses genes são altamente conservadas e úteis para a identificação em nível de gênero, enquanto outras sequências dos genes de RNA ribossômico são espécie-específicas. Da mesma maneira, a comparação das sequências do genoma de bactérias individuais é um método comum para avaliar seu grau de parentesco. A partir de cada replicação, uma ou mais mutações são introduzidas nos genomas da progênie bacteriana. Então, quanto mais mutações (polimorfismos de nucleotídio único [SNPs]) estiverem presentes nos genomas, maior a distância de relação entre os dois microrganismos. Esse procedimento se tornou o padrão-ouro para investigações de surtos infecciosos. No entanto, embora o processo de SGC, incluindo o sequenciamento de longos fragmentos de ácido nucleico e, em seguida, a montagem em genomas completos, tenha se tornado relativamente simples e barato nos últimos anos, a maioria dos laboratórios ainda não tem o conhecimento técnico para usar essas ferramentas. Assim, uma variedade de outros métodos é utilizada para a classificação epidemiológica, com o método mais comumente usado descrito aqui.

POLIMORFISMO DE COMPRIMENTO DE FRAGMENTO DE RESTRIÇÃO

Cepas específicas de microrganismos (principalmente bactérias e vírus) podem ser diferenciadas com base nos fragmentos de DNA produzidos quando o DNA genômico é clivado por endonucleases de restrição específicas (**enzimas de restrição**) que reconhecem sequências específicas de DNA. A clivagem de amostras de DNA de diferentes cepas com uma endonuclease de restrição pode produzir muitos fragmentos de comprimentos diferentes. Esse padrão de fragmentos de DNA (polimorfismo de comprimento de fragmento de restrição [RFLP, do inglês *restriction fragment length polymorphism*]) é usado para determinar o parentesco de diferentes cepas (Figura 5.4). Fragmentos de DNA de diferentes tamanhos ou estruturas podem ser diferenciados por sua mobilidade eletroforética em um gel de agarose ou poliacrilamida. O fragmento de DNA se move através de uma matriz de gel de agarose em diferentes velocidades, possibilitando sua separação. O DNA pode ser visualizado pela coloração com brometo de etídio. Fragmentos menores (< 20.000 pares de bases), como de plasmídios bacterianos ou vírus, podem ser separados e diferenciados por métodos de eletroforese normais. Fragmentos maiores, como os de bactérias inteiras,

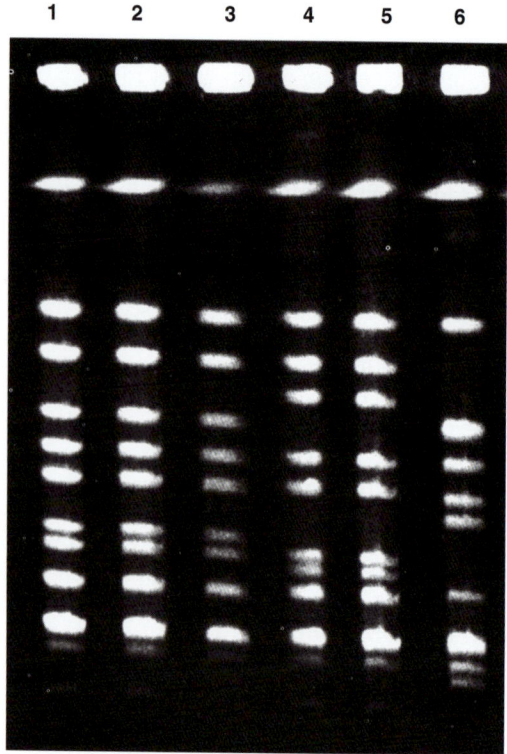

Figura 5.4 Polimorfismo de comprimento de fragmento de restrição do DNA de cepas bacterianas separadas por eletroforese em gel de campo pulsado. As linhas 1 a 3 mostram o DNA digerido por endonuclease de restrição *Sma 1* de bactérias de dois membros da família com fasciite necrosante e de seu médico (faringite). As linhas 4 a 6 são de cepas de *Streptococcus pyogenes* não relacionadas. (Cortesia de Dr. Joe DiPersio, Akron, Ohio.)

podem ser separados usando uma técnica eletroforética especial denominada **eletroforese em gel de campo pulsado**. O procedimento para essa técnica é semelhante à eletroforese em gel padrão, exceto que a corrente que move os fragmentos de DNA através do gel é alternada periodicamente. Desse modo, os fragmentos muito grandes de DNA podem se mover através do gel e são separados por tamanho. O RFLP é um procedimento trabalhoso que não tem o poder de resolução do SGC e a análise de SNP; portanto, é provável que essa metodologia seja descontinuada na próxima década, à medida que as técnicas de sequenciamento se tornam mais amplamente adotadas em laboratórios de microbiologia clínica.

Análise de proteínas

WESTERN BLOT

Western blot ou *imunoblot* de proteína é uma técnica para detectar proteínas microbianas específicas ou anticorpos do paciente para as proteínas. Essa técnica é uma variação do *southern blot*, desenvolvido por Edwin Southern para detectar DNA, e *northern blot*, desenvolvido para a detecção de RNA. Embora tenha sido substituída por outros testes de diagnóstico infeccioso para a maioria dos microrganismos, essa técnica ainda é usada para doenças como a doença de Lyme, doença de Creutzfeldt-Jacob mediada por príons e HIV. No caso da doença de Lyme, o teste de *Western blot* é usado para confirmar um resultado de imunoensaio positivo inicial. Proteínas microbianas (tanto purificadas ou proteínas de células inteiras) são desnaturadas com um forte agente redutor e então separadas por tamanho em um gel de poliacrilamida por eletroforese. As proteínas são transferidas para uma membrana de nitrocelulose por *"blotting"* (bloqueado com proteínas do leite para evitar reações inespecíficas) e, em seguida, cobertas com o soro do paciente. Após a ligação com os anticorpos do paciente, a membrana de nitrocelulose é lavada e corada para detectar a ligação do anticorpo a proteínas microbianas específicas. O padrão de ligação pode diferenciar a reatividade específica ou reações não específicas (ou negativas).

IONIZAÇÃO POR DESSORÇÃO A *LASER* ASSISTIDA POR MATRIZ E TEMPO DE VOO

É raro que uma tecnologia possa alterar fundamentalmente os métodos bem estabelecidos de ensaios diagnósticos, mas é exatamente isso que o uso da espectrometria de massa por tempo de voo com ionização por dessorção a *laser* assistida por matriz (MALDI-TOF) tem feito. Essa tecnologia é, atualmente, amplamente utilizada para a identificação de bactérias, micobactérias, leveduras e fungos filamentosos, substituindo os testes bioquímicos e morfológicos que foram a base da microbiologia diagnóstica por mais de 100 anos. O motivo dessa transformação é que a tecnologia é altamente precisa, tecnicamente simples de executar, rápida e econômica. Colônias de bactérias e leveduras são removidas das placas de cultura em ágar, transferidas para uma placa alvo, dissolvidas com um ácido orgânico forte (p. ex., ácido fórmico), misturadas com um excesso de matriz absorvente de luz ultravioleta (UV) e secas nas placas alvo (Figura 5.5). As preparações secas são expostas a pulsos de *laser*, resultando na transferência de energia da matriz para as moléculas proteicas não voláteis, com a dessorção (remoção) das proteínas para a fase gasosa. As moléculas ionizadas são aceleradas por potenciais elétricos por meio de um tubo de voo para o espectrômetro de massa, com separação das proteínas determinada pela razão massa/carga (m/z; z normalmente é 1), com proteínas menores movendo-se mais rapidamente do que proteínas maiores. O perfil de proteínas é comparado com perfis de microrganismos bem caracterizados, tornando possível a identificação da maioria deles em nível de espécie ou subespécie. O uso de MALDI-TOF para a identificação de micobactérias e fungos filamentosos é apenas um pouco mais complexo, resultando em identificações altamente precisas em menos de 1 hora. A seleção da matriz influencia os biomarcadores específicos que são detectados (p. ex., proteínas, fosfolipídios, lipopeptídios cíclicos) com ácido α-ciano-4-hidroxicinâmico usado preferencialmente para a detecção de biomarcadores proteicos. O processo inteiro leva minutos e é equivalente a identificar microrganismos ao sequenciar centenas de genes, porque uma única mudança de aminoácidos mudará o perfil da proteína. As aplicações de MALDI-TOF foram recentemente expandidas para detecção de marcadores de proteína para resistência a antibacterianos e virulência, bem como a identificação direta de alguns microrganismos em amostras clínicas.

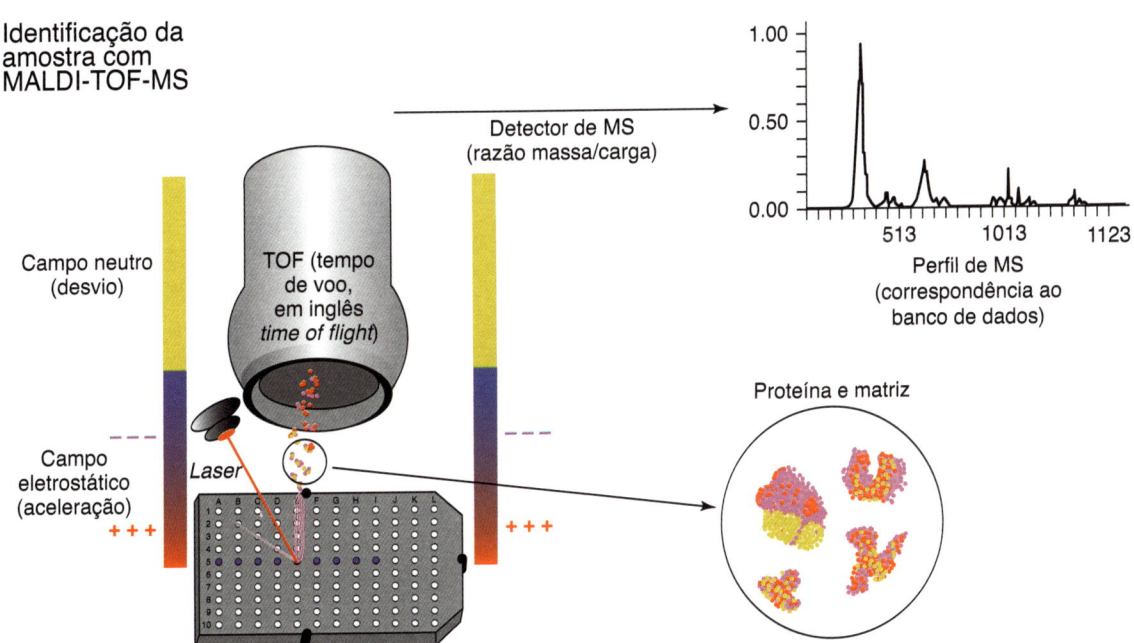

Figura 5.5 Identificação de microrganismos por espectrometria de massa por tempo de voo com ionização por dessorção a *laser* assistida por matriz (MALDI-TOF). (De Wolk, D.M., Clark, A.E. MALDI-TOF mass spectrometry. Clin. Lab. Med. 38, 471–486.)

Bibliografia

Angeletti, S., 2017. MALDI-TOF MS in clinical microbiology. J. Microbiol. Meth. 138, 20–29.

Clark, A., Kaleta, E., Arora, A., Wolk, D., 2013. MALDI-TOF MS: a fundamental shift in the routine practice of clinical microbiology. Clin. Microbiol. Rev. 26, 547–603.

Jorgensen, J., Pfaller, M., Carroll, K., et al., 2015. Manual of Clinical Microbiology, eleventh ed. American Society for Microbiology Press, Washington, DC.

Murray, P.R., 2012. What is new in clinical microbiology – microbial identification by MALDI-TOF mass spectrometry. J Mol Diagn. 14, 419–423.

Notomi, T., Okayama, H., Masubuchi, H., et al., 2000. Loop-mediated isothermal amplification of DNA. Nucleic Acids Res. 28, e63.

Persing, D.H., Tenover, F.C., Hayden, R., et al., 2016. Molecular Microbiology, Diagnostic Principles and Practice, third ed. American Society for Microbiology Press, Washington, DC.

Tang, Y., Sussman, M., Liu, D., et al., 2015. Restriction Fragment Length Polymorphism. Molecular Medical Microbiology, second ed. Elsevier Press, London, UK.

Wolk, D., Clark, A., 2018. MALDI-TOF mass spectrometry. Clin Lab Med. 38, 471–486.

Wolk, D., Mitchell, S., Patel, R., 2001. Principles of molecular microbiology testing methods. Infect. Dis. Clin. N. Am. 15, 1157–1203.

6 Diagnóstico Sorológico

As técnicas imunológicas são utilizadas para detectar, identificar e quantificar o antígeno em amostras clínicas, assim como para avaliar a resposta dos anticorpos à infecção e o histórico de exposição de um indivíduo aos agentes infecciosos. A especificidade da interação antígeno-anticorpo e a sensibilidade de muitas das técnicas imunológicas tornam esses métodos ferramentas laboratoriais poderosas (Tabela 6.1). *Na maioria dos casos, a mesma técnica pode ser adaptada para avaliar antígenos e anticorpos.* Visto que muitos ensaios sorológicos são desenvolvidos para fornecer um resultado positivo ou negativo, a quantificação da potência do anticorpo é obtida como um título. O **título** de um anticorpo é definido como a maior diluição da amostra que retém uma atividade detectável.

Anticorpos

Os anticorpos podem ser utilizados como ferramentas sensíveis e específicas para detectar, identificar e quantificar antígenos solúveis e antígenos em uma célula a partir de um vírus, bactéria, fungo ou parasita. Anticorpos específicos podem ser obtidos de pacientes convalescentes (p. ex., anticorpos antivirais) ou preparados em animais. Esses anticorpos são **policlonais**, ou seja, são preparações heterogêneas de anticorpos que podem reconhecer muitos epítopos em um único antígeno. Os anticorpos **monoclonais** reconhecem epítopos individuais em um antígeno. Anticorpos monoclonais para muitos antígenos são comercialmente disponíveis, principalmente para proteínas de superfície de células linfocitárias.

O desenvolvimento da tecnologia de anticorpos monoclonais revolucionou a ciência da imunologia. Por exemplo, em decorrência da especificidade desses anticorpos, foram identificados subtipos de linfócitos (p. ex., células T CD4 e CD8) e antígenos de superfície de células linfocitárias. Os anticorpos monoclonais são geralmente produzidos a partir de células híbridas geradas pela fusão e clonagem de uma célula B e de uma célula de mieloma, que produz um hibridoma. O mieloma proporciona a imortalização das células B produtoras de anticorpos. *Cada clone de hibridoma é uma fábrica para uma molécula de anticorpo, produzindo um anticorpo monoclonal que reconhece apenas um epítopo.* Os anticorpos monoclonais também podem ser preparados e manipulados por meio da engenharia genética e "humanizados" para uso terapêutico.

As vantagens dos anticorpos monoclonais são que (1) sua especificidade pode ser restrita a um único epítopo em um antígeno, e (2) podem ser produzidos em preparações "industrializadas" de culturas teciduais. Uma grande desvantagem é que eles são frequentemente muito específicos, de tal modo que um anticorpo monoclonal específico para um epítopo em um antígeno viral de uma cepa pode não ser capaz de detectar essa molécula de diferentes cepas do mesmo vírus.

Tabela 6.1 Técnicas imunológicas selecionadas.

Técnica	Objetivo	Exemplos clínicos
Imunodifusão dupla de Ouchterlony	Detectar e comparar o antígeno e o anticorpo	Antígenos fúngicos e anticorpos contra fungos
Imunofluorescência	Detecção e localização de antígeno	Antígeno viral em biopsia (p. ex., raiva, herpes-vírus simples)
EIE	Mesmo da imunofluorescência	Mesmo da imunofluorescência
Citometria de fluxo utilizando imunofluorescência	Análise da população de células positivas ao antígeno	Imunofenotipagem
ELISA	Quantificação de antígenos e anticorpos	Antígeno viral (rotavírus); anticorpo antiviral (anti-HIV)
Western blot	Detecção de anticorpo específico para o antígeno ou de antígeno	Confirmação de soropositividade anti-HIV (anticorpo)
RIE	Mesmo do ELISA	Mesmo que para o ELISA
Fixação de complemento	Quantificação de título de anticorpos específicos	Anticorpos contra fungos, vírus
Inibição da hemaglutinação	Título de anticorpo antiviral; sorotipo de cepas virais	Soroconversão para a cepa atual de influenza; identificação de influenza
Aglutinação em látex	Quantificação e detecção de antígeno e anticorpo	Fator reumatoide; antígenos fúngicos; antígenos estreptocócicos

EIE, ensaio imunoenzimático; *ELISA*, ensaio de imunoabsorbância ligada à enzima; *HIV*, vírus da imunodeficiência humana; *RIE*, radioimunoensaio.

Métodos de detecção

Os complexos antígeno-anticorpo podem ser detectados diretamente por meio de técnicas de precipitação ou pela marcação do anticorpo com uma sonda radioativa, fluorescente ou enzimática, ou podem ser detectados indiretamente pela mensuração de uma reação direcionada por anticorpos, como a fixação do complemento.

TÉCNICAS DE PRECIPITAÇÃO E IMUNODIFUSÃO

Os complexos antígeno-anticorpo específicos e a reatividade cruzada podem ser distinguidos por técnicas de imunoprecipitação. Dentro de uma faixa limitada de concentração tanto para o antígeno quanto para o anticorpo, denominada **zona de equivalência**, o anticorpo forma ligações cruzadas com o antígeno em um complexo que é muito grande para permanecer em solução e, portanto, produz um precipitado. Essa técnica é baseada na natureza multivalente das moléculas de anticorpos (p. ex., a imunoglobulina [Ig]G tem dois domínios de ligação ao antígeno). Os complexos antígeno-anticorpo são solúveis nas proporções de concentração de antígeno para o anticorpo que estão acima e abaixo da concentração de equivalência.

Várias técnicas de imunodifusão fazem uso do conceito de equivalência para determinar a identidade de um antígeno ou a presença de anticorpos (Figura 6.1). A **imunodifusão radial simples** pode ser usada para detectar e quantificar um antígeno.

Nessa técnica, o antígeno é colocado dentro de um poço e pode ser difundido em ágar contendo anticorpos. Quanto mais alta a concentração de antígeno, maior a difusão antes de atingir a equivalência com o anticorpo no ágar, formando assim um precipitado como um anel ao redor do poço.

A técnica de **imunodifusão dupla de Ouchterlony** é utilizada para determinar a relação de diferentes antígenos, como mostrada na Figura 6.1. Nessa técnica, as soluções de anticorpos e antígenos são colocadas em poços separados cortados no ágar, e o antígeno e o anticorpo podem se difundir um em direção ao outro para estabelecer anéis de gradientes de concentração de cada substância. Uma linha de precipitina visível é formada, onde as concentrações de antígeno e anticorpo alcançam equivalência. Com base no padrão das linhas de precipitina, essa técnica também pode ser usada para determinar se as amostras são idênticas, se compartilham alguns, mas não todos os epítopos (identidade parcial), ou se são distintas. A imunodifusão dupla de Ouchterlony é utilizada para detectar anticorpos contra fungos e antígenos fúngicos

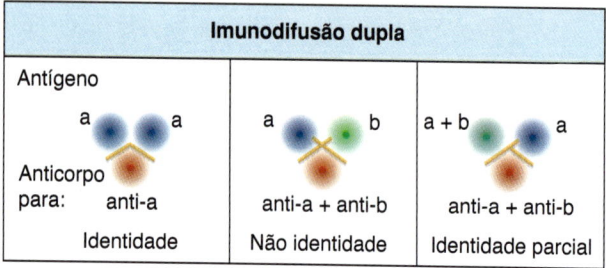

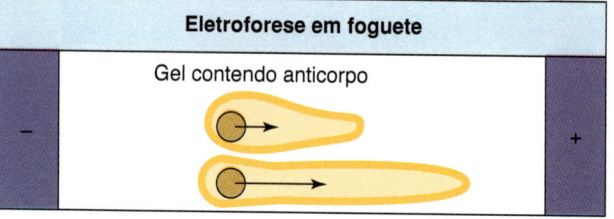

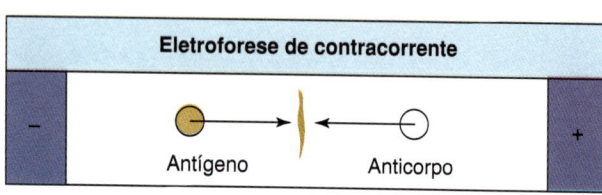

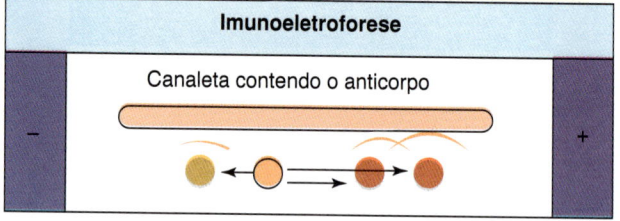

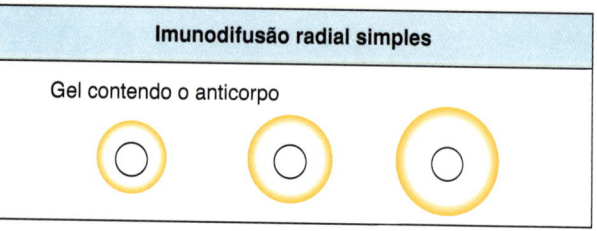

Figura 6.1 Análise de antígenos e anticorpos por imunoprecipitação. A precipitação de proteínas ocorre no ponto de equivalência, no qual o anticorpo multivalente forma grandes complexos com o antígeno. **A.** Imunodifusão dupla de Ouchterlony. O antígeno e o anticorpo se difundem dos poços, encontram-se e formam uma linha de precipitina. Se antígenos idênticos forem colocados em poços adjacentes, então a concentração de antígenos entre eles é duplicada e a precipitação não ocorre nessa região. Se forem utilizados antígenos diferentes, são produzidas duas linhas de precipitina diferentes. Se uma amostra compartilhar o antígeno, mas não for idêntica, então forma-se um único esporão para o antígeno completo. **B.** Eletroforese de contracorrente. Essa técnica é semelhante ao método de Ouchterlony, mas o movimento do antígeno é facilitado pela eletroforese. **C.** Imunodifusão radial simples. Essa técnica envolve a difusão do antígeno em um gel contendo anticorpos. Anéis de precipitina indicam uma reação imunológica, e a área do anel é proporcional à concentração de antígeno. **D.** Eletroforese em foguete. Os antígenos são separados por eletroforese em um gel de ágar que contém anticorpos. O comprimento do "foguete" indica a concentração de antígeno. **E.** Imunoeletroforese. O antígeno é colocado em um poço e separado por eletroforese. O anticorpo é então colocado na canaleta, e as linhas de precipitina se formam, pois o antígeno e o anticorpo se difundem um em direção ao outro.

(p. ex., espécies de *Histoplasma*, espécies de *Blastomyces* e coccidioidomicose).

Em outras técnicas de imunodifusão, o antígeno pode ser separado por eletroforese em ágar e depois é realizada a reação com o anticorpo (imunoeletroforese); pode ser colocado no ágar que contém anticorpos por meio da eletroforese (eletroforese em foguete) ou o antígeno e o anticorpo podem ser colocados em poços ou orifícios separados, possibilitando-se mover um em direção ao outro por eletroforese (imunoeletroforese de contracorrente).

Imunoensaios para antígenos associados a células (imuno-histologia)

Os antígenos na superfície ou dentro da célula podem ser detectados pelo ensaio de **imunofluorescência** e de **imunoensaio enzimático (EIE)**. Na **imunofluorescência direta**, uma molécula fluorescente é ligada covalentemente ao anticorpo (p. ex., anticorpo antiviral de coelho conjugado com isotiocianato de fluoresceína [FITC]). Na **imunofluorescência indireta**, um anticorpo secundário específico para o anticorpo primário (p. ex., anticorpo de cabra anticoelho conjugado com FITC) é usado para detectar o anticorpo primário antiviral e localizar o antígeno (Figuras 6.2 e 6.3). No EIE, uma enzima como a peroxidase de rábano silvestre ou a fosfatase alcalina é conjugada ao anticorpo e converte um substrato em um cromóforo para marcar o antígeno. De maneira alternativa, um anticorpo modificado pela ligação de uma molécula de **biotina**

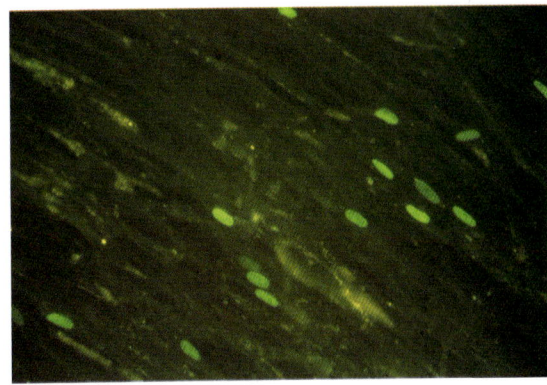

Figura 6.3 Imunofluorescência para localização de células nervosas infectadas pelo herpes-vírus simples em corte do cérebro de um paciente com encefalite herpética. (Modificada de Male, D., Cooke, A., Owen, M., et al., 1996. Advanced Immunology, third ed. Mosby, St Louis, MO.)

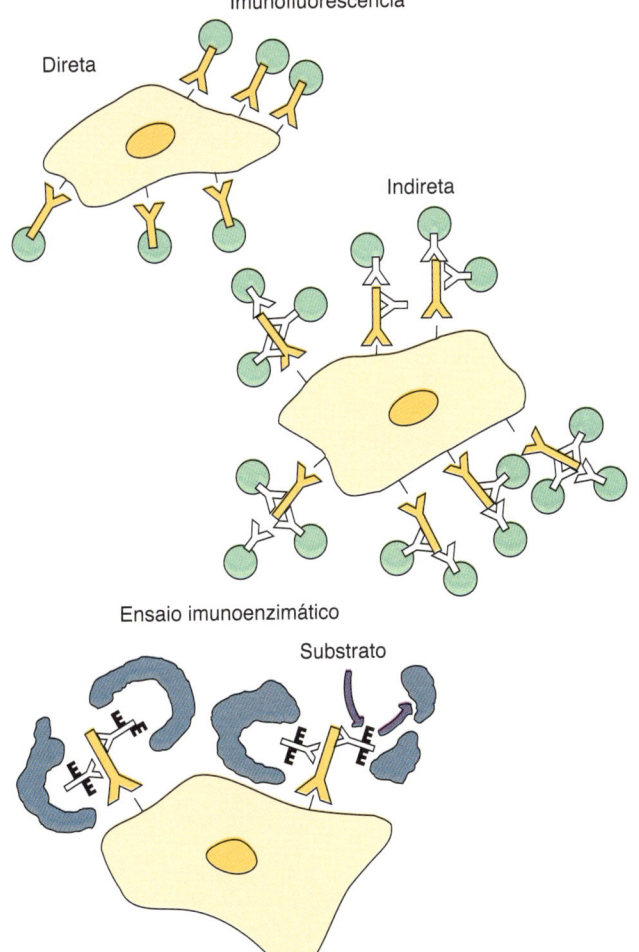

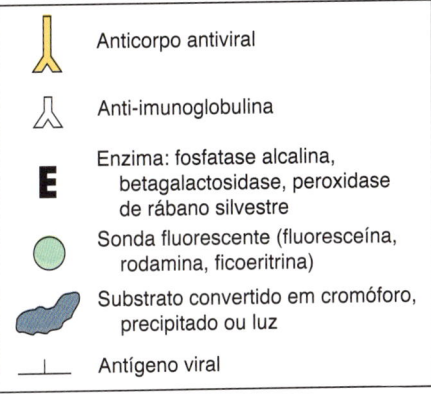

Figura 6.2 Imunofluorescência e imunoensaios enzimáticos para localização de antígeno nas células. O antígeno pode ser detectado por ensaio *direto* com anticorpo antiviral modificado covalentemente com uma sonda fluorescente ou enzimática ou por ensaio *indireto* utilizando anticorpo antiviral e anti-imunoglobulina quimicamente modificada. A enzima converte o substrato em um precipitado, cromóforo ou luz.

(a vitamina) pode ser localizado pela ligação de alta afinidade de moléculas de avidina ou estreptavidina. Uma molécula fluorescente ou uma enzima ligada à avidina e estreptavidina torna possível a detecção. Essas técnicas são úteis para a análise de espécimes de biopsia tecidual, células sanguíneas e células de cultura tecidual.

A **citometria de fluxo** pode ser utilizada para analisar a imunofluorescência de células em suspensão e é principalmente útil para identificar e quantificar linfócitos (imunofenotipagem) (Figura 6.4). Um *laser* é usado no citômetro de fluxo para excitar o anticorpo fluorescente ligado à célula e para determinar o tamanho e a granularidade da célula pelas medidas de dispersão de luz. O uso de anticorpos marcados com diferentes corantes fluorescentes possibilita a análise simultânea de múltiplas moléculas com instrumentos que podem analisar até 12 cores fluorescentes diferentes e outros parâmetros. As células passam pelo *laser* a taxas maiores de 5.000 células por segundo e a análise é realizada eletronicamente. O **separador de células ativado por fluorescência** (**FACS**) é um citômetro de fluxo que pode isolar também subpopulações específicas de células em crescimento de cultura tecidual com base em seu tamanho e imunofluorescência. Variações nessa abordagem utilizam instrumentos que avaliam a imagem e analisam cada célula conforme elas passam pelo fluxo ou em uma lâmina.

Os dados obtidos a partir de um citômetro de fluxo são geralmente apresentados na forma de um histograma, com a intensidade da fluorescência no eixo x e o número de células no eixo y, ou também na forma de um gráfico de pontos, em que mais de um parâmetro é comparado para cada célula. A citometria de fluxo pode realizar uma análise diferencial de leucócitos. Como mostrado na Figura 6.4, todas as células que expressam um parâmetro específico (p. ex., tamanho, granularidade e o marcador CD3 de célula T) podem ser eletronicamente identificadas marcando a região gráfica e depois selecionadas (***gated***) para análise adicional (p. ex., expressão de CD4 e CD8) em gráficos subsequentes. A citometria de fluxo é útil também para análise do crescimento celular após a marcação fluorescente do ácido desoxirribonucleico (DNA) e outras aplicações fluorescentes.

Imunoensaios para detecção de anticorpo e antígeno solúvel

O **ensaio de imunoabsorbância ligada à enzima** (**ELISA**, do inglês *enzyme-linked immunosorbent assay*) utiliza antígeno imobilizado em uma superfície plástica, microesfera (*bead*) ou filtro para capturar e separar o anticorpo específico de outros anticorpos no soro de um paciente (Figura 6.5). Um anticorpo anti-humano com uma enzima ligada covalentemente (p. ex., peroxidase de rábano silvestre, fosfatase alcalina, β-galactosidase) então detecta o anticorpo do paciente afixado. É quantificado por espectrometria de acordo com a densidade óptica da cor produzida em resposta à conversão enzimática de um substrato apropriado. A concentração real de um anticorpo específico pode ser determinada pela comparação com a reatividade de soluções padrões de anticorpo humano.

Os ELISA podem ser utilizados também para quantificar o antígeno solúvel na amostra de um paciente. Nesses ensaios, o antígeno solúvel é capturado e concentrado por um anticorpo imobilizado e, em seguida, detectado com um

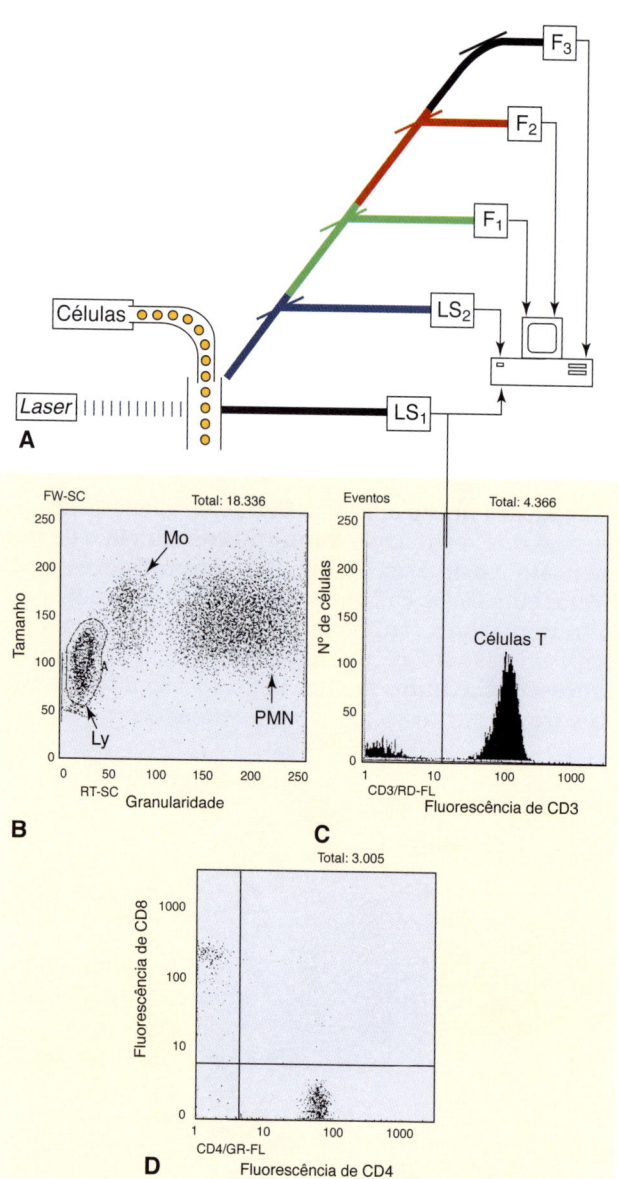

Figura 6.4 Citometria de fluxo. **A.** O citômetro de fluxo avalia parâmetros celulares individuais quando as células passam por um feixe de *laser* a taxas de mais de 5.000 por segundo. O tamanho e a granularidade da célula são determinados pela dispersão de luz (*LS*) e a expressão de antígeno é avaliada por imunofluorescência (*F*), utilizando anticorpos conjugados com diferentes sondas fluorescentes. Os gráficos B a D representam a análise de células T de um paciente normal. **B.** A análise de dispersão de luz foi usada para definir os linfócitos (*Ly*), monócitos (*Mo*), e leucócitos polimorfonucleares (neutrófilos) (*PMN*). Os Ly foram "selecionados" para análise adicional. **C.** Os linfócitos T foram identificados por expressão de CD3 (apresentados em um histograma) e em seguida analisados em **D**, células T CD4 e CD8. Cada ponto representa uma ou várias células. (Cortesia de Dr. Tom Alexander, Akron, Ohio.)

anticorpo diferente marcado com a enzima. As muitas variações desse ensaio imunoenzimático diferem no modo em que capturam ou detectam o anticorpo ou o antígeno.

A **análise por *Western blot*** é uma variação do ELISA. Nessa técnica, as proteínas virais separadas por eletroforese de acordo com seu peso molecular ou carga são transferidas (*blotted*) em um papel de filtro (p. ex., membrana de nitrocelulose, náilon). Quando expostas ao soro de um paciente, as proteínas imobilizadas capturam o anticorpo específico para o vírus e são visualizadas com um anticorpo anti-humano conjugado com enzima. Essa técnica mostra as proteínas reconhecidas pelo soro do paciente. A análise pelo *Western blot* é utilizada para confirmar os resultados do ELISA em pacientes com suspeita de infecção pelo vírus da imunodeficiência humana (HIV; Figura 6.6; veja também a Figura 39.7).

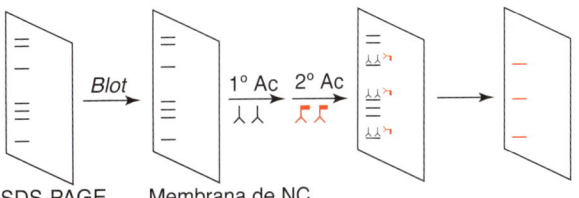

Figura 6.6 Análise pelo *Western blot*. Proteínas são separadas em eletroforese em gel de poliacrilamida – dodecil sulfato de sódio (*SDS-PAGE*), eletrotransferidas em uma membrana de nitrocelulose (*NC*) e incubadas com antissoros antígeno-específicos ou antissoros do paciente (*1 Ac*) e depois com o soro anti-humano conjugado com enzima (*2 Ac*). A conversão enzimática do substrato identifica o antígeno.

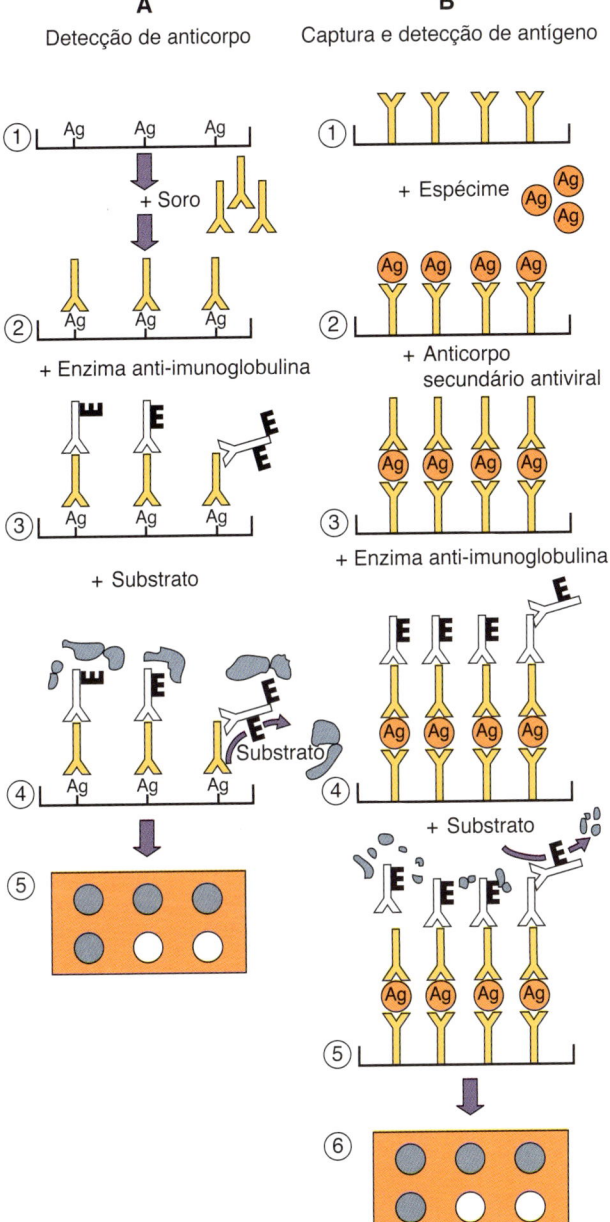

Figura 6.5 Ensaios imunoenzimáticos para quantificação de anticorpo ou antígeno. **A.** Detecção de anticorpos. *1*, O antígeno viral (*Ag*) obtido a partir de células infectadas, víriops ou por engenharia genética é fixado em uma superfície. *2*, O soro do paciente é adicionado e ligado ao antígeno. O anticorpo não ligado é lavado. *3*, O anticorpo anti-humano conjugado com enzima (*E*) é adicionado e o anticorpo não ligado é lavado. *4*, O substrato é adicionado e convertido (*5*) em cromóforo, precipitado ou luz. **B.** Captura e detecção de antígeno. *1*, O anticorpo antiviral é fixado a uma superfície. *2*, Um espécime que contém antígeno é adicionado e o antígeno não ligado é lavado. *3*, Um segundo anticorpo antiviral é adicionado para detectar o antígeno capturado. *4*, O antianticorpo conjugado com enzima é adicionado, lavado e seguido pela adição do substrato (*5*), que é convertido em um cromóforo, precipitado ou luz.

Testes rápidos para uso doméstico, como o teste de gravidez para o hormônio gonadotrofina coriônica humana, utilizam o **ensaio visual de fluxo lateral**. Uma fita reagente é colocada na urina ou em outro fluido corporal; o fluido contendo antígeno é distribuído em uma região que contém anticorpos marcados com enzima e, em seguida, continua a migrar em outra região que captura e concentra o complexo e apresenta o substrato para a enzima, fornecendo assim a visualização de uma banda reativa.

No **radioimunoensaio** (**RIE**), o anticorpo ou antígeno radiomarcado (p. ex., com iodo-125) é usado para quantificar complexos de antígeno-anticorpo. O anticorpo no soro de um paciente pode ser quantificado por sua capacidade de competir com e substituir um anticorpo radiomarcado preparado em laboratório nos complexos antígeno-anticorpo precipitados. O ensaio de radioalergoabsorbância (RAST) é uma variação de um ensaio de RIE no qual o anticorpo do paciente compete com o anti-IgE radiomarcado em ligação ao alergênio imobilizado, mas esse ensaio vem sendo substituído por testes ELISA.

A **fixação do complemento** é um teste sorológico padrão, mas tecnicamente difícil (Boxe 6.1). Nele, a amostra de soro do paciente reage com o antígeno preparado no laboratório e o complemento adicional. Os complexos antígeno-anticorpo se ligam, ativam e fixam (utilizam) o complemento. O complemento residual é então testado pela lise dos glóbulos vermelhos revestidos com anticorpos. Uma variação desse teste também pode ser usada para identificar deficiências genéticas nos componentes do sistema complemento.

Os ensaios de inibição de anticorpos fazem uso da especificidade de um anticorpo para prevenir a infecção (**neutralização**) ou outra atividade (**inibição da hemaglutinação**) com o intuito de identificar a cepa do agente infectante,

---

Boxe 6.1 Ensaios sorológicos.

Fixação do complemento
Inibição da hemaglutinação[a]
Neutralização[a]
Imunofluorescência (direta ou indireta)
Aglutinação em látex
Ensaio imunoenzimático *in situ*
Ensaio de imunoabsorbância ligada à enzima
Radioimunoensaio

[a]Para detecção de anticorpo ou sorotipagem de vírus.

geralmente um vírus, ou para quantificar respostas de anticorpos a uma cepa específica de vírus. Por exemplo, a inibição da hemaglutinação é empregada para distinguir diferentes cepas de influenza A e a potência do anticorpo desenvolvido para novas vacinas contra o influenza. Esses testes são discutidos posteriormente, no Capítulo 49.

A **aglutinação em látex** é um ensaio rápido, tecnicamente simples para detecção de anticorpo ou antígeno solúvel. O anticorpo específico para o vírus leva à formação de agregados de partículas de látex revestidas com antígenos virais. Por outro lado, partículas de látex revestidas com anticorpo são utilizadas para detectar antígenos virais solúveis. Na **hemaglutinação passiva**, os eritrócitos modificados com o antígeno são utilizados como indicadores no lugar das partículas de látex.

Sorologia

A resposta imune humoral fornece um histórico de infecções de um paciente. A sorologia pode ser usada para identificar o agente infeccioso, avaliar o curso de uma infecção ou determinar a natureza da infecção – por exemplo, se representa uma infecção primária ou uma reinfecção e se é aguda ou crônica. O tipo e o título de anticorpos, além da identidade dos alvos antigênicos, fornecem dados sorológicos sobre uma infecção. O teste sorológico é utilizado para identificar vírus e outros agentes difíceis de isolar e crescer no laboratório ou causadores de doenças que progridem lentamente (Boxe 6.2). A concentração relativa de anticorpos é relatada como um título. Um título é o inverso da concentração mais baixa (maior diluição [por exemplo, diluição de 1:64 = título de 64]) do soro de um paciente que retém a atividade em um dos imunoensaios descritos.

A quantidade de IgM, IgG, IgA ou IgE reativa para o antígeno pode ser avaliada também com o uso de um segundo anticorpo anti-humano marcado que é específico para o isótipo de anticorpo.

A sorologia é usada para determinar o curso temporal de uma infecção. A **soroconversão** ocorre quando o anticorpo é produzido em resposta a uma infecção primária. *O anticorpo IgM específico encontrado durante as primeiras 2 a 3 semanas de uma infecção primária é um bom indicador de uma infecção primária recente.* A reinfecção ou recidiva tardia na vida causa uma resposta **anamnéstica** (secundária ou de reforço). Os títulos de anticorpos podem permanecer altos em pacientes cuja doença se repete frequentemente (p. ex., herpes-vírus). A soroconversão ou reinfecção é indicada pela descoberta de *pelo menos um aumento de quatro vezes no título de anticorpos entre o soro obtido durante a fase aguda da doença e aquela obtida pelo menos 2 a 3 semanas depois, durante a fase de convalescença.* Por exemplo, uma diluição seriada na razão 2 não distinguirá entre duas amostras, uma com 512 e outra com 1.023 unidades de anticorpos, o que daria uma reação positiva em uma diluição de 512 vezes para ambas, mas não em uma diluição de 1.024 vezes, com ambos os resultados relatados como tendo títulos de 512. Por outro lado, se tivermos duas amostras, uma com 1.020 e outra com 1.030 unidades que não são significativamente diferentes, seriam relatadas como títulos de 512 e 1.024, respectivamente.

A sorologia também pode ser empregada para determinar o estágio de uma infecção mais lenta ou crônica (p. ex., hepatite B ou mononucleose infecciosa causada pelo vírus Epstein-Barr) com base na presença de anticorpos específicos para antígenos microbianos. Os primeiros anticorpos a ser detectados são aqueles direcionados contra antígenos mais expostos ao sistema imune (p. ex., na superfície do vírion, em células infectadas ou proteínas secretadas). Em fase mais tardia da infecção, quando as células forem lisadas pelo vírus infectante ou pela resposta imune celular, os anticorpos contra as proteínas e enzimas intracelulares são detectados.

Bibliografia

Jorgensen, J.H., Pfaller, M.A., Carroll, K.C., et al., 2015. Manual of Clinical Microbiology, eleventh ed. American Society for Microbiology Press, Washington, DC.

Loeffelholz, M.J., Hodinka, R.L., Young, S.A., 2016. Clinical Virology Manual, fifth ed. American Society for Microbiology Press, Washington, DC.

Murray, P.R., 2004. ASM Pocket Guide to Clinical Microbiology, third ed. American Society for Microbiology Press, Washington, DC.

Rosenthal, K.S., Wilkinson, J.G., 2007. Flow cytometry and immunospeak. Infect. Dis. Clin. Pract. 15, 183–191.

Tile, P.M., 2014. Bailey and Scott's Diagnostic Microbiology, thirteenth ed. Mosby, St Louis.

Boxe 6.2 Vírus diagnosticados pela sorologia.[a]

Vírus Epstein-Barr
Vírus da rubéola
Vírus da hepatite A, B, C, D e E
Vírus da imunodeficiência humana
Vírus da leucemia de células T humanas
Arbovírus (vírus da encefalite)

[a]O teste sorológico também é utilizado para determinar o estado imunológico de um indivíduo em relação a outros vírus.

SEÇÃO 3

Conceitos Básicos da Resposta Imunológica

RESUMO DA SEÇÃO

7 Elementos das Respostas Protetoras do Hospedeiro, 38
8 Respostas Inatas do Hospedeiro, 49
9 Respostas Imunes Antígeno-Específicas, 64
10 Respostas Imunes aos Agentes Infecciosos, 84
11 Vacinas Antimicrobianas, 104

7 Elementos das Respostas Protetoras do Hospedeiro

Vivemos em um mundo microbiano e um mundo microbiano vive sobre e dentro de nós como microbiota normal. Nosso corpo está constantemente exposto a bactérias, fungos, parasitas e vírus (Boxe 7.1) e deve impedir a microbiota normal de entrar em sítios teciduais estéreis, discriminar entre amigos e inimigos e se defender contra microrganismos invasores. As defesas corporais são semelhantes a um departamento de saneamento e defesa militar. Na maioria das vezes, elas protegem os limites do corpo e limpam o lixo celular e molecular. Os mecanismos de defesa inicial são **barreiras**, como a pele, ácido e bile do sistema gastrintestinal e muco que inativam e previnem a entrada de agentes estranhos. Se essas barreiras forem comprometidas ou o agente ganhar entrada de outro modo, então a milícia local de **respostas inatas** deve rapidamente se reagrupar para o desafio e prevenir a progressão da invasão. Inicialmente, moléculas tóxicas (defensinas e outros peptídios e o sistema complemento) são lançadas sobre o microrganismo, enquanto outras moléculas os tornam pegajosos (complemento, lectinas e anticorpos), facilitando a ingestão e destruição do lixo microbiano pelos neutrófilos e macrófagos. Uma vez ativadas, essas respostas também enviam um alarme (complemento, citocinas e quimiocinas) para outras células e abrem a vascularização (complemento e citocinas) para fornecer acesso ao local. Em seguida, as respostas inatas iniciam uma batalha importante dirigida especificamente contra o invasor por meio das **respostas imunes específicas ao antígeno** (células B, anticorpos e células T) a qualquer custo (energia e imunopatogênese). Finalmente, o tecido infectado deve ser reparado e o sistema retornado ao *status quo* e a um equilíbrio normal regulado. A compreensão das características do inimigo (antígenos), por meio de exposição prévia ou vacinação, faz com que o corpo construa uma resposta mais rápida e eficaz (ativação das células B e T de memória) a um novo desafio.

Os diferentes elementos do sistema imune interagem e comunicam-se usando moléculas solúveis e por meio da interação direta célula-célula. Essas interações proporcionam os mecanismos para a ativação e o controle das respostas protetoras. Infelizmente, as respostas protetoras a alguns agentes infecciosos são insuficientes ou muito lentas; em outros casos, a resposta ao desafio é excessiva e gera danos periféricos. Em ambos os casos, a doença ocorre.

Ativadores e estimuladores solúveis de funções inatas e imunológicas

Células inatas e imunes se comunicam por interações célula-célula e com moléculas solúveis, incluindo produtos de clivagem do complemento, citocinas, interferonas (IFNs) e quimiocinas. As **citocinas** são proteínas semelhantes a hormônios que agem nas células para ativar e regular a resposta inata e imune adaptativa (Tabela 7.1 e Boxe 7.2). As **IFNs** também são citocinas produzidas em resposta a infecções causadas por vírus e outros agentes (IFN-α e IFN-β) ou na ativação da resposta imune (IFN-γ); eles promovem respostas antivirais e antitumorais e estimulam respostas imunes (ver Capítulo 8). **Quimiocinas** são pequenas proteínas (≈ 8.000 Da) que atraem células específicas para locais de inflamação e outros sítios imunologicamente importantes. Neutrófilos, basófilos, células *natural killer* (NK), monócitos e células T expressam receptores e podem ser ativados por quimiocinas específicas. As quimiocinas e outras proteínas (p. ex., os produtos C3a e C5a da cascata do complemento) são fatores quimiotáticos que estabelecem um caminho químico para atrair os leucócitos ao local da infecção. Os gatilhos que estimulam a produção dessas moléculas solúveis e as consequências das interações de seus receptores em células específicas determinam a natureza da resposta imune inata e adaptativa. *Para cada uma das citocinas, conheça* **STAT** *(fonte/source [célula], gatilho/trigger, ação/action, alvo/target [receptor e célula]), e para a resposta,* **TICTOC** *(gatilho/trigger, indutor/inducer, células/cells [produtor e respondedor], tempo de ação/time course, resultado/outcome, citocinas/cytokines).*

Boxe 7.1 Visão geral da resposta imunológica.

- Há no corpo um equilíbrio natural entre reparo e remoção de debris ou detritos e inflamação e ataque; esse equilíbrio é regulado por componentes das respostas imunes inatas e específicas ao antígeno
- O sistema imune é treinado para ignorar suas próprias proteínas e tolerar a microbiota normal que permanece em seu hábitat normal
- O dano ao tecido e a infecção desencadeiam as respostas do hospedeiro, cada um dos quais fornece moléculas (DAMP e PAMP) reconhecidas por receptores do hospedeiro em células imunes e outras células que ativam respostas inatas e inflamatórias
- Efetores solúveis são liberados ou ativados em resposta ao dano tecidual ou à infecção, antes do envolvimento de fagócitos ou células imunes (solúvel antes de celular)
- A resposta do hospedeiro progride de inata para específica ao antígeno
- A resposta imune adaptativa facilita, aumenta e regula as respostas inatas

DAMP, padrões moleculares associados a danos; *PAMP*, padrões moleculares associados a patógenos.

Células da resposta imune adaptativa

As respostas imunes adaptativas são mediadas por células específicas com funções definidas. Características dessas células, suas aparências e os números são apresentados na Figura 7.1 e nas Tabelas 7.2 e 7.3. Para cada uma das células, conheça **CARP**: marcadores de superfície celular/**c**ell-surface markers (p. ex., CD4, TCR etc.), ações/**a**ctions (matar, suprimir, ativar etc.), papel/**r**ole (tipo de resposta) e produto/**p**roducts (citocinas, anticorpos etc.). Os leucócitos podem ser diferenciados com base em (1) morfologia, (2) coloração histológica, (3) funções imunológicas e (4) marcadores intracelulares e de superfície celular. Os linfócitos B e T podem ser diferenciados pela expressão de receptores de antígenos em suas superfícies, imunoglobulina para células B e receptores de células T (TCRs) para células T. Outras proteínas da superfície celular distinguem subtipos desses e de outros tipos de células. Essas proteínas marcadoras são identificadas com anticorpos monoclonais. São definidas dentro de **agrupamentos ou *clusters* de diferenciação** (conforme determinado por todos os anticorpos monoclonais que reconhecem a mesma molécula [p. ex., CD4] ou grupo de moléculas (p. ex., CD3) e os marcadores indicados por números de **"CD"** (grupo ou *cluster* de diferenciação) (Tabela 7.4). Além disso, **todas as células nucleadas expressam antígenos do complexo principal de histocompatibilidade de classe I (MHC I)** (humanos: HLA-A, HLA-B, HLA-C).

Uma classe especial de células, que são as **células apresentadoras de antígenos** (**APCs**, *antigen-presenting cells*), **expressa antígenos MHC de classe II** (HLA-DR, HLA-DP, HLA-DQ). As células que apresentam peptídios antigênicos para células T incluem células dendríticas (DCs), células da família dos macrófagos, linfócitos B e um número limitado de outros tipos de células.

DIFERENCIAÇÃO DE CÉLULAS HEMATOPOÉTICAS

A diferenciação de uma célula progenitora comum, denominada **célula-tronco pluripotente,** dá origem a todas as células sanguíneas. A diferenciação dessas células começa durante o desenvolvimento do feto e continua ao longo da vida. A célula-tronco pluripotente se diferencia em células-tronco (às vezes denominadas de *unidades formadoras de colônia*) para diferentes linhagens de células sanguíneas, incluindo as linhagens linfoide (células T e B), mieloide, eritrocítico e megacarioblástica (fonte de plaquetas) (ver Figura 7.1). As células-tronco residem principalmente na medula óssea, mas podem ser isoladas do sangue fetal, nos cordões umbilicais e como células raras no sangue adulto. A diferenciação de células-tronco em células sanguíneas funcionais é desencadeada por interações específicas da superfície celular com as células do estroma da medula e citocinas específicas produzidas por estas e outras células.

A medula óssea e o timo são considerados **órgãos linfoides primários** (Figura 7.2 e Boxe 7.3). Esses sítios de diferenciação inicial dos linfócitos são essenciais para o desenvolvimento do sistema imune. O timo é fundamental no nascimento para o desenvolvimento das células T, mas regride com o envelhecimento, e outros tecidos adotam sua função mais tarde na vida. **Órgãos linfoides secundários** incluem os **linfonodos**, **baço**, **pele** e **tecido linfoide associado à mucosa** (**MALT**); o último também inclui tecido linfoide associado ao intestino (GALT) (p. ex., placas de Peyer) e tecido linfoide associado aos brônquios (BALT) (p. ex., pulmão). Esses sítios representam os locais onde as DCs, células linfoides inatas (ILCs), linfócitos B e T e outras células residem e respondem aos desafios antigênicos. Os órgãos linfoides primários e secundários produzem quimiocinas e expressam moléculas de adesão da superfície celular (**adressinas**) que interagem com os receptores de *homing* (**moléculas de adesão celular**) para atrair e reter essas células.

O baço e os linfonodos são órgãos encapsulados com áreas designadas para células B e T. Esses locais facilitam interações que promovem respostas imunes ao antígeno (Figura. 7.3). A proliferação dos linfócitos em resposta ao desafio infeccioso causa o inchaço desses tecidos (ou seja, "glândulas inchadas").

Os **linfonodos** são órgãos em forma de rim, com 2 a 10 mm de diâmetro, que filtram o fluido que passa do espaço intercelular para o sistema linfático, quase como uma usina de processamento de esgoto. O linfonodo é construído para otimizar o encontro da células da resposta inata (DCs e macrófagos) e da resposta imune adaptativa (B e T) para iniciar e expandir respostas imunológicas específicas. Um linfonodo consiste em três camadas:

1. O córtex: a camada externa contém principalmente células B, algumas células T, DCs foliculares e macrófagos organizados em estruturas denominadas folículos e, se ativados, em centros germinativos.
2. O paracórtex ou região paracortical: contém células T e DCs, e estas últimas apresentam antígenos às células T para iniciar as respostas imunes.
3. A medula: contém células B e T e plasmócitos produtores de anticorpos, bem como canais para o fluido denominado linfa.

O **baço** é um grande órgão que atua como um linfonodo e também filtra antígenos, bactérias encapsuladas e vírus do sangue, e remove células sanguíneas e plaquetas envelhecidas (Figura 7.4). O baço consiste em dois tipos de tecido: a polpa branca e a polpa vermelha. A polpa branca consiste em arteríolas circundadas por células linfoides (bainha linfoide periarteriolar), nas quais as **células T** circundam a arteríola central. As **células B** são organizadas em folículos primários não estimulados ou folículos secundários estimulados, que apresentam um centro germinativo. O centro germinativo contém células de memória, macrófagos e DCs foliculares. A polpa vermelha é um sítio de armazenamento de células sanguíneas e o local de renovação de plaquetas e eritrócitos envelhecidos. *Uma dica para se lembrar disso: não há linfócito T no folículo ou centro germinativo, mas existem linfócitos T no paracórtex e na bainha linfoide periarteriolar.*

A **epiderme da pele** contém queratinócitos e células de Langerhans, e a **derme** contém DCs, linfócitos B e T, macrófagos e mastócitos. Um grande número de células T de memória circula continuamente nessas camadas da pele. Os queratinócitos na epiderme fazem parte do sistema de defesa antimicrobiano inato.

O **MALT** contém agregados menos estruturados de células linfoides (Figura. 7.5). Por exemplo, as **placas de Peyer** ao longo da parede intestinal têm células especiais

TABELA 7.1 Citocinas e quimiocinas.

Fator	Fontes principais	Alvo principal	Função
RESPOSTAS INATAS E DE FASE AGUDA			
IFN-α, IFN-β	Leucócitos, DCs, fibroblastos e outras células	Células infectadas por vírus, células tumorais, células NK	Indução do estado antiviral; ativação de células NK, aumento da imunidade mediada por células
IL-1α, IL-1β	Macrófagos, DCs, fibroblastos, células epiteliais, células endoteliais	Células T, células B, PMNs, tecido, sistema nervoso central, fígado e assim por diante	Muitas ações: promoção de respostas inflamatórias e de fase aguda, febre, ativação de células T e macrófagos
TNF-α (caquetina)	Similar à IL-1	Macrófagos, células T, células NK, células epiteliais e muitas outras células	Semelhante à IL-1 e também antitumoral, funções debilitantes (caquexia, perda de peso), sepse, ativação endotelial
IL-6	DCs, macrófagos, células T e B, fibroblastos, células epiteliais, células endoteliais	Células T e B, hepatócitos	Estimulação de respostas de fase aguda e inflamatória, crescimento e desenvolvimento de células T e B
IL-12, IL-23	DCs, macrófago	Células NK, células CD4 TH1, células TH17	Ativação de respostas mediadas por células T e inflamatórias, promove a produção de IFN-γ ou IL-17
CRESCIMENTO E DIFERENCIAÇÃO			
Fatores estimuladores de colônias (p. ex., GM-CSF)	Células T, células estromais	Células-tronco	Crescimento e diferenciação de tipos celulares específicos, hematopoese
IL-3	Células T CD4, queratinócitos	Células-tronco	Hematopoese
IL-7	Medula óssea, estroma	Células precursoras e células-tronco	Crescimento de células pré-B, timócitos, células T e linfócitos citotóxicos
RESPOSTAS TH1 E TH17			
IL-2	Células T CD4 (TH0, TH1)	Células T, células B, células NK	Crescimento de células T e B, ativação de NK
IFN-γ	Células CD4 TH1, células NK, ILC1	Macrófagos,[a] DCs, células T, células B	Ativação de macrófagos, inflamação e TH1 e promoção de troca de classe de IgG, mas inibição de respostas TH2
TNF-β	Células CD4 TH1	PMN, tumores	Linfotoxina: morte do tumor, ativação de PMN, ativação endotelial
IL-17	Células CD4 TH17, ILC3	Células epiteliais, endoteliais e fibroblastos; neutrófilos	Ativa o tecido para promover a inflamação mesmo na presença de TGF-β
IL-22	Células CD4 TH17, ILC3	Células epiteliais	Crescimento e reparo de células epiteliais; produção de peptídio antibacteriano com IL-17
RESPOSTAS TH2			
IL-4	Células CD4 T (TH0, TH2), ILC2	Células B e T	Crescimento de células T e B; produção de IgG, IgA e IgE; respostas TH2
IL-5	Células CD4 TH2, ILC2	Células B, eosinófilos	Crescimento e diferenciação de células B; produção de IgG, IgA e IgE; produção de eosinófilos; respostas alérgicas
IL-10	Células CD4 TH2, ILCreg, Tr1 e Treg	Células B, células CD4 TH1	Crescimento de células B, inibição da resposta TH1
RESPOSTA REGULADORA			
TGF-β (também IL-10)	CD4 Treg, células Tr1, ILCreg	Células B, células T, macrófagos	Imunossupressão de células B, T e NK e macrófagos; promoção da tolerância oral, cicatrização de feridas, produção de IgA
QUIMIOCINAS			
α-Quimiocinas: quimiocinas CXC, duas cisteínas separadas por um aminoácido (IL-8; IP-10; GRO-α, GRO-β, GRO-γ)	Muitas células	Neutrófilos, células T, macrófagos	Quimiotaxia, ativação
β-Quimiocinas: quimiocinas CC, duas cisteínas adjacentes (MCP-1; MIP-α; MIP-β; RANTES)	Muitas células	Células T, macrófagos, basófilos	Quimiotaxia, ativação

[a]Aplica-se a um ou mais tipos de células da linhagem monócito-macrófago.

CD, grupo (*cluster*) de diferenciação; *DCs*, células dendríticas; *GM-CSF*, fator estimulador de colônias de granulócitos e macrófagos; *GRO-γ*, oncogene-γ relacionado ao crescimento; *IFN-α, -β, -γ*, interferona-α, -β, -γ; *Ig*, imunoglobulina; *IL*, interleucina; *ILC*, células linfoides inatas; *ILCreg*, célula linfoide inata reguladora; *IP*, proteína interferona-α; *MCP*, proteína quimioatraente de monócitos; *MIP*, proteína inflamatória de macrófagos; *NK*, células *natural killer*; *PMN*, leucócito polimorfonuclear; *RANTES*, regulado, expresso e secretado sob ativação de células T normais; *TGF-β*, fator de crescimento transformador-β; *TH*, T *helper* (célula); *TNF-α*, fator de necrose tumoral-α; *Treg*, célula T reguladora; *Tr1*, célula reguladora tipo 1.

no epitélio (células M) que entregam antígenos do lúmen para essa pequena estrutura semelhante a um linfonodo contendo DCs e linfócitos em regiões definidas (T [interfolicular] e B [germinativa]). DCs, células T e células B também residem na camada da lâmina própria logo abaixo do epitélio. Acreditava-se que as **tonsilas** eram dispensáveis, porém são uma parte importante do MALT. Esses órgãos linfoepiteliais coletam amostras de microrganismos na boca e área nasal. As tonsilas contêm um grande número de células B maduras e de memória (50 a 90% dos linfócitos) que usam seus anticorpos para detectar patógenos específicos e, com DCs e células T, podem iniciar respostas imunes. O edema das tonsilas pode ser causado por infecção ou uma resposta à infecção.

LEUCÓCITOS POLIMORFONUCLEARES

Os **leucócitos polimorfonucleares** (**neutrófilos**) são células de vida curta que constituem de 50 a 70% dos leucócitos circulantes (ver Figura 7.1) e são uma **defesa fagocítica** primária contra infecções bacterianas e fúngicas e um componente importante da **resposta inflamatória**. Os **neutrófilos** têm de 9 a 14 μm de diâmetro, não contêm mitocôndrias, apresentam um citoplasma granulado em que os grânulos se coram tanto com corantes ácidos quanto

> **Boxe 7.2** Principais células produtoras de citocinas.
>
> **Inata (respostas de fase aguda)**
>
> Células dendríticas, macrófagos, outros: IL-1, TNF-α, IL-6, IL-12, IL-18, IL-23, GM-CSF, quimiocinas, IFN-α, IFN-β
>
> **Adaptativa: células T (CD4 e CD8)**
>
> Células TH1: IL-2, IFN-γ, TNF-α, TNF-β, IL-3, GM-CSF
> Células TH2: IL-4, IL-5, IL-6, IL-10, IL-3, IL-9, IL-13, GM-CSF, TNF-α
> Células TH17: IL17, IL21, IL22, GM-CSF, TNF-α
> Células Treg: TGF-β e IL-10
>
> *CD*, grupo (*cluster*) de diferenciação; *GM-CSF*, fator estimulador de colônias de granulócitos e macrófagos; *IFN-α, -β, -γ*, interferona-α, -β, -γ; *IL*, interleucina; *TGF-β*, fator de crescimento transformador-β; *TH*, T *helper* (célula); *TNF-α*, fator de necrose tumoral-α; *Treg*, célula T reguladora.

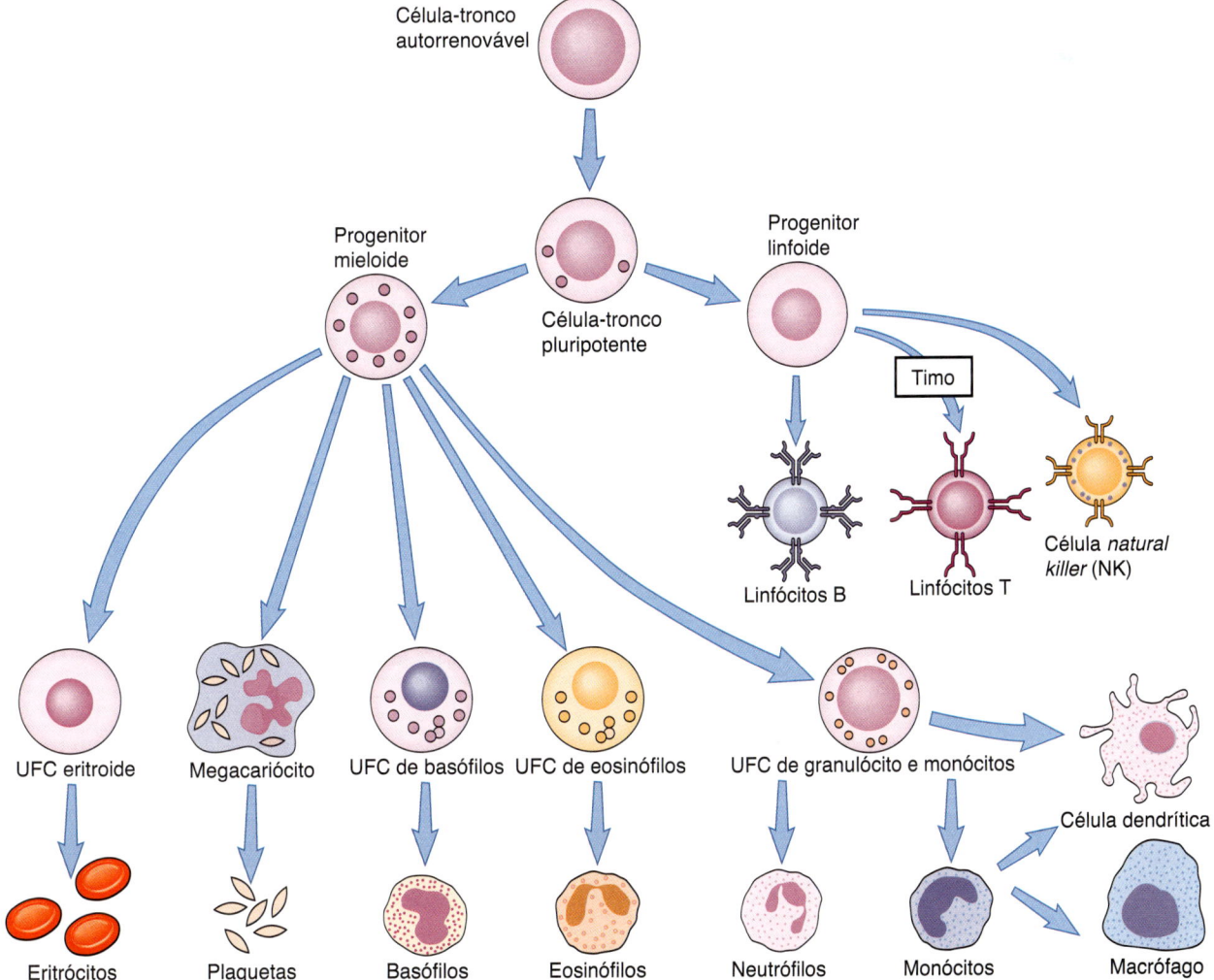

Figura 7.1 Morfologia e linhagem das células envolvidas na resposta imune adaptativa. As células-tronco pluripotentes e as unidades formadoras de colônias (*UFCs*) são células de vida longa, capazes de reabastecer as células funcionais mais diferenciadas e as células terminalmente diferenciadas.
(Modificada de A.K., Lichtman, A.H., Pillai, S., et al., 2015. Cellular and Molecular Immunology, eighth ed. Elsevier, Philadelphia, PA.)

Tabela 7.2 Células da resposta imunológica.

Células	Características e funções
ILCs	Produzem citocinas em resposta a gatilhos microbianos e outros
Células NK (ILC1)	Linfócitos grandes e granulares Marcadores: receptores Fc para anticorpo, KIR **Matar células revestidas por anticorpos e células infectadas por vírus ou tumorais (sem restrição de MHC)**
CÉLULAS FAGOCÍTICAS	
Neutrófilos	Granulócitos com vida curta, núcleo multilobulado e grânulos, formas de bastões segmentados (mais imaturos) **Fagocitose e morte de bactérias** (leucócitos polimorfonucleares)
Eosinófilos	Núcleo bilobado, citoplasma fortemente granulado, corado com eosina Envolvido na defesa contra parasitas e na resposta alérgica
APCs	Marcador: células que expressam MHC classe II Processar e apresentar antígeno para células T CD4
Monócitos[a]	Núcleo em forma de ferradura, lisossomos, grânulos *Precursores da linhagem de macrófagos e células dendríticas*, liberação de citocinas
Células dendríticas imaturas	Sangue e tecido Resposta de citocinas à infecção, processamento antigênico
Células dendríticas[a]	Linfonodos, tecido APC mais potente; inicia e determina a natureza da resposta das células T
Células de Langerhans[a]	**Presente na pele** **Semelhante à célula dendrítica imatura**
Macrófagos[a]	Possível residência em tecidos, baço, linfonodos e outros órgãos; ativados por IFN-γ e TNF Marcadores: células grandes e granulares; receptores Fc e C3b (M2) Remover detritos ou *debris*, manter a função normal do tecido e facilitar o reparo, APC (M1) As células ativadas iniciam a resposta inflamatória e de fase aguda; **as células ativadas são antibacterianas, APC**
CÉLULAS T RESPONSIVAS A ANTÍGENOS	
Células T (todas)	Maturação no timo; núcleo grande, citoplasma pequeno Marcadores: CD2, CD3, TCR
Células T CD4 TCR α/β	Células helper/auxiliares; **ativação por APCs por meio da apresentação de antígeno MHC classe II** Produzem citocinas; ativam APCs; estimulam o crescimento das células T e B; promovem a diferenciação de células B (troca de classe, produção de anticorpos) Subtipo TH1 (produção de IL-2, IFN-γ, LT): ativa macrófagos e defesas mediadas por células locais e sistêmicas (incluindo HTT, células T CD8 *killers*) e produção de anticorpos Subtipo TH2 (produção de IL-4, IL-5, IL-6, IL-10): promove respostas humorais (anticorpos) (sistêmicas) Subtipo TH17 (IL-17, TNF-α, IL-21, IL-22): estimula células epiteliais e neutrófilos e inflamação **Células Treg**, Tr1 (TGF-β, IL-10): controlam a ativação de células T CD4 e CD8 e outras células; importante para imunotolerância
Células NKT α/β	Marcadores: receptores de células NK, TCR α/β para glicolipídios em CD1 Resposta rápida à infecção, liberação de citocinas
Células MAIT α/β	Marcadores: α/β TCR para vitamina B_2 de bactérias ligadas a MR-1 Resposta rápida à infecção, liberação de citocinas
Células T TCR γ/δ	Marcadores: CD2, CD3, TCR γ/δ Sensor precoce de algumas infecções bacterianas e estresse celular, liberação de citocinas
Células T CD8 α/β	Reconhecimento do antígeno apresentado por **antígenos MHC classe I** em todas as células Matar as células virais, tumorais e não autotransplantadas; secretar citocinas
CÉLULAS PRODUTORAS DE ANTICORPOS	
Células B	Maturação na medula óssea, placas de Peyer Núcleo grande, citoplasma pequeno; ativação por antígenos e fatores de células T Marcadores: anticorpo de superfície, **antígenos MHC classe II** Produção de anticorpo e apresentação de antígeno
Plasmócitos	Núcleo pequeno, citoplasma grande Com diferenciação terminal, produção de anticorpo
OUTRAS CÉLULAS	
Basófilos/mastócitos	Granulocíticos Marcador: receptores Fc para IgE Liberam histamina, fornecem resposta alérgica, são antiparasitários
Plaquetas	Liberação de fatores de coagulação, peptídeos antimicrobianos, quimiocinas e citocinas na ativação

[a]Linhagem de monócitos/macrófagos.

APC, células fagocíticas apresentadoras de antígeno; *HTT*, hipersensibilidade do tipo tardia; *Fc*, região cristalizável do fragmento de imunoglobulina; *IFN-γ*, interferona-γ; *Ig*, imunoglobulina; *IL*, interleucina; *ILC*, células linfoides inatas; *KIR*, receptores de células *killer* semelhantes a imunoglobulinas; *LT*, linfotoxina; *MAIT*, célula T invariante associada à mucosa; *MHC*, complexo principal de histocompatibilidade; *MR-1*, proteína 1 relacionada ao MHC; *NK*, *natural killer*; *NKT*, célula T *natural killer*; *TCR*, receptor de células T; *TGF-β*, fator de crescimento transformador-β; *TH*, T *helper* ou auxiliar (célula); *TNF-α*, fator de necrose tumoral-α; *Treg*, célula T reguladora; *Tr1*, célula reguladora tipo 1.

Tabela 7.3 Contagem normal de células sanguíneas.

Tipo celular	Número médio por microlitro	Intervalo normal
Glóbulos brancos (leucócitos)	7.400	4.500 a 11.000
Neutrófilos	4.400	1.800 a 7.700
Eosinófilos	200	0 a 450
Basófilos	40	0 a 200
Linfócitos	2.500	1.000 a 4.800
Monócitos	300	0 a 800

Modificada de Abbas, A.K., Lichtman, A.H., Pillai, S., et al., 2015. Cellular and Molecular Immunology, eighth ed. Elsevier, Philadelphia, PA.

básicos, além de um núcleo multilobulado. Os neutrófilos deixam o sangue e se concentram no sítio da infecção em resposta a fatores quimiotáticos. Durante a infecção, os neutrófilos são recrutados da medula óssea para aumentar seu número no sangue, incluindo suas formas precursoras. Esses precursores são denominados **formas em bastão**, o que está em contraste com os **neutrófilos segmentados** e de diferenciação terminal (**segs**). O achado de tal aumento e mudança nos neutrófilos observado em um hemograma é algumas vezes denominado *desvio à esquerda com um aumento das células em forma de bastão* versus *segs*. Os neutrófilos ingerem bactérias por meio da fagocitose e expõem esses microrganismos a substâncias antibacterianas e enzimas contidas nos **grânulos primários** (**azurófilos**)

Tabela 7.4 Marcadores importantes selecionados dos grupos (*clusters*) de diferenciação.

Marcadores CD	Identidade e função	Célula
CD1 (a–d)	Apresentação de antígeno glicolipídico, semelhante ao MHC I	DC, macrófago
CD2 (LFA-3R)	Receptor de eritrócitos, adesão	Células T
CD3	Subunidade do TCR (γ, δ, ε, ζ, η); ativação	Células T
CD4	Receptor MHC classe II	Subtipo de células T, monócitos, algumas DCs
CD8	Receptor MHC classe I	Subtipo de células T
CD11b (CR3)	Receptor 3 do complemento C3b (cadeia α)	NK, células mieloides
CD14	Receptor proteico de ligação ao LPS	Células mieloides (monócitos, macrófagos)
CD16 (Fc-γ RIII)	Fagocitose e ADCC	Marcador de células NK, macrófagos, neutrófilos
CD21 (CR2)	Receptor de complemento C3 d, receptor de EBV, ativação de células B	Células B
CD25	Receptor de IL-2 (cadeia α), marcador de ativação precoce, marcador para células reguladoras	Células T e B ativadas, células T reguladoras
CD28	Receptor para coestimulação B7: ativação	Células T
CD40	Estimulação de células B, DC e macrófagos	Célula B, macrófago
CD40 ℓ	Ligante de CD40	Célula T
CD45RO	Isoforma (nas células de memória)	Célula T, célula B
CD56 (NKH1)	Molécula de adesão	Célula NK
CD69	Marcador de ativação celular	Células T, B e NK ativadas e macrófagos
CD80 (B7-1)	Coestimulação de células T	DC, macrófagos, célula B
CD86 (B7-2)	Coestimulação de células T	DC, macrófagos, célula B
CD95 (Fas)	Indutor de apoptose	Muitas células
CD152 (CTLA-4)	Receptor para B7; tolerância	Célula T
CD178 (FasL)	Ligante Fas: indutor de apoptose	Células *killer* T e NK
MOLÉCULAS DE ADESÃO		
CD11a	LFA-1 (cadeia α)	–
CD29	VLA (cadeia β)	–
VLA-1, VLA-2, VLA-3	α-integrinas	Células T
VLA-4	Receptor de *homing* α4-integrina	Célula T, célula B, monócito
CD50	ICAM-3	Linfócitos e leucócitos
CD54	ICAM-1	–
CD58	LFA-3	–

Modificada de Male, D., Cooke, A., Owen, M., et al., 1996. Advanced Immunology, third ed. Mosby, St Louis, MO. *ADCC*, citotoxicidade celular dependente de anticorpos (*antibody-dependent cellular cytotoxicity*); *CD*, grupo (*cluster*) de diferenciação; *CTLA-4*, proteína 4 associada a linfócitos T citotóxicos; *DC*, célula dendrítica; *EBV*, vírus Epstein-Barr; *ICAM-1, -3*, molécula de adesão intercelular-1, -3; *IL*, interleucina; *LFA-1, -3R*, antígeno associado à função leucocitária-1, -3R; *LPS*, lipopolissacarídio; *MHC*, complexo principal de histocompatibilidade; *NK*, célula *natural killer*; *TCR*, receptor de células T; *VLA*, ativação muito tardia (antígeno).

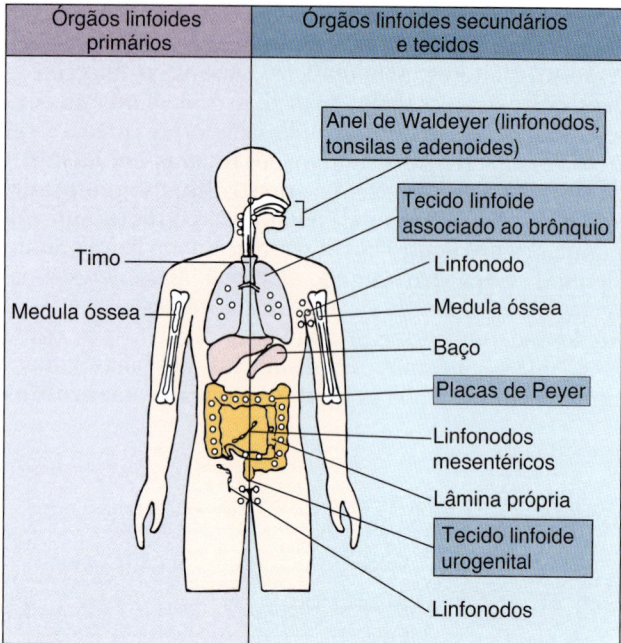

Figura 7.2 Órgãos do sistema imune. Timo e medula óssea são órgãos linfoides primários. São os locais de maturação para células T e B, respectivamente. Respostas imunológicas celulares e humorais se desenvolvem nos órgãos e tecidos linfoides secundários (periféricos); células efetoras e de memória são geradas nesses órgãos. O baço responde predominantemente a antígenos sanguíneos. Linfonodos desenvolvem respostas imunes a antígenos no fluido intercelular e na linfa, absorvidos através da pele (nodos superficiais) ou das vísceras internas (nodos profundos). Tonsilas, placas de Peyer e outros tecidos linfoides associados à mucosa (*boxes azuis*) respondem a antígenos que penetraram na superfície das barreiras mucosas. (De Male, D., Brostoff, J., Roth, D.B., et al., 2013. Immunology, eighth ed. Elsevier, Philadelphia, PA.)

Boxe 7.3 Órgãos do sistema imune.

Timo
Necessário no nascimento para o desenvolvimento de células T
Local de maturação de células T e desenvolvimento de tolerância central

Medula óssea
Fonte de células-tronco
Maturação de células B e desenvolvimento de tolerância central

Linfonodo
Folículo: zona de células B
Centro germinativo: local de proliferação de células B e desenvolvimento de plasmócitos e de células de memória
Paracórtex: zona de células T

Baço
Polpa branca
Folículos: zona de células B
PALS; zona de células T
Polpa vermelha
Região rica em macrófagos para filtrar sangue, remoção de células e microrganismos que sofreram dano

Tecido linfoide associado à mucosa

Pele

PALS, bainha linfoide periarteriolar.

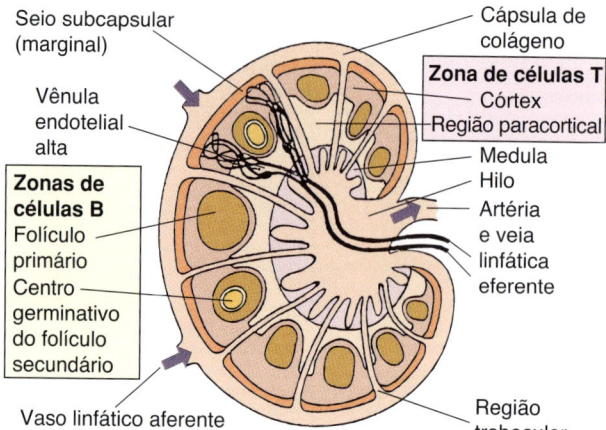

Figura 7.3 Organização do linfonodo. Abaixo da cápsula de colágeno está o seio subcapsular, que é revestido por células fagocíticas. Linfócitos e antígenos de espaços de tecido circunvizinhos ou nodos adjacentes passam para o seio através do sistema linfático aferente. O córtex contém células B agrupadas em folículos primários e células B estimuladas em folículos secundários (centros germinativos). O paracórtex contém principalmente células T e células dendríticas (células apresentadoras de antígeno). Cada linfonodo tem seu próprio suprimento arterial e venoso. Os linfócitos entram no linfonodo a partir da circulação através das vênulas endoteliais altas especializadas na região paracortical. A medula contém células T e B, e a maior parte dos plasmócitos do linfonodo é organizada em cordões de tecido linfoide. Os linfócitos podem deixar o linfonodo apenas através do vaso linfático eferente. (De Male, D., Brostoff, J., Roth, D.B., et al., 2013. Immunology, eighth ed. Elsevier, Philadelphia, PA.)

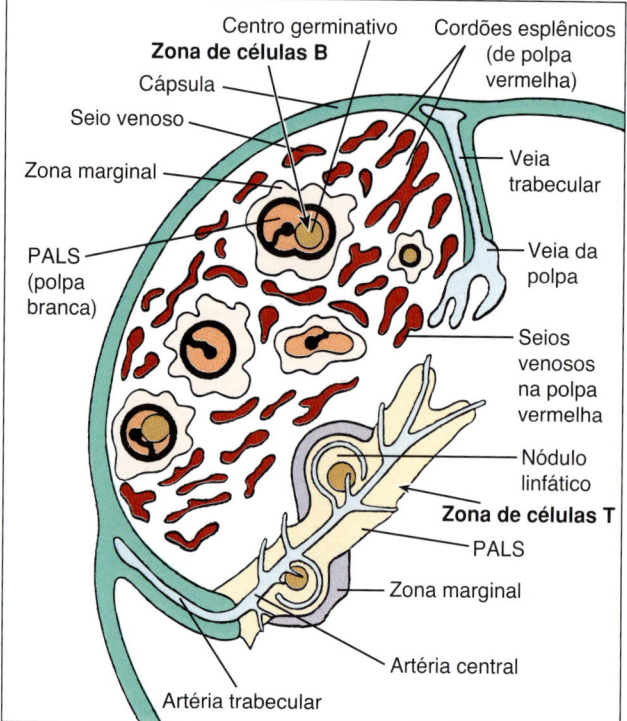

Figura 7.4 Organização do tecido linfoide no baço. A polpa branca contém centros germinativos e é circundada pela zona marginal, que contém numerosos macrófagos, células apresentadoras de antígenos, células B de recirculação lenta e células *natural killer*. As células T residem na bainha linfoide periarteriolar (*PALS*). A polpa vermelha contém seios venosos separados por cordões esplênicos. O sangue entra nos tecidos através das artérias trabeculares, que dão origem a várias artérias centrais ramificadas. Algumas artérias terminam na polpa branca, suprindo os centros germinativos e as zonas do manto, mas a maioria se esvazia nas zonas marginais ou próximo delas. (De Male, D., Brostoff, J., Roth, D.B., et al., 2013. Immunology, eighth ed. Elsevier, Philadelphia, PA.)

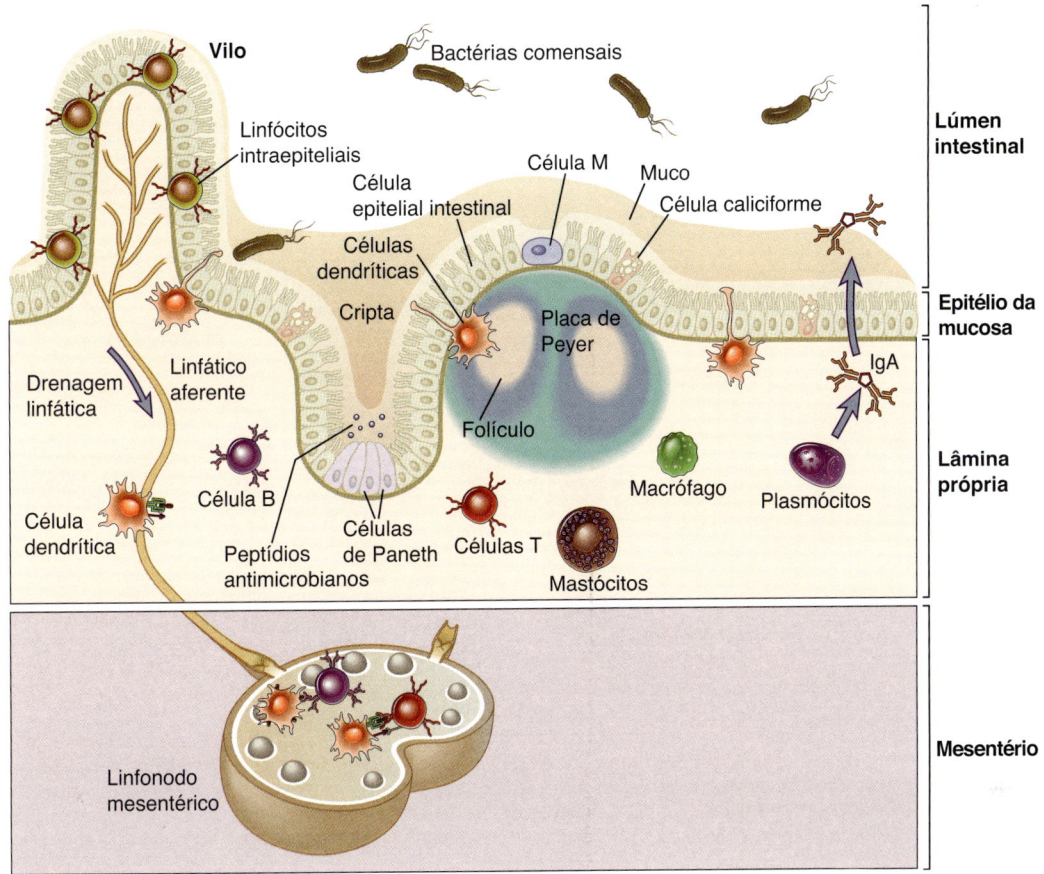

Figura 7.5 Células linfoides estimuladas com antígeno em placas de Peyer (ou pulmões ou outro sítio de mucosas) migram pelos linfonodos regionais e ducto torácico para a corrente sanguínea e então para a lâmina própria do intestino e provavelmente outras superfícies mucosas. Assim, os linfócitos estimulados em uma superfície da mucosa podem ser distribuídos por todo o sistema de tecido linfoide associado à mucosa. *IgA*, imunoglobulina A. (Modificada de: Abbas, A.K., Lichtman, A.H., Pillai, S., et al., 2015. Cellular and Molecular Immunology, eighth ed. Elsevier, Philadelphia, PA.)

e **secundários** (**específicos**). Os grânulos primários são reservatórios para enzimas como mieloperoxidase, β-glucuronidase, elastase e catepsina G. Os grânulos específicos servem como reservatórios para lisozima e lactoferrina. Os neutrófilos mortos liberam uma rede antimicrobiana adesiva de ácido desoxirribonucleico (DNA) e outras fibras, denominada **armadilha extracelular de neutrófilos** (**NET**) e neutrófilos mortos são o principal componente do ***pus***.

Os **eosinófilos** são células fortemente granuladas (11 a 15 μm em diâmetro) com um núcleo bilobado que se cora com o corante ácido eosina Y. Eles também são fagocíticos, móveis e granulados. Os grânulos contêm fosfatase ácida, peroxidase e proteínas básicas eosinofílicas. Os eosinófilos desempenham um papel na defesa contra **infecções parasitárias**. As proteínas básicas eosinofílicas são tóxicas para muitos parasitas. **Mastócitos** e **basófilos** são granulócitos não fagocíticos que liberam o conteúdo de seus grânulos em resposta a gatilhos inflamatórios e durante as respostas alérgicas (hipersensibilidade do tipo 1).

SISTEMA FAGOCÍTICO MONONUCLEAR

O **sistema fagocítico mononuclear** tem células mieloides e consiste em monócitos (ver Figura 7.1) no sangue, **macrófagos** e **DCs**. Os **monócitos** têm de 10 a 18 mm de diâmetro, com um núcleo unilobulado em forma de rim. Eles representam 3 a 8% dos leucócitos do sangue periférico.

Os monócitos seguem os neutrófilos para o tecido como um componente celular inicial da inflamação. Os monócitos podem se diferenciar em macrófagos e DCs.

Os **macrófagos** são células de vida longa que podem ser residentes em tecidos e derivados do saco vitelínico embrionário ou derivados de monócitos que são recrutados para o tecido e são derivados da medula óssea. Eles são fagocíticos, contêm lisossomos e, ao contrário dos neutrófilos, apresentam mitocôndrias. Os macrófagos têm as seguintes funções básicas: (1) fagocitose e degradação de *debris* e microrganismos, (2) apresentação de antígeno (APC) às células T para expandir as respostas imunes específicas, e (3) secreção de citocinas para manter a função do tecido normal e reparar (**macrófagos M2**) ou ser antimicrobiana e promover inflamação (**macrófagos M1**) (Figura 7.6; ver Figura. 8.3). Macrófagos expressam receptores da superfície celular para a porção Fc da imunoglobulina (Ig) G (**Fc-γ RI, Fc-γ RII, Fc-γ RIII**) e para o produto C3b da cascata do complemento (**CR1, CR3**). Esses receptores facilitam a fagocitose e a eliminação de antígenos, células mortas, bactérias ou vírus revestidos com essas proteínas. Os receptores ***Toll-like* e outros receptores de reconhecimento de padrão** reconhecem padrões moleculares associados a patógenos e ativam respostas protetoras. Macrófagos também expressam **antígeno MHC classe II** que possibilita que essas células apresentem antígeno às células T CD4 *helper* para expandir a resposta imune. Macrófagos secretam **interleucina (IL)-1, IL-6, fator de necrose**

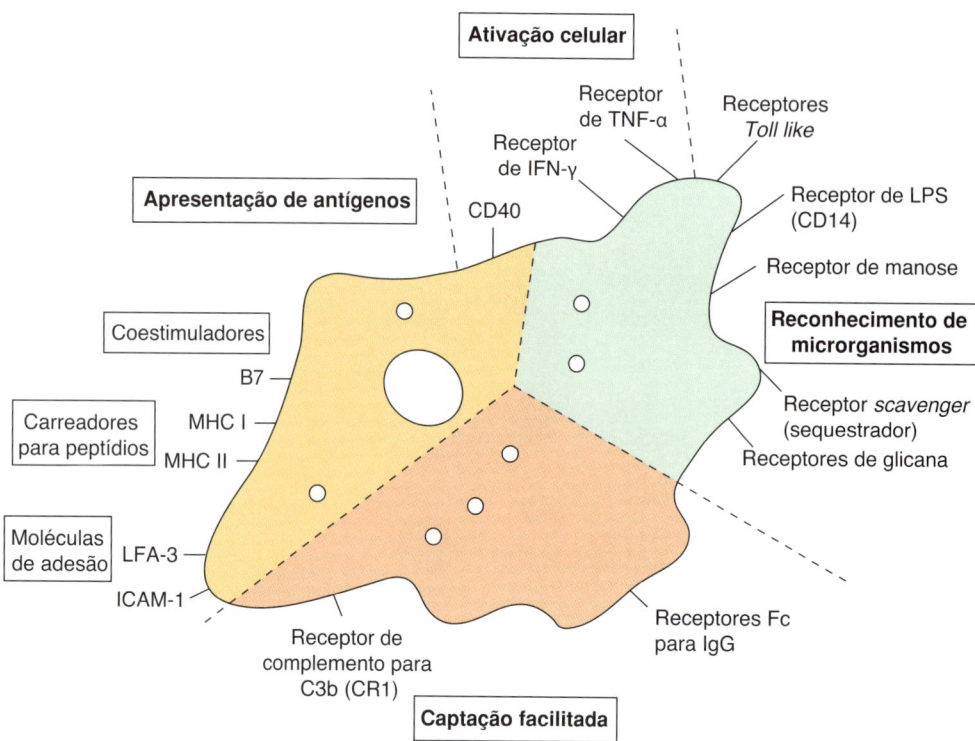

Figura 7.6 Estruturas de superfície de macrófagos medeiam a função celular. Receptores para componentes bacterianos, anticorpos e complemento (para opsonização) promovem a ativação e fagocitose do antígeno; outros receptores promovem a apresentação de antígenos e ativação de células T. A célula dendrítica compartilha muitas dessas características. *ICAM-1*, molécula de adesão intercelular-1; *IFN-γ*, interferona-γ; *Ig*, imunoglobulina; *LFA-3*, antígeno associado à função leucocitária-3; *LPS*, lipopolissacarídio; *MHC*, antígeno de histocompatibilidade principal I ou II; *TNF-α*, fator de necrose tumoral-α.

tumoral (TNF)-α, **IL-12, IL-23** e outras moléculas que detectam as bactérias, estimulando assim as respostas imunes e inflamatórias, incluindo febre.

Macrófagos residentes nos tecidos incluem macrófagos alveolares nos pulmões, células de Kupffer no fígado, células mesangiais intraglomerulares no rim, histiócitos no tecido conjuntivo, osteoclastos, células sinoviais e células microgliais no cérebro. Esses macrófagos são provenientes de células do saco vitelino e estão principalmente envolvidos na manutenção do tecido, angiogênese e funções de reparo (**macrófagos M2**). As formas maduras dessas células têm morfologias diferentes correspondentes à sua localização e função final do tecido e podem expressar um subtipo de atividades de macrófagos ou marcadores de superfície celular.

Monócitos e macrófagos recrutados ativados por uma citocina derivada de células T, a **IFN-γ**, geram **macrófagos M1**. Esses macrófagos apresentam capacidades fagocíticas, microbicidas e de apresentação de antígenos aumentadas e produzem citocinas que promovem a inflamação.

CÉLULAS DENDRÍTICAS

As **DCs** têm ramificações ou tentáculos, como um polvo, e uma grande área de superfície para interagir com os linfócitos. Existem três tipos funcionais de DCs: folicular, mieloide e plasmocitoide.

As **DCs foliculares** localizam-se nas regiões das células B dos linfonodos e do baço, *não são* de origem hematopoética e *não processam antígeno*, mas têm tentáculos (dendritos) e uma superfície "pegajosa" para concentrar e *exibir antígenos para células B*.

As **DCs plasmocitoides** têm uma aparência semelhante aos plasmócitos, estão presentes no sangue e produzem grandes quantidades de IFN-α e citocinas em resposta a infecções virais e outras infecções, e também podem apresentar antígeno para células T.

As DCs derivadas de células mieloides são **APCs para células T** que também podem produzir citocinas. Diferentes tipos de DCs imaturas e maduras são encontrados em tecidos e no sangue e incluem **células de Langerhans** na pele; **células intersticiais dérmicas**; **DCs marginais esplênicas**; e **DCs no fígado, timo, centros germinativos dos linfonodos** e no **sangue**. As DCs podem ser derivadas de células-tronco mieloides ou monócitos. As **DCs imaturas** capturam e fagocitam o **antígeno** de maneira eficiente e liberam citocinas para ativar e orientar a resposta imunológica subsequente. Na maturação, as DCs se movem para regiões do linfonodo, ricas em células T, para apresentar o antígeno em antígenos do MHC de classe I e classe II. *As DCs são as únicas APCs que podem iniciar uma resposta imune com linfócitos T naïve (virgens) e elas direcionam (D para direção) a natureza da resposta das células T subsequentes* (TH1, TH2, TH17, Treg).

LINFÓCITOS

Os linfócitos têm 6 a 10 µm de diâmetro – portanto, são menores que os leucócitos. Existem três classes de linfócitos: **células T, células B e ILCs**. Essas células têm um núcleo grande, com citoplasma menor e agranular. Embora suas características morfológicas sejam semelhantes, elas podem ser diferenciadas com base na função e nos marcadores de superfície (Tabela 7.5).

Os **linfócitos T** adquiriram seu nome porque se desenvolvem no *timo*. Os linfócitos T têm duas funções principais em resposta ao antígeno estranho, que são:

1. Regular, suprimir (quando necessário) e ativar respostas imunes e inflamatórias com interações célula a célula e pela liberação de citocinas.
2. Eliminar diretamente as células infectadas por vírus, células estranhas (p. ex., enxertos de tecido) e tumores, promovendo a apoptose.

As células T constituem de 60 a 80% dos linfócitos do sangue periférico. Elas foram inicialmente diferenciadas das células B com base em sua capacidade de se ligar e se envolver (formando rosetas) com eritrócitos de carneiro por meio da molécula CD2. Todas as células T expressam um **TCR** de ligação ao antígeno, que se assemelha, mas difere do anticorpo e proteínas **associadas ao CD2** e **CD3** em sua superfície celular (Figura 7.7). As células T são divididas em grupos principais com base no tipo de TCR e pela expressão de duas proteínas de superfície celular, CD4 e CD8. A maioria das células T expressa o **TCR α/β**. **As células T que expressam CD4 são os linfóctios T *helper*** (auxiliadores) e as células primariamente produtoras de citocinas que ajudam a iniciar, dirigir e regular as respostas inatas e imunológicas. As células T CD4 podem ser divididas em TH0, TH1, TH2, TH17, Treg, Tr1 e outros subtipos de acordo com o espectro de citocinas que secretam e o tipo de resposta imune que promovem. As células TH1 promovem as respostas locais de anticorpos e respostas inflamatórias celulares, enquanto as células TH2 promovem a produção de anticorpos. As células TH17 ativam células epiteliais e inflamação induzida por neutrófilos e outras respostas, enquanto as células Treg e Tr1 induzidas regulam a resposta imune para manter seu próprio equilíbrio e sua tolerância. As **células T CD8** também liberam citocinas, mas são mais conhecidas por sua capacidade para reconhecer e eliminar (via apoptose) células infectadas por vírus, transplantes de tecidos estranhos (não autoenxertos) e células tumorais, como as células **T citotóxicas**. As células T também produzem **células de memória** que expressam

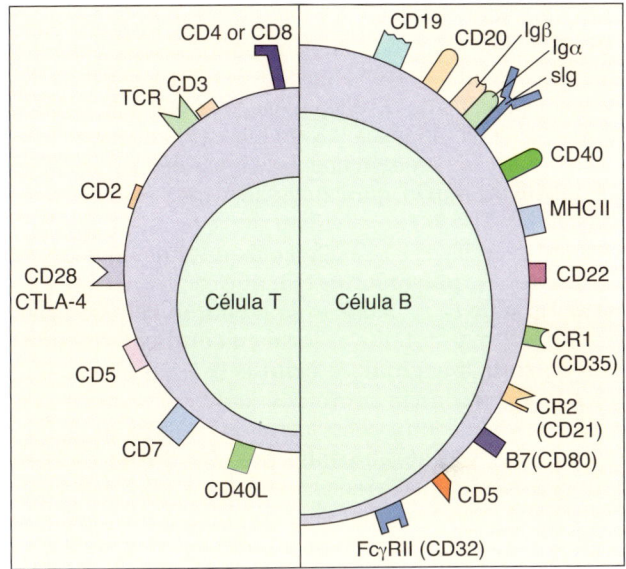

Figura 7.7 Marcadores de superfície de células B e T humanas.

Tabela 7.5 Comparação entre linfócitos B e T.

Propriedades	Linfócitos T	Linfócitos B
Origem	Medula óssea	Medula óssea
Maturação	Timo	Medula óssea, placas de Peyer
Funções	Variadas (consulte a seção Subtipos)	Produção de anticorpos Apresentação do antígeno às células T
Resposta protetora	Aumentar e controlar as respostas inatas e imunológicas; resolução de infecções intracelulares e fúngicas	O anticorpo protege contra reexposição; bloqueia a disseminação do agente no sangue, promove a opsonização etc.
Produtos[a]	Citocinas, fatores de crescimento, substâncias citolíticas (perforina, granzimas)	IgM, IgD, IgG, IgA ou IgE
Marcadores de superfície de diferenciação	CD2 (receptor de glóbulos vermelhos de ovelha), TCR, CD3	Anticorpo de superfície, receptores de complemento, antígenos MHC de classe II
Subtipos	**CD4 TH0:** precursor de *helper* (auxiliar) **CD4 TH1:** ativa o crescimento de células B, T e NK; ativa macrófagos, CTLs, respostas HTT e produção de IgG **CD4 TH2:** ativa o crescimento das células B e T; promove IgG, IgE e produção de IgA **CD4 TH17:** antibacteriana, inflamação **CD4 Treg, Tr1:** supressão e regulação **CD8:** células T citotóxicas (CTL), produção de citocinas **NKT, MAIT, γδT;** resposta rápida à infecção **Células de memória:** resposta anamnésica de longa duração	**Células B (IgM, IgD):** anticorpo, apresentação de antígeno **Células B (IgG ou IgE ou IgA):** anticorpo, apresentação de antígeno **B-1, células B da zona marginal:** produção natural de anticorpos **Plasmócitos:** fábricas de anticorpos terminalmente diferenciados **Células de memória:** resposta anamnésica de longa duração

[a]Dependendo do subtipo.
CD, grupo (*cluster*) de diferenciação; *CTL*, linfócito citotóxico; *HTT*, hipersensibilidade do tipo tardio; *Ig*, imunoglobulina; *MAIT*, célula T invariante associada à mucosa; *MHC*, complexo principal de histocompatibilidade; *NKT*, T *natural killer* (célula); *TCR*, receptor de células T; *TH*, T *helper* (célula); *Treg*, célula T reguladora; *Tr1*, célula reguladora do tipo 1.

CD45RO. Outras células T TCR α/β incluem a célula T invariante associada à mucosa (**MAIT**) e a célula T NK (**NKT**), além das **células T** γ/δ, que expressam o TCR γ/δ, mas não CD4 ou CD8. Essas células geralmente residem na pele e na mucosa e são células produtoras de citocinas importantes que ajudam a iniciar e manter as respostas imunes.

A função principal dos **linfócitos B** é **produzir anticorpos** e a maioria das células B também internaliza, processa e apresenta o antígeno às células T para solicitar o auxílio das células T e expandir a resposta imune. Essas células B podem ser identificadas pela presença de imunoglobulinas, moléculas MHC de classe II e receptores para os produtos C3b e C3d da cascata do complemento (CR1, CR2) em suas superfícies celulares (ver Figura 7.7). O nome célula B é derivado de seu sítio de diferenciação, a *bolsa de Fabrício* em aves e a medula óssea ("*bone marrow*") de mamíferos. Células B ativadas sofrem apoptose ou se desenvolvem em **células de memória**, que expressam o marcador de superfície celular CD45RO e circulam até serem ativadas pelo antígeno específico; ou se diferenciam terminalmente em plasmócitos. Os **plasmócitos** têm núcleos pequenos e citoplasma grande e são fábricas de produção de anticorpos. As células B mais primitivas incluem **células B-1** e **células B da zona marginal**. As **células B-1** são derivadas do fígado fetal e produzem anticorpos constantemente, mas de baixa afinidade contra polissacarídios bacterianos, grupos sanguíneos ABO e até autoantígenos. As **células da zona B marginal** são encontradas no baço. As células B-1 e as células B da zona marginal são particularmente importantes para a geração de anticorpos contra os polissacarídios capsulares de bactérias e fungos.

ILCs são linfócitos não B e não T que se assemelham a células T em algumas características e incluem as **células NK**. Essas células são diferenciadas como ILC1, ILC2 ou ILC3 pelas citocinas que elas produzem e podem iniciar, manter e regular as respostas do hospedeiro. No intestino, essas células produzem citocinas que regulam a resposta da célula epitelial e dos linfócitos à microbiota intestinal e facilitam a proteção antiparasitária contra vermes. As **células NK** (ILC1s) são **linfócitos grandes e granulares** que se assemelham às células T CD8 na função citolítica em direção às células infectadas por vírus e células tumorais, mas diferem no mecanismo de identificação da célula-alvo. As células NK também são capazes de promover morte dependente de anticorpos; portanto, elas também são chamadas de **células que realizam o processo de citotoxicidade celular dependente de anticorpos (ADCC ou K)**. Os grânulos citoplasmáticos contêm proteínas citolíticas para mediar a morte.

Bibliografia

Abbas, A.K., Lichtman, A.H., Pillai, S., et al., 2018. Cellular and Molecular Immunology, ninth ed. Elsevier, Philadelphia.

DeFranco, A.L., Locksley, R.M., Robertson, M., 2007. Immunity: The Immune Response in Infectious and Inflammatory Disease. Sinauer Associates, Sunderland, Mass.

Eberl, G., I Santo, J.P., Vivieer, E., 2015. The brave new world of innate lymphoid cells. Nat. Immunol. 16, 1–5.

Goering, R., Dockrell, H., Zuckerman, M., Chiodini, P.L., 2019. Mims' Medical Microbiology and Immunology, sixth ed. Elsevier, London.

Kumar, V., Abbas, A.K., Aster, J.C., 2015. Robbins and Cotran Pathologic Basis of Disease, ninth ed. Elsevier, Philadelphia.

Murphy, K., Weaver, C., 2016. Janeway's Immunobiology, ninth ed. Garland Science, New York.

Punt, J., Stranford, S.A., Jones, P.P., Owen, J.A., 2019. Kuby Immunology, eigth ed. WH Freeman, New York.

Rich, R.R., et al., 2019. Clinical Immunology Principles and Practice, fifth ed. Elsevier, Philadelphia.

Rosenthal, K.S., 2005. Are microbial symptoms "self-inflicted"? The consequences of immunopathology. Infect. Dis. Clin. Pract. 13, 306–310.

Rosenthal, K.S., 2006. Vaccines make good immune theater: immunization as described in a three-act play. Infect. Dis. Clin. Pract. 14, 35–45.

Rosenthal, K.S., 2017. Dealing with garbage is the immune system's main job. MOJ Immunol. 5 (6), 00174. https://doi.org/10.15406/moji.2017.05.00174. http://medcraveonline.com/MOJI/MOJI-05-00174.pdf.

Rosenthal, K.S., 2018. Immune monitoring of the body's borders. AIMS Allergy and Immunol. 2 (3), 148–164. https://doi.org/10.3934/Allergy.2018.3.148. http://www.aimspress.com/article/10.3934/Allergy.2018.3.148.

Rosenthal, K.S., Wilkinson, J.G., 2007. Flow cytometry and immunospeak. Infect. Dis. Clin. Pract. 15, 183–191.

Trends Immunol: Issues contain understandable reviews on current topics in immunology.

8 Respostas Inatas do Hospedeiro

As respostas inatas do hospedeiro atuam continuamente para manter a microbiota normal em seus locais apropriados e reagem rapidamente aos microrganismos e células considerados invasores e inapropriados. O corpo se protege da invasão microbiana de maneiras semelhantes àquelas usadas para proteger um país contra invasões. Barreiras tais como pele, superfícies mucosas e o ácido do estômago restringem as bactérias às superfícies externas e ao lúmen do sistema gastrintestinal, impedindo a invasão pela maioria dos microrganismos. Os microrganismos são bombardeados com moléculas antimicrobianas solúveis, que incluem as defensinas; moléculas *scavenger* ou sequestradoras de elementos essenciais, como o ferro; componentes do sistema complemento; e lectinas. Se houver uma invasão, uma milícia local de células da resposta inata, incluindo células dendríticas imaturas (iDCs), células de Langerhans, células dendríticas (DCs), células linfoides inatas (ILCs) e células T inatas (célula T *natural killers* [NKT], células T invariantes associadas à mucosa [MAIT] e células T γδ) são alertadas por estruturas microbianas, metabólitos e moléculas de estresse e, em seguida, os neutrófilos e monócitos são atraídos ao sítio por quimiocinas. Os monócitos amadurecem para macrófagos, e os neutrófilos e macrófagos ingerem e matam os invasores. Todas essas células produzem citocinas e quimiocinas para instruir, ativar e chamar forças adicionais. Muitas vezes essas respostas inatas são suficientes para controlar a infecção. Posteriormente, respostas mais sofisticadas e específicas aos antígenos auxiliam, intensificam e controlam as respostas inatas mediadas por células (Boxe 8.1).

As proteções inatas são ativadas pelo contato direto com estruturas repetitivas da superfície microbiana ou de seu genoma, denominados *padrões moleculares associados a patógenos* (PAMPs) e por moléculas liberadas em resposta ao estresse ou a danos celulares causados por microrganismos ou células humanas, denominados *padrões moleculares associados a danos* (DAMPs). Por outro lado, as respostas específicas aos antígenos detectam e são ativadas por estruturas pequenas e únicas chamadas *epítopos*, presentes em moléculas maiores.

Barreiras à infecção

A **pele** e as **membranas mucosas** servem como barreiras para a maioria dos agentes infecciosos (Figura 8.1), com poucas exceções (p. ex., papilomavírus, dermatófitos ["fungos que amam a pele"]). Ácidos graxos livres produzidos nas glândulas sebáceas e por organismos na superfície da pele, ácido láctico na transpiração, além do baixo pH e o ambiente relativamente seco da pele formam condições desfavoráveis para a sobrevivência da maioria dos organismos.

O epitélio da mucosa que cobre os orifícios do corpo é protegido por secreções de muco e cílios. No trato respiratório superior, grandes partículas transportadas pelo ar ficam presas no muco, que é continuamente transportado em direção à boca por uma escada rolante de células epiteliais ciliadas e depois engolido, para ser inativado no estômago. Pequenas partículas (0,05 a 3 μm, o tamanho de vírus ou bactérias) que alcançam os alvéolos são fagocitadas por macrófagos e transportados para fora dos espaços aéreos. Algumas bactérias e vírus (p. ex., *Bordetella pertussis*, vírus da gripe), fumaça de cigarro ou outros poluentes podem interferir nesse mecanismo de eliminação

---

Boxe 8.1 Respostas inatas do hospedeiro.

Constitutivas

Barreiras: pele, ácido estomacal, bile, muco
Temperatura corporal
Peptídios antimicrobianos: defensinas, catelicidinas
Enzimas: lisozima
Sequestradores (*scavengers*) de íons metálicos: lactoferrina, transferrina, hepcidina
Complemento
Respostas de células epiteliais

Recrutamento

Complemento C3a, C5a
Quimiocinas do epitélio e macrófagos

Células inatas responsivas ao patógeno

Granulócitos/neutrófilos
Macrófagos
Células de Langerhans/dendríticas
Células linfoides inatas (células NK)
Células T γ/δ, MAIT e NKT
Células B B1

Citocinas de fase aguda/inflamatória

IL-1: febre, diapedese, inflamação
TNF-α: febre, diapedese, inflamação, permeabilidade vascular, remodelamento de tecidos, metabolismo, manutenção da ativação de macrófagos, caquexia
IL-6: síntese de proteínas de fase aguda pelo fígado, ativação de linfócitos

Outras citocinas e ativadores

IL-12: promove a resposta TH1 e ativa as células NK
IL-23: promove a resposta TH17 de células de memória
IFNs do tipo 1: efeito antiviral, febre, promovem a resposta de células T CD8
IFN-γ: ativação de macrófagos, células dendríticas, células T e B
Mediadores lipídicos (prostaglandinas e leucotrienos): agem em muitas células

Proteínas de fase aguda do fígado

Proteína C reativa, proteína de ligação à manose, fibrinogênio, complemento

IFN, interferona; *IL*, interleucina; *NK*, célula *natural killer*; *MAIT*, células T invariantes associadas à mucosa; *TNF*, fator de necrose tumoral; *TH*, T *helper* ou auxiliadora (célula).

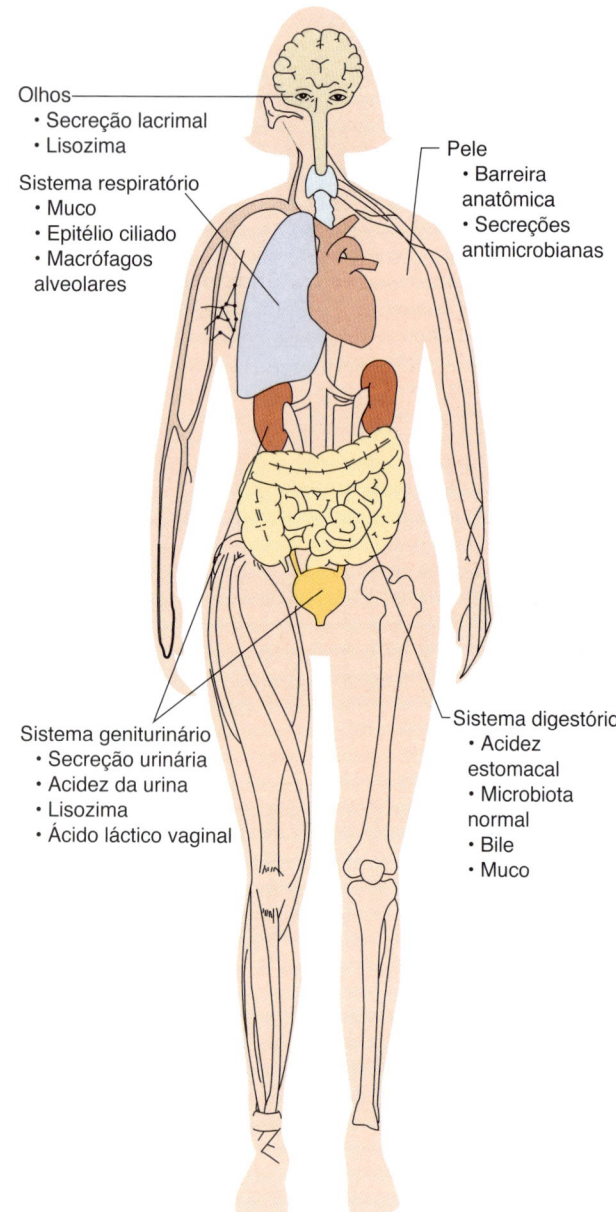

Figura 8.1 Barreiras naturais de defesa do corpo humano.

ou remoção, danificando as células epiteliais ciliadas, tornando o paciente suscetível a pneumonias bacterianas secundárias. Substâncias antimicrobianas (peptídios catiônicos [**defensinas**], lisozima e lactoferrina) encontradas em secreções nas superfícies mucosas (p. ex., lágrimas, muco, saliva) também proporcionam proteção. A lisozima induz a lise de bactérias por clivagem da cadeia principal polissacarídica da peptidoglicana de bactérias gram-positivas. A lactoferrina, uma proteína ligante de ferro, priva os microrganismos do ferro livre, necessário para seu crescimento (Tabela 8.1).

O **ambiente ácido do estômago**, bexiga e rins e a **bile** dos intestinos inativam muitos vírus e bactérias. O **fluxo urinário** também limita o estabelecimento de infecção.

A temperatura corporal, principalmente a **febre**, limita ou impede o crescimento de muitos microrganismos, particularmente dos vírus. Além disso, a resposta imunológica é mais eficiente em temperaturas elevadas.

Componentes solúveis das respostas inatas

PEPTÍDIOS ANTIMICROBIANOS E QUELANTES

Defensinas, peptídios bactericidas/que aumentam a permeabilidade (PPBs) e as catelicidinas são peptídios produzidos por neutrófilos, células epiteliais e outras células que rompem membranas microbianas e são tóxicas para bactérias e fungos. As defensinas são pequenos peptídios catiônicos ($\approx$ 30 aminoácidos); catelicidinas e PPBs são maiores e clivados para produzir peptídios microbicidas. Quando secretados por células de Paneth e outras células no intestino, eles limitam e regulam as bactérias que vivem no lúmen. A produção desses peptídios antimicrobianos pode ser constitutiva ou estimulada por produtos microbianos ou citocinas, incluindo a interleucina (IL)-17 e a IL-22.

Proteínas de ligação aos íons metálicos que se ligam ao ferro (p. ex., lactoferrina, transferrina, ferritina, siderocalina) ou que se ligam ao zinco e ao manganês (p. ex., calprotectina) sequestram esses íons essenciais para prevenir o crescimento de bactérias e leveduras. Infelizmente, muitos patógenos desenvolveram meios alternativos para adquirir esses íons.

COMPLEMENTO

O sistema complemento é um alarme e uma arma contra infecções, e é particularmente importante contra infecções bacterianas. O sistema complemento é ativado diretamente por superfícies de fungos e de bactérias e produtos bacterianos (**via alternativa ou da properdina**), pela ligação da lectina aos carboidratos na superfície de células bacterianas ou fúngicas (**proteína de ligação à manose**) ou por complexos de anticorpo e antígeno (**via clássica**) (Figura 8.2; Animação 1). As três vias de ativação do complemento se unem em um ponto de junção comum, que é a ativação do componente C3. A ativação por qualquer uma das vias inicia uma cascata de eventos proteolíticos que clivam as proteínas em "**a**", "**b**" e outras subunidades. *As subunidades **a** (C3a e C5a) **a**traem (fatores quimiotáticos) células fagocíticas e inflamatórias ao sítio, permitem (**a**llow) o **a**cesso às moléculas solúveis e às células com o aumento da permeabilidade vascular (**a**nafiláticas C3a, C4a e C5a) e **a**tivam as respostas. As subunidades **b** são maiores (**b**igger) e se ligam (**b**ind) ao agente para promover sua fagocitose (**o**psonização) e eliminação, além de construírem (**b**uild) uma broca molecular que pode matar diretamente o agente infectante.*

Via alternativa

A via alternativa pode ser ativada antes do estabelecimento de uma resposta imune contra bactérias infectantes, pois não depende do anticorpo e não envolve os componentes iniciais do complemento (C1, C2 e C4). O componente C3 é clivado espontaneamente no soro e pode ligar-se covalentemente às superfícies bacterianas. O *fator B da properdina* se liga ao C3b, e o *fator D da properdina* divide o *fator B* no complexo, produzindo o *fragmento ativo Bb* que permanece ligado ao *C3b* (*unidade de ativação*). A cascata do complemento, então, continua de maneira análoga à via clássica.

Via da lectina

A via da lectina é um mecanismo de defesa contra bactérias e fungos independente de anticorpos. A **proteína de**

Tabela 8.1 Mediadores solúveis da defesa inata.

Fator	Função	Fonte
Lisozima	Catalisa a hidrólise da peptidoglicana bacteriana	Lágrimas, saliva, secreções nasais, fluidos corporais, grânulos lisossomais
Lactoferrina, transferrina, hepcidina, calprotectina	Ligação ao ferro, manganês ou zinco para impedir sua utilização por microrganismos	Lágrimas, saliva, secreções nasais, fluidos corporais, grânulos específicos de PMNs
Lactoperoxidase	Geração de antimicrobianos semelhantes a alvejantes	Lágrimas, saliva, secreções nasais, fluidos corporais
β-lisina	É eficaz principalmente contra bactérias gram-positivas	Trombócitos, soro normal
Fatores quimiotáticos	Indução de migração direcionada de PMNs, monócitos e outras células	Complemento e quimiocinas
Properdina	Promoção de ativação do complemento na ausência do complexo antígeno-anticorpo	Plasma normal
Lectinas	Ligação aos carboidratos para promover fagocitose microbiana	Plasma normal
Peptídios catiônicos (defensinas etc.)	Antimicrobianos para romper membranas, bloquear atividades de transporte celular	Grânulos polimorfonucleares, células epiteliais e assim por diante

PMNs, neutrófilos polimorfonucleares (leucócitos).

ligação à manose é uma grande proteína sérica que se liga à manose, fucose e glicosamina não reduzidas em superfícies bacterianas, fúngicas e de outras células. A proteína de ligação à manose assemelha-se e substitui o componente C1q da via clássica e, na ligação a superfícies microbianas, ativa a clivagem da serina protease associada à proteína de ligação à manose. Essa protease cliva os componentes C4 e C2 para produzir a convertase de C3, que é o ponto de junção da cascata do complemento.

Via clássica

A cascata da via clássica do sistema complemento é iniciada pela ligação do primeiro componente, C1, à porção Fc do anticorpo (**imunoglobulina [Ig]G ou IgM, não IgA ou IgE**), quando é ligada aos antígenos de superfície celular ou a um imunocomplexo com antígenos solúveis. C1 consiste em um complexo de três proteínas distintas denominadas C1q, C1r e C1s (ver Figura 8.2). C1q se liga à porção Fc,

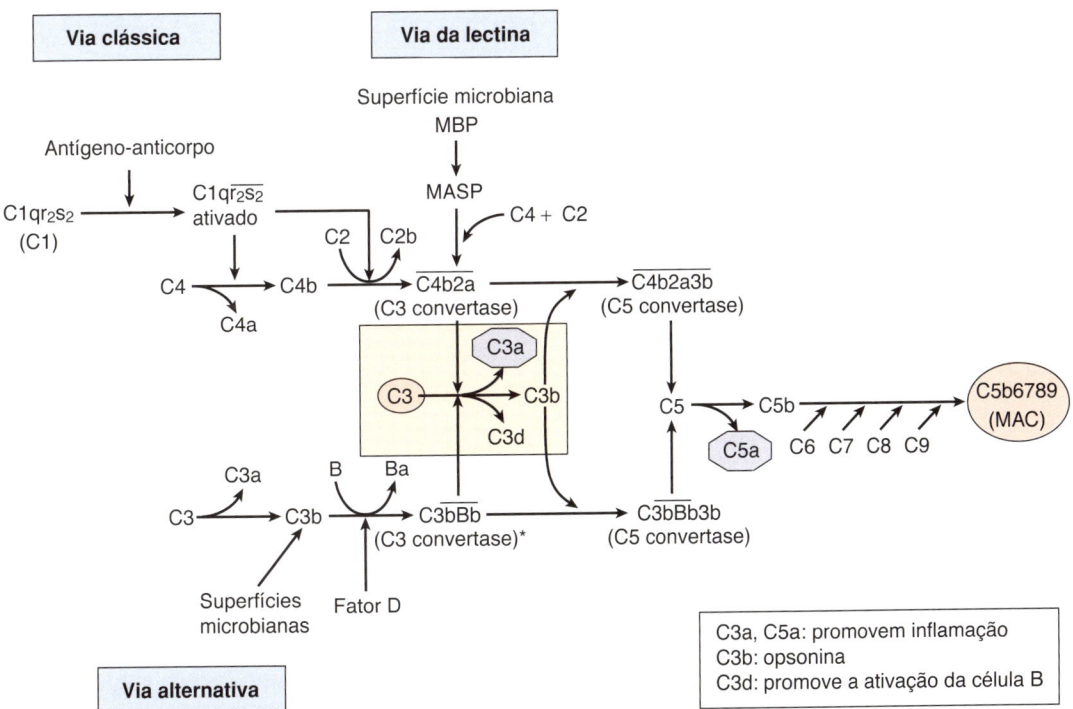

*Estabilizada pela properdina.

Figura 8.2 Vias clássica, da lectina e alternativa do sistema complemento. Apesar dos diferentes ativadores, todas as três vias convergem para a clivagem de C3 e C5 para fornecer quimioatraentes e anafilatoxinas (*C3a, C5a*), uma opsonina (*C3b*) que adere às membranas e um ativador de células B (*C3 d*) e para iniciar o complexo de ataque à membrana (*MAC, membrane attack complex*) para eliminar as células. O C9 se assemelha à perforina (presente nas células *natural killer* [NK] e células T citotóxicas) para promover a apoptose na célula-alvo. *MASP*, serina protease associada à MBP; *MBP*, proteína de ligação à manose (*mannose-binding protein*). (Redesenhada de Rosenthal, K.S., Tan, M. 2010. Rapid Review Microbiology and Immunology, third ed. Mosby, St Louis, MO.).

levando à ativação das atividades proteolíticas de C1r e C1s. C1s então cliva C4 em C4a e C4b, e C2 em C2a e C2b. A união de C4b e C2a produz **C4b2a**, que é conhecido como **C3 convertase**. Esse complexo se liga à membrana celular e cliva C3 em fragmentos C3a e C3b. A proteína C3b tem uma única ligação tioéster que irá ligar covalentemente o C3b à superfície celular ou que será hidrolisada. A C3 convertase amplifica a resposta dividindo muitas moléculas C3. A interação de C3b com C4b2a ligada à membrana celular produz **C4b3b2a**, denominado **C5 convertase**. Essa unidade de ativação divide C5 em fragmentos C5a e C5b e representa outra importante etapa de amplificação.

Atividades biológicas dos componentes do complemento

Os produtos de clivagem dos componentes C3 e C5 são essenciais para respostas antibacterianas, aumentam a eliminação do agente infeccioso e promovem a inflamação. Fragmentos do complemento **C3a**, **C4a** e **C5a** servem como poderosas **anafilatoxinas** que estimulam os mastócitos a liberar histamina e fator de necrose tumoral (TNF)-α, o que aumenta a permeabilidade e a contração do músculo liso e promove inflamação. **C3a** e **C5a** também atuam como atraentes (**fatores quimiotáticos**) para neutrófilos e macrófagos, facilitando sua saída do capilar próximo à infecção. Essas proteínas são poderosos promotores de reações inflamatórias. C3b é uma **opsonina** que promove a remoção de microrganismos pela ligação direta à célula para tornar a célula mais reconhecível para células fagocíticas, tais como neutrófilos e macrófagos, que têm receptores para C3b. O C3b pode ser clivado ainda mais para gerar C3d, que é um ativador de linfócitos B. Para infecções por bactérias gram-positivas e a maioria das outras infecções bacterianas, essas respostas fornecem a principal função antimicrobiana do sistema complemento.

O sistema complemento também interage com a cascata de coagulação. Fatores de coagulação ativados podem clivar C5a, e uma protease da via da lectina pode clivar a protrombina para resultar na produção de fibrina e ativação da cascata de coagulação.

Complexo de ataque de membrana

O estágio terminal da via clássica envolve a criação do **complexo de ataque à membrana** (**MAC**), também chamada **unidade lítica** (ver Figura 8.2). As cinco proteínas do complemento terminal (C5 a C9) são montadas em um MAC nas membranas das células-alvo para mediar as lesões. O início da montagem do MAC começa com a clivagem C5 em fragmentos C5a e C5b. Um complexo (C5b, 6, 7, 8)$_1$(C9)$_n$ formado cria um poro na membrana, levando à apoptose ou lise hipotônica de células. O componente C9 é semelhante à perforina, que é produzida por células T citolíticas e células NK.

As bactérias do gênero *Neisseria* são muito sensíveis a essa forma de eliminação, enquanto as bactérias gram-positivas são relativamente insensíveis. A peptidoglicana de bactérias gram-positivas limita o acesso dos componentes do complemento ao alvo na membrana plasmática, a menos que haja ruptura pela lisozima. Ao contrário de outras bactérias gram-negativas, a membrana externa da bactéria *Neisseria* contém lipo-oligossacarídios (LOS), que carecem de cadeias laterais O-antigênicas, e torna possível o acesso do complemento à superfície da membrana.

Regulação da ativação do complemento

Os seres humanos têm vários mecanismos para evitar a geração de C3 convertase para proteger contra a ativação inadequada do complemento, incluindo o inibidor C1, a proteína de ligação a C4, fator H, fator I e o fator de aceleração de decaimento (DAF) de proteínas de superfície celular e proteína cofator de membrana. Além disso, CD59 (proteína) impede a formação de MAC. A maioria dos agentes infecciosos carece desses mecanismos protetores e permanece suscetível ao complemento. Uma deficiência genética nesses sistemas de proteção pode resultar em doença.

INTERFERONAS

As interferonas (IFNs) são proteínas pequenas, semelhantes às citocinas, que podem interferir na replicação do vírus e têm efeitos sistêmicos (*descritos em detalhes no Capítulo 10*). Os principais IFNs do tipo I são α e β. Os IFNs do tipo I representam primariamente uma resposta antiviral muito precoce, desencadeada por intermediários de replicação viral derivados do ácido ribonucleico (RNA) de dupla fita e outras estruturas que se ligam a receptores *Toll-like* (TLRs), gene induzido por ácido retinoico 1 (RIG-1) e outros receptores PAMP (PAMPRs). As DCs plasmocitoides produzem grandes quantidades de IFN-α em resposta à infecção viral, principalmente durante a viremia, mas outras células também podem produzir IFN-α. O IFN-β é secretado principalmente por fibroblastos. Os IFNs do tipo I promovem a transcrição de proteínas antivirais em células que se tornam ativadas por infecção viral. Também ativam respostas sistêmicas, incluindo febre, e intensificam a ativação das células T. Os IFNs do tipo I serão discutidos mais adiante com respeito à resposta às infecções virais.

Os IFNs-λ tipo III agem como IFN do tipo 1 e são também importantes para infecções virais, mas agem localmente para inibir a replicação do vírus e promover a cura em vez de ativar respostas sistêmicas e inflamatórias.

IFN-γ é um IFN do tipo II, e suas propriedades bioquímicas e biológicas diferem daquelas observadas para os IFNs do tipo I. IFN-γ é principalmente uma citocina produzida por células NK e células T como parte da resposta imune adaptativa TH1 e ativa macrófagos e células mieloides. A citocina IFN-γ será discutida posteriormente com respeito às respostas das células T.

Componentes celulares das respostas inatas

NEUTRÓFILOS

Os neutrófilos desempenham um papel importante nas proteções antibacterianas e antifúngicas e um papel menor nas proteções antivirais. A superfície do neutrófilo é coberta por receptores que se ligam diretamente aos microrganismos, tais como lectinas e receptores *scavenger* e **receptores de opsoninas**. Diferentes receptores de opsoninas ligam-se à porção Fc da imunoglobulina, C3b ou outras opsoninas, que são ligadas a estruturas específicas em uma molécula ou superfície microbiana. Esses receptores promovem a fagocitose do microrganismo e sua morte, como descrito posteriormente. Neutrófilos têm muitos grânulos que contém proteínas e substâncias antimicrobianas e podem produzir moléculas reativas de oxigênio. Essas células estão em estágio terminal de diferenciação, duram menos de 3 dias no sangue e, na morte durante a infecção, liberam uma rede adesiva de ácidos desoxirribonucleicos (DNA), que formarão o **pus**.

MASTÓCITOS, BASÓFILOS E EOSINÓFILOS

Mastócitos, basófilos e eosinófilos têm grânulos citoplasmáticos contendo substâncias antimicrobianas e mediadores da inflamação. Os mastócitos estão presentes na pele, no tecido mucoepitelial e no revestimento de pequenos vasos sanguíneos e nervos. Os basófilos são como mastócitos, mas circulam no sangue e seus grânulos coram com corantes básicos. Mastócitos e basófilos ligam-se à IgE, ao complemento, além de produtos microbianos, e liberam histamina e citocinas como parte de respostas alérgicas e inflamatórias. Os eosinófilos circulam no sangue; seus grânulos coram com corantes ácidos (p. ex., eosina) e são importantes em respostas antiparasitárias.

CÉLULAS DA LINHAGEM MONÓCITO-MACRÓFAGO

Os **monócitos** originam-se da medula óssea e circulam no sangue. Durante infecções ou lesões, as quimiocinas atraem essas células para o tecido onde se diferenciam em macrófagos inflamatórios (M1) ou DCs.

Os **macrófagos** podem originar-se de monócitos derivados da medula óssea ou do saco vitelínico embrionário. Esses últimos residem nos tecidos, tais como as células de Kupffer no fígado. De modo semelhante aos neutrófilos, os macrófagos são fagócitos; no entanto, ao contrário dos neutrófilos, são células de vida longa, podem se dividir, apresentar peptídios antigênicos às células T CD4 em moléculas do complexo principal de histocompatibilidade (MHC) II e devem ser ativados para matar eficientemente as bactérias fagocitadas.

O principal papel dos macrófagos teciduais é remover *debris* ou detritos e promover o reparo e remodelamento dos tecidos (**macrófagos M2**). Algumas vezes chamados de macrófagos ativados pela via alternativa, essas células podem ser ativadas de maneira mais intensa por citocinas relacionadas ao padrão TH2, IL-4 e IL-13 para auxiliar nas respostas antiparasitárias. Os macrófagos M2 também estão presentes em tumores e reforçam o crescimento de células tumorais e promovem angiogênese (Figura 8.3).

Para promoverem respostas inflamatórias e serem capazes de eliminar bactérias fagocitadas, os macrófagos são ativados por lipopolissacarídios, TNF-α, IFN-γ e fator estimulador de colônias de granulócitos e macrófagos (GM-CSF) para se tornarem **macrófagos M1**. As citocinas são produzidas por células ILC1 e células T CD4 e CD8 como parte da resposta TH1. Os macrófagos M1 ativados produzem espécies reativas de oxigênio (ROS) e óxido nítrico (NO),

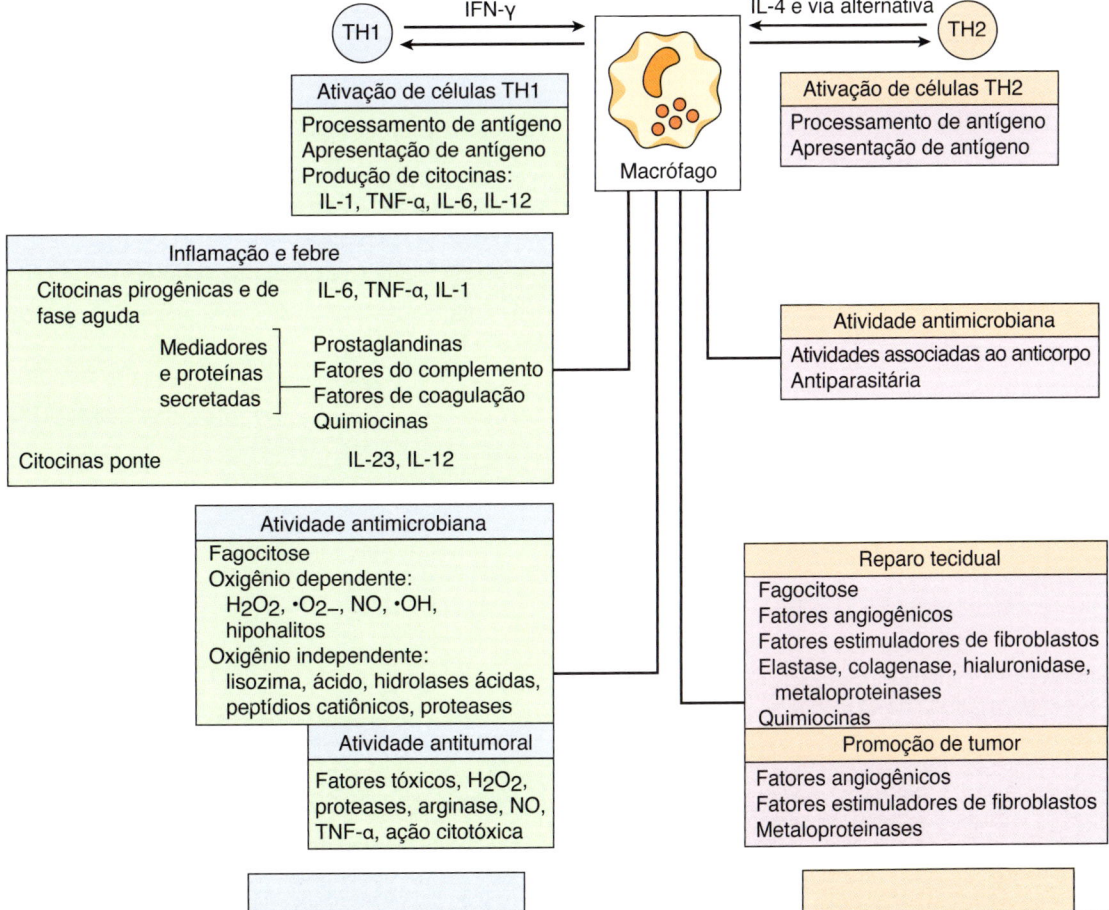

Figura 8.3 As diversas funções dos macrófagos e membros da família de macrófagos. Macrófagos M2 mantêm o *status quo* e facilitam a cicatrização de feridas pela remoção de *debris* e promoção de angiogênese e reparo tecidual. Os macrófagos M1 promovem a morte antimicrobiana e inflamação. H_2O_2, peróxido de hidrogênio; *IFN-γ*, interferona-γ; *IL*, interleucina; *NO*, óxido nítrico; ·O^-, radical oxigênio; ·*OH*, radical hidroxila; *TH*, T *helper* (célula); *TNF-α*, fator de necrose tumoral-α.

enzimas e outras moléculas para promover a função antimicrobiana (Boxe 8.2) e reforçam as reações inflamatórias locais pela produção de quimiocinas que atraem os neutrófilos, iDCs, células NK e células T ativadas, além de citocinas de fase aguda (IL-1, TNF-α, IL-6) para promover a resposta. Os macrófagos obtêm ajuda apresentando antígeno para as células CD4 TH1 que produzem IFN-γ, desde que o antígeno esteja presente. Na ausência do IFN-γ, os macrófagos M1 podem fazer a transição para M2 para facilitar a cura e a resolução da infecção e seus danos.

No caso de uma infecção micobacteriana não resolvida, a estimulação contínua (crônica) de macrófagos por células T promove a fusão dos macrófagos em **células gigantes multinucleadas** e grandes macrófagos denominados **células epitelioides**, que circundam a infecção e formam um **granuloma**.

CÉLULAS DENDRÍTICAS MIELOIDES E PLASMOCITOIDES

As DCs fornecem uma ponte entre as respostas imunes inatas e adaptativas. As citocinas que essas células produzem determinam a natureza da resposta das células T (*células Dendríticas direcionam as células T sobre o que dizer a outras células o que fazer*). Os monócitos e as DCs precursoras mieloides circulam no sangue e, em seguida, diferenciam-se em DCs imaturas (iDCs) nos tecidos e órgãos linfoides. As **iDCs** apresentam muitos braços dendríticos, são fagocíticas e, ao ser ativadas por sinais de perigo, liberam um aviso inicial mediado por citocinas e depois amadurecem em DCs. As iDCs expressam diferentes combinações de sensores de perigo (receptores DAMP [DAMPRs]) que podem detectar traumas teciduais (adenosina trifosfato [ATP], adenosina, ROS, proteínas de choque térmico) e infecções (PAMPRs), incluindo **TLRs** e outros receptores (ver adiante). As **DCs maduras** são as células apresentadoras de antígeno definitivas; elas são as únicas células apresentadoras de antígeno que podem iniciar uma resposta de células T específicas para o antígeno (Boxe 8.3). As **células de Langerhans** são um tipo de iDC que permanece na epiderme da pele até que seja ativada, e depois se torna uma DC madura. As **DCs plasmocitoides** estão no sangue e geram grandes quantidades de IFN tipo 1 e citocinas em resposta a infecções virais e outras infecções, e podem apresentar antígeno para as células T.

A **DC folicular** não pode processar nem apresentar antígenos para as células T, mas adquire seu nome por sua presença nos folículos ricos em células B presentes nos linfonodos e no baço e seu aspecto com múltiplos braços. Os antígenos aderem à sua superfície e são apresentados para as células B.

CÉLULAS LINFOIDES INATAS, CÉLULAS *NATURAL KILLER*, CÉLULAS T γ/δ, CÉLULAS T INVARIANTES ASSOCIADAS À MUCOSA E CÉLULAS T *NATURAL KILLER*

As **ILCs** se assemelham e produzem citocinas similares às células T CD4, e em vez de responderem através de um receptor de antígeno de célula T (TCR), respondem ao estímulo dos PAMPR e DAMPR. Eles se distinguem pela expressão de reguladores transcricionais do tipo células T e de citocinas. As células ILC1 expressam o fator de transcrição T-bet e produzem IFN-γ e TNF-α, semelhantes às células CD4 Th1; as células ILC2 expressam GATA-3 e produzem IL-4, IL-5, IL-9 e IL-13, de modo similar às células CD4 Th2, e são importantes para o início da resposta aos parasitas intestinais; as células ILC3 expressam RORγt e produzem IL-17 e IL-22, semelhante às células Th17; e as células ILCreg são similares às células CD4 T reguladoras (Treg) e produzem TGF-β e IL-10. As ILCs estão presentes em todo o corpo, principalmente próximas às células epiteliais da mucosa, nas quais suas citocinas ajudam a regular as respostas à microbiota normal, mas fornecem respostas rápidas a infecções patogênicas.

Boxe 8.2 As diversas funções dos macrófagos.

Status quo **(tempo de paz): macrófagos M2**

Fagocitose e degradação de *debris*
Produção de enzimas e fatores de crescimento e reparo tecidual
Produção de fatores angiogênicos

Durante a infecção e inflamação (na guerra): macrófagos M1 (ativados por PAMPs, TNF-α, GM-CSF e IFN-γ)

Fagocitose e antimicrobianos dependentes de oxigênio e independentes de oxigênio
Citocinas de fase aguda: IL-6, TNF-α e IL-1 (pirogênios endógenos)
Outras citocinas: IL-12, GM-CSF, G-CSF, M-CSF, IFN-α
Metabólitos do ácido araquidônico
Prostaglandina, tromboxanos, leucotrienos

G-CSF, fator estimulador de colônias de granulócitos; *GM-CSF*, fator estimulador de colônias de granulócitos e macrófagos; *M-CSF*, fator estimulador de colônias de macrófagos; *PAMP*, padrão molecular associado a patógenos; *TNF-α*, fator de necrose tumoral-α.

Boxe 8.3 Células dendríticas.

Mieloides e plasmocitoides (para células T)

Morfologia: semelhante a um polvo com tentáculos (dendritos)
Atividades
DCs imaturas
No sangue e tecidos
Sensores de perigo, fagocitose, produção de citocinas, processamento de antígenos
DCs maduras
Áreas de células T do linfonodo e do baço
Única célula que pode iniciar uma nova resposta de células T
Processa as proteínas antigênicas em peptídios
Expressão aumentada de moléculas para apresentação do antígeno
MHC I – peptídio: células T CD8
CD1 – glicolipídios: células T CD8
MHC II – peptídio: células T CD4
B7-1 e B7-2 e outros correceptores
Produzem citocinas para iniciarem e direcionarem a resposta das células T

DCs foliculares (para células B)

Em áreas de células B de tecidos linfoides
Expressam receptores adesivos para exibir o antígeno para as células B (Fc e receptores do complemento CR1, CR2 e CR3, não apresentam MHC II)

CD, grupo (*cluster*) de diferenciação; *DC*, célula dendrítica; *MHC*, complexo principal de histocompatibilidade.

As **células NK** são **ILC1s** que fornecem uma resposta celular precoce a uma infecção viral, têm atividade antitumoral e amplificam as reações inflamatórias após uma infecção bacteriana. As células NK também são responsáveis pela **citotoxicidade celular dependente de anticorpos** (**ADCC**), na qual se ligam e matam as células revestidas de anticorpos. As células NK são linfócitos grandes granulares (LGLs) que compartilham muitas características com as células T, exceto o mecanismo de reconhecimento da célula-alvo. As células NK não expressam TCR ou CD3 e não podem produzir IL-2. Essas células não reconhecem um antígeno específico nem requerem apresentação de antígeno por moléculas de MHC. O sistema NK não envolve memória ou requer sensibilização e não pode ser reforçado por uma imunização específica.

As células NK são ativadas por (1) IFNs do tipo 1 (produzidos precocemente em resposta a infecções virais e outras infecções); (2) TNF-α; (3) IL-12, IL-15 e IL-18 (produzidas por DCs e macrófagos ativados); e (4) IL-2 (produzida por células CD4 TH1). Os receptores funcionais incluem o **FasL** [Fas ligante], o **receptor Fc para IgG** (CD16) e os receptores do complemento para ADCC e receptores inibitórios específicos das células NK e receptores de ativação (incluindo os receptores do tipo imunoglobulina de células NK [**KIRs**]). As células NK ativadas produzem IFN-γ, IL-1 e GM-CSF. Os grânulos de uma célula NK contêm **perforina**, que é uma proteína formadora de poros, e **granzimas** (esterases), que também estão presentes nos grânulos de um linfócito T citotóxico CD8 (CTL). Essas moléculas promovem a morte **apoptótica** da célula-alvo.

A célula NK enxerga cada célula como uma vítima potencial, particularmente aquelas que estão em perigo, e irá eliminá-las a menos que receba um sinal inibitório da célula-alvo. As células NK se ligam a carboidratos e proteínas de superfície em uma célula sob ameaça. A interação de um número suficiente de moléculas MHC de classe I com **receptores inibitórios** KIR atuam como uma senha secreta, indicando que tudo é normal, para ativar um sinal inibitório para evitar a morte da célula-alvo pela célula NK. Células infectadas por vírus e células tumorais expressam "moléculas relacionadas com o estresse" e são muitas vezes deficientes em moléculas MHC I, tornando-se alvos das células NK. A ligação da célula NK às células-alvo revestidas de anticorpos (ADCCs) também inicia a morte, mas isso não é controlado por um sinal inibitório. Os **mecanismos de morte** são semelhantes àqueles das células T citotóxicas CD8. Uma sinapse (compartimento) é formada entre a célula NK e a célula-alvo, com a liberação de **perforina e granzimas** para romper a célula-alvo e induzir a apoptose. Além disso, a interação do **FasL** na célula NK com a proteína **Fas** na célula-alvo também pode induzir a **apoptose**.

As **células NKT**, **MAIT** e **células T** γ/δ residem principalmente em tecidos e diferem das outras células T porque têm um repertório limitado de TCRs. Ao contrário de outras células T, NKT, MAIT e células T γ/δ podem detectar antígenos não peptídicos, incluindo glicolipídios, derivados da vitamina B, metabólitos de aminas fosforiladas e moléculas de estresse produzidas por alguns microrganismos e até mesmo células humanas. As células NKT também expressam os receptores KIR (Tabela 8.2). De modo semelhante às ILCs, essas células T produzem citocinas para regular e ativar as respostas protetoras do hospedeiro por outras células.

Tabela 8.2 Ligantes reconhecidos pelas células T inatas.

Célula T	Receptor	Ligante
Células NKT	CD1	Glicolipídios
Células MAIT	MR1	Análogos e metabólitos da riboflavina (vitamina B)
Células T γ/δ	–	Moléculas de estresse celular Alquilaminas Bisfosfonatos Fosfoantígenos orgânicos (p. ex., hidroximetilbutilpirofosfato)
Outros receptores		Butirato Vitamina A e ácido retinoico Vitamina D Ligantes AhR (metabólitos do triptofano: ácido indol-3-láctico)

MAIT, célula T invariante associada à mucosa; *NKT*, célula T *natural killer*.

Ativação de respostas celulares inatas

As células da resposta inata são ativadas por citocinas, quimiocinas, moléculas de estresse e interação direta com microrganismos e componentes microbianos. Essas células expressam diferentes combinações de sensores de perigo (PAMPRs) e de danos (DAMPRs) para microrganismos e traumas celulares, incluindo a família **TLR** de proteínas e outros receptores. Os TLRs incluem pelo menos 10 diferentes proteínas intracelulares e de superfície celular que ligam estruturas repetitivas que formam **PAMPs** (Figura 8.4 e Tabela 8.3). Esses padrões estão presentes no componente endotoxina dos lipopolissacarídios (LPS) e no ácido lipoteicoico (LTA), flagelos, glucanas fúngicas, unidades de citosina-guanosina do DNA não metilado (oligodesoxinucleotídios [ODNs] CpG) comumente encontradas em bactérias, RNA de cadeia dupla produzido durante a replicação de alguns vírus e outras moléculas. Além dos TLRs, outros PAMPRs de superfície celular incluem lectinas do tipo C para carboidratos e glucanas microbianas e receptores *scavenger*. Sensores citoplasmáticos de peptidoglicana bacteriana incluem a proteína com domínio de oligomerização de ligação ao nucleotídio 1 (NOD1), NOD2 e criopirina e, para ácidos nucleicos, RIG-1, gene associado à diferenciação do melanoma 5 (MDA5) e outros. A ligação de PAMPs aos TLRs e outros PAMPRs ativam as proteínas adaptadoras que acionam as cascatas das proteínas quinases e outras respostas que resultam na ativação da célula e produção de quimiocinas e citocinas específicas, que podem incluir citocinas pró-inflamatórias (IL-1, TNF-α e IL-6) e IFNs do tipo 1 (IFN-α e IFN-β).

Em resposta aos PAMPs e a outros estímulos, células epiteliais, DCs, macrófagos e outras células podem montar um **inflamassoma** (Figura 8.5). Esse complexo multiproteico é ativado pela montagem de várias das proteínas adaptadoras induzidas em resposta aos PAMPs, danos dos tecidos ou na proteólise de alguns de seus componentes. Proteases liberadas no cristal de ácido úrico (gota) ou punção de amianto (asbesto) de fagossomos e lisossomos também podem ativar a formação do inflamassoma. O inflamassoma ativa a protease caspase 1, que depois cliva, ativa e promove a liberação de IL-1β e IL-18. Essas

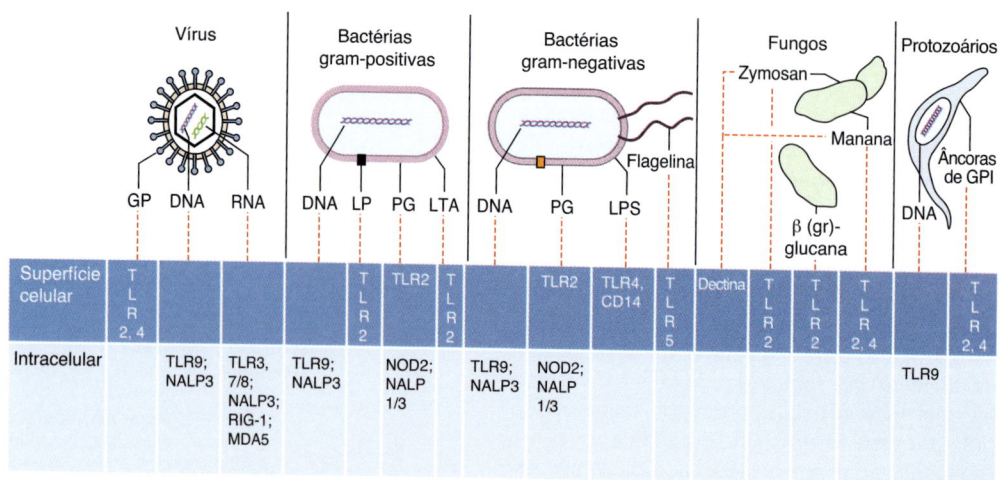

Figura 8.4 Reconhecimento de padrões moleculares associados a patógenos (PAMPs). Estruturas microbianas, RNA e DNA se ligam a receptores PAMP específicos na superfície celular, em vesículas ou no citoplasma para ativar respostas inatas. *GP*, glicoproteínas; *GPI*, proteínas fosfatidilinositol ancoradas às glucanas; *LP*, lipoproteínas; *LPS*, lipopolissacarídio; *LTA*, ácido lipoteicoico; *MDA5*, gene associado à diferenciação do melanoma 5; *NALP3*, proteína contendo domínio de pirina e repetição rica em leucina, Nacht 3; *NOD2*, proteína do domínio de oligomerização de nucleotídios 2; *PG*, peptidoglicana; *RIG-1*, gene induzido por ácido retinoico 1; *TLR9*, receptor *Toll-like 9*. (Modificada de Mogensen, T.H. 2009. Pathogen recognition and inflammatory signaling in innate immune defenses. Clin. Microbiol. Rev. 22, 240–73.)

Tabela 8.3 Receptores de reconhecimento padrão de patógenos.

Receptor[a]	Ativadores microbianos	Ligante
SUPERFÍCIE CELULAR		
TLR1	Bactérias, micobactérias *Neisseria meningitidis*	Lipopeptídios Fatores solúveis
TLR2	Bactérias Fungos Células	LTA, LPS, PG e assim por diante Zymosan Células necróticas
TLR4	Bactérias, parasitas, proteínas do hospedeiro Vírus, parasitas, proteínas do hospedeiro	LPS, mananas fúngicas, glicoproteínas virais, fosfolipídios parasitários, proteínas do choque térmico do hospedeiro, LDL
TLR5	Bactérias	Flagelina
TLR6	Bactérias Fungos	LTA, lipopeptídios, zymosan
Lectinas	Bactérias, fungos, vírus	Carboidratos específicos de superfície (p. ex., manose)
Receptor *N*-formil-metionina	Bactérias	Proteínas bacterianas
ENDOSSOMO		
TLR3	Vírus	dsRNA
TLR7	Vírus	RNA de fita simples Imidazoquinolinas
TLR8	Vírus	RNA de fita simples Imidazoquinolinas
TLR9	Bactérias Vírus	DNA não metilado (CpG)
CITOPLASMA		
NOD1, NOD2, NALP3	Bactérias	Peptidoglicana
Criopirina	Bactérias	Peptidoglicana
RIG-1	Vírus	RNA
MDA5	Vírus	RNA
DAI	Vírus, DNA citoplasmático	DNA

[a]Informação sobre receptores *Toll-like* de Takeda, A., Kaisho, T. Akira, S. 2003. Annu. Rev. Immunol. 21, 335–376; Akira, S., Takeda, K. 2003. Toll-like receptor signaling. Nat. Rev. Immunol. 4, 499–511.

Ativadores: *DAI*, ativador de fatores reguladores de interferona dependente de DNA; *dsRNA*, RNA de dupla fita ou cadeia; *LDL*, lipoproteína de baixa densidade minimamente modificada; *LPS*, lipopolissacarídio; *LTA*, ácido lipoteicoico; *MDA5*, gene associado à diferenciação do melanoma 5; *NALP3*, proteína contendo domínio de pirina, Nacht, com repetição rica em leucina 3; *NOD*, domínio de oligomerização de nucleotídios; *PG*, peptidoglicana; *RIG-1*, gene induzido por ácido retinoico 1; *TLR*, receptor *Toll-like*.

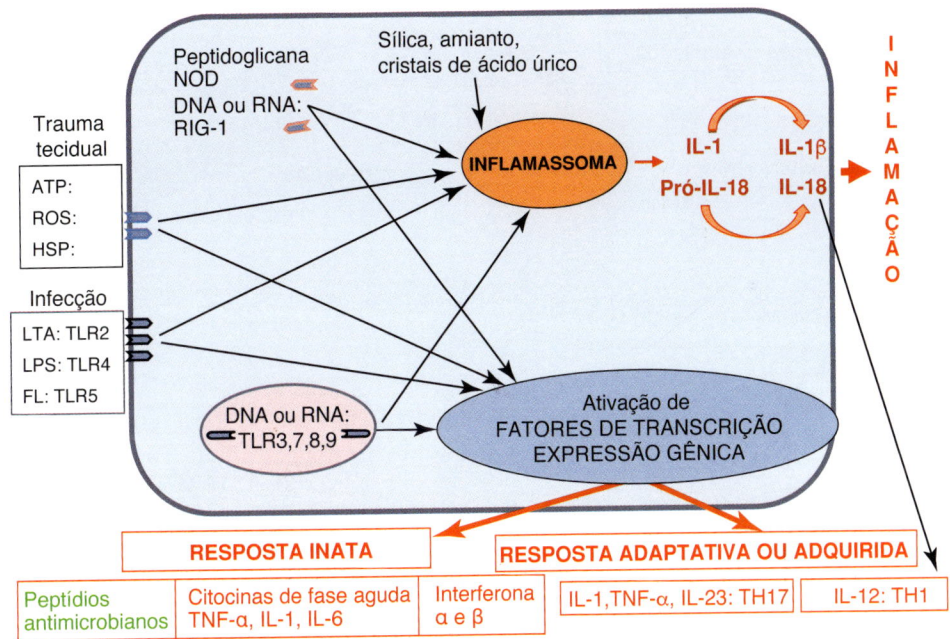

Figura 8.5 Indução de respostas inflamatórias. Receptores para padrões moleculares associados a patógenos e receptores para padrões moleculares associados a danos na superfície celular, em vesículas e no citoplasma (1) ativam cascatas de sinalização que (2) produzem proteínas adaptadoras que (3) ativam respostas inflamatórias locais. As proteínas adaptadoras induzem a transcrição de citocinas e iniciam a montagem do inflamassoma. As citocinas ativam as respostas inatas e promovem respostas específicas aos antígenos. O inflamassoma montado é uma protease que cliva e ativa a IL-1 e a pró-IL-18, e essas citocinas promovem a inflamação. Amianto e outros materiais também ativam o inflamassoma depois da lise dos lisossomos e da liberação das proteases que clivam os precursores para iniciar sua montagem e ativação. ATP, adenosina trifosfato; FL, flagelina; HSP, proteína de choque térmico; IL, interleucina; LPS, lipopolissacarídio; LTA, ácido lipoteicoico; NOD, proteína do domínio de oligomerização de nucleotídios; RIG-1, gene induzido pelo ácido retinoico 1; ROS, espécies reativas de oxigênio; TLR, receptor Toll-like; TNF-α, fator de necrose tumoral-α.

citocinas ativadas promovem a inflamação local. O inflamassoma ativado também pode iniciar a piroptose, que é uma morte celular do tipo apoptose inflamatória de células relacionadas a infecções por bactérias intracelulares.

QUIMIOTAXIA E MIGRAÇÃO DE LEUCÓCITOS

Fatores quimiotáticos produzidos em resposta à infecção e em respostas inflamatórias, tais como componentes do sistema complemento (C3a e C5a), produtos bacterianos (p. ex., formil-metionil-leucil-fenilalanina [f-met-leu-phe]) e quimiocinas, são quimioatraentes poderosos para neutrófilos, monócitos e macrófagos e posteriormente na resposta, para linfócitos. As **quimiocinas** são pequenas proteínas do tipo citocinas que direcionam a migração dos leucócitos para o local da infecção ou inflamação ou para diferentes sítios nos tecidos. A maioria das quimiocinas são CC (cisteínas adjacentes) ou CXC (cisteínas separadas por um aminoácido) e se ligam a receptores acoplados à proteína G. As quimiocinas estabelecem uma "pista" quimicamente iluminada para guiar essas células para o sítio de uma infecção e também para ativá-las. Combinado com o TNF-α, as quimiocinas levam as células endoteliais a modificarem sua superfície (próximo da inflamação) e os leucócitos que passam pelas proximidades a expressar moléculas de adesão complementar ("Velcro" molecular). Os leucócitos diminuem a velocidade, rolam, aderem ao revestimento e, em seguida, extravasam (ou seja, atravessam) a parede dos capilares para o sítio da inflamação (um processo denominado *diapedese*) (Figura 8.6). O TNF-α e a histamina liberada por mastócitos que revestem os vasos também tornam as paredes permeáveis.

RESPOSTAS FAGOCÍTICAS

Os neutrófilos polimorfonucleares (PMNs) são as primeiras células que chegam ao sítio em resposta à infecção; eles são seguidos por monócitos e macrófagos. Os **neutrófilos** são responsáveis pela resposta antibacteriana e antifúngica mais intensa e contribuem para a inflamação. Um número crescente de neutrófilos no sangue, nos fluidos corporais (p. ex., líquido cefalorraquidiano) ou nos tecidos geralmente indica uma infecção bacteriana. A infecção recruta a liberação de **células** imaturas **em forma de bastão** derivadas da medula óssea e descrita como um "desvio à esquerda" (*esquerda* refere-se ao início de um gráfico de desenvolvimento de neutrófilos).

A **fagocitose** de bactérias ou de um fungo por macrófagos e neutrófilos envolve três etapas: fixação, internalização e digestão (Figura 8.7). A **fixação** ao microrganismo ou à molécula é mediada por receptores para carboidratos da superfície celular (**lectinas** [proteínas de ligação específicas aos carboidratos]); receptores de fibronectina (principalmente para *Staphylococcus aureus*); e **receptores para opsoninas**, incluindo complemento (C3b), proteína de ligação à manose e a porção Fc de anticorpos. Após a fixação, uma seção da membrana plasmática envolve a partícula para formar um **vacúolo fagocitário** ao redor do microrganismo. Esse vacúolo se funde com os **lisossomos primários** (macrófagos) ou **grânulos** (PMNs) para propiciar a inativação e digestão dos conteúdos vacuolares.

A morte fagocítica pode ser independente ou dependente de oxigênio (Boxe 8.4). *Os neutrófilos não precisam de ativação especial para eliminar microrganismos internalizados*, mas sua resposta é reforçada por IL-17 e TNF-α. A ativação de

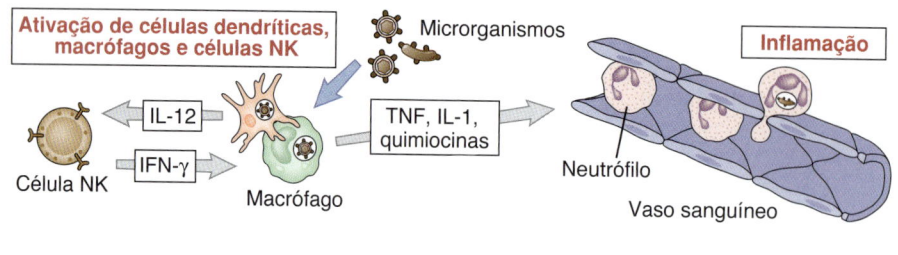

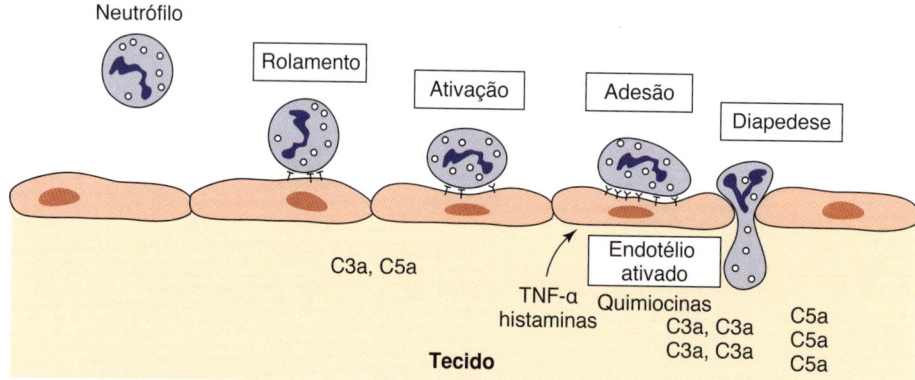

Figura 8.6 A e B. A diapedese de neutrófilos em resposta a sinais inflamatórios. O fator de necrose tumoral *(TNF)-α* e as quimiocinas ativam a expressão de selectinas e moléculas de adesão intercelular no endotélio próximo à inflamação e seus ligantes no neutrófilo: integrinas, L-selectina e antígeno associado à função leucocitária (LFA-1). O neutrófilo se liga de maneira progressiva mais firmemente ao endotélio até encontrar seu caminho pelo endotélio. Células epiteliais, células de Langerhans e macrófagos ativados por microrganismos e interferona *(IFN)-γ* induzem o TNF-α e outras citocinas e quimiocinas a aumentarem a diapedese. *IL*, interleucina; *NK*, *natural killer*. (A, De Abbas, A.K., Lichtman, A.H. 2012. Basic Immunology: Functions and Disorders of the Immune System, fourth ed. WB Saunders, Philadelphia, PA.).

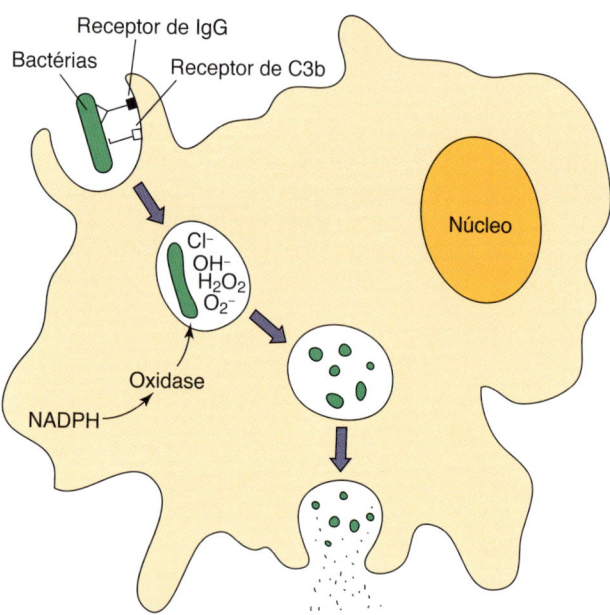

Figura 8.7 Fagocitose e morte de bactérias. As bactérias ligam-se diretamente ou são opsonizadas por proteínas de ligação à manose, receptores de imunoglobulina *(Ig)*G e/ou C3b, promovendo sua aderência e captação pelos fagócitos. Dentro do fagossomo, mecanismos dependentes e independentes de oxigênio eliminam e degradam as bactérias. *NADPH*, nicotinamida adenina dinucleotídio fosfato reduzida.

A **morte dependente de oxigênio** é mediada por espécies reativas de oxigênio (ROS), íons hipoclorosos e NO (ver Boxe 8.4). A **NADPH oxidase** é utilizada para produzir superóxidos e converter água em peróxido de hidrogênio. A **mieloperoxidase** transforma íons cloreto e peróxido de hidrogênio em íons hipoclorosos (alvejante de cloro). O **NO** tem atividade antimicrobiana e é também uma importante molécula denominada segundo mensageiro, que intensifica as respostas inflamatórias e outras respostas.

O **neutrófilo** também pode mediar a **morte independente de oxigênio** na fusão do fagossomo com grânulos azurofílicos contendo proteínas catiônicas (p. ex., catepsina G) e outros grânulos contendo lisozima e lactoferrina. Essas proteínas matam as bactérias gram-negativas pela ruptura da integridade de membrana celular, mas são muito menos eficazes

macrófagos é necessária para a eliminação eficiente de microrganismos internalizados. A ativação é promovida por IFN-γ (mais eficiente), que é produzido no início da infecção por células ILC1 e células NKT, e mais tarde por células T CD4 e CD8, e sustentadas por TNF-α e linfotoxina (TNF-β).

Boxe 8.4 Compostos antibacterianos do fagolisossoma.

Compostos dependentes de oxigênio
  Peróxido de hidrogênio, superóxido, radicais de hidroxila (·OH⁻):
  NADPH oxidase e NADH oxidase
  Haletos ativados (Cl⁻, I⁻, Br⁻): mieloperoxidase (neutrófilo)
  Óxido nítrico: sintase de óxido nítrico
Compostos independentes de oxigênio
  Ácidos
  Lisozima (degrada peptidoglicanas bacterianas)
  Lactoferrina (quelante de íons)
  Defensinas e outras proteínas catiônicas (dano às membranas)
Proteases: elastase, catepsina G e outras

NADH, nicotinamida adenina dinucleotídio reduzida; *NADPH*, nicotinamida adenina dinucleotídio fosfato reduzida.

contra bactérias gram-positivas e fungos, que são eliminados principalmente pelo mecanismo dependente de oxigênio.

Os neutrófilos também promovem a inflamação. Prostaglandinas e leucotrienos, que aumentam a permeabilidade vascular, são liberadas, causando inchaço (edema) e estimulação de receptores de dor. Além disso, durante a fagocitose, os grânulos podem extravasar seu conteúdo para causar danos aos tecidos. Os neutrófilos têm vida curta; com a morte no local da infecção, liberam seu DNA e conteúdos granulares para formar uma rede adesiva para capturar e matar microrganismos (**armadilhas extracelulares de neutrófilos [NETs]**), e os neutrófilos mortos formam o **pus**.

Macrófagos em repouso e teciduais (macrófagos M2) são fagocíticos e irão internalizar os microrganismos, mas, ao contrário dos neutrófilos, eles não têm os grânulos pré-formados de moléculas antimicrobianas para matá-los. A infecção intracelular pode ocorrer após a infecção de um macrófago em repouso ou se o microrganismo combater as atividades antimicrobianas de um macrófago ativado. A **ativação do macrófago por IFN-γ (macrófagos M1)**, tornando os macrófagos "zangados", promove a produção da NO sintase induzida (iNOS) e NO, outras ROSs e enzimas antimicrobianas para eliminar microrganismos internalizados. Macrófagos ativados também produzem citocinas de fase aguda (IL-1, IL-6 e TNF-α) e possivelmente IL-23 ou IL-12. Os macrófagos têm uma vida longa, e podem manter a resposta inflamatória com o auxílio das células T.

Macrófagos esplênicos são importantes para a eliminação de bactérias, principalmente as encapsuladas, do sangue. Indivíduos asplênicos (de forma congênita ou cirúrgica) são altamente suscetíveis a pneumonia, meningite e outras manifestações de infecção por *Streptococcus pneumoniae*, *Neisseria meningitidis* e outras bactérias encapsuladas e leveduras.

Respostas associadas à microbiota normal

A pele e o tecido linfoide associado à mucosa (MALT) das narinas, região oral e sistemas urogenital e gastrintestinal estão constantemente monitorando e sendo estimulados pela microbiota normal adjacente (ver Figura 7.5). As DCs continuamente sondam o intestino e detectam LPS, LTA, flagelos e outros componentes das bactérias dentro do lúmen. Macrófagos M2, DCs, ILCs e células T regulam a resposta para a microbiota, instruindo as células epiteliais a produzir muco e peptídios antimicrobianos apropriados e prevenindo a inflamação exacerbada. Um equilíbrio é mantido entre respostas inflamatórias e imunorreguladoras aos estímulos microbianos. A perturbação do equilíbrio pode resultar em gastrenterite, doença inflamatória intestinal ou doenças autoimunes.

Inflamação

CITOCINAS PRÓ-INFLAMATÓRIAS

As citocinas pró-inflamatórias, às vezes referidas como *citocinas de fase aguda*, são IL-1, TNF-α, e IL-6 (Figura 8.8 e Tabela 8.4). Essas citocinas são produzidas por macrófagos ativados e outras células. IL-1 e TNF-α compartilham propriedades. Essas duas citocinas são **pirogênios endógenos** capazes de estimular a febre, promovendo reações inflamatórias locais e a síntese de proteínas de fase aguda.

O **TNF-α** é o mediador máximo da inflamação e dos efeitos sistêmicos da infecção. Ele estimula as células endoteliais a expressar moléculas de adesão e quimiocinas para atrair leucócitos ao sítio da infecção, afrouxa as junções de oclusão para possibilitar a diapedese, ativa os mastócitos que revestem a vascularização para liberar histamina, promovendo a infiltração de fluidos, ativação de neutrófilos e macrófagos e também a promoção de apoptose de certos tipos de células. Sistemicamente, o TNF-α age sobre o hipotálamo para induzir a febre, promove alterações metabólicas sistêmicas, perda ponderal (caquexia) e perda de apetite, aumenta a produção de IL-1, IL-6 e quimiocinas e promove a síntese de proteínas de fase aguda pelo fígado. Em altas concentrações, o TNF-α induz todas as funções que conduzem ao choque séptico.

Existem dois tipos de **IL-1**: **IL-1α** e **IL-1β**. A IL-1 é produzida principalmente por macrófagos ativados, mas também por neutrófilos, células epiteliais e células endoteliais. A IL-1β deve ser clivada pelo inflamassoma para ser tornar ativada. A IL-1 compartilha muitas das atividades do TNF-α para promover o desenvolvimento de respostas inflamatórias sistêmicas. Ao contrário do TNF-α, a IL-1 é um fator de crescimento, não pode induzir apoptose e irá aumentará sua concentração, mas não é suficiente para causar choque séptico.

A **IL-6** é produzida por muitos tipos de células. Ela promove a síntese de proteínas de fase aguda no fígado, a produção de neutrófilos na medula óssea e a ativação de linfócitos T e B.

A **IL-23** e a **IL-12** *são citocinas que fazem a ponte entre as respostas inatas e imunes*. Ambas têm uma subunidade p40, mas a IL-12 tem uma subunidade p35 e a IL-23 tem uma subunidade p19. A IL-23 promove respostas TH17 a partir de células T de memória, que melhoram a ação dos neutrófilos. A IL-12 promove a função de célula NK e é necessária para uma resposta imune TH1, que intensifica as funções dos macrófagos e outras funções das células mieloides. Essas citocinas serão discutidas no Capítulo 9, considerando suas ações sobre as células T. A **IL-18** deve ser clivada pelo inflamassoma para uma forma ativa e promove a função de células NK e de células T.

INFLAMAÇÃO AGUDA

A **inflamação local aguda** é um mecanismo de defesa precoce para conter a infecção, prevenir sua disseminação do foco inicial e ativar respostas imunes subsequentes. Inicialmente, a inflamação pode ser estimulada pela resposta aos sinais de perigo resultantes da infecção e danos teciduais. Os mastócitos respondem pela liberação de histaminas, TNF-α e prostaglandinas, que podem estimular o aumento na permeabilidade dos capilares. Com quimiocinas, IL-1 e o sistema complemento, esses agentes podem promover a inflamação aguda.

Os três principais eventos na inflamação local aguda são (1) expansão dos capilares para aumento do fluxo sanguíneo (causando vermelhidão ou rubor, ou uma erupção cutânea e liberação de calor); (2) aumento na permeabilidade da estrutura microvascular que possibilita o escape de fluido, proteínas plasmáticas e leucócitos da circulação (inchaço ou edema); e (3) recrutamento e acúmulo de neutrófilos, com

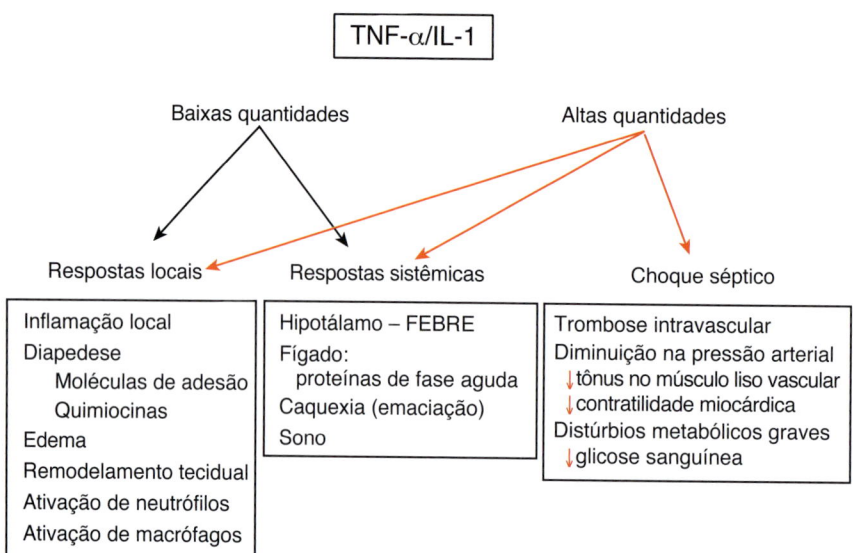

Figura 8.8 Efeitos bons, maus e agressivos do fator de necrose tumoral *(TNF)*-α e interleucina *(IL)*-1. As baixas concentrações ativam a inflamação local (promovem o movimento de fluido, proteínas e células do sangue para o sítio da infecção) e respostas de apoio. Altas concentrações ativam a inflamação sistêmica e o choque.

resposta à infecção no sítio da lesão. As respostas inflamatórias são benéficas, mas estão associadas a dor, vermelhidão, calor e inchaço, podendo causar dano tecidual. Os mediadores da inflamação são listados na Tabela 8.5.

O dano tecidual é causado, até certo ponto, pelo sistema complemento e por macrófagos, mas principalmente por neutrófilos e seus produtos. Os neutrófilos mortos são um componente principal do **pus**. As cininas e os fatores de coagulação induzidos por danos nos tecidos (p. ex., fator XII [fator de Hageman], bradicinina, fibrinopeptídios) também são envolvidos na inflamação. Esses fatores aumentam a permeabilidade vascular e são quimiotáticos para

Tabela 8.4 Citocinas da imunidade inata (STAT)[a,b].

Citocina	Fonte	Estímulo	Ação	Alvo
TNF-α	Macrófagos, células T	PAMP, inflamação	Respostas de fase aguda, promove a inflamação, febre, sintomas de sepse, caquexia, permeabilidade vascular, tônus muscular alterado, apoptose (algumas células)	Células endoteliais, neutrófilos, macrófagos, hipotálamo, fígado, músculo, mastócitos, outras células
IL-1 (α, β [clivada])	Macrófagos, queratinócitos, células endoteliais e algumas células epiteliais	PAMP, inflamação	Respostas de fase aguda, promove inflamação, febre, sustentam os sintomas de sepse, síntese de proteínas de fase aguda	Células endoteliais, hipotálamo, fígado e outras células
IL-6	Macrófagos, células endoteliais, células T	PAMP, inflamação	Respostas de fase aguda, reforça as respostas de fase aguda, estimulação de células T e B	Macrófagos, células endoteliais, células T
IFNs do tipo 1 (α, β)	Maioria das células, células dendríticas plasmocitoides	Infecção viral (principalmente vírus RNA)	Inibem a replicação viral, ativam células NK, aumentam a resposta imune	Células infectadas por vírus, células NK, células T
Quimiocinas	Macrófagos, células dendríticas, muitas outras células	PAMPs, inflamação, C5a, TNF-α	Quimiotaxia, direcionamento das células para infecção/inflamação	Leucócitos, linfócitos, células endoteliais e outras células
IL-12	Células dendríticas, macrófagos	PAMP	Promove resposta imune TH1, ativa células NK	Células NK, células T
IL-23	Células dendríticas, macrófagos	PAMP	Promove resposta TH17	Células T
IL-18 (clivada)	Macrófagos, células epiteliais e outras células	PAMP, inflamação	Promove a produção de IFN-γ e ativação de células T	Células NK, células T
IFN tipo II (γ)	Células NK, células T	IL-18, IL-12 (respostas TH1)	Ativa atividade antimicrobiana, produção de sintase de óxido nítrico induzida, outras	Macrófagos, células dendríticas, células T e B e outras

[a]STAT: acrônimo para informação essencial de cada citocina: fonte (*source*), estímulo (*trigger*), ação (*action*), alvo (*target*).
[b]A tabela não inclui todas as fontes celulares, estímulos, atividades e alvos.
IFN, interferona; *IL*, interleucina; *NK*, *natural killer*; *PAMP*, padrão molecular associado a patógenos; *TH*, T *helper* (célula); *TNF*, fator de necrose tumoral.

Tabela 8.5 Mediadores da inflamação aguda e crônica.

Ação	Mediadores
INFLAMAÇÃO AGUDA	
Aumento da permeabilidade vascular	Histamina, bradicinina, C3a, C5a, leucotrienos, PAF, substância P, TNF-α
Vasodilatação	Histamina, prostaglandinas, PAF, NO
Dor	Bradicinina, prostaglandinas
Adesão de leucócitos	Leucotrienos B4, IL-1, TNF-α, C5a
Quimiotaxia de leucócitos	C5a, C3a, IL-8, quimiocinas, PAF, leucotrieno B4
Resposta de fase aguda	IL-1, IL-6, TNF-α
Dano tecidual	Proteases, radicais livres, NO, conteúdos dos grânulos de neutrófilos
Febre	IL-1, TNF, IFN-β, prostaglandinas
INFLAMAÇÃO CRÔNICA	
Ativação de células T e macrófagos, além de processos de fase aguda	De células T (TNF, IL-17, IFN-γ); de macrófagos (IL-1, TNF-α, IL-23, IL-12)

IFN-γ, interferona-γ; IL, interleucina; NO, óxido nítrico; PAF, fator ativador de plaquetas; TNF, fator de necrose tumoral.
De Novak, R. 2006. Crash Course Immunology. Mosby, Philadelphia, PA.

leucócitos. As **prostaglandinas** e os **leucotrienos** podem mediar essencialmente cada aspecto da inflamação aguda. Essas moléculas são geradas pela ciclo-oxigenase-2 (COX-2) e 5-lipo-oxigenase, respectivamente, a partir do ácido araquidônico. O curso da inflamação pode ser seguido por rápidos aumentos nas proteínas de fase aguda, principalmente a proteína C reativa (que pode aumentar 1.000 vezes em 24 a 48 horas) e a amiloide sérica A.

As respostas inflamatórias inatas às bactérias são a causa primária da acne e da dermatite atópica (Boxe 8.5). *Propiobacterium acnes* e a resposta às bactérias levam ao crescimento excessivo de queratinócitos, produção de sebo e inflamação, causando a acne. Uma barreira de pele comprometida torna possível a entrada de *S. aureus* na epiderme e derme, nas quais as respostas inflamatórias e uma predileção por alergias podem causar dermatites atópicas crônicas.

RESPOSTA DE FASE AGUDA

A **resposta de fase aguda** é ativada por infecção, lesão tecidual, prostaglandina E2, IFNs associados à infecção viral, citocinas de fase aguda (IL-1, IL-6 e TNF-α) e inflamação (Boxe 8.6). A resposta de fase aguda promove alterações que dão suporte às defesas do hospedeiro e incluem febre, anorexia, sonolência, mudanças metabólicas e produção de proteínas. As proteínas de fase aguda produzidas e liberadas no soro incluem proteína C reativa, componentes do complemento, proteínas de coagulação, proteínas de ligação ao LPS, proteínas de transporte, inibidores de protease e proteínas de adesão. A **proteína C reativa** se liga aos polissacarídios de várias bactérias e fungos e ativa a via do sistema complemento, facilitando a remoção desses organismos do corpo pelo aumento da fagocitose. A **hepcidina** inibe a incorporação de ferro pelo intestino e macrófagos, o que reduz a disponibilidade para os microrganismos. As proteínas de fase aguda reforçam as defesas inatas contra infecção, mas sua produção excessiva durante a sepse (induzida por endotoxinas ou bacteriemia) pode causar sérios problemas, como o choque.

Boxe 8.5 Doenças inflamatórias da pele.

Acne, dermatite atópica e eczema são iniciados e mantidos por respostas inatas de queratinócitos e células epiteliais após a entrada da microbiota normal da superfície da pele. A acne é o resultado de respostas a *Propionibacterium acnes*, enquanto os estafilococos podem induzir a dermatite atópica e o eczema. *Propionibacterium acnes* cresce no ambiente anaeróbico dos folículos pilosos e pode promover o crescimento de queratinócitos e a produção de sebo. Essa bactéria também ativa TLR2 e TLR4 para iniciar respostas de citocinas inflamatórias (IL-1, IL-6, TNF-α) e quimiocinas de queratinócitos e células de Langerhans para recrutar neutrófilos e produzir escaleno, que é um lipídio frequentemente usado em adjuvantes de vacinas que aumenta os níveis de IL-1α e ativa a enzima de 5-lipo-oxigenase para produzir LTB4. *Propionibacterium acnes* também ativa ILCs locais e células T para promover a inflamação. Essas e outras ações podem estimular a produção de pontos brancos e pontos pretos, inflamação e cicatrizes.

A dermatite atópica pode resultar quando a função de barreira epidérmica da pele é continuamente comprometida, possibilitando a penetração de *Staphylococcus aureus* ou outra microbiota de pele na epiderme e derme, nas quais os queratinócitos respondem com IL-1, IL-8, IL-18 e quimiocinas; os mastócitos são ativados e produzem histamina; e macrófagos são ativados para desencadear a inflamação. Posteriormente, as células CD4 Th2 específicas ao antígeno estabelecem residência na derme, produzem IL-4 e ativam os mastócitos e a inflamação. Durante a fase crônica da doença, as células CD4 Th17 e Th1 vão até o sítio de resposta e ativam neutrófilos e macrófagos, respectivamente, para exacerbar a inflamação.

CD, grupo (*cluster*) de diferenciação; IL, interleucina; ILC, célula linfoide inata; LTB4, leucotrieno B4; TLR, receptor *Toll-like*; TNF, fator de necrose tumoral.

Boxe 8.6 Proteínas de fase aguda.

α₁-antitripsina
α₁-glicoproteína
Amiloides A e P
Antitrombina III
Proteína C reativa
Inibidor de C1 esterase
Complemento C2, C3, C4, C5, C9
Ceruloplasmina
Fibrinogênio
Haptoglobina
Orosomucoide
Plasminogênio
Transferrina
Proteína de ligação ao lipopolissacarídio
Proteína de ligação à manose

SEPSE E TEMPESTADE DE CITOCINAS

Tempestades de citocinas são geradas por uma liberação avassaladora de citocinas em resposta aos componentes da parede celular bacteriana, toxinas de choque tóxico e algumas infecções virais. Respostas inatas intensas são desencadeadas pela presença de microrganismos no sangue durante a bacteriemia e a viremia. Durante a bacteriemia, grandes quantidades de complemento C5a e citocinas são produzidas e distribuídas por todo o corpo (Figura 8.9). C5a e TNF-α promovem extravasamento vascular, ativação de neutrófilos e ativação da via de coagulação. A **endotoxina** do LPS ou LOS é um ativador de células particularmente potente e indutora da produção de citocinas e sepse (ver

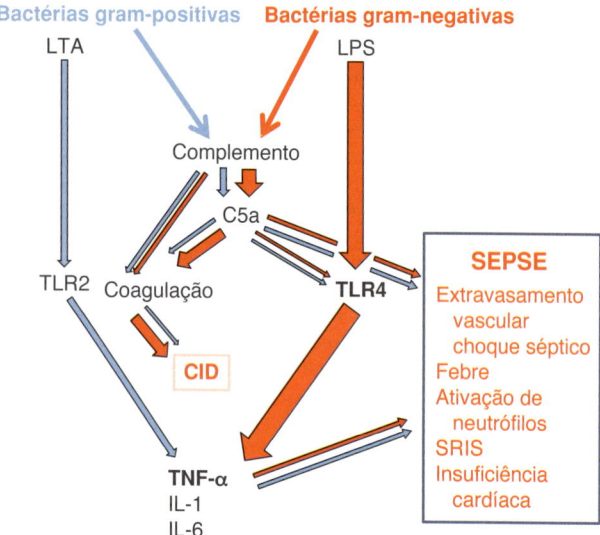

Figura 14.4). Durante a viremia, grandes quantidades de IFN-α e outras citocinas são produzidas por DCs plasmocitoides e células T. As DCs plasmocitoides respondem aos PAMPs virais e bacterianos, principalmente DNA e RNA.

As tempestades de citocinas também podem ocorrer após a estimulação anormal de células T e células apresentadoras de antígenos (DCs, macrófagos e células B) por superantígenos produzidos por *S. aureus* ou *S. pyogenes* (ver Figura 14.3).

Embora benéfico em uma base local e limitada, o excesso das citocinas no sangue induz o trauma inflamatório, que ameaça a vida em todo o corpo. De modo mais significativo, aumentos na permeabilidade vascular podem resultar em extravasamento de fluidos da corrente sanguínea para o tecido e causar choque. O **choque séptico** é uma consequência de uma tempestade de citocinas e pode ser atribuído à ação sistêmica de grandes quantidades de C5a e TNF-α.

Figura 8.9 Bactérias gram-positivas e gram-negativas induzem a sepse por vias compartilhadas e distintas. Os lipopolissacarídios (*LPSs*) ativam o complemento, produzindo o C5a que promove a inflamação e ativa a coagulação. LPS, ácido lipoteicoico (*LTA*) e outros padrões moleculares associados a patógenos (PAMPs) interagem com os receptores *Toll-like* (*TLRs*) e outros receptores PAMP para ativar a inflamação e a produção de citocinas pró-inflamatórias. Estas podem causar a sepse. A espessura da seta indica a intensidade da resposta. O vermelho é para bactérias gram-negativas e o azul é para bactérias gram-positivas. *CID*, coagulação intravascular disseminada; *IL*, interleucina; *SRIS*, síndrome de resposta inflamatória sistêmica; *TNF-α*, fator de necrose tumoral-α. (Modificada de Rittirsch, D., Flierl, M.A., Ward, P.A. 2008. Harmful molecular mechanisms in sepsis. Nat. Rev. Immunol. 8, 776–787.)

Ponte para as respostas imunes específicas para o antígeno

A resposta inata é muitas vezes suficiente para controlar uma infecção, mas também inicia a imunidade específica ao antígeno. As DCs (e células de Langerhans, se presentes na pele) fornecem a ponte entre as respostas inatas e imunes. Elas se tornam ativadas no sítio da infecção, apresentam e processam proteínas antigênicas para as células T no linfonodo drenante e tornam as citocinas adequadas para induzir a resposta de células T (Figura 8.10; Animação 4).

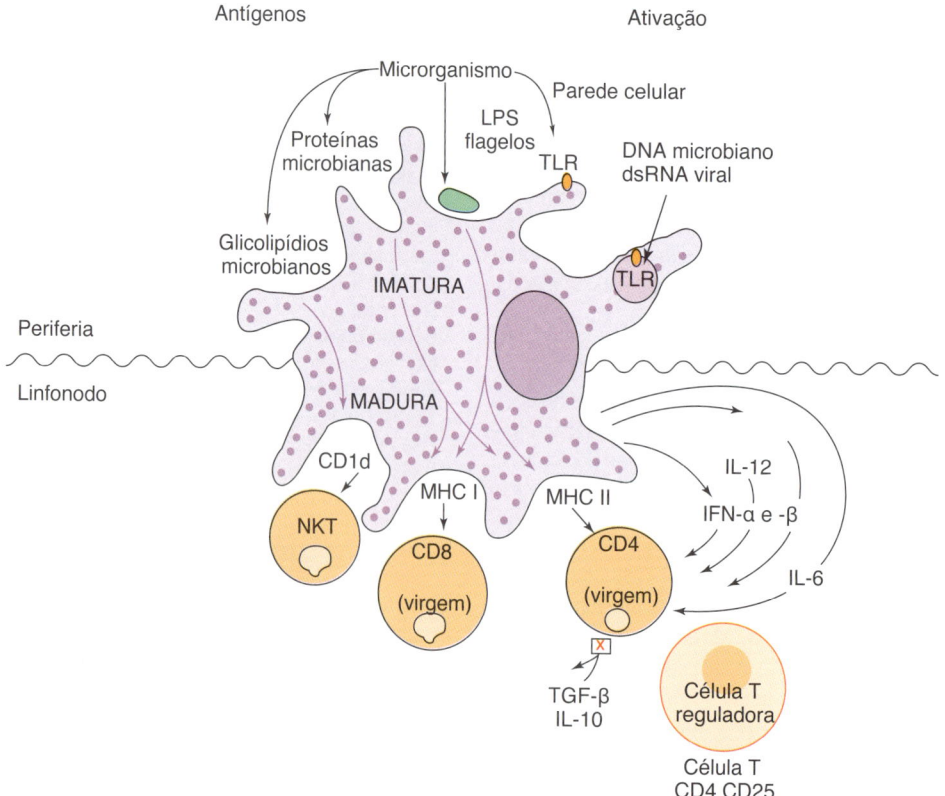

Figura 8.10 Células dendríticas (DCs) iniciam e dirigem as respostas imunes. As DCs imaturas internalizam e processam constantemente proteínas, *debris* e microrganismos. A ligação de componentes microbianos aos receptores *Toll-like* (*TLRs*) ativa a maturação da DC para que ela deixe de internalizar qualquer material novo; move-se para o linfonodo e estimula o complexo de histocompatibilidade principal (MHC) II para apresentação de antígenos; correceptores B7 e B7-1, além de citocinas para ativação das células T. As interações entre a superfície da célula e as citocinas ativam as células T e direcionam a natureza da resposta subsequente. *IFN*, interferona; *LPS*, lipopolissacarídio.

DCs e células de Langerhans na pele estão adquirindo constantemente material antigênico por macropinocitose, pinocitose ou fagocitose de células apoptóticas; *debris* ou detritos; e proteínas em tecidos normais e no local da infecção ou do tumor. Com a ativação por uma combinação de sinais associados ao dano e aos patógenos, as citocinas de fase aguda (IL-1, IL-6 e TNF-α) são liberadas; a DC amadurece e seu papel muda. A DC perde sua capacidade de fagocitar, impedindo-a de adquirir material antigênico irrelevante, com exceção dos *debris* ou resíduos microbianos ingeridos, progredindo para o linfonodo. *Por analogia, a DC é como um molusco, vigiando constantemente seu ambiente por se alimentar dos debris celulares e microbianos (se presentes), mas quando acionada por um sinal do PAMPR, indicando que os microrganismos estão presentes, libera um alarme local de citocinas, fecha sua concha e se move para o linfonodo a fim de acionar uma resposta ao desafio. Tendo experimentado o desafio, a DC dirige a resposta apropriada nas células T.* A DC madura move-se para áreas de células T dos linfonodos e regula positivamente suas moléculas de superfície celular para uma apresentação antigênica adequada (MHC de classe II e moléculas B7-1 e B7-2 [coestimuladoras]). As DCs maduras ativadas por microrganismos liberam citocinas (ou seja, IL-12, IL-23), que ativam as respostas para reforçar as defesas locais do hospedeiro (respostas TH1, TH17). As DCs apresentam o material antigênico ligado ao MHC de classe I e moléculas CD1 para as células T CD8 e NKT, além de moléculas MHC de classe II para células T CD4. As DCs são tão eficazes na apresentação de antígenos que 10 DCs carregadas com o antígeno são suficientes para iniciar a imunidade protetora para um desafio bacteriano letal em um camundongo. As respostas de células T subsequentes serão descritas no próximo capítulo.

Bibliografia

Abbas, A.K., Lichtman, A.H., Pillai, S., et al., 2018. Cellular and Molecular Immunology, ninth ed. Elsevier, Philadelphia.

Akira, S., Takeda, K., 2004. Toll-like receptor signaling. Nat. Rev. Immunol. 4, 499–511.

Andreakos, E., Zanoni, I., Galani, I.E., 2019. Lambda interferons come to light: dual function cytokines mediating antiviral immunity and damage control. Current Opinion in Immunology,56:67–75. https://doi.org/10.1016/j.coi.2018.10.007.

DeFranco, A.L., Locksley, R.M., Robertson, M., 2007. Immunity: The Immune Response in Infectious and Inflammatory Disease. Sinauer Associates, Sunderland, Mass.

Goering, R., Dockrell, H., Zuckerman, M., Chiodini, P.L., 2019. Mims' Medical Microbiology and Immunology, sixth ed. Elsevier, London.

Kumar, V., Abbas, A.K., Aster, J.C., 2015. Robbins and Cotran Pathologic Basis of Disease, ninth ed. Elsevier, Philadelphia.

Lamkanfi, M., 2011. Emerging inflammasome effector mechanisms. Nat. Rev. Immunol. 11, 213–220.

Murphy, K., Weaver, C., 2016. Janeway's Immunobiology, ninth ed. Garland Science, New York.

Netea, M.G., van der Meer, J.W., 2011. Immunodeficiency and genetic defects of pattern-recognition receptors. N. Engl. J. Med. 364, 60–70.

Punt, J., Stranford, S.A., Jones, P.P., Owen, J.A., 2019. Kuby Immunology, eighth ed. WH Freeman, New York.

Rich, R.R., et al., 2019. Clinical Immunology Principles and Practice, fifth ed. Elsevier, Philadelphia.

Rittirsch, D., Flierl, M.A., Ward, P.A., 2008. Harmful molecular mechanisms in sepsis. Nat. Rev. Immunol. 8, 776–787.

Rosenthal, K.S., 2005. Are microbial symptoms "self-inflicted"? The consequences of immunopathology. Infect. Dis. Clin. Pract. 13, 306–310.

Rosenthal, K.S., 2006. Vaccines make good immune theater: immunization as described in a three-act play. Infect. Dis. Clin. Pract. 14, 35–45.

Rosenthal, K.S., 2017. Dealing with garbage is the immune system's main job. MOJ Immunol. 5 (6), 00174. https://doi.org/10.15406/moji.2017.05.00174. http://medcraveonline.com/MOJI/MOJI-05-00174.pdf.

Rosenthal, K.S., 2018. Immune monitoring of the body's borders. AIMS Allergy Immunol. 2 (3), 148–164. https://doi.org/10.3934/Allergy.2018.3.148. http://www.aimspress.com/article/10.3934/Allergy.2018.3.148.

Takeda, K., Kaisho, T., Akira, S., 2003. Toll-like receptors. Annu. Rev. Immunol. 21, 335–376.

Trends Immunol: Issues contain understandable reviews on current topics in immunology.

9 Respostas Imunes Antígeno-Específicas

Respostas imunes específicas para antígenos fornecidas por células T e B e por anticorpos expandem as proteções do hospedeiro geradas por respostas inatas. O sistema imune antígeno-específico é um sistema gerado aleatoriamente, regulado de maneira coordenada, induzível e ativável, que ignora proteínas e células próprias, mas responde especificamente e protege contra infecções. Quando não funciona adequadamente, a resposta imune pode ser desregulada, estimulada em excesso, descontrolada, reativa a proteínas próprias, não responsiva ou pouco responsiva às infecções e se torna a causa da patogênese e da doença. Uma vez ativada especificamente pela exposição a um novo antígeno, a resposta imune se expande rapidamente em força, número de células e especificidade. Para as proteínas, a memória imunológica desenvolve-se para que uma resposta secundária seja mais rápida em caso de nova exposição.

O **anticorpo**, o **anticorpo de superfície** e as moléculas do **receptor de células T (TCR)** similares a anticorpos reconhecem antígenos e atuam como receptores para ativar o crescimento e as funções daquelas células que podem desencadear a resposta específica ao antígeno. As formas solúveis de anticorpos no sangue, fluidos corporais ou secretadas pelas membranas protegem o corpo, inativando e promovendo a eliminação de toxinas e microrganismos, principalmente quando estão no sangue (bacteriemia, viremia). As células T são importantes para ativar e regular respostas inatas e adaptativas e para direcionar a morte de células expressando proteínas intracelulares inadequadas (p. ex., infecções por vírus).

Apesar de algumas moléculas apenas produzirem uma resposta de anticorpo limitada (carboidratos e lipídios), proteínas e moléculas conjugadas a proteínas (incluindo carboidratos) induzem uma resposta imunológica mais completa que inclui células T. A ativação de uma resposta imune completa deve ser regulada intimamente porque consome uma grande quantidade de energia e, uma vez iniciada, desenvolve memória e permanece por quase toda a vida.

O desenvolvimento de uma resposta imune específica para antígenos progride a partir das respostas inatas por meio das células dendríticas (DCs), que **d**irecionam as células **T** para dizer (**t**ell) a outras células T, células B e outras células para crescer e realizar as respostas necessárias. As interações entre célula-receptor e citocina-receptor fornecem os sinais necessários para ativar o crescimento celular e responder ao desafio. As células **T** dizem (**t**ell) à célula B qual tipo de anticorpo produzir (imunoglobulina [Ig]G, IgE, IgA) e promovem o desenvolvimento da célula de memória. As células T regulam continuamente todo o sistema, mantendo um equilíbrio que normalmente minimiza a inflamação, mas ainda possibilita a proteção contra microrganismos normais e patogênicos.

Imunógenos, antígenos e epítopos

Quase todas as proteínas e carboidratos associados a um agente infeccioso, seja uma bactéria, fungo, vírus ou parasita, são considerados estranhos ao hospedeiro humano e têm o potencial de induzir uma resposta imune. Uma proteína ou carboidrato que é reconhecido e suficiente para iniciar uma resposta é denominado de **imunógeno** (Boxe 9.1). Os imunógenos podem conter mais de um antígeno (p. ex., bactérias). Um **antígeno** é uma molécula reconhecida por anticorpos específicos ou o TCR nas células T. Um **epítopo** (**determinante antigênico**) é a estrutura molecular efetiva que interage com uma única molécula de anticorpo ou TCR. Dentro de uma proteína, um epítopo pode ser formado por uma sequência específica (**epítopo linear**) ou uma estrutura tridimensional (**epítopo conformacional**). *O TCR pode reconhecer apenas epítopos peptídicos lineares*. Os antígenos e imunógenos geralmente contêm vários epítopos, cada um capaz de se ligar a uma molécula de anticorpo diferente ou TCR. Como descrito mais adiante neste capítulo, um **anticorpo monoclonal** reconhece um único epítopo.

Nem todas as moléculas são imunogênicas. Em geral, *as proteínas são os melhores imunógenos, os carboidratos são imunógenos mais fracos, enquanto os lipídios e ácidos nucleicos são maus imunógenos*. **Os haptenos (imunógenos incompletos)** podem ser moléculas pequenas e pequenas demais para imunizar (ou seja, iniciar uma resposta) um indivíduo, mas podem ser reconhecidos por anticorpos. Os haptenos podem se tornar imunogênicos por fixação a uma **molécula carreadora**, tal como uma proteína. Por exemplo, a conjugação de penicilina à albumina sérica propicia sua conversão em um imunógeno.

Durante a imunização artificial (p. ex., vacinas), um adjuvante é frequentemente usado para melhorar a resposta a um antígeno. Os **adjuvantes** geralmente prolongam a presença do antígeno no tecido; promovem a captação do imunógeno;

Boxe 9.1 Definições.

Adjuvante: substância que promove a resposta imune ao imunógeno
Antígeno: substância reconhecida pela resposta imune
Carreador: proteína modificada pelo hapteno para induzir resposta
Epítopo: estrutura molecular mínima reconhecida por resposta imune
Hapteno: imunógeno incompleto que não pode iniciar a resposta, mas pode ser reconhecido pelo anticorpo
Imunógeno: substância capaz de induzir uma resposta imune
Antígenos T-dependentes: antígenos que devem ser apresentados para células T e B para produção de anticorpos
Antígenos T-independentes: antígenos com estruturas grandes, repetitivas (p. ex., bactérias, flagelinas, lipopolissacarídios, polissacarídios)

ou ativam as DCs, macrófagos e linfócitos. Alguns adjuvantes mimetizam os ativadores de respostas inatas (p. ex., ligantes microbianos para receptores *Toll-like*) presentes em uma imunização natural.

Algumas moléculas podem não estimular uma resposta imune em um indivíduo. O corpo desenvolve uma **tolerância imunológica central** para os antígenos próprios e quaisquer antígenos estranhos que podem ser apresentados ao feto ou neonato, antes da maturação do sistema imunológico (Animação 2). Mais tarde na vida, a **tolerância periférica** se desenvolve para outras proteínas, prevenindo respostas não controladas ou autoimunes. Por exemplo, nossa resposta imune é tolerante a nossa microbiota normal e aos alimentos que comemos; de modo alternativo, comer bife induziria uma resposta antimuscular.

O tipo de resposta imune iniciada por um imunógeno depende de sua estrutura molecular. Uma resposta de anticorpo primitiva, mas rápida, pode ser iniciada em direção aos *polissacarídios bacterianos (cápsula), peptidoglicanas ou flagelinas*. Denominados **antígenos T-independentes**, essas moléculas têm uma grande estrutura repetitiva que é suficiente para se ligar a muitas moléculas de anticorpos de superfície e ativar as células B diretamente sem a participação do auxílio das células T. Nesses casos, a resposta se limita à produção de anticorpos **IgM** e plasmócitos, mas as células de memória não são geradas e as **respostas anamnésicas (de reforço)** não podem ocorrer. A transição de uma resposta de IgM para uma resposta de IgG, IgE ou IgA resulta de uma grande mudança na célula B e é equivalente à diferenciação da célula. Isso requer o auxílio fornecido pelas interações entre as células T e as citocinas. Porções do antígeno (provavelmente diferentes) devem ser reconhecidas tanto por células T quanto B. Os **antígenos T-dependentes** são proteínas; eles geram todas as cinco classes de imunoglobulinas e podem induzir memória e uma resposta anamnésica.

A estrutura do antígeno, a quantidade de antígenos, a via de administração e outros fatores influenciam o tipo de resposta imunológica, incluindo os tipos de anticorpos produzidos. Por exemplo, a administração oral ou nasal de uma vacina através de membranas mucosas promove a produção de uma forma secretora de **IgA** (sIgA), que não seria produzida na administração intramuscular.

Células T

O timo é essencial para a produção de células T. As células da medula óssea amadurecem em células T e são selecionadas no timo. As células T são distinguidas por suas proteínas de superfície, que incluem (1) o **TCR**; (2) os correceptores CD4 e CD8; (3) o CD3 e as proteínas acessórias que promovem o reconhecimento, a regulação e a ativação; (4) receptores de citocinas; e (5) proteínas de adesão. As células T podem ser diferenciadas pelo tipo de receptor de antígeno de células T, que consiste em cadeias γ e δ ou cadeias α e β e para a maioria das células T α/β, a presença de correceptores CD4 ou CD8. As células T podem ser ainda mais diferenciadas por suas funções, expressão de fatores de transcrição características e as citocinas que elas produzem (Boxe 9.2).

As células **T CD4** são consideradas células auxiliadoras porque seu papel principal é ativar e controlar as respostas imunológicas e inflamatórias por interações específicas de célula a célula e pela liberação de citocinas. As células T *helper* interagem com os antígenos peptídicos apresentados no complexo principal de histocompatibilidade (MHC) de classe II em células apresentadoras de antígeno (APCs) (DCs, macrófagos e células B). O fator de transcrição e o repertório de citocinas secretadas por uma célula T CD4 específica em resposta ao desafio antigênico define o tipo de célula T CD4. As células T CD4 também podem matar células-alvo com sua proteína de superfície Fas ligante.

As células T **CD8** são classificadas como células T citolíticas, mas podem produzir citocinas similares às células T CD4. Células T CD8 ativadas "patrulham" o corpo em busca de células infectadas por vírus ou tumores, que são identificados por peptídios antigênicos apresentados por moléculas MHC classe I. As moléculas de MHC classe I são encontradas em todas as células nucleadas.

Células T *natural killer* (NKT), células T invariantes associadas à mucosa (MAIT) e células T γδ fazem parte da resposta imune adaptativa (ver Capítulos 8 e 10).

Receptores de superfície celular de células T

O **complexo TCR** é uma combinação da estrutura de reconhecimento do antígeno (TCR) e da maquinaria de ativação de células (**CD3**) (Figura 9.1). As células T que expressam o **TCR** γ/δ estão presentes principalmente no epitélio da

---

Boxe 9.2 Células T.

Células T γ/δ

TCR γ/δ reativas aos metabólitos microbianos
Respostas locais: residentes no sangue e tecidos
Respostas mais rápidas do que as células T α/β
Fornecem auxílio precoce de citocinas para as respostas antimicrobianas

Células T α/β

CD4: TRC α/β reativa com peptídios no MHC presentes na célula apresentadora de antígeno
  As citocinas ativam e dirigem a resposta imune (TH1, TH2, TH17 etc.)
  Além disso, citotóxicas através das interações Fas-Fas ligante
Células CD4 CD25 Treg e TR1: controlam e limitam a expansão da resposta imune; promovem a tolerância e o desenvolvimento de células de memória
CD8: TCR α/β reativo com peptídios apresentados no MHC I
  Citotóxico através de perforina e granzimas e indução de apoptose pelo Fas-Fas ligante
  Além disso, produzem citocinas similares às células CD4
Células NKT: o TCR α/β se liga a glicolipídios (micobactérias) em moléculas CD1d
  Promovem a morte de células tumorais e células infectadas por vírus, semelhantes às células NK
  Fornecem suporte precoce de citocinas para respostas antimicrobianas
Células MAIT: o TCR α/β se liga à vitamina B_2 de bactérias presentes em moléculas MR-1
  Fornece resposta rápida à microbiota normal e infecção
  Fornece suporte precoce de citocinas para respostas antimicrobianas

MHC, complexo principal de histocompatibilidade; *NKT*, célula T *natural killer*; *TCR*, receptor de célula T; *TH*, T *helper* (célula).

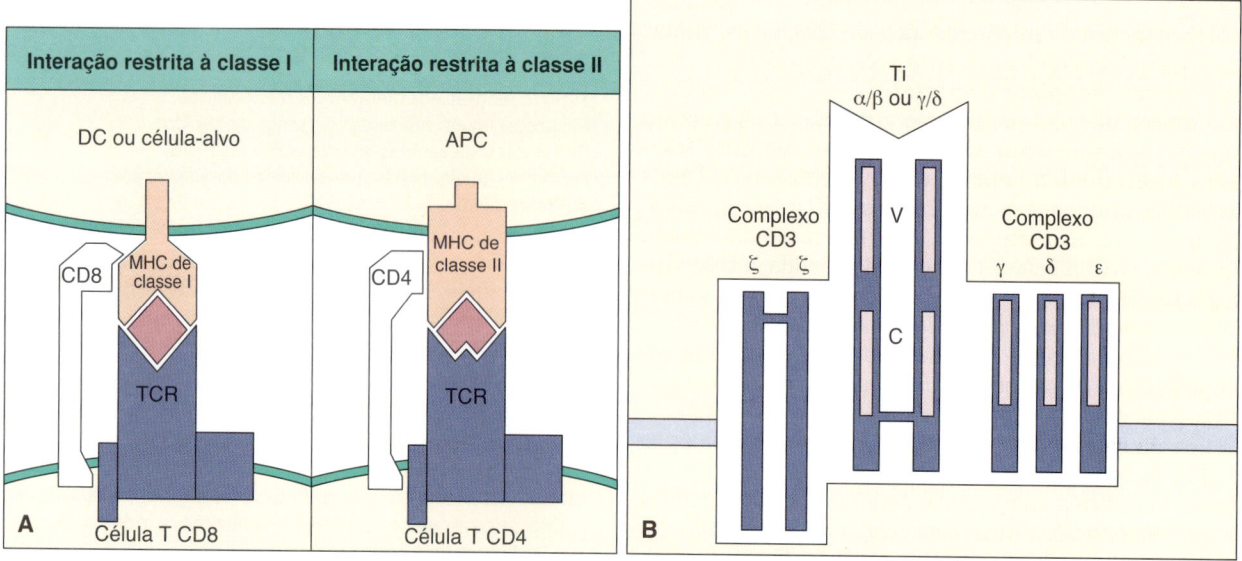

Figura 9.1 Restrição do complexo principal de histocompatibilidade (MHC) e apresentação do antígeno às células T. **A.** *Esquerda*, peptídios antigênicos ligados às moléculas do MHC de classe I são apresentados ao receptor de células T (TCR) em células T CD8 *killer*/supressoras. *Direita*, peptídios antigênicos ligados às moléculas do MHC de classe II na célula apresentadora de antígeno (APC) (célula B, célula dendrítica [DC] ou macrófago) são apresentados às células T-*helper* CD4. **B.** Receptor de célula T. O TCR consiste em diferentes subunidades. O reconhecimento do antígeno ocorre através das subunidades α/β ou γ/δ. O complexo CD3 de subunidades γ, δ, ε e ζ promove a ativação de células T. *C*, região constante; *V*, região variável.

mucosa; outros sítios teciduais e o sangue são importantes para estimular a imunidade adaptativa e das mucosas. Essas células constituem até 5% dos linfócitos circulantes, mas expandem para entre 20 e 60% das células T durante certas infecções bacterianas e outros tipos de infecções. O TCR γ/δ detecta metabólitos microbianos incomuns e inicia respostas imunes mediadas por citocinas.

O **TCR α/β** é expresso na maioria das células T, e essas células são as principais responsáveis pela resposta imune adaptativa ativada contra o antígeno. Células NKT e células MAIT também expressam TCRs α/β, mas seus TCRs apresentam especificidades bem definidas. Células T clássicas com o TCR α/β se distinguem ainda mais pela expressão de uma molécula CD4 ou de uma molécula CD8.

A especificidade do TCR determina a resposta antigênica da célula T. Cada molécula TCR é composta de duas cadeias distintas de polipeptídios. Como no caso dos anticorpos, cada TCR tem uma região constante e uma região variável. O repertório de TCRs é muito grande e pode identificar um enorme número de especificidades antigênicas (estima-se que seja capaz de reconhecer 10^{15} epítopos distintos). Os mecanismos genéticos para o desenvolvimento dessa diversidade são similares aos do anticorpo (Figura 9.2). O gene TCR é composto de múltiplos segmentos V ($V_1 V_2 V_3$... Vn), D e J. Nos estágios iniciais do desenvolvimento de células T, um segmento V específico recombina-se geneticamente com um ou mais segmentos D, eliminando os segmentos V e D intermediários e, depois, recombina-se com um segmento J para formar um gene único de TCR. De modo semelhante ao anticorpo, a inserção randômica de nucleotídios nas junções de recombinação aumenta o potencial de diversidade e a possibilidade de produzir TCRs inativos. Ao contrário dos anticorpos, a mutação somática não ocorre nos genes TCR. Apenas células com TCRs funcionais sobreviverão à sua passagem pelo timo. Cada célula T e sua progênie expressam um TCR único.

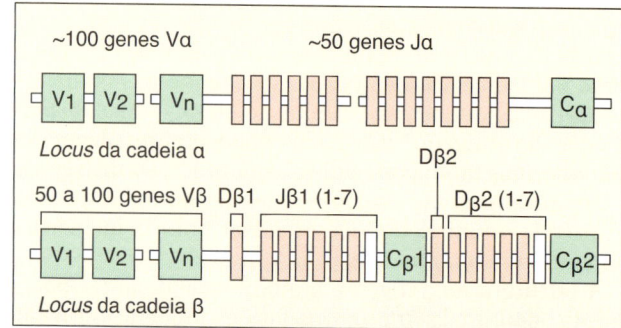

Figura 9.2 Estrutura do gene do receptor de célula T embrionário. Observe a similaridade na estrutura com os genes da imunoglobulina. A recombinação desses segmentos também gera um repertório de reconhecimento diferente. *C*, sequências conectoras; *J* e *D*, segmentos; *V*, segmentos variáveis.

Ao contrário das moléculas de anticorpos, a maioria dos TCRs consegue reconhecer apenas um epítopo de peptídio linear mantido dentro de uma fenda na superfície de moléculas MHC I ou MHC II (ver Figura 9.1). A apresentação do peptídio antigênico requer o processamento proteolítico especializado da proteína (ver mais adiante) e a apresentação em moléculas de MHC II por uma APC ou em moléculas de MHC I por todas as células nucleadas.

O **complexo CD3** é encontrado em todas as células T e consiste em cadeias polipeptídicas γ, δ, ε e ζ. O complexo CD3 é a **unidade de transdução de sinal** para o TCR. As **proteínas tirosinoquinases** (ZAP-70, Lck) associam-se ao complexo CD3 quando o antígeno está ligado ao complexo TCR, promovem uma cascata de fosforilações proteicas, ativação de fosfolipase C (FLC) e outros eventos. Os produtos de clivagem do inositol trifosfato pela FLC causam a liberação de cálcio e ativam a proteinoquinase C e a **calcineurina**, que é uma fosfatase proteica. A calcineurina é um alvo dos medicamentos imunossupressores ciclosporina e tacrolimo. A ativação de proteínas G de membrana, tais como Ras, e as consequências das cascatas anteriormente descritas resultam na ativação de fatores de transcrição específicos no núcleo, ativação da célula T e produção de interleucina (IL)-2 e seu receptor, IL-2R. Essas etapas estão representadas na Figura 9.3.

Os **receptores CD4 e CD8** são correceptores do TCR (ver Figura 9.1), pois facilitam a interação do TCR com a molécula apresentadora de antígeno e podem aumentar a resposta de ativação. O CD4 se liga às moléculas do MHC de classe II na superfície de APCs. O CD8 se liga às moléculas do MHC de classe I na superfície de células nucleadas, incluindo APCs (ver adiante em MHC neste capítulo). As caudas citoplasmáticas de CD4 e CD8 associam-se à proteína tirosinoquinase (Lck), que aumenta a ativação induzida pelo TCR da célula na ligação à APC ou célula-alvo. O CD4 ou CD8 é encontrado em células T α/β, mas não em células T γ/δ.

As **moléculas acessórias** expressas na superfície da célula T incluem vários receptores proteicos que interagem com seus ligantes proteicos nas APCs e células-alvo que levam à ativação da célula T, promoção de interações mais estreitas entre as células ou facilitação da morte da célula-alvo. Essas moléculas acessórias são descritas a seguir:

1. **CD45RA (células T nativas)** ou **CD45RO (células T de memória):** uma proteína tirosina fosfatase transmembrana (PTP).
2. **CD28:** proteína associada ao linfócito T citotóxico 4 (**CTLA-4**), **PD-1** e **ICOS-1** (coestimuladora induzível de células T) liga-se às proteínas da família **reguladora do ponto de controle B7** (B7-1, B7-2, PD-L1, PD-L2, L-ICOS) para fornecer um sinal de coestimulação ou inibitório para a célula T.
3. **CD154 (CD40L):** está presente em células T ativadas e se liga ao CD40 em DCs, macrófagos e células B a fim de promover sua ativação.
4. **FasL:** inicia a apoptose em uma célula-alvo que expressa **Fas** em sua superfície celular.

As **moléculas de adesão** estreitam a interação da célula T com a APC ou célula-alvo e também podem promover ativação. As moléculas de adesão incluem o **antígeno-1**

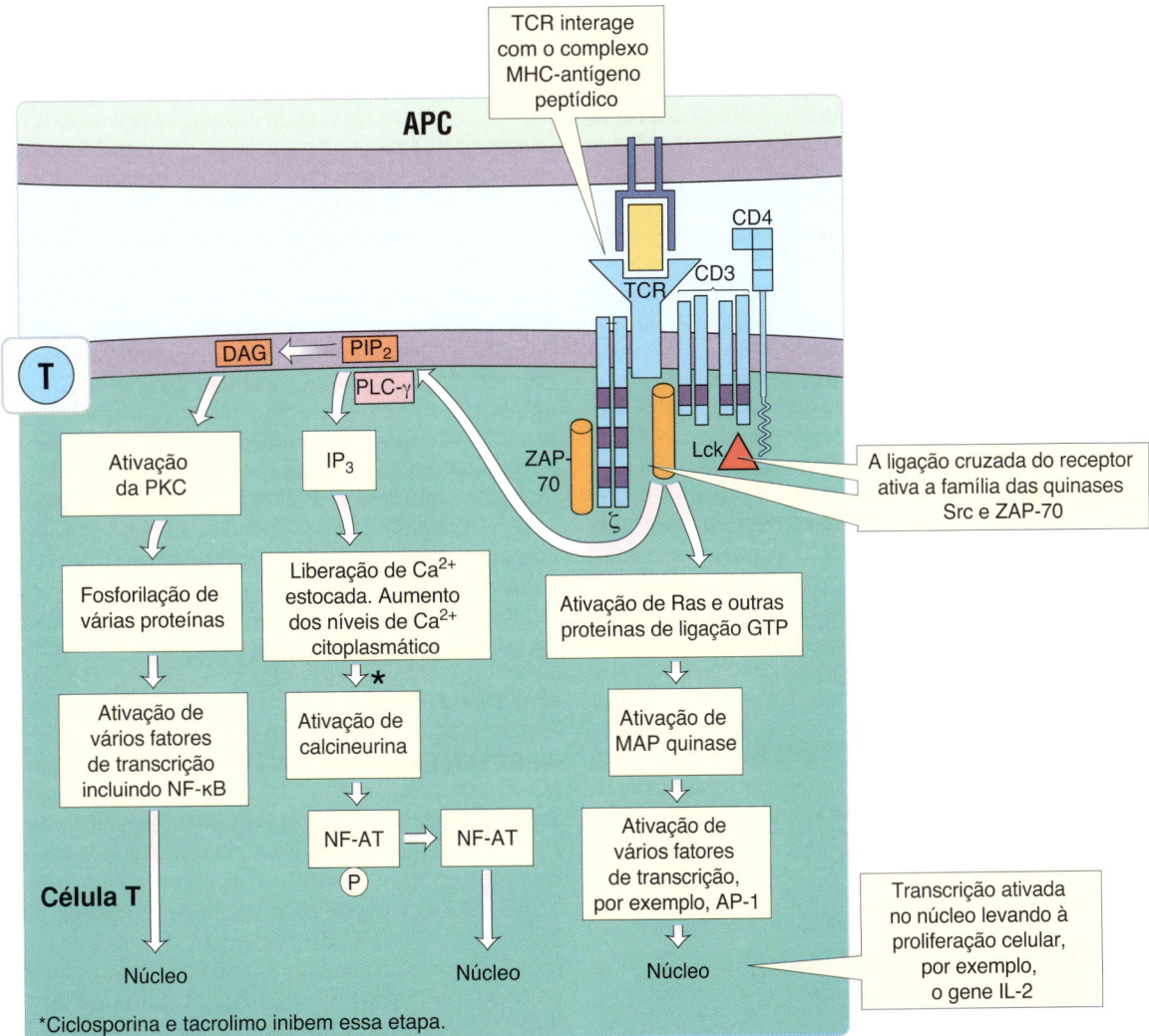

Figura 9.3 Vias de ativação das células T. A ligação do complexo principal de histocompatibilidade *(MHC)* II ao CD4 e ao receptor de células T *(TCR)* ativa a as cascatas de quinase e fosfolipase C para ativar o fator nuclear de células T ativadas *(NF-AT)*, fator nuclear-kappa B *(NF-κβ)*, proteína de ativação 1 *(AP-1)* e outros fatores de transcrição. *APC*, célula apresentadora de antígeno; *DAG*, diacilglicerol; *GTP*, trifosfato de guanosina; *IL-2*, interleucina-2; *IP3*, inositol 1,4,5-trifosfato; *Lck*, proteína tirosinoquinase específica de linfócitos; *MAP quinase*, proteinoquinase ativada por mitógeno; *PIP2*, fosfatidilinositol 4,5-bisfosfato; *PKC*, proteinoquinase C; *FLC-γ*, fosfolipase C-γ; *ZAP*, proteína associada ao ζ. (Modificada de Helbert, M. 2017. *Immunology for Medical Students,* third ed. Elsevier, Philadelphia, PA.).

associado à função leucocitária (LFA-1), que interage com as **moléculas de adesão intercelular (ICAM-1, ICAM-2 e ICAM-3)** na célula-alvo. O **CD2** era originalmente identificado por sua capacidade de ligação aos eritrócitos de carneiro e pela promoção de rosetas dessas células ao redor das células T. O CD2 liga-se ao LFA-3 na célula-alvo e promove a adesão célula-célula e a ativação de células T. Os **antígenos muito tardios (VLA-4 e VLA-5)** são expressos em células ativadas mais tarde na resposta e se ligam à fibronectina em células-alvo para intensificar a interação.

As células T expressam receptores para muitas citocinas que ativam e regulam a função das células T (Tabela 9.1). A ligação da citocina com o **receptor de citocinas** ativa a proteinoquinase e outras cascatas de ativação que fornecem seu sinal para o núcleo. O **IL-2R** é composto de três subunidades. As subunidades β/γ estão presentes na maioria das células T (também células *natural killer* [NK]) e têm afinidade intermediária com a IL-2. A subunidade α (**CD25**) é induzida pela ativação da célula para formar um IL-2R α/β/γ de alta afinidade. A ligação da IL-2 ao IL-2R inicia um sinal de estimulação do crescimento da célula T, que também promove a produção de mais IL-2 e IL-2R. CD25 é expresso em células ativadas, em crescimento, incluindo a subunidade de células T reguladoras (Treg) das células T CD4 (CD4$^+$CD25$^+$). Os **receptores de quimiocinas** distinguem as diferentes células T e orientam a célula para onde irá residir no corpo.

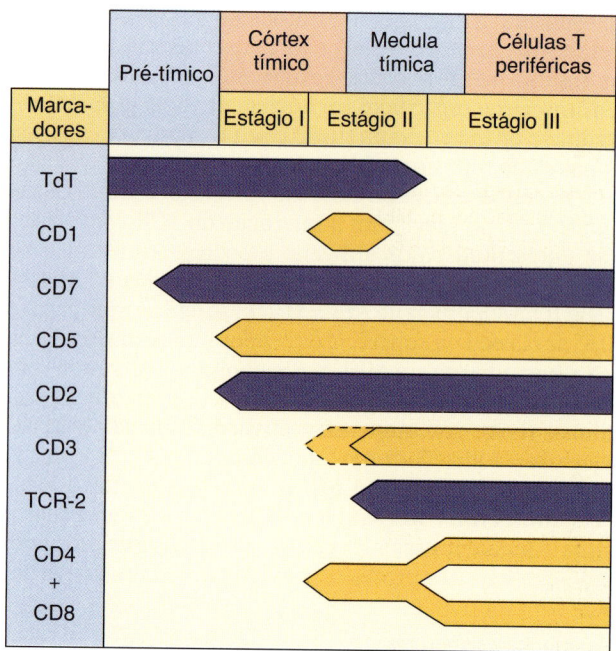

Figura 9.4 Desenvolvimento de células T humanas. Os marcadores de células T são úteis para a identificação dos estágios de diferenciação da célula T e para a caracterização de leucemias e linfomas de células T. *TCR*, receptor de célula T; *TdT*, desoxinucleotidil transferase terminal citoplasmática.

Desenvolvimento de células T

Os precursores das células T estão se desenvolvendo continuamente em células T no timo (Figura 9.4; Animação 3). O contato com o epitélio tímico e hormônios como a timosina, a timulina e a timopoietina II no timo promovem extensa proliferação e diferenciação da população de células T do indivíduo durante o desenvolvimento fetal. Indivíduos que apresentam deficiência congênita de timo (síndrome de DiGeorge) não têm células T, enquanto no timo cada precursor de células T sofre recombinação de sequências dentro de seus genes de TCR para gerar um TCR exclusivo para aquela célula. As células epiteliais medulares do timo expressam o fator de transcrição regulador autoimune (AIRE), que lhes confere a capacidade única para expressar a maior parte das proteínas do corpo. Essas proteínas são processadas e apresentadas por meio das moléculas do MHC para o TCR nas células T. Uma forte ligação promove tanto a apoptose ou a expressão do fator de transcrição FoxP3 e o desenvolvimento de **Tregs**. Células T sem TCRs, que exibem TCRs não funcionais ou aquelas com TCRs que não podem ou que interagem de modo deficiente com moléculas de MHC, são forçados a cometer suicídio (apoptose). Apenas as células que se ligam corretamente (níveis *Goldilocks*) se diferenciarão nas subpopulações CD4 ou CD8 de células T. Essas células T entram então no sangue e circulam para os linfonodos, baço e outros sítios.

Iniciação das respostas de células T

APRESENTAÇÃO DE ANTÍGENO ÀS CÉLULAS T

A ativação de uma resposta celular T específica ao antígeno requer uma combinação de citocinas e interações célula-receptor celular (Boxe 9.3) iniciadas pela interação do TCR α/β com peptídios antigênicos exibidos pelo MHC. Moléculas do **MHC de classe I e II** fornecem um berço molecular para o peptídio. Como tais, essas células T só respondem a epítopos proteicos. A molécula **CD8** nas células T liga-se e promove a interação com moléculas do MHC de classe I nas células-alvo (ver Figura 9.1A). A molécula **CD4** em células T liga-se e promove interações com moléculas do MHC de classe II em APCs. As moléculas do MHC são codificadas dentro do *locus* do gene do MHC (Figura 9.5). O MHC contém um grupo ou *cluster* de genes importantes para a resposta imune.

Tabela 9.1 Indutores e citocinas de respostas de células T.

Tipo de resposta	Fase aguda[a]	TH1	TH17	TH2	Treg/Sup
Indutores	PAMPs	IL-12	IL-6 + TGF-β	IL-6	??
	–	–	IL-23[b]	–	–
Mediadores	IL-1 TNF-α IL-6	IL-2 LT (TNF-β) IFN-γ	IL-17 TNF-α IL-22	IL-4 IL-5 IL-10	IL-10 TGF-β –
	IFN-α, IFN-β	–	–	–	–
	IL-12, IL-23	–	–	–	–

[a]Respostas de fase aguda influenciam, mas não são respostas de células T.
[b]IL-23 ativa as respostas TH17 de memória.
IFN, interferona; *IL*, interleucina; *LT*, linfotoxina; *PAMPs*, padrões moleculares associados a patógenos; *TGF-β*, fator transformador de crescimento-β; *TH*, T *helper* (célula).

Boxe 9.3 Ativação de respostas de células T.

Apenas uma DC pode iniciar uma resposta de uma célula T CD4 ou CD8 *naïve* (virgem)

CD4

- Células apresentadoras de antígeno apresentam 11 a 13 peptídios de aminoácidos no MHC II
- O correceptor (B7.1 ou B7.2) interage com CD28 para ativar ou CTLA4 para suprimir a resposta
- Citocinas ativam e determinam a natureza da resposta
- A expressão de CD40L e a ligação ao CD40 na APC são necessárias para a ativação da APC
- A ativação da célula altera os receptores de quimiocina e as proteínas de adesão, com a entrada da célula no sangue e circulação na pele, tecidos e zonas de células B do linfonodo

CD8

- A DC ativa a célula T CD8 com o auxílio da célula T CD4
- A célula T CD8 entra no sangue e circula através da pele e do tecido
- A célula-alvo apresenta 8 a 9 peptídios de aminoácidos no MHC I
- As proteínas de adesão criam uma sinapse imunológica
- A perforina e a granzima são secretadas na sinapse imunológica
- A célula-alvo comete apoptose

APC, célula apresentadora de antígeno; *CTLA4*, proteína 4 associada ao linfócito T citotóxico; *DC*, célula dendrítica; *MHC*, complexo principal de histocompatibilidade.

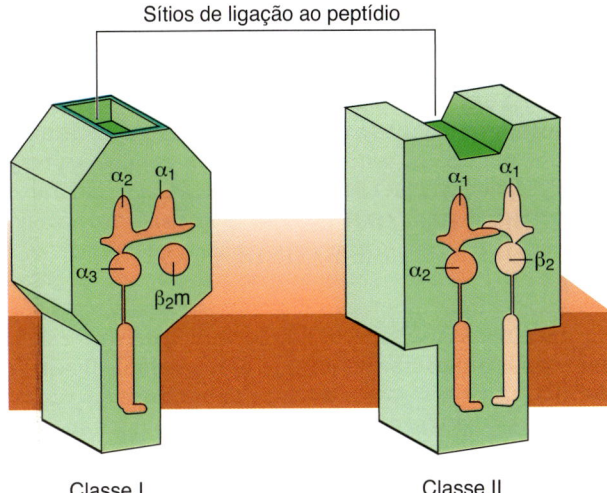

Figura 9.6 Estrutura das moléculas do complexo principal de histocompatibilidade (MHC) de classe I e classe II. As moléculas do MHC de classe I consistem em duas subunidades, a cadeia pesada e a β_2-microglobulina. A bolsa de ligação é fechada em cada extremidade e só pode conter peptídios de 8 a 9 aminoácidos. As moléculas do MHC de classe II consistem em duas subunidades, α e β, que estão abertas nas extremidades e contêm peptídios de 11 ou mais aminoácidos.

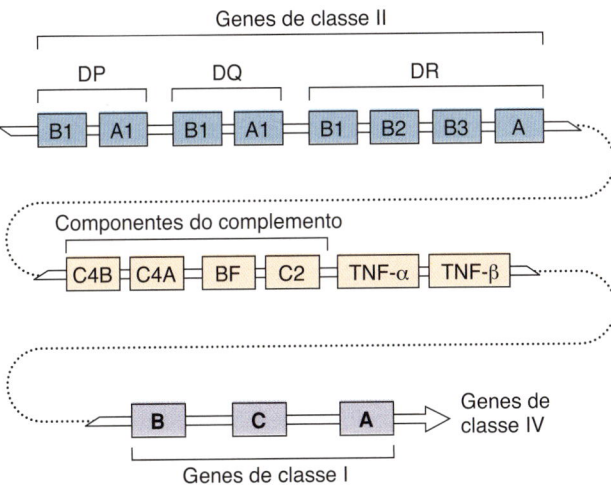

Figura 9.5 Mapa genético do complexo principal de histocompatibilidade (MHC). Os genes para as moléculas de classe I e classe II, assim como para os componentes do complemento e para o fator de necrose tumoral *(TNF)*, fazem parte do complexo do gene de MHC.

As **moléculas do MHC de classe I** são encontradas em todas as células nucleadas e correspondem ao principal determinante do "próprio" (*self*). A molécula do MHC de classe I, também conhecida como **HLA** em humanos e H-2 em camundongos, consiste em duas cadeias, uma **cadeia pesada variável** e uma **cadeia leve (β2-microglobulina)** (Figura 9.6). Diferenças na cadeia pesada da molécula HLA entre indivíduos (*diferenças alotípicas*) são responsáveis pela resposta de células T que previne o transplante de enxertos (tecidos). Existem três principais genes HLA (**HLA-A, HLA-B e HLA-C**) e outros genes HLA secundários. Cada célula expressa um par de diferentes proteínas HLA-A, HLA-B e HLA-C, um em cada progenitor, fornecendo seis diferentes fendas para capturar um repertório de peptídios antigênicos. *A cadeia pesada da molécula do MHC de classe I forma uma fenda de extremidades fechadas, semelhante a um bolso de pão pita (ou sírio), que segura um peptídio de oito a nove aminoácidos.* A molécula do MHC de classe I apresenta peptídios antigênicos, a maioria dos quais localizados dentro da célula (**endógenos**), para as células T que expressam CD8. A regulação positiva de moléculas do MHC de classe I faz da célula um alvo melhor para a ação das células T. Algumas células (cérebro) e algumas infecções virais (herpes-vírus simples, citomegalovírus) inibem a expressão das moléculas do MHC I para reduzir seu potencial como alvos das células T.

As **moléculas do MHC de classe II** são expressas normalmente nas APCs, que são as células que interagem com as células T CD4 (p. ex., macrófagos, DCs, células B). As moléculas do MHC de classe II são codificadas pelo *loci* **DP**, **DQ** e **DR** e, de maneira similar ao MHC de classe I, também são codominantemente expressas para produzir seis diferentes moléculas. As moléculas de MHC classe II são um dímero de **subunidades α e β** (ver Figura 9.6). *As cadeias da molécula do MHC de classe II formam uma fenda aberta de ligação ao peptídio que se assemelha a um pãozinho de cachorro-quente (hot-dog) e contém um peptídio de 11 a 12 aminoácidos.* A molécula do MHC de classe II apresenta peptídios antigênicos ingeridos (**exógenos**) para as células T que expressam CD4.

As **moléculas CD1** são semelhantes às moléculas do MHC de classe I e apresentam uma cadeia pesada e uma cadeia leve (β_2-microglobulina), mas se ligam a glicolipídios em vez de peptídios. As moléculas CD1 são principalmente expressas em DCs e apresentam antígeno para um TCR invariante especializado em células NKT (CD4⁻CD8⁻). As moléculas CD1 são particularmente importantes para a defesa contra infecções por micobactérias.

As **moléculas MR1** também se assemelham às moléculas MHC I e têm uma cadeia pesada e uma cadeia leve (β₂-microglobulina) e se ligam a metabólitos da vitamina B produzidos por bactérias. TCRs invariantes especializados para o MR1 estão presentes em células MAIT. As células MAIT são importantes para regular a microbiota normal dos intestinos e fornecem uma resposta precoce a infecções.

APRESENTAÇÃO DO PEPTÍDIO PELAS MOLÉCULAS DO COMPLEXO PRINCIPAL DE HISTOCOMPATIBILIDADE DE CLASSE I E CLASSE II

Ao contrário dos anticorpos que também podem reconhecer epítopos conformacionais, peptídios antigênicos de células T devem ser epítopos lineares. Um antígeno de célula T deve ser um peptídio de 8 a 12 aminoácidos com um esqueleto hidrofóbico que se liga à base da fenda molecular da molécula do MHC de classe I ou classe II e exibe um epítopo de célula T no outro lado para o TCR. Em razão dessas restrições, pode haver apenas um peptídio antigênico para célula T em uma proteína. Todas as células nucleadas processam proteoliticamente proteínas intracelulares e exibem peptídios selecionados para as células T CD8 (**via endógena de apresentação do antígeno**) para distinguirem entre o próprio, "não próprio" (*nonself*), expressão inadequada de proteínas (célula tumoral) ou a presença de infecções intracelulares (vírus), enquanto as APCs processam e apresentam peptídios de proteínas ingeridas para as células T CD4 (**via exógena de apresentação do antígeno**) (Figura 9.7; Animação 4). As DCs podem cruzar essas vias (**apresentação cruzada**) para apresentar o antígeno exógeno às células T CD8 para iniciar as respostas antivirais e antitumorais.

Moléculas do MHC de classe I ligam e apresentam peptídios que são degradados a partir de proteínas celulares pelo **proteassoma** (uma máquina de protease) no citoplasma. Esses peptídios são encaminhados no retículo endoplasmático (RE) através do **transportador associado ao processamento de antígenos (TAP)**. A maioria desses peptídios provém de proteínas incorretamente dobradas ou em excesso (detrito) marcadas para proteólise pela fixação da proteína **ubiquitina**. O peptídio antigênico se liga ao sulco na cadeia pesada da molécula do MHC de classe I. Em seguida, a cadeia pesada da molécula do MHC pode ser montada adequadamente com a β₂-microglobulina, sai do RE e prossegue para a membrana celular.

Durante a **infecção viral**, grandes quantidades de proteínas virais são produzidas e degradadas em peptídios e se tornam a fonte predominante de peptídios que ocupam as moléculas do MHC de classe I para serem apresentados às células T CD8. **Células transplantadas (enxertos)** expressam peptídios em suas moléculas do MHC, que diferem daqueles do hospedeiro e, portanto, podem ser reconhecidos como estranhos. As **células tumorais** frequentemente expressam peptídios derivados de proteínas anormais ou embrionárias, que podem induzir respostas no adulto, porque não houve tolerância a essas proteínas no adulto. A expressão desses peptídios "estranhos" no MHC I na superfície celular faz com que a célula T "veja" o que está acontecendo dentro da célula.

As **moléculas do MHC de classe II** apresentam peptídios derivados de proteínas exógenas que foram adquiridas por macropinocitose, pinocitose ou fagocitose e em seguida foram degradadas nos lisossomos por APCs. A proteína do MHC de classe II também é sintetizada no RE, mas diferentemente do MHC I, a cadeia invariante associa-se ao MHC II para bloquear a fenda de ligação ao peptídio e prevenir a aquisição de um peptídio. O MHC II adquire seu peptídio antigênico como resultado da união da via de transporte vesicular (transporte de moléculas do MHC de classe II recém-sintetizadas) e a via de degradação lisossomal (transporte de proteínas fagocitadas e que sofreram lise proteolítica). A cadeia invariante é clivada e os peptídios antigênicos a deslocam e associam à fenda formada na proteína do MHC de classe II; o complexo é depois enviado para a superfície celular.

A **apresentação cruzada do antígeno** é utilizada em grande parte pelas DCs para apresentar antígeno às células T CD8 *naïve* para iniciar a resposta aos vírus e às células tumorais. Após a captura do antígeno (incluindo *debris* de células apoptóticas) na periferia, a proteína é degradada em lisossomos e seus peptídios entram no citoplasma e são depois encaminhados pelo TAP até o RE para se ligar às moléculas do MHC I.

A seguinte analogia pode ajudar no entendimento da apresentação de antígenos: todas as células degradam suas proteínas "lixo" e depois as exibem na superfície celular nas latas de lixo do MHC de classe I. As células T CD8 que "policiam" a vizinhança não se alarmam com o lixo de peptídios normais e diários. Um invasor viral produziria grandes quantidades de lixo peptídico viral (p. ex., latas de cerveja, caixas de pizza) exibidas nas latas de lixo molecular do MHC de classe I, que alertariam as células T CD8 específicas previamente ativadas por DCs. As APCs (DCs, macrófagos e células B) são similares aos coletores de lixo ou trabalhadores do esgoto; eles devoram o lixo do bairro ou esgoto linfático, fazem a degradação, apresentam nas moléculas do MHC de classe II e depois se movem para um linfonodo a fim de apresentar os peptídios antigênicos para as células T CD4 na "delegacia de polícia". Os antígenos estranhos alertariam as células T CD4 para liberar citocinas e ativar uma resposta imune.

Ativação de células T CD4 e sua resposta ao antígeno

A ativação das respostas de células T *naïve* (virgens) é iniciada por DCs e depois expandida por outras APCs (Animação 5). DCs ativadas têm tentáculos semelhantes aos de polvo com uma grande área de superfície (dendritos), produzem citocinas e contam com uma superfície celular rica em MHC para a apresentação de antígenos às células T. Os macrófagos e células B podem apresentar o antígeno para as células T, mas não podem ativar uma célula T *naïve* para o início de uma nova resposta imune. As células T *helper* CD4 precisam de pelo menos dois sinais para se tornarem ativadas. O primeiro sinal é fornecido pela interação do TCR com o peptídio antigênico apresentado por moléculas do MHC de classe na APC (Figura 9.8A). A interação é reforçada pela ligação do CD4 à molécula de classe II do MHC e a ligação das proteínas de adesão na célula T e na APC. O segundo sinal, um **coestimulador ou sinal de ponto de controle**, é mediado pela ligação de moléculas B7 no macrófago, DC ou APC de célula B às moléculas **CD28** em uma célula T e é um mecanismo à prova de falhas para garantir a ativação adequada. B7 também interage com o **CTLA4**, que fornece um sinal inibitório. Os APCs ativados expressam B7 suficiente para preencher

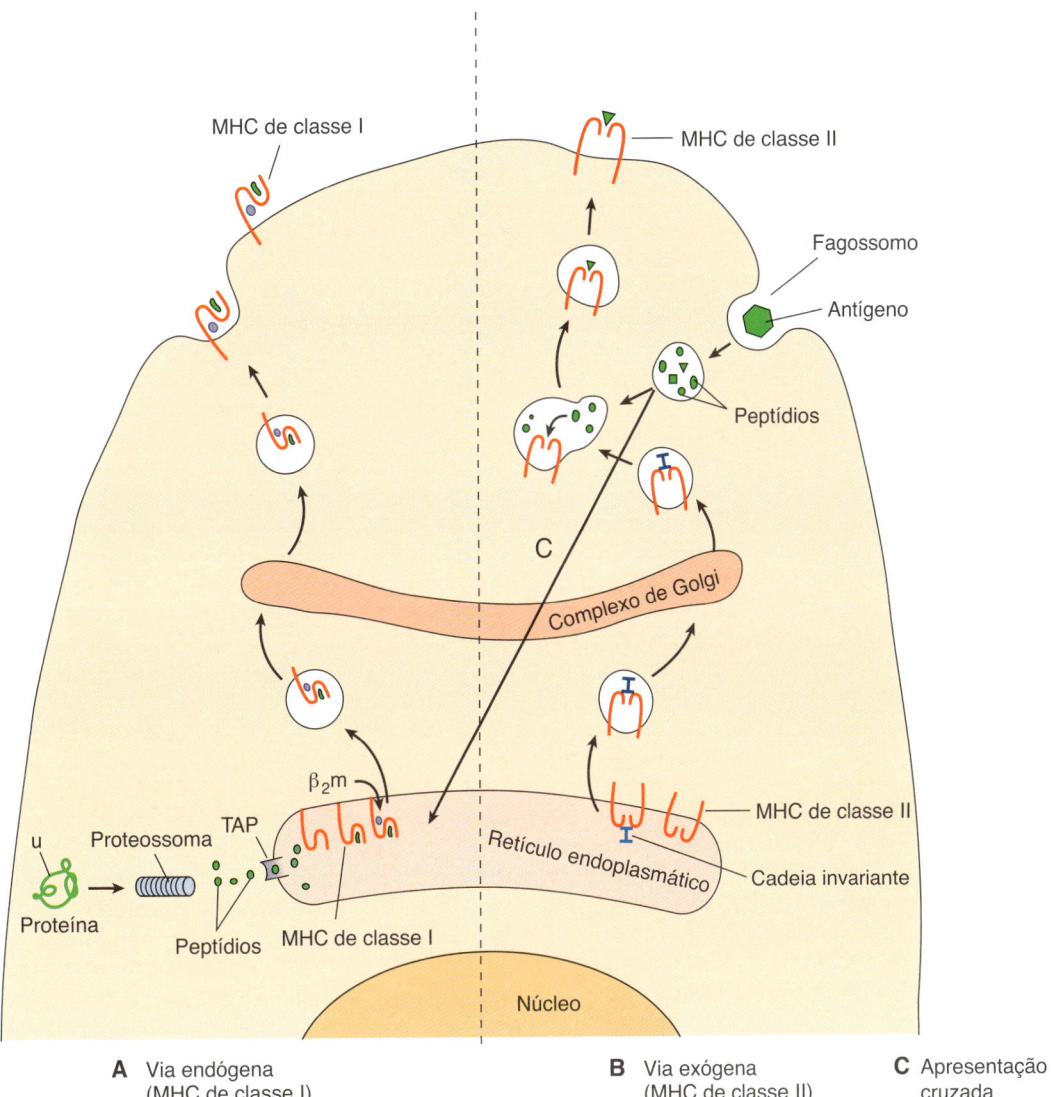

Figura 9.7 Apresentação do antígeno. **A. Endógena:** o antígeno endógeno (produzido pela célula e análogo ao detrito celular) é alvo da ligação à ubiquitina (u) para digestão no proteassoma. Peptídios de oito a nove aminoácidos são transportados pelo transportador associado ao processamento do antígeno (TAP) no retículo endoplasmático (RE). O peptídio se liga a um sulco na cadeia pesada da molécula do complexo principal de histocompatibilidade (MHC) de classe I e a β_2-microglobulina (β_2m) liga-se à cadeia pesada. O complexo é processado pelo aparelho de Golgi e entregue à superfície celular para apresentação às células T CD8. **B. Exógena:** a montagem das moléculas do MHC de classe II no RE com uma proteína de cadeia invariante ocorre para impedir a aquisição de um peptídio no RE. São transportadas em uma vesícula através do aparelho de Golgi. O antígeno exógeno (fagocitado) é degradado em lisossomos, que depois se fundem com uma vesícula contendo as moléculas do MHC de classe II. A cadeia invariante é degradada e deslocada por peptídios de 11 a 13 aminoácidos, que se fundem à molécula do MHC de classe II. O complexo é então entregue à superfície da célula para apresentação às células T CD4. **C. Apresentação cruzada:** os peptídios antigênicos exógenos transitam do fagossomo para o RE das células dendríticas e são apresentados nas moléculas de MHC I para as células T CD8.

todos os CTLA4 e depois se ligam ao CD28 para fornecer o sinal de "ir". Os sinais de citocinas (p. ex., IL-1, IL-2, IL-6) também são necessários para iniciar o crescimento e superar a repressão regulatória da célula. A ativação adequada da célula T *helper* promove a produção de IL-2 e aumenta a expressão de IL-2Rs na superfície da célula, aumentando a capacidade da própria célula de se ligar e manter a ativação por IL-2 (Figura 9.9). Uma vez ativada, a IL-2 sustenta o crescimento da célula e outras citocinas influenciam a resposta subsequente da célula T *helper* (ver a seção seguinte). As **células T de memória** efetoras são geradas durante a divisão das células T (ver Figura 9.9B).

A ativação parcial de uma célula T CD4 ocorre quando o TCR interage com o complexo peptídio: MHC sem coestimulação do CD28, levando à **anergia** (falta de resposta)

ou morte apoptótica (suicídio celular). Esse é também um mecanismo para (1) eliminar as células T autorreativas no timo e (2) promover o desenvolvimento da **tolerância** às proteínas próprias.

As células T CD4 ativadas e em crescimento expressam diferentes proteínas de adesão e novos receptores de quimiocinas, saem dos sítios das células T do linfonodo e entram no sangue ou se movem para as zonas de células B dos linfonodos e baço. Muitas das células T ativadas circulam pela pele e mucoepitélio. As APCs que apresentam o antígeno reconhecido pelo TCR iniciam interações fortes com a célula T que possibilitam a ligação de moléculas CD28 na célula T às moléculas B7 na APC. Essas interações então estimulam a expressão de CD40L na célula T, que interage com a molécula CD40 na APC, resultando na ativação mútua da célula T e APC (ver Figura 9.8B). Essa interação e as citocinas produzidas pela célula T ativarão e determinarão a função dos macrófagos e DCs e quais imunoglobulinas a célula B produzirá.

FUNÇÕES DE CÉLULAS T *HELPER* CD4

As células T CD4 promovem a expansão da resposta imune com citocinas promotoras de crescimento celular e definem a natureza da resposta imunológica com outras citocinas. Os diferentes tipos de células T *helper* são definidos por fatores de transcrição característicos e as citocinas que eles produzem e, portanto, as respostas que induzem (Figura 9.10 e Boxe 9.4; ver também Tabela 9.1).

As **células TH0** não estão comprometidas com uma resposta específica e sua ativação inicia uma resposta genérica ao produzir citocinas que promovem o crescimento de linfócitos e ativam DCs, incluindo IL-2, interferona (IFN)-γ e IL-4. A **IL-2** promove o crescimento de células T, B e linfoides inatas (incluindo as células NK) para expandir a resposta imune.

As respostas antibacterianas e antifúngicas iniciais são mediadas pelas células **TH17**. Essas são células T *helper* CD4 estimuladas por IL-6 mais o fator transformador de crescimento (TGF)-β ou para as células T de memória, a IL23. A citocina IL-23 pertence à família da citocina IL-12. IL-23 e IL-12 têm, ambas, uma subunidade p40, mas a IL-12 tem uma p35, enquanto a IL-23 tem uma subunidade p19. As células TH17 expressam o fator de transcrição RORγt e produzem citocinas (p. ex., **IL-17**, **IL-22**, IL-6, fator de necrose tumoral [TNF]-α) e quimiocinas pró-inflamatórias, que ativam as células epiteliais e os neutrófilos e promovem as respostas inflamatórias. As respostas TH17 fornecem proteção em sítios imunoprivilegiados como o olho, nos quais há uma abundância de TGF-β. As respostas TH17 estão associadas ao crescimento de queratinócitos na psoríase e doenças inflamatórias autoimunes mediadas por células, como a artrite reumatoide.

A **resposta TH1** ativa as respostas imunes celular e humoral (Animação 6). A ativação das respostas **TH1** requer **IL-12** produzida por DCs e macrófagos. As células TH1 são caracterizadas pela expressão do fator de transcrição T-bet e secreção de **IL-2**, **IFN-γ** e **TNF-β** (**linfotoxina [LT]**). IFN-γ, também conhecido como **fator de ativação de macrófagos**, reforça as respostas TH1, promovendo mais produção de IL-12 por macrófagos e DCs, criando um ciclo autossustentável. IFN-γ também promove a produção de IgG e inibe as respostas TH2. **TNF-β** pode ativar os neutrófilos. As células TH1 são inibidas pela IL-4 e IL-10, que é produzida pelas células TH2. Células TH1 ativadas expressam o ligante **FasL**, que pode interagir com a proteína **Fas** em células-alvo para promover a apoptose (morte) da célula-alvo e o **receptor de quimiocina CCR5** que promove a realocação aos sítios de infecção. O vírus da imunodeficiência humana (HIV) utiliza o receptor de quimiocina CCR5 como um correceptor com CD4 para iniciar a infecção de um indivíduo.

As respostas TH1 amplificam as reações inflamatórias locais e as reações de hipersensibilidade do tipo tardio (HTT) pela ativação de macrófagos, células NK e células T CD8 citotóxicas e expansão da resposta imune pela estimulação do crescimento de células B e T com IL-2. Essas respostas são importantes para eliminar as infecções intracelulares (p. ex., vírus, bactérias, parasitas) e fúngicas, e também para as respostas antitumorais; estão ainda associadas às doenças inflamatórias autoimunes mediadas por células (p. ex., esclerose múltipla, doença de Crohn).

A **resposta TH2** é a resposta padrão da célula T *helper*. Ela ocorre em fase mais tardia em resposta à infecção e age sistemicamente por meio de respostas mediadas por anticorpos. A resposta TH2 promove a produção de anticorpos aos *debris* antigênicos apresentados pelo MHC II no sistema linfático, que ocorre na ausência de um sinal IL-12/IFN-γ de respostas inatas. As células TH2 expressam o fator de transcrição GATA-3 e liberação de citocinas **IL-4, IL-5, IL-6, IL-10 e IL-13** que promovem respostas humorais (sistêmicas). Essas citocinas estimulam as células B a sofrerem eventos de recombinação no gene da imunoglobulina para mudança da produção de IgM e IgD para a produção de tipos e subtipos específicos de IgG, IgE ou IgA. As respostas TH2 estão associadas à produção de IgE e ativação de mastócitos, que são úteis para as respostas anti-helmínticas, mas são mediadores da resposta alérgica. As respostas TH2 podem exacerbar uma infecção intracelular (p. ex., *Mycobacterium leprae*, *Leishmania*), desligando prematuramente as respostas protetoras TH1. O desenvolvimento da célula TH2 é inibido pelo IFN-γ.

As **células T *helper* foliculares (TFH)** residem nos folículos dos linfonodos, que são as zonas de células B do linfonodo. Essas células retransmitem as respostas de citocinas, sejam elas TH1 ou TH2, para as células B para promover a produção adequada de anticorpos. Também promovem o desenvolvimento de centros germinativos, que são focos de células de memória específicas, plasmócitos e produção de anticorpos.

As **células T reguladoras incluem as células Treg e Tr1,** que são células supressoras específicas aos antígenos. As **células Treg** expressam o fator de transcrição FoxP3 e o receptor de **IL-2 CD25**, e são geradas no timo. As **células Tr1** são células reguladoras que são geradas por e produzem citocinas supressoras no tecido. Elas impedem o desenvolvimento de células autoimunes e de respostas excessivamente zelosas, produzindo **TGF-β e IL-10**. Também ajudam a manter as respostas das células T sob controle e promovem o desenvolvimento de células de memória. As células T reguladoras são particularmente importantes para regular as respostas frente à microbiota normal na pele e no sistema digestório. As células Tr1 podem ser derivadas de células Th17 no tecido e regressam para reforçar a imunidade necessária. Outras respostas TH (p. ex., TH9 e TH22) têm sido descritas e seus nomes se referem à citocina primária que produzem ou às funções promovidas pela citocina.

Células T CD8

As **células T CD8** incluem os linfócitos T citotóxicos (**CTLs**), mas também produzem citocinas e influenciam as respostas imunes. Os CTLs fazem parte da resposta do TH1 e são importantes para eliminar células infectadas por vírus e células tumorais. Essas células matam ao liberar proteínas que convencem a célula-alvo a cometer apoptose.

A resposta CTL é iniciada quando células T CD8 *naïve* no linfonodo são ativadas por DCs que apresentam antígenos e citocinas produzidas pelas células T CD4 TH1, incluindo IL-2 e IFN-γ. A DC pode ter adquirido o antígeno como

ATIVAÇÃO DE CÉLULAS T CD4

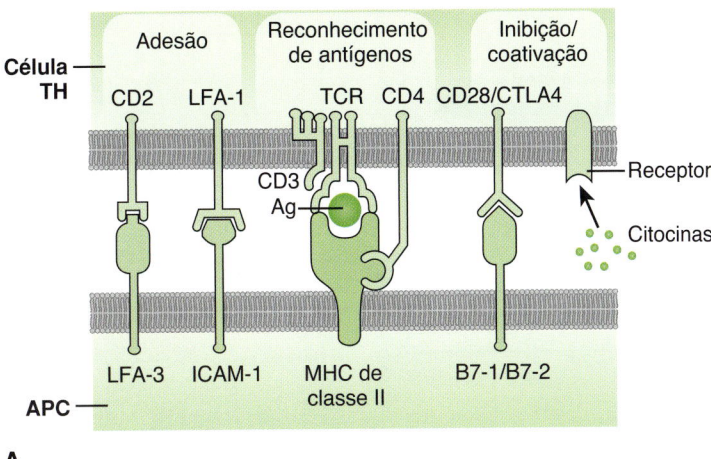

A

ATIVAÇÃO DA CÉLULA B OU APC PELA CÉLULA T

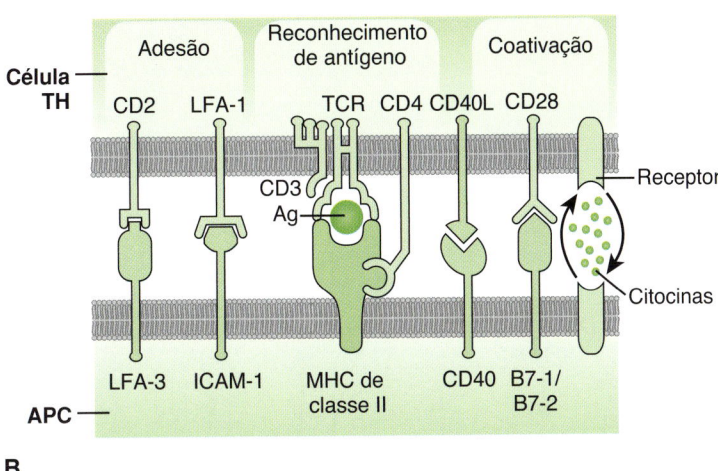

B

RECONHECIMENTO DA CÉLULA-ALVO PELA CTL

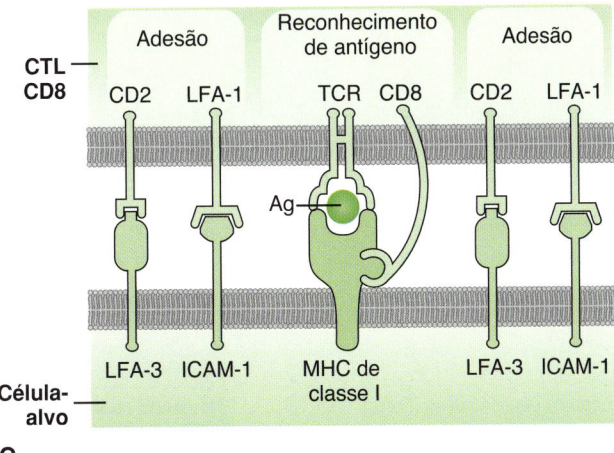

C

Figura 9.8 Moléculas envolvidas na interação entre células T e células que apresentam antígenos (APCs). **A.** Início de uma resposta de células T. As células T CD4 interagem com o complexo principal de histocompatibilidade (MHC) II e seu peptídio e ligantes coestimulatórios/inibitórios em células dendríticas (DCs). O início de uma resposta de células T CD8 é semelhante, mas o CD8 e o receptor de célula T (TCR) interagem com o MHC I e o peptídio que ele contém. **B.** Ativação de uma célula B, DC ou macrófago pela célula T helper CD4. A interação CD40L-CD40 ativa a APC. **C.** A ligação da célula T CD8 à célula-alvo cria uma sinapse imunológica na qual a perforina e as granzimas são secretadas. As interações receptor-ligante de superfície celular e as citocinas são indicadas com a direção de sua ação. Ag, antígeno; APC, célula apresentadora de antígeno; CTLA4, linfócito T citotóxico A4; ICAM-1, molécula de adesão intercelular-1; LFA-1, antígeno-1 associado à função leucocitária; TH, T helper. (De Rosenthal, K.S., Tan, M., 2010. Rapid Reviews in Microbiology and Immunology, third ed. Elsevier, Philadelphia, PA.)

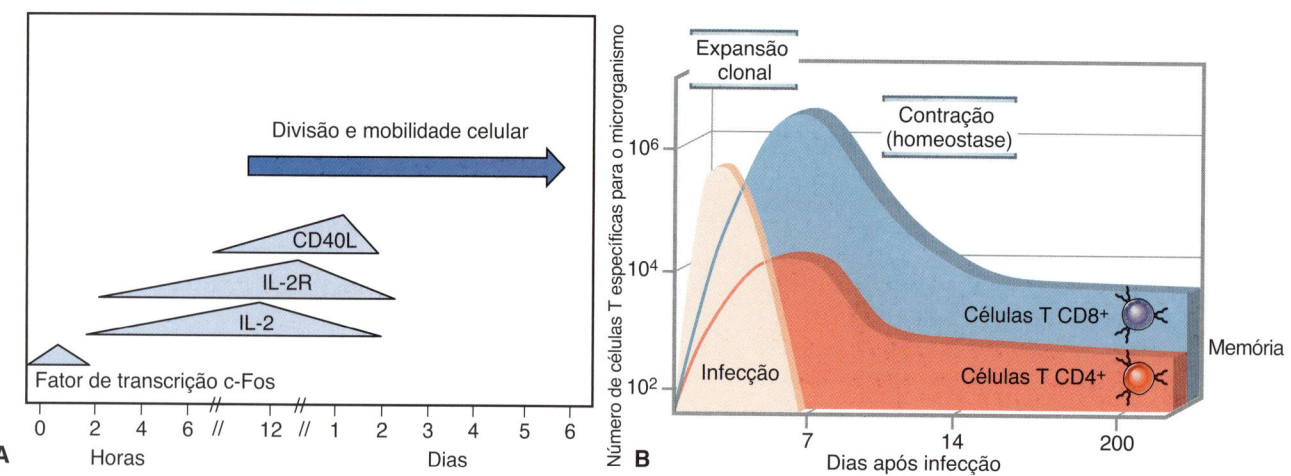

Figura 9.9 Progressão da ativação de célula T *naïve* e resposta. **A.** Interação com o antígeno e correceptores provenientes da célula apresentadora de antígeno (APC) ativam a expressão de novos fatores de transcrição (c-Fos), interleucina-2 e IL-2R para promover o crescimento, seguido de ativação da APC pelo CD40L. **B.** O número de células T CD4 ou CD8 aumenta rapidamente em resposta à infecção, após o qual as células T efetoras ativadas sofrerão apoptose, deixando as células T de memória. A ativação subsequente de respostas de células T de memória é mais rápida. (B, modificada de Abbas, A.K., Lichtman, A.H., Pillai, S., et al., 2015. Cellular and Molecular Immunology, eighth ed. Elsevier, Philadelphia, PA.).

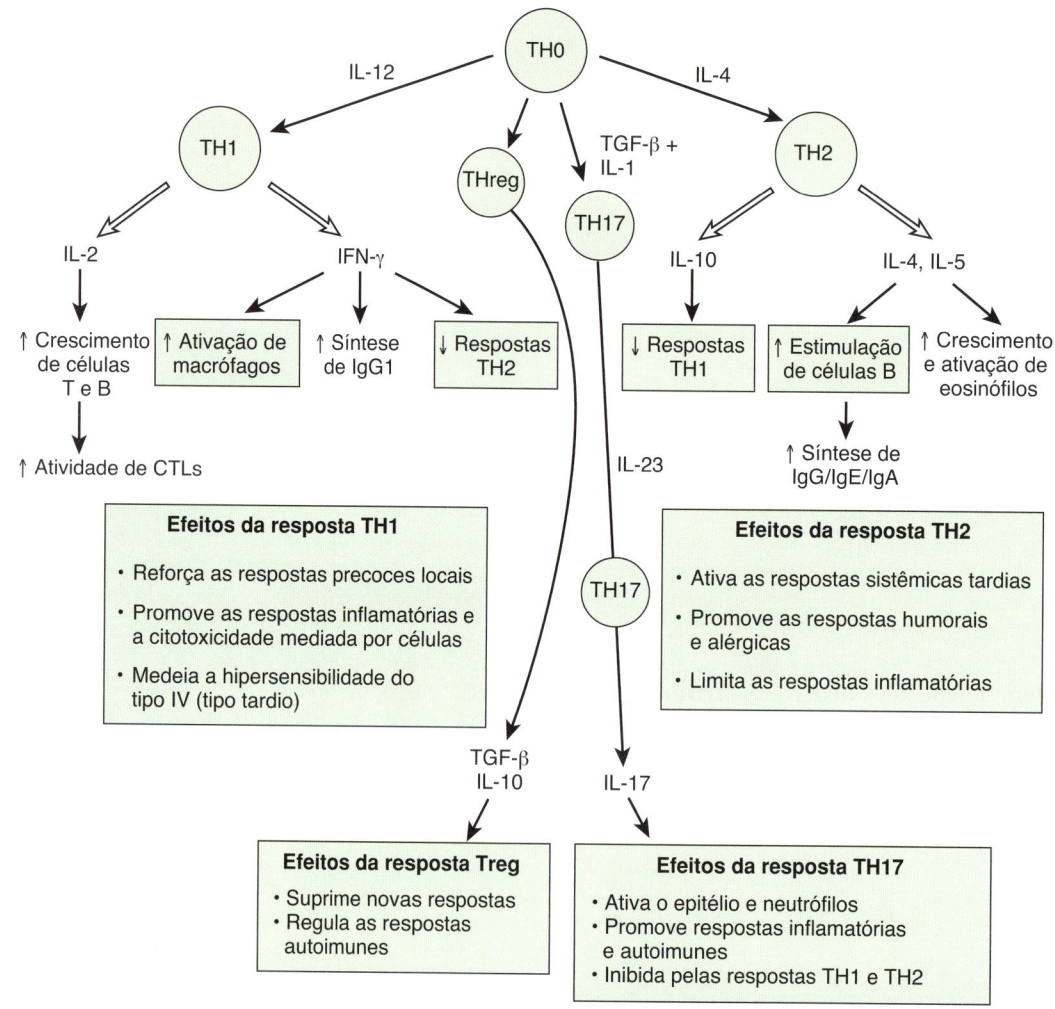

Figura 9.10 As respostas das células T são determinadas pelas citocinas. As células dendríticas iniciam e determinam o tipo de resposta das células T CD4 pelas citocinas que produzem. Da mesma maneira, as células T utilizam outras citocinas para dizer a outras células o que fazer. As citocinas definidoras de resposta são indicadas. ↑, aumento; ↓, diminuição; *CTL*, linfócito T citotóxico; *IFN-γ*, interferona-γ; *IgG/IgE/IgA*, imunoglobulina G/E/A; *IL*, interleucina; *TGF-β*, fator de crescimento transformador-β; *TH*, T *helper* ou auxiliar (célula); *Treg*, células T reguladoras. (De Rosenthal, K.S., Tan, M., 2010. Rapid Reviews in Microbiology and Immunology, third ed. Elsevier, Philadelphia, PA.)

> **Boxe 9.4** Respostas T *helper* e suas citocinas.
>
> Células TH ativadas expressam CD40L para ativar células B, macrófagos e DCs
> As células TH produzem citocinas que estimulam o crescimento e que definem as resposta imunes
> Citocinas estimuladoras do crescimento: GM-CSF, IL-3
> **TH1:** requer indução com IL-12, fator de transcrição T-bet
> *IFN-γ:* ativa as células T CD8, macrófagos M1 (inflamatórios); promove a produção de células B que produzem IgG; inibe TH2
> *IL-2:* promove o crescimento das células T, B e NK
> *TNF-α e TNF-β:* promovem a inflamação e a citotoxicidade
> **TH2:** induzida por IL-4, fator de transcrição GATA-3
> *IL-4:* fator de crescimento das células T, estimula a mudança de classe de imunoglobulinas (IgG, IgE), ativação de mastócitos, macrófagos M2 (alternativos)
> *IL-5:* fator de crescimento das células B e eosinófilos, estimula a mudança de classe das imunoglobulinas (IgG, IgA)
> *IL-10:* fator de crescimento das células B e inibidor das respostas TH1 e inflamatórias
> **TH17:** induzida por TGF-β + IL-6; células T de memória por IL-23, fator de transcrição ROR-γt
> *IL-17:* ativa os neutrófilos, monócitos
> *IL-22:* estimula o crescimento do epitélio e produz peptídios antimicrobianos
> **TFH:** influenciada por citocinas TH1 ou TH2
> *IL-21:* desenvolvimento no centro germinativo, desenvolvimento de plasmócitos e células B de memória
> *IFN-γ ou IL-4:* ver menção anterior
> **Treg:** requer IL-2, fator de transcrição FoxP3
> *TGF-β:* inibe a ativação de células T *naïve* e outras células T, inibe a inflamação
> *IL-10:* ver menção anterior

DCs, células dendríticas; *GM-CSF*, fator estimulador de colônias de granulócitos-macrófagos; *IFN*, interferona; *Ig*, imunoglobulina; *IL*, interleucina; *TFH*, célula T *helper* folicular; *TGF*, fator de crescimento transformador; *TH*, T *helper*; *TNF*, fator de necrose tumoral; *Treg*, célula T reguladora.

resultado de uma infecção viral ou pela apresentação cruzada de antígenos de células internalizadas, vírus ou proteínas. As células T CD8 ativadas dividem-se e diferenciam-se em CTLs maduros, que disseminam pelo sangue. Durante um desafio viral, o número de CTLs específicos aumentará até 100 mil vezes. Quando o CTL ativado encontra uma célula-alvo, ele se liga firmemente por meio das interações do TCR com as proteínas do MHC classe I que apresentam o antígeno e moléculas de adesão em ambas as células (semelhante ao fechamento de um zíper) (ver Figura 9.8C). Os **grânulos** contendo moléculas tóxicas, **granzimas (esterases)** e uma proteína formadora de poros (**perforina**) se movem para o local de interação e liberam seu conteúdo no bolso (**sinapse imunológica**) formado entre a célula T e a célula-alvo. A **perforina** gera buracos na membrana da célula-alvo para possibilitar a entrada de conteúdos do grânulo e a indução de **apoptose** (**morte celular programada**) na célula-alvo. Células T CD8 também podem iniciar a apoptose em células-alvo por meio da interação do **FasL na célula T com a proteína Fas na superfície da célula-alvo**. O FasL é um membro da família do TNF de proteínas, e o Fas é um membro da família de proteínas receptoras de TNF. A apoptose é caracterizada pela degradação do ácido desoxirribonucleico (DNA) da célula-alvo em fragmentos discretos de aproximadamente 200 pares de bases e ruptura de membranas internas. As células encolhem e se tornam corpos apoptóticos, que são prontamente fagocitados por macrófagos e DCs. A apoptose é um método limpo de morte celular e pode promover a tolerância, enquanto a necrose sinaliza a ação neutrofílica e mais danos aos tecidos. Células T CD4 TH1 e células NK também expressam FasL e podem iniciar a apoptose em células-alvo. As células T supressoras fornecem regulação específica para antígenos da função de célula T por meio de citocinas inibitórias e outros meios. Semelhante aos CTLs, as células T supressoras interagem com moléculas MHC de classe I.

Células T inatas

As células **NKT** provavelmente são como um híbrido entre células NK e T. Elas expressam marcadores de células NK, como NK1.1 (um receptor NK do tipo imunoglobulina [KIR]), e um TCR α/β. Ao contrário de outras células T, o repertório do TCR é muito limitado. Podem expressar CD4, mas a maioria é deficiente em moléculas CD4 e CD8 (CD4⁻ CD8⁻). O TCR da maioria das células NKT reage com moléculas CD1, que apresentam glicolipídios e glicopeptídios microbianos e do hospedeiro. Na ativação, as células NKT liberam grandes quantidades de IL-4 e IFN-γ. As células NKT auxiliam nas respostas à infecção e são muito importantes para a defesa contra infecções micobacterianas.

As células **MAIT** expressam um TCR invariante αβ que reconhece o receptor MR1 para derivados da vitamina B produzidos pela maioria das bactérias. Elas estão presentes nos pulmões, no fígado, nas articulações, no sangue e nos tecidos da mucosa. Na ativação, essas células MAIT produzem TNF-α, IFN-γ e IL-17 para aumentar a ação de neutrófilos e de macrófagos. Também produzem perforina e granzima para a citotoxicidade direta em direção às bactérias e outras células.

As **células T γβ** compreendem pelo menos 35% das células T no sistema digestório. Elas expressam o TCR γδ invariante em vez de um dos muitos outros TCRs αβ distintos. As células T γδ são ativadas por pequenas moléculas, incluindo as moléculas de estresse celular, de uma grande variedade de bactérias, parasitas e até mesmo células humanas em estresse, incluindo alquilaminas, bisfosfonatos e fosfoantígenos orgânicos, tais como hidroximetilbutilpirofosfato, que é um metabólito microbiano da via dos isoprenoides. As células T γδ podem gerar diferentes citocinas e mesmo respostas citotóxicas dependendo da natureza dos estímulos. Essas células rapidamente respondem a infecções e produzem citocinas, incluindo IL17, IFN-γ e TNF-α, além de quimiocinas. As células γδ também podem promover funções reguladoras para manter o *status quo* dentro do intestino.

Células B e imunidade humoral

O componente molecular primário da resposta imune humoral é o anticorpo produzido por células B e plasmócitos. Os anticorpos proporcionam proteção contra reexposição por um agente infeccioso, bloqueiam a propagação do agente no sangue, neutralizam os fatores de virulência e facilitam a eliminação do agente infeccioso. Para realizar essas tarefas, um repertório incrivelmente grande de moléculas de anticorpos deve estar disponível para reconhecer o imenso número de agentes infecciosos e moléculas que desafiam nossos corpos. Além de interagir especificamente com estruturas estranhas, as moléculas de anticorpos também devem interagir com sistemas e células do hospedeiro (p. ex., complemento, macrófagos) para promover a eliminação do antígeno e a ativação de respostas imunes subsequentes (Boxe 9.5). As moléculas de anticorpo também servem como os receptores de superfície celular que estimulam as fábricas de anticorpos das células B para o crescimento e a produção de mais anticorpos em resposta ao desafio antigênico.

Células B

A maioria das células B é derivada da medula óssea e amadurece neste órgão. Essas células têm o potencial de produzir qualquer uma das classes de imunoglobulina com ajuda de células T e podem amadurecer em células de memória ou plasmócitos. As **células B-1** são linfócitos B mais primitivos derivados do fígado fetal e continuamente produzem anticorpos naturais (IgM ou IgA de baixa afinidade) contra polissacarídios bacterianos, grupos sanguíneos ABO e até mesmo autoantígenos sem o auxílio das células T. Elas são estimuladas por padrões moleculares associados a patógenos (PAMPs) para se dividirem e produzirem mais anticorpos. As **células da zona marginal B** produzem IgM e são encontradas no baço. Células B-1 e células B da zona marginal são particularmente importantes para a geração de anticorpos contra os polissacarídios capsulares de bactérias e fungos.

Tipos e estruturas das imunoglobulinas

As imunoglobulinas são compostas de pelo menos duas cadeias pesadas e duas cadeias leves, que é um dímero de dímeros. Elas são subdivididas em classes e subclasses com base na estrutura e na distinção antigênica de suas cadeias

> **Boxe 9.5** Ações antimicrobianas dos anticorpos.
>
> Opsonização: promover a ingestão e a morte por células fagocíticas (IgG)
> Neutralização: bloquear a ligação de bactérias, toxinas e vírus
> Aglutinação de bactérias: ajuda na eliminação
> Tornam organismos móveis em não móveis
> Combinam com antígenos na superfície microbiana e ativam a cascata do complemento, induzindo assim uma resposta inflamatória, trazendo novos fagócitos e anticorpos séricos para o sítio da resposta
> Combinam com antígenos na superfície microbiana, ativam a cascata do complemento e ancoram o complexo de ataque à membrana

Ig, imunoglobulina.

pesadas. IgG, IgM e IgA são as principais formas de anticorpos, enquanto IgD e IgE representam até menos de 1% do total de imunoglobulinas. As classes de imunoglobulina IgG e IgA são divididas ainda mais em subclasses com base nas diferenças na porção Fc. Existem quatro subclasses de IgG, designadas como IgG1 até IgG4 e duas subclasses de IgA (IgA1 e IgA2) (Figura 9.11).

As moléculas de anticorpos são moléculas em forma de Y com duas grandes regiões estruturais que mediam as duas principais funções da molécula (Tabela 9.2; ver também Figura 9.11). O **sítio de região variável/combinação do antígeno** deve ser capaz de identificar e interagir especificamente com um epítopo em um antígeno. Um grande número de diferentes moléculas de anticorpos, cada uma com uma região variável diferente, é produzido em cada indivíduo para reconhecer o número aparentemente infinito de diferentes antígenos da natureza. A **porção Fc** (base Y do anticorpo) interage com sistemas e células do hospedeiro para promover a eliminação do antígeno e a ativação de respostas imunes subsequentes. A porção Fc é responsável pela fixação do complemento e pela ligação da molécula aos receptores de imunoglobulina de superfície

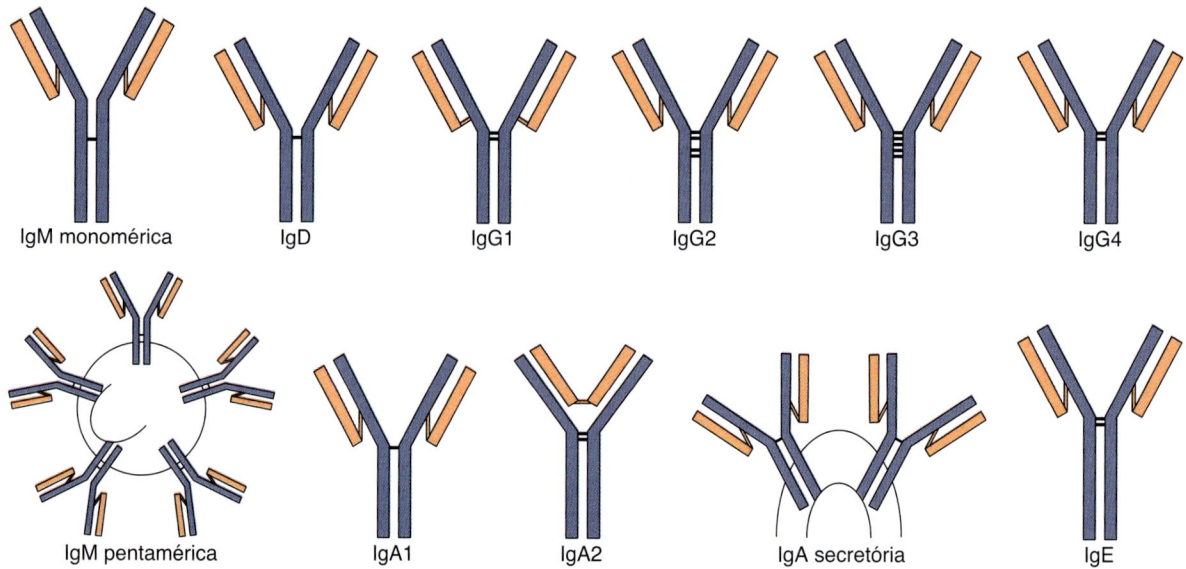

Figura 9.11 Comparação das estruturas das classes e subclasses de imunoglobulinas *(Ig)* em humanos. IgA e IgM são mantidos juntos em multímeros pela cadeia J. A IgA pode adquirir o componente secretório para a passagem de células epiteliais.

Tabela 9.2 Propriedades e funções das imunoglobulinas.

Propriedades e funções	IgM	IgD	IgG	IgE	IgA
Gene de cadeia pesada	μ	δ	γ	ε	α
Subclasses	–	–	$\gamma_1, \gamma_2, \gamma_3, \gamma_4$		α_1, α_2
Peso molecular (kDa)	900	185	154	190	160
% de imunoglobulina no soro	5 a 10	< 1	75 a 85	< 1	5 a 15
Meia-vida (dias)	5	2 a 3	23	2 a 3	6
Necessidade de células T	Independente	Independente	Dependente	Dependente	Dependente
Tempo/memória	Precoce, primária	Precoce, primária	Tardia, memória	Tardia, memória	Tardia, memória
Receptor de células B	++	++	++	++	++
Ligação ao complemento	++	–	++	–	–
Opsonização	[a]	–	++	–	–
ADCC	++	–	++	–	–
Atravessa a placenta	–	–	++	–	–
Proteção da mucosa	+	–	+[b]	–	+++
Ativação de mastócitos	–	–	–	+++	–

[a]Opsonição pela fixação do complemento.
[b]Transportado pelo receptor Fc neonatal.
ADCC, citotoxicidade celular dependente de anticorpo; Ig, imunoglobulina; kDa, kilodalton.

celular (**FcR**) em macrófagos, células NK, células T e outras células. Para IgG e IgA, a porção Fc interage com outras proteínas, promovendo a transferência através da placenta e da mucosa, respectivamente (Tabela 9.3). Além disso, cada um dos diferentes tipos de anticorpo pode ser sintetizado com uma **porção transmembrana** para torná-lo um receptor de antígeno de superfície de célula B.

IgG e IgA têm uma **região de dobradiça** flexível rica em prolina e suscetível à clivagem por enzimas proteolíticas. A digestão de moléculas de IgG com **papaína** produz dois fragmentos **Fab** e um fragmento **Fc** (Figura 9.12). Cada fragmento Fab tem um sítio de ligação ao antígeno. A **pepsina** cliva a molécula, produzindo um fragmento **F(ab')$_2$** com dois sítios de ligação ao antígeno e um fragmento **pFc'**.

Os diversos tipos e partes da imunoglobulina também podem ser diferenciados usando anticorpos direcionados contra diferentes porções da molécula. **Os isótipos (IgM, IgD, IgG, IgA e IgE)** são determinados por anticorpos dirigidos contra a porção Fc da molécula (*iso-*, significando o mesmo para todas as pessoas). As diferenças **alotípicas** ocorrem para as moléculas de anticorpos com o mesmo isótipo, mas contendo sequências de proteínas que diferem de uma pessoa para outra (além da região de ligação ao antígeno). (*Todos ["alo"] nós temos diferenças*). O **idiótipo** se refere às sequências de proteínas na região variável que compreende o grande número de região de ligação ao antígeno. (*Existem muitos tipos de idiotas diferentes no mundo.*)

Em uma base molecular, cada molécula de anticorpo consiste em cadeias pesadas e leves codificadas por genes distintos. A unidade básica da imunoglobulina é composta de **duas cadeias pesadas (H, *heavy*)** e **duas cadeias leves (L, *light*)**. IgM e IgA consistem em multímeros dessa estrutura básica. As cadeias pesadas e leves da imunoglobulina são fixadas entre si por meio de **ligações dissulfeto intercadeias**. Dois tipos de cadeias leves, κ e λ, estão presentes em todas as cinco classes de imunoglobulina, embora apenas um tipo esteja presente em uma molécula individual. Existem cinco tipos de cadeias pesadas, uma para cada isótipo de anticorpos (**IgM,** μ; **IgG,** γ; **IgD,** δ; **IgA,** α; **e IgE,** ε). As **ligações dissulfeto intracadeias** definem domínios moleculares dentro de cada cadeia. As cadeias leves têm um domínio variável e um domínio constante. As cadeias pesadas têm um domínio variável e três (IgG, IgA) ou quatro (IgM, IgE) domínios constantes (ver Figura 9.12). A cadeia pesada das diferentes moléculas de anticorpos também pode ser sintetizada com uma região transmembrana para tornar o anticorpo um receptor de superfície celular específico ao antígeno na célula B.

Tabela 9.3 Interações Fc com componentes imunes.

Componente imune	Interação	Função
Receptor Fc	Macrófagos	Opsonização
	Polimorfonucleares neutrófilos	Opsonização
	Células T	Regulação do ponto de controle
	Células *natural killer* (citotoxicidade celular dependente de anticorpo)	Morte
	Mastócitos para IgE	Reações alérgicas, antiparasitárias
	Receptor de IgG neonatal	Transporte através de membranas capilares
Complemento	Sistema complemento	Opsonização, morte (principalmente bactérias), ativação da inflamação

Ig, imunoglobulina.

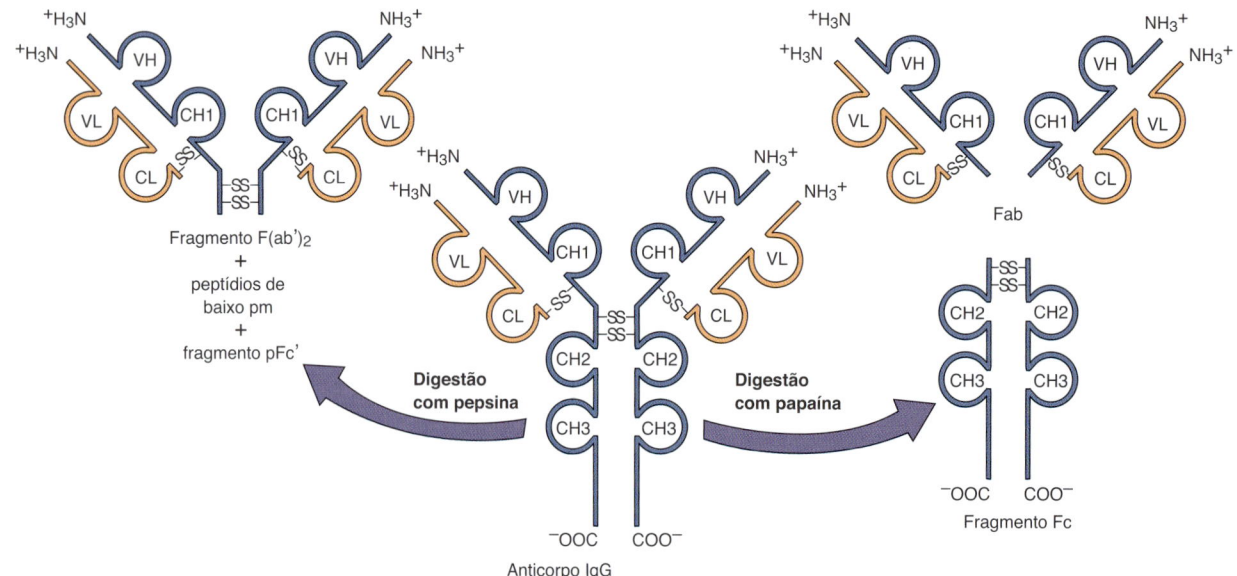

Figura 9.12 Digestão proteolítica da imunoglobulina *(Ig)*G. O tratamento com pepsina produz fragmentos Fab monovalentes e um fragmento Fc. Os fragmentos F(ab')₂ e o Fab se ligam ao antígeno, mas não têm uma região Fc funcional. A cadeia pesada é representada em azul; a cadeia leve em laranja. *pm*, peso molecular.

IMUNOGLOBULINA D

A IgD, que tem uma massa molecular de 185 kDa, é responsável por 0,25% das imunoglobulinas do soro. A IgD existe principalmente como IgD de membrana, que serve com a IgM como receptor de antígeno nas membranas de células B em fase precoce, auxiliando o início das respostas de anticorpos a partir da ativação do crescimento das células B. IgD e IgM são os únicos isótipos que podem ser expressos em conjunto pela mesma célula.

IMUNOGLOBULINA M

A IgM é o primeiro anticorpo produzido em resposta ao desafio antigênico e pode ser sintetizado de modo independente das células T. A IgM monomérica é encontrada com a IgD na superfície da célula B, na qual serve como receptor para o antígeno. A IgM representa de 5 a 10% das imunoglobulinas do soro total em adultos e tem uma meia-vida de 5 dias. É uma **molécula pentamérica** com cinco imunoglobulinas unidas pela **cadeia J**, com uma massa molecular total de 900 kDa. Teoricamente, essa imunoglobulina tem 10 sítios de ligação ao antígeno. A IgM é a imunoglobulina mais eficiente para fixação (ligação) do complemento. Uma única IgM pentamérica pode ativar a via clássica do complemento. Como a IgM é relativamente grande, ela permanece no sangue e se espalha ineficientemente do sangue para o tecido. A IgM é particularmente importante para a imunidade contra antígenos polissacarídicos no exterior de microrganismos patogênicos. Também promove fagocitose e bacteriólise, ativando o complemento por meio de sua porção Fc. A IgM é, ainda, um componente importante dos fatores reumatoides (autoanticorpos).

IMUNOGLOBULINA G

A IgG compreende aproximadamente 85% das imunoglobulinas em adultos. Tem uma massa molecular de 154 kDa, com base em duas cadeias L de 22 mil Da cada e duas cadeias H de 55 mil Da cada. As quatro subclasses de IgG diferem em estrutura (ver Figura 9.11), concentração relativa e função. A produção de IgG requer o auxílio das células T. A IgG, como uma classe de moléculas de anticorpos, tem a meia-vida mais longa (23 dias) das cinco classes de imunoglobulina, liga-se ao receptor de Fc neonatal e é transportada através da placenta e de determinadas outras membranas, sendo o principal anticorpo na **resposta anamnésica (*booster* ou reforço)**. A IgG mostra alta avidez (capacidade de ligação) para antígenos, fixa o complemento, estimula a quimiotaxia e atua como uma opsonina para facilitar a fagocitose.

IMUNOGLOBULINA A

A IgA compreende de 5 a 15% das imunoglobulinas séricas e tem uma meia-vida de 6 dias. Apresenta uma massa molecular de 160 kDa. Pode ocorrer como monômeros, dímeros, trímeros e multímeros combinados pela cadeia J (semelhante à IgM). Além da IgA no soro, a **IgA secretória** é liberada pelas células epiteliais da mucosa. A produção de IgA requer o auxílio de células T especializadas e a estimulação nas mucosas. A cadeia J de IgA se liga a um **receptor poli-Ig** em células epiteliais para o transporte através da célula. O receptor poli-Ig permanece ligado à IgA e é então clivado para se tornar o **componente secretório** quando a IgA secretória é secretada da célula. Um adulto secreta aproximadamente 2 g de IgA por dia. A IgA secretória surge no colostro, nas secreções intestinais e respiratórias, na saliva, nas lágrimas, fezes e em outras secreções. A deficiência de IgA é relativamente comum (0,1 a 1% da população), e esses indivíduos têm um aumento da incidência de infecções do sistema respiratório.

IMUNOGLOBULINA E

A IgE representa menos de 1% das imunoglobulinas totais e tem uma meia-vida de aproximadamente 2,5 dias. A maioria das IgEs é vinculada a receptores Fc em **mastócitos**, nos quais serve como um receptor para a ativação da célula a alergênios e antígenos de parasitas. Quando antígeno suficiente se liga à IgE no mastócito, o mastócito libera histamina, prostaglandina, fator ativador de plaquetas e citocinas. A IgE é importante para a proteção contra infecções parasitárias e é responsável pela **hipersensibilidade anafilática** (tipo 1) (reações alérgicas rápidas).

Imunogenética

A resposta de anticorpos pode reconhecer pelo menos 10^8 estruturas, mas ainda pode amplificar especificamente e centralizar uma resposta dirigida a um desafio específico. Os mecanismos para gerar esse repertório de anticorpos e as diferentes subclasses de imunoglobulinas estão ligados a eventos genéticos aleatórios que acompanham o desenvolvimento (diferenciação) da célula B (Figura 9.13).

A produção do gene de anticorpo na célula pré-B ocorre na medula óssea. Cromossomos humanos 2, 22 e 14 contêm genes de imunoglobulina para as cadeias κ, λ e H, respectivamente. A recombinação genética em nível do DNA e o processamento pós-transcricional em nível do ácido ribonucleico (RNA) montam o gene da imunoglobulina e produzem o RNA mensageiro funcional (mRNA) (ver Figura 9.13). As **formas da linhagem germinativa** desses genes consistem em conjuntos diferentes e separados de blocos de construção genética para as cadeias leves (**segmentos de genes V e J**) e cadeias pesadas (**segmentos V, D e J**), que são geneticamente recombinados para produzir regiões variáveis da imunoglobulina. Essas regiões variáveis são então conectadas a segmentos do gene na região constante C. Para a cadeia leve κ, existem ~35 segmentos do gene V,

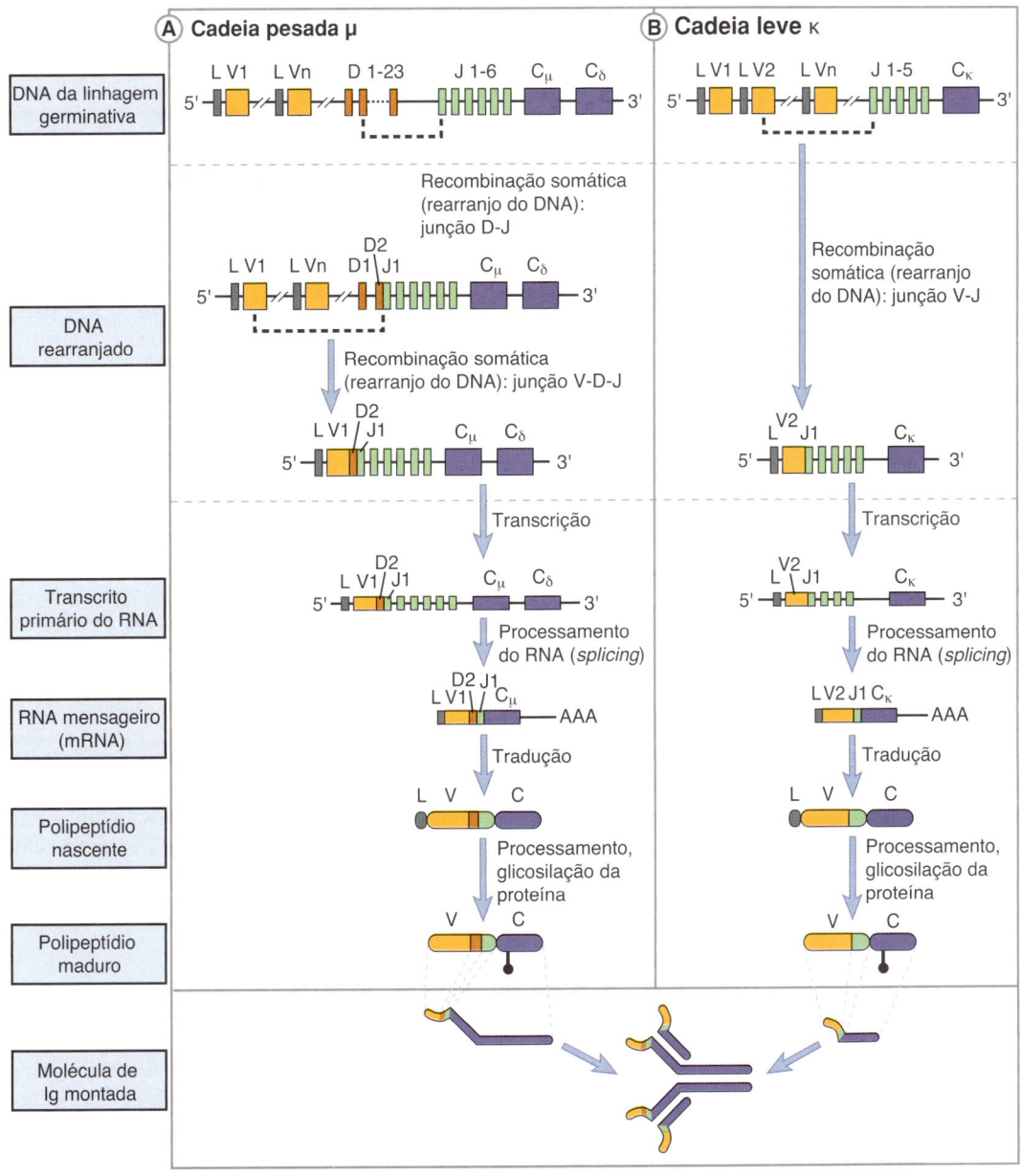

Figura 9.13 Rearranjo do gene da imunoglobulina *(Ig)* para a produção de sequências de cadeia pesada (**A**) e sequências de cadeia leve (**B**) de IgM e IgD. O gene da imunoglobulina na linhagem germinativa contém múltiplos genes V, D e J que recombinam e depois removem as sequências intermediárias e justapõem as sequências da nova região variável para a cadeia pesada μ-δ durante o desenvolvimento da célula B na medula óssea. Isso produz um RNA mensageiro (mRNA) que pode ser processado em mRNA tanto para IgM quanto para IgD. A síntese de proteínas e a montagem das proteínas de cadeia pesada e leve subsequentes levam à produção de imunoglobulinas.

cinco segmentos de genes J e apenas um segmento de gene C. Para o gene λ, existem ~30 segmentos do gene V e um segmento J, mas quatro segmentos de gene C. Para a cadeia pesada, existem ~45 genes V, 23 genes D e seis (cadeia pesada) genes J com nove genes C (um para cada classe e subclasse de anticorpos [μ; δ; $γ_3$, $γ_1$, $γ_2$ e $γ_4$; ε; $α_1$ e $α_2$]). Além disso, segmentos gênicos para os peptídeos transmembrana podem ser ligados aos segmentos dos genes de cadeia pesada para permitir que a molécula de anticorpo faça a inserção na membrana da célula B como um receptor de ativação antigênica.

Cada um dos segmentos V, D e J é cercado por sequências de DNA que promovem a **recombinação direcional e perda das sequências de DNA intermediárias**. A enzima produzida pelo **gene RAG** é essencial para a recombinação desses segmentos. Nucleotídios inseridos aleatoriamente nos sítios de junção conectam as duas fitas, o que pode aumentar a diversidade de sequências ou inativar o gene se este perturbar o quadro de leitura para o mRNA subsequente. O segmento do gene de cadeia leve é produzido pela justaposição de segmentos dos genes V κ ou λ e J, selecionados aleatoriamente, enquanto a região variável do segmento de cadeia pesada é produzida pela justaposição de um gene V, D e J.

O gene completo de cadeia pesada é produzido pela ligação das sequências de região variável (VDJ) às sequências μ; δ; γ, $γ_1$, $γ_2$ ou $γ_4$; ε; ou $α_1$ ou $α_2$ dos segmentos gênicos da região constante (C). As células pré-B e B coexpressam IgM e IgD, e os RNAms produzidos contêm os segmentos gênicos da região variável conectados às sequências gênicas μ e δ da região C. O processamento do mRNA remove tanto o μ ou δ, como se fosse um íntron, para produzir o mRNA final da imunoglobulina. A célula pré-B expressa a IgM citoplasmática, enquanto a célula B expressa a IgM citoplasmática e a IgM de superfície celular e a IgD de superfície celular. IgM e IgD representam o único par de isótipos que pode ser expresso na mesma célula.

A **mudança de classe** (IgM para IgG, IgE, ou IgA) ocorre em células B maduras em resposta a diferentes citocinas produzidas por células T *helper* TH1 ou TH2 CD4 (Figura 9.14). Cada um dos segmentos de genes C, exceto δ, é precedido por uma sequência de DNA denominada o **sítio de troca ou mudança**. Após o sinal apropriado de citocinas, a troca à frente da sequência μ recombina com a troca à frente das sequências $γ_3$, $γ_1$, $γ_2$, ou $γ_4$; ε; ou $α_1$ ou $α_2$, criando uma alça ou *loop* de DNA contendo o gene da região constante intermediária que é posteriormente removido. O processamento do RNA transcrito produz o mRNA final para a proteína de cadeia pesada da imunoglobulina. Por exemplo, a produção de IgG1 resultaria da excisão de DNA contendo os segmentos de genes da região constante Cμ, Cδ, e C$γ_3$ para ligar a região variável ao segmento de gene C$γ_1$. **A mudança de classe altera a função da molécula de anticorpo (região Fc), mas não altera sua especificidade (região variável).**

As etapas finais na diferenciação das células B para células de memória ou plasmócitos não alteram o gene do anticorpo. As **células de memória** são células B de vida longa, que respondem ao antígeno e expressam o marcador de superfície CD45RO. As células de memória podem ser ativadas em resposta ao antígeno em fase tardia da vida para se dividir e depois produzir seu anticorpo específico. Os **plasmócitos** são células B em estágio terminal de

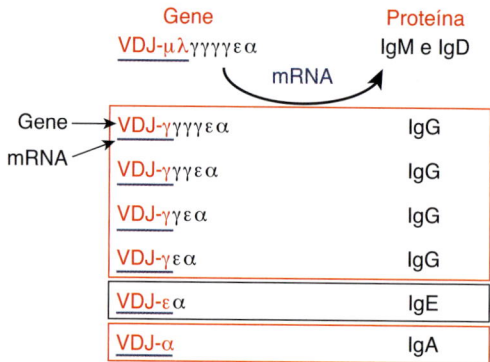

Figura 9.14 Mudança de classe da imunoglobulina. A célula T *helper* (auxiliar) induz a diferenciação da célula B e promove a recombinação genética, mutação somática e mudança de classe da imunoglobulina. As regiões de mudança ou troca à frente dos genes da região constante (incluindo subclasses IgG e IgA) possibilitam a ligação da região VDJ pré-formada a outros genes da região constante da cadeia pesada, removendo geneticamente o μ, δ e outros genes intermediários. Isso produz um gene de imunoglobulina com a mesma região VDJ (com exceção da mutação somática) e a especificidade antigênica desejada, mas com diferentes funções Fc determinadas.

diferenciação celular com um pequeno núcleo, mas um grande citoplasma preenchido com RE. Os plasmócitos são fábricas de anticorpos com uma longa, mas finita vida útil.

Resposta de anticorpos

Antígenos T-independentes, tais como a flagelina e o polissacarídio capsular, têm estruturas repetitivas que podem formar ligações cruzadas (*cross-link*) com número suficiente de anticorpos de superfície para estimular o crescimento dos linfócitos B-1 específicos aos antígenos e de células B produtoras de IgM e IgD por meio dessas ligações com a imunoglobulina de superfície. As células B utilizam o anticorpo ligado à membrana como um receptor de antígeno para desencadear a ativação da célula B por meio de seus receptores de transdução de sinal associados à imunoglobulina, Ig-α (CD79a) e Ig-β (CD79b). O anticorpo de superfície tem a mesma especificidade antigênica que o anticorpo secretado daquela célula. Uma cascata de proteínas tirosinoquinases, FLC e fluxos de cálcio ativam a transcrição e o crescimento celular para mediar o sinal de ativação. Outras moléculas de superfície, incluindo o receptor de complemento (C3 d) CR2 (CD21), amplificam o sinal de ativação.

Anticorpos T-dependentes são gerados com o auxílio fornecido por células T CD4 (Figura 9.15). O antígeno ligado à imunoglobulina de superfície na célula B é internalizado e processado em peptídeos, e esses são depois apresentados nas moléculas de MHC II para as células T CD4 que têm o TCR apropriado. Isso ativa a célula T para a produção de citocinas e expressão de CD40L, que então se liga ao CD40 na célula B. A combinação desses sinais estimula a ativação e o crescimento da célula B (Animação 8).

As células B que reconhecem melhor os diferentes epítopos do antígeno são selecionadas para aumentar em número por **mutação somática**, **maturação de**

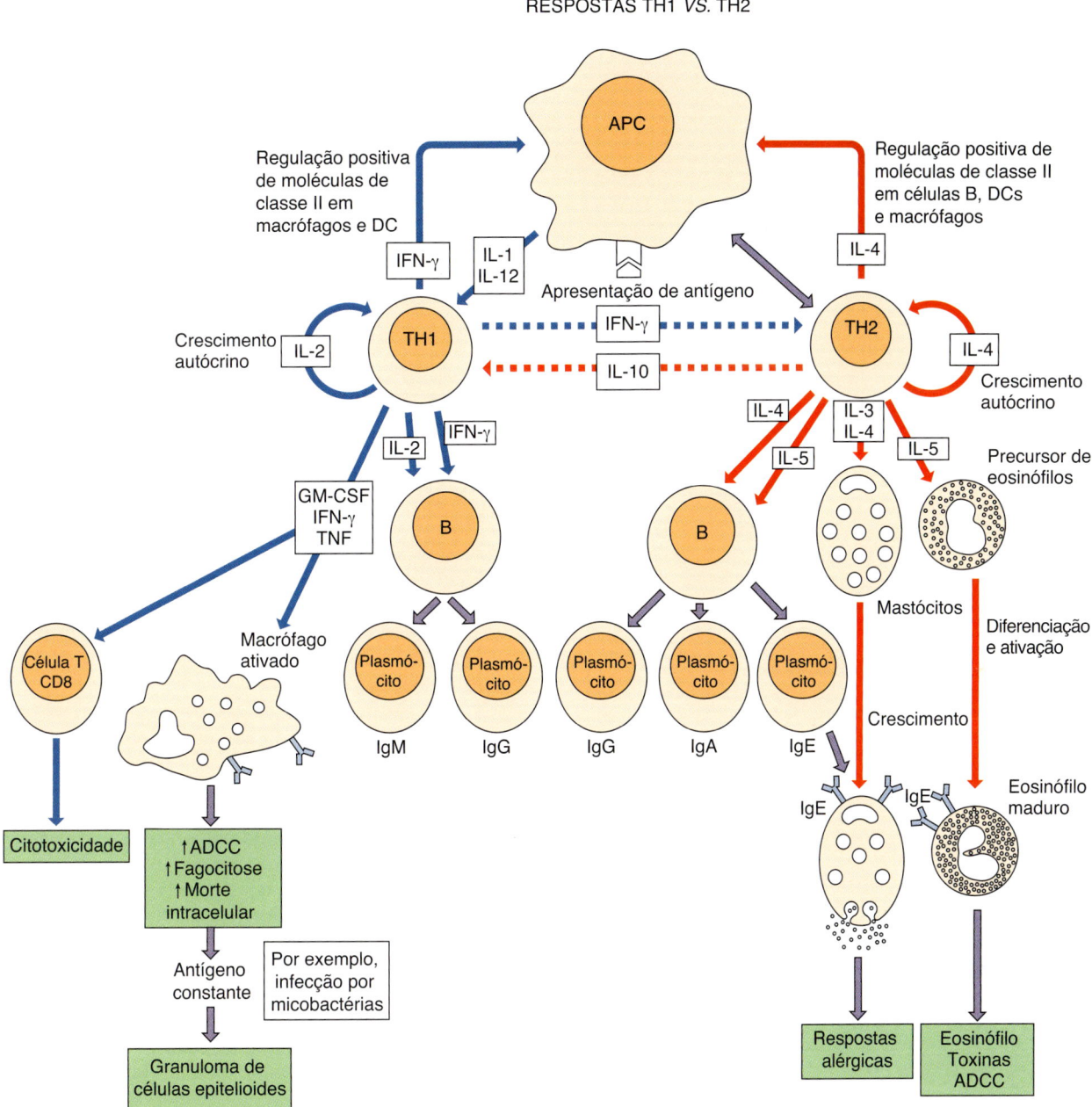

Figura 9.15 A célula T *helper* determina a natureza da resposta imune. As interações receptor-ligante entre células T e células B e citocinas associadas ao padrão TH1 ou TH2 determinam a resposta subsequente. As respostas TH1 são iniciadas pela interleucina *(IL)*-12 e fornecidas por interferona-γ *(IFN-γ)* e IL-2 para promover a produção de imunidade mediada por células e de imunoglobulina *(Ig)*G *(linhas azuis sólidas)* e inibir as respostas TH2 *(linhas azuis pontilhadas)*. IL-4 e IL-5 derivadas de células TH2 promovem respostas humorais *(linhas vermelhas sólidas)* e IL-4 e IL-10 inibem as respostas TH1 *(linhas vermelhas pontilhadas)*. O epitélio das mucosas promove a produção de IgA secretória. As caixas coloridas denotam resultados finais. ↑, aumento; ↓, diminuição; *ADCC*, citotoxicidade celular dependente de anticorpos; *APC*, célula apresentadora de antígeno; *CTL*, linfócito T citotóxico; *DCs*, células dendríticas; *HTT*, hipersensibilidade do tipo tardio; *GM-CSF*, fator estimulador de colônia de granulócitos-macrófagos; *TNF*, fator de necrose tumoral.

afinidade e **expansão clonal**. Esses processos, a mudança de isótipo e a geração de memória e de plasmócitos ocorrem principalmente dentro dos centros germinativos dos linfonodos (Figura 9.16). Os centros germinativos desenvolvem-se vários dias após a exposição ao antígeno. As células B ativadas entram na zona escura do centro germinativo e, enquanto proliferam, expressam enzimas que promovem a mudança de isótipo e mutação no gene da imunoglobulina que causam as mutações somáticas. As mutações desencadeiam mecanismos dentro da maioria das células que promovem a apoptose. As células B seguem para a zona branca do centro germinativo na qual encontram **DCs foliculares e Tfh**. As DCs foliculares agem como um painel informativo para exibir múltiplas unidades do antígeno para o anticorpo de superfície, e aquelas células B que se ligam eficientemente ao antígeno apresentado

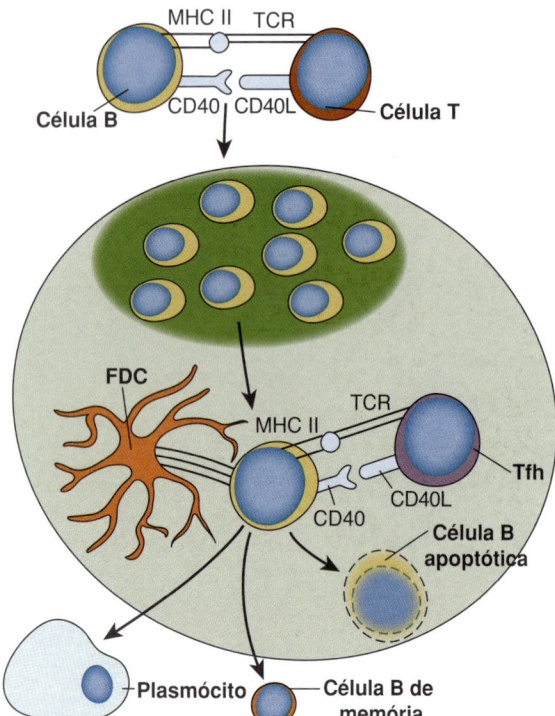

Figura 9.16 Mutação somática e seleção clonal no centro germinativo de linfonodos. Células B ativadas por células T CD4 entram na zona escura do centro germinativo, proliferam e sofrem mutação dos genes da imunoglobulina e mudança de isótipo. As mutações desencadeiam a apoptose. As células B seguem para a zona branca do centro germinativo, onde as células dendríticas foliculares (FDC) atuam como quadros de avisos para exibir múltiplas unidades do antígeno para o anticorpo de superfície nas células B. Células B com imunoglobulinas de superfície que se ligam firmemente ao antígeno e apresentam peptídios reconhecidos por células *helper* foliculares (Tfh) recebem um sinal de sobrevivência da Tfh, enquanto as outras células B morrem por apoptose. As células B sobreviventes podem reciclar por meio da zona escura para repetir o ciclo ou receber sinais para diferenciação em células de memória ou plasmócitos e deixar o linfonodo. MHC, complexo principal de histocompatibilidade; TCR, receptor de célula T.

recebem um sinal de sobrevivência da Tfh, ao passo que as outras células B morrem por apoptose (Animação 7). As células B sobreviventes podem reciclar por meio da zona escura para repetir o ciclo ou receber os sinais para diferenciação em células de memória ou plasmócitos e deixar o linfonodo.

Com um aumento no número de fábricas de anticorpos de plasmócitos que produzem a imunoglobulina relevante, a força e a especificidade da resposta de anticorpos são aumentadas. Durante uma resposta imunológica, os anticorpos são feitos contra diferentes epítopos do objeto estranho, proteína ou agente infeccioso. *O anticorpo específico é uma mistura de muitas moléculas de imunoglobulinas diferentes produzidas por muitas células B diferentes* (**anticorpo policlonal**), com cada molécula de imunoglobulina apresentando diferenças no reconhecimento do epítopo e na força da interação. Moléculas de anticorpos que reconhecem o mesmo antígeno podem se ligar com diferentes forças (**afinidade**, ligação monovalente a um epítopo; **avidez**, ligação multivalente de anticorpos ao antígeno).

Anticorpos monoclonais são anticorpos idênticos produzidos por um único clone de células ou por mielomas (tumores malignos de plasmócitos) ou hibridomas.

Os hibridomas são clones, células derivadas de laboratório obtidas pela fusão de células produtoras de anticorpos e uma célula de mieloma. Em 1975, Kohler e Millstein desenvolveram a técnica de produção de anticorpos monoclonais a partir de hibridomas de células B. O hibridoma é imortal e produz um único anticorpo (monoclonal). Essa técnica revolucionou o estudo da imunologia, porque torna possível a seleção (clonagem) de células produtoras de anticorpos individuais e seu desenvolvimento em fábricas celulares para a produção de grandes quantidades desse anticorpo. As abordagens genéticas também são utilizadas para gerar anticorpos monoclonais. Os anticorpos monoclonais são produzidos comercialmente como reagentes de diagnóstico e para fins terapêuticos.

CURSO TEMPORAL DA RESPOSTA DE ANTICORPOS

A resposta primária de anticorpos é caracterizada pela produção inicial de IgM. Os anticorpos IgM aparecem no sangue dentro de 3 dias a 2 semanas após a exposição a um novo imunógeno. Esse é o único tipo de anticorpo produzido em resposta ao estímulo por carboidratos (cápsula bacteriana). A produção de IgG, IgA ou IgE para proteínas contendo antígenos requer o desenvolvimento de uma resposta de célula T *helper* suficiente para promover a mudança de classe e requer aproximadamente 8 dias. O anticorpo predominante no soro será a IgG (Figura 9.17). Os primeiros anticorpos produzidos reagem com antígeno residual e, portanto, são rapidamente eliminados. Após a fase de latência inicial (*lag*), porém, os títulos de anticorpo aumentam em escala logarítmica para chegar a um platô. A IgG tem uma meia-vida no sangue de 23 dias, e os plasmócitos de longa duração podem continuar a produzir o anticorpo durante anos, dependendo da força e a natureza do desafio.

A reexposição a um imunógeno, que é uma **resposta secundária**, induz um aumento da resposta de anticorpos (também chamada de **resposta anamnésica**). A ativação de células de memória pré-formadas produz uma síntese muito mais rápida de anticorpos, que duram mais tempo e atingem títulos mais elevados. Os anticorpos em uma resposta secundária são principalmente da classe IgG.

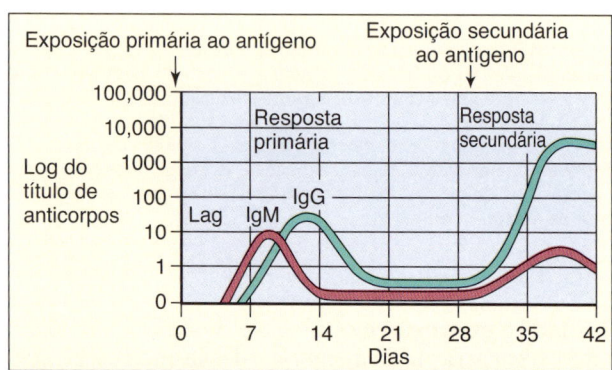

Figura 9.17 Curso temporal das respostas imunes. A resposta primária ocorre após um período de latência inicial (*lag*). A resposta da imunoglobulina (*Ig*)M é a resposta mais rápida. A resposta imune secundária (resposta anamnésica) progride mais rapidamente, atinge um título mais alto e duradouro e consiste predominantemente em anticorpos da classe IgG.

Bibliografia

Abbas, A.K., Lichtman, A.H., Pillai, S., et al., 2018. Cellular and Molecular Immunology, ninth ed. Elsevier, Philadelphia.

Goering, R., Dockrell, H., Zuckerman, M., Chiodini, P.L., 2019. Mims' Medical Microbiology and Immunology, sixth ed. Elsevier, London.

Kumar, V., Abbas, A.K., Aster, J.C., 2015. Robbins and Cotran Pathologic Basis of Disease, ninth ed. Elsevier, Philadelphia.

Murphy, K., Weaver, C., 2016. Janeway's Immunobiology, ninth ed. Garland Science, New York.

Punt, J., Stranford, S.A., Jones, P.P., Owen, J.A., 2019. Kuby Immunology, eight ed. WH Freeman, New York.

Rich, R.R., et al., 2019. Clinical Immunology Principles and Practice, fifth ed. Elsevier, Philadelphia.

Rosenthal, K.S., 2005. Are microbial symptoms "self-inflicted"? The consequences of immunopathology. Infect. Dis. Clin. Pract. 13, 306–310.

Rosenthal, K.S., 2006. Vaccines make good immune theater: immunization as described in a three-act play. Infect. Dis. Clin. Pract 14, 35–45.

Rosenthal, K.S., 2017. Dealing with garbage is the immune system's main job. MOJ Immunol. 5(6), 00174. https://doi.org/10.15406/moji.2017.05.00174. http://medcraveonline.com/MOJI/MOJI-05-00174.pdf.

Rosenthal, K.S., 2018. Immune monitoring of the body's borders. AIMS Allergy and Immunol. 2(3), 148–164. https://doi.org/10.3934/Allergy.2018.3.148. http://www.aimspress.com/article/10.3934/Allergy.2018.3.148.

10 Respostas Imunes aos Agentes Infecciosos

Os capítulos anteriores desta seção introduziram os diferentes atores imunológicos e suas características. Este capítulo descreve os diferentes papéis que eles desempenham na proteção do hospedeiro contra as infecções, suas interações e as consequências da imunopatogênese que podem surgir como resultado da resposta (Boxe 10.1).

A maioria das infecções é controlada por respostas inatas antes que as respostas imunes adaptativas possam ser iniciadas, mas as respostas imunes adaptativas são necessárias para resolver as infecções mais incômodas. As respostas inatas e adaptativas também são importantes para regular os constituintes e restringir a microbiota normal para seu nicho no corpo e restringir as espécies virulentas. A importância de cada um dos componentes da resposta do hospedeiro difere para tipos distintos de agentes infecciosos (Tabela 10.1) e sua importância se torna óbvia quando é geneticamente deficiente ou diminuída por quimioterapia, doença ou infecção (p. ex., síndrome da imunodeficiência adquirida [AIDS]).

Os seres humanos têm quatro linhas básicas de proteção contra a infecção microbiana inadequada:
1. **Barreiras naturais**, tais como pele, muco, epitélio ciliado, ácido gástrico e a bile, que restringem a entrada do agente.
2. **Competição** com a microbiota normal.
3. **Defesas imunes inatas não específicas para o antígeno**, tais como febre, peptídios antimicrobianos, interferona, complemento, neutrófilos, macrófagos, células dendríticas (DC), células linfoides inatas (incluindo células *natural killer* [NK]) e células T inatas (célula T invariante associada à mucosa [MAIT]), célula NK T [NKT], células T γδ) e células B B-1, que fornecem respostas locais contínuas ou rápidas nas superfícies corporais e no local da infecção para restringir o crescimento e a propagação do agente.
4. **Respostas imunes adaptativas específicas ao antígeno**, como anticorpos e células T, que reforçam as proteções inatas; especificamente, elas visam, atacam e eliminam os invasores que conseguem passar pelas duas primeiras defesas, bem como as células infectadas; e se lembram do patógeno para desafios ou exposições futuras.

Sintomas e doenças ocorrem quando as funções de barreira e as respostas inatas são insuficientes para manter a microbiota normal dentro de seu nicho ou controlar outras infecções. As infecções podem crescer, se espalhar e causar danos durante o período de tempo necessário para iniciar uma nova resposta imune específica ao antígeno. *A extensão da doença é determinada por uma combinação do microrganismo e da imunopatogênese iniciada pela infecção.* Quanto mais extensa e estabelecida a infecção, maior será a imunopatogênese. A memória imunológica induzida por infecção ou vacinação prévia pode ser ativada de modo suficientemente rápido para controlar a maioria das infecções antes que os sintomas ocorram.

Respostas antibacterianas

A Figura 10.1 ilustra a progressão das respostas protetoras a um desafio por bactérias. A proteção é iniciada pela ativação de respostas inatas e inflamatórias locais e progride para respostas de fase aguda e específicas para os antígenos em todo o sistema. *As respostas antibacterianas mais importantes do hospedeiro são as funções de barreira, peptídios antimicrobianos, morte fagocítica por neutrófilos e macrófagos, além de antitoxinas e anticorpos opsonizantes.* O complemento e os anticorpos facilitam a absorção de microrganismos (opsonização) por fagócitos e as respostas de células T TH17 e TH1 CD4 aumentam sua função. Um resumo de respostas antibacterianas é mostrado no Boxe 10.2.

INÍCIO DA RESPOSTA

Muitas respostas distintas atuam em conjunto durante os estágios iniciais de uma infecção bacteriana desencadeada por estruturas de superfície e metabólitos das bactérias e por estresse e danos ocorridos no tecido. Durante a infecção da pele ou de membranas mucosas, as células epiteliais, células de Langerhans (pele) ou DC imaturas (iDC) e macrófagos teciduais respondem às pequenas moléculas (p. ex., adenosina trifosfato [ATP], proteínas nucleares, proteínas citosólicas) liberadas por **danos celulares com receptores para o padrão molecular associado a danos (DAMP)**. As moléculas da parede celular bacteriana (ácido teicoico, ácido lipoteicoico e fragmentos de peptidoglicana de bactérias gram-positivas e lipídio A do lipopolissacarídio [LPS] de bactérias gram-negativas) ligam-se e ativam os **receptores do padrão molecular associado ao patógeno (PAMP)** (ver Tabela 8.2 e Figura 8.4). O **lipídio A (endotoxina)** liga-se ao TLR4 e outros receptores PAMP e representa um ativador muito forte de DC, macrófagos, células B e outras células selecionadas (p. ex., células epiteliais e endoteliais). Células linfoides inatas e células T naturais (células NKT, MAIT e células T γδ) que residem em tecidos também respondem, produzem citocinas e reforçam a produção de peptídios antimicrobianos e respostas celulares, produzindo interleucinas (IL)-17, IL-22 e interferona (IFN)-γ. As **células T γδ** nos tecidos detectam metabólitos de aminas fosforiladas da maioria das bactérias. As células **NKT** respondem aos glicolipídios bacterianos apresentados nas moléculas CD1 pelas DC, e as células **MAIT** respondem aos derivados da vitamina B produzidos por muitas bactérias. As células T naturais também respondem aos PAMP.

As células B-1 B também são ativadas pela ligação de estruturas repetitivas de superfície de bactérias aos receptores PAMP e à imunoglobulina de superfície. As células proliferam e produzem imunoglobulina (Ig)M. Essa resposta é particularmente importante para os polissacarídios capsulares.

Os peptídios antimicrobianos, incluindo as defensinas, são liberados por células epiteliais ativadas, neutrófilos e outras

> **Boxe 10.1** Resumo da resposta imune.
>
> Os sistemas imunes inatos e adaptativos promovem a manutenção e o reparo; fornecem coleta de lixo, proteção de fronteiras e policiamento; e apresentam respostas militares para a invasão microbiana do corpo humano. A equipe do sistema imune pode ser diferenciada por suas estruturas externas, seus uniformes e suas correias de ferramentas, que também definem seus papéis na resposta imune. As fronteiras do corpo, principalmente o sistema digestório, são mantidas e defendidas por equipes de células epiteliais, neutrófilos, células da linhagem de monócitos-macrófagos, iDC e DC; ILC (incluindo células NK); linfócitos T naturais (NKT, MAIT e T γδ) e B-1; os linfócitos T e B da resposta específica aos antígenos; e outras células. Essas células reconstroem e fornecem vigilância e policiamento das barreiras. Elas se comunicam entre si com as citocinas e por contato direto para promover a saúde da barreira epitelial, e com a produção de peptídios antimicrobianos para controlar a população microbiana adjacente, enquanto evitam as respostas inflamatórias desnecessárias. Os macrófagos residentes nos tecidos fornecem o serviço de limpeza do lixo, comendo, degradando e reciclando células mortas, proteínas degradadas e outros materiais. Essas células também produzem citocinas que suportam o crescimento, a angiogênese e a cura, quando necessário. ILC, NKT, MAIT, células T γδ e B-1, além das iDCs, são sentinelas dentro do tecido usando sensores PAMPR para se tornarem ativadas por infecções microbianas e, em seguida, liberam citocinas em um sistema de alerta precoce (p. ex., IL-1, TNF-α, IL-6) e quimiocinas para manter proteções ou iniciar respostas rápidas. Sensores solúveis do sistema complemento se tornam ativados por superfícies microbianas e imunocomplexos para liberar os fragmentos "a" (C3a, C4a e C5a) para atrair mais neutrófilos e monócitos para o local da infecção. Os monócitos amadurecem em macrófagos ativados M1 em resposta à IFN-γ produzida por ILC e células T. Neutrófilos e os macrófagos M1 ativados atuam diretamente para eliminar bactérias e fungos. Em resposta a vírus, a maioria das células, e particularmente as pDCs, liberam um sistema de alerta com interferona do tipo I que limita a replicação de vírus, ativa células NK e facilita o desenvolvimento de respostas de células T subsequentes.
>
> Depois de testar o ambiente local por pinocitose e fagocitose e na ativação, as iDCs amadurecem e progridem para linfonodo a fim de recrutar a assistência militar específica para o antígeno. A DC é a única APC que pode comandar uma célula T *naïve* para iniciar uma nova resposta imune. As DCs maduras expõem os receptores estimulatórios e peptídios antigênicos derivados do microrganismo nas moléculas de MHC em sua superfície e liberam citocinas para iniciar uma resposta adequada das células T. Um regimento de células TH17 ou TH1 pode ser gerado para mobilizar e reforçar as respostas inflamatórias locais ou o suporte/TH2 *helper* pode ser ativado para promover respostas humorais sistêmicas. As respostas das células T são definidas pelas citocinas que elas produzem. A regulação e o controle são fornecidos pelas células Treg e Tr1. Macrófagos, DC e as células B refinam e reforçam a direção da resposta como as APCs Os anticorpos produzidos pelas células B e pelos plasmócitos bloqueiam funções microbianas patogênicas e facilitam sua eliminação. As células B também são especialistas poderosas na apresentação dos epítopos de um único antígeno para reforçar os comandos da célula T CD4 específica ao antígeno. Essas armas direcionadas são necessárias para os microrganismos que escapam ou dominam as proteções inatas, mas muitas vezes causam danos periféricos e perturbações denominadas doenças.
>
> À medida que a resposta amadurece, as células T e as células B aumentam em número e entram em estágio de diferenciação terminal para se tornarem células efetoras e plasmócitos que fornecem respostas imunológicas celulares e de anticorpos específicas para antígenos ou mantêm um perfil baixo e se tornam células de memória. As células de memória podem mobilizar uma resposta mais rápida e eficiente a uma exposição futura. Uma vez que a exposição tenha sido controlada, o excesso de tropas de células B e T morrem e o *status quo* é renovado.

APC, célula apresentadora de antígenos; *DC*, célula dendrítica; *GI*, gastrintestinal; *iDC*, células dendríticas imaturas; *IFN*, interferona; *IL*, interleucina; *ILC*, célula linfoide inata; *MAIT*, célula T invariante associada à mucosa; *MHC*, complexo principal de histocompatibilidade; *NK, natural killer* (célula); *NKT*, T *natural killer* (célula); *PAMPR*, receptor do padrão molecular associado ao patógeno; *TH*, T *helper* (célula); *TNF*, fator de necrose tumoral; *Treg*, células T reguladoras.

Tabela 10.1 Importância das defesas antimicrobianas para os agentes infecciosos.

Defesa do hospedeiro	Bactérias	Bactérias intracelulares	Vírus	Fungos	Parasitos
Complemento	+++	−	−	−	+
Interferona-α/β, δ	−	+	++++	−	−
Neutrófilos	++++	−	+	+++	++
Macrófagos	+++	+++[a]	++	++	+
Células *natural killer*	−	−	+++	−	−
TH1 CD4	+	++	+++	++	+
TH17 CD4	++	++	++	++++	+
Linfócitos T CD8 citotóxicos	−	++	++++	−	−
Anticorpo	+++	+	++	++	++ (IgE)[b]

[a]Macrófagos ativados M1.
[b]Imunoglobulina E (IgE) e mastócitos são importantes principalmente para infecções parasitárias.
TH, T *helper* (célula).

células para proteger a pele e as superfícies mucoepiteliais. Sua liberação é reforçada por IL-17 e IL-22 produzidas por respostas de células T naturais e TH17. Os peptídios antimicrobianos são muito importantes para regular as espécies de bactérias no sistema digestório. Além disso, os peptídios quelantes são liberados como parte da resposta inflamatória para sequestrar íons metálicos essenciais, como ferro e zinco, a fim de limitar o crescimento microbiano.

Além disso, as superfícies das células bacterianas ativam as vias alternativa ou da lectina do sistema complemento presentes nos fluidos intersticiais e no soro. O sistema complemento (ver Capítulo 8; Animação 1) é uma defesa

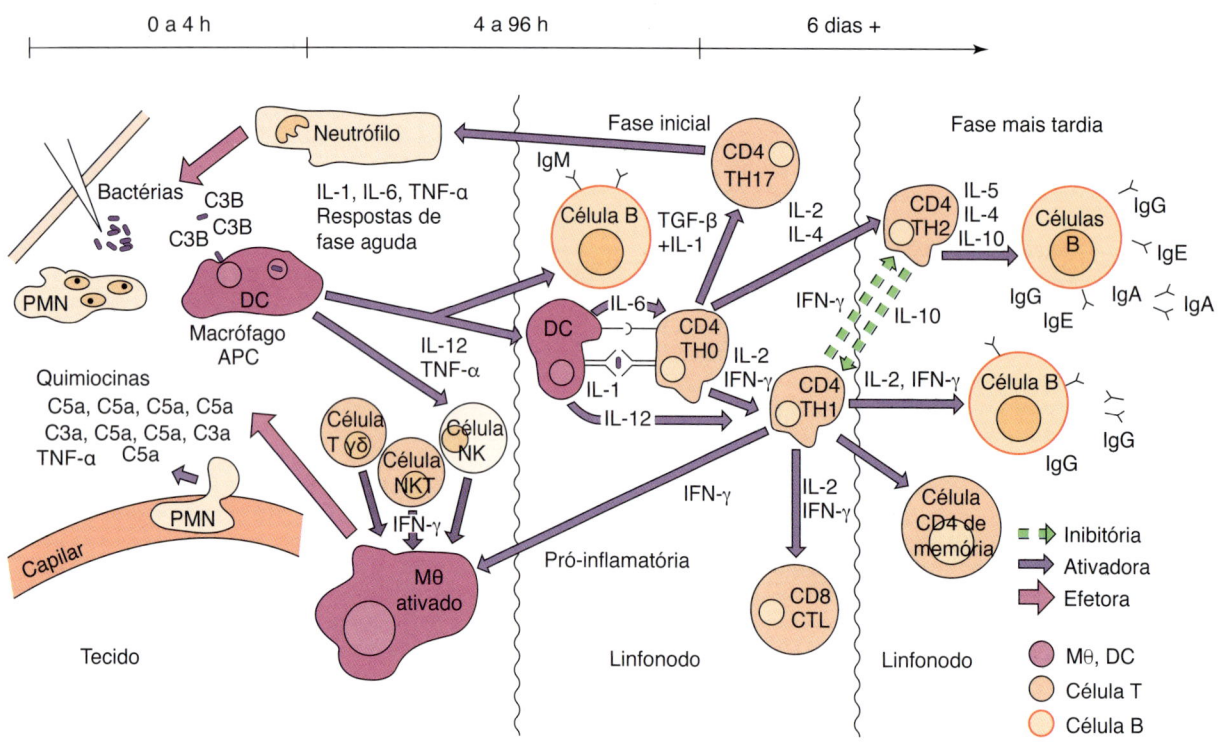

Figura 10.1 Respostas antibacterianas a uma lasca de madeira. O curso temporal procede do sítio da lesão *(esquerda)* para o linfonodo *(direita)* e depois retorna como indicado na parte superior da figura. Primeiro, as respostas inatas não específicas a antígenos atraem e promovem respostas de neutrófilos polimorfonucleares *(PMN)* e macrófagos *(MΘ)*. As células epiteliais e outras células produzem peptídios antimicrobianos (não mostrado). As células dendríticas *(DC)* tornam-se maduras, levando o antígeno até os linfonodos para ativar respostas adaptativas iniciais *(TH17, TH1, IgM e IgG)*. As células TH1 e TH17 se mobilizam para o sítio da infecção a fim de fornecer auxílio com as citocinas. Mais tarde, quando o antígeno atinge o linfonodo através dos vasos linfáticos, respostas TH2 sistêmicas mediadas por anticorpos são desenvolvidas. *APC*, célula apresentadora de antígenos; *CTL*, linfócito T citotóxico; *Ig*, imunoglobulina; *IFN-γ*, interferona-γ; *IL*, interleucina; *TGF-β*, fator de crescimento transformador-β; *TH*, T *helper* (célula); *TNF-α*, fator de necrose tumoral-α.

antibacteriana muito importante. A **via alternativa do complemento (properdina)** é ativada por clivagem e ligação de C3 às superfícies bacterianas. A ligação da **proteína de ligação à manose** aos polissacarídios ativa a **via das lectinas do sistema complemento**. Mais tarde, quando IgM ou IgG está presente, a **via clássica do complemento** é ativada. Todas as três vias convergem para clivar C3 em C3a, C3b e C3d e geram a C5 convertase para produzir o C5a. O complexo de ataque à membrana (MAC) pode eliminar diretamente bactérias gram-negativas e, em grau muito menor, as bactérias gram-positivas (a peptidoglicana espessa de bactérias gram-positivas as protegem dos componentes). *Neisseria* é particularmente sensível à lise pelo complemento em decorrência da estrutura truncada de lipo-oligossacarídios na membrana externa. O complemento facilita a eliminação de todas as bactérias ao produzir:

1. **Fatores quimiotáticos (C3a e C5a)** para atrair neutrófilos e macrófagos para o local da infecção.
2. **Anafilatoxinas (C5a, C3a e, em menor grau, C4a)** para estimular a liberação de histamina nos mastócitos, aumentando a permeabilidade vascular e possibilitando o acesso ao sítio de infecção.
3. **Opsoninas (C3b),** que se ligam a bactérias e promovem sua fagocitose.
4. **Ativador de células B (C3d)** para aumentar a produção de anticorpos.

A ligação de PAMP a seus receptores leva à ativação do inflamassoma em células epiteliais e outras células para promover a produção de citocinas (incluindo as **citocinas de fase aguda IL-1, IL-6 e fator de necrose tumoral [TNF]-α**), respostas protetoras e maturação de DC. O inflamassoma promove a clivagem e a ativação dos precursores de IL-1β e IL-18 para iniciar a inflamação local (ver Figura 8.5).

IL-1 e TNF-α provocam uma resposta inflamatória local por estimulação de mudanças no tecido, ativação dos mastócitos para produzir histamina e promover o extravasamento de fluidos facilitando a atração e diapedese de neutrófilos e macrófagos ao local da infecção, ativando essas células e também ativando respostas sistêmicas.

IL-1 e TNF-α são pirogênios endógenos, que induzem febre e **resposta de fase aguda**. A resposta de fase aguda também pode ser desencadeada por inflamação, lesão tecidual, prostaglandina E2 e interferonas gerados durante a infecção. A resposta de fase aguda promove mudanças que apoiam as defesas do hospedeiro e incluem febre, anorexia, sonolência, mudanças metabólicas e produção de proteínas. As proteínas de fase aguda produzidas e liberadas no soro incluem a proteína C reativa, componentes do complemento, proteínas de coagulação, proteínas de ligação ao LPS, proteínas de transporte, inibidores de protease e proteínas de adesão. A **proteína C reativa** forma complexos com a fosfocolina na superfície de inúmeras bactérias e fungos e ativa a via do complemento, facilitando a remoção desses organismos do corpo por meio de uma fagocitose mais acentuada. As proteínas de fase aguda reforçam as defesas inatas contra infecções.

> **Boxe 10.2** Resumo das respostas antibacterianas.
>
> **Peptídios e proteínas antimicrobianas**
> Defensinas e outros peptídios perturbam as membranas
> Transferrina, lactoferrina e outras proteínas sequestram o ferro e outros íons essenciais
>
> **Complemento**
> Produção de proteínas quimiotáticas e anafilatoxinas (C3a, C5a)
> Opsonização de bactérias (C3b)
> Promoção da morte de bactérias gram-negativas
> Ativação de células B (C3d)
>
> **Neutrófilos**
> Células fagocitárias antibacterianas importantes
> Morte por mecanismos dependentes e independentes do oxigênio
>
> **Macrófagos ativados (M1)**
> Células fagocíticas antibacterianas importantes
> Morte por mecanismos dependentes e independentes do oxigênio
> Produção de TNF-α, IL-1, IL-6, IL-23, IL-12
> Ativação de respostas de fase aguda e inflamatórias
> Apresentação do antígeno para a célula T CD4
>
> **Células dendríticas**
> Produção de citocinas de fase aguda (TNF-α, IL-6, IL-1); IL-23; IL-12; IFN-α
> Apresentação de antígeno para células T CD4 e CD8
> Início de respostas imunes em células T *naïve* (virgens)
>
> **Células T**
> Resposta de células T γ/δ e MAIT aos metabólitos bacterianos
> Resposta celular NKT à apresentação de CD1 em glicolipídios micobacterianos
> A resposta CD4 TH17 ativa os neutrófilos e as células epiteliais
> Respostas CD4 TH1 importantes para as bactérias, principalmente infecções intracelulares
> Resposta CD4 TH2 importante para a proteção de anticorpos
>
> **Anticorpo**
> Ligação a estruturas de superfície de bactérias (fímbrias, ácido lipoteicoico, cápsula)
> Bloqueio de fixação
> Opsonização de bactérias para fagocitose
> Promoção de ações do complemento
> Promoção da eliminação de bactérias
> Neutralização de toxinas e enzimas tóxicas
>
> *IFN-α*, interferona-α; *IL*, interleucina; *MAIT*, célula T invariante associada à mucosa; *NKT*, *natural killer* T (célula); *TH*, T *helper* ou auxiliar (célula); *TNF-α*, fator de necrose tumoral-α.

Essas ações iniciam uma **inflamação aguda local**. A expansão dos capilares e o aumento do fluxo sanguíneo trazem mais agentes antimicrobianos até o local da infecção. O aumento da permeabilidade e a alteração das moléculas de superfície da estrutura microvascular atraem e facilitam a entrada de leucócitos e possibilitam o acesso de fluidos e proteínas plasmáticas ao sítio da infecção. Cininas e fatores de coagulação induzidos por dano tecidual (p. ex., fator XII [fator de Hageman], bradicinina, fibrinopeptídios) também estão envolvidos na inflamação. Esses fatores aumentam a permeabilidade vascular e são quimiotáticos para leucócitos. Produtos do metabolismo do ácido araquidônico também afetam a inflamação. A ciclo-oxigenase-2 (COX-2) e a 5-lipo-oxigenase convertem o ácido araquidônico em **prostaglandinas e leucotrienos**, respectivamente, que podem mediar essencialmente cada aspecto da inflamação aguda. O curso da inflamação pode ser acompanhado por rápidos aumentos nos níveis séricos de proteínas de fase aguda, principalmente de proteína C reativa (que pode aumentar 1.000 vezes em 24 a 48 horas) e o amiloide A sérico. Embora esses processos sejam benéficos, a inflamação também causa **dor, rubor, calor e edema e promove dano tecidual**. O dano inflamatório é causado, em determinado grau, pelo complemento e pelos macrófagos, mas principalmente por causa dos neutrófilos. As iDCs, macrófagos e outras células da linhagem macrofágica também respondem aos PAMPs pela produção de citocinas de fase aguda, IL-23 e IL-12. A IL-23 e a IL-12 fornecem a ponte para as respostas a células T específicas aos antígenos e ativam as respostas das células TH17 de memória e respostas TH1, respectivamente.

RESPOSTAS FAGOCÍTICAS

C3a, C5a, produtos bacterianos (p. ex., formilmetionil-leucilfenilalanina [f-met-leu-phe]) e quimiocinas produzidas por células epiteliais, células de Langerhans e outras células na pele e epitélio da mucosa são quimioatraentes poderosos para neutrófilos, macrófagos e, na resposta tardia, linfócitos. As quimiocinas e o TNF-α promovem o revestimento das células endoteliais dos capilares (próximo da inflamação) e os leucócitos passam a expressar moléculas de adesão complementar ("Velcro" molecular) para promover diapedese (ver Figura 8.6; Animação 9). Os neutrófilos polimorfonucleares (PMN) são as primeiras células a chegar ao sítio em resposta à infecção; essas células são seguidas por monócitos e macrófagos. A alta demanda causa o recrutamento de formas imaturas de neutrófilos da medula óssea durante a infecção. Isso é indicado por um "desvio à esquerda" no hemograma completo. Neutrófilos são recrutados e ativados por células ILC3 e a resposta TH17 e macrófagos, enquanto as DCs são ativadas por IFN-γ produzida por células ILC1 e NKT e a resposta TH1.

As bactérias ligam-se diretamente aos neutrófilos e macrófagos por meio de receptores para carboidratos bacterianos (**lectinas** [proteínas específicas de ligação ao açúcar]); receptores de fibronectina (principalmente para *Staphylococcus aureus*); e via **receptores para opsoninas**, tais como complemento (C3b), proteína C reativa, proteína de ligação à manose e a porção Fc de anticorpos (Animação 9). Os microrganismos são internalizados em um **vacúolo fagocítico** que se funde com **lisossomos primários** (macrófagos) ou **grânulos** (PMN) para propiciar a inativação e a digestão do conteúdo vacuolar (ver Figura 8.7 e Boxe 8.4).

O neutrófilo elimina os microrganismos fagocitados pela **morte dependente de oxigênio** com peróxido de hidrogênio, íon superóxido e íons hipoclorosos e pela **morte independe de oxigênio** a partir da fusão do fagossomo com grânulos azurofílicos contendo proteínas catiônicas (p. ex., catepsina G) e grânulos específicos contendo lisozima e lactoferrina. Essas proteínas matam as bactérias gram-negativas perturbando a integridade da membrana celular, mas são muito menos eficazes contra bactérias gram-positivas, que são eliminadas principalmente por mecanismo dependente de oxigênio. O **óxido nítrico** produzido por neutrófilos e macrófagos ativados tem atividade antimicrobiana e também é uma das principais moléculas de segundo mensageiro que aumenta a inflamação e outras respostas.

Os neutrófilos contribuem para a inflamação em diversas vias. Prostaglandinas e leucotrienos são liberados e aumentam a permeabilidade vascular, causam inchaço (edema) e estimulam os receptores de dor. Durante a fagocitose, os grânulos podem liberar seu conteúdo para causar danos aos tecidos. Os neutrófilos têm vida curta e, ao morrer, eles liberam uma **armadilha extracelular de neutrófilos (NET)** pegajosa de ácido desoxirribonucleico (DNA) e se transformam em **pus**.

Ao contrário dos neutrófilos, os macrófagos têm vida longa, mas as células devem ser ativadas (*enraivecidas*) e convertidas em macrófagos M1 com IFN-γ para matar os microrganismos fagocitados. O fator estimulador de colônias de granulócitos-macrófagos (GM-CSF), TNF-α e linfotoxina (TNF-β) mantêm a ação antimicrobiana (*mantê-los exacerbados*). Os **macrófagos esplênicos** são importantes para a eliminação de bactérias, principalmente as bactérias encapsuladas, a partir do sangue. Indivíduos asplênicos (congênita ou cirurgicamente) são altamente suscetíveis a pneumonia, meningite e outras manifestações causadas por *Streptococcus pneumoniae*, *Neisseria meningitidis* e outras bactérias e leveduras encapsuladas.

RESPOSTA ESPECÍFICA AO ANTÍGENO FRENTE À EXPOSIÇÃO BACTERIANA

Durante a ingestão de bactérias e após o estímulo de receptores *Toll-like* (TLR) por componentes bacterianos, as células de Langerhans e iDC tornam-se maduras, interrompem a fagocitose e se movem para os linfonodos a fim de processar e entregar seu antígeno para apresentação às células T (Figura 10.2). O movimento da DC até o linfonodo pode levar de 1 a 3 dias. As DCs também inserem dendritos no lúmen do intestino para "verificar" a microbiota normal. Peptídios antigênicos (com >11 aminoácidos) produzidos a partir de proteínas fagocitadas (via exógena) estão ligados a moléculas do complexo principal de histocompatibilidade (MHC) de classe II e são apresentadas por essas células apresentadoras de antígeno (APC) para as **células T CD4 TH0** *naïve*. A população de células TH0 fornece o primeiro estágio, que é uma expansão genérica das células imunes necessárias para responder à infecção. As células T CD4 são ativadas por uma combinação do (1) peptídio antigênico na fenda da molécula MHC II com o receptor de antígeno de célula T (TCR) e com CD4, (2) sinais coestimulatórios fornecidos por um número suficiente de interações de moléculas B7 na DC com moléculas CD28 nas células T para sobrepor sinais CTLA4 inibitórios, além de (3) IL-6 e

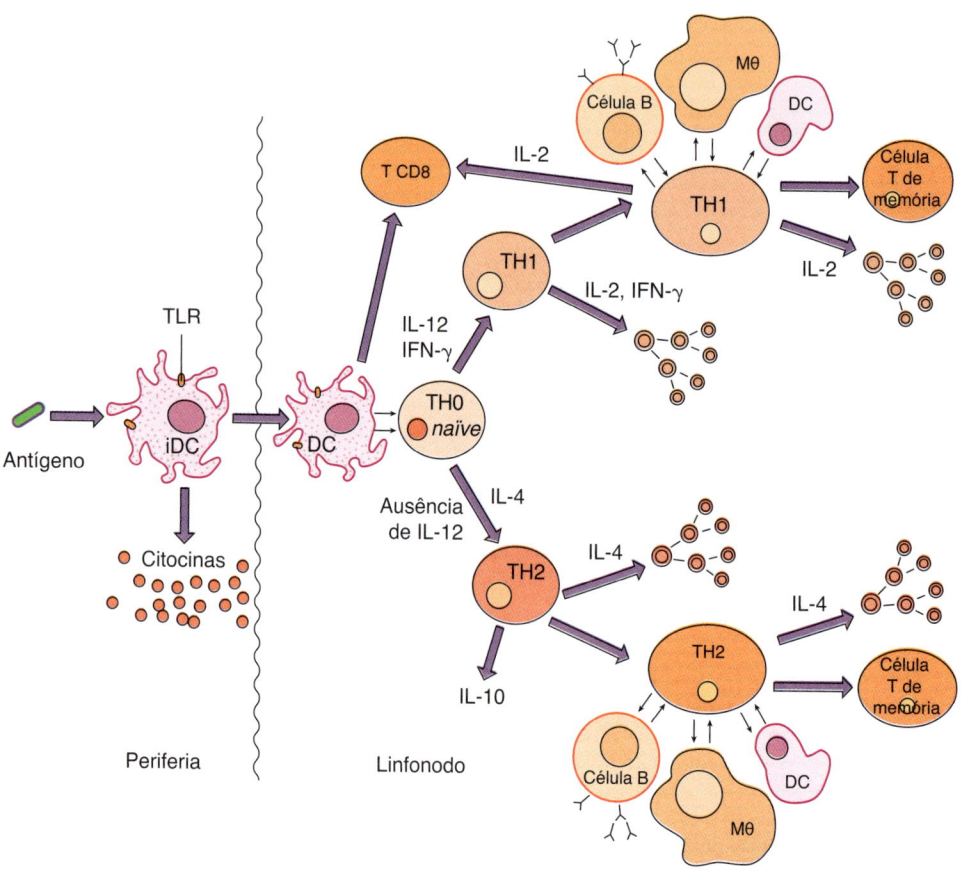

Figura 10.2 Início e expansão de respostas imunes específicas. Células dendríticas imaturas (*iDC*) no sítio da infecção adquirem *debris* microbianos e se tornam ativadas por receptores Toll-*like* (*TLRs*) e outros receptores de padrões patogênicos de ligação aos seus ligantes. As DCs produzem citocinas, amadurecem e se movimentam para o linfonodo. As DCs apresentam antígeno peptídico para as células T *naïve* para o início da resposta específica ao antígeno e dirigida por citocinas. Durante uma resposta secundária ou de memória, células B, macrófagos e DCs podem apresentar antígenos para o início da resposta. *IFN-γ*, interferona-γ; *IL*, interleucina; *Mθ*, macrófago; *TH*, T *helper* (célula).

outras citocinas produzidas por DC. As células TH0 produzem IL-2, IFN-γ e IL-4. Simultaneamente, as moléculas bacterianas com estruturas repetitivas (p. ex., polissacarídio capsular) interagem com células B expressando IgM e IgD de superfície específicas para o antígeno e ativam a célula para crescer e produzir IgM. O LPS e também o componente C3d do complemento ativam as células B e promovem as respostas de anticorpos IgM específicos. Os linfonodos edemaciados são uma indicação do crescimento de linfócitos em resposta ao desafio antigênico.

A conversão de células TH0 em células TH17 e TH1 inicia a expansão da resposta do hospedeiro. A IL-6, aliada ao fator de crescimento transformador (TGF)-β onipresente, promove o desenvolvimento das **células T CD4 TH17** (ver Animação 5). *A IL-6, uma citocina de fase aguda, fornece um pedido de socorro, apesar da influência calmante de TGF-β para induzir um rápido grito com citocinas inflamatórias derivadas de células T CD4 TH17 para células epiteliais e neutrófilos.* A IL-23 ativa células TH17 de memória e mantém a resposta. As células TH17 produzem IL-17, IL-22 e TNF-α para ativar células epiteliais e neutrófilos e também promovem a produção de peptídios antimicrobianos. *As respostas TH17 são particularmente importantes para o início das respostas antibacterianas e antimicobacterianas.* Um balanço de respostas de células TH17 e T reguladoras (Treg) também é importante para regular as populações da microbiota intestinal.

As DCs produtoras de IL-12 promovem respostas TH1. As **células T CD4 TH1** (1) promovem e reforçam as respostas inflamatórias (p. ex., ativação de macrófagos por IFN-γ) e o crescimento de células T e B (IL-2) para expansão da resposta imunológica e (2) estimulam a produção de anticorpos por células B, que se ligam ao complemento (IgM e depois IgG a partir da mudança de classe), e essas células amadurecem em plasmócitos e células de memória. Essas respostas são importantes para as fases iniciais de uma defesa antibacteriana. As respostas TH1 também são essenciais para o combate de infecções por bactérias intracelulares, incluindo micobactérias, que estão escondidas dos anticorpos. Durante as infecções por bactérias intracelulares ou fungos, os macrófagos apresentarão continuamente antígenos para células T CD4 TH1, que produzirão IFN-γ e TNF-α, causando a transformação de outros macrófagos em células epitelioides e células gigantes, que circundam a infecção e produzem um **granuloma**. Os granulomas bloqueiam as infecções intracelulares que surgem porque o microrganismo pode evitar as respostas antimicrobianas (p. ex., *Mycobacterium tuberculosis*), os macrófagos não são ativados e não podem matá-los (macrófagos alveolares normais) ou um defeito genético impede a geração de substâncias antimicrobianas reativas ao oxigênio, como na doença granulomatosa crônica. *As células T CD8 facilitam a eliminação de infecções intracelulares pela produção de citocinas, mas não são essenciais para a imunidade antibacteriana.*

As respostas das **células T CD4 TH2** são as respostas padrão da célula T ao antígeno. Também são iniciadas por DC e são sustentadas pela apresentação do antígeno em células B. As respostas TH2 podem ocorrer simultaneamente às respostas TH17 e TH1 quando o antígeno é fornecido no fluido linfático para os linfonodos, com exceção do linfonodo drenante. As DCs atuam como fiscais de esgoto que promovem uma resposta para eliminar as proteínas em excesso ou danificadas. Esse é o mesmo tipo de resposta que ocorre à injeção de um conjunto antigênico em uma vacina inativada. A ligação do antígeno ao anticorpo de superfície celular nas células B ativa as células B e também promove a captação, o processamento do antígeno e a apresentação de peptídios antigênicos em moléculas MHC de classe II para a célula CD4 TH2. A célula TH2 produz IL-4, IL-5, IL-6, IL-10, e IL-13, que aumentam a produção de IgG e, dependendo de outros fatores, a produção de IgE ou IgA. Células **CD4 TFH** representam um canal para as respostas TH1 ou TH2 para a promoção de mutação somática, mudança de classe, produção de células de memória e diferenciação terminal de células B para plasmócitos, que são fábricas de anticorpos em centros germinativos.

As **células Tregs CD4$^+$CD25$^+$** são geradas no timo e previnem a ativação de células T *naïve*, reduzem tanto a resposta TH1 e TH2, além de promoverem o desenvolvimento de algumas das células específicas para os antígenos em células T de memória. Somente DCs podem anular o bloqueio da ativação de células T *naïve* por Tregs. **As células reguladoras Tr1** são geradas no tecido, principalmente em superfícies mucosas, para controlar respostas locais inflamatórias e excessivas.

Os **anticorpos** são a principal proteção contra bactérias e toxinas extracelulares e promovem a eliminação e previnem a propagação de bactérias no sangue (bacteriemia). O anticorpo promove a ativação do complemento, opsoniza bactérias para fagocitose, bloqueia a adesão bacteriana e neutraliza (inativa) as exotoxinas (p. ex., tetanoespasmina, toxina botulínica) e outras proteínas citotóxicas produzidas por bactérias (p. ex., enzimas de degradação). A imunização com vacinas utilizando exotoxinas inativadas (toxoides) é o principal meio de proteção contra os efeitos potencialmente letais das exotoxinas.

Os anticorpos **IgM** são produzidos precocemente na resposta antibacteriana. A IgM ligada a bactérias ativa a cascata da via clássica do complemento, promovendo tanto a morte direta de bactérias gram-negativas quanto as respostas inflamatórias. A IgM é geralmente o único anticorpo produzido contra polissacarídios capsulares e promove a opsonização das bactérias com o complemento. Macrófagos esplênicos dependem de IgM ligada a polissacarídios capsulares para ativar o complemento e opsonizar as bactérias encapsuladas para que elas possam ser reconhecidas, fagocitadas e eliminadas. A grande dimensão e os mecanismos limitados de transporte da IgM limitam sua capacidade de propagação nos tecidos. A IgM produzida em resposta às vacinas de polissacarídios (como para *S. pneumoniae*) pode prevenir a bacteriemia, mas não a infecção do interstício do pulmão.

Aproximadamente 1 semana depois que a produção de IgM é iniciada, a célula T *helper* promove a diferenciação da célula B e a mudança de classe de imunoglobulina para produzir IgG. Os anticorpos **IgG** são os anticorpos séricos predominantes, principalmente na reexposição. Os anticorpos IgG fixam o complemento e promovem a captação fagocítica das bactérias por meio de receptores Fc em macrófagos. A **IgA** é o principal anticorpo secretado e é importante para proteger as membranas mucosas. Grandes quantidades de IgA secretória são liberadas para regular a população da microbiota normal, impedir a adesão de bactérias e neutralizar as toxinas nas superfícies das células epiteliais.

Uma resposta primária específica a antígenos frente às infecções bacterianas leva pelo menos 5 a 7 dias, o que possibilita uma progressão considerável de uma infecção bacteriana. Na exposição secundária à infecção, plasmócitos de longa duração ainda podem ser produtores de anticorpos. As células T de memória podem responder rapidamente à apresentação de antígenos por DC, macrófagos ou células B, não apenas DC; as células B de memória estão presentes para responder rapidamente ao antígeno, e a resposta secundária de anticorpos ocorre dentro de 2 a 3 dias.

IMUNIDADE DA PELE, INTESTINOS E MUCOSAS

A pele, o intestino e as membranas mucosas são povoados por bactérias durante a passagem pelo canal de parto e logo em seguida a ele. A resposta imune amadurece e desenvolve-se um equilíbrio entre células reguladoras e inflamatórias em resposta a essa microbiota normal.

A microbiota intestinal está em constante interação e é regulada pelos sistemas inato e adaptativo do tecido linfoide associado ao intestino (ver Figura 7.5). De modo similar, a resposta imune é moldada por sua interação com a microbiota intestinal, porque as células reguladoras limitam o desenvolvimento da inflamação e das respostas autoimunes. Um esquadrão residente de células imunes trabalha em conjunto dentro e ao lado do epitélio intestinal e em estruturas organizadas dos folículos linfoides e placas de Peyer. DCs, células linfoides inatas, Treg, TH17, TH1 e outras células T e B trabalham juntas para monitorar e controlar as bactérias no intestino. Essas células produzem peptídios antimicrobianos, e os plasmócitos secretam IgA no intestino para manter uma mistura saudável de bactérias. Ao mesmo tempo, as células Treg e as células reguladoras Tr1 impedem o desenvolvimento de respostas imunes deletérias ou excessivas aos conteúdos presentes no intestino. Alterações na microbiota e sua interação com as células inatas e adaptativas podem perturbar o sistema e resultam em doenças inflamatórias intestinais. Por exemplo, a ausência ou uma mutação no receptor IL-23 ou receptor NOD2 para a peptidoglicana aumenta as chances para determinados tipos de doença de Crohn.

Na pele, as células de Langerhans são iDCs sentinelas responsivas a traumas e infecções. Células T CD4 e CD8 de memória constantemente circulam para a pele a partir do sangue. No sistema respiratório, armadilhas de muco e cílios movem o muco e as bactérias para fora dos pulmões, enquanto os peptídios antimicrobianos e a IgA secretada controlam as bactérias. As respostas inflamatórias são controladas por macrófagos alveolares (macrófagos M2) para prevenir o dano tecidual à microbiota normal. Semelhante ao sistema digestório, a DC monitora o epitélio quanto à presença de microrganismos normais e anormais (microbiota normal *versus* anormal).

IMUNOPATOGÊNESE BACTERIANA

A ativação das respostas inflamatórias e de fase aguda pode causar sintomas e também danos teciduais e sistêmicos significativos. A ativação de macrófagos e DCs no fígado, baço e sangue por endotoxinas pode promover a liberação de citocinas de fase aguda no sangue, causando muitos dos sintomas da **sepse**, incluindo falência hemodinâmica, choque e morte (ver a seção Tempestade de Citocinas neste capítulo). Embora IL-1, IL-6 e TNF-α promovam respostas protetoras a uma infecção local, essas mesmas respostas podem ser de risco à vida quando ativadas por infecções de corrente sanguínea ou sistêmicas. O aumento do fluxo de sangue e o extravasamento de fluidos podem levar ao choque quando ocorre em todo o corpo. Anticorpos produzidos contra antígenos bacterianos que compartilham os determinantes com proteínas humanas podem iniciar a destruição tecidual autoimune (p. ex., anticorpos produzidos na febre reumática pós-estreptocócica). A ativação inespecífica das células T CD4 por **superantígenos** (p. ex., a toxina da síndrome do choque tóxico de *S. aureus*) promove a produção de grandes quantidades de citocinas e, eventualmente, a morte de um grande número de células T. A liberação maciça repentina de citocinas ("tempestade de citocinas") pode causar choque e danos graves aos tecidos (p. ex., síndrome do choque tóxico) (ver seção "Tempestade de Citocinas" neste capítulo e no Capítulo 14).

EVASÃO BACTERIANA ÀS RESPOSTAS PROTETORAS

Os mecanismos utilizados pelas bactérias para a evasão às respostas protetoras do hospedeiro são discutidos no Capítulo 14 como os fatores de virulência. Esses mecanismos incluem (1) inibição da fagocitose e morte intracelular no fagócito, (2) inativação da função do complemento, (3) ligação da porção Fc da IgG e clivagem de IgA, (4) crescimento intracelular (prevenção dos anticorpos) e (5) mudança na aparência antigênica da bactéria. Alguns microrganismos, incluindo mas não limitados às micobactérias (também espécies de *Listeria* e *Brucella*), sobrevivem e se multiplicam dentro dos macrófagos, e utilizam essas células como o reservatório protetor ou sistema de transporte para auxiliar na disseminação dos organismos pelo corpo inteiro. No entanto, macrófagos M1 ativados por citocinas podem com frequência eliminar os patógenos intracelulares.

Respostas antivirais

DEFESAS DO HOSPEDEIRO CONTRA AS INFECÇÕES VIRAIS

A resposta imune adaptativa é o melhor e, na maioria dos casos, o único meio de controlar uma infecção viral (Figura 10.3 e Boxe 10.3). Infelizmente, também é a fonte da patogênese para muitas doenças virais. As respostas imunes humoral e celular são importantes para a imunidade antiviral. **O objetivo final da resposta imune em uma infecção viral é eliminar tanto o vírus quanto as células do hospedeiro que abrigam ou replicam o vírus.** A falha para resolver a infecção pode levar a uma infecção persistente ou crônica ou à morte.

O curso da resposta imune e a natureza da imunopatogênese de infecções bacterianas e virais são diferentes. Para as bactérias, o sistema complemento e o recrutamento de neutrófilos e macrófagos são a resposta inicial, e rapidamente conduzem a inflamação associada à doença. Os anticorpos podem controlar as bactérias extracelulares e suas toxinas. Interferonas, células NK, respostas CD4 TH1 e células T CD8 *killer* citotóxicas são mais importantes para as infecções virais do que para infecções bacterianas. O complemento e os neutrófilos têm papéis limitados na defesa antiviral.

Para os vírus, as interferonas tipo I e outras citocinas iniciam a resposta e causam **sintomas prodrômicos** seguidos de imunidade específica a antígenos, doenças específicas de tecidos e resolução. Como resultado, o curso de tempo e a natureza das doenças virais e bacterianas são muito diferentes.

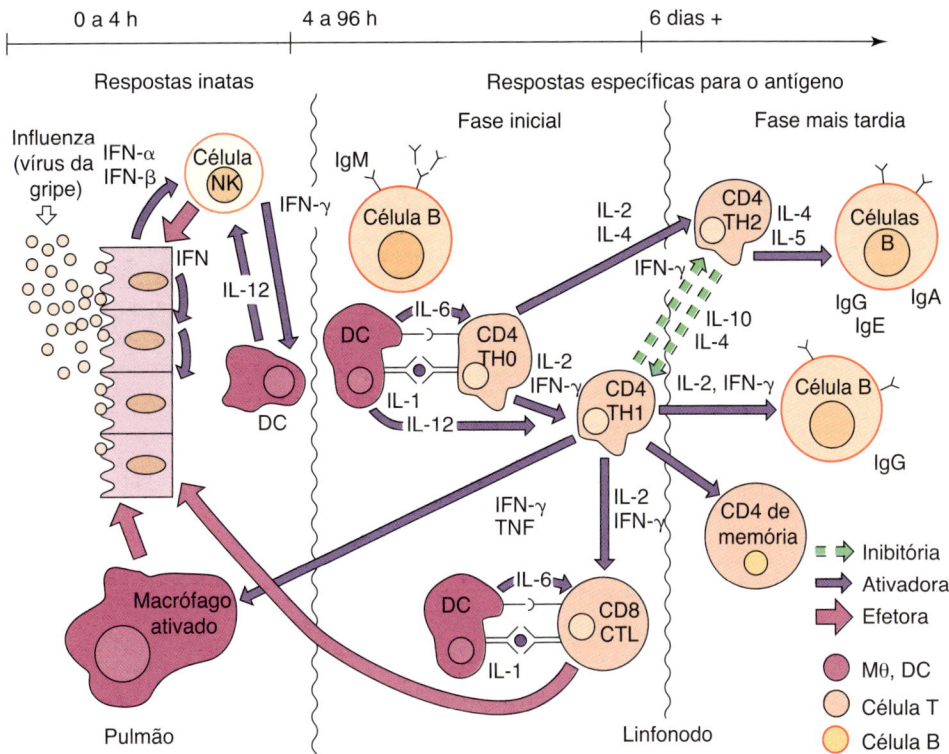

Figura 10.3 Respostas antivirais. O curso temporal prossegue do local da infecção *(esquerda)* para o linfonodo *(direita)* e depois retorna ao sítio infectado. A resposta ao vírus (p. ex., o vírus da gripe) é iniciada com a produção de interferona tipo 1 e ação de células *natural killer (NK)*. O início das respostas de células T CD4 e CD8 pela ação das células dendríticas *(DC)* é seguido pela ativação de imunidade específica para o antígeno, semelhante à resposta antibacteriana, exceto que os linfócitos T citotóxicos CD8 *(CTL)* são respostas antivirais importantes. *IFN*, interferona; *Ig*, imunoglobulina; *IL*, interleucina; *Mθ*, macrófago; *TH*, T *helper* (célula); *TNF*, fator de necrose tumoral.

DEFESAS INATAS

As defesas inatas são muitas vezes suficientes para controlar uma infecção viral, prevenindo a ocorrência de sintomas. A temperatura corporal, febre, interferonas, outras citocinas, o sistema fagocítico mononuclear e as células NK fornecem uma resposta rápida local à infecção viral e também ativam as defesas imunológicas específicas.

A temperatura corporal e a febre podem limitar a replicação ou desestabilizar alguns vírus. Muitos vírus são menos estáveis (p. ex., herpes-vírus simples) ou não podem se replicar (rinovírus) à temperatura superior ou igual a 37°C. A vacina de vírus vivo da influenza (LAIV, *live influenza vaccine*) é atenuada porque o vírus não pode se replicar acima de 25°C.

A infecção viral pode induzir a liberação de citocinas (p. ex., TNF, IL-1) e interferonas tipo 1 e 3 a partir de células infectadas, macrófagos e, principalmente DC plasmocitoides (pDC). O ácido ribonucleico (RNA) viral (particularmente o RNA de cadeia dupla [ds]), o DNA e algumas glicoproteínas virais são potentes ativadores de TLR e outros receptores de padrão de patógenos para iniciar essas respostas induzidas por interferona e citocinas. Interferonas e outras citocinas desencadeiam respostas locais e sistêmicas precoces. A indução da febre e a estimulação do sistema imune são dois desses efeitos sistêmicos.

As células dos **sistemas fagocítico-mononuclear e dendrítico** fagocitam os *debris* virais e celulares a partir de células infectadas por vírus. Os macrófagos no fígado (células de Kupffer) filtram rapidamente muitos vírus derivados do sangue. O anticorpo e o complemento ligados ao vírus facilitam sua captação e eliminação pelos macrófagos (opsonização).

As DCs e os macrófagos também apresentam o antígeno às células T e liberam IL-1, IL-12 e IFN-α para expandir a resposta inata e iniciar as respostas imunes específicas ao antígeno. As pDCs no sangue produzem grandes quantidades de IFN-α e outras citocinas na resposta à viremia.

Células NK são ativadas por IFN-α, IFN-β e IL-12 para eliminar células infectadas por vírus. A infecção viral pode reduzir a expressão de antígenos do MHC com a remoção de sinais inibitórios ou pode alterar os carboidratos nas proteínas de superfície celular, fornecendo sinais citolíticos para a célula NK.

INTERFERONA

A **interferona** foi descrita pela primeira vez por Isaacs e Lindemann como um fator muito potente que "interfere" com a replicação de muitos vírus diferentes. É a primeira defesa ativa do corpo contra uma infecção viral e atua como um "sistema de alerta precoce". Além de ativar a defesa antiviral da célula-alvo para bloquear a replicação viral, as interferonas ativam a imunidade e melhoram o reconhecimento de células infectadas pelas células T. A interferona é uma defesa muito importante contra infecções, mas também desencadeia sintomas sistêmicos associados a muitas infecções virais, tais como mal-estar, mialgia, calafrios e febre (sintomas não específicos semelhantes aos da gripe), principalmente durante a viremia. A interferona tipo I também é um fator que causa o lúpus eritematoso sistêmico.

As interferonas compreendem uma família de proteínas que podem ser subdivididas de acordo com várias propriedades, incluindo tamanho, estabilidade, célula de origem

Boxe 10.3 Resumo das respostas antivirais.

Interferona

Induzido pelo RNA de cadeia dupla, inibição da síntese proteica celular ou vírus envelopado
Inicia o estado antiviral nas células circundantes
O estado antiviral bloqueia a replicação viral na infecção
Ativa as células NK e as respostas antivirais sistêmicas

Células NK

Ativadas por IFN-α e IL-12
Produzem IFN-γ, que ativa macrófagos e DC
Têm como alvos as células infectadas por vírus (principalmente vírus envelopados)

Macrófagos e DCs

Os macrófagos filtram as partículas virais do sangue
Macrófagos inativam partículas de vírus opsonizados
DCs imaturas e plasmocitoides produzem IFN-α e outras citocinas
As DCs iniciam e determinam a natureza da resposta de células T CD4 e CD8
DCs e macrófagos apresentam antígeno para células T CD4 e CD8

Células T

Essenciais para o controle de infecções por vírus envelopados e não citolíticos
Reconhecem os peptídios virais apresentados pelas moléculas de MHC na superfície da célula
Os peptídios virais antigênicos (epítopos lineares) podem vir de qualquer proteína viral (p. ex., glicoproteínas, nucleoproteínas)
As células T CD4 promovem e regulam as respostas antivirais
As células T CD8 citotóxicas respondem aos complexos peptídio viral: proteína MHC de classe I na superfície da célula infectada

Anticorpo

Neutraliza o vírus extracelular:
    Bloqueia as proteínas de ligação viral (p. ex., glicoproteínas, proteínas do capsídio)
    Desestabiliza a estrutura viral
Opsoniza vírus para a fagocitose
Promove a morte da célula-alvo pela cascata do complemento e pela citotoxicidade celular dependente de anticorpos
Resolve infecções virais líticas
Bloqueia a disseminação virêmica para o tecido-alvo
A IgM é um indicador de infecção recente ou atual
A IgG é um antiviral mais eficaz do que a IgM
A IgA secretória é importante para proteger as superfícies de mucosas

A resolução requer a eliminação do vírus livre (anticorpo) e a célula produtora de vírus (lise viral ou mediada por células imunes)

DC, célula dendrítica; *IFN*, interferona; *Ig*, imunoglobulina; *IL*, interleucina; *MHC*, complexo principal de histocompatibilidade; *NK*, natural killer; *RNA*, ácido ribonucleico.

Tabela 10.2 Propriedades básicas das interferonas humanas.

Propriedade	IFN-α	IFN-β	IFN-γ
Denominações anteriores	IFN tipo I de leucócitos	IFN tipo I de fibroblastos	IFN tipo II imune
Genes	> 20	1	1
Massa molecular (Da)[a]	16 mil a 23 mil	23 mil	20 mil a 25 mil
Estabilidade à acidez	Estável[b]	Estável	Lábil
Ativador primário	Vírus	Vírus	Resposta imune
Fonte principal	Epitélio, leucócitos	Fibroblastos	NK ou célula T
Homologia com a IFN-α humana	100%	30 a 50%	< 10%

[a]Massa molecular da forma monomérica.
[b]Maioria dos subtipos, mas não todos.
Da, Dalton; *IFN*, interferona; *NK*, natural killer (célula).
Dados de White, D.O., 1984. *Antiviral Chemotherapy, Interferons and Vaccines*. Karger, Basel; Samuel, C.E., 1991. Antiviral actions of interferon. Interferon-regulated cellular proteins and their surprisingly selective antiviral activities. *Virology* 183, 1-11.

e modo de ação (Tabela 10.2). **IFN-α** e **IFN-β** são interferonas tipo I que compartilham muitas propriedades, incluindo homologia estrutural e modo de ação. Células B, células epiteliais, monócitos, macrófagos e iDCs produzem **IFN-α**. As pDCs no sangue produzem grandes quantidades em resposta à viremia. Fibroblastos e outras células produzem **IFN-β** em resposta à infecção viral e outros estímulos. A **IFN-λ** é uma interferona tipo III com atividade similar à IFN-α, e é particularmente importante nas respostas anti-influenza. A IFN-λ é produzida em barreiras epiteliais e endoteliais e promove ação antiviral e cura. **IFN-γ** é uma interferona tipo II, que é uma citocina produzida por células T e ILC1 ativadas, presente na fase tardia da infecção. Embora a IFN-γ promova a inibição da replicação viral, sua estrutura e modo de ação diferem daqueles observados em outras interferonas. A IFN-γ também é conhecida como o **fator de ativação de macrófagos** e é o componente que define a resposta TH1.

O melhor indutor da síntese de IFN-α e IFN-β é o **dsRNA**, *produzido como intermediário da replicação dos vírus de RNA* ou da interação de RNAs mensageiros (mRNAs) senso/antissenso para alguns vírus de DNA (Boxe 10.4). Uma molécula de dsRNA por célula é suficiente para induzir a produção de interferona. IFN-α, IFN-β e IFN-λ podem ser induzidas e liberadas dentro de horas após a infecção (Figura 10.4). A interação de alguns vírus envolvidos (p. ex., herpes-vírus simples e vírus da imunodeficiência humana [HIV]) com os pDCs pode promover a produção de IFN-α. Alternativamente, a inibição da síntese proteica em uma célula infectada por vírus pode diminuir a produção de uma proteína repressora do gene interferona, propiciando a síntese de interferona. Os indutores de interferona não virais incluem:

1. Microrganismos intracelulares (p. ex., micobactérias, fungos, protozoários).
2. Ativadores de determinados TLR ou mitógenos (p. ex., endotoxinas, fito-hemaglutininas).
3. Polinucleotídios de fita dupla (p. ex., poli I:C, poli dA:dT).
4. Polímeros poliânions sintéticos (p. ex., polissulfatos, polifosfatos, piranos).
5. Antibacterianos (p. ex., canamicina, ciclo-heximida).
6. Compostos sintéticos de baixo peso molecular (p. ex., tilorona, corantes de acridina).

A interferona se liga a receptores específicos em células vizinhas e induz a produção de proteínas antivirais e o **estado antiviral**. No entanto, essas proteínas antivirais não são ativadas até que elas se liguem ao dsRNA. Os principais efeitos antivirais da interferona são produzidos por duas enzimas, **2',5'-oligoadenilato sintetase** (uma polimerase incomum) e a **proteinoquinase R (PKR)** (Figura 10.5), e para o vírus influenza, a **proteína mx** também

> **Boxe 10.4** Interferonas tipo I.
>
> **Indução**
>
> Ácido ribonucleico de cadeia dupla (durante a replicação viral)
> Inibição viral da síntese de proteínas celulares
> Interação do vírus envelopado com a célula dendrítica plasmocitoide
>
> **Mecanismo de ação**
>
> 1. Célula inicial infectada ou célula dendrítica plasmocitoide liberam interferona
> 2. A interferona se liga a um receptor de superfície celular específico em outra célula
> 3. Interferona induz o "estado antiviral":
>   Síntese de proteinoquinase R, 2',5'-oligoadenilato sintetase e ribonuclease L
> 4. A infecção viral da célula ativa essas enzimas
> 5. A síntese de proteínas é inibida para bloquear a replicação viral
>   Degradação de mRNA (2',5'-oligoadenilato sintase e RNAase L)
>   Inibição da montagem do ribossomo (proteinoquinase R)
> 6. Ativação de respostas antivirais inatas e imunes
>
> **Indução de sintomas semelhantes àqueles da gripe**

é importante. A infecção viral da célula e a produção de dsRNA ativam essas enzimas e desencadeiam uma cascata de eventos bioquímicos que levam à (1) inibição da síntese proteica pela fosforilação de PKR de um importante fator de iniciação ribossômico (fator de iniciação e elongação 2-α [eIF-2α]) e (2) degradação de mRNA (preferencialmente, mRNA viral) pela ribonuclease L, ativada por 2',5'-oligoadenosina. A PKR e a ribonuclease L se tornam ativadas por multimerização após a ligação ao dsRNA ou 2',5'-oligoadenosina, respectivamente, feito contas em um colar. *Esse processo coloca essencialmente a fábrica de síntese de proteínas celulares "em greve" e previne a replicação viral.* Deve ser enfatizado que a interferona não bloqueia diretamente a replicação viral. O estado antiviral dura de 2 a 3 dias, o que pode ser suficiente para a célula degradar e eliminar o vírus sem ser morto. Muitos vírus apresentam mecanismos de evasão ou de inibição da resposta promovida pela interferona.

As interferonas estimulam a imunidade mediada por células, ativando as células efetoras e aumentando o reconhecimento da célula-alvo infectada por vírus. Os

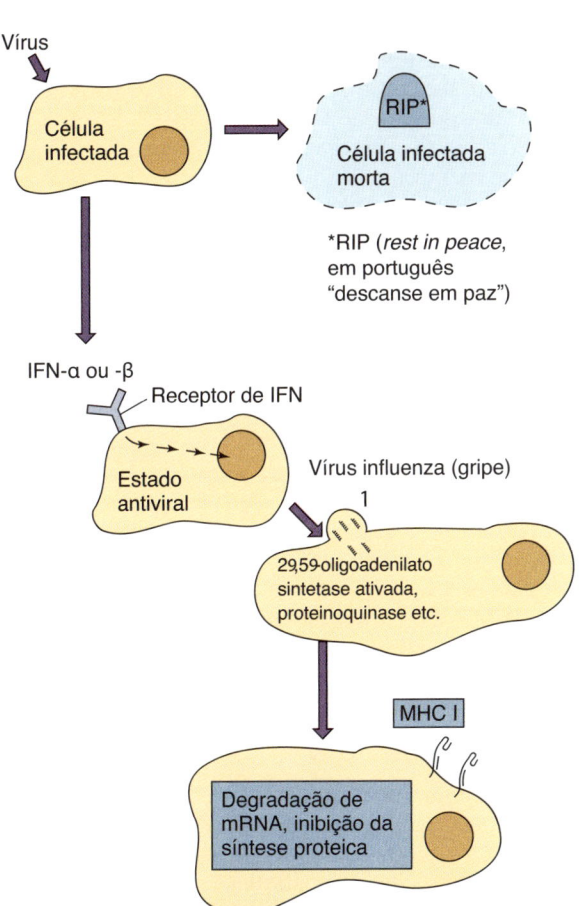

Figura 10.4 Indução do estado antiviral por interferona *(IFN)*-α ou IFN-β. A interferona é produzida em resposta à infecção viral, mas não protege a célula inicialmente infectada. A interferona se liga a um receptor de superfície celular em outras células e induz a produção de enzimas antivirais (estado antiviral). A infecção viral e a produção de RNA de cadeia dupla ativam a atividade antiviral, o que resulta na inibição da síntese proteica. *MHC I*, complexo principal de histocompatibilidade de classe I.

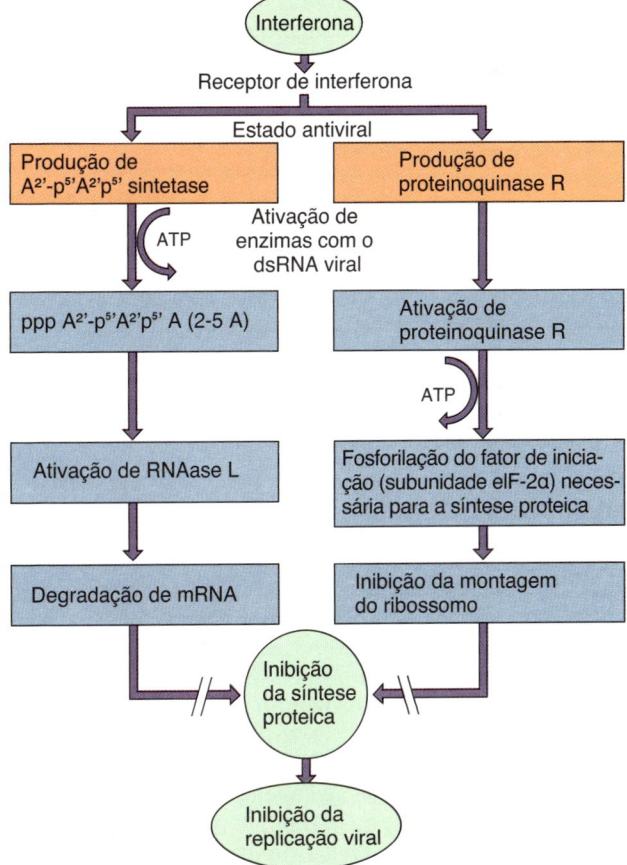

Figura 10.5 Duas principais vias de inibição da síntese de proteínas virais pela ação da interferona. Um mecanismo envolve a indução de uma polimerase incomum (2',5'-oligoadenilato sintetase [2 a 5 A]) que é ativada por RNA de fita dupla *(dsRNA)*. A enzima ativada sintetiza uma cadeia adenina incomum com uma ligação 2',5'-fosfodiéster. O oligômero ativa a RNAase L, que degrada o RNA mensageiro *(mRNA)*. O outro mecanismo envolve a indução da proteinoquinase R (PKR), que impede a montagem do ribossomo por fosforilação do fator de iniciação e elongação *(eIF-2α)* para prevenir o início da síntese proteica a partir de mRNA protegidos. *ATP*, adenosina trifosfato.

interferonas tipo I ativam as células NK e auxiliam na ativação das células T CD8. *IFN e células NK ativadas fornecem uma defesa natural, local e precoce contra a infecção viral.* IFN-α e IFN-β aumentam a expressão de antígenos MHC de classe I, ampliando a capacidade da célula de apresentar antígeno e torná-la um alvo melhor para células T citotóxicas (CTL).

A ativação de macrófagos pela IFN-γ promove a produção de mais IFN-α e IFN-β, secreção de outros modificadores da resposta biológica, fagocitose, produção de espécies reativas de oxigênio e nitrogênio, recrutamento e respostas inflamatórias. IFN-γ aumenta a expressão de antígenos MHC de classe II no macrófago para ajudar a promover a apresentação de antígenos para as células T.

A interferona também tem efeitos regulatórios generalizados em relação ao crescimento celular, síntese de proteínas e a resposta imunológica. Todos os três tipos de interferona bloqueiam a proliferação de células em doses adequadas.

A interferona recombinante geneticamente modificada está sendo usada como terapia antiviral para algumas infecções virais (p. ex., papilomavírus humano e vírus da hepatite C). O tratamento eficaz requer o uso de subtipo(s) de interferona correto(s) e sua pronta liberação na concentração apropriada. IFN-β é usada para tratamento de esclerose múltipla. As interferonas também têm sido utilizadas em ensaios clínicos para o tratamento de algumas neoplasias malignas. Entretanto, *o tratamento com interferona causa efeitos adversos semelhantes ao da gripe, como calafrios, febre e fadiga.*

IMUNIDADE ESPECÍFICA PARA O ANTÍGENO

O objetivo da imunidade específica para os antígenos é eliminar os vírus livres e as células produtoras de vírus, mas às vezes pode apenas controlar uma infecção crônica. A imunidade humoral e a imunidade mediada por células desempenham papéis diferentes na resolução de infecções virais (ou seja, eliminar o vírus do corpo). A imunidade humoral (anticorpo) atua principalmente sobre vírions extracelulares, enquanto a imunidade celular (células T) é direcionada para a célula produtora do vírus.

IMUNIDADE HUMORAL

Praticamente todas as proteínas virais são estranhas ao hospedeiro e são imunogênicas (ou seja, capazes de desencadear uma resposta de anticorpos). No entanto, nem todos os imunógenos induzem imunidade protetora.

O anticorpo bloqueia a progressão da doença por meio de **neutralização e opsonização** do vírus livre de células. As respostas humorais protetoras são geradas em direção às proteínas do capsídio viral de vírus não envelopados e às glicoproteínas de vírus envelopados que interagem com receptores de superfície celular (proteínas de ligação viral). Esses anticorpos podem neutralizar o vírus impedindo a interação viral com as células-alvo ou por desestabilização do vírus, iniciando sua degradação. A ligação de anticorpos a essas proteínas também opsoniza o vírus, promovendo sua captação e eliminação por macrófagos. O reconhecimento de células infectadas pelos anticorpos também pode promover a citotoxicidade celular dependente de anticorpo (ADCC) pelas células NK. Anticorpos para outros antígenos virais podem ser úteis para análise sorológica da infecção viral.

A principal função antiviral do anticorpo é evitar a propagação extracelular do vírus para outras células. O anticorpo é particularmente importante para limitar a disseminação do vírus por **viremia**, impedindo que o vírus atinja o tecido-alvo para produção de doença. *O anticorpo é mais eficaz na resolução de infecções citolíticas,* que ocorrem porque o vírus mata a fábrica de células e o anticorpo elimina o vírus extracelular.

IMUNIDADE MEDIADA POR CÉLULAS T

A imunidade mediada por células T promove a resposta inflamatória e de anticorpos (células T *helper* CD4) e elimina as células infectadas (CTL [principalmente células T CD8]). A resposta **TH1 CD4** é normalmente mais importante do que as respostas TH2 para o controle da infecção viral, particularmente de vírus envelopados e não citolíticos. As células T **CD8** *killer* promovem a apoptose em células infectadas após a ligação do TCR ao peptídio viral apresentado por uma proteína do MHC de classe I. Os peptídios expressos nos antígenos MHC de classe I são obtidos de proteínas virais sintetizadas dentro da célula infectada (via endógena). *A proteína viral a partir da qual esses peptídios são derivados pode não induzir anticorpos protetores* (p. ex., proteínas intracelulares ou vírions internos, proteínas nucleares, proteínas dobradas ou processadas de modo impróprio [detrito celular]). Por exemplo, a matriz e as nucleoproteínas (citoplasmáticas) do vírus influenza são alvos para as CTL, mas não estimulam o anticorpo protetor. Uma **sinapse imunológica** formada por interações do TCR e MHC I e de moléculas de adesão cria um espaço no qual **perforina**, um formador de poro de membrana do tipo complemento, e granzimas (enzimas de degradação) são liberadas para induzir a apoptose na célula-alvo. A interação da proteína ligante de Fas em células T CD4 ou CD8 com a proteína Fas na célula-alvo também pode promover a apoptose. *Os CTL matam as células infectadas e, como consequência, eliminam a fonte do novo vírus.*

A resposta de células T CD8 provavelmente evoluiu como uma defesa contra infecções virais. A imunidade mediada por células é particularmente importante para a resolução de infecções por vírus formadores de sincício (p. ex., sarampo, herpes-vírus simples, vírus da varicela-zóster, HIV), que podem se espalhar de célula para célula sem exposição aos anticorpos, e também por vírus não citolíticos (p. ex., vírus da hepatite A e do sarampo). As células T CD8 também interagem com os neurônios para controlar, sem morte, a recorrência de vírus latentes (herpes-vírus simples, vírus varicela-zóster e papilomavírus JC).

RESPOSTA IMUNE AO DESAFIO VIRAL

Desafio viral primário

As respostas inatas do hospedeiro são as primeiras respostas ao desafio viral e são frequentemente suficientes para limitar a propagação viral (Figura 10.6; ver também Figura 10.3). As **interferonas tipo I** produzidas em resposta à maioria das infecções virais iniciam a proteção de células adjacentes, melhoram a apresentação do antígeno pelo aumento da expressão dos antígenos MHC e iniciam a eliminação de células infectadas, ativando células NK e respostas aos antígenos específicos. Vírus e componentes virais liberados de células infectadas são fagocitados por **iDC**, que então são ativadas para produzir citocinas, amadurecer e depois se moverem para os linfonodos. Macrófagos no fígado e no baço são

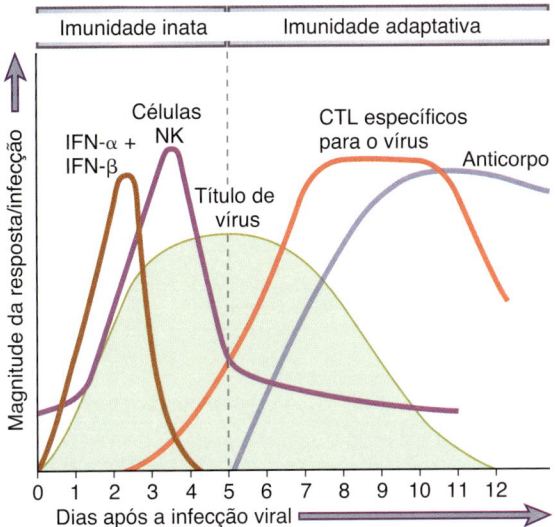

Figura 10.6 Curso temporal das respostas imunes antivirais. *CTL*, linfócito T citotóxico; *IFN-γ*, interferona-γ. (Modificada de Abbas, A.K., Lichtman, A.H., Pillai, S., et al., 2015. *Cellular and Molecular Immunology*, eighth ed. Elsevier, Philadelphia, PA.)

especialmente importantes para eliminar o vírus da corrente sanguínea (filtros). Essas células fagocitárias degradam e processam os antígenos virais. As DC apresentam os fragmentos de peptídios apropriados ligados aos antígenos MHC de classe II para células T CD4 e também podem apresentar por ligação cruzada esses antígenos em moléculas de MHC I para células T CD8 para iniciar as respostas. As APC também liberam IL-1, IL-6 e TNF-α e, com a IL-12, promovem a ativação de células T *helper* e a produção de citocinas específicas (resposta TH1). As interferonas tipo I e essas citocinas induzem sintomas prodrômicos de muitas infecções virais e que são semelhantes aos observados na gripe. As células T ativadas se movem para o sítio da infecção e também para áreas de células B do linfonodo, nas quais macrófagos e células B apresentam o antígeno e se tornam estimulados pelas células T.

As respostas imunes antivirais necessitam de até 8 dias para se desenvolverem, tempo no qual o vírus pode promover sua disseminação. A **IgM** é produzida primeiramente, e sua produção indica uma infecção primária. Células T **CD4** e **CD8** estão presentes após 7 a 10 dias da infecção, que é aproximadamente o mesmo tempo observado com a IgG sérica. Durante a infecção, o número de células T CD8 específicas para o antígeno pode aumentar 100 mil vezes. As células T CD8 específicas para o antígeno se movem para o sítio da infecção e eliminam as células infectadas por vírus. O reconhecimento e a ligação aos complexos de peptídios virais do MHC de classe I promovem a morte apoptótica das células-alvo, seja pela liberação de perforina e granzimas (para romper a membrana celular) ou pela ligação do ligante Fas na célula-alvo. A **IgG** e a **IgA** são produzidas após 7 a 10 dias. A IgA secretória é produzida em resposta à exposição viral das superfícies mucosas nas aberturas naturais do corpo (p. ex., olhos, boca e sistemas respiratório e gastrintestinal). A resolução da infecção ocorre depois, quando anticorpos estão disponíveis em quantidade suficiente para neutralizar toda a progênie de vírus ou quando a imunidade celular foi capaz de eliminar as células infectadas. *Para a resolução da maioria das infecções por vírus envelopados e não citolíticos, as respostas mediadas por TH1 são necessárias para matar a fábrica de vírus além da neutralização dos vírus livres mediada por anticorpos.*

Infecções virais do cérebro e dos olhos podem causar sérios danos porque esses tecidos não conseguem reparar os danos teciduais e são **sítios imunologicamente privilegiados** do corpo. As respostas TH1 são normalmente suprimidas para evitar a destruição tecidual grave que acompanha a inflamação prolongada. As respostas TH17 e neutrófilos especiais são iniciados contra o herpes-vírus simples e outras infecções oculares virais.

Para muitas infecções virais, a infecção se expande, dissemina-se pelo corpo e infecta o tecido-alvo (p. ex., cérebro, encefalite; fígado, hepatite) antes da geração de respostas de célula T e de anticorpos. Como resultado, a resolução da infecção expandida requer uma resposta imunológica maior e mais intensa, que frequentemente inclui a imunopatogênese e danos teciduais que causam os sintomas da doença.

Desafio viral secundário

Em qualquer guerra, é mais fácil eliminar um inimigo se a identidade e a origem são conhecidas e se o estabelecimento de sua base pode ser evitado. Do mesmo modo, no corpo humano a imunidade prévia estabelecida por infecção ou vacinação promove a mobilização rápida e específica das defesas para evitar sintomas da doença, levando à rápida eliminação do vírus, além do bloqueio da propagação virêmica a partir do sítio primário da infecção para o tecido-alvo, prevenindo doenças. Como resultado, a exposição de um indivíduo imunizado ao vírus é geralmente assintomática. Os anticorpos e as células B e T de memória estão presentes em um hospedeiro imune para gerar uma resposta anamnésica mais rápida e extensa (reforço) ao vírus. A IgA secretória antiviral é produzida rapidamente para fornecer uma importante defesa às reinfecções através das aberturas naturais do corpo, mas é produzida apenas de maneira transitória.

Fatores relacionados com o hospedeiro, vírus e outros determinam o desfecho da resposta imunológica a uma infecção viral. Fatores do hospedeiro incluem padrão genético, *status* imunológico, idade e saúde geral do indivíduo. Os fatores virais incluem cepa viral, dose infecciosa e rota de entrada. O tempo necessário para iniciar a proteção imunológica, a extensão da resposta, o nível de controle da infecção e o potencial para imunopatologia (ver Capítulo 37) resultante da infecção diferem entre uma infecção primária e após uma nova exposição ao patógeno.

MECANISMOS VIRAIS DE ESCAPE ÀS RESPOSTAS PROTETORAS DO HOSPEDEIRO

Um fator principal na virulência de um vírus é sua capacidade de evasão dos mecanismos de resolução da resposta imune. Os vírus podem escapar da resposta imune por evasão da detecção, prevenção da ativação ou bloqueio da resposta imune. Exemplos específicos são mostrados na Tabela 10.3. Muitos vírus codificam proteínas especiais que suprimem as respostas inatas e adaptativas.

IMUNOPATOGÊNESE VIRAL

Os sintomas de muitas doenças virais são a consequência da ação de citocinas ou respostas imunes exacerbadas. Os sintomas gripais do vírus influenza e de qualquer vírus que estabelece uma viremia (p. ex., arbovírus) que ocorre

Tabela 10.3 Exemplos de evasão viral das respostas imunes.

Mecanismo	Exemplos virais	Ação
RESPOSTA HUMORAL		
Ocultos aos anticorpos	Herpes-vírus, retrovírus	Infecção latente
	Herpes-vírus simples, vírus varicela-zóster, paramixovírus, HIV	Infecção célula a célula (formação de sincício)
Variação antigênica	Lentivírus (HIV)	Alteração genética após infecção
	Vírus influenza	Mudanças genéticas anuais (desvio)
		Alterações pandêmicas (desvio)
Secreção do antígeno de bloqueio	Vírus da hepatite B	Antígeno de superfície do vírus da hepatite B
INTERFERONA		
Produção de bloqueio	Vírus da hepatite B	Inibição da transcrição de IFN
	Vírus Epstein-Barr	Análogo de IL-10 (BCRF-1) bloqueia a produção de IFN-γ
Ação de bloqueio	Adenovírus	Inibe a regulação positiva de expressão do MHC; VA1 bloqueia a ativação de PKR induzida por interferona via RNA de fita dupla
	Herpes-vírus simples	Inativa PKR e ativa a fosfatase (PP1) para reverter a inativação do fator de iniciação da síntese proteica
FUNÇÃO DA CÉLULA IMUNE		
Deficiência de função da DC	Sarampo, hepatite C	Indução de IFN-β, que limita a função das DCs
Deficiência da função de linfócitos	Herpes-vírus simples	Prevenção da morte por células T CD8
	HIV	Elimina células T CD4 e causa alteração dos macrófagos
	Vírus do sarampo	Supressão de células NK, T e B
Fatores imunossupressores	Vírus Epstein-Barr	Supressão das respostas de células T *helper* CD4 TH1 pelo BCRF-1 (semelhante à IL-10)
APRESENTAÇÃO ANTIGÊNICA REDUZIDA		
Expressão reduzida do MHC de classe I	Adenovírus 12	Inibição da transcrição do MHC de classe I; a proteína de 19 kDa (gene E3) liga-se à cadeia pesada do MHC de classe I, bloqueando a translocação até a superfície
	Citomegalovírus	A proteína H301 bloqueia a expressão de superfície da β2-microglobulina e das moléculas do MHC de classe I
	Herpes-vírus simples	ICP47 bloqueia TAP, prevenindo a entrada do peptídio no RE e a ligação das moléculas MHC de classe I
INIBIÇÃO DA INFLAMAÇÃO		
	Poxvírus, adenovírus	Bloqueio da ação da IL-1 ou fator de necrose tumoral

DC, célula dendrítica; *RE*, retículo endoplasmático; *HIV*, vírus da imunodeficiência humana; *ICP47*, proteína celular infectada 47; *IFN*, interferona; *IL*, interleucina; *kDa*, kilodalton; *MHC I*, complexo principal de histocompatibilidade de classe I; *NK*, natural killer; *PKR*, proteinoquinase R; *RNA*, ácido ribonucleico; *TAP*, transportador associado à produção de antígeno; *TH*, T *helper* (célula).

durante o pródromo da doença são resultado das respostas da interferona e de outras citocinas induzidas pelo vírus. Interações de anticorpos com grandes quantidades de antígeno viral no sangue, como ocorre com a infecção pelo vírus da hepatite B, podem levar a doenças por imunocomplexos. A erupção cutânea decorrente do sarampo, o extenso dano ao tecido cerebral associado à encefalite pelo herpes-vírus simples (-*ite* significa "inflamação") e os danos teciduais e sintomas de hepatite são consequência da imunidade celular mediada e da inflamação. As respostas mais agressivas das células NK e células T em adultos exacerbam algumas doenças que são benignas em crianças, como o vírus da varicela-zóster, a mononucleose infecciosa pelo vírus Epstein-Barr e também a infecção pelo vírus da hepatite B. No entanto, a falta dessa resposta em crianças as torna propensas à infecção crônica pelo vírus da hepatite B, porque a resposta é insuficiente para matar células infectadas e resolver a infecção.

As infecções virais podem fornecer o gatilho inicial de ativação que possibilita ao sistema imunológico responder aos antígenos próprios e/ou expressar proteínas que mimetizam as proteínas do hospedeiro, causando as doenças autoimunes. Uma tempestade de citocinas produzida em resposta à infecção pelo vírus influenza ou outro vírus pode se sobrepor à tolerância periférica mediada por células Treg e propiciar o início de uma resposta de célula T CD4, anticorpo ou célula T CD8 contra antígenos próprios em uma pessoa que é geneticamente predisposta a uma doença autoimune (tipo MHC).

Respostas imunes específicas para os fungos

As respostas protetoras primárias às infecções fúngicas são iniciadas por carboidratos da parede celular fúngica ligados aos TLR e à lectina da classe da dectina-1, fornecidas por **neutrófilos, macrófagos e peptídios antimicrobianos** (Boxe 10.5). As **respostas** das células T CD4 **TH17 e TH1** estimulam as respostas dos neutrófilos e macrófagos. Pacientes com deficiência de neutrófilos ou de respostas mediadas por células T CD4 (p. ex., pacientes com AIDS) são mais suscetíveis a infecções fúngicas (oportunistas). Infecções fúngicas podem ser mantidas sob controle, indetectáveis durante décadas, por meio de respostas imunes eficientes induzidas por células T e por neutrófilos, com o surgimento de manifestações graves das doenças apenas

> **Boxe 10.5** Resumo das respostas antifúngicas.
>
> **Peptídios antimicrobianos** produzidos por células epiteliais, neutrófilos, macrófagos e outras células; são a defesa primária
> **Neutrófilos** são muito importantes. Essas células liberam espécies reativas de oxigênio e compostos antifúngicos, além de fagocitarem os fungos
> **Macrófagos** também são importantes
> As respostas **TH17** reforçam a função antifúngica de neutrófilos e células epiteliais e a produção de peptídios antimicrobianos, porém promovem a inflamação
> As respostas **TH1** reforçam as funções dos macrófagos, mas promovem a inflamação. A formação do granuloma é importante para as infecções intracelulares (*Histoplasma*)
> As respostas **TH2**, por meio da IgG e IgA, podem bloquear a ligação de fungos e a ação de toxinas, mas a IgE pode promover alergia e asma

Ig, imunoglobulina; *TH*, T *helper* (célula).

> **Boxe 10.6** Resumo das respostas antiparasitárias.
>
> São necessárias diferentes respostas imunes, dependendo da natureza do parasito e do estágio de replicação
>   Muitos parasitos têm múltiplos truques para escapar das respostas imunes.
> As **respostas TH2**, através de IgG e IgA, são importantes para prevenir a ligação do parasito ao tecido, bloquear a ligação e a entrada nas células, ativar o complemento e como opsoninas
>   A IgE associada aos mastócitos e eosinófilos se liga a parasitos e antígenos parasitários, estimulando a liberação de histamina e substâncias tóxicas para promover a expulsão
>   As respostas TH2 ativam a secreção de muco no cólon para promover a expulsão
> As **respostas TH1** são particularmente importantes para infecções intracelulares (*Leishmania*), mas promovem a inflamação
>   A formação de granuloma é importante para infecções intracelulares (*Schistosoma*)
> As **respostas TH17** reforçam a ação epitelial e neutrofílica para parasitos extracelulares

Ig, imunoglobulina; *TH*, T *helper* (célula).

em condições de deficiências em neutrófilos ou células T, que se tornam letais. Defensinas e outros peptídios catiônicos podem ser importantes para algumas infecções fúngicas (p. ex., mucormicose, aspergilose), enquanto o óxido nítrico pode ser importante contra *Cryptococcus* e outros fungos. A infecção respiratória com *Histoplasma* causa infecção intracelular de macrófagos, induzindo respostas imunes granulomatosas semelhantes àquelas observadas na infecção com *M. tuberculosis*. O anticorpo, como uma opsonina, pode facilitar a eliminação dos fungos, mas também pode provocar reações de hipersensibilidade causadoras de doenças. Fungos e esporos fúngicos são alergênios comuns e indutores de asma e alveolite alérgica.

Respostas imunes específicas aos parasitos

É difícil generalizar sobre os mecanismos de imunidade antiparasitária, pois existem muitos parasitos diferentes que apresentam formas distintas e residem em sítios teciduais diversos durante seus ciclos de vida (Boxe 10.6 e Tabela 10.4). O estímulo das respostas mediadas pelas células T CD4 TH1, TH17 e CD8, além dos macrófagos, são importantes para as infecções intracelulares, enquanto neutrófilos, macrófagos e respostas mediadas por células TH2 produtoras de anticorpos são fundamentais para parasitos extracelulares no sangue e nos fluidos biológicos. As ações da **IgE**, **eosinófilos** e **mastócitos** são desencadeadas e particularmente importantes para eliminar infecções parasitárias (cestódeos e nematoides). A eficiência do controle da infecção pode depender do tipo de resposta iniciada no hospedeiro. A dominância de uma resposta TH2 contra infecções por *Leishmania* resulta na inibição da ativação de macrófagos mediada por células TH1, na incapacidade de eliminar parasitos intracelulares e em um mau prognóstico. Essa observação forneceu a base para a descoberta de que as respostas TH1 e TH2 são distintas e antagonistas. Os parasitos desenvolveram mecanismos sofisticados para impedir a eliminação do patógeno pela resposta imune e frequentemente estabelecem infecções crônicas.

Parasitos extracelulares, tais como *Trypanosoma cruzi*, *Toxoplasma gondii* e espécies de *Leishmania* são fagocitados por **macrófagos**. O **anticorpo** pode facilitar a captação (opsonização) dos parasitos. Esses patógenos podem replicar no macrófago e esconder-se da detecção subsequente pelo sistema imune a menos que o macrófago seja ativado por respostas TH1. A morte dos parasitos segue a ativação dos macrófagos por IFN-γ ou TNF-α e a indução de **mecanismos de morte dependentes do oxigênio** (peróxido, superóxido e óxido nítrico).

A produção de IFN-γ e ativação de macrófagos que são mediadas pela resposta TH1 também são essenciais para a defesa contra protozoários intracelulares e para o desenvolvimento de **granulomas** ao redor de ovos de *Schistosoma mansoni* e vermes no fígado. O granuloma protege o fígado das toxinas produzidas pelos ovos. No entanto, também causa fibrose, que pode interromper o fornecimento de sangue venoso a porções do fígado, levando à hipertensão e cirrose.

Neutrófilos fagocitam e matam parasitos extracelulares tanto por mecanismos dependentes quanto independentes de oxigênio. Os **eosinófilos** localizam-se perto de parasitos, ligam-se a IgG ou IgE na superfície de larvas ou vermes (p. ex., helmintos, *S. mansoni* e *Trichinella spiralis*), sofrem degranulação pela fusão de seus grânulos intracelulares com a membrana plasmática e liberam a **proteína básica principal** no espaço intercelular. A principal proteína básica é tóxica para o parasito.

Para infecções por vermes parasitos, IL-4 e outras citocinas produzidas por células epiteliais, células ILC2 e células T CD4 TH2 são muito importantes para estimular a produção de IgE e ativar os mastócitos (Figura 10.7). A IgE ligada a receptores Fc em mastócitos tem como alvo as células do hospedeiro que contêm os antígenos do parasito infectante. No lúmen do intestino, a ligação de antígenos e a ligação cruzada da IgE na superfície do mastócito estimulam a liberação de histamina e substâncias tóxicas para o parasito. As respostas TH2 também promovem a secreção de muco que reveste e promove a expulsão do verme.

O anticorpo IgG também desempenha um papel importante na imunidade antiparasitária como uma opsonina e pela ativação do complemento sobre a superfície do parasito.

A malária representa um desafio interessante para a resposta imune. Os anticorpos protetores reconhecem proteínas de adesão e outras proteínas de superfície, mas estas

Tabela 10.4 Exemplos das respostas imunes antiparasitárias.

Parasito	Hábitat	Principal mecanismo efetor do hospedeiro[a]	Método de prevenção
Trypanosoma brucei	Corrente sanguínea	Anticorpo + complemento	Variação antigênica
Espécies de *Plasmodium*	Hepatócito, eritrócito	Anticorpo, citocinas, TH1 para hepatócitos	Crescimento intracelular, infecção de eritrócitos, variação antigênica
Toxoplasma gondii	Macrófago	Metabólitos de O_2, NO, enzimas lisossomais (TH1)	Inibição da fusão com lisossomos
T. cruzi	Muitas células	Metabólitos de O_2, NO, enzimas lisossomais (TH1)	Escape no citoplasma, assim impedindo a digestão no lisossomo
Espécies de *Leishmania*	Macrófago	Metabólitos de O_2, NO, enzimas lisossomais, resposta TH1 não TH2	Deficiência do *burst* (explosão) de O_2 e sequestro de produtos; prevenção da digestão
Trichinella spiralis	Intestino, sangue, músculo	Células mieloides, anticorpo + complemento (TH2)	Encistamento nos músculos
Schistosoma mansoni	Pele, sangue, pulmões, veia porta	Células mieloides, anticorpo + complemento (TH2)	Aquisição de antígenos do hospedeiro como camuflagem: antígenos solúveis e imunocomplexos; antioxidantes
Wuchereria bancrofti	Sistema linfático	Células mieloides, anticorpo + complemento (TH2)	Cutícula extracelular, espessa; antioxidantes
Helmintos	Intestino	IgE	Cutícula extracelular

[a]O anticorpo é mais importante para patógenos extracelulares. A imunidade mediada por células (resposta TH1) é mais importante para os patógenos intracelulares. *IgE*, imunoglobulina E; *NO*, óxido nítrico; *TH*, T *helper* (célula).
Adaptado de Roitt, I., Brostoff, J., Male, D. et al., 1996. *Immunology*, fourth ed. Mosby, St Louis, MO.

diferem para cada um dos estágios de desenvolvimento do parasito. Respostas TH1 e CTL podem ser importantes durante as fases hepáticas da infecção. Enquanto estiver no eritrócito, o parasito é escondido do anticorpo, não é reconhecido pelos CTLs, mas pode estimular respostas das células NK e NKT. Citocinas, principalmente TNF-α, produzidas por essas células promovem proteção, mas também imunopatogênese. Imunocomplexos contendo componentes do patógeno causador da malária e resíduos celulares liberados na lise de eritrócitos podem entupir pequenos capilares e ativar as reações de hipersensibilidade tipo II (ver mais adiante) e promover dano tecidual inflamatório.

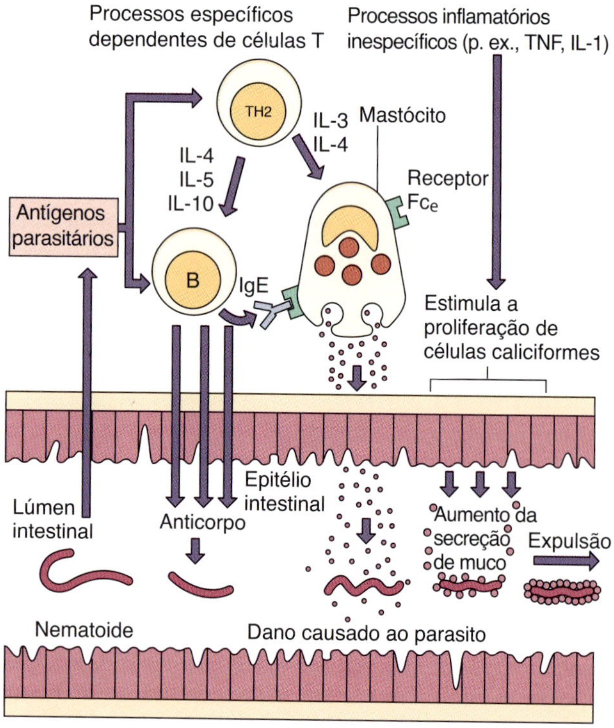

EVASÃO DOS MECANISMOS IMUNES PELOS PARASITOS

Os parasitos animais desenvolveram mecanismos notáveis para o estabelecimento de infecções crônicas no hospedeiro vertebrado (ver Tabela 10.4). Esses mecanismos incluem crescimento intracelular, inativação de morte por fagocitose, liberação de antígeno bloqueador (p. ex., *T. brucei*, *Plasmodium falciparum*), alteração do aspecto do antígeno e desenvolvimento de cistos (p. ex., protozoários, *Entamoeba histolytica*; helmintos, *T. spiralis*) para limitar o acesso pela resposta imune. Os tripanossomos africanos podem modificar geneticamente seu antígeno de superfície (glicoproteína de superfície variável), levando à alteração de sua aparência antigênica. Os esquistossomos podem se revestir de antígenos do hospedeiro, incluindo moléculas de MHC.

Outras respostas imunes

Respostas antitumorais e **rejeição de transplantes de tecido** são principalmente mediadas pela resposta imune TH1 (Animação 10). As células T CD8 citolíticas reconhecem e matam tumores que expressam peptídios a partir de proteínas embriológicas, proteínas mutadas ou outras proteínas expressas pelas moléculas do MHC de classe I (via endógena de apresentação do peptídio). Essas proteínas

Figura 10.7 Eliminação de nematoides do intestino. Respostas TH2 são importantes para estimular a produção de anticorpos. O anticorpo pode causar danos ao parasito. A ligação do antígeno à imunoglobulina E *(IgE)* associada aos mastócitos desencadeia a liberação de histamina e substâncias tóxicas. O aumento da secreção de muco também promove a expulsão. *IL*, interleucina; *TH*, T *helper* (célula); *TNF*, fator de necrose tumoral. (De Roitt, I., Brostoff, J., Male, D., et al., 1996. *Immunology*, fourth ed. Mosby, St Louis, MO.)

podem ser expressas de maneira inadequada pela célula tumoral, e a resposta imune do hospedeiro pode não apresentar tolerância imunológica a elas. As respostas antitumorais são suprimidas pela superexpressão de moléculas inibitórias de ponto de controle em células tumorais, tais como PD-L1 e PD-L2 que se ligam ao PD-1, impedindo a morte por células T citolíticas. As respostas imunossupressoras na cicatrização de feridas (remodelamento de tecidos e angiogênese) mediadas por macrófagos M2 também são estimuladas por tumores.

A rejeição de **aloenxertos** utilizados para transplantes de tecidos é mediada por células T e acionada pelo reconhecimento de peptídios proteicos e do antígeno do MHC I do enxerto. Anticorpo para antígenos estranhos também pode causar rejeição por ativar o complemento e a morte por ADCC do enxerto. Além da rejeição do tecido transplantado pelo hospedeiro, células do doador de uma transfusão sanguínea ou de um transplante de tecido podem iniciar uma resposta ou reagir contra o novo hospedeiro em uma resposta denominada **enxerto-*versus*-hospedeiro** (**GVH**, *graf-versus-host*). Um teste *in vitro* de ativação e crescimento de células T em uma resposta semelhante ao GVH é a **reação linfocitária mista**.

Imunopatogênese

RESPOSTAS DE HIPERSENSIBILIDADE

Uma vez ativada, a resposta imune às vezes é difícil de controlar e causa danos aos tecidos. Reações de hipersensibilidade são responsáveis por muitos dos sintomas associados às infecções microbianas. Reações de hipersensibilidade ocorrem em pessoas com imunidade estabelecida ao antígeno. *O mediador e o curso de tempo* distinguem principalmente os quatro tipos de respostas de hipersensibilidade (Tabela 10.5). Os tipos I a III são dirigidos por respostas de anticorpos, e o tipo IV é mediado pela imunidade celular.

A **hipersensibilidade tipo I** é causada por **IgE** e está associada às **reações alérgicas**, **atópicas** e **anafiláticas** (Figura 10.8; Animação 11). As reações alérgicas mediadas por IgE são reações de início rápido. A IgE se liga aos receptores Fc nos mastócitos e se torna o receptor de superfície celular para antígenos (**alergênios**). A ligação cruzada de várias moléculas de IgE da superfície celular por um alergênio (p. ex., pólen) desencadeia a degranulação, liberando **quimioatraentes** (quimiocinas, leucotrienos) para atrair eosinófilos, neutrófilos e células mononucleares; **ativadores** (histamina, fator ativador de plaquetas, triptase, cininogenase e citocinas) para promover a vasodilatação e o edema; e **espasmógenos** (histamina, prostaglandina D2 e leucotrienos) que afetam diretamente o músculo liso brônquico e promovem a secreção de muco. Após 8 a 12 horas, uma reação de fase tardia se desenvolve por causa da infiltração de eosinófilos e células T CD4 e reforço da resposta inflamatória mediada por citocinas. A dessensibilização (injeções para alergia) produz IgG para ligação com o alergênio e prevenção da ligação do alergênio com a IgE.

A **hipersensibilidade tipo II** é causada pela **ligação do anticorpo às moléculas de superfície celular**. O anticorpo pode promover respostas citolíticas pela **cascata da via clássica do sistema complemento** ou ADCC (Figura 10.9). Essas reações ocorrem a partir de 8 horas após um transplante de tecido ou sangue ou como parte de uma doença crônica. Exemplos dessas reações são a anemia hemolítica autoimune e a síndrome de Goodpasture (síndrome do bom-pastor – danos na membrana basal dos pulmões e rins). Outro exemplo é a doença hemolítica dos recém-nascidos (bebês azuis), que ocorre quando o anticorpo IgG materno, gerado durante a primeira gravidez a um fator proteico Rh incompatível em eritrócitos fetais, atravessa a placenta e prejudica um segundo feto (incompatibilidade do fator Rh).

A ativação de anticorpo antirreceptor ou a inibição de funções efetoras também é considerada uma resposta de tipo II. A miastenia *gravis* é causada por anticorpos que reconhecem receptores de acetilcolina em neurônios, a doença de Graves resulta da estimulação do receptor do hormônio estimulante da tireoide (TSH) pelo anticorpo e algumas formas de diabetes podem resultar do bloqueio do receptor de insulina por anticorpos.

As respostas de **hipersensibilidade tipo III** resultam da ativação do sistema **complemento** por **imunocomplexos** (Figura 10.10). Na presença de uma quantidade abundante de antígeno solúvel na corrente sanguínea, grandes complexos de antígeno-anticorpo ficam retidos nos capilares (principalmente no rim) e depois iniciam a cascata da via clássica do complemento. A ativação da cascata do complemento inicia as reações inflamatórias. A doença por imunocomplexo pode ser causada por infecções (p. ex., hepatite B, malária, endocardite infecciosa estafilocócica, glomerulonefrite associada a estreptococos do grupo A), antígeno viral (p. ex., poliarterite nodosa induzida por antígeno de superfície do vírus da hepatite B), autoimunidade (p. ex., artrite reumatoide, lúpus eritematoso sistêmico) ou inalação persistente de antígeno (p. ex., antígenos de fungos filamentosos, plantas ou animais). Por exemplo, uma pneumonite denominada pulmão do agricultor é causada pela ligação de IgG pré-formada aos esporos de fungos filamentosos dentro dos alvéolos, que foram inalados a partir do feno. As reações de hipersensibilidade tipo III podem ser induzidas em indivíduos pré-sensibilizados por meio da injeção intradérmica de antígeno, o que causa a **reação de Arthus**, uma reação cutânea caracterizada por vermelhidão e inchaço. Imunizações anuais de reforço contra a gripe frequentemente provocam uma reação de Arthus no local da imunização, decorrente da presença de anticorpos derivados da imunização do ano anterior. Doença do soro, alveolite alérgica extrínseca (uma reação ao antígeno fúngico inalado) e glomerulonefrite resultam de reações de hipersensibilidade tipo III. A doença do soro pode ocorrer após a administração de imunoglobulina animal (p. ex., soro antiofídico) em várias ocasiões.

As **respostas de hipersensibilidade tipo IV (reações de hipersensibilidade do tipo tardio [HTT])** são respostas inflamatórias **mediadas por células T** (Figura 10.11 e Tabela 10.6). Normalmente, leva de 24 a 48 horas para que o antígeno seja apresentado para as **células T circulantes**, para que elas se movam ao sítio e então para que promovam a **ativação de neutrófilos e macrófagos** para induzir a inflamação. A HTT é responsável por dermatite de contato (p. ex., cosméticos, níquel) e a resposta à hera venenosa. A injeção intradérmica de **antígeno tuberculina** (derivado de proteína purificada de *M. tuberculosis*) provoca um inchaço firme que atinge o pico

Tabela 10.5 Reações de hipersensibilidade.

Tipo de reação	Tempo de início	Aspectos essenciais	Efeitos benéficos	Efeitos patológicos
Tipo I	< 30 min	Estímulo por antígeno solúvel, liberação dependente de IgE seguida por reação de fase tardia	Respostas antiparasitárias e neutralização de toxinas	Alergias localizadas (p. ex., febre do feno, asma) Anafilaxia sistêmica
Tipo II	< 8 h	Anticorpo ligado à célula promovendo citotoxicidade mediada por C'; ligação do anticorpo e modulação da função do receptor	Lise direta e fagocitose de bactérias extracelulares e outros microrganismos suscetíveis	Destruição de eritrócitos (p. ex., reação transfusional, doença por incompatibilidade do fator Rh) Dano tecidual específico ao órgão em algumas doenças autoimunes (p. ex., síndrome de Goodpasture)
Tipo III	< 8 h	Complexos antígeno solúvel-anticorpo ativam C'	Reação inflamatória aguda no sítio de infecção pelos microrganismos extracelulares e sua eliminação	Reação de Arthus (localizada) Doença do soro e reação a medicamentos (generalizada) Doenças sistêmicas autoimunes
Tipo IV	24 a 72 h (agudo); > 1 semana (crônico)	O antígeno proteico fagocitado apresentado para células T CD4 ativa macrófagos e a inflamação	Proteção contra a infecção por fungos, bactérias intracelulares e vírus	Agudo: dermatite de contato, teste cutâneo da tuberculose Crônico: formação do granuloma

Ig, imunoglobulina.

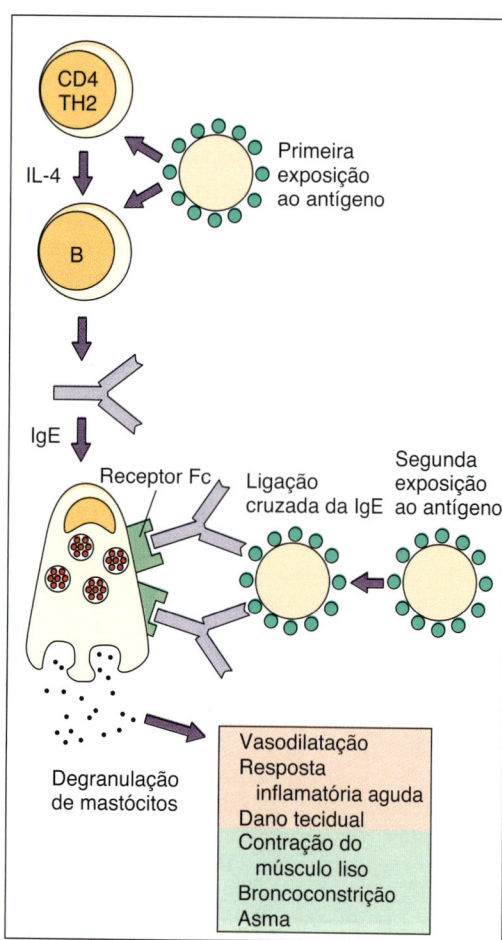

Figura 10.8 Hipersensibilidade tipo I: reações atópicas e anafiláticas mediadas por imunoglobulina E *(IgE)*. A IgE produzida em resposta ao desafio inicial se liga aos receptores Fc em mastócitos e basófilos. A ligação do alergênio e a ligação cruzada da IgE de superfície da célula promovem a liberação de histamina e de prostaglandinas a partir de grânulos, que produzem os sintomas. Exemplos são febre do feno, asma, alergia à penicilina e reação à picada de abelhas. *IL*, interleucina; *TH*, T *helper* (célula).

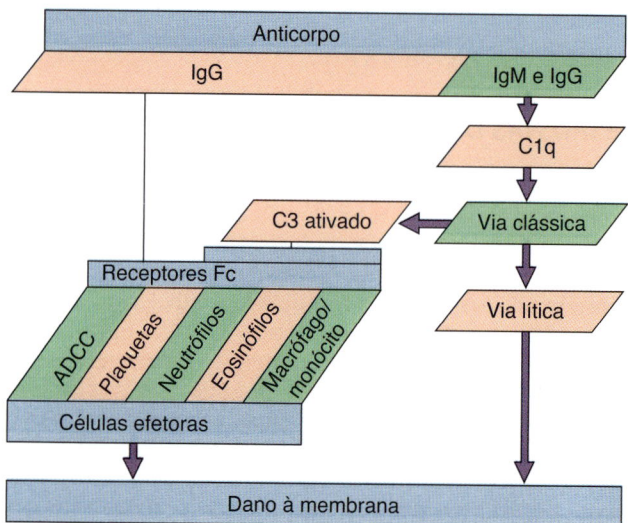

Figura 10.9 Hipersensibilidade tipo II: mediada por anticorpo ligado à célula e complemento. A ativação do sistema complemento promove o dano celular direto por meio da cascata do complemento e pela ativação de células efetoras. Exemplos incluem a síndrome de Goodpasture, a resposta ao fator Rh em recém-nascidos e as endocrinopatias autoimunes. *ADCC*, citotoxicidade celular dependente de anticorpos; *Ig*, imunoglobulina.

em 48 a 72 horas após a injeção e é indicativo de exposição prévia a *M. tuberculosis* (Figura 10.12). A hipersensibilidade granulomatosa ocorre com tuberculose, hanseníase, esquistossomose, sarcoidose e doença de Crohn. A formação dos **granulomas** ocorre em resposta à estimulação contínua pelo crescimento intracelular de *M. tuberculosis*. Essas estruturas consistem em células epitelioides criadas a partir de macrófagos ativados cronicamente, células epitelioides fusionadas (células gigantes multinucleadas) envoltas por linfócitos e fibrose causada pela deposição de colágeno derivado de fibroblastos. Os granulomas restringem a propagação de *M. tuberculosis* enquanto houver fornecimento de IFN-γ pelas células T CD4.

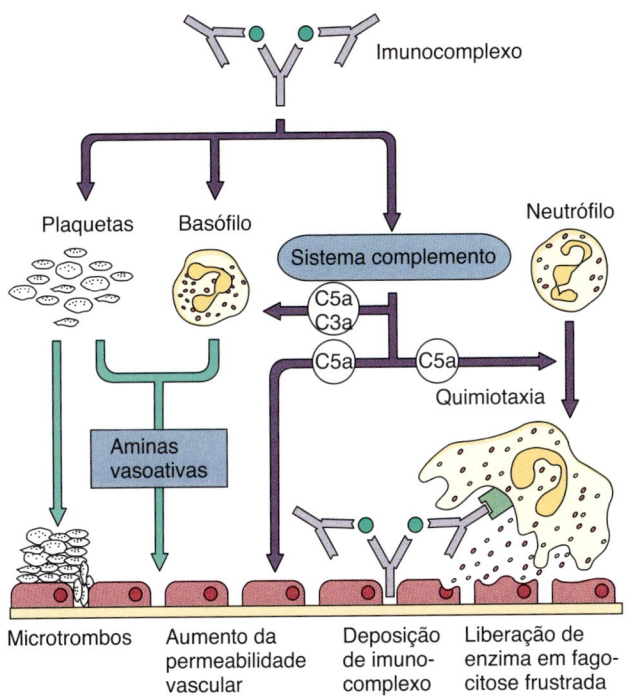

Figura 10.10 Hipersensibilidade tipo III: mediada por imunocomplexos. Os imunocomplexos podem ser retidos nos rins e em qualquer lugar do corpo e podem ativar o sistema complemento, promovendo a inflamação. Exemplos são: doença do soro, nefrite associada à infecção crônica pelo vírus da hepatite B e reação de Arthus.

conjunto os TCR com as moléculas do MHC I nas APCs para ativar até 20% das células T CD4. Isso desencadeia a liberação não controlada de excesso de citocinas produzidas por células T e macrófagos até a morte da célula T por apoptose. Bactérias, endotoxinas ou vírus no sangue podem promover a produção de grandes quantidades de citocinas de fase aguda e interferonas tipo I por pDC além de certos vírus serem ativadores muito potentes da produção de interferona e citocinas. Grandes quantidades de TNF-α são produzidas durante a tempestade de citocinas. O TNF-α pode promover processos inflamatórios como o aumento de extravasamento vascular e a ativação de neutrófilos, que podem ser benéficos em nível local, mas em nível sistêmico levarão à febre, calafrios, dores, estimulação das vias de coagulação, enzimas hepáticas elevadas, perda de apetite, aumento do metabolismo, perda de peso, aumento da permeabilidade vascular e potencialmente choque.

Respostas autoimunes

Normalmente, uma pessoa adquire tolerância a antígenos próprios durante o desenvolvimento de células T e células B e por células Treg. A autoimunidade pode ser induzida por qualquer um ou por todos os seguintes fatores: tolerância sobreposta induzida por Treg em decorrência da produção excessiva de citocinas (p. ex., tempestade de citocinas, lúpus eritematoso sistêmico), reatividade cruzada com antígenos microbianos (p. ex., infecção por estreptococos do grupo A, febre reumática), ativação policlonal de linfócitos induzida por tumores ou infecção (p. ex., malária, infecção pelo vírus Epstein-Barr), uma predisposição genética frente à apresentação de peptídios antigênicos próprios expressos em moléculas do MHC ou falta de tolerância a antígenos específicos.

As doenças autoimunes resultam de reações de hipersensibilidade iniciadas por autoanticorpos e células T autorreativas. Indivíduos com determinados antígenos MHC estão em risco mais elevado para respostas autoimunes (p. ex., HLA-B27: artrite reumatoide juvenil, espondilite anquilosante) por causa de sua capacidade para ligar e apresentar peptídios próprios. Uma vez iniciada, é estabelecido um ciclo entre as

TEMPESTADE DE CITOCINAS

Sepse, síndrome do choque mediado por toxinas (p. ex., induzida pela toxina da síndrome do choque tóxico por *Staphylococcus*), algumas infecções virais (p. ex., síndrome respiratória aguda grave [SRAG]) e gripe, além da doença GVH induzem uma estimulação exacerbada de respostas inatas e/ou adaptativas, produzindo quantidades excessivas de citocinas que perturbam a fisiologia do corpo. As consequências são desregulação multissistêmica, erupção cutânea, febre e choque. Os **superantígenos** fixam em

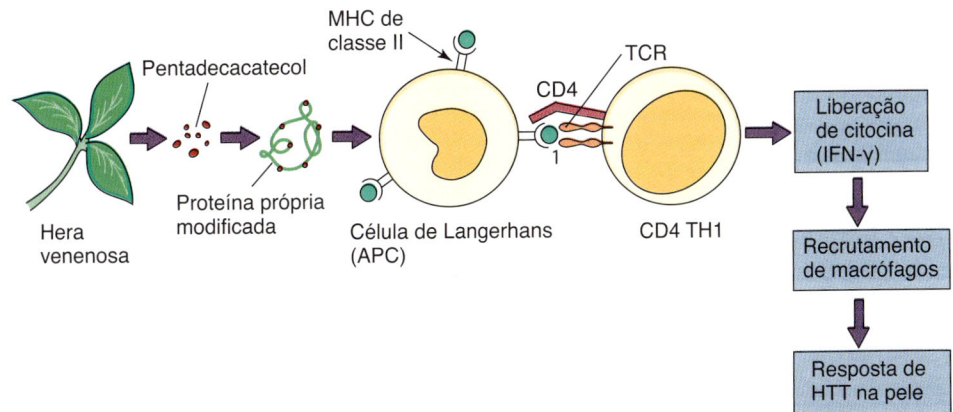

Figura 10.11 Hipersensibilidade tipo IV: hipersensibilidade do tipo tardio *(HTT)* mediada por células T CD4 *(TH1)*. Neste caso, proteínas próprias quimicamente modificadas são processadas e os peptídios são apresentados por células apresentadoras de antígeno *(APC)* às células T CD4 de memória circulando pela pele, que se tornam ativadas e liberam citocinas (incluindo interferona-γ *[IFN-γ]*) que promovem inflamação. Outros exemplos de HTT são a resposta tuberculínica (teste com derivado proteico purificado) e reação a metais, como níquel. *TCR*, receptor de célula T; *TH*, T *helper* (célula).

Tabela 10.6 Características importantes de quatro tipos de reações de hipersensibilidade do tipo tardio.

Tipo	Tempo de reação	Aspecto clínico	Achado histológico	Antígeno
Jones-Mote	24 a 48 h	Edema ou inchaço da pele	Basófilos, linfócitos, células mononucleares	Antígeno intradérmico; reação ao PPD ou outro antígeno proteico
Tuberculina	48 h	Enduração local e inchaço com ou sem febre	Células mononucleares, linfócitos e monócitos, macrófagos reduzidos	Dérmico: tuberculina (PPD), micobacteriano, de *Leishmania*
Contato	48 h	Eczema	Células mononucleares, edema, epiderme elevada	Epidérmico: níquel, borracha, hera venenosa
Granulomatoso	4 semanas	Enduração da pele	Granuloma de célula epitelioide, células gigantes, macrófagos, fibrose com ou sem necrose	Antígeno persistente ou complexos antígeno-anticorpo em macrófagos ou "não imunológicos" (p. ex., talco em pó)

PPD, derivado proteico purificado.

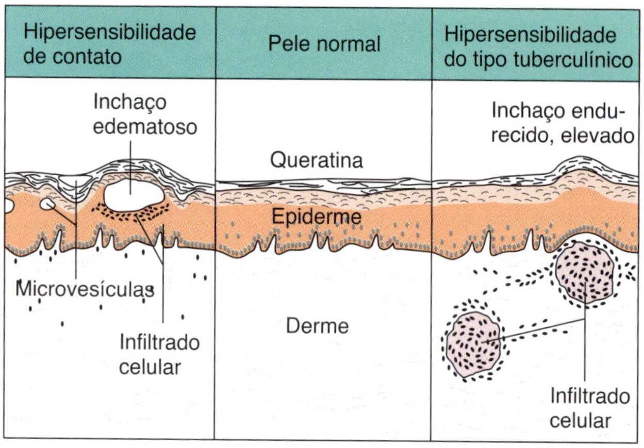

Figura 10.12 Respostas de hipersensibilidade de contato e à tuberculina. Essas respostas do tipo IV são mediadas por células, mas diferem em relação ao local de infiltração celular e aos sintomas. A hipersensibilidade de contato ocorre na epiderme e leva à formação de bolhas; a hipersensibilidade do tipo tuberculínico ocorre na derme e é caracterizada por inchaço ou edema.

Tabela 10.7 Infecções associadas a defeitos nas respostas imunes.

Defeitos	Patógeno
Indução por meios físicos (p. ex., queimaduras, trauma)	*Pseudomonas aeruginosa* *Staphylococcus aureus* *S. epidermidis* *Streptococcus pyogenes* Espécies de *Aspergillus* Espécies de *Candida*
Esplenectomia	Bactérias encapsuladas e fungos
Defeitos no movimento, fagocitose e morte por granulócitos e monócitos ou número reduzido de células (neutropenia)	*S. aureus* *S. pyogenes* *S. pneumoniae* *Haemophilus influenzae* *Escherichia coli* Espécies de *Klebsiella* *P. aeruginosa* Espécies de *Nocardia* Espécies de *Aspergillus* Espécies de *Candida*
Componentes individuais do sistema complemento	*S. aureus* *S. pneumoniae* Espécies de *Pseudomonas* Espécies de *Proteus* Espécies de *Neisseria*
Células T	Herpes-vírus (HSV, EBV, CMV, HHV6, HHV7, HHV8) *Poliomavírus* (JC, BK) *Listeria monocytogenes* Espécies de *Mycobacterium* Espécies de *Nocardia* Espécies de *Aspergillus* Espécies de *Candida* *Cryptococcus neoformans* *Histoplasma capsulatum* *Pneumocystis jirovecii* *Toxoplasma* *Strongyloides stercoralis*
Células B	Enterovírus *S. aureus* Espécies de *Streptococcus* *H. influenzae* *Neisseria meningitidis* *E. coli* *Giardia lamblia* *P. jirovecii*
Imunodeficiência combinada	Ver patógenos listados em células T e células B

CMV, citomegalovírus; *EBV*, vírus Epstein-Barr; *HHV*, herpes-vírus humano; *HSV*, herpes-vírus simples.

APCs, principalmente células B e células T, que produzem citocinas para promover inflamação e danos teciduais e mais antígenos próprios. As respostas TH17 e TH1 são responsáveis pela artrite reumatoide e outras doenças.

Imunodeficiência

A imunodeficiência pode resultar de deficiências genéticas, fome, imunossupressão induzida por fármacos (p. ex., tratamento com esteroides, quimioterapia, supressão da rejeição do enxerto de tecido por quimioterapia), câncer (principalmente de células imunes) ou doença (p. ex., AIDS) e ocorre naturalmente em recém-nascidos e mulheres grávidas. Deficiências nas respostas protetoras específicas colocam um paciente em alto risco de doenças graves causadas por agentes infecciosos que devem ser controlados por essa resposta (Tabela 10.7). Essas "experiências naturais" ilustram a importância de respostas específicas no controle de infecções específicas.

IMUNOSSUPRESSÃO

A terapia imunossupressora é importante para reduzir respostas inflamatórias e imunes exacerbadas ou para prevenir a rejeição de transplantes teciduais por células T. Ácido acetilsalicílico e fármacos anti-inflamatórios não esteroides (AINES) têm como alvo as ciclo-oxigenases que geram prostaglandinas inflamatórias (p. ex., PGD_2) e dor. Outros tratamentos anti-inflamatórios visam a produção e a ação de citocinas. Os corticosteroides previnem sua produção por macrófagos e podem ser tóxicos para as células T. Formas solúveis do receptor de TNF-α e do anticorpo para o TNF-α podem ser utilizadas para bloquear a ligação do TNF-α e impedir sua ação. Anticorpos dirigidos para IL-12, IL-23, IL-1 e outras citocinas e proteínas de adesão em células T e APC podem bloquear a ativação de respostas inflamatórias e outras respostas mediadas por células T.

A **terapia imunossupressora para transplantes** geralmente inibe a ação ou causa a lise das células T. Ciclosporina, tacrolimo (FK-506) e rapamicina impedem a ativação das células T (ver Figura 9.3). O antiligante de CD40 e anti-IL-2 previnem a ativação de células T, enquanto o anti-CD3 promove a lise das células T para suprimir as respostas dessas células. A terapia com anti-TNF-α e outros tratamentos ablativos aumentam o risco de doença por *M. tuberculosis*, e o uso de anticorpo para a molécula de adesão celular α4-integrina aumenta o risco da doença de reativação do vírus JC (leucoencefalopatia multifocal progressiva).

DEFICIÊNCIAS HEREDITÁRIAS DO COMPLEMENTO E INFECÇÃO MICROBIANA

Deficiências hereditárias dos componentes **C1q, C1r, C1s, C4** e **C** estão associadas a defeitos na ativação da via clássica do sistema complemento que leva a uma maior suscetibilidade às infecções estreptocócicas e estafilocócicas piogênicas (produtoras de pus) (Figura 10.13). Uma **deficiência de C3** leva a um defeito na ativação de todas as vias, o que também resulta em maior incidência de infecções piogênicas. **Defeitos dos fatores properdina** prejudicam a ativação da via alternativa, o que também resulta em um aumento da suscetibilidade a infecções piogênicas. Finalmente, **deficiências de C5 a C9** estão associadas à deficiência na morte de células defeituosas, causando o aumento da suscetibilidade a infecções disseminadas por espécies de *Neisseria*.

DEFEITOS NA AÇÃO FAGOCÍTICA

Indivíduos com fagócitos defeituosos estão mais suscetíveis a infecções bacterianas, mas não a infecções virais ou às causadas por protozoários (Figura 10.14). A relevância clínica da atividade microbicida dependente de oxigênio é ilustrada pela **doença granulomatosa crônica** em crianças que não têm as enzimas (p. ex., nicotinamida adenina dinucleotídio fosfato [NADPH] oxidase) para produzir o ânion superóxido. Embora a fagocitose seja normal, essas crianças têm uma capacidade reduzida de oxidar a NADPH e destruir bactérias ou fungos pela via oxidativa. Em pacientes com **síndrome Chédiak-Higashi**, os grânulos neutrofílicos se fundem quando as células são imaturas na medula óssea. Portanto, os neutrófilos desses pacientes podem fagocitar bactérias, mas têm a capacidade significativamente reduzida de eliminá-las. Os granulomas são formados ao

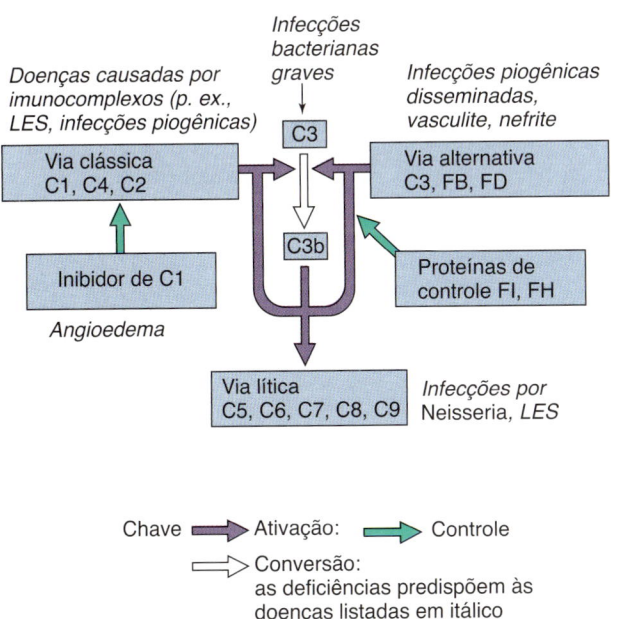

Figura 10.13 Consequências das deficiências nas vias do sistema complemento. Uma deficiência na ativação ou no controle do complemento pode levar a doenças. A incapacidade de gerar fragmentos C3 ou C5 compromete o recrutamento de neutrófilos e macrófagos, opsonização e eliminação de bactérias e proteínas, além da ativação de células B. A ausência de inibidores possibilita a ativação e a inflamação inadequadas. *LES*, lúpus eritematoso sistêmico.

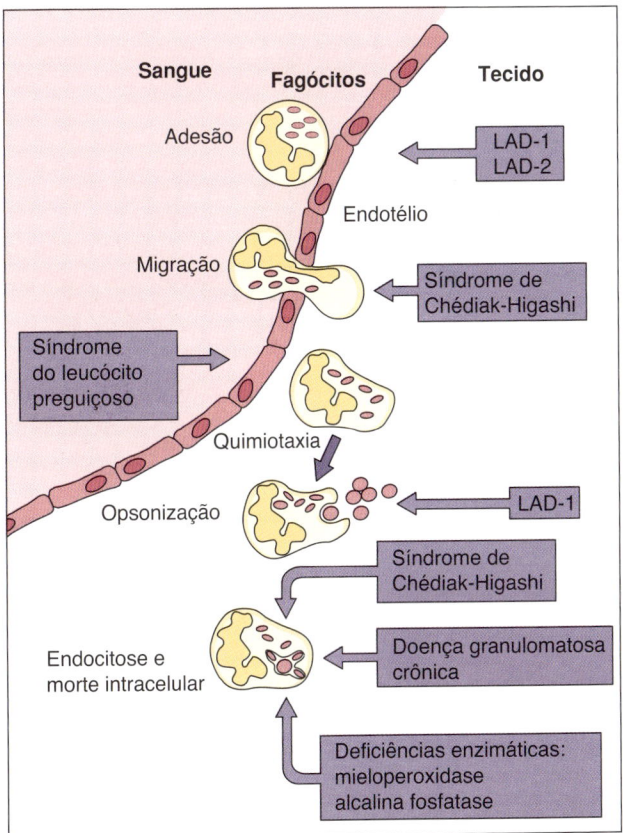

Figura 10.14 Consequências da disfunção dos fagócitos. A incapacidade para detectar ou acessar uma infecção ou promover a ligação, internalização ou morte de bactérias internalizadas aumenta a suscetibilidade para doenças bacterianas e fúngicas. *G6PD*, glucose-6-fosfato desidrogenase; *LAD-1*, deficiência de adesão leucocitária-1.

redor do fagócito infectado para controlar a infecção. **Indivíduos asplênicos** correm o risco de infecção por organismos encapsulados, porque essas pessoas não contam com o mecanismo de filtração dos macrófagos esplênicos. Outras deficiências são apresentadas na Figura 10.14.

DEFICIÊNCIAS NAS RESPOSTAS IMUNES ESPECÍFICAS AO ANTÍGENO

Indivíduos deficientes na **função de células T** são suscetíveis a **infecções oportunísticas** por (1) vírus, principalmente aqueles envelopados e não citolíticos e em recidivas dos vírus que estabelecem infecções latentes; (2) bactérias intracelulares; (3) fungos; e (4) alguns parasitos. As deficiências de células T também podem prevenir a maturação de respostas de anticorpos por células B. As deficiências de células T podem originar-se de doenças genéticas (p. ex., síndrome da imunodeficiência ligada ao X, doença de Duncan, síndrome de DiGeorge) (Tabela 10.8), infecção (p. ex., HIV e AIDS), quimioterapia para o câncer ou terapia imunossupressora para o transplante de tecidos.

A resposta de células T de **neonatos** é deficiente, mas suplementada por IgG materno. Respostas TH1 insuficientes e deficiência resultante em IFN-γ colocam essa população neonatal em alto risco para infecções por herpes-vírus. Do mesmo modo, as respostas inflamatórias e a imunidade celular, consideradas menos acentuadas em **crianças**, diminuem a gravidade (em comparação com os adultos) de infecções por herpes (p. ex., mononucleose infecciosa, varicela) e vírus da hepatite B, mas aumentam o potencial para o estabelecimento de uma infecção crônica pelo vírus da hepatite B, por causa da resolução incompleta. A gravidez também induz medidas imunossupressoras para prevenir a rejeição do feto (um tecido estranho).

As **deficiências de células B** podem resultar em uma completa ausência da produção de anticorpos (hipogamaglobulinemia), incapacidade para a mudança de classe ou incapacidade de produzir subclasses específicas de anticorpos. Pessoas com deficiência na produção de anticorpos são muito suscetíveis a **infecções bacterianas**. **A deficiência de IgA**, que ocorre em 1 de 700 indivíduos brancos, resulta em maior suscetibilidade a infecções respiratórias.

Tabela 10.8 Imunodeficiências de linfócitos.

Condição	Nº de células T	Função de células T	Nº de células B	Anticorpos séricos	Incidência[a]
XLA, síndrome de Bruton	✓	✓	↓↓	↓	Rara
Deficiência de RAG1 ou RAG2	↓↓	↓↓	↓↓	Nenhum	Rara
X-SCID	↓↓	↓	✓	↓	Rara
XLP, síndrome de Duncan	✓	↓	✓	✓ ou ↓	Rara
X-hiper IgM (mutação de CD40 ou CD40 ℓ)	✓	↓	✓	IgM↑↑ Nenhuma IgG, IgE ou IgA	Rara Rara
Síndrome de Wiskott-Aldrich	✓	↓	✓	↓	Muito rara
SCID: deficiência de ADA ou PNP	↓↓	↓↓	↓	↓	Muito rara
Deficiência de HLA	↓	↓	✓	Má resposta ao antígeno	Muito rara
Ataxia telangiectasia	↓	↓	✓	IgE↓, IgA↓, IgG2↓	Incomum
Síndrome de DiGeorge	↓↓	↓	✓	IgG↓, IgE↓, IgA↓	Muito rara
Deficiência de IgA	✓	✓	✓	IgA↓	Comum

[a]Incidência aproximada: muito rara = < 10⁻⁶; rara = 10⁻⁵ a 10⁻⁶; comum = 10⁻² a 10⁻³.
✓, normal; ↑, aumentado; ↓, diminuído ou defeituoso; ADA, adenosina desaminase; Ag, antígeno; HLA, antígeno leucocitário humano; Ig, imunoglobulina; PNP, purina nucleosídio fosforilase; RAG, gene ativador da recombinação; XLA, agamaglobulinemia ligada ao X; XLP, (síndrome) linfoproliferativa ligada ao X; X-SCID, doença da imunodeficiência combinada grave ligada ao X.
Modificada de Brostoff, J., Male, D.K., 1994. Clinical Immunology: An Illustrated Outline. Mosby, St Louis, MO.

Bibliografia

Abbas, A.K., Lichtman, A.H., Pillai, S., et al., 2018. Cellular and Molecular Immunology, ninth ed. Elsevier, Philadelphia.

Alcami, A., Koszinowski, U.H., 2000. Viral mechanisms of immune evasion. Trends Microbiol. 8, 410–418.

Andreakos, E., Zanoni, I., Galani, I.E., 2019. Lambda interferons come to light: dual function cytokines mediating antiviral immunity and damage control. Current Opinion in Immunology. 56, 67–75. https://doi.org/10.1016/j.coi.2018.10.007.

DeFranco, A.L., Locksley, R.M., Robertson, M., 2007. Immunity: The Immune Response in Infectious and Inflammatory Disease. Sinauer Associates, Sunderland, Mass.

Goering, R., Dockrell, H., Zuckerman, M., Chiodini, P.L., 2019. Mims' Medical Microbiology and Immunology, sixth ed. Elsevier, London.

Murphy, K., Weaver, C., 2016. Janeway's Immunobiology, ninth ed. Garland Science, New York.

Punt, J., Stranford, S.A., Jones, P.P., Owen, J.A., 2019. Kuby Immunology, eighth ed. WH Freeman, New York.

Rich, R.R., et al., 2019. Clinical Immunology Principles and Practice, fifth ed. Elsevier, Philadelphia.

Rosenthal, K.S., 2005. Are microbial symptoms "self-inflicted"? The consequences of immunopathology. Infect. Dis. Clin. Pract. 13, 306–310.

Rosenthal, K.S., 2006. Vaccines make good immune theater: immunization as described in a three-act play. Infect. Dis. Clin. Pract. 14, 35–45.

Rosenthal, K.S., 2017. Dealing with garbage is the immune system's main job. MOJ Immunol. 5 (6), 00174. https://doi.org/10.15406/moji.2017.05.00174. http://medcraveonline.com/MOJI/MOJI-05-00174.pdf.

Rosenthal, K.S., 2018. Immune monitoring of the body's borders. AIMS Allergy and Immunology. 2 (3), 148–164. https://doi.org/10.3934/Allergy.2018.3.148. http://www.aimspress.com/article/10.3934/Allergy.2018.3.148.

Rosenthal, K.S., Wilkinson, J.G., 2007. Flow cytometry and immunospeak. Infect. Dis. Clin. Pract. 15, 183–191.

Teng, T.S., Ji, A.L., ji, X.Y., Li, Y.Z., 2017. "Neutrophils and immunity: from bactericidal action to being conquered," J. Immunol. Res. vol. 2017, Article ID 9671604, 14. https://doi.org/10.1155/2017/9671604.

Trends Immunol: Issues contain understandable reviews on current topics in immunology.

Wells, A.I., Coyne, C.B., 2018. Type III interferons in antiviral defenses at barrier surfaces. Trends. Immunol. 39, 848–858.Questions

11 Vacinas Antimicrobianas

A imunidade, seja gerada por reação a infecção ou imunização ou administrada como terapia, pode prevenir ou atenuar os sintomas graves da doença. As respostas imunes de memória ativadas no desafio de um indivíduo imunizado são mais rápidas e fortes do que para um indivíduo não imunizado. A imunização de uma população, como a imunidade pessoal, interrompe a propagação do agente infeccioso por reduzir o número de hospedeiros suscetíveis (**imunidade de rebanho**). A proteção de recém-nascidos e de lactentes muito jovens para a vacinação depende da imunidade de rebanho. Os programas de imunização em níveis nacional e internacional atingem as seguintes metas:

1. Proteção de grupos populacionais contra os sintomas de coqueluche, difteria, tétano e raiva.
2. Proteção e controle da propagação do sarampo, caxumba, rubéola, vírus varicela-zóster, influenza, rotavírus e *Haemophilus influenzae* tipo B (Hib).
3. Eliminação da poliomielite de tipo selvagem na maior parte do mundo e varíola no mundo inteiro.
4. Redução do risco de câncer causado por infecções pelo papilomavírus humano (HPV) de alto risco ou pelo vírus da hepatite B (HBV) crônica.

Em conjunto com programas de imunização, medidas podem ser tomadas para prevenir doenças, limitando a exposição de indivíduos saudáveis a pessoas infectadas (**quarentena**) e por eliminação da fonte (p. ex., purificação de água) ou meios de propagação (p. ex., erradicação do mosquito) do agente infeccioso. A partir de 1977, a varíola natural foi eliminada por meio de um programa bem-sucedido da Organização Mundial da Saúde (OMS) que combinou vacinação e quarentena. A poliomielite e o sarampo também foram alvos de eliminação.

No entanto, doenças evitáveis por vacinação ainda ocorrem onde a imunização está indisponível ou é muito cara (países em desenvolvimento), ou por desinformação, crenças pessoais ou complacência que impedem seu uso. Por exemplo, surtos de sarampo, que causam 2 milhões de mortes anuais em todo o mundo, têm aumentado na Europa e nos EUA por todas essas razões. Discussão adicional de cada uma das vacinas é apresentada em capítulos posteriores em conjunto com a descrição das doenças que elas previnem.

Tipos de imunizações

A injeção de anticorpos purificados, soro contendo anticorpos ou células imunes para fornecer proteção temporária rápida ou o tratamento de uma pessoa é denominado **imunização passiva**. Os recém-nascidos recebem imunidade passiva natural a partir da imunoglobulina materna que atravessa a placenta ou está presente no leite materno. Anticorpos terapêuticos que bloqueiam respostas autoimunes e a terapia antitumoral com células T personalizadas ou com células dendríticas (DCs) também são formas de imunidade passiva.

A **imunização ativa** ocorre quando uma resposta imune é estimulada por causa do desafio com um imunógeno, como a exposição a um agente infeccioso (**imunização natural**) ou por meio da exposição a microrganismos ou seus antígenos nas **vacinas**. Em desafio posterior com o agente virulento, uma resposta imunológica secundária é ativada, mais rápida e mais eficaz na proteção do indivíduo, ou o anticorpo está presente para bloquear a propagação ou a virulência do agente.

IMUNIZAÇÃO PASSIVA

A imunização passiva pode ser usada:
1. Para prevenir doenças após uma exposição conhecida (p. ex., lesão perfurocortante com sangue contaminado com HBV).
2. Para amenizar os sintomas de uma doença em andamento.
3. Para proteger os indivíduos imunodeficientes.
4. Para bloquear a ação de toxinas bacterianas ou venenos e prevenir as doenças que elas causam (ou seja, como terapia).

Preparações de imunoglobulina sérica derivada de soropositivos humanos ou animais (p. ex., cavalos) estão disponíveis como profilaxia para várias doenças bacterianas e virais (Tabela 11.1). A globulina de soro humano é preparada a partir de plasma agrupado (*pooled*) e contém o repertório normal de anticorpos para um adulto. Preparações especiais de imunoglobulina de altos títulos estão disponíveis para o HBV (HBIg), vírus varicela-zóster (VZIg), raiva (RIg) e tétano (TIg). A imunoglobulina humana é preferível em relação à imunoglobulina animal porque há pouco risco de uma reação de hipersensibilidade (doença do soro).

Preparações de anticorpo monoclonal estão sendo desenvolvidas para proteção contra diversos agentes e doenças. Muitos desses anticorpos são geneticamente modificados a partir de genes da imunoglobulina humana ou "humanizados" para minimizar reações de rejeição. Além de doenças infecciosas, os anticorpos monoclonais estão sendo usados como terapia para bloquear as respostas exacerbadas mediadas por citocinas e células em doenças autoimunes, para iniciar respostas antitumorais e para outras terapias.

IMUNIZAÇÃO ATIVA

O termo *vacina* é derivado do vírus da *vaccinia*, um membro menos virulento da família Poxvírus, que foi utilizado para imunizar as pessoas contra a varíola. Vacinas clássicas podem ser subdivididas em dois grupos, com base na indução de uma resposta imune à infecção (**vacinas com**

Tabela 11.1 Imunoglobulinas para imunidade passiva.[a]

Doença	Fonte
Hepatite A	Humana
Hepatite B	Humana
Sarampo	Humana
Raiva	Humana[b]
Catapora, varicela-zóster	Humana[b]
Citomegalovírus	Humana
Tétano	Humana[b], equina
Botulismo	Equina
Difteria	Equina
Vírus sincicial respiratório	Monoclonal

[a]Imunoglobulinas para outros agentes também podem estar disponíveis.
[b]Título elevado de anticorpo específico está disponível e é a terapia preferida.

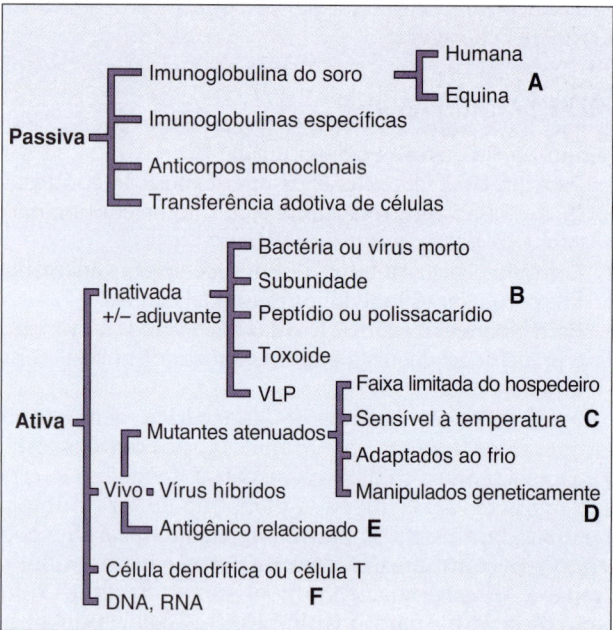

Figura 11.1 Tipos de imunizações. Os anticorpos (imunização passiva) podem ser fornecidos para bloquear a ação de um agente infeccioso, ou uma resposta imune pode ser desencadeada (imunização ativa) por infecção natural ou vacinação. As diferentes formas de imunização passiva e ativa são indicadas. **A.** Os anticorpos equinos podem ser usados se o anticorpo humano ou geneticamente modificado não estiver disponível. **B.** A vacina pode consistir em componentes purificados do agente infeccioso ou pode ser desenvolvida por engenharia genética (partícula semelhante ao vírus [VLP]). **C.** Vacina selecionada por passagem em baixa ou alta temperatura em animais, ovos embrionários ou células em cultura de tecidos. **D.** Deleção, inserção, rearranjo e outros mutantes derivados de laboratório. **E.** Vacina composta de um vírus derivado de diferentes espécies, que tem um antígeno comum com o vírus humano. **F.** Abordagens mais recentes e experimentais das vacinas. *RNA*, ácido ribonucleico.

vírus vivo, tais como a *vaccinia*) ou não (**vacinas de vírus morto – inativado ou de subunidade**) (Figura 11.1). Abordagens mais recentes simulam a infecção por injeção de **vacinas de ácido desoxirribonucleico (DNA) ou de ácido ribonucleico (RNA)**, que estimulam as respostas imunes a uma proteína microbiana codificada ou outra proteína (descrito posteriormente).

Vacinas inativadas

As vacinas inativadas utilizam uma grande quantidade de antígeno para produzir uma resposta de anticorpos protetores, mas sem o risco de infecção pelo agente. As vacinas inativadas podem ser produzidas por métodos químicos (p. ex., formalina), irradiação ou inativação por calor de bactérias, toxinas bacterianas ou vírus, ou por purificação ou síntese dos componentes ou subunidades dos agentes infecciosos. As vacinas inativadas normalmente geram anticorpos (respostas TH2) em vez de respostas imunes mediadas por células.

Essas vacinas são geralmente administradas com um **adjuvante** que aumenta sua imunogenicidade, intensificando a captação do antígeno ou estimulando DCs e macrófagos. O hidróxido de alumínio ou o fosfato de alumínio (**alúmen**) é o adjuvante mais comum e aprovado. Muitas vacinas de proteínas são precipitadas com alúmen para formar partículas suficientemente grandes para promover sua captação por DCs e macrófagos. Outros adjuvantes podem estimular receptores *Toll-like* ou ativar o inflamassoma nessas células apresentadoras de antígeno, induzindo respostas que se assemelham mais à imunização natural. Os adjuvantes experimentais incluem emulsões, partículas semelhantes aos vírus (VLP, *virus-like particles*), lipossomos (complexos lipídicos definidos), componentes da parede celular bacteriana, gaiolas moleculares para o antígeno, surfactantes poliméricos e formas atenuadas de toxina da cólera e linfotoxina da *Escherichia coli*. Estas últimas moléculas são potentes adjuvantes para o anticorpo secretório (imunoglobulina [Ig]A) após imunização intranasal ou oral. O MF59 (escaleno microfluidizado em uma emulsão de óleo e água) é utilizado na vacina contra o vírus influenza com Fluad®, e o AS01$_b$, que contém o monofosforil lipídio A (MPL) misturado com saponina em um lipossomo, é usado para a vacina Shingrix contra herpes-zóster. O uso do adjuvante promove respostas mediadas por células e possibilita a redução da quantidade de antígeno necessária para induzir a imunidade protetora.

As vacinas inativadas (em vez das vacinas com microrganismos vivos) são usadas para conferir proteção contra toxinas, a maioria das bactérias e vírus que não podem ser atenuados. As vacinas inativadas podem causar infecções recorrentes ou têm potencial oncogênico. Em geral, são consideradas seguras, exceto em pessoas que têm reações alérgicas aos componentes da vacina. As desvantagens das vacinas inativadas são listadas a seguir e comparadas com as vacinas vivas na Tabela 11.2:

1. A imunidade geralmente não é duradoura.
2. A imunidade pode ser apenas humoral (TH2) e não mediada por células.
3. A vacina não induz uma resposta local de IgA.
4. São necessárias vacinas de reforço.
5. Devem ser usadas doses maiores.

Existem três tipos principais de vacinas bacterianas inativadas: **toxoide** (toxinas inativadas), bactérias **inativadas** (**mortas**) e componentes de superfície das bactérias, tais como **subunidades proteicas ou capsulares**. As vacinas bacterianas atualmente disponíveis estão listadas na Tabela 11.3. A maioria das vacinas antibacterianas protege contra a ação de toxinas patogênicas.

Vacinas virais inativadas estão disponíveis para **poliomielite, hepatite A, gripe e raiva**, entre outros vírus. A vacina Salk contra a poliomielite (**vacina inativada da**

Tabela 11.2 Vantagens e desvantagens das vacinas vivas vs. inativadas.

Propriedade	Viva	Inativada
Via de administração	Natural[a] ou injeção	Injeção
Dose de antígeno	Baixa	Alta
Número de doses, quantidade	Única,[b] baixa	Múltiplas, alta
Necessidade de adjuvante	Não	Sim
Duração da imunidade	Longo prazo	Curto prazo
Resposta de anticorpos	IgG, IgA[c]	IgM, IgG
Resposta imune mediada por células	Boa	Fraca
Labilidade potencial	Sim	Mais estável
Efeitos adversos	Sintomas leves ocasionais	Braço ocasionalmente dolorido
Reversão para virulência	Raramente	Ausente

[a]Oral ou respiratória, em alguns casos.
[b]Reforços podem ser necessários (febre amarela, sarampo, rubéola) depois de 6 a 10 anos.
[c]IgA, se administrada por via oral ou respiratória.
Ig, imunoglobulina.
Adaptada de White, D.O., Fenner, F.J., 1986. Medical Virology, third ed. Academic, New York.

A **vacina de subunidade** consiste nos componentes bacterianos ou virais que induzem uma resposta imune protetora. Estruturas da superfície de bactérias e as proteínas de fixação viral (capsídio ou glicoproteínas) induzem anticorpos protetores. Antígenos que ativam células T também podem ser incluídos em uma vacina de subunidade. O componente imunogênico pode ser isolado da bactéria, do vírus ou de células infectadas por vírus por meios bioquímicos, ou a vacina pode ser preparada por engenharia genética pela expressão de genes virais clonados em bactérias ou células eucarióticas. Por exemplo, a vacina de subunidade do HBV foi inicialmente preparada a partir de antígeno de superfície obtido de soro humano de portadores crônicos do vírus. Atualmente, a vacina contra o HBV é obtida a partir de leveduras com o gene HBsAg. O antígeno é purificado, tratado quimicamente e absorvido em alúmen para ser empregado como vacina. As proteínas da subunidade utilizadas nas vacinas contra o HBV e nas vacinas contra o HPV formam as **VLPs**, que são mais imunogênicas do que as proteínas individuais. Da mesma maneira, uma vacina utilizada para prevenir a recorrência do vírus da varicela-zóster (VZV) (herpes-zóster) consiste na formulação lipossomal contendo a glicoproteína E do VZV e o adjuvante $AS101_b$.

A maioria das vacinas anuais inativadas contra a gripe consiste em uma mistura de proteínas hemaglutinina e neuraminidase purificadas a partir de ovos embrionados ou de células de cultura de tecidos infectados com diferentes cepas de influenza A e B ou de proteína geneticamente modificada. A mistura de vacinas é formulada anualmente para induzir a proteção contra as cepas do vírus previstas para ameaçar a população no ano seguinte.

Vacinas contra *H. influenzae* B, tipos de *Neisseria meningitidis*, *Salmonella typhi* e *Streptococcus pneumoniae* (23 cepas) são preparadas a partir de polissacarídios capsulares. Infelizmente, os polissacarídios geralmente são imunógenos

poliomielite [VIP]) é preparada por meio da inativação de vírions com formaldeído. A vacina contra a raiva é preparada pela inativação química de vírions submetidos ao crescimento em culturas de células de tecido humano diploide. Por causa do curso lento da raiva, a vacina pode ser administrada imediatamente após uma pessoa ser exposta ao vírus e ainda estimular uma resposta protetora de anticorpos.

Tabela 11.3 Vacinas bacterianas.[a,b]

Bactérias (doença)	Componentes da vacina	Quem deve receber as vacinações
Corynebacterium diphtheriae (difteria)	Toxoide	Crianças e adultos
Clostridium tetani (tétano)	Toxoide	Crianças e adultos
Bordetella pertussis (coqueluche)	Acelular	Crianças e adolescentes
Haemophilus influenzae B (Hib)	Conjugado de polissacarídio capsular-proteína	Crianças
Neisseria meningitidis A, C, Y, W-135 (doença meningocócica) *N. meningitidis* B	Conjugado polissacarídio capsular-proteína, polissacarídio capsular Proteínas da membrana externa	Pessoas em alto risco (p. ex., aquelas com asplenia), viajantes para áreas epidêmicas (p. ex., militares), crianças
Streptococcus pneumoniae (doença pneumocócica; meningite)	Polissacarídios capsulares; conjugado polissacarídio capsular-proteína	Crianças, indivíduos em alto risco (p. ex., aquelas com asplenia), idosos
Vibrio cholerae (cólera)	Célula morta	Viajantes em risco de exposição
Salmonella typhi (febre tifoide)	Célula morta; polissacarídio	Viajantes em risco de exposição, contatos intradomiciliares, trabalhadores do sistema de esgoto
Bacillus anthracis (antraz)	Célula morta	Manipuladores de pele importada, militares
Yersinia pestis (praga)	Célula morta	Veterinários, tratadores de animais
Francisella tularensis (tularemia)	Viva atenuada	Tratadores de animais em áreas endêmicas
Coxiella burnetti (febre Q)	Inativada	Tratadores de carneiros, equipe de laboratório que trabalha com *C. burnetti*
Mycobacterium tuberculosis (tuberculose)	Bacilo Calmette-Guérin *vivo* atenuado de *M. bovis*	Não recomendado nos EUA

[a]Listadas em ordem de frequência de uso.
[b]Para uma lista das vacinas disponíveis no Brasil, consulte https://sbim.org.br/calendarios-de-vacinacao

fracos (antígenos independentes de células T). A vacina meningocócica contém os polissacarídeos de quatro sorotipos principais (A, C, Y e W-135, mas não B). A vacina pneumocócica contém polissacarídeos de 23 sorotipos. A imunogenicidade de um polissacarídeo pode ser aumentada, tornando-o um antígeno dependente de T por ligação química a uma proteína carreadora (**vacina conjugada**) (p. ex., toxoide diftérico ou proteína da membrana externa de *N. meningitidis*) (Figura 11.2). O complexo polissacarídio Hib-toxoide diftérico é aprovado para administração em lactentes e crianças. Uma vacina conjugada "pneumocócica" de *S. pneumoniae* foi desenvolvida, na qual o polissacarídeo das 13 cepas mais prevalentes nos EUA está ligado a uma forma não tóxica do toxoide diftérico. Essa vacina está disponível para uso em lactentes e crianças pequenas. As outras vacinas polissacarídicas são menos imunogênicas e administradas em indivíduos com mais de 2 anos de idade.

Vacinas vivas

As vacinas vivas são preparadas com microrganismos restritos em sua capacidade de causar doenças (p. ex., microrganismos **avirulentos** ou **atenuados**). Elas são particularmente úteis para a proteção contra infecções causadas por vírus envelopados, que exigem respostas imunes mediadas por células T para a resolução da infecção. A imunização com uma vacina viva é semelhante à infecção natural, na qual a resposta imune progride por meio de respostas de defesa inata natural e imunes específicas para o antígeno, de modo que as imunidades humoral, celular e de memória sejam desenvolvidas. A imunidade é geralmente de longa duração e, dependendo da rota da administração, pode mimetizar a resposta imune normal ao agente infectante. No entanto, a lista a seguir inclui três problemas com as vacinas vivas:

1. O vírus da vacina ainda pode ser perigoso para indivíduos imunossuprimidos ou mulheres grávidas que não tenham os recursos imunológicos para resolver até mesmo uma infecção por vírus enfraquecido.
2. A vacina pode reverter o vírus para uma forma virulenta.
3. A viabilidade da vacina deve ser mantida.

As vacinas bacterianas vivas são especialmente importantes para estimular a proteção contra bactérias de crescimento intracelular que requerem uma combinação de respostas imunes mediadas por anticorpos e células. Essas vacinas incluem a cepa *S. typhi viva* (Ty2la) para a febre tifoide; a vacina com o bacilo Calmette-Guérin (BCG) contra a tuberculose, que consiste em uma cepa atenuada de *Mycobacterium bovis*; e uma vacina atenuada para a tularemia. A vacina BCG não é utilizada nos EUA, porque a imunização nem sempre é protetora e indivíduos vacinados com esse imunizante mostram uma reação cutânea falso-positiva ao teste com o derivado proteico purificado (PPD), que é o teste de triagem usado para controlar a tuberculose no país.

As vacinas de vírus vivos consistem em mutantes menos virulentos (**atenuados**) do vírus do tipo selvagem, vírus de outras espécies que compartilham os determinantes antigênicos (vacina para varíola, rotavírus bovino) ou vírus geneticamente modificados que não apresentam as propriedades de virulência (ver Figura 11.1). Os vírus do tipo selvagem são atenuados pelo crescimento em animais ou ovos embrionados ou células em cultura de tecido a temperaturas não fisiológicas (25 a 34°C) e longe das pressões seletivas da resposta imune do hospedeiro. Essas condições **selecionam** ou possibilitam o crescimento de cepas virais (mutantes) que (1) são menos virulentas, porque crescem mal a 37°C (**cepas termossensíveis** [p. ex., vacina contra o sarampo] e são cepas adaptadas ao frio [vacina contra influenza]); (2) não replicam bem em qualquer célula humana (**mutantes com uma variedade de hospedeiros**); (3) não podem escapar do controle imune; ou (4) podem se replicar em um sítio benigno, mas não são capazes de promover disseminação, ligação ou replicação no tecido-alvo caracteristicamente afetado pela doença (p. ex., a vacina contra a poliomielite replica-se no sistema digestório, mas não alcança ou infecta neurônios). A Tabela 11.4 lista exemplos de vacinas de vírus vivo atenuado atualmente em uso.

A vacina contra a varíola foi concebida depois de Edward Jenner observar que a varíola bovina (*vaccinia*), que tem como agente etiológico um vírus virulento de outras espécies que compartilham os determinantes antigênicos com a varíola, causou infecções benignas em humanos, mas conferiu imunidade protetora contra a varíola. Da mesma maneira, uma mistura de rotavírus humano e bovino por rearranjo genético é a base para uma das vacinas atualmente administradas para proteger lactentes contra o rotavírus humano.

Albert Sabin desenvolveu a primeira **vacina oral da poliomielite (VOP)** com vírus vivo na década de 1950. A vacina com vírus atenuado foi obtida por várias passagens dos três tipos de poliovírus por cultura de células de tecido renal de macaco. Existem pelo menos 57 mutações acumuladas na cepa da vacina contra a poliomielite tipo 1. Quando essa vacina é administrada por via oral, a IgA é secretada no intestino e a IgG no soro, proporcionando proteção ao longo da rota normal de infecção pelo vírus do tipo

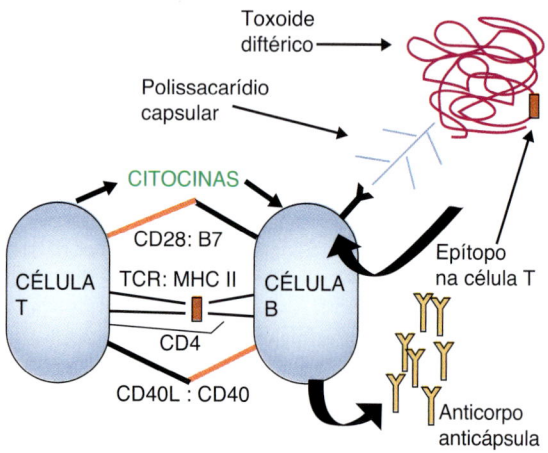

Figura 11.2 Vacinas conjugadas de polissacarídeo capsular. Polissacarídeos capsulares são imunogênicos fracos, não induzem as respostas de células T *helper* e estimulam a imunoglobulina (Ig)M sem memória. O polissacarídeo capsular conjugado a uma proteína (p. ex., toxoide diftérico) liga-se a uma IgM de superfície antipolissacarídica presente na célula B, o complexo é internalizado e processado e então um peptídio é apresentado no contexto do complexo principal de histocompatibilidade II *(MHC II)* às células T CD4. As células T tornam-se ativadas, produzem citocinas e promovem a mudança de classe da imunoglobulina para a célula B específica para o polissacarídeo. A célula B pode se tornar ativada e produz IgG, e as células de memória se desenvolverão. TCR, receptor de células T.

Tabela 11.4 Vacinas virais.[a,b]

Vírus	Componentes da vacina	Quem deve receber as vacinações
Poliomielite, inativado	Trivalente (vacina Salk)	Crianças
Poliomielite atenuado	Vivo (vacina oral da poliomielite, vacina Sabin)	Crianças em áreas epidêmicas
Sarampo	Atenuado	Crianças
Caxumba	Atenuado	Crianças
Rubéola	Atenuado	Crianças
Varicela-zóster	Atenuado	Crianças
Zóster	Dose mais elevada gpE com adjuvante	Adultos (> 60 anos)
Rotavírus	Híbridos humano-bovino Atenuado	Lactentes
Papilomavírus humano	VLP	Meninas e meninos com idades entre 9 e 26 anos
Influenza (gripe)	HA inativado ou recombinante Dose alta ou com adjuvante Atenuado (*spray* nasal)	Crianças, adultos, principalmente equipe médica e idosos Idade > 65 anos Idade 2 a 50 anos
Hepatite B	Subunidade (VLP)	Recém-nascidos, profissionais da saúde, grupos de alto risco (p. ex., sexualmente promíscuos, usuários de drogas intravenosas)
Hepatite A	Inativado	Crianças, profissionais cuidadores de crianças, viajantes de áreas endêmicas, nativos americanos e do Alasca
Adenovírus	Atenuado	Militares
Febre amarela	Atenuado	Viajantes em risco de exposição, militares
Raiva	Inativado	Qualquer um exposto ao vírus Pré-exposição: veterinários, tratadores de animais
Varíola	Vírus vivo da *vaccinia*	Pessoas buscando proteção do bioterrorismo, militares
Encefalite japonesa	Inativado	Viajantes em risco de exposição

[a]Listadas em ordem de frequência de uso.
[b]Para uma lista das vacinas disponíveis no Brasil, consulte https://sbim.org.br/calendarios-de-vacinacao
gpE, glicoproteína E do vírus varicela-zóster; *VLP*, partícula semelhante ao vírus.

selvagem. Essa vacina é barata, fácil de administrar e relativamente estável, e pode se espalhar aos contatos do indivíduo imunizado. Programas efetivos de imunização levaram à eliminação do vírus da poliomielite do tipo selvagem na maior parte do mundo. O IPV é agora usado na maior parte do mundo para imunizações rotineiras de lactentes saudáveis em decorrência do risco de doença pela VOP, ou seja, poliomielite induzida pelo vírus da vacina (ver Tabela 11.2 e Figura 46.10). Embora a resposta imunológica desencadeada pelo IPV possa evitar a propagação do vírus para o sistema nervoso central e os músculos, protegendo o indivíduo contra a doença, a imunização não impede a reprodução do vírus no sistema digestório e a transmissão para outros nas fezes, assim como a VOP.

As vacinas contra o HBV e o HPV são geneticamente modificadas e cultivadas em células de leveduras. As proteínas de fixação viral das cepas de HBV (HBsAg) e HPV de alto risco (proteína L) formam as VLPs, que são melhores imunogênicos do que as proteínas individuais. Ao limitar a disseminação desses vírus, essas vacinas também estão prevenindo as neoplasias malignas associadas (carcinoma cervical: HPV; carcinoma hepatocelular primário: HBV).

As **vacinas vivas para sarampo, caxumba e rubéola** (administradas em conjunto, como a vacina MMR), **varicela-zóster** e **influenza** induzem potentes respostas imunes celulares e memória imunológica, necessárias para a proteção contra esses vírus. Para obter uma resposta madura das células T, a vacina deve ser administrada após 1 ano de idade, quando não haverá interferência de anticorpos maternos e a imunidade celular é considerada suficientemente madura. Uma vacina de vírus morto contra o sarampo provou ser um fracasso porque conferiu imunidade incompleta que induziu sintomas mais graves (sarampo atípico) no desafio com o vírus do sarampo do tipo selvagem em relação aos sintomas associados à infecção natural.

A vacina inicial com vírus vivo do sarampo consistia na cepa de Edmonston B, que foi desenvolvida por Enders et al. Esse vírus foi submetido a uma extensa passagem a 35°C por células renais humanas primárias, células de âmnio humano e células embrionárias de frango. As cepas do vírus do sarampo atualmente utilizadas nas vacinas Moraten (EUA) e Schwarz (outros países) foram obtidas pela passagem da cepa Edmonston B em embriões de galinha a 32°C.

Os vírus da vacina da caxumba (cepa Jeryl Lynn) e da vacina da rubéola (Wistar RA 27/3) também foram atenuados por passagem extensiva do vírus na cultura celular. A vacina contra o vírus da varicela-zóster utiliza a cepa Oka, que é um vírus atenuado. A vacina contra a varicela-zóster é administrada junto com a vacina MMR, ou uma versão mais forte é administrada em adultos para evitar o herpes-zóster.

As vacinas trivalente com vírus vivo e tetravalente com vírus vivo atenuado para gripe (LAIV, *live attenuated influenza vaccines*) são administradas por via nasal, em névoa ou em gotas, e são adaptadas ao frio a 25°C. Ao contrário da vacina inativada, as respostas das células T e B e a imunidade das mucosas são induzidas por essas vacinas, que podem ser administradas apenas a indivíduos entre 2 e 49 anos de idade.

ORIENTAÇÕES FUTURAS PARA A VACINAÇÃO

Técnicas de biologia molecular estão sendo usadas para desenvolver novas vacinas. Novas vacinas com vírus vivo podem ser criadas por mutações desenvolvidas por engenharia genética, inativando ou excluindo um gene de virulência em vez da atenuação aleatória do vírus por passagem em cultura de tecidos. Genes de agentes infecciosos que não podem ser devidamente atenuados podem ser inseridos em vírus seguros (p. ex., vaccinia, varíola canária, adenovírus atenuado) para formar **vacinas com vírus híbridos**. Essa abordagem contém a promessa do desenvolvimento de uma vacina polivalente a muitos agentes em um vetor único, seguro, barato e relativamente estável. Em caso de infecção, a vacina com vírus híbrido não precisa completar um ciclo de replicação; ela simplesmente promove a expressão do gene inserido para iniciar uma resposta imune aos antígenos. A vacina contra o vírus da imunodeficiência humana (HIV) com o vírus da varíola dos canários, seguida de duas imunizações de reforço com a proteína gp120 recombinante do HIV, mostrou resultados modestos, mas promissores. Uma vacina baseada no vírus da vaccinia é usada para imunizar animais silvestres contra a raiva. Outros vírus também são considerados vetores.

As **vacinas de subunidades** genéticas modificadas estão sendo desenvolvidas por clonagem de genes que codificam as proteínas imunogênicas em vetores bacterianos e eucarióticos. As maiores dificuldades para o desenvolvimento de tais vacinas são (1) identificação da subunidade ou peptídio imunogênico apropriado que possa desencadear a produção de anticorpos protetores e, de preferência, respostas de células T e (2) apresentação do antígeno na conformação correta. Uma vez identificado, o gene pode ser isolado, clonado e expresso em células bacterianas ou de leveduras, e depois grandes quantidades dessas proteínas podem ser produzidas. A proteína do envelope gp120 do HIV, a hemaglutinina e a neuraminidase do vírus influenza, o antígeno G da raiva e a glicoproteína D do herpes-vírus simples são clonados, e suas proteínas são geradas em bactérias ou células eucarióticas para uso (ou uso potencial) como vacinas de subunidade.

As **vacinas de subunidades peptídicas** contêm *epítopos específicos* de proteínas microbianas que estimulam respostas de anticorpos neutralizantes ou de células T desejadas. Para gerar tal resposta, o peptídio deve conter sequências que se ligam a proteínas do complexo principal de histocompatibilidade (MHC) classe I ou classe II em DC para apresentação e reconhecimento pelas células T para o início de uma resposta imune. A imunogenicidade do peptídio pode ser reforçada por sua ligação covalente a uma proteína carreadora (p. ex., toxoide tetânico ou diftérico ou hemocianina do molusco *Keyhole limpet* [KLH]), que é um ligante para o receptor *Toll-like* (p. ex., flagelina) ou um peptídio imunológico que pode especificamente apresentar o epítopo a uma resposta imune apropriada. Melhores vacinas estão sendo desenvolvidas à medida que os mecanismos de apresentação de antígeno e os antígenos específicos para o receptor de células T são mais bem compreendidos.

Além do alúmen, estão sendo desenvolvidos **adjuvantes** para aumentar a imunogenicidade e direcionar a resposta das vacinas para uma resposta do tipo TH1 ou TH2. Isso inclui ativadores de receptores *Toll-like*, tais como oligodesoxinucleotídios de CpG, derivados do lipídio A do lipopolissacarídio, citocinas, lipossomas, nanopartículas e outros.

As **vacinas de DNA e RNA** oferecem um grande potencial de imunização contra agentes infecciosos e para imunoterapia de tumores que exigem respostas das células T. Para essas vacinas, o gene que codifica uma proteína que induz respostas protetoras é clonado em um plasmídio, que torna possível a expressão da proteína em células eucarióticas. Para vacinas de DNA, o DNA desnudo (*naked*) é administrado no músculo ou na pele do receptor da vacina, na qual o DNA é absorvido pelas células, o gene é expresso e a proteína é produzida. Também é apresentado para as células T, conduzindo a ativação de suas respostas. As vacinas de DNA geralmente requerem um reforço com a proteína antigênica para produzir anticorpos. As vacinas de RNA assemelham-se ao vírus RNA não infeccioso no qual o gene para o imunógeno é combinado com sequências que promovem sua expressão ou replicação na célula, e o RNA é expresso e purificado e pode ser administrado em um lipossomo similar ao envelope viral. A potência dessas vacinas pode ser melhorada incluindo genes para citocinas imunoestimuladoras.

DCs autólogas ativadas carregadas com antígenos tumorais e células T antitumorais ativadas podem ser preparadas no laboratório a partir de células do próprio paciente e injetadas de volta ao paciente com câncer como imunoterapia. Essas abordagens também têm potencial contra os vírus e outras infecções causadas por microrganismos que requerem controle imune mediado por células.

A *vacinologia reversa* foi usada para desenvolver uma vacina para *N. meningitidis* B. Com base nas propriedades proteicas previstas a partir da sequência genética, milhares de proteínas foram testadas quanto a sua capacidade de conferir proteção contra infecções para identificar candidatos de proteínas. Da mesma maneira, anticorpos de sobreviventes de infecções com patógenos significativos podem ser usados para identificar imunógenos apropriados. Com o advento dessa e de outras novas tecnologias, deve ser possível desenvolver vacinas contra agentes infecciosos como *S. mutans* (para prevenir cáries dentárias), o herpes-vírus, o HIV e parasitas como *Plasmodium falciparum* (malária) e *Leishmania*. De fato, deve ser possível produzir uma vacina para quase todos os agentes infecciosos, uma vez que o imunógeno protetor adequado é identificado e seu gene, isolado.

Programas de imunização

Um programa de vacinação eficaz pode economizar muito em custos de saúde. Tal programa não só protege cada pessoa vacinada contra infecções e doenças, mas também reduz o número de indivíduos suscetíveis, prevenindo a propagação do agente infeccioso em uma população. Embora a imunização possa ser a melhor maneira de proteger a população contra infecções, as vacinas não podem ser produzidas para todos os agentes infecciosos, porque é demorado e caro desenvolvê-las. O Boxe 11.1 lista as considerações ponderadas na escolha de um candidato a um programa de imunização.

A varíola natural foi eliminada com a aplicação de um programa eficaz de vacinas porque era um bom candidato para esse tipo de programa; o vírus existia somente em um único sorotipo, os sintomas estavam sempre presentes em pessoas infectadas e a vacina era relativamente benigna e estável. Entretanto, sua eliminação veio apenas como resultado de um esforço cooperativo conjunto por parte da OMS e das agências de saúde locais em todo o mundo. O rinovírus é um exemplo de um mau candidato ao desenvolvimento de vacinas porque a doença viral não é grave e existem muitos sorotipos para que a vacinação seja bem-sucedida. Aspectos práticos e problemas com o desenvolvimento de vacinas estão listados no Boxe 11.2.

Do ponto de vista do indivíduo, a vacina ideal deve induzir uma imunidade duradoura e segura contra a infecção, sem efeitos adversos graves. Fatores que influenciam o sucesso de um programa de imunização incluem não apenas a composição da vacina, mas também o momento, o local, as condições de sua administração, bem como a idade e o gênero dos indivíduos que são vacinados.

O calendário recomendado de vacinação para crianças é apresentado na Figura 11.3. Tabelas contendo os calendários recomendados para vacinação de crianças, adolescentes, adultos e casos especiais são fornecidas anualmente pelo Advisory Committee on Imunization Practices (ACIP, em português "Comitê Consultivo de Práticas de Imunização") do Centro de Controle e Prevenção de Doenças.[1] As **imunizações com doses de reforço** de vacinas inativadas e da vacina viva contra o sarampo são necessárias mais tarde na vida. Homens e mulheres com menos de 26 anos de idade devem receber a vacina contra o HPV, e os estudantes universitários devem receber a vacina meningocócica ou uma dose de reforço. Os adultos devem ser imunizados com vacinas para *S. pneumoniae* (pneumococo), influenza (vírus da gripe), raiva, varicela-zóster, HBV e outras doenças, dependendo de sua idade, atividade profissional, tipo de viagem realizada e outros fatores de risco que podem torná-los particularmente suscetíveis a agentes infecciosos específicos.

[1] Para o calendário de vacinação por faixa etária e casos especiais do Brasil, consulte https://sbim.org.br/calendarios-de-vacinacao.

Boxe 11.1 Propriedades do candidato ideal para o desenvolvimento de vacinas.

O microrganismo causa doença significativa
O microrganismo existe apenas como um único sorotipo
O microrganismo infecta apenas seres humanos
O anticorpo bloqueia a infecção ou a disseminação sistêmica
A vacina é termoestável, de modo que possa ser transportada para áreas endêmicas
A imunização protege o indivíduo que recebe a vacina e a população

Boxe 11.2 Problemas com as vacinas.

A vacina com vírus vivo pode ser revertida ocasionalmente para as formas virulentas
A vacinação de uma pessoa imunocomprometida com uma vacina viva pode ser uma ameaça à vida
Podem ocorrer efeitos adversos à vacinação; estes incluem hipersensibilidade e reações alérgicas ao antígeno, a um material não microbiano na vacina e a contaminantes (p. ex., ovos)
O desenvolvimento da vacina é de alto risco e muito caro
A desinformação sobre a segurança causa a subutilização de vacinas importantes
Microrganismos com muitos sorotipos são difíceis de controlar com a vacinação

Apesar do incrível progresso feito para proteger a população de doenças graves com as vacinas, a complacência e a desinformação sobre questões de segurança da vacinação têm desencorajado alguns indivíduos e suas crianças de serem vacinadas. Isso coloca o indivíduo em risco de doença e pode impedir o estabelecimento da imunidade de rebanho, o que pode resultar em surtos e colocar lactentes em maior risco para essas doenças. Por exemplo, a menos que 95% da população seja imunizada, o sarampo causará um surto. Em 2018, um surto de sarampo atingiu proporções epidêmicas na Europa, com mais de 60 mil casos e mais de 50 mortes causadas pela baixa adesão ao uso de vacinas.

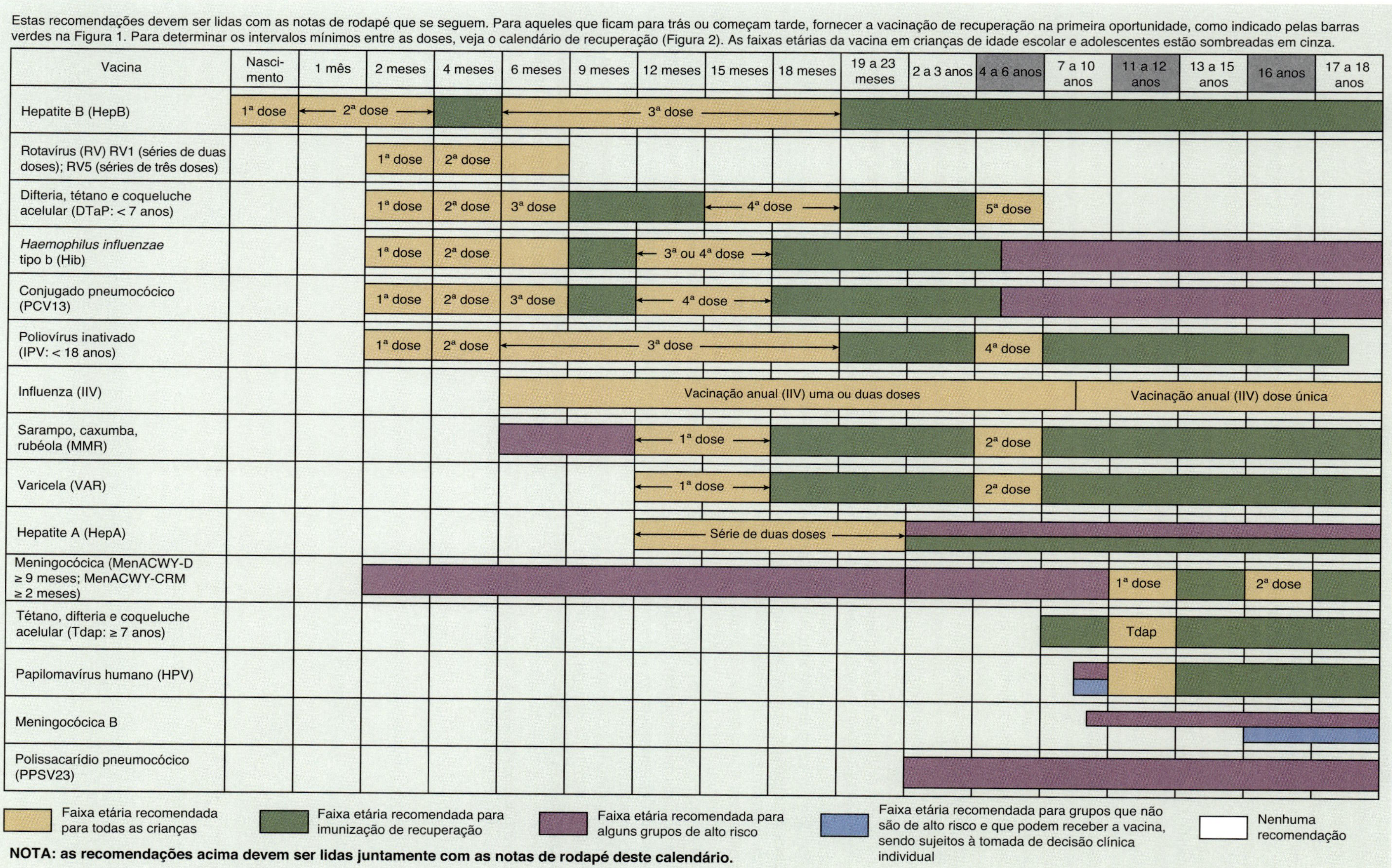

Figura 11.3 Calendário de imunização infantil. As vacinas são listadas com as idades rotineiramente recomendadas para sua administração. As barras indicam a faixa etária aceitável para vacinação. As referências às notas de rodapé referem-se ao website indicado abaixo. *DTaP*, difteria, tétano e coqueluche acelular; *HepA*, hepatite A; *HepB*, hepatite B; *Hib*, *Haemophilus influenzae* tipo B; *IPV*, poliovírus inativado; *MCV4*, vacina meningocócica conjugada quadrivalente; *MMR*, sarampo, caxumba, rubéola (tríplice viral); *PCV*, conjugado pneumocócico; *PPV*, polissacarídio pneumocócico; *Rota*, rotavírus. (De Centers for Disease Control and Prevention Advisory Committee on Immunization Practices, 2018. Recommended immunization schedule for persons aged 0 through 6 years–United States, 2019 [PDF]. https://www.cdc.gov/vaccines/schedules/hcp/imz/child-adolescent.html#birth-15. Acesso em 18 de setembro, 2019.

Bibliografia

Centers for Disease Control and Prevention, Atkinson, W., Wolfe, S., Hamborsky, J. (Eds.), 2015. Epidemiology and Prevention of Vaccine-Preventable Diseases (the Pink Book), thirteenth ed. Public Health Foundation, Washington, DC. https://www.cdc.gov/vaccines/pubs/pinkbook/index.html.

Plotkin, S.A., Orenstein, W.A., Offitt, P.A., Edwards, K.M., 2018. Plotkin's Vaccines, seventh ed. Elsevier, Philadelphia.

Rosenthal, K.S., 2006. Vaccines make good immune theater: immunization as described in a three-act play. Infect. Dis. Clin. Pract. 14, 35–45.

Rosenthal, K.S., Zimmerman, D.H., 2006. Vaccines: all things considered. Clin. Vaccine. Immunol. 13, 821–829.

Websites

Advisory Committee on Immunization Practices: Statements. https://www.cdc.gov/vaccines/acip/recs/index.html. Accessed December 12, 2018.

American Academy of Pediatrics, Status of recently submitted, licensed, and recommended vaccines & biologics. https://redbook.solutions.aap.org/book.aspx?bookid=2205. Accessed December 12, 2018.

Centers for Disease Control and Prevention: Manual for the surveillance of vaccine-preventable diseases, fourth ed, 2008–2009; fifth ed, 2018 https://www.cdc.gov/vaccines/pubs/surv-manual/index.html. Accessed December 12, 2018.

Centers for Disease Control and Prevention: Vaccines & immunizations. www.cdc.gov/vaccines/default.htm. Accessed December 12, 2018.

Immunization Action Coalition, Vaccination information statements. www.immunize.org/vis. Accessed December 12, 2018.

Immunization Action Coalition, Vaccine information for the public and health professionals: vaccine-preventable disease photos. www.vaccineinformation.org/photos/index.asp. Accessed December 12, 2018.

National Foundation for Infectious Diseases, Fact sheets. http://www.nfid.org/about-vaccines. Accessed 12 December 2018.

World Health Organization, Immunization service delivery. https://www.who.int/immunization/en/. Accessed December 12, 2018.

SEÇÃO 4

Bacteriologia

RESUMO DA SEÇÃO		
	12	Classificação, Estrutura e Replicação Bacteriana, 116
	13	Metabolismo e Genética Bacteriana, 130
	14	Mecanismos de Patogênese Bacteriana, 145
	15	Papel das Bactérias na Doença, 155
	16	Diagnóstico Laboratorial de Doenças Bacterianas, 164
	17	Agentes Antibacterianos, 173
	18	*Staphylococcus* e Cocos Gram-Positivos Relacionados, 182
	19	*Streptococcus* e *Enterococcus*, 196
	20	*Bacillus*, 215
	21	*Listeria* e Bactérias Gram-Positivas Relacionadas, 222
	22	*Mycobacterium* e Bactérias Álcool-Ácido Resistentes Relacionadas, 231
	23	*Neisseria* e Gêneros Relacionados, 247
	24	*Haemophilus* e Bactérias Relacionadas, 257
	25	*Enterobacteriacea*, 265
	26	*Vibrio* e Bactérias Relacionadas, 280
	27	*Pseudomonas* e Bactérias Relacionadas, 287
	28	*Campylobacter* e *Helicobacter*, 295
	29	Bacilos Gram-Negativos Diversos, 303
	30	*Clostridium*, 317
	31	Bactérias Anaeróbias Não Formadoras de Esporos, 329
	32	*Treponema*, *Borrelia* e *Leptospira*, 338
	33	*Mycoplasma*, 352
	34	*Rickettsia*, *Ehrlichia* e Bactérias Relacionadas, 355
	35	*Chlamydia*, 366

12 Classificação, Estrutura e Replicação Bacteriana

As diferenças estruturais entre bactérias e eucariontes desencadeiam proteções do hospedeiro em seres humanos e fornecem a base para muitas das terapias antimicrobianas. A classificação de bactérias a partir da coloração, como gram-positiva, gram-negativa ou álcool-ácido resistente indica a base para as diferenças nos meios de transmissão, apresentação da doença e sensibilidade aos antibacterianos. As estruturas externas das bactérias fornecem as funções de estrutura e de transporte, os meios para interação entre si e o hospedeiro, como os fatores de virulência, e abrangem os padrões moleculares associados a patógenos (PAMP) que desencadeiam respostas inatas e imunes.

As menores bactérias (*Chlamydia* e *Rickettsia*) têm apenas de 0,1 a 0,2 μm de diâmetro, enquanto bactérias maiores podem ter muitos mícrons de comprimento. Uma espécie recém-descrita é centenas de vezes maior do que a média das células bacterianas e é visível a olho nu. A maioria das espécies, no entanto, mede aproximadamente 1 μm de diâmetro e, portanto, é visível com o uso do microscópio óptico, que tem uma resolução de 0,2 μm. Em comparação, as células animais e vegetais são muito maiores, medindo de 7 μm (o diâmetro de um glóbulo vermelho) a vários centímetros (o comprimento de certas células nervosas).

Diferenças entre eucariontes e procariontes

Células de animais, plantas e fungos são **eucariontes** (do grego, "núcleo verdadeiro"), enquanto bactérias, *archaea* e cianobactérias pertencem aos **procariontes** (do grego, "núcleo primitivo"). Os **archaea** (arqueobactérias) se assemelham às bactérias em muitos aspectos, mas representam um domínio único distinto de bactérias e eucariontes.

Os procariontes diferem dos eucariontes de várias maneiras (Tabela 12.1 e Figura 12.1). As bactérias carecem de um núcleo e outras organelas. O cromossomo de uma bactéria típica, como *Escherichia coli*, é uma única molécula de ácido desoxirribonucleico (DNA) circular de dupla fita contendo aproximadamente cinco milhões de pares de bases, com um comprimento aproximado de 1,3 mm (ou seja, quase 1.000 vezes o diâmetro da célula). Os menores cromossomos bacterianos (de micoplasmas) têm aproximadamente um quarto desse tamanho. Em comparação, os humanos têm duas cópias de 23 cromossomos, que representam $2,9 \times 10^9$ pares de bases, 990 mm de comprimento. As bactérias utilizam um ribossomo menor, o ribossomo 70S, e na maioria das bactérias uma parede celular única de peptidoglicano, semelhante a uma malha, circunda as membranas para protegê-las do meio ambiente. As bactérias podem sobreviver e, em alguns casos, crescer em ambientes hostis em que a pressão osmótica fora da célula é tão baixa que poderia causar a lise da maioria das células eucariontes em temperaturas extremas (tanto quentes quanto frias), muito secas e com fontes de energia muito escassas e diversas. As bactérias desenvolveram suas estruturas e funções para se adaptar a essas condições. Várias dessas distinções fornecem a base para a ação antimicrobiana.

Classificação bacteriana

As bactérias podem ser classificadas por seu aspecto macroscópico e microscópico, pelo crescimento característico e pelas propriedades metabólicas, por sua antigenicidade e, finalmente, por seu genótipo.

DIFERENCIAÇÃO MACROSCÓPICA E MICROSCÓPICA

A diferenciação inicial entre bactérias pode ser realizada pelas características de crescimento em diferentes nutrientes e meios seletivos. As bactérias crescem em colônias; cada colônia é como uma cidade de até 1 milhão ou mais de organismos. A soma de suas características confere à colônia aspectos diferenciais, tais como cor, tamanho, forma e odor. A capacidade da bactéria de resistir a certos antibacterianos, fermentar açúcares específicos (p. ex., lactose, para diferenciar *E. coli* de *Salmonella*), lisar eritrócitos (propriedades hemolíticas estreptocócicas) ou hidrolisar lipídios (p. ex., lipase de *Clostridium*) pode ser determinada usando os meios de crescimento apropriados.

O aspecto microscópico, incluindo tamanho, forma e configuração dos organismos (cocos, bastonetes, curvos ou espiralados) e sua capacidade de reter a coloração de Gram (gram-positiva ou gram-negativa) são os principais meios para diferenciar as bactérias. Uma bactéria esférica como o *Staphylococcus* é um coco; uma bactéria em forma de bastonete como a *E. coli* é um bacilo; e o *Treponema* em forma de serpente é um espirilo. Além disso, espécies como *Nocardia* e *Actinomyces* têm aspectos filamentosos ramificados, semelhantes ao dos fungos. Algumas bactérias formam agregados análogos a cachos de uvas de *Staphylococcus aureus* ou cadeias, como *Streptococcus pyogenes*, ou diplococos (duas células juntas) como para as espécies de *Neisseria* e *S. pneumoniae*.

A **coloração de Gram** é um teste rápido, poderoso e fácil que possibilita aos médicos diferenciar entre as duas classes principais de bactérias, desenvolver um diagnóstico inicial e começar a terapia com base nas diferenças inerentes às bactérias (Figura 12.2). As bactérias são fixadas por calor ou secas de outra maneira em uma lâmina; coradas com **cristal violeta** (Figura 12.3), que é um corante precipitado com **iodo**; em seguida, o corante não ligado e em excesso é removido por lavagem com **descolorante** à base de acetona e água. Um contracorante vermelho denominado **safranina** é adicionado para corar qualquer célula descorada. Esse processo leva menos de 10 minutos.

Tabela 12.1 Principais características de eucariontes e procariontes.

Características	Eucarionte	Procarionte
Principais grupos	Algas, fungos, protozoários, plantas, animais	Bactérias
Tamanho (aproximado)	> 5 μm	0,5 a 3,0 μm
ESTRUTURAS NUCLEARES		
Núcleo	Membrana clássica	Sem membrana nuclear
Cromossomos	Fitas de DNA no genoma diploide	Genoma haploide de DNA circular único
ESTRUTURAS CITOPLASMÁTICAS		
Mitocôndrias	Presente	Ausente
Complexo de Golgi	Presente	Ausente
Retículo endoplasmático	Presente	Ausente
Ribossomos (coeficiente de sedimentação)	80S (60S + 40S)	70S (50S + 30S)
Membrana citoplasmática	Contém esteróis	Não contém esteróis (exceto micoplasma)
Parede celular	Presente apenas nos fungos	Estrutura complexa contendo proteínas e peptidoglicano. Pode conter polissacarídios, ácido teicoico, lipopolissacarídio
Reprodução	Sexuada e assexuada	Assexuada (fissão binária)
Movimento	Flagelo complexo, se presente	Flagelo simples, se presente
Transporte de elétrons (produção de ATP)	Mitocôndria	Membrana citoplasmática

ATP, adenosina trifosfato.

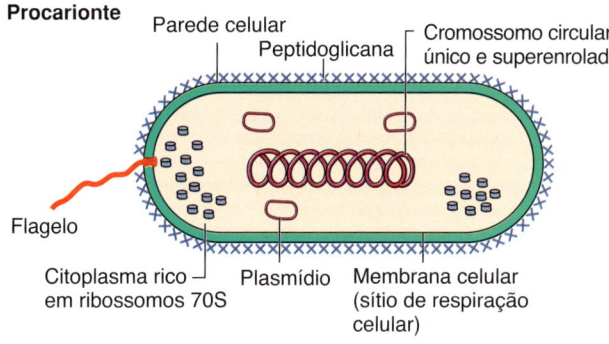

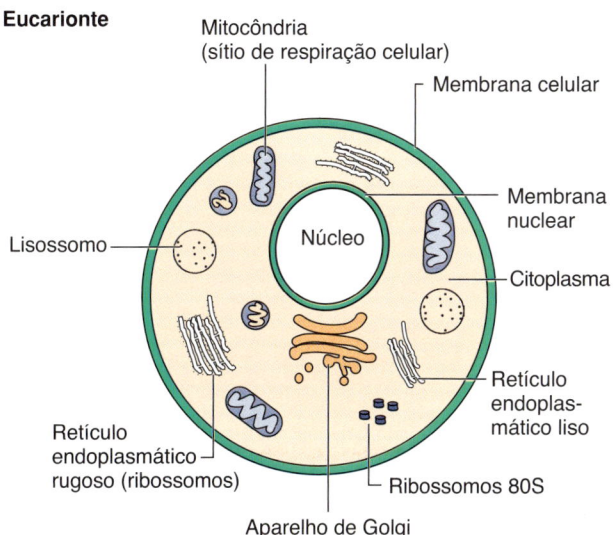

Figura 12.1 Principais características de procariontes e eucariontes.

Para as **bactérias gram-positivas**, que ficam **roxas ou púrpuras**, o corante fica retido em uma estrutura espessa e reticulada em forma de malha (a camada de peptidoglicano), que envolve a célula. As **bactérias gramnegativas** têm uma camada fina de peptidoglicano que não retém o corante cristal violeta, portanto as células devem ser contracoradas com safranina e ficam vermelhas (ver Figura 12.3). Um dispositivo mnemônico que pode ajudar é **"P-PÚRPURA-POSITIVO"**.

A coloração de Gram perde confiabilidade para bactérias que estão famintas (p. ex., culturas antigas ou em fase estacionária) ou tratadas com antibacterianos por causa da degradação do peptidoglicano. Bactérias que não podem ser classificadas pela coloração de Gram incluem micobactérias, que têm um envoltório externo ceroso e são diferenciadas com a coloração para bacilos álcool-ácido-resistentes, e os micoplasmas, que não apresentam peptidoglicano.

DIFERENCIAÇÃO METABÓLICA, ANTIGÊNICA E GENÉTICA

O próximo nível de classificação é baseado na estrutura e assinatura metabólica das bactérias, incluindo suscetibilidade a detergentes (p. ex., ácidos biliares), necessidade de ambientes anaeróbios ou aeróbios, necessidade de nutrientes específicos (p. ex., capacidade de fermentar carboidratos específicos ou usar diferentes compostos como fonte de carbono para o crescimento) e produção de produtos metabólicos característicos (ácido, alcoóis) e enzimas específicas (p. ex., catalase estafilocócica). Foram desenvolvidos procedimentos automatizados para distinguir bactérias entéricas e outras; eles analisam o crescimento em diferentes meios e seus produtos microbianos e fornecem um biotipo numérico para cada uma das bactérias.

Uma determinada cepa de bactéria pode ser diferenciada usando anticorpos para detectar antígenos característicos das bactérias (**sorotipagem**). Esses testes sorológicos

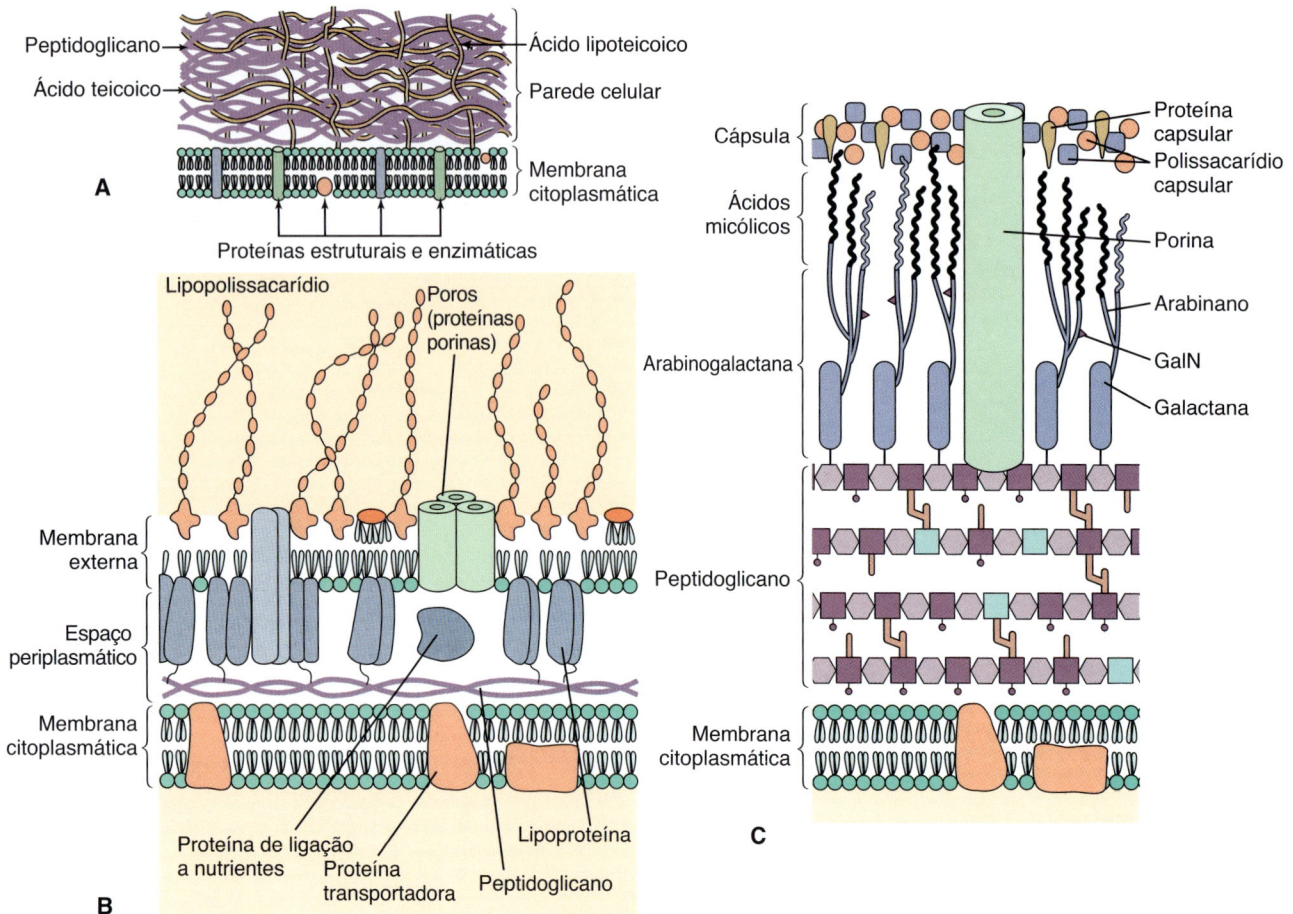

Figura 12.2 Comparação dos envoltórios das células gram-positivas, gram-negativas e micobacterianas. **A.** Uma bactéria gram-positiva apresenta uma camada espessa de peptidoglicano que contém os ácidos teicoico e lipoteicoico. **B.** Uma bactéria gram-negativa tem uma camada fina de peptidoglicano e uma membrana externa que contém lipopolissacarídio, fosfolipídios e proteínas. O espaço periplasmático entre as membranas citoplasmática e externa contém proteínas de transporte, degradativas e de síntese da parede celular. A membrana externa é unida à membrana citoplasmática em pontos de adesão e é ligada ao peptidoglicano por ligações de lipoproteínas. **C.** Os envoltórios das células micobacterianas conferem coloração álcool-ácido resistente às bactérias. Elas têm uma estrutura complexa com uma camada externa cerosa rica em lipídios, contendo ácidos micólicos com porinas que permeiam essa camada.

podem ser usados também para identificar organismos que são difíceis de cultivar (p. ex., *Treponema pallidum*, o organismo responsável pela sífilis) ou muito perigosos (p. ex., *Francisella*, organismo causador da tularemia), aqueles que não crescem em laboratório, que estão associados a síndromes que envolvem doenças específicas (p. ex., *E. coli* sorotipo O157:H7, responsável pela colite hemorrágica) ou que precisam ser identificados rapidamente (p. ex., *S. pyogenes*, responsável pela faringite estreptocócica). A sorotipagem também é usada para subdividir bactérias abaixo do nível de espécie para fins epidemiológicos.

O método mais preciso para classificar bactérias é pela análise de seu material genético ou de suas proteínas. Sequências características e específicas de DNA podem ser detectadas por **hibridização de DNA, amplificação pela reação em cadeia da polimerase (PCR), sequenciamento de DNA** e técnicas relacionadas, descritas no Capítulo 5. Perfis proteicos característicos de bactérias também podem ser rapidamente analisados por espectrometria de massa (MALDI-TOF). Essas técnicas não requerem bactérias vivas ou em crescimento e podem ser utilizadas para detecção e identificação rápida de organismos de crescimento lento (p. ex., micobactérias, fungos) ou, inclusive, a análise de amostras patológicas de bactérias consideradas muito virulentas. As sequências de DNA ribossômico podem ser determinadas para identificar uma família ou gênero e diferenciar uma espécie ou subespécie. Nos últimos anos, os aspectos técnicos desses métodos foram simplificados e se tornaram suficientemente rentáveis para que a maioria dos laboratórios clínicos utilizem variações deles em sua prática diária.

Estrutura bacteriana

O citoplasma da bactéria é envolto por uma membrana citoplasmática, que é circundada por uma parede celular constituída de peptidoglicano que é espesso para bactérias gram-positivas e fino para as gram-negativas. Um espaço periplasmático e uma membrana externa circundam o peptidoglicano das bactérias gram-negativas. Algumas bactérias são envolvidas completamente por uma cápsula.

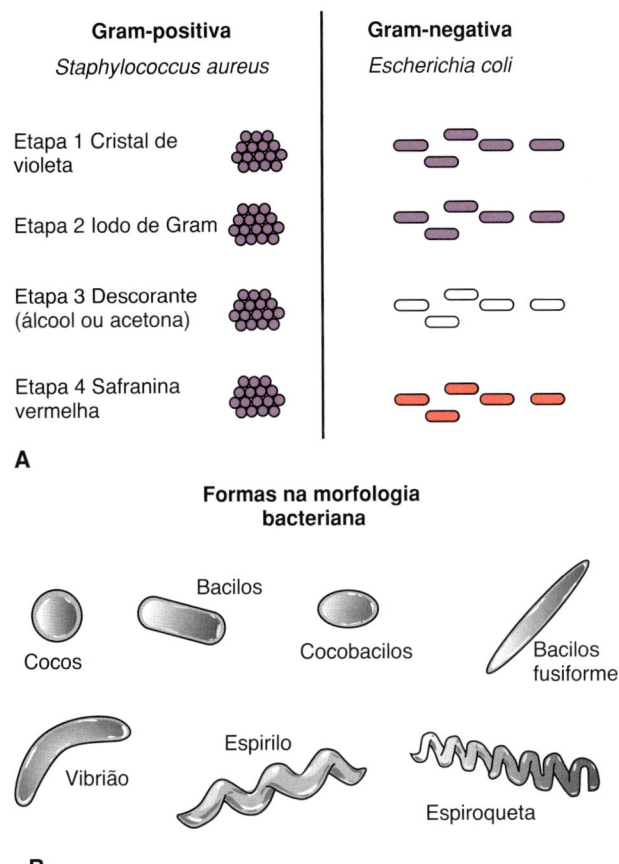

Figura 12.3 Morfologia das bactérias pela coloração de Gram. **A.** O cristal violeta da coloração de Gram é precipitado pelo iodo de Gram e fica preso na espessa camada de peptidoglicano em bactérias gram-positivas. O descorante dispersa a membrana externa gram-negativa e retira o cristal violeta da fina camada de peptidoglicano. As bactérias gram-negativas são visualizadas pela contracoloração com o corante vermelho. **B.** Morfologias das bactérias.

ESTRUTURAS CITOPLASMÁTICAS

O citoplasma da célula bacteriana contém DNA cromossômico, ácido ribonucleico mensageiro (mRNA), ribossomos, proteínas e metabólitos (Figura 12.4). Ao contrário dos eucariontes, a maioria dos **cromossomos bacterianos** é uma dupla fita circular única, que não está contida em um núcleo, mas em uma área discreta conhecida como **nucleoide**. Algumas bactérias podem ter dois ou três cromossomos circulares ou até mesmo um único cromossomo linear. As histonas não estão presentes para manter a conformação do DNA, e este não forma os nucleossomos. Os **plasmídios**, que são DNA menores, circulares e extracromossômicos, também podem estar presentes. Os plasmídios, embora geralmente não sejam essenciais para a sobrevivência celular, frequentemente fornecem uma vantagem seletiva; muitos deles conferem resistência a um ou mais antibacterianos.

A falta de uma membrana nuclear simplifica os requisitos e mecanismos de controle para a síntese de proteínas. Sem uma membrana nuclear, a transcrição e a tradução são acopladas; em outras palavras, os ribossomos podem se ligar ao mRNA e a proteína pode ser produzida enquanto o mRNA está sendo sintetizado e ainda ligado ao DNA.

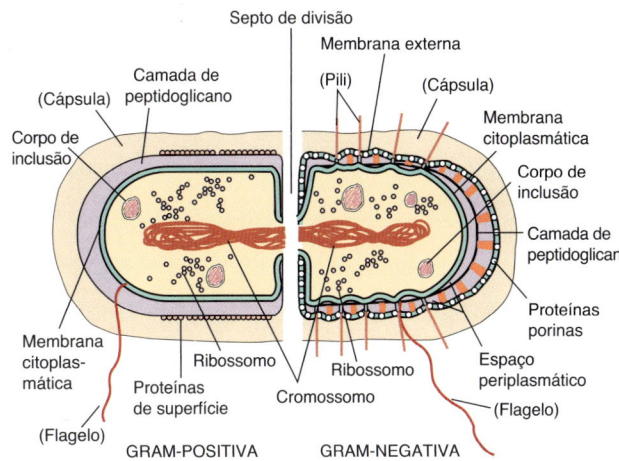

Figura 12.4 Bactéria gram-positiva e gram-negativa. Uma bactéria gram-positiva tem uma camada espessa de peptidoglicano (preenchendo o espaço roxo) (*esquerda*). Já a bactéria gram-negativa apresenta uma fina camada de peptidoglicano (*linha preta única*) e uma membrana externa (*direita*). As estruturas entre parênteses não são encontradas em todas as bactérias. Na divisão celular, a membrana e o peptidoglicano crescem um em direção ao outro para formar um septo de divisão para separar as células filhas.

O **ribossomo bacteriano** consiste em subunidades 30S + 50S, formando um **ribossomo 70S**. Isso é diferente do ribossomo 80S (40S + 60S) eucariótico. As proteínas e o RNA do ribossomo bacteriano são significativamente diferentes daqueles dos ribossomos eucarióticos e são os principais alvos de fármacos antibacterianos.

A **membrana citoplasmática** tem uma estrutura de bicamada lipídica semelhante à estrutura das membranas eucarióticas, mas não contém esteroides (p. ex., colesterol); os micoplasmas são exceção a essa regra. A membrana citoplasmática é responsável por muitas das funções atribuíveis às organelas nos eucariontes. Essas tarefas incluem o transporte de elétrons e a produção de energia, que normalmente são realizadas nas mitocôndrias. Além disso, a membrana contém proteínas de transporte que possibilitam a absorção de metabólitos e a liberação de outras substâncias, bombas de íons para manter o potencial de membrana e enzimas. O interior da membrana é revestido por filamentos de proteínas semelhantes à actina que ajudam a determinar a forma da bactéria e o local de formação do septo para a divisão celular. Esses filamentos determinam a forma espiralada dos treponemas.

ENVOLTÓRIO CELULAR

A estrutura (Tabela 12.2), os componentes e as funções (Tabela 12.3) do envoltório celular diferenciam as bactérias gram-positivas das gram-negativas. Os componentes do envoltório celular também são exclusivos das bactérias, e suas estruturas repetitivas se ligam aos receptores de padrão de patógenos em células humanas para estimular respostas protetoras inatas. As diferenças importantes no envoltório celular para bactérias gram-positivas e gram-negativas estão descritas na Tabela 12.4.

Camadas rígidas de **peptidoglicano** (**mureína**) circundam as membranas citoplasmáticas da maioria dos procariontes. As exceções são os organismos pertencentes ao *Archaea* (que contêm pseudoglicanos ou pseudomureínas

Tabela 12.2 Estruturas da membrana bacteriana.

Estrutura	Constituintes químicos	Funções
Membrana plasmática	Fosfolipídios, proteínas e enzimas	Contenção, geração de energia, potencial de membrana e transporte
ENVOLTÓRIO CELULAR		
Bactérias gram-positivas		
Peptidoglicano	Múltiplas camadas de cadeias de glicana de GlcNAc e MurNAc formam ligações cruzadas por meio de pontes peptídicas	Forma e estrutura celular; proteção do meio ambiente e eliminação pelo complemento
Ácido teicoico	Ligação cruzada (reticulação) do polirribitol fosfato ou glicerol fosfato com peptidoglicano	Fortalece o envoltório celular; sequestro de íon cálcio
Ácido lipoteicoico	Ácido teicoico ligado a lipídios	Ativador de proteções inatas do hospedeiro
Proteínas	Ligadas ao peptidoglicano ou ao ácido teicoico	Evasão da resposta imune, adesão etc.
Bactérias gram-negativas		
Peptidoglicano	Versão mais fina daquela encontrada em bactérias gram-positivas	Forma e estrutura celular
Espaço periplasmático	Proteínas de transporte, enzimas	Enzimas envolvidas no transporte, na degradação e síntese
Proteínas de membrana externa	Fosfolipídios, LPS, proteínas, enzimas	Estrutura celular; proteção do ambiente do hospedeiro
Proteínas	Canal de porina	Permeação de pequenas moléculas hidrofílicas; restringe alguns antibióticos
	Sistemas de secreção (tipos I–V)	Penetra e entrega proteínas através das membranas, incluindo fatores de virulência
	Lipoproteína	Ligação da membrana externa ao peptidoglicano
LPS	Lipídio A, cerne polissacarídico, antígeno O	Estrutura da membrana externa; proteção de barreira, ativador potente de respostas inatas do hospedeiro
Fosfolipídios	Com ácidos graxos saturados	Estrutura
OUTRAS ESTRUTURAS		
Cápsula	Polissacarídios ou polipeptídios (antraz)	Antifagocítica
Biofilme	Polissacarídios	Proteger a colônia de resposta do meio ambiente, antimicrobiana e do hospedeiro
Pili	Pilina, adesinas	Aderência, pili sexual
Flagelo	Proteínas motoras, flagelina	Movimento, quimiotaxia
Proteínas	Proteína M de estreptococos (por exemplo)	Evasão da resposta imune, adesão, enzimas etc.

GlcNAc, N-Acetilglicosamina; *LPS*, lipopolissacarídio; *MurNAc*, ácido N-acetilmurâmico.

relacionadas com o peptidoglicano) e os micoplasmas (que não têm peptidoglicano). Como o peptidoglicano fornece rigidez, ele também ajuda a determinar a forma específica da célula bacteriana. Proteínas e outras moléculas podem estar ligadas ao peptidoglicano.

BACTÉRIAS GRAM-POSITIVAS

Uma bactéria gram-positiva tem um *envoltório celular espesso, com várias camadas, composto principalmente de peptidoglicano* (150 a 500 Å), circundando a membrana citoplasmática (ver Figuras 12.2 e 12.4). O peptidoglicano é um exoesqueleto semelhante a uma malha, análogo em função ao exoesqueleto de um inseto. Ao contrário do exoesqueleto do inseto, no entanto, o peptidoglicano da célula é suficientemente poroso a fim de propiciar a difusão de metabólitos para a membrana plasmática. As cadeias de glicano se estendem da membrana plasmática como cerdas que formam ligações cruzadas com cadeias peptídicas curtas. O **peptidoglicano é essencial** para a estrutura, replicação e sobrevivência nas condições normalmente hostis em que as bactérias crescem.

O peptidoglicano pode ser degradado pela **lisozima**, que é uma enzima presente nas lágrimas e no muco de seres humanos, mas também é produzida por bactérias e outros organismos. A lisozima cliva a estrutura principal do glicano presente no peptidoglicano. Sem o peptidoglicano, as bactérias sucumbem às grandes diferenças de pressão osmótica através da membrana citoplasmática e sofrem a lise. A remoção da parede celular produz um **protoplasto** que lisa, a menos que seja osmoticamente estabilizado.

O envoltório celular gram-positivo também pode incluir outros componentes, tais como proteínas, ácidos teicoico e lipoteicoico e polissacarídios complexos (geralmente denominado **polissacarídios C**). Proteínas de virulência, como a proteína M de estreptococos e a proteína A de *S. aureus*, estão covalentemente ligadas ao peptidoglicano, assim como as proteínas que promovem a aderência às células humanas. Os **ácidos teicoicos** são polímeros aniônicos de polióis fosfatados solúveis em água que são ligados covalentemente ao peptidoglicano e são essenciais para a viabilidade celular. Os **ácidos lipoteicoicos** apresentam ácido graxo e estão ancorados na membrana citoplasmática. Essas moléculas são

Tabela 12.3 Funções do envoltório bacteriano.

Função	Componente
ESTRUTURA	
Rigidez	Todos
Empacotamento de conteúdos internos	Todos
FUNÇÕES BACTERIANAS	
Permeabilidade de barreira	Membrana externa e membrana plasmática
Absorção de metabólitos	Proteínas de transporte de membranas e periplasmáticas, porinas, permeases
Produção de energia	Membrana plasmática
Motilidade	Flagelos
Acasalamento	Pili
INTERAÇÃO DO HOSPEDEIRO	
Adesão às células hospedeiras	Pili, proteínas, ácido teicoico
Reconhecimento imunológico pelo hospedeiro	Todas as estruturas externas e peptidoglicano
Escape das proteções imunológicas do hospedeiro	
Anticorpo	Proteína A, cápsula
Fagocitose	Cápsula, proteína M
Complemento	Peptidoglicano em bactérias gram-positivas
RELEVÂNCIA MÉDICA	
Alvos dos antibióticos	Síntese de peptidoglicano
Resistência a antibiótico	Barreira de membrana externa

Tabela 12.4 Comparação de bactérias gram-positivas e gram-negativas.

Característica	Gram-positivas	Gram-negativas
Membrana externa	–	+
Peptidoglicano	Espesso	Fino
Lipopolissacarídio	–	+
Endotoxina	–	+
Ácido teicoico	Frequentemente presente	–
Esporulação	Algumas bactérias	–
Cápsula	Às vezes presente	Às vezes presente
Lisozima	Sensível	Resistente
Atividade antibacteriana da penicilina	Mais suscetível	Mais resistente
Suscetibilidade à secagem e perturbação física	Menor	Maior
Produção de exotoxina	Algumas cepas	Algumas cepas

antígenos de superfície comuns que diferenciam os sorotipos bacterianos e promovem a ligação a outras bactérias e a receptores específicos em superfícies de células de mamíferos (aderência). Os ácidos teicoicos são importantes fatores de virulência. Ácidos lipoteicoicos são lançados no meio e no hospedeiro e, embora mais fracos, ligam-se a receptores do padrão molecular de patógenos e iniciam respostas inatas protetoras do hospedeiro semelhantes à endotoxina.

BACTÉRIAS GRAM-NEGATIVAS

Os envoltórios celulares gram-negativos são mais complexos do que os envoltórios celulares gram-positivos, tanto estrutural quanto quimicamente (ver Figuras 12.2 e 12.4). Imediatamente externa à membrana citoplasmática, está localizada uma *fina camada de peptidoglicano* que é constituída por apenas 5 a 10% do peso do envoltório celular gram-negativo. Não existem *ácidos teicoicos ou lipoteicoicos* no envoltório celular gram-negativo. A camada externa em relação ao peptidoglicano é a **membrana externa**, exclusiva para bactérias gram-negativas. A área entre a superfície externa da membrana citoplasmática e a superfície interna da membrana externa é conhecida como **espaço periplasmático**. Esse espaço é na verdade um compartimento que contém componentes dos sistemas de transporte de ferro, proteínas, açúcares e outros metabólitos, além de uma variedade de enzimas hidrolíticas importantes para a célula para a extensa quebra de macromoléculas para o metabolismo. Essas enzimas normalmente incluem proteases, fosfatases, lipases, nucleases e enzimas que degradam carboidratos. No caso de espécies gram-negativas patogênicas, muitos dos fatores de virulência, como colagenases, hialuronidases, proteases e a betalactamase, estão no espaço periplasmático.

O envoltório celular gram-negativo também é atravessado por sistemas distintos de transporte que fornecem mecanismos para a captação e liberação de diferentes metabólitos e de outros compostos. As membranas são ainda atravessadas por **sistemas para secreção dos tipos I a V**. A produção dos sistemas de secreção pode ser induzida durante a infecção e contribui para a virulência do microrganismo ao transportar moléculas que facilitam a adesão bacteriana ou o crescimento intracelular. O **sistema de secreção tipo III** é um fator de virulência importante para algumas bactérias, com uma estrutura complexa que atravessa as membranas interna e externa e se parece e age como uma seringa para injetar proteínas em outras células, bacterianas e humanas (ver Figura 14.2).

Como mencionado anteriormente, as membranas externas (ver Figura 12.2) são exclusivas de bactérias gram-negativas. A membrana externa é como um saco de lona rígido em torno das bactérias. *A membrana externa mantém a estrutura bacteriana e é uma barreira de permeabilidade para moléculas grandes* (p. ex., proteínas como a lisozima) e *moléculas hidrofóbicas* (p. ex., alguns antimicrobianos). Ela também fornece proteção contra condições ambientais adversas, como o sistema digestório do hospedeiro (importante para organismos Enterobacteriaceae). A membrana externa tem uma estrutura de bicamada assimétrica que difere de qualquer outra membrana biológica. O folheto interno contém fosfolipídios normalmente encontrados nas membranas bacterianas; no entanto, o folheto externo é composto principalmente de **lipopolissacarídio (LPS)**. Exceto para as moléculas de LPS no processo de síntese, o folheto externo da membrana externa é o único local em que as moléculas de LPS são encontradas.

O LPS é também denominado **endotoxina**, que é um poderoso estimulador de respostas imunes inatas e adaptativas. O LPS é liberado da bactéria para o hospedeiro, onde se liga aos receptores-padrão do patógeno, ativa as células B e induz macrófagos, células dendríticas e outras células a liberarem interleucina (IL)-1, IL-6, fator de necrose tumoral (TNF) e outros fatores. O LPS pode induzir febre e choque. A **reação** de Shwartzman (coagulação intravascular disseminada) segue a liberação de grandes quantidades de endotoxinas na corrente sanguínea. A bactéria *Neisseria* libera grandes quantidades de uma molécula truncada relacionada (**lipo-oligossacarídio [LOS]**), resultando em febre e sintomas graves.

A variedade de proteínas encontradas nas membranas externas gram-negativas é limitada, mas muitas das proteínas estão presentes em alta concentração, resultando em conteúdo total de proteína maior do que o da membrana citoplasmática. Muitas das proteínas atravessam toda a bicamada lipídica e são, assim, proteínas transmembranas. Um grupo dessas proteínas é conhecido como **porinas**, porque formam poros que **possibilitam a difusão, através da membrana, de moléculas hidrofílicas com massa inferior a 700 Da**. *O canal de porinas restringe a entrada de moléculas grandes e hidrofóbicas, incluindo muitos antimicrobianos.* A membrana externa também contém proteínas estruturais, moléculas receptoras para bacteriófagos e outros ligantes e componentes dos sistemas de transporte e secreção.

A membrana externa está conectada à membrana citoplasmática em locais de adesão e está ligada ao peptidoglicano pela **lipoproteína**. A lipoproteína está ligada covalentemente ao peptidoglicano e ancorada na membrana externa. Os sítios de adesão fornecem uma rota membranosa para a liberação de componentes da membrana externa recém-sintetizados para a membrana externa.

A membrana externa é mantida unida por ligações de cátions divalentes (Mg^{2+} e Ca^{2+}) entre fosfatos em moléculas de LPS e interações hidrofóbicas entre o LPS e proteínas. Essas interações produzem uma membrana rígida e forte que pode ser rompida por antibacterianos (p. ex., polimixina) ou pela remoção de íons magnésio e cálcio (quelação com ácido etilenodiaminotetracético [EDTA] ou tetraciclina). A ruptura da membrana externa enfraquece as bactérias e torna possível a permeabilidade de moléculas grandes ou hidrofóbicas. A ruptura da membrana externa pode fornecer a entrada da lisozima para produzir **esferoplastos**, que, como os protoplastos, são osmoticamente sensíveis.

ESTRUTURAS EXTERNAS

Algumas bactérias (gram-positivas ou gram-negativas) estão intimamente envolvidas por camadas frouxas de polissacarídio ou de proteína, denominadas **cápsulas**, que às vezes são conhecidas por **camada viscosa** ou **glicocálice**. *Bacillus anthracis*, exceção a esta regra, produz uma cápsula polipeptídica. A cápsula é difícil de ser observada em microscópio, mas seu espaço pode ser visualizado pela exclusão de partículas da tinta da Índia.

As cápsulas são desnecessárias para o crescimento de bactérias, mas são muito importantes para a sobrevivência no hospedeiro. *A cápsula é fracamente antigênica e antifagocítica e é um fator de virulência fundamental* (p. ex., *S. pneumoniae*). A cápsula também pode atuar como uma barreira para moléculas hidrofóbicas tóxicas, como detergentes, e pode promover **aderência** a outras bactérias ou superfícies do tecido hospedeiro. Cepas bacterianas sem cápsula podem surgir durante o crescimento em condições de laboratório, longe de pressões seletivas do hospedeiro; portanto, são menos virulentas. Algumas bactérias (p. ex., *Pseudomonas aeruginosa*, *S. aureus*) produzirão um **biofilme** de polissacarídio quando números suficientes (*quorum*) estiverem presentes e em condições que favoreçam o crescimento.

O biofilme contém e protege a comunidade bacteriana frente aos antibacterianos e às defesas do hospedeiro. Para *S. mutans*, o biofilme de dextrana e levana promove a adesão ao esmalte do dente e forma a placa dentária.

Flagelos são estruturas propulsoras semelhantes a cordas, compostas de subunidades de proteínas enroladas em forma de hélice (**flagelina**) que são ancoradas nas membranas bacterianas por meio de estruturas em gancho e do corpo basal e são energizadas pelo potencial de membrana. Espécies bacterianas podem ter um ou vários flagelos em suas superfícies e podem ser ancoradas em diferentes partes da célula. O potencial de membrana aciona o motor proteico, que gira a hélice em forma de chicote. Os flagelos proporcionam motilidade para as bactérias, possibilitando que o movimento das bactérias (**quimiotaxia**) siga em direção aos nutrientes e longe dos fatores repulsivos. As bactérias se aproximam dos nutrientes pelo movimento em linha reta e depois se deslocam (em saltos) para uma nova direção. O período de movimento torna-se mais longo à medida que a concentração do quimioatraente aumenta. A direção do giro flagelar determina se a bactéria se movimenta diretamente ou em saltos. Os flagelos expressam determinantes de antígenos e das cepas, representando um ligante para o receptor de padrão associado a patógenos utilizado para ativar proteções inatas do hospedeiro.

Fímbrias (**pili**) (do latim, "franja") são estruturas semelhantes a cabelos ou pelos na porção externa das bactérias, compostas de subunidades de proteínas (**pilina**). As fímbrias podem ser morfologicamente diferenciadas dos flagelos porque são menores em diâmetro (3 a 8 nm *versus* 15 a 20 nm) e geralmente não apresentam estrutura enrolada. Em geral, várias centenas de fímbrias estão dispostas em arranjos peritríquios (uniformemente) em toda a superfície da célula bacteriana. Elas podem ter até 15 a 20 µm ou muitas vezes o comprimento da célula.

As fímbrias promovem aderência a outras bactérias ou ao hospedeiro (nomes alternativos são *adesinas*, *lectinas*, *evasinas* e *agressinas*). As pontas das fímbrias podem conter proteínas (**lectinas**) que se ligam a açúcares específicos (p. ex., manose). Como um fator de aderência (**adesina**), as fímbrias são importantes fatores de virulência para colonização e infecção do sistema urinário por *E. coli*, *Neisseria gonorrhoeae* e outras bactérias. O **pili F** (**pili sexual**) se liga a outras bactérias e são um tubo para transferência de grandes segmentos de cromossomos bacterianos entre bactérias. Esses pilis são codificados por um plasmídio (F).

BACTÉRIAS COM ESTRUTURAS ALTERNATIVAS DO ENVOLTÓRIO CELULAR

As **micobactérias** têm uma camada de peptidoglicano (estrutura ligeiramente diferente) que está entrelaçada com e covalentemente ligada a um polímero de arabinogalactana e rodeada por uma **cobertura lipídica semelhante à cera** composta de ácido micólico (ácidos graxos α-ramificados e β-hidroxilados grandes), fator corda (glicolipídio de trealose e dois ácidos micólicos), cera D (glicolipídio de 15 a 20 ácidos micólicos e açúcar) e sulfolipídios (ver Figura 12.2C). Essas bactérias são descritas como **álcool-ácido resistentes**. A cobertura é responsável pela virulência e é antifagocítica. Organismos como *Corynebacterium* e *Nocardia* também produzem lipídios de ácido micólico. Os **micoplasmas** não têm peptidoglicano no envoltório celular e incorporam, em suas membranas, esteroides do hospedeiro.

Estrutura e biossíntese dos principais componentes do envoltório celular bacteriano

Os componentes do envoltório celular são estruturas grandes feitas de subunidades de polímeros. Esse tipo de estrutura facilita a sua síntese. Como astronautas construindo uma estação espacial, as bactérias enfrentam problemas para montar seus envoltórios celulares. A síntese de peptidoglicano, LPS, ácido teicoico e cápsula ocorre fora da bactéria, distante da maquinaria de síntese e das fontes de energia do citoplasma e em um ambiente inóspito. Tanto para a estação espacial quanto para as bactérias, precursores pré-fabricados e subunidades da estrutura final são montados em uma configuração semelhante ao de uma fábrica no interior, ligados a uma estrutura análoga a uma esteira transportadora, trazida à superfície e então fixada à estrutura preexistente. Os precursores pré-fabricados também devem ser ativados por ligações de alta energia (p. ex., fosfatos) ou outros meios para potencializar as reações de ligação que ocorrem fora da célula.

PEPTIDOGLICANO (MUCOPEPTÍDIO, MUREÍNA)

O peptidoglicano é uma malha rígida composta por cadeias de polissacarídios lineares semelhantes a uma cerca, reticuladas por peptídios. O polissacarídio é constituído de dissacarídios repetidos de **N-acetilglicosamina (GlcNAc, NAG, G)** e **ácido N-acetilmurâmico (MurNAc, NAM, M)** (Figura 12.6; ver Figura 12.5).

Um tetrapeptídio é ligado ao MurNAc. O peptídio é incomum porque contém ambos os aminoácidos D e L (os aminoácidos D não são normalmente usados na natureza) e o peptídio é produzido enzimaticamente e não por um ribossomo. Os primeiros dois aminoácidos ligados ao MurNAc podem variar em diferentes organismos.

Os aminoácidos diamina na terceira posição são essenciais para a reticulação da cadeia do peptidoglicano. Exemplos de aminoácidos diamina incluem a lisina e os ácidos diaminopimélico e diaminobutírico. A reticulação ou ligação cruzada do peptídio é formada entre a amina livre do aminoácido diamina e a D-alanina na quarta posição de outra cadeia. *S. aureus* e outras bactérias gram-positivas usam uma ponte de aminoácido (p. ex., peptídio glicina$_5$) entre esses aminoácidos para alongar a ligação cruzada. A forma precursora do peptídio tem uma D-alanina extra, que é liberada durante a etapa de reticulação.

Nas bactérias gram-positivas, o peptidoglicano forma múltiplas camadas e muitas vezes é reticulado em três dimensões, fornecendo uma parede celular muito forte e rígida. Em contraste, o peptidoglicano nas paredes celulares gram-negativas é geralmente apenas uma molécula (camada) de espessura. O número de ligações cruzadas e o comprimento da reticulação determinam a rigidez da malha de peptidoglicano. A **lisozima** dispersa o peptidoglicano ao clivar o glicano, como mostrado na Figura 12.6.

SÍNTESE DE PEPTIDOGLICANO

A síntese do peptidoglicano ocorre em quatro fases (Figura 12.7). Primeiro, os precursores são sintetizados e ativados dentro da célula. A glicosamina é enzimaticamente convertida em MurNAc e então ativada energeticamente por uma reação com uridina trifosfato (UTP) para produzir o ácido uridina difosfato-N-acetilmurâmico (UDP-MurNAc). Em seguida, o precursor UDP-MurNAc-pentapeptídio é montado em uma série de etapas enzimáticas.

Na segunda fase, o pentapeptídio UDP-MurNAc é ligado a uma estrutura molecular semelhante a uma esteira transportadora denominada **bactoprenol (undecaprenol [isoprenoide C$_{55}$])** na membrana citoplasmática por meio de uma ligação pirofosfato com a liberação de uridina monofosfato (UMP). O GlcNAc é adicionado para fazer o bloco de construção de dissacarídio do peptidoglicano. Algumas bactérias (p. ex., *S. aureus*) adicionam uma pentaglicina ou outra cadeia ao aminoácido diamina na terceira posição da cadeia de peptídio para alongar a reticulação.

Na terceira fase, a molécula bactoprenol com seu precursor dissacarídio:peptídio é translocada para a superfície externa da membrana pela enzima flipase.

Na última fase, o peptidoglicano é estendido na superfície externa da membrana plasmática. O dissacarídio GlcNAc-MurNAc é ligado a uma cadeia de peptidoglicano, usando a ligação do pirofosfato entre si e o bactoprenol, como energia para conduzir a reação por enzimas denominadas **transglicosilases**. O pirofosfobactoprenol é convertido de volta em fosfobactoprenol e reciclado. A **bacitracina** bloqueia a reciclagem. As cadeias de peptídios presentes nas cadeias de glicano adjacentes são reticuladas (ligações cruzadas) entre si por uma troca de ligação peptídica (**transpeptidação**) entre a amina livre do aminoácido na terceira posição do pentapeptídio (p. ex., lisina) ou no N-terminal da cadeia de pentaglicina ligada, e a D-alanina na quarta posição da outra cadeia peptídica, liberando a D-alanina terminal do precursor. Essa etapa não requer energia adicional porque as ligações peptídicas são "negociadas".

A reação de reticulação é catalisada por **transpeptidases** ligadas à membrana. Enzimas relacionadas, denominadas **D-carboxipeptidases**, removem terminais de D-alaninas não reativas para limitar a extensão da reticulação. As transpeptidases e as carboxipeptidases são denominadas **proteínas ligadoras de penicilina (PLPs)**, porque são alvos para penicilina e outros antibacterianos betalactâmicos. Os **antibacterianos** *penicilina* e betalactâmicos relacionados assemelham-se à conformação do substrato da estrutura D-Ala-D-Ala no "estado de transição" quando ligada a essas enzimas. A **vancomicina** se liga feito um grampo à estrutura D-Ala-D-Ala para bloquear essas reações. Diferentes PLPs são utilizadas para alongar o peptidoglicano, ao criar um septo para divisão celular e para dobrar a rede de peptidoglicano (forma da célula). A extensão do peptidoglicano e as reticulações são necessárias para o crescimento e a divisão celular.

O peptidoglicano está constantemente sendo sintetizado e degradado de maneira coordenada. As **autolisinas**, como a lisozima, são importantes para determinar a forma bacteriana. A inibição da síntese ou da reticulação (ligação cruzada) do peptidoglicano não interrompe as autolisinas, e sua ação contínua enfraquece a malha e leva à lise e morte celular. A síntese de novos peptidoglicanos não ocorre durante a privação de nutrientes, o que leva a um enfraquecimento do peptidoglicano e uma perda na confiabilidade da coloração de Gram.

Compreender a biossíntese do peptidoglicano é essencial na medicina porque essas reações são exclusivas de células bacterianas; portanto, elas podem ser inibidas com

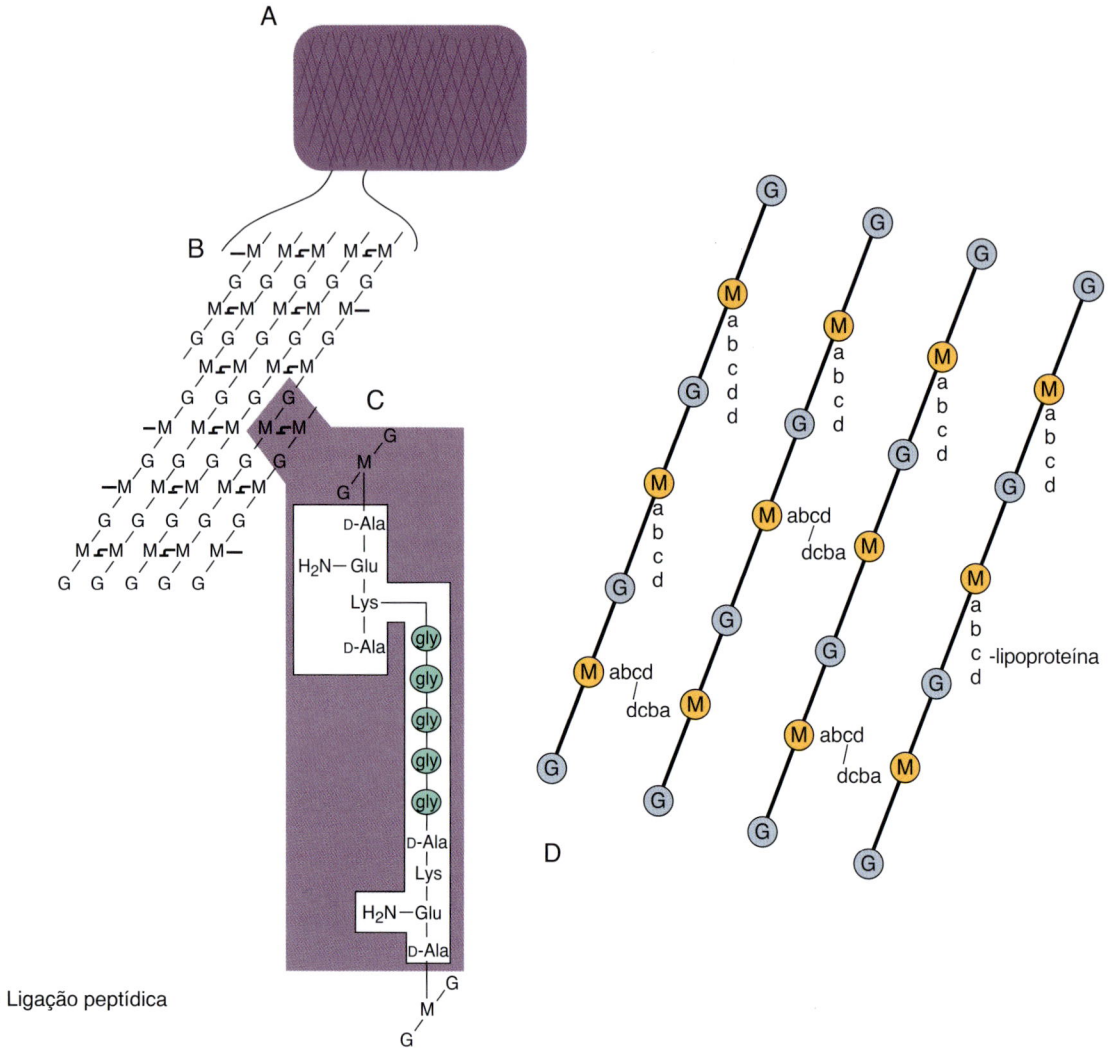

Figura 12.5 Estrutura geral do componente peptidoglicano do envoltório celular. **A.** O peptidoglicano forma uma camada semelhante a uma malha ao redor da célula. **B.** A malha de peptidoglicano consiste em um polímero de polissacarídios que é reticulado (ligações cruzadas) por ligações peptídicas. **C.** Os peptídios são reticulados por meio de uma ligação peptídica entre a D-alanina (D-*Ala*) terminal de uma cadeia e uma lisina (*Lys*) (ou outro diamina aminoácido) da outra cadeia. Uma ponte de pentaglicina (*gly₅*) expande a reticulação no *Staphylococcus aureus* (como mostrado). **D.** Representação da estrutura do peptidoglicano de *Escherichia coli*. O ácido diaminopimélico, o ácido diamina na terceira posição do peptídio, está *diretamente ligado* à alanina terminal de outra cadeia para a ligação cruzada (reticulação) com o peptidoglicano. A lipoproteína ancora a membrana externa ao peptidoglicano. *G*, N-acetilglicosamina; *Glu*, ácido D-glutâmico; *gly*, glicina; *M*, ácido N-acetilmurâmico. (A a C, modificadas de Talaro, K., Talaro, A., 1996. Foundations in Microbiology, second ed. William C. Brown, Dubuque, IA. D, modificada de Joklik, W.K.,Willett, H.P., Amos, D.B., et al., 1988. Zinsser Microbiology. Appleton & Lange, Norwalk, CT.)

pouco ou nenhum efeito adverso nas células hospedeiras (humanas). Conforme indicado anteriormente, uma série de antibacterianos visa uma ou mais etapas nessa via (ver Capítulo 17).

ÁCIDO TEICOICO

Os **ácidos teicoico** e **lipoteicoico** são polímeros quimicamente modificados de ribose ou glicerol ligados por fosfatos (Figura 12.8). Açúcares, colina ou D-alanina podem estar ligados às hidroxilas da ribose ou glicerol, fornecendo determinantes antigênicos. Esses podem ser diferenciados por anticorpos e podem determinar o sorotipo bacteriano. O ácido lipoteicoico tem um ácido graxo e está ancorado na membrana. Os ácidos lipoteicoico e teicoico são montados a partir de blocos de construção ativados no bactoprenol e, em seguida, translocados para a superfície externa de maneira semelhante à do peptidoglicano. O ácido teicoico é enzimaticamente ligado ao N-terminal do peptídio de peptidoglicano e secretado pelas células.

LIPOPOLISSACARÍDIO

O **LPS** consiste em três seções estruturais: lipídio A, cerne polissacarídico (cerne rugoso) e antígeno O (Figura 12.9). O lipídio A é um componente básico do LPS e é essencial para a viabilidade bacteriana. O **lipídio A é responsável pela atividade da endotoxina do LPS**. Ele apresenta uma estrutura principal de dissacarídios de glicosamina fosforilados com ácidos graxos ligados para ancorar a estrutura na membrana externa. Os fosfatos conectam unidades LPS em agregados. Uma cadeia de carboidratos está ligada a cada estrutura do dissacarídio e se estende para longe das bactérias. O cerne polissacarídico é uma ramificação de

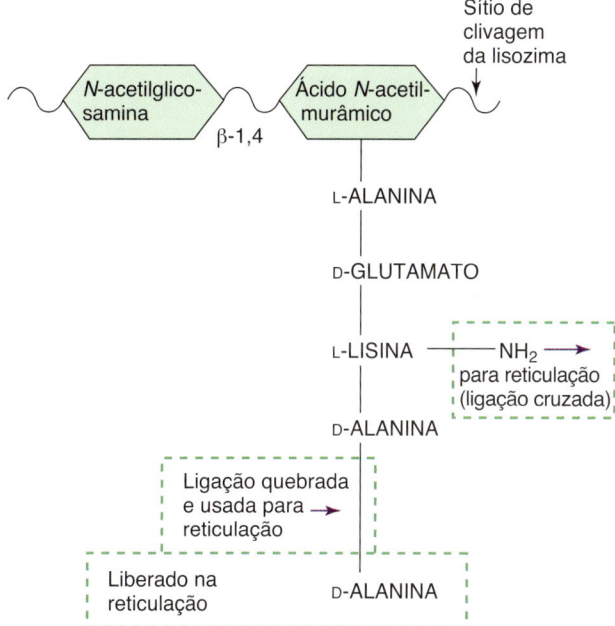

Figura 12.6 Precursor de peptidoglicano. O peptidoglicano é construído a partir de unidades pré-fabricadas que contêm um pentapeptídio ligado ao ácido N-acetilmurâmico. O pentapeptídio contém uma unidade terminal de D-alanina-D-alanina. Esse dipeptídio é necessário para a reticulação (ligação cruzada) do peptidoglicano e é a base para a ação dos antibacterianos betalactâmicos e vancomicina. A ligação de β-1,4 dissacarídio clivado pela lisozima é indicada.

polissacarídios de 9 a 12 açúcares. A maior parte da região do cerne também é essencial para a estrutura do LPS e a viabilidade bacteriana. A região do cerne contém um açúcar incomum denominado 2-ceto-3-desoxi-octanoato (KDO) e é fosforilado. Os *cátions divalentes ligam os fosfatos dentro do cerne do LPS para fortalecer a membrana externa*. O antígeno O está ligado ao cerne e se estende para fora da bactéria. É um polissacarídio longo e linear que consiste em 50 a 100 unidades repetidas de sacarídio de 4 a 7 açúcares por unidade. O **LOS**, que está presente em espécies de *Neisseria*, carece da porção do antígeno O do LPS. O antígeno O mais curto possibilita que agregados de LOS sejam liberados e diminui a proteção da membrana, o que torna *Neisseria* mais suscetível à lise mediada pelo sistema complemento do hospedeiro.

A estrutura de LPS é usada para classificar bactérias. A estrutura básica do lipídio A é idêntico para bactérias relacionadas e é semelhante para todas as *Enterobacteriaceae* gram-negativas. A região do cerne é a mesma para uma espécie de bactéria. O antígeno O distingue sorotipos (cepas) de uma espécie bacteriana. Por exemplo, o sorotipo O157:H7 (antígeno O:flagelina) identifica o agente *E. coli* da síndrome hemolítico-urêmica.

O lipídio A e as porções do cerne são sintetizados enzimaticamente de maneira sequencial na superfície interna da membrana citoplasmática e, em seguida, translocados através da membrana. As unidades do antígeno O são ligadas a uma molécula bactoprenol, translocadas para o exterior da membrana citoplasmática e 50 a 100 dessas unidades são sequencialmente ligadas à cadeia crescente do antígeno O. A cadeia terminal do antígeno O é então transferida para a estrutura do cerne ou núcleo do lipídio A. A molécula de LPS inteira é então translocada por um grupo de proteínas que formam uma estrutura semelhante à escada rolante do tipo brigada de baldes (cadeia humana), a partir da membrana citoplasmática através do peptidoglicano, espaço periplasmático e membrana externa até sua superfície externa.

Divisão celular

A replicação do cromossomo bacteriano também desencadeia o começo da divisão celular (Figura 12.10). A produção de duas bactérias filhas requer crescimento e extensão dos componentes da parede celular, seguido pela produção de um septo (parede cruzada) para dividir as bactérias filhas em duas células. O septo consiste em duas membranas separadas por duas camadas de peptidoglicano. A formação do septo é iniciada na célula intermediária, em um local definido por complexos de proteínas afixadas a um anel de filamento de proteína que reveste o interior da membrana citoplasmática. O septo cresce de lados opostos em direção ao centro da célula, produzindo a clivagem das células filhas. Esse processo requer transpeptidases especiais (PLPs) e outras enzimas. Para estreptococos, a zona de crescimento está localizada a 180° um do outro. Em contraste, a zona de crescimento dos estafilococos é de 90°. A clivagem incompleta do septo pode fazer com que as bactérias permaneçam ligadas, formando cadeias (p. ex., estreptococos) ou agrupamentos (p. ex., estafilococos).

Esporos

Algumas bactérias gram-positivas, mas nunca as gram-negativas, como membros do gênero *Bacillus* (p. ex., *B. anthracis*) e *Clostridium* (p. ex., *C. tetani* ou *botulinum*) (bactérias do solo), são formadores de esporos. Em condições ambientais adversas, como a perda de uma necessidade nutricional, essas bactérias podem converter de um **estado vegetativo** para um **estado dormente**, ou **esporo**. A localização do esporo dentro de uma célula é uma característica da bactéria e pode auxiliar na identificação da mesma.

O esporo é uma estrutura desidratada, com várias capas e que protege e possibilita que as bactérias existam em "animação suspensa" (Figura 12.11). Ele contém uma cópia completa do cromossomo, concentrações mínimas necessárias de proteínas essenciais e ribossomos, além de uma alta concentração de **cálcio ligado ao ácido dipicolínico**. O esporo tem uma membrana interna, duas camadas de peptidoglicano e uma cobertura externa de proteína semelhante à queratina. O esporo parece refrátil (brilhante) ao microscópio óptico. A estrutura do esporo protege o DNA genômico de calor intenso, radiação e ataque pela maioria das enzimas e agentes químicos. De fato, os esporos bacterianos são tão resistentes a fatores ambientais que podem existir por séculos como esporos viáveis. Os esporos também são difíceis de descontaminar com desinfetantes padrão ou condições de autoclavagem.

Depleção de nutrientes específicos (p. ex., alanina) do meio de crescimento desencadeia uma cascata de eventos genéticos (comparáveis à diferenciação) levando à produção de um esporo. Os mRNAs necessários para a formação do esporo são transcritos e outros mRNAs são desligados. O ácido dipicolínico é produzido, e antibióticos e toxinas são frequentemente excretados. Após a duplicação do

Síntese de peptidoglicano

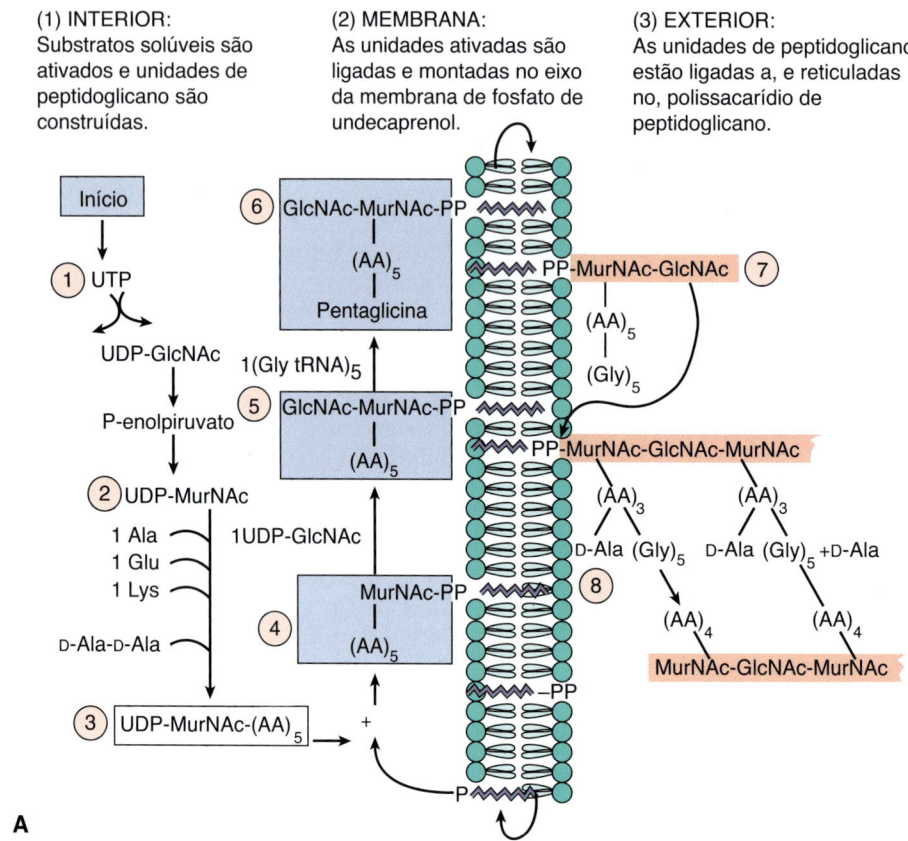

Reação de transpeptidação

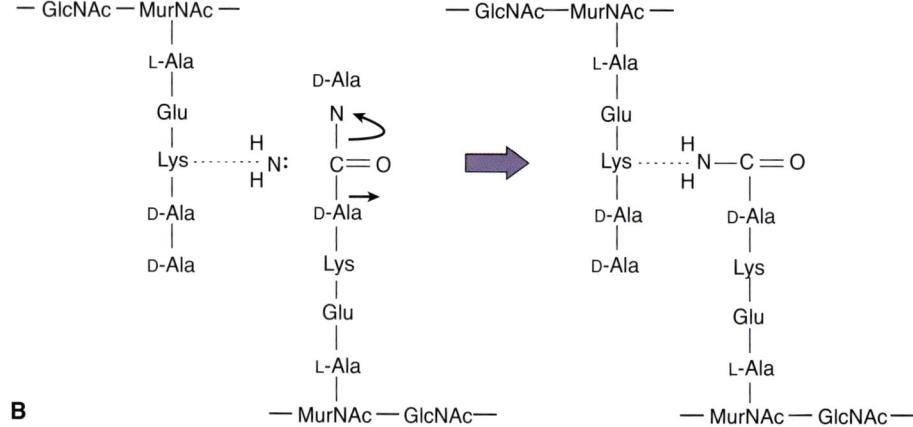

Figura 12.7 Síntese de peptidoglicano. **A.** A síntese do peptidoglicano ocorre nas quatro fases seguintes: (1) O peptidoglicano é sintetizado a partir de unidades pré-fabricadas construídas e ativadas para montagem e transporte dentro da célula; (2) Na membrana, as unidades são montadas na esteira transportadora de fosfato de undecaprenol, e a fabricação é concluída; (3) A unidade é transportada para fora da célula; e (4) a unidade é ligada à cadeia de polissacarídio e o peptídio é reticulado para terminar a construção. *Staphylococcus aureus* usa uma ponte de pentaglicina na ligação cruzada. Tal construção pode ser comparada à montagem de uma estação espacial de unidades pré-fabricadas. **B.** A reação de reticulação (ligação cruzada) é uma transpeptidação. A *Escherichia coli* usa uma reticulação direta entre a D-alanina e a lisina. Uma ligação peptídica (produzida dentro da célula) é trocada por outra (fora da célula) com a liberação de D-alanina. As enzimas que catalisam essas reações são chamadas D-*alanina*, D-*alanina transpeptidase* ou *carboxipeptidases*. Essas enzimas são o alvo dos antibacterianos betalactâmicos e são chamadas de proteínas de ligação à penicilina. AA_3, tripeptídio; AA_4, tetrapeptídio com terminal D-alanina; AA_5, pentapeptídio com D-alanina-D-alanina; *Glu*, glutamato; Gly_5, pentapeptídio de glicina; *Lys*, lisina; *MurNAc-PP*, difosfato de ácido *N*-acetilmurâmico; *tRNA*, ácido ribonucleico de transferência; *UDP-GlcNAc*, difosfato de uridina *N*-acetilglicosamina; *UDP-MurNAc*, ácido uridina difosfato-N-acetilmurâmico; *UTP*, uridina trifosfato.

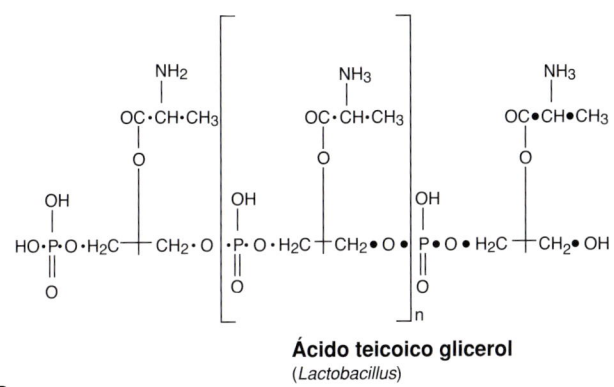

Figura 12.8 Ácido teicoico. O ácido teicoico é um polímero quimicamente modificado de ribitol (**A**) ou fosfato de glicerol (**B**). A natureza da modificação (p. ex., açúcares, aminoácidos) pode definir o sorotipo das bactérias. O ácido teicoico é covalentemente ligado ao peptidoglicano. O ácido lipoteicoico é ancorado na membrana citoplasmática por um ácido graxo covalentemente ligado.

cromossomo, uma cópia do DNA e os conteúdos citoplasmáticos (**cerne ou núcleo**) são cercados pela membrana citoplasmática, peptidoglicano e a membrana do septo. Isso envolve o DNA nas duas camadas de membrana e do peptidoglicano que normalmente dividiria a célula. Essas duas camadas são rodeadas pelo **córtex**, que é composto de uma fina camada interna de peptidoglicano fortemente reticulada em torno de uma membrana (que costumava ser a membrana citoplasmática) e uma camada externa frouxa de peptidoglicano. O córtex é cercado por um revestimento de **proteína semelhante à queratina** que protege o esporo. O processo requer 6 a 8 horas para a finalização.

A germinação de esporos para o estado vegetativo é estimulada pela ruptura do revestimento externo por estresse mecânico, pH, calor ou outro fator de estresse e requer água e um nutriente de gatilho (p. ex., alanina). O processo leva aproximadamente 90 minutos. Após o início do processo de germinação, o esporo irá absorver água, inchar, retirar suas películas e produzir uma nova célula vegetativa idêntica à célula vegetativa original, completando todo o ciclo. Uma vez que a germinação tenha começado e o revestimento do esporo tenha sido comprometido, este se torna enfraquecido e vulnerável e pode ser inativado como outras bactérias.

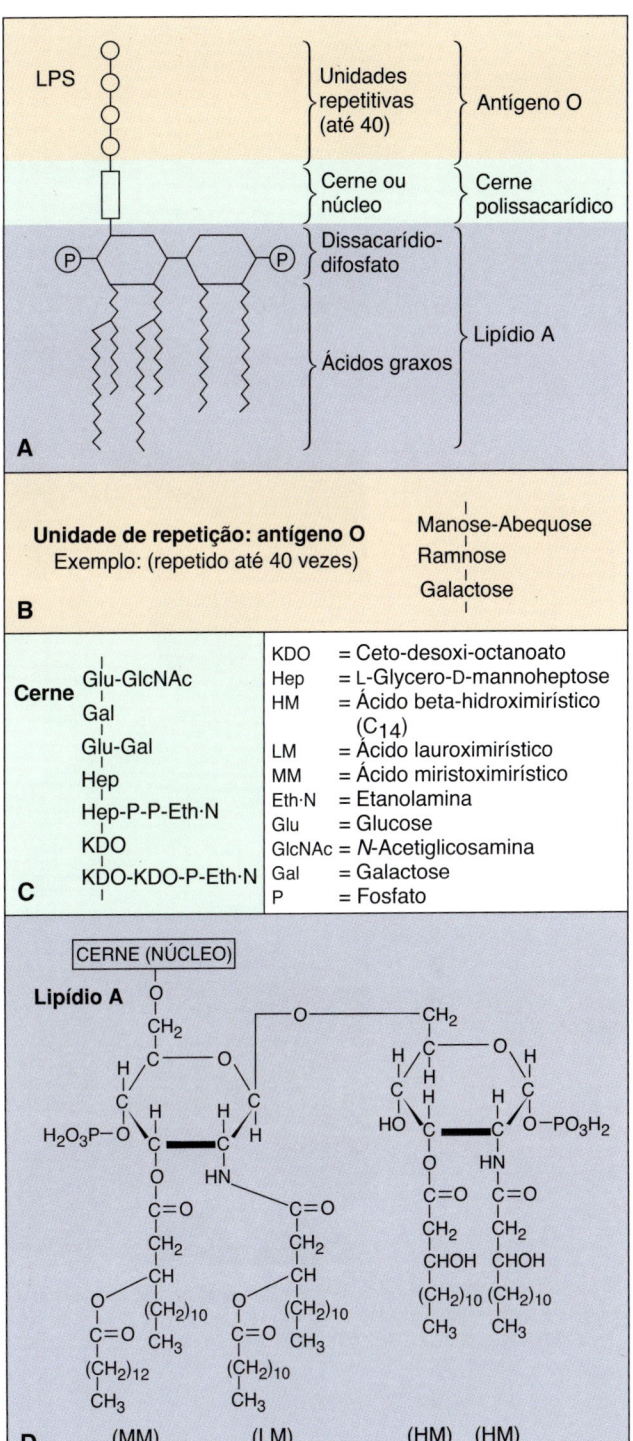

Figura 12.9 Lipopolissacarídio (LPS) do envelope de células gram-negativas. **A.** Segmento da molécula mostrando os arranjos dos principais constituintes. Cada molécula de LPS tem um lipídio A e uma unidade de cerne polissacarídico, mas muitas repetições do antígeno O. **B.** Unidade repetida de antígeno O característico (*Salmonella typhimurium*). **C.** Cerne polissacarídico. **D.** Estrutura do lipídio A de *S. typhimurium*. (Modificada de Brooks, G.F., Butel, J.S., Ornston, L.N., 1991. Jawetz, Melnick, and Aldenberg's Medical Microbiology, nineteenth ed. Appleton & Lange, Norwalk, CT.)

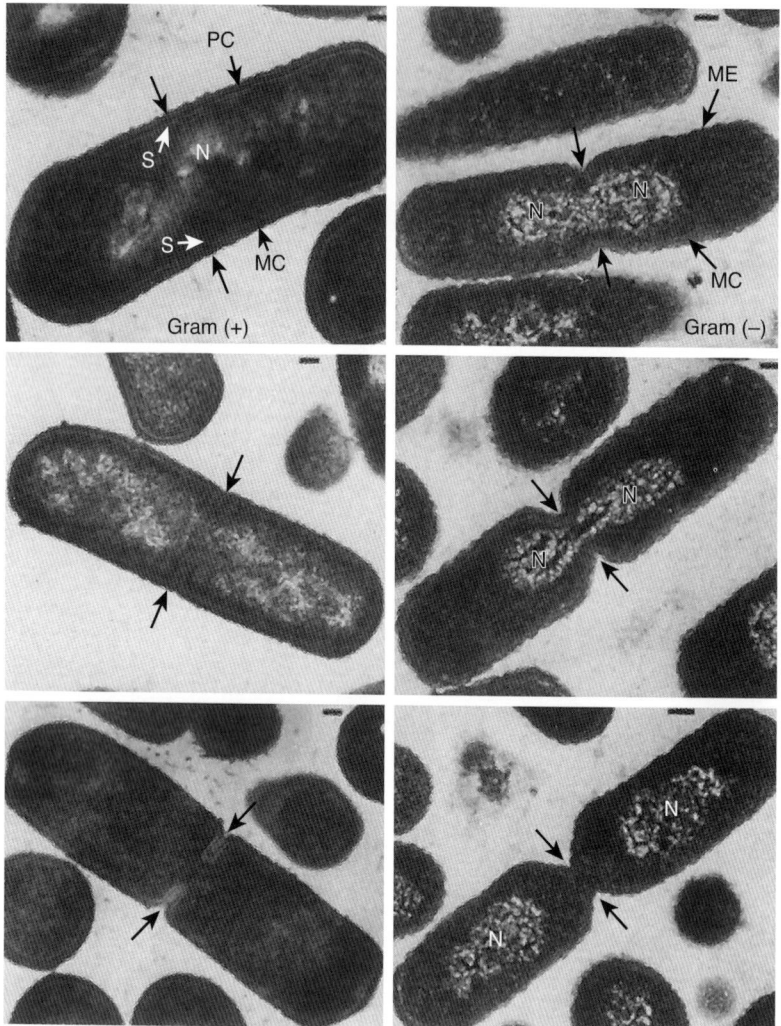

Figura 12.10 Fotomicrografias eletrônicas da divisão celular de bactéria gram-positiva (*Bacillus subtilis*) *(esquerda)* e da divisão celular de bactéria gram-negativa (*Escherichia coli*) *(direita)*. Progressão na divisão celular de cima para baixo. *MC*, membrana citoplasmática; *PC*, parede celular; *N*, nucleoide; *ME*, membrana externa; *S*, septo. Barra = 0,2 μm. (De Slots, J., Taubman, M.A., 1992. Contemporary Oral Biology and Immunology. Mosby, St Louis, MO.)

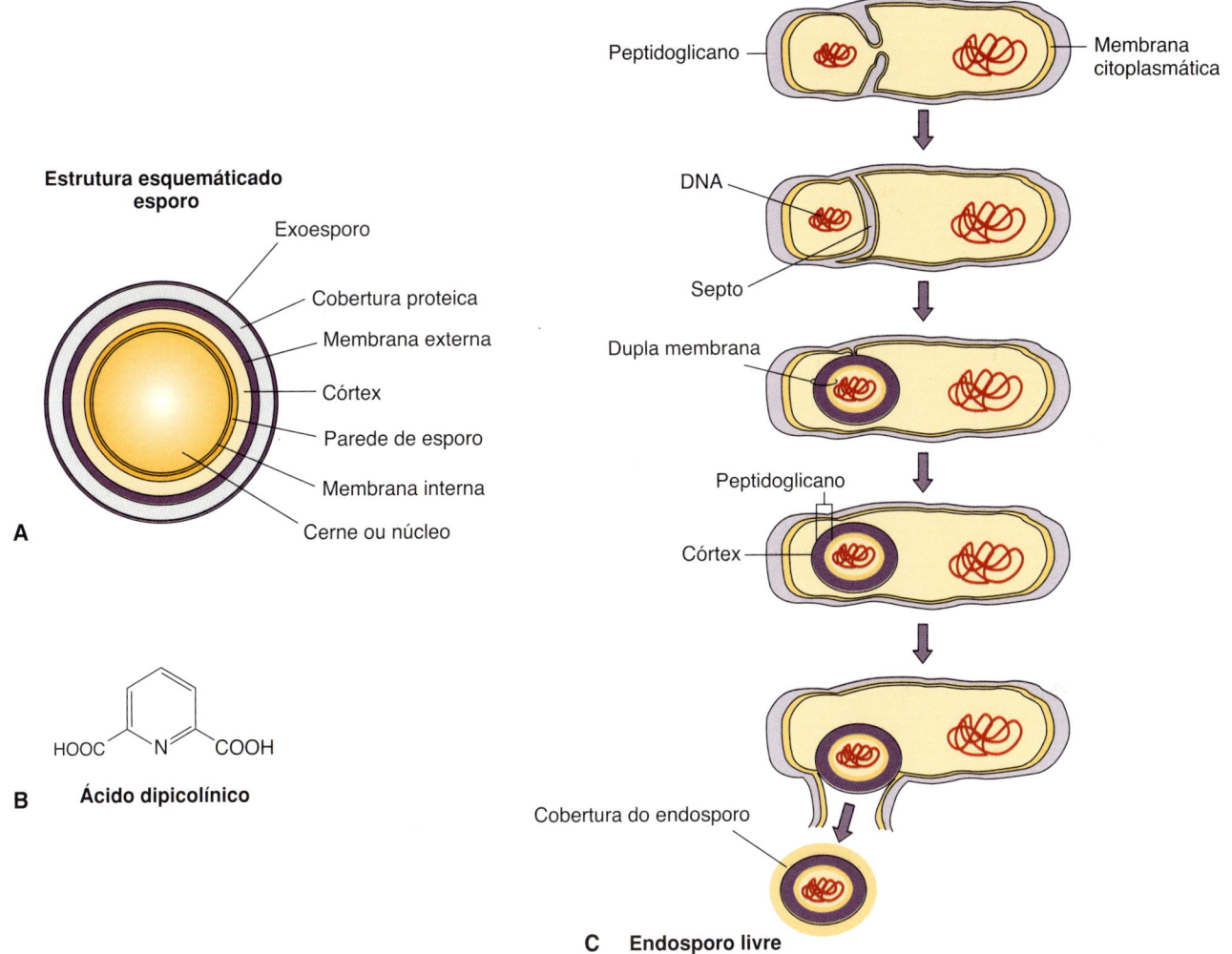

Figura 12.11 A. Estrutura de um esporo. **B.** Altas concentrações de ácido dipicolínico nos esporos ligam o cálcio e estabilizam o conteúdo. **C.** Esporogênese, o processo de formação de endosporos.

Bibliografia

Bower, S., Rosenthal, K.S., 2006. Bacterial cell walls: the armor, artillery and Achilles heel. Infect. Dis. Clin. Pract. 14, 309–317.

Daniel, R.A., Errington, J., 2003. Control of cell morphogenesis in bacteria: two distinct ways to make a rod-shaped cell. Cell 113, 767–776.

Lutkenhaus, J., 1998. The regulation of bacterial cell division: a time and place for it. Curr. Opin. Microbiol. 1, 210–215.

Meroueh, S.O., Bencze, K.Z., Hesek, D., et al., 2006. Three-dimensional structure of the bacterial cell wall peptidoglycan. Proc. Natl. Acad. Sci. U S A 103, 4404–4409.

Nanninga, N., 1998. Morphogenesis of Escherichia coli. Microbiol. Mol. Biol. Rev. 62, 110–129.

Sherman, D.J., Xie, R., Taylor, R.J., et al., 2018. Lipopolysaccharide is transported to the cell surface by a membrane-to-membrane protein bridge. Science 359, 798–801. https://doi.org/10.1126/science.aar1886.

Staley, J.T., Gunsalus, R.P., Lory, S., et al., 2007. Microbial Life, second ed. Sinauer, Sunderland, MA.

Talaro, K., 2008. Foundations in Microbiology, sixth ed. McGraw-Hill, New York.

Willey, J., Sherwood, L., Woolverton, C., 2007. Prescott/Harley/Klein's Microbiology, seventh ed. McGraw-Hill, New York.

Zhao, H., Patel, V., Helmann, J.D., 2017. Don't let sleeping dogmas lie: new views of peptidoglycan synthesis and its regulation. Molecular Microbiology 106, 847–860.

13 Metabolismo e Genética Bacteriana

Metabolismo bacteriano

As bactérias desenvolveram diferentes abordagens para obter e utilizar as matérias-primas necessárias para o crescimento e a sobrevivência no corpo humano. As diferenças nas necessidades metabólicas e seus processos e produtos possibilitam a distinção entre as bactérias, definem seus hábitats dentro de nosso corpo e fornecem alvos para os medicamentos antimicrobianos. As bactérias desenvolveram meios sofisticados para regular seu crescimento e para controlar a expressão de proteínas e enzimas em resposta ao seu ambiente. Esses incluem mecanismos para expressar fatores de virulência apropriados em partes específicas do corpo humano. As bactérias também desenvolveram meios para compartilhar o ácido desoxirribonucleico (DNA) a fim de adquirir novas vantagens seletivas em ambientes desafiadores, incluindo a presença de antibacterianos.

EXIGÊNCIAS METABÓLICAS

O crescimento bacteriano requer uma fonte de energia e as matérias-primas para construir as proteínas, estruturas e membranas que compõem e fornecem energia à célula. As bactérias devem obter ou sintetizar os aminoácidos, carboidratos e lipídios utilizados como blocos de construção da célula.

Os requisitos mínimos para o crescimento são uma fonte de carbono e nitrogênio, uma fonte de energia, água e vários íons. Os elementos essenciais incluem os componentes derivados de proteínas, lipídios e ácidos nucleicos (C, O, H, N, S, P), íons importantes (K, Na, Mg, Ca, Cl) e componentes (cofatores) de enzimas (Fe, Zn, Mn, Mo, Se, Co, Cu, Ni). O **ferro** é tão importante que muitas bactérias secretam proteínas especiais (sideróforos) para concentrar ferro a partir de soluções diluídas, e nossos corpos sequestrarão o ferro para reduzir sua disponibilidade como um meio de proteção.

O oxigênio (gás O_2), embora essencial para o hospedeiro humano, é na verdade um veneno para muitas bactérias. Alguns organismos (p. ex., *Clostridium perfringens*, que causa a gangrena gasosa) não podem crescer na presença de oxigênio e, portanto, são referidos como **anaeróbios obrigatórios**. Outros organismos (p. ex., *Mycobacterium tuberculosis*, que causa a tuberculose) necessitam da presença de oxigênio molecular para o metabolismo e crescimento e, portanto, são chamados **aeróbios obrigatórios**. A maioria das bactérias, entretanto, cresce na presença ou na ausência de oxigênio e são denominadas organismos **anaeróbios facultativos**. As bactérias aeróbias produzem as enzimas superóxido dismutase e catalase, que podem detoxificar o peróxido de hidrogênio e radicais superóxido que são os subprodutos tóxicos do metabolismo aeróbio e produzidos por neutrófilos e macrófagos para eliminar as bactérias.

As necessidades de crescimento e os subprodutos metabólicos podem ser usados como um meio conveniente para classificar diferentes bactérias. Algumas bactérias, incluindo algumas cepas de *Escherichia coli* (um membro da microbiota intestinal), podem sintetizar todos os aminoácidos, nucleotídios, lipídios e carboidratos necessários para o crescimento e a divisão, enquanto as necessidades de crescimento do agente causador da sífilis, *Treponema pallidum*, são tão complexas que um meio laboratorial definido capaz de sustentar seu crescimento ainda precisa ser desenvolvido. Bactérias que podem depender inteiramente de produtos químicos inorgânicos para sua energia e de fontes de carbono (dióxido de carbono [CO_2]) são denominadas autotróficas (litotróficas), ao passo que muitas bactérias e células animais que necessitam de fontes de carbono orgânico são conhecidas como heterotróficas (organotróficas). Laboratórios de microbiologia clínica realizam a diferenciação das bactérias por sua capacidade de crescer em fontes específicas de carbono (p. ex., lactose) e geração dos produtos finais do metabolismo (p. ex., etanol, ácido láctico, ácido succínico).

O metabolismo das bactérias na microbiota normal é otimizado em relação ao pH, concentração de íons e tipos de alimentos presentes em seu ambiente dentro do corpo. Como no rúmen de uma vaca, as bactérias do sistema digestório quebram carboidratos complexos em compostos mais simples e produzem ácidos graxos de cadeia curta (AGCC; por exemplo, butirato, propionato, lactato, acetato) como subprodutos da **fermentação**. O ácido láctico e os AGCCs que são produzidos podem diminuir o pH luminal, são absorvidos e metabolizados mais prontamente e modulam a resposta imune. Mudanças na dieta, água ou saúde, antimicrobianos e determinados medicamentos podem mudar o meio ambiente e influenciar o metabolismo e a composição de microrganismos no sistema digestório. Bactérias, como espécies de lactobacilos, que podem melhorar a função da microbiota GI normal, estão incluídas nas terapias probióticas (Boxe 13.1).

METABOLISMO, ENERGIA E BIOSSÍNTESE

Todas as células precisam de um suprimento constante de energia para sobreviver. Essa energia é derivada da decomposição controlada de vários substratos orgânicos (carboidratos, lipídios e proteínas). Esse processo de decomposição do substrato e conversão em energia utilizável é conhecido como **catabolismo**. A energia produzida pode então ser utilizada na síntese de constituintes celulares (envoltórios celulares, proteínas, ácidos graxos, ácidos nucleicos), que é um processo conhecido como **anabolismo**. Juntos, esses dois processos, que estão interligados e fortemente integrados, são referidos como **metabolismo intermediário**.

O processo metabólico geralmente começa com a hidrólise de grandes macromoléculas no ambiente celular externo por enzimas específicas (Figura 13.1). As moléculas menores que são produzidas (p. ex., monossacarídios, peptídios curtos, ácidos graxos) são transportadas através das membranas

> **Boxe 13.1** Metabolismo dos microrganismos probióticos e gastrintestinais.
>
> Os microrganismos probióticos são principalmente bactérias gram-positivas e incluem *Lactobacillus* spp., *Bifidobacterium* spp. e a levedura *Saccharomyces boulardii* (Stone, S., Edmonds, R., Rosenthal, K.S., 2013. Probiotics: helping out the normal flora. Infectious Diseases in Clinical Practice 21, 305–311; Saad, N., Delattre, C., Urdaci, M., et al., 2013. An overview of the last advances in probiotic and prebiotic field. Food Science Technology 50, 1–16). *Bifidobacterium infantis* é uma das bactérias adquiridas pelos recém-nascidos e depois selecionadas pelos complexos carboidratos no leite materno. Probióticos consistem em microrganismos que podem ser ingeridos, facilitando o desenvolvimento e a manutenção de uma microbiota intestinal saudável, e influenciam as células do sistema imune. Muitas dessas bactérias probióticas estão presentes no iogurte e são capazes de metabolizar carboidratos complexos, incluindo aqueles presentes no leite. Essas bactérias decompõem esses carboidratos complexos em compostos mais simples e produzem ácidos graxos de cadeia curta (p. ex., butirato, propionato, lactato, acetato) como subprodutos da **fermentação**. O ácido láctico e os ácidos graxos de cadeia curta produzidos podem diminuir o pH luminal e são absorvidos e metabolizados mais rapidamente. A acidificação do cólon pode selecionar e promover o crescimento de bactérias endógenas benéficas produtoras de lactato. Os ácidos graxos de cadeia curta são absorvidos pelo intestino e metabolizados mais eficientemente pelo corpo, aumentam o crescimento celular e melhoram a função de barreira das células epiteliais que revestem o sistema digestório, bem como auxiliam o crescimento de células T reguladoras, limitando as respostas inflamatórias e autoimunes (Smith, P.M., Howitt, M.R., Panikov, N., et al., 2013. The microbial metabolites, short-chain fatty acids, regulate colonic Treg cell homeostasis. Science 341, 569–573).
>
> Algumas bactérias da microbiota normal, tais como *Bacteroidetes* e *Firmicutes*, são mais eficientes do que outras na quebra de carboidratos complexos, incluindo compostos da parede celular vegetal (celulose, pectina, xilano) e mucinas ou sulfatos de condroitina da camada mucosa protetora do intestino. Aumentos na proporção dessas bactérias no microbioma intestinal podem levar à obesidade (Vijay-Kumar, M., Aitken, J.D., Carvalho, F.A., et al., 2010. Metabolic syndrome and altered gut microbiota in mice lacking Toll-like receptor 5. Science 328, 228–231.)

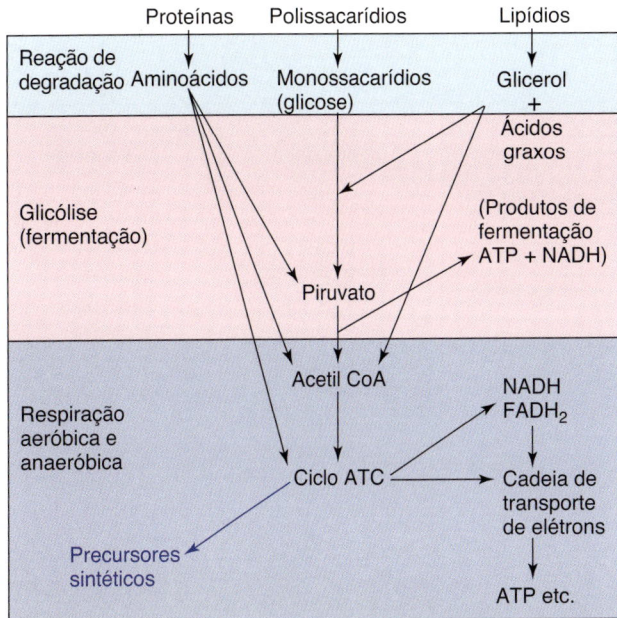

Figura 13.1 O catabolismo de proteínas, polissacarídios e lipídios produz glicose, piruvato ou intermediários do ciclo do ácido tricarboxílico *(ATC)* e, finalmente, energia sob a forma de trifosfato de adenosina *(ATP)* ou a forma reduzida da nicotinamida adenina dinucleotídio *(NADH)*. *CoA*, coenzima A.

celulares para o citoplasma por mecanismos de transporte ativo ou passivo, específicos para o metabólito. Esses mecanismos podem utilizar carreadores específicos ou proteínas transportadoras de membrana para ajudar a concentrar metabólitos do meio. Os metabólitos são convertidos por uma ou mais vias para um intermediário universal comum, o **ácido pirúvico**. A partir do ácido pirúvico, os carbonos podem ser direcionados para a produção de energia ou a síntese de novos carboidratos, aminoácidos, lipídios e ácidos nucleicos.

Em vez de liberar toda a energia da glicose em forma de calor (como na combustão), as bactérias quebram a glicose em etapas distintas e captam a energia em formas químicas e eletroquímicas utilizáveis. A energia química está normalmente na forma de uma ligação de fosfato de alta energia em **adenosina trifosfato (ATP)** ou guanosina trifosfato (GTP), enquanto a energia eletroquímica é armazenada por redução (adição de elétrons a) de **nicotinamida adenina dinucleotídio (NAD) para nicotinamida adenina dinucleotídio hidreto (NADH)** ou flavina adenina dinucleotídio (FAD) para $FADH_2$. A **NADH** pode ser convertida por uma série de reações de oxidação-redução em gradientes químicos (pH) e **gradientes de potencial elétrico (Eh)** através da membrana citoplasmática. A energia eletroquímica pode ser utilizada pela **ATP sintase** para proporcionar a fosforilação de adenosina difosfato (ADP) para ATP e para impulsionar a rotação dos flagelos e o transporte de moléculas através da membrana.

As bactérias podem produzir energia a partir da glicose por (em ordem de aumento da eficiência) fermentação, respiração anaeróbica (ambas ocorrem na ausência de oxigênio) ou respiração aeróbica. A respiração aeróbica pode converter completamente os seis carbonos de glicose para CO_2 e água (H_2O) mais energia, enquanto os compostos de dois e três carbonos são os produtos finais da fermentação. Para uma discussão mais completa sobre o metabolismo, consulte um livro-texto sobre bioquímica.

Glicólise e fermentação

A via glicolítica mais comum, a via de Embden-Meyerhof-Parnas (EMP), ocorre em condições aeróbicas e anaeróbicas. Essa via produz duas moléculas de ATP por molécula de glicose, duas moléculas de NADH reduzida e duas moléculas de piruvato.

A **fermentação** ocorre sem oxigênio, e o ácido pirúvico produzido a partir da glicólise é convertido para vários produtos finais, dependendo da espécie de bactéria. *Muitas bactérias são identificadas com base em seus produtos finais de fermentação* (Figura 13.2). Essas moléculas orgânicas, no lugar do oxigênio, são usadas como aceptores de elétrons para reciclar a NADH em NAD. Na levedura, o metabolismo fermentativo resulta na conversão de piruvato para etanol mais CO_2. A fermentação alcoólica é incomum nas bactérias, que utilizam mais comumente a conversão em etapa única do ácido pirúvico em ácido láctico. Esse processo é responsável pela transformação do leite em iogurte

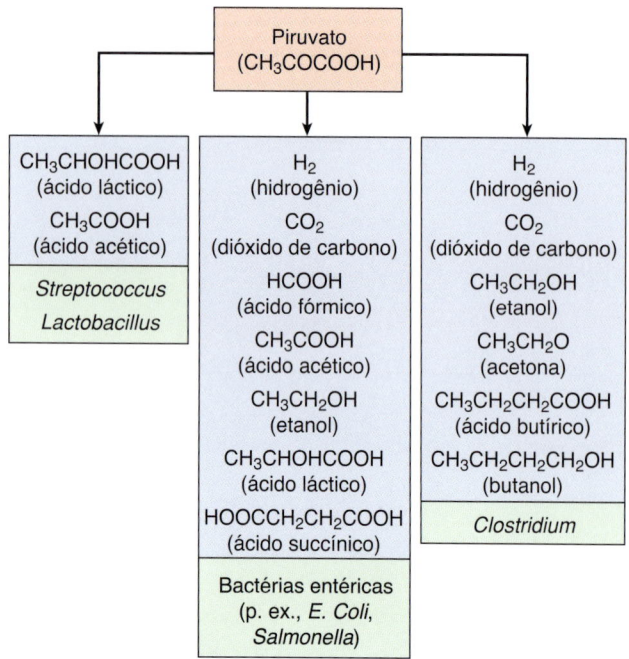

Figura 13.2 A fermentação de piruvato por diferentes microrganismos resulta em produtos finais diferentes. O laboratório clínico utiliza essas vias e os produtos finais como um meio de distinguir diferentes bactérias.

e repolho em chucrute. Outras bactérias utilizam vias fermentativas mais complexas, produzindo vários ácidos, alcoóis e frequentemente gases (muitos dos quais têm odores vis). Esses produtos fornecem sabores a vários queijos e vinhos e odores a feridas e outras infecções.

Respiração aeróbica

Na presença de oxigênio, o ácido pirúvico produzido a partir da glicólise e do metabolismo de outros substratos pode ser completamente oxidado (queima controlada) a H_2O e CO_2 utilizando o ciclo do ácido tricarboxílico (ATC), o que resulta em produção de energia adicional. O processo começa com a produção de acetil coenzima A (acetil CoA) e liberação de CO_2. Também são produzidas duas moléculas de NADH a partir de piruvato. Os dois carbonos remanescentes derivados do piruvato no acetil CoA entram depois no ATC por ligação ao oxaloacetato para formar a molécula de citrato de seis carbonos. Em uma série de etapas de reações oxidativas, o citrato é convertido de volta ao oxaloacetato (o ciclo). O rendimento teórico de cada piruvato é de 2 moles de CO_2, 3 moles de NADH, 1 mol de $FADH_2$ e 1 mol de GTP.

O ciclo do ATC possibilita ao organismo gerar substancialmente mais energia por mol de glicose do que é possível a partir da glicólise por si só. Além da GTP (um equivalente de ATP) produzida por fosforilação em nível do substrato, a conversão de NADH e $FADH_2$ de volta para NAD e FADH contribui com elétrons para a cadeia de transporte de elétrons que produzirá ATP. Nessa cadeia, os elétrons são passados de maneira gradual em uma série de pares de doadores-aceptores (p. ex., citocromos) e finalmente ao oxigênio (**respiração aeróbica**) para produzir três moléculas de ATP para cada molécula de NADH e duas de ATP para cada $FADH_2$. *Enquanto a fermentação produz apenas duas moléculas de ATP por glicose, o metabolismo aeróbico com transporte de elétrons e um ciclo completo de ATC podem gerar até 19 vezes mais energia (38 moléculas de ATP) a partir do mesmo material inicial (e é muito menos fétido).*

Além da geração eficiente de ATP a partir da glicose (e outros carboidratos), o ciclo do ATC fornece um meio pelo qual os carbonos derivados de **lipídios** (na forma de acetil CoA) podem ser desviados para a produção de energia ou a geração de precursores biossintéticos. Da mesma maneira, o ciclo inclui vários pontos em que os **aminoácidos desaminados** podem entrar. Por exemplo, a desaminação de ácidos glutâmicos produz ácido α-cetoglutarato, enquanto a desaminação do ácido aspártico produz o oxaloacetato, ambos intermediários do ciclo do ATC. O ciclo do ATC, portanto, serve para as seguintes funções:

1. É o mecanismo mais eficiente para a geração de ATP.
2. Serve como a via final comum para a oxidação completa de aminoácidos, ácidos graxos e carboidratos.
3. Fornece intermediários essenciais (ou seja, α-cetoglutarato, piruvato, oxaloacetato) para a síntese final de aminoácidos, lipídios, purinas e pirimidinas.

As duas últimas funções fazem o ciclo de ATC ser denominado o **ciclo anfibólico** (ou seja, pode funcionar para quebrar e sintetizar moléculas).

A cadeia de transporte de elétrons reside na membrana plasmática de bactérias e consiste em citocromos, quinonas e proteínas de ferro-enxofre, que utiliza elétrons obtidos de NADH e $FADH_2$ para produzir um gradiente eletroquímico de prótons transmembrana que aciona a ATP sintase e potencializa o transporte e os flagelos.

Respiração anaeróbica

Durante a respiração anaeróbica, outros aceptores de elétrons terminais são utilizados em vez de oxigênio. O nitrato pode ser convertido para NH_4, sulfato ou enxofre molecular para H_2S, CO_2 para metano, íon férrico a íon ferroso e fumarato para succinato. É produzido menos ATP para cada NADH do que durante a respiração aeróbica, pois o potencial de redução-oxidação é menor para essas reações. Essas reações são utilizadas por bactérias anaeróbias facultativas no sistema digestório e em outros ambientes anaeróbios.

Via da pentose fosfato

A via final do metabolismo da glicose considerada aqui é conhecida como a **via da pentose fosfato**, ou o **desvio da hexose monofosfato**. A função dessa via é fornecer precursores de ácido nucleico e reduzir a energia na forma de **NADPH** (forma reduzida) para uso na biossíntese.

Metabolismo bacteriano humano

A microbiota normal do corpo obtém seus nutrientes a partir do nosso corpo, processa-os e depois libera seus produtos dentro ou sobre o corpo. No intestino, as bactérias obtêm muito de seus nutrientes a partir de nossos alimentos, mas também podem obter proteínas e carboidratos do revestimento de muco. Elas processam carboidratos complexos e liberam AGCC como produtos de fermentação. Essas moléculas são facilmente absorvidas e, em excesso, são convertidas em gordura. Algumas misturas da microbiota intestinal são mais eficientes nesse processo do que outras, e podem promover a obesidade. Os AGCCs também modulam a resposta imune e a inflamação. As bactérias também metabolizam a bile e facilitam sua reabsorção. Outros metabólitos têm uma grande influência sobre o cérebro, o corpo e o metabolismo e a ação de fármacos. As bactérias da pele catabolizam queratina, óleos e células mortas na camada externa do estrato córneo. Da mesma maneira, a microbiota normal de outros sítios se alimenta dos metabólitos disponíveis.

Genes bacterianos e sua expressão

O genoma bacteriano é a coleção total de genes presentes em uma bactéria, tanto em seu cromossomo quanto em seus elementos genéticos extracromossômicos, se houver. Bactérias geralmente têm apenas uma cópia de seus cromossomos (eles são, portanto, **haploides**), enquanto os eucariontes em geral têm duas cópias distintas de cada cromossomo (são, portanto, diploides). Com apenas um cromossomo, a alteração de um gene bacteriano (mutação) terá um efeito mais óbvio na célula. Além disso, a estrutura do cromossomo bacteriano é mantida por poliaminas, tais como espermina e espermidina, em vez de histonas.

Além dos genes estruturais das proteínas (**cistrons**, que são genes codificadores), o cromossomo bacteriano contém genes para o ácido ribonucleico ribossômico e transportador (tRNA). Os genes bacterianos são frequentemente agrupados em **operons** ou ilhas (p. ex., **ilhas de patogenicidade**) que compartilham funções ou coordenam seu controle. Os operons com muitos genes estruturais são **policistrônicos**.

As bactérias também podem conter **elementos genéticos extracromossômicos**, tais como **plasmídios** ou **bacteriófago**s (vírus de bactérias). Esses elementos são independentes do cromossomo bacteriano e, na maioria dos casos, podem ser transmitidos de uma célula para outra.

TRANSCRIÇÃO

As informações transportadas na memória genética do DNA são transcritas (de uma forma de ácido nucleico para outra) em um **RNA mensageiro (mRNA)** para posterior tradução (para uma substância diferente) em proteínas. A síntese de RNA é realizada por uma **RNA polimerase dependente de DNA**. O processo começa quando o **fator sigma** reconhece uma determinada sequência de nucleotídios no DNA (o **promotor**) e se liga firmemente a esse sítio. **Sequências promotoras** estão localizadas em região anterior à porção do DNA que realmente codifica uma proteína. Os **fatores sigma** se ligam a esses promotores para fornecer um sítio de acoplamento para a RNA polimerase. Algumas bactérias codificam vários fatores sigma para coordenar a transcrição de um grupo de genes em condições especiais, como choque térmico, privação de nutrientes, metabolismo específico de nitrogênio ou esporulação.

Uma vez que a polimerase se liga ao sítio apropriado no DNA, a síntese de RNA prossegue com a adição sequencial de ribonucleotídios complementares à sequência no DNA. Assim que um gene inteiro ou grupo de genes (operon) tenha sido transcrito, a RNA polimerase dissocia-se do DNA, que é um processo mediado por sinais dentro do DNA. A RNA polimerase dependente de DNA em bactérias é inibida pela rifampicina, que é um antibacteriano frequentemente utilizado no tratamento da tuberculose.

TRADUÇÃO

A tradução é o processo pelo qual a linguagem do **código genético**, na forma de mRNA, é convertida (traduzida) em uma sequência de aminoácidos, que é o produto proteico. Cada palavra do aminoácido e a pontuação do código genético são escritas como conjuntos de três nucleotídios conhecidos como **códons**. Existem 64 combinações diferentes de códons codificando os 20 aminoácidos, mais códons de iniciação e de terminação. Alguns dos aminoácidos são codificados por mais de um tripleto de códons. Essa característica é conhecida como *degeneração do código genético* e pode funcionar na proteção da célula contra os efeitos de mutações menores no DNA ou mRNA. Cada molécula de tRNA contém uma sequência de três nucleotídios complementares a uma das sequências do códon. Essa sequência do tRNA é conhecida como **anticódon**; ele possibilita o pareamento de bases e se liga à sequência do códon no mRNA. Ligado ao extremo oposto do tRNA está o aminoácido que corresponde ao par de códon-anticódon particular.

A síntese das proteínas bacterianas (Figura 13.3) começa com a ligação da subunidade 30S ribossômico e um iniciador específico do tRNA para a formil metionina (fMet) no códon de iniciação da metionina (AUG) para formar o **complexo de iniciação**. A subunidade 50S do ribossomo liga-se ao complexo para iniciar a síntese do mRNA. O ribossomo contém dois sítios de ligação do tRNA, o **sítio A (aminoacil)** e o **sítio P (peptidil)**, cada um dos quais possibilita o pareamento de bases entre o tRNA ligado e a sequência do códon no mRNA. O tRNA correspondente ao segundo códon ocupa o sítio A. O grupo amino do aminoácido ligado ao sítio A forma uma ligação peptídica com o grupo carboxila do aminoácido no sítio P em uma reação conhecida como **transpeptidação**, e o tRNA vazio no sítio P (tRNA não carregado) é liberado do ribossomo. O ribossomo então se move ao longo do mRNA exatamente a cada três nucleotídios, transferindo o tRNA com o peptídio nascente ligado ao sítio P e trazendo o próximo códon para o sítio A.

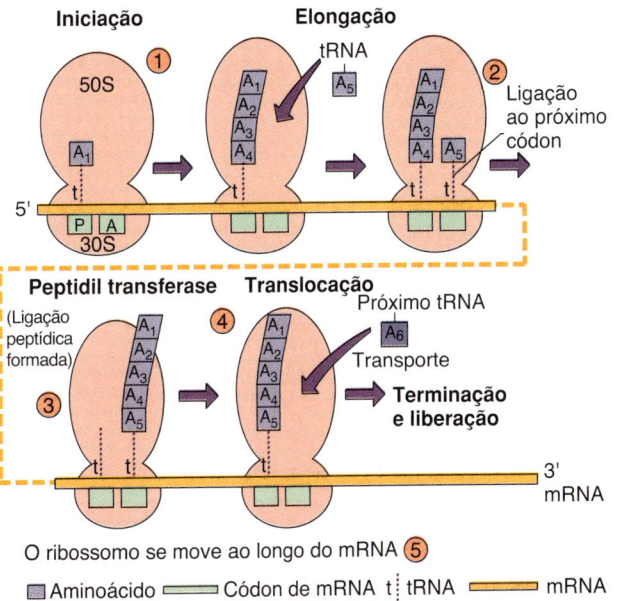

Figura 13.3 Síntese de proteínas bacterianas. *1.* A ligação da subunidade 30S do RNA mensageiro *(mRNA)* com a formil metionina-RNA transportador (fMet-tRNA) no códon de iniciação AUG posibilita a montagem do ribossomo 70S. O fMet-tRNA liga-se ao sítio peptidil *(P)*. *2.* O próximo tRNA é ligado a seu códon no sítio *A* e "aceita" a cadeia do peptídio nascente. *3* e *4.* Antes da translocação para o sítio peptidil. *5.* O processo é repetido até que um códon de parada e a proteína sejam liberados.

O tRNA carregado apropriadamente é trazido para o sítio A, e o processo é então repetido. A tradução continua até que o novo códon no sítio A corresponda a um dos três códons de terminação, para o qual não existe nenhum tRNA correspondente. Nesse ponto, a nova proteína é liberada para o citoplasma e o complexo de tradução pode ser desmontado, ou o ribossomo é direcionado para o próximo códon de iniciação e começa a síntese de uma nova proteína. A capacidade de movimentar-se ao longo do mRNA para iniciar uma nova proteína é uma característica do 70S bacteriano, mas não do ribossomo eucariótico 80S. A restrição eucariótica tem implicações para a síntese de proteínas de alguns vírus.

O processo de síntese de proteínas pelo ribossomo 70S representa um importante alvo de ação antimicrobiana. Os aminoglicosídios (p. ex., estreptomicina e gentamicina) e as tetraciclinas agem ligando-se à subunidade menor do ribossomo e inibindo a função normal do ribossomo. Da mesma maneira, os grupos de antibacterianos macrolídio (p. ex., eritromicina) e lincosamida (p. ex., clindamicina) agem pela ligação à subunidade maior do ribossomo. Além disso, os peptídios fMet (p. ex., fMet-Leu-Phe) são exclusivos das bactérias, são quimiotáticos e atraem neutrófilos para o sítio de uma infecção.

CONTROLE DA EXPRESSÃO GÊNICA

As bactérias desenvolveram mecanismos para se adaptarem de maneira rápida e eficiente às mudanças e aos estímulos do ambiente. Isso lhes possibilita coordenar e regular a expressão de genes para estruturas multicomponentes ou as enzimas de uma ou mais vias metabólicas. Por exemplo, a mudança de temperatura pode significar a entrada no hospedeiro humano e indica a necessidade de uma mudança global no metabolismo e na modulação positiva de genes importantes para o parasitismo ou virulência. Muitos genes bacterianos são controlados em múltiplos níveis e por vários métodos.

Promotores e operadores são sequências de DNA no início de um gene ou operon que são reconhecidos por fatores sigma, que são as proteínas ativadoras e repressoras que controlam a expressão de um gene ou de um operon. Assim, todos os genes que codificam enzimas de uma determinada via podem ser regulados de maneira coordenada.

A coordenação de um grande número de processos em um nível global também pode ser mediada por pequenos ativadores moleculares, tais como adenosina monofosfato cíclica (cAMP). O aumento dos níveis de cAMP indica baixos níveis de glicose e a necessidade de utilizar vias metabólicas alternativas. Do mesmo modo, em um processo chamado **quorum sensing**, cada bactéria produz uma pequena molécula específica, e quando um número suficiente de bactérias está presente, a concentração da molécula será suficiente para coordenar a expressão dos genes para auxiliar a colônia e não a bactéria individual. O estímulo para produção de biofilme por *Pseudomonas* spp. é acionado por uma concentração crítica de N-acetil homoserina lactona (AHL) produzida quando um número suficiente de bactérias (*quorum*) está presente. A ativação de biofilme, a produção de toxinas e o comportamento muito mais virulento de *Staphylococcus aureus* acompanham o aumento na concentração de um peptídio cíclico.

Os genes de alguns mecanismos de virulência são organizados em uma **ilha de patogenicidade** sob o controle de um único promotor para coordenar sua expressão e garantir que todas as proteínas necessárias para uma estrutura ou processo sejam produzidas quando necessário. Os vários componentes dos sistemas de secreção tipo III de *E. coli*, *Salmonella* ou *Yersinia* são agrupados dentro de ilhas de patogenicidade.

A transcrição também pode ser regulada pelo processo de tradução. Ao contrário dos eucariontes, a ausência de uma membrana nuclear em procariontes possibilita a ligação do ribossomo ao mRNA, conforme a transcrição ocorre a partir do DNA. A posição e a velocidade do movimento do ribossomo ao longo do mRNA podem determinar se as alças estão sendo formadas no mRNA, influenciando a capacidade da polimerase de continuar a transcrição de um novo mRNA. Isso possibilita o controle da expressão gênica em ambos os níveis de transcrição e tradução.

O início da transcrição pode estar sob controle positivo ou negativo. Os genes sob **controle negativo** são expressos a menos que sejam desligados por uma **proteína repressora**. Essa proteína repressora impede a expressão gênica, ligando-se a uma sequência específica de DNA dentro do operador, bloqueando a RNA polimerase desde o início da transcrição na sequência promotora. Por outro lado, genes cuja expressão esteja sob **controle positivo** não são transcritos, a menos que uma proteína reguladora ativa, denominada **apoindutor**, esteja presente. Essa proteína se liga a uma sequência específica de DNA e auxilia a RNA polimerase nas etapas de iniciação por um mecanismo desconhecido.

Os operons podem ser **induzidos ou reprimidos**. A introdução de um substrato (**indutor**) no meio de crescimento pode induzir um operon a aumentar a expressão das enzimas necessárias para seu metabolismo. Uma abundância dos produtos finais (**correpressores**) de uma via pode sinalizar que uma via deve ser desativada ou reprimida por meio da redução da síntese de suas enzimas.

O operon *lac* de *E. coli* inclui todos os genes necessários para o metabolismo da lactose, bem como os mecanismos de controle para desativar (na presença de glicose) ou ativar (na presença de galactose ou um indutor) esses genes apenas quando são necessários. O operon *lac* inclui uma sequência repressora, uma sequência promotora e genes estruturais para a enzima β-galactosidase, uma permease e uma acetilase (Figura 13.4). Normalmente, as bactérias usam glicose, não lactose. Na ausência de lactose, o operon é reprimido pela ligação da proteína repressora à sequência do operador, impedindo a função da RNA polimerase. Na ausência de glicose, entretanto, a adição de lactose reverte essa repressão. A expressão completa do operon *lac* também requer um mecanismo de controle positivo mediado por proteínas. Em *E. coli*, quando a glicose diminui na célula, a cAMP aumenta para promover o uso de outros açúcares para o metabolismo. A ligação de cAMP a uma proteína denominada **proteína ativadora do gene de catabólitos** (**CAP**, do inglês *catabolite gene-activator protein*) torna possível a ligação a uma sequência específica de DNA presente no promotor. O complexo CAP-cAMP aumenta a ligação da RNA polimerase ao promotor, possibilitando um aumento na frequência de iniciação da transcrição.

O operon do triptofano (**operon *trp***) contém os genes estruturais necessários para a biossíntese do triptofano e está sob mecanismos de controle transcricional duplos (Figura 13.5). Embora o triptofano seja essencial para a síntese de proteínas, o excesso de triptofano na célula pode ser tóxico; portanto, sua síntese deve ser regulamentada. No nível do DNA, a proteína repressora é ativada por uma

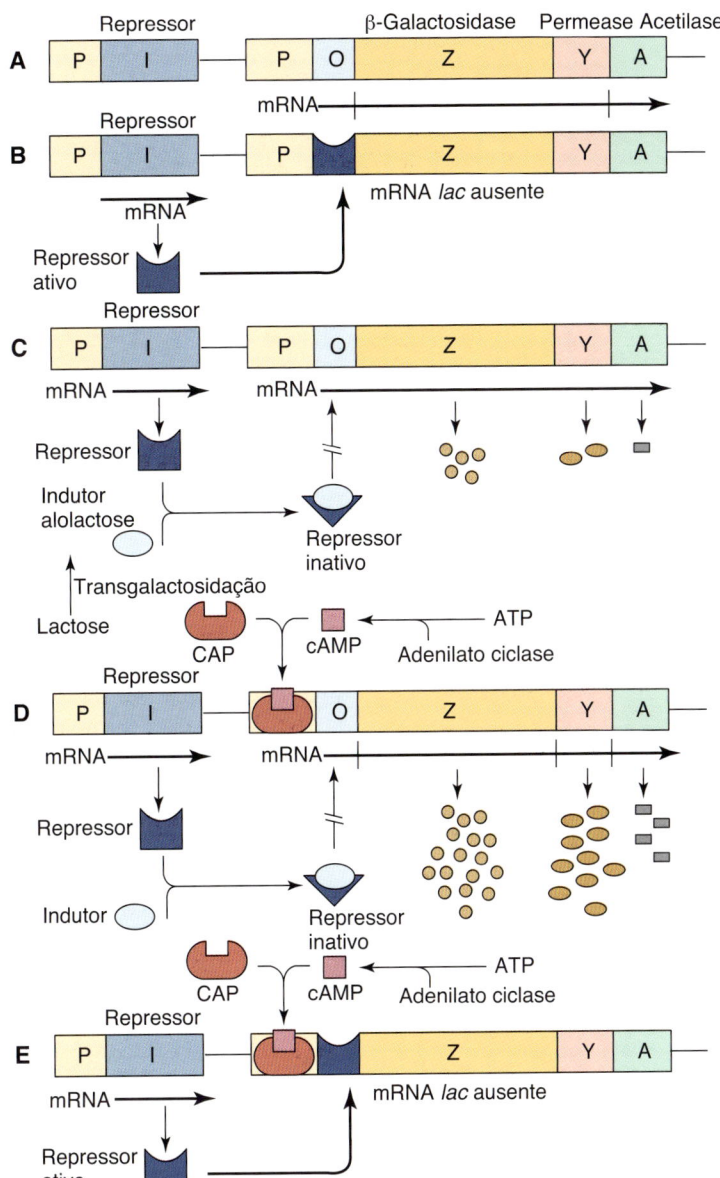

Figura 13.4 A. O operon da lactose *(lac)* é transcrito como um RNA mensageiro *(mRNA)* policistrônico a partir do promotor *(P)* e traduzido em três proteínas: β-galactosidase *(Z)*, permease *(Y)* e acetilase *(A)*. O gene *(I)* codifica a proteína repressora. **B.** O operon da lactose não é transcrito na ausência de um indutor alolactose, porque o repressor compete com a RNA polimerase no sítio do operador *(O)*. **C.** O repressor, complexado com o indutor, não reconhece o operador por causa de uma mudança de conformação no repressor. O operon *lac* é, portanto, transcrito em um baixo nível. **D.** A *Escherichia coli* é cultivada em um meio pobre, na presença de lactose como fonte de carbono. Tanto o indutor quanto o complexo CAP-cAMP estão ligados ao promotor, que está totalmente "ligado" e um alto nível de mRNA *lac* é transcrito e traduzido. **E.** O crescimento de *E. coli* em um meio pobre sem lactose resulta na ligação do complexo CAP-cAMP à região promotora e na ligação do repressor ativo à sequência do operador, porque o indutor não está disponível. Como resultado, o operon *lac* não será transcrito. *ATP*, adenosina trifosfato; *cAMP*, adenosina monofosfato cíclico; *CAP*, proteína ativadora do gene de catabólitos.

concentração intracelular aumentada de triptofano para impedir a transcrição. No nível de síntese de proteínas, a tradução rápida de um "peptídio teste" situado no início do mRNA na presença de triptofano possibilita a formação de uma alça em fita dupla no RNA, que termina a transcrição. A mesma alça é formada na ausência da síntese de proteínas, uma situação em que a síntese do triptofano também não seria necessária. Isso regula a síntese de triptofano no nível do mRNA em um processo denominado **atenuação**, no qual a síntese de mRNA é finalizada prematuramente.

A expressão dos componentes dos mecanismos de virulência também é regulada de modo coordenado a partir de um operon. Estímulos simples (p. ex., temperatura, osmolaridade, pH, disponibilidade de nutrientes) ou a concentração de pequenas moléculas específicas (p. ex., oxigênio, ferro) podem ativar ou desativar a transcrição de um único gene ou um grupo de genes.

Genes de invasão da *Salmonella* dentro de uma ilha de patogenicidade são ativados por alta osmolaridade e baixo oxigênio, que são condições presentes no sistema digestório ou uma vesícula endossomal em um macrófago. *Escherichia coli* detecta sua saída do intestino de um hospedeiro por uma queda na temperatura e inativa seus genes de aderência. Baixos níveis de ferro podem ativar a expressão de hemolisina em *E. coli* ou a toxina diftérica de *Corynebacterium diphtheriae* que potencialmente mata as células e fornece ferro. O ferro se liga e é um correpressor para a toxina diftérica e operons que codificam proteínas sequestradoras de ferro.

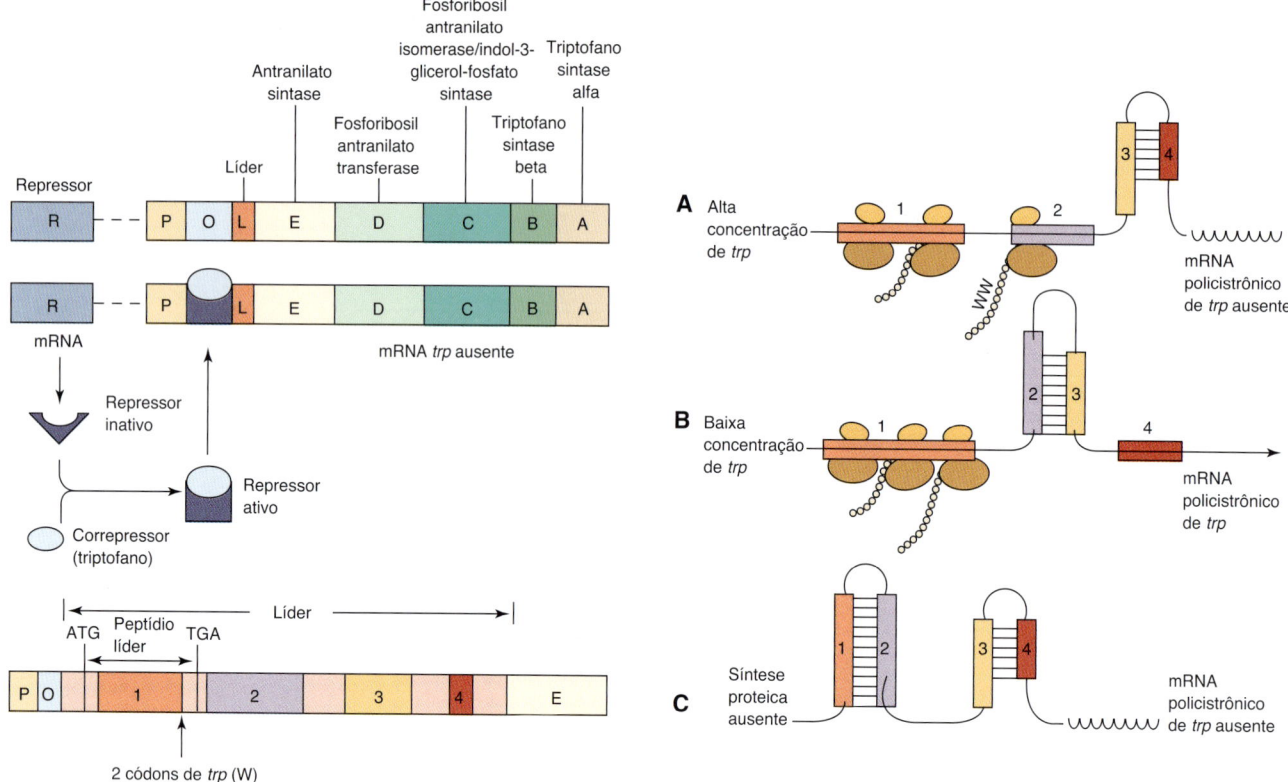

Figura 13.5 Regulação do operon do triptofano *(trp)*. **A.** O operon *trp* codifica as cinco enzimas necessárias para a biossíntese do triptofano. Esse operon *trp* está em duplo controle. **B.** A conformação da proteína repressora inativa é alterada após sua ligação pelo triptofano correpressor. O repressor ativo *(R)* resultante se liga ao operador *(O)*, bloqueando qualquer transcrição do mRNA do *trp* pela RNA polimerase. **C.** O operon *trp* também está sob o controle de um mecanismo de atenuação-antiterminação. Imediatamente em região anterior aos genes estruturais estão localizados o promotor *(P)*, o operador e um líder *(L)*, que pode ser transcrito em um peptídio curto contendo dois triptofanos *(W)*, perto de sua extremidade distal. O mRNA líder tem quatro repetições (1, 2, 3 e 4), que podem ser pareadas de maneiras diferentes de acordo com a disponibilidade do triptofano, levando a uma terminação precoce da transcrição do operon *trp* ou de sua transcrição completa. Na presença de uma alta concentração de triptofano, as regiões 3 e 4 da sequência líder de mRNA podem parear, formando um grampo terminador, e a transcrição do operon *trp* não ocorre. Entretanto, na presença de pouco ou nenhum triptofano, os ribossomos param na região 1 ao traduzir o peptídio líder, por causa da repetição em *tandem* (em seguida, uma após a outra) dos códons do triptofano. Posteriormente, as regiões 2 e 3 podem parear, formando o grampo antiterminador e levando à transcrição dos genes *trp*. Finalmente, as regiões 1:2 e 3:4 do mRNA líder livre podem parear, levando também à interrupção da transcrição antes do primeiro gene estrutural trpE. A, adenina; G, guanina; T, timidina.

A detecção do *quorum sensing* como meio de regular a expressão de fatores de virulência e produção de biofilme por *S. aureus* e *Pseudomonas* spp. foi discutida anteriormente. Um exemplo de controle coordenado de genes de virulência para *S. aureus* baseado na taxa de crescimento, disponibilidade de metabólitos e a presença de *quorum* é apresentado na Figura 13.6.

REPLICAÇÃO DO DNA

A replicação do genoma bacteriano é desencadeada por uma cascata de eventos ligados à taxa de crescimento da célula. A replicação de DNA bacteriano é iniciada em uma sequência específica no cromossomo, chamada *oriC*. O processo de replicação requer muitas enzimas, incluindo uma enzima (**helicase**) para desenrolar o DNA na origem para expor as fitas simples de DNA, uma enzima (**primase**) para sintetizar os *primers* para o início do processo, e a enzima ou enzimas (**DNA polimerases dependentes do DNA**) que sintetizam uma cópia do DNA, mas apenas se houver uma **sequência do *primer*** para adicionar e somente na **direção 5' para 3'**.

O novo DNA é sintetizado de maneira **semiconservativa**, usando ambas as fitas do DNA parental como moldes.

A nova síntese do DNA ocorre nas **forquilhas de replicação** e procede de maneira **bidirecional**. Uma fita (a fita líder ou contínua) é copiada continuamente na direção 5' para 3', enquanto a outra fita (a fita descontínua) deve ser sintetizada em vários fragmentos de DNA utilizando *primers* de RNA (fragmentos de Okazaki). A fita de DNA descontínua deve ser estendida na direção 5' para 3' quando seu molde se torna disponível. Em seguida, os fragmentos são ligados entre si pela enzima DNA ligase (Figura 13.7). Para manter o alto grau de precisão necessário para a replicação, as enzimas DNA polimerases têm funções de "revisão da leitura" que possibilitam à enzima confirmar que o nucleotídio apropriado foi inserido e para corrigir quaisquer erros que tenham sido cometidos. Durante o crescimento da fase logarítmica em um meio rico, muitas iniciações da replicação cromossômica podem ocorrer antes da divisão celular. Esse processo produz uma série de novas bolhas aninhadas de cromossomos filhos, cada um com seu par de forquilhas de replicação da síntese do novo DNA. A polimerase se move em relação à fita de DNA, incorporando o nucleotídio apropriado (complementar) em cada posição. A replicação está completa quando as duas forquilhas de replicação se

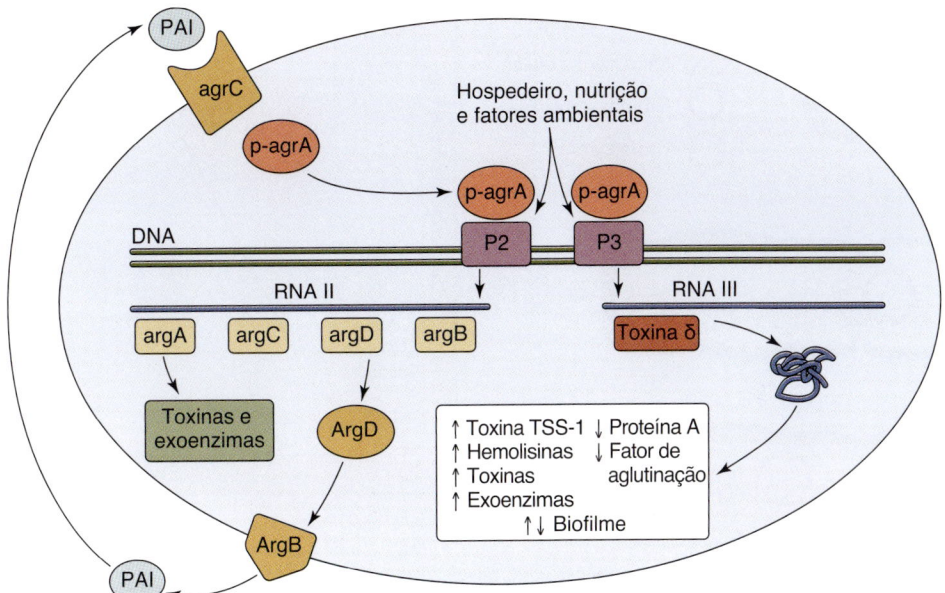

Figura 13.6 Controle dos genes de virulência em *Staphylococcus aureus*. *Staphylococcus aureus* coordena a expressão de fatores de virulência que se adequam a uma bactéria individual ou aquela dentro de uma colônia, conforme influência de seu ambiente. A presença de uma colônia é indicada por um sistema de *quorum sensing* codificado pelo operon **agr** (regulador de gene acessório). O peptídio autoindutor (**PAI**) liga-se ao receptor **AgrC**, que fosforila o **AgrA**. O pAgrA se liga aos **promotores P2 no operon agr e P3**. O RNA II codifica as proteínas agr. O **AgrD** é processado pelo **AgrB** no PAI, que então refaz o ciclo. O RNAIII codifica a **toxina δ** e o RNAIII e AgrA regulam de maneira coordenada a expressão de muitos fatores de virulência. A transcrição do RNA II e do RNA III também é influenciada por outros fatores (taxa de crescimento, nutrientes e espécies reativas de oxigênio) relevantes para a colonização e disseminação no hospedeiro.

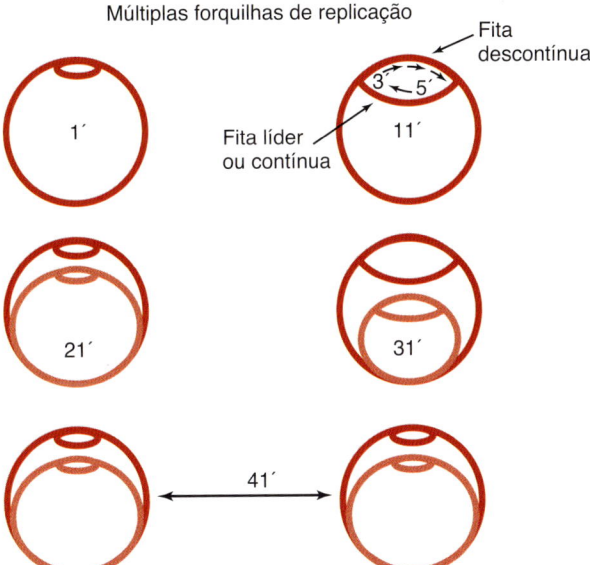

Figura 13.7 Replicação de DNA bacteriano. A nova síntese de DNA ocorre em forquilhas de replicação e segue de maneira bidirecional. A síntese de DNA progride continuamente na direção 5' para 3' (fita líder ou contínua) ou em fragmentos (fita descontínua). Assumindo que leva 40 minutos para completar uma volta da replicação e assumindo nova iniciação a cada 20 minutos, o início da síntese de DNA precede a divisão celular. As múltiplas forquilhas de replicação podem ser iniciadas em uma célula antes da formação completa do septo e da divisão celular. As células filhas são "gestantes recém-nascidas".

encontram a 180° da origem. O processo de replicação de DNA coloca uma grande tensão de torção sobre o círculo cromossômico do DNA; essa tensão é aliviada por **topoisomerases** (p. ex., girase), que superenrolam o DNA. As topoisomerases são essenciais para as bactérias e são alvos para os antibacterianos da classe das fluoroquinolonas.

CRESCIMENTO BACTERIANO

A replicação bacteriana é um processo coordenado no qual são produzidas duas células filhas equivalentes. Para que o crescimento ocorra, deve haver metabólitos suficientes para auxiliar a síntese de componentes bacterianos e principalmente os nucleotídios para a síntese de DNA. Uma cascata de eventos regulatórios (síntese de proteínas-chave e RNA), muito semelhante a uma contagem regressiva no Kennedy Space Center, deve ocorrer dentro do cronograma para iniciar um ciclo de replicação. *Entretanto, uma vez iniciada, a síntese de DNA deve correr até a conclusão, mesmo que todos os nutrientes tenham sido removidos do meio.*

A replicação do cromossomo é iniciada na membrana, e cada cromossomo filho está ancorado em uma porção diferente da membrana. *A membrana bacteriana, a síntese de peptidoglicano e a divisão celular estão ligadas entre si, de tal modo que a inibição da síntese de peptidoglicanos também inibirá a divisão celular.* À medida que a membrana bacteriana cresce, os cromossomos filhos são separados. O começo da replicação cromossômica também inicia o processo de divisão celular, que pode ser visualizada pelo início da formação do septo entre as duas células filhas (Figura 13.8; ver também o Capítulo 12). Novos eventos de iniciação podem ocorrer mesmo antes da conclusão da replicação cromossômica e da divisão celular.

A depleção dos metabólitos (privação de nutrientes) ou o acúmulo de subprodutos tóxicos (p. ex., etanol) desencadeia a produção de **alarmônios** químicos, que causam a interrupção da síntese de proteínas e de outras moléculas, mas os processos de degradação continuam. A síntese de DNA é mantida até que todos os cromossomos iniciados sejam completados, apesar do efeito prejudicial sobre a célula. Os ribossomos são canibalizados para precursores de desoxirribonucleotídios, peptidoglicanos e proteínas são degradadas para metabólitos e a célula se retrai. A formação de septo pode ser iniciada,

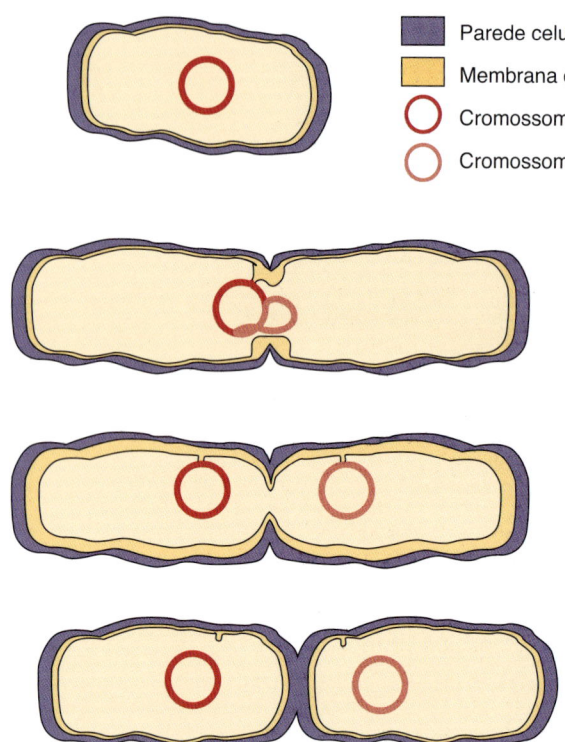

Figura 13.8 Divisão de células bacterianas. A replicação requer extensão do envoltório celular e replicação do cromossomo e formação de septo. A ligação da membrana do DNA puxa cada fita filha para uma nova célula.

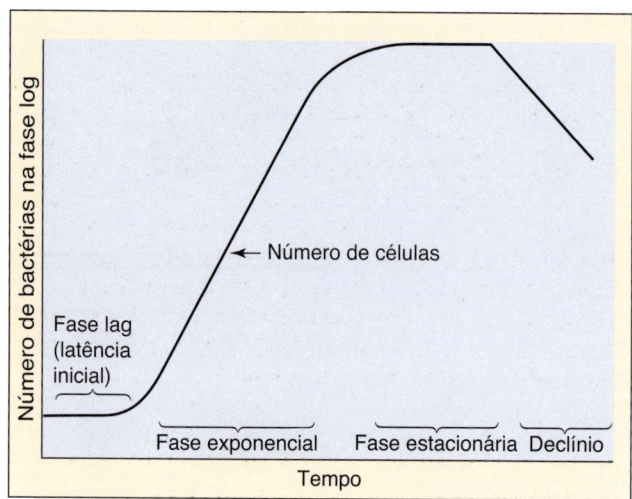

Figura 13.9 Fases de crescimento bacteriano, iniciando com um inóculo de células na fase estacionária.

mas a divisão celular pode não ocorrer. Muitas células morrem. Sinais similares podem iniciar a **esporulação** em espécies capazes desse processo (ver Capítulo 12). Para algumas espécies de bactérias, a privação de nutrientes promove a captação de DNA estranho (transformação) que pode codificar os meios para sobreviver ao desafio.

Dinâmica populacional

Quando são adicionadas bactérias a um novo meio, elas precisam de tempo para se adaptar ao novo ambiente antes de começar a divisão (Figura 13.9). Esse intervalo é conhecido como **fase lag** (latência inicial) de crescimento. Durante a **fase logarítmica (log) ou exponencial**, as bactérias crescerão e se dividirão com um **tempo de duplicação** característico da cepa e determinadas pelas condições ambientais. O número de bactérias aumentará para 2^n, no qual n é o número de gerações (duplicações). Eventualmente, ocorre o esgotamento de metabólitos na cultura ou uma substância tóxica se acumula no meio; as bactérias então param de crescer e entram na **fase estacionária**, seguida pela **fase de morte**. Durante a fase de morte, algumas bactérias interrompem a divisão, mas permanecem viáveis e muitas vezes são insensíveis aos antibacterianos.

Genética bacteriana

MUTAÇÃO, REPARO E RECOMBINAÇÃO

A replicação precisa do DNA é importante para a sobrevivência das bactérias, mas erros e danos acidentais ocorrem no DNA. As bactérias têm sistemas eficientes de reparo de DNA, mas ainda podem ocorrer mutações e alterações no material genético. A maioria dessas mutações tem pouco efeito sobre as bactérias ou é até mesmo prejudicial, mas algumas mutações podem proporcionar uma vantagem seletiva para a sobrevivência das bactérias quando desafiadas pelo ambiente, hospedeiro ou pela terapia antibacteriana.

Mutações e suas consequências

Uma mutação é qualquer mudança na sequência de bases do DNA. Uma única mudança de base pode resultar em uma **transição** na qual uma purina é substituída por outra purina ou na qual uma pirimidina é substituída por outra pirimidina. Pode ocorrer também uma **transversão**, na qual, por exemplo, uma purina é substituída por uma pirimidina e vice-versa. Uma **mutação silenciosa** é uma mudança em nível do DNA que não resulta em qualquer mudança de aminoácido na proteína codificada. Esse tipo de mutação ocorre porque mais de um códon pode codificar um aminoácido. Uma **mutação *missense*** (troca de sentido) resulta em um aminoácido diferente inserido na proteína, mas isso pode ser uma **mutação conservativa** se o novo aminoácido tiver propriedades similares (p. ex., valina substituindo alanina). Uma **mutação *nonsense*** (sem sentido) muda um códon que codifica um aminoácido para um códon de terminação (p. ex., timidina-adenina-guanina [TAG]), fazendo o ribossomo se desprender do mRNA e terminar a proteína prematuramente. **Mutações condicionais**, tais como as **mutações sensíveis à temperatura**, podem resultar de uma mutação conservativa que altera a estrutura ou a função de uma proteína importante a temperaturas elevadas.

Mudanças mais drásticas podem ocorrer quando inúmeras bases estão envolvidas. Uma pequena deleção ou inserção que *não está em múltiplos de três* produz uma **mutação *frameshift* (deslocamento do quadro de leitura)**. Isso resulta em uma mudança no quadro de leitura, geralmente levando a um peptídio inútil e truncagem prematura da proteína. **Mutações nulas**, que destroem completamente a função do gene, surgem quando há uma inserção extensa, deleção ou rearranjo grosseiro da estrutura cromossômica. A inserção de sequências longas de DNA (muitos milhares de pares de bases) por recombinação, por transposição ou durante a engenharia genética pode produzir mutações nulas, separando as partes de um gene e inativando o gene.

Muitas mutações ocorrem espontaneamente na natureza (p. ex., por erros da polimerase); no entanto, agentes físicos ou químicos também podem induzir mutações. Entre os agentes físicos utilizados para induzir mutações em bactérias estão o calor, que resulta na desaminação de nucleotídios; luz ultravioleta, que provoca a formação de dímeros de pirimidina; e radiação ionizante, como os raios X, que produzem radicais muito reativos de hidroxila que podem ser responsáveis pela abertura de um anel de uma base ou por causar quebras de uma ou duas fitas no DNA.

Os agentes mutagênicos químicos podem ser agrupados em três classes. Os **análogos de bases nucleotídicas** levam ao pareamento incorreto e erros frequentes de replicação do DNA. Por exemplo, a incorporação de 5-bromouracil no DNA no lugar da timidina possibilita o pareamento de bases com a guanina em vez da adenina, mudando o par de bases T-A para um par de bases G-C. **Mutagênicos *frameshift* (mudança do quadro de leitura)**, tais como moléculas policíclicas planas como brometo de etídio ou derivados da acridina, são inseridos (ou intercalam) entre as bases à medida que são pareados entre si na dupla hélice. O aumento no espaçamento de sucessivos pares de bases causa a adição ou deleção de uma única base e leva a erros frequentes durante a replicação do DNA. Os **produtos químicos reativos ao DNA** atuam diretamente no DNA para alterar a estrutura química da base. Esses produtos incluem o ácido nitroso (HNO_2) e agentes alquilantes, incluindo nitrosoguanidina e o etil-metanossulfonato, conhecidos por adicionar grupos metila ou etil aos anéis das bases de DNA. As bases modificadas podem parear de maneira anormal ou não. Os danos também podem causar a remoção da base da estrutura principal da molécula do DNA.

Mecanismos de reparo do DNA

Uma série de mecanismos de reparo evoluiu nas bactérias. Seu objetivo é reconectar as cadeias de DNA quebradas, mas pode estar sujeito a erros. Esses mecanismos de reparo podem ser divididos nos cinco grupos seguintes:

1. O **reparo direto do DNA** é a remoção enzimática de danos, como dímeros de pirimidina e bases alquiladas.
2. O **reparo por excisão** é a remoção de um segmento de DNA contendo o dano, seguido da síntese de uma nova fita de DNA. Existem dois tipos de mecanismos de reparo de excisão, generalizado e especializado.
3. O **reparo por recombinação** ou **pós-replicação** substitui uma seção ausente ou danificada do DNA com as mesmas sequências ou sequências similares que possam estar presentes durante a replicação ou no DNA extracromossômico.
4. A **resposta SOS** é a indução de muitos genes (≈15) após dano ao DNA ou interrupção da replicação do DNA para promover a recombinação ou o reparo sujeito a erros.
5. O **reparo sujeito a erros** é o último recurso de uma célula bacteriana antes de morrer. É usado para preencher lacunas com uma sequência aleatória, quando um molde de DNA não está disponível para conduzir um reparo preciso.

Proteínas associadas ao CRISPR/Repetições Palíndrômicas Curtas Agrupadas regularmente interespaçadas (CRISP/Cas) e sistemas semelhantes são usados para proteger o cromossomo bacteriano contra a integração de bacteriófagos e plasmídios estranhos. O sistema CRISPR fornece sequências que se hibridizam com sequências presentes no DNA estranho e, em seguida, o Cas cliva esse DNA. Esse mecanismo é explorado para fornecer a edição de genes direcionados à sequência para substituição de genes e terapia de modificação.

TRANSFERÊNCIA GENÉTICA EM CÉLULAS PROCARIÓTICAS

Muitas bactérias, principalmente muitas espécies bacterianas patogênicas, são promíscuas com seu DNA. A troca de DNA entre as células possibilita a transferência de genes e de características entre as células, produzindo novas cepas de bactérias. Essa transferência pode ser vantajosa para o receptor, particularmente se o DNA transferido codificar resistência a antibacterianos. O DNA transferido pode ser integrado ao cromossomo receptor ou mantido de maneira estável como um elemento extracromossômico (**plasmídio**) ou um vírus bacteriano (**bacteriófago**) e transmitido para as bactérias filhas como uma unidade de replicação autônoma.

Os **plasmídios** são pequenos elementos genéticos que se replicam de modo independente do cromossomo bacteriano. A maioria dos plasmídios é composta por moléculas de DNA circular de fita dupla, variando de 1.500 a 400 mil pares de bases. No entanto, *Borrelia burgdorferi*, o agente causador da doença de Lyme, e a bactéria relacionada *B. hermsii* são únicas entre todas as eubactérias, porque têm genomas e plasmídios lineares. Como o DNA cromossômico de bactérias, os plasmídios podem replicar de maneira autônoma, e como tais são denominados de **replicons**. Alguns plasmídios, como o plasmídio F de *E. coli*, são **epissomos**, o que significa que podem se integrar ao cromossomo hospedeiro.

Os plasmídios carregam informações genéticas que podem não ser essenciais, mas são capazes de proporcionar uma vantagem seletiva para as bactérias. Por exemplo, os plasmídios podem codificar a produção de mecanismos de resistência a antibacterianos, bacteriocinas, toxinas, determinantes da virulência e outros genes capazes de fornecer às bactérias uma vantagem única de crescimento sobre outros microrganismos ou dentro do hospedeiro (Figura 13.10). O número de cópias de plasmídios produzidos por uma célula é determinado pelo plasmídio em particular. O **número de cópias** é a razão entre as cópias do plasmídio e o número de cópias do cromossomo. Esse pode ser de apenas um no caso de grandes plasmídios ou tantos quanto 50 em plasmídios menores.

Grandes plasmídios (20 a 120 kb), tais como o **fator de fertilidade F** encontrado em *E. coli* ou o fator de transferência da resistência (80 kb), podem frequentemente mediar sua própria transferência de uma célula para outra, por um processo denominado **conjugação** (ver a seção Conjugação mais adiante neste capítulo). Esses plasmídios conjugativos codificam todos os fatores necessários para sua transferência, incluindo o pilus. Outros plasmídios podem ser transferidos para uma célula bacteriana por outros meios que não a conjugação, tais como transformação ou transdução. Esses termos também são discutidos mais adiante neste capítulo.

Os **bacteriófagos** são vírus bacterianos com um genoma de DNA ou de RNA geralmente protegido por uma membrana ou capa proteica. Esses elementos genéticos extracromossômicos podem sobreviver fora de uma célula hospedeira e ser transmitidos de uma célula para outra. Os bacteriófagos infectam as células bacterianas e se replicam em grandes números e também causam a lise da célula (**infecção lítica**)

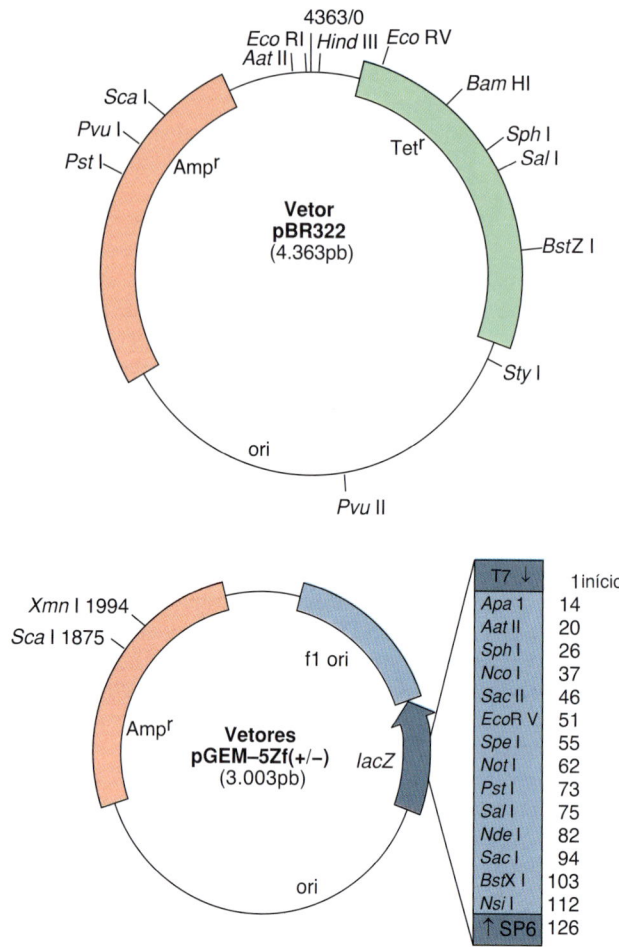

Figura 13.10 Plasmídios. O plasmídio pBR322 é um dos plasmídios utilizados para clonagem de DNA. Esse plasmídio codifica a resistência à ampicilina *(Amp)* e à tetraciclina *(Tet)* e uma origem de replicação *(ori)*. O sítio de clonagem múltiplo no plasmídio pGEM-5Zf(+/−) fornece diferentes sítios de restrição para clivagem enzimática, possibilitando a inserção de DNA dentro do gene da β-galactosidase *(lacZ)*. A inserção é flanqueada por promotores bacteriófagos para favorecer a expressão direcionada do RNA mensageiro da sequência clonada.

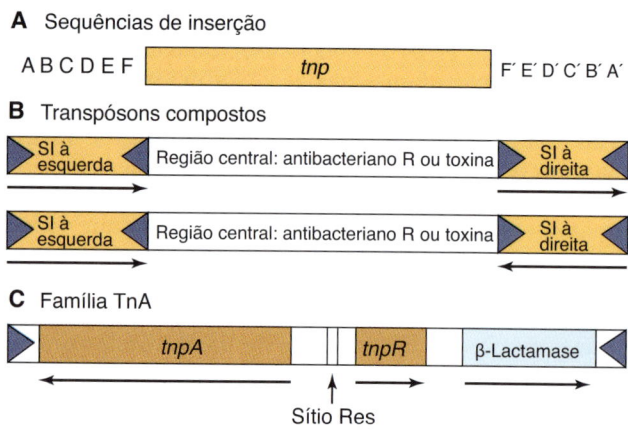

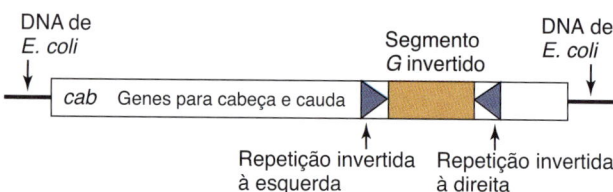

Figura 13.11 Transpósons. **A.** As sequências de inserção codificam somente uma transposase *(tnp)* e apresentam repetições invertidas (15 a 40 pares de bases) em cada extremidade. **B.** Os transpósons compostos contêm uma região central que codifica para resistência aos antibacterianos ou toxinas, flanqueada por duas sequências de inserção *(SI)*, que podem ser diretamente repetidas ou invertidas. **C.** Tn*3*, que é um membro da família dos transpósons Tn*A*. A região central codifica três genes, uma transposase *(tnpA)*, uma resolvase *(tnpR)* e uma betalactamase, conferindo resistência à ampicilina. Um sítio de resolução *(sítio Res)* é utilizado durante o processo de transposição replicativa. Essa região central é flanqueada em ambas as extremidades por repetições diretas de 38 pares de bases. **D.** O transpóson associado ao fago é exemplificado pelo bacteriófago mu.

ou, em alguns casos, **integram-se** ao genoma do hospedeiro sem matá-lo (o **estado lisogênico**), como o bacteriófago lambda de *E. coli*. Alguns bacteriófagos lisogênicos carregam genes de toxinas (p. ex., corinefago beta carrega o gene para a toxina diftérica). O bacteriófago lambda permanece lisogênico enquanto uma proteína repressora é sintetizada, impedindo que o genoma do fago seja excisado para replicar e sair da célula. Danos ao DNA da célula hospedeira por radiação ou por outro meio, ou a incapacidade de produzir a proteína repressora, é um sinal de que a célula hospedeira não está saudável e não é mais um bom lugar para o "parasitismo".

Os **transpósons** (genes saltadores) são elementos genéticos móveis (Figura 13.11) que podem transferir DNA dentro de uma célula, de uma posição para outra no genoma ou entre diferentes moléculas de DNA (p. ex., plasmídio para plasmídio ou plasmídio para cromossomo). Os transpósons estão presentes em procariontes e eucariontes. Os transpósons mais simples são denominados *sequências de inserção* e variam em comprimento de 150 a 1.500 pares de bases, com repetições invertidas de 15 a 40 pares de bases em suas extremidades e as informações genéticas mínimas necessárias para sua própria transferência (ou seja, a codificação do gene para a transposase). Os transpósons complexos carregam outros genes, tais como aqueles que oferecem resistência contra os antibacterianos. Os transpósons às vezes se inserem nos genes e inativam esses genes. Se a inserção e a inativação ocorrem em um gene que codifica uma proteína essencial, a célula morre.

Algumas bactérias patogênicas utilizam um mecanismo tipo transpósons para coordenar a expressão de um sistema de fatores de virulência. Os genes para essa atividade podem ser agrupados em uma **ilha de patogenicidade ou virulência** cercada por elementos móveis do tipo transpóson, possibilitando-lhes mover-se dentro do cromossomo e para outras bactérias. A unidade genética inteira pode ser acionada por um estímulo ambiental (p. ex., pH, calor, contato com a superfície da célula hospedeira) como uma maneira de coordenar a expressão de um processo complexo. Por exemplo, a ilha SPI-1 de *Salmonella* é ativada por sinais ambientais (p. ex., pH) para expressar os 25 genes para um sistema de secreção do tipo III que possibilita a entrada de bactérias em células não fagocíticas.

MECANISMOS DE TRANSFERÊNCIA GENÉTICA ENTRE CÉLULAS

A transferência de material genético entre células bacterianas pode ocorrer por um dos três mecanismos descritos a seguir (Figura 13.12): (1) **transformação**, que é uma captação e incorporação ativa de DNA exógeno ou estranho; (2) **conjugação**, que é o cruzamento ou a transferência quase sexual de informação genética de uma bactéria (a doadora) para outra bactéria (a receptora); ou (3) a **transdução**, que é a transferência de informação genética de uma bactéria para outra por um bacteriófago. Uma vez dentro de uma célula, um **transpóson** pode saltar entre diferentes moléculas de DNA (p. ex., de plasmídio para plasmídio ou de plasmídio para cromossomo). Vários desses mecanismos contribuíram para a geração de *S. aureus* resistentes à vancomicina (Figura 13.13 e Boxe 13.2).

Transformação

A **transformação** é o processo pelo qual as bactérias adquirem fragmentos de DNA desnudos (*naked*) e os incorpora em seus genomas. A transformação foi o primeiro mecanismo de transferência genética a ser descoberto em bactérias. Em 1928, Griffith observou que a virulência pneumocócica estava relacionada com a presença de uma cápsula polissacarídica e que extratos de bactérias encapsuladas produzindo colônias lisas poderiam transmitir essa característica a bactérias não encapsuladas, normalmente aparecendo como colônias rugosas. Os estudos de Griffith levaram à identificação do DNA por Avery, MacLeod e McCarty, como o princípio da transformação, cerca de 15 anos depois.

Algumas espécies são naturalmente capazes de adquirir DNA exógeno (tais espécies são então consideradas competentes), incluindo *Haemophilus influenzae*, *Streptococcus pneumoniae*, *Bacillus* spp. e *Neisseria* spp. A competência desenvolve-se no final do crescimento logarítmico. *Escherichia coli* e a maioria das outras bactérias não têm a capacidade natural de incorporação do DNA, e a competência deve ser induzida por métodos químicos ou por eletroporação (uso de pulsos de alta voltagem) para facilitar a aquisição do plasmídio e de outro DNA.

Conjugação

A **conjugação** resulta na transferência unidirecional de DNA de uma célula doadora (ou macho) para uma célula receptora (ou fêmea) por meio do **pilus sexual**. A conjugação ocorre com a maioria, senão com todas, as eubactérias e geralmente entre membros da mesma espécie ou de espécies relacionadas, mas também foi demonstrado que ocorre entre procariontes e células de plantas, animais e fungos.

O tipo de acasalamento (sexo) da célula depende da presença (macho) ou ausência (fêmea) de um plasmídio conjugativo, como o **plasmídio F** de *E. coli*. O plasmídio F é definido como conjugativo porque carrega todos os genes necessários para sua própria transferência, incluindo a capacidade de fazer os pili sexuais e de iniciar a síntese do DNA na origem de transferência (*oriT*) do plasmídio. O pilus sexual é um sistema de secreção especializado do tipo IV. Na transferência

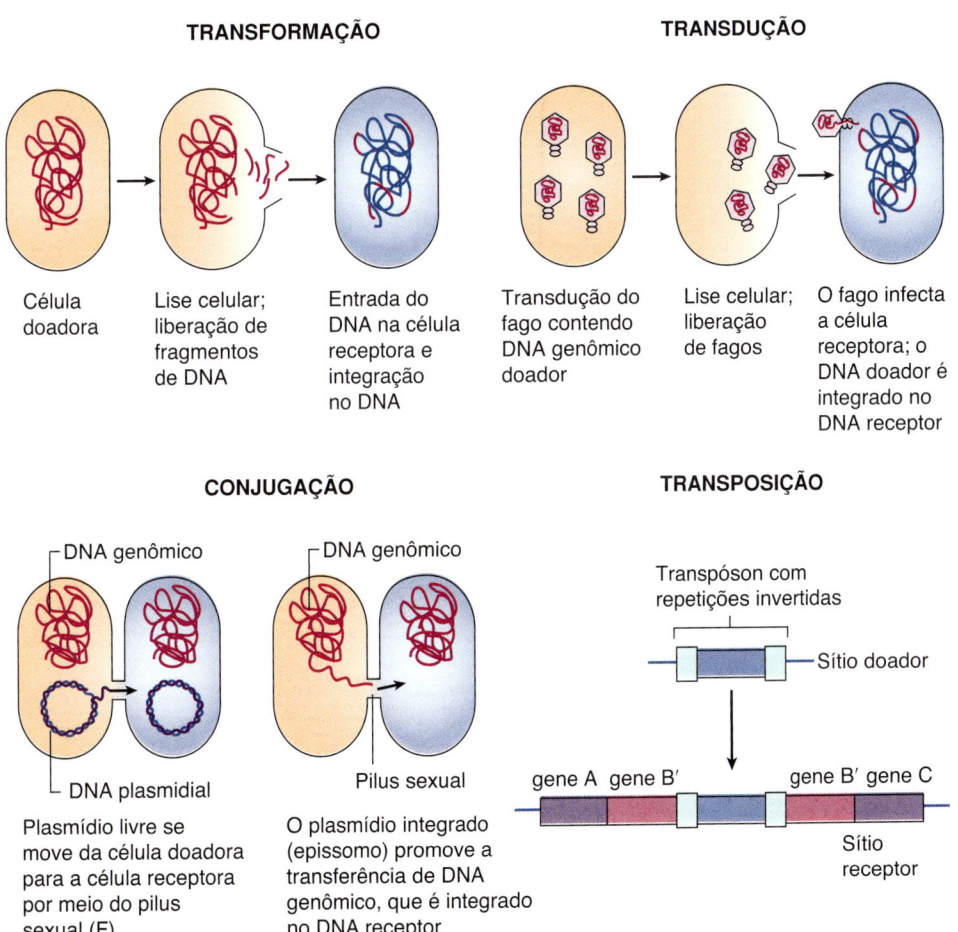

Figura 13.12 Mecanismos de transferência do gene bacteriano. (De Rosenthal, K.S., Tan, J., 2002. Rapid Reviews Microbiology and Immunology. Mosby, St Louis, MO.).

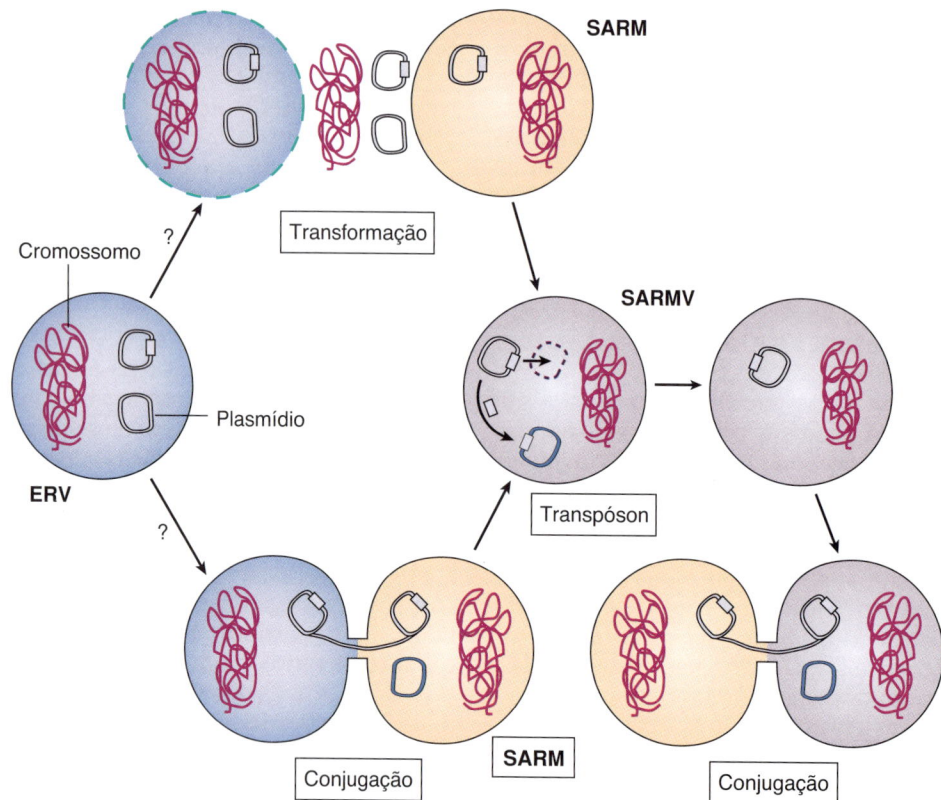

Figura 13.13 Mecanismos genéticos de evolução de *Staphylococcus aureus* resistente à meticilina e à vancomicina *(SARM e SARMV)*. *Enterococcus* resistente à vancomicina *(ERV) (em azul)* contém plasmídios com múltiplos fatores de virulência e resistência a antibacterianos. Durante a coinfecção, um *SARM (em rosa)* pode ter adquirido o plasmídio de resistência de enterococos (e-plasmídio) *(em roxo)* por transformação (após lise da célula enterocócica e liberação de seu DNA) ou, mais provavelmente, por conjugação. Um transpóson no e-plasmídio contendo o gene de resistência à vancomicina (boxe branco dentro do círculo do plasmídio) saltou para fora e foi inserido no plasmídio de resistência múltipla a antibacterianos do SARM. O novo plasmídio é prontamente espalhado para outras bactérias *S. aureus* por conjugação.

do plasmídio F, os receptores se tornam células F⁺ macho. Se um fragmento de DNA cromossômico for incorporado no plasmídio, é designado como plasmídio *prime* F (F'). Quando ele é transferido para a célula receptora, carrega esse fragmento com ele e o converte em um macho F'. Se a sequência do plasmídio F é integrada ao cromossomo bacteriano, então a célula é denominada célula Hfr (recombinação de alta frequência, do inglês <u>high frequency of recombination</u>).

O DNA que é transferido por conjugação não é uma dupla hélice; ao contrário, é uma molécula de fita única. A mobilização começa quando uma proteína codificada por plasmídios faz uma clivagem específica ao sítio em fita única na oriT. As quebras iniciam a replicação do círculo rolante, e a fita linear deslocada é direcionada para a célula receptora. O DNA de fita simples transferido é recircularizado, e sua fita complementar é sintetizada. A conjugação resulta em transferência de uma parte da sequência plasmidial e alguma porção do DNA cromossômico bacteriano. Por causa da conexão frágil entre os pares de acasalamento, a transferência é geralmente interrompida antes de ser concluída, de modo que apenas as sequências cromossômicas adjacentes ao F integrado são transferidas. A interrupção artificial de um cruzamento entre um par Hfr e um F⁻ tem sido útil na construção de um mapa consistente do DNA cromossômico de *E. coli*. Nesses mapas, a posição de cada gene é dada em minutos (com base em 100 minutos para a transferência completa a 37°C), de acordo com seu tempo de entrada em uma célula receptora em relação a uma origem fixa.

Transdução

A transferência genética por transdução é mediada por vírus de bactérias (bacteriófagos) que adquirem fragmentos de DNA

Boxe 13.2 Geração do *Staphylococcus aureus* resistente à vancomicina por múltiplas manipulações genéticas.

Até recentemente, a vancomicina era o fármaco de última escolha para cepas de *Staphylococcus aureus* resistentes aos antibacterianos betalactâmicos (relacionados com a penicilina) (p. ex., *S. aureus* resistente à meticilina [SARM]). Isolados de *S. aureus* adquiriram o gene de resistência à vancomicina durante uma infecção mista com *Enterococcus faecalis* (ver Figura 13.13). O gene de resistência à vancomicina foi contido dentro de um **transpóson** (Tn1546on) em um plasmídio conjugativo multirresistente. O plasmídio foi provavelmente transferido por **conjugação** entre *E. faecalis* e *S. aureus*. Alternativamente, depois da lise de *E. faecalis*, *S. aureus* adquiriu o DNA por **transdução** e se **transformou** pelo novo DNA. O transpóson então saltou do plasmídio de *E. faecalis*, **recombinou** e **integrou-se** ao plasmídio multirresistente de *S. aureus*, enquanto o DNA de *E. faecalis* foi degradado. O plasmídio de *S. aureus* resultante codifica a resistência aos antibacterianos betalactâmicos, vancomicina, trimetoprima e gentamicina/canamicina/tobramicina e aos desinfetantes de amônio quaternário e pode ser transferido para outras cepas de *S. aureus* por **conjugação**. (Para mais informações, consulte Weigel na Bibliografia deste capítulo).

e promovem seu empacotamento em partículas dos bacteriófagos. O DNA é entregue a células infectadas e se torna incorporado nos genomas bacterianos. A transdução pode ser classificada como **especializada**, se os fagos em questão transferirem genes particulares (geralmente aqueles adjacentes a seus sítios de integração no genoma) ou **generalizada**, se a incorporação de sequências de DNA é aleatória por causa do empacotamento acidental do DNA do hospedeiro no capsídio do fago. Por exemplo, uma nuclease do fago P1 degrada o DNA cromossômico de *E. coli* do hospedeiro e alguns dos fragmentos de DNA são empacotados em partículas de fago. O DNA encapsulado, em vez do DNA do fago, é injetado em uma nova célula hospedeira, na qual pode se recombinar com o DNA homólogo do hospedeiro. As partículas transdutoras generalizadas são valiosas no **mapeamento genético** de cromossomos bacterianos. Quanto mais próximos dois genes estão dentro do cromossomo bacteriano, mais provável que sejam cotransduzidos no mesmo fragmento de DNA.

RECOMBINAÇÃO

A incorporação de DNA extracromossômico (estranho) no cromossomo ocorre por recombinação. Existem dois tipos de recombinação: homóloga e não homóloga. A **recombinação homóloga (legítima)** ocorre entre sequências de DNA fortemente relacionadas e geralmente substituem uma sequência por outra. O processo exige um conjunto de enzimas produzidas (em *E. coli*) pelos genes *rec*. A **recombinação não homóloga (ilegítima)** ocorre entre sequências diferentes de DNA e geralmente produz inserções ou deleções, ou ambas. Esse processo geralmente requer enzimas de recombinação especializadas (às vezes sítio-específicas), tais como as produzidas por muitos transpósons e bacteriófagos lisogênicos.

Engenharia Genética

A engenharia genética, também conhecida como tecnologia do DNA recombinante, utiliza as técnicas e ferramentas desenvolvidas pelos geneticistas bacterianos para purificar, amplificar, modificar e expressar sequências genéticas específicas. O uso da engenharia genética e a "clonagem" revolucionaram a biologia e a medicina. Os componentes básicos da engenharia genética são (1) **clonagem e vetores de expressão**, que podem ser usados para fornecer as sequências de DNA em bactérias receptivas e amplificar a sequência desejada; (2) a **sequência de DNA** a ser amplificada e expressa; (3) **enzimas**, tais como as **enzimas de restrição**, que são usadas para clivar o DNA de maneira reprodutível em sequências definidas (Tabela 13.1); e (4) a **DNA ligase**, a enzima que liga o fragmento ao vetor de clonagem.

Os **vetores de clonagem e expressão** devem permitir que o DNA estranho seja inserido neles, mas ainda assim deve ser capaz de replicar normalmente em um hospedeiro bacteriano ou eucariótico. Atualmente, muitos tipos de vetores são utilizados. Vetores plasmidiais, tais como pUC, pBR322 e pGEM (Figura 13.14), são utilizados para fragmentos de DNA de até 20 kb. Bacteriófagos, como o lambda, são utilizados para fragmentos maiores de até 25 kb, e vetores **cosmídios** combinam algumas das vantagens dos plasmídios e dos fagos para fragmentos de até 45 kb.

A maioria dos **vetores de clonagem** é "projetada" para ter um sítio de inserção de DNA estranho, um meio de seleção das bactérias que tenham incorporado qualquer plasmídio (p. ex., resistência a antibacterianos) e um

Tabela 13.1 Enzimas de restrição comuns utilizadas em biologia molecular.

Microrganismo	Enzima	Sítio de reconhecimento
Acinetobacter calcoaceticus	Acc I	fx1
Bacillus amyloliquefaciens H	Bam HI	fx2
Escherichia coli RY13	Eco RI	fx3
Haemophilus influenzae Rd	Hind III	fx4
H. influenzae sorotipo c, 1160	Hinc II	fx5
Providencia stuartii 164	Pst I	fx6
Serratia marcescens	Sma I	fx7
Staphylococcus aureus 3A	Sau 3AI	fx8
Xanthomonas malvacearum	Xma I	fx9

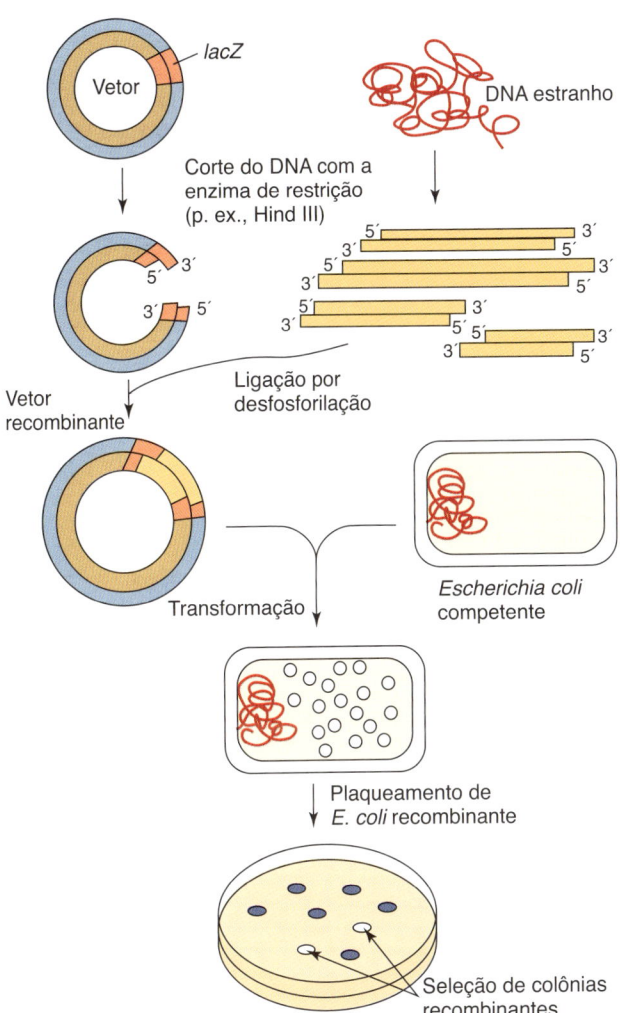

Figura 13.14 Clonagem de DNA estranho em vetores. O vetor e o DNA estranho são primeiramente digeridos por uma enzima de restrição. A inserção do DNA estranho no gene *lacZ* inativa o gene da β-galactosidase, possibilitando a seleção subsequente. O vetor é então ligado ao DNA estranho, usando a ligase do DNA do bacteriófago T4. Os vetores recombinantes são transformados em células competentes de *Escherichia coli*. As células de *E. coli* recombinantes são plaqueadas em ágar contendo antibacteriano, um indutor do operon *lac* e um substrato cromóforo que fica azul em células com um plasmídio, mas não um inserto; as células com um plasmídio contendo o inserto permanecem brancas.

meio de distinguir as bactérias que incorporaram aqueles plasmídios que contêm o DNA inserido. Os **vetores de expressão** têm sequências de DNA para facilitar sua replicação em bactérias e células eucarióticas e a transcrição do gene em mRNA.

O DNA a ser clonado pode ser obtido por purificação de DNA cromossômico a partir de células, vírus ou outros plasmídios ou por amplificação seletiva de sequências de DNA por uma técnica conhecida como *reação em cadeia da polimerase* (PCR, do inglês *polymerase chain reaction*) (a PCR é explicada em mais detalhes no Capítulo 5). Tanto o vetor quanto o DNA estranho são clivados com enzimas de restrição (ver Figura 13.14). As enzimas de restrição reconhecem uma sequência palindrômica específica e fazem um corte espaçado que gera extremidades pegajosas ou coesivas ou um corte rombo que gera extremidades cegas (ver Tabela 13.1). A maioria dos vetores de clonagem tem uma sequência chamada **múltiplos sítios de clonagem**, que podem ser clivados por muitas enzimas de restrição. A ligação do vetor com os fragmentos de DNA gera uma molécula denominada **DNA recombinante**, capaz de replicar a sequência inserida. O número total de vetores recombinantes obtidos na clonagem de todos os fragmentos resultantes da clivagem do DNA cromossômico é conhecido como **biblioteca genômica**, porque deve haver pelo menos um representante de cada gene na biblioteca. Uma abordagem alternativa para clonar o gene para uma proteína é usar uma enzima de retrovírus denominada *transcriptase reversa* (DNA polimerase dependente de RNA) para converter o mRNA na célula em um DNA complementar (cDNA). A **biblioteca de cDNA** representa os genes expressos como mRNA em uma determinada célula.

O DNA recombinante é então transformado em um hospedeiro bacteriano, geralmente *E. coli*, e as bactérias que contêm plasmídios são selecionadas para aquisição de resistência aos antibacterianos (p. ex., resistência à ampicilina). A biblioteca pode então ser rastreada para encontrar um clone de *E. coli* que apresente o fragmento de DNA desejado. Várias técnicas de rastreamento podem ser usadas para identificar as bactérias que contêm o DNA recombinante apropriado. Os múltiplos sítios de clonagem utilizados para a inserção do DNA estranho é frequentemente parte do gene *lacZ* do operon *lac*. A inserção do DNA estranho no gene *lacZ* inativa o gene (atuando quase como um transpóson) e impede a síntese de β-galactosidase direcionada pelo plasmídio na célula receptora, que resulta em colônias de bactérias brancas em vez de colônias azuis, o que seria observado se a β-galactosidase fosse produzida e capaz de clivar um cromóforo apropriado.

A engenharia genética é utilizada para isolar e expressar os genes de proteínas úteis, como insulina, interferona, hormônios de crescimento e interleucina em bactérias, leveduras ou mesmo as células de insetos. Da mesma maneira, grandes quantidades de imunógeno puro para uma vacina podem ser preparadas sem a necessidade de trabalhar com os organismos patogênicos intactos.

A vacina contra o vírus da hepatite B representa o primeiro uso bem-sucedido da tecnologia do DNA recombinante para desenvolver uma vacina aprovada para uso humano pela Food and Drug Administration (FDA). O antígeno de superfície da hepatite B é produzido pela levedura *Saccharomyces cerevisiae*. De maneira alternativa, o DNA plasmidial capaz de promover a expressão do imunógeno desejado (vacina de DNA) pode ser injetado em um indivíduo para que as células hospedeiras expressem o imunógeno e sejam capazes de gerar uma resposta imune. A tecnologia do DNA recombinante também se tornou essencial para o diagnóstico laboratorial, à ciência forense, à agricultura e a muitas outras disciplinas.

Bibliografia

Cotter, P.A., Miller, J.F., 1998. In vivo and ex vivo regulation of bacterial virulence gene expression. Curr. Opin. Microbiol. 1(1), 17–26.

Kavanaugh, J.S., Horswill, A.R., 2016. Impact of environmental cues on staphylococcal quorum sensing and biofilm development. J. Biol. Chem. 291, 12556–12564.

Lewin, B., 2007. Genes IX, Sudbury. Mass. Jones and Bartlett.

Lodish, H., Berk, A., Kaiser, C.A., et al., 2007. Molecular Cell Biology, sixth ed. WH Freeman, New York.

Nelson, D.L., Cox, M., 2017. Lehninger Principles of Biochemistry, seventh ed. Worth, New York.

Novick, R.P., Geisinger, E., 2008. Quorum sensing in staphylococci. Ann. Rev. Genet. 42, 541–546.

Patel, S.S., Rosenthal, K.S., 2007. Microbial adaptation: putting the best team on the field. Infect. Dis. Clin. Pract. 15, 330–334.

Rutherford, S.T., Bassler, B.L., 2012. Bacterial quorum sensing: its role in virulence and possibilities for its control. Cold Spring. Harb. Perspect. Med. 2, a012427.

Weigel, L.M., Clewell, D.B., Gill, S.R., et al., 2003. Genetic analysis of a high-level vancomycin-resistant isolate of *Staphylococcus aureus*. Science 302, 1569–1571.

Yarwood, J.M., Schlievert, P.M., 2003. J.Clin. Invest. 112, 1620–1625.

Saad, N., Delattre, C., Urdaci, M., et al., 2013. An overview of the last advances in probiotic and prebiotic field. Food. Sci. Technol. 50, 1–16.

Smith, P.M., Howitt, M.R., Panikov, N., et al., 2013. The microbial metabolites, short-chain fatty acids, regulate colonic Treg cell homeostasis. Science 341, 569–573.

Artigos sobre probióticos

Stone, S., Edmonds, R., Rosenthal, K.S., 2013. Probiotics: helping out the normal flora. Infect. Dis. Clin. Pract. 21, 305–311.

Vijay-Kumar, M., Aitken, J.D., Carvalho, F.A., et al., 2010. Metabolic syndrome and altered gut microbiota in mice lacking Toll-like receptor 5. Science 328, 228–231.

14 Mecanismos de Patogênese Bacteriana

Para uma bactéria, o corpo humano é uma coleção de nichos ambientais que fornecem o calor, a umidade e os alimentos básicos para o crescimento. As bactérias têm características que as possibilitam entrar (invadir) no ambiente, permanecer em um nicho (aderir ou colonizar), obter acesso a fontes de alimentos (enzimas degradativas), sequestrar íons metálicos (p. ex., ferro) e escapar da eliminação pelas respostas imunes e não imunes protetoras do hospedeiro (p. ex., cápsula). Quando um número suficiente de bactérias está presente (***quorum***), elas ativam funções para auxiliar a colônia, incluindo a produção de biofilme. Infelizmente, muitos dos mecanismos que as bactérias usam para manter seu nicho e os subprodutos do crescimento bacteriano e da colonização (p. ex., ácidos, gás) podem causar danos e problemas para o hospedeiro humano. Muitas dessas características são fatores de virulência que aumentam a capacidade das bactérias de permanecerem e prejudicarem o corpo ao causar doenças (Boxe 14.1). Embora muitas bactérias causem doenças ao destruir diretamente o tecido, algumas liberam toxinas, que podem se disseminar no sangue e causar patogênese em todo o sistema.

Nem todas as bactérias ou infecções bacterianas causam doenças. O corpo humano é colonizado por vários microrganismos (**microbiota normal**), muitos dos quais desempenham funções importantes para seus hospedeiros. As bactérias da microbiota normal auxiliam na digestão dos alimentos, produzem vitaminas (p. ex., vitamina K), protegem o hospedeiro da colonização por microrganismos patogênicos e ativam respostas imunológicas inatas e adaptativas apropriadas do hospedeiro. Essas bactérias endógenas normalmente residem em locais como trato gastrintestinal (GI), boca, pele e trato respiratório superior, que podem ser consideradas regiões "externas" do corpo (Figura 14.1). Cada indivíduo tem uma microbiota característica que é selecionada e mantida por fatores do hospedeiro e também regula sua própria composição bacteriana. A resposta imune inata e adaptativa do hospedeiro reage a certos metabólitos e estruturas da superfície de bactérias para ajudar a manter uma microbiota saudável e eliminar microrganismos patogênicos ou impróprios. Respostas excessivas contra as bactérias causam imunopatogênese e podem ser a principal causa da doença (p. ex., sepse). Mesmo a microbiota normal pode ser problemática, com a maioria das infecções bacterianas resultantes da entrada de bactérias da microbiota normal em sítios normalmente estéreis do corpo.

Algumas bactérias sempre causam doença em função da expressão de seus fatores de virulência, enquanto a cepa bacteriana e o tamanho do inóculo de outros tipos de bactérias podem determinar se a doença ocorre. Algumas cepas podem ser benignas e outras não (p. ex., *Escherichia coli* O157/H7 produz uma toxina e pode causar síndrome hemolítica urêmica). O limiar para a produção de doenças é distinto para diferentes bactérias (p. ex., < 200 bactérias do gênero *Shigella* são necessárias para a shigelose, mas são necessários 10^8 organismos de *Vibrio cholerae* ou *Campylobacter* para a doença do trato GI). Fatores do hospedeiro também podem desempenhar uma função. Por exemplo, embora um milhão ou mais organismos de *Salmonella* sejam necessárias para que a gastrenterite se torne estabelecida em uma pessoa saudável, apenas alguns milhares de organismos são necessários em uma pessoa cujo pH gástrico foi neutralizado com antiácidos ou outros meios. Defeitos congênitos, estados de imunodeficiência (ver Capítulo 10) e outras condições relacionadas com doenças também podem aumentar a suscetibilidade à infecção.

Muitas bactérias expressam seus fatores de virulência apenas em condições especiais, e coordenam geneticamente sua expressão (para *Staphylococcus aureus*, ver a

Boxe 14.1 Mecanismos de virulência bacteriana.

Cápsula e biofilme
Adesão
Invasão
Subprodutos do crescimento (gás, ácido)
Toxinas
Enzimas degradativas
Proteínas citotóxicas
Endotoxina
Superantígeno
Indução de inflamação excessiva
Evasão da eliminação pelo sistema imune e fagocítico
Resistência a antibacterianos
Crescimento intracelular

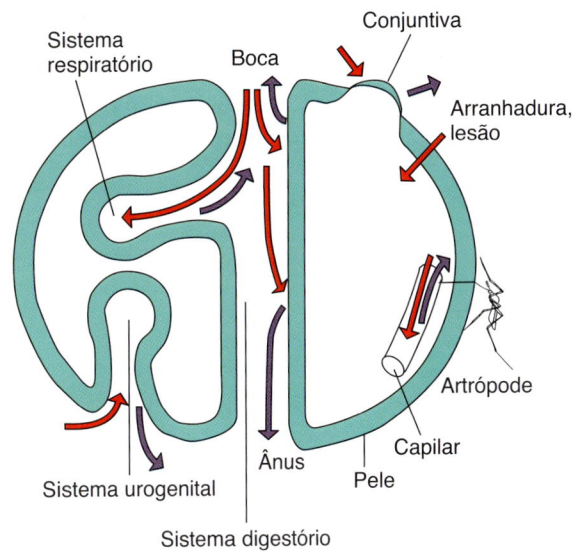

Figura 14.1 Superfícies corporais como locais de infecção e eliminação microbiana. *Setas vermelhas* indicam infecção; *setas roxas* indicam eliminação. (Modificada de Goering, R.V., Dockrell, H.M., Zuckerman, M., et al., 2019. Mims' Medical Microbiology, sixth ed. Elsevier, Philadelphia, PA.)

Figura 13.6). Por exemplo, a produção de sistemas de secreção tipo III (descritos adiante) por *Shigella flexneri* e *Salmonella typhimurium* é desencadeada por tensão de oxigênio e pH, respectivamente, para garantir a proximidade às membranas adequadas do hospedeiro. Além disso, o biofilme produzido por *Pseudomonas* é estimulado quando há bactérias suficientes (um *quorum*) produzindo quantidades adequadas de N-acil homoserina lactona (AHL) para desencadear a expressão dos genes para a produção de polissacarídios. Os componentes para estruturas e sistemas complexos são frequentemente codificados juntos em uma ilha de patogenicidade. As **ilhas de patogenicidade** são grandes regiões genéticas no cromossomo ou em plasmídios contendo conjuntos de genes que codificam vários fatores de virulência que podem exigir expressão coordenada. Esses genes podem ser ativados por um único estímulo (p. ex., temperatura do intestino, pH de um lisossomo). Uma ilha de patogenicidade geralmente está dentro de um transpóson e pode ser transferida como uma unidade para diferentes locais dentro de um cromossomo ou para outras bactérias. Por exemplo, a ilha de patogenicidade SPI-2 de *Salmonella* é ativada pelo pH ácido de uma vesícula fagocítica dentro de um macrófago. Isso promove a expressão de aproximadamente 25 proteínas que se juntam em um sistema molecular semelhante a uma seringa (sistema de secreção tipo III) (Figura 14.2) que injeta proteínas na célula hospedeira para facilitar a sobrevivência e o crescimento intracelular da bactéria.

Os sistemas imunes inato e adaptativo do hospedeiro estão constantemente protegendo as fronteiras e regiões internas do corpo. As bactérias desenvolveram meios para escapar de muitas dessas proteções para estabelecer seu nicho (microbiota normal) ou invadir e causar infecções nos tecidos (patógenos). *Quanto mais tempo uma bactéria permanecer no corpo, maior será seu número, sua habilidade para disseminar, seu potencial para causar dano e doenças nos tecidos, maior a resposta imune e inflamatória do hospedeiro necessária para resolver a infecção e maior a imunopatogênese e a gravidade da doença.*

Pressões de seleção, como tratamento com antibacterianos e outros fármacos, dieta e estresse podem levar a mudanças na composição da microbiota, o que pode favorecer a multiplicação de bactérias inadequadas (p. ex., *Clostridium difficile*, que pode causar colite pseudomembranosa) e o início de respostas imunes inadequadas (p. ex., doenças inflamatórias intestinais).

Algumas **bactérias virulentas** sempre causam doenças porque produzem toxinas ou têm mecanismos que promovem seu crescimento no hospedeiro à custa do tecido do hospedeiro ou da função orgânica (enzimas degradativas secretadas). **Bactérias oportunistas** tiram proveito de condições preexistentes, como imunossupressão, para crescer e causar doença grave. Por exemplo, vítimas de queimaduras e os pulmões dos pacientes com fibrose cística têm maior risco de infecção por *Pseudomonas aeruginosa*; pacientes com síndrome da imunodeficiência adquirida (AIDS) são muito suscetíveis à infecção por bactérias de crescimento intracelular, como as micobactérias.

A **doença** resulta da combinação de perda/dano de tecido ou função dos órgãos causada pelas bactérias com as consequências de respostas imunes inatas e adaptativas (inflamação) à infecção (Boxe 14.2). **Os sinais e sintomas**

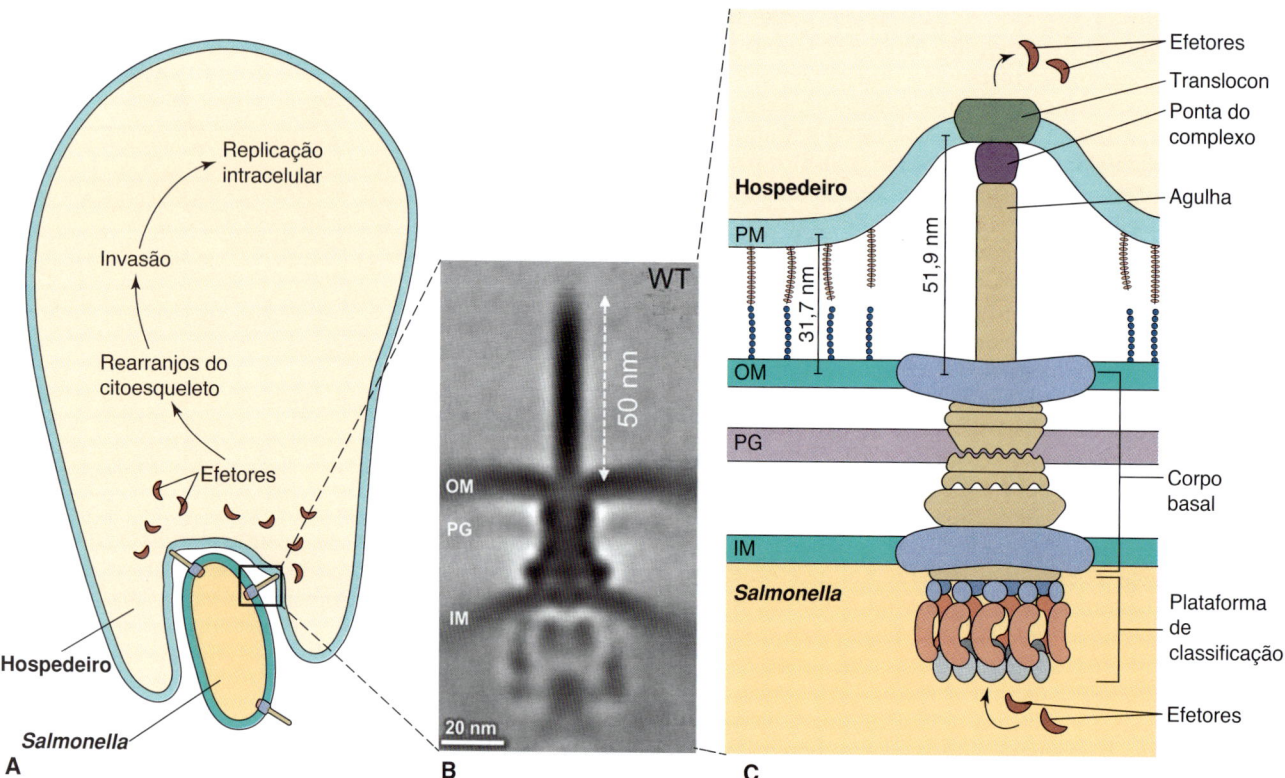

Figura 14.2 Modelo do sistema de secreção do tipo III (injetissomo) de *Salmonella typhimurium* capturado no ato da injeção na célula hospedeira. **A.** Modelo do injetissomo de *S. typhimurium* interagindo na célula hospedeira com base em tomografia de microscópio crioeletrônico (**B**). **C.** Modelo do injetissomo na interface *Salmonella*-célula hospedeira. (De Park, D., Lara-Tejero, M., Waxham, M.N., Li, W., Hu, B., Galán JE, Liu J., 2018. Visualization of the type III secretion mediated Salmonella–host cell interface using cryo-electron tomography. eLife 7, e39514. Copyright Park et al. Este artigo é distribuído sob os termos da Creative Commons Attribution License, que permite o uso irrestrito e a redistribuição, desde que o autor original e a fonte sejam creditados.)

de uma doença são determinados pela alteração no tecido afetado. **Respostas sistêmicas** são produzidas por toxinas e as citocinas produzidas em resposta à infecção. A **gravidade** da doença depende da importância do órgão afetado e da extensão do dano causado pela infecção. As infecções do sistema nervoso central são particularmente graves.

Entrada no corpo humano

Para que a infecção se estabeleça, as bactérias devem primeiro obter acesso ao corpo (Tabela 14.1; ver Figura 14.1). Os mecanismos de defesa natural incluem barreiras (p. ex., pele, muco, epitélio ciliado) e secreções contendo substâncias antibacterianas (p. ex., lisozima, defensinas, imunoglobulina [Ig] A) que impedem a entrada de bactérias no corpo. No entanto, essas barreiras, às vezes, são quebradas (p. ex., uma laceração na pele, um tumor ou úlcera no intestino), proporcionando uma porta de entrada para as bactérias, ou as bactérias podem ter meios para comprometer a barreira e invadir o corpo. Na invasão, as bactérias podem entrar na corrente sanguínea e alcançar outros sítios no corpo.

A **pele** tem uma camada córnea e espessa de células mortas que protege o corpo da infecção. No entanto, cortes na pele, produzidos por acidente ou cirurgicamente, ou mantidos abertos com cateteres ou outros aparelhos cirúrgicos, fornecem um meio para que as bactérias tenham acesso ao tecido suscetível localizado abaixo. Por exemplo, *S. aureus* e *S. epidermidis*, que fazem parte da microbiota normal da pele, podem entrar no corpo por meio de fissuras na pele e representar um grande problema para pessoas com cateteres de demora e linhas intravenosas.

> **Boxe 14.2** Produção da doença bacteriana.
>
> 1. A doença é causada por danos produzidos pela bactéria mais as consequências das respostas imunológicas inatas e adaptativas à infecção
> 2. Os sinais e sintomas de uma doença são determinados pela função e importância do tecido afetado
> 3. A duração do período de incubação é o tempo necessário para as bactérias e/ou a resposta do hospedeiro causar dano suficiente a fim de gerar desconforto ou interferir nas funções essenciais

Tabela 14.1 Porta de entrada bacteriana.

Via	Exemplos
Ingestão	*Salmonella* spp., *Shigella* spp., *Yersinia enterocolitica*, *Escherichia coli* enterotoxigênica, *Vibrio* spp., *Campylobacter* spp., *Clostridium botulinum*, *Bacillus cereus*, *Listeria* spp., *Brucella* spp.
Inalação	*Mycobacterium* spp., *Nocardia* spp., *Mycoplasma pneumoniae*, *Legionella* spp., *Bordetella*, *Chlamydophila psittaci*, *C. pneumoniae*, *Streptococcus* spp.
Trauma	*Clostridium tetani*, *Staphylococcus aureus*
Agulha de seringa	*S. aureus*, *Pseudomonas* spp.
Picada de artrópode	*Rickettsia*, *Ehrlichia*, *Coxiella*, *Francisella*, *Borrelia* spp., *Y. pestis*
Transmissão sexual	*Neisseria gonorrhoeae*, *Chlamydia trachomatis*, *Treponema pallidum*

A boca, o nariz, as orelhas, os olhos, o ânus e os tratos respiratório, GI e urogenital são aberturas naturais na pele pelas quais as bactérias podem entrar no corpo. Elas são protegidas por defesas naturais, como o muco e o epitélio ciliado que revestem o trato respiratório superior, a lisozima e outras secreções antibacterianas em lágrimas e no muco, o ácido e a bile no trato GI, bem como a IgA secretora. No entanto, muitas bactérias não são afetadas ou têm os meios para escapar dessas defesas. Por exemplo, a membrana externa das bactérias gram-negativas as torna mais resistente a lisozima, ácido e bile. Dessa maneira, as enterobactérias são capazes de colonizar o trato GI. A entrada dessas bactérias endógenas em sítios normalmente estéreis do corpo, como o peritônio e a corrente sanguínea, muitas vezes indica uma quebra na barreira normal. Um exemplo disso é o paciente cujo tumor de cólon foi diagnosticado após a detecção de uma bacteriemia (infecção pelo sangue) ou endocardite causada por bactérias entéricas.

Colonização, adesão e invasão

Diferentes bactérias colonizam distintas partes do corpo. Isso pode ser mais próximo ao ponto de entrada ou causado pela presença de condições ideais de crescimento no local. Por exemplo, *Legionella* é inalada e cresce nos pulmões, mas não se espalha de imediato porque não pode tolerar altas temperaturas (p. ex., 35°C). A colonização de sítios que normalmente são estéreis implica na existência de um defeito no mecanismo de defesa natural ou uma nova via de entrada. Pacientes com fibrose cística têm essas falhas por causa da redução na função mucoepitelial ciliar e alterações de secreções nas mucosas; como resultado, seus pulmões são colonizados por *S. aureus* e *P. aeruginosa*.

Em alguns casos, a colonização requer estruturas e funções bacterianas especiais para permanecer no local, sobreviver e obter alimentos. As bactérias podem usar mecanismos específicos para **aderir** e colonizar diferentes superfícies corporais (Tabela 14.2). Se a bactéria pode aderir ao epitélio ou revestimentos de células endoteliais da bexiga, intestino e vasos sanguíneos, então elas não podem ser eliminadas e essa aderência propicia que colonizem o tecido. Por exemplo, é função natural da bexiga eliminar qualquer bactéria não fixada na parede da bexiga. *Escherichia coli* e outras bactérias têm **adesinas** que se ligam a receptores na superfície do tecido e impedem os organismos de serem eliminados. Muitas dessas proteínas adesinas estão presentes nas pontas das **fímbrias (pili)** e se ligam fortemente a açúcares específicos no tecido-alvo; essa atividade de ligação do açúcar define essas proteínas como **lectinas**. Por exemplo, a maioria das cepas de *E. coli* que causam pielonefrite produzem uma adesina fimbrial denominada *fímbria P*. Essa adesina pode se ligar a α-D-galactosil-β-D-galactosídio (Gal-Gal), que faz parte da estrutura P do antígeno do grupo sanguíneo em eritrócitos humanos e células uroepiteliais. Os pilis de *Neisseria gonorrhoeae* também são fatores de virulência importantes; eles se ligam aos receptores de oligossacarídeos nas células epiteliais. Os organismos *Yersinia*, *Bordetella pertussis* e *Mycoplasma pneumoniae* expressam proteínas adesinas que não estão nas fímbrias. *Estreptococos*, *S. aureus* e outras bactérias secretam proteínas que se ligam aos componentes da matriz extracelular de células epiteliais, como fibronectina, colágeno ou laminina, denominados

Tabela 14.2 Exemplos de mecanismos de adesão bacteriana.

Microrganismo	Adesina	Receptor
Staphylococcus aureus	Fator de aglutinação A	Fibrinogênio
Staphylococcus spp.	MSCRAMM	Componentes da matriz extracelular (fibronectina, laminina, colágeno etc.)
Estreptococcus, grupo A	Complexo de proteína LTA-M proteína F, MSCRAMM	Componentes da matriz extracelular (fibronectina, laminina, colágeno etc.)
Streptococcus pneumoniae	Adesinas e outras proteínas	*N*-acetil-hexosamina-galactose
Escherichia coli	Fímbrias tipo 1	D-Manose
	Fímbrias do antígeno do fator de colonização	Gangliosídio 1 GM
Neisseria gonorrhoeae	Fímbrias P	Glicolipídio do grupo sanguíneo P
Treponema pallidum	Fímbrias	Gangliosídio GD_1
Chlamydia trachomatis	P_1, P_2, P_3	Fibronectina
Mycoplasma pneumoniae	Lectina de superfície celular	*N*-acetilglucosamina
Vibrio cholerae	Proteína P1	Ácido siálico
Vibrio cholerae	Pili tipo 4	Fucose e manose

LTA, ácido lipoteicoico; *MSCRAMM*, componentes de superfície microbiana que reconhecem moléculas adesivas de matriz.

MSCRAMMs *(componentes da superfície microbiana que reconhecem moléculas adesivas de matriz;* em inglês, *microbial surface components recognizing adhesive matrix molecules).*

Uma adaptação bacteriana especial que facilita a colonização, principalmente de aparelhos cirúrgicos, como válvulas artificiais ou cateteres de demora, é o **biofilme**. As bactérias estão ligadas em biofilmes dentro de uma rede pegajosa de polissacarídios que liga as células entre si e à superfície. A produção de um biofilme requer um número suficiente de bactérias (*quorum*). Quando *P. aeruginosa* determinar que o tamanho da colônia é grande o suficiente (***quorum sensing***), ela produz um biofilme. A placa dentária é outro exemplo de biofilme. A matriz do biofilme também pode proteger as bactérias das defesas do hospedeiro e dos antibacterianos.

Embora as bactérias não tenham mecanismos que lhes possibilitem cruzar a pele intacta, várias delas podem atravessar as membranas mucosas e outras barreiras de tecido para entrar em locais normalmente estéreis e em tecidos mais suscetíveis. As bactérias usam seus flagelos para nadar e proteases para digerir a camada mucosa e se aproximar do revestimento epitelial. As **bactérias invasivas** destroem a barreira mucosa e também induzem inflamação para permeabilizar a barreira, ou penetram nas células da barreira. Os microrganismos *Salmonella* e *Yersinia* são bactérias entéricas que utilizam fímbrias para se ligarem às células M (micropregas) do cólon e, em seguida, injetam proteínas na célula M que estimulam a membrana celular a envolver e captar as bactérias. Essas bactérias produzem um **sistema de secreção tipo III** para injetar fatores formadores de poros e moléculas efetoras nas células hospedeiras. As proteínas efetoras podem facilitar a absorção e a invasão e promover a sobrevivência intracelular e a replicação da bactéria ou a morte apoptótica da célula hospedeira. *Escherichia coli* enteropatogênica secreta proteínas na célula hospedeira que criam um sistema de acoplamento portátil para si mesmas, e a *Salmonella* usa o sistema para promover sua captação em uma vesícula e viver intracelularmente dentro do macrófago. (Vídeos excelentes desses processos podem ser vistos em https://www.biointeractive.org/classsroom-resources/how-pathogenic-e-coli-infectionbegins e https://www.biointeractive.org/classroomresources/how-salmonella-infection-begins.). Muitas das proteínas injetadas nessas células pelo sistema de secreção tipo III promovem a polimerização de actina. Para *Salmonella*, isso promove a captação fagocítica; para *Shigella* e *Listeria monocytogenes*, promove o movimento dentro da célula e para outras células. *Salmonella* e outras bactérias promovem a invasão do trato GI, enfraquecendo as junções estreitas entre as células mucoepiteliais com proteínas bacterianas ou induzindo a inflamação, enquanto *N. meningitidis* sequestra os componentes proteicos para desestabilizar as junções estreitas das células endoteliais da barreira hematencefálica para obter acesso ao líquido cefalorraquidiano para progredir da corrente sanguínea até as meninges.

Ações patogênicas de bactérias

DESTRUIÇÃO TECIDUAL

Subprodutos do crescimento bacteriano, principalmente fermentação, incluem ácidos, gases e outras substâncias que são tóxicas para os tecidos. Além disso, *muitas bactérias liberam enzimas degradativas* para quebrar o tecido, fornecendo alimento para o crescimento dos microrganismos e também promovendo a disseminação bacteriana. Por exemplo, os microrganismos *C. perfringens* fazem parte da microbiota normal do trato GI, mas também são patógenos oportunistas que podem estabelecer infecção em tecidos pobres em oxigênio e causar gangrena gasosa. Essas bactérias anaeróbias produzem enzimas (p. ex., fosfolipase C, colagenase, proteases, hialuronidase), várias toxinas, além de ácido e gás do metabolismo bacteriano, que destroem o tecido. Os estafilococos produzem muitas enzimas diferentes que modificam o ambiente tecidual. Essas enzimas incluem hialuronidase, fibrinolisina e lipases. Os estreptococos também produzem enzimas, incluindo estreptolisinas S e O, hialuronidase, DNases e estreptoquinases.

TOXINAS

Toxinas são produtos bacterianos que prejudicam diretamente o tecido ou desencadeiam atividades biológicas destrutivas. Toxinas e substâncias similares a toxinas incluem enzimas de degradação que causam lise de células ou se ligam a receptores que iniciam reações tóxicas em um tecido-alvo específico. Além disso, toxinas de superantígenos e endotoxinas (porção do lipídio A do lipopolissacarídio [LPS]) promovem estímulo excessivo ou impróprio de respostas imunes inatas ou adaptativas.

Em muitos casos, a toxina é totalmente responsável por causar os sintomas característicos da doença. Por exemplo, a **toxina pré-formada** presente em alimentos medeia a intoxicação alimentar causada por *S. aureus* e *B. cereus* e o botulismo causado por *C. botulinum*. Os sintomas produzidos por toxina pré-formada ocorrem muito mais cedo do que para outras formas de gastrenterite, porque o efeito é como se alimentar de um veneno e as bactérias não precisam crescer para que os sintomas ocorram. Uma vez que uma toxina pode se espalhar sistemicamente, via corrente sanguínea, os sintomas podem surgir em um local distante do sítio de infecção, como ocorre no tétano, que é causado por *C. tetani*.

EXOTOXINAS

As **exotoxinas** são proteínas que podem ser produzidas por bactérias gram-positivas ou gram-negativas, e incluem enzimas citolíticas e proteínas de ligação ao receptor que alteram uma função ou matam a célula. Em muitos casos, o gene da toxina é codificado em um plasmídio (toxina do tétano de *C. tetani*, toxinas termolábeis [LT] e termoestáveis [ST] de *E. coli* enterotoxigênica) ou um fago lisogênico (*Corynebacterium diphtheriae* e *C. botulinum*). *Para muitas bactérias, os efeitos da toxina determinam a doença* (p. ex., *C. diphtheriae*, *C. tetani*).

As toxinas citolíticas incluem enzimas que rompem a membrana celular, como a α-toxina (fosfolipase C) produzida por *C. perfringens*, que decompõe a esfingomielina e outros fosfolipídios da membrana. As hemolisinas se inserem e rompem os eritrócitos e outras membranas celulares. Toxinas formadoras de poros, incluindo estreptolisina O, podem promover o extravasamento de íons e água da célula e interromper as funções celulares ou causar lise celular.

Muitas toxinas são diméricas, com subunidades A e B (**toxinas A–B**). A porção **B** das toxinas A-B se liga a um receptor específico da superfície celular e, em seguida, a subunidade A é transferida para o interior da célula, na qual atua promovendo lesão celular *(B para binding [em português, ligação], A para action [em português, ação])*. Os tecidos que são alvos para essas toxinas são muito bem definidos e limitados (Figura 14.3 e Tabela 14.3). Os alvos bioquímicos das toxinas A-B incluem ribossomos, mecanismos de transporte e sinalização intracelular (produção de adenosina monofosfato cíclica [cAMP], função da proteína G), com efeitos que variam de diarreia à perda da função neuronal e até a morte. As propriedades funcionais citolíticas dessas exotoxinas e de outras são discutidas com mais detalhes nos capítulos que tratam das doenças específicas envolvidas.

Os **superantígenos** são um grupo especial de toxinas (Figura 14.4). Essas moléculas ativam as células T ligando-se simultaneamente a um receptor de células T e a uma molécula de complexo principal de histocompatibilidade de classe II (MHC II) em uma célula apresentadora de antígeno sem a necessidade de antígeno. *Os superantígenos ativam um grande número de células T para liberar grandes quantidades (tempestade de citocinas) de interleucinas (IL) (incluindo IL-1, IL-2 e IL-6), fator de necrose tumoral-α (TNF-α), interferona (IFN)-γ e várias quimiocinas, causando febre com risco de perda da vida, choque, erupção cutânea e respostas do tipo autoimune.* Essa estimulação de células T por superantígenos também pode levar à morte das células T ativadas, resultando na perda de clones de células T específicas e na perda de suas respostas imunes. Os superantígenos incluem a toxina da síndrome do choque tóxico de *S. aureus*, enterotoxinas estafilocócicas e a toxina eritrogênica A ou C de *S. pyogenes*.

PADRÕES MOLECULARES ASSOCIADOS A PATÓGENOS

A presença de componentes do envoltório celular bacteriano atua como um sinal de infecção que fornece um poderoso aviso multialarme para o corpo ativar os sistemas de proteção do hospedeiro. Os padrões moleculares nessas estruturas (**padrões moleculares associados a patógenos [PAMPs]**) se ligam a receptores *Toll-like* (TLR) e outras moléculas e estimulam a produção de citocinas (ver Capítulos 8 e 10). Em alguns casos, a resposta do hospedeiro é excessiva e pode até ser fatal. A **porção lipídica A do LPS** e o **lipo-oligossacarídio (LOS)** produzidos por bactérias gram-negativas é um poderoso ativador da fase aguda e das reações inflamatórias, e é denominado **endotoxina**. É importante observar que a endotoxina não é o mesmo que exotoxina e que *apenas bactérias gram-negativas produzem endotoxina*. Respostas mais fracas similares às obtidas pela endotoxina podem resultar de estruturas bacterianas gram-positivas, incluindo **ácidos lipoteicoicos**.

As bactérias gram-negativas liberam LPS ou LOS durante a infecção. Suas endotoxinas se ligam a receptores específicos em macrófagos (CD14 e TLR4), células B e outras células e estimulam a produção e a liberação de **citocinas de fase aguda**, tais como IL-1, TNF-α, IL-6 e prostaglandinas (Figura 14.5). A endotoxina também estimula o crescimento (mitogênico) das células B.

Em baixas concentrações, a endotoxina estimula o desenvolvimento de respostas protetoras, como febre, vasodilatação e ativação de respostas imunes e inflamatórias (Boxe 14.3). No entanto, os níveis de endotoxinas no sangue de pacientes com **bacteriemia gram-negativa** (bactérias no sangue) podem ser muito altos e a resposta sistêmica a elas pode ser avassaladora, resultando em sepse, choque e, possivelmente, morte. Altas concentrações de endotoxinas também podem ativar a via alternativa do complemento e a produção de anafilotoxinas (C3a, C5a), contribuindo para a vasodilatação sistêmica e o extravasamento capilar. Em combinação com TNF-α e IL-1, pode causar **hipotensão** e **choque**. A **coagulação intravascular disseminada (CID)** também pode resultar da ativação das vias de coagulação do sangue. Febre alta, petéquias (lesões de pele resultantes de extravasamento capilar) e potenciais sintomas de choque (resultante de aumento da permeabilidade vascular) associados à infecção por *N. meningitidis* podem estar relacionados a grandes quantidades de LOS e sua endotoxina liberada durante a infecção.

Imunopatogênese

Em muitos casos, os sintomas de uma infecção bacteriana são produzidos por excesso de respostas imunes inata, adaptativa e inflamatória desencadeadas pela infecção.

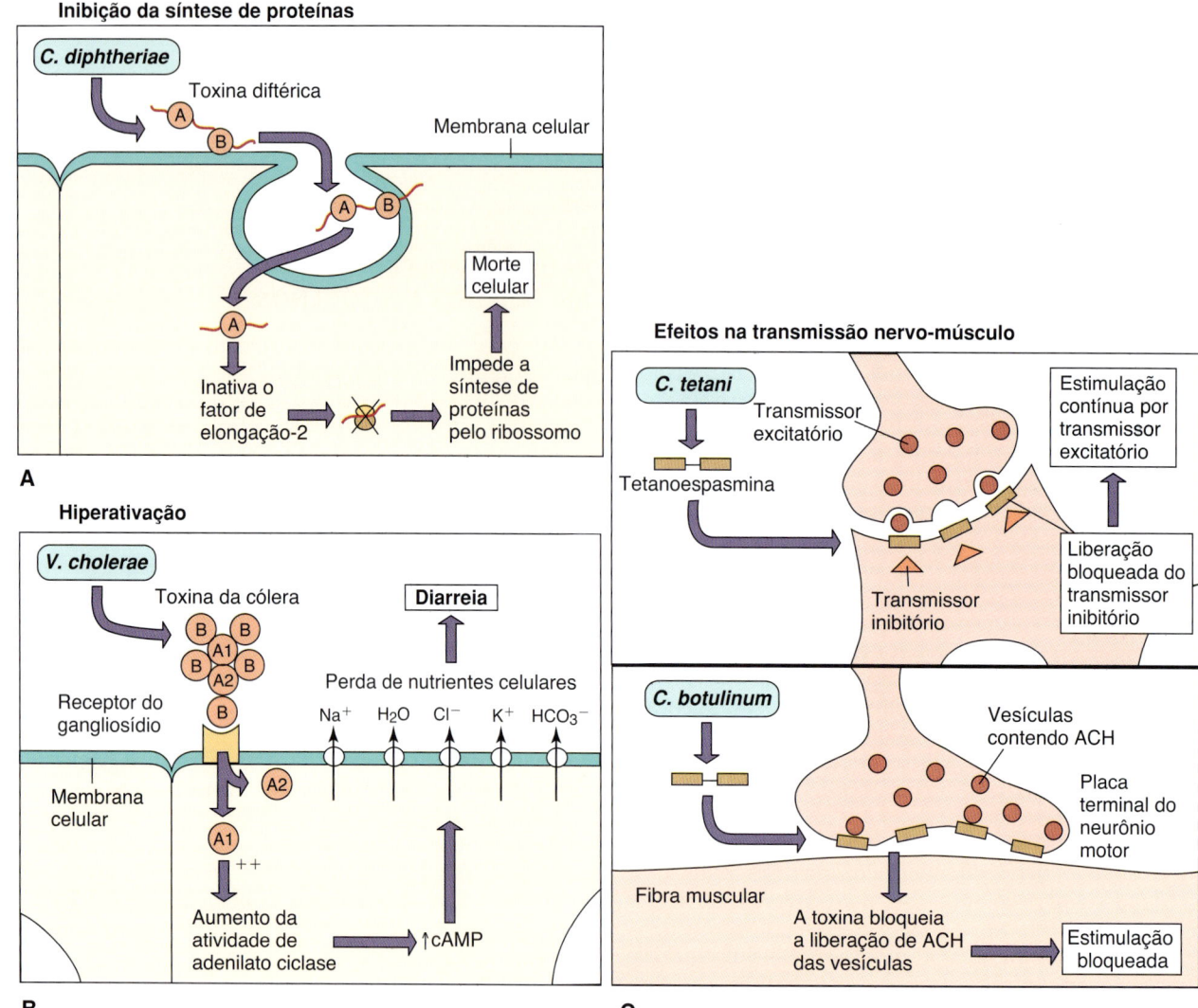

Figura 14.3 A-C. O modo de ação das exotoxinas diméricas A-B. As toxinas bacterianas A-B geralmente consistem em uma molécula de duas cadeias. A cadeia B se liga ao receptor celular e promove a entrada da cadeia A nas células, e a cadeia A tem atividade inibitória contra algumas funções vitais. ACH, acetilcolina; cAMP, adenosina monofosfato cíclica; C. botulinum, Clostridium botulinum; C. diphtheriae, Corynebacterium diphtheriae; C. tetani, Clostridium tetani; V. cholerae, Vibrio cholerae. (Modificada de Goering, R.V., Dockrell, H.M., Zuckerman, M., et al., 2019. Mims' Medical Microbiology, sixth ed. Elsevier, Philadelphia, PA.)

Quando limitada e controlada, a resposta de fase aguda aos componentes do envoltório celular é uma resposta antibacteriana protetora. No entanto, essas respostas também causam febre e mal-estar, e quando sistêmicas e fora de controle, resposta de fase aguda e inflamação podem causar sintomas de risco de vida associados à sepse e à meningite (ver Figura 14.5). Neutrófilos ativados, macrófagos e o sistema complemento podem causar danos nos tecidos no local da infecção. A ativação do sistema complemento pode causar também a liberação de anafilatoxinas que promovem a permeabilidade vascular e a ruptura capilar. Acúmulo de fluido, células mortas e o **pus**, formados por neutrófilos mortos, limitam o acesso de tratamentos imunológicos e com antibacterianos para o local da infecção. A formação do granuloma induzida por células T CD4 e macrófagos em resposta a *Mycobacterium tuberculosis* também pode levar à ruptura da estrutura e da função de tecidos e órgãos. Efeitos sistêmicos, como a tempestade de citocinas, podem ser gerados por superantígenos e endotoxinas e podem causar choque e transtorno da função corporal. As respostas autoimunes podem ser desencadeadas por algumas proteínas bacterianas, como a proteína M de *S. pyogenes*, que mimetiza antigenicamente o tecido cardíaco. Os anticorpos antiproteína M apresentam reação cruzada e podem iniciar danos ao coração ao causar febre reumática. Imunocomplexos depositados nos glomérulos do rim causam glomerulonefrite pós-estreptocócica. Para *Clamídia*, *Treponema* (sífilis), *Borrelia* (doença de Lyme) e outras bactérias, a resposta imune do hospedeiro é a principal causa dos sintomas da doença nos pacientes.

Mecanismos de escape da defesa do hospedeiro

As bactérias são parasitas, e a evasão das respostas protetoras do hospedeiro é uma vantagem seletiva. Logicamente, quanto maior a permanência de uma infecção bacteriana em um hospedeiro, mais tempo as bactérias têm para crescer e causar danos. Portanto, as bactérias que podem

Tabela 14.3 Propriedades das toxinas bacterianas do tipo A-B.

Toxina	Organismo	Localização do gene	Estrutura da subunidade	Receptor da célula-alvo	Efeitos biológicos
Toxina de antraz	Bacillus anthracis	Plasmídio	Três proteínas distintas (EF, LF, PA)	TEM-8; CMG2	EF + PA: aumento no nível de cAMP da célula-alvo, edema localizado; LF + PA: morte de células-alvo e animais experimentais
Toxina botulínica	Clostridium botulinum	Fago	A-B	Polissialogangliosídios mais sinaptotagmina (correceptores)	Diminuição da liberação de acetilcolina pré-sináptica periférica, paralisia flácida
Toxina da cólera	Vibrio cholerae	Cromossômica	A-B$_5$	Gangliosídio (GM$_1$)	Alteração da proteína G para ativar a adenilato ciclase, aumento do nível de cAMP, diarreia secretora
Toxina diftérica	Corynebacterium diphtheriae	Fago	A-B	Precursor do receptor do fator de crescimento	Inibição da síntese de proteínas, morte celular
Enterotoxinas termolábeis	Escherichia coli	Plasmídio	Semelhante ou idêntico à toxina da cólera	Veja cólera	Veja cólera
Toxina da coqueluche	Bordetella pertussis	Cromossômica	A-B$_5$	Glicoproteínas de superfície com resíduos terminais de ácido siálico	Ativação da adenilato ciclase por incapacitação da proteína G inibitória; aumento no nível de cAMP, função celular modificada ou morte celular
Exotoxina A de Pseudomonas	Pseudomonas aeruginosa	Cromossômica	A-B	α_2-MR	Semelhante ou idêntica à toxina da difteria
Toxina de Shiga	Shigella dysenteriae	Cromossômica	A-B$_5$	Gb3	Inibição da síntese de proteínas, morte celular
Toxina tetânica	Clostridium tetani	Plasmídio	A-B	Polissialogangliosídios mais glicoproteína de 15 kDa (correceptores)	Diminuição da liberação de neurotransmissores de neurônios inibitórios, paralisia espástica

α_2-MR, receptor da α_2-macroglobulina; cAMP, adenosina monofosfato cíclica; CMG2, proteína 2 da morfogênese capilar; FE, fator de edema; Gb3, globotriaosilceramida; LF, fator letal; PA, antígeno protetor, PEM-8, marcador endotelial tumoral-8. (Modificada de Mandell, G., Douglas, G., Bennett, J., 2015. Principles and Practice of Infectious Disease, eighth ed. Saunders, Nova York.)

evadir ou incapacitar as defesas do hospedeiro têm maior potencial para causar doenças. As bactérias inativam ou evitam o reconhecimento e a morte pelas células fagocíticas, inativam ou evitam o sistema complemento e o anticorpo e até crescem dentro das células para se esconder das respostas do hospedeiro (Boxe 14.4).

A cápsula é um dos fatores de virulência mais importantes (Boxe 14.5). Essas camadas viscosas funcionam protegendo as bactérias das respostas imunológicas e fagocíticas. As cápsulas são normalmente feitas de polissacarídios, que são imunógenos fracos. A cápsula de S. pyogenes, por exemplo, é feita de ácido hialurônico, que imita o tecido conjuntivo humano, encobrindo as bactérias e evitando que sejam reconhecidas pelo sistema imune. A cápsula também age como uma camisa de futebol viscosa, porque é difícil de agarrar e arrancar quando presa por um fagócito. Ela ainda protege a bactéria da destruição dentro do fagolisossomo de um macrófago ou leucócito. Todas essas propriedades podem prolongar o tempo que as bactérias passam no sangue (bacteriemia) antes de serem eliminadas pelas respostas do hospedeiro. Os mutantes de bactérias normalmente encapsuladas que perdem a capacidade de fazer uma cápsula também perdem sua virulência; exemplos de tais bactérias são Streptococcus pneumoniae e N. meningitidis. O **biofilme**, que é feito de material capsular, protege uma colônia de bactérias e pode impedir que anticorpos, sistema complemento, células fagocíticas e terapia antimicrobiana cheguem até as bactérias.

As bactérias podem escapar das respostas de anticorpos por **variação antigênica**, por **inativação do anticorpo** ou **por crescimento intracelular**. Neisseria gonorrhoeae

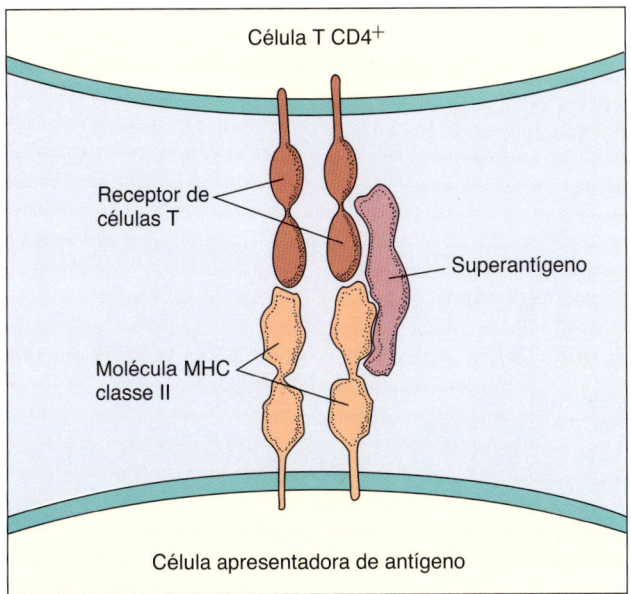

Figura 14.4 Ligação de superantígeno às regiões externas do receptor da célula T e as moléculas do complexo principal de histocompatibilidade (MHC) de classe II.

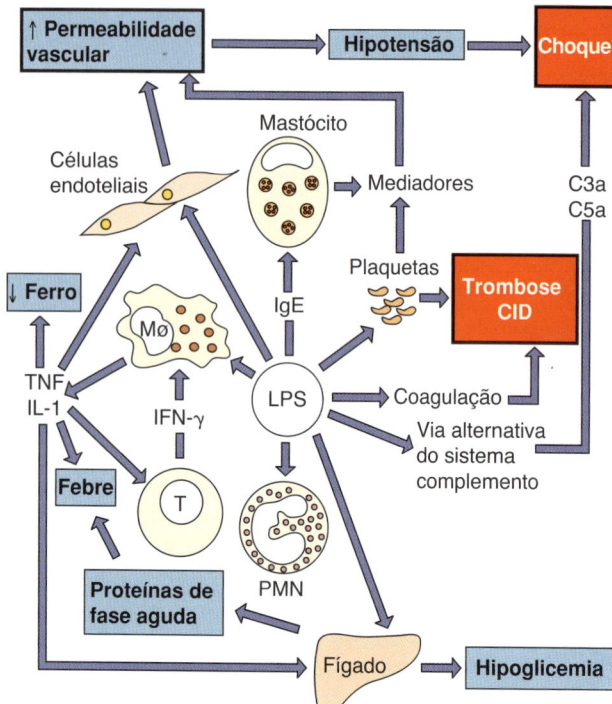

Figura 14.5 Muitas atividades do lipopolissacarídio (*LPS*). Essa endotoxina bacteriana ativa quase todos os mecanismos imunológicos, bem como a via de coagulação, que juntos tornam o LPS um dos mais poderosos estímulos imunológicos conhecidos. *CID*, coagulação intravascular disseminada; *IFN-γ*, interferona-γ; *IgE*, imunoglobulina E; *IL-1*, interleucina-1; *PMN*, leucócitos polimorfonucleares (neutrófilos); *TNF*, fator de necrose tumoral. (Modificada de Goering, R.V., Dockrell, H.M., Zuckerman, M., et al., 2019. Mims' Medical Microbiology, sixth ed. Elsevier, Philadelphia, PA.)

Boxe 14.3 Toxicidade mediada por endotoxinas.

Febre
Leucopenia seguida de leucocitose
Ativação do complemento
Trombocitopenia
Coagulação intravascular disseminada
Circulação periférica diminuída e perfusão para os órgãos principais
Choque
Morte

Boxe 14.4 Defesas microbianas contra a eliminação imunológica do hospedeiro.

Encapsulamento e biofilmes
Mimetismo antigênico
Mascaramento antigênico
Mudança antigênica
Produção de proteases anti-imunoglobulina
Destruição de fagócito
Inibição de quimiotaxia
Inibição de fagocitose
Inibição da fusão de fagolisossomos
Resistência a enzimas lisossomais
Replicação intracelular

Boxe 14.5. Exemplos de microrganismos encapsulados.

Staphylococcus aureus
Streptococcus pneumoniae
S. pyogenes (grupo A)
S. agalactiae (grupo B)
Bacillus anthracis
B. subtilis
Neisseria gonorrhoeae
N. meningitidis
Haemophilus influenzae
Escherichia coli
Klebsiella pneumoniae
Salmonella spp.
Yersinia pestis
Campylobacter fetus
Pseudomonas aeruginosa
Bacteroides fragilis
Cryptococcus neoformans (levedura)

Boxe 14.6 Exemplos de patógenos intracelulares.

Mycobacterium spp.
Brucella spp.
Francisella spp.
Rickettsia spp.
Chlamydia spp.
Listeria monocytogenes
Salmonella typhi
Shigella dysenteriae
Yersinia pestis
Legionella pneumophila

---

pode variar a estrutura dos antígenos de superfície para evitar as respostas dos anticorpos e também produz uma protease que degrada a IgA. *Staphylococcus aureus* expressa em sua superfície e libera proteínas de ligação à IgG, proteína A e proteína G, que se ligam à porção Fc do anticorpo para impedir que o anticorpo ative o sistema complemento ou funcione como uma opsonina, mascarando a detecção da bactéria. As bactérias que crescem intracelularmente incluem micobactérias, *Francisella* spp., *Brucella* spp., clamídias e riquétsias (Boxe 14.6). Ao contrário da maioria das bactérias, o controle dessas infecções requer respostas imunes das células T *helper* para ativar macrófagos para matar ou criar uma parede (granuloma) ao redor das células infectadas (como para *M. tuberculosis*).

As bactérias evitam a ação do complemento impedindo o acesso dos componentes da membrana, mascarando-se e inibindo a ativação da cascata. O peptidoglicano espesso de bactérias gram-positivas e o antígeno O longo do LPS da maioria das bactérias gram-negativas (exceto *Neisseria* spp.) limitam o acesso do sistema complemento e protegem a membrana bacteriana de sofrer danos. Ao degradar o componente C5a do complemento, *S. pyogenes* pode limitar a quimiotaxia de leucócitos ao sítio da infecção.

Os fagócitos (neutrófilos, macrófagos) são a defesa antibacteriana mais importante, mas muitas bactérias podem contornar a morte fagocítica de várias maneiras ou eliminar o fagócito. Elas podem produzir enzimas capazes de lisar células fagocíticas (p. ex., a estreptolisina produzida por *S. pyogenes* ou a α-toxina produzida por *C. perfringens*), inibir a captação por fagocitose (p. ex., os efeitos da **cápsula** e a **proteína M** produzida por *S. pyogenes*) ou bloquear a morte intracelular. Mecanismos bacterianos para proteção da morte intracelular incluem o bloqueio da fusão do lisossomo com o fagossomo para prevenir o contato com seu conteúdo bactericida (*Mycobacterium* spp.); ter uma cápsula protetora ou envoltório celular ceroso rico em lipídios (micobactérias e *Nocardia*); produzir catalase, como os *estafilococos*, para quebrar o peróxido de hidrogênio produzido pelo sistema da mieloperoxidase; ou outros meios para resistir às enzimas lisossomais ou substâncias bactericidas. As bactérias da espécie *Listeria monocytogenes* lisam o fagossomo com uma toxina e entram no citoplasma da célula antes de serem expostas a enzimas lisossomais (Figura 14.6 e Tabela 14.4). Muitas das bactérias que são internalizadas mas sobrevivem à fagocitose podem usar a célula como

Tabela 14.4 Métodos que contornam a morte fagocítica.

Método	Exemplos
Inibição da fusão do fagolisossomo	*Legionella* spp., *Mycobacterium tuberculosis*, *Chlamydia* spp.
Resistência às enzimas lisossomais	*Salmonella typhimurium*, *Coxiella* spp., *Ehrlichia* spp., *M. leprae*, *Leishmania* spp.
Adaptação à replicação citoplasmática	*Listeria*, *Francisella* e *Rickettsia* spp.

um lugar para crescer e se esconder das respostas imunes e como uma maneira de se disseminar para todo o corpo.

A bactéria *S. aureus* também pode escapar das defesas do hospedeiro bloqueando o sítio de infecção e pode produzir coagulase (uma enzima que promove a conversão de fibrina em fibrinogênio para produzir uma barreira semelhante a um coágulo); essa característica diferencia *S. aureus* de *S. epidermidis*. *Staphylococcus aureus* e *S. pyogenes* e outras bactérias são piogênicas (formadoras de pus), e a formação de pus na morte de neutrófilos limita o acesso de anticorpos ou antibacterianos às bactérias. *Mycobacterium tuberculosis* é capaz de sobreviver em um hospedeiro ao promover o desenvolvimento de um granuloma, dentro do qual bactérias viáveis podem residir por toda a vida na pessoa infectada. A bactéria pode retomar o crescimento se houver um declínio no estado imunológico do indivíduo.

Resumo

Os principais fatores de virulência das bactérias são a cápsula, adesinas, invasinas, enzimas degradativas, toxinas e mecanismos para escapar da eliminação pelas defesas do hospedeiro. As bactérias podem ter apenas um mecanismo de virulência. Por exemplo, *C. diphtheriae* tem apenas um mecanismo de virulência, que é a toxina da difteria. Outras bactérias expressam muitos fatores de virulência. *Staphylococcus aureus* é um exemplo desse tipo de bactéria, pois expressa adesinas, enzimas degradativas, toxinas, catalase e coagulase, que são responsáveis pela produção de um espectro de doenças. Além disso, diferentes cepas dentro de uma espécie bacteriana podem expressar diferentes mecanismos de virulência. Por exemplo, os sintomas e as sequelas de gastrenterite (diarreia) causada por *E. coli* podem incluir invasão e fezes com sangue, fezes aquosas semelhantes às da cólera e até mesmo doença hemorrágica grave, dependendo da cepa infectante específica.

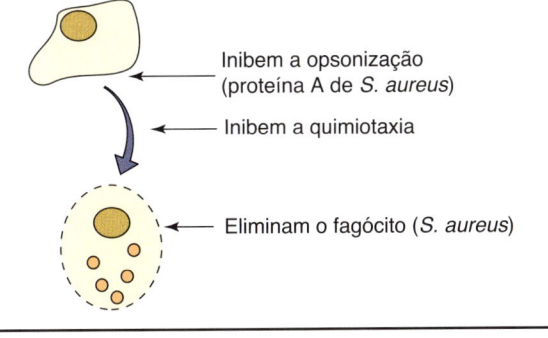

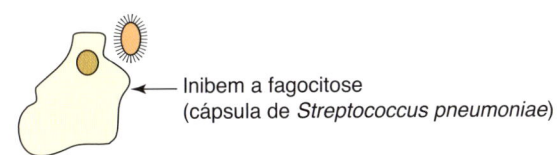

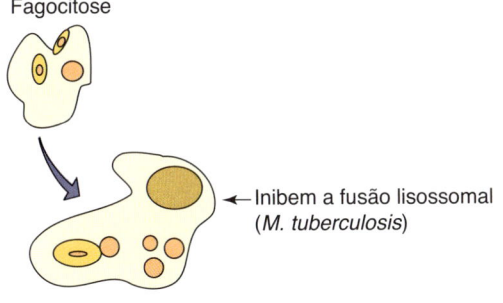

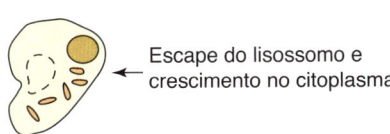

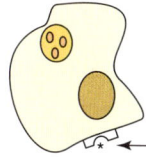

Figura 14.6 Mecanismos bacterianos de escape da eliminação fagocítica. Exemplos selecionados de bactérias que usam os mecanismos antifagocíticos indicados são fornecidos. *M. leprae*, *Mycobacterium leprae*; *M. tuberculosis*, *Mycobacterium tuberculosis*; *S. aureus*, *Staphylococcus aureus*.

Bibliografia

Bisno, A.L., Brito, M.O., Collins, C.M., 2003. Molecular basis of group a streptococcal virulence. Lancet Infect. Dis. 3, 191–200.

Bower, S., Rosenthal, K.S., 2006. Bacterial cell walls: the armor, artillery and Achilles heel. Infect. Dis. Clin. Pract. 14, 309–317.

Brodell, L.A., Rosenthal, K.S., 2008. Skin structure and function: the body's primary defense against infection. Infect. Dis. Clin. Pract. 16, 113–117.

Chagnot, C., Listrat, A., Astruc, T., et al., 2012. Bacterial adhesion to animal tissues: protein determinants for recognition of extracellular matrix components. Cell Microbiol. 14, 1687–1696.

Cohen, J., Powderly, W.C., 2004. Infectious Diseases, second ed. Mosby, London.

Desvaux, M., Hebraud, M., Henderson, I.R., et al., 2006. Type III secretion: what's in a name? Trends Microbiol. 14, 157–160.

Finlay, B.B., 1997. Falkow S: Common themes in microbial pathogenicity revisited. Microbiol. Mol. Biol. Rev. 61, 136–169.

Groisman, E.A., Ochman, H., 1997. How Salmonella became a pathogen. Trends Microbiol. 5, 343–349.

Gupta, P., Sarkar, S., Das, B., et al., 2016. Biofilm, pathogenesis and prevention—a journey to break the wall: a review. Arch. Microbiol. 198, 1. https://doi.org/10.1007/s00203-015-1148-6.

Kumar, V., Abul, K., Abbas, A.K., Aster, J.C., 2015. Robbins & Cotran Pathologic Basis of Disease, ninth ed. Elsevier.

Lee, C.A., 1996. Pathogenicity islands and the evolution of bacterial pathogens. Infect. Agents Dis. 5 (1–7).

Bennet, J.E., Dolin, R., Blaser, M.J. (Eds.), 2015. Mandell, Douglas, and Bennett's Principles and Practice of Infectious Diseases, eighth ed. Saunders, Philadelphia.

McClane, B.A., Mietzner, T.A., 1999. Microbial Pathogenesis: A Principles-Oriented Approach. Fence Creek, Madison, Conn.

Papageorgiou, A.C., Acharya, K.R., 2000. Microbial superantigens: from structure to function. Trends Microbiol. 8, 369–375.

Papenfort, K., Bassler, B.L., 2016. Quorum sensing signal–response systems in Gram-negative bacteria. Nat. Rev. Microbiol. 14, 576–588.

Park, D., Lara-Tejero, M., Waxham, M.N., Li, W., Hu, B., Galán, J.E., Liu, J., 2018. Visualization of the type III secretion mediated Salmonella–host cell interface using cryo-electron tomography. eLife. 7, e39514. https://doi.org/10.7554/eLife.39514. https://doi.org/10.7554/eLife.39514.012.

Reading, N., Sperandio, V., 2006. Quorum sensing: the many languages of bacteria. FEMS Microbiol. Lett. 254, 1–11.

Ribet, D., Cossart, P., 2015. How bacterial pathogens colonize their hosts and invade deeper tissues. Microbes Infect. 17, 173–183. https://doi.org/10.1016/j.micinf.2015.01.004.

Rosenthal, K.S., 2005. Are microbial symptoms "self-inflicted"? The consequences of immunopathology. Infect. Dis. Clin. Pract. 13, 306–310.

Excellent videos, prepared by the Howard Hughes Medical Institute, of the action of *E. coli* and *Salmonella* type III secretion devices promoting adhesion and intracellular growth can be seen at https://www.biointeractive.org/classroom-resources/how-pathogenic-e-coli-infection-begins and https://www.biointeractive.org/classroom-resources/how-salmonella-infection-begins. A video of *Salmonella* virulence mechanisms: www.youtube.com/watch?v=j5GvvQJVD_Y.

15 Papel das Bactérias na Doença

Este capítulo resume o material apresentado nos Capítulos 18 a 35, que se concentram nos organismos individuais e nas doenças que eles causam. Acreditamos que este é um processo importante para compreendermos como organismos individuais produzem doenças; no entanto, quando um paciente desenvolve uma infecção, um médico analisa o diagnóstico pela avaliação da apresentação clínica e construção de uma lista de organismos com maior probabilidade de causar a doença. A etiologia de algumas doenças pode ser atribuída a um único organismo (p. ex., tétano, *Clostridium tetani*). Mais comum, porém, é que diversos organismos produzam um quadro clínico semelhante (p. ex., sepse, pneumonia, gastrenterite, meningite). O manejo clínico das infecções é baseado na capacidade de desenvolver um diagnóstico diferencial preciso; ou seja, é essencial saber quais organismos são mais comumente associados a um determinado processo infeccioso.

O desenvolvimento de uma infecção depende de interações complexas relacionadas com (1) a suscetibilidade do hospedeiro à infecção, (2) o potencial de virulência do organismo e (3) a oportunidade para interação entre o hospedeiro e o organismo. É impossível resumir em um único capítulo as complexas interações que levam ao desenvolvimento de doenças em cada sistema orgânico; esse é o campo dos textos abrangentes em doenças infecciosas. Em vez disso, este capítulo pretende fornecer uma visão geral das bactérias comumente associadas a infecções em sítios específicos do corpo e com manifestações clínicas específicas (Tabelas 15.1 a 15.5). Visto que muitos fatores influenciam a frequência relativa com a qual os organismos causam doenças (p. ex., idade, doença de base, fatores epidemiológicos, imunidade do hospedeiro), nenhuma tentativa será feita para definir todos os fatores associados às doenças causadas por organismos específicos. Esse material é fornecido, em parte, nos capítulos que se seguem e em textos sobre doenças infecciosas. Além disso, os papéis dos fungos, vírus e parasitas não são considerados neste capítulo; em vez disso, são discutidos nas seções posteriores deste livro.

As Tabelas 15.1 e 15.2 ilustram a complexidade de resumir o papel das bactérias nas doenças infecciosas. Em poucas palavras, a Tabela 15.1 é uma lista de bactérias e das doenças que elas causam, e a Tabela 15.2 é uma lista de doenças e das bactérias associadas às doenças. Infelizmente, nenhuma das listas é abrangente; mais doenças estão associadas a muitas das bactérias, e a relação de bactérias responsáveis pela maioria das doenças não está completa. Essas duas tabelas representam diferentes abordagens para entender o papel das bactérias nas doenças infecciosas. A abordagem geral adotada neste livro é estudar os organismos, aprendendo sua biologia no contexto de sua capacidade de promover doenças. Tomamos essa abordagem tradicional porque sentimos que isso proporciona uma base para o estudante compreender o processo patológico. Entretanto, reconhecemos que o paciente manifesta uma síndrome de doenças, e o estudante deve se lembrar quais organismos podem ser responsáveis. Por esse motivo, a Tabela 15.2 é apresentada. Neste livro-texto, utilizamos um resumo dos capítulos sobre os patógenos e as doenças para introduzir cada classe principal de organismos (ou seja, bactérias, vírus, fungos, parasitas). Na prática clínica, uma determinada doença pode ser causada por diferentes classes de organismos; assim, o aluno deve considerar o uso de todos os quatro capítulos para adquirir a compreensão da complexidade de desenvolver um diagnóstico diferencial. Esperamos que a utilização destes capítulos como introdução possa proporcionar aos estudantes um quadro útil para a catalogação da variedade de organismos responsáveis por doenças similares.

Tabela 15.1 Visão geral dos patógenos bacterianos selecionados.

Organismo	Aspectos clínicos	Aspectos epidemiológicos	Tratamento
COCOS GRAM-POSITIVOS AERÓBIOS E ANAERÓBIOS FACULTATIVOS			
Enterococcus faecalis e *E. faecium*	Infecções do sistema urinário, peritonite, bacteriemia, endocardite	Pacientes idosos e pacientes que foram hospitalizados por períodos prolongados e receberam antibacterianos de amplo espectro	Penicilina/ampicilina ou vancomicina; combinada com gentamicina para endocardite ou infecções graves; linezolida, daptomicina, tigeciclina
Staphylococcus aureus	Infecções supurativas: impetigo, foliculite, furúnculos, carbúnculos, feridas Infecções disseminadas: bacteriemia, endocardite, pneumonia, empiema, osteomielite, artrite séptica Infecções mediadas por toxinas: síndrome do choque tóxico, síndrome da pele escaldada, intoxicação alimentar	Colonizam a pele humana e as superfícies mucosas; sobrevivem em superfícies ambientais; capazes de crescer em temperaturas extremas e em altas concentrações de sal	Infecções localizadas: trimetoprima/sulfametoxazol, doxiciclina, clindamicina ou linezolida Infecções sistêmicas: oxacilina (se suscetível) ou vancomicina; daptomicina, tigeciclina ou linezolida
Staphylococcus, coagulase-negativa	Infecções de feridas, infecções do sistema urinário, infecções relacionadas com o uso de cateter e derivação, infecções por uso de dispositivos protéticos	Colonizam a pele humana e as superfícies das mucosas; capazes de crescer em temperaturas extremas	Como ocorre com *S. aureus*

Continua

Tabela 15.1 Visão geral dos patógenos bacterianos selecionados. *(continuação)*

Organismo	Aspectos clínicos	Aspectos epidemiológicos	Tratamento
Streptococcus pyogenes (grupo A)	Infecções supurativas: faringite, febre escarlatina, infecção da pele e tecido mole (impetigo, erisipelas, celulite, fasciite necrosante), síndrome do tipo choque tóxico; bacteriemia Infecções não supurativas: febre reumática, glomerulonefrite	Diversas populações	Penicilina V, amoxicilina; macrolídios, cefalosporinas, clindamicina, vancomicina; desbridamento cirúrgico para a fasciite necrosante
S. agalactiae (grupo B)	Doença neonatal (início precoce, início tardio): bacteriemia, pneumonia, meningite; endometrite pós-parto, infecção de feridas, infecção da pele e tecido mole, infecções do sistema urinário	Neonatos; mulheres grávidas; pacientes com diabetes, câncer ou alcoolismo	Penicilina; cefalosporina ou vancomicina
Streptococcus do grupo viridans	Formação de abscesso; septicemia em pacientes neutropênicos; endocardite subaguda; infecções odontogênicas; cáries dentárias	Pacientes com valvas cardíacas anormais; pacientes neutropênicos	Penicilina; penicilina mais aminoglicosídio; cefalosporina de amplo espectro, vancomicina
S. pneumoniae	Pneumonia, sinusite, otite média, meningite, bacteriemia, endocardite, peritonite bacteriana espontânea, artrite séptica	Diversas: neonatos, crianças, adultos com doenças crônicas, idosos	Penicilina; levofloxacino, cefalosporinas, clindamicina; cefalosporinas de amplo espectro, vancomicina
BASTONENTES GRAM-POSITIVOS AERÓBIOS OU ANAERÓBIOS FACULTATIVOS			
Bacillus anthracis	Antraz: cutâneo, GI, inalação	Tratadores de animais; acidentes microbiológicos; bioterrorismo	Antraz cutâneo: amoxicilina Antraz por inalação: ciprofloxacino ou doxiciclina mais rifampicina, vancomicina, penicilina, imipeném, clindamicina ou claritromicina
B. cereus	Intoxicação alimentar; infecções oculares; bacteriemia; pneumonia	Alimento contaminado; lesão traumática ocular com introdução de solo contaminado; uso de substâncias ilícitas injetáveis	Intoxicação alimentar: tratamento sintomático Outras infecções: fluoroquinolonas ou vancomicina, clindamicina, gentamicina
Corynebacterium diphtheriae	Difteria: respiratória, cutânea	Propagação por gotículas respiratórias para indivíduos não imunizados	Penicilina ou eritromicina para eliminar o organismo e interromper a produção de toxinas; imunizar com o toxoide diftérico
C. jeikeium	Infecções oportunísticas; bacteriemia	Pacientes imunocomprometidos em risco aumentado	Vancomicina
C. urealyticum	Infecções do sistema urinário, incluindo pielonefrite com cálculos; bacteriemia	Fatores de risco incluem imunossupressão, distúrbios geniturinários subjacentes, procedimentos urológicos prévios, antibioticoterapia prévia	Vancomicina
Erysipelothrix rhusiopathiae	Erisipeloide (lesão localizada da pele); infecção cutânea generalizada; septicemia	Doença ocupacional dos açougueiros, processadores de carne, fazendeiros, avicultores, manipuladores de pescado e veterinários	Infecção localizada: penicilina, ciprofloxacino, clindamicina Infecção disseminada: ceftriaxona, imipeném
Listeria monocytogenes	Doença neonatal de início precoce: granulomatose infantisséptica Doença neonatal de início tardio: meningite com septicemia; doença tipo gripal em adultos; bacteriemia ou doença disseminada em mulheres grávidas ou pacientes com imunodeficiência celular; meningite	Hospedeiros imunocomprometidos, indivíduos idosos, neonatos, mulheres grávidas; ingestão de alimentos contaminados	Gentamicina mais penicilina ou ampicilina
BACTÉRIAS ÁLCOOL-ÁCIDO RESISTENTES			
Complexo Mycobacterium avium	Doença pulmonar localizada; doença disseminada com envolvimento de múltiplos órgãos	Doença localizada em pacientes com doença pulmonar crônica; doença disseminada em pacientes com AIDS e outros pacientes imunocomprometidos	Claritromicina ou azitromicina combinada com rifabutina ou etambutol

Continua

Tabela 15.1 Visão geral dos patógenos bacterianos selecionados. *(continuação)*

Organismo	Aspectos clínicos	Aspectos epidemiológicos	Tratamento
M. leprae	Hanseníase: varia da forma tuberculoide à forma lepromatosa	Contato próximo com indivíduos infectados é provavelmente a forma responsável pela propagação	Dapsona e rifampicina para a forma tuberculoide; adicionar clofazimina para a forma lepromatosa
Complexo M. tuberculosis	Tuberculose: pulmonar, extrapulmonar	Todas as idades em pacientes infectados pelo HIV com maior risco de doença ativa	Poliquimioterapia com INH, rifampicina, etambutol e pirazinamida, seguido de INH mais rifampicina; cepas multirresistentes aos medicamentos
Nocardia	Doença broncopulmonar; abscesso pulmonar. Infecções cutâneas primárias ou secundárias: micetoma, infecções linfocutâneas, celulite, abscesso subcutâneo	Patógeno oportunista em pacientes imunocompetentes com doença pulmonar crônica ou em pacientes imunocomprometidos com deficiências de células T	Trimetoprima/sulfametoxazol para infecções cutâneas em pacientes imunocompetentes; adicionar amicacina, imipeném ou cefalosporina de amplo espectro
Rhodococcus equi	Doença broncopulmonar; infecções oportunísticas em pacientes imunocompetentes	Patógeno mais comumente encontrado em pacientes imunocomprometidos (p. ex., pacientes com AIDS, receptores de transplantes)	Terapia combinada com vancomicina, carbapenêmicos, aminoglicosídios, ciprofloxacino, rifampicina
COCOS GRAM-NEGATIVOS AERÓBIOS			
Neisseria gonorrhoeae	Gonorreia, artrite séptica; doença inflamatória pélvica; peri-hepatite, septicemia	Transmissão sexual, portador assintomático	Ceftriaxona mais azitromicina ou doxiciclina
N. meningitidis	Meningite, septicemia (meningococcemia); pneumonia, artrite, uretrite	Estado de portador, transmissão por aerossóis, mais comum em crianças e adultos jovens	Ceftriaxona ou cefotaxima
BASTONETES GRAM-NEGATIVOS AERÓBIOS E ANAERÓBIOS FACULTATIVOS			
Acinetobacter	Infecções oportunísticas: pneumonia, septicemia, infecções do sistema urinário, infecções de feridas	Infecções nosocomiais	Imipeném ou ceftazidima combinados com aminoglicosídios para infecções graves; multirresistência aos medicamentos, cada vez mais comum
Aeromonas	Infecções de feridas, gastrenterite	Pacientes saudáveis e imunocomprometidos	Ciprofloxacino; trimetoprima/sulfametoxazol, gentamicina, ou amicacina como terapia alternativa
Bartonella bacilliformis	Doença de Carrión (febre de Oroya) + "verruga peruana"	Picada de flebotomíneo infectado	Cloranfenicol + penicilina
B. henselae	AB, endocardite subaguda, DAG	Pacientes saudáveis (endocardite, DAG) e imunocomprometidos (AB)	Azitromicina; eritromicina ou doxiciclina
B. quintana	FT, AB, endocardite subaguda	Pacientes saudáveis (FT, endocardite) ou imunocomprometidos (AB)	Azitromicina; eritromicina ou doxiciclina
Bordetella pertussis, B. parapertussis	Coqueluche (tosse convulsa)	Transmissão por aerossol; doenças graves em lactentes; mais brandas em adultos	Terapia de suporte, eritromicina (ou outro macrolídio) para diminuir a infecciosidade; azitromicina para profilaxia de contato
Brucella	Brucelose	Exposição a caprinos, ovinos, bovinos ou outros animais infectados; bioterrorismo	Doxiciclina mais rifampicina; trimetoprima/sulfametoxazol
Complexo Burkholderia cepacia	Infecções pulmonares, infecções oportunísticas	Indivíduos imunocomprometidos, principalmente pacientes com fibrose cística e doença granulomatosa crônica	Trimetoprima/sulfametoxazol; piperacilina, ceftazidima ou ciprofloxacino como terapia alternativa, se resistente ao trimetoprima/sulfametoxazol
B. pseudomallei	Melioidose (assintomática à doença pulmonar grave)	Patógeno oportunista	Trimetoprima/sulfametoxazol + ceftazidima
Campylobacter jejuni, C. coli, C. upsaliensis	Gastrenterite	Infecção zoonótica após ingestão de alimento, leite ou água contaminados	Autolimitada; infecções graves tratadas com azitromicina; tetraciclina ou fluoroquinolonas utilizadas como terapia alternativa

Continua

Tabela 15.1 Visão geral dos patógenos bacterianos selecionados. *(continuação)*

Organismo	Aspectos clínicos	Aspectos epidemiológicos	Tratamento
C. fetus	Septicemia, meningite, gastrenterite, aborto espontâneo	Infecta idosos, pacientes imunocomprometidos	Aminoglicosídios, carbapenêmicos, cloranfenicol
Cardiobacterium hominis	Endocardite subaguda	Patógeno oportunista em pacientes com dano prévio na valva cardíaca	Penicilina ou ampicilina
Eikenella corrodens	Endocardite subaguda, infecções de feridas	Feridas por picada em humanos; patógeno oportunista com dano prévio na valva cardíaca	Penicilina, cefalosporina, tetraciclina ou fluoroquinolonas
Escherichia coli: enteropatogênica (EPEC)	Diarreia aquosa e vômito	Lactentes em países em desenvolvimento	Desconhecido
E. coli: produtora da toxina de Shiga (STEC)	Diarreia aquosa, colite hemorrágica, síndrome hemolítica urêmica	Surtos transmitidos por alimentos, pela água em países em desenvolvimento	Antibióticos contraindicados
E. coli: enterotoxigênica (ETEC)	Diarreia aquosa	Diarreia infantil em países em desenvolvimento; diarreia do viajante	Ciprofloxacino encurta o regime terapêutico (alto nível de resistência)
E. coli: enteroagregativa (EAEC)	Diarreia com muco	Diarreia infantil	Fluoroquinolonas utilizadas em pacientes com AIDS
E. coli: enteroinvasiva (EIEC)	Diarreia aquosa, colite hemorrágica	Diarreia infantil em países em desenvolvimento	Antibióticos reduzem a duração da doença e infecciosidade
E. coli: uropatogênica	Cistite, pielonefrite	Mulheres sexualmente ativas	Trimetoprima/sulfametoxazol, fluoroquinolonas
E. coli: associada à meningite	Meningite aguda	Neonatos	Cefalosporinas de amplo espectro
Francisella tularensis	Tularemia: ulceroglandular, oculoglandular, pneumônica	Picada de carrapato, exposição a coelhos infectados, bioterrorismo	Doxiciclina ou ciprofloxacino para infecções brandas; adicionar gentamicina para infecções graves
Haemophilus influenzae	Cepas encapsuladas do tipo b: meningite, septicemia, celulite, epiglotite. Cepas não encapsuladas: otite média, sinusite, bronquite, pneumonia	Transmissão por aerossóis em crianças pequenas não imunizadas; disseminação do trato respiratório superior em pacientes idosos com doença respiratória crônica	Cefalosporina de amplo espectro, azitromicina ou fluoroquinolona; muitas cepas resistentes à ampicilina
Helicobacter pylori	Gastrite, úlceras pépticas e duodenais; adenocarcinoma gástrico	Infecções particularmente comuns entre pessoas de menor classe socioeconômica ou de países em desenvolvimento	Poliquimioterapia: omeprazol + amoxicilina + claritromicina
Kingella kingae	Endocardite subaguda	Patógeno oportunista em pacientes com lesão prévia na valva cardíaca	β-lactâmicos com inibidor de β-lactamase, cefalosporinas, macrolídios, tetraciclina, fluoroquinolona
Klebsiella pneumoniae	Pneumonia, infecções do sistema urinário	Infecção nosocomial; alcoolismo	Cefalosporinas, carbapenêmicos, fluoroquinolonas; cepas multirresistentes, cada vez mais comuns
Legionella pneumophila	Doença do legionário (pneumonia), febre de Pontiac (doença tipo gripal)	Transmissão pela água; pacientes idosos e imunocomprometidos	Macrolídios (eritromicina, azitromicina, claritromicina); fluoroquinolonas como terapia alternativa
Moraxella catarrhalis	Broncopneumonia, infecções dos ouvidos e dos olhos	Crianças, pacientes com sistema pulmonar comprometido	Cefalosporinas, amoxicilina/ácido clavulânico
Proteus mirabilis	Infecções do sistema urinário, infecções de feridas	Anormalidade estrutural no sistema urinário	Amoxicilina, trimetoprima/sulfametoxazol, cefalosporinas, fluoroquinolonas
Pseudomonas aeruginosa	Pulmonar; infecção primária na pele e tecidos moles: feridas por queimadura, foliculite, osteocondrite; infecções do sistema urinário; infecções dos ouvidos e dos olhos; bacteriemia; endocardite	Infecções nosocomiais	Terapia combinada em geral necessária (p. ex., aminoglicosídio com cefalosporinas de amplo espectro, piperacilina-tazobactam ou carbapenêmicos); cepas multirresistentes aos medicamentos, cada vez mais comuns

Continua

Tabela 15.1 Visão geral dos patógenos bacterianos selecionados. *(continuação)*

Organismo	Aspectos clínicos	Aspectos epidemiológicos	Tratamento
Salmonella enterica	Diarreia; febre entérica (sorotipo Typhi)	Alimentos contaminados; pacientes imunocomprometidos em maior risco para bacteriemia	Pode prolongar o estado de portador no tratamento mais simples de diarreia; fluoroquinolonas para a febre entérica
Serratia, Enterobacter	Pneumonia, infecções do sistema urinário, infecções de feridas	Infecções nosocomiais	Carbapenêmicos, piperacilina-tazobactam
Shigella	Disenteria bacilar	Alimento ou água contaminada; disseminação pessoa para pessoa	Ampicilina, trimetoprima/sulfametoxazol, fluoroquinolonas
Stenotrophomonas maltophilia	Ampla variedade de infecções locais e sistêmicas	Infecções nosocomiais	Trimetoprima/sulfametoxazol; doxiciclina ou ceftazidima como alternativa
Streptobacillus moniliformis	Febre da mordida de ratos; febre de Haverhill	Mordida de rato ou outro roedor pequeno; ingestão de água ou alimentos contaminados	Penicilina, tetraciclina
Vibrio cholerae	Diarreia aquosa grave, septicemia	Crianças e adultos de países em desenvolvimento	Reidratação; azitromicina, doxiciclina ou ciprofloxacino como alternativa
V. parahaemolyticus	Diarreia aquosa, infecção de feridas	Surtos causados por consumo de frutos do mar	Reidratação para diarreia; doxiciclina + ceftriaxona para infecção de feridas
V. vulnificus	Infecções de feridas, septicemia primária	Indivíduos imunocomprometidos com doenças crônicas ou hepáticas preexistentes	Minociclina ou doxiciclina + ceftriaxona ou cefotaxima
ANAERÓBIOS			
Actinomyces	Actinomicose: cervicofacial, torácica, abdominal, pélvica, sistema nervoso central	Coloniza a superfície da mucosa humana (orofaringe, intestino, vagina)	Desbridamento cirúrgico; penicilina; carbapenêmicos, macrolídios ou clindamicina como fármacos alternativos
Bacteroides fragilis	Infecções polimicrobianas do abdome, sistema genital feminino, tecido mole e tecido cutâneo	Microbiota residente (normal) do sistema digestório	Metronidazol; carbapenêmicos; piperacilina/tazobactam
Clostridium botulinum	Botulismo: transmitido por alimentos, infantil, feridas	Encontrado no ambiente (p. ex., solo, água, esgoto) e no sistema digestório de animais e humanos	Suporte ventilatório + metronidazol ou penicilina + antitoxina botulínica trivalente
C. difficile	Diarreia associada a antibióticos; colite pseudomembranosa	Colonização dos sistemas digestório humano e genital feminino; contaminante do ambiente hospitalar; uso prévio de antibiótico	Interromper os antibióticos envolvidos; metronidazol ou vancomicina
C. perfringens	Infecções dos tecidos moles: celulite, miosite, mionecrose, intoxicação alimentar; enterite necrosante; septicemia	Encontrado no ambiente (p. ex., solo, água, esgoto) e no sistema digestório de animais e humanos	Desbridamento cirúrgico + penicilina
C. tetani	Tétano: generalizado, localizado, neonatal	Encontrado no ambiente (p. ex., solo, água, esgoto) e no sistema digestório de animais e humanos	Desbridamento de feridas + penicilina ou metronidazol + vacinação com toxoide tetânico + imunização passiva
Propionibacterium acnes	Acne; infecções oportunísticas (p. ex., de cateteres, derivações e outros dispositivos protéticos)	Coloniza a pele e as superfícies das mucosas humanas	Acne tratada com peróxido de benzoíla + clindamicina ou eritromicina
ANAPLASMA, EHRLICHIA, RICKETTSIA, COXIELLA, CHLAMYDIA			
Anaplasma phagocytophilum	Anaplasmose (erliquiose granulocítica)	Transmissão por picada de carrapato (*Ixodes*)	Doxiciclina; rifampicina como terapia alternativa
Chlamydia trachomatis	Tracoma; conjuntivite e pneumonia neonatal; uretrite; cervicite; proctite; salpingite; linfogranuloma venéreo	Tracoma em países em desenvolvimento; exposição a secreções infectadas durante o contato sexual ou ao nascimento	Doxiciclina, eritromicina ou azitromicina; fluoroquinolonas
C. pneumoniae	Pneumonia; doença cardiovascular (?)	Crianças, adultos jovens	Macrolídios; doxiciclina, levofloxacino
C. psittaci	Pneumonia	Exposição a aves e suas secreções	Doxiciclina ou macrolídios
Coxiella burnetti	Febre Q: aguda (febre, cefaleia, calafrios, mialgias, hepatite granulomatosa) ou crônica (endocardite, disfunção hepática)	Pessoas expostas a gado infectado; adquirido primariamente por inalação; relativamente incomum nos EUA	Doença aguda: doxiciclina Doença crônica: doxiciclina + hidroxicloroquina; fluoroquinolonas utilizadas como alternativa para a doxiciclina

Continua

Tabela 15.1 Visão geral dos patógenos bacterianos selecionados. *(continuação)*

Organismo	Aspectos clínicos	Aspectos epidemiológicos	Tratamento
Ehrlichia chaffeensis	Erliquiose monocítica	Transmissão por picada de carrapato (*Amblyomma*)	Doxiciclina; rifampicina utilizada como terapia alternativa
Mycoplasma genitalium	Uretrite, cervicite, doença inflamatória pélvica	Transmissão durante a atividade sexual	Azitromicina, fluoroquinolonas
M. pneumoniae	Traqueobronquite; faringite; pneumonia atípica	Doença sintomática mais comum em crianças do que em adultos; doença grave em pacientes com hipogamaglobulinemia	Eritromicina, doxiciclina, fluoroquinolonas
Rickettsia rickettsii	Febre maculosa das Montanhas Rochosas	Mais frequente em caminhantes e outros indivíduos que passam muito tempo ao ar livre; transmissão por picada de carrapato (*Dermacentor* nos EUA)	Doxiciclina; fluoroquinolonas utilizadas como terapia alternativa
ESPIROQUETAS			
Borrelia burgdorferi, B. garinii, B. afzelii	Doença de Lyme: eritema *migrans*; anormalidades cardíacas, neurológicas ou reumatológicas	Transmissão por carrapatos (*Ixodes*)	Precoce: amoxicilina, doxiciclina, cefuroxima; tardia: ceftriaxona, cefotaxima ou penicilina G
B. recurrentis	Febre recorrente epidêmica	Transmissão por piolho no corpo humano; nenhum hospedeiro animal	Tetraciclinas; penicilinas
Espécies de *Borrelia*	Febre endêmica recorrente	Transmissão por picada de carrapato (*Ornithodoros*); roedores e pequenos mamíferos como reservatórios	Tetraciclinas; penicilinas
Leptospira interrogans	Leptospirose: doença branda, tipo viral à doença grave envolvendo múltiplos órgãos (doença de Weil)	Transmissão por exposição à urina ou tecidos infectados de roedores, cães, animais de fazenda, animais selvagens	Penicilina; doxiciclina
Treponema pallidum	Sífilis: primária, secundária, terciária, congênita	Transmissão congênita ou por contato sexual	Penicilinas; doxiciclina ou azitromicina como terapia alternativa

AIDS, síndrome da imunodeficiência adquirida; *AB*, angiomatose bacilar; *DAG*, doença da arranhadura do gato; *EAEC*, *Escherichia coli* enteroagregativa; *EIEC*, *E. coli* enteroinvasiva; *EPEC*, *E. coli* enteropatogênica; *ETEC*, *E. coli* enterotoxigênica; *HIV*, vírus da imunodeficiência humana; *INH*: isoniazida; *STEC*, *E. coli* produtora da toxina de Shiga; *FT*, febre das trincheiras.

Tabela 15.2 Resumo das doenças bacterianas.

Sistema afetado	Patógenos
INFECÇÕES DO SISTEMA RESPIRATÓRIO	
Faringite	**Streptococcus pyogenes**, Neisseria gonorrhoeae, Streptococcus do grupo C, Arcanobacterium haemolyticum, Chlamydia pneumoniae, Corynebacterium diphtheriae, C. ulcerans, Mycoplasma pneumoniae, Francisella tularensis
Sinusite	**Streptococcus pneumoniae, Haemophilus influenzae, Moraxella catarrhalis, anaeróbios e aeróbios mistos,** Staphylococcus aureus, Streptococcus do grupo A, Pseudomonas aeruginosa e outros bastonetes gram-negativos
Epiglotite	Haemophilus influenzae, Streptococcus pneumoniae, Staphylococcus aureus
INFECÇÕES DOS OUVIDOS	
Otite externa	**Pseudomonas aeruginosa, Staphylococcus aureus,** Streptococcus do grupo A
Otite média	**Streptococcus pneumoniae, Haemophilus influenzae, Moraxella catarrhalis,** Staphylococcus aureus, Streptococcus do grupo A, infecção mista por anaeróbios e aeróbios
INFECÇÕES DOS OLHOS	
Conjuntivite	**Staphylococcus aureus, Streptococcus pneumoniae, Haemophilus aegyptius,** Neisseria gonorrhoeae, Pseudomonas aeruginosa, Francisella tularensis, Chlamydia trachomatis
Ceratite	**Staphylococcus aureus, Streptococcus pneumoniae, Pseudomonas aeruginosa,** Streptococcus do grupo A, Proteus mirabilis e outras Enterobacteriaceae, espécies de Bacillus, Neisseria gonorrhoeae
Endoftalmite	**Bacillus cereus, Staphylococcus aureus, Pseudomonas aeruginosa,** Staphylococcus coagulase negativa, espécies de Propionibacterium, espécies de Corynebacterium
INFECÇÕES PLEUROPULMONARES E BRÔNQUICAS	
Bronquite	**Moraxella catarrhalis, Haemophilus influenzae, Streptococcus pneumoniae,** Bordetella pertussis, Mycoplasma pneumoniae, Chlamydia pneumoniae

Continua

Tabela 15.2 Resumo das doenças bacterianas. *(continuação)*

Sistema afetado	Patógenos
Empiema	**Staphylococcus aureus, Streptococcus pneumoniae, Streptococcus do grupo A**, *Bacteroides fragilis, Klebsiella pneumoniae* e outras Enterobacteriaceae, espécies de *Actinomyces*, espécies de *Nocardia*, *Mycobacterium tuberculosis* e outras espécies
Pneumonia	**Streptococcus pneumoniae, Staphylococcus aureus, Klebsiella pneumoniae e outras Enterobacteriaceae**, *Moraxella catarrhalis, Haemophilus influenzae, Neisseria meningitidis, Mycoplasma pneumoniae, Chlamydia trachomatis, C. pneumoniae, C. psittaci, Pseudomonas aeruginosa*, espécies de *Burkholderia*, espécies de *Legionella*, *Francisella tularensis, Bacteroides fragilis*, espécies de *Nocardia, Rhodococcus equi, Mycobacterium tuberculosis* e outras espécies, *Coxiella burnetii, Rickettsia rickettsii*, muitas outras bactérias
INFECÇÕES DO SISTEMA URINÁRIO	
Cistite e pielonefrite	***Escherichia coli, Proteus mirabilis*, outras Enterobacteriaceae**, *Pseudomonas aeruginosa, Staphylococcus saprophyticus, S. aureus, S. epidermidis, Streptococcus* do grupo B, espécies de *Enterococcus, Aerococcus urinae, Mycobacterium tuberculosis*
Cálculos renais	*Proteus mirabilis, Morganella morganii, Klebsiella pneumoniae, Corynebacterium urealyticum, Staphylococcus saprophyticus, Ureaplasma urealyticum*
Abscesso renal	*Staphylococcus aureus*, infecção mista por anaeróbios e aeróbios, *Mycobacterium tuberculosis*
Prostatite	*Escherichia coli, Klebsiella pneumoniae*, outras Enterobacteriaceae, espécies de *Enterococcus, Neisseria gonorrhoeae, Mycobacterium tuberculosis* e outras espécies
INFECÇÕES INTRA-ABDOMINAIS	
Peritonite	***Escherichia coli, Bacteroides fragilis* e outras espécies, espécies de *Enterococcus***, *Klebsiella pneumoniae*, outras Enterobacteriaceae, *Pseudomonas aeruginosa, Streptococcus pneumoniae, Staphylococcus aureus*, espécies de *Fusobacterium*, espécies de *Clostridium*, espécies de *Peptostreptococcus, Neisseria gonorrhoeae, Chlamydia trachomatis, Mycobacterium tuberculosis*
Peritonite associada à diálise	***Staphylococcus* coagulase-negativa**, *Staphylococcus aureus*, espécies de *Streptococcus*, espécies de *Corynebacterium*, espécies de *Propionibacterium, Escherichia coli* e outras Enterobacteriaceae, *Pseudomonas aeruginosa*, espécies de *Acinetobacter*
INFECÇÕES CARDIOVASCULARES	
Endocardite	***Streptococcus* grupo *viridans*, *Staphylococcus* coagulase-negativa**, *Staphylococcus aureus*, espécies de *Aggregatibacter, Cardiobacter hominis, Eikenella corrodens, Kingella kingae, Streptococcus pneumoniae*, espécies de *Abiotrophia, Rothia mucilaginosa*, espécies de *Enterococcus*, espécies de *Bartonella, Coxiella burnetii*, espécies de *Brucella, Erysipelothrix rhusiopathiae*, Enterobacteriaceae, *Pseudomonas aeruginosa*, espécies de *Corynebacterium*, espécies de *Propionibacterium*
Miocardite	***Staphylococcus aureus***, *Corynebacterium diphtheriae, Clostridium perfringens, Streptococcus* do grupo A, *Borrelia burgdorferi, Neisseria meningitidis, Mycoplasma pneumoniae, Chlamydia pneumoniae, C. psittaci, Rickettsia rickettsii, Orientia tsutsugamushi*
Pericardite	***Staphylococcus aureus***, *Streptococcus pneumoniae, Neisseria gonorrhoeae, N. meningitidis, Mycoplasma pneumoniae, M. tuberculosis* e outras espécies
SEPSE	
Sepse geral	***Staphylococcus aureus, Staphylococcus* coagulase-negativa, *Escherichia coli*, espécies de *Klebsiella***, espécies de *Enterobacter, Proteus mirabilis*, outras Enterobacteriaceae, *Streptococcus pneumoniae* e outras espécies, espécies de *Enterococcus, Pseudomonas aeruginosa*, muitas outras bactérias
Sepse associada à transfusão	***Staphylococcus* coagulase-negativa**, *Staphylococcus aureus, Yersinia enterocolitica*, grupo *Pseudomonas fluorescens*, espécies de *Salmonella*, outras Enterobacteriaceae, *Campylobacter jejuni* e outras espécies, *Bacillus cereus* e outras espécies
Tromboflebite séptica	***Staphylococcus aureus, Bacteroides fragilis***, espécies de *Klebsiella*, espécies de *Enterobacter, Pseudomonas aeruginosa*, espécies de *Fusobacterium, Campylobacter fetus*
INFECÇÕES DO SISTEMA NERVOSO CENTRAL	
Meningite	***Streptococcus* do grupo B, *Streptococcus pneumoniae, Neisseria meningitidis, Listeria monocytogenes, Haemophilus influenzae, Escherichia coli***, outras Enterobacteriaceae, *Staphylococcus aureus, Staphylococcus* coagulase-negativa, espécies de *Propionibacterium*, espécies de *Nocardia, Mycobacterium tuberculosis* e outras espécies, *Borrelia burgdorferi*, espécies de *Leptospira, Treponema pallidum*, espécies de *Brucella*
Encefalite	*Listeria monocytogenes, Treponema pallidum*, espécies de *Leptospira*, espécies de *Actinomyces*, espécies de *Nocardia*, espécies de *Borrelia, Rickettsia rickettsii, Coxiella burnetii, Mycoplasma pneumoniae, Mycobacterium tuberculosis* e outras espécies
Abscesso cerebral	***Staphylococcus aureus*, espécies de *Fusobacterium*, espécies de *Peptostreptococcus*, outros cocos anaeróbios**, Enterobacteriaceae, *Pseudomonas aeruginosa, Streptococcus* do grupo *viridans*, espécies de *Bacteroides*, espécies de *Prevotella*, espécies de *Porphyromonas*, espécies de *Actinomyces, Clostridium perfringens, Listeria monocytogenes*, espécies de *Nocardia, Rhodococcus equi, Mycobacterium tuberculosis* e outras espécies
Empiema subdural	***Staphylococcus aureus, Streptococcus pneumoniae***, *Streptococcus* do grupo B, *Neisseria meningitidis*, infecção mista por anaeróbios e aeróbios
INFECÇÕES DA PELE E DOS TECIDOS MOLES	
Impetigo	***Streptococcus* do grupo A, *Staphylococcus aureus***
Foliculite	***Staphylococcus aureus, Pseudomonas aeruginosa***
Furúnculos e carbúnculos	***Staphylococcus aureus***

Continua

Tabela 15.2 Resumo das doenças bacterianas. *(continuação)*

Sistema afetado	Patógenos
Paroníquia	**Staphylococcus aureus, Streptococcus do grupo A,** Pseudomonas aeruginosa
Erisipelas	**Streptococcus do grupo A**
Celulite	**Streptococcus do grupo A, Staphylococcus aureus,** Haemophilus influenzae, muitas outras bactérias
Celulite e fasciite necrosante	**Streptococcus do grupo A, Clostridium perfringens** e outras espécies, Bacteroides fragilis, outros anaeróbios, Enterobacteriaceae, Pseudomonas aeruginosa
Angiomatose bacilar	**Bartonella henselae, Bartonella quintana**
Infecções por queimaduras	**Pseudomonas aeruginosa,** espécies de Enterobacter, espécies de Enterococcus, Staphylococcus aureus, Streptococcus do grupo A, muitas outras bactérias
Feridas por picada ou mordedura	**Eikenella corrodens, Pasteurella multocida,** P. canis, Capnocytophaga canis, Staphylococcus aureus, Streptococcus do grupo A, infecção mista por anaeróbios e aeróbios, vários bastonetes gram-negativos
Feridas cirúrgicas	**Staphylococcus aureus,** Staphylococcus coagulase-negativa, estreptococos dos grupos A e B, Clostridium perfringens, espécies de Corynebacterium, muitas outras bactérias
Feridas traumáticas	**Espécies de Bacillus, Staphylococcus aureus,** Streptococcus do grupo A, vários bastonetes gram-negativos, micobactérias de crescimento rápido
INFECÇÕES GASTRINTESTINAIS	
Diarreia associada a antibióticos	**Clostridium difficile,** Staphylococcus aureus
Gastrite	**Helicobacter pylori**
Gastrenterite	**Espécies de Salmonella, espécies de Shigella, Campylobacter jejuni e coli, Escherichia coli** (STEC, EIEC, ETEC, EPEC, EAEC), **Vibrio cholerae, V. parahaemolyticus, Bacillus cereus,** Yersinia enterocolitica, Edwardsiella tarda, Pseudomonas aeruginosa, espécies de Aeromonas, Plesiomonas shigelloides, Bacteroides fragilis, Clostridium botulinum, C. perfringens
Intoxicação alimentar	**Staphylococcus aureus, Bacillus cereus,** Clostridium botulinum, C. perfringens
Proctite	**Neisseria gonorrhoeae,** Chlamydia trachomatis, Treponema pallidum
INFECÇÕES ÓSSEAS E ARTICULARES	
Osteomielite	**Staphylococcus aureus,** espécies de Salmonella, Mycobacterium tuberculosis e outras espécies, Streptococcus beta-hemolítico, Streptococcus pneumoniae, Escherichia coli e outras Enterobacteriaceae, Pseudomonas aeruginosa, bactérias muito menos comuns
Artrite	**Staphylococcus aureus, Neisseria gonorrhoeae,** Streptococcus pneumoniae, espécies de Salmonella, Pasteurella multocida, espécies de Mycobacterium
Infecções associadas ao uso de próteses	**Staphylococcus aureus, Staphylococcus coagulase-negativa,** Streptococcus do grupo A, Streptococcus do grupo viridans, espécies de Corynebacterium, espécies de Propionibacterium, espécies de Peptostreptococcus, outros cocos anaeróbios
INFECÇÕES GENITAIS	
Úlceras genitais	**Treponema pallidum, Haemophilus ducreyi,** Chlamydia trachomatis, Francisella tularensis, Klebsiella granulomatis, Mycobacterium tuberculosis
Uretrite	**Neisseria gonorrhoeae, Chlamydia trachomatis, Mycoplasma genitalium,** Ureaplasma urealyticum
Vaginite	**Mycoplasma hominis, espécies de Mobiluncus, outras espécies anaeróbias,** Gardnerella vaginalis
Cervicite	**Neisseria gonorrhoeae, Chlamydia trachomatis, Mycoplasma genitalium,** N. meningitidis, Streptococcus do grupo B, Mycobacterium tuberculosis, espécies de Actinomyces
INFECÇÕES GRANULOMATOSAS	
Geral	**Mycobacterium tuberculosis e outras espécies, espécies de Nocardia, Treponema pallidum,** espécies de Brucella, Francisella tularensis, Listeria monocytogenes, Burkholderia pseudomallei, espécies de Actinomyces, Bartonella henselae, Tropheryma whipplei, Chlamydia trachomatis, Coxiella burnetii

Nota: organismos em negrito são os patógenos mais comuns.
EAEC, Escherichia coli enteroagregativa; *EIEC*, E. coli enteroinvasiva; *EPEC*, E. coli enteropatogênica; *ETEC*, E. coli enterotoxigênica; *STEC*, E. coli produtora da toxina de Shiga (entero-hemorrágica).

Tabela 15.3 Bactérias selecionadas associadas a doenças transmitidas por alimentos.

Organismo	Alimento(s) envolvido(s)
Espécies de Aeromonas	Carne, laticínios, produtos lácteos
Bacillus cereus	Arroz frito, carnes, legumes
Espécies de Brucella	Produtos lácteos não pasteurizados, carne
Espécies de Campylobacter	Aves, produtos lácteos não pasteurizados
Clostridium botulinum	Vegetais, frutas, peixe, mel
C. perfringens	Carne bovina, aves, carne de porco, molho
Escherichia coli	Carne bovina, leite não pasteurizado, frutas e sucos, vegetais, alface
Francisella tularensis	Carne de coelho
Listeria monocytogenes	Produtos lácteos não pasteurizados, salada de repolho, aves, frios
Plesiomonas shigelloides	Frutos do mar
Espécies de Salmonella	Aves, produtos lácteos não pasteurizados
Espécies de Shigella	Ovos, alface
Staphylococcus aureus	Presunto, aves, pratos com ovos, pastelaria
Streptococcus, grupo A	Pratos com ovos
Espécies de Vibrio	Marisco
Yersinia enterocolitica	Produtos lácteos não pasteurizados, suínos

Nota: organismos em negrito são os principais patógenos transmitidos por alimentos.

Tabela 15.4 Bactérias selecionadas associadas a doenças transmitidas pela água.

Organismo	Doença
Espécies de Aeromonas	Gastrenterite, infecções de feridas, septicemia
Espécies de Campylobacter	Gastrenterite
Escherichia coli	Gastrenterite
Francisella tularensis	Tularemia
Espécies de Legionella	Doença respiratória
Espécies de Leptospira	Doença sistêmica
Mycobacterium marinum	Infecção cutânea
Plesiomonas shigelloides	Gastrenterite
Espécies de Pseudomonas	Dermatite
Espécies de Salmonella	Gastrenterite
Espécies de Shigella	Gastrenterite
Espécies de Vibrio	Gastrenterite, infecção de feridas, septicemia
Yersinia enterocolitica	Gastrenterite

Nota: organismos em negrito são os principais patógenos transmitidos pela água.

Tabela 15.5 Doença associada aos artrópodes.

ARTRÓPODE	Organismo	Doença
Carrapato	Anaplasma phagocytophilum	Anaplasmose humana (anteriormente denominada erliquiose granulocítica humana)
	Borrelia afzelii	Doença de Lyme
	B. burgdorferi	Doença de Lyme
	B. garinii	Doença de Lyme
	Borrelia, outras espécies	Febre endêmica recorrente
	Coxiella burnetii	Febre Q
	Ehrlichia chaffeensis	Erliquiose monocítica humana
	E. ewingii	Erliquiose granulocítica canina (humana)
	Francisella tularensis	Tularemia
	Rickettsia rickettsii	Febre maculosa das Montanhas Rochosas
Pulga	R. prowazekii	Tipo esporádico
	R. typhi	Tifo murino
	Yersinia pestis	Peste
Piolho	Bartonella quintana	Febre das trincheiras
	Borrelia recurrentis	Febre epidêmica recorrente
	R. prowazekii prowazekii	Tifo epidêmico
Ácaro	Orientia tsutsugamushi	Tifo rural ou febre fluvial
	Rickettsia akari	Riquetsiose vesicular
Flebotomíneos	Bartonella bacilliformis	Bartonelose (doença de Carrión)

Bibliografia

Borriello, P., Murray, P., Funke, G., 2005. Topley & Wilson's Microbiology and Microbial Infections: Bacteriology, tenth ed. Hodder, London.

Jameson, J.L., Fauci, A.S., Kasper, D.L., et al., 2018. Harrison's principles of internal medicine, twentieth ed. McGraw-Hill, New York.

Jorgensen, J., Pfaller, M., 2019. Manual of Clinical Microbiology, twelth ed. American Society for Microbiology Press, Washington, DC.

Bennett J.E., Dolin, R., Blazer M. 2019. Principles and Practice of Infectious Diseases, Ninth ed. Elsevier, Philadelphia PA.

Miller, J.M., Binnicker, M., Campbell, S., et al., 2018. A guide to utilization of the microbiology laboratory for the diagnosis of infectious diseases: 2018 update by IDSA and ASM. Clin. Infect. Dis. 67, e1–e94.

Murray, P., Shea, Y., 2004. Pocket Guide to Clinical Microbiology, third ed. American Society for Microbiology Press, Washington, DC.

16 Diagnóstico Laboratorial de Doenças Bacterianas

O diagnóstico laboratorial de doenças bacterianas requer que a amostra seja coletada de maneira adequada, entregue rapidamente ao laboratório no sistema de transporte apropriado e processada de modo que maximize a detecção dos patógenos mais prováveis. A coleta da amostra adequada e seu envio rápido ao laboratório clínico são essencialmente de responsabilidade do médico do paciente, considerando que o microbiologista clínico seleciona os sistemas de transporte e o método de detecção apropriado (p. ex., microscopia, cultura, detecção de antígeno ou anticorpo, testes baseados em ácido nucleico). Essas responsabilidades não são mutuamente exclusivas. O microbiologista deve estar preparado para instruir o médico sobre quais espécimes devem ser coletados se um determinado diagnóstico for suspeito, e o médico deve fornecer ao microbiologista informações sobre o diagnóstico clínico para que os ensaios apropriados sejam selecionados. Este capítulo fornece uma visão geral sobre coleta e transporte de amostras, bem como os métodos usados no laboratório de microbiologia para detecção e identificação de bactérias. Não é objetivo deste capítulo cobrir o assunto de maneira exaustiva; portanto, o aluno é encaminhado para a parte referente às citações na Bibliografia e os capítulos individuais que se seguem com informações mais detalhadas.

Coleta, transporte e processamento de espécimes

As orientações para coleta e transporte adequados de amostras estão resumidas no texto a seguir e na Tabela 16.1.

SANGUE

A cultura de sangue é um dos procedimentos mais importantes realizados no laboratório de microbiologia clínica. O sucesso desse teste está diretamente relacionado aos métodos utilizados para coletar a amostra de sangue. O fator mais importante que determina o sucesso de uma hemocultura é o volume de sangue processado. Por exemplo, mais de 40% de culturas são positivas para organismos se 20 mℓ em vez de 10 mℓ de sangue são cultivados, porque mais da metade de todos os pacientes sépticos têm menos de um organismo por mililitro de sangue. Aproximadamente 20 mℓ de sangue devem ser coletados de um adulto para cada hemocultura, e volumes proporcionalmente menores devem ser coletados de crianças e neonatos. Uma vez que muitos pacientes hospitalizados são suscetíveis a infecções com organismos colonizadores da pele, a desinfecção cuidadosa dessa região do paciente é importante.

Bacteriemia e **fungemia** são definidas como a presença de bactérias e fungos, respectivamente, no sangue, e essas infecções são denominadas, em conjunto, como **septicemia**. Estudos clínicos têm mostrado que a septicemia pode ser contínua ou intermitente. A **septicemia contínua** ocorre principalmente em pacientes com infecções intravasculares (p. ex., endocardite, tromboflebite séptica, infecções associadas a cateteres intravasculares) ou com sepse fulminante (p. ex., choque séptico). A **septicemia intermitente** ocorre em pacientes com infecções localizadas (p. ex., pulmões, trato urinário, tecidos moles). A denominação de septicemia intermitente pode ser imprópria porque é provável que o número de organismos no sangue oscile em vez de estar completamente ausente. O momento da coleta de sangue não parece ser importante, embora deva ser realizada, se possível, quando o paciente não está recebendo antibacterianos. É recomendado que duas a três amostras de sangue sejam coletadas para obter o máximo de sucesso.

A maioria das amostras de sangue é introduzida diretamente em frascos com caldos de nutrientes enriquecidos. Para garantir o máximo de recuperação de organismos importantes, dois frascos de meio devem ser utilizados para cada cultura (10 mℓ de sangue por frasco). Quando esses frascos inoculados são recebidos no laboratório, eles são incubados a 37°C e inspecionados em intervalos regulares para comprovar o crescimento microbiano. Na maioria dos laboratórios, isso é realizado utilizando-se instrumentos automatizados para hemocultura. Quando o crescimento é detectado, os caldos são subcultivados para isolar o organismo para identificação e teste de sensibilidade antimicrobiana. Os isolados clinicamente mais significativos são detectados nos primeiros 1 a 2 dias após a incubação; no entanto, todas as culturas devem ser incubadas por um período mínimo de 5 a 7 dias. A incubação mais prolongada é geralmente desnecessária. Uma vez que poucos organismos estão tipicamente presentes no sangue de um paciente séptico, não vale a pena realizar uma coloração de Gram do sangue.

LÍQUIDO CEFALORRAQUIDIANO

A meningite bacteriana é uma doença grave associada à alta morbidade e mortalidade, caso o diagnóstico etiológico seja tardio. Como alguns patógenos, comuns são lábeis (p. ex., *Neisseria meningitidis*, *Streptococcus pneumoniae*), as amostras de líquido cefalorraquidiano (LCR) devem ser processadas imediatamente após a coleta. A amostra não deve ser refrigerada ou colocada diretamente em uma incubadora sob nenhuma circunstância. A pele do paciente deve ser desinfetada antes da punção lombar, e o LCR é coletado em tubos estéreis com tampa de rosca. Quando a amostra é recebida no laboratório de microbiologia, é concentrada por centrifugação e o sedimento é usado para inocular o meio bacteriológico e preparar a coloração de Gram. O técnico do laboratório deve notificar o médico imediatamente se microrganismos forem observados microscopicamente ou na cultura. Os testes de amplificação de ácidos nucleicos (TAAN) são comumente realizados hoje em dia com a finalidade de detectar bactérias, vírus e fungos no LCR; desse modo, a amostra deve ser transportada para o laboratório no recipiente apropriado.

Tabela 16.1 Coleta de amostras de bacteriologia para patógenos bacterianos.

Amostra	Meio de transporte	Volume da amostra	Outras considerações
Sangue: cultura bacteriana de rotina	Frasco de hemocultura com meio nutriente	Adultos: 20 mℓ/cultura Crianças: 5 a 10 mℓ/cultura Recém-nascidos: 1 mℓ/cultura	A pele deve ser desinfetada com álcool 70% seguido de clorexidina 0,5 a 2%; duas a três culturas coletadas para cada evento séptico; o sangue é dividido igualmente em duas garrafas de meio nutriente
Sangue: bactérias intracelulares (p. ex., *Brucella*, *Francisella*, *Neisseria* spp.)	O mesmo para hemoculturas de rotina; sistema de lisecentrifugação	O mesmo para hemoculturas de rotina	As considerações são iguais às das hemoculturas de rotina; a liberação de bactérias intracelulares pode melhorar a recuperação do organismo; *Neisseria* spp. são inibidas pelo anticoagulante (polianetolossulfonato de sódio)
Sangue: *Leptospira* sp.	Tubo heparinizado estéril	1 a 5 mℓ	A amostra é útil apenas durante a primeira semana da doença; a urina deve ser cultivada depois
Líquido cefalorraquidiano	Tubo estéril com tampa de rosca	Cultura bacteriana: 1 a 5 mℓ Cultura de micobactérias: o maior volume possível	A amostra deve ser coletada assepticamente e, imediatamente, entregue para o laboratório; não deve ser exposta ao calor ou refrigerada
Outros líquidos normalmente estéreis (p. ex., abdominal, tórax, sinovial, pericárdico)	Volume pequeno: tubo estéril com tampa de rosca Volume grande: frasco de hemocultura com meio nutriente	O maior volume possível	As amostras são coletadas com agulha e seringa; o *swab* não é recomendado porque a quantidade da amostra coletada é inadequada; o ar não deve ser injetado na garrafa de cultura porque vai inibir o crescimento de anaeróbios
Cateter	Tubo estéril com tampa de rosca ou frasco para coleta amostra	N/A	O local de entrada deve ser desinfetado com álcool; o cateter deve ser removido assepticamente no recebimento da amostra no laboratório; o cateter é enrolado em uma placa de ágar-sangue e, em seguida, descartado
Respiratório: garganta	*Swab* imerso no meio de transporte	N/A	A área de inflamação é esfregada; se presente, o exsudato é coletado; o contato com a saliva deve ser evitado porque pode inibir a recuperação de estreptococos do grupo A
Respiratório: epiglote	Coleta de sangue para cultura	Igual à hemocultura	Realizar a coleta de *swab* da epiglote pode precipitar o fechamento completo das vias respiratórias; hemoculturas devem ser coletadas para o diagnóstico específico
Respiratório: seios da face	Tubo ou frasco anaeróbio estéril	1 a 5 mℓ	As amostras devem ser coletadas com agulha e seringa; cultura de nasofaringe ou orofaringe não tem valor; o espécime deve ser cultivado para bactérias aeróbias e anaeróbias
Respiratório: vias respiratórias inferiores	Frasco estéril com tampa de rosca; tubo ou frasco anaeróbio apenas para amostras coletadas evitando a microbiota do trato superior	1 a 2 mℓ	Expectoração de escarro: se possível, o paciente deve enxaguar a boca com água antes da coleta da amostra; o paciente deve tossir profundamente e expectorar as secreções das vias respiratórias inferiores diretamente em um copo estéril; o coletor deve evitar contaminação com saliva Amostra de broncoscopia: os anestésicos podem inibir o crescimento de bactérias, então as amostras devem ser processadas imediatamente; se um broncoscópio "protegido" for usado, culturas anaeróbias podem ser realizadas Aspirado pulmonar direto: as amostras podem ser processadas para bactérias aeróbias e anaeróbias
Ouvido	Seringa sem agulha com tampa; tubo estéril com tampa de rosca	Qualquer volume é coletado	A amostra deve ser aspirada com uma agulha e seringa; a cultura do ouvido externo não tem valor preditivo para otite média
Olhos	Inocular as placas ao lado do leito (selar e transportar para o laboratório imediatamente)	Qualquer volume é coletado	Para infecções na superfície do olho, as amostras são coletadas com um *swab* (cotonete) ou raspagem da córnea; para infecções profundas, é realizada aspiração de fluido aquoso ou vítreo; todas as amostras devem ser inoculadas em meio apropriado na coleta; atrasos resultarão em perda significativa de organismos
Exsudatos (transudatos, drenagem, úlceras)	*Swab* imerso no meio de transporte; aspirado em tubo estéril com tampa de rosca	Bactérias: 1 a 5 mℓ Micobactérias: 3 a 5 mℓ	A contaminação com material de superfície deve ser evitada; as amostras são geralmente inadequadas para cultura anaeróbia

Continua

Tabela 16.1 Coleta de amostras de bacteriologia para patógenos bacterianos. *(continuação)*

Amostra	Meio de transporte	Volume da amostra	Outras considerações
Feridas (abscesso, pus)	Aspirado em tubo estéril com tampa de rosca ou tubo ou frasco estéril anaeróbio	1 a 5 mℓ de pus	As amostras devem ser coletadas com uma agulha e seringa estéril; uma cureta é utilizada para coletar o espécime na base da ferida
Tecidos	Tubo estéril com tampa de rosca; tubo ou frasco anaeróbio estéril	Amostra representativa do centro e da borda da lesão	A amostra deve ser colocada assepticamente no recipiente estéril apropriado; uma quantidade adequada de amostra deve ser coletada para recuperar pequenos números de organismos
Urina: jato médio	Recipiente estéril de urina	Bactérias: 1 mℓ Micobactérias: $\geq$ 10 mℓ	A contaminação da amostra com bactérias da uretra ou vagina deve ser evitada; o primeiro jato da amostra coletada de urina é descartado; organismos podem crescer rapidamente na urina, então as amostras devem ser transportadas imediatamente para o laboratório, mantidas em conservante bacteriostático ou refrigeradas
Urina: cateterizada	Recipiente estéril de urina	Bactérias: 1 mℓ Micobactérias: $\geq$ 10 mℓ	A cateterização não é recomendada para culturas de rotina (risco de induzir infecção); a primeira porção da amostra coletada está contaminada com bactérias uretrais, portanto, deve ser descartada (semelhante à amostra de urina de jato médio coletada); a amostra deve ser transportada rapidamente para o laboratório
Urina: aspirado suprapúbico	Tubo ou frasco anaeróbio estéril	Bactérias: 1 mℓ Micobactérias: $\geq$ 10 mℓ	Esta é uma amostra invasiva, e por isso as bactérias uretrais são evitadas; é o único método válido disponível para coleta de amostras para cultura anaeróbia; também é útil para a coleta de amostras de crianças ou adultos incapazes de realizar a micção de amostras não contaminadas
Órgãos genitais	*Swabs* especialmente desenvolvidos para exames de *Neisseria gonorrhoeae* e *Chlamydia*	N/A	A área de inflamação ou exsudato deve ser coletada; a endocérvice (não a vagina) e a uretra devem ser cultivadas para uma detecção ideal; a primeira amostra de urina eliminada pode ser usada para o diagnóstico de uretrite
Fezes (dejeto)	Recipiente estéril com tampa de rosca	N/A	O transporte rápido para o laboratório é necessário para prevenir a produção de ácido (bactericida para alguns patógenos entéricos) por bactérias fecais normais; não é adequado para cultura anaeróbia; como um grande número de meios diferentes será inoculado, o *swab* não deve ser usado para coleta da amostra

N/A, não aplicável.

Uma variedade de outros líquidos normalmente estéreis pode ser coletada para cultura bacteriológica, incluindo fluidos abdominais (peritoneais), torácicos (pleurais), sinoviais e pericárdicos. Se um grande volume de líquido puder ser coletado por aspiração (p. ex., líquidos abdominais ou torácicos), deve ser introduzido em frascos de hemocultura contendo meio nutriente. Uma pequena porção também deve ser enviada ao laboratório em tubo estéril de modo que as colorações específicas (p. ex., Gram, álcool-ácido resistentes) possam ser preparadas. Muitos microrganismos estão associados a infecções nesses sítios, incluindo misturas polimicrobianas de organismos aeróbios e anaeróbios. Por esse motivo, a coloração biológica é útil para identificar os microrganismos responsáveis pela infecção. Uma vez que relativamente poucos organismos podem estar na amostra (por causa da diluição de organismos ou eliminação de microrganismos pela resposta imune do hospedeiro), é importante cultivar o maior volume possível de líquido. Contudo, se apenas pequenas quantidades do líquido forem coletadas, a amostra pode ser inoculada diretamente em meio contendo ágar e um tubo de caldo com meio enriquecido. Visto que os anaeróbios também podem estar presentes na amostra (particularmente as obtidas a partir de pacientes com infecções intra-abdominais ou pulmonares), o espécime não deverá ser exposto ao oxigênio e deve ser processado para análise de organismos anaeróbios.

AMOSTRAS DO TRATO RESPIRATÓRIO SUPERIOR

A maioria das infecções bacterianas da faringe é causada por *Streptococcus* do grupo A. Outras bactérias que podem causar faringite incluem *Corynebacterium diphtheriae*, *Bordetella pertussis*, *N. gonorrhoeae*, *Chlamydia pneumoniae* e *Mycoplasma pneumoniae*. No entanto, geralmente são necessárias técnicas especiais para recuperar esses organismos. Outras bactérias potencialmente patogênicas, tais como *Staphylococcus aureus*, *S. pneumoniae*, *Haemophilus influenzae*, Enterobacteriaceae e *Pseudomonas aeruginosa*, podem estar presentes na orofaringe, mas raramente causam faringite.

Um *swab* de Dacron ou com pontas de alginato de cálcio deve ser usado para coletar as amostras da faringe. As áreas tonsilares, faringe posterior e qualquer exsudato ou área ulcerativa devem ser coletadas. A contaminação da amostra com saliva deve ser evitada porque as bactérias na saliva podem crescer excessivamente ou inibir o crescimento de estreptococos do grupo A. Se uma pseudomembrana estiver presente (p. ex., como com infecções por *C. diphtheriae*), uma parte deve ser separada e enviada para cultura. Os estreptococos do grupo A e *C. diphtheriae* são muito resistentes à secagem; portanto, não são necessários cuidados especiais para o transporte desse tipo de amostra para o laboratório. Em contraste, as amostras coletadas para a recuperação de *B. pertussis* e *N. gonorrhoeae* devem ser inoculadas no meio de cultura imediatamente após serem coletadas e antes de serem enviadas para o laboratório. Espécimes obtidos para o isolamento de *C. pneumoniae* e *M. pneumoniae* devem ser transportados em um meio de transporte especial.

Os estreptococos do grupo A podem ser detectados diretamente na amostra clínica por imunoensaios para o antígeno específico do grupo. Esses testes são muito específicos e os imunoensaios atuais, que usam dispositivos de leitura digital, são muito sensíveis. Os TAAN também estão disponíveis para detecção de estreptococos do grupo A.

Outras infecções do trato respiratório superior podem envolver a epiglote e os seios da face. A obstrução completa das vias respiratórias pode ser precipitada por tentativas de cultura da epiglote (particularmente em crianças); portanto, essas culturas nunca devem ser realizadas. O diagnóstico específico de uma infecção sinusal requer (1) aspiração direta do seio nasal, (2) transporte anaeróbio apropriado da amostra para o laboratório (usando um sistema que evita a exposição dos anaeróbios ao oxigênio e secagem), e (3) processamento imediato. Na prática, essas amostras raramente são coletadas e a maioria das infecções é tratada empiricamente. Culturas da nasofaringe ou orofaringe não são úteis e não devem ser realizadas. *Streptococcus pneumoniae*, *H. influenzae*, *Moraxella catarrhalis*, *S. aureus* e microrganismos anaeróbios são os patógenos mais comuns que causam sinusite.

AMOSTRAS DO TRATO RESPIRATÓRIO INFERIOR

Uma variedade de técnicas pode ser usada para coletar amostras do trato respiratório inferior, incluindo expectoração, indução com solução salina, broncoscopia e aspiração direta através da parede torácica. Como as bactérias das vias respiratórias superiores podem contaminar o escarro expectorado, as amostras devem ser inspecionadas microscopicamente para avaliar a magnitude da contaminação oral. Amostras contendo muitas células epiteliais escamosas e nenhuma bactéria predominante em associação às células inflamatórias não devem ser processadas para cultura. A presença de células epiteliais escamosas indica que o espécime foi contaminado com saliva. Essa contaminação pode ser evitada obtendo-se a amostra usando broncoscópios especialmente projetados ou aspiração pulmonar direta. Se houver suspeita de infecção pulmonar anaeróbia, esses procedimentos invasivos devem ser usados, porque a contaminação com microrganismos das vias respiratórias superiores tornaria a amostra inútil. A maioria dos patógenos do trato respiratório inferior cresce rapidamente (dentro de 2 a 3 dias); no entanto, algumas bactérias de crescimento lento, como micobactérias ou nocardias, requerem incubação prolongada.

OUVIDOS E OLHOS

A timpanocentese (ou seja, aspiração de líquido do orelha média) é necessária para fazer o diagnóstico específico de infecção do orelha média. O procedimento é desnecessário na maioria dos pacientes porque os patógenos mais comuns que causam essas infecções (*S. pneumoniae*, *H. influenzae* e *M. catarrhalis*) podem ser tratados empiricamente. As infecções do ouvido externo são normalmente causadas por *P. aeruginosa* ("ouvido de nadador") ou *S. aureus*. O espécime adequado a ser obtido para cultura é uma raspagem da área afetada do ouvido.

A coleta de amostras para o diagnóstico de infecções oculares é difícil porque a amostra obtida é geralmente muito pequena e relativamente poucos organismos podem estar presentes. As amostras da superfície do olho devem ser coletadas com um cotonete (*swab*) antes da aplicação dos anestésicos tópicos, seguida de raspagem da córnea, quando necessário. As amostras intraoculares são coletadas por aspiração direta do olho. Os meios de cultura devem ser inoculados quando as amostras são coletadas e antes de serem enviadas para o laboratório. Embora a maioria dos patógenos oculares comuns cresça rapidamente (p. ex., *S. aureus*, *S. pneumoniae*, *H. influenzae*, *P. aeruginosa*, *Bacillus cereus*), alguns podem exigir incubação prolongada (p. ex., estafilococos coagulase negativa) ou o uso de meios de cultura especializados (*N. gonorrhoeae*) ou células de cultura de tecidos (*C. trachomatis*).

FERIDAS, ABSCESSOS E TECIDOS

Feridas abertas, de drenagem, frequentemente podem estar contaminadas com organismos potencialmente patogênicos não relacionados a um processo infeccioso específico. Portanto, é importante coletar amostras do fundo da ferida após a superfície ter sido limpa. Sempre que possível, o *swab* deve ser evitado, pois é difícil obter uma amostra representativa sem contaminação com organismos que colonizam a superfície. Da mesma maneira, os aspirados de um abscesso fechado devem ser coletados do centro e da parede do abscesso. A simples coleta de pus de um abscesso geralmente não é produtiva, porque a maioria dos organismos se replica ativamente na base do abscesso e não no centro. A drenagem de infecções de tecidos moles pode ser coletada por aspiração. Se o material de drenagem não for obtido, uma pequena quantidade de solução salina pode ser infundida no tecido e, em seguida, retirada para cultura. Solução salina contendo um conservante bactericida não deve ser usada.

Os tecidos devem ser obtidos de porções representativas do processo infeccioso, com múltiplas amostras coletadas sempre que possível. A amostra de tecido deve ser transportada em um recipiente estéril com tampa de rosca, e solução salina estéril deve ser adicionada para evitar a secagem se uma pequena amostra (p. ex., amostra de biopsia) for coletada. Uma amostra de tecido também deve ser enviada para exame histológico. Como a coleta de amostras de tecido requer procedimentos invasivos, todo esforço deve ser feito para coletar a amostra adequada e garantir que ela seja cultivada para todos os organismos clinicamente significativos que possam ser responsáveis pela infecção. Portanto, uma comunicação próxima entre o médico e o microbiologista é necessária.

URINA

A urina é uma das amostras mais frequentemente enviadas para cultura. Visto que uma variedade de bactérias coloniza a uretra, a primeira porção da urina coletada por micção ou cateterização deve ser descartada. Patógenos do trato urinário também podem crescer na urina, por isso não deve haver demora no transporte das amostras para o laboratório. Se a amostra não pode ser cultivada imediatamente, deve ser refrigerada ou colocada em um **conservante de urina** bacteriostático. Uma vez que o espécime é recebido no laboratório, 1 a 10 µℓ são inoculados em cada meio de cultura (geralmente um meio de ágar não seletivo e um meio seletivo). Isso é feito para que o número de microrganismos na urina possa ser quantificado, o que é útil para avaliar a importância de um isolado, embora um pequeno número de microrganismos em um paciente com piúria possa ser clinicamente significativo. Numerosos procedimentos de triagem de urina (p. ex., testes bioquímicos, coloração microscópica) foram desenvolvidos e são amplamente utilizados; no entanto, os procedimentos atuais não podem ser recomendados porque eles, em geral, não são sensíveis na detecção de baixo grau de bacteriúria mesmo que este apresente significância clínica.

AMOSTRAS GENITAIS

Apesar da variedade de bactérias associadas às infecções sexualmente transmissíveis, a maioria dos laboratórios se concentra na detecção de *N. gonorrhoeae* e *C. trachomatis*. Tradicionalmente, isso era feito inoculando a amostra em um sistema de cultura seletivo para esses organismos; entretanto, é um processo lento, levando 2 ou mais dias para que uma cultura positiva seja obtida e ainda mais tempo para que os isolados sejam identificados. A cultura também foi considerada insensível porque os organismos são extremamente lábeis e morrem rapidamente se transportados em condições aquém das ideais. Por essas razões, uma variedade de métodos não baseados na cultura é utilizada agora. Os métodos mais populares são procedimentos de amplificação de ácido nucleico (p. ex., amplificação de sequências de ácido desoxirribonucleico [DNA] espécie-específicas pela reação em cadeia da polimerase ou outros métodos) para ambos os organismos. A detecção dessas sequências amplificadas é sensível e específica. A urina pode ser usada para esses testes, mas, em contraste com as amostras coletadas para o diagnóstico de cistite, a primeira porção eliminada da urina deve ser testada para o diagnóstico de uretrite.

Outra bactéria importante que causa doença sexualmente transmissível é o *Treponema pallidum*, o agente etiológico da sífilis. Esse organismo não pode ser cultivado em laboratório clínico, então o diagnóstico é feito por microscopia ou sorologia. O material das lesões deve ser examinado usando microscopia de campo escuro porque o microrganismo é muito fino para ser detectado com a microscopia de campo claro. Além disso, ele morre rapidamente quando exposto ao ar e condições de secagem; portanto, o exame microscópico deve ser realizado no momento da coleta da amostra.

AMOSTRAS FECAIS

Uma grande variedade de bactérias pode causar infecções gastrintestinais. Para que essas bactérias sejam recuperadas em cultura, uma amostra adequada de fezes deve ser coletada (geralmente não é um problema em um paciente com diarreia), transportada para o laboratório de modo que garanta a viabilidade do microrganismo infectante e inoculada no meio seletivo apropriado. Os *swabs* (esfregaços) retais não devem ser submetidos à cultura porque vários meios seletivos devem ser inoculados para os vários patógenos possíveis a ser recuperados. A quantidade de fezes coletadas em um *swab* seria inadequada.

Amostras de fezes devem ser coletadas em bandeja limpa e, em seguida, transferidas para um recipiente impermeável, hermeticamente fechado. As amostras devem ser transportadas imediatamente para o laboratório a fim de evitar alterações ácidas nas fezes (causadas pelo metabolismo bacteriano), que são tóxicas para alguns organismos (p. ex., *Shigella*). Se for previsto um atraso, então as fezes devem ser misturadas com um conservante, como tampão fosfato misturado com glicerol ou meio de transporte Cary-Blair. Em geral, entretanto, o transporte rápido da amostra para o laboratório é sempre superior ao uso de qualquer meio de transporte.

É importante notificar ao laboratório se houver suspeita de um patógeno entérico específico; isso ajudará o laboratório especializado a selecionar o meio de cultura apropriado. Por exemplo, embora as espécies de *Vibrio* possam crescer nos meios comuns usados para a cultura de amostras de fezes, o uso de meios seletivos para *Vibrio* facilita sua rápida detecção e identificação. Além disso, alguns microrganismos não são isolados rotineiramente pelos procedimentos de laboratório (p. ex., *Escherichia coli* enterotoxigênica pode crescer em meios de cultura de rotina, mas não seria facilmente diferenciada de *E. coli* não patogênica). Da mesma maneira, não seria esperado que outros microrganismos estivessem em uma amostra de fezes porque a doença é causada pela toxina produzida nos alimentos, não pelo crescimento do microrganismo no trato gastrintestinal (p. ex., *S. aureus*, *B. cereus*). O microbiologista deve ser capaz de selecionar o teste apropriado (p. ex., cultura, ensaio de toxina) se o patógeno específico for indicado. *Clostridium difficile* é uma causa significativa de doença gastrintestinal associada a antibacterianos. Embora o organismo possa ser cultivado a partir de amostras de fezes se elas forem entregues prontamente ao laboratório, a maneira mais específica de diagnosticar a infecção é detectar em fragmentos fecais as toxinas de *C. difficile* responsáveis pela doença ou os genes que codificam essas toxinas. O teste mais sensível e específico para o diagnóstico da doença por *C. difficile* é a detecção dos genes da toxina pela TAAN.

Como muitas bactérias, patogênicas e não patogênicas, estão presentes nos espécimes fecais, geralmente leva pelo menos 3 dias para o patógeno entérico ser isolado e identificado. Por esse motivo, as culturas de fezes são usadas para confirmar o diagnóstico clínico; a terapia, se indicada, não deve ser adiada enquanto se aguardam os resultados da cultura. Uma alternativa para cultura ou imunoensaios é o uso de *high multiplex* (alta multiplicidade) TAAN, que pode detectar patógenos entéricos bacterianos, virais e parasitários em 1 a 3 horas diretamente de *swabs* fecais. Esses testes estão se tornando rapidamente o teste de escolha porque são mais sensíveis do que a cultura, capazes de detectar patógenos comuns que não são facilmente diferenciados de bactérias entéricas normais (p. ex., *E. coli* patogênica *versus E. coli* entérica normal) e fornecer resultados em horas em vez de dias.

Detecção e identificação bacteriana

A detecção de bactérias em amostras clínicas é realizada por cinco procedimentos gerais: (1) microscopia, (2) detecção de antígenos bacterianos, (3) cultura, (4) detecção de ácidos nucleicos bacterianos específicos e (5) detecção de resposta de anticorpos para a bactéria (sorologia). As técnicas específicas utilizadas para esses procedimentos foram apresentadas nos capítulos anteriores e não serão repetidas neste capítulo. No entanto, a Tabela 16.2 resume o valor relativo de cada procedimento para a detecção de organismos discutidos nos Capítulos 18 a 35.

Embora muitos organismos possam ser identificados especificamente por uma variedade de técnicas, o procedimento mais comumente utilizado em laboratórios de diagnóstico é identificar um organismo isolado em cultura por meio de testes bioquímicos. Em grandes laboratórios de hospitais-escola e laboratórios de referência, muitos procedimentos de testes bioquímicos foram substituídos recentemente pelo sequenciamento de genes específicos para bactérias (p. ex., gene *16S rRNA*) ou usando ferramentas proteômicas, como espectrometria de massa de ionização por dessorção a *laser* assistida por matriz (MALDI). Acreditamos que a maioria dos alunos que usam este livro não está interessada nesses detalhes de identificação microbiana, mas aqueles que tiverem interesse devem consultar livros-textos como o *ASM Manual of Clinical Microbiology*.

É importante para todos os alunos avaliar que a terapia antimicrobiana empírica pode ser refinada com base na identificação preliminar de um organismo usando morfologia microscópica e morfologia macroscópica e selecionar testes bioquímicos rápidos. Consulte a Tabela 16.3 para exemplos específicos.

Testes de suscetibilidade antimicrobiana

Os resultados do teste de suscetibilidade antimicrobiana *in vitro* são valiosos para a seleção de agentes quimioterápicos ativos contra o organismo infectante. Um extenso trabalho foi realizado em um esforço para padronizar os métodos de teste e melhorar o valor preditivo clínico dos resultados. Apesar desses esforços, os testes *in vitro* são simplesmente uma medida do efeito do antibacteriano contra o organismo em condições específicas. A seleção de um antibacteriano e o prognóstico do paciente são influenciados por uma variedade de fatores inter-relacionados, incluindo as propriedades farmacocinéticas do antibacteriano, a toxicidade do medicamento, a doença clínica e o estado clínico geral do paciente. Assim, alguns microrganismos que são "suscetíveis" a um antibacteriano persistirão em uma infecção, e os que são "resistentes" a um antibacteriano serão eliminados. Por exemplo, porque o oxigênio é necessário para os aminoglicosídios entrarem em uma célula bacteriana, esses antibacterianos são ineficazes em um abscesso anaeróbico. Da mesma maneira, concentrações muito altas de antibacterianos podem ser alcançadas na urina, então bactérias resistentes responsáveis por infecções do trato urinário podem ser eliminadas por altas concentrações de alguns antibacterianos na urina.

Tabela 16.2 Métodos de detecção para bactérias.

Microrganismo	MÉTODOS DE DETECÇÃO				
	Microscopia	Detecção de antígeno	TAAN	Cultura	Detecção de anticorpo
COCOS GRAM-POSITIVOS					
Staphylococcus aureus	A	D	B	A	D
Streptococcus pyogenes	B	A	A	A	B
S. agalactiae	B	B	A	A	D
S. pneumoniae	A	B	A	A	D
Enterococcus spp.	A	D	B	A	D
BASTONETES OU BACILOS GRAM-POSITIVOS					
Bacillus anthracis	B	D	B	A	D
B. cereus	B	D	D	A	D
Listeria monocytogenes	A	D	D	A	D
Erysipelothrix rhusiopathiae	A	D	D	A	D
Corynebacterium diphtheriae	B	D	C	A	D
Corynebacterium, outras espécies	A	D	D	A	D
Tropheryma whipplei	B	D	A	D	D
BACILOS ÁLCOOL-ÁCIDO RESISTENTES E PARCIALMENTE ÁLCOOL-ÁCIDO RESISTENTES					
Nocardia spp.	A	D	D	A	D
Rhodococcus equi	A	D	D	A	D
Mycobacterium tuberculosis	A	B	A	A	C
M. leprae	A	D	D	D	B
Mycobacterium, outras espécies	A	D	D	A	D
COCOS GRAM-NEGATIVOS					
Neisseria gonorrhoeae	A	D	A	A	D
N. meningitidis	A	B	D	A	D
Moraxella catarrhalis	A	D	D	A	D

Continua

Tabela 16.2 Métodos de detecção para bactérias. *(continuação)*

Microrganismo	MÉTODOS DE DETECÇÃO				
	Microscopia	Detecção de antígeno	TAAN	Cultura	Detecção de anticorpo
BACILOS GRAM-NEGATIVOS					
Escherichia coli	A	B	B	A	D
Salmonella spp.	B	D	A	A	B
Shigella spp.	B	D	A	A	D
Yersinia pestis	B	C	A	A	C
Y. enterocolitica	B	D	A	A	B
Enterobacteriaceae, outros gêneros	A	D	D	A	D
Vibrio cholerae	B	D	A	A	D
Vibrio, outras espécies	B	D	A	A	D
Aeromonas spp.	B	D	A	A	D
Campylobacter spp.	B	A	A	A	D
Helicobacter pylori	B	A	B	B	A
Pseudomonas aeruginosa	A	D	D	A	D
Burkholderia spp.	A	D	D	A	D
Acinetobacter spp.	A	D	D	A	D
Haemophilus influenzae	A	B	B	A	D
H. ducreyi	B	D	C	A	D
Bordetella pertussis	B	C	A	B	A
Brucella spp.	B	C	D	A	B
Francisella tularensis	B	C	D	A	B
Legionella spp.	B	A	A	A	B
Bartonella spp.	C	D	B	A	A
ANAERÓBIOS					
Clostridium perfringens	A	D	D	A	D
C. tetani	B	D	D	A	D
C. botulinum	B	A	D	B	D
C. difficile	C	A	A	B	D
Cocos gram-positivos anaeróbios	A	D	D	A	D
Bacilos gram-positivos anaeróbios	A	D	D	A	D
Bacilos gram-negativos anaeróbios	A	D	D	A	D
BACTÉRIAS EM FORMA DE ESPIRAL					
Treponema pallidum	B	D	D	D	A
Borrelia burgdorferi	C	A	A	B	A
Borrelia, outras espécies	A	D	D	D	D
Leptospira spp.	B	D	B	B	A
MYCOPLASMA E BACTÉRIAS INTRACELULARES OBRIGATÓRIAS					
Mycoplasma pneumoniae	D	C	A	B	A
M. genitalium	D	D	A	B	D
Rickettsia spp.	B	D	B	D	A
Orientia spp.	B	C	B	C	A
Ehrlichia spp.	B	C	B	C	A
Anaplasma spp.	B	C	B	C	A
Coxiella burnetii	C	C	B	C	A
Chlamydia trachomatis	B	B	A	B	D
C. pneumoniae	D	D	A	D	B
C. psittaci	D	D	A	D	A

A, teste geralmente útil para diagnóstico; *B*, teste útil em certas circunstâncias ou para o diagnóstico de formas específicas da doença; *C*, teste geralmente não usado em laboratórios de diagnóstico ou utilizado apenas em laboratórios de referência de especialidades; *D*, teste geralmente não útil; *TAAN*, teste de amplificação de ácido nucleico.

Tabela 16.3 Identificação preliminar de bactérias isoladas em cultura.

Microrganismo	Propriedades
Staphylococcus aureus	Cocos gram-positivos em grupos (clusters); grandes colônias β-hemolíticas; positivo para catalase, positivo para coagulase
Streptococcus pyogenes	Cocos gram-positivos em cadeias longas; pequenas colônias com grande zona de β-hemólise; catalase-negativa, PYR-positiva
S. pneumoniae	Cocos gram-positivos em pares e cadeias curtas; pequenas colônias α-hemolíticas; catalase negativa, solúvel na bile
Enterococcus spp.	Cocos gram-positivos em pares e cadeias curtas; colônias grandes, α-hemolíticas ou não hemolíticas; catalase negativa, PYR-positiva
Listeria monocytogenes	Pequenos bastonetes ou bacilos gram-positivos; pequenas colônias fracamente β-hemolíticas; motilidade característica (tombamento)
Nocardia spp.	Bastonetes com coloração fraca (Gram e álcool-ácido resistente modificado), finos, filamentosos; crescimento lento; colônias difusas (hifas aéreas)
Rhodococcus equi	Coloração fraca (Gram e álcool-ácido resistente modificado); bastonetes inicialmente não ramificados, cocos em culturas mais antigas; crescimento lento; colônias rosa-avermelhado
Mycobacterium tuberculosis	Bastonetes fortemente álcool-ácido resistentes; crescimento lento; colônias não pigmentadas; identificados usando sondas moleculares específicas
Enterobacteriaceae	Bastonetes gram-negativos com coloração "bipolar" (mais intensa nas extremidades); normalmente células únicas; grandes colônias; crescimento em ágar MacConkey (pode/não pode fermentar lactose); negativo para oxidase
Pseudomonas aeruginosa	Bastonetes gram-negativos com coloração uniforme; normalmente em pares; colônias verdes fluorescentes, de grande difusão, geralmente β-hemolíticas, cheiro frutado (tipo uva); crescimento em ágar MacConkey (não fermentador); oxidase-positiva
Stenotrophomonas maltophilia	Bacilos gram-negativos com coloração uniforme; normalmente em pares; cor verde-lavanda em ágar-sangue; crescimento em ágar MacConkey (não fermentador); negativo para oxidase
Acinetobacter spp.	Cocobacilos gram-negativos grandes organizados como células únicas ou em pares; reterá o cristal violeta e pode se parecer com gordura, cocos gram-positivos aos pares; crescimento em ágar-sangue e ágar MacConkey (pode oxidar lactose e assemelhar-se à cor púrpura fraca); negativo para oxidase
Campylobacter spp.	Bastonetes finos, curvos, gram-negativos dispostos em pares (forma de S); crescimento em meios altamente seletivos para Campylobacter; nenhum crescimento nos meios de rotina (ágar-sangue, chocolate ou MacConkey)
Haemophilus spp.	Cocobacilos gram-negativos pequenos dispostos como células únicas; crescimento em ágar chocolate, mas não em ágar-sangue ou MacConkey; oxidase-positiva
Brucella spp.	Cocobacilos gram-negativos, muito pequenos organizados como células individuais; crescimento lento; nenhum crescimento em ágar MacConkey; risco biológico
Francisella spp.	Cocobacilos gram-negativos muito pequenos organizados como células únicas; crescimento lento; sem crescimento em ágar-sangue ou MacConkey; risco biológico
Legionella spp.	Bastonetes finos e gram-negativos fracamente corados; crescimento lento; crescimento em ágar especializado; nenhum crescimento em ágar-sangue, chocolate ou MacConkey
Clostridium perfringens	Bastonetes retangulares, grandes, com esporos não observados; rápido crescimento de colônias em expansão com "zona dupla" de hemólise (grande zona de α-hemólise com zona interna de β-hemólise); anaeróbio estrito
Grupo Bacteroides fragilis	Bastonetes gram-negativos, fracamente corados, pleomórficos (comprimentos variáveis); crescimento rápido estimulado pela bile nos meios; anaeróbio estrito

PYR, L-pirrolidonil arilamidase.

Duas formas gerais de testes de suscetibilidade antimicrobiana são realizadas no laboratório clínico: **testes de diluição em caldo** e **testes de difusão em ágar**. Para testes de diluição em caldo, uma série de diluições de um antibacteriano é preparada em um meio nutriente e então inoculada com uma concentração padronizada da bactéria teste. Após incubação *overnight* (durante a noite), a menor concentração de antibacteriano capaz de inibir o crescimento da bactéria é referida como a **concentração inibitória mínima (MIC)**. Para testes de difusão em ágar, uma concentração padronizada de bactérias é espalhada sobre a superfície de um meio de ágar e, em seguida, discos de papel ou tiras impregnadas com antibacterianos são colocados na superfície do ágar. Após incubação *overnight*, uma área de crescimento inibida é observada em torno dos discos ou tiras de papel. O tamanho da área de inibição corresponde à atividade do antibacteriano; quanto mais suscetível o microrganismo é ao antibacteriano, maior é a área de crescimento inibido. Ao padronizar as condições de teste para os testes de difusão em ágar, a área de inibição corresponde ao valor de MIC. Na verdade, uma empresa comercial desenvolveu um teste em que o valor de MIC é calculado diretamente da zona de crescimento inibido em torno de uma tira com um gradiente de concentrações de antibacterianos do topo para a parte inferior da tira.

Os testes de diluição em caldo foram originalmente realizados em tubos de ensaio e eram muito trabalhosos. Sistemas preparados comercialmente estão agora disponíveis, nos quais as diluições de antibacterianos são preparadas em placas de microtitulação e a inoculação das placas e interpretação das MIC são automatizadas. As desvantagens desses sistemas são que a gama de diferentes antibacterianos é determinada pelo fabricante e o número de diluições de um antibacteriano individual é limitado. Portanto, os resultados podem não estar disponíveis para os antibacterianos introduzidos recentemente. Os testes de difusão são trabalhosos, e a interpretação do tamanho da área de inibição pode ser subjetiva. No entanto, a vantagem desses testes é que praticamente qualquer antibacteriano pode ser testado. A capacidade de ambos os métodos do teste de suscetibilidade para prever a resposta clínica a um antibacteriano é equivalente; logo, a seleção do teste é determinada por considerações práticas.

Bibliografia

Jorgensen, J., Pfaller, M., 2015. Manual of Clinical Microbiology, eleventh ed. American Society for Microbiology Press, Washington, DC.

Mandell, G., Bennett, J., Dolin, R., Blaser, M., 2015. Principles and Practice of Infectious Diseases, eighth ed. Elsevier, Philadelphia, PA.

Tille, P., 2017. Bailey and Scott's Diagnostic Microbiology, fourteenth ed. Elsevier, St. Louis, MO.

17 Agentes Antibacterianos

Este capítulo fornece uma visão geral dos mecanismos de ação e espectro das substâncias antibacterianas mais comumente utilizadas, bem como uma descrição dos mecanismos comuns de resistência bacteriana. A terminologia apropriada para esta discussão está resumida no Boxe 17.1, enquanto os mecanismos básicos e os sítios de atividade dos antibacterianos são resumidos na Tabela 17.1 e na Figura 17.1, respectivamente.

O ano de 1935 foi importante para a quimioterapia de infecções bacterianas sistêmicas. Embora os antissépticos fossem aplicados topicamente para evitar o crescimento de microrganismos, os antissépticos existentes eram ineficazes contra infecções bacterianas sistêmicas. Naquele ano, o corante prontosil demonstrou proteger camundongos contra a infecção estreptocócica sistêmica e ser curativo em pacientes que sofrem de tais infecções. Logo foi descoberto que o prontosil era clivado no corpo para liberação de *p*-aminobenzeno sulfonamida (sulfanilamida), que demonstrou ter atividade antibacteriana. Esse primeiro medicamento "sulfa" introduziu uma nova era na medicina. Compostos produzidos por microrganismos (antibióticos) foram eventualmente descobertos como causadores da inibição do crescimento de outros microrganismos. Por exemplo, Alexander Fleming foi o primeiro a compreender que o fungo filamentoso *Penicillium* impedia a multiplicação de estafilococos. Foi preparado um concentrado a partir de uma cultura desse fungo; a notável atividade antibacteriana e a falta de toxicidade do primeiro antibiótico, a penicilina, foram demonstradas. A estreptomicina e as tetraciclinas foram desenvolvidas nos anos 1940 e 1950, seguidas rapidamente pelo desenvolvimento de aminoglicosídios adicionais, penicilinas semissintéticas, cefalosporinas, quinolonas e outros antimicrobianos. Todos esses agentes antibacterianos aumentaram muito a gama de doenças infecciosas que poderiam ser prevenidas ou tratadas. Embora o desenvolvimento de novas substâncias antibacterianas tenha ficado para trás nos últimos anos, algumas novas classes de agentes foram introduzidas, incluindo os cetolídios (p. ex., **telitromicina**), glicilclinas **(tigeciclina)** e lipopeptídios **(daptomicina)**.

Infelizmente, com a introdução de novos agentes quimioterápicos, as bactérias demonstraram uma notável capacidade de desenvolver resistência. Os mecanismos mais comuns de resistência são resumidos no Boxe 17.2. Assim, a terapia com antibacterianos não será a cura mágica para todas as infecções, como previsto; ao contrário, é apenas uma arma, embora seja importante, contra doenças infecciosas. Também é importante reconhecer que, como a resistência aos antibacterianos é frequentemente imprevisível, os médicos devem confiar em sua experiência clínica para a seleção inicial da **terapia empírica** e depois refinar seu tratamento, selecionando antibacterianos que demonstraram ser ativos por testes de suscetibilidade *in vitro*. Diretrizes para o manejo de infecções causadas por organismos específicos são discutidas nos capítulos relevantes deste texto.

Inibição da síntese da parede celular

O mecanismo mais comum de atividade do antibacteriano é a interferência na síntese da parede celular bacteriana. A maior parte dos antibacterianos ativos para a parede celular é classificada como antibacterianos betalactâmicos (p. ex., penicilinas, cefalosporinas, cefamicinas, carbapenêmicos, monobactâmicos, inibidores da betalactamase). Eles são assim nomeados porque compartilham uma estrutura comum: o anel betalactâmico. Outros antibacterianos que interferem na construção da parede celular bacteriana incluem vancomicina, daptomicina, bacitracina e os agentes antimicobacterianos isoniazida, etambutol, cicloserina e etionamida.

ANTIBACTERIANOS BETALACTÂMICOS

O principal componente estrutural da maioria dos envoltórios celulares bacterianos é a camada de peptidoglicano. A estrutura básica é uma cadeia de 10 a 65 resíduos de

---

Boxe 17.1 Terminologia.

Espectro antibacteriano: gama de atividades de um antimicrobiano contra bactérias. Um medicamento antibacteriano de **amplo espectro** pode inibir uma variedade de bactérias gram-positivas e gram-negativas, enquanto um medicamento de **espectro estreito** é ativo contra uma variedade limitada de bactérias

Antibacteriano bacteriostático: antibacteriano que inibe o crescimento de bactérias, mas que não mata

Antibacteriano bactericida: antibacteriano que mata as bactérias

Concentração inibitória mínima (CIM): determinada por exposição de uma suspensão padronizada de bactérias a uma série de diluições do antimicrobiano. A menor concentração de antibacteriano que inibe o crescimento da bactéria é a CIM

Concentração bactericida mínima (CBM): determinada por exposição a uma suspensão padronizada de bactérias a uma série de diluições do antimicrobiano. A menor concentração de antibacteriano que mata 99,9% da população é denominada CMB

Combinações de antibacterianos: combinações de antibacterianos que podem ser usados para (1) ampliar o espectro antibacteriano na terapia empírica ou no tratamento de infecções polimicrobianas, (2) prevenir a emergência de organismos resistentes durante a terapia e (3) alcançar um efeito sinérgico de morte

Sinergismo entre antibacterianos: combinações de dois antibacterianos que têm atividade bactericida aumentada quando testadas em conjunto em comparação com a atividade de cada antibacteriano separado

Antagonismo entre antibacterianos: combinação de antibacterianos na qual a atividade de um antibacteriano interfere na atividade do outro (p. ex., a soma da atividade é menor do que a atividade da maioria dos medicamentos individuais ativos)

Betalactamase: uma enzima que hidrolisa o anel betalactâmico na classe de antibacterianos dos betalactâmicos, inativando o antibacteriano. As enzimas específicas para penicilinas, cefalosporinas e carbapenêmicos são as **penicilinases, cefalosporinases** e **carbapenemases**, respectivamente

dissacarídios que consistem em moléculas alternadas de *N*-acetilglicosamina e ácido *N*-acetilmurâmico. Essas cadeias são então reticuladas com pontes peptídicas que criam um revestimento de malha rígida para as bactérias. A construção das cadeias e as ligações cruzadas são catalisadas por enzimas específicas (p. ex., transpeptidases, transglicosilases, carboxipeptidases) que são membros de uma grande família de **serina proteases**. Essas enzimas reguladoras são também denominadas **proteínas de ligação à penicilina (PBP)**, porque são os alvos dos antibacterianos betalactâmicos. Quando bactérias em crescimento são expostas a essas substâncias, os antibacterianos se ligam a PBP específicas no envoltório da célula bacteriana e inibem a montagem das cadeias de peptidoglicano. Isso, por sua vez, ativa as autolisinas que degradam a parede celular, resultando em morte de células bacterianas. Assim, os antibacterianos betalactâmicos geralmente agem como agentes bactericidas.

As bactérias podem se tornar resistentes aos antibacterianos betalactâmicos por três mecanismos gerais: (1) diminuição da concentração do antibacteriano no sítio-alvo do envoltório celular, (2) diminuição da ligação do antibacteriano à PBP e (3) hidrólise do antibacteriano por enzimas bacterianas, as **betalactamases**. O primeiro mecanismo de resistência é visto apenas em bactérias gram-negativas. As bactérias gram-negativas têm uma membrana externa que se sobrepõe à camada de peptidoglicano. A penetração de antibacterianos betalactâmicos em bastonetes ou bacilos gram-negativos requer o trânsito através dos poros nessa membrana externa. Alterações nas proteínas **(porinas)** que formam as paredes dos poros podem modificar o tamanho da abertura dos poros ou a carga desses canais e resultam na exclusão do antibacteriano. Além disso, o efluxo ativo ou bombeamento do antibacteriano pode diminuir sua concentração na célula.

A resistência também pode ser adquirida pela modificação da ligação do antibacteriano betalactâmico à PBP. Isso pode ser mediado pela (1) produção excessiva de PBP (uma ocorrência rara), (2) aquisição de uma nova PBP (p. ex., resistência à meticilina em *Staphylococcus aureus*) ou (3) modificação de uma PBP por recombinação (p. ex., resistência à penicilina em *Streptococcus pneumoniae*) ou uma mutação pontual (resistência à penicilina em *Enterococcus faecium*).

Finalmente, as bactérias podem produzir **betalactamases** que inativam os antibacterianos betalactâmicos. Curiosamente, as betalactamases estão na mesma família das serinas proteases, como as PBP. Mais de 200 diferentes betalactamases foram descritas. Algumas são específicas para penicilinas (ou seja, penicilinases), cefalosporinas (ou seja, cefalosporinases) ou carbapenêmicos (ou seja, carbapenemases), enquanto outras têm uma ampla gama de atividades, incluindo algumas que são capazes de inativar a maioria dos antibacterianos betalactâmicos. Uma discussão exaustiva das betalactamases está além do escopo deste capítulo; no entanto, uma breve discussão é pertinente para a compreensão das limitações dos antibacterianos betalactâmicos. Com base em um esquema de classificação, as betalactamases foram separadas em quatro classes (A a D). As betalactamases de classe A mais comuns são as SHV-1 e TEM-1, que são penicilinases encontradas em bastonetes gram-negativos comuns (p. ex., *Escherichia*, *Klebsiella*), com atividade mínima contra cefalosporinas. Infelizmente, as mutações pontuais simples nos genes que codificam essas enzimas criaram betalactamases com atividade

Tabela 17.1 Mecanismos básicos de ação dos antibacterianos.

Antibacteriano	Ação
RUPTURA DA PAREDE CELULAR	
Penicilinas Cefalosporinas Cefamicinas Carbapenêmicos Monobactâmicos	Ligam-se às PBP e enzimas responsáveis pela síntese de peptidoglicano
Inibidores de betalactâmicos/ betalactamases	Ligam-se às betalactamases e previnem a inativação enzimática de betalactâmicos
Vancomicina	Inibe a ligação cruzada das camadas de peptidoglicano
Daptomicina	Causa a despolarização da membrana citoplasmática, resultando em ruptura dos gradientes de concentração iônica
Bacitracina	Inibe a membrana citoplasmática bacteriana e o movimento dos precursores do peptidoglicano
Polimixinas	Inibem as membranas bacterianas
Isoniazida Etionamida	Inibem a síntese de ácido micólico
Etambutol	Inibem a síntese de arabinogalactano
Ciclosserina	Inibe a ligação cruzada das camadas de peptidoglicano
INIBIÇÃO DA SÍNTESE DE PROTEÍNAS	
Aminoglicosídios	Produzem a liberação prematura de cadeias de peptídios do ribossomo 30S
Tetraciclinas	Previnem o alongamento do polipeptídio no ribossomo 30S
Glicilciclinas	Ligam-se ao ribossomo 30S e previnem a iniciação da síntese de proteínas
Oxazolidinona	Previnem a iniciação da síntese de proteínas no ribossomo 50S
Macrolídios Cetolídios Clindamicina Estreptograminas	Previnem o alongamento do polipeptídio no ribossomo 50S
INIBIÇÃO DA SÍNTESE DE ÁCIDO NUCLEICO	
Quinolonas	Ligam-se à subunidade α da DNA girase
Rifampicina Rifabutina	Previnem a transcrição pela ligação da polimerase do RNA dependente de DNA
Metronidazol	Rompe o DNA bacteriano (é um composto citotóxico)
ANTIMETABÓLITO	
Sulfonamidas	Inibem a di-hidropteroato sintase e interrompem a síntese de ácido fólico
Dapsona	Inibe a di-hidropteroato sintase
Trimetoprima	Inibe a di-hidrofolato redutase e interrompe a síntese de ácido fólico

DNA, ácido desoxirribonucleico; *PBP*, proteínas de ligação à penicilina; *RNA*, ácido ribonucleico.

contra todas as penicilinas e cefalosporinas. Essas betalactamases são referidas como **betalactamases de espectro estendido (ESBL)** e são particularmente problemáticas, porque a maioria é codificada em plasmídios que podem ser transferidos de organismo para organismo. As betalactamases da classe B são metaloenzimas dependentes de zinco

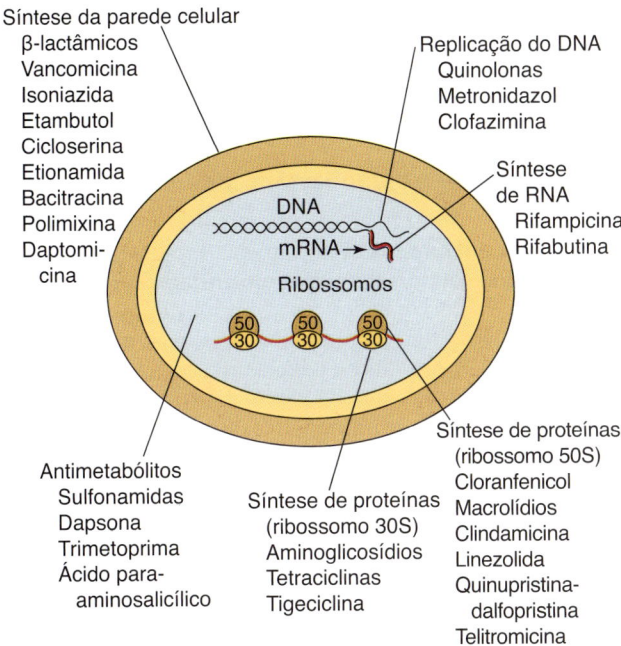

Figura 17.1 Sítios Básicos de atividade dos antibacterianos.

Boxe 17.2 Mecanismos de resistência aos antibacterianos.

Inativação do antibacteriano por enzimas bacterianas
As barreiras impedem o acesso de antibacterianos ao alvo
As bactérias bombeiam o antibacteriano para fora da célula antes de o crescimento bacteriano ser inibido
O alvo do antibacteriano é alterado para que não seja reconhecido pelo antibacteriano
O alvo do antibacteriano é produzido em excesso para que o crescimento bacteriano não seja afetado pelo antibacteriano
O alvo do antibacteriano não é mais necessário para a sobrevivência bacteriana
Bactérias entram em estágio de dormência na presença do antibacteriano

Tabela 17.2 Penicilinas.

Antibacterianos	Espectro de atividade
Penicilinas naturais: benzilpenicilina (penicilina G), fenoximetilpenicilina (penicilina V)	Ativas contra todos os estreptococos beta-hemolíticos e a maioria das outras espécies; atividade limitada contra estafilococos; ativas contra meningococos e a maioria dos anaeróbios gram-positivos; baixa atividade contra bastonetes (bacilos) gram-negativos aeróbios e anaeróbios
Penicilinas resistentes à penicilinase: meticilina, nafcilina, oxacilina, cloxacilina, dicloxacilina	Semelhante às penicilinas naturais, exceto atividade aumentada contra os estafilococos
Penicilinas de amplo espectro: ampicilina, amoxicilina	Atividade contra cocos gram-positivos, equivalente às penicilinas naturais; ativas contra alguns bastonetes gram-negativos
Betalactâmicos com inibidor de betalactamase (ampicilina-sulbactam, amoxicilina-clavulanato, ticarcilina-clavulanato, piperacilina-tazobactam, ceftazidima-avibactam)	Atividade similar aos betalactâmicos naturais, mais atividade aumentada contra estafilococos produtores de betalactamase e bastonetes gram-negativos selecionados; nem todas as betalactamases são inibidas; piperacilina/tazobactam e ceftazidima-avibactam são os mais ativos

que têm um amplo espectro de atividade contra todos os antibacterianos betalactâmicos, incluindo as cefamicinas e os carbapenêmicos.

As **betalactamases de classe C** são principalmente cefalosporinases codificadas no cromossomo bacteriano. A expressão dessas enzimas é geralmente reprimida, embora isso possa ser alterado pela exposição a certos antibacterianos betalactâmicos "indutores" ou por mutações nos genes que controlam a expressão das enzimas. A expressão dessa classe de betalactamases é particularmente problemática porque são ativas contra as cefalosporinas de espectro estendido mais potentes. As betalactamases de classe D são penicilinases encontradas principalmente em bastonetes gram-negativos.

Penicilinas

Os antibacterianos do grupo das penicilinas (Tabela 17.2) são antibacterianos altamente eficazes com uma toxicidade extremamente baixa. O composto básico é um ácido orgânico com um anel betalactâmico obtido de cultura do fungo filamentoso *Penicillium chrysogenum*. Se o fungo filamentoso for cultivado por um processo de fermentação, grandes quantidades do ácido 6-aminopenicilânico (o anel betalactâmico é fundido com um anel de tiazolidina) são produzidas. A modificação bioquímica desse intermediário produz antibacterianos que têm resistência aumentada aos ácidos estomacais, aumento da absorção no sistema digestório, resistência à destruição pela penicilinase ou um espectro mais amplo de atividade que inclui bactérias gram-negativas.

A penicilina G é inativada pelo ácido gástrico; assim, é utilizada principalmente como um medicamento intravenoso para o tratamento de infecções causadas por um número limitado de organismos suscetíveis. A penicilina V é mais resistente ao ácido e é a forma oral preferida para o tratamento de bactérias suscetíveis. **Penicilinas-resistentes à penicilinase,** como a meticilina e a oxacilina, são usadas para tratar infecções causadas por estafilococos suscetíveis. Infelizmente, a resistência a este grupo de antibacterianos tornou-se comum em infecções estafilocócicas adquiridas no ambiente hospitalar e na comunidade. A ampicilina foi a primeira **penicilina de amplo espectro**, embora o espectro de atividade contra bastonetes gram-negativos fosse limitado principalmente para as espécies *Escherichia*, *Proteus* e *Haemophilus*. As penicilinas selecionadas foram combinadas com os **inibidores da betalactamase**. Os inibidores da betalactamase (p. ex., ácido clavulânico, sulbactam, tazobactam, avibactam) são relativamente inativos por si mesmos, mas quando combinados com algumas penicilinas (ou seja, ampicilina, amoxicilina, ticarcilina, piperacilina) ou cefalosporinas (p. ex., ceftazidima) são eficazes no tratamento de algumas infecções causadas por bactérias produtoras de betalactamases. Os inibidores se ligam e inativam de maneira irreversível as betalactamases de bactérias suscetíveis (embora nem todas estejam ligadas por esses inibidores), fazendo com que o medicamento combinado interrompa a síntese da parede celular bacteriana.

Cefalosporinas e cefamicinas

As cefalosporinas (Tabela 17.3) são antibacterianos betalactâmicos derivados do ácido 7-aminocefalosporânico (o anel betalactâmico é fundido com um anel de di-hidrotiazina) originalmente isolado do fungo filamentoso *Cephalosporium*. As cefamicinas estão intimamente relacionadas com as cefalosporinas, exceto por conterem oxigênio no lugar de enxofre no anel de di-hidrotiazina, tornando-as mais estáveis para a hidrólise de betalactamase. As cefalosporinas e as cefamicinas têm o mesmo mecanismo de ação que as penicilinas; entretanto, elas apresentam um espectro antibacteriano mais amplo, são resistentes a muitas betalactamases e têm melhores propriedades farmacocinéticas (p. ex., meia-vida mais longa).

Modificações bioquímicas na molécula básica dos antibacterianos resultaram no desenvolvimento de medicamentos com atividade e propriedades farmacocinéticas aumentadas. As cefalosporinas têm maior atividade contra bactérias gram-negativas em comparação com as penicilinas. Essa atividade, por sua vez, varia entre as diferentes "gerações" de cefalosporinas. A atividade de antibacterianos de primeira geração de **espectro estreito** é restrita principalmente à *Escherichia coli*, espécies de *Klebsiella*, *Proteus mirabilis* e cocos gram-positivos sensíveis à oxacilina. Muitos dos antibacterianos de segunda geração de **espectro expandido** têm atividade adicional contra *Haemophilus influenzae*, espécies de *Enterobacter*, *Citrobacter* e *Serratia*, além de alguns anaeróbios, tais como *Bacteroides fragilis*. Os antibacterianos de terceira geração de **amplo espectro** e os de quarta geração de **espectro estendido** são ativos contra a maioria das Enterobacteriaceae e *Pseudomonas aeruginosa*. Os antibacterianos de espectro estendido oferecem a vantagem de estabilidade aumentada em relação as betalactamases. Infelizmente, bactérias gram-negativas desenvolveram rapidamente resistência para a maioria das cefalosporinas e cefamicinas (principalmente como resultado da produção de betalactamases), o que tem comprometido significativamente o uso de todos esses agentes.

Carbapenêmicos e monobactâmicos

Outras classes de antibacterianos betalactâmicos (Tabela 17.4) são os **carbapenêmicos** (p. ex., imipeném, meropeném, ertapeném, doripeném) e os **monobactâmicos** (p. ex., aztreonam). Os carbapenêmicos são importantes antibacterianos de amplo espectro, largamente prescritos, ativos contra muitos grupos de organismos. Em contraste, os monobactâmicos são antibacterianos de espectro estreito, ativos apenas contra bactérias gram-negativas aeróbias. As bactérias anaeróbias e as bactérias gram-positivas são resistentes. A vantagem dos antibacterianos de espectro estreito é que eles podem ser usados para tratar organismos suscetíveis sem perturbação da população bacteriana protetora normal do paciente. Apesar dessa vantagem, os monobactâmicos não são amplamente utilizados.

Nos últimos anos, a resistência aos carbapenêmicos mediada pela produção de carbapenemases se tornou generalizada. Como mencionado anteriormente, as betalactamases são separadas em quatro classes, A a D. A carbapenemase de classe A é encontrada em uma ampla gama de bactérias, incluindo *Pseudomonas* e Enterobacteriaceae (a mais comum é a carbapenemase de *Klebsiella pneumoniae* [**KPC**]), que torna os organismos produtores dessa carbapenemase resistente a todos os betalactâmicos e só é detectada de maneira confiável usando métodos moleculares para detectar os genes de resistência. A carbapenemase de classe B é uma metalo-betalactamase (requer zinco para atividade) amplamente distribuída em bactérias gram-negativas e também não pode ser detectada de modo confiável por testes de suscetibilidade convencionais. Organismos que produzem carbapenemases de classe B (a mais comum é **New Delhi metalo-betalactamase [NDM]**, nomeada por sua origem) são resistentes à maioria dos antibacterianos betalactâmicos. Finalmente, as carbapenemases de classe D são encontradas principalmente em *Acinetobacter* e codificam a resistência a todos os antibacterianos betalactâmicos. Esse grupo de carbapenemases é importante porque as cepas de *Acinetobacter* produzindo essa carbapenemase são geralmente resistentes a todos os antibacterianos, com poucas exceções.

Tabela 17.3 Exemplos selecionados de cefalosporinas e cefamicinas.

Antibacterianos	Espectro de atividade
Espectro estreito (cefalexina, cefalotina, cefazolina, cefapirina, cefradina)	Atividade equivalente à oxacilina contra bactérias gram-positivas; alguma atividade contra bactérias gram-negativas (p. ex., *Escherichia coli*, *Klebsiella*, *Proteus mirabilis*)
Cefalosporinas de espectro expandido (cefaclor, cefuroxima)	Atividade equivalente à oxacilina contra bactérias gram-positivas; atividade melhorada contra gram-negativas, incluindo *Enterobacter*, *Citrobacter* e espécies adicionais de *Proteus*
Cefamicinas de espectro expandido (cefotetana, cefoxitina)	Atividade semelhante às cefalosporinas de espectro estendido, porém menos suscetível às betalactamases
Amplo espectro (cefixima, cefotaxima, ceftriaxona, ceftazidima)	Atividade equivalente à oxacilina contra bactérias gram-positivas; melhor atividade contra gram-negativas, incluindo *Pseudomonas*
Espectro estendido (cefepima, cefpiroma)	Atividade equivalente à oxacilina contra bactérias gram-positivas; atividade marginalmente melhorada contra gram-negativas

Tabela 17.4 Outros antibacterianos betalactâmicos.

Antibacterianos	Espectro de atividade
Carbapenêmicos (imipeném, meropeném, ertapeném, doripeném)	Antibacterianos de amplo espectro ativos contra a maioria das bactérias gram-negativas e gram-positivas aeróbias e anaeróbias, exceto estafilococos resistentes à oxacilina, maioria das cepas de *Enterococcus faecium* e bastonetes gram-negativos selecionados (p. ex., algumas espécies de *Burkholderia*, *Stenotrophomonas*, algumas *Pseudomonas*)
Monobactâmicos (aztreonam)	Ativos contra bastonetes gram-negativos aeróbios selecionados, mas inativos contra cocos gram-positivos ou anaeróbios

GLICOPEPTÍDIOS

A **vancomicina**, originalmente obtida de *Streptomyces orientalis*, é um glicopeptídio complexo que interrompe a síntese de peptidoglicanos da parede celular em bactérias gram-positivas em crescimento. A vancomicina interage com os terminais D-alanina-D-alanina das cadeias laterais do pentapeptídio, que interfere estericamente com a formação das pontes entre as cadeias de peptidoglicanos. A vancomicina é utilizada para o tratamento de infecções causadas por estafilococos resistentes à oxacilina e outras bactérias gram-positivas resistentes a antibacterianos betalactâmicos. A vancomicina é inativa contra bactérias gram-negativas, porque a molécula é muito grande para atravessar os poros na membrana externa e alcançar o sítio-alvo do peptidoglicano. Além disso, alguns organismos são intrinsecamente resistentes à vancomicina (p. ex., *Leuconostoc*, *Lactobacillus*, *Pediococcus* e *Erysipelothrix*), porque o pentapeptídio termina em D-alanina-D-lactato, que não se liga à vancomicina. A resistência intrínseca também é encontrada em algumas espécies de enterococos que contêm um terminal D-alanina-D-serina (ou seja, *E. gallinarum*, *E. casseliflavus*). Finalmente, algumas espécies de enterococos (particularmente *E. faecium* e *E. faecalis*) adquiriram resistência à vancomicina. Os genes para essa resistência (principalmente *vanA* e *vanB*), que também mediam as mudanças no terminal do pentapeptídio, podem ser transportados em plasmídios e comprometem seriamente a utilidade da vancomicina para o tratamento de infecções enterocócicas. Mais importante, o gene de resistência à vancomicina contido em um transpóson de um plasmídio conjugativo de multirresistência é transferido *in vivo* de *E. faecalis* para *Staphylococcus aureus* multirresistente. O transpóson então passou do plasmídio de *E. faecalis* e foi recombinado e integrado no plasmídio de resistência de *S. aureus*. Isso resultou em um plasmídio de *S. aureus* que codificou a resistência aos betalactâmicos, vancomicina, aminoglicosídios e outros antibacterianos (um plasmídio que poderia ser transferido para outros estafilococos por conjugação). Curiosamente, essas cepas resistentes de *Staphylococcus* foram restritas principalmente a Michigan; no entanto, se essa resistência se tornar generalizada, as implicações médicas são profundas.

LIPOPEPTÍDIOS

Daptomicina, um lipopeptídio cíclico que ocorre naturalmente produzido por *S. roseosporus*, liga-se irreversivelmente à membrana citoplasmática, resultando em despolarização da membrana e ruptura dos gradientes iônicos, levando à morte da célula. Apresenta potente atividade contra bactérias gram-positivas, mas as bactérias gram-negativas são resistentes à daptomicina porque o medicamento não pode penetrar através do envoltório celular até a membrana citoplasmática. A daptomicina tem boa atividade contra estafilococos, estreptococos e enterococos multirresistentes (incluindo cepas resistentes à vancomicina).

POLIPEPTÍDIOS

Bacitracina, que foi isolada do *Bacillus licheniformis*, é uma mistura de polipeptídios utilizados em produtos aplicados topicamente (p. ex., cremes, pomadas, *sprays*) para o tratamento de infecções da pele causadas por bactérias gram-positivas (particularmente aquelas causadas por *Staphylococcus* e *Streptococcus* do grupo A). As bactérias gram-negativas são resistentes a esse agente. A bacitracina inibe a síntese da parede celular ao interferir na desfosforilação e reciclagem do transportador de lipídios responsável por mover os precursores do peptidoglicano através da membrana citoplasmática à parede celular. Também pode causar danos à membrana citoplasmática bacteriana e inibe a transcrição de ácido ribonucleico (RNA). A resistência aos antibacterianos é muito provavelmente causada pela falha de penetração do antibacteriano para dentro da célula bacteriana.

As **polimixinas** são um grupo de polipeptídios cíclicos derivados de *B. polymyxa*. Esses antibacterianos são inseridos em membranas bacterianas, como detergentes, interagindo com lipopolissacarídios e os fosfolipídios na membrana externa, produzindo maior permeabilidade celular e eventual morte celular. As **polimixinas B e E (colistina)** são capazes de causar uma grave nefrotoxicidade. Assim, seu uso limitou-se historicamente ao tratamento de infecções localizadas, tais como otite externa, infecções oculares e de pele causadas por organismos sensíveis. No entanto, visto que alguns organismos como as bactérias gram-negativas produtoras de carbapenemases só são suscetíveis à colistina, esse antibacteriano é agora frequentemente utilizado para tratar algumas infecções sistêmicas. Infelizmente, a resistência à colistina também está se tornando generalizada, tornando esses organismos resistentes a quase todos os antibacterianos.

ISONIAZIDA, ETIONAMIDA, ETAMBUTOL E CICLOSERINA

Isoniazida, etionamida, etambutol e cicloserina são antibacterianos ativos no envoltório celular utilizados para o tratamento de infecções por micobactérias. **Isoniazida** (hidrazida do ácido isonicotínico [INH]) é bactericida contra micobactérias que apresentam replicação ativa. Embora o mecanismo exato de ação seja desconhecido, a síntese de ácido micólico é afetada (a dessaturação dos ácidos graxos de cadeia longa e o alongamento dos ácidos graxos e hidroxilipídios são interrompidos). A **etionamida**, um derivado de INH, também bloqueia a síntese de ácido micólico. O **etambutol** interfere na síntese de arabinogalactano no envoltório celular, e a **cicloserina** inibe duas enzimas, D-alanina-D-alanina sintetase e alanina racemase, que catalisam a síntese da parede celular. A resistência a esses quatro antibacterianos é resultante principalmente da redução da captação de medicamentos na célula bacteriana ou alteração dos sítios-alvos.

Inibição da síntese de proteínas

A ação principal dos agentes na segunda maior classe de antibacterianos é a inibição da síntese de proteínas (ver Tabela 17.1).

AMINOGLICOSÍDIOS

Os antibacterianos aminoglicosídios (Tabela 17.5) consistem em aminoácidos ligados por ligações glicosídicas a um anel aminociclitol. Estreptomicina, neomicina, canamicina

Tabela 17.5 Inibidores da síntese de proteínas.

Antibacterianos	Espectro de Atividade
Aminoglicosídios (estreptomicina, canamicina, gentamicina, tobramicina, amicacina)	Utilizados principalmente para tratar infecções com bastonetes (bacilo) gram-negativos; canamicina com atividade limitada; tobramicina ligeiramente mais ativa que a gentamicina *versus Pseudomonas*; amicacina mais ativa; estreptomicina e gentamicina combinadas com antibiótico ativo na parede celular para tratar infecções enterocócicas; estreptomicina ativa *versus* micobactérias e bastonetes gram-negativos selecionados
Aminociclitol (espectinomicina)	Ativo *versus Neisseria gonorrhoeae*
Tetraciclinas (tetraciclina, doxiciclina, minociclina)	Antibacterianos de amplo espectro ativos contra bactérias gram-positivas e algumas gram-negativas (*Neisseria*, algumas Enterobacteriaceae), micoplasmas, clamídias e riquétsias
Glicilciclinas (tigeciclina)	Espectro semelhante à tetraciclina, mas ativas contra bactérias gram-negativas e micobactérias de crescimento rápido
Oxazolidinona (linezolida)	Ativa contra o *Staphylococcus* (incluindo cepas resistentes à meticilina e suscetibilidade intermediária à vancomicina), *Enterococcus*, *Streptococcus*, bastonetes gram-positivos, além de *Clostridium* e cocos anaeróbios; não ativa contra bactérias gram-negativas
Macrolídios (eritromicina, azitromicina, claritromicina, roxitromicina)	Antibacterianos de amplo espectro ativos contra bactérias gram-positivas e algumas bactérias gram-negativas, *Neisseria*, *Legionella*, *Mycoplasma*, *Chlamydia*, *Chlamydophila*, *Treponema* e *Rickettsia*; claritromicina e azitromicina ativas contra algumas micobactérias
Cetolídios (telitromicina)	Antibacteriano de amplo espectro com atividade semelhante aos macrolídios; ativo contra alguns estafilococos e enterococos resistentes a macrolídios
Lincosamida (clindamicina)	Atividade de amplo espectro contra cocos gram-positivos aeróbios e anaeróbios
Estreptograminas (quinupristina-dalfopristina)	Principalmente ativas contra bactérias gram-positivas; boa atividade contra estafilococos sensíveis à meticilina e resistentes à meticilina, estreptococos, *Enterococcus faecium* suscetível à vancomicina e resistente à vancomicina (sem atividade contra *E. faecalis*), *Haemophilus*, *Moraxella* e anaeróbios (incluindo *Bacteroides fragilis*); não ativas contra Enterobacteriaceae ou outros bastonetes gram-negativos

e tobramicina foram originalmente isoladas de espécies de *Streptomyces* e gentamicina e sisomicina foram isoladas de espécies de *Micromonospora*. A amicacina e netilmicina são derivados sintéticos da canamicina e da sisomicina, respectivamente. Esses antibacterianos tentam atravessar a membrana externa bacteriana (em bactérias gram-negativas), parede celular e membrana citoplasmática para o citoplasma, na qual inibem a síntese de proteínas bacterianas por ligação irreversível com as proteínas do ribossomo 30S. Essa ligação aos ribossomos tem dois efeitos: a produção de proteínas aberrantes como resultado da leitura errada do RNA mensageiro (mRNA) e a interrupção da síntese de proteínas, causando a liberação prematura do ribossomo a partir do mRNA.

Os aminoglicosídios são bactericidas por causa de sua capacidade para se ligar irreversivelmente aos ribossomos e são comumente utilizados para tratar infecções graves causadas por muitos bastonetes gram-negativos (p. ex., Enterobacteriaceae, *Pseudomonas*, *Acinetobacter*) e alguns organismos gram-positivos. A penetração pela membrana citoplasmática é um processo aeróbico dependente de energia, por isso os anaeróbios são resistentes aos aminoglicosídios e os organismos suscetíveis em um ambiente anaeróbico (p. ex., abscesso) não respondem ao tratamento. Estreptococos e enterococos são resistentes aos aminoglicosídios porque os aminoglicosídios não conseguem penetrar através da parede celular dessas bactérias. O tratamento desses organismos requer coadministração de um aminoglicosídio com um inibidor de síntese da parede celular (p. ex., penicilina, ampicilina, vancomicina) que facilita a captação do aminoglicosídio.

Os antibacterianos mais comumente utilizados nesta classe são **amicacina**, **gentamicina** e **tobramicina**. Todos os três aminoglicosídios são utilizados para tratar infecções sistêmicas causadas por bactérias gram-negativas suscetíveis.

A **amicacina** tem a melhor atividade e é frequentemente reservada para o tratamento de infecções causadas por bactérias gram-negativas resistentes à gentamicina e à tobramicina. A **estreptomicina** não é prontamente disponível, mas tem sido utilizada para o tratamento de tuberculose, tularemia e infecções por estreptococos ou enterococos resistentes à gentamicina (em combinação com uma penicilina).

A resistência à ação antibacteriana dos aminoglicosídios pode se desenvolver em uma de quatro vias: (1) mutação do sítio de ligação ribossômico, (2) captação diminuída do antibacteriano dentro da célula bacteriana, (3) aumento da expulsão do antibacteriano da célula ou (4) modificação enzimática do antibacteriano. O mecanismo mais comum de resistência é a modificação enzimática dos aminoglicosídios. Isso é realizado pela ação das fosfotransferases (aminoglicosídios fosfotransferases [APH]), adeniltransferases (adenina nucleotide translocases [ANT]) e acetiltransferases (acetil-CoA carboxilases [AAC]) nos grupos amino e hidroxila do antibacteriano. As diferenças na atividade antibacteriana entre os aminoglicosídios são determinadas por sua relativa suscetibilidade a essas enzimas. Os outros mecanismos pelos quais as bactérias desenvolvem resistência aos aminoglicosídios são relativamente incomuns. A resistência causada pela alteração do ribossomo bacteriano requer a mutação sistemática de múltiplas cópias dos genes ribossômicos que existem na célula bacteriana. A resistência causada pela inibição do transporte do antibacteriano para dentro da célula bacteriana é ocasionalmente observada com *Pseudomonas*, mas é mais comumente vista com bactérias anaeróbias. Esse mecanismo produz baixo nível de resistência cruzada a todos os aminoglicosídios. O efluxo ativo de aminoglicosídios ocorre apenas em bactérias gram-negativas e raramente é observado.

TETRACICLINAS

As tetraciclinas (ver Tabela 17.5) são antibacterianos bacteriostáticos de amplo espectro que inibem a síntese de proteínas em bactérias ligando-se reversivelmente às subunidades 30S do ribossomo, bloqueando a ligação do aminoacil-transfer RNA (tRNA, RNA transportador) para o complexo ribossomo 30S–mRNA. Tetraciclinas (ou seja, **tetraciclina, doxiciclina, minociclina**) são eficazes no tratamento de infecções causadas por espécies de *Chlamydia, Mycoplasma* e *Rickettsia* e outras bactérias gram-positivas e bactérias gram-negativas selecionadas. Todas as tetraciclinas têm espectro de atividade similar, com a principal diferença entre os antibacterianos em suas propriedades farmacocinéticas (doxiciclina e minociclina são facilmente absorvidas e têm meia-vida longa). A resistência às tetraciclinas pode ter origem na diminuição da penetração do antibacteriano na célula bacteriana, efluxo ativo do antibacteriano para fora da célula, alteração do sítio-alvo do ribossomo ou modificação enzimática do antibacteriano. Mutações no gene cromossômico que codifica a proteína porina da membrana externa, OmpF, podem levar à resistência de baixo nível às tetraciclinas, bem como a outros antibacterianos (p. ex., betalactâmicos, quinolonas, cloranfenicol).

Os pesquisadores identificaram uma variedade de genes em diferentes bactérias que controlam o efluxo ativo de tetraciclinas da célula. Essa é a causa mais comum de resistência. A resistência às tetraciclinas também pode resultar da produção de proteínas similares a fatores de alongamento que protegem o ribossomo 30S. Quando isso acontece, o antibacteriano ainda pode se ligar ao ribossomo, mas a síntese de proteínas não é interrompida.

GLICILCLINAS

A **tigeciclina**, o primeiro representante dessa nova classe de antibacterianos, é um derivado semissintético da minociclina. Ela inibe a síntese proteica da mesma maneira que as tetraciclinas. A tigeciclina tem maior afinidade de ligação para o ribossomo e é menos afetada por efluxo ou modificação enzimática. Tem um amplo espectro de atividade contra bactérias gram-positivas, gram-negativas e anaeróbias, embora *Proteus, Morganella, Providencia* e *P. aeruginosa* sejam geralmente resistentes.

OXAZOLIDINONAS

As oxazolidinonas são uma classe de antibacterianos de espectro estreito; a **linezolida** é o agente atualmente utilizado. A linezolida bloqueia o início da síntese proteica por interferência na formação do complexo de iniciação que consiste em tRNA, mRNA e o ribossomo. O fármaco se liga à subunidade 50S do ribossomo, o que distorce o sítio de ligação do tRNA, inibindo a formação do complexo de iniciação 70S. Por causa desse mecanismo único, a resistência cruzada com outros inibidores de proteínas não ocorre. A linezolida tem atividade contra estafilococos, estreptococos e enterococos (incluindo as cepas resistentes às penicilinas, à vancomicina e aos aminoglicosídios). Visto que os enterococos multirresistentes são difíceis de tratar, o uso de linezolida é geralmente reservado para essas infecções, embora o desenvolvimento de resistência seja reconhecido.

CLORANFENICOL

O **cloranfenicol** tem um amplo espectro antibacteriano semelhante ao da tetraciclina, mas não é comumente utilizado nos EUA. A razão de seu uso limitado é que, juntamente com a interferência na síntese de proteínas bacterianas, esse medicamento interrompe a síntese de proteínas em células da medula óssea humana e pode produzir discrasias sanguíneas, como a anemia aplásica. O cloranfenicol exerce seu efeito bacteriostático ligando-se de maneira reversível ao componente peptidil transferase da subunidade 50S do ribossomo, bloqueando o alongamento do peptídio. A resistência ao cloranfenicol é observada em bactérias que produzem a cloranfenicol acetiltransferase codificada por plasmídios, que catalisa a acetilação do grupo 3-hidroxi do cloranfenicol. O produto é incapaz de se ligar à subunidade 50S. Menos comumente, as mutações cromossômicas alteram as proteínas porinas da membrana externa, fazendo com que os bastonetes gram-negativos sejam menos permeáveis.

MACROLÍDIOS

A **eritromicina**, derivada de *S. erythreus*, é o modelo de antibacteriano macrolídio (ver Tabela 17.5). A estrutura básica dessa classe de antibacterianos é um anel macrocíclico de lactona ligado a dois açúcares, desosamina e cladinose. A modificação da estrutura do macrolídio levou ao desenvolvimento da **azitromicina, claritromicina** e **roxitromicina**. Os macrolídios exercem seu efeito por meio de sua ligação reversível ao RNA ribossômico (rRNA) 23S da subunidade 50S do ribossomo, que bloqueia o alongamento de polipeptídios. A resistência aos macrolídios mais comumente deriva-se da metilação do rRNA 23S, evitando a ligação pelo antibacteriano. Outros mecanismos de resistência incluem a inativação dos macrolídios por enzimas (p. ex., esterases, fosforilases, glicosidase) ou mutações no 23S rRNA e nas proteínas ribossômicas. Os macrolídios são antibacterianos bacteriostáticos com um amplo espectro de atividade. Eles têm sido empregados para tratar infecções pulmonares causadas pelas espécies *Mycoplasma, Legionella* e *Chlamydia*, assim como para tratar infecções causadas por espécies de *Campylobacter* e bactérias gram-positivas em pacientes alérgicos à penicilina. A maioria das bactérias gram-negativas é resistente aos macrolídios. A azitromicina e a claritromicina também são utilizadas para tratar infecções causadas por micobactérias (p. ex., complexo *Mycobacterium avium*).

CETOLÍDIOS

Os cetolídios são derivados semissintéticos da eritromicina, modificados para aumentar a estabilidade em ácidos. A **telitromicina** é atualmente o único cetolídio disponível para uso nos EUA. Como com os macrolídios, a telitromicina se liga à subunidade 50S do ribossomo e bloqueia a síntese de proteínas. Seu uso está atualmente restrito ao tratamento de pneumonia adquirida na comunidade. É ativa contra *S. pneumoniae, Legionella, Mycoplasma* e *Chlamydia*, mas o uso do fármaco é limitado por sua toxicidade associada.

CLINDAMICINA

A **clindamicina** (pertencente à família dos antibacterianos lincosamida) é um derivado da lincomicina, originalmente isolado de *S. lincolnensis*. Como o cloranfenicol e os macrolídios, a clindamicina bloqueia o alongamento proteico por ligação ao ribossomo 50S. Ele inibe a peptidil-transferase por interferência na ligação do complexo aminoácido-acil-tRNA. A clindamicina é ativa contra estafilococos e bastonetes gram-negativos anaeróbios, mas geralmente é inativa contra bactérias gram-negativas aeróbias. A metilação do 23S rRNA é a fonte de resistência bacteriana. Visto que tanto a eritromicina como a clindamicina podem induzir essa resistência enzimática (também mediada por plasmídios), a resistência cruzada entre essas duas classes de antibacterianos é observada.

ESTREPTOGRAMINAS

As estreptograminas são uma classe de peptídios cíclicos produzidos por espécies de *Streptomyces*. Esses antibióticos são administrados como uma combinação de dois componentes, as estreptograminas do grupo A e do grupo B, que agem sinergicamente para inibir a síntese de proteínas. O antibacteriano atualmente disponível nessa classe é a **quinupristina-dalfopristina**. A dalfopristina se liga à subunidade 50S ribossômico e induz uma mudança conformacional que facilita a ligação da quinupristina. A dalfopristina evita o alongamento da cadeia de peptídios, e a quinupristina inicia a liberação prematura de cadeias de peptídios do ribossomo. Esse medicamento combinado é ativo contra estafilococos, estreptococos e *E. faecium* (mas não *E. faecalis*). O uso do antibacteriano foi restringido principalmente para o tratamento de infecções de *E. faecium* resistente à vancomicina.

Inibição da síntese de ácidos nucleicos

QUINOLONAS

As quinolonas (Tabela 17.6) representam uma das classes mais utilizadas de antibacterianos. São agentes quimioterápicos sintéticos que inibem a topoisomerase tipo II (girase) ou a topoisomerase tipo IV do ácido desoxirribonucleico (DNA) bacteriano, necessários para a replicação, recombinação e reparo do DNA. A subunidade DNA girase-A é o primeiro alvo da quinolona em bactérias gram-negativas, enquanto a topoisomerase tipo IV é o alvo principal em bactérias gram-positivas. A primeira quinolona utilizada na prática clínica foi o **ácido nalidíxico**. Esse antimicrobiano era usado para tratar infecções do sistema urinário causadas por uma variedade de bactérias gram-negativas, mas a resistência ao medicamento se desenvolveu rapidamente, fazendo com que ficasse fora de uso. Ele foi substituído por quinolonas mais novas e mais ativas, como **ciprofloxacino, levofloxacino** e **moxifloxacino**. A modificação do núcleo com dois anéis de quinolonas produziu essas novas quinolonas (chamadas de *fluoroquinolonas*). Esses antibacterianos têm excelente atividade contra bactérias gram-positivas e gram-negativas, embora a resistência possa se desenvolver rapidamente em *Pseudomonas*, estafilococos resistentes à oxacilina e enterococos. Em particular, as quinolonas de espectro estendido mais recentes têm atividade significativa contra bactérias gram-positivas.

A resistência às quinolonas é mediada por mutações cromossômicas nos genes estruturais para a girase do DNA e a topoisomerase tipo IV. Outros mecanismos incluem diminuição da absorção de medicamentos causada por mutações nos genes regulatórios da permeabilidade da membrana e superexpressão de bombas de efluxo que eliminam ativamente o fármaco. Cada um desses mecanismos é principalmente mediado pelos cromossomos.

RIFAMPICINA E RIFABUTINA

A **rifampicina**, um derivado semissintético da rifamicina B produzida por *S. mediterranei*, liga-se à RNA polimerase dependente de DNA e inibe o início da síntese de RNA. A rifampicina é bactericida para *M. tuberculosis* e é muito ativa contra cocos gram-positivos aeróbios, incluindo estafilococos e estreptococos.

Como a resistência pode se desenvolver rapidamente, a rifampicina geralmente é combinada com um ou mais antibacterianos eficazes. A resistência à rifampicina em bactérias gram-positivas resulta de uma mutação no gene cromossômico que codifica para a subunidade β da RNA polimerase. As bactérias gram-negativas são resistentes intrinsecamente à rifampicina por causa da captação reduzida do antibacteriano hidrofóbico. A **rifabutina**, um derivado da rifamicina, apresenta semelhanças no modo e espectro de atividade, e é particularmente ativa contra *M. avium*.

METRONIDAZOL

O **metronidazol** foi originalmente introduzido como agente oral para o tratamento de vaginite por *Trichomonas*. No entanto, demonstrou ser eficaz também no tratamento da amebíase, giardíase e infecções bacterianas anaeróbias graves (incluindo as causadas por *B. fragilis*). O metronidazol não tem atividade significativa contra bactérias aeróbias ou anaeróbias facultativas. As propriedades antimicrobianas do metronidazol derivam da redução de seu grupo nitro pela nitrorredutase bacteriana, produzindo compostos citotóxicos que causam ruptura do DNA do hospedeiro. A resistência resulta da diminuição da captação do antibacteriano ou da eliminação dos compostos citotóxicos antes que possam interagir com o DNA do hospedeiro.

Tabela 17.6 Quinolonas.

Antibacterianos	Espectro de atividade
Espectro estreito (ácido nalidíxico)	Ativo contra bastonetes (bacilos) gram-negativos selecionados; nenhuma atividade útil contra bactérias gram-positivas
Amplo espectro (ciprofloxacino, levofloxacino)	Antibacterianos de amplo espectro com atividade contra bactérias gram-positivas e gram-negativas
Espectro estendido (moxifloxacino)	Antibacterianos de amplo espectro com maior atividade contra bactérias gram-positivas (particularmente estreptococos e enterococos) em comparação com as primeiras quinolonas; atividade contra bastonetes gram-negativos semelhante ao observado com ciprofloxacino e quinolonas relacionadas

ANTIMETABÓLITOS

As **sulfonamidas** são antimetabólitos que competem com o ácido p-aminobenzoico, impedindo a síntese do ácido fólico necessário para alguns microrganismos. Visto que os organismos mamíferos não sintetizam o ácido fólico (necessário como uma vitamina), as sulfonamidas não interferem no metabolismo das células de mamíferos. A **trimetoprima** é outro antimetabólito que interfere no metabolismo do ácido fólico ao inibir a di-hidrofolato redutase, impedindo a conversão de di-hidrofolato para a tetraidrofolato. Essa inibição bloqueia a formação de timidina, algumas purinas, metionina e glicina. A trimetoprima é comumente combinada com sulfametoxazol para produzir uma combinação sinérgica ativa em duas etapas na síntese do ácido fólico. A **dapsona** e o **ácido p-aminossalicílico** também são antifolatos que se mostraram úteis para o tratamento de infecções micobacterianas.

As sulfonamidas são eficazes contra uma ampla gama de organismos gram-positivos e gram-negativos, como *Nocardia*, *Chlamydia* e alguns protozoários. As sulfonamidas de ação curta, como o sulfisoxazol, estão entre os medicamentos de escolha para o tratamento de infecções agudas do sistema urinário causadas por bactérias suscetíveis, como *E. coli*. O medicamento trimethoprima-sulfamethoxazol é eficaz contra uma grande variedade de microrganismos gram-positivos e gram-negativos e é o fármaco de escolha para o tratamento de infecções agudas e crônicas do sistema urinário. A combinação também é eficaz no tratamento de infecções causadas por *Pneumocystis jirovecii*, infecções bacterianas do trato respiratório inferior, otite média e gonorreia não complicada.

A resistência a esses antibacterianos pode originar-se de uma variedade de mecanismos. Bactérias como as *Pseudomonas* são resistentes como o resultado de barreiras da permeabilidade. Uma menor afinidade da di-hidrofolato redutase pode ser a fonte de resistência à trimetoprima. Além disso, bactérias que utilizam a timidina exógena (p. ex., enterococos) também são intrinsecamente resistentes.

Outros antibacterianos

A **clofazimina** é um antibacteriano lipofílico que se liga ao DNA micobacteriano. É altamente ativa contra *M. tuberculosis*, é o antimicrobiano de primeira linha para o tratamento de infecções com *M. leprae* e tem sido recomendada como antibacteriano secundário para o tratamento de infecções causadas por outras espécies de micobactérias.

A **pirazinamida (PZA)** é ativa contra *M. tuberculosis* em um pH baixo, como observado nos fagolisossomos. A forma ativa desse antibacteriano é o ácido pirazinoico, produzido quando a PZA é hidrolisada no fígado. O mecanismo pelo qual a PZA exerce seu efeito é desconhecido.

Bibliografia

Bryskier, A., 2005. Antimicrobial Agents: Antibacterials and Antifungals. American Society for Microbiology Press, Washington, DC.

Jorgensen, J., Pfaller, M., 2015. Manual of Clinical Microbiology, eleventh ed. American Society for Microbiology Press, Washington, DC.

Kucers, A., Bennett, N.M., 1989. The use of Antibiotics: A Comprehensive Review with Clinical Emphasis, fourth ed. Lippincott, Philadelphia.

fur4Mandell, G.L., Bennett, J.E., Dolin, R., 2015. Principles and Practice of Infectious Diseases, eighth ed. Elsevier, Philadelphia, PA.

18 Staphylococcus e Cocos Gram-Positivos Relacionados

Um recruta naval de 26 anos apresenta-se à base médica com lesões extensas e cheias de pus, rodeadas de eritemas em ambas as pernas. A suspeita é de infecção por Staphylococcus.

1. Quais propriedades estruturais são exclusivas dessa espécie de *Staphylococcus*?
2. Como as citotoxinas produzidas por esse organismo acarretam as manifestações clínicas observadas nesse paciente?
3. Três toxinas adicionais distintas são descritas em cepas de *S. aureus*. Quais doenças estão associadas a essas substâncias?
4. Atualmente, em infecções causadas por *S. aureus* adquiridas na comunidade, é comum o quadro de resistência a qual classe de antibacterianos?

RESUMOS Organismos clinicamente significativos.

STAPHYLOCOCCUS AUREUS

Palavras-chave
Coagulase, citotoxinas, toxinas esfoliativas, enterotoxinas, toxina da síndrome do choque tóxico, *Staphylococcus aureus* resistente à meticilina (SARM).

Biologia e virulência
- Cocos gram-positivos, catalase-positivos, organizados em grupos
- Espécies caracterizadas pela presença de coagulase e proteína A
- Os fatores de virulência incluem componentes estruturais que facilitam a aderência aos tecidos do hospedeiro e evitam a fagocitose, além de uma variedade de toxinas e enzimas hidrolíticas (consultar a Tabela 18.3)
- Infecções com SARM (*methicillin-resistant Staphylococcus aureus*) adquiridas em ambiente hospitalar e na comunidade são um problema mundial significativo

Epidemiologia
- Microbiota normal na pele e superfícies mucosas humanas
- Organismos podem sobreviver em superfícies secas por longos períodos (por causa da espessa camada de peptidoglicano e da ausência de membrana externa)
- Disseminação de pessoa a pessoa por contato ou exposição a fômites contaminados (p. ex., roupa de cama, vestuário)
- Os fatores de risco incluem presença de corpo estranho (p. ex., farpa, sutura, prótese, cateter), procedimento cirúrgico prévio e uso de antibacterianos que suprimem a microbiota normal
- Os grupos de pacientes suscetíveis a doenças específicas incluem lactentes (síndrome da pele escaldada), crianças pequenas com má higiene pessoal (impetigo e outras infecções cutâneas), portadores de cateteres intravasculares (bacteriemia e endocardite) ou derivações/*shunts* (meningite) e pacientes com função pulmonar comprometida ou uma infecção respiratória viral antecedente (pneumonia)
- SARM é atualmente a causa mais comum de infecções de pele e de tecidos moles adquiridas na comunidade

Doenças
- Doenças incluem as mediadas por toxinas (intoxicação alimentar, síndrome do choque tóxico e síndrome da pele escaldada), doenças piogênicas (impetigo, foliculite, furúnculos, carbúnculos e infecções de feridas) e outras doenças sistêmicas

Diagnóstico
- A microscopia é útil para as infecções piogênicas, mas não para as hematogênicas ou mediadas por toxinas
- Os estafilococos crescem rapidamente quando cultivados em meios não seletivos
- Meios seletivos (p. ex., ágar cromogênico, ágar manitol-sal) podem ser utilizados para recuperar *S. aureus* em amostras contaminadas
- Os testes de amplificação de ácidos nucleicos são úteis para o rastreamento de pacientes portadores de cepas de *S. aureus* sensíveis à meticilina (SASM) e SARM
- *Staphylococcus aureus* é identificado por testes bioquímicos (p. ex., coagulase), sondas moleculares ou espectrometria de massa

Tratamento, prevenção e controle
- Infecções localizadas tratadas por incisão e drenagem; antibioticoterapia indicada para infecções sistêmicas
- A terapia empírica deve incluir antibacterianos ativos contra cepas de SARM
- A terapia oral pode incluir sulfametoxazol-trimetoprima, doxiciclina ou minociclina, clindamicina ou linezolida; para a terapia intravenosa, vancomicina é o fármaco de escolha, com daptomicina, tigeciclina ou linezolida como alternativas aceitáveis
- O tratamento é sintomático para pacientes com intoxicação alimentar (embora a fonte de infecção deva ser identificada para que os procedimentos preventivos adequados sejam adotados)
- Limpeza adequada de feridas e uso de desinfetante ajuda a prevenir infecções
- Lavagem minuciosa das mãos e cobertura da pele exposta auxiliam a equipe médica a prevenir infecções ou a propagação para outros pacientes

ESTAFILOCOCOS COAGULASE-NEGATIVAS

Palavras-chave
Oportunista, camada viscosa, subaguda

Biologia e virulência
- Cocos gram-positivos, catalase-positivos, coagulase-negativos, organizados em aglomerados ou grupos
- Relativamente avirulento, embora a produção de uma camada "pegajosa" (viscosa) propicie a aderência a corpos estranhos (p. ex., cateteres, enxertos, próteses valvares e das articulações, *shunts* ou derivações) e proteção contra fagocitose e antibacterianos

Epidemiologia
- Microbiota humana normal na pele e nas superfícies das mucosas
- Os microrganismos podem sobreviver em superfícies secas por longos períodos
- Disseminação de pessoa para pessoa por contato direto ou exposição a fômites contaminados, embora a maioria das infecções seja com os organismos da microbiota do próprio paciente
- Os pacientes estão em risco quando um corpo estranho está presente
- Os organismos são onipresentes, portanto não há limitações geográficas ou sazonais

Doenças
- As infecções incluem endocardite subaguda, infecções de corpos estranhos e infecções do sistema urinário

Diagnóstico
- Como nas infecções por *S. aureus*

Tratamento, prevenção e controle
- Os antibacterianos de escolha são a oxacilina (ou outra penicilina resistente à penicilinase) ou vancomicina para cepas resistentes à oxacilina
- A remoção do corpo estranho é frequentemente necessária para um tratamento bem-sucedido
- É necessário tratamento imediato para endocardite ou infecções de *shunt* prévio para prevenir mais danos teciduais ou formação de imunocomplexos

Os cocos gram-positivos são uma coleção heterogênea de bactérias. Características em comum incluem sua forma esférica, reação de coloração de gram e ausência de endosporos. A presença ou ausência de catalase, uma enzima que converte o peróxido de hidrogênio em água e oxigênio, é utilizada para subdividir os vários gêneros. O gênero catalase-positivo aeróbio mais importante é *Staphylococcus* (discutido neste capítulo) e os gêneros catalase-negativos mais importantes, *Streptococcus* e *Enterococcus*, serão discutidos no próximo capítulo.

Os estafilococos são cocos gram-positivos que crescem em um padrão característico, que se assemelha a um cacho de uvas (Figura 18.1 e Tabela 18.1), embora os organismos em espécimes clínicos geralmente apareçam como células únicas, pares ou cadeias curtas. A maioria dos estafilococos apresenta grandes dimensões, de 0,5 a 1,5 μm de diâmetro, e são capazes de crescer e potencialmente produzir doenças em diversas condições: em atmosfera aeróbica e anaeróbica, na presença de uma alta concentração de sal (p. ex., 10% de cloreto de sódio) e em temperaturas que variam de 18 a 40°C. O gênero consiste atualmente em mais de 80 espécies e subespécies, muitas das quais são encontradas na pele e nas membranas mucosas de humanos. Algumas espécies têm nichos muito específicos em que são comumente encontradas. Por exemplo, *S. aureus* coloniza as narinas anteriores, *S. capitis* é encontrado onde as glândulas sebáceas estão presentes (p. ex., testa ou fronte) e *S. haemolyticus* e *S. hominis* são observados em áreas nas quais as glândulas apócrinas estão presentes (p. ex., axila). Estafilococos são patógenos importantes em humanos, causando infecções oportunísticas e um amplo espectro de doenças sistêmicas de risco à vida, incluindo infecções de pele, ossos, sistema urinário e tecidos moles (Tabela 18.2). As espécies mais comumente associadas a doenças humanas são: **S. aureus** (o membro mais virulento e mais conhecido do gênero), **S. epidermidis**, **S. lugdunensis** e **S. saprophyticus**. O **SARM** é conhecido por causar infecções graves em pacientes hospitalizados e, fora do ambiente hospitalar, em crianças e adultos previamente saudáveis. As colônias de *S. aureus* podem ter uma cor amarela ou dourada, como resultado dos pigmentos carotenoides que se formam durante seu crescimento, o que dá nome à espécie. É também a

Tabela 18.1 Estafilococos importantes.

Organismo	Derivação histórica
Staphylococcus	*staphylé*, cacho de uvas; *coccus*, grão ou baga (cocos em forma de uva)
S. aureus	*aureus*, dourado (dourado ou amarelo)
S. epidermidis	*epidermidis*, pele externa (da epiderme ou pele externa)
S. lugdunensis	*Lugdunum*, nome em latim para Lyon, França, onde o organismo foi isolado pela primeira vez
S. saprophyticus	*sapros*, pútrido; *phyton*, planta (saprófita ou que cresce sobre tecidos mortos)

Tabela 18.2 Espécies de *Staphylococcus* e suas doenças.

Organismo	Doenças
Staphylococcus aureus	Mediadas por toxinas (intoxicação alimentar, síndrome da pele escaldada e síndrome do choque tóxico), cutâneas (carbúnculos, foliculite, furúnculos, impetigo e infecções de feridas), outras (bacteriemia, endocardite, pneumonia, empiema, osteomielite e artrite séptica)
S. epidermidis	Bacteriemia; endocardite; feridas cirúrgicas; infecção oportunística de cateteres, *shunts* ou derivações e dispositivos das próteses
S. lugdunensis	Endocardite
S. saprophyticus	Infecções do sistema urinário

espécie mais comum em humanos que produz a enzima **coagulase**; portanto, essa propriedade é um teste diagnóstico útil. Quando uma colônia de *S. aureus* é suspensa em plasma, a coagulase liga-se a um fator sérico e esse complexo converte o fibrinogênio em fibrina, resultando na formação de um coágulo. A maioria das outras espécies estafilocócicas não produz coagulase e são referidas coletivamente como **estafilococos coagulase-negativos (ECN)**. Essa é uma distinção útil porque essas espécies são menos virulentas e causam principalmente infecções oportunistas.

Fisiologia e estrutura

CÁPSULA E CAMADA MUCOPOLISSACARÍDICA EXTRACELULAR

A camada mais externa do envoltório celular de muitos estafilococos é coberta com uma **cápsula de polissacarídio**. Diversos sorotipos capsulares foram identificados em *S. aureus*. Os sorotipos 1 e 2 estão associados a cápsulas muito espessas e colônias de aspecto mucoide, mas raramente são associados à doença humana. Por outro lado, os sorotipos 5 e 8 estão associados à aproximadamente 75% das infecções em humanos. A cápsula protege as bactérias, inibindo a fagocitose dos organismos por leucócitos polimorfonucleares (PMNs). Um filme solúvel em água **(camada de mucopolissacarídio extracelular** ou **biofilme)** constituído por monossacarídios, proteínas e pequenos peptídeos é produzido pela maioria dos estafilococos em quantidades variáveis. Essa substância extracelular liga as bactérias aos tecidos e corpos estranhos, tais como cateteres, enxertos,

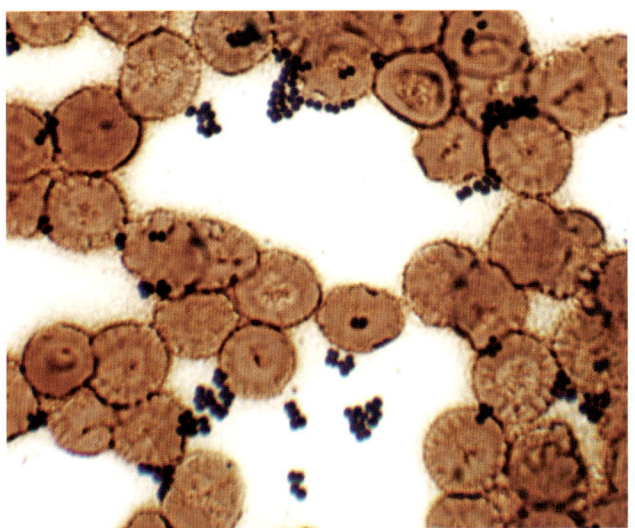

Figura 18.1 Coloração de gram de *Staphylococcus* em hemocultura.

próteses valvares e articulares, além de *shunts*, e é particularmente importante para a sobrevivência de estafilococos coagulase-negativos relativamente avirulentos.

PEPTIDOGLICANO E ENZIMAS RELACIONADAS

Uma compreensão da estrutura do envoltório celular de bactérias gram-positivas é essencial porque esse é o alvo de muitos antibacterianos importantes. Metade do envoltório por peso é de **peptidoglicano**, que consiste em camadas de cadeias de glicanos construídas com 10 a 12 subunidades alternadas de ácido N-acetilmurâmico e N-acetilglucosamina. As cadeias laterais de oligopeptídios estão ligadas às subunidades de ácido N-acetilmurâmico e são então reticuladas (ligação cruzada) com pontes peptídicas. Ao contrário das bactérias gram-negativas, a camada de peptidoglicano em organismos gram-positivos consiste em **muitas camadas reticuladas**, o que torna a parede celular mais rígida. As **enzimas** que catalisam a construção da camada de peptidoglicano são denominadas de **proteínas de ligação à penicilina (PBPs – *Penicillin-binding proteins*)**, porque essas são os alvos das penicilinas e de outros antibacterianos betalactâmicos. A resistência bacteriana à meticilina e às penicilinas e cefalosporinas relacionadas é mediada por aquisição de um par de genes (*mecA* e *mecC*) que codificam uma nova proteína de ligação à penicilina, PBP2a, que tem uma baixa afinidade para meticilina, penicilinas e cefalosporinas relacionadas (consulte a seção *"Tratamento, prevenção e controle"* para detalhes adicionais). O **gene *mecA*** se localiza no óperon cromossômico estafilocócico *mec* (SCC*mec*), e são descritas sequências genéticas múltiplas deste óperon. Essa informação é relevante porque as cepas de **SARM**, anteriormente restritas a infecções hospitalares, agora estão presentes na comunidade e são responsáveis pela maioria das infecções estafilocócicas. Embora as cepas isoladas de ambiente hospitalar e da comunidade fossem inicialmente distintas, o movimento dentro e fora do hospital é comum; portanto, nenhuma cepa de SARM é encontrada exclusivamente em um dos ambientes.

O peptidoglicano tem atividade semelhante à endotoxina, estimulando a produção de pirogênios endógenos, ativação de complemento, produção de interleucina (IL)-1 de monócitos e agregação de PMNs (um processo responsável pela formação de abscesso).

ÁCIDOS TEICOICOS E LIPOTEICOICOS

Os **ácidos teicoicos** são o outro componente principal da parede celular. Os ácidos teicoicos são **espécie-específicos**, polímeros contendo fosfato que estão ligados covalentemente a resíduos de ácido N-acetilmurâmico da camada de peptidoglicano ou aos lipídios da membrana citoplasmática (**ácidos lipoteicoicos**). Embora os ácidos teicoicos sejam imunógenos deficientes, uma resposta específica de anticorpos é estimulada quando são ligados ao peptidoglicano. A produção de anticorpos era utilizada inicialmente como um marcador de infecção por *S. aureus*, mas esse teste insensível foi abandonado nos últimos anos.

PROTEÍNAS DE ADESÃO DE SUPERFÍCIE

Uma grande coleção de proteínas de superfície foi identificada em *S. aureus* que são fatores de virulência importantes porque aderem a proteínas de matriz do hospedeiro ligadas aos tecidos do hospedeiro (p. ex., fibronectina, fibrinogênio, elastina, colágeno). A maioria dessas proteínas de adesão de superfície é covalentemente ligada ao peptidoglicano da parede celular em estafilococos e são designadas **proteínas componentes de superfície microbiana que reconhecem moléculas da matriz adesiva (MSCRAMM, do inglês *microbial surface components recognizing adhesive matrix molecules*)**. A nomenclatura para as proteínas individuais é confusa; por exemplo, a proteína estafilocócica A (*spa*) liga-se ao receptor Fc da imunoglobulina (Ig)G1, IgG2 e IgG4; proteína A de ligação à fibronectina, como o nome indica, liga-se à fibronectina; e a proteína A de superfície de *S. aureus* tem uma função indeterminada. As proteínas MSCRAMM mais bem caracterizadas são a proteína A estafilocócica, as proteínas A e B de ligação à fibronectina e as proteínas A e B do fator de aglutinação. As proteínas do fator de aglutinação (também denominadas **coagulases**) ligam-se ao fibrinogênio e o convertem em fibrina insolúvel, causando a aglomeração ou agregação dos estafilococos. Tudo isso pode ser um pouco confuso, portanto é importante lembrar de dois fatos: (1) *S. aureus* tem várias proteínas na superfície bacteriana que permitem a ligação dos microrganismos às células do hospedeiro para estabelecer a infecção e (2) algumas dessas proteínas são únicas para *S. aureus* e servem para identificar o organismo.

MEMBRANA CITOPLASMÁTICA

A **membrana citoplasmática** é composta de um complexo de proteínas, lipídios e uma pequena quantidade de carboidratos. Serve como uma barreira osmótica para a célula e fornece uma ancoragem para as enzimas biossintéticas e respiratórias celulares.

Patogênese e imunidade

A capacidade dos estafilococos de causar doenças depende da capacidade das bactérias de **escapar** da eliminação pelas respostas imunes, produzir proteínas de superfície que medeiam a **aderência** de bactérias aos tecidos do hospedeiro durante a colonização e produzir doenças a partir da elaboração de toxinas específicas e enzimas hidrolíticas que levam à **destruição dos tecidos** (Tabela 18.3). Essas propriedades, evasão imunológica, aderência, destruição de tecidos, são comuns à maioria dos organismos patogênicos.

REGULAÇÃO DOS GENES DE VIRULÊNCIA

A expressão de fatores de virulência e a formação de biofilme em estafilococos estão sob o controle complexo do **óperon regulador do gene acessório (*agr*)**. Esse sistema de controle de *quorum-sensing* (densidade bacteriana) propicia a expressão das proteínas de aderência e promove a colonização de tecidos e o crescimento intracelular quando a densidade de bactérias é baixa, e a invasão de tecidos e produção de enzimas hidrolíticas e toxinas quando a densidade é alta. O óperon codifica peptídios autoindutores (AIP1 a 4) que se ligam aos receptores de superfície celular e regulam a expressão das proteínas com base na densidade populacional. A regulação imune inata da virulência bacteriana é

Tabela 18.3 Fatores de virulência de *Staphylococcus aureus*.

Fatores de virulência	Efeitos biológicos
COMPONENTES ESTRUTURAIS	
Cápsula	Inibe a quimiotaxia e a fagocitose; inibe a proliferação de células mononucleares
Camada mucopolissacarídica	Facilita a aderência a corpos estranhos
Peptidoglicano	Fornece estabilidade osmótica; estimula a produção de pirogênio endógeno (atividade do tipo endotoxina); quimioatraente de leucócitos (formação de abscesso); inibe a fagocitose
Ácido teicoico	Liga-se à fibronectina
Proteína A	Inibe a eliminação mediada por anticorpos pela ligação a receptores IgG1, IgG2 e IgG4; quimioatraente de leucócitos; anticomplementar
TOXINAS	
Citotoxinas	Tóxica para muitas células, incluindo eritrócitos, fibroblastos, leucócitos, macrófagos e plaquetas
Toxinas esfoliativas (ETA, ETB)	Serina proteases que dividem as pontes intercelulares no estrato granuloso da epiderme
Enterotoxinas	Superantígenos (estimulam a proliferação de células T e liberação de citocinas); estimulam a liberação de mediadores inflamatórios em mastócitos, aumentando o peristaltismo intestinal e a perda de líquidos, assim como náuseas e vômito
Síndrome do choque tóxico-1	Superantígeno (estimula a proliferação de células T e a liberação de citocinas); produz extravasamento ou destruição de células endoteliais
ENZIMAS	
Coagulase	Converte fibrinogênio em fibrina
Hialuronidase	Hidrolisa o ácido hialurônico no tecido conjuntivo, promovendo a disseminação de estafilococos no tecido
Fibrinólise	Dissolve os coágulos de fibrina
Lipases	Hidrolisa lipídios
Nucleases	Hidrolisa o DNA

DNA, ácido desoxirribonucleico; *Ig*, imunoglobulina.

mediada pela apolipoproteína B, que é a principal proteína estrutural de densidade muito baixa, e por lipoproteínas de baixa densidade (VLDL, LDL), que se ligam aos AIPs e suprimem a sinalização de *agr*. Assim, em condições ideais, a densidade bacteriana é mantida em baixa concentração, proporcionando os benefícios da estimulação imunológica por estafilococos colonizantes, sem as consequências da invasão e da destruição de tecidos.

DEFESAS CONTRA A IMUNIDADE INATA

Opsoninas (ou seja, IgG, fator do complemento C3) no soro se ligam aos estafilococos encapsulados, mas a **cápsula** protege as bactérias, inibindo a fagocitose dos organismos por PMNs. Entretanto, na presença de anticorpos específicos dirigidos contra os estafilococos, o C3 aumentado está ligado às bactérias e leva à fagocitose. A **camada mucopolissacarídica** extracelular também interfere na fagocitose de bactérias. A capacidade da **proteína A** de ligar eficazmente as imunoglobulinas impede a eliminação imunológica mediada por anticorpos de *S. aureus*. Além disso, a proteína extracelular A pode se ligar aos anticorpos e formar imunocomplexos, com o subsequente consumo do complemento.

TOXINAS ESTAFILOCÓCICAS

S. aureus produz muitas toxinas, incluindo cinco toxinas citolíticas ou que causam danos à membrana (alfa, beta, delta, gama e leucocidina P-V), duas toxinas esfoliativas (A e B), numerosas enterotoxinas (A a E, G a X, mais múltiplas variantes) e TSST-1. As toxinas citolíticas são descritas como hemolisinas, mas esse é um termo errôneo porque as atividades das primeiras quatro toxinas não se restringem apenas aos eritrócitos, e a leucocidina P-V é incapaz de lisar eritrócitos. As citotoxinas podem lisar neutrófilos, resultando na liberação de enzimas lisossomais que, posteriormente, causam danos aos tecidos circundantes. A citotoxina leucocidina P-V está associada a infecções pulmonares e cutâneas graves.

A toxina esfoliativa A, as enterotoxinas e o TSST-1 pertencem a uma classe de polipeptídios conhecidos como **superantígenos**. Essas toxinas ligam-se a moléculas do complexo principal de histocompatibilidade de classe II (MHC II) em macrófagos, que, por sua vez, interagem com as regiões **variáveis** da subunidade β de **r**eceptores de **c**élulas **T** (**VβTCR**). Isso resulta em uma liberação intensa de citocinas, tanto por macrófagos (IL-1β e fator de necrose tumoral [TNF]-α) quanto por células T (IL-2, interferona [IFN]-γ e TNF-β). A liberação de IL-1β está associada à febre, e a liberação de TNF-α e TNF-β está associada à hipotensão e ao choque.

Citotoxinas

A **toxina alfa**, codificada tanto no cromossomo bacteriano quanto no plasmídeo, é um polipeptídio de 33.000-Da produzido pela maioria das cepas de *S. aureus* que causam doenças humanas. A toxina causa o rompimento do músculo liso dos vasos sanguíneos e é tóxica para muitos tipos de células, incluindo os eritrócitos, leucócitos, hepatócitos e plaquetas. A ligação da toxina alfa à superfície da célula promove a agregação em um heptâmero (sete moléculas da toxina) formando um poro de 1- a 2-nm e propicia o rápido efluxo de K^+ e influxo de Na^+, Ca^{2+} e outras pequenas moléculas, o que promove o inchaço osmótico e a lise celular. Acredita-se que a toxina alfa seja um importante mediador dos danos teciduais na doença estafilocócica.

A **toxina beta**, também chamada **esfingomielinase C**, é uma proteína termolábil de 35.000-Da produzida pela maioria das cepas de *S. aureus* responsáveis por doenças em humanos e animais. Essa enzima tem uma especificidade para a esfingomielina e para a lisofosfatidilcolina e é tóxica para várias células, incluindo eritrócitos, fibroblastos, leucócitos e macrófagos. A **toxina beta** catalisa a hidrólise dos fosfolipídios de membrana em células suscetíveis, com lise proporcional à concentração de esfingomielina exposta na superfície celular. Considera-se que isso seja responsável pelas diferenças na suscetibilidade das espécies à toxina. O efeito nos eritrócitos ocorre principalmente a baixas temperaturas, de modo que essa toxina pode ser menos eficiente do que outras hemolisinas.

A **toxina delta** é um polipeptídio de 3.000-Da produzido por quase todas as cepas de *S. aureus* e outros estafilococos (p. ex., *S. epidermidis, S. haemolyticus*). A toxina tem um amplo espectro de atividade citolítica, afetando eritrócitos, diversas células de mamíferos e estruturas da membrana intracelular. Essa toxicidade relativamente inespecífica da membrana é consistente com a ideia de que a toxina age como um surfactante, rompendo as membranas celulares por meio de uma ação semelhante à do detergente.

A **toxina gama** (produzida por quase todas as cepas de *S. aureus*) e a **leucocidina P-V** são toxinas bicomponentes compostas de duas cadeias de polipeptídeos: o componente S (proteínas de eluição lenta) e o componente F (proteínas de eluição rápida). Foram identificadas três proteínas S únicas (HlgA [hemolisina gama A], HlgC e LukSPV) e duas proteínas F (HlgB e LukF-PV). Bactérias capazes de produzir ambas as toxinas podem codificar todas essas proteínas, com o potencial de produzir seis toxinas distintas. Todas as seis toxinas podem lisar neutrófilos e macrófagos, enquanto a maior atividade hemolítica está associada aos pares HlgA/HlgB, HlgC/HlgB e HlgA/LukF-PV. A toxina leucocidina PV (LukS-PV/LukF-PV) é leucotóxica, mas não tem atividade hemolítica. A lise celular pelas toxinas gama e leucocidina PV é mediada pela formação de poros, com o subsequente aumento da permeabilidade a cátions e instabilidade osmótica.

Toxinas esfoliativas

A **síndrome da pele escaldada estafilocócica** (**SSSS**, do inglês *Staphylococcal scalded skin syndrome*) é um espectro de doenças caracterizadas por dermatite esfoliativa, mediado por toxinas esfoliativas. A prevalência da produção de toxinas em cepas de *S. aureus* varia geograficamente, mas geralmente é inferior a 5%. Duas formas distintas de toxinas esfoliativas (ETA e ETB) foram identificadas e ambas podem produzir doenças. O ETA é termoestável e o gene é codificado por um fago associado, enquanto o ETB é termolábil e localizado em um plasmídeo. As toxinas são **serina proteases** que dividem a desmogleína-1, que é membro de uma família de estruturas de adesão celular (desmossomos) responsáveis pela formação das pontes intercelulares no estrato granuloso da epiderme. As toxinas não estão associadas à citólise ou à inflamação, portanto, nem os estafilococos ou os leucócitos estão normalmente presentes na camada envolvida da epiderme (essa é uma **pista diagnóstica** importante). Depois de exposição da epiderme à toxina, anticorpos protetores neutralizantes se desenvolvem, levando à resolução do processo tóxico. A SSSS é vista principalmente em crianças pequenas e, com menor frequência, em crianças maiores e adultos.

Enterotoxinas

Inúmeras **enterotoxinas estafilocócicas** distintas foram identificadas, com a enterotoxina A mais comumente associada à intoxicação alimentar. As enterotoxinas C e D são encontradas em produtos lácteos contaminados e a enterotoxina B causa enterocolite pseudomembranosa estafilocócica. Pouco se conhece sobre a prevalência ou importância clínica de outras enterotoxinas. As enterotoxinas são destinadas perfeitamente para causar doenças transmitidas por alimentos (estáveis até o aquecimento a 100°C por 30 minutos e resistentes à hidrólise por enzimas gástricas e jejunais). Assim, uma vez que um produto alimentar tenha sido contaminado com estafilococos produtores de enterotoxinas e as toxinas tenham sido produzidas, nem o leve reaquecimento dos alimentos ou a exposição a ácidos gástricos serão protetores. Essas toxinas são produzidas por 30 a 50% de todas as cepas de *S. aureus*. O mecanismo preciso da atividade da toxina não é compreendido. Essas toxinas são **superantígenos** capazes de induzir a ativação inespecífica de células T e a liberação intensa de citocinas. Alterações histológicas características no estômago e jejuno incluem infiltração de neutrófilos no epitélio e a lâmina própria subjacente, com perda da borda em escova no jejuno. Acredita-se que a estimulação da liberação de mediadores inflamatórios de mastócitos seja responsável pelo vômito, característica da intoxicação alimentar por estafilococos.

Toxina-1 da síndrome do choque tóxico

A **TSST-1** é uma exotoxina de 22.000-Da, mediada por cromossomos e resistente ao calor e à proteólise. Estima-se que 90% das cepas de *S. aureus* responsáveis pela síndrome do choque tóxico (TSS) associada à menstruação e metade das cepas responsáveis por outras formas de TSS produzem a TSST-1. A enterotoxina B e, raramente, a enterotoxina C são responsáveis por aproximadamente metade dos casos de TSS não associados à menstruação. A expressão *in vitro* de TSST-1 requer uma elevada concentração de oxigênio e pH neutro. Essa é provavelmente a razão pela qual a TSS é relativamente incomum em comparação com a incidência de infecções de feridas por *S. aureus* (um cenário em que o ambiente de um abscesso é relativamente anaeróbico e ácido). A TSST-1 é um **superantígeno** que estimula a liberação de citocinas, produzindo o extravasamento de células endoteliais em baixas concentrações e um efeito citotóxico para as células em altas concentrações. A capacidade da TSST-1 de penetrar nas barreiras mucosas, ainda que a infecção permaneça localizada na vagina ou no sítio de uma ferida, é responsável pelos efeitos sistêmicos de TSS. A morte em pacientes com TSS é causada pelo choque hipovolêmico que leva à falência de múltiplos órgãos.

ENZIMAS ESTAFILOCÓCICAS

As cepas de *S. aureus* têm duas formas de **coagulase**: ligada e livre. A coagulase ligada ao envoltório celular estafilocócico pode converter diretamente o fibrinogênio em fibrina insolúvel e causar a aglutinação de estafilococos. A coagulase livre de células alcança o mesmo efeito, reagindo com um fator globulina plasmático **(fator coagulase reativo)** para formar estafilotrombina, que é um fator semelhante à trombina. Esse fator catalisa a conversão do fibrinogênio em fibrina insolúvel. O papel da coagulase na patogênese da doença é especulativo, mas a coagulase pode causar a formação de uma camada de fibrina ao redor de um abscesso estafilocócico, localizando a infecção e protegendo os organismos contra a fagocitose. Algumas outras espécies de estafilococos produzem coagulase, mas são primariamente patógenos em animais e excepcionalmente recuperadas em infecções humanas.

Os estafilococos produzem uma variedade de outras enzimas que hidrolisam os componentes teciduais do hospedeiro e auxiliam na disseminação bacteriana. A **hialuronidase** hidrolisa os ácidos hialurônicos presentes na matriz acelular do tecido conjuntivo. A **fibrinolisina**, também chamada estafiloquinase, pode dissolver coágulos de fibrina. Todas as cepas de *S. aureus* e mais de 30% das cepas de *Staphylococcus* coagulase-negativos produzem várias **lipases** diferentes, que hidrolisam os lipídios e asseguram a sobrevivência dos estafilococos nas áreas sebáceas do corpo. *S. aureus* também produz uma **nuclease** termoestável que pode hidrolisar o ácido desoxirribonucleico (DNA) viscoso.

Epidemiologia

Os estafilococos são **onipresentes**. Todas as pessoas apresentam estafilococos coagulase-negativos em sua pele e a colonização transitória de dobras úmidas da pele com *S. aureus* é comum. A colonização do coto umbilical, da pele e da área perineal de neonatos com *S. aureus* é comum. *Staphylococcus aureus* e estafilococos coagulase-negativos também são encontrados nas narinas, orofaringe, sistemas digestório e urogenital. O carreamento de *S. aureus* de curta duração ou persistente em crianças mais velhas e adultos é mais comum na **nasofaringe** anterior do que na orofaringe. Aproximadamente 15% dos adultos normais e saudáveis são carreadores nasofaríngeos persistentes de *S. aureus*, com maior incidência relatada em pacientes hospitalizados, equipe médica, indivíduos com doenças eczematosas da pele e aqueles que usam regularmente agulhas, quer ilicitamente (p. ex., toxicodependentes), quer para fins médicos (p. ex., pacientes com diabetes insulinodependentes, pacientes que recebem injeções para alergias ou aqueles submetidos à hemodiálise). A aderência do organismo ao epitélio da mucosa é regulada por adesinas de superfície celular de estafilococos.

Como os estafilococos são encontrados na pele e na nasofaringe, é comum a liberação da bactéria, o que acarreta muitas infecções hospitalares. Os estafilococos são suscetíveis a altas temperaturas, desinfetantes e soluções antissépticas; no entanto, os organismos podem sobreviver em superfícies secas por longos períodos. Os organismos podem ser transferidos para uma pessoa suscetível, seja por contato direto ou indireto, por fômites (p. ex., roupas contaminadas, roupas de cama). Portanto, a equipe médica deve usar técnicas adequadas de lavagem das mãos para prevenir a transferência de estafilococos para os pacientes ou até mesmo entre os pacientes.

A partir da década de 1980, as cepas de SARM se espalharam rapidamente em pacientes hospitalizados suscetíveis, mudando drasticamente a terapia disponível para prevenir e tratar as infecções por estafilococos. Embora as infecções por SARM fossem relativamente incomuns entre os indivíduos saudáveis na comunidade, uma mudança drástica foi observada em 2003, quando novas cepas foram relatadas como responsáveis por surtos de infecções cutâneas adquiridas na comunidade e de pneumonia grave. Curiosamente, as cepas não estavam relacionadas àquelas que circulam nos hospitais e as cepas isoladas em cada país eram geneticamente únicas. Infelizmente, as cepas da comunidade se moveram para hospitais na última década, complicando as medidas de controle previamente estabelecidas. Os pacientes hospitalizados são agora suscetíveis a infecções causadas por cepas adquiridas na comunidade ou no ambiente hospitalar.

Doenças clínicas

STAPHYLOCOCCUS AUREUS

As manifestações clínicas de algumas doenças causadas por *S. aureus* são quase exclusivamente o resultado da atividade de toxinas (p. ex., SSSS, intoxicação alimentar por estafilococos e TSS), enquanto outras doenças resultam da proliferação dos organismos, levando à formação de abscesso e destruição de tecidos (p. ex., infecções cutâneas, endocardite, pneumonia, empiema, osteomielite, artrite séptica) (Boxe 18.1 e Figura 18.2). Na presença de um corpo estranho

---

Boxe 18.1 Doenças estafilocócicas: resumos clínicos.

Staphylococcus aureus

Doenças mediadas por toxinas

Síndrome da pele escaldada: descamação disseminada do epitélio em lactentes; bolhas sem organismos ou leucócitos

Intoxicação alimentar: após o consumo de alimentos contaminados por enterotoxinas termoestáveis, início rápido de vômitos graves, diarreia e cólicas abdominais, com resolução dentro de 24 horas

Choque tóxico: intoxicação multissistêmica caracterizada inicialmente por febre, hipotensão e erupção cutânea difusa, macular e eritematosa; alta mortalidade sem antibioticoterapia e eliminação imediata do foco de infecção

Infecções supurativas

Impetigo: infecção cutânea local caracterizada por vesícula repleta de pus sobre uma base eritematosa

Foliculite: impetigo envolvendo folículos capilares

Furúnculos ou bolhas: nódulos cutâneos grandes, dolorosos e cheios de pus

Carbúnculos: coalescência de furúnculos com extensão em tecidos subcutâneos e evidências de doença sistêmica (febre, calafrios, bacteriemia)

Bacteriemia e endocardite: propagação de bactérias no sangue a partir de um foco de infecção; endocardite caracterizada por danos ao revestimento endotelial do coração

Pneumonia e empiema: consolidação e formação de abscessos nos pulmões; visto em muitos jovens e idosos e em pacientes com doença pulmonar subjacente ou recente; uma forma grave de pneumonia necrosante com choque séptico e alta mortalidade são atualmente reconhecidas

Osteomielite: destruição dos ossos, particularmente a área metafisária de ossos longos

Artrite séptica: articulação eritematosa dolorosa com coleção de material purulento no espaço articular

Espécies de *Staphylococcus* coagulase-negativos

Infecções de feridas: caracterizadas por eritema e pus no sítio de uma ferida traumática ou cirúrgica; infecções com corpos estranhos podem ser causadas por *S. aureus* e estafilococos coagulase-negativos

Infecções do sistema urinário: disúria e piúria em mulheres jovens sexualmente ativas (*S. saprophyticus*), em pacientes com cateteres urinários (outros estafilococos coagulantes-negativos) ou após a contaminação do sistema urinário pela bacteriemia (*S. aureus*)

Infecções por cateteres e derivações (*shunts*): resposta inflamatória crônica a bactérias que revestem um cateter ou *shunt* (mais comumente com estafilococos coagulase-negativos)

Infecções por dispositivos protéticos: infecção crônica do dispositivo caracterizado por dor localizada e falha mecânica do dispositivo (mais comumente com estafilococos coagulase-negativos)

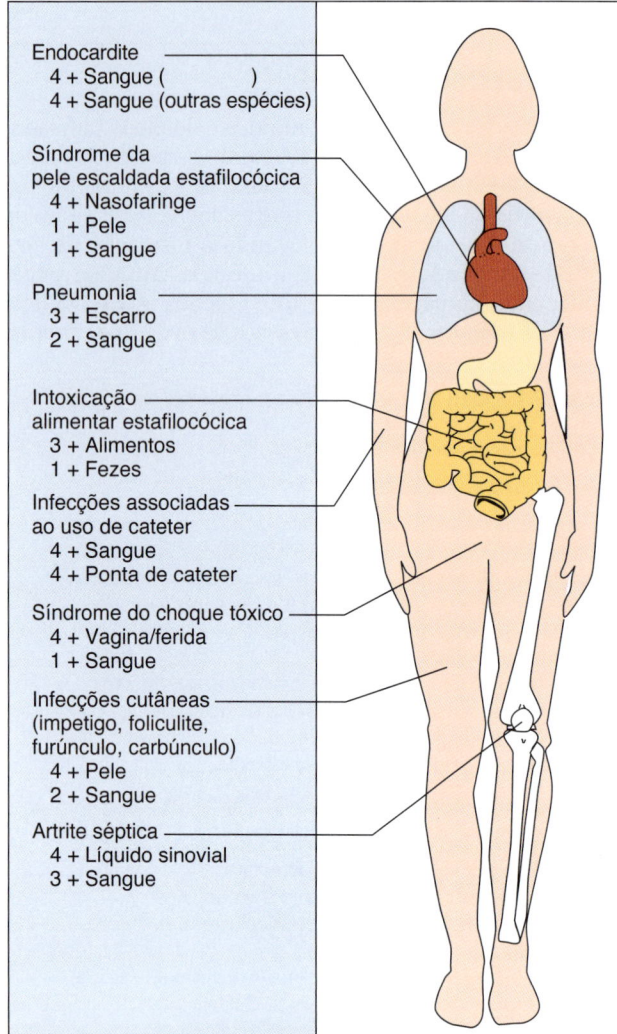

Figura 18.2 Doenças estafilocócicas. Isolamento de estafilococos de sítios de infecção. *1+*, menos de 10% de culturas positivas; *2+*, 10 a 50% de culturas positivas; *3+*, 50 a 90% de culturas positivas; *4+*, mais de 90% de culturas positivas.

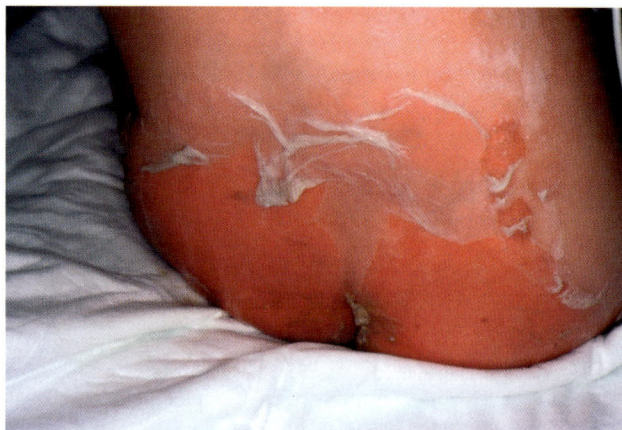

Figura 18.3 Síndrome da pele escaldada estafilocócica. (De Mandell, G., Bennett, J., Dolin, R., 2005. Principles and practice of infectious disease, sixth ed. Churchill Livingstone, Philadelphia, PA.)

(p. ex., farpa, cateter, *shunt*, prótese valvar ou articular), a introdução de pequeno número de estafilococos pode estabelecer doenças. Da mesma forma, pacientes com doenças congênitas associadas a uma resposta quimiotática ou fagocítica deficiente (p. ex., síndrome de Job, síndrome de Wiskott-Aldrich, doença granulomatosa crônica) são mais suscetíveis às doenças estafilocócicas.

Síndrome da pele escaldada estafilocócica

Em 1878, Gottfried Ritter von Rittershain descreveu 297 lactentes com menos de 1 mês de idade que tiveram dermatite bolhosa esfoliativa. A doença que ele descreveu, agora chamada **doença de Ritter** ou SSSS, é caracterizada pelo início abrupto de um eritema perioral localizado (vermelhidão e inflamação ao redor da boca) que se espalha por todo o corpo dentro de 2 dias. Uma leve pressão desloca a pele (sinal de Nikolsky) e grandes **bolhas cutâneas** se formam logo em seguida, após a descamação do epitélio (Figura 18.3). Essas bolhas contêm líquido transparente, mas não organismos ou leucócitos, o que é um achado consistente com o fato de que a doença é causada pela toxina bacteriana. O epitélio se torna intacto novamente dentro de 7 a 10 dias, quando aparecem anticorpos contra a toxina. A cicatrização não ocorre porque apenas a camada superior da epiderme é afetada. É uma doença que acomete principalmente recém-nascidos e crianças pequenas, com a taxa de mortalidade inferior a 5%. Os casos de óbito são decorrentes de uma infecção bacteriana secundária de áreas de pele desnudas. Em adultos, as contaminações geralmente ocorrem em hospedeiros imunocomprometidos ou em pacientes com doença renal e, em contraste com os lactentes, a letalidade chega a 60%.

O **impetigo bolhoso** é uma forma localizada de SSSS. Nesta síndrome, cepas específicas de *S. aureus* produtoras de toxinas (p. ex., fago tipo 71) estão associadas à formação de bolhas superficiais na pele (Figura 18.4). Ao contrário dos pacientes com as manifestações disseminadas de SSSS, *S. aureus* está presente nas erupções de pacientes com impetigo bolhoso. O eritema não se estende além dos limites

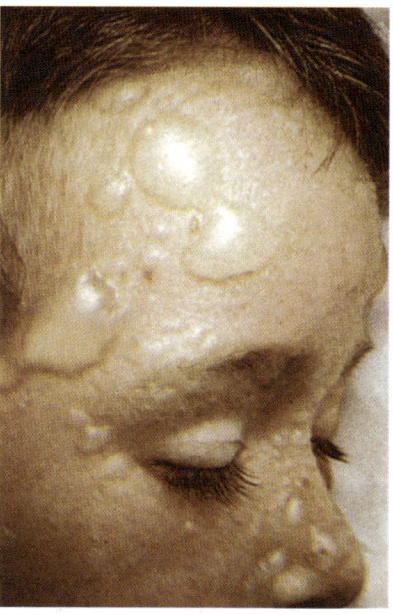

Figura 18.4 Impetigo bolhoso, que é uma forma localizada de síndrome da pele escaldada estafilocócica. (De Emond, R.T., Rowland, H.A.K., Welsby, P., 1995. Colour Atlas of Infectious Diseases, third ed. Wolfe, Londres.)

da bolha e o sinal de Nikolsky não está presente. A doença ocorre principalmente em lactentes e crianças pequenas e é altamente contagiosa.

Intoxicação alimentar estafilocócica

A intoxicação alimentar estafilocócica, uma das patologias mais comuns de origem alimentar, como o nome diz, é uma **intoxicação**, e não uma infecção (Caso Clínico 18.1). A doença é causada por toxinas bacterianas presentes nos alimentos, e não por um efeito direto dos organismos sobre o paciente. Os alimentos mais comumente contaminados são **carnes processadas**, como presunto e carne de porco salgada, **doces recheados com creme**, **salada de batata** e **sorvete**. O crescimento de S. aureus em carnes salgadas é consistente com a capacidade desse organismo de crescer na presença de altas concentrações de sal. Ao contrário de muitas outras formas de intoxicação alimentar em que um reservatório animal é importante, a do tipo estafilocócica resulta da contaminação dos alimentos por um portador humano. Embora possa ser evitada ao não permitir o preparo de alimentos por indivíduos com infecção estafilocócica da pele, aproximadamente metade das infecções tem origem em portadores com colonização nasofaríngea assintomática. Depois da introdução de estafilococos nos alimentos (através de espirro ou mão contaminada), estes precisam permanecer em temperatura ambiente ou mais aquecida para que os organismos cresçam e liberem a toxina. Os alimentos contaminados não terão aparência ou sabor alterados. O aquecimento subsequente do alimento matará as bactérias, mas não inativará a **toxina termoestável**.

Caso Clínico 18.1 Intoxicação alimentar por estafilococos

Um relato publicado no *Relatório Semanal de Morbidade e Mortalidade* do Centro de Controle e Prevenção de Doenças (*MMWR* 46:1189-1191, 1997) ilustrou muitas características importantes da intoxicação alimentar estafilocócica. Um total de 18 pessoas que participaram de uma festa de despedida ficaram doentes aproximadamente 3 a 4 horas depois da ingestão de alimentos. Os sintomas mais comuns eram náuseas (94%), vômitos (89%) e diarreia (72%). Comparativamente, poucos indivíduos apresentaram febre ou dor de cabeça (11%). Os sintomas duraram uma média de 24 horas. A doença foi associada ao consumo de presunto na festa. Uma amostra do produto foi positiva para enterotoxina estafilocócica tipo A. O cozinheiro havia preparado o presunto em casa, transportado-o para o local de trabalho e o fatiou enquanto ainda estava quente; só então o presunto foi depositado em um grande recipiente de plástico coberto com folha de alumínio e refrigerado. O prato foi servido frio no dia seguinte. O cozimento do presunto mataria qualquer S. aureus contaminante, e por isso é provável que o alimento tenha sido contaminado após ter sido cozido. A demora envolvendo a refrigeração do presunto e o fato de ele ser armazenado em um único recipiente permitiu que houvesse a proliferação do organismo e a produção de enterotoxina. A toxina tipo A é a mais comum associada à doença humana. O início rápido e a curta duração das náuseas, dos vômitos e da diarreia são característicos da doença. Deve-se ter cuidado para evitar a contaminação de carnes salgadas, como presunto, porque o reaquecimento dos alimentos em período posterior não inativará a toxina termoestável.

Após a ingestão de alimentos contaminados, o início da doença é abrupto e rápido, com um período médio de incubação de 4 horas, o que mais uma vez é consistente com uma doença mediada por toxinas pré-formadas. Toxina adicional não é produzida por ingestão de estafilococos para que a doença tenha um curso rápido, com sintomas que geralmente apresentam duração inferior a 24 horas. Vômitos graves, diarreia e dor abdominal ou náuseas são características de intoxicação alimentar estafilocócica. A transpiração e a dor de cabeça podem ocorrer, mas a febre não é observada. A diarreia é aquosa e não sanguinolenta e a desidratação pode resultar da perda considerável de fluidos.

Os organismos produtores de toxinas podem ser cultivados a partir de alimentos contaminados se os organismos não forem eliminados durante a preparação desses mantimentos. As enterotoxinas são termoestáveis, assim os alimentos contaminados podem ser testados quanto à presença de toxinas em uma unidade de saúde pública, porém esses testes raramente são realizados. Portanto, o diagnóstico de intoxicação alimentar estafilocócica é baseado principalmente no quadro clínico.

O tratamento é focado no alívio de cólicas abdominais e diarreia e na reposição de fluidos. A terapia antibacteriana não é indicada porque, como já foi observado, a doença é mediada por uma toxina pré-formada e não por organismos replicadores. Os anticorpos neutralizantes para a toxina podem ser protetores e a proteção cruzada limitada ocorre entre as diferentes enterotoxinas. A imunidade de curta duração significa que os segundos episódios de intoxicação alimentar estafilocócica ocorrerão particularmente com enterotoxinas sorologicamente distintas.

Determinadas cepas de S. aureus também podem causar **enterocolite**, que se manifesta clinicamente com diarreia aquosa, cólicas abdominais e febre. A maioria das cepas causadoras dessa doença produz tanto a enterotoxina A como a leucotoxina bicomponente LukE/LukD. Ao contrário da intoxicação alimentar estafilocócica, a enterocolite estafilocócica está diretamente relacionada com o crescimento de S. aureus no cólon. A enterocolite ocorre principalmente em pacientes que receberam antibacterianos de amplo espectro, que suprimem a microbiota normal do cólon e permitem o crescimento de S. aureus. O diagnóstico de enterocolite estafilocócica é confirmado após a exclusão das causas mais comuns de infecção (p. ex., colite por *Clostridium difficile*) e a presença de uma quantidade abundante de S. aureus nas fezes dos pacientes afetados. Leucócitos fecais e placas brancas com ulceração são observados na mucosa do cólon.

Síndrome do choque tóxico

O primeiro surto da doença ocorreu em 1928, na Austrália, afetando 21 crianças, 12 das quais morreram após uma injeção com vacina contaminada por S. aureus (Caso Clínico 18.2). Passados 50 anos, J. K. Todd observou o que chamou de **síndrome do choque tóxico** (TSS, do inglês *toxic shock syndrome*) em sete crianças com doenças sistêmicas, mas os primeiros relatos de TSS em mulheres menstruadas só foram publicados no verão de 1980. Esses relatórios foram seguidos por um aumento considerável nos casos de TSS, particularmente em mulheres. Posteriormente, foi descoberto que as cepas de S. aureus produtoras de TSST-1 poderiam multiplicar-se rapidamente em absorventes internos, liberando toxinas. Após a suspensão do uso desses absorventes, a incidência de doenças, particularmente em mulheres

> **Caso Clínico 18.2 Síndrome do choque tóxico estafilocócico**
>
> Todd et al. (*Lancet* 2:1116-1118, 1978) foram os primeiros investigadores a descrever uma doença pediátrica denominada "síndrome do choque tóxico" (TSS). O paciente a seguir ilustra o curso clínico da doença. Uma menina de 15 anos foi internada no hospital com um histórico de faringite havia pelo menos 2 dias e vaginite associada a vômitos e diarreia aquosa. Ela estava febril e hipotensa quando deu entrada na emergência, apresentando também uma erupção eritematosa difusa sobre todo seu corpo. Os testes de laboratório foram consistentes para acidose, oligúria e coagulação intravascular disseminada com trombocitopenia grave. A radiografia de tórax da jovem mostrou infiltrado bilateral sugestivo de "pulmão de choque". Ela foi encaminhada para uma unidade de terapia intensiva hospitalar, tendo o quadro clínico estabilizado, apresentando melhoras graduais ao longo de um período de 17 dias. No terceiro dia, começou uma descamação fina em seu rosto, tronco e extremidades, progredindo, posteriormente, para uma descamação das palmas das mãos e solas dos pés até o 14º dia. Todas as culturas foram negativas, exceto as da garganta e da vagina, das quais *Staphylococcus aureus* foi isolado. O caso apresentado ilustra o desenvolvimento inicial de TSS, a toxicidade de múltiplos órgãos e o prolongado período de recuperação.

menstruadas, diminuiu rapidamente. Anualmente, menos de 100 casos de TSS são relatados nos EUA. Embora descobriu-se originalmente que os estafilococos coagulase-negativos pudessem causar TSS, acredita-se agora que essa doença é restrita a *S. aureus*.

A doença é iniciada com o crescimento localizado de cepas de *S. aureus* produtoras de toxinas na vagina ou em uma ferida, seguido pela liberação da toxina no sangue. A produção de toxinas requer uma atmosfera aeróbica e pH neutro. As manifestações clínicas começam abruptamente e incluem febre, hipotensão e uma erupção cutânea difusa, macular e eritematosa. Múltiplos órgãos e sistemas (p. ex., nervoso central, gastrintestinal, hematológico, hepático, muscular, renal) também são comprometidos e toda a pele sofre descamação, incluindo a palma das mãos e a sola dos pés (Figura 18.5). Uma forma particularmente virulenta de TSS é a **púrpura fulminante**. Essa doença é caracterizada por extensa lesão de pele purpúrea, febre, hipotensão e coagulação intravascular disseminada. Mais comumente, a púrpura fulminante está associada a infecções fulminantes por *Neisseria meningitidis*.

À medida que se compreendeu melhor a etiologia e a epidemiologia desta doença, a alta taxa inicial de mortalidade reduziu para aproximadamente 5%. Entretanto, o risco de doença recorrente chega a 65%, a menos que o paciente seja especificamente tratado com um antibacteriano eficaz. Estudos sorológicos demonstraram que mais de 90% dos adultos têm anticorpos para TSST-1; entretanto, mais de 50% dos pacientes com a TSS não desenvolvem anticorpos protetores após a resolução da doença. Esses indivíduos sem proteção estão em risco de **doença recorrente**.

Infecções cutâneas

As doenças mais comuns causadas por *S. aureus* são **infecções cutâneas piogênicas** localizadas, incluindo impetigo, foliculite, furúnculos e carbúnculos. **Impetigo**, uma infecção superficial que afeta sobretudo crianças pequenas, ocorre principalmente na face e nos membros. Inicialmente, uma pequena mácula (mancha vermelha achatada) é observada e então uma vesícula cheia de pus **(pústula)** em uma base eritematosa se desenvolve. A formação de crosta ocorre após as rupturas das pústulas. Várias vesículas em diferentes estágios de desenvolvimento são comuns por causa da disseminação secundária da infecção em sítios adjacentes da pele (Figura 18.6). O impetigo é geralmente causado por *S. aureus*, embora os estreptococos do grupo A, sozinhos ou com *S. aureus*, sejam responsáveis por 20% dos casos.

A **foliculite** é uma infecção piogênica nos folículos pilosos. A base do folículo é levantada e avermelhada e há uma pequena coleção de pus sob a superfície epidérmica. Se isso ocorre na base da pálpebra, é denominada de **terçol**. **Furúnculos** (bolhas) – uma extensão da foliculite – são nódulos grandes, dolorosos, levantados, que têm uma coleção subjacente de tecido morto e necrótico. Esses podem drenar espontaneamente ou após a incisão cirúrgica.

Os **carbúnculos** ocorrem quando os furúnculos coalescem e se estendem para o tecido subcutâneo mais profundo (Figura 18.7). Múltiplos tratos fistulosos estão normalmente presentes. Ao contrário dos pacientes com foliculite e furúnculos, pacientes com carbúnculos apresentam calafrios e febres, indicando a disseminação sistêmica de estafilococos por bacteriemia para outros tecidos.

As **infecções de feridas** por estafilococos também podem ocorrer em pacientes após um procedimento cirúrgico ou após um trauma quando organismos que colonizam a pele ou de uma fonte externa são introduzidos na ferida. Os estafilococos geralmente não são capazes de estabelecer uma infecção em um indivíduo imunocompetente, a menos que um corpo estranho (p. ex., suturas, farpa ou lasca, sujeira) esteja presente na ferida. As infecções são caracterizadas por edema, eritema, dor e um acúmulo de material purulento. A infecção pode ser facilmente controlada se a ferida for reaberta, o material estranho for removido,

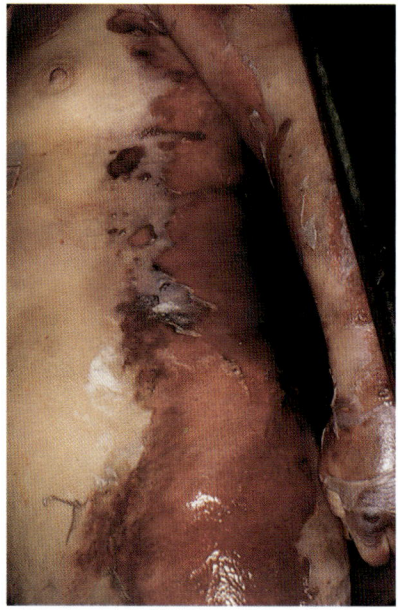

Figura 18.5 Síndrome do choque tóxico. É mostrado um caso de infecção fatal com comprometimento cutâneo e dos tecidos moles.

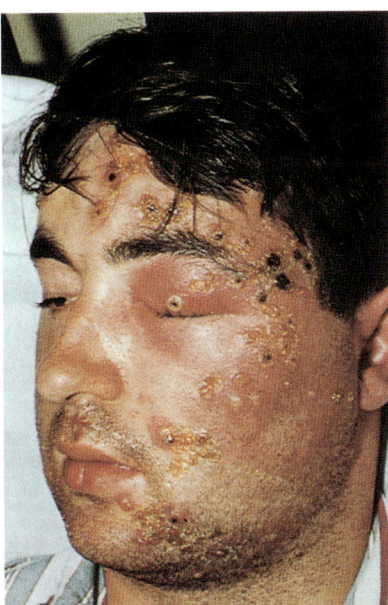

Figura 18.6 Impetigo pustular. Observe as vesículas em diferentes estágios de desenvolvimento, incluindo as cheias de pus em uma base eritematosa e lesões secas e crostosas. (De Emond, R.T., Rowland, H.A.K., Welsby, P., 1995. Colour Atlas of Infectious Diseases, third ed. Wolfe, Londres.)

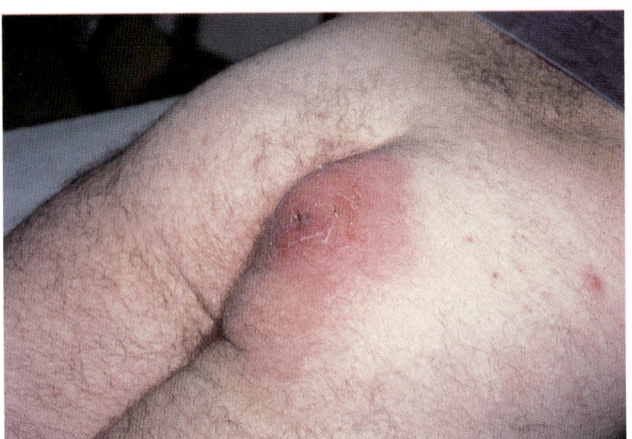

Figura 18.7 Carbúnculo causado por *Staphylococcus aureus*. Esse carbúnculo se desenvolveu na nádega durante um período de 7 a 10 dias e necessitou de drenagem cirúrgica mais terapia com antibacteriano. (De Cohen, J., Powderly, W.G., Opal, S.M., 2010. Infectious Diseases, third ed., Opal, S.M., 2010. Mosby, Philadelphia, PA.)

a purulência drenada e a superfície limpa com um desinfetante. Se sinais, tais como febre e mal-estar, são observados ou se a ferida não é eliminada em resposta ao tratamento localizado, então a antibioticoterapia é indicada para a terapia dirigida contra *S. aureus*.

Com a propagação de **cepas de SARM na comunidade**, esses organismos são agora a causa mais comum de infecções cutâneas e de tecidos moles em pacientes que se apresentam nos departamentos de emergência hospitalar dos EUA.

Bacteriemia e endocardite

Staphylococcus aureus é uma causa comum de **bacteriemia** (Caso Clínico 18.3). Embora as bacteriemias causadas pela maioria dos outros organismos tenham origem de um foco de infecção identificável (p. ex., infecção dos pulmões, do sistema urinário, gastrintestinal), os focos iniciais da infecção em aproximadamente um terço dos pacientes com bacteriemia por *S. aureus* não são conhecidos. Provavelmente, a infecção se espalha para o sangue a partir de uma infecção de pele de aspecto inócuo. Mais de 50% dos casos de bacteriemia por *S. aureus* são adquiridos no hospital após um procedimento cirúrgico ou de cateter intravascular contaminado. As bacteriemias por *S. aureus*, particularmente episódios prolongados, estão associados à disseminação para outros sítios do corpo, incluindo o coração.

A **endocardite** aguda causada por *S. aureus* é uma doença grave, com uma taxa de mortalidade próxima de 50%, a menos que prontamente diagnosticada. Embora os pacientes com endocardite por *S. aureus* possam, inicialmente, ter sintomas inespecíficos semelhantes à gripe, a condição pode se agravar rapidamente, incluindo interrupção do débito cardíaco e evidências periféricas de embolização séptica. O paciente apresenta mau prognóstico, a menos que uma intervenção médica e cirúrgica apropriada seja instituída imediatamente. Uma exceção é a endocardite por *S. aureus* em usuários de medicamentos parenterais, cuja doença normalmente envolve o lado direito do coração (valva tricúspide) em vez do esquerdo. Os sintomas iniciais podem ser leves, mas febre, calafrios e dores pleuríticas no tórax, causadas por êmbolos pulmonares geralmente estão presentes. A cura clínica da endocardite é a regra, apesar de ser comum a ocorrência de complicações como resultado da disseminação secundária da infecção para outros órgãos.

Pneumonia e empiema

A doença respiratória causada por *S. aureus* pode se desenvolver após a aspiração de secreções orais ou a partir da disseminação hematogênica do organismo em um sítio distante. Infecções anteriores com *S. aureus*, como infecções recorrentes da pele, colonização nasal ou cutânea com *S. aureus* ou doença pulmonar de base são fatores de risco para pneumonia. A **pneumonia por aspiração** é encontrada principalmente em jovens, idosos e pacientes com fibrose cística, gripe, doença pulmonar crônica obstrutiva e bronquiectasias. As manifestações clínicas

---

Caso Clínico 18.3 Endocardite por *Staphylococcus aureus*

Chen e Li (*N Engl J Med* 355:e27, 2006) descreveram uma mulher de 21 anos de idade com histórico de abuso de drogas intravenosas, vírus da imunodeficiência humana (HIV) e uma contagem de CD4 de 400 células/mm³, que desenvolveu endocardite causada por *S. aureus*. A paciente tinha um histórico de 1 semana de febre, dores no peito e hemoptise. O exame físico revelou 3/6 sopros pansistólicos e roncos em ambos os campos pulmonares. Foram observadas múltiplas lesões cavitárias bilaterais pela radiografia torácica e as culturas de sangue e de escarro foram positivas para *S. aureus* sensível à meticilina. A paciente foi tratada com oxacilina durante 6 semanas, com resolução da endocardite e abscessos pulmonares. Este caso ilustrou o início agudo da endocardite de *S. aureus*, fatores de risco do abuso de drogas intravenosas e a frequência das complicações causadas por embolias sépticas.

e radiográficas da pneumonia não são únicas. O exame radiográfico revela a presença de infiltrados irregulares com consolidação ou abscessos, este último consistente com a capacidade do organismo de secretar toxinas citotóxicas e enzimas para formar abscessos localizados. A **pneumonia hematogênica** é comum em pacientes com bacteriemia ou endocardite. O SARM adquirido na comunidade é responsável por uma forma grave de **pneumonia necrosante** com hemoptise maciça, choque séptico e uma alta taxa de mortalidade. Embora essa doença ocorra mais comumente em crianças e jovens adultos, não se restringe a essa faixa etária.

O **empiema** ocorre em 10% dos pacientes com pneumonia e *S. aureus* é responsável por um terço de todos os casos. A drenagem do material purulento, às vezes, torna-se complexa porque o microrganismo pode ser consolidado em áreas loculadas.

Osteomielite e artrite séptica

A **osteomielite** por *S. aureus* resulta da disseminação hematogênica para os ossos ou pode ser uma infecção secundária resultante de um trauma ou da extensão da doença de uma área adjacente. A propagação hematogênica em crianças em geral resulta de uma infecção cutânea estafilocócica e normalmente envolve a área metafisária dos ossos longos, região altamente vascularizada de crescimento ósseo. Essa infecção é caracterizada pelo início repentino de dor localizada no osso envolvido e por febre alta. As hemoculturas são positivas em aproximadamente 50% dos casos.

A osteomielite hematogênica comumente observada em adultos ocorre sob a forma de osteomielite vertebral e raramente na forma de uma infecção dos ossos longos. Dores lombares intensas e febre são os sintomas iniciais. Não há evidência radiográfica de osteomielite observada em crianças e adultos até 2 a 3 semanas após o aparecimento dos sintomas iniciais. O **abscesso de Brodie** é um foco sequestrado de osteomielite estafilocócica que surge na área metafisária de um osso longo e ocorre somente em adultos. A osteomielite estafilocócica que ocorre após um trauma ou um procedimento cirúrgico é geralmente acompanhada de inflamação e drenagem purulenta da ferida ou de trato fistuloso recobrindo o osso infectado. Como a infecção estafilocócica pode ser restrita à ferida, o isolamento do organismo a partir deste sítio não é evidência conclusiva de envolvimento ósseo. Com terapia antibacteriana e cirurgia adequadas, a taxa de cura para osteomielite estafilocócica é excelente. *Staphylococcus aureus* é a principal causa de **artrite séptica** em crianças pequenas e adultos que estão recebendo injeções intra-articulares ou que tenham articulações mecanicamente anormais. O envolvimento secundário de múltiplas articulações é indicativo de disseminação hematogênica a partir de um foco localizado. *Staphylococcus aureus* é substituída por *N. gonorrhoeae* como a causa mais comum de artrite séptica em indivíduos sexualmente ativos. A artrite estafilocócica é caracterizada por uma articulação eritematosa dolorosa, com material purulento obtido por aspiração. A infecção é geralmente demonstrada nas grandes articulações (p. ex., ombro, joelho, quadril, cotovelo). O prognóstico em crianças é excelente, mas em adultos depende da natureza da doença de base e da ocorrência de quaisquer complicações infecciosas secundárias.

STAPHYLOCOCCUS EPIDERMIDIS E OUTROS ESTAFILOCOCOS COAGULASE-NEGATIVOS

Endocardite

Staphylococcus epidermidis, *S. lugdunensis* e estafilococos coagulase-negativos relacionados podem infectar próteses valvares e, menos comumente, valvas cardíacas nativas (Caso Clínico 18.4). Acredita-se que as infecções de valvas nativas resultem da inoculação de organismos em uma valva cardíaca lesionada (p. ex., uma malformação congênita, danos resultantes da doença cardíaca reumática). *S. lugdunensis* é a espécie de estafilococos mais comumente associada à endocardite da valva nativa, embora essa doença seja mais comumente causada por estreptococos. Por outro lado, os estafilococos representam uma das principais causas de **endocardite de valvas artificiais**. Os organismos são introduzidos no momento da substituição das valvas e a infecção tem caracteristicamente um curso indolente, com sinais e sintomas clínicos que não se desenvolvem por até 1 ano após o procedimento. Embora a valva cardíaca possa ser infectada, a infecção ocorre mais comumente no sítio em que a valva é costurada ao tecido cardíaco. Assim, a infecção com a formação de abscesso pode levar à separação da valva na linha de sutura e à insuficiência cardíaca mecânica. O prognóstico é reservado para pacientes que têm essa infecção e o manejo médico e cirúrgico imediato é crucial.

Infecções por cateteres e derivações (*shunts*)

Mais de 50% de todas as infecções de cateteres e *shunts* são causadas por estafilococos coagulase-negativos. Essas infecções se tornaram um problema médico importante,

---

Caso Clínico 18.4 Endocardite por *Staphylococcus lugdunensis*

Seenivasan e Yu (*Eur J Clin Microbiol Infect Dis* 22:489-491, 2003) descreveram um relato típico de endocardite da valva nativa causada por *S. lugdunensis*, que é um *Staphylococcus* coagulase-negativo com uma predileção por causar endocardite. A mulher de 36 anos de idade era usuária ativa de cocaína e manifestou um início agudo de fraqueza nas extremidades à direita. Ela relatou febre com calafrios, mal-estar e falta de ar durante as 10 semanas anteriores. No momento da admissão hospitalar, a paciente apresentava taquicardia, hipotensão, temperatura corpórea de 39°C, um sopro pansistólico e hemiparesia do lado direito. Um exame de tomografia computadorizada do cérebro revelou um grande infarto nos gânglios basais esquerdos. As amostras de quatro conjuntos de hemoculturas foram positivas para *S. lugdunensis*. O isolado era resistente à penicilina e suscetível a todos os outros antibacterianos testados. Como a paciente apresentou alergia à penicilina, o tratamento foi iniciado com vancomicina e gentamicina. A paciente ficou afebril após 3 dias e as hemoculturas subsequentes foram negativas. A gentamicina foi descontinuada após 1 semana e a paciente recebeu um total de 6 semanas de terapia com vancomicina. Durante os próximos 7 meses, a paciente desenvolveu regurgitação mitral progressiva que exigiu substituição da valva mitral. *Staphylococcus lugdunensis* é mais virulento em comparação com outros estafilococos coagulase-negativos, causando a doença mais comumente em valvas cardíacas nativas e com complicações secundárias (p. ex., um infarto cerebral causado por embolia séptica) mais frequentemente relatadas. A bacteriemia persistente é característica de infecções intravasculares, tais como endocardite.

porque os cateteres e *shunts* de longa permanência são comuns para o manejo clínico de pacientes gravemente enfermos. Os estafilococos coagulase-negativos são particularmente bem adaptados para causar essas infecções porque podem produzir um polissacarídio extracelular (*slime*) que os prende a cateteres e *shunts* e os protege de antibacterianos e células inflamatórias. Uma bacteriemia persistente é geralmente observada em pacientes com infecções de *shunts* e cateteres, porque os organismos têm acesso contínuo ao sangue. A glomerulonefrite mediada por imunocomplexos ocorre em pacientes com doenças de longa data.

Infecções das próteses articulares

As infecções das articulações artificiais, particularmente do quadril, podem ser causadas por estafilococos coagulase-negativos. O paciente geralmente manifesta apenas dor localizada e falha mecânica da articulação. Sinais sistêmicos, como febre e leucocitose, não são evidentes e as hemoculturas são geralmente negativas. O tratamento consiste na substituição de articulações e na aplicação de terapia antimicrobiana. O risco de reinfecção da nova articulação é consideravelmente aumentado em tais pacientes.

Infecções do sistema urinário

Staphylococcus saprophyticus tem uma predileção por causar infecções do sistema urinário em mulheres jovens, sexualmente ativas, e raramente é responsável por infecções em outros pacientes. Também é raramente encontrado como colonizador assintomático do sistema urinário. As mulheres infectadas geralmente têm disúria (dor ao urinar), piúria (pus na urina) e numerosos organismos no fluido miccional. Tipicamente, os pacientes respondem rapidamente aos antibacterianos e a reinfecção é incomum.

Diagnóstico laboratorial

MICROSCOPIA

Os estafilococos são **cocos gram-positivos** que formam **aglomerados** quando cultivados em meios contendo ágar, mas geralmente aparecem como células únicas ou pequenos grupos de organismos em espécimes clínicos. A detecção bem-sucedida de organismos em uma amostra clínica depende do tipo de infecção (p. ex., abscesso, bacteriemia, impetigo) e da qualidade do material submetido para análise. Se o médico raspar a base do abscesso com um *swab* ou cureta, então uma quantidade abundante de organismos deve ser observada no espécime corado pelo gram. O pus aspirado ou as amostras superficiais coletadas com *swabs* consistem principalmente em material necrótico com relativamente poucos organismos, portanto esses espécimes não são muito úteis. Relativamente poucos organismos estão normalmente presentes no sangue de pacientes bacteriêmicos (uma média de < 1 organismo por mililitro de sangue), portanto, as amostras de sangue devem ser cultivadas, mas o sangue examinado por coloração de gram não é útil. Os estafilococos são observados na nasofaringe de pacientes com SSSS e na vagina de pacientes com TSS, mas esses estafilococos não podem ser distinguidos de organismos que normalmente colonizam esses sítios. O diagnóstico dessas doenças é feito a partir da apresentação clínica do paciente, com isolamento de *S. aureus* em cultura confirmatória. Os estafilococos são implicados em intoxicações alimentares pela apresentação clínica do paciente (p. ex., início rápido do vômito e cólicas abdominais) e um histórico de ingestão de alimentos específicos (p. ex., presunto curado). A coloração de gram de amostras do alimento ou das fezes do paciente geralmente não tem utilidade.

TESTES BASEADOS EM ÁCIDOS NUCLEICOS

Testes comerciais de amplificação de ácidos nucleicos estão disponíveis para a detecção e identificação direta de *S. aureus* em amostras clínicas. Entretanto, esses testes são utilizados principalmente para detectar o carreamento nasal de *S. aureus* sensível à meticilina (SASM) e à SARM, identificando pacientes em maior risco de desenvolvimento de doença estafilocócica (p. ex., bacteriemia, infecções de ferida cirúrgica) durante a hospitalização.

CULTURA

Os espécimes clínicos devem ser inoculados em meios contendo ágar enriquecido com nutrientes e suplementado com sangue de carneiro. Os estafilococos crescem rapidamente em meios não seletivos incubados em ambiente aeróbico ou anaeróbico, com colônias grandes e lisas visualizadas em 24 horas (Figura 18.8). Como observado anteriormente, as colônias de *S. aureus* ficarão gradualmente **amarelas**, particularmente quando as culturas são incubadas em temperatura ambiente por poucos dias; no entanto, isso raramente é feito em laboratórios clínicos atualmente. Quase todos os isolados de *S. aureus* e algumas cepas de estafilococos coagulase-negativos produzem hemólise em ágar-sangue de carneiro. A hemólise é causada por citotoxinas, particularmente a toxina alfa. Se houver uma mistura de organismos na amostra (p. ex., amostra de ferida ou respiratória), *S. aureus* pode ser isolado seletivamente em uma variedade de meios especiais, incluindo o **ágar cromogênico** (em que as colônias de *S. aureus* apresentam uma cor característica) ou **ágar manitol-sal**, que é suplementado com manitol (fermentado por *S. aureus*, mas não pela maioria dos outros estafilococos) e 7,5% de cloreto de sódio (inibe o crescimento da maioria dos outros organismos).

IDENTIFICAÇÃO

Testes bioquímicos relativamente simples (p. ex., reações positivas para **coagulase**, proteína A, nuclease termoestável, fermentação de manitol) podem ser empregados para identificar *S. aureus*. Colônias que se assemelham a *S. aureus* são identificadas na maioria dos laboratórios pela mistura de uma suspensão de organismos com uma gota de plasma e visualização da agregação dos organismos (teste de coagulase positiva). Alternativamente, o plasma colocado em um tubo de ensaio pode ser inoculado com o organismo e examinado nos tempos de 4 e 24 horas para formação de um coágulo (teste de coagulase-positiva em tubo). A identificação dos estafilococos coagulase-negativos é mais complexa, exigindo tradicionalmente o uso de sistemas comerciais de identificação. Mais recentemente, a espectrometria de massa passou a ser utilizada para identificar os estafilococos, e muitas

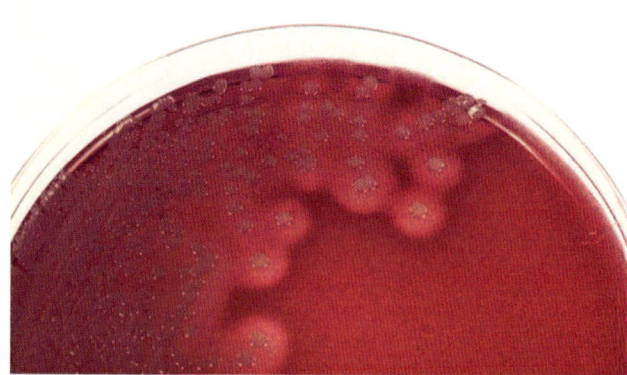

Figura 18.8 Crescimento de *Staphylococcus aureus* em placa de ágar-sangue de carneiro. Observa-se que as colônias são grandes e beta-hemolíticas.

outras espécies de organismos com um alto nível de precisão e curto tempo de resposta (geralmente identificados em minutos). Historicamente, a análise do DNA genômico por eletroforese em gel de campo pulsado ou técnica similar foi o método mais comumente utilizado para caracterização de isolados em níveis de subespécies; entretanto, o sequenciamento do genoma completo está se tornando rapidamente a ferramenta preferida para a subtipagem de organismos em estudos epidemiológicos.

DETECÇÃO DE ANTICORPOS

Os anticorpos para os ácidos teicoicos do envoltório celular estão presentes em muitos pacientes com infecções por *S. aureus* de longa data. No entanto, esse teste foi descontinuado na maioria dos hospitais, por ser menos sensível à cultura e baseado em ácidos nucleicos.

Tratamento, prevenção e controle

Os estafilococos rapidamente desenvolveram resistência aos medicamentos antimicrobianos após a introdução da penicilina e hoje menos de 10% das cepas são suscetíveis a esse antibacteriano. Essa resistência é mediada pela **penicilinase** (betalactamase específica para penicilinas), que hidrolisa o anel betalactâmico da penicilina. Em decorrência dos problemas com estafilococos resistentes à penicilina, **penicilinas semissintéticas** resistentes à hidrólise pela betalactamase (p. ex., meticilina, nafcilina, oxacilina, dicloxacilina) foram desenvolvidas. Infelizmente, os estafilococos desenvolveram resistência a esses antibacterianos também. Atualmente, a maioria dos *S. aureus* responsáveis por infecções adquiridas em hospitais e na comunidade são resistentes a essas penicilinas semissintéticas e essas cepas de SARM são resistentes a todos os antibacterianos betalactâmicos (ou seja, penicilinas, cefalosporinas, carbapenêmicos). Nem todas as bactérias em uma população resistente podem expressar sua resistência em testes de suscetibilidade tradicionais (**resistência heterogênea**); portanto, o método definitivo para identificar um isolado é a detecção dos genes *mecA* ou *mecC* que codificam as proteínas de ligação à penicilina que conferem resistência.

Pacientes com infecções localizadas na pele e em tecidos moles podem geralmente ser tratados por incisão e drenagem dos abscessos. Se a infecção envolve uma área maior ou sinais sistêmicos estão presentes, então a antibioticoterapia é indicada. Como as cepas de SARM são responsáveis por uma proporção significativa de infecções adquiridas em hospitais e na comunidade, a terapia empírica deve incluir antibacterianos ativos contra as cepas de SARM. A terapia oral pode incluir sulfametoxazol-trimetoprima, uma tetraciclina de longa ação, como a doxiciclina ou minociclina, clindamicina ou linezolida. A resistência à clindamicina é comum em algumas comunidades e o uso de linezolida é limitado por seu custo e toxicidade. A vancomicina é o fármaco de escolha para a terapia intravenosa, com daptomicina, tigeciclina ou linezolida como alternativas aceitáveis.

Os estafilococos demonstraram notável capacidade para desenvolver resistência à maioria dos antibacterianos. Até recentemente, o único que permaneceu uniformemente ativo contra estafilococos foi a vancomicina, que é o antibacteriano atual de escolha no tratamento de infecções graves causadas por estafilococos resistentes à meticilina. Infelizmente, isolados de *S. aureus* são atualmente encontrados com duas formas de **resistência à vancomicina**. Observa-se uma resistência de baixo nível em cepas de *S. aureus* com uma parede celular mais espessa e desorganizada. Postula-se que a vancomicina é capturada na matriz da parede celular e é incapaz de alcançar a membrana citoplasmática, onde pode interromper a síntese da parede celular. Alto nível de resistência é mediada pelo óperon do gene *vanA* que foi adquirido de enterococos resistentes à vancomicina. Essas bactérias têm uma camada de peptidoglicano modificada que não se liga à vancomicina. Atualmente, essa resistência é muito incomum; no entanto, se esses estafilococos resistentes se tornarem disseminados, o tratamento com antibacteriano dessas cepas altamente virulentas seria difícil.

Os estafilococos são organismos onipresentes presentes na pele e nas membranas mucosas e sua introdução por rupturas na pele ocorrem com frequência. No entanto, o número de organismos necessários para estabelecer uma infecção (**dose infecciosa**) é geralmente grande, a menos que um corpo estranho (p. ex., sujeira, uma lasca, suturas) esteja presente na ferida. A limpeza adequada da ferida e a aplicação de um desinfetante (p. ex., sabão germicida, solução de iodo, hexaclorofeno) irão prevenir a maioria das infecções em indivíduos saudáveis.

A propagação de estafilococos de pessoa para pessoa é mais difícil de prevenir. Um exemplo disso é representado pelas infecções de ferida cirúrgica, que podem ser causadas por relativamente poucos organismos, porque corpos estranhos e tecidos desvitalizados podem estar presentes. Embora seja impraticável esterilizar a equipe da sala de cirurgia e o ambiente, o risco de contaminação durante um procedimento operatório pode ser minimizado por meio de lavagem das mãos e revestimento das superfícies expostas da pele. A disseminação dos organismos resistentes à meticilina também pode ser difícil de controlar, porque o carreamento nasofaríngeo assintomático é a fonte mais comum desses organismos.

Bibliografia

Aliberti, S., Reyes, L., Faverio, P., et al., 2016. Global initiative for methicillin-resistant Staphylococcus aureus pneumonia (GLIMP): an international, observational cohort study. Lancet Infect. 16, 1364–1376.

Bukowski, M., Wladyka, B., Dubin, G., 2010. Exfoliative toxins of *Staphylococcus aureus*. Toxins 2, 1148–1165.

Das, S., Lindemann, C., Young, B., et al., 2016. Natural mutations in a Staphylococcus aureus virulence regulator attenuate cytotoxicity but permit bacteremia and abscess formation. PNAS E3101–E3110.

Fournier, B., Philpott, D., 2005. Recognition of *Staphylococcus aureus* by the innate immune system. Clin. Microbiol. Rev. 18, 521–540.

Hall, P.R., Elmore, B.O., Spang, C.H., et al., 2013. Nox2 modification of LDL is essential for optimal apolipoprotein B-mediated control of *agr* Type III *Staphylococcus aureus* quorum-sensing. PLoS Pathog. 9, e1003166.

Ippolito, G., Leone, S., Lauria, F.N., et al., 2010. Methicillin-resistant *Staphylococcus aureus*: the superbug. Int. J. Infect. Dis. 14 (Suppl. 4), S7–S11.

James, E., Edwards, A., Wigneshweraraj, S., 2013. Transcriptional downregulation of *agr* expression in *Staphylococcus aureus* during growth in human serum can be overcome by constitutively active mutant forms of the sensor kinase AgrC. FEMS Microbiol. Lett. 349, 153–162.

Krakauer, T., Stiles, B., 2013. The staphylococcal enterotoxin (SE) family. Virulence 4, 759–773.

Kurlenda, J., Grinholc, M., 2010. Current diagnostic tools for methicillin-resistant *Staphylococcus aureus* infections. Mol. Diagn. Ther. 14, 73–80.

Limbago, B.M., Kallen, A.J., Zhu, W., et al., 2014. Report of the 13th vancomycin-resistant *Staphylococcus aureus* isolate from the United States. J. Clin. Microbiol. 52, 998–1002.

Los, F.C., Randis, T.M., Aroian, R.V., et al., 2013. Role of pore-forming toxins in bacterial infectious diseases. Microbiol. Mol. Biol. Rev. 2, 173–207.

Otto, M., 2010. Basis of virulence in community-associated methicillin-resistant *Staphylococcus aureus*. Annu. Rev. Microbiol. 64, 143–162.

Pannaraj, P.S., Hulten, K.G., Gonzalez, B.E., et al., 2006. Infective pyomyositis and myositis in children in the era of community-acquired, methicillin-resistant *Staphylococcus aureus* infection. Clin. Infect. Dis. 43, 953–960.

Seybold, U., Kourbatova, E.V., Johnson, J.G., et al., 2006. Emergence of community-associated methicillin-resistant *Staphylococcus aureus* USA300 genotype as a major cause of health care associated blood stream infections. Clin. Infect. Dis. 42, 647–656.

Silversides, J., Lappin, E., Ferguson, A., 2010. Staphylococcal toxic shock syndrome: mechanisms and management. Curr. Infect. Dis. Rep. 12, 392–400.

Singer, A., Talan, D., 2014. Management of skin abscesses in the era of methicillin-resistant *Staphylococcus aureus*. N. Engl. J. Med. 370, 1039–1047.

Stanley, J., Amagai, M., 2006. Pemphigus, bullous impetigo, and the staphylococcal scalded-skin syndrome. N. Engl. J. Med. 355, 1800–1810.

Tan, L., Li, S.R., Jiang, B., et al., 2018. Therapeutic targeting of the *Staphylococcus aureus* accessory gene regulator (agr) system. Frontier Microbiol 9, 1–11.

Tang, Y., Stratton, C., 2010. *Staphylococcus aureus*: an old pathogen with new weapons. Clin. Lab. Med. 30, 179–208.

Uhlemann, A.C., Otto, M., Lowy, F.D., et al., 2014. Evolution of community - and healthcare-associated methicillin-resistant *Staphylococcus aureus*. Infect. Genet. Evol. 21, 563–574.

Vandenesch, F., Lina, G., Henry, T., 2012. Staphylococcus aureus hemolysins, bi-component leukocidins, and cytolytic peptides: a redundant arsenal of membrane-damaging virulence factors? Front. Cell. Infect. Microbiol. 2 (12).

Zhu, W., Murray, P.R., Huskins, W.C., et al., 2010. Dissemination of an *Enterococcus* Inc18-Like vanA plasmid associated with vancomycin-resistant *Staphylococcus aureus*. Antimicrob. Agents Chemother. 54, 4314–4320.

19 Streptococcus e Enterococcus

Um menino de 8 anos foi ao pediatra apresentando febre baixa e uma erupção eritematosa difusa em seu tórax, que se desenvolveu 2 dias após ele ter se queixado de dor de garganta. Um exsudato estava presente sobre a área tonsilar da garganta e cobriu sua língua. O diagnóstico clínico de febre escarlatina foi confirmado por teste de antígeno positivo para *Streptococcus* do grupo A, derivado de um espécime da garganta. Os gêneros *Streptococcus* e *Enterococcus* incluem um grande número de espécies capazes de causar um amplo espectro de doenças.

1. Quais são os locais do corpo humano normalmente colonizados por *Streptococcus pyogenes*, *S. agalactiae* e *S. pneumoniae*? Como isso se relaciona com infecções causadas por essas bactérias?
2. Os estreptococos do grupo *viridans* (i. e., estreptococos α-hemolíticos e não hemolíticos) são subdivididos em cinco grupos. Quais são eles e quais as doenças específicas associadas a cada um deles?
3. Como muitas outras bactérias, os enterococos podem causar infecções no trato urinário, sobretudo em pacientes hospitalizados. Quais características dessa bactéria são responsáveis pela maior incidência dessas doenças nessa população?
4. Quais propriedades bioquímicas são utilizadas para separar enterococos dos estafilococos e estreptococos?

Resumos Organismos clinicamente significativos.

STREPTOCOCCUS PYOGENES (GRUPO A)

Palavras-chave

Grupo A, faringite, piodermite, febre reumática, glomerulonefrite

Biologia e virulência

- Cocos gram-positivos de crescimento rápido dispostos em cadeias; carboidratos específicos do grupo (antígeno A) e proteínas específicas do tipo (proteína M) no envoltório celular
- Virulência determinada pela capacidade de evitar a fagocitose (mediada principalmente por cápsula, proteínas M, tipo M e C5a peptidase), aderir e invadir as células do hospedeiro (proteína M, ácido lipoteicoico e proteína F) e produzir toxinas (exotoxinas pirogênicas estreptocócicas, estreptolisina S, estreptolisina O, estreptoquinase e DNases)

Epidemiologia

- Colonização transitória do trato respiratório superior e superfície da pele, com doenças causadas por cepas recentemente adquiridas (antes que os anticorpos protetores sejam produzidos)
- Faringite e infecções de tecidos moles normalmente causadas por cepas com diferentes proteínas M
- Disseminação de pessoa para pessoa por gotículas respiratórias (faringite) ou através de rupturas na pele após contato direto com indivíduos infectados, fômites ou vetor artrópode
- Indivíduos com maior risco de doenças incluem crianças de 5 a 15 anos (faringite); crianças de 2 a 5 anos com má higiene pessoal (piodermite); pacientes com infecção de tecidos moles (síndrome do choque tóxico estreptocócico); pacientes com faringite estreptocócica prévia (febre reumática, glomerulonefrite) ou infecção dos tecidos moles (glomerulonefrite)

Doenças

- Responsável pelas doenças supurativas (faringite, infecções de tecidos moles, choque tóxico estreptocócico) e doenças não supurativas (febre reumática, glomerulonefrite)

Diagnóstico

- A microscopia é útil em infecções de tecidos moles, mas não nos casos de faringite ou complicações não supurativas
- Testes diretos para o antígeno do grupo A são úteis para o diagnóstico de faringite estreptocócica
- Isolados identificados pela catalase (negativos), L-pirrolidonil arilamidase positiva (PYR, em inglês *pyrrolidonyl arylamidase*), suscetibilidade à bacitracina e presença de antígeno grupo-específico (antígeno do grupo A)
- O teste de antiestreptolisina O é útil para confirmar febre reumática ou glomerulonefrite associada à faringite estreptocócica; o teste de anti-DNase B deve ser realizado para a glomerulonefrite associada à faringite ou infecções de tecidos moles

Tratamento, prevenção e controle

- Penicilina V ou amoxicilina usada para tratar a faringite; cefalosporina oral ou macrolídeo para pacientes alérgicos à penicilina; penicilina intravenosa mais clindamicina utilizadas para infecções sistêmicas
- A colonização (carreamento) orofaríngea que ocorre após o tratamento pode ser tratada novamente; o tratamento não é indicado para carreadores assintomáticos prolongados, porque os antibacterianos perturbam a microbiota protetora normal
- Iniciar a antibioticoterapia dentro de 10 dias em pacientes com faringite previne a febre reumática
- Para a glomerulonefrite, nenhum tratamento antibacteriano ou profilaxia específica é indicado
- Para pacientes com histórico de febre reumática, é necessária uma profilaxia com antibacterianos antes dos procedimentos (p. ex., dentários) que podem induzir bacteriemias que levam à endocardite

STREPTOCOCCUS AGALACTIAE (GRUPO B)

Palavras-chave

Grupo B, doença neonatal, rastreamento em mulheres grávidas

Biologia e virulência

- Cocos gram-positivos de crescimento rápido dispostos em cadeias; carboidratos grupo-específicos (antígeno B) e carboidratos capsulares tipo-específicos (Ia, Ib e II-VIII)
- Virulência determinada principalmente pela capacidade de evitar a fagocitose (mediada por cápsula)

Epidemiologia

- Colonização assintomática do trato respiratório superior e do sistema geniturinário
- Doença de início precoce transmitida da mãe para o recém-nascido, patologia adquirida durante a gravidez ou ao nascimento
- Neonatos estão em maior risco de infecção se (1) houver uma ruptura prematura de membranas, parto prolongado, nascimento prematuro ou doença materna disseminada causada por estreptococos do grupo B e (2) a mãe não apresentar anticorpos tipo-específicos e tiver baixos níveis de proteínas do sistema complemento
- Mulheres com colonização genital estão em risco de doença pós-parto
- Homens e mulheres não grávidas, caso apresentem diabetes melito, câncer ou alcoolismo, têm risco aumentado para a doença
- Nenhuma incidência sazonal

Continua

Resumos Organismos clinicamente significativos. *(continuação)*

Doenças

- Responsável por doença neonatal (patologia de início precoce e início tardio com meningite, pneumonia e bacteriemia), infecções em mulheres grávidas (endometrite, infecções de feridas e do trato urinário) e em outros adultos (bacteriemia, pneumonia, infecções ósseas e articulares, além de lesões de pele e de tecidos moles)

Diagnóstico

- Microscopia útil para a meningite (líquido cefalorraquidiano), pneumonia (secreções do trato respiratório inferior) e infecções de feridas (exsudatos)
- Testes de antígeno são menos sensíveis do que a microscopia e não devem ser usados
- A cultura é o teste mais sensível; um caldo seletivo (ou seja, Caldo de Lim) é necessário para otimizar a detecção de colonização vaginal
- Ensaios baseados na reação em cadeia de polimerase para detectar a colonização vaginal em mulheres grávidas estão disponíveis comercialmente; atualmente exigem o uso de caldo de enriquecimento para uma ótima sensibilidade
- Isolados identificados por demonstração de carboidrato do envoltório celular grupo-específico ou teste de amplificação de ácido nucleico positivo

Tratamento, prevenção e controle

- A penicilina G é o medicamento de escolha; terapia empírica com antibacterianos de amplo espectro (cefalosporina de amplo espectro + aminoglicosídio) utilizados até a identificação do patógeno específico; a combinação de penicilina e aminoglicosídio é utilizada em pacientes com infecções graves; a cefalosporina ou a vancomicina é usada para pacientes alérgicos à penicilina
- Para gestgação de alto risco, a penicilina é administrada pelo menos 4 horas antes do parto
- Não há vacina disponível atualmente

STREPTOCOCCUS PNEUMONIAE

Palavras-chave

Diplococos, cápsula, pneumonia, meningite, vacina

Biologia e virulência

- Cocos gram-positivos alongados arranjados em pares (diplococos) e cadeias curtas; o envoltório celular inclui ácido teicoico rico em fosforilcolina (polissacarídio C), necessário para a atividade de uma enzima autolítica, a amidase
- Virulência determinada pela capacidade de colonizar a orofaringe (adesões de proteínas de superfície), disseminar em tecidos normalmente estéreis (pneumolisina, protease da imunoglobulina [Ig]A), estimular a resposta inflamatória local (ácido teicoico, fragmentos de peptidoglicano, pneumolisina) e escapar da morte fagocítica (cápsula polissacarídica)
- Responsável por pneumonia, sinusite, otite média, meningite e bacteriemia

Epidemiologia

- A maioria das infecções é causada por disseminação endógena a partir da nasofaringe ou orofaringe colonizada para o sítio distal (p. ex., pulmões, seios nasais, orelhas, sangue, meninges); a propagação de pessoa para pessoa através de gotículas infecciosas é rara
- A colonização é mais elevada em crianças pequenas e seus respectivos contatos
- Indivíduos com doença viral prévia do sistema respiratório ou outras condições que interferem na eliminação de bactérias do sistema respiratório estão em risco aumentado de doença pulmonar
- Crianças e idosos estão em risco elevado para meningite
- Pessoas com distúrbios hematológicos (p. ex., malignidade, doença falciforme) ou asplenia funcional estão em risco de sepse fulminante
- Embora o organismo seja onipresente, a doença é mais comum em meses frios

Diagnóstico

- A microscopia é altamente sensível, assim como a cultura, a menos que o paciente tenha sido tratado com antibacterianos
- Testes de antígeno para polissacarídio C pneumocócico são sensíveis com o líquido cefalorraquidiano (meningite), mas não com urina (meningite, pneumonia, outras infecções)
- Testes baseados em ácidos nucleicos são os de escolha para o diagnóstico de meningite, particularmente em pacientes que tenham sido tratados com um antibacteriano
- A cultura requer o uso de meios com nutrientes enriquecidos (p. ex., ágar-sangue de carneiro); organismo suscetível a muitos antibacterianos, portanto, a cultura pode ser negativa em pacientes parcialmente tratados
- Isolados identificados por catalase (negativos), suscetibilidade à optoquina e solubilidade na bile

Tratamento, prevenção e controle

- A penicilina é o fármaco de escolha para cepas suscetíveis, embora a resistência seja cada vez mais comum
- A vancomicina combinada com ceftriaxona é usada para terapia empírica; a monoterapia com cefalosporina, fluoroquinolona ou vancomicina pode ser empregada em pacientes com isolados suscetíveis
- Imunização com vacina conjugada 13-valente é recomendada para todas as crianças menores de 2 anos; uma vacina polissacarídica 23-valente é recomendada para adultos em risco para doença

ENTEROCOCCUS

Palavras-chave

Diplococos, colonização gastrintestinal, resistentes a medicamentos, infecções do trato urinário, peritonite

Biologia e virulência

- Cocos gram-positivos dispostos em pares e cadeias curtas (morfologicamente semelhantes a *S. pneumoniae*)
- Envoltório celular com antígeno grupo-específico (ácido teicoico glicerol do grupo D)
- Virulência mediada pela capacidade de aderir em superfícies do hospedeiro e formar biofilmes e por resistência aos antibacterianos

Epidemiologia

- Coloniza o sistema digestório de humanos e animais; dissemina para outras superfícies de mucosas, se os antibacterianos de amplo espectro eliminam a população bacteriana normal
- Estrutura do envoltório celular característica de bactérias gram-positivas, o que possibilita a sobrevivência em superfícies ambientais por períodos prolongados
- Maioria das infecções endógenas (da microbiota bacteriana do paciente); algumas causadas por disseminação de paciente para paciente
- Os pacientes com risco aumentado incluem aqueles hospitalizados por períodos prolongados e tratados com antibacterianos de amplo espectro (particularmente cefalosporinas, aos quais os enterococos são naturalmente resistentes)

Doenças

- Doenças incluem infecções do trato urinário, peritonite (geralmente polimicrobiana), infecções de feridas e bacteriemia com ou sem endocardite

Diagnóstico

- Cresce prontamente em meios não seletivos comuns; diferenciado dos organismos por testes simples (catalase-negativo, PYR positivo, resistente à bile e à optoquina)

Tratamento, prevenção e controle

- Terapia para infecções graves requer combinação de um aminoglicosídio com um antibacteriano ativo no envoltório celular (penicilina, ampicilina ou vancomicina); agentes mais recentes utilizados para bactérias resistentes a antibacterianos incluem linezolida, daptomicina, tigeciclina e quinupristina/dalfopristina
- A resistência a cada um destes fármacos está se tornando cada vez mais comum e infecções com muitos isolados (particularmente *Enterococcus faecium*) não são tratáveis com qualquer antibacteriano
- Prevenção e controle de infecções exigem uma restrição cuidadosa do uso de antibacterianos e implementação de práticas de controle de infecções

Os gêneros *Streptococcus* e *Enterococcus* são uma coleção diversificada de cocos gram-positivos normalmente dispostos em pares ou cadeias (em contraste com os agregados formados por *Staphylococcus*) (Tabela 19.1). A maioria das espécies é constituída de anaeróbios facultativos e alguns crescem apenas em uma atmosfera enriquecida com dióxido de carbono (crescimento capnofílico). Suas necessidades nutricionais são complexas, exigindo o uso de meios enriquecidos com sangue ou soro para o isolamento. Os carboidratos são fermentados, resultando na produção de ácido láctico e, ao contrário das espécies de *Staphylococcus*, os estreptococos e enterococos são catalase-negativos. O número de gêneros de cocos gram-positivos, catalase-negativos, que são reconhecidos como patógenos humanos continua a aumentar; entretanto, *Streptococcus* e *Enterococcus* são os gêneros mais frequentemente isolados e mais comumente responsáveis por doenças humanas. Os outros gêneros são relativamente incomuns e estão listados na Tabela 19.2, mas não serão discutidos posteriormente.

A classificação de mais de 100 espécies dentro do gênero *Streptococcus* é complicada porque três diferentes esquemas sobrepostos são utilizados: (1) **propriedades sorológicas: Grupos de Lancefield** (originalmente de A a W); (2) **padrões hemolíticos:** hemólise completa (beta [β]), hemólise incompleta (alfa [α]) e nenhuma hemólise (gama [γ]); e (3) **propriedades bioquímicas (fisiológicas)**. Embora seja uma simplificação excessiva, é prático pensar que os estreptococos são divididos em dois grupos: (1) os estreptococos beta-hemolíticos, que são classificados pelo grupo de Lancefield e (2) os estreptococos alfa-hemolíticos e gama-hemolíticos, que são classificados por testes bioquímicos. Este último grupo é referido coletivamente como **estreptococos viridans**, no qual o nome é derivado de *viridis* (do latim, verde), referindo-se ao pigmento verde formado pela hemólise parcial do ágar-sangue.

Rebecca Lancefield desenvolveu o esquema de classificação sorológica em 1933. As cepas beta-hemolíticas apresentam antígenos de envoltório celular grupo-específicos, a maioria dos quais são carboidratos. Esses antígenos podem ser prontamente detectados por ensaios imunológicos e têm sido úteis para a rápida identificação de alguns patógenos estreptocócicos importantes. Por exemplo, uma doença causada por *Streptococcus pyogenes* (classificado como *Streptococcus* do grupo A no esquema de tipagem de Lancefield) é a faringite estreptocócica ("dor de garganta estreptocócica"). O antígeno do grupo para esse organismo pode ser detectado diretamente de amostras de *swab* de garganta por meio de uma variedade de imunoensaios rápidos *point-of-care* (à beira do leito), que são testes diagnósticos comumente utilizados em laboratórios de consultórios médicos. O esquema de tipagem de Lancefield é usado hoje em dia principalmente para algumas espécies de estreptococos (p. ex., nos grupos A e B, com relevância também para os grupos C, F e G; Tabela 19.3).

Os enterococos ("cocos entéricos") foram originalmente classificados como **estreptococos do grupo D** porque compartilham o **antígeno de envoltório celular do grupo D**, que é um ácido teicoico glicerol, com outros estreptococos. Em 1984, os enterococos foram reclassificados no gênero

Tabela 19.1 Estreptococos e enterococos importantes.

Organismo	Derivação histórica
Streptococcus	*streptus*, flexível; *coccus*, grão ou baga (uma baga ou grão flexível ou coco; refere-se à aparência de cadeias de cocos longas e flexíveis)
S. agalactiae	*agalactia*, carência de leite (isolado original [denominado *S. mastitidis*] foi responsável pela mastite bovina)
S. anginosus	*anginosus*, relativo à angina
S. constellatus	*constellatus*, cravejado com estrelas (isolado original embebido em ágar com colônias menores ao redor de grandes colônias; a formação de satélites não ocorre ao redor das colônias na superfície de uma placa de ágar)
S. dysgalactiae	*dys*, doente, difícil; *galactia*, pertencente ao leite (perda de secreção de leite; isolados associados à mastite bovina)
S. gallolyticus	*gallatum*, galato; *lyticus*, dissolução (capaz de digerir ou hidrolisar o metil galato)
S. intermedius	*intermedius*, intermediário (confusão inicial se era uma bactéria aeróbia ou anaeróbia)
S. mitis	*mitis*, brando (incorretamente considerado como causa de infecções leves ou brandas)
S. mutans	*mutans*, mudança (cocos que podem ser semelhantes a bacilos, particularmente quando isolados inicialmente em cultura)
S. pneumoniae	*pneumon*, os pulmões (causa pneumonia)
S. pyogenes	*pyus*, pus; *gennaio*, produtor (produtor de pus; geralmente associado à formação de pus em feridas)
S. salivarius	*salivarius*, salivar (encontrado na saliva da boca)
Enterococcus	*enteron*, intestino; *coccus*, baga (coco intestinal)
E. faecalis	*faecalis*, relacionado com as fezes
E. faecium	*faecium*, de fezes
E. gallinarum	*gallinarum*, de galinhas (fonte original era os intestinos de aves domésticas)
E. casseliflavus	*casseli*, Kassel's; *flavus*, amarelo (amarelo de Kassel)

Tabela 19.2 Cocos gram-positivos, catalase-negativos e suas doenças.

Organismo	Doenças
Abiotrophia	Bacteriemia, endocardite (valvas nativas e próteses valvares), abscessos cerebrais nosocomiais e meningite, infecções oculares
Aerococcus	Bacteriemia, endocardite, infecções do trato urinário
Enterococcus	Bacteriemia, endocardite, infecções do trato urinário, peritonite, infecções de feridas
Granulicatella	Bacteriemia, endocardite (valvas nativas e próteses valvares), infecções oculares
Lactococcus	Bacteriemia em pacientes imunocomprometidos, endocardite (valvas nativas e próteses valvares), infecções do trato urinário, osteomielite
Leuconostoc	Infecções oportunísticas, incluindo bacteriemia, infecções de feridas, infecções do sistema nervoso central e peritonite
Pediococcus	Infecções oportunísticas, incluindo bacteriemia em pacientes gravemente imunocomprometidos
Streptococcus	Referem-se às Tabelas 19.3 e 19.4

Tabela 19.3 Classificação de estreptococos beta-hemolíticos comuns.

Grupo	Espécies representativas	Doenças
A	S. pyogenes	Faringite, infecções de pele e tecidos moles, bacteriemia, febre reumática, glomerulonefrite aguda
	Grupo S. anginosus	Abscessos
B	S. agalactiae	Doença neonatal, endometrite, infecções de feridas, infecções do trato urinário, bacteriemia, pneumonia, infecções de pele e de tecidos moles
C	S. dysgalactiae	Faringite, glomerulonefrite aguda
F, G	Grupo S. anginosus	Abscessos
	S. dysgalactiae	Faringite, glomerulonefrite aguda

Tabela 19.4 Classificação de *Streptococcus* do grupo *viridans*.

Grupo	Espécies representativas	Doenças
Anginosus	S. anginosus, S. constellatus, S. intermedius	Abscessos no cérebro, orofaringe ou cavidade peritoneal
Mitis	S. mitis, S. pneumoniae, S. oralis	Endocardite subaguda; sepse em pacientes neutropênicos; meningite
Mutans	S. mutans, S. sobrinus	Cáries dentárias; bacteriemia
Salivarus	S. salivarus	Bacteriemia; endocardite
Bovis	S. gallolyticus subsp. gallolyticus, subsp. pasteurianus	Bacteriemia associada ao câncer gastrintestinal (subsp. gallolyticus); meningite (subsp. pasteurianus)
Não agrupado	S. suis	Meningite; bacteriemia; síndrome do choque tóxico estreptocócico

Enterococcus e existem atualmente 58 espécies nesse gênero; entretanto, relativamente poucas espécies são patógenos humanos importantes. As espécies mais comuns isoladas e clinicamente importantes são **Enterococcus faecalis** e **E. faecium**. *Enterococcus gallinarum* e *E. casseliflavus* também são colonizadores comuns do trato intestinal humano e são importantes, porque essas espécies são inerentemente resistentes à vancomicina.

Os estreptococos *viridans* são subdivididos em cinco grupos clinicamente distintos (Tabela 19.4). Algumas espécies de estreptococos do grupo *viridans* podem ser beta-hemolíticas, assim como alfa-hemolíticas e não hemolíticas, o que infelizmente resultou na classificação dessas bactérias tanto pelos grupos de Lancefield quanto pelo grupo estreptococos *viridans*. Embora a classificação dos estreptococos seja um tanto confusa, a doença clínica é bem definida para espécies individuais, o que será a ênfase para o restante deste capítulo.

Streptococcus pyogenes

Streptococcus pyogenes causa uma variedade de doenças supurativas (caracterizadas por formação de pus) e doenças não supurativas (Boxe 19.1). Apesar de esse organismo ser a causa mais comum de faringite bacteriana, a notoriedade de *S. pyogenes*, popularmente denominada bactéria "comedora de carne", resulta da mionecrose que ameaça à vida, causada por esse organismo.

FISIOLOGIA E ESTRUTURA

Isolados de *S. pyogenes* são cocos esféricos, 1 a 2 μm de diâmetro, dispostos em cadeias curtas em amostras clínicas e cadeias mais longas quando cultivadas em meios líquidos (Figura 19.1). O crescimento é ideal em meios contendo ágar-sangue enriquecido, mas é inibido se o meio contiver uma alta concentração de glicose. Após 24 horas de incubação, pequenas colônias brancas de 1 a 2 mm com grandes zonas de beta-hemólise são observadas (Figura 19.2).

A estrutura antigênica de *S. pyogenes* é extensivamente estudada. O arcabouço estrutural básico do envoltório celular é a camada de peptidoglicano, que é semelhante em composição àquela observada em outras bactérias gram-positivas. Dentro do envoltório celular estão presentes os antígenos grupo-específicos e tipo-específicos. O **carboidrato grupo-específico** que constitui aproximadamente 10% do peso seco da célula (**antígeno do grupo Lancefield A**) é um dímero de *N*-acetilglucosamina e ramnose. Esse antígeno é usado para classificar os estreptococos do grupo A e distingui-los de outros grupos estreptocócicos. A **proteína M** é a principal proteína tipo-específica associada às cepas virulentas. Ela consiste em duas cadeias polipeptídicas complexadas em uma alfa-hélice. A proteína é ancorada na membrana citoplasmática, se estende através do envoltório celular e se projeta acima da superfície celular. O terminal carboxila, que está ancorado na membrana citoplasmática e a porção da molécula no envoltório celular são altamente conservados (por sequência de aminoácidos) entre todos os estreptococos do grupo A. O terminal amino, que se estende acima da superfície da célula, é responsável pelas diferenças antigênicas observadas entre os sorotipos únicos das proteínas M. As proteínas M são subdivididas em moléculas de classes I e II. As proteínas M de classe I compartilham antígenos expostos, enquanto as proteínas M de classe II não têm antígenos compartilhados expostos. Embora as cepas com ambas as classes de antígenos possam causar infecções supurativas e glomerulonefrite, apenas bactérias com proteínas M de classe I (antígeno compartilhado exposto) causam febre reumática. A classificação epidemiológica de *S. pyogenes* é baseada na análise da sequência do gene *emm* que codifica as proteínas M. Outros componentes importantes no envoltório celular de *S. pyogenes* incluem **proteínas de superfície tipo M**, **ácido lipoteicoico** e **proteína F**. Um complexo de mais de 20 genes que compõem a superfamília do gene *emm* codifica as proteínas do tipo M, assim como as proteínas M e as proteínas de ligação à imunoglobulina. O ácido lipoteicoico e a proteína F facilitam a ligação das células do hospedeiro pelo complexo com a fibronectina, que está presente na superfície da célula hospedeira.

Algumas cepas de *S. pyogenes* têm uma **cápsula** de ácido hialurônico externa que é antigenicamente indistinguível do ácido hialurônico nos tecidos conjuntivos de mamíferos. Como a cápsula pode proteger as bactérias da eliminação fagocítica, cepas encapsuladas são mais responsáveis por infecções sistêmicas graves.

Boxe 19.1 Doenças estreptocócicas e enterocócicas: resumos clínicos.

Streptococcus pyogenes (Grupo A)

Infecções supurativas

Faringite: faringe avermelhada com exsudatos geralmente presentes; a linfadenopatia cervical pode ser proeminente
Febre escarlatina: erupção eritematosa difusa começando no tórax e se espalhando até as extremidades; complicação da faringite estreptocócica
Piodermite: infecção localizada da pele com vesículas que progridem para pústulas; nenhuma evidência de doença sistêmica
Erisipelas: infecção localizada da pele com dor, inflamação, aumento do linfonodo e sintomas sistêmicos
Celulite: infecção da pele que envolve os tecidos subcutâneos
Fasciite necrosante: infecção profunda da pele que envolve a destruição de camadas musculares e de tecido adiposo
Síndrome do choque tóxico estreptocócico: infecção de múltiplos órgãos e sistemas que se assemelha à síndrome do choque tóxico estafilocócico; entretanto, a maioria dos pacientes é bacterêmica e com evidência de fasciite
Outras doenças supurativas: variedade de outras infecções reconhecidas, incluindo sepse puerperal, linfangite e pneumonia

Infecções não supurativas

Febre reumática: caracterizada por alterações inflamatórias do coração (pancardite), articulações (artralgia à artrite), vasos sanguíneos e tecidos subcutâneos
Glomerulonefrite aguda: inflamação aguda dos glomérulos renais com edema, hipertensão, hematúria e proteinúria

Streptococcus agalactiae (Grupo B)

Doença neonatal precoce: 7 dias após o nascimento, recém-nascidos infectados desenvolvem sinais e sintomas de pneumonia, meningite e sepse
Doença neonatal tardia: mais de 1 semana após o nascimento, neonatos desenvolvem sinais e sintomas de bacteriemia com meningite
Infecções em mulheres grávidas: na maioria das vezes presentes como endometrite pós-parto, infecções de feridas e do sistema urinário; bacteriemia e complicações disseminadas podem ocorrer
Infecções em outros pacientes adultos: as doenças mais comuns incluem bacteriemia, pneumonia, infecções de ossos e articulações, além de infecções de pele e de tecidos moles

Outros Streptococcus beta-hemolíticos

Formação de abscesso em tecidos profundos: associada ao grupo *S. anginosus*
Faringite: associada a *S. dysgalactiae;* a doença se assemelha àquela causada por *S. pyogenes;* pode ser complicada com a glomerulonefrite aguda

Estreptococos viridans

Formação de abscesso em tecidos profundos: associada ao grupo *S. anginosus*
Septicemia em pacientes neutropênicos: associada ao grupo *S. mitis*
Endocardite subaguda: associada aos grupos *S. mitis* e *S. salivarius*
Cáries dentárias: associadas ao grupo *S. mutans*
Malignidades do sistema digestório: associadas ao grupo *S. bovis* (*S. gallolyticus* subsp. *gallolyticus*)
Meningite: associada ao grupo *S. gallolyticus* subsp. *pasteurianus*, *S. suis* e *S. mitis*

Streptococcus pneumoniae

Pneumonia: início agudo com calafrios graves e febre persistente; tosse produtiva com expectoração sanguinolenta; consolidação lobar
Meningite: infecção grave envolvendo as meninges, com dor de cabeça, febre e sepse; alta mortalidade e déficits neurológicos graves em sobreviventes
Bacteriemia: mais comum em pacientes com meningite do que com pneumonia, otite média ou sinusite; septicemia fulminante em pacientes asplênicos

Enterococcus faecalis e Enterococcus faecium

Infecção do trato urinário: disúria e piúria, mais comumente em pacientes internados com um cateter urinário de demora e recebendo antibacterianos cefalosporina de amplo espectro
Peritonite: inchaço e sensibilidade abdominal após trauma ou cirurgia abdominal; pacientes normalmente estão gravemente enfermos e febris, apresentam hemoculturas positivas; geralmente uma infecção polimicrobiana
Bacteriemia: associada a uma infecção localizada ou endocardite
Endocardite: infecção do endotélio ou valvas cardíacas; associada à bacteriemia persistente; pode apresentar a forma aguda ou crônica

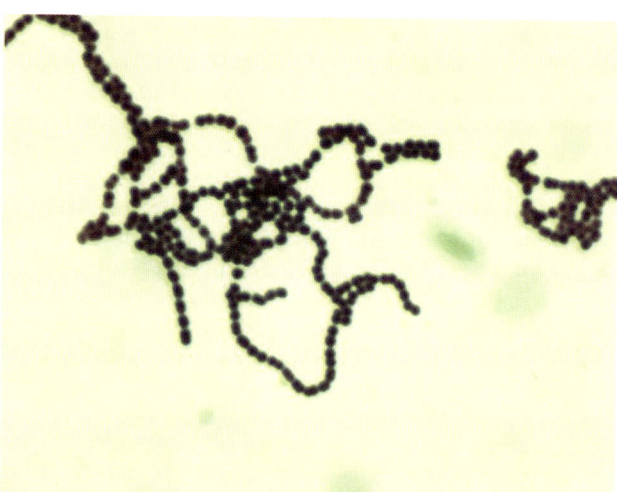

Figura 19.1 Coloração de Gram de *Streptococcus pyogenes*.

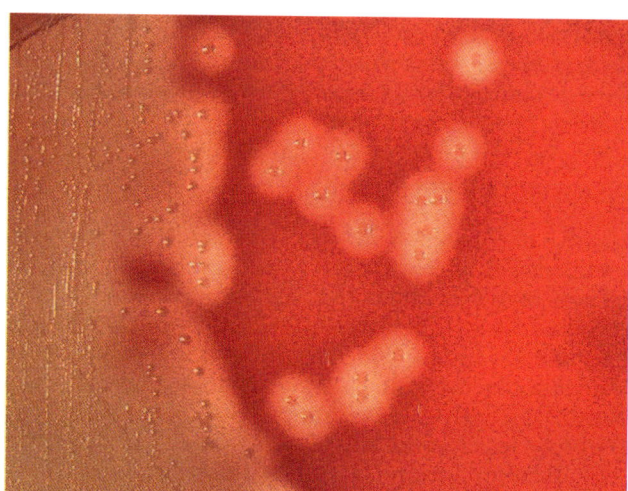

Figura 19.2 *Streptococcus pyogenes* (grupo A) aparece tipicamente como pequenas colônias com uma grande zona de hemólise.

PATOGÊNESE E IMUNIDADE

A virulência dos estreptococos do grupo A é determinada pela capacidade das bactérias de evitar a opsonização e a fagocitose, aderir e invadir as células hospedeiras e produzir uma variedade de toxinas e enzimas.

Interações iniciais entre hospedeiro-parasita

Streptococcus pyogenes tem múltiplos mecanismos para evitar a **opsonização e a fagocitose**. A **cápsula de ácido hialurônico** é um imunógeno fraco e interfere na fagocitose. As **proteínas M** também interferem na fagocitose ao bloquear a ligação do componente C3b do sistema complemento, que é um importante mediador da fagocitose. C3b também pode ser degradado pelo fator H, que se liga à proteína M na superfície celular. As proteínas do tipo M se assemelham às proteínas M em estrutura e estão sob o mesmo controle regulatório. Essas proteínas interferem na fagocitose, ligando ao fragmento Fc de anticorpos ou à fibronectina, que bloqueia a ativação do complemento pela via alternativa e reduz a quantidade de C3b ligado. Finalmente, *S. pyogenes* tem **C5a peptidase** na superfície. Essa serino protease inativa o C5a, que é um quimioatraente de neutrófilos e fagócitos mononucleares e protege as bactérias da eliminação precoce nos tecidos infectados.

Muitos antígenos bacterianos diferentes têm demonstrado mediar a **aderência às células do hospedeiro**, e o ácido lipoteicoico, as proteínas M e a proteína F são os mais importantes. A aderência inicial é uma interação fraca entre o **ácido lipoteicoico**, os sítios de ligação ao ácido graxo na fibronectina e as células epiteliais. A adesão subsequente envolve a **proteína M**, a **proteína F** e outras adesinas que interagem com receptores de células do hospedeiro.

Streptococcus pyogenes pode **invadir células epiteliais**, processo mediado pela **proteína M**, **proteína F** e outros antígenos bacterianos. Acredita-se que essa internalização seja importante para a manutenção de infecções persistentes (p. ex., faringite estreptocócica recorrente) e para invasão nos tecidos profundos.

Toxinas e enzimas

As **exotoxinas pirogênicas estreptocócicas (Spe)**, originalmente denominadas *toxinas eritrogênicas*, são produzidas por cepas de estreptococos e são semelhantes à toxina produzida em *Corynebacterium diphtheriae*. Quatro toxinas termolábeis imunologicamente distintas (SpeA, SpeB, SpeC e SpeF) foram descritas em *S. pyogenes* e em cepas raras de estreptococos dos grupos C e G. As toxinas atuam como superantígenos, interagindo com macrófagos e células T *helper* (auxiliares), com a liberação aumentada de citocinas pró-inflamatórias. Essa família de exotoxinas é considerada responsável por muitas das manifestações clínicas de doenças estreptocócicas graves, incluindo a fasciite necrosante e a síndrome do choque tóxico estreptocócico, bem como a erupção cutânea observada em pacientes com febre escarlatina. Não está claro se a erupção cutânea resulta do efeito direto da toxina sobre o leito capilar ou, mais provavelmente, é secundária a uma reação de hipersensibilidade.

A **estreptolisina S** é uma hemolisina oxigênio-estável, não imunogênica, ligada às células, que pode lisar eritrócitos, leucócitos e plaquetas. Também pode estimular a liberação de conteúdos lisossomais após o englobamento, com posterior morte da célula fagocítica. A estreptolisina S é produzida na presença de soro (o S indica estável no soro) e é responsável pela característica de beta-hemólise observada em meios contendo ágar-sangue.

Estreptolisina O é uma hemolisina oxigênio-lábil capaz de lisar eritrócitos, leucócitos, plaquetas e células cultivadas. Essa hemolisina é antigenicamente relacionada com as toxinas oxigênio-lábeis produzidas por *S. pneumoniae*, *Clostridium tetani*, *C. perfringens*, *Bacillus cereus* e *Listeria monocytogenes*. Os anticorpos são facilmente formados contra a estreptolisina O **(anticorpos antiestreptolisina O [ASO])** (essa característica a diferencia da estreptolisina S) e são úteis para documentar infecção recente por estreptococos do grupo A **(teste ASO)**. A estreptolisina O é irreversivelmente **inibida pelo colesterol** nos lipídios da pele, para que os pacientes com infecções cutâneas não desenvolvam anticorpos ASO.

Pelo menos duas formas de **estreptoquinase (A e B)** foram descritas. Essas enzimas mediam a clivagem do plasminogênio, liberando a protease plasmina que, por sua vez, cliva a fibrina e o fibrinogênio. Assim, essas enzimas podem lisar coágulos de sangue e depósitos de fibrina e facilitar a rápida disseminação de *S. pyogenes* em tecidos infectados. Anticorpos dirigidos contra essas enzimas **(anticorpos antiestreptoquinase)** são marcadores úteis de infecção.

Quatro desoxirribonucleases imunologicamente distintas **(DNases A a D)** foram identificadas. Essas enzimas não são citolíticas, mas podem despolimerizar o ácido desoxirribonucleico (DNA) livre presente no pus. Esse processo reduz a viscosidade do material de abscesso e facilita a disseminação dos organismos. Anticorpos desenvolvidos contra DNase B **(teste de anti-DNase B)** são um marcador importante para pacientes com infecções cutâneas que não produzem anticorpos contra a estreptolisina O (ver texto anterior).

EPIDEMIOLOGIA

O Centro de Controle e Prevenção de Doenças (CDC) estima que pelo menos 10 milhões de casos de doenças não invasivas ocorram anualmente; faringite e piodermite são as infecções mais comuns. Aproximadamente 15% de todos os pacientes com faringite apresentam infecção com *S. pyogenes* (quase todas as outras infecções são causadas por vírus). Aproximadamente 20 a 30% dos pacientes com piodermite (impetigo) têm uma infecção com *S. pyogenes*, enquanto o restante está infectado com *Staphylococcus aureus*.

Os estreptococos do grupo A podem colonizar a orofaringe de crianças e jovens adultos saudáveis na ausência de doença clínica; entretanto, o isolamento de *S. pyogenes* em um paciente com faringite é geralmente considerado significativo. A colonização assintomática com *S. pyogenes* é transitória, regulada pela capacidade de o indivíduo criar imunidade específica à proteína M da cepa colonizadora e a presença de organismos competitivos na orofaringe. Os pacientes não tratados produzem anticorpos contra a proteína M específica da bactéria, que podem resultar em imunidade de longa duração; no entanto, essa resposta de anticorpos é menor em pacientes tratados.

Em geral, a doença por *S. pyogenes* é causada por cepas recentemente adquiridas que podem estabelecer uma infecção da faringe ou da pele antes de serem produzidos anticorpos específicos ou organismos competitivos serem capazes de proliferar. A faringite causada por *S. pyogenes* é principalmente uma doença de crianças entre os 5 e 15 anos, mas lactentes e adultos também são suscetíveis. A disseminação do patógeno ocorre de pessoa a pessoa através de gotículas respiratórias. Aglomerações, tais como em salas de aula e creches, aumentam a oportunidade para que o organismo se propague, particularmente durante os meses de inverno. Infecções de tecidos moles (ou seja, piodermite, erisipela, celulite, fasciite) são normalmente precedidas por colonização inicial da pele com estreptococos do grupo A, seguido pela introdução dos organismos nos tecidos superficiais ou profundos mediante ruptura na pele.

DOENÇAS CLÍNICAS

Doença estreptocócica supurativa

Faringite

A **faringite** geralmente se desenvolve 2 a 4 dias após a exposição ao patógeno, com um início abrupto de dor de garganta, febre, mal-estar e dor de cabeça. A faringe posterior pode apresentar aspecto eritematoso com exsudato, enquanto a linfadenopatia cervical pode ser proeminente. Apesar dos sinais e sintomas clínicos, diferenciar a faringite estreptocócica da faringite viral é difícil. Um diagnóstico preciso pode ser feito somente com testes laboratoriais específicos.

A **febre escarlatina** é uma complicação da faringite estreptocócica que ocorre quando a cepa infectante é infectada com um bacteriófago que medeia a produção de uma exotoxina pirogênica. Dentro de 1 a 2 dias após o desenvolvimento dos sintomas clínicos iniciais de faringite, uma erupção cutânea eritematosa difusa aparece inicialmente na parte superior do tórax e depois se dissemina até as extremidades. A área ao redor da boca é geralmente poupada **(palidez circumoral)**, assim como as palmas das mãos e as plantas dos pés. Um revestimento branco-amarelado cobre inicialmente a língua e é mais tarde liberado, revelando uma superfície vermelha e crua logo abaixo **("língua de morango")**. A erupção cutânea, que sofre branqueamento quando pressionada, é mais bem observada no abdome e nas dobras cutâneas **(linhas de Pastia)**. A erupção desaparece em 5 a 7 dias e é seguida pela descamação (liberação) da camada superficial de pele. Complicações supurativas da faringite estreptocócica (p. ex., formação de abscesso ao redor das tonsilas e dorso da garganta) são raras desde o advento da terapia antimicrobiana.

Piodermite

Piodermite (impetigo) é uma infecção confinada purulenta *(pyo)* da pele *(derma)* que afeta principalmente as áreas expostas (ou seja, face, braços, pernas). A infecção começa quando a pele é colonizada com *S. pyogenes* após contato direto com um indivíduo infectado ou fômites (p. ex., roupas contaminadas, lençóis ou superfícies). O organismo é introduzido nos tecidos subcutâneos através de uma ruptura na pele (p. ex., arranhadura, picada de inseto). Desenvolvem-se vesículas, progredindo para pústulas (vesículas cheias de pus) e, em seguida, rompimento e formação de crosta. Os linfonodos regionais podem se tornar maiores, mas sinais sistêmicos de infecção (p. ex., febre, sepse, envolvimento de outros órgãos) são incomuns. A propagação dérmica secundária da infecção causada pela arranhadura é característica.

A piodermite é vista principalmente nos meses de calor e umidade, em crianças pequenas com má higiene pessoal. Embora *S. pyogenes* seja responsável pela maioria das ocorrências, os estreptococos dos grupos C e G também são causadores de infecções estreptocócicas na pele. *Staphylococcus aureus* também está comumente presente nas lesões. As cepas de estreptococos que causam infecções cutâneas diferem daquelas que causam faringite, embora sorotipos de piodermite possam colonizar a faringe e estabelecer um estado de carreador persistente.

Erisipelas

A **erisipela** (*eritros*, vermelho; *pella*, pele) é uma infecção aguda da pele. Os pacientes experimentam dor localizada, inflamação (eritema, calor), aumento dos linfonodos e sinais sistêmicos (calafrios, febre, leucocitose). As áreas envolvidas da pele são normalmente elevadas e diferenciadas da pele não envolvida (Figura 19.3). A erisipela ocorre mais comumente em crianças pequenas ou adultos mais velhos, historicamente, na face, mas atualmente é mais comum nas pernas, geralmente precedida por infecções do sistema respiratório ou da pele causadas por *S. pyogenes* (menos frequente com estreptococos do grupo C ou G).

Celulite

Ao contrário da erisipela, a **celulite** geralmente envolve tanto a pele quanto tecidos subcutâneos mais profundos. A distinção entre áreas infectadas e não infectadas da pele não é tão evidente. Como em erisipelas, a inflamação local e sinais sistêmicos são observados. Identificação precisa do organismo ofensor é necessária porque muitos organismos diferentes podem causar celulite.

Fasciite necrosante

A **fasciite necrosante** (também denominada de *gangrena estreptocócica*) é uma infecção que ocorre na porção profunda do tecido subcutâneo, propaga-se ao longo dos planos fasciais e é caracterizada por uma destruição extensa de músculo e tecido adiposo (Figura 19.4).

O organismo (referido nos meios de comunicação como "bactérias comedoras de carne") é introduzido no tecido

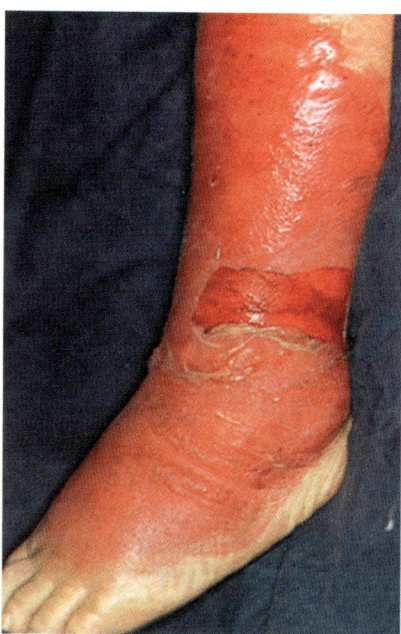

Figura 19.3 Estágio agudo de erisipela da perna. Observe o eritema na área envolvida e a formação de bolhas. (De Emond, R.T., Rowland, H.A.K., Welsby, P. 1995. Colour Atlas of Infectious Diseases, third ed. Wolfe, London.)

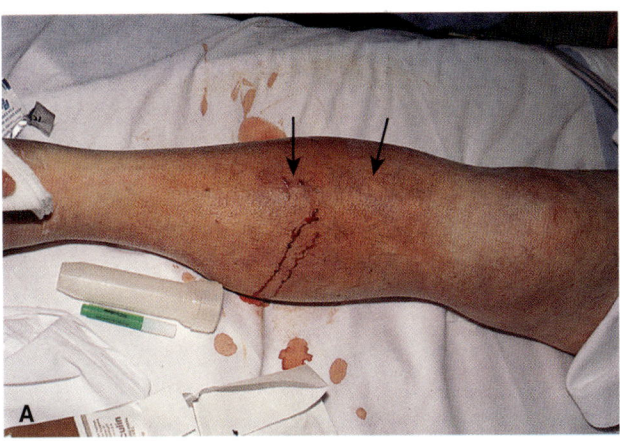 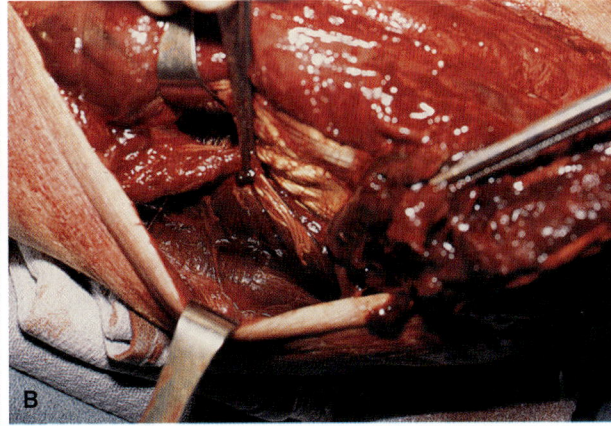

Figura 19.4 Fasciite necrosante causada por *Streptococcus pyogenes*. O paciente apresentou histórico de 3 dias de mal-estar, mialgia difusa e febre. Durante 3 horas, a dor tornou-se excruciante e foi localizada na panturrilha. **A.** Observe as duas pequenas bolhas roxas sobre a panturrilha *(setas)*. **B.** Fasciite necrosante extensa presente na exploração cirúrgica. O paciente morreu, apesar de manejos cirúrgico e médico intensos. (De Cohen, J., Powderly, W.G., Opal, S.M. 2010. Infectious Diseases, third ed. Mosby, Philadelphia, PA.)

a partir da ruptura da pele (p. ex., corte ou traumatismo menor, infecção viral vesicular, queimadura, cirurgia). Inicialmente, há evidência de celulite; em seguida, as bolhas se formam, com o desenvolvimento de gangrena (necrose tecidual associada à obstrução do fluxo sanguíneo) e sintomas sistêmicos. Toxicidade, falência de múltiplos órgãos e morte são as marcas dessa doença; assim, a intervenção médica imediata é necessária para salvar o paciente. Ao contrário da celulite, que pode ser tratada com antibioticoterapia, a fasciite deve ser tratada também de modo agressivo com o desbridamento cirúrgico do tecido infectado.

Síndrome do choque tóxico estreptocócico

Embora a incidência de doença grave causada por *S. pyogenes* tenha diminuído constantemente após o advento dos antibacterianos, essa tendência mudou drasticamente no final da década de 1980, quando as infecções caracterizadas por toxicidade multissistêmica foram relatadas (Caso Clínico 19.1). Pacientes com essa síndrome manifestam inicialmente inflamação no sítio da infecção, dor e sintomas não específicos, como febre, calafrios, mal-estar, náuseas, vômitos e diarreia. A dor se intensifica à medida que a doença progride para choque e falência de órgãos (p. ex., rim, pulmões, fígado, coração); essas características são semelhantes às da síndrome do choque tóxico estafilocócico. Entretanto, em contraste com a doença estafilocócica, a maioria dos pacientes apresenta doença estreptocócica bacterêmica e muitos desenvolvem fasciite necrosante.

Embora pessoas de todas as faixas etárias sejam suscetíveis à **síndrome do choque tóxico estreptocócico**, o risco aumentado para a doença é observado em pacientes com infecção pelo vírus da imunodeficiência humana (HIV), câncer, diabetes melito, doença cardíaca ou pulmonar e infecção pelo vírus da varicela-zóster, bem como em indivíduos que fazem uso abusivo de álcool ou substâncias intravenosas tóxicas. As cepas de *S. pyogenes* responsáveis por essa síndrome diferem daquelas que causam a faringite, porque a maioria das cepas de *S. pyogenes* são sorotipos M 1 ou 3 e muitas têm cápsulas proeminentes de ácido hialurônico mucopolissacarídico (cepas mucoides). A produção de exotoxinas pirogênicas, particularmente SpeA e SpeC, é também uma característica de destaque desses organismos.

> **Caso Clínico 19.1 Síndrome do choque tóxico estreptocócico**
>
> A síndrome do choque tóxico estreptocócico é uma infecção assustadora e mortal. Ilustrado por Cone et al. em 1987 (*N Engl J Med* 317:146-149, 1987). O paciente era um homem de 46 anos que havia sido arranhado no antebraço por seu cão da raça pastor alemão. No dia seguinte ao acidente, ele teve a ferida reaberta durante o trabalho. À noite, desenvolveu febre baixa, calafrios, dor nas costas e mialgia. Quando se apresentou ao departamento de emergência local, um eritema discreto e uma secreção serosa fina foram observados no local da ferida. Culturas da ferida e do sangue foram coletadas e o tratamento com antibacterianos intravenosos foi iniciado. Em 10 horas, o paciente tornou-se confuso e hipotenso. Foi transferido para a unidade de terapia intensiva. Como o eritema sobre a ferida se espalhou e múltiplas bolhas se formaram na superfície da ferida, o paciente foi levado para cirurgia, na qual o fluido amarelado presente nos tecidos musculares foi drenado. Nas culturas provenientes do sítio cirúrgico, assim como nas culturas originais da ferida, observou-se o crescimento de *Streptococcus pyogenes*. Após o desbridamento cirúrgico, a condição clínica do paciente continuou a declinar, com desenvolvimento de função hepática anormal, insuficiência renal, desconfortos pulmonares e anormalidades cardíacas. O paciente desenvolveu hipotensão persistente e morreu 3 dias após dar entrada no hospital. A progressão fulminante dessa doença e a falência de múltiplos órgãos enfatiza a necessidade de uma intervenção médica agressiva.

Outras doenças supurativas

Streptococcus pyogenes é associado a uma variedade de outras infecções supurativas, incluindo sepse puerperal, linfangite e pneumonia. Embora essas infecções ainda sejam observadas, tornaram-se menos comuns após a introdução da terapia com antibacterianos.

Bacteriemia

Streptococcus pyogenes é um dos estreptococos beta-hemolíticos mais comuns isolados em hemoculturas. Pacientes com infecções localizadas (p. ex., faringite, piodermite, erisipela) raramente são bacterêmicos, mas as hemoculturas são positivas na maioria dos pacientes com fasciite necrosante ou síndrome do choque tóxico (em contraste com a síndrome do choque tóxico estafilocócico). A mortalidade nessa população de pacientes se aproxima a 40% em países com uma infraestrutura médica sofisticada e é muito maior nos países com recursos limitados.

Doença estreptocócica não supurativa

Febre reumática

A **febre reumática** é uma complicação não supurativa da faringite por *S. pyogenes*. É caracterizada por alterações inflamatórias envolvendo o coração, articulações, vasos sanguíneos e tecidos subcutâneos. O envolvimento do coração se manifesta como uma pancardite (endocardite, pericardite, miocardite) e está frequentemente associado a nódulos subcutâneos. Podem ocorrer danos crônicos progressivos nas valvas cardíacas. As manifestações articulares podem variar de artralgias à artrite franca, com múltiplas articulações envolvidas em um padrão migratório (ou seja, o comprometimento se desloca de uma articulação para outra).

A incidência da febre reumática nos EUA diminuiu de um pico de mais de 10 mil casos por ano relatados em 1961 a 112 casos relatados em 1994 (último ano de notificação compulsória). Por outro lado, a doença em países em desenvolvimento é muito mais comum, com uma estimativa de 100 casos por 100 mil crianças ao ano. As proteínas M tipo-específicas de classe I (p. ex., tipos 1, 3, 5, 6 e 18) com um sítio antigênico compartilhado exposto são responsáveis pela febre reumática. Além disso, a febre reumática está associada à faringite estreptocócica, mas não a infecções cutâneas estreptocócicas. Como seria de se esperar, as características epidemiológicas da doença mimetizam as da faringite estreptocócica. É mais comum em crianças pequenas em idade escolar, sem predileção de gênero, e ocorre principalmente durante os meses mais frios do ano. A doença ocorre mais comumente em pacientes com faringite estreptocócica grave; contudo, até um terço dos pacientes desenvolvem infecção assintomática ou leve. As cepas reumatogênicas induzem uma resposta produtora de anticorpos vigorosa em todos os pacientes com faringite. A febre reumática pode voltar com uma infecção estreptocócica subsequente se a profilaxia antibacteriana não for utilizada. O risco de recidiva diminui com o tempo.

Visto que nenhum teste diagnóstico específico pode identificar pacientes com febre reumática, o diagnóstico é feito com base nos achados clínicos e evidências documentadas de infecção recente por *S. pyogenes*, tais como (1) cultura positiva da garganta ou teste específico baseado na análise de ácidos nucleicos; (2) detecção do antígeno do grupo A em *swab* de garganta; ou (3) uma elevação de ASO, anti-DNase B ou anticorpos anti-hialuronidase. A ausência de títulos elevados ou crescentes de anticorpos seria uma forte evidência contra a febre reumática.

Glomerulonefrite aguda

A segunda complicação não supurativa da doença estreptocócica é a **glomerulonefrite**, caracterizada por inflamação aguda dos glomérulos renais com edema, hipertensão, hematúria e proteinúria. As cepas nefritogênicas específicas de estreptococos do grupo A estão associadas a essa doença. Em contraste com a febre reumática, a glomerulonefrite aguda é uma sequela das infecções estreptocócicas piodérmicas e faríngeas; no entanto, os sorotipos M nefrogênicos diferem para as duas doenças primárias. As características epidemiológicas da doença são semelhantes aos da infecção estreptocócica inicial. O diagnóstico é determinado com base na apresentação clínica e na descoberta de evidências de uma infecção recente por *S. pyogenes*. Pacientes jovens geralmente têm uma recuperação sem complicações, mas o prognóstico a longo prazo para adultos não é evidente. A perda progressiva e irreversível da função renal é observada em adultos.

DIAGNÓSTICO LABORATORIAL

Microscopia

A coloração de Gram do tecido afetado pode ser utilizada para realizar um rápido diagnóstico preliminar de infecções de tecidos moles ou piodermite por *S. pyogenes*. O achado de cocos gram-positivos em pares e cadeias em associação aos leucócitos é importante porque os estreptococos não são observados em colorações de Gram de peles não infectadas. Por outro lado, muitas espécies de estreptococos fazem parte da população normal da orofaringe, portanto, a observação de estreptococos em uma amostra respiratória de um paciente com faringite não tem significado diagnóstico.

Detecção de antígenos

Uma variedade de testes imunológicos usando anticorpos que reagem com o carboidrato grupo-específico no envoltório celular bacteriano pode ser empregada para detectar estreptococos do grupo A diretamente de *swabs* da garganta. Esses testes são rápidos, baratos e específicos. Os testes para detecção de antígenos não são utilizados para doenças cutâneas ou não supurativas.

Testes baseados na análise de ácidos nucleicos

Ensaios comerciais com o uso de sondas e amplificação de ácidos nucleicos estão disponíveis para a detecção de *S. pyogenes* em espécimes da faringe. Os ensaios com sondas são menos sensíveis do que a cultura, mas os ensaios de amplificação têm sensibilidade similar àquela observada na cultura e representam o teste de escolha quando disponíveis.

Cultura

Apesar da dificuldade de coletar amostras de *swab* de garganta em crianças, os espécimes devem ser obtidos a partir da orofaringe (p. ex., tonsilas). Menos bactérias estão presentes nas áreas anteriores da boca, uma vez que a boca (particularmente saliva), por ser colonizada por bactérias que inibem o crescimento de *S. pyogenes*, pode encobrir ou inibir o crescimento de *S. pyogenes*, até mesmo a contaminação de uma amostra coletada adequadamente. A recuperação de *S. pyogenes* de pacientes com impetigo não é um problema. A porção superior da lesão com crosta é levantada e o material purulento e a base da lesão são cultivados. Os espécimes de cultura não devem ser obtidos de pústulas de drenagem aberta da pele, porque podem estar superinfectados por estafilococos. Os organismos são prontamente recuperados nos tecidos e hemoculturas obtidas dos pacientes com fasciite necrosante; entretanto, relativamente poucos organismos podem estar presentes na pele de pacientes com erisipela ou celulite. Como mencionado anteriormente, os estreptococos são organismos fastidiosos e o crescimento nas placas pode ser tardio; portanto, incubação prolongada (2 a 3 dias) deve ser usada antes que uma cultura seja considerada negativa.

Identificação

Os estreptococos do grupo A são identificados de maneira definitiva por meio da demonstração de **carboidratos grupo-específicos**, geralmente realizada com um imunoensaio rápido ou teste de amplificação de ácido nucleico. Essa identificação geralmente é suficiente para o diagnóstico de infecção por *S. pyogenes*; entretanto, a diferenciação de *S. pyogenes* de outras espécies de estreptococos com o antígeno A grupo-específico pode ser determinada por sua suscetibilidade à **bacitracina** (um teste realizado de um dia para o outro) ou pela detecção da presença da enzima **L-pirrolidonil arilamidase (PYR)** (um teste de 5 minutos). *S. pyogenes* é a única espécie de estreptococos que é positiva nesses testes.

Detecção de anticorpos

Pacientes com doença causada por *S. pyogenes* produzem anticorpos específicos para enzimas estreptocócicas. Embora anticorpos contra a proteína M sejam produzidos e sejam importantes para a manutenção da imunidade, os anticorpos tipo-específicos aparecem tardiamente no curso clínico da doença e não são úteis para o diagnóstico. Em contraste, a mensuração de anticorpos contra a estreptolisina O **(teste ASO)** é útil para confirmar a febre reumática ou a glomerulonefrite aguda resultante de uma infecção faríngea recente por estreptococos. Esses anticorpos surgem de 3 a 4 semanas após a exposição inicial ao organismo e depois persistem. Um título elevado de ASO não é observado nos pacientes que desenvolvem glomerulonefrite aguda após piodermite por estreptococos (ver discussão anterior); assim, o **teste de anti-DNase B** deve ser realizado se a glomerulonefrite estreptocócica for suspeita.

TRATAMENTO, PREVENÇÃO E CONTROLE

Streptococcus pyogenes é muito sensível à penicilina; portanto, a penicilina V ou a amoxicilina por via oral (VO) podem ser usadas para tratar a faringite estreptocócica. Para pacientes alérgicos à penicilina, a cefalosporina ou o macrolídeo oral podem ser usados. O uso combinado de penicilina intravenosa com um antibacteriano inibidor da síntese proteica (p. ex., clindamicina) é recomendado para infecções sistêmicas graves. A resistência ou má resposta clínica tem limitado a utilidade das tetraciclinas e sulfonamidas, e a resistência à eritromicina e aos macrolídeos mais recentes (p. ex., azitromicina, claritromicina) está aumentando em frequência. A drenagem e o desbridamento cirúrgico agressivo devem ser prontamente iniciados em pacientes com infecções graves de tecidos moles.

A colonização orofaríngea persistente de *S. pyogenes* pode ocorrer após um curso completo de terapia. Esse estado pode ter origem do baixo cumprimento do curso prescrito de terapia, reinfecção com uma nova cepa ou carreamento persistente em um foco sequestrado. Visto que a resistência à penicilina não é observada em pacientes com carreamento orofaríngeo, a penicilina pode ser administrada para um curso adicional de tratamento. Se o carreamento persistir, não é indicado um novo tratamento, porque a antibioticoterapia prolongada pode perturbar a microbiota bacteriana normal. A terapia com antibacterianos em pacientes com faringite acelera o alívio dos sintomas e, se iniciada dentro de 10 dias após a doença clínica inicial, previne a febre reumática. A antibioticoterapia não parece influenciar a progressão para a glomerulonefrite aguda.

Pacientes com história de febre reumática necessitam de **profilaxia antibacteriana** a longo prazo para prevenir a recorrência da doença. Como os danos à valva cardíaca predispõem esses pacientes à endocardite, eles também necessitam de profilaxia com antibacterianos antes de se submeterem a procedimentos que possam induzir bacteriemias transitórias (p. ex., procedimentos odontológicos). A antibioticoterapia específica não altera o curso da glomerulonefrite aguda e a terapia profilática não é indicada porque a doença recorrente não é observada nesses pacientes.

Streptococcus agalactiae

Streptococcus agalactiae é a única espécie que tem o antígeno do grupo B. Esse organismo foi reconhecido pela primeira vez como uma causa de sepse puerperal. Embora essa doença seja relativamente incomum hoje em dia, *S. agalactiae* tornou-se conhecido como uma importante causa de septicemia, pneumonia e meningite em recém-nascidos, assim como uma causa de doenças graves em adultos (ver Boxe 19.1).

FISIOLOGIA E ESTRUTURA

Os estreptococos do grupo B são cocos gram-positivos (0,6 a 1,2 μm) que formam cadeias curtas em amostras clínicas e cadeias longas em cultura, características que os tornam indistinguíveis na coloração de Gram de *S. pyogenes*. Crescem bem em meios nutricionalmente enriquecidos e, em contraste às colônias de *S. pyogenes*, as colônias de *S. agalactiae* são grandes com uma zona estreita de beta-hemólise. Algumas cepas (1 a 2%) são não hemolíticas, embora sua prevalência possa ser subestimada, porque as cepas não hemolíticas não são comumente selecionadas para o antígeno do grupo B.

As cepas de *S. agalactiae* podem ser caracterizadas com base em três marcadores sorológicos: (1) o **antígeno B polissacarídico grupo-específico do envoltório celular** (antígeno do grupo de Lancefield), (2) nove **polissacarídios capsulares tipo-específicos** (Ia, Ib e II a VIII), e (3) **proteínas de superfície** (a mais comum é o **antígeno c**). Os polissacarídios tipo-específicos são importantes marcadores epidemiológicos, com os sorotipos Ia, III e V mais comumente associados à colonização e à doença. O conhecimento dos sorotipos específicos associados à doença e de padrões de mudança de prevalência dos sorotipos é importante para o desenvolvimento de vacinas.

PATOGÊNESE E IMUNIDADE

O fator de virulência mais importante de *S. agalactiae* é a **cápsula polissacarídica** que interfere na fagocitose até que o paciente desenvolva anticorpos tipo-específicos. Anticorpos contra os antígenos capsulares tipo-específicos são protetores, o que é um fator que explica em parte a predileção desse organismo para os neonatos. Na ausência de anticorpos maternos, o recém-nascido está em risco para a doença.

Além disso, a colonização genital com estreptococos do grupo B é associada ao aumento do risco de parto prematuro e as crianças prematuras estão em maior risco de doenças. As vias clássica e alternativa funcionais do sistema complemento são necessárias para a eliminação de estreptococos do grupo B, particularmente os tipos Ia, III e V. Como resultado, existe maior probabilidade de disseminação sistêmica do organismo em prematuros que apresentam níveis fisiologicamente baixos de complemento ou em lactentes nos quais os receptores para o complemento ou para o fragmento Fc de anticorpos imunoglobulina (Ig)G não são expostos em neutrófilos. Também foi descoberto que os polissacarídios capsulares tipo-específicos de estreptococos dos tipos Ia, Ib e II apresentam um resíduo terminal de ácido siálico. O **ácido siálico** pode inibir a ativação da via alternativa do complemento, interferindo na fagocitose dessas cepas de estreptococos do grupo B.

EPIDEMIOLOGIA

Os estreptococos do grupo B colonizam o trato gastrintestinal inferior e o sistema geniturinário. O carreamento vaginal transitório é observado em 10 a 30% das mulheres grávidas, embora a incidência observada dependa do período de gestação em que a amostragem é feita e das técnicas de cultura utilizadas.

Aproximadamente 60% dos recém-nascidos de mães colonizadas tornam-se colonizados quando atravessam o canal vaginal com os organismos de suas mães. Isso é mais provável quando a mãe é colonizada com um grande número de bactérias. Outras associações para colonização neonatal são partos prematuros, ruptura prolongada do saco amniótico (membrana) e febre intraparto. A doença em neonatos com menos de 7 dias de idade é denominada **doença de início precoce**; a que aparece em lactentes entre 1 semana e 3 meses de vida é considerada **doença de início tardio**. Os sorotipos mais comumente associados às doenças de início precoce são Ia (35 a 40%), III (30%) e V (15%). O sorotipo III é responsável pela maioria das doenças de início tardio. Os sorotipos Ia e V são os mais comuns na doença adulta.

A colonização com posterior desenvolvimento da doença no neonato pode ocorrer no útero, ao nascimento ou durante os primeiros meses de vida. *Streptococcus agalactiae* é a causa mais comum de septicemia e meningite bacteriana em recém-nascidos. O uso de profilaxia antibacteriana intraparto é responsável por uma queda drástica na doença neonatal de aproximadamente 1,7 infecção por nascidos vivo em 1993 para 0,22 infecção em 2016.

O risco de doenças invasivas em adultos é maior em mulheres gestantes do que nos homens e nas mulheres não gestantes. Infecções do trato urinário, amnionite, endometrite e infecções de feridas são as manifestações mais comuns em mulheres grávidas. As infecções em homens e mulheres não gestantes são principalmente as infecções da pele e dos tecidos moles, bacteriemia, sepse urinária (infecção do trato urinário com bacteriemia) e pneumonia. Condições que predispõem ao desenvolvimento de doenças em adultas não grávidas incluem diabetes melito, doença hepática ou renal crônica, câncer e infecção pelo HIV.

DOENÇAS CLÍNICAS

Doença neonatal precoce

Sintomas clínicos da doença estreptocócica do grupo B adquiridos no útero ou ao nascer desenvolvem-se durante a primeira semana de vida. A doença de início precoce, caracterizada por **bacteriemia**, **pneumonia** ou **meningite**, é indistinguível da sepse causada por outros organismos. Como o comprometimento pulmonar é observado na maioria dos lactentes e o envolvimento meníngeo pode ser inicialmente inaparente, o exame do líquido cerebrospinal (LCR) é necessário para todas as crianças infectadas. A taxa de mortalidade diminuiu para menos de 5% em virtude do diagnóstico rápido e de melhores cuidados de apoio; entretanto, 15 a 30% dos recém-nascidos que sobrevivem à meningite desenvolvem graves sequelas neurológicas, incluindo cegueira, surdez e retardo mental.

Doença neonatal de início tardio

A doença de início tardio é adquirida de uma fonte exógena (p. ex., mãe, outro lactente) e se desenvolve entre 1 semana e 3 meses de idade (Caso Clínico 19.2). A manifestação predominante é a **bacteriemia com meningite**, que se assemelha a doenças causadas por outras bactérias. Embora a taxa de mortalidade seja baixa (p. ex., 3%), as complicações neurológicas são comuns em crianças com meningite (p. ex., exemplo, 25 a 50%).

Infecções em mulheres grávidas

Endometrite pós-parto, infecção de feridas e **infecções do trato urinário** ocorrem nas mulheres durante e imediatamente após a gravidez. Como as mulheres grávidas geralmente apresentam boa saúde, o prognóstico é excelente para aquelas que recebem a terapia apropriada. Complicações secundárias à bacteriemia, como endocardite, meningite e osteomielite são raras.

Infecções em homens e mulheres não grávidas

Em comparação com as mulheres grávidas que adquirem infecção por estreptococos do grupo B, homens e mulheres não grávidas infectados com essas bactérias são geralmente mais velhos e têm condições de base debilitantes. As manifestações mais comuns incluem **bacteriemia, pneumonia, infecções ósseas e nas articulações** e **infecções**

Caso Clínico 19.2 Doença causada por estreptococos do grupo B em um neonato

A seguir está uma descrição de doença de início tardio causada por estreptococos do grupo B em um recém-nascido (Hammersen et al.: *Eur J Pediatr* 126:189-197, 1977). Um recém-nascido do gênero masculino pesando 3.400 g nasceu de parto normal a termo. Os resultados dos exames físicos foram normais durante a primeira semana de vida; no entanto, o recém-nascido começou a se alimentar de modo irregular a partir da segunda semana. No dia 13, foi admitido no hospital com convulsões generalizadas. Uma pequena quantidade de LCR turvo foi coletada por punção lombar e *Streptococcus agalactiae* sorotipo III foi isolado de cultura. Apesar do pronto início da terapia, o neonato desenvolveu hidrocefalia, o que requer a implantação de uma derivação (*shunt*) atrioventricular. O lactente recebeu alta hospitalar com 3,5 meses de idade apresentando retardo do desenvolvimento psicomotor. Esse paciente ilustra a meningite neonatal causada pelo sorotipo de estreptococos do grupo mais comumente implicado em doenças de início tardio e as complicações associadas a essa infecção.

de pele e tecidos moles. A mortalidade é maior nessa população, pois esses pacientes muitas vezes têm imunidade comprometida.

DIAGNÓSTICO LABORATORIAL

Detecção de antígenos

Testes para a detecção direta de estreptococos do grupo B em espécimes urogenitais estão disponíveis, mas não apresentam sensibilidade para serem usados no rastreio de mães e predição dos recém-nascidos com maior risco de doenças neonatais. Do mesmo modo, os testes de antígenos têm baixa sensibilidade (< 30%) para serem utilizados com amostras de LCR. Uma coloração de Gram de LCR tem maior sensibilidade e deve ser usada.

Testes baseados na análise de ácidos nucleicos

Os ensaios de amplificação do ácido nucleico baseados na reação em cadeia da polimerase (PCR) são aprovados pela U.S. Food and Drug Administration (FDA) para swabs retal/vaginal de gestantes. Os testes são geralmente realizados imediatamente antes do parto para orientar o uso da terapia profilática para proteger os recém-nascidos de mulheres colonizadas.

Cultura

Os estreptococos do Grupo B crescem prontamente em um meio enriquecido nutricionalmente, produzindo grandes colônias após 24 horas de incubação; entretanto, a beta-hemólise pode ser difícil de detectar ou estar ausente, representando um problema na detecção do organismo quando outros organismos estão presentes na cultura (p. ex., cultura vaginal). Desse modo, o uso de um meio seletivo com caldo enriquecido contendo antibacterianos adicionados para suprimir o crescimento de outros organismos (p. ex., caldo de LIM com colistina e ácido nalidíxico), seguido de subcultivo em meios não seletivos, tais como uma placa de ágar-sangue, é atualmente recomendado pelo CDC para a detecção de estreptococos do grupo B em mulheres entre as semanas 35 e 37 da gestação.

Identificação

Os isolados de *S. agalactiae* são identificados definitivamente pela demonstração do carboidrato grupo-específico do envoltório celular, pois essa espécie é o único membro dos estreptococos do grupo B.

TRATAMENTO, PREVENÇÃO E CONTROLE

Os estreptococos do grupo B são suscetíveis à **penicilina**, que é o antimicrobiano de escolha. Visto que outras bactérias podem ser responsáveis pela doença neonatal (p. ex., *S. pneumoniae*, *Listeria*, bacilos gram-negativos), a terapia de amplo espectro deve ser selecionada para a terapia empírica. Cefalosporina ou vancomicina podem ser utilizadas em pacientes alérgicos à penicilina. A resistência aos macrolídeos, clindamicina e tetraciclinas é comum; portanto, esses medicamentos não devem ser selecionados, a menos que seja demonstrada a atividade *in vitro*.

Na tentativa de prevenir doenças neonatais, é recomendado que o **rastreamento da colonização** por estreptococos do grupo B deva ser realizado em todas as mulheres grávidas com 35 a 37 semanas de gestação (consulte o seguinte documento do CDC para obter informações adicionais: www.cdc.gov/groupbstrep/guidelines/index.html). A **quimioprofilaxia** deve ser empregada em todas as mulheres que são colonizadas ou que estão em alto risco. Uma mulher grávida é considerada de alto risco para dar à luz a um indivíduo com doença invasiva por estreptococos do grupo B se ela previamente teve um parto de uma criança com a doença ou fatores de risco para a doença estão presentes ao nascimento. Esses fatores de risco são (1) temperatura intraparto de pelo menos 38°C, (2) ruptura da membrana pelo menos 18 horas antes do parto e (3) cultura vaginal ou retal positiva para organismos com 35 a 37 semanas de gestação. A penicilina G intravenosa ou a ampicilina administrada pelo menos 4 horas antes do parto é recomendada; a cefazolina é utilizada para mulheres alérgicas à penicilina ou clindamicina (se suscetível) ou vancomicina para mães em alto risco de anafilaxia. Essa abordagem garante níveis de antibacterianos de alta proteção no sistema circulatório da criança no momento do nascimento.

Os esforços são voltados para o desenvolvimento de uma vacina polivalente contra os sorotipos Ia, Ib, II, III e V, pois a doença do recém-nascido está associada à diminuição de anticorpos circulantes na mãe. Os polissacarídios capsulares são imunógenos fracos; no entanto, o complexo entre esses polissacarídios e uma proteína como o toxoide tetânico melhorou a imunogenicidade da vacina. Ensaios clínicos com a vacina polivalente demonstraram que os níveis de proteção dos anticorpos são induzidos em modelos animais; entretanto, nenhuma vacina licenciada está disponível atualmente.

Outros estreptococos beta-hemolíticos

Entre os outros estreptococos beta-hemolíticos, os grupos C, F e G são mais comumente associados a doenças humanas. Os organismos de particular importância são o grupo *S. anginosus* (inclui *S. anginosus*, *S. constellatus* e *S. intermedius*) e *S. dysgalactiae*. Para ilustrar a complexidade de identificar os estreptococos, os membros beta-hemolíticos do grupo *S. anginosus* podem ter o antígeno polissacarídico dos grupos A, C, F ou G (ou não ter nenhum antígeno grupo-específico), e *S. dysgalactiae* podem ter o antígeno do grupo C ou G. Deve-se observar que um isolado individual apresenta apenas um antígeno de grupo. Os isolados do grupo *S. anginosus* crescem como pequenas colônias (exigindo 2 dias de incubação) com uma zona estreita de beta-hemólise (Figura 19.5A). Essas espécies são principalmente associadas à formação de abscesso e não à faringite, em contraste ao outro membro de *Streptococcus* do grupo A, *S. pyogenes*. A espécie *S. dysgalactiae* produz grandes colônias com uma grande zona de beta-hemólise no meio ágar-sangue (ver Figura 19.5B), semelhante a *S. pyogenes*. Além disso, *S. dysgalactiae* causa faringite, às vezes, complicada pela glomerulonefrite aguda, mas nunca pela febre reumática.

Estreptococos *viridans*

O grupo *viridans* do gênero estreptococos é uma coleção heterogênea de estreptococos alfa-hemolíticos e não hemolíticos (Figura 19.6). Muitas espécies e subespécies foram

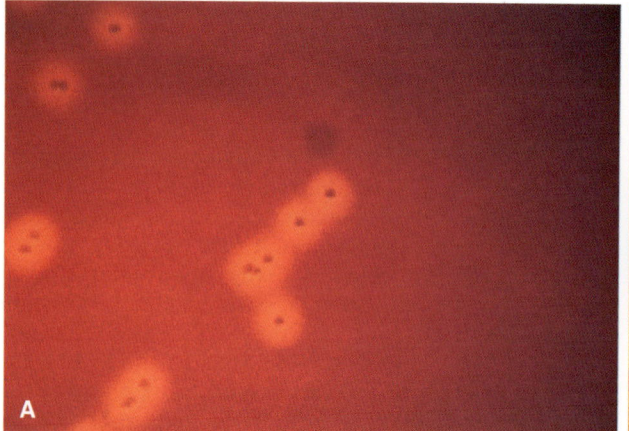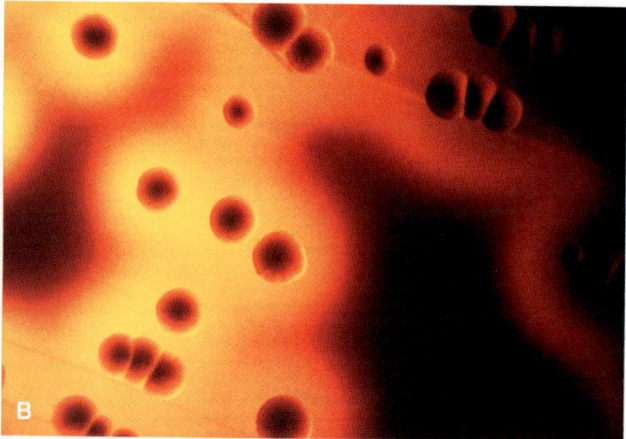

Figura 19.5 *Streptococcus* do grupo C. **A.** *Streptococcus anginosus*, espécie formadora de colônias pequenas. **B.** *Streptococcus dysgalactiae*, espécie formadora de colônias grandes.

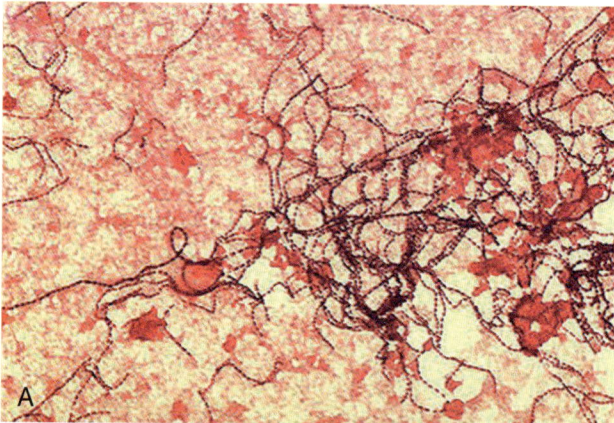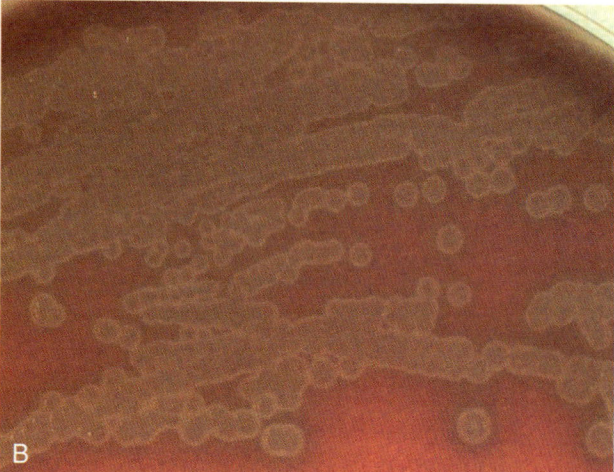

Figura 19.6 *Streptococcus mitis*. **A.** Coloração de Gram da hemocultura. **B.** Colônias alfa-hemolíticas.

identificadas e a maioria delas é classificada em cinco subgrupos. Esse esquema de classificação é clinicamente importante porque muitas das espécies dos cinco subgrupos são responsáveis por doenças específicas (ver Tabela 19.4). Alguns membros de estreptococos *viridans* (p. ex., o grupo *S. anginosus*) podem ter cepas beta-hemolíticas com os polissacarídios de envoltório celular grupo-específicos (contribuindo assim para a taxonomia confusa desse gênero). Além disso, *S. pneumoniae* é um membro do subgrupo *S. mitis*, a maioria dos médicos e microbiologistas não pensa em *S. pneumoniae* como pertencente à classificação estreptococos *viridans*; esse tema será discutido separadamente neste capítulo.

Os estreptococos do grupo *viridans* colonizam a orofaringe e os sistemas digestório e geniturinário. Semelhante à maioria das outras espécies de estreptococos, as espécies do grupo *viridans*, são nutricionalmente fastidiosas, necessitando de meios complexos suplementados com produtos sanguíneos e, frequentemente, uma atmosfera de incubação com 5 a 10% de dióxido de carbono.

Embora a maioria dos estreptococos *viridans* seja altamente suscetível à penicilina, com concentrações inibitórias mínimas (CIMs) < 0,1 µg/mℓ, a presença de representantes moderadamente resistentes (CIM da penicilina de 0,2 a 2 µg/mℓ) e altamente resistentes (CIM > 2 µg/mℓ), eles se tornaram comuns no grupo *S. mitis*. Infecções com isolados que são moderadamente resistentes podem ser geralmente tratadas com uma combinação de penicilina e um aminoglicosídio; entretanto, antibacterianos alternativos, como uma cefalosporina ou vancomicina de amplo espectro, devem ser usados para tratar infecções graves.

Streptococcus pneumoniae

Streptococcus pneumoniae foi isolado de maneira independente por Pasteur e Steinberg há mais de 100 anos. Desde então, a pesquisa com esse organismo levou a uma maior compreensão da genética molecular, à resistência a antibacterianos e à imunoprofilaxia relacionada à vacina. Infelizmente, a doença pneumocócica ainda é uma das principais causas de morbidade e mortalidade.

FISIOLOGIA E ESTRUTURA

O pneumococo é um coco gram-positivo **encapsulado**. As células apresentam de 0,5 a 1,2 µm de diâmetro, são ovais e dispostas em pares (comumente denominadas **diplococos**) ou cadeias curtas (Figura 19.7). As células mais antigas descolorem prontamente e na coloração de Gram podem ser gram-negativas. A morfologia da colônia varia, com colônias de cepas encapsuladas geralmente grandes (1 a 3 mm de diâmetro no ágar-sangue; menor no ágar chocolate ou

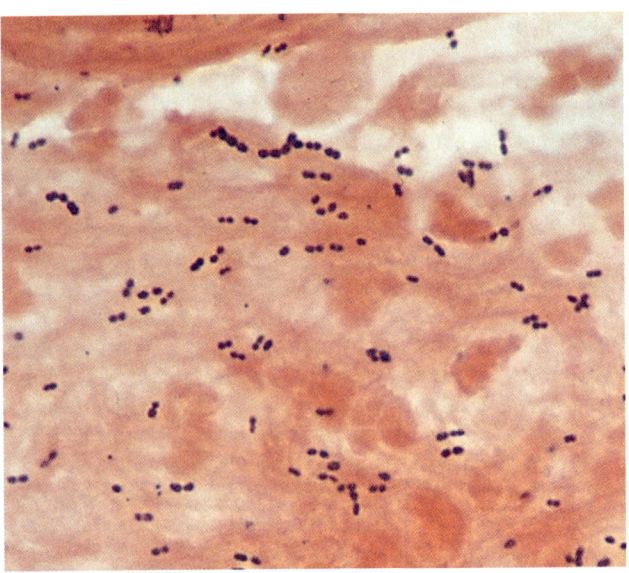

Figura 19.7 Coloração de Gram de *Streptococcus pneumoniae*.

no ágar-sangue aquecido), redondas e mucoides, além de colônias de cepas não encapsuladas menores e achatadas. Todas as colônias sofrem autólise com o envelhecimento; ou seja, a porção central da colônia se dissolve, deixando uma aparência com pequenas depressões. As colônias parecem alfa-hemolíticas no ágar-sangue, se incubadas em ambiente aeróbio e podem ser beta-hemolíticas, se cultivadas em condições anaeróbias. A aparência alfa-hemolítica resulta da produção de **pneumolisina**, que é uma enzima que degrada a hemoglobina e produz um produto verde.

O organismo tem exigências nutricionais fastidiosas e só pode crescer em meios enriquecidos suplementados com produtos sanguíneos. *Streptococcus pneumoniae* pode fermentar carboidratos, produzindo ácido láctico como o subproduto metabólico primário. Além disso, essa bactéria cresce mal em meios com altas concentrações de glicose, porque o ácido láctico atinge rapidamente níveis tóxicos em tais preparações. Semelhante a todos os estreptococos, o organismo carece de catalase. A menos que uma fonte exógena de catalase seja fornecida (p. ex., a partir de sangue), o acúmulo de peróxido de hidrogênio inibe o crescimento de *S. pneumoniae*, como observado em ágar-sangue e chocolate.

As cepas virulentas de *S. pneumoniae* são cobertas com uma complexa **cápsula de polissacarídio**. Os polissacarídios capsulares são utilizados para a classificação sorológica das cepas; atualmente, mais de 90 sorotipos são reconhecidos. Os polissacarídios capsulares purificados dos sorotipos mais comumente isolados são utilizados em uma **vacina polivalente**. Cepas individuais de *S. pneumoniae* podem mudar os sorotipos capsulares por meio da recombinação genômica e mutações pontuais nos genes capsulares. A recombinação também está associada à aquisição de genes que codificam a resistência à penicilina, portanto, o uso de vacinas ou antibioticoterapia pode facilitar a seleção e disseminação de novos sorotipos capsulares.

A camada de peptidoglicano do envoltório celular do pneumococo é característica dos cocos gram-positivos. Ligadas a subunidades alternadas de N-acetilglucosamina e N-acetilmurâmico estão as cadeias de oligopeptídios, que, por sua vez, são reticuladas ou fazem ligações cruzadas por pontes de pentaglicina. O outro componente principal do envoltório celular é o ácido teicoico. Existem duas formas de ácido teicoico no envoltório celular pneumocócico, uma exposta na superfície celular e uma estrutura similar covalentemente ligada a lipídios da membrana plasmática. O ácido teicoico exposto é ligado à camada de peptidoglicano e se estende através da cápsula sobrejacente. Essa estrutura espécie-específica, denominada **polissacarídio C**, não está relacionada com os carboidratos grupo-específicos observados por Lancefield nos estreptococos beta-hemolíticos. O polissacarídio C precipita uma fração sérica da globulina **(proteína C reativa [PCR])** na presença de cálcio. A PCR está presente em baixas concentrações em pessoas saudáveis, mas em concentrações elevadas em pacientes com doenças inflamatórias agudas (portanto, o monitoramento dos níveis de PCR é usado para prever a inflamação). O ácido teicoico ligado a lipídios na membrana citoplasmática bacteriana é denominado **antígeno F**, porque pode estabelecer reações cruzadas com os antígenos de superfície de Forssman em células de mamíferos. Ambas as formas do ácido teicoico estão associadas a resíduos de fosforilcolina. A **fosforilcolina** é exclusiva do envoltório celular de *S. pneumoniae* e apresenta um importante papel regulador na hidrólise do envoltório celular. A fosforilcolina deve estar presente para a atividade da autolisina pneumocócica, a **amidase**, durante a divisão celular.

PATOGÊNESE E IMUNIDADE

Embora *S. pneumoniae* tenha sido amplamente estudado, muito ainda precisa ser compreendido sobre a gênese da doença pneumocócica. As manifestações da doença são causadas principalmente pela resposta do hospedeiro à infecção e não pela produção de fatores tóxicos específicos do organismo. No entanto, é crucial a compreensão de como *S. pneumoniae* coloniza a orofaringe, dissemina-se para os tecidos normalmente estéreis, estimula uma resposta inflamatória localizada e evita a eliminação por células fagocíticas.

Colonização e migração

Streptococcus pneumoniae é um patógeno humano que coloniza a orofaringe e então, em situações específicas, é capaz de se espalhar para os pulmões, seios paranasais ou orelha média. Também pode ser transportado no sangue para sítios distais, como o cérebro. A colonização inicial da orofaringe é mediada pela ligação das bactérias às células epiteliais por meio de **proteínas adesinas de superfície**. A migração subsequente do organismo para o trato respiratório inferior pode ser evitada se as bactérias são envoltas em muco e removidas das vias respiratórias pela ação de células epiteliais ciliadas. As bactérias neutralizam esse envelopamento produzindo a **protease da IgA secretora** e a **pneumolisina**. A IgA secretora captura as bactérias no muco ligando as bactérias à mucina com a região Fc do anticorpo. A protease da IgA produzida pela bactéria impede essa interação. A **pneumolisina**, uma citotoxina semelhante à estreptolisina O em *S. pyogenes*, liga o colesterol na membrana celular do hospedeiro e cria poros. Essa atividade pode destruir as células epiteliais ciliadas e as células fagocíticas.

Destruição tecidual

Uma característica das infecções pneumocócicas é a mobilização de células inflamatórias para o foco de infecção. O ácido teicoico pneumocócico, fragmentos de peptidoglicanos e a pneumolisina medeiam o processo. O **ácido teicoico** e os **fragmentos de peptidoglicano** ativam a via alternativa do sistema complemento, produzindo o C5a, que medeia o processo inflamatório. Essa atividade é aumentada pela enzima **amidase** da bactéria, o que melhora a liberação de componentes do envoltório celular. A **pneumolisina** ativa a via clássica do sistema complemento, resultando na produção de C3a e C5a. Por sua vez, citocinas como a interleucina (IL)-1 e o fator de necrose tumoral (TNF)-α são produzidos por leucócitos ativados, levando a uma maior migração de células inflamatórias para o sítio da infecção, além de febre, danos teciduais e outros sinais característicos de infecção pneumocócica. A produção de **peróxido de hidrogênio** por *S. pneumoniae* também pode levar a danos nos tecidos causados por intermediários reativos de oxigênio.

Finalmente, a **fosforilcolina** presente no envoltório celular da bactéria pode se ligar a receptores para o fator ativador de plaquetas que são expressos na superfície das células endoteliais, leucócitos, plaquetas e células teciduais, como as dos pulmões e meninges. A partir da ligação a esses receptores, as bactérias podem entrar nas células, onde são protegidas da opsonização e da fagocitose, e passar para áreas sequestradas, como o sangue e o sistema nervoso central. Essa atividade facilita a propagação de doenças.

Sobrevivência fagocítica

Streptococcus pneumoniae sobrevive à fagocitose por causa da proteção antifagocítica proporcionada por sua **cápsula** e pela supressão da explosão oxidativa da célula fagocítica mediada pela pneumolisina, que é necessária para a morte intracelular. A virulência de *S. pneumoniae* é um resultado direto dessa cápsula. Cepas encapsuladas (lisas) podem causar doenças em humanos e animais experimentais, enquanto as não encapsuladas (rugosas) são avirulentas. Anticorpos dirigidos contra os polissacarídios capsulares tipo-específicos protegem contra doenças causadas por cepas imunologicamente relacionadas, assim a mudança capsular permite que uma cepa previna a eliminação imunológica. Os polissacarídios capsulares são solúveis e têm sido chamados de **substâncias solúveis específicas**. Polissacarídios livres podem proteger organismos viáveis contra a fagocitose pela ligação com anticorpos opsonizantes.

EPIDEMIOLOGIA

Streptococcus pneumoniae é um habitante comum da garganta e da nasofaringe em pessoas saudáveis, com colonização mais comum em crianças do que em adultos, sobretudo em adultos que vivem em uma casa com crianças. A colonização ocorre inicialmente em torno dos 6 meses de idade. Posteriormente, a criança é transitoriamente colonizada com outros sorotipos do organismo. A duração do carreamento diminui com cada sorotipo sucessivo carreado, em parte por causa do desenvolvimento da imunidade específica do sorotipo. Embora novos sorotipos sejam adquiridos ao longo do ano, a incidência de carreamento e de doenças associadas é mais alta durante os meses frios. As cepas de pneumococos que causam a doença são as mesmas associadas ao carreamento.

A doença pneumocócica ocorre quando organismos que colonizam a nasofaringe e a orofaringe se espalham para os pulmões (pneumonia), seios paranasais (sinusite), orelhas (otite média) ou meninges (meningite). A propagação de *S. pneumoniae* no sangue para outros sítios do corpo pode ocorrer com todas essas doenças. Reconhece-se que alguns sorotipos apresentam uma predileção mais alta para doença pneumocócica invasiva.

Embora a introdução de vacinas para populações pediátricas e adultas tenha reduzido a incidência de doença causada por *S. pneumoniae*, o organismo ainda é uma causa comum de pneumonia bacteriana adquirida fora do hospital, meningite, otite média e sinusite, além de bacteriemia. A doença é mais comum em crianças e idosos com baixos níveis de anticorpos protetores dirigidos contra os polissacarídios capsulares pneumocócicos. A Organização Mundial da Saúde (OMS) estimou que mais de 750 mil crianças com menos de 5 anos morrem a cada ano de pneumonia pneumocócica ou meningite.

A pneumonia ocorre quando os organismos orais endógenos são aspirados para as vias respiratórias inferiores. Embora as cepas possam se espalhar em gotículas aéreas de uma pessoa para outra em uma população fechada, as epidemias são raras. A doença ocorre quando os mecanismos naturais de defesa (p. ex., reflexo da epiglote, aprisionamento de bactérias pelas células produtoras de muco que revestem o brônquio, remoção de organismos pelo epitélio respiratório ciliado e reflexo da tosse) são contornados, permitindo a colonização da orofaringe por organismos para ter acesso aos pulmões. A doença pneumocócica é mais comumente associada a uma doença respiratória viral prévia, como a gripe ou com outras condições que interferem na eliminação bacteriana, tal como a doença pulmonar crônica, alcoolismo, insuficiência cardíaca congestiva, diabetes melito, doença renal crônica e disfunção esplênica ou esplenectomia.

DOENÇAS CLÍNICAS

Pneumonia

A **pneumonia** pneumocócica se desenvolve quando as bactérias se multiplicam nos espaços alveolares (Caso Clínico 19.3). Depois da aspiração, as bactérias crescem rapidamente no líquido de edema rico em nutrientes. O extravasamento de eritrócitos de capilares congestionados acumula-se nos alvéolos, seguido pelos neutrófilos e depois pelos macrófagos

---

Caso Clínico 19.3 Pneumonia por *Streptococcus pneumoniae*

Costa et al. (*Am J Hematol* 77:277-281, 2004) descreveram uma mulher de 68 anos que estava em boa saúde até 3 dias antes da hospitalização. Ela desenvolveu febre, calafrios, fraqueza mais intensa e uma tosse produtiva com dor pleurítica no tórax. Na admissão, estava febril, tinha uma taxa de respiração e pulsação elevadas e apresentava desconforto respiratório moderado. Os valores laboratoriais iniciais mostravam leucopenia, anemia e insuficiência renal aguda. A radiografia de tórax revelou infiltração nos lobos inferiores direito e esquerdo, com efusões pleurais. A terapia com uma fluoroquinolona foi iniciada e as culturas respiratórias e hemoculturas foram positivas para *S. pneumoniae*. Testes adicionais (eletroforese de proteínas no soro e urina) revelaram que a paciente tinha mieloma múltiplo. A infecção da paciente foi resolvida com 14 dias de regime terapêutico com antibacterianos. Essa paciente ilustra o quadro típico de pneumonia lobar pneumocócica e a suscetibilidade aumentada à infecção em pacientes com defeitos em sua capacidade para eliminar organismos encapsulados.

alveolares. A resolução ocorre quando se desenvolvem anticorpos anticapsulares específicos, facilitando a fagocitose do organismo e a morte microbiana.

O início das manifestações clínicas da pneumonia por pneumococos é abrupto, consistindo em um tremor grave e febre sustentada de 39 a 41°C. O paciente frequentemente manifesta sintomas de infecção viral do sistema respiratório de 1 a 3 dias antes do início. A maioria dos pacientes tem uma tosse produtiva com escarro contendo sangue e geralmente apresentam dor torácica (**pleurisia**). Como a doença está associada à aspiração, geralmente está localizada nos lobos inferiores dos pulmões (daí o nome **pneumonia lobar**; Figura 19.8). No entanto, as crianças e os idosos podem ter uma broncopneumonia mais generalizada. Os pacientes normalmente se recuperam rapidamente após o início da terapia antimicrobiana apropriada, com completa resolução radiológica em 2 a 3 semanas.

A taxa de mortalidade geral é de 5%, embora a probabilidade de morte seja influenciada pelo sorotipo do organismo, além da idade e da doença de base do paciente. A taxa de mortalidade é consideravelmente maior em pacientes com doença causada por *S. pneumoniae* tipo 3, bem como em pacientes idosos ou com bacteriemia documentada. Pacientes com disfunção esplênica ou esplenectomia também podem ter doença pneumocócica grave por causa da diminuição da eliminação de bactérias do sangue e da produção deficiente de anticorpos na fase inicial da doença. Nesses pacientes, a doença pode estar associada a um curso fulminante e a uma alta taxa de mortalidade.

Os abscessos não se formam comumente em pacientes com pneumonia pneumocócica, exceto naqueles infectados com sorotipos específicos (p. ex., sorotipo 3). As efusões pleurais são observadas em aproximadamente 25% dos pacientes com pneumonia pneumocócica, enquanto o empiema (efusão purulenta) é uma complicação rara.

Sinusite e otite média

Streptococcus pneumoniae é uma causa comum de infecções agudas dos seios paranasais e ouvido. A doença é geralmente precedida por uma infecção viral do trato respiratório superior, em que os polimorfonucleares neutrófilos (leucócitos; PMNs) formam infiltrados e causam obstrução dos seios nasais e do canal auditivo. A infecção do orelha média (**otite média**) é encontrada principalmente em crianças pequenas, mas a **sinusite** bacteriana pode ocorrer em pacientes de todas as idades.

Meningite

Streptococcus pneumoniae pode se espalhar para o sistema nervoso central após uma bacteriemia, infecções do ouvido ou dos seios nasais ou ainda por trauma da cabeça, que provoca uma comunicação entre o espaço subaracnóideo e a nasofaringe. Embora a **meningite pneumocócica** seja relativamente incomum em recém-nascidos, *S. pneumoniae* é uma das principais causas de doenças em crianças e adultos. A mortalidade e os casos de déficits neurológicos graves são de 4 a 20 vezes mais comuns em pacientes com meningite causada por *S. pneumoniae* do que naqueles com meningite resultante de outros organismos.

Bacteriemia

A **bacteriemia** ocorre em 25 a 30% dos pacientes com pneumonia por pneumococos e em mais de 80% dos pacientes com meningite. Por outro lado, as bactérias não costumam estar presentes no sangue de pacientes com sinusite ou otite média. A endocardite pode ocorrer em pacientes com danos nas valvas cardíacas. A destruição do tecido valvar é comum.

DIAGNÓSTICO LABORATORIAL

Microscopia

A **coloração de Gram** de amostras de escarro é uma maneira rápida de diagnosticar a pneumonia e a meningite causadas por pneumococos. Os organismos aparecem de modo característico como pares alongados de cocos grampositivos rodeados por uma área clara que consiste na cápsula não corada; no entanto, também podem ter aparência de gram-negativos porque não tendem a corar bem (particularmente em culturas mais antigas). Além disso, sua morfologia pode ser distorcida em um paciente que recebe antibioticoterapia. A coloração de Gram consistente com *S. pneumoniae* pode ser confirmada com a reação de ***quellung*** (em alemão, "inchaço"), que é um teste de interesse principalmente histórico (ou seja, um teste raramente realizado, que é lembrado apenas pelos professores que preparam questões de exames). Nesse teste, os anticorpos anticapsulares polivalentes são misturados com as bactérias, e então a mistura é examinada microscopicamente. Uma maior refratariedade ao redor da bactéria é uma reação positiva para *S. pneumoniae*. Um teste alternativo é misturar uma gota de bile com uma suspensão de bactérias. A bile dissolverá *S. pneumoniae* e nenhum organismo será visualizado na coloração de Gram (um teste rápido que é significativamente mais útil).

Detecção de antígenos

O **polissacarídio pneumocócico C** é excretado na urina e pode ser detectado utilizando um imunoensaio preparado comercialmente. A máxima sensibilidade exige que a urina seja concentrada por ultrafiltração antes de ser testada. A sensibilidade foi relatada em 70% dos pacientes com pneumonia pneumocócica bacterêmica; no entanto, a

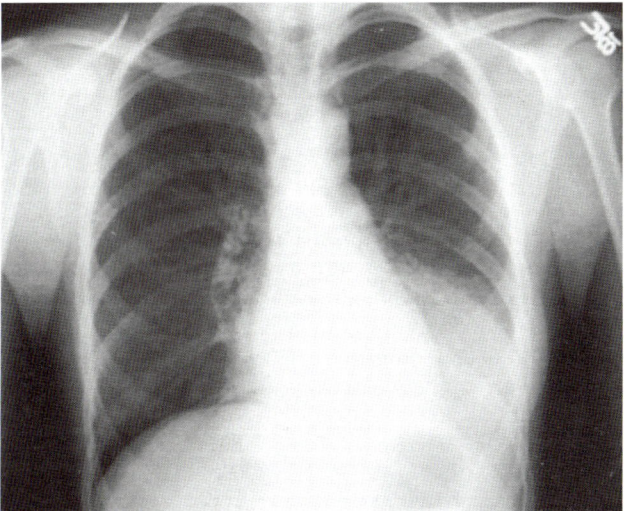

Figura 19.8 Consolidação densa do lobo inferior esquerdo em paciente com pneumonia causada por *Streptococcus pneumoniae*. (De Mandell, G., Bennett, J., Dolin, R. 2015. Principles and Practice of Infectious Diseases, eighth ed. Elsevier, Philadelphia, PA.)

especificidade pode ser baixa, particularmente em pacientes pediátricos. Por esse motivo, o teste não é recomendado para crianças com suspeita de infecção. O teste tem uma sensibilidade aproximada de 100% para os pacientes com meningite pneumocócica, se o LCR for testado; no entanto, o teste tem pouca sensibilidade e especificidade se a urina for testada nesses pacientes.

Testes baseados na análise de ácidos nucleicos

Os ensaios baseados em PCR foram desenvolvidos para identificação de isolados de *S. pneumoniae* em amostras clínicas, como o LCR. Os testes comerciais multiplex para o diagnóstico de meningite bacteriana e viral ganharam uso difundido nos últimos anos e representam o teste de diagnóstico mais preciso e rápido.

Cultura

Os espécimes de escarro devem ser inoculados em um meio nutriente enriquecido suplementado com sangue. *Streptococcus pneumoniae* é recuperado nas culturas de escarro de apenas metade dos pacientes com pneumonia, porque o organismo tem exigências nutricionais fastidiosas e está crescendo em excesso, e de maneira rápida, pela contaminação de bactérias orais. Meios seletivos são utilizados com algum sucesso para isolar o organismo de amostras de escarro, mas é preciso alguma habilidade técnica para distinguir *S. pneumoniae* dos outros estreptococos alfa-hemolíticos que estão frequentemente presentes na amostra. Um aspirado deve ser obtido do seio ou do orelha média para o organismo responsável pela sinusite ou otite a ser diagnosticado definitivamente. Espécimes coletados da nasofaringe ou da parte externa da orelha não devem ser cultivados. Não é difícil isolar *S. pneumoniae* de espécimes de LCR se a antibioticoterapia não tiver sido iniciada antes de o espécime ser coletado; no entanto, metade dos pacientes infectados que receberam ao menos uma dose de antibacterianos terão culturas negativas. Essa é a razão pela qual os testes de amplificação de ácido nucleico são reconhecidos como teste de escolha para o diagnóstico de meningite.

Identificação

Os isolados de *S. pneumoniae* são lisados rapidamente quando as autolisinas são ativadas após exposição à bile **(teste de solubilidade à bile)**. Desse modo, o organismo pode ser identificado por meio da colocação de uma gota de bile em uma colônia isolada. A maioria das colônias de *S. pneumoniae* é dissolvida em poucos minutos, enquanto outros estreptococos alfa-hemolíticos permanecem inalterados. *Streptococcus pneumoniae* também pode ser identificado por sua suscetibilidade à **optoquina** (di-hidrocloreto de etildrocupreína). O isolado é estriado em uma placa de ágar-sangue, e um disco saturado com optoquina é colocado no meio do inóculo. Uma zona de crescimento bacteriano inibido é visualizada ao redor do disco após incubação *overnight* (de um dia para o outro). Testes diagnósticos bioquímicos, sorológicos ou moleculares adicionais podem ser realizados para uma identificação definitiva.

TRATAMENTO, PREVENÇÃO E CONTROLE

Historicamente, a **penicilina** era o tratamento de escolha para a doença pneumocócica; no entanto, em 1977, pesquisadores sul-africanos relataram a presença de isolados de *S. pneumoniae* resistentes a vários antibacterianos, incluindo a penicilina. Embora a resistência de alto nível à penicilina (CIM de pelo menos 2 µg/mℓ) fosse relativamente incomum, essa situação mudou drasticamente a partir de 1990. Atualmente, é observada a resistência à penicilina em até 50% das cepas isoladas nos EUA e em outros países. A resistência às penicilinas está associada a uma menor afinidade do antibacteriano para as proteínas de ligação à penicilina, presentes no envoltório celular bacteriano, e pacientes infectados com bactérias resistentes têm um risco aumentado de desfecho adverso. A resistência aos macrolídeos (p. ex., eritromicina), tetraciclinas e, em menor grau, cefalosporinas (p. ex., ceftriaxona) também se tornou um lugar comum. Dessa maneira, para infecções pneumocócicas graves, o tratamento com uma combinação de antibacterianos é recomendado até que os resultados de suscetibilidade *in vitro* estejam disponíveis. A **vancomicina** combinada com a **ceftriaxona** é utilizada comumente para tratamento empírico, seguido de monoterapia com uma cefalosporina, fluoroquinolona ou vancomicina, consideradas eficazes.

Os esforços para prevenir ou controlar a doença têm se concentrado no desenvolvimento de vacinas anticapsulares eficazes. Duas formas de vacinas são empregadas: as polissacarídicas multivalentes e as conjugadas multivalentes. Os polissacarídios são antígenos independentes de células T, estimulando linfócitos B maduros, mas não linfócitos T. As crianças muito jovens respondem pouco aos antígenos independentes de T, de modo que essas vacinas polissacarídicas são ineficazes para essa população. Por outro lado, a conjugação de polissacarídios a proteínas estimula uma resposta de células T *helper*, resultando em uma forte resposta primária entre lactentes e idosos e uma resposta de reforço eficaz quando imunizados novamente. Essa abordagem de usar vacinas conjugadas para imunizações pediátricas também tem sido usada para outros patógenos neonatais, tais como *Haemophilus influenzae*. Uma série de imunizações primárias e de reforço com a vacina conjugada pneumocócica é recomendada em crianças com menos de 2 anos, enquanto o uso da vacina com polissacarídio pneumocócico como uma vacina de reforço é recomendado para crianças e adultos mais velhos. Consulte o site do CDC para orientação específica (a lista das vacinas disponíveis no Brasil está disponível em https://sbim.org.br/calendarios-de-vacinacao). A eficácia dessas vacinas é determinada pelos sorotipos prevalentes de *S. pneumoniae* responsáveis por doença invasiva na população. Embora essas vacinas sejam geralmente eficazes nos EUA e nas populações europeias, são menos eficazes nos países em desenvolvimento, porque os sorotipos prevalentes não estão representados nas vacinas. Além disso, embora a vacina 23-valente seja imunogênica em adultos normais e a imunidade seja de longa duração, a vacina é menos eficaz em alguns pacientes com alto risco de doença pneumocócica incluindo: (1) pacientes com asplenia, doença falciforme, malignidade hematológica e infecção pelo HIV; (2) pacientes que foram submetidos a transplante renal; e (3) os idosos.

Enterococcus

FISIOLOGIA E ESTRUTURA

Os enterococos são cocos gram-positivos, normalmente dispostos em **pares e cadeias curtas** (Figura 19.9). A

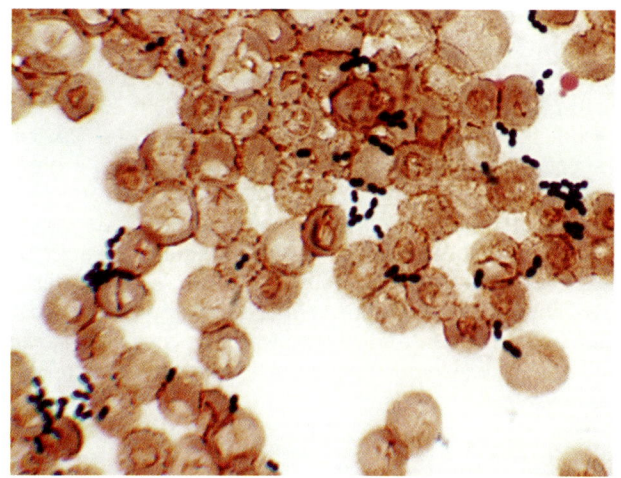

Figura 19.9 Coloração de Gram de hemocultura com *Enterococcus faecalis*.

morfologia microscópica desses isolados não pode ser diferenciada de maneira confiável assim como a de *S. pneumoniae*. Os cocos crescem tanto em ambiente aeróbio como anaeróbio, em uma ampla faixa de temperatura (10 a 45°C), em uma ampla faixa de pH (4,6 a 9,9) e na presença de altas concentrações de cloreto de sódio **(NaCl)** e **sais biliares**. Há poucas condições clínicas que inibem o crescimento de enterococos. A glicose é fermentada com ácido L-láctico como produto final predominante (enterococos são comumente chamados *de bactérias ácido-lácticas*). Depois de 24 horas de incubação, colônias em ágar-sangue de carneiro enriquecido são numerosas e podem parecer não hemolíticas, alfa-hemolíticas ou, raramente, beta-hemolíticas.

PATOGÊNESE E IMUNIDADE

Embora os enterococos não apresentem a ampla gama de fatores de virulência encontrados nos estafilococos ou estreptococos, a doença de ameaça à vida com cepas resistentes a antibacterianos tornou-se um problema sério em pacientes hospitalizados. A virulência é mediada por duas propriedades gerais: (1) a capacidade para aderir aos tecidos e formar biofilmes, e (2) resistência a antibacterianos. Diversos fatores descritos medeiam a aderência e a formação de biofilme, incluindo as proteínas de superfície, glicolipídios de membrana, gelatinase e pili. Além disso, os enterococos são **inerentemente resistentes a muitos antibacterianos comumente usados** (p. ex., oxacilina, cefalosporinas) ou adquiriram genes de resistência (p. ex., para aminoglicosídios, vancomicina). A remoção de enterococos do sangue e dos tecidos é mediada pelo rápido influxo de neutrófilos e opsonização das bactérias, de modo que os pacientes imunocomprometidos são particularmente suscetíveis a infecções enterocócicas.

EPIDEMIOLOGIA

Como seu nome indica, os enterococos são bactérias entéricas comumente recuperadas em fezes coletadas de humanos e de uma variedade de animais. *Enterococcus faecalis* é encontrado no intestino grosso em altas concentrações (p. ex., 10^5 a 10^7 organismos por grama de fezes) e no sistema geniturinário. A distribuição de *E. faecium* é similar àquela observada em *E. faecalis*, mas em concentrações mais baixas. Fatores de risco significativos para infecções enterocócicas incluem o uso de cateteres urinários ou intravasculares, hospitalização prolongada e o uso de **antibacterianos de amplo espectro**, particularmente os que são inerentemente inativos contra os enterococos.

A prevalência de muitas outras espécies de enterococos é desconhecida, embora se acredite que colonizam os intestinos em pequenos números. Duas espécies são comumente recuperadas no intestino humano: *E. gallinarum* e *E. casseliflavus*. Essas espécies relativamente avirulentas são importantes porque, embora raramente estejam associadas às doenças humanas, são inerentemente resistentes à vancomicina e podem ser confundidas com as espécies mais importantes, *E. faecalis* e *faecium*.

DOENÇAS CLÍNICAS

Os enterococos são patógenos importantes, particularmente em pacientes hospitalizados; de fato, os enterococos representam uma das causas mais comuns de infecções adquiridas no ambiente hospitalar **(infecção nosocomial)** (ver Boxe 19.1). O trato urinário é o sítio mais comum de infecções enterocócicas e as infecções estão frequentemente associadas à instrumentação ou cateterização urinária. Essas infecções podem ser assintomáticas; causam cistite sem complicações ou cistite associada à pielonefrite. As infecções peritoneais geralmente são polimicrobianas (ou seja, associadas a outras bactérias aeróbias e anaeróbias) e associadas ao extravasamento de bactérias intestinais, ocasionado por traumas ou por doenças que comprometam o revestimento intestinal. Enterococos recuperados no sangue podem ter origem da disseminação de uma infecção localizada do trato urinário, do peritônio ou de uma ferida, ou podem representar infecção primária do endocárdio (endocardite). A endocardite é uma infecção particularmente grave, porque muitos enterococos são resistentes aos antibacterianos mais comumente utilizados (Caso Clínico 19.4).

DIAGNÓSTICO LABORATORIAL

Os enterococos crescem prontamente em meios não seletivos, tais como ágar-sangue e ágar chocolate. Embora os enterococos possam se assemelhar a *S. pneumoniae* em amostras com coloração de Gram, os organismos podem ser facilmente diferenciados com base em reações bioquímicas simples. Por exemplo, os enterococos são resistentes à optoquina (*S. pneumoniae* é suscetível), não dissolvem quando expostos à bile (*S. pneumoniae* é dissolvido) e produzem PYR (o único *Streptococcus* que é PYR positivo é *S. pyogenes*). O **teste PYR** é um teste frequentemente realizado em apenas 5 minutos. Cocos catalase-negativos, PYR-positivos dispostos em pares e cadeias curtas podem ser identificados presuntivamente como enterococos. As propriedades fenotípicas (p. ex., produção de pigmento, motilidade), testes bioquímicos e sequenciamento de ácidos nucleicos são necessários para diferenciar *E. faecalis*, *E. faecium* e as outras espécies de *Enterococcus*, mas esse tópico está além do escopo deste texto.

TRATAMENTO, PREVENÇÃO E CONTROLE

A terapia antimicrobiana para infecções enterocócicas é complicada porque a maioria dos antibacterianos não

> **Caso Clínico 19.4 Endocardite por enterococos**
>
> Zimmer et al. (*Clin Infect Dis* 37:e29-e30, 2003) descreveram a epidemiologia das infecções enterocócicas e as dificuldades no tratamento de um paciente com endocardite. O paciente era um homem de 40 anos com hepatite C, hipertensão arterial e doença renal em fase terminal que desenvolveu febre e calafrios durante a hemodiálise. Nos 2 meses anteriores a esse episódio, ele foi tratado com ampicilina, levofloxacino e gentamicina para endocardite causada por estreptococos do grupo B. Culturas realizadas durante a hemodiálise foram positivas para *Enterococcus faecalis* resistente ao levofloxacino e à gentamicina. Como o paciente teve uma reação alérgica à ampicilina, ele foi tratado com linezolida. O ecocardiograma mostrou vegetação nas valvas mitral e tricúspide. Ao longo do período de 3 semanas, o débito cardíaco do paciente se deteriorou, assim o paciente foi dessensibilizado para ampicilina e a terapia foi alterada para ampicilina e estreptomicina. Depois de 25 dias de hospitalização, as valvas cardíacas lesionadas do paciente foram substituídas e a terapia foi estendida por um período adicional de 6 semanas. Portanto, o uso de antibacterianos de amplo espectro predispôs esse paciente com dano prévio das valvas cardíacas à endocardite causada por *Enterococcus*, e o tratamento foi complicado pela resistência do isolado a muitos antibacterianos comumente utilizados.

é bactericida em concentrações clinicamente relevantes. A terapia para infecções graves tradicionalmente consiste na **combinação** sinergística **de um aminoglicosídio e um antibacteriano ativo contra o envoltório celular** (p. ex., ampicilina, vancomicina). No entanto, alguns antibacterianos de envoltório celular não têm atividade contra enterococos (p. ex., nafcilina, oxacilina, cefalosporinas), ampicilina e penicilina são geralmente ineficazes contra *E. faecium* e a resistência à vancomicina (particularmente em *E. faecium*) é comum. Além disso, mais de 25% dos enterococos são resistentes aos aminoglicosídios e a resistência aos aminoglicosídios e à vancomicina é particularmente problemática, porque é mediada por plasmídios e pode ser transferida a outras bactérias.

Foram desenvolvidos novos antibacterianos que podem tratar enterococos resistentes à ampicilina, vancomicina ou aos aminoglicosídios. Esses incluem linezolida, daptomicina, tigeciclina e quinupristina/dalfopristina. Infelizmente, a resistência à linezolida está aumentando constantemente e a quinupristina/dalfopristina não é ativa contra *E. faecalis* (a espécie de enterococos mais comumente isolada). Enterococos suscetíveis à ampicilina e resistentes aos aminoglicosídios podem ser tratados com ampicilina mais daptomicina, imipeném ou linezolida. Enterococos resistentes à ampicilina e suscetíveis aos aminoglicosídios podem ser tratados com um aminoglicosídio combinado com vancomicina (se ativa), linezolida ou daptomicina. Se o isolado é resistente tanto à ampicilina como aos aminoglicosídios, então o tratamento pode incluir daptomicina, linezolida ou vancomicina combinada com outro agente ativo.

É difícil prevenir e controlar as infecções enterocócicas. Restrição cuidadosa do uso de antibacterianos e a implementação de práticas apropriadas de controle de infecções (p. ex., isolamento de pacientes infectados, uso de jaleco e luvas por qualquer pessoa em contato com os pacientes) podem reduzir o risco de colonização com essas bactérias, mas a eliminação completa de infecções é improvável. Além disso, é extremamente difícil erradicar uma cepa de *E. faecium* ou *E. faecalis* resistente à vancomicina quando um paciente está colonizado.

Bibliografia

Arias, C., Contreras, G., Murray, B., 2010. Management of multidrug-resistant enterococcal infections. Clin. Microbiol. Infect. 16, 555–562.

Centers for Disease Control and Prevention, 2010. Prevention of perinatal group B streptococcal disease. MMWR Morb. Mortal. Wkly. Rep. 59 (RR–10), 1–32.

Fisher, K., Phillips, C., 2009. The ecology, epidemiology and virulence of Enterococcus. Microbiol. 155, 1749–1757.

Hall, J., Adams, N., Bartlett, L., et al., 2017. Maternal disease with Group B Streptococcus and serotype distribution worldwide: systematic review and meta-analyses. Clin. Infect. Dis. 65, S112–S124.

Harboe, Z.B., Thomsen, R.W., Riis, A., et al., 2009. Pneumococcal serotypes and mortality following invasive pneumococcal disease: a population-based cohort study. PLoS Med. 6, e1000081.

Hegstad, K., Mikalsen, T., Coque, T.M., et al., 2010. Mobile genetic elements and their contribution to the emergence of antimicrobial resistant Enterococcus faecalis and Enterococcus faecium. Clin. Microbiol. Infect. 16, 541–554.

Johansson, L., Thulin, P., Low, D.E., et al., 2010. Getting under the skin: the immunopathogenesis of Streptococcus pyogenes deep tissue infections. Clin. Infect. Dis. 51, 58–65.

Johnson, D.R., Kurlan, R., Leckman, J., et al., 2010. The human immune response to streptococcal extracellular antigens: clinical, diagnostic, and potential pathogenetic implications. Clin. Infect. Dis. 50, 481–490.

Kanjanabuch, T., Kittikowit, W., Eiam-Ong, S., 2009. An update on acute postinfectious glomerulonephritis worldwide. Nat. Rev. Nephrol. 5, 259–269.

Krzysciak, W., Pluskwa, K.K., Jurczak, A., et al., 2013. The pathogenicity of the Streptococcus genus. Eur. J. Clin. Microbiol. Infect. Dis. 32, 1361–1376.

Le Doare, K., Heath, P.T., 2013. An overview of global GBS epidemiology. Vaccine 31 (Suppl. 4), D7–D12.

Mitchell, A., Mitchell, T., 2010. Streptococcus pneumoniae: virulence factors and variation. Clin. Microbiol. Infect. 16, 411–418.

Nelson, G., Pondo, T., Towes, K.A., et al., 2016. Epidemiology of invasive group A streptococcal infections in the United States, 2005-2012. Clin. Infect. Dis. 63, 478–486.

Sava, I.G., Heikens, E., Huebner, J., 2010. Pathogenesis and immunity in enterococcal infections. Clin. Microbiol. Infect. 16, 533–540.

Walker, M.J., Barnett, T.C., McArthur, J.D., et al., 2014. Disease manifestations and pathogenic mechanisms of group A Streptococcus. Clin. Microbiol. Rev. 27, 264–301.

Wessels, M., 2011. Streptococcal pharyngitis. N. Engl. J. Med. 364, 648–655.

Wyres, K.L., Lambertsen, L.M., Croucher, N.J., et al., 2013. Pneumococcal capsular switching: a historical perspective. J. Infect. Dis. 207, 439–449.

20 Bacillus

Duas horas depois de um jantar, uma família de quatro pessoas desenvolveu uma crise aguda de cólicas abdominais com náuseas e vômitos. A doença durou menos de 1 dia.

1. *Bacillus cereus* está associado a duas formas de intoxicação alimentar. Discuta a epidemiologia e a apresentação clínica de cada uma delas.

2. *Bacillus cereus* também está associado a infecções oculares. Discuta a epidemiologia e a apresentação clínica. Qual fator de virulência é importante nessas infecções?

RESUMOS Organismos clinicamente significativos.

BACILLUS ANTHRACIS

Palavras-chave

Formador de esporo, cápsula, toxina de edema, toxina letal, antraz, bioterrorismo

Biologia e virulência

- Bacilos gram-positivos, não hemolíticos, formador de esporos, não móvel
- Cápsula polipeptídica que consiste em ácido poli-D-glutâmico observado em amostras clínicas
- Cepas virulentas produzem três exotoxinas que se combinam para formar a toxina de edema (combinação de antígeno protetor e fator de edema) e a toxina letal (antígeno protetor com fator letal)
- A cápsula polipeptídica inibe a fagocitose das bactérias

Epidemiologia

- *Bacillus anthracis* infecta principalmente herbívoros, com humanos como hospedeiros acidentais
- Raramente é isolado em países desenvolvidos, mas é prevalente em áreas empobrecidas em que a vacinação de animais não é praticada
- O maior perigo do antraz nos países industrializados é o uso de *B. anthracis* como agente de bioterrorismo

Doenças

- Três formas de antraz são reconhecidas: cutânea (mais comum em humanos), gastrintestinal (mais comum em herbívoros) e inalação (bioterrorismo)

Diagnóstico

- O organismo está presente em altas concentrações em amostras clínicas (microscopia normalmente positiva) e cresce rapidamente em cultura
- A identificação preliminar é baseada na morfologia microscópica (bastonetes ou bacilos gram-positivos) e nas colônias (do tipo aderentes não hemolíticas); confirmada pela demonstração da cápsula e da lise com fago gama, um teste de anticorpo fluorescente direto positivo para o polissacarídio específico do envoltório celular ou ensaio de amplificação de ácidos nucleicos positivo

Tratamento, prevenção e controle

- Antraz por inalação, gastrintestinal ou associado ao bioterrorismo deve ser tratado com ciprofloxacino ou doxiciclina, combinada com um ou dois antibacterianos adicionais (p. ex., rifampicina, vancomicina, penicilina, imipeném, clindamicina, claritromicina)
- O antraz cutâneo adquirido naturalmente pode ser tratado com amoxicilina
- A vacinação de rebanhos de animais e pessoas em áreas endêmicas pode controlar doenças, mas os esporos são difíceis de eliminar de solos contaminados
- A vacinação de humanos em risco e de rebanhos de animais é eficaz, embora seja desejado o desenvolvimento de uma vacina menos tóxica
- Tratamentos alternativos que interferem na atividade das toxinas do antraz estão em investigação

BACILLUS CEREUS

Palavras-chave

Formador de esporos, enterotoxina, gastrenterite, infecções oculares

Biologia e virulência

- Bastonetes ou bacilos gram-positivos, móveis e formadores de esporos
- Enterotoxina termoestável e termolábil
- A destruição do tecido é mediada por enzimas citotóxicas, incluindo cereolisina e fosfolipase C

Epidemiologia

- Encontrado em solos de todo o mundo
- Grupos em risco incluem pessoas que consomem alimentos contaminados com a bactéria (p. ex., arroz, carne, vegetais, molhos), com lesões penetrantes (p. ex., no olho), que recebem injeções intravenosas e pacientes imunocomprometidos expostos a *B. cereus*

Doenças

- Capaz de causar doenças gastrintestinais (formas eméticas e diarreicas), infecções oculares e uma doença semelhante ao antraz em pacientes imunocompetentes

Diagnóstico

- Isolamento do organismo em produto alimentar implicado ou amostras não fecais (p. ex., olho, ferida)

Tratamento, prevenção e controle

- As infecções gastrintestinais são tratadas sintomaticamente
- Doenças infecciosas oculares ou outras invasivas requerem a remoção de corpos estranhos e tratamento com vancomicina, clindamicina, ciprofloxacino ou gentamicina
- As doenças gastrintestinais são evitadas com o preparo adequado dos alimentos (p. ex., os produtos devem ser consumidos imediatamente após a preparação ou refrigerados)

A família Bacillaceae consiste em uma coleção diversificada de mais de 50 gêneros que compartilham uma característica comum: a capacidade de formar endósporos (Figura 20.1). Para fins práticos, os alunos precisam conhecer apenas um gênero clinicamente importante, *Bacillus*; embora existam quase 400 espécies e subespécies nesse gênero, apenas duas serão o foco deste capítulo: *B. anthracis* e *B. cereus* (Tabela 20.1). *Bacillus anthracis*, organismo responsável pelo antraz, é um dos mais temidos agentes de uma guerra biológica e, desde a liberação de esporos de

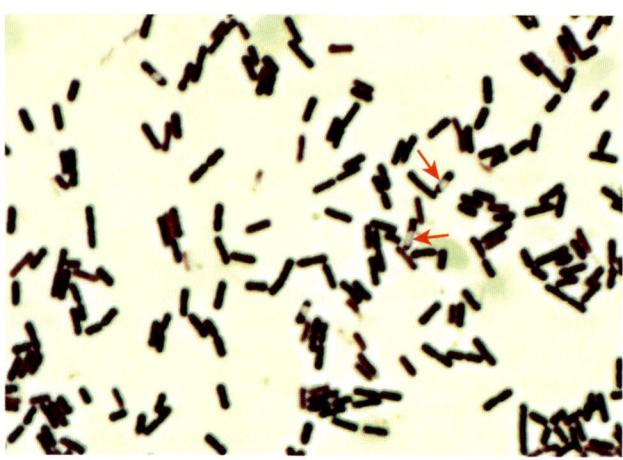

Figura 20.1 *Bacillus cereus*. As áreas claras nos bastonetes (bacilos) gram-positivos são esporos não corados *(setas)*.

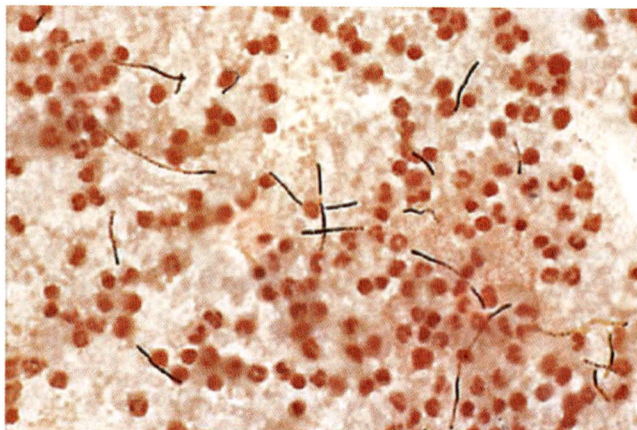

Figura 20.2 *Bacillus anthracis* no sangue de um paciente com antraz por inalação.

Tabela 20.1 Espécies importantes de *Bacillus*.

Microrganismo	Derivação histórica
Bacillus	*bacillum* (bacilo), um pequeno bastão (bastonete)
B. anthracis	*anthrax* (antraz), carvão, um carbúnculo (refere-se à ferida necrótica negra associada ao antraz cutâneo)
B. cereus	*cereus*, cera, cor de cera (refere-se às colônias com uma superfície típica de vidro fosco ou opaco)

B. anthracis nos Correios dos EUA, em 2001, o perigo potencial associado a esse organismo é bem conhecido. *Bacillus cereus*, outra espécie clinicamente importante neste gênero, é um organismo responsável por quadros clínicos como gastrenterite, infecções oculares traumáticas, sepse associada ao uso de cateter e, raramente, pneumonia grave.

Bacillus anthracis

FISIOLOGIA E ESTRUTURA

Bacillus anthracis é um organismo grande (1 × 3 a 8 μm) organizado como bastonetes únicos ou em pares (Figura 20.2) ou como longas cadeias em forma de serpentina. Embora os esporos sejam facilmente observados em culturas de 2 a 3 dias, eles não são vistos em amostras clínicas.

Em razão da importância médica única de *B. anthracis*, é importante compreender os detalhes funcionais das toxinas deste organismo. *Bacillus anthracis* virulento carrega genes para três componentes da proteína da toxina em um grande plasmídeo, pXO1. As proteínas individuais, **antígeno protetor (AP)**, **fator de edema (FE)** e **fator letal (FL)**, não são tóxicas individualmente, mas formam toxinas importantes quando combinadas estruturalmente: AP mais FE formam a **toxina de edema**, e AP mais FL formam a **toxina letal**. AP é uma proteína de 83 kDa que se liga a um dos dois receptores nas superfícies da célula hospedeira que estão presentes em muitas células e tecidos (p. ex., cérebro, coração, intestino, pulmão, músculo esquelético, pâncreas, macrófagos). Depois que o AP se liga ao seu receptor, as proteases do hospedeiro clivam o AP, liberando um pequeno fragmento e retendo a partícula de 63 kDa (AP_{63}) na superfície celular.

Os fragmentos de AP_{63} se autoassociam na superfície celular, formando um complexo em forma de anel de sete fragmentos (precursor de poro ou "pré-poro"). Esse complexo heptamérico pode então ligar até três moléculas de FL e/ou FE. Ambos os fatores reconhecem o mesmo sítio do AP_{63}, então a ligação é competitiva. A formação do complexo estimula a endocitose e o movimento para um compartimento intracelular ácido. Nesse ambiente, o complexo heptamérico forma um poro transmembrana e libera o FL e o FE no interior da célula. O **FL é uma protease dependente de zinco** capaz de clivar a proteinoquinase ativada por mitógeno (MAP), levando à morte celular. O **FE é uma adenilato ciclase dependente de calmodulina** que aumenta os níveis de adenosina monofosfato cíclico (cAMP) intracelular e resulta em edema. O FE está relacionado com as adenilatos ciclases produzidas por *Bordetella pertussis* e *Pseudomonas aeruginosa*.

O outro fator de virulência importante carregado por *B. anthracis* é uma **cápsula** polipeptídica proeminente (consistindo em ácido poli-D-glutâmico). Essa cápsula proteica é única porque a maioria das cápsulas bacterianas é composta de polissacarídios (p. ex., como aqueles em *Staphylococcus aureus*, *Streptococcus pneumoniae* e *P. aeruginosa*). A cápsula é observada em amostras clínicas, mas não é produzida *in vitro*, a menos que sejam utilizadas condições especiais de crescimento. Três genes (*capA*, *capB* e *capC*) são responsáveis pela síntese dessa cápsula e são transportados em um segundo plasmídeo (pXO2). Apenas um sorotipo de cápsula foi identificado, provavelmente porque a cápsula é composta apenas de ácido glutâmico.

PATOGÊNESE E IMUNIDADE

Os principais fatores responsáveis pela virulência de *B. anthracis* são a cápsula, a toxina do edema e a toxina letal. A cápsula inibe a fagocitose das células em replicação. A atividade da adenilato ciclase da toxina do edema é responsável pelo acúmulo de líquido observado no antraz. A atividade da metaloprotease de zinco da toxina letal estimula os macrófagos a liberarem o fator de necrose tumoral (TNF)-α, interleucina (IL)-1β e outras citocinas pró-inflamatórias. Das principais proteínas de *B. anthracis*, o AP é o mais imunogênico (por isso o nome antígeno protetor). Ambos FL e FE inibem o sistema imunológico inato do hospedeiro.

EPIDEMIOLOGIA

O **antraz** é principalmente uma doença de herbívoros; os humanos são infectados por meio da exposição a animais ou produtos animais contaminados. A doença é um problema sério em países em que a vacinação animal não é praticada ou é impraticável (p. ex., a doença é estabelecida na vida selvagem africana). Em contraste, infecções naturais com B. anthracis raramente são vistas nos EUA, com apenas quatro casos relatados entre 2003 e 2015. Essa estatística, agora, pode não ter sentido, com a contaminação deliberada do serviço postal dos EUA com esporos de B. anthracis, em 2001. O risco de expor uma grande população ao perigoso patógeno aumentou drasticamente nesta era de bioterrorismo. Várias nações e grupos terroristas independentes têm programas de guerra biológica e fazem experiências com o uso de B. anthracis como arma. Na verdade, muito do que sabemos sobre o antraz adquirido por inalação foi aprendido com a liberação acidental de esporos em Sverdlovsk, na antiga União Soviética, em 1979 (pelo menos 79 casos de antraz, com 68 mortes) e a contaminação terrorista de funcionários dos Correios dos EUA com cartas contendo B. anthracis (11 pacientes com antraz por inalação e 11 pacientes com antraz cutâneo).

A doença humana causada por B. anthracis (Boxe 20.1) é adquirida por uma de três vias: **inoculação**, **ingestão** e **inalação**. Aproximadamente 95% das infecções por antraz adquiridas naturalmente em humanos resultam da inoculação de esporos de Bacillus através da pele exposta, tanto de solo contaminado ou de produtos animais infectados, como peles, pelos de cabra e lã.

O antraz por ingestão é muito raro em humanos, mas é uma via comum de infecção em herbívoros. Como o organismo pode formar esporos resistentes, o solo contaminado ou produtos animais podem permanecer infecciosos por muitos anos.

O antraz por inalação era historicamente chamado de **doença dos separadores de lã**, porque a maioria das infecções humanas resultava da inalação de esporos de B. anthracis durante o processamento de pelos de cabra. Atualmente, essa é uma fonte incomum de infecções humanas; no entanto, a inalação é a via mais provável de infecção com armas biológicas e acredita-se que a dose infecciosa do organismo seja baixa. A transmissão de pessoa para pessoa não ocorre porque a replicação bacteriana ocorre nos linfonodos mediastinais e não na árvore broncopulmonar. Sinais sistêmicos, linfadenopatia dolorosa e edema maciço podem se desenvolver. A taxa de mortalidade em pacientes com antraz cutâneo não tratado é de 20%.

DOENÇAS CLÍNICAS

Normalmente, o **antraz cutâneo** começa com o desenvolvimento de uma pápula indolor no local da inoculação, que rapidamente progride para uma úlcera circundada por vesículas e, em seguida, para uma escara necrótica (Figura 20.3; Caso Clínico 20.1). Sinais e sintomas sistêmicos, linfadenopatia dolorosa e edema maciço podem se desenvolver. A taxa de mortalidade em pacientes com antraz cutâneo não tratado é de 20%.

Os sintomas clínicos do **antraz gastrintestinal** são determinados pelo sítio da infecção. Se os microrganismos invadirem o trato intestinal superior, úlceras se formarão

---

Boxe 20.1 Doenças causadas por *Bacillus*: resumos clínicos.

Bacillus anthracis

Antraz cutâneo: a pápula indolor progride para ulceração com vesículas circundantes e, em seguida, para a formação de escara; podem desenvolver linfadenopatia dolorosa, edema e sinais sistêmicos.

Antraz gastrintestinal: úlceras se formam no sítio da invasão (p. ex., boca, esôfago, intestino), levando a linfadenopatia regional, edema e sepse.

Antraz por inalação: sinais iniciais inespecíficos seguidos de evolução rápida de sepse com febre, edema e linfadenopatia (linfonodos mediastinais); sintomas meníngeos em metade dos pacientes, e a maioria dos pacientes com antraz por inalação morrerá, a menos que o tratamento seja iniciado imediatamente.

Bacillus cereus

Gastrenterite: forma emética caracterizada por início rápido e curta duração de vômitos e dor abdominal; forma diarreica caracterizada por início e duração mais prolongados de diarreia e cólicas abdominais.

Infecções oculares: destruição rápida e progressiva do olho após introdução traumática da bactéria no olho

Doença pulmonar grave: doença pulmonar grave semelhante ao antraz em pacientes imunocompetentes.

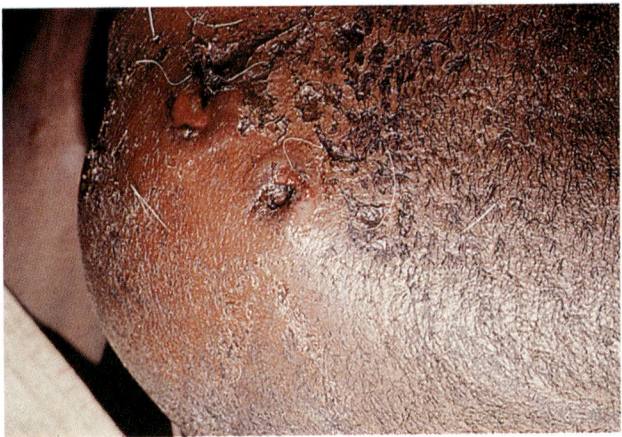

Figura 20.3 Antraz cutâneo demonstrando eritema acentuado, edema e ruptura de vesícula. (De Cohen J, Powderly WG, 2004. Infectious Diseases, second ed. Mosby, St Louis, MO.)

---

na boca ou no esôfago, levando à linfadenopatia regional, edema e sepse. Se o organismo invadir o ceco ou íleo terminal, o paciente apresenta náuseas, vômitos e mal-estar, que rapidamente progridem para doença sistêmica. Acredita-se que a mortalidade associada ao antraz gastrintestinal se aproxima a 100%.

Ao contrário das outras duas formas, o **antraz por inalação** pode estar associado a um período latente prolongado (2 meses ou mais), no qual os esporos podem permanecer latentes nas vias nasais. Durante esse período, o paciente infectado permanece assintomático. Na doença ativa, os esporos atingem as vias respiratórias inferiores, onde os macrófagos alveolares ingerem os esporos inalados e os transportam para os linfonodos mediastinais. Os sintomas clínicos iniciais da doença são inespecíficos, incluindo febre, mialgias, tosse não produtiva e mal-estar. O segundo estágio da doença é mais drástico, com um rápido agravamento do curso de

Caso Clínico 20.1 Antraz por inalação

Bush et al. (N *Engl J Med*, 2001) relataram o primeiro caso de inalação de antraz no ataque de bioterrorismo de 2001 nos EUA. O paciente era um homem de 63 anos, residente na Flórida, com história de 4 dias de febre, mialgias e mal-estar sem sintomas localizados. Sua esposa o trouxe ao hospital regional porque ele acordou com febre, vômitos e confusão. Ao exame físico, apresentava temperatura de 39°C, pressão arterial de 150/80 mmHg, pulso de 110 bpm e frequência respiratória de 18 respirações/min. Nenhum desconforto respiratório foi observado. O tratamento foi iniciado para meningite bacteriana presumida. Infiltrados basilares e um mediastino alargado foram observados na radiografia de tórax inicial. A coloração de Gram do líquido cefalorraquidiano (LCR) revelou muitos neutrófilos e grandes bastonetes gram-positivos. Suspeitou-se de antraz e iniciou-se tratamento com penicilina. Dentro de 24 horas da admissão, LCR e hemoculturas foram positivas para *Bacillus anthracis*. Durante o primeiro dia de internação, o paciente teve uma convulsão de grande mal e foi entubado. No segundo dia de internação, desenvolveu-se hipotensão e azotemia, com subsequente insuficiência renal. No terceiro dia de internação, desenvolveu hipotensão refratária e o paciente teve um quadro de parada cardíaca fatal. Esse paciente ilustra a rapidez com que as vítimas de antraz por inalação podem piorar, apesar de um diagnóstico rápido e da terapia antimicrobiana apropriada. Embora a rota de exposição seja através do trato respiratório, os pacientes não desenvolvem pneumonia; em vez disso, a radiografia torácica anormal é causada por mediastinite hemorrágica.

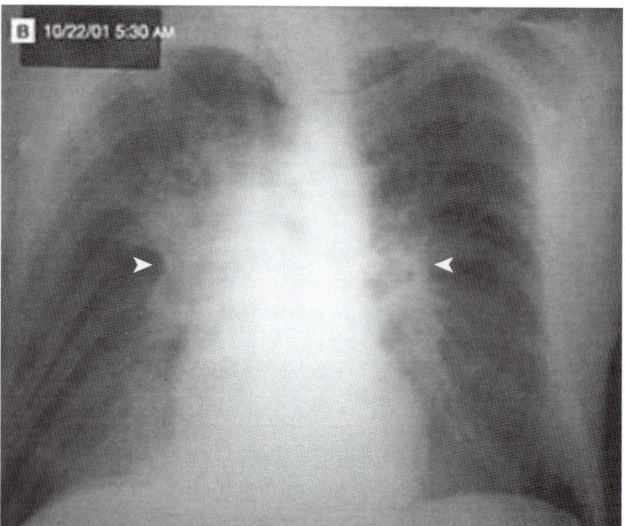

Figura 20.4 Antraz por inalação demonstrando linfonodos mediastinais dilatados *(pontas de seta)*.

febre, edema, aumento maciço dos linfonodos mediastinais (responsável pelo alargamento do mediastino observado na radiografia de tórax [Figura. 20.4]), insuficiência respiratória e sepse. Embora a rota de infecção seja por inalação, a pneumonia raramente se desenvolve. Os sintomas meníngeos são observados em metade dos pacientes com antraz por inalação. Quase todos os casos evoluem para choque e morte 3 dias após os sintomas iniciais, a menos que haja suspeita de antraz e o tratamento seja iniciado imediatamente. A evidência sorológica indica que não existe uma forma subclínica ou assintomática de antraz por inalação. Praticamente todos os pacientes que desenvolvem doenças evoluem para um desfecho fatal, caso não haja intervenção médica imediata.

DIAGNÓSTICO LABORATORIAL

As infecções por *B. anthracis* são caracterizadas por um predomínio numeroso de microrganismos presentes em feridas, nódulos linfáticos envolvidos e sangue. O antraz é uma das poucas doenças bacterianas em que os microrganismos podem ser vistos quando o sangue periférico é corado por gram (ver Figura 20.2). Portanto, a detecção de microrganismos por microscopia e cultura não é um problema. A dificuldade diagnóstica é diferenciar *B. anthracis* de outros membros do grupo *B. cereus* taxonomicamente relacionados. Uma identificação preliminar de *B. anthracis* é baseada na morfologia microscópica das colônias. Os organismos têm aspecto de bastonetes gram-positivos longos, finos, dispostos individualmente ou em longas cadeias. Os esporos não são observados em amostras clínicas; eles são visualizados apenas em culturas incubadas em uma atmosfera de baixo CO_2 e podem ser mais bem visualizados com o uso de uma coloração especial de esporos (p. ex., coloração verde malaquita; Figura 20.5). A **cápsula** de *B. anthracis* é produzida *in vivo*, mas não é tipicamente observada em cultura. A cápsula pode ser observada em amostras clínicas usando uma coloração de contraste, como a tinta da China (as partículas da tinta são excluídas pela cápsula, de modo que o fundo, mas não a área ao redor das bactérias, aparece em preto), a coloração azul de metileno de M'Fadyean ou um teste de anticorpo fluorescente direto (DFA) desenvolvido contra o

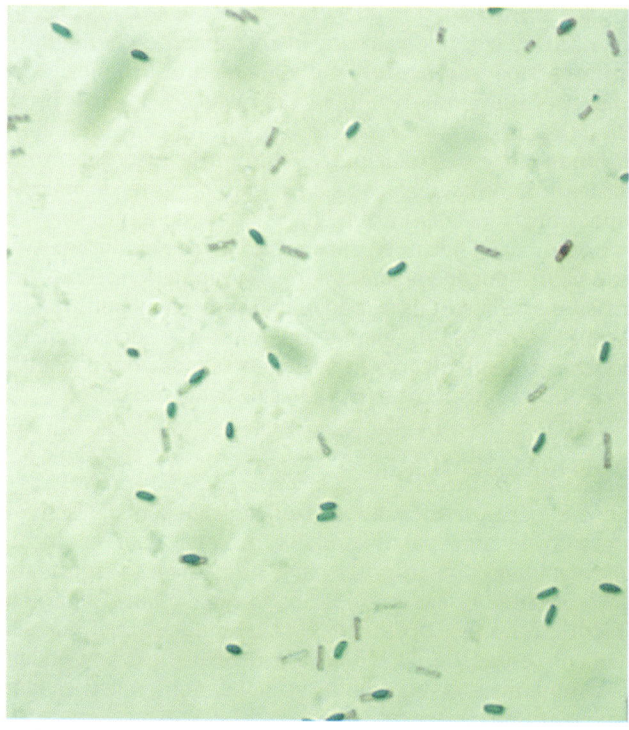

Figura 20.5 *Bacillus cereus*. Os esporos retêm o corante verde malaquita nessa coloração especial de esporos e as células vegetativas são cinza ou incolores.

polipeptídio capsular. Colônias cultivadas em ágar-sangue de carneiro são caracteristicamente grandes e não pigmentadas e têm uma superfície seca de "vidro fosco" e bordas irregulares. As colônias são bastante pegajosas e aderentes ao ágar e, se a borda for levantada com uma alça bacteriológica, permanecerá em pé como clara de ovo batida. As colônias **não são hemolíticas**, ao contrário de *B. cereus*. *Bacillus anthracis* parecerá **não móvel** em testes de motilidade, como a observação microscópica de bastonetes individuais em uma gota suspensa de meio de cultura. A identificação definitiva de organismos não móveis e não hemolíticos semelhantes a *B. anthracis* é feita em um laboratório de referência de saúde pública. Isso é realizado demonstrando-se a produção de cápsulas (por microscopia ou DFA) e lise específica da bactéria com o fago gama ou um teste DFA positivo para um polissacarídio específico do envoltório celular de *B. anthracis*. Além disso, os testes de amplificação de ácidos nucleicos (p. ex., reação de cadeia da polimerase [PCR]) foram desenvolvidos e são realizados em laboratórios de referência.

TRATAMENTO, PREVENÇÃO E CONTROLE

Embora a penicilina fosse o fármaco de escolha para *B. anthracis*, a resistência em cepas de ocorrência natural foi observada, bem como a resistência às sulfonamidas e cefalosporinas de espectro estendido. Além disso, a resistência a outros antibacterianos pode ser selecionada em cepas derivadas de laboratório, então deve ser considerado para o antraz associado ao bioterrorismo. A recomendação de tratamento empírico atual é o uso de **ciprofloxacino** ou **doxiciclina** combinada com um ou dois antibacterianos adicionais (p. ex., rifampicina, vancomicina, penicilina, imipeném, clindamicina, claritromicina). Embora a resistência à penicilina seja observada para antraz adquirido naturalmente, a penicilina oral (**amoxicilina**) ainda é recomendada para antraz cutâneo adquirido naturalmente.

O controle de doenças humanas adquiridas naturalmente exige o controle de doenças animais, que envolve a **vacinação de rebanhos de animais** em regiões endêmicas e a queima ou sepultamento de animais que morrem de antraz. A erradicação completa do antraz é improvável porque os esporos do organismo podem existir por muitos anos no solo e a ameaça de infecções relacionadas com o bioterrorismo é uma realidade atual.

A vacinação também tem sido usada para proteger (1) pessoas que vivem em áreas nas quais a doença é endêmica, (2) pessoas que trabalham com produtos de origem animal importados de países com antraz endêmico e (3) militares. Embora a vacina atual pareça ser eficaz, pesquisas para desenvolver uma vacina menos tóxica estão em andamento. Abordagens alternativas para inativar as toxinas do antraz têm se concentrado no AP e em seu receptor-alvo. A infusão passiva de anticorpos monoclonais humanos contra AP de *B. anthracis* preveniu a morte em um modelo animal de antraz por inalação e foi bem tolerada em voluntários humanos. Complexos de peptídios sintéticos que têm como alvo os receptores de superfície celular para AP também são utilizados para neutralizar a toxina do antraz em modelos animais. Como essas abordagens alternativas podem ser usadas para tratar doenças humanas ainda precisa ser demonstrado.

Bacillus cereus

Outras espécies de *Bacillus*, além de *B. anthracis*, são principalmente patógenos oportunistas que têm capacidades relativamente baixas de virulência. Embora a maioria dessas espécies cause doenças, *B. cereus* é claramente o patógeno mais importante, com gastrenterite, infecções oculares e sepse relacionada com cateter intravenoso sendo as doenças mais comumente observadas, bem como casos raros de pneumonia grave.

PATOGÊNESE E IMUNIDADE

A gastrenterite causada por *B. cereus* é mediada por uma de **duas enterotoxinas** (Tabela 20.2). A enterotoxina **termoestável** e resistente à proteólise causa a **forma emética** da doença e a enterotoxina **termolábil** causa a **forma diarreica**. A enterotoxina termolábil é semelhante às produzidas por *Escherichia coli* e *Vibrio cholerae*; cada uma estimula o sistema adenilato ciclase-cAMP nas células epiteliais intestinais, causando diarreia aquosa abundante. O mecanismo de ação da enterotoxina termoestável é desconhecido.

A patogênese das infecções oculares por *B. cereus* também não está completamente definida. Pelo menos três toxinas foram implicadas: **toxina necrótica** (uma enterotoxina termolábil), **cereolisina** (uma hemolisina potente cujo nome se deve à espécie) e **fosfolipase C** (uma lecitinase potente). É provável que a rápida destruição do olho, que é característica de infecções de *B. cereus*, resulte da interação dessas toxinas e outros fatores não identificados.

As espécies de *Bacillus* podem colonizar a pele transitoriamente e podem ser recuperadas como contaminantes insignificantes em hemoculturas. Na presença de um corpo estranho intravascular, no entanto, esses organismos podem ser responsáveis por bacteriemia persistente e sinais de sepse (ou seja, febre, calafrios, hipotensão, choque).

EPIDEMIOLOGIA

Bacillus cereus e outras espécies de *Bacillus* são organismos presentes em praticamente todos os ambientes. Quase todas as infecções têm origem em uma fonte ambiental (p. ex., solo contaminado). O isolamento de bactérias de amostras clínicas na ausência de doença característica geralmente representa contaminação insignificante.

Tabela 20.2 Intoxicação alimentar por *Bacillus cereus*.

Características da doença	Forma emética	Forma diarreica
Alimentos implicados	Arroz	Carne, vegetais
Período de incubação (horas)	< 6 (média, 2)	> 6 (média, 9)
Sintomas	Vômitos, náuseas, cólicas abdominais	Diarreia, náuseas, cólicas abdominais
Duração (horas)	8 a 10 (média, 9)	20,36 (média, 24)
Enterotoxina	Termoestável	Termolábil

DOENÇAS CLÍNICAS

Como mencionado, *B. cereus* é responsável por duas formas de intoxicação alimentar: **doença do vômito (forma emética)** e **doença diarreica (forma diarreica)**. Na maioria dos pacientes, a forma emética da doença resulta do consumo de **arroz contaminado**. A maioria das bactérias é morta durante o cozimento inicial do arroz, mas os esporos resistentes ao calor sobrevivem. Se o arroz cozido não for refrigerado, então os esporos germinam e as bactérias podem se multiplicar rapidamente. A enterotoxina termoestável que é liberada não é destruída quando o arroz é reaquecido. A forma emética da doença é uma intoxicação causada pela ingestão da enterotoxina, não da bactéria. Assim, o período de incubação após a ingestão do arroz contaminado é curto (1 a 6 horas) e a duração da doença também é curta (< 24 horas). Os sintomas consistem em vômitos, náuseas e cólicas abdominais. Febre e diarreia geralmente estão ausentes. A insuficiência hepática fulminante também foi associada ao consumo de alimentos contaminados com grandes quantidades de toxina emética, que prejudica o metabolismo mitocondrial dos ácidos graxos. Felizmente, essa é uma complicação rara.

A forma diarreica da intoxicação alimentar por *B. cereus* é uma infecção verdadeira resultante da ingestão da bactéria em carnes, vegetais ou molhos contaminados. Há um período de incubação mais longo, no qual o organismo se multiplica no trato intestinal do paciente e a enterotoxina termolábil é liberada. Essa enterotoxina é responsável por diarreia, náuseas e cólicas abdominais que se desenvolvem. Essa forma da doença geralmente dura 1 dia ou mais.

As **infecções oculares** por *B. cereus* geralmente ocorrem após lesões traumáticas e penetrantes do olho com um objeto contaminado com solo (Caso Clínico 20.2). A panoftalmite de *Bacillus* é uma doença rapidamente progressiva que, quase universalmente, resulta na perda total do olho em 48 horas após a lesão. Infecções disseminadas com manifestações oculares também podem se desenvolver em usuários de drogas intravenosas.

Outras infecções por *B. cereus* e outras espécies de *Bacillus* são infecções de derivação (*shunt*) de cateter intravenoso e do sistema nervoso central e endocardite (mais comum em usuários de drogas), bem como pneumonite, bacteriemia e meningite em pacientes gravemente imunossuprimidos. Também foi relatado que a ingestão de **chá** por pacientes imunocomprometidos está associada a um risco aumentado de doença invasiva por *B. cereus*.

Uma doença rara causada por *B. cereus* que merece atenção especial é a **pneumonia grave que mimetiza o antraz em pacientes imunocompetentes**. Quatro pacientes com essa doença, todos metalúrgicos residentes do Texas ou Louisiana, foram descritos na literatura. O mais interessante é que as cepas continham os **genes da toxina pXO1 de *B. anthracis*** e todas eram **encapsuladas**, embora essa não fosse a cápsula típica de ácido poli-γ-D-glutâmico de *B. anthracis*. Essas cepas demonstram o perigo potencial e a presumível facilidade de transferência dos genes de virulência do *B. anthracis* para a espécie onipresente *B. cereus*.

DIAGNÓSTICO LABORATORIAL

Semelhante a *B. anthracis*, *B. cereus* e outras espécies podem ser facilmente cultivadas a partir de amostras clínicas coletadas de pacientes com a forma emética de intoxicação alimentar. Como os indivíduos podem ser colonizados transitoriamente com *B. cereus*, o alimento envolvido (p. ex., arroz, carne, vegetais) deve ser cultivado para confirmação da existência de doenças transmitidas por alimentos. Na prática, nem culturas nem testes para detectar enterotoxinas termoestáveis ou termolábeis são comumente realizados, portanto, a maioria dos casos de gastrenterite por *B. cereus* é diagnosticada por critérios epidemiológicos e clínicos. Os organismos *Bacillus* crescem rapidamente e são facilmente detectados com a coloração de Gram e a cultura de amostras coletadas de olhos infectados, sítios de cultura intravenosa e outros locais.

TRATAMENTO, PREVENÇÃO E CONTROLE

Como o curso da gastrenterite em decorrência de *B. cereus* é curto e não complicado, o tratamento sintomático é adequado. O tratamento de outras infecções por *Bacillus* é complicado porque elas apresentam um curso rápido e progressivo e uma alta incidência de resistência a múltiplos medicamentos (p. ex., *B. cereus* carrega genes para resistência a penicilinas e cefalosporinas). **Vancomicina**, **clindamicina**, **ciprofloxacino** e **gentamicina** podem ser usadas para tratar infecções. Penicilinas e cefalosporinas são ineficazes. As infecções oculares devem ser tratadas rapidamente. O consumo rápido de alimentos após o cozimento e a refrigeração adequada dos alimentos não consumidos pode prevenir a intoxicação alimentar.

Bibliografia

Avashia, S.B., Riggins, W.S., Lindley, C., et al., 2007. Fatal pneumonia among metalworkers due to inhalation exposure to Bacillus cereus containing Bacillus anthracis toxin genes. Clin. Infect. Dis. 44, 414–416.

Baggett, H.C., Rhodes, J.C., Fridkin, S.K., et al., 2005. No evidence of a mild form of inhalational Bacillus anthracis infection during a bioterrorism-related inhalational anthrax outbreak in Washington, D.C., in 2001. Clin. Infect. Dis. 41, 991–997.

Basha, S., Rai, P., Poon, V., et al., 2006. Polyvalent inhibitors of anthrax toxin that target host receptors. Proc. Natl. Acad. Sci. U S A. 103, 13509–13513.

Bottone, E., 2010. Bacillus cereus, a volatile human pathogen. Clin. Microbiol. Rev. 23, 382–398.

> **Caso Clínico 20.2** Endoftalmite traumática causada por *Bacillus cereus*
>
> A endoftalmite causada pela introdução traumática de *Bacillus cereus* no olho, infelizmente, é comum. Esta é uma apresentação característica. Um homem de 44 anos sofreu uma lesão ocular traumática enquanto trabalhava em uma horta, quando um pedaço de metal atingiu seu olho esquerdo, danificando a córnea e as cápsulas anterior e posterior do cristalino. Durante as 12 horas seguintes, ele desenvolveu dor e purulência crescentes no olho. Foi submetido à cirurgia para aliviar a pressão ocular, drenar a purulência e introduzir antibacterianos intravítreos (vancomicina, ceftazidima e dexametasona). A cultura do fluido aspirado foi positiva para *B. cereus*. O ciprofloxacino foi adicionado ao seu regime terapêutico no pós-operatório. Apesar da intervenção cirúrgica e médica imediata e das subsequentes injeções intravítreas de antibacterianos, a inflamação intraocular persistiu e a evisceração foi necessária. Este paciente ilustra os riscos envolvidos em lesões oculares penetrantes e a necessidade de intervir agressivamente se quisermos salvar o olho.

Collier, R.J., Young, J.A.T., 2003. Anthrax toxin. Annu. Rev. Cell. Dev. Biol. 19, 45–70.

Doganay, M., Metan, G., Alp, E., 2010. A review of cutaneous anthrax and its outcome. J. Infect. Public Health 3, 98–105.

El Saleeby, C.M., Howard, S.C., Hayden, R.T., et al., 2004. Association between tea ingestion and invasive Bacillus cereus infection among children with cancer. Clin. Infect. Dis. 39, 1536–1539.

Hoffmaster, A.R., Hill, K.K., Gee, J.E., et al., 2006. Characterization of Bacillus cereus isolates associated with fatal pneumonias: strains are closely related to Bacillus anthracis and harbor B. anthracis virulence genes. J. Clin. Microbiol. 44, 3352–3360.

Krantz, B.A., Melnyk, R.A., Zhang, S., et al., 2005. A phenylalanine clamp catalyzes protein translocation through the anthrax toxin pore. Science 309, 777–781.

Mahtab, M., Leppla, S.H., 2004. The roles of anthrax toxin in pathogenesis. Curr. Opin. Microbiol. 7, 19–24.

Marston, C., Ibrahim, H., Lee, P., et al., 2016. Anthrax toxin expressing Bacillus cereus isolated from an anthrax-like eschar. PLoS ONE 11, e0156987. https://doi.org/10.1371/journal.pone.0156987.

Melnyk, R.A., Hewitt, K.M., Lacy, D.B., et al., 2006. Structural determinants for the binding of anthrax lethal factor to oligomeric protective antigen. J. Biol. Chem. 281, 1630–1635.

Pickering, A.K., Merkel, T.J., 2004. Macrophages release tumor necrosis factor alpha and interleukin-12 in response to intracellular Bacillus anthracis spores. Infect. Immun. 72, 3069–3072.

Turnbull, P.C., 2002. Introduction: anthrax history, disease and ecology. Curr. Top. Microbiol. Immunol. 271, 1–19.

21 Listeria e Bactérias Gram-Positivas Relacionadas

***Listeria monocytogenes*, *Erysipelothrix rhusiopathiae* e *Corynebacterium diphtheriae* são três bacilos gram-positivos de importância médica que produzem doenças muito diferentes.**

1. Quais populações de pacientes são mais suscetíveis a infecções causadas por *Listeria* e *Erysipelothrix*, e como essas infecções são adquiridas?
2. O tratamento das infecções por *Listeria* se aproxima mais ao de qual outro patógeno gram-positivo?
3. Por que é difícil realizar o diagnóstico laboratorial das infecções por *Erysipelothrix*?
4. Por que a difteria não é detectada nos EUA, mas ainda é encontrada em outros países?
5. Por que a coloração de Gram de um exsudato de garganta ou hemocultura não é útil para o diagnóstico de difteria? Como o diagnóstico deve ser feito se houver suspeita de difteria?
6. Qual fator de virulência é responsável pelas manifestações clínicas de difteria?

RESUMOS Organismos clinicamente significativos

LISTERIA MONOCYTOGENES

Palavras-chave

Cocobacilos, beta-hemolíticos, meningite, doenças oportunísticas, doenças transmitidas por alimentos

Biologia e virulência

- Cocobacilos gram-positivos, muitas vezes organizados em pares que se assemelham a *Streptococcus pneumoniae*
- Patógeno intracelular facultativo que pode evitar a eliminação mediada por anticorpos
- Capacidade para crescer a 4°C, em uma extensa faixa de pH e, na presença de sal, pode levar a altas concentrações das bactérias em alimentos contaminados
- As linhagens virulentas produzem fatores de adesão celular (internos), hemolisinas (listeriolisina O, duas enzimas fosfolipase C) e uma proteína que medeia a motilidade intracelular direcionada pela actina (ActA)

Epidemiologia

- Isolado em solo, água e vegetação e a partir de uma variedade de animais, incluindo seres humanos (carreamento gastrintestinal de baixo nível)
- Doença associada ao consumo de produtos alimentícios contaminados (p. ex., leite, queijo, carnes processadas, vegetais crus [principalmente couve]) ou disseminação transplacentária de mãe para filho; casos esporádicos e epidemias ocorrem ao longo do ano
- Neonatos, idosos, gestantes e pacientes com deficiências na imunidade celular estão em maior risco de desenvolvimento de doenças

Doenças

- A doença neonatal pode resultar em morte intrauterina ou abscessos em múltiplos órgãos, meningite e septicemia
- Outras doenças incluem sintomas semelhantes aos da gripe, gastrenterite autolimitada e meningite em pacientes com deficiência na imunidade celular

Diagnóstico

- A microscopia é insensível; a cultura pode exigir incubação por 2 a 3 dias ou enriquecimento a 4°C
- As propriedades características incluem motilidade à temperatura ambiente, atividade fraca de beta-hemólise e crescimento a 4°C e em altas concentrações de sal

Tratamento, prevenção e controle

- O tratamento de escolha para doenças graves é a penicilina ou a ampicilina, sozinha ou em combinação com gentamicina
- As pessoas em alto risco devem evitar comer alimentos crus ou parcialmente cozidos de origem animal, queijo macio e vegetais crus não lavados

ERYSIPELOTHRIX RHUSIOPATHIAE

Palavras-chave

Bacilo pleomórfico, zoonótico, infecção cutânea, endocardite

Biologia e virulência

- Bacilos gram-positivos, pleomórficos finos que podem ser alongados
- A produção de neuraminidase é considerada importante para a adesão e penetração em células epiteliais e a cápsula em forma de polissacarídio protege as bactérias da fagocitose

Epidemiologia

- Coloniza uma variedade de organismos, particularmente porco e peru
- Encontrado em solo rico em matéria orgânica ou águas subterrâneas contaminadas com resíduos de animais colonizados
- Patógeno incomum nos EUA
- Doença ocupacional de açougueiros, processadores de carne, fazendeiros, avicultores, manipuladores de pescado e veterinários

Doenças

- A doença mais comum em seres humanos inclui (1) infecção cutânea localizada, (2) doença cutânea generalizada ou (3) septicemia associada à endocardite subaguda envolvendo valvas cardíacas previamente não lesionadas

Diagnóstico

- Bacilos gram-positivos, longos, filamentosos observados na coloração de Gram de uma biopsia coletada na borda avançada da lesão
- Cresce lentamente em meios contendo ágar-sangue e ágar chocolate incubados em 5 a 10% de dióxido de carbono

Tratamento, prevenção e controle

- A penicilina é o fármaco de escolha tanto para as doenças localizadas quanto para as sistêmicas; o ciprofloxacino ou a clindamicina podem ser utilizados para infecções cutâneas em pacientes alérgicos à penicilina e à ceftriaxona. A administração de imipeném pode ser considerada para infecções disseminadas
- Os trabalhadores devem cobrir a pele exposta durante o manejo de animais e a manipulação de produtos de origem animal
- Os rebanhos de suínos devem ser vacinados

Continua

RESUMOS Organismos clinicamente significativos *(continuação)*		
CORYNEBACTERIUM DIPHTHERIAE **Palavras-chave** Toxina diftérica, faringite, vacina **Biologia e virulência** ▪ Bacilos gram-positivos pleomórficos ▪ O principal fator de virulência é a toxina diftérica, uma exotoxina A-B; inibe a síntese de proteínas **Epidemiologia** ▪ Distribuição mundial mantida em portadores assintomáticos e em pacientes infectados ▪ Os seres humanos são o único reservatório conhecido, que possui carreamento na orofaringe ou na superfície da pele ▪ Disseminação de pessoa para pessoa por exposição a gotículas respiratórias ou contato com a pele	▪ Doença observada em crianças não vacinadas ou parcialmente imunes ou adultos que viajam para países com doenças endêmicas ▪ A difteria é muito incomum nos EUA e outros países com programas ativos de vacinação **Doenças** ▪ Agente etiológico de difteria: formas respiratória e cutânea **Diagnóstico** ▪ A microscopia é inespecífica; grânulos metacromáticos observados em *C. diphtheriae* e em outras corinebactérias ▪ A cultura deve ser realizada em meios não seletivos (ágar-sangue) e seletivos (ágar cistina-telurito, meio *Tinsdale*, ágar colistina-ácido nalidíxico)	▪ Identificação presuntiva de *C. diphtheriae* pode ser baseada na presença de cistinase e ausência de pirazinamidase; identificação definitiva por testes bioquímicos ou sequenciamento de gene espécie-específico ▪ Demonstração de exotoxina realizada por teste de Elek ou ensaio baseado na reação em cadeia da polimerase **Tratamento, prevenção e controle** ▪ Infecções tratadas com antitoxina diftérica para neutralizar a exotoxina, penicilina ou eritromicina para eliminar *C. diphtheriae* e inibir a produção de toxinas, e a imunização de pacientes convalescentes com o toxoide diftérico para estimular a produção de anticorpos protetores ▪ Administração da vacina contra difteria e doses de reforço para a população suscetível

Os bacilos gram-positivos aeróbios, não formadores de poros, constituem um grupo heterogêneo de bactérias. Alguns são patógenos humanos facilmente identificáveis (p. ex., *Listeria monocytogenes*, *Corynebacterium diphtheriae*), outros são majoritariamente patógenos animais, causadores de doenças em humanos (p. ex., *Erysipelothrix rhusiopathiae*) e alguns são agentes patogênicos oportunistas que geralmente infectam pacientes hospitalizados ou imunocomprometidos (p. ex., *Corynebacterium jeikeium*). Embora a apresentação clínica das doenças possa ser característica, a detecção e a identificação dos organismos no laboratório podem ser tarefas problemáticas. Uma técnica que é útil para a identificação preliminar dessas bactérias envolve sua morfologia microscópica. Os bacilos gram-positivos que têm forma uniforme incluem *Listeria* e *Erysipelothrix*; os bacilos gram-positivos de forma irregular normalmente são membros do gênero *Corynebacterium* ou de gêneros intimamente relacionados (Tabela 21.1). Este capítulo se concentrará em três espécies de bacilos gram-positivos: *L. monocytogenes*, *E. rhusiopathiae* e *C. diphtheriae*. As doenças causadas por essas e outras bactérias relacionadas estão resumidas na Tabela 21.2.

Listeria monocytogenes

O gênero *Listeria* é composto por 26 espécies e subespécies e **L. monocytogenes** é o patógeno humano mais significativo *Listeria monocytogenes* é um pequeno (0,4 a 0,5 × 0,5 a 2 μm) bacilo gram-positivo, anaeróbio facultativo, sem ramificações, capaz de crescimento a uma ampla faixa de temperatura (1 a 45°C) e em uma alta concentração de sal. Os **bacilos curtos** aparecem individualmente, em pares ou em cadeias curtas (Figura 21.1) e podem ser confundidos com *Streptococcus pneumoniae*. Isso é importante porque tanto *S. pneumoniae* como *L. monocytogenes* podem causar meningite. Os organismos são **móveis** à temperatura ambiente, mas reduzem sua mobilidade a 37°C e exibem motilidade rotatória característica, de uma ponta a outra da bactéria, quando uma gota de meio em caldo é examinada microscopicamente. A bactéria *L. monocytogenes* exibe **atividade fraca de**

Tabela 21.1 *Listeria* e bactérias relacionadas.

Organismo	Derivação histórica
Listeria	*Listeria*, nomeado em homenagem ao cirurgião inglês Lorde Joseph Lister
L. monocytogenes	*monocytum*, uma célula sanguínea ou monócito; *gennaio*, produzir (produção de monócitos; extratos de membrana estimulam a produção de monócitos em coelhos, mas isso não é visto na doença humana)
Erysipelothrix	*erythros*, vermelho; *pella*, pele; *thrix*, cabelo (organismo delgado, parecido com cabelo, que produz uma lesão de pele avermelhada ou inflamatória)
E. rhusiopathiae	*rhusios*, vermelho; *pathos*, doença (doença vermelha)
Corynebacterium	*coryne*, uma clava; *bakterion*, um pequeno bacilo (um pequeno bacilo em forma de clava)
C. diphtheriae	*diphtera*, couro ou pele (referência à membrana coriácea que se forma inicialmente na faringe)
C. jeikeium	*jeikeium* (espécie originalmente classificada como grupo JK)
C. urealyticum	*urea*, ureia; *lyticum*, lise (capaz de lisar ureia; espécie que hidrolisa rapidamente a ureia)
Arcanobacterium	*arcanus*, discreto; *bacterium* (bactéria), bacilo (bactéria discreta; um organismo de crescimento lento que pode se revelar difícil de isolar)
Rothia mucilaginosa	Nomeada em homenagem a Roth, o bacteriologista que originalmente estudou esse grupo de organismos; *mucilaginosa*, viscosa (organismos viscosos ou mucoides)
Tropheryma whipplei	*trophe*, alimentação; *eryma*, barreira; *whipple*, o nome provém de George Whipple, que descreveu a bactéria em 1907; é uma doença de má absorção; também chamada doença de Whipple

beta-hemólise quando cultivada em placas de ágar-sangue de carneiro. Essas características diferenciais (ou seja, morfologia na coloração de Gram, motilidade, beta-hemólise) são

Tabela 21.2 Doença humana associada à *Listeria* e bactérias relacionadas.

Organismo	Doenças
Listeria monocytogenes	Doença neonatal (aborto espontâneo, abscessos disseminados e granulomas, meningite, septicemia); doença semelhante à gripe em adultos saudáveis; bacteriemia ou doença disseminada com meningite em gestantes e pacientes com defeitos imunológicos mediados por células
Erysipelothrix rhusiopathiae	Erisipeloide (lesão inflamatória dolorosa e pruriginosa na pele); doenças cutâneas generalizadas; uma infecção cutânea difusa com febre e artralgia; septicemia geralmente associada à endocardite
Corynebacterium diphtheriae	Difteria (respiratória, cutânea); faringite e endocardite (cepas não toxigênicas)
C. jeikeium (grupo JK)	Septicemia, endocardite, infecções de feridas, infecções de corpo estranho (cateter, *shunt*, prótese)
C. urealyticum	Infecções do trato urinário (incluindo pielonefrite e cistite incrustada alcalina), septicemia, endocardite, infecções de feridas
Arcanobacterium	Faringite, celulite, infecções de feridas, formação de abscesso, septicemia, endocardite
Rothia	Endocardite, infecções de corpo estranho
Tropheryma	Doença de Whipple

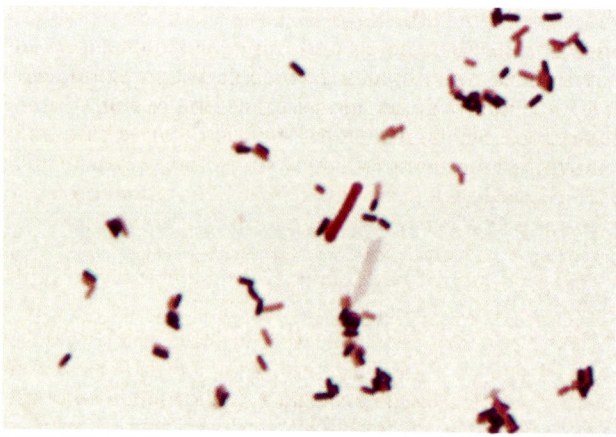

Figura 21.1 Coloração de Gram de *Listeria monocytogenes* em cultura. A bactéria *Listeria* aparece na forma de pequenos bastonetes gram-positivos; algumas facilmente descolorem e aparecem gram-negativos. O bacilo gram-negativo em tamanho maior no centro da fotografia é *Escherichia coli*.

úteis para a identificação preliminar de *Listeria*. Embora as bactérias estejam amplamente distribuídas na natureza, a doença humana é incomum e está restrita principalmente a várias populações bem definidas: recém-nascidos, idosos, gestantes e pacientes com imunidade celular deficiente.

PATOGÊNESE E IMUNIDADE

Listeria monocytogenes é um **patógeno intracelular facultativo**. Após a ingestão de alimentos contaminados, essa bactéria é capaz de sobreviver à exposição a enzimas proteolíticas, ácido estomacal e sais biliares, por meio da ação protetora de genes de resposta ao estresse. Essas bactérias são então capazes de **aderir às células hospedeiras** por meio da interação de proteínas na superfície da bactéria (ou seja, internalina A [InlA]) com receptores de glicoproteína na superfície da célula hospedeira (p. ex., caderina epitelial [adesina dependente de cálcio]). Outras internalinas (p. ex., InlB) podem reconhecer receptores em uma gama mais ampla de células hospedeiras. Estudos com modelos animais mostraram que a infecção é iniciada nos enterócitos ou células M em placas de Peyer. Após a penetração nas células, o pH ácido do fagolisossomo que envolve as bactérias ativa uma citolisina formadora de esporos bacterianos (**listeriolisina O**) e duas enzimas diferentes **fosfolipase C**, que levam à liberação das bactérias no citosol da célula. A bactéria prossegue para replicar e depois se mover para a membrana da célula. Esse movimento é mediado por uma proteína bacteriana, **ActA** (localizada na superfície da célula em uma das extremidades de uma bactéria), que coordena a **montagem de actina**. As extremidades distais da cauda da actina permanecem fixas enquanto a montagem ocorre adjacente à extremidade da bactéria. Assim, ela é empurrada para a membrana celular, e uma protrusão (filópode) é formada, empurrando a bactéria para a célula adjacente. Depois que a célula adjacente ingere a bactéria, o processo de **lise do fagolisossomo**, **replicação bacteriana** e o **movimento direcional** se repetem. A entrada em macrófagos após passagem pelo revestimento intestinal carrega as bactérias para o fígado e para o baço, levando à doença disseminada. Os genes responsáveis pela lise da membrana, replicação intracelular e movimento direcional são agrupados e regulados por um único gene, ***prfA*** ou o **gene do "fator regulador positivo"**.

A imunidade humoral é relativamente sem importância para o manejo de infecções com *L. monocytogenes* porque essas bactérias podem se replicar em macrófagos e se mover dentro das células, evitando a eliminação mediada por anticorpos. Por esse motivo, os pacientes com defeitos na **imunidade celular**, mas não na imunidade humoral, são particularmente suscetíveis a infecções graves.

EPIDEMIOLOGIA

Listeria monocytogenes é isolada de uma variedade de fontes ambientais e das fezes de mamíferos, aves, peixes e outros animais. A principal fonte de infecção com esse organismo é o consumo de alimentos contaminados; no entanto, a transmissão entre humanos pode ocorrer, principalmente de mãe para filho no útero ou ao nascimento. O carreamento fecal é estimado ocorrer em 1 a 5% das pessoas saudáveis. Como o organismo é onipresente, a exposição e colonização transitória são passíveis de ocorrer na maioria dos indivíduos. Aproximadamente 750 infecções são relatadas anualmente nos EUA; no entanto, muitas infecções leves não são relatadas. Grandes surtos associados a **produtos alimentícios contaminados** estão bem documentados. Por exemplo, aproximadamente 14 milhões de quilos de carne contaminada foram recolhidos em um surto nos EUA, em 1999, e 7,5 milhões de quilos de peru processado e de frango foram recolhidos em um segundo surto nos EUA, em 2000. Em 2018, o maior surto de *Listeria* confirmado foi relatado na África do Sul, no qual 982 casos confirmados e 189 mortes foram associados ao consumo de carne processada contaminada (um tipo de mortadela).

A incidência de doenças também é desproporcional em **populações de alto risco**, tais como recém-nascidos, idosos, gestantes e pacientes com imunodeficiência celular (p. ex., transplantes, linfomas, síndrome da imunodeficiência adquirida [AIDS]).

A listeriose humana é uma doença esporádica observada ao longo do ano, com epidemias localizadas e casos esporádicos de listeriose associada ao consumo de carne processada mal cozida (p. ex., salsichas de peru, frios); leite não pasteurizado, leite e queijo contaminados; e vegetais crus não lavados, incluindo repolho. Embora os produtos frescos sejam uma causa pouco comum de surtos, a doença associada ao consumo de melão contaminado foi relatada em 147 indivíduos em 2011 (86% tinham idade igual ou superior a 60 anos; taxa de mortalidade de 22%). *Listeria* pode crescer em uma ampla faixa de pH e em temperaturas frias, possibilitando que alimentos com pequenos números de organismos possam se tornar intensamente contaminados durante a refrigeração prolongada. A doença pode ocorrer se os alimentos não estiverem totalmente ou forem inadequadamente cozidos (p. ex., carne bovina de micro-ondas e salsicha de peru) antes do consumo. Embora as infecções por *Listeria* sejam relativamente incomuns, representam a principal causa de mortes atribuídas a doenças de origem alimentar nos EUA.

DOENÇAS CLÍNICAS

Doença neonatal

Duas formas de doença neonatal foram descritas: (1) **doença de início precoce**, adquirida pela via transplacentária no útero e (2) doença de início tardio, adquirida durante ou logo após o nascimento (ver Tabela 21.2). A doença de início precoce pode resultar em aborto, natimortos ou nascimento prematuro. A granulomatose infantisséptica é uma forma grave de listeriose de início precoce, caracterizada pela formação de abscessos e granulomas em múltiplos órgãos e uma alta taxa de mortalidade, a menos que tratada prontamente.

A doença de início tardio ocorre de 2 a 3 semanas após o nascimento, na forma de meningite ou meningoencefalite com septicemia. Os sinais e sintomas clínicos não são únicos; portanto, outras causas de doença neonatal do sistema nervoso central, tais como doença causada por estreptococos do grupo B, devem ser excluídas.

Infecções em mulheres grávidas

A maioria das infecções em mulheres grávidas ocorre durante o terceiro trimestre de gestação, quando a imunidade celular é mais prejudicada. Mulheres infectadas normalmente desenvolvem sintomas inespecíficos semelhantes aos da gripe, que podem ser resolvidos sem tratamento. A menos que as hemoculturas sejam coletadas em mulheres grávidas com febre, sem outra fonte de infecção (p. ex., infecção do trato urinário), a bacteriemia causada por *Listeria* e o risco neonatal associado podem não ser detectados.

Doença em adultos saudáveis

A maioria das infecções de *Listeria* em adultos saudáveis é assintomática ou ocorre na forma de uma doença leve semelhante à gripe. Uma gastrenterite aguda autolimitada se desenvolve em alguns pacientes, caracterizada por um período de incubação de 1 dia seguido de 2 dias de sintomas, incluindo diarreia aquosa, febre, náuseas, dores de cabeça, mialgias e artralgia. Em contraste com essas doenças autolimitadas, a listeriose é mais grave em pacientes idosos ou com a imunidade celular comprometida.

Meningite em adultos

A meningite é a forma mais comum de infecção disseminada por *Listeria* em adultos (Caso Clínico 21.1). Embora os sinais e sintomas clínicos de meningite causados por esse organismo não sejam específicos, sempre deve haver suspeita de *Listeria* em pacientes com transplantes de órgãos ou câncer e em gestantes, nos quais a meningite se desenvolve. A doença é associada à alta mortalidade (20 a 50%) e às sequelas neurológicas significativas entre os sobreviventes.

Bacteriemia primária

Pacientes com bacteriemia podem ter uma história sem precedentes de calafrios e febre (comumente observada em gestantes) ou uma apresentação mais aguda com febre de alto grau e hipotensão. Apenas pacientes gravemente imunocomprometidos e lactentes de mulheres grávidas com sepse parecem estar em risco de morte.

DIAGNÓSTICO LABORATORIAL

Microscopia

Preparações de líquido cefalorraquidiano (CSF) para a coloração de Gram geralmente não apresentam organismos, porque as bactérias normalmente estão presentes em concentrações (p. ex., 10^4 bactérias por mililitro de LCR ou menos) abaixo do limite de detecção (10^5 bactérias por mililitro). Esse caso está em contraste com a maioria dos outros patógenos bacterianos do sistema nervoso central, que estão presentes em concentrações 100 a 1.000 vezes maiores. Se for possível observar as bactérias na coloração de Gram, elas são cocobacilos gram-positivos, intracelulares e extracelulares. Os cuidados devem ser usados para distingui-las de outras bactérias como *S. pneumoniae*.

Caso Clínico 21.1 Meningite causada por *Listeria* em homem imunocomprometido

O seguinte paciente descrito por Bowie et al. (*Ann Pharmacother* 38:58-61, 2004) ilustra a apresentação clínica da meningite causada por *Listeria*. Um homem de 73 anos com artrite reumatoide refratária foi trazido por sua família para o hospital local porque teve uma diminuição do nível de consciência e uma história de 3 dias de dor de cabeça, náuseas e vômitos. Seus medicamentos atuais eram infliximabe, metotrexato e prednisona para sua artrite reumatoide. Ao exame físico, o paciente apresentou pescoço rígido e febre, tinha uma frequência cardíaca de 92 bpm e pressão sanguínea de 179/72 mmHg. Com a suspeita de meningite, o sangue e o líquido cefalorraquidiano (LCR) foram coletados para cultura. A coloração de Gram do LCR foi negativa, mas *Listeria* cresceu tanto em hemocultura quanto na cultura de LCR. O paciente foi tratado com vancomicina, o infliximabe foi descontinuado e ele teve uma recuperação sem problemas, apesar de usar uma terapia antimicrobiana menos otimizada. O infliximabe foi associado a uma monocitopenia dose-dependente. Os monócitos são efetores essenciais para a eliminação de *Listeria*, portanto, este paciente imunocomprometido estava especificamente em risco de infecção com esse organismo. Falha na detecção de *Listeria* no LCR pela coloração de Gram é característica dessa doença, porque as bactérias não se multiplicam em níveis detectáveis.

Cultura

Listeria cresce na maioria dos meios convencionais de laboratório, com colônias pequenas e redondas observadas em meios de ágar após a incubação por 1 a 2 dias. Pode ser necessário utilizar meios seletivos e **enriquecimento a frio** (armazenamento do espécime no refrigerador por um longo período) para detectar listerias em espécimes contaminados com bactérias de crescimento rápido. A beta-hemólise em meios de ágar-sangue de carneiro pode servir para distinguir *Listeria* de bactérias morfologicamente semelhantes; entretanto, a hemólise é geralmente fraca e pode não ser observada inicialmente. A motilidade característica do organismo em um meio líquido ou ágar semissólido é útil para a identificação preliminar de listerias. Todos os bacilos gram-positivos isolados do sangue e do LCR devem ser identificados para distinguir entre *Corynebacterium* (presumivelmente um contaminante de pele) e *Listeria*.

Identificação

Testes bioquímicos selecionados têm sido usados historicamente para identificar *Listeria*. Mais recentemente, a espectrometria de massa de ionização por dessorção a *laser* assistida por matriz (MALDI) substituiu os testes bioquímicos em muitos laboratórios. Os métodos de tipagem sorológica e molecular são usados para investigações epidemiológicas. Um total de 13 sorotipos foi descrito; entretanto, os sorotipos 1/2a, 1/2b e 4b são responsáveis pela maioria das infecções em neonatos e adultos, portanto, a sorotipagem geralmente não é útil em investigações epidemiológicas. A eletroforese em gel de campo pulsado (PFGE) e, mais recentemente, a análise de sequências do genoma inteiro são os métodos moleculares mais comumente usados para investigações epidemiológicas de suspeitas de surtos.

TRATAMENTO, PREVENÇÃO E CONTROLE

Visto que a maioria dos antibacterianos é apenas bacteriostática para *L. monocytogenes*, a combinação de **gentamicina com penicilina ou ampicilina** é o tratamento de escolha para infecções graves. As listerias são naturalmente resistentes às cefalosporinas, e a resistência aos macrolídeos, fluoroquinolonas e tetraciclinas tem sido observada, o que pode limitar a utilidade desses medicamentos. O trimetoprima-sulfametoxazol é um bactericida para *L. monocytogenes* utilizado com sucesso. Outros antibacterianos, tais como linezolida, daptomicina e tigeciclina, têm boa atividade *in vitro*, mas não são utilizados extensivamente para tratar pacientes.

A prevenção e o controle da infecção por *Listeria* são difíceis, porque as listerias são ubíquas e a maioria das infecções é esporádica. As pessoas em alto risco de infecção devem evitar comer alimentos crus ou parcialmente cozidos de origem animal, assim como queijos macios e vegetais crus não lavados. Não há vacinas disponíveis e a terapia profilática com antibacterianos para pacientes em alto risco não tem sido avaliada.

Erysipelothrix rhusiopathiae

FISIOLOGIA E ESTRUTURA

Erysipelothrix rhusiopathiae é um bacilo gram-positivo, não formador de esporos, distribuído mundialmente em animais selvagens e domésticos. Os bacilos são finos (0,2 a 0,5 × 0,8 a 2,5 μm) e, às vezes, pleomórficos, com tendência a formar filamentos em "forma de cabelo" com até 60 μm de comprimento. Eles descolorem prontamente e podem parecer gram-negativos (Figura 21.2). Os organismos são microaerófilos e crescem melhor em uma atmosfera com oxigênio reduzido e suplementado com dióxido de carbono (5 a 10% de CO_2). Uma mistura de colônias minúsculas e lisas e colônias maiores e rugosas são observadas após 2 a 3 dias de incubação. Se as colônias rugosas estão ausentes, então as pequenas colônias lisas podem ser ignoradas, a menos que as placas de cultura sejam examinadas cuidadosamente.

PATOGÊNESE

Pouco se sabe sobre os fatores de virulência específicos em *Erysipelothrix*. Acredita-se que a produção de neuraminidase seja importante para a adesão e penetração em células epiteliais e uma cápsula em forma de polissacarídio protege as bactérias da fagocitose.

EPIDEMIOLOGIA

Erysipelothrix é um organismo onipresente que se encontra distribuído no mundo inteiro. Ele pode ser recuperado nas tonsilas ou nos sistemas digestórios de muitos animais selvagens e domésticos, incluindo mamíferos, aves e peixes. A colonização é particularmente elevada em **suínos** e **perus**. Solo rico em matéria orgânica ou águas subterrâneas contaminadas com resíduos animais pode facilitar a propagação em uma população animal. Essas bactérias são resistentes à secagem e podem sobreviver no solo durante meses a anos. Além disso, *E. rhusiopathiae* é resistente a altas concentrações de sal, decapagem e vapor. A doença causada por *Erysipelothrix* em seres humanos é **zoonótica** (propagação a partir de animais para os seres humanos) e principalmente ocupacional. Açougueiros, charcuteiros, agricultores, avicultores, peixeiros e os veterinários estão em maior risco. Infecções cutâneas se desenvolvem tipicamente após o organismo ser inoculado subcutaneamente por meio de uma ferida por abrasão ou perfuração durante a

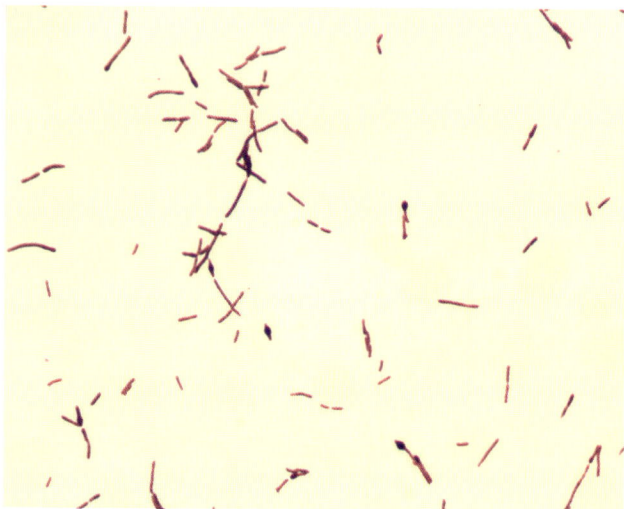

Figura 21.2 Coloração de Gram de *Erysipelothrix rhusiopathiae* em cultura. Observar os comprimentos variáveis dos bacilos e o aspecto "gram-negativo".

manipulação de produtos de origem animal ou solo contaminado. A incidência de doença humana é desconhecida porque a infecção por *Erysipelothrix* não é uma doença relatável.

DOENÇAS CLÍNICAS

A doença animal, particularmente nos suínos, é amplamente reconhecida, mas em seres humanos é menos comum (ver Tabela 21.2; Caso Clínico 21.2). Três formas primárias de infecção humana com *E. rhusiopathiae* foram descritas: (1) infecção de pele localizada, **erisipeloide** (não confundir com erisipelas estreptocócicas), (2) doença cutânea generalizada e (3) **septicemia**. O erisipeloide é uma lesão inflamatória da pele que se desenvolve no local do trauma após 2 a 7 dias de incubação. A lesão se manifesta frequentemente nos dedos ou nas mãos e parece violácea com uma borda elevada. O ferimento se espalha lenta e perifericamente, à medida que a descoloração na área central desaparece. A lesão dolorosa é pruriginosa e o paciente experimenta uma sensação de ardor ou palpitação. A supuração é incomum e é uma característica que distingue o erisipeloide da erisipela estreptocócica. A resolução pode ser espontânea, mas pode ser acelerada com a terapia antibacteriana apropriada. A infecção cutânea difusa é caracterizada pelo desenvolvimento das lesões, seja na área geral da lesão inicial ou em outros sítios da pele. Os sinais sistêmicos de febre e artralgia são comuns, mas as hemoculturas são tipicamente negativas.

A forma septicêmica das infecções por *Erysipelothrix* é incomum, mas, quando presente, é frequentemente associada à endocardite. A endocardite por *Erysipelothrix* pode ter um início agudo, mas geralmente é subagudo. O envolvimento de valvas cardíacas não danificadas (particularmente a valva aórtica) é comum. Outras complicações sistêmicas (p. ex., a formação de abscesso, meningite, osteomielite) são relativamente incomuns.

Caso Clínico 21.2 Endocardite causada por *Erysipelothrix*

A endocardite causada por *Erysipelothrix rhusiopathiae* é uma doença incomum, mas bem reconhecida. A seguinte história de um caso clínico relatada por Artz et al. (*Eur J Clin Microbiol Infect Dis* 20:587-588, 2001) é característica dessa doença. Um homem de 46 anos que trabalhou como açougueiro e teve história de alcoolismo foi admitido no hospital com uma erupção cutânea eritematosa sobre a parte superior do corpo e uma queixa de artralgia em ambos os ombros. A história médica revelou um relato de 4 semanas de suores noturnos e calafrios recorrentes, que o paciente atribuiu ao consumo de álcool. O exame físico revelou hepatoesplenomegalia, sopro sistólico detectado na auscultação e uma valva aórtica calcificada com regurgitação leve, mas sem vegetações no ecocardiograma. Cinco hemoculturas foram coletadas e todas foram positivas para *E. rhusiopathiae* após 2 dias. O paciente foi transferido para cirurgia para substituição da valva, e abscessos paravalvares foram detectados no intraoperatório. Depois de reparo cirúrgico, o paciente foi tratado com clindamicina e penicilina e fez uma recuperação completa. Este caso ilustra fatores de risco (ou seja, açougueiro, alcoolismo), um curso crônico e o valor da cirurgia combinada com o tratamento utilizando antibacterianos eficazes (ou seja, penicilina, clindamicina).

DIAGNÓSTICO LABORATORIAL

Os bacilos estão localizados apenas no tecido profundo da lesão. Desse modo, os espécimes de biopsia de espessura total ou aspirados profundos devem ser coletados da margem da lesão. A coloração de Gram da amostra é normalmente negativa, embora a presença de **bacilos gram-positivos e finos** associada a uma lesão característica e a história clínica possam ser diagnosticadas. *Erysipelothrix rhusiopathiae* não é um organismo fastidioso e cresce na maioria dos meios de cultura convencionais na presença de 5 a 10% de CO_2; no entanto, o crescimento é lento e as culturas devem ser incubadas por 3 dias ou mais antes de ser considerado negativo. A ausência de motilidade e de produção de catalase distingue esse organismo da bactéria *Listeria*. O organismo é fracamente fermentativo e produz sulfeto de hidrogênio em ágar ferro-triplo-açúcar. A sorologia não é útil para o diagnóstico porque a resposta de anticorpos é fraca em infecções humanas.

TRATAMENTO, PREVENÇÃO E CONTROLE

Erysipelothrix é suscetível à **penicilina**, que é o antibacteriano de escolha tanto para doenças localizadas como sistêmicas. Cefalosporinas, carbapenêmicos, fluoroquinolonas e clindamicina também são ativos *in vitro*, mas o organismo tem suscetibilidade variável a macrolídeos, sulfonamidas e aminoglicosídios, além de ser resistente à vancomicina. Para pacientes alérgicos à penicilina, a ciprofloxacino ou a clindamicina podem ser usadas para infecções cutâneas localizadas, e o ceftriaxona ou o imipeném podem ser administrados para casos de infecções disseminadas. As infecções em indivíduos com maior risco ocupacional são prevenidas pelo uso de luvas e outros revestimentos apropriados sobre a pele exposta. A vacinação é usada para controlar doenças em suínos.

Corynebacterium diphtheriae

O gênero *Corynebacterium* é uma coleção grande e heterogênea de quase 150 espécies e subespécies que têm uma parede celular com arabinose, galactose, ácido *meso*-diaminopimélico (*meso*-DAP) e (na maioria das espécies) **ácidos micólicos de cadeia curta** (22 a 36 átomos de carbono). Embora organismos com ácidos micólicos de cadeia média e longa sejam corados pela coloração álcool-ácido resistentes (ver Capítulo 22), as bactérias do gênero *Corynebacterium* não são álcool-ácido resistentes. As colorações de Gram dessas bactérias revelam agregados e cadeias curtas de bacilos em forma irregular ("forma de clava") (Figura 21.3). As corinebactérias são aeróbias ou anaeróbias facultativas, não móveis e catalase positivas. A maioria das espécies (mas não todas) fermenta carboidratos, produzindo ácido láctico como um subproduto. Muitas espécies crescem bem em meios laboratoriais comuns; no entanto, algumas espécies formam pequenas colônias porque necessitam de meios suplementados com lipídios para um bom crescimento (cepas **lipofílicas**).

As corinebactérias são onipresentes em plantas e animais e normalmente colonizam a pele, trato respiratório superior e sistemas digestório e urogenital em seres humanos. Embora todas as espécies de corinebactérias possam funcionar como patógenos oportunistas, relativamente poucos organismos

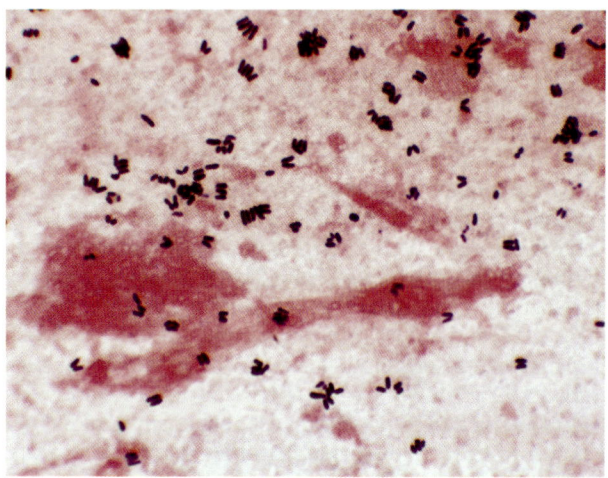

Figura 21.3 Coloração de Gram de espécies de *Corynebacterium* em espécimes de escarro.

estão associados às doenças humanas (ver Tabela 21.2). O mais conhecido deles é *C. diphtheriae*, que é o agente etiológico da **difteria**. Vários outros gêneros corineformes têm sido caracterizados. Três gêneros associados à doença humana (*Arcanobacterium*, *Rothia* e *Tropheryma*) estão listados na Tabela 21.2, mas não serão discutidos mais adiante.

FISIOLOGIA E ESTRUTURA

Corynebacterium diphtheriae é um bacilo pleomórfico, irregularmente corado (0,3 a 0,8 × 1,0 a 8,0 µm). Após a incubação *overnight* (de 1 dia para o outro – 12 a 16 horas), grandes colônias de 1 a 3 mm são observadas em meio ágar-sangue. Meios mais seletivos e diferenciais podem ser utilizados para recuperar esse patógeno de espécimes com outros organismos presentes, tais como amostras faríngeas. Essa espécie é subdividida em quatro biotipos com base na morfologia das colônias e propriedades bioquímicas: *belfanti*, *gravis*, *intermedius* e *mitis*, com a maioria das doenças causada pelo **biotipo *mitis***.

PATOGÊNESE E IMUNIDADE

A **toxina da difteria** é o principal fator de virulência de *C. diphtheriae*. O gene *tox* que codifica a exotoxina é introduzido em cepas de *C. diphtheriae* por um bacteriófago lisogênico, o **beta-fago**. Duas etapas de processamento são necessárias para o produto gênico ativo ser secretado: (1) clivagem proteolítica da sequência líder da proteína Tox durante a secreção da célula bacteriana e (2) a clivagem da molécula da toxina em dois polipeptídios (A e B) que permanecem aderidos por uma ponte de dissulfeto. Essa proteína de 58.300-Da é um exemplo da **exotoxina A-B** clássica.

Existem três regiões funcionais na molécula da toxina: uma **região catalítica** na subunidade A, uma **região de ligação ao receptor** e uma **região de translocação** na subunidade B. O receptor para a toxina é o **fator de crescimento epidérmico de ligação à heparina**, que está presente na superfície de muitas células eucarióticas, particularmente no coração e em células nervosas; sua presença explica os sintomas cardíacos e neurológicos observados em pacientes com a difteria grave. Depois que a toxina é aderida à célula do hospedeiro, a região de translocação é inserida na membrana do endossomo, facilitando o movimento da região catalítica no citosol da célula. A subunidade A paralisa a síntese de proteína na célula hospedeira por inativação do **fator de alongamento-2 (EF-2)**, que é um fator necessário para o movimento das cadeias peptídicas nascentes em ribossomos. Considerando que a renovação de EF-2 é muito lenta e aproximadamente apenas uma molécula por ribossomo está presente em uma célula, estima-se que uma molécula de exotoxina possa inativar todo o conteúdo do EF-2 em uma célula, terminando completamente a síntese proteica da célula hospedeira. A síntese de toxinas é regulada por um elemento cromossomicamente codificado, o **repressor da toxina diftérica (DTxR)**. Essa proteína, ativada na presença de altas concentrações de ferro, pode se ligar ao operador do gene da toxina e prevenir a produção de toxinas.

EPIDEMIOLOGIA

A difteria é uma doença encontrada em todo o mundo, particularmente em áreas urbanas pobres em que há aglomeração e o nível de proteção da imunidade induzida pela vacina é baixo. O maior surto na segunda metade do século XX ocorreu na antiga União Soviética, em 1994, em que aproximadamente 48 mil casos foram documentados, com 1.746 mortes. O bacilo *C. diphtheriae* é mantido na população por **transporte assintomático** na orofaringe ou na pele de pessoas imunes. Gotículas respiratórias ou contato com a pele o transmitem de pessoa para pessoa. Os **seres humanos** são o **único reservatório conhecido** para esse organismo.

A difteria tem se tornado incomum nos EUA por causa de um programa ativo de imunização, evidenciado pelo fato de que mais de 200 mil casos foram relatados em 1921, mas apenas dois casos foram relatados desde 2003. Uma análise das infecções por *C. diphtheriae* no Reino Unido entre 1986 e 2008 identificou que o principal fator de risco por infecção era a viagem de indivíduos não imunes para países com doença endêmica (p. ex., subcontinente indiano, África, Sudeste Asiático). A difteria é principalmente uma doença pediátrica, mas a incidência mais elevada se deslocou para as faixas etárias mais altas em áreas nas quais existem programas de imunização ativa para crianças. Infecção cutânea com *C. diphtheriae* toxigênico (difteria cutânea) também ocorre, mas não é uma doença de comunicação compulsória nos EUA, portanto sua incidência é desconhecida.

DOENÇAS CLÍNICAS

A apresentação clínica da difteria é determinada pelo (1) local da infecção, (2) estado imunológico do paciente e (3) virulência do organismo. Exposição ao *C. diphtheriae* pode resultar em colonização assintomática em pessoas imunocompetentes; doenças respiratórias leves em pacientes parcialmente imunes; ou uma doença fulminante, às vezes fatal, em pacientes não imunes. A toxina diftérica é produzida no sítio da infecção e depois se dissemina no sangue para produzir os sinais sistêmicos de difteria. O organismo não precisa entrar no sangue para produzir a doença.

Difteria respiratória

Os sintomas de difteria envolvendo o sistema respiratório aparecem após um período de incubação de 2 a 4 dias (Caso Clínico 21.3). Os organismos se multiplicam localmente em

> **Caso Clínico 21.3 Difteria respiratória**
>
> Lurie et al. (*JAMA* 291:937-938, 2004) relataram o último paciente com difteria respiratória visto nos EUA. Um homem de 63 anos, não vacinado, desenvolveu uma dor de garganta durante uma viagem de 1 semana ao interior do Haiti. Dois dias depois de voltar para casa, na Pensilvânia, ele consultou um hospital local com queixas de dor de garganta e dificuldades na deglutição. O paciente foi tratado com antibacterianos orais, mas voltou 2 dias depois com calafrios, suor, dificuldade para engolir e respirar, náuseas e vômitos. Ele tinha sons respiratórios diminuídos no pulmão esquerdo e as radiografias confirmaram a presença de infiltrados pulmonares e aumento da epiglote. A laringoscopia revelou exsudatos amarelados nas tonsilas, faringe posterior e palato mole. Ele foi admitido na unidade de terapia intensiva e tratado com azitromicina, ceftriaxona, nafcilina e esteroides, mas nos 4 dias posteriores ele ficou hipotenso e com uma febre baixa. Culturas foram negativas para *Corynebacterium diphtheriae*. No oitavo dia de doença, uma radiografia de tórax mostrou infiltrados nas bases pulmonares da direita e esquerda e um exsudato esbranquiçado consistente com pseudomembrana de *C. diphtheriae* foi observado sobre as estruturas supraglóticas. As culturas nesse momento permaneceram negativas para *C. diphtheriae*, mas o teste baseado na reação em cadeia da polimerase para o gene da exotoxina foi positivo. Apesar da terapia agressiva, o paciente teve piora progressiva e no 17° dia de hospitalização, ele desenvolveu complicações cardíacas e morreu. Este caso ilustra (1) o fator de risco de um paciente não imunizado que viaja para uma área endêmica, (2) a apresentação clássica da difteria respiratória grave, (3) demora associada ao diagnóstico de uma doença incomum e (4) as dificuldades que a maioria dos laboratórios teria atualmente para isolar o organismo em cultura.

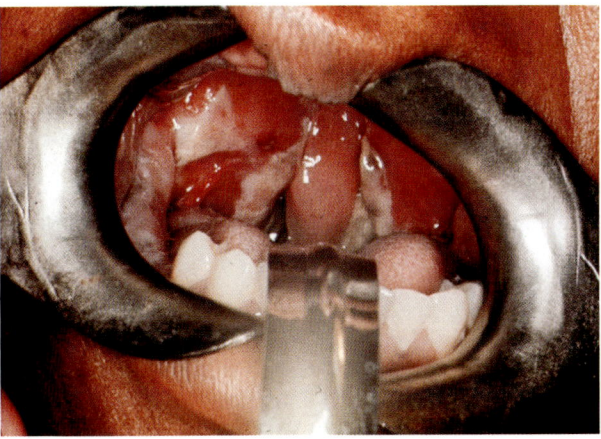

Figura 21.4 Faringe de uma paciente de 39 anos com difteria confirmada por exame bacteriológico. A fotografia foi tirada 4 dias após o início de febre, mal-estar e dor de garganta. A hemorragia causada pela remoção da membrana por esfregaço aparece como uma área escura à esquerda. (De Mandell, G., Bennett, J., Dolin, R., 2015. Principles and Practice of Infectious Diseases, eighth ed. Elsevier, Philadelphia, PA.)

células epiteliais na faringe ou superfícies adjacentes e inicialmente causam danos localizados como resultado da atividade de exotoxina. O início é súbito, com mal-estar, dor de garganta, **faringite exsudativa** e febre baixa. O exsudato evolui para uma **pseudomembrana** espessa composta de bactérias, linfócitos, plasmócitos, fibrina e células mortas que podem cobrir as tonsilas, a úvula e o paladar e pode estender-se para cima até a nasofaringe ou para baixo até a laringe (Figura 21.4). A pseudomembrana adere firmemente ao tecido subjacente e é difícil de deslocar sem fazer o tecido sangrar (característica única da difteria). Como o paciente se recupera após o curso de aproximadamente 1 semana da doença, a membrana se desloca e é expectorada. Complicações sistêmicas em pacientes com a doença grave envolvem principalmente o coração e o sistema nervoso. As evidências de **miocardite** podem ser detectadas em sua maioria, em pacientes com difteria, geralmente se desenvolvendo de 1 a 2 semanas após a doença e em um período em que os sintomas faríngeos estão melhorando. Os sintomas podem se apresentar de forma aguda ou gradualmente, progredindo em doenças graves para insuficiência cardíaca congestiva, arritmias cardíacas e morte. A **neurotoxicidade** é proporcional à gravidade da doença primária, que é influenciada pela imunidade do paciente. A maioria dos pacientes com doenças primárias graves desenvolve neuropatia, inicialmente localizada no palato mole e faringe, mais tarde envolvendo a paralisia oculomotora e ciliar, com progressão para a neurite periférica.

Difteria cutânea

A difteria cutânea é adquirida pelo contato da pele com outras pessoas infectadas. O organismo coloniza a pele e tem acesso ao tecido subcutâneo através de ruptura na pele. Uma pápula se desenvolve primeiro e depois evolui para uma **úlcera crônica, não cicatrizante**, às vezes coberta com uma membrana acinzentada. *Staphylococcus aureus* ou *S. pyogenes* também estão frequentemente presentes na ferida.

Diagnóstico laboratorial

O tratamento inicial de um paciente com difteria é instituído com base no diagnóstico clínico e não em resultados laboratoriais, porque os resultados definitivos não estão disponíveis por pelo menos 1 semana.

Microscopia

Os resultados do exame microscópico do material clínico não são confiáveis. Grânulos metacromáticos em bactérias coradas com azul de metileno foram descritos, mas esse aspecto não é específico de *C. diphtheriae*.

Cultura

Os espécimes para a recuperação de *C. diphtheriae* devem ser coletados tanto da nasofaringe como da garganta e devem ser inoculados em uma placa de ágar-sangue enriquecido, não seletivo e um meio seletivo (p. ex., ágar-sangue cistina-telurito [CTBA], meio Tinsdale, ágar colistina-ácido nalidíxico [CNA]). O telurito inibe o crescimento da maioria das bactérias do trato respiratório superior e de bacilos gram-negativos e é reduzido por *C. diphtheriae*, produzindo uma cor característica de cinza a preto no ágar. A degradação da cistina pela atividade de cistinase de *C. diphtheriae* produz um halo marrom ao redor das colônias. O CTBA tem uma longa vida útil (prático para culturas que não são frequentemente realizadas), mas inibe algumas cepas de *C. diphtheriae*. O Tinsdale é o melhor meio para a recuperação de *C. diphtheriae* em amostras clínicas, mas tem uma vida útil curta e requer a adição de soro de cavalo. Visto que as infecções causadas por *C. diphtheriae* são raramente vistas ou suspeitas em áreas não endêmicas, o CTBA e o Tinsdale não estão comumente disponíveis na maioria dos laboratórios. O CNA é frequentemente utilizado para a recuperação seletiva de bactérias gram-positivas; portanto, esse é um meio alternativo prático. Independentemente dos utilizados, todos os isolados semelhantes a C. diphtheriae devem ser identificados por testes bioquímicos e a presença da exotoxina diftérica confirmada, devido a ocorrência de cepas não toxigênicas.

Identificação

A identificação presuntiva de C. diphtheriae pode ser baseada na presença de cistinase e ausência de pirazinamidase (duas reações enzimáticas que podem ser rapidamente determinadas). Testes bioquímicos mais amplos ou sequenciamentos de ácidos nucleicos de genes espécie-específicos são necessários para a identificação em nível de espécie.

Teste de toxigenicidade

Todos os isolados de C. diphtheriae devem ser testados para a produção de exotoxina. O padrão-ouro para a detecção de toxina diftérica é um ensaio de imunodifusão in vitro (**teste de Elek**). Um método alternativo é a detecção do gene da exotoxina utilizando o **método de amplificação de ácidos nucleicos baseado na reação em cadeia da polimerase (PCR)**. Esse teste pode detectar o gene *tox* em isolados clínicos e diretamente em amostras clínicas (p. ex., *swabs* da membrana diftérica ou material de biopsia). Embora esse teste seja rápido e específico, as cepas em que o gene *tox* não é expresso (presumivelmente porque o **DTxR** é expresso) pode dar um sinal positivo. As cepas não toxigênicas de C. diphtheriae não produzem a difteria clássica; entretanto, não devem ser ignoradas porque são associadas a outras doenças significativas, incluindo septicemia, endocardite, artrite séptica, osteomielite e formação de abscesso.

TRATAMENTO, PREVENÇÃO E CONTROLE

O aspecto mais importante do tratamento da difteria é a administração precoce de **antitoxina diftérica** para especificamente neutralizar a exotoxina antes que ela seja ligada pela célula do hospedeiro. Uma vez que a célula internaliza a toxina, a morte celular é inevitável. Infelizmente, como a difteria pode não ser suspeita inicialmente, pode ocorrer uma progressão significativa da doença antes que a antitoxina seja administrada. A antibioticoterapia com **penicilina ou eritromicina** também é utilizada para eliminar C. diphtheriae e terminar a produção de toxinas. Repouso absoluto, isolamento para evitar a propagação secundária e a manutenção de uma via respiratória aberta em pacientes com difteria respiratória são igualmente importantes. Após a recuperação do paciente, a **imunização com toxoide** é necessária porque a maioria dos indivíduos falha no desenvolvimento de anticorpos protetores após uma infecção natural.

A difteria sintomática pode ser prevenida por indivíduos ativamente imunizados com o toxoide diftérico. O toxoide imunogênico, não tóxico, é preparado por tratamento da toxina com formalina. Inicialmente, as crianças recebem cinco injeções dessa preparação com antígenos da coqueluche e do tétano (**vacina DPT**) com idades de 2, 4, 6, 15 a 18 meses e 4 a 6 anos. Após esse período, é recomendado que as vacinas de reforço com o toxoide diftérico combinado com o toxoide tetânico sejam administradas a cada 10 anos. A eficácia da imunização está bem documentada, com a doença restrita a indivíduos não imunes ou não imunizados completamente.

Pessoas em estreito contato com pacientes que tenham difteria documentada estão em risco de adquirir a doença. Os espécimes nasofaríngeos para cultura devem ser coletados de todos os contatos próximos e a profilaxia antimicrobiana com a eritromicina ou a penicilina iniciada imediatamente. Qualquer contato que ainda não completou a série de imunizações contra a difteria ou que não tenha recebido uma dose de reforço dentro dos 5 anos anteriores, deve receber uma dose de reforço de toxoide. Pessoas expostas à difteria cutânea devem ser tratadas da mesma forma, porque é relatado que são mais contagiosas do que os pacientes com difteria respiratória. Se a infecção respiratória ou cutânea for causada por uma cepa não toxigênica, é desnecessário instituir a profilaxia em contatos.

Bibliografia

Allerberger, F., Wagner, M., 2010. Listeriosis: a resurgent foodborne infection. Clin. Microbiol. Infect. 16, 16–23.

Fenollar, F., Puechal, X., Raoult, D., 2007. Whipple's disease. N. Engl. J. Med. 356, 55–66.

Freitag, N., Port, G., Miner, M., 2009. *Listeria monocytogenes*–from saprophyte to intracellular pathogen. Nat. Rev. Microbiol. 7, 623–628.

Funke, G., von Graevenitz, A., Clarridge 3rd, J.E., et al., 1997. Clinical microbiology of coryneform bacteria. Clin. Microbiol. Rev. 10, 125–159.

Gorby, G.L., Peacock Jr., J.E., 1988. Erysipelothrix rhusiopathiae endocarditis: microbiologic, epidemiologic, and clinical features of an occupational disease. Rev. Infect. Dis. 10, 317–325.

Gray, M.J., Freitag, N.E., Boor, K.J., 2006. How the bacterial pathogen *Listeria monocytogenes* mediates the switch from environmental Dr. Jekyll to pathogenic Mr. Hyde. Infect. Immun. 74, 2505–2512.

McCollum, J.T., Cronquist, A.B., Silk, B.J., et al., 2013. Multistate outbreak of listeriosis associated with cantaloupe. N. Engl. J. Med 369, 944–953.

Pamer, E.G., 2004. Immune responses to *Listeria monocytogenes*. Nat. Rev. Immunol. 4, 812–823.

Popovic, T., Kombarova, S.Y., Reeves, M.W., et al., 1996. Molecular epidemiology of diphtheria in Russia, 1985-1994. J. Infect. Dis. 174, 1064–1072.

Wagner, K.S., White, J.M., Crowcroft, N.S., et al., 2010. Diphtheria in the United Kingdom, 1986-2008: the increasing role of *Corynebacterium ulcerans*. Epidemiol. Infect. 138, 1519–1530.

Wang, Q., Chang, B.J., Riley, T.V., 2010. *Erysipelothrix rhusiopathiae*. Vet. Microbiol. 140, 405–417.

Wing, E., Gregory, S., 2002. *Listeria monocytogenes:* clinical and experimental update. J. Infect. Dis. 185 (Suppl. 1), S18–S24.

22 Mycobacterium e Bactérias Álcool-Ácido Resistentes Relacionadas

Um paciente de 47 anos, receptor de transplante renal e usuário de prednisona e azatioprina havia 2 anos, foi admitido no centro médico universitário. Duas semanas antes, ele havia notado o desenvolvimento de uma tosse seca e persistente. Cinco dias antes da internação, a tosse tornou-se produtiva e desenvolveu dor torácica pleurítica. No dia da admissão, o paciente apresentava dificuldade respiratória leve e as radiografias de tórax revelaram um infiltrado irregular no lobo superior direito. As amostras de escarro foram inicialmente enviadas para cultura bacteriana e a coloração de álcool-ácido resistência modificada foi positiva.

1. Quais gêneros de bactérias irão corar com a coloração de álcool-ácido resistência?
2. Se esse paciente não tiver histórico de viagens para fora dos EUA, qual será a causa mais provável da doença respiratória?
3. Quais são as doenças mais comuns causadas pelos gêneros de bactérias álcool-ácido resistentes?
4. Quais características morfológicas e propriedades de crescimento que ajudarão a diferenciar as bactérias álcool-ácido resistentes mais comuns?

RESUMOS Organismos clinicamente significativos

MYCOBACTERIUM TUBERCULOSIS

Palavras-chave

Envoltório celular rico em lipídios, álcool-ácido resistente, intracelular, derivado de proteína purificada (PPD), resistente a medicamentos

Biologia e virulência

- Bastonetes (bacilos) fracamente gram-positivos, fortemente álcool-ácido resistentes
- Envoltório celular rico em lipídios, tornando o organismo resistente às colorações tradicionais, desinfetantes, detergentes, agentes antibacterianos comuns e resposta imune do hospedeiro
- Capaz de crescimento intracelular em macrófagos alveolares
- Doença causada principalmente pela resposta do hospedeiro à infecção

Epidemiologia

- Global; um quarto da população mundial está infectada com esse organismo
- Um total de 10,4 milhões de novos casos a cada ano e 1,6 milhão de mortes
- Doença mais comum em lugares, como: Índia, Paquistão, África Subsaariana, África do Sul, China e Europa Oriental
- 9.272 novos casos nos EUA em 2016
- Indivíduos com maior risco de doenças são estrangeiros ou viajantes a países endêmicos, pacientes imunocomprometidos (particularmente aqueles com infecção pelo HIV), indivíduos que fazem uso abusivo de drogas e álcool, pessoas em situação de rua ou em contato com pacientes doentes
- Os seres humanos são o único reservatório natural
- Transmissão pessoa a pessoa por aerossóis infecciosos

Doenças

- A infecção primária é pulmonar
- A disseminação para qualquer local do corpo ocorre mais comumente em pacientes imunocomprometidos

Diagnóstico

- Teste cutâneo de tuberculina e testes de liberação de interferona (IFN)-γ são marcadores sensíveis de exposição ao organismo
- Microscopia e cultura são sensíveis e específicas
- Os testes de amplificação de ácido nucleico são importantes quando a cultura não está disponível e a microscopia é imprecisa para a detecção de M. tuberculosis em amostras clínicas
- Identificação mais comumente feita usando sondas moleculares espécie-específicas, sequenciamento ou espectrometria de massa

Tratamento, prevenção e controle

- O tratamento prolongado com vários medicamentos é necessário para prevenir o desenvolvimento de cepas resistentes aos medicamentos
- Isoniazida (INH), etambutol, pirazinamida e rifampicina por 2 meses seguidos por 4 a 6 meses de INH e rifampicina ou medicamentos alternativos combinados
- A profilaxia pós-exposição à tuberculose pode incluir INH por 6 a 9 meses ou rifampicina diária por 4 meses; pirazinamida e etambutol ou levofloxacino são usados por 6 a 12 meses após a exposição ao M. tuberculosis resistente a antimicrobianos
- Imunoprofilaxia com bacilo Calmette-Guérin (BCG) em países endêmicos
- Controle da doença por meio de vigilância ativa, intervenção profilática e terapêutica e monitoramento cuidadoso de casos

MYCOBACTERIUM LEPRAE

Palavras-chave

Álcool-ácido resistente, hanseníase, não cultivável, teste cutâneo

Biologia e virulência

- Bastonetes (bacilos) fracamente gram-positivos, fortemente álcool-ácido resistentes
- Envoltório celular rico em lipídios
- Incapaz de ser cultivado em meio artificial
- Doença principalmente desenvolvida pela resposta do hospedeiro à infecção

Epidemiologia

- Foram relatados 200 mil novos casos em 2016, com a maioria dos casos na Índia, Brasil e Indonésia
- Foram divulgados 178 novos casos nos EUA, em 2015
- A forma lepromatosa da doença, não a forma tuberculoide, é altamente infecciosa
- Contágio de pessoa a pessoa por prolongada exposição a secreções respiratórias de um indivíduo infectado, não tratado

Doenças

- Formas tuberculoide (paucibacilar) e virchowiana (lepromatosa ou multibacilar) da hanseníase

Diagnóstico

- A microscopia é sensível para a forma lepromatosa, mas não para a tuberculoide
- O teste cutâneo é necessário para confirmar a hanseníase tuberculoide
- A cultura não é útil

Continua

RESUMOS Organismos clinicamente significativos *(continuação)*

Tratamento, prevenção e controle

- A forma tuberculoide é tratada com rifampicina e dapsona por 6 meses; a clofazimina é adicionada a esse regime para tratamento da forma lepromatosa e a terapia é estendida a um mínimo de 12 meses
- A doença é controlada por meio do reconhecimento e tratamento imediato de pessoas infectadas.

COMPLEXO *MYCOBACTERIUM AVIUM*

Palavras-chave

Álcool-ácido resistente, infecções pulmonares, AIDS, profilaxia

Biologia e virulência

- Bacilos (bastonetes) aeróbios fracamente gram-positivos, fortemente álcool-ácido resistentes
- Envoltório celular rico em lipídios
- Doença causada principalmente pela resposta do hospedeiro à infecção

Epidemiologia

- Distribuição mundial, mas a doença é mais frequente em países em que a tuberculose é menos comum
- Adquirida principalmente por meio da ingestão de água ou alimentos contaminados; acredita-se que a inalação de aerossóis infecciosos desempenhe um papel menor na transmissão
- Pacientes com maior risco de doença são aqueles imunocomprometidos (particularmente pacientes com síndrome da imunodeficiência adquirida [AIDS]) e aqueles com doença pulmonar de longa data

Doenças

- A doença inclui colonização assintomática, doença pulmonar crônica localizada, nódulo solitário ou doença disseminada, particularmente em pacientes com AIDS

Diagnóstico

- Microscopia e cultura são sensíveis e específicas

Tratamento, prevenção e controle

- Infecções tratadas por período prolongado com claritromicina ou azitromicina combinada com etambutol e rifabutina
- A profilaxia em pacientes com AIDS com baixa contagem de células CD4 consiste em claritromicina ou azitromicina ou rifabutina e esse tratamento reduziu muito a incidência da doença

NOCARDIA

Palavras-chave

Coloração de álcool-ácido resistência modificada, filamentosa, doença broncopulmonar ou cutânea, oportunista

Biologia e virulência

- Bacilos (bastonetes) filamentosos, gram-positivos, parcialmente álcool-ácido resistentes; envoltório celular com ácido micólico
- Aeróbio estrito capaz de crescer na maioria dos meios não seletivos para bactérias, fungos e micobactérias; no entanto, pode ser necessária incubação prolongada (2 dias ou mais)
- Virulência associada à capacidade de evitar morte intracelular
- Catalase e superóxido dismutase inativam metabólitos de oxigênio tóxicos (p. ex., peróxido de hidrogênio, superóxido)
- O fator corda impede a morte intracelular em fagócitos, interferindo na fusão de fagossomos com lisossomos

Epidemiologia

- Distribuição mundial em solo rico em matéria orgânica
- Infecções exógenas adquiridas por inalação (pulmonar) ou introdução traumática (cutânea)
- Patógeno oportunista que causa doença mais comumente em pacientes imunocomprometidos com deficiências de células T (receptores de transplantes, pacientes com doenças malignas, pacientes infectados com o vírus da imunodeficiência humana [HIV], pacientes recebendo corticosteroides)

Doenças

- Doença primária, mais comumente, broncopulmonar (p. ex., doença cavitária) ou infecções cutâneas primárias (p. ex., micetoma, infecção linfocutânea, celulite, abscessos subcutâneos)
- Disseminação mais frequente para o sistema nervoso central (p. ex., abscessos cerebrais) ou pele

Diagnóstico

- A microscopia é sensível e relativamente específica, quando se observam organismos ramificados, parcialmente álcool-ácidos resistentes
- A cultura é lenta, exigindo incubação por até 1 semana; meio seletivo (p. ex., ágar extrato de levedura com carvão tamponado) pode ser necessário para isolar *Nocardia* em culturas mistas
- A identificação em nível de gênero pode ser feita pelas morfologias microscópicas e macroscópicas (ramificação, bacilos fracamente álcool-ácido resistentes formando colônias com hifas aéreas)
- A identificação em nível de espécie requer análise genômica para a maioria dos isolados ou espectrometria de massa

Tratamento, prevenção e controle

- As infecções são tratadas com antibacterianos e cuidados adequados para as feridas
- Sulfametoxazol-trimetoprima (TMP-SMX) usado como terapia empírica inicial para infecções cutâneas em pacientes imunocompetentes; terapia para infecções graves e infecções cutâneas em pacientes imunocomprometidos deve incluir TMP-SMX mais amicacina para infecções pulmonares ou cutâneas e TMP-SMX mais imipeném ou uma cefalosporina para infecções do sistema nervoso central; tratamento prolongado (até 12 meses) é recomendado
- A exposição não pode ser evitada porque as nocardias são onipresentes

---

Os gêneros discutidos neste capítulo são bacilos (bastonetes) gram-positivos aeróbios, não móveis e não formadores de esporos, álcool-ácido resistentes (*i. e.*, resistem à descoloração com soluções de ácido fraco a forte) devido à presença de cadeias médias a longas de ácidos micólicos em seu envoltório celular. Essa propriedade de coloração é importante porque apenas cinco gêneros de bactérias álcool-ácido resistentes têm importância médica (Tabela 22.1). Todos os organismos álcool-ácido resistentes são bactérias de crescimento relativamente lento, exigindo incubação de 2 a 7 dias (*Nocardia*, *Rhodococcus*, *Gordonia* e *Tsukamurella*) até 1 mês ou mais (espécies de *Mycobacterium*). Atualmente, mais de 450 espécies e subespécies de bactérias álcool-ácido resistentes foram descritas; no entanto, o número comumente associado a doenças humanas é relativamente limitado (Tabela 22.2). O espectro das infecções associadas aos gêneros álcool-ácido resistentes é extenso e inclui colonização insignificante, infecções cutâneas, doenças pulmonares, infecções sistêmicas e oportunísticas. As espécies de *Mycobacterium* e de *Nocardia* serão enfatizadas nesse capítulo porque são as bactérias álcool-ácido resistentes mais comuns causadoras de doenças humanas.

Fisiologia e estrutura das micobactérias

As bactérias são incluídas no gênero *Mycobacterium* com base na (1) álcool-ácido resistência, (2) na presença de **ácidos micólicos** no envoltório celular contendo 70 a 90 carbonos e (3) em um conteúdo elevado (61 a 71% mol) de guanina mais citosina (G + C) em seu ácido desoxirribonucleico

Tabela 22.1 Bactérias álcool-ácido resistentes importantes.

Microrganismo	Derivação histórica
Mycobacterium	*myces*, um fungo; *bakterion*, um pequeno bastão (bastonete semelhante ao fungo)
M. abscessus	*abscessus*, de abscessos (causa a formação de abscessos)
M. avium	*avis*, de pássaros ou aves (causa doenças semelhantes à tuberculose em pássaros ou aves)
M. chelonae	*chelonae*, tartaruga (fonte primária)
M. fortuitum	*fortuitum*, casual, acidental (refere-se ao fato de que esse é um patógeno oportunista)
M. haemophilum	*haema*, sangue; *philos*, amoroso (amor ao sangue; refere-se à necessidade de sangue ou hemina para crescimento *in vitro*)
M. intracellulare	*intra*, dentro; *cella*, pequena sala (dentro das células; refere-se à localização intracelular desta e de todas as micobactérias)
M. kansasii	*kansasii*, de Kansas (onde o organismo foi originalmente isolado)
M. leprae	*hanseníase*, de leproso (a causa da hanseníase)
M. marinum	*marinum*, do mar (bactéria associada à água doce e salgada contaminada)
M. tuberculosis	*tuberculum*, um pequeno inchaço ou tubérculo; *osis* (caracterizado por tubérculos; refere-se à formação de tubérculos nos pulmões de pacientes infectados)
Nocardia	Recebeu o nome do veterinário francês Edmond Nocard
Rhodococcus	*rhodo*, de cor rosa ou vermelha; *coccus*, grão (coco de coloração avermelhada)
Gordonia	Nomeado em homenagem à microbiologista americana Ruth Gordon
Tsukamurella	Em homenagem ao microbiologista japonês Michio Tsukamura, que descreveu pela primeira vez o isolado original desse gênero

Tabela 22.2 Classificação de bactérias álcool-ácido resistentes selecionadas patogênicas para humanos.

Organismo	Patogenicidade	Frequência nos EUA
COMPLEXO *MYCOBACTERIUM TUBERCULOSIS*		
M. tuberculosis	Estritamente patogênico	Comum
M. leprae	Estritamente patogênico	Incomum
M. africanum	Estritamente patogênico	Raro
M. bovis	Estritamente patogênico	Raro
M. bovis BCG (cepa de bacilo Calmette-Guérin)	Algumas vezes patogênico	Raro
MICOBACTÉRIAS NÃO TUBERCULOSAS DE CRESCIMENTO LENTO		
Complexo M. avium	Geralmente patogênico	Comum
M. kansasii	Geralmente patogênico	Comum
M. marinum	Geralmente patogênico	Incomum
M. simiae	Geralmente patogênico	Incomum
M. szulgai	Geralmente patogênico	Incomum
M. genavense	Geralmente patogênico	Incomum
M. haemophilum	Geralmente patogênico	Incomum
M. malmoense	Geralmente patogênico	Incomum
M. ulcerans	Geralmente patogênico	Incomum
M. scrofulaceum	Algumas vezes patogênico	Incomum
M. xenopi	Algumas vezes patogênico	Incomum
MICOBACTÉRIAS NÃO TUBERCULOSAS DE CRESCIMENTO RÁPIDO		
M. abscessus	Algumas vezes patogênico	Comum
M. chelonae	Algumas vezes patogênico	Comum
M. fortuitum	Algumas vezes patogênico	Comum
M. mucogenicum	Algumas vezes patogênico	Comum
NOCARDIA		
N. cyriacigeorgica	Geralmente patogênico	Comum
N. farcinica	Geralmente patogênico	Comum
N. abscessus	Geralmente patogênico	Incomum
N. beijingensis	Geralmente patogênico	Incomum
N. brasiliensis	Geralmente patogênico	Incomum
N. nova	Geralmente patogênico	Incomum
N. otitidiscaviarum	Geralmente patogênico	Incomum
Nocardia spp.	Algumas vezes patogênico	Raro
Rhodococcus equi	Geralmente patogênico	Comum
Gordonia spp.	Algumas vezes patogênico	Raro
Tsukamurella spp.	Algumas vezes patogênico	Raro

(DNA). As micobactérias apresentam um complexo **envoltório celular rico em lipídios**, que é responsável por muitas propriedades características das bactérias (p. ex., álcool-ácido resistência; crescimento lento; resistência a detergentes, agentes antibacterianos comuns e à resposta imune do hospedeiro; antigenicidade). As proteínas associadas ao envoltório celular são antígenos biologicamente importantes, que estimulam a resposta imune celular do paciente. As preparações extraídas e parcialmente purificadas dessas proteínas (**derivados de proteína purificada [PPDs]**) são utilizadas como reagentes do teste cutâneo para o diagnóstico específico, que mensura a exposição a *Mycobacterium tuberculosis*.

As propriedades de crescimento e morfologia das colônias são utilizadas para a classificação preliminar de micobactérias. *Mycobacterium tuberculosis* e espécies intimamente relacionadas no complexo *M. tuberculosis* são bactérias de crescimento lento. As colônias dessas micobactérias são não pigmentadas ou de cor castanho-claro (Figura 22.1). As outras micobactérias, referidas como *micobactérias não tuberculoides* (NTM, do inglês *nontuberculous mycobacteria*), foram classificadas originalmente por Runyon de acordo com sua taxa de crescimento (ver Tabela 22.2) e pigmentação. As micobactérias pigmentadas produzem intensamente **carotenoides amarelos**, que podem ser estimulados pela exposição à luz (organismos fotocromogênicos; Figura 22.2) ou são produzidos na ausência de luz (organismos escotocromogênicos). O esquema de **classificação de Runyon** de NTM consiste em quatro grupos: fotocromógenos de crescimento lento (p. ex., *M. kansasii*, *M. marinum*), escotocromógenos de crescimento lento (p. ex., *M. gordonae*, que é um não patógeno comumente isolado), micobactérias não pigmentadas de crescimento lento (p. ex., *M. avium*, *M. intracellulare*) e micobactérias de crescimento rápido (p. ex., *M. fortuitum*, *M. chelonae*, *M. abscessus*,

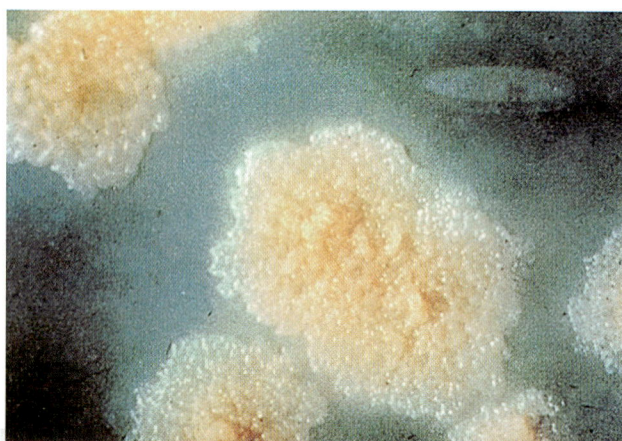

Figura 22.1 Colônias de *Mycobacterium tuberculosis* em ágar Löwenstein-Jensen após 8 semanas de incubação. (De Baron, E.J., Peterson, L.R., Finegold, S.M., 1994. Bailey and Scott's Diagnostic Microbiology, ninth ed. St Louis, MO: Mosby.)

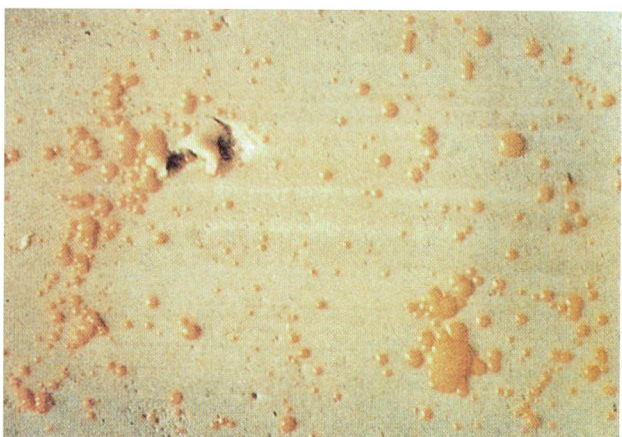

Figura 22.2 Colônias de *Mycobacterium kansasii* em ágar Middlebrook; o pigmento amarelo se desenvolve após breve exposição à luz.

M. mucogenicum). Os métodos atualmente utilizados para a detecção e identificação rápida de micobactérias tornaram esse esquema menos importante. No entanto, *Mycobacterium* pigmentado ou de crescimento rápido nunca deve ser confundido com *M. tuberculosis*.

Mycobacterium tuberculosis

PATOGÊNESE E IMUNIDADE

Mycobacterium tuberculosis é um patógeno intracelular capaz de estabelecer infecções que duram a vida toda. A manutenção da infecção persistente sem progressão para doença envolve um equilíbrio delicado entre o crescimento da bactéria e a regulação imunológica. No momento da exposição, *M. tuberculosis* entra nas vias respiratórias e partículas infecciosas penetram nos alvéolos, onde são fagocitadas pelos macrófagos alveolares. Em contraste com a maioria das bactérias fagocitadas, *M. tuberculosis* **evita a fusão do fagossomo com os lisossomos** (ao bloquear a molécula ponte específica, autoantígeno endossômico 1 precoce [EEA1]). Ao mesmo tempo, o fagossomo é capaz de se fundir com outras vesículas intracelulares, permitindo o acesso a nutrientes e facilitando a replicação intracelular. As bactérias fagocitadas também são capazes de evitar a morte de macrófagos mediada por intermediários reativos de nitrogênio formados entre o óxido nítrico e os ânions superóxido pelo catabolismo catalítico dos oxidantes que são formados. Portanto, nesse estado, as bactérias são capazes de escapar do sistema imunológico e se replicar. No entanto, em resposta à infecção por *M. tuberculosis*, os macrófagos secretam **interleucina (IL)-12** e **fator de necrose tumoral (TNF)-α**. Essas citocinas aumentam a inflamação localizada com o recrutamento de células T e células *natural killer* (NK) na área dos macrófagos infectados, induzindo a diferenciação de células T em células **TH1** (**células T *helper*, auxiliares**), com subsequente secreção de **interferona (IFN)-γ**. Na presença de IFN-γ, os macrófagos infectados são ativados, levando ao aumento da fusão fagossomo-lisossomo e morte intracelular. Além disso, o TNF-α estimula a produção de óxido nítrico e de intermediários reativos de nitrogênio relacionados, levando ao aumento da morte intracelular. Pacientes com produção diminuída de IFN-γ ou TNF-α, ou que apresentam defeitos nos receptores dessas citocinas, apresentam risco aumentado de infecções micobacterianas progressivas graves.

A eficácia da eliminação bacteriana está em parte relacionada com o tamanho do foco de infecção. Macrófagos alveolares, células epitelioides e **células gigantes de Langhans** (células epitelioides fundidas) com micobactérias intracelulares formam o núcleo central de uma massa necrótica que é circundada por uma parede densa de macrófagos e células T CD4, CD8 e NK. Essa estrutura, o **granuloma**, impede a propagação das bactérias. Se uma pequena carga antigênica estiver presente quando os macrófagos forem estimulados, o granuloma será pequeno e as bactérias serão destruídas com dano mínimo ao tecido. No entanto, se muitas bactérias estiverem presentes, então os grandes granulomas necróticos ou caseosos tornam-se encapsulados com fibrina que efetivamente protege as bactérias da morte de macrófagos. As bactérias podem permanecer dormentes nessa fase ou podem ser reativadas anos mais tarde, quando a capacidade de resposta imunológica do paciente diminui como resultado de idade avançada ou doença ou terapia imunossupressora. Esse processo é a razão pela qual a doença pode não se desenvolver até o final da vida em pacientes expostos a *M. tuberculosis*.

EPIDEMIOLOGIA

Embora a tuberculose possa se estabelecer em primatas e animais de laboratório, como cobaias, **os seres humanos representam o único reservatório natural**. A doença é transmitida pelo contato próximo de pessoa para pessoa, por meio da inalação de aerossóis infecciosos. Partículas grandes são capturadas nas superfícies da mucosa e removidas pela ação ciliar da árvore respiratória. No entanto, pequenas partículas contendo de um a três bacilos de *M. tuberculosis* podem atingir os espaços alveolares e estabelecer infecção.

A Organização Mundial da Saúde (OMS) estimou que um quarto da população mundial está infectado com *M. tuberculosis* e 460 mil desenvolveram a doença com cepas multirresistentes aos antibacterianos. Em 2016, foram 10,4 milhões de novos casos de tuberculose e 1,6 milhão de óbitos. Apesar do esforço conjunto para eliminar a tuberculose, essa é a principal causa infecciosa de morte no mundo. As regiões com maior incidência da doença são Índia, Paquistão, África Subsaariana, África do Sul, Europa Oriental e China. Nos EUA, a incidência de tuberculose tem diminuído constantemente desde 1992 (Figura 22.3). Um total de 9.272 casos foi notificado em 2016 (2,9 casos por 100 mil indivíduos), com quase 70% das infecções em pessoas nascidas no exterior. Outras populações com risco aumentado para a doença causada por *M. tuberculosis* são as pessoas em situação de rua, usuários de drogas e álcool, prisioneiros e pessoas infectadas com o vírus da imunodeficiência humana (HIV). Como é difícil erradicar a doença nesses pacientes, a disseminação da infecção para outras populações, incluindo profissionais de saúde, representa um problema significativo de saúde pública, sobretudo os casos de *M. tuberculosis* resistente a medicamentos, uma vez que os pacientes que recebem o tratamento inadequado podem permanecer infecciosos por muito tempo.

DOENÇAS CLÍNICAS

Embora a tuberculose possa envolver qualquer órgão, a maioria das infecções em pacientes imunocompetentes é restrita aos pulmões. O foco pulmonar inicial corresponde aos campos pulmonares médios ou inferiores, nos quais os bacilos da tuberculose podem se multiplicar livremente. A imunidade celular do paciente é ativada e a replicação micobacteriana cessa na maioria dos pacientes dentro de 3 a 6 semanas após a exposição ao organismo. Aproximadamente 5% dos pacientes expostos a *M. tuberculosis* evoluem para a doença ativa em 2 anos e outros 5% apresentam a doença em algum momento da vida.

A probabilidade de que a infecção progrida para doença ativa é uma função tanto da dose infecciosa quanto da competência imunológica do paciente. Por exemplo, a doença ativa se desenvolve dentro de 1 ano de exposição em aproximadamente 10% dos pacientes que estão infectados com HIV e têm uma contagem baixa de células T CD4, geralmente com manifestação antes do início de outras infecções oportunísticas. Há uma probabilidade duas vezes maior de se espalhar para locais extrapulmonares e pode progredir rapidamente para a morte (Caso Clínico 22.1). Na verdade, a tuberculose é a principal causa de morte em pacientes infectados pelo HIV. Como esses pacientes têm imunidade comprometida, eles comumente apresentam doença subclínica, assintomática e radiografia de tórax negativa, apesar da disseminação generalizada das bactérias.

Os sinais e sintomas clínicos da tuberculose refletem o local da infecção, com doença primária geralmente restrita ao trato respiratório inferior. A doença é insidiosa no início. Os pacientes, em geral, apresentam queixas inespecíficas de

---

Caso Clínico 22.1 *Mycobacterium tuberculosis* **resistente a medicamentos**

O risco de tuberculose ativa aumenta significativamente em indivíduos infectados pelo HIV. Infelizmente, esse problema é complicado pelo desenvolvimento de cepas de *M. tuberculosis* resistentes aos antimicrobianos nessa população. Tal fato foi ilustrado pelo relato de Gandhi et al. (*Lancet* 368:1575–1580, 2006) que estudou a prevalência da tuberculose na África do Sul de janeiro de 2005 a março de 2006. Eles identificaram 475 pacientes com tuberculose confirmada por cultura, dos quais 39% tinham MDR-TB e 6% tinham XDR-TB. Todos os pacientes com XDR-TB apresentaram coinfecção com HIV e 98% desses pacientes morreram. A alta prevalência de MDR-TB e a evolução da XDR-TB representam um sério desafio para os programas de tratamento da tuberculose e enfatizam a necessidade de testes diagnósticos rápidos.

HIV, vírus da imunodeficiência humana; *MDR-TB*, tuberculose multirresistente a medicamentos; *XDR-TB*, tuberculose extremamente resistente a medicamentos.

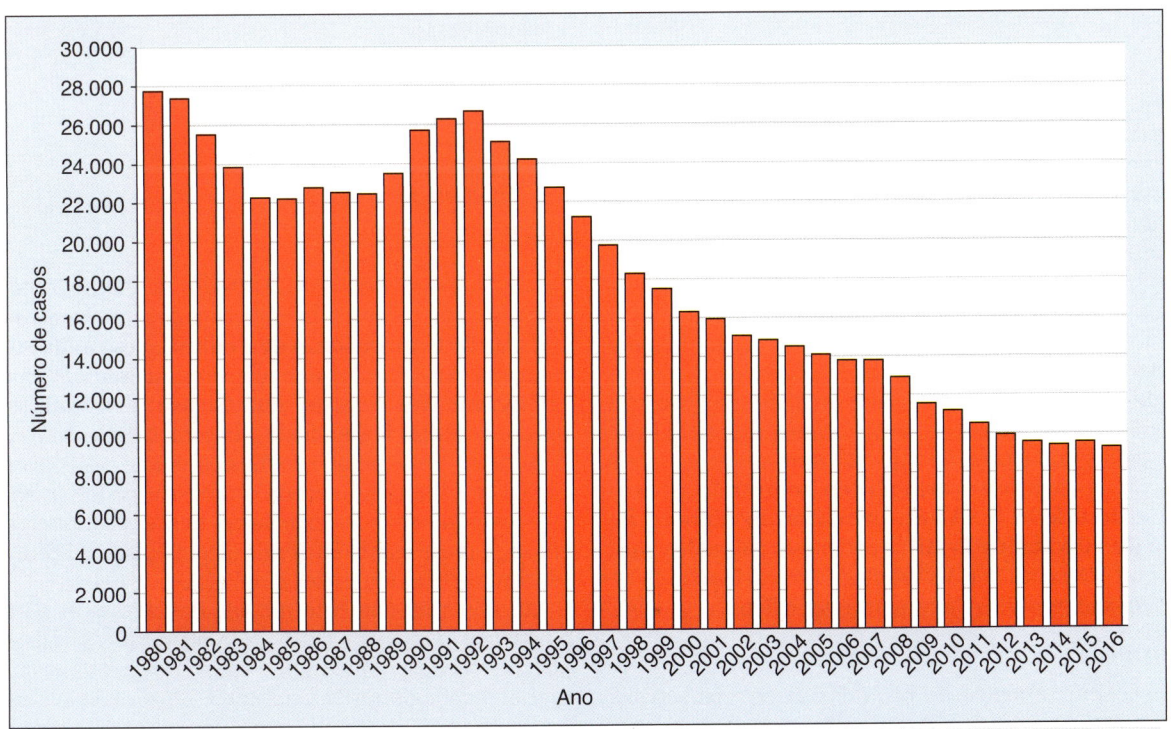

Figura 22.3 Incidência de infecções por *Mycobacterium tuberculosis* nos EUA de 1980 a 2016.

mal-estar, perda de peso, tosse e sudorese noturna. A expectoração pode ser escassa ou com sangue e purulenta. A produção de expectoração ou escarro com estrias de sangue (hemoptise) está associada à destruição do tecido (p. ex., **doença cavitária**). O diagnóstico clínico é apoiado por (1) evidências radiográficas de doença pulmonar (Figura 22.4); (2) reatividade do teste cutâneo positivo; e (3) a detecção laboratorial de micobactérias, seja por microscopia ou em culturas. Um ou ambos os lobos superiores dos pulmões estão geralmente envolvidos em pacientes com doença ativa, que inclui tanto pneumonite ou formação de abscesso e cavitação.

A tuberculose extrapulmonar pode ocorrer como resultado da disseminação hematogênica dos bacilos durante a fase inicial de multiplicação. Pode não haver evidência de doença pulmonar em pacientes com **tuberculose disseminada**.

DIAGNÓSTICO LABORATORIAL

Imunodiagnóstico

O teste tradicional para avaliar a resposta do paciente à exposição a *M. tuberculosis* é o **teste cutâneo da tuberculina** (Boxe 22.1). A reatividade a uma injeção intradérmica de antígenos micobacterianos (PPD) pode diferenciar indivíduos infectados e não infectados, com uma reação positiva geralmente se desenvolvendo 3 a 4 semanas após exposição a *M. tuberculosis*. A única evidência de infecção por micobactérias na maioria dos pacientes é uma reação de teste cutâneo positiva duradoura e evidência radiográfica de calcificação de granulomas nos pulmões ou outros órgãos. Nesse teste, uma quantidade específica do antígeno (cinco unidades de tuberculina de PPD) é inoculada na camada intradérmica da pele do paciente. A reatividade ao teste cutâneo (definida pelo diâmetro da área de endurecimento) é mensurada 48 horas depois. Os pacientes infectados com *M. tuberculosis* podem não apresentar resposta ao teste cutâneo da tuberculina se forem anérgicos (não reativos aos antígenos; principalmente em pacientes infectados pelo HIV); portanto, antígenos controles sempre devem ser usados com testes tuberculínicos. Além disso, indivíduos de países em que a vacinação com *M. bovis* atenuado (**bacilo Calmette-Guérin [BCG]**) é ampla terão uma reação de teste cutâneo positiva, portanto, esse teste não é útil.

Os **ensaios de liberação de IFN-γ *in vitro*** são uma alternativa ao teste cutâneo PPD. Os testes usam imunoensaios para medir IFN-γ produzido por células T sensibilizadas e estimuladas por antígenos de *M. tuberculosis*. Se um indivíduo foi previamente infectado com *M. tuberculosis*, a exposição de células T sensibilizadas presentes no sangue total com antígenos específicos de *M. tuberculosis* resulta na produção de IFN-γ. Os ensaios iniciais que usavam PPD como o antígeno estimulante foram substituídos por ensaios de segunda geração que utilizam antígenos mais específicos (ou seja, **alvo antigênico secretado precocemente de 6 kDa [ESAT-6], proteína do filtrado de cultura de 10 kDa [CFP-10]**) e podem ser utilizados para discriminar infecções por *M. tuberculosis* e vacinação BCG. Esses testes são sensíveis e altamente específicos.

Microscopia

A detecção microscópica de bactérias álcool-ácido resistentes em amostras clínicas é a maneira mais rápida para confirmar a doença micobacteriana. A amostra clínica é

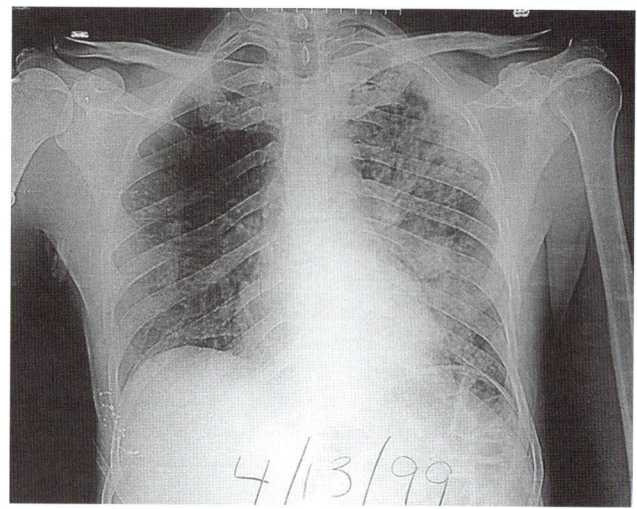

Figura 22.4 Tuberculose pulmonar.

Boxe 22.1 Diagnóstico laboratorial de doenças micobacterianas.

Imunodiagnóstico

Teste cutâneo da tuberculina
Ensaios de liberação de interferona-γ

Microscopia

Coloração de Ziehl-Neelsen (álcool-ácido resistência aquecida)
Coloração de Kinyoun (álcool-ácido resistência a frio)
Coloração de álcool-ácido resistência com fluorocromo de Truant

Testes baseados em ácidos nucleicos

Testes de amplificação de ácidos nucleicos

Cultura

Meios à base de ágar ou à base de ovo
Meio em caldo

Identificação

Propriedades morfológicas
Reações bioquímicas
Análise de lipídios do envoltório celular
Sondas de ácidos nucleicos
Sequenciamento de ácidos nucleicos
Espectrometria de massa

---

corada com carbolfucsina (métodos de **Ziehl-Neelsen** ou **Kinyoun**) ou corantes fluorescentes de auramina-rodamina (método do **fluorocromo de Truant**), descorada com uma solução ácido-álcool e, a seguir, contracorada. As amostras são examinadas com um microscópio de luz ou, se forem usados corantes fluorescentes, um microscópio fluorescente (Figura 22.5). O método do fluorocromo é a técnica microscópica mais sensível porque a amostra pode ser analisada rapidamente em baixa ampliação nas áreas fluorescentes e, então, a presença de bactérias álcool-ácido resistentes pode ser confirmada com maior ampliação.

Em aproximadamente metade das amostras de cultura positiva as bactérias álcool-ácido resistentes são detectadas por microscopia, embora isso varie enormemente com base na habilidade do microscopista. A sensibilidade desse teste é alta para (1) amostras respiratórias (particularmente de pacientes com evidências radiológicas de cavitação) e (2)

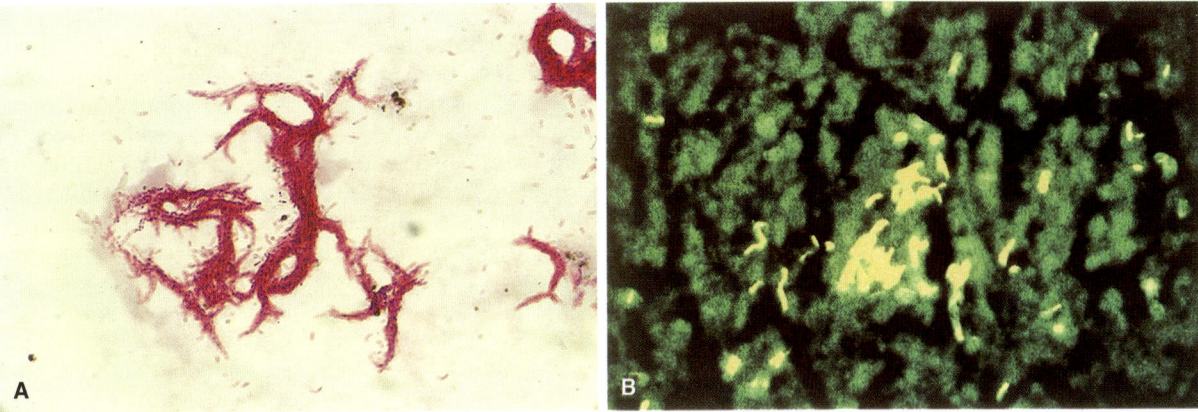

Figura 22.5 Colorações de álcool-ácido resistência de *Mycobacterium tuberculosis*. **A.** Corado com carbolfucsina usando o método *Kinyoun*. **B.** Corado com os corantes fluorescentes auramina e rodamina usando o método do fluorocromo de Truant.

amostras para as quais muitas micobactérias são isoladas em cultura; assim, uma reação de coloração de álcool-ácido resistência positiva corresponde a uma maior infectividade. A especificidade do teste, quando realizado com cuidado, é superior a 95%. Apesar do excelente desempenho analítico da microscopia de álcool-ácido resistência, o teste é desafiador para sua realização e interpretação em muitos países com recursos limitados nos quais a tuberculose é generalizada.

Testes baseados em ácidos nucleicos

Testes comerciais de amplificação de ácidos nucleicos (particularmente os métodos de reação em cadeia da polimerase [PCR]) ganharam ampla aceitação como testes diagnósticos de escolha para tuberculose. Apesar do alto custo, organizações não governamentais subsidiam fortemente esses testes para levar diagnósticos altamente sensíveis e rápidos aos países mais necessitados, nos quais a microscopia é imprecisa e a cultura é impraticável. A detecção de resistência à rifampicina e/ou isoniazida é incorporada em alguns testes, de modo que fornecem detecção rápida de *M. tuberculosis* e orientam a terapia antimicrobiana.

Há um esforço significativo para estender o diagnóstico baseado em ácidos nucleicos para o sequenciamento do genoma completo com o objetivo de detecção rápida de *M. tuberculosis* em amostras clínicas e abrangente de genes de resistência antimicrobiana. O objetivo desse trabalho é substituir a necessidade de crescimento de *M. tuberculosis* em cultura para a realização de testes de sensibilidade aos antibacterianos. Atualmente, essa abordagem é usada para evitar o tratamento com fármacos em que a resistência é detectada e para selecionar um tratamento de primeira linha para o qual nenhum gene de resistência foi encontrado.

Deve-se reconhecer que a doença micobacteriana causada por NTM (micobactérias não tuberculoides) não será detectada com esses ensaios, portanto, testes complementares devem ser usados em países nos quais as infecções por NTM são comuns (p. ex., EUA, Europa Ocidental).

Cultura

As micobactérias causadoras de doença pulmonar, particularmente em pacientes com evidência de cavitação, são abundantes nas secreções respiratórias (p. ex., 10^8 bacilos por mililitro ou mais). A recuperação dos organismos é praticamente garantida em pacientes nos quais amostras respiratórias matinais são coletadas por 3 dias consecutivos; no entanto, é mais difícil isolar *M. tuberculosis* de outros locais em pacientes com doença disseminada (p. ex., sistema geniturinário, tecidos, líquido cefalorraquidiano). Nesses casos, amostras adicionais devem ser coletadas para culturas e um grande volume de fluido ou tecido deve ser processado.

O crescimento *in vitro* de micobactérias é complicado pelo fato de que a maioria dos isolados cresce lentamente e pode ser ofuscado pelas bactérias de crescimento rápido que normalmente colonizam humanos; desse modo, amostras como escarro são inicialmente tratadas com um **reagente descontaminante** (p. ex., hidróxido de sódio a 2%) para eliminar organismos que poderiam confundir os resultados. As micobactérias podem tolerar um breve tratamento alcalino que mata as bactérias de crescimento rápido e permite o isolamento seletivo de micobactérias. A descontaminação prolongada na amostra elimina as micobactérias, portanto, o procedimento não é realizado quando amostras normalmente estéreis estão sendo testadas ou quando poucas micobactérias são esperadas.

Amostras inoculadas em meios à base de ovos (p. ex., **Löwenstein-Jensen**) e à base de ágar (p. ex., **Middlebrook**) geralmente levam 4 semanas ou mais para que *M. tuberculosis* seja detectado. No entanto, esse tempo foi reduzido para aproximadamente 2 semanas com o uso de **culturas em caldo** especialmente formuladas que suportam o rápido crescimento da maioria das micobactérias. A capacidade de *M. tuberculosis* de crescer rapidamente nas culturas em caldo também tem sido usada para a realização de testes rápidos de suscetibilidade.

Identificação

Propriedades de crescimento e morfologia das colônias podem ser usadas para a identificação preliminar das espécies mais comuns de micobactérias. A identificação definitiva de micobactérias pode ser feita por meio de uma variedade de técnicas. Os testes bioquímicos eram o método padrão para identificar micobactérias; no entanto, os resultados não estão disponíveis por pelo menos 3 semanas ou mais e muitas espécies não podem ser diferenciadas por essa abordagem. Sondas moleculares espécie-específicas, amplificação de genes alvos espécie-específicos (p. ex., gene *16S rRNA*, gene *SecA*) e espectrometria de massa são usados atualmente para a identificação de micobactérias. É provável que a espectrometria de massa se torne o teste de identificação de escolha devido ao rápido tempo para os resultados (< 1 hora), baixo custo e capacidade de identificar praticamente todas as espécies de organismos álcool-ácido resistentes.

TRATAMENTO, PREVENÇÃO E CONTROLE

Tratamento

O tratamento de infecções por *M. tuberculosis*, ao contrário do realizado para a maioria das outras infecções bacterianas, é complexo. Micobactérias de crescimento lento são resistentes à maioria dos antibacterianos utilizados para tratar outras infecções bacterianas e, em geral, os pacientes devem tomar vários antibacterianos por um período prolongado (p. ex., mínimo de 6 a 9 meses) ou então cepas resistentes aos antibacterianos se desenvolverão. Em 1990, os primeiros surtos de **M. tuberculosis multirresistente a medicamentos (MDR-TB;** resistente pelo menos à isoniazida e rifampicina) foram observados em pacientes com síndrome da imunodeficiência adquirida (AIDS) e em pessoas em situação de rua nas cidades de Nova York e Miami. Embora, nos EUA, tenha havido uma redução nas infecções por essas cepas resistentes, sua prevalência está aumentando drasticamente em países com recursos limitados. Além disso, as cepas de *M. tuberculosis* altamente resistentes, denominadas **TB extremamente resistente a medicamentos (XDR)**, surgiram na maioria das regiões do mundo. Essas cepas, definidas como XDR-TB, que são resistentes às fluoroquinolonas e pelo menos a um dos medicamentos de segunda linha (p. ex., canamicina, amicacina, capreomicina), são potencialmente não tratáveis.

Os vários regimes de tratamento que foram desenvolvidos para tuberculose suscetível e resistente a medicamentos são muito complexos para serem revisados aqui de modo abrangente (consulte as citações das referências, o site do Centro de Controle e Prevenção de Doenças [CDC] www.cdc.gov/tb/ e o *site* da OMS https://www.who.int/tb/publications/2018/rapid_communications_MDR/en/). A maioria dos regimes de tratamento começa com 2 meses de isoniazida (isonicotinil hidrazina [INH]), etambutol, pirazinamida e rifampicina, seguidos por 4 a 6 meses de INH e rifampicina ou medicamentos alternativos combinados. As modificações nesse esquema de tratamento são ditadas pela suscetibilidade do isolado ao medicamento e pela população de pacientes.

Quimioprofilaxia

A American Thoracic Society e o CDC examinaram diversos regimes profiláticos para uso em pacientes (HIV positivos e HIV negativos) expostos a *M. tuberculosis*. Os regimes que foram recomendados incluem INH, uso diário ou 2 vezes/semana por 6 a 9 meses, ou rifampicina, uso diário por 4 meses. Pacientes que foram expostos a *M. tuberculosis* resistente a medicamentos devem receber profilaxia com pirazinamida e etambutol ou levofloxacino por 6 a 12 meses.

Imunoprofilaxia

A vacinação com *M. bovis* atenuado **(BCG)** é comumente utilizada em países em que a tuberculose é endêmica e responsável por morbidade e mortalidade significativas. Essa prática pode levar a uma redução significativa na incidência de tuberculose se a BCG for administrada em pessoas jovens (é menos eficaz em adultos). Infelizmente, a imunização com BCG não pode ser usada em pacientes imunocomprometidos (p. ex., aqueles com infecção pelo HIV); portanto, é improvável que seja útil em países com alta prevalência de infecções pelo HIV (p. ex., África) ou para controlar a propagação da tuberculose resistente a medicamentos. Um problema adicional da imunização com a BCG é que a reatividade do teste cutâneo positivo se desenvolve em todos os pacientes e pode persistir por um tempo prolongado. A reatividade do teste cutâneo é geralmente baixa, logo um teste cutâneo fortemente reativo (p. ex., > 20 mm de endurecimento) geralmente representa uma exposição recente a *M. tuberculosis*. Os ensaios de liberação de IFN-γ de segunda geração não são afetados pela imunização com BCG, podendo ser utilizados para a triagem dessa população. A imunização com BCG não é amplamente utilizada nos EUA ou em outros países nos quais a incidência de tuberculose é baixa.

Controle

Como um quarto da população mundial está infectada por *M. tuberculosis*, a eliminação desta doença é altamente improvável. A doença pode ser controlada, no entanto, com uma combinação de vigilância ativa, intervenção profilática e terapêutica e monitoramento cuidadoso do caso.

Outras micobactérias de crescimento lento

A **hanseníase** (também denominada **doença de Hansen**) é causada por ***Mycobacterium leprae***. A doença foi descrita pela primeira vez em 600 a.C. e foi reconhecida nas antigas civilizações da China, Egito e Índia. A **prevalência global da hanseníase** caiu drasticamente com o uso disseminado de terapia eficaz. Mais de 5 milhões de casos foram documentados em 1985 e 200 mil em 2016. Atualmente, o maior número de novos casos ocorre na Índia, Brasil e Indonésia. Nos EUA, a hanseníase é incomum, com 178 novos casos relatados em 2015, principalmente em imigrantes de países endêmicos. Curiosamente, a hanseníase é endêmica em **tatus** encontrados no Texas e na Louisiana, produzindo uma doença semelhante à forma lepromatosa altamente infecciosa da hanseníase em humanos. Portanto, esses tatus representam um potencial foco endêmico nesse país. A hanseníase é transmitida por contato pessoa a pessoa; no entanto, não é considerada altamente contagiosa. É necessário contato prolongado com uma pessoa infectada não tratada. Embora a via de infecção mais importante seja desconhecida, acredita-se que *M. leprae* se espalhe pela inalação de aerossóis infecciosos ou pelo contato da pele com secreções respiratórias e exsudatos de feridas. Como as bactérias se multiplicam muito lentamente, o período de incubação é prolongado, com os sintomas se desenvolvendo até 20 anos após a infecção. A apresentação clínica da hanseníase varia da forma tuberculoide à virchowiana ou lepromatosa (Tabela 22.3). Pacientes com **hanseníase tuberculoide** (também denominada **hanseníase paucibacilar**) apresentam forte reação imunocelular às bactérias, com a indução da produção de citocinas que mediam a ativação de macrófagos, fagocitose e eliminação de bacilos. A forma tuberculoide (Figura 22.6) é caracterizada por máculas cutâneas hipopigmentadas e diagnosticada por testes cutâneos reativos ao antígeno micobacteriano (lepromina); colorações de bacilos álcool-ácido resistentes

Tabela 22.3 Manifestações clínicas e imunológicas da hanseníase.

Características	Hanseníase tuberculoide	Hanseníase lepromatosa
Lesões de pele	Poucas placas eritematosas ou hipopigmentadas com centros achatados e bordas elevadas e demarcadas; dano ao nervo periférico com perda sensorial completa; aumento visível dos nervos	Muitas máculas, pápulas ou nódulos eritematosos; extensa destruição tecidual (p. ex., cartilagem nasal, ossos, orelhas); envolvimento de nervo difuso com perda sensorial irregular; ausência de aumento do nervo
Histopatologia	Infiltração linfocitária ao redor do centro de células epiteliais; presença de células de Langhans; pouco ou nenhum bacilo álcool-ácido resistente observado	Macrófagos predominantemente "espumosos" com poucos linfócitos; ausência de células de Langhans; numerosos bacilos álcool-ácido resistentes em lesões cutâneas e órgãos internos
Infectividade	Baixa	Alta
Resposta imune	Reação de hipersensibilidade tardia à lepromina	Ausência de reatividade à lepromina
Níveis de imunoglobulina	Normal	Hipergamaglobulinemia
Eritema nodoso	Ausente	Geralmente presente

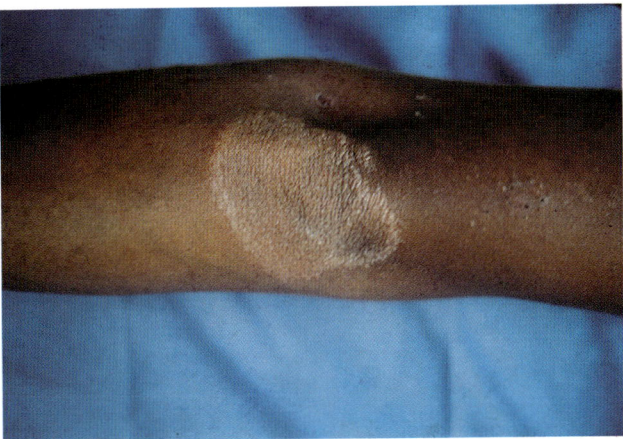

Figura 22.6 Hanseníase tuberculoide. As lesões tuberculoides iniciais são caracterizadas por máculas anestésicas com hipopigmentação. (De Cohen, J., Powderly, W.G., Opal, S.M., 2010. Infectious Diseases, third ed. Philadelphia, PA: Mosby.)

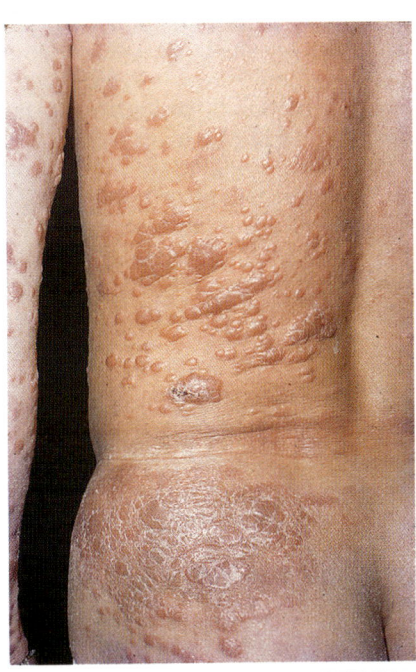

Figura 22.7 Hanseníase virchowiana ou lepromatosa. Infiltração difusa da pele por múltiplos nódulos de tamanhos variados, cada um com muitas bactérias. (De Cohen, J., Powderly, W.G., Opal, S.M., 2010. Infectious Diseases, third ed. Philadelphia, PA: Mosby.)

são geralmente negativas. *Mycobacterium leprae* pode não crescer em culturas livres de células. Pacientes com **hanseníase virchowiana ou lepromatosa (hanseníase multibacilar)** têm uma forte resposta de anticorpos, mas um defeito específico na resposta celular aos antígenos de *M. leprae*. Portanto, uma abundância de bactérias é tipicamente observada nos macrófagos dérmicos e nas células de Schwann dos nervos periféricos. Como seria de se esperar, essa é a forma mais infecciosa da hanseníase. A forma lepromatosa (Figura 22.7) está associada a lesões cutâneas desfigurantes, nódulos, placas, derme espessada e envolvimento da mucosa nasal.

Na última década, o tratamento da hanseníase reduziu com sucesso a incidência geral da doença. Os regimes de tratamento promovidos pela OMS (https://WHO.int/lep) diferenciam os pacientes com a forma tuberculoide (paucibacilar) daqueles com a forma lepromatosa (multibacilar). A forma paucibacilar deve ser tratada com rifampicina e dapsona por no mínimo 6 meses, enquanto a forma multibacilar deve ter clofazimina adicionada ao esquema e o tratamento deve ser estendido para 12 meses. Deve-se notar que muitos pesquisadores acreditam que uma terapia muito mais longa é necessária para o manejo ideal dos pacientes. O tratamento com um único medicamento não deve ser indicado para nenhuma das formas.

Os membros do complexo *Mycobacterium avium* (MAC) estão entre as espécies álcool-ácido resistentes patogênicas mais comuns, particularmente em pacientes imunocomprometidos. A taxonomia dessas micobactérias está em um estado de fluxo com uma série de subespécies identificadas. Embora algumas subespécies não causem doenças humanas, os representantes das duas espécies mais comuns de MAC, *M. avium* e *M. intracellulare*, são patógenos humanos.

Ambas as espécies do MAC produzem doença em pacientes imunocompetentes. A doença pulmonar em pacientes imunocompetentes se apresenta em uma das três formas. Mais comumente, a doença é observada em homens de meia-idade, ou mais velhos, com história de tabagismo e **doença pulmonar de base**. Esses pacientes geralmente têm uma doença cavitária de evolução lenta que se assemelha, na radiografia de tórax, à tuberculose. A segunda forma de infecção por MAC é observada em mulheres idosas não fumantes. Essas pacientes apresentam infiltrados lingulares ou no lobo médio com aparência nodular e irregular na radiografia e bronquiectasia associada (brônquios cronicamente dilatados). Essa forma de doença é indolente e tem sido associada à morbidade e à mortalidade significativas. Postulou-se que essa doença é observada principalmente em mulheres idosas fastidiosas que suprimem cronicamente o reflexo da tosse, levando a alterações inflamatórias inespecíficas nos pulmões e predispondo-as à superinfecção com MAC. Essa doença específica foi denominada de **síndrome de Lady Windermere**, segundo o nome da personagem principal de uma peça de Oscar Wilde. A terceira forma de doença do MAC é a formação de um **nódulo pulmonar solitário**. O MAC é a espécie micobacteriana mais comum a causar nódulos pulmonares solitários.

Um espectro diferente de doença se desenvolve em pacientes com AIDS. Em contraste com a doença em outros grupos de pacientes, a infecção por MAC em pacientes com AIDS é causada principalmente por *M. avium* e é geralmente disseminada, praticamente nenhum órgão é poupado (Caso Clínico 22.2). A magnitude dessas infecções é notável; os tecidos de alguns pacientes são literalmente preenchidos com micobactérias (Figura 22.8) e há em torno de centenas a milhares de bactérias por mililitro de sangue. Infecções disseminadas fulminantes com *M. avium* são particularmente comuns em pacientes que estão nos estágios terminais de seu distúrbio imunológico, quando as contagens de linfócitos T CD4 caem para menos de 50 células/μℓ. Felizmente, com a terapia antirretroviral mais eficaz e o uso rotineiro de antibacterianos profiláticos, a infecção em decorrência de *M. avium* nos pacientes infectados pelo HIV tornou-se muito menos comum. Embora alguns pacientes soropositivos desenvolvam doença por *M. avium* após a exposição pulmonar (p. ex., aerossóis infecciosos de água contaminada), acredita-se que a maioria das infecções ocorra após a ingestão das bactérias. A transmissão pessoa a pessoa não foi demonstrada. Após a exposição às micobactérias, a replicação é iniciada em linfonodos localizados, seguida por disseminação sistêmica. As manifestações clínicas da doença não são observadas até que grande quantidade de bactérias replicantes prejudique a função normal do órgão.

O MAC e muitas outras micobactérias de crescimento lento são resistentes aos agentes antimicobacterianos comuns. Atualmente, um esquema recomendado para infecções por MAC é a claritromicina ou a azitromicina, combinada com etambutol e rifampicina. A duração do tratamento e a seleção final dos fármacos para essas espécies e outras micobactérias de crescimento lento são determinadas (1) pela resposta à terapia e (2) pelas interações entre esses antimicrobianos e outros medicamentos que o paciente está recebendo (p. ex., interações tóxicas e farmacocinéticas desses medicamentos com inibidores da protease usados para tratar a infecção pelo HIV). Consulte a publicação de Griffith et al., citados na bibliografia, para obter informações adicionais sobre o tratamento de infecções por MAC e outras NTMs. Uma vez que as infecções intracelulares por MAC são comuns em pacientes com AIDS, a quimioprofilaxia é recomendada para pacientes cujas contagens de células T CD4 caem para

> **Caso Clínico 22.2** Infecções por *Mycobacterium avium*
>
> Woods e Goldsmith (*Chest* 95:1355-1357, 1989) descreveram um paciente com AIDS avançada que morreu de infecção disseminada por *M. avium*. O paciente era um homem de 27 anos que apresentou inicialmente, em outubro de 1985, história de 2 semanas de dispneia progressiva e uma tosse não produtiva. Foi detectado em um lavado broncoalveolar o fungo *Pneumocystis* e a sorologia confirmou que o paciente tinha infecção pelo HIV. Ele foi tratado com sucesso com TMP-SMX e recebeu alta. Permaneceu estável até maio de 1987, quando foi admitido apresentando febre persistente e dispneia. Durante a semana seguinte, ele desenvolveu forte dor torácica subesternal e fricção no pericárdio. O ecocardiograma revelou pequeno derrame. O paciente deixou o hospital contra orientação médica, mas 1 semana depois voltou com tosse persistente, febre e dor no peito e braço esquerdo. Foi realizada a pericardiocentese diagnóstica e foram aspirados 220 mℓ de líquido. Suspeitou-se de pericardite tuberculosa e iniciou-se a terapia antimicobacteriana adequada. No entanto, nas 3 semanas seguintes, o paciente desenvolveu insuficiência cardíaca progressiva e morreu. *Mycobacterium avium* foi recuperado do líquido pericárdico, bem como culturas de necropsia do pericárdio, baço, fígado, glândula adrenal, rins, intestino delgado, nódulos linfáticos e glândula hipófise. Embora a pericardite por *M. avium* fosse incomum, a disseminação extensa de micobactérias em pacientes com AIDS avançada era comum antes que a profilaxia com azitromicina fosse amplamente utilizada.

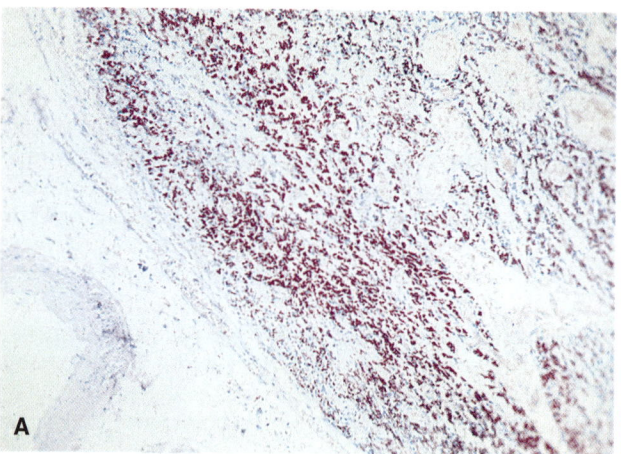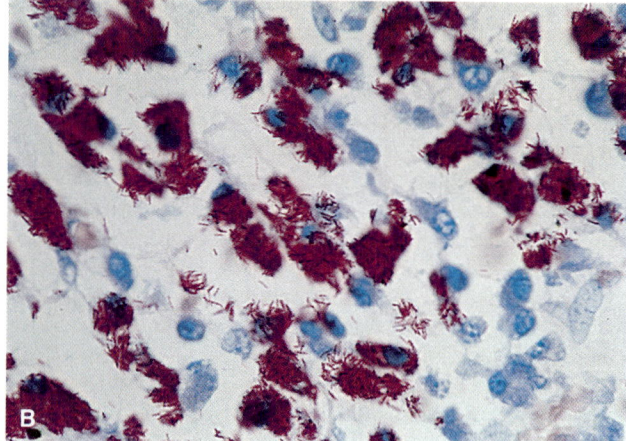

Figura 22.8 Tecido de um paciente com síndrome da imunodeficiência adquirida (AIDS) que foi infectado pelo complexo *Mycobacterium avium*, fotografado em (**A**) baixa e (**B**) alta ampliação.

menos de 50 células/µℓ. A profilaxia com claritromicina ou azitromicina é recomendada. Combinações desses antibacterianos com rifabutina têm sido usadas, mas geralmente são mais tóxicas e não mais eficazes do que o agente único.

Muitas **outras micobactérias de crescimento lento** podem causar doenças em seres humanos e novas espécies continuam a ser relatadas à medida que melhores métodos para testes diagnósticos são desenvolvidos. O espectro de doenças produzidas por essas micobactérias também continua a se expandir, em grande parte porque doenças como AIDS, neoplasias e transplante de órgãos com o uso concomitante de medicamentos imunossupressores, criaram uma população de pacientes que são altamente suscetíveis a organismos com potencial de virulência relativamente baixo. Algumas micobactérias produzem doenças idênticas à tuberculose pulmonar (p. ex., *M. bovis*, *M. kansasii*), outras espécies causam comumente infecções localizadas em tecidos linfáticos (*M. scrofulaceum*), há ainda as que crescem de forma ideal em temperaturas baixas, produzindo principalmente infecções cutâneas (*M. ulcerans*, *M. marinum* e *M. haemophilum*). Entretanto, a doença disseminada pode ser observada em pacientes com AIDS que estão infectados com essas mesmas espécies, bem como com micobactérias relativamente incomuns (p. ex., *M. genavense*, *M. simiae*). Com exceção de *M. bovis* e outras micobactérias intimamente relacionadas com *M. tuberculosis*, a disseminação dessas micobactérias de pessoa para pessoa não ocorre.

Micobactérias de crescimento rápido

Conforme discutido anteriormente, espécies de NTM podem ser subdivididas em espécies de crescimento lento e de crescimento rápido (crescimento em < 7 dias). Essa diferenciação é importante porque as espécies de crescimento rápido têm um potencial de virulência relativamente baixo, se coram irregularmente com os corantes tradicionais para micobactérias e são mais suscetíveis a agentes antibacterianos "convencionais" do que os medicamentos usados para tratar outras infecções micobacterianas. As espécies mais comuns associadas a doenças são *M. fortuitum*, *M. chelonae*, *M. abscessus* e *M. mucogenicum*.

As micobactérias de crescimento rápido raramente causam infecções disseminadas; em vez disso, elas são mais comumente associadas à doença que ocorre depois que as bactérias são introduzidas nos tecidos subcutâneos profundos por **trauma ou infecções iatrogênicas** (p. ex., infecções associadas a um cateter intravenoso, curativo de feridas contaminado, dispositivo protético, como uma valva cardíaca, diálise peritoneal ou broncoscopia). Infelizmente, a incidência de infecções por esses organismos está aumentando à medida que procedimentos mais invasivos são realizados em pacientes hospitalizados e cuidados médicos avançados aumentam a expectativa de vida de pacientes imunocomprometidos. Infecções oportunísticas em pacientes imunocompetentes também estão se tornando comuns (Caso Clínico 22.3).

Ao contrário das micobactérias de crescimento lento, as espécies de crescimento rápido são resistentes aos agentes antimicobacterianos mais comumente usados, mas são suscetíveis a antibacterianos como claritromicina, imipeném, amicacina, cefoxitina e sulfonamidas. A atividade específica

> **Caso Clínico 22.3** Infecções micobacterianas associadas a salões de beleza (manicure)
>
> Em setembro de 2000 (Winthrop KL et al.: *N Engl J Med* 346:1366-1371, 2002), um médico relatou ao California Department of Health quatro pacientes do sexo feminino que desenvolveram furunculose nos membros inferiores. Cada paciente apresentou pequenas pápulas eritematosas que se tornaram grandes, sensíveis e flutuantes furúnculos violáceos ao longo de várias semanas. As culturas bacterianas das lesões foram negativas, com falha na terapia antibacteriana empírica para essas pacientes. Todas haviam visitado o mesmo salão de beleza antes do surgimento dos furúnculos. Como resultado da investigação, foi identificado um total de 110 pacientes com furunculose no salão de beleza. *Mycobacterium fortuitum* foi cultivado a partir das lesões de 32 pacientes, bem como dos banhos de pés utilizados pelas pacientes antes de suas pedicures. Raspar as pernas foi identificado como fator de risco para a doença. Surtos semelhantes foram relatados na literatura, o que ilustra os riscos associados à contaminação de águas com micobactérias de crescimento rápido; as dificuldades de confirmação dessas infecções por culturas bacterianas de rotina, que são normalmente incubadas por apenas 1 a 2 dias; há necessidade de terapia antibacteriana eficaz.

desses agentes deve ser determinada com testes *in vitro*. A remoção de dispositivos protéticos geralmente é necessária para o tratamento bem-sucedido dessas infecções.

Nocardia

FISIOLOGIA E ESTRUTURA

Nocardia são bastonetes (bacilos) aeróbicos estritos que formam filamentos ramificados em tecidos e culturas. Esses filamentos lembram as hifas formadas por fungos filamentosos e anteriormente pensava-se que *Nocardia* era um fungo; no entanto, os organismos têm envoltório celular gram-positivo e outras estruturas celulares que são características de bactérias. A maioria dos isolados cora mal com a coloração de Gram e parece ser gram-negativa, com grânulos gram-positivos intracelulares (Figura 22.9). A razão para essa propriedade de coloração é que as nocardias têm uma estrutura de envoltório celular com ácidos graxos de cadeia ramificada (p. ex., **ácido tuberculoesteárico**, ácido mesodiaminopimélico [*meso*-DAP], ácidos micólicos). O comprimento dos ácidos micólicos em nocardias (50 a 62 átomos de carbono) é mais curto do que em micobactérias (70 a 90 átomos de carbono). Essa diferença pode explicar por que, embora ambos os gêneros sejam álcool-ácido-resistentes, a *Nocardia* é descrita como **"álcool-ácido resistente fraca"**; isto é, uma solução descolorante fraca de ácido clorídrico deve ser usada para demonstrar a propriedade de álcool-ácido resistência das nocardias (Figura 22.10). Essa coloração também é uma característica útil para diferenciar morfologicamente *Nocardia* de microrganismos morfologicamente semelhantes, como *Actinomyces*.

As espécies de *Nocardia* podem crescer na maioria dos meios de laboratório não seletivos usados para o isolamento de bactérias, micobactérias e fungos. No entanto, seu crescimento é lento, exigindo 3 a 5 dias de incubação antes que as

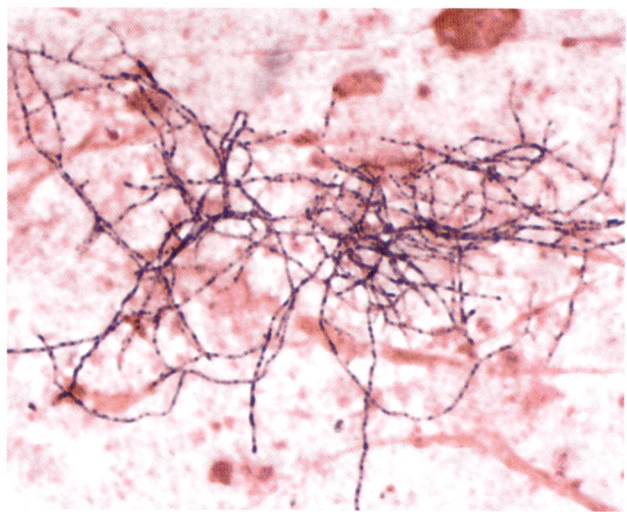

Figura 22.9 Coloração de Gram de *Nocardia* no escarro expectorado. Observe os delicados filamentos em contas.

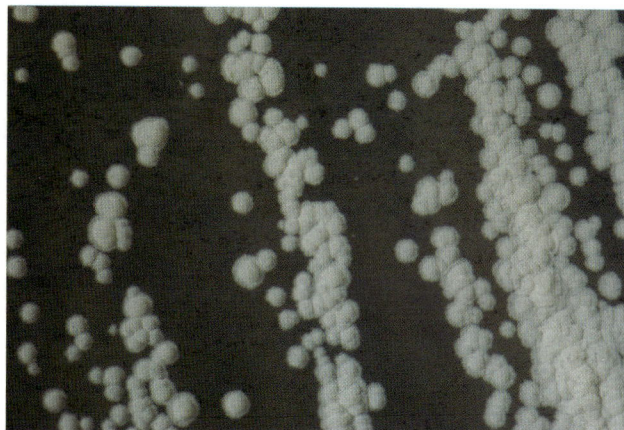

Figura 22.11 Colônias de *Nocardia*.

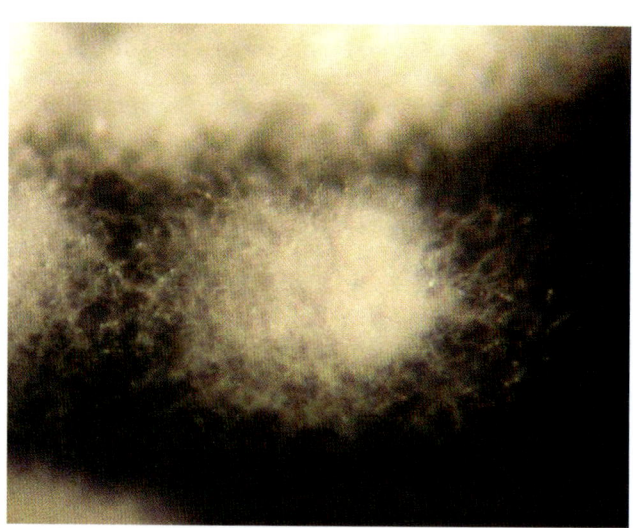

Figura 22.12 Hifas aéreas de *Nocardia*.

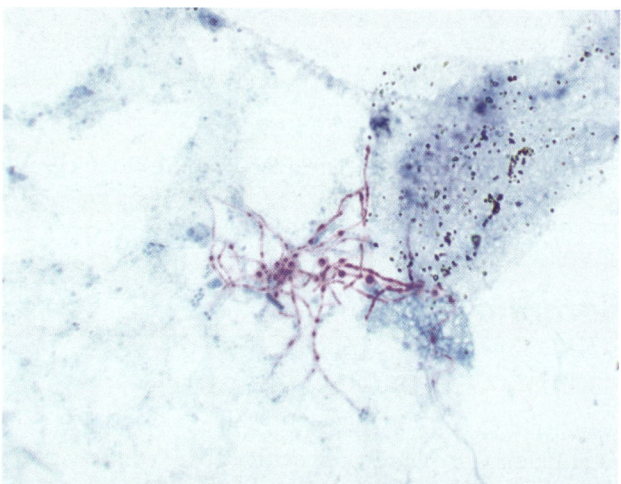

Figura 22.10 Coloração álcool-ácido resistente de espécies de *Nocardia* em escarro expectorado. Em contraste com as micobactérias, membros do gênero *Nocardia* não retêm uniformemente o corante ("parcialmente álcool-ácido resistente").

colônias possam ser observadas nas placas de cultura, portanto, o laboratório deve ser notificado de que há suspeita de infecção por *Nocardia* para que as culturas possam ser incubadas além do normal de 1 a 2 dias. As colônias inicialmente parecem brancas, mas podem ser bem variáveis (p. ex., secas a cerosas, branca a laranja; Figura 22.11). As hifas aéreas (hifas que se projetam para cima da superfície de uma colônia) são geralmente observadas quando as colônias são vistas com um microscópio de dissecação (Figura 22.12). A combinação da **presença de hifas aéreas e de álcool-ácido resistência é única** para o gênero *Nocardia* e pode ser usada como um teste rápido para identificação de gênero.

A taxonomia desse gênero é uma confusão, e a maioria dos organismos descritos na literatura é reconhecida atualmente como incorretamente identificada. Historicamente, esses organismos foram classificados por sua capacidade de usar carboidratos de forma oxidativa e decompor uma variedade de substratos, bem como seus padrões de suscetibilidade aos antimicrobianos. As verdadeiras relações taxonômicas entre os membros do gênero foram avaliadas recentemente com o uso de sequenciamento de genes. Atualmente, mais de 100 espécies foram identificadas, resultado muito maior do que o alcançado por testes bioquímicos. Felizmente, a maioria das infecções é causada por poucas espécies, e a identificação desse grupo de organismos em nível de gênero, combinada com o teste de suscetibilidade *in vitro*, é suficiente para o manejo da maioria dos pacientes (Tabela 22.4).

PATOGÊNESE E IMUNIDADE

Embora toxinas e hemolisinas tenham sido descritas para nocardias, o papel que esses fatores desempenham nas doenças não foi definido. Parece que o principal fator associado à virulência é a capacidade das cepas patogênicas para **evitar a morte fagocítica**. Quando os fagócitos entram em contato com os microrganismos, ocorre uma explosão oxidativa, com liberação de metabólitos de oxigênio tóxicos (*i. e.*, peróxido de hidrogênio, superóxido). Cepas patogênicas de nocardias são protegidas desses metabólitos pela secreção de **catalase** e **superóxido dismutase**. A enzima superóxido dismutase associada à superfície também protege as bactérias. As nocardias são capazes de sobreviver e se **replicar em macrófagos**, (1) prevenindo a fusão do fagossomo-lisossomo (mediada pelo **fator corda**),

Tabela 22.4 Doenças causadas por actinomicetos patogênicos selecionados.

Organismo	Doenças	Frequência
Nocardia	Doenças pulmonares (bronquite, pneumonia, abscessos pulmonares); infecções cutâneas primárias ou secundárias (p. ex., micetoma, infecções linfocutâneas, celulite, abscessos subcutâneos); infecções secundárias do sistema nervoso central (p. ex., meningite, abscessos cerebrais)	Comum
Rhodococcus	Doenças pulmonares (pneumonia, abscessos pulmonares); doenças disseminadas (p. ex., meningite, pericardite); infecções oportunísticas (p. ex., infecções de feridas, peritonite, endoftalmite traumática)	Incomum
Gordonia	Infecções oportunísticas	Rara
Tsukamurella	Infecções oportunísticas	Rara

(2) prevenindo a acidificação do fagossomo e (3) evitando a morte mediada pela fosfatase ácida por utilização metabólica da enzima como fonte de carbono.

EPIDEMIOLOGIA

As infecções por *Nocardia* são **exógenas** (ou seja, causadas por organismos que normalmente não fazem parte da microbiota bacteriana humana normal). A onipresença do organismo em solo rico em matéria orgânica e o aumento do número de indivíduos imunocomprometidos têm levado a aumentos drásticos das doenças causadas por esse organismo. O aumento é particularmente notável em populações de alto risco, como pacientes ambulatoriais infectados com HIV ou com outras deficiências de células T; pacientes recebendo terapia imunossupressora para transplantes de medula óssea ou órgãos sólidos; e pacientes imunocompetentes com função pulmonar comprometida por bronquite, enfisema, asma, bronquiectasia e proteinose alveolar. A doença broncopulmonar se desenvolve após a colonização inicial do sistema respiratório superior por inalação e, em seguida, aspiração de secreções orais para as vias respiratórias inferiores. A nocardiose cutânea primária se desenvolve após a introdução traumática de organismos no tecido subcutâneo e o envolvimento cutâneo secundário geralmente segue a disseminação de um local pulmonar.

DOENÇAS CLÍNICAS

A **doença broncopulmonar** causada pelas espécies de *Nocardia* não pode ser diferenciada de infecções causadas por outros organismos piogênicos, embora as infecções por *Nocardia* tendam a se desenvolver mais lentamente; já a doença pulmonar primária em decorrência de *Nocardia* ocorre quase sempre em pacientes imunocomprometidos (Boxe 22.2). Sinais como tosse, dispneia e febre geralmente estão presentes, mas não são diagnósticos. Cavitação e disseminação para a pleura são comuns. Apesar de o quadro clínico não ser específico para *Nocardia*, esses organismos devem ser considerados quando pacientes imunocomprometidos apresentam pneumonia com cavitação, principalmente se houver evidência de disseminação para o sistema nervoso central (SNC) ou tecidos subcutâneos. Se for diagnosticada em um indivíduo uma infecção pulmonar ou disseminada por *Nocardia*, sem doença de base, uma avaliação imunológica abrangente é indicada.

As **infecções cutâneas** podem ser primárias (p. ex., micetoma, infecções linfocutâneas, celulite, abscessos subcutâneos) ou resultantes da disseminação secundária

Boxe 22.2 Nocardiose: resumos clínicos.

Doença broncopulmonar: doença pulmonar indolente com necrose e formação de abscesso; a disseminação para o sistema nervoso central ou pele é comum

Micetoma: doença progressiva destrutiva crônica, geralmente de extremidades, caracterizada por granulomas supurativos, fibrose e necrose progressivas e formação do trato fistuloso

Doença linfocutânea: infecção primária ou disseminação secundária para o local cutâneo, caracterizada pela formação de granuloma crônico e nódulos subcutâneos eritematosos, com eventual formação de úlcera

Celulite e abscessos subcutâneos: formação de úlcera granulomatosa com eritema circundante, mas mínimo ou nenhum envolvimento dos linfonodos drenantes

Abscesso cerebral: infecção crônica com febre, dor de cabeça e déficits focais relacionados com a localização do(s) abscesso(s) em desenvolvimento lento

de microrganismos de uma infecção pulmonar primária. O **micetoma** é uma infecção crônica indolor, principalmente dos pés, caracterizada por edema subcutâneo localizado com envolvimento dos tecidos subjacentes, músculos e osso; supuração; e a formação de múltiplos tratos fistulosos (caminho estreito do foco de infecção até a superfície da pele). Uma variedade de microrganismos bacterianos e fúngicos podem causar micetoma, embora *N. brasiliensis* seja a causa mais comum na América do Norte, América Central e América do Sul. As **infecções linfocutâneas** podem se manifestar como nódulos cutâneos e ulcerações ao longo dos vasos linfáticos e envolvimento de linfonodos regionais. Essas infecções assemelham-se às infecções cutâneas causadas por algumas espécies de micobactérias e pelo fungo *Sporothrix schenckii*. *Nocardia* também pode causar **lesões ulcerativas crônicas**, **abscessos subcutâneos** e **celulite** (Figura 22.13).

Até um terço dos pacientes com infecções por *Nocardia* apresentam disseminação para o cérebro, de modo a desenvolver a formação de **abscessos cerebrais** únicos ou múltiplos. A doença pode se apresentar inicialmente como meningite crônica (Caso Clínico 22.4).

DIAGNÓSTICO LABORATORIAL

Devem ser coletadas várias amostras de escarro de pacientes com doença pulmonar. Uma vez que as nocardias são geralmente distribuídas por todo o tecido e material de abscesso, é relativamente fácil detectá-las por microscopia e assim recuperá-las em cultura de amostras de pacientes

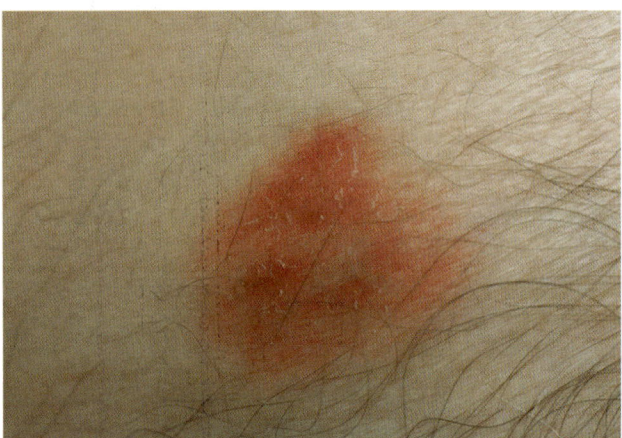

Figura 22.13 Lesão cutânea causada por *Nocardia*. (De Cohen, J., Powderly, W.G., Opal, S.M., 2010. Infectious Diseases, third ed. Filadélfia, PA: Mosby.)

Caso Clínico 22.4   Nocardiose disseminada

Shin et al. (*Transplant Infect Dis* 8:222-225, 2006) descreveram um homem de 63 anos que recebeu um transplante de fígado para cirrose hepática causada por hepatite C. O paciente havia sido tratado com medicamentos imunossupressores, incluindo tacrolimo e prednisona por 4 meses, quando voltou ao hospital com febre e dor na parte inferior da perna. Embora a radiografia de tórax estivesse normal, a ultrassonografia revelou um abscesso no músculo sóleo. Foram observados bacilos gram-positivos fracamente corados pelo método de Gram do pus aspirado do abscesso e *Nocardia* cresceu após 3 dias de incubação. Foi iniciado tratamento com imipeném; contudo, o paciente desenvolveu, após 10 dias, convulsões e paralisia parcial do lado esquerdo. Estudos de imagem cerebral revelaram três lesões. O tratamento foi alterado para ceftriaxona e amicacina. O abscesso subcutâneo e lesões cerebrais melhoraram gradualmente e o paciente recebeu alta hospitalar após 55 dias de internação. Este caso ilustra a predisposição de *Nocardia* de causar infecção em pacientes imunocomprometidos e de se disseminar para o cérebro, a lenta taxa de crescimento do organismo em cultura e a necessidade relacionada de tratamento prolongado.

---

com doença pulmonar, cutânea ou do SNC. As delicadas hifas de *Nocardia* nos tecidos fazem com que elas se assemelhem aos microrganismos *Actinomyces* (ver Capítulo 31); entretanto, em contraste com *Actinomyces*, as nocardias são tipicamente bactérias álcool-ácido resistentes fracas (ver Figura 22.10).

Os microrganismos crescem na maioria dos meios laboratoriais incubados em uma atmosfera de 5 a 10% de dióxido de carbono, mas a presença desses organismos de crescimento lento pode ser obscurecida por bactérias comensais de crescimento mais rápido. Se uma amostra estiver potencialmente contaminada com outras bactérias (p. ex., bactérias orais no escarro), o meio seletivo deve ser utilizado. O êxito tem sido obtido com o meio utilizado para o isolamento de espécies de *Legionella* (**ágar extrato de levedura e carvão tamponado [BCYE]**). Na realidade, esse meio pode ser usado para recuperar *Nocardia* e *Legionella* de espécimes pulmonares. *Nocardia* ocasionalmente cresce em meios usados para o isolamento de micobactérias e fungos; entretanto, esse método é menos confiável do que o uso de meios bacterianos especiais. Conforme mencionado anteriormente, é importante notificar o laboratório se houver suspeita de nocardiose para que as placas de cultura sejam mantidas por mais dias.

A identificação preliminar de *Nocardia* não é complicada. Membros do gênero podem ser classificados inicialmente com base na presença de **bacilos filamentosos, fracamente álcool-ácido resistentes** e **hifas aéreas** na superfície da colônia. A identificação definitiva em nível de espécie é mais difícil porque a maioria delas não pode ser identificada com precisão por testes bioquímicos, embora muitos laboratórios continuem a usá-los. A identificação precisa de *Nocardia* requer análise molecular de genes que codificam ácido ribonucleico ribossômico (rRNA) e genes constitutivos ou *housekeeping* (p. ex., gene da proteína do choque térmico, em inglês *heat shock protein*) ou uso de espectrometria de massa. Embora a espectrometria de massa só tenha sido introduzida recentemente nos laboratórios de microbiologia diagnóstica, está se tornando rapidamente o método de escolha para a identificação desses organismos.

TRATAMENTO, PREVENÇÃO E CONTROLE

Antibacterianos com atividade contra *Nocardia* incluem sulfametoxazol-trimetoprima (TMP-SMX), amicacina, imipeném e cefalosporinas de amplo espectro (p. ex., ceftriaxona, cefotaxima). Como a suscetibilidade aos antibacterianos pode variar entre os isolados individuais, os testes de sensibilidade aos antimicrobianos devem ser realizados para orientar a terapia específica. TMP-SMX pode ser usado como terapia empírica inicial para infecções cutâneas em pacientes imunocompetentes. A terapia antibacteriana para infecções graves e infecções cutâneas em pacientes imunocomprometidos deve incluir dois ou três antibacterianos, como TMP-SMX mais amicacina para infecções pulmonar ou cutânea e TMP-SMX mais imipeném ou uma cefalosporina para infecções do SNC. Como *Nocardia* cresce lentamente e está associada a recidivas terapêuticas, é recomendado tratamento prolongado (até 12 meses). Considerando que a resposta clínica é favorável em pacientes com infecções localizadas, o prognóstico é ruim para pacientes imunocomprometidos com doença disseminada.

As nocardias são onipresentes, e por isso é impossível evitar a exposição a esses organismos. No entanto, a doença broncopulmonar causada por essa bactéria é incomum em pessoas imunocompetentes e infecções cutâneas primárias podem ser evitadas com o cuidado adequado de feridas. As complicações associadas à doença disseminada podem ser minimizadas se a nocardiose for considerada no diagnóstico diferencial para pacientes imunocomprometidos com doença pulmonar cavitária e prontamente tratada.

Outras bactérias fracamente álcool-ácido resistentes

O gênero *Rhodococcus* consiste em bactérias gram-positivas, álcool-ácido resistentes que inicialmente parecem bacilos e depois revertem para as formas cocoides (Figura 22.14). A ramificação rudimentar pode estar presente, mas as formas filamentosas delicadas e ramificadas comumente vistas com nocardias não são observadas com rodococos.

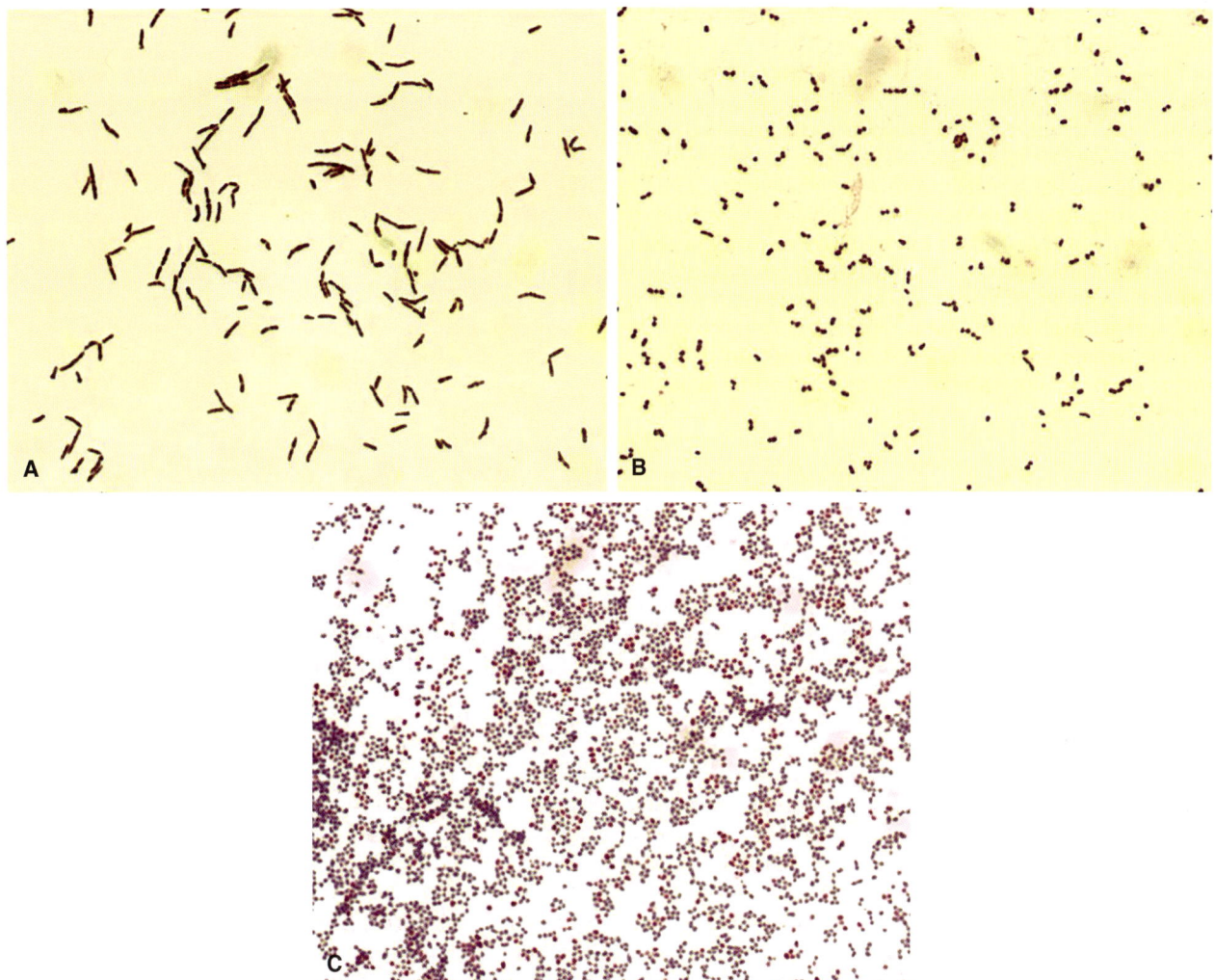

Figura 22.14 *Rhodococcus*. **A.** Coloração de Gram após crescimento em caldo nutriente por 4 h. **B.** Coloração de Gram após crescimento em caldo nutriente por 18 h. **C.** Coloração de organismos álcool-ácido resistentes cultivados em ágar Middlebrook micobacteriano por 2 dias (observe a escassez de células vermelhas "álcool-ácido resistentes").

Das espécies atualmente reconhecidas, **Rhodococcus equi** é o patógeno humano mais importante. Originalmente, *R. equi* (anteriormente *Corynebacterium equi*) foi considerado um patógeno veterinário, principalmente em herbívoros, que eventualmente causava doenças ocupacionais em fazendeiros e veterinários. No entanto, esse organismo tem se tornado um **patógeno** cada vez mais comum em **pacientes imunocomprometidos** (p. ex., pacientes infectados com HIV, receptores de transplantes). Curiosamente, a maioria dos pacientes infectados não tem histórico de contato com animais de pasto ou de exposição a solo contaminado com esterco de herbívoros. O aumento na incidência de infecção humana está, provavelmente, relacionado com o aumento no número de pacientes com doenças imunossupressoras, particularmente AIDS e por uma maior consciência em relação ao microrganismo. É provável que muitos isolados tenham sido ignorados anteriormente ou foram identificados de maneira incorreta como bactérias corineformes insignificantes.

Semelhante a *Nocardia*, *R. equi* é um organismo intracelular facultativo que sobrevive em macrófagos e causa inflamação granulomatosa levando à **formação de abscesso**. Embora vários fatores de virulência hipotéticos tenham sido identificados, a fisiopatologia precisa da infecção não é completamente compreendida. Os indivíduos com produção reduzida de IFN-γ parecem ser incapazes de eliminar as bactérias das infecções pulmonares.

A maioria dos pacientes imunocomprometidos normalmente apresenta **doença pulmonar invasiva** (p. ex., nódulos pulmonares, consolidação, abscessos pulmonares) e evidência de disseminação no sangue para sítios distais (linfonodos, meninges, pericárdio e pele) é comumente observada. Em geral, os rodococos causam **infecções oportunísticas em pacientes imunocompetentes** (p. ex., infecções cutâneas pós-traumáticas, peritonite em pacientes submetidos à diálise a longo prazo, endoftalmite traumática).

Os rodococos crescem em meios não seletivos incubados em condições aeróbias, mas o pigmento rosa-salmão característico pode não ser evidente por pelo menos 4 dias. As colônias são tipicamente **mucoides**, embora formas secas também possam ser encontradas. Os organismos podem ser identificados preliminarmente por seu crescimento lento, morfologia macroscópica e microscópica bem como a capacidade de reter fracamente a coloração de bacilos **álcool-ácido resistentes** (álcool-ácido resistência observada, sobretudo, quando os organismos são cultivados em meios para micobactérias). A identificação definitiva em nível de espécie é problemática; os organismos são relativamente inertes, portanto, os testes bioquímicos não são úteis. Semelhante a *Nocardia*, a identificação precisa, em nível de espécie, requer o sequenciamento do gene ou o perfil da proteína por espectrometria de massa.

As infecções por *Rhodococcus* são difíceis de tratar. Mesmo que os testes *in vitro* e os testes em modelo animal tenham identificado combinações específicas de medicamentos eficazes, apenas um sucesso limitado foi alcançado no tratamento de infecções em humanos, sobretudo em pacientes imunocomprometidos com baixas contagens de células CD4 (mortalidade de 50%) em comparação com pacientes imunocompetentes (20% de mortalidade). A recomendação atual para o tratamento de infecções localizadas em pacientes imunocompetentes é usar um macrolídeo de espectro estendido (p. ex., azitromicina, claritromicina) ou fluoroquinolona (p. ex., levofloxacino). Nas infecções disseminadas e infecções em imunocomprometidos, os indivíduos devem ser tratados com combinações de dois ou mais antibacterianos, com pelo menos um com excelente penetração nos macrófagos (p. ex., vancomicina, imipeném, aminoglicosídios, levofloxacino, rifampicina, ciprofloxacino). As penicilinas e cefalosporinas não devem ser usadas porque a resistência a esses agentes é comum em rodococos e a eficácia de qualquer antibacteriano deve ser confirmada por testes *in vitro*.

As bactérias **Gordonia** e **Tsukamurella** foram previamente classificadas com *Rhodococcus* porque são morfologicamente semelhantes, contêm ácidos micólicos e são bactérias álcool-ácido resistentes parciais. Esses microrganismos estão presentes no solo e são raros patógenos oportunísticos em humanos. *Gordonia* está associada a infecções pulmonares e cutâneas, bem como infecções nosocomiais, como as decorrentes de cateteres intravasculares contaminados. *Tsukamurella* foi associada a infecções por cateter. O significado do isolamento de qualquer um desses microrganismos em amostras clínicas deve ser avaliado cuidadosamente.

Bibliografia

Ambrosioni, J., Lew, D., Garbino, J., 2010. Nocardiosis: updated clinical review and experience at a tertiary center. Infection 38, 89–97.

Appelberg, R., 2006. Pathogenesis of *Mycobacterium avium* infection. Immunol. Res. 35, 179–190.

Conville, P., Brown-Elliott, B., Smith, T., Zelazny, A., 2018. The complexities of *Nocardia* taxonomy and identification. J. Clin. Microbiol. 56 e01419–17.

Cox, H., Mizrahi, V., 2018. The coming of age of drug-susceptibility testing for tuberculsosis. N. Engl. J. Med. 379, 1474–1475.

De Groote, M., Huitt, G., 2006. Infections due to rapidly growing mycobacteria. Clin. Infect. Dis. 42, 1756–1763.

Forbes, B., Hall, G., Miller, M., et al., 2018. Practice Guidelines for clinical microbiology laboratories: mycobacteria. Clin. Microbiol. Rev. 31, 1–65.

Gegia, M., Winters, N., Benedetti, A., et al., 2017. Treatment of isoniazid-resistant tuberculosis with first-line drugs: a systematic review and meta-analysis. Lancet. Infect. Dis. 17, 223–234.

Griffith, D.E, Aksamit, T., Brown-Elliott, B.A., et al., 2007. An official ATS/IDSA statement: diagnosis, treatment, and prevention of nontuberculous mycobacterial diseases. Am. J. Respir. Crit. Care. Med. 175, 367–416.

Ioerger, T.R., O'Malley, T., Liao, R., et al., 2013. Identification of new drug targets and resistance mechanisms in *Mycobacterium tuberculosis*. PLoS ONE 8, e75245.

Martinez, R., Reyes, S., Menendez, R., 2008. Pulmonary nocardiosis: risk factors, clinical features, diagnosis and prognosis. Curr. Opin. Pulm. Med. 14, 219–227.

Tiberi, S., du Plessis, N., Walzl, G., et al., 2018. Tuberculosis 1. Tuberculosis: progress and advances in development of new drugs, treatment regimens, and host-directed therapies. Lancet. Infect. Dis. 18, e183–e198.

Turenne, C.Y., Wallace Jr., R., Behr, M.A., 2007. *Mycobacterium avium* in the postgenomic era. Clin. Microbiol. Rev. 20, 205–229.

Ulrichs, T., Kaufmann, S., 2006. New insights into the function of granulomas in human tuberculosis. J. Pathol 208, 261–269.

Walker M, Walker A, Peto T: Prediction of susceptibility to first-line tuberculosis drugs by DNA sequencing: the CRyPTIC Consortium and the 100,000 Genomes Project, N. Engl. J. Med. 379:1403–1415.

Walzi, G., McNerney, R., du Plessis, N., et al., 2018. Tuberculosis 2: advances and challenges in development of new diagnostics and biomarkers. Lancet. Infect. Dis. 18, e199–e210.

Zumla, A., Raviglione, M., Hafner, R., et al., 2013. Tuberculosis. N. Engl. J. Med. 368, 745–755.

23 Neisseria e Gêneros Relacionados

Uma jovem de 22 anos foi internada no hospital com história de 1 dia de febre alta, calafrios, dores de cabeça e erupção cutânea eritematosa maculopapular em seu tórax, braços e pernas. Ela apresentou contagem de leucócitos e taxa de sedimentação elevadas. As hemoculturas realizadas no momento da admissão foram positivas 10 horas depois com diplococos gram-negativos. Esta paciente mais provavelmente tem uma infecção por *Neisseria gonorrhoeae* ou *N. meningitidis*, porque nenhuma outra bactéria gram-negativa nesse cenário clínico apresenta essas características. Serão necessários testes adicionais para determinar qual bactéria é responsável por essa infecção.

1. *Neisseria gonorrhoeae* e *N. meningitidis* são os membros mais importantes do gênero *Neisseria*. Como esse gênero é diferenciado de outras bactérias e quais propriedades de crescimento diferenciam essas duas espécies de outros membros do gênero?
2. Quais são os principais fatores de virulência para cada organismo?
3. Por que existe uma vacina para *N. meningitidis*, mas não para *N. gonorrhoeae*? Qual sorogrupo de *N. meningitidis* não é coberto pela vacina e por que isso é importante?

RESUMOS Organismos clinicamente significativos

NEISSERIA GONORRHOEAE

Palavras-chave

Diplococos, gonorreia, artrite, oftalmia

Biologia e virulência

- Diplococos gram-negativos com exigências fastidiosas de crescimento
- Melhor crescimento de 35 a 37°C em uma atmosfera úmida suplementada com CO_2
- Oxidase e catalase positivos; ácido produzido a partir da oxidação de glicose
- Superfície externa com múltiplos antígenos: proteína pili, proteínas Por; proteínas Opa; proteína Rmp; receptores de proteína para transferrina, lactoferrina e hemoglobina; lipo-oligossacarídio; protease da imunoglobulina; betalactamase
- Consulte a Tabela 23.2 para obter um resumo dos fatores de virulência

Epidemiologia

- Os seres humanos são os únicos hospedeiros naturais
- O carreamento ou colonização pode ser assintomático em mulheres
- A transmissão é feita principalmente por contato sexual
- Foram relatados quase 555.608 casos nos EUA em 2017 (acredita-se que a incidência real da doença seja pelo menos o dobro disso); 78 milhões de novos casos estimados em todo o mundo
- Doença mais comum em negros, pessoas de 15 a 24 anos, residentes do sudeste dos EUA, pessoas que têm múltiplos parceiros sexuais
- Risco mais elevado de doenças disseminadas em pacientes com deficiências em componentes tardios do sistema complemento

Doenças

- Consulte o Boxe 23.1 para obter um resumo das doenças clínicas

Diagnóstico

- A coloração de Gram de amostras da uretra é precisa somente para homens sintomáticos
- A cultura é sensível e específica, mas tem sido substituída por testes baseados na análise de ácidos nucleicos na maioria dos laboratórios

Tratamento, prevenção e controle

- Ceftriaxona com azitromicina é atualmente o tratamento de escolha, embora seja observada a resistência de alto nível às cefalosporinas e à azitromicina
- Para recém-nascidos, profilaxia com 1% de nitrato de prata; a oftalmia neonatal é tratada com ceftriaxona
- A prevenção consiste na educação do paciente, uso de preservativos ou espermicidas com nonoxinol-9 (apenas parcialmente eficaz) e acompanhamento permanente dos parceiros sexuais de pacientes infectados
- Não há vacinas eficazes disponíveis

NEISSERIA MENINGITIDIS

Palavras-chave

Diplococos, meningite, meningococcemia, pneumonia, vacina

Biologia e virulência

- Diplococos gram-negativos com exigências fastidiosas de crescimento
- Cresce melhor de 35 a 37°C em ambiente úmido
- Oxidase e catalase positivos; ácido produzido pela oxidação de carboidratos
- Antígenos de superfície externa incluem cápsula polissacarídica, pili e lipo-oligossacarídios
- A cápsula protege as bactérias contra a fagocitose mediada por anticorpos
- Receptores específicos para a pili meningocócica permitem a colonização da nasofaringe e a replicação; modificação pós-translacional da pili aumenta a penetração da célula hospedeira e propagação de pessoa a pessoa
- As bactérias podem sobreviver à morte intracelular na ausência de imunidade humoral
- A endotoxina medeia a maioria das manifestações clínicas

Epidemiologia

- Os seres humanos são os únicos hospedeiros naturais
- A disseminação de pessoa a pessoa ocorre através de aerossolização de secreções do sistema respiratório
- A incidência mais alta de doenças é observada em crianças com menos de 1 ano de idade, pessoas institucionalizadas e pacientes com deficiências de componentes tardios do sistema complemento
- Doenças endêmicas e epidêmicas mais comumente causadas pelos sorogrupos A, B, C, W135, X e Y; a maioria das pneumonias comumente causada pelos sorogrupos Y e W135; sorogrupos A e W135 associados a doenças em subdesenvolvidos
- A doença ocorre em nível mundial, mais comumente nos meses secos e frios do ano

Doenças

- Consulte o Boxe 23.1 para um resumo das doenças clínicas

Continua

> **RESUMOS** Organismos clinicamente significativos *(continuação)*
>
> **Diagnóstico**
> - A coloração de Gram de líquido cefalorraquidiano é sensível e específica, mas de valor limitado para espécimes de sangue (poucos organismos geralmente estão presentes, exceto na sepse fulminante)
> - A cultura é definitiva, mas o organismo é fastidioso e morre rapidamente quando exposto a condições frias ou secas
>
> - Testes para detectar antígenos meningocócicos são insensíveis e não específicos
>
> **Tratamento, prevenção e controle**
> - Os lactentes têm imunidade passiva (primeiros 6 meses)
> - O tratamento empírico de pacientes com suspeita de meningite ou bacteriemia deve ser iniciado com ceftriaxona; se o isolado é suscetível à penicilina, o tratamento pode ser mudado para penicilina G
>
> - A quimioprofilaxia por contato com pessoas com a doença inclui rifampicina, ciprofloxacino ou ceftriaxona
> - Para a imunoprofilaxia, a vacinação é um adjuvante à quimioprofilaxia; é utilizada somente para os sorogrupos A, C, Y e W135; nenhuma vacina eficaz está disponível para o sorogrupo B; a vacinação para o sorogrupo A foi introduzida na África

Três gêneros de bactérias de importância médica pertencem à família *Neisseriaceae*: **Neisseria, Eikenella** e **Kingella** (Tabela 23.1). Outros gêneros da família raramente estão associados a doenças humanas e não serão discutidos neste capítulo. O gênero *Neisseria* é composto de 35 espécies e subespécies; duas delas, **Neisseria gonorrhoeae** e **Neisseria meningitidis**, são patógenos estritamente humanos. Espécies adicionais normalmente estão presentes nas superfícies das mucosas da orofaringe e da nasofaringe e ocasionalmente colonizam as membranas das mucosas anogenitais. As doenças causadas por *N. gonorrhoeae* e *N. meningitidis* são bem conhecidas; as outras espécies de *Neisseria* têm virulência limitada e geralmente produzem infecções oportunísticas (Boxe 23.1). **Eikenella corrodens** e **Kingella kingae** colonizam a orofaringe humana e são patógenos oportunísticas.

Neisseria gonorrhoeae e Neisseria meningitidis

Infecções causadas por *N. gonorrhoeae*, particularmente a gonorreia transmitida sexualmente, são reconhecidas há séculos. Apesar da terapia antibacteriana eficaz, a gonorreia ainda é uma das doenças sexualmente transmissíveis mais comuns nos EUA. A presença de *N. gonorrhoeae* em espécime clínico é sempre considerada significativa. Por outro lado, as cepas de *N. meningitidis* podem colonizar a nasofaringe de indivíduos saudáveis sem produzir doenças ou podem causar meningite adquirida na comunidade,

Tabela 23.1 Bactérias importantes da família Neisseriaceae.

Organismo	Derivação histórica
Neisseria	Nome do médico alemão Albert Neisser, que originalmente descreveu o organismo responsável pela gonorreia
N. gonorrhoeae	*gone*, semente; *rhoia*, um fluxo (um fluxo de sementes; referência à doença gonorreia)
N. meningitidis	*meningis*, o revestimento do cérebro; *itis*, inflamação (inflamação das meninges como na meningite)
Eikenella	Nomeada em homenagem a M. Eiken, que deu o primeiro nome à espécie tipo neste gênero
E. corrodens	*corrodens*, corrosivo ou ingestão (referência à observação de que as colônias dessa espécie cavam ou perfuram [comem] o ágar)
Kingella	Nomeada em homenagem à bacteriologista americana Elizabeth King

> **Boxe 23.1** Neisseriaceae: resumos clínicos.
>
> *Neisseria gonorrhoeae*
>
> **Gonorreia:** caracterizada por um corrimento purulento para o local envolvido (p. ex., uretra, colo uterino, cérvice, epidídimo, próstata, reto) após um período de incubação de 2 a 5 dias
>
> **Infecções disseminadas:** disseminação da infecção do sistema geniturinário através do sangue até a pele ou articulações; caracterizadas por erupção cutânea pustular com base eritematosa e artrite supurativa em articulações envolvidas
>
> **Oftalmia neonatal:** infecção ocular purulenta adquirida no nascimento
>
> *Neisseria meningitidis*
>
> **Meningite:** inflamação purulenta das meninges associada a dores de cabeça, sinais meníngeos e febre; alta taxa de mortalidade, a menos que prontamente tratada com antibacterianos eficazes
>
> **Meningococcemia:** infecção disseminada caracterizada por trombose de pequenos vasos sanguíneos e envolvimento de múltiplos órgãos; pequenas lesões cutâneas petequiais coalescem em lesões hemorrágicas mais extensas
>
> **Pneumonia:** forma mais branda da doença meningocócica caracterizada por broncopneumonia em pacientes com doença pulmonar de base
>
> *Eikenella corrodens*
>
> **Feridas por mordidas humanas:** infecção associada à introdução traumática (p. ex., mordida, lesão por luta de punho) de organismos orais em tecido profundo
>
> **Endocardite subaguda:** infecção do endocárdio caracterizada pelo aparecimento gradual de febres de baixo grau, sudoreses noturnas e calafrios
>
> *Kingella kingae*
>
> **Endocardite subaguda:** como na infecção por *E. corrodens*

sepse fulminante e rapidamente fatal ou broncopneumonia. A rápida progressão de uma boa saúde para uma doença de risco à vida produz medo e pânico nas comunidades, ao contrário da reação a quase qualquer outro patógeno.

FISIOLOGIA E ESTRUTURA

As espécies de *Neisseria* são bactérias **gram-negativas** aeróbias, geralmente em forma de cocoide (0,6 a 1,0 μm de diâmetro) e dispostas em pares **(diplococos)** com os lados adjacentes achatados em conjunto (parecidos com grãos de café [Figura 23.1]). Todas as espécies são oxidase positivas e a maioria produz catalase, que são propriedades que, combinadas à morfologia pela coloração de Gram, possibilitam

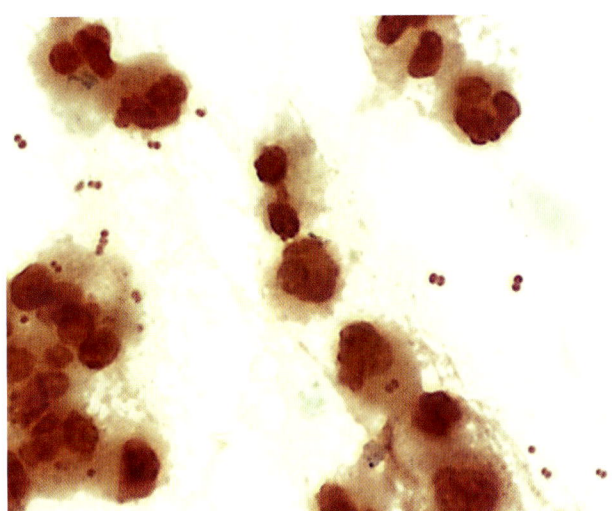

Figura 23.1 *Neisseria meningitidis* no líquido cefalorraquidiano. Observe o arranjo espacial dos pares de cocos com os lados pressionados em conjunto, característico desse gênero.

uma identificação rápida e presuntiva de um isolado clínico. O ácido é produzido por oxidação dos carboidratos (não por fermentação), uma propriedade historicamente utilizada para diferenciar as espécies de *Neisseria*. Métodos mais rápidos, tais como a espectrometria de massa, são utilizados para identificar essas bactérias.

As espécies patogênicas e não patogênicas de *Neisseria* podem também ser diferenciadas por seu crescimento em ágar-sangue e ágar nutriente. As cepas não patogênicas crescem em ambos os meios, *N. meningitidis* cresce em ágar-sangue e tem crescimento variável em ágar nutriente, enquanto os isolados de *N. gonorrhoeae* normalmente não crescem em nenhum dos meios. As cepas de *N. gonorrhoeae* requerem cistina e uma fonte de energia (p. ex., glicose, piruvato, lactato) para o crescimento e muitas cepas requerem suplementação dos meios com aminoácidos, purinas, pirimidinas e vitaminas. Amido solúvel é adicionado ao meio para neutralizar o efeito tóxico dos ácidos graxos. Assim, *N. gonorrhoeae* só cresce em **ágar chocolate** enriquecido e outros meios suplementares. A temperatura ótima de crescimento é de **35 a 37°C**, com sobrevivência deficiente do organismo a temperaturas mais frias. Uma atmosfera úmida suplementada com **5% de dióxido de carbono** é necessária ou também aumenta o crescimento de *N. gonorrhoeae*. Essas propriedades de crescimento têm importância prática: a menos que o espécime seja processado em meios enriquecidos apropriados, *N. gonorrhoeae* não será recuperada. Embora a natureza fastidiosa desse organismo dificulte a recuperação em amostras clínicas, ele é facilmente transmitido de pessoa para pessoa através de contato sexual.

A estrutura do envoltório celular de *N. gonorrhoeae* e *N. meningitidis* é característica das bactérias gram-negativas, com a fina camada de peptidoglicano intercalada entre a membrana citoplasmática interna e a membrana externa. O principal fator de virulência para *N. meningitidis* é a cápsula polissacarídica. Embora a superfície externa de *N. gonorrhoeae* não seja coberta por uma verdadeira cápsula de carboidratos, a superfície celular de *N. gonorrhoeae* tem uma carga negativa em forma de cápsula. Diferenças antigênicas na **cápsula de polissacarídio** de *N. meningitidis* são a base para a classificação em sorogrupos dessas bactérias

in vitro e desempenham um papel de destaque ao determinar se uma cepa individual causará doenças. Treze sorogrupos são atualmente reconhecidos, com seis deles (A, B, C, W135, X e Y) associados a doenças endêmicas e epidêmicas.

As cepas patogênicas e não patogênicas de *Neisseria* têm **pili** que se estendem desde a membrana citoplasmática até a membrana externa. A pili é um mediador de uma série de funções, incluindo a adesão a células hospedeiras, transferência de material genético e motilidade; além disso, a presença de pili em *N. gonorrhoeae* e *N. meningitidis* parece ser importante para a patogênese, em parte porque a pili medeia a adesão a células não epiteliais e fornece resistência à morte por neutrófilos. A pili é composta de subunidades proteicas repetitivas (**pilinas**) que têm uma região conservada em uma extremidade e uma região altamente variável no terminal carboxila exposto. A ausência de imunidade à reinfecção com *N. gonorrhoeae* resulta parcialmente da variação antigênica entre as proteínas pilinas e parcialmente da variação de fase na expressão de pilina, que são fatores que complicam as tentativas de desenvolver vacinas eficazes para a gonorreia.

Outras famílias importantes de proteínas estão presentes na membrana externa. As **proteínas porinas** são parte integrante das proteínas de membrana externa que formam poros ou canais para a entrada de nutrientes na célula e a saída de produtos residuais. As bactérias *N. gonorrhoeae* e *N. meningitidis* têm dois genes que codificam as porinas, *porA* e *porB*. Os produtos gênicos, **proteínas PorA e PorB**, são expressos em *N. meningitidis*, mas o gene *porA* é silencioso em *N. gonorrhoeae*. Assim, a PorB não é apenas a principal proteína de membrana em *N. gonorrhoeae* (estimativa de 60% das proteínas da membrana externa gonocócica), mas também deve ser funcionalmente ativa para que *N. gonorrhoeae* sobreviva. Esse fato parece ser um alvo lógico para uma vacina; no entanto, a PorB é expressa como duas classes distintas de antígenos, a PorB1A e a PorB1B, com muitas variantes sorológicas. Portanto, embora a proteína PorB seja expressa em todos os gonococos, o grande número de antígenos e a variação antigênica dessa proteína tornam o componente um mau candidato para o desenvolvimento de vacinas.

A PorB é importante para a virulência de *N. gonorrhoeae* porque essas proteínas podem interferir na degranulação de neutrófilos (ou seja, fusão do fagolisossomo que levaria à morte de bactérias intracelulares) e presumivelmente protege as bactérias da resposta inflamatória do hospedeiro. Além disso, a PorB com outras adesinas facilita a invasão bacteriana em células epiteliais. Finalmente, a expressão de alguns antígenos PorB tornam as bactérias resistentes à morte sérica mediada pelo sistema complemento.

As **proteínas Opa** (proteínas de opacidade) são uma família de proteínas de membranas que realizam a mediação da ligação estreita às células epiteliais e células fagocíticas e são importantes para a sinalização intercelular. Os alelos múltiplos dessas proteínas podem ser expressos por isolados individuais. Isolados de *N. gonorrhoeae* que expressam as proteínas Opa têm aspecto opaco quando cultivados em cultura (o que dá origem ao nome). As colônias opacas são as mais comumente recuperadas em pacientes com doença localizada (ou seja, endocervicite, uretrite, faringite, proctite), enquanto as colônias transparentes são associadas com mais frequência à doença inflamatória pélvica (DIP) e às infecções disseminadas.

O terceiro grupo de proteínas na membrana externa é formado pelas **proteínas Rmp** altamente conservadas (proteínas modificáveis por redução). Essas proteínas estimulam anticorpos que interferem na atividade bactericida sérica contra neissérias patogênicas. O ferro é essencial para o crescimento e o metabolismo de *N. gonorrhoeae* e *N. meningitidis*. Essas neissérias patogênicas são capazes de competir com seus hospedeiros humanos por ferro mediante **ligação da transferrina da célula hospedeira** aos receptores específicos de superfície bacteriana. A especificidade dessa ligação para a transferrina humana é provavelmente a razão pela qual essas bactérias são patógenos estritamente humanos. A presença desse receptor é fundamentalmente diferente da maioria das bactérias que sintetizam os sideróforos para o sequestro de ferro. Os gonococos também têm uma variedade de receptores de superfície adicionais para outros complexos férricos do hospedeiro, tais como lactoferrina e hemoglobina.

Outro antígeno principal no envoltório celular é o **LOS**. Esse antígeno é composto de lipídio A e um oligossacarídio central, mas não contém o antígeno polissacarídico O encontrado no lipopolissacarídio (LPS) na maioria dos bacilos gram-negativos. A fração lipídica A tem atividade de endotoxinas. Tanto *N. gonorrhoeae* quanto *N. meningitidis* liberam espontaneamente as **bolhas na membrana externa** durante o crescimento rápido das células. Essas bolhas contêm LOS e proteínas de superfície e podem agir tanto para aumentar a toxicidade mediada pela endotoxina quanto para proteger as bactérias replicadoras por meio da ligação de anticorpos dirigidos para as proteínas.

As bactérias *N. gonorrhoeae* e *N. meningitidis* produzem a **imunoglobulina (Ig)A1 protease**, que cliva a região da dobradiça em IgA1. Essa ação cria fragmentos Fc e Fab imunologicamente inativos. Algumas cepas de *N. gonorrhoeae* também produzem **betalactamase**, que pode degradar a penicilina.

PATOGÊNESE E IMUNIDADE

Os gonococos aderem às células da mucosa, penetram nas células e multiplicam-se, e depois atravessam as células para o espaço subepitelial onde a infecção é estabelecida (Tabela 23.2). As proteínas da pili, PorB e Opa realizam a mediação da adesão e penetração em células hospedeiras. O LOS gonocócico estimula a liberação da citocina pró-inflamatória **TNF-α**, que causa a maioria dos sintomas associados à doença gonocócica.

A IgG3 é o anticorpo IgG predominante formado em resposta à infecção gonocócica. Embora a resposta de anticorpos à PorB seja mínima, os anticorpos séricos para pilina, proteína Opa e LOS são prontamente detectados. Anticorpos para o LOS podem ativar o complemento, liberando o componente C5a do complemento, que tem um efeito quimiotático nos neutrófilos; entretanto, os anticorpos IgG e IgA1 secretório dirigidos contra a proteína Rmp podem bloquear essa resposta de anticorpo bactericida.

Experimentos com culturas de órgãos de tecidos nasofaríngeos mostraram que os meningococos aderem seletivamente aos receptores em células colunares não ciliadas da nasofaringe. A presença da cápsula interfere na adesão da célula epitelial, portanto, a síntese é regulada negativamente antes da adesão. Após a adesão, os meningococos são capazes de se multiplicar, formando grandes agregados de bactérias ancoradas às células do hospedeiro. Em poucas horas após a adesão, a pili sofre modificação pós-translacional, levando à desestabilização dos agregados. Essa desestabilização resulta no aumento da capacidade das bactérias de penetrar nas células hospedeiras e ser liberada nas vias respiratórias; assim, a propagação de pessoa a pessoa é potencialmente aumentada.

A doença meningocócica ocorre em pacientes que não têm anticorpos direcionados contra a cápsula polissacarídica e outros antígenos bacterianos expressos. Os recém-nascidos têm proteção inicialmente conferida pela transferência passiva de anticorpos. Quando o lactente atinge 6 meses de idade, no entanto, essa imunidade protetora é atenuada, o que é um achado consistente com a observação de que a incidência da doença é maior em crianças menores de 2 anos. A imunidade pode ser estimulada pela colonização com *N. meningitidis* ou outras bactérias com antígenos de reatividade cruzada (p. ex., a colonização com espécies de *Neisseria* não encapsuladas; exposição ao antígeno K1 de *Escherichia coli* que reage de maneira cruzada com o polissacarídio capsular do grupo B). A atividade bactericida também requer o complemento. Estima-se que pacientes com **deficiências em C5, C6, C7 ou C8** do sistema complemento apresentem um risco 6.000 vezes maior para a doença meningocócica. Embora a imunidade seja mediada principalmente pela resposta imune humoral, a responsividade linfocitária para antígenos meningocócicos é notavelmente suprimida em pacientes com doença aguda.

De modo semelhante a *N. gonorrhoeae*, os meningococos são internalizados em vacúolos fagocíticos e são capazes de evitar a morte intracelular, replicar e depois migrar para os espaços subepiteliais. A cápsula polissacarídica protege *N. meningitidis* da destruição fagocítica. O dano vascular difuso associado a infecções meningocócicas (p. ex., dano endotelial, inflamação das paredes vasculares, trombose,

Tabela 23.2 Fatores de virulência em *Neisseria gonorrhoeae*.

Fator de virulência	Efeito biológico
Pilina	Proteína que medeia a adesão inicial às células humanas não ciliadas (p. ex., epitélio da vagina, tuba uterina e cavidade bucal); interfere na morte por neutrófilos
Proteína Por	Proteína porina: promove a sobrevivência intracelular, prevenindo a fusão do fagolisossomo em neutrófilos
Proteína Opa	Proteína de opacidade: medeia a adesão firme às células eucarióticas
Proteína Rmp	Proteína modificável de redução: protege outros antígenos de superfície (proteína Por, lipo-oligossacarídio) a partir de anticorpos bactericidas
Proteínas de ligação à transferrina, lactoferrina e hemoglobina	Mediar a aquisição de ferro para o metabolismo bacteriano
LOS	Lipo-oligossacarídio: tem atividade endotóxica
IgA1 protease	Destrói a imunoglobulina A1 (o papel na virulência é desconhecido)
Betalactamase	Hidrolisa o anel de betalactâmico na penicilina

coagulação intravascular disseminada [CID]) é largamente atribuído à ação da **endotoxina LOS** presente na membrana externa.

EPIDEMIOLOGIA

A gonorreia ocorre naturalmente apenas em humanos; não tem outro reservatório conhecido. É a segunda doença sexualmente transmissível mais relatada nos EUA, perdendo apenas para a clamídia. As taxas de infecção são as mesmas nos homens e nas mulheres, desproporcionalmente mais altas em negros do que em hispano-americanos e brancos, além de serem mais elevadas no sudeste dos EUA. O pico de incidência da doença está na faixa etária de 15 a 24 anos. A incidência da doença em geral diminuiu depois de 1978, mas a redução desacelerou por volta de 1996 e as infecções gonocócicas aumentaram a partir de 2010. Em 2017, 555.608 novas infecções foram relatadas nos EUA, o maior número de infecções em mais de 25 anos. No entanto, mesmo esse grande número é um valor subestimado da verdadeira incidência da doença, porque o diagnóstico e a notificação de infecções são incompletos. As autoridades de saúde pública acreditam que as novas infecções podem ser o dobro do número relatado. A experiência americana também não se compara à estimativa da OMS para 2012, de 78 milhões de novos casos de gonorreia em todo o mundo.

Neisseria gonorrhoeae é transmitida principalmente por contato sexual. As mulheres têm um risco de 50% de adquirir a infecção como resultado de uma única exposição a um homem infectado, enquanto os homens têm um risco de aproximadamente 20% como resultado de uma única exposição a uma mulher infectada. O risco de infecção aumenta quando a pessoa tem mais encontros sexuais com parceiros infectados. Os recém-nascidos também estão em risco de desenvolver infecção quando a mãe está infectada.

O maior reservatório para gonococos é o indivíduo infectado de maneira assintomática. O carreamento assintomático é mais comum em mulheres do que em homens. Até metade das mulheres infectadas manifestam infecções leves ou assintomáticas, enquanto a maioria dos homens são inicialmente sintomáticos. A manifestação dos sintomas geralmente ocorre dentro de algumas semanas em indivíduos com a doença não tratada, e o carreamento assintomático pode então tornar-se estabelecido. O local da infecção também determina se o carreamento ocorre, com infecções retais e faríngeas mais comumente assintomáticas do que as infecções genitais.

A **doença meningocócica endêmica** ocorre em todo o mundo, e as epidemias são comuns nos países em desenvolvimento. A propagação epidêmica da doença resulta da introdução de uma nova cepa virulenta em uma população imunologicamente não estimulada (*naïve*). Doenças endêmicas e pandêmicas são incomuns nos países desenvolvidos desde a Segunda Guerra Mundial. Por exemplo, nos EUA, as taxas de doença meningocócica declinaram desde o final dos anos 1990, com cerca de 370 casos relatados em 2016. Por outro lado, os surtos ocorrem a cada 5 a 12 anos na África Subsaariana, nos quais a taxa de ataque pode atingir 1% da população. Dos 13 sorogrupos conhecidos, quase todas as infecções são causadas pelos sorogrupos A, B, C, W135, X e Y. Na Europa e nas Américas, os sorogrupos B, C e Y predominam na meningite ou meningococcemia; o sorogrupo A é responsável por 80 a 85% das doenças nos 26 países que compreendem o cinturão da meningite na África Subsaariana (que vai do Senegal à Etiópia); e W135 é responsável por um surto contínuo de meningite no Chile. Os sorogrupos Y e W135 são mais comumente associados à pneumonia meningocócica.

Neisseria meningitidis é transmitida por gotículas respiratórias entre pessoas em contato próximo prolongado, como membros da família que vivem na mesma casa e soldados que convivem juntos em quartéis militares. Colegas de classe em escolas e os funcionários do hospital não são considerados contatos próximos e não correm risco significativamente maior de aquisição da doença, a menos que estejam em contato direto com as secreções respiratórias de uma pessoa infectada.

Os seres humanos são os únicos portadores naturais de *N. meningitidis*. Estudos de carreamento assintomático de *N. meningitidis* demonstraram uma enorme variação em sua prevalência, de menos de 1% a quase 40%. As taxas de carreamento oral e nasofaríngeo são as mais altas para crianças em idade escolar e adultos jovens; são mais elevadas em populações com menor condição socioeconômica (causadas pela propagação de pessoa a pessoa em áreas de aglomeração); e não variam com as estações do ano, mesmo que a doença seja mais comum durante os meses mais secos e frios do ano. O carreamento é tipicamente transitório, com a eliminação do patógeno após o desenvolvimento da resposta imune humoral. A doença é mais comum em crianças com menos de 1 ano de idade, com um segundo pico na adolescência. Indivíduos imunocomprometidos, como idosos ou pessoas que vivem em populações fechadas (p. ex., quartéis militares, prisões), são mais suscetíveis a infecções durante as epidemias.

DOENÇAS CLÍNICAS

Neisseria gonorrhoeae

Gonorreia. A infecção genital em homens é principalmente restrita à **uretra** (ver Boxe 23.1). Uma secreção uretral purulenta (Figura 23.2) e a disúria se desenvolvem após um período de incubação de 2 a 5 dias. Praticamente todos os homens infectados têm sintomas agudos. Embora as complicações sejam raras, a epididimite, prostatite e os

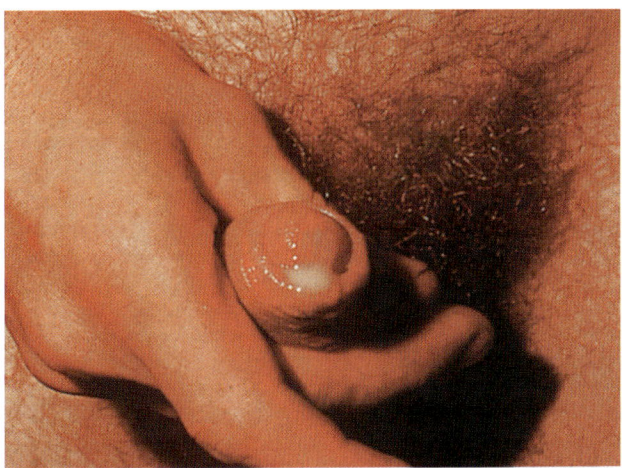

Figura 23.2 Secreção uretral purulenta em homem com uretrite. (De Morse, S.A., Ballard, R.C., Holmes, K.K., et al., 2010. Atlas of Sexually Transmitted Diseases and AIDS, fourth ed. London, UK: Saunders.)

abscessos periuretrais podem ocorrer. O principal local de infecção na mulher é o colo uterino, porque as bactérias infectam as células do epitélio colunar endocervical. O organismo não pode infectar as células epiteliais escamosas que revestem a vagina das mulheres pós-pubescentes. Pacientes sintomáticas costumam ter corrimento vaginal, disúria e dor abdominal. Infecções genitais ascendentes, incluindo salpingite, abscessos tubo-ovarianos e DIP, são observadas em 10 a 20% das mulheres. Embora a infecção inicial em muitas mulheres seja assintomática, elas estão em maior risco de DIP, gestações ectópicas, infertilidade, artrite destrutiva e infecções disseminadas.

Gonococcemia. Infecções disseminadas com **septicemia** e **infecção da pele e articulações** ocorrem em 1 a 3% das mulheres infectadas e em uma porcentagem muito menor de homens infectados (Caso Clínico 23.1). A maior proporção de infecções disseminadas nas mulheres é causada pelas numerosas infecções assintomáticas não tratadas nessa população. As manifestações clínicas da doença disseminada incluem febre; artralgia migratória; artrite supurativa nos pulsos, nos joelhos e nos tornozelos; e uma erupção pustulosa em uma base eritematosa (Figura 23.3) sobre as extremidades, mas não na cabeça e no tronco. *Neisseria gonorrhoeae* é uma das principais causas de **artrite purulenta** em adultos.

Outras síndromes causadas por *N. gonorrhoeae*. Outras doenças associadas a *N. gonorrhoeae* incluem a peri-hepatite **(síndrome de Fitz-Hugh-Curtis)**; conjuntivite purulenta (Figura 23.4), particularmente em recém-nascidos infectados durante o parto vaginal (oftalmia neonatal); gonorreia anorretal em homens homossexuais; e faringite.

Neisseria meningitidis

Meningite. A doença geralmente começa abruptamente com dores de cabeça, sinais meníngeos e febre; porém, muitas crianças pequenas podem ter apenas sinais inespecíficos, como febre e vômitos. A mortalidade se aproxima a 100% em pacientes não tratados, mas é inferior a 10% nos

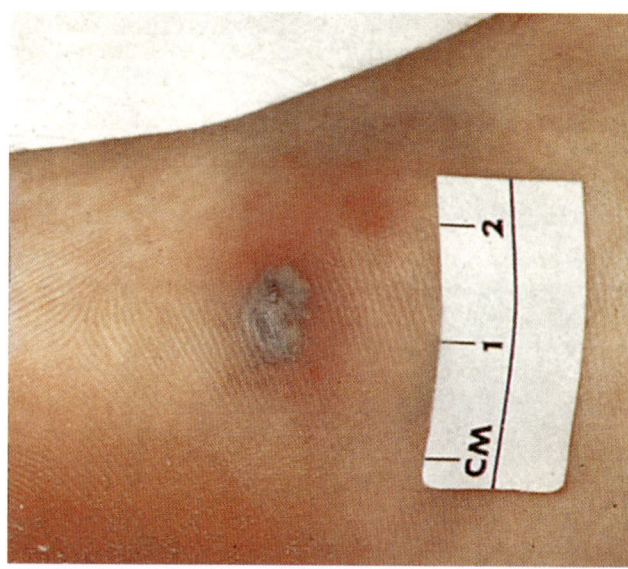

Figura 23.3 Lesões cutâneas de infecção gonocócica disseminada. Lesões grandes clássicas com uma lesão central necrótica e acinzentada sobre uma base eritematosa. (De Morse, S.A., Ballard, R.C., Holmes, K.K., et al., 2010. Atlas of Sexually Transmitted Diseases and AIDS, fourth ed. London, UK: Saunders.)

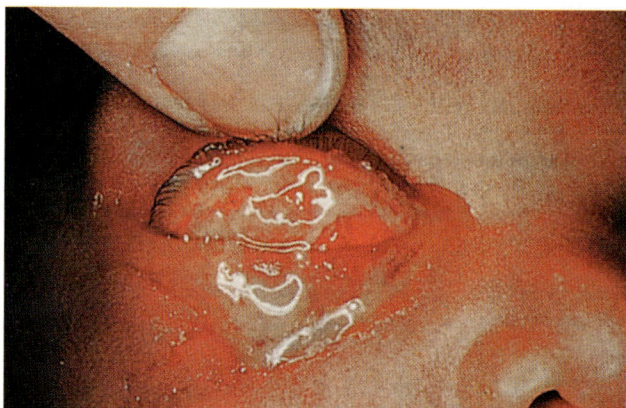

Figura 23.4 Oftalmia neonatal gonocócica. São observados o edema palpebral, eritema e corrimento purulento marcante. Um esfregaço corado pelo Gram revelou a abundância de organismos e células inflamatórias. (De Morse, S.A., Ballard, R.C., Holmes, K.K., et al., 2010. Atlas of Sexually Transmitted Diseases and AIDS, fourth ed. London, UK: Saunders.)

> **Caso Clínico 23.1 Artrite gonocócica**
>
> A artrite gonocócica é uma apresentação comum de infecção disseminada causada por *Neisseria gonorrhoeae*. Fam et al. (*Can Med Assoc J* 108:319-325, 1973) descreveram seis pacientes com essa doença, incluindo o paciente a seguir, que tem uma apresentação típica. Uma jovem de 17 anos foi admitida no hospital com um histórico de 4 dias de febre, calafrios, mal-estar, dor de garganta, erupção cutânea e poliartralgia. Ela relatou ser sexualmente ativa e ter uma história de 5 semanas de corrimento vaginal amarelado e profuso que não foi tratado. Na apresentação, ela apresentou lesões cutâneas eritematosas maculopapulares no antebraço, coxa e tornozelo e inflamação aguda foi observada na articulação metacarpofalângica, pulso, joelho, tornozelo e articulações no tarso médio. Ela tinha contagem de leucócitos e taxa de sedimentação elevadas. As culturas de seu colo uterino foram positivas para *N. gonorrhoeae*, mas amostras de sangue, exsudatos das lesões cutâneas e líquido sinovial foram todas estéreis. O diagnóstico de gonorreia disseminada com poliartrose foi feito e ela foi tratada com sucesso com penicilina G durante 2 semanas. Esse caso ilustra as limitações da cultura em infecções disseminadas e o valor de uma história cuidadosa.

pacientes em que a antibioticoterapia apropriada é instituída prontamente. A incidência de sequelas neurológicas é baixa, com déficits auditivos, dificuldades de aprendizagem e artrite mais comuns.

Meningococcemia. Septicemia (meningococcemia) com ou sem meningite é uma doença que ameaça a vida (Caso Clínico 23.2). A trombose de pequenos vasos sanguíneos e o envolvimento de múltiplos órgãos são os achados clínicos característicos. Lesões cutâneas pequenas e petequiais no tronco e nas extremidades inferiores são comuns e podem coalescer para formar lesões hemorrágicas mais extensas (Figura 23.5). Pode resultar em CID fulminante com choque, juntamente com a destruição bilateral das glândulas adrenais **(síndrome de Waterhouse-Friderichsen)**. Uma septicemia mais branda e crônica também tem sido observada. A bacteriemia pode persistir por dias ou semanas e os únicos sinais de infecção são febre baixa, artrite e

> **Caso Clínico 23.2 Doença meningocócica**
>
> Gardner (*N Engl J Med* 355:1466–1473, 2006) descreveu um jovem de 18 anos, antes saudável, que se apresentou ao departamento de emergência local com início agudo de febre e cefaleia. Sua temperatura estava elevada (40°C) e ele era taquicardíaco (pulso de 140 bpm) e hipotenso (pressão sanguínea 70/40 mmHg). Petéquias foram observadas sobre a região do tórax. Embora o resultado de cultura do líquido cefalorraquidiano fosse negativo, *Neisseria meningitidis* foi recuperada na hemocultura do paciente. Apesar da rapidez na administração de antibacterianos e outras medidas de suporte, sua condição deteriorou-se rapidamente e ele faleceu 12 horas após a chegada ao hospital. Este paciente ilustra a rápida progressão da doença meningocócica, mesmo em adultos jovens e saudáveis.

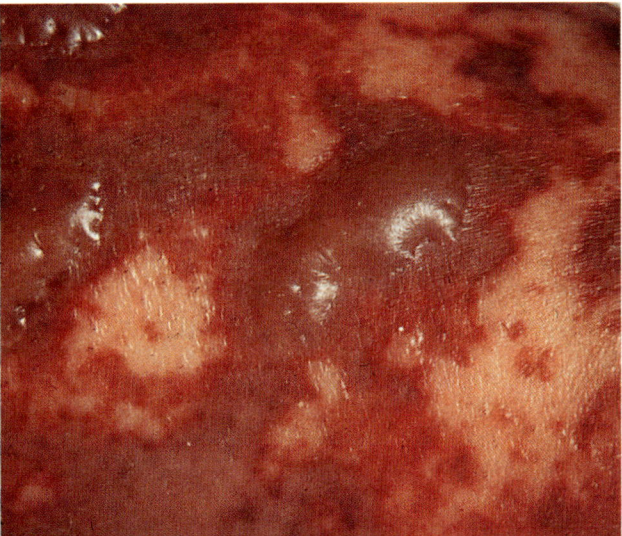

Figura 23.5 Lesões cutâneas em paciente com meningococcemia. Notar que as lesões petequiais coalesceram e formaram bolhas hemorrágicas.

lesões cutâneas petequiais. A resposta à terapia com antibacterianos em pacientes com essa forma da doença é geralmente excelente.

Outras síndromes causadas por *Neisseria meningitidis*. As infecções adicionais causadas por *N. meningitidis* são pneumonia, artrite e uretrite. A pneumonia meningocócica é geralmente precedida por uma infecção do sistema respiratório. Os sintomas incluem tosse, dor torácica, estertores, febre e calafrios. Evidência de faringite é observada na maioria dos pacientes afetados. O prognóstico em pacientes com pneumonia meningocócica é bom.

DIAGNÓSTICO LABORATORIAL

Microscopia

A **coloração de Gram** é muito sensível (> 90%) e específica (98%) na detecção de infecção gonocócica em homens com uretrite purulenta. No entanto, sua sensibilidade na detecção de infecções em homens assintomáticos é de 60% ou menos. O teste também é relativamente insensível na detecção de cervicite gonocócica tanto em mulheres sintomáticas como assintomáticas, embora resultado positivo seja considerado confiável quando um microscopista experiente visualiza diplococos gram-negativos dentro de leucócitos polimorfonucleares. Assim, todos os resultados da coloração de Gram-negativos em mulheres e em homens assintomáticos devem ser confirmados.

A coloração de Gram também é útil para o diagnóstico precoce de artrite purulenta, mas é insensível e inespecífica para detecção de *N. gonorrhoeae* em pacientes com lesões cutâneas, infecções anorretais ou faringite. Espécies de *Neisseria* comensais na orofaringe e bactérias morfologicamente semelhantes no sistema digestório podem ser confundidas com *N. gonorrhoeae*.

Neisseria meningitidis pode ser facilmente observada no líquido cefalorraquidiano (LCR) de pacientes com meningite (ver Figura 23.1), a menos que o paciente tenha recebido a terapia antimicrobiana antes da coleta da amostra clínica. A maioria dos pacientes com bacteriemia causada por outros organismos apresenta uma quantidade muito pequena de organismos em seu sangue, o que torna a coloração de Gram sem valor; entretanto, pacientes com doença meningocócica fulminante geralmente têm um grande número de organismos em seu sangue, que pode ser visto quando os leucócitos do sangue periférico estão corados pelo método de Gram.

Detecção de antígeno

O teste de antígeno para a detecção de *N. gonorrhoeae* é menos sensível do que a cultura ou testes de amplificação de ácidos nucleicos (TAANs) e não é recomendado a menos que testes confirmatórios sejam realizados em espécimes negativos. Os testes comerciais para detectar antígenos capsulares de *N. meningitidis* no LCR, sangue e urina (onde os antígenos são excretados) foram amplamente utilizados no passado, mas caíram em desuso nos últimos anos, porque os testes são menos sensíveis que a coloração de Gram e reações falso-positivas, particularmente com amostras de urina, podem ocorrer.

Testes baseados na análise de ácidos nucleicos

Os TAANs específicos para *N. gonorrhoeae* foram um dos primeiros testes moleculares introduzidos em laboratórios clínicos e representam atualmente o padrão-ouro para o diagnóstico. A combinação de TAANs tanto para as bactérias *N. gonorrhoeae* quanto para *Chlamydia* está disponível e substituiu a cultura ou outros testes diagnósticos na maioria dos laboratórios. Testes que utilizam os ensaios atuais são rápidos (os resultados estão disponíveis em 1 a 2 horas), sensíveis e geralmente específicos. Exames TAANs *point-of-care* (à beira do leito ou laboratoriais remotos) muito rápidos (menos de 10 minutos) estão atualmente em desenvolvimento e devem ser introduzidos nos próximos anos. Quando isso acontecer, o diagnóstico e o tratamento de doenças sexualmente transmissíveis sofrerá mudanças significativas. O principal problema com os TAANs é que não podem ser utilizados para monitorar a resistência antimicrobiana dos patógenos identificados.

Cultura

Neisseria gonorrhoeae pode ser facilmente isolada de espécimes genitais se for tomado cuidado na coleta e processamento das amostras (Figura 23.6). Visto que outros organismos comensais normalmente colonizam as superfícies das mucosas, todas as amostras genitais, retais e faríngeas devem ser

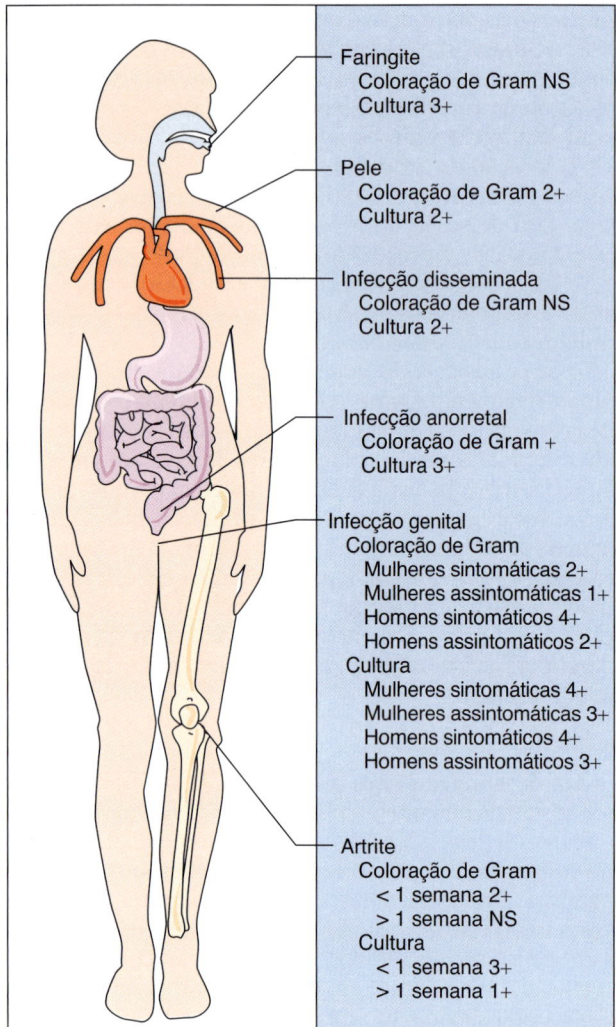

Figura 23.6 Detecção laboratorial de *Neisseria gonorrhoeae*. NS, não específico ou sensível.

inoculadas em **meios não seletivos** (p. ex., ágar-sangue e chocolate) e **meios seletivos** que suprimem o crescimento de organismos contaminantes (p. ex., meio de Thayer-Martin modificado). Um meio não seletivo deve ser utilizado porque algumas cepas gonocócicas são inibidas pela vancomicina presente na maioria dos meios seletivos. Os organismos também são inibidos pelos ácidos graxos e metais residuais presentes na peptona hidrolisada e no ágar em outros meios laboratoriais comuns (p. ex., ágar-sangue, ágar nutriente). Os gonococos morrem rapidamente se as amostras secarem, dessa forma, devem ser evitadas a secagem e as baixas temperaturas, inoculando diretamente as amostras em meios preaquecidos no momento da coleta.

A endocérvice deve ser devidamente exposta para garantir que um espécime adequado seja coletado. Embora as bactérias possam ser recuperadas em exsudato endocervical presente na vagina, um espécime vaginal é inadequado para diagnóstico de mulheres assintomáticas. Apesar de a endocérvice ser o local mais comum de infecção em mulheres, as culturas retais podem ser as únicas amostras positivas em mulheres que têm infecções assintomáticas, bem como em homens homossexuais e bissexuais. Os resultados de hemocultura são geralmente positivos para os gonococos apenas durante a primeira semana de infecção em pacientes com doença disseminada. Além disso, a manipulação especial do sangue é necessária para garantir a recuperação adequada dos gonococos, pois os suplementos presentes nos meios de hemocultura podem ser tóxicos para *Neisseria*. Culturas de espécimes de articulações infectadas são positivas para o organismo, se as amostras são coletadas no momento em que a artrite se desenvolve, mas as culturas de espécimes de pele são geralmente negativas.

Neisseria meningitidis, de modo geral, está presente em grande número no LCR, sangue e escarro. Embora o organismo seja inibido por fatores tóxicos nos meios de cultura e pelo anticoagulante nas hemoculturas, isso parece ser um problema menor do que o observado com *N. gonorrhoeae*. Os cuidados devem ser usados no processamento de LCR e amostras de sangue, porque as cepas bacterianas responsáveis por doenças disseminadas são mais virulentas e representam um risco de segurança para os tecnólogos de laboratório.

Identificação

As espécies patogênicas de *Neisseria* são identificadas preliminarmente com base no isolamento de diplococos gram-negativos, oxidase-positivos, que crescem em ágar-sangue e chocolate ou em meios que são seletivos para espécies patogênicas de *Neisseria*. A identificação definitiva é guiada pelo padrão de oxidação de carboidratos ou outros testes como a espectrometria de massa por ionização e dessorção a *laser* assistida por matriz (MALDI).

TRATAMENTO, PREVENÇÃO E CONTROLE

A penicilina foi historicamente o antibacteriano de escolha para o tratamento de gonorreia; contudo, não é utilizada atualmente porque a concentração do fármaco necessária para eliminar cepas "suscetíveis" tem aumentado constantemente e a resistência franca se tornou comum. A resistência à tetraciclina e ao ciprofloxacino também se tornou prevalente e nenhum dos antibacterianos é recomendado para o tratamento. Atualmente, o Centro de Controle e Prevenção de Doenças (CDC) recomenda dupla terapia com **ceftriaxona** e azitromicina. A resistência a cada um desses antibacterianos é observada globalmente; entretanto, a combinação ainda permanece eficaz, embora não se saiba por quanto tempo.

Grandes esforços para conter a epidemia de gonorreia incluem educação, detecção agressiva e rastreio de acompanhamento dos contatos sexuais. É importante perceber que a gonorreia é uma doença significativa. As infecções crônicas podem levar à esterilidade e as infecções assintomáticas perpetuam o reservatório da doença e levam a uma maior incidência de infecções disseminadas. A quimioprofilaxia com 1% de nitrato de prata, 1% de tetraciclina ou 0,5% de eritromicina em pomada oftalmológica é rotineiramente utilizada para proteger os recém-nascidos contra infecções oculares gonocócicas (oftalmia neonatal); entretanto, o uso profilático de antibacterianos para prevenir doenças genitais é ineficaz e não recomendado. Embora haja interesse em desenvolver uma imunização contra ***N. gonorrhoeae***, uma **vacina eficaz ainda não está disponível**. A imunidade contra infecção por *N. gonorrhoeae* é mal compreendida. Anticorpos para antígenos da pili, proteínas Por e LOS podem ser detectados; no entanto, infecções múltiplas são comuns em pessoas sexualmente ativas. Essa falta de imunidade protetora é explicada em parte pela diversidade antigênica de linhagens gonocócicas. A região variável no terminal carboxila das proteínas pilina é a porção imunodominante da molécula. Anticorpos desenvolvidos para essa região protegem contra a reinfecção por uma cepa homóloga, mas a proteção cruzada contra cepas heterólogas é incompleta. Essa diversidade antigênica também explica a ineficácia de vacinas desenvolvidas contra as proteínas pilinas.

A cefotaxima ou ceftriaxona deve ser utilizada inicialmente para tratar infecções por N. meningitidis. Se o organismo se demonstrar suscetível à penicilina, o tratamento pode ser alterado para penicilina G. A quimioprofilaxia é recomendada para contatos com exposição significativa a pacientes com doença meningocócica (definido como indivíduos com exposição direta a secreções respiratórias ou > 8 horas de contato próximo com o paciente). Atualmente, rifampicina, ciprofloxacino ou ceftriaxona são recomendados para a profilaxia.

A erradicação de N. meningitidis com antibacterianos em portadores saudáveis é ineficaz, de modo que a prevenção de doenças tem se concentrado na melhoria da imunidade através do uso de vacinas dirigidas contra os sorogrupos mais comumente associados à doença. Duas vacinas tetravalentes eficazes contra os sorogrupos A, C, Y e W135 estão atualmente licenciadas nos EUA: uma vacina polissacarídica e uma vacina conjugada de polissacarídio-proteína. A vacina conjugada é recomendada para todos os adolescentes de 11 ou 12 anos de idade, com uma dose de reforço administrada aos 16 anos. Outros adultos em maior risco para a doença meningocócica devem ser vacinados com uma vacina tetravalente. Infelizmente, o polissacarídio do grupo B é um imunógeno fraco e está antigenicamente relacionado com um polissacarídio em tecidos neurológicos humanos. Esforços para desenvolver vacinas para proteínas do grupo B estão em andamento. Em dezembro de 2010, uma nova vacina conjugada meningocócica A foi introduzida com sucesso na África e foi observada uma diminuição da incidência de meningite nas regiões em que a vacina foi utilizada. Até 2016, a vacina havia sido introduzida em 16 dos 26 países-alvo do cinturão africano de meningite, com a eliminação da epidemia meningocócica do sorogrupo A. Atualmente, as epidemias nesses países são causadas principalmente pelos sorogrupos C e W.

Outras espécies de Neisseria

Espécies de Neisseria, como N. sicca e N. mucosa, são organismos comensais na orofaringe. Esses organismos são responsáveis por casos isolados de meningite, osteomielite, endocardite, infecções broncopulmonares, otite média aguda e sinusite aguda. A verdadeira incidência de infecções do sistema respiratório causadas por esses organismos não é conhecida, porque a maioria dos espécimes está contaminada com secreções orais. No entanto, a maioria dos espécimes está contaminada com secreções orais. No entanto, a observação de muitos diplococos gram-negativos associados às células inflamatórias em um espécime respiratório bem coletado dá suporte ao papel etiológico desses organismos. A maioria dos isolados de N. sicca e N. mucosa é suscetível à penicilina, embora seja observada a baixa resistência causada pela alteração da proteína de ligação à penicilina (ou seja, PBP2).

EIKENELLA CORRODENS

No início da década de 1960, uma coleção de pequenos bacilos gram-negativos fastidiosos foi classificada pelos pesquisadores do CDC como membros do grupo HB (nomeado em homenagem ao paciente infectado com o isolado original). Os organismos foram subsequentemente subdivididos no subgrupo HB-1 (agora conhecido como E. corrodens), subgrupo HB-2 (Aggregatibacter [Haemophilus] aphrophilus) e subgrupos HB-3 e HB-4 (A. [Actinobacillus] actinomycetemcomitans; ver Capítulo 24). Além de serem morfologicamente semelhantes, esses organismos colonizam a orofaringe e, no cenário de doenças cardíacas preexistentes, podem causar endocardite bacteriana subaguda.

Eikenella corrodens é um bacilo gram-negativo, anaeróbio facultativo, não móvel, não formador de esporo, de tamanho moderado ($0,2 \times 2,0$ µm). O organismo tem o nome de Eiken, que caracterizou a bactéria e observou a capacidade do organismo de "corroer" o ágar. Eikenella corrodens é um habitante normal do trato respiratório superior humano, mas em razão de suas exigências fastidiosas de crescimento, é difícil de detectar, a menos que sejam utilizados meios de cultura seletivos específicos. É um patógeno oportunista que causa infecções em pacientes imunocomprometidos ou desenvolve doenças ou traumas da cavidade oral. Eikenella corrodens é mais comumente isolado em condições de uma **ferida por mordida humana** ou lesão por luta de punho. Outras infecções incluem endocardite, sinusite, meningite, abscessos cerebrais, pneumonia e abscessos pulmonares. Visto que a maioria das infecções se origina da orofaringe, misturas polimicrobianas de bactérias aeróbias e anaeróbias estão frequentemente presentes nas culturas.

Organismo de crescimento lento e fastidioso, E. corrodens requer de 5 a 10% de dióxido de carbono para crescer. Pequenas colônias (0,5 a 1,0 mm) são observadas após 48 horas de incubação em ágar-sangue ou chocolate, mas o organismo cresce pouco ou não cresce de modo algum nos meios seletivos para bastonetes gram-negativos. A perfuração no ágar é uma característica diferencial útil, mas menos da metade dos isolados exibem esse aspecto. O organismo também produz um odor semelhante ao de um alvejante, característico. Portanto, se for encontrado um bacilo gram-negativo de crescimento lento é perfurando o ágar-sangue e produzindo um odor parecido com o de um alvejante, uma identificação preliminar desse organismo pode ser feita. Eikenella corrodens é suscetível à penicilina (incomum para uma bactéria gram-negativa), ampicilina, cefalosporinas de amplo espectro, tetraciclinas e fluoroquinolonas, mas é resistente à oxacilina, cefalosporinas de primeira geração, clindamicina, eritromicina e os aminoglicosídios. Desse modo, a E. corrodens é resistente a muitos antibacterianos que são selecionados empiricamente para tratar as infecções de feridas por mordida.

KINGELLA KINGAE

As espécies de Kingella são pequenos cocobacilos gram-negativos que morfologicamente se assemelham às espécies de Neisseria e residem na orofaringe humana. As bactérias são anaeróbias facultativas, fermentam carboidratos e apresentam exigências de crescimento fastidioso. Kingella kingae, espécie mais comumente isolada, representa o principal responsável pela artrite séptica em crianças e pela endocardite em pacientes de todas as idades. Como o organismo cresce lentamente, podem ser necessários 3 ou mais dias de incubação para a detecção do organismo em espécimes clínicos. A maioria das cepas é suscetível a antibacterianos betalactâmicos, incluindo penicilina, tetraciclinas, eritromicina, fluoroquinolonas e aminoglicosídios.

Bibliografia

Blank, S., Daskalakis, D., 2018. Neisseria gonorrhoeae–rising infection rates, dwindling treatment options. N. Engl. J. Med. 379, 1795–1797.

Cohn, A.C., MacNeil, J.R., Harrison, L.H., et al., 2010. Changes in Neisseria meningitidis disease epidemiology in the United States, 1998-2007: implications for prevention of meningococcal disease. Clin. Infect. Dis. 50, 184–191.

Gardner, P., 2006. Clinical practice: prevention of meningococcal disease. N. Engl. J. Med. 355, 1466–1473.

Harrison, L., 2010. Epidemiological profile of meningococcal disease in the United States. Clin. Infect. Dis. 50, S37–S44.

Milonovich, L., 2007. Meningococcemia: epidemiology, pathophysiology, and management. J. Pediatr. Health Care 21, 75–80.

Newman, L., Rowley, J., Hoom, S., et al., 2015. Global estimates of the prevalence and incidence of four curable sexually transmitted infections in 2012 based on systematic review and global reporting. PLoS ONE 10 (12), e0143304.

Quagliarella, V., 2011. Dissemination of Neisseria meningitidis. N. Engl. J. Med. 364, 1573–1575.

Schielke, S., Frosch, M., Kurzai, O., 2010. Virulence determinants involved in differential host niche adaptation of Neisseria meningitidis and Neisseria gonorrhoeae. Med. Microbiol. Immunol. 199, 185–196.

Stephens, D., 2007. Conquering the meningococcus. FEMS Microbiol. Rev. 31, 3–14.

Winstead, J.M., McKinsey, D.S., Tasker, S., et al., 2000. Meningococcal pneumonia: characterization and review of cases seen over the past 25 years. Clin. Infect. Dis. 30, 87–94.

24 Haemophilus e Bactérias Relacionadas

Um garoto de 10 anos estava jogando beisebol com um amigo quando falhou ao pegar a bola. Ele correu para o quintal de um vizinho para recuperá-la. Sua aproximação assustou um cão adormecido, que latiu e mordeu o menino na perna. A mordida cortou a pele, mas não feriu gravemente o garoto. Ele correu de volta para seu amigo e continuou jogando a bola, sem se preocupar com a mordida. Dois dias depois, a ferida por mordida tornou-se eritematosa e dolorosa, e uma secreção serosa estava presente. A mãe do menino o levou para a clínica de emergência local, onde foram realizadas as culturas e iniciada a terapia com antibacterianos. No dia seguinte, o laboratório relatou o isolamento de bastonetes ou bacilos gram-negativos, posteriormente identificados como *Pasteurella multocida*. Esse organismo é um membro da família Pasteurellaceae, que é uma coleção heterogênea de pequenos bastonetes gram-negativos.

1. Quais são as infecções mais comuns associadas às bactérias *Haemophilus influenzae* tipo b, *Aggregatibacter* e *Pasteurella*?
2. Por que a doença com *H. influenzae* tipo b é incomum nos EUA?
3. Por que a detecção do polissacarídio capsular (ou seja, o fosfato de polirribitol [PRP]) em *H. influenzae* tem valor limitado?
4. Qual é o tratamento de escolha para as infecções por *Pasteurella*?

RESUMOS Organismos clinicamente significativos

HAEMOPHILUS

Palavras-chave

Cocobacilos, tipo b, PRP, meningite, cancro mole ou cancroide, vacina

Biologia e virulência

- Bacilos ou cocobacilos gram-negativos, pequenos, pleomórficos
- Anaeróbios facultativos, fermentadores
- Maioria das espécies requer fator X e/ou V para o crescimento
- *Haemophilus influenzae* subdividido sorologicamente (tipos a ao f) e bioquimicamente (biotipos I a VIII)
- *H. influenzae* tipo b é clinicamente o mais virulento (com PRP na cápsula)
- *Haemophilus* adere às células hospedeiras via pili e estruturas não pilus

Epidemiologia

- Espécies de *Haemophilus* comumente colonizadas em humanos, embora espécies de *Haemophilus* encapsuladas, particularmente *H. influenzae* tipo b, sejam membros incomuns da microbiota normal
- A doença causada por *H. influenzae* tipo b era principalmente um problema pediátrico; erradicada em populações imunizadas
- A doença causada por *H. ducreyi* é incomum nos EUA
- Com exceção de *H. ducreyi*, que se propaga por contato sexual, a maioria das infecções por *Haemophilus* é causada pela microbiota orofaríngea do paciente (infecções endógenas)
- Os pacientes com maior risco de doença são aqueles com níveis inadequados de anticorpos protetores, com depleção do sistema complemento ou que foram submetidos à esplenectomia

Doenças

- Consulte a Tabela 24.2 para o resumo de doenças

Diagnóstico

- A microscopia é um teste sensível para a detecção de *H. influenzae* no líquido cefalorraquidiano, no líquido sinovial e em amostras do trato respiratório inferior, mas não de outros locais
- A cultura é realizada com ágar chocolate
- Testes de antígenos são específicos para *H. influenzae* do tipo b; portanto, esses testes são negativos para infecções causadas por outros organismos

Tratamento, prevenção e controle

- Infecções por *Haemophilus* são tratadas com cefalosporinas de amplo espectro, amoxicilina, azitromicina, doxiciclina ou fluoroquinolonas; a suscetibilidade à amoxicilina deve ser documentada
- Imunização ativa com vacinas conjugadas de PRP previne a maioria dos casos de infecções por *H. influenzae* do tipo b

PRP, polirribitol fosfato.

Os três gêneros mais importantes da família Pasteurellaceae são **Haemophilus**, **Aggregatibacter** e **Pasteurella** (Tabela 24.1), responsáveis por um amplo espectro de doenças (Boxe 24.1). Os membros dessa família são pequenos bacilos gram-negativos (0,2 a 0,3 × 1,0 a 2,0 μm), anaeróbios facultativos. A maioria tem propriedades fastidiosas, exigindo meios enriquecidos para o isolamento. Membros do gênero *Haemophilus*, particularmente *H. influenzae*, são os patógenos mais comuns dessa família e serão o foco principal deste capítulo (Tabela 24.2).

Haemophilus

Os membros do gênero *Haemophilus* são pequenos bacilos gram-negativos, às vezes pleomórficos, presentes nas membranas mucosas de seres humanos (Figura 24.1). ***Haemophilus influenzae*** é a espécie mais comumente associada a doenças, embora a introdução da vacina contra *H. influenzae* do tipo b tenha reduzido consideravelmente a incidência da doença, particularmente na população pediátrica.

Tabela 24.1 Bactérias importantes da família Pasteurellaceae.

Organismo	Derivação histórica
Haemophilus	haemo, sangue; hilos, amante ("amante de sangue"; requer sangue para crescimento em meios contendo ágar)
H. influenzae	Originalmente se acreditava que era a causa da gripe
H. aegyptius	aegyptius, egípcio (observado por Robert Koch em 1883 em exsudatos de egípcios com conjuntivite)
H. ducreyi	Nomeado em homenagem ao bacteriólogo Ducrey, quem isolou pela primeira vez esse organismo
Aggregatibacter	agreggare, junção; bacter, bastonete bacteriano; bactérias em forma de bastão que se agregam ou se aglomeram
A. actinomycetemcomitans	comitans, acompanhante ("acompanhando um actinomiceto"; os isolados são frequentemente associados ao Actinomyces)
A. aphrophilus	aphros, espuma; philos, amor ("amor à espuma")
Pasteurella	Nomeada em homenagem a Louis Pasteur
P. multocida	multus, muitos; cidus, para matar ("muitos assassinatos"); patogênico para muitas espécies de animais)
P. canis	canis, cães (isolados das bocas de cães)

Boxe 24.1 Pasteurellaceae: resumos clínicos.

Haemophilus influenzae

Meningite: uma doença que afeta principalmente crianças não imunizadas, com sintomas de febre, dor de cabeça forte e sinais sistêmicos

Epiglotite: uma doença que afeta principalmente crianças não imunizadas, com sintomas de faringite inicial, febre e dificuldade para respirar, além de progressão para celulite e edema dos tecidos supraglóticos, com possível obstrução das vias respiratórias

Pneumonia: inflamação e consolidação dos pulmões, observadas principalmente em idosos com doença pulmonar crônica de base; tipicamente causada por cepas não tipáveis

Haemophilus aegyptius

Conjuntivite: uma conjuntivite aguda purulenta ("olho róseo")

Haemophilus ducreyi

Cancro mole ou cancroide: doença sexualmente transmissível caracterizada por uma pápula sensível com uma base eritematosa que progride para ulceração dolorosa com linfadenopatia associada

Aggregatibacter actinomycetemcomitans

Endocardite: responsável pela forma subaguda de endocardite em pacientes com danos subjacentes à valva cardíaca

Aggregatibacter aphrophilus

Endocardite: como observada com *A. actinomycetemcomitans*

Pasteurella multocida

Ferida por mordida: a manifestação mais comum é a ferida por mordida de gato ou cachorro infectado; particularmente comum em mordidas de gato porque as feridas são profundas e difíceis de desinfetar

Haemophilus aegyptius é uma importante causadora de conjuntivite purulenta aguda. *Haemophilus ducreyi* é reconhecido como o agente etiológico do **cancro mole** ou **cancroide** causado por doença sexualmente transmissível. Os outros membros do gênero são geralmente isolados em amostras clínicas (p. ex., *H. parainfluenzae* é a espécie mais comum na boca), mas raramente são patogênicos e são responsáveis principalmente por infecções oportunísticas.

FISIOLOGIA E ESTRUTURA

O crescimento da maioria das espécies de *Haemophilus* requer suplementação dos meios com um ou mais fatores estimuladores de crescimento: (1) **hemina** (também denominada **fator X** para "fator desconhecido") e (2) **nicotinamida adenina dinucleotídio** (**NAD;** também chamado **fator V** para "vitamina"). Apesar de ambos os fatores estarem presentes nos meios enriquecidos com sangue, o ágar-sangue de carneiro deve ser levemente aquecido para destruir os inibidores do fator V. Por esse motivo, o ágar-sangue aquecido ("chocolate") é usado para o isolamento de *Haemophilus* em cultura.

A estrutura do envoltório celular de *Haemophilus* é típica de outros bacilos gram-negativos. O lipopolissacarídio com atividade de endotoxina está presente no envoltório celular e as proteínas cepa-específicas e espécie-específicas são encontradas na membrana externa. A análise dessas proteínas específicas da cepa é valiosa em investigações epidemiológicas. A superfície de muitas, mas não de todas as cepas de *H. influenzae* é coberta com uma **cápsula polissacarídica**, e seis sorotipos antigênicos (a até f) foram identificados. Antes da introdução da vacina contra *H. influenzae* do tipo b, **H. influenzae do sorotipo b** foi responsável por mais de 95% de todas as infecções invasivas por *Haemophilus*. Após a introdução da vacina, a maioria das doenças causada por esse sorotipo desaparece em populações vacinadas, e mais da metade das doenças invasivas passam a ser causadas por cepas não encapsuladas (não tipáveis). A incidência de *Haemophilus* sorotipo b não tem aumentado desde 2000, enquanto a doença causada por outros sorotipos ou cepas não tipáveis tem aumentado lentamente nos EUA.

Além da diferenciação sorológica de *H. influenzae*, a espécie é subdividida em oito **biotipos** (I a VIII), como determinado por três reações bioquímicas: produção de indol, atividade de urease e atividade de ornitina descarboxilase. A separação desses biotipos é útil para fins epidemiológicos.

PATOGÊNESE E IMUNIDADE

Espécies de *Haemophilus*, particularmente *H. parainfluenzae* e *H. influenzae* não encapsulado, colonizam o trato respiratório superior em praticamente todas as pessoas nos primeiros meses de vida. Esses organismos podem disseminar localmente e causar doenças nos ouvidos (otite média), seios nasais (sinusite) e trato respiratório inferior (bronquite, pneumonia). A doença disseminada, no entanto, é relativamente incomum. Por outro lado, *H. influenzae* encapsulado (particularmente o sorotipo b [biotipo I]) é incomum no trato respiratório superior ou está presente apenas em números muito pequenos, mas é uma causa comum de doenças em crianças não vacinadas

Tabela 24.2 Espécies de *Haemophilus* associadas à doença humana.

Espécie	Doenças primárias	Frequência
Haemophilus influenzae	Pneumonia, sinusite, otite, meningite, epiglotite, celulite, bacteriemia	Comum em todo o mundo; pouco comum nos EUA
H. aegyptius	Conjuntivite	Incomum
H. ducreyi	Cancroide ou cancro mole	Incomum nos EUA
H. parainfluenzae	Bacteriemia, endocardite, infecções oportunísticas	Rara

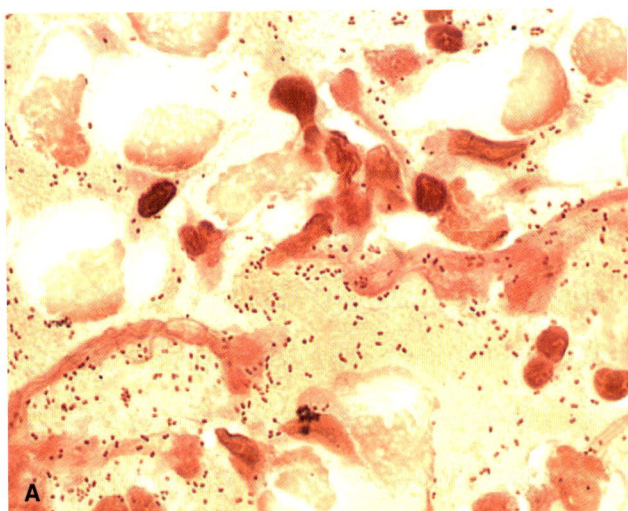

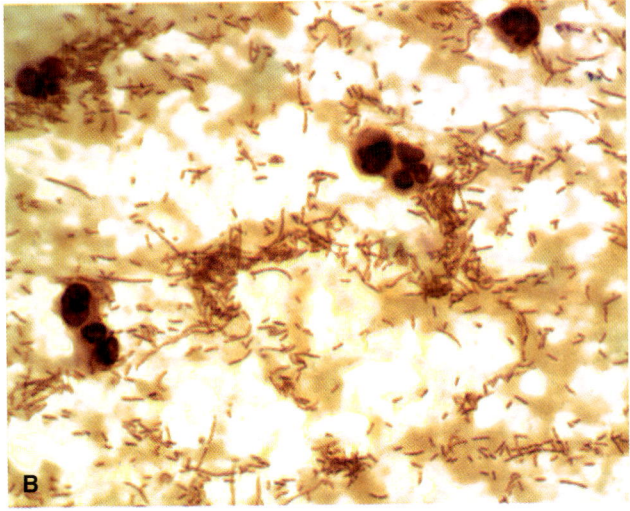

Figura 24.1 Coloração de Gram de *Haemophilus influenzae*. **A.** Pequenas formas de cocobacilos visualizadas no escarro de um paciente com pneumonia. **B.** Formas pleomórficas finas visualizadas na África, em criança de 1 ano, não vacinada, com meningite fulminante e exposta à dose inicial de ampicilina.

(ou seja, meningite, epiglotite, [laringite obstrutiva], celulite). A pili e as adesinas não pilus são mediadoras da colonização da orofaringe com *H. influenzae*. Componentes do envoltório celular da bactéria (p. ex., lipopolissacarídio e um glicopeptídio de baixo peso molecular) prejudicam a função ciliar, levando a danos do epitélio respiratório. As bactérias podem então ser translocadas através de células epiteliais e endoteliais e podem entrar no sangue. Na ausência de anticorpos específicos opsonizantes direcionados contra a cápsula de polissacarídio, a bacteriemia de alto grau pode se desenvolver com a disseminação para as meninges ou outros focos distais.

O principal fator de virulência em *H. influenzae* do tipo b é a cápsula de polissacarídio antifagocítica, que contém ribose, ribitol e fosfato (comumente referida como **fosfato de polirribitol [PRP]**). Anticorpos direcionados contra a cápsula estimulam intensamente a fagocitose bacteriana e a atividade bactericida mediada por complemento. Esses anticorpos se desenvolvem por causa da infecção natural, vacinação com PRP purificado ou a transferência passiva de anticorpos maternos. A gravidade da doença sistêmica está inversamente relacionada com a taxa de eliminação de bactérias do sangue. O risco de meningite e epiglotite é significativamente maior em pacientes sem anticorpos anti-PRP, aqueles com depleção de complemento e aqueles que foram submetidos à esplenectomia. O componente lipopolissacarídico **lipídio A** induz inflamação meníngea em um modelo animal e pode ser responsável por iniciar essa resposta em seres humanos. As imunoglobulinas **(Ig)A1 proteases** são produzidas por *H. influenzae* (tanto as cepas encapsuladas quanto nas não encapsuladas) e podem facilitar a colonização dos organismos em superfícies de mucosas, interferindo na imunidade humoral.

EPIDEMIOLOGIA

As espécies de *Haemophilus* estão presentes em quase todos os indivíduos, principalmente colonizando as membranas mucosas do sistema respiratório. *Haemophilus parainfluenzae* é a espécie de *Haemophilus* predominante na boca. Cepas não encapsuladas de *H. influenzae* também são comumente encontradas no trato respiratório superior; contudo, as cepas encapsuladas são detectáveis apenas em pequenos números e somente quando métodos de cultura altamente seletivos são utilizados. Antes da introdução da vacina contra *H. influenzae*, apesar de *H. influenzae* tipo b ser o sorotipo mais comum a causar doença sistêmica, raramente foi isolado em crianças saudáveis (um fato que enfatiza a virulência dessa bactéria).

A epidemiologia da doença causada por *Haemophilus* mudou drasticamente. Antes da introdução de **vacinas conjugadas de *Haemophilus influenzae* tipo b**, estima-se que 20 mil casos da doença invasiva por *H. influenzae* do tipo b ocorriam anualmente em crianças com menos de 5 anos nos EUA. As primeiras vacinas de polissacarídios para *H. influenzae* tipo b não eram protetoras para lactentes menores de 18 meses (a população de maior risco para a doença), porque há um atraso natural na maturação da resposta imunológica aos antígenos polissacarídicos. Quando vacinas contendo antígenos purificados de PRP conjugados a carreadores de proteínas (*i. e.*, toxoide diftérico, toxoide tetânico, proteína da membrana externa meningocócica) foram introduzidas em dezembro de 1987, uma resposta de anticorpos protetores em lactentes com idade igual ou superior a 2 meses foi produzida e a doença sistêmica em crianças menores de 5 anos foi praticamente eliminada nos EUA, com apenas 29 casos relatados em 2015. A maioria das infecções por *H. influenzae* tipo b ocorre atualmente em crianças não imunes (em razão de vacinação incompleta ou de má resposta à vacina) e em adultos idosos com imunidade em declínio progressivo. Além disso, a doença invasiva por *H. influenzae* causada por outros sorotipos de cepas encapsuladas e não encapsuladas tornou-se agora proporcionalmente mais comum do que a doença resultante do sorotipo b. Deve-se notar que a eliminação bem-sucedida da doença pelo *H. influenzae* tipo b nos EUA não é observada em muitos países em desenvolvimento, nos quais os programas de vacinação são difíceis de executar. Assim, *H. influenzae* tipo b permanece o patógeno pediátrico mais significativo em muitos países do mundo. Estima-se que 3 milhões de casos de doenças graves e até 700 mil mortes ocorram na população pediátrica cada ano no mundo, o que é uma tragédia, considerando que a vacinação poderia eliminar praticamente todas as doenças. A epidemiologia da doença causada por *H. influenzae* não encapsulado e outras espécies de *Haemophilus* é distinta. Infecções dos ouvidos e dos seios nasais causadas por esses organismos são principalmente doenças pediátricas, mas podem ocorrer em adultos. A doença pulmonar afeta com mais frequência os idosos, particularmente aqueles com histórico de doença pulmonar obstrutiva crônica (DPOC) ou condições de predisposição para a aspiração (p. ex., alcoolismo, estado mental alterado).

Haemophilus ducreyi é uma causa importante de úlceras genitais (cancroide) na África e na Ásia, mas é menos comum na Europa e na América do Norte. A incidência da doença nos EUA é cíclica. Um pico de incidência de mais de 5.000 casos foi relatado em 1988, diminuindo para sete casos em 2016. Apesar dessa tendência favorável, o Centro de Controle e Prevenção de Doenças documentou que a doença é significativamente não reconhecida e subnotificada, tornando desconhecida a real incidência.

DOENÇAS CLÍNICAS

As síndromes clínicas observadas em pacientes com infecções por *H. influenzae* estão representadas na Figura 24.2. As doenças causadas por todas as espécies de *Haemophilus* são descritas nas seções seguintes (ver Tabela 24.2).

Meningite

Haemophilus influenzae tipo b era a causa mais comum de meningite, mas essa situação mudou rapidamente quando as vacinas conjugadas se tornaram amplamente utilizadas. A doença em pacientes não imunes resulta da disseminação hematogênica de organismos da nasofaringe e não pode ser diferenciada clinicamente de outras causas de meningite bacteriana. A apresentação inicial é um histórico de 1 a 3 dias de doença branda que acomete o trato respiratório superior, após o qual os sinais e sintomas característicos de meningite se manifestam. A mortalidade é inferior a 10% em pacientes que recebem terapia imediata; estudos cuidadosamente desenvolvidos documentaram baixa incidência de sequelas neurológicas graves (em contraste com a incidência de 50% de graves danos residuais relatados em crianças não imunes avaliadas em estudos iniciais). A transmissão de pessoa para pessoa em uma população não imune é bem relatada, por isso devem ser usadas precauções epidemiológicas adequadas.

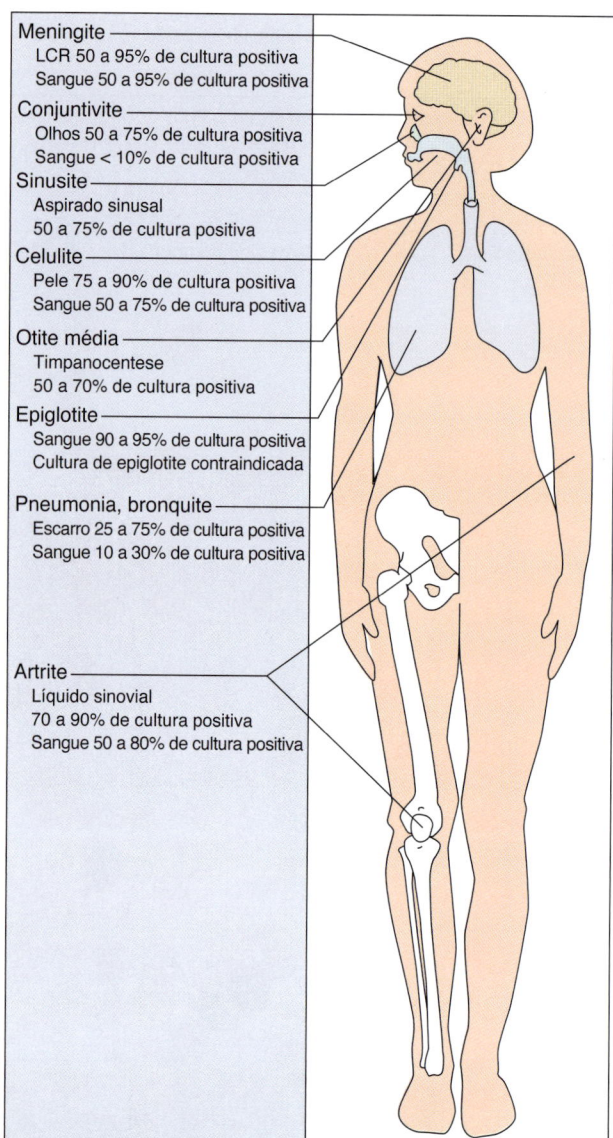

Figura 24.2 Infecções causadas por *Haemophilus influenzae*. Com o advento da vacina conjugada, a maioria das infecções em adultos envolve áreas contíguas à orofaringe (ou seja, o trato respiratório inferior, seios da face, orelhas). Infecções sistêmicas graves (p. ex., meningite, epiglotite) podem ocorrer em pacientes não imunes. *LCR*, líquido cefalorraquidiano.

Epiglotite

A epiglotite, caracterizada por celulite e edema de tecidos supraglóticos, representa uma emergência de risco à vida. Embora a epiglotite seja uma doença pediátrica, o pico de incidência dessa doença durante a era pré-vacina ocorreu em lactentes de 2 a 4 anos; por outro lado, a incidência máxima de meningite foi observada em indivíduos de 3 a 18 meses de idade. Crianças com epiglotite desenvolvem faringite, febre e dificuldade respiratória, que pode progredir rapidamente para obstrução das vias respiratórias e morte. Desde a introdução da vacina, a incidência dessa doença também diminuiu drasticamente em crianças e permanece relativamente rara em adultos.

Celulite

Como a meningite e a epiglotite, a celulite é uma doença pediátrica causada por *H. influenzae* que, em grande parte, foi eliminada pela vacinação. Quando observada, os pacientes têm febre e celulite caracterizadas pelo desenvolvimento de manchas azul-avermelhadas nas bochechas ou áreas periorbitais. O diagnóstico é fortemente sugerido pela apresentação clínica característica, a celulite proximal à mucosa oral e a falta de vacinação documentada na criança.

Artrite

Antes do advento das vacinas conjugadas, a forma mais comum de artrite em indivíduos menores de 2 anos era uma infecção de uma única e grande articulação secundária à disseminação hematogênica de *H. influenzae* tipo b. A doença ocorre em crianças mais velhas e em adultos, mas é muito incomum e geralmente afeta pacientes imunocomprometidos e aqueles com articulações previamente lesionadas.

Otite, sinusite e doença do trato respiratório inferior

As cepas não encapsuladas de *H. influenzae* são patógenos oportunistas que podem causar infecções da parte superior e inferior das vias respiratórias. A maioria dos estudos demonstra que *H. influenzae* e *Streptococcus pneumoniae* são as duas causas mais comuns de otite aguda e crônica e sinusite. A pneumonia primária é incomum em crianças e adultos que têm uma função pulmonar normal. Esses organismos muitas vezes colonizam pacientes que desenvolvem doença pulmonar crônica (incluindo fibrose cística) e estão frequentemente associados à exacerbação da bronquite e pneumonia franca (Caso Clínico 24.1).

Conjuntivite

Haemophilus aegyptius, também chamado de **bacilo Koch-Weeks**, causa uma conjuntivite purulenta aguda. Esse organismo contagioso está associado a epidemias, particularmente durante os meses quentes do ano.

Cancroide

O cancroide ou cancro mole, causado por *H. ducreyi*, é uma doença sexualmente transmissível que é mais comumente diagnosticada no homem, presumivelmente porque as mulheres podem ter doença assintomática ou inaparente. Aproximadamente de 5 a 7 dias após a exposição, uma pápula sensível com uma base eritematosa se desenvolve sobre os órgãos genitais ou área perianal. Em 2 dias, nota-se ulceração da lesão, que se torna **dolorosa** e a **linfadenopatia** inguinal é comumente observada. Outras causas de úlceras genitais, tais como a sífilis e a doença causada pelo herpes-vírus simples, devem ser excluídas para confirmar o diagnóstico de cancroide.

Outras infecções

Outras espécies de *Haemophilus* podem causar infecções oportunísticas, incluindo otite média, conjuntivite, sinusite, endocardite, meningite e abscessos dentários.

DIAGNÓSTICO LABORATORIAL

Coleta e transporte de espécimes

Tendo em vista que a maioria das infecções por *Haemophilus* em indivíduos vacinados tem origem na orofaringe e é restrita ao trato respiratório superior e inferior, a contaminação da amostra com secreções orais deve ser evitada. A punção aspirativa direta por agulha deve ser usada para

---

Caso Clínico 24.1 Pneumonia causada por *Haemophilus influenzae*

Holmes e Kozinn (*J Clin Microbiol* 18:730-732, 1983) descreveram uma mulher de 61 anos com pneumonia causada por *Haemophilus influenzae* sorotipo d. A paciente tinha um longo histórico de tabagismo, doença pulmonar obstrutiva crônica, diabetes melito e insuficiência cardíaca congestiva. Ela desenvolveu pneumonia do lobo superior esquerdo, produzindo expectoração purulenta com muitos cocobacilos gram-negativos. As culturas de escarro e as hemoculturas foram positivas para *H. influenzae* sorotipo d. O organismo era suscetível à ampicilina, à qual a paciente respondeu. Esse caso ilustra a suscetibilidade de pacientes com doença pulmonar crônica subjacente a infecções com cepas de *H. influenzae* não sorotipo b.

---

o diagnóstico microbiológico de sinusite ou otite e a expectoração produzida a partir das vias respiratórias inferiores é utilizada para o diagnóstico de pneumonia. A hemocultura de pacientes com pneumonia pode ser útil, mas seria previsivelmente negativo em pacientes com infecções respiratórias. Tanto o sangue quanto o líquido cefalorraquidiano (LCR) devem ser coletados de pacientes com o diagnóstico de meningite. Como existem aproximadamente 10^7 bactérias por mililitro de LCR em pacientes com meningite não tratada, 1 a 2 mℓ de fluido é geralmente adequado para microscopia, cultura e testes de detecção de antígenos. A microscopia e a cultura são menos sensíveis se o paciente tiver sido exposto a antibacterianos antes que o LCR seja coletado. As hemoculturas também devem ser coletadas para o diagnóstico de epiglotite, celulite e artrite. Os espécimes não devem ser coletados da parte posterior da faringe em pacientes com suspeita de epiglotite porque o procedimento pode estimular a tosse e obstruir as vias respiratórias. As amostras para a detecção de *H. ducreyi* devem ser coletadas com um *swab* umedecido da base ou da margem da úlcera. A cultura de pus coletada por aspiração de um linfonodo aumentado pode ser realizada, mas geralmente é menos sensível do que a cultura da úlcera. O laboratório deve ser notificado da suspeita de *H. ducreyi* porque técnicas especiais de cultura devem ser utilizadas para a recuperação do organismo.

Microscopia

Se a microscopia for realizada com cuidado, a detecção de espécies de *Haemophilus* em espécimes clínicos é ao mesmo tempo sensível e específica. Bastonetes gram-negativos, que variam em forma de cocobacilos a filamentos longos e pleomórficos, podem ser detectados em mais de 80% de amostras de LCR de pacientes com *Haemophilus meningitis* não tratados (ver Figura 24.1). O exame microscópico de espécimes corados pelo Gram também é útil para o diagnóstico rápido do organismo em artrite e doença do trato respiratório inferior.

Detecção de antígeno

A detecção imunológica do antígeno de *H. influenzae*, especialmente o antígeno capsular PRP, é uma forma rápida e sensível para diagnosticar a doença por *H. influenzae* tipo b. O PRP pode ser detectado com o teste de aglutinação de partículas, que pode identificar menos do que 1 ng/mℓ de PRP em uma amostra clínica. Nesse teste, partículas de látex revestidas com anticorpo são misturadas com a amostra; a aglutinação ocorre se o PRP estiver presente. O antígeno pode ser detectado no LCR e na urina (no qual o antígeno é eliminado na forma intacta). Entretanto, esse teste tem uso limitado porque pode detectar apenas *H. influenzae* tipo b, que agora é incomum nos EUA e em outros países com um programa de imunização estabelecido. Outros sorotipos capsulares e cepas não encapsuladas não fornecem uma reação positiva.

Cultura

É relativamente fácil isolar *H. influenzae* de amostras clínicas inoculadas em meios suplementados com os fatores de crescimento adequados. O ágar chocolate é utilizado na maioria dos laboratórios. No entanto, se o ágar chocolate for superaquecido durante a preparação, o fator V é destruído e as espécies de *Haemophilus* que necessitam desse fator de crescimento (p. ex., *H. influenzae*, *H. aegyptius*, *H. parainfluenzae*) não irão crescer. As bactérias apresentam colônias lisas e opacas de 1 a 2 mm, após 24 horas de incubação. Elas também podem ser detectadas crescendo ao redor de colônias de *Staphylococcus aureus* em ágar-sangue não aquecido (**fenômeno satélite** [Figura 24.3]). Os estafilococos fornecem os fatores de crescimento necessários através da lise de eritrócitos no meio e liberação de heme intracelular (fator X) e excreção de NAD (fator V). As colônias de *H. influenzae* nessas culturas são muito menores do que no ágar chocolate, pois os inibidores do fator V presentes no sangue não são inativados.

O crescimento de *Haemophilus* em hemoculturas é geralmente demorado porque a maioria dos caldos de hemocultura preparados comercialmente não é suplementada com concentrações ótimas de fatores X e V e inibidores do fator V. Além disso, os fatores de crescimento são liberados somente quando as células sanguíneas são lisadas. Isolados de *H. influenzae* muitas vezes crescem melhor em hemoculturas incubadas em ambientes anaeróbios porque, sob essas condições, os organismos não requerem fator X para o crescimento.

Haemophilus aegyptius e *H. ducreyi* são fastidiosos e necessitam de condições especializadas de crescimento. *Haemophilus aegyptius* cresce melhor no ágar chocolate com 1% de IsoVitaleX (mistura de suplementos quimicamente definidos), com crescimento detectado após a incubação em uma atmosfera de dióxido de carbono por 2 a 4 dias. Cultura para *H. ducreyi* é relativamente insensível (< 85% das culturas produzem organismos em condições ótimas), mas segundo relatos, é melhor em ágar gonocócico (GC) suplementado com 1 a 2% de hemoglobina, 5% de soro fetal bovino, enriquecimento IsoVitaleX e vancomicina (3 μg/ml). As culturas devem ser incubadas a 33°C em 5 a 10% de dióxido de carbono por 7 dias ou mais. Como os meios e as condições de incubação não são utilizados para outras culturas bacterianas, o sucesso na recuperação de *H. ducreyi* exige que o microbiologista procure especificamente por esse organismo.

Identificação

Uma identificação presuntiva de *H. influenzae* pode ser feita pela morfologia da coloração de Gram e a demonstração de uma exigência tanto para fatores X e V. A classificação adicional em subgrupos de *H. influenzae* pode ser feita com biotipagem, caracterização eletroforética dos antígenos da proteína de membrana e análise das sequências de ácidos nucleicos específicos das cepas. Testes bioquímicos, análise de ácidos nucleicos ou espectrometria de massa são utilizados para identificar outras espécies pertencentes a esse gênero.

TRATAMENTO, PREVENÇÃO E CONTROLE

Pacientes com infecções sistêmicas por *H. influenzae* necessitam de terapia antimicrobiana imediata, porque a taxa de mortalidade em pacientes com meningite ou epiglotite não tratada aproxima-se de 100%. As infecções graves são tratadas com **cefalosporinas de amplo espectro**. Infecções menos graves, que incluem sinusite e otite, podem ser tratadas com amoxicilina (se suscetível; aproximadamente 30% das cepas são resistentes), uma cefalosporina ativa, azitromicina, doxiciclina ou uma fluoroquinolona. A maioria dos isolados de *H. ducreyi* é suscetível à **eritromicina**, que é o medicamento recomendado para tratamento.

A abordagem principal para prevenir a doença por *H. influenzae* tipo b é por meio de imunização ativa com PRP capsular purificado. Como discutido anteriormente, o uso de vacinas conjugadas é notavelmente bem-sucedido na redução das incidências da doença e colonização por *H. influenzae* tipo b. Atualmente, recomenda-se que os lactentes recebam duas ou três doses da vacina contra a doença por *H. influenzae* tipo b antes dos 6 meses de idade, seguido de uma dose de reforço aos 12 a 15 meses.

A quimioprofilaxia antibacteriana é utilizada para eliminar o estado de portador de *H. influenzae* tipo b de crianças com alto risco de doenças (p. ex., < 2 anos em uma casa de família ou creche em que a doença sistêmica é documentada). A profilaxia com rifampicina é utilizada nesses ambientes.

Aggregatibacter

Dois membros desse gênero são patógenos humanos importantes: ***A. actinomycetemcomitans*** e ***A. aphrophilus*** (Tabela 24.3). Ambas as espécies colonizam a boca humana e podem se espalhar da boca para o sangue e depois aderir à valva cardíaca ou à valva artificial previamente lesionada, levando ao desenvolvimento da endocardite. A **endocardite** causada por essas bactérias é particularmente difícil de diagnosticar porque os sinais e sintomas clínicos se desenvolvem lentamente (**endocardite subaguda**) e as bactérias crescem lentamente em hemoculturas (Caso Clínico 24.2). Ambas as espécies formam colônias aderentes que

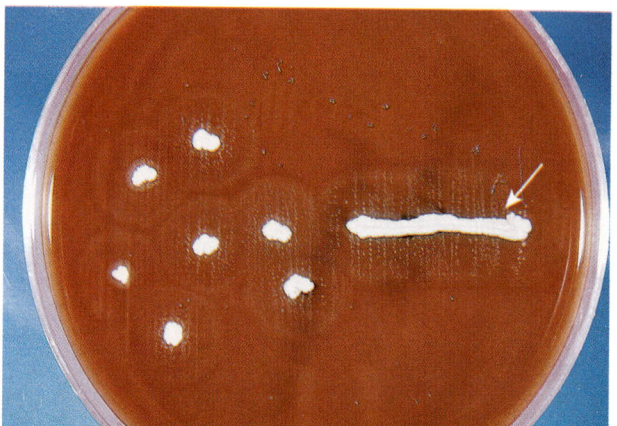

Figura 24.3 Fenômeno satélite. *Staphylococcus aureus* excreta nicotinamida adenina dinucleotídio (NAD ou fator V) para o meio, que fornece um fator de crescimento necessário para *Haemophilus influenzae* (pequenas colônias ao redor das colônias de *S. aureus* [seta]).

Tabela 24.3 Espécies de *Aggregatibacter* e *Pasteurella* associadas à doença humana.

Espécie	Doenças primárias	Frequência
Aggregatibacter actinomycetemcomitans	Periodontite, endocardite, infecções de feridas por mordida	Comum
A. aphrophilus	Endocardite, infecções oportunísticas	Incomum
Pasteurella multocida	Infecções de feridas por mordida, doença pulmonar crônica, bacteriemia, meningite	Comum
P. canis	Infecções de feridas por mordida	Incomum

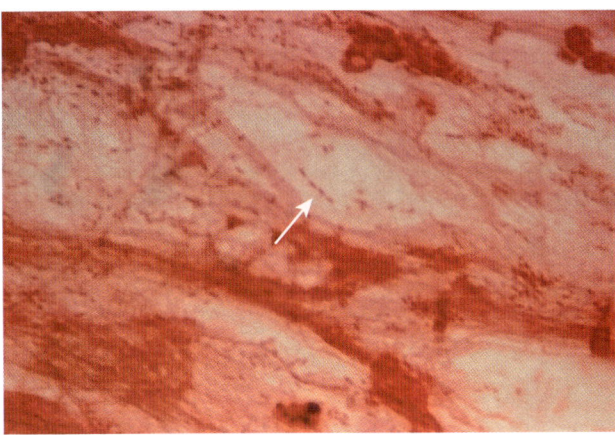

Figura 24.4 *Pasteurella multocida* em espécime respiratório do paciente com pneumonia *(seta)*.

Caso Clínico 24.2 Endocardite causada por *Aggregatibacter actinomycetemcomitans*

Steitz et al. (*Clin Infect Dis* 27:224-225, 1998) descreveram uma paciente de 54 anos admitida no hospital com história de febre, sudorese noturna e fadiga. O exame físico revelou murmúrio sistólico na tricúspide e esplenomegalia; o ecocardiograma revelou vegetação na valva tricúspide. Culturas de sangue coletadas na admissão foram positivas para *Aggregatibacter (Actinobacillus) actinomycetemcomitans* após 5 dias de incubação A história clínica estava incompleta porque não era conhecido quão crônico era seu curso; entretanto, este caso ilustra o lento crescimento do organismo na cultura de rotina.

Tabela 24.4 Espécies de *Pasteurella* associadas à doença humana.

Espécie	Doenças primárias	Frequência
P. multocida	Infecções de ferida por mordedura, doença pulmonar crônica, bacteriemia, meningite	Comum
P. canis	Infecções de feridas por mordedura	Incomum
P. bettyae	Infecções oportunísticas (abscessos, infecções de feridas por mordedura, infecções urogenitais, bacteriemia)	Rara
P. dagmatis	Infecções de feridas por mordedura	Rara
P. stomatis	Infecções de feridas por mordedura	Rara

podem ser observadas na superfície de vidro de garrafas de hemocultura e em meios contendo ágar. O tratamento de escolha para a endocardite causada por esses organismos é uma cefalosporina, como a ceftriaxona.

Pasteurella

Pasteurella são cocobacilos pequenos, anaeróbios facultativos e fermentadores (Figura 24.4) comumente encontrados como comensais na orofaringe de animais saudáveis. A maioria das infecções humanas resulta do contato com animais (p. ex., mordidas de animais, arranhaduras, comida compartilhada). ***Pasteurella multocida*** (o isolado mais comum) e ***P. canis*** são patógenos humanos; as outras espécies de *Pasteurella* são raramente associadas a infecções humanas (Tabela 24.4). As três formas gerais de doença a seguir são relatadas: (1) **celulite localizada** e **linfadenite** que ocorrem após mordida ou arranhadura de animal (*P. multocida* a partir do contato com gatos ou cães; *P. canis* de cães); (2) a exacerbação de **doenças respiratórias** crônicas em pacientes com disfunção pulmonar respiratória subjacente (presumivelmente relacionada com a colonização da orofaringe do paciente seguida por aspiração de secreções orais); e (3) uma **infecção sistêmica em pacientes imunocomprometidos**, particularmente aqueles com doença hepática de base. A produção de uma cápsula polissacarídica composta de ácido hialurônico é um importante fator de virulência em cepas de *Pasteurella* responsáveis por doenças em animais, e é provável que seja importante nas infecções humanas (Caso Clínico 24.3).

Pasteurella multocida cresce bem em ágar-sangue e ágar chocolate, mas não em ágar MacConkey e outros meios

Caso Clínico 24.3 Infecção fatal causada por *Pasteurella multocida*

Chang et al. (*Scan J Infect Dis* 39:167-192, 2007) descreveram um caso fatal de bacteriemia e fasciite necrosante por *Pasteurella multocida*. O homem de 58 anos tinha uma história de insuficiência renal crônica, artrite gotosa e síndrome de Cushing tratada com esteroides. Na admissão hospitalar, sua mão esquerda estava eritematosa, quente e sensível, com máculas avermelhadas a arroxeadas sobre a superfície. Em um período de 2 dias, as bolhas se desenvolveram e se estenderam rapidamente para o braço esquerdo, panturrilha esquerda e pé direito, e o paciente tinha sinais sistêmicos de choque e hemorragia gastrintestinal. As hemoculturas coletadas no momento da admissão foram positivas para *P. multocida*. Apesar da antibioticoterapia agressiva e do tratamento cirúrgico, as lesões progrediram rapidamente e o paciente evoluiu a óbito. Uma anamnese cuidadosa na época de admissão revelou que o paciente permitiu que seu cão de estimação lambesse suas feridas abertas. Essa foi a fonte provável das bactérias e os tratamentos com esteroides possibilitaram ao organismo invadir a ferida e se espalhar rapidamente nos tecidos.

geralmente seletivos para bastonetes gram-negativos. Após a incubação *overnight* em ágar-sangue, grandes colônias mucoides (resultantes da cápsula polissacarídica) com um odor característico de mofo causado pela produção de indol estão presentes. *Pasteurella multocida* é suscetível a uma variedade de antibacterianos. A **penicilina** é o antibacteriano de escolha e cefalosporinas de espectro expandido, macrolídeos, tetraciclinas ou fluoroquinolonas, são alternativas aceitáveis. Penicilinas semissintéticas (p. ex., oxacilina), cefalosporinas de primeira geração e aminoglicosídios têm pouca atividade.

Bibliografia

Briere, E.C., Rubin, L., Moro, P.L., et al., 2014. Prevention and control of *Haemophilus influenzae* type b disease: recommendations of the Advisory Committee on Immunization Practices. MMWR Recomm. Rep. 63 (1–14).

Bruce, M.G., Zulz, T., DeByle, C., et al., 2013. *Haemophilus influenza* serotype A invasive disease, Alaska, USA, 1983–2011. Emerg. Infect. Dis. 19, 932–937.

Davis, S., Feikin, D., Johnson, H., 2013. The effect of *Haemophilus influenzae* type B and pneumococcal conjugate vaccines on childhood meningitis mortality: a systematic review. BMC Public Health 13, 3–21.

O'Loughlin, R.E., Edmond, K., Mangtani, P., et al., 2010. Methodology and measurement of the effectiveness of *Haemophilus influenzae* type b vaccine: systematic review. Vaccine 28, 6128–6136.

Peltola, H., 2000. Worldwide *Haemophilus influenzae* type b disease at the beginning of the 21st century: global analysis of the disease burden 25 years after the use of the polysaccharide vaccine and a decade after the advent of conjugates. Clin. Microbiol. Rev. 13, 302–317.

Soeters, H., Blain, A., Pondo, T., et al., 2018. Current epidemiology and trends in invasive Haemophilus influenza disease – United States, 2009-2015. Clin. Infect. Dis. 67, 881–889.

Wang, C.Y., Wang, H.C., Li, J.M., et al., 2010. Invasive infections of *Aggregatibacter actinomycetemcomitans*. J. Microbiol. Immunol. Infect. 43, 491–497

25 Enterobacteriacea

Este capítulo abrange a maior família de bactérias clinicamente importantes. Esta é uma coleção heterogênea de organismos responsáveis por praticamente todos os tipos de infecções que seriam observadas em uma prática clínica.

1. Muitos membros da família Enterobacteriaceae fazem parte da população normal de bactérias que colonizam o corpo humano. Dê três exemplos de organismos que são parte da microbiota normal em indivíduos saudáveis e um exemplo de doença causada por cada organismo. Qual condição leva a essas doenças?
2. Algumas Enterobacteriaceae são normalmente encontradas em animais, mas causam doenças quando os seres humanos são expostos a elas. Dê três exemplos e as doenças que elas causam.
3. Algumas Enterobacteriaceae são patógenos humanos estritos. Dê dois exemplos e as doenças que elas causam.

RESUMOS Organismos clinicamente significativos

ESCHERICHIA COLI

Palavras-chave

Gastrenterite, EAEC, EIEC, EPEC, ETEC, STEC, meningite neonatal, infecção do trato urinário

Biologia e virulência

- Bacilos gram-negativos, anaeróbios facultativos
- Fermentador; oxidase negativo
- O lipopolissacarídio consiste no polissacarídio somático O externo, polissacarídio central (antígeno comum) e lipídio A (endotoxina)
- Virulência: consulte o Boxe 25.2 e a Tabela 25.2

Epidemiologia

- A maioria dos bacilos gram-negativos aeróbios comuns se localizam no sistema digestório
- A maioria das infecções é endógena (microbiota do paciente), embora as cepas que causam gastrenterite geralmente sejam adquiridas por via exógena

Doenças

- Pelo menos cinco grupos patogênicos diferentes causam gastrenterite: EAEC, EIEC, EPEC, ETEC e STEC
- A maioria delas causa doenças em países em desenvolvimento, embora a STEC seja uma importante causa da colite hemorrágica e da síndrome hemolítica urêmica nos EUA
- Doença extraintestinal inclui bacteriemia, meningite neonatal, infecções do trato urinário e infecções intra-abdominais

Diagnóstico

- Organismos crescem rapidamente na maioria dos meios de cultura
- TAANs multiplex entéricos são considerados o diagnóstico padrão-ouro

Tratamento, prevenção e controle

- Os patógenos entéricos são tratados de forma sintomática a menos que a doença disseminada ocorra
- A terapia com antibacterianos é guiada por testes de suscetibilidade in vitro; resistência aumentada às penicilinas e cefalosporinas mediadas por ESBLs (do inglês, extended-spectrum betalactamase)
- Práticas de controle de infecção apropriadas são utilizadas para reduzir o risco de infecções nosocomiais (p. ex., uso restritivo de antibacterianos, evitando o uso desnecessário de cateteres do trato urinário)
- Manutenção de altos padrões higiênicos para reduzir o risco de exposição às cepas causadoras de gastrenterite
- Cozimento adequado de produtos de carne bovina para reduzir o risco de infecções por STEC

SALMONELLA

Palavras-chave

Gastrenterite, febre entérica, tratamento com antibacteriano

Biologia e virulência

- Bacilos gram-negativos, anaeróbios facultativos
- Fermentador; oxidase negativo
- O lipopolissacarídio consiste em polissacarídio O somático, polissacarídio central (antígeno comum) e lipídio A (endotoxina)
- Mais de 2.500 sorotipos O
- Virulência: consulte o Boxe 25.2; tolerante aos ácidos em vesículas fagocíticas
- Pode sobreviver em macrófagos, com disseminação do intestino para outros locais do corpo

Epidemiologia

- A maioria das infecções é adquirida pela ingestão de produtos alimentícios contaminados (aves, ovos e produtos lácteos são as fontes mais comuns de infecção)
- Transmissão fecal-oral direta em crianças
- Salmonella Typhi e Salmonella Paratyphi são patógenos humanos estritos (nenhum outro reservatório); essas infecções são transmitidas de pessoa a pessoa; colonização assintomática a longo prazo ocorre comumente
- Os indivíduos em risco de infecção incluem aqueles que comem ovos ou aves malcozidas, pacientes com níveis reduzidos de ácido gástrico e pacientes imunocomprometidos
- As infecções ocorrem em todo o mundo, particularmente nos meses quentes do ano

Doenças

- Doenças: enterite (febre, náuseas, vômitos, diarreia sanguinolenta ou não sanguinolenta, cólicas abdominais); febre entérica (febre tifoide, febre paratifoide); bacteriemia (maioria comumente observada com Salmonella sorotipo Typhi, Salmonella sorotipo Paratyphi, Salmonella sorotipo Choleraesuis); colonização assintomática (principalmente com Salmonella Typhi e Salmonella Paratyphi)

Diagnóstico

- O isolamento de amostras fecais requer uso de meios seletivos
- TAANs multiplex entéricos são considerados o diagnóstico padrão-ouro

Continua

RESUMOS Organismos clinicamente significativos (continuação)

Tratamento, prevenção e controle

- Tratamento com antibacteriano não recomendado para enterite porque isso pode prolongar a duração da doença
- Infecções com *Salmonella* Typhi e *Salmonella* Paratyphi ou infecções disseminadas com outros organismos devem ser tratadas com um antibacteriano eficaz (selecionado por testes de suscetibilidade *in vitro*); fluoroquinolonas (p. ex., ciprofloxacino), cloranfenicol, sulfametoxazol-trimetoprima ou a cefalosporina de amplo espectro pode ser utilizada
- A maioria das infecções pode ser controlada por preparo adequado de aves e ovos (completamente cozidos) e prevenção da contaminação de outros alimentos com produtos avícolas não cozidos
- Portadores de *Salmonella* Typhi e *Salmonella* Paratyphi devem ser identificados e tratados
- Vacinação contra *Salmonella* Typhi pode reduzir o risco de doenças em viajantes para áreas endêmicas

SHIGELLA

Palavras-chave
Gastrenterite, disenteria, toxina de Shiga

Biologia e virulência
- Bacilos gram-negativos, anaeróbios facultativos
- Fermentador; oxidase negativo
- O lipopolissacarídio consiste em polissacarídio O, polissacarídio central (antígeno comum), e lipídio A (endotoxina)
- Quatro espécies reconhecidas: *S. sonnei*, responsável pela maioria das infecções em países desenvolvidos, *S. flexneri*, para infecções nos países em desenvolvimento, *S. dysenteriae*, para as infecções mais graves, e *S. boydii* não é comumente isolada
- Virulência: consulte o Boxe 25.2; exotoxina (toxina de Shiga) produzida por *S. dysenteriae* perturba a síntese de proteínas e produz dano endotelial

Epidemiologia
- Os seres humanos são o único reservatório para essas bactérias
- Doença transmitida de pessoa para pessoa por via fecal-oral
- Os pacientes com maior risco de doença são crianças pequenas em creches, berçários e instituições de custódia; irmãos e pais dessas crianças; homens homossexuais
- Relativamente poucos organismos podem produzir doença (altamente infecciosos)
- A doença ocorre mundialmente, sem incidência sazonal (consistente com a propagação pessoa a pessoa envolvendo um baixo inóculo)

Doenças
- Doença: a forma mais comum de doença é a gastrenterite (shigelose), uma diarreia aquosa inicial que progride dentro de 1 a 2 dias para cólicas abdominais e tenesmo (com ou sem fezes sanguinolentas); a forma grave da doença é causada por *S. dysenteriae* (disenteria bacteriana); carreamento assintomático se desenvolve em um pequeno número de pacientes (reservatório para futuras infecções)

Diagnóstico
- O isolamento de amostras de fezes requer uso de meios seletivos
- TAANs multiplex entéricos são considerados como diagnóstico padrão-ouro

Tratamento, prevenção e controle
- Antibioticoterapia reduz o curso de doença sintomática e perda fecal
- O tratamento deve ser guiado por testes de suscetibilidade *in vitro*
- A terapia empírica pode ser iniciada com uma fluoroquinolona ou sulfametoxazol-trimetoprima
- Medidas apropriadas de controle de infecção devem ser instituídas para evitar a propagação do organismo, incluindo a lavagem das mãos e descarte adequado de roupa de cama usada

YERSINIA

Palavras-chave
Peste bubônica, peste pneumônica, gastrenterite, sepse transfusional

Biologia e virulência
- Bacilos gram-negativos, anaeróbios facultativos
- Fermentador; oxidase negativo
- O lipopolissacarídio consiste em polissacarídio O, polissacarídio central (antígeno comum) e lipídio A (endotoxina)
- *Yersinia pestis* é revestida com uma cápsula de proteína
- Algumas espécies (p. ex., *Y. enterocolitica*) podem crescer a temperaturas frias (p. ex., podem crescer para números elevados em alimentos refrigerados contaminados ou produtos sanguíneos)
- Virulência: consulte o Boxe 25.2; a cápsula em *Y. pestis* é antifagocítica; *Y. pestis* é resistente à morte no soro; *Yersinia* com genes para aderência, atividade citotóxica, inibição da migração fagocítica e englobamento, além de inibição da agregação plaquetária

Epidemiologia
- *Yersinia pestis* é um patógeno de infecção zoonótica, com os seres humanos como hospedeiros acidentais; os reservatórios naturais incluem ratos, esquilos, coelhos e animais domésticos
- A doença é transmitida por picadas de pulga ou contato direto com tecidos infectados ou de pessoa a pessoa por inalação de aerossóis infecciosos de um paciente com problemas pulmonares
- Outras infecções por *Yersinia* se propagam por meio da exposição a produtos alimentícios ou produtos sanguíneos contaminados (*Y. enterocolitica*)
- A colonização com outras espécies de *Yersinia* pode ocorrer

Doenças
- *Yersinia pestis* causa a peste bubônica (a mais comum) e a peste pulmonar, ambas com uma alta taxa de mortalidade; outras espécies de *Yersinia* causam gastrenterite (diarreia aquosa aguda ou diarreia crônica) e sepse relacionada com transfusão; a doença entérica em crianças pode se manifestar como linfonodos mesentéricos aumentados e mimetizar a apendicite aguda

Diagnóstico
- Os organismos crescem na maioria dos meios de cultura; o armazenamento prolongado a 4°C pode melhorar seletivamente o isolamento

Tratamento, prevenção e controle
- As infecções por *Y. pestis* são tratadas com estreptomicina; tetraciclinas, cloranfenicol ou podem ser tratadas de maneira alternativa com a administração de sulfametoxazol-trimetoprima
- Infecções entéricas com outras espécies de *Yersinia* são normalmente autolimitadas; se a terapia com antibacteriano é indicada, a maioria dos organismos é suscetível às cefalosporinas de amplo espectro, aminoglicosídeos, cloranfenicol, tetraciclinas e sulfametoxazol-trimetoprima
- A peste é controlada pela redução da população de roedores e vacinação de indivíduos em risco
- Outras infecções por *Yersinia* são controladas pelo preparo adequado de produtos alimentícios

EAEC, E. coli enteroagregativa; *EIEC, E. coli* enteroinvasiva; *EPEC, E. coli* enteropatogênica; *ESBL*, betalactamase de espectro estendido; *ETEC, E. coli* enterotoxigênica; *TAAN*, teste de amplificação de ácidos nucleicos; *STEC, E. coli* produtora da toxina de Shiga.

A família Enterobacteriaceae é a maior e mais heterogênea coleção de bacilos gram-negativos de importância médica. Mais de 50 gêneros e centenas de espécies e subespécies foram descritas (Tabela 25.1). Esses gêneros foram classificados com base nas propriedades bioquímicas, na estrutura antigênica e análise molecular de seus genomas pelo sequenciamento do gene e composição proteica por espectrometria de massa. Apesar da complexidade dessa família, a maioria das infecções humanas é causada por relativamente poucos gêneros e espécies (Boxe 25.1).

Tabela 25.1 Bactérias importantes da família Enterobacteriaceae.

Organismo	Derivação histórica
Escherichia coli	*escherichia*, cujo nome vem de Escherich; *coli*, do cólon
Salmonella enterica	*salmonella*, com o nome de Salmon; *enteron*, intestino; pertencente ao intestino
Salmonella Typhi	*typhi*, de tifoide; a doença é febre tifoide
Salmonella Paratyphi	*paratyphi*, de uma infecção semelhante à febre tifoide
Salmonella Choleraesuis	*cholera*, cólera; *sus*, suíno; cólera de um suíno
Salmonella Typhimurium	*typhi*, de tifoide; *murium*, de camundongos; *typhimurium*, tifoide de camundongos
Salmonella Enteritidis	*enteris*, intestino; *idis*, inflamação
Shigella dysenteriae	*shigella*, com o nome Shiga; *dysenteriae*, disenteria
S. flexneri	*flexneri*, com o nome de Flexner
S. boydii	*boydii*, nomeado em homenagem a Boyd
S. sonnei	*sonnei*, com o nome de Sonne
Yersinia pestis	*yersinia*, com o nome de Yersin; *pestis*, praga
Y. enterocolitica	*enterocolitica*, relativos ao intestino e cólon
Y. pseudotuberculosis	*tuberculum*, um pequeno inchaço; *pseudotuberculosis*, falso inchaço
Klebsiella pneumoniae	*klebsiella*, nome em homenagem a Klebs; *pneumoniae*, inflamação dos pulmões
K. oxytoca	*oxus*, ácido; *tokos*, produtor; produtor de ácido (refere-se às propriedades bioquímicas)
Proteus mirabilis	*proteus*, um deus capaz de se transformar em diferentes formas; *mirabilis*, surpreendente; refere-se às formas das colônias pleomórficas
Citrobacter freundii	*citrus*, limão; *bacter*, um bastão; bastonete ou bacilo utilizador de citrato; *freundii*, nomeado em homenagem a Freund
Citrobacter koseri	*koseri*, nomeado em homenagem a Koser
E. Enterobacter cloacae	*enteron*, intestino; *bacter*, um pequeno bastão (bastonete); *cloacae*, de um esgoto; originalmente isolado no esgoto
Serratia marcescens	*serratia*, nome em homenagem a Serrati; *marcescens*, tornando-se fraco, desvanecendo-se; acreditava-se originalmente que não era virulenta

As Enterobacteriaceae são organismos **onipresentes** encontrados no mundo inteiro em solo, água e vegetação e fazem parte da microbiota intestinal normal da maioria dos animais, incluindo seres humanos. Essas bactérias causam uma variedade de doenças humanas, incluindo de um quarto a um terço de todas as bacteriemias, mais de 70% das infecções do trato urinário (ITUs) e muitas infecções intestinais. Alguns organismos (p. ex., a *Salmonella* sorotipo Typhi, as espécies de *Shigella*, *Yersinia pestis*) estão **sempre associados a doenças humanas** quando presentes em espécimes clínicos, enquanto outros (p. ex., *Escherichia coli*, *Klebsiella pneumoniae*, *Proteus mirabilis*) são membros da microbiota comensal normal que podem causar **infecções**

Boxe 25.1 Bactérias da família Enterobacteriaceae de importância médica, consideradas comuns.

Citrobacter freundii, C. koseri
Enterobacter cloacae
Escherichia coli
Klebsiella pneumoniae, K. oxytoca
Morganella morganii
Proteus mirabilis
Salmonella sorotipo Typhi, sorotipos de *Salmonella* não tifoide
Serratia marcescens
Shigella sonnei, S. flexneri
Yersinia pestis, Y. enterocolitica, Y. pseudotuberculosis

oportunísticas. Há um terceiro grupo de Enterobacteriaceae: aqueles organismos normalmente comensais que se tornam patogênicos quando adquirem genes de virulência presentes em plasmídios, bacteriófagos ou em ilhas de patogenicidade (p. ex., *E. coli*). Infecções com as enterobactérias podem originar-se de um reservatório animal (p. ex., a maioria das espécies de *Salmonella*, espécies de *Yersinia*), de um portador humano (p. ex., espécies de *Shigella*, *Salmonella* Typhi) ou através da propagação endógena de organismos (p. ex., a propagação de *E. coli* do intestino para a cavidade peritoneal após perfuração intestinal).

Propriedades gerais

FISIOLOGIA E ESTRUTURA

Os membros da família Enterobacteriaceae são bacilos gram-negativos, não formadores de esporos, de tamanho moderado (0,3 a 1,0 × 1,0 a 6,0 μm) (Figura 25.1) que compartilham um antígeno comum (**antígeno comum de enterobactérias**). Todos os membros podem crescer rapidamente, em condições aeróbias e anaeróbias (**anaeróbios facultativos**), em uma variedade de meios não seletivos (p. ex., ágar-sangue) e seletivos (p. ex., ágar MacConkey). As Enterobacteriaceae têm exigências nutricionais simples, fermentam a glicose, reduzem o nitrato e são catalase positivas e oxidase negativas.

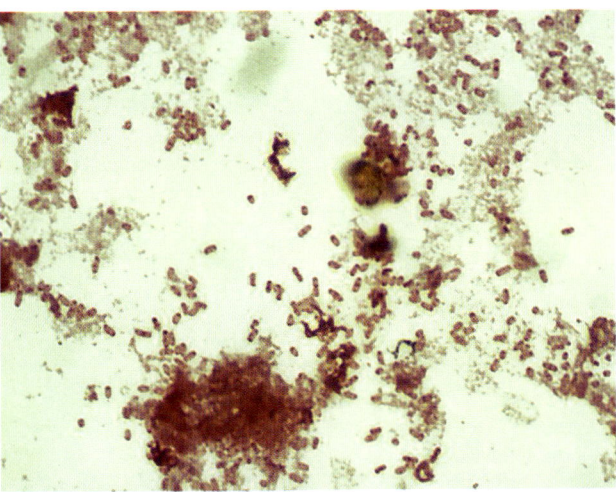

Figura 25.1 Coloração de Gram de *Salmonella* Typhi a partir de uma hemocultura positiva. Observe a intensa coloração nas extremidades da bactéria. Essa "coloração bipolar" é característica das Enterobacteriaceae.

A ausência de atividade de citocromo oxidase é uma característica importante, pois pode ser mensurada rapidamente com um teste simples e é usada para distinguir as enterobactérias de muitos outros bacilos gram-negativos fermentadores (p. ex., *Vibrio*) e não fermentadores (p. ex., *Pseudomonas*).

O aspecto das bactérias nos meios de cultura é utilizado para diferenciar os membros comuns das Enterobacteriaceae. Por exemplo, a **fermentação da lactose** (detectada por alterações de cor em meios contendo lactose, tais como o ágar MacConkey, que é comumente usado) é empregada para diferenciar alguns patógenos entéricos que não fermentam a lactose ou fazem a fermentação lentamente (p. ex., *Salmonella, Shigella* e *Yersinia* spp., que são colônias incolores em ágar MacConkey) a partir das espécies fermentadoras de lactose (p. ex., *Escherichia, Klebsiella, Enterobacter, Citrobacter* e *Serratia*, que são colônias de cor rosa-púrpura em ágar MacConkey). A **resistência aos sais biliares**, em alguns meios seletivos, também é usada para separar patógenos entéricos (p. ex., *Shigella, Salmonella*) de organismos comensais que são inibidos por sais biliares (p. ex., bactérias gram-positivas e algumas bactérias gram-negativas presentes no sistema digestório. Desse modo, o uso de meios de cultura que avaliam a fermentação de lactose e resistência a sais biliares é um teste de triagem rápida para patógenos entéricos, que de outra maneira seriam difíceis de detectar em amostras de fezes diarreicas, nos quais muitos organismos diferentes podem estar presentes. Algumas enterobactérias, como a *Klebsiella*, também são caracteristicamente mucoides (colônias úmidas, amontoadas, viscosas, com **cápsulas** proeminentes), enquanto uma camada limosa, frouxa e difusível envolve outras cepas.

O **lipopolissacarídio** (LPS) termoestável é o principal antígeno do envoltório celular e consiste em três componentes: o **polissacarídio O** somático mais externo, um **polissacarídio central** comum a todas as Enterobacteriaceae (antígeno comum de enterobactérias mencionado anteriormente) e **lipídio A** (Figura 25.2). O polissacarídio central é importante para a classificação de um organismo como membro das Enterobacteriaceae; o polissacarídio O é importante para a classificação epidemiológica de cepas dentro de uma espécie; e o componente lipídico A do LPS é responsável pela atividade de endotoxinas, que é um importante fator de virulência.

A classificação epidemiológica (sorológica) das Enterobacteriaceae é baseada em três grandes grupos de antígenos: **polissacarídios O somáticos, antígenos K** na cápsula (polissacarídios tipo-específicos) e **proteínas H** nos flagelos bacterianos. Os antígenos O cepa-específicos estão presentes em cada gênero e espécie, embora as reações cruzadas entre os gêneros estreitamente relacionados sejam comuns (p. ex., *Salmonella* com *Citrobacter, Escherichia* com *Shigella*). Os antígenos K não são comumente utilizados para tipagem de cepas, mas são importantes porque podem interferir na detecção dos antígenos O. Os antígenos H são proteínas flagelina termolábeis. A detecção desses vários antígenos tem importante significado clínico, além das investigações epidemiológicas: algumas espécies patogênicas de bactérias estão associadas aos sorotipos O e H (p. ex., *E. coli* O157:H7 está associada à diarreia e à colite hemorrágica).

A maioria das Enterobacteriaceae é móvel, com exceção de alguns gêneros comuns (p. ex., *Klebsiella, Shigella, Yersinia*). As cepas móveis são revestidas com **flagelos** (peritríquios). Muitas Enterobacteriaceae também apresentam fímbrias (também referidas como *pili*), que foram subdivididas em duas classes gerais: fímbrias comuns mediadas por cromossomos e pili sexual codificada por plasmídios. As **fímbrias comuns** são importantes para a capacidade das bactérias de aderir a receptores específicos de células hospedeiras, enquanto a **pili sexual** ou **conjugativa** facilita a transferência genética entre bactérias.

PATOGÊNESE E IMUNIDADE

Numerosos fatores de virulência foram identificados nos membros da família Enterobacteriaceae. Algumas são comuns a todos os gêneros (Boxe 25.2) e outras cepas virulentas específicas.

Endotoxina

A **endotoxina** é um fator de virulência compartilhado entre bactérias gram-negativas aeróbias e algumas anaeróbias. A atividade dessa toxina depende do componente **lipídio A** do LPS, que é liberado em lise celular. Muitas manifestações sistêmicas de infecções por bactérias gram-negativas são iniciadas pela endotoxina: ativação do complemento, liberação de citocinas, leucocitose, trombocitopenia, coagulação disseminada intravascular, febre, diminuição da circulação periférica, choque e morte.

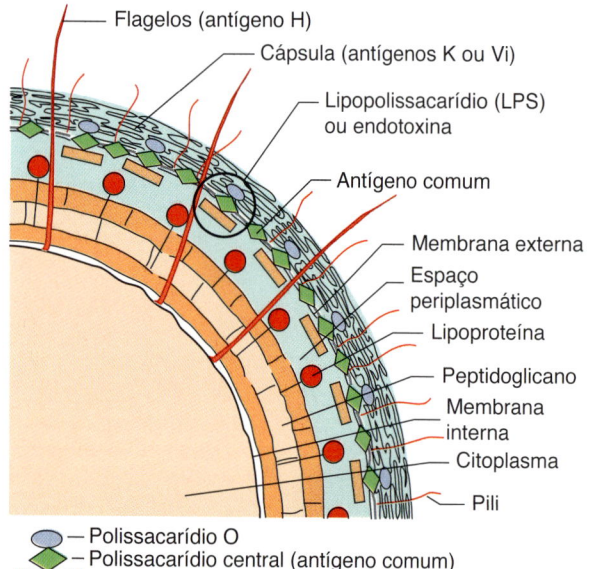

Figura 25.2 Estrutura antigênica do envoltório celular de Enterobacteriaceae.

Boxe 25.2 Fatores de virulência comuns associados à família Enterobacteriaceae.

Endotoxina
Cápsula
Variação de fase antigênica
Sistemas de secreção tipo III
Sequestro de fatores de crescimento
Resistência à morte no soro
Resistência antimicrobiana

Cápsula

As enterobactérias encapsuladas são protegidas da fagocitose pelos antígenos capsulares hidrofílicos, que repelem a superfície celular hidrofóbica fagocítica. Esses antígenos interferem na ligação de anticorpos às bactérias e são imunógenos ou ativadores de complemento fracos. Contudo, caso o paciente desenvolva anticorpos anticapsulares específicos, o papel protetor da cápsula é reduzido.

Variação de fase antigênica

A expressão dos antígenos O somáticos, dos antígenos capsulares K e dos antígenos flagelares H estão sob o controle genético do organismo. Cada um desses antígenos pode ser alternadamente expresso ou não (variação de fase), que é uma característica que protege as bactérias da morte celular mediada por anticorpos.

Sistemas de secreção tipo III

Uma variedade de bactérias (p. ex., *Yersinia, Salmonella, Shigella, Escherichia* enteropatogênica, *Pseudomonas, Chlamydia*) tem um sistema efetor comum para apresentar seus fatores de virulência em células eucarióticas específicas. Pense no **sistema de secreção tipo III** como uma seringa molecular que consiste em aproximadamente 20 proteínas que facilitam a transferência de fatores de virulência de bactérias nas células-alvo do hospedeiro. Embora os fatores de virulência e seus efeitos sejam distintos entre os vários bacilos gram-negativos, o mecanismo geral pelo qual os fatores de virulência são introduzidos é considerado o mesmo. Na ausência do sistema de secreção tipo III, as bactérias apresentam virulência reduzida.

Sequestro de fatores de crescimento

Os nutrientes são fornecidos aos organismos em meios de cultura enriquecidos, mas as bactérias devem se tornar sequestradoras nutricionais no crescimento *in vivo*. O ferro é um fator de crescimento importante necessário para as bactérias, mas é ligado em **proteínas heme** (p. ex., hemoglobina, mioglobina) ou em **proteínas quelantes de ferro** (p. ex., transferrina, lactoferrina). As bactérias neutralizam a ligação produzindo seus próprios **sideróforos** competitivos ou compostos quelantes de ferro (p. ex., **enterobactina, aerobactina**). O ferro também pode ser liberado de células hospedeiras por hemolisinas produzidas pelas bactérias.

Resistência à morte no soro

Enquanto muitas bactérias podem ser rapidamente eliminadas do sangue, organismos virulentos capazes de produzir infecções sistêmicas são muitas vezes resistentes à morte no soro. A cápsula bacteriana pode proteger o organismo da morte no soro e de outros fatores que impedem a ligação de componentes do complemento às bactérias e sua subsequente eliminação mediada pelo sistema complemento.

Resistência antimicrobiana

Os organismos podem desenvolver resistência aos antibacterianos tão rapidamente quanto novos antibacterianos são introduzidos. Essa resistência pode ser codificada em plasmídios transferíveis e trocada entre espécies, gêneros e até mesmo famílias de bactérias. Nos últimos anos, a aquisição de genes de resistência criou algumas Enterobacteriaceae, particularmente *Klebsiella*, resistentes a todas as classes de antibacterianos.

Escherichia coli

Escherichia coli é o membro mais comum e importante do gênero *Escherichia*. Esse organismo está associado a uma variedade de doenças, incluindo gastrenterite e infecções extraintestinais, tais como ITUs (infecções do trato urinário), meningite e sepse. Uma grande variedade de cepas é capaz de causar doenças, com alguns sorotipos associados a uma maior virulência (p. ex., a *E. coli* O157 é a causa mais comum de colite hemorrágica e síndrome hemolítica urêmica [SHU]).

PATOGÊNESE E IMUNIDADE

Escherichia coli apresenta uma ampla gama de fatores de virulência (Tabela 25.2). Além dos fatores gerais existentes em todos os membros da família Enterobacteriaceae, cepas de *Escherichia* apresentam fatores de virulência especializados que podem ser colocados em duas categorias gerais: adesinas e exotoxinas. A função desses fatores será discutida com mais detalhes nas seções seguintes.

EPIDEMIOLOGIA

Um grande número de bactérias *E. coli* está presente no sistema digestório. Embora esses organismos possam ser patógenos oportunísticos quando os intestinos são perfurados, com a entrada de bactérias na cavidade peritoneal, a maioria dos isolados de *E. coli* que causa doença gastrintestinal e extraintestinal apresenta essa atividade porque adquiriram fatores de virulência específicos codificados em plasmídios ou no ácido desoxirribonucleico (DNA) do bacteriófago. A eficácia de *E. coli* como patógeno é ilustrada pelo fato de as bactérias serem (1) os bacilos gram-negativos comuns isolados de pacientes com septicemia (Figura 25.3), (2) responsável por causar mais de 80% de todas as ITUs adquiridas na comunidade e muitas infecções adquiridas no ambiente hospitalar e (3) uma causa considerável de gastrenterite. A maioria das infecções (com

Tabela 25.2 Fatores de virulência especializados associados à *Escherichia coli*.

Bactérias	Adesinas	Exotoxinas
ETEC	Fatores antigênicos de colonização (CFA/I, CFA/II, CFA/III; CFA, do inglês *colonization factor antigens*)	Toxina termolábil (LT-1); toxina termoestável (STa)
EPEC	BFP; intimina	—
EAEC	Fímbrias de adesão agregativa (AAF/I, AAF/II, AAF/III)	Toxina enteroagregativa termoestável; toxina codificada por plasmídio
STEC	BFP; intimina	Toxinas de Shiga (Stx1, Stx2)
EIEC	Antígeno plasmidial de invasão	Hemolisina (HlyA)
Uropatogênicas	Pili P; fímbrias Dr	—

BFP, bundle-forming pillus; *EAEC*, *E. coli* enteroagregativa; *EIEC*, *E. coli* enteroinvasiva; *EPEC*, *E. coli* enteropatogênica; *ETEC*, *E. coli* enterotoxigênica; *STEC*, *E. coli* produtora da toxina de Shiga.

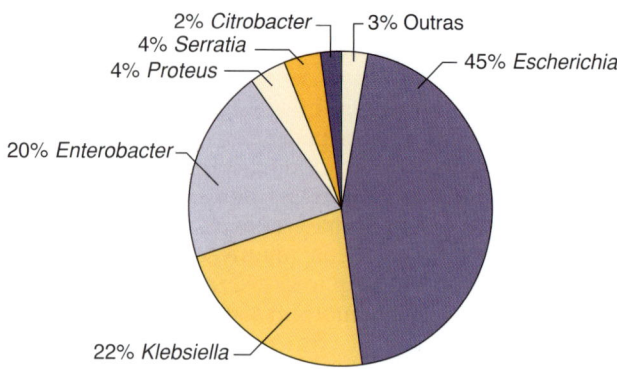

Figura 25.3 Incidência das *Enterobacteriaceae* associadas à bacteriemia. (Cortesia de Barnes-Jewish Hospital, St Louis, MO.).

exceção da gastrenterite e meningite neonatal) é endógena; ou seja, *E. coli* que faz parte da microbiota normal do paciente é capaz de estabelecer infecção quando as defesas do paciente estão comprometidas (p. ex., por trauma ou supressão imunológica).

DOENÇAS CLÍNICAS

Gastrenterite

As cepas de *E. coli* que causam gastrenterite são subdivididas em vários grupos. Cinco desses grupos serão o foco desse capítulo: *E. coli* enterotoxigênica, enteropatogênica, enteroagregativa, produtora de toxinas Shiga e enteroinvasiva (EIEC) (Tabela 25.3). Os três primeiros grupos causam principalmente diarreia secretória envolvendo o intestino delgado e os dois últimos grupos envolvem principalmente o intestino grosso.

Escherichia coli enterotoxigênica

***Escherichia coli* enterotoxigênica (ETEC)** é uma das causas mais comuns da doença diarreica bacteriana nos países em desenvolvimento (840 milhões de casos estimados anualmente) e em um número estimado de 30% dos viajantes para esses países com doença diarreica. Como o inóculo para a doença é alto, as infecções são **adquiridas principalmente pelo consumo de água e alimentos contaminados**. A aquisição de pessoa a pessoa não ocorre. A **diarreia secretória** causada por ETEC se desenvolve após um período de incubação de 1 a 2 dias e persiste por um período médio de 3 a 5 dias. Os sintomas (diarreia aquosa, não sanguinolenta e cólicas abdominais; menos comumente, náuseas e vômitos) são semelhantes aos da cólera, mas geralmente são mais leves, embora a mortalidade seja alta em indivíduos desnutridos ou com doenças de base, particularmente crianças e idosos.

A doença requer a adesão bacteriana ao epitélio do intestino delgado por meio de proteínas de superfície bacteriana (fatores de colonização [CFs]) e elaboração de enterotoxinas

Tabela 25.3 Gastrenterite causada por *Escherichia coli*.

Organismo	Local de ação	Doença	Patogênese	Diagnóstico
ETEC	Intestino delgado	Diarreia do viajante; diarreia infantil nos países em desenvolvimento; diarreia aquosa, vômitos, cólicas, náuseas, febre baixa	Enterotoxinas ST e LT mediadas por plasmídios, que estimulam a hipersecreção de fluidos e eletrólitos	A maioria dos surtos nos EUA é causada por cepas produtoras de ST; imunoensaios comerciais disponíveis para detecção de ST em amostras clínicas e culturas; ensaios de PCR usados com amostras clínicas
EPEC	Intestino delgado	Diarreia infantil nos países em desenvolvimento; diarreia aquosa e vômitos, fezes sem sangue; acredita-se que seja rara nos EUA	Histopatologia A/E mediada por plasmídio, com ruptura da estrutura normal das microvilosidades, resultando em má absorção e diarreia	Aderência característica às células HEp-2 ou HeLa; sondas e ensaios de amplificação desenvolvidos para a pili formadora de feixes codificada por plasmídios e alvos gênicos na ilha de patogenicidade denominada *locus* de apagamento do enterócito (do inglês, *locus enterocyte effacement*)
EAEC	Intestino delgado	Diarreia infantil nos países em desenvolvimento e provavelmente nos países desenvolvidos; diarreia do viajante; diarreia aquosa persistente com vômitos, desidratação e febre baixa	Adesão agregativa de bacilo, mediada por plasmídio ("tijolos empilhados") com encurtamento das microvilosidades, infiltrado mononuclear e hemorragia; diminuição da absorção de líquidos	Aderência característica às células HEp-2; ensaios com sondas de DNA e de amplificação desenvolvidos para o plasmídio conservado
STEC	Intestino grosso	Diarreia aquosa inicial seguida de diarreia extensivamente sanguinolenta (colite hemorrágica) com cólicas abdominais; pouca ou nenhuma febre; pode progredir para a síndrome hemolítica urêmica	STEC evoluiu da EPEC; lesões A/E com destruição de microvilosidades intestinais, resultando na diminuição da absorção; patologia mediada por toxinas de Shiga citotóxicas (Stx1, Stx2), que interrompem a síntese proteica	Monitorar O157:H7 com ágar sorbitol-MacConkey; confirmar por sorotipagem; imunoensaios (ELISA, aglutinação em látex) para a detecção das toxinas Stx em amostras de fezes e bactérias cultivadas; ensaios de amplificação do DNA desenvolvidos por genes *Stx*
EIEC	Intestino grosso	Rara nos países em desenvolvimento e desenvolvidos; febre, cãibras, diarreia aquosa; pode progredir para a disenteria com fezes sanguinolentas escassas	Invasão mediada por plasmídio e destruição de células epiteliais que revestem o cólon	Teste de Sereny (ceratoconjuntivite de cobaia ou porco-da-índia); ensaio em placas com células HeLa; ensaios com sondas e amplificação para os genes que regulam a invasão (não pode discriminar entre EIEC e *Shigella*)

A/E, Adesão/apagamento; *DNA*, ácido desoxirribonucleico; *EAEC*, *E. coli* enteroagregativa; *EIEC*, *E. coli* enteroinvasiva; *ELISA*, ensaio de imunoabsorbância ligada à enzima; *EPEC*, *E. coli* enteropatogênica; *ETEC*, *E. coli* enterotoxigênica; *LT*, toxina lábil; *PCR*, reação em cadeia da polimerase; *ST*, toxina estável; *STEC*, *E. coli* produtora de toxina de Shiga.

termoestáveis e termolábeis. Os genes para os CFs e enterotoxinas são codificados em um plasmídio transmissível. Os CFs são subdivididos em famílias (CFA/I, CFA/II e CFA/IV são os mais comuns) e ainda subdivididos por suas propriedades antigênicas (antígenos de superfície de *coli* [CSs]). Mais de 20 CS CFs foram descritos e a especificidade do hospedeiro é definida por sua afinidade aos receptores em células hospedeiras.

As bactérias ETEC produzem duas classes de enterotoxinas: **toxinas termoestáveis (STa e STb) e toxinas termolábeis (LT-I, LT-II)**. A toxina termoestável STa, mas não STb, está associada à doença humana; ela é encontrada em 75 a 80% das cepas de ETEC, sozinha ou associada à LT e é mais comumente responsável por doenças graves do que as cepas de ETEC somente com LT. A STa é um pequeno peptídio monomérico que se liga ao receptor transmembrana guanilato ciclase C no epitélio intestinal, levando a um aumento na **guanosina monofosfato cíclico (cGMP)** e subsequente hipersecreção de fluidos, bem como a inibição da absorção de líquidos. Das toxinas termolábeis, LT-I é mais comumente associada a doenças humanas. A LT-I é funcional e estruturalmente similar à toxina da cólera (80% de homologia) e consiste em uma subunidade A e cinco subunidades B idênticas. As subunidades B se ligam ao mesmo receptor como a toxina da cólera (gangliosídeos GM_1) e outras glicoproteínas de superfície em células epiteliais do intestino delgado. Depois da endocitose, a subunidade A move-se através da membrana do vacúolo e interage com uma proteína de membrana (Gs) que regula a adenilato ciclase. O efeito em cascata dessa interação é um **aumento nos níveis de adenosina monofosfato cíclico (cAMP)**, resultando em uma maior secreção de cloreto e diminuição da absorção de sódio e cloreto. Essas mudanças se manifestam em uma diarreia aquosa. A exposição à toxina também estimula a secreção de prostaglandina e produção de citocinas inflamatórias, resultando em mais perda de fluidos.

***Escherichia coli* enteropatogênica.** Dois grupos de *E. coli* responsáveis pela doença entérica (*E. coli* enteropatogênica [EPEC] e algumas *E. coli* produtoras de toxinas Shiga [STEC]) apresentam um grupo de genes de virulência localizados em uma ilha de patogenicidade cromossômica denominada *locus* **de apagamento de enterócitos (LEE; do inglês *locus of enterocyte effacement*)**. Bactérias do grupo heterogêneo EPEC foram as primeiras cepas de *E. coli* associadas a surtos de doença diarreica relatada nas décadas de 1940 e 1950. Eram originalmente caracterizadas pelos sorotipos específicos responsáveis por cada surto, mas agora são definidas por (1) presença de LEE e (2) ausência de toxina Shiga. As bactérias EPEC são ainda subdivididas em cepas típicas e atípicas com base na presença ou ausência do **plasmídio para o fator de aderência de *E. coli* (EAF)**. As doenças esporádicas e os surtos são relativamente incomuns nos países desenvolvidos e são agora relatados apenas esporadicamente em países de baixo poder aquisitivo, com doenças principalmente observadas em lactentes e mais comumente associadas às cepas atípicas. A doença é transmitida por exposição fecal-oral a superfícies ou produtos alimentícios contaminados. Os seres humanos são a única fonte de cepas típicas, enquanto seres humanos e uma variedade de hospedeiros animais são reservatórios de cepas atípicas.

A infecção é iniciada pela adesão bacteriana às células epiteliais do intestino delgado, com posterior eliminação (apagamento) das microvilosidades **(histopatologia da adesão/apagamento [A/E])**. A agregação inicial da EPEC típica que leva à formação de microcolônias na superfície da célula epitelial é mediada pela ***bundle-forming pili* (BFP)** codificada por plasmídio; entretanto, esse plasmídio não está presente em EPEC atípica. As etapas subsequentes de adesão são reguladas por genes codificados na **ilha de patogenicidade de LEE**. Essa ilha de mais de 40 genes é responsável pela adesão e apagamento das vilosidades da superfície da célula hospedeira. Depois da adesão frouxa, a secreção ativa de proteínas bacterianas na célula epitelial do hospedeiro ocorre pelo sistema de secreção tipo III bacteriano. Uma proteína, o **receptor translocado de intimina (Tir)**, é inserida na membrana da célula epitelial e funciona como um receptor para uma adesina bacteriana na membrana externa, a **intimina**. A adesão da intimina ao Tir resulta na polimerização da actina, acúmulo de elementos do citoesqueleto sob as bactérias aderidas, perda da integridade da superfície celular e eventual morte da célula.

A doença ocorre principalmente em crianças com menos de 2 anos e é caracterizada por **diarreia aquosa**, que pode ser grave e prolongada e é frequentemente acompanhada de febre e vômitos. O início da doença pode ser tão rápido quanto algumas horas após a ingestão de EPEC e, embora a maioria das infecções seja resolvida após alguns dias, pode ocorrer a diarreia persistente que requer hospitalização.

***Escherichia coli* enteroagregativa.** *Escherichia coli* **enteroagregativa (EAEC)** representa uma coleção heterogênea de cepas caracterizadas por sua autoaglutinação em um arranjo de "tijolo empilhado" sobre o epitélio do intestino delgado e, em alguns casos, o cólon. A prevalência de doenças causadas pela EAEC não é evidente, porque um único marcador molecular para essas bactérias ainda não foi descoberto. Os genes que codificam adesinas, toxinas, incluindo a toxina de Shiga, além de outras proteínas de virulência, são altamente variáveis entre as EAEC. Entretanto, a análise abrangente de surtos, tanto nos países desenvolvidos como nos países em desenvolvimento, tem demonstrado que essas bactérias são comuns. Surtos de gastrenterite causados pela EAEC também foram relatados nos EUA, Europa e Japão e são provavelmente uma causa importante de diarreia infantil nos países desenvolvidos. Essas são uma das poucas bactérias associadas à **diarreia crônica e ao retardo de crescimento** em crianças. Caracteristicamente, após a adesão ao epitélio, a liberação de citocinas é estimulada, o que resulta em recrutamento de neutrófilos e progressão para uma diarreia inflamatória. A doença é caracterizada por uma diarreia secretória aquosa, muitas vezes com células inflamatórias e acompanhada por febre, náuseas, vômitos e dores abdominais. Esse processo pode ser agudo ou pode progredir para uma diarreia persistente, particularmente em crianças e pacientes infectados pelo vírus da imunodeficiência humana (HIV).

***Escherichia coli* produtora de toxina de Shiga.** A nomenclatura para esse grupo de *E. coli* é confusa, referindo-se a elas como **STEC**, *E. coli* produtora de verocitotoxinas (VTEC) e *E. coli* entero-hemorrágica (EHEC). Para proporcionar alguma clareza, considere a VTEC um nome desatualizado e EHEC um subgrupo de STEC. Todos os membros desse grupo são definidos pela presença de toxina de Shiga 1 (Stx1) ou 2 (Stx2). Algumas cepas de EHEC, mas não todas, são LEE positivas e formam a citopatologia A/E, semelhantes às cepas EPEC. A classificação da STEC é ainda mais complicada porque o sorotipo mais comum associado à doença humana é O157:H7, e os esforços iniciais para diagnosticar a doença foram realizados para determinar se o patógeno suspeito era esse sorotipo. Atualmente, considera-se que, embora O157:H7 seja o sorotipo mais comum associado à doença grave em humanos, ele representa menos de 50% dos sorotipos responsáveis. Além disso, os sorotipos prevalentes variam geograficamente. Assim, o diagnóstico da doença por STEC é atualmente baseado na detecção das toxinas de Shiga em vez da sorotipagem de isolados suspeitos (Caso Clínico 25.1).

Vários programas nacionais foram estabelecidos nos EUA, Canadá, Europa e Austrália para monitorar doenças de origem alimentar e documentaram uma ampla prevalência da doença por STEC nesses países, bem como em outros países. Estima-se que essas bactérias causem 73 mil infecções e 60 mortes a cada ano nos EUA, embora a conscientização sobre esses patógenos atualmente esteja associada a uma diminuição na prevalência. A doença por STEC é mais comum nos meses quentes e a maior incidência é em crianças com menos de 5 anos. A maioria das infecções é atribuída ao consumo de carne moída malcozida ou outros produtos derivados de carne bovina, água, leite não pasteurizado ou sucos de frutas (p. ex., sidra feita de maçãs contaminadas com fezes de gado), vegetais não cozidos como espinafres e frutas. **A ingestão de menos de 100 bactérias pode produzir a doença** e ocorre a propagação de pessoa para pessoa.

A doença causada por STEC varia de diarreia leve descomplicada à **colite hemorrágica** com dor abdominal grave e diarreia sanguinolenta. A doença grave é mais comumente associada à STEC O157:H7. Inicialmente, a diarreia com dor abdominal desenvolve-se em pacientes após 3 a 4 dias de incubação. O vômito é observado em aproximadamente metade dos pacientes, mas, em geral, sem febre alta. Dois dias após o início, a doença progride para uma diarreia sanguinolenta com dor abdominal grave em 30 a 65% dos pacientes. A resolução completa dos sintomas ocorre tipicamente após 4 a 10 dias na maioria dos pacientes não tratados. A **SHU (síndrome hemolítica urêmica)**, um distúrbio caracterizado por insuficiência renal aguda, trombocitopenia e anemia hemolítica microangiopática, é uma complicação em 5 a 10% das crianças infectadas com menos de 10 anos de idade.

A resolução dos sintomas ocorre em doenças não complicadas, após 4 a 10 dias na maioria dos pacientes não tratados; entretanto, a morte pode ocorrer em 3 a 5% dos pacientes com SHU e sequelas graves (p. ex., insuficiência renal, hipertensão, manifestações no sistema nervoso central [SNC]) podem ocorrer em até 30% dos pacientes com SHU.

A Stx1 é essencialmente idêntica à toxina de Shiga produzida por *S. dysenteriae* (que dá origem ao nome); Stx2 tem 60% de homologia. Ambas as toxinas são adquiridas por bacteriófagos lisogênicos. Ambas têm uma subunidade A e cinco subunidades B, com as subunidades B ligadas a um glicolipídio específico na célula hospedeira (globotriaosilceramida [Gb3]). Uma alta concentração dos receptores Gb3 é encontrada nas vilosidades intestinais e células endoteliais renais. Depois que a subunidade A é internalizada, ela é clivada em duas moléculas e o fragmento A1 se liga ao 28S rRNA e provoca a interrupção da síntese de proteínas. As cepas de STEC com toxinas de Shiga e atividade A/E são mais patogênicas do que as que produzem apenas uma toxina de Shiga.

A SHU está preferencialmente associada à produção de Stx2, que demonstrou destruir as células endoteliais glomerulares. Os danos às células endoteliais levam à ativação de plaquetas e à deposição de trombina, o que resulta na diminuição da filtração glomerular e insuficiência renal aguda. As toxinas de Shiga também estimulam a expressão de citocinas inflamatórias (p. ex., fator de necrose tumoral [TNF]-γ, interleucina [IL]-6), reforçando a expressão do receptor Gb3 para a subunidade B.

***Escherichia coli* enteroinvasiva.** As cepas de **EIEC** são raras tanto nos países desenvolvidos como nos países em desenvolvimento. Cepas patogênicas estão principalmente associadas a alguns sorotipos O restritos: O124, O143 e O164. As cepas estão intimamente relacionadas às propriedades fenotípicas e patogênicas de *Shigella*. As bactérias são capazes de invadir e destruir o epitélio do cólon, produzindo uma doença caracterizada inicialmente por **diarreia aquosa**. Uma minoria de pacientes progride para a forma disentérica da doença, que consiste em febre, cólicas abdominais, além de sangue e leucócitos em amostras de fezes.

Uma série de genes em um plasmídio é mediadora da invasão bacteriana **(genes *pInv*)** no epitélio do cólon. As bactérias então lisam o vacúolo fagocítico e replicam no citoplasma da célula. O movimento dentro do citoplasma e nas células epiteliais adjacentes é regulado pela formação de caudas de actina (semelhante ao observado com *Listeria*). Esse processo de destruição de células epiteliais com infiltrado inflamatório pode progredir para a ulceração do cólon.

Infecções extraintestinais

Infecção do trato urinário (ITU). A maioria dos bacilos gram-negativos que produzem ITUs originadas no cólon, contamina a uretra, sobem para a bexiga e podem migrar para os rins ou próstata. Embora a maioria das cepas de *E. coli* possa produzir ITUs, a doença é mais comum com sorogrupos específicos. Essas bactérias são particularmente virulentas em razão de sua capacidade de produzir **adesinas** (principalmente pili P, AAF/I, AAF/III e Dr) que se ligam às células que revestem a bexiga e o trato urinário superior (impedindo a eliminação das bactérias na urina excluída) e **hemolisina HlyA**, que lisa os eritrócitos e outros tipos de células (levando à liberação de citocinas e à estimulação de uma resposta inflamatória).

Caso Clínico 25.1 Surto de infecções por *Escherichia coli* produtora de toxinas de Shiga em vários estados

Em 2006, *E. coli* O157 foi responsável por um grande surto de gastrenterite. O surto foi associado à contaminação de espinafre, com um total de 173 casos relatados em 25 estados, principalmente em um período de 18 dias. O surto resultou em hospitalização de mais de 50% dos pacientes com doença documentada, uma taxa de 16% de síndrome hemolítica urêmica e uma morte. Apesar da ampla distribuição dos espinafres contaminados, a publicação do surto e a rápida determinação de que o espinafre fora o responsável, resultou na célere remoção do vegetal de mercearias e no fim do surto. Esse caso ilustra como a contaminação de um produto alimentar, mesmo com um pequeno número de organismos, pode levar a um surto generalizado com um organismo particularmente virulento, como as cepas de STEC.

Meningite neonatal. *Escherichia coli* e estreptococos do grupo B causam a maioria das infecções do SNC em lactentes com menos de 1 mês. Aproximadamente 75% das cepas de *E. coli* apresentam o **antígeno capsular K1**. Esse sorogrupo também é comumente presente no sistema digestório de gestantes e recém-nascidos. No entanto, a razão pela qual esse sorogrupo tem uma predileção por atravessar a barreira hematencefálica e causar meningite em recém-nascidos não é compreendida.

Septicemia. De modo geral, a septicemia causada por bacilos gram-negativos, como *E. coli*, origina-se de infecções no trato urinário ou no sistema digestório (p. ex., extravasamento intestinal levando a uma infecção intra-abdominal). A mortalidade associada à septicemia por *E. coli* é alta para pacientes nos quais a imunidade está comprometida ou a infecção primária é observada no abdome ou SNC.

Salmonella

A taxonomia do gênero *Salmonella* é problemática. Estudos de homologia do DNA revelaram que a maioria dos isolados clinicamente significativos pertence à espécie *S. enterica*. Mais de 2.500 sorotipos únicos foram descritos para essa única espécie; entretanto, esses sorotipos são geralmente listados como espécies individuais (p. ex., *S. typhi*, *S. choleraesuis*, *S. typhimurium*, *S. enteritidis*). Essas designações são incorretas; por exemplo, a nomenclatura correta é *S. enterica*, serovar Typhi. Em um esforço para evitar confusão e ainda manter os termos históricos, os sorotipos individuais passaram a ser escritos com o nome dos sorotipos com a primeira letra maiúscula e não em itálico. Por exemplo, *S. enterica*, serovar Typhi é comumente designada como *Salmonella* Typhi. Por uma questão de consistência, essa será a nomenclatura usada neste capítulo.

PATOGÊNESE E IMUNIDADE

Após a ingestão e passagem pelo estômago, as salmonelas aderem à mucosa do **intestino delgado** e invadem as **células M (micropregas)** localizadas nas placas de Peyer, bem como nos enterócitos. As bactérias permanecem nos vacúolos endocíticos, nos quais eles se replicam. As bactérias também podem ser transportadas através do citoplasma e liberadas na circulação sanguínea ou linfática. A regulação da adesão, englobamento e replicação é controlada principalmente por dois grandes grupos de genes **(ilha de patogenicidade I e II)** no cromossomo bacteriano. A ilha de patogenicidade I codifica **proteínas de invasão secretadas por salmonelas (Ssps)** e um **sistema de secreção tipo III** que injeta as proteínas na célula hospedeira. A ilha de patogenicidade II contém genes que permitem a evasão das bactérias da resposta imunológica do hospedeiro e codifica um segundo sistema de secreção do tipo III para essa função. A resposta inflamatória confina a infecção ao sistema digestório, medeia a liberação de prostaglandinas e estimula a cAMP e a secreção ativa de fluidos.

EPIDEMIOLOGIA

Salmonella pode colonizar praticamente todos os animais, incluindo aves, répteis, gado, roedores, animais domésticos, aves e seres humanos. A propagação entre animais e o uso de alimentos animais contaminados por *Salmonella* mantém um **reservatório animal**. Sorotipos como *Salmonella* Typhi e *Salmonella* Paratyphi são altamente **adaptados aos humanos** e não causam doenças em hospedeiros não humanos. Outros sorotipos de *Salmonella* (p. ex., *Salmonella* Choleraesuis) são adaptados aos animais e, quando infectam seres humanos, podem causar doenças graves. Além disso, em contraste com outros sorotipos de *Salmonella*, cepas altamente adaptadas ao ser humano (i. e., *Salmonella* Typhi, *Salmonella* Paratyphi) podem sobreviver na vesícula biliar e estabelecer o carreamento crônico. Finalmente, muitas cepas de *Salmonella* não têm especificidade ao hospedeiro e causam doenças tanto em hospedeiros humanos quanto em não humanos.

A maioria das infecções resulta da **ingestão** de produtos alimentícios contaminados e, em crianças, da aquisição fecal-oral direta. A incidência de doenças é maior em crianças menores de 5 anos e adultos maiores de 60 anos, que são infectados durante os meses de verão e outono, quando os alimentos contaminados são consumidos em reuniões sociais ao ar livre. As fontes mais comuns de infecções humanas são **aves, ovos, produtos lácteos** e alimentos preparados em superfícies de trabalho contaminadas (p. ex., tábuas de corte nas quais aves não cozidas foram preparadas). Aproximadamente 50 mil casos de infecções por *Salmonella* não tifoide são relatados anualmente nos EUA, embora tenha sido estimado que 1,2 milhão de infecções e 400 mortes ocorram a cada ano. As infecções por *Salmonella* Typhi ocorrem quando água ou alimentos contaminados por manipuladores de alimentos infectados são ingeridos. Não existe um reservatório animal. Uma média de 400 a 500 infecções por *Salmonella* Typhi são relatadas anualmente nos EUA, a maioria das quais adquirida durante viagens internacionais. Por outro lado, estima-se que 27 milhões de *Salmonella* Typhi e *Salmonella* Paratyphi e mais de 200 mil mortes ocorram a cada ano em todo o mundo. O risco de doenças é maior nas crianças que vivem em situação de pobreza nos países em desenvolvimento.

A dose infecciosa para doenças causadas por *Salmonella* Typhi é baixa; portanto, a propagação de pessoa para pessoa é comum. Em contraste, é necessário um grande inóculo (p. ex., 10^6 a 10^8 bactérias) para a doença sintomática se desenvolver com a maioria dos outros sorotipos de *Salmonella*. Os organismos podem se multiplicar a essa alta densidade se os produtos alimentícios contaminados forem armazenados de maneira inadequada (p. ex., se deixados à temperatura ambiente). A dose infecciosa é menor para pessoas com alto risco de doenças em razão da idade, imunossupressão ou doença de base (leucemia, linfoma, doença falciforme) ou redução da acidez gástrica.

DOENÇAS CLÍNICAS

A seguir estão descritas as quatro formas de infecção por *Salmonella*: gastrenterite, septicemia, febre entérica e colonização assintomática.

Gastrenterite

A gastrenterite é a **forma mais comum de salmonelose** nos EUA. Os sintomas geralmente aparecem de 6 a 48 horas após o consumo de alimentos ou água contaminados, com a apresentação inicial consistindo em **náuseas, vômitos e diarreia não sanguinolenta**. Febre, cólicas abdominais, mialgias e dores de cabeça também são comuns. O envolvimento do cólon pode ser demonstrado na forma aguda da doença. Os sintomas podem persistir por 2 a 7 dias antes da resolução espontânea.

Septicemia

Todas as espécies de *Salmonella* podem causar bacteriemia, embora as infecções com *Salmonella* Typhi, *Salmonella* Paratyphi e *Salmonella* Choleraesuis mais comumente levam a uma fase bacteriêmica. O risco de bacteriemia por *Salmonella* é maior em pacientes pediátricos e geriátricos e em pacientes imunocomprometidos (p. ex., aqueles com infecções pelo HIV, doença falciforme, imunodeficiências congênitas). A apresentação clínica da bacteriemia por *Salmonella* é como a de outras bacteriemias gram-negativas; no entanto, infecções supurativas localizadas (p. ex., osteomielite, endocardite, artrite) podem ocorrer em até 10% dos pacientes.

Febre entérica

Salmonella Typhi produz uma doença febril chamada **febre tifoide**. Uma forma mais branda dessa doença, denominada febre paratifoide, é produzida por *Salmonella* Paratyphi A, *Salmonella* Schottmuelleri (antigamente *Salmonella* Paratyphi B) e *Salmonella* Hirschfeldii (anteriormente *Salmonella* Paratyphi C). Outros sorotipos de *Salmonella* raramente podem produzir uma síndrome similar. As bactérias responsáveis pela febre entérica atravessam as células que revestem os intestinos e são engolfadas por macrófagos. Elas se replicam após serem transportadas para o fígado, o baço e a medula óssea. Dez a 14 dias após ingestão das bactérias, os pacientes desenvolvem febre gradualmente crescente, com queixas inespecíficas de dor de cabeça, mialgias, mal-estar e anorexia. Esses sintomas persistem por 1 semana ou mais e são seguidos por sintomas gastrintestinais. Esse ciclo corresponde a uma fase bacteriêmica inicial, que é seguida pela colonização da vesícula biliar e reinfecção dos intestinos. A febre entérica é uma doença clínica grave e deve ser suspeita em pacientes febris que viajaram recentemente para países em desenvolvimento onde a doença é endêmica (Caso Clínico 25.2).

Colonização assintomática

As cepas de *Salmonella* responsáveis por causar a febre tifoide e a febre paratifoide são mantidas pela colonização humana. A **colonização crônica** por mais de 1 ano após doença sintomática se desenvolve em 1 a 5% dos pacientes, com a vesícula biliar sendo o reservatório na maioria dos pacientes. A colonização crônica com outras espécies de *Salmonella* ocorre em menos de 1% dos pacientes e não representa uma importante fonte de infecção humana.

Shigella

A taxonomia de *Shigella* comumente utilizada é simples, embora tecnicamente incorreta. Quatro espécies que constituem quase 50 sorogrupos baseados no antígeno O foram descritas: *S. dysenteriae*, *S. flexneri*, *S. boydii* e *S. sonnei*. Entretanto, a análise do DNA determinou que essas quatro espécies representam, na verdade, biogrupos dentro da espécie *E. coli*. Como seria confuso se referir a estas bactérias como *E. coli*, seus nomes históricos foram mantidos.

PATOGÊNESE E IMUNIDADE

O gênero *Shigella* causa doenças ao invadir e se replicar em células que revestem o **cólon**. As proteínas codificadas pelos genes estruturais medeiam a aderência dos organismos às células, bem como a sua invasão, replicação intracelular e propagação de célula a célula. Esses genes são carregados em um grande plasmídio de virulência, mas são regulados por genes cromossômicos. Portanto, a presença do plasmídio não garante a atividade genética funcional.

As espécies de *Shigella* parecem incapazes de aderir às células diferenciadas da mucosa; ao contrário, elas primeiramente aderem e invadem as células M localizadas nas placas de Peyer. O **sistema de secreção tipo III** medeia a secreção de quatro proteínas **(IpaA, IpaB, IpaC e IpaD)** em células epiteliais e macrófagos. Essas proteínas induzem o enrugamento da membrana na célula-alvo, levando ao englobamento das bactérias. As shigelas lisam o vacúolo fagocítico e replicam no citoplasma da célula hospedeira (ao contrário de *Salmonella*, que replica no vacúolo). Com o rearranjo dos filamentos de actina nas células hospedeiras, as bactérias são projetadas através do citoplasma para as células adjacentes, nas quais a **passagem de célula a célula** ocorre. Dessa maneira, os organismos *Shigella* são protegidos contra eliminação mediada pela resposta imune. As shigelas sobrevivem à fagocitose ao induzir a morte celular programada **(apoptose)**. Esse processo também leva à liberação de IL-1β, resultando na atração de leucócitos polimorfonucleares nos tecidos infectados, que por sua vez, desestabiliza a integridade da parede intestinal e permite que as bactérias alcancem as células epiteliais mais profundas.

As cepas de *S. dysenteriae* produzem uma exotoxina, a **toxina de Shiga**. Semelhante à toxina de Shiga produzida pela STEC, essa toxina tem uma subunidade A e cinco subunidades B. As subunidades B se ligam a um glicolipídio da célula hospedeira (Gb3) e facilitam a transferência da subunidade A para dentro da célula. A subunidade A cliva o rRNA 28S na subunidade ribossômico 60S, impedindo a ligação do aminoacil RNA de transferência e interrompendo a síntese de proteínas. A principal manifestação da atividade da toxina é o dano ao epitélio intestinal; entretanto, em um pequeno subgrupo de pacientes, a toxina de Shiga pode mediar o dano às células endoteliais glomerulares, resultando em insuficiência renal (SHU).

Caso Clínico 25.2 Infecção por *Salmonella* Typhi

Scully et al. (*N Engl J Med* 345:201-205, 2007) descreveram uma mulher de 25 anos que foi admitida no Boston Hospital com um histórico de febre persistente que não respondeu à amoxicilina, paracetamol ou ibuprofeno. Ela era uma residente das Filipinas que estava viajando aos EUA, tendo chegado ao país havia 11 dias. No exame físico, ela estava febril e teve hepatomegalia, dor abdominal e urinálise anormal. As culturas de sangue foram coletadas no momento da admissão no hospital e foram positivas no dia seguinte para *Salmonella* Typhi. Como o organismo era suscetível à fluoroquinolonas, essa terapia foi selecionada. Dentro de 4 dias, ela teve redução da febre e alta médica, que permitiu o seu retorno para as Filipinas. Embora a febre tifoide possa ser uma doença muito grave de risco à vida, ela pode inicialmente apresentar sintomas inespecíficos, como foi visto nessa mulher.

EPIDEMIOLOGIA

Os **seres humanos são o único reservatório** para *Shigella*. Estima-se que quase 500 mil casos de infecções por *Shigella* ocorram todos os anos nos EUA. Esse valor é menor em comparação com os 90 milhões de casos estimados que ocorrem anualmente em todo o mundo. ***Shigella sonnei*** é responsável por quase 85% das infecções nos EUA, enquanto *S. flexneri* predomina nos países em desenvolvimento. Epidemias de infecções por *S. dysenteriae* ocorrem periodicamente, mais recentemente na África Ocidental e América Central, e estão associadas a taxas de letalidade de 5 a 15%.

A shigelose é principalmente uma doença pediátrica, com 60% de todas as infecções ocorrendo em crianças com menos de 10 anos. A doença endêmica em adultos é comum em homens homossexuais e indivíduos em contato com crianças infectadas. Surtos epidêmicos da doença ocorrem em creches, berçários e instituições de custódia. (Caso Clínico 25.3). A shigelose é **transmitida de pessoa a pessoa** pela via fecal-oral, principalmente por pessoas com mãos contaminadas e menos comumente em água ou alimentos. Visto que apenas 100 a 200 bactérias podem estabelecer doenças, a shigelose se espalha rapidamente em comunidades nas quais os padrões sanitários e o nível de higiene pessoal são baixos.

DOENÇAS CLÍNICAS

A shigelose é caracterizada por **cólicas abdominais, diarreia, febre** e **fezes sanguinolentas.** Os sinais clínicos e os sintomas da doença aparecem 1 a 3 dias após as bactérias serem ingeridas. As shigelas inicialmente colonizam o intestino delgado e começam a se multiplicar dentro das primeiras 12 horas. O primeiro sinal de infecção (diarreia aquosa profusa sem evidência histológica de invasão das mucosas) é mediado por uma enterotoxina. Entretanto, a característica cardinal da shigelose é a cólica em região abdominal inferior e tenesmo (esforço para defecar), com pus e sangue em abundância nas fezes. Isso resulta da invasão da mucosa do cólon pelas bactérias. Uma quantidade elevada de neutrófilos, eritrócitos e muco é observada nas fezes. A infecção é geralmente autolimitada, embora a antibioticoterapia seja recomendada para reduzir o risco de propagação secundária aos membros da família e outros contatos. A colonização assintomática do organismo no cólon se desenvolve em um pequeno número de pacientes e representa um reservatório persistente para infecção.

Caso Clínico 25.3 Infecções por *Shigella* em creches

Em 2005, três estados relataram surtos de infecções por *Shigella* multirresistentes a medicamentos em creches. Um total de 532 infecções foi relatado na área de Kansas City, com a idade média dos pacientes de 6 anos de idade (Centro de Controle e Prevenção de Doenças: *MMWR* 55:1068–1071, 2006). O patógeno predominante era uma cepa de *S. sonnei* multirresistente a medicamentos, com 89% dos isolados resistentes à ampicilina e à sulfametoxazol-trimetoprima. A shigelose é facilmente transmitida em creches em razão do aumento no risco de contaminação fecal e da baixa dose infecciosa responsável pela doença. Os pais e professores, assim como colegas de classe, têm um risco significativo para a doença.

Yersinia

Os patógenos humanos mais conhecidos dentro do gênero *Yersinia* são ***Y. pestis, Y. enterocolitica*** e ***Y. pseudotuberculosis***. *Yersinia pestis* é um patógeno altamente virulento, que causa a doença sistêmica potencialmente fatal conhecida como **peste**; *Y. enterocolitica* e *Y. pseudotuberculosis* são principalmente patógenos entéricos relativamente incomuns e raramente cultivados do sangue.

PATOGÊNESE E IMUNIDADE

Uma característica comum das espécies patogênicas de *Yersinia* é sua capacidade de **resistir à morte fagocítica.** O sistema de secreção tipo III medeia essa propriedade. Ao contato com células fagocíticas, as bactérias secretam proteínas no fagócito que desfosforilam várias proteínas necessárias para a fagocitose (produto do gene *yopH*), induzem a citotoxicidade pela perturbação dos filamentos de actina (produto do gene *yopE*) e iniciam a apoptose nos macrófagos (produto do gene *yopJ/P*). O sistema de secreção tipo III também suprime a produção de citocinas, diminuindo, por sua vez, a resposta imune e inflamatória frente à infecção.

Yersinia pestis tem dois plasmídios que codificam genes de virulência: (1) gene da fração 1 *(f1)*, que codifica uma **cápsula proteica** antifagocítica, e (2) gene da **protease do ativador de plasminogênio *(pla)***, que degrada os componentes C3b e C5a do sistema complemento, prevenindo a opsonização e a migração fagocítica, respectivamente. O gene *pla* também degrada coágulos de fibrina, permitindo a rápida propagação de *Y. pestis*. Outros fatores de virulência especificamente associados a *Y. pestis* são a resistência ao soro e a capacidade do organismo de absorver ferro orgânico como resultado de um mecanismo independente de sideróforos.

EPIDEMIOLOGIA

Todas as infecções por *Yersinia* são **zoonóticas**, com os seres humanos como hospedeiros acidentais. Existem duas formas de infecção por *Y. pestis*: a **peste urbana**, para a qual os ratos são os reservatórios naturais, e a **peste silvestre**, que causa infecções em esquilos, coelhos, ratos de campo e gatos domésticos. Porcos, roedores, gado e coelhos são os reservatórios naturais da *Y. enterocolitica*, enquanto roedores, animais selvagens e aves de caça são os reservatórios naturais de *Y. pseudotuberculosis*.

A peste, causada por *Y. pestis*, foi uma das doenças mais devastadoras da história. As epidemias da peste foram registradas no Antigo Testamento. A primeira das três maiores pandemias (peste urbana) começou no Egito em 541 d.C. e se propagou pelo Norte da África, Europa, Centro e Sul da Ásia e da Arábia. No momento em que essa pandemia terminou, em meados dos anos 700 d.C., grande parte da população desses países havia morrido em decorrência da peste. A segunda pandemia, que começou na década de 1320, resultou (ao longo de um período de 5 anos) em mais de 25 milhões de mortes somente na Europa (30 a 40% da população). A terceira pandemia começou na China, na década de 1860, e se espalhou para a África, Europa e Américas. Casos epidêmicos e esporádicos da doença continuam até hoje. Nos últimos anos, são relatados menos de 10 casos anualmente nos EUA, com a peste silvestre como doença principal e presente nos estados ocidentais.

A **peste urbana** é mantida em populações de ratos e é disseminada entre **ratos** ou entre roedores e humanos, através de pulgas infectadas, durante a alimentação com sangue de um rato com bacteriemia. Após a replicação da bactéria no intestino da pulga, os organismos podem ser transferidos para outro roedor ou para humanos. A peste urbana foi eliminada da maioria das comunidades pelo controle efetivo de ratos e por uma melhor higiene. Por outro lado, a **peste silvestre** é difícil ou impossível de eliminar porque os **reservatórios de mamíferos** e os vetores de pulgas são generalizados. *Yersinia pestis* produz uma infecção fatal no reservatório animal, de modo que os padrões cíclicos de doenças humanas ocorrem à medida que o número de hospedeiros de reservatórios infectados aumenta ou diminui. As infecções também podem ser adquiridas por ingestão de animais contaminados ou manuseio de tecidos animais contaminados. Embora o organismo seja altamente infeccioso, a disseminação entre pessoas é incomum a não ser que o paciente tenha comprometimento pulmonar.

Yersinia enterocolitica é uma causa comum de enterocolite na Escandinávia, em outros países do norte da Europa e nas áreas mais frias da América do Norte. Anualmente, nos EUA, ocorre aproximadamente uma infecção a cada 100 mil pessoas, confirmada pela cultura, com 90% das infecções associadas ao consumo de produtos contaminados, como carne, leite ou água. A maioria dos estudos mostra que as infecções são mais comuns durante os meses frios. A virulência desse organismo está associada a sorogrupos específicos. Os sorogrupos mais comuns encontrados na Europa, África, Japão e Canadá são O3 e O9. O sorogrupo O8 foi identificado nos EUA. *Yersinia pseudotuberculosis* é uma causa relativamente incomum de doença humana.

DOENÇAS CLÍNICAS

As duas manifestações clínicas da infecção por *Y. pestis* são a peste bubônica e a peste pneumônica. A **peste bubônica** é caracterizada por um período de incubação de não mais do que 7 dias após uma pessoa ter sido mordida por uma pulga infectada. Os pacientes manifestam febre alta e um **bubo** doloroso (inchaço inflamatório dos linfonodos) na virilha ou axila. A bacteriemia se desenvolve rapidamente se os pacientes não forem tratados e até 75% dos indivíduos morrem. (Caso Clínico 25.4). O período de incubação (2 a 3 dias) é mais curto em pacientes com **peste pneumônica**. Inicialmente, esses pacientes desenvolvem febre e mal-estar, além de sinais pulmonares no período de 1 dia. Os pacientes são altamente infecciosos; a propagação de pessoa a pessoa ocorre por aerossóis. A taxa de mortalidade em pacientes não tratados com peste pneumônica excede em 90%.

Aproximadamente dois terços de todas as infecções por *Y. enterocolitica* são as **enterocolites**, como o próprio nome indica. A gastrenterite é geralmente associada à ingestão de água e de produtos alimentícios contaminados. Após um período de incubação de 1 a 10 dias (média, 4 a 6 dias), o paciente manifesta a doença caracterizada por diarreia, febre e dores abdominais que duram de 1 a 2 semanas. Uma forma crônica da doença também pode se desenvolver e persistir por meses. A doença envolve o

> **Caso Clínico 25.4   Peste humana nos EUA**
>
> Em 2006, um total de 13 casos de peste humana foi relatado nos EUA: 7 no Novo México, 3 no Colorado, 2 na Califórnia e 1 no Texas (Centros de Controle e Prevenção de Doenças: *MMWR* 55:940-943, 2006). A descrição de um homem de 30 anos com apresentação clássica de peste bubônica é feita a seguir. Em 9 de julho, o homem foi até o hospital local com um histórico de 3 dias de febre, náuseas, vômitos e linfadenopatia na região inguinal direita. Ele teve alta sem tratamento. Três dias depois, voltou ao hospital e foi internado com sepse e infiltrados pulmonares bilaterais. O paciente foi colocado em isolamento e tratado com gentamicina, ao qual ele respondeu. Culturas do sangue e do linfonodo aumentado foram positivas para *Yersinia pestis*. Essas bactérias também foram recuperadas em pulgas coletadas próximo à residência do paciente. De modo geral, os reservatórios da peste silvestre são pequenos mamíferos e os vetores são as pulgas. Quando os mamíferos morrem, as pulgas procuram hospedeiros humanos.

íleo terminal e, se houver aumento dos linfonodos mesentéricos, pode mimetizar a apendicite aguda. A infecção por *Y. enterocolitica* é mais comum em crianças, com **pseudoapendicite** que levanta um problema particular nessa faixa etária. *Yersinia pseudotuberculosis* também pode produzir uma doença entérica com as mesmas características clínicas. Outras manifestações encontradas em adultos são a septicemia, artrite, abscesso intra-abdominal, hepatite e osteomielite.

Em 1987, foi relatada pela primeira vez que *Y. enterocolitica* causou **bacteriemia relacionada à transfusão de sangue** e choque endotóxico. Como os organismos *Yersinia* **podem crescer a 4°C**, essa bactéria pode se multiplicar em altas concentrações em produtos sanguíneos nutricionalmente ricos que são armazenados em geladeira.

Outras Enterobacteriaceae

KLEBSIELLA

Os membros do gênero *Klebsiella* têm uma cápsula proeminente, responsável pela aparência mucoide das colônias isoladas e pela virulência aumentada dos organismos *in vivo*. Além disso, cepas de *Klebsiella* resistentes a todos os antibacterianos betalactâmicos, incluindo os carbapenêmicos, bem como à maioria das outras classes de antibacterianos, estão se tornando cada vez mais frequentes em todo o mundo. O manejo de pacientes com infecções por *Klebsiella* é um grande desafio clínico.

Os membros mais comumente isolados do gênero são ***K. pneumoniae*** e ***K. oxytoca***, que podem causar **pneumonia lobar** primária adquirida no ambiente hospitalar ou na comunidade. A pneumonia causada por espécies de *Klebsiella* frequentemente envolve a destruição necrótica dos espaços alveolares, formação de cavidades e a produção de escarro tingido de sangue. Essas bactérias também causam infecções de feridas e de tecidos moles, assim como ITUs.

O organismo, anteriormente chamado *Donovania granulomatis* e depois *Calymmatobacterium granulomatis*, foi reclassificado como ***K. granulomatis***. *Klebsiella granulomatis* é o agente etiológico do **granuloma inguinal**, uma doença granulomatosa que afeta a área genital e inguinal (Figuras 25.4 e 25.5). Infelizmente, essa doença é comumente chamada **donovanose**, em referência à origem histórica do nome do gênero. O granuloma inguinal é uma doença rara nos EUA, mas é endêmico em partes da Papua Nova Guiné, Caribe, América do Sul, Índia, África do Sul, Vietnã e Austrália. Pode ser transmitida após exposição repetida por meio de relações sexuais ou traumas não sexuais nos órgãos genitais. Após uma incubação prolongada de semanas a meses, os nódulos subcutâneos aparecem nos genitais ou na área inguinal. Os nódulos subsequentemente se rompem, revelando uma ou mais lesões granulomatosas indolores que podem se estender e coalescer em úlceras semelhantes a lesões sifilíticas.

Duas outras espécies de *Klebsiella* de importância clínica são **K. rhinoscleromatis**, que é a causa de doença granulomatosa do nariz, e **K. ozaenae**, que é a causa de rinite atrófica crônica. Ambas as doenças são relativamente incomuns nos EUA.

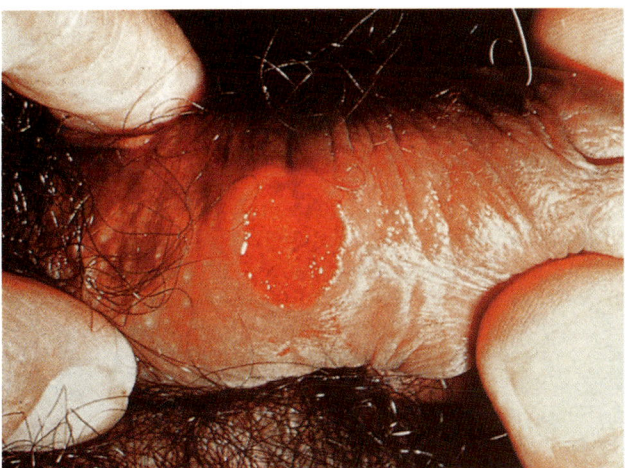

Figura 25.4 Úlcera peniana causada por *Klebsiella granulomatis*, que pode mimetizar o cancro sifilítico. (De Morse, S.A., Ballard, R.C., Holmes, K.K. et al., 2010. Atlas of Sexually Transmitted Diseases and AIDS, fourth ed. London, Saunders.)

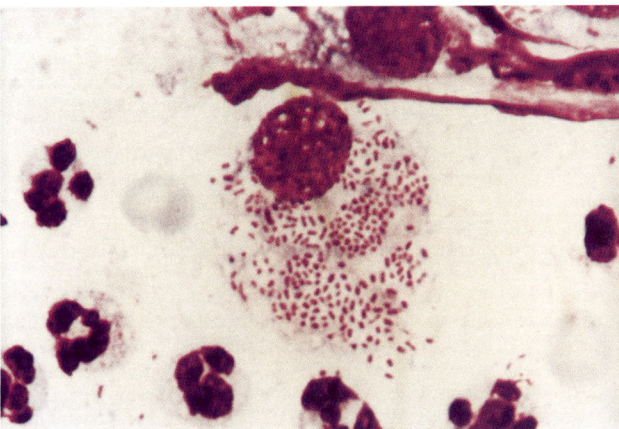

Figura 25.5 Microscopia de luz do esfregaço de tecido de granulação da lesão genital de paciente infectado com *Klebsiella granulomatis*. Observe as numerosas bactérias no vacúolo citoplasmático da célula mononuclear (coloração de Giemsa modificada). (De Morse, S.A., Ballard, R.C., Holmes, K.K. et al., 2010. Atlas of Sexually Transmitted Diseases and AIDS, fourth ed. London, Saunders.).

PROTEUS

Proteus mirabilis, o membro mais comum desse gênero, produz principalmente infecções do trato urinário (p. ex., infecção da bexiga ou cistite; infecção dos rins ou pielonefrite). *Proteus mirabilis* produz grandes quantidades de urease, que metaboliza a ureia em dióxido de carbono e amônia. Esse processo eleva o pH da urina, precipitando o magnésio e o cálcio na forma de cristais de estruvite e apatita, respectivamente, resultando na formação de **cálculos renais (rins)**. O aumento da alcalinidade da urina também é tóxico para o uroepitélio.

ENTEROBACTER, CITROBACTER, MORGANELLA E SERRATIA

Infecções primárias causadas por *Enterobacter, Citrobacter, Morganella* e *Serratia* são raras em pacientes imunocompetentes. São as causas mais comuns de infecções hospitalares em neonatos e pacientes imunocomprometidos. Por exemplo, o ***Citrobacter koseri*** foi reconhecido como tendo predileção por causar meningite e abscessos cerebrais em neonatos.

Outras propriedades gerais

DIAGNÓSTICO LABORATORIAL

Cultura

Os membros da família Enterobacteriaceae crescem prontamente em meios de cultura. Espécimes de material normalmente estéril, como líquido cefalorraquidiano e tecido coletados na cirurgia, podem ser inoculados em meios não seletivos de ágar-sangue. Os meios seletivos (p. ex., ágar MacConkey, ágar eosina-azul de metileno [EMB, do inglês *eosina-methylene blue*]) são utilizados para a cultura de espécimes normalmente contaminados com outros organismos (p. ex., escarro, fezes). O uso desses ágares diferenciais seletivos permite a separação dos gêneros pertencentes à família Enterobacteriaceae (p. ex., *Escherichia, Klebsiella, Enterobacter*) de gêneros não fermentadores (p. ex., *Salmonella, Shigella*). Outro exemplo de ágar seletivo diferencial é **o ágar MacConkey contendo sorbitol** (S-MAC), que é utilizado para examinar as amostras de fezes para bactérias gram-negativas, sorbitol-negativas (incolores), tais como *E. coli* O157. Meios altamente seletivos ou específicos do organismo são úteis para a recuperação de bactérias como *Salmonella* e *Shigella* em amostras de fezes, nas quais uma quantidade abundante de microrganismos da microbiota normal pode ocultar a presença desses importantes patógenos.

É difícil recuperar a *Y. enterocolitica* porque esse organismo cresce lentamente em temperaturas tradicionais de incubação e prefere temperaturas mais frias, nas quais é mais ativa metabolicamente. Os laboratórios clínicos têm explorado essa propriedade, porém misturando a amostra fecal com salina e depois armazenando o espécime a 4°C por 2 semanas ou mais antes do subcultivo em meios com ágar. Esse **enriquecimento a frio** permite o crescimento de *Yersinia*, mas inibe ou elimina outros organismos na amostra. Embora o uso do método de enriquecimento a frio não seja auxiliar no manejo inicial de um paciente com gastrenterite por *Yersinia*, tem ajudado a elucidar o papel desse organismo na doença intestinal crônica.

Identificação bioquímica

Existem muitas espécies diversas na família Enterobacteriaceae. As citações listadas na Bibliografia ao final desse capítulo fornecem informações adicionais sobre sua identificação bioquímica. Os sistemas de testes bioquímicos tornaram-se cada vez mais sofisticados e os membros mais comuns da família podem ser identificados com precisão em menos de 24 horas, com um dos muitos sistemas comerciais de identificação disponíveis. O sequenciamento de genes espécie-específicos (p. ex., gene 16S rRNA) ou detecção de perfis proteicos característicos por espectrometria de massa é utilizado para identificar a maioria das espécies de Enterobacteriaceae.

Classificação sorológica

Os testes sorológicos são muito úteis para determinar o significado clínico de um isolado (p. ex., sorotipagem de cepas patogênicas específicas, tais como *E. coli* O157 ou *Y. enterocolitica* O8) e para classificar os isolados para fins epidemiológicos. A utilidade desse procedimento é limitada, contudo, por reações cruzadas com as Enterobacteriaceae antigenicamente relacionadas e com organismos de outras famílias bacterianas.

Testes de amplificação de ácidos nucleicos

Na última década, os testes de amplificação de ácidos nucleicos (TAANs) multiplex comerciais tornaram-se amplamente utilizados para doenças específicas, tais como infecções respiratórias ou gastrintestinais. A vantagem desses testes é que uma grande seleção de patógenos entéricos (p. ex., *Salmonella, Shigella, E. coli, Campylobacter*, bem como vírus e parasitas entéricos comuns) é identificada simultaneamente com um único teste.

TRATAMENTO, PREVENÇÃO E CONTROLE

A terapia com antibacterianos para infecções com *Enterobacteriaceae* deve ser guiada por resultados de testes de suscetibilidade *in vitro* e experiência clínica. Alguns organismos, tais como *E. coli* e *P. mirabilis*, são suscetíveis a muitos antibacterianos, mas outros podem ser altamente resistentes. A produção de enzimas que inativam todas as penicilinas e cefalosporinas (p. ex., ESBLs) está agora difundida em *E. coli, Klebsiella* e *Proteus*. Além disso, o uso de carbapenêmicos (p. ex., imipeném, meropeném, ertapeném) era um dos principais pilares do tratamento; no entanto, a recente recuperação de bactérias produtoras de carbapenemases tem limitado o uso empírico de carbapenêmicos e de todos os outros antibacterianos betalactâmicos em muitas regiões do mundo. Em geral, a **resistência aos antibacterianos** é mais comum em infecções hospitalares do que em infecções adquiridas na comunidade. A terapia antimicrobiana com antibacterianos não é recomendada para algumas infecções. Por exemplo, o alívio sintomático, mas não o tratamento com antibacterianos é geralmente recomendado para pacientes com gastrenterite por STEC e *Salmonella*, porque os antibacterianos podem prolongar o carreamento desses organismos ou aumentar o risco de complicações secundárias (p. ex., SHU com infecções STEC em crianças). O tratamento de infecções por *Salmonella* Typhi ou de outras infecções sistêmicas por *Salmonella* é indicado; no entanto, o aumento na resistência aos antibacterianos, como as fluoroquinolonas, tem complicado a terapia antimicrobiana.

É difícil prevenir infecções com Enterobacteriaceae, porque esses organismos são uma parte importante da população microbiana endógena. Entretanto, alguns fatores de risco para infecções devem ser evitados. Esses fatores incluem o uso irrestrito de antibacterianos, que pode selecionar bactérias resistentes; o desempenho de procedimentos que traumatizam as barreiras de mucosas sem cobertura antibacteriana profilática e o uso de cateteres urinários. Infelizmente, muitos desses fatores estão presentes nos pacientes com maior risco de infecção (p. ex., pacientes imunocomprometidos confinados em ambiente hospitalar por períodos prolongados).

A infecção exógena com Enterobacteriaceae é teoricamente mais fácil de controlar. Por exemplo, a fonte das infecções por bactérias como a *Salmonella* é bem definida. No entanto, essas bactérias são onipresentes em aves e ovos. A menos que seja tomado cuidado na preparação e refrigeração desses alimentos, pouco pode ser feito para controlar essas infecções. Bactérias do gênero *Shigella* são predominantemente transmitidas em crianças pequenas, mas é difícil interromper a transmissão fecal-mão-boca responsável pela disseminação da infecção nessa população. Os surtos dessas infecções podem ser efetivamente prevenidos e controlados somente com a educação e a introdução de procedimentos adequados de controle de infecções (p. ex., lavagem das mãos, descarte adequado de fraldas ou roupas de cama sujas) nos ambientes em que essas infecções tipicamente ocorrem.

Uma vacina contra *Y. pestis* não está mais disponível, embora isso provavelmente mude, em vista da preocupação de que esse organismo possa ser usado por bioterroristas. Duas vacinas para *Salmonella* Typhi estão disponíveis: vacina oral viva atenuada e uma vacina de polissacarídio Vi capsular. Ambas as vacinas protegem de 40 a 70% dos receptores. A vacinação é recomendada para viajantes em áreas endêmicas do mundo (p. ex., África, Ásia, América Latina). A vacina Vi capsular pode ser administrada em uma única dose, mas a vacina viva atenuada deve ser administrada em quatro doses ao longo do período de 1 semana. Consulte o *site* do Centro de Controle e Prevenção de Doenças (www.cdc.gov) para as recomendações atuais.

Bibliografia

Abbott, S., 2007. *Klebsiella, Enterobacter, Citrobacter, Serratia, Plesiomonas*, and other Enterobacteriaceae. In: Murray, P.R., et al. (Ed.), Manual of Clinical Microbiology, ninth ed. American Society of Microbiology Press, Washington, DC.

Ackers, M.L., Puhr, N.D., Tauxe, R.V., et al., 2000. Laboratory-based surveillance of Salmonella serotype Typhi infections in the United States: antimicrobial resistance on the rise. JAMA 283, 2668–2673.

Croxen, M.A., Law, R.J., Scholz, R., et al., 2013. Recent advances in understanding enteric pathogenic Escherichia coli. Clin Microbiol Rev 26, 822–880.

Darwin, K.H., Miller, V.L., 1999. Molecular basis of the interaction of Salmonella with the intestinal mucosa. Clin Microbiol Rev 12, 405–428.

Farmer, J.J., et al., 2007. Enterobacteriaceae: introduction and identification. In: Murray, P.R., et al. (Ed.), Manual of Clinical Microbiology, ninth ed. American Society of Microbiology Press, Washington, DC.

Jackson, B.R., Iqbal, S., Mahon, B., 2015. Updated recommendations for the use of typhoid vaccine–Advisory Committee on Immunization Practices, United States. MMWR Morb Mortal Wkly Rep 64 (11), 305–308.

Kotloff, K.L., Nataro, J.P., Blackwelder, W.C., et al., 2013. Burden and etiology of diarrhoeal disease in infants and young children in developing countries (the Global Enteric Multicenter Study, GEMS): a prospective, case-control study. Lancet 382, 209–222.

Lamberti, L.M., Bourgeois, A.L., Fischer Walker, C.L., et al., 2014. Estimating diarrheal illness and deaths attributable to Shigella and enterotoxigenic Escherichia coli among older children, adolescents, and adults in South Asia and Africa. PLoS Negl Trop Dis 8, e2705.

Nataro, J., et al., 2007. Escherichia, Shigella, and Salmonella. In: Murray, P.R., et al. (Ed.), Manual of Clinical Microbiology, ninth ed. American Society of Microbiology Press, Washington, DC.

Ross, A.G., Olds, G.R., Cripps, A.W., et al., 2013. Enteropathogens and chronic illness in returning travelers. N Engl J Med 368, 1817–1825.

Wanger, A., 2007. Yersinia. In: Murray, P.R., et al. (Ed.), Manual of Clinical Microbiology, ninth ed. American Society of Microbiology Press, Washington, DC.

Wong, C.S., Jelacic, S., Habeeb, R.L., et al., 2000. The risk of the hemolytic-uremic syndrome after antibiotic treatment of Escherichia coli O157:H7 infections. N Engl J Med 342, 1930–1936.

Zaharik, M.L., Gruenheid, S., Perrin, A.J., et al., 2002. Delivery of dangerous goods: type III secretion in enteric pathogens. Int J Med Microbiol 291, 593–603.

26 Vibrio e Bactérias Relacionadas

Uma senhora de 67 anos que vive na Louisiana apresentou um episódio de diarreia aquosa maciça 2 dias depois de ter ingerido caranguejos. Ela foi internada na unidade de terapia intensiva do hospital local com hipotensão e bradicardia. A paciente foi reanimada após a administração de um grande volume de fluido (≈ 22 ℓ de fluidos em 24 horas). Nas culturas de fezes, observou-se o crescimento de *Vibrio cholerae* O1 biotipo El Tor, sorotipo Inaba, e o tratamento com doxiciclina intravenosa foi iniciado. Durante a semana seguinte, houve resolução da diarreia e a recuperação da paciente ocorreu sem intercorrências.

1. *Vibrio* e *Aeromonas* são importantes bacilos gram-negativos que causam doenças entéricas e infecções de feridas significativas. Quais propriedades esses gêneros compartilham com as Enterobacteriaceae e como seriam diferenciadas dessa família?
2. Como determinadas cepas de *Vibrio cholerae* produzem cólera e qual outro organismo tem um fator de virulência semelhante?
3. Qual doença a bactéria *V. vulnificus* produz e quais indivíduos estão em maior risco para o desenvolvimento de doenças graves?
4. Quais doenças estão associadas à *Aeromonas*?

RESUMOS Organismos clinicamente significativos

VIBRIO CHOLERAE

Palavras-chave

Sorogrupo O1, cólera, toxina da cólera, frutos do mar, gastrenterite

Biologia e virulência

- Bacilos gram-negativos curvos
- Fermentador, anaeróbio facultativo; necessita de condições salinas para crescer
- Cepas subdivididas em mais de 200 sorogrupos (antígenos O do envoltório celular)
- *Vibrio cholerae* sorogrupo O1 é subdividido ainda em sorotipos (Inaba, Ogawa e Hikojima) e biotipos (Clássico e El Tor)
- A doença é mediada pela toxina da cólera (complexo da toxina A–B) e pelo pilus corregulado com a toxina

Epidemiologia

- O sorotipo O1 é responsável pelas principais pandemias (epidemias mundiais), com mortalidade significativa nos países em desenvolvimento; O139 pode causar doenças semelhantes
- Organismo encontrado em estuários e ambientes marinhos em todo o mundo (incluindo ao longo da costa dos EUA); associado a moluscos quitinosos
- O organismo pode multiplicar-se livremente na água
- Níveis bacterianos em águas contaminadas aumentam durante os meses quentes
- A disseminação ocorre mais comumente pelo consumo de água recentemente contaminada
- A transmissão direta de pessoa a pessoa é rara porque a dose infecciosa é alta; a dose infecciosa é alta porque a maioria dos organismos é morta por ácidos estomacais

Doenças

- A infecção pode variar de colonização assintomática ou diarreia leve à diarreia grave, rapidamente fatal

Diagnóstico

- O exame microscópico das fezes pode ser útil em infecções agudas no cenário de uma epidemia, mas rapidamente se torna negativo à medida que a doença avança
- Imunoensaios para toxina da cólera ou O1 e lipopolissacarídios O139 podem ser úteis, embora o desempenho analítico do ensaio seja bastante variável
- Testes de amplificação de ácidos nucleicos multiplex podem ser utilizados para detectar muitos patógenos entéricos (bactérias, vírus e parasitas) e representam o teste diagnóstico de escolha
- A cultura deve ser realizada no início do curso da doença com amostras de fezes frescas mantidas em pH neutro a alcalino

Tratamento, prevenção e controle

- A reposição de fluidos e eletrólitos é essencial
- Os antibacterianos (p. ex., azitromicina) reduzem a carga bacteriana e a produção de exotoxinas, bem como a duração da diarreia
- Melhoria das condições de higiene é fundamental para o controle
- A combinação das vacinas de células totais inativadas e de subunidade B da toxina colérica fornece proteção limitada e imunidade de rebanho

VIBRIO PARAHAEMOLYTICUS

Palavras-chave

Hemolisina de Kanagawa, frutos do mar, gastrenterite

Biologia e virulência

- Bacilos gram-negativos curvos
- Fermentador, anaeróbio facultativo; necessitam de condições salinas para o crescimento
- Produção de hemolisina termoestável direta (hemolisina de Kanagawa) associada a cepas patogênicas

Epidemiologia

- Organismo encontrado em estuários e ambientes marinhos em todo o mundo
- Associado ao consumo de frutos do mar crus contaminados
- É a causa mais comum de gastrenterite bacteriana no Japão e Sudeste Asiático
- É a causa mais comum de gastrenterite associada a frutos do mar nos EUA

Doenças

- A maioria das infecções sintomáticas apresenta diarreia autolimitada

Diagnóstico

- A cultura deve ser realizada com *V. cholerae*

Tratamento, prevenção e controle

- Doença autolimitada, embora os antibacterianos possam reduzir a duração dos sintomas e a perda de fluidos
- Prevenção da doença pelo cozimento adequado de frutos do mar
- Não há vacina disponível

VIBRIO VULNIFICUS

Palavras-chave

Septicemia, infecções de feridas, doença hepática

Biologia e virulência

- Bacilos gram-negativos
- Fermentador, anaeróbio facultativo; requer salinidade para o crescimento
- Virulência associada à presença de cápsula polissacarídica e enzimas hidrolíticas

Epidemiologia

- Infecção associada à exposição de uma ferida à água salgada contaminada ou ingestão de frutos do mar preparados inadequadamente

Continua

RESUMOS Organismos clinicamente significativos *(continuação)*		
Doenças ■ Alta mortalidade associada à septicemia primária e a infecções de feridas, particularmente em pacientes com doença hepática subjacente	**Diagnóstico** ■ Cultura de feridas e de sangue **Tratamento, prevenção e controle** ■ Doenças que ameaçam a vida e que devem ser prontamente	tratadas com antibacterianos ■ Minociclina ou doxiciclina combinadas com ceftriaxona ou cefotaxima é o tratamento de escolha ■ Não há vacina disponível

O segundo grupo principal de bacilos gram-negativos, anaeróbios facultativos, fermentadores é constituído pelos gêneros *Vibrio* e *Aeromonas*. Esses organismos foram, em algum momento, classificados em conjunto na família Vibrionaceae e foram separados das Enterobacteriaceae, com base em uma reação oxidase positiva e a presença de flagelos polares. Esses organismos também foram classificados em conjunto porque são principalmente encontrados na água e são capazes de causar doença gastrintestinal. Entretanto, o sequenciamento de ácido desoxirribonucleico (DNA) estabeleceu que esses gêneros estão apenas remotamente relacionados e pertencem a famílias distintas: *Vibrio* e *Aeromonas* são atualmente classificados nas famílias Vibrionaceae e Aeromonadaceae, respectivamente (Tabela 26.1). Apesar dessa reorganização taxonômica, é apropriado considerar essas bactérias em conjunto, pois sua epidemiologia e o espectro de doenças são semelhantes.

Tabela 26.1 Espécies importantes de *Vibrio* e *Aeromonas*.

Organismo	Derivação histórica
Vibrio	*vibrio*, movem-se rapidamente ou vibram (movimento rápido causado por flagelos polares)
V. cholerae	*cholera*, cólera ou uma doença intestinal
V. parahaemolyticus	*para*, ao lado de; *haema*, sangue; *lyticus*, dissolução (dissolução do sangue; cepas positivas para a toxina de Kanagawa são hemolíticas)
V. vulnificus	*vulnificus*, feridas infligidas (associadas a infecções de feridas proeminentes)
Aeromonas	*aero*, gás ou ar; *monas*, unidade ou mônade (bactérias produtoras de gás)
A. caviae	*cavia*, cobaia ou porco-da-índia (primeiramente isolada em cobaias)
A. hydrophila	*hydro*, água; *phila*, amante (amante de água)
A. veronii	*veron*, em homenagem ao bacteriologista Veron

Vibrio

O gênero *Vibrio* passou por numerosas mudanças nos últimos anos, com uma série de espécies menos comuns descritas ou reclassificadas. Atualmente, o gênero é composto de mais de 150 espécies e subespécies de **bacilos curvos**. Três espécies são patógenos humanos particularmente importantes (Tabela 26.2): *V. cholerae, V. parahaemolyticus* e *V. vulnificus*.

FISIOLOGIA E ESTRUTURA

As espécies de *Vibrio* podem crescer em uma variedade de meios simples dentro de uma ampla faixa de temperatura (de 14 a 40°C). Todas as espécies de *Vibrio* **requerem cloreto de sódio (NaCl)** para o crescimento. *Vibrio cholerae* pode crescer na maioria dos meios sem sal adicional, mas a maior parte das outras espécies halofílicas ("amantes do sal") exige suplementação com NaCl. Os víbrios toleram uma ampla gama de pH (p. ex., pH de 6,5 a 9,0), mas são **suscetíveis aos ácidos estomacais**. Geralmente, a exposição a um grande inóculo de organismos é necessária para a doença, mas se a produção de ácido gástrico é reduzida ou neutralizada, os pacientes são mais suscetíveis às infecções por *Vibrio*.

A maioria dos víbrios tem **flagelos polares** (importantes para a motilidade) e várias pilis, essenciais para a virulência (p. ex., **pilus corregulado com a toxina** [TCP] em cepas epidêmicas de *V. cholerae*). A estrutura do envoltório celular de víbrios também é importante. Todas as cepas apresentam **lipopolissacarídios** que consistem em lipídio A (endotoxina), polissacarídio central e uma cadeia lateral do polissacarídio O. O polissacarídio O é utilizado para subdividir as espécies de *Vibrio* em **sorogrupos**: existem mais de 200 sorogrupos de *V. cholerae* mais múltiplos sorogrupos de *V. vulnificus* e *V. parahaemolyticus*. O interesse por essa

Tabela 26.2 Espécies de *Vibrio* mais comumente associadas à doença humana.

Espécie	Fonte de infecção	Doença clínica
Vibrio cholerae	Água, alimento	Gastrenterite, bacteriemia
V. parahaemolyticus	Frutos do mar, água do mar	Gastrenterite, infecção de ferida, bacteriemia
V. vulnificus	Frutos do mar, água do mar	Bacteriemia, infecção de ferida

classificação é mais do que acadêmico; ***V. cholerae* O1 e O139** produzem a **toxina da cólera** e estão associados a epidemias de cólera. Outras cepas de *V. cholerae* geralmente não produzem toxina da cólera e não causam doenças epidêmicas. *Vibrio cholerae* sorogrupo O1 é subdividido em sorotipos (**Inaba, Ogawa** e **Hikojima**) e biotipos (**Clássico** e **El Tor**). As cepas podem mudar entre o sorotipo Inaba e o sorotipo Ogawa, com o Hikojima em um estado de transição, no qual são expressos os antígenos Inaba e Ogawa. Sete pandemias mundiais de infecções por *V. cholerae* foram documentadas desde 1817. As cepas de *V. cholerae* responsáveis pela sexta pandemia mundial de cólera foram do biotipo Clássico, enquanto as responsáveis pela atual sétima pandemia são do biotipo El Tor.

As bactérias *V. vulnificus* e *V. cholerae* não O1 produzem **cápsulas polissacarídicas** acídicas que são importantes para as infecções disseminadas. *Vibrio cholerae* O1 não produz cápsula, portanto as infecções com esse organismo não se propagam além dos limites do intestino.

Vibrio cholerae e *V. parahaemolyticus* apresentam dois cromossomos circulares, cada um dos quais carrega genes essenciais para essas bactérias. Os plasmídios, incluindo aqueles que codificam a resistência antimicrobiana, também são comumente encontrados em espécies de *Vibrio*.

PATOGÊNESE E IMUNIDADE

A virulência de *V. cholerae* envolveu a aquisição de uma sequência de genes incluindo o **TCP**, no que é denominado de **Ilha de Patogenicidade de *Vibrio* (VPI-1)**, seguida por infecção com o **bacteriófago CTXΦ**, que codifica os genes para as duas subunidades da **toxina da cólera** (*ctxA* e *ctxB*) (Tabela 26.3). O TCP serve como receptor de superfície celular para o bacteriófago, permitindo que ele se mova para dentro da célula bacteriana, na qual se torna integrado ao genoma de *V. cholerae*. O *locus* do cromossomo lisogênico do bacteriófago também contém outros fatores de virulência, incluindo os genes *ace* (**enterotoxina acessória da cólera**), *zot* (**toxina da zônula de oclusão**) e *cep* (**proteínas quimiotáticas**). Múltiplas cópias desses genes são encontradas em *V. cholerae* O1 e O139 e sua expressão é coordenada por genes reguladores.

A toxina da cólera é um **complexo de toxina A-B** que é estrutural e funcionalmente semelhante à enterotoxina termolábil da *Escherichia coli* enterotoxigênica (ETEC). Um anel de cinco subunidades B idênticas da toxina da cólera se liga a receptores gangliosídios GM_1 nas células epiteliais intestinais. A porção ativa da subunidade A é internalizada e interage com as proteínas G que controlam a adenilato ciclase, levando à conversão catabólica de adenosina trifosfato (ATP) para adenosina monofosfato cíclica (cAMP), o que resulta em uma hipersecreção de água e eletrólitos. Os pacientes gravemente infectados podem perder até 1 ℓ de líquido por hora durante o pico da doença. Uma perda tão grande de líquidos normalmente expulsaria os organismos do sistema digestório; entretanto, *V. cholerae* é capaz de **aderir à camada de células da mucosa** por meio de (1) **TCP** codificado pelo complexo gênico *tcp* e (2) as **proteínas da quimiotaxia** codificadas pelo *cep*. As cepas não aderentes são incapazes de estabelecer infecção.

Na ausência da toxina da cólera, o *V. cholerae* O1 ainda pode produzir diarreia significativa por meio da ação da **enterotoxina acessória da cólera** e da **toxina da zônula de oclusão**. A enterotoxina produz o aumento da secreção de fluidos e a toxina da zônula de oclusão afrouxa as junções estreitas (*zonula occludens*) da mucosa do intestino delgado, levando ao aumento da permeabilidade intestinal.

Ao contrário de outros sorotipos não O1, *V. cholerae* O139 apresenta o mesmo complexo de virulência que as cepas O1. Desse modo, a capacidade das cepas O139 de aderir à mucosa intestinal e produzir a toxina da cólera é a razão pela qual essas cepas podem produzir uma diarreia aquosa semelhante à cólera.

Os meios pelos quais outras espécies de *Vibrio* causam doenças são menos claramente compreendidos, embora uma variedade de fatores de virulência potenciais tenha sido identificada. A maioria das cepas virulentas de *V. parahaemolyticus* produz adesinas, uma hemolisina termoestável direta (TDH, do inglês *thermostable direct hemolysin*; também denominada **hemolisina de Kanagawa**) e sistemas de secreção tipo III, que mediam a sobrevivência bacteriana e a expressão de fatores de virulência. A TDH é uma enterotoxina que induz a secreção de íons cloreto em células epiteliais por meio do aumento de cálcio intracelular. Um método importante para classificar as cepas virulentas de *V. parahaemolyticus* é a detecção dessa hemolisina, que produz colônias beta-hemolíticas em meios de ágar com sangue humano, mas não sangue de carneiro. Essas cepas virulentas são denominadas **Kanagawa positivas**.

Na presença de ácidos gástricos, *V. vulnificus* rapidamente degrada a lisina, produzindo subprodutos alcalinos que neutralizam os ácidos. Além disso, as bactérias são capazes de escapar da resposta imune do hospedeiro, induzindo a apoptose de macrófagos e evitando a fagocitose por expressão de uma cápsula polissacarídica. *Vibrio vulnificus* também apresenta proteínas de superfície que mediam a adesão às células hospedeiras e secretam toxinas citolíticas, levando à necrose de tecidos.

EPIDEMIOLOGIA

As espécies halofílicas de *Vibrio*, incluindo *V. cholerae*, crescem naturalmente em **ambientes marinhos e de estuários** em todo o mundo. Todas as espécies de *Vibrio* são capazes de sobreviver e replicar-se em águas contaminadas com salinidade aumentada. Víbrios patogênicos também podem crescer em águas com **moluscos** quitinosos (p. ex., ostras, mariscos, mexilhões); por isso, a associação entre as infecções por *Vibrio* e o consumo de moluscos ou frutos do mar. Os seres humanos com infecção assintomática também podem ser um importante reservatório para esse organismo, em áreas nas quais a doença por *V. cholerae* é endêmica.

Sete grandes pandemias de cólera ocorreram desde 1817, resultando em milhares de mortes e grandes mudanças socioeconômicas. Doenças esporádicas e epidemias ocorreram antes dessa data, mas a disseminação da doença em nível mundial tornou-se possível com viagens intercontinentais resultantes do aumento do comércio e das guerras.

Tabela 26.3 Fatores de virulência de espécies de *Vibrio*.

Espécie	Fator de virulência	Efeito biológico
Vibrio cholerae	Toxina da cólera	Hipersecreção de eletrólitos e água
	Pilus corregulado com a toxina	Receptor do local de ligação à superfície para o bacteriófago CTXΦ; medeia a aderência bacteriana às células da mucosa intestinal
	Proteína para quimiotaxia	Fator de adesão
	Enterotoxina acessória da cólera	Aumenta a secreção de fluido intestinal
	Toxina para zônula de oclusão	Aumenta a permeabilidade intestinal
	Neuraminidase	Modifica a superfície celular para aumentar os locais de ligação GM_1 para a toxina colérica
V. parahaemolyticus	Hemolisina de Kanagawa	Enterotoxina que induz a secreção de íons cloreto (diarreia aquosa)
V. vulnificus	Cápsula de polissacarídio	Antifagocítica
	Citolisinas, proteases, colagenase	Realiza a mediação da destruição tecidual

A sétima pandemia, que foi causada por **V. cholerae O1 biotipo El Tor**, começou na Ásia, em 1961, e se espalhou para África, Europa e Oceania nas décadas de 1970 e 1980. Em 1991, a cepa pandêmica se alastrou para o Peru e subsequentemente causou doenças na maioria dos países das Américas do Sul e Central, bem como nos EUA e no Canadá. Uma segunda cepa epidêmica emergiu em 1992, na Índia, e rapidamente se espalhou pela Ásia, mas agora permanece principalmente restrita a essa área. Esta cepa, **V. cholerae O139 Bengala**, produz a toxina da cólera e compartilha outras características com *V. cholerae* O1. É a primeira cepa não O1 capaz de causar doença epidêmica e de produzir doenças em adultos que foram previamente infectados com a cepa O1 (mostrando que nenhuma imunidade protetora é conferida).

Estima-se que de 3 a 5 milhões de casos de cólera e 120 mil mortes ocorram anualmente em todo o mundo. As mais recentes epidemias ocorreram em 2004, em Bangladesh, após inundações, de 2008 a 2009, no Zimbábue, e em 2010, no Haiti, após o devastador terremoto. A cólera se propaga por meio de **água e alimento contaminados**, em vez da transmissão direta de pessoa para pessoa, porque um inóculo elevado (p. ex., $> 10^8$ organismos) é necessário para estabelecer uma infecção em uma pessoa com acidez gástrica normal. Em um indivíduo com acloridria ou hipocloridria, a dose infecciosa pode ser inferior a 10^3–10^5 organismos. As cepas eliminadas de pacientes são de 10 a 100 vezes mais infecciosas do que as cepas ambientais, embora essa hiperinfectividade seja perdida dentro de 24 horas após a liberação da bactéria. Assim, a cólera é geralmente vista em comunidades com **condições precárias de saneamento**. De fato, uma consequência da pandemia de cólera foi o reconhecimento do papel da água contaminada na propagação de doenças e a necessidade de melhorar os sistemas de saneamento comunitário para que a doença pudesse ser controlada. Portanto, não é surpreendente observar surtos de cólera quando desastres naturais, como o terremoto no Haiti, comprometem o controle de resíduos sanitários. O sequenciamento de DNA dos genomas de cepas epidêmicas nos ajudou a entender como as epidemias se desenvolvem e são mantidas. Cepas de *V. cholerae* em águas contaminadas são tipicamente policlonais. Por outro lado, as cepas epidêmicas geralmente são monoclonais, o que significa que são capazes de iniciar doenças por propriedades de virulência específicas. Portanto, a exposição a *V. cholerae*, cuja concentração na água pode flutuar durante as estações ou após um desastre natural, não é suficiente para manter uma epidemia. A exposição deve ser com o clone específico responsável pela doença.

Infecções causadas por *V. parahaemolyticus*, *V. vulnificus* e outros víbrios patogênicos resultam do consumo de frutos do mar cozidos de maneira inadequada, particularmente ostras ou exposição à água do mar contaminada. ***Vibrio parahaemolyticus*** é a causa mais comum de gastrenterite bacteriana no Japão e no Sudeste Asiático, e é a espécie de *Vibrio* mais comum responsável pela gastrenterite nos EUA. *Vibrio vulnificus* não é frequentemente isolado, mas é responsável por infecções graves de feridas e uma alta incidência de desfechos fatais. *Vibrio vulnificus* é a causa mais comum de septicemia por *Vibrio*. A gastrenterite causada por víbrios ocorre ao longo do ano porque as ostras são geralmente contaminadas com organismos abundantes durante todo o ano. Em contraste, septicemia e infecções de feridas com *Vibrio* ocorrem durante os meses quentes, quando os organismos podem se multiplicar em números elevados na água do mar.

DOENÇAS CLÍNICAS

Vibrio cholerae

A maioria dos indivíduos expostos ao **V. cholerae O1** toxigênico apresenta infecções assintomáticas ou diarreia autolimitada; no entanto, alguns indivíduos desenvolvem diarreia grave, rapidamente fatal (Boxe 26.1). As manifestações clínicas da cólera começam com uma média de 2 a 3 dias após a ingestão das bactérias (pode ser < 12 horas), com o início abrupto de diarreia aquosa e vômitos. A febre é rara e pode ser indicativo de uma infecção secundária. Como se perde mais fluido, as amostras de fezes se tornam incolores e inodoras, livre de proteínas e salpicada de muco (**fezes de "água de arroz"**). A perda grave de fluido e eletrólitos resultante pode levar à desidratação, cãibras musculares dolorosas, acidose metabólica (perda de bicarbonato) e hipopotassemia, além de choque hipovolêmico (perda de potássio), com arritmia cardíaca e insuficiência renal. A taxa de mortalidade é de até 70% em pacientes não tratados, mas menos de 1% em pacientes que são prontamente tratados com reposição dos fluidos e eletrólitos perdidos (Caso Clínico 26.1). A doença causada por **V. cholerae O139** pode ser tão grave quanto a causada por *V. cholerae* O1. Outros sorotipos de *V. cholerae* (comumente denominado **V. cholerae não O1**) não produzem a toxina da cólera e são geralmente responsáveis pela diarreia aquosa leve. Essas cepas também podem causar infecções extraintestinais, como septicemia, particularmente em pacientes com doenças hepáticas ou malignidades hematológicas.

Vibrio parahaemolyticus

A gravidade da gastrenterite causada por *V. parahaemolyticus* pode variar desde uma diarreia autolimitada até uma diarreia leve, semelhante à doença da cólera. Em geral, a doença se desenvolve após um período de 5 a 72 horas de incubação (média, 24 horas), com **diarreia aquosa**. Nenhum sangue ou muco grosseiramente evidente é encontrado

---

Boxe 26.1 Resumos clínicos do gênero *Vibrio*.

Vibrio cholerae

Cólera: começa com um início abrupto de diarreia aquosa e vômitos e pode progredir para desidratação grave, acidose metabólica e hipopotassemia, além de choque hipovolêmico

Gastrenterite: formas mais brandas de doença diarreica podem ocorrer em cepas toxina-negativas de *V. cholerae* O1 e em sorotipos não O1

Vibrio parahaemolyticus

Gastrenterite: geralmente é autolimitada, com início explosivo de diarreia aquosa e náuseas, vômitos, cólica abdominal, dor de cabeça e febre baixa

Infecção por feridas: está associada à exposição com água contaminada

Vibrio vulnificus

Infecção de feridas: infecções graves, potencialmente fatais, caracterizadas por eritema, dor, formação de bolhas, necrose de tecidos e septicemia

> **Caso Clínico 26.1 Cólera causada por *Vibrio cholerae***
>
> Embora a cólera esteja disseminada na África, Ásia e América Latina, *V. cholerae* O1 toxigênico também é endêmico ao longo da Costa do Golfo dos EUA. A maioria das doenças relatadas nos EUA ocorre em viajantes para países com surto ativo de cólera na comunidade; entretanto, após o furacão Katrina e o furacão Rita, condições insalubres em comunidades costeiras ao longo do Golfo aumentaram o risco de cólera, como ilustrado pelo seguinte relato (Centro de Controle e Prevenção de Doenças, *MMWR* 55:31-32, 2006). Três semanas após extensos danos à comunidade do sudeste da Louisiana pelo furacão Rita, um homem de 43 anos e sua esposa de 46 anos de idade desenvolveram diarreia. Enquanto a mulher tinha apenas uma leve diarreia, o homem foi hospitalizado no dia seguinte com febre baixa, dores musculares, náuseas, vômitos, cólicas abdominais e diarreia grave e desidratação. Ele progrediu rapidamente para perda completa da função renal e insuficiência respiratória e cardíaca. Com a terapia antibacteriana e reidratação agressiva, ele eventualmente se recuperou para o estado anterior de saúde. *Vibrio cholerae* O1 toxigênico, sorotipo Inaba, biotipo El Tor, foi isolado no hospital a partir de amostras de fezes dos dois pacientes. Os isolados eram indistinguíveis entre si e de outros isolados anteriormente associados à Costa do Golfo pelo uso de eletroforese em gel de campo pulsado. Esse caso ilustra a rápida progressão da cólera resultante de diarreia grave e desidratação, a necessidade de terapia agressiva de reidratação e a associação à deterioração da infraestrutura de saúde pública após um desastre natural.

> **Caso Clínico 26.2 Doença causada por *Vibrio parahaemolyticus***
>
> Um dos maiores surtos conhecidos de *V. parahaemolyticus* nos EUA foi relatado em 2005 por McLaughlin et al. (*N Engl J Med* 353:1463–1470, 2005). Em 19 de julho, o Nevada Office of Epidemiology (Escritório de Epidemiologia de Nevada) relatou o isolamento de *V. parahaemolyticus* a partir de uma pessoa que desenvolveu gastrenterite 1 dia após comer ostras cruas servidas no navio de um cruzeiro para o Alasca. As investigações epidemiológicas determinaram que 62 indivíduos (29% de taxa de ataque) desenvolveram gastrenterite após o consumo de uma pequena quantidade de ostras cruas. Além de diarreia aquosa, os indivíduos que adoeceram manifestaram cólicas abdominais relatadas (82%), calafrios (44%), mialgias (36%), dor de cabeça (32%) e vômitos (29%), com sintomas que duram uma média de 5 dias. Nenhum deles precisou de hospitalização. Todas as ostras foram colhidas de uma única fazenda de cultivo na qual as temperaturas da água em julho e agosto foram registradas entre 16,6 e 17,4°C. As temperaturas da água acima de 15°C são consideradas favoráveis para o crescimento de *V. parahaemolyticus*. Desde 1997, as temperaturas médias da água na fazenda de cultivo de ostras aumentaram 0,21°C por ano e agora permanecem constantemente acima de 15°C. Assim, esse aquecimento sazonal ampliou a gama de *V. parahaemolyticus* e doença gastrintestinal associada. Esse surto ilustra o papel dos moluscos contaminados na doença por *V. parahaemolyticus* e os sintomas clínicos normalmente observados.

> **Caso Clínico 26.3 Septicemia por *Vibrio vulnificus***
>
> A septicemia e as infecções de feridas são complicações bem conhecidas após a exposição ao *V. vulnificus*. O caso clínico a seguir, publicado em *Morbidity and Mortality Weekly Report* (Relato Semanal de Morbidez e Mortalidade) (*MMWR* 45:621-624, 1996), ilustra as características típicas dessas doenças. Após comer ostras cruas, um homem de 38 anos com história de alcoolismo e diabetes do tipo insulina-dependente apresentou febre, calafrios, náuseas e mialgia de 3 dias. Ele foi internado no hospital local no dia seguinte com febres altas e duas lesões necróticas na perna esquerda. O diagnóstico clínico de sepse foi realizado e o paciente foi transferido para a unidade de terapia intensiva. Terapia com antibacterianos foi iniciada; no segundo dia de internação hospitalar, *V. vulnificus* foi isolado de amostras de sangue coletadas na época da admissão. Apesar do manejo médico agressivo, o paciente continuou a deteriorar-se e morreu no terceiro dia de hospitalização. Este caso ilustra a progressão rápida, muitas vezes fatal, da doença causada por *V. vulnificus*, e o fator de risco de ingestão de moluscos crus, particularmente para indivíduos com doença hepática. Progressão semelhante de doença poderia ter sido observada se esse indivíduo tivesse sido exposto ao *V. vulnificus* por meio de uma ferida superficial contaminada.

em amostras de fezes, exceto em casos graves. Dor de cabeça, cólicas abdominais, náuseas, vômitos e febre baixa podem persistir por 72 horas ou mais. O paciente geralmente experimenta uma recuperação sem problemas (Caso Clínico 26.2). As infecções de feridas com esse organismo podem ocorrer em pessoas expostas à água do mar contaminada.

Vibrio vulnificus

Vibrio vulnificus é uma espécie particularmente virulenta de *Vibrio* responsável por mais de 90% das mortes relacionadas ao *Vibrio* nos EUA. As apresentações mais comuns são a **septicemia primária** após o consumo de ostras cruas contaminadas ou **infecção de feridas** rapidamente progressiva após exposição à água do mar contaminada. Pacientes com septicemia primária desenvolvem um súbito início de febre e calafrios, vômitos, diarreia e dores abdominais. As lesões de pele secundárias à necrose tecidual estão muitas vezes presentes. A mortalidade em pacientes com septicemia por *V. vulnificus* pode ser superior a 50% (Caso Clínico 26.3) As infecções de feridas são caracterizadas por inchaço inicial, eritema e dor no local da ferida, seguido pelo desenvolvimento de vesículas ou bolhas e eventuais necroses teciduais, juntamente com sinais sistêmicos de febre e calafrios. A mortalidade associada a infecções de feridas varia de 20 a 30%. As infecções por *V. vulnificus* são mais graves em pacientes com doença hepática, doença hematopoiética ou insuficiência renal crônica e em indivíduos que recebem medicamentos imunossupressores.

DIAGNÓSTICO LABORATORIAL

Microscopia

As espécies de *Vibrio* são bacilos gram-negativos, curvos e pequenos (0,5 a 1,5 a 3 μm). Um grande número de organismos está normalmente presente nas fezes dos pacientes no início da cólera, portanto o exame microscópico direto de amostras de fezes pode fornecer um diagnóstico rápido e presuntivo em surtos de cólera; entretanto, à medida que a doença progride os organismos são diluídos com perda maciça de fluido, e a microscopia se torna menos útil. O exame de amostras de feridas com a coloração de Gram também pode ser útil em um quadro sugestivo de infecção por *V. vulnificus* (p. ex., exposição de indivíduos suscetíveis a alimentos como frutos do mar ou à água do mar).

Imunoensaios

Imunoensaios para a detecção da toxina da cólera ou dos lipopolissacarídios O1 e O139 são utilizados para o diagnóstico de cólera em áreas endêmicas. Esses testes têm sensibilidade (até 97%) e especificidade variáveis e valor reduzido à medida que a doença avança, pois menos organismos estão presentes nas amostras clínicas.

Testes de amplificação de ácidos nucleicos

Atualmente, os testes comerciais de amplificação do ácido nucleico são largamente utilizados para o diagnóstico de infecções entéricas, pois são rápidos e com alta sensibilidade em comparação com os testes alternativos. A maioria desses testes é no formato multiplex, permitindo a detecção de vários patógenos bacterianos, virais e parasitas entéricos. Esses ensaios estão se tornando rapidamente o método padrão de diagnóstico para infecções entéricas.

Cultura

Os organismos do gênero *Vibrio* sobrevivem mal em um ambiente ácido ou seco. Os espécimes devem ser coletados no início da doença e inoculados prontamente nos meios de cultura. Se a cultura for adiada, a amostra deve ser misturada em um meio de transporte Cary-Blair e refrigerada. Os víbrios têm baixas taxas de sobrevivência em glicerol com salina tamponada, que é o meio de transporte utilizado para a maioria dos patógenos entéricos.

Os víbrios crescem na maioria dos meios utilizados em laboratórios clínicos para culturas de fezes e feridas, incluindo ágar-sangue e ágar MacConkey. O ágar seletivo especial para essas bactérias (p. ex., ágar tiossulfato, citrato, sais biliares e sacarose **[TCBS]**), bem como um caldo enriquecido (p. ex., **caldo de peptona alcalina**, pH 8,6), também podem ser usados para recuperar víbrios em amostras com uma mistura de organismos (p. ex., fezes). Os isolados são identificados com testes bioquímicos seletivos e sorotipados usando antissoros polivalentes. Em testes realizados para identificar víbrios halofílicos, os meios para testes bioquímicos devem ser suplementados com 1% de NaCl.

TRATAMENTO, PREVENÇÃO E CONTROLE

Pacientes com cólera devem ser prontamente tratados com **reposição de líquidos e eletrólitos** antes que a perda maciça de fluido leve ao choque hipovolêmico. A antibioticoterapia, embora de valor secundário, pode reduzir a produção de toxinas e de sintomas clínicos e diminuir a transmissão pela eliminação mais rápida do organismo. Uma única dose de **azitromicina** é atualmente o medicamento de escolha para crianças e adultos, porque a resistência aos macrolídeos é relativamente incomum. Uma única dose de doxiciclina ou ciprofloxacino em mulheres adultas não gestantes pode ser utilizada como terapia alternativa, se for demonstrada atividade *in vitro*; entretanto, a resistência à tetraciclina e às fluoroquinolonas é relativamente comum.

A gastrenterite por *V. parahaemolyticus* é geralmente uma doença autolimitada, embora a terapia com antibacterianos possa ser usada em conjunto com a terapia de reposição de fluidos e eletrólitos em pacientes com infecções graves. As infecções de feridas e a septicemia por *V. vulnificus* devem ser prontamente tratadas com antibioticoterapia. A combinação de minociclina ou doxiciclina com ceftriaxona ou cefotaxima parece ser o tratamento mais eficaz.

As pessoas infectadas com *V. cholerae* podem liberar bactérias nos primeiros dias de doença aguda e representam importantes fontes de novas infecções. Embora não ocorra carreamento de *V. cholerae* a longo prazo, os víbrios são organismos de vida livre em estuários e reservatórios marítimos. Somente a melhoria nas condições de saneamento pode levar a um controle efetivo da doença. Essa progressão envolve a gestão adequada do esgoto, uso de sistemas de purificação para eliminar a contaminação do abastecimento de água e a implementação de medidas apropriadas para evitar a contaminação de alimentos.

Embora nenhuma vacina contra a cólera oral esteja disponível nos EUA, uma variedade de **vacinas** orais de agentes bacterianos inativados estão disponíveis fora dos EUA; entretanto, nenhuma delas proporciona proteção a longo prazo. Uma vacina contendo bactérias inativadas, que consiste em células inteiras de *V. cholerae* O1 mais subunidade B da toxina da cólera recombinante, ou uma vacina bivalente inativada de células inteiras de *V. cholerae* O1 e O139, é recomendada para proteção a curto prazo de viajantes em ambientes de alto risco (p. ex., exposição à água não tratada ou o cuidado de pacientes doentes) e regiões endêmicas do mundo. A profilaxia antibacteriana de contato para os pacientes domésticos com cólera pode limitar a propagação, mas geralmente é ineficaz nas comunidades em que a doença ocorre.

Aeromonas

Aeromonas é um **anaeróbico gram-negativo facultativo, fermentador,** que se assemelha morfologicamente a membros da família Enterobacteriaceae. Como no caso de *Vibrio*, houve extensa reorganização da taxonomia dessas bactérias. Cerca de 50 espécies e subespécies de *Aeromonas* foram descritas, muitas das quais estão associadas à doença humana. Os patógenos mais importantes são ***A. hidrophila*, *A. caviae* e *A. veronii*** biovar sobria. Os organismos são onipresentes em água doce e salobra.

As espécies de *Aeromonas* causam três formas de doenças: (1) **doença diarreica** em pessoas saudáveis, (2) **infecções de feridas** e (3) **doenças sistêmicas oportunísticas** em pacientes imunocomprometidos (particularmente aqueles com doença hepatobiliar ou uma malignidade subjacente). A doença intestinal pode se apresentar como diarreia aquosa aguda, diarreia disentérica caracterizada por fortes dores abdominais, além de sangue e leucócitos nas fezes ou uma doença crônica com diarreia intermitente. O carreamento gastrintestinal é observado em indivíduos com o carreamento mais elevado nos meses quentes. Portanto, o significado de isolar a *Aeromonas* em amostras entéricas deve ser determinado pela apresentação clínica do paciente.

A gastrenterite geralmente ocorre após ingestão de água ou alimentos contaminados (p. ex., produtos frescos, carnes, produtos lácteos), enquanto as infecções de feridas resultam muitas vezes de uma lesão traumática associada à exposição à água contaminada. Uma forma incomum de infecções de feridas por *Aeromonas* está associada ao uso de sanguessugas medicinais cujo intestino é colonizado com *A. veronii* biovar sobria (Caso Clínico 26.4).

Embora diversos fatores de virulência potenciais (p. ex., endotoxina, hemolisinas, enterotoxinas termolábeis e termoestáveis) tenham sido identificados para *Aeromonas*, seu papel preciso na doença é desconhecido.

A doença diarreica aguda é autolimitada e apenas o cuidado de suporte é indicado em pacientes afetados. A terapia antimicrobiana é necessária em pacientes com doença diarreica crônica, infecções de feridas ou doenças sistêmicas. Espécies de *Aeromonas* são resistentes às penicilinas, à maioria das cefalosporinas e à eritromicina. As fluoroquinolonas (p. ex., levofloxacino, ciprofloxacino) são quase uniformemente ativas contra as cepas de *Aeromonas* isoladas nos EUA e na Europa; contudo, a resistência foi relatada em cepas recuperadas na Ásia. Portanto, a eficácia a longo prazo das fluoroquinolonas ainda permanece incerta. A fluoroquinolona pode ser utilizada inicialmente para a terapia empírica, mas a atividade deve ser confirmada com testes de suscetibilidade *in vitro*.

Caso Clínico 26.4 Infecções de feridas causadas por *Aeromonas*

As sanguessugas medicinais (*Hiruda medicinalis*) são, às vezes, utilizadas em cirurgia plástica para estimular o fluxo sanguíneo nos enxertos cirúrgicos de pele. As sanguessugas removem o sangue estagnado e estimulam a exsudação de sangue no enxerto de pele por até 48 horas após sua remoção. Essa hemorragia é mediada por um inibidor de trombina, a hirudina (fonte da nomenclatura de gênero), presente na saliva de sanguessugas. *Aeromonas* está presente no estômago da sanguessuga e produz enzimas proteolíticas usadas para digerir o sangue. Uma complicação do uso de sanguessugas inclui as infecções de feridas com *Aeromonas*, como ilustrado por Snower et al. (*J Clin Microbiol* 27:1421–1422, 1989). A paciente de 62 anos tinha epiteliomas de células basais removidos da testa, com o local coberto com enxertos de pele. As sanguessugas medicinais foram utilizadas para aliviar o inchaço no local do enxerto. As sanguessugas foram removidas de um tanque e aplicadas na ferida por 1 hora em quatro ocasiões distintas. Onze dias após a cirurgia inicial, o enxerto apresentou infecção e foi removido. Culturas desse enxerto, bem como das sanguessugas e da água do tanque, foram positivas para *Aeromonas*. A paciente foi tratada com antibacterianos parenterais e o novo enxerto sem o uso de sanguessugas foi bem-sucedido.

Bibliografia

Albert, M.J., Nair, G.B., 2005. *Vibrio cholerae* O139-10 years on. Rev Med Microbiol 16, 135–143.

Baker-Austin, C., Oliver, J., 2018. *Vibrio vulnificus*: new insights into a deadly opportunistic pathogen. Environmental Microbiol 20, 423–430.

Dick, M.H., Guillerm, M., Moussy, F., et al., 2012. Review of two decades of cholera diagnostics–how far have we really come. PLoS Negl Trop Dis 6, e1845.

Harris, J.B., LaRocque, R.C., Qadri, F., et al., 2012. Cholera. Lancet 379, 2466–2476.

Janda, J.M., Abbott, S., 2010. The genus *Aeromonas*: taxonomy, pathogenicity, and infection. Clin Microbiol Rev 23, 35–73.

Kitaoka, M., Miyata, S.T., Unterweger, D., et al., 2011. Antibiotic resistance mechanisms of *Vibrio cholerae*. J Med Microbiol 60, 397–407.

Miyata, S.T., Bachmann, V., Pukatzki, S., 2013. Type VI secretion system regulation as a consequence of evolutionary pressure. J Med Microbiol 62, 663–676.

Moore, S., Thomson, N., Mutreja, A., et al., 2014. Widespread epidemic cholera due to a restricted subset of *Vibrio cholerae* clones. Clin Microbiol Infect 20, 373–379.

Parker, J., Shaw, J., 2011. *Aeromonas* spp. clinical microbiology and disease. J Infect 62, 109–118.

Pastor, M., Pedraz, J., Esquisabela, A., 2013. The state-of-the-art of approved and under-development cholera vaccines. Vaccine 31, 4069–4078.

Snower, D.P., Ruef, C., Kuritza, A.P., et al., 1989. *Aeromonas hydrophila* infection associated with the use of medicinal leeches. J Clin Microbiol 27, 1421–1422.

Zhang, L., Orth, K., 2013. Virulence determinants for *Vibrio parahaemolyticus* infection. Curr Opin Microbiol 16, 70–77.

27 Pseudomonas e Bactérias Relacionadas

Um homem de 70 anos, que fora admitido havia 7 dias na unidade de terapia intensiva por falta aguda de ar e uma temperatura de 39°C, desenvolveu uma nova tosse produtiva e dor pleurítica no tórax. O exame de seu tórax revelou crepitações na base dos dois pulmões, com roncos presentes em ambos os lobos superiores; a radiografia de tórax indicou opacidades bilaterais consistentes com a broncopneumonia. Foram realizadas culturas de sangue e de escarro e 24 horas depois, o laboratório relatou o isolamento de *Pseudomonas aeruginosa*. *Pseudomonas* e outros bacilos não fermentadores discutidos neste capítulo são principalmente patogênicos oportunistas responsáveis por infecções em pacientes hospitalizados, em pacientes com defeitos na imunidade inata (p. ex., comprometimento da função pulmonar) ou após trauma (p. ex., contaminação de uma ferida).

1. *Pseudomonas*, *Burkholderia* e *Stenotrophomonas* compartilham quais fatores epidemiológicos?
2. Qual é o fator de virulência mais importante em *P. aeruginosa* e como ele funciona?
3. Qual é a população de pacientes em risco de infecção com *B. cepacia*? Qual é a infecção nesses pacientes?
4. Quais antibacterianos são geralmente eficazes contra *Pseudomonas*, mas não para *Stenotrophomonas*, e contra *S. maltophilia*, mas não para *P. aeruginosa*?

RESUMOS Organismos clinicamente significativos

PSEUDOMONAS AERUGINOSA

Palavras-chave

Cápsula, exotoxina A, oportunista, infecções nosocomiais

Biologia e virulência

- Pequenos bacilos gram-negativos tipicamente dispostos em pares
- Aeróbios obrigatórios; oxidam glicose; necessidades nutricionais simples
- Cápsula polissacarídica mucoide
- Vários fatores de virulência, incluindo adesinas (p. ex., flagelos, pili, lipopolissacarídio, cápsula de alginato), toxinas e enzimas secretadas (p. ex., exotoxina A, piocianina, pioverdina), elastases, proteases, fosfolipase C, exoenzimas S e T) e resistência antimicrobiana (intrínseca, adquirida e adaptativa)

Epidemiologia

- Onipresentes na natureza e em locais úmidos nas instalações hospitalares (p. ex., flores, pias, banheiros, ventilação mecânica e equipamento de diálise)
- Não há incidência sazonal de doenças
- Pode colonizar transitoriamente os sistemas respiratório e digestório de pacientes hospitalizados, particularmente aqueles tratados com antibacterianos de amplo espectro, expostos a equipamentos para tratamento respiratório ou hospitalizados por períodos prolongados
- Pacientes em alto risco para infecções incluem indivíduos neutropênicos ou imunocomprometidos, pacientes com fibrose cística e pacientes queimados

Doenças

- Doenças incluem infecções do sistema respiratório, trato urinário, pele e tecidos moles, ouvidos e olhos, assim como bacteriemia e endocardite

Diagnóstico

- Cresce rapidamente nos meios de cultura comuns de laboratório
- Identificadas pelas características das colônias (p. ex., β-hemólise, pigmento verde, odor semelhante ao da uva) e testes bioquímicos simples (p. ex., reação oxidase positiva, utilização oxidativa de carboidratos)

Tratamento, prevenção e controle

- Uso combinado de antibacterianos eficazes (p. ex., aminoglicosídio e antibacterianos betalactâmicos) é frequentemente necessário; a monoterapia é geralmente ineficaz e pode selecionar cepas resistentes
- Esforços para o controle de infecção hospitalar devem concentrar-se na prevenção da contaminação de equipamentos médicos esterilizados e transmissão nosocomial; uso desnecessário de antibacterianos de amplo espectro pode selecionar organismos resistentes

Pseudomonas e bacilos não fermentadores relacionados são patógenos oportunistas de plantas, animais e seres humanos. Para complicar nossa compreensão desses organismos, a taxonomia sofreu numerosas mudanças nos últimos anos. Apesar dos muitos gêneros, os isolados mais clinicamente significativos são membros de cinco gêneros: *Pseudomonas*, *Burkholderia*, *Stenotrophomonas*, *Acinetobacter* e *Moraxella* (Tabela 27.1). Esses organismos serão o foco deste capítulo.

Pseudomonas

O gênero *Pseudomonas* consistia originalmente em uma grande coleção heterogênea de bactérias não fermentadoras, que foram agrupadas em razão de sua similaridade morfológica. Foram denominadas pseudomonas porque estão normalmente dispostas em pares de células que se assemelham a uma única célula (Figura 27.1). Em 1992, esse gênero foi subdividido em vários novos gêneros (incluindo *Burkholderia* e *Stenotrophomonas*); no entanto, ainda existem mais de 250 espécies pertencentes ao gênero *Pseudomonas*. **Pseudomonas aeruginosa** é a espécie mais importante e a que será discutida neste capítulo.

Os membros do gênero são encontrados no solo, em matéria orgânica em decomposição, vegetação e água. Infelizmente, eles também são observados por todo o ambiente hospitalar em reservatórios úmidos, tais como alimentos, flores cortadas, pias, banheiros, esfregões de chão, equipamentos de terapia respiratória e de diálise, assim como em soluções desinfetantes. É incomum que o carreamento persista em humanos como parte da microbiota normal, exceto em pacientes hospitalizados e hospedeiros imunocomprometidos, em ambientes ambulatoriais.

Tabela 27.1 Bacilos gram-negativos não fermentadores importantes.

Organismo	Derivação histórica
Acinetobacter	akinetos, incapaz de mover; bactrum, bacilo ou bastonete (bacilos não móveis)
A. baumannii	baumannii, nome em homenagem ao microbiologista Baumann
Burkholderia	Burkholderia, com o nome do microbiologista Burkholder
B. cepacia	cepacia, como uma cebola (cepas originais isoladas de cebolas podres)
B. mallei	mallei, a doença mormo (doença de equinos)
B. pseudomallei	pseudes, falso; mallei (refere-se à estreita semelhança dessa espécie com B. mallei)
Moraxella	Moraxella, cujo nome vem do oftalmologista suíço Morax, que reconheceu pela primeira vez a espécie
M. catarrhalis	catarrhus, secreção de muco fluido ou catarro (refere-se à inflamação das membranas mucosas do sistema respiratório)
Pseudomonas	pseudes, falsos; monas, uma unidade (refere-se à aparência na coloração de Gram de organismos em pares que se assemelham a uma única célula)
P. aeruginosa	aeruginosa, cheia de ferrugem de cobre ou verde (refere-se aos pigmentos azul e amarelo produzidos por essa espécie que parecem verdes)
Stenotrophomonas	estenos, estreitos ou finos; trophos, aquele que alimenta; monas, unidade (refere-se à observação de que se trata de bactérias estreitas que necessitam de poucos substratos para o crescimento)
S. maltophilia	malt, malte; philia, amigo (amigo de malte)

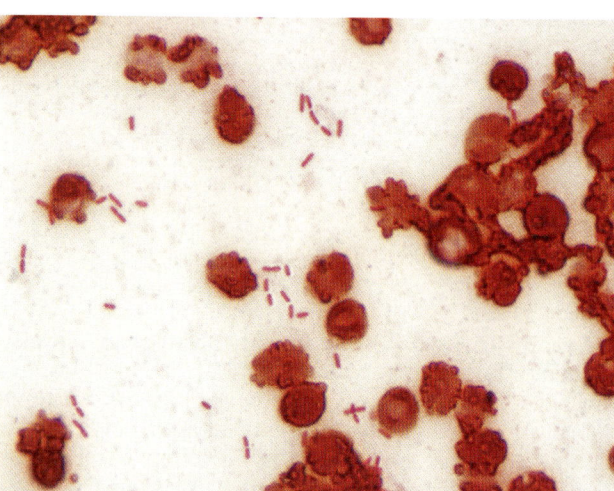

Figura 27.1 Coloração de Gram de *Pseudomonas aeruginosa* com células dispostas individualmente e em pares.

A ampla distribuição ambiental de *Pseudomonas* é possível em virtude de suas necessidades de crescimento simples e versatilidade nutricional. São capazes de usar muitos compostos orgânicos como fontes de carbono e nitrogênio, assim como algumas cepas podem até mesmo crescer em água destilada usando nutrientes residuais. Esses organismos também apesentam muitos fatores estruturais, enzimas e toxinas que aumentam sua virulência e os tornam resistentes aos antibacterianos mais comumente utilizados. De fato, é surpreendente que essas bactérias não sejam patógenos mais comuns, considerando sua presença universal, capacidade de crescer em praticamente qualquer ambiente, propriedades de virulência e resistência a muitos antibacterianos. Felizmente, as infecções por *Pseudomonas* são **principalmente oportunísticas** (ou seja, restritas aos pacientes que recebem antibacterianos de amplo espectro que suprimem a população normal de bactérias intestinais ou pacientes imunocomprometidos). Além disso, a expressão de atributos de virulência é regulada por sistemas complexos de sinalização da densidade celular (*quorum sensing*) que, por sua vez, são influenciados por fatores do hospedeiro, tais como a presença de soro e citocinas.

FISIOLOGIA E ESTRUTURA

As espécies de *Pseudomonas* são bacilos gram-negativos, geralmente móveis, retos ou ligeiramente curvos (0,5 a 1,0 × 1,5 a 5,0 μm), normalmente **dispostos em pares** (ver Figura 27.1). Os organismos utilizam carboidratos por meio da **respiração aeróbica**, com oxigênio como o aceptor final de elétrons. Embora descritos como aeróbios obrigatórios, eles podem crescer em condições anaérobias, usando nitrato ou arginina como um aceptor alternativo de elétrons. A presença de **citocromo oxidase** (detectada em um teste de 5 minutos) em espécies de *Pseudomonas* é utilizada para diferenciá-las das Enterobacteriaceae e de *Stenotrophomonas*. Algumas cepas têm aspecto **mucoide** em razão da abundância de uma cápsula polissacarídica (Figura 27.2); essas cepas são particularmente comuns em pacientes com fibrose cística (FC). Algumas espécies produzem **pigmentos difusíveis** (p. ex., piocianina [azul], pioverdina [amarelo-esverdeado], piorrubina [castanho-avermelhado]) que fornecem uma aparência característica na cultura e simplificam a identificação preliminar.

Pseudomonas aeruginosa apresenta um dos maiores genomas bacterianos, codificando 5.567 genes, incluindo 468 genes reguladores. Essa codificação é importante para o entendimento de que *P. aeruginosa* é altamente adaptável e é capaz de crescer em uma ampla gama de condições ambientais e na presença de antimicrobianos.

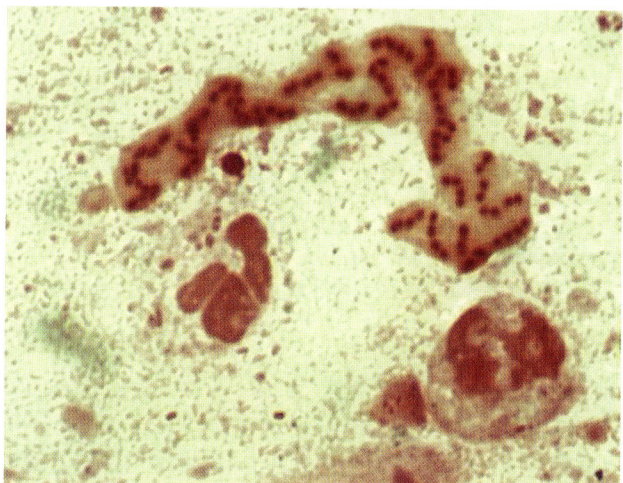

Figura 27.2 Coloração de Gram de *Pseudomonas aeruginosa* rodeada por material capsular mucoide em paciente com fibrose cística.

PATOGÊNESE E IMUNIDADE

Pseudomonas aeruginosa tem muitos fatores de virulência, incluindo adesinas, toxinas e enzimas. Além disso, o sistema de liberação utilizado por *Pseudomonas*, o sistema de secreção tipo III, é particularmente eficaz na injeção de toxinas na célula hospedeira. Apesar de a diversidade dos fatores de virulência, a maioria dos especialistas acredita que múltiplos fatores devem trabalhar em conjunto para que *P. aeruginosa* cause doenças.

Adesinas

Como acontece com muitas bactérias, a aderência às células hospedeiras é fundamental para o estabelecimento de infecção. Pelo menos quatro componentes de superfície de *P. aeruginosa* facilitam essa adesão: (1) flagelos, (2) pili, (3) lipopolissacarídio (LPS) e (4) alginato. Os flagelos e a pili também medeiam a motilidade em *P. aeruginosa* e o componente lipídio A do LPS é responsável pela atividade de endotoxina. O alginato é um exopolissacarídio mucoide que forma uma **cápsula** proeminente na superfície bacteriana e protege o organismo da fagocitose e da morte por antibacterianos. A produção desse polissacarídio mucoide está sob complexa regulação. Os genes que controlam a produção do polissacarídio alginato podem ser ativados em pacientes como aqueles com fibrose cística ou outras doenças respiratórias crônicas, que são predispostas à colonização a longo prazo com essas cepas mucoides de *P. aeruginosa*.

Toxinas e enzimas secretadas

Acredita-se que a **exotoxina A (ETA)** seja um dos mais importantes fatores de virulência produzidos por cepas patogênicas de *P. aeruginosa*. Essa toxina **interrompe a síntese proteica** por bloqueio do alongamento da cadeia peptídica em células eucarióticas, de modo similar à toxina diftérica produzida por *Corynebacterium diphtheriae*. Entretanto, as toxinas produzidas por esses dois organismos são estrutural e imunologicamente diferentes, e a ETA é menos potente do que a toxina da difteria. O mais provável é que a ETA contribua para a dermatonecrose que ocorre nas feridas por queimadura, danos na córnea em infecções oculares e danos teciduais em infecções pulmonares crônicas.

Um pigmento azul, **piocianina**, produzido por *P. aeruginosa*, catalisa a produção de superóxido e de peróxido de hidrogênio, que são formas tóxicas do oxigênio. Esse pigmento também estimula a liberação de interleucinas (IL)-8, levando ao aumento da atração de neutrófilos. Um pigmento amarelo-esverdeado, a **pioverdina**, é um sideróforo que se liga ao ferro para uso no metabolismo. Esse pigmento também regula a secreção de outros fatores de virulência incluindo a ETA.

Duas elastases, LasA **(serina protease)** e LasB **(metaloprotease dependente de zinco)**, agem de modo sinérgico para degradar a elastina, resultando em danos aos tecidos que contêm elastina e produzindo lesões parenquimatosas pulmonares e hemorrágicas **(ectima gangrenoso)** associadas a infecções disseminadas por *P. aeruginosa*. Essas enzimas também podem degradar os componentes do sistema complemento e inibem a quimiotaxia e função de neutrófilos, levando a uma maior disseminação e a um dano tecidual em infecções agudas. Infecções crônicas causadas por *Pseudomonas* são caracterizadas pela formação de anticorpos para LasA e LasB, com a deposição de imunocomplexos nos tecidos infectados. Semelhante às elastases, a **protease alcalina** contribui para a destruição de tecidos e propagação de *P. aeruginosa*. Também interfere na resposta imune do hospedeiro.

A **fosfolipase C** é uma hemolisina termolábil que decompõe os lipídios e a lecitina, facilitando a destruição dos tecidos. O papel exato dessa enzima nas infecções do sistema respiratório e do trato urinário (ITUs) não é claro, embora uma associação importante entre a produção de hemolisina e a doença seja reconhecida.

As **exoenzimas S e T** são toxinas extracelulares produzidas por *P. aeruginosa*. Quando o sistema de secreção tipo III introduz as proteínas em suas células-alvo eucarióticas, o dano em células epiteliais ocorre, facilitando a propagação bacteriana, a invasão tecidual e a necrose. Essa citotoxicidade é mediada por rearranjo da actina.

Resistência aos antibacterianos

Pseudomonas aeruginosa é intrinsecamente **resistente a muitos antibacterianos** e pode adquirir resistência a antibacterianos adicionais por meio de transferência horizontal de genes de resistência e mutações. Os principais mecanismos responsáveis pela **resistência intrínseca** são a baixa taxa de permeabilidade dos antibacterianos através dos poros de membrana externa na célula bacteriana, combinada com o rápido efluxo de antibacterianos causado pela regulação intrínseca de bombas de efluxo. A resistência a antibacterianos adicionais, tais como aminoglicosídios e betalactâmicos, pode ser adquirida **(resistência adquirida)** mediante transferência horizontal de genes de resistência nos plasmídios e outros elementos genéticos ou mutações de genes que aumentam a expressão de resistência. Uma terceira forma de resistência, a **resistência adaptativa**, é induzida quando *Pseudomonas* é exposta a estímulos ambientais ou antibacterianos específicos. Por exemplo, a formação de biofilme, como nos pulmões de um paciente com fibrose cística ou na superfície de cateteres, pode desencadear genes reguladores bacterianos que permitem a expressão de resistência. Do mesmo modo, a exposição a alguns antibacterianos betalactâmicos (p. ex., ceftazidima) desencadeia a expressão do gene *ampC* em *Pseudomonas*, o que resulta na inativação de muitos antibacterianos betalactâmicos. É importante reconhecer que os testes de suscetibilidade *in vitro* podem identificar a resistência causada por mecanismos intrínsecos e adquiridos, mas provavelmente não seriam capazes de prever a resistência adaptativa, subjacente às limitações desses testes laboratoriais.

EPIDEMIOLOGIA

Pseudomonas é um patógeno oportunista presente em uma variedade de ambientes. A capacidade de isolar esse organismo de superfícies úmidas pode ser limitada apenas pelos esforços de procurar o organismo. *Pseudomonas* apresenta exigências nutricionais mínimas, tolera uma ampla gama de temperaturas (4 a 42°C) e é resistente a muitos antibacterianos e desinfetantes. De fato, a recuperação de *Pseudomonas* de uma fonte ambiental (p. ex., pia ou piso de hospital) significa muito pouco, a menos que haja evidência epidemiológica de que o sítio contaminado é um reservatório para infecção.

Além disso, o isolamento de *Pseudomonas* de um paciente hospitalizado é preocupante, mas normalmente não justifica intervenção terapêutica, a menos que haja evidência de doença. A recuperação de *Pseudomonas*, particularmente espécies que não a *P. aeruginosa*, a partir de um espécime clínico, pode representar uma colonização transitória do paciente ou contaminação ambiental da amostra durante a coleta ou processamento em laboratório. Pacientes em alto risco para o desenvolvimento de infecções com *P. aeruginosa* incluem pacientes neutropênicos ou imunocomprometidos, pacientes com fibrose cística, pacientes com queimadura e indivíduos que recebem antibacterianos de amplo espectro. Estima-se que *P. aeruginosa* seja responsável por mais de 50 mil infecções associadas a cuidados em saúde anualmente nos EUA e aproximadamente 440 mortes.

DOENÇAS CLÍNICAS

Infecções pulmonares

Infecções do trato respiratório inferior, causadas por *P. aeruginosa* podem variar em gravidade desde a **colonização assintomática** ou inflamação benigna dos brônquios (**traqueobronquite**) à broncopneumonia necrosante grave (Boxe 27.1). A colonização é vista em pacientes com fibrose cística, outras doenças pulmonares crônicas ou neutropenia. Infecções em pacientes com fibrose cística têm sido associadas à exacerbação da doença de base e da doença pulmonar invasiva. As cepas mucoides são comumente isoladas desses pacientes e são difíceis de erradicar porque as infecções crônicas com essas bactérias estão associadas ao aumento progressivo na resistência adquirida aos antibacterianos e expressão da resistência adaptativa (ver a discussão anterior).

Condições que predispõem pacientes imunocomprometidos a infecções com *Pseudomonas* incluem (1) terapia prévia com antibacterianos de amplo espectro que eliminam a população bacteriana protetora normal e (2) o uso de equipamento de ventilação, que pode introduzir o organismo para as vias respiratórias inferiores. A doença invasiva nessa população é caracterizada por uma broncopneumonia difusa, tipicamente bilateral com formação de microabscesso e necrose de tecidos. A taxa de mortalidade é de até 70%.

Infecções primárias de pele e tecidos moles

Pseudomonas aeruginosa pode causar uma variedade de infecções primárias da pele. As mais reconhecidas são as infecções de **feridas por queimaduras** (Figura 27.3). Colonização de uma ferida de queimadura, seguida por danos vasculares localizados, necrose de tecidos e, por fim, bacteriemia, são comuns em pacientes com queimaduras graves. A superfície úmida da queimadura e a incapacidade dos neutrófilos de penetrar nas feridas predispõem os pacientes a essas infecções. O manejo de feridas com cremes contendo antibacterianos de uso tópico apresentou sucesso limitado no controle dessas infecções.

A **foliculite** (Figura 27.4; Caso Clínico 27.1) é outra infecção comum causada por *Pseudomonas*, resultante da imersão em água contaminada (p. ex., banheiras quentes, banheiras de hidromassagem, piscinas). Infecções secundárias com *Pseudomonas* também ocorrem em pessoas que têm acne ou que depilam as pernas. Finalmente, a *P. aeruginosa* pode causar infecções nas unhas em pessoas cujas mãos são frequentemente expostas à água ou que frequentam "salões de beleza para fazer a manicure".

Pseudomonas aeruginosa é também a causa mais comum de **osteocondrite** (inflamação do osso e cartilagem) do pé após uma lesão penetrante (p. ex., associada a pisar em um prego).

Boxe 27.1 Resumos clínicos dos bacilos gram-negativos não fermentadores.

Pseudomonas aeruginosa

Infecções pulmonares: variam de leve irritação dos brônquios (traqueobronquite) à necrose do parênquima pulmonar (broncopneumonia necrosante)

Infecções cutâneas primárias: infecções oportunistas de feridas existentes (p. ex., queimaduras) a infecções localizadas de folículos capilares (p. ex., associadas à imersão em águas contaminadas, tais como banheiras quentes)

Infecções do trato urinário: infecções oportunistas em pacientes com cateteres urinários de demora e após exposição a antibacterianos de amplo espectro (seleciona para essas bactérias resistentes a antibacterianos)

Infecções de ouvido: pode variar desde uma ligeira irritação do ouvido externo ("ouvido do nadador") à destruição invasiva dos ossos cranianos adjacentes ao ouvido infectado

Infecções oculares: infecções oportunistas de danos leves das córneas

Bacteriemia: disseminação de bactérias da infecção primária (p. ex., pulmonar) para outros órgãos e tecidos; pode ser caracterizada por lesões necróticas da pele (ectima gangrenoso)

Complexo *Burkholderia cepacia*

Infecções pulmonares: a maioria das infecções preocupantes ocorre em pacientes com doença granulomatosa crônica ou fibrose cística, na qual infecções podem progredir para a destruição significativa do tecido pulmonar

Infecções oportunísticas: ITUs em pacientes com cateter; bacteriemia em pacientes imunocomprometidos com cateteres intravasculares contaminados

Burkholderia pseudomallei

Infecções pulmonares: podem variar de colonização assintomática à formação de abscessos (melioidose)

Stenotrophomonas maltophilia

Infecções oportunísticas: uma variedade de infecções (mais comumente bacteriemia e pneumonia) em pacientes imunocomprometidos previamente expostos à terapia antimicrobiana de amplo espectro

Espécies de *Acinetobacter*

Infecções pulmonares: patógeno oportunista em pacientes recebendo terapia respiratória

Infecções por feridas: feridas traumáticas (p. ex., resultantes de conflitos militares) e nosocomiais

Moraxella catarrhalis

Infecções pulmonares: traqueobronquite ou broncopneumonia em pacientes com doenças pulmonares crônicas

---

Infecções do trato urinário

A ITU é observada principalmente em pacientes com **cateteres urinários de demora**, a longo prazo. De modo geral, tais pacientes são tratados com vários cursos de antibacterianos, que tendem a selecionar as cepas mais resistentes de bactérias, incluindo *Pseudomonas*.

Infecções de ouvido

A **otite externa** é frequentemente causada por *P. aeruginosa*, com a natação como um fator de risco importante (**"ouvido de nadador"**). Essa infecção localizada pode ser controlada com antibacterianos de uso tópico e agentes de secagem. As **otites externas malignas** são uma forma virulenta de

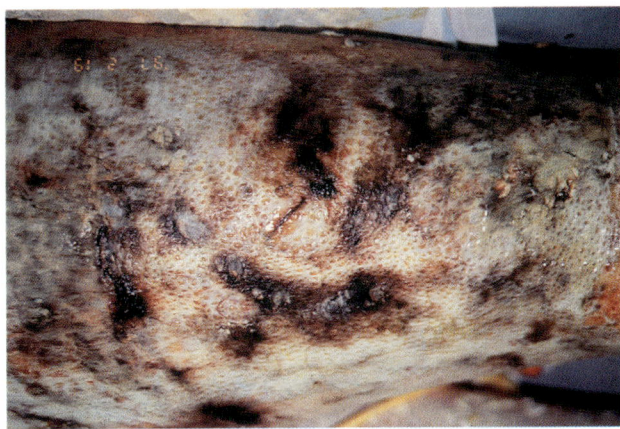

Figura 27.3 Infecção por *Pseudomonas* em ferida de queimadura. (De Cohen, J., Powderly, W.B., 2004. Infectious Diseases, second ed. St Louis, Mosby.)

> **Caso Clínico 27.1 Foliculite por *Pseudomonas***
>
> Ratnam et al. (*J Clin Microbiol* 23:655-659, 1986) descreveram um surto de foliculite causada por *P. aeruginosa* em hóspedes de um hotel canadense. Vários hóspedes queixaram-se de erupção cutânea que começou como pápulas eritematosas pruriginosas e progrediram para pústulas eritematosas distribuídas na axila e sobre o abdome e nádegas. Para a maioria dos pacientes, a erupção cutânea resolveu espontaneamente em um período de 5 dias. O departamento de saúde local investigou o surto e determinou que a fonte era uma piscina contaminada com alta concentração de *P. aeruginosa*. O surto acabou quando a piscina foi drenada, limpa e superclorada. Infecções de pele, tais como essa, são comuns em indivíduos com ampla exposição à água contaminada.

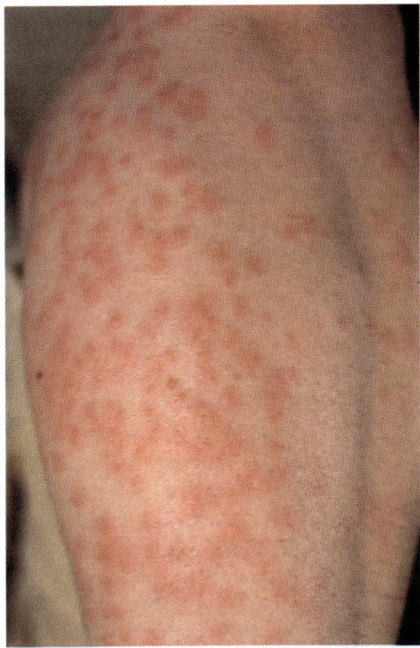

Figura 27.4 Foliculite por *Pseudomonas*. (De Cohen, J., Powderly, W.B., 2004. Infectious Diseases, second ed. St Louis, Mosby.)

doença vista principalmente em indivíduos diabéticos ou pacientes idosos. Pode invadir os tecidos subjacentes, danificar os nervos e ossos cranianos e ser uma ameaça à vida. Intervenção agressiva antimicrobiana e cirúrgica é necessária para pacientes com essa doença. *Pseudomonas aeruginosa* também está associada à **otite média crônica**.

Infecções oculares

Infecções do olho ocorrem após traumatismo inicial na córnea (p. ex., abrasão das lentes de contato, arranhão na superfície do olho) e depois de exposição a *P. aeruginosa* presente em água contaminada. As **úlceras de córnea** se desenvolvem e podem evoluir para doença rapidamente progressiva e de risco aos olhos, a menos que o tratamento imediato seja iniciado.

Bacteriemia e endocardite

A **bacteriemia** causada por *P. aeruginosa* é clinicamente indistinguível daquela causada por outras bactérias gram-negativas. Entretanto, a taxa de mortalidade em pacientes acometidos é maior com a bacteriemia por *P. aeruginosa* em razão (1) da predileção do organismo por pacientes imunocomprometidos, (2) da dificuldade no tratamento de cepas resistentes a antibacterianos e (3) da virulência inerente de *Pseudomonas*. A bacteriemia ocorre com mais frequência em pacientes com neutropenia, diabetes melito, queimaduras extensas e malignidades hematológicas. A maioria das bacteriemias se origina de infecções do trato respiratório inferior, do trato urinário e da pele e tecidos moles (particularmente infecções de queimaduras). Embora visto em uma minoria de pacientes bacterêmicos, as lesões de pele características (**ectima gangrenoso**) podem se desenvolver. As lesões se manifestam como vesículas eritematosas que se tornam hemorrágicas, necróticas e ulceradas. O exame microscópico da lesão mostra organismos abundantes, destruição vascular (o que explica a natureza hemorrágica das lesões) e ausência de neutrófilos, como seria esperado em pacientes neutropênicos.

A **endocardite** por *Pseudomonas* é incomum e é principalmente observada em toxicodependentes intravenosos. Esses pacientes adquirem a infecção pelo uso de materiais associados ao consumo de drogas contaminadas com os organismos transmitidos pela água. A valva tricúspide está frequentemente envolvida e a infecção está associada a um curso crônico, mas com um prognóstico mais favorável do que em pacientes que desenvolvem infecções da valva aórtica ou mitral.

Outras infecções

Pseudomonas aeruginosa é também a causa de uma variedade de outras infecções, incluindo aquelas localizadas no sistema digestório, sistema nervoso central e sistema musculoesquelético. As condições de base necessárias para a maioria das infecções são (1) a presença do organismo em um reservatório úmido e (2) defesas do hospedeiro comprometidas (p. ex., trauma cutâneo, eliminação da microbiota normal, como resultado do uso de antibacterianos, neutropenia).

DIAGNÓSTICO LABORATORIAL

Microscopia

A observação de bacilos gram-negativos, delgados, dispostos individualmente e em pares, é sugestiva de *Pseudomonas*, mas não definitiva; *Burkholderia*, *Stenotrophomonas* e outras pseudomonas têm uma morfologia semelhante.

Cultura

Visto que os organismos *Pseudomonas* apresentam exigências nutricionais simples, as bactérias são prontamente recuperadas nos meios de isolamento comuns, como o ágar-sangue e o ágar MacConkey. Elas necessitam de incubação em condições aeróbias (a menos que haja nitrato disponível), portanto seu crescimento em caldo é geralmente limitado à interface caldo-ar, na qual a concentração de oxigênio é a mais alta.

Identificação

A morfologia das colônias (Figura 27.5), o odor e os resultados de testes bioquímicos rápidos selecionados (p. ex., reação **oxidase** positiva) são suficientes para a identificação preliminar desses isolados. Por exemplo, a espécie *P. aeruginosa* cresce rapidamente e apresenta colônias achatadas com uma borda em expansão, β-**hemólise**, uma **pigmentação verde** causada pela produção de pigmentos azuis (piocianina) e verde-amarelados (pioverdina) e um odor característico, **odor semelhante ao da uva**. Embora a identificação definitiva de *P. aeruginosa* seja relativamente fácil, uma extensa bateria de testes fisiológicos pode ser necessária para identificar outras espécies de *Pseudomonas*.

TRATAMENTO, PREVENÇÃO E CONTROLE

A terapia antimicrobiana para infecções por *Pseudomonas* é frustrante porque (1) as bactérias são tipicamente resistentes à maioria dos antibacterianos e (2) o paciente infectado com comprometimento das defesas do hospedeiro não pode aumentar a atividade do antibacteriano. Uma **combinação de antibacterianos ativos** é geralmente necessária para que a terapia seja bem-sucedida em pacientes com infecções graves. Essa combinação é um desafio porque muitas cepas da *P. aeruginosa* se tornaram resistentes a todos os antibacterianos betalactâmicos, incluindo os carbapenêmicos, aminoglicosídios e colistina.

A tentativa de eliminar *Pseudomonas* do ambiente hospitalar é praticamente inútil, dada a presença universal do organismo no abastecimento de água. Práticas de controle eficaz de infecções devem se concentrar na **prevenção da contaminação de equipamentos estéreis**, tais como equipamentos de ventilação mecânica e máquinas de diálise e a contaminação cruzada de pacientes pela equipe médica. O uso inadequado de antibacterianos de amplo espectro também deve ser evitado porque tal aplicação pode suprimir a microbiota normal e permitir o crescimento excessivo de cepas resistentes de *Pseudomonas*.

Burkholderia

Em 1992, sete espécies anteriormente classificadas como *Pseudomonas* foram reclassificadas como membros do novo gênero *Burkholderia*. Posteriormente, foi apreciado que a espécie mais comum, *B. cepacia*, era, na verdade, um complexo de 17 espécies. Visto que a maioria dos laboratórios não consegue identificar espécies individuais, a coleção é comumente chamada de complexo *B. cepacia*. O **complexo *B. cepacia*** e ***B. pseudomallei*** são patógenos humanos importantes nesse gênero (ver Boxe 27.1); outras espécies (p. ex., *B. mallei*) são menos comumente associadas às doenças humanas.

Como observado para *P. aeruginosa*, as espécies de *Burkholderia* podem colonizar uma variedade de superfícies ambientais úmidas e são **patógenos oportunistas**. Pacientes particularmente suscetíveis às infecções pulmonares causadas pelo complexo *B. cepacia* são aqueles com fibrose cística ou doença granulomatosa crônica (DGC; uma imunodeficiência primária na qual os glóbulos brancos têm defeitos na atividade microbicida intracelular) (Caso Clínico 27.2). A colonização do sistema respiratório de pacientes com fibrose cística com *B. cepacia* tem um prognóstico tão ruim que representa uma contraindicação para o transplante pulmonar. O complexo *B. cepacia* também é responsável pelas ITUs em pacientes com cateterismo, septicemia (particularmente em pacientes com cateteres intravasculares contaminados) e outras infecções oportunísticas. Com exceção das infecções pulmonares, o complexo *B. cepacia* tem um nível relativamente baixo, de virulência, e as infecções com o organismo não costumam resultar em morte.

> **Caso Clínico 27.2 Doença granulomatosa causada por *Burkholderia***
>
> Mclean-Tooke et al. (*BMC Clin Pathol* 7:1-5, 2007) descreveram um homem de 21 anos com linfadenite granulomatosa. O homem apresentava história de perda de peso, febres, hepatoesplenomegalia e linfadenopatia cervical. Durante os 3 anos anteriores, ele apresentou, em duas ocasiões, linfonodos aumentados que foram biopsiados e o exame histológico revelou linfadenite granulomatosa. Um diagnóstico clínico de sarcoidose foi realizado e o paciente foi liberado com 20 mg de prednisolona. Durante os 24 meses seguintes, o paciente permaneceu clinicamente bem; entretanto, desenvolveu pancitopenia e granulomas foram observados em uma biopsia de medula óssea. Durante a hospitalização atual, o paciente desenvolveu tosse. A radiografia do tórax revelou consolidação na base dos pulmões. Uma biopsia pulmonar e o lavado broncoalveolar foram submetidos à cultura e *B. cepacia* foi isolada de ambos os espécimes clínicos. Uma avaliação imunológica subsequente do paciente confirmou que ele tinha uma doença genética, a doença granulomatosa crônica (DGC). Este caso ilustra a suscetibilidade dos pacientes com DGC a infecções com *Burkholderia*.

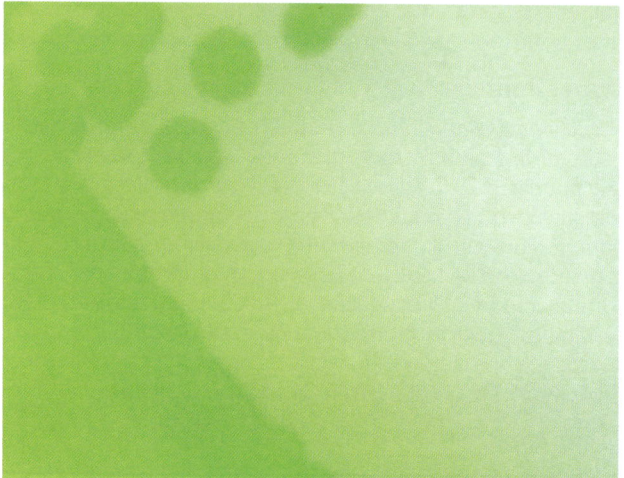

Figura 27.5 Morfologia das colônias de *Pseudomonas aeruginosa*; observe a pigmentação verde que resulta da produção de dois corantes solúveis em água: piocianina azul e fluoresceína amarela.

A espécie *B. pseudomallei* é um saprófito encontrado no solo, água e vegetação. É endêmica no Sudeste Asiático, na Índia, na África e na Austrália. As infecções são adquiridas por inalação ou menos comumente por inoculação percutânea. A maioria das pessoas expostas a *B. pseudomallei* permanece assintomática; contudo, alcoólatras, diabéticos e indivíduos com doenças renais ou pulmonares crônicas são suscetíveis a infecções oportunísticas causadas por esse organismo. As infecções são denominadas **melioidose** (*melis,* cinomose; *eidos,* semelhança; *osis,* condição: doença que se assemelha à enfermidade equina ou ao mormo causado por *B. mallei*). A exposição pela via percutânea se apresenta como uma **infecção cutânea** localizada e supurativa acompanhada por linfadenite regional, febre e mal-estar. Essa forma de doença pode se resolver sem incidentes ou pode progredir rapidamente para sepse fulminante. A **doença pulmonar** que se desenvolve após a exposição respiratória pode variar em gravidade desde uma bronquite leve até uma pneumonia necrosante. A cavitação que evolui para sepse fulminante e morte pode se desenvolver caso a terapia antimicrobiana apropriada não seja instituída. *Burkholderia pseudomallei* é usada em programas de armas biológicas, portanto o trabalho com esse organismo é restrito a laboratórios licenciados, e a recuperação desse microrganismo em um paciente justifica intervenção pelo departamento de saúde pública. O isolamento de *B. pseudomallei* para fins de diagnóstico deve ser abordado cuidadosamente, porque o organismo é altamente infeccioso, semelhante aos patógenos respiratórios, como *Mycobacterium tuberculosis*.

As espécies de *Burkholderia* são suscetíveis a **trimetoprima-sulfametoxazol (TMP-SMX)**, que as diferencia de *P. aeruginosa*, que é uniformemente resistente. Embora os organismos pareçam ser suscetíveis *in vitro* à piperacilina, cefalosporinas de amplo espectro e à ciprofloxacino, a resposta clínica é geralmente baixa.

Stenotrophomonas maltophilia

Stenotrophomonas maltophilia foi originalmente classificada no gênero *Pseudomonas*, movida para o gênero *Xanthomonas* e então transferida para o gênero *Stenotrophomonas*. Apesar da confusão criada por essas mudanças taxonômicas, a importância clínica desse patógeno oportunista é bem conhecida. Ele é responsável por infecções em pacientes debilitados com mecanismos de defesa do hospedeiro deficientes. Também, como *S. maltophilia* é resistente aos antibacterianos mais comumente usados, os betalactâmicos e aminoglicosídios, pacientes que recebem terapia antimicrobiana a longo prazo com esses medicamentos estão particularmente em risco para a aquisição de infecções.

As infecções nosocomiais mais comuns causadas por *S. maltophilia* são bacteriemia e pneumonia, sendo ambas associadas a uma alta incidência de complicações e morte (Caso Clínico 27.3). Infecções hospitalares com esse organismo foram atribuídas a cateteres intravenosos contaminados, soluções desinfetantes, equipamentos de ventilação mecânica e máquinas de gelo.

A terapia antimicrobiana é complicada porque o organismo é resistente a muitos medicamentos comumente usados. Em contraste com a maioria dos bacilos gram-negativos, *Stenotrophomonas* é uniformemente **resistente aos carbapenêmicos** (p. ex., imipeném, meropeném, ertapeném, doripeném) e geralmente suscetível à **TMP-SMX**, embora o aumento da resistência tenha sido relatado em alguns estudos. O tratamento é geralmente eficaz com TMP-SMX (se suscetível) ou com ciprofloxacino combinada com ticarcilina-clavulanato ou ceftazidima.

> **Caso Clínico 27.3** Infecção disseminada por *Stenotrophomonas* em um paciente neutropênico
>
> Wan-Yee et al. (*Ann Acad Med Singapore* 35:897-900, 2006) descreveram uma menina chinesa de 8 anos com leucemia mieloide aguda e um histórico complexo de infecções fúngicas e bacterianas recorrentes durante o tratamento de sua leucemia. As infecções incluíram a aspergilose pulmonar e septicemia com *Klebsiella, Enterobacter, Staphylococcus, Streptococcus* e *Bacillus*. Enquanto recebia tratamento com meropeném (um antibacteriano carbapenêmico) e amicacina (um aminoglicosídio) e durante um período de neutropenia grave, ela ficou bacterêmica com *Stenotrophomonas maltophilia* que era sensível à trimetoprima-sulfametoxazol (TMP-SMX). Nos dias que se seguiram, ela desenvolveu lesões de pele dolorosas, eritematosas e nodulares. *Stenotrophomonas maltophilia* foi isolada da biopsia de uma das lesões. O tratamento com TMP-SMX intravenosa levou a uma resolução gradual das lesões cutâneas. Este caso ilustra a predileção de *Stenotrophomonas* em causar doenças em pacientes imunocomprometidos que recebem um antibacteriano carbapenêmico. Caracteristicamente, *Stenotrophomonas* é uma das poucas bactérias gram-negativas que são inerentemente resistentes aos carbapenêmicos e aos aminoglicosídios e suscetível à TMP-SMX.

Acinetobacter

O gênero *Acinetobacter* é constituído por cocobacilos gram-negativos arredondados, estritamente aeróbios, oxidase-negativos (Figura 27.6). Eles são saprófitos recuperados na natureza e no hospital e capazes de sobreviver tanto em superfícies úmidas, tais como equipamento de ventilação mecânica, como em superfícies secas, como, por exemplo, pele humana (esta última característica é incomum para bacilos gram-negativos). Essas bactérias também fazem parte da microbiota normal da orofaringe de um pequeno número de pessoas saudáveis e podem proliferar para

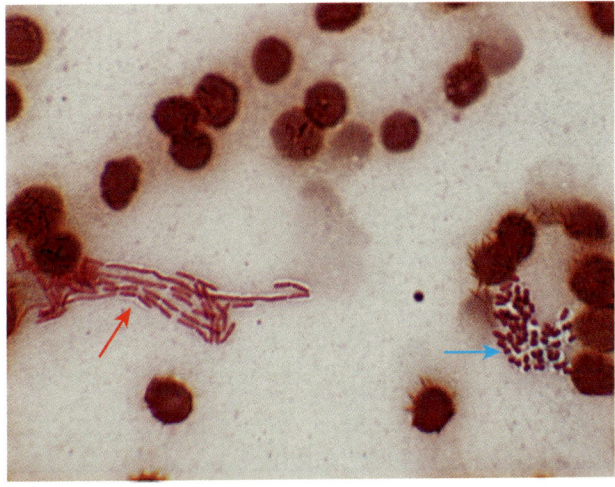

Figura 27.6 Coloração de Gram de *Acinetobacter baumannii* (seta azul) e *Pseudomonas aeruginosa* (seta vermelha).

grandes números durante a hospitalização. O gênero *Acinetobacter* é subdividido em dois grupos: espécies que oxidam a glicose (**A. baumannii** é a espécie mais comum) e espécies que não oxidam a glicose (**A. lwoffii** e **A. haemolyticus** são as espécies mais comuns). A maioria das infecções humanas é causada por *A. baumannii*.

As espécies de *Acinetobacter* são **patógenos oportunistas** (ver Boxe 27.1) que causam infecções no sistema respiratório, trato urinário e em feridas; também causam septicemia. Pacientes em risco de infecções por *Acinetobacter* são aqueles que recebem antibacterianos de amplo espectro, em recuperação de cirurgias ou em ventilação respiratória. Infecções de feridas e infecções pulmonares nosocomiais em pacientes hospitalizados se tornaram um problema significativo, porque muitas das infecções são causadas por cepas resistentes à maioria dos antibacterianos, incluindo os carbapenêmicos. A terapia específica deve ser guiada pelos testes de suscetibilidade *in vitro*. Deve-se tomar cuidado quando os carbapenêmicos ou a colistina são selecionados, porque os testes *in vitro* podem não detectar de forma confiável cepas heterorresistentes (ou seja, uma subpopulação de organismos altamente resistentes).

Moraxella

Como outros gêneros discutidos nesse capítulo, o gênero *Moraxella* foi reorganizado com base na análise de ácidos nucleicos. Embora as espécies classificadas nesse gênero continuem mudando, *M. catarrhalis* é o patógeno mais importante. A espécie **M. catarrhalis** é formada por diplococos gram-negativos, estritamente aeróbios e oxidase-positivos (Figura 27.7). Esse organismo é uma causa comum de bronquite e broncopneumonia (em pacientes idosos com doença pulmonar crônica), sinusite e otite (ver Boxe 27.1). As duas últimas infecções são as que mais ocorrem em pessoas previamente saudáveis. A maioria dos isolados produz beta-lactamases e **são resistentes às penicilinas**; no entanto, essas bactérias são uniformemente suscetíveis à maioria dos outros antibacterianos, incluindo cefalosporinas, eritromicina, tetraciclina, TMP-SMX e a combinação de penicilinas com um inibidor de betalactamase (p. ex., ácido clavulânico).

Bibliografia

Azam, M., Khan, A., 2018. Updates on the pathogenicity states of Pseudomonas aeruginosa. Drug Discov Today. http://doi.org/10.1016/drudis.2018.07.003.

Breidenstein, E., de la Fuente-Nunez, C., Hancock, R., 2011. *Pseudomonas aeruginosa*: all roads lead to resistance. Trends Microbiol 19, 419–426.

Broides, A., Dagan, R., Greenberg, D., et al., 2009. Acute otitis media caused by *Moraxella catarrhalis*: epidemiology and clinical characteristics. Clin Infect Dis 49, 1641–1647.

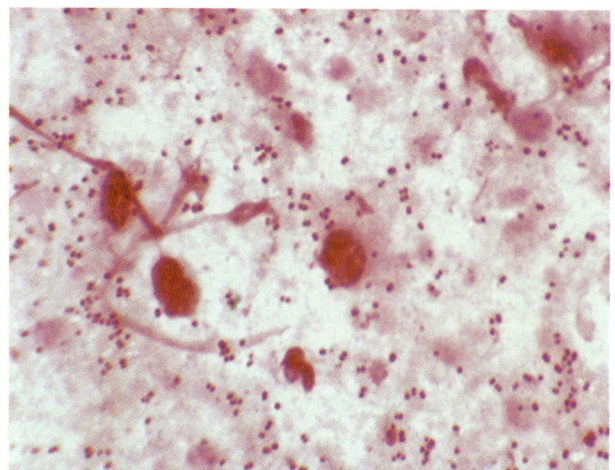

Figura 27.7 Coloração de Gram de *Moraxella catarrhalis*.

Brooke, J., 2012. *Stenotrophomonas maltophilia*: an emerging global opportunistic pathogen. Clin Microbiol Rev 25, 2–41.

Dijkshoorn, L., Nemec, A., Seifert, H., 2007. An increasing threat in hospitals: multidrug-resistant *Acinetobacter baumannii*. Nat Rev Microbiol 5, 939–951.

Hauser, A., 2009. The type III secretion system of *Pseudomonas aeruginosa*: infection by injection. Nat Rev Microbiol 7, 654–665.

Ikonomidis, A., Neou, E., Gogou, V., et al., 2009. Heteroresistance to meropenem in carbapenem-susceptible *Acinetobacter baumannii*. J Clin Microbiol 47, 4055–4059.

Jimenez, P.N., Koch, G., Thompson, J.A., et al., 2012. The multiple signaling systems regulating virulence in *Pseudomonas aeruginosa*. Microbiol Mol Biol Rev 76, 46–65.

Karthikeyan, R.S., Priya, J.L., Leal Jr., S.M., et al., 2013. Host response and bacterial virulence factor expression in *Pseudomonas aeruginosa* and *Streptococcus pneumoniae* corneal ulcers. PLoS ONE 8, e64867.

Kipnis, E., Sawa, T., Wiener-Kronish, J., 2006. Targeting mechanisms of *Pseudomonas aeruginosa* pathogenesis. Med Mal Infect 36, 78–91.

Kruczek, C., Qaisar, U., Comer-Hamood, J.A., et al., 2014. Serum influences the expression of *Pseudomonas aeruginosa* quorum-sensing genes and QS-controlled virulence genes during early and late stages of growth. Microbiologyopen 3, 64–79.

Ledizet, M., Murray, T.S., Puttagunta, S., et al., 2012. The ability of virulence factor expression by *Pseudomonas aeruginosa* to predict clinical disease in hospitalized patients. PLoS ONE 7, e49578.

Looney, W.J., Narita, M., Muhlemann, K., 2009. *Stenotrophomonas maltophilia*: an emerging opportunist human pathogen. Lancet Infect Dis 9, 312–323.

McGregor, K., Chang, B.J., Mee, B.J., et al., 1998. *Moraxella catarrhalis*: clinical significance, antimicrobial susceptibility and BRO beta-lactamases. Eur J Clin Microbiol Infect Dis 17, 219–234.

Peleg, A., Seifert, H., Paterson, D., 2008. *Acinetobacter baumannii*: emergence of a successful pathogen. Clin Microbiol Rev 21, 538–582.

Voor, A.F., Severin, J.A., Lesaffre, E.M., et al., 2014. A systematic review and meta-analyses show that carbapenems use and medical devices are the leading risk factors for carbapenem-resistant *Pseudomonas aeruginosa*. Antimicrob Agents Chemother 58, 2626–2637.

Yates, S.P., Jorgensen, R., Andersen, G.R., et al., 2006. Stealth and mimicry by deadly bacterial toxins. Trends Biochem Sci 31, 123–133.

28 Campylobacter e Helicobacter

Uma jovem de 26 anos de idade foi internada no hospital com histórico de 48 horas de cólica na região inferior do abdome, associada a aproximadamente 20 episódios diários de fezes aquosas contendo muco e sangue. A paciente estava sem febre e apresentava sensibilidade abdominal difusa. Na cultura de rotina das fezes, nenhum patógeno foi isolado, mas as amostras também foram inoculadas em um meio seletivo para *Campylobacter* e incubadas em condições microaerófilas a 40°C. O exame das placas após 42 horas revelou a presença de colônias planas não hemolíticas e mucoides que foram posteriormente identificadas como *C. jejuni*.

Atualmente, *Campylobacter* e *Helicobacter* são bactérias amplamente reconhecidas como patógenos humanos significativos; contudo, por muitos anos isso não foi possível.

1. Quais propriedades de *Campylobacter* e *Helicobacter* levaram à descoberta tardia?
2. O gênero *Campylobacter* está associado a dois distúrbios imunológicos. Quais são eles?
3. Como a espécie *H. pylori* sobrevive no estômago?

RESUMOS Organismos clinicamente significativos

CAMPYLOBACTER

Palavras-chave

Bacilos curvos, gastrenterite, síndrome de Guillain-Barré

Biologia e virulência

- Bacilos gram-negativos, delgados e curvos
- Fatores que regulam a adesão, a motilidade e a invasão na mucosa intestinal são mal definidos

Epidemiologia

- Infecção zoonótica; aves preparadas de maneira inadequada representam uma fonte comum de infecções humanas
- Infecções adquiridas por ingestão de alimentos contaminados, leite não pasteurizado ou água contaminada
- Transmissão de pessoa a pessoa é incomum
- Dose necessária para estabelecer a doença é alta, a menos que os ácidos gástricos sejam neutralizados ou ausentes
- Distribuição mundial com infecções entéricas observadas ao longo do ano

Doenças

- A doença mais comum é a enterite aguda com diarreia, mal-estar, febre e dor abdominal
- A síndrome de Guillain-Barré é considerada uma doença autoimune causada por reatividade cruzada de antígenos entre oligossacarídios na cápsula bacteriana e glicoesfingolipídio na superfície de tecidos neurais
- A maioria das infecções é autolimitada, mas pode persistir por 1 semana ou mais
- *Campylobacter fetus* está associado à septicemia e é disseminado para múltiplos órgãos

Diagnóstico

- A detecção microscópica de bacilos gram-negativos finos em forma de S em amostras de fezes é específica, mas insensível
- Ensaios comerciais de amplificação de ácidos nucleicos em painel multiplex são altamente sensíveis e específicos para patógenos entéricos e particularmente úteis para a detecção de infecções causadas por *C. jejuni* e *C. coli*
- A cultura requer o uso de meios incubados com oxigênio reduzido, aumento do dióxido de carbono e (para espécies termofílicas) temperaturas elevadas; requer incubação por 2 dias ou mais e é relativamente insensível, a menos que sejam empregados meios frescos
- A detecção de antígenos de *Campylobacter* em amostras de fezes é moderadamente sensível e muito específica em relação à cultura

Tratamento, prevenção e controle

- Para a gastrenterite, a infecção é autolimitada e é tratada por reposição de fluidos e eletrólitos
- As gastrenterites e a septicemia graves são tratadas com eritromicina ou azitromicina
- A gastrenterite é impedida pela própria preparação de alimentos e consumo de leite pasteurizado; prevenir a contaminação das redes de abastecimento de água também controla a infecção
- Vacinas experimentais que têm como alvos os polissacarídios capsulares externos são promissores para o controle de infecções em reservatórios animais

HELICOBACTER PYLORI

Palavras-chave

Gastrite, úlceras pépticas, câncer gástrico, linfoma do tecido linfoide, urease

Biologia e virulência

- Bacilos gram-negativos curvos
- A produção de urease em níveis muito altos é característica de helicobactérias gástricas (p. ex., *H. pylori*; importante teste diagnóstico para *H. pylori*) e incomum em helicobactérias
- Inúmeros fatores contribuem para a colonização gástrica, inflamação, alteração da produção de ácido gástrico e destruição de tecidos

Epidemiologia

- Infecções são comuns, particularmente em indivíduos com menores condições socioeconômicas ou de países em desenvolvimento
- Os seres humanos são o reservatório primário
- A disseminação de pessoa para pessoa é importante (geralmente fecal-oral)
- Onipresentes e mundiais, sem incidência sazonal da doença

Doenças

- *Helicobacter pylori* é uma importante causa de gastrite aguda e crônica, úlceras pépticas, adenocarcinoma gástrico e linfoma de tecido linfoide associado à mucosa

Diagnóstico

- Microscopia: o exame histológico de amostras de biopsia é sensível e específico
- O teste de urease é relativamente sensível e altamente específico; o teste respiratório com ureia é um teste não invasivo

Continua

RESUMOS Organismos clinicamente significativos *(continuação)*		
• O teste de antígeno de *H. pylori* é sensível e específico; realizado com amostras de fezes • A cultura requer incubação em condições microaerófilas; o crescimento é lento; relativamente insensível, a menos que múltiplas biopsias sejam submetidas à cultura • Sorologia útil para demonstrar a exposição ao *H. pylori*	**Tratamento, prevenção e controle** • Vários regimes foram avaliados para o tratamento de infecções por *H. pylori*. A terapia combinada com um inibidor de bomba de prótons (p. ex., omeprazol), um macrolídeo (p. ex., claritromicina) e um betalactâmico (p. ex., amoxicilina) durante 2 semanas apresentou uma alta taxa de sucesso	• O tratamento profilático de indivíduos colonizados não tem utilidade e apresenta efeitos potencialmente adversos, tais como predisposição de pacientes a adenocarcinomas na porção inferior do esôfago • Vacinas humanas não estão disponíveis atualmente

Existem duas famílias de bactérias gram-negativas em forma de espiral relacionadas e de importância clínica: **Campylobacteraceae**, que inclui *Campylobacter*, e **Helicobacteraceae**, que inclui *Helicobacter* (Tabela 28.1). Os membros dessas famílias compartilham duas importantes propriedades que contribuem para os problemas com a recuperação dos organismos em cultura e a identificação por testes bioquímicos tradicionais: (1) requisitos de crescimento microaerófilo (ou seja, crescimento apenas na presença de oxigênio reduzido e dióxido de carbono aumentado) e (2) incapacidade de fermentar ou oxidar carboidratos.

Campylobacter

O gênero *Campylobacter* consiste em pequenos (0,2 a 0,5 μm largura e 0,5 a 5,0 μm de comprimento) **bacilos gram-negativos, em forma de vírgula,** móveis (Figura 28.1). Bactérias em colônias mais antigas podem ter aspecto mais cocoide do que a forma de bastonete ou bacilo. Mais de 50 espécies e subespécies são reconhecidas, muitas delas estão associadas a doenças humanas, mas apenas quatro espécies são patógenos humanos comuns (Tabela 28.2).

As principais doenças causadas pelas espécies de *Campylobacter* são a gastrenterite e a septicemia. *Campylobacter* é a causa mais comum de gastrenterite bacteriana tanto em países desenvolvidos como nos países em desenvolvimento, com **C. jejuni** responsável pela maioria das infecções e **C. coli** associado a uma minoria de casos de gastrenterite por *Campylobacter* nos EUA (mais comumente observado nos países em desenvolvimento). A incidência de gastrenterite causada por **C. upsaliensis** é desconhecida, porque o organismo é inibido pelos antibacterianos utilizados na maioria dos meios de isolamento para outras bactérias do gênero;

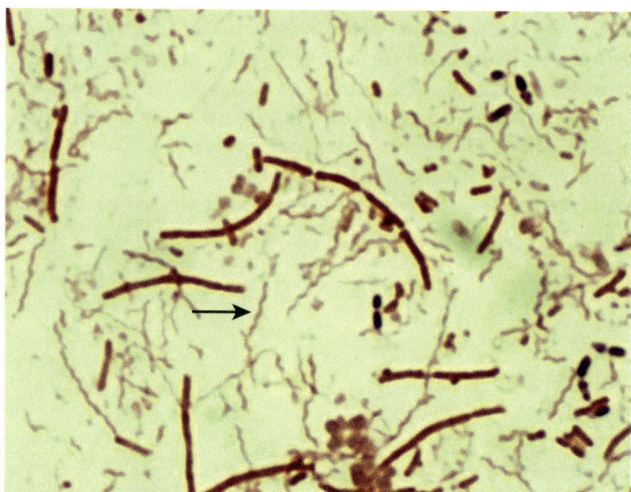

Figura 28.1 Cultura mista de bactérias a partir de um espécime fecal. *Campylobacter jejuni* é a bactéria gram-negativa fina e curva *(seta)*.

Tabela 28.1 Espécies de *Campylobacter* e *Helicobacter* importantes.

Organismo	Derivação histórica
Campylobacter	*kampylos*, curvo; *bacter*, bastonete (um bastonete ou bacilo curvo)
C. jejuni	*jejuni*, do jejuno
C. coli	*coli*, do cólon
C. fetus	*fetus*, refere-se à observação inicial de que essas bactérias causavam infecções em fetos
C. upsaliensis	*upsaliensis*, isolados originais recuperados das fezes de cachorros em uma clínica veterinária em Uppsala, Suécia
Helicobacter	*helix*, espiral; *bacter*, bastonete (um bacilo espiralado)
H. pylori	*pylorus*, parte inferior do estômago
H. cinaedi	*cinaedi*, de um homossexual (o organismo foi isolado pela primeira vez em homens homossexuais com gastrenterite)
H. fenneliae	*fenneliae*, nome em homenagem a C. Fennell, que isolou pela primeira vez o microrganismo

Tabela 28.2 Espécies comuns de *Campylobacter* associadas à doença humana.

Espécie	Hospedeiros reservatórios comuns	Doenças humanas
Campylobacter jejuni	**Aves**, bovinos, carneiros	**Gastrenterite**, infecções gastrintestinais, **síndrome de Guillain-Barré, artrite reativa**
C. coli	**Suínos**, aves, carneiro, pássaros	**Gastrenterite**, infecções extraintestinais
C. fetus	**Bovinos, carneiros**	**Infecções vasculares** (p. ex., septicemia, tromboflebite séptica, endocardite), meningoencefalite, gastrenterite
C. upsaliensis	**Cães, gatos**	**Gastrenterite**, infecções extraintestinais, síndrome de Guillain-Barré

A palavra em negrito significa os hospedeiros e as doenças mais comuns.

no entanto, alguns estimam que 10% das gastrenterites provocadas por *Campylobacter* são causadas por essa bactéria. Ao contrário de outras espécies de *Campylobacter*, **C. fetus** é principalmente responsável por causar infecções sistêmicas, incluindo bacteriemia, tromboflebite séptica, artrite, aborto séptico e meningite.

FISIOLOGIA E ESTRUTURA

O reconhecimento do papel de *Campylobacter* na doença gastrintestinal (GI) foi tardio porque os organismos crescem melhor em uma atmosfera de oxigênio reduzido (5 a 7%) e aumento de dióxido de carbono (5 a 10%). Estas não representam as condições típicas de incubação utilizadas para culturas bacterianas. Além disso, **C. jejuni cresce melhor a 42°C** do que a 37°C. Essas propriedades têm sido exploradas para o isolamento seletivo de cepas patogênicas de *Campylobacter* em amostras de fezes. O **pequeno tamanho** dos organismos (0,2 a 0,5 μm de diâmetro) também é utilizado para recuperar as bactérias por filtração de amostras de fezes. Isolados de *Campylobacter* passam por filtros de 0,45 μm, enquanto outras bactérias são retidas. Embora essa propriedade levasse à descoberta inicial dessas bactérias (as fezes eram filtradas à procura de vírus), a filtragem de amostras de fezes é um procedimento incômodo e não é utilizado em laboratórios clínicos. O gênero *Campylobacter* tem uma estrutura de envoltório celular gram-negativo com uma cápsula polissacarídica externa. Em vez dos lipopolissacarídios (LPS) do envoltório celular com atividade de endotoxina encontrados em outras bactérias gram-negativas, as espécies de *Campylobacter* expressam lipo-oligossacarídios. Os polissacarídios capsulares contribuem para a virulência das bactérias e são os alvos para o desenvolvimento de vacinas.

PATOGÊNESE E IMUNIDADE

Embora adesinas, enzimas citotóxicas e enterotoxinas sejam detectadas em *C. jejuni*, o papel específico desses fatores na doença continua mal definido. É evidente que o risco de doença é influenciado pela dose infecciosa. Os organismos são mortos quando expostos aos ácidos gástricos, de modo que as condições que diminuem ou neutralizam a secreção de ácido gástrico favorecem as doenças. O estado imunológico do paciente também afeta a gravidade da doença. Pessoas que vivem em uma população com doenças de alta endemia desenvolvem níveis mensuráveis de soro e anticorpos secretórios específicos e têm doenças menos graves. Como seria de se esperar, os pacientes com hipogamaglobulinemia desenvolvem doença grave prolongada com *C. jejuni*.

A doença do sistema digestório causada por *C. jejuni* produz de maneira característica **danos histológicos às superfícies da mucosa do jejuno** (como implícito pelo nome da espécie), íleo e cólon. A superfície da mucosa parece ulcerada, edematosa e sanguinolenta, com abscessos da cripta nas glândulas epiteliais e infiltração da lâmina própria com neutrófilos, células mononucleares e eosinófilos. Esse processo inflamatório é consistente com a invasão dos organismos no tecido intestinal. No entanto, os papéis precisos das toxinas citopáticas, enterotoxinas e a atividade endotóxica que foram detectadas em isolados de *C. jejuni* não foram definidos. Por exemplo, as cepas que perdem a atividade de enterotoxinas ainda são totalmente virulentas.

As espécies de *C. jejuni* e *C. upsaliensis* foram associadas à **síndrome de Guillain-Barré**, que é um distúrbio autoimune do sistema nervoso periférico caracterizado por desenvolvimento de fraqueza simétrica ao longo de vários dias e que requer de meses a anos para a plena recuperação. Embora seja uma complicação pouco comum da doença por *Campylobacter* ($\approx$1 em 1.000 infecções diagnosticadas), a síndrome é associada aos sorotipos específicos (principalmente o sorotipo O:19 de *C. jejuni*). Acredita-se que a patogênese dessa doença esteja relacionada com a **reatividade cruzada dos antígenos** entre os lipo-oligossacarídios de algumas cepas de *Campylobacter* e os gangliosídios de nervos periféricos. Assim, anticorpos dirigidos contra cepas específicas de *Campylobacter* podem lesionar o tecido neural do sistema nervoso periférico. Outra complicação tardia das infecções por *Campylobacter* é a **artrite reativa**, que é uma condição caracterizada por dor e inchaço nas articulações envolvendo as mãos, tornozelos e joelhos, que persistem de 1 semana a vários meses. A artrite reativa não está relacionada com a gravidade da doença diarreica, mas é mais comum em pacientes que têm o fenótipo HLA-B27.

Campylobacter jejuni e *C. coli* raramente causam bacteriemia (1,5 caso por 1.000 infecções intestinais); entretanto, *C. fetus* tem uma propensão para disseminar do sistema digestório para o sangue e focos distais. Os estudos *in vitro* fornecem uma explicação para essa observação: *C. fetus* é resistente à morte no soro mediada pelo complemento e pelos anticorpos, enquanto *C. jejuni* e a maioria das outras espécies de *Campylobacter* morre rapidamente. *Campylobacter fetus* é coberto por uma proteína do tipo cápsula **(proteína S)**, termoestável, que impede a ligação de C3b às bactérias e subsequente morte mediada pelo complemento no soro. *Campylobacter fetus* perde sua virulência se essa camada proteica é removida. A bacteriemia é particularmente comum em pacientes debilitados e imunocomprometidos, tais como aqueles com doença hepática, diabetes melito, alcoolismo crônico ou malignidades.

EPIDEMIOLOGIA

As infecções por *Campylobacter* são **zoonóticas**, com diversos animais servindo como reservatórios (ver Tabela 28.2). Os seres humanos adquirem as infecções com *C. jejuni* e *C. coli* após a ingestão de alimentos, leite ou água contaminados; o consumo de **aves contaminadas** é responsável por mais da metade das infecções por *Campylobacter* nos países desenvolvidos. Produtos alimentícios que neutralizam os ácidos gástricos (p. ex., leite) reduzem efetivamente a dose infecciosa. A transmissão fecal-oral de pessoa a pessoa também pode ocorrer, mas **é incomum que a doença seja transmitida por manipuladores de alimentos**. As infecções por *C. upsaliensis* são adquiridas principalmente após o contato com cães domésticos (ou portadores saudáveis ou animais de estimação com doença diarreica).

As infecções por *Campylobacter* correspondem à doença diarreica bacteriana mais comum nos EUA, com uma incidência anual estimada de 1,3 milhão de doenças, mais de 13 mil hospitalizações e 119 mortes com um custo de aproximadamente US$ 1,7 bilhão em assistência médica e perda de produtividade. É provável que o número de infecções por *Campylobacter* seja até maior porque muitos laboratórios não cultivam rotineiramente esses patógenos e *C. upsaliensis* não é isolado pelas técnicas comumente utilizadas. Além disso, a crescente adoção do diagnóstico molecular para doenças entéricas tem identificado a pouca sensibilidade da cultura.

A doença ocorre esporadicamente durante todo o ano, com um pico de incidência durante os meses de verão. A doença é mais comumente observada em **lactentes e crianças pequenas**, com um segundo pico de doença em adultos de 20 a 40 anos. A incidência da doença é maior nos países em desenvolvimento, com a doença sintomática em lactentes e crianças pequenas e o carreamento assintomático muitas vezes observado em adultos.

As infecções por *C. fetus* são relativamente incomuns, com menos de 250 casos relatados anualmente nos EUA. Ao contrário de *C. jejuni*, *C. fetus* infecta principalmente indivíduos imunocomprometidos ou idosos.

DOENÇAS CLÍNICAS

Infecções do sistema digestório com *C. jejuni*, *C. coli* e *C. upsaliensis* manifestam-se mais comumente como **enterite aguda** com diarreia, febre e fortes dores abdominais. Os pacientes acometidos podem ter 10 ou mais episódios de evacuação por dia durante o auge da doença e as fezes podem ser sanguinolentas nos exames macroscópicos. A doença é geralmente autolimitada, embora os sintomas possam durar 1 semana ou mais. A gama de manifestações clínicas inclui colite aguda, **dor abdominal que mimetiza a apendicite aguda** e infecções entéricas crônicas que se desenvolvem com frequência em pacientes imunocomprometidos (p. ex., pacientes com síndrome da imunodeficiência adquirida [AIDS]). Várias infecções extraintestinais são relatadas, mas são relativamente incomuns. A **síndrome de Guillain-Barré** e a **artrite reativa** são complicações bem reconhecidas das infecções por *Campylobacter* (Caso Clínico 28.1). *Campylobacter fetus* difere de outras espécies de *Campylobacter* pelo fato de que esta espécie é a principal responsável por **infecções intravasculares** (p. ex., septicemia, endocardite, tromboflebite séptica) e **extraintestinais** (p. ex., meningoencefalite, abscessos).

DIAGNÓSTICO LABORATORIAL

Microscopia

Bactérias do gênero *Campylobacter* são finas e não são facilmente visualizadas quando as amostras são coradas pelo gram. Apesar da baixa sensibilidade da coloração de gram, a observação de **microrganismos finos em forma de S** característicos em amostras de fezes (ver Figura 28.1) é útil para a confirmação presuntiva da infecção por *Campylobacter*.

Detecção de antígeno

Imunoensaios comerciais para detecção de *C. jejuni* e *C. coli* estão disponíveis. Quando comparados com a cultura, os testes têm uma sensibilidade de 80 a 90% e uma especificidade maior do que 95%. Algumas cepas de *C. upsaliensis* também são reativas nesses testes.

Testes baseados em ácidos nucleicos

Testes comerciais de amplificação de ácidos nucleicos multiplex para patógenos entéricos estão rapidamente ganhando aceitação, porque podem detectar um espectro abrangente de bactérias, patógenos virais e parasitas com uma sensibilidade

---

Caso Clínico 28.1 Enterite e síndrome de Guillain-Barré causadas por *Campylobacter jejuni*

Scully et al. (*N Engl J Med* 341:1996–2003, 1999) descreveram a história clínica de uma mulher de 74 anos que desenvolveu a síndrome de Guillain-Barré depois de um episódio de enterite por *C. jejuni*. Depois de 1 semana de febre, diarreia aquosa, náuseas, dor abdominal, fraqueza e fadiga, a fala da paciente foi notada como sendo gravemente confusa. Ela foi levada para o hospital, onde foi observado que ela era incapaz de falar, embora estivesse orientada e capaz de escrever de maneira coerente. Ela apresentou entorpecimento perioral, ptose bilateral e fraqueza facial, além de pupilas não reativas. O exame neurológico revelou fraqueza muscular bilateral em seus braços e no tórax. No segundo dia de hospital, a fraqueza muscular se estendeu até a parte superior das pernas. No terceiro dia de internação, o estado mental da paciente permaneceu normal, mas ela só podia mover minimamente o polegar e não conseguia levantar as pernas. A sensação de leve toque era normal, mas não havia reflexos profundos dos tendões. *Campylobacter jejuni* foi recuperado da cultura de fezes dessa paciente, coletado no momento da admissão e o diagnóstico clínico de síndrome de Guillain-Barré foi realizado. Apesar do tratamento médico agressivo, a paciente desenvolveu déficit neurológico significativo 3 meses após a alta hospitalar e foi encaminhada para a unidade de reabilitação. Essa paciente ilustra uma das complicações significativas da enterite por *Campylobacter*.

---

superior à cultura. Isto é particularmente verdadeiro para infecções por *Campylobacter*, embora esses ensaios moleculares sejam geralmente restritos à detecção de *C. jejuni* e *C. coli*, e não de outras espécies de *Campylobacter*.

Cultura

Campylobacter jejuni, *C. coli* e *C. upsaliensis* não foram reconhecidos por muitos anos, porque seu isolamento requer crescimento em uma **atmosfera microaerófila** (ou seja, de 5 a 7% de oxigênio, 5 a 10% de dióxido de carbono), em uma **temperatura elevada de incubação** (ou seja, 42°C) e em meios de ágar seletivos para suprimir as bactérias entéricas não patogênicas. A atmosfera apropriada para o cultivo de *Campylobacter* pode ser produzida por sistemas comerciais geradores de gás descartáveis que são adicionados a um frasco de incubação com o meio de cultura inoculado. Os meios seletivos devem conter sangue ou carvão vegetal para remover radicais tóxicos de oxigênio e os antibacterianos são adicionados para inibir o crescimento de organismos contaminantes. Infelizmente, os antibacterianos utilizados na maioria dos meios para *Campylobacter* podem inibir algumas espécies (p. ex., *C. upsaliensis*). O gênero *Campylobacter* é constituído por organismos de **crescimento lento**, geralmente necessitando de incubação por 48 horas ou mais. *Campylobacter fetus* é não termofílico e não pode crescer a 42°C; entretanto, seu isolamento requer uma atmosfera microaerófila.

Identificação

Uma identificação presuntiva de isolados é baseada no crescimento em condições seletivas, na morfologia microscópica característica e em testes positivos de oxidase e catalase. A espectrometria de massa pode ser utilizada para a identificação definitiva das espécies.

DETECÇÃO DE ANTICORPOS

O teste sorológico para imunoglobulina (Ig)M e IgG é útil para pesquisas epidemiológicas, mas não é usado para diagnóstico em um paciente individual.

TRATAMENTO, PREVENÇÃO E CONTROLE

A gastrenterite por *Campylobacter* é geralmente uma infecção autolimitada tratada pela reposição de fluidos e eletrólitos perdidos. A terapia antimicrobiana pode ser usada em pacientes com infecções graves ou septicemia. O gênero *Campylobacter* é suscetível a uma variedade de antibacterianos, incluindo macrolídeos (i. e., eritromicina, azitromicina, claritromicina), tetraciclinas, aminoglicosídios, cloranfenicol, fluoroquinolonas, clindamicina, amoxicilina/ácido clavulânico e imipeném. A maioria dos isolados é resistente aos antibacterianos: penicilinas, cefalosporinas e sulfonamida. A **eritromicina** ou **azitromicina** são os antibacterianos de escolha para o tratamento da enterite, com tetraciclina ou fluoroquinolonas utilizadas como antibacterianos secundários. A resistência às fluoroquinolonas tem aumentado, de modo que esses medicamentos podem ser menos eficazes. A amoxicilina/ácido clavulânico pode ser usado no lugar da tetraciclina, que é contraindicado para crianças pequenas. As infecções sistêmicas são tratadas com um aminoglicosídio, cloranfenicol ou imipeném.

A exposição ao *Campylobacter* entérico é impedida pela preparação adequada de alimentos (especialmente aves), evitando produtos lácteos não pasteurizados e a implementação de medidas sanitárias para evitar a contaminação do abastecimento de água. Quase 50 sorotipos capsulares de *C. jejuni* são reconhecidos, embora a maioria das cepas associadas à doença seja restrita a um número limitado de sorotipos. Estudos preliminares demonstram que esses são alvos atraentes para as vacinas e potencialmente poderiam reduzir a taxa de colonização em animais utilizados para alimentação, tais como frangos e perus.

Helicobacter

Em 1983, os **bacilos gram-negativos espiralados** semelhantes às bactérias do gênero *Campylobacter* foram encontrados em pacientes com gastrite tipo B (inflamação crônica do antro estomacal [extremidade pilórica]). Os organismos foram originalmente classificados como *Campylobacter*, mas depois foram reclassificados como um novo gênero, *Helicobacter*. Essas bactérias foram subsequentemente subdivididas em espécies que colonizam principalmente o estômago (***Helicobacter* gástrico**) e aquelas que colonizam os intestinos (**helicobactérias êntero-hepáticas**). A espécie mais importante é *H. pylori*, uma bactéria gástrica associada à **gastrite, úlceras pépticas, adenocarcinoma gástrico** e **linfomas de células B do tecido linfoide associado à mucosa gástrica (MALT)** (Tabela 28.3). Helicobactérias êntero-hepáticas mais importantes associadas à **gastrenterite** e **bacteriemia** são *H. cinaedi* e *H. fennelliae*, que foram isoladas mais comumente em pacientes imunocomprometidos (p. ex., homens homossexuais com infecções pelo vírus da imunodeficiência humana [HIV]).

Tabela 28.3 Espécies de *Helicobacter* associadas à doença humana.

Espécie	Hospedeiros reservatórios comuns	Doença humana
Helicobacter pylori	**Humanos**, primatas, suínos	**Gastrite, úlceras gástricas, úlceras pépticas, adenocarcinoma gástrico, linfomas de células B do tecido linfoide associado à mucosa**
H. cinaedi	**Humanos**, hamster	**Gastrenterite**, septicemia, proctocolite
H. fennelliae	**Humanos**	**Gastrenterite**, septicemia, proctocolite

O negrito indica os hospedeiros e as doenças mais comuns.

FISIOLOGIA E ESTRUTURA

As espécies de *Helicobacter* são caracterizadas de acordo com a análise de sequências de seus genes 16S rRNA, seus ácidos graxos celulares e a presença de flagelos polares. Atualmente, mais de 40 espécies foram caracterizadas, mas essa taxonomia está mudando rapidamente. As espécies de *Helicobacter* têm **forma espiralada** ou bacilar em culturas jovens (0,5 a 1,0 μm de largura × 2 a 4 μm de comprimento) e, assim como o gênero *Campylobacter*, podem assumir formas cocoides em culturas mais antigas (Figura 28.2).

Todos os isolados gástricos de *Helicobacter*, incluindo *H. pylori*, são altamente **móveis** (motilidade de saca-rolhas) e produzem uma abundância de **urease**. Essas propriedades são consideradas importantes para a sobrevivência em ácidos gástricos e movimento rápido através da camada de muco viscoso em direção a um ambiente de pH neutro. A maioria das bactérias desse gênero é catalase e oxidase-positivas e não fermentam nem oxidam os carboidratos, embora possam metabolizar aminoácidos por vias fermentativas. O LPS, constituído de lipídio A, oligossacarídio central e uma cadeia lateral O, está presente na membrana externa. O lipídio A de *H. pylori* tem baixa atividade de endotoxina em comparação com outras bactérias gram-negativas e a cadeia lateral O é antigenicamente semelhante aos antígenos do grupo sanguíneo Lewis, que podem proteger as bactérias da eliminação pelo sistema imune.

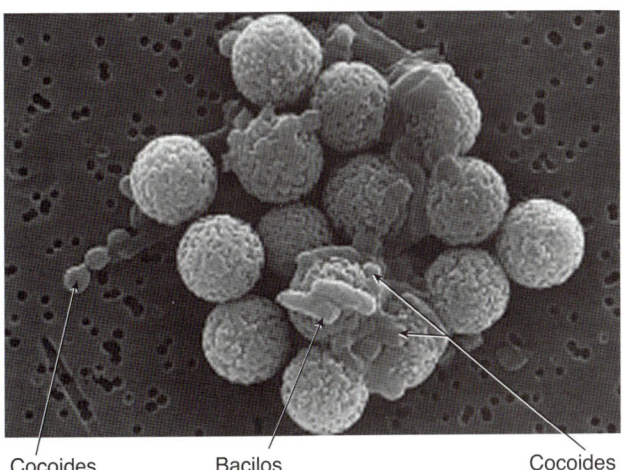

Figura 28.2 Fotomicrografia eletrônica de varredura de *Helicobacter pylori* em uma cultura de 7 dias. As formas bacilares e cocoides estão ligadas a esferas paramagnéticas utilizadas na separação imunomagnética. (Cortesia de Dr. L. Engstrand, Uppsala, Suécia.)

O crescimento de *H. pylori* e de outras bactérias do gênero *Helicobacter* requer um meio complexo suplementado com sangue, soro, carvão, amido ou gema de ovo em condições microaerófilas (diminuição do oxigênio e aumento do dióxido de carbono) e em uma faixa de temperatura entre 30 e 37°C. Como as helicobactérias são relativamente difíceis de isolar em cultura e identificar por testes bioquímicos, a maioria das doenças causadas por *H. pylori* é confirmada por técnicas não dependentes de cultura.

PATOGÊNESE E IMUNIDADE

Helicobacter pylori é uma bactéria notável em sua capacidade de estabelecer colonização duradoura no estômago de humanos não tratados. A maior parte da pesquisa sobre os fatores de virulência no gênero *Helicobacter* tem focado na espécie *H. pylori*. Múltiplos fatores contribuem para a colonização gástrica, inflamação, alteração da produção de ácido gástrico, além de destruição dos tecidos que são característicos da doença causada por *H. pylori*. A colonização inicial é facilitada pelo (1) bloqueio da produção de ácido por uma proteína bacteriana inibidora de ácido e (2) neutralização de ácidos gástricos com a amônia produzida pela atividade de urease bacteriana. O gênero *Helicobacter* é composto por bactérias ativamente móveis que podem então atravessar o muco gástrico e aderir às células do epitélio gástrico por meio de múltiplas proteínas de adesão de superfície. Proteínas de superfície também podem se ligar às proteínas do hospedeiro e auxiliar as bactérias para o escape do sistema imunológico. O dano tecidual localizado é mediado por **subprodutos da urease, muquinase, fosfolipases** e a atividade da **citotoxina vacuolizante A (VacA)**, uma proteína que, após a penetração nas células epiteliais, causa lesão a partir da produção de vacúolos. Outro fator de virulência importante de *H. pylori* é o **gene associado à citotoxina *(cagA)***, que reside em uma ilha de patogenicidade que contém aproximadamente 30 genes. Esses genes codificam uma estrutura (sistema de secreção tipo VI) que age como uma seringa para injetar a proteína CagA nas células epiteliais hospedeiras, que interferem na estrutura do citoesqueleto normal das células epiteliais. Os genes *cag* fosforribosilantranilato isomerase (PAI, do inglês *phosphoribosylanthranilate isomerase*) também induzem a **produção de interleucina (IL)-8**, que atrai os neutrófilos. Acredita-se que a liberação de proteases e moléculas reativas de oxigênio por esses neutrófilos contribua para gastrite e úlceras gástricas.

EPIDEMIOLOGIA

Uma enorme quantidade de informações sobre a prevalência de *H. pylori* tem sido coletada desde 1984, quando o organismo foi isolado pela primeira vez em cultura. A maior incidência de carreamento é encontrada nos países em desenvolvimento, nos quais 70 a 90% da população são colonizados, a maioria antes dos 10 anos de idade. A prevalência de *H. pylori* em países industriais, tais como os EUA, é inferior a 40% e está diminuindo em decorrência da melhoria nas condições de higiene e tratamento ativo dos indivíduos colonizados. Esses estudos também demonstraram que 70 a 100% dos pacientes com gastrite, úlceras gástricas ou úlceras duodenais estão infectados com *H. pylori*. Os **seres humanos são os reservatórios primários para *H. pylori*** e acredita-se que a colonização persista por toda a vida, a menos que o hospedeiro seja tratado especificamente. A transmissão é mais provável por **via fecal-oral**.

Uma observação interessante sobre a colonização de *H. pylori* foi realizada. Esse organismo está claramente associado a doenças, tais como gastrite, úlceras gástricas, adenocarcinoma gástrico e linfomas MALT gástricos. Prevê-se que o tratamento de indivíduos colonizados ou infectados levará a uma redução dessas doenças. Entretanto, a colonização com *H. pylori* parece oferecer proteção contra a doença do refluxo gastresofágico e adenocarcinomas da porção inferior do esôfago e da cárdia gástrica. Portanto, pode não ser prudente eliminar *H. pylori* em pacientes sem doença sintomática. Certamente, a complexa relação entre *H. pylori* e seu hospedeiro continua a ser definida.

DOENÇAS CLÍNICAS

A doença causada por helicobactérias está diretamente relacionada com os seus sítios de colonização. Por exemplo, a espécie *H. pylori* está associada à gastrite, enquanto as espécies êntero-hepáticas causam gastrenterite. A colonização com *H. pylori* leva invariavelmente à evidência histológica de **gastrite** (ou seja, infiltrado de neutrófilos e células mononucleares na mucosa gástrica). A fase aguda da gastrite é caracterizada por uma sensação de plenitude, náuseas, vômitos e hipocloridria (diminuição da produção de ácido no estômago). Isso pode evoluir para uma gastrite crônica, com doenças confinadas ao antro gástrico (no qual poucas células parietais secretoras de ácido estão presentes) em indivíduos com secreção ácida normal ou envolve todo o estômago (pangastrite), se a secreção ácida for suprimida. Aproximadamente 10 a 15% dos pacientes com gastrite crônica irão progredir para o desenvolvimento de úlceras pépticas. As úlceras se desenvolvem nos locais de inflamação intensa, comumente envolvendo a junção entre o corpo e o antro **(úlcera gástrica)** ou o duodeno proximal **(úlcera duodenal)**. *Helicobacter pylori* é responsável por 85% das úlceras gástricas e 95% das úlceras duodenais. O reconhecimento do papel de *H. pylori* mudou drasticamente o tratamento e o prognóstico de doença por úlcera péptica (Caso Clínico 28.2).

A gastrite crônica eventualmente leva à substituição da mucosa gástrica normal com fibrose pela proliferação do epitélio do tipo intestinal. Esse processo aumenta o risco do paciente para o **câncer gástrico** em quase 100 vezes. Esse risco é influenciado pela cepa de *H. pylori* e pela resposta do hospedeiro (cepas *cagA*-positivas e altos níveis de produção de IL-1 estão associados a um maior risco de câncer). A infecção com *H. pylori* também está relacionada com o infiltrado de tecido linfoide na mucosa gástrica. Em um pequeno número de pacientes, uma população monoclonal de células B pode se desenvolver e evoluir para um **linfoma MALT**.

DIAGNÓSTICO LABORATORIAL

Microscopia

A espécie *H. pylori* é detectada pelo exame histológico de amostras da biopsia gástrica. Embora o organismo possa ser visto em espécimes corados com hematoxilina-eosina ou pelo método de gram, a coloração pela prata de Warthin-Starry é a mais sensível. Quando uma amostra é coletada e

> **Caso Clínico 28.2** A descoberta da *Helicobacter pylori*
>
> Em 1984, os médicos australianos Marshall e Warren relataram uma descoberta que mudou completamente a abordagem ao tratamento da gastrite e da úlcera péptica, bem como estabeleceu as bases para a compreensão da causa de adenocarcinomas gástricos e linfomas do tecido linfoide associado à mucosa (*Lancet* i:1311–1315, 1984). Em uma análise de amostras de biopsia gástrica de 100 pacientes consecutivos que realizaram a gastroscopia, demonstrou-se a presença de bacilos gram-negativos curvos semelhantes ao gênero *Campylobacter* em 58 pacientes. As bactérias foram observadas na maioria dos pacientes com gastrite, úlceras gástricas e úlceras duodenais. Embora organismos similares tenham sido observados associados aos tecidos gástricos 45 anos antes, esse relato estimulou o ressurgimento de investigações sobre o papel desse "novo" organismo em doenças gástricas. Apesar do ceticismo recebido por esse relato inicial, o significado de seu trabalho com *Campylobacter* foi reconhecido em 2005, quando Marshall e Warren receberam o Prêmio Nobel de Medicina.

examinada por um microscopista experiente, a sensibilidade e especificidade do teste se aproximam a 100% e é considerado diagnóstico. Testes alternativos são procedimentos preferíveis para a rotina diagnóstica, pois este é um teste invasivo. O exame microscópico de amostras de fezes para *Helicobacter* não é confiável, porque os organismos são difíceis de visualizar e as espécies não patogênicas podem estar presentes.

Detecção de antígenos

Os espécimes de biopsia também podem ser testados quanto à presença de atividade da urease de bactérias. A abundância de urease produzida por *H. pylori* permite a detecção do subproduto alcalino em menos de 2 horas. A sensibilidade do teste direto com espécimes de biopsia varia de 75 a 95%; entretanto, a especificidade se aproxima a 100%. Portanto, uma reação positiva é uma prova convincente de uma infecção ativa. Como na microscopia, a limitação desse método é a exigência de uma amostra de biopsia. O teste de urease não invasivo da respiração humana (teste respiratório com ureia) após o consumo de uma solução de ureia isotopicamente marcada tem excelente sensibilidade e especificidade. Infelizmente, esse ensaio é relativamente caro em razão do custo dos instrumentos de detecção.

Vários imunoensaios com anticorpos policlonais e monoclonais para antígenos de *H. pylori* excretados em fezes foram desenvolvidos e demonstraram ter sensibilidades e especificidades superiores a 95%. Esses testes são fáceis de realizar, de baixo custo e capazes de ser utilizados em amostras de fezes em lugar de biopsias. Esses ensaios são amplamente recomendados tanto para a detecção de infecções por *H. pylori* como para a confirmação de cura após tratamento com antibacterianos.

Testes baseados na análise de ácidos nucleicos

Atualmente, os testes de amplificação baseados na análise de ácidos nucleicos de *H. pylori* e de helicobactérias êntero-hepáticas são restritos aos laboratórios de pesquisa e não são utilizados em laboratórios clínicos.

Cultura

A bactéria *H. pylori* adere à mucosa gástrica e não é recuperada em amostras de fezes ou de sangue. As bactérias podem ser isoladas em cultura, se o espécime for inoculado em um meio enriquecido suplementado com sangue, hemina ou carvão vegetal e incubado em uma atmosfera microaerófila por até 2 semanas. No entanto, o diagnóstico de infecções por *H. pylori* é mais comumente realizado por métodos não invasivos (p. ex., imunoensaio), com cultura reservada para testes de suscetibilidade aos antibacterianos.

Identificação

A identificação presuntiva de isolados é baseada em suas características de crescimento sob condições seletivas; achados morfológicos microscópicos característicos; e detecção de oxidase, catalase e atividade de urease. A espectrometria de massas pode ser utilizada para a identificação definitiva das espécies.

Detecção de anticorpos

A sorologia é um importante teste de triagem para o diagnóstico de *H. pylori*, com uma variedade de testes comerciais disponíveis. Embora os anticorpos IgM desapareçam rapidamente, IgA e IgG podem persistir por meses a anos. Como os **títulos de anticorpos persistem** por muitos anos, o teste não pode ser utilizado para discriminar entre infecção passada e atual. Além disso, o título de anticorpos mensurado não se correlaciona à gravidade da doença ou a resposta à terapia. Entretanto, os testes são úteis para documentar a exposição às bactérias, seja para estudos epidemiológicos ou para a avaliação inicial de um paciente sintomático.

TRATAMENTO, PREVENÇÃO E CONTROLE

Vários regimes com antibacterianos foram avaliados para tratamento de infecções por *H. pylori*. Uso de um único antibacteriano ou um antibacteriano combinado com bismuto é ineficaz. O maior sucesso na cura de gastrite ou doença de úlcera péptica foi alcançado com a combinação de um **inibidor de bomba de prótons** (p. ex., omeprazol), um **macrolídeo** (p. ex., claritromicina) e um **betalactâmico** (p. ex., amoxicilina), com administração por 7 a 10 dias inicialmente. A falha terapêutica é mais comumente associada à resistência ao antibacteriano claritromicina. Os testes de suscetibilidade devem ser realizados se o paciente não responder à terapia. O metronidazol também pode ser utilizado na terapia combinada, mas a resistência é frequente.

A infecção com *H. pylori* estimula uma forte resposta inflamatória mediada por células TH1. O uso de antígenos de *H. pylori* em vacinas experimentais que estimulam as células TH1 leva à potencialização da inflamação. Por outro lado, o uso de antígenos em combinação com adjuvantes na mucosa que induzem uma resposta imune de células TH2 é considerado protetor em um modelo animal e pode erradicar infecções existentes. A eficácia dessas vacinas em humanos ainda não foi demonstrada.

Bibliografia

Algood, H., Cover, T., 2006. *Helicobacter pylori* persistence: an overview of interactions between *H. pylori* and host immune defenses. Clin. Microbiol. Rev. 19, 597–613.

Burnham, P., Hendrixson, D., 2018. *Campylobacter jejuni*: collective components promoting a successful enteric lifestyle. Nature Rev. Microbiol. 16, 551–565.

Farinha, P., Gascoyne, R., 2005. *Helicobacter pylori* and MALT lymphoma. Gastroenterology 128, 1579–1605.

Geissler, A., Carrillo, F., Swanson, K., et al., 2017. Increasing Campylobacter Infections, Outbreaks and Antimicrobial Resistance in the United States, 2004-2012, 128, pp. 1579–1605.

Iovine, N., 2013. Resistance mechanisms in *Campylobacter jejuni*. Virulence 4, 230–240.

Nachamkin, I., Allos, B.M., Ho, T., 1998. *Campylobacter* species and Guillain-Barré syndrome. Clin. Microbiol. Rev. 11, 555–567.

O'Morain N, Dore M, O'Connor A, et al. Treatment of *Helicobacter pylori* infection in 2018, *Helicobacter* 23(Suppl. 1):e12519, 2018. https://doi.org/10.1111/hel.12519.

Pike, B., Guerry, P., Poly, F., 2013. Global distribution of *Campylobacter jejuni* Penner serotypes: a systematic review. PLoS One 8, 1–8.

Plummer, P., 2012. LuxS and quorum-sensing in *Campylobacter*. Front Cell. Infect. Microbiol. 2, 1–9.

Skrebinska, S., Megraund, F., Bessede, E., 2018. Diagnosis of *Helicobacter pylori* infection. Helicobacter. 23 (Suppl. 1), e12515. https://doi.org.10.1111/hel.12515.

Solnick, J., 2003. Clinical significance of *Helicobacter* species other than *Helicobacter pylori*. Clin. Infect. Dis. 36, 348–354.

Waskito, L., Salama, N., Yamaoka, Y., 2018. Pathogenesis of *Helicobacter pylori* infection. Helicobacter. 23 (Suppl. 1), e12516. http://doi.org/10.1111/hel.12516.

29 Bacilos Gram-Negativos Diversos

Os bacilos gram-negativos discutidos neste capítulo são uma coleção variada de bactérias clinicamente importantes.

1. Quais espécies de *Bartonella* estão associadas a doenças em pacientes imunocomprometidos e como essas infecções se manifestam?
2. Qual é a fonte epidemiológica das infecções por *Bordetella pertussis*?
3. Por que a cultura não é um bom teste diagnóstico para *B. pertussis*?
4. Qual é a fonte mais comum de infecções humanas com *Francisella* e *Brucella*?
5. Qual doença é produzida pelas espécies de *Cardiobacterium*?
6. Por que *Legionella* não tinha sido reconhecida antes do surto de 1976, na convenção da Legião Americana realizada na Filadélfia?

RESUMOS Organismos clinicamente significativos

BORDETELLA PERTUSSIS

Palavras-chave

Crescimento lento, tosse convulsa, toxina *pertussis*, de pessoa para pessoa, vacinação

Biologia e virulência

- Cocobacilos gram-negativos muito pequenos
- Não fermentadores, mas podem oxidar os aminoácidos como uma fonte de energia
- Aeróbios estritos
- Crescimento *in vitro* requer incubação prolongada em meios suplementados com carvão vegetal, amido, sangue ou albumina
- Aderência às células eucarióticas, mediada por pertactina, hemaglutinina filamentosa e fímbrias; destruição tecidual localizada, mediada pela toxina dermonecrótica e citotoxina traqueal; toxicidade sistêmica produzida pela toxina *pertussis*

Epidemiologia

- A coqueluche é uma doença humana sem reservatório animal ou ambiental conhecido
- Distribuição mundial com uma alta prevalência em populações não vacinadas
- Crianças com menos de 1 ano estão em maior risco de infecção e mortalidade
- Em populações vacinadas, a doença é observada em crianças mais velhas e em adultos jovens
- Indivíduos não vacinados estão em risco mais elevado para desenvolvimento da doença
- Propagação da doença de pessoa a pessoa por aerossóis infecciosos

Doenças

- Coqueluche caracterizada por três fases: catarral, paroxística e de convalescença
- A doença mais grave ocorre em indivíduos não vacinados, particularmente crianças

Diagnóstico

- A microscopia é insensível e não específica
- A cultura é específica, mas insensível
- Os testes de amplificação de ácidos nucleicos são os testes mais sensíveis e específicos
- A detecção de imunoglobulina (Ig)G ou IgA pode ser utilizada como um teste confirmatório

Tratamento, prevenção e controle

- O tratamento com macrolídeos (ou seja, azitromicina, claritromicina) é eficaz na erradicação de organismos e na redução da duração do estágio infeccioso
- A azitromicina é utilizada para a profilaxia
- Vacinas contendo toxina *pertussis* inativada, hemaglutinina filamentosa e pertactina são eficazes
- Vacina pediátrica administrada em cinco doses (com idades de 2, 4, 6 e 15 a 18 meses e entre 4 e 6 anos de idade); vacina para adultos administrada em idades de 11 a 12 anos e entre 19 e 65 anos

BRUCELLA

Palavras-chave

Cocobacilos pequenos, de crescimento lento, zoonótica, febre ondulante

Biologia e virulência

- Cocobacilos gram-negativos muito pequenos (0,5 × 0,6 a 1,5 μm)
- Aeróbio estrito; não fermenta carboidratos
- Requer meios complexos e incubação prolongada para crescimento *in vitro*
- Patógeno intracelular que é resistente à morte no soro e por fagócitos
- Colônias lisas associadas à virulência

Epidemiologia

- Os reservatórios animais são caprinos e ovinos (*B. melitensis*); gado e bisão americano (*B. abortus*); suínos, renas e caribu (*B. suis*); e cães, raposas e coiotes (*B. canis*)
- Infecta tecidos animais ricos em eritritol (p. ex., mamas, útero, placenta, epidídimo)
- Distribuição mundial, particularmente na América Latina, na África, no Mediterrâneo, no Oriente Médio e na Ásia Ocidental
- Imunização de rebanhos tem controlado a doença nos EUA
- A maioria das doenças nos EUA é relatada na Califórnia e no Texas, em viajantes provenientes do México
- Indivíduos com maior risco de doenças são pessoas que consomem produtos lácteos não pasteurizados, pessoas em contato direto com animais infectados e profissionais de laboratório

Doenças

- Consulte o Boxe 29.1 para doenças

Diagnóstico

- A microscopia é insensível
- A cultura (sangue, medula óssea, tecido infectado, se a infecção for localizada) é sensível e específica, se a incubação prolongada for utilizada (mínimo de 3 dias a 2 semanas)
- A sorologia pode ser usada para confirmar o diagnóstico clínico; aumento de quatro vezes no título ou título único ≥ 1:160; títulos elevados podem persistir por meses a anos

Tratamento, prevenção e controle

- O tratamento recomendado é a doxiciclina combinada com rifampicina para um mínimo de 6 semanas para adultos não gestantes; sulfametoxazol-trimetoprima para mulheres grávidas e para crianças com menos de 8 anos
- A doença humana é controlada pela erradicação da enfermidade no reservatório animal por meio de vacinação e monitoramento sorológico dos animais para evidência da doença, pasteurização de produtos lácteos e o uso de técnicas de segurança adequadas, em laboratórios clínicos que trabalham com esse organismo

Continua

> **RESUMOS** Organismos clinicamente significativos *(continuação)*

FRANCISELLA TULARENSIS

Palavras-chave

Cocobacilos pequenos, de crescimento lento, meios suplementados com cisteína, zoonótica, ulceroglandular, oculoglandular, pneumônico

Biologia e virulência

- Cocobacilos gram-negativos muito pequenos (0,2 × 0,2 a 0,7 µm)
- Aeróbio estrito; não fermenta carboidratos
- Cápsula antifagocítica
- Patógeno intracelular resistente à morte no soro e por fagócitos

Epidemiologia

- Mamíferos selvagens, animais domésticos, aves e peixes, além de artrópodes sugadores de sangue são reservatórios; coelhos, gatos, carrapatos duros e moscas picadoras são mais comumente associados a doenças humanas; humanos são hospedeiros acidentais
- Um total de 239 casos foi detectado nos EUA em 2017, embora o número real possa ser muito maior
- A dose infecciosa é pequena quando a exposição ocorre por artrópodes, através da pele ou por inalação; um grande número de organismos deve ser ingerido por essa via para causar infecção

Doenças

- Sintomas e prognósticos clínicos determinados pela rota de infecção: ulceroglandular, oculoglandular, glandular, tifoidal, orofaríngea, gastrintestinal, pneumônica (ver Boxe 29.1)

Diagnóstico

- Microscopia é insensível
- Cultura em meios suplementados com cisteína (p. ex., ágar chocolate, ágar extrato de levedura e carvão tamponado) é sensível se a incubação prolongada for utilizada
- A sorologia pode ser usada para confirmar o diagnóstico clínico; aumento de quatro vezes no título ou titulação única ≥ 1:160; títulos altos podem persistir por meses a anos

Tratamento, prevenção e controle

- Gentamicina é o antibacteriano de escolha; fluoroquinolonas (p. ex., ciprofloxacino) e a doxiciclina têm boa atividade; penicilinas e algumas cefalosporinas são ineficazes
- A prevenção da doença ocorre ao evitar reservatórios e vetores de infecção; vestuário e luvas são protetores
- Vacina com bactérias vivas atenuadas está disponível, mas é raramente utilizada para doenças humanas

LEGIONELLA PNEUMOPHILA

Palavras-chave

Bacilos delgados que coram fracamente, doença dos legionários, febre de Pontiac, água contaminada, ágar BCYE

Biologia e virulência

- Bacilos gram-negativos, delgados, pleomórficos, não fermentadores
- Coram fracamente com reagentes comuns
- Nutricionalmente fastidiosos, necessidades de L-cisteína e maior crescimento com sais de ferro
- Capazes de replicar em macrófagos alveolares (e em amebas na natureza)
- Previnem a fusão do fagolisossomo

Epidemiologia

- Capazes de causar infecções esporádicas, epidêmicas e nosocomiais
- Comumente encontrados em corpos naturais de água, torres de resfriamento, condensadores e sistemas de água (incluindo sistemas hospitalares)
- Estima-se que até 18 mil casos de infecção ocorram nos EUA anualmente
- Pacientes com alto risco de doença sintomática incluem indivíduos com função pulmonar comprometida e/ou com imunidade celular deficiente (particularmente transplantados)

Doenças

- Responsável pela doença dos legionários e febre de Pontiac

Diagnóstico

- A microscopia é insensível
- Testes para detecção de antígenos são sensíveis para *L. pneumophila* sorogrupo 1, mas têm baixa sensibilidade para outros sorogrupos e espécies
- Cultura em ágar extrato de levedura e carvão tamponado é o teste diagnóstico de escolha
- A soroconversão deve ser demonstrada; pode demorar até 6 meses para se desenvolver; a sorologia positiva pode persistir por meses
- Os ensaios de amplificação de ácidos nucleicos são tão sensíveis e específicos como a cultura

Tratamento, prevenção e controle

- Macrolídeos (p. ex., azitromicina, claritromicina) ou fluoroquinolonas (p. ex., ciprofloxacino, levofloxacino) são o tratamento de escolha
- Diminuir a exposição ambiental para reduzir o risco de doenças
- Para fontes ambientais associadas às doenças, tratar com hipercloração, sobreaquecimento ou ionização com cobre-prata

---

Alguns bacilos gram-negativo de importância médica não foram discutidos anteriormente e são o tema deste capítulo (Tabela 29.1).

Bartonella

Como em muitos grupos de bactérias estudados nos últimos anos, a análise genética da região 16S do ácido ribonucleico ribossômico (rRNA) levou a uma reorganização do gênero *Bartonella*. Atualmente, 35 espécies estão incluídas no gênero, com três espécies mais comumente associadas a doenças humanas: **B. bacilliformis**, **B. henselae** e **B. quintana** (Boxe 29.1). Membros do gênero são bastonetes gram-negativos bacilares ou cocobacilares curtos (0,2 a 0,6 × 0,5 a 1,0 µm) com exigências fastidiosas de crescimento, necessitando de incubação prolongada (2 a 6 semanas) para sua recuperação inicial na cultura.

Os membros do gênero *Bartonella* são encontrados em uma variedade de reservatórios de animais e normalmente estão presentes sem evidência de doenças. A transmissão da maioria das espécies de *Bartonella* de animais colonizados para humanos é por contato direto ou **vetores de insetos** (p. ex., *B. bacilliformis*, **mosquitos flebotomíneos**; *B. quintana*, **piolhos**; *B. henselae*, **pulgas**). A maioria das infecções com *Bartonella* é caracterizada por **febres recorrentes** e/ou **lesões angioproliferativas** (cistos cheios de sangue).

Bartonella bacilliformis, membro original do gênero, é responsável pela **doença de Carrión**, que é uma bacteriemia hemolítica aguda que consiste em febres e anemia grave **(febre de Oroya)**, seguida pelo desenvolvimento de nódulos vasoproliferativos crônicos (**verruga peruana**). A doença é restrita às regiões montanhosas dos Andes no Peru, Equador e Colômbia, que é a área endêmica do mosquito vetor *Phlebotomus*. Após a picada de um mosquito infectado, as bactérias entram no sangue, multiplicam-se e penetram em eritrócitos e células endoteliais. Esse processo aumenta a fragilidade das células infectadas e facilita sua liberação pelo sistema reticuloendotelial, levando a uma anemia aguda. Mialgia, artralgia e cefaleia também são comuns. Essa fase da doença termina com o desenvolvimento da imunidade humoral. Na fase crônica da doença

Tabela 29.1 Bacilos gram-negativos diversos importantes.

Organismo	Derivação histórica
Bartonella	Nome em homenagem a Barton, que originalmente descreveu a espécie B. bacilliformis
B. bacilliformis	bacillus, bastão; forma, forma (em formato de bastão)
B. henselae	hensel, cujo nome vem de D.M. Hensel, que trabalhou com esse organismo
B. quintana	quintana, quinta (refere-se à febre dos 5 dias)
Bordetella	Nome em homenagem a Jules Bordet, que primeiramente isolou o organismo responsável pela coqueluche
B. pertussis	per, muito ou grave; tussis, tosse (uma tosse grave)
B. parapertussis	para, parecido com (semelhante à pertussis)
B. bronchiseptica	bronchus, a traqueia; septicus, séptico (um brônquio infectado)
B. holmesii	Batizado em homenagem ao microbiologista Barry Holmes
Brucella	Nomeado em homenagem a Sir David Bruce, que primeiro reconheceu o organismo como a causa de "febre ondulante"
B. abortus	abortus, aborto ou aborto espontâneo (esse organismo provoca o aborto em animais infectados)
B. melitensis	melitensis, pertencente à Ilha de Malta (Melita), na qual o primeiro surto foi reconhecido por Bruce
B. suis	suis, do porco (um patógeno de suínos)
B. canis	canis, do cão (um patógeno de cães)
Cardiobacterium hominis	cardia, coração; bakterion, pequeno bastão ou bastonete; hominis, do homem (pequeno bastão do coração dos homens; refere-se à predileção dessa bactéria por causar endocardite em humanos)
Francisella	Nome em homenagem ao microbiologista americano Edward Francis, que primeiro descreveu a tularemia
F. tularensis subsp. tularensis (tipo A)	tularensis, pertencente ao condado de Tulare, Califórnia, onde a doença foi descrita pela primeira vez
F. tularensis subsp. holarctica (tipo B)	holos, inteiro; arctos, regiões do norte (referência à distribuição nas regiões árticas ou do norte)
F. tularensis subsp. mediaasiatica	media, meio ou central; asiatica, Ásia (pertencente à Ásia Central)
F. tularensis subsp. novicida	novus, novo; cida, cortar (um "novo assassino")
Legionella pneumophila	Legionella, o primeiro surto reconhecido foi em uma convenção da Legião Americana; pneumôn, pulmão; phila, amante; pneumophila, amante dos pulmões
Streptobacillus moniliformis	estreptos, torcidos ou curvos; bacillus, bastonete; monile, colar; forma, forma (bacilo em formato de colar, curvo); refere-se à morfologia pleomórfica das bactérias

de Carrión, nódulos cutâneos de 1 a 2 cm, frequentemente ingurgitados com sangue (angioproliferativos), aparecem ao longo de um período de 1 a 2 meses e podem persistir por meses a anos. A ligação entre lesões cutâneas na forma de verruga peruana e febre de Oroya foi demonstrada por um estudante de medicina denominado Carrión, que se infectou com aspirados das lesões cutâneas e morreu de febre de Oroya. Esse ato de imprudência científica o imortalizou e ilustra a alta mortalidade associada à doença, se não for tratada, e por isso é recomendado que as infecções por *B. bacilliformis* sejam tratadas com cloranfenicol ou ciprofloxacino.

Bartonella quintana foi originalmente descrita como o organismo causador da febre das trincheiras (também denominada de **febre dos "5 dias"**), doença prevalente durante a I Guerra Mundial. A infecção pode variar de assintomática à doença grave e debilitante. De modo geral, os pacientes têm fortes dores de cabeça, febre, fraqueza e dor nos ossos longos (particularmente na tíbia). A febre pode se repetir em intervalos de 5 dias, daí o nome da doença. Embora a febre das trincheiras não cause a morte, ela pode ser muito grave. Nenhum reservatório animal para essa doença foi identificado; ao contrário, a exposição a fezes contaminadas do **piolho do corpo humano** espalha doenças de pessoa para pessoa. *Bartonella quintana* também está associada a doenças em pacientes imunocomprometidos, particularmente pacientes infectados com o vírus da imunodeficiência humana (HIV), que têm **febres recorrentes com bacteriemia** (Caso Clínico 29.1) e **angiomatose bacilar**. A bacteriemia é caracterizada por um início insidioso de mal-estar, dores no corpo, fadiga, perda de peso, dores de cabeça e febres recorrentes. Tais sintomas podem levar à endocardite ou mais comumente a doenças proliferativas vasculares da pele (angiomatose bacilar; Figura 29.1), tecidos subcutâneos ou ossos. As lesões vasculares aparecem como múltiplos nódulos cheios de sangue (semelhante à verruga peruana; como descrito anteriormente). Como ocorre na febre das trincheiras, o vetor dessas doenças parece ser o piolho do corpo humano, e a doença é restrita principalmente à população em situação de rua, na qual as condições de higiene pessoal são precárias. Eritromicina oral, doxiciclina ou azitromicina é mais comumente utilizada para o tratamento de infecções por *B. quintana*.

Bartonella henselae também é responsável pela angiomatose bacilar; no entanto, envolve principalmente a pele, os linfonodos, o fígado (**peliose hepática**) ou o baço (**peliose esplênica**). Os motivos para essa afinidade diferencial dos tecidos não são conhecidos. Assim como *B. quintana*, *B. henselae* pode causar endocardite subaguda. Os reservatórios para *B. henselae* são gatos e as pulgas presentes nesses animais. As bactérias são transportadas de maneira assintomática na orofaringe felina e podem causar bacteriemia transitória, particularmente em gatos jovens ou selvagens.

Boxe 29.1 Resumos clínicos.

Bartonella bacilliformis

Doença de Carrión: doença febril caracterizada por bacteriemia hemolítica aguda (febre de Oroya) seguida do desenvolvimento de nódulos cutâneos repletos de sangue (verruga peruana)

Bartonella quintana

Febre das trincheiras: doença caracterizada por forte cefaleia, febre, fraqueza e dor nos ossos longos; a febre se repete em intervalos de 5 dias
Bacteriemia crônica: mal-estar, mialgias, fadiga, perda de peso, dores de cabeça e febres recorrentes em pacientes imunocomprometidos
Endocardite subaguda: infecção leve, mas progressiva do endocárdio
Angiomatose bacilar: doença vascular proliferativa em pacientes imunocomprometidos com nódulos repletos de sangue envolvendo a pele, tecidos subcutâneos e ossos

Bartonella henselae

Angiomatose bacilar: a mesma doença mencionada anteriormente, exceto que envolve principalmente a pele, os linfonodos ou o fígado e o baço
Endocardite subaguda: a mesma infecção mencionada anteriormente
Doença da arranhadura do gato: linfadenopatia regional crônica associada à arranhadura de gato

Bordetella pertussis

Coqueluche: após um período de incubação de 7 a 10 dias, a doença é caracterizada pelo estágio catarral (assemelha-se ao resfriado comum), avançando para o estágio paroxístico (tosses repetitivas seguidas por ruídos inspiratórios), depois o estágio de convalescença (diminuindo o paroxismo e a complicação secundária)
Bordetella parapertussis: produz uma forma mais branda de coqueluche
Bordetella bronchiseptica: causa principalmente uma doença respiratória em animais, mas pode ocasionar broncopneumonia em humanos
Bordetella holmesii: causa incomum de sepse

Brucella

Brucelose: sintomas iniciais inespecíficos de mal-estar, calafrios, sudorese, fadiga, mialgias, perda de peso, artralgia e febre; pode ser intermitente (febre ondulante); pode progredir para o envolvimento sistêmico (sistema digestório, ossos ou articulações, sistema respiratório, outros órgãos)
Brucella melitensis: doença sistêmica aguda e grave, com complicações comuns
Brucella abortus: doença leve com complicações supurativas
Brucella suis: doença crônica, supurativa, destrutiva
Brucella canis: doença leve com complicações supurativas

Cardiobacterium hominis

Endocardite subaguda: a mesma infecção mencionada anteriormente

Francisella tularensis

Tularemia ulceroglandular: a pápula dolorosa se desenvolve no sítio de inoculação que progride para ulceração; linfadenopatia localizada
Tularemia oculoglandular: após a inoculação no olho (p. ex., esfregar o olho com um dedo contaminado), a conjuntivite dolorosa se desenvolve, com a linfadenopatia regional
Tularemia pneumônica: desenvolve-se pneumonite com sinais de sepse rapidamente após a exposição aos aerossóis contaminados; alta mortalidade a menos que a infecção seja prontamente diagnosticada e tratada

Legionella pneumophila

Febre de Pontiac: doença febril autolimitada com calafrios, mialgias, mal-estar e dor de cabeça, mas nenhuma evidência de pneumonia
Doença dos legionários: pneumonia grave com início agudo de febre, calafrios, tosse não produtiva e dor de cabeça, progredindo para consolidação multilobar dos pulmões e falência múltipla dos órgãos

Streptobacillus moniliformis

Febre da mordida de rato: febre irregular, dor de cabeça, calafrios, mialgia e artralgia associada à mordida de roedores; faringite e vômito associados à exposição a bactérias nos alimentos ou na água

---

Caso Clínico 29.1 Febre e bacteriemia causadas por Bartonella

Slater et al. (N Engl J Med 3 323:1587–1593, 1990) descreveram a primeira infecção de *Bartonella henselae* em um paciente infectado pelo vírus da imunodeficiência humana (HIV). Um homem de 31 anos com infecção avançada pelo HIV manifestou febres altas, calafrios, sudorese e perda de peso. As hemoculturas foram negativas após 2 dias de incubação e apesar de uma resposta inicial à antibioticoterapia oral, as febres voltaram após 2 semanas. O paciente era pancitopênico e tinha níveis elevados de enzimas hepáticas. A hepatomegalia era a única anormalidade detectada por tomografia computadorizada. Todos os testes diagnósticos foram negativos mesmo após mais de 2 semanas de incubação; os bacilos gram-negativos foram recuperados das hemoculturas. Estudos subsequentes caracterizaram esse agente como um organismo recém-descoberto e o nomearam *B. henselae*. O paciente foi tratado com eritromicina parenteral e, apesar das febres recorrentes, tornou-se posteriormente negativo na cultura. Esse caso ilustra a suscetibilidade de pacientes com HIV a esse organismo, além do início insidioso e do curso prolongado da doença.

Bartonella henselae é responsável por outra doença adquirida após exposição a gatos (p. ex., arranhaduras, mordidas, contato com as fezes contaminadas das pulgas de gato), denominada **doença da arranhadura do gato**. Tipicamente, a doença da arranhadura do gato é uma infecção benigna em crianças, caracterizada por **adenopatia crônica regional** dos linfonodos drenando o sítio de contato. Embora a maioria das infecções seja autolimitada, a disseminação pode ocorrer no fígado, baço, olho ou sistema nervoso central. As bactérias podem ser visualizadas nos tecidos dos linfonodos; no entanto, a cultura é praticamente sempre negativa. Um diagnóstico definitivo é baseado na apresentação característica e evidência sorológica de uma infecção recente. As culturas não são úteis porque relativamente poucos organismos estão presentes nos tecidos como resultado da reação imune celular vigorosa em pacientes imunocompetentes. Por outro lado, *B. henselae* pode ser isolada do sangue coletado de pacientes imunocomprometidos com bacteriemia crônica, se as culturas forem incubadas por 4 semanas ou mais (Figura 29.2).

A eficácia do tratamento da doença de arranhadura do gato com antibacterianos não foi demonstrada, embora a azitromicina seja recomendada se o tratamento for usado.

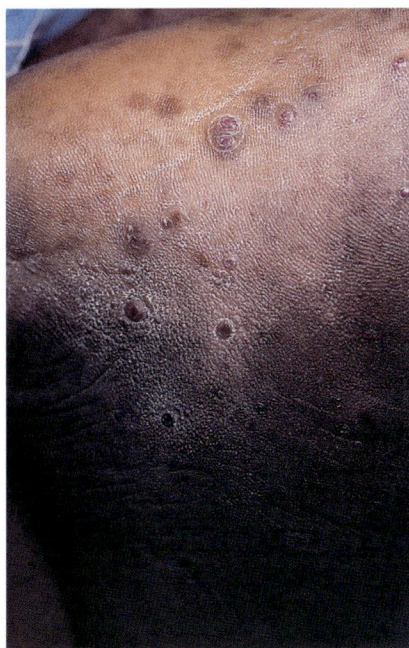

Figura 29.1 Lesões cutâneas de angiomatose bacilar causada por *Bartonella henselae*. (De Cohen J., Powderly, W.G., 2004. Infectious Diseases, second ed. Mosby, St Louis, MO.)

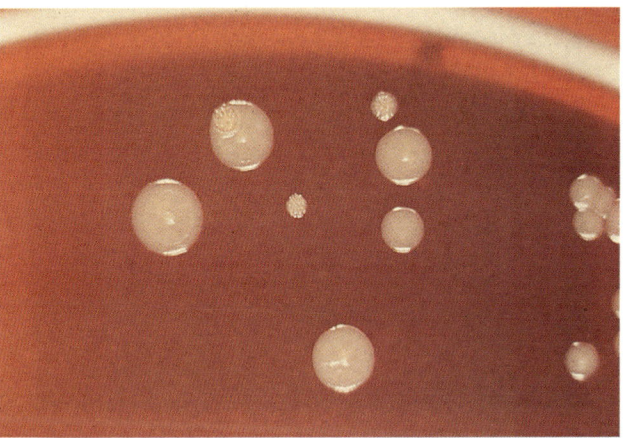

Figura 29.2 *Bartonella henselae* crescendo em placas de ágar-sangue; observe as duas morfologias características das colônias. (De Cohen, J., Powderly, W.G., 2004. Infectious Diseases, second ed. Mosby, St Louis, MO.)

Eritromicina oral, doxiciclina ou azitromicina são utilizadas para o tratamento de outras infecções por *B. henselae*. Penicilinas resistentes à penicilinase, cefalosporinas de primeira geração e clindamicina não parecem ativas *in vitro* contra *Bartonella*. A incidência de infecções por *Bartonella* em pacientes infectados com HIV declinou nos últimos anos, porque esses pacientes são tratados rotineiramente com azitromicina ou claritromicina para prevenção de infecções por *Mycobacterium avium*.

Bordetella

Bordetella é um **cocobacilo gram-negativo, aeróbio estrito**, extremamente **pequeno** (0,2 a 0,5 × 1 μm). Catorze espécies são atualmente reconhecidas; quatro são responsáveis por doenças humanas (ver Boxe 29.1): ***B. pertussis***,

o agente responsável pela coqueluche ou tosse convulsa; ***B. parapertussis***, responsável por uma forma mais branda de coqueluche; ***B. bronchiseptica***, responsável por doenças respiratórias em cães, suínos, animais de laboratório e, ocasionalmente, humanos; e ***B. holmesii***, uma causa incomum de sepse. Espécies de *Bordetella* são diferenciadas com base nas respectivas características de crescimento, reatividade bioquímica e propriedades antigênicas. Apesar das diferenças fenotípicas, estudos genéticos demonstraram que as quatro espécies patogênicas para os seres humanos são idênticas ou intimamente relacionadas, diferindo apenas na expressão de genes de virulência.

Infecção por *B. pertussis* e o desenvolvimento da tosse convulsa requer exposição ao organismo, adesão bacteriana às células epiteliais ciliadas do sistema respiratório, proliferação das bactérias e produção de danos teciduais localizados e toxicidade sistêmica. A adesão dos organismos às células epiteliais ciliadas é mediada pelas adesinas proteicas, a **pertactina**, a **hemaglutinina filamentosa** e as **fímbrias**. Proteínas similares também são encontradas em *B. parapertussis* e *B. bronchiseptica*. Danos localizados nos tecidos são mediados pela **toxina dermonecrótica** (produz isquemia localizada no modelo murino) e **citotoxina traqueal** (inibe movimento ciliar, perturbando os mecanismos normais de eliminação na árvore respiratória, que leva à tosse convulsa característica). A toxicidade sistêmica é produzida principalmente pela **toxina *pertussis***. Essa toxina inativa a proteína que controla a atividade da adenilato ciclase, levando a um aumento em níveis de adenosina monofosfato cíclica (cAMP) e, subsequentemente, nas secreções respiratórias e produção de muco, todas consideradas características do estágio paroxístico da coqueluche.

A **coqueluche** é uma **doença humana** sem outro reservatório animal ou ambiental reconhecido. Embora a incidência de coqueluche, com sua morbidade e mortalidade associadas, tenha sido consideravelmente reduzida após a introdução das vacinas em 1949, a doença ainda é endêmica em todo o mundo, com um número estimado de 24 milhões de infecções e 160 mil mortes em 2014, principalmente em crianças não vacinadas. A incidência da doença relatada nos EUA foi de 18.975 em 2017, representando uma redução de 42% a partir de 2014. Historicamente, a coqueluche era considerada uma doença pediátrica, mas agora uma proporção significativa de infecções é encontrada em **adolescentes e adultos** (Caso Clínico 29.2). O reconhecimento de formas mais brandas da doença em crianças e adultos mais velhos e testes diagnósticos melhorados contribuíram para o aumento na doença relatada.

A infecção é iniciada quando os aerossóis infecciosos são inalados e as bactérias se tornam aderidas, proliferando nas células epiteliais ciliadas. Após um período de incubação de 7 a 10 dias, a apresentação clássica de tosse convulsa prossegue em três estágios (Figura 29.3). A primeira etapa, o **estágio catarral**, lembra um resfriado comum, com rinorreia serosa, espirros, mal-estar, anorexia e febre baixa. Como o número máximo de bactérias é produzido durante esse estágio e a causa da doença ainda não é reconhecida, os pacientes no **estágio catarral** representam o maior risco para seus contatos. Após 1 a 2 semanas, começa o **estágio paroxístico**. Nessa fase, as células epiteliais ciliadas são expelidas do sistema respiratório e a liberação de muco é prejudicada. Essa etapa é caracterizada pelo **paroxismo clássico da tosse convulsa** (ou seja, uma série de tosses repetitivas

> **Caso Clínico 29.2** Surto de coqueluche em profissionais da saúde
>
> Pascual et al. (*Infect Control Hosp Epidemiol* 27:546-552, 2006) relataram um surto de coqueluche entre os profissionais de um hospital. O caso índice, uma enfermeira anestesista, que se apresentou agudamente com tosse paroxística seguida por vômitos e episódios apneicos que levaram à perda de consciência. A equipe do serviço cirúrgico, pacientes e membros da família expostos foram pesquisados, com culturas, teste da reação em cadeia da polimerase e sorologia, obtidas de pacientes com sintomas respiratórios. Doze (23%) profissionais de saúde, mas nenhum dos 146 pacientes, tiveram coqueluche clínica. A ausência da doença nos pacientes foi atribuída ao uso de máscaras, etiqueta da tosse e contato limitado face a face. Esse surto enfatiza a suscetibilidade dos adultos à infecção e a natureza altamente infecciosa de *Bordetella pertussis*.

seguida por um ruído inspiratório). A produção de muco no sistema respiratório é comum e é parcialmente responsável por causar restrição das vias respiratórias. Os paroxismos são frequentemente interrompidos com vômitos e exaustão. Uma linfocitose acentuada também é proeminente durante esse estágio. Pacientes afetados podem experimentar até 40 a 50 paroxismos diariamente durante o pico da doença. Após 2 a 4 semanas, a doença entra no **estágio de convalescença**; nesse momento, os paroxismos diminuem em número e gravidade, mas complicações secundárias podem ocorrer. Atualmente, é notório que essa manifestação clássica da coqueluche pode não ser observada em pacientes com imunidade parcial ou em adultos. Tais pacientes podem ter um histórico de tosse crônica persistente sem tosse convulsa ou vômito. Como essa apresentação não é distintiva, testes diagnósticos apropriados devem ser realizados para *Bordetella*, bem como para outras bactérias (p. ex., *Mycoplasma pneumoniae*, *Chlamydia pneumoniae*, *Legionella pneumophila*) e patógenos virais respiratórios.

O diagnóstico laboratorial de infecções por *B. pertussis* mudou nos últimos anos. As bactérias são extremamente sensíveis à secagem e não sobrevivem, a menos que se tenha cuidado durante a coleta e transporte do espécime para o laboratório. Embora as espécies *Bordetella* tenham exigências nutricionais simples, algumas espécies são altamente **suscetíveis a substâncias tóxicas e metabólitos** presentes em meios de cultura de laboratório. Essas espécies (particularmente *B. pertussis*) requerem meios suplementados com carvão, amido, sangue ou albumina para absorver essas substâncias tóxicas. As espécies mais fastidiosas também crescem lentamente em cultura e todas necessitam de meios recém-preparados. Mesmo em condições ideais, a recuperação de *B. pertussis* em cultura é difícil. Por essas razões, inúmeros ensaios de amplificação de ácidos nucleicos, quer sejam direcionados para *B. pertussis* ou ensaios multiplex para uma variedade de patógenos respiratórios, foram desenvolvidos e representam o teste diagnóstico de escolha. As características de desempenho desses ensaios (p. ex., sensibilidade, especificidade) são superiores à microscopia e à cultura. É difícil interpretar os resultados dos testes sorológicos, porque as técnicas de microscopia e de cultura são padrões relativamente insensíveis pelos quais esses testes foram avaliados. Ensaios de imunoabsorção ligada à enzima (ELISA, do inglês *enzyme-linked immunosorbent assay*) foram desenvolvidos para detectar anticorpos contra a toxina *pertussis*, hemaglutinina filamentosa, pertactina e fímbrias.

O tratamento para coqueluche é principalmente de apoio, com supervisão de enfermagem durante os estágios paroxístico e de convalescença da doença. Os antibacterianos podem amenizar o curso clínico e reduzir a infectividade, particularmente durante os estágios iniciais da doença, mas a convalescença depende principalmente da rapidez e do grau em que a camada de células epiteliais ciliadas se regenera. Os **macrolídeos** (*i. e.*, eritromicina, azitromicina, claritromicina) são eficazes em erradicar os organismos; no entanto, esse efeito tem valor limitado, porque a doença geralmente não é reconhecida durante o pico de contagiosidade. A azitromicina e a claritromicina são geralmente mais bem toleradas e são os macrolídeos preferidos. A terapia com sulfametoxazol-trimetoprima ou fluoroquinolonas pode ser usada em pacientes intolerantes aos macrolídeos. A profilaxia antimicrobiana pós-exposição com azitromicina é utilizada para indivíduos com risco aumentado de doenças graves, se o tratamento é administrado dentro de 21 dias após a exposição ao paciente sintomático.

Duas **vacinas acelulares** (uma para crianças, outra para adultos) administradas em combinação com vacinas contra o tétano e a difteria são atualmente aprovadas nos EUA. Ambas as vacinas contêm a toxina *pertussis* inativada, hemaglutinina filamentosa e pertactina. A vacina pediátrica é administrada em crianças de 2, 4, 6 e 15 a 18 meses, com a quinta dose entre as idades de 4 e 6 anos. A recomendação atual da vacina para adultos é administrá-la aos 11 ou 12 anos de idade e depois novamente entre 19 e 65 anos de idade. Visto que a coqueluche é altamente contagiosa em uma população suscetível e infecções não detectadas em membros da família de um paciente sintomático podem manter a doença em uma comunidade, a azitromicina tem sido utilizada para a profilaxia em casos selecionados.

Outras espécies de *Bordetella*

Bordetella parapertussis é responsável por causar 10 a 20% dos casos de coqueluche leve que ocorrem anualmente nos EUA. *Bordetella bronchiseptica* causa doenças respiratórias

	Incubação	Catarral	Paroxístico	Convalescença
Duração	7 a 10 dias	1 a 2 semanas	2 a 4 semanas	3 a 4 semanas (ou mais)
Sintomas	Nenhum	Rinorreia, mal-estar, febre, espirro, anorexia	Tosse repetitiva convulsa, vômito, leucocitose	Tosse paroxística reduzida, desenvolvimento de complicações secundárias (pneumonia, convulsões, encefalopatia)
Cultura bacteriana				

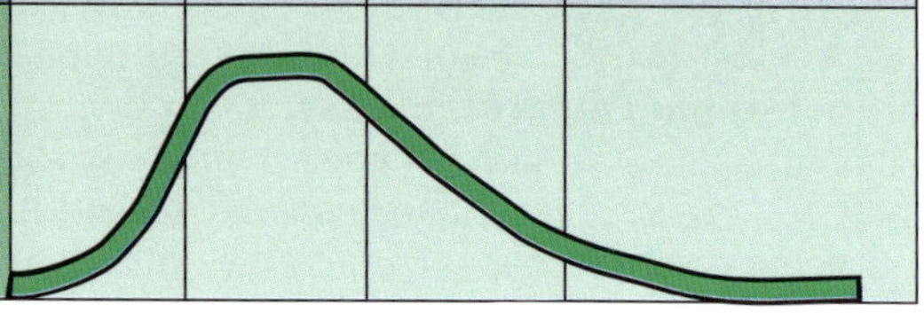

Figura 29.3 Apresentação clínica da doença causada por *Bordetella pertussis*.

principalmente em animais, mas está associada à colonização do sistema respiratório humano e à doença broncopulmonar. Investigadores do Centro de Controle e Prevenção de Doenças (CDC) em Atlanta, Geórgia, relataram que *B. holmesii* é principalmente associada à septicemia.

Brucella

Estudos moleculares do gênero *Brucella* demonstram uma relação estreita entre cepas e são consistentes com uma espécie única; entretanto, o gênero é subdividido em 12 espécies, com quatro espécies mais comumente associadas à doença humana: **B. abortus, B. melitensis, B. suis** e **B. canis** (ver Boxe 29.1). As doenças causadas por membros desse gênero são caracterizadas por uma série de nomes baseados nos microbiologistas originais que isolaram e descreveram os organismos (p. ex., Sir David Bruce **[brucelose]**, Bernhard Bang **[doença de Bang]**), a apresentação clínica **(febre ondulante)** e os locais dos surtos reconhecidos (p. ex., febre de Malta, febre do Mediterrâneo, febre das rochas de Gibraltar, febre do condado de Constantinopla, febre de Creta). O termo mais comumente usado é brucelose.

O gênero *Brucella* é formado por cocobacilos gram-negativos, pequenos (0,5 × 0,6 a 1,5 μm), não móveis e não encapsulados. O organismo cresce lentamente em cultura (demorando 1 semana ou mais) e geralmente requer meios de crescimento complexos; é estritamente aeróbio, com algumas cepas que necessitam de dióxido de carbono suplementar para o crescimento; e não fermenta carboidratos.

As colônias podem assumir tanto a forma lisa (translúcida, homogênea) quanto a forma rugosa (opaca, granulosa ou pegajosa), como determinado pelo antígeno O do lipopolissacarídio (LPS) do envoltório celular. Os antissoros para uma forma (p. ex., lisa) não têm reação cruzada com a outra forma (p. ex., rugosa).

Brucella não produz uma exotoxina detectável e a endotoxina é menos tóxica do que a produzida por outros bacilos gram-negativos. A reversão de cepas lisas para a morfologia rugosa está associada a uma virulência muito reduzida; portanto, a cadeia O do LPS da cepa lisa é um marcador importante de virulência. *Brucella* também é um **parasita intracelular** do **sistema reticuloendotelial**. Após a exposição inicial, os organismos são fagocitados por macrófagos e monócitos, nos quais as bactérias sobrevivem e se replicam. As bactérias fagocitadas são transportadas até o baço, fígado, medula óssea, linfonodos e rins. As bactérias secretam proteínas que induzem a formação de granuloma nesses órgãos e alterações destrutivas nesses e outros tecidos ocorrem em pacientes com doença avançada.

As infecções por *Brucella* têm uma **distribuição mundial**, com doença endêmica mais comum em regiões que não contam com programas de vacinação de animais domésticos, como a América Latina, a África, a bacia do Mediterrâneo, o Oriente Médio e a Ásia Ocidental. Mais de 500 mil casos documentados são relatados anualmente em todo o mundo. Por outro lado, a incidência da doença nos EUA é muito menor (140 infecções relatadas em 2017). Os números mais altos de casos no país são relatados na **Califórnia** e no **Texas**, enquanto a maioria dessas infecções ocorre em residentes do México ou visitantes daquele país. Profissionais de laboratório também correm risco significativo de infecção através do contato direto ou inalação do organismo. A doença no gado, suíno, ovino e caprino nos EUA foi eliminada efetivamente mediante ao abate de animais infectados e a vacinação de animais livres de doenças.

A brucelose em humanos pode ser adquirida por contato direto com o organismo (p. ex., exposição no laboratório), ingestão (p. ex., o consumo de produtos alimentícios contaminados) ou inalação. O uso potencial de *Brucella* como uma arma biológica, em que a exposição seria provavelmente por inalação, é particularmente preocupante.

Brucella causa doença leve ou assintomática no hospedeiro natural: *B. abortus* infecta gado e o bisonte americano; *B. melitensis* infecta caprinos e ovinos; *B. suis* infecta suínos, renas e caribus; e *B. canis* infecta cães, raposas e coiotes. O organismo tem uma predileção por infectar órgãos ricos em **eritritol**, que é um açúcar metabolizado por muitas cepas de *Brucella* em preferência à glicose. Tecidos animais (mas não humanos), incluindo mama, útero, placenta e epidídimo, são ricos em eritritol. Desse modo, os organismos localizam-se nesses tecidos em reservatórios não humanos e podem causar esterilidade, abortos ou carreamento assintomático prolongado. As espécies de *Brucella* são liberadas em grande quantidade no leite, urina e produtos do parto. A doença humana nos EUA é mais comumente causada por **B. melitensis** e resulta principalmente do consumo de leite contaminado, não pasteurizado e outros **produtos lácteos**.

DOENÇAS CLÍNICAS

O espectro clínico da **brucelose** (ver Boxe 29.1) depende do organismo infectante. A *B. abortus* e *B. canis* tendem a produzir doença leve com complicações supurativas raras. Em contraste, *B. suis* causa a formação de lesões destrutivas e tem um curso prolongado. *Brucella melitensis* também causa doença grave com alta incidência de complicações graves porque os organismos podem se multiplicar em altas concentrações nas células fagocíticas.

A doença aguda se desenvolve em aproximadamente metade dos pacientes infectados com *Brucella*, com sintomas que aparecem pela primeira vez normalmente de 1 a 3 semanas após a exposição. Sintomas iniciais são inespecíficos e consistem em mal-estar, calafrios, sudorese, fadiga, fraqueza, mialgias, perda de peso, artralgias e tosse não produtiva. Quase todos os pacientes têm febre, que pode ser intermitente em pacientes não tratados, e por isso o nome **febre ondulante** (Caso Clínico 29.3). Pacientes com doença avançada podem ter sintomas no sistema digestório; lesões osteolíticas ou efusões articulares; sintomas no

---

Caso Clínico 29.3 Brucelose

Lee e Fung (*Hong Kong Med J* 11:403-406, 2005) descreveram um relato de caso de uma mulher de 34 anos que desenvolveu brucelose causada por *Brucella melitensis*. A mulher apresentou dores de cabeça recorrentes, febre e mal-estar que se desenvolveram depois de ter lidado com a placenta de cabras na China. Hemoculturas foram positivas para *B. melitensis* após incubação prolongada. Ela foi tratada por 6 semanas com doxiciclina e rifampicina e teve uma resposta bem-sucedida. O caso foi uma descrição clássica da exposição a tecidos contaminados com altas concentrações de eritritol, a manifestação de febres recorrentes e dores de cabeça, além de resposta à combinação de doxiciclina e rifampicina.

sistema respiratório e, menos comumente, manifestações cutâneas, neurológicas ou cardiovasculares. As infecções crônicas também podem se desenvolver em pacientes tratados inadequadamente, com sintomas que evoluem dentro de 3 a 6 meses após a descontinuidade da terapia com antibacterianos. As recidivas estão associadas a um foco persistente nas infecções (p. ex., nos ossos, baço, fígado), e não com o desenvolvimento da resistência aos antibacterianos.

Para o diagnóstico laboratorial da brucelose, várias amostras de sangue devem ser coletadas para cultura e testes sorológicos. As culturas de medula óssea e de tecidos infectados também podem ser úteis. Para garantir o manuseio seguro do espécime, o laboratório deve ser notificado se houver suspeita de brucelose. Os isolados de *Brucella* são prontamente corados usando técnicas convencionais, mas a localização intracelular e o pequeno tamanho da bactéria dificultam a detecção em amostras clínicas. Os organismos crescem lentamente em cultura, exigindo meios com ágar-sangue enriquecido e incubação prolongada (3 dias ou mais). As **hemoculturas devem ser incubadas durante 2 semanas** antes de serem consideradas negativas. A identificação preliminar de *Brucella* é baseada na morfologia microscópica e macroscópica (colônias) do isolado, reações oxidase e urease positivas e reatividade com anticorpos. A identificação em nível de gênero também pode ser realizada pelo sequenciamento do gene *16S* rRNA. A brucelose subclínica e muitos casos de doenças agudas e crônicas são identificados por uma resposta específica de anticorpos no paciente infectado. Os anticorpos são detectados em praticamente todos os pacientes e podem persistir por muitos meses ou anos; assim, um aumento significativo do título de anticorpos é necessário para fornecer evidência sorológica da doença atual. Um **diagnóstico presuntivo** pode ser feito se houver um aumento de quatro vezes no título ou um único título superior ou igual a 1:160.

As tetraciclinas – com a **doxiciclina** como agente preferido – são geralmente ativas contra a maioria das cepas de *Brucella*; entretanto, como se trata de um medicamento bacteriostático, a recidiva é comum após uma resposta inicial bem-sucedida. A Organização Mundial da Saúde recomenda a combinação de **doxiciclina com rifampicina**. Considerando que as tetraciclinas são tóxicas para crianças pequenas e fetos, a doxiciclina deve ser substituída por sulfametoxazol-trimetoprima para gestantes e crianças menores de 8 anos. O tratamento deve ser continuado por 6 semanas ou mais para que seja exitoso. As fluoroquinolonas, os macrolídeos, as penicilinas e as cefalosporinas são ineficazes ou também apresentam atividade imprevisível. A recidiva de doenças é causada por uma terapia inadequada e não pelo desenvolvimento da resistência aos antibacterianos.

O controle da brucelose humana é realizado por meio do controle da doença no gado, como demonstrado nos EUA. Essa medida requer a identificação sistemática (por testes sorológicos) e eliminação de rebanhos infectados e a vacinação animal (atualmente com a cepa rugosa de *B. abortus*, a cepa RB51). A prevenção do consumo de laticínios não pasteurizados, a observância de procedimentos de segurança adequados no laboratório clínico e o uso de roupas de proteção por trabalhadores de matadouros são outras maneiras de evitar a brucelose. As vacinas de *B. abortus* e *B. melitensis* vivas atenuadas têm sido utilizadas com sucesso para prevenir infecções em rebanhos de animais. Não foram desenvolvidas vacinas contra *B. suis* ou *B. canis* e os imunizantes existentes não podem ser usados em humanos, porque produzem doenças sintomáticas. A falta de uma vacina humana eficaz é motivo de preocupação, pois a bactéria *Brucella* poderia ser empregada como um agente de bioterrorismo.

Cardiobacterium

A espécie **Cardiobacterium hominis** é nomeada em razão da predileção dessa bactéria em causar endocardite em humanos (ver Boxe 29.1). São bacilos gram-negativos ou gram-variáveis, anaeróbios facultativos, pleomórficos, caracteristicamente pequenos (1 × 1 a 2 µm) e não móveis. As bactérias são fermentadoras, oxidase positivas e catalase negativas. *Cardiobacterium hominis* está presente no trato respiratório superior da maioria dos indivíduos saudáveis.

A **endocardite** é a principal doença humana causada por *C. hominis* e a espécie relacionada *C. valvarum* (Caso Clínico 29.4). É provável que muitas infecções não sejam relatadas ou diagnosticadas em razão da baixa virulência desse organismo e seu lento crescimento *in vitro*. A maioria dos pacientes com endocardite por *Cardiobacterium* desenvolve uma **doença cardíaca preexistente** e história de doenças bucais ou foram submetidos a um procedimento odontológico antes do desenvolvimento de sintomas clínicos. Os organismos são capazes de entrar no sangue pela orofaringe, aderir ao tecido cardíaco lesionado e depois se multiplicar lentamente. O curso da doença é insidioso e subagudo; os pacientes normalmente apresentam sintomas (p. ex., fadiga, mal-estar e febre baixa) por meses antes de procurar cuidados médicos. As complicações são raras e a completa recuperação após a terapia antimicrobiana apropriada é comum.

O isolamento de *C. hominis* das hemoculturas confirma o diagnóstico de endocardite. O organismo cresce lentamente em cultura, exigindo 1 semana ou mais para que o crescimento seja detectado. O organismo requer níveis

---

Caso Clínico 29.4 Endocardite causada por *Cardiobacterium*

Hoover et al. (*Ann Intern Med* 142:229-230, 2005) descreveram o primeiro paciente infectado com *Cardiobacterium valvarum* (uma espécie recentemente descrita no gênero *Cardiobacterium*). O paciente era um homem de 46 anos de idade que ao longo de 1 mês desenvolveu anorexia e fadiga. Os sintomas surgiram 2 semanas após uma extração dentária. O exame físico do paciente foi evidente pela fadiga, edema das extremidades inferiores e um novo sopro no coração. Efusões pleurais bilaterais foram reveladas na radiografia do tórax. Todas as culturas de sangue coletadas durante um período de 24 horas foram positivas para um bacilo gram-negativo pleomórfico que foi posteriormente identificado como *C. valvarum*. O manejo do paciente envolveu a substituição da valva aórtica por uma prótese valvar e 4 semanas de tratamento com ceftriaxona. Visitas de acompanhamento com o paciente documentaram a recuperação completa. Esse caso ilustra a apresentação subaguda e o prognóstico geralmente bem-sucedido para pacientes com endocardite por *Cardiobacterium*. O que é único neste caso é que o paciente não tinha histórico de cardiopatia prévia, embora provavelmente estivesse presente.

aumentados de dióxido de carbono e de umidade para crescer em meios de ágar, com colônias pontuais de 1 mm observadas em placas com ágar-sangue ou chocolate após 2 dias de incubação. O organismo não cresce em ágar MacConkey ou outros meios seletivos comumente usados para bacilos gram-negativos. A bactéria *C. hominis* pode ser prontamente identificada a partir de suas propriedades de crescimento, morfologia microscópica e reatividade em testes bioquímicos.

Cardiobacterium hominis é suscetível a muitos antibacterianos e a maioria das infecções é tratada de modo bem-sucedido com **penicilina ou ampicilina** por 2 a 6 semanas, embora sejam relatadas cepas resistentes à penicilina. A endocardite por *C. hominis* em pessoas com doenças cardíacas preexistentes é prevenida por meio da manutenção de boa higiene oral e uso de profilaxia antibacteriana durante os procedimentos odontológicos. A penicilina de longa ação é uma profilaxia eficaz. A eritromicina não deve ser usada, porque *C. hominis* é comumente resistente a esse fármaco.

Francisella

Francisella é um importante **patógeno zoonótico** que pode causar doenças humanas significativas. O patógeno humano mais importante no gênero *Francisella* é *F. tularensis*, que é o agente causador da **tularemia** (também denominada **febre glandular, febre do coelho, febre do carrapato** e **febre do veado**) em animais e humanos (ver Boxe 29.1). *Francisella tularensis* é subdividida em três subespécies com base em suas propriedades bioquímicas. As **subespécies *tularensis* (tipo A)** e ***holarctica* (tipo B)** são as mais importantes, enquanto *F. tularensis* subsp. *mediaasiatica* é raramente associada a doenças humanas. *Francisella novicida* e *F. philomiragia* são patógenos pouco comuns e oportunistas que apresentam predileção por pacientes com deficiências imunológicas (ou seja, doença granulomatosa crônica, doenças mieloproliferativas).

Francisella tularensis é um cocobacilo gram-negativo **muito pequeno** (0,2 × 0,2 a 0,7 μm), fracamente corado (Figura 29.4). O organismo é não móvel, tem uma fina cápsula lipídica e apresenta exigências de crescimento fastidioso (ou seja, a maioria das cepas requer cisteína para o crescimento). É **estritamente aeróbia** e requer 3 ou mais dias antes que o crescimento seja detectado na cultura.

Francisella tularensis é um **patógeno intracelular** que pode se replicar em macrófagos, neutrófilos, células epiteliais e células endoteliais. O organismo inibe a fusão fagossomo-lisossomo através da secreção de proteínas que facilitam o escape bacteriano do fagossomo e posterior replicação no citosol. As cepas patogênicas apresentam uma **cápsula rica em polissacarídios**, e a perda da cápsula é associada à diminuição da virulência. A cápsula protege as bactérias da morte mediada pelo complemento durante a fase de bacteriemia da doença. Esse organismo conta com uma endotoxina, mas essa substância é consideravelmente menos ativa que a endotoxina encontrada em outros bacilos gram-negativos.

Uma resposta imune inata e potente com produção de interferona (IFN)-γ e do fator de necrose tumoral é importante para controlar a replicação bacteriana em macrófagos na fase inicial da infecção. A imunidade específica das células T é necessária para a ativação de macrófagos com a função de morte intracelular nos estágios tardios da doença. A imunidade mediada por células B é menos importante para a eliminação desse patógeno intracelular facultativo.

Francisella tularensis subsp. *tularensis* (tipo A) é restrita à América do Norte, enquanto a subsp. *holartica* (tipo B) é endêmica em todo o hemisfério norte. As cepas tipo A são ainda subdivididas em **tipo A-oeste**, que predomina na região árida das Montanhas Rochosas até as Montanhas da Serra Nevada e **tipo A-leste**, que ocorre nos estados centrais do sudeste do Arkansas, Missouri e Oklahoma e ao longo da costa atlântica. As cepas **tipo B** se agrupam ao longo das principais vias fluviais, como a parte superior do Rio Mississippi e em áreas com alta pluviosidade, tais como o Noroeste do Pacífico. A distribuição dessas cepas é importante porque as características epidemiológicas das doenças individuais são distintas e o curso da doença clínica é significativamente diferente. A distribuição geográfica das cepas tipo A-oeste, tipo A-leste e tipo B é definida pela distribuição dos reservatórios naturais e vetores de *F. tularensis*. Mais de 200 espécies de mamíferos, assim como aves e artrópodes hematófagos, são infectadas naturalmente com *F. tularensis*. As infecções com as cepas tipo A são as mais comumente associadas à exposição aos **lagomorfos** (coelhos, lebres) e **gatos**; as infecções com as cepas tipo B estão associadas a **roedores** e gatos, mas não aos lagomorfos (Caso Clínico 29.5). Infecções causadas por **artrópodes picadores** (p. ex., carrapatos [*Ixodes, Dermacentor, Amblyomma* spp.], mutucas ou tabanídeos) são mais comuns com cepas tipo A do que com as do tipo B. A propagação para cepas tipo A-leste desde os estados do sudeste central até os da Costa Atlântica ocorreram quando coelhos infectados foram importados dos estados centrais para os clubes de caça da Costa Leste, nas décadas de 1920 e 1930. As infecções com cepas tipo A são frequentemente associadas a doenças disseminadas e a uma alta taxa de mortalidade quando comparadas com doenças causadas por cepas tipo A-oeste; o curso das doenças causadas pelas colorações de cepas do tipo B é intermediário.

A incidência relatada de doenças é baixa. Em 2017, 239 casos foram relatados nos EUA; entretanto, é provável que o número real de infecções seja muito maior, porque a tularemia muitas vezes não é suspeita e é difícil confirmá-la por meio de testes de laboratório. A maioria das infecções

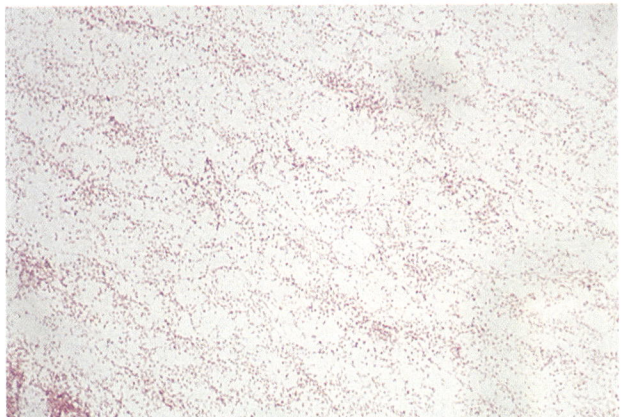

Figura 29.4 Coloração de Gram de *Francisella tularensis* isolada em cultura; observe os cocobacilos extremamente pequenos, semelhantes a pontos.

Caso Clínico 29.5 Tularemia associada a gatos

Capellan e Fong (*Clin Infect Dis* 16:472-475, 1993) descreveram um homem de 63 anos que desenvolveu a tularemia ulceroglandular complicada por pneumonia após ter sido mordido por um gato. Inicialmente, ele manifestou dor e inchaço localizado em seu polegar 5 dias após a mordida. As penicilinas orais foram prescritas, mas a condição do paciente piorou, com aumento da dor local, inchaço e eritema no sítio da ferida e sinais sistêmicos (febre, mal-estar, vômitos). Houve a incisão da ferida, mas nenhum abscesso foi encontrado; a cultura da ferida foi positiva para um discreto crescimento de estafilococos coagulase-negativos. Penicilinas intravenosas foram prescritas, mas a condição do paciente continuou a se deteriorar, com o desenvolvimento da linfadenopatia axilar sensível e sintomas pulmonares. Uma radiografia de tórax revelou infiltrados pneumônicos nos lobos direito médio e inferior do pulmão. A terapia do paciente foi mudada para clindamicina e gentamicina, que foi seguida de defervescência e melhoria de seu estado clínico. Após 3 dias de incubação, colônias minúsculas de cocobacilos gram-negativos levemente corados foram observadas na cultura original da ferida. O organismo foi encaminhado a um laboratório nacional de referência, no qual foi identificado como *Francisella tularensis*. A história mais completa revelou que o gato do paciente vivia ao ar livre e se alimentava com roedores selvagens. Este caso ilustra a dificuldade em fazer o diagnóstico de tularemia e a falta da capacidade de resposta às penicilinas.

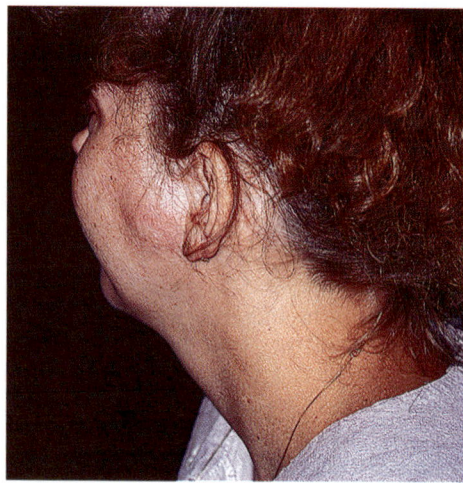

Figura 29.5 Paciente com tularemia oculoglandular (observe o inchaço ao lado da orelha).

ocorre durante o verão (quando a exposição a carrapatos infectados é maior). A incidência de doenças aumenta drasticamente quando um inverno relativamente quente é seguido por um verão úmido, provocando a proliferação da população de carrapatos. Indivíduos em maior risco de infecção são caçadores, profissionais de laboratório e pessoas expostas a carrapatos e outros artrópodes picadores. Em áreas nas quais o organismo é endêmico, diz-se que se um coelho está se movendo tão lentamente que pode ser atingido por um caçador ou capturado por um animal de estimação, o animal pode estar infectado (Caso Clínico 29.5).

A doença causada por *F. tularensis* é subdividida em várias formas baseadas na apresentação clínica: **ulceroglandular** (úlcera cutânea e linfonodos inchados), **oculoglandular** (envolvimento dos olhos e linfonodos cervicais edemaciados), **glandular** (principalmente linfonodos inchados, sem outros sintomas localizados), **tifoidal** (sinais sistêmicos de sepse), **pneumônico** (sintomas pulmonares) e doença **orofaríngea** e **gastrintestinal** após a ingestão de *F. tularensis*. Variações dessas apresentações também são comuns (p. ex., tularemia pneumônica tipicamente tem sinais sistêmicos de sepse).

A tularemia ulceroglandular é a manifestação mais comum. A lesão cutânea, que começa como uma pápula dolorosa, desenvolve-se no local da picada do carrapato ou da inoculação direta do organismo dentro da pele (p. ex., um acidente de laboratório). A pápula então ulcera e apresenta um centro necrótico e borda elevada. A linfadenopatia localizada e a bacteriemia também estão normalmente presentes (embora a bacteriemia possa ser difícil de documentar).

A tularemia oculoglandular (Figura 29.5) é uma forma especializada da doença e resulta da contaminação direta do olho. O organismo pode ser introduzido nos olhos, por exemplo, por dedos contaminados ou através da exposição à água ou aerossóis. Os pacientes afetados apresentam uma conjuntivite dolorosa e linfadenopatia regional.

A tularemia pneumônica (Figura 29.6) resulta da inalação de aerossóis infecciosos e está associada à alta morbidade e mortalidade, a menos que o organismo seja recuperado rapidamente em hemoculturas (geralmente é difícil de detectar nas culturas respiratórias). Há também a preocupação de que *F. tularensis* possa ser utilizada como arma biológica. Como tal, a criação de um aerossol infeccioso seria o método mais provável de dispersão.

A coleta e o processamento de espécimes para o isolamento de *F. tularensis* são perigosos tanto para o médico como para o profissional de laboratório. O organismo, em virtude de seu pequeno tamanho, pode penetrar na pele intacta e nas membranas das mucosas durante a coleta da amostra ou pode ser inalado, se forem produzidos aerossóis (uma preocupação especial durante o processamento de amostras no laboratório). Embora a tularemia seja rara, as infecções adquiridas em laboratório são desproporcionalmente comuns. As luvas devem ser usadas durante a coleta do espécime (p. ex., a aspiração de

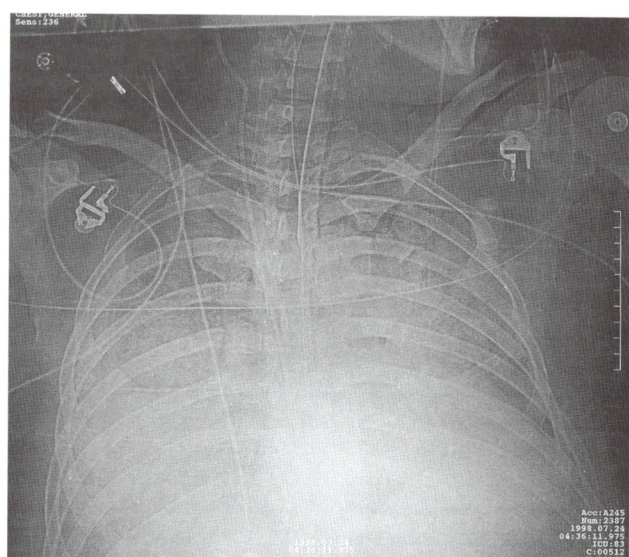

Figura 29.6 Radiografia de tórax de paciente com tularemia pulmonar.

uma úlcera ou do linfonodo) e todo o trabalho de laboratório (tanto o processamento inicial quanto os testes de identificação) deve ser realizado em uma cabine de segurança biológica.

A detecção de *F. tularensis* em aspirados pela coloração de Gram, a partir de linfonodos infectados ou úlceras, é quase sempre **malsucedida** porque o organismo é extremamente pequeno e corado fracamente (ver Figura 29.4). Testes de amplificação de ácidos nucleicos (TAANs) são restritos principalmente aos laboratórios de pesquisa. Já se afirmou que *F. tularensis* não pode ser recuperada de maneira confiável em meios de laboratório porque o organismo necessita de substâncias sulfidrílicas (p. ex., a **cisteína**) para o crescimento. No entanto, *F. tularensis* pode crescer em **ágar chocolate** ou **ágar extrato de levedura e carvão tamponado (BCYE**, do inglês *buffered charcoal yeast extract*), que são meios suplementados com cisteína utilizados na maioria dos laboratórios. Se houver suspeita de infecção com *F. tularensis*, o laboratório deve ser notificado porque essa bactéria cresce lentamente e pode ser negligenciada se as culturas não forem incubadas por um longo período. Além disso, esse organismo é altamente infeccioso; portanto, é necessário um cuidado especial para os testes microbiológicos. As hemoculturas são geralmente negativas para o organismo, a menos que as culturas sejam incubadas por 1 semana ou mais. Culturas de amostras respiratórias serão positivas se meios seletivos apropriados forem utilizados para suprimir as bactérias de crescimento mais rápido do trato respiratório superior. *Francisella tularensis* também cresce nos meios seletivos utilizados para *Legionella* (p. ex., ágar BCYE). Aspirados de linfonodos ou seios nasais são geralmente positivos se as culturas forem incubadas por 3 dias ou mais.

A identificação preliminar de *F. tularensis* é baseada no crescimento lento de cocobacilos gram-negativos muito pequenos em ágar chocolate, mas não em ágar-sangue (o ágar-sangue não é suplementado com cisteína). A identificação é confirmada por demonstração da reatividade das bactérias com antissoro (ou seja, aglutinação do organismo com anticorpos contra *Francisella*).

A tularemia é diagnosticada na maioria dos pacientes por meio do achado de um aumento de quatro vezes ou mais no título de anticorpos durante a doença ou um único título maior ou igual a 1:160. No entanto, os anticorpos (incluindo imunoglobulina [Ig]G, IgM e IgA) podem persistir por muitos anos, o que dificulta a diferenciação entre a doença passada e a atual.

Gentamicina é considerada o antibacteriano de escolha. Doxiciclina e ciprofloxacino podem ser usadas para tratar infecções leves. As cepas de *F. tularensis* produzem betalactamase, o que torna as penicilinas e cefalosporinas ineficazes. A taxa de mortalidade é inferior a 1% se os pacientes forem tratados prontamente, mas é muito maior em pacientes não tratados, particularmente aqueles infectados com cepas do tipo A-leste.

Para evitar a infecção, as pessoas devem evitar os reservatórios e vetores de infecção (p. ex., coelhos, carrapatos, insetos que picam), o que muitas vezes é difícil. No mínimo, as pessoas não devem lidar com coelhos em mau estado e devem usar luvas durante a esfola e evisceração de animais. Como o organismo está presente nas fezes do artrópode, e não na saliva, o carrapato deve se alimentar por um tempo prolongado antes da infecção ser transmitida. A rápida remoção do carrapato pode, portanto, prevenir infecções. Usar roupas de proteção e repelentes de insetos reduz o risco de exposição.

As pessoas que têm uma exposição de alto risco (p. ex., exposição a um aerossol infeccioso) devem ser tratadas com antibacterianos profiláticos. O interesse em desenvolver uma vacina viva atenuada é motivada por medo da exposição às bactérias como um agente de bioterrorismo; no entanto, uma vacina eficaz não está disponível atualmente. Vacinas inativadas não induzem imunidade celular protetora.

Legionella

No verão de 1976, a atenção do público estava focada em um surto de pneumonia grave que causou muitas mortes entre os membros da Legião Americana que participavam de uma convenção na Filadélfia. Após meses de intensas investigações, um bacilo gram-negativo até então desconhecido foi isolado. Estudos subsequentes encontraram um organismo, denominado **Legionella pneumophila**, como sendo a causa de múltiplas epidemias e infecções esporádicas. O espécime não foi reconhecido anteriormente, porque cora fracamente com corantes convencionais e não cresce em meios laboratoriais comuns. Apesar dos problemas iniciais com o isolamento de *Legionella*, essa bactéria é agora conhecida como um organismo saprófita aquático onipresente.

O membro mais importante da família Legionellaceae é *Legionella*, com 61 espécies e três subespécies. Aproximadamente metade dessas espécies é responsável por doenças humanas, com as outras encontradas em fontes ambientais. *Legionella pneumophila* é a causa de 90% de todas as infecções; os sorotipos 1 e 6 são os mais comumente isolados.

Os membros do gênero *Legionella* são **bacilos gram-negativos, delgados, pleomórficos**, que medem 0,3 a 0,9 × 2 µm em tamanho. Os organismos aparecem caracteristicamente como cocobacilos curtos quando observados em tecidos, mas são muito pleomórficos (até 20 µm de comprimento) em meios artificiais (Figura 29.7). As bactérias do gênero *Legionella* analisadas em amostras clínicas não coram com reagentes comuns, mas podem ser visualizadas em tecidos corados pela coloração de prata de Dieterle.

As legionelas são obrigatoriamente aeróbias e nutricionalmente fastidiosas. Necessitam de meios suplementados com L-cisteína e o crescimento é aumentado pelo ferro. O

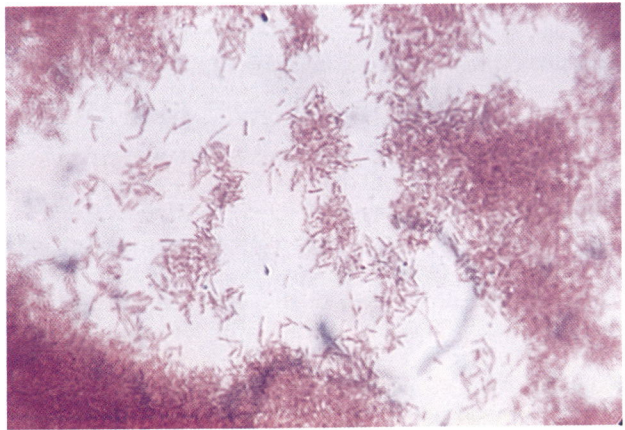

Figura 29.7 Coloração de Gram de *Legionella pneumophila* cultivada em ágar extrato de levedura e carvão tamponado. Observe as formas pleomórficas características de *Legionella*. (Cortesia de Dr. Janet Stout, Pittsburgh, Pennsylvania.)

crescimento dessas bactérias em meios suplementados, mas não em meios contendo ágar-sangue convencional, é utilizado como base para a identificação preliminar de isolados clínicos. As bactérias desenvolveram inúmeros métodos para adquirir o ferro das células hospedeiras ou em meios *in vitro* e a perda dessa capacidade está associada à perda de virulência. Os organismos obtêm energia do metabolismo de aminoácidos, mas não de carboidratos.

Doenças do sistema respiratório causadas por espécies de *Legionella* se desenvolvem em pessoas suscetíveis que inalam aerossóis infecciosos. As legionelas são **bactérias intracelulares** facultativas que se multiplicam em amebas de vida livre na natureza e em macrófagos alveolares, monócitos e células epiteliais alveolares em hospedeiros infectados. Essa capacidade de infectar e replicar em macrófagos é mediada pelo primeiro componente de ligação do complemento C3b a uma proteína porina da membrana externa na superfície bacteriana e, em seguida, a ligação ao receptor do complemento CR3 na superfície do fagócito mononuclear. Os organismos então penetram na célula através da endocitose e iniciam a replicação. As bactérias não morrem nas células pela exposição ao superóxido tóxico, ao peróxido de hidrogênio e radicais hidroxila, porque a fusão do fagolisossomo é inibida. Quimiocinas e citocinas liberadas pelos macrófagos infectados estimulam uma resposta inflamatória robusta que é característica de infecções por *Legionella*. Os organismos proliferam em seu vacúolo intracelular e produzem enzimas proteolíticas (fosfatase, lipase e nuclease) que, eventualmente, matam a célula hospedeira quando o vacúolo é lisado. A imunidade contra a doença é principalmente mediada por células, com a imunidade humoral desempenhando um papel menor. As bactérias não são mortas até que as células T *helper* (auxiliares) sensibilizadas (células TH1) ativem os macrófagos infectados. A produção de IFN-γ é essencial para a eliminação de organismos do gênero *Legionella*.

As legionelas têm uma **distribuição mundial** e estão comumente presentes em corpos naturais de água, como lagos e riachos, assim como em torres de resfriamento de ar-condicionado, condensadores e sistemas de água (p. ex., chuveiros, banheiras de hidromassagem). As infecções humanas estão mais comumente associadas à **exposição aos aerossóis contaminados** (p. ex., torres de resfriamento de ar-condicionado, *spas* de hidromassagem, chuveiros, nebulizadores) (Caso Clínico 29.6). Os organismos podem sobreviver em ambientes úmidos por um longo tempo, em temperaturas relativamente altas e na presença de desinfetantes, como o cloro. Uma razão para essa sobrevivência é que as bactérias parasitam amebas na água e se replicam nesse ambiente protegido (semelhante à replicação desse organismo em macrófagos humanos). As bactérias também sobrevivem em biofilmes que se desenvolvem nas tubulações dos sistemas de água.

A incidência de infecções causadas por espécies de *Legionella* é desconhecida, porque a doença é difícil de documentar. O número de casos relatados tem aumentado constantemente desde 2000, com quase 7.500 casos relatados em 2016. No entanto, o CDC estima que até 18 mil casos de doença dos legionários ocorrem todos os anos nos EUA. Os estudos sorológicos também demonstraram que uma proporção significativa da população adquiriu imunidade a esses organismos. É razoável concluir que o contato com o organismo e a aquisição de imunidade após uma infecção assintomática são comuns.

> **Caso Clínico 29.6 Surto de doença dos legionários**
>
> Kirrage et al. (*Respir Med* 101:1639–1644, 2007) descreveram um surto de doença dos legionários (DL) que ocorreu em Hereford, Inglaterra. Em 24 de outubro de 2003, a agência de saúde pública foi notificada de que um homem idoso havia falecido de DL. Três dias depois, a agência foi notificada de que uma mulher idosa também foi a óbito por DL. Como parte de uma investigação de vigilância ativa, dois outros pacientes com testes positivos para o antígeno de *Legionella* na urina foram identificados em um hospital local. Outras investigações revelaram 28 pacientes associados, do ponto de vista epidemiológico, ao início da doença, de 8 de outubro a 20 de novembro. Todos os pacientes tiveram resultados positivos nos testes de antígeno na urina, quatro tinham altos títulos de anticorpos e dois eram positivos na cultura. A fonte implicada do surto era uma torre de resfriamento que havia sido reiniciada recentemente após um período de inatividade. Depois do fechamento e nova limpeza da torre, a epidemia terminou. Esse surto ilustra a dificuldade de reconhecer o problema quando os indivíduos infectados podem se apresentar em diferentes hospitais, o que é particularmente um problema quando a fonte está localizada em um hotel ou local de férias.

Embora surtos esporádicos da doença ocorram ao longo do ano, a maioria das epidemias da infecção ocorre no final do verão e no outono, porque o organismo prolifera em reservatórios de água durante os meses quentes. Mais de 90% das infecções documentadas nos EUA são observadas em indivíduos com 40 anos de idade ou mais, presumivelmente porque são mais propensos a ter a imunidade celular diminuída e a função pulmonar comprometida. Uma proporção significativa de casos relatados é adquirida em hospitais, em razão da predominância de pacientes de alto risco. A disseminação de pessoa a pessoa ou um reservatório animal não foi demonstrado.

Acredita-se que as infecções assintomáticas por *Legionella* sejam relativamente comuns. As infecções sintomáticas afetam principalmente os pulmões e estão presentes em uma de duas formas (ver Boxe 29.1): (1) uma doença semelhante à gripe (chamada **febre de Pontiac**) e (2) a forma grave da pneumonia (ou seja, **doença dos legionários**).

Legionella pneumophila foi responsável por causar uma doença febril, autolimitada, em pessoas que trabalham no Pontiac, Michigan, Departamento de Saúde Pública em 1968. Febre, calafrios, mialgia, mal-estar e dor de cabeça, mas nenhuma evidência clínica de pneumonia, são características da doença. Os sintomas desenvolvidos durante 12 horas persistiram por 2 a 5 dias e depois se resolveram espontaneamente sem tratamento com antibacterianos e com uma morbidade mínima e sem mortes. Outros surtos da febre de Pontiac, com e sem pneumonia por *Legionella*, foram relatados. A patogênese exata dessa síndrome é desconhecida, embora acredite-se que essa doença seja causada por uma reação de hipersensibilidade à toxina bacteriana (p. ex., endotoxina).

A **doença dos legionários (legionelose)** é caracteristicamente mais grave e, se não for tratada, rapidamente causa morbidade considerável, levando frequentemente à morte em 15% dos indivíduos saudáveis e em até 75% dos pacientes imunocomprometidos. Após um período de incubação de 2 a 10 dias, os sinais sistêmicos de uma doença aguda aparecem abruptamente (p. ex., febre e calafrios, tosse seca e não produtiva, dor de cabeça). A doença de múltiplos órgãos envolvendo o sistema digestório, sistema nervoso central, fígado e rins é comum. A manifestação principal é a pneumonia, com consolidação multilobar e inflamação e microabscessos no tecido pulmonar observados nos estudos histopatológicos. A função pulmonar se deteriora constantemente em pacientes suscetíveis com doença não tratada. A apresentação clínica da pneumonia causada por *Legionella* não é única, e por isso são necessários exames laboratoriais para confirmar o diagnóstico.

Desde o primeiro isolamento de *Legionella*, o diagnóstico laboratorial de infecções causadas por esse organismo foi submetido a uma transição significativa. Os testes iniciais dependiam de microscopia, cultura e sorologia. Embora a cultura permaneça como o padrão-ouro para o diagnóstico, a microscopia e a sorologia foram substituídas por imunoensaios para a detecção de antígenos específicos de *Legionella* na urina e os ensaios de amplificação dos ácidos nucleicos substituíram a microscopia e a sorologia para o diagnóstico com secreções respiratórias. As bactérias coram fracamente pelo método de coloração de Gram e raramente são observadas em amostras clínicas; a sorologia é insensível e inespecífica.

Os imunoensaios são utilizados para detectar **antígenos solúveis LPS específicos do sorogrupo 1 de *Legionella*** excretados na urina de pacientes infectados. A sensibilidade desses ensaios para o sorogrupo 1 de *L. pneumophila* é relativamente alta (até 90%), particularmente com urinas concentradas, mas os ensaios não detectam de modo confiável outros sorogrupos ou as espécies de *Legionella*. Essa é uma distinção importante, pois o sorogrupo 1 de *L. pneumophila* é responsável por 80 a 90% das infecções adquiridas na comunidade, mas é responsável por menos de 50% das infecções hospitalares. Os antígenos persistem na urina de pacientes tratados, com quase 50% dos pacientes permanecendo positivos após 1 mês de infecção e 25% após 2 meses. A persistência é particularmente comum em pacientes imunossuprimidos, nos quais os antígenos podem persistir por até 1 ano.

Os ensaios de amplificação de ácidos nucleicos são altamente específicos e têm uma sensibilidade equivalente à cultura para a detecção de espécies de *Legionella* em secreções respiratórias (ou seja, fluido do lavado broncoalveolar). A presença de inibidores nas secreções respiratórias pode causar reações falso-negativas, e por isso todos os espécimes ainda devem ser cultivados.

Embora, inicialmente, as espécies de *Legionella* fossem difíceis de crescer, os meios comercialmente disponíveis atualmente tornam a cultura mais fácil (sensibilidade do teste, 80 a > 90%). Como mencionado anteriormente, as legionelas requerem L-cisteína e a recuperação é reforçada na presença de sais de ferro (fornecidos na hemoglobina ou pirofosfato férrico). O meio mais comumente utilizado para o isolamento de legionelas é o **ágar BCYE**, embora outros meios suplementados sejam utilizados. Os antibacterianos podem ser adicionados para suprimir o crescimento de bactérias contaminantes, de crescimento rápido. As legionelas crescem no ar ou em atmosfera de 3 a 5% de dióxido de carbono a 35°C após 3 a 5 dias. As colônias pequenas (de 1 a 3 mm) têm uma aparência característica de vidro moído.

É fácil identificar um isolado como *Legionella* a partir dos achados de morfologia típica e exigências específicas de crescimento. O gênero *Legionella* é constituído por bacilos gram-negativos que coram fracamente, pleomórficos e delgados. Seu crescimento em ágar BCYE, mas não em meios sem L-cisteína, é uma evidência presuntiva de que o organismo é a bactéria *Legionella*. Em contraste com a identificação do gênero, a classificação das espécies é problemática e geralmente relegada aos laboratórios de referência. Embora os testes bioquímicos sejam úteis para a diferenciação das espécies, a identificação em nível de espécie pode ser realizada definitivamente somente pelo sequenciamento de alvos gênicos espécie-específicos ou avaliação de perfis de proteínas utilizando espectrometria de massa.

Os testes de suscetibilidade *in vitro* não são realizados com essas bactérias, porque os organismos crescem mal em meios comumente utilizados para esses testes. Além disso, alguns antibacterianos que parecem ativos *in vitro* são ineficazes no tratamento de infecções. Uma explicação é que esses antibacterianos não conseguem penetrar nos macrófagos, onde as legionelas sobrevivem e multiplicam-se. A experiência clínica acumulada indica que os **macrolídeos** (p. ex., azitromicina, claritromicina) ou as **fluoroquinolonas** (p. ex., ciprofloxacino, levofloxacino) devem ser utilizados para tratar infecções por *Legionella*. Os antibacterianos betalactâmicos são ineficazes porque a maioria dos isolados produz betalactamases e esses antibacterianos não penetram nos macrófagos. A terapia específica para a febre de Pontiac é geralmente desnecessária porque é uma doença de hipersensibilidade autolimitada.

A prevenção da legionelose requer a identificação da fonte ambiental do organismo e redução da carga microbiana. A hipercloração do abastecimento de água e a manutenção de temperaturas elevadas da água provaram ter sucesso moderado. Entretanto, a eliminação de isolados de *Legionella* de um abastecimento de água é muitas vezes difícil ou impossível de alcançar. Como o organismo tem um baixo potencial para causar doenças, a redução do número de organismos no abastecimento de água é muitas vezes uma medida de controle adequada. Os hospitais com pacientes em alto risco de doenças devem monitorar regularmente o abastecimento de água quanto à presença de *Legionella* e a população hospitalar relacionada com a doença. Se a hipercloração ou o superaquecimento da água não eliminar a doença (eliminação completa dos organismos no fornecimento de água provavelmente não é possível), a ionização contínua do abastecimento de água com cobre-prata pode ser necessária.

Streptobacillus

Streptobacillus moniliformis, o agente causador da **febre da mordida do rato**, é um bacilo gram-negativo longo e fino (0,1 a 0,5 × 1 a 5 μm), que tende a corar fracamente e ser mais pleomórfico em culturas mais antigas. Grânulos, tumefações bulbosas semelhantes a um colar de contas e filamentos extremamente longos podem ser visualizados (Figura 29.8).

Streptobacillus é encontrado na nasofaringe de ratos e de outros pequenos roedores, bem como transitoriamente em animais que se alimentam de roedores (p. ex., cães, gatos). Infecções humanas resultam de picadas de roedores (**febre da mordida de rato**; Caso Clínico 29.7) ou muito menos comumente do consumo de água ou alimentos contaminados (**febre de Haverhill**) (ver Boxe 29.1). A maioria dos

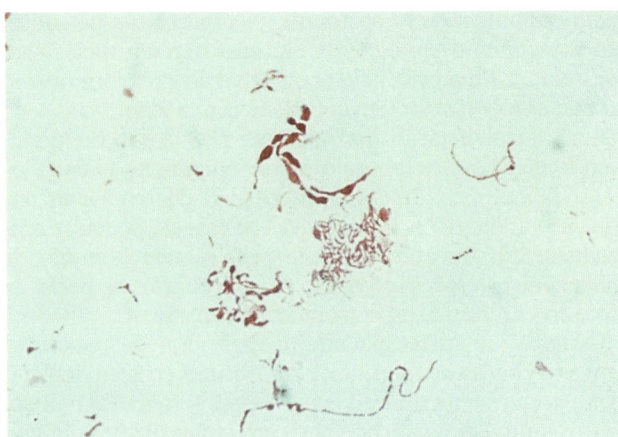

Figura 29.8 Coloração de Gram de *Streptobacillus moniliformis*; note as formas pleomórficas e as tumefações bulbosas.

Caso Clínico 29.7 Febre da mordida de rato

Irvine (*Clin Microbiol Newslett* 28:15-17, 2006) descreveu um homem de 60 anos que desenvolveu a febre da mordida de rato. O paciente foi internado no hospital queixando-se de febre, confusão, dores de cabeça e lesões pustulares em ambas as mãos. O diagnóstico de sepse foi realizado e culturas do sangue, líquido cefalorraquidiano (LCR) e de material purulento de lesões foram coletadas. Os linfócitos foram as células predominantes no LCR e nenhuma bactéria foi vista na coloração de Gram, consistente com a meningite asséptica. A coloração de Gram do material purulento revelou bastonetes gram-negativos pleomórficos. Após 3 dias de incubação, as bactérias cresceram a partir das culturas de sangue e das feridas. O crescimento nos caldos de hemocultura apresentou aspecto de tufos de organismos parecidos com "migalhas de pão". O organismo foi posteriormente identificado como *Streptobacillus moniliformis*. O paciente foi tratado com penicilina e em 24 horas teve resolução da febre e a consciência restabelecida. O histórico social mais completo revelou que o paciente tinha uma cobra de estimação e mantinha ratos para alimentar a cobra. Embora ele não se lembrasse das recentes mordidas de ratos, a exposição de cortes abertos em suas mãos aos roedores teria sido suficiente para uma infecção se desenvolver.

casos de febre da mordida de rato nos EUA ocorre em crianças com ratos de estimação, profissionais de laboratório e funcionários de lojas de animais de estimação. Depois de um período de incubação de 2 a 10 dias, o início da febre da mordida de rato é abrupto, caracterizada por febre irregular, dor de cabeça, calafrios, dores musculares e dores migratórias em múltiplas articulações (poliartralgias). Alguns dias depois, desenvolve-se uma erupção cutânea maculopapular ou petequial, com o envolvimento estendendo-se até as mãos e pés. Essa erupção hemorrágica em um paciente com história recente de mordida de rato e poliartralgias migratórias tem valor diagnóstico. Na ausência de antibacterianos eficazes, a febre da mordida de rato está associada a uma taxa de mortalidade de 10%. Apesar do tratamento eficaz, alguns pacientes têm poliartralgias persistentes, fadiga e uma erupção cutânea que se resolve lentamente.

A confirmação laboratorial de infecções por *Streptobacillus* é difícil. O sangue e o fluido articular devem ser coletados e o laboratório deve ser notificado de que a bactéria *S. moniliformis* é suspeita, pois o crescimento do organismo requer o uso de meios enriquecidos suplementados com 15% de sangue, 20% de soro de cavalo ou de bezerro ou 5% de líquido ascítico. *Streptobacillus moniliformis* cresce lentamente, levando pelo menos 3 dias para ser isolado. Quando cultivado em caldo, tem a aparência de "bolas de fumo". Colônias pequenas e redondas são visualizadas quando cultivadas em ágar e as colônias de variantes defeituosas no envoltório celular se assemelham a ovos fritos (centro amontoado com bordas de irradiação) em meios com ágar. É difícil identificar os organismos por testes bioquímicos, pois são relativamente inativos metabolicamente. O método mais confiável para identificar os isolados de *Streptobacillus* é sequenciar o gene *16S* rRNA. *Streptobacillus moniliformis* é suscetível a muitos antibacterianos, incluindo **penicilina** (não ativa contra variantes defeituosas do envoltório celular) e **tetraciclina**.

Bibliografia

Carbonetti, N., 2010. Pertussis toxin and adenylate cyclase toxin: key virulence factors of *Bordetella pertussis* and cell biology tools. Future Microbiol. 5, 455–469.

de Figueiredo, P., Ficht, T., Rice-Ficht, A., et al., 2015. Pathogenesis and immunobiology of brucellosis: review of Brucella-host interactions. Am. J. Pathol. 185, 1505–1517.

Elliott, S., 2007. Rat bite fever and *Streptobacillus moniliformis*. Clin. Microbiol. Rev. 20, 13–22.

Jones, B.D., Faron, M., Rasmussen, J.A., et al., 2014. Uncovering the components of the *Francisella tularensis* virulence stealth strategy. Front Cell. Infect. Microbiol. 4, 32.

Kilgore, P., Salim, A., Zervos, M., Schmitt, H.-J., 2016. Pertussis: microbiology, disease, treatment, and prevention. Clin. Microbiol. Rev. 29, 449485.

Lee, A., Cassiday, P., Pawloski, L., et al., 2018. Clinical evaluation and validation of laboratory methods for the diagnosis of *Bordetella pertussis* infection: culture, polymerase chain reaction (PCR, and anti-pertussis toxin IgG serology (IgG-PT). PLoS ONE 13 (4), e0195979.

Melvin, J.A., Scheller, E.V., Miller, J.F., et al., 2014. *Bordetella pertussis* pathogenesis: current and future challenges. Nat. Rev. Microbiol. 12, 274–284.

Mercante, J., Winchell, J., 2015. Current and emerging *Legionella* diagnostics for laboratory and outbreak investigations. Clin. Microbiol. Rev. 28, 95–133.

Newton, H.J., Ang, D.K., van Driel, I.R., et al., 2010. Molecular pathogenesis of infections caused by Legionella pneumophila. Clin. Microbiol. Rev. 23, 274–298.

Okaro, U., Addisu, A., Casanas, B., Anderson, B., 2017. *Bartonella* species, an emerging cause of blood-culture negative endocarditis. Clin. Microbiol. Rev. 30, 709–746.

Pappas, G., Akritidis, N., Bosilkovski, M., et al., 2005. Brucellosis. N. Engl. J. Med. 352, 2325–2336.

Prutsky, G., Domecq, J.P., Mori, L., et al., 2013. Treatment outcomes of human bartonellosis: a systematic review and meta-analysis. Int. J. Infect Dis. 17, e811–e819.

Staples, J.E., Kubota, K.A., Chalcraft, L.G., et al., 2006. Epidemiologic and molecular analysis of human tularemia, United States, 1964–2004. Emerg. Infect Dis. 12, 1113–1118.

Yeung, K.H.T., Duclos, P., Nelson, E., Hutubessy, R., 2017. An update of the global burden of pertussis in children younger than 5 years: a modelling study. Lancet. Infect Dis. 17, 974–980.

30 Clostridium

O gênero *Clostridium* consiste em uma grande coleção heterogênea de bacilos anaeróbios formadores de esporos. Patógenos tais como *C. tetani* e *C. botulinum*, agentes responsáveis por tétano e botulismo, respectivamente, são bem reconhecidos e têm significado histórico. A doença causada por *C. difficile* evoluiu nos últimos anos como uma complicação infecciosa do uso de antibacterianos, tanto no ambiente hospitalar quanto na comunidade. Outras espécies de *Clostridium* também são patógenos bem reconhecidos.

1. *Clostridium perfringens* é uma causa importante de mionecrose. Quais fatores de virulência são responsáveis por essa doença?
2. A intoxicação alimentar causada por *C. perfringens* e *C. botulinum* é causada pela ingestão de toxinas (intoxicação). Compare as manifestações clínicas dessas duas doenças.
3. Qual doença é causada por *C. septicum* e qual população de pacientes é a mais suscetível?

RESUMOS Organismos clinicamente significativos

CLOSTRIDIUM DIFFICILE

Palavras-chave

Formador de esporo, carreamento fecal, toxinas A e B, diarreia associada a antibacterianos, colite pseudomembranosa

Biologia e virulência

- Bacilos grandes anaeróbios caracterizados por abundante formação de esporos, crescimento rápido e produção de ácidos graxos voláteis
- A maioria das cepas produz duas toxinas: uma enterotoxina que atrai os neutrófilos e estimula a liberação de citocinas, além de uma citotoxina que aumenta a permeabilidade da parede intestinal e diarreia subsequente
- A formação de esporos permite a resistência do organismo no ambiente hospitalar e a resistência às medidas de descontaminação
- Resistência a antibacterianos, tais como clindamicina, cefalosporinas e fluoroquinolonas, permite ao *C. difficile* induzir o crescimento excessivo de bactérias intestinais normais em pacientes expostos a esses antibacterianos e produzir doenças

Epidemiologia

- Coloniza os intestinos de uma pequena proporção de indivíduos saudáveis (< 5%)
- A exposição a antibacterianos está associada ao crescimento excessivo de *C. difficile* e doença subsequente (infecção endógena)

Doenças

- Diarreia associada a antibacterianos: diarreia aguda que geralmente se desenvolve de 5 a 10 dias após o início do tratamento com antibacterianos; pode ser breve e autolimitada ou mais demorada com crises recorrentes de diarreia
- Colite pseudomembranosa: a forma mais grave da doença causada por *C. difficile*, com diarreia profusa, cólicas abdominais e febre; placas esbranquiçadas (pseudomembranas) se formam sobre o tecido colônico intacto; pode progredir para a morte

Diagnóstico

- A doença causada por *C. difficile* é confirmada pela detecção de citotoxina ou enterotoxina ou dos genes da toxina nas fezes do paciente

Tratamento, prevenção e controle

- O antibacteriano envolvido deve ser descontinuado
- O tratamento com metronidazol ou vancomicina deve ser usado em doenças graves; transplantes fecais de bactérias do cólon de indivíduos saudáveis podem ser utilizados para tratar doença recorrente
- A recidiva é comum porque os antibacterianos não matam os esporos; um segundo regime terapêutico com o mesmo antibacteriano é geralmente bem-sucedido, embora múltiplos tratamentos possam ser necessários
- O leito hospitalar deve ser cuidadosamente limpo depois de o paciente infectado receber alta hospitalar

CLOSTRIDIUM PERFRINGENS

Palavras-chave

Formador de esporos, mionecrose, sepse, intoxicação alimentar

Biologia e virulência

- Grandes bacilos gram-positivos com esporos raramente observados
- Morfologia distinta da colônia e rápido crescimento
- Produz muitas toxinas e enzimas que lisam as células sanguíneas e destroem os tecidos, levando a doenças tais como sepse fulminante, hemólise massiva e mionecrose
- Produz uma enterotoxina sensível ao calor que se liga aos receptores no epitélio do intestino delgado levando à perda de fluidos e íons (diarreia aquosa)

Epidemiologia

- Onipresente; presente no solo, na água e no trato intestinal de humanos e animais
- As cepas tipo A são responsáveis pela maioria das infecções humanas

Doenças

- Intoxicação alimentar associada à contaminação de produtos derivados de carne (carne bovina, aves, caldos) mantidos a temperaturas entre 5 e 60°C, o que permite o crescimento de um número abundante de organismos
- Infecções de tecidos moles normalmente associadas à contaminação bacteriana de feridas ou trauma localizado

Diagnóstico

- Identificados de maneira confiável em amostras de tecido coradas pelo Gram (bacilos gram-positivos, grandes e retangulares)
- Cresce rapidamente em cultura com morfologia característica de colônias e padrão hemolítico

Tratamento, prevenção e controle

- O tratamento rápido é essencial para infecções graves
- Infecções graves necessitam de desbridamento cirúrgico acompanhado de terapia com altas doses de penicilina
- Tratamento sintomático para intoxicação alimentar
- Prevenção da maioria das infecções com o tratamento adequado de feridas e uso criterioso de antibacterianos profiláticos

Continua

> **RESUMOS** Organismos clinicamente significativos *(continuação)*

CLOSTRIDIUM TETANI

Palavras-chave

Formador de esporo, ambiental, neurotoxina, feridas contaminadas, tétano, vacina

Biologia e virulência

- Organismo extremamente sensível ao oxigênio, o que dificulta a detecção por cultura
- O principal fator de virulência é a tetanoespasmina, que é uma neurotoxina termolábil que bloqueia a liberação de neurotransmissores para sinapses inibitórias (ou seja, ácido gama-aminobutírico, glicina)

Epidemiologia

- Onipresente; os esporos são encontrados na maioria dos solos e podem colonizar o sistema digestório de seres humanos e animais
- A exposição aos esporos é comum, mas a doença é incomum, exceto nos países em desenvolvimento, em que há pouco acesso à vacina e aos cuidados médicos
- O risco é maior para indivíduos com imunidade inadequada induzida pela vacina
- A doença não induz imunidade

Doenças

- A doença se caracteriza por espasmos musculares persistentes e envolvimento do sistema nervoso autônomo

Diagnóstico

- O diagnóstico é baseado na apresentação clínica e não em testes laboratoriais
- A microscopia e a cultura não apresentam sensibilidade e geralmente a toxina tetânica e os anticorpos não são detectados

Tratamento, prevenção e controle

- O tratamento requer a combinação de desbridamento de feridas, antibioticoterapia (penicilina, metronidazol), imunização passiva com globulina antitoxina e vacinação com toxoide tetânico
- Prevenção com o uso da vacinação, consistindo em três doses de toxoide tetânico, seguidas de doses de reforço a cada 10 anos

CLOSTRIDIUM BOTULINUM

Palavras-chave

Formador de esporo, ambiental, neurotoxina, botulismo alimentar e infantil, ausência de vacinas

Biologia e virulência

- Várias toxinas botulínicas distintas são produzidas, com doenças humanas causadas mais comumente por tipos A e B; tipos E e F também estão associados à doença
- A toxina botulínica impede a liberação do neurotransmissor acetilcolina, bloqueando a neurotransmissão na sinapse colinérgica periférica, que leva à paralisia flácida

Epidemiologia

- Esporos de *C. botulinum* são encontrados no solo em todo o mundo
- Relativamente poucos casos de botulismo nos EUA, mas ainda é prevalente nos países em desenvolvimento
- Botulismo infantil mais comum do que outras formas nos EUA; associado à ingestão de solos ou alimentos contaminados (particularmente mel)

Doenças

- O botulismo alimentar é caracterizado por visão embaçada, boca seca, constipação intestinal e dor abdominal, com fraqueza progressiva dos músculos periféricos e paralisia flácida
- O botulismo infantil começa com sintomas inespecíficos, mas progride para a paralisia flácida
- Outras formas de botulismo incluem o botulismo por feridas e o botulismo por inalação

Diagnóstico

- O diagnóstico de botulismo alimentar é confirmado se a atividade da toxina for demonstrada na comida envolvida ou no soro, fezes ou fluido gástrico do paciente
- O botulismo infantil é confirmado se a toxina for detectada nas fezes ou no soro do lactente ou no organismo cultivado a partir das fezes
- O botulismo por feridas é confirmado se a toxina é detectada no soro ou na ferida do paciente ou no organismo cultivado a partir da ferida

Tratamento, prevenção e controle

- O tratamento envolve a combinação da administração de metronidazol ou penicilina, antitoxina botulínica trivalente e suporte ventilatório
- A germinação de esporos em alimentos é inibida mantendo-se os alimentos a um pH ácido, com um alto conteúdo de açúcares (p. ex., conservas de frutas) ou por armazenamento dos alimentos a 4°C ou em temperaturas mais frias
- A toxina é termolábil; portanto, pode ser destruída pelo aquecimento dos alimentos por 10 minutos em temperaturas de 60 a 100°C

Historicamente, a coleção de todos os bacilos gram-positivos anaeróbios capazes de formar **endósporos** pertencia ao gênero *Clostridium*; entretanto, membros clinicamente significativo do gênero podem ser classificados erroneamente por esses critérios. Os esporos são apenas raramente demonstrados em algumas espécies (*C. perfringens*, *C. ramosum*), algumas espécies são aerotolerantes e podem crescer em meios contendo ágar expostos ao ar (p. ex., *C. tertium*, *C. histolyticum*) e algumas bactérias do gênero *Clostridium* são consistentemente gram-negativas (p. ex., *C. ramosum*, *C. clostridioforme*). Não é surpreendente que o uso de técnicas de sequenciamento de genes levou a uma reorganização dessa coleção heterogênea de organismos em uma variedade de novos gêneros; entretanto, a maioria das espécies clinicamente significativas está reunida no grupo de homologia I e permanece no gênero *Clostridium*. Essas bactérias são o foco deste capítulo (Tabela 30.1).

O gênero *Clostridium* é constituído por bactérias **ubíquas** no solo, água e esgoto. Fazem parte da população microbiana normal nos sistemas digestórios de animais e seres humanos. A maioria das bactérias desse gênero é saprófita inofensiva, mas algumas são patógenos humanos bem reconhecidos, com um histórico claramente documentado de agentes causadores de doenças, incluindo **diarreia** e colite (*C. difficile*), **intoxicação alimentar** (*C. perfringens*), **tétano** (*C. tetani*), **botulismo** (*C. botulinum*) e **mionecrose (gangrena gasosa)** (*C. perfringens*, *C. septicum*, *C. sordellii*) (Tabela 30.2; Boxe 30.1). A notável capacidade dessas bactérias em causar doenças é atribuída à (1) capacidade delas de sobreviver a condições ambientais adversas através da formação de esporos; (2) crescimento rápido em um ambiente nutricionalmente enriquecido, privado de oxigênio; e (3) produção de inúmeras toxinas histolíticas, enterotoxinas e neurotoxinas.

Clostridium difficile

FISIOLOGIA E ESTRUTURA

Clostridium difficile é um bacilo anaeróbio de grandes dimensões (0,5 a 1,9 × 3,0 a 17 μm) que forma esporos *in vivo* e em cultura. O organismo cresce rapidamente em cultura, embora as células vegetativas (ou seja, células sem esporos) morram rapidamente quando expostas ao oxigênio. *Clostridium difficile* produz uma variedade de ácidos graxos voláteis que produzem um odor característico de "galinheiro" na cultura.

Tabela 30.1 Bactérias importantes do gênero *Clostridium*.

Organismo	Derivação histórica
Clostridium	*closter*, um fuso
C. botulinum	*botulus*, salsicha (o primeiro grande surto foi associado à salsicha insuficientemente defumada)
C. difficile	*difficile*, difícil (difícil de isolar e crescer; refere-se à sensibilidade extrema desse organismo ao oxigênio)
C. perfringens	*perfringens*, rompimento (associado à necrose tecidual altamente invasiva)
C. septicum	*septicum*, putrefação (associado à sepse e a uma alta mortalidade)
C. tertium	*tertium*, terceiro (historicamente, o terceiro anaeróbio mais comumente isolado de feridas de guerra)
C. tetani	*tetani*, relacionado à tensão (a doença causada por esse organismo é caracterizada por espasmos musculares)

Tabela 30.2 Espécies patogênicas de *Clostridium* e as doenças humanas associadas.[a]

Espécie	Doença humana	Frequência
C. difficile	Diarreia associada aos antibacterianos, colite pseudomembranosa	Comum
C. perfringens	Infecções de tecidos moles (p. ex., celulite, miosite supurativa, mionecrose, gangrena gasosa), intoxicação alimentar, enterite necrótica, septicemia	Comum
C. septicum	Gangrena gasosa, septicemia	Incomum
C. botulinum	Botulismo	Incomum
C. tetani	Tétano	Incomum
C. tertium	Infecções oportunísticas	Incomum
C. sordellii	Gangrena gasosa, síndrome do choque séptico	Incomum

[a]Outras espécies de *Clostridium* estão associadas a doenças humanas, mas principalmente com patógenos oportunistas ou raramente observados. Além disso, algumas espécies (p. ex., *C. clostridioforme, C. inocuum, C. ramosum*) são comumente isoladas, mas raramente associadas a doenças.

PATOGÊNESE E IMUNIDADE

Clostridium difficile produz duas toxinas: uma **enterotoxina (toxina A)** e uma **citotoxina (toxina B)**. A enterotoxina é quimiotática para neutrófilos, estimulando a infiltração de neutrófilos polimorfonucleares no íleo com liberação de citocinas. A toxina A também produz um efeito citopático, resultando em ruptura da junção estreita entre as células, aumento da permeabilidade da parede intestinal e subsequente diarreia. A citotoxina promove a despolimerização da actina, com destruição resultante do citoesqueleto celular, tanto *in vivo* como *in vitro*. Embora ambas as toxinas pareçam interagir sinergisticamente na patogênese da enfermidade, os isolados negativos para a enterotoxina A ainda podem ocasionar a doença. Além disso, a produção de uma ou ambas as toxinas por si só não parece ser suficiente para as doenças (p. ex., carreamento de *C. difficile* e altos níveis de toxinas são comuns em crianças pequenas, embora a doença seja rara). As "proteínas da camada superficial" de bactérias são importantes para a ligação de *C. difficile* ao epitélio intestinal, levando à produção localizada de toxinas e dano tecidual subsequente.

Boxe 30.1 Doenças causadas pelo gênero *Clostridium*: resumos clínicos.

Clostridium difficile

Diarreia associada a antibacterianos: diarreia aguda que em geral se desenvolve de 5 a 10 dias após o início do tratamento com antibacterianos (particularmente clindamicina, penicilinas, cefalosporinas, fluoroquinolonas); pode ser breve e autolimitada ou mais prolongada

Colite pseudomembranosa: forma mais grave da doença causada por *C. difficile*, com diarreia profusa, cólicas abdominais e febre; placas esbranquiçadas (pseudomembranas) sobre o tecido intacto do cólon observado na colonoscopia

Clostridium perfringens

Infecções dos tecidos moles

Celulite: edema localizado e eritema com formação de gás nos tecidos moles; geralmente não dolorosa

Miosite supurativa: acúmulo de pus (supuração) nos planos musculares, sem necrose muscular ou sintomas sistêmicos

Mionecrose: destruição rápida e dolorosa do tecido muscular; disseminação sistêmica com alta mortalidade

Gastrenterite

Intoxicação alimentar: início rápido de cólicas abdominais e diarreia aquosa sem febre, náuseas ou vômito; duração curta e autolimitada

Enterite necrosante: destruição aguda e necrosante do jejuno, com dor abdominal, vômitos, diarreia sanguinolenta e peritonite

Clostridium tetani

Tétano generalizado: espasmos generalizados da musculatura e envolvimento do sistema nervoso autônomo em doenças graves (p. ex., arritmias cardíacas, flutuações na pressão sanguínea, transpiração profunda, desidratação)

Tétano localizado: espasmos de musculatura restritos à área localizada da infecção primária

Tétano neonatal: infecção neonatal envolvendo principalmente o coto umbilical; mortalidade muito alta

Clostridium botulinum

Botulismo de origem alimentar: apresentação inicial de visão turva, boca seca, constipação intestinal e dor abdominal; progride para fraqueza descendente bilateral dos músculos periféricos, com paralisia flácida

Botulismo infantil: sintomas inicialmente inespecíficos (p. ex., constipação intestinal, grito fraco, retardo do desenvolvimento) que progridem para a paralisia flácida e parada respiratória

Botulismo de feridas: apresentação clínica igual ao observado em doenças adquiridas por alimentos, embora o período de incubação seja mais longo e sintomas gastrintestinais menores sejam relatados

Botulismo por inalação: início rápido dos sintomas (paralisia flácida, insuficiência pulmonar) e alta mortalidade por exposição à inalação da toxina botulínica

EPIDEMIOLOGIA

Clostridium difficile faz parte da microbiota intestinal normal em um pequeno número de indivíduos saudáveis e pacientes hospitalizados. Ao contrário da ideia original de que a doença causada por *C. difficile* é restrita a pacientes hospitalizados, reconhece-se atualmente que uma proporção de indivíduos com enfermidade causada por esse patógeno desenvolve a doença sintomática fora do ambiente hospitalar. A maioria desses pacientes apresenta um histórico recente de exposição a uma unidade de atendimento em saúde, na qual adquiriram a infecção por *C. difficile*. A doença se desenvolve em pessoas que tomam antibacterianos, porque os medicamentos alteram a microbiota entérica normal, quer permitindo o crescimento excessivo desses organismos relativamente resistentes ou fazendo com que o paciente se torne mais suscetível à aquisição exógena de *C. difficile*. A doença ocorre se os organismos proliferam no cólon e produzem suas toxinas.

DOENÇAS CLÍNICAS

Até meados da década de 1970, a importância clínica de *C. difficile* não era reconhecida (ver Boxe 30.1). Esse organismo era isolado com pouca frequência em culturas fecais e seu papel na doença era desconhecido. Estudos sistemáticos mostram atualmente que *C. difficile*, produtor de toxinas, é a causa mais comum de doenças gastrintestinais associadas a antibacterianos, que variam desde uma diarreia relativamente benigna, autolimitada à colite pseudomembranosa grave, com risco à vida (Figuras 30.1 e 30.2) (Caso Clínico 30.1).

Em 2003, a doença causada por uma cepa altamente virulenta (referida como O27) de *C. difficile* foi relatada na comunidade e em hospitais no Canadá, nos EUA e na Europa. Essa cepa foi responsável por doenças mais graves, uma alta taxa de mortalidade, aumento do risco de recidiva e mais complicações. Inicialmente, acreditava-se que esse aumento da virulência estava relacionado com o aumento da produção de toxinas, combinado à presença de uma segunda toxina, a **toxina binária**. No entanto, é reconhecido atualmente que a virulência de *C. difficile* é mais complexa e não pode ser atribuída a genótipos específicos; ao contrário, é atribuída a múltiplos fenótipos virulentos.

DIAGNÓSTICO LABORATORIAL

O isolamento de *C. difficile* na cultura de fezes demonstra a colonização, mas não a doença, portanto o diagnóstico é confirmado por demonstração da enterotoxina ou citotoxina

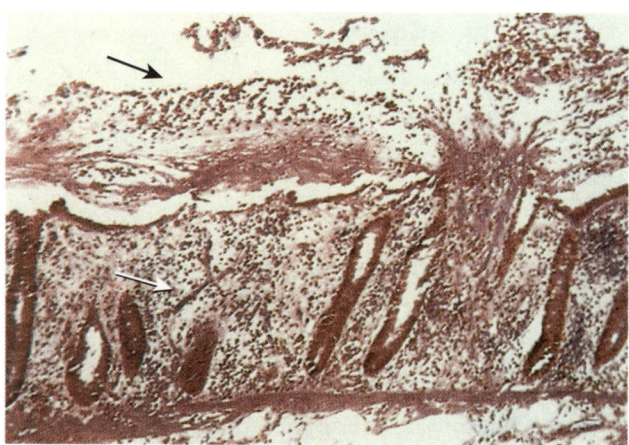

Figura 30.2 Colite associada a antibacterianos causada por *Clostridium difficile*. Um corte histológico do cólon mostra uma intensa resposta inflamatória, com a "placa" característica *(seta preta)* sobrepondo-se à mucosa intestinal intacta *(seta branca)* (coloração de hematoxilina e eosina). (De Lambert, H.P., Farrar, W.E. (Eds.), 1982. Infectious Diseases Illustrated. Gower, London, UK.)

Caso Clínico 30.1 Colite causada por *Clostridium difficile*

Limaye et al. (*J Clin Microbiol* 38:1696, 2000) descreveram a apresentação clássica da doença causada por *C. difficile* em um homem de 60 anos que recebeu um transplante de fígado 5 anos antes de sua admissão hospitalar para avaliação de dor abdominal aguda e diarreia grave. Três semanas antes da admissão, ele recebeu um tratamento de 10 dias com sulfametoxazol-trimetoprima VO para sinusite. No exame físico, o paciente estava febril e tinha sensibilidade abdominal. O exame de tomografia computadorizada do abdome revelou espessamento de cólon direito, mas sem abscesso. A colonoscopia mostrou numerosas placas esbranquiçadas e mucosa eritematosa friável, características consistentes com colite pseudomembranosa. A terapia empírica foi iniciada com metronidazol oral e levofloxacino intravenosa. Um imunoensaio para detecção da toxina A de *C. difficile* nas fezes foi negativo, mas a toxina de *C. difficile* foi observada tanto pelo ensaio de cultura e de citotoxicidade (demonstração do filtrado de fezes que promove a citotoxicidade nas culturas celulares, que por sua vez é neutralizada por antissoros específicos contra as toxinas de *C. difficile*). A terapia foi alterada para vancomicina oral e o paciente respondeu com resolução da diarreia e dor abdominal. Esse é um exemplo de doença grave causada por *C. difficile* após exposição aos antibacterianos em um paciente imunocomprometido, com uma apresentação característica de colite pseudomembranosa. Os problemas diagnósticos com imunoensaios são bem conhecidos e atualmente foram substituídos por ensaios baseados na reação em cadeia da polimerase que analisam os genes da toxina. O tratamento com metronidazol é atualmente preferido, embora a vancomicina seja uma alternativa aceitável.

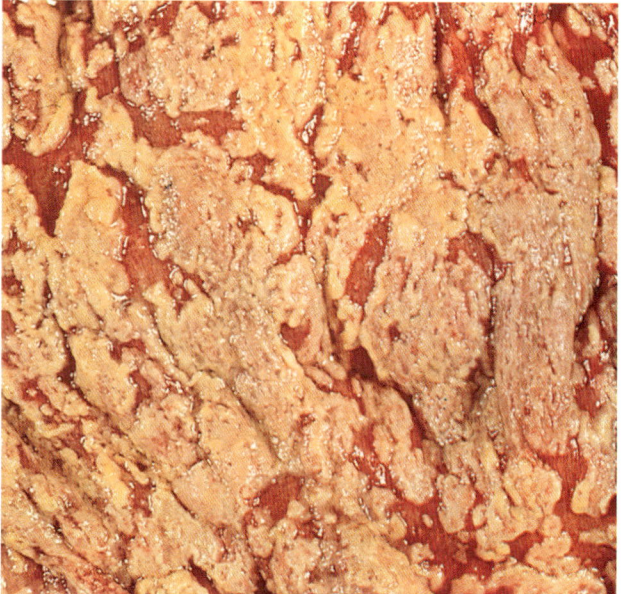

Figura 30.1 Colite associada a antibacterianos: corte macroscópico do lúmen do cólon. Observe as placas brancas de fibrina, muco e células inflamatórias que se sobrepõem à mucosa intestinal avermelhada normal.

em uma amostra de fezes de um paciente com sintomas clínicos compatíveis ou detecção dos genes que codificam as toxinas A e B de *C. difficile* diretamente em amostras clínicas por técnicas de amplificação de ácidos nucleicos. Ensaios moleculares comerciais com alta sensibilidade e especificidade estão disponíveis no momento e fornecem resultados dentro de algumas horas após a coleta da amostra.

TRATAMENTO, PREVENÇÃO E CONTROLE

A descontinuação do antibacteriano envolvido na doença (p. ex., ampicilina, clindamicina, fluoroquinolonas) é geralmente suficiente para aliviar enfermidades leves. Entretanto, a terapia específica com **metronidazol** ou **vancomicina** é necessária para o manejo terapêutico da diarreia grave ou colite. Podem ocorrer recidivas em 20 a 30% dos pacientes após a conclusão da terapia, pois apenas as formas vegetativas de *C. difficile* são mortas pelos antibacterianos; os esporos são resistentes. Um segundo regime de tratamento com o mesmo antibacteriano é frequentemente bem-sucedido, embora recidivas múltiplas sejam documentadas em alguns pacientes. Uma nova abordagem para tratar doenças recorrentes é infundir o conteúdo fecal de um doador saudável ("repovoar") nos intestinos do paciente doente. Sucesso notável com esses "transplantes fecais" tem sido demonstrado, ilustrando o fato de que *C. difficile* não se estabelece quando uma população entérica saudável de bactérias está presente. É difícil de prevenir a doença porque o organismo está comumente presente em ambientes hospitalares, particularmente em áreas adjacentes aos pacientes infectados (p. ex., camas, banheiros). Os esporos de *C. difficile* são difíceis de eliminar, a menos que medidas internas rigorosas sejam utilizadas. Assim, o organismo pode contaminar um ambiente por muitos meses e pode ser uma fonte importante de surtos nosocomiais da doença causada por *C. difficile*.

Clostridium perfringens

FISIOLOGIA E ESTRUTURA

Clostridium perfringens é um bacilo gram-positivo, retangular e de grandes dimensões (0,6 a 2,4 × 1,3 a 19,0 μm) (Figura 30.3), com **esporos raramente observados** *in vivo* ou após o cultivo *in vitro*, um achado característico importante que diferencia essa espécie da maioria dos outros clostrídios. As colônias de *C. perfringens* também são distintas, com seu crescimento rápido e disseminado em meios laboratoriais e β-hemólise em meios contendo sangue (Figura 30.4). A produção de uma ou mais toxinas "principais letais" por *C. perfringens* (toxinas alfa, beta, épsilon e iota) é utilizada para subdividir os isolados em cinco tipos (A a E).

PATOGÊNESE E IMUNIDADE

A **toxina alfa**, produzida por todos os cinco tipos de *C. perfringens*, é uma lecitinase (fosfolipase C) que lisa os eritrócitos, plaquetas, leucócitos e células endoteliais. Essa toxina medeia a hemólise maciça, aumento da permeabilidade vascular e hemorragia (aumentado pela destruição das plaquetas), destruição tecidual, toxicidade hepática e disfunção miocárdica (bradicardia, hipotensão). A **toxina beta** é responsável por estase intestinal, perda de mucosa com formação de lesões necróticas e progressão para a enterite necrosante. A **toxina épsilon**, que é uma pró-toxina, é ativada pela tripsina e aumenta a permeabilidade vascular da parede gastrintestinal. A **toxina iota** produzida por *C. perfringens* tipo E tem atividade necrótica e aumenta a permeabilidade vascular.

Clostridium perfringens produz **enterotoxina**, principalmente por cepas tipo A, cuja atividade é reforçada pela exposição à tripsina. A enterotoxina é produzida durante a transição

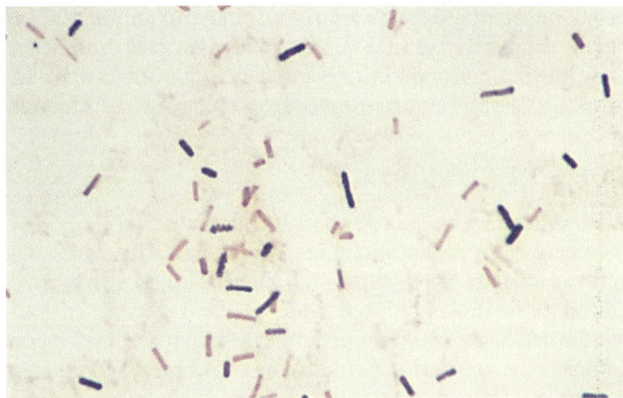

Figura 30.3 Coloração de Gram de *Clostridium perfringens* em uma amostra de ferida. Observe a forma retangular dos bacilos, a presença de muitos bacilos descorados que parecem gram-negativos e a ausência de esporos e células sanguíneas.

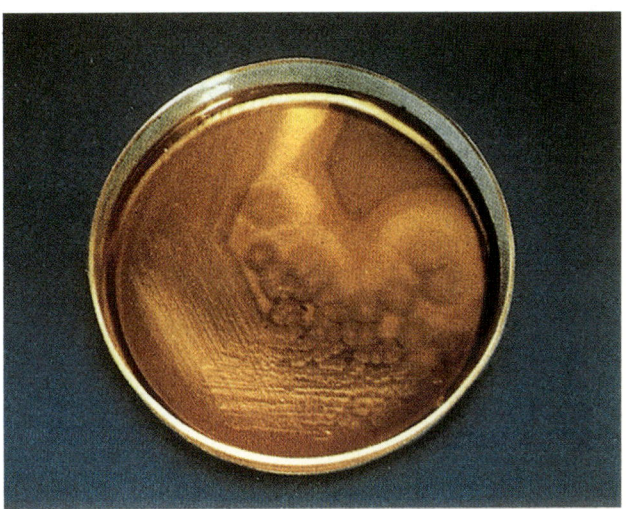

Figura 30.4 Crescimento de *Clostridium perfringens* em ágar-sangue de carneiro. Observe as colônias planas, espalhadas e a atividade hemolítica do organismo. A identificação presuntiva de *C. perfringens* pode ser feita pela detecção de uma zona de hemólise completa (causada pela toxina theta) e de uma zona mais ampla de hemólise parcial (causada pela toxina alfa), combinada com a morfologia microscópica característica.

de fase de células vegetativas para esporos e é liberada no ambiente alcalino do intestino delgado quando as células passam pelos estágios terminais de formação dos esporos **(esporulação)**. A enterotoxina liberada liga-se aos receptores na borda em escova da membrana do epitélio do intestino delgado, na região do íleo (principalmente) e do jejuno, mas não do duodeno. A inserção da toxina na membrana celular leva à alteração da permeabilidade de membrana celular e perda de fluidos e íons. A enterotoxina também atua como um superantígeno, estimulando a atividade dos linfócitos T.

EPIDEMIOLOGIA

Clostridium perfringens tipo A comumente habita o trato intestinal de seres humanos e animais e está amplamente distribuído na natureza, particularmente no solo e na água contaminada com fezes. Os esporos se formam em condições ambientais adversas e sobrevivem por períodos prolongados. As cepas dos tipos B a E não sobrevivem no solo, mas colonizam os tratos intestinais dos animais e, ocasionalmente, de seres humanos. *Clostridium perfringens*, particularmente do tipo A, é responsável por uma variedade de doenças, incluindo infecções dos tecidos moles, intoxicações alimentares, enterite necrosante e septicemia.

DOENÇAS CLÍNICAS

Clostridium perfringens é responsável por uma série de infecções de tecidos moles, incluindo **celulite** (Figura 30.5), fasciite ou **miosite** supurativa e **mionecrose** com formação de gás no tecido mole (gangrena gasosa). A mionecrose causada por *Clostridium* é mais comumente causada por *C. perfringens*, embora outras espécies, particularmente *C. septicum*, também podem produzir essa enfermidade. É uma doença com risco à vida, que ilustra o potencial de virulência total de espécies histotóxicas de *Clostridium*. O início da doença, caracterizado por dor intensa, geralmente se desenvolve dentro de 1 semana após a introdução de bactérias do gênero *Clostridium* nos tecidos por trauma ou cirurgia. O início é seguido rapidamente por uma extensa necrose muscular, choque, insuficiência renal e morte, muitas vezes dentro de 2 dias do início dos sintomas. O exame macroscópico do músculo revela o tecido necrótico desvitalizado. O gás encontrado no tecido é causado pela atividade metabólica da divisão rápida das bactérias (por isso, o nome **gangrena gasosa**). A coloração de Gram de tecido ou exsudato coletado da ferida de um paciente com mionecrose por *C. perfringens* revelará a presença de bacilos gram-positivos retangulares abundantes, com a ausência de células inflamatórias (resultante da lise por toxinas de *Clostridium*). As toxinas de *Clostridium* caracteristicamente causam hemólise extensa e hemorragia (ver Boxe 30.1).

A **intoxicação alimentar por *Clostridium*** (Caso Clínico 30.2), uma intoxicação relativamente comum, mas subvalorizada é caracterizada por (1) um curto período de incubação (8 a 12 horas); (2) uma apresentação clínica que inclua cólicas abdominais e diarreia aquosa, mas sem febre, náuseas ou vômitos; e (3) um curso clínico com duração inferior a 24 horas. A doença resulta da ingestão de produtos derivados da carne (p. ex., carne bovina, frango, peru, molho) contaminados com grandes números (10^8 a 10^9 organismos) de *C. perfringens* do tipo A produtores de enterotoxinas. Manter alimentos contaminados em temperaturas inferiores a 60°C permite a germinação e multiplicação de números elevados de esporos que sobreviveram ao processo de cozimento. A refrigeração rápida de alimentos após o preparo impede o crescimento dessa bactéria. Alternativamente, o reaquecimento do alimento a 74°C pode destruir a enterotoxina termolábil.

A **enterite necrosante** (também chamada **enterite necrosante** ou ***pig-bel***) é um processo necrosante raro no jejuno, caracterizado por dor abdominal aguda, vômitos, diarreia sanguinolenta, ulceração do intestino delgado e perfuração da parede intestinal, levando à peritonite e ao choque. A mortalidade em pacientes com essa infecção se aproxima de 50%. A toxina beta produzida por *C. perfringens* tipo C é responsável por essa doença. A enterite necrosante é mais comum em Papua Nova Guiné, com casos esporádicos relatados em outros países. A ocorrência resulta dos hábitos alimentares da população, em que a doença pode acompanhar o consumo tanto de carne suína quanto de batata doce contaminada e malcozida. A batata doce contém um inibidor de tripsina resistente ao calor que protege a toxina beta da inativação por tripsina. Outros fatores de risco para a doença são a exposição a grandes números de organismos e desnutrição (com perda da atividade proteolítica que inativa a toxina).

O isolamento de *C. perfringens* ou outras espécies de *Clostridium* em hemoculturas pode ser alarmante; entretanto, mais da metade dos isolados são clinicamente insignificantes,

> **Caso Clínico 30.2** Gastrenterite causada por *Clostridium perfringens*
>
> O Centro de Controle e Prevenção de Doenças relatou dois surtos de gastrenterite por *C. perfringens* associados à carne bovina embalada servida nas celebrações do Dia de São Patrício (*MMWR* 43:137, 1994). Em 18 de março de 1993, o Departamento de Saúde da cidade de Cleveland (Cleveland City Health Department) recebeu ligações telefônicas de 15 pessoas que adoeceram depois de comer carne enlatada adquirida de uma *delicatessen*. Após a divulgação do surto, 156 pessoas entraram em contato com o Departamento de Saúde com uma história semelhante. Além de uma história de diarreia, 88% das pessoas se queixaram de cólicas abdominais e 13% tiveram vômitos, que se desenvolveram em média 12 horas depois de comer esse tipo de carne. Uma investigação revelou que a *delicatessen* tinha comprado aproximadamente 635 quilos de carne crua, salgada e, em 12 de março, as porções de carne bovina em conserva foram fervidas por 3 horas, em seguida, resfriadas à temperatura ambiente e depois refrigeradas. Nos dias 16 e 17 de março, a carne foi removida do refrigerador, aquecida a 48,8°C e servida. As culturas da carne produziram mais de 10^5 colônias de *C. perfringens* por grama. O Departamento de Saúde recomendou que se a carne não for servida imediatamente após o cozimento, deve ser rapidamente resfriada em gelo e refrigerada. Antes de ser servida, deve ser aquecida a pelo menos 74°C para destruir a enterotoxina termossensível.

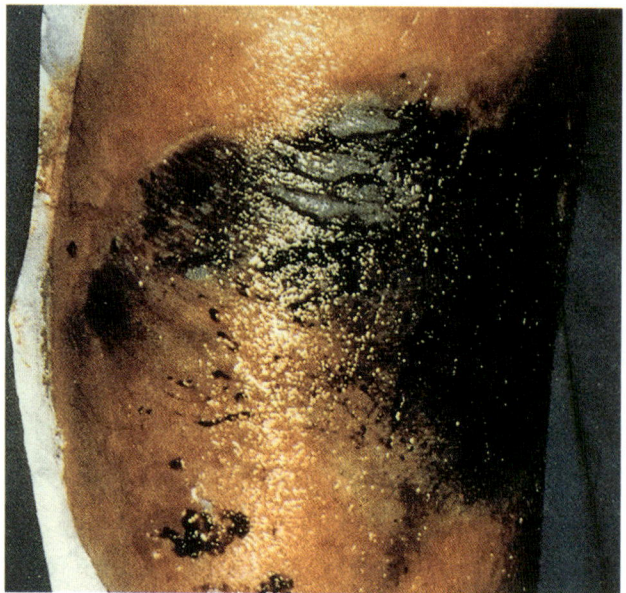

Figura 30.5 Celulite causada por *Clostridium*. Os clostrídios podem ser introduzidos no tecido durante uma cirurgia ou por uma lesão traumática. Esse paciente sofreu uma fratura exposta da tíbia. Cinco dias após a lesão, a pele tornou-se descorada, com desenvolvimento de bolhas e necrose. Um exsudato soro sanguíneo e gás subcutâneo estavam presentes, mas não havia evidências de necrose muscular. O paciente teve uma recuperação sem problemas. (De Lambert, H., Farrar, W. (Eds.), 1982. Infectious Diseases Illustrated. Gower, London, UK.)

representando uma bacteriemia transitória ou, mais provavelmente, a contaminação da cultura com clostrídios colonizando a pele. Pacientes com **septicemia** clinicamente significativa que complica outras infecções (p. ex., mionecrose, enterite necrosante) geralmente manifestam de maneira substancial hemólise maciça e choque séptico fulminante.

DIAGNÓSTICO LABORATORIAL

O laboratório desempenha um papel confirmatório no diagnóstico de doenças dos tecidos moles causadas por *Clostridium*, porque a terapia deve ser iniciada imediatamente. A detecção microscópica de bacilos gram-positivos em amostras clínicas, geralmente na ausência de leucócitos, pode ser um achado muito útil porque esses organismos têm uma morfologia característica. É também relativamente simples cultivar esses anaeróbios. Em condições apropriadas, *C. perfringens* divide-se a cada 8 a 10 minutos, portanto o crescimento em meios de ágar ou em caldos de hemocultura pode ser detectado após a incubação por apenas algumas horas. O papel de *C. perfringens* em intoxicações alimentares é documentado pela recuperação de mais de 10^5 organismos por grama de alimento ou mais de 10^6 bactérias por grama de fezes coletadas 1 dia após o início da doença. Também foram desenvolvidos imunoensaios para a detecção da enterotoxina em amostras fecais. No entanto, a intoxicação alimentar por *Clostridium* é principalmente um diagnóstico clínico e a cultura ou os imunoensaios não são comumente usados.

TRATAMENTO, PREVENÇÃO E CONTROLE

As infecções de tecidos moles por *C. perfringens*, tais como miosite supurativa e mionecrose, devem ser tratadas de maneira agressiva com **desbridamento cirúrgico** e **terapia com altas doses de penicilina**. O tratamento hiperbárico com oxigênio é utilizado para o manejo dessas infecções; entretanto, os resultados são inconclusivos. Apesar de todas as medidas terapêuticas, os prognósticos em pacientes com essas doenças são desfavoráveis, com mortalidade relatada de 40 a quase 100%. De menor gravidade, infecções localizadas do tecido mole podem ser tratadas com sucesso pelo desbridamento e administração de penicilina.

A intoxicação alimentar por *Clostridium* é tratada por reidratação oral e, em casos graves, fluidos intravenosos e eletrólitos. A terapia com antibacterianos não é recomendada porque se trata de uma doença autolimitada (ou seja, a diarreia remove as bactérias dos intestinos e a microbiota intestinal normal se restabelece).

A exposição à bactéria *C. perfringens* é difícil de evitar porque os organismos são onipresentes. A doença requer a introdução do organismo em tecidos desvitalizados e a manutenção de um ambiente anaeróbio favorável ao crescimento bacteriano. Assim, o tratamento adequado de feridas e o uso criterioso de antibacterianos profiláticos podem auxiliar a prevenir a maioria das infecções.

Clostridium tetani

FISIOLOGIA E ESTRUTURA

Clostridium tetani é um bacilo formador de esporos, de grandes dimensões (0,5 a 2 × 2 a 18 μm) e móvel. O organismo produz esporos arredondados e terminais que proporcionam um aspecto de baqueta. Ao contrário de *C. perfringens*, *C. tetani* é difícil de crescer, pois é um organismo extremamente sensível à toxicidade pelo oxigênio; quando o crescimento é detectado em meios com ágar, normalmente aparece como um filme sobre a superfície do ágar em vez de colônias discretas. As bactérias são proteolíticas, mas incapazes de fermentar carboidratos.

PATOGÊNESE E IMUNIDADE

Embora as células vegetativas de *C. tetani* sejam eliminadas rapidamente quando expostas ao oxigênio, a formação de esporos permite que o organismo sobreviva nas condições mais adversas. De maior importância, é o fato de que *C. tetani* produz duas toxinas, uma hemolisina lábil na presença de oxigênio **(tetanolisina)** e uma neurotoxina termolábil, codificada por plasmídio **(tetanoespasmina)**. O plasmídio portador do gene da tetanoespasmina é não conjugativo, portanto, uma cepa não tóxica de *C. tetani* não pode ser convertida a uma cepa toxigênica. A tetanolisina é sorologicamente relacionada com a estreptolisina O e às hemolisinas produzidas por *C. perfringens* e *Listeria monocytogenes*; entretanto, o significado clínico da tetanolisina é desconhecido, porque é inibida pelo oxigênio e pelo colesterol sérico.

A tetanoespasmina é produzida durante a fase estacionária de crescimento, liberada quando a célula é lisada e responsável pelas manifestações clínicas do tétano. A tetanoespasmina (uma **toxina A-B**) é sintetizada como um único peptídio de 150.000-Da, que é clivado em uma subunidade leve (cadeia A) e uma subunidade pesada (cadeia B) por uma protease endógena quando a célula libera a neurotoxina. Uma ligação dissulfeto e forças não covalentes mantêm as duas cadeias unidas. O domínio de ligação ao carboidrato presente na porção do terminal carboxila da cadeia pesada (100.000-Da) liga-se aos receptores específicos de ácido siálico (p. ex., polisialogangliosídeos) e glicoproteínas adjacentes na superfície dos neurônios motores. As moléculas intactas da toxina são internalizadas em vesículas endossomais e transportadas no axônio do neurônio para o corpo do neurônio motor localizado na medula espinal. Nesse local, o endossomo se torna acidificado, resultando em uma mudança conformacional no domínio N-terminal da cadeia pesada, a inserção na membrana do endossomo e passagem da cadeia leve da toxina para o citoplasma da célula. A cadeia leve é uma **zinco-endopeptidase** que cliva as proteínas centrais envolvidas no transporte e liberação de neurotransmissores. Especificamente, a tetanoespasmina **inativa as proteínas que regulam a liberação dos neurotransmissores inibitórios,** glicina e ácido gama-aminobutírico (GABA). Essa ação leva a uma atividade sináptica excitatória não regulada nos neurônios motores, resultando em **paralisia espástica**. A ligação da toxina é irreversível, portanto, a recuperação depende da formação de novos terminais axonais.

EPIDEMIOLOGIA

Clostridium tetani é **onipresente**. É encontrado em solo fértil e de maneira transitória coloniza os sistemas digestórios de muitos animais, incluindo seres humanos. As formas vegetativas de *C. tetani* são extremamente suscetíveis à toxicidade do oxigênio, mas os organismos esporulam facilmente e podem sobreviver na natureza por um longo tempo.

A doença é relativamente rara nos EUA em razão da alta incidência de imunidade induzida pela vacina. Apenas 33 casos foram relatados em 2017 e a doença ocorre principalmente em pacientes idosos com imunidade em declínio. Entretanto, o tétano ainda é responsável por muitas mortes nos países em desenvolvimento em que a vacinação não está disponível ou as práticas médicas são falhas. Estima-se que ocorram mais de 1 milhão de casos no mundo inteiro, com uma taxa de mortalidade que varia de 30 a 50%. Pelo menos a metade das mortes ocorre em recém-nascidos.

DOENÇAS CLÍNICAS

O período de incubação do tétano varia de alguns dias a semanas. A duração do período de incubação está diretamente relacionada com a distância da infecção primária da ferida do sistema nervoso central (Caso Clínico 30.3; ver Boxe 30.1).

O **tétano generalizado** é a forma mais comum. O comprometimento dos músculos masseter (trismo ou mandíbula) é o sinal clínico na maioria dos pacientes. O sorriso sardônico característico que resulta da contração sustentada dos músculos faciais é conhecido como *risus sardonicus* (Figura 30.6). Outros sinais precoces são sialorreia, sudorese, irritabilidade e espasmos lombares persistentes (opistótonos) (Figura 30.7). O sistema nervoso autônomo está envolvido em pacientes com doença mais grave; os sinais e sintomas incluem arritmias cardíacas, flutuações na pressão arterial, sudorese profunda e desidratação.

Outra forma de doença causada por *C. tetani* é o **tétano localizado**, em que a doença permanece confinada à musculatura no sítio de infecção primária. Uma variante é o **tétano cefálico**, no qual o sítio primário da infecção é a cabeça. Em contraste ao prognóstico para pacientes com tétano localizado, o prognóstico para pacientes com tétano cefálico é bastante desfavorável.

O **tétano neonatal** (*tetanus neonatorum*) é tipicamente associado a uma infecção inicial do coto umbilical que progride para uma forma generalizada. A mortalidade em crianças é superior a 90% e defeitos no desenvolvimento estão presentes nos sobreviventes. O tétano neonatal é uma doença quase exclusivamente observada nos países em desenvolvimento.

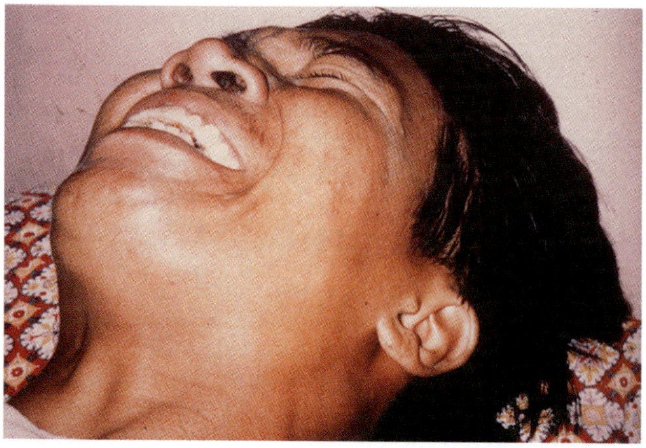

Figura 30.6 Espasmo facial e riso sardônico em paciente com tétano. (De Cohen, J., Powderly, W.G., Opal, S.M., 2010. Infectious Diseases, third ed. Mosby, Philadelphia, PA.)

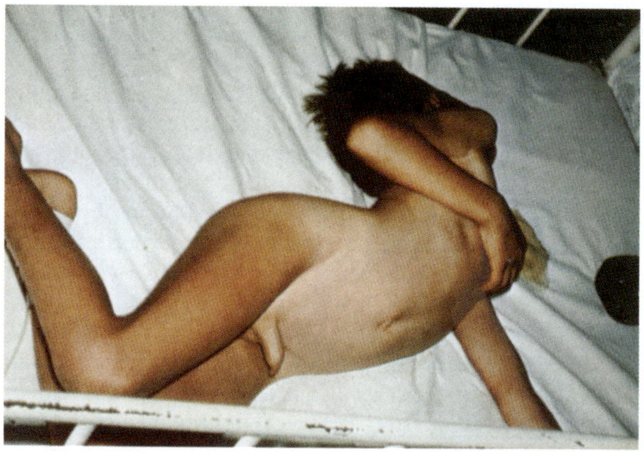

Figura 30.7 Criança com tétano e opistótono resultantes de espasmos persistentes dos músculos lombares. (De Emond, R.T., Rowland, H.A.K., Welsby, P., 1995. Colour Atlas of Infectious Diseases, third ed. Wolfe, London, UK.)

Caso Clínico 30.3 Tétano

Uma história típica de um paciente com tétano é descrita a seguir (CDC, *MMWR* 51:613-615, 2002). Um homem de 86 anos procurou atendimento médico para cuidar de um ferimento de farpa em sua mão direita, adquirido 3 dias antes, durante uma tarefa de jardinagem. Ele não foi tratado com a vacina do toxoide tetânico ou com a imunoglobulina contra o tétano. Sete dias depois do ocorrido, o paciente desenvolveu faringite e 3 dias após essa infecção, ele retornou ao hospital local com dificuldade na fala, deglutição e respiração, além de dores no peito e desorientação. Ele foi admitido no hospital com o diagnóstico de AVE. Em seu quarto dia de internação hospitalar, o paciente desenvolveu rigidez no pescoço e insuficiência respiratória, exigindo traqueostomia e ventilação mecânica. Ele foi transferido para a unidade de terapia intensiva, onde o diagnóstico clínico do tétano foi realizado. Apesar do tratamento com toxoide tetânico e imunoglobulina, o paciente foi a óbito 1 mês após a admissão no hospital. Este caso ilustra que o *Clostridium tetani* é onipresente no solo e pode contaminar feridas relativamente pequenas; também ilustra a progressão contínua da doença neurológica em pacientes não tratados.

DIAGNÓSTICO LABORATORIAL

O diagnóstico do tétano, como realizado para a maioria das outras doenças causadas por espécies de *Clostridium*, é feito com base na manifestação clínica. A detecção microscópica de *C. tetani* ou a recuperação na cultura é útil, mas frequentemente não é bem-sucedida. Os resultados da cultura são positivos em apenas cerca de 30% dos pacientes com tétano, porque a doença pode ser causada por relativamente poucos organismos e as bactérias de crescimento lento são mortas rapidamente quando expostas ao ar. Nem a toxina tetânica nem os anticorpos contra a toxina são detectáveis no paciente, pois a toxina se liga rapidamente aos neurônios motores e é internalizada. Se o microrganismo for recuperado em cultura, a produção de toxina pelo isolado pode ser confirmada pelo teste de neutralização da antitoxina tetânica em ratos (um procedimento realizado somente nos laboratórios de referência em saúde pública).

TRATAMENTO, PREVENÇÃO E CONTROLE

A mortalidade associada ao tétano diminuiu constantemente ao longo do século passado, resultando em grande parte na redução da incidência de tétano nos EUA. A maior mortalidade é observada em recém-nascidos e em pacientes nos quais o período de incubação é inferior a 1 semana.

O tratamento do tétano requer o **desbridamento** da ferida primária (que pode parecer inócua), uso de **penicilina** ou **metronidazol** para matar as bactérias e reduzir a produção de toxina, a **imunização passiva** com imunoglobulina humana contra o tétano para neutralizar a toxina não ligada e a vacinação com o toxoide do tétano (porque a infecção não confere imunidade). O metronidazol e a penicilina têm atividade equivalente contra C. tetani; entretanto, alguns recomendam o tratamento com metronidazol porque a penicilina, como a tetanoespasmina, inibe a atividade de GABA, que pode produzir a excitabilidade do sistema nervoso. A toxina ligada a terminações nervosas é protegida dos antibacterianos, portanto, os efeitos tóxicos devem ser controlados sintomaticamente até que a regulação normal da transmissão sináptica seja restaurada. A vacinação com uma série de três doses de toxoide tetânico, seguidas de doses de reforço a cada 10 anos, é altamente eficaz na prevenção do tétano.

Clostridium botulinum

FISIOLOGIA E ESTRUTURA

Os agentes etiológicos do botulismo são uma coleção heterogênea de bacilos anaeróbios, formadores de esporos, fastidiosos e que apresentam grandes dimensões (0,6 a 1,4 × 3,0 a 20,2 μm). Essas bactérias são subdivididas em quatro grupos baseados em propriedades fenotípicas e genéticas e certamente representam quatro espécies distintas, embora tenham sido historicamente classificadas dentro de uma única espécie, C. botulinum. Sete toxinas botulínicas antigenicamente distintas (A a G) foram descritas; a doença humana está associada aos tipos A, B, E, e F. Outras espécies de Clostridium produzem toxinas botulínicas, incluindo C. butyricum (toxina tipo E), C. baratii (toxina tipo F) e C. argentinense (toxina tipo G). A doença humana é raramente associada apenas a C. butyricum e C. baratii e não foi definitivamente demonstrada com C. argentinense.

PATOGÊNESE E IMUNIDADE

Similar à toxina do tétano, a toxina de C. botulinum é uma proteína progenitora de 150.000-Da (toxina A–B) que consiste em uma pequena subunidade (leve ou cadeia A) com atividade de **zinco-endopeptidase** e uma subunidade grande, não tóxica (B ou cadeia pesada). Diferentemente da neurotoxina do tétano, a toxina de C. botulinum é complexada a proteínas não tóxicas que protegem a neurotoxina durante a passagem através do sistema digestório (o que é desnecessário para a neurotoxina tetânica). A porção carboxiterminal da cadeia pesada da toxina botulínica liga-se a receptores específicos de ácido siálico e a glicoproteínas (diferentes daquelas que são alvos da tetanoespasmina) na superfície dos neurônios motores e estimula a endocitose da molécula da toxina. Além disso, em contraste com a tetanoespasmina, a neurotoxina botulínica permanece na junção neuromuscular. A acidificação do endossomo estimula a liberação da cadeia leve mediada pela porção N-terminal da cadeia pesada. A endopeptidase botulínica, em seguida, **inativa as proteínas que regulam a liberação de acetilcolina,** bloqueando a neurotransmissão nas sinapses colinérgicas periféricas. A acetilcolina é necessária para a excitação do músculo, acarretando a apresentação clínica resultante do botulismo, que é a **paralisia flácida**. Como no caso do tétano, a recuperação da função após o botulismo requer a regeneração das terminações nervosas.

EPIDEMIOLOGIA

Clostridium botulinum é comumente isolado em amostras de solo e água em todo o mundo. Nos EUA, cepas do tipo A são encontradas principalmente em solo neutro ou alcalino, na região oeste do Rio Mississippi, enquanto cepas do tipo B são encontradas principalmente na parte leste do país, em solo orgânico rico, e as cepas do tipo E estão presentes apenas em solo úmido. Embora C. botulinum seja comumente encontrado no solo, a doença é incomum nos EUA. Um total de 177 casos, incluindo 137 casos de botulismo infantil, foi relatado em 2017. Quatro formas de botulismo foram identificadas: (1) clássico ou botulismo alimentar, (2) botulismo infantil, (3) botulismo de feridas e (4) botulismo por inalação. Nos EUA, menos de 25 casos de **botulismo alimentar** são registrados anualmente; a maioria está associada ao consumo de alimentos enlatados (toxinas tipo A e B) e, ocasionalmente, ao consumo de peixe em conserva (toxina tipo E). O alimento pode não parecer estragado, mas até mesmo um gosto discreto pode causar uma doença clínica alarmante. O **botulismo infantil** é mais comum e está associado ao consumo de alimentos (p. ex., mel, leite em pó infantil) contaminados com esporos de C. botulinum e ingestão de solo e poeira contaminados com esporos (atualmente, a fonte mais comum de exposição infantil). A incidência de **botulismo de feridas** é desconhecida, mas a doença é muito rara. O **botulismo por inalação** é uma grande preocupação nessa era de bioterrorismo. A toxina botulínica tem sido concentrada em aerossóis como uma arma biológica. Quando administrada dessa maneira, a doença por inalação tem um início rápido e uma mortalidade potencialmente alta.

DOENÇAS CLÍNICAS

Pacientes com **botulismo alimentar** (Caso Clínico 30.4) manifestam tipicamente fraqueza e tontura depois de 1 a 3 dias do consumo de alimentos contaminados. Os sinais iniciais incluem visão embaçada com pupilas dilatadas fixas, boca seca (indicativo dos efeitos anticolinérgicos da toxina), constipação intestinal e dor abdominal. A febre está ausente. A fraqueza descendente bilateral dos músculos periféricos se desenvolve em pacientes com doença progressiva (paralisia flácida) e a morte é mais comumente atribuída à paralisia respiratória. Os pacientes não apresentam alteração do sistema sensorial ao longo da doença. Apesar do manejo agressivo da condição do paciente, a doença pode continuar a progredir, pois a neurotoxina é irreversivelmente ligada e inibe a liberação de neurotransmissores excitatórios por um período prolongado. A recuperação completa dos pacientes requer, frequentemente, meses a anos ou até que haja a

> **Caso Clínico 30.4 Botulismo alimentar com suco de cenoura comercializado**
>
> O Centro de Controle e Prevenção de Doenças relatou um surto de botulismo alimentar associado à ingestão de suco de cenoura contaminado (*MMWR* 55:1098, 2006). Em 8 de setembro de 2006, três pacientes foram a um hospital no condado de Washington, Geórgia, com paralisia do nervo craniano e paralisia flácida descendente resultando em insuficiência respiratória. Os pacientes tinham compartilhado refeições no dia anterior. Como havia suspeita de botulismo, os pacientes foram tratados com antitoxina botulínica. Os pacientes não tiveram nenhuma progressão de seus sintomas neurológicos, mas permaneceram hospitalizados e com uso de ventilação. Uma investigação determinou que os pacientes haviam consumido suco de cenoura contaminado produzido por um fornecedor comercial. A toxina botulínica do tipo A foi detectada no soro e nas fezes de todos os três pacientes e em sobras do suco de cenoura. Outro paciente na Flórida também foi hospitalizado com insuficiência respiratória e paralisia descendente depois de beber suco de cenoura vendido na Flórida. Como o suco de cenoura tem um baixo teor ácido (pH 6,0), os esporos de *Clostridium botulinum* podem germinar e produzir a toxina, se o suco contaminado for deixado à temperatura ambiente.

renovação das terminações nervosas afetadas. A mortalidade em pacientes com botulismo alimentar, que já se aproximou de 70%, foi reduzida para 5 a 10% com o uso de cuidados de suporte melhores, particularmente no manejo de complicações respiratórias (ver Boxe 30.1).

O **botulismo infantil** (Caso Clínico 30.5) foi reconhecido pela primeira vez em 1976 e é a forma mais comum de botulismo nos EUA. Em contraste com o botulismo alimentar, essa doença é causada por uma neurotoxina produzida *in vivo* por *C. botulinum*, que coloniza o sistema digestório dos lactentes. Embora os adultos sejam expostos ao organismo em sua dieta, *C. botulinum* não pode sobreviver e proliferar no intestino. No entanto, na ausência de microrganismos intestinais competitivos, o organismo pode se estabelecer no sistema digestório de lactentes. A doença normalmente afeta lactentes com menos de 1 ano (a maioria entre 1 e 6 meses)

> **Caso Clínico 30.5 Botulismo infantil**
>
> Em janeiro de 2003, quatro crianças com botulismo infantil foram relatadas pelo Centro de Controle e Prevenção de Doenças (*MMWR* 52:24, 2003). A descrição a seguir é o relato de uma das crianças. Um lactente de 10 semanas com história de constipação intestinal no primeiro mês de vida foi admitido em um hospital após ter dificuldade de sucção e deglutição por 2 dias. O lactente estava irritado e tinha perda de expressão facial, fraqueza muscular generalizada e constipação intestinal. A ventilação mecânica foi necessária durante 10 dias, em decorrência da insuficiência respiratória. Um diagnóstico de botulismo infantil foi estabelecido 29 dias após o início dos sintomas por detecção da toxina tipo B produzida por *C. botulinum* em culturas de enriquecimento de fezes. O paciente foi tratado com imunoglobulina antibotulismo intravenosa (IGB-IV) e recebeu alta hospitalar com recuperação total após 20 dias. Em contraste com o botulismo alimentar, o diagnóstico de botulismo infantil pode ser feito através da detecção do organismo nas fezes do lactente.

e os sintomas são inicialmente inespecíficos (p. ex., constipação intestinal, choro fraco, ou "atraso no desenvolvimento"). A doença progressiva com paralisia flácida e parada respiratória pode se desenvolver; entretanto, a mortalidade em casos documentados do botulismo infantil é muito baixa (1 a 2%). Algumas mortes infantis atribuídas a outras condições (p. ex., síndrome da morte súbita infantil) podem, na verdade, ser causadas pelo botulismo.

O **botulismo de feridas** desenvolve-se a partir da produção de toxinas por *C. botulinum* em lesões contaminadas. Embora os sintomas da doença sejam idênticos aos das infecções alimentares, o período de incubação geralmente é mais longo (4 dias ou mais) e os sintomas do sistema digestório são menos evidentes.

DIAGNÓSTICO LABORATORIAL

O diagnóstico clínico do botulismo alimentar é confirmado se a atividade da toxina for demonstrada nos alimentos envolvidos ou no soro, fezes ou fluido gástrico do paciente. O botulismo infantil é confirmado se a toxina for detectada nas fezes ou no soro do lactente ou se o organismo for cultivado a partir das fezes. O botulismo de feridas é confirmado se a toxina for detectada no soro ou ferida do paciente ou se o organismo for cultivado a partir da ferida. É mais provável que a atividade da toxina seja encontrada no início da doença. Nenhum teste para botulismo alimentar tem sensibilidade maior que 60%; em contraste, a toxina é detectada no soro de mais de 90% dos lactentes com botulismo.

O isolamento de *C. botulinum* a partir de espécimes contaminados com outros organismos (p. ex., fezes, feridas) pode ser melhorado aquecendo a amostra por 10 minutos a 80°C para matar todas as bactérias não formadoras de esporos. A cultura da amostra aquecida em meios anaeróbios nutricionalmente enriquecidos permite a germinação de esporos de *C. botulinum* resistentes ao calor. A demonstração da produção de toxinas (normalmente realizada em laboratórios de saúde pública) deve ser realizada com um bioensaio com camundongos. Esse procedimento consiste na preparação de duas alíquotas do isolado, mistura de uma alíquota com antitoxina e inoculação intraperitoneal de cada alíquota em camundongos. Se o tratamento com a antitoxina protege os camundongos, a atividade da toxina é confirmada. Amostras do alimento envolvido, das fezes e do soro do paciente também devem ser testadas quanto à atividade das toxinas.

TRATAMENTO, PREVENÇÃO E CONTROLE

Pacientes com botulismo necessitam das seguintes medidas de tratamento: (1) **suporte ventilatório** adequado; (2) eliminação do organismo a partir do sistema digestório a partir do uso criterioso da lavagem gástrica e terapia com **metronidazol ou penicilina**; e (3) uso de **antitoxina botulínica trivalente** contra as toxinas A, B e E para inativar a circulação de toxinas não ligadas na corrente sanguínea. O suporte ventilatório é extremamente importante na redução da mortalidade. Níveis protetores de anticorpos não se desenvolvem após a doença, portanto, os pacientes permanecem suscetíveis ao botulismo.

A prevenção da doença ocorre pela destruição dos esporos nos alimentos (praticamente impossível por motivos práticos), evitando-se a germinação dos esporos (pela manutenção do alimento em um pH ácido ou armazenamento a uma temperatura igual ou inferior a 4°C) ou destruindo a toxina pré-formada (todas as toxinas botulínicas são inativadas por aquecimento entre 60 e 100°C por 10 minutos). O botulismo infantil está associado ao consumo de mel contaminado com esporos de *C. botulinum*, portanto, crianças com menos de 1 ano não devem ingerir mel.

Outras espécies de *Clostridium*

Muitas outras espécies de *Clostridium* estão associadas a doenças de importância clínica. A virulência dessas espécies é o resultado da capacidade que elas têm de sobreviver à exposição ao oxigênio, formando esporos e produzindo muitas toxinas e enzimas diversas. **Clostridium septicum** (Figuras 30.8 e 30.9) é um patógeno particularmente importante, porque é uma causa de mionecrose não traumática e muitas vezes se encontra em pacientes com câncer de cólon oculto, leucemia aguda ou diabetes. Se a integridade da mucosa intestinal for comprometida e o corpo do paciente for menos capaz de montar uma resposta ao organismo, o *C. septicum* pode se espalhar nos tecidos e proliferar rapidamente, produzindo gás e destruição tecidual (Figura 30.10). A maioria dos pacientes tem um curso fulminante, com óbito dentro de 1 a 2 dias após a apresentação inicial. **Clostridium sordellii** é responsável pela síndrome de choque tóxico fatal associada ao parto natural ou a abortos induzidos por medicamentos (Caso Clínico 30.6). **Clostridium tertium** é outra bactéria importante do gênero, que é comumente isolada em amostras de solo. Esse

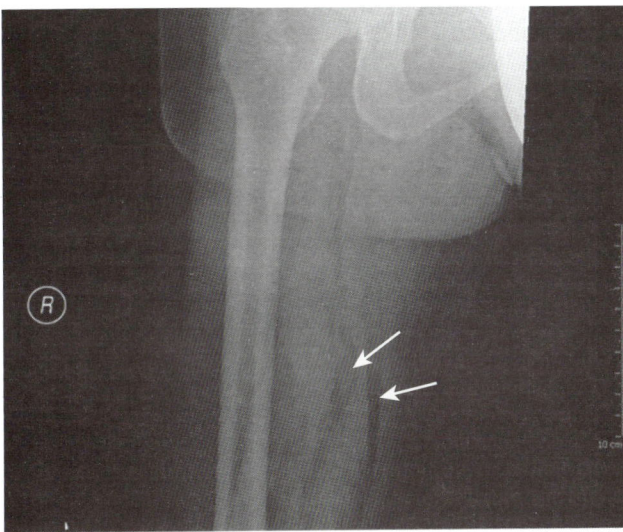

Figura 30.10 Radiografia da perna de um paciente com mionecrose causada por *Clostridium septicum*. Observe o gás *(setas)* no tecido.

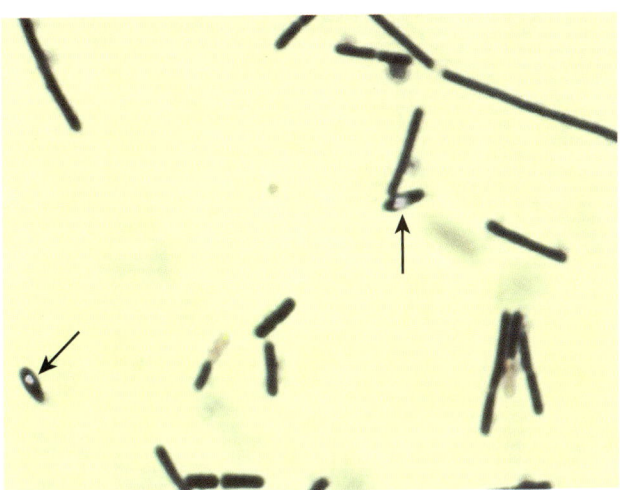

Figura 30.8 *Clostridium septicum*: observe os esporos *(setas)* no interior dos bacilos.

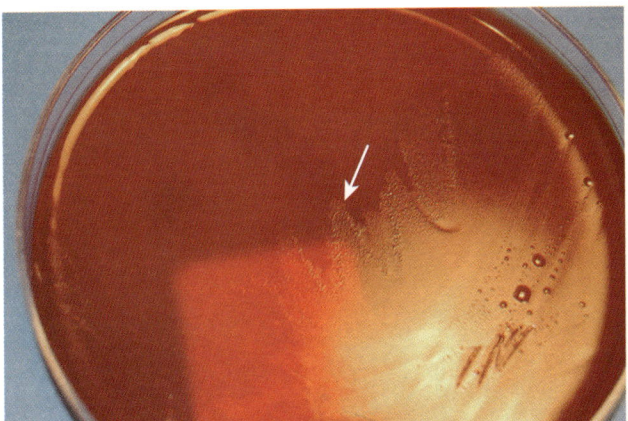

Figura 30.9 *Clostridium septicum*: observe como o crescimento se espalha *(seta)* pela superfície da placa de ágar-sangue. Essa rápida propagação do crescimento é também uma característica da rápida progressão da doença em um paciente infectado.

Caso Clínico 30.6 Síndrome do choque tóxico causada por *Clostridium sordellii* associada a abortos medicamentosos

A síndrome do choque tóxico fatal causada por *C. sordellii* está associada a abortos medicamentosos. A seguir, uma descrição dessa doença relatada por Fischer et al. *(N Engl J Med* 353:2352–2360, 2005). Uma mulher de 22 anos, anteriormente saudável, foi submetida a um aborto medicamento induzido com 200 mg de mifepristone oral, seguido por 800 μg de misoprostol vaginal. Cinco dias depois, ela foi à unidade de emergência local com náuseas, vômitos, diarreia e dor abdominal grave. Ela estava sem febre, mas taquicárdica e normotensa. No dia seguinte, sua taquicardia (130 a 140 bpm) permaneceu persistente, a paciente ficou hipotensa (pressão sanguínea, 80/40 mmHg) e seu débito urinário diminuiu. Os achados laboratoriais demonstraram hemoconcentração com uma contagem elevada de neutrófilos (reação leucemoide) e acidose metabólica grave. Foi realizada uma laparotomia de emergência e revelou edema generalizado dos órgãos abdominais e pélvicos e 1 ℓ de líquido peritoneal seroso. A paciente foi a óbito durante o procedimento, 23 horas após a apresentação inicial. O exame histopatológico do útero demonstrou inflamação, formação de abscesso, edema, necrose e hemorragia. Vários bacilos gram-positivos foram visualizados no endométrio e o DNA de *C. sordellii* foi demonstrado no tecido uterino por ensaios específicos baseados na reação em cadeia da polimerase. A endometrite e a síndrome do choque tóxico causadas por *C. sordellii* são complicações incomuns, mas bem descritas e relacionadas com o parto natural e com abortos induzidos por medicamentos. Características dessa doença incluem curso fulminante, apresentação afebril e hemoconcentração.

microrganismo está associado principalmente a infecções de lesões traumáticas (p. ex., feridas de guerra, uma queda que produz uma ferida contaminada com solo). Essa bactéria pode representar um desafio diagnóstico porque pode crescer em meios com ágar incubados em condições aeróbias e ter aspecto de bactérias gram-negativas. A identificação correta pode ser feita uma vez que os esporos são observados e é determinado que o microrganismo apresenta melhor crescimento em condições anaeróbias.

Bibliografia

Aronoff, D., 2013. *Clostridium novyi, sordellii*, and *tetani*: mechanisms of disease. Anaerobe 24, 98–101.

Bauer, M., Kuijper, E., van Dissel, J., 2009. European Society of Clinical Microbiology and Infectious Diseases (ESCMID): treatment guidance document for *Clostridium difficile* infection. Clin. Microbiol. Infect. 15, 1067–1079.

Cohen, S.H., Gerding, D.N., Johnson, S., et al., 2010. Clinical practice guidelines for *Clostridium difficile* infection in adults: 2010 update by the Society for Healthcare Epidemiology of America (SHEA) and the Infectious Diseases Society of America (IDSA). Infect. Contr. Hosp. Epidemiol. 31, 431–455.

Curry, S., 2010. *Clostridium difficile*. Clin. Lab. Med. 30, 329–342.

Fischer, M., Bhatnagar, J., Guarner, J., et al., 2005. Fatal toxic shock syndrome associated with *Clostridium sordellii* after medical abortion. N. Engl. J. Med. 353, 2352–2360.

Grass, J., Gould, L., Mahon, B., 2013. Epidemiology of foodborne disease outbreaks caused by *Clostridium perfringens*, United States, 1998–2010. Foodborne Pathog. Dis. 10, 131–136.

Kennedy, C.L., Smith, D.J., Lyras, D., et al., 2009. Programmed cellular necrosis mediated by the pore-forming α-toxin from *Clostridium septicum*. PLoS Pathogens 5, e1000516.

Lalli, G., Bohnert, S., DeinharDt, K., et al., 2003. The journey of tetanus and botulinum neurotoxins in neurons. Trends. Microbiol. 11, 431–437.

Lessa, F., Mu, Y., Bamberg, W., et al., 2015. Burden of *Clostridium difficile* infection in the United States. N. Engl. J. Med. 372, 825–834.

Lindstrom, M., Korkeala, H., 2006. Laboratory diagnostics of botulism. Clin. Microbiol. Rev. 19, 298–314.

McCune, V., Struthers, J., Hawkey, P., 2014. Faecal transplantation for the treatment of *Clostridium difficile* infection: a review. Int. J. Antimicrob. Agents. 43, 201–206.

Schwan, C., Stecher, B., Tzivelekidis, T., et al., 2009. *Clostridium difficile* toxin CDT induces formation of microtubule-based protrusions and increases adherence of bacteria. PLoS Pathogens 5, e1000626.

Stevens, D.L., Bryant, A.E., 2002. The role of clostridial toxins in the pathogenesis of gas gangrene. Clin. Infect. Dis. 35 (Suppl. 1), S93–S100.

Voth, D.E., Ballard, J.D., 2005. *Clostridium difficile* toxins: mechanism of action and role in disease. Clin. Microbiol. Rev. 18, 247–263.

Ziakas, P., Zacharioudakis, I., Zervou, F., et al., 2015. Asymptomatic carriers of toxigenic *C. difficile* in long-term care facilities: a meta-analysis of prevalence and risk factors. PLoS ONE 10 (2), e0117195.

31 Bactérias Anaeróbias Não Formadoras de Esporos

Mulher de 36 anos, com retenção urinária, dor pélvica e febre, foi ao departamento de emergência 6 dias após a recuperação de oócitos transvaginais e transferência embrionária para casos de infertilidade masculina. O exame de tomografia computadorizada revelou extensos abscessos tubo-ovarianos e pélvicos multiloculados. A paciente apresentou melhora após a drenagem dos abscessos e a antibioticoterapia. A coloração de Gram do material do abscesso revelou uma mistura polimicrobiana de bactérias gram-positivas e gram-negativas e foram recuperadas em cultura tanto as bactérias aeróbias como as anaeróbias.

1. Quais são as bactérias anaeróbias mais prováveis nessa infecção?
2. O que é característico em relação à maioria das infecções causadas por *Actinomyces*?
3. Quais infecções são tipicamente causadas por *Bacteroides fragilis*?
4. Quais antibacterianos são geralmente ativos contra *B. fragilis*?

RESUMOS Organismos clinicamente significativos

BACTEROIDES FRAGILIS

Palavras-chave

Bacilos gram-negativos pleomórficos, cápsula, formação de abscesso, resistência a medicamentos

Biologia e virulência

- Bacilos gram-negativos, anaeróbios e pleomórficos
- Envolto por uma cápsula polissacarídica
- O lipopolissacarídio é o componente principal do envoltório celular, mas sem atividade de endotoxina
- A cápsula polissacarídica é o principal fator de virulência
- A toxina metaloprotease termolábil é responsável pela doença diarreica

Epidemiologia

- Coloniza os sistemas digestórios de animais e humanos como um membro minoritário do microbioma; raro ou ausente a partir da orofaringe ou do trato genital de indivíduos saudáveis
- Infecções endógenas

Doenças

- Associado a infecções pleuropulmonares, intra-abdominais e genitais, além de infecções de pele e de tecidos moles, caracterizadas por formação de abscessos; bacteriemia

Diagnóstico

- Coloração de Gram característica a partir de amostras clínicas
- Cresce rapidamente em culturas incubadas em condições anaeróbias
- Identificação por testes bioquímicos, sequenciamento genético ou espectrometria de massa por ionização e dessorção a *laser* assistida por matriz (MALDI)

Tratamento, prevenção e controle

- Resistente à penicilina e 25% dos isolados resistentes à clindamicina; uniformemente suscetível ao metronidazol e a maioria das cepas suscetível a carbapenêmicos e piperacilina-tazobactam

---

Os cocos e bacilos anaeróbios, não formadores de esporos, constituem um grupo heterogêneo de bactérias que formam a população bacteriana predominante na pele e nas superfícies das mucosas (Tabela 31.1). Os organismos são principalmente patógenos oportunistas, normalmente responsáveis por infecções endógenas e recuperados em misturas de bactérias aeróbias e anaeróbias. Muitas dessas bactérias anaeróbias apresentam necessidades nutricionais fastidiosas e crescem lentamente em meios de cultura laboratoriais. Felizmente, o manejo apropriado e o tratamento da maioria das infecções com esses organismos podem ser baseados no conhecimento de que uma mistura de organismos aeróbios e anaeróbios está presente na amostra clínica e não requer isolamento e identificação de organismos individuais. Uma exceção a essa regra geral é aquela relacionada com infecções causadas por *Bacteroides fragilis*, que é um bacilo gram-negativo de crescimento rápido, que pode produzir doença de risco à vida.

Cocos gram-positivos anaeróbios

Em um determinado período, todos os cocos anaeróbios clinicamente significativos eram incluídos no gênero *Peptostreptococcus*. Infelizmente, foi reconhecido que esses organismos eram organizados em um único gênero baseado principalmente na morfologia dessa bactéria na coloração de Gram e na incapacidade de crescer em condições aeróbias. Métodos mais sofisticados como o sequenciamento de genes são utilizados desde então para reclassificar muitas dessas espécies em novos gêneros. Embora alguns cocos anaeróbios sejam mais virulentos do que outros e alguns estejam associados a doenças específicas, a identificação específica dos diferentes gêneros é geralmente desnecessária, e o conhecimento de que os cocos anaeróbios estão associados a uma infecção é normalmente suficiente.

Os cocos gram-positivos anaeróbios normalmente colonizam a cavidade oral, sistemas digestório e geniturinário e pele. Essas bactérias produzem infecções quando ocorre disseminação a partir desses sítios para locais normalmente estéreis. Por exemplo, bactérias que colonizam as vias respiratórias superiores podem causar sinusite e infecções pleuropulmonares; as bactérias nos intestinos podem causar infecções intra-abdominais; as bactérias no sistema geniturinário podem causar infecções intra-abdominais; bactérias no sistema geniturinário podem causar endometrite, abscessos pélvicos e salpingite; bactérias na pele podem

Tabela 31.1 Bactérias anaeróbias importantes, não formadoras de esporos.

Organismo	Derivação histórica
COCOS GRAM-POSITIVOS ANAERÓBIOS	
Anaerococcus	*an*, sem; *aer*, ar; *coccus*, baga ou coco (coco anaeróbio)
Atopobium	*atopos*, incomum; *bios*, vida
Finegoldia	Nome em homenagem ao microbiologista americano Sid Finegold
Micromonas	*micro*, pequeno; *monas*, célula (célula pequena)
Peptoniphilus	*peptonum*, peptona; *philus*, amante ou amoroso (amante de peptonas, principal fonte de energia)
Peptostreptococcus	*pepto*, cozinhar ou digerir (estreptococos digestores)
Schleiferella	Nomeada em homenagem do microbiologista K. H. Schleifer
BACILOS GRAM-POSITIVOS ANAERÓBIOS	
Actinomyces	*aktinos*, raio; *mykes*, fungo (fungo em raios, refere-se ao arranjo radial de filamentos em grânulos)
Bifidobacterium	*bifidus*, fenda; *bakterion*, pequeno bastão ou bastonete (um pequeno bacilo ou bastonete com fenda ou bifurcado)
Cutibacterium	*cutis*, pele (bactérias da pele)
Eubacterium	*eu*, bom ou benéfico (um bacilo benéfico, ou seja, um bacilo normalmente presente)
Lactobacillus	*lacto*, leite (bacilo do leite; organismo originalmente recuperado em leite; além disso, o ácido láctico é o produto metabólico primário da fermentação)
Mobiluncus	*mobilis*, capaz de movimento ou ser ativo; *uncus*, gancho (bastonete móvel e curvo)
Propionibacterium	*propionicum*, ácido propiônico (ácido propiônico é o produto metabólico primário da fermentação)
COCOS GRAM-NEGATIVOS ANAERÓBIOS	
Veillonella	Nome em homenagem ao bacteriologista francês A. Veillon, que isolou pela primeira vez a espécie tipo
BACILOS GRAM-NEGATIVOS ANAERÓBIOS	
Bacteroides	*bacter*, vara ou bastão; *idus*, forma (em forma de bastonete ou bacilo)
Fusobacterium	*fusus*, um fuso; *bakterion*, um pequeno bastão ou bastonete, bacilo (um bacilo pequeno, fusiforme)
Porphyromonas	*porphyreos*, roxo; *monas*, unidade (bacilos pigmentados)
Prevotella	Nome em homenagem ao microbiologista A. R. Prevot, um pioneiro na microbiologia de anaeróbios

causar celulite e infecções de tecidos moles; e bactérias que invadem o sangue podem se espalhar até os ossos e órgãos sólidos (Figura 31.1).

A confirmação laboratorial de infecções causadas por bactérias anaeróbias é complicada pelos três fatores a seguir: (1) devem ser tomadas precauções para evitar a contaminação da amostra clínica com os anaeróbios que normalmente colonizam a superfície da pele e mucosas; (2) o espécime coletado deve ser transportado em um recipiente livre de oxigênio para evitar a perda dos organismos; e (3) as amostras devem ser cultivadas em uma atmosfera anaeróbia em meios enriquecidos de nutrientes por um período prolongado (ou seja, de 5 a 7 dias). Além disso, algumas espécies de estafilococos e estreptococos crescem inicialmente apenas em atmosfera anaeróbica e podem ser confundidas com cocos anaeróbios. No entanto, essas bactérias eventualmente crescem bem no ar suplementado com 10% de dióxido de carbono (CO_2), por isso não podem ser classificadas como anaeróbias.

Os cocos anaeróbicos são geralmente suscetíveis a **penicilinas** e aos **carbapenêmicos** (p. ex., imipeném, meropeném, ertapeném); têm suscetibilidade intermediária às cefalosporinas de amplo espectro, clindamicina, eritromicina e às tetraciclinas; e são resistentes aos aminoglicosídios (assim como todos os anaeróbios). A terapia específica é geralmente indicada em infecções monomicrobianas; entretanto, como a maioria das infecções com esses organismos é polimicrobiana, a terapia de amplo espectro contra bactérias aeróbias e anaeróbias é geralmente selecionada.

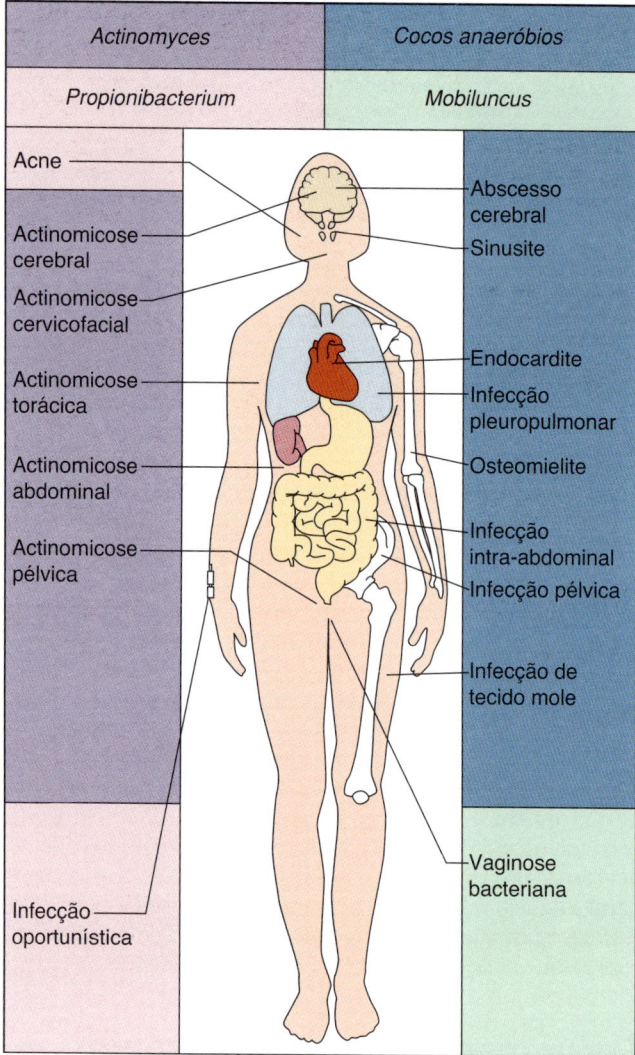

Figura 31.1 Doenças associadas a cocos anaeróbios e *Actinomyces*, *Propionibacterium* e *Mobiluncus*; os três últimos são bacilos gram-positivos anaeróbios, não formadores de esporos.

Bacilos gram-positivos anaeróbios

Os bacilos gram-positivos não formadores de esporos são uma coleção diversa de bactérias anaeróbias facultativas ou estritamente anaeróbias que colonizam a pele e as superfícies das mucosas (Tabela 31.2; ver também a Tabela 31.1). *Actinomyces*, *Mobiluncus*, *Lactobacillus* e *Cutibacterium* (*Propionibacterium*) são patógenos oportunistas bem reconhecidos, enquanto outros gêneros como *Bifidobacterium* e *Eubacterium* podem ser isolados em amostras clínicas, mas raramente causam doenças humanas.

ACTINOMYCES

As bactérias do gênero *Actinomyces* são bacilos gram-positivos, anaeróbios facultativos ou anaeróbios estritos. Não são álcool-ácido resistentes (diferentemente das espécies de *Nocardia* morfologicamente semelhantes), crescem lentamente em cultura e tendem a **produzir infecções crônicas, de desenvolvimento lento**. Normalmente, essas bactérias desenvolvem formas filamentosas delicadas ou hifas (que se assemelham a fungos) em amostras clínicas ou quando isoladas em cultura (Figura 31.2). Entretanto, esses organismos são bactérias verdadeiras, pois não apresentam mitocôndria e membrana nuclear, reproduzem por fissão e são inibidos pela penicilina, mas não por antifúngicos. Mais de 50 espécies e subespécies foram descritas e muitas estão envolvidas em doenças humanas; no entanto, muitos isolados foram provavelmente mal identificados antes do surgimento de técnicas de sequenciamento de genes e de espectrometria de massa. Independentemente disso, a identificação em nível de gênero geralmente é suficiente.

Os organismos *Actinomyces* colonizam o trato respiratório superior, o sistema digestório e o trato genital feminino, mas não costumam estar presentes na superfície da pele. Essas bactérias têm um baixo potencial de virulência e causam doenças somente quando as barreiras das mucosas normais são rompidas por trauma, cirurgia ou lesão. As infecções causadas por actinomicetos são **endógenas**, sem evidência de propagação de pessoa para pessoa ou doença originada de uma fonte exógena.

A doença clássica causada por *Actinomyces* é chamada de **actinomicose** (de acordo com a ideia original de que esses organismos eram fungos ou causavam "micoses"). A actinomicose é caracterizada pelo desenvolvimento de

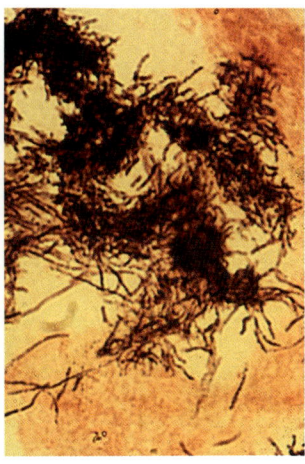

Figura 31.2 Colônia macroscópica *(esquerda)* e coloração de Gram *(direita)* de *Actinomyces*.

lesões granulomatosas crônicas que se tornam supurativas e formam abscessos conectados por tratos fistulosos. Colônias macroscópicas de organismos que se assemelham a grãos de areia podem ser visualizadas frequentemente nos abscessos e tratos fistulosos. Essas colônias, denominadas **grânulos de enxofre**, porque podem apresentar cor amarelada ou alaranjada, são massas de organismos filamentosos ligados entre si pelo fosfato de cálcio (Figura 31.3). As áreas de supuração são circundadas por tecido de granulação fibroso, que confere uma consistência rígida ou amadeirada à superfície que cobre os tecidos envolvidos.

A maioria das infecções por actinomicetos é **cervicofacial**, desenvolvendo-se em pacientes que apresentam más condições de higiene oral ou que foram submetidos a procedimentos odontológicos invasivos ou trauma oral (Figura 31.4). Nesses pacientes, a bactéria *Actinomyces* presente na boca invade o tecido doente e inicia o processo infeccioso. A doença pode ocorrer como uma infecção piogênica aguda ou como um processo de evolução lenta, relativamente indolor. O achado de edema do tecido com fibrose e cicatrização, bem como a drenagem dos tratos fistulosos ao longo do ângulo da mandíbula e pescoço, devem alertar o médico para a possibilidade de actinomicose. Sintomas de **actinomicose torácica** não são específicos. Podem se formar abscessos no tecido pulmonar precocemente na doença e depois se espalhar em tecidos adjacentes com a progressão da doença. A **actinomicose abdominal** pode se espalhar em todo o abdome, potencialmente envolvendo praticamente todos os sistemas de órgãos. A **actinomicose pélvica** pode ocorrer como uma forma relativamente benigna de vaginite ou, mais comumente, pode haver destruição extensiva de tecidos, incluindo o desenvolvimento de abscessos tubo-ovarianos ou obstrução ureteral (Figura 31.5; Caso Clínico 31.1). A manifestação mais comum de **actinomicose do sistema nervoso central** é um abscesso cerebral solitário, mas também estão presentes a meningite, empiema subdural e o abscesso epidural. A actinomicose em pacientes com doença granulomatosa crônica, com manifestação de doença febril não específica, foi descrita.

A confirmação laboratorial da actinomicose muitas vezes é complexa. Deve-se ter cuidado durante a coleta de espécimes clínicos para que não fiquem contaminados com *Actinomyces*, que fazem parte da população bacteriana normal nas superfícies das mucosas. Visto que os organismos

Tabela 31.2 Bacilos gram-positivos, anaeróbios e não formadores de esporos.

Organismo	Doença humana
Actinomyces spp.	Infecções orais localizadas, actinomicose (cervicofacial, torácica, abdominal, pélvica, sistema nervoso central)
Cutibacterium (*Propionibacterium*) spp.	Acne, canaliculite lacrimal, infecções oportunísticas
Mobiluncus spp.	Vaginose bacteriana, infecções oportunísticas
Lactobacillus spp.	Endocardite, infecções oportunísticas
Eubacterium spp.	Infecções oportunísticas
Bifidobacterium spp.	Infecções oportunísticas

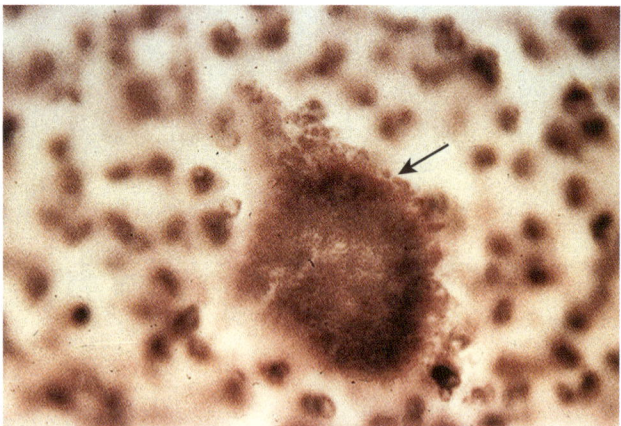

Figura 31.3 Grânulo de enxofre coletado do trato fistuloso em um paciente com actinomicose. Bacilos filamentosos delicados *(seta)* são visualizados na periferia do grânulo prensado.

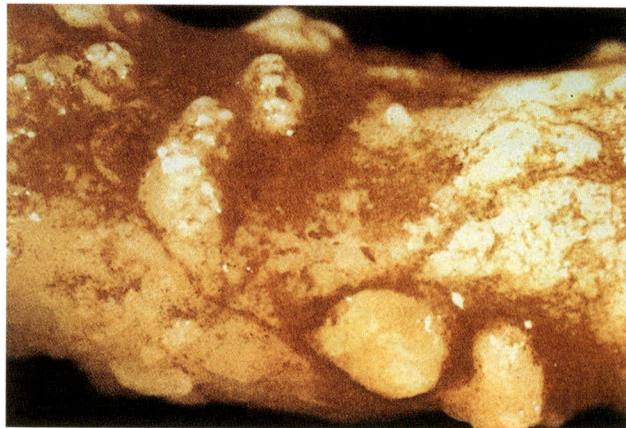

Figura 31.5 Espécies de *Actinomyces* podem colonizar a superfície de corpos estranhos, tais como esse dispositivo intrauterino, levando ao desenvolvimento de actinomicose pélvica. (De Smith, E., 1982. In: Lambert, H., Farrar, W. (Eds.), Infectious Diseases Illustrated. Gower, London, UK.)

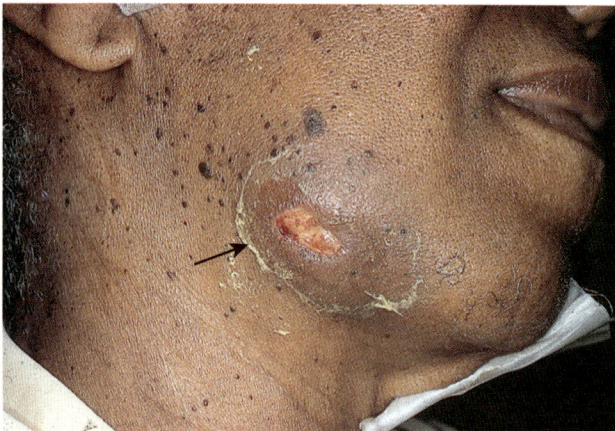

Figura 31.4 Paciente com actinomicose cervicofacial. Observe o trato fistuloso drenante *(seta)*.

Caso Clínico 31.1 Actinomicose pélvica

Quercia et al. (*Med Mal Infect* 36:393-395, 2006) descreveram uma manifestação clássica da actinomicose pélvica associada ao uso de dispositivo intrauterino (DIU) como método contraceptivo. A paciente era uma mulher de 41 anos que apresentou um histórico de 5 meses de dor abdominal e pélvica, perda de peso, mal-estar e um corrimento vaginal amarelo. Desde 1994, ela usava um DIU, que foi removido em junho de 2004. Os sintomas da paciente começaram logo após a remoção do DIU. Um exame de tomografia computadorizada revelou uma grande massa pélvica envolvendo as tubas uterinas, bem como numerosos abscessos hepáticos. Foi realizada uma biopsia cirúrgica e *Actinomyces* foi recuperado na cultura. Ela foi submetida ao desbridamento cirúrgico e recebeu terapia oral com o antibacteriano penicilina por 1 ano. Esse episódio ilustra a natureza crônica da actinomicose e a necessidade de drenagem cirúrgica e antibioticoterapia a longo prazo.

estão concentrados em grânulos de enxofre e são esparsos em tecidos envolvidos, uma grande quantidade de tecido ou pus deve ser coletada. Se os grânulos de enxofre forem detectados em um trato fistuloso ou em tecidos, o grânulo deve ser prensado entre duas lâminas de vidro, coradas e examinadas ao microscópio. Bacilos finos, gram-positivos e ramificados podem ser visualizados ao longo da periferia dos grânulos (ver Figura 31.3). Os actinomicetos são fastidiosos e crescem lentamente em condições anaeróbias; pode levar 2 semanas ou mais para que os organismos sejam isolados. As colônias parecem brancas e têm uma superfície abobadada que pode se tornar irregular após a incubação por 1 semana ou mais, semelhante à parte superior de um molar (Figura 31.6). A recuperação de *Actinomyces* em hemoculturas deve ser avaliada cuidadosamente, porque a maioria dos isolados representa a bacteriemia transitória e insignificante da orofaringe ou do sistema digestório.

O tratamento da actinomicose envolve a combinação de drenagem de um abscesso localizado ou **desbridamento cirúrgico** dos tecidos envolvidos e a administração prolongada de antibacterianos. *Actinomyces* são uniformemente suscetíveis à **penicilina** (considerado o antibacteriano de escolha), carbapenêmicos, macrolídeos e clindamicina. A maioria das espécies é resistente ao metronidazol, enquanto as tetraciclinas têm atividade variável. Um foco não drenado deve ser suspeito em pacientes com infecções que não parecem responder à terapia prolongada (p. ex., de 4 a 12 meses). A resposta clínica é geralmente boa mesmo em pacientes que sofreram extensa destruição tecidual. Manter a boa higiene oral e o uso de profilaxia antibacteriana apropriada quando a boca ou o sistema digestório é penetrado pode diminuir o risco dessas infecções.

LACTOBACILLUS

As espécies de *Lactobacillus* são bacilos anaeróbios facultativos ou anaeróbio estritos, encontrados como parte da microbiota normal da boca, do estômago, dos intestinos e do sistema geniturinário. Os organismos são mais comumente isolados em amostras de urina e de hemoculturas. Os lactobacilos são os organismos mais comuns na uretra; assim, a recuperação dessa bactéria nas culturas de urina geralmente é resultado da contaminação da amostra, mesmo quando um grande número de organismos está presente. A razão pela qual os lactobacilos raramente causam infecções do trato urinário é a incapacidade que eles têm de crescer na urina. A invasão no sangue ocorre em uma das três condições a seguir: (1) **bacteriemia transitória** de

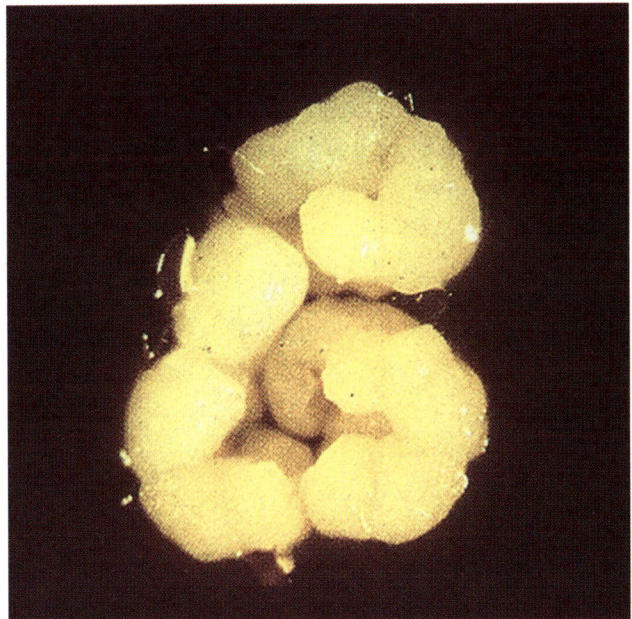

Figura 31.6 Aspecto de dente molar de *Actinomyces israelii* após incubação por 1 semana. Essa morfologia da colônia serve como um lembrete de que as bactérias são normalmente encontradas na boca.

> **Caso Clínico 31.2** Endocardite por *Lactobacillus*
>
> A descrição clássica de endocardite causada por *Lactobacillus* (Salvana e Frank, *J Infect* 53:5-10, 2006) é relatada a seguir. Uma mulher de 62 anos foi internada por fibrilação atrial e história de 2 semanas de sintomas semelhantes aos da gripe. Ela havia realizado um tratamento dentário 4 semanas antes da internação e não recebeu profilaxia antibacteriana apesar do histórico de febre reumática na infância, com resultante prolapso da válvula mitral e regurgitação. Ao ser examinada, a paciente estava afebril, com taquicardia e ligeira taquipneia. O exame cardiológico revelou a presença de murmúrio sistólico. Três hemoculturas foram coletadas e todas foram positivas para *Lactobacillus acidophilus* na cultura. A paciente foi tratada com a combinação de penicilina e gentamicina por um total de 6 semanas, resultando em recuperação completa. Este caso ilustra a necessidade de profilaxia antibacteriana durante os procedimentos odontológicos de pacientes com danos subjacentes nas valvas cardíacas e a necessidade de antibioticoterapia combinada para o sucesso terapêutico em infecções graves causadas por lactobacilos.

uma fonte geniturinária (p. ex., após o parto ou um procedimento ginecológico), (2) **endocardite** (Caso Clínico 31.2) e (3) **septicemia oportunística** em um paciente imunocomprometido. Cepas de lactobacilos utilizados como probióticos estão ocasionalmente associadas à septicemia, mais comumente em pacientes imunocomprometidos.

O tratamento de endocardite e de infecções oportunísticas é difícil porque os lactobacilos são resistentes à vancomicina (um antibacteriano comumente ativo contra bactérias gram-positivas) e são inibidos, mas não mortos por outros antibacterianos. Uma combinação de **penicilina com um aminoglicosídio** é necessária para a atividade bactericida.

MOBILUNCUS

Os membros do gênero *Mobiluncus* são bacilos curvos, anaeróbios obrigatórios, gram-negativos ou gram-variáveis, com extremidades afuniladas. Apesar do aspecto em amostras coradas pelo Gram (Figura 31.7), são classificadas como bacilos gram-positivos, porque (1) apresentam um envoltório celular gram-positivo; (2) não têm endotoxina; e (3) são suscetíveis à vancomicina, clindamicina, eritromicina e ampicilina, mas resistentes à colistina. Os organismos são fastidiosos, crescendo lentamente mesmo em meios enriquecidos, suplementados com soro de coelho ou de cavalo. Das duas espécies de *Mobiluncus*, **M. curtisii** é raramente encontrado nas vaginas de mulheres saudáveis, mas é abundante em mulheres com **vaginose bacteriana** (vaginite). A aparência microscópica desse organismo é um marcador útil para essa doença, mas o papel exato dele na patogênese da vaginose bacteriana é incerto.

CUTIBACTERIUM (PROPIONIBACTERIUM)

Em 2016, o nome *Propionibacterium* foi modificado para *Cutibacterium*. Ambos os nomes são comumente encontrados na literatura e, como a espécie mais comum (*C. acnes*)

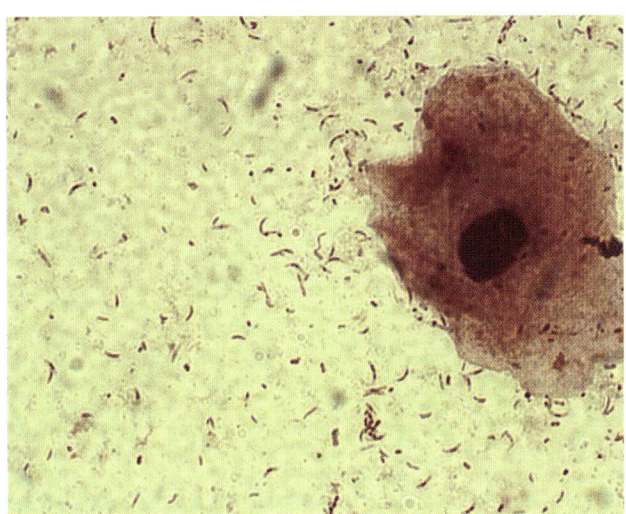

Figura 31.7 Coloração de Gram da bactéria *Mobiluncus*. As células bacterianas são curvas e têm extremidades pontiagudas.

é a bactéria responsável pela acne e infecções oportunísticas (Caso Clínico 31.3), ambos são utilizados nesta edição de *Microbiologia Médica*. Os microrganismos de *Cutibacterium* são pequenos bacilos gram-positivos frequentemente dispostos em cadeias curtas ou aglomerados (Figura 31.8). São comumente encontrados na pele (em contraste com o *Actinomyces*), na conjuntiva, na orelha externa, bem como na orofaringe e no trato genital feminino. O *Cutibacterium* também é comumente isolado em hemocultura, mas esse achado geralmente representa a contaminação da pele com bactérias na região da flebotomia.

O papel central de *C. acnes* na acne é estimular uma resposta inflamatória. A produção de um peptídio de baixo peso molecular pelas bactérias que residem nos folículos sebáceos atrai os leucócitos. As bactérias são fagocitadas e, após a liberação de enzimas hidrolíticas bacterianas (lipases, proteases, neuraminidase e hialuronidase), estimulam uma resposta inflamatória localizada.

> **Caso Clínico 31.3** Infecção no *shunt* (derivação) por *Cutibacterium* (*Propionibacterium*)
>
> Chu et al. (*Neurosurgery* 49:717-720, 2001) relataram três pacientes com infecções do sistema nervoso central causadas por *Cutibacterium* (*Propionibacterium*) *acnes*. O relato a seguir ilustra o caso de uma paciente com problemas em decorrência desse organismo. Uma paciente de 38 anos com hidrocefalia congênita apresentou história de 1 semana com redução do nível de consciência, dores de cabeça e êmese. Ela havia sido submetida a inúmeras cirurgias para colocação de *shunt* ventriculoperitoneal no passado, com o último procedimento realizado 5 anos antes dessa apresentação. A paciente não apresentava febre nem sinais meníngeos, mas estava sonolenta e despertava apenas por estímulos profundos. O líquido cefalorraquidiano (LCR) coletado da derivação não continha eritrócitos, mas tinha 55 leucócitos; os níveis de proteína eram altos e a glicose ligeiramente baixa. Bacilos gram-positivos pleomórficos foram observados na coloração de Gram e *C. acnes* cresceu na cultura de anaeróbios a partir de amostras de LCR. Após 1 semana de terapia com altas doses de penicilina, o LCR permaneceu positivo pela coloração de Gram e cultura. A paciente foi levada à cirurgia, tendo todo o material estranho removido, e foi tratada com penicilina por mais 10 semanas. Esta paciente ilustra a natureza crônica e relativamente assintomática dessa doença, a necessidade de remover a derivação e outros corpos estranhos, além do tratamento por um período prolongado de tempo.

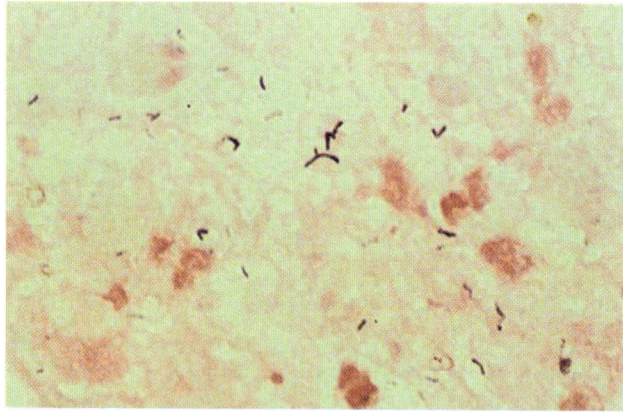

Figura 31.8 Coloração de *Cutibacterium* (*Propionibacterium*) pelo método de Gram a partir de hemocultura.

Bactérias do gênero *Cutibacterium* podem crescer nos meios mais comuns, embora possa levar de 2 a 5 dias para que o crescimento em cultura seja visível. Os cuidados devem ser tomados para evitar a contaminação da amostra com os microrganismos normalmente encontrados na pele. O significado da recuperação de um isolado também deve ser interpretado de acordo com a apresentação clínica (p. ex., um cateter ou outro corpo estranho pode servir como um foco para esses patógenos oportunistas).

A acne não está relacionada com a eficácia da limpeza da pele, pois a lesão se desenvolve dentro dos folículos sebáceos. Por esse motivo, a acne é tratada principalmente pela aplicação de peróxido de benzoíla e antibacterianos. A eritromicina e a clindamicina têm se mostrado como os antibacterianos eficazes para o tratamento.

BIFIDOBACTERIUM E *EUBACTERIUM*

As espécies *Bifidobacterium* e *Eubacterium* são comumente encontradas na orofaringe, intestino grosso e vagina. Essas bactérias podem ser isoladas em amostras clínicas, mas apresentam um baixo potencial de virulência e geralmente representam contaminantes sem relevância clínica. A confirmação de seu papel na etiologia de uma infecção requer o isolamento repetido em grandes números a partir de várias amostras e a ausência de outros organismos patogênicos.

Cocos gram-negativos anaeróbios

Os cocos gram-negativos anaeróbios raramente são isolados em espécimes clínicos, exceto quando presentes como contaminantes. Os membros do gênero *Veillonella* são os anaeróbios predominantes na orofaringe, mas representam menos de 1% de todos os anaeróbios isolados em amostras clínicas. Os outros cocos anaeróbios raramente são isolados.

Bacilos gram-negativos anaeróbios

Os bacilos gram-negativos anaeróbios mais importantes são os gêneros *Bacteroides*, *Fusobacterium*, *Porphyromonas* e *Prevotella* (ver Tabela 31.1). Esses anaeróbios são as bactérias predominantes na maioria das superfícies das mucosas, superando em número as bactérias aeróbias em 10 a 1.000 vezes. Apesar da abundância e diversidade dessas bactérias, a maioria das infecções é causada relativamente por poucas espécies (Tabela 31.3).

O gênero *Bacteroides* é composto por mais de 100 espécies e subespécies, dos quais *B. fragilis* é o membro mais importante. Uma característica comum à maioria das espécies do gênero *Bacteroides* é que seu crescimento é estimulado por bile. As espécies *Bacteroides* são pleomórficas em tamanho e forma e se assemelham a uma população mista de organismos em uma coloração de Gram examinada de modo casual (Figura 31.9). Outros bacilos gram-negativos anaeróbios podem ser muito pequenos (p. ex., *Porphyromonas*, *Prevotella*) ou alongados (p. ex., *Fusobacterium*; Figura 31.10). A maioria dos anaeróbios gram-negativos cora fracamente pelo método de Gram, portanto, as amostras coradas devem ser cuidadosamente examinadas. Embora *B. fragilis* cresça rapidamente em cultura, outros bacilos gram-negativos anaeróbios são fastidiosos e é possível que as culturas necessitem de incubação por 3 dias ou mais antes que as bactérias possam ser detectadas.

FISIOLOGIA E ESTRUTURA

O gênero *Bacteroides* apresenta uma estrutura de envoltório celular gram-negativo característica, que pode ser rodeada por uma **cápsula polissacarídica**. O principal componente do envoltório celular é um lipopolissacarídio (LPS) de superfície. Em contraste com as moléculas de LPS em bacilos gram-negativos aeróbios, o LPS de *Bacteroides* apresenta pouca ou nenhuma atividade de endotoxina. Essa inatividade se deve ao fato de que o componente lipídico A do LPS não tem grupos fosfato nos resíduos de glucosamina e o número de ácidos graxos ligados aos aminoácidos é reduzido; ambos os fatores estão correlacionados com a perda de atividade da endotoxina.

Tabela 31.3 Bactérias gram-negativas anaeróbias predominantes, responsáveis por doenças humanas.

Infecção	Bactérias
Cabeça e pescoço	*Bacteroides ureolyticus* *Fusobacterium nucleatum* *F. necrophorum* *Porphyromonas asaccharolytica* *P. gingivalis* *Prevotella intermedia* *P. melaninogenica*
Intra-abdominal	*Bacteroides fragilis* *B. thetaiotaomicron* *P. melaninogenica*
Ginecológica	*B. fragilis* *P. bivia* *P. disiens*
Pele e tecido mole	*B. fragilis*
Bacteriemia	*B. fragilis* *B. thetaiotaomicron* *Fusobacterium* spp.

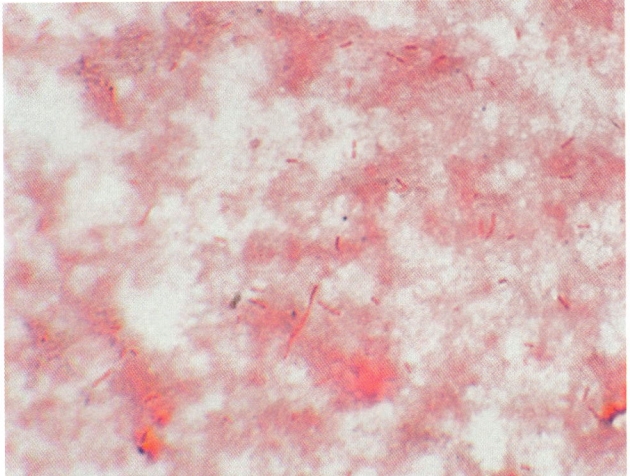

Figura 31.9 *Bacteroides fragilis*. A coloração de Gram revela a presença de bacilos gram-negativos, pleomórficos, que coram fracamente por esse método.

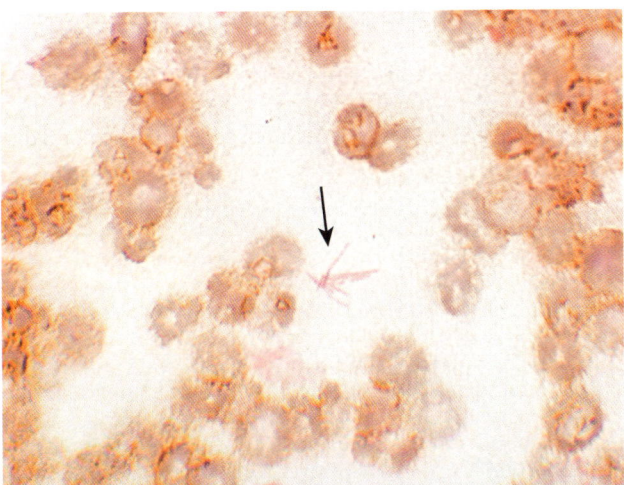

Figura 31.10 *Fusobacterium nucleatum*. Os organismos *(seta)* coram fracamente, são delgados, alongados e apresentam as extremidades afiladas (p. ex., fusiforme).

PATOGÊNESE E IMUNIDADE

Bacteroides fragilis, outras espécies de *Bacteroides* e *Porphyromonas gingivalis* podem aderir às células epiteliais e moléculas extracelulares (p. ex., fibrinogênio, fibronectina, lactoferrina) por meio das fímbrias. As fímbrias de *P. gingivalis* também são importantes para induzir a expressão de citocinas pró-inflamatórias, tais como o fator de necrose tumoral (TNF)-α e interleucina (IL)-1β. Cepas de *B. fragilis* e *Prevotella melaninogenica* também podem aderir às superfícies peritoneais de modo mais eficaz do que outros anaeróbios, pois a superfície desses organismos é recoberta por uma cápsula polissacarídica. Essa cápsula também é antifagocítica, semelhante a outras cápsulas bacterianas e é o principal fator de virulência em *B. fragilis*. Os ácidos graxos de cadeia curta (p. ex., ácido succínico) produzidos durante o metabolismo anaeróbio inibem a fagocitose e a morte intracelular. Finalmente, as proteases são produzidas por algumas espécies de *Porphyromonas* e *Prevotella* que degradam imunoglobulinas.

Em geral, os anaeróbios capazes de causar doenças podem tolerar a exposição ao oxigênio. Catalase e superóxido dismutase, que inativam o peróxido de hidrogênio e os radicais livres de superóxido (O_2^-), respectivamente, são produzidos por muitas cepas patogênicas.

Cepas enterotoxigênicas de *B. fragilis* que causam diarreia produzem uma **toxina termolábil com atividade de metaloprotease dependente de zinco (toxina de *B. fragilis*)**. Essa toxina causa alterações morfológicas do epitélio intestinal por meio do rearranjo da actina-F, com o estímulo resultante da secreção de cloreto e perda de fluidos. A enterotoxina também induz a secreção de IL-8 por células epiteliais intestinais, contribuindo para o dano inflamatório ao epitélio.

EPIDEMIOLOGIA

Como foi dito anteriormente, os anaeróbios colonizam o corpo humano em grande número (funcionando para estabilizar a microbiota bacteriana residente), previnem a colonização por organismos patogênicos de fontes exógenas, auxiliam na digestão de alimentos e estimulam a imunidade do hospedeiro. Esses organismos protetores normais produzem doenças somente quando se deslocam de sítios endógenos para locais normalmente estéreis. Desse modo, os microrganismos da microbiota residente são capazes de se espalhar por trauma ou doença das superfícies de mucosas normalmente colonizadas para tecidos ou fluidos estéreis.

Como esperado, as infecções endógenas são caracterizadas pela presença de uma mistura polimicrobiana de organismos. É importante compreender, no entanto, que a mistura de organismos que aparecem em superfícies de mucosas saudáveis difere da mistura em tecidos de indivíduos com doenças. Estudos da população microbiana, ou **microbioma**, de superfícies de mucosas saudáveis revelam uma mistura complexa de muitas espécies de bactérias. No estado patológico, a mistura muda para uma condição de menos diversidade (ou seja, menos espécies estão representadas) e predominância de organismos mais clinicamente significativos. Por exemplo, o *B. fragilis* é comumente associado a infecções pleuropulmonares, intra-abdominais e genitais. No entanto, o organismo constitui menos de 1% da microbiota do cólon e raramente é isolado da orofaringe ou do trato genital de pessoas saudáveis, a menos que sejam utilizadas técnicas altamente seletivas.

DOENÇAS CLÍNICAS

Infecções do sistema respiratório

Quase metade das infecções crônicas dos seios nasais e ouvidos e praticamente todas as infecções periodontais envolvem misturas de anaeróbios gram-negativos; *Prevotella*, *Porphyromonas*, *Fusobacterium* e as espécies não *Bacteroides fragilis* são as bactérias mais comumente isoladas. Os anaeróbios são menos frequentemente associados a infecções do trato respiratório inferior, a menos que se tenha uma história de aspiração de secreções orais.

Abscesso cerebral

As infecções anaeróbias do cérebro são tipicamente associadas a um histórico de sinusite crônica ou otite. Tal história é confirmada por evidências radiológicas de extensão direta no cérebro. Uma causa menos comum dessas infecções é a disseminação hematogênica a partir de uma fonte pulmonar. Nesse caso, múltiplos abscessos estão presentes. Os anaeróbios mais comuns nessas infecções polimicrobianas do cérebro são espécies de *Prevotella*, *Porphyromonas* e *Fusobacterium* (assim como *Peptostreptococcus* e outros cocos anaeróbios e aeróbios).

Infecções intra-abdominais

Apesar da população diversificada de bactérias que colonizam o sistema digestório, relativamente poucas espécies estão associadas às infecções intra-abdominais. Os anaeróbios são recuperados em praticamente todas essas infecções e *B. fragilis* é a espécie mais comum (Figura 31.11). Outros anaeróbios importantes são *B. tetaiotaomicron* e *P. melaninogenica*, assim como os cocos gram-positivos anaeróbios e aeróbios.

Infecções ginecológicas

Misturas de anaeróbios são frequentemente responsáveis por causar infecções do trato genital feminino (p. ex., vaginite, doença inflamatória pélvica, abscessos, endometrite, infecções de feridas cirúrgicas). Embora uma variedade de anaeróbios possa ser isolada em pacientes com essas infecções, *P. bivia* e *P. disiens* são as bactérias mais importantes; *B. fragilis* é comumente responsável pela formação de abscessos.

Infecções de pele e de tecidos moles

Embora as bactérias gram-negativas anaeróbias não façam parte da microbiota normal da pele (em contraste com os microrganismos *Peptostreptococcus* e *Cutibacterium* [*Propionibacterium*]), elas podem ser introduzidas por uma mordida ou por contaminação de uma superfície traumatizada. Em alguns casos, os organismos podem simplesmente colonizar uma ferida sem produzir doença; em outros casos, a colonização pode progredir rapidamente para doenças de risco à vida, como a mionecrose (Figura 31.12). *Bacteroides fragilis* é a bactéria mais comumente associada a doenças significativas (Caso Clínico 31.4).

Bacteriemia

Os anaeróbios foram, em algum momento, responsáveis por mais de 20% de todos os casos clinicamente significativos de bacteriemia; no entanto, esses organismos causam

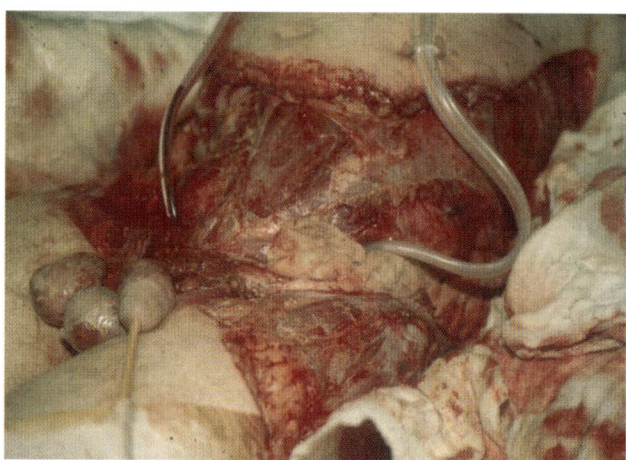

Figura 31.12 Infecção polimicrobiana sinergística envolvendo *Bacteroides fragilis* e outros anaeróbios. A infecção começou no escroto e rapidamente se espalhou pelo tronco acima e abaixo das coxas, com mionecrose extensa.

Caso Clínico 31.4 Fasciite necrosante retroperitoneal

Pryor et al. (*Crit Care Med* 29:1071–1073, 2001) descreveram um paciente desafortunado com uma fasciite polimicrobiana. Um homem de 38 anos com história de 10 anos de infecção pelo vírus da imunodeficiência humana foi submetido a uma hemorroidectomia sem complicações. Durante os próximos 5 dias, ele apresentou dores nas coxas e nádegas, assim como náuseas e vômitos. No momento em que esse paciente se apresentou ao hospital, ele tinha uma frequência cardíaca de 120 bpm, pressão arterial de 120/60 mmHg, frequência respiratória de 22 respirações/minuto e temperatura de 38,5°C. O exame físico revelou um eritema ao redor do local da cirurgia, no flanco, coxas e parede abdominal. Foi observado gás nos tecidos subjacentes às áreas de eritema, com extensão até a porção superior do tórax. Na cirurgia, extensas áreas de necrose tecidual e exsudatos acastanhados de odor fétido foram observados. Múltiplas cirurgias para o desbridamento agressivo dos tecidos envolvidos foram necessárias. As culturas obtidas durante a cirurgia foram positivas para uma mistura de organismos aeróbios e anaeróbios, com predominância de *Escherichia coli*, estreptococos beta-hemolíticos e *Bacteroides fragilis*. Este caso clínico ilustra as complicações potenciais da cirurgia retal: destruição agressiva do tecido, etiologia polimicrobiana com *B. fragilis* como o organismo predominante e tecido necrótico de odor fétido com produção de gás.

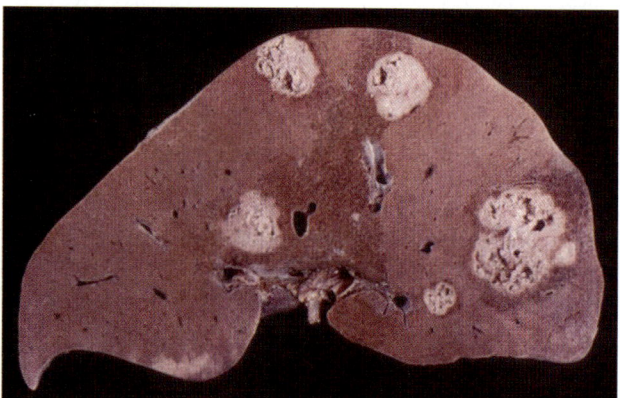

Figura 31.11 Abscessos hepáticos causados por *Bacteroides fragilis*.

atualmente menos de 5% de tais infecções. A menor incidência de doenças não é completamente compreendida, mas provavelmente pode ser atribuída ao uso generalizado de antibacterianos de amplo espectro com atividade contra anaeróbios. *Bacteroides fragilis* é o anaeróbio mais comumente isolado em hemoculturas positivas de importância clínica.

Gastrenterite

Cepas de *B. fragilis* produtoras de enterotoxinas podem produzir uma diarreia aquosa autolimitada. A maioria das infecções foi observada em crianças menores de 5 anos, embora a doença também tenha sido relatada em adultos.

DIAGNÓSTICO LABORATORIAL

Microscopia

O exame microscópico de amostras de pacientes com suspeita de infecções anaeróbias pode ser útil. Embora as bactérias possam corar fracamente e de modo irregular, o achado de bacilos gram-negativos pleomórficos pode servir como informação presuntiva útil.

Cultura

Os espécimes devem ser coletados e transportados para o laboratório em um sistema livre de oxigênio, prontamente inoculados em meios específicos para a recuperação de anaeróbios e incubados em um ambiente anaeróbio. Como a maioria das infecções anaeróbias é endógena, é importante coletar as amostras para que não sejam contaminadas com a população bacteriana normal presente na superfície da mucosa adjacente. Os espécimes também devem ser mantidos em um ambiente úmido, porque a secagem causa perda bacteriana significativa.

A maioria dos *Bacteroides* cresce rapidamente e deve ser detectada dentro de 2 dias; entretanto, a recuperação de outros anaeróbios gram-negativos podem necessitar de uma incubação mais longa. Além disso, às vezes é difícil de recuperar todas as bactérias clinicamente significativas em razão dos diferentes organismos presentes nas infecções polimicrobianas. O uso de meios seletivos, tais como os meios suplementados com bile, facilita a recuperação da maioria dos anaeróbios mais importantes (Figura 31.13).

Identificação bacteriana

Embora a identificação de anaeróbios gram-negativos seja tradicionalmente realizada por testes bioquímicos, a proliferação de espécies recém-reconhecidas tornou essa abordagem pouco confiável. A análise de sequências de genes espécie-específicos (p. ex., gene *16S* do RNA ribossômico) é uma abordagem confiável, mas demorada e onerosa. Mais recentemente, as ferramentas proteômicas (ou seja, a espectrometria de massa para análise espectral de perfis proteicos espécie-específicos) têm sido utilizadas para a identificação do organismo e é o método diagnóstico de escolha.

TRATAMENTO, PREVENÇÃO E CONTROLE

A terapia antimicrobiana combinada com a intervenção cirúrgica é a principal abordagem para o manejo de infecções anaeróbias graves. Praticamente todos os membros

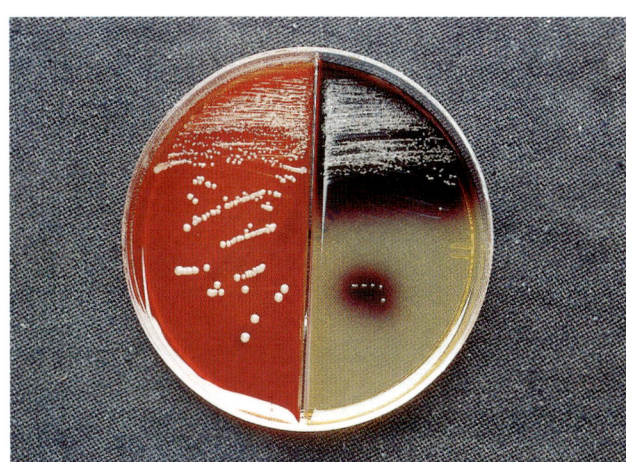

Figura 31.13 Crescimento de *Bacteroides fragilis* em ágar *Bacteroides* bile-esculina. A maioria das bactérias aeróbias e anaeróbias é inibida pela bile e pela gentamicina nesse meio, enquanto o grupo de organismos *B. fragilis* é estimulado pela bile, resistente à gentamicina e capaz de hidrolisar esculina, produzindo um precipitado negro.

do grupo *B. fragilis*, muitas espécies de *Prevotella* e de *Porphyromonas*, assim como alguns isolados de *Fusobacterium* produzem betalactamases. Essa enzima torna as bactérias resistentes à penicilina e a muitas cefalosporinas. A resistência à clindamicina em *Bacteroides*, que é mediada por plasmídios, é comum. Antibacterianos com a melhor atividade contra bacilos gram-negativos anaeróbios são o **metronidazol, carbapenêmicos** (p. ex., imipeném, meropeném) e **betalactâmicos-inibidores de betalactamase** (p. ex., piperacilina-tazobactam).

Visto que as espécies de *Bacteroides* constituem uma parte importante da microbiota normal, assim como as infecções resultam da disseminação endógena dos organismos, a doença é praticamente impossível de controlar. É importante reconhecer, no entanto, que a ruptura das barreiras naturais ao redor das superfícies das mucosas por procedimentos diagnósticos ou cirúrgicos pode introduzir esses organismos em sítios normalmente estéreis. Se as barreiras são invadidas, o tratamento profilático com antibacterianos é indicado.

Bibliografia

Aldridge, K.E., O'Brien, M., 2002. In vitro susceptibilities of the *Bacteroides fragilis* group species: change in isolation rates significantly affects overall susceptibility data. J. Clin. Microbiol. 40, 4349–4352.

Brook, I., Frazier, E.H., 1991. Infections caused by *Propionibacterium* species. Rev. Infect. Dis. 3, 819–822.

Cannon, J.P., Lee, T.A., Bolanos, J.T., et al., 2005. Pathogenic relevance of *Lactobacillus*: a retrospective review of over 200 cases. Eur. J. Clin. Microbiol. Infect. Dis. 24, 31–40.

Kononen, E., Wade, W.G., 2015. Actinomyces and related organisms in human infections. Clin. Microbiol. Rev. 28, 419–442.

Murdoch, D., 1998. Gram-positive anaerobic cocci. Clin. Microbiol. Rev. 11, 81–120.

Reichenbach, J., Lopatin, U., Mahlaoui, N., et al., 2009. *Actinomyces* in chronic granulomatous disease: an emerging and unanticipated pathogen. Clin. Infect. Dis. 49, 1703–1710.

Sears, C., 2009. Enterotoxigenic *Bacteroides fragilis*: a rogue among symbiotes. Clin. Microbiol. Rev. 22, 349–369.

Tiveljung, A., Forsum, U., Monstein, H.J., 1996. Classification of the genus *Mobiluncus* based on comparative partial 16S rRNA gene analysis. Int. J. Syst. Bacteriol. 46, 332–336.

Wexler, H., 2007. *Bacteroides*: the good, the bad, and the nitty-gritty. Clin. Microbiol. Rev. 20, 593–621.

32 Treponema, Borrelia e Leptospira

Um paciente de 23 anos, do sexo masculino, homossexual, foi ao departamento de emergência com úlcera indolor no corpo do pênis. Havia suspeita de sífilis primária que, posteriormente, foi confirmada por testes sorológicos. É muito raro encontrar um estudante que não esteja familiarizado com as doenças causadas por espiroquetas, como as discutidas neste capítulo: sífilis, doença de Lyme, febre recorrente e leptospirose.

1. Por que muitos pacientes com sífilis desenvolvem infecções crônicas, mesmo que a penicilina seja geralmente ativa contra *Treponema pallidum*?
2. Qual é o reservatório e o vetor mais importantes para a transmissão de infecçõe por *Borrelia burgdorferi* em seres humanos?
3. Qual teste diagnóstico é o mais útil para a forma precoce e localizada da doença de Lyme e para pacientes que desenvolvem artrite ou complicações neurológicas?
4. Quais são as amostras ideais para a recuperação de *Leptospira* spp. em cultura?

RESUMOS Organismos clinicamente significativos

TREPONEMA PALLIDUM

Palavras-chave

Espiroquetas delgadas, doença sexualmente transmissível, infecções congênitas, úlcera indolor (cancro)

Biologia e virulência

- Espiroquetas espiraladas (0,1 a 0,2 × 6 a 20 μm) muito finas ou delgadas para serem visualizadas pelas colorações de Gram ou Giemsa; observadas por microscopia de campo escuro
- Proteínas da membrana externa promovem aderência às células do hospedeiro
- A hialuronidase facilita a infiltração perivascular
- O revestimento de fibronectina protege contra a fagocitose
- A destruição dos tecidos resulta principalmente da resposta imunológica do hospedeiro à infecção

Epidemiologia

- Os seres humanos representam o único hospedeiro natural
- A sífilis é transmitida por contato sexual ou de forma congênita
- A sífilis ocorre em todo o mundo, sem incidência sazonal

Doenças

- A sífilis se apresenta como doença primária (úlcera indolor [cancro] no sítio da infecção, com linfadenopatia regional e bacteriemia), sífilis secundária (síndrome gripal com erupções mucocutâneas generalizadas e bacteriemia) e doença em estágio tardio (inflamação crônica difusa e destruição de qualquer órgão ou tecido); congênita (malformações latentes de múltiplos órgãos, morte fetal)

Diagnóstico

- A microscopia de campo escuro ou de fluorescência direta com anticorpos é útil se as úlceras de mucosa forem observadas em estágios primários ou secundários da sífilis
- A sorologia é muito sensível nos estágios secundários e tardios da sífilis

Tratamento, prevenção e controle

- A penicilina é o antibacteriano de escolha; a doxiciclina é administrada se o paciente for alérgico à penicilina
- As práticas sexuais seguras devem ser enfatizadas e os parceiros sexuais de pacientes infectados devem ser tratados
- Nenhuma vacina está disponível

BORRELIA

Palavras-chave

Grandes espiroquetas, eritema migrante, doença de Lyme, febre recorrente, carrapatos duros e moles, piolho do corpo

Biologia e virulência

- As bactérias do gênero *Borrelia* são grandes (0,2 a 0,5 × 8 a 30 μm) e podem ser visualizadas quando coradas com corantes de anilina (p. ex., coloração de Giemsa, de Wright)
- A reatividade imune contra os agentes da doença de Lyme pode ser responsável pela doença clínica

Epidemiologia

Doença de Lyme

- *B. burgdorferi* causa doenças nos EUA e Europa; a *B. garinii* e a *B. afzelii* causam doenças na Europa e na Ásia
- Transmitida por carrapatos duros a partir de camundongos para humanos; os reservatórios incluem camundongos, cervos e carrapatos; os vetores incluem *Ixodes scapularis* no leste e centro-oeste dos EUA, *I. pacificus* no oeste dos EUA, *I. ricinus* na Europa e *I. persulcatus* na Europa Oriental e Ásia
- A maioria dos casos de doença de Lyme nos EUA tem dois focos principais: estados do nordeste e da costa leste (do Maine à Virgínia) e parte superior do centro-oeste (Minnesota, Wisconsin)
- Indivíduos em risco de contrair a doença de Lyme incluem pessoas expostas a carrapatos em áreas de alta endemicidade
- Distribuição global
- A incidência sazonal corresponde aos padrões de alimentação de vetores; a maioria dos casos da doença de Lyme nos EUA ocorre no final da primavera e início do verão (padrão de alimentação do estágio de ninfa do carrapato); pico em junho e julho

Febre recorrente epidêmica

- O agente etiológico é *B. recurrentis*
- Transmissão de pessoa para pessoa; reservatório inclui humanos; o vetor inclui o piolho do corpo humano
- Os indivíduos em risco são pessoas expostas aos piolhos (doença epidêmica) em condições de aglomeração ou insalubres
- Ocorre na Etiópia, Eritreia, Somália e Sudão

Febre recorrente endêmica

- Muitas espécies de *Borrelia* são responsáveis
- Transmitida a partir de roedores para humanos; reservatórios incluem roedores, pequenos mamíferos e carrapatos moles; o vetor inclui carrapatos moles
- Os indivíduos em risco são pessoas expostas aos carrapatos (doença endêmica) em áreas rurais
- Distribuição mundial; na parte oeste dos EUA

Continua

> **RESUMOS** Organismos clinicamente significativos *(continuação)*
>
> **Doenças**
>
> - Bactérias do gênero *Borrelia* são responsáveis por duas doenças: doença de Lyme e febre recorrente (epidêmica e endêmica)
> - Espécies de *Borrelia* responsáveis pela febre recorrente são capazes de sofrer uma mudança antigênica e escapar da eliminação pela resposta imune; períodos febris ou com ausência de febre resultam da variação antigênica
>
> **Diagnóstico**
>
> - A sorologia é o teste de escolha para a doença de Lyme
> - Testes baseados na reação em cadeia da polimerase estão disponíveis para a doença de Lyme, mas são relativamente insensíveis
> - A microscopia é o teste de escolha para o diagnóstico de febre recorrente
>
> **Tratamento, prevenção e controle**
>
> - Para a doença de Lyme precoce localizada ou disseminada, o tratamento é com amoxicilina, tetraciclina, cefuroxima; manifestações tardias são tratadas com penicilina intravenosa ou ceftriaxona
> - Para a febre recorrente, o tratamento é realizado com tetraciclina ou eritromicina
> - Melhoria das condições sanitárias para diminuir o risco de febre recorrente epidêmica
> - Redução da exposição a carrapatos duros (doença de Lyme) e carrapatos moles (febre recorrente) por meio do uso de inseticidas, aplicação de repelentes nos vestuários e o uso de roupas de proteção que reduzem a exposição da pele a insetos.
>
> ***LEPTOSPIRA***
>
> **Palavras-chave**
>
> Delgada, espiroquetas, doença gripal, meningite asséptica, doença de Weil, zoonótica, exposição à água contaminada
>
> **Biologia e virulência**
>
> - Espiroquetas delgadas e espiraladas (0,1 × 6 a 20 μm) que crescem lentamente em culturas especializadas
> - Capaz de invadir e replicar diretamente em tecidos, induzindo uma resposta inflamatória
> - O imunocomplexo produz doenças renais (glomerulonefrite)
> - Geralmente a doença é branda, semelhante a uma síndrome viral
> - A leptospirose sistêmica manifesta-se mais comumente como uma meningite asséptica
> - A doença fulminante (doença de Weil) é caracterizada pelo colapso vascular, trombocitopenia, hemorragia e disfunção hepática e renal
>
> **Epidemiologia**
>
> - Reservatórios nos EUA: roedores (particularmente ratos), cães, animais de fazenda e animais selvagens
> - Humanos: hospedeiro acidental de estágio final
> - Organismo pode penetrar na pele através de pequenas rupturas na epiderme
> - As pessoas são infectadas com bactérias do gênero *Leptospira* por meio da exposição à água contaminada com urina de um animal infectado ou manuseio de tecidos de um animal infectado
> - As pessoas em risco são aquelas expostas a riachos, rios e água parada contaminados com urina; exposição ocupacional dos fazendeiros aos animais infectados, manipuladores de carne e veterinários
> - A infecção é rara nos EUA, mas tem distribuição mundial
> - A doença é mais comum durante os meses quentes (exposição recreativa)
>
> **Diagnóstico**
>
> - A microscopia não é útil porque, geralmente, poucos microrganismos estão presentes em fluidos ou tecidos
> - Cultura do sangue ou líquido cefalorraquidiano nos primeiros 7 a 10 dias de doença; urina após a primeira semana
> - A sorologia com o teste de aglutinação microscópica é relativamente sensível e específica, mas não amplamente disponível em países com recursos limitados; os testes de imunoabsorbância ligada à enzima são menos precisos, mas podem ser usados para a triagem de pacientes
>
> **Tratamento, prevenção e controle**
>
> - Tratamento com penicilina ou doxiciclina
> - A doxiciclina, mas não a penicilina, é usada para a profilaxia
> - Os rebanhos e os animais domésticos devem ser vacinados
> - Os ratos devem ser controlados

As bactérias na ordem Spirochaetales são agrupadas com base nas propriedades morfológicas comuns (Tabela 32.1). Essas espiroquetas são bactérias gram-negativas, delgadas, helicoidais (0,1 a 0,5 × 5 a 20 μm). A ordem Spirochaetales é subdividida em quatro famílias e 14 gêneros, dos quais três gêneros (*Treponema* e *Borrelia* na família Spirochaetaceae e *Leptospira* na família Leptospiraceae) são responsáveis por doenças humanas (Tabela 32.2).

Treponema

A espécie mais importante de *Treponema* que causa a doença é *Treponema pallidum*, com três subespécies. Elas se distinguem por suas características epidemiológicas, apresentação clínica e gama de hospedeiros em modelos experimentais. *Treponema pallidum* subespécie *pallidum* (referido como *T. pallidum* neste capítulo) é o agente etiológico da doença venérea **sífilis**; *T. pallidum* subespécie *endemicum* causa sífilis endêmica **(bejel)**; e *T. pallidum* subespécie *pertenue* causa a **bouba**. Bejel e boubas são doenças não venéreas.

FISIOLOGIA E ESTRUTURA

Treponema pallidum e os treponemas patogênicos relacionados são espiroquetas delgadas, fortemente espiraladas (0,1 a 0,2

Tabela 32.1 Gêneros de importância médica na ordem Spirochaetales.

Spirochaetales	Doença humana	Agente etiológico
FAMÍLIA SPIROCHAETACEAE		
Gênero *Borrelia*	Febre recorrente epidêmica	*B. recurrentis*
	Febre recorrente endêmica	Muitas espécies de *Borrelia*
	Borreliose de Lyme ou doença de Lyme	*B. burgdorferi, B. garinii, B. afzelii*
Gênero *Treponema*	Sífilis venérea	*T. pallidum* subsp. *pallidum*
	Sífilis endêmica (bejel)	*T. pallidum* subsp. *endemicum*
	Bouba	*T. pallidum* subsp. *pertenue*
FAMÍLIA LEPTOSPIRACEAE		
Gênero *Leptospira*	Leptospirose	*Leptospira* spp.

× 6 a 20 μm), com extremidades pontiagudas e retas. Testes diagnósticos tradicionais, tais como a microscopia e a cultura, são de pouco valor, porque as espiroquetas são muito finas para serem visualizadas com a microscopia de luz em amostras coradas pelo método de Gram ou Giemsa e essas espiroquetas não crescem em culturas livres de células. O crescimento

Tabela 32.2 Espiroquetas importantes.

Organismo	Derivação histórica
Treponema	*trepo*, giro; *nema*, um fio (um fio em giro; refere-se à morfologia das bactérias)
T. pallidum	*pallidum*, pálido (refere-se ao fato de esses organismos não serem corados por corantes tradicionais)
Borrelia	Nome em homenagem ao microbiologista A. Borrel
B. recurrentis	*recurrens*, recorrente (referência à febre recidivante ou recorrente)
B. hermsii	*hermsii*, de hermsi (refere-se ao vetor carrapato *Ornithodoros hermsii*)
B. burgdorferi	Nome em homenagem ao cientista W. Burgdorfer
Leptospira	*lepto*, fino ou delgado; *spira*, um espiral (um espiral fino; refere-se à morfologia das bactérias)

limitado do organismos é obtido em cultura de células epiteliais de coelhos, mas a replicação é lenta (o tempo de duplicação é de 30 horas) e pode ser mantida por apenas algumas gerações. A razão para essa falha no crescimento de *T. pallidum in vitro* se deve à ausência do ciclo do ácido tricarboxílico nas bactérias, que são dependentes de células hospedeiras para todas as purinas, pirimidinas e a maioria dos aminoácidos. Além disso, espiroquetas são microaerófilas ou anaeróbias e extremamente sensíveis ao oxigênio, consistente com a descoberta de que as bactérias não têm genes para catalase ou superóxido dismutase para protegê-las da toxicidade do oxigênio.

PATOGÊNESE E IMUNIDADE

A incapacidade de cultivar *T. pallidum* em altas concentrações *in vitro* tem limitado a detecção de fatores de virulência específicos nesse organismo. Entretanto, a análise das sequências do genoma inteiro e as propriedades estruturais únicas dessa espiroqueta revelaram algumas percepções. Embora várias lipoproteínas sejam ancoradas na membrana citoplasmática bacteriana, a maioria, senão todas, não fica exposta na superfície da membrana externa. Portanto, a falta de antígenos espécie-específicos na superfície da célula permite a evasão de espiroquetas do sistema imunológico. Embora as bactérias sejam capazes de resistir à fagocitose, elas podem aderir à fibronectina do hospedeiro, permitindo a interação direta com os tecidos do hospedeiro. A análise da sequência do genoma demonstra a presença de pelo menos cinco hemolisinas, mas não está claro se elas mediam os danos dos tecidos. Da mesma maneira, foi proposto que a produção de hialuronidase facilita a infiltração perivascular. A maioria dos investigadores acredita que a destruição tecidual e as lesões observadas na sífilis são principalmente uma consequência da resposta imune à infecção.

EPIDEMIOLOGIA

A sífilis é encontrada em todo o mundo e é a terceira doença bacteriana sexualmente transmissível mais comum nos EUA (após infecções por *Chlamydia trachomatis* e *Neisseria gonorrhoeae*). De modo geral, a incidência de doenças diminuiu após a introdução da penicilina no início da década de 1940, embora aumentos periódicos observados correspondam às mudanças nas práticas sexuais (p. ex., uso de pílulas anticoncepcionais na década de 1960, as saunas *gays* na década de 1970 e o aumento da prostituição relacionada com o uso de *crack* nos anos 1990). Uma nova tendência preocupante está surgindo. Entre 2000 e 2017, a incidência de doenças recém-adquiridas tem aumentado a cada ano. Em 2017, o Centro de Controle e Prevenção de Doenças (CDC) relatou que havia mais de 100 mil novos casos relatados, com 30.644 casos de sífilis primária e doença de estágio secundário, que são as formas mais infecciosas de sífilis. O aumento da sífilis é observado principalmente em homens homossexuais. Esse dado provavelmente reflete a percepção equivocada de que as doenças sexualmente adquiridas, incluindo as infecções pelo vírus da imunodeficiência humana (HIV), podem ser controladas efetivamente com antimicrobianos, de modo que o sexo sem proteção é incorretamente considerado uma atividade de baixo risco. Infelizmente, os pacientes infectados com sífilis correm maior risco de transmitir e adquirir o HIV quando lesões genitais estão presentes. Portanto, apesar de um esforço conjunto de saúde pública para eliminar a sífilis, essa doença continua sendo um problema grave nas populações sexualmente ativas.

A sífilis natural é exclusiva dos seres humanos e não tem outros hospedeiros naturais conhecidos (Caso Clínico 32.1). *Treponema pallidum* é extremamente lábil e incapaz de sobreviver à exposição a secagem ou a desinfetantes. Desse modo, a sífilis não pode ser transmitida através do contato com objetos inanimados, tais como assentos de banheiro. A via mais comum de propagação ocorre pelo contato sexual direto. A doença também pode ser adquirida de forma congênita ou por transfusão com sangue contaminado. A sífilis não é altamente contagiosa; o risco de contrair a doença após um único contato sexual é estimado em 30%. Entretanto, a contagiosidade é influenciada pelo estágio da doença no indivíduo infectante. *Treponema pallidum* é transferido principalmente durante os estágios iniciais da doença, quando muitos organismos estão presentes em lesões úmidas cutâneas ou das mucosas. Durante o período inicial da doença, o paciente torna-se bacterêmico e se a doença não é tratada, a bacteriemia intermitente pode persistir por até 8 anos. A transmissão congênita da mãe para o feto pode ocorrer a qualquer momento durante esse período. Mesmo após o fim da bacteriemia, a doença pode permanecer ativa.

Caso Clínico 32.1 História da sífilis

As origens da sífilis têm sido debatidas há décadas. O exame de restos ósseos recuperados nas Américas, Europa, Ásia e África pode ter resolvido esse debate. A doença que conhecemos como sífilis provavelmente evoluiu a partir da bouba e, mais recentemente, do bejel. Cada doença produz alterações ósseas distintas. As primeiras evidências da doença pelo *Treponema* foram observadas na África e parecem ter se disseminado pelas Américas a partir de uma rota asiática. Na época da navegação de Colombo para as Américas, a sífilis estava bem estabelecida em todo o Novo Mundo, incluindo na República Dominicana, onde ele desembarcou. Em contraste, não há evidência de sífilis na Europa pré-colombiana, África ou Ásia. Ou seja, é provável que a tripulação de Colombo tenha adquirido essa doença do Novo Mundo e a introduzido na população do Velho Mundo ao retornar para casa.

DOENÇAS CLÍNICAS

O curso clínico da sífilis evolui por meio de três fases. A **fase primária** ou inicial é caracterizada por uma ou mais lesões cutâneas (**cancros**) no local em que houve a penetração das espiroquetas (Figura 32.1). A lesão se desenvolve de 10 a 90 dias após a infecção inicial e começa como uma pápula, mas depois ocorre a erosão, tornando-se uma **úlcera indolor** com bordas elevadas. O exame histológico da lesão revela endarterite e periarterite (característica das lesões sifilíticas em todos os estágios) e infiltração da úlcera com leucócitos polimorfonucleares e macrófagos. As células fagocíticas ingerem as espiroquetas, mas os organismos muitas vezes sobrevivem com números abundantes presentes no cancro. Na maioria dos pacientes, uma linfadenopatia regional indolor se desenvolve 1 a 2 semanas após o aparecimento do cancro, que representa um foco local para a proliferação de espiroquetas e disseminação hematogênica. O fato de essa úlcera cicatrizar espontaneamente em 2 meses dá ao paciente uma falsa sensação de alívio.

Na **fase secundária**, os sinais clínicos de doença disseminada aparecem, com lesões cutâneas proeminentes dispersas sobre toda a superfície do corpo (Figura 32.2). Nessa etapa, os pacientes normalmente experimentam uma síndrome gripal com dor de garganta, dor de cabeça, febre, mialgias (dores musculares), anorexia, linfadenopatia (linfonodos inchados) e uma erupção mucocutânea generalizada. Inicialmente, a síndrome gripal e a linfadenopatia geralmente se manifestam, havendo, após alguns dias, uma erupção disseminada. A erupção cutânea pode ser variável (macular, papular ou pustular) e cobre toda a superfície da pele (incluindo as palmas das mãos e as plantas dos pés). Lesões elevadas denominadas **condiloma lata** ou **condiloma plano** podem ocorrer em dobras úmidas da pele e erosões podem se desenvolver na boca e em outras superfícies de mucosas. Como no caso do cancro primário,

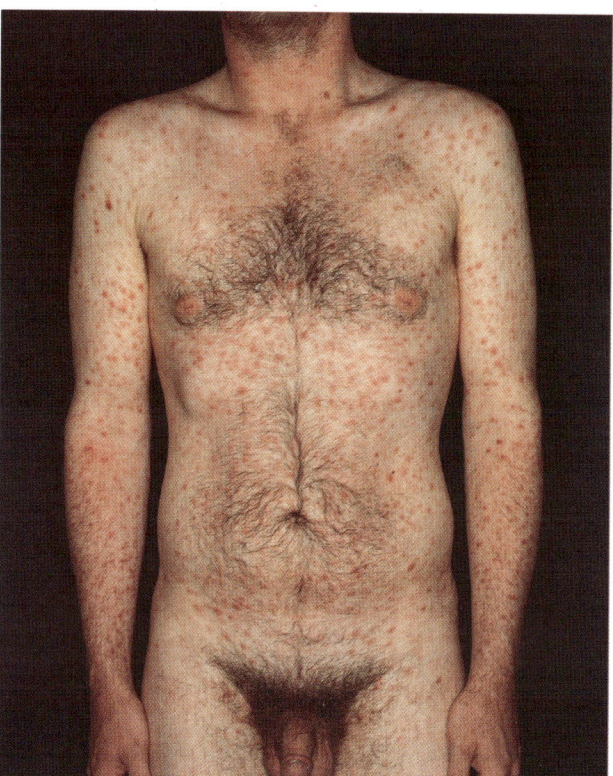

Figura 32.2 Erupção cutânea disseminada na sífilis secundária. (De Habif, T.P., 2010. Clinical Dermatology: A Color Guide to Diagnosis and Therapy, fifth ed. Mosby, London, UK.)

essas lesões são altamente infecciosas. A erupção cutânea e os sintomas resolvem espontaneamente dentro de algumas semanas e os pacientes podem sofrer remissão espontânea, entrando no estágio latente ou clinicamente inativo ou progredindo para a **fase tardia** da doença.

Aproximadamente um terço dos pacientes não tratados progride para a fase terciária da sífilis. Sintomas clínicos da inflamação crônica difusa, característica da sífilis tardia, desenvolvem-se após um período assintomático, variando de anos a décadas, e podem causar a destruição devastadora de praticamente qualquer órgão ou tecido (p. ex., arterite, demência, cegueira). Podem ser encontradas lesões granulomatosas **(gumas)** nos ossos, pele e outros tecidos. A nomenclatura da sífilis tardia reflete os órgãos de envolvimento primário (p. ex., neurossífilis, sífilis cardiovascular). Um aumento da incidência de neurossífilis, apesar da terapia adequada para a doença precoce, tem sido documentado em pacientes com a síndrome da imunodeficiência adquirida (AIDS). Além disso, as espiroquetas são introduzidas no sistema nervoso central durante os estágios iniciais da doença e os sintomas neurológicos (p. ex., meningite) podem se desenvolver nos primeiros meses da doença. Portanto, a neurossífilis não é exclusivamente uma manifestação tardia.

As infecções intrauterinas (sífilis congênita) podem levar à doença fetal grave, resultando em infecções latentes, malformações em múltiplos organismos ou morte do feto. A maioria dos lactentes infectados nasce sem evidência clínica da doença, mas a rinite então se desenvolve e é seguida por ampla erupção maculopapular. Malformação dos dentes e dos ossos, cegueira, surdez e sífilis cardiovascular são comuns em crianças não tratadas que sobrevivem à fase inicial da doença.

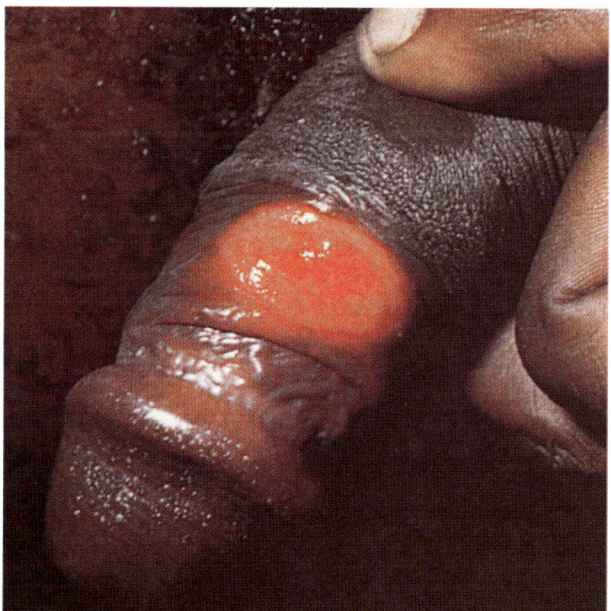

Figura 32.1 Cancro primário do corpo peniano. De modo geral, a lesão é indolor, a menos que uma infecção bacteriana secundária esteja presente. Grandes números de espiroquetas estão presentes na lesão. (De Morse, S.A., Ballard, R.C., Holmes, K.K., et al., 2010. Atlas of Sexually Transmitted Diseases and AIDS, fourth ed. Saunders, London, UK.)

DIAGNÓSTICO LABORATORIAL

Microscopia

Como *T. pallidum* é muito fino para visualização na microscopia de luz, a **microscopia de campo escuro** ou a **coloração fluorescente especial** deve ser empregada (Tabela 32.3). O diagnóstico de sífilis primária, secundária ou congênita pode ser feito rapidamente por exame do campo escuro do exsudato das lesões cutâneas; no entanto, o teste é confiável somente quando um microscopista examina imediatamente o material clínico, quando podem ser observadas espiroquetas ativamente móveis. As espiroquetas não sobrevivem ao transporte para o laboratório e os restos teciduais podem ser confundidos com espiroquetas não viáveis. O material coletado de lesões orais e retais não deve ser examinado, porque as espiroquetas não patogênicas podem ser rotineiramente observadas nesses espécimes. Em razão das limitações de microscopia de campo escuro, um teste mais útil para a detecção de *T. pallidum* é o **ensaio direto com anticorpos fluorescentes**. Os anticorpos anti-*Treponema* marcados com fluoresceína são usados para corar as bactérias (Figura 32.3). Um anticorpo monoclonal está disponível, específico para treponemas patogênicos, que permite o exame de amostras orais e retais. Além disso, espiroquetas não viáveis também se coram, assim as amostras não precisam ser examinadas imediatamente após a coleta.

Cultura

Tentativas de cultivo *in vitro* de *T. pallidum* não devem ser realizadas, porque o organismo não cresce em culturas artificiais.

Testes baseados na análise de ácidos nucleicos

Testes de amplificação de ácidos nucleicos (ou seja, reação em cadeia da polimerase [PCR]) foram desenvolvidos para detectar *T. pallidum* em lesões genitais, sangue de bebês e líquido cefalorraquidiano (LCR), mas atualmente não estão amplamente disponíveis.

Detecção de anticorpos

A sífilis é diagnosticada na maioria dos pacientes com base nos testes sorológicos. Os dois tipos gerais de exames utilizados são ensaios biologicamente inespecíficos (não treponêmicos) e ensaios treponêmicos específicos. Os testes não treponêmicos são utilizados como testagens de triagem, pois são rápidos de executar e baratos. A reatividade positiva é confirmada com um teste treponêmico.

Os **testes não treponêmicos** medem os anticorpos imunoglobulina (Ig)G e IgM (também chamados **anticorpos reagínicos**) que se desenvolvem contra lipídios liberados de células lesionadas durante o estágio inicial da doença e que aparecem na superfície celular de treponemas. O antígeno usado para os testes não treponêmicos é a **cardiolipina**, que é derivada do coração bovino. Os dois testes mais utilizados são o **teste Venereal Disease Research Laboratory (VDRL)** e o **teste de reagina plasmática rápida (RPR)**. Ambos os testes medem a floculação do antígeno à cardiolipina pelo soro do paciente. Somente o teste VDRL deve ser usado para testar o LCR de pacientes com suspeita de neurossífilis. Outros testes não treponêmicos em uso incluem o teste de reagina do soro não aquecido (USR) e o teste de soro não aquecido com toluidina vermelha (TRUST). Todos os testes não treponêmicos têm essencialmente a mesma sensibilidade (reatividade muito baixa quando a lesão primária aparece, mas sobe para 70 a 85% de reatividade após 1 semana; 100% de reatividade para a doença secundária; 70 a 75% para sífilis tardia) e especificidade (98 a 99%).

Os **testes treponêmicos** utilizam *T. pallidum* como antígeno e detectam anticorpos anti-*Treponema pallidum* específicos. Os resultados do teste treponêmico podem ser positivos antes dos resultados do teste não treponêmico tornarem-se positivos na sífilis precoce e eles podem permanecer positivos quando os resultados não específicos dos testes revertem para negativos em alguns pacientes que têm sífilis tardia. Historicamente, a sífilis é um problema, o teste treponêmico mais comumente utilizado era o **teste de absorção de anticorpos anti-*Treponema* fluorescentes (FTA-ABS)**, que é um exame de fluorescência indireta de anticorpos. *Treponema pallidum* imobilizado em lâminas de vidro é usado como antígeno. A lâmina é revestida com o soro do paciente, o qual foi misturado com um extrato de treponemas não patogênicas. Os anticorpos anti-humanos marcados com fluoresceína são, em seguida, adicionados para detectar a presença de anticorpos específicos no soro do

Tabela 32.3 Testes diagnósticos de sífilis.

Teste diagnóstico	Método ou exame
Microscopia	Campo escuro Coloração direta de anticorpos fluorescentes
Cultura	Não disponível
Sorologia	Testes não treponêmicos: Teste VDRL Teste RPR Teste USR TRUST Testes treponêmicos: FTA-ABS Teste TP-PA EIA

EIA, ensaio imunoenzimático; *FTA-ABS*, absorção de anticorpos fluorescentes anti-*Treponema*; *RPR*, reagina plasmática rápida; *TP-PA*, aglutinação de partículas do *Treponema pallidum*; *TRUST*, teste do soro não aquecido com toluidina vermelha; *USR*, reagina do soro não aquecido; *VDRL*, Venereal Disease Research Laboratory (em português, Laboratório de Pesquisa em Doença Venérea).

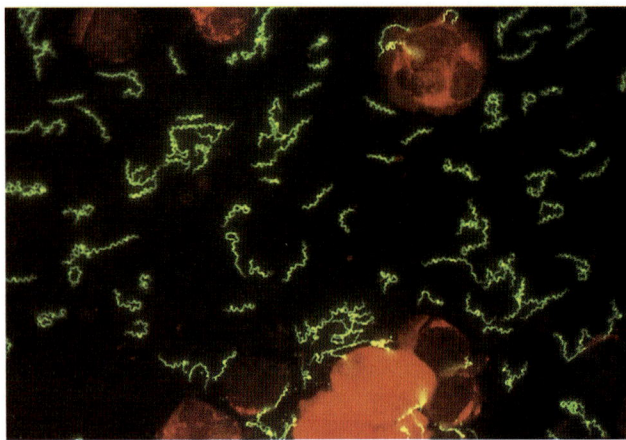

Figura 32.3 *Treponema pallidum* no teste direto de anticorpos fluorescentes para essa bactéria. (De Morse, S.A., Ballard, R.C., Holmes, K.K., et al., 2010. Atlas of Sexually Transmitted Diseases and AIDS, fourth ed. Saunders, London, UK.)

paciente. Como os testes são tecnicamente difíceis de interpretar, a maioria dos laboratórios utiliza o **teste de aglutinação de partículas de T. pallidum (TP-PA)** ou um dos vários **imunoensaios enzimáticos (IEEs)** específicos. O teste TP-PA é um teste de aglutinação com microtitulação. Partículas de gelatina sensibilizadas com antígenos de *T. pallidum* são misturadas com diluições do soro do paciente. Se os anticorpos estão presentes, as partículas se aglutinam. Uma variedade dos IEEs foi desenvolvida e parece ter sensibilidades (80 a 95% para doenças primárias, 100% para a sífilis secundária e tardia) e especificidades (96 a 99%) semelhantes aos testes FTA-ABS e TP-PA. Esses imunoensaios são amplamente utilizados em países com recursos limitados, nos quais a triagem com testes tradicionais não treponêmicos e o uso de testes treponêmicos mais sensíveis, como o FTA-ABS, é impraticável.

Visto que as reações positivas com os testes não treponêmicos se desenvolvem tardiamente durante a primeira fase da doença, os achados sorológicos são negativos em muitos pacientes que apresentam cancros. No entanto, os resultados sorológicos são positivos dentro de 3 meses em todos os pacientes e permanecem positivos em pacientes não tratados com sífilis secundária. Os títulos de anticorpos diminuem lentamente em pacientes com sífilis não tratada e os resultados sorológicos são negativos em aproximadamente 25 a 30% dos pacientes com sífilis tardia. Desse modo, a limitação dos testes não treponêmicos é a redução da sensibilidade em doenças primárias precoces e sífilis tardia. Embora os resultados dos testes treponêmicos em geral permaneçam positivos para a vida da pessoa que tem sífilis, o teste negativo não é confiável em pacientes com AIDS.

O tratamento bem-sucedido da sífilis primária ou secundária e, em menor grau a sífilis tardia, leva à redução dos títulos mensurados nos testes VDRL e RPR. Assim, esses testes podem ser empregados para monitorar a eficácia da terapia nos pacientes com altos títulos iniciais e naqueles que tiveram a sífilis previamente, embora a soroconversão seja retardada em pacientes em estágio avançado da doença. Os testes treponêmicos são influenciados menos pela terapia do que os testes VDRL e RPR, com soroconversão observada em menos de 25% dos pacientes tratados com sucesso durante a fase primária da doença.

Reações falso-positivas transitórias com os testes não treponêmicos são observadas em pacientes com doenças febris agudas, após as imunizações e em mulheres grávidas. Em longo prazo, as reações falso-positivas ocorrem com mais frequência em pacientes com doenças autoimunes crônicas ou infecções que envolvem o fígado ou que causem destruição extensa do tecido. A maioria das reações falso-positivas com os testes treponêmicos é observada em pacientes com níveis elevados de imunoglobulina e doenças autoimunes (Boxe 32.1).

Os diagnósticos de neurossífilis e sífilis congênita podem ser problemáticos. O diagnóstico de neurossífilis é baseado em sintomas clínicos e em achados laboratoriais. Um teste de VDRL no LCR é altamente específico, mas não sensível. Portanto, um VDRL positivo confirma o diagnóstico, mas um teste negativo não exclui a neurossífilis. Por outro lado, o teste FTA-ABS no LCR tem alta sensibilidade, mas baixa especificidade em razão da transferência passiva de anticorpos antitreponêmicos do sangue para o LCR. Nesse caso, um teste FTA-ABS positivo no LCR é consistente com neurossífilis, mas não é diagnóstico, enquanto um teste negativo

---

Boxe 32.1 Condições associadas aos resultados de testes sorológicos falso-positivos para sífilis.

Testes não treponêmicos

Infecção viral
Artrite reumatoide
Lúpus eritematoso sistêmico
Doença aguda ou crônica
Gravidez
Imunização recente
Toxicodependência
Hanseníase
Malária
Transfusões múltiplas de sangue

Testes treponêmicos

Pioderma
Artrite reumatoide
Lúpus eritematoso sistêmico
Psoríase
Ulceração Crural
Neoplasia de pele
Toxicodependência
Micoses
Doença de Lyme
Acne vulgar

---

essencialmente descartaria o diagnóstico. Resultados positivos do teste sorológico em lactentes de mães infectadas podem representar uma transferência passiva de anticorpos ou uma resposta imunológica específica a uma infecção congênita. Essas duas possibilidades são diferenciadas, medindo-se os títulos de anticorpos nos soros da criança durante um período de 6 meses. Os títulos de anticorpos em lactentes não infectados diminuem para níveis indetectáveis dentro de 3 meses após o nascimento, mas permanecem elevados naqueles que têm sífilis congênita.

TRATAMENTO, PREVENÇÃO E CONTROLE

A penicilina é o fármaco de escolha para o tratamento de infecções por *T. pallidum*. Uma única dose intramuscular de ação prolongada da **penicilina G** benzatina é utilizada para os estágios iniciais da sífilis e três doses em intervalos semanais são recomendadas para a sífilis congênita e a sífilis tardia. A **doxiciclina** ou a **azitromicina** pode ser usada como antibacteriano alternativo para pacientes alérgicos à penicilina. Somente a penicilina pode ser usada para o tratamento de neurossífilis; portanto, pacientes alérgicos à penicilina devem se submeter à dessensibilização. Tal restrição também é válida para as mulheres grávidas, que não devem ser tratadas com tetraciclinas. As falhas terapêuticas com macrolídeos foram observadas, de modo que os pacientes tratados com azitromicina devem ser acompanhados de perto.

Como não há vacinas protetoras disponíveis, a sífilis só pode ser controlada por meio da prática de técnicas sexuais seguras, além do contato adequado e tratamento de parceiros sexuais de pacientes que tenham sido documentados com infecção. O controle da sífilis e de outras doenças venéreas é complicado em razão do aumento da prostituição entre pessoas toxicodependentes e práticas sexuais de alto risco entre homens homossexuais.

Borrelia

Membros do gênero *Borrelia* causam duas doenças humanas importantes: **doença de Lyme** e **febre recorrente**. A história registrada da doença de Lyme começou em 1977, quando um grupo de crianças com artrite foi observado em Lyme, Connecticut (Caso Clínico 32.2). Cinco anos depois, Wilhelm Burgdorfer descobriu a espiroqueta responsável por essa doença. A doença de Lyme é uma doença transmitida por carrapatos com manifestações multiformes, incluindo anormalidades dermatológicas, reumatológicas, neurológicas e cardíacas. Inicialmente, acreditava-se que todos os casos de doença de Lyme (ou borreliose de Lyme) eram causados por um organismo, ***B. burgdorferi***. Entretanto, estudos subsequentes determinaram que um complexo de pelo menos dez espécies de *Borrelia* são responsáveis pela doença de Lyme em animais e seres humanos. Três espécies, *B. burgdorferi*, *B. garinii* e *B. afzelii*, causam doenças humanas; *B. burgdorferi* é encontrada nos EUA e na Europa, ao passo que as outras duas são encontradas na Europa e nas regiões central e oriental da Ásia. Este capítulo se concentra nas infecções causadas por *B. burgdorferi*.

A febre recorrente é uma doença febril caracterizada por episódios recorrentes de febre e septicemia separados por períodos afebris. Duas formas da doença são reconhecidas. *Borrelia recurrentis* é o agente etiológico da **febre epidêmica** ou **recorrente transmitida por piolho**, que se espalha de pessoa para pessoa por meio do **piolho do corpo humano** (*Pediculus humanus*). A **febre recorrente endêmica** é causada por até 15 espécies de *Borrelia* e é disseminada por **carrapatos moles** infectados do gênero *Ornithodoros*.

FISIOLOGIA E ESTRUTURA

Membros do gênero *Borrelia* coram mal pela coloração de Gram e não são considerados gram-positivos nem gram-negativos, apesar de terem uma membrana externa similar àquela observada em bactérias gram-negativas. São maiores do que outras espiroquetas (0,2 a 0,5 × 8 a 30 μm), coram bem com corantes de anilina (p. ex., Giemsa ou Wright) e podem ser facilmente visíveis por microscopia de luz quando presentes em esfregaços de sangue periférico de pacientes com febre recorrente, mas não daqueles com doença de Lyme (poucos organismos são observados) (Figuras 32.4 e 32.5). O gênero *Borrelia* é formado por bactérias microaerófilas e que apresentam necessidades nutricionais complexas (ou seja, requerem N-acetilglucosamina, ácidos graxos saturados e insaturados de cadeia longa, glicose, aminoácidos), o que pode dificultar o crescimento no laboratório. As espécies cultivadas com sucesso têm tempos de geração

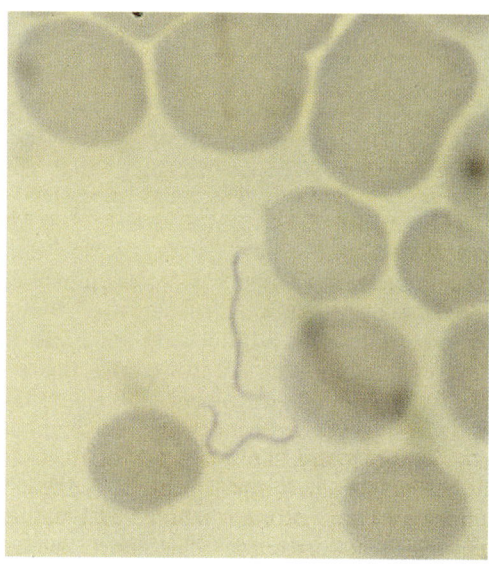

Figura 32.4 Organismos de *Borrelia* estão presentes no sangue desse paciente com febre recorrente endêmica (coloração de Giemsa).

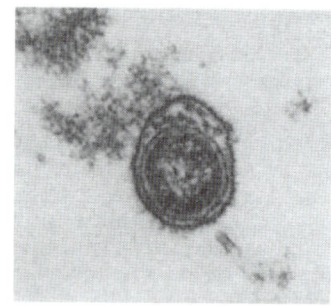

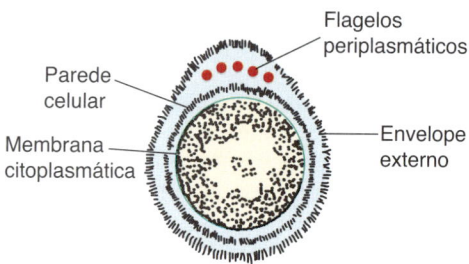

Figura 32.5 Fotomicrografia eletrônica e ilustração de uma secção transversal de *Borrelia burgdorferi*, que é o agente causador da borreliose de Lyme (ou doença de Lyme). O núcleo protoplasmático da bactéria é envolto em uma membrana citoplasmática e pelo envoltório celular convencional. Esta, por sua vez, é rodeada por um envelope externo ou bainha. Entre o núcleo protoplasmático e a bainha externa estão os flagelos periplasmáticos (também denominados de *fibrilas axiais*), que são ancorados em ambas as extremidades da bactéria e enrolados ao redor do núcleo protoplasmático. (De Steere, A.C., Grodzicki, R.L., Kornblatt, A.N., et al., 1983. The spirochetal etiology of Lyme disease. New Engl. J. Med. 308, 733–740.)

Caso Clínico 32.2 Doença de Lyme na cidade de Lyme, Connecticut

Em 1977, Steere et al. (*Arthritis Rheum* 20:7–17, 1977) relataram uma epidemia de artrite no leste de Connecticut. Os autores estudaram um grupo de 39 crianças e 12 adultos que desenvolveram uma doença caracterizada por ataques recorrentes de inchaço e dor em algumas articulações extensas. A maioria dos ataques ocorreu em um período de 1 semana ou menos, enquanto outros duraram meses. Vinte e cinco por cento dos pacientes lembraram que tiveram uma lesão cutânea eritematosa 4 semanas antes do início da manifestação de artrite. Esse foi o primeiro relato de doença de Lyme, cujo nome vem da cidade de Connecticut, onde a doença foi reconhecida pela primeira vez. Agora sabemos que a lesão eritematosa (eritema migratório ou eritema *migrans*) é a apresentação característica da forma precoce da doença de Lyme. Alguns anos após esse relato, *B. burgdorferi*, responsável pela doença de Lyme, foi isolada.

de 18 horas ou mais. Como a cultura geralmente não é bem-sucedida, o diagnóstico de doenças causadas por espécies de *Borrelia* é por sorologia (doença de Lyme) ou microscopia (febre recorrente).

PATOGÊNESE E IMUNIDADE

O crescimento de *Borrelia* spp. tanto em vetores artrópodes quanto em hospedeiros mamíferos é regulado pela expressão gênica diferencial com a regulação positiva ou negativa das proteínas de superfície externa. Por exemplo, a proteína da superfície externa A (OspA) é expressa na superfície de *B. burgdorferi* que reside no intestino médio de carrapatos não alimentados. Essa proteína se liga especificamente a proteínas do intestino. Na alimentação, a expressão dessa proteína é reprimida, permitindo a migração da espiroqueta para as glândulas salivares, e a expressão da proteína C da superfície externa (OspC), aparentemente essencial para a transmissão de carrapatos para mamíferos, é estimulada. Infelizmente, o conhecimento da sequência completa do genoma *B. burgdorferi* não levou a uma compreensão evidente de como esses organismos causam doenças. Os isolados de *B. burgdorferi* estão presentes em baixo número na pele quando o eritema migratório se desenvolve. A presença dessas bactérias é demonstrada pela cultura do organismo a partir de lesões cutâneas e da detecção de ácidos nucleicos bacterianos por amplificação pela PCR; entretanto, a cultura e os testes PCR são relativamente insensíveis na fase inicial da doença. Além disso, as espiroquetas são isoladas com pouca frequência de material clínico ao final da doença. Não se sabe se os organismos viáveis causam essas manifestações tardias ou se representam reatividade cruzada imunológica aos antígenos de *Borrelia*. Embora a resposta imune ao organismo esteja deprimida no momento que as lesões cutâneas se desenvolvem inicialmente, os anticorpos se manifestam por meses a anos e são responsáveis pela eliminação de *Borrelia* mediada pelo complemento.

Nosso entendimento sobre os mecanismos de *Borrelia* spp. que causam a febre recorrente também é insuficiente. Os membros do gênero não produzem toxinas reconhecidas e são removidos rapidamente quando uma resposta específica de anticorpos é montada. Os ciclos periódicos com e sem a febre da doença recorrente resultam da capacidade dessa bactéria de sofrer variação antigênica. Essas espiroquetas transportam um grande número de genes homólogos ao gene *OspC*, mas apenas um gene é expresso de cada vez. Quando anticorpos específicos são formados, a aglutinação com a lise mediada pelo complemento ocorre e *Borrelia* é rapidamente removida do sangue. No entanto, a mudança da expressão da família genética ocorre a uma frequência de 10^{-3} a 10^{-4} por geração. Desse modo, uma nova população de espiroquetas com uma nova camada de lipoproteína aparece no sangue, anunciando um novo episódio febril. Essas mudanças antigênicas são a razão pela qual os testes sorológicos não são utilizados para diagnosticar a febre recorrente.

EPIDEMIOLOGIA

Apesar do reconhecimento relativamente recente da doença de Lyme nos EUA, estudos retrospectivos demonstraram que a doença esteve presente por muitos anos nesse e em outros países. A doença de Lyme tem sido descrita em seis continentes, em muitos países e em todos os estados norte-americanos (EUA). A incidência da doença aumentou drasticamente entre 1982 (497 casos foram relatados) e 2017 (42.743 casos foram descritos). **A doença de Lyme é a principal enfermidade transmitida por vetores nos EUA.** A maioria dos casos da doença de Lyme apresenta dois focos nos EUA: os estados do nordeste e da costa leste (do Maine à Virgínia) e a parte superior do centro-oeste (Minnesota e Wisconsin). Os **carrapatos duros são os principais vetores** da doença de Lyme: *Ixodes escapularis* no nordeste, costa leste e centro-oeste, além de *I. pacificus* na costa oeste. *Ixodes ricinus* é o principal vetor de carrapato na Europa e *I. persulcatus* é o principal vetor na Europa Oriental e na Ásia. Os principais hospedeiros reservatórios nos EUA são o camundongo-de-patas-brancas e o veado-de-cauda-branca. O **camundongo-de-pata-branca** é o hospedeiro primário das formas larval e de ninfa das espécies de *Ixodes*, e as espécies adultas de *Ixodes* infestam o **veado-de-cauda-branca**. Como o estágio de ninfa causa mais de 90% dos casos de doença documentada, o hospedeiro murino é o mais relevante para as doenças humanas.

As larvas de *Ixodes* tornam-se infectadas quando se alimentam do reservatório murino. As larvas se transformam em ninfas no final da primavera e fazem uma segunda refeição de sangue; nesse caso, os humanos podem ser hospedeiros acidentais. Embora *Borrelia* seja transmitida na saliva do carrapato durante um período prolongado de alimentação (≥ 48 horas), a maioria dos pacientes não se lembra de ter levado uma picada específica de carrapato, porque a ninfa é do tamanho de uma semente de papoula. As ninfas amadurecem em adultos no final do verão, quando buscam uma terceira alimentação. Embora o veado-de-cauda-branca seja o hospedeiro natural, os seres humanos também podem ser infectados nesse estágio. A maioria dos pacientes infectados é identificada em junho e julho (verão nos EUA), embora a doença possa ser observada durante todo o ano.

Como mencionado anteriormente, o agente etiológico da febre recorrente epidêmica transmitida por piolho é *B. recurrentis*, o vetor é o piolho do corpo humano, e os seres humanos são os únicos reservatórios (Figura 32.6). Os piolhos são infectados após se alimentarem de uma pessoa infectada. Os organismos, quando ingeridos, atravessam a parede do intestino e se multiplicam na hemolinfa. Acredita-se que a doença disseminada não ocorra em piolhos; assim, a infecção humana ocorre quando os piolhos são esmagados durante a

Infecção	Reservatório	Vetor
Febre recorrente epidêmica (transmitida pelo piolho)	Humanos	Piolho do corpo 
Febre recorrente endêmica (transmitida por carrapato)	Roedores, carrapatos moles	Carrapato mole 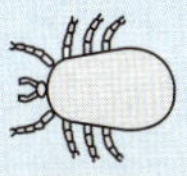
Doença de Lyme	Roedores, veados, animais domésticos, carrapatos duros	Carrapato duro 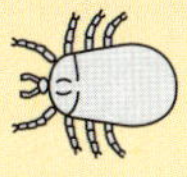

Figura 32.6 Epidemiologia das infecções causadas por *Borrelia*.

alimentação. Como os piolhos infectados não sobrevivem por mais do que alguns meses, a manutenção da doença requer condições insalubres e de aglomeração (p. ex., guerras, desastres naturais) que permitem o contato humano frequente com piolhos infectados. Embora as epidemias de febre recorrente transmitida por piolhos tenham se espalhado da Europa Oriental para a Ocidental no século passado, atualmente, a doença parece estar restrita à Etiópia, Eritreia, Somália e Sudão.

Várias características distinguem a **febre recorrente endêmica** de doenças epidêmicas. A febre recorrente endêmica transmitida por carrapatos é uma **doença zoonótica**, com roedores, pequenos mamíferos e carrapatos moles (espécie *Ornithodoros*) como os principais reservatórios e **muitas espécies de** *Borrelia* responsáveis pela doença. Ao contrário das infecções transmitidas pelo piolho, as bactérias do gênero *Borrelia* que causam doença endêmica produzem uma infecção disseminada em carrapatos. Além disso, os artrópodes podem sobreviver e manter um reservatório endêmico de infecção por transmissão transovariana. Além disso, os carrapatos podem sobreviver por meses entre as alimentações. O histórico de uma picada de carrapato pode não ser elucidado, porque os carrapatos moles têm principalmente hábitos alimentares noturnos e permanecem aderidos por apenas alguns minutos. Esses artrópodes contaminam a ferida da picada com *Borrelia* presente na saliva ou nas fezes. A doença transmitida por carrapatos é encontrada em todo o mundo, correspondendo à distribuição de *Ornithodoros*. Nos EUA, a doença é principalmente encontrada nos estados ocidentais, com as ocorrências mais comuns em Washington e na Califórnia. Globalmente, a doença é encontrada no México, nas Américas Central e do Sul, Mediterrâneo, Ásia Central e grande parte da África.

DOENÇAS CLÍNICAS

Doença de Lyme

O diagnóstico clínico da doença de Lyme é complicado em razão das variadas manifestações da doença causada por *B. burgdorferi* e outras espécies de *Borrelia*, bem como a falta de confiabilidade dos testes diagnósticos. As definições clínicas e laboratoriais da doença de Lyme recomendadas pelo CDC encontram-se resumidas no Boxe 32.2. O parágrafo seguinte é uma descrição da doença de Lyme nos EUA. A frequência das lesões cutâneas e as manifestações tardias diferem de doenças observadas em outros países.

> **Boxe 32.2** Definição de doença de Lyme.
>
> **Definição de caso clínico**
>
> Qualquer um dos seguintes:
> Eritema migratório (≈ 5 cm de diâmetro)
> Pelo menos uma manifestação tardia (ou seja, comprometimento do sistema musculoesquelético, nervoso ou cardiovascular) e confirmação laboratorial de infecção
>
> **Critérios laboratoriais para diagnóstico**
>
> Pelo menos um dos seguintes:
> Isolamento de *Borrelia burgdorferi*
> Demonstração de níveis diagnósticos de anticorpos IgM ou IgG para as espiroquetas
> Aumento significativo no título de anticorpos entre amostras séricas agudas e convalescentes

Ig, imunoglobulina.

A doença de Lyme começa como uma infecção localizada precoce, que progride para uma fase de disseminação precoce e, se não for tratada, pode evoluir para um estágio de manifestação tardia. Após um período de incubação de 3 a 30 dias, uma ou mais lesões cutâneas normalmente se desenvolvem no sítio da picada do carrapato. A lesão **(eritema migratório)** começa como uma pequena mácula ou pápula e depois aumenta nas próximas semanas, cobrindo finalmente uma área que varia de 5 a mais de 50 cm de diâmetro (Figura 32.7). A lesão normalmente tem uma borda plana, avermelhada e clarificação central à medida que ela se desenvolve; no entanto, a presença de eritema, vesícula e necrose central também pode ser observada. A lesão regride e desaparece em semanas, embora novas lesões transitórias possam aparecer posteriormente. Ainda que a lesão cutânea seja uma característica da doença de Lyme, não é patognomônica. Uma lesão de pele semelhante associada à doença de etiologia desconhecida (doença com erupção cutânea associada ao carrapato do sul ou SARI; do inglês, *southern tick-associated rash illness*) ocorre após a picada do carrapato *Amblyomma americanum* (carrapato-estrela solitário). Esses carrapatos encontrados nas regiões sudeste e centro sul dos EUA não são infectados com *B. burgdorferi*. Outros sinais e sintomas precoces da doença de Lyme incluem mal-estar, fadiga grave, dor de cabeça, febre, calafrios, dores musculoesqueléticas, mialgias e linfadenopatia. Esses sintomas duram, em média, 4 semanas.

A disseminação hematogênica ocorrerá em pacientes não tratados, dentro de dias a semanas após a infecção primária. Essa fase é caracterizada por sinais sistêmicos da doença (p. ex., fadiga grave, dor de cabeça, febre, mal-estar), artrite e artralgia, mialgia, lesões eritematosas da pele, disfunção cardíaca e sinais neurológicos. Aproximadamente 60% dos pacientes com a doença de Lyme não tratada desenvolverão **artrite**, geralmente envolvendo o joelho; aproximadamente de 10 a 20% desenvolverão **manifestações neurológicas** (paralisia do nervo facial mais comum); e 5% terão **complicações cardíacas** (geralmente diferentes graus de bloqueio atrioventricular).

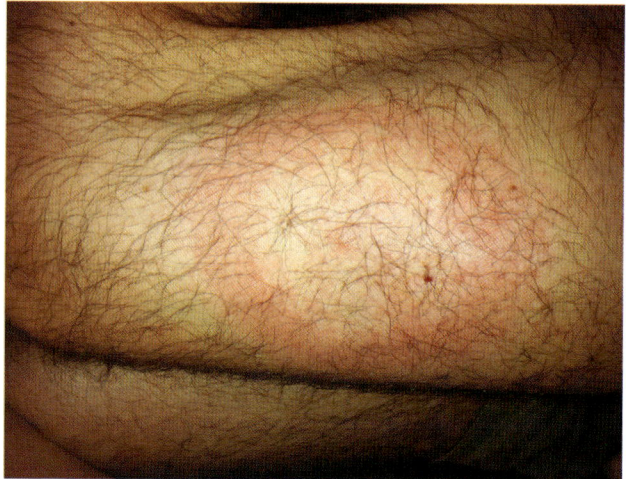

Figura 32.7 Erupção cutânea, denominada eritema migratório, presente na coxa. Foi encontrado um estágio de uma ninfa ingurgitada de um carrapato depois de 3 dias da exposição. Após 12 dias, houve o surgimento de uma erupção cutânea com dor localizada associada, que progrediu para 5 cm de diâmetro com desobstrução central. A erupção cutânea regrediu na semana seguinte após tratamento com doxiciclina, e a infecção, confirmada pela cultura da biopsia, foi resolvida sem complicações secundárias.

Manifestações tardias da doença de Lyme em pacientes não tratados podem se desenvolver de meses a anos após a infecção inicial. A artrite pode envolver uma ou mais articulações de modo intermitente. O envolvimento crônico da pele com descoloração e inchaço (**acrodermatite crônica atrófica**; Figura 32.8) é mais comum na doença de Lyme vista na Europa. A existência de doença de Lyme crônica, sintomática, em pacientes tratados adequadamente não foi demonstrada de maneira definitiva.

Febre recorrente

As apresentações clínicas da febre recorrente epidêmica transmitida por piolhos e a febre recorrente endêmica transmitida por carrapatos são essencialmente as mesmas, embora uma pequena escara pruriginosa possa se desenvolver no sítio da picada do carrapato (Caso Clínico 32.3) Após um período de incubação de 1 semana, a doença se manifesta pelo início abrupto de calafrios com tremores, febre, dores musculares e dores de cabeça. A esplenomegalia e a hepatomegalia são comuns. Esses sintomas correspondem à fase de bacteriemia da doença e se resolvem após 3 a 7 dias, quando organismos de *Borrelia* são liberados do sangue. A bacteriemia e a febre retornam após 1 semana de período sem febre. Os sintomas clínicos geralmente são mais leves e apresentam uma duração de tempo mais curta nesse episódio e em outros **episódios febris** subsequentes. Uma única recidiva é característica de uma doença epidêmica transmitida pelo piolho e até dez recaídas ocorrem em doenças endêmicas transmitidas pelo carrapato. O curso clínico e o desfecho da febre recorrente epidêmica tendem a ser mais graves do que naqueles indivíduos com doenças endêmicas, mas isso pode estar relacionado com o mau estado de saúde subjacente dos pacientes. A mortalidade com doença endêmica é inferior a 5%, mas pode chegar a 70% na doença epidêmica transmitida pelo piolho. As mortes são causadas por insuficiência cardíaca, necrose hepática ou hemorragia cerebral (ver Caso Clínico 32.3).

DIAGNÓSTICO LABORATORIAL

Microscopia

O exame microscópico de sangue ou tecidos de pacientes com a doença de Lyme não é recomendado, porque *B. burgdorferi* é raramente visualizada em amostras clínicas. As bactérias de *Borrelia* spp. que causam a febre recorrente podem

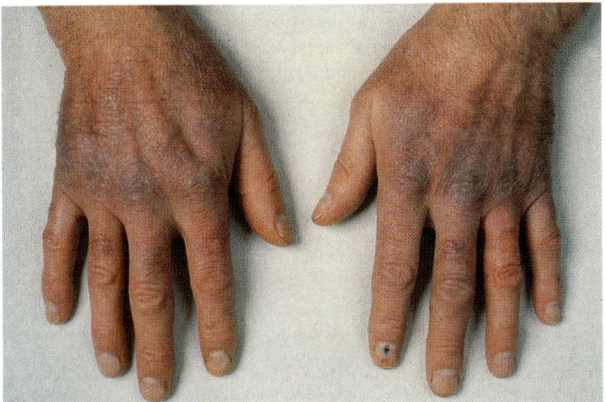

Figura 32.8 Acrodermatite crônica atrófica. Lesões cutâneas vermelho-azuladas caracterizadas por manifestações disseminadas e tardias da doença de Lyme (borreliose de Lyme). (De Cohen, J., Powderly, W.G., Opal, S.M., 2010. Infectious Diseases, third ed. Mosby, Philadelphia, PA.)

Caso Clínico 32.3 Surto de febre recorrente transmitida por carrapato

Em agosto de 2002, o New Mexico Department of Health (Departamento de Saúde do Novo México) foi notificado de um surto de febre recorrente transmitida por carrapatos (*MMWR* 52:809–812, 2003). Aproximadamente 40 pessoas participaram de uma reunião familiar realizada em uma cabana nas montanhas do norte do Novo México. A metade dos membros da família dormiu durante a noite na cabana. Alguns familiares chegaram 3 dias antes da reunião para a limpeza da cabana desocupada. Quatro dias após o evento, uma das pessoas que chegaram primeiro procurou atendimento em um hospital local com um histórico de 2 dias de febre, calafrios, mialgia e uma erupção pruriginosa elevada nos antebraços. Foram observadas espiroquetas no esfregaço do sangue periférico. Aproximadamente 14 indivíduos que frequentaram a reunião familiar desenvolveram sintomas consistentes com a febre recorrente, com sorologia positiva ou espiroquetas visualizadas nos esfregaços de sangue. A maioria tinha um histórico de febre, dor de cabeça, artralgia e mialgia. Material com ninho de roedores foi encontrado no interior das paredes da cabana. Esse surto de febre recorrente endêmica ilustra os riscos associados à exposição a carrapatos que se alimentam de roedores infectados, entretanto as picadas de carrapatos geralmente não são lembradas, porque a alimentação desse animal é de curta duração no período noturno e a natureza dessa doença febril é recorrente.

---

ser observadas na preparação de sangue coletado durante o período febril, com o emprego da coloração de Giemsa ou Wright. Esse é o método mais sensível para o diagnóstico de febre recorrente, com esfregaços positivos para essas bactérias em mais de 70% dos pacientes.

Cultura

Algumas espécies de *Borrelia*, incluindo *B. recurrentis* e *B. hermsii* (uma causa comum de febre recorrente endêmica nos EUA), podem ser cultivadas *in vitro* em meios especializados. As culturas são raramente realizadas na maioria dos laboratórios clínicos, porque os meios não estão prontamente disponíveis e os organismos crescem lentamente nessas condições. O sucesso tem sido limitado com a cultura de *B. burgdorferi*, embora o isolamento da bactéria seja melhor com o uso de meios especializados. Entretanto, a sensibilidade da cultura é baixa para todas as amostras, exceto para a lesão de pele inicial.

Testes baseados na análise de ácidos nucleicos

As técnicas de amplificação de ácidos nucleicos têm uma sensibilidade de aproximadamente 65 a 75% com biopsias de pele, 50 a 85% com fluido sinovial e 25% com amostras de LCR de pacientes com doença de Lyme documentada. Esses testes são geralmente restritos a laboratórios de pesquisa e referência e os resultados negativos dos testes devem ser confirmados por sorologia.

Detecção de anticorpos

Os testes sorológicos não são úteis no diagnóstico de febre recorrente, pois as espécies de *Borrelia* que causam essa condição sofrem variação de fase antigênica. Por outro lado, o teste sorológico é o teste diagnóstico de escolha para pacientes com suspeita de doença de Lyme. Os exames mais comumente utilizados incluem o **ensaio** de imunofluorescência (**IFA,** do inglês *immunofluorescence assay*) e o imunoensaio enzimático (**IEE**). A Food and Drug Administration dos EUA liberou mais de 70 ensaios sorológicos para o diagnóstico da doença de Lyme. Infelizmente, todos os testes sorológicos são relativamente insensíveis durante o estágio inicial agudo da doença. Os anticorpos IgM aparecem de 2 a 4 semanas após o surgimento do eritema migratório em pacientes não tratados; os níveis ficam elevados após 6 a 8 semanas de doença e, em seguida, diminuem para uma faixa normal após 4 a 6 meses. Os níveis de IgM podem permanecer elevados em alguns pacientes com infecção persistente. Os anticorpos IgG aparecem mais tarde. Os níveis desses anticorpos atingem o pico após 4 a 6 meses de doença e persistem durante as manifestações tardias da doença. Portanto, a maioria dos pacientes com complicações tardias da doença de Lyme apresenta anticorpos detectáveis para *B. burgdorferi*, embora esses níveis possam ser reduzidos em pacientes tratados com antibacterianos. A detecção de anticorpos no LCR é uma forte evidência de neuroborreliose.

Embora as reações cruzadas sejam incomuns, os resultados da sorologia positiva devem ser interpretados cuidadosamente, particularmente se os títulos são baixos (Boxe 32.3). A maioria das reações falso-positivas ocorre em pacientes com sífilis. Esses falsos resultados podem ser excluídos, realizando-se um teste não treponêmico para a sífilis; o resultado é negativo em pacientes com doença de Lyme. A análise por *Western blot* é utilizada para confirmar a especificidade de uma reação positiva em IEE ou IFA. Uma amostra com reação negativa no IEE ou IFA não requer testes adicionais. As diretrizes para interpretação de *Western immunoblots* estão disponíveis no *site* do CDC (www.cdc.gov). A heterogeneidade antigênica em *B. burgdorferi* e outras espécies de *Borrelia* que causam doença de Lyme afeta a sensibilidade do teste. A magnitude desse problema nos EUA é desconhecida, mas deve ser significativa na Europa e na Ásia, onde múltiplas espécies de *Borrelia* causam a doença de Lyme. No momento, os testes sorológicos devem ser considerados confirmatórios e não podem ser realizados na ausência de um histórico apropriado e de sintomas clínicos da doença de Lyme.

TRATAMENTO, PREVENÇÃO E CONTROLE

As primeiras manifestações da **doença de Lyme** são tratadas efetivamente com **amoxicilina, doxiciclina** ou **cefuroxima** administradas pela via oral. O tratamento com antibacterianos diminui a probabilidade e a gravidade de complicações tardias. Apesar dessa intervenção, a artrite de Lyme e a acrodermatite crônica atrófica ainda ocorrem em um pequeno

> **Boxe 32.3** Bactérias e doenças associadas a reações cruzadas em testes sorológicos para borreliose de Lyme (doença de Lyme).
>
> *Treponema pallidum*
> Espiroquetas orais
> Outras espécies de *Borrelia*
> Artrite reumatoide juvenil
> Artrite reumatoide
> Lúpus eritematoso sistêmico
> Mononucleose infecciosa
> Endocardite bacteriana subaguda

número de pacientes. Cefuroxima, doxiciclina ou amoxicilina oral têm sido utilizadas para o tratamento dessas manifestações. Pacientes com artrite recorrente ou doença do sistema nervoso central ou periférico necessitam geralmente de tratamento parenteral com ceftriaxona, cefotaxima ou penicilina G pela via intravenosa. Pacientes tratados anteriormente com sintomas crônicos ("síndrome pós-doença de Lyme") devem ser tratados de maneira sintomática, porque não há evidências de que regimes múltiplos de tratamento com antibacterianos orais ou parenterais aliviem os sintomas.

A **febre recorrente** é tratada de modo mais eficaz com **tetraciclinas** ou **penicilinas**. As tetraciclinas são os fármacos de escolha, mas são contraindicadas para mulheres grávidas e crianças pequenas. A reação de Jarisch-Herxheimer (perfil semelhante ao do choque com rigidez, leucopenia, aumento na temperatura e diminuição da pressão arterial) pode ocorrer em pacientes dentro de poucas horas após o início da terapia e deve ser cuidadosamente realizada. Essa reação corresponde à morte rápida de *Borrelia* e à possível liberação de produtos tóxicos.

A prevenção de doenças causadas por *Borrelia*, transmitidas por carrapatos, inclui evitar esses artrópodes e seus hábitats naturais, usando roupas de proteção (p. ex., calças compridas enfiadas em meias) e aplicando repelentes de insetos. O controle de roedores também é importante na prevenção da febre recorrente endêmica. A doença epidêmica transmitida por piolhos é controlada por meio do uso de *sprays* contra piolhos e melhorias nas condições higiênicas.

As vacinas não estão disponíveis para a febre recorrente. Uma vacina recombinante dirigida contra o antígeno OspA de *B. burgdorferi* foi retirada do mercado em 2002.

Leptospira

A taxonomia do gênero *Leptospira* é uma fonte de grande confusão. Tradicionalmente, o gênero é agrupado pelas propriedades fenotípicas, relações sorológicas e patogenicidade. Foram inseridas cepas patogênicas na espécie *Leptospira interrogans* e cepas não patogênicas na espécie *L. biflexa*. Cada uma das duas espécies continha muitos sorovares (ou seja, grupos sorologicamente distintos). Embora esse esquema de classificação exista na literatura, não é consistente com a análise do ácido nucleico que sustenta a subdivisão do gênero em três gêneros com 24 espécies do gênero *Leptospira*. Para evitar confusão, as leptospiras serão referidas como patogênicas (para humanos) ou não patogênicas sem referência a espécies específicas ou serovares.

FISIOLOGIA E ESTRUTURA

As leptospiras são **espiroquetas finas e espiraladas** (0,1 × 6,0 a 20,0 μm) com um gancho em uma ou ambas as extremidades pontiagudas (Figura 32.9). A motilidade ocorre por meio de dois flagelos periplasmáticos que estendem o comprimento das bactérias e se ancoram em extremidades opostas. As leptospiras são aeróbios obrigatórios com crescimento ótimo em temperaturas entre 28 e 30°C em meios suplementados com vitaminas, ácidos graxos de cadeia longa e sais de amônio. O significado prático disso é que esses organismos podem ser cultivados em um meio altamente especializado a partir de espécimes clínicos coletados de pacientes infectados, embora isso não seja comumente feito.

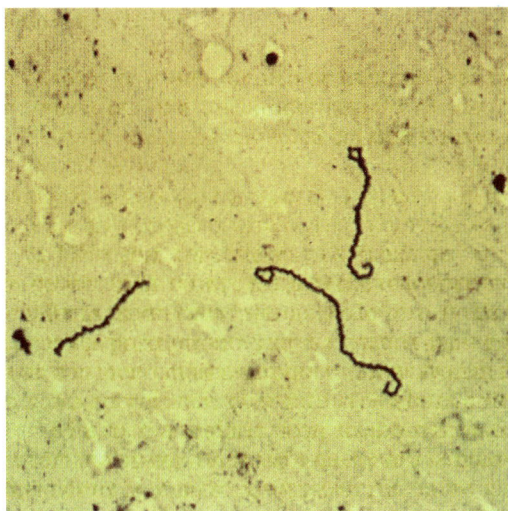

Figura 32.9 Coloração da prata de bactérias do gênero *Leptospira* em crescimento na cultura. Observe o corpo firmemente espiralado, com as extremidades em forma de gancho. (De Emond, R., Rowland, H., 1995. Color Atlas of Infectious Diseases, third ed. Wolfe, London, UK.)

PATOGÊNESE E IMUNIDADE

As leptospiras patogênicas podem causar uma infecção subclínica, uma enfermidade febril branda, semelhante à gripe ou doença sistêmica grave **(doença de Weil)** com insuficiência renal e hepática, vasculite extensa, miocardite e morte. O número de organismos infectantes, as defesas imunológicas do hospedeiro e a virulência da cepa infectante influenciam a gravidade da doença.

Como as leptospiras são finas e altamente móveis, elas podem **penetrar as membranas mucosas intactas ou a pele através de pequenos cortes ou abrasões**. Eles podem então se espalhar no sangue para todos os tecidos, incluindo o sistema nervoso central. As leptospiras se multiplicam rapidamente e causam danos ao endotélio de pequenos vasos sanguíneos, resultando nas principais manifestações clínicas da doença (p. ex., meningite, disfunção hepática e renal, hemorragia). Os organismos podem ser **encontrados no sangue e no LCR em fase precoce da doença e na urina durante as etapas mais tardias**. A eliminação das leptospiras ocorre quando a imunidade humoral se desenvolve. Entretanto, manifestações tardias da doença, tais como danos vasculares com aumento da permeabilidade vascular, estão associadas à resposta imunológica aos microrganismos.

EPIDEMIOLOGIA

A leptospirose tem distribuição mundial. Aproximadamente 100 infecções ocorrem nos EUA e em territórios estadunidenses a cada ano, com a maioria dos casos relatados em Porto Rico e no Havaí. Entretanto, a incidência de doenças é significativamente subestimada, porque a maioria das infecções é leve e diagnosticada incorretamente como uma "síndrome viral" ou meningite viral asséptica. Como muitos estados falham em relatar essa doença ao serviço público de saúde, os relatórios obrigatórios foram descontinuados em 1995; entretanto, a leptospirose foi reintegrada como uma doença nacionalmente notificável em 2013.

As leptospiras infectam dois tipos de hospedeiros: reservatórios e incidentais. As infecções endêmicas e crônicas são estabelecidas em **hospedeiros reservatórios**, que servem como um reservatório permanente para a manutenção das bactérias. Diferentes espécies e serovares de leptospiras estão associadas a hospedeiros reservatórios específicos (importante para investigações epidemiológicas). Os **reservatórios mais comuns são roedores e outros pequenos mamíferos**. As bactérias do gênero *Leptospira* geralmente causam infecções assintomáticas em seu hospedeiro reservatório, no qual as espiroquetas colonizam os túbulos renais e são liberadas na urina em grandes números. Riachos, rios, água parada e solo úmido podem ser contaminados com urina de animais infectados, com organismos que sobrevivem por até 6 semanas nesses locais. A água contaminada ou a exposição direta a animais infectados pode servir como fonte de infecção em **hospedeiros acidentais** (p. ex., cães, animais de fazenda, roedores, humanos). A maioria das infecções humanas resulta da exposição recreativa à água contaminada (p. ex., lagos) ou exposição ocupacional aos animais infectados (agricultores, trabalhadores de matadouros, veterinários). A maioria das infecções humanas ocorre durante os meses quentes, quando a exposição recreativa é maior. A disseminação de pessoa para pessoa não é documentada. Por definição, o carreamento crônico não é estabelecido em hospedeiros acidentais (Caso Clínico 32.4).

DOENÇAS CLÍNICAS

A maioria das infecções humanas com leptospiras é clinicamente inaparente e detectada somente por meio da demonstração de anticorpos específicos. A infecção é introduzida através de abrasões na pele ou pela conjuntiva. Infecções sintomáticas desenvolvem-se após um período de incubação de 1 a 2 semanas e em duas fases. A fase inicial é semelhante a uma doença gripal, com febre, mialgia, calafrios, dor de cabeça, vômitos ou diarreia. Durante essa fase, o paciente apresenta bacteriemia com leptospiras e os organismos podem ser frequentemente isolados no LCR, mesmo que os sintomas meníngeos não estejam presentes. A remissão dos sintomas pode ocorrer após 1 semana ou o paciente pode avançar para a segunda fase, que é caracterizada por doenças mais graves, com o início repentino da

---

Caso Clínico 32.4 Leptospirose em participantes de triatlo

Há uma série de relatos de leptospirose em atletas que participaram de eventos esportivos aquáticos. Em 1998, autoridades de saúde pública relataram leptospirose em participantes de triatlo em Illinois e Wisconsin (*MMWR* 47:673–676, 1998). Um total de 866 atletas participou do evento de Illinois em 21 de junho de 1998 e 648 participaram do evento de Wisconsin em 5 de julho de 1998. A definição de caso de leptospirose utilizada para essa investigação foi o início da febre, seguida por pelo menos dois dos seguintes sintomas ou sinais: calafrios, dor de cabeça, mialgia, diarreia, dor ocular ou olhos vermelhos. Nove por cento dos participantes atenderam a essa definição de caso; dois terços procuraram assistência médica, incluindo um terço dos que foram hospitalizados. A leptospirose foi confirmada em uma parte desses pacientes por testes sorológicos. Esses surtos ilustram o perigo potencial de nadar em água contaminada, a apresentação de leptospirose em uma população previamente saudável e a gravidade da doença que pode ser experimentada.

dor de cabeça, mialgia, calafrios, dor abdominal e derrame conjuntival (ou seja, vermelhidão dos olhos). Doenças graves podem progredir para colapso vascular, trombocitopenia, hemorragia e disfunção hepática e renal.

A leptospirose confinada ao sistema nervoso central pode ser confundida com a **meningite viral asséptica,** pois o curso da doença é normalmente descomplicado e tem uma taxa de mortalidade muito baixa. A cultura do LCR geralmente é negativa nessa fase. Em contraste, a forma ictérica da doença generalizada (≈ 10% de todas as infecções sintomáticas) é mais grave e associada a uma mortalidade que se aproxima de 10 a 15%. Embora o envolvimento hepático com icterícia (doença ictérica ou **doença de Weil**) seja marcante em pacientes com leptospirose grave, a necrose hepática não é vista e os pacientes sobreviventes não sofrem danos hepáticos permanentes. Da mesma maneira, a maioria dos pacientes recupera a função renal plena. A leptospirose congênita também pode ocorrer. Essa doença é caracterizada pelo início da dor de cabeça, febre, mialgias e uma erupção cutânea difusa.

DIAGNÓSTICO LABORATORIAL

Microscopia

As leptospiras são bactérias finas; portanto, estão no limite do poder de resolução de um microscópio de luz; além disso, não podem ser visualizadas por microscopia de luz convencional. Nem a coloração de Gram nem a coloração de prata são confiáveis na detecção de leptospiras. A microscopia de campo escuro também é relativamente insensível e capaz de produzir resultados inespecíficos quando os fragmentos celulares estão presentes.

Cultura

As leptospiras podem ser cultivadas em meios especialmente formulados (p. ex., Fletcher, Ellinghausen-McCullhausen-McCullough-Johnson-Harris [EMJH], Tween 80-albumina). Crescem lentamente (tempo de geração, 6 a 16 horas), exigindo incubação entre 28 e 30°C por até 4 meses; entretanto, a maioria das culturas é positiva dentro de 2 semanas. Consistente com as duas fases da doença, as leptospiras estão presentes no sangue ou no LCR durante os primeiros 10 dias de infecção e na urina após a primeira semana e por até 3 meses. Como a concentração de organismos pode ser baixa em sangue, LCR e urina, várias amostras devem ser coletadas se houver suspeita de leptospirose. Além disso, inibidores presentes no sangue e na urina podem retardar ou prevenir a recuperação de leptospiras. Da mesma maneira, a urina deve ser tratada para neutralizar o pH e concentrada por centrifugação. Poucas gotas do sedimento são então inoculadas no meio de cultura. O crescimento das bactérias em cultura é detectado por microscopia de campo escuro.

Testes baseados na análise de ácidos nucleicos

Estudos preliminares com a detecção de leptospiras usando sondas de ácidos nucleicos tiveram sucesso limitado. Técnicas usando amplificação de ácido nucleico (p. ex., PCR) são mais sensíveis do que a cultura. Infelizmente, essa técnica não está amplamente disponível no momento, particularmente em países com recursos limitados nos quais a doença é comum.

Detecção de anticorpos

Em razão da necessidade de meios especializados e incubações prolongadas, a maioria dos laboratórios não tenta cultivar as leptospiras, confiando, em vez disso, em técnicas sorológicas. O método de referência para todos os testes sorológicos é o **teste de aglutinação microscópica (TAM)**. Esse teste mede a capacidade do soro do paciente para aglutinar as leptospiras vivas. Como o teste é dirigido contra sorotipos específicos, ele é necessário para usar *pools* de antígenos de *Leptospira* spp. Nesse teste, diluições seriadas do soro do paciente são misturadas com os antígenos-teste e depois examinadas microscopicamente para aglutinação. As aglutininas aparecem no sangue de pacientes não tratados após 5 a 7 dias de doença, embora essa resposta possa ser retardada por vários meses. Pacientes infectados têm um título de pelo menos 800 (ou seja, aglutininas são detectadas em uma diluição de 1:800 do soro do paciente) ou um aumento de quatro vezes nos títulos de anticorpos. Pacientes tratados com antibacterianos podem ter diminuição da resposta de anticorpos ou títulos não diagnósticos. Os anticorpos aglutinantes são detectáveis por muitos anos após a doença aguda; portanto, a presença de baixos níveis de anticorpos pode representar tanto uma resposta franca de anticorpos em um paciente tratado com doença aguda ou anticorpos residuais em uma pessoa com uma infecção distante não reconhecida, causada por leptospiras. Como o TAM utiliza organismos vivos, ele é realizado somente em laboratórios de referência. Testes alternativos, tais como hemaglutinação indireta, aglutinação em lâminas e ensaio de imunoabsorbância ligada à enzima (ELISA), são menos sensíveis e específicos. Esses testes podem ser usados para selecionar um paciente, mas as reações positivas devem ser confirmadas com o TAM ou cultura. Reações sorológicas cruzadas ocorrem com outras infecções por espiroquetas (ou seja, sífilis, febre recorrente, doença de Lyme) e legionelose.

TRATAMENTO, PREVENÇÃO E CONTROLE

A leptospirose geralmente não é fatal, particularmente na ausência de doença ictérica. Os pacientes devem ser tratados com **penicilina** ou **doxiciclina** administrada por via intravenosa. A doxiciclina, mas não a penicilina, pode ser usada para prevenir doenças em pessoas expostas a animais infectados ou água contaminada com urina. É difícil erradicar a leptospirose, porque a doença é disseminada em animais selvagens e domésticos. No entanto, a vacinação de animais de gado e de estimação provou ser bem-sucedida na redução da incidência da doença nessas populações e, portanto, subsequente exposição humana. O controle de roedores também é eficaz para eliminar a leptospirose em comunidades.

Bibliografia

Aguero-Rosenfeld, M.E., Wang, G., Schwartz, I., et al., 2005. Diagnosis of Lyme borreliosis. Clin. Microbiol. Rev. 18, 484–509.

Antal, G.M., Lukehart, S.A., Meheus, A.Z., 2002. The endemic treponematoses. Microbes. Infect. 4, 83–94.

Centers for Disease Control and Prevention, 2013. Sexually Transmitted Disease Surveillance 2012. U.S. Department of Health and Human Services, Atlanta.

Feder Jr., H.M., Johnson, B.J., O'Connell, S., et al., 2007. Review article: a critical appraisal of "chronic Lyme disease". N. Engl. J. Med. 357, 1422–1430.

Gayet-Ageron, A., Lautenschlager, S., Ninet, B., et al., 2013. Sensitivity, specificity and likelihood rations of PCR in the diagnosis of syphilis: a systematic review and meta-analysis. Sex Transm. Infect. 89, 251–256.

Jafari, Y., Peeling, R.W., Shivkumar, S., et al., 2013. Are Treponema pallidum–specific rapid and point-of-care tests for syphilis accurate enough for screening in resource limited settings? Evidence from a meta-analysis. PLoS ONE. 8:e54695.

LaFond, R.E., Lukehart, S.A., 2006. Biological basis for syphilis. Clin. Microbiol. Rev. 19, 29–49.
Levitt, P.N., 2001. Leptospirosis. Clin. Microbiol. Rev. 14, 296–326.
Mitja, O., Asiedu, K., Mabey, D., 2013. Yaws. Lancet 381, 763–773.
Rothschild, B.M., 2005. History of syphilis. Clin. Infect. Dis. 40, 1454–1463.
Shapiro, E., 2014. Lyme disease. N. Engl. J. Med. 370, 1724–1731.
Steere, A.C., McHugh, G., Damle, N., et al., 2008. Prospective study of serologic tests for Lyme disease. Clin. Infect. Dis. 47, 188–195.
Toner, B., 2007. Current controversies in the management of adult syphilis. Clin. Infect. Dis. 44, S130–S146.
Wormser, G.P., 2006. Early Lyme disease. N. Engl. J. Med. 354, 2794–2801.
Wormser, G.P., Dattwyler, R.J., Shapiro, E.D., et al., 2006. The clinical assessment, treatment, and prevention of Lyme disease, human granulocytic anaplasmosis, and babesiosis: clinical practice guidelines by the Infectious Diseases Society of America. Clin. Infect. Dis. 43, 1089–1134.

33 Mycoplasma

Uma menina de 13 anos foi internada no hospital com história de 5 dias de febre e tosse não produtiva. Ela havia recebido 3 dias de tratamento com cefalosporina como paciente ambulatorial, sem alívio dos sintomas. Na admissão, o exame do tórax revelou estertores e crepitações bilaterais, macicez à percussão e uma radiografia de tórax mostrou a presença de infiltrado no lobo inferior direito. As colorações bacterianas e as culturas foram negativas, mas o teste baseado na reação em cadeia da polimerase (PCR) para *Mycoplasma pneumoniae* foi positivo.

1. O que é único na estrutura celular dos micoplasmas? Como isso afeta a suscetibilidade desse organismo aos antibacterianos?
2. Quais infecções são atribuídas a *Mycoplasma pneumoniae*? E a *M. genitalium*?
3. Qual é o teste mais sensível para o diagnóstico de infecção por *M. pneumoniae*?

RESUMOS Organismos clinicamente significativos

MYCOPLASMA PNEUMONIAE

Palavras-chave
Ausência de parede celular, de pessoa para pessoa, traqueobronquite

Biologia e virulência
- A menor bactéria de vida livre; capaz de passar pelos filtros com poros de 0,45 μm
- A ausência da parede celular e uma membrana celular contendo esteróis são características únicas entre as bactérias
- Taxa lenta de crescimento (tempo de geração, 6 horas); aeróbio estrito

- A proteína adesina P1 liga-se à base dos cílios em células epiteliais, levando à perda eventual de células epiteliais ciliadas
- Estimula a migração de células inflamatórias e liberação de citocinas

Epidemiologia
- Doença de ocorrência mundial, sem incidência sazonal (em contraste com as doenças causadas pela maioria dos patógenos respiratórios)
- Infecta principalmente crianças entre 5 e 15 anos de idade, mas todas as populações são suscetíveis à doença
- Transmitido por inalação de gotículas de aerossol

Doenças
- Patógeno humano estrito
- Consulte a Tabela 33.1 para doenças

Diagnóstico
- Consulte a Tabela 33.2

Tratamento, prevenção e controle
- O antibacteriano de escolha é a eritromicina, a doxiciclina ou fluoroquinolonas mais recentes
- A imunidade à reinfecção não é duradoura e as vacinas se mostraram ineficazes

---

A ordem Mycoplasmatales é subdividida em quatro gêneros: *Eperythrozoon*, *Haemobartonella*, *Mycoplasma* e *Ureaplasma*. O gênero mais significativo clinicamente é *Mycoplasma* (127 espécies) e a espécie mais importante é *M. pneumoniae* (também denominado **agente de Eaton**, nome do investigador que o isolou originalmente). ***Mycoplasma pneumoniae*** causa doenças do sistema respiratório, tais como a traqueobronquite e a pneumonia. Outros patógenos comumente isolados incluem **M. genitalium** e **M. hominis** (Tabela 33.1).

Fisiologia e estrutura

As bactérias do gênero *Mycoplasma* são as **menores bactérias de vida livre**. São únicas entre as bactérias, porque **não apresentam uma parede celular** e sua membrana celular contém **esteróis**. Por outro lado, outras bactérias com deficiência de parede celular (denominadas **formas L**) não têm esteróis em sua membrana celular e podem formar paredes celulares em condições apropriadas de crescimento. A ausência da parede celular torna os micoplasmas resistentes às penicilinas, cefalosporinas, vancomicina, e outros antibacterianos que interferem na síntese da parede celular.

Os micoplasmas produzem formas pleomórficas que variam de formas cocoides com 0,2 a 0,3 μm a bacilos de 0,1 a 0,2 μm de largura e 1 a 2 μm de comprimento. Muitos podem atravessar filtros de 0,45 μm utilizados para remover as bactérias das soluções e foi por isso que os micoplasmas eram originalmente considerados vírus. No entanto, os organismos se dividem por fissão binária (típica de todas as bactérias), crescem em meios artificiais livres de células e contêm ácido ribonucleico (RNA) e ácido desoxirribonucleico (DNA). Os micoplasmas são anaeróbios facultativos (exceto *M. pneumoniae*, que é um **aeróbio**

Tabela 33.1 Membros importantes da família Mycoplasmataceae.

Organismo	Local	Doença humana
Mycoplasma pneumoniae	Sistema respiratório	Traqueobronquite, faringite, pneumonia, complicações secundárias (neurológicas, pericardite, anemia hemolítica, artrite, lesões mucocutâneas)
M. genitalium	Sistema geniturinário	Uretrite não gonocócica, cervicite, doença inflamatória pélvica
M. hominis	Sistemas respiratório e geniturinário	Pielonefrite, febre pós-parto, infecções sistêmicas em pacientes imunocomprometidos

estrito) e necessitam de esteróis exógenos fornecidos por soro animal adicionado ao meio de crescimento. Os micoplasmas **crescem lentamente**, com um tempo de geração de 1 a 16 horas e a maioria forma pequenas colônias que são difíceis de detectar sem incubação prolongada.

Patogênese e imunidade

Mycoplasma pneumoniae é um patógeno extracelular que adere ao epitélio respiratório por meio de uma estrutura de adesão especializada que se forma em uma extremidade da célula. A estrutura consiste em um complexo de proteínas de adesão e a **adesina P1** é a mais importante. As adesões interagem especificamente com receptores glicoproteicos sialisados na base dos cílios presentes na superfície das células epiteliais (e na superfície dos eritrócitos). Ocorre então a ciliostase, depois da qual primeiramente os cílios e, em seguida, as células epiteliais ciliadas são destruídas. A perda dessas células interfere na desobstrução normal das vias respiratórias superiores e permite a propagação das bactérias para o trato respiratório inferior. Esse processo é responsável pela tosse persistente presente em pacientes com doença sintomática. *Mycoplasma pneumoniae* funciona como um superantígeno, estimulando a migração das células inflamatórias para o sítio da infecção e a liberação de citocinas, inicialmente do fator de necrose tumoral (TFN)-α e da interleucina (IL)-1 e, posteriormente, do IL-6. Esse processo contribui tanto para a eliminação das bactérias como da doença observada.

Algumas espécies de *Mycoplasma* são capazes de mudar rapidamente a expressão de lipoproteínas de superfície, o que é importante para a evasão da resposta imune do hospedeiro e estabelecimento de infecções crônicas persistentes.

Epidemiologia

Mycoplasma pneumoniae é um patógeno humano estrito. A doença respiratória (p. ex., traqueobronquite, pneumonia) causada por *M. pneumoniae* ocorre em todo o mundo ao longo do ano, sem nenhum aumento consistente na atividade sazonal. A doença epidêmica ocorre a cada 4 a 8 anos. A doença é mais comum em crianças em idade escolar e jovens adultos (de 5 a 15 anos), embora todos os grupos etários sejam suscetíveis.

Estima-se que 2 milhões de casos de pneumonia por *M. pneumoniae* e 100 mil internações hospitalares relacionadas com a pneumonia ocorram anualmente nos EUA. No entanto, a doença causada por *M. pneumoniae* não é notificável, e os testes diagnósticos confiáveis não estão amplamente disponíveis. Desse modo, a verdadeira incidência não é conhecida.

Mycoplasma pneumoniae coloniza o nariz, a garganta, a traqueia e as vias respiratórias inferiores de indivíduos infectados, espalhando-se por gotículas respiratórias durante episódios de tosse. A transmissão da infecção geralmente ocorre entre colegas de classe, membros da família ou outros contatos próximos. A taxa de ataque é maior em crianças do que em adultos (média geral, ≈ 60%), presumivelmente porque a maioria dos adultos é parcialmente imune à exposição anterior. O período de incubação e o tempo de infectividade são prolongados, de maneira que a doença pode persistir por meses. *Mycoplasma pneumoniae* não faz parte da microbiota normal da mucosa humana; entretanto, o carreamento (estado de portador) prolongado pode ocorrer após uma doença sintomática.

A colonização do sistema geniturinário com *M. hominis* e *M. genitalium* é comum, aumentando após a puberdade, correspondendo à atividade sexual. Aproximadamente 15% das mulheres e homens sexualmente ativos são colonizados por *M. hominis* e uma proporção maior por *M. genitalium*. A incidência de carreamento em adultos que são sexualmente inativos não é maior do que aquela observada em crianças pré-púberes.

Doenças clínicas

A exposição a *M. pneumoniae* normalmente resulta no **estado de portador assintomático** (**carreamento assintomático**). A apresentação clínica mais comum de infecção por *M. pneumoniae* é a **traqueobronquite**. Febre baixa, mal-estar, dor de cabeça e tosse seca e não produtiva se desenvolvem de 2 a 3 semanas após a exposição. A **faringite** aguda também pode estar presente. Os sintomas pioram gradualmente ao longo dos dias posteriores e podem persistir por 2 semanas ou mais. As passagens brônquicas tornam-se principalmente infiltradas com linfócitos e plasmócitos. A pneumonia (referida como **pneumonia atípica** primária ou pneumonia branda) também pode se desenvolver, com uma broncopneumonia irregular vista em radiografias de tórax que são tipicamente mais impressionantes do que os achados dos exames físicos. Mialgias e sintomas no sistema digestório são incomuns. As complicações secundárias incluem anormalidades neurológicas (p. ex., meningoencefalite, paralisia, mielite), pericardite, anemia hemolítica, artrite e lesões mucocutâneas (Caso Clínico 33.1).

Visto que o sistema geniturinário é colonizado com outras espécies de *Mycoplasma*, é difícil determinar o papel desses organismos em doenças nos pacientes individuais. No entanto, é aceito que *M. genitalium* pode causar uretrite não gonocócica (UNG), cervicite e doença inflamatória pélvica; e *M. hominis* pode causar pielonefrite, febres pós-parto e infecções sistêmicas em pacientes imunocomprometidos. As evidências indicando os organismos nessas doenças são obtidas com base na detecção das bactérias em amostras de pacientes infectados, uma resposta sorológica ao organismo, melhoria clínica após tratamento com antibacterianos específicos, demonstração de doença em modelos animais ou uma combinação desses achados.

Diagnóstico laboratorial

A microscopia não tem valor diagnóstico, porque os micoplasmas coram mal pela coloração de Gram (Tabela 33.2). Igualmente, os testes para detecção de antígenos têm pouca sensibilidade e especificidade e não são recomendados. Os testes diagnósticos mais sensíveis são os ensaios de amplificação de ácidos nucleicos de alvos gênicos espécie-específicos, embora a especificidade dos micoplasmas patogênicos não tenha sido estabelecida. *Mycoplasma pneumoniae* pode ser isolado em cultura a partir de lavados da garganta, lavados brônquicos e escarro expectorado; no entanto, os organismos crescem lentamente (tempo de geração: 6 horas) e requerem meios especiais suplementados com soro (fornece

> **Caso Clínico 33.1** Pneumonia por *Mycoplasma pneumoniae* em um adulto jovem
>
> Caxboeck et al. (*Wien Klin Wochenschr* 119:379–384, 2007) descreveram um caso incomum de pneumonia fatal causada por *M. pneumoniae* em uma jovem de 18 anos anteriormente saudável. Antes da admissão no hospital, a paciente tinha consultado um médico, pois apresentava queixas respiratórias e radiografia do tórax consistente com pneumonia. O antibacteriano fluoroquinolona foi prescrito, mas ela não respondeu ao tratamento. Na admissão hospitalar, ela apresentou temperatura de 40°C e tosse produtiva. O antibacteriano foi alterado para a classe dos macrolídeos e cefalosporina; entretanto, a condição da paciente continuou a se agravar, com a progressão dos infiltrados pulmonares, desenvolvimento de efusões pleurais bilaterais e evidência de insuficiência hepática. Apesar da terapia antibacteriana agressiva e suporte respiratório, a doença evoluiu para pneumonia hemorrágica com falência de múltiplos órgãos e após 35 dias de internação hospitalar, ela foi a óbito. O diagnóstico de infecção por *M. pneumoniae* foi realizado com base na sorologia positiva e na ausência de outros patógenos respiratórios após análise por microscopia, cultura e teste para detecção de antígenos. Embora o diagnóstico por cultura ou reação em cadeia da polimerase seja mais convincente, o caso ilustra a suscetibilidade dos adultos a infecções por micoplasmas e a ocorrência incomum, mas bem reconhecida, de complicações graves em pacientes suscetíveis. Também deve ser observado que esta paciente muito provavelmente tinha uma deficiência imunitária não diagnosticada, que aumentou a suscetibilidade a esse patógeno.

evidência definitiva de doença, mas é relativamente **insensível**. Testes sorológicos estão disponíveis para *M. pneumoniae*. Uma série de imunoensaios enzimáticos para a detecção de anticorpos imunoglobulina (Ig)M e IgG encontra-se disponível. Em geral, os testes são mais sensíveis do que a cultura. A desvantagem desses ensaios é que os soros devem ser coletados no início da doença e, em seguida, depois de 3 a 4 semanas, para demonstrar um aumento nos níveis de anticorpos. Historicamente, também era possível medir reações inespecíficas aos glicolipídios da membrana externa de *M. pneumoniae* pela produção de **aglutininas frias** (p. ex., anticorpos IgM que se ligam aos antígenos na superfície dos eritrócitos humanos a 4°C). Esse teste é insensível e inespecífico, portanto, não deve ser realizado. *Mycoplasma hominis* é um anaeróbio facultativo que cresce dentro de 1 a 4 dias. As colônias têm uma aparência tipicamente grande, de ovo frito, e a inibição do crescimento com antissoros específicos é utilizada para diferenciá-los de outros micoplasmas genitais. *Mycoplasma genitalium* cresce de maneira extremamente lenta em cultura, de maneira que o teste diagnóstico de escolha é a amplificação de ácidos nucleicos.

Tratamento, prevenção e controle

Macrolídeos (p. ex., azitromicina), tetraciclinas (particularmente doxiciclina) e as fluoroquinolonas são eficazes no tratamento de *M. pneumoniae*, embora as tetraciclinas e as fluoroquinolonas sejam reservadas para uso em adultos. A azitromicina é amplamente usada para tratar infecções por *M. pneumoniae*, embora a resistência tenha se tornado comum em algumas regiões (p. ex., mais de 90% na Ásia). *Mycoplasma genitalium* é comumente resistente aos macrolídeos (p. ex., azitromicina) e às fluoroquinolonas; portanto, o tratamento de muitas infecções é problemático. *Mycoplasma hominis* é resistente aos macrolídeos e ocasionalmente às tetraciclinas. A clindamicina é utilizada para tratar infecções causadas por essas cepas resistentes.

A prevenção da doença causada por *Mycoplasma* é problemática. As infecções por *M. pneumoniae* são disseminadas por contato próximo; assim, o isolamento das pessoas infectadas poderia teoricamente reduzir o risco de infecção. O isolamento é impraticável, no entanto, pois os pacientes são geralmente infecciosos por um período prolongado, mesmo enquanto recebem os antibacterianos apropriados. Vacinas inativadas e as vacinas vivas atenuadas também se mostraram decepcionantes. A imunidade protetora conferida pela infecção é baixa. As infecções com *M. hominis* e *M. genitalium* são transmitidas por contato sexual; portanto, essas doenças podem ser evitadas por meio da prevenção de atividades sexuais desprotegidas.

Bibliografia

Citti, C., Nouvel, L., Baranowski, E., 2010. Phase and antigenic variation in mycoplasmas. Future Microbiol. 5, 1073–1085.

Gnanadurai R, Fifer H. 2019. Mycoplasma genitalium: a review. Microbiol DOI 10.1099/mic.0.000830.

Lis, R., Rowhani-Rahbar, A., Manhart, L., 2015. *Mycoplasma genitalium* infection and female reproductive tract disease: a meta-analysis. Clin. Infect. Dis. 61, 418–426.

Loens, K., Ursi, D., Goossens, H., et al., 2003. Molecular diagnosis of *Mycoplasma pneumoniae* respiratory tract infections. J. Clin. Microbiol. 41, 4915–4923.

Meyer, P., van Rossum, A., Vink, C., 2014. *Mycoplasma pneumoniae* in children: carriage, pathogenesis, and antibiotic resistance. Curr. Opin. Infect. Dis. 27, 220–227.

Waites, K., Talkington, D., 2004. *Mycoplasma pneumoniae* and its role as a human pathogen. Clin. Microbiol. Rev. 17, 697–728.

Tabela 33.2 Testes diagnósticos para infecções causadas por *Mycoplasma pneumoniae*.

Teste	Avaliação
Microscopia	O teste não é útil porque os organismos não têm um envoltório celular e não coram com reagentes convencionais
Cultura	O teste é lento (2 a 6 semanas antes do diagnóstico positivo) e insensível; não está disponível na maioria dos laboratórios
Diagnóstico molecular	Ensaios de amplificação baseados na reação em cadeia da polimerase, com excelente sensibilidade; a especificidade não está bem definida
SOROLOGIA	
Fixação do complemento	Títulos de anticorpos contra antígenos glicolipídicos atingem o pico em 4 semanas e persistem por 6 a 12 meses; pouca sensibilidade e especificidade; raramente empregado nos dias de hoje
Ensaios imunoenzimáticos	Estão disponíveis vários ensaios, com sensibilidade e especificidade variáveis; os ensaios dirigidos contra a proteína adesina P1 podem ser mais específicos
Aglutinina fria	Baixa sensibilidade e especificidade, com reações cruzadas com outros patógenos respiratórios (p. ex., vírus Epstein-Barr, citomegalovírus, adenovírus); teste comumente usado, mas não recomendado

esteróis), extrato de levedura (para precursores de ácido nucleico), glicose, um indicador de pH e penicilina (para inibir outras bactérias). Um resultado de cultura positiva é uma

34 Rickettsia, Ehrlichia e Bactérias Relacionadas

Um jovem de 24 anos que vive na Carolina do Norte chegou ao departamento de emergência local com febre, artralgias, mialgias e mal-estar. Ele estava bem até 4 dias antes da admissão, quando desenvolveu febre, que atingiu a temperatura de 40°C, calafrios, dores musculares e forte dor de cabeça. O exame físico revelou um paciente crítico com temperatura de 39,7°C, pulso de 110 bpm, frequência respiratória de 28 respirações/minuto, pressão arterial de 100/60 mmHg e erupção cutânea nas extremidades, incluindo palmas das mãos e plantas dos pés. O paciente lembrou ter sofrido inúmeras picadas de carrapato 10 dias antes do início dos sintomas. A febre maculosa das Montanhas Rochosas foi considerada, e testes sorológicos para espécies de *Rickettsia* confirmaram o diagnóstico.

1. Quais antibacterianos podem ser usados para tratar essa infecção? Quais são desaconselhados?
2. Quais riquétsias estão associadas aos seguintes vetores: carrapatos, piolhos, ácaros e pulgas?
3. Por que o uso da coloração de Gram é inadequado para o diagnóstico de infecções por *Rickettsia*?
4. *Ehrlichia* e *Anaplasma* têm sido historicamente associadas à *Rickettsia*. Compare a doença clínica causada por *Ehrlichia chaffeensis* e *Anaplasma phagocytophilum*.
5. Quais doenças clínicas são causadas por *Coxiella burnetii*?

RESUMOS Organismos clinicamente significativos

RICKETTSIA RICKETTSII

Palavras-chave

Bactérias intracelulares, febre maculosa das Montanhas Rochosas, vasculite, carrapato, teste de microimunofluorescência

Biologia e virulência

- Pequenas bactérias intracelulares
- Coram mal com a coloração de Gram; melhor com as colorações de Giemsa ou Gimenez
- A replicação ocorre no citoplasma e no núcleo de células endoteliais, com vasculite resultante
- O crescimento intracelular protege as bactérias da eliminação pelo sistema imune

Epidemiologia

- *Rickettsia rickettsii* é o patógeno mais comum do gênero *Rickettsia* nos EUA
- Carrapatos duros (p. ex., carrapato de cachorro, carrapato de madeira) são os reservatórios e vetores primários
- A transmissão requer contato prolongado
- Distribuição no Hemisfério Ocidental; nos EUA, a maioria das infecções é relatada em cinco estados: Carolina do Norte, Oklahoma, Arkansas, Tennessee e Missouri
- A doença é mais comum nos meses de abril a setembro

Doenças

- Febre maculosa das Montanhas Rochosas caracterizada por febre alta, forte dor de cabeça, mialgias e erupções cutâneas; complicações comuns em pacientes não tratados ou com diagnóstico tardio

Diagnóstico

- A sorologia (p. ex., teste de microimunofluorescência) é mais comumente utilizada para o diagnóstico

Tratamento, prevenção e controle

- A doxiciclina é o antibacteriano de escolha
- Áreas infestadas de carrapatos devem ser evitadas, além disso, deve-se usar roupas de proteção e inseticidas eficazes
- Os carrapatos aderidos à pele devem ser removidos imediatamente
- Não existem vacinas disponíveis até o momento

RICKETTSIA PROWAZEKII

Palavras-chave

Bactérias intracelulares, tifo transmitido por piolho, Doença de Brill-Zinsser, vasculite, reservatório humano, teste de microimunofluorescência

Biologia e virulência

- Pequenas bactérias intracelulares
- Coloração fraca pelo método de Gram; melhor com as colorações de Giemsa ou Gimenez
- Replicação no citoplasma de células endoteliais, com vasculite resultante
- O crescimento intracelular protege as bactérias da eliminação pelo sistema imune

Epidemiologia

- Os seres humanos são o reservatório primário, com a transmissão de pessoa para pessoa, tendo o piolho como vetor
- Acredita-se que a doença esporádica seja transmitida de esquilos para humanos através de pulgas presentes nesses animais
- A doença recrudescente pode se desenvolver anos após a infecção inicial
- O grupo de maior risco são pessoas que vivem em condições de aglomeração e insalubridade
- A doença é mundial, com a maioria das infecções na América Central, América do Sul e África
- A doença esporádica é observada no leste dos EUA

Doenças

- O tifo epidêmico (transmitido por piolho) apresenta os sintomas: febre alta, dor de cabeça grave e mialgias
- O tifo recrudescente (doença de Brill-Zinsser) é a forma mais branda da doença

Diagnóstico

- O teste de microimunofluorescência é o teste de escolha

Tratamento, prevenção e controle

- A doxiciclina é o antibacteriano de escolha
- Controlada a partir de melhorias nas condições de vida e redução da população de piolhos com o uso de inseticidas
- A vacina inativada está disponível para populações de alto risco

EHRLICHIA E ANAPLASMA

Palavras-chave

Bactérias intracelulares, doença monocítica e granulocítica, carrapatos

Biologia e virulência

- Pequenas bactérias intracelulares que coram mal pela coloração de Gram; funcionam melhor com as colorações de Giemsa ou Gimenez
- Replicação em fagossomos de células infectadas
- O crescimento intracelular protege as bactérias da eliminação imunológica
- Capacidade de prevenir a fusão do fagossomo com o lisossomo de monócitos ou granulócitos
- Inicia uma resposta inflamatória que contribui para a patologia

Continua

RESUMOS Organismos clinicamente significativos *(continuação)*

Epidemiologia
- Dependendo das espécies de *Ehrlichia*, reservatórios importantes são os veados-de-cauda-branca, camundongos-de-patas-brancas, esquilos, ratos-do-mato e cães
- Os carrapatos são vetores importantes, mas a transmissão transovariana é ineficiente
- A doença nos EUA é mais comum no sudeste, costa leste e estados do centro-oeste e centro-sul
- O grupo de maior risco são indivíduos expostos aos carrapatos nas áreas endêmicas
- A doença é mais comum nos meses de abril a outubro

Doenças
- As doenças são a erliquiose monocítica humana e a anaplasmose humana (anteriormente denominada *erliquiose granulocítica humana*)

Diagnóstico
- Microscopia de valor limitado
- Sorologia e testes de amplificação do ácido nucleico são os métodos de escolha

Tratamento, prevenção e controle
- A doxiciclina é o antibacteriano de escolha; a rifampicina é uma alternativa aceitável
- A prevenção inclui o afastamento de áreas infestadas por carrapatos, uso de roupas de proteção e repelentes de insetos e remoção imediata de carrapatos aderidos à pele
- Vacinas não estão disponíveis

COXIELLA BURNETII
Palavras-chave

Bactérias intracelulares, doenças gripais, endocardite subaguda, exposição por inalação, antígenos das fases I e II

Biologia e virulência
- Pequenas bactérias intracelulares que coram mal pelo método de Gram; funcionam melhor com a coloração de Giemsa ou Gimenez
- Replicação em fagossomos de células infectadas
- Presente em duas formas: pequena variante celular infecciosa, extremamente estável aos fatores ambientais; variante celular grande é a forma metabolicamente ativa
- A transição de fase ocorre durante a infecção: fase I com LPS intacto, fase II com LPS truncado (perda de carboidratos do antígeno O)
- O crescimento intracelular protege as bactérias da eliminação imunológica
- Capacidade de replicação em ambiente ácido dos fagossomos
- Forma extracelular extremamente estável; pode sobreviver na natureza por um período prolongado

Epidemiologia
- Muitos reservatórios, incluindo mamíferos, aves e carrapatos
- A maioria das infecções humanas está associada ao contato com bovinos, ovinos, caprinos, cães e gatos infectados
- A maioria das doenças é adquirida por inalação; possível infecção por consumo de leite contaminado; os carrapatos não são um vetor importante para as doenças humanas
- Distribuição mundial
- Não há incidência sazonal

Doenças
- Maioria das infecções é assintomática; apresentação aguda mais comum é a síndrome gripal inespecífica; menos de 5% dos infectados desenvolvem uma doença aguda significativa (pneumonia, hepatite, pericardite, febre)
- Endocardite é a forma mais comum de doença crônica

Diagnóstico
- A detecção de resposta de anticorpos aos antígenos de fases I e II é o teste de escolha

Tratamento, prevenção e controle
- A doxiciclina é o antibacteriano de escolha para infecções agudas; a combinação de hidroxicloroquina e doxiciclina é utilizada para tratar infecções crônicas
- As vacinas de antígenos de fase I são protetoras e seguras se administradas em uma única dose antes do animal ou do ser humano ser exposto à *Coxiella*; nos EUA, não se encontra disponível para uso em animais ou humanos

LPS, lipopolissacarídio.

Todas as bactérias discutidas neste capítulo eram classificadas anteriormente como parte da família Rickettsiaceae, com base na observação de que eram bacilos gram-negativos, aeróbios obrigatórios e intracelulares. A análise das sequências de ácido desoxirribonucleico (DNA) revelou que essa classificação era inválida, acarretando a criação de três famílias distintas: Rickettsiaceae, com dois gêneros, **Rickettsia** e **Orientia**; Anaplasmataceae, com dois gêneros, **Ehrlichia** e **Anaplasma**; e Coxiellaceae, com **Coxiella** (Tabela 34.1).

Rickettsiaceae

A família Rickettsiaceae é constituída por dois gêneros, *Rickettsia* e *Orientia*; o gênero *Rickettsia* é subdividido no **grupo da febre maculosa** e no **grupo de tifo**. Muitas espécies de *Rickettsia* no grupo da febre maculosa estão associadas a doenças humanas; entretanto, apenas **R. Rickettsii** (febre maculosa das Montanhas Rochosas) e **R. akari** (riquetsiose vesicular) são discutidas neste capítulo. Duas espécies de *Rickettsia* são membros do grupo de tifo: *R. prowazekii* e *R. typhi*. Uma única espécie pertence ao gênero *Orientia*, **O. tsutsugamushi**, organismo responsável pelo tifo rural.

FISIOLOGIA E ESTRUTURA

Os organismos da família Rickettsiaceae são pequenos (0,3 × 1 a 2 μm), estruturalmente semelhantes a bacilos gram-negativos e crescem apenas no citoplasma de células eucarióticas. As estruturas do envoltório celular de *Rickettsia* são típicas de bacilos gram-negativos, com uma camada de peptidoglicano e lipopolissacarídio (LPS); no entanto, a camada de peptidoglicano é mínima (cora mal com a coloração de Gram) e o LPS tem apenas fraca atividade de endotoxina. As bactérias do gênero *Orientia* não contêm a camada de peptidoglicano e nem o LPS. Ambos os grupos de organismos são visualizados de forma adequada com as colorações de Giemsa ou Gimenez (Figura 34.1).

Rickettsia e *Orientia* são parasitas estritamente intracelulares encontrados livremente no citoplasma das células infectadas. As bactérias entram em células eucarióticas ligando-se aos receptores de superfície da célula hospedeira e estimulando a fagocitose. Após o englobamento, *Rickettsia* e *Orientia* degradam a membrana do fagossomo com a produção de uma fosfolipase e devem ser liberadas no citoplasma ou não sobreviverão. A multiplicação na célula hospedeira por fissão binária é lenta (tempo de geração, 9 a 12 horas). O grupo da febre maculosa da *Rickettsia* e *Orientia* cresce no citoplasma e no núcleo de células infectadas, e as bactérias são continuamente liberadas das células por meio de longas projeções citoplasmáticas. Por outro lado, o grupo de tifo se acumula no citoplasma celular até que haja a lise das membranas celulares, sinalizando a morte celular e a liberação das bactérias. Acredita-se que a diferença fundamental seja causada pela mobilidade intracelular; o grupo da febre maculosa é capaz de polimerizar a

Tabela 34.1 *Rickettsia, Orientia, Ehrlichia, Anaplasma* e *Coxiella*.

Organismo	Derivação histórica
Rickettsia rickettsii	Nomeada em homenagem a Howard Ricketts, que identificou o carrapato da madeira como o vetor da febre maculosa das Montanhas Rochosas
R. akari	*akari*, ácaro; o vetor da riquetsiose vesicular ou variceliforme
R. prowazekii	Nomeada em homenagem a Stanislav von Prowazek, um dos primeiros investigadores do tifo, que foi uma vítima dessa doença
R. typhi	*typhi*, tifo ou febre
Orientia tsutsugamushi	*Orientia*, Oriente; *tsutsugamushi*, "doença dos ácaros", o nome popular desta doença no Oriente
Ehrlichia	Nomeado em homenagem ao microbiologista alemão Paul Ehrlich
E. chaffeensis	Isolado inicialmente em um reservista do Exército, em Fort Chaffee, Arkansas
E. ewingii	Nomeado em homenagem ao microbiologista americano William Ewing
Anaplasma	*an*, sem; *plasma*, qualquer coisa formada (uma coisa sem forma; referindo-se às inclusões intracitoplasmáticas)
A. phagocytophilum	*phago*, comer; *kytos*, um recipiente ou recinto; *philein*, amar (encontrado nos fagócitos)
Coxiella burnetii	Nomeada em homenagem a Herald Cox e F. M. Burnet, que isolaram a bactéria em carrapatos, em Montana, e em pacientes, na Austrália, respectivamente

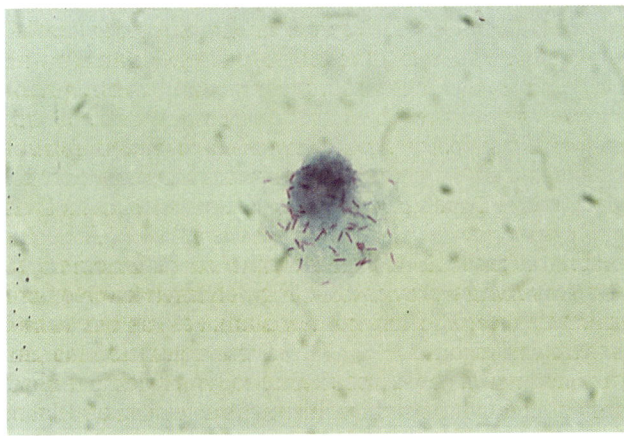

Figura 34.1 Coloração de Gimenez das células em cultura de tecidos infectadas com *Rickettsia* pertencente ao grupo da febre maculosa. (De Cohen, J., Powderly, W.G., 2004. Infectious Diseases, second ed. Mosby, St Louis, MO.)

actina da célula hospedeira, enquanto o grupo do tifo não tem o gene requerido. Uma vez que essas bactérias são liberadas da célula hospedeira, elas se tornam instáveis e morrem rapidamente.

O genoma de *R. prowazekii* foi sequenciado, fornecendo a percepção sobre a natureza parasitária dessas bactérias. As bactérias dependem da célula hospedeira para muitas funções: o metabolismo de carboidratos, biossíntese de lipídios, síntese de nucleotídios e de aminoácidos. Além disso, as bactérias são capazes de produzir trifosfato de adenosina (ATP) por meio do ciclo do ácido tricarboxílico ou podem agir como parasitas que dependem de energia, utilizando ATP da célula hospedeira, desde que esteja disponível.

PATOGÊNESE E IMUNIDADE

Um bom modelo para as infecções por *Rickettsia* é *R. rickettsii*, que é o agente responsável pela **febre maculosa das Montanhas Rochosas** e a principal causadora de doenças humanas nos EUA. Não há evidências de que *R. rickettsii* produza toxinas ou que a resposta imunológica do hospedeiro seja responsável pelas manifestações patológicas da febre maculosa das Montanhas Rochosas. A **proteína da membrana externa A (OmpA)** expressa na superfície de *R. rickettsii* é responsável pela capacidade das bactérias de aderir às células endoteliais. Depois de as bactérias penetrarem na célula, elas são liberadas do fagossomo, multiplicam-se livremente tanto no citoplasma quanto no núcleo e passam para a célula adjacente. As manifestações clínicas primárias parecem resultar da replicação de bactérias em células endoteliais, com danos subsequentes às células e o extravasamento dos vasos sanguíneos. A hipovolemia e a hipoproteinemia causadas pela perda de plasma nos tecidos podem levar à redução da perfusão de vários órgãos e à falência dos órgãos. A resposta imune do hospedeiro à infecção é baseada na morte intracelular mediada por citocinas e eliminação por linfócitos CD8 citotóxicos. A resposta de anticorpos às proteínas da membrana externa de *Rickettsia* também podem ser importantes.

EPIDEMIOLOGIA

As espécies patogênicas de *Rickettsia* e *Orientia* são mantidas em reservatórios animais e artrópodes e são transmitidas por vetores artrópodes (p. ex., carrapatos, ácaros, piolhos, pulgas; Tabela 34.2). Os seres humanos são hospedeiros acidentais. As riquétsias são mantidas em hospedeiros reservatórios (principalmente roedores) e nos respectivos vetores artrópodes (p. ex., carrapatos, ácaros, pulgas). Como a **transmissão transovariana** ocorre em artrópodes, estes podem servir tanto como vetor como hospedeiro. A única exceção é *R. prowazekii*, em que os humanos são os principais hospedeiros e o vetor artrópode é o piolho do corpo humano. As bactérias matam o piolho, portanto a transmissão transovariana não é relevante.

A distribuição de doenças causadas por riquétsias é determinada pela distribuição do artrópode hospedeiro/vetor. A maioria das infecções com vetores carrapatos (p. ex., febres maculosas) tem uma distribuição geográfica restrita, enquanto as infecções por riquétsias com outros vetores, tais como piolhos (*R. prowazekii*), pulgas (*R. typhi*) e ácaros (*R. akari*, *O. tsutsugamushi*), têm distribuição mundial (ver Tabela 34.2).

Em 2017, mais de 6.200 casos de febre maculosa das Montanhas Rochosas foram relatados nos EUA. Mais de 90% de casos das infecções ocorridas entre **abril e setembro**, correspondendo ao período de maior atividade do carrapato, com a maioria das infecções relatada na Carolina do Norte, em Oklahoma, no Arkansas, no Tennessee e no Missouri. O principal reservatório e vetor para *R. rickettsii* são os **carrapatos duros** pertencentes à família *Ixodidae*. Os três carrapatos duros mais comumente associados a doenças nos EUA incluem o

Tabela 34.2 Epidemiologia das infecções causadas por *Rickettsia* e bactérias relacionadas.

Organismo	Doença	Reservatório	Vetor	Distribuição
Rickettsia rickettsii	Febre maculosa das Montanhas Rochosas	Carrapatos, roedores selvagens	Carrapatos duros (carrapatos de cachorro, carrapato de madeira)	Canadá Ocidental, território continental dos EUA, México, Panamá, Argentina, Brasil, Bolívia, Colômbia, Costa Rica
R. akari	Riquetsiose vesicular ou riquetsiose variceliforme	Ácaros (bichos-de-pé), roedores selvagens	Ácaros	América do Norte (particularmente áreas urbanas do nordeste dos EUA), México, Europa (p. ex., Croácia, Ucrânia, Turquia), Ásia (p. ex., Coreia), África
R. prowazekii	Tifo epidêmico (de piolho)	Humanos	Piolho de corpo humano	Regiões montanhosas da África Central e Oriental (Burundi, Ruanda, Etiópia), Américas Central e do Sul, Ásia
	Tifo recrudescente	Humanos	Doença recidivante	Mundial
	Tifo esporádico	Esquilos voadores, pulgas e piolhos de esquilo	Possivelmente pulgas de esquilo	EUA
R. typhi	Tifo endêmico (murino)	Gatos, gambás, guaxinins, doninhas, roedores selvagens	Pulga de gato, pulga de rato	Mundial
Orientia tsutsugamushi	Tifo rural	Ácaros (bicho-de-pé), roedores selvagens	Ácaros	Japão, Ásia Oriental, Norte da Austrália, Pacíficos Ocidental e do Sudoeste
Ehrlichia chaffeensis	Erliquiose monocítica humana	Veados, cães, raposas, coiotes e lobos	Carrapatos moles (carrapato-estrela solitária)	Américas do Norte e do Sul, Ásia
E. ewingii	Erliquiose granulocítica humana	Cães, veados	Carrapatos moles (carrapato-estrela solitário)	América do Norte (incomum, Missouri)
Anaplasma phagocytophilum	Anaplasmose granulocítica humana	Pequenos mamíferos (roedores, esquilos, ratos-do-mato), veados, ovelhas ou carneiros	Carrapatos moles (carrapato de patas negras)	América do Norte (Região Superior do meio-oeste e nordeste), Europa, Ásia
Coxiella burnetii	Febre Q	Mamíferos, pássaros, carrapatos	Carrapatos acidentais (a maioria das infecções após inalação)	Mundial

carrapato do cão americano (*Dermacentor variabilis*) nos estados do sudeste e na Costa Oeste, o **carrapato marrom do cão (*Rhipicephalus sanguineus*)** no Arizona e o **carrapato da madeira (*D. andersoni*)** nos estados das Montanhas Rochosas e sudoeste do Canadá. Outros vetores de carrapato foram identificados nas Américas Central e do Sul. Uma pessoa precisa estar exposta ao carrapato por um longo período (p. ex., ≥ 6 horas) antes de a transmissão ocorrer. As riquétsias avirulentas adormecidas são ativadas pela ingestão de sangue quente e depois liberadas das glândulas salivares do carrapato para o sangue do hospedeiro humano.

Rickettsia akari, agente responsável por causar a **riquetsiose vesicular ou variceliforme**, é uma das poucas riquétsias no grupo da febre maculosa que apresentam uma distribuição **cosmopolita** e que são transmitidas por **ácaros** infectados. A doença, confirmada pela cultura, é relatada na Ucrânia, Croácia, Coreia e nos EUA, principalmente na cidade de Nova York. Um agrupamento de casos foi documentado em Nova York após a disseminação de *Bacillus anthracis* em 2001, quando foram realizadas biopsias de escaras de residentes da cidade que demonstraram conter *R. akari* e não *B. anthracis*. Com base nessa experiência, é provável que a riquetsiose seja subdiagnosticada em áreas endêmicas. Infecções com *R. akari* são cultivadas na população de roedores através da picada de ectoparasitas de camundongos (p. ex., ácaros) e em ácaros por transmissão transovariana. Os seres humanos tornam-se hospedeiros acidentais quando são picados por ácaros infectados.

Rickettsia prowazekii, um dos dois membros do grupo do tifo das riquétsias, é o agente etiológico do **tifo epidêmico ou transmitido por piolhos**. Os **seres humanos** são o principal reservatório dessa doença e o vetor é o **piolho do corpo humano**, *Pediculus humanus*. O tifo epidêmico ocorre entre as pessoas que vivem em condições insalubres e de aglomeração, que favorecem a propagação de piolhos corporais; por exemplo, condições tais como as que surgem durante as guerras, fome e desastres naturais. Os piolhos morrem de infecção dentro de 2 a 3 semanas, impedindo a transmissão transovariana de *R. prowazekii*. A doença está presente nas Américas Central e do Sul, África e, menos comumente, nos EUA.

A incidência da doença nos EUA é desconhecida, pois não é uma doença notificada aos departamentos de saúde pública. A doença esporádica nos EUA é restrita principalmente às áreas rurais dos estados do leste. Nesses locais, **esquilos voadores**, assim como pulgas e piolhos desses animais, são infectados com *R. prowazekii*. Os piolhos de esquilo não se alimentam de humanos, mas as pulgas são menos discriminatórias e podem ser responsáveis pela transmissão de *Rickettsia* a partir dos esquilos aos seres humanos. As evidências epidemiológicas e sorológicas apoiam essa hipótese.

A doença recrudescente causada por *R. prowazekii* (**doença de Brill-Zinsser**) pode ocorrer em pessoas anos após a infecção inicial. Nos EUA, esses indivíduos são principalmente imigrantes do Leste Europeu que foram expostos à epidemia de tifo durante a Segunda Guerra Mundial.

O **tifo endêmico ou murino** é causado por *R. typhi*. A doença se dissemina mundialmente, principalmente em áreas quentes e úmidas. Nos EUA, são relatados, anualmente, de 50 a 100 casos, sendo a maioria nos Estados do Golfo (especialmente Texas) e no sul da Califórnia. A doença endêmica continua a ser relatada em pessoas que vivem em regiões de clima temperado e áreas costeiras subtropicais da África, Ásia, Austrália, Europa e América do Sul. Os **roedores** são o reservatório primário e a **pulga de rato** (*Xenopsylla cheopis*) é o principal vetor. Entretanto, a **pulga de gato** (*Ctenocephalides felis*), que infesta gatos, gambás, guaxinins e jaritataca, é considerada um importante vetor de doenças nos EUA. A maioria dos casos ocorre durante os meses de calor.

O. tsutsugamushi é o agente etiológico do **tifo rural**, que é uma doença transmitida aos seres humanos pelos **ácaros** (ácaros trombiculídeos, ácaros vermelhos). O reservatório é a população de ácaros, na qual as bactérias são transmitidas por via transovariana. A infecção também está presente na população de **roedores**, que pode servir como reservatório para infecções de ácaros. Os roedores não são considerados reservatórios importantes para doenças humanas, pois os ácaros se alimentam apenas uma vez na vida, então eles não podem transmitir infecções de roedores para humanos. O tifo rural está presente em indivíduos que vivem no leste da Ásia, Austrália e no Japão e outras ilhas do Pacífico Ocidental. Também pode ser importado para os EUA.

DOENÇAS CLÍNICAS

A febre maculosa das Montanhas Rochosas sintomática (Caso Clínico 34.1) desenvolve-se em 7 dias (com uma variação de 2 a 14 dias) após a picada do carrapato (Tabela 34.3), embora o paciente possa não se lembrar da picada indolor do carrapato. O início da doença é anunciado por uma febre alta e dor de cabeça, que podem estar associadas ao mal-estar, mialgias, náuseas, vômitos, dores abdominais e diarreia. Uma erupção cutânea macular desenvolve-se em 90% dos pacientes após 3 dias, inicialmente nos pulsos, braços e tornozelos e depois espalhando para o tronco. As palmas das mãos e plantas dos pés também podem ser comprometidas. A erupção cutânea pode evoluir para a forma "maculosa" ou petequial, que é um prenúncio de doenças mais graves. Complicações da febre maculosa das Montanhas Rochosas incluem manifestações neurológicas, insuficiência pulmonar e renal, além de anormalidades cardíacas. O diagnóstico tardio, seja porque a apresentação clínica não é característica ou o médico não reconhece a doença, está associado a um pior prognóstico. A taxa de fatalidade em doenças não tratadas é de 10 a 25%.

A infecção clínica com *R. akari* (riquetsiose vesicular ou variceliforme) é bifásica. Inicialmente, uma pápula se desenvolve no local em que o ácaro pica o hospedeiro. A pápula aparece aproximadamente 1 semana após a picada e progride rapidamente para a ulceração e **formação de escara**. Nesse período, a disseminação das riquétsias ocorre sistemicamente. Após um período de incubação de 7 a 24 dias (em média de 9 a 14 dias), a segunda fase da doença se desenvolve

---

Caso Clínico 34.1 Febre maculosa das Montanhas Rochosas

Oster et al. (*N Engl J Med* 297:859–863, 1977) descreveram uma série de pacientes que adquiriram a febre maculosa das Montanhas Rochosas depois de trabalharem com *Rickettsia rickettsii* no laboratório. Um paciente, técnico veterinário de 21 anos, chegou ao consultório com queixas de mialgia e tosse não produtiva. Ele foi tratado com penicilina e liberado. Nos dias que se seguiram, ele apresentou calafrios e dor de cabeça. Quando retornou ao hospital, o paciente estava com 40°C de temperatura e erupção macular nas extremidades e no tronco. O tratamento com tetraciclina intramuscular foi iniciado, mas ele permaneceu febril e a erupção cutânea evoluiu para petéquias no tronco, extremidades e nas plantas dos pés. Efusões pleurais bilaterais e intravenosas foram observadas e a tetraciclina intravenosa foi iniciada. Durante as 2 semanas seguintes, houve resolução das efusões e o paciente teve uma recuperação lenta, mas sem intercorrências. Embora não estivesse trabalhando diretamente com *R. rickettsii*, ele havia visitado um laboratório que estava processando a bactéria. Este paciente ilustra a apresentação característica da febre maculosa das Montanhas Rochosas: dor de cabeça, febre, mialgias e uma erupção cutânea macular que pode evoluir para uma erupção cutânea petequial ou macular.

---

abruptamente, com **febre** alta, dor de cabeça intensa, calafrios, sudorese, mialgias e fotofobia. Uma **erupção cutânea papulovesicular** generalizada se forma em 2 a 3 dias. Em seguida, uma progressão semelhante à varíola é observada, na qual se formam vesículas e depois a crosta. A presença da erupção cutânea distingue essa doença do antraz e, em um paciente com febre alta e escara, deve-se levantar suspeita de riquetsiose vesicular. Apesar do aspecto de erupção cutânea disseminada, a riquetsiose vesicular geralmente é branda e sem complicações, ocorrendo a cicatrização completa dentro de 2 a 3 semanas após o tratamento (Caso Clínico 34.2).

Em um estudo sobre tifo epidêmico na África, a doença clínica se desenvolveu por volta de 8 dias após a exposição (com uma variação de 2 a 30 dias). A maioria dos pacientes apresentava sintomas iniciais inespecíficos, de 1 a 3 dias, com **febre** alta, **dor de cabeça** intensa e **mialgias**. Outros sintomas podem incluir pneumonia, artralgia e envolvimento neurológico (torpor, confusão, coma). Uma erupção cutânea petequial ou macular desenvolve-se em muitos pacientes, mas pode não ser evidente em indivíduos de pele retinta. A taxa de mortalidade na ausência de tratamento é de 20 a 30%, mas pode ser muito maior nas populações com saúde e nutrição geral precárias e sem cuidados médicos adequados. Em pacientes com doença sem complicações, a temperatura corporal volta ao normal dentro de 2 semanas, mas a convalescença completa pode levar 3 meses ou mais. As riquétsias podem permanecer dormentes por anos e, em seguida, reativar, causando tifo epidêmico recrudescente ou doença de Brill-Zinsser. Durante o desenvolvimento de sintomas, a bacteriemia ocorre e o paciente é potencialmente infeccioso para os piolhos. O curso dessa forma de doença é geralmente mais brando e a erupção cutânea é frequentemente ausente, tornando o diagnóstico mais difícil.

O período de incubação da doença causada por *R. typhi* (tifo murino) é de 7 a 14 dias. Os sintomas aparecem abruptamente, com febre, dores de cabeça fortes, calafrios, mialgias

Tabela 34.3 Doenças humanas causadas por *Rickettsia* e bactérias relacionadas.

Doença	Período médio de incubação (dias)	Apresentação clínica	Erupção cutânea	Escara	Mortalidade sem tratamento (%)
Febre maculosa das Montanhas Rochosas	7	Início abrupto; febre, dor de cabeça, mal-estar, mialgias, náuseas, vômito, dor abdominal	> 90%; macular; disseminação centrípeta	Não	10 a 25
Riquetsiose vesicular ou variceliforme	9 a 14	Início abrupto; febre, dor de cabeça, calafrios, mialgias, fotofobia	100%; papulovesicular; generalizada	Sim	Baixa
Tifo epidêmico	8	Início abrupto; febre, dor de cabeça, calafrios, mialgias, artralgia	20 a 80%; macular; disseminação centrífuga	Não	20
Tifo endêmico	7 a 14	Início gradual; febre, dor de cabeça, mialgias, tosse	50%; erupção cutânea maculopapular no tronco	Não	Baixa
Tifo rural	10 a 12	Início abrupto; febre, dor de cabeça, mialgias	< 50%; erupção cutânea maculopapular; centrífuga	Não	1 a 15
Erliquiose monocítica humana	7 a 14	Febre alta, dor de cabeça, mal-estar, mialgias; leucopenia, trombocitopenia, transaminases séricas elevadas	Erupção cutânea (mais comum em crianças do que em adultos)	Não	2 a 3
Erliquiose granulocítica humana	7 a 14	Febre alta, dor de cabeça, mal-estar, mialgias	Erupção cutânea	Não	Dados insuficientes
Anaplasmose granulocítica humana	5 a 10	Febre alta, dor de cabeça, mal-estar, mialgias, leucopenia, trombocitopenia, transaminases séricas elevadas	Erupção em < 10% de pacientes	Não	< 1
Febre Q	10 a 14	Início abrupto; febre alta, dor de cabeça, mal-estar, mialgias; pode progredir para hepatite, pneumonia ou endocardite subaguda (febre Q crônica)	Não	Não	< 5

Caso Clínico 34.2 Riquetsiose vesicular ou variceliforme na cidade de Nova York

Koss et al. (*Arch Dermatol* 139:1545–1552, 2003) descreveram 18 pacientes com riquetsiose vesicular que foram diagnosticados no Columbia Presbyterian Medical Center, na cidade de Nova York, 20 meses após o ataque de bioterrorismo com antraz, no outono de 2001. Os pacientes foram ao hospital porque apresentaram escara necrótica e foram considerados portadores de antraz cutâneo. Os pacientes também tinham febre, dor de cabeça e uma erupção papulovesicular. Muitos indivíduos também se queixaram de mialgias, dor de garganta, artralgias e sintomas gastrintestinais. A coloração de imuno-histoquímica das escaras e biopsias de pele confirmaram o diagnóstico de riquetsiose vesicular e não de antraz cutâneo. Estes pacientes ilustram as dificuldades diagnósticas de reconhecer doenças incomuns mesmo quando a apresentação clínica é característica.

---

e náuseas mais comuns. Uma erupção cutânea se desenvolve em aproximadamente metade dos pacientes infectados, mais tardiamente na doença. Tal acometimento é tipicamente restrito ao tórax e ao abdome. Em geral, o curso dessa enfermidade é sem complicações, durando menos de 3 semanas, mesmo em pacientes não tratados.

A doença causada por *O. tsutsugamushi* (tifo rural) se desenvolve repentinamente após um período de incubação de 6 a 18 dias (podendo variar para 10 a 12 dias), com **dor de cabeça** intensa, **febre** e **mialgias**. A erupção macular a papular se desenvolve no tronco em menos da metade dos pacientes e se espalha de forma centrífuga até as extremidades. A linfadenopatia generalizada, esplenomegalia, complicações do sistema nervoso central e insuficiência cardíaca podem ocorrer. A febre em pacientes não tratados desaparece após 2 a 3 semanas.

DIAGNÓSTICO LABORATORIAL

Microscopia

Embora as bactérias do gênero *Rickettsia* corem mal pela coloração de Gram, elas podem ser coradas com Giemsa ou Gimenez. Anticorpos específicos marcados com fluoresceína também podem ser usados para corar bactérias intracelulares em amostras de tecido biopsiado. A referida detecção direta de antígenos de *R. rickettsiae* é um método rápido e específico para confirmação do diagnóstico clínico de febre maculosa das Montanhas Rochosas, mas encontra-se disponível apenas em laboratórios de referência.

Testes baseados na análise de ácidos nucleicos

Os testes específicos de amplificação de ácido nucleico (TAANs) são atualmente utilizados em muitos laboratórios de referência para o diagnóstico de doenças causadas por *Rickettsia* spp. Infelizmente, esses ensaios são relativamente insensíveis quando são utilizadas amostras de sangue.

Cultura

Embora o isolamento de riquétsias em sistemas de cultura de tecidos ou ovos embrionados seja relativamente fácil, apenas laboratórios de referência com ampla experiência no estudo dessas bactérias realizam essas culturas. Se a cultura for realizada, preparações da camada leucoplaquetária do sangue ou amostras de biopsia da pele devem ser processadas.

Detecção de anticorpos

Embora o **teste de Weil-Felix** (que envolve a aglutinação diferencial de antígenos de reação cruzada de *Proteus*) tenha sido historicamente usado para o diagnóstico de infecções por riquétsia, o seu uso não é mais recomendado, porque é insensível e inespecífico. Infelizmente, esse teste ainda é utilizado em laboratórios com recursos limitados. O exame sorológico considerado como método de referência é o teste de **microimunofluorescência (MIF)**. Essa testagem detecta anticorpos direcionados contra as proteínas da membrana externa (espécie-específicas) e o antígeno do LPS. Como o antígeno do LPS é compartilhado entre espécies de *Rickettsia*, o **imunoensaio de Western blot** deve ser realizado para definir as espécies individuais. A sensibilidade e a especificidade da MIF são altas, com níveis diagnósticos de anticorpos geralmente detectados na segunda semana de doença. Os imunoensaios enzimáticos preparados comercialmente também estão disponíveis, mas geralmente têm sensibilidade e especificidade menores quando comparados com a MIF.

TRATAMENTO, PREVENÇÃO E CONTROLE

O medicamento de escolha para tratar todas as infecções por *Rickettsia* é a **doxiciclina**. Embora as tetraciclinas sejam geralmente contraindicadas para gestantes e crianças pequenas, esse antibacteriano é recomendado para todos os pacientes com suspeita de doença causada por *Rickettsia*, por ser o medicamento mais eficaz e devido à doença tratada de modo inadequado estar associada a altas taxas de morbidade e mortalidade. Fluoroquinolonas (p. ex., ciprofloxacino) têm boa atividade *in vitro*, mas a experiência clínica é inadequada para que esse medicamento seja empregado na terapia primária. O cloranfenicol também tem atividade *in vitro* contra riquétsias, mas seu uso para tratamento de infecções está associado a uma maior incidência de recidiva. O diagnóstico imediato e a instituição de terapia apropriada geralmente resultam em um prognóstico satisfatório; infelizmente, esse cenário pode não ocorrer se sinais clínicos importantes (p. ex., erupção cutânea) se desenvolverem tardiamente ou não se manifestarem. Além disso, os achados sorológicos muitas vezes não estão disponíveis por 2 ou mais semanas após o início da doença, atrasando também o começo do tratamento. Por isso, é recomendado que a terapia empírica com doxiciclina seja iniciada assim que o diagnóstico for considerado.

As vacinas não estão disponíveis para doenças causadas por *Rickettsia*, exceto para o tifo transmitido por piolhos. A prevenção das doenças envolve evitar áreas infestadas de carrapatos e usar roupas protetoras e repelentes de insetos, assim como a remoção imediata dos carrapatos aderidos. O controle de roedores é importante para doenças nas quais estes representam um reservatório importante. Medidas efetivas de controle de piolhos são utilizadas para o manejo de tifo epidêmico.

Anaplasmataceae

Os gêneros *Ehrlichia* e *Anaplasma* consistem em bactérias intracelulares que parasitam granulócitos, monócitos, eritrócitos e plaquetas. Três espécies desses gêneros são patógenos humanos importantes: *E. chaffeensis*, responsável pela **erliquiose monocítica humana**; *E. ewingii*, o agente etiológico da **erliquiose granulocítica humana**; e *A. phagocytophilum*, o agente da **anaplasmose granulocítica humana**.

FISIOLOGIA E ESTRUTURA

Em contraste com *Rickettsia* e *Orientia*, *Ehrlichia* e *Anaplasma* permanecem no vacúolo fagocítico após a entrada na célula hospedeira. A fusão com lisossomos é inibida porque a expressão de receptores apropriados na superfície do vacúolo fagocítico é interrompida. Assim, as bactérias podem se multiplicar por fissão binária no fagossomo sem exposição às enzimas lisossômicas hidrolíticas. Existem duas formas morfológicas das bactérias: pequenos **corpos elementares** (0,2 a 0,4 μm) e **corpos reticulares** maiores (0,8 a 1,5 μm). Alguns dias após a infecção da célula, ocorre a montagem dos corpos elementares em replicação nas massas envoltas por membrana, denominadas **mórulas** (Figura 34.2). A infecção progressiva leva à lise da célula infectada, a liberação de bactérias e subsequente infecção de novas células. A detecção de mórulas quando as células são coradas pelo **método de Giemsa** ou **Wright** é um teste diagnóstico rápido e específico; entretanto, relativamente poucas células infectadas podem ser visualizadas, portanto, um teste negativo não é útil.

A estrutura do envoltório celular de *Ehrlichia* e *Anaplasma* é semelhante à de bactérias gram-negativas; entretanto, as bactérias perdem genes para a síntese de peptidoglicano ou LPS. Além disso, muitos dos genes da via glicolítica também estão ausentes. Diversos antígenos proteicos são compartilhados entre as espécies desses gêneros, bem como com espécies de outros gêneros. Por esse motivo, os anticorpos com reação cruzada são comumente observados em ensaios sorológicos.

PATOGÊNESE E IMUNIDADE

A localização intracelular dos organismos os protege da resposta de anticorpos do hospedeiro. No entanto, o estímulo bacteriano à produção de citocinas pró-inflamatórias aparenta ter um papel importante na ativação de macrófagos que atuam diretamente sobre as células infectadas ou sobre as bactérias opsonizadas por anticorpos durante a fase extracelular.

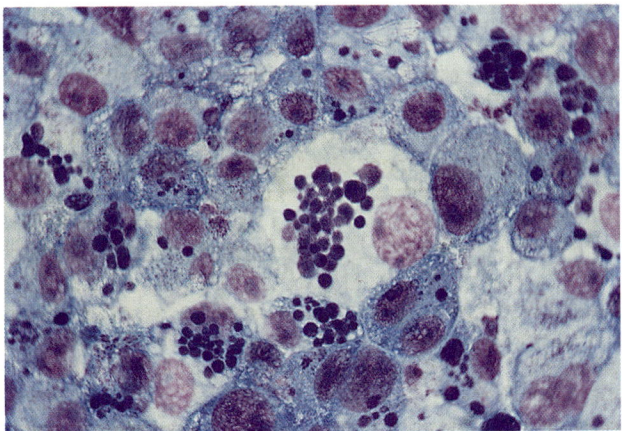

Figura 34.2 Múltiplas mórulas de *Ehrlichia canis* (*E. chaffeensis*) em células de cultura tecidual DH82. (De Cohen, J., Powderly, W.G., 2004. Infectious Diseases, second ed. Mosby, St Louis, MO.)

EPIDEMIOLOGIA

A primeira infecção humana nos EUA com esses organismos foi relatada em 1986. Em 2017, quase 8.000 casos de erliquiose e anaplasmose foram relatados nos EUA. A prevalência dessa doença é subestimada, porque estudos sorológicos mostraram que os anticorpos contra *E. chaffeensis* são pelo menos tão comuns quanto os anticorpos contra *R. rickettsii*, que tem uma distribuição geográfica semelhante. A doença causada por *E. chaffeensis* nos EUA é encontrada predominantemente nos estados do meio-oeste (Missouri, Arkansas, Oklahoma) e da região costeira do Atlântico (Maryland, Virgínia, Nova Jersey, Nova York). Essa área corresponde à distribuição geográfica de *Amblyomma americanum* (carrapato-estrela solitário), que é o vetor primário responsável pela transmissão do organismo e de veados-de-cauda-branca, que representam um importante reservatório para *E. chaffeensis*. Outros animais que podem servir como hospedeiros são cães domésticos, raposas, coiotes e lobos. *Ehrlichia ewingii* é relativamente incomum e tem sido relatada principalmente no Missouri (ver Tabela 34.2).

A doença causada por *A. phagocytophilum* é encontrada principalmente nos estados da parte superior do meio-oeste (Minnesota, Wisconsin) e estados do nordeste do Atlântico (Massachusetts, Connecticut, Nova York, Nova Jersey). Os reservatórios são pequenos mamíferos (p. ex., camundongo-de-patas-brancas, esquilos, ratos-do-mato) e os vetores são carrapatos do gênero *Ixodes*. Mais de 90% das doenças causadas por *Ehrlichia* e *Anaplasma* nos EUA ocorrem entre meados de abril e final de outubro.

Não há transmissão transovariana de *Ehrlichia* e *Anaplasma* em carrapatos (ao contrário de *Rickettsia* e *Orientia*); portanto, essas bactérias devem ser mantidas em hospedeiros vertebrados reservatórios. Os carrapatos se infectam quando um estágio imaturo (p. ex., larva, ninfa) ingere sangue de hospedeiro naturalmente infectado e depois transmite a bactéria para outro hospedeiro mamífero (p. ex., seres humanos) durante a próxima hematofagia. Humanos são hospedeiros acidentais; portanto, a transmissão termina nesse estágio.

DOENÇAS CLÍNICAS

Erliquiose monocítica humana

A **erliquiose monocítica humana** é causada por *E. chaffeensis* após a infecção de monócitos sanguíneos e fagócitos mononucleares em tecidos e órgãos. Aproximadamente 1 a 2 semanas após a picada de carrapato, os pacientes desenvolvem uma doença semelhante à gripe com **febre alta**, dor de cabeça, mal-estar e mialgias. Uma **erupção cutânea** de início tardio se desenvolve em 30 a 40% dos pacientes (mais comum em crianças do que em adultos). **Leucopenia, trombocitopenia** e **transaminases séricas elevadas** se desenvolvem na maioria dos pacientes e podem variar de formas brandas a graves. Embora a mortalidade seja baixa (2 a 3%), mais da metade dos pacientes infectados necessita de hospitalização e experimenta um período de recuperação prolongado. Uma síndrome séptica fulminante pode se desenvolver, particularmente em pacientes imunocomprometidos. A patologia dessa infecção é desproporcional ao número de células infectadas ou carga microbiana presente no tecido. Acredita-se que *E. chaffeensis* altera a função dos fagócitos mononucleares e a regulação da resposta inflamatória. Portanto, a resposta imune elimina o patógeno e, ao mesmo tempo, produz grande parte dos danos teciduais.

Erliquiose granulocítica humana (canina)

Ehrlichia ewingii causa principalmente doenças em cães, com os seres humanos atuando como hospedeiros acidentais. Em razão da reatividade cruzada sorológica existente entre *E. ewingii* e *E. chaffeensis*, a incidência de infecções com esse organismo é provavelmente subestimada. A apresentação clínica é semelhante àquela observada na infecção por *E. chaffeensis*, com febre, dores de cabeça e mialgias. Leucopenia, trombocitopenia e transaminases séricas elevadas também são detectadas.

Anaplasmose humana

A anaplasmose granulocítica humana é causada por *A. phagocytophilum* (Caso Clínico 34.3). Os granulócitos (ou seja, neutrófilos, eosinófilos, basófilos) são as principais células infectadas. A doença se manifesta de 5 a 10 dias após a exposição, como uma doença gripal com febre alta, dor de cabeça, mal-estar e mialgias; a erupção cutânea é observada em menos de 10% dos pacientes. Como no caso de erliquiose monocítica humana, a presença de leucopenia, trombocitopenia e elevação de transaminase sérica é observada na maioria dos pacientes. Mais da metade dos pacientes infectados necessita de hospitalização e complicações graves, neuropatias periféricas (p. ex., polineuropatia desmielinizante, paralisia facial) podem ocorrer. Apesar da potencial gravidade dessa doença, a mortalidade é inferior a 1%. Como nas infecções por *E. chaffeensis*, a patologia dessa doença parece relacionada com a ativação de macrófagos.

DIAGNÓSTICO LABORATORIAL

A apresentação clínica das infecções por *Ehrlichia* e *Anaplasma* não é distinta e, embora a distribuição geográfica de doenças tenha sobreposição limitada, os testes laboratoriais são

---

Caso Clínico 34.3   Anaplasmose humana

Heller et al. (*N Engl J Med* 352:1358–1364, 2005) descreveram um homem de 73 anos que deu entrada no hospital com febre, fraqueza e mialgias nas pernas. Seis dias antes da admissão, ele havia viajado para a Carolina do Sul e, 3 dias depois, desenvolveu dores intensas nas pernas, febre alta e fraqueza generalizada. Na admissão, ele estava febril, taquicárdico e hipertenso; o fígado e o baço não puderam ser palpados e nenhuma erupção cutânea foi observada. As culturas para bactérias, fungos e vírus foram negativas. O esfregaço de sangue periférico mostrou raras inclusões intracitoplasmáticas nos granulócitos, sugestivas de mórulas. A análise da reação em cadeia da polimerase das amostras de sangue coletadas no segundo e terceiro dias de internação hospitalar foi positiva para o DNA de *Anaplasma phagocytophilum*, confirmando o diagnóstico de anaplasmose. O paciente foi tratado com sucesso em um regime terapêutico de 14 dias de doxiciclina, apesar da fraqueza muscular residual e dor persistentes. O soro coletado durante o período de convalescença foi positivo para *Anaplasma*. É digno de nota que o paciente não se lembrava da picada de carrapato durante a viagem à Carolina do Sul, consistente com a observação de que os estágios iniciais do carrapato, larvas e ninfas, são mais comumente associados a doenças humanas.

necessários para um diagnóstico definitivo. A microscopia tem valor limitado porque as bactérias coram fracamente pelo Gram e a detecção de inclusões intracitoplasmáticas (grumos ou organismos, mórulas) em preparações com a coloração de Giemsa do sangue periférico tem utilidade apenas durante a primeira semana de doença. As mórulas são detectadas em menos de 10% dos pacientes com erliquiose monocítica e em 25 a 75% dos pacientes com anaplasmose granulocítica. Da mesma forma, embora bactérias do gênero *Ehrlichia* sejam cultivadas *in vitro* em linhagens celulares estabelecidas, esse procedimento não é realizado na maioria dos laboratórios clínicos. Os métodos mais comuns para o diagnóstico laboratorial de erliquiose são os TAANs e a sorologia. Testes de amplificação do DNA espécie-específicos estão disponíveis em alguns laboratórios de referência e podem fornecer um teste de diagnóstico sensível e específico para a doença aguda. Um aumento no título de anticorpos é tipicamente observado de 3 a 6 semanas após a apresentação inicial, portanto esses testes sorológicos são principalmente confirmatórios. A sensibilidade dos TAANs e a sorologia são reduzidas em pacientes que recebem terapia eficaz. *Ehrlichia chaffeensis* e *E. ewingii* estão intimamente relacionadas e não podem ser diferenciadas pela sorologia. A especificidade dos testes sorológicos é comprometida por reações cruzadas com organismos responsáveis pela febre maculosa das Montanhas Rochosas, febre Q, doença de Lyme, brucelose e infecções pelo vírus Epstein-Barr.

TRATAMENTO, PREVENÇÃO E CONTROLE

Pacientes com suspeita de erliquiose e anaplasmose devem ser tratados com **doxiciclina**. A terapia não deve ser adiada para aguardar a confirmação laboratorial da doença. A rifampicina é utilizada para tratar pacientes que não são capazes de tolerar a doxiciclina. Fluoroquinolonas, penicilinas, cefalosporinas, cloranfenicol, aminoglicosídeos e os macrolídeos são ineficazes. A infecção é evitada pela prevenção de áreas infestadas de carrapatos, uso de roupas de proteção e repelentes de insetos. Os carrapatos aderidos à pele devem ser removidos prontamente. As vacinas não estão disponíveis.

Coxiellaceae

COXIELLA BURNETII

Coxiella burnetii são bactérias gram-negativas que coram fracamente com a coloração de Gram, crescem intracelularmente em células eucarióticas e estão associadas a artrópodes (p. ex., **carrapatos**). A doença causada por *C. burnetii* é a **febre Q (questão)**, assim denominada, pois a investigação inicial de um surto em trabalhadores dos matadouros na Austrália não identificou o organismo causal.

Fisiologia e estrutura

Duas formas estruturais de *C. burnetii* são reconhecidas: **pequenas variantes celulares**, que são resistentes ao estresse ambiental (p. ex., calor, dessecação, agentes químicos), e **grandes variantes celulares**, que representam a forma metabolicamente ativa. Além disso, *C. burnetii* passa por uma transição de fase semelhante ao que é observado em algumas outras bactérias gram-negativas. Na fase observada na natureza **(fase I)**, *C. burnetii* tem um LPS intacto; no entanto, podem ocorrer mutações nos genes do LPS, resultando em uma molécula com lipídio A e açúcares centrais, mas sem os açúcares do antígeno O mais externos **(fase II)**. Essa variação de fase é importante para entender a progressão da doença e para fins diagnósticos.

Pequenas variantes celulares se ligam a macrófagos e monócitos e são internalizadas em um vacúolo fagocítico. A progressão normal após a fagocitose da maioria dos organismos é a fusão do fagossomo com uma série de endossomos (vesículas intracelulares), resultando em uma queda no pH intracelular, seguido de fusão com lisossomos contendo enzimas hidrolíticas e a consequente morte bacteriana. Esse evento ocorre com *C. burnetii* se os organismos da fase II forem ingeridos; no entanto, *Coxiella* de fase I é capaz de deter esse processo antes da fusão lisossômica. Além disso, os organismos necessitam de pH ácido para as atividades metabólicas que, por sua vez, protegem as bactérias da atividade microbicida da maioria dos antibacterianos.

Patogênese e imunidade

A replicação lenta de patógenos intracelulares deve evitar a morte celular programada (apoptose), que é um importante componente da imunidade intrínseca. *Coxiella* é capaz de regular as vias de sinalização celular em seu ambiente fagocítico, de modo que a morte celular é retardada. A capacidade de *C. burnetii* de causar tanto a doença aguda como a crônica é determinada em parte pela capacidade do organismo de sobreviver intracelularmente. Na presença de interferona-γ, ocorre a fusão do fagossomo-lisossomo, levando à morte bacteriana; contudo, nas infecções crônicas, a interleucina (IL)-10 é produzida em excesso pela célula hospedeira, o que interfere na fusão e permite a sobrevivência intracelular de *C. burnetii*.

Epidemiologia

Coxiella burnetii é extremamente estável em condições ambientais graves e **pode sobreviver no solo e no leite por meses a anos** (ver Tabela 34.2). A gama de hospedeiros para *C. burnetii* é ampla, com infecções encontradas em mamíferos, aves e diversas espécies de carrapatos. Animais de fazenda, como ovelhas, gado bovino e caprino e, recentemente, gatos, cães e coelhos infectados são os **reservatórios primários** para doenças humanas. As bactérias podem atingir altas concentrações na placenta do gado infectado. Placentas secas deixadas no chão após o parto, fezes, urina, além das fezes de carrapatos, podem contaminar o solo, que, por sua vez, pode servir como foco de infecção se essas bactérias forem transportadas pelo ar e inaladas. Infecções humanas ocorrem após a **inalação de partículas transportadas pelo ar** de uma fonte ambiental contaminada ou, menos comumente, após a ingestão de **leite não pasteurizado** ou de outros produtos lácteos contaminados. Os carrapatos não transmitem doenças aos seres humanos.

A febre Q tem uma distribuição mundial. Embora menos de 200 infecções sejam relatadas anualmente nos EUA, este número é certamente um valor subestimado da prevalência real da doença. A infecção é comum em gados nos EUA, mas a doença sintomática é rara. A exposição humana, especialmente para os pecuaristas, veterinários e manipuladores de alimentos, é frequente e estudos experimentais demonstraram que a dose infecciosa de *C. burnetii* é pequena (≤ 10 bactérias). Portanto, a maioria das infecções humanas é assintomática ou leve, um achado confirmado por estudos sorológicos que mostraram que a maioria das pessoas com anticorpos detectáveis não tem um histórico de doença. As infecções também passam despercebidas porque os testes diagnósticos para *C. burnetii* muitas vezes não são considerados.

Doenças clínicas

A maioria dos indivíduos expostos a *C. burnetii* tem uma **infecção assintomática** e grande parcela das infecções sintomáticas é branda, apresentando **sintomas de doença gripal** inespecíficos com um início abrupto, febre alta, fadiga, dor de cabeça e mialgias. Menos de 5% das pessoas infectadas desenvolvem sintomas suficientemente graves para exigir hospitalização, com as manifestações mais comuns sendo **hepatite, pneumonia** ou **febres** isoladas. A hepatite é geralmente assintomática ou manifesta-se com febre e aumento das transaminases séricas. A maioria dos casos de pneumonia é leve com uma tosse não produtiva, febre e achados inespecíficos na radiografia de tórax. Histologicamente, granulomas difusos são geralmente observados nos órgãos envolvidos. A febre Q crônica (sintomas que duram > 6 meses) pode se desenvolver de meses a anos após a exposição inicial e ocorre quase exclusivamente em pacientes com condições predisponentes, tais como doença de base envolvendo a valva cardíaca ou imunossupressão. A **endocardite subaguda** é a manifestação mais comum e pode ser difícil de diagnosticar por causa da falta de sinais e sintomas específicos (Caso Clínico 34.4) Entretanto, a febre Q crônica é uma doença grave com mortalidade e morbidade significativas, mesmo em pacientes com diagnóstico rápido e tratamento apropriado.

Caso Clínico 34.4 Endocardite causada por *Coxiella burnetii*

Karakousis et al. (*J Clin Microbiol* 44:2283–2287, 2006) descreveram um homem de 31 anos, da Virgínia Ocidental, que desenvolveu endocardite crônica causada por *C. burnetii*. No momento em que o paciente foi internado no hospital, ele descreveu uma história de 11 meses de febres, suores noturnos, tosse paroxística, fadiga e perda de peso. Ele tinha recebido diversos tratamentos com antibacterianos para bronquite, sem alívio. A história médica desse indivíduo foi significativa para doença cardíaca congênita, com a colocação de uma derivação (*shunt*) quando criança. Ele viveu em uma fazenda e participou do parto de bezerros. O exame cardíaco na admissão revelou um murmúrio; sem hepatoesplenomegalia ou estigmas periféricos de endocardite, entretanto as enzimas hepáticas estavam elevadas. Todas as hemoculturas bacterianas e fúngicas foram negativas; no entanto, a sorologia para anticorpos anti-*Coxiella* de fase I e fase II foram marcadamente elevadas. O tratamento com doxiciclina e rifampicina foi iniciado, com rápida recuperação do paciente. Embora a terapia prolongada tenha sido recomendada, o paciente não cumpriu a terapia, tornando-se rapidamente sintomático cada vez que descontinuava um ou ambos os antibacterianos. Ele também se recusou a tomar hidroxicloroquina por causa de suas preocupações em relação à toxicidade na retina. Esse paciente tipifica o risco de pacientes com doenças cardíacas de base e as dificuldades no tratamento da infecção.

Diagnóstico laboratorial

A febre Q pode ser diagnosticada por cultura (não é comumente realizada), sorologia ou a reação em cadeia da polimerase (PCR). A cultura pode ser realizada em células de cultura de tecidos e, recentemente, em um meio livre de células; no entanto, a cultura raramente é realizada, exceto em laboratórios de pesquisa autorizados a trabalhar com esses organismos altamente contagiosos. A **sorologia** é o teste diagnóstico mais comumente utilizado. Como mencionado anteriormente, a *C. burnetii* sofre variação de fase caracterizada pelo desenvolvimento dos antígenos de fases I e II. Os antígenos de fase I são apenas fracamente antigênicos. Uma variedade de métodos é utilizada para medir a produção de anticorpos: os testes de microaglutinação, método de imunofluorescência indireta com anticorpo (IFA) e ensaio de imunoabsorbância ligada à enzima (ELISA). O IFA é o teste de escolha, embora o ELISA seja utilizado em muitos laboratórios e pareça ser tão sensível quanto. Ocorrem reações cruzadas com *Bartonella*, que pode causar uma doença semelhante; desse modo, todos os testes sorológicos devem incluir um ensaio para ambos os organismos. Na febre Q aguda, os anticorpos imunoglobulina (Ig)M e IgG são desenvolvidos principalmente contra os **antígenos da fase II**. O diagnóstico da febre Q crônica é confirmado pela demonstração de anticorpos contra os **antígenos das fases I e II**, com os títulos para o antígeno de fase I geralmente mais elevados. Técnicas de AAN, tais como a PCR, foram desenvolvidas em laboratórios de referência, mas geralmente não estão disponíveis para diagnósticos de rotina. Além disso, embora os testes sejam sensíveis quando amostras de tecido são examinadas, a sensibilidade é fraca com o soro. Os testes baseados em PCR não são necessários para o diagnóstico de infecções crônicas por *C. burnetii*, porque esses pacientes caracteristicamente apresentam altos níveis de anticorpos.

Tratamento, prevenção e controle

O tratamento de infecções agudas e crônicas por *C. burnetii* é guiado pela experiência clínica e não pelos testes de suscetibilidade *in vitro*. Atualmente, recomenda-se que as infecções agudas sejam tratadas por 14 dias com **doxiciclina**. A doença crônica deve ser tratada por um período prolongado com uma combinação bactericida de medicamentos, tais como a **doxiciclina e o agente alcalinizante hidroxicloroquina**. As fluoroquinolonas (p. ex., ofloxacino, pefloxacino) têm sido utilizadas como uma alternativa à doxiciclina, mas são contraindicadas em crianças e gestantes.

Vacinas inativadas de células inteiras e vacinas com antígenos parcialmente purificados para a febre Q foram desenvolvidas, sendo que as preparadas a partir dos organismos de fase I revelaram fornecer a melhor proteção. A vacinação de animais de rebanhos parece eficaz, a menos que os animais tenham sido previamente infectados. A vacinação não elimina *Coxiella* em animais infectados ou diminui a liberação assintomática. Da mesma forma, a vacinação de seres humanos com vacinas de fase I é protetora se os vacinados não estiverem infectados. A vacinação de indivíduos previamente infectados é contraindicada, porque a estimulação imunológica pode levar a um aumento das reações adversas. Por esse motivo, uma vacina de dose única sem imunizações de reforço é recomendada.

Bibliografia

Angelakis, E., Raoult, D., 2010. Review: Q fever. Vet. Microbiol. 140, 297–309.

Bakken, J., Dumler, S., 2008. Human granulocytic anaplasmosis. Infect. Dis. Clin. North. Am. 22, 433–448.

Dumler, J.S., Madigan, J.E., Pusterla, N., et al., 2007. Ehrlichioses in humans: epidemiology, clinical presentation, diagnosis, and treatment. Clin. Infect. Dis. 45, S45–S51.

Dumler, J.S., Walker, D., 2005. Rocky Mountain spotted fever–changing ecology and persisting virulence. N. Engl. J. Med. 353, 551–553.

Ghigo, E., Pretat, L., Desnues, B., et al., 2009. Intracellular life of Coxiella burnetii in macrophages: an update. Ann. N. Y. Acad. Sci. 1166, 55–66.

Gürtler, L., Bauerfeind, U., Blümel, J., et al., 2014. Coxiella burnetii–pathogenic agent of Q (Query) fever. Transfus. Med. Hemother. 41, 60–72.

Ismail, N., Bloch, K., McBride, J., 2010. Human ehrlichiosis and anaplasmosis. Clin. Lab. Med. 30, 261–292.

Koss, T., Carter, E.L., Grossman, M.E., et al., 2003. Increased detection of rickettsialpox in a New York City hospital following the anthrax outbreak of 2001. Arch. Dermatol. 139, 1545–1552.

Paddock, C.D., Koss, T., Eremeeva, M.E., et al., 2006. Isolation of Rickettsia akari from eschars of patients with rickettsialpox. Am. J. Trop. Med. Hyg. 75, 732–738.

Parola, P., Paddock, C., Raoult, D., 2005. Tick-borne rickettsioses around the world: emerging diseases challenging old concepts. Clin. Microbiol. Rev. 18, 719–756.

Richards, A., 2004. Rickettsial vaccines: the old and the new. Expert. Rev. Vaccines. 3, 541–555.

Rikihisa, Y., 2010. Anaplasma phagocytophilum and Ehrlichia chaffeensis: subversive manipulators of host cells. Nat. Rev. Microbiol. 8, 328–339.

Shannon, J., Heinzen, R., 2009. Adaptive immunity to the obligate intracellular pathogen Coxiella burnetii. Immunol. Res. 43, 138–148.

35 Chlamydia

Uma recém-nascida de 14 dias foi readmitida na unidade de terapia intensiva pediátrica com dificuldade respiratória, dispneia, febre e tosse paroxística seca e improdutiva. As radiografias de tórax demonstraram broncopneumonia direita. O diagnóstico preliminar de pneumonia infantil por clamídia foi confirmado pelos testes de amplificação de ácidos nucleicos (TAANs). Embora *Chlamydia trachomatis* seja o membro mais conhecido da família Chlamydiaceae, *C. psittaci* e *C. pneumoniae* também causam doenças humanas significativas.

1. Quais membros da família Chlamydiaceae causam doença respiratória? Doença ocular? Doença genital?
2. Por que é significativo *C. trachomatis* sorotipo A não induzir imunidade?
3. Quais testes laboratoriais são úteis para confirmar o diagnóstico de infecções por *Chlamydia*?

RESUMOS Organismos clinicamente significativos

CHLAMYDIA TRACHOMATIS

Palavras-chave

Bactérias intracelulares, corpos elementares e reticulados, tracoma, pneumonia infantil, uretrite, LGV, pessoa a pessoa

Biologia e virulência

- Pequenos bacilos gram-negativos
- Parasita intracelular estrito de humanos
- Duas formas distintas: corpos elementares infecciosos e corpos reticulados não infecciosos
- Antígeno lipopolissacarídico compartilhado pelas espécies de *Chlamydia* e *Chlamydophila*
- As principais proteínas da membrana externa são espécie-específicas
- Dois biovares associados a doenças em humanos: tracoma e LGV
- Infecta células epiteliais colunares não ciliadas, cuboides e de transição
- Impede a fusão do fagossomo com lisossomos celulares

Epidemiologia

- Bactéria mais comum nos EUA a causar infecções sexualmente transmissíveis
- Tracoma ocular principalmente no Norte da África e na África Subsaariana, Oriente Médio, Sul da Ásia, América do Sul
- LGV altamente prevalente na África, Ásia e América do Sul

Doenças

- Efeitos patológicos do tracoma causados por infecções repetidas
- Doenças, consulte o Boxe 35.1

Diagnóstico

- A cultura é altamente específica, mas relativamente insensível
- Os testes de antígeno (ensaio direto com anticorpo fluorescente, ensaio de imunoabsorbância ligada à enzima) são relativamente insensíveis
- Os testes de amplificação molecular são os testes mais sensíveis e específicos disponíveis atualmente

Tratamento, prevenção e controle

- Tratar o LGV com doxiciclina ou eritromicina
- Tratar as infecções oculares ou genitais com azitromicina ou doxiciclina
- Tratar a conjuntivite ou pneumonia neonatal com eritromicina
- Práticas de sexo seguro e tratamento imediato do paciente e parceiros sexuais ajudam a controlar infecções

LGV, linfogranuloma venéreo.

A taxonomia da família Chlamydiaceae tem sido controversa desde 1999, quando foi proposta a divisão da família em dois gêneros: *Chlamydia* e *Chlamydophila*. Embora essa divisão tenha sido aceita oficialmente, especialistas na área apontam para evidências crescentes de que essa subdivisão não se justifica com base nos dados de sequenciamento do ácido desoxirribonucleico (DNA). Isso é mencionado neste capítulo porque (1) reconhecemos em edições anteriores deste livro a recomendação para usar os dois nomes para os gêneros e (2) acreditamos que a evidência é convincente para voltar ao uso de *Chlamydia* para todas as espécies. Talvez a única relevância para os alunos seja que eles provavelmente verão ambos os nomes utilizados na literatura científica. Assim, há três espécies responsáveis por doenças em humanos que o aluno deve conhecer: ***Chlamydia trachomatis*, *C. (Chlamydophila) psittaci* e *C. (Chlamydophila) pneumoniae*** (Tabela 35.1).

As Chlamydiaceae são **parasitas intracelulares obrigatórios** que já foram considerados vírus, porque são suficientemente pequenos para passar por filtros de 0,45 μm; no entanto, os organismos têm as seguintes propriedades de bactérias: (1) apresentam membranas interna e externa semelhantes às das bactérias gram-negativas; (2) contêm DNA e ácido ribonucleico (RNA); (3) apresentam ribossomos procarióticos; (4) sintetizam suas próprias proteínas, ácidos nucleicos e lipídios; e (5) são suscetíveis a vários antibacterianos.

Ao contrário de outras bactérias, as Chlamydiaceae têm um ciclo de desenvolvimento único, constituindo formas infecciosas metabolicamente inativas (**corpos elementares [CEs]**) e formas não infecciosas metabolicamente ativas (**corpos reticulados [CRs]**). As propriedades que diferenciam os três patógenos humanos importantes nessa família estão resumidas na Tabela 35.2.

Fisiologia e estrutura

Muito parecido com um esporo, os CEs são resistentes a muitos fatores ambientais agressivos. Embora evidências recentes tenham demonstrado uma camada de peptidoglicano no envoltório celular de CRs em replicação, tal fato não foi observado em CEs. Ainda que a camada de peptidoglicano possa estar ausente em CEs, eles apresentam um núcleo

Tabela 35.1 Chlamydiaceae importantes.

Organismo	Derivação histórica
Chlamydia	chlamydis, um manto ou capa
C. trachomatis	trachomatis, de tracoma ou áspero/rugoso (a doença tracoma é caracterizada por granulações ásperas ou rugosas nas superfícies conjuntivais que levam à inflamação crônica e cegueira)
C. pneumoniae	pneumoniae, pneumonia
C. psittaci	psittacus, um papagaio (doença associada a aves)

denso central rodeado por uma membrana citoplasmática e uma membrana externa de dupla camada. O envoltório celular contém **lipopolissacarídio (LPS)**, que é comum a todos os membros da família. O LPS tem somente uma **atividade de endotoxina fraca**. A **proteína principal da membrana externa (MOMP, do inglês *major outer membrane protein*)** no envoltório celular é um importante componente estrutural da membrana externa e é único para cada espécie. As regiões variáveis no gene que codifica essa proteína são encontradas em *C. trachomatis* e são responsáveis por 18 variantes sorológicas (denominadas **sorovares ou sorovariantes**). Regiões variáveis semelhantes são encontradas na MOMP de *C. psittaci*; em contraste, a MOMP de *C. pneumoniae* é homogênea e apenas um único sorovar foi descrito. Uma segunda proteína da membrana externa, altamente conservada, a **OMP 2**, é compartilhada por todas as espécies de *Chlamydia*. Essa proteína, rica em cisteína, é responsável pelas extensas ligações cruzadas de dissulfeto que fornecem a estabilidade nos CEs.

Os CEs não podem se replicar, mas são infecciosos; isto é, eles podem se ligar aos receptores nas células hospedeiras e estimular a captação pela célula infectada. Nessa localização intracelular, os CEs se convertem em CRs, que é a forma em replicação e metabolicamente ativa da clamídia. Como as extensas proteínas reticuladas (com ligação cruzada) estão ausentes nos CRs, essa forma é osmoticamente frágil; no entanto, eles são protegidos por sua localização intracelular.

As clamídias se replicam por meio de um ciclo de crescimento único que ocorre dentro das células hospedeiras suscetíveis (Figura 35.1). O ciclo é iniciado quando os pequenos CEs infecciosos (300 a 400 nm) tornam-se ligados às microvilosidades das células suscetíveis, seguido por penetração ativa na célula hospedeira. Depois de internalizadas, as bactérias permanecem dentro dos fagossomos citoplasmáticos, nos quais prossegue o ciclo replicativo. Se a membrana externa do CE estiver intacta, a fusão dos lisossomos celulares com o fagossomo contendo CE é inibida, evitando a morte intracelular. Se a membrana externa for lesionada ou as bactérias forem inativadas pelo calor ou revestidas com anticorpos, ocorre a fusão do fagolisossomo, com subsequente morte bacteriana. Dentro de 6 a 8 horas, após entrar na célula, os CEs se reorganizam em CRs maiores (800 a 1.000 nm), metabolicamente ativos. As clamídias são **parasitas dependentes de energia**, porque usam adenosina trifosfato da célula hospedeira para suas necessidades energéticas. Algumas cepas podem também depender do hospedeiro para fornecer aminoácidos específicos. Os CRs se replicam por fissão binária, semelhante a outras bactérias, e as colorações histológicas podem detectar facilmente o fagossomo com CRs, o que é chamado de **inclusão**. Aproximadamente de 18 a 24 horas após a infecção, os CRs começam a se reorganizar em CEs menores e, entre 48 e 72 horas, a célula se rompe e, em seguida, libera a bactéria infecciosa.

CHLAMYDIA TRACHOMATIS

Chlamydia trachomatis tem uma gama limitada de hospedeiros, com infecções restritas em humanos (Boxe 35.1). As espécies responsáveis pela doença humana são subdivididas em dois **biovares**: **tracoma** e **linfogranuloma venéreo (LGV)**. Os biovares foram divididos em **sorovares** com base nas diferenças antigênicas na MOMP. Os sorovares específicos estão associados a doenças específicas (Tabela 35.3).

Patogênese e imunidade

A gama de células que *C. trachomatis* pode infectar é limitada. Receptores para os CEs são principalmente restritos

Tabela 35.2 Diferenciação das espécies de *Chlamydia* que causam doenças em humanos.

Propriedades	C. trachomatis	C. pneumoniae	C. psittaci
Variedade do hospedeiro	Patógeno principalmente de seres humanos	Patógeno principalmente de seres humanos	Patógeno principalmente de animais; ocasionalmente infecta humanos
Biovares	LGV e tracoma	TWAR (do inglês, *Taiwan acute respiratory agent*)	Muitos
Doenças	LGV; tracoma ocular, doença oculogenital, pneumonia infantil	Bronquite, pneumonia, sinusite, faringite, doença arterial coronariana (?)	Pneumonia (psitacose)
Morfologia corporal elementar	Espaço periplasmático estreito e redondo	Grande espaço periplasmático piriforme	Espaço periplasmático estreito e redondo
Morfologia do corpo de inclusão	Inclusão única e arredondada por célula	Múltiplas inclusões uniformes por célula	Múltiplas inclusões de tamanho variável por célula
DNA plasmidial	Sim	Não	Sim
Glicogênio corado pelo iodo em inclusões	Sim	Não	Não
Suscetibilidade às sulfonamidas	Sim	Não	Não

LGV, linfogranuloma venéreo.

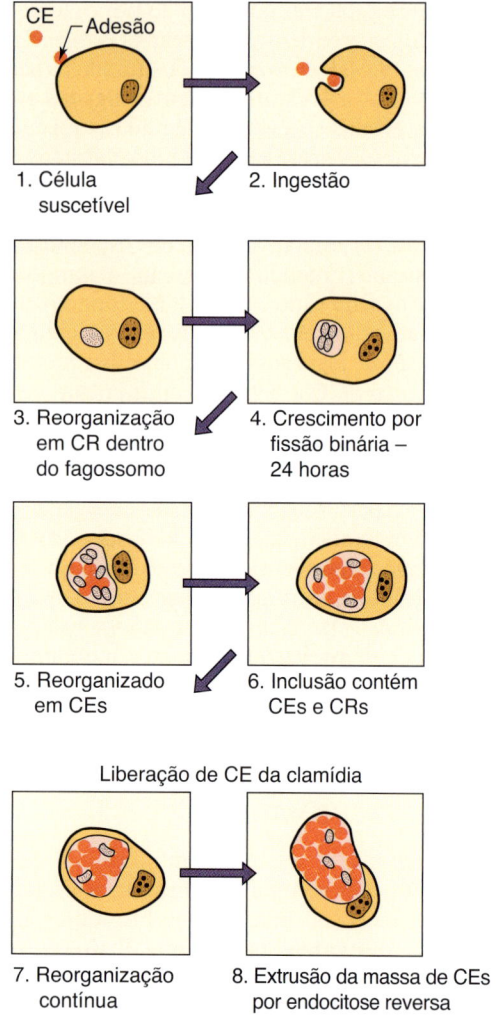

Figura 35.1 Ciclo de crescimento de *Chlamydia trachomatis*. CE, corpo elementar; CR, corpo reticulado ou reticular. (Modificada de Batteiger, B., Jones, R., 1987. Chlamydial infections. Infectious Disease Clinics of North America 1, 55–81.)

Boxe 35.1 *Chlamydiaceae*: resumos clínicos.

Chlamydia trachomatis

Tracoma: processo inflamatório crônico granulomatoso da superfície dos olhos, levando à ulceração da córnea, cicatrizes, formação de *pannus* e cegueira

Conjuntivite de inclusão do adulto: processo agudo com secreção mucopurulenta, dermatite, infiltração da córnea e vascularização da córnea em doenças crônicas

Conjuntivite neonatal: processo agudo caracterizado por uma secreção mucopurulenta

Pneumonia infantil: após um período de incubação de 2 a 3 semanas, a criança desenvolve rinite, seguida de bronquite com uma tosse seca característica

Infecções urogenitais: processo agudo envolvendo o sistema geniturinário com secreção mucopurulenta característica; infecções assintomáticas comuns em mulheres

Linfogranuloma venéreo: desenvolve-se uma úlcera indolor no sítio de infecção que cicatriza espontaneamente, seguida de inflamação e inchaço dos linfonodos que drenam a área, que depois progride para sintomas sistêmicos

Chlamydia pneumoniae

Infecções respiratórias: podem variar de assintomáticas ou doenças leves à pneumonia atípica grave que necessita de hospitalização

Aterosclerose: *Chlamydia pneumoniae* está associada a placas inflamatórias em vasos sanguíneos; o papel etiológico dessa doença é controverso

Chlamydia psittaci

Infecções respiratórias: podem variar de colonização assintomática à broncopneumonia grave com infiltração localizada de células inflamatórias, necrose e hemorragia

Tabela 35.3 Espectro clínico das infecções em decorrência de *Chlamydia trachomatis*.

Sorovares	Doença
A, B, Ba, C	Tracoma
D–K	Doença do trato urogenital
L1, L2, L2a, L2b, L3	Linfogranuloma venéreo

às células epiteliais colunares, cuboides e de transição não ciliadas, que são encontradas nas membranas das mucosas da uretra, endocérvice, endométrio, tubas uterinas, região anorretal, sistema respiratório e conjuntivas. Os sorovares LGV são mais invasivos que os demais, uma vez que se replicam em fagócitos mononucleares. As manifestações clínicas das infecções por clamídia são causadas por (1) a destruição direta de células durante a replicação e (2) a resposta ao estímulo de citocinas pró-inflamatórias.

As clamídias têm acesso através de escoriações ou lacerações minúsculas. No LGV, as lesões se formam nos linfonodos que drenam o sítio da infecção primária (Figura 35.2). A formação de granuloma é característica. As lesões podem se tornar necróticas, atraindo os leucócitos polimorfonucleares e causando a disseminação do processo inflamatório para os tecidos circundantes. A ruptura subsequente do linfonodo leva à formação de abscessos ou tratos sinusais ou fistulosos. A infecção por sorovares não LGV de *C. trachomatis* estimula uma resposta inflamatória grave composta por neutrófilos, linfócitos e plasmócitos.

A infecção não confere imunidade duradoura; em vez disso, a reinfecção induz caracteristicamente uma resposta inflamatória vigorosa com subsequente dano tecidual. Essa resposta produz a perda de visão em pacientes com infecções oculares crônicas e cicatrizes com esterilidade e disfunção sexual em pacientes com infecções genitais.

EPIDEMIOLOGIA

A bactéria *C. trachomatis* é encontrada em todo o mundo e causa tracoma (ceratoconjuntivite crônica), doença oculogenital, pneumonia e LGV. O tracoma é endêmico no Norte da África e África Subsaariana, no Oriente Médio, Sul da Ásia e América do Sul. A Organização Mundial da Saúde estima que 6 milhões de pessoas tenham adquirido cegueira em decorrência do tracoma e mais de 150 milhões de pessoas precisam de tratamento. O tracoma é a **principal causa de cegueira evitável**. As infecções ocorrem predominantemente em crianças, que são o principal reservatório de *C. trachomatis* em áreas endêmicas. A incidência da infecção é menor em crianças mais velhas e adolescentes; no entanto, a incidência de cegueira continua a aumentar na idade adulta, à medida que a doença progride. A

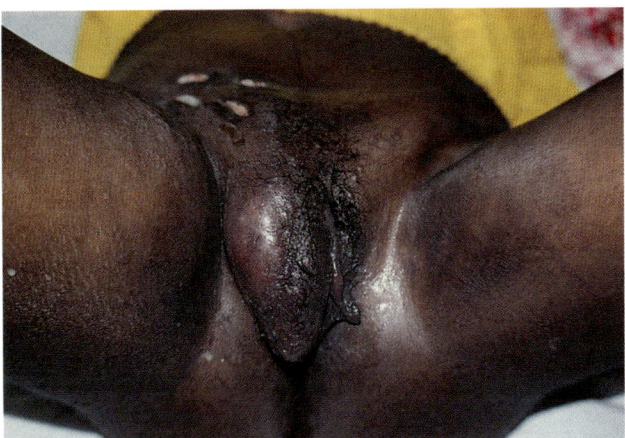

Figura 35.2 Paciente com linfogranuloma venéreo causando linfedema vulvar unilateral e bubões inguinais. (De Cohen, J., Powderly, W.G., Opal, S.M., 2010. Infectious Diseases, third ed. Mosby, Filadélfia, PA.)

transmissão de olho para olho do tracoma ocorre por gotículas, mãos, roupas contaminadas e moscas que transmitem secreções oculares dos olhos de crianças infectadas para os olhos de crianças não infectadas. Como uma alta porcentagem de crianças em áreas endêmicas abriga *C. trachomatis* em seus sistemas respiratório e digestório, o patógeno também pode ser transmitido por gotículas respiratórias ou por contaminação fecal. O tracoma geralmente é endêmico em comunidades em que as condições de vida envolvem aglomeração, o saneamento é deficiente e a higiene pessoal das pessoas é precária; todos são fatores de risco que promovem a transmissão de infecções.

A maioria dos casos de **conjuntivite de inclusão do adulto** por *C. trachomatis* ocorre em pessoas de 18 a 30 anos e a infecção genital provavelmente precede o envolvimento ocular. Acredita-se que a autoinoculação e o contato oral-genital sejam as vias de transmissão. Uma terceira forma de infecção ocular por *C. trachomatis* é a **conjuntivite de inclusão do recém-nascido** (RN), que é uma infecção adquirida durante a passagem do feto pelo canal de parto infectado. Esse tipo de conjuntivite se desenvolve em aproximadamente 25% dos RNs cujas mães têm infecções genitais ativas.

A infecção pulmonar por *C. trachomatis* também ocorre em RNs. Uma **pneumonia intersticial** difusa se desenvolve em 10 a 20% dos RNs expostos ao patógeno no nascimento.

Chlamydia trachomatis é considerada a **doença bacteriana sexualmente transmissível** mais comum nos EUA. Mais de 1,7 milhão de infecções foram relatadas em 2017 nos EUA; no entanto, acredita-se que esse número seja subestimado porque a maioria dos pacientes infectados não procura tratamento médico ou é tratada sem um diagnóstico específico. Estima-se que quase 3 milhões de americanos sejam infectados a cada ano e até 50 milhões de novas infecções ocorram, anualmente, em todo o mundo. A maioria das infecções do trato genital é causada pelos sorotipos D a K.

O LGV é uma infecção sexualmente transmissível e crônica causada pelos sorotipos L1, L2, L2a, L2b e L3 de *C. trachomatis*. É esporádico nos EUA e outros países industrializados, mas tem alta prevalência na África, Ásia e América do Sul. O LGV agudo é visto mais frequentemente em homens, principalmente porque a infecção sintomática é menos comum em mulheres.

Doenças clínicas

Tracoma

O tracoma é uma **doença crônica** causada pelos sorovares A, B, Ba e C. Inicialmente, os pacientes apresentam uma **conjuntivite folicular** com inflamação difusa que envolve toda a conjuntiva. As conjuntivas ficam cicatrizadas à medida que a doença progride, fazendo com que as pálpebras do paciente se voltem para seu interior. Os cílios voltados para a parte interna causam abrasão na córnea, eventualmente, resultando em ulceração, cicatrização, formação de *pannus* (invasão de vasos na córnea) e perda de visão. É comum o tracoma reaparecer após a aparente cura, o que provavelmente é resultado de infecções subclínicas que foram documentadas em crianças em áreas endêmicas, e em imigrantes nos EUA, que adquiriram tracoma durante a infância em seus países de origem.

Conjuntivite de inclusão do adulto

Uma conjuntivite folicular aguda causada por cepas de *C. trachomatis* associadas a infecções genitais (sorovares A, B, Ba e D a K) foi documentada em adultos sexualmente ativos. A infecção é caracterizada por secreção mucopurulenta, ceratite, infiltrados corneanos e, ocasionalmente, alguma vascularização na córnea. Cicatrizes corneanas foram observadas em pacientes com infecção crônica.

Conjuntivite neonatal

As infecções oculares podem também se desenvolver em **RNs expostos a *C. trachomatis* no nascimento**. Após uma incubação de 5 a 12 dias, as pálpebras do RN incham, ocorre hiperemia e aparece secreção purulenta copiosa. As infecções não tratadas podem durar até 12 meses, período em que a cicatrização conjuntival e a vascularização da córnea ocorrem. Os RNs que não são cuidados ou são tratados apenas com terapia tópica correm o risco de desenvolver pneumonia por *C. trachomatis*.

Pneumonia infantil

O período de incubação da pneumonia infantil é variável, mas o início geralmente ocorre entre 2 e 3 semanas após o nascimento. A rinite é inicialmente observada em RNs, após o desenvolvimento de **tosse paroxística distinta**. A criança permanece afebril durante toda a doença clínica, que pode durar por várias semanas. Os sinais radiográficos de infecção podem persistir por meses (Caso Clínico 35.1).

Linfogranuloma venéreo ocular

Os sorotipos LGV de *C. trachomatis* foram implicados na conjuntivite oculoglandular de Parinaud, que é uma inflamação da conjuntiva associada à linfadenopatia pré-auricular, submandibular e cervical.

Infecções urogenitais

A maioria das infecções do trato genital em mulheres é assintomática (até 80%), mas pode se tornar sintomática. As manifestações clínicas incluem bartolinite, cervicite, endometrite, peri-hepatite, salpingite e uretrite. Pacientes assintomáticos com infecção por clamídia são um importante reservatório para a propagação de *C. trachomatis*. É observada secreção mucopurulenta (Figura 35.3) em pacientes com infecção sintomática, cujas amostras geralmente produzem mais organismos nas culturas do que amostras de

> **Caso Clínico 35.1 Pneumonia por *Chlamydia trachomatis* em recém-nascidos**
>
> Niida et al. (*Eur J Pediatr* 157:950–951, 1998) descreveram duas meninas pequenas com pneumonia causada por *C. trachomatis*. A primeira nasceu de parto vaginal, após 39 semanas de gestação, e a segunda, por cesariana (em razão de sofrimento fetal) com 40 semanas de gestação. As RNs estavam em boas condições até o desenvolvimento de febre e taquipneia aos 3 e 13 dias, respectivamente. As radiografias de tórax mostraram infiltrados em todos os pulmões. As culturas de sangue, urina, garganta, fezes e líquido cefalorraquidiano foram negativas, mas os testes de antígeno para *C. trachomatis* foram positivos em *swabs* conjuntivais e nasofaríngeos. Esses casos ilustram a apresentação de pneumonia em lactentes infectados com *C. trachomatis* no nascimento ou próximo a ele, embora a tosse paroxística característica não tenha sido descrita.

> **Caso Clínico 35.2 Síndrome de Reiter e doença inflamatória pélvica**
>
> Serwin et al. (*J Eur Acad Derm Vener* 20:735–736, 2006) descreveram um homem de 30 anos que deu entrada em um hospital universitário com queixas de disúria por um período de 3 anos, inflamação peniana, inchaço nas articulações e febre. Também foram observadas lesões de pele e alterações ungueais. Altos níveis de anticorpos contra *Chlamydia* estavam presentes, mas os testes de antígeno e de amplificação de ácido nucleico dos exsudatos uretrais e da conjuntiva foram negativos para *Chlamydia trachomatis*. Foi diagnosticada síndrome de Reiter e iniciou-se o tratamento com ofloxacino. A remissão completa das lesões cutâneas e dos sintomas uretrais foi alcançada. A esposa do paciente também foi internada no hospital com história de 2 anos de dor abdominal inferior e sangramento vaginal e corrimento. O diagnóstico de doença inflamatória pélvica (DIP) foi feito e a infecção por *C. trachomatis* foi confirmada a partir de testes positivos de antígeno cervical e uretral (anticorpo fluorescente direto). O esfregaço vaginal também foi positivo para *Trichomonas vaginalis*. Estes pacientes ilustram duas complicações de infecções urogenitais por *C. trachomatis*: Síndrome de Reiter e DIP.

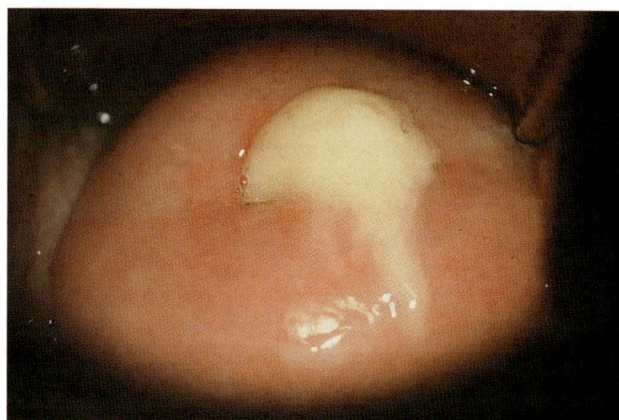

Figura 35.3 Cervicite mucopurulenta causada por *Chlamydia trachomatis*. (De Cohen, J., Powderly, W. 2004. Infectious Diseases, second ed. Mosby, St Louis, MO; cortesia de J. Paavonen.)

pacientes com infecções assintomáticas. A uretrite causada por *C. trachomatis* pode ocorrer com ou sem uma infecção cervical concomitante (Caso Clínico 35.2).

Embora a maioria das infecções genitais por *C. trachomatis* em homens seja sintomática, até 25% das infecções serão inaparentes. Aproximadamente 35 a 50% dos casos de uretrite não gonocócica são causados por *C. trachomatis*; coinfecções de *C. trachomatis* e *Neisseria gonorrhoeae* são comuns. Os sintomas da infecção por clamídia desenvolvem-se após o tratamento bem-sucedido da gonorreia, porque o período de incubação é mais longo e o uso de antibacterianos beta-lactâmicos para tratar a gonorreia seria ineficaz contra *C. trachomatis*. Embora a quantidade de exsudato purulento seja menor em pacientes com infecções uretrais por clamídia, essas infecções não podem ser diferenciadas de maneira confiável da gonorreia; portanto, testes de diagnóstico específicos para ambos os organismos devem ser realizados.

Acredita-se que a **síndrome de Reiter** (uretrite, conjuntivite, poliartrite e lesões mucocutâneas) é iniciada a partir de infecção genital por *C. trachomatis*. Embora as clamídias não tenham sido isoladas do líquido sinovial de tais pacientes, CEs por clamídia foram observadas em amostras de líquido sinovial ou tecido de homens com artrite reativa adquirida sexualmente. A doença geralmente ocorre em homens jovens e brancos. Aproximadamente 50 a 65% dos pacientes com síndrome de Reiter têm infecção genital por clamídia no início da artrite e estudos sorológicos indicam que mais de 80% dos homens com síndrome de Reiter têm evidências de uma infecção anterior ou concomitante com *C. trachomatis*.

Linfogranuloma venéreo

Após um período de incubação de 1 a 4 semanas, surge uma lesão primária no local da infecção (p. ex., pênis, uretra, glande, escroto, parede vaginal, colo do útero, vulva) nos pacientes com LGV. A lesão (pápula ou úlcera) geralmente passa despercebida porque é pequena, indolor e cicatriza rapidamente. A ausência de dor diferencia essas úlceras daquelas observadas em infecções pelo herpes-vírus simples. Quando a lesão está presente, o paciente pode apresentar febre, cefaleia e mialgia.

O segundo estágio da infecção é marcado por inflamação e inchaço dos linfonodos que drenam o sítio da infecção inicial. Os nódulos inguinais são mais comumente envolvidos, tornando-se **bubões** dolorosos e flutuantes que aumentam gradualmente e podem se romper, formando fístulas de drenagem. As manifestações sistêmicas incluem febre, calafrios, anorexia, cefaleia, meningismo, mialgias e artralgia.

A **proctite** é comum em mulheres com LGV, resultante da disseminação linfática do colo do útero ou da vagina. Em homens, a proctite se desenvolve após a relação sexual anal ou como resultado da disseminação linfática da uretra. O LGV não tratado pode se resolver nesse estágio ou pode progredir para uma fase ulcerativa crônica na qual se desenvolvem úlceras genitais, fístulas, estenoses ou elefantíase genital.

Diagnóstico laboratorial

A infecção por *C. trachomatis* pode ser diagnosticada (1) com base nos achados citológicos, sorológicos ou de cultura; (2) a partir da detecção direta de antígeno em amostras clínicas; e (3) com testes baseados em ácidos nucleicos. A sensibilidade de cada método depende da população de pacientes examinada, o sítio em que o espécime é obtido e a natureza da doença. Por exemplo, infecções sintomáticas são, em geral, mais fáceis de serem diagnosticadas do que as infecções assintomáticas, uma vez que mais clamídias estão presentes na amostra. A qualidade da amostra também é importante. Embora possa parecer óbvio, as amostras devem ser obtidas do local envolvido (p. ex., uretra, colo uterino, reto, orofaringe, conjuntiva) e não de pus ou exsudato vaginal, onde relativamente poucos organismos podem estar presentes. As clamídias infectam células colunares ou escamocolunares; portanto, amostras endocervicais e não vaginais devem ser coletadas. Estima-se que um terço das amostras submetidas ao estudo em pacientes com suspeita de infecção por *Chlamydia* sejam inadequadas.

Detecção de antígeno

Duas abordagens gerais têm sido usadas para detectar antígenos de clamídia em amostras clínicas: coloração por **imunofluorescência direta** com anticorpos monoclonais conjugados com fluoresceína (Figura 35.4) e **ensaios de imunoabsorbância ligada à enzima**. Em ambos os ensaios são utilizados anticorpos preparados contra a MOMP de clamídia ou o LPS do envoltório celular. Visto que os determinantes antigênicos no LPS podem ser compartilhados com outras bactérias, particularmente aquelas em amostras fecais, os testes que têm como alvo o antígeno do LPS são menos específicos. Foi relatado que a sensibilidade de cada método de ensaio varia enormemente, mas nenhum dos métodos é considerado tão sensível quanto os baseados em cultura ou ácido nucleico, particularmente se amostras uretrais do órgão masculino ou de pacientes assintomáticos forem utilizadas. Estes representam um problema, porque podem conter relativamente poucas clamídias.

Testes baseados na análise de ácidos nucleicos

Os **TAANs** são o teste de escolha para o diagnóstico de infecções causadas por clamídia (geralmente relatados como sendo 90 a 98% sensíveis e muito específicos). O primeiro jato de urina de um paciente com uretrite e o corrimento uretral podem ser utilizados. Deve-se ter especial atenção ao monitoramento da presença de inibidores (p. ex., urina) para a reação de amplificação e para prevenir a contaminação cruzada de amostras.

Cultura

O isolamento de *C. trachomatis* em cultura de células continua a ser o método diagnóstico mais **específico** para essas infecções, mas é **relativamente pouco sensível** quando comparado com os TAANs. A bactéria infecta uma faixa restrita de linhagens de células *in vitro*, que é semelhante à faixa estreita de células que causam infecção *in vivo*. A sensibilidade da cultura é comprometida se amostras inadequadas forem empregadas e se a viabilidade da clamídia for perdida durante o transporte da amostra. Estima-se que a sensibilidade dos achados produzidos por uma única amostra endocervical pode ser de apenas 70 a 85%.

Detecção de anticorpos

O teste sorológico é de valor limitado no diagnóstico de infecções urogenitais por *C. trachomatis* em adultos, uma vez que ele não pode diferenciar entre infecções atuais e passadas. A comprovação de um aumento significativo nos níveis de anticorpos pode ser útil; no entanto, tal acréscimo pode não ser demonstrado por 1 mês ou mais, particularmente em pacientes que recebem tratamento com

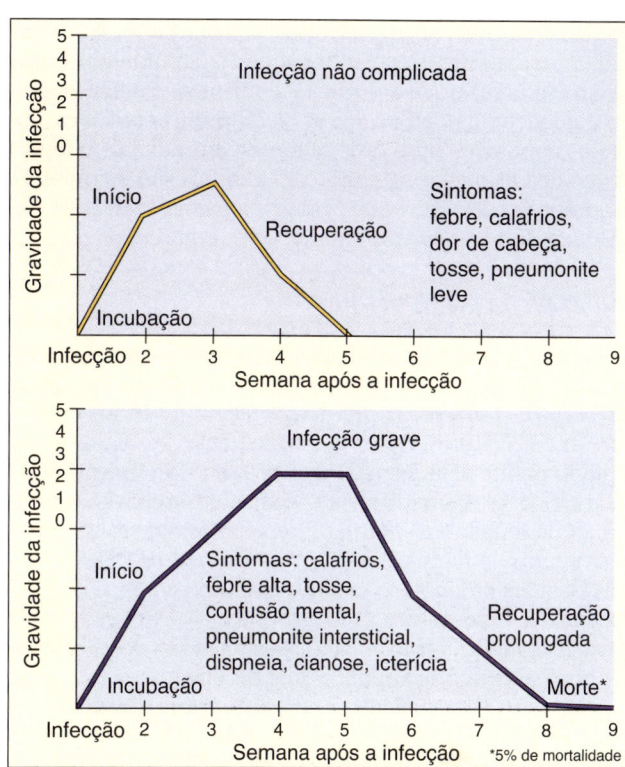

Figura 35.4 Evolução temporal da infecção por *Chlamydia psittaci*.

antibacterianos. O teste de anticorpos imunoglobulina (Ig) M também não costuma ser útil porque esses anticorpos podem não ser detectados em adolescentes e adultos. Uma exceção é a detecção de anticorpos IgM em lactentes com pneumonite por clamídia.

Os testes de anticorpos para o diagnóstico de LGV podem ser úteis. Os pacientes infectados produzem uma resposta robusta de anticorpos que pode ser detectada por fixação de complemento (FC), microimunofluorescência (MIF) ou imunoensaio enzimático (EIA; do inglês, *enzyme immunoassay*). O teste de FC é direcionado contra o antígeno do LPS específico do gênero. Assim, um resultado positivo (ou seja, aumento de quatro vezes no título ou um único título ≥ 1:256) é altamente sugestivo de LGV. A confirmação é determinada pelo teste de MIF, que é direcionado contra antígenos espécie-específicos e sorovares-específicos (as MOMPs de clamídia). Semelhante ao teste de FC, os EIAs são específicos do gênero. A vantagem desses testes é que eles são menos complicados do ponto de vista técnico; entretanto, os resultados devem ser confirmados pela MIF.

Tratamento, prevenção e controle

Recomenda-se que os pacientes com LGV sejam tratados com doxiciclina por 21 dias. O tratamento com eritromicina é recomendado para crianças com menos de 9 anos, mulheres grávidas e pacientes intolerantes à doxiciclina. As infecções oculares e genitais em adultos devem ser tratadas com uma dose de azitromicina ou doxiciclina durante 7 dias. A conjuntivite neonatal e a pneumonia devem ser tratadas com eritromicina por 10 a 14 dias.

É difícil prevenir o tracoma porque a população com doenças endêmicas geralmente tem acesso limitado a cuidados médicos. A cegueira associada a estágios avançados de tracoma pode ser evitada apenas com o tratamento imediato da doença precoce e prevenção de reexposição. Embora o tratamento possa ter sucesso em indivíduos que vivem em áreas onde a doença é endêmica, é difícil erradicar a doença na população e prevenir reinfecções, a menos que as condições sanitárias sejam melhoradas. A conjuntivite por *Chlamydia* e as infecções genitais são evitadas ao se adotar práticas sexuais seguras e a partir do tratamento imediato de pacientes sintomáticos e seus parceiros sexuais.

CHLAMYDIA PNEUMONIAE

Chlamydia pneumoniae foi isolada pela primeira vez da conjuntiva de uma criança em Taiwan. Foi inicialmente considerada uma cepa de psitacose porque a morfologia das inclusões produzidas na cultura celular era semelhante. No entanto, foi posteriormente demonstrado que o isolado de Taiwan (TW-183) estava relacionado sorologicamente com um isolado da faringe designado AR-39 e não a cepas de psitacose. Esse novo microrganismo foi inicialmente denominado de TWAR (dos dois isolados originais) e então classificado como *Chlamydia pneumoniae*. Apenas um único sorotipo (TWAR) foi identificado. A infecção é transmitida pelas secreções respiratórias; nenhum reservatório animal foi identificado.

A bactéria *C. pneumoniae* é um **patógeno humano** que causa sinusite, faringite, bronquite e pneumonia. Acredita-se que as infecções sejam transmitidas de pessoa a pessoa por secreções das vias respiratórias. A prevalência dessas infecções é muito controversa, com grandes variações relatadas na literatura, em grande parte em razão de mudanças significativas na metodologia diagnóstica. Acredita-se que a maioria das infecções por *C. pneumoniae* seja assintomática ou leve, causando tosse persistente e mal-estar; a maioria dos pacientes não requer hospitalização. Infecções mais graves do sistema respiratório geralmente envolvem um único lobo dos pulmões. Essas infecções não podem ser diferenciadas de outras pneumonias atípicas, como as causadas por *Mycoplasma pneumoniae*, *Legionella pneumophila* e vírus respiratórios.

O papel de *C. pneumoniae* na patogênese da aterosclerose precisa ser definido. Sabe-se que ela pode infectar e crescer em células musculares lisas, células endoteliais da artéria coronária e macrófagos. O microrganismo também foi demonstrado em amostras de biopsia de lesões ateroscleróticas por meio de cultura, amplificação da reação em cadeia da polimerase, coloração imuno-histológica, microscopia eletrônica e hibridização *in situ*. Desse modo, a associação de *C. pneumoniae* às lesões ateroscleróticas é clara. O que não está claro é o papel do microrganismo no desenvolvimento da aterosclerose. Foi proposto que a doença resulta de uma resposta inflamatória à infecção crônica; no entanto, isso ainda precisa ser confirmado.

O diagnóstico de infecções por *C. pneumoniae* é difícil. Os microrganismos não crescem nas linhagens celulares usadas para o isolamento de *C. trachomatis* e, embora *C. pneumoniae* cresça nas linhagens de células HEp-2, essa linhagem celular não é usada na maioria dos laboratórios clínicos. A detecção de *C. pneumoniae* por TAANs tem sido bem-sucedida; porém, significativas variações interlaboratoriais têm sido relatadas entre laboratórios com experiência no uso desses ensaios. O teste de MIF é o único aceitável para o sorodiagnóstico. Os critérios para o diagnóstico de infecção aguda por *C. pneumoniae* é um único título de IgM maior que 16 ou um aumento de quatro vezes no título de IgG. Um único título elevado de IgG não pode ser utilizado. Como os anticorpos IgG não aparecem por 6 a 8 semanas após a infecção, o teste sorológico tem valor limitado para o diagnóstico de infecção aguda.

Os macrolídeos (eritromicina, azitromicina, claritromicina), doxiciclina ou levofloxacino são recomendados para o tratamento de infecções por *C. pneumoniae*, embora as evidências que apoiam seu uso sejam limitadas. É provável que o controle da exposição à *C. pneumoniae* seja difícil porque a bactéria é ubíqua.

CHLAMYDIA PSITTACI

A bactéria *C. psittaci* é o agente da psitacose (febre do papagaio), que pode ser transmitida aos humanos. A doença foi observada pela primeira vez em papagaios, daí o nome **psitacose** (*psittakos* é a palavra grega para papagaio). Na realidade, porém, o reservatório natural de *C. psittaci* é virtualmente qualquer espécie de ave, e a doença tem sido chamada mais apropriadamente de **ornitose** (derivada da palavra grega *ornithos*, que significa pássaro). Outros animais, como ovelhas, vacas e cabras, assim como humanos, podem ser infectados. O microrganismo está presente no sangue, em tecidos, fezes e penas de aves infectadas que podem aparecer doentes ou saudáveis (Caso Clínico 35.3).

A infecção ocorre por meio do sistema respiratório, após a bactéria se espalhar para as células do sistema fagocítico-mononuclear (reticuloendotelial) do fígado e baço. Os microrganismos se multiplicam nesses sítios, produzindo necrose focal. O pulmão e outros órgãos são então contaminados como resultado da disseminação hematogênica, que causa uma resposta inflamatória predominantemente linfocítica nos espaços alveolares e intersticiais. Edema, espessamento da parede alveolar, infiltração de macrófagos, necrose e, ocasionalmente, hemorragia ocorrem nesses sítios. Tampões mucosos se desenvolvem nos bronquíolos, causando cianose e anoxia.

Menos de 25 casos da doença são relatados anualmente nos EUA, sendo a maioria das infecções em adultos. Esse número certamente é subestimado em relação à verdadeira prevalência da doença, no entanto, uma vez que (1) infecções

---

Caso Clínico 35.3 Psitacose em um homem previamente saudável

Scully et al. (*N Engl J Med* 338:1527–1535, 1998) descreveram um homem de 24 anos que foi admitido em um hospital local com dificuldade respiratória aguda. Vários dias antes de sua hospitalização, ele desenvolveu congestão nasal, mialgia, tosse seca, leve dispneia e dor de cabeça. Imediatamente antes da internação, a tosse tornou-se produtiva e ele desenvolveu dor pleurítica, febre, calafrios e diarreia. As radiografias demonstraram a consolidação do lobo superior direito dos pulmões e infiltrados irregulares no lobo inferior esquerdo. Apesar de seu tratamento com antibacterianos incluir eritromicina, doxiciclina, ceftriaxona e vancomicina, seu estado pulmonar não apresentou melhora durante 7 dias e ele não teve alta hospitalar até 1 mês após sua admissão. A anamnese cuidadosa revelou que o homem tinha sido exposto a papagaios no saguão de um hotel durante as férias. O diagnóstico de pneumonia por *Chlamydia psittaci* foi obtido por meio do crescimento do organismo em cultura de células e testes sorológicos.

em humanos podem ser assintomáticas ou leves, (2) a exposição a uma ave infectada pode não levantar suspeição, (3) um soro convalescente não pode ser coletado para confirmar o diagnóstico clínico e (4) a terapia com antibacterianos pode atenuar a resposta do anticorpo. Além disso, em razão das reações sorológicas cruzadas com *C. pneumoniae*, estimativas específicas da prevalência da doença permanecerão incertas até que um teste diagnóstico definitivo seja desenvolvido.

A bactéria é geralmente transmitida aos humanos através da inalação de excrementos secos, urina ou secreções respiratórias de pássaros psitacídeos (p. ex., papagaios, periquitos, araras, calopsitas). A transmissão de pessoa para pessoa é rara. Veterinários, tratadores de zoológicos, funcionários de *pet shop* e de avicultura estão em maior risco de infecção.

A doença se desenvolve após uma incubação de 5 a 14 dias e geralmente se manifesta como dor de cabeça, febre alta, calafrios, mal-estar e mialgias (ver Figura 35.4). Os sinais pulmonares incluem tosse não produtiva, estertores e consolidação. O envolvimento do sistema nervoso central é comum, geralmente consistindo em cefaleia, mas encefalite, convulsões, coma e morte podem ocorrer em casos graves não tratados. Os pacientes podem apresentar sintomas do sistema digestório, como náuseas, vômitos e diarreia. Outros sintomas sistêmicos incluem cardite, hepatomegalia, esplenomegalia e ceratoconjuntivite folicular.

A psitacose geralmente é diagnosticada com base em achados sorológicos. Um aumento de quatro vezes no título, demonstrado pelo teste de FC de soros em fase aguda e convalescente pareados, é sugestivo de infecção por *C. psittaci*, mas o teste MIF específico da espécie deve ser realizado para confirmar o diagnóstico. *Chlamydia psittaci* pode ser isolada em cultura de células (p. ex., com células L) após 5 a 10 dias de incubação, embora esse procedimento raramente seja realizado em laboratórios clínicos.

As infecções podem ser tratadas de maneira bem-sucedida com doxiciclina ou macrolídeos. A transmissão pessoa a pessoa raramente ocorre, portanto, o isolamento do paciente e o tratamento profilático dos contatos não são necessários. A psitacose só pode ser prevenida por meio do controle de infecções em aves de estimação domésticas e importadas. Esse controle pode ser obtido tratando as aves com cloridrato de clortetraciclina por 45 dias. Não há vacinas disponíveis para essa doença atualmente.

Bibliografia

Bebear, C., de Barbeyrac, B., 2009. Genital chlamydia trachomatis infections. Clin. Microbiol. Infect. 15, 4–10.

Beeckman, D., Vanrompay, D., 2009. Zoonotic chlamydophila psittaci infections from a clinical perspective. Clin. Microbiol. Infect. 15, 11–17.

Byrne, G., 2010. Chlamydia trachomatis strains and virulence: rethinking links to infection prevalence and disease severity. J. Infect. Dis. 201, S126–S133.

Centers for Disease Control and Prevention, 2014. Recommendations for the laboratory-based detection of Chlamydia trachomatis and Neisseria gonorrhoeae–2014. MMWR. Recomm. Rep. 63 (RR–02), 1–19.

Gambhir, M., Basáñez, M.G., Turner, F., et al., 2007. Trachoma: transmission, infection, and control. Lancet. Infect. Dis. 7, 420–427.

Kern, J., Maass, V., Maass, M., 2009. Molecular pathogenesis of chronic chlamydia pneumoniae infections: a brief overview. Clin. Microbiol. Infect. 15, 36–41.

Kumar, S., Hammerschlag, M., 2007. Acute respiratory infection due to chlamydia pneumoniae: current status of diagnostic methods. Clin. Infect. Dis. 44, 568–576.

Liechti, G.W., Kuru, E., Hall, E., et al., 2014. A new metabolic cell-wall labeling method reveals peptidoglycan in chlamydia trachomatis. Nature 506, 507–510.

Morré, S.A., Rozendaal, L., van Valkengoed, I.G., et al., 2000. Urogenital chlamydia trachomatis serovars in men and women with a symptomatic or asymptomatic infection: an association with clinical manifestations? J. Clin. Microbiol. 38, 2292–2296.

Nieuwenhuizen, A., Dijkstra, F., Notermans, D., van der Hoek, W., 2018. Laboratory methods for case finding in human psittacosis outbreaks: a systematic review. BMC. Infect. Dis. 18, 442–458.

Nunes, A., Gomes, J., 2014. Evolution, phylogeny, and molecular epidemiology of chlamydia. Infect. Genet. Evol. 23, 49–64.

Van der Bij, A.K., Spaargaren, J., Morré, S.A., et al., 2006. Diagnostic and clinical implications of anorectal lymphogranuloma venereum in men who have sex with men: a retrospective case-control study. Clin. Infect. Dis. 42, 186–194.

Vasilevsky, S., Greub, G., Nardelli-Haefliger, D., et al., 2014. Genital chlamydia trachomatis: understanding the roles of innate and adaptive immunity in vaccine research. Clin. Microbiol. Rev. 27, 346–370.

SEÇÃO 5

Virologia

RESUMO DA SEÇÃO

36 Classificação, Estrutura e Replicação Viral, 376
37 Mecanismos de Patogênese Viral, 392
38 Papel dos Vírus na Doença, 402
39 Diagnóstico Laboratorial de Doenças Virais, 410
40 Agentes Antivirais e Controle das Infecções, 417
41 Papilomavírus e Poliomavírus, 425
42 Adenovírus, 435
43 Herpes-Vírus Humanos, 442
44 Poxvírus, 465
45 Parvovírus, 472
46 Picornavírus, 477
47 Coronavírus e Norovírus, 488
48 Paramixovírus, 494
49 Ortomixovírus, 507
50 Rabdovírus, Filovírus e Bornavírus, 517
51 Reovírus, 525
52 Togavírus e Flavivírus, 533
53 Bunyaviridae e Arenaviridae, 545
54 Retrovírus, 551
55 Vírus da Hepatite, 569
56 Doenças Causadas por Príons, 585

36 Classificação, Estrutura e Replicação Viral

Os vírus foram primeiramente descritos como "agentes filtráveis". O pequeno tamanho lhes permite passar por filtros desenvolvidos para reter bactérias. Ao contrário da maioria das bactérias, fungos e parasitas, os **vírus são parasitas intracelulares obrigatórios** que dependem do maquinário bioquímico da célula hospedeira para replicação. Além disso, a *reprodução dos vírus ocorre por meio da montagem dos componentes individuais em vez da fissão binária* (Boxes 36.1 e 36.2).

Os vírus mais simples consistem em um genoma de ácido desoxirribonucleico (DNA) ou ácido ribonucleico (RNA) empacotado em uma capa protetora de proteínas e, para alguns vírus, uma membrana (Figura 36.1). Os vírus não têm a capacidade de produzir energia ou substratos, não podem fazer suas próprias proteínas e não replicam seu genoma independentemente da célula hospedeira. Para usar a maquinaria biossintética da célula, o vírus deve ser adaptado às regras bioquímicas da célula.

A estrutura física e a genética dos vírus são otimizadas pela mutação e seleção para infectar humanos ou outros hospedeiros. Para fazer isso, o vírus deve ser capaz de realizar a transmissão entre hospedeiros, atravessar a pele ou outras barreiras protetoras do hospedeiro, ser adaptado à maquinaria bioquímica da célula hospedeira para replicação e escapar da eliminação pela resposta imune do hospedeiro.

O conhecimento das características estruturais (**tamanho e morfologia**) e genéticas (**tipo e estrutura do ácido nucleico**) de um vírus fornece informações sobre como ocorre sua reprodução, disseminação e como ele causa doenças. Os conceitos apresentados neste capítulo são repetidos com mais detalhes nas discussões dos vírus específicos em capítulos posteriores.

Classificação

Os vírus variam desde os parvovírus e os picornavírus estruturalmente simples e pequenos aos poxvírus e herpes-vírus grandes e complexos. Seus nomes podem descrever as características virais, as doenças às quais estão associados ou mesmo o tecido ou local geográfico em que eles foram primeiramente identificados. Nomes como **picornavírus** (*pico*, "pequeno"; *rna*, "ácido ribonucleico") ou **togavírus** (*toga*, grego para "manto", referente a um envelope de membrana que envolve o vírus) descrevem a estrutura do vírus. O nome **retrovírus** (*retro*, "reverso") refere-se à síntese de DNA direcionada pelo vírus a partir de um molde de RNA, enquanto os *poxvírus* são nomeados pela doença da varíola, causada por um de seus membros. O **adenovírus** (*adeno*ides) e os **reovírus** (*respiratório, entérico, órfão*) são nomeados em razão do sítio do corpo onde eles foram primeiro isolados. O reovírus foi descoberto antes de ser associado a uma doença específica; portanto, foi designado como um vírus "órfão". O vírus Norwalk é nomeado em função de Norwalk, Ohio; vírus Coxsackie é nomeado a partir de Coxsackie, Nova York; e muitos dos togavírus, arenavírus e buniavírus são denominados em homenagem a locais na África onde esses microrganismos foram isolados pela primeira vez.

Os vírus podem ser agrupados por características, tais como doença (p. ex., hepatite), tecido-alvo, meios de transmissão (p. ex., entérico, respiratório) ou vetor (p. ex., arbovírus; vírus transmitidos por artrópodes) (Boxe 36.3). *A forma mais consistente e atual de classificação é por características físicas e bioquímicas, tais como tamanho, morfologia (p. ex., presença ou ausência de um envelope de membrana), tipo de genoma e meios de replicação* (Figuras 36.2 e 36.3). Os vírus de DNA associados a doenças humanas são divididos em sete famílias (Tabelas 36.1 e 36.2). Os vírus de RNA podem ser divididos em pelo menos 13 famílias (Tabelas 36.3 e 36.4).

Estrutura do vírion

As unidades para mensuração do tamanho do vírion são os nanômetros (nm). Os vírus clinicamente importantes variam de 18 nm (parvovírus) a 300 nm (poxvírus). Estes

---

Boxe 36.1 Definição e propriedades de um vírus.

Os vírus são agentes filtráveis.
Os vírus são parasitas intracelulares obrigatórios.
Os vírus não podem produzir energia ou proteínas independentemente de uma célula hospedeira.
Os genomas virais podem ser constituídos de RNA ou DNA, mas não ambos.
Os vírus têm um capsídio desnudo ou uma morfologia de envelope.
Os componentes virais são montados e não se reproduzem por "divisão".

Boxe 36.2 Consequências das propriedades virais.

Os vírus não são seres vivos.
Os vírus devem ser infecciosos para perdurar na natureza.
Os vírus devem ser capazes de usar processos celulares do hospedeiro para produzir seus componentes (RNA mensageiro viral, proteínas e cópias idênticas do genoma).
Os vírus devem codificar quaisquer processos necessários não fornecidos pela célula.
Os componentes virais devem realizar a automontagem.

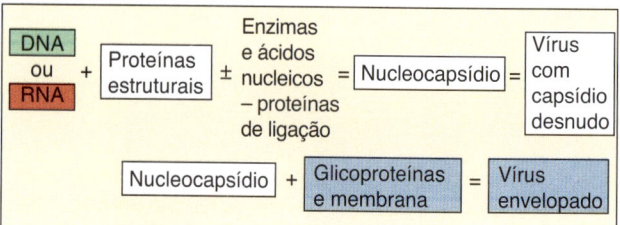

Figura 36.1 Componentes básicos do vírion.

> **Boxe 36.3** Formas de classificação e nomenclatura dos vírus.
>
> Estrutura: tamanho, morfologia e ácido nucleico
>   (p. ex., picornavírus [pequeno RNA], togavírus)
> Características bioquímicas: estrutura e modo de replicação[a]
> Doença: encefalite e vírus da hepatite, por exemplo
> Meios de transmissão: arbovírus disseminado por insetos, por exemplo
> Célula hospedeira (gama de hospedeiros): animais (seres humanos, ratos, aves), plantas, bactérias
> Tecido ou órgão (tropismo): adenovírus e enterovírus, por exemplo
>
> [a]Esta é a forma atual de classificação dos vírus com base na taxonomia.

Tabela 36.1 Famílias de vírus de DNA e alguns membros importantes.

Família[a]	Membros[b]
POXVIRIDAE	*Vírus da varíola*, vírus da vacínia, varíola do macaco, varíola dos canários, molusco contagioso
Herpesviridae	*Herpes-vírus simples tipos 1 e 2*, vírus varicela-zóster, vírus Epstein-Barr, citomegalovírus, herpes-vírus humano 6, 7 e 8
Adenoviridae	*Adenovírus*
Papillomaviridae	*Papilomavírus*
Polyomaviridae	*Vírus JC*, vírus BK, SV40
Parvoviridae	*Parvovírus B19*, vírus adenoassociado
Hepadnaviridae	*Vírus da hepatite B*

[a]O tamanho do tipo é indicativo do tamanho relativo do vírus.
[b]O vírus em itálico é o vírus protótipo para a família.

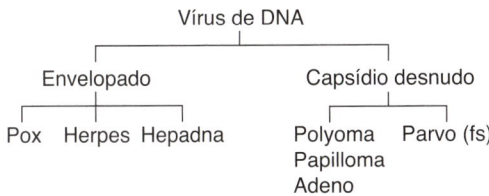

Figura 36.2 Vírus de DNA e sua morfologia. As famílias de vírus são determinadas pela estrutura do genoma e a morfologia do vírion. *fs*, genoma de fita simples.

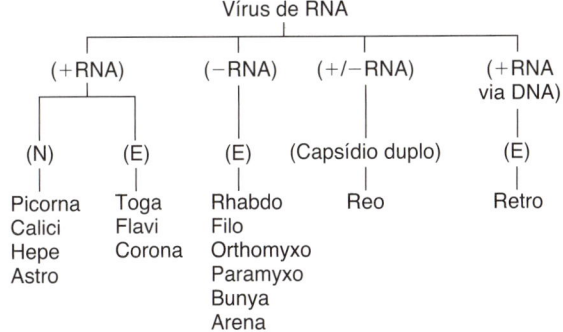

Figura 36.3 Os vírus de RNA, sua estrutura genômica e morfologia. As famílias virais são determinadas pela estrutura do genoma e a morfologia do vírion. *E*, envelopado; *N*, capsídio desnudo.

últimos são quase visíveis com um microscópio de luz e representam aproximadamente um quarto do tamanho das bactérias do gênero *Staphylococcus*. *Os vírions maiores podem conter um genoma maior que pode codificar mais proteínas e eles geralmente são mais complexos.*

O **vírion** (a partícula viral) consiste em um **genoma** de ácido nucleico empacotado em uma camada proteica **(capsídio)** ou uma membrana **(envelope)** (Figura 36.4). O vírion também pode conter algumas enzimas essenciais ou acessórias ou outras proteínas para facilitar a replicação inicial na célula. O capsídio ou as proteínas de ligação ao ácido nucleico podem se associar ao genoma para formar um **nucleocapsídio**, que pode ser o mesmo que o vírion ou envolto por um envelope.

O genoma do vírus é constituído tanto de DNA quanto de RNA. O DNA pode ser de cadeia ou fita simples ou dupla, ou linear ou circular. O RNA pode ser de sentido (ou polaridade) positivo (+) (como o RNA mensageiro [mRNA]) ou de sentido negativo (+) (análogo a um negativo fotográfico), fita dupla (+/−) ou de duplo sentido (contendo regiões de RNA + e − ligadas de uma extremidade à outra). O genoma do RNA também pode ser segmentado em pedaços, com cada um codificando um ou mais genes. Assim como existem muitos tipos diferentes de dispositivos de memória de computador, todas essas formas de ácido nucleico podem manter e transmitir a informação genética do vírus. De maneira similar, quanto maior o genoma, mais informações (genes) ele poderá carregar e maior será a estrutura do capsídio ou envelope necessária para conter o genoma.

A camada externa do vírion é o **capsídio** ou **envelope**. Essas estruturas correspondem ao empacotamento, proteção e veículo de liberação durante a transmissão do vírus de um hospedeiro para outro e para propagação dentro do hospedeiro para a célula-alvo. As estruturas de superfície do capsídio e do envelope mediam a interação do vírus com a célula-alvo por meio de uma estrutura ou **proteína de fixação viral** (VAP; do inglês, *viral attachment protein*). A remoção ou a ruptura do empacotamento externo inativa o vírus. Anticorpos gerados contra a VAP previnem a infecção pelo vírus. A influência da estrutura do vírion nas propriedades virais é resumida nos Boxes 36.4 e 36.5.

O **capsídio** é uma estrutura rígida capaz de resistir a condições ambientais hostis. Como uma bola de futebol, os vírus com capsídio desnudo também têm resistência exterior e são geralmente resistentes à secagem, ácidos e detergentes, incluindo o ácido e a bile do trato entérico. Muitos destes vírus são transmitidos pela via fecal-oral e podem suportar a transmissão mesmo em esgotos.

O **envelope** é uma membrana composta de lipídios, proteínas e glicoproteínas. A estrutura membranosa do envelope só pode ser mantida em soluções aquosas. É prontamente perturbado pela secagem, condições ácidas, detergentes e solventes como o éter, o que resulta na inativação do vírus. *Como consequência, os vírus envelopados devem permanecer úmidos e são geralmente transmitidos em fluidos, gotículas respiratórias, sangue e tecidos.* A maioria não consegue sobreviver às condições hostis do sistema digestório.

VÍRUS COM CAPSÍDIOS

O capsídio viral é montado a partir de proteínas individuais associadas às unidades progressivamente maiores. Todos os componentes do capsídio têm características químicas que lhes permitem ajustar e montar em uma unidade maior.

Tabela 36.2 Propriedades de vírions dos vírus de DNA humanos.

Família	GENOMA[a]		VÍRION		
	Massa molecular × 10⁶ Da	Natureza	Forma	Tamanho (nm)	Codifica a polimerase?[b]
Poxviridae	85 a 140	fd, linear	Em forma de tijolo, envelopada	300 × 240 × 100	+[c,e]
Herpesviridae	100 a 150	fd, linear	Icosadeltaédrica, envelopada	Capsídio, 100 a 110 Envelope, 120 a 200	+
Adenoviridae	20 a 25	fd, linear	Icosadeltaédrica com fibras	70 a 90	+
Hepadnaviridae	1,8	fd, circular[d]	Esférica, envelopada	42	+[c,f]
Polyomaviridae e Papillomaviridae	3 a 5	fd, circular	Icosadeltaédrica	45 a 55	—
Parvoviridae	1,5 a 2,0	fs, linear	Icosaédrica	18 a 26	—

aGenoma invariável de uma única molécula.
bDNA polimerase dependente de DNA (a menos que seja observado o contrário).
cPolimerase transportada pelo vírion.
dA molécula circular é de fita dupla na maior parte de seu comprimento, mas pode conter uma região de fita simples.
ePoxvírus também codificam uma RNA polimerase dependente de DNA.
fRNA polimerase dependente de DNA (transcriptase reversa).
fd, fita dupla; fs, fita simples.

Tabela 36.3 Famílias de vírus de RNA e alguns membros importantes.

Família[a]	Membros[b]
PARAMYXOVIRIDAE	Vírus parainfluenza, vírus Sendai, *vírus do sarampo*, vírus da caxumba, vírus sincicial respiratório, metapneumovírus
ORTHOMYXOVIRIDAE	*Vírus influenza* tipos A, B, C e thogotovírus
CORONAVIRIDAE	*Coronavírus*, vírus SARS, vírus MERS
Arenaviridae	*Vírus da febre Lassa*, complexo do vírus Tacaribe (vírus Junin e Machupo), vírus da coriomeningite linfocítica
Rhabdoviridae	*Vírus da raiva*, vírus da estomatite vesicular
Filoviridae	*Vírus Ebola*, vírus de Marburg
Bunyaviridae	*Vírus da encefalite da Califórnia*, vírus de La Crosse, vírus da febre do flebotomíneo, vírus da febre hemorrágica, hantavírus
Retroviridae	*Vírus da leucemia de células T humana tipos I e II*, HIV, oncovírus animal
Reoviridae	*Rotavírus*, vírus da febre do carrapato do Colorado
Togaviridae	Vírus da rubéola; *vírus da encefalite equina venezuelana, do oeste, do leste*; vírus do Rio Ross; vírus de Sindbis; vírus da Floresta de Semliki; vírus chikungunya
Flaviviridae	*Vírus da febre amarela*, vírus da dengue, vírus da encefalite de St. Louis, vírus do Oeste do Nilo, vírus da hepatite C
Caliciviridae	*Vírus de Norwalk*, calicivírus
Piconarviridae	Rinovírus, *poliovírus*, ecovírus, parecovírus, vírus Coxsackie, vírus da hepatite A
Hepeviridae	Vírus da hepatite E
Astroviridae	Astrovírus
Delta	Agente delta

aO tamanho do tipo é indicativo do tamanho relativo do vírus.
bO vírus em itálico é o protótipo do vírus para a família.
MERS, síndrome respiratória do Oriente Médio; SARS, síndrome respiratória aguda grave; HIV, vírus da imunodeficiência humana.

Proteínas estruturais individuais associadas em **subunidades**, que associam em **protômeros, capsômeros** (distinguíveis em micrografias eletrônicas) e, finalmente, um **pró-capsídio** ou **capsídio** reconhecível (Figura 36.5). Um pró-capsídio requer processamento adicional até o capsídio final, transmissível. Para alguns vírus, o capsídio se forma em torno do genoma; para outros, é feito uma concha vazia (pró-capsídio) a ser preenchida pelo genoma.

As estruturas virais mais simples que podem ser construídas passo a passo são simétricas e incluem estruturas **helicoidais** e **icosaédricas**. As estruturas helicoidais aparecem como bastões, enquanto o icosaedro é uma aproximação de uma esfera montada a partir de subunidades simétricas (Figura 36.6). As subunidades não simétricas são formas complexas e estão associadas a determinados vírus de bactérias (fagos).

Os nucleocapsídios helicoidais são observados dentro do envelope da maioria dos vírus de RNA de fita negativa (ver Figura 48.1). As proteínas do nucleocapsídio ligadas ao genoma serão liberadas na célula infectada assim como as enzimas necessárias para transcrição e replicação. Os icosaedros simples são utilizados por pequenos vírus, tais como os picornavírus e os parvovírus. O icosaedro é feito de 12 capsômeros, cada um com simetria quíntupla (pentâmero ou penton). Para os picornavírus, cada pentâmero é composto por cinco protômeros, cada um dos quais é composto de três subunidades de quatro unidades proteicas distintas (ver Figura 36.5). A cristalografia de raios X e a análise de imagens da microscopia crioeletrônica definiram a estrutura do capsídio do picornavírus em nível molecular. Esses estudos retrataram uma fenda semelhante a um cânion, que é um "sítio de ancoragem" para se ligar ao receptor na superfície da célula-alvo (ver Figura 46.2).

Os vírions maiores são construídos com a inserção de capsômeros estruturalmente distintos entre os pentons nos vértices. Esses capsômeros apresentam seis vizinhos mais próximos **(hexons)**. Essa localização estende o icosaedro e é chamada de **icosadeltaedro**; seu tamanho é determinado pelo número de hexons inseridos ao longo das bordas e dentro das superfícies entre os pentons. As *bolas de futebol mais antigas eram icosadeltaedros*. Por exemplo, o nucleocapsídio

Tabela 36.4 Propriedades dos vírions de vírus de RNA humanos.

Família	GENOMA			VÍRION			
	Massa molecular × 10⁶ Da	Natureza	Forma[a]	Tamanho (nm)	Polimerase no vírion	Envelope[a]	
Paramyxoviridae	5 a 7	fs, −	Esférica	150 a 300	+	+	
Orthomyxoviridae	5 a 7	fs, −, seg	Esférica	80 a 120	+	+	
Coronaviridae	6 a 7	fs, +	Esférica	80 a 130	−	+[b]	
Arenaviridae	3 a 5	fs, −, seg	Esférica	50 a 300	+	+[b]	
Rhabdoviridae	4 a 7	fs, −	Em forma de bala	180 × 75	+	+	
Filoviridae	4 a 7	fs, −	Filamentosa	800 × 80	+	+	
Bunyaviridae	4 a 7	fs, −	Esférica	90 a 100	+	+[b]	
Retroviridae	2 × (2 a 3)[c]	fs, +	Esférica	80 a 110	+[d]	+	
Reoviridae	11 a 15	fd, seg	Icosaédrica	60 a 80	+	−	
Picornaviridae[e]	2,5	fs, +	Icosaédrica	25 a 30	−	−	
Togaviridae	4 a 5	fs, +	Icosaédrica	60 a 70	−	+	
Flaviviridae	4 a 7	fs, +	Esférica	40 a 50	−	+	
Caliciviridae[f]	2,6	fs, +	Icosaédrica	35 a 40	−	−	

[a]Alguns vírus envelopados são muito pleomórficos (às vezes, filamentosos).
[b]Sem proteína da matriz.
[c]O genoma tem duas moléculas idênticas de RNA de fita simples.
[d]Transcriptase reversa.
[e]Hepeviridae (vírus da hepatite E) assemelham-se aos picornavírus.
[f]Astroviridae assemelham-se aos calicivírus.
fd, fita dupla; *seg*, segmentada; *fs*, fita simples; + *ou* −, polaridade do ácido nucleico de fita simples.

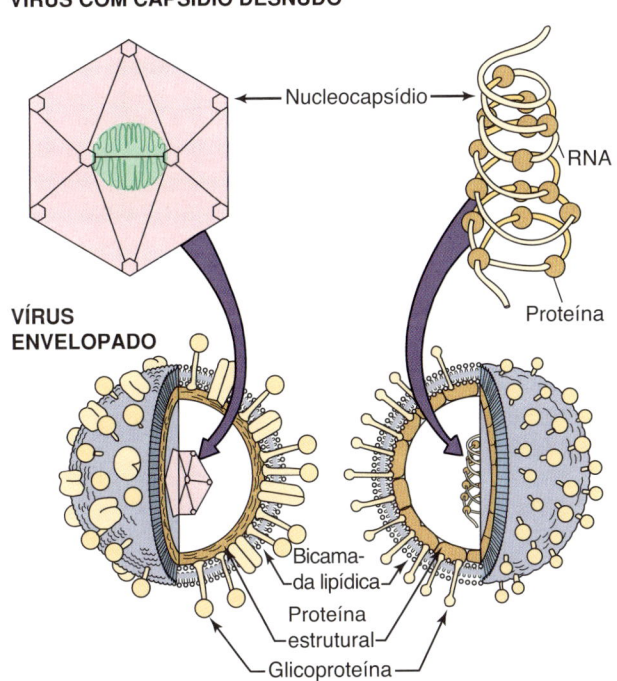

Figura 36.4 Estruturas de um vírus icosaédrico com capsídio desnudo (*superior, à esquerda*) e vírus envelopados (*inferior*) com um nucleocapsídio icosaédrico (*à esquerda*) ou um ribonucleocapsídio helicoidal (*à direita*). Os nucleocapsídios helicoidais são sempre envelopados por vírus de humanos.

Boxe 36.4 Estrutura do vírion: capsídio desnudo.

Componente

Proteína

Propriedades[a]

É ambientalmente estável para os seguintes fatores:
    Temperatura
    Ácido
    Proteases
    Detergentes
    Secagem
É liberado da célula por lise

Consequências[a]

Pode ser espalhado facilmente (em fômites, de mão em mão, pela poeira, por pequenas gotículas)
Pode secar e reter a infectividade
Pode sobreviver às condições adversas do intestino
Pode ser resistente a detergentes e tratamento de esgoto deficiente
O anticorpo pode ser suficiente para a imunoproteção

[a]Exceções existem.

do herpes-vírus tem 12 pentons e 150 hexons. O nucleocapsídio do herpes-vírus também está rodeado por um envelope. O capsídio do adenovírus é composto de 252 capsômeros, com 12 pentons e 240 hexons. Uma longa fibra é aderida em cada penton do adenovírus para servir de VAP para a ligação às células-alvo e também contém o antígeno tipo-específico (ver Figura 42.1). Os reovírus têm um capsídio duplo icosaédrico com proteínas semelhantes a fibras parcialmente estendidas a partir de cada vértice. O capsídio externo protege o vírus e promove sua captação através do sistema digestório e em células-alvo, enquanto o capsídio interno contém enzimas para a síntese de RNA (ver Figuras 36.6 e 51.3).

> **Boxe 36.5** Estrutura do vírion: envelope.
>
> **Componentes**
> Membrana
> Lipídios
> Proteínas
> Glicoproteínas
>
> **Propriedades**[a]
>
> É ambientalmente lábil – com os seguintes fatores:
>   Ácido
>   Detergentes
>   Secagem
>   Calor
> Modifica a membrana celular durante a replicação
> É liberado pelo brotamento e lise celular
>
> **Consequências**[a]
>
> Deve permanecer úmido
> Não pode sobreviver ao sistema digestório
> Propagação em grandes gotículas, secreções, transplantes de órgãos e transfusões de sangue
> Não precisa matar a célula para se espalhar
> Pode necessitar de anticorpos e resposta imune mediada por células para proteção e controle
> Induz hipersensibilidade e inflamação para causar imunopatogênese

[a]Exceções existem.

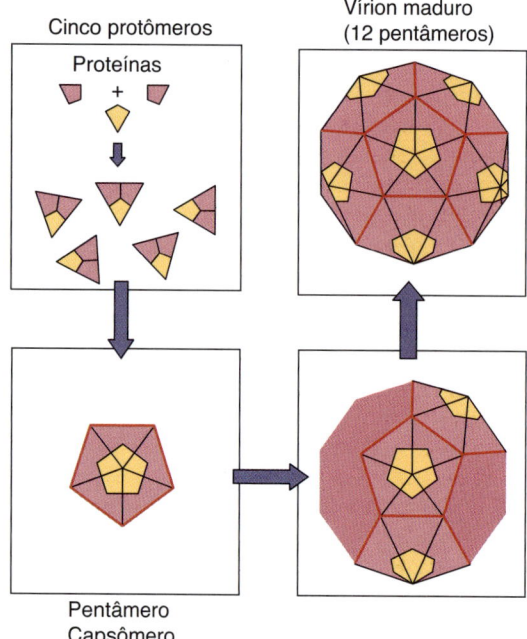

Figura 36.5 Montagem do capsídio icosaédrico de um picornavírus. As proteínas individuais associam-se em subunidades, que se associam em protômeros, capsômeros e um pró-capsídio vazio. A inclusão do genoma (+) RNA leva à conversão para a forma final do capsídio.

VÍRUS ENVELOPADOS

O envelope do vírion é composto de lipídios, proteínas e glicoproteínas (ver Figura 36.4 e Boxe 36.5). O envelope contém uma estrutura de membrana semelhante às membranas celulares. As proteínas celulares são raramente encontradas no envelope viral, ainda que o envelope seja obtido a partir de membranas celulares. A maioria dos vírus envelopados é arredondada ou pleomórfica. Duas exceções são o poxvírus, que tem uma estrutura complexa interna e uma externa semelhante a tijolo, ao passo que o rabdovírus apresenta um formato de projétil.

A maioria das glicoproteínas virais tem carboidratos ligados à asparagina (N-ligados) e estende-se através do envelope e para longe da superfície do vírion. Para muitos vírus, estes podem ser observados como espículas (Figura 36.7). Algumas glicoproteínas atuam como **VAPs** e são capazes de se ligar a estruturas nas células-alvo. As VAPs que também se ligam aos eritrócitos são denominadas **hemaglutininas (HAs)**. Algumas glicoproteínas têm outras funções, como a neuraminidase (NA) de ortomixovírus (influenza) e o receptor Fc e o receptor C3b associado às glicoproteínas do herpes-vírus simples (HSV) ou as glicoproteínas de fusão de paramixovírus. As glicoproteínas, principalmente as VAPs, também são os principais antígenos que induzem a imunidade protetora.

O envelope dos togavírus circunda um nucleocapsídio icosaédrico contendo um genoma de RNA de fita positiva. O envelope contém espículas que consistem em duas ou três subunidades glicoproteicas ancoradas no capsídio icosaédrico do vírion. Essa particularidade faz com que ocorra a adesão firme do envelope, levando à conformação (compactada-embrulhada) de uma estrutura icosaédrica visível por microscopia crioeletrônica.

Todos os vírus de RNA de polaridade negativa são envelopados. Componentes da RNA polimerase dependente de RNA viral associam-se ao genoma de RNA (−) do ortomixovírus, paramixovírus e rabdovírus para formarem nucleocapsídios helicoidais. Essas enzimas são necessárias para iniciar a replicação do vírus e sua associação ao genoma assegura sua liberação na célula. As **proteínas da matriz** que revestem o interior do envelope facilitam a montagem do ribonucleocapsídio dentro do vírion. A influenza A (ortomixovírus) é um exemplo de vírus RNA (−) com um genoma segmentado. Seu envelope é revestido com proteínas da matriz e tem duas glicoproteínas: a HA, que é a VAP, e uma NA (ver Figura 49.1). Os buniavírus não têm proteínas de matriz.

O envelope do herpes-vírus é uma estrutura em forma de saco que circunda o nucleocapsídio icosadeltaédrico (ver Figura 43.1). Dependendo do herpes-vírus específico, o envelope pode conter até 11 glicoproteínas. O espaço intersticial entre o nucleocapsídio e o envelope é chamado de **tegumento** e contém enzimas, outras proteínas e até RNA que facilita a infecção viral.

Os poxvírus são vírus envelopados com estruturas grandes e complexas, em forma de tijolos (ver Figura 44.1). O envelope encerra uma estrutura nucleoide, em forma de haltere, contendo DNA, corpos laterais, fibrilas muitas enzimas e proteínas, incluindo as enzimas e os fatores transcricionais necessários para a síntese do mRNA.

Replicação viral

As principais etapas na replicação viral são as mesmas para todos os vírus (Figura 36.8; Boxe 36.6). A célula atua como uma fábrica, fornecendo os substratos, a energia e o maquinário necessários para a síntese de proteínas virais e replicação do genoma. Os processos não fornecidos pela célula devem ser codificados no genoma do vírus. A maneira pela qual cada vírus realiza essas etapas e supera as limitações bioquímicas

Capítulo 36 • Classificação, Estrutura e Replicação Viral 381

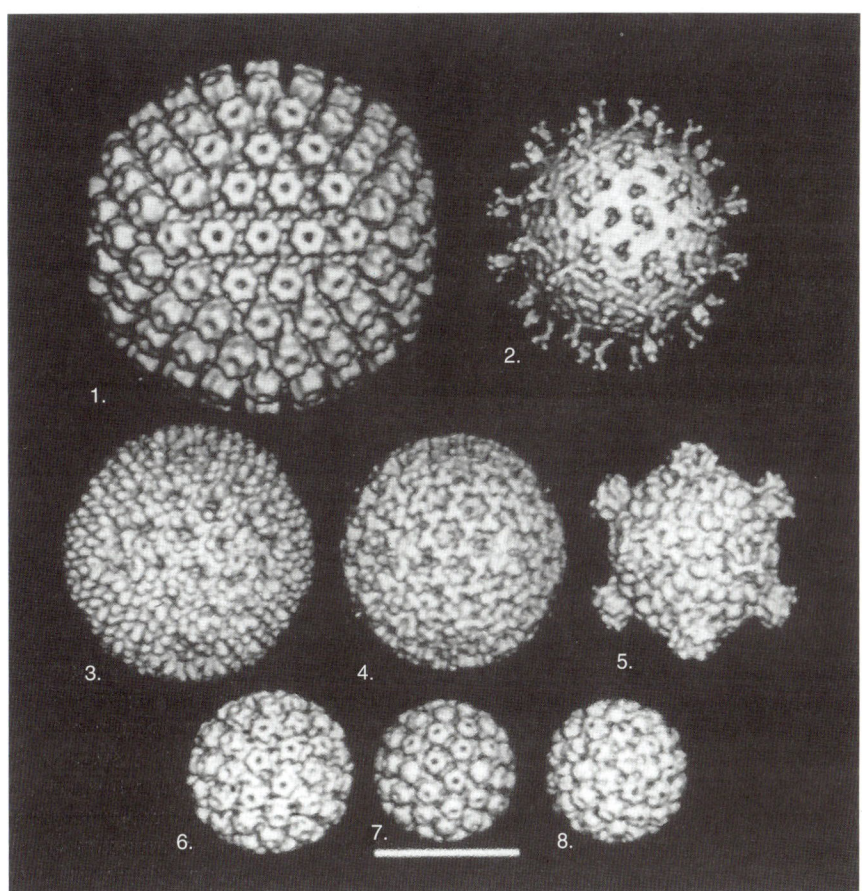

Figura 36.6 Microscopia crioeletrônica e reconstruções de imagens tridimensionais geradas por computador de vários capsídios icosaédricos. Essas imagens mostram a simetria dos capsídios e dos capsômeros individuais. Durante a montagem, o genoma pode preencher o capsídio através dos orifícios presentes nos capsômeros do herpes-vírus, poliomavírus e papilomavírus. *1*, nucleocapsídio do herpes-vírus equino; *2*, rotavírus símio; *3*, vírion do reovírus tipo 1 (Lang); *4*, partícula subviral intermediário (reovírus); *5*, partícula do cerne (capsídio interno) (reovírus); *6*, papilomavírus humano tipo 19; *7*, poliomavírus de camundongo; *8*, vírus do mosaico da couve-flor. Barra = 50 nm. (Cortesia de Dr. Tim Baker, Purdue University, West Lafayette, Indiana.)

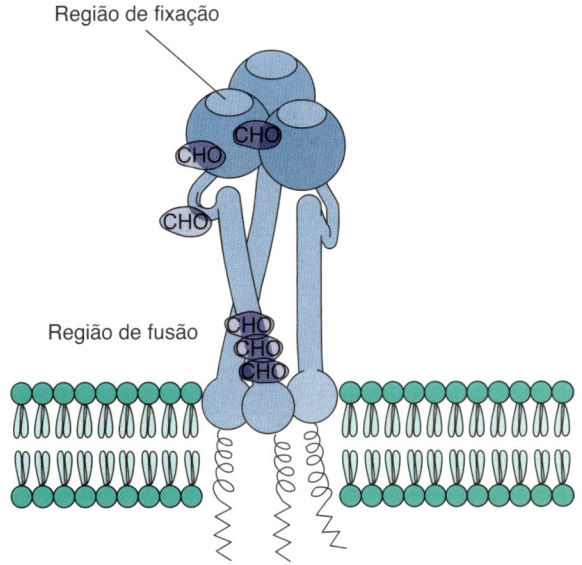

Figura 36.7 Diagrama do trímero glicoproteico da hemaglutinina do vírus influenza A (vírus da gripe), que é uma proteína da espícula (*spike*) representativa. A região para a fixação ao receptor celular é exposta na superfície da proteína da espícula. Em condições levemente ácidas, a hemaglutinina se dobra para juntar o envelope do vírion e a membrana celular e expor uma sequência hidrofóbica para promover a fusão. *CHO*, sítios de fixação ao carboidrato *N*-ligados. (Modificada de Schlesinger, M.J., Schlesinger, S., 1987. Domains of virus glycoproteins. Adv. Virus Res. 33, 1 a 44.)

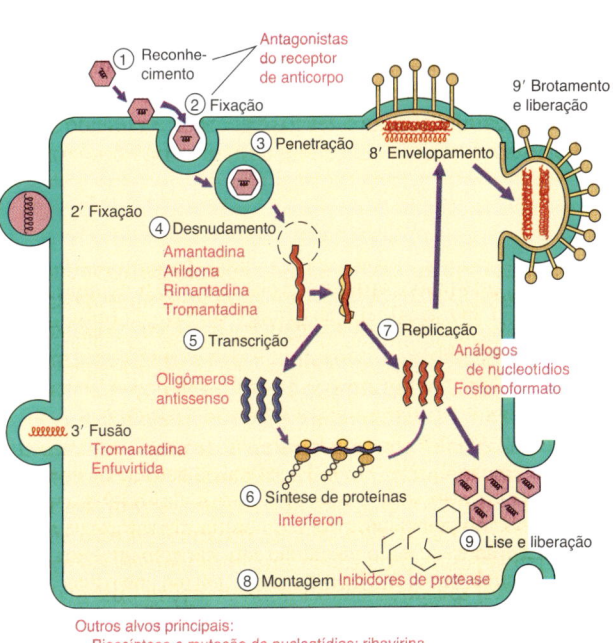

Figura 36.8 Esquema geral da replicação viral. Os vírus envelopados podem entrar também pelas etapas 2' e 3', com a montagem e saída da célula pelas etapas 8' e 9'. Alguns dos fármacos antivirais utilizados nas etapas suscetíveis de replicação viral estão listados em magenta.

> **Boxe 36.6** Etapas da replicação viral.
>
> 1. Reconhecimento da célula-alvo
> 2. Fixação
> 3. Penetração
> 4. Desnudamento
> 5. Síntese macromolecular
>   a. Síntese precoce de mRNA e proteínas não estruturais: genes para enzimas e proteínas de ligação a ácidos nucleicos
>   b. Replicação do genoma
>   c. Síntese tardia de mRNA e de proteínas estruturais
>   d. Modificação pós-traducional de proteínas
> 6. Montagem do vírus
> 7. Brotamento de vírus envelopados
> 8. Liberação do vírus

mRNA, RNA mensageiro.

da célula é diferente para estruturas distintas do genoma e do vírion (seja ele envelopado ou tenha um capsídio desnudo). Essas estruturas estão ilustradas nas próximas figuras deste capítulo e nos capítulos subsequentes (ver mais adiante).

Uma única rodada do ciclo de replicação viral pode ser separada em várias fases. Durante a **fase precoce** da infecção, o vírus deve reconhecer uma célula-alvo apropriada; fixar-se à célula; penetrar na membrana plasmática e ser capturado pela célula; liberar (desnudamento) seu genoma no citoplasma; e, se necessário, enviar o genoma ao núcleo. A **fase tardia** começa com o início da replicação do genoma e da síntese de macromoléculas virais e prossegue através da montagem e liberação do vírus. O desnudamento do genoma a partir do capsídio ou envelope durante a fase inicial anula sua capacidade infecciosa e estrutura identificável, iniciando o período do eclipse. O **período do eclipse**, como um eclipse solar, termina com o aparecimento de novos vírions após a montagem dos novos vírus. O **período de latência** (não confundir com infecção latente), durante o qual o vírus infeccioso extracelular não é detectado, inclui o período de eclipse e termina com a liberação de novos vírus (Figura 36.9). Cada célula infectada pode produzir até 100 mil partículas; entretanto, apenas 1 a 10% dessas partículas podem ser infecciosas. As partículas não infecciosas **(partículas defeituosas)** resultam de mutações e erros na produção e montagem do vírion. A produção de vírus infeccioso por célula ou ***burst size*** e o tempo necessário para um único ciclo de reprodução do vírus são determinados pelas propriedades do vírus e da célula-alvo. Embora possa parecer um desperdício produzir tantas partículas defeituosas, o vírus usa esse mecanismo para gerar mutantes que podem ter uma vantagem seletiva e 1% dos 100 mil vírus ainda representa uma grande quantidade de vírus.

RECONHECIMENTO E FIXAÇÃO À CÉLULA-ALVO

A ligação das **VAPs** ou estruturas na superfície do capsídio do vírion (Tabela 36.5) aos **receptores na célula** (Tabela 36.6) determina inicialmente quais células podem ser infectadas por um vírus. *Os receptores para o vírus na célula podem ser proteínas ou carboidratos em glicoproteínas ou glicolipídios*. Os vírus que se ligam a receptores expressos em tipos celulares específicos podem ser restritos a determinadas espécies **(gama de hospedeiros)** (p. ex., ser humano, camundongo) ou tipos celulares específicos. A célula-alvo suscetível define o **tropismo tecidual** (p. ex., neurotrópico,

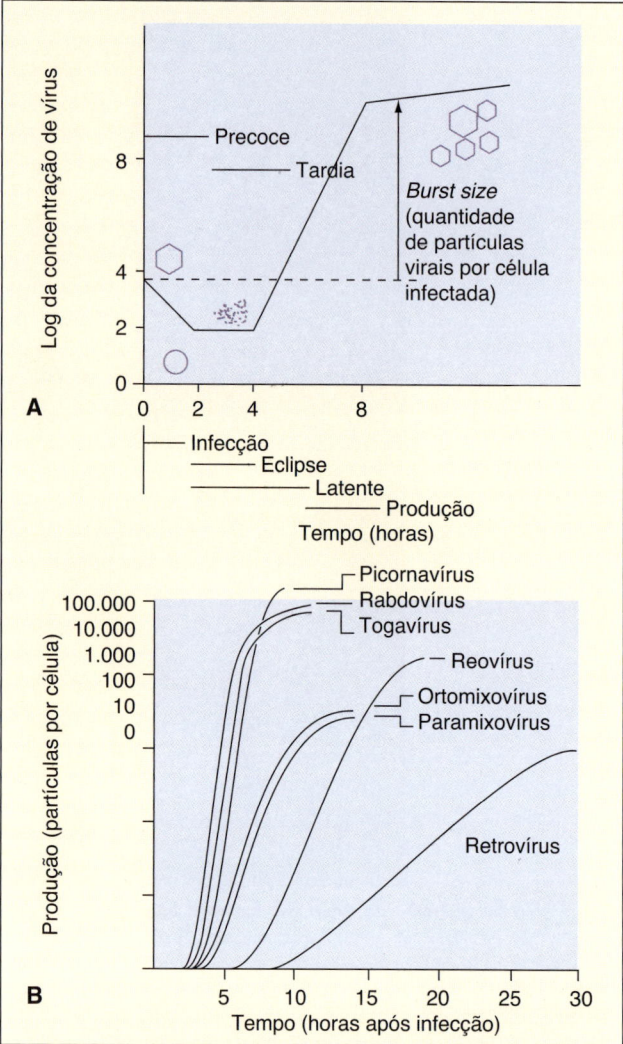

Figura 36.9 A. Curva de crescimento de ciclo único para um vírus que é liberado por lise celular. As diferentes etapas são definidas pela ausência de componentes virais visíveis (período do eclipse) ou vírus infecciosos nos meios (período de latência) ou a presença de síntese macromolecular (fases precoce/tardia). **B.** Curva de crescimento e o *burst size* ou quantidade de partículas virais liberadas por célula infectada (produção) de vírus representativos. (**A.** Modificada de Davis, B.D., Dulbecco, R., Eisen, H.N. et al., 1990. Microbiology, fourth ed. Lippincott, Philadelphia, PA. **B.** Modificada de White, D.O., Fenner, F., 1986. Medical Virology, third ed. Academic, New York, NY.)

linfotrópico). O vírus Epstein-Barr (EBV), um herpes-vírus, tem uma gama muito limitada de hospedeiros e tropismo, porque se liga ao receptor C3d (CR2) expresso em células B humanas. O parvovírus B19 liga-se ao globosídeo (antígeno do grupo sanguíneo P) expresso em células precursoras eritroides.

A estrutura de fixação viral para um vírus capsídio pode ser parte do capsídio ou uma proteína que se estende do capsídio. Um cânion na superfície dos picornavírus, como o rinovírus 14, serve como "buraco de fechadura" para a inserção de uma porção da molécula de adesão intercelular (ICAM-1) da superfície celular (ver Figura 46.2). As fibras dos adenovírus e as proteínas -1 dos reovírus nos vértices do capsídio interagem com receptores expressos em células-alvo específicas.

As glicoproteínas específicas são as VAPs dos vírus envelopados. A hemaglutinina (HA) do vírus influenza A se liga a carboidratos específicos de ácido siálico expressos em muitas,

Tabela 36.5 Exemplos de proteínas de fixação viral.

Família de vírus	Vírus	Proteína de fixação viral
Picornaviridae	Rinovírus	Complexo VP1-VP2-VP3
Adenoviridae	Adenovírus	Proteína da fibra
Reoviridae	Reovírus	σ-1
	Rotavírus	VP7
Togaviridae	Vírus da Floresta de Semliki	Complexo gp E1-E2-E3
Rhabdoviridae	Vírus da raiva	gp da proteína-G
Orthomyxoviridae	Vírus influenza A	gp HA
Paramyxoviridae	Vírus do sarampo	gp H
Herpesviridae	Vírus Epstein-Barr	gp350 e gp220
Retroviridae	Vírus da leucemia murina	gp70
	Vírus da imunodeficiência humana	gp120

gp, glicoproteína; *H* ou *HA*, hemaglutinina.

Tabela 36.6 Exemplos de receptores virais.

Vírus	Célula-alvo	Receptor[a]
Vírus Epstein-Barr	Célula B	Receptor do complemento C3d (CR2, CD21)
HIV	Célula T *helper* (auxiliadora)	Molécula CD4 e correceptor de quimiocina
Rinovírus	Células epiteliais	ICAM-1 (proteína da superfamília das imunoglobulinas)
Poliovírus	Células epiteliais	Proteína da superfamília das imunoglobulinas
Herpes-vírus simples	Muitas células	Mediador de entrada de herpes-vírus (HveA), nectina-1
Vírus da raiva	Neurônio	Receptor da acetilcolina, NCAM
Vírus influenza A	Células epiteliais	Ácido siálico
Parvovírus B19	Precursores eritroides	Antígeno P de eritrócito (globosídeo)

[a]Outros receptores para esses vírus também podem existir.
CD, grupamento de diferenciação; *ICAM-1*, molécula de adesão intercelular; *NCAM*, molécula de adesão de célula neural.

mas não em todas, células de diferentes espécies. Da mesma maneira, o -togavírus e os flavivírus são capazes de se ligar a receptores expressos em células de muitas espécies animais, incluindo artrópodes, répteis, anfíbios, aves e mamíferos. Essa ligação permite que os vírus infectem animais, mosquitos e outros insetos e sejam propagados por esses animais.

PENETRAÇÃO

Interações entre múltiplas VAPs e receptores celulares iniciam a internalização do vírus na célula. O mecanismo de internalização depende da estrutura do vírion e tipo de célula. A maioria dos vírus não envelopados entra na célula por endocitose mediada por receptor ou por viropexia. A **endocitose** é um processo normal utilizado pela célula para a captação de moléculas ligadas ao receptor, tais como hormônios, lipoproteínas de baixa densidade e transferrina. Os picornavírus, papilomavírus e poliomavírus podem entrar por **viropexia**.[1] As estruturas hidrofóbicas das proteínas do capsídio podem ser expostas após a ligação viral às células e essas estruturas ajudam o vírus ou o genoma viral a deslizar pela (penetração direta) da membrana.

Os vírus envelopados fundem suas membranas com as membranas celulares para liberar o nucleocapsídio ou o genoma diretamente no citoplasma. O pH ideal para a fusão determina se a penetração ocorre na superfície da célula em pH neutro ou se o vírus deve ser internalizado por endocitose, e a fusão ocorre em um endossomo em pH ácido. A atividade de fusão pode ser fornecida pela VAP ou por outra proteína. A HA de influenza A (ver Figura 36.7) liga-se a receptores de ácido siálico na célula-alvo. Em condições levemente ácidas do endossomo, a HA passa por uma mudança conformacional significativa para expor as porções hidrofóbicas capazes de promover a fusão de membranas. Os paramixovírus apresentam uma proteína de fusão que é ativa em pH neutro para promover a fusão vírus-célula. Os paramixovírus também podem promover a fusão célula a célula para formar células gigantes multinucleadas (**sincícios**). Alguns herpes-vírus e retrovírus se fundem com células em um pH neutro e induzem os sincícios após a replicação.

DESNUDAMENTO

Uma vez internalizado, o nucleocapsídio deve ser liberado para o sítio de replicação dentro da célula e o capsídio ou o envelope removido. O genoma dos vírus de DNA, exceto para os poxvírus, deve ser transportado ao núcleo, enquanto a maioria dos vírus de RNA permanece no citoplasma. O processo de desnudamento pode ser iniciado por meio de fixação ao receptor ou promovido pelo ambiente ácido ou proteases encontradas em um endossomo ou lisossomo. Os capsídios do picornavírus são enfraquecidos pela liberação da proteína do capsídio VP4 que propicia o desnudamento. O VP4 é liberado pela inserção do receptor na fenda do sítio de fixação do capsídio, semelhante a um buraco de fechadura. Os vírus envelopados não são desnudos na fusão com membranas celulares. A fusão do envelope de herpes-vírus com a membrana plasmática para liberar seu nucleocapsídio, que depois "ancora" com a membrana nuclear para entregar seu genoma de DNA diretamente ao sítio de replicação. A liberação do nucleocapsídio de influenza da sua matriz e do envelope é facilitada pela passagem de prótons de dentro do endossomo através do poro iônico formado pela proteína da membrana M2 de influenza para acidificar o vírion.

O reovírus e o poxvírus são apenas parcialmente desnudos na entrada. O capsídio externo de reovírus é removido, mas o genoma permanece em um capsídio interno, que contém as polimerases necessárias para a síntese do RNA. O desnudamento inicial dos poxvírus expõe uma partícula subviral ao citoplasma, permitindo a síntese do mRNA por enzimas contidas no vírion. Uma enzima de desnudamento pode então ser sintetizada para liberar o cerne contendo DNA no citoplasma.

---

[1]N.R.T.: Viropexia é uma invaginação da membrana celular do hospedeiro mediada por receptores e proteínas, denominadas clatrinas, que revestem a membrana internamente.

SÍNTESE MACROMOLECULAR

Uma vez dentro da célula, o genoma deve dirigir a síntese de mRNA e proteínas virais e gerar cópias idênticas de si mesmo. O genoma é inútil, a menos que possa ser transcrito em mRNAs funcionais capazes de se ligar a ribossomos e de se traduzir em proteínas. Os meios pelos quais cada vírus realiza essas etapas depende da estrutura do genoma (Figura 36.10) e do sítio de replicação.

O genoma desnudo dos vírus de DNA (exceto os poxvírus) e os vírus de RNA de polaridade positiva (com exceção dos retrovírus) são, às vezes, referidos como **ácidos nucleicos infecciosos**, porque são suficientes para iniciar a replicação ao ser injetados em uma célula. Esses genomas podem interagir diretamente com a o maquinário do hospedeiro para promover a síntese de mRNA ou de proteínas.

A maioria dos vírus de DNA utiliza o maquinário da célula para transcrição e processamento do mRNA no núcleo, incluindo a RNA polimerase II dependente de DNA e outras enzimas para a síntese de mRNA. *(Os nomes das polimerases descrevem o que elas fazem – primeiro o molde e depois o produto [p. ex., a polimerase que produz o mRNA na célula é uma RNA polimerase dependente de DNA e a enzima que copia o DNA é a DNA polimerase dependente do DNA]).* Além disso, os mRNAs virais adquirem uma cauda poliadenilada (poliA) na extremidade 3' e um quepe (*cap*) metilado na extremidade 5' (para ligação ao ribossomo) e são processados para remover os íntrons antes de serem exportados para o citoplasma como o mRNA da célula. Os vírus que se replicam no citoplasma devem fornecer essas funções ou uma alternativa. Embora os poxvírus sejam vírus de DNA, eles promovem a replicação no citoplasma; portanto, codificam as enzimas para todas essas funções.

A maioria dos vírus RNA replica e produz mRNA no citoplasma, exceto para os ortomixovírus e retrovírus. Os vírus de RNA devem codificar as enzimas necessárias para a transcrição e replicação, porque a célula não apresenta modos de replicar o RNA. Os mRNAs para os vírus de RNA podem ou não adquirir um quepe 5' ou uma cauda poliA.

Em geral, o mRNA para proteínas não estruturais é transcrito primeiramente. **Produtos de genes precoces** (proteínas não estruturais) são frequentemente proteínas e enzimas de ligação ao DNA, incluindo polimerases codificadas por vírus. Essas proteínas são catalíticas e apenas algumas são necessárias. A replicação do genoma geralmente inicia a transição para a transcrição de produtos de genes tardios. Os **genes virais tardios** codificam as proteínas estruturais e outras proteínas. Muitas cópias

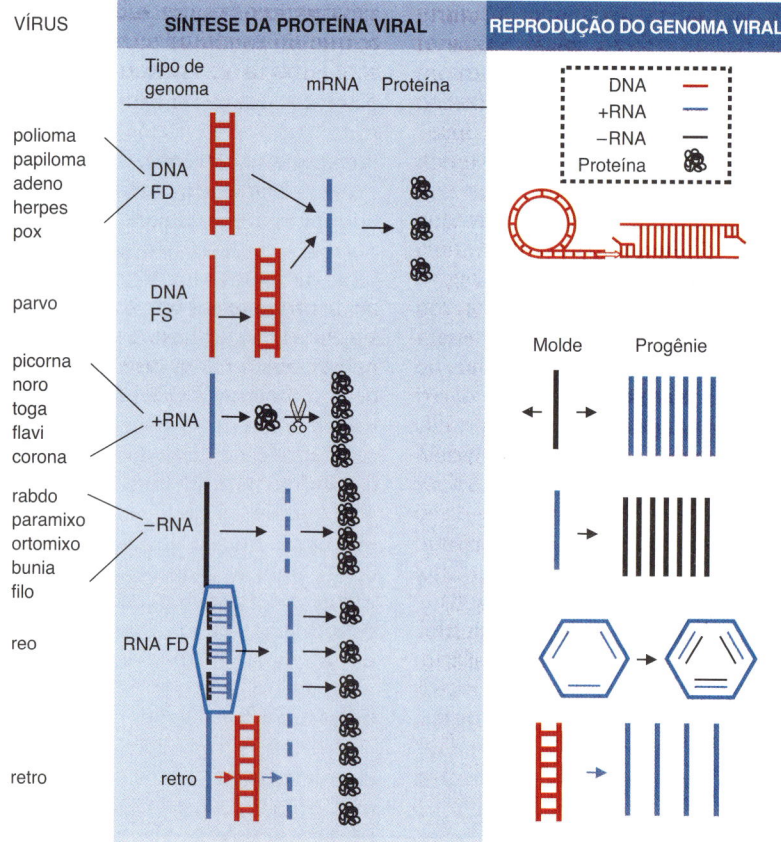

Figura 36.10 Etapas da síntese macromolecular viral: a estrutura do genoma determina o mecanismo de síntese de mRNA e de proteínas virais, além da replicação do genoma. (1) O DNA de fita dupla *(DNA FD)* utiliza o maquinário do hospedeiro no núcleo (exceto os poxvírus) para a produção de mRNA, que é traduzido em proteínas por ribossomos de células hospedeiras. A replicação do DNA viral ocorre de modo semiconservativo, por círculo rolante, linear e de outras formas. (2) O DNA de fita simples (*DNA FS*) é convertido em DNA FD e replica como o DNA FD. (3) O RNA (+) se assemelha a um mRNA que se liga aos ribossomos para produzir uma poliproteína que é clivada em proteínas individuais. Uma das proteínas virais é uma RNA polimerase que produz um molde de RNA (−) e depois mais progênie do genoma de RNA (+) e mRNAs. (4) O RNA (−) é transcrito em mRNAs e em um molde completo de RNA (+) pela RNA polimerase transportada no vírion. O molde de RNA (+) é utilizado para gerar a progênie do genoma de RNA (−). (5) O RNA FD age como RNA (−). As fitas (−) são transcritas em mRNAs por uma RNA polimerase no capsídio. Novos RNAs (+) adquirem o capsídio e RNAs (−) são produzidos no capsídio interno. (6) Os retrovírus apresentam RNA (+), que é convertido em DNA complementar (cDNA) por transcriptase reversa transportada no vírion. O cDNA se integra ao cromossomo hospedeiro e o hospedeiro produz mRNAs, proteínas e cópias completas do genoma de RNA.

dessas proteínas são necessárias para empacotar o vírus, mas geralmente não são necessárias antes da replicação do genoma. Os genomas recém-replicados também fornecem novos moldes para amplificar a síntese do mRNA de genes tardios. Diferentes vírus de DNA e RNA controlam o tempo e a quantidade de síntese de genes e proteínas virais em diferentes maneiras.

VÍRUS DE DNA

A transcrição do genoma de vírus de DNA (exceto para os poxvírus) ocorre no núcleo, utilizando polimerases de células hospedeiras e outras enzimas para síntese de mRNA viral (Figura 36.11; Boxe 36.7). A transcrição dos genes virais é regulada pela interação de proteínas específicas de ligação de DNA com elementos promotores e *enhancers* (intensificadores) no genoma viral. As células de alguns tecidos não expressam as proteínas de ligação de DNA necessárias para ativar a transcrição dos genes virais; assim, a replicação do vírus nessa célula é inibida ou limitada.

Diferentes vírus de DNA controlam a duração, o tempo e a quantidade de genes virais e a síntese de proteínas em diferentes maneiras. Os vírus mais complexos codificam seus próprios ativadores transcricionais, que intensificam ou regulam a expressão de genes virais. Por exemplo, o HSV codifica muitas proteínas que regulam a cinética da expressão do gene viral, incluindo a VMW 65 (proteína -TIF, VP16). A VMW 65 é transportada no vírion, liga-se ao complexo de ativação da transcrição da célula hospedeira (Oct-1) e aumenta sua capacidade de estimular a transcrição dos genes precoces imediatos do vírus.

Os genes podem ser transcritos tanto da fita de DNA do genoma quanto em direções opostas. Por exemplo, os genes precoces e tardios do poliomavírus SV40 estão em fitas de

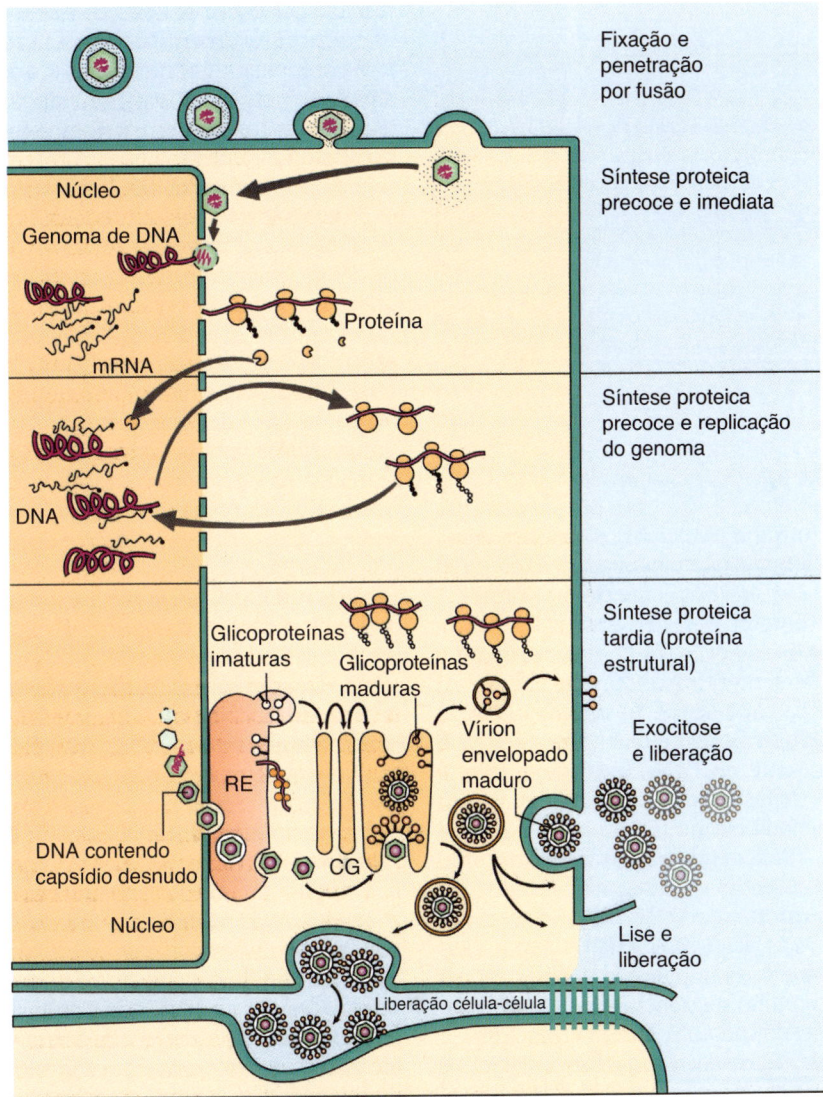

Figura 36.11 Replicação do herpes-vírus simples, um vírus de DNA envelopado complexo. O vírus se liga a receptores específicos e se funde com a membrana plasmática. O nucleocapsídio então libera o genoma de DNA para o núcleo. A transcrição e a tradução ocorrem em três fases: precoce-imediata, precoce e tardia. Proteínas precoces imediatas promovem a incorporação da célula; proteínas precoces consistem em enzimas, incluindo a DNA polimerase dependente do DNA; e as proteínas tardias são estruturais, além de outras proteínas, incluindo o capsídio e as glicoproteínas virais. O genoma é replicado antes da transcrição dos genes tardios. As proteínas do capsídio migram para o núcleo, promovem a montagem nos capsídios icosadeltaédricos e são preenchidas com o genoma do DNA. Os capsídios preenchidos com os genomas brotam através das membranas nucleares e do retículo endoplasmático *(RE)* para o citoplasma, adquirem proteínas tegumentares e depois adquirem seu envelope enquanto brotam através das membranas modificadas por glicoproteína viral da rede trans-Golgi. O vírus é liberado por exocitose, lise celular ou por meio de pontes célula-célula (não mostrado). *CG*, complexo de Golgi.

> **Boxe 36.7** Propriedades dos vírus de DNA.
>
> O DNA não é transitório ou lábil.
> Muitos vírus de DNA estabelecem infecções persistentes (p. ex., latentes, imortalizantes).
> Os genomas de DNA residem no núcleo (exceto para os poxvírus).
> O DNA viral se assemelha ao DNA do hospedeiro para transcrição e replicação.
> Os genes virais devem interagir com a maquinaria transcricional do hospedeiro (exceto para os poxvírus).
> A transcrição do gene viral é regulada temporalmente.
> Os primeiros genes codificam as proteínas e enzimas de ligação ao DNA.
> Os genes tardios codificam as proteínas estruturais e outras proteínas.
> As DNAs polimerases requerem um *primer* para replicar o genoma viral.
> Os vírus de DNA maiores codificam modos de promover a replicação eficiente de seu genoma.
> **Parvovírus:** requer células que realizam a síntese de DNA para a replicação.
> **Papilomavírus:** estimula o crescimento celular e a síntese de DNA.
> **Poliomavírus:** estimula o crescimento celular e a síntese de DNA.
> **Hepadnavírus:** estimula o crescimento celular, a célula produz o RNA intermediário, codifica uma transcriptase reversa.
> **Adenovírus:** estimula a síntese de DNA celular e codifica sua própria polimerase.
> **Herpes-vírus:** estimula o crescimento celular, codifica sua própria polimerase e enzimas para fornecer desoxirribonucleotídios para a síntese de DNA, estabelece infecção latente no hospedeiro.
> **Poxvírus:** codifica suas próprias polimerases e enzimas para fornecer desoxirribonucleotídios para a síntese de DNA, maquinaria de replicação e de transcrição no citoplasma.

DNA opostas, sem sobreposição. Os genes virais podem ter íntrons que necessitam do processamento pós-transcricional do mRNA pela maquinaria nuclear da célula (*splicing*). Os genes tardios de papilomavírus e poliomavírus e dos adenovírus são inicialmente transcritos como um grande RNA a partir de um único promotor, e depois processados para produzir vários mRNAs diferentes após a remoção de diferentes sequências intervenientes (íntrons).

A replicação do DNA viral segue as mesmas regras bioquímicas válidas para o DNA celular e requer uma DNA polimerase dependente de DNA, outras enzimas e desoxirribonucleotídios trifosfatos, principalmente timidina. A replicação é iniciada em uma sequência única de DNA do genoma denominada **origem (ori)**. Esse é um sítio reconhecido por fatores celulares ou nucleares virais e pela **DNA polimerase dependente do DNA**. A síntese de DNA viral é semiconservativa e as *polimerases do DNA* viral e celular *necessitam de um primer* para iniciar a síntese da cadeia de DNA. Os parvovírus contêm sequências de DNA que são invertidas e repetidas, permitindo o próprio enrolamento e hibridização do DNA para fornecer um *primer* (iniciador). A replicação do genoma do adenovírus ocorre na presença de um *primer*, a desoxicitidina monofosfato ligada a uma proteína terminal. Uma enzima celular (primase) sintetiza um *primer* de RNA para iniciar a replicação de genomas do papilomavírus e poliomavírus, enquanto o herpes-vírus codifica uma primase.

A replicação do genoma dos vírus de DNA simples (p. ex., parvovírus, poliomavírus, papilomavírus) utiliza as DNA polimerases dependentes do DNA do hospedeiro, enquanto os vírus maiores e mais complexos (p. ex., adenovírus, herpes-vírus, poxvírus) codificam suas próprias polimerases *(parvovírus frágil ou defeituoso, poliomavírus e papilomavírus, todos necessitam de polimerases celulares)*. As polimerases virais são geralmente mais rápidas, mas menos precisas do que as polimerases de células hospedeiras, causando uma taxa mais elevada de mutação em vírus e fornecendo um alvo para os análogos de nucleotídios como fármacos antivirais.

A replicação de hepadnavírus é única porque uma cópia maior do RNA de polaridade positiva no genoma é sintetizada pela primeira vez pela RNA polimerase dependente do DNA da célula e circulariza. As proteínas virais envolvem o RNA, que é uma DNA polimerase dependente de RNA codificada pelo vírus (transcriptase reversa), e nesse cerne do vírion produz uma fita de DNA de polaridade negativa e, em seguida, o RNA é degradado. A síntese de DNA de fita positiva é iniciada, mas é interrompida quando o genoma e o núcleo são envelopados, produzindo um genoma de DNA circular, parcialmente de dupla fita.

As principais limitações para a replicação de um vírus de DNA incluem a disponibilidade da DNA polimerase e dos substratos de desoxirribonucleotídios. A maioria das células na fase de repouso do crescimento não sustentará a replicação de vírus de DNA sem o auxílio de enzimas codificadas pelo vírus, porque não realizam a síntese de DNA, as enzimas necessárias não estão presentes e os conjuntos de desoxitimidinas são limitados. *Quanto menor o vírus de DNA, mais dependente é o vírus da célula hospedeira* para fornecer essas funções (ver Boxe 36.7). Os parvovírus são os menores vírus de DNA e promovem a replicação apenas em células em crescimento, tais como células precursoras eritroides ou no tecido fetal. A aceleração do crescimento da célula pode intensificar a síntese de DNA e mRNA do vírus. O antígeno T do SV40, o E6 e o E7 do papilomavírus e as proteínas E1a e E1b do adenovírus se ligam e previnem a função das proteínas inibidoras do crescimento (p53 e o produto do gene do retinoblastoma), resultando no crescimento celular, que também promove a replicação do vírus. O HSV é um exemplo de um grande vírus de DNA que codifica uma DNA polimerase e enzimas sequestradoras (p. ex., desoxirribonuclease, ribonucleotídio redutase, timidina quinase) para gerar os substratos de desoxirribonucleotídios necessários para a replicação de seu genoma. Vírus de DNA maiores podem se replicar nas células em crescimento ou na ausência de crescimento.

VÍRUS DE RNA

A replicação e a transcrição dos vírus de RNA são similares, porque os genomas virais geralmente são formados por mRNA (RNA de fita positiva) (Figura 36.12) ou também por um molde para o mRNA (RNA de fita negativa) (Figura 36.13; Boxe 36.8). Durante a replicação e a transcrição, um RNA de fita dupla replicativo intermediário é formado. O RNA de fita dupla normalmente não é encontrado em células não infectadas e é um forte indutor de respostas protetoras inatas do hospedeiro.

O genoma do vírus de RNA deve codificar as **RNA polimerases dependentes de RNA (replicases e transcriptases)** e enzimas para a síntese e o processamento do mRNA viral, porque a célula não tem meios de replicar o RNA. A transcrição de mRNA viral pode exigir a adição de

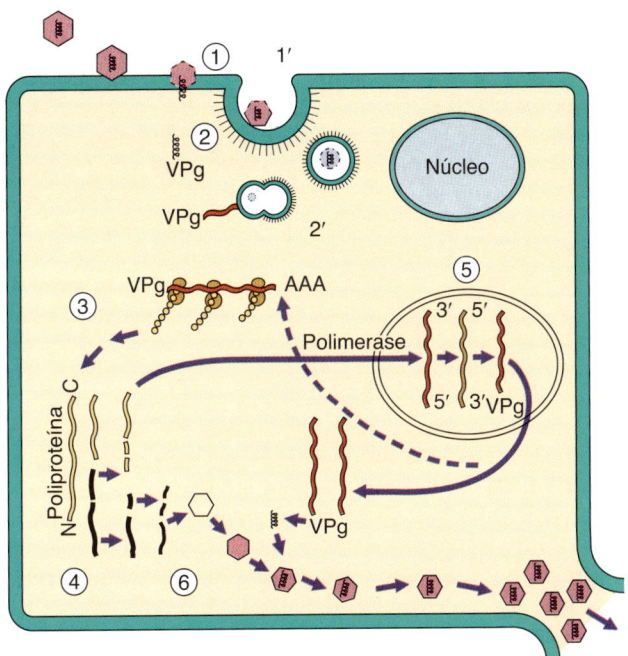

Figura 36.12 Replicação de picornavírus: um vírus de RNA, fita simples (+). *1*, a interação dos picornavírus com os receptores na superfície da célula define a célula-alvo e enfraquece o capsídio; *2*, o genoma é injetado através do vírion e atravessa a membrana celular; *2'*, alternativamente, o vírion é endocitado e então o genoma é liberado; *3*, o genoma é utilizado como mRNA para a síntese de proteínas. Uma grande poliproteína é traduzida do genoma do vírion; *4*, em seguida, a poliproteína é clivada proteoliticamente em proteínas individuais, incluindo uma RNA polimerase dependente de RNA; *5*, a síntese macromolecular prossegue em uma organela de replicação criada pelo vírus. A polimerase produz um molde de fita (–) a partir do genoma e replica o genoma. Uma proteína *(VPg)* é covalentemente ligada à extremidade 5' do genoma viral 5'; *6*, as proteínas estruturais se associam na estrutura do capsídio, o genoma é inserido e os vírions são liberados na lise celular.

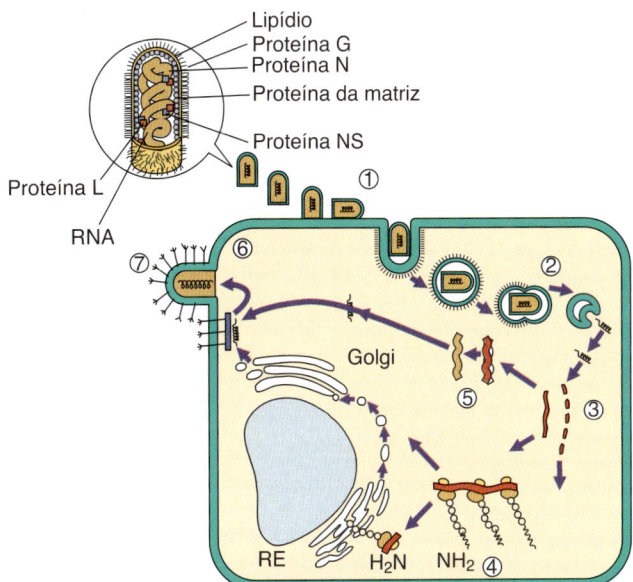

Figura 36.13 Replicação do rabdovírus: um vírus de RNA, fita simples e envelopado (–). *1*, os rabdovírus se ligam à superfície celular e são *(2)* endocitados. O envelope se funde com a membrana da vesícula do endossomo para liberar o nucleocapsídio até o citoplasma. O vírion deve carregar uma polimerase, que *(3)* produz cinco RNAs mensageiros (mRNAs) individuais e um molde de RNA (+) integral; *4*, as proteínas são traduzidas a partir dos mRNAs, incluindo uma glicoproteína (G), que é glicosilada durante a tradução no retículo endoplasmático *(RE)*, processada no complexo Golgi e liberada até a membrana celular; *5*, o genoma é replicado a partir do molde de RNA (+) e as proteínas N, L e NS associam-se ao genoma para formar o nucleocapsídio; *6*, a proteína da matriz associa-se à membrana modificada pela proteína-G, que é seguida pela montagem do nucleocapsídio; *7*, o vírus brota da célula em um vírion em forma semelhante a um projétil.

uma proteína terminal ao RNA para os picornavírus ou, como o mRNA eucariótico, a adição de um quepe de metilguanosina na extremidade 5' e a poliadenosina na extremidade 3'. Os vírus de RNA de fita negativa e de fita dupla trazem a maquinaria para esses processos na célula, juntamente com o genoma como parte do nucleocapsídio.

Como o RNA é degradado de maneira relativamente rápida, a RNA polimerase dependente do RNA deve ser fornecida ou sintetizada logo após o desnudamento para gerar mais RNA viral, ou a infecção será anulada. A maioria das RNA polimerases virais funciona em um ritmo rápido, mas também são propensas a erros, causando mutações. A replicação do genoma fornece novos moldes para a produção de mais mRNA e genomas, o que amplifica e acelera a replicação do vírus.

Os **genomas virais de RNA de polaridade positiva** dos picornavírus, **calicivírus, coronavírus, flavivírus** e togavírus atuam como mRNA, ligam-se aos ribossomos e dirigem a síntese de proteínas. *O genoma viral desnudo com RNA de polaridade positiva é suficiente para iniciar a infecção por si só.* As proteínas virais são traduzidas do genoma como uma poliproteína que é clivada por proteases virais e celulares em proteínas ativas. Esses vírus criam uma **organela de replicação** e um arcabouço para conter e organizar o genoma e as enzimas virais e celulares necessárias para a replicação e transcrição do genoma. A RNA polimerase dependente de RNA codificada pelo vírus produz um molde de RNA de fita negativa (antigenoma) e esse molde é utilizado para gerar mais mRNA e para replicar o genoma. Para os picornavírus e flavivírus, o genoma e o RNA molde de polaridade negativa e mRNA têm o mesmo tamanho. Para os togavírus, coronavírus e calicivírus, um mRNA e um molde integral são inicialmente produzidos e, posteriormente, vários mRNAs menores para proteínas estruturais e outras proteínas (genes tardios) são gerados a partir do molde.

Os **genomas virais de RNA de fita negativa** dos rabdovírus, ortomixovírus, paramixovírus, filovírus e buniavírus são os moldes para a produção de mRNAs individuais. O genoma do RNA de polaridade negativa não é infeccioso e não pode se ligar ao ribossomo; e uma polimerase deve ser transportada para dentro da célula com o genoma (associada ao genoma como parte do nucleocapsídio) para produzir os mRNAs para as diferentes proteínas virais. Como resultado, um RNA de fita positiva completa também deve ser produzido pela polimerase viral para atuar como um molde, gerando mais cópias do genoma. O genoma de RNA (–) é como o negativo de um rolo de filme fotográfico: cada quadro codifica uma foto/mRNA, mas é necessário um positivo completo para a replicação do rolo. Com exceção dos vírus influenza, a transcrição e a replicação de vírus de RNA de fita negativa ocorrem no citoplasma. A transcriptase do vírus influenza requer um *primer* (iniciador) para produzir mRNA. Ele usa as extremidades 5' do mRNA celular no núcleo como *primers* para sua polimerase e, no processo, rouba o quepe 5' do mRNA celular. O genoma de influenza também é replicado no núcleo.

> **Boxe 36.8** Propriedades dos vírus de RNA.
>
> O RNA é lábil e transitório.
> A replicação da maioria dos vírus ocorre no citoplasma.
> As células não podem replicar o RNA. Os vírus de RNA devem codificar uma RNA polimerase dependente de RNA.
> A estrutura do genoma determina o mecanismo de transcrição e replicação.
> Os vírus de RNA são propensos à mutação.
> A estrutura e a polaridade do genoma determinam como o mRNA viral é gerado e as proteínas são processadas.
> Os vírus de RNA, com exceção do genoma de RNA (+), devem conter polimerases.
> Todos os vírus de RNA (–) são envelopados.
>
> **Picornavírus, hepevírus, astrovírus, togavírus, flavivírus, calicivírus e coronavírus**
>
> O genoma de RNA (+) é semelhante ao mRNA e é traduzido em uma poliproteína, que sofre proteólise. Um molde de RNA (–) é utilizado para a replicação. Para os togavírus, coronavírus e calicivírus, as proteínas precoces são traduzidas do genoma e as proteínas tardias de mRNAs menores transcritas a partir do molde.
>
> **Ortomixovírus, paramixovírus, rabdovírus, filovírus e buniavírus**
>
> O genoma de RNA (–) é um molde para mRNAs individuais, mas o molde de RNA (+) integral é necessário para a replicação. O ortomixovírus realiza a replicação e a transcrição no núcleo e cada segmento do genoma codifica um mRNA e é um molde.
>
> **Reovírus**
>
> O genoma de RNA (+/–) segmentado é um molde para o mRNA (+RNA). O RNA (+) também pode apresentar o capsídio para gerar o RNA (+/–) e então mais mRNA.
>
> **Retrovírus**
>
> O genoma de RNA (+) do retrovírus é convertido em DNA, que é integrado na cromatina do hospedeiro e transcrito como um gene celular.

mRNA, RNA mensageiro.

Os reovírus têm um **genoma de RNA, de dupla fita, segmentado** e sofrem um modo mais complexo de replicação e transcrição. A RNA polimerase do reovírus é parte do cerne interno do capsídio; as unidades individuais de mRNA são transcritas de cada um dos 10 ou mais segmentos do genoma, enquanto ainda estão no cerne. As fitas negativas dos segmentos do genoma são utilizadas como moldes para a produção de mRNA de maneira semelhante àquela dos vírus de RNA de fita negativa. As enzimas codificadas por reovírus contidas no cerne do capsídio adicionam o quepe 5' ao mRNA viral. O mRNA não tem poliA. Os mRNAs são liberados no citoplasma, onde dirigem a síntese de proteínas ou são sequestrados em novos cernes. O RNA de fita positiva nos novos cernes atua como molde para o RNA de fita negativa e a polimerase do cerne produz o RNA de fita dupla da progênie.

Os arenavírus têm um **genoma em ambos os sentidos** com sequências (−) colineares às sequências (+). Os mRNAs precoces do vírus são transcritos a partir da porção de polaridade negativa do genoma, um intermediário replicativo completo é produzido para gerar um novo genoma e os mRNAs tardios do vírus são transcritos da região do intermediário replicativo, que é complementar às sequências (+).

Embora os **retrovírus** tenham um genoma de RNA de fita positiva, o vírus não fornece nenhum modo de replicação do RNA no citoplasma. Em vez disso, os retrovírus transportam duas cópias do genoma, duas moléculas de RNA transportador (tRNA) e uma DNA polimerase dependente de RNA (**transcriptase reversa**) no vírion. O tRNA é utilizado como um *primer* para a síntese de uma cópia de DNA complementar (**cDNA**) circular do genoma. O cDNA é sintetizado no citoplasma, transportado até o núcleo e é então integrado à cromatina do hospedeiro. O genoma viral torna-se um gene celular. Os promotores na extremidade do genoma viral integrado intensificam a transcrição das sequências de DNA viral pela célula. Os transcritos de RNA completos são utilizados como novos genomas e os mRNAs individuais são gerados pelo *splicing* diferencial desse RNA.

O modo mais incomum de replicação é reservado para o **deltavírus**. O deltavírus assemelha-se a um viroide. O genoma é um RNA de fita simples, circular, em forma de bastão, que é extensivamente hibridizado em si mesmo. Como exceção, o genoma de RNA do deltavírus é replicado pela RNA polimerase II dependente de DNA na célula hospedeira no núcleo. Uma parte do genoma forma uma estrutura de RNA denominada ribozima, que cliva o RNA circular para produzir um mRNA.

SÍNTESE DE PROTEÍNAS VIRAIS

Todos os vírus dependem dos ribossomos das células hospedeiras, do tRNA e dos mecanismos de modificação pós-traducional para produzir suas proteínas. A ligação do mRNA ao ribossomo é mediada por uma estrutura de quepe 5' de guanosina metilada ou uma estrutura especial em alça de RNA (sítio interno de entrada no ribossomo [IRES]), que se liga dentro do ribossomo para iniciar a síntese proteica. A estrutura do quepe, se utilizada, é adquirida de diferentes maneiras por diferentes vírus. A estrutura do IRES foi descoberta primeiramente no genoma do picornavírus e depois nos mRNAs celulares selecionados. A maioria dos mRNA virais, mas não todos, apresenta uma cauda poliA, como os mRNAs eucarióticos.

Ao contrário dos ribossomos bacterianos, que podem se ligar a um mRNA policistrônico e traduzir várias sequências de genes em proteínas distintas, o ribossomo eucariótico se liga ao mRNA e pode produzir apenas uma proteína contínua e então se desprende do mRNA. Cada vírus lida com essa limitação de maneira diferente, dependendo da estrutura do genoma. Por exemplo, o genoma completo de um vírus RNA de fita positiva é lido pelo ribossomo e traduzido em uma **poliproteína** gigante. A poliproteína é posteriormente clivada por proteases celulares e virais em proteínas funcionais. Os vírus de DNA, retrovírus e a maioria dos vírus de RNA de polaridade negativa transcrevem separadamente o mRNA para poliproteínas menores ou proteínas individuais. Os genomas do ortomixovírus e reovírus são segmentados e a maioria dos segmentos codifica proteínas únicas por esse motivo.

Os vírus utilizam táticas diferentes para promover a tradução preferencial de seu mRNA viral, em vez do mRNA celular. Em muitos casos, a concentração de mRNA viral na célula é tão grande que ocupa a maior parte dos ribossomos, impedindo a tradução do mRNA celular. A infecção por adenovírus bloqueia a saída do mRNA celular a partir do núcleo. O HSV e outros vírus inibem a síntese macromolecular celular e induzem a degradação do DNA e do mRNA da célula. Para promover a tradução seletiva de seu mRNA, o poliovírus utiliza uma protease codificada pelo vírus para inativar a proteína de ligação ao quepe de 200 mil Da do ribossomo para evitar a ligação e tradução do mRNA celular com quepe 5'. Os togavírus e muitos outros vírus aumentam a permeabilidade da membrana da célula; assim, a afinidade do ribossomo para a maioria do mRNA celular é diminuída. Todas essas ações também contribuem para a citopatologia da infecção pelo vírus. As consequências patogênicas dessas ações são discutidas mais adiante no Capítulo 37.

Algumas proteínas virais requerem **modificações pós-traducionais**, tais como fosforilação, glicosilação, acilação ou sulfatação. A fosforilação proteica é realizada por quinases de proteínas celulares ou virais e é um mecanismo de modulação, ativando ou inativando proteínas. Vários herpes-vírus e outros vírus codificam suas próprias proteínas quinases. *As glicoproteínas virais são sintetizadas em ribossomos ligados por membranas e apresentam as sequências de aminoácidos para permitir a inserção no retículo endoplasmático rugoso e a glicosilação N-ligada.* A forma precursora de alta manose das glicoproteínas progride do retículo endoplasmático até o sistema de transporte vesicular da célula e é processada através do complexo de Golgi. A glicoproteína madura, contendo ácido siálico, é expressa na membrana plasmática da célula. Algumas glicoproteínas expressam sequências de proteínas para distribuição em diferentes lados de uma célula epitelial polarizada (p. ex., pulmão) ou retenção em uma organela intracelular. *A presença da membrana das glicoproteínas determina se o vírion fará a montagem em membranas internas ou em superfícies apicais ou basolaterais.* Outras modificações, tais como a O-glicosilação, acilação e sulfatação das proteínas, também podem ocorrer durante a progressão por meio do complexo de Golgi.

MONTAGEM

A montagem do vírion é análoga a um quebra-cabeça tridimensional de intersecção que é montado na caixa. O vírion é construído com peças pequenas, de fácil fabricação, que envolvem o genoma em um pacote funcional. Cada parte do vírion tem estruturas de reconhecimento que permitem ao vírus formar as interações apropriadas de proteína-proteína, proteína-ácido nucleico e (para vírus envelopados) proteína-membrana, necessárias para a montagem na estrutura final. O processo de montagem começa quando as peças necessárias são sintetizadas e a concentração de proteínas estruturais na célula é suficiente para conduzir termodinamicamente o processo, muito semelhante a uma reação de cristalização. O processo de montagem pode ser facilitado por proteínas de arcabouço ou outras proteínas, algumas das quais são ativadas ou liberam energia na proteólise. Por exemplo, a clivagem da proteína VP0 do poliovírus libera o peptídeo de VP4, que solidifica o capsídio.

O sítio e o mecanismo de montagem do vírion na célula dependem de onde ocorre a replicação do genoma e se a estrutura final é um capsídio desnudo ou um vírus envelopado. A montagem do nucleocapsídio de DNA dos vírus, com exceção dos poxvírus, ocorre no núcleo e requer o transporte das proteínas do vírion para o núcleo. As montagens dos vírus de RNA e do poxvírus ocorrem no citoplasma.

Os vírus com capsídios podem ser montados como estruturas vazias (pró-capsídios) a serem preenchidos com o genoma (p. ex., picornavírus) ou eles podem ser montados ao redor do genoma. Os nucleocapsídios dos retrovírus, togavírus e dos vírus de RNA de polaridade negativa são montados ao redor do genoma e são posteriormente envoltos em um envelope. O nucleocapsídio helicoidal dos vírus de RNA de fita negativa inclui a RNA polimerase dependente de RNA necessária para a síntese de mRNA na célula-alvo.

Para vírus envelopados, as glicoproteínas recém-sintetizadas e processadas são liberadas para as membranas celulares por transporte vesicular. A aquisição de um envelope ocorre após associação do nucleocapsídio com as regiões contendo glicoproteína viral de membranas de células hospedeiras em um processo denominado **brotamento**. As proteínas da matriz para alguns vírus de RNA de fita negativa revestem e promovem a adesão dos nucleocapsídios com a membrana modificada pela glicoproteína. À medida que ocorrem mais interações, a membrana circunda o nucleocapsídio e o vírus brota a partir da membrana.

O tipo de genoma e a sequência proteica das glicoproteínas determinam a região de brotamento. A maioria dos vírus de RNA brota da membrana plasmática e o vírus é liberado da célula ao mesmo tempo, sem matá-la. Os flavivírus, coronavírus e buniavírus adquirem seu envelope pelo brotamento no retículo endoplasmático e membranas de Golgi e podem permanecer associados a células nessas organelas. A montagem do nucleocapsídio do HSV ocorre no núcleo, seguido pelo seu brotamento para dentro e depois para fora do retículo endoplasmático adjacente. O nucleocapsídio é descarregado no citoplasma, as proteínas virais associam-se ao capsídio e, em seguida, o envelope é adquirido pelo brotamento em uma membrana da rede trans-Golgi decorada com as 10 glicoproteínas virais. O vírion é transportado para a superfície celular e liberado por exocitose na lise celular ou transmitido através de pontes intercelulares.

Os vírus utilizam diferentes truques para garantir que todas as suas porções sejam montadas em víriions completos. A RNA polimerase necessária para a infecção pelo vírus de RNA de fita negativa é transportada no genoma como parte de um nucleocapsídio helicoidal. O vírus da imunodeficiência humana (HIV) e outros genomas de retrovírus são empacotados em um pró-capsídio que consiste em uma polipoproteína contendo protease, polimerase, integrase e proteínas estruturais. Esse pró-capsídio se liga às membranas modificadas por glicoproteína viral e o vírion brota a partir da membrana. A protease codificada pelo vírus é ativada dentro do vírion e cliva a polipoproteína para produzir o nucleocapsídio infeccioso final e as proteínas necessárias dentro do envelope.

A montagem de vírus com genomas segmentados, tais como influenza ou reovírus, requer o acúmulo de pelo menos uma cópia de cada segmento genético para ser infeccioso. Os segmentos inserem-se em estruturas criadas pelas proteínas virais.

Os erros são cometidos pela polimerase viral e durante a montagem viral. Os víriions vazios e os que contêm genomas defeituosos são produzidos. Consequentemente, a razão entre partícula-vírus infeccioso, também denominada *razão entre partícula-unidade formadora de placas*, é alta, geralmente superior a 10, e durante a replicação viral rápida pode ser de até 10^4. Os vírus defeituosos podem ocupar a maquinaria (p. ex., ligar-se ao receptor) necessária para a replicação normal do vírus, prevenindo (interferindo na) a produção do vírus (**partículas interferentes defeituosas**).

LIBERAÇÃO

Os vírus podem ser liberados das células após a lise celular, por exocitose ou por brotamento da membrana plasmática. Os vírus com capsídios desnudos são geralmente liberados após a lise da célula. A liberação da maioria dos vírus envelopados ocorre após o brotamento da membrana plasmática sem a morte da célula. A sobrevivência da célula permite a produção e liberação contínua do vírus da fábrica. A lise e o brotamento da membrana plasmática são meios eficientes de liberação. Os vírus que realizam a montagem, o brotamento do vírus ou a aquisição de sua membrana no citoplasma (p. ex., flavivírus, poxvírus) permanecem associados à célula e são liberados por exocitose ou lise celular. Vírus que se ligam aos receptores de ácido siálico (p. ex., ortomixovírus, alguns paramixovírus) também podem ter uma NA (neuroaminidase). A NA remove o potencial dos receptores de ácido siálico nas glicoproteínas do vírion e da célula hospedeira para evitar a aglomeração dentro da célula e facilitar a liberação.

PROPAGAÇÃO DA INFECÇÃO

O vírus pode ser espalhado para outras células ao ser liberado para o meio extracelular, mas, alternativamente, o vírus, o nucleocapsídio ou o genoma podem ser transmitidos *através de pontes de célula a célula, após a fusão célula a célula ou verticalmente às células-filhas*. Essas rotas alternativas permitem que o vírus escape da detecção pelos anticorpos. Alguns herpes-vírus, retrovírus e paramixovírus podem induzir a fusão célula a célula, promovendo a junção das células em células gigantes multinucleadas **(sincícios)**, que se tornam enormes fábricas de vírus. Os retrovírus e alguns vírus de DNA podem transmitir sua cópia integrada do genoma verticalmente para células-filhas na divisão celular.

Genética Viral

As mutações ocorrem espontaneamente e prontamente em genomas virais, criando novas cepas de vírus com propriedades diferentes do **vírus, parental** ou **tipo selvagem**. A maioria das mutações não tem efeito ou é prejudicial para o vírus, mas as mutações em genes essenciais podem inativar o vírus. Mutações em outros genes podem produzir resistência a medicamentos antivirais ou alterar a antigenicidade ou patogenicidade do vírus.

As polimerases virais são propensas a erros e geram muitas mutações durante a replicação do genoma. Além disso, os vírus de RNA não contam com um mecanismo de verificação de erros genéticos. Como resultado, as taxas de mutação para os vírus de RNA são geralmente maiores do que para os vírus de DNA.

As mutações que inativam os genes essenciais são denominadas **mutações letais**. Esses mutantes são difíceis de isolar porque o vírus não pode se replicar. Um **mutante de deleção** resulta da perda ou remoção seletiva de uma porção do genoma e da função que ele codifica. Outras mutações podem produzir **mutantes na placa**, que diferem do tipo selvagem no tamanho ou aparência das células infectadas; a **gama de hospedeiros mutantes**, que diferem no tipo de tecido ou espécie da célula-alvo que pode ser infectada; ou **mutantes atenuados**, que são variantes que causam doenças menos graves em animais ou humanos.

Os **mutantes condicionais**, como os **mutantes sensíveis à temperatura (st)** ou **mutantes sensíveis ao frio**, apresentam uma mutação em um gene para uma proteína essencial que permite a produção do vírus somente em determinadas temperaturas. Enquanto os mutantes st geralmente crescem bem ou relativamente melhor em temperaturas entre 30 e 35°C, a proteína codificada torna-se inativa em temperaturas elevadas, de 38 a 40°C, prevenindo a produção do vírus. As vacinas de vírus vivo são frequentemente mutantes condicionais ou para uma gama de hospedeiros e atenuados para a doença humana.

Novas cepas de vírus também podem surgir por interações genéticas entre os vírus ou entre o vírus e a célula (Figura 36.14). A troca genética intramolecular entre vírus ou o vírus e o hospedeiro é denominada **recombinação**. A recombinação pode ocorrer prontamente entre dois vírus de DNA relacionados. Por exemplo, a coinfecção de uma célula com os dois herpes-vírus estreitamente relacionados (HSV tipos 1 e 2) produz cepas recombinantes intertípicas. Essas novas cepas híbridas têm genes dos tipos 1 e 2. A integração do retrovírus na cromatina da célula hospedeira é uma forma de recombinação. A recombinação de dois vírus de RNA relacionados, o vírus da encefalite equina de *Sindbis* e da encefalite do leste, resultou na criação de outro togavírus, o vírus da encefalite equina do oeste (WEE; do inglês, *western equine encephalitis*).

Vírus com genomas segmentados (p. ex., vírus influenza e reovírus) formam cepas híbridas na infecção de uma célula com mais de uma cepa de vírus. Esse processo, denominado **reagrupamento**, é análogo a escolher 10 bolinhas de gude em uma caixa contendo 10 bolinhas pretas e 10 brancas. Muitas cepas diferentes do vírus influenza A são criadas na coinfecção com um vírus de diferentes espécies (ver Figura 49.5).

Um vírus defeituoso pode ser resgatado e replicado **(complementação)** se a função perdida exigida pelo mutante é fornecida pela replicação de outro mutante, pelo vírus do tipo selvagem ou por uma linhagem celular que expresse

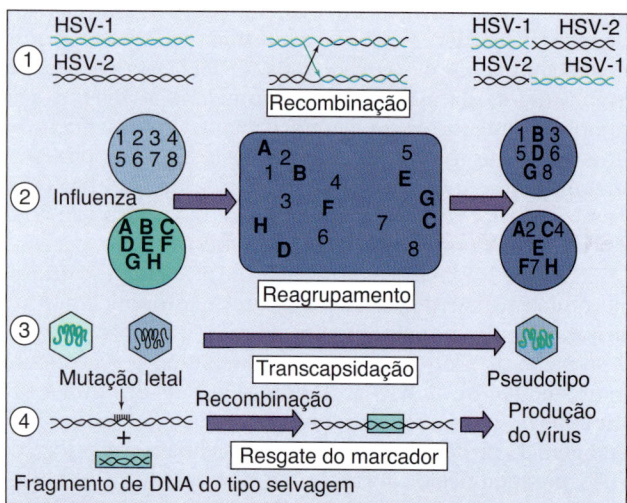

Figura 36.14 A troca genética entre partículas virais pode dar origem a novos tipos de vírus, como ilustrado. Os vírus representativos incluem os seguintes: *1*, recombinação intertípica do herpes-vírus simples tipo 1 *(HSV-1)* e tipo 2 *(HSV-2)*; *2*, reagrupamento de duas cepas do vírus influenza; *3*, resgate de um poliomavírus defeituoso na montagem por um vírus defeituoso complementar (transcapsidação); e *4*, resgate do marcador de uma mutação letal ou condicional.

a função ausente. Uma vacina experimental contra HSV com ciclo único infeccioso incapacitado (DISC-HSV, do inglês *disabled infectious single-cycle HSV*) carece de um gene essencial e é cultivada em uma linhagem celular que expressa esse produto gênico para "complementar" o vírus. O vírus da vacina pode infectar as células normais do indivíduo, mas os vírions que são produzidos carecem da função necessária para a replicação em outras células e não podem ser propagados. O resgate de um mutante letal ou condicional-letal com uma sequência genética definida, tal como um fragmento de DNA com endonuclease de restrição, é denominado **resgate do marcador**. O resgate do marcador é usado para mapear os genomas de vírus como o HSV. O vírus produzido a partir de células infectadas com diferentes cepas de vírus pode ser fenotipicamente misturado e ter as proteínas de uma cepa, mas o genoma do outro **(transcapsidação)**. Os **pseudotipos** são gerados quando a transcapsidação ocorre entre diferentes tipos de vírus, o que é raro fora do laboratório.

As cepas ou mutantes virais individuais são **selecionados** por sua capacidade de usar a maquinaria da célula hospedeira e de resistir às condições do corpo e do ambiente. As propriedades celulares que podem atuar como **pressões seletivas** incluem a taxa de crescimento da célula, expressão de determinadas proteínas específicas do tecido, requeridas pelo vírus (p. ex., enzimas, glicoproteínas, fatores de transcrição) e proteínas que impedem funções essenciais do vírus. As condições do corpo, sua elevada temperatura, defesas inatas e imunes, estrutura dos tecidos e tratamento com medicamentos antivirais também são pressões seletivas para os vírus. Os vírus que não podem suportar essas condições ou escapar das defesas do hospedeiro são eliminados. Uma pequena vantagem seletiva em um vírus mutante pode levá-lo rapidamente a se tornar a cepa viral predominante. A alta taxa de mutação do HIV promove uma mudança no tropismo para a célula-alvo, incluindo diferentes tipos de células T, o desenvolvimento de cepas resistentes aos medicamentos antivirais e a geração de variantes antigênicas durante o curso da infecção de um paciente.

O crescimento do vírus em condições laboratoriais benignas permite que cepas mais fracas sobrevivam por causa da ausência de pressões seletivas do corpo humano. Esse processo é utilizado para selecionar cepas de vírus atenuados para uso em vacinas.

Vetores virais para a terapia

Os vírus manipulados geneticamente podem ser excelentes sistemas de liberação para genes exógenos. Os vírus podem fornecer terapias de substituição de genes, podem ser empregados como vacinas para promover a imunidade a outros agentes ou tumores e podem agir como assassinos dirigidos contra tumores. As vantagens da aplicação dos vírus são que eles podem ser prontamente amplificados por replicação em células apropriadas e eles apresentam como alvos os tecidos específicos e liberam o DNA ou RNA na célula. Os vírus que estão sendo desenvolvidos como vetores incluem os retrovírus, adenovírus, HSV, um vírus adenoassociado (parvovírus), poxvírus (p. ex., vacínia e varíola dos canários) (ver Figura 44.7) e até mesmo alguns togavírus. Os vetores virais são, de modo geral, vírus defeituosos ou atenuados nos quais o DNA exógeno substitui uma virulência ou um gene não essencial. O gene exógeno pode estar sob o controle de um promotor viral ou mesmo de um promotor específico do tecido. Os vetores virais defeituosos são cultivados em linhagens celulares que expressam as funções virais ausentes "complementares" ao vírus. A progênie pode liberar seu ácido nucleico, mas não produz o vírus infeccioso. Os retrovírus e os vírus adenoassociados podem se integrar às células e liberar permanentemente um gene no cromossomo desta. Os adenovírus e o HSV promovem a liberação direcionada do gene exógeno para células portadoras do receptor. Os HSVs geneticamente atenuados (vírus oncolíticos) são utilizados para eliminar especificamente as células em crescimento dos glioblastomas, enquanto poupam os neurônios vizinhos. O adenovírus e o vírus da varíola dos canários estão sendo utilizados para transportar e expressar o HIV e outros genes como vacinas. O vírus da vacínia que carrega um gene para a glicoproteína da raiva já está sendo utilizado com sucesso para imunizar guaxinins, raposas e gambás na natureza. No futuro, os vetores virais poderão ser empregados rotineiramente para tratar a fibrose cística, a distrofia muscular de Duchenne e doenças de armazenamento lisossômico, bem como distúrbios imunológicos.

Bibliografia

Cohen, J., Powderly, W.G., 2004. Infectious Diseases, second ed. Mosby, St Louis.
Flint, S.J., Racaniello, V.R., et al., 2015. Principles of Virology, fourth ed. American Society for Microbiology Press, Washington, DC.
Knipe, D.M., Howley, P.M., 2013. Fields Virology, sixth ed. Lippincott Williams & Wilkins, Philadelphia.
Richman, D.D., Whitley, R.J., Hayden, F.G., 2017. Clinical Virology, fourth ed. American Society for Microbiology Press, Washington, DC.
Rosenthal, K.S., 2006. Viruses: microbial spies and saboteurs. Infect Dis Clin Pract 14, 97–106.
Loefflholz, M.J., 2016. Clinical Virology Manual, fifth ed. American Society for Microbiology Press, Washington, DC.
Strauss, J.M., Strauss, E.G., 2007. Viruses and Human Disease, second ed. Academic, San Diego.

Websites

All the virology on the www.virology.net/garryfavweb.html. Accessed June 8, 2018.
The big picture book of viruses. www.virology.net/Big_Virology/BVHomePage.html. Accessed June 8, 2018.
Stannard, L., Virological Methods Slideset. http://virology-online.com/general/Test1.htm. Accessed June 8, 2018.
Stannard, L., Virus Ultra Structure: Electron Micrograph Images. http://www.virology.uct.ac.za/vir/teaching/linda-stannard/electron-micrograph-images. Accessed June 8, 2018.

37 Mecanismos de Patogênese Viral

Os vírus causam doenças após romperem as barreiras naturais protetoras do corpo, escaparem do controle imunológico e ao eliminarem as células de um tecido importante (p. ex., cérebro) ou estimularem uma resposta inflamatória e imune destrutiva. O desfecho de uma infecção viral é determinado pela natureza da interação entre o vírus e o hospedeiro, assim como da resposta do hospedeiro à infecção (Boxe 37.1). A resposta imune é o melhor tratamento, mas frequentemente contribui para a patogênese de uma infecção viral. O tecido-alvo do vírus define a natureza da doença e seus sintomas. Fatores virais e do hospedeiro regem a gravidade da doença; incluem a cepa do vírus, o tamanho do inóculo e a saúde geral do indivíduo infectado. A capacidade da resposta imune da pessoa infectada de controlar a infecção determina a gravidade e a duração da doença. Determinada doença pode ser causada por vários vírus que têm um **tropismo** tecidual comum (preferência), como a hepatite (o fígado), o resfriado comum (o trato respiratório superior) e a encefalite (o sistema nervoso central). Por outro lado, um vírus em particular pode causar várias doenças diferentes ou nenhum sintoma observável. Por exemplo, o herpes-vírus simples tipo 1 (HSV-1) pode causar gengivostomatite, faringite, herpes labial (aftas), herpes genital, encefalite ou ceratoconjuntivite, dependendo do tecido afetado, ou pode não causar nenhuma doença aparente. Embora raramente letal em um adulto, a infecção pelo HSV pode ser fatal em um recém-nascido ou em um indivíduo imunocomprometido.

Os vírus codificam atividades **(fatores de virulência)** que promovem a eficiência da replicação viral, transmissão viral, acesso e ligação do vírus ao tecido-alvo ou escape do vírus das defesas do hospedeiro e da resolução pelo sistema imune (ver Capítulo 10). Essas atividades podem não ser essenciais para o crescimento na cultura em tecidos, mas são necessárias para a patogenicidade ou sobrevivência do vírus no hospedeiro. A perda desses fatores de virulência resulta na **atenuação** do vírus. Muitas vacinas de vírus vivos são constituídas por cepas atenuadas do vírus.

A discussão neste capítulo se concentra na doença viral em nível celular (citopatogênese), em nível do hospedeiro (mecanismos da doença) e em nível populacional (epidemiologia e controle). A resposta imune antiviral é discutida aqui e no Capítulo 10.

Etapas básicas na doença viral

As doenças virais no corpo progridem por meio de etapas definidas, assim como a replicação viral na célula (Figura 37.1A). Essas etapas são observadas no Boxe 37.2.

O período de incubação pode prosseguir sem sintomas **(assintomático)** ou pode produzir sintomas iniciais induzidos por citocinas e não específicos, tais como febre, dores de cabeça ou no corpo e calafrios, denominados de **pródromo**. Muitas vezes a infecção viral é resolvida por defesas inatas do hospedeiro, sem sintomas. Os sintomas da doença são causados por danos nos tecidos e efeitos sistêmicos causados pelo vírus e pelo sistema imune. Esses sintomas podem continuar durante a **convalescença** enquanto o corpo repara os danos. O indivíduo geralmente desenvolve uma resposta imune de memória para proteção futura contra um desafio semelhante por esse vírus.

Infecção do tecido-alvo

O vírus ganha **acesso ao corpo** através de rupturas na pele (cortes, mordidas, picadas ou injeções) ou através das membranas mucoepiteliais que revestem os orifícios do corpo (olhos, sistema respiratório, boca, genitálias e sistema digestório). A pele é uma excelente barreira à infecção. Lágrimas, muco, epitélio ciliado, ácido estomacal, bile e a imunoglobulina (Ig)A protegem os orifícios. *A inalação é provavelmente a rota mais comum de infecção viral.*

Ao entrar no corpo, o vírus replica em células que expressam receptores virais e apresentam a maquinaria biossintética apropriada. Muitos vírus iniciam a infecção na mucosa oral ou trato respiratório superior. Os sinais da doença podem acompanhar a replicação viral no sítio primário. O vírus pode se replicar e permanecer no sítio primário, disseminar para outros tecidos através da corrente sanguínea ou para o interior de fagócitos mononucleares e linfócitos ou disseminar para os neurônios (ver Figura 37.1B).

A corrente sanguínea e o sistema linfático são as vias predominantes de transferência viral no corpo. O vírus pode ter acesso a eles após o dano tecidual, na captação por macrófagos, ou no transporte, através das células mucoepiteliais

---

Boxe 37.1 Determinantes da doença viral.

Natureza da doença

Tecido-alvo
Porta de entrada do vírus
Acesso do vírus ao tecido-alvo
Tropismo tecidual do vírus
Permissividade das células para replicação viral
Atividade patogênica (específica de cepa)

Gravidade da doença

Capacidade citopática do vírus
Tamanho do inóculo do vírus
Condição imunológica (sem imunidade prévia ou imunizado)
Competência do sistema imune
Imunopatologia
Período de tempo antes da resolução da infecção
Saúde geral do indivíduo
Nutrição
Outras doenças que influenciam o estado imunológico
Composição genética da pessoa
Idade

Capítulo 37 • Mecanismos de Patogênese Viral

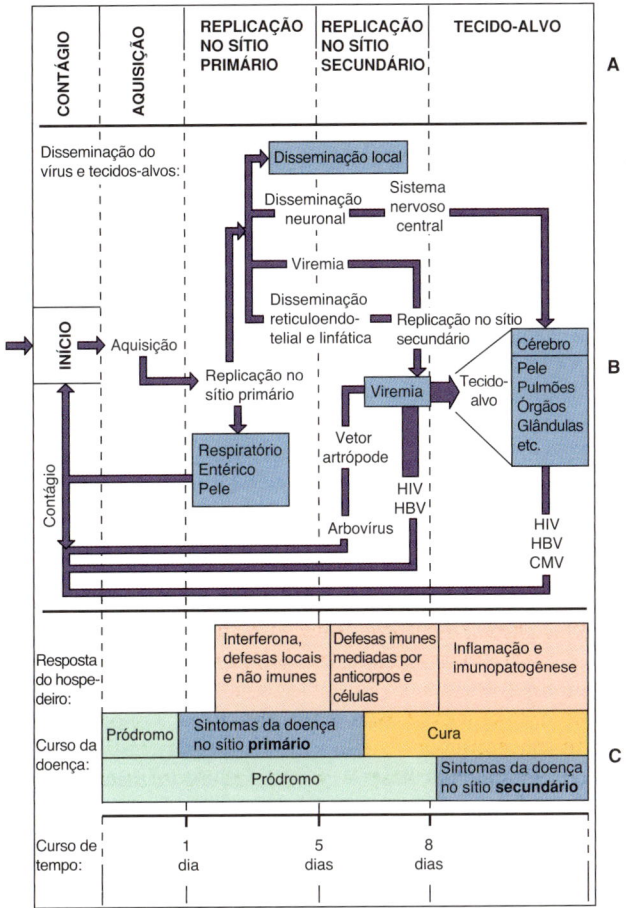

Boxe 37.2 Progressão da doença viral.

1. **Aquisição** (entrada no corpo)
2. Início da infecção em um sítio primário
3. Ativação de proteções inatas
4. Um **período de incubação**, quando o vírus é amplificado e pode se propagar para um sítio secundário
5. Replicação no **tecido-alvo**, o que causa os sinais característicos da doença
6. **Respostas do hospedeiro** que limitam e contribuem (imunopatogênese) para a doença
7. A produção de vírus em um tecido que libera o vírus para outras pessoas para o **contágio**
8. **Resolução** ou **infecção persistente/doença crônica**

Figura 37.1 A. Estágios da infecção viral. O vírus é liberado de um indivíduo, é adquirido por outro, replica-se e inicia uma infecção primária no sítio de aquisição. Dependendo do vírus, ele pode depois se espalhar para outros sítios do corpo e finalmente para um tecido-alvo característico da doença. **B.** O ciclo começa com a aquisição, como indicado, e prossegue até a liberação de novos vírus. A espessura da seta indica o grau em que o inóculo original do vírus é amplificado na replicação. As caixas indicam um sítio ou a causa dos sintomas. **C.** Curso temporal da infecção viral. O curso temporal dos sintomas e a resposta imune estão correlacionados ao estágio de infecção viral e dependem de o vírus causar sintomas no sítio primário ou somente após a disseminação para outro sítio (secundário). *CMV*, citomegalovírus; *HBV*, vírus da hepatite B; *HIV*, vírus da imunodeficiência humana.

da orofaringe, sistema digestório, vagina ou ânus. Diversos vírus entéricos (picornavírus e reovírus) se ligam aos receptores em células M, que promovem a translocação do vírus até as placas de Peyer subjacentes do sistema linfático.

O transporte do vírus no sangue é denominado **viremia**. O vírus pode estar livre no plasma ou estar associado a células, como em linfócitos ou macrófagos. Os vírus captados por macrófagos fagocíticos podem ser inativados, replicados ou liberados para outros tecidos. A replicação de um vírus em macrófagos, no revestimento endotelial dos vasos sanguíneos, no pulmão ou fígado pode causar a amplificação da infecção e o início do desenvolvimento de uma **viremia secundária**. Em muitos casos, uma viremia secundária precede a liberação do vírus ao **tecido-alvo** (p. ex., fígado, cérebro, pele) e a manifestação de sintomas característicos.

Os vírus podem ganhar acesso ao sistema nervoso central ou cérebro (1) da corrente sanguínea (p. ex., vírus da arboencefalite), (2) de meninges ou líquido cefalorraquidiano

infectados, (3) por meio da migração de macrófagos infectados ou (4) por infecção de neurônios periféricos e sensoriais (olfatórios). As meninges são acessíveis a muitos dos vírus espalhados pela viremia, que também podem fornecer acesso aos neurônios. Os herpes-vírus simples, varicela-zóster e da raiva, inicialmente, infectam o mucoepitélio, a pele ou o músculo e, depois, o neurônio de inervação periférica, que transporta o vírus para o sistema nervoso central ou para o cérebro.

Patogênese viral

CITOPATOGÊNESE

Os cinco desfechos potenciais da infecção viral de uma célula são descritos a seguir (Boxe 37.3; Tabela 37.1):
1. Falha da infecção (infecção abortiva).
2. Morte celular (infecção lítica).
3. Replicação sem morte celular (**infecção persistente**).
4. Replicação sem morte celular, mas com imortalização da célula.
5. Presença de vírus sem produção viral, mas com potencial de reativação (infecção latente-recorrente).

As infecções persistentes podem ser (1) **crônicas** (não líticas, produtivas), (2) **latentes** (síntese limitada de macromoléculas virais, mas sem síntese do vírus), (3) **recorrentes** (períodos de latência, seguidos por produção viral) ou (4) de **transformação** (imortalizantes).

A natureza da infecção é determinada pelas características do vírus e da célula-alvo. Mutantes virais, que não se multiplicam, causam infecções abortivas e, portanto, desaparecem. Uma **célula não permissiva** pode não ter um receptor, uma importante via enzimática ou um ativador transcricional, ou expressar um mecanismo antiviral que não possibilita a replicação de determinado tipo ou cepa de vírus. Por exemplo, neurônios e células não replicativas carecem de maquinaria e substratos para replicação de alguns vírus com genomas de ácidos desoxirribonucleicos (DNA). Essas células também podem limitar a síntese de proteína viral por fosforilação do fator-2α de iniciação da elongação (eIF-2α), impedindo a montagem de ribossomos no mRNA com quepe (*cap*) na extremidade 5'. Essa proteção é acionada pela grande quantidade de síntese proteica necessária para a produção de vírus (resposta proteica desenovelada; do inglês *unfolded protein response*) ou sua ativação pelo estado antiviral induzido por interferona (IFN)-α, IFN-β e IFN λ. Os herpes-vírus

Boxe 37.3 Determinantes da patogênese viral.

Interação do vírus com o tecido-alvo

Acesso do vírus ao tecido alvo
Estabilidade do vírus no corpo
Temperatura
Ácido e bile do sistema digestório
Capacidade de atravessar a pele ou as células epiteliais da mucosa
 (p. ex., atravessar o sistema digestório para a corrente sanguínea)
Capacidade de estabelecer viremia
Capacidade de propagação pelo sistema fagocítico-mononuclear
Tecido-alvo
 Especificidade das proteínas de fixação viral
 Expressão de receptores tecido-específicos

Atividade citopatológica do vírus

Eficiência da replicação viral na célula
 Temperatura ideal para replicação
 Permissividade da célula para replicação
Proteínas virais citotóxicas
Inibição da síntese macromolecular da célula
Acúmulo de proteínas e estruturas virais (corpos de inclusão)
Metabolismo celular alterado (p. ex., imortalização celular)

Respostas protetoras do hospedeiro

Respostas antivirais não específicas para o antígeno
 Interferona e citocinas
 Células *natural killer* (matadoras naturais) e macrófagos
Respostas imunes específicas para o antígeno
 Respostas das células T
 Respostas de anticorpos
Mecanismos virais de escape das respostas imunes

Imunopatologia

Interferona e citocinas: sintomas gripais sistêmicos
Respostas das células T: morte celular, inflamação
Anticorpo: complemento, citotoxicidade celular dependente de
 anticorpos, imunocomplexos
Outras respostas inflamatórias

Tabela 37.1 Tipos de infecção viral no nível celular.

Tipo	Produção do vírus	Destino da célula
Abortivo	–	Sem efeito
Citolítico	+	Morte
Persistente		
Produtivo	+	Senescência
Latente	–	Sem efeito
Transformador		
Vírus de DNA	–	Imortalização
Retrovírus	+	Imortalização

e alguns outros vírus previnem isto pela inibição da enzima de fosforilação (proteinoquinase R) ou ativando uma fosfatase proteica celular para remover o fosfato no eIF-2α. Outro exemplo é a APOBEC3, enzima que causa a inativação da hipermutação do cDNA do retrovírus. Esse é um mecanismo para restringir o crescimento dos inúmeros retrovírus endógenos que são parte do cromossomo humano. A proteína do fator de infectividade viral (VIF, do inglês *viral infectivity factor*) do vírus da imunodeficiência humana (HIV) supera esse bloqueio, promovendo a degradação de APOBEC3.

Uma **célula permissiva** fornece a maquinaria biossintética para sustentar o ciclo completo de replicação do vírus. A replicação do vírus em uma célula **semipermissiva** pode ser muito ineficiente ou a célula pode sustentar algumas, mas não todas as etapas da replicação viral.

Infecções líticas

A infecção lítica ocorre quando a replicação do vírus mata a célula-alvo. Alguns vírus causam dano à célula e impedem o reparo inibindo a síntese de macromoléculas celulares ou pela produção de enzimas de degradação e proteínas tóxicas. Por exemplo, o HSV e outros vírus produzem proteínas que inibem a síntese de DNA e mRNA celular e sintetizam outras proteínas que degradam o DNA do hospedeiro para fornecer substratos para replicação do genoma viral. A síntese de proteína celular pode ser ativamente bloqueada (p. ex., o poliovírus inibe a tradução do mRNA celular com quepe 5') ou passivamente bloqueado (p. ex., por meio da produção de uma grande quantidade de mRNA viral que compete com sucesso pelos ribossomos) (ver Capítulo 36).

A replicação do vírus e o acúmulo de componentes virais e a progênie dentro da célula podem perturbar a estrutura e a função da célula ou perturbar os lisossomos, causando a morte da célula. A expressão de antígenos virais na superfície da célula e a ruptura do citoesqueleto podem mudar as interações célula a célula e a aparência da célula, tornando-a um alvo para a citólise pelo sistema imune. Ácidos nucleicos virais no citoplasma podem ativar receptores de padrões moleculares associados a patógenos (PAMPs), promovendo a ativação do inflamassomo, citocinas e respostas de interferona que podem limitar a replicação do vírus.

A infecção viral ou respostas imunes citolíticas podem induzir **apoptose** na célula infectada. A apoptose é uma cascata predefinida de eventos que, quando acionada, leva ao suicídio celular. Esse processo pode facilitar a liberação do vírus a partir da célula, mas também limita a quantidade de vírus que é produzida pela destruição da "fábrica" viral. Como resultado, *muitos vírus (p. ex., o herpes-vírus, o adenovírus, o vírus da hepatite C [HCV]) codificam métodos de codificação para a inibição da apoptose*.

A expressão de glicoproteínas da superfície celular de alguns paramixovírus, herpes-vírus e retrovírus aciona a fusão de células vizinhas em **células gigantes multinucleadas**, denominadas **sincícios**. A formação de sincícios permite a propagação célula-célula da infecção viral e o escape da detecção pelos anticorpos. Os sincícios podem ser frágeis e suscetíveis à lise. Os sincícios que ocorrem na infecção pelo HIV também causam a morte das células.

Algumas infecções virais causam citólise ou alterações características no aspecto e nas propriedades da célula-alvo, o chamado **efeito citopatológico (ECP)**. Os efeitos sobre a célula podem resultar da aquisição viral da síntese de macromoléculas, acúmulo de proteínas virais ou partículas, modificação ou ruptura de estruturas celulares ou manipulação das funções celulares (Tabela 37.2). Por exemplo, as aberrações cromossômicas e a degradação podem ocorrer e ser detectadas com coloração histológica (p. ex., cromatina marginada anelando a membrana nuclear em células infectadas por HSV e adenovírus). Além disso, novas estruturas coráveis chamadas **corpos de inclusão** podem aparecer dentro do núcleo ou do citoplasma. Essas estruturas podem resultar de mudanças induzidas por vírus na membrana ou na estrutura cromossômica ou representar os sítios de replicação viral ou acúmulo de capsídios virais. Como a natureza e a localização desses corpos de inclusão são características de infecções virais particulares, sua presença facilita o diagnóstico laboratorial (ver Tabela 37.2). A infecção viral também pode causar a vacuolização, arredondamento das células e outras modificações histológicas inespecíficas que são características de células doentes.

Infecções não líticas

Uma **infecção persistente** ocorre em uma célula infectada que não é morta pelo vírus. Alguns vírus causam uma infecção produtiva persistente, porque são liberados delicadamente da célula por meio da exocitose ou de brotamento (muitos vírus envelopados) a partir da membrana plasmática. Pensando como um parasita, o vírus não quer matar a célula, porque *quanto mais tempo uma célula vive, mais tempo o vírus permanece no corpo e mais vírus é produzido para se propagar para outras células ou indivíduos.*

Uma **infecção latente** pode resultar de uma infecção por vírus de DNA de uma célula que restringe ou carece da maquinaria para a transcrição de todos os genes virais ou o vírus pode codificar funções que suprimem sua replicação (p. ex., citomegalovírus) para prolongar seu parasitismo. Os fatores de transcrição específicos necessários por determinado vírus podem ser expressos apenas em tecidos específicos, em células em crescimento, mas não em repouso, ou após a indução por hormônios ou citocinas. Por exemplo, o HSV estabelece uma infecção latente em neurônios que não expressam os fatores nucleares necessários para transcrever os genes virais precoces imediatos, mas o estresse e outros estímulos podem ativar as células, permitindo a replicação viral.

Vírus oncogênicos

Alguns vírus de DNA e retrovírus estabelecem infecções persistentes que também podem estimular o crescimento descontrolado das células, causando a **transformação** ou a **imortalização** da célula (Figura 37.2). As características das células transformadas incluem o crescimento contínuo sem senescência, alterações na morfologia e metabolismo celular, aumento da taxa de crescimento celular e do transporte de açúcar, perda da inibição do crescimento pelo contato celular e capacidade de desenvolvimento em suspensão ou amontoadas em focos quando cultivadas para o crescimento em ágar semissólido.

Diferentes vírus **oncogênicos** têm mecanismos diferentes para a imortalização de células. Os vírus imortalizam as células (1) ativando ou fornecendo genes para estimulação do crescimento, (2) removendo os mecanismos de frenagem inerentes que limitam a síntese de DNA e o crescimento celular, (3) prevenindo a apoptose ou (4) fornecendo ou induzindo citocinas que estimulam o crescimento. A imortalização pelo vírus de DNA ocorre em células semipermissivas, que expressam apenas genes virais selecionados, mas não produzem vírus. A síntese de DNA viral, mRNA tardio, proteínas tardias ou do vírus leva à morte celular, o que impede a imortalização. Vários vírus de DNA oncogênicos se integram

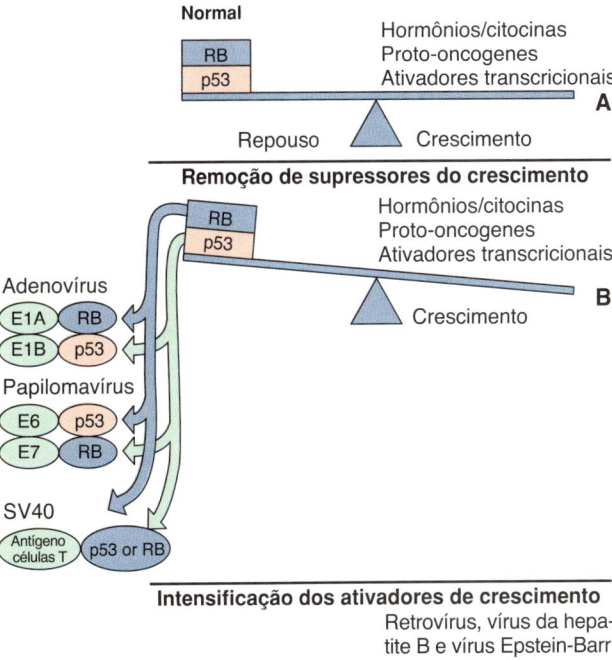

Figura 37.2 Mecanismos de transformação e imortalização do vírus. O crescimento celular é controlado (A) por meio da manutenção de um equilíbrio nos ativadores de crescimento externo e interno (aceleradores) e por supressores do crescimento, como os produtos dos genes p53 e do retinoblastoma *(RB)* (freios). Os vírus oncogênicos alteram o equilíbrio removendo os freios (B) ou intensificando os efeitos dos aceleradores (C).

Tabela 37.2 Mecanismos de citopatogênese viral.

Mecanismo	Exemplos
Inibição da síntese de proteínas celulares	Poliovírus, HSV, togavírus, poxvírus
Inibição e degradação de DNA celular	Herpes-vírus
Alteração da estrutura da membrana celular	Vírus envelopados
Inserção de glicoproteína viral na membrana celular	Todos os vírus envelopados
Formação de sincícios	HSV, vírus varicela-zóster, paramixovírus, vírus da imunodeficiência humana
Perturbação do citoesqueleto	Vírus não envelopados (acúmulo), HSV
Permeabilidade	Togavírus, herpes-vírus
Toxicidade dos componentes dos vírions	Fibras do adenovírus, proteína NSP4 do reovírus
Corpos de Inclusão	
Corpos de Negri (intracitoplasmáticos)	Raiva
Basofílicos intranucleares (olho de coruja)	Citomegalovírus (células aumentadas), adenovírus
Cowdry tipo A (intranucleares)	HSV, vírus da panencefalite esclerosante subaguda (sarampo)
Acidófilos intracitoplasmáticos	Poxvírus
Acidófilos citoplasmáticos perinucleares	Reovírus

HSV, herpes-vírus simples.

ao cromossomo da célula hospedeira. O papilomavírus, o vírus SV40 e o adenovírus codificam proteínas que se ligam e inativam proteínas regulatórias do crescimento celular, como o produto de gene p53 e do retinoblastoma, liberando os freios no crescimento celular. A perda de p53 também torna a célula mais suscetível à mutação. O vírus Epstein-Barr imortaliza as células B estimulando o crescimento celular (como um mitógeno de célula B) e prevenindo a morte celular programada (apoptose).

Os retrovírus (vírus de RNA) utilizam três abordagens para a oncogênese. Alguns oncovírus codificam proteínas **oncogênicas** (p. ex., SIS, RAS, SRC, MOS, MYC, JUN, FOS) que são quase idênticas às proteínas celulares envolvidas no controle celular do crescimento (p. ex., componentes de uma cascata de sinais do fator de crescimento [receptores, proteínas-G, proteínas quinases] ou fatores de transcrição reguladores do crescimento). A produção excessiva ou função alterada desses produtos oncogênicos estimula o crescimento celular. Esses vírus oncogênicos rapidamente causam a formação de tumores. *Entretanto, nenhum retrovírus humano desse tipo foi identificado.*

O **vírus linfotrópico de células T humanas do tipo 1 (HTLV-1)**, o único retrovírus oncogênico humano identificado, utiliza mais mecanismos sutis de leucemogênese. Ele codifica uma proteína **(TAX)** que promove a **transativação** da expressão gênica, incluindo genes para citocinas que estimulam o crescimento (p. ex., interleucina [IL]-2). Essa codificação constitui duas abordagens para a oncogênese. A terceira abordagem é a integração da cópia de DNA do HTLV-1 próxima a um gene que estimula o crescimento celular, que também pode causar a ativação do gene por potentes sequências intensificadoras (*enhancers*) e promotoras virais codificadas em cada extremidade do genoma viral (sequências de repetição terminal longa [do inglês *long terminal repeat*, LTR]). As leucemias associadas ao HTLV-1 se **desenvolvem lentamente**, ocorrendo entre 20 a 30 anos após a infecção. Os retrovírus continuam a produzir o vírus em células imortalizadas ou transformadas.

Alguns vírus podem iniciar a formação de tumores indiretamente. O vírus da hepatite B (HBV) e do HCV podem ter mecanismos para oncogênese direta; entretanto, ambos os vírus estabelecem infecções persistentes que causam inflamação e exigem reparo tecidual significativo. A inflamação e o estímulo contínuo do crescimento e reparo de células hepáticas podem promover mutações que levam à formação de tumores. O herpes-vírus-8 humano (HHV-8) promove o desenvolvimento do sarcoma de Kaposi por meio de citocinas promotoras de crescimento codificadas pelo vírus; essa doença ocorre mais frequentemente em pacientes imunossuprimidos, tais como aqueles com AIDS.

A transformação viral é a primeira etapa, mas geralmente não é suficiente para causar oncogênese e formação de tumores. Em vez disso, com o tempo, as células imortalizadas são mais prováveis do que as normais para acumular outras mutações ou rearranjos cromossômicos que promovem o desenvolvimento de células tumorais. As imortalizadas também podem ser mais suscetíveis aos cofatores e promotores de tumores (p. ex., ésteres de forbol, butirato) que melhoram a formação de tumores. Aproximadamente 15% dos cânceres humanos podem ser relacionados com vírus oncogênicos, como HTLV-1, HBV, HCV, papilomavírus humano de alto risco, HHV-8 e o vírus Epstein-Barr.

DEFESAS DO HOSPEDEIRO CONTRA INFECÇÃO VIRAL

Os objetivos principais das respostas inatas e imunes antivirais do hospedeiro são evitar a entrada, impedir a propagação e eliminar o vírus e as células que abrigam ou replicam o vírus **(resolução)**. A resposta imune é a melhor e, na maioria dos casos, o único meio de controlar uma infecção viral. Interferona e as respostas de células T citotóxicas podem ter evoluído principalmente como mecanismos de defesa antivirais. As respostas imunes inatas, imunes humorais e celulares são importantes para a imunidade antiviral. *Quanto mais tempo o vírus se replicar no corpo, maior será a disseminação da infecção, mais rigorosa será a resposta imune necessária para controlá-la e maior o potencial de imunopatogênese.* Uma descrição detalhada da resposta imune antiviral é apresentada no Capítulo 10.

A pele é a melhor barreira contra a infecção. Os orifícios do corpo (p. ex., boca, olhos, nariz, orelhas e ânus) são protegidos por muco, epitélio ciliado, lágrimas, ácido gástrico e bile do sistema digestório, além de IgA secretada. Depois de o vírus penetrar nessas barreiras naturais, ele ativa as **defesas do hospedeiro, não específicas para o antígeno (inatas)** (p. ex., febre, interferona, macrófagos, células dendríticas, células *natural killer* [NK]), que tentam limitar e controlar a replicação viral local e a disseminação. Ao contrário do que ocorre com as bactérias, a resposta inata é induzida por ou contra células infectadas e a resposta inicial é mais provavelmente mediada por interferona e citocinas, que induzem os sintomas gripais, em vez da inflamação mediada por complemento e neutrófilos. Moléculas virais, incluindo o RNA de dupla fita (que é o intermediário replicativo dos vírus de RNA), algumas formas de DNA e RNA de fita simples e algumas glicoproteínas virais ativam a produção de interferona tipos I e III (ver Boxe 10.4) e respostas celulares inatas por meio da interação com receptores citoplasmáticos ou com os receptores *Toll-like* (TLRs) nos endossomos. *As respostas inatas previnem a maioria das infecções virais de causar doenças.*

As **respostas imunes antígeno-específicas** (ver Boxe 10.3) demoram vários dias para serem ativadas e se tornarem eficazes. O objetivo dessas respostas protetoras é resolver a infecção eliminando todos os vírus infecciosos e células infectadas por vírus do corpo. *O anticorpo é eficaz contra vírus extracelulares e pode ser suficiente para controlar os vírus citolíticos, porque a replicação viral eliminará a fábrica de vírions dentro da célula infectada. O anticorpo é essencial para controlar a propagação do vírus para os tecidos-alvo da viremia. A **imunidade mediada por células** é necessária para a lise de células infectadas com um **vírus não citolítico** (p. ex., vírus da hepatite A) e infecções causadas por **vírus envelopados**.*

A imunidade prévia pode não impedir os estágios iniciais de infecção, mas, na maioria dos casos, impede a progressão da doença. As respostas mediadas por células são mais eficazes em limitar a disseminação local do vírus, e os anticorpos séricos podem prevenir a propagação virêmica para o tecido-alvo, prevenindo a apresentação característica da doença. As respostas imunes de memória podem ser geradas por infecção prévia ou por vacinação.

Muitos vírus, principalmente os maiores, têm os meios para escapar de um ou mais aspectos do controle imunológico (ver Tabela 10.3). Esses mecanismos incluem a prevenção da ação da interferona, mudança de antígenos virais, propagação por transmissão célula a célula para o escape dos anticorpos e a supressão da apresentação de antígenos e da função linfocitária. Para prevenirem as consequências do estado antiviral induzido por IFN-α e IFN-β, a síntese proteica e a replicação de HSV podem continuar. A inibição da expressão do complexo de histocompatibilidade principal (MHC) I por citomegalovírus e adenovírus previne a morte da célula infectada pelas células T. A variação antigênica ao longo de vários anos (mudança e impulso antigênico) pelo vírus influenza ou durante a vida dos indivíduos infectados pelo HIV limita a eficácia antiviral do anticorpo.

A incapacidade de resolver a infecção pode levar a uma infecção persistente, doença crônica ou morte do paciente.

IMUNOPATOLOGIA

A hipersensibilidade e as reações inflamatórias iniciadas pela imunidade antiviral podem ser a principal causa das manifestações patológicas e dos sintomas de doença viral (Tabela 37.3). As respostas precoces ao vírus e à infecção viral (p. ex., interferona, citocinas) podem iniciar inflamações locais e respostas sistêmicas. Por exemplo, a interferona e as citocinas estimulam os **sintomas sistêmicos gripais** (p. ex., febre, mal-estar, dor de cabeça) geralmente associados a *infecções virais respiratórias e viremias* (p. ex., vírus da arboencefalite). Esses sintomas, durante a fase de viremia, frequentemente precedem **(pródromo)** os sintomas característicos de infecção viral. Algumas delas induzem uma potente resposta de citocinas (tempestade de citocinas), o que pode desregular as respostas imunes e, ao mesmo tempo, desencadear doenças autoimunes em indivíduos geneticamente predispostos. Posteriormente, os imunocomplexos e a ativação do complemento (via clássica), a hipersensibilidade CD4 do tipo IV induzida por células T CD4 e a ação de células T CD8 citolíticas podem induzir danos aos tecidos. Essas ações frequentemente promovem a infiltração de neutrófilos e mais dano celular.

A resposta inflamatória iniciada pela imunidade mediada por células é difícil de controlar e causa danos teciduais. Infecções por vírus envelopados, em particular, induzem imunidade celular, que normalmente produz mais condições imunopatológicas extensas. Por exemplo, os sintomas clássicos do sarampo, caxumba e da infecção pelo vírus da hepatite resultam principalmente das **respostas inflamatórias induzidas por células T** e não de efeitos citopatológicos do vírus. A presença de grandes quantidades de antígeno e de anticorpos no sangue durante as viremias ou infecções crônicas (p. ex., infecção pelo HBV) pode iniciar as **reações de hipersensibilidade tipo III clássicas com imunocomplexos**. Esses **imunocomplexos** podem ativar o sistema complemento, desencadeando respostas inflamatórias e destruição de tecidos. Eles frequentemente se acumulam nos rins e causam glomerulonefrite.

No caso da dengue, a imunidade parcial formada para um vírus relacionado ou, no caso do vírus do sarampo, para um vírus inativado pode resultar em resposta do hospedeiro e doença mais grave no desafio subsequente com um vírus relacionado ou virulento. Essa resposta se deve ao fato de as respostas de células T antígeno-específicas e de anticorpos serem potencializadas e induzirem significativos danos inflamatórios e de hipersensibilidade às células endoteliais infectadas **(dengue hemorrágica)** ou à pele e aos pulmões **(sarampo atípico)**. Além disso, um anticorpo não neutralizante pode facilitar a captação dos vírus da dengue e da febre amarela nos macrófagos por meio dos receptores Fc, nos quais eles podem se replicar.

As crianças geralmente apresentam resposta imune celular menos ativa (p. ex., células NK ou T *natural killer* [NKT]) do que os adultos; portanto, eles geralmente têm sintomas mais leves durante infecções por alguns vírus (p. ex., sarampo, caxumba, vírus Epstein-Barr e varicela-zóster). No entanto, no caso de HBV, sintomas leves ou ausentes correlacionam-se com a incapacidade de resolução da infecção, resultando em doença crônica.

Doença viral

A relativa **suscetibilidade** de uma pessoa e a **gravidade** da doença dependem dos seguintes fatores:
1. Mecanismo de exposição e sítio da infecção.
2. Estado imunológico, idade e saúde geral do indivíduo.
3. Dose viral.
4. Genética do vírus e do hospedeiro.

Uma vez infectado, porém, a condição e a competência imunológica do hospedeiro são provavelmente os principais fatores que determinam se uma infecção viral causa uma doença de risco à vida, um desfecho benigno ou nenhum sintoma.

Os estágios da doença viral são mostrados na Figura 37.1C. Durante o **período de incubação**, o vírus está se replicando, mas não atingiu o tecido-alvo ou induziu danos suficientes para causar a doença. O período de incubação é relativamente curto, se o sítio primário da infecção for o tecido-alvo e produzir os sintomas característicos da doença. Períodos de

Tabela 37.3 Imunopatogênese viral.

Imunopatogênese	Mediadores imunológicos	Exemplos
Sintomas gripais	Interferona, citocinas	Vírus respiratórios, arbovírus (vírus indutores de viremia)
Hipersensibilidade tipo IV e inflamação	Células T, macrófagos e leucócitos polimorfonucleares	Vírus envelopados
Doença de imunocomplexos	Anticorpo, complemento	Vírus da hepatite B, rubéola
Doença hemorrágica	Células T, anticorpo, complemento	Febre amarela, dengue, febre de *Lassa*, vírus Ebola
Citólise pós-infecção	Células T	Vírus envelopados (p. ex., encefalite pós-sarampo)
Tempestade de citocinas	Células apresentadoras de antígenos, células T, citocinas	Vírus envelopados e outros vírus
Imunossupressão	Células T, macrófagos, células dendríticas	Vírus da imunodeficiência humana, citomegalovírus, vírus do sarampo, vírus influenza

incubação mais longos ocorrem quando o vírus precisa se propagar para outros sítios e ser amplificado antes de atingir o tecido-alvo ou os sintomas são causados pela imunopatologia. Sintomas inespecíficos ou gripais podem preceder os sintomas característicos durante o **pródromo**. Os períodos de incubação para muitas infecções virais são listados na Tabela 37.4. As doenças virais específicas são discutidas em capítulos subsequentes e revisadas no Capítulo 38.

A natureza e a gravidade dos sintomas de uma doença viral estão relacionadas com a função do tecido-alvo infectado (p. ex., fígado, hepatite; cérebro, encefalite) e a extensão das respostas imunopatológicas desencadeadas pela infecção. As **infecções inaparentes** ocorrem se (1) não houver dano ao tecido infectado, (2) a infecção é controlada antes que o vírus alcance seu tecido-alvo, (3) o tecido-alvo é dispensável, (4) o tecido lesionado é rapidamente reparado ou (5) a extensão dos danos está abaixo de um limiar funcional para determinado tecido. Por exemplo, muitas infecções cerebrais são inaparentes ou estão abaixo do limiar de grave perda de função, mas a encefalite ocorre se a perda de função se torna significativa. Apesar da ausência de sintomas, o anticorpo específico do vírus será produzido. *Infecções inaparentes ou assintomáticas são as principais fontes de contágio.*

As infecções virais podem causar **doenças agudas** ou **crônicas (infecção persistente)**. A capacidade e a velocidade com que um sistema imune da pessoa controla e resolve uma infecção viral geralmente determinam a ocorrência de uma doença aguda ou crônica, bem como a gravidade dos sintomas (Figura 37.3). O episódio agudo de

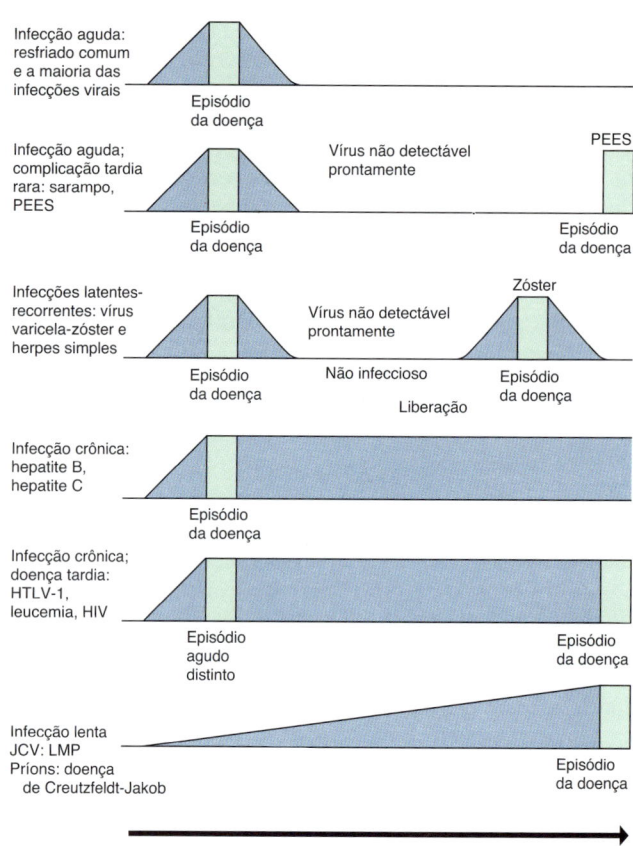

Figura 37.3 Infecção aguda e vários tipos de infecção persistente, como ilustrado pelas doenças indicadas na coluna da esquerda. O *azul* representa a presença de vírus; *verde* indica episódio da doença. *HIV*, vírus da imunodeficiência humana; *HTLV-1*, vírus linfotrópico de células T humanas do tipo 1; *JCV*, vírus JC; *LMP*, leucoencefalopatia multifocal progressiva; *PEES*, panencefalite esclerosante subaguda. (Modificada de White, D.O., Fenner, F.J., 1986. Medical Virology, third ed. Academic Press, New York, NY.).

Tabela 37.4 Períodos de incubação das infecções virais comuns.

Doença	Período de incubação (dias)[a]
Influenza	1 a 2
Resfriado comum	1 a 3
Herpes simples	2 a 8
Bronquiolite, crupe	3 a 5
Doença respiratória aguda (adenovírus)	5 a 7
Dengue	5 a 8
Enterovírus	6 a 12
Poliomielite	5 a 20
Sarampo	9 a 12
Varíola	12 a 14
Catapora	13 a 17
Caxumba	16 a 20
Rubéola	17 a 20
Mononucleose	30 a 50
Hepatite A	15 a 40
Hepatite B	50 a 150
Raiva	30 a 100+
Papiloma (verrugas)	50 a 150
HIV	1 a 15 anos
AIDS	1 a 10 anos

[a]Até o primeiro surgimento dos sintomas de pródromo. Sinais diagnósticos (p. ex., erupções cutâneas, paralisia) podem surgir apenas 2 a 4 dias depois. Modificado de White, D.O., Fenner, F., 1986. Medical Virology, third ed. Academic, New York, NY.

uma infecção persistente pode ser assintomático (poliomavírus JC) ou pode causar sintomas mais tardios na vida, semelhante à (varicela e zóster) ou diferente (HIV: aguda *versus* AIDS) daqueles observados na doença aguda. **Vírus lentos e príons** têm longos períodos de incubação durante os quais se acumula quantidade suficiente de vírus ou de destruição tecidual antes de uma rápida progressão dos sintomas.

Epidemiologia

A epidemiologia estuda a disseminação de doenças em uma população. A infecção de um grupo populacional é semelhante à de um indivíduo, na medida em que o vírus precisa se espalhar na população e é controlado pela imunização desse grupo (Boxe 37.4). *Para resistir, os vírus devem continuar a infectar novos hospedeiros, suscetíveis e sem imunidade prévia.*

EXPOSIÇÃO

As pessoas são expostas aos vírus ao longo de suas vidas. No entanto, algumas situações, ocupações, estilos de vida e condições de moradia aumentam a probabilidade de contato com alguns vírus. Em contraste, muitos vírus são onipresentes. A exposição anterior ao HSV-1, HHV-6, vírus

Boxe 37.4 Epidemiologia viral[a].

Mecanismos de transmissão viral[b]

Aerossóis
Alimentos, água
Fômites (p. ex., lenços de papel, roupas)
Contato direto com secreções (p. ex., saliva, sêmen)
Contato sexual, parto
Transfusão de sangue ou transplante de órgãos
Zoonoses (animais, insetos [arbovírus])
Genética (vertical) (p. ex., retrovírus)

Doenças e fatores virais que promovem a transmissão

Estabilidade do vírion em resposta ao ambiente (p. ex., ressecamento, detergentes, temperatura)
Replicação e secreção de vírus em aerossóis e secreções transmissíveis (p. ex., saliva, sêmen)
Transmissão assintomática
Transitoriedade ou ineficácia da resposta imune para controlar a reinfecção ou recidiva

Fatores de risco

Idade
Saúde
Estado imunológico
Ocupação: contato com agente ou vetor
Histórico de viagens
Estilo de vida
Crianças em creches
Atividade sexual

Tamanho crítico da comunidade

Indivíduos soronegativos, suscetíveis

Geografia e sazonalidade

Presença de cofatores ou vetores no ambiente
Hábitat e estação do ano para vetores artrópodes (mosquitos)
Período escolar em sala de aula: proximidade e aglomeração
Período de aquecimento doméstico

Modos de controle

Quarentena
Eliminação do vetor
Imunização/vacinação
Tratamento
Educação

[a]Infecção de uma população em vez de uma pessoa.
[b]Ver também a Tabela 37.5.

---

varicela-zóster, parvovírus B19, Epstein-Barr e muitos vírus respiratórios e entéricos podem ser detectados na maioria das crianças pequenas ou no início da vida adulta pela presença de anticorpos contra o vírus.

Má higiene e condições de moradia com aglomeração, escola e trabalho promovem a exposição aos vírus respiratórios e entéricos. As creches são fontes consistentes de infecções virais, particularmente vírus espalhados pelas rotas respiratória e fecal-oral. Viagens, acampamentos de verão e algumas ocupações que levam as pessoas ao contato próximo com um vetor viral (p. ex., mosquitos) colocam esses indivíduos em risco particular de infecção por arbovírus e outras zoonoses. A promiscuidade sexual também promove a propagação e a aquisição de vários vírus. Profissionais de saúde, tais como médicos, dentistas, enfermeiros e técnicos, são frequentemente expostos a vírus respiratórios e a outros agentes, mas estão particularmente em risco de adquirir os vírus a partir de sangue contaminado (HBV, HIV) ou de fluidos vesiculares (HSV).

TRANSMISSÃO DOS VÍRUS

Os vírus são transmitidos por contato direto (inclusive sexual), injeção com fluidos ou sangue contaminado, transplante de órgãos, além das rotas respiratória e fecal-oral (Tabela 37.5). *A rota de transmissão depende da origem do vírus (o sítio tecidual de replicação e secreção do vírus) e a capacidade de ele resistir aos perigos e barreiras do ambiente e do corpo no caminho para o tecido-alvo.* Por exemplo, vírus que se replicam no sistema respiratório (p. ex., o vírus influenza A) são liberados em gotículas de aerossol, enquanto os vírus entéricos (p. ex., picornavírus e reovírus) são transmitidos pela via fecal-oral. O citomegalovírus é transmitido na maioria das secreções corporais porque infecta as células mucoepiteliais, secretórias e outras encontradas na pele, glândulas secretoras, pulmões, fígado e demais órgãos.

A presença ou ausência de um envelope é o principal determinante estrutural do modo de transmissão viral. **Vírus não envelopados** (vírus de capsídios desnudos) podem resistir ao ressecamento, aos efeitos dos detergentes e extremos de pH e temperatura, enquanto os vírus envelopados geralmente não são capazes (ver Boxe 36.4). Especificamente, a maioria dos vírus não envelopados pode resistir ao ambiente ácido do estômago e da bile semelhante ao detergente dos intestinos, assim como à desinfecção leve e ao tratamento insuficiente do esgoto. Esses vírus são geralmente transmitidos pelas vias respiratória e fecal-oral e podem muitas vezes ser adquiridos de objetos contaminados **(fômites)**. Por exemplo, o vírus da hepatite A, que é um picornavírus, é do tipo não envelopado transmitido pela via fecal-oral e adquirido de água, mariscos e alimentos contaminados. Os adenovírus e muitos outros vírus não envelopados podem ser propagados por contato com fômites, como lenços de bolso e brinquedos.

Tabela 37.5 Transmissão viral.

Modo	Exemplos
Transmissão respiratória	Paramixovírus, vírus influenza, picornavírus, rinovírus, vírus varicela-zóster, vírus B19
Transmissão fecal-oral	Picornavírus, rotavírus, reovírus, norovírus, adenovírus
Contato (lesões, fômites)	HSV, rinovírus, poxvírus, adenovírus
Zoonoses (animais, insetos)	Togavírus (alfa), flavivírus, buniavírus, orbivírus, arenavírus, hantavírus, vírus da raiva, vírus influenza A, orf (varíola)
Transmissão pela via hematogênica	HIV, HTLV-1, HBV, HCV, vírus da hepatite delta, citomegalovírus
Contato sexual	HSV, papilomavírus humano, molusco contagioso, Zika, HIV, HTLV-1, HBV, HCV
Transmissão materno-neonatal	Vírus da rubéola, citomegalovírus, vírus B19, ecovírus, HSV, vírus varicela-zóster, HIV
Genético	Príons, retrovírus

HBV, vírus da hepatite B; *HCV*, vírus da hepatite C; *HSV*, herpes-vírus simples; *HTLV-1*, vírus linfotrópico de células T humanas do tipo 1.

Ao contrário dos não envelopados resistentes, a maioria dos **vírus envelopados** é comparativamente frágil (ver Boxe 36.5). Eles exigem um envelope intacto para a infectividade. Esses vírus devem permanecer úmidos e são propagados (1) em gotículas respiratórias, sangue, muco, saliva e sêmen; (2) por injeção; ou (3) em transplantes de órgãos. A maioria dos vírus envelopados também é lábil ao tratamento com ácidos e detergentes, que é uma característica que impede que eles sejam transmitidos pela rota fecal-oral. As exceções são o HBV e os coronavírus.

Animais e insetos também podem atuar como **vetores** que disseminam doenças virais para outros animais e humanos e até mesmo para outros locais. Eles também podem ser **reservatórios** para o vírus, mantendo e disseminando o vírus no ambiente. Doenças virais que são compartilhadas por animais ou insetos e seres humanos são chamadas de **zoonoses**. Por exemplo, os guaxinins, raposas, morcegos, cães e gatos são reservatórios e vetores para o vírus da raiva. Os artrópodes (p. ex., mosquitos, carrapatos, mosquitos flebotomíneos) podem atuar como vetores para togavírus, flavivírus, buniavírus ou reovírus. Esses vírus são frequentemente referidos como **arbovírus**, porque são transmitidos por artrópodes (em inglês, *arthropod borne*). Uma discussão mais detalhada sobre os arbovírus é apresentada no Capítulo 52. A maioria dos arbovírus tem uma gama muito ampla de hospedeiros, é capaz de se replicar em insetos específicos, aves, anfíbios e mamíferos, além dos seres humanos. Também, os arbovírus devem estabelecer uma viremia suficiente no reservatório animal para que o inseto possa adquirir o vírus durante a hematofagia.

Outros fatores que podem promover a transmissão do vírus são o potencial de infecção assintomática, condições de moradia com aglomeração, algumas ocupações, determinados estilos de vida, creches e viagens. A transmissão viral durante uma infecção assintomática (p. ex., HIV, vírus varicela-zóster) ocorre inconscientemente e é difícil de restringir. Essa é uma importante característica das **doenças sexualmente transmissíveis**. Vírus que causam infecções produtivas persistentes (p. ex., citomegalovírus, HIV) são um problema particular, porque a pessoa infectada é uma fonte contínua de vírus que pode ser disseminado para indivíduos sem imunidade prévia. Vírus com muitos sorotipos diferentes (rinovírus) ou vírus capazes de mudar sua antigenicidade (influenza e HIV) também encontram prontamente populações sem imunidade prévia.

MANUTENÇÃO DE UM VÍRUS NA POPULAÇÃO

A persistência de um vírus em uma comunidade depende da disponibilidade de um número crítico de pessoas suscetíveis, sem imunidade prévia (soronegativos). A eficiência da transmissão viral determina o tamanho da população suscetível necessária para a manutenção do vírus nesse grupo. A disseminação do sarampo ocorrerá se apenas 5 a 10% da população representarem indivíduos não imunizados, incluindo os lactentes. A imunização produzida por meios naturais ou por vacinação fornece a imunidade de rebanho e é a melhor maneira de reduzir o número de indivíduos suscetíveis.

IDADE

A idade de uma pessoa é um fator importante para determinar a sua suscetibilidade a infecções virais. Lactentes, crianças, adultos e pessoas idosas são suscetíveis a diferentes vírus e apresentam respostas sintomáticas distintas à infecção. Essas diferenças podem resultar de variações no tamanho corporal, capacidades para recuperação e, o mais importante, o estado imunológico em pessoas nessas faixas etárias. Diferenças nos estilos de vida, hábitos, ambientes escolares e de trabalho em diferentes idades também determinam quando as pessoas são expostas ao vírus.

Lactentes e crianças adquirem uma série de doenças virais exantemáticas e respiratórias na primeira exposição, porque eles não têm imunidade prévia. Os lactentes são particularmente propensos a manifestações mais sérias de infecções respiratórias por paramixovírus e gastrenterite viral por causa de suas pequenas dimensões e exigências fisiológicas (p. ex., nutrientes, água, eletrólitos). Entretanto, as crianças geralmente não desenvolvem uma resposta imunopatológica tão grave quanto os adultos e algumas doenças (herpes-vírus são mais benignas em crianças.

As pessoas idosas são particularmente suscetíveis a novas infecções virais e à reativação de vírus latentes. Visto que são menos capazes de iniciar uma nova resposta imune, promover o reparo de tecidos lesionados e de se recuperar; indivíduos idosos são, portanto, mais suscetíveis a complicações após a infecção e a surtos de novas cepas dos vírus influenza A e B. Esse grupo também é mais propenso ao herpes-zóster (cobreiro), que é uma recorrência do vírus varicela-zóster, como resultado do declínio na resposta imune específica da idade.

ESTADO IMUNOLÓGICO

A competência da resposta imunológica de um indivíduo e o histórico imunológico determinam a rapidez e a eficiência para a resolução da infecção e podem determinar a gravidade dos sintomas. A reexposição de uma pessoa com imunidade prévia geralmente resulta em infecção assintomática ou doença leve sem transmissão. Indivíduos que estão em condição de imunossupressão como resultado da AIDS, câncer ou terapia imunossupressora estão em maior risco de desenvolvimento de doença mais grave na infecção primária (sarampo, vacínia) e são mais propensos às infecções recorrentes com vírus latentes (p. ex., herpes-vírus, papovavírus).

OUTROS FATORES DO HOSPEDEIRO

A saúde em geral desempenha um papel importante na determinação da competência e na natureza da resposta imune e na capacidade para o reparo de tecidos doentes. Uma má nutrição pode comprometer o sistema imune de uma pessoa e diminuir a capacidade regenerativa do tecido. O sarampo se torna muito mais mortal para indivíduos com deficiência de vitamina A, possivelmente por causa de uma ação anti-inflamatória da vitamina A. As doenças e terapias imunossupressoras podem permitir que a replicação viral ou recidiva prossiga sem controle. A composição genética também tem um papel importante em determinar a resposta do sistema imune à infecção viral. Especialmente as diferenças em genes da resposta imune, genes para receptores virais e outros *loci* genéticos afetam a suscetibilidade a uma infecção viral e a gravidade da doença.

CONSIDERAÇÕES GEOGRÁFICAS E SAZONAIS

A distribuição geográfica de um vírus é geralmente determinada se os cofatores ou vetores necessários estão presentes ou se existe uma população suscetível, sem imunidade prévia. Por exemplo, muitos dos arbovírus estão limitados ao nicho ecológico de seus vetores artrópodes. O transporte global extenso está reduzindo muitas das restrições determinadas geograficamente para a distribuição do vírus.

Diferenças sazonais na ocorrência de doença viral correspondem a comportamentos que promovem a propagação do vírus. Por exemplo, os vírus respiratórios são prevalentes no inverno, porque a aglomeração facilita a propagação desses vírus e as condições de temperatura e umidade causam a estabilização dos patógenos. Os vírus entéricos, por outro lado, são mais frequentes durante o verão, possivelmente por causa do relaxamento da higiene durante essa estação. As diferenças sazonais nas doenças do arbovírus refletem o ciclo de vida do vetor artrópode ou seu reservatório (p. ex., aves).

SURTOS, EPIDEMIAS E PANDEMIAS

Surtos de uma infecção viral resultam frequentemente da introdução de um vírus (p. ex., hepatite A) em um novo local. O surto tem origem em uma **fonte comum** (p. ex., preparação de alimentos) e muitas vezes pode ser interrompido, uma vez que a fonte é identificada. Surtos de norovírus em navios de cruzeiro ou de restaurantes podem muitas vezes ser rastreados até de mãos contaminadas de um funcionário. As **epidemias** ocorrem em uma área geográfica maior e geralmente resultam da introdução de uma nova cepa de vírus em uma população sem imunidade prévia. As **pandemias** são epidemias mundiais, geralmente resultando da introdução de um novo vírus (p. ex., o HIV). Pandemias de influenza A costumavam ocorrer aproximadamente a cada dez anos, como resultado da introdução de novas cepas do vírus.

Controle da disseminação do vírus

A disseminação de um vírus pode ser controlada por quarentena, boa higiene, mudanças no estilo de vida, eliminação do vetor ou imunização da população. A **quarentena** já foi o único modo de limitar as epidemias de infecções virais e é mais eficaz para limitar a propagação de vírus que sempre causam doenças sintomáticas (p. ex., varíola). Atualmente, a quarentena é utilizada em hospitais para limitar a **disseminação nosocomial** dos vírus, principalmente em pacientes de alto risco (p. ex., indivíduos imunossuprimidos). O saneamento adequado de itens contaminados e a desinfecção do abastecimento de água são meios de limitar a propagação de vírus entéricos. Educação e mudanças resultantes no estilo de vida têm feito a diferença na propagação de vírus sexualmente transmissíveis, como o HIV, HBV e HSV. A eliminação de um artrópode ou de seu nicho ecológico (p. ex., drenagem dos pântanos em que habita) tem se mostrado eficaz para o controle de arbovírus.

A **melhor maneira de limitar a propagação do vírus, no entanto, é imunizar a população.** A imunização, seja ela produzida por infecção natural ou por vacinação, protege os indivíduos e reduz o tamanho da população suscetível, sem imunidade prévia, grupo vulnerável necessário para promover a disseminação e manutenção do vírus. A imunização da população para prevenir a infecção do indivíduo é denominada **imunidade de rebanho**.

Bibliografia

Cohen, J., Powderly, W.G., 2010. Infectious Diseases, third ed. Mosby, St Louis.
Emond, R.T., Welsby, P.D., Rowland, H.A.K., 2003. Color Atlas of Infectious Diseases, fourth ed. Mosby, St Louis.
Flint, S.J., Racaniello, V.R., et al., 2015. Principles of Virology, fourth ed. American Society for Microbiology Press, Washington, DC.
Gershon, A.A., Hotez, P.J., Katz, S.L., 2004. Krugman's Infectious Diseases of Children, eleventh ed. Mosby, St Louis.
Goering, R., Dockrell, H., Zuckerman, M., et al., 2018. Mims' Medical Microbiology and Immunology, sixth ed. Elsevier, London.
Haller, O., Kochs, G., Weber, F., 2006. The interferon response circuit: induction and suppression by pathogenic viruses. Virology 344, 119–130.
Hart, C.A., Broadhead, R.L., 1992. Color Atlas of Pediatric Infectious Diseases. Mosby, St Louis.
Hart, C.A., Shears, P., 2004. Color Atlas of Medical Microbiology. Mosby, London.
Kaslow, R.A., Stanberry, L.R., Le Duc, J.W., 2014. Viral Infections of Humans: Epidemiology and Control, fifth ed. Heidelberg. Springer.
Knipe, D.M., Howley, P.M., 2013. Fields Virology, sixth ed. Lippincott Williams & Wilkins, Philadelphia.
Kumar, V., Abul, K., Abbas, A.K., Aster, J.C., 2015. Robbins & Cotran Pathologic Basis of Disease, ninth ed. Elsevier.
Mandell, G.L., Bennet, J.E., Dolin, R., 2015. Principles and Practice of Infectious Diseases, eighth ed. Saunders, Philadelphia.
Mims, C.A., White, D.O., 1984. Viral Pathogenesis and Immunology. Blackwell, Oxford, England.
Richman, D.D., Whitley, R.J., Hayden, F.G., 2009. Clinical Virology, third ed. American Society Microbiology Press, Washington, DC.
Rosenthal, K.S., 2006. Viruses: microbial spies and saboteurs. Infect. Dis. Clin. Pract. 14, 97–106.
Stark, G.R., Kerr, I.M., Williams, B.R., et al., 1998. How cells respond to interferons. Ann. Rev. Biochem. 67, 227–264.
Strauss, J.M., Strauss, E.G., 2007. Viruses and Human Disease, second ed. Academic Press, San Diego.
Wells, A.I., Coyne, C.B., 2018. Type III Interferons in Antiviral Defenses at Barrier Surfaces. Trends in Immunology 39, 848–858 https://doi.org/10.1016/j.it.2018.08.008.
Zuckerman, A.J., Banatvala, J.E., Pattison, J.R., 2009. Principles and Practice of Clinical Virology, sixth ed. Wiley, Chichester, England.

Websites

All the virology on the www.virology.net/garryfavweb.html. Accessed June 8, 2018.
The big picture book of viruses. www.virology.net/Big_Virology/BVHome Page.html. Accessed June 8, 2018.
Centers for Disease Control and Prevention: CDC A-Z index, www.cdc.gov/health/diseases.htm. Accessed June 8, 2018.
Centers for Disease Control and Prevention, Traveler's health. www.cdc.gov/travel/diseases.htm. Accessed June 8, 2018.
National Foundation for Infectious Diseases, Fact sheets on diseases. www.nfid.org/factsheets/Default.html. Accessed June 8, 2018.
World Health Organization, Immunization service delivery. www.who.int/immunization_delivery/en/. Accessed June 8, 2018.
World Health Organization, Infectious diseases. www.who.int/topics/infectious_diseases/en/. Accessed June 8, 2018.

38 Papel dos Vírus na Doença

A maioria das infecções virais causa sintomas leves ou nenhum sintoma e não requer um tratamento extensivo. Quando a doença ocorre, frequentemente resulta da disseminação do vírus para tecidos importantes e da morte de suas células por replicação do vírus, inflamação ou outras proteções do hospedeiro. Além disso, os vírus são excelentes indutores da produção de interferona e de citocinas, o que resulta em sintomas sistêmicos, incluindo os gripais.

Em geral, os sintomas e a gravidade de uma infecção viral são determinados pela (1) capacidade do paciente de prevenir a propagação ou resolver rapidamente a infecção antes que o vírus possa atingir órgãos importantes ou causar danos significativos, (2) importância do tecido-alvo, (3) virulência, (4) extensão da imunopatologia induzida em resposta à infecção e (5) capacidade do corpo de reparar os danos.

A imunização por infecção prévia ou vacinação é o melhor meio de proteção contra doenças virais. Ao contrário das bactérias, existem relativamente poucos alvos para o desenvolvimento de medicamentos antivirais, mas os fármacos estão disponíveis para alguns vírus.

Neste capítulo, as doenças virais são discutidas com relação aos seus sintomas, o sistema de órgãos-alvo e os fatores do hospedeiro que influenciam a apresentação clínica. Capítulos subsequentes irão discutir as características dos membros das famílias de vírus específicos e as doenças que causam. **Um retorno ao capítulo fornecerá uma boa revisão sobre vírus e suas doenças.**

Doenças virais

Os principais sítios de doença viral são o sistema respiratório, o sistema digestório, os revestimentos dos epitélios, das mucosas e dos endotélios da pele; boca e genitálias; o tecido linfoide, o fígado e outros órgãos; e o sistema nervoso central (SNC) (Figura 38.1). Os exemplos dados neste capítulo representam as causas virais mais comuns de doenças.

INFECÇÕES ORAIS E DO SISTEMA RESPIRATÓRIO

A orofaringe e o sistema respiratório são os **sítios mais comuns** de infecção e doença viral (Tabela 38.1). Os vírus são propagados em gotículas respiratórias, aerossóis, alimentos, água e saliva, assim como por contato próximo e pelas mãos. Sintomas respiratórios semelhantes podem ser causados por vários vírus diferentes. Por exemplo, a bronquiolite pode ser causada pelo vírus sincicial respiratório ou vírus parainfluenza. Alternativamente, um vírus pode causar sintomas diferentes em pessoas distintas. O vírus influenza pode causar uma leve infecção do trato respiratório superior em uma pessoa e uma pneumonia de risco à vida em outra.

Muitas infecções virais começam na orofaringe ou no sistema respiratório, infectam o pulmão e se disseminam sem causar sintomas respiratórios significativos. O vírus varicela-zóster (VZV) e o vírus do sarampo iniciam a infecção no pulmão e podem causar pneumonia, mas geralmente causam infecções sistêmicas, resultando em um exantema (erupção cutânea). Outros vírus que estabelecem a infecção primária da orofaringe ou do sistema respiratório e depois progridem para outros sítios incluem rubéola, caxumba, enterovírus e vários herpes-vírus humanos (do inglês *human herpesviruses*, HHVs).

Os sintomas e a gravidade de uma doença viral respiratória dependem da natureza do vírus, do sítio de infecção (trato respiratório superior ou inferior) e o estado imunológico e a idade da pessoa. Condições, tais como fibrose cística e tabagismo, que comprometem as barreiras ciliadas e mucoepiteliais frente à infecção, aumentam o risco de doença grave.

A faringite e a doença oral são manifestações virais comuns. A maioria dos enterovírus (picornavírus) infecta a orofaringe e depois progride por meio de uma viremia para outros tecidos-alvo. Por exemplo, sintomas como faringite de início agudo, febre e lesões vesiculares orais são achados característicos de infecções por vírus Coxsackie A (herpangina, doença da mão-pé-e-boca) e algumas infecções por vírus Coxsackie B e ecovírus. A doença causada por adenovírus e os estágios iniciais da doença causada pelo vírus Epstein-Barr (EBV) são caracterizados por dor de garganta e tonsilite com membranas exsudativas; o EBV causa mononucleose infecciosa. O herpes-vírus simples (HSV) causa infecções primárias locais da mucosa oral e da face (gengivoestomatite) e depois estabelece uma infecção neuronal latente que pode se repetir na forma de herpes labial (aftas). O HSV também é uma causa comum de faringite. O HSV e o vírus Coxsackie A também podem envolver as tonsilas, mas com lesões vesiculares. Lesões vesiculares na mucosa bucal (manchas de Koplik) representam um achado característico no diagnóstico precoce de infecção pelo vírus do sarampo.

Infecções virais do trato respiratório superior, incluindo o resfriado comum e a faringite, representam pelo menos 50% do absenteísmo nas escolas e no ambiente de trabalho, apesar de serem geralmente benignas. Os rinovírus e os coronavírus são as principais causas de infecções do trato respiratório superior. O corrimento nasal (rinite) seguido de congestão, tosse, espirros, conjuntivite, dor de cabeça e dor de garganta são sintomas típicos de resfriado comum. Outras causas do resfriado comum ou faringite são os sorotipos específicos de ecovírus e vírus Coxsackie, adenovírus, vírus influenza, vírus parainfluenza, metapneumovírus e vírus sincicial respiratório (RSV).

A **tonsilite, laringite** e **crupe** (laringotraqueobronquite) podem acompanhar determinadas infecções virais que acometem o sistema respiratório. Respostas inflamatórias à infecção viral causam o estreitamento da traqueia abaixo das cordas vocais (área subglótica), resultando em laringite (adultos) e crupe (crianças). Esse estreitamento causa perda de voz, rouquidão, tosse ladrante e risco, especialmente em crianças pequenas, de bloqueio das vias respiratórias e asfixia. Crianças infectadas com o vírus parainfluenza estão particularmente em risco para o crupe.

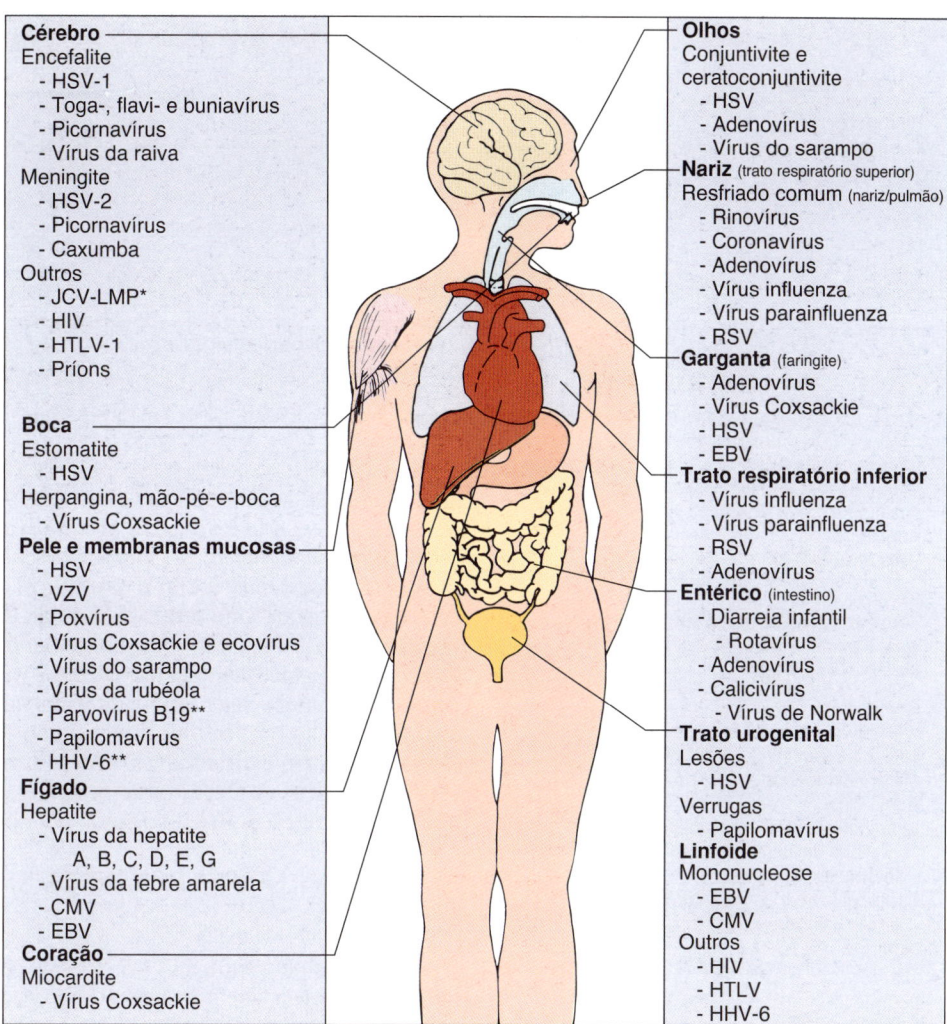

Figura 38.1 Principais tecidos-alvo das doenças virais. O asterisco (*) indica leucoencefalopatia multifocal progressiva (*LMP*). A infecção por vírus indicada por asteriscos duplos (**) resulta em uma erupção cutânea imunomediada. *CMV*, citomegalovírus; *EBV*, vírus Epstein-Barr; *HHV-6*, herpes-vírus humano 6; *HIV*, vírus da imunodeficiência humana; *HSV*, herpes-vírus simples; *HTLV*, vírus linfotrópico de células T humanas; *JCV*, vírus JC; *RSV*, vírus sincicial respiratório; *VZV*, vírus varicela-zóster.

As infecções virais do trato respiratório inferior podem resultar em doença mais grave. Os sintomas de tais infecções incluem bronquiolite (inflamação dos bronquíolos), pneumonia, pneumonite e doenças relacionadas. O vírus parainfluenza, metapneumovírus e RSVs são os principais problemas observados em lactentes e crianças, mas geralmente causam infecções assintomáticas ou sintomas comuns de resfriado em adultos. O vírus parainfluenza 3 e principalmente as infecções por RSV são as principais causas de pneumonia ou bronquiolite com risco de morte em lactentes com menos de 6 meses. A infecção por esses vírus não fornece imunidade duradoura.

O vírus influenza (gripe) é provavelmente o mais conhecido e mais temido dos vírus respiratórios comuns, com a introdução anual de novas cepas que garantem a presença de vítimas sem imunidade prévia. As crianças são universalmente suscetíveis a novas cepas do vírus, enquanto os idosos podem ter sido imunizados durante um surto anterior da cepa anual. Apesar dessa imunização, as pessoas idosas são particularmente suscetíveis à pneumonia causada por novas cepas do vírus, porque podem não ser capazes de desenvolver uma resposta imune primária suficiente para a nova cepa do vírus ou reparar os danos teciduais causados pela doença.

A infecção pelo vírus influenza também aumenta o risco de pneumonia fatal por *Staphylococcus aureus* ou coinfecções por estreptococos. Outros possíveis agentes virais da pneumonia são adenovírus, paramixovírus e infecções primárias com VZV em adultos.

SINTOMAS GRIPAIS E SISTÊMICOS

Muitas infecções virais causam **sintomas gripais clássicos** (p. ex., febre, mal-estar, anorexia, dor de cabeça, dores no corpo). Durante a fase de viremia, muitos vírus induzem a liberação de interferona e citocinas, que causam esses sintomas. Além dos vírus respiratórios, os sintomas gripais podem acompanhar infecções por vírus da arboencefalite, HSV tipo 2 (HSV-2) e outros vírus.

A artrite, artralgia e outras doenças inflamatórias podem resultar da tempestade de citocinas e de respostas de hipersensibilidade imunológica induzidas pela infecção ou imunocomplexos contendo antígeno viral que acompanham a viremia. Por exemplo, a infecção pelo parvovírus B19 (de adultos), rubéola, os vírus da hepatite A, B e C e a infecção com alguns arbovírus induzem artrite e artralgia. A artralgia e a mialgia causadas pela dengue ganharam o título de

Tabela 38.1 Doenças orais e respiratórias.

Doença	Agente etiológico
Resfriado comum	Rinovírus[a] Coronavírus[a] Vírus influenza Vírus parainfluenza RSV Metapneumovírus Adenovírus Enterovírus
Faringite	Adenovírus[a] Vírus Coxsackie A[a] (herpangina, doença da mão-pé-e-boca) e outros enterovírus Vírus Epstein-Barr Herpes-vírus simples
Crupe, tonsilite, laringite e bronquite (crianças < 2 anos)	Vírus parainfluenza 1[a] Vírus parainfluenza 2 Vírus influenza Adenovírus Vírus Epstein-Barr
Bronquiolite	RSV[a] (lactentes) Vírus parainfluenza 3[a] (lactentes e crianças) Vírus parainfluenza 1 e 2 Metapneumovírus
Pneumonia	RSV[a] (lactentes) Vírus parainfluenza[a] (lactentes) Vírus influenza[a] Metapneumovírus Adenovírus Vírus varicela-zóster (infecção primária de adultos e hospedeiros imunocomprometidos) Citomegalovírus (infecção de hospedeiro imunocomprometido) Sarampo

[a]Agentes causais mais comuns.
RSV, vírus sincicial respiratório.

Boxe 38.1 Vírus gastrintestinais.

Lactentes
Rotavírus A[a]
Adenovírus 40, 41
Vírus Coxsackie A24

Lactentes, crianças e adultos
Vírus Norwalk[a]
Calicivírus
Astrovírus
Rotavírus A e B (surtos na China)
Reovírus

[a]Agentes causais mais comuns.

A propagação fecal-oral dos vírus entéricos é promovida por higiene precária e é particularmente prevalente em creches. Os surtos com o vírus Norwalk e calicivírus, que afetam as crianças mais velhas e os adultos, geralmente estão relacionados com uma fonte comum de alimento ou água contaminada. O vômito frequentemente acompanha a diarreia em pacientes infectados com o vírus Norwalk e o rotavírus. Embora os enterovírus (picornavírus) sejam disseminados pela via fecal-oral, geralmente causam apenas sintomas gastrintestinais leves ou nenhum sintoma. Em vez disso, esses vírus estabelecem uma viremia, com disseminação a outros órgãos-alvo, causando doenças clínicas.

EXANTEMAS, FEBRES HEMORRÁGICAS E ARTRITES

A doença de pele induzida por vírus (Tabela 38.2) pode resultar de infecção na mucosa ou de pequenos cortes ou abrasões na pele (HSV), como uma infecção secundária após o estabelecimento de uma viremia (VZV e varíola) ou como consequência da resposta inflamatória montada contra antígenos virais (parvovírus B19). As principais classificações de erupções cutâneas virais são maculopapulares, vesiculares, nodulares e hemorrágicas. As **máculas** são manchas planas, coloridas. As **pápulas** são áreas levemente elevadas da pele que podem resultar de respostas imunes ou inflamatórias, em vez dos efeitos diretos do vírus. Os **nódulos** são áreas mais elevadas da pele. As **lesões vesiculares** são bolhas e provavelmente irão conter o vírus. Os papilomavírus humanos (HPVs) causam verrugas e o molusco contagioso provoca o crescimento de estruturas semelhantes à verruga (nódulos), ao estimular o crescimento de células da pele.

Os exantemas clássicos da infância são a roséola infantil (exantema súbito [HHV-6]); quinta doença (eritema infeccioso [parvovírus B19]); e (em crianças não vacinadas) varicela, sarampo e rubéola. A erupção cutânea segue uma viremia e é acompanhada de febre. As erupções cutâneas também são causadas por infecções por enterovírus, togavírus alfa, dengue e outros flavivírus. Elas também são ocasionalmente observadas em pacientes com mononucleose infecciosa.

Os vírus da febre amarela, dengue, Ebola, de Lassa, Sin Nombre, Zika, entre outros causadores de febre hemorrágica, estabelecem uma viremia e infectam o revestimento de células endoteliais da vascularização, possivelmente comprometendo a estrutura do vaso sanguíneo (Boxe 38.2).

"febre quebra-ossos". A doença dos imunocomplexos, que está associada ao vírus da hepatite B crônica (HBV), pode resultar em várias manifestações, incluindo artrite e nefrite.

INFECÇÕES DO SISTEMA DIGESTÓRIO

Infecções do sistema digestório podem resultar em gastrenterite, vômitos, diarreia ou não apresentar sintomas (Boxe 38.1). Esses vírus têm capsídios desnudos com uma estrutura física que pode resistir às condições adversas do sistema digestório O vírus Norwalk, calicivírus, astrovírus, adenovírus, reovírus e rotavírus infectam o intestino delgado, mas não o cólon, alterando a função ou causando danos ao revestimento epitelial e às vilosidades de absorção. Essa infecção leva à má absorção de água e a um desequilíbrio eletrolítico. A diarreia resultante em crianças mais velhas e em adultos é geralmente autolimitada e pode ser tratada com reidratação e restauração do equilíbrio de eletrólitos. Esses vírus, especialmente os rotavírus, são grandes problemas para adultos e crianças em regiões em que há seca e fome.

A gastrenterite viral tem um efeito mais significativo em lactentes e pode necessitar de hospitalização. A extensão do dano tecidual e consequente perda de fluidos e eletrólitos podem ser consideradas de grande risco à vida. O rotavírus e os sorotipos 40 e 41 do adenovírus são as principais causas de gastrenterite infantil.

Tabela 38.2 Exantemas virais.

Condição	Agente etiológico
ERUPÇÃO CUTÂNEA	
Sarampo	Vírus do sarampo
Rubéola	Vírus da rubéola
Roséola infantil	Herpes-vírus humano 6[a]
Eritema infeccioso	Parvovírus humano B19[a]
Exantema de Boston	Ecovírus 16
Mononucleose infecciosa	Vírus Epstein-Barr, citomegalovírus
VESÍCULAS	
Herpes oral ou genital	Herpes-vírus simples[a]
Varicela/catapora/herpes-zóster	Vírus varicela-zóster[a]
Doença da mão-pé-e-boca, herpangina	Vírus Coxsackie A[a]
PAPILOMAS, NÓDULOS	
Verrugas	Papilomavírus[a]
Molusco	Molusco contagioso[a]

[a]Agentes causais mais comuns.

Boxe 38.2 Febres hemorrágicas virais.

Vírus da febre amarela
Vírus da dengue
Hantavírus
Vírus Ebola
Vírus de Marburg
Vírus da febre de Lassa

A citólise viral ou imune pode então levar a uma maior permeabilidade ou rompimento dos vasos, produzindo uma erupção hemorrágica com petéquias (hemorragias puntiformes sob a pele) e equimoses (contusões maciças) e, portanto, hemorragia interna, perda de eletrólitos e choque.

A artrite pode ser uma consequência da infecção direta da articulação ou das respostas imunes ao vírus, como os togavírus (p. ex., Chikungunya, rubéola), parvovírus B19, flavivírus (p. ex., o vírus da dengue e o da hepatite C [HCV]), HBV, vírus da imunodeficiência humana (HIV) e vírus linfotrópico de células T humanas do tipo 1 (HTLV-1). Imunocomplexos contendo o antígeno viral podem desencadear respostas inflamatórias ou a infecção pelo vírus pode estimular respostas autoimunes, mas a maioria das artrites virais é temporária.

INFECÇÕES DOS OLHOS

As infecções dos olhos resultam do contato direto com um vírus ou da propagação virêmica (Boxe 38.3). A conjuntivite (olho cor-de-rosa) é um aspecto normal de muitas infecções infantis e é uma característica das infecções causadas por adenovírus específicos dos sorotipos (3, 4a e 7), vírus do sarampo e vírus da rubéola. A ceratoconjuntivite, causada por adenovírus (8, 19a e 37), HSV ou VZV, envolve a córnea e pode causar danos graves. A recidiva pode ocorrer na doença causada por HSV, causando cicatrizes e cegueira. Os enterovírus 70 e vírus Coxsackie A24 podem causar uma conjuntivite hemorrágica aguda.

As cataratas são características clássicas de crianças nascidas com a síndrome da rubéola congênita. A coriorretinite está associada à infecção pelo citomegalovírus (CMV) em recém-nascidos (congênita) e em indivíduos imunossuprimidos (p. ex., aqueles com a síndrome da imunodeficiência adquirida [AIDS]).

INFECÇÕES DOS ÓRGÃOS E TECIDOS

A infecção dos principais órgãos pode causar doenças significativas ou resultar em maior propagação ou secreção do vírus (ver Boxe 38.3). Os sintomas podem surgir de danos teciduais ou respostas inflamatórias.

O fígado é um alvo importante para muitos vírus que alcançam esse órgão por meio de uma viremia ou pelo sistema fagocítico mononuclear (reticuloendotelial). O fígado atua como uma fonte para uma viremia secundária, mas também pode ser lesionado pela infecção. Infecções pelos vírus da hepatite A, B, C, G, D e, além do vírus da febre amarela, causam sintomas clássicos. A imunopatologia é uma das principais causas dos sinais e sintomas de hepatite. A hepatoesplenomegalia (aumento do fígado e do baço) está frequentemente associada à mononucleose infecciosa por EBV e às infecções por CMV. O fígado também é um alvo principal na infecção disseminada pelo HSV de neonatos e lactentes.

O coração e outros músculos também são suscetíveis à infecção viral e a danos. O vírus Coxsackie pode causar miocardite ou pericardite em recém-nascidos, crianças e adultos.

Boxe 38.3 Infecções de órgãos e tecidos.

Fígado

Vírus da hepatite A,[a] B,[a] C,[a] G, D e E
Vírus da febre amarela
Vírus Epstein-Barr
Hepatite no neonato ou no indivíduo imunocomprometido:
    Citomegalovírus
    Herpes-vírus simples
    Vírus varicela-zóster
    Vírus da rubéola (síndrome da rubéola congênita)

Coração

Vírus Coxsackie B

Rim

Citomegalovírus
Papilomavírus BK

Músculo

Vírus Coxsackie B (pleurodinia)

Glândulas

Citomegalovírus
Vírus da caxumba
Vírus Coxsackie B

Olho

Herpes-vírus simples[a]
Adenovírus[a]
Vírus do sarampo
Vírus da rubéola
Enterovírus 70
Vírus Coxsackie A24

[a]Agentes causais mais comuns.

O vírus Coxsackie B pode infectar os músculos e causar pleurodinia (doença de Bornholm). Outros vírus (p. ex., vírus influenza, CMV) também podem infectar o coração.

A infecção de glândulas secretoras, órgãos sexuais acessórios e glândulas mamárias resulta em disseminação contagiosa do CMV. Uma resposta inflamatória à infecção, como ocorre na **caxumba** (parotidite, orquite), pode ser a causa dos sintomas. A infecção das células da ilhota por vírus Coxsackie B pode iniciar respostas autoimunes que causam o diabetes tipo 1. A infecção renal pelo CMV e a reativação são problemas para indivíduos imunossuprimidos e uma razão predominante para falha do transplante renal.

INFECÇÕES DO SISTEMA NERVOSO CENTRAL

As infecções virais do cérebro e do SNC podem causar as doenças virais mais graves, decorrentes da importância do SNC e sua capacidade muito limitada para reparar danos (Boxe 38.4). Os danos teciduais são geralmente causados por uma combinação de patogênese viral e imunopatogênese. A maioria das infecções virais potencialmente neurotrópicas é assintomática, contudo, porque o vírus não atinge o cérebro a partir de seu sítio de infecção periférica ou não causa danos teciduais suficientes para produzir sintomas.

O vírus pode se espalhar para o SNC em sangue (arbovírus) ou em macrófagos (HIV), pode disseminar a partir de uma infecção periférica dos neurônios (olfatório), ou pode primeiro infectar a pele (HSV) ou músculo (poliomielite, raiva) e depois progredir para neurônios de inervação. O vírus pode ter uma predileção por alguns sítios no cérebro. Por exemplo, o lobo temporal é alvo na encefalite causada por HSV, o corno de Ammon na raiva e o corno anterior da medula espinal e dos neurônios motores na poliomielite.

As infecções virais do SNC geralmente se distinguem das bacterianas pelo achado de células mononucleares, números baixos de leucócitos polimorfonucleares e níveis ligeiramente reduzidos de glicose no líquido cefalorraquidiano. Técnicas como imunoensaio para detecção de antígenos específicos, reação em cadeia da polimerase (PCR) ou PCR com transcriptase reversa (RT)-PCR para detecção de genomas virais ou mRNA, isolamento do vírus a partir do líquido cefalorraquidiano ou amostra de biopsia confirmam o diagnóstico e identificam o agente viral. A estação do ano também facilita o diagnóstico, na medida em que as doenças causadas por enterovírus e arbovírus geralmente ocorrem durante o verão, enquanto a encefalite causada por HSV e outras síndromes virais podem ser observadas o ano todo.

A **meningite asséptica** é causada por inflamação e edema das meninges que envolvem o cérebro e a coluna vertebral em resposta à infecção com enterovírus (principalmente ecovírus e vírus Coxsackie), HSV-2, o vírus da caxumba ou o vírus da coriomeningite linfocítica. A doença é normalmente autolimitada e, ao contrário da meningite bacteriana, se resolve sem sequelas, a menos que o vírus ganhe acesso e cause infecção dos neurônios ou do cérebro **(meningoencefalite)**. Os vírus ganham acesso às meninges por meio de uma viremia.

A **encefalite** e a **mielite** resultam de uma combinação da patogênese viral e da imunopatogênese no tecido cerebral e nos neurônios. Essas doenças são fatais ou causam

---

Boxe 38.4 Infecções do sistema nervoso central.

Meningite

Enterovírus
    Ecovírus
    Vírus Coxsackie[a]
    Poliovírus
Herpes-vírus simples 2[a]
Adenovírus
Vírus da caxumba
Vírus da coriomeningite linfocítica
Vírus da arboencefalite

Paralisia

Poliovírus
Enterovírus D68, 70 e 71
Vírus Coxsackie A e A16
Vírus do Nilo Ocidental

Encefalite

Herpes-vírus simples 1[a]
Vírus varicela-zóster
Vírus da arboencefalite[a]
Vírus da raiva
Vírus Coxsackie A e B
Poliovírus

Encefalite pós-infecciosa (Imunomediada)

Vírus do sarampo
Vírus da caxumba
Vírus da rubéola
Vírus varicela-zóster
Vírus influenza

Outros

Vírus JC (leucoencefalopatia multifocal progressiva [em indivíduos imunossuprimidos])
Variante do sarampo (panencefalite esclerosante subaguda)
Príons (encefalopatia espongiforme)
Vírus da imunodeficiência humana (demência por AIDS)
Vírus linfotrópico de células T humanas do tipo 1 (paraparesia espástica tropical)

[a]Agentes causais mais comuns.
AIDS, síndrome da imunodeficiência adquirida.

---

danos significativos e sequelas neurológicas permanentes. O HSV, VZV, vírus da raiva, os vírus da encefalite da Califórnia, vírus da encefalite do Nilo Ocidental e de St. Louis, vírus da caxumba e vírus do sarampo são causas potenciais de encefalite. O poliovírus e vários outros enterovírus causam doenças paralíticas (mielite).

O HSV e o VZV são onipresentes e geralmente causam infecções latentes assintomáticas do SNC, mas também podem causar encefalite. A maioria das infecções pelo vírus da arboencefalite resulta em sintomas gripais. A encefalite pós-sarampo e a panencefalite esclerosante subaguda eram sequelas raras de sarampo na era pré-vacina.

Outras síndromes neurológicas induzidas pelo vírus são a demência pelo HIV, paraparesia espástica tropical por HTLV-1, leucoencefalopatia multifocal progressiva (LMP) induzida por papovavírus JC em pessoas imunodeficientes e as encefalopatias espongiformes associadas a príons (kuru, à doença de Creutzfeldt-Jakob e de Gerstmann-Sträussler-Scheinker). A LMP e as encefalopatias espongiformes têm períodos longos de incubação.

DOENÇAS HEMATOLÓGICAS

Linfócitos e macrófagos não são muito permissivos à replicação viral, mas são alvos de vários vírus que estabelecem infecções persistentes. Essas células também são apresentadoras de antígeno e, durante a fase aguda da infecção, a replicação viral do EBV, HIV ou CMV induz uma intensa resposta de células T, resultando em **síndromes semelhantes à mononucleose**. Além disso, infecções pelo CMV, vírus do sarampo e pelo HIV em células T são imunossupressoras. O HIV reduz os números de células T CD4 *helper*, comprometendo ainda mais o sistema imune. A infecção pelo HTLV-1 causa doença leve, mas pode levar à **leucemia de célula T adulta** ou paraparesia espástica tropical mais tardiamente na vida (Boxe 38.5).

Macrófagos e células da linhagem macrofágica podem ser infectados por muitos vírus. Os macrófagos atuam como veículos para espalhar o vírus por todo o corpo, porque os vírus se replicam de modo ineficiente nessas células e geralmente não são lisadas pela infecção. Esse processo promove infecções persistentes e crônicas. O macrófago é a célula-alvo primária para o vírus da dengue. O anticorpo não neutralizante pode promover a captação do vírus da dengue e do HIV para dentro da célula através de receptores Fc. Macrófagos e células da linhagem mieloide são as células iniciais infectadas com o HIV e fornecem um reservatório para o vírus e o acesso ao cérebro. Acredita-se que a demência por AIDS seja resultado das ações de macrófagos e células da micróglia infectadas com HIV no cérebro.

DOENÇAS SEXUALMENTE TRANSMISSÍVEIS

A transmissão sexual é uma rota importante para a disseminação do papilomavírus, HSV, CMV, HIV, HTLV-1, HBV, HCV e vírus da hepatite D (HDV) (Boxe 38.6). Esses vírus estabelecem infecções crônicas e latentes recorrentes, com liberação assintomática em secreções de sêmen e da vagina. Essas propriedades dos vírus promovem a disseminação através de uma rota de transmissão que é utilizada com relativa frequência e poderia ser evitada durante a doença sintomática. Os vírus também podem ser transmitidos por via neonatal ou perinatal para os lactentes. Os papilomavírus e o HSV estabelecem infecções primárias locais, com doença recorrente no sítio inicial. Lesões e a liberação assintomática são fontes para a transmissão sexual e perinatal, no caso de recém-nascidos. O CMV e o HIV infectam células mieloides e linfoides sob o revestimento da mucosa, enquanto os vírus da hepatite são liberados no fígado. O CMV, HIV e o vírus da hepatite estão presentes no sangue, no sêmen e nas secreções vaginais, que podem transmitir o vírus aos parceiros sexuais e recém-nascidos. A disseminação do vírus Zika também pode ocorrer por transmissão sexual.

DISSEMINAÇÃO DO VÍRUS POR TRANSFUSÃO OU TRANSPLANTE

HBV, HCV, HDV, HIV, HTLV-1 e CMV são transmitidos pelo sangue e por transplante de órgãos. Esses vírus também estão presentes no sêmen e, portanto, são sexualmente transmitidos. A natureza crônica da infecção, a liberação assintomática persistente do vírus ou a infecção de macrófagos e linfócitos promovem a transmissão por essas vias. O vírus da encefalite do Nilo Ocidental estabelece uma viremia suficiente por um período consideravelmente longo para que ocorra a transmissão por transfusão. A triagem do suprimento de sangue para HBV, HCV, HIV e HTLV tem controlado a transmissão desses vírus em transfusões sanguíneas (Boxe 38.7). O sangue para os lactentes e aos receptores de órgãos é examinado para a detecção de CMV.

DISSEMINAÇÃO DO VÍRUS POR ARTRÓPODES E ANIMAIS

Os vírus transmitidos por artrópodes (**arbovírus**) incluem muitos dos togavírus, flavivírus e buniavírus, assim como o reovírus da febre do carrapato do Colorado. Esses vírus estabelecem viremia suficiente em aves ou animais (hospedeiros), permitindo sua aquisição por mosquitos ou carrapatos (vetor) e transmissão subsequente aos seres humanos quando estes entram no hábitat do vetor e do hospedeiro. Se um vírus pode estabelecer uma viremia suficiente em humanos, então ele, incluindo o vírus da febre amarela, vírus da encefalite do Nilo Ocidental ou de St. Louis, será disseminado a partir de pessoas em um ambiente urbano. A transmissão de arenavírus, hantavírus e rabdovírus para os humanos ocorre pela saliva, urina ou fezes ou pela mordida de um animal infectado (Tabela 38.3). As vacinas contra a raiva estão disponíveis para indivíduos cujos empregos os colocam em risco ou que são suspeitos de terem sido infectados pelo vírus da raiva.

Boxe 38.5 Vírus transmitidos pelo sangue.

Hepatites B, C, G e D
Vírus da imunodeficiência humana
Vírus linfotrópico de células T humanas do tipo 1
Citomegalovírus
Vírus Epstein-Barr
Vírus da encefalite do Nilo Ocidental

Boxe 38.6 Vírus sexualmente transmissíveis.

Papilomavírus humano 6, 11, 42
Papilomavírus humano 16, 18, 31, 45 e outros
 (alto risco para o carcinoma cervical humano)
Herpes-vírus simples (HSV-1 e HSV-2)
Citomegalovírus
Vírus da hepatite B, C e D
Vírus da imunodeficiência humana
Vírus linfotrópico de células T humanas do tipo 1
Vírus Zika

Boxe 38.7 Triagem do suprimento de sangue.

HIV-1 e HIV-2
Vírus da hepatite B
Vírus da hepatite C
Vírus linfotrópico de células T humanas dos tipos 1 e 2
Vírus da encefalite do Nilo Ocidental
Treponema pallidum (sífilis)[a]

[a]Além do crescimento bacteriano, o *Treponema pallidum* é o único microrganismo não viral avaliado.

Tabela 38.3 Arbovírus e zoonoses.

Vírus	Família	Reservatório/Vetor
Encefalite equina do leste	Togaviridae	Aves/mosquito *Aedes*
Encefalite equina do oeste	Togaviridae	Aves/mosquito *Culex*
Encefalite do Nilo Ocidental	Flaviviridae	Aves/mosquito *Culex*
Encefalite de St. Louis	Flaviviridae	Aves/Mosquito *Culex*
Chikungunya	Togaviridae	Aves, mamíferos/ mosquito *Aedes*
Encefalite da Califórnia	Bunyaviridae	Pequenos mamíferos/ mosquito *Aedes*
Encefalite de La Crosse	Bunyaviridae	Pequenos mamíferos/ mosquito *Aedes*
Febre amarela	Flaviviridae	Aves/mosquito *Aedes*
Dengue	Flaviviridae	Macacos/mosquito *Aedes*
Zika	Flaviviridae	Mosquito *Aedes*
Febre do carrapato do Colorado	Reoviridae	Carrapato
Coriomeningite linfocítica	Arenaviridae	Roedores
Febre de Lassa	Arenaviridae	Roedores
Hantavírus Sin Nombre	Bunyaviridae	Camundongo ou rato veadeiro
Ebola	Filoviridae	Morcegos e outros
Raiva	Rhabdoviridae	Morcegos, raposas, guaxinins etc.
Influenza A (gripe)	Orthomyxoviridae	Aves, suínos etc.

SÍNDROMES DE ETIOLOGIA POSSIVELMENTE VIRAL

Várias doenças ou produzem sintomas ou têm efeitos epidemiológicos ou outras características que se assemelham àquelas observadas em infecções virais ou podem ser a sequela de infecções virais (p. ex., respostas inflamatórias a uma infecção viral persistente). Elas incluem **esclerose múltipla, doença de Kawasaki, lúpus eritematoso sistêmico, artrite, diabetes** e **síndrome da fadiga crônica**. Além disso, a intensa resposta das citocinas a muitas infecções virais e a semelhança de proteínas virais às proteínas do hospedeiro (mimetismo molecular) pode desencadear a perda de tolerância a autoantígenos para iniciar doenças autoimunes.

Infecções crônicas e potencialmente oncogênicas

As infecções crônicas ocorrem quando o sistema imune tem dificuldade para promover a resolução da infecção. Os vírus de DNA (com exceção de parvovírus e poxvírus) e os retrovírus causam infecções latentes com potencial de recidiva. O CMV e outros herpes-vírus, os vírus da hepatite B, C, G e D e os retrovírus causam infecções crônicas produtivas. Esses "passageiros" podem influenciar a saúde do indivíduo de maneiras sutis.

O HBV, HCV, EBV, HHV-8, HPV e HTLV-1 estão associados ao desenvolvimento dos **cânceres humanos**. O EBV, HPV e HTLV-1 podem imortalizar as células; após a imortalização, cofatores, aberrações cromossômicas ou ambos permitem que um clone de células contendo o vírus se transforme em um câncer. O EBV normalmente causa mononucleose infecciosa, mas também está associado ao linfoma de Burkitt africano, linfoma de Hodgkin, linfomas em indivíduos imunossuprimidos e carcinoma nasofaríngeo; o HTLV-1 está associado à leucemia de célula T humana adulta. Muitos papilomavírus induzem uma simples hiperplasia caracterizada pelo desenvolvimento de uma verruga; no entanto, várias outras cepas de HPV estão associadas aos cânceres humanos (p. ex., tipos 16, 18, 33, 35, 58 e 68 estão associados ao câncer cervical, anal, peniano e da orofaringe). A ação viral direta ou a inflamação e o dano celular crônico e reparos nos fígados infectados pelo HBV ou HCV podem resultar em um evento tumorigênico que leva ao carcinoma hepatocelular. A imunossupressão em pacientes com AIDS, pacientes submetidos à quimioterapia para o câncer ou receptores de transplante também permite a produção de linfoma causado por EBV. A infecção pelo HHV-8 produz muitas citocinas que estimulam o crescimento celular e esse crescimento pode progredir para o sarcoma de Kaposi, principalmente em pessoas com AIDS.

As vacinas agora estão disponíveis para o HBV e para as cepas de HPV de alto risco. A vacinação reduziu a propagação da hepatite viral, o que diminuirá a ocorrência de carcinoma hepatocelular primário. Da mesma maneira, as vacinas contra o HPV também devem reduzir a incidência de neoplasia maligna cervical e outros tipos de câncer associados ao HPV.

Infecções em pacientes imunocomprometidos

Pacientes com **imunidade celular deficiente** são geralmente mais suscetíveis a doenças graves causadas por vírus envelopados (principalmente o herpes-vírus, o vírus do sarampo e até o vírus da vacínia utilizada para a vacinação contra a varíola) e às recidivas de infecções com vírus latentes (herpes-vírus e papovavírus). Deficiências graves das células T também afetam a resposta de anticorpos antivirais. As imunodeficiências mediadas por células podem ser congênitas ou adquiridas. Elas podem resultar de defeitos genéticos (p. ex., doença de Duncan, síndrome de DiGeorge, síndrome de Wiskott-Aldrich), leucemia ou linfoma, infecções (p. ex., AIDS) ou terapia imunossupressora.

Os vírus causam manifestações atípicas e mais graves em indivíduos imunossuprimidos. Por exemplo, infecções por herpes-vírus (p. ex., HSV, CMV, VZV) ou a vacina contra a varíola (vacínia), que normalmente são benignas e localizadas, podem progredir localmente ou disseminar e causar infecções neurológicas e viscerais, que podem representar risco de morte. A infecção pelo vírus do sarampo pode causar uma pneumonia de células gigantes (sincícios) em vez de uma erupção cutânea característica.

Indivíduos com deficiência de imunoglobulina A ou hipogamaglobulinemia (deficiência de anticorpos) apresentam mais problemas com vírus respiratórios e gastrintestinais. As pessoas com hipogamaglobulinemia são mais propensas a sofrer doença significativa após infecção pelos vírus que progridem por viremia, incluindo também a vacina viva contra a poliomielite, ecovírus e VZV.

Infecções congênitas, neonatais e perinatais

O desenvolvimento e o crescimento do feto são tão ordenados e rápidos que uma infecção viral pode causar danos ou prevenir a formação de tecidos importantes, levando a abortos espontâneos ou anomalias congênitas. A infecção pode ocorrer no útero (pré-natal, p. ex., rubéola, parvovírus B19, CMV, HIV), durante o trânsito através do canal de parto por contato com lesões ou sangue (neonatal, p. ex., HSV, HBV, CMV, HPV) ou logo após o nascimento (pós-natal, p. ex., HIV, CMV, HBV, HSV, vírus Coxsackie B, ecovírus).

Os neonatos dependem da imunidade da mãe para protegê-los de infecções virais. Eles recebem anticorpos maternos através da placenta e depois no leite materno. Esse tipo de imunidade passiva pode permanecer eficaz por 6 meses a 1 ano após o nascimento. Os anticorpos maternos podem (1) proteger contra a propagação do vírus para o feto durante uma viremia (p. ex., rubéola, B19), (2) proteger contra muitas infecções virais entéricas e do sistema respiratório e (3) reduzir a gravidade de outras doenças virais após o nascimento. No entanto, como o sistema imune mediado por células não está maduro ao nascimento, os recém-nascidos são suscetíveis aos vírus que se propagam pelo contato célula a célula (p. ex., RSV, HSV, VZV, CMV, HIV).

O vírus da rubéola e o CMV são exemplos de **vírus teratogênicos** que podem causar infecção congênita e anomalias congênitas graves. A infecção pelo HIV adquirida no útero ou a partir do leite materno inicia uma infecção crônica, levando à linfadenopatia, déficit de crescimento ou encefalopatia dentro de 2 anos após o nascimento. O HSV pode ser adquirido durante a passagem pelo canal do parto infectado e pode resultar em doença disseminada com risco de morte. A infecção nosocomial de recém-nascidos pode resultar em um desfecho clínico semelhante. Se o parvovírus B19 for adquirido no útero, pode causar aborto espontâneo.

Bibliografia

Atkinson, W., Wolfe, S., Hamborsky, J. (Eds.), 2011. Epidemiology and Prevention of Vaccine-Preventable Diseases, twelfth ed. Public Health Foundation, Washington, DC.
Centers for Disease Control and Prevention, 1989. Guidelines for prevention of transmission of human immunodeficiency virus and hepatitis B virus to health-care and public-safety workers. MMWR. Morb. Mortal. Wkly. Rep. 38 (Suppl. 6), 1–37.
Cohen, J., Powderly, W.G., 2004. Infectious Diseases, second ed. Mosby, St Louis.
Ellner Emond, R.T.D., Rowland, H.A.K., Welsby, P., 2003. Colour Atlas of Infectious Diseases, fourth ed. Mosby, London.
Flint, S.J., Racaniello, V.R., et al., 2015. Principles of Virology, fourth ed. American Society for Microbiology Press, Washington, DC.
Haaheim, L.R., Pattison, J.R., Whitley, R.J., 2002. A Practical Guide to Clinical Virology, second ed. Wiley, New York.
Kadambari, S., Segal, S., 2017. Acute viral exanthems. Medicine 45 (12), 788–793.
Knipe, D.M., Howley, P.M., 2013. Fields Virology, sixth ed. Lippincott Williams & Wilkins, Philadelphia.
Logan, S.A.E., MacMahon, E., 2008. Viral meningitis. BMJ 336, 36–40.
Mandell, G.L., Bennet, J.E., Dolin, R., 2015. Principles and Practice of Infectious Diseases, eighth ed. Saunders, Philadelphia.
Outhred, A.C., Kok, J., Dwyer, D.E., 2011. Viral arthritides. Expert. Rev. Antiinfect. Ther. 9, 545–554.
Strauss, J.M., Strauss, E.G., 2007. Viruses and Human Disease, second ed. Academic, San Diego.
Tyler, K.L., 2018. Acute viral encephalitis. N. Engl. J. Med. 379, 557–566. https://doi.org/10.1056/NEJMra1708714.
Tyrrell, C.S.B., Allen, J.L.Y., Carson, G., 2017. Influenza and other emerging respiratory viruses. Medicine 45 (12), 781–787.

Websites

All the virology on the www.virology.net/garryfavweb.html. Accessed June 8, 2018.
The big picture book of viruses. www.virology.net/Big_Virology/BVHomePage.html. Accessed June 8, 2018.
Centers for Disease Control and Prevention: CDC A-Z index. www.cdc.gov/health/diseases.htm. Accessed June 8, 2018.
Centers for Disease Control and Prevention: Traveler's health. www.cdc.gov/travel/diseases.htm. Accessed June 8, 2018.
Centers for Disease Control and Prevention: Vital Signs: Trends in Reported Vectorborne Disease Cases United States and Territories, 2004–2016 MMWR, May 1, 2018/Vol. 67. https://mail.google.com/mail/u/0/#inbox/FFNDWMQWGHJSPXsMXjTJJBTxspwGvPdK?projector=1&messagePartId=0.13.
National Foundation for Infectious Diseases: Fact sheets on diseases. www.nfid.org/factsheets/Default.html. Accessed June 8, 2018.
World Health Organization: Immunization service delivery. www.who.int/immunization_delivery/en/. Accessed June 8, 2018.
World Health Organization: Infectious Diseases. www.who.int/topics/infectious_diseases/en/. Accessed June 8, 2018.
World Health Organization: List of all health topic publications including specific viruses. https://www.who.int/health-topics/.
National Foundation for Infectious Diseases: Fact sheets on diseases. www.nfid.org/factsheets/Default.html. Accessed June 17, 2018.

39 Diagnóstico Laboratorial de Doenças Virais

Os estudos laboratoriais dos vírus são realizados principalmente para confirmar o diagnóstico pela identificação do agente viral da infecção; porém, para orientar a escolha da terapia antimicrobiana adequada, é importante verificar a adesão do paciente ao tratamento com medicamentos antivirais, definir o curso da doença, monitorar a doença do ponto de vista epidemiológico e educar os médicos e os pacientes (Boxe 39.1). As técnicas moleculares e imunológicas utilizadas para muitos destes procedimentos são descritas nos Capítulos 5 e 6.

Existem diversos avanços recentes que mudaram o diagnóstico laboratorial das doenças virais em amostras clínicas. Os métodos são mais rápidos e sensíveis, menos dispendiosos, tecnicamente mais fáceis e comercialmente disponíveis. Estes incluem técnicas de amplificação do genoma e de sequenciamento genômico para a identificação direta do vírus, melhores reagentes para detecção de anticorpos e ensaios mais sensíveis para antígenos e a sorologia, além de ensaios que conseguem identificar simultaneamente múltiplos vírus (multiplex) e são automatizados. Muitas vezes, o isolamento do microrganismo é desnecessário e evitado a fim de minimizar o risco no laboratório e aos profissionais da equipe. A maior rapidez no diagnóstico possibilita a escolha da terapia apropriada, seja ela antiviral, antibacteriana ou outra.

Coleta de amostras

A seleção da amostra apropriada depende do diagnóstico diferencial para o paciente e dos exames a ser realizados (Tabela 39.1). A seleção é muitas vezes complicada, porque vários vírus podem causar a mesma doença clínica. Por exemplo, o desenvolvimento de sintomas da meningite durante o verão sugere um arbovírus, caso em que líquido cerebrospinal e sangue devem ser coletados, ou um enterovírus, caso em que amostras de líquido cerebrospinal e swab de garganta e de fezes devem ser coletados para análise do genoma e possível isolamento do vírus. Uma encefalite focal com localização no lobo temporal, precedida de cefaleia e desorientação, sugere infecção por herpes-vírus simples (HSV), para o qual o líquido cerebrospinal pode ser analisado de modo relativamente rápido para sequências de ácido desoxirribonucleico (DNA) viral por amplificação pela reação em cadeia da polimerase (PCR).

As amostras devem ser coletadas no início da fase aguda da infecção, antes que o vírus deixe de ser eliminado. Por exemplo, os vírus respiratórios são eliminados por apenas 3 a 7 dias e a liberação pode ser interrompida antes que os sintomas cessem. O HSV e o vírus varicela-zóster (VZV) ou o DNA viral podem não ser recuperados de lesões após 5 dias do início dos sintomas. É possível isolar um enterovírus do líquido cerebrospinal por apenas 2 a 3 dias após o início das manifestações no sistema nervoso central (SNC). Além disso, os anticorpos produzidos em resposta à infecção podem bloquear a detecção do vírus.

Quanto menor o intervalo entre a coleta de uma amostra e sua entrega ao laboratório, maior é o potencial para isolar um vírus. Isto se deve ao fato de que muitos vírus são lábeis e as amostras são suscetíveis ao crescimento excessivo de bactérias e de fungos. Os vírus são mais bem transportados e armazenados em gelo e em meios especiais que contenham antibacterianos e proteínas, tais como albumina sérica ou gelatina. Perdas significativas dos títulos infecciosos ocorrem quando vírus envelopados (p. ex., HSV, VZV, vírus influenza) são mantidos à temperatura ambiente ou congelados a -20°C. O risco é menor para vírus não envelopados (p. ex., adenovírus, enterovírus).

Citologia

Muitos vírus produzem um efeito citopatológico (ECP) característico. Os ECPs característicos na amostra de tecido ou na cultura de células incluem alterações da morfologia celular, lise celular, vacuolização, sincícios e corpúsculos de inclusão. Os **sincícios** são células gigantes multinucleadas formadas por fusão viral de células individuais (Figura 39.1). *Paramixovírus, HSV, VZV e vírus da imunodeficiência humana (HIV) promovem a formação de sincícios.* Os **corpúsculos de inclusão** são alterações histológicas nas células causadas por componentes virais ou alterações induzidas por vírus em estruturas celulares. Por exemplo, corpúsculos de inclusão intranucleares basofílicos (olho de coruja) encontrados em grandes células de tecidos com citomegalovírus (CMV) (ver Capítulo 43; Figura 43.17) ou no sedimento de urina de pacientes com a infecção são prontamente identificáveis. Inclusões nucleares de Cowdry do tipo A em células individuais ou em grandes sincícios (múltiplas células fundidas entre si) são um achado característico em células infectadas por HSV ou VZV (Figura 39.2). A raiva pode ser detectada pelo achado de corpúsculos de Negri citoplasmáticos (inclusões do vírus da raiva) no tecido cerebral (Figura 39.3).

Muitas vezes, as amostras citológicas serão examinadas para avaliar se existem antígenos virais específicos ou genomas virais por hibridização *in situ* ou processadas para a PCR para uma identificação rápida e definitiva. Esses testes são específicos para vírus individuais e devem ser escolhidos com base no diagnóstico diferencial. Esses métodos são discutidos posteriormente.

Boxe 39.1 Procedimentos laboratoriais para o diagnóstico de infecções virais.

Exame citológico
Microscopia eletrônica
Isolamento e crescimento de vírus
Detecção de proteínas virais (antígenos e enzimas)
Detecção de genomas virais
Sorologia

Microscopia eletrônica

A microscopia eletrônica não é uma técnica padrão em laboratório de análises clínicas, mas pode ser utilizada para detectar e identificar alguns vírus, se houver partículas virais suficientes. A adição de anticorpos específicos para o vírus em uma amostra pode causar a aglomeração de partículas virais, facilitando a detecção e a identificação simultâneas do vírus (microscopia imunoeletrônica). Os vírus entéricos (p. ex., rotavírus) que são produzidos em abundância e apresentam morfologia característica, podem ser detectados nas fezes por esses métodos. O tecido processado apropriadamente a partir de uma biopsia ou amostra clínica também pode ser examinado em busca de estruturas virais.

Isolamento e crescimento do vírus

O isolamento do vírus possibilita a análise subsequente e o armazenamento de amostras, mas pode colocar a equipe do laboratório em risco de infecção. Um vírus pode crescer em cultura de tecidos, ovos embrionados e animais experimentais (Boxe 39.2). Embora os ovos embrionados ainda sejam utilizados para o crescimento de vírus para algumas vacinas (p. ex., influenza), eles foram substituídos por culturas celulares para isolamento de rotina dos vírus em laboratórios de análises clínicas. Animais experimentais raramente são utilizados em laboratórios de análises clínicas para isolar vírus.

CULTURA CELULAR

Tipos específicos de células em cultura de tecidos são empregados para o crescimento de vírus. As **culturas de células primárias** são obtidas pela dissociação de órgãos específicos de animais com tripsina ou colagenase. As células obtidas por este método são, então, cultivadas como monocamadas (fibroblastos ou células epiteliais), como organoides (miniórgãos) ou em suspensão (linfócitos) em meios artificiais suplementados com soro bovino ou outra fonte de fatores de crescimento. As células primárias podem ser dissociadas e crescem em novas monocamadas que se tornam culturas de células secundárias. As **linhagens de células diploides** são culturas de um único tipo de célula, capazes da passagem celular por um número grande, mas finito de vezes, antes que atinjam a senescência ou sofram alteração significativa de suas características. As **linhagens de células tumorais** e as **linhagens de células imortalizadas**, geralmente iniciadas a partir de tumores humanos ou de animais ou ainda pelo tratamento de células primárias com vírus oncogênicos ou produtos químicos, consistem em tipos de células únicas que podem ser submetidas à passagem celular de forma contínua sem sofrer senescência.

As células primárias de rim de macaco são excelentes para o isolamento de vírus influenza, paramixovírus, muitos

Tabela 39.1 Amostras para o diagnóstico viral.

Vírus patogênicos comuns	Amostras para cultura	Procedimentos e comentários
SISTEMA RESPIRATÓRIO		
Vírus influenza, paramixovírus, coronavírus, rinovírus, enterovírus (picornavírus)	Lavado nasal, *swab* da garganta, *swab* nasal, escarro	RT-PCR, ELISA, ensaios multiplex para detecção de vários agentes; cultura celular
SISTEMA DIGESTÓRIO		
Reovírus, rotavírus, adenovírus, vírus *Norwalk*, outros calicivírus	Fezes, *swab* retal	PCR, RT-PCR, ELISA; os vírus não são cultivados
ERUPÇÃO CUTÂNEA MACULOPAPULAR		
Adenovírus, enterovírus (picornavírus)	*Swab* da garganta, *swab* retal	PCR, RT-PCR
Vírus da rubéola, vírus do sarampo	Urina	RT-PCR, ELISA
ERUPÇÃO CUTÂNEA VESICULAR		
Vírus Coxsackie, vírus ECHO, HSV, VZV	Fluido, raspado ou *swab* vesicular, enterovírus nas fezes	HSV e VZV; raspado de vesícula (esfregaço de Tzanck), cultura de células, PCR, IF; enterovírus: RT-PCR
SISTEMA NERVOSO CENTRAL (MENINGITE ASSÉPTICA, ENCEFALITE)		
Enterovírus (picornavírus)	Fezes, líquido cerebrospinal	RT-PCR
Arbovírus (p. ex., togavírus, buniavírus)	Sangue, líquido cerebrospinal; raramente cultivado	RT-PCR, sorologia; ensaios multiplex para detecção de vários agentes
Vírus da raiva	Tecido, saliva, biopsia cerebral, líquido cerebrospinal	IF de biopsia, RT-PCR
HSV, CMV, vírus da caxumba, vírus do sarampo	Líquido cerebrospinal	Testes de PCR ou RT-PCR, isolamento do vírus e detecção de antígeno
SISTEMA URINÁRIO		
Adenovírus, CMV	Urina	PCR; o CMV pode ser liberado sem doença aparente
SANGUE		
HIV, vírus da leucemia de células T humanas, HBV, HCV, HDV, EBV, CMV, HHV-6	Sangue	ELISA para antígeno e anticorpo, PCR, RT-PCR, ensaios multiplex

CMV, citomegalovírus; *EBV*, vírus Epstein-Barr; *ELISA*, ensaio imunossorvente ligado à enzima; *HHV-6*, herpes-vírus humano 6; *HIV*, vírus da imunodeficiência humana; *HSV*, herpes-vírus simples; *IF*, imunofluorescência; *PCR*, reação em cadeia da polimerase; *RT-PCR*, reação em cadeia da polimerase com transcriptase reversa; *VZV*, vírus varicela-zóster; *HBV*, vírus da hepatite B; *HCV*, vírus da hepatite C; *HDV*, vírus da hepatite D; vírus ECHO = vírus entérico citopático humano órfão.

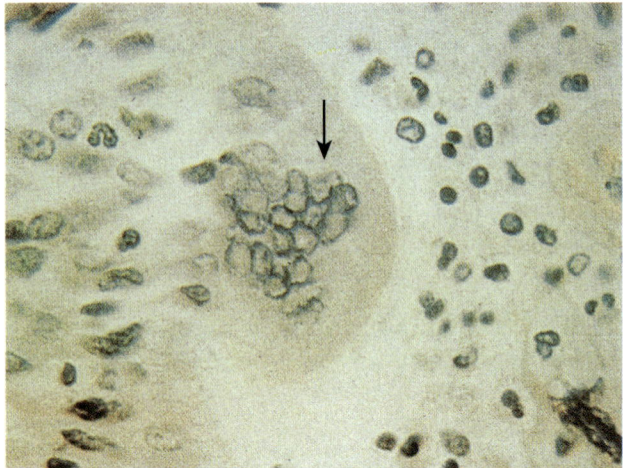

Figura 39.1 Formação de sincício pelo vírus do sarampo. Célula gigante multinucleada *(seta)* visível em um corte histológico de biopsia do tecido pulmonar em um caso de pneumonia de células gigantes induzida pelo vírus do sarampo em uma criança imunocomprometida. (De Hart, C., Broadhead, R. L., 1992. A Color Atlas of Pediatric Infectious Diseases. Wolfe, London, UK.)

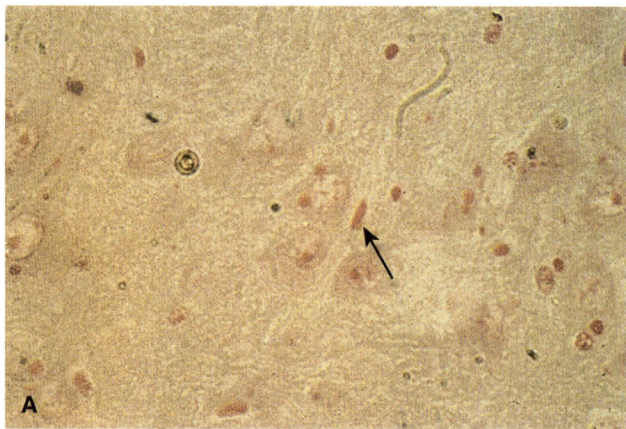

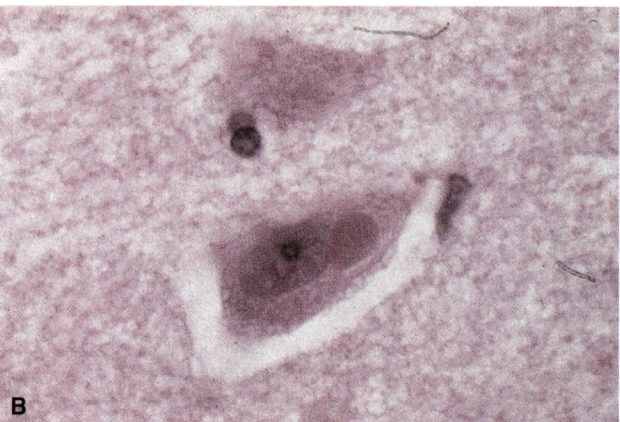

Figura 39.3 Corpúsculos de Negri causados pelo vírus da raiva. **A.** Corte histológico do cérebro de um paciente com raiva mostra corpúsculos de Negri *(seta)*. **B.** Aumento maior mostrando outra amostra de biopsia. (A, Hart, C., Broadhead, R.L., 1992. A Color Atlas of Pediatric Infectious Diseases. Wolfe, London, UK.)

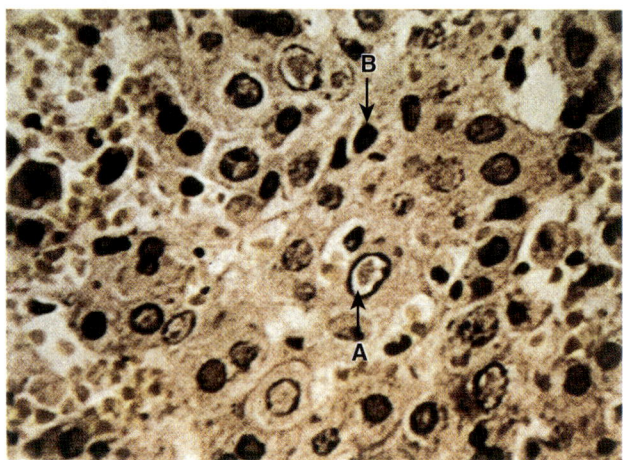

Figura 39.2 Efeito citopatológico induzido por herpes-vírus simples (HSV). Uma amostra de biopsia de fígado infectada por HSV revela um corpúsculo de inclusão intranuclear eosinofílico de Cowdry do tipo A *(A)* cercado por um halo e um anel de cromatina marginada na membrana nuclear. Uma célula infectada *(B)* exibe um núcleo condensado menor (**picnótico**). (Cortesia do Dr. JI Pugh, St Albans City Hospital, Hertfordshire, England; from Emond R.T., Rowland H.A.K., 1995. A Color Atlas of Infectious Diseases, third ed. Mosby, London, UK.)

> **Boxe 39.2** Sistemas de propagação dos vírus.
>
> Pessoas
> Animais: vacas (p. ex., vacina de Jenner contra a varíola bovina), galinhas, camundongos, ratos, filhotes de camundongos
> Ovos embrionados
> Cultura de órgãos
> Cultura de tecidos
> Primário
> Linhagem de células diploides
> Tumor ou linhagem celular imortalizada

enterovírus e alguns adenovírus. Células diploides fetais humanas, que são geralmente fibroblastos, suportam o crescimento de um amplo espectro de vírus (p. ex., HSV, VZV, CMV, adenovírus, picornavírus). As células HeLa, uma linhagem contínua de células epiteliais derivadas de um câncer do colo do útero humano, são também apropriadas para o isolamento de muitos vírus diferentes, incluindo vírus sincicial respiratório, adenovírus e HSV. Muitos vírus clinicamente significativos podem ser isolados em pelo menos uma dessas culturas celulares.

DETECÇÃO DE VÍRUS

Um vírus pode ser detectado e inicialmente identificado pela observação do ECP induzido na monocamada celular (Figura 39.4; Boxe 39.3), seja por imunofluorescência ou por análise do genoma da cultura de células infectadas. Uma **placa** é formada quando um único vírus infecta, se propaga e mata as células circundantes. O tipo de cultura celular, as características do ECP e a rapidez do crescimento viral podem ser usados inicialmente para identificar muitos vírus de importância clínica. Essa abordagem para a identificação dos vírus é semelhante àquela utilizada na identificação de bactérias, que se baseia no crescimento e na morfologia de colônias em meios diferenciais seletivos.

Alguns vírus crescem lentamente ou não crescem ou não causam prontamente um ECP em linhagens celulares tipicamente utilizadas em laboratórios de virologia clínica. Alguns vírus causam doenças que são perigosas para os

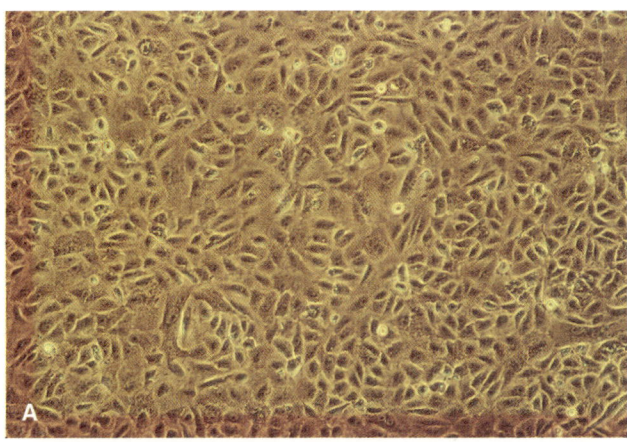
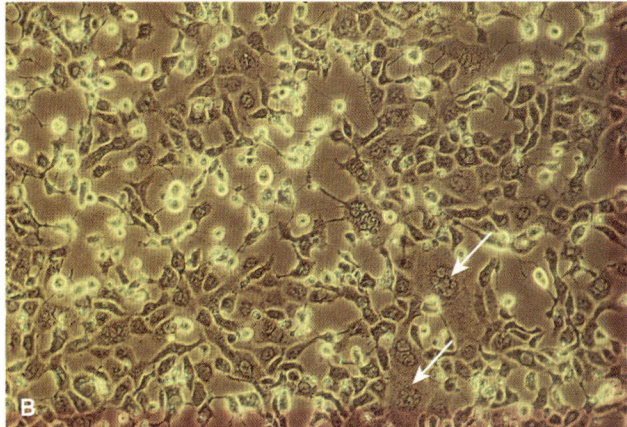

Figura 39.4 Efeito citopatológico da infecção por herpes-vírus simples (HSV). **A.** Células Vero não infectadas, mostrando uma linhagem de células renais de macaco verde africano (*Chlorocebus aethiops*). **B.** Células Vero infectadas por HSV-1, mostrando células arredondadas, células multinucleadas e perda da monocamada. *Setas* indicam os sincícios.

Boxe 39.3 Efeitos citopatológicos virais.[a]

Morte celular
    Arredondamento das células
    Degeneração
    Agregação
    Perda de adesão à placa de cultura
Alterações histológicas características: corpúsculos de inclusão no núcleo ou citoplasma, marginação da cromatina
Sincícios: células gigantes multinucleadas formadas pela fusão celular induzida por vírus
Alterações na superfície celular
    Expressão de antígeno viral
    Hemadsorção (expressão de hemaglutinina)

[a]Os efeitos podem ser característicos de vírus específicos.

---

profissionais da equipe do laboratório. Esses vírus não são cultivados, mas diagnosticados com base em achados sorológicos ou na detecção de genomas ou proteínas virais.

As propriedades virais características também podem ser utilizadas para identificar os vírus. Por exemplo, o vírus da rubéola não provoca um ECP, mas impede (interfere com) a replicação dos picornavírus em um processo conhecido como **interferência heteróloga**, que pode ser usada para detectar o vírus da rubéola.

Células infectadas por vírus influenza, vírus parainfluenza, vírus da caxumba e togavírus expressam uma glicoproteína

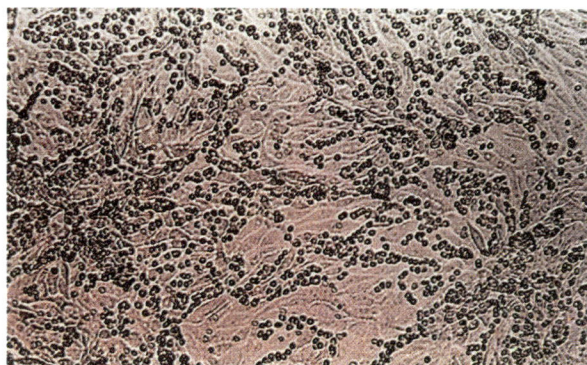

Figura 39.5 Adsorção de eritrócitos (hemadsorção) a células infectadas por vírus influenza, vírus da caxumba, vírus parainfluenza ou togavírus. Esses vírus expressam uma hemaglutinina em suas superfícies, que se liga a eritrócitos de algumas espécies animais.

viral (hemaglutinina) que liga os eritrócitos de espécies animais definidas à superfície celular infectada (**hemadsorção**) (Figura 39.5). Quando liberados no meio de cultura celular, esses vírus podem ser detectados pela aglutinação de eritrócitos, que é um processo chamado de **hemaglutinação**. O vírus pode então ser identificado a partir do anticorpo específico que bloqueia a hemaglutinação, que é um processo denominado **inibição da hemaglutinação (IH)**. Uma abordagem inovadora para detecção de infecção por HSV utiliza células geneticamente modificadas em cultura de tecidos que expressam o gene da β-galactosidase e podem ser coradas de azul quando infectadas por HSV (sistema vírus-induzível ligado à enzima [ELVIS; do inglês, *enzyme-linked virus-inducible system*]).

Um vírus pode ser quantificado pela determinação da maior diluição que retém as seguintes propriedades **(título)**:

1. **Dose em cultura de tecidos (TCD$_{50}$, *tissue culture dose*):** título do vírus que causa efeitos citopatológicos em metade das células em cultura tecidual.
2. **Dose letal (LD$_{50}$, *lethal dose*):** título do vírus que mata 50% de um conjunto de animais experimentais.
3. **Dose infecciosa (ID$_{50}$, *infectious dose*):** título do vírus que inicia um sintoma, anticorpo ou outra resposta detectável em 50% de um conjunto de animais experimentais.

O número de vírus infecciosos também pode ser avaliado com uma contagem das placas produzidas por diluições de 10 vezes da amostra **(unidades formadoras de placas)**. A razão entre partículas virais (a partir da microscopia eletrônica) e unidades formadoras de placas **(razão placa/unidades formadoras de placas)** é sempre muito maior que 1 porque numerosas partículas virais defeituosas são produzidas durante a replicação viral.

Detecção de material genético viral

A sequência genética de um vírus é uma das principais características para diferenciação da família, do tipo e da cepa do vírus (ver Capítulo 5 e Boxe 39.4). Sondas genéticas específicas de sequências, técnicas de amplificação do genoma e técnicas de sequenciamento de nova geração possibilitam detecção, identificação e quantificação rápidas com um mínimo de risco do vírus infeccioso.

> **Boxe 39.4** Ensaios para detecção de proteínas e ácidos nucleicos virais.
>
> **Proteínas**
>
> Detecção de antígenos (p. ex., imunofluorescência direta e indireta, ELISA, *Western blot*)
> Padrões de proteínas (eletroforese)
> Atividades enzimáticas (p. ex., transcriptase reversa)
> Hemaglutinação e hemadsorção
>
> **Ácidos nucleicos**
>
> PCR (DNA)
> PCR com transcriptase reversa (RNA)
> PCR quantitativa em tempo real
> DNA de cadeia ramificada e testes relacionados (DNA, RNA)
> Sequenciamento de genomas
> Padrões de clivagem com endonucleases de restrição
> Tamanho do RNA em vírus de RNA segmentados (eletroforese)
> Hibridação *in situ* do genoma de DNA (citoquímica)
> *Southern, Northern* e *dot blots*

DNA, ácido desoxirribonucleico; *PCR*, reação em cadeia da polimerase; *RNA*, ácido ribonucleico.

AMPLIFICAÇÃO DO GENOMA

Para muitos laboratórios, o método preferido para detecção, quantificação e identificação dos vírus utiliza técnicas de amplificação do genoma, incluindo **PCR** para genomas de DNA, **PCR com transcriptase reversa (RT-PCR)** para genomas de ácido ribonucleico (RNA) e **PCR em tempo real** para identificação e quantificação do RNA ou DNA. O uso dos *primers* (oligonucleotídios iniciadores) apropriados para PCR consegue promover amplificação de milhões de vezes de uma sequência-alvo em algumas horas. Essa técnica é útil sobretudo para a detecção de sequências latentes e integradas de vírus, tais como retrovírus, herpes-vírus, papilomavírus e outros papovavírus, assim como evidências de vírus em baixas concentrações e vírus de difícil isolamento ou muito perigoso em cultura celular. RT-PCR utiliza a transcriptase reversa retroviral para converter o RNA viral em DNA e possibilitar a amplificação por PCR das sequências de ácidos nucleicos virais.

Sistemas comerciais automatizados estão disponíveis para analisar um painel de microrganismos de múltiplas amostras. Esses sistemas processam a amostra, concentram as sequências genômicas, simultaneamente amplificam os genomas dos diferentes microrganismos (multiplex) e, então, utilizam técnicas rápidas para detecção do DNA amplificado, indicando a existência do genoma viral. Por exemplo, um painel respiratório disponível comercialmente detecta 17 vírus e 3 bactérias.

A **PCR em tempo real** é um método rápido de identificar e quantificar o número de genomas que podem ser extrapolados para níveis de pacientes **(carga viral)**. A concentração do genoma viral (os genomas de RNA são primeiro convertidos em DNA) é proporcional à taxa inicial da amplificação do DNA genômico por PCR. Esse teste é prontamente automatizado e se tornou importante para a identificação de muitos vírus e para quantificar os níveis sanguíneos de HIV e outros genomas virais.

A PCR é o protótipo para várias outras técnicas de amplificação do genoma. A **amplificação baseada em transcrição** utiliza a transcriptase reversa e iniciadores (*primers*) para sequências virais específicas para produzir um DNA complementar (cDNA) e também a ligação a uma sequência reconhecida pela RNA polimerase dependente de DNA a partir do bacteriófago T7 para o DNA da amostra. O DNA é transcrito em RNA pela RNA polimerase T7 e as novas sequências de RNA passam, então, por novos ciclos na reação para amplificar a sequência relevante. O genoma amplificado é detectado pela hibridização de uma sonda de DNA luminescente. Ao contrário da PCR, estas reações não exigem equipamentos especiais.

Algumas outras abordagens de amplificação e detecção do genoma são semelhantes em conceito ao ensaio imunossorvente ligado à enzima (ELISA). Essas abordagens utilizam sequências de DNA imobilizadas complementares à sequência genômica viral relevante para capturar o genoma do vírus. Isto é seguido pela ligação de outra sequência complementar que contém um marcador que pode ser detectado por um anticorpo ou outro sistema de detecção. Os métodos ELISA podem então ser utilizados para detectar a presença do genoma. Como o ELISA, esses métodos podem ser automatizados e configurados para analisar um painel de vírus.

Os genomas virais também podem ser analisados após a amplificação do genoma. Métodos para sequenciamento do DNA **(sequenciamento de nova geração)** tornaram-se suficientemente rápidos e baratos para serem procedimentos de rotina. Uma vez obtida a sequência de um fragmento ou o genoma inteiro, sua identidade pode ser determinada por comparação em análise computacional com os bancos de dados estabelecidos.

ANÁLISE *IN SITU*

Sondas de DNA vírus-específicas podem ser utilizadas como anticorpos, porque são ferramentas sensíveis e específicas para a detecção de um vírus. Essas sondas conseguem detectar o vírus mesmo na ausência de replicação viral. Sequências genéticas virais específicas em amostras de biopsia tecidual fixada e permeabilizada podem ser detectadas por **hibridização *in situ*** (p. ex., **hibridização *in situ* fluorescente [FISH]**). A análise da sonda de DNA é particularmente útil para a detecção dos vírus de replicação lenta ou vírus não produtivos, tais como CMV e papilomavírus humano (HPV) ou quando o antígeno viral não pode ser detectado por testes imunológicos (ver **Figura 5.1**).

Detecção de proteínas virais

As enzimas virais e outras proteínas são produzidas durante a replicação viral e podem ser detectadas por métodos bioquímicos, imunológicos e de biologia molecular (ver Boxe 39.4). As proteínas virais podem ser separadas por eletroforese e seus padrões usados para identificar e distinguir diferentes vírus. Por exemplo, as proteínas celulares infectadas por HSV e proteínas de vírions, separadas por eletroforese, exibem padrões distintos para diferentes tipos e cepas de HSV-1 e HSV-2.

A detecção e o ensaio de enzimas características ou de atividades conseguem identificar e quantificar vírus específicos. Por exemplo, o achado de transcriptase reversa em soro ou na cultura celular indica a presença de um retrovírus ou hepadnavírus. Os anticorpos podem ser utilizados como ferramentas sensíveis e específicas para detectar, identificar e quantificar o vírus e o antígeno viral em amostras clínicas ou culturas de células (imuno-histoquímica). Especificamente, anticorpos monoclonais ou monoespecíficos são úteis para distinguir os vírus. Antígenos virais na superfície da célula ou dentro da célula podem ser detectados por **imunofluorescência** e **ensaio imunoenzimático (EIA,** *enzyme immunoassay***)** (ver Figuras 6.2 e 6.3). Os vírus ou antígenos liberados de células infectadas podem ser detectados e quantificados por **ELISA, aglutinação em látex (LA,** *latex agglutination***)** (ver Capítulo 6 para definições) e variações nestes ensaios. *Kits* de teste para detectar um único agente viral ou múltiplos agentes em um mesmo ensaio (multiplex) estão disponíveis comercialmente. *Kits* para detecção rápida do tipo ELISA, similares aos testes de gravidez, estão disponíveis para vírus influenza e HIV.

IMPORTÂNCIA DA DETECÇÃO DO VÍRUS

Em geral, a detecção de qualquer vírus nos tecidos, no líquido cerebrospinal, no sangue ou no líquido vesicular do hospedeiro pode ser considerado um achado altamente significativo. Entretanto, pode ocorrer excreção do vírus, sem que esteja relacionada com os sintomas da doença. Alguns vírus podem ser excretados intermitentemente sem causar sintomas na pessoa afetada por períodos que variam de semanas (enterovírus em fezes) a muitos meses ou anos (HSV ou CMV na orofaringe e na vagina; adenovírus na orofaringe e nos intestinos). Da mesma forma, um resultado negativo não pode ser considerado conclusivo, porque a amostra pode ter sido manuseada inadequadamente, pode conter anticorpos neutralizantes ou pode ter sido obtida antes ou depois da excreção viral.

Sorologia viral

A resposta imune humoral fornece um histórico de infecções do paciente. Os estudos sorológicos são utilizados para a identificação dos vírus que são difíceis de isolar e crescem em culturas de células, assim como os vírus que causam doenças de evolução arrastada (p. ex., EBV, HBV, HIV) (ver Boxe 6.2). Provas sorológicas podem ser empregadas para identificar o vírus e sua cepa ou sorotipo, se é uma doença aguda ou crônica e para determinar se é uma infecção primária ou uma reinfecção. A detecção do **anticorpo imunoglobulina (Ig) M específica para o vírus**, que é encontrado durante as primeiras 2 ou 3 semanas de uma infecção primária, geralmente indica uma infecção primária recente. A **soroconversão** é indicada por um **aumento** de, pelo menos, **quatro vezes no título de anticorpos** entre o soro obtido durante a fase aguda da doença e aquele obtido pelo menos 2 a 3 semanas depois, durante a fase de convalescença. A reinfecção ou a recorrência mais tarde na vida causa uma resposta anamnésica (secundária ou de reforço). Os títulos de anticorpos podem permanecer elevados em pacientes que sofrem recidiva frequente de uma doença (p. ex., herpes-vírus).

Em razão da imprecisão inerente dos ensaios sorológicos com base em diluições seriadas de 1:2, um aumento de quatro vezes no título de anticorpos entre soros da fase aguda e da fase de convalescença é necessário para indicar a soroconversão. Por exemplo, em amostras com 512 e 1.023 unidades de anticorpos, ambas dariam um sinal positivo em uma diluição de 512 vezes, mas não em uma diluição de 1.024 vezes, e os títulos de ambas seriam notificados como 512. Por outro lado, as amostras com 1.020 e 1.030 unidades não são significativamente diferentes, mas seriam informadas como títulos de 512 e 1.024, respectivamente.

A existência de anticorpos para vários antígenos virais essenciais e seus títulos pode ser utilizada para identificar o estágio da doença causada por determinados vírus. Essa abordagem é particularmente útil para o diagnóstico de doenças virais com evolução lenta (p. ex., mononucleose infecciosa causada pelo vírus Epstein-Barr [EBV], hepatite B) (ver Capítulos 43 e 55). Em geral, os primeiros anticorpos a ser detectados são direcionados contra os antígenos mais disponíveis para o sistema imune (p. ex., expressos no vírion ou nas superfícies das células infectadas). Em período mais tardio da infecção, quando o vírus infectante ou a resposta imune celular promoveu a lise das células, os anticorpos dirigidos contra proteínas e enzimas virais intracelulares são **detectados**. Por exemplo, anticorpos contra o envelope e antígenos do capsídio de EBV são detectados primeiramente. Depois, durante a convalescença, anticorpos contra antígenos nucleares, tais como o antígeno nuclear de EBV (EBNA), são detectados.

Uma **bateria ou painel sorológico** que consiste em ensaios para vários vírus pode ser usado para o diagnóstico de determinadas doenças. Por exemplo, o HSV e os vírus da caxumba, das encefalites equinas do oeste e do leste, além das encefalites de St. Louis, do Nilo Ocidental e da Califórnia podem ser incluídos em um painel de testes para doenças do sistema nervoso central. Um teste de ELISA que detecta anticorpos para HIV-1 e HIV-2 e a proteína p24 do HIV exclui a necessidade de confirmação da infecção pelo HIV por *Western blot*.

MÉTODOS SOROLÓGICOS

Os testes sorológicos que podem ser usados em virologia estão listados no Boxe 6.1. Os **testes de neutralização** e de **IH** detectam anticorpos com base em seu reconhecimento e ligação ao vírus. O revestimento do vírus por anticorpos bloqueia sua ligação às células indicadoras e infecção subsequente (Figura 39.6). Para a IH, o anticorpo no soro de pacientes previne a ligação e a aglutinação de eritrócitos por uma quantidade padronizada de vírus.

O teste de anticorpos fluorescentes indiretos e os imunoensaios de fase sólida, tais como AL e **ELISA**, são comumente utilizados para detectar e quantificar o antígeno viral e o anticorpo antiviral. ELISA é usado para triagem do suprimento de sangue para excluir indivíduos soropositivos para HBV, HCB e HIV. A técnica ***Western blot*** pode ser usada para determinar as proteínas específicas reconhecidas pelo soro do paciente e aplicada para confirmar a soroconversão e, portanto, a infecção pelo HIV (Figura 39.7).

LIMITAÇÕES DOS MÉTODOS SOROLÓGICOS

O achado de um anticorpo antiviral indica infecção prévia, mas não é suficiente para indicar quando a infecção ocorreu. Resultados falso-positivos ou falso-negativos de testes podem confundir o diagnóstico. Além disso, o anticorpo do paciente pode ser ligado com antígeno viral (como ocorre em pacientes com hepatite B) em imunocomplexos, impedindo a detecção de anticorpos. Reações sorológicas cruzadas entre diferentes vírus podem também confundir a identidade do agente infectante (p. ex., vírus parainfluenza e vírus da caxumba expressam antígenos relacionados). Por outro lado, o anticorpo empregado no ensaio pode ser muito específico (muitos anticorpos monoclonais) e não reconhecer cepas de vírus da mesma família, dando um resultado falso-negativo

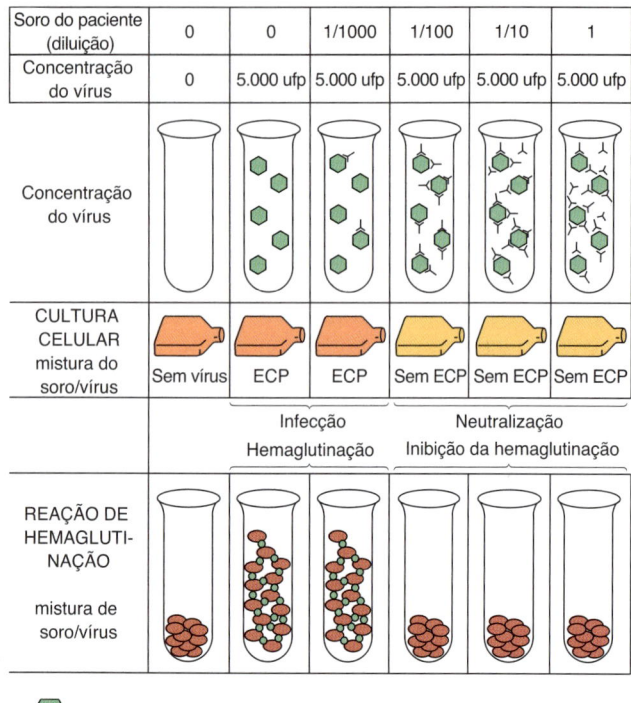

(p. ex., rinovírus). Uma boa compreensão dos sintomas clínicos e o conhecimento das limitações e dos potenciais problemas com os ensaios sorológicos auxiliam no diagnóstico.

Bibliografia

Caliendo, A.M., 2011. Multiplex PCR and emerging technologies for the detection of respiratory pathogens. Clin. Infect. Dis. 52 (Suppl. 4), S326–S330.
Cohen, J., Powderly, W.G., 2004. Infectious Disease, second ed. Mosby, St Louis.
Tille, P.M., 2017. Bailey and Scott's Diagnostic Microbiology, fourteenth ed. Elsevier, St Louis.
Fairfax, M.R., Bluth, M.H., 2018. Diagnostic molecular microbiology: a 2018 Snapshot. Clin. Lab. Med. 38, 253–276. https://doi.org/10.1016/j.cll.2018.02.004.
Ginocchio, C.G., McAdam, A.J., 2011. Current best practices for respiratory virus testing. J. Clin. Micro. 49, S44–S48.
Jorgensen, J.H., Pfaller, M.A., Carroll, K.C., Funke, G., Landry, M.L., Richter, S.S., et al., 2015. Manual of Clinical Microbiology, seventh ed. American Society for Microbiology Press, Washington, DC.
Knipe, D.M., Howley, P.M., 2013. Fields Virology, sixth ed. Lippincott Williams & Wilkins, Philadelphia.
Leland, D.S., Ginocchio, C.C., 2007. Role of cell culture for virus detection in the age of technology. Clin. Microbiol. Rev. 20, 49–78.
Jerome, K.R., Lennette, E.H., 2010. Laboratory Diagnosis of Viral Infections, fourth ed. Informa Health Care, New York.
Doern, C.D., 2018. Pocket Guide to Clinical Microbiology, fourth ed. American Society for Microbiology Press, Washington, DC.
Persing, D.H., et al., 2016. Molecular Microbiology: Diagnostic Principles and Practice, third ed. American Society for Microbiology Press, Washington, DC.
Richman, D.D., Whitley, R.J., Hayden, F.G., 2017. Clinical Virology, fourth ed. American Society for Microbiology Press, Washington, DC.
Loeffelholz, M.L., Hodinka, R.L., Young, S.A., Pinsky, B.A., 2016. Clinical Virology Manual, fifth ed. American Society for Microbiology Press, Washington, DC.

Websites

Diagnostic methods in virology. http://virology-online.com/general/Tests.htm. Accessed June 22, 2018
Leland, D.S., Ginocchio, C.C., Role of cell culture for virus detection in the age of technology. www.ncbi.nlm.nih.gov/pmc/articles/PMC1797634/. Accessed April 22, 2015.

Figura 39.6 Ensaios de neutralização, hemaglutinação e inibição da hemaglutinação. No ensaio mostrado, diluições de 10 vezes do soro foram incubadas com o vírus. Alíquotas da mistura foram então adicionadas às culturas de célula ou aos eritrócitos. Na ausência do anticorpo, o vírus que infectou a monocamada (indicado pelo efeito citopatológico *[ECP]*) ou causou a hemaglutinação (ou seja, formou uma suspensão de eritrócitos em forma de gel). Na presença do anticorpo, a infecção foi bloqueada, impedindo o ECP (neutralização) ou a hemaglutinação foi inibida, possibilitando a formação do *pellet* (aglomerado) de eritrócitos. O título de anticorpos desse soro seria 100. *ufp*, unidades formadoras de placas.

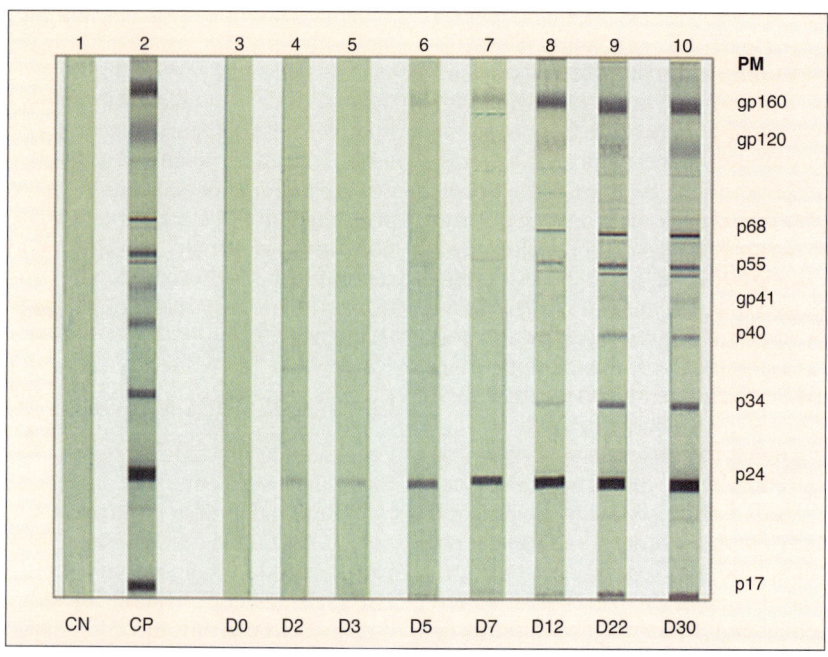

Figura 39.7 *Western blot* de antígenos e anticorpos para o vírus da imunodeficiência humana (HIV). Os antígenos proteicos do HIV são separados por eletroforese e transferidos para tiras de nitrocelulose. Cada tira é incubada com o anticorpo do paciente, lavada para remover o anticorpo não ligado (livre) e seguido por reação com anticorpos anti-humanos conjugados com enzima e substrato cromóforo. O soro de uma pessoa infectada pelo HIV se liga e identifica as principais proteínas antigênicas do HIV. Esses dados demonstram a soroconversão de um indivíduo infectado pelo HIV com soros coletados no dia 0 *(D0)* até o dia 30 *(D30)* em comparação com um controle positivo *(CP)* conhecido e o controle negativo *(CN)*. **PM**, peso molecular. (De Kuritzkes, D.R., 2004. Diagnostic tests for HIV infection and resistance assays. In: Cohen, J., Powderly, W.G. (Eds.), Infectious Diseases, second ed. Mosby, St Louis, MO.)

40 Agentes Antivirais e Controle das Infecções

Ao contrário das bactérias, os vírus são parasitas intracelulares obrigatórios que utilizam a maquinaria biossintética e as enzimas da célula hospedeira para replicação (ver Capítulo 36). Portanto, é mais difícil inibir a replicação viral sem também ser tóxico para o hospedeiro. A maioria dos fármacos antivirais é direcionada para as enzimas codificadas pelo vírus ou estruturas virais que são importantes para a replicação. A maioria desses compostos consiste em inibidores bioquímicos clássicos de enzimas codificadas pelo vírus. Alguns medicamentos antivirais são, na verdade, estimuladores de respostas imunes inatas protetoras do hospedeiro.

Existem fármacos específicos disponíveis para vírus que causam morbidade e mortalidade e proporcionam alvos razoáveis para ação farmacológica (Boxe 40.1), mas diferentemente dos agentes antibacterianos, a atividade da maioria dos fármacos antivirais é limitada a um vírus específico. Os antivirais podem ser usados para profilaxia ou tratamento. Muitos medicamentos antivirais causam sérios efeitos adversos, por causa de sua toxicidade. Como já ocorreu com os medicamentos antibacterianos, a resistência aos fármacos antivirais está se tornando mais um problema por causa da alta taxa de mutação dos vírus, principalmente dos vírus de RNA, assim como pelo tratamento a longo prazo de alguns pacientes com infecções crônicas, sobretudo aqueles que são imunocomprometidos (p. ex., pacientes com síndrome da imunodeficiência adquirida [AIDS]).

Alvos para os fármacos antivirais

Os diferentes alvos dos medicamentos antivirais (p. ex., estruturas, enzimas ou processos importantes ou essenciais para a produção do vírus) são discutidos em termos das etapas do ciclo de replicação viral que eles inibem. Esses alvos e seus respectivos agentes antivirais estão listados na Tabela 40.1 (ver também Figura 36.8).

RUPTURA DO VÍRION

Os vírus envelopados são suscetíveis a determinados lipídios e moléculas semelhantes a detergentes, que dispersam ou desestabilizam a membrana do envelope, impedindo a aquisição do vírus. Os rinovírus são suscetíveis aos ácidos e o ácido cítrico pode ser incorporado nos tecidos faciais como meio de bloqueio da transmissão viral.

FIXAÇÃO

A primeira etapa na replicação viral é mediada pela interação de uma proteína de fixação viral com seu receptor de superfície celular. Essa interação pode ser bloqueada por **anticorpos neutralizantes**, que se ligam à proteína de fixação viral ou por **antagonistas do receptor**. A administração de anticorpos específicos (**imunização passiva**) é a forma mais antiga de terapia antiviral. Os antagonistas do receptor incluem análogos de peptídeo ou de açúcar do receptor da célula ou da proteína de fixação viral que bloqueia de maneira competitiva a interação do vírus com a célula. Compostos que se ligam à molécula do receptor de quimiocina C-C 5 (CCR5) bloqueiam a ligação do vírus da imunodeficiência humana (HIV) aos macrófagos e alguns linfócitos T CD4 para evitar a infecção inicial. Polissacarídios ácidos (p. ex., heparana, sulfato de dextrana) interferem na ligação viral e são sugeridos para o tratamento de infecções pelo HIV, herpes-vírus simples (HSV) e outros vírus.

PENETRAÇÃO E DESNUDAMENTO

A penetração e o desnudamento do vírus são necessários para liberar o genoma viral no citoplasma da célula hospedeira. Arildona, disoxarila, pleconarila e outros compostos de metil-isoxazol bloqueiam o desnudamento dos picornavírus ajustando-se a uma fenda no cânion de ligação ao receptor do capsídio e impedindo a desmontagem do capsídio. Para os vírus que penetram na célula hospedeira via vesículas endocíticas, o desnudamento pode ser desencadeado por alterações conformacionais nas proteínas de fixação que promovem fusão ou por ruptura da membrana resultante do ambiente ácido da vesícula. **Amantadina, rimantadina** e outras aminas hidrofóbicas (bases orgânicas fracas) são agentes antivirais que conseguem neutralizar o pH desses compartimentos e inibir o desnudamento do vírion. A amantadina e a rimantadina apresentam apenas atividade contra o vírus influenza A. Esses compostos agem especificamente pela ligação e bloqueio de canais de íons hidrogênio (H^+) formados pela proteína M_2 viral. Sem o influxo de H^+, as proteínas da matriz M_1 não se dissociam do nucleocapsídio (desnudamento), de modo que o movimento do nucleocapsídio para o núcleo, a transcrição e a replicação são impedidos. O bloqueio desse poro de prótons também desestabiliza o processamento adequado da proteína de hemaglutinina tardiamente no ciclo de replicação. Na ausência de um poro de prótons M_2 funcional, a hemaglutinina modifica, de maneira inoportuna, sua conformação para a "forma de fusão" e é inativada quando atravessa

---

Boxe 40.1 Vírus que causam doenças tratáveis com fármacos específicos.

Herpes-vírus simples (HSV)
Vírus varicela-zóster (VZV)
Citomegalovírus (CMV)
Vírus da imunodeficiência humana (HIV)
Vírus influenza A e B
Vírus sincicial respiratório (RSV)
Vírus das hepatites B e C (HBV, HCV)
Adenovírus
Papilomavírus (HPV)

Tabela 40.1 Exemplos de alvos para medicamentos antivirais.

Etapa de replicação ou alvo	Agente	Vírus-alvo
Fixação	Análogos de peptídeos da proteína de fixação Anticorpos neutralizantes Heparana e sulfato de dextrana	HIV (antagonista do correceptor CCR5) Maioria dos vírus HIV, HSV
Penetração e desnudamento	Amantadina, rimantadina Tromantadina, docosanol Arildona, disoxarila, pleconarila	Vírus influenza A HSV Picornavírus
Transcrição	Interferona Sofosbuvir, dasabuvir Baloxavir marboxil Oligonucleotídios antissentido	HCVs, papilomavírus HCV Vírus influenza A e B –
Hipermutação/análogo de guanosina	Ribavirina	HCV, vírus sincicial respiratório, vírus da febre de Lassa
Síntese proteica	Interferona	HCV, papilomavírus
Replicação de DNA (polimerase)	Análogos de nucleosídio Fosfonoformato (fosfonofórmico), ácido fosfonoacético	Herpes-vírus, HIV, HBV, poxvírus, adenovírus etc. Herpes-vírus
Sequestro (*scavenging*) de nucleosídios (timidinoquinase)	Análogos dos nucleosídios	HSV, VZV
Montagem (protease)	Análogos de substrato hidrofóbico	HIV, HCV
Montagem (neuraminidase)	Oseltamivir, zanamivir	Vírus influenza A, B

CCR5, receptor de quimiocina C-C 5; HCV, vírus da hepatite C; HSV, herpes-vírus simples; HBV, vírus da hepatite B; VZV, vírus varicela-zóster.

o ambiente normalmente ácido do complexo de Golgi. O **docosanol** inibe a fusão de vírus envelopados, incluindo HSV, às membranas celulares. A **tromantadina**, um derivado da amantadina, também inibe a penetração do HSV. A penetração e o desnudamento do HIV são bloqueados por um peptídio de 33 aminoácidos, T20 (**enfuvirtida [Fuzeon®]**)[1], que inibe a ação da proteína de fusão viral, a gp41.

SÍNTESE DE RNA

Embora a síntese de ácido ribonucleico mensageiro (mRNA) seja essencial para a produção de vírus, não é um bom alvo para medicamentos antivirais, porque é difícil inibir a síntese do RNA viral sem afetar a síntese do mRNA celular. Mesmo assim, o **sofosbuvir**,[2] um pró-fármaco de um análogo de nucleosídio, é aprovado pela U.S Food and Drug Administration (FDA) como inibidor da RNA polimerase dependente de RNA do vírus da hepatite C (HCV). O **baloxavir marboxil** inibe os vírus influenza A e B, bloqueando a atividade da endonuclease que "rouba" a estrutura *cap* (*cap snatching*) da polimerase viral. A guanidina e a 2-hidroxibenzilbenzimidina são dois compostos que conseguem bloquear a síntese de RNA do picornavírus por ligação à proteína 2C desse vírus, que é essencial para a síntese do RNA. A **ribavirina** se assemelha à riboguanosina e promove a hipermutação e inibe a biossíntese de nucleosídios, a formação de estruturas *cap* do mRNA e outros processos

(celular e viral) importantes para a replicação de muitos vírus. A isatina-tiossemicarbazona induz a degradação do mRNA em células infectadas pelo poxvírus e era utilizada como tratamento para a varíola.

O processamento adequado (*splicing*) e a tradução do mRNA viral podem ser inibidos por oligonucleotídios antissentido e **interferonas do tipo 1**. A infecção viral de uma célula tratada com interferona desencadeia uma cascata de eventos bioquímicos que bloqueiam a replicação viral. Especificamente, a degradação de mRNA viral e celular é aumentada e a montagem do ribossomo é bloqueada, impedindo a síntese de proteínas e a replicação viral. A interferona é descrita mais adiante no Capítulo 10. A interferona é aprovada pela FDA e pela Anvisa para uso clínico (HPV, HCV).

REPLICAÇÃO DO GENOMA

A maioria dos medicamentos antivirais consiste em **análogos de nucleosídios**, que são compostos com modificações da base, açúcar ou ambas (Figura 40.1). As **DNA polimerases dependentes de DNA** viral dos herpesvírus e as **transcriptases reversas** do HIV e do vírus da hepatite B (HBV) *são os principais alvos para a maioria dos medicamentos antivirais, porque são essenciais para a replicação do vírus e são diferentes das enzimas hospedeiras.* Antes de serem utilizados pela polimerase, os análogos de nucleosídios têm de ser fosforilados para a forma de trifosfato por enzimas virais (p. ex., timidinoquinase do HSV), enzimas celulares ou ambas. Por exemplo, a timidinoquinase do HSV e do vírus varicela-zóster (VZV) aplica o primeiro fosfato ao **aciclovir (ACV)** e enzimas celulares aplicam o resto. Mutantes de HSV que não apresentam atividade da timidinoquinase são resistentes ao ACV. As enzimas celulares fosforilam a **azidotimidina (AZT)** e muitos outros análogos de nucleosídios.

---

[1]N.R.T: Enfuvirtida é o primeiro membro de classe terapêutica chamada inibidor de fusão. É um inibidor do rearranjo estrutural da gp41 do HIV que se liga especificamente à proteína gp41 do vírus HIV bloqueando a entrada do vírus na célula. Enfuvirtida não requer ativação intracelular. É aplicada por via subcutâneo. Uso adulto e pediátrico (a partir dos 6 anos).

[2]N.R.T.: Sofosbuvir é comercializado no Brasil com o nome Sovaldi® e é indicado para tratamento de hepatite C crônica como componente de um esquema de medicamentos combinados.

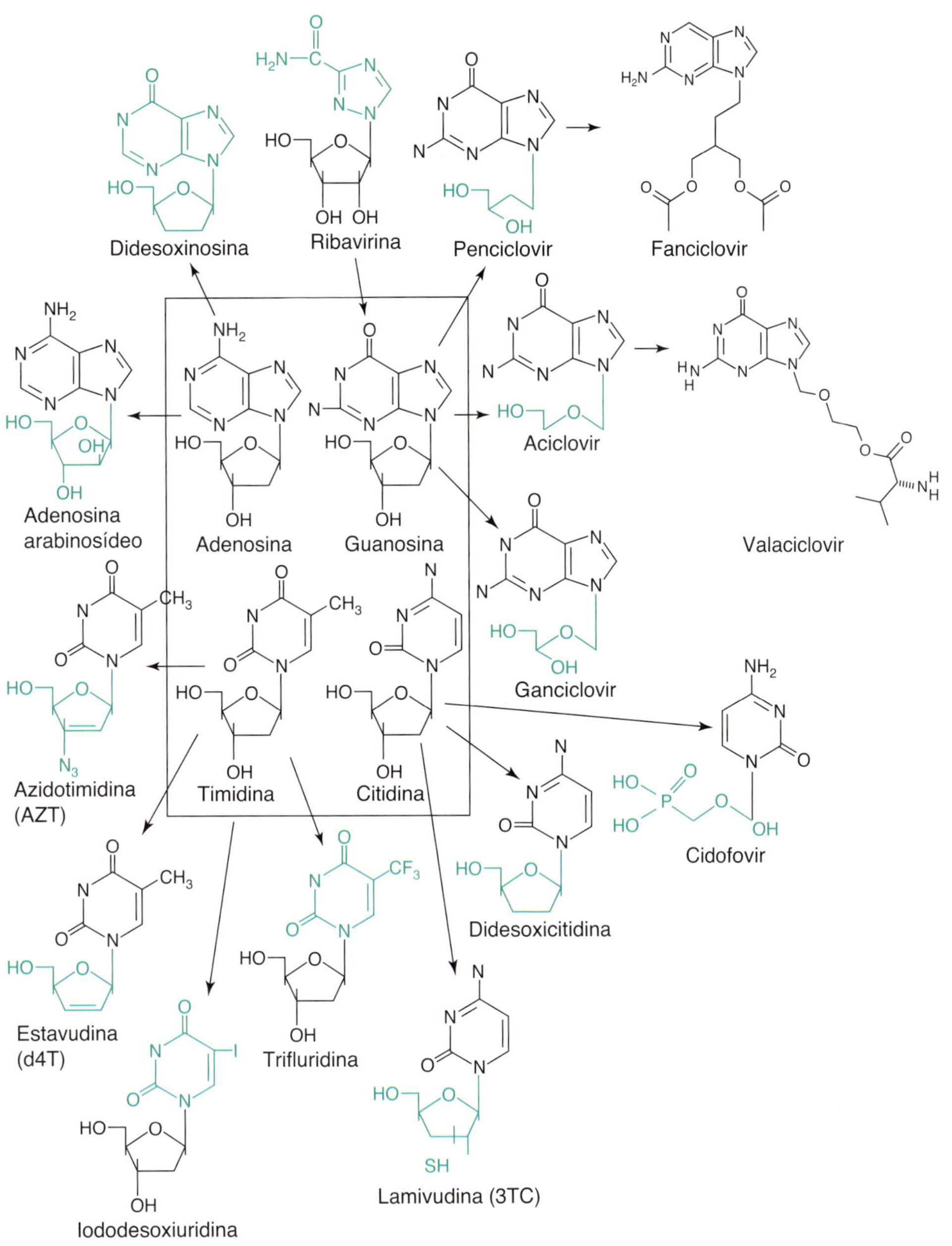

Figura 40.1 Estrutura dos análogos de nucleosídios mais comuns que são fármacos antivirais. As distinções químicas entre o nucleosídio natural e os análogos dos fármacos antivirais são destacadas. As *setas* indicam os medicamentos relacionados. Valaciclovir é o éster L-valil do aciclovir. Fanciclovir é o diacetil-6-desoxi-análogo do penciclovir. Ambos os fármacos são metabolizados para o fármaco ativo no fígado ou na parede intestinal.

Os análogos de nucleosídios inibem seletivamente as polimerases virais, porque essas enzimas são menos acuradas que as enzimas das células hospedeiras. A enzima viral se liga aos análogos de nucleosídios que têm modificações na base, no açúcar ou ambas, várias centenas de vezes melhor do que a enzima da célula hospedeira. Esses medicamentos **impedem o alongamento da cadeia**, como resultado da ausência de um grupo 3'-hidroxila no açúcar ou **alteram o reconhecimento e o pareamento de bases**, como resultado de uma modificação de base e induzem mutações inativadoras (ver Figura 40.1). A hipermutação de um genoma viral por um medicamento antiviral (como a ribavirina) é o equivalente a substituir cada quarta letra em um ensaio por uma letra aleatória. Os fármacos antivirais que causam o término da cadeia de DNA por meio de resíduos de açúcar de nucleosídio modificado incluem ACV, ganciclovir (GCV), valaciclovir, penciclovir, fanciclovir, adefovir, cidofovir, adenosina arabinosídeo (vidarabina, ara-A), zidovudina (AZT), lamivudina (3TC), didesoxicitidina e didesoxinosina. Fármacos antivirais que se incorporam ao genoma viral e causam erros de replicação (mutação) e transcrição (mRNA inativos e proteínas) por causa das bases de nucleosídios modificados incluem **ribavirina, 5-iododesoxiuridina (idoxuridina)** e **trifluorotimidina (trifluridina)**. A taxa rápida e grande parte da incorporação de nucleotídios por polimerases codificadas por herpes-vírus e HIV tornam esses vírus extremamente suscetíveis a esses fármacos. Vários outros análogos de nucleosídios também estão sendo desenvolvidos como medicamentos antivirais.

Os análogos de pirofosfato que se assemelham ao subproduto da reação da polimerase, como o **ácido fosfonofórmico (foscarnet, PFA –** *phosphonoformic acid*) e o **ácido fosfonoacético (PAA –** *phosphonoacetic acid*), são inibidores clássicos das polimerases de herpes-vírus. A **nevirapina**, a **delavirdina** e outros inibidores da transcriptase reversa não nucleosídios ligam-se como inibidores não competitivos da enzima, a outros locais na polimerase que não o local do substrato.

As **enzimas sequestradoras (*scavengers*) de desoxirribonucleotídios** (p. ex., timidinoquinase e ribonucleosídio redutase dos herpes-vírus) também são alvos enzimáticos potenciais dos fármacos antivirais. A inibição dessas enzimas reduz os níveis de desoxirribonucleotídios necessários para a replicação dos genomas de vírus DNA, impedindo a replicação do vírus.

A **integração** do cDNA do HIV no cromossomo do hospedeiro é catalisada pela enzima integrase viral e é essencial para replicação de vírus. O **raltegravir**[3] inibe a integrase do HIV.

SÍNTESE DE PROTEÍNAS

Embora a síntese de proteínas bacterianas seja o alvo de vários compostos antibacterianos, a síntese de proteínas virais é um alvo fraco para os fármacos antivirais. O vírus utiliza ribossomos e mecanismos sintéticos das células hospedeiras para sua replicação, então a inibição seletiva não é possível. **Interferonas do tipo 1 (IFNs) e** , eliminam um vírus ao promover a inibição da síntese proteica na célula infectada pelo vírus.

A inibição da modificação pós-traducional de proteínas, como a proteólise de uma poliproteína viral **(inibidores de protease [IPs])**, ou o processamento de glicoproteínas (castanospermina, desoxinojirimicina) também conseguem inibir a replicação do vírus. **Boceprevir** e **telaprevir** são dois IPs usados no tratamento da infecção por HCV. Proteases de outros vírus, especialmente o HIV (ver mais adiante), também são alvos de medicamentos antivirais.

MONTAGEM E LIBERAÇÃO DO VÍRION

A **protease do HIV** é única e **essencial** para a montagem de vírions e a produção de vírions infecciosos. A modelagem molecular assistida por computador foi utilizada para desenvolver os inibidores da protease do HIV, tais como **saquinavir, ritonavir** e **indinavir** (*navir*, "sem vírus"), que se encaixam ao local ativo da enzima. As estruturas enzimáticas foram definidas por estudos de cristalografia por raios X e de biologia molecular.

A **neuraminidase do vírus influenza** é essencial para prevenir a agregação intracelular e de superfície celular de glicoproteínas virais e permitir sua incorporação no envelope. **Zanamivir (Relenza®)**[4]**, oseltamivir (Tamiflu®)**[5]

e **peramivir** atuam como inibidores enzimáticos e, ao contrário da amantadina e rimantadina, inibem tanto o vírus influenza A como o vírus influenza B. Amantadina e rimantadina também inibem a liberação do vírus influenza A.

ESTIMULADORES DAS RESPOSTAS PROTETORAS IMUNES INATAS DO HOSPEDEIRO

A estimulação ou suplementação da resposta natural é uma abordagem eficaz para limitar ou tratar as infecções virais. As respostas inatas de células dendríticas, macrófagos e outras células podem ser estimuladas pelo **imiquimode, resiquimode e oligodesoxinucleotídios CpG**, que se ligam a receptores *Toll-like* para estimular a liberação de citocinas protetoras, ativação de células *natural killer* (NK) e subsequentes respostas imunes mediadas por células. **Interferona** e indutores de interferona, incluindo polinucleotídios não combinados e RNA de dupla fita (p. ex., **Ampligen, poli rI:rC**), facilitam o tratamento de doenças crônicas causadas pelo vírus da hepatite C e papilomavírus. **Anticorpos**, adquiridos naturalmente ou por imunização passiva (ver Capítulos 10 e 11), impedem tanto a aquisição como a disseminação do vírus. Por exemplo, a imunização passiva é administrada após exposição ao vírus da raiva, vírus da hepatite A (HAV) e HBV.

Análogos de nucleosídios

A maioria dos medicamentos antivirais aprovados pela FDA (Tabela 40.2) é formada por análogos de nucleosídios que inibem as polimerases virais. A resistência ao medicamento é, habitualmente, causada por uma mutação da polimerase.

ACICLOVIR, VALACICLOVIR, PENCICLOVIR E FANCICLOVIR

O **ACV (acicloguanosina)** e seu derivado valil, valaciclovir, têm formas farmacológicas diferentes. O ACV difere da guanosina nucleosídio por ter uma cadeia lateral acíclica (hidroxietoximetila) em vez de um açúcar ribose ou desoxirribose. *O ACV tem ação seletiva contra HSV e VZV, os herpesvírus que codificam uma timidinoquinase* (Figura 40.2). A timidinoquinase viral é necessária para ativar o fármaco por fosforilação e as enzimas das células hospedeiras completam a progressão para a forma de difosfato e finalmente para a forma de trifosfato. Como não há fosforilação inicial em células não infectadas, não há medicamento ativo para inibir a síntese de DNA celular ou causar toxicidade. O ACV trifosfato promove o término da cadeia crescente de DNA viral, porque não existe grupo 3'-hidroxila na molécula do ACV para possibilitar o alongamento da cadeia. A toxicidade mínima do ACV também é resultado de um uso maior ou igual a 100 vezes pela DNA polimerase viral em relação às DNAs polimerases celulares. A **resistência ao ACV** se desenvolve por mutação *tanto* da timidinoquinase, para que a ativação do ACV não possa ocorrer, como da DNA polimerase, para prevenir a ligação do ACV.

O **valaciclovir**, o éster valil derivado do ACV, é absorvido de modo mais eficiente após a administração oral e é rapidamente convertido em ACV, aumentando a biodisponibilidade do ACV para o tratamento de HSV e infecção grave por VZV.

---

[3] N.R.T.: Comercializado no Brasil com o nome Isentress®, como comprimidos revestidos com 434,4 mg de raltegravir potássico (como sal), equivalente a 400 mg de raltegravir (sem fenol). Uso adulto e pediátrico (crianças a partir de 6 anos e peso 25 kg).

[4] N.R.T.: No Brasil, Relenza® é apresentado como um pó para inalação oral, acondicionado em Rotadisk®. O Rotadisk® é um disco em folha dupla de alumínio, com quatro bolhas. Cada uma armazena uma mistura de pó micronizado que contém 5 mg de zanamivir. Uso adulto e pediátrico (a partir de 5 anos).

[5] N.R.T.: No Brasil, Tamiflu® é comercializado na forma de cápsulas com 30 mg, 45 mg e 75 mg de oseltamivir e pó para suspensão oral (cada 1 g do pó contém 39,4 mg de fosfato de oseltamivir. Após reconstituição com 52 mℓ de água, resulta em uma concentração de 12 mg/mℓ de oseltamivir. Uso adulto e pediátrico (acima de 1 ano).

Tabela 40.2 Algumas terapias com fármacos antivirais aprovados pela U.S Food and Drug Administration.

Vírus	Fármaco antiviral
Herpes-vírus simples e varicela-zóster	Aciclovir[a] Valaciclovir[a] Penciclovir Fanciclovir[a] Trifluridina
Citomegalovírus	Ganciclovir Valganciclovir Cidofovir Ácido fosfonofórmico ou fosfonoformato (foscarnet)
Adenovírus	Cidofovir
Vírus influenza A	Amantadina Rimantadina
Vírus influenza A e B	Zanamivir Oseltamivir Peramivir Baloxavir marboxil
Infecção crônica por vírus da hepatite C	Lamivudina Adefovir dipivoxila
Vírus da hepatite C	Interferona-α, ribavirina Boceprevir Telaprevir Sofosbuvir
Papilomavírus	Interferona-α Imiquimode
Vírus sincicial respiratório e vírus de Lassa	Ribavirina
VÍRUS DA IMUNODEFICIÊNCIA HUMANA[b]	
Inibidores da transcriptase reversa análogos de nucleosídios	Azidotimidina (zidovudina) Didesoxinosina (didanosina) Estavudina (d4T) Lamivudina (3TC)
Inibidores de transcriptase reversa não nucleosídios	Nevirapina Delavirdina
Inibidores de protease	Saquinavir Ritonavir Darunavir Fosamprenavir Atazanavir
Inibidor da integrase	Raltegravir
Antagonista do correceptor CCR5	Maraviroque
Inibidor de fusão	Enfuvirtida

[a]Também ativo contra o vírus varicela-zóster.
[b]Uma lista mais completa é encontrada no Capítulo 54.
CCR5, receptor de quimiocina C-C 5.

ACV e valaciclovir também podem ser usados para o tratamento da infecção por VZV, embora doses mais altas sejam necessárias. VZV é menos sensível ao agente em parte porque o ACV é fosforilado de modo menos eficiente pela timidinoquinase do VZV.

Penciclovir inibe HSV e VZV da mesma maneira que o ACV, mas é concentrado e persiste nas células infectadas em um maior grau do que o ACV. O penciclovir também tem alguma atividade contra o vírus Epstein-Barr e o citomegalovírus (CMV). **Fanciclovir** é um derivado pró-fármaco do penciclovir que é bem absorvido por via oral e depois é convertido em penciclovir no revestimento hepático ou intestinal. Resistência ao penciclovir e ao fanciclovir se desenvolve do mesmo modo que para o ACV.

GANCICLOVIR

O **GCV** (di-hidroxipropoximetil guanina) difere do ACV, pois tem um único grupo de hidroximetila na cadeia lateral acíclica (ver Figura 40.1). O resultado notável dessa adição é a promoção de atividade considerável contra o CMV. Esse vírus não codifica uma timidinoquinase; em vez disso, uma proteinoquinase codificada por vírus fosforila o GVC. Uma vez ativado pela fosforilação, o GCV inibe todas as DNA polimerases dos herpes-vírus. As DNA polimerases virais têm quase 30 vezes mais afinidade com o fármaco do que a DNA polimerase celular. Similar ao ACV, um éster valil de GCV **(valganciclovir)** foi desenvolvido para melhorar as propriedades farmacológicas do GCV.

O potencial de toxicidade do GCV para a medula óssea e outros locais limita seu uso. De interesse, essa toxicidade potencial é usada como base para o desenvolvimento de uma terapia antitumoral. Em uma aplicação, um gene de timidinoquinase do HSV foi incorporado às células de um tumor cerebral com o uso de um vetor de retrovírus. O retrovírus replicou apenas nas células em crescimento do tumor e a timidinoquinase foi expressa apenas nas células tumorais, tornando-as suscetíveis ao GCV.

CIDOFOVIR E ADEFOVIR

Cidofovir e **adefovir** são ambos análogos de nucleotídios e contêm um fosfato acoplado ao análogo de açúcar, que exclui a necessidade da fosforilação inicial por uma enzima viral. Compostos com esse tipo de análogo de açúcar são substratos para DNA polimerases ou transcriptases reversas e têm um espectro expandido de vírus suscetíveis. Cidofovir, um análogo de citidina, é aprovado pela FDA para infecções por CMV em pacientes com AIDS, mas também pode inibir a replicação do poliomavírus e papilomavírus e inibem as polimerases de outros herpes-vírus, adenovírus e poxvírus. Adefovir e adefovir dipivoxila (um profármaco diéster) são análogos da adenosina e são aprovados pela FDA para tratamento do HBV.

AZIDOTIMIDINA

Desenvolvida originalmente como um medicamento anticancerígeno, o **AZT** era a primeira terapia útil para a infecção pelo HIV. AZT (zidovudina), um análogo de nucleosídio da timidina, inibe a transcriptase reversa do HIV (ver Figura 40.1). Como outros nucleosídios, o AZT tem de ser fosforilado por enzimas de células hospedeiras. Não contém o grupo 3'-hidroxila necessário para o alongamento da cadeia de DNA e impede a síntese complementar de DNA. O efeito terapêutico do AZT deriva da sensibilidade 100 vezes menor da DNA polimerase da célula hospedeira em comparação com a transcriptase reversa do HIV.

O tratamento contínuo com AZT oral é prescrito para indivíduos infectados pelo HIV com depleção nas contagens de linfócitos T CD4 para prevenir a progressão da doença. O tratamento de gestantes infectadas pelo HIV com o AZT consegue reduzir a probabilidade de, ou prevenir, transmissão do vírus para o feto. Efeitos adversos do AZT variam de náuseas à mielotoxicidade potencialmente fatal.

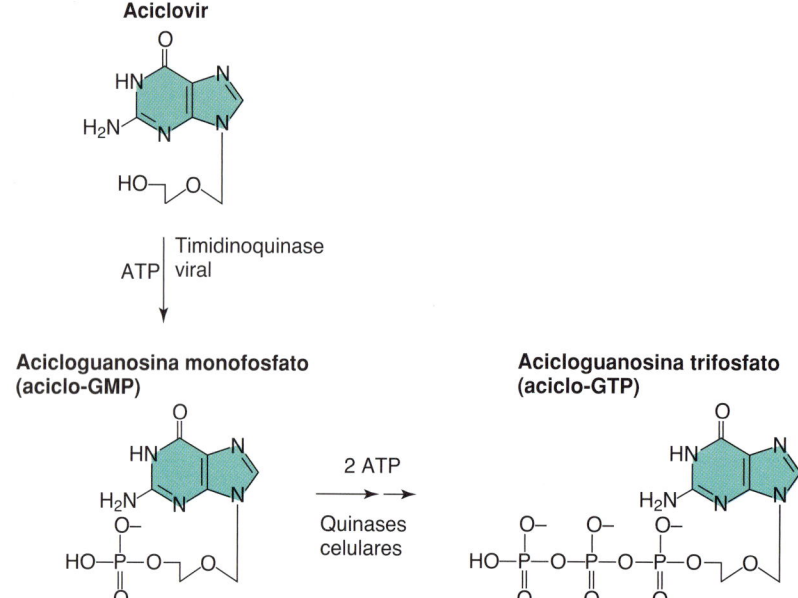

Figura 40.2 Ativação do aciclovir (ACV) (acicloguanosina) em células infectadas por herpes-vírus simples. O ACV é convertido em acicloguanosina monofosfato *(aciclo-GMP)* pela timidinoquinase herpes-específica e depois para acicloguanosina trifosfato *(aciclo-GTP)* por quinases celulares. *ATP*, adenosina trifosfato.

A alta taxa de erro da polimerase do HIV cria mutações significativas e promove o desenvolvimento de cepas resistentes aos medicamentos antivirais. Isso é contrabalançado pela prescrição de **terapia antirretroviral altamente ativa**, ou seja, associação de vários antirretrovirais. É mais difícil para o HIV desenvolver resistência a múltiplos fármacos com várias enzimas-alvo. Cepas de HIV multidrogarresistentes (MDR) são, provavelmente, muito mais fracas do que as cepas parentais.

DIDESOXINOSINA, DIDESOXICITIDINA, ESTAVUDINA E LAMIVUDINA

Vários outros análogos de nucleosídios foram aprovados pela FDA como agentes anti-HIV. A didesoxinosina (didanosina) é um análogo de nucleosídios que é convertido em trifosfato de didesoxinosina (ver Figura 40.1). Semelhante ao AZT, a didesoxinosina, a **didesoxicitidina** e a **estavudina** (d4T) não têm um grupo 3'-hidroxila. O açúcar modificado ligado à **lamivudina** (2'-desoxi-3'-tiacitidina [3TC]) inibe a transcriptase reversa do HIV ao impedir o alongamento da cadeia de DNA e a replicação do HIV. A lamivudina e fármacos relacionados também são ativos sobre a polimerase transcriptase reversa do HBV. A maioria dos agentes anti-HIV apresenta efeitos adversos potencialmente tóxicos.

RIBAVIRINA

A **ribavirina** é um análogo do nucleosídio guanosina (ver Figura 40.1), mas difere da guanosina porque seu anel, presente na base, está incompleto e aberto. Como outros análogos de nucleosídios, a ribavirina precisa ser fosforilada. É ativa *in vitro* contra uma ampla gama de vírus.

A ribavirina monofosfato assemelha-se à guanosina monofosfato e inibe a biossíntese de nucleosídios, a introdução do quepe no mRNA e outros processos importantes para a replicação de muitos vírus. A ribavirina esgota as reservas celulares de guanina inibindo a inosina monofosfato desidrogenase, que é uma enzima importante na via sintética da guanosina. Também impede a síntese da estrutura *cap* 5' do mRNA, interferindo com a guanilação e a metilação da base do ácido nucleico. Além disso, a ribavirina trifosfato inibe as RNAs polimerases e promove a hipermutação do genoma viral. Seus múltiplos locais de ação podem explicar a ausência de mutantes resistentes à ribavirina.

A ribavirina é administrada em um aerossol para crianças com broncopneumonia grave pelo vírus sincicial respiratório e potencialmente para adultos com formas graves de influenza ou sarampo. É efetiva para o tratamento de infecção por vírus influenza B, assim como das febres hemorrágicas de Lassa, do Vale do Rift, da Crimeia-Congo, coreana e argentina, para as quais é administrada por via oral ou intravenosa. A ribavirina é aprovada pela FDA para uso contra o HCV em combinação com IFN- e inibidores de protease. O tratamento pode ter sérios efeitos adversos.

OUTROS ANÁLOGOS DE NUCLEOSÍDIOS

Idoxuridina, trifluorotimidina (ver Figura 40.1) e **fluoruracila** são análogos da timidina. Esses medicamentos também (1) inibem a biossíntese da timidina, que é um nucleotídio essencial para a síntese de DNA ou (2) substituem a timidina e se incorporam ao DNA viral. Essas ações inibem maior síntese do vírus ou causam extensas leituras errôneas do genoma, levando a mutação e inativação do vírus. Esses medicamentos têm como alvos as células em que está ocorrendo significativa replicação de DNA, tais como aqueles infectados com o HSV e poupam as células não cultivadas de danos.

A **idoxuridina** foi o primeiro medicamento anti-HSV aprovado para uso humano, mas foi substituída por **trifluridina** e outros agentes mais efetivos e menos tóxicos. **Fluoruracila** é um fármaco antineoplásico que mata células em rápido crescimento, mas também é utilizado para tratamento tópico de verrugas causadas pelos papilomavírus humanos (HPV).

A **adenina arabinosídeo** era o principal medicamento anti-HSV até a introdução do ACV, mas não é mais utilizada por causa das dificuldades na administração e da toxicidade. Ara-A é um análogo do nucleosídio adenosina com uma desoxirribose substituída por arabinose (ver Figura 40.1). Muitos outros análogos de nucleosídios que têm atividade antiviral estão sendo investigados para uso clínico contra herpes-vírus, HBV e HIV.

O **baloxavir marboxil** também é um análogo de nucleosídio que inibe a subunidade da polimerase do vírus influenza que captura a estrutura *cap* de mRNAs celulares para uso como iniciadores (*primers*) para transcrição do mRNA viral.

Inibidores de polimerase não nucleosídios

Foscarnet (PFA) e o PAA relacionado são compostos simples que se assemelham ao pirofosfato (Figura 40.3). Esses agentes inibem a replicação viral pela adesão ao local de ligação do pirofosfato da DNA polimerase, bloqueando a ligação dos nucleotídios. O PFA inibe a DNA polimerase de todos os herpes-vírus e a transcriptase reversa do HIV sem que haja a fosforilação por quinases de nucleosídios (p. ex., timidinoquinase). PFA e PAA podem causar distúrbios renais e em outros órgãos em decorrência de sua capacidade de quelação de íons metálicos divalentes (p. ex., cálcio) e se tornam incorporados aos ossos. O PFA foi aprovado pela FDA para o tratamento da retinite por CMV em pacientes com AIDS.

Nevirapina, delavirdina, efavirenz e outros inibidores não nucleosídios da transcriptase reversa ligam-se a locais na enzima diferentes do substrato. Como os mecanismos de ação desses agentes são diferentes daqueles observados nos análogos de nucleosídios, o mecanismo de resistência do HIV aos agentes também é distinto. Como resultado, são muito úteis em combinação com os análogos de nucleosídios para o tratamento de infecção pelo HIV.

Inibidores da protease

A estrutura única da protease do HIV e seu papel essencial na produção de um vírion funcional tornaram esta enzima um bom alvo para os fármacos antivirais. **Saquinavir, indinavir, ritonavir, nelfinavir** e outros agentes atuam penetrando no sítio ativo hidrofóbico da enzima para inibir sua ação. As cepas resistentes aos antivirais surgem por meio de mutações da protease. O uso significativo dos IPs melhorou os desfechos clínicos dos pacientes com HIV. A combinação de um IP com AZT e um segundo análogo de nucleosídio (HAART) consegue reduzir os níveis sanguíneos de HIV a níveis indetectáveis.

IPs **(boceprevir, telaprevir, simeprevir)** também melhoraram o tratamento de pacientes com hepatite C crônica.

Fármacos anti-influenza

Amantadina e **rimantadina** são compostos de aminas anfipáticas com eficácia clínica contra o vírus influenza A,

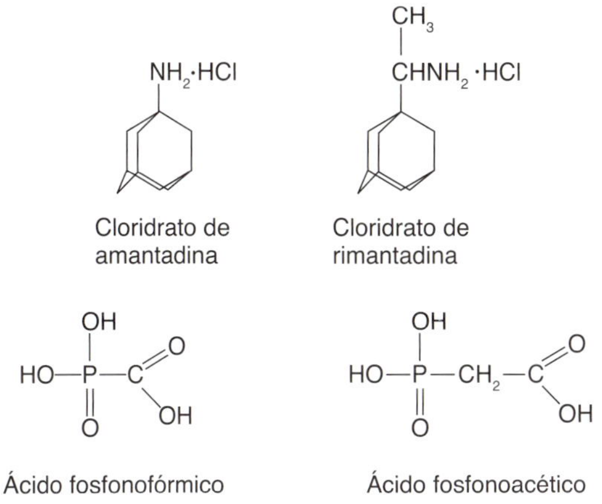

Figura 40.3 Estruturas de fármacos antivirais.

mas não contra o vírus influenza B (ver Figura 40.3). Esses medicamentos têm vários efeitos na replicação do vírus influenza A. Ambos os compostos são acidotrópicos e se concentram e promovem o tamponamento dos conteúdos das vesículas endossômicas envolvidas na captação do vírus influenza. Esse efeito consegue inibir as alterações conformacionais na proteína hemaglutinina, mediadas pela acidez, que promovem a fusão do envelope viral com as membranas celulares. Entretanto, a especificidade para o vírus influenza A é resultado de sua capacidade de se ligar e bloquear o canal de prótons formado pela proteína da membrana M_2 do vírus influenza A. A resistência é o resultado de uma proteína M_2 ou hemaglutinina alterada.

Amantadina e rimantadina podem ser úteis para controlar a infecção pelo vírus influenza A, se qualquer um dos agentes for administrado nas 48 horas seguintes à exposição. Esses antivirais também são úteis como tratamento profilático na ausência de vacinação. Além disso, a amantadina é uma terapia alternativa para a doença de Parkinson. O principal efeito tóxico é no sistema nervoso central, com os pacientes manifestando nervosismo, irritabilidade e insônia.

Zanamivir (Relenza®) e **oseltamivir (Tamiflu®)** são inibidores da neuraminidase dos vírus influenza A e B. Sem a neuraminidase para clivar o ácido siálico, a hemaglutinina do vírus se liga a esses açúcares em outras glicoproteínas, formando aglomerados e impedindo a montagem e a liberação do vírus. Esses medicamentos podem ser administrados profilaticamente como uma alternativa à vacinação ou, se tomados nas primeiras 48 horas de infecção, para reduzir a duração da doença. Mutações na neuraminidase causam resistência.

Imunomoduladores

Formas geneticamente modificadas de IFN- foram aprovadas pela FDA para uso humano. As interferonas se ligam a receptores de superfície da célula e iniciam uma resposta celular antiviral. Além disso, as interferonas estimulam a resposta imune e promovem a eliminação imunológica da infecção viral.

IFN- é ativa contra muitas infecções virais. Foi aprovada pela FDA para o tratamento do condiloma acuminado (verrugas genitais, uma manifestação do HPV) e de hepatite C (em terapia combinada). A combinação do polietilenoglicol com IFN- (IFN- peguilada) aumenta sua potência. IFN- peguilada pode ser associada à ribavirina para tratar infecções pelo vírus da hepatite C. Interferona natural provoca os sintomas observados durante as infecções hematogênicas (viremia) e do sistema respiratório e o agente sintético tem efeitos adversos durante o tratamento. A interferona é discutida mais detalhadamente nos Capítulos 10 e 37.

Imiquimode, um ligante do receptor *Toll-like*, estimula as respostas inatas para eliminar a infecção viral. Essa abordagem terapêutica consegue ativar respostas protetoras locais contra HPV, que geralmente escapam do controle imunológico.

Controle de infecções

O controle de infecções é essencial em ambientes hospitalares e unidades de saúde. A propagação de vírus respiratórios é a mais difícil de prevenir. A propagação viral pode ser controlada das seguintes maneiras:

1. Limitar o contato da equipe de profissionais com fontes de infecção (p. ex., usar luvas, máscara, óculos de proteção; realizar quarentena).
2. Melhorar a higiene, o saneamento e a desinfecção.
3. Assegurar que todos os profissionais da equipe sejam imunizados contra doenças comuns.
4. Orientar todo o pessoal da equipe de profissionais de saúde sobre os pontos 1, 2, e 3 em relação às maneiras de diminuir os comportamentos de alto risco.

Os métodos de desinfecção diferem para cada vírus e dependem de sua estrutura. Os vírus com capsídios desnudos são muito mais difíceis de inativar do que os vírus envelopados. A maioria dos vírus é inativada por etanol a 70%, alvejante de cloro a 15%, glutaraldeído a 2%, formaldeído a 4% ou autoclavagem (como descrito nas Guidelines for Prevention of Transmission of Human Immunodeficiency Virus and Hepatitis B Virus to Health-Care and Public-Safety Workers [*Diretrizes para a Prevenção da Transmissão do Vírus da Imunodeficiência Humana e do Vírus da Hepatite B para Trabalhadores da Saúde e de Segurança Pública*], publicada em 1989 pelo U.S. Centers for Disease Control and Prevention [CDC]). A maioria dos vírus envelopados não exige tratamento tão rigoroso e são inativados por sabão e detergentes. Outras formas de desinfecção também estão disponíveis.

Precauções especiais "universais" são necessárias para a manipulação de sangue humano; ou seja, todo o sangue deve ser considerado contaminado com HIV ou HBV e deve ser tratado com cautela. Além desses procedimentos, cuidados especiais devem ser tomados com agulhas de seringa e materiais cirúrgicos contaminados com sangue. Diretrizes específicas estão disponíveis no CDC[6].

O controle de um surto exige, geralmente, a identificação da fonte ou reservatório do vírus, seguida por limpeza, quarentena, imunização ou uma combinação dessas medidas. O primeiro passo para controlar um surto de gastrenterite ou de hepatite A é a identificação do alimento, da água ou, possivelmente, da creche que é a fonte do surto.

Os programas educacionais podem promover a adesão aos programas de imunização e ajudam as pessoas a mudar seus estilos de vida associados à transmissão viral. Tais programas têm efeito significativo na redução da prevalência de doenças evitáveis com vacinas, como varíola, poliomielite, sarampo, caxumba e rubéola. Espera-se que os programas educacionais também possam promover mudanças nos estilos de vida e hábitos para restringir a disseminação de HBV e HIV que são transmitidos pelo sangue e pelo contato sexual.

Bibliografia

Cohen, J., Powderly, W.G., 2004. Infectious Diseases, second ed. Mosby, St Louis.
De Clercq, E., 2011. A 40-year journey in search of selective antiviral chemotherapy. Ann. Rev. Pharmacol. Toxicol. 51, 1–24.
Flint, S.J., Racaniello, V.R., et al., 2015. Principles of Virology, fourth ed. American Society for Microbiology Press, Washington, DC.
Knipe, D.M., Howley, P.M., 2013. Fields Virology, sixth ed. Lippincott Williams & Wilkins, Philadelphia.
Richman, D.D., Whitley, R.J., Hayden, F.G., 2017. Clinical Virology, fourth ed. American Society for Microbiology Press, Washington, DC.
Richman, D.D., Whitley, R.J., Hayden, F.G., 2009. Clinical Virology, third ed. American Society for Microbiology Press, Washington, DC.
Strauss, J.M., Strauss, E.G., 2007. Viruses and Human Diseases, second ed. Academic, San Diego.

Websites

New Medical Information, Health Information, Antiviral drugs: antiviral agents, antiviral medications. http://drugs.nmihi.com/antivirals.htm. Accessed June 30, 2018.
U.S. Food and Drug Administration, HBV and HCV. https://www.fda.gov/ForPatients/Illness/HepatitisBC/ucm408658.htm. Accessed June 30, 2018.
U.S. Food and Drug Administration, HIV Drugs. https://www.fda.gov/patients/hivaids/hiv-treatment. Accessed 30 June 2019.
U.S. Food and Drug Administration, Influenza (flu) antiviral drugs and related information. www.fda.gov/Drugs/DrugSafety/InformationbyDrugClass/ucm100228.htm. Accessed June 30, 2018.

---

[6]N.R.T.: No Brasil, ver www.anvisa.gov.br/servicosaude/controle/publicacoes.htm.

41 Papilomavírus e Poliomavírus

Mulher de 47 anos, divorciada e sexualmente ativa, é avaliada em exame ginecológico de rotina. Ela fuma um maço de cigarros por dia. É realizado um esfregaço de Papanicolaou (Pap) e o resultado indica lesão intraepitelial de células escamosas (LIE) de alto grau correspondente a displasia moderada e neoplasia intraepitelial cervical (NIC) de *score* 2. A análise da reação em cadeia da polimerase (PCR) indica que as células na lesão estão infectadas por papilomavírus humano 6 (HPV-16).

1. Quais propriedades do HPV-16 promovem o desenvolvimento do câncer do colo do útero?
2. Como o vírus é transmitido?
3. Qual é a natureza da resposta imune ao vírus?
4. Como se pode prevenir a transmissão e a doença?

Homem de 42 anos vai ao médico 9 meses após transplante pulmonar, com queixas de visão dupla, dificuldade em falar, disfunção muscular, desequilíbrio, formigamento nas mãos e nos pés e perda de memória. Um mês depois, ele tem dificuldade para falar e precisa de assistência com as funções diárias normais. Suas funções mentais e físicas tornam-se progressivamente piores. Ele é tratado com cidofovir e a terapia imunossupressora é reduzida, mas sua doença evolui para paralisia e ele morre. Uma biopsia do cérebro mostra lesões com sítios de desmielinização, astrocitose com núcleos atípicos e muitos histiócitos. A PCR revela poliomavírus JC na lesão, confirmando o diagnóstico de leucoencefalopatia multifocal progressiva (LMP).

5. Quais propriedades do vírus JC (JCV) promovem o desenvolvimento de LMP?
6. Por que essa doença também é prevalente em indivíduos com síndrome da imunodeficiência adquirida (AIDS)? Que outros grupos de pacientes correm risco para esta doença? Qual é o mecanismo?

RESUMOS Organismos clinicamente significativos

PAPILOMAVÍRUS

Palavras-chave

HPV, verrugas, coilócitos, câncer do colo do útero, IST, NIC

Biologia e virulência

- Pequeno capsídio desnudo, genoma de DNA
- As proteínas E6 e E7 inativam p53 e RB para promover o crescimento celular
- O vírus é adquirido pelo contato próximo e infecta as células epiteliais da pele ou mucosas
- O tropismo tecidual e a manifestação da doença dependem do tipo de papilomavírus
- O vírus persiste na camada basal e depois se replica em queratinócitos terminalmente diferenciados
- Os vírus causam o crescimento benigno de células (verrugas)
- A infecção pelo HPV se evade das respostas imunes e persiste
- A resolução das verrugas ocorre lentamente, mas de maneira espontânea, possivelmente como resultado de resposta imune
- Determinados tipos (HPV-16, HPV-18 etc.) estão associados a cânceres de colo do útero, de ânus, de pênis e de orofaringe

Epidemiologia

- Transmitido por contato direto, contato sexual (infecção sexualmente transmissível), fômites, passagem pelo canal do parto infectado no caso de papilomas laríngeos (tipos 6 e 11)
- Verrugas comuns; IST
- Transmissão assintomática, encontrado em todo o planeta, sem incidência sazonal

Diagnóstico

- Análise do genoma por PCR de *swabs* do colo do útero e amostras de tecidos

Tratamento, prevenção e controle

- Vacina para HPV dos tipos 6, 11, 16, 18, 31, 33, 45, 52 e 58.

POLIOMAVÍRUS

Palavras-chave

- JCV: LMP, doença oportunista, oligodendrócitos anormais, desmielinização; vírus BK: rim; MCPyV: carcinoma de células de Merkel

Biologia, virulência e doença

- Pequeno capsídio desnudo, genoma de DNA
- O antígeno T inativa p53 e RB para promover o crescimento celular
- O vírus infecta as tonsilas e os linfócitos e se propaga por viremia para os rins no início da vida
- O vírus é onipresente e as infecções são assintomáticas
- O vírus estabelece infecção persistente e latente em órgãos, como os rins e os pulmões
- Em indivíduos imunocomprometidos, o JCV é ativado, dissemina-se para o cérebro e causa LMP, que é uma doença viral lenta convencional
- Na LMP, o JCV transforma parcialmente os astrócitos e "mata" os oligodendrócitos, causando lesões características e sítios de desmielinização
- As lesões na LMP são desmielinizadas, com astrócitos grandes e incomuns e oligodendróglia com muitos núcleos grandes
- O vírus BK é benigno, mas pode causar doença renal em pacientes imunocomprometidos

Epidemiologia

- Transmitido por inalação ou contato com água ou saliva contaminada
- Onipresente; pessoas imunocomprometidas correm risco de LMP por JCV e dano renal pelo vírus BK
- Encontrado em todo o mundo; sem incidência sazonal

Diagnóstico

- JC: achado de DNA viral amplificado por PCR no líquido cerebrospinal e lesões na RM ou na TC

Tratamento, prevenção e controle

- Sem modos de controle

NIC, neoplasia intraepitelial cervical; *TC*, tomografia computadorizada; *HPV*, papilomavírus humano; *JCV*, vírus JC; *RM*, ressonância magnética; *PCR*, reação em cadeia da polimerase; *LMP*, leucoencefalopatia multifocal progressiva; *IST*, infecção sexualmente transmissível.

A antes denominada **família de papovavírus** (Papovaviridae) foi dividida em duas famílias, Papillomaviridae e Polyomaviridae (Tabela 41.1). Esses vírus conseguem causar infecções líticas, crônicas, latentes e transformadoras, dependendo da célula hospedeira. Os HPVs causam **verrugas** e vários genótipos estão associados ao câncer humano (p. ex., **carcinoma do colo do útero**). Os **vírus BK (BKV)** e **JCV**, membros da família **Polyomaviridae**, geralmente causam infecção assintomática, mas estão associados à doença renal e LMP, respectivamente, em pessoas imunossuprimidas. O **vírus de símio 40 (SV40)** é o protótipo do poliomavírus.

Os papilomavírus e os poliomavírus[1] são vírus com capsídios icosaédricos, pequenos, não envelopados e com genomas de ácido desoxirribonucleico (DNA) circular de fita dupla (Boxe 41.1). Eles codificam proteínas que promovem o crescimento celular. A promoção do crescimento celular facilita a replicação viral lítica em um tipo de célula permissiva, mas **pode causar a transformação oncogênica de uma célula que não é permissiva**. Os poliomavírus, principalmente o SV40, são muito estudados como modelo de vírus oncogênicos.

Papilomavírus humano

ESTRUTURA E REPLICAÇÃO

Os HPVs são diferenciados e tipados pela homologia da sequência de DNA. Pelo menos 100 tipos foram identificados e classificados em 16 grupos (A ao P). O HPV pode ainda ser distinguido como **HPV cutâneo** ou **HPV de mucosa** com base no tecido suscetível. No HPV das mucosas, existe um grupo associado ao câncer do colo do útero, peniano, anal e laríngeo. Os vírus em um grupo causam tipos semelhantes de verrugas.

O **capsídio icosaédrico** do HPV tem 50 a 55 nm de diâmetro e consiste em duas proteínas estruturais que formam 72 capsômeros (Figura 41.1). O genoma do HPV é **circular** e tem aproximadamente 8.000 pares de bases. O DNA do HPV codifica sete ou oito genes precoces *(E1 a E8)*, dependendo do vírus e dois genes tardios ou estruturais *(L1 e L2)*. Uma região reguladora *upstream* contém as sequências-controle para transcrição, a sequência N-terminal compartilhada para as proteínas precoces e a origem da replicação. Todos os genes estão localizados em uma fita (a fita positiva) (Figura 41.2).

Tabela 41.1 Papilomavírus humano, poliomavírus e suas doenças.

Vírus	Doença
Papilomavírus	Verrugas, condilomas, papilomas; câncer do colo do útero, peniano e anal[a]
Poliomavírus	
Vírus BK	Doença renal[b]
Vírus JC	Leucoencefalopatia multifocal progressiva[b]
Vírus das células de Merkel	Carcinoma de células de Merkel

[a]Os genótipos de alto risco são encontrados em 99,7% desses carcinomas.
[b]A doença ocorre em pacientes imunossuprimidos.

O ciclo de replicação do HPV está ligado ao ciclo de vida do queratinócito e da célula epitelial da pele e da mucosa. O vírus acessa a camada celular basal através de soluções de continuidade na pele (Figura 41.3). A proteína L1 do HPV é a proteína de fixação viral e inicia a replicação ligando-se a proteoglicanos de heparina e outros receptores para desencadear a endocitose a partir da superfície da célula. Os genes precoces do vírus estimulam o crescimento celular, o que facilita a replicação do genoma viral pela DNA polimerase da célula hospedeira durante a divisão celular. A ligação das proteínas E1 e E2 ao DNA viral se torna alvo da maquinaria de replicação celular para o genoma. O aumento no número de células induzido pelo vírus causa o espessamento da camada basal e da camada de células espinhosas (estrato espinhoso) (verruga, condiloma ou papiloma). À medida que a célula basal se diferencia, os fatores nucleares específicos expressos nas diferentes camadas e tipos de pele e mucosa promovem a transcrição de diferentes genes virais. A expressão dos genes virais se correlaciona com a expressão de queratinas específicas. Os genes tardios que codificam as proteínas estruturais são expressos apenas na camada superior terminalmente diferenciada e o vírus realiza a montagem no núcleo. Conforme a célula cutânea infectada amadurece e chega à superfície, o vírus amadurece e é excretado com as células mortas da camada superior e leva até 3 semanas.

PATOGÊNESE

Os papilomavírus infectam e se replicam no epitélio escamoso da pele **(verrugas)** e nas mucosas **(papilomas genitais, orais e da conjuntiva)** para induzir a proliferação epitelial. Os tipos de HPV são muito específicos de tecidos, causando diferentes apresentações das doenças. A verruga se desenvolve por causa da estimulação viral do crescimento celular e espessamento das camadas basais e espinhosas (estrato espinhoso), bem como do estrato granuloso. Os **coilócitos**, característicos da infecção pelo papilomavírus, são queratinócitos aumentados com halos claros em torno de núcleos de tamanho diminuído. Habitualmente, são necessárias 3 a 4 semanas ou

---

Boxe 41.1 Propriedades singulares dos poliomavírus e papilomavírus.

Papilomavírus: HPV tipos 1 a 100+ (conforme determinado pelo genótipo; tipos definidos pela homologia do DNA, tropismo tecidual e associação à oncogênese).
Poliomavírus: SV40, **vírus JC**, **vírus BK**, KI, WU, poliomavírus de células de Merkel (MCPyV).
Pequeno vírion com capsídio e simetria icosaédrica.
Genoma de **DNA circular**, **fita dupla**, replicado e montado no núcleo.
Os vírus definem os tropismos nos tecidos determinados pelas interações do receptor e maquinaria transcricional da célula.
Os vírus codificam proteínas que promovem o crescimento celular pela ligação a proteínas supressoras do crescimento celular p53 e p105RB (produto do gene do retinoblastoma p105); o **antígeno T** do polioma se liga à p105RB e p53; a **proteína E6 do papilomavírus** de alto risco **liga-se à p53, ativa a telomerase e suprime a apoptose e a proteína E7 se liga à p105RB.**
Os vírus podem causar infecções líticas em células permissivas, mas causam infecções abortivas, persistentes ou latentes ou **imortalizam (transformam)** as células não permissivas.

---

[1]N.R.T.: Ver Diretrizes Brasileiras para o Rastreamento do Câncer do Colo do Útero, 2ª edição, 2016, em www.inca.gov.br/sites/ufu.sti.inca.local/files/media/document/diretrizesparaorastreamentodocancerdocolodoutero_2016_corrigido.pdf.

Capítulo 41 • Papilomavírus e Poliomavírus

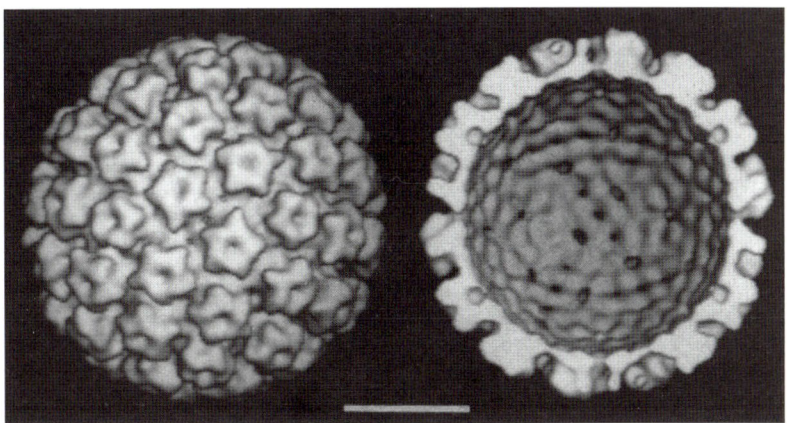

Figura 41.1 Reconstrução computadorizada de micrografias crioeletrônicas do papilomavírus humano (HPV). *Esquerda*, vista da superfície do HPV mostra 72 capsômeros em arranjo icosadeltaédrico. Todos os capsômeros parecem ter um formato de estrela regular de cinco pontas. *Direita*, corte transversal computadorizado do capsídio mostra a interação dos capsômeros e dos canais no capsídio. (De Baker, T.S., Newcomb, W.W., Olson, N.H., et al., 1991. Structures of bovine and human papillomaviruses. Analysis by cryoelectron microscopy and three-dimensional image reconstruction. Biophys. J. 60, 1445–1456.)

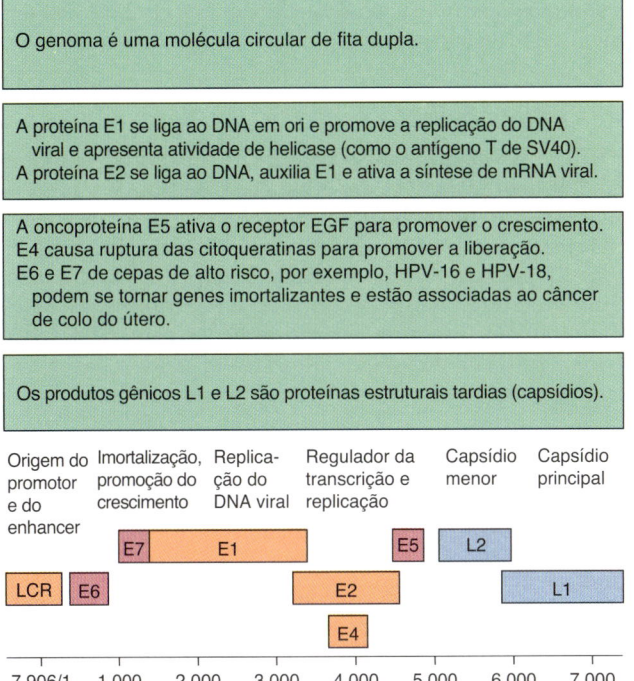

Figura 41.2 Genoma do papilomavírus humano tipo 16 *(HPV-16)*. O DNA genômico é normalmente uma molécula circular de dupla fita, mas é mostrado aqui em uma forma linear. *E5*, a proteína oncogênica que aumenta o crescimento celular, estabilizando e ativando o receptor do fator de crescimento epidérmico; *E6*, proteína oncogênica que se liga à p53 e promove sua degradação; *E7*, proteína oncogênica que se liga à p105RB (produto do gene do retinoblastoma p105); *EGF*, fator de crescimento epidérmico; *L1*, proteína principal do capsídio; *L2*, proteína menor do capsídio; *LCR* (URR), região longa de controle ou reguladora a montante ou *upstream* (do inglês, *long control region* ou *upstream regulator region*); *ori*, origem de replicação. (Cortesia de Tom Broker, Baltimore.)

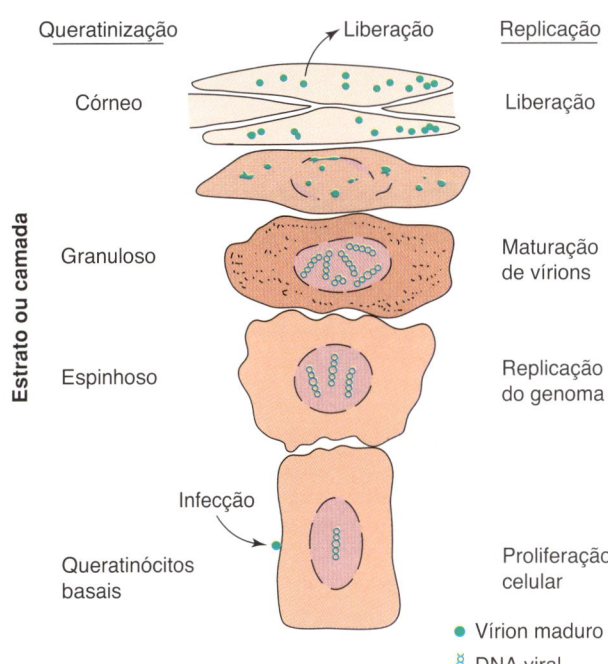

Figura 41.3 Desenvolvimento de um papiloma (verruga). A infecção pelo papilomavírus humano promove o crescimento da camada basal, aumentando o número de células espinhosas do estrato espinhoso (acantose). Essas mudanças causam o espessamento da pele e promovem a produção de queratina (hiperqueratose), causando a formação de projeções epiteliais (papilomatose). O vírus é produzido nas células granulares próximas à camada final de queratina.

até meses para que a verruga se desenvolva (Figura 41.4). A infecção viral permanece localizada e, em geral, regride espontaneamente, mas pode ocorrer recidiva. Os mecanismos patogênicos do HPV estão resumidos no Boxe 41.2.

A imunidade inata e a imunidade mediada por células são importantes para o controle e a resolução das infecções pelo HPV. O vírus pode suprimir ou evadir-se das respostas imunes protetoras. Além dos níveis muito baixos de expressão antigênica (exceto nas células da pele "quase mortas", em fase terminal de diferenciação), o queratinócito é um local imunologicamente privilegiado para a replicação. As respostas inflamatórias são necessárias para ativar as respostas citolíticas protetoras e promover a resolução de verrugas. Indivíduos imunossuprimidos têm recidivas e manifestações mais graves das infecções por papilomavírus. O anticorpo para a proteína L1 neutraliza o vírus. A IgG produzida pela vacinação é secretada na vagina e em outros locais e pode proteger contra infecções.

Tipos de HPV de alto risco (p. ex., HPV-16, HPV-18; Tabela 41.2) podem iniciar o desenvolvimento de carcinoma

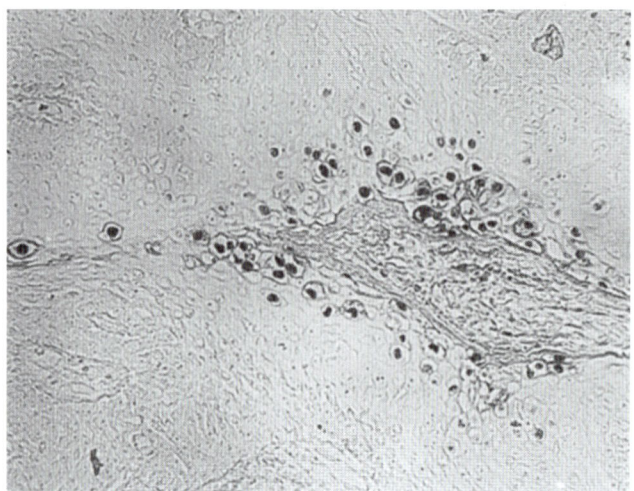

Figura 41.4 Análise da sonda de DNA de um condiloma anogenital induzido pelo papilomavírus humano 6. Uma sonda de DNA marcada com biotina foi localizada pela conversão de um substrato a um precipitado cromogênico, pela ação da avidina conjugada com peroxidase de rábano. Uma coloração escura é vista sobre os núcleos dos coilócitos. (De Belshe, R.B., 1991. Textbook of Human Virology, second ed. Mosby, St Louis, MO.)

do colo de útero e cânceres orofaríngeo, esofágico, peniano e anal. O DNA viral é encontrado em tumores malignos e benignos, principalmente nos papilomas de mucosas. **Quase todos os carcinomas cervicais contêm DNA do HPV integrado, com 70% do HPV-16 ou HPV-18**. A quebra do genoma circular nos genes E1 ou E2 para promover a integração, causa a inativação desses genes, prevenindo a replicação viral sem impedir a expressão de outros genes do HPV, incluindo os genes *E5*, *E6* e *E7* (Figura 41.5). As proteínas E5, E6, e E7 do HPV-16 e HPV-18 foram identificadas como **oncogenes**. A proteína E5 aumenta o crescimento celular, estabilizando o receptor do fator de crescimento epidérmico para tornar a célula mais sensível aos sinais de crescimento, enquanto as proteínas E6 e E7 se ligam e previnem a função das proteínas supressoras do crescimento celular (supressoras da transformação), p53 e o produto do gene do retinoblastoma *p105* (RB). E6 se liga à proteína p53, que atua como alvo para a degradação, enquanto E7 se liga e inativa a p105. O aumento do crescimento celular e a inativação de p53 tornam a célula mais suscetível à mutação, aberrações cromossômicas ou à ação de um cofator e promove o desenvolvimento do câncer.

EPIDEMIOLOGIA

O HPV resiste à inativação e pode ser transmitido por fômites, tais como superfícies das bancadas ou móveis, pisos de banheiro e toalhas (Boxe 41.3). A excreção assintomática pode promover a transmissão. A infecção pelo HPV é adquirida (1) por contato direto através de pequenas rupturas na pele ou na mucosa, (2) durante a relação sexual ou (3) enquanto um feto passa pelo canal de parto infectado.

Boxe 41.2 Mecanismos da doença causada por papilomavírus e poliomavírus.

Papilomavírus

- O vírus é adquirido por **contato próximo** e infecta as células epiteliais da pele ou das mucosas.
- O tropismo tecidual e as manifestações da doença dependem do tipo de papilomavírus.
- O vírus persiste na camada basal e se multiplica nos queratinócitos em fase terminal de diferenciação.
- Os vírus causam o crescimento benigno de células em **verrugas**.
- A infecção por HPV persiste graças à evasão das respostas imunológicas.
- As verrugas regridem espontaneamente como resultado da resposta imune.
- Determinados tipos estão associados à **displasia** que pode se tornar **cancerosa** com a ação de cofatores.
- O DNA de tipos específicos de HPV está integrado aos cromossomos de células tumorais.

Poliomavírus (JCV e BKV)

- O vírus é adquirido pela via respiratória ou oral, infecta as tonsilas e os linfócitos e se propaga por viremia para os rins no início da vida.
- O vírus é onipresente e as infecções são **assintomáticas**.
- O vírus estabelece infecção **persistente** e **latente** em órgãos, como os rins e os pulmões.
- Em pessoas **imunocomprometidas**, o JCV é ativado, dissemina-se para o cérebro e causa a **LMP**, que é uma doença viral lenta convencional.
- Na LMP, o JCV transforma parcialmente os astrócitos e mata os oligodendrócitos, causando lesões características e sítios de desmielinização.
- As lesões na LMP são desmielinizadas, com grandes astrócitos incomuns e oligodendrócitos com núcleos muito grandes.
- O BKV é benigno, mas pode causar doença renal em pacientes imunocomprometidos.

BKV, vírus BK; *HPV*, papilomavírus humano; *JCV*, vírus JC; *LMP*, leucoencefalopatia multifocal progressiva.

Tabela 41.2 Síndromes clínicas associadas aos papilomavírus.

Síndrome	TIPOS DE PAPILOMAVÍRUS HUMANO	
	Comum	Menos comum
SÍNDROMES CUTÂNEAS		
Verrugas cutâneas		
Verruga plantar	1	2, 4
Verruga comum	2, 4	1, 7, 26, 29
Verruga plana	3, 10	27, 28, 41
Epidermodisplasia verruciforme	5, 8, 17, 20, 36	9, 12, 14, 15, 19, 21 a 25, 38, 46
SÍNDROMES QUE ACOMETEM AS MUCOSAS		
Tumores benignos de cabeça e pescoço		
Papiloma laríngeo	6, 11	–
Papiloma oral	6, 11	2, 16
Papiloma conjuntival	11	–
Verrugas anogenitais		
Condiloma acuminado	6, 11	1, 2, 10, 16, 30, 44, 45
Câncer, neoplasia intraepitelial cervical (tipos de alto risco)	16, 18	31, 33, 35, 39, 45, 51, 52, 56, 58, 59, 66, 68, 69, 73, 82

Modificada de Balows, A., Hausler Jr., W.J., Lennette, E.H. (Eds.), 1988. Laboratory Diagnosis of Infectious Diseases: Principles and Practice, vol 2. Springer-Verlag, New York, NY. Dados de Centers for Disease Control and Prevention, 2001. Epidemiology and Prevention of Vaccine-Preventable Diseases, 12th ed. Public Health Foundation, Washington, DC.

As verrugas comuns, plantares e planas são mais comuns em crianças e adultos jovens. Os papilomas laríngeos ocorrem em crianças pequenas e adultos de meia-idade.

O HPV infecta apenas os seres humanos. É possivelmente a infecção sexualmente transmissível (IST) mais frequente no mundo, com determinados tipos de HPV comuns em mulheres e homens sexualmente ativos. Pelo menos 79 milhões de pessoas nos EUA são infectadas com HPV, com aproximadamente 14 milhões de novos casos anogenitais por ano.

Tipos de HPV de alto risco, incluindo HPV-16 e HPV-18, são encontrados em cânceres de orofaringe, pênis, colo do útero, vagina e ânus. De acordo com o Centers for Disease Control and Prevention, o carcinoma de células escamosas (espinocelular) de orofaringe é atualmente o câncer associado ao HPV mais comum.

HPV é encontrado em 99,7% de todas as neoplasias malignas do colo do útero, com HPV-16 e HPV-18 em 70% deles. Outros genótipos de alto risco são prevalentes em diferentes grupos socioétnicos. Os tipos 33, 35, 58 e 68 são os tipos comuns de HPV de alto risco nas mulheres afro-americanas. Outras cepas de alto risco estão listadas na Tabela 41.2. O câncer do colo do útero é a segunda causa principal de morte por câncer em mulheres (≈14 mil casos e 4.000 mortes por ano nos EUA).

Aproximadamente 5% de todos os esfregaços de Papanicolaou contêm células infectadas pelo HPV e 10% das mulheres infectadas com os tipos de HPV de alto risco desenvolverão **displasia** do colo do útero, que é um estado pré-canceroso. Múltiplos parceiros sexuais, tabagismo, história familiar de neoplasia maligna do colo do útero e imunossupressão são os principais fatores de risco de infecção e progressão para o câncer.

> **Boxe 41.3** Epidemiologia dos poliomavírus e papilomavírus.
>
> **Doença/fatores virais**
>
> O vírus com capsídio é resistente à inativação.
> O vírus persiste no hospedeiro.
> É provável que ocorra excreção assintomática do vírus.
>
> **Transmissão**
>
> Papilomavírus: contato direto, contato sexual (infecção sexualmente transmissível) para alguns tipos de vírus ou passagem pelo canal do parto infectado para papilomas laríngeos (tipos 6 e 11).
> Poliomavírus: inalação ou contato com água, fezes, urina ou saliva contaminadas.
>
> **Quem corre risco?**
>
> Papilomavírus: verrugas são comuns; pessoas sexualmente ativas correm risco de infecção por tipos de papilomavírus humano correlacionados com cânceres orais e genitais.
> Poliomavírus: onipresente; pessoas imunocomprometidas correm risco de leucoencefalopatia multifocal progressiva.
>
> **Geografia/sazonalidade**
>
> Os vírus são encontrados em todo o mundo.
> Não há incidência sazonal.
>
> **Modos de controle**
>
> Vacina para HPV tipos 6, 11, 16, 18, 31, 33, 45, 52, 58.

HPV-6 e HPV-11 são tipos de HPV de baixo risco para o carcinoma do colo do útero, mas causam condiloma acuminado e papilomas orais e laríngeos.

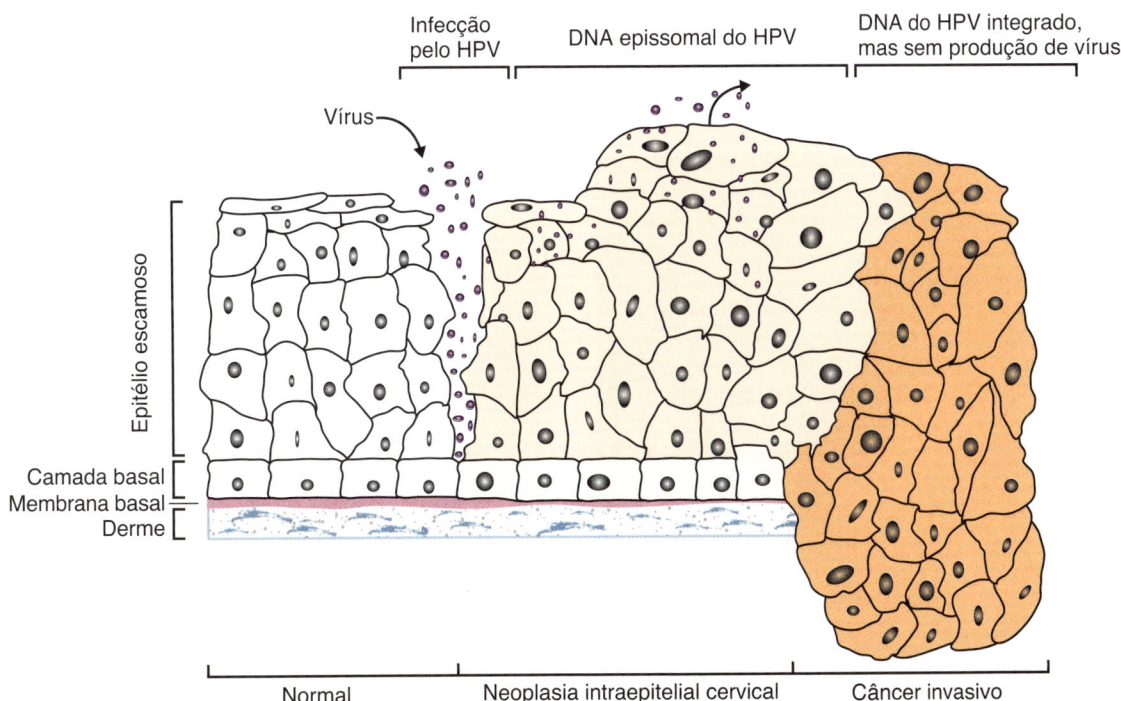

Figura 41.5 Progressão do carcinoma do colo do útero mediado pelo papilomavírus humano (HPV). O vírus infecta e se replica nas células epiteliais do colo uterino, sofrendo maturação e liberação do vírus à medida que as células epiteliais progridem até a diferenciação terminal. A estimulação do crescimento basocelular produz uma verruga. Em algumas células, o genoma circular se integra aos cromossomos hospedeiros, inativando o gene *E2*, que é necessário para a replicação. A expressão dos outros genes sem produção de vírus estimula o crescimento das células e a possível progressão para neoplasia. (Adaptada de Woodman, C.B.J., Collins, S.I., Young, L.S., 2007. The natural history of cervical HPV infection: unresolved issues. Nat. Rev. Cancer 7, 11–22.)

SÍNDROMES CLÍNICAS

As síndromes clínicas e os tipos de HPV que as causam estão resumidos na Tabela 41.2.

Verrugas

Uma **verruga** é uma proliferação benigna autolimitada da pele que regride com o tempo. A maioria das pessoas com infecção por HPV desenvolve os tipos comuns do vírus (HPV-1 até HPV-4), que infectam superfícies queratinizadas, geralmente nas mãos e nos pés (Figura 41.6). A infecção inicial ocorre na infância ou no início da adolescência. O período de incubação antes do desenvolvimento de uma verruga pode durar de 3 a 4 meses. O aspecto da verruga (cupuliforme, plana ou plantar) depende do tipo de HPV e do sítio infectado.

Papilomas e tumores de cabeça e pescoço

Os papilomas orais isolados são os tumores epiteliais mais benignos da cavidade oral. Eles são pedunculados com uma haste fibrovascular e sua superfície geralmente tem aspecto rugoso e papilar. Podem ocorrer em indivíduos de qualquer faixa etária, são geralmente solitários e raramente reaparecem após a excisão cirúrgica. Os **papilomas laríngeos** são comumente associados ao HPV-6 e HPV-11 e são os tumores epiteliais benignos mais comuns da laringe. A infecção de crianças provavelmente ocorre no nascimento e pode ser fatal se os papilomas obstruírem as vias respiratórias. Ocasionalmente, os papilomas são encontrados mais abaixo na traqueia e nos brônquios. Até 80% dos **carcinomas orofaríngeos** contêm DNA de HPV de alto risco.

Verrugas anogenitais

Ocorrem verrugas anogenitais **(condilomas acuminados)** quase exclusivamente no epitélio escamoso dos órgãos genitais externos e áreas perianais e são comuns para indivíduos promíscuos. Aproximadamente 90% são causadas por HPV-6 e HPV-11. Lesões anogenitais infectadas por esses tipos de HPV podem ser problemáticas, mas raramente se tornam malignas em pessoas saudáveis. As verrugas anais e penianas podem progredir para o câncer se causadas por cepas oncogênicas de HPV de alto risco.

Displasia cervical e neoplasia

A infecção por HPV do sistema genital é uma IST muito comum. A infecção geralmente é assintomática, mas pode resultar em leve prurido. As verrugas genitais podem se manifestar como verrugas macias, cor de carne, que são planas, elevadas e, às vezes, em forma de couve-flor. As verrugas podem aparecer semanas ou meses após o contato sexual com um indivíduo infectado. Alterações citológicas indicando infecção por HPV **(células coilocitóticas)** são detectadas em **esfregaços cervicais corados pelo método de Papanicolaou** (exame de Papanicolaou) (Figura 41.7). A infecção do sistema genital feminino pelos tipos de HPV de alto risco está associada à neoplasia intraepitelial cervical e câncer. As primeiras alterações neoplásicas são denominadas **displasia**. Aproximadamente 40 a 70% das displasias leves regridem espontaneamente.

Acredita-se que o câncer do colo do útero se desenvolve por meio de um *continuum* de alterações celulares progressivas que variam de neoplasia leve (NIC 1) à moderada (NIC 2) até a neoplasia grave ou carcinoma *in situ* (Figura 41.8; ver Figura 41.5). Essa sequência de eventos pode ocorrer ao longo de 1 a 4 anos. Os exames de Papanicolaou de rotina e regulares promovem detecção precoce, tratamento e cura do câncer do colo do útero.

DIAGNÓSTICO LABORATORIAL

Uma verruga pode ser confirmada microscopicamente, com base em seu aspecto histológico característico, que consiste em hiperplasia das **células espinhosas** e produção excessiva de queratina **(hiperqueratose)**. A infecção pelo papilomavírus pode ser detectada em esfregaços de Papanicolaou pelos achados de células epiteliais escamosas coilocitóticas (citoplasma vacuolizado), que são arredondadas e ocorrem em aglomerados (Figura 41.4; e Figura 41.7). As análises com **sonda molecular de DNA, PCR e PCR em tempo real** de *swabs* do colo do útero e amostras de tecido representam os métodos de escolha para estabelecer o diagnóstico e a tipagem da infecção por HPV. Os papilomavírus

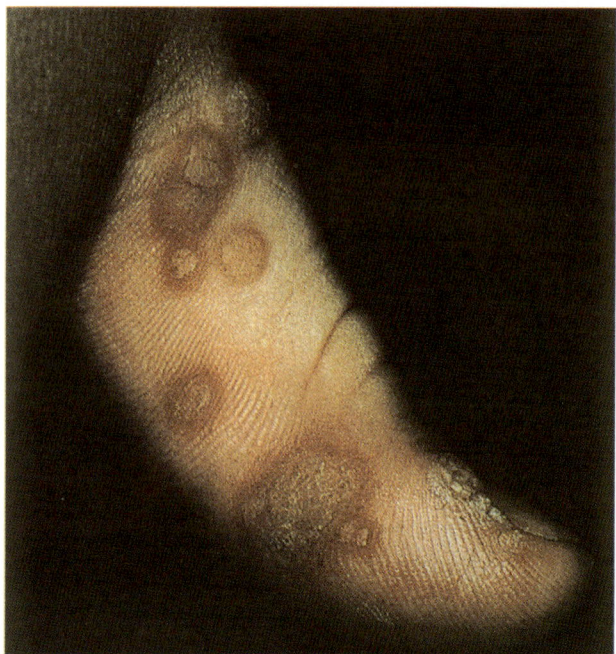

Figura 41.6 Verrugas comuns. (De Habif, T.P., 1985. Clinical Dermatology: A Color Guide to Diagnosis and Therapy. Mosby, St Louis, MO.)

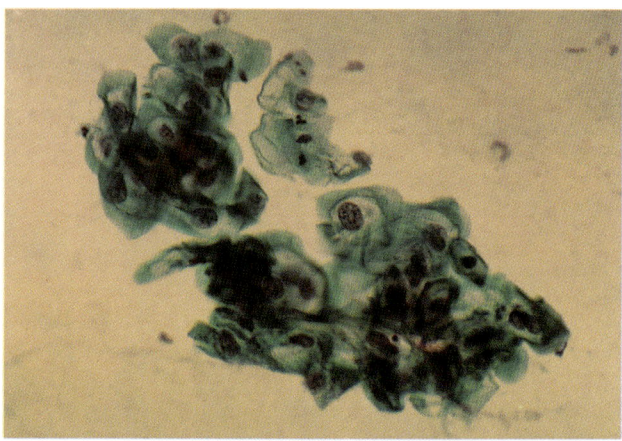

Figura 41.7 Coloração de Papanicolaou de células epiteliais escamosas cervicovaginais esfoliadas, mostrando vacuolização perinuclear citoplasmática denominada *coilocitose* (citoplasma vacuolizado), que é característico da infecção pelo papilomavírus humano (aumento de 400×).

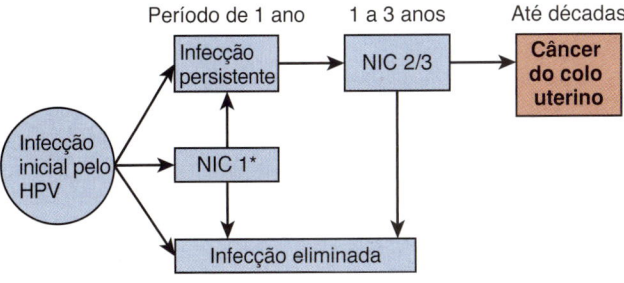

*NIC: neoplasia intraepitelial cervical

Figura 41.8 Progressão da infecção pelo HPV de alto risco para carcinoma do colo do útero. A maioria das infecções pelo HPV regride espontaneamente, mas os vírus conseguem estabelecer infecção persistente que pode progredir para neoplasia intraepitelial cervical de baixo grau (NIC 1). Pode ocorrer resolução ou progressão diretamente para NIC de alto grau (NIC 2 ou NIC 3) e se não tratada, progride para o câncer do colo do útero. (Adaptada de https://www.cdc.gov/vaccines/pubs/pinkbook/hpv.html.)

Tabela 41.3 Diagnóstico laboratorial de infecções pelo papilomavírus.

Teste	Detecta
Citologia	Células coilocitóticas
Análise *in situ* com sonda de DNA	Ácido nucleico viral
PCR[a]	Ácido nucleico viral
PCR em tempo real	Ácido nucleico viral
Cultura	Não é útil

[a]Método de escolha.
PCR, reação em cadeia da polimerase.

não crescem em culturas de células e testes para anticorpos anti-HPV são raramente utilizados, exceto em estudos de pesquisa.

TRATAMENTO, PREVENÇÃO E CONTROLE

As verrugas regridem espontaneamente, mas a regressão pode levar de muitos meses a anos. As verrugas são removidas por causa da dor e desconforto, por motivos estéticos e para prevenir a disseminação para outras partes do corpo ou para outras pessoas. Elas são removidas por crioterapia cirúrgica, eletrocautério ou meios químicos (p. ex., solução de podofilina na concentração de 10 a 25%), embora as recidivas sejam comuns. A cirurgia pode ser necessária para a remoção de papilomas da laringe.

Estimuladores de respostas inatas e inflamatórias, tais como o **imiquimode**, **interferona** e até mesmo a remoção da fita adesiva, podem promover uma cura mais rápida. A administração tópica ou intralesional do **cidofovir** consegue tratar verrugas pela eliminação seletiva de células infectadas por HPV. O cidofovir induz apoptose pela inibição da DNA polimerase da célula hospedeira.

A imunização com uma vacina nonavalente (Gardasil® 9: 6, 11, 16, 18, 31, 33, 45, 52 e 58) contra o HPV é recomendada para meninas e meninos a partir dos 11 anos de idade (antes da atividade sexual) para prevenir o câncer do colo do útero e verrugas penianas e anogenitais. A vacina bivalente e a vacina tetravalente não são mais oferecidas nos EUA. Em 2018, a U.S. Food and Drug Administration aprovou a imunização de adultos entre 27 e 45 anos de idade. Essas vacinas consistem na proteína principal do capsídio L1 montada em partículas semelhantes a vírus. As mulheres vacinadas não estão protegidas contra todas as possíveis cepas de HPV de alto risco. A vacina contra o HPV **não substitui o esfregaço de Papanicolaou** e as mulheres devem continuar a ser testadas. No momento, a melhor maneira de evitar a transmissão de verrugas é evitar o contato direto com o tecido infectado. Precauções adequadas (p. ex., o uso de preservativos) conseguem impedir a transmissão sexual do HPV.

Polyomaviridae

Os poliomavírus humanos, **BKV** e **JCV**, são onipresentes, mas geralmente não causam doença. Os poliomavírus de menor prevalência incluem os poliomavírus KI, WU e das células de Merkel (MCVs). Os vírus humanos crescem com dificuldade em cultura celular. SV40 (um poliomavírus símio) e os poliomavírus murinos, em particular, são estudados extensivamente como modelos de vírus causadores de tumores, mas apenas recentemente um poliomavírus foi associado às neoplasias malignas humanas.

ESTRUTURA E REPLICAÇÃO

Os poliomavírus são menores (45 nm de diâmetro), contêm menos ácido nucleico (5.000 pares de bases) e são menos complexos do que os papilomavírus (ver Boxe 41.1). Os genomas de BKV, JCV e SV40 estão intimamente relacionados e são divididos em regiões precoces, tardias e não codificadoras (Figura 41.9). A região precoce em uma fita

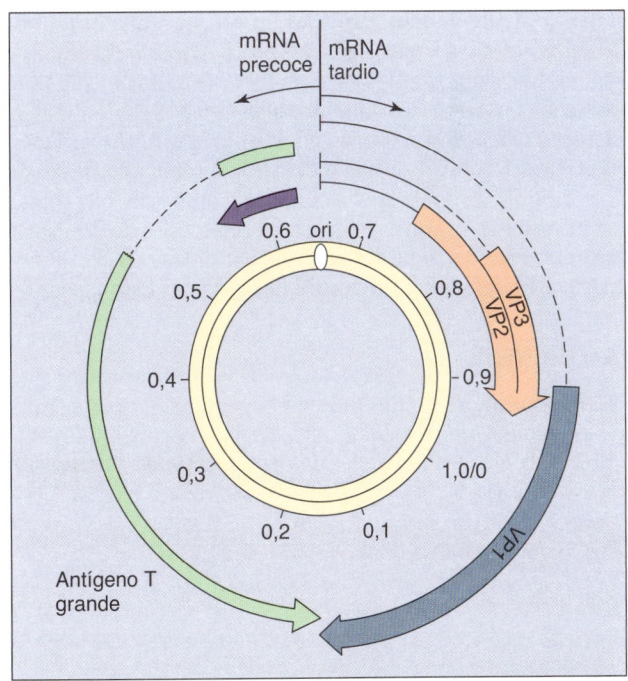

Figura 41.9 Genoma do vírus SV40. O genoma é um protótipo de outros poliomavírus e contém regiões precoces, tardias e não codificadoras. A região não codificadora contém a sequência inicial para os genes precoces e tardios e para replicação de DNA *(ori)*. Os mRNAs individuais precoces e tardios são processados a partir dos transcritos maiores agrupados. (Modificada de Butel, J.S., Jarvis, D.L., 1986. The plasma-membrane-associated form of SV40 large tumor antigen: biochemical and biological properties. Biochim. Biophys. Acta 865, 171–195.)

codifica **proteínas T (transformação)** não estruturais (incluindo **antígenos t pequenos, T grandes e T'**) e a região tardia, que está na outra fita, codifica **três proteínas do capsídio viral (VP1, VP2 e VP3)** (Boxe 41.4). A região não codificadora contém a origem da replicação de DNA e as sequências de controle transcricional tanto para os genes precoces como para os tardios.

Para a infecção de células da glia pelo JCV, o vírus se liga a carboidratos sializados e receptores de serotonina e, em seguida, penetra na célula por endocitose. O genoma do DNA é desnudo e entregue ao núcleo. Os genes precoces codificam os antígenos T grandes e t pequenos, que são proteínas que promovem o crescimento celular. A replicação viral exige o uso da maquinaria de replicação de DNA e transcricional fornecida por uma célula em crescimento. Os antígenos T grandes de SV40, BKV e JCV têm várias funções. Por exemplo, o antígeno T de SV40 se liga ao DNA e controla a transcrição precoce e tardia dos genes, bem como a replicação de DNA viral. Além disso, o antígeno T se liga e inativa as duas principais proteínas supressoras do crescimento celular, p53 e p105RB, promovendo crescimento celular.

Semelhante à replicação dos HPVs, a replicação do poliomavírus é extremamente dependente de fatores da célula hospedeira. As células permissivas possibilitam a transcrição do ácido nucleico mensageiro (mRNA) viral tardio e a replicação viral, que resulta em morte celular. Fatores imunes conseguem promover um bloqueio na replicação, causando o estabelecimento de latência do vírus nessas células não permissivas. Algumas células animais permitem apenas a expressão de genes precoces, incluindo o antígeno T, promovendo o crescimento celular e potencialmente levando à transformação oncogênica da célula.

O genoma do poliomavírus é utilizado de maneira muito eficiente. A região não codificadora do genoma contém os locais de iniciação para os mRNAs precoces e tardios e a origem da replicação de DNA. As três proteínas tardias são produzidas a partir dos mRNAs, que têm o mesmo local de iniciação e depois são processados em três mRNAs únicos.

O DNA circular do vírus é mantido e replicado de modo bidirecional, semelhante à maneira como um plasmídeo bacteriano é mantido e replicado. A replicação de DNA precede a transcrição do mRNA tardio e a síntese de proteínas. O vírus é montado no núcleo e é liberado por lise celular.

PATOGÊNESE

Cada poliomavírus é limitado a hospedeiros e tipos celulares específicos dentro desse hospedeiro. Por exemplo, JCV e BKV são vírus humanos que provavelmente entram no sistema respiratório ou nas tonsilas, em seguida infectam linfócitos e, em seguida, o rim com um efeito citopatológico mínimo. O BKV estabelece infecção latente no rim e o JCV estabelece infecção nos rins, nos linfócitos B, nas células da linhagem monocítica e em outras células. A replicação é bloqueada em indivíduos imunocompetentes.

Em pacientes com deficiência de linfócitos T, como aqueles com a síndrome da imunodeficiência adquirida (AIDS), a reativação do vírus no rim leva à excreção viral na urina e infecções potencialmente graves do sistema urinário (BKV) ou viremia e infecção do sistema nervoso central (JCV) (Figura 41.10). O JCV atravessa a barreira hematencefálica via replicação nas células endoteliais dos capilares. Uma infecção abortiva dos astrócitos resulta em transformação parcial, produzindo células aumentadas de tamanho com núcleos anormais semelhantes a glioblastomas. As infecções líticas produtivas de oligodendrócitos causam desmielinização. Embora SV40, BKV e JCV possam causar tumores em *hamsters*, esses vírus não estão associados a quaisquer tumores em seres humanos. A integração e a mutação do antígeno T que impede a replicação do MCV possibilitam que esse vírus promova a conversão da célula em um tumor.

EPIDEMIOLOGIA

As infecções por poliomavírus são onipresentes e a maioria das pessoas é infectada por JCV e BKV até os 15 anos de idade (ver Boxe 41.3). Os vírus são disseminados na urina, nas fezes e, potencialmente, em aerossóis. As infecções latentes podem ser reativadas em indivíduos cujos sistemas imunes são suprimidos por causa da AIDS, de transplante de órgãos ou de gravidez. Aproximadamente 10% das pessoas com AIDS desenvolvem LMP e a doença é fatal em aproximadamente 90% de todos os casos. A incidência diminuiu com o sucesso da terapia antirretroviral (TARV).

Os primeiros lotes de vacina viva atenuada contra a poliomielite foram contaminados com o SV40 que não foi detectado em culturas primárias de células de macacos utilizadas

---

Boxe 41.4 Proteínas do poliomavírus.

Precoces

T grande: regulação da transcrição de RNA mensageiro precoce e tardio; replicação de DNA; promoção do crescimento celular e transformação

t pequeno: replicação de DNA viral

Tardias

VP1: proteína principal do capsídio e proteína de fixação viral
VP2: proteína secundária do capsídio
VP3: proteína secundária do capsídio

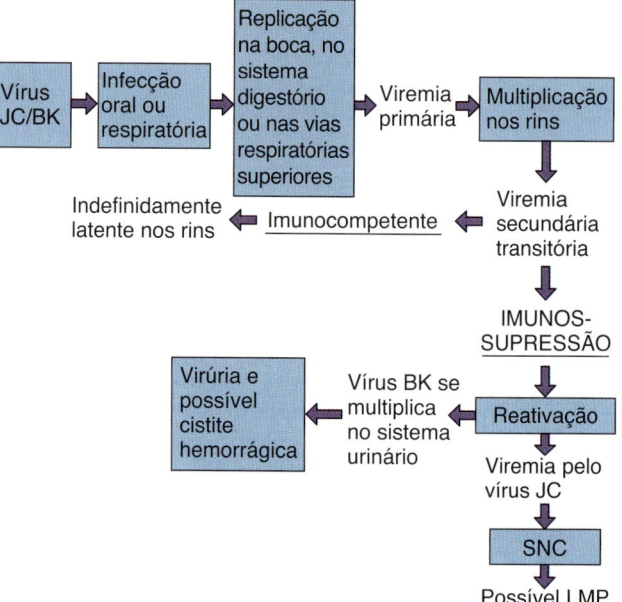

Figura 41.10 Mecanismos de propagação dos poliomavírus no corpo. *SNC*, sistema nervoso central; *LMP*, leucoencefalopatia multifocal progressiva.

para preparar a vacina. Embora muitas pessoas tenham sido vacinadas com as vacinas contaminadas, não foram relatados tumores relacionados ao SV40.

SÍNDROMES CLÍNICAS

A infecção primária é quase sempre assintomática (Boxe 41.5). BKV e JCV podem ser ativados em pacientes imunocomprometidos, como indicado pelo achado do vírus na urina de até 40% desses pacientes. Os vírus também são reativados durante a gravidez, mas não são observados efeitos no feto. Durante a gravidez, a imunidade mediada por células, incluindo as atividades que restringem a replicação do poliomavírus, é suprimida para que não haja rejeição do feto (um enxerto de tecido).

A estenose ureteral observada nos receptores de transplante renal parece estar associada ao BKV, assim como a cistite hemorrágica observada em receptores de transplante de medula óssea. A **LMP** causada por **JCV** é uma doença desmielinizante subaguda que ocorre em pacientes imunocomprometidos, incluindo aqueles com AIDS (Caso Clínico 41.1). A imunoterapia que inibe a proteína de adesão α4-integrina (natalizumabe) também aumenta o risco de LMP. Embora rara, a incidência de LMP tem aumentado em decorrência do aumento do número de indivíduos com AIDS e de pessoas que recebem terapia imunossupressora. Como o nome indica, os pacientes apresentam múltiplos sintomas neurológicos não atribuíveis a uma única lesão anatômica. Há comprometimento da fala, da visão, da coordenação e/ou da atividade mental, seguidos por paralisia dos braços e pernas e finalmente a morte. Pessoas que são diagnosticadas com LMP vivem de 1 a 4 meses e a maioria morre em 2 anos.

O genoma de um novo poliomavírus, MCV (ou MCPyV) foi recentemente descoberto integrado na cromatina de carcinomas celulares de Merkel, que é um tipo extremamente agressivo de câncer de pele. Esse é o primeiro exemplo de poliomavírus associado a um câncer humano.

DIAGNÓSTICO LABORATORIAL

O diagnóstico de LMP é confirmado pelo achado de DNA viral amplificado por PCR no líquido cerebrospinal e lesões na RM ou na TC. O exame histológico do tecido cerebral obtido por biopsia ou na necropsia mostrará focos de desmielinização envoltos por oligodendrócitos com inclusões adjacentes às áreas de desmielinização. O termo *leucoencefalopatia* refere-se à existência de lesões somente na substância branca. Existe pouca ou nenhuma resposta inflamatória das células. Imunofluorescência *in situ*, imunoperoxidase, análise por sonda de DNA e PCR do líquido cerebrospinal, urina ou material de biopsia à procura de sequências genéticas específicas também podem ser utilizadas para detectar o vírus. Os testes citológicos de urina podem detectar a infecção por JCV ou BKV, revelando a existência de células aumentadas com inclusões intranucleares densas e basofílicas, semelhantes àquelas induzidas pelo citomegalovírus. É difícil isolar BKV e JCV em culturas de tecidos; portanto, esse procedimento não é realizado.

TRATAMENTO, PREVENÇÃO E CONTROLE

A diminuição da imunossupressão responsável pela reativação do poliomavírus é o melhor tratamento para os vírus JC e BK. O cidofovir também pode ser útil. A natureza

---

> **Boxe 41.5** Resumos clínicos.
>
> **Verruga:** um paciente de 22 anos desenvolve uma área arredondada escamosa, cônica, cor da pele e endurecida (pápula) sobre o dedo indicador. Apresenta superfície áspera e indolor à palpação. O paciente é saudável e não tem outras queixas. A verruga é tratada topicamente com a aplicação diária de ácido salicílico para destruir as células que contêm o vírus e remover a verruga.
> **Papiloma do colo do útero:** no exame do colo do útero foi observada uma pápula grande e plana, que ficou esbranquiçada com aplicação de ácido acético a 4%. O exame de Papanicolaou dessa mulher de 25 anos, sexualmente ativa, revelou presença de células coilocitóticas.
> **Carcinoma do colo do útero:** mulher de 32 anos realizou o exame de Papanicolaou de rotina, que revelou células anormais. A biopsia mostrou carcinoma de células escamosas (espinocelular). A análise por PCR do DNA celular detectou o DNA de HPV-16.
> **LMP:** paciente de 42 anos com AIDS manifesta déficits de memória e dificuldade para falar, enxergar e manter seu equilíbrio, o que é sugestivo de lesão em vários locais no cérebro. A condição progride para paralisia e morte. A necropsia mostra focos de desmielinização, com oligodendrócitos contendo corpúsculos de inclusão somente na substância branca.
> Uma paciente de 37 anos com esclerose múltipla foi tratada com natalizumabe e interferona-β e desenvolveu LMP.

HPV, papilomavírus humano; *PCR*, reação em cadeia da polimerase; *LMP*, leucoencefalopatia multifocal progressiva.

> **Caso Clínico 41.1** Leucoencefalopatia multifocal progressiva (LMP)
>
> Liptai et al. (*Neuropediatrics* 38:32–35, 2007) descreveram o caso de um adolescente de 15 anos e 6 meses infectado pelo vírus da imunodeficiência humana (HIV) que apresentava fadiga e depressão. Os sintomas incluíam vertigem, visão dupla e perda da coordenação motora, como indicado em sua caligrafia, uso de computador e marcha instável. Ele contraiu o HIV no primeiro ano de vida, por injeção com uma agulha de seringa contaminada em um hospital da Transilvânia. Ao longo dos anos, sua contagem de linfócitos T CD4 diminuiu lentamente e a carga viral aumentou, muito provavelmente em decorrência da adesão inadequada ao tratamento anti-HIV e a recusa da terapia antirretroviral altamente ativa. Uma lesão não contrastada de 30 mm no hemisfério cerebelar direito foi observada na RM. A LMP foi diagnosticada, com base na detecção de sequências de vírus JC no líquido cerebrospinal por reação em cadeia da polimerase. Em 10 dias, o adolescente perdeu a capacidade de caminhar e desenvolveu paralisia dos nervos facial e hipoglosso, com deterioração neurológica adicional, incluindo depressão grave e perda da capacidade de comunicação. Ele morreu 4 meses após o aparecimento dos sintomas. A análise microscópica do cerebelo e do tronco encefálico indicou amplas áreas de desmielinização e necrose, astrocitose e oligodendrócitos com corpúsculos de inclusão nuclear. Embora a infecção pelo vírus JC seja onipresente e habitualmente benigna, causa LMP em indivíduos imunocomprometidos. Anteriormente rara, a LMP tornou-se mais frequente em razão do aumento do número de indivíduos imunocomprometidos, incluindo pacientes com síndrome da imunodeficiência adquirida (AIDS) que não aderem à terapia anti-HIV ou quando esta não é efetiva.
>
> *LMP*, leucoencefalopatia multifocal progressiva.

onipresente dos poliomavírus e a falta de compreensão de seus modos de transmissão tornam improvável que a infecção primária possa ser prevenida.

Bibliografia

Arthur, R.R., Shah, K.V., Baust, S.J., et al., 1986. Association of BK viruria with hemorrhagic cystitis in recipients of bone marrow transplants. N. Engl. J. Med. 315, 230–234.

Berman, T.A., Schiller, J.T., 2017. Human papillomavirus in cervical cancer and oropharyngeal cancer: One cause, two diseases. Cancer 123, 2219–2229.

Chow, L.T., Broker, T.R., 2013. Human papillomavirus infections: warts or cancer? Cold. Spring. Harb. Perspect. Biol. 5 (7), a012997.

Cohen, J., Powderly, W.G., 2004. Infectious Diseases, second ed. Mosby, St Louis.

de Villiers, E.M., Fauquet, C., Broker, T.R., et al., 2004. Classification of papillomaviruses. Virology 324, 17–24.

Feng, H., Shuda, M., Chang, Y., et al., 2008. Clonal integration of a polyomavirus in human Merkel cell carcinoma. Science 319, 1096–1100.

Flint, S.J., Racaniello, V.R., et al., 2015. Principles of Virology, fourth ed. American Society for Microbiology Press, Washington, DC.

Harper, D.M., DeMars, L.R., 2017. HPV vaccines–a review of the first decade. Gynecologic. Oncol. 146, 196–204.

Jiang, M., Abend, J.R., Johnson, S.F., Imperiale, M.J., 2009. The role of polyomaviruses in human disease. Virology 384, 266–273.

Knipe, D.M., Howley, P.M., 2013. Fields Virology, sixth ed. Lippincott Williams & Wilkins, Philadelphia.

Major, E.O., 2010. Progressive multifocal leukoencephalopathy in patients on immunomodulatory therapies. Annu. Rev. Med. 61, 35–47.

Major, E.O., Yousry, T.A., Clifford, D.B., 2018. Pathogenesis of progressive multifocal leukoencephalopathy and risks associated with treatments for multiple sclerosis: a decade of lessons learned. Lancet. Neurol. 17, 467–480.

Mandell, G.L., Bennet, J.E., Dolin, R., 2015. Principles and Practice of Infectious Diseases, eighth ed. Saunders, Philadelphia.

Raff, A.B., Woodham, A.W., Raff, L.M., et al., 2013. The evolving field of human papillomavirus receptor research: a review of binding and entry. J Virol 87 (11), 6062–6072.

Spence, A.R., Franco, E.L., Fetenczy, A., 2005. The role of human papillomaviruses in cancer. Am. J. Cancer 4, 49–64.

Strauss, J.M., Strauss, E.G., 2007. Viruses and Human Disease, second ed. Academic Press, San Diego.

zür-Hausen, H., 2009. Papillomaviruses in the causation of human cancers–a brief historical account. Virology 384, 260–265.

zür-Hausen, H., 2011. Infections Causing Human Cancer. Wiley-Blackwell, Germany.

Websites

National Cancer Institute, Pap test results. www.cancer.gov/cancertopics/understanding-cervical-changes/test-results. Accessed 2 July 2018.

Centers for Disease Control and Prevention, Human papillomavirus (HPV) and STD. www.cdc.gov/std/HPV/. Accessed July 2, 2018.

Centers for Disease Control and Prevention, Human papillomavirus (HPV). www.cdc.gov/hpv/. Accessed July 2, 2018.

Centers for Disease Control and Prevention, Human papillomavirus overview. https://www.cdc.gov/vaccines/pubs/pinkbook/hpv.html.

Centers for Disease Control and Prevention, Centers for Disease Control and Prevention: Human papillomavirus (HPV) and cancer. www.cdc.gov/cancer/hpv/index.htm. Accessed July 2, 2018.

Centers for Disease Control and Prevention, 1999 Centers for Disease Control and Prevention: Trends in Human Papillomavirus–Associated Cancers — United States, 1Section 5 Virology. https://www.cdc.gov/mmwr/volumes/67/wr/mm6733a2.htm?s_cid=mm6733a2_e. Accessed September 23, 2018.

Gearhart, P.A., Randall, T.C., Buckley, R.M., et al., Human papillomavirus. http://emedicine.medscape.com/article/219110-overview. Accessed July 2, 2018.

Merck: Gardasil 9. www.gardasil9.com/. Accessed July 2, 2018.

National Institute of Allergy and Infectious Diseases: Human papillomavirus (HPV) and genital warts. http://www.rightdiagnosis.com/artic/human_papillomavirus_and_genital_warts_niaid_fact_sheet_niaid.htm. Accessed July 2, 2018

Progressive multifocal leukoencephalopathy: https://www.ninds.nih.gov/Disorders/All-Disorders/Progressive-Multifocal-Leukoencephalopathy-Information-Page. Accessed July 2, 2018.

42

Adenovírus

Um recruta do exército de 19 anos queixou-se de febre alta, calafrios, tosse, coriza e dor de garganta. Vários outros membros de sua unidade têm queixas semelhantes.

1. Como é transmitido o adenovírus?
2. Quais são os tipos de adenovírus com maior probabilidade de causar sintomas de síndrome de angústia respiratória aguda (SARA)?
3. Quais outras doenças o adenovírus pode causar?
4. Qual tipo de resposta imune protegeria contra a infecção?
5. Por que os militares desenvolveram uma vacina atenuada para as cepas 4 e 7 do adenovírus?

RESUMOS Microrganismos clinicamente significativos

ADENOVÍRUS

Palavras-chave

Faringite, conjuntivite, pneumonia atípica, capsídio icosadeltaédrico

Biologia, virulência e doença

- Capsídio icosadeltaédrico de tamanho médio com fibras, genoma de DNA linear com proteínas terminais
- As proteínas E1A e E1B inativam E6 e E7 para promover o crescimento
- O vírus codifica a polimerase
- Vírus com capsídio resistente à inativação
- Vírus lítico
- Provoca faringite, conjuntivite, pneumonia atípica, gastrenterite infantil, doença respiratória aguda
- Pode ser usado como vetor para a produção de vacinas e terapia genética

Epidemiologia

- Transmitido por aerossóis, contato direto, fecal-oral, piscinas contaminadas

Diagnóstico

- Ensaios imunológicos e análise do genoma por PCR

Tratamento, prevenção e controle

- Vacina contra adenovírus dos tipos 4 e 7 apenas para militares

Os adenovírus foram isolados pela primeira vez em 1953 em uma cultura de células da adenoide humana. Desde então, aproximadamente 100 sorotipos foram reconhecidos, dos quais pelo menos 52 infectam seres humanos. Todos os sorotipos humanos estão incluídos em um único gênero da família Adenoviridae. Existem sete subgrupos de adenovírus humanos (A a G) (Tabela 42.1). Os vírus em cada subgrupo compartilham muitas propriedades.

Os adenovírus humanos numerados de 1 a 7 são os mais comuns. Distúrbios habituais causados pelos adenovírus incluem **infecção o sistema respiratório, faringoconjuntivite, cistite hemorrágica** e **gastrenterite**. Os indivíduos imunocomprometidos correm risco de quadros clínicos mais graves. Vários adenovírus têm potencial oncogênico em animais, mas não em seres humanos, e por esse motivo são amplamente estudados por biologistas moleculares. Esses estudos têm elucidado muitos processos nos vírus e nas células eucarióticas. Por exemplo, a análise do gene para a proteína hexon do adenovírus levou à descoberta de íntrons e o *splicing* do ácido ribonucleico mensageiro (mRNA) em eucariotos. O adenovírus também está sendo usado em terapias genéticas, com a finalidade de fornecer o ácido desoxirribonucleico (DNA) em terapias de substituição e modificação de genes (p. ex., fibrose cística), para a expressão gênica em outros vírus (p. ex., vírus da imunodeficiência humana [HIV]), como uma vacina e também como terapia oncolítica.

Estrutura e replicação

Os adenovírus são vírus de DNA de dupla fita com um genoma de aproximadamente 36 mil pares de bases, que é grande o suficiente para codificar 30 a 40 genes. O genoma do adenovírus é um **DNA fita dupla linear** com uma **proteína terminal** (massa molecular, 55 kDa) covalentemente ligada em cada extremidade 5'. Os vírions têm uma estrutura única. O **capsídio icosadeltaédrico não envelopado** compreende 240 capsômeros, que consistem em hexons e pentons, apresentando um diâmetro de 70 a 90 nm (Figura 42.1 e Boxe 42.1). Os 12 pentons, que estão localizados em cada um dos vértices, têm uma base de penton e uma fibra. A **fibra** contém as **proteínas de fixação viral**. A base do penton e a fibra são tóxicas para as células. Os pentons e as fibras também carreiam antígenos tipo-específicos.

O complexo central (*core*) no capsídio inclui o DNA viral e pelo menos duas proteínas principais. Existem pelo menos 11 proteínas no vírion do adenovírus, nove dos quais têm uma função estrutural identificada (Tabela 42.2).

O ciclo de replicação do vírus leva aproximadamente 32 a 36 horas e produz aproximadamente 10 mil vírions. A ligação das proteínas da fibra do vírus a um membro glicoproteico da superfamília de proteínas imunoglobulina (≈100 mil receptores da fibra são encontrados em cada célula) inicia a infecção para a maioria dos adenovírus. Esse mesmo receptor é usado por muitos vírus Coxsackie B; assim é dado o nome de **receptor de vírus Coxsackie e adenovírus**. Alguns adenovírus utilizam a molécula do complexo de histocompatibilidade principal classe I (MHC I) como um receptor. A internalização é iniciada pela interação da base do penton com uma α_v-integrina seguida de endocitose mediada por receptor em uma vesícula revestida de clatrina. O vírus lisa a vesícula endossomal e o capsídio libera o genoma do DNA

Tabela 42.1 Doenças associadas aos adenovírus.

Doença	Tipos	População de pacientes
DOENÇAS RESPIRATÓRIAS		
Infecção das vias respiratórias superiores, indiferenciada e febril	1, 3, 5, 7, 14, 21 etc.	Lactentes, crianças pequenas
Faringite e febre faringoconjuntival	1, 2, 3, 4, 5, 6, 7, 14	Crianças, adultos
Doença respiratória aguda	1, 2, 3, 4, 5, 6, 7, 14, 21	Lactentes, crianças pequenas, recrutas militares
Síndrome semelhante à coqueluche	1, 2, 3, 4, 7, 14, 21, 30	Lactentes, crianças pequenas
Pneumonia		Lactentes, crianças pequenas, recrutas militares, pacientes imunocomprometidos
OUTRAS DOENÇAS		
Cistite/nefrite hemorrágica aguda	11, 21	Crianças, pacientes imunocomprometidos
Ceratoconjuntivite epidêmica	8, 9, 11, 19, 35, 37	Qualquer idade
Gastrenterite	31, 40, 41, 52	Lactentes, crianças pequenas, pacientes imunocomprometidos
Cistite hemorrágica	11, 21, 34, 35	Lactentes, crianças pequenas
Hepatite	1, 2, 5, 7, 31	Pacientes imunocomprometidos
Meningoencefalite	7	Crianças, pacientes imunocomprometidos
Miocardite	7, 21	Crianças
Obesidade/adipogênese	31	Qualquer idade

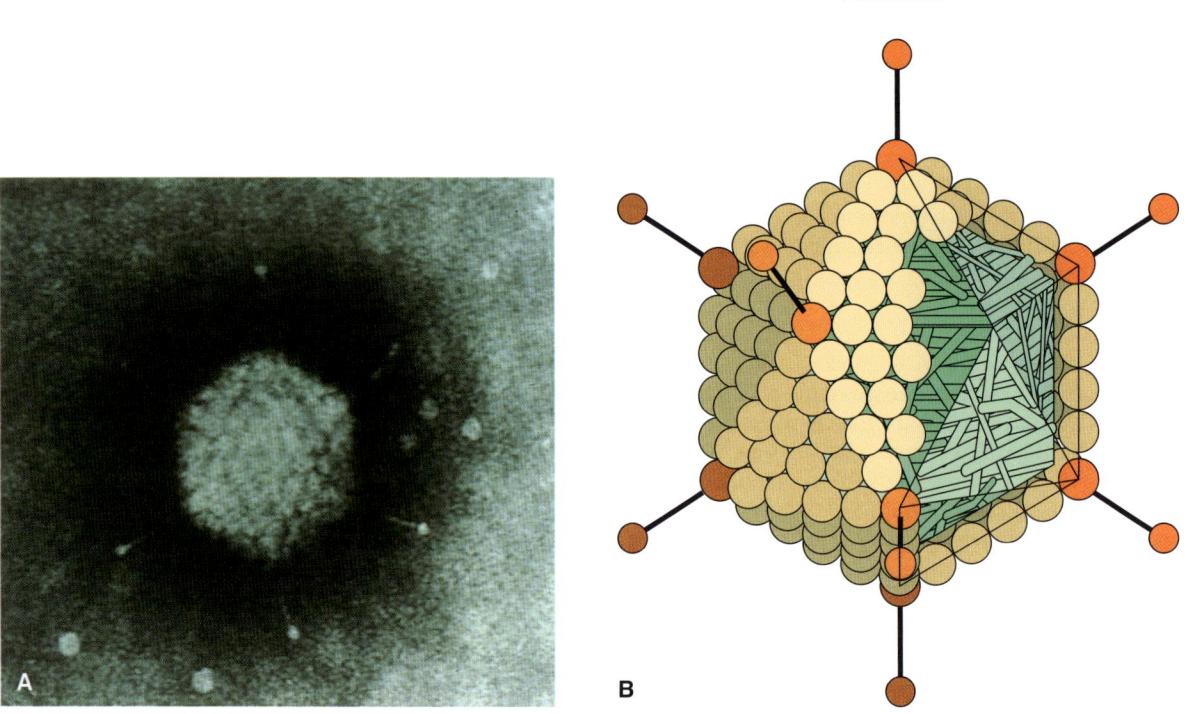

Figura 42.1 A. Fotomicrografia eletrônica do vírion do adenovírus com fibras. **B.** Modelo de vírion do adenovírus com fibras. (**A**, De Valentine, R.C., Pereira, H.G., 1965. Antigens and structure of the adenovirus. J. Mol. Biol. 13, 13–20. **B**, De Cohen, J., Powderly, W.G., Opal, S.M., 2010. Infectious Diseases, third ed. Mosby, Philadelphia, PA.)

para o núcleo. O penton e as proteínas da fibra do capsídio são tóxicos para a célula e conseguem inibir a síntese macromolecular celular.

Um mapa do genoma do adenovírus mostra as localizações dos genes virais (Figura 42.2). Os genes são transcritos de ambas as fitas de DNA, em ambos os sentidos e em momentos diferentes durante o ciclo de replicação. Genes para funções relacionadas estão agrupados. A maior parte do RNA transcrito do genoma do adenovírus é processada em vários mRNAs individuais no núcleo. O adenovírus codifica sua própria DNA polimerase e proteínas que promovem o crescimento celular e suprimem a apoptose e as respostas imunes e inflamatórias.

> **Boxe 42.1** Propriedades singulares do adenovírus.
>
> O capsídio **icosadeltaédrico desnudo** contém **fibras** (proteínas de fixação viral) nos vértices.
> O genoma linear de fita dupla tem proteínas terminais na extremidade 5'.
> A síntese de DNA polimerase viral ativa uma mudança de genes precoces para genes tardios.
> O vírus codifica sua própria **DNA polimerase** e outras proteínas para facilitar o crescimento e o escape imunológico.
> Os adenovírus humanos são agrupados de A a G por homologias de DNA e pelo sorotipo (> 55 tipos humanos).
> O sorotipo é principalmente o resultado de diferenças na base do penton e na proteína da fibra, que determinam a natureza do tropismo tecidual e a doença.
> O vírus causa infecções **líticas**, **persistentes** e **latentes** em humanos e algumas cepas podem **imortalizar determinadas células animais**.

A transcrição do mRNA ocorre em duas fases. As proteínas precoces promovem o crescimento celular e incluem uma DNA polimerase que está envolvida na replicação do genoma. Como observado nos papovavírus, vários mRNAs de adenovírus são transcritos do mesmo promotor e compartilham sequências iniciais, mas são produzidos por meio do *splicing* dos diferentes íntrons. A transcrição do gene precoce *E1*, o processamento do transcrito primário (remoção dos íntrons para gerar três mRNAs) e a tradução da **proteína de transativação E1A** precoce são necessários para a transcrição das proteínas precoces. Essas proteínas incluem mais proteínas de ligação ao DNA, a DNA polimerase e proteínas para ajudar o vírus a escapar da resposta imune. A proteína **E1A** juntamente com a **E1B** pode estimular o crescimento celular, ligando-se às proteínas supressoras do crescimento celular **p105RB** (produto do gene do retinoblastinoma *p105RB*) (E1A) e **p53** (E1B). Em células permissivas, a estimulação da divisão celular facilita a transcrição e a replicação do genoma, com morte celular resultante de replicação do vírus. Em células não permissivas, o vírus estabelece latência e o genoma permanece no núcleo. Nas células de roedores, não de seres humanos, as proteínas E1A e E1B promovem o crescimento celular, mas sem morte celular; portanto, o vírus causa a transformação oncogênica da célula.

A replicação do DNA viral ocorre no núcleo e é mediada pela **DNA polimerase codificada por vírus**. A polimerase utiliza a proteína viral de 55-kDa (proteína terminal) com uma citosina monofosfato ligada como iniciador (*primer*) da replicação das duas fitas do DNA. A proteína terminal permanece ligada ao DNA.

A transcrição tardia do gene começa após a replicação do DNA. A maioria dos mRNAs tardios individuais é gerada a partir de um grande (83% do genoma) transcrito primário de RNA que é processado em pelo menos 18 mRNAs individuais.

As proteínas do capsídio são produzidas no citoplasma e depois transportadas ao núcleo para a montagem viral. Pró-capsídios vazios primeiro realizam a montagem e depois o DNA viral e as proteínas do cerne (*core*) entram no capsídio através de uma abertura em um dos vértices. Os processos de replicação e montagem são ineficientes e propensos a erros, produzindo um mínimo de uma unidade infecciosa por 2.300 partículas. DNA, proteínas e inúmeras partículas defeituosas se acumulam nos corpos de inclusão nuclear. O vírus permanece na célula e é liberado quando ocorrem a degeneração e a lise celulares.

Tabela 42.2 Principais proteínas do adenovírus.

Gene	Número	Massa molecular (kDa)	Funções das proteínas
E1A[a]	–	–	Ativa a transcrição do gene viral Liga-se ao supressor do crescimento celular (p105RB) para promover o crescimento e a transformação celular Desregula o crescimento celular Inibe a ativação dos elementos de resposta da interferona
E1B	–	–	Liga-se ao supressor do crescimento celular (p53) para promover o crescimento e a transformação celular Bloqueia a apoptose
E2	–	–	Ativa alguns promotores Proteína terminal no DNA DNA polimerase
E3	–	–	Previne a ação do TNF-α; expressão do MHC I
E4	–	–	Limita o efeito citopatológico viral
VA RNAs	–	–	Inibe a resposta da interferona
Capsídio	II	120	Contém o antígeno da família e alguns antígenos de sorotipagem
	III	85	Proteína da base do penton Tóxico para células de cultura tecidual
	IV	62	Fibra Responsável pela fixação; contém alguns antígenos de sorotipagem
	VI	24	Proteínas associadas ao hexons
	VIII	13	Proteínas associadas ao penton
	IX	12	"Cimento do capsídio" não essencial
	IIIa	66	"Facilita a montagem"
Cerne (*core*)	V	48	Proteína 1 do cerne: proteína de ligação ao DNA
	VII	18	Proteína 2 do cerne: proteína de ligação ao DNA

[a]Os genes precoces codificam vários RNAs mensageiros e proteínas por padrões de *splicing* alternativo.
E, precoce (*Early*); *MHC I*, complexo de histocompatibilidade principal I; *RB*, produto do gene do retinoblastoma; *TNF-α*, fator de necrose tumoral-α; *VA*, associado ao vírus.

Patogênese e imunidade

Os adenovírus conseguem causar infecções **líticas** (p. ex., células mucoepiteliais), **latentes** (p. ex., macrófagos, linfócitos T, células adenoides e outras células) e **transformadoras** (*hamster*, não seres humanos). Esses vírus inicialmente infectam as células epiteliais que revestem a orofaringe, assim como os órgãos respiratórios e entéricos (Boxe 42.2). As proteínas das fibras virais determinam a especificidade da célula-alvo. A atividade tóxica da proteína da base do penton pode resultar na inibição do transporte de mRNA celular e síntese de proteínas, arredondamento das células e danos teciduais.

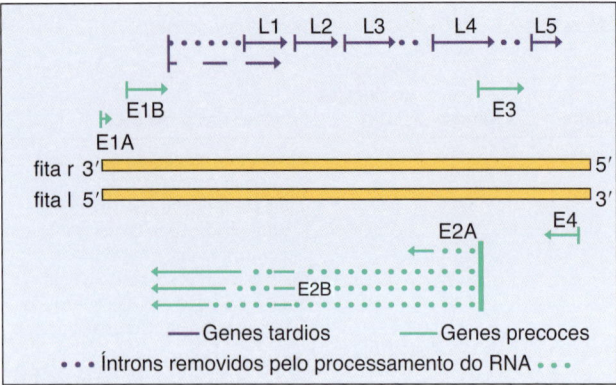

Figura 42.2 Mapa simplificado do genoma do adenovírus tipo 2. Os genes são transcritos de ambas as fitas (*l* e *r*) em sentidos opostos. Os genes precoces são transcritos a partir de quatro sequências promotoras e cada uma gera vários RNAs mensageiros, processando os transcritos primários do RNA. Isso produz o repertório completo de proteínas virais. O padrão de *splicing* somente para o transcrito E2 é mostrado como exemplo. Todos os genes tardios são transcritos a partir de uma sequência promotora. *E*, proteína precoce; *L*, proteína tardia. (Modificada de Jawetz, E., Adelberg, E.A., Melnick, J.L., 1987. Review of Medical Microbiology, 17th ed. Appleton & Lange, Norwalk, CT.)

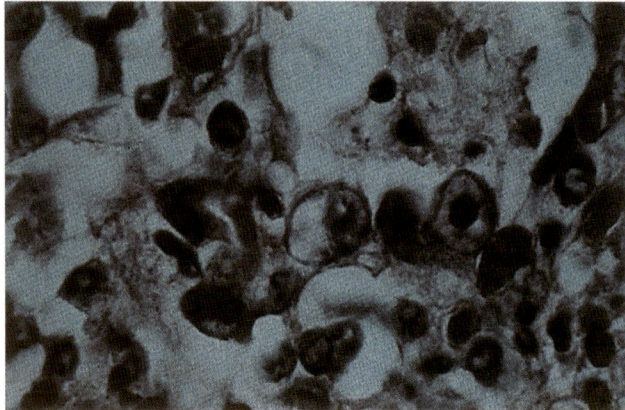

Figura 42.3 Aspecto histológico de células infectadas por adenovírus. A montagem ineficiente dos vírions produz corpúsculos de inclusão nucleares basofílicos escuros, contendo DNA, proteínas e capsídios.

Boxe 42.2 Mecanismos patológicos dos adenovírus.

- O vírus é disseminado em **aerossóis**, **em material fecal** e por **contato próximo**. Os dedos das mãos propagam o vírus para os olhos.
- O vírus infecta as **células mucoepiteliais** dos sistemas respiratório e digestório e da conjuntiva ou da córnea, causando diretamente danos celulares.
- A doença é determinada pelo tropismo tecidual do grupo específico ou sorotipo da cepa do vírus.
- O vírus **persiste** no tecido linfoide (p. ex., tonsilas, adenoides, placas de Peyer).
- O **anticorpo** é importante para profilaxia e resolução, mas a imunidade mediada por células também é importante.

A característica histológica da infecção por adenovírus é uma inclusão intranuclear densa e central (que consiste em DNA e proteína viral) em uma célula epitelial infectada (Figura 42.3). Essas inclusões podem se assemelhar àquelas observadas em células infectadas por citomegalovírus, mas o adenovírus não causa o aumento da célula (citomegalia). O infiltrado de células mononucleares e a necrose de células epiteliais são observados no local da infecção.

A infecção inicial ocorre na faringe, na conjuntiva ou nas vias respiratórias superiores para a maioria dos tipos e depois se dissemina para os linfonodos e possivelmente para as vias respiratórias inferiores. A infecção pode regredir ou o vírus pode se tornar **latente e persistir** em tecidos linfoides e outros tecidos, como adenoides, tonsilas e placas de Peyer e pode ser reativada em pacientes imunossuprimidos. A viremia pode ocorrer após replicação local do vírus, com subsequente propagação para órgãos viscerais. Esta disseminação é mais provável em pacientes imunocomprometidos do que em indivíduos imunocompetentes. Embora alguns adenovírus (grupos A e B) sejam **oncogênicos em determinados roedores**, a transformação do adenovírus de células humanas não foi observada.

As respostas inatas limitam a propagação inicial do vírus e ativam as respostas protetoras das células NK e dos linfócitos T. A imunidade mediada por células é importante para limitar o crescimento do vírus e as pessoas imunossuprimidas sofrem uma doença mais grave e recorrente. O anticorpo é importante para a resolução de infecções líticas pelo adenovírus e protege a pessoa da reinfecção com o mesmo sorotipo, mas não com outros sorotipos. O anticorpo neutralizante é direcionado para as proteínas das fibras. Os adenovírus têm vários mecanismos para escapar das defesas do hospedeiro e os auxiliam a persistir no hospedeiro. Eles codificam pequenos RNAs associados ao vírus (VA RNAs) que impedem a ativação da inibição da síntese proteica viral mediada por proteinoquinase R induzida por interferona. As proteínas virais E3 e E1A bloqueiam a apoptose induzida por respostas celulares ao vírus ou por ações de linfócitos T ou de citocinas (p. ex., fator de necrose tumoral [TNF]-α). Algumas cepas de adenovírus conseguem inibir a ação dos linfócitos T citotóxicos CD8+, prevenindo a expressão apropriada das moléculas de MHC I e, portanto, a apresentação do antígeno.

Epidemiologia

Vírions do adenovírus resistem ao ressecamento, detergentes, secreções do sistema digestório (ácido, protease e bile) e até mesmo tratamento leve com cloro (Boxe 42.3). Esses vírions são espalhados em aerossóis e pela via fecal-oral, por dedos das mãos, por fômites (incluindo toalhas e instrumentos médicos) e em lagoas ou piscinas pouco cloradas. Aglomerações e contato próximo, como ocorrem nas salas de aula e nos quartéis militares, promovem a propagação do vírus. Os adenovírus podem ser excretados de forma intermitente e por longos períodos a partir da faringe e especialmente nas fezes. A maioria das infecções é assintomática, uma característica que facilita imensamente sua disseminação na comunidade.

Os adenovírus 1 a 7 são os sorotipos prevalentes. De 5 a 10% dos casos de doença do sistema respiratório pediátrico são causados por adenovírus dos tipos 1, 2, 5 e 6; as crianças infectadas eliminam o vírus durante meses após a infecção. O adenovírus causa 15% dos casos de gastrenterite que exigem hospitalização. Os sorotipos 4 e 7 parecem ser especialmente capazes de se propagar entre os recrutas militares em razão do contato próximo e estilo de vida rigoroso. Indivíduos imunossuprimidos correm o risco mais elevado de doenças graves.

> **Boxe 42.3** Epidemiologia dos adenovírus.
>
> **Doença/fatores virais**
>
> O vírus com capsídio é resistente à inativação pelo sistema digestório, ressecamento e detergentes.
> Os sintomas da doença podem se assemelhar aos de outras infecções causadas por vírus respiratórios.
> O vírus pode causar excreção assintomática.
>
> **Transmissão**
>
> Contato direto, gotículas respiratórias e material fecal nas mãos e fômites (p. ex., toalhas, instrumentos médicos contaminados) e piscinas e reservatórios insuficientemente clorados.
>
> **Quem corre risco?**
>
> Crianças < 14 anos.
> Pessoas em áreas com grande aglomeração (p. ex., creches, campos de treinamento militar, clubes de natação etc.).
>
> **Geografia/sazonalidade**
>
> O vírus é encontrado em todo o mundo.
> Não há incidência sazonal.
>
> **Modos de controle**
>
> A vacina viva para os sorotipos 4 e 7 está disponível para uso em militares.

> **Boxe 42.4** Resumos clínicos.
>
> **Febre faringoconjuntival:** um estudante de 7 anos desenvolve início súbito de sintomas que incluem olhos vermelhos, dor de garganta e febre de 38,9°C. Várias crianças da mesma escola têm sintomas semelhantes.
> **Gastrenterite:** uma criança apresenta diarreia e está vomitando. O adenovírus do sorotipo 41 é identificado no exame das fezes pela reação em cadeia da polimerase para fins epidemiológicos.

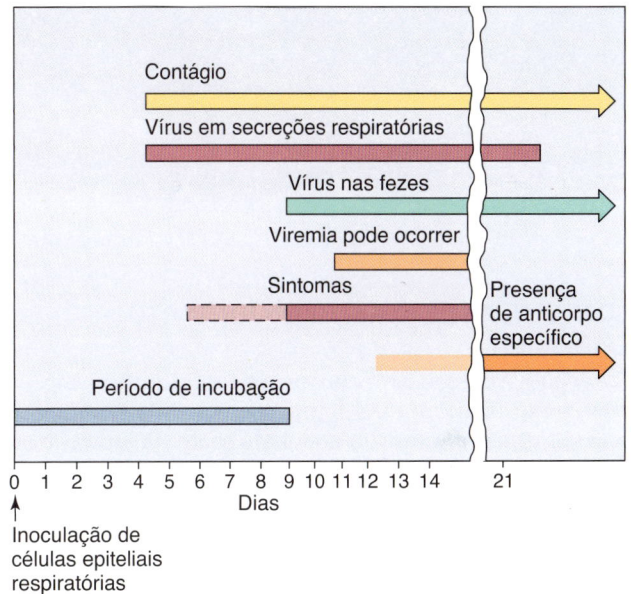

Figura 42.4 Evolução temporal da infecção respiratória por adenovírus.

Síndromes clínicas

Os adenovírus infectam principalmente crianças e, menos comumente, adultos (Boxe 42.4). A doença causada por vírus reativados ocorre em crianças e adultos imunocomprometidos. As síndromes clínicas específicas estão associadas a tipos específicos de adenovírus (ver Tabela 42.1). O curso temporal de infecção respiratória pelo adenovírus é mostrado na Figura 42.4.

FARINGITE FEBRIL AGUDA E FEBRE FARINGOCONJUNTIVAL

O adenovírus causa **faringite**, que muitas vezes é acompanhada por conjuntivite (febre faringoconjuntival). A faringite ocorre em crianças pequenas, sobretudo aquelas com menos de 3 anos, e pode mimetizar a infecção estreptocócica. Os pacientes afetados apresentam sinais/sintomas leves gripais (incluindo congestão nasal, tosse, coriza, mal-estar, febre, calafrios, mialgia e cefaleia) que podem durar de 3 a 5 dias. A febre faringoconjuntival ocorre com mais frequência em surtos envolvendo crianças mais velhas.

DOENÇA RESPIRATÓRIA AGUDA

A doença respiratória aguda é uma síndrome que consiste em febre, secreção nasal, tosse, faringite e possível conjuntivite (Caso Clínico 42.1). A alta incidência de infecção de recrutas militares estimulou o desenvolvimento e o uso de uma vacina para os sorotipos 4 e 7.

OUTRAS DOENÇAS DO SISTEMA RESPIRATÓRIO

Os adenovírus causam sintomas gripais, laringite, crupe (laringotraqueobronquite) e bronquiolite. Podem causar também uma doença semelhante à coqueluche em crianças e adultos que consiste em evolução clínica prolongada e pneumonia viral verdadeira.

> **Caso Clínico 42.1** Adenovírus patogênico 14
>
> O Centers for Disease Control and Prevention (*MMWR* 56:1181–1184, 2007) relatou que a análise dos microrganismos isolados obtidos de recrutas durante um surto de infecção respiratória febril na Lackland Air Force Base mostrou que 63% dos casos eram causados por adenovírus e 90% desses eram adenovírus 14. Dos 423 casos, 27 foram hospitalizados com pneumonia, cinco foram admitidos na unidade de terapia intensiva e um paciente faleceu. Em um caso análogo relatado pela CNN (www.cnn.com/2007/HEALTH/conditions/12/19/killer.cold/index.html), um atleta de 18 anos do Ensino Médio queixou-se de sintomas gripais com vômitos, calafrios e febre de 40°C, que evoluiu para pneumonia potencialmente fatal em alguns dias. O adenovírus que causou essas infecções era um mutante do adenovírus 14, que foi identificado pela primeira vez em 1955. O mutante do adenovírus 14 espalhou-se pelos EUA, colocando os adultos em risco de doenças graves. A infecção pelo adenovírus 14 geralmente causa uma infecção respiratória benigna em adultos, com recém-nascidos e idosos correndo maior risco de desfechos graves. Embora a maioria das mutações de vírus produza um vírus mais fraco, ocasionalmente ocorre um vírus resistente a medicamentos antivirais ou escape da resposta humoral (anticorpos) por cepas mais virulentas.

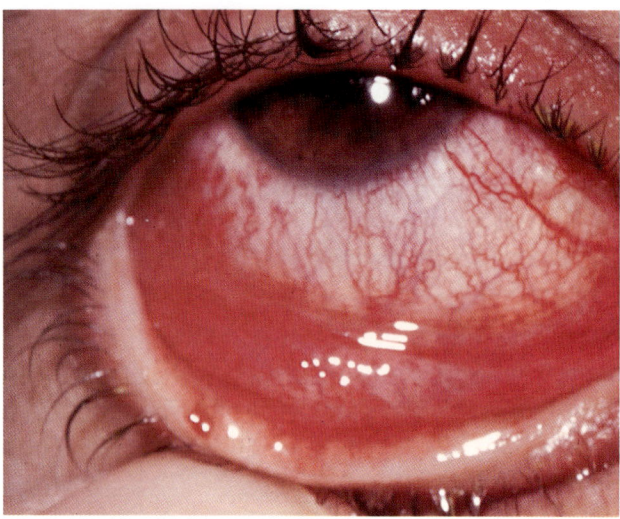

Figura 42.5 Conjuntivite causada por adenovírus.

CONJUNTIVITE E CERATOCONJUNTIVITE EPIDÊMICA

Os adenovírus causam **conjuntivite folicular** (hiperemia conjuntival) na qual a mucosa da conjuntiva palpebral se torna granulosa ou nodular e ocorre inflamação em ambas as conjuntivas (palpebral e bulbar) (Figura 42.5). Essa conjuntivite pode ocorrer esporadicamente ou em surtos que podem ser rastreados em relação a uma fonte comum. A **conjuntivite da piscina** é um exemplo familiar de infecção por adenovírus de fonte comum. A **ceratoconjuntivite epidêmica** é um risco ocupacional para os trabalhadores industriais. A epidemia desse tipo mais notável ocorreu em pessoas que trabalhavam nos estaleiros navais de Pearl Harbor, no Havaí, causando mais de 10 mil casos durante os anos de 1941 e 1942. Irritação ocular por um corpo estranho, poeira, detritos etc., é um fator de risco para a aquisição dessa infecção.

GASTRENTERITE E DIARREIA

O adenovírus é uma causa importante de gastrenterite viral aguda, principalmente em lactentes. Os adenovírus entéricos (tipos 40 a 42) não se replicam nas mesmas células de cultura teciduais que outros adenovírus e raramente causam febre ou sintomas no sistema respiratório.

OUTRAS MANIFESTAÇÕES

O adenovírus também foi associado à intussuscepção em crianças pequenas, cistite hemorrágica aguda com disúria e hematúria em meninos pequenos, distúrbios musculoesqueléticos e infecções genitais e cutâneas. O adenovírus (tipo 36) também está associado à obesidade.

INFECÇÃO SISTÊMICA EM PACIENTES IMUNOCOMPROMETIDOS

Pacientes imunocomprometidos, particularmente aqueles que apresentam comprometimento na função dos linfócitos T, correm risco de infecções graves por adenovírus. A doença adenoviral em pacientes imunocomprometidos inclui pneumonia, diarreia aguda, hepatite e doença sistêmica potencialmente fatal que afeta múltiplos órgãos. A infecção pode ser primária ou reativação de infecção latente.

Diagnóstico laboratorial

Para que os resultados do isolamento do vírus sejam significativos, o microrganismo isolado deve ser obtido de um local ou secreção relevante para os sintomas da doença. O achado de adenovírus na orofaringe de um paciente com faringite é, geralmente, considerado diagnóstico se os achados laboratoriais descartarem outras causas comuns de faringite, tais como *Streptococcus pyogenes*.

A análise direta da amostra clínica sem isolamento do vírus pode ser utilizada para detecção e identificação rápida de adenovírus. Imunoensaios (p. ex., ensaios com anticorpos fluorescentes e ELISA) e ensaios do genoma (p. ex., diferentes variações da reação em cadeia da polimerase [PCR] e análise de sonda de DNA) podem ser empregados para a detecção, a tipagem e a classificação do vírus em amostras clínicas e culturas de tecidos. Essas abordagens devem ser utilizadas para os sorotipos 40 a 42 do adenovírus entérico, que não cresce facilmente nas culturas celulares disponíveis. Os testes sorológicos são raramente utilizados, exceto para propósitos epidemiológicos.

O isolamento da maioria dos tipos de adenovírus é realizado de modo adequado em culturas derivadas de células epiteliais (p. ex., linhagens primárias de células renais embrionárias humanas, contínuas [transformadas], como as células HeLa e do carcinoma epidérmico humano). Dentro de 2 a 20 dias, o vírus causa uma infecção lítica com corpúsculos de inclusão característicos e morte celular. A recuperação do vírus a partir da cultura celular exige um tempo médio de 6 dias. As inclusões intranucleares características podem ser visualizadas em tecidos infectados durante o exame histológico. No entanto, essas inclusões são raras e precisam ser diferenciadas daquelas produzidas por citomegalovírus.

Tratamento, prevenção e controle

A lavagem cuidadosa das mãos e a cloração de piscinas conseguem reduzir a transmissão do adenovírus. Não há tratamento aprovado pela FDA para as infecções por adenovírus. Cidofovir e ribavirina podem ser prescritos para tratar indivíduos imunossuprimidos infectados por adenovírus. Vacinas orais vivas são utilizadas para prevenir infecções por adenovírus dos tipos 4 e 7 em recrutas militares, mas não são utilizadas nas populações civis.

Adenovírus terapêuticos

Os adenovírus são utilizados e estão sendo considerados como veículos de transporte de genes para correção de doenças humanas, incluindo imunodeficiências (p. ex., deficiência de adenosina desaminase), fibrose cística e doenças de depósito lisossômico. O vírus é inativado por deleção ou mutação do gene $E1$ e outros genes virais (p. ex., $E2$, $E4$). O gene apropriado é inserido no genoma viral, substituindo esse DNA e é controlado por um promotor adequado. O vetor viral resultante deve ser cultivado em uma célula que expresse as funções ausente no vírus (E1, E4) para complementar a deficiência e possibilitar a produção do vírus. Os adenovírus dos tipos 4 e 7 e os mutantes com defeitos na replicação, dos tipos 5, 26 e 35, estão sendo desenvolvidos para carrear os genes de HIV, Ebola e outros vírus como vacinas híbridas atenuadas para esses vírus letais. A terapia oncolítica pode ser fornecida por adenovírus que não apresentam o gene *E1B* funcional, que cresce seletivamente e mata células tumorais que não têm uma proteína p53 funcional. Apesar da atenuação produzida por técnicas de engenharia genética, esses vírus ainda podem causar doenças graves em indivíduos imunocomprometidos.

Bibliografia

Arnold, A., MacMahon, E., 2017. Adenovirus infections, Medicine 45: 777–780.

Benihoud, K., Yeh, P., Perricaudet, M., 1999. Adenovirus vectors for gene delivery. Curr. Opin. Biotechnol. 10, 440–447.

Cohen, J., Powderly, W.G., 2004. Infectious Diseases, third ed. Mosby, St Louis.

Doerfler, W., Bohm, P., 2003, Adenoviruses: Model and Vectors in Virus-Host Interactions, Current Topics in Microbiology and Immunology (vol 272-273), Springer-Verlag, New York.

Flint, S.J., Racaniello, V.R., et al., 2015. Principles of Virology, fourth ed. American Society for Microbiology Press, Washington, DC.

Ghebremedhin, B., 2014. Human adenovirus: viral pathogen with increasing importance. Europ. J. Microbiol. Immunol. 4 (1), 26–33. http://doi.org/10.1556/EuJMI.4.2014.1.2.

Knipe, D.M., Howley, P.M., 2013. Fields Virology, sixth ed. Lippincott Williams & Wilkins, Philadelphia.

Kolavic-Gray, S.A., Binn, L.N., Sanchez, J.L., et al., 2002. Large epidemic of adenovirus type 4 infection among military trainees: epidemiological, clinical, and laboratory studies. Clin. Infect. Dis. 35, 808–818.

Lasaro, M.O., Ertl, H.C.J., 2009. New Insights on adenovirus as vaccine vectors. Molecul. Ther. 17, 1333–1339.

Lee, C.S., Bishop, E.S., Zhang, R., Yu, X., Farina, E.M., Yan, S., He, T.C., 2017. Adenovirus-mediated gene delivery: potential applications for gene and cell-based therapies in the new era of personalized medicine. Genes. Dis. 4 (2), 43–63. http://doi.org/10.1016/j.gendis.2017.04.001.

Lenaerts, L., De Clercq, E., Naesens, L., 2008. Clinical features and treatment of adenovirus infections. Rev. Med. Virol. 18, 357–374.

Lion, T., 2014. Adenovirus infections in immunocompetent and immunocompromised patients. Clin. Microbiol. Rev. 27, 44–462.

Mandell, G.L., Bennet, J.E., Dolin, R., 2015. Principles and Practice of Infectious Diseases, eighth ed. Saunders, Philadelphia.

Strauss, J.M., Strauss, E.G., 2007. Viruses and Human Disease, second ed. Academic Press, San Diego.

Websites

Gompf, S.G., Kelkar, D., Oehler, R., 2018. Adenoviruses. http://emedicine.medscape.com/article/211738-overview. Accessed July 2, 2018.

43
Herpes-Vírus Humanos

(a) Uma lesão vesicular irrompe no canto da boca de um homem de 27 anos, 3 dias após o retorno de uma viagem de esqui.
(b) Um médico residente em pediatria, de 26 anos, desenvolve pneumonia grave e em seguida, lesões vesiculares irrompem em grupos na cabeça, no tronco e em outras regiões.
(c) Várias líderes de torcida do Ensino Médio desenvolveram dor de garganta, febre, linfadenopatia e estavam muito cansadas. Elas compartilharam uma garrafa de água em um jogo de futebol americano 3 semanas antes.
(d) Um receptor de transplante de coração de 57 anos teve um surto de lesões por herpes-vírus simples (HSV), pneumonite por citomegalovírus (CMV) e posteriormente, um linfoma relacionado com o vírus Epstein-Barr (EBV). A resolução do linfoma ocorreu após diminuição da terapia imunossupressora.

1. Quais vírus causam essas doenças?
2. Quais características são similares/diferentes para esses vírus?
3. Como cada uma dessas infecções foi obtida?
4. Quais são os fatores de risco para a doença herpética grave?
5. Quais das infecções podem ser prevenidas por vacinas ou tratadas com medicamentos antivirais?

RESUMOS Microrganismos clinicamente significativos.

HERPES-VÍRUS

Palavras-chave
- HSV-1 e HSV-2: neurotrópico, corpúsculos de inclusão de Cowdry do tipo A, sincícios, vesícula, esfregaço de Tzanck
- VZV: neurotrópico, (V) lesões em todos os estágios ao mesmo tempo, (Z) lesões ao longo de um dermátomo
- EBV: linfotrópico: linfócito B, mononucleose positiva para anticorpo heterófilo, linfoma de Burkitt
- CMV: grandes células e corpúsculos de inclusão (em olhos de coruja), oportunista, mononucleose, doença congênita
- e HHV7: linfotrópico, roséola
- HHV-8: sarcoma de Kaposi, doença relacionada com a AIDS
- Vírus B: macaco, encefalopatia fatal

Biologia, virulência e doença
- Grande, envelopado, capsídio icosadeltaédrico, genoma de DNA
- Codifica a polimerase e outras proteínas (HSV e VZV: timidinoquinase)
- Resposta imune mediada por células essencial para o controle
- Infecções líticas, latentes, recorrentes; EBV e HHV-8 também associados a neoplasias malignas
- HSV: oral/genital, encefalite, ceratoconjuntivite, HSV neonatal; recidivas nas infecções dos neurônios
- VZV: pneumonia em adultos, varicela, zóster; recidivas de neurônios
- EBV: mononucleose heterófilo-positiva, linfomas de células B; recidiva de células B de memória
- CMV: doença oportunista, CMV congênita, retinite; recidiva de monócitos e células-tronco
- HHV-6: roséola
- HHV-8: sarcoma de Kaposi

Epidemiologia
- Vírus onipresentes
- Transmitido por contato direto, líquidos corporais
- VZV transmitido por aerossol e contato direto

Diagnóstico
- Cultura, testes imunológicos (sorologia para EBV), análise por PCR e do genoma

Tratamento, prevenção e controle
- Vacinas para varicela e zóster
- Medicamentos antivirais para HSV, VZV e CMV

CMV, citomegalovírus; *EBV*, vírus Epstein-Barr; *HHV*, herpes-vírus humano; *HSV*, herpes-vírus simples; *PCR*, reação em cadeia da polimerase; *VZV*, vírus varicela-zóster.

Os herpes-vírus são um grupo importante de vírus grandes, envelopados, com ácido desoxirribonucleico (DNA), que apresentam as seguintes características em comum: morfologia do vírion, modo básico de replicação e capacidade de estabelecer infecções latentes e recorrentes. A imunidade celular é importante para causar sintomas e controlar a infecção por esses vírus. Os herpes-vírus codificam proteínas e enzimas que facilitam a replicação e a interação do vírus com o hospedeiro. O EBV e o herpes-vírus humano 8 (HHV-8) estão associados a neoplasias malignas humanas (Boxe 43.1).

Os HHVs são agrupados em três subfamílias com base em diferenças nas características virais (estrutura do genoma, tropismo tecidual, efeito citopatológico e sítio de infecção latente), bem como na patogênese e manifestações clínicas (Tabela 43.1). Os HHVs são HSV tipos 1 e 2 (HSV-1 e HSV-2), VZV, EBV, CMV, HHV-6 e HHV-7 e HHV-8.

As infecções por herpes-vírus são comuns e os vírus, exceto HHV-8, são **onipresentes**. Embora esses vírus geralmente causem doenças benignas, principalmente em crianças, esses patógenos também podem causar morbidez e mortalidade significativa, particularmente em pessoas imunossuprimidas. Felizmente, alguns herpes-vírus codificam alvos para os agentes antivirais e vacinas contra VZV estão disponíveis.

Estrutura dos herpes-vírus

Os herpes-vírus são vírus **grandes e envelopados**, que contêm **DNA de fita dupla**. O vírion tem aproximadamente 150 nm de diâmetro e sua morfologia característica é mostrada na Figura 43.1. O núcleo do DNA é envolto por um **capsídio icosadeltaédrico** contendo 162 capsômeros. Esse capsídio é circundado por um envelope contendo glicoproteínas. Os herpes-vírus codificam várias glicoproteínas para fixação viral, fusão e escape ao controle da resposta imune. Aderidas ao capsídio e no espaço entre o envelope e o capsídio (o **tegumento**) estão as proteínas virais e as enzimas que ajudam a iniciar a replicação. Como os vírus envelopados, os herpes-vírus são sensíveis a ácidos, solventes, detergentes e ressecamento.

Os genomas dos herpes-vírus são lineares, de fita dupla, mas diferem em tamanho e orientação gênica (Figura 43.2). Sequências de repetição diretas ou invertidas agrupam regiões únicas do genoma (longas únicas [U_L, do inglês *unique long*], curtas únicas [U_S, do inglês *unique short*]), possibilitando a circularização e a recombinação dentro do genoma. A recombinação entre repetições invertidas de HSV, CMV e VZV possibilita que grandes porções do genoma invertam a orientação de seus segmentos gênicos U_L e U_S, um em relação ao outro para formar genomas isoméricos.

Replicação do herpes-vírus

A replicação do herpes-vírus é iniciada pela interação de glicoproteínas virais com receptores de superfície celular (ver Figura 36.11). O tropismo de alguns herpes-vírus (p. ex., EBV) é altamente restrito em razão da expressão de seus receptores, que é específica em relação à espécie e aos tecidos. As glicoproteínas virais facilitam a fusão de seu envelope com a membrana plasmática, liberando o nucleocapsídio para o citoplasma. Enzimas e fatores de transcrição são levados para dentro da célula no tegumento do vírion. O nucleocapsídio ancora a membrana nuclear e entrega o genoma para o núcleo, onde é transcrito e replicado.

A transcrição do genoma, assim como a síntese de proteínas do vírus, ocorre de forma coordenada e regulada em três fases:

1. **Proteínas precoces imediatas (α)**, que consistem em proteínas importantes para a regulação da transcrição de genes e aquisição da célula.
2. **Proteínas precoces (β)**, que consistem em mais fatores de transcrição e enzimas, incluindo a DNA polimerase.
3. **Proteínas tardias (γ)**, que consistem principalmente em proteínas estruturais, que são geradas após a replicação do genoma viral ter sido iniciada.

O genoma viral é transcrito pelo ácido ribonucleico (RNA) polimerase dependente de DNA celular e é regulado por fatores nucleares celulares e codificado por vírus. A interação desses fatores determina se irá ocorrer uma infecção lítica, persistente ou latente. Células que promovem a infecção latente transcrevem um conjunto especial de genes virais sem replicação do genoma. *A progressão para a expressão de genes precoces e tardios resulta na produção de vírus e geralmente na morte celular.*

A **DNA polimerase codificada por vírus**, que é um alvo de fármacos antivirais, promove a replicação do genoma viral. As **enzimas de sequestro (*scavenging*) codificadas por vírus** fornecem substratos de desoxirribonucleotídios para a polimerase. Essas e outras enzimas virais facilitam a replicação do vírus em células não cultivadas que carecem de desoxirribonucleotídios e enzimas suficientes para a síntese de DNA viral (p. ex., neurônios). Outras proteínas manipulam a maquinaria celular para otimizar a replicação, inibir as respostas imunitárias e inibir a apoptose ou estabelecer latência.

Boxe 43.1 Características singulares dos herpes-vírus.

- Ter grandes capsídios envelopados, icosadeltaédricos, contendo genomas de DNA de fita dupla.
- Codificam muitas proteínas que manipulam a célula hospedeira e a resposta imune.
- Codificam enzimas (DNA polimerase) que promovem a replicação do DNA viral e são bons alvos para os medicamentos antivirais.
- A replicação do DNA e a montagem do capsídio ocorrem no núcleo.
- O vírus é liberado por exocitose, por lise celular e através de pontes intercelulares.
- Pode causar infecções líticas, persistentes, latentes e (para o vírus Epstein-Barr) imortalizantes.
- Onipresentes.
- A imunidade mediada por células é necessária para o controle.

Tabela 43.1 Propriedades que distinguem os herpes-vírus.

Subfamília	Vírus	Célula-alvo primária	Local de latência	Modos de transmissão
ALPHAHERPESVIRINAE				
HHV-1	Herpes-vírus simples do tipo 1	Células mucoepiteliais	Neurônio	Contato próximo (IST)
HHV-2	Herpes-vírus simples do tipo 2	Células mucoepiteliais	Neurônio	Contato próximo (IST)
HHV-3	Vírus varicela-zóster	Células mucoepiteliais e linfócitos T	Neurônio	Respiratório e contato próximo
GAMMAHERPESVIRINAE				
HHV-4	Vírus Epstein-Barr	Linfócitos B e células epiteliais	Linfócito B de memória	Saliva (doença do beijo)
HHV-8	Vírus relacionado ao sarcoma de Kaposi	Linfócitos e ?	Linfócito B	Contato próximo (sexual), saliva
BETAHERPESVIRINAE				
HHV-5	Citomegalovírus	Macrófagos, linfócitos, células epiteliais e ?	HPC, célula-tronco mieloide, monócito	Contato próximo (IST), transfusões, transplante de tecido e congênita
HHV-6	HHV-6	Linfócitos T, células epiteliais, células neuronais	HPC, linfócito T	Saliva
HHV-7	HHV-7	Como HHV-6	HPC e linfócito T	Saliva

HHV, herpes-vírus humano; *HPC*, células progenitoras hematopoéticas; *IST*, infecção sexualmente transmissível; *?*, indica que outras células também podem ser o alvo primário ou o sítio de latência.

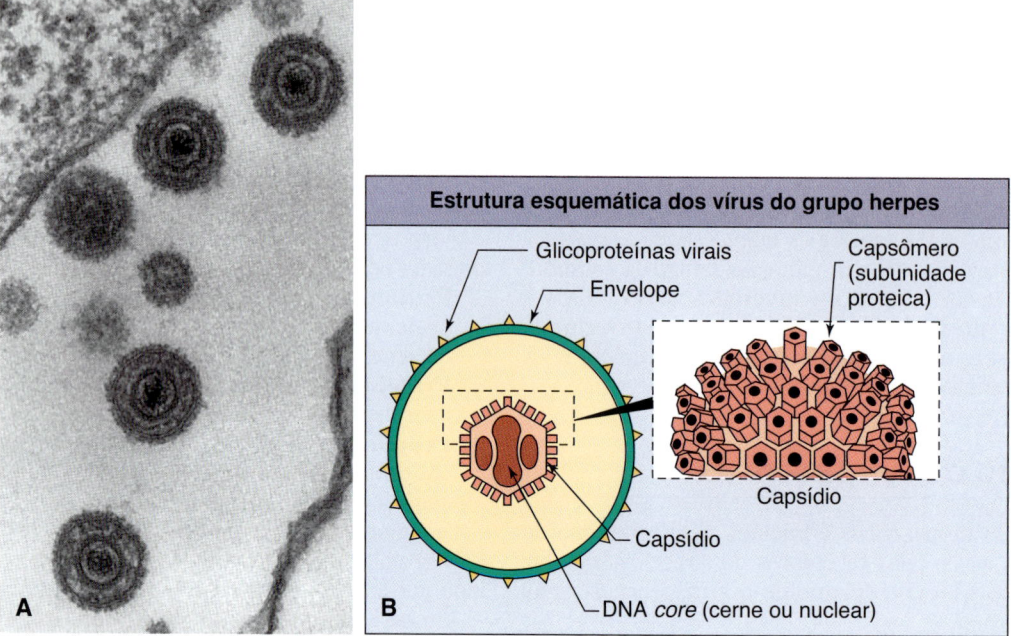

Figura 43.1 A. Micrografia eletrônica e **B.** estrutura geral dos herpes-vírus. O genoma de DNA do herpes-vírus no cerne é envolto por um capsídio icosadeltaédrico e um envelope. As glicoproteínas estão inseridas no envelope. (**A**, De Cohen, J., Powderly, W.G., Opal, S.M., 2010. Infectious Diseases, third ed. Mosby, Philadelphia, PA.)

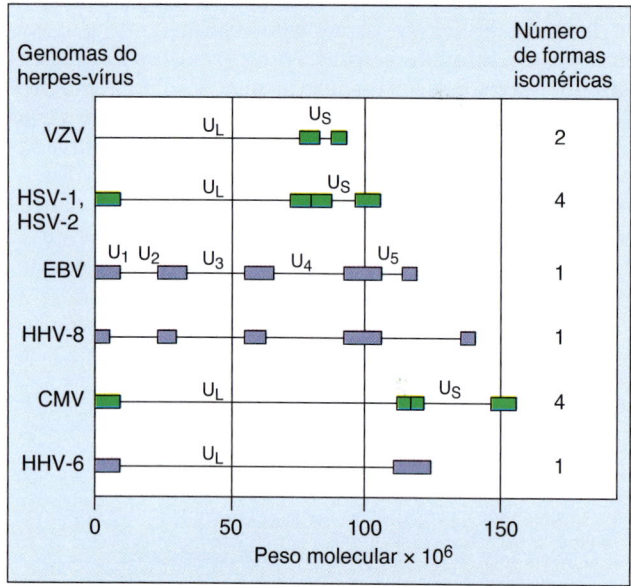

Figura 43.2 Genomas dos herpes-vírus. Os genomas dos herpes-vírus são formados por DNA de fita dupla. O comprimento e a complexidade do genoma diferem para cada um dos vírus. Repetições invertidas no herpes-vírus simples *(HSV)*, vírus varicela-zóster *(VZV)* e no citomegalovírus *(CMV)* permitem a recombinação do genoma entre si para formar isômeros. Grandes sequências genéticas repetitivas são empacotadas. Os genomas de HSV e CMV têm duas seções, a longa única (U_L) e a curta única (U_S), cada uma das quais é agrupada em dois conjuntos de repetições invertidas de DNA. As repetições invertidas facilitam a replicação do genoma e também permitem que as regiões UL e US invertam independentemente um do outro para produzir quatro configurações genômicas distintas ou isômeros. O VZV tem apenas um conjunto de repetições invertidas e pode formar dois isômeros. O vírus Epstein-Barr *(EBV)* existe em apenas uma configuração, com várias regiões únicas envoltas por repetições diretas. As *barras azuis* indicam sequências de DNA repetidas diretas; as barras verdes indicam sequências de DNA repetidas invertidas. *HHV-6*, herpes-vírus humano 6; *HHV-8*, herpes-vírus humano 8.

A montagem dos pró-capsídios vazios ocorre no núcleo, onde eles são preenchidos com DNA, brotam dentro e fora do retículo endoplasmático (RE), adquirem proteínas associadas ao tegumento e brotam na membrana de Golgi para adquirir seu envelope, e saem da célula por exocitose ou por lise da célula. Transcrição, síntese de proteínas, processamento de glicoproteínas e liberação por exocitose a partir da célula são realizados por maquinaria celular. Durante a replicação, os herpes-vírus interrompem os processos celulares, degradam o DNA celular e alteram o citoesqueleto das células. A replicação do HSV é discutida em mais detalhes como o protótipo do herpes-vírus.

Herpes-vírus simples

O nome *herpes* é derivado de uma palavra grega que significa "rastejar ou serpentear". Os herpes labiais foram descritos na Antiguidade e sua etiologia viral foi estabelecida em 1919.

Os dois tipos de HSV, HSV-1 e HSV-2, compartilham muitas características, incluindo a homologia do DNA, determinantes antigênicos, tropismo tecidual e sinais de doença. No entanto, ainda podem ser discriminados por diferenças sutis, mas significativas nessas propriedades.

PROTEÍNAS DO HERPES-VÍRUS SIMPLES

O genoma do HSV é suficientemente grande para codificar aproximadamente 80 proteínas. Apenas metade das proteínas é necessária para a replicação viral; as outras facilitam a interação do HSV com diferentes células hospedeiras e a resposta imune. O genoma de HSV codifica enzimas que incluem uma DNA polimerase dependente de DNA e enzimas sequestradoras (*scavenging*), como a desoxirribonuclease, timidinoquinase, ribonucleotídio redutase e protease. O ribonucleotídio redutase converte os ribonucleotídios a desoxirribonucleotídios, enquanto a timidinoquinase fosforila os desoxirribonucleosídios para fornecer substratos para replicação do genoma viral. As especificidades do substrato dessas enzimas e a DNA polimerase são menos seletivas do que as de seus análogos celulares e assim representam alvos potencialmente bons para quimioterapia antiviral.

O HSV codifica pelo menos dez glicoproteínas que servem como proteínas de fixação viral (gB, gC, gD, gE/gI), proteínas de fusão (gB, gH/gL), proteínas estruturais, proteínas de escape imunológico (gC, gE, gI), além de fornecer outras funções.

REPLICAÇÃO

O HSV consegue infectar a maioria dos tipos de células humanas e até mesmo células de outras espécies. O vírus geralmente causa infecções líticas de fibroblastos e células epiteliais e infecções latentes de neurônios (ver Figura 36.11 para o diagrama).

O HSV-1 se liga rápida e eficientemente às células via interação inicial com o sulfato de heparana, que é uma proteoglicana encontrada fora de muitos tipos de células e então por meio de uma interação mais estreita com as proteínas receptoras na superfície celular. A penetração na célula exige interação com a nectina-1 (mediadora C de entrada do herpes-vírus), que é uma molécula de adesão intercelular e que é um membro da família da proteína imunoglobulina e similar ao receptor do poliovírus. A nectina-1 é encontrada na maioria das células e neurônios. Outro receptor é o HveA, que é um membro da família do receptor do fator de necrose tumoral expresso em linfócitos T ativados, neurônios e outras células. O HSV consegue penetrar na célula hospedeira por fusão de seu envelope com a membrana da superfície da célula. Na fusão, o vírion libera seu capsídio para o citoplasma, juntamente com uma proteína que promove a iniciação da transcrição do gene viral, uma proteinoquinase codificada pelo vírus e proteínas citotóxicas. O capsídio ancora um poro e transporta o genoma ao núcleo.

Os **produtos de genes precoces imediatos** incluem as proteínas de ligação ao DNA que estimulam a síntese de DNA e promovem a transcrição dos genes virais precoces. Durante uma infecção latente dos neurônios, a única região do genoma a ser transcrita gera os **transcritos associados à latência** (**LATs**, do inglês *latency-associated transcripts*). Esses RNAs não são traduzidos em proteínas, mas codificam micro-RNAs que inibem a expressão de importantes genes precoces imediatos e outros genes.

As **proteínas precoces** incluem o DNA polimerase dependente do DNA e uma timidinoquinase. Como as proteínas catalíticas, relativamente poucas cópias dessas enzimas são necessárias para promover a replicação. Outras proteínas precoces inibem a produção e iniciam a degradação do RNA mensageiro (mRNA) celular e do DNA. A expressão dos genes precoces e tardios geralmente leva à morte celular.

O genoma é replicado assim que a polimerase é sintetizada. Formas circulares concateméricas de ponta a ponta do genoma são produzidas inicialmente. Posteriormente na infecção, o DNA é replicado por um mecanismo de círculo rolante para produzir uma fita linear de genomas que, em teoria, são semelhantes a um rolo de papel higiênico. Os concatâmeros são clivados em genomas individuais à medida que o DNA é sugado para um pró-capsídio.

A replicação do genoma desencadeia a transcrição dos genes tardios a partir dos quais são codificadas as proteínas estruturais e outras proteínas. Muitas cópias das proteínas estruturais são necessárias. As proteínas do capsídio são então transportadas para o núcleo, onde são montadas nos pró-capsídios vazios e preenchidos com o DNA. Os capsídios contendo DNA associam-se às membranas nucleares interrompidas por proteínas virais e brotam dentro e depois fora do RE para o citoplasma. As glicoproteínas virais são sintetizadas e processadas como glicoproteínas celulares. As proteínas do tegumento associam-se ao capsídio viral no citoplasma e depois o capsídio brota em uma porção da rede trans-Golgi para adquirir seu envelope contendo glicoproteínas. O vírus é liberado por exocitose ou lise celular. O vírus também pode se espalhar entre as células através de pontes intracelulares, o que permite ao vírus escapar da detecção pelo anticorpo. A formação de sincícios induzida por vírus também causa a propagação da infecção.

A infecção dos neurônios pelo HSV pode resultar na replicação do vírus ou estabelecimento de latência, dependendo de quais genes virais o neurônio é capaz de transcrever. A transcrição de LAT e de nenhum outro gene viral resultará em latência. Quanto a outros alfa-herpes-vírus, o HSV codifica uma timidinoquinase (enzima sequestradora) para facilitar a replicação em células não replicativas, como os neurônios. O HSV também codifica a ICP34.5, que é uma proteína exclusiva do HSV, apresenta múltiplas funções para facilitar o crescimento dos vírus em neurônios e a doença neuroinvasiva. A ICP34.5 remove o bloqueio para a síntese de proteínas ativada em resposta à infecção pelo vírus ou como parte da resposta antiviral de interferonas do tipo 1, inibe a autofagia e promove a liberação de capsídios do núcleo e do vírus em junções intercelulares.

PATOGÊNESE E IMUNIDADE

Os mecanismos envolvidos na patogênese do HSV-1 e HSV-2 são muito semelhantes (Boxe 43.2). Ambos os vírus inicialmente infectam, replicam em células mucoepiteliais, causam doenças no local da infecção e então estabelecem infecção latente dos neurônios de inervação. HSV-1 e HSV-2 diferem nas características de crescimento e antigenicidade, sendo que o HSV-1 tem um maior potencial para causar encefalite, enquanto o HSV-2 tem um maior potencial para causar viremia com sintomas gripais sistêmicos.

O HSV pode causar infecções **líticas** na maioria das células e infecção **latente** de neurônios. A citólise geralmente resulta da inibição da síntese macromolecular celular induzida por

---

Boxe 43.2 Mecanismos patológicos do herpes-vírus simples.

- A doença é iniciada pelo contato direto e depende do tecido infectado (p. ex., oral, genital, cerebral).
- O vírus causa efeitos citopatológicos (ECP) diretos.
- O vírus evita os anticorpos por disseminação célula-célula e formação de sincícios.
- O vírus se torna latente nos neurônios (evasão da resposta imune).
- O vírus é reativado da latência por estresse, luz ultravioleta B ou imunossupressão.
- A imunidade celular é necessária para a resolução, com um papel limitado do anticorpo.
- Os efeitos imunopatológicos mediados por células contribuem para os sintomas.

vírus, da degradação do DNA da célula hospedeira, da permeabilidade da membrana, ruptura do citoesqueleto e senescência da célula. Ocorrem mudanças visíveis na estrutura nuclear e marginação da cromatina, além da produção de **corpúsculos de inclusão acidófilos intranucleares de Cowdry do tipo A**. Muitas cepas de HSV também iniciam a formação de **sincícios**. Na cultura de tecidos, o HSV mata rapidamente as células, fazendo com que elas tenham aspecto arredondado.

O HSV inicia a infecção através das mucosas ou de soluções de continuidade na pele. O vírus realiza a replicação celular na base da lesão e infecta o neurônio de inervação, viajando por transporte retrógrado até o gânglio (os gânglios do nervo trigêmeo para o HSV oral e os gânglios sacrais para o HSV genital) (ver Figura 43.5) para estabelecer infecção latente. Os linfócitos T CD8 e a interferona (IFN)-γ são importantes para manter a latência do HSV e de outros herpes-vírus. Na reativação, o vírus então retorna ao local inicial de infecção e esta pode ser inaparente ou pode produzir **lesões vesiculares**. O líquido vesicular contém víruons infecciosos. O dano tecidual é causado por uma combinação de patologia viral e imunopatologia. A lesão geralmente cura sem produzir cicatriz (fibrose).

Proteções inatas, incluindo interferona e células *natural killer* (NK), podem ser suficientes para limitar a progressão inicial da infecção. As *respostas de linfócitos T CD8 citotóxicos e associados a linfócitos T helper 1 (TH1) são necessárias para matar as células infectadas e resolver doenças agudas*. Os efeitos imunopatológicos das respostas inflamatórias e mediadas por células também são a causa principal dos sinais de doença. O anticorpo direcionado contra as glicoproteínas do vírus neutraliza o vírus extracelular, limitando sua propagação, mas não é suficiente para resolver a infecção. Na ausência de imunidade celular funcional, é provável que a infecção por HSV se repita e seja mais grave, e pode se disseminar para os órgãos vitais e para o cérebro.

O HSV tem várias formas de escapar das respostas protetoras do hospedeiro. O vírus bloqueia a inibição da síntese proteica viral induzida por interferona e codifica uma proteína para conectar o transportador associado ao canal de processamento (TAP), evitando o transporte de peptídeos no ER, que bloqueia sua associação às moléculas do complexo de histocompatibilidade principal classe I (MHC I) e impede o reconhecimento das células infectadas por linfócitos T CD8. O vírus pode escapar da neutralização por anticorpos e eliminação por propagação direta de célula a célula e formação de sincícios, assim como se escondendo durante a infecção latente do neurônio. Além disso, o vírion e as células infectadas por vírus expressam glicoproteínas, que são receptores de anticorpos (Fc) (gE/gI) e do complemento (gC) que enfraquecem essas defesas humorais.

A infecção latente ocorre em neurônios e resulta em danos indetectáveis. A **recorrência** pode ser ativada por vários estímulos (p. ex., estresse, trauma, febre, luz solar [ultravioleta B]) (Boxe 43.3). Esses eventos desencadeiam a replicação do vírus em uma célula nervosa individual dentro do feixe e permitem ao vírus percorrer de volta ao nervo para causar lesões que se desenvolvem no mesmo dermátomo e localização de cada vez. O estresse desencadeia a reativação, promovendo a replicação do vírus no nervo, por meio de uma imunidade celular transitoriamente supressora ou induzindo ambos os processos. O vírus pode ser reativado apesar da presença de anticorpos. No entanto,

---

Boxe 43.3 Fatores desencadeadores de recorrência de herpes-vírus simples.

Radiação ultravioleta B (esqui, bronzeamento)
Febre
Tensão emocional (p. ex., exames finais, grandes datas)
Estresse físico (irritação)
Menstruação
Alimentos: picantes, ácidos, alergias
Imunossupressão:
   Transitória (relacionada com o estresse)
   Quimioterapia, radioterapia
   Vírus da imunodeficiência humana

---

infecções recorrentes geralmente são menos graves, mais localizadas e de menor duração do que os episódios primários em razão da natureza da propagação e da existência de respostas imunes de memória.

EPIDEMIOLOGIA

A infecção por HSV é comum com mais de 700 mil novas infecções por HSV-1 e HSV-2 nos EUA por ano. Como o HSV pode estabelecer latência com o potencial de recidiva assintomática, a pessoa infectada é uma fonte contínua de contágio (Boxe 43.4). O HSV é transmitido em secreções e por contato próximo. Como é um vírus envelopado, o HSV é muito lábil e é prontamente inativado por ressecamento, detergentes e condições do sistema digestório. Embora o HSV possa infectar células animais, a infecção por HSV é exclusivamente uma doença humana.

O HSV é transmitido em líquido vesicular, saliva e secreções vaginais (a **"mistura e combinação de mucosas"**). O local da infecção e, portanto, da doença, é determinado principalmente por quais mucosas são misturadas. *Ambos os tipos de HSV podem causar lesões orais e genitais*.

O HSV-1 é facilmente disseminado por contato oral (beijo) ou por compartilhamento de copos, escovas de dente ou outros itens contaminados com saliva. O HSV-1 pode infectar os dedos das mãos ou o corpo em decorrência de um corte ou abrasão da pele. O HSV-1 também é a principal causa de herpes genital e faríngeo. A autoinoculação pode inclusive causar infecção nos olhos ou nos dedos.

O HSV-2 é disseminado principalmente por contato sexual ou autoinoculação ou de uma gestante infectada para o feto durante o parto. Dependendo das práticas sexuais e de higiene de uma pessoa, o HSV-2 pode infectar os órgãos genitais, os tecidos anorretais ou a orofaringe. HSV-1 e HSV-2 podem causar infecção genital primária sintomática ou assintomática ou mesmo recidivas.

A infecção neonatal geralmente resulta da excreção de HSV-2 do colo uterino durante o parto vaginal (Caso Clínico 43.1), mas pode ocorrer via infecção ascendente adquirida no útero durante uma infecção primária da mãe ou infecção logo após o nascimento. A infecção neonatal resulta em doença disseminada e neurológica com graves consequências.

A infecção inicial por HSV-2 ocorre mais tarde na vida do que aquela em decorrência do HSV-1 e se correlaciona com o aumento da atividade sexual. As estatísticas atuais indicam que 20% dos adultos nos EUA estão infectados com HSV-2, o que equivale a aproximadamente 65 milhões de pessoas.

> **Boxe 43.4** Epidemiologia das infecções pelo HSV.
>
> **Doença/fatores virais**
>
> O vírus causa infecções por toda a vida.
> A doença recorrente é uma fonte de contágio.
> O vírus pode causar excreção assintomática.
>
> **Transmissão**
>
> O vírus é transmitido em saliva, secreções vaginais e por contato com líquido de lesão (mistura e combinação de membranas mucosas).
> O vírus é transmitido por via oral e sexual e por colocação nos olhos e ruptura da pele.
> O HSV-1 é geralmente transmitido por via oral; o HSV-2 é geralmente transmitido sexualmente, mas não exclusivamente.
>
> **Quem corre risco?**
>
> Crianças e pessoas sexualmente ativas correm risco de contrair doenças primárias por HSV-1 e HSV-2, respectivamente.
> Médicos, enfermeiros, dentistas e outros profissionais de saúde em contato com secreções orais e genitais correm risco de infecções dos dedos das mãos (panarício herpético).
> Indivíduos imunocomprometidos e recém-nascidos correm risco de doença disseminada potencialmente fatal.
>
> **Geografia/sazonalidade**
>
> O vírus é encontrado mundialmente.
> Não há incidência sazonal.
>
> **Modos de controle**
>
> Os medicamentos antivirais estão disponíveis para tratamento e profilaxia.
> Nenhuma vacina está disponível.
> Os profissionais da saúde devem usar luvas para evitar o panarício herpético.
> As pessoas com lesões genitais ativas devem se abster de ter relações sexuais até que as lesões sejam completamente re-epitelizadas.

> **Caso Clínico 43.1** Herpes-vírus simples neonatal
>
> Parvey e Ch'ien (*Pediatrics* 65:1150–1153, 1980) relataram um caso de HSV neonatal contraído no parto. Durante a apresentação pélvica, foi colocado um monitor fetal nas nádegas do feto e, em razão do trabalho de parto prolongado, foi realizada cesariana. O recém-nascido de 2,27 kg teve pequenas dificuldades que foram tratadas com sucesso, mas no sexto dia, vesículas com uma base eritematosa apareceram no local em que o monitor fetal tinha sido colocado. O HSV foi cultivado a partir do líquido vesicular e do líquido cerebrospinal, córnea, saliva e sangue. O recém-nascido tornou-se moribundo, com frequentes episódios de apneia e convulsões. O tratamento intravenoso com adenosina arabinosídeo foi iniciado. O recém-nascido também desenvolveu bradicardia e vômitos ocasionais. As vesículas se espalharam para os membros inferiores e também estavam no dorso, nas palmas, nas narinas e na pálpebra direita. Em 72 horas de tratamento com adenosina arabinosídeo, a condição do recém-nascido começou a melhorar. O tratamento foi continuado por 11 dias, mas foi descontinuado em razão de baixa contagem de plaquetas. O paciente teve alta no 45º dia após seu nascimento e desenvolvimento normal foi relatado entre 1 e 2 anos de idade. Com 6 semanas após o nascimento, uma lesão herpética foi encontrada na vulva da mãe. Esse recém-nascido foi tratado com sucesso com adenosina arabinosídeo e conseguiu superar os danos causados pela infecção. O vírus, mais provavelmente HSV-2, foi provavelmente contraído em decorrência de abrasão causada pelo monitor fetal enquanto o feto estava no canal do parto. Desde então, o tratamento com adenosina arabinosídeo foi substituído por fármacos antivirais que são melhores, menos tóxicos e mais fáceis de administrar, como o aciclovir, o valaciclovir e o fanciclovir.
>
> *HSV*, herpes-vírus simples.

SÍNDROMES CLÍNICAS

O HSV-1 e o HSV-2 são patógenos humanos comuns que podem causar lesões dolorosas, mas geralmente benignas e doença recorrente (Figura 43.3). As mesmas doenças podem ser causadas tanto por HSV-1 ou HSV-2, a menos que observado. *O HSV pode causar morbidade e mortalidade na infecção ocular ou cerebral e na disseminação da infecção de um indivíduo imunossuprimido ou de um neonato.* Na manifestação clássica, a lesão é uma vesícula clara sobre uma base eritematosa ("gota de orvalho sobre uma pétala de rosa") e depois evolui para lesões pustulares, úlceras e lesões crostosas (Figura 43.4).

As lesões de herpes oral, herpes labial ou gengivostomatite, começam como vesículas claras que ulceram rapidamente. As vesículas geralmente estão na borda avermelhada dos lábios, mas podem estar amplamente distribuídas ao redor ou ao longo da boca, envolvendo o paladar, faringe, gengiva, mucosa bucal e língua (Figura 43.5). Muitas outras condições (p. ex., lesões por vírus Coxsackie, aftas, acne) podem se assemelhar às lesões por HSV.

As pessoas infectadas podem apresentar infecção mucocutânea recorrente causada por HSV (herpes labial) (Figura 43.6) apesar de nunca terem tido uma infecção primária clinicamente aparente. As lesões geralmente ocorrem nos cantos da boca ou próximo aos lábios. Infecções recorrentes por herpes facial geralmente são reativadas a partir dos gânglios trigeminais. Como já foi mencionado, os sintomas de um episódio recorrente são menos graves, mais localizados e de menor duração do que aqueles de um episódio primário. A **faringite herpética** está se tornando um diagnóstico prevalente em adultos jovens com dores de garganta.

A **ceratite herpética** é quase sempre limitada a um olho. Pode causar doenças recorrentes, levando a cicatrizes permanentes, danos na córnea e cegueira. Respostas imunes TH17 são importantes para o controle, mas contribuem para a patogênese de infecções oculares.

O **panarício herpético** é uma infecção do dedo da mão e o **herpes do gladiador** é uma infecção do corpo. O vírus estabelece infecção através de cortes ou abrasões na pele. O panarício herpético frequentemente ocorre em enfermeiras ou médicos que atendem pacientes com infecções por HSV, em crianças que chupam o polegar (Figura 43.7) e em pessoas com infecções por HSV genital. O herpes do gladiador é frequentemente adquirido durante a luta livre ou o rúgbi.

O **eczema herpético** é adquirido por crianças com eczema ativo. A doença de base promove a propagação da infecção ao longo da pele e potencialmente para as glândulas suprarrenais, fígado e outros órgãos.

O **herpes genital** pode ser causado por HSV-1 ou HSV-2. Nos homens, as lesões geralmente se desenvolvem na glande ou na haste do pênis e, ocasionalmente, na uretra. Nas mulheres, as lesões podem ser observadas na vulva, na vagina, no colo uterino, na área perianal ou na face interna da coxa e são

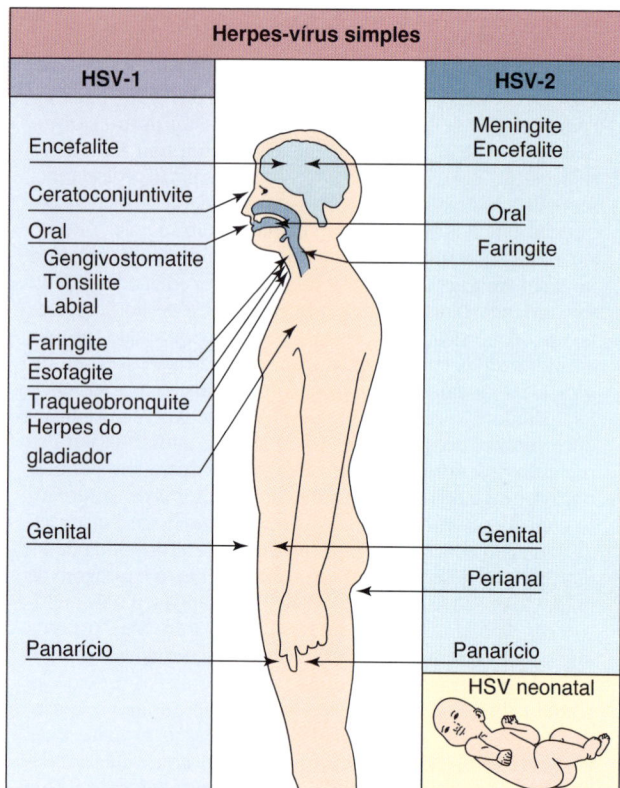

Figura 43.3 Síndromes de doenças causadas por herpes-vírus simples (HSV). HSV-1 e HSV-2 podem infectar os mesmos tecidos e causam doenças semelhantes, mas têm predileção pelos sítios e doenças indicadas.

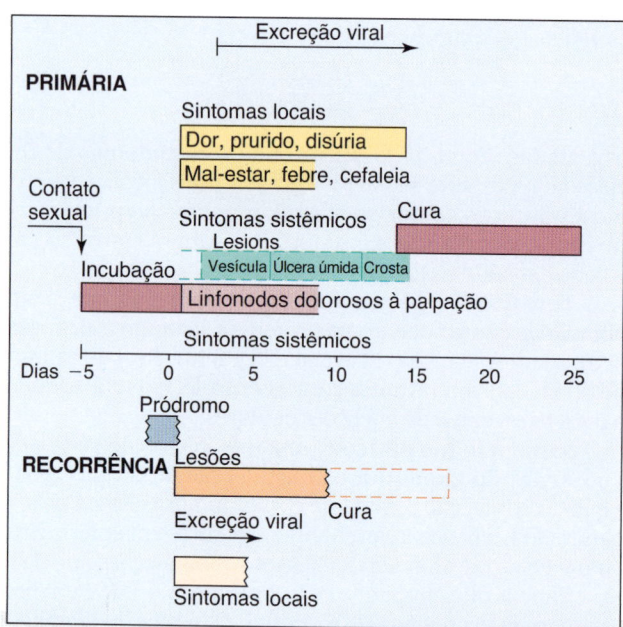

Figura 43.4 Evolução clínica da infecção genital por herpes-vírus. A evolução temporal e os sinais/sintomas de infecção genital primária e recorrente pelo herpes-vírus simples do tipo 2 (HSV-2) são comparados. *Parte superior*, infecção primária; *parte inferior*, doença recorrente. (Dados de Corey, L., Adams, H.G., Brown, Z.A., et al., 1983. Genital herpes simplex virus infection: clinical manifestations, course and complications. Ann. Intern. Med. 98, 958–972.)

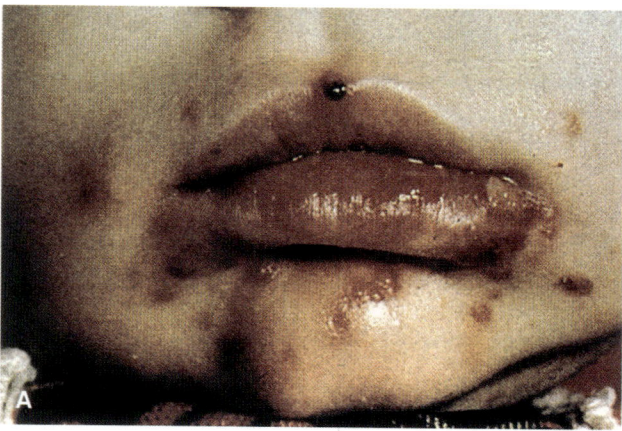

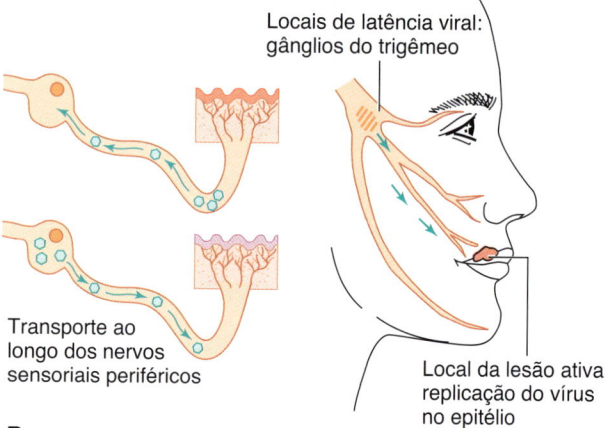

Figura 43.5 A. Gengivostomatite primária causada por herpes-vírus. **B.** O herpes-vírus simples estabelece infecção latente e pode causar recidiva a partir dos gânglios do nervo trigêmeo. (A, De Hart, C.A., Broadhead, R.L., 1992. A Color Atlas of Pediatric Infectious Diseases. Wolfe, London, UK. B, Modificada de Straus, S.E., 1993. Herpes simplex virus and its relatives. In: Schaechter, M., Eisenstein, B.I., Medoff, G. (Eds.), Mechanisms of Microbial Disease, second ed. Williams & Wilkins, Baltimore, MD.)

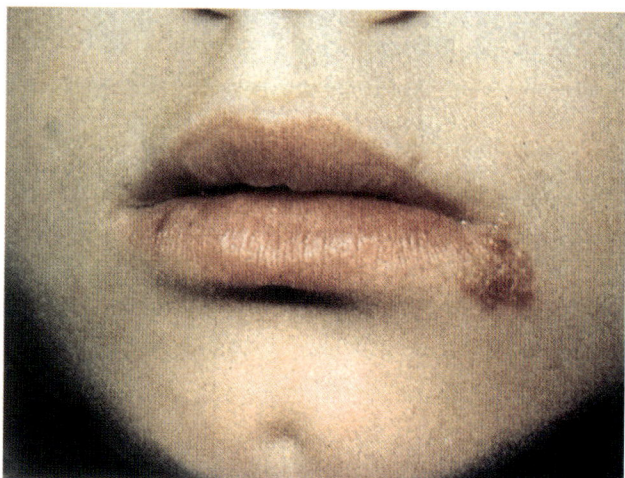

Figura 43.6 Herpes labial recorrente. É menos grave do que aquela observada na doença primária. (De Hart, C.A., Broadhead, R.L., 1992. A Color Atlas of Pediatric Infectious Diseases. Wolfe, London, UK.)

frequentemente acompanhadas por prurido e secreção vaginal mucoide. O sexo anal pode levar à proctite por HSV, que é uma condição na qual as lesões são encontradas na porção inferior do reto e no ânus. As lesões geralmente são dolorosas. Em homens e mulheres, a infecção pode ser acompanhada de febre, mal-estar e mialgia, que são sinais/sintomas relacionados

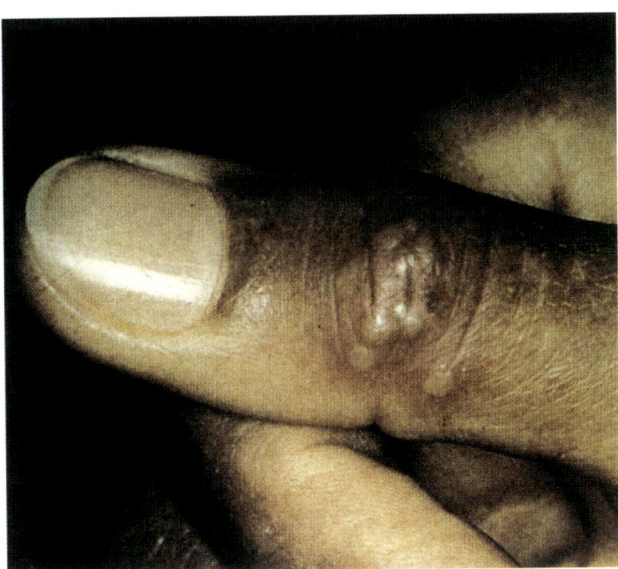

Figura 43.7 Panarício herpético. (De Emond, R.T.D., Rowland, H.A.K., 1995. A Color Atlas of Infectious Diseases, third ed. Mosby, London, UK.)

com a viremia transitória. Os sintomas e a evolução temporal do herpes genital primário e recorrente são comparados na Figura 43.4.

A doença recorrente por HSV é de menor duração e menos grave do que o episódio principal. Em aproximadamente 50% dos pacientes, as recidivas são precedidas por um pródromo característico de queimaduras ou formigamentos na área em que as lesões eventualmente irrompem. Episódios de recidiva podem ser tão frequentes quanto a cada 2 a 3 semanas ou pode ser pouco frequente. Infelizmente, qualquer pessoa infectada pode eliminar o vírus de forma assintomática. Esses indivíduos são vetores importantes para a propagação desse vírus.

A **encefalite herpética** é geralmente causada pelo HSV-1. As lesões são geralmente limitadas a um dos lobos temporais. A patologia viral e a imunopatologia causam destruição do lobo temporal e dão origem a eritrócitos no líquido cefalorraquidiano, convulsões, anormalidades neurológicas focais e outras características da encefalite viral. O HSV é a causa viral mais comum de encefalite esporádica e resulta em morbidez e mortalidade significativas, mesmo em pacientes que recebem tratamento adequado. Ao contrário da encefalite causada por arbovírus, a doença ocorre em todas as idades e em qualquer época do ano. A **meningite por HSV** pode ser uma complicação da infecção genital por HSV-2 e, caso ocorra, os sintomas frequentemente apresentam resolução espontânea.

A **infecção por HSV no recém-nascido (herpes neonatal)** é uma doença devastadora e muitas vezes fatal. Ela pode ser adquirida no útero, mas com mais frequência é contraída durante a passagem do feto pelo canal vaginal (possivelmente no local de monitoramento do escalpe do feto), porque a mãe está excretando o herpes-vírus no momento do parto, ou é adquirido após o parto de membros da família ou de profissionais de saúde do ambiente hospitalar. O recém-nascido inicialmente parece séptico e podem ou não existir lesões vesiculares. A resposta imune mediada por células ainda não se desenvolveu no neonato, possibilitando a disseminação do HSV para o fígado, os pulmões e outros órgãos, bem como ao sistema nervoso central (SNC). A progressão da infecção para o SNC resulta em morte, retardo mental ou incapacidade neurológica, mesmo com tratamento.

DIAGNÓSTICO LABORATORIAL

Análise direta de uma amostra clínica

Os efeitos citopatológicos (ECPs) característicos podem ser identificados em um **esfregaço de Tzanck** (raspagem da base de uma lesão), esfregaço de Papanicolaou (exame de Papanicolaou) ou amostra de biopsia (Tabela 43.2). Os ECPs incluem sincícios, citoplasma baloniforme (em forma de balão) ou globoso e inclusões intranucleares de Cowdry tipo A (ver Figura 39.2). O diagnóstico definitivo pode ser feito por demonstração de antígeno viral (usando o método de imunofluorescência ou imunoperoxidase) ou DNA (utilizando hibridização in situ ou PCR) na amostra de tecido ou líquido vesicular.

Isolamento do vírus

O isolamento do vírus possibilita o armazenamento e testes adicionais. O vírus pode ser obtido a partir de vesículas, mas não de lesões crostosas. Os espécimes são coletados por aspiração do fluido da lesão ou por aplicação de um *swab* de algodão nas vesículas e mantidos em refrigeração, mas não congelados a -20°C. A amostra é inoculada diretamente em culturas celulares.

O HSV produz ECPs no decorrer de 1 a 3 dias em células HeLa, fibroblastos embrionários humanos e outras células. Células infectadas tornam-se aumentadas e arredondadas (ver Figura 39.4). Alguns vírus isolados induzem fusão de células vizinhas, dando origem a células gigantes multinucleadas (sincícios). Uma abordagem sensível para a identificação utiliza uma linhagem celular que expressa β-galactosidase na infecção de células por HSV (sistema enzimático de indução do vírus [ELVIS]). A adição do substrato apropriado produz cor e permite a detecção da enzima nas células infectadas.

Detecção do genoma

As sondas de DNA específicas do tipo de HSV, iniciadores de DNA específicos para a PCR e a PCR quantitativa são utilizados para detectar e diferenciar HSV-1 e HSV-2. A **análise por PCR** da amostra clínica ou de meios de cultura de tecidos infectados tornou-se o método de escolha para detecção e distinção de HSV-1 e HSV-2 na maioria dos pacientes.

Tabela 43.2 Diagnóstico laboratorial de infecções por HSV.

Abordagem	Teste/Comentário
Exame microscópico direto de células da base da lesão (esfregaço de Tzanck)	Células gigantes multinucleadas e corpúsculos de inclusão de Cowdry do tipo A em células
Cultura celular	Efeito citopatológico identificável na maioria das culturas celulares
Ensaios realizados a partir de biopsia tecidual, esfregaço, líquido cefalorraquidiano ou fluido vesicular para detecção de antígeno ou análise do genoma	Imunoensaio enzimático, coloração imunofluorescente, análise in situ com sonda de DNA ou PCR[a]
Distinção do tipo de HSV (HSV-1 *versus* HSV-2)	Anticorpo tipo-específico, análise com sonda de DNA e PCR
Sorologia	A sorologia não é útil, exceto para propósitos epidemiológicos

HSV, herpes-vírus simples; *PCR*, reação em cadeia da polimerase.
[a]Abordagens atualmente preferidas

Sorologia

Os procedimentos sorológicos são úteis apenas para o diagnóstico de uma infecção primária por HSV e para estudos epidemiológicos. Não tem utilidade para o diagnóstico de doenças recorrentes, porque um aumento significativo dos títulos de anticorpos geralmente não acompanha a doença recorrente.

TRATAMENTO, PREVENÇÃO E CONTROLE

O HSV codifica várias enzimas-alvo para fármacos antivirais (Boxe 43.5) (ver Capítulo 40). A maioria dos medicamentos usados contra os herpes-vírus consiste em análogos de nucleosídio que são ativados pela timidinoquinase viral e inibem a DNA polimerase viral, uma enzima essencial para a replicação viral e o melhor alvo para os medicamentos antivirais. O tratamento evita ou encurta a evolução da doença primária ou recorrente. Nenhum dos tratamentos medicamentosos consegue eliminar a infecção latente.

O protótipo do medicamento anti-HSV é o **aciclovir (ACV)**. O **valaciclovir** (o éster valil do ACV), **penciclovir** e **fanciclovir** (um derivado do penciclovir) estão relacionados com o ACV em seus mecanismos de ação, mas apresentam propriedades farmacológicas diferentes (ver Figura 40.1).

A fosforilação do ACV e penciclovir pela **timidinoquinase** viral e as enzimas celulares ativam o fármaco como um substrato para a **DNA polimerase** viral. Estes antivirais são então incorporados e **impedem o alongamento do DNA viral** (ver Figura 40.2). O ACV, valaciclovir, penciclovir e fanciclovir são relativamente não tóxicos e eficazes no tratamento de manifestações graves da doença causada por HSV e dos primeiros episódios de herpes genital e também são utilizados para o tratamento profilático.

Boxe 43.5 Tratamentos antivirais aprovados pela U.S. Food and Drug Administration para infecções causadas por herpes-vírus.

Herpes simples 1 e 2

Aciclovir
Penciclovir
Valaciclovir
Fanciclovir
Trifluridina

Vírus varicela-zóster

Aciclovir
Fanciclovir
Valaciclovir
Imunoglobulina antivaricela-zóster
Plasma imune antizóster
Vacina de subunidade viva ou com adjuvante

Vírus Epstein-Barr

Nenhum

Citomegalovírus

Ganciclovir[a]
Valganciclovir[a]
Foscarnet[a]
Cidofovir[a]

[a]Também inibe os herpes-vírus simples e varicela-zóster.

A forma prevalente de resistência a esses medicamentos resulta de mutações que inativam a timidinoquinase, impedindo a conversão do fármaco para sua forma ativa. A mutação da DNA polimerase viral também produz resistência. Felizmente, as cepas resistentes parecem ser menos virulentas.

O VCA e seus análogos são efetivos contra todas as infecções pelo HSV, incluindo encefalite, herpes disseminado e outras doenças herpéticas graves. O fato de que não é tóxico para células não infectadas permite o seu uso e de seus análogos como uma terapia supressora para evitar surtos recorrentes, principalmente em indivíduos imunossuprimidos. Um episódio recorrente pode ser prevenido se for tratado antes ou logo após o evento desencadeador. A replicação do HSV pode ser inibida, mas o tratamento não pode resolver a infecção latente por HSV.

Embora o cidofovir e o adefovir sejam ativos contra HSV, o cidofovir é aprovado pela FDA apenas para o tratamento de CMV. A vidarabina (adenosina arabinosídeo [Ara A]) é menos solúvel, menos potente e mais tóxica que o ACV e não está mais em uso. Trifluridina, penciclovir e ACV substituíram a iododeoxiuridina como agentes tópicos para o tratamento de ceratite herpética. Tromantadina, um derivado da amantadina, é aprovada para uso tópico em outros países que não os EUA. Ela funciona inibindo a penetração e formação de sincícios. O docosanol inibe a entrada do vírus e outros tratamentos sem prescrição médica podem ser eficazes para indivíduos específicos.

A prevenção do contato direto com lesões reduz o risco de infecção. Infelizmente, os sintomas podem ser inaparentes; portanto, o vírus pode ser transmitido inconscientemente. Médicos, enfermeiros, dentistas e técnicos devem ser particularmente cuidadosos ao manusear tecidos ou fluidos potencialmente infectados. O uso de luvas pode prevenir a aquisição de infecções dos dedos das mãos (panarício herpético). Pessoas com panarício herpético recorrente são muito contagiosas e podem espalhar a infecção aos pacientes.

O HSV é prontamente inativado por sabão, desinfetantes, alvejante e etanol a 70%. A lavagem com sabão desinfeta imediatamente e previne a transmissão do vírus.

Os pacientes com história pregressa de infecção genital por HSV devem ser instruídos a evitarem relações sexuais enquanto manifestam lesões ou sintomas prodrômicos e retomam as relações sexuais somente após as lesões serem completamente re-epitelizadas, porque o vírus pode ser transmitido por lesões que tenham formado crostas. Os preservativos podem ser úteis e, sem dúvida, são melhores do que nada, mas não são totalmente protetores.

Uma gestante com infecção genital ativa por HSV ou que esteja assintomática excretando o vírus na vagina a termo, pode transmitir HSV ao neonato se o parto for vaginal. Essa transmissão pode ser evitada por cesariana.

Nenhuma vacina está atualmente disponível contra o HSV. No entanto, vacinas mortas, de subunidade, de vacínia híbrida, geneticamente atenuadas e de DNA estão sendo desenvolvidas para evitar a aquisição do vírus ou para tratar indivíduos infectados. A glicoproteína D está sendo utilizada em várias das vacinas experimentais.

Vírus varicela-zóster

O VZV causa **catapora (varicela)** e, em caso de recorrência, causa **herpes-zóster ou cobreiro**. Como um alfa-herpes-vírus, o VZV compartilha muitas características com HSV, incluindo (1) a capacidade de estabelecer infecção latente de neurônios e doença recorrente, (2) a importância da imunidade mediada por células no controle e prevenção de doenças graves e (3) as lesões características em forma de bolhas. Como o HSV, o VZV codifica uma **timidinoquinase** e é suscetível aos mesmos fármacos antivirais. Ao contrário do HSV, o VZV se espalha predominantemente pela **via respiratória** e, após a replicação local do vírus no sistema respiratório, por **viremia**, para formar lesões cutâneas sobre o corpo inteiro.

ESTRUTURA E REPLICAÇÃO

O VZV tem o menor genoma dos HHVs. A replicação do VZV ocorre de maneira similar, porém mais lenta e em menos tipos de células do que aquela observada para o HSV. Fibroblastos diploides humanos *in vitro* e linfócitos T ativados, células epiteliais e células epidérmicas *in vivo* sustentam a replicação produtiva de VZV. O vírus recém-sintetizado é sequestrado em lisossomos e degradado na maioria das células, em decorrência de sua ligação ao receptor de manose-6-fosfato, mas é liberado de células cutâneas em fase terminal de diferenciação, que não apresentam esta proteína. Como tal, ocorre sua disseminação no interior do corpo por contato célula-célula. Como o HSV, o VZV estabelece uma infecção latente dos neurônios, mas ao contrário do HSV, vários RNAs do vírus e proteínas virais específicas podem ser detectadas nas células infectadas de modo latente.

PATOGÊNESE E IMUNIDADE

Células infectadas por VZV mostram ECP semelhante àqueles observados em células infectadas por HSV com inclusões intranucleares de Cowdry do tipo A e sincícios.

O VZV é geralmente adquirido por inalação e a infecção primária começa nas tonsilas e na mucosa do sistema respiratório. O vírus progride pela corrente sanguínea e pelo sistema linfático para as células do sistema fagocítico-mononuclear (Figuras 43.8 e 43.9; Boxe 43.6). Uma viremia secundária então ocorre e propaga o vírus por todo o corpo e para a pele. O vírus infecta os linfócitos T e estas células podem residir na pele e transferir o vírus para as células epiteliais da pele. O vírus supera a inibição por IFN-α e as vesículas são produzidas na pele. O vírus permanece associado à célula e é transmitido por interação célula a célula, exceto para células epiteliais em fase de diferenciação terminal nos pulmões e queratinócitos das lesões cutâneas, que podem liberar vírus infecciosos. A replicação do vírus no pulmão é a fonte principal de contágio. O vírus causa uma erupção vesiculopustular dérmica que se desenvolve ao longo do tempo em sucessivas camadas. Febre e sintomas sistêmicos ocorrem com a erupção cutânea.

O vírus se torna latente na raiz dorsal, no nervo craniano e em outros gânglios após a infecção primária. O vírus pode ser reativado em adultos mais velhos quando a imunidade diminui ou em pacientes com imunidade celular comprometida. Na reativação, o vírus promove a replicação e é liberado ao longo do comprimento do neurônio para infectar a pele, causando uma erupção cutânea vesicular ao longo do dermátomo inteiro, que é conhecida como **herpes-zóster**. Isso causa danos ao neurônio e pode resultar em neuralgia pós-herpética muito dolorosa.

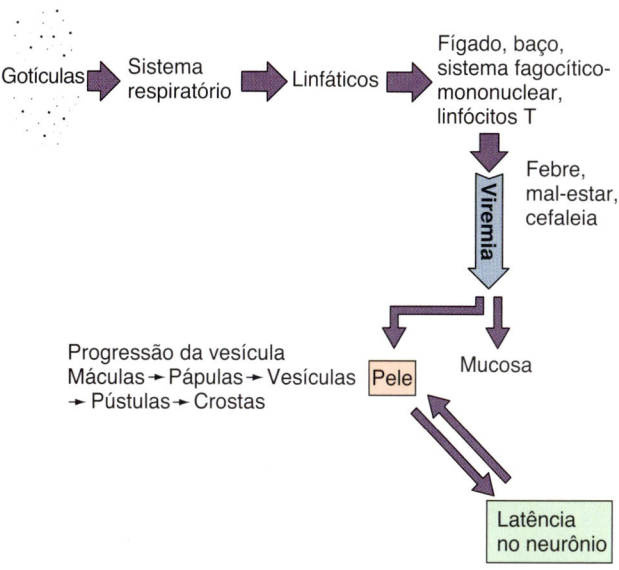

Figura 43.8 Mecanismo de disseminação do vírus varicela-zóster (VZV) no corpo. O VZV inicialmente infecta o sistema respiratório e dissemina para o sistema fagocítico-mononuclear e para os linfócitos T e, depois, por viremia associada à célula para a pele.

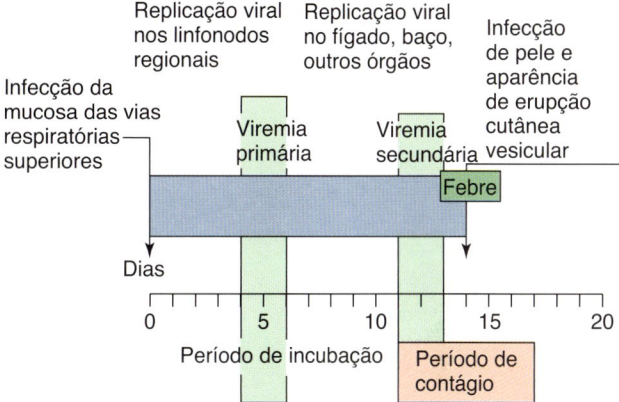

Figura 43.9 Evolução temporal da varicela (catapora). A evolução em crianças pequenas, como apresentado nesta figura, geralmente é mais curta e menos grave do que a observada em adultos.

Boxe 43.6 Mecanismos patológicos do vírus varicela-zóster.

A replicação inicial ocorre no sistema respiratório.
Infecta células epiteliais, fibroblastos, linfócitos T e neurônios.
Pode formar sincícios e se espalhar diretamente de célula para célula.
Ocorre disseminação por viremia nos linfócitos T para a pele e causa lesões em camadas sucessivas.
Pneumonia potencialmente fatal ocorre em adultos com infecção primária causada por uma resposta inflamatória intensa.
Pode ocorrer a evasão da eliminação do vírus por anticorpos, sendo essencial a resposta imune mediada por células para o controle da infecção.
Doença disseminada potencialmente fatal pode ocorrer em indivíduos imunocomprometidos.
Estabelece infecção latente de neurônios, geralmente da raiz dorsal e dos gânglios do nervo craniano.
O herpes-zóster é uma doença recorrente; resulta da replicação do vírus ao longo de todo o dermátomo.
O herpes-zóster resulta da diminuição da imunidade mediada por células.

VZV, vírus varicela-zóster.

IFN-α, proteções estimuladas por interferona, além de células NK e linfócitos T limitam a propagação do vírus nos tecidos, mas os **anticorpos** são importantes para limitar a propagação virêmica de VZV. A imunização passiva com **imunoglobulina antivaricela-zóster (VZIg)** dentro de 4 dias após a exposição é considerada protetora. A imunidade celular é essencial para a resolução da doença aguda e controle da infecção latente. O vírus causa doença mais disseminada e mais grave na ausência da imunidade celular (p. ex., em crianças com leucemia) e pode se repetir com a imunossupressão. Embora importante para a proteção, as respostas imunes mediadas por células contribuem para a sintomatologia. Uma resposta excessivamente cuidadosa em adultos é responsável por causar danos celulares mais extensos e uma manifestação mais grave (principalmente nos pulmões) na infecção primária do que a observada em crianças. Linfócitos T e os níveis de anticorpos diminuem mais tarde na vida, possibilitando a recorrência do VZV e o herpes-zóster.

EPIDEMIOLOGIA

O VZV é extremamente transmissível, com taxas de infecção que excedem 90% entre os contatos domiciliares suscetíveis (Boxe 43.7). A doença é disseminada principalmente pela via respiratória, mas também pode ser disseminada por meio do contato com vesículas cutâneas. Os pacientes são contagiosos antes e durante os sintomas. Mais de 90% dos adultos nos países desenvolvidos apresentam o anticorpo contra o VZV. O herpes-zóster resulta da reativação de um vírus latente do paciente. A doença se desenvolve em aproximadamente 10 a 20% da população infectada com VZV e a incidência aumenta com a idade. As lesões de herpes-zóster contêm vírus viável e, portanto, podem ser uma fonte de infecção pelo vírus da varicela em uma pessoa não imune (i. e., uma criança).

SÍNDROMES CLÍNICAS

A **varicela (catapora)** é um dos cinco **exantemas clássicos da infância** (juntamente com rubéola, roséola, quinta doença e sarampo). A doença resulta de infecção primária com VZV; geralmente, é uma doença leve da infância e é normalmente sintomática, embora possa ocorrer a infecção assintomática (ver Figura 43.9). As características da varicela incluem febre e erupção cutânea maculopapular que aparecem após um período de incubação de aproximadamente 14 dias (Figura 43.10). Em poucas horas, cada lesão maculopapular forma uma vesícula de parede fina sobre uma base eritematosa ("gota de orvalho sobre uma pétala de rosa") que tem aproximadamente 2 a 4 mm de diâmetro. Essa vesícula é um achado característico da varicela. Em 12 horas, a vesícula se torna pustular e começa a formar crostas, e depois aparecem as lesões crostosas. Camadas sucessivas de lesões surgem por 3 a 5 dias, e a qualquer momento todos os estágios de lesões cutâneas podem ser observados.

A erupção cutânea se espalha por todo o corpo, mas é mais comum no tronco e na cabeça do que nas extremidades. Sua presença no couro cabeludo a distingue de muitas outras erupções cutâneas. As lesões causam prurido e coçadura, o que pode levar à superinfecção por bactérias e fibrose. Lesões nas mucosas ocorrem tipicamente na boca, nas conjuntivas e na vagina.

A infecção primária é geralmente mais grave em adultos do que em crianças. A **pneumonia intersticial** pode ocorrer em 20 a 30% dos pacientes adultos e pode ser fatal. A pneumonia resulta de reações inflamatórias neste sítio primário de infecção.

Como observado anteriormente, o **herpes-zóster** (zoster significa "cinto" ou "cinta") é uma recorrência de varicela latente contraída mais cedo na vida do paciente. Dor intensa na área suprida pelo nervo geralmente precede o aparecimento de lesões semelhantes à catapora. A erupção

---

Boxe 43.7 Epidemiologia das infecções pelo vírus varicela-zóster.

Doenças/fatores virais

Provoca infecção para toda a vida.
A doença recorrente é uma fonte de contágio.

Transmissão

O vírus é transmitido principalmente por gotículas respiratórias, mas também por contato direto.

Quem corre risco?

Crianças (de 5 a 9 anos) manifestam uma doença clássica leve.
Adolescentes e adultos correm risco de contrair doença mais grave com potencial pneumonia.
Indivíduos imunocomprometidos e recém-nascidos correm risco de pneumonia letal, encefalite e varicela disseminada progressiva.
Idosos e indivíduos imunocomprometidos correm o risco de doença recorrente (herpes-zóster) causada por perda da resposta imune nessas populações.

Geografia/sazonalidade

O vírus é encontrado em todo o mundo.
Não há incidência sazonal.

Modos de controle

Fármacos antivirais estão disponíveis.
A imunoglobulina antivaricela-zóster está disponível para indivíduos imunocomprometidos e profissionais expostos ao vírus, bem como recém-nascidos de mães que manifestam sintomas 5 dias após o nascimento.
A vacina viva (cepa Oka) está disponível para crianças (varicela) e adultos (zóster). A vacina de subunidade com adjuvante também está disponível para o zóster.

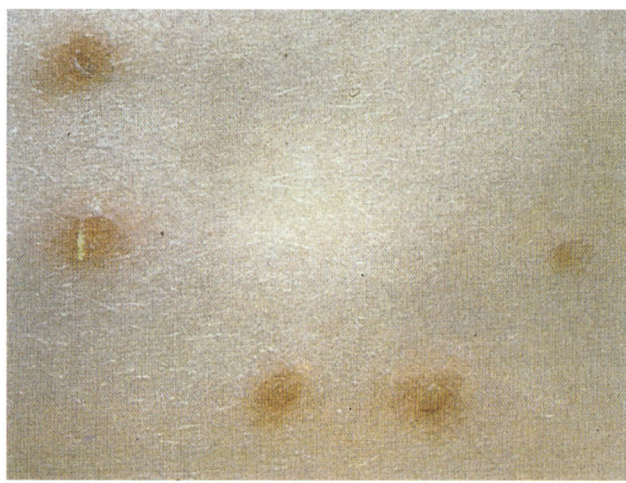

Figura 43.10 Erupção cutânea característica da varicela em todos os estágios de sua evolução. (De Hart, C.A., Broadhead, R.L., 1992. A Color Atlas of Pediatric Infectious Diseases. Wolfe, London, UK.)

cutânea é limitada a um dermátomo e se assemelha à varicela (Figura 43.11). Locais comuns de apresentação incluem um quadrante da cabeça ou ao longo de um dermátomo torácico. A síndrome da dor crônica denominada **neuralgia pós-herpética**, que pode persistir por meses a anos, ocorre em até 30% dos pacientes que tiveram herpes-zóster.

Infecção por VZV em pacientes imunocomprometidos ou neonatos pode resultar em uma doença grave, progressiva e potencialmente fatal. Defeitos da imunidade celular nesses pacientes aumentam o risco de disseminação do vírus para os pulmões, cérebro e fígado, que podem ser fatais. A doença pode ocorrer em resposta a uma exposição primária à varicela ou em razão da doença recorrente.

DIAGNÓSTICO LABORATORIAL

O isolamento do VZV não é feito rotineiramente porque o vírus é lábil durante o transporte para o laboratório e sua replicação in vitro é insatisfatória. As técnicas de PCR e de detecção do genoma são particularmente úteis para a confirmação de um diagnóstico. O ensaio direto com anticorpo fluorescente contra o antígeno de membrana (FAMA; do inglês, *fluorescent antibody to membrane antigen*) também pode ser utilizado para examinar raspados de lesão de pele ou amostras de biopsia.

Os testes sorológicos que detectam anticorpos para VZV são empregados para rastrear populações em relação à imunidade contra o VZV. Entretanto, os níveis de anticorpos são normalmente baixos, e por isso testes sensíveis, tais como a imunofluorescência e o ensaio imunossorvente ligado à enzima (ELISA), devem ser realizados para detectar o anticorpo. Um aumento significativo no nível de anticorpos pode ser detectado em indivíduos que desenvolvem herpes-zóster.

TRATAMENTO, PREVENÇÃO E CONTROLE

O tratamento pode ser apropriado para adultos e pacientes imunocomprometidos com infecções por VZV e para pessoas com zóster, mas nenhum tratamento é geralmente necessário para crianças com varicela. **ACV**, **fanciclovir** e **valaciclovir** foram aprovados pela FDA para o tratamento de infecções por VZV. A DNA polimerase do VZV é muito menos sensível ao tratamento por ACV do que a enzima do HSV, exigindo doses maiores de ACV ou melhora da farmacodinâmica de fanciclovir e valaciclovir (ver Boxe 43.5).

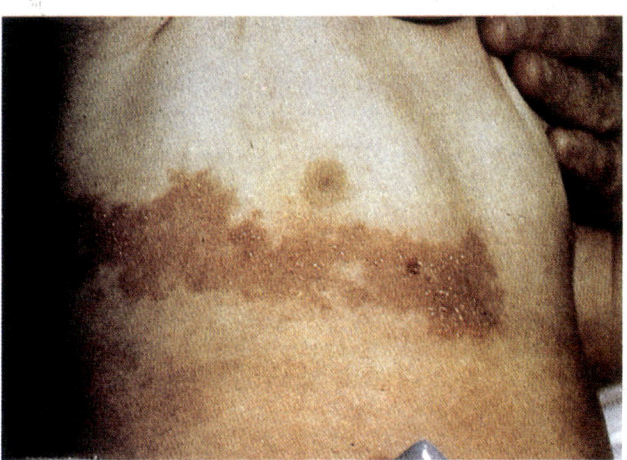

Figura 43.11 Herpes-zóster em um dermátomo torácico.

Não há um bom tratamento, mas os analgésicos e outros medicamentos para eliminar a dor, anestésicos tópicos ou creme de capsaicina podem proporcionar algum alívio da neuralgia pós-herpética.

Como ocorre com outros vírus respiratórios, é difícil limitar a transmissão de VZV. Como a infecção por VZV em crianças é geralmente leve e induz imunidade duradoura, a exposição de crianças ao VZV no início da vida é muitas vezes encorajada. No entanto, pessoas de alto risco (p. ex., crianças imunossuprimidas) devem ser protegidas da exposição ao VZV.

Pacientes imunocomprometidos e suscetíveis a doenças graves podem ser protegidos de doenças graves pela administração da **VZIg**. A VZIg é preparada por meio do conjunto de plasmas de pessoas soropositivas. A profilaxia com VZIg pode prevenir a propagação virêmica, mas não é efetiva como terapia para pacientes que já manifestam varicela ou herpes-zóster.

Uma **vacina viva atenuada** para VZV (cepa Oka) (Varivax®) foi licenciada para uso nos EUA e em outros lugares, e é administrada após 1 ano de idade no mesmo esquema de imunização que a vacina contra sarampo, caxumba e rubéola[1]. A vacina induz a produção de anticorpos protetores e de imunidade celular. Uma versão mais forte desta vacina (Zostavax®) está disponível para adultos com mais de 60 anos; ela reforça as respostas antivirais para limitar o início do zóster. Uma vacina de subunidade (Shingrix®), que é composta pela glicoproteína E de VZV e um adjuvante, é administrada em duas doses e também está disponível.

Vírus Epstein-Barr

O EBV é o parasita definitivo de linfócitos B e as doenças causadas por esse vírus refletem esta associação. O EBV foi descoberto por observação em microscopia eletrônica de vírions de herpes-vírus característicos em amostras de biopsia de neoplasia de célula B, linfoma de Burkitt africano (AfBL). Sua associação à mononucleose infecciosa foi descoberta acidentalmente quando o soro coletado de um técnico de laboratório em convalescença, em decorrência da mononucleose infecciosa, continha o anticorpo que reconhecia as células AfBL. Este achado foi confirmado mais tarde em um grande estudo sorológico realizado com universitários.

O EBV causa *mononucleose infecciosa positiva para anticorpos heterófilos* e *estimula o crescimento e imortaliza linfócitos B* em cultura de tecidos. O EBV tem sido associado causalmente ao **AfBL (linfoma de Burkitt endêmico), doença de Hodgkin** e **carcinoma nasofaríngeo**. O EBV também está associado aos linfomas de células B em pacientes com imunodeficiências adquiridas ou congênitas.

ESTRUTURA E REPLICAÇÃO

O EBV é um membro da subfamília Gammaherpesvirinae, com uma gama de hospedeiros muito limitada e um tropismo tecidual definido pela expressão celular limitada de seu receptor. O receptor primário para EBV é também *o receptor para o componente C3d do sistema complemento (também*

---

[1] N.R.T.: Ver Calendários de Vacinação Pacientes Especiais, 2021-2022, da SBIM, em https://sbim.org.br/images/calendarios/calend-sbim-pacientes-especiais.pdf.

chamado CR2 ou CD21). É expresso em linfócitos B de seres humanos e macacos do Novo Mundo e em algumas células epiteliais da orofaringe e da nasofaringe. O EBV também se liga ao MHC II.

A infecção pelo EBV apresenta os três desfechos clínicos potenciais a seguir, sendo que o vírus pode:
1. Replicar em linfócitos B ou células epiteliais permissivas para a replicação por EBV e produzir vírus.
2. Causar infecção latente das células B de memória na presença de linfócitos T competentes.
3. Estimular o crescimento e imortalizar os linfócitos B.

O EBV codifica mais de 70 proteínas, diferentes grupos dos quais são expressos para os diferentes tipos de infecções.

O EBV na saliva infecta células epiteliais e depois linfócitos B *naive* em repouso nas tonsilas. O crescimento dos linfócitos B é estimulado primeiramente pela ligação do vírus ao receptor C3d, um receptor de estimulação do crescimento de linfócitos B, e em seguida por expressão das proteínas de transformação e latência. Essas incluem **antígenos nucleares de Epstein-Barr (EBNAs)** 1, 2, 3A, 3B e 3C; proteínas latentes (**LPs**); **proteínas latentes de membrana (LMPs, do inglês *latent membrane proteins*) 1 e 2**; e duas pequenas moléculas de RNA codificadas por Epstein-Barr (EBER), EBER-1 e EBER-2. Os EBNAs e as LPs são proteínas de ligação ao DNA que são essenciais para estabelecer e manter a infecção (EBNA-1), imortalização (EBNA-2) e para outros propósitos. As LMPs são proteínas de membrana com atividade de oncoproteína. O genoma se torna circular; as células seguem para os folículos que se tornam centros germinativos no linfonodo, no qual as células infectadas se diferenciam em células de memória. A síntese proteica do EBV cessa e o vírus estabelece a latência nesses linfócitos B de memória. O EBNA-1 está presente na divisão celular para manter e preservar o genoma nas células.

A estimulação dos linfócitos B pelo antígeno e a infecção de determinadas células epiteliais permitem a transcrição e tradução da proteína ativadora transcricional ZEBRA (peptídio codificado pela região Z do gene), que ativa os genes precoces imediatos do vírus e o ciclo lítico. Após a síntese da DNA polimerase e replicação do DNA, proteínas estruturais e outras proteínas tardias são sintetizadas. Elas incluem a gp350/220 (glicoproteínas relacionadas de 350 mil e 220 mil Da), uma proteína de fixação viral, além de outras glicoproteínas. Essas glicoproteínas se ligam às moléculas CD21 e MHC II, receptores em linfócitos B e células epiteliais, e promovem a fusão do envelope com as membranas celulares.

As proteínas virais produzidas durante uma infecção produtiva são sorologicamente definidas e agrupadas como **antígenos precoces (EA, *early antigen*), antígeno do capsídio viral (VCA, *viral capsid antigen*)** e as glicoproteínas do **antígeno de membrana (MA, *membrane antigen*)** (Tabela 43.3). Uma proteína precoce mimetiza um inibidor celular de apoptose e uma proteína tardia mimetiza a atividade da interleucina (IL)-10 humana (BCRF-1), que melhora o crescimento dos linfócitos B e inibe as respostas imunes TH1.

PATOGÊNESE E IMUNIDADE

O EBV adaptou-se ao linfócito B humano, manipula e utiliza as diferentes fases de desenvolvimento dos linfócitos B para estabelecer uma infecção para toda a vida. As doenças causadas por EBV resultam de uma resposta imune hiperativa (mononucleose infecciosa) ou da falta de controle imune efetivo (doença linfoproliferativa e tricoleucoplasia).

A infecção produtiva de linfócitos B e células epiteliais da orofaringe, como nas tonsilas (Figura 43.12 e Boxe 43.8), promove a excreção do vírus na saliva para transmitir o vírus a outros hospedeiros e estabelece viremia para espalhar o vírus para outros linfócitos B no tecido linfático e no sangue.

As proteínas do EBV substituem os fatores do hospedeiro que normalmente ativam o crescimento e desenvolvimento dos linfócitos B. Na ausência de linfócitos T (p. ex., em cultura de tecidos), o EBV consegue imortalizar linfócitos B e promover o desenvolvimento de linhagens linfoblastoides derivadas de linfócitos B. A ativação e proliferação de linfócitos B ocorrem *in vivo*, sendo indicadas pela produção

Tabela 43.3 Marcadores da infecção pelo vírus Epstein-Barr.

Nome	Abreviatura	Características	Associação biológica	Associação clínica
Antígenos nucleares de EBV	EBNAs	Nuclear	EBNAs são antígenos não estruturais e os primeiros antígenos a aparecer; EBNAs observados em todas as células infectadas e transformadas	Anticorpo anti-EBNA se desenvolve após a resolução da infecção
Antígeno precoce	EA-R	Apenas citoplasmático	EA-R aparece antes do EA-D; a aparência é o primeiro sinal de que a célula infectada entrou no ciclo lítico	–
	EA-D	Difuso no citoplasma e no núcleo	–	Anti-EA-D observado na mononucleose infecciosa
Antígeno do capsídio viral	VCA	Citoplasmático	VCA são proteínas tardias; encontrado em células produtoras do vírus	IgM anti-VCA é transitória; IgG anti-VCA é persistente
Antígeno de membrana	MA	Superfície celular	MAs são glicoproteínas envelopadas	Mesmo que o VCA
Anticorpo heterófilo	–	Reconhecimento do antígeno de Paul-Bunnell em eritrócitos de carneiro, de cavalo ou bovinos	A proliferação de linfócitos B induzida por EBV promove a produção do anticorpo heterófilo	Sinais/sintomas precoces ocorrem em mais de 50% dos pacientes

EA, antígeno precoce; *EBNA*, antígeno nuclear de Epstein-Barr; *EBV*, vírus Epstein-Barr; *Ig*, imunoglobulina; *MA*, antígeno de membrana; *VCA*, antígeno do capsídio viral.

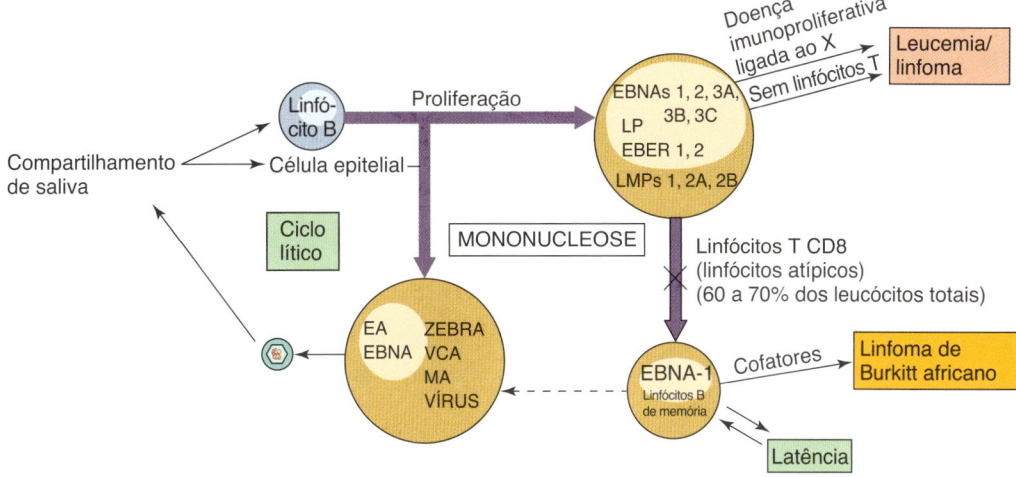

Figura 43.12 Progressão da infecção pelo vírus Epstein-Barr (EBV). A infecção pode resultar em infecção lítica, latente ou imortalizante, que pode ser diferenciada com base na produção do vírus e expressão de diferentes proteínas e antígenos virais. Os linfócitos T limitam o crescimento das células infectadas pelo EBV e mantêm a infecção latente. *CD*, grupo de diferenciação (do inglês *cluster of differentiation*); *EA*, antígeno precoce; *EBER*, RNA codificado por Epstein-Barr; *EBNA*, antígeno nuclear de Epstein-Barr; *LMPs*, proteínas latentes de membrana; *LP*, proteína latente; *MA*, antígeno de membrana; *VCA*, antígeno do capsídio viral; *ZEBRA*, peptídio codificado pela região do gene Z.

Boxe 43.8 Mecanismos patológicos do vírus Epstein-Barr.

O vírus na saliva inicia a infecção de linfócitos B do epitélio oral e das tonsilas.
Existe infecção produtiva das células epiteliais e dos linfócitos B.
O vírus promove o crescimento de linfócitos B (imortaliza).
Linfócitos T são estimulados por linfócitos B infectados; eles matam e limitam o crescimento de linfócitos B. Linfócitos T são necessários para controlar a infecção.
O papel dos anticorpos é limitado.
O EBV se torna latente nos linfócitos B de memória e é reativado quando os linfócitos B são ativados.
A resposta dos linfócitos T (linfocitose) contribui para os sinais/sintomas de **mononucleose infecciosa**.
Há associação causal com linfoma em indivíduos imunossuprimidos e crianças africanas em regiões de malária (linfoma de Burkitt africano) e com carcinoma nasofaríngeo na China.
Linfomas de células B associados ao EBV podem resultar de imunossupressão.

EBV, vírus Epstein-Barr.

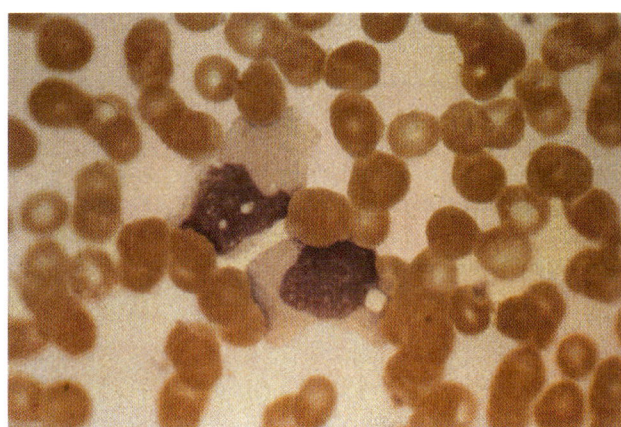

Figura 43.13 Linfócito T atípico (célula de Downey) característico de mononucleose infecciosa. Os linfócitos T têm citoplasma mais basofílico e vacuolizado do que os linfócitos normais e o núcleo pode ser ovalado, reniforme ou lobulado. A margem do linfócito parece indentada por eritrócitos vizinhos.

---

espúria de um anticorpo IgM para o antígeno de Paul-Bunnell, denominado **anticorpo heterófilo** (ver discussão posterior sobre a sorologia).

O crescimento dos linfócitos B é controlado por uma resposta normal dos linfócitos T à proliferação dos linfócitos B e aos peptídios antigênicos de EBV. Os linfócitos B são excelentes células apresentadoras de antígeno e apresentam os antígenos de EBV em ambas as moléculas MHC I e MHC II. Os linfócitos T ativados aparecem como **linfócitos atípicos** (também denominados **células de Downey**) (Figura 43.13). A contagem de linfócitos atípicos aumenta no sangue periférico durante a segunda semana de infecção, representando de 10 a 80% da contagem de leucócitos totais nesse período (daí o termo "mononucleose").

A **mononucleose infecciosa** é essencialmente uma *"guerra civil" entre os linfócitos B infectados por EBV e os linfócitos T protetores*. A **linfocitose** clássica (aumento de células mononucleares), o aumento das dimensões dos órgãos linfoides (linfonodos, baço e fígado), assim como o mal-estar associado à mononucleose infecciosa resultam principalmente da ativação e proliferação de linfócitos T. Muita energia é necessária para impulsionar a resposta dos linfócitos T, levando a intensa fadiga. A dor de garganta em decorrência da mononucleose infecciosa é uma resposta aos linfócitos B e células epiteliais infectadas por EBV nas tonsilas e na garganta. As crianças desenvolvem uma resposta imune menos ativa à infecção pelo EBV e, portanto, manifestam a forma branda da doença.

Durante a infecção produtiva, o anticorpo é desenvolvido primeiramente contra os componentes do vírion, VCA, e MA e, posteriormente, contra o EA. Após a resolução da infecção (lise das células produtivamente infectadas), anticorpos contra os antígenos nucleares (EBNAs). Linfócitos T são essenciais para limitar a proliferação de linfócitos B infectados pelo EBV e controlar a doença (Figura 43.14). O EBV atua contra a ação protetora das respostas dos linfócitos

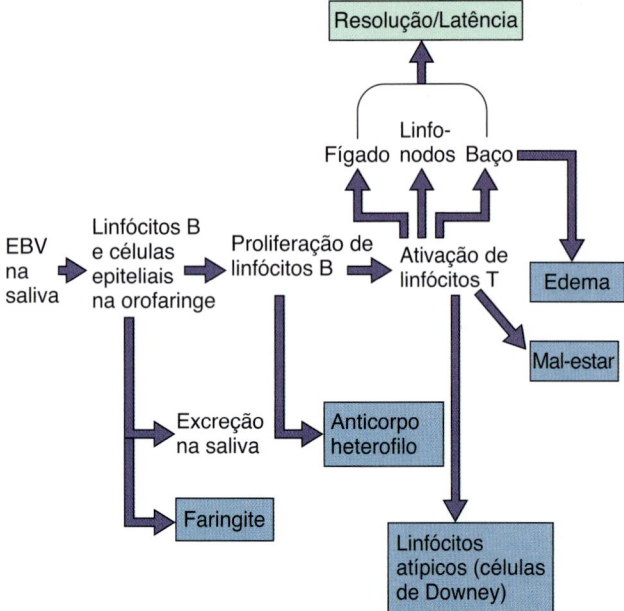

Figura 43.14 Patogênese do vírus Epstein-Barr (EBV). O EBV é adquirido pelo contato próximo entre pessoas por meio da saliva, que depois infecta as células B. A resolução da infecção pelo EBV e muitos dos sintomas da mononucleose infecciosa resultam da ativação das células T em resposta à infecção.

Boxe 43.9 Epidemiologia das infecções pelo vírus Epstein-Barr.

Doença/fatores virais

O vírus causa infecções por toda a vida.
A doença recorrente é a fonte primária de contágio.
O vírus pode ser excretado sem provocar sinais/sintomas.

Transmissão

A transmissão ocorre pela saliva, pelo contato íntimo oral ("doença do beijo") ou compartilhamento de objetos, tais como escovas de dentes e copos.

Quem corre risco?

As crianças desenvolvem doença assintomática ou sintomas leves.
Adolescentes e adultos correm risco de mononucleose infecciosa.
As pessoas imunocomprometidas correm o maior risco de doença neoplásica potencialmente fatal.

Geografia/sazonalidade

A mononucleose infecciosa tem distribuição mundial.
Existe associação causal com o linfoma de Burkitt africano no cinturão da malária na África.
Não há incidência sazonal.

Modos de controle

Não existem modos de controle.

T CD4 TH1 durante a infecção produtiva por intermédio da síntese de um análogo de IL-10 (BCRF-1), que inibe as respostas protetoras do perfil dos linfócitos T CD4 TH1 e estimula o crescimento de linfócitos B.

O vírus persiste nos linfócitos B de memória do sangue periférico e nas tonsilas; pode ser detectado em pelo menos um linfócito B de memória por mililitro de sangue durante a vida da pessoa infectada. O EBV pode ser reativado quando o linfócito B de memória é ativado (principalmente nas tonsilas ou na orofaringe) e pode ser excretado na saliva.

EPIDEMIOLOGIA

Pelo menos 70% da população dos EUA está infectada aos 30 anos. O EBV é transmitido pela saliva (Boxe 43.9). Mais de 90% das pessoas infectadas pelo EBV liberam o vírus de forma intermitente na vida, mesmo quando totalmente assintomáticas. As crianças podem contrair o vírus em uma idade precoce, compartilhando copos contaminados. *As crianças geralmente têm doença subclínica.* O compartilhamento da saliva entre adolescentes e adultos jovens ocorre frequentemente durante o beijo; assim, a mononucleose causada por EBV ganhou o apelido "a doença do beijo". A doença nessas pessoas pode passar despercebida ou pode se manifestar em vários níveis de gravidade.

A distribuição geográfica de algumas neoplasias associadas ao EBV indica uma possível associação aos cofatores. A malária parece ser um cofator na progressão da infecção crônica ou latente por EBV para o AfBL. A restrição do carcinoma nasofaríngeo a pessoas que residem em algumas regiões da China indica uma possível predisposição genética ao câncer ou a presença de cofatores nos alimentos ou no ambiente. Mecanismos mais sutis podem facilitar o papel do EBV em 30 a 50% dos casos de doença de Hodgkin e outras neoplasias malignas.

Receptores de transplante, pacientes com a síndrome da imunodeficiência adquirida (AIDS) e indivíduos geneticamente imunodeficientes correm alto risco para o desenvolvimento de distúrbios linfoproliferativos iniciados pelo EBV. Esses distúrbios podem aparecer como linfomas policlonais e monoclonais de células B. Esses indivíduos também correm risco elevado de infecção produtiva pelo EBV na forma de **tricoleucoplaquia oral.**

SÍNDROMES CLÍNICAS

Mononucleose infecciosa positiva para anticorpos heterófilos

A tríade de sinais/sintomas clássicos da mononucleose infecciosa é a **linfadenopatia, esplenomegalia** e **faringite exsudativa** acompanhada por febre alta, mal-estar e, muitas vezes, hepatoesplenomegalia (Caso Clínico 43.2). Erupção cutânea pode ocorrer, principalmente após o tratamento com ampicilina (para uma possível faringite estreptocócica). A queixa principal das pessoas com mononucleose infecciosa é a fadiga (Figura 43.15). A doença raramente é fatal em pessoas saudáveis, mas pode causar graves complicações resultantes de distúrbios neurológicos, obstrução laríngea ou rompimento do baço. As complicações neurológicas incluem meningoencefalite e síndrome de Guillain-Barré. Similar a infecções causadas por outros herpes-vírus, a infecção por EBV em uma criança é muito mais branda do que uma infecção em um adolescente ou adulto. Na verdade, a infecção em crianças é geralmente subclínica.

As **síndromes do tipo mononucleose** também podem ser causadas por CMV, HHV-6, *Toxoplasma gondii* e vírus da imunodeficiência humana (HIV). Quanto ao EBV, a síndrome da mononucleose é causada pela proliferação de linfócitos T em resposta à infecção de uma célula apresentadora

Caso Clínico 43.2 Vírus Epstein-Barr no indivíduo imunocomprometido

Purtilo et al. (*Ann Intern Med* 101:180–186, 1984) descreveram um relato de caso de um menino com a doença de Duncan que apresentou níveis reduzidos de IgA, evidências de candidíase oral e episódios recorrentes de otite média. Este membro da família Duncan tinha uma imunodeficiência variável, combinada, progressiva e recessiva, ligada ao X, causada por uma mutação na proteína SH2D1A, o que impede a comunicação adequada entre os linfócitos B e T. Após a exposição ao EBV aos 11 anos, o menino não desenvolveu anticorpos contra EBV, mas os níveis séricos de IgM total aumentaram e as linhagens de linfócitos B imortalizadas ENA-positivas cresceram rapidamente a partir de seu sangue periférico. O estabelecimento das linhagens de células B é indicativo de controle da proliferação de linfócitos B induzida por vírus, a partir de linfócitos T aberrantes. Aos 18 anos, foi tratado com um concentrado de hemácias para a aplasia eritrocitária; 9 semanas depois, ele desenvolveu mononucleose infecciosa com febre, linfadenomegalia generalizada, fígado doloroso à palpação e edema esplênico, linfocitose com predominância de linfócitos atípicos e Monoteste positivo. No decorrer de 6 meses, ele desenvolveu agamaglobulinemia sem linfócitos B detectáveis e pneumonias por *Haemophilus influenzae* e *Mycobacterium tuberculosis*. Após mais 5 meses, linfócitos B foram novamente detectados. O início da mononucleose infecciosa aos 18 anos pode ser resultante de nova infecção ou reativação de infecção anterior. Esse caso ilustra a natureza incomum do EBV e outras infecções virais quando a resposta imunológica está comprometida.

EBNA, antígeno nuclear de Epstein-Barr; *EBV*, vírus Epstein-Barr; *Ig*, imunoglobulina.

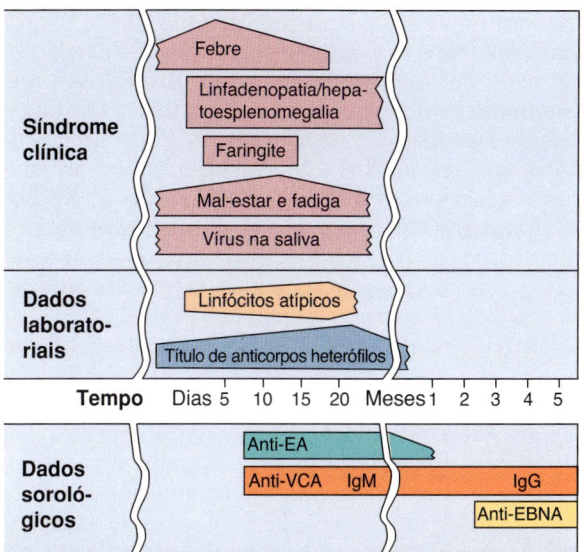

Figura 43.15 Evolução clínica da mononucleose infecciosa e achados laboratoriais de indivíduos com a infecção. A infecção pelo vírus Epstein-Barr pode ser assintomática ou pode produzir os sintomas da mononucleose. O período de incubação pode durar até 2 meses. *EA*, antígeno precoce; *EBNA*, antígeno nuclear de Epstein-Barr; *Ig*, imunoglobulina; *VCA*, antígeno do capsídio viral.

de antígenos; de um linfócito B; de um macrófago ou de uma célula dendrítica que estimula os linfócitos T CD4 e CD8 com peptídios antigênicos nas moléculas do MHC II e MHC I. Anticorpo heterófilo não é gerado durante essas síndromes.

Doença crônica

O EBV pode causar doenças cíclicas recorrentes em algumas pessoas. Esses pacientes manifestam cansaço crônico e podem também apresentar febre baixa, cefaleia e dor de garganta. Esse distúrbio é diferente da síndrome da fadiga crônica, que tem etiologia desconhecida.

Doenças linfoproliferativas induzidas pelo vírus Epstein-Barr

Na infecção com EBV, as pessoas sem imunidade de linfócitos T têm probabilidade de sofrer de doença proliferativa de linfócitos B semelhante à leucemia policlonal potencialmente fatal e de linfoma, em vez de mononucleose infecciosa. Homens com deficiências congênitas na função dos linfócitos T são suscetíveis ao desenvolvimento de doença linfoproliferativa ligada ao X potencialmente fatal. Um desses defeitos genéticos ligados ao X em um gene de linfócito T (proteína associada à molécula de sinalização da ativação de linfócitos [SLAM, do inglês *signaling lymphocytes activation molecule*]) impede o linfócito T de controlar o crescimento de linfócitos B durante uma resposta imune normal ao antígeno ou por causa do EBV. Receptores de transplantes submetidos a tratamento imunossupressor correm alto risco de doença **linfoproliferativa pós-transplante**, em vez da mononucleose infecciosa, após exposição ao vírus ou na reativação de vírus latentes. A doença dissipa-se com a redução da imunossupressão. Doenças semelhantes são observadas em pacientes com AIDS.

O EBV foi associado primeiro ao **AfBL (linfoma endêmico)** e, depois, ao linfoma de Burkitt em outras partes do mundo, ao linfoma de Hodgkin e a várias outras doenças linfoproliferativas. O AfBL é um linfoma de células B monoclonal pouco diferenciada da mandíbula e da face, que é endêmico em crianças que vivem em regiões com malária na África. A infecção por EBV facilita a sobrevida das células que sofrem translocação cromossômica que justapõe o oncogene *c-MYC* a um promotor muito ativo, tal como um promotor do gene de imunoglobulina [t(8;14), t(8;22), t(8;2)], para possibilitar o crescimento do tumor. Os vírions são, ocasionalmente, vistos em micrografias eletrônicas do material infectado. As células tumorais também são relativamente invisíveis ao controle da resposta imune. A malária incentiva o desenvolvimento do AfBL, promovendo a proliferação de linfócitos B de memória portadores de EBV.

O EBV também está associado ao **carcinoma nasofaríngeo**, que é endêmico em adultos na Ásia. As células tumorais contêm DNA do EBV, mas ao contrário do linfoma de Burkitt, em que as células tumorais são derivadas de linfócitos, as células tumorais do carcinoma nasofaríngeo são de origem epitelial.

Tricoleucoplaquia oral

A tricoleucoplaquia oral é uma manifestação incomum de uma infecção produtiva de células epiteliais pelo EBV, caracterizada por lesões da língua e da boca. É uma manifestação oportunista que ocorre em pacientes com AIDS.

DIAGNÓSTICO LABORATORIAL

A mononucleose infecciosa induzida por EBV é diagnosticada com base nos **sinais/sintomas** (Boxe 43.10) e no achado de linfócitos atípicos, de **linfocitose** (células mononucleares que constituem de 60 a 70% da contagem de leucócitos, com 30% de linfócitos atípicos), de **anticorpos heterófilos**,[2] de anticorpos contra antígenos virais e de DNA viral. O isolamento do vírus não é prático. A análise por PCR e sonda de DNA para o genoma viral e a quantidade de vírus (carga viral), além da identificação de antígenos virais por imunofluorescência são utilizadas para detectar e monitorar a evolução da infecção.

Os **linfócitos atípicos** são provavelmente a indicação mais precoce detectável de uma infecção por EBV. Essas células aparecem no início dos sintomas e desaparecem com a resolução da doença.

Os **anticorpos heterófilos** resultam da ativação inespecífica, semelhante à mitogênica, de linfócitos B pelo EBV e a produção de um amplo repertório de anticorpos. Esses anticorpos incluem um anticorpo IgM heterófilo que reconhece o antígeno de Paul-Bunnell em eritrócitos de carneiro, equinos e bovinos, mas não em células renais de porcos-da-índia ou cobaia. A resposta de anticorpos heterófilos geralmente pode ser detectada até o final da primeira semana de doença e duram até vários meses. É uma excelente indicação de infecção por EBV em adultos, mas não é tão confiável em crianças ou lactentes. O Monoteste e o ELISA são rápidos e amplamente utilizados para a detecção do anticorpo heterófilo.

Os testes sorológicos para anticorpos contra antígenos virais constituem um método mais confiável do que o anticorpo heterófilo para confirmar o diagnóstico de mononucleose por EBV (Tabela 43.4; ver Figura 43.15). A infecção por EBV é indicada por qualquer um dos achados descritos a seguir: (1) anticorpo IgM para o VCA, (2) a presença de anticorpos anti-VCA e a ausência de anticorpos anti-EBNA ou (3) elevação de anticorpos para VCA e EA. Os achados de anticorpos anti-VCA e também anti-EBNA no soro indicam que a pessoa teve uma infecção prévia. A geração de anticorpos para o EBNA exige a lise da célula infectada e geralmente indica o controle da doença ativa por linfócitos T e sua presença indica a resolução da doença.

> **Boxe 43.10** Diagnóstico de infecção pelo vírus Epstein-Barr.
>
> 1. Sinais/sintomas
>   a. Cefaleia branda, fadiga, febre
>   b. Tríade: linfadenopatia, esplenomegalia, faringite exsudativa
>   c. Outros: hepatite, erupção cutânea induzida por ampicilina
> 2. Hemograma completo
>   a. Hiperplasia
>   b. Linfócitos atípicos (células de Downey, linfócitos T)
> 3. Anticorpo heterófilo (transitório)
> 4. Anticorpo específico anti-EBV
> 5. Detecção do genoma por PCR
>
> *EBV*, vírus Epstein-Barr; *PCR*, reação em cadeia da polimerase.

---

[2]N.R.T.: Os anticorpos heterófilos são produzidos em resposta a um antígeno inespecífico. Estes anticorpos são encontrados em cerca de 90% dos pacientes com mononucleose infecciosa (MI), em algum momento da evolução da doença. Os títulos de anticorpos heterófilos diminuem após a fase aguda da MI, podendo ser detectados até 9 meses após o início da doença. Em crianças os resultados são falso-negativos em até 40% dos casos (em adultos até 10%).

TRATAMENTO, PREVENÇÃO E CONTROLE

Não existe tratamento ou vacina efetivos para a doença causada pelo EBV. Após ser ativado pela proteinoquinase viral, o aciclovir reduzirá a excreção viral, mas não a doença. A natureza onipresente do vírus e o potencial de excreção assintomática dificultam o controle da infecção. Entretanto, a infecção induz imunidade duradoura. Portanto, o melhor modo de prevenir a mononucleose infecciosa é a exposição ao vírus em fase precoce da vida, porque a doença é mais benigna em crianças.

Citomegalovírus

O CMV é um patógeno humano comum, infectando aproximadamente 1% de todos os recém-nascidos e pelo menos 50 a 80% dos adultos até os 40 anos. É a causa viral mais comum de **defeitos congênitos** com 1 em cada 150 recém-nascidos infectados e 1 em cada 750 recém-nascidos apresenta ou desenvolverá incapacidades permanentes em decorrência da doença congênita por CMV. Embora geralmente cause doença leve ou assintomática em crianças e adultos, o CMV é importante, sobretudo como **patógeno oportunista em pacientes imunocomprometidos**.

ESTRUTURA E REPLICAÇÃO

O CMV é membro da subfamília Betaherpesvirinae e tem o maior genoma dos HHVs. Apenas um quarto de seus genes é necessário para a replicação, enquanto a maioria dos outros genes manipula as interações do hospedeiro e a resposta imunológica. Ao contrário da definição tradicional de um vírus, afirmando que uma partícula de vírion contém DNA ou RNA, o CMV transporta mRNAs específicos para a célula na partícula do vírion para viabilizar a infecção. A replicação do CMV humano ocorre somente em células humanas. Fibroblastos, células epiteliais, granulócitos, macrófagos e outras células são permissivas para a replicação do CMV. A replicação do CMV é muito mais lenta do que a do HSV e o ECP não pode ser observado por 7 a 14 dias. Isto facilitaria o estabelecimento de infecção latente em células-tronco mieloides, monócitos, linfócitos, células estromais da medula óssea ou outras células.

PATOGÊNESE E IMUNIDADE

O CMV é um parasita e que estabelece prontamente infecções persistentes e latentes em vez de infecções líticas extensas (Boxe 43.11). O CMV é altamente associado à célula e é propagado pelo corpo dentro das células infectadas, principalmente linfócitos e leucócitos. O vírus se torna latente em células progenitoras hematopoéticas na medula óssea e em monócitos. O vírus é reativado em condições de imunossupressão (p. ex., corticosteroides, infecção pelo HIV) e possivelmente por estímulo alogênico (ou seja, a resposta do hospedeiro a células transplantadas ou obtidas por transfusão) e se replica em epitélios ductais para ser excretado na saliva, na urina, no leite materno, no sêmen e em outros líquidos corporais. **O CMV é excretado esporadicamente ao longo da vida.**

A imunidade mediada por células é essencial para a resolução e o controle da infecção por CMV. Entretanto, o

Tabela 43.4 Perfil sorológico na infecção pelo vírus Epstein-Barr.

	Mononucleose	Anticorpos heterófilos	ANTICORPOS ESPECÍFICOS PARA EBV				Comentário
			VCA-IgM	VCA-IgG	EA	EBNA	
Suscetível	–	–	–	–	–	–	Anticorpo heterófilo presente na fase precoce da doença, anticorpos anti-VCA e anti-MA presentes durante a doença, enquanto o anti-EBNA é observado apenas durante a convalescença
Infecção primária aguda	+	+	+	+	±	–	
Infecção primária crônica	–	–	–	+	+	–	
Infecção prévia	–	–	–	+	–	+	
Infecção por reativação	–	–	–	+	+	+	
Linfoma de Burkitt	–	–	–	+	+	+	
Carcinoma nasofaríngeo	–	–	–	+	+	+	

EA, antígeno precoce; *EBNA*, antígeno nuclear do vírus Epstein-Barr; *IgG*, imunoglobulina G; *IgM*, imunoglobulina M; *MA*, antígeno de membrana; *VCA*, antígeno do capsídio viral. (Modificada de Balows, A., Hausler, W.J., Lennette, E.H. (Eds.), 1988. Laboratory Diagnosis of Infectious Diseases: Principles and Practices. Springer-Verlag, New York, NY.)

CMV é um especialista em evasão imunológica e tem vários meios para se evadir das respostas inatas e imunes. O vírus inibe a apresentação do antígeno tanto para os linfócitos T CD8 citotóxicos quanto para os linfócitos T CD4, impedindo a expressão de moléculas de MHC I na superfície da célula e interferindo na expressão de moléculas do MHC II induzida por citocinas, em células apresentadoras de antígeno (incluindo as células infectadas). Uma proteína viral também bloqueia o ataque de células infectadas pelo CMV por células NK. De maneira similar ao EBV, o CMV também codifica um análogo de IL-10 que inibiria as respostas imunes protetoras dos linfócitos TH1.

O CMV é comumente encontrado em muitas crianças e adultos e pode ser reativado ao longo da vida, causando respostas inflamatórias e imunes transitórias, e ao mesmo tempo influenciando a saúde do indivíduo. O CMV é considerado um cofator para meduloblastoma, leucemia e outras doenças (Caso Clínico 43.3).

EPIDEMIOLOGIA E SÍNDROMES CLÍNICAS

Na maioria dos casos, o CMV se replica e é excretado sem causar sinais/sintomas (Tabela 43.5). Ativação e replicação do CMV nos rins e glândulas secretoras promovem sua secreção na urina e nas secreções corporais. O CMV pode ser isolado de urina, sangue, lavados de orofaringe, saliva, lágrimas, leite materno, sêmen, fezes, líquido amniótico, secreções vaginais e cervicais, além de tecidos obtidos para transplante (Boxe 43.12 e Tabela 43.6). O vírus pode ser transmitido para outros indivíduos via transfusões de sangue e transplantes de órgãos. As vias congênitas, orais e sexuais, transfusão de sangue e transplante de tecidos são os principais meios pelos quais o CMV é transmitido. A doença causada pelo CMV é oportunista, que raramente causa sinais/sintomas no hospedeiro imunocompetente, mas provoca doenças graves em pessoas imunossuprimidas ou imunodeficientes, como um paciente com AIDS ou um recém-nascido (Figura 43.16).

Infecção congênita

O CMV é a causa viral mais prevalente das doenças congênitas. Aproximadamente 15% dos natimortos estão infectados por CMV. Quase 1% de todos os recém-nascidos nos EUA é infectado por CMV antes do parto e uma grande porcentagem de recém-nascidos/lactentes é infectada durante os primeiros meses de vida. Destes, 80% liberam CMV por longos períodos com até 25% deles com déficits auditivos, visuais e de QI que se desenvolvem ao longo do tempo.

Caso Clínico 43.3 Papel do citomegalovírus no meduloblastoma

CMV é encontrado em uma grande porcentagem de meduloblastomas, que é o tumor cerebral maligno mais comum em crianças. Em um estudo sobre esses tumores, descrito por Baryawno et al. (*J Clin Invest* 121:4043–4055, 2011), CMV induziu inflamação e promoveu a produção de interleucina-6, fator de crescimento endotelial vascular e prostaglandina E2, que promovem o crescimento de células do meduloblastoma. O tratamento com ganciclovir e um anti-inflamatório não esteroide (AINE) interrompeu o crescimento dessas células.

CMV, citomegalovírus.

Boxe 43.11 Mecanismos patológicos do citomegalovírus.

Adquirido de sangue, de tecidos e de muitas secreções corporais.
Causa infecção produtiva de macrófagos, células epiteliais e outras células.
Estabelece latência em células-tronco hematopoéticas e monócitos
A imunidade mediada por células é necessária para a resolução e a manutenção de latência e contribui para os sinais/sintomas.
O papel dos anticorpos é limitado.
A supressão da imunidade mediada por células possibilita recorrência e doença grave.
O CMV geralmente causa infecção subclínica.

CMV, citomegalovírus.

Tabela 43.5 Fontes de infecção por citomegalovírus.

Grupo etário	Fonte
Neonato	Transmissão transplacentária, infecções intrauterinas, secreções cervicais
Lactente ou criança	Secreções corporais: leite materno, saliva, lágrimas, urina
Adulto	Transmissão sexual (sêmen), transfusão de sangue, transplante de órgãos

> **Boxe 43.12** Epidemiologia das infecções pelo citomegalovírus.
>
> Doenças/fatores virais
> O vírus causa infecções por toda a vida.
> A doença recorrente é fonte de contágio.
> O vírus causa excreção assintomática.
>
> **Transmissão**
>
> A transmissão ocorre via sangue, transplantes de órgãos e todas as secreções (urina, saliva, sêmen, secreções cervicais, leite materno e lágrimas).
> O vírus é transmitido por via oral, contato sexual, em transfusões de sangue, em transplantes de tecidos, aquisição *in utero*, ao nascimento e na amamentação.
>
> **Quem corre risco?**
>
> Fetos/recém-nascidos.
> Recém-nascidos de mulheres que apresentam soroconversão durante o termo correm alto risco de defeitos congênitos.
> Pessoas sexualmente ativas.
> Receptores de transfusão de sangue e transplante de órgãos.
> Vítimas de queimaduras.
> Indivíduos imunocomprometidos: doença sintomática e recorrente.
>
> **Geografia/sazonalidade**
>
> O vírus é encontrado em todo o mundo.
> Não há incidência sazonal.
>
> **Modos de controle**
>
> Existem medicamentos antivirais disponíveis para doenças graves.
> Triagem de potenciais doadores de sangue e de órgãos para detecção do citomegalovírus reduz a transmissão do patógeno.

Tabela 43.6 Síndromes causadas pela infecção por citomegalovírus.

Tecido	Crianças/adultos	Pacientes imunocomprometidos
Apresentação clínica predominante	Assintomática	Doença disseminada, doença grave
Olhos	–	Retinite
Pulmões	–	Pneumonia, pneumonite
Sistema digestório	–	Esofagite, colite
Sistema nervoso	Polineurite, mielite	Meningite e encefalite, mielite
Sistema linfoide	Síndrome da mononucleose, síndrome pós-transfusão	Leucopenia, linfocitose
Órgãos principais	Cardite[a], hepatite[a]	Hepatite
Neonatos	Surdez, calcificação intracerebral, microcefalia, retardo mental	–

[a]Complicação da mononucleose ou síndrome pós-transfusão.

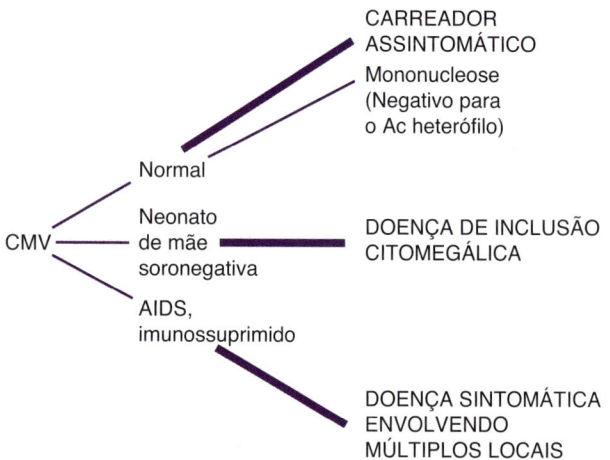

Figura 43.16 Desfechos das infecções por citomegalovírus (CMV). O prognóstico de infecção pelo CMV depende consideravelmente do estado imunológico do paciente. *Ac*, anticorpo; *AIDS*, síndrome da imunodeficiência adquirida.

O CMV é a causa infecciosa mais comum de perda auditiva congênita nos EUA, além de perda de visão e retardo mental, que também são consequências comuns de infecção congênita por CMV. Aproximadamente 1/10 mil nascidos vivos apresenta **doença de inclusão citomegálica**. Sinais da doença incluem tamanho pequeno, trombocitopenia, microcefalia, calcificação intracerebral, icterícia, hepatoesplenomegalia e erupções cutâneas. O risco de defeitos congênitos graves é extremamente alto para recém-nascidos de mulheres que tiveram infecções primárias por CMV durante suas gestações.

Os fetos são infectados pelo vírus existente no sangue da mãe (infecção primária) ou por vírus ascendente a partir do colo uterino (após recidiva). A infecção congênita por CMV é mais bem documentada pelo isolamento do vírus a partir da urina do recém-nascido durante a primeira semana de vida.

Infecção perinatal

Nos EUA, aproximadamente 60% das gestantes estão infectadas por CMV quando chegam ao termo e provavelmente apresentam reativação do vírus durante a gravidez. Aproximadamente metade dos neonatos de uma mãe infectada contraem a infecção por CMV e se tornam excretores do vírus com 3 a 4 semanas de idade. Os neonatos também podem contrair CMV do leite materno ou do colostro. A infecção perinatal não causa doença clinicamente evidente em recém-nascidos a termo saudáveis. Infecção clínica significativa pode ocorrer em prematuros que contraem CMV a partir de transfusão sanguínea, geralmente resultando em pneumonia e hepatite.

Infecção em crianças e adultos

Aproximadamente 40% dos adolescentes estão infectados por CMV, mas este número aumenta para 50 a 85% dos adultos nos EUA até os 40 anos. O CMV é mais frequente em pessoas de classe socioeconômica mais baixa que vivem em condições de aglomeração e em pessoas que vivem em países em desenvolvimento. O CMV é uma **infecção sexualmente transmissível** (IST) e 90 a 100% dos pacientes que foram atendidos em clínicas de IST estão infectados. O título do CMV no sêmen é o mais elevado de todas as secreções corporais.

Embora a maioria das infecções por CMV contraída por adultos jovens seja assintomática, os pacientes podem apresentar uma **síndrome de mononucleose negativa para anticorpos heterófilos**. Os sinais/sintomas da doença por CMV são semelhantes àqueles encontrados na infecção por EBV, mas com faringite menos grave e linfadenopatia (ver Figura 43.16). Embora as células infectadas por CMV promovam o crescimento intenso de linfócitos T (linfocitose atípica) semelhante ao observado na infecção por EBV, não há anticorpos heterófilos. Como o CMV não infecta, não estimula nem ativa os linfócitos B, não existem anticorpos heterófilos. A doença por CMV deve ser suspeitada em pacientes com mononucleose negativa para anticorpos heterófilos ou com sinais de hepatite, mas os resultados dos testes para hepatites A, B, e C são negativos.

Transmissão por transfusão e transplante

A transmissão de CMV pelo sangue resulta na maioria das vezes em uma infecção assintomática; se houver sinais/sintomas, eles tipicamente se assemelham aos da mononucleose. Febre, esplenomegalia e linfocitose atípica geralmente iniciam em 3 a 5 semanas após a transfusão. Pneumonia e hepatite leve também podem ocorrer. O CMV inclusive pode ser transmitido por transplante de órgãos (p. ex., rins, medula óssea) e a infecção é frequentemente reativada em receptores de transplante durante os períodos de intensa imunossupressão.

Infecção no hospedeiro imunocomprometido

O CMV é um agente infeccioso oportunista importante. Em indivíduos imunocomprometidos, causa doenças primárias sintomáticas ou recorrentes (ver Tabela 43.6).

A doença pulmonar causada por CMV (**pneumonia e pneumonite**) é um desfecho comum em pacientes imunossuprimidos e pode ser fatal se não for tratada. O CMV frequentemente causa **retinite, colite ou esofagite** em pacientes que são gravemente imunodeficientes (p. ex., pacientes com AIDS). Pneumonia intersticial e encefalite também podem ser causadas por CMV, mas às vezes são difíceis de distinguir de infecções causadas por outros agentes oportunistas. A esofagite por CMV pode mimetizar a candidíase esofágica. Uma porcentagem menor de pacientes imunocomprometidos pode desenvolver infecção do sistema digestório por CMV. Pacientes com colite em decorrência de infecção por CMV geralmente apresentam diarreia, perda de peso, anorexia e febre. A terapia anti-HIV efetiva reduziu a incidência dessas doenças.

O CMV também é responsável pelo **fracasso de muitos transplantes renais**. O enxerto pode não resistir à replicação do vírus ou às respostas imunes citolíticas aos antígenos virais. O CMV também pode infectar o hospedeiro imunossuprimido.

DIAGNÓSTICO LABORATORIAL

Histologia

A característica histológica da infecção por CMV é a **célula citomegálica** que é uma **célula aumentada de tamanho** (25 a 35 mm de diâmetro) que contém um **corpúsculo de inclusão intranuclear basofílico** denso, **central, em "olho de coruja"** (Figura 43.17 e Tabela 43.7). Essas células infectadas podem ser encontradas em qualquer tecido do corpo e na urina e considera-se que tenha origem epitelial. As inclusões são prontamente visualizadas com a coloração de Papanicolaou ou de hematoxilina-eosina.

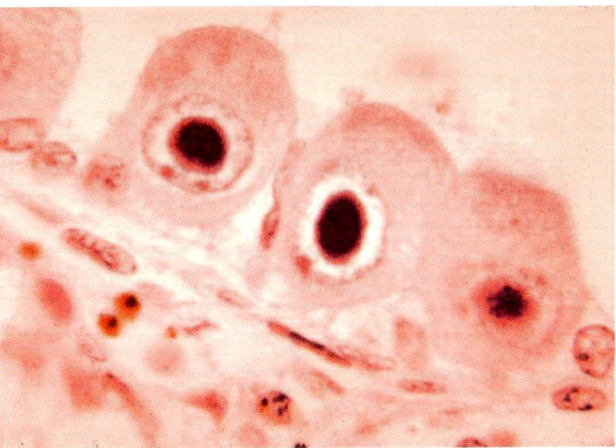

Figura 43.17 Célula infectada pelo citomegalovírus com corpúsculo de inclusão nuclear basofílico.

Tabela 43.7 Exames laboratoriais para o diagnóstico de infecção por citomegalovírus.

Exames	Achado
Citologia e histologia[a]	Corpúsculo de inclusão nuclear basofílico em "olho de coruja" Detecção de antígeno Hibridização *in situ* com sonda de DNA PCR[b]
Cultura celular	Efeito citológico em fibroblastos diploides humanos (lento) Imunofluorescência para detecção de antígenos precoces (mais rápida) PCR (o ensaio mais rápido)
Sorologia	Apenas para infecção primária

[a]Amostras coletadas para análise incluem urina, saliva, sangue, lavado broncoalveolar e biopsia tecidual.
[b]Abordagem mais aceita.
PCR, reação em cadeia da polimerase.

Detecção de antígeno e genoma

Um diagnóstico rápido e sensível pode ser obtido pela detecção de antígeno viral, usando imunofluorescência ou um ELISA, ou o genoma viral, utilizando PCR e técnicas relacionadas em células de amostras derivadas de biopsia, sangue, lavado broncoalveolar ou urina (ver Capítulo 5). Distinção do CMV ativo do CMV latente exige detecção de mRNA do CMV ou grandes quantidades de DNA em sangue.

Cultura

O CMV é cultivado em fibroblastos diploides e habitualmente tem de ser mantido durante pelo menos 4 a 6 semanas porque o ECP característico se desenvolve muito lentamente nas amostras com títulos muito baixos do vírus. O isolamento do CMV é principalmente confiável em pacientes imunocomprometidos, que frequentemente apresentam altos títulos do vírus nas secreções. Por exemplo, no sêmen de pacientes com AIDS, títulos de vírus viáveis podem ser maiores do que 10^6.

Resultados mais rápidos são obtidos por centrifugação de uma amostra do paciente em células cultivadas em lamínula no fundo de um tubo de vidro (*shell vial*[3]). As amostras

---
[3]N.R.T.: *Shell vial* é uma modificação da técnica convencional de cultura de células para detecção rápida de vírus *in vitro*.

são examinadas após 1 a 2 dias de incubação por imunofluorescência indireta à procura de um ou mais dos antígenos precoces imediatos do vírus.

Sorologia

A soroconversão é geralmente um excelente marcador de infecção primária por CMV. Os títulos de anticorpos IgM CMV-específicos podem ser muito altos em pacientes com AIDS. No entanto, o anticorpo IgM CMV-específico também pode se desenvolver durante a reativação do CMV; portanto, não é um indicador confiável de infecção.

TRATAMENTO, PREVENÇÃO E CONTROLE

Ganciclovir (di-hidroxipropoximetil guanina), **valganciclovir** (éster valil do ganciclovir), **cidofovir** e **foscarnet** (ácido fosfonofórmico) foram aprovados pela U.S. Food and Drug Administration (FDA) para o tratamento de doenças específicas resultantes de infecções por CMV em pacientes imunossuprimidos (ver Boxe 43.5). Ganciclovir é estruturalmente semelhante ao ACV; é fosforilado e ativado por uma proteinoquinase codificada por CMV, inibe a DNA polimerase viral e causa a terminação do DNA (ver Capítulo 40). O ganciclovir é mais tóxico que o aciclovir (ACV). Ganciclovir pode ser prescrito para infecções graves por CMV em pacientes imunocomprometidos. Valganciclovir é um pró-fármaco de ganciclovir que pode ser administrado por via oral, é convertido em ganciclovir no fígado e tem melhor biodisponibilidade do que o ganciclovir. Cidofovir é um análogo do nucleosídio citidina fosforilado que não precisa de enzima viral para ativação. O foscarnet é uma molécula simples que inibe a DNA polimerase do vírus mimetizando a porção pirofosfato de nucleotídios trifosfatos.

O CMV se espalha principalmente por contato sexual, transplante de tecidos e transfusão; e a propagação por estes meios é evitável. O sêmen é um vetor importante para a propagação sexual do CMV para contatos heterossexuais e homossexuais. O uso de preservativos ou abstinência sexual limitaria a propagação viral. A transmissão do vírus também pode ser reduzida por triagem de potenciais doadores de sangue e órgãos para detecção de soronegativos para o CMV. A triagem é especialmente importante para os doadores de transfusões sanguíneas a ser realizadas em lactentes. Embora a transmissão congênita e perinatal de CMV não possa ser efetivamente evitada, é pouco provável que uma gestante soropositiva tenha um filho com doença sintomática por CMV. Não existe vacina contra o CMV.

Herpes-vírus humano 6 e 7

As duas variantes de HHV-6, HHV-6A e HHV-6B, além de HHV-7, são membros do gênero Roseolovirus da subfamília Betaherpesvirinae. O HHV-6 foi isolado pela primeira vez do sangue de pacientes com AIDS e cresceu em culturas de linfócitos T. Ele foi identificado como herpes-vírus em razão de sua morfologia característica dentro das células infectadas. Semelhante ao CMV, o HHV-6 é linfotrópico e onipresente. Pelo menos 45% da população é soropositiva para HHV-6B e HHV-7 até 2 anos e quase 100% na idade adulta. O HHV-6B e HHV-7 causam uma doença comum em crianças, o **exantema súbito**, comumente conhecido como **roséola**. O HHV-7 foi isolado de maneira semelhante em linfócitos T de um paciente com AIDS que também foi infectado pelo HHV-6.

PATOGÊNESE E IMUNIDADE

A infecção pelo HHV-6 ocorre muito cedo na vida. O vírus promove a replicação na glândula salivar, é excretado e é transmitido na saliva.

O HHV-6 infecta principalmente linfócitos, sobretudo linfócitos T CD4. O HHV-6 estabelece uma infecção latente em células progenitoras hematopoéticas e linfócitos T, mas pode se replicar durante a ativação das células. As células em que o vírus está se replicando são grandes e refráteis e contêm corpúsculos de inclusão intranucleares e intracitoplasmáticos. Semelhante à replicação de CMV, a replicação de HHV-6 é controlada pela imunidade celular. Similar ao CMV, é provável que o vírus se torne ativado em pacientes com AIDS ou outros distúrbios linfoproliferativos e imunossupressores e cause doença oportunista.

SÍNDROMES CLÍNICAS

O exantema súbito ou roséola é causado por HHV-6B ou HHV-7 e é um dos cinco exantemas clássicos da infância, anteriormente mencionado (Boxe 43.13 e Figura 43.18). Caracteriza-se pelo rápido início de febre alta com alguns dias de duração, seguido por erupção cutânea no tronco e na face, e depois se espalha e dura apenas 24 a 48 horas. Os linfócitos T infectados ou a ativação de linfócitos T induzidos pela hipersensibilidade do tipo tardio na pele pode ser a causa da erupção cutânea. A doença é efetivamente controlada e resolvida pela imunidade celular, mas o vírus estabelece uma infecção latente duradoura dos linfócitos T. Embora geralmente benigno, o HHV-6 é a causa mais comum de convulsões febris na infância (de 6 a 24 meses de idade).

O HHV-6 também pode causar uma síndrome de mononucleose e linfadenopatia em adultos e pode ser um cofator na patogênese da AIDS. Semelhante ao CMV, HHV-6A e HHV-6B podem reativar em pacientes transplantados e contribuir para a falha do enxerto. HHV-6A e HHV-6B também estão associados à esclerose múltipla, doença de Alzheimer e síndrome da fadiga crônica. A infecção causada por HHV-6 ou a reativação também está associada à síndrome da reação medicamentosa com eosinofilia e sinais/sintomas sistêmicos (DRESS, do inglês *drug reaction with eosinofilia and systemic symptoms*).

Em aproximadamente 1% dos indivíduos nos EUA e no Reino Unido, HHV-6 está integrado aos telômeros de todos os cromossomos e pode ser transmitido geneticamente à descendência. O vírus pode ser reativado por alguns medicamentos (incluindo antibacterianos e esteroides), replicar e causar fadiga, disfunção cognitiva e outras manifestações.

Outros herpes-vírus humanos

HERPES-VÍRUS HUMANO 8 (HERPES-VÍRUS ASSOCIADO AO SARCOMA DE KAPOSI)

Sequências de DNA do **HHV-8** foram descobertas em amostras de biopsia do **sarcoma de Kaposi, linfoma de efusão**

Boxe 43.13 Resumos clínicos.

Herpes-vírus simples

Herpes oral primário: um menino de 5 anos apresenta erupção cutânea ulcerativa com vesículas ao redor da boca. Vesículas e úlceras também são encontradas na cavidade oral. No esfregaço de Tzanck foram encontradas células gigantes multinucleadas (sincícios) e corpúsculos de inclusão de Cowdry do tipo A. As lesões regridiram após 18 dias.

HSV oral recorrente: um estudante de Medicina de 22 anos sentiu uma pontada na borda avermelhada do lábio enquanto revia a matéria para uma prova, e 24 horas depois observou-se uma única lesão vesicular no local.

HSV genital recorrente: mulher sexualmente ativa de 32 anos apresenta lesões vaginais ulcerosas de repetição, com dor, prurido, disúria e sinais/sintomas sistêmicos 48 horas após ser exposta à luz ultravioleta B durante a prática de esqui. As lesões regridem em 8 dias. No esfregaço de Papanicolaou foram encontrados células gigantes multinucleadas (sincícios) e corpúsculos de inclusão de Cowdry do tipo A.

Encefalite por HSV: um paciente tem sinais/sintomas neurológicos focais e convulsões. A ressonância magnética revela destruição de um lobo temporal. Eritrócitos são encontrados no líquido cerebrospinal e a reação em cadeia da polimerase é positiva para o DNA viral.

Vírus varicela-zóster

Varicela (catapora): um menino de 5 anos desenvolve febre e erupção cutânea maculopapular em seu abdome 14 dias após encontro com seu primo, que também desenvolveu a erupção cutânea. Sucessivos grupos de lesões se manifestam por 3 a 5 dias e a erupção na pele se propaga centrifugamente.

Herpes-zóster: mulher de 65 anos apresenta vesículas ao longo do dermátomo torácico e sente dor intensa localizada nessa região.

Vírus Epstein-Barr

Mononucleose infecciosa: um universitário de 23 anos desenvolve mal-estar, fadiga, febre, linfadenopatia e faringite. Após tratamento empírico com ampicilina para dor de garganta, uma erupção cutânea aparece. Anticorpos heterófilos e linfócitos atípicos são detectados nas amostras de sangue.

Citomegalovírus

Doença congênita por CMV: um recém-nascido apresenta microcefalia, hepatoesplenomegalia e erupção cutânea. Observa-se calcificação intracerebral no exame radiográfico. A mãe apresentou sintomas semelhantes à mononucleose durante o terceiro trimestre de sua gravidez.

Herpes-vírus humano 6

Roséola (exantema súbito): uma criança de 4 anos apresenta início rápido de febre alta que dura 3 dias e depois retorna subitamente ao normal. Dois dias depois, uma erupção cutânea maculopapular aparece no tronco e se espalha para outras partes do corpo.

CMV, citomegalovírus; HSV, herpes-vírus simples.

Figura 43.18 Evolução temporal dos sinais/sintomas de exantema súbito (roséola) causado pelo herpes-vírus humano 6 *(HHV-6)*. Compare estes sintomas e o curso temporal com os da quinta doença, que é causada pelo parvovírus B19 (ver Capítulo 45).

O sarcoma de Kaposi é uma das doenças oportunistas características associadas à AIDS. Análise da sequência do genoma mostrou que o vírus era singular e um membro da subfamília Gammaherpesvirinae. Semelhante ao EBV, o linfócito B é a célula-alvo principal do HHV-8, mas o vírus também infecta um número limitado de células endoteliais e monócitos, além de células epiteliais e células nervosas sensoriais. Células endoteliais fusiformes contendo o vírus são encontradas nas massas do sarcoma de Kaposi.

O HHV-8 codifica várias proteínas que se assemelham a proteínas humanas e promovem o crescimento e previnem a apoptose das células infectadas e das células circundantes. Essas proteínas incluem um homólogo de IL-6 (crescimento e antiapoptose), um análogo de Bcl-2 (antiapoptose), quimiocinas e um receptor de quimiocina. Essas proteínas promovem o crescimento e o desenvolvimento de células policlonais do sarcoma de Kaposi em pacientes com AIDS e outros. O DNA do HHV-8 está presente e está associado aos linfócitos do sangue periférico, mais provavelmente células B, em aproximadamente 10% das pessoas imunocompetentes. HHV-8 é mais prevalente em algumas áreas geográficas (Itália, Grécia, África) e em pacientes com AIDS. O sarcoma de Kaposi é o câncer mais comum na África Subsaariana. É mais provável que o vírus seja transmitido por contato sexual, mas pode ser disseminado por outros meios.

O **herpes-vírus símio (vírus B)** (subfamília Alphaherpesvirinae, o equivalente símio do HSV) é originado de macacos asiáticos. O vírus é transmitido aos humanos por mordidas ou saliva de macacos ou mesmo por tecidos e células amplamente utilizadas em laboratórios de virologia. Uma vez infectado, um ser humano pode manifestar dor, vermelhidão localizada e vesículas no local onde o vírus penetrou. Encefalopatia se desenvolve e é frequentemente fatal; muitos indivíduos que sobrevivem apresentam graves danos cerebrais. Os testes de PCR ou sorológicos podem ser usados para estabelecer o diagnóstico de infecções pelo vírus B. O isolamento do vírus demanda instalações especiais.

Bibliografia

Burrell, C., Howard, C., Murphy, F., 2016. Fenner and White's Medical Virology, fifth ed. Academic, New York.
Cohen, J., Powderly, W.G., 2004. Infectious Diseases, second ed. Mosby, St Louis.
Flint, S.J., Racaniello, V.R., et al., 2015. Principles of Virology, fourth ed. American Society for Microbiology Press, Washington, DC.
Knipe, D.M., Howley, P.M., 2013. Fields Virology, sixth ed. Lippincott Williams & Wilkins, Philadelphia.
Mandell, G.L., Bennet, J.E., Dolin, R., 2015. Principles and Practice of Infectious Diseases, eighth ed. Saunders, Philadelphia.
McGeoch, D.J., 1989. The genomes of the human herpesviruses: contents, relationships, and evolution. Annu. Rev. Microbiol. 43, 235–265.
Richman, D.D., Whitley, R.J., Hayden, F.G., 2017. Clinical Virology, fourth ed. American Society for Microbiology Press, Washington, DC.
Riddell, A., Jeffery-Smith, A., Tong CYT. Herpesviruses, *Medicine* 45:12, 767–771

primário ou linfoma primário de cavidade[4] (um tipo raro de linfoma de células B) e **doença de Castleman multicêntrica** a partir da análise por PCR.

---

[4]N.R.T.: Ver o periódico Pneumologia Paulista (da Sociedade Paulista de Pneumologia e Tisiologia, outubro de 2018) em https://pneumologiapaulista.org.br/wp-content/uploads/2018/10/PP16102018.pdf.

Strauss, J.H., Strauss, E.G., 2007. Viruses and Human Disease, second ed. Academic, San Diego.

Herpes-vírus simples

Animations of steps of HSV infection and replication (website): http://darwin.bio.uci.edu/~faculty/wagner/movieindex.html. Accessed July 25, 2018.

Genital herpes Cdc fact sheet https://www.cdc.gov/std/herpes/stdfact-herpes.htm. Accessed July 25, 2018.

Arduino, P.G., Porter, S.R., 2008. Herpes simplex virus type 1 infection: overview on relevant clinico-pathological features. J. Oral. Pathol. Med. 37, 107–121.

Beauman, J.G., 2005. Genital herpes: a review. Am. Fam. Physician. 72, 1527–1534.

Kimberlin, D.W., 2004. Neonatal herpes simplex virus infection. Clin. Microbiol. Rev. 17, 1–13.

Rouse, B.T., 1992. Herpes Simplex Virus: Pathogenesis, Immunobiology and Control, Current Topics in Microbiology and Immunology, vol. 179. Springer-Verlag, Berlin, New York.

Vírus varicela-zóster

Abendroth, A., et al., 2010. Varicella-Zoster Virus Infections, Curr Top Microbiol Immunol, vol. 342. Springer-Verlag, Berlin, Heidelberg.

Chia-Chi Ku, V., Besser, J., Abendroth, A., 2005. Varicella-zoster virus pathogenesis and immunobiology: new concepts emerging from investigations with the SCIDhu mouse model. J. Virol. 79, 2651–2658.

Gnann, J.W., Whitley, R.J., 2002. Herpes zoster. N. Engl. J. Med. 347, 340–346.

Vírus Epstein-Barr

Basgoz, N., Preiksaitis, J.K., 1995. Post-transplant lymphoproliferative disorder. Infect. Dis. Clin. North. Am. 9, 901–923.

Bennett, N.J., 2017. Pediatric Mononucleosis and Epstein-Barr Virus Infection. https://emedicine.medscape.com/article/963894-overview#a1.

Munz, C., 2015. Epstein Barr Virus Volumes 1 and 2. Curr. Topic. Microbiol. Immunol. 390, 391. https://doi.org/10.1007/978-3-319-22834-1. 2015, ISBN 978-3-319-22834-1.

Sugden, B., 1992. EBV's open sesame. Trends. Biochem. Sci. 17, 239–240.

Takada, K., 2001. Epstein-Barr Virus and Human Cancer, Current Topics in Microbiology and Immunology, vol. 258. Springer-Verlag, New York.

Thorley-Lawson, D.A., 1996. Epstein-Barr virus and the B cell: that's all it takes. Trends. Microbiol. 4, 204–208.

Thorley-Lawson, D.A., Babcock, G.J., 1999. A model for persistent infection with Epstein-Barr virus: the stealth virus of human B cells. Life. Sci. 65, 1433–1453.

Citomegalovírus e herpes-vírus humanos 6, 7 e 8

Bigoni, B., Dolcetti, R., de Lellis, L., et al., 1996. Human herpesvirus 8 is present in the lymphoid system of healthy persons and can reactivate in the course of AIDS. J. Infect. Dis. 173, 542–549.

Campadelli-Fiume, G., Mirandoa, P., Menotti, L., 1999. Human herpesvirus 6: an emerging pathogen. Emerg. Infect. Dis. 5, 353–366. Website: www.cdc.gov/ncidod/eid/vol5no3/campadelli. Accessed May 14, 2012.

CDC home page on CMV (website): www.cdc.gov/cmv/index.html. Accessed July 25, 2018.

De Bolle, L., Naesens, L., De Clercq, E., 2005. Update on human herpesvirus 6 biology, clinical features, and therapy. Clin. Microbiol. Rev. 18, 217–245.

Edelman, D.C., 2005. Human herpesvirus 8–a novel human pathogen. Virol J 2, 78–110.

Flamand, L., Komaroff, A.L., Arbuckle, J.H., et al., 2010. Review, part 1: human herpesvirus-6–basic biology, diagnostic testing, and antiviral efficacy. J. Med. Virol. 82, 1560–1568.

Gnann, J.W., Pellett, P.E., Jaffe, H.W., 2000. Human herpesvirus 8 and Kaposi sarcoma in persons infected with human immunodeficiency virus. Clin. Infect. Dis. 30, S72–S76.

HHV-6 Foundation (website): http://hhv-6foundation.org/. Accessed July 25, 2018.

Integrated HHV-6 (website): http://hhv-6foundation.org/wp-content/uploads/2011/12/Pellett-2011-CIHHV-6-Q-A.pdf. Accessed July 25, 2018.

Picarda, G., Benedict, C.A., 2018. Cytomegalovirus: shape-shifting the immune system. J. Immunol. 200, 3881–3889. https://doi.org/10.4049/jimmunol.1800171.

Salvaggio MR: Human herpesvirus type 6 (website). www.emedicine.com/MED/topic1035.htm. Accessed July 25, 2018.

Shenk, T.E., Stinski, M.F., 2008. Human Cytomegalovirus. Springer-Verlag, New York.

Stoeckle, M.Y., 2000. The spectrum of human herpesvirus 6 infection: from roseola infantum to adult disease. Annu. Rev. Med. 51, 423–430.

Turbett, S.E., Tsiaras, W.G., McDermott, S., Eng, G., 2018. HHV6 and DRESS: Case 26-2018: A 48-Year-Old man with fever, chills, myalgias, and rash. N. Engl. J. Med. 379, 775–785. https://doi.org/10.1056/NEJMcpc1807494.

Wyatt, L.S., Frenkel, N., 1992. Human herpesvirus 7 is a constitutive inhabitant of adult human saliva. J. Virol. 66, 3206–3209.

Yamanishi, K., Okuno, T., Shiraki, K., et al., 1988. Identification of human herpesvirus-6 as a causal agent for exanthema subitum. Lancet 1, 1065–1067.

44 Poxvírus

Um pastor de caprinos desenvolve uma grande lesão vesicular em seu dedo indicador.
1. Qual a semelhança entre o vírus orf, que infectou esse indivíduo, e o vírus da varíola?
2. Qual foi a fonte e como foi adquirida?
3. Como a replicação desse vírus é diferente de outros vírus de DNA?
4. Por que foi possível erradicar o vírus da varíola do tipo selvagem?

Mulher de 57 anos que sofre de artrite reumatoide e faz tratamento com antagonista do fator de necrose tumoral (TNF) notou um grande número de pápulas umbilicadas na pele da parte superior das coxas.
5. Quais são as semelhanças e diferenças entre o vírus do molusco contagioso (MCV) e os poxvírus?
6. Qual foi a fonte e como foi adquirida?
7. Quais são as outras condições que aumentam a suscetibilidade a essa infecção e apresentação clínica?

RESUMOS Organismos clinicamente significativos

POXVÍRUS

Palavras-chave

Molusco, varíola, zoonose, vacina com o vírus da vacínia, replicação citoplasmática

Biologia, virulência e doença

- Muito grande, envelopado com morfologia complexa, genoma de DNA linear fundido nas extremidades, o vírus codifica a RNA polimerase dependente de DNA e a DNA polimerase dependente de DNA
- Imunidade mediada por células essencial para o controle
- O molusco contagioso estimula o crescimento celular, promovendo o crescimento de verrugas; infecta apenas seres humanos
- Varíola: lítica, infecta apenas seres humanos, as vesículas aparecem todas no mesmo estágio, agente de bioterrorismo
- Vacínia, orf: vírus líticos, zoonóticos

Epidemiologia

- Varíola transmitida por aerossóis, contato direto; todos os outros são transmitidos apenas por contato

Diagnóstico

- Análise do genoma pela reação em cadeia da polimerase a partir do líquido da lesão

Tratamento, prevenção e controle

- Vírus da vacínia como vacina contra a varíola
- Quarentena

Os poxvírus incluem os vírus humanos da **varíola** (gênero *Orthopoxvirus*), do **molusco contagioso** (gênero *Molluscipoxvirus*) e alguns vírus que **em geral** infectam animais, mas podem causar infecção acidental em seres humanos **(zoonoses)**. Muitos desses vírus compartilham os determinantes antigênicos com o vírus da varíola, possibilitando o uso de um poxvírus animal para a elaboração da vacina humana.

Na Inglaterra do século XVIII, a varíola foi responsável por 7 a 12% de todas as mortes e pelo óbito de um terço das crianças. No entanto, o desenvolvimento da primeira vacina viva em 1796 e a posterior distribuição mundial desse imunizante levou à erradicação da varíola em 1980. Em decorrência disso, dois laboratórios da Organização Mundial da Saúde (OMS) destruíram, em 1996, os estoques de referência do vírus da varíola, após um acordo internacional. Infelizmente, a varíola não foi extinta. Os EUA e a Rússia ainda guardam estoques do vírus. Enquanto o mundo estava eliminando com sucesso a varíola natural, a antiga União das Repúblicas Socialistas Soviéticas (URSS) estava armazenando imensas quantidades de vírus da varíola para guerras biológicas. O vírus da varíola é considerado um agente de *categoria A* pelo U.S. Centers for Disease Control and Prevention (CDC) dos EUA, juntamente com antraz, peste, botulismo, tularemia e febres hemorrágicas virais, em razão do grande potencial desses vírus como agentes de bioterrorismo/guerra biológica, sendo capazes de disseminação em larga escala e doenças graves. O potencial de aquisição e utilização desses estoques de varíola por um terrorista impulsionou novamente o interesse no desenvolvimento de novos programas de vacinação contra a varíola e de fármacos antivirais.

Em uma perspectiva positiva, os vírus da vacínia e da varíola de canários encontraram um uso benéfico como vetores de transporte ou liberação de genes e para o desenvolvimento de vacinas híbridas. Esses vírus híbridos contêm e expressam os genes de outros agentes infecciosos, e a infecção resulta em imunização contra ambos os agentes.

Estrutura e replicação

Os poxvírus são os maiores vírus e são quase visíveis em microscopia óptica (Boxe 44.1). Eles medem 230 × 300 nm e têm formato ovoide ou de tijolos com uma morfologia complexa. O vírion do poxvírus carreia obrigatoriamente muitas enzimas, incluindo o ácido ribonucleico (RNA) polimerase dependente de ácido desoxirribonucleico (DNA), a fim de possibilitar que a síntese de RNA mensageiro (mRNA) viral ocorra no citoplasma. O genoma viral consiste em um DNA linear grande, de fita dupla, que é fundido em ambas as extremidades. A estrutura e a replicação do vírus da vacínia são representativas dos outros poxvírus (Figura 44.1). O genoma do vírus da vacínia tem aproximadamente 189 mil pares de bases.

A replicação dos poxvírus é singular entre os vírus que contêm DNA, de modo que todo o ciclo de multiplicação ocorre dentro do citoplasma da célula hospedeira

(Figura 44.2). Portanto, os poxvírus precisam codificar as enzimas necessárias para a síntese de mRNA e de DNA, além de atividades que outros vírus de DNA normalmente obtêm da célula hospedeira.

Após a ligação a um receptor de superfície celular, o envelope externo do poxvírus se funde com membranas celulares, seja na superfície da célula ou no interior dela. A transcrição de genes precoces é iniciada com a remoção da membrana externa. O núcleo do vírion contém um ativador transcricional específico e todas as enzimas necessárias para a transcrição, incluindo uma RNA polimerase com multissubunidades, bem como enzimas para adição de poliadenilato e do *cap* no mRNA. Entre as proteínas precoces produzidas, uma enzima de desnudamento remove a membrana do núcleo, liberando o DNA viral para o citoplasma da célula. Em seguida, ocorre a replicação do DNA viral em inclusões citoplasmáticas elétron-densas (corpúsculos de inclusão de Guarnieri), referidas como **fábricas**. O mRNA viral tardio para o vírion estrutural e outras proteínas é produzido após a replicação do DNA. Em poxvírus, ao contrário de outros vírus, a montagem das membranas é realizada ao redor das fábricas centrais (*core*). Aproximadamente 10 mil partículas virais são produzidas por célula infectada. Diferentes formas do vírus são liberadas por exocitose ou lise celular, mas ambas são infecciosas.

A infecção pelo MCV continua de maneira semelhante àquela observada em outros poxvírus, mas é restrita aos queratinócitos, estimula o crescimento da célula, impede a apoptose, inibe a inflamação e não é citolítica. Como os papilomavírus humanos (HPV), o vírus é liberado quando o queratinócito amadurece e envelhece.

Patogênese e imunidade

Após ser inalado, o vírus da varíola replica nas vias respiratórias superiores (Figura 44.3). A disseminação ocorre via sistema linfático e viremia associadas à célula. Tecidos internos e derme são inoculados após uma segunda viremia, mais intensa, causando a erupção simultânea de vesículas características. O molusco contagioso e os outros poxvírus, no entanto, são adquiridos por contato com lesões e não se propagam amplamente. O molusco contagioso estimula o crescimento celular e causa uma lesão verruciforme em vez de uma infecção lítica.

Os poxvírus codificam muitas proteínas que facilitam sua replicação e patogênese no hospedeiro. Elas incluem proteínas que inicialmente estimulam o crescimento das células hospedeiras e depois acarretam a lise celular e propagação do vírus.

A imunidade celular é essencial para a resolução da infecção pelo poxvírus. Entretanto, até 30% do genoma dos poxvírus é dedicado a atividades que auxiliam o vírus a escapar do controle pelo sistema imune, incluindo as proteínas que impedem as respostas protetoras da interferona, complemento, inflamatórias, de anticorpos e mediadas por células. Além disso, esses vírus conseguem se propagar de célula para célula e evitar a ação dos anticorpos. Os mecanismos da doença causada pelos poxvírus são resumidos no Boxe 44.2.

Epidemiologia

A varíola e o molusco contagioso são vírus estritamente humanos. A varíola é transmitida por aerossóis e por contato com material da lesão ou por um fômite. O molusco contagioso é disseminado por contato direto (p. ex., contato sexual, luta livre, autoinoculação) ou por fômites (p. ex., toalhas). Por outro lado, os hospedeiros naturais para os outros poxvírus são vertebrados não humanos (p. ex., vaca, ovelha, cabra); apesar disso, apenas infectam seres humanos após exposição acidental ou ocupacional

> **Boxe 44.1** Propriedades singulares dos poxvírus.
>
> Os maiores e mais complexos vírus.
> Apresentam morfologia complexa, com formato ovoide ou de tijolo e estrutura interna.
> Apresenta um genoma de DNA linear, fita dupla, com extremidades fundidas.
> **Vírus de DNA que se replicam no citoplasma.**
> Codificam e carreiam todas as proteínas necessárias para a síntese de mRNA.
> Também codificam proteínas para funções, tais como síntese de DNA, sequestro de nucleotídios e mecanismos de evasão do sistema imune.
> Montagem em corpúsculos de inclusão (corpúsculos de Guarnieri), onde adquirem suas membranas externas.

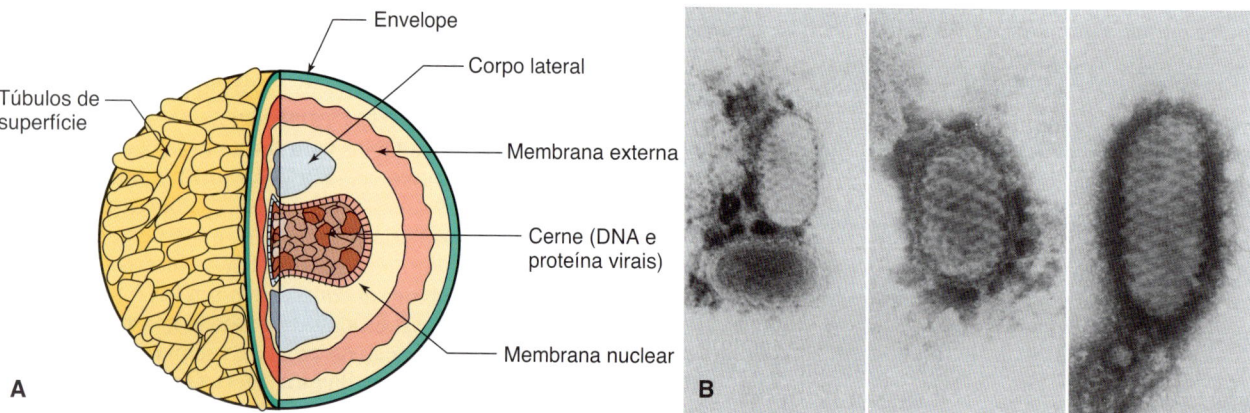

Figura 44.1 **A.** Estrutura do vírus vacínia. No vírion, o cerne adota o formato de um haltere em razão dos grandes corpos laterais. Os vírions têm uma membrana dupla; a montagem da "membrana externa" ocorre ao redor do cerne no citoplasma e o vírus deixa a célula por exocitose ou lise celular. **B.** Micrografias eletrônicas do vírus orf. Observe sua estrutura complexa.

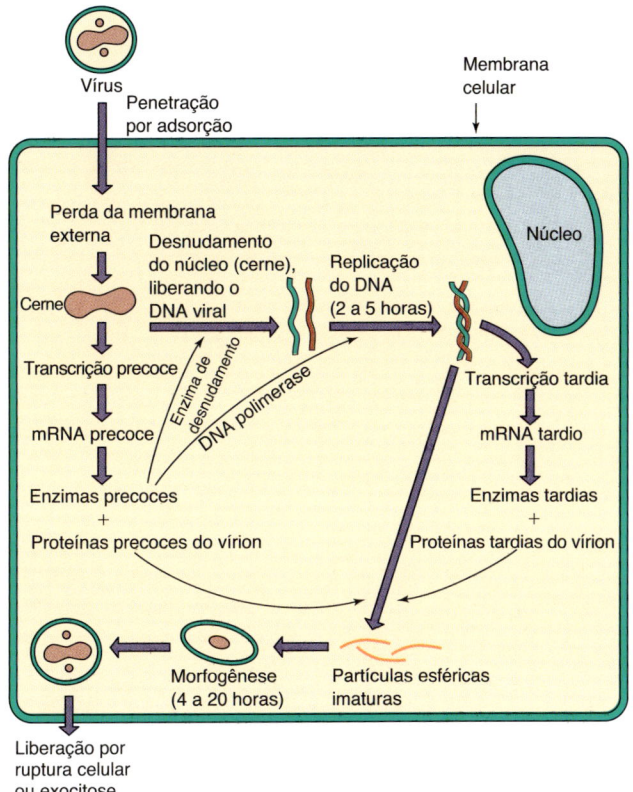

Figura 44.2 Replicação do vírus vacínia. O cerne é liberado para o citoplasma, onde as enzimas do vírion iniciam a transcrição dos genes precoces. Uma enzima de desnudamento codificada pelo vírus causa então a liberação do DNA. A polimerase viral replica o genoma e a transcrição tardia ocorre. O DNA e a proteína são reunidos na membrana do cerne. Uma membrana externa envolve o cerne que contém os corpos laterais e as enzimas necessárias para a infectividade. O vírion é liberado por exocitose ou por lise celular.

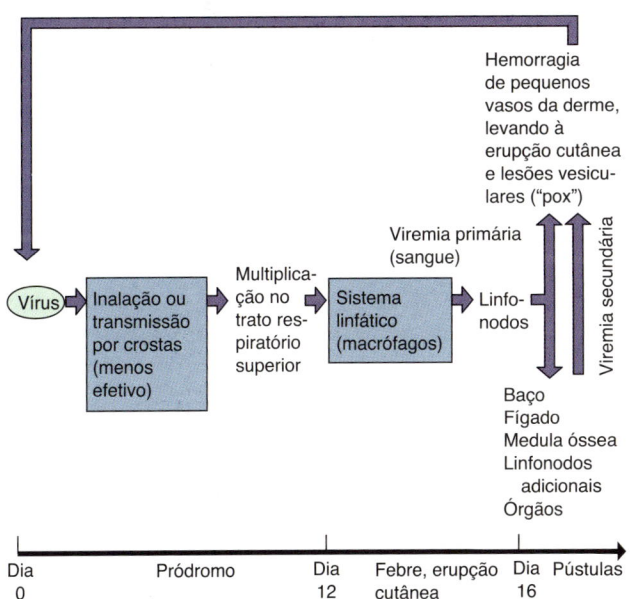

Figura 44.3 Propagação da varíola no interior do corpo. O vírus entra e replica-se no sistema respiratório sem causar sintomas. O vírus infecta macrófagos, que entram no sistema linfático e carreiam o vírus aos linfonodos regionais. Posteriormente, ocorre replicação viral e início da viremia, fazendo com que ocorra a disseminação da infecção para o baço, medula óssea, linfonodos, fígado e todos os órgãos, e depois pela pele (erupção cutânea). Uma viremia secundária causa o desenvolvimento de lesões adicionais em todo o hospedeiro, seguido por morte ou recuperação com ou sem sequelas. A recuperação da varíola está associada à imunidade prolongada e proteção duradoura.

> **Boxe 44.2** Mecanismos patológicos do poxvírus.
>
> - A **varíola** é iniciada pela infecção do sistema respiratório e se propaga principalmente pelo sistema linfático e pela viremia associada à célula.
> - O **molusco contagioso e outros poxvírus** são transmitidos por contato.
> - O vírus pode causar estímulo inicial do crescimento celular e depois lise celular.
> - O vírus codifica mecanismos de evasão imunológica.
> - As imunidades celular e humoral são importantes para a resolução.
> - A maioria dos poxvírus compartilha determinantes antigênicos, possibilitando a preparação de vacinas vivas "seguras" a partir de poxvírus animais.

(zoonose). Um surto recente de varíola de macaco nos EUA é um exemplo disso. Os indivíduos infectados tinham comprado como animais de estimação cães-da-pradaria que tinham estado em contato com ratos gigantes da Gâmbia, a provável fonte do vírus. O ressurgimento da vacinação contra a varíola em militares trouxe consigo incidências de doenças mediadas pela vacina (vacínia) em contactantes.

A varíola era muito contagiosa e, como já observado, era transmitida principalmente pela via respiratória. A disseminação do vírus também ocorria de modo menos eficiente via contato próximo com o vírus desidratado em roupas ou outros materiais. Apesar da gravidade da doença e sua tendência a se espalhar, vários fatores contribuíram para sua eliminação, conforme listado no Boxe 44.3.

> **Boxe 44.3** Propriedades do vírus da varíola natural que levaram à erradicação da doença.
>
> **Características virais**
>
> Gama exclusiva de hospedeiros humanos (sem reservatórios ou vetores animais).
> Sorotipo único (imunização que protege contra todas as infecções).
> Compartilha os determinantes antigênicos com outros poxvírus.
>
> **Características da doença**
>
> Apresentação consistente da doença com pústulas visíveis (a identificação de fontes de contágio possibilitou a quarentena e a vacinação de contatos).
>
> **Vacina**
>
> A imunização com poxvírus animais protege contra a varíola
> Vacina estável, barata e fácil de administrar.
> Presença de cicatriz, indicando uma vacinação bem-sucedida.
>
> **Serviço de saúde pública**
>
> Programa global bem-sucedido da Organização Mundial da Saúde, que combina vacinação e quarentena.

Síndromes clínicas

As doenças associadas ao poxvírus estão listadas na Tabela 44.1.

VARÍOLA

As duas variantes da doença causada pelo vírus da varíola eram a varíola *major* (forma grave), que estava associada a uma taxa de mortalidade de 15 a 40% e a varíola *minor* (forma leve), que estava associada a uma taxa de mortalidade inferior a 1%. A varíola geralmente era iniciada por infecção do sistema respiratório, com posterior envolvimento dos linfonodos locais, que, por sua vez, levava à viremia.

Os sintomas e o curso da doença são apresentados na Figura 44.3 e a erupção cutânea característica é mostrada na Figura 44.4. Após um período de incubação de 5 a 17 dias, a pessoa infectada manifestava febre alta, fadiga, cefaleia intensa, dorsalgia e mal-estar, seguido da erupção vesicular na boca e logo em seguida no corpo. Vômitos, diarreia e hemorragia intensa ocorrem rapidamente na sequência. O surto simultâneo de erupção vesicular distingue a varíola das vesículas da varicela-zóster, que irrompem em grupos sucessivos.

A varíola foi a primeira doença a ser controlada por imunização e sua erradicação é um dos maiores triunfos da saúde pública. A erradicação resultou de uma campanha massiva da OMS para vacinar todas as pessoas suscetíveis, principalmente aquelas expostas a qualquer pessoa com a doença, interrompendo a cadeia de transmissão de humano para humano. A campanha começou em 1967 e foi bem-sucedida. O último caso de infecção adquirida naturalmente foi relatado em 1977 e a erradicação da doença foi reconhecida em 1980.

A variolação, uma abordagem anterior à imunização, envolvia a inoculação de pessoas suscetíveis com pus contendo a forma virulenta do vírus da varíola. Foi realizada pela primeira vez no Extremo Oriente e, mais tarde, na Inglaterra. Cotton Mather introduziu a prática na América. A variolação era associada a uma taxa de mortalidade de aproximadamente 1%, um risco menor do que aquele associado ao da própria varíola. Em 1796, Jenner desenvolveu e então popularizou uma vacina usando o vírus da varíola bovina menos virulento, que compartilha determinantes antigênicos com a varíola.

Interesse renovado é dedicado aos medicamentos antivirais que são efetivos contra a varíola e outros poxvírus. O cidofovir, um análogo de nucleotídios capaz de inibir a DNA polimerase viral, é efetivo e aprovado pela FDA para tratamento de infecções por poxvírus. Vacinas mais recentes e mais seguras estão sendo armazenadas em resposta às preocupações com o uso da varíola em guerras biológicas.

VACÍNIA E DOENÇA RELACIONADA COM A VACINA

Vacínia é o vírus utilizado para a vacina contra a varíola (Caso Clínico 44.1). Embora seja considerado como derivado da varíola bovina, ele pode ser um híbrido ou outro poxvírus. O procedimento de vacinação consiste em introduzir o vírus vivo na pele do paciente por arranhadura com uma agulha bifurcada e depois observar o desenvolvimento de vesículas e pústulas para confirmar a "pega". Como a incidência de varíola diminuiu, tornou-se

Tabela 44.1 Doenças associadas aos poxvírus.

Vírus	Doença	Fonte	Localização
Varíola	Varíola (atualmente extinta)	Humanos	Extinta
Vacínia	Utilizado na vacinação contra a varíola	Produto de laboratório	–
Orf	Lesão localizada	Zoonose: carneiro, cabras	Mundial
Varíola bovina	Lesão localizada	Zoonose: roedores, gatos, vacas	Europa
Pseudovaríola bovina	Nódulo do ordenhador	Zoonose: vacas leiteiras	Mundial
Varíola dos macacos	Doença generalizada	Zoonose: macacos, esquilos	África
Estomatite papular bovina	Lesão localizada	Zoonose: bezerros, bovinos de corte	Mundial
Tanapox	Lesão localizada	Zoonose rara: macacos	África
Tumor de macacos Yaba	Lesão localizada	Zoonose rara: macacos, babuínos	África
Molusco contagioso	Muitas lesões cutâneas	Humanos	Mundial

Modificada de Balows, A., Hausler, W.J., Lennette, E.H. (Eds.), 1988. Laboratory Diagnosis of Infectious Diseases: Principles and Practice, vol. 2. Springer-Verlag, New York, NY.

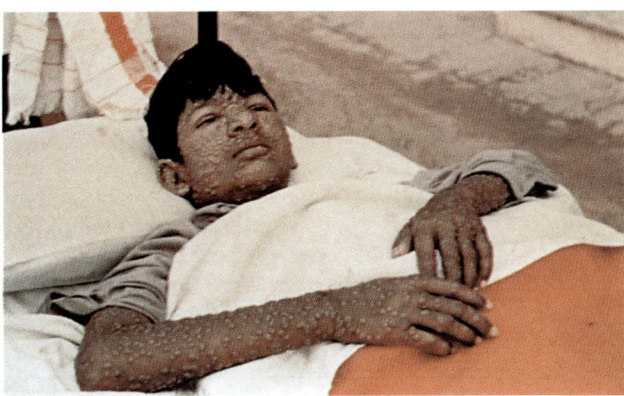

Figura 44.4 Criança com varíola. Observe a erupção cutânea característica.

> **Caso Clínico 44.1 Infecção pelo vírus vacínia em contactantes vacinados**
>
> Os Centers for Disease Control and Prevention (CDC) (*MMWR* 56:417–419, 2007) descreveram o caso de uma mulher que procurou o serviço de saúde pública no Alasca, em decorrência de dor causada por lacerações vaginais que pioraram ao longo de 10 dias. Não havia febre, prurido ou disúria. O exame clínico mostrou duas úlceras rasas, vermelhidão e corrimento vaginal. Não foi observada linfadenopatia inguinal. Uma amostra do vírus obtida da lesão foi identificada pelos CDC como a cepa do vírus vacínia utilizada em vacinas. O vírus foi identificado por uma variação do teste de reação em cadeia da polimerase, que produz fragmentos de DNA característicos do vírus vacínia derivados do genoma. Embora a mulher rotineiramente insistisse no uso de preservativos durante as relações sexuais, um preservativo se rompeu durante o coito vaginal com um novo parceiro do sexo masculino. O parceiro masculino era do exército dos EUA e tinha sido vacinado contra a varíola 3 dias antes de iniciar o relacionamento com essa mulher. O vírus da lesão foi colocado sobre o preservativo ou dentro do local. Militares e outros profissionais estão recebendo imunização com o vírus vacínia para proteção contra a varíola utilizada como arma biológica. Isto aumenta o potencial de transmissão não intencional do vírus vacínia (vírus utilizado na vacina). Outros casos de infecção pelo vírus vacínia relacionado com a vacina incluem lactentes e indivíduos com dermatite atópica, que tiveram consequências mais graves.

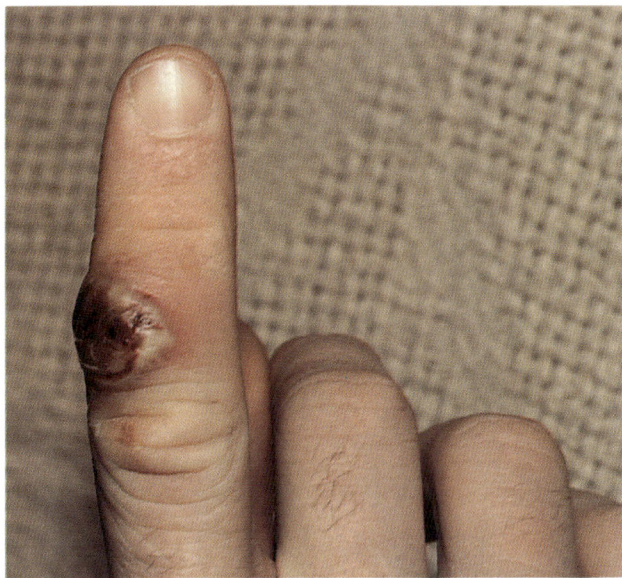

Figura 44.5 Lesão causada pelo vírus orf observada no dedo de um taxidermista. (Cortesia do Dr. Joe Meyers, Akron, Ohio.)

evidente que havia mais complicações relacionadas com a vacinação do que casos de varíola. Várias dessas complicações foram graves e até fatais. Portanto, a vacinação de rotina contra a varíola começou a ser descontinuada na década de 1970 e foi totalmente interrompida após 1980, mas foi reiniciada para militares e socorristas no caso de bioterrorismo.

Complicações da vacinação incluíam encefalite e infecção progressiva (vacínia necrosante), esta última ocorrendo ocasionalmente em pacientes imunocomprometidos que foram inadvertidamente vacinados. Casos recentes de doenças relacionadas com a vacina foram observados em familiares e contactantes de militares imunizados (ver Caso Clínico 44.1). O vírus foi transmitido a esses indivíduos por contato com o líquido vesicular. Eles podem ser tratados com imunoglobulina antivacínia e fármacos antivirais.

VÍRUS ORF, DA VARÍOLA BOVINA E VARÍOLA DOS MACACOS

A infecção humana pelo vírus orf (poxvírus de ovelhas e cabras) ou pelo vírus da varíola bovina (vacínia) é geralmente um risco ocupacional resultante do contato direto com lesões em animais. Uma única lesão nodular geralmente se forma no ponto de contato, como os dedos das mãos, as mãos ou os antebraços, e é hemorrágica (varíola bovina) ou granulomatosa (orf ou pseudovaríola bovina) (Figura 44.5). Lesões vesiculares frequentemente se desenvolvem e depois regridem em 25 a 35 dias, geralmente sem formação de fibrose. As lesões podem ser confundidas com o antraz. O vírus cresce em meios de cultura ou é visualizado diretamente à microscopia eletrônica, mas a infecção é geralmente diagnosticada a partir dos sintomas e da anamnese do paciente.

Os mais de 100 casos de doenças que se assemelham à varíola foram atribuídos ao vírus da varíola dos macacos. Com exceção dos casos observados pelos surtos em Illinois, Indiana e Wisconsin em 2003, todos as ocorrências se localizaram na África Ocidental e Central, principalmente no Zaire. A varíola dos macacos provoca uma versão mais branda da doença, incluindo erupção cutânea pustulosa.

MOLUSCO CONTAGIOSO

O molusco contagioso é uma doença comum que afeta 3 a 20% da população (Boxe 44.4). As lesões do molusco contagioso diferem significativamente de outras lesões causadas por poxvírus, porque apresentam aspecto nodular a verruciforme (Figura 44.6A). Começam como pápulas e

> **Boxe 44.4 Resumo clínico.**
>
> **Molusco contagioso:** uma menina de 5 anos apresenta um aglomerado de lesões verruciformes, no braço, com exsudação de material esbranquiçado à compressão.

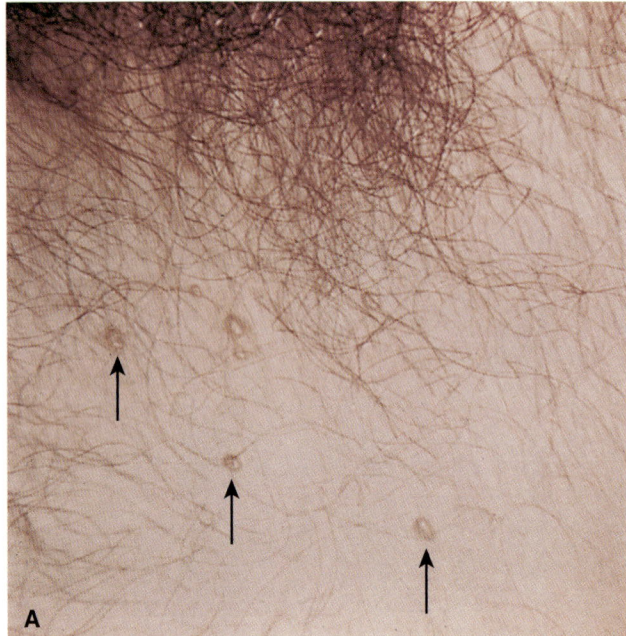
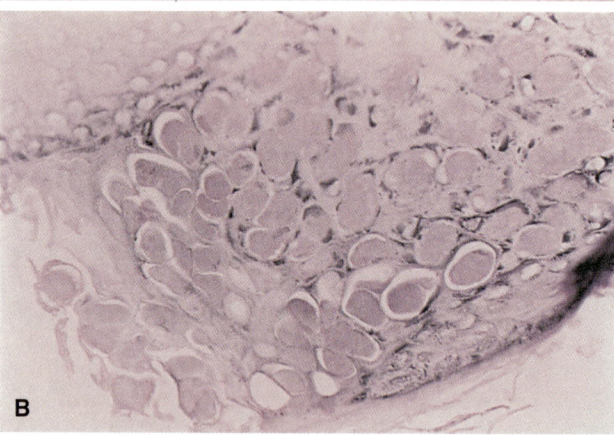

Figura 44.6 Molusco contagioso. **A.** Lesões cutâneas *(setas)*. **B.** Visualização microscópica; a epiderme está repleta de corpúsculos de molusco (aumento de 100×).

POXVÍRUS HÍBRIDOS PARA ENTREGA DE GENES E VACINAS

Os vírus vacínia e da varíola de canários são utilizados como vetores de expressão para produzir vacinas vivas recombinantes/híbridas para agentes infecciosos mais virulentos (Figura 44.7). A imunização com o poxvírus recombinante resulta da expressão do gene estranho e sua apresentação para a resposta imune, quase como se fosse pela infecção com o outro agente. Um vírus vacínia híbrido contendo a proteína G do vírus da raiva embebido em uma "isca" e introduzido em florestas tem sido utilizado com sucesso para imunizar guaxinins, raposas e outros mamíferos. Vacinas experimentais para o vírus da imunodeficiência humana (HIV), hepatite B, influenza e outros vírus também são preparados com essas técnicas. O potencial para produzir outras vacinas dessa forma é ilimitado.

Os vírus vacínia híbridos também estão sendo utilizados em agentes oncolíticos para eliminar seletivamente tumores e na terapia de substituição de genes.

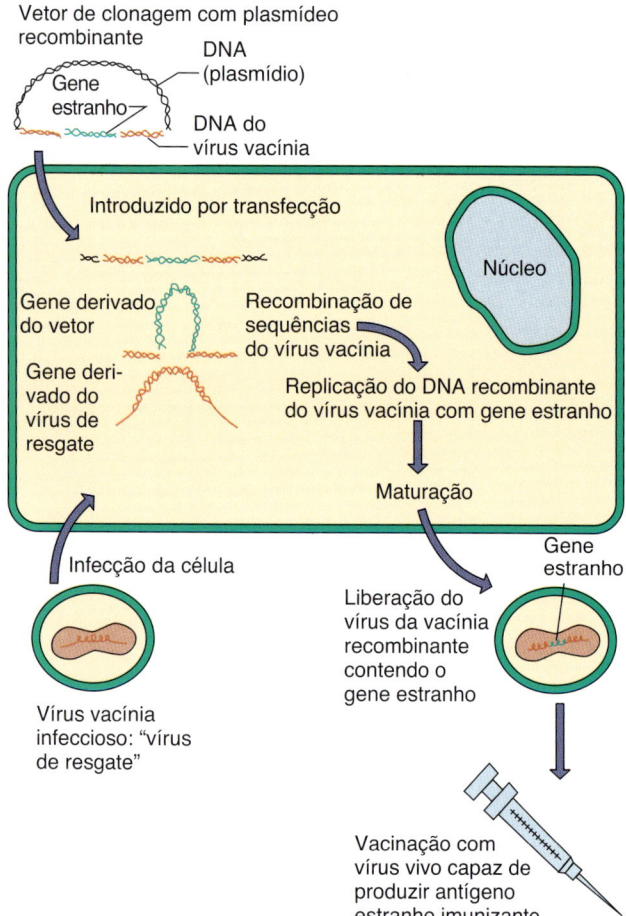

Figura 44.7 Vírus vacínia como vetor de expressão para a produção de vacinas vivas recombinantes. (Modificada de Piccini, A., Paoletti, E., 1988. Vaccinia: virus, vector, vaccine. Adv. Virus Res. 34, 43–64.)

depois se tornam nódulos umbilicados perolados, com 2 a 10 mm de diâmetro, e um tampão caseoso central que pode ser espremido. Eles são mais comuns no tronco, na genitália e nas partes proximais dos membros e geralmente ocorrem em um aglomerado de 5 a 20 nódulos. O período de incubação do molusco contagioso é de 2 a 8 semanas. A doença é mais comum em crianças do que em adultos, mas sua incidência está aumentando em indivíduos sexualmente ativos e pacientes imunocomprometidos.

O diagnóstico de molusco contagioso é confirmado histologicamente pelo achado de grandes inclusões citoplasmáticas, eosinofílicas características (corpúsculos de moluscos) em células epiteliais (ver Figura 44.6B). Esses corpúsculos podem ser vistos em amostras de biopsia ou no núcleo caseoso expresso de um nódulo. O MCV não cresce em cultura de tecidos ou modelos animais.

Lesões de molusco contagioso geralmente desaparecem em 2 a 12 meses, presumivelmente como resultado de respostas imunes. Os nódulos podem ser removidos por curetagem (raspagem) ou pela aplicação de nitrogênio líquido ou soluções de iodo.

Bibliografia

Breman, J.G., Henderson, D.A., 2002. Diagnosis and management of smallpox. N. Engl. J. Med. 346, 1300–1308.

Burrell, C., Howard, C., Murphy, F., 2016. Fenner and White's Medical Virology, fifth ed. Academic, New York.

Cohen, J., Powderly, W.G., 2004. Infectious Diseases, second ed. Mosby, St Louis.

Fenner, F., 1982. A successful eradication campaign: Global eradication of smallpox. Rev. Infect. Dis. 4, 916–930.

Flint, S.J., Racaniello, V.R., et al., 2015. Principles of Virology, fourth ed. American Society for Microbiology Press, Washington, DC.

Knipe, D.M., Howley, P.M., 2013. Fields Virology, sixth ed. Lippincott Williams & Wilkins, Philadelphia.

Mandell, G.L., Bennet, J.E., Dolin, R., 2015. Principles and Practice of Infectious Diseases, eighth ed. Saunders, Philadelphia.

Patel, N.A., Diven, D., 2018. Vaccinia. http://emedicine.medscape.com/article/231773-overview. Accessed July 28, 2018.

Randall, C.M.H., Shisler, J.L., 2013. Molluscum contagiosum virus. Future Virol. 8, 561–573. Website: www.medscape.com/viewarticle/805709_print. Accessed July 28, 2018.

Richman, D.D., Whitley, R.J., Hayden, F.G., 2017. Clinical Virology, fourth ed. American Society for Microbiology Press, Washington, DC.

Strauss, J.M., Strauss, E.G., 2002. Viruses and Human Disease. Academic, San Diego.

Poxvirus vectors RSS Joost H.C.M. Kreijtz, Sarah C. Gilbert and Gerd Sutter Vaccine, 2013-09-06, Volume 31, Issue 39, Pages 4217-4219, https://www.clinicalkey.com/#!/content/journal/1-s2.0-S0264410X13008839.

45 Parvovírus

Uma menina de 6 anos desenvolveu infecção respiratória viral e, em seguida, apresentou palidez intensa, fraqueza, astenia e anemia grave em razão de uma crise aplásica transitória.

1. Qual condição predisponente exacerbou a doença relativamente benigna nessa criança?
2. Qual tipo de célula é o hospedeiro para esse vírus e o que determina esse tropismo?
3. Quais sinais de doença ocorrem após a infecção de um adulto? E de um feto?

RESUMOS Organismos clinicamente significativos

PARVOVÍRUS

Palavras-chave
- B19, quinta doença da infância, bochechas esbofeteadas, crise aplásica, crise falciforme, abortos espontâneos

Biologia, virulência e doença
- Pequeno, capsídio icosaédrico, genoma de DNA, fita simples
- Precisa replicar-se em células em crescimento: célula precursoras eritroides

- Crianças: eritema infeccioso (quinta doença da infância); febre alta durante a viremia seguida por erupções cutâneas
- Indivíduos com anemia crônica: crise aplásica
- Adultos: artralgia e artrite
- Feto: doença relacionada com a anemia e morte (hidropisia fetal)

Epidemiologia
- Transmitido por aerossóis, contato direto

Diagnóstico
- Sintomatologia, confirmação pela análise do genoma a partir da reação em cadeia da polimerase em amostras de sangue

Tratamento, prevenção e controle
- Não existem modos de controle ou tratamento

A família Parvoviridae é formada pelos menores vírus de ácido desoxirribonucleico (DNA). O pequeno tamanho e o repertório genético limitado tornam esses vírus mais dependentes da célula hospedeira do que qualquer outro vírus de DNA, ou faz com que necessitem de um vírus auxiliar para a replicação. O parvovírus **B19** e o **bocavírus** causam doença humana e os vírus adenoassociados (AAVs, do inglês *adeno-associated viruses*) são utilizados na terapia de reposição gênica.

O parvovírus B19 causa, habitualmente, **eritema infeccioso** ou **quinta doença da infância**, que é uma condição exantemática febril branda que ocorre em crianças. Este último nome é usado porque era considerado como um dos cinco exantemas clássicos da infância (os quatro primeiros sendo varicela, rubéola, roséola e sarampo). O parvovírus B19 também é responsável por episódios de **crise aplásica em pacientes com anemia hemolítica crônica** e está associado à **poliartrite aguda** em adultos. A infecção do feto durante a gravidez pode resultar em hidropisia fetal e aborto. **Bocavírus** é um vírus recentemente descoberto que pode causar uma doença respiratória aguda, e se tornar grave em crianças pequenas.

Outros parvovírus, como o RA-1 (isolado de uma pessoa com artrite reumatoide), parvovírus fecais e PARV4, provocam sintomas virais não específicos e não serão mais discutidos. Os parvovírus felinos e caninos não causam doença humana e são evitáveis com a vacinação do animal de estimação.

Os **AAVs** são membros do gênero *Dependovirus*. Eles comumente infectam seres humanos, mas replicam somente em associação a um segundo vírus "helper" (auxiliar), que geralmente é um adenovírus. Os dependovírus não causam doença nem modificam a infecção por seus vírus auxiliares. Essas propriedades e a propensão de AAVs à integração ao cromossomo hospedeiro modificaram geneticamente os AAVs, tornando-os excelentes candidatos para uso em **terapia de reposição gênica**.

Estrutura e replicação

Os parvovírus são extremamente pequenos (18 a 26 nm de diâmetro) e apresentam um capsídio icosaédrico não envelopado (Figura 45.1 e Boxe 45.1). O genoma do vírus B19 contém uma molécula de DNA linear, de fita simples, com uma massa molecular de 1,5 a 1,8 × 10^6 Da (5.500 bases de comprimento) (Boxe 45.2). As fitas de DNA positivas ou negativas são acondicionadas separadamente em vírions. O genoma codifica três proteínas estruturais e duas proteínas não estruturais principais. Ao contrário dos vírus de DNA maiores, os parvovírus devem infectar células mitóticas ativas, porque eles não codificam os meios para estimular o crescimento celular ou a polimerase. Apenas um sorotipo de parvovírus B19 é conhecido.

O parvovírus B19 se replica em células mitóticas ativas e tem preferência por células da linhagem eritroide, tais como as células da medula óssea humana fresca, células eritroides do fígado fetal e células de leucemia eritroide (Figura 45.2). Após a ligação ao antígeno P do grupo sanguíneo eritrocitário (globosídio) e sua internalização, o vírion é desnudado e o genoma de DNA de fita simples é transportado para o núcleo. Fatores disponíveis somente durante a fase S do ciclo de crescimento celular e as DNA polimerases celulares são necessárias para gerar uma fita de DNA complementar.

O genoma do vírion de DNA de fita simples é convertido em uma versão de DNA de fita dupla, que é necessária para

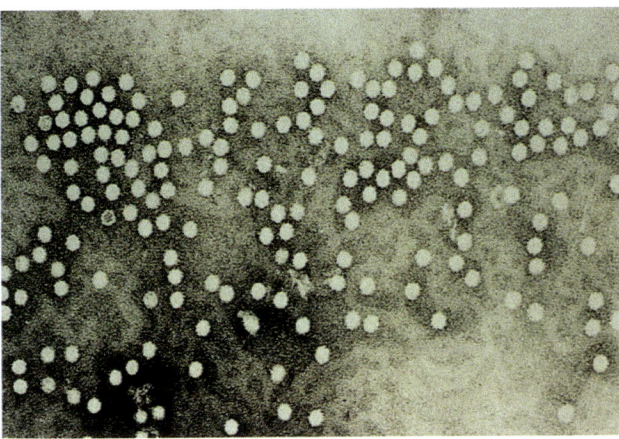

Figura 45.1 Micrografia eletrônica de parvovírus. Os parvovírus são pequenos (18 a 26 nm), não envelopados e com DNA de fita simples. (Cortesia de Centers for Disease Control and Prevention, Atlanta, Georgia.)

Boxe 45.1 Propriedades singulares dos parvovírus.

Os menores vírus de DNA.
Capsídio icosaédrico desnudo.
Genoma de DNA de fita simples (sentido + ou −).
Necessidade de células em crescimento (B19) ou vírus *helper* (dependovírus) para replicação.

Boxe 45.2 Genoma dos parvovírus.

Genoma de DNA linear de fita simples.
Aproximadamente 5,5 quilobases (kb) de comprimento.
Fitas de polaridade positiva e negativa, acondicionadas em víríons B19 distintos.
As extremidades do genoma têm repetições invertidas que se hibridizam para formar alças *hairpin* (em grampo de cabelo) e um iniciador (*primer*) para a síntese de DNA.
Regiões codificadoras separadas para proteínas não estruturais e estruturais.

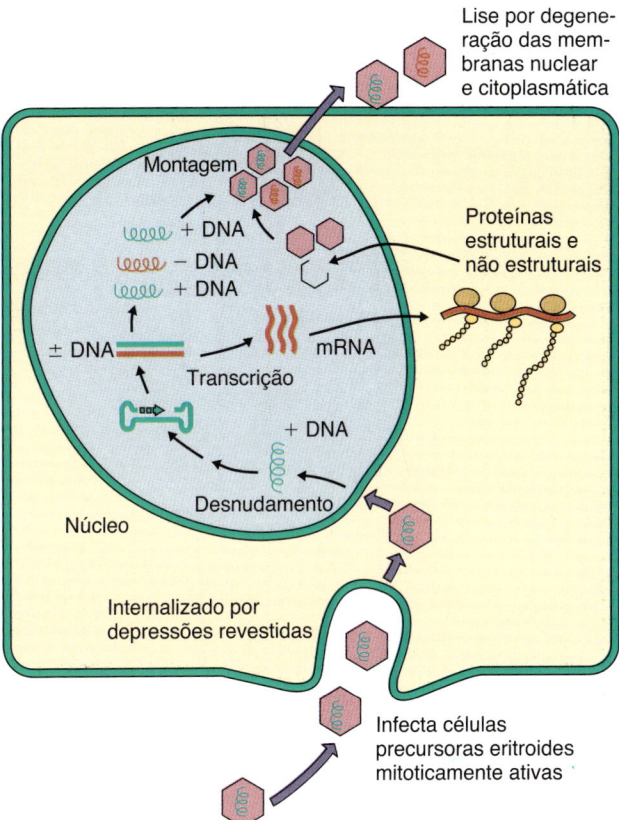

Figura 45.2 Replicação postulada de parvovírus (B19) com base em informações de vírus correlatos (vírus minúsculos de camundongos). Os parvovírus internalizados encaminham seu genoma ao núcleo, no qual o DNA de fita simples (positivo ou negativo) é convertido em DNA de fita dupla por fatores do hospedeiro e DNA polimerases existentes apenas nas células em crescimento. A transcrição, a replicação e a montagem ocorrem no núcleo. O vírus é liberado por lise celular.

Boxe 45.3 Mecanismos patológicos do parvovírus B19.

Disseminação por secreções **respiratórias** e **orais**.
O vírus **infecta células precursoras eritroides mitoticamente ativas** na medula óssea e estabelece uma infecção lítica.
Estabelece intensa **viremia** e pode **atravessar a placenta**.
O **anticorpo** é importante para a resolução e profilaxia.
Provoca doença bifásica.
 A fase inicial está relacionada com a viremia:
  Sintomas gripais e excreção viral.
 A fase mais tardia está relacionada com a resposta imune:
  Imunocomplexos circulantes de anticorpos e víríons que não fixam complemento.
  Erupção cutânea maculopapular eritematosa, artralgia e artrite
A depleção das células precursoras eritroides e desestabilização dos eritrócitos iniciam uma **crise aplásica em pessoas com anemia crônica e causam hidropisia fetal**.

---

a transcrição e replicação. Sequências invertidas de repetição de DNA nas duas extremidades do genoma dobram para trás e hibridizam com o genoma para criar um *primer* para a DNA polimerase da célula. Isto cria a fita complementar e replica o genoma. As duas principais proteínas não estruturais e as proteínas estruturais do capsídio VP1 e VP2 são sintetizadas no citoplasma e as proteínas estruturais vão até o núcleo, onde o víríon é montado. A proteína VP2 é clivada mais tarde para produzir VP3. A membrana nuclear e citoplasmática degenera e o vírus é liberado por lise celular.

Patogênese e imunidade

Os parvovírus B19 são citolíticos e têm como alvo as células precursoras eritroides (Boxe 45.3). A doença causada pelo parvovírus B19 é determinada pela morte direta dessas células e a subsequente resposta imune à infecção (erupção cutânea e artralgia). A imunopatogênese para B19 e rubéola é semelhante; portanto, ambos causam erupção cutânea e artralgia em adultos.

Estudos realizados em voluntários sugerem que o parvovírus B19 primeiramente realiza a replicação na nasofaringe ou nas vias respiratórias superiores e depois se espalha por viremia até a medula óssea e em outras regiões, onde replica e elimina as células precursoras eritroides (Figura 45.3). O bocavírus também inicia a infecção no sistema respiratório, replica-se no epitélio respiratório e causa doenças.

A doença viral B19 tem um **curso bifásico**. O *estágio febril inicial é o estágio infeccioso*. Durante esse tempo, a produção de eritrócito é interrompida por aproximadamente 1 semana em razão da morte de células precursoras eritroides causada pelo

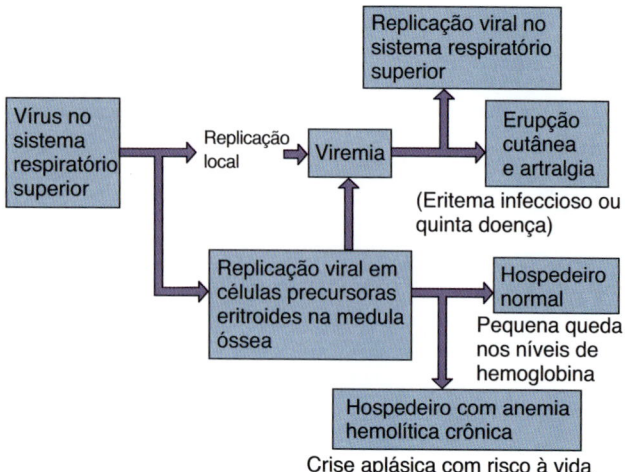

Figura 45.3 Mecanismo de disseminação do parvovírus no corpo.

> **Boxe 45.4** Epidemiologia da infecção pelo parvovírus B19.
>
> **Doença/fatores virais**
>
> Vírus com capsídio resistente à inativação.
> O período de contágio precede os sintomas.
> O vírus atravessa a placenta e infecta o feto.
>
> **Transmissão**
>
> Transmitido via gotículas respiratórias.
>
> **Quem corre risco?**
>
> Crianças, principalmente as do Ensino Fundamental: eritema infeccioso (quinta doença).
> Pais de crianças com infecção pelo vírus B19.
> Gestantes: infecção e doença fetal.
> Pessoas com anemia crônica: crise aplásica.
>
> **Geografia/sazonalidade**
>
> Vírus encontrados em todo o mundo.
> A quinta doença da infância é mais comum no final do inverno e na primavera.
>
> **Modos de controle**
>
> Não existem modos de controle.

vírus. Uma grande viremia ocorre até 8 dias após a infecção e é acompanhada por sintomas gripais inespecíficos. Grandes números de vírus são liberados nas secreções orais e respiratórias. O anticorpo interrompe a viremia e é importante para a resolução da doença, mas contribui para os sintomas.

O *segundo estágio, sintomático, é imunomediado*. A erupção cutânea e a artralgia observadas nessa fase coincidem com o aparecimento de anticorpos específicos para o vírus, o desaparecimento de níveis detectáveis do parvovírus B19 e a formação de imunocomplexos.

Hospedeiros com anemia hemolítica crônica (p. ex., anemia falciforme) que estão infectados com B19 estão em risco de reticulocitopenia, que é referida como **crise aplásica**. A reticulocitopenia resulta da combinação entre depleção de células precursoras de eritrócitos induzida pelo vírus e a diminuição da vida útil dos eritrócitos causada pela anemia subjacente.

Epidemiologia

Aproximadamente 65% da população adulta é infectada pelo parvovírus B19 até os 40 anos de idade (Boxe 45.4). O eritema infeccioso é mais comum em crianças e adolescentes com idade entre 4 e 15 anos, que são considerados uma fonte de contágio. A artralgia e a artrite são prováveis de ocorrer em adultos.

Gotas respiratórias e secreções orais transmitem o vírus antes do surgimento da erupção cutânea. A doença geralmente ocorre no final do inverno e na primavera. A transmissão parenteral do vírus por um concentrado do fator de coagulação do sangue também foi descrita.

O bocavírus é encontrado no mundo inteiro e causa doenças em crianças com menos de 2 anos de idade. O vírus é transmitido em secreções respiratórias, mas também pode ser isolado das fezes.

Síndromes clínicas

O parvovírus B19, como mencionado anteriormente, é a causa do eritema infeccioso (quinta doença da infância) (Boxe 45.5). A infecção começa com um período prodrômico normal de 7 a 10 dias, no qual a pessoa pode transmitir o vírus. A infecção

> **Boxe 45.5** Consequências clínicas da infecção pelo parvovírus (B19).
>
> Doença gripal leve (febre, cefaleia, calafrios, mialgia, mal-estar).
> **Eritema infeccioso (quinta doença da infância)**.
> Crise aplásica em pessoas com anemia crônica.
> Artropatia (poliartrose: sintomas em muitas articulações).
> Risco de perda fetal (**hidropisia fetal**) como resultado da passagem do vírus B19 pela placenta, causando doenças relacionadas com a anemia, mas não anomalias congênitas.

de um hospedeiro normal pode não causar sintomas perceptíveis ou febre e sintomas inespecíficos (p. ex., febre, coriza, dor de garganta, calafrios, mal-estar, mialgia, cefaleia), bem como discreta diminuição dos níveis de hemoglobina (Figura 45.4). Esse período é seguido por **erupção cutânea distinta nas bochechas, que parecem ter sido esbofeteadas**. A erupção cutânea, em seguida, se espalha, particularmente para a pele exposta, como braços e pernas (Figura 45.5) e então diminui em 1 a 2 semanas (Caso Clínico 45.1).

A infecção por parvovírus B19 em adultos causa poliartrite (com ou sem erupção cutânea), que pode durar semanas, meses ou mais. As manifestações clínicas predominantes incluem artrite das mãos, dos pulsos, joelhos e tornozelos. A erupção cutânea pode preceder a artrite, mas muitas vezes não é observada. A infecção de indivíduos imunocomprometidos pelo parvovírus B19 pode resultar em doenças crônicas.

A complicação mais grave da infecção por parvovírus é a crise aplásica que ocorre em pacientes com anemia hemolítica crônica (p. ex., anemia falciforme). A infecção nessas pessoas causa uma redução transitória da eritropoese na medula óssea. A redução resulta em reticulocitopenia que dura de 7 a 10 dias e uma diminuição nos níveis de hemoglobina. Uma crise aplásica é acompanhada por febre e sintomas inespecíficos, como mal-estar, mialgia, calafrios e prurido. Uma erupção maculopapular com artralgia e algum inchaço articular também podem estar presentes.

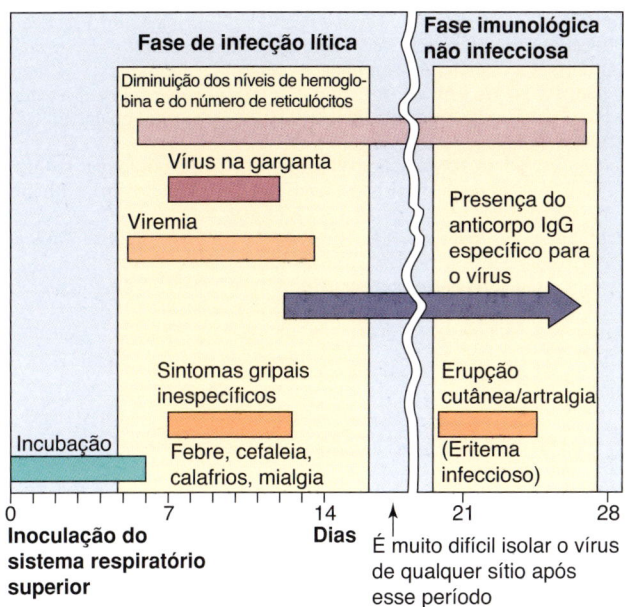

Figura 45.4 Evolução temporal da infecção pelo parvovírus (B19). B19 causa doença bifásica: primeiro, uma fase inicial de infecção lítica caracterizada por sintomas gripais com febre e, em seguida, uma fase imunológica não infecciosa caracterizada por erupção cutânea e artralgia. *IgG*, imunoglobulina G.

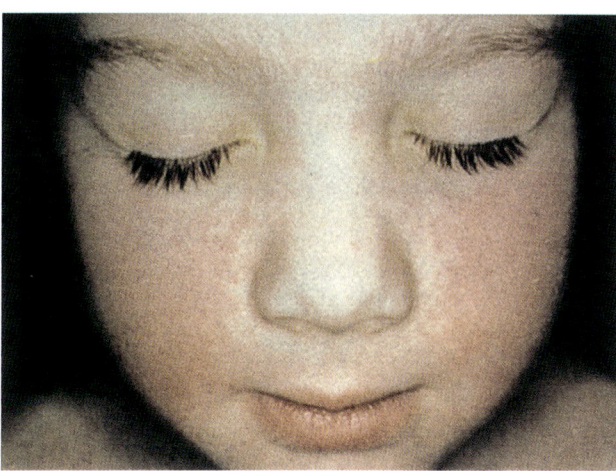

Figura 45.5 Erupção cutânea com aspecto de "bochecha esbofeteada" é uma manifestação típica observada no eritema infeccioso. (De Hart, C.A., Broadhead, R.L., 1992. A Color Atlas of Pediatric Infectious Diseases. Wolfe, London, UK.)

A infecção causada por parvovírus B19 em uma mãe soronegativa aumenta o risco de morte fetal. O vírus pode infectar o feto e eliminar precursores de eritrócitos, causando anemia, edema, hipoxia e insuficiência cardíaca congestiva (**hidropisia fetal**). A infecção de gestantes soropositivas muitas vezes não exerce efeito adverso sobre o feto. Não há evidências de que o parvovírus B19 cause anormalidades congênitas (Boxe 45.6; ver Boxe 45.5).

O bocavírus pode causar doenças respiratórias agudas leves ou graves. A doença mais grave ocorre em crianças com menos de 2 anos de idade, que podem desenvolver bronquiolite com sibilos e viremia que persiste muito além da doença. Um caso fatal de bronquiolite por bocavírus foi relatado.

Diagnóstico laboratorial

O diagnóstico de eritema infeccioso geralmente é baseado na apresentação clínica. Para que a doença causada por B19 seja definitivamente diagnosticada, entretanto, a imunoglobulina (Ig)M específica ou o DNA viral tem de ser detectado (ou seja, para distinguir as erupções cutâneas por B19 daquelas observadas na rubéola em uma gestante). Para a detecção de IgM e IgG contra parvovírus B19, os Ensaios de imunoabsorbância ligada à enzima (ELISA) estão disponíveis.. O teste de reação em cadeia da polimerase é um método muito sensível para detectar os genomas de parvovírus B19 e de bocavírus em amostras clínicas. O isolamento do vírus não é realizado.

Tratamento, prevenção e controle

Não há tratamento antiviral ou modo de controle específico. Vacinas estão disponíveis para os parvovírus de cães e gatos.

Caso Clínico 45.1 Infecção de um receptor de transplante pelo parvovírus B19.

Anemia persistente, em vez de transitória, ocorre na infecção de indivíduos imunossuprimidos pelo parvovírus humano B19. Um desses casos foi relatado por Pamidi et al. (*Transplantation* 69:2666–2669, 2000). Depois de 1 ano de terapia imunossupressora (micofenolato mofetila, prednisona e tacrolimo) após um transplante de rim, um homem de 46 anos queixou-se de dispneia, tontura e fadiga durante o exercício. Testes laboratoriais confirmaram o diagnóstico de anemia. A análise da medula óssea indicou hiperplasia eritroide com predominância de eritroblastos imaturos. Pró-eritroblastos podem ser encontrados, com inclusões nucleares e citoplasmáticas basofílicas profundas, que coram para o antígeno B19 na imuno-histologia. O paciente recebeu 16 unidades de concentrado de eritrócitos durante 6 semanas, com anemia contínua. No exame sorológico foi encontrada IgM (1:10), mas níveis insignificantes de anticorpo IgG anti-B19. O tratamento com IgG intravenosa por 5 dias resultou em melhoria significativa. A terapia imunossupressora desse paciente inibiu a mudança de classe do anticorpo para a expansão e resposta da IgG, em razão da ausência de células T *helper* (auxiliares). A resolução do parvovírus contendo o capsídio é dependente de uma resposta robusta de anticorpos e, na sua ausência, a anemia transitória normal, resultante da replicação do vírus em precursores eritroides, não pode ser resolvida.

Boxe 45.6 Resumo clínico.

Um paciente de 10 anos apresenta 5 dias de doença gripal (cefaleia, febre, mialgia, sensação de cansaço) e, 1 semana depois, desenvolve uma erupção intensamente avermelhada nas bochechas e uma erupção "rendilhada" mais fraca no tronco e nos membros.

Bibliografia

Allander, T., 2008. Human bocavirus. J. Clin. Virol. 41, 29–33.
Berns, K.I., 1990. Parvovirus replication. Microbiol. Rev. 54, 316–329.
Brown, K.E., 2010. The expanding range of parvoviruses which infect humans. Rev. Med. Virol. 20, 231–244.

CDC Parvoviruses B19. https://www.cdc.gov/parvovirusb19/fifth-disease.html. Accessed July 28, 2018.

Cennimo D.J., Dieudonne, A. Parvovirus B19 Infection. http://emedicine.medscape.com/article/961063-overview. Accessed November 4, 2014.

Chorba, T., Coccia, P., Holman, R.C., et al., 1986. The role of parvovirus B19 in aplastic crisis and erythema infectiosum (fifth disease). J. Infect. Dis. 154, 383–393.

Cohen, J., Powderly, W.G., 2004. Infectious Diseases, second ed. Mosby, St Louis.

Flint, S.J., Racaniello, V.R., et al., 2015. Principles of Virology, fourth ed. American Society for Microbiology Press, Washington, DC.

Flower, B., MacMahon, E, Erythrovirus B19 infection, Medicine 45:12, 772–776.

Knipe, D.M., Howley, P.M., 2013. Fields Virology, sixth ed. Lippincott Williams & Wilkins, Philadelphia.

Mandell, G.L., Bennet, J.E., Dolin, R., 2015. Principles and Practice of Infectious Diseases, eighth ed. Saunders, Philadelphia.

Matthews, P.C., Malik, A., Simmons, R., Sharp, C., Simmonds, P., Klenerman, P., 2014. PARV4: An emerging tetraparvovirus. PLoS Pathog. 10 (5), e1004036. https://doi.org/10.1371/journal.ppat.1004036. Accessed 28 July 2018.

Naides, S.J., Scharosch, L.L., Foto, F., et al., 1990. Rheumatologic manifestations of human parvovirus B19 infection in adults. Arthritis Rheum. 33, 1297–1309.

Richman, D.D., Whitley, R.J., Hayden, F.G., 2017. Clinical Virology, fourth ed. American Society for Microbiology Press, Washington, DC.

Ursic, T., et al., 2011. Human bocavirus as the cause of a life-threatening infection. J. Clin. Microbiol. 49, 1179–1181.

Young, N.S., Brown, K.E., 2004. Parvovirus B19. N. Engl. J. Med. 350, 586–597.

46 Picornavírus

Um recém-nascido com 9 dias de vida apresentou febre com aspecto septicêmico que evoluiu para síndrome da disfunção de múltiplos órgãos com uma combinação de hepatite, meningoencefalite, miocardite e pneumonia. O líquido cerebrospinal apresentou níveis normais de glicose e não havia infiltrado de neutrófilos. A terapia com aciclovir foi iniciada por causa da suspeita de infecção congênita pelo herpesvírus simples (HSV). A análise do genoma (reação em cadeia da polimerase [PCR] e PCR com a transcriptase reversa [RT-PCR]) a partir do líquido cerebrospinal não detectou HSV, mas revelou um enterovírus que foi posteriormente identificado como vírus ECHO (entérico citopático humano órfão) 11. Alguns dias antes, a mãe havia manifestado febre branda e resfriado.

1. Como o recém-nascido foi infectado?
2. Como a estrutura viral facilita a disseminação do vírus no corpo e a transmissão para outras pessoas?
3. Qual tipo de imunidade é protetora para esse vírus e por que o recém-nascido não estava protegido?

RESUMOS Organismos clinicamente significativos

PICORNAVÍRUS

Palavras-chave

- Poliovírus: paralisia flácida, doença maior e menor, fecal-oral
- Vírus Coxsackie A: doenças vesiculares, meningite; vírus Coxsackie B (corpo): pleurodinia, miocardite
- Outros vírus ECHO (ecovírus) e enterovírus: como vírus Coxsackie e vírus da hepatite A (HAV)
- Rinovírus: resfriado comum, ácido-lábil, a replicação não ocorre acima de 33°C

Biologia, virulência e doença

- Tamanho pequeno, capsídio icosaédrico, genoma de RNA positivo com proteína terminal
- O genoma é suficiente para a infecção
- Codifica a RNA polimerase dependente de RNA, replica no citoplasma

ENTEROVÍRUS

- Doença causada por infecção lítica de importantes tecidos-alvo
- Vírus com capsídio resistente à inativação
- A replicação inicial pode ocorrer no sistema respiratório, na orofaringe ou no sistema digestório, mas não causa doenças entéricas
- Poliovírus: infecção citolítica de neurônios motores do corno anterior e tronco encefálico, paralisia
- Vírus Coxsackie A: herpangina, doença mão-pé-e-boca, resfriado comum, meningite
- Vírus Coxsackie B: pleurodinia, miocardite neonatal, diabetes melito do tipo 1 (DM1)
- Vírus ECHO: como o vírus Coxsackie
- Parechovírus: como os vírus Coxsackie, importante causa de meningite e sepse virais neonatais

HEPATOVÍRUS: vírus da hepatite A[a]

- Propriedades semelhantes às dos enterovírus
- Vírus de seres humanos
- Doença hepática causada pela resposta imunitária

RINOVÍRUS

- Ácido-lábil e não consegue se replicar na temperatura corporal
- Restrito às vias respiratórias superiores
- Resfriado comum

Epidemiologia

- Enterovírus transmitidos pela via fecal-oral e aerossóis
- Rinovírus transmitidos por aerossóis e por contato

Diagnóstico

- Ensaios imunológicos (ELISA) ou análise do genoma por RT-PCR no sangue, líquido cerebrospinal ou outra amostra relevante

Tratamento, prevenção e controle

- Vacinas contra a poliomielite VOP (oral) e VIP (intramuscular)[1]

[a] O vírus da hepatite A (HAV) é discutido no Capítulo 55.
ELISA, ensaio imunossorvente ligado à enzima; *VIP*, vacina de poliovírus inativado; *VOP*, vacina oral de poliovírus; *RT-PCR*, reação em cadeia da polimerase com a transcriptase reversa.

Picornaviridae é uma das maiores famílias de vírus e inclui alguns dos mais importantes vírus de seres humanos e animais (Boxe 46.1). Como o nome indica, são vírus **pequenos (pico)** de ácido ribonucleico **(RNA)** que apresentam uma estrutura de **capsídio desnudo**. A família tem mais de 230 membros divididos em nove gêneros, incluindo *Enterovirus*, *Rhinovirus*, *Hepatovirus* (vírus da hepatite A; discutido no Capítulo 55), *Cardiovirus* e *Aphthovirus*. Os enterovírus são diferenciados dos rinovírus pela estabilidade do capsídio a um pH 3, temperatura ótima para o crescimento, modo de transmissão e as doenças que causam (Boxe 46.2).

Há pelo menos 90 sorotipos de enterovírus humanos, classificados como: poliovírus, vírus Coxsackie A e B, vírus ECHO, parechovírus, ou para os vírus descobertos mais recentemente, como enterovírus numerados (p. ex., enterovírus D68). Várias síndromes podem ser causadas por um sorotipo específico de enterovírus. Da mesma forma, sorotipos diferentes podem causar a mesma doença, dependendo do tecido-alvo afetado.

Os capsídios dos enterovírus são *muito resistentes às condições ambientais adversas* (sistemas de esgoto) e às condições no sistema digestório, o que facilita sua transmissão pela via fecal-oral. Embora eles possam iniciar a infecção no sistema digestório, os enterovírus raramente causam doenças entéricas. Na verdade, a maioria das infecções é geralmente assintomática. O picornavírus mais conhecido e mais estudado é o poliovírus, dos quais existem três sorotipos.

---

[1] N.R.T.: Ver no site da Sociedade Brasileira de Imunizações as vacinas contra poliomielite (https://familia.sbim.org.br/vacinas/vacinas-disponiveis/vacinas-poliomielite).

> **Boxe 46.1** Picornaviridae.
>
> Enterovírus
>   Poliovírus tipos 1, 2, e 3
>   Vírus Coxsackie A 24 tipos
>   Vírus Coxsackie B 6 tipos
>   Vírus ECHO[a] 34 tipos
>   Parechovírus 16 tipos
>   Enterovírus 4
> Hepatovírus
>   Vírus da hepatite A
> Rinovírus: > 100 tipos+
> Cardiovírus
> Aftovírus

[a]*Entérico, citopático, humano, órfão + vírus.*

> **Boxe 46.2** Propriedades únicas dos picornavírus humanos.
>
> O vírion é um capsídio **desnudo**, **pequeno** (25 a 30 nm), **icosaédrico** envolvendo um genoma de RNA de fita simples, sentido positivo.
> Os enterovírus são resistentes ao pH 3 a pH 9, detergentes, tratamento moderado do esgoto e calor.
> Os rinovírus são lábeis em pH ácido; temperatura ótima de crescimento é de 33°C.
> **O genoma é um mRNA.**
> O genoma desnudo é suficiente para a infecção.
> O vírus se reproduz no citoplasma.
> O RNA viral é traduzido em **poliproteína**, que é então clivada em proteínas enzimáticas e estruturais.
> A maioria dos vírus são **citolíticos**.

mRNA, ácido ribonucleico mensageiro.

Os **vírus Coxsackie** têm o nome da cidade de Coxsackie, Nova York, onde foram isolados pela primeira vez. Eles são divididos em dois grupos, A e B, com base em determinadas diferenças biológicas e antigênicas e são ainda subdivididos em sorotipos numéricos com base em diferenças antigênicas adicionais.

O nome **vírus ECHO** é derivado de *e*ntéricos *c*itopáticos *h*umanos *ó*rfãos, porque a doença associada a esses agentes não era inicialmente conhecida. Os parechovírus eram anteriormente considerados vírus ECHO. Desde 1967, os recém-isolados enterovírus foram distinguidos numericamente.

Os **rinovírus** humanos consistem em pelo menos 100 sorotipos e são a principal causa do resfriado comum. Eles são *sensíveis ao pH ácido e a replicação viral é deficiente em temperaturas acima de 33°C*. Essas propriedades geralmente limitam os rinovírus a causar infecções das vias respiratórias superiores.

Estrutura

O RNA de sentido positivo dos picornavírus é cercado por um **capsídio icosaédrico** que tem aproximadamente 30 nm de diâmetro. Esse capsídio icosaédrico tem 12 vértices pentaméricos, cada um composto de cinco unidades protoméricas de proteínas. Os protômeros são constituídos por quatro polipeptídios do vírion (VP1 a VP4). VP2 e VP4 são geradas pela clivagem de um precursor, VP0. A VP4 no vírion solidifica a estrutura, mas não é gerada até que o genoma seja incorporado ao capsídio. Essa proteína é liberada quando o vírus é ligado ao receptor celular. Os capsídios são estáveis na presença de calor, ácido e detergente, com exceção dos rinovírus, que são lábeis aos ácidos. A estrutura do capsídio é tão regular que os paracristais dos vírions muitas vezes se formam em células infectadas (Figuras 46.1 e 46.2).

O **genoma dos picornavírus se assemelham a um RNA mensageiro (mRNA)** (Figura 46.3). É um RNA de fita simples, sentido positivo com aproximadamente 7.200 a 8.450 bases. O genoma tem uma sequência de poliA (poliadenosina) na extremidade 3' e uma pequena proteína, VPg (proteína viral ligada ao genoma; 22 a 24 aminoácidos), fixada na extremidade 5'. A sequência poliA aumenta a capacidade infecciosa do RNA e a VPg é importante para empacotar o genoma no interior do capsídio e para iniciar a síntese de RNA viral. *O genoma desnudo do picornavírus é suficiente para a infecção se microinjetado em uma célula.*

Replicação

A especificidade da interação do picornavírus para receptores celulares é o principal determinante do tropismo para o tecido-alvo e da doença (ver Figura 36.12). As proteínas VP1 nos vértices do vírion contêm uma estrutura de cânion (ou em forma de depressão) para a qual o receptor se liga. O pleconarila e compostos antivirais relacionados contêm um grupo de 3-metilisoxazólico que se liga ao assoalho desse cânion e altera sua conformação para impedir o desnudamento do vírus.

Os picornavírus podem ser categorizados de acordo com a especificidade do receptor de superfície celular. Os receptores para os poliovírus, alguns vírus Coxsackie e rinovírus são membros da superfamília das imunoglobulinas. Ao menos 80% dos rinovírus e vários sorotipos de vírus Coxsackie ligam-se à molécula de adesão intercelular-1 (ICAM-1) expressa em células epiteliais, fibroblastos e células endoteliais. Vários vírus Coxsackie, vírus ECHO e outros enterovírus se ligam ao fator de aceleração do decaimento (CD55) e o vírus Coxsackie B compartilha um receptor com o adenovírus. O poliovírus se liga a uma molécula diferente (PVR/CD155) que é semelhante ao receptor para o HSV. O receptor do poliovírus é encontrado em muitas células humanas diferentes, mas nem todas essas células replicarão o vírus.

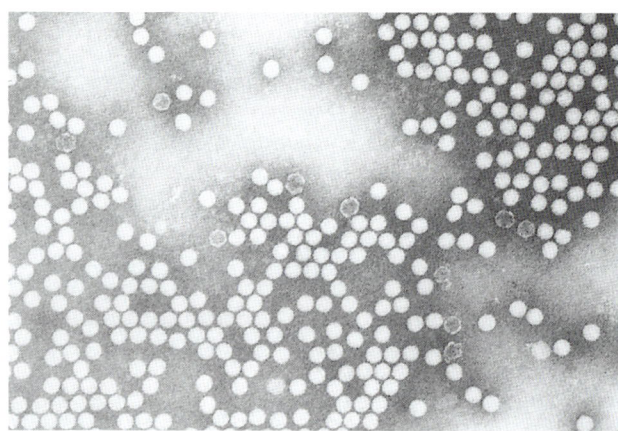

Figura 46.1 Micrografia eletrônica do poliovírus. (Cortesia de Centers for Disease Control and Prevention, Atlanta, Georgia.)

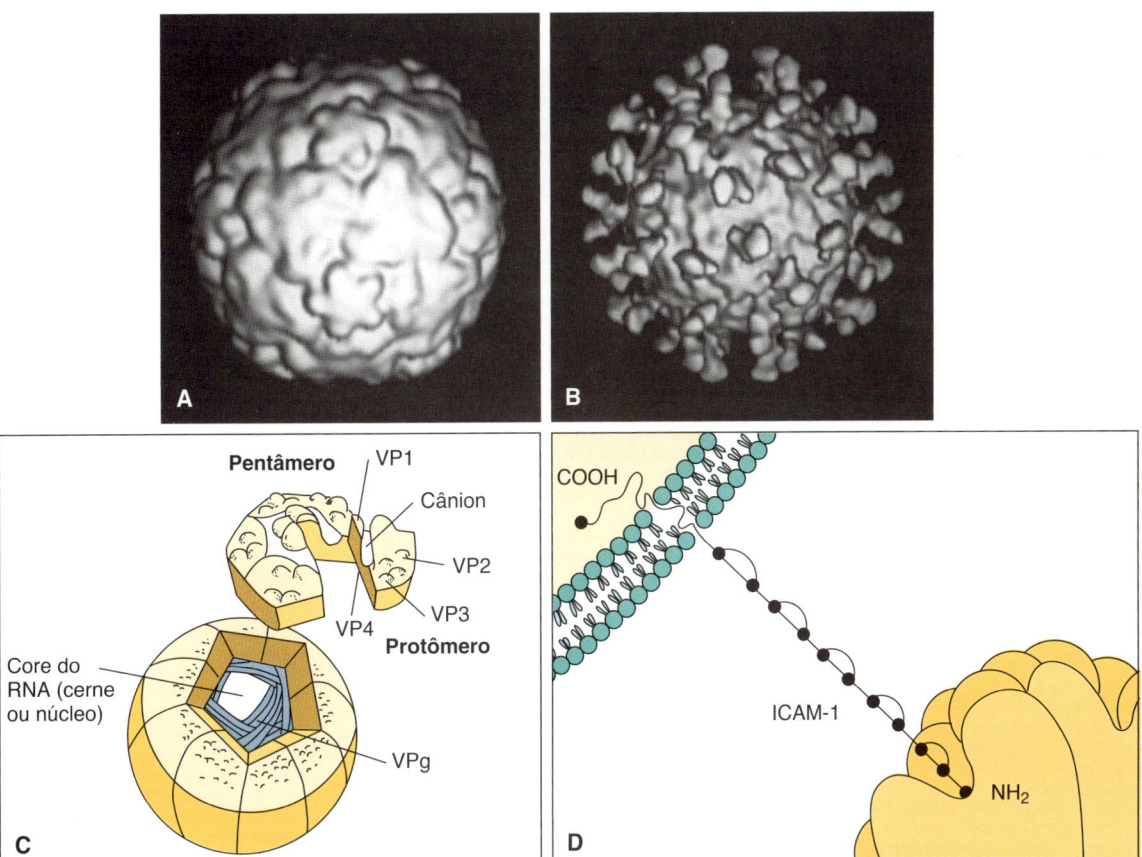

Figura 46.2 A. Reconstrução computadorizada do rinovírus humano por microscopia crioeletrônica 16. **B.** Reconstrução por microscopia crioeletrônica da interação de uma forma solúvel da molécula de adesão intercelular-1 *(ICAM-1)* com o rinovírus humano 16. Observação: existe um ICAM-1 por capsômero. **C.** Estrutura do rinovírus humano. **D.** A ligação da molécula ICAM-1 dentro do cânion do vírion desencadeia a abertura do capsídio para liberação do genoma na célula. *RNA*, ácido ribonucleico; *VP1, 2, 3, 4*, proteína viral 1, 2, 3, 4; *VPg*, proteína viral ligada ao genoma. (**A e B**, Cortesia de Tim Baker, Purdue University, West Lafayette, Indiana.)

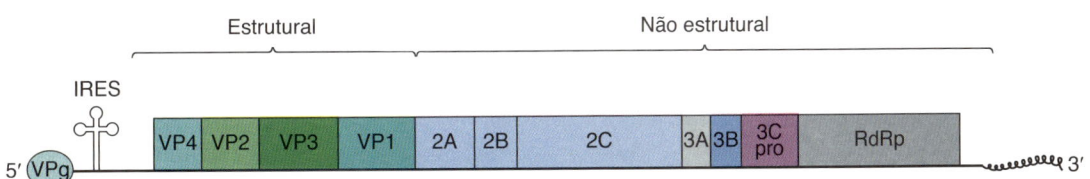

Figura 46.3 Estrutura do genoma do picornavírus. O genoma (7.200 a 8.400 bases) é traduzido como uma poliproteína que é clivada por proteases codificadas pelo vírus em proteínas individuais. *Genes virais: VP1, 2, 3, 4*, proteínas do capsídio 1, 2, 3, 4; *2A* cliva eIF4 g para inibir a síntese das proteínas do hospedeiro; *2B, 2C, 3A, 3B* geram proteínas de ligação à membrana, formadoras de vesículas, que facilitam a replicação; *3B* também codifica a proteína de ligação ao genoma, VPg; *3Cpro*, protease; *RdRp*, RNA polimerase dependente de RNA. (Adaptada de Whitton, J.L., Cornell, C.T., Feuer, R., 2005. Host and virus determinants of picornavirus pathogenesis and tropism. Nat. Rev. Microbiol. 3, 765–776.)

Ao ser ligada ao receptor, a VP4 é liberada e o capsídio é enfraquecido. O genoma é então injetado diretamente na membrana através de um canal criado pela proteína VP1 em um dos vértices do vírion. O genoma liga-se diretamente aos ribossomos, apesar da falta de uma estrutura de quepe (*cap*) na extremidade 5'. Os ribossomos reconhecem uma alça interna única de RNA (sítio interno de entrada do ribossomo [IRES]) no genoma que também está presente em alguns mRNAs celulares. Uma **poliproteína** contendo todas as sequências de proteínas virais é sintetizada no período de 10 a 15 minutos de infecção. Essa poliproteína é clivada por proteases virais nele codificadas. As proteínas virais fixam o genoma às membranas do retículo endoplasmático e a maquinaria para replicação do genoma é coletada em uma vesícula. A RNA polimerase dependente de RNA viral gera um molde de RNA de fita negativa do qual o novo mRNA/genoma pode ser sintetizado. A quantidade de mRNA viral aumenta rapidamente na célula, com o número de moléculas de RNA viral chegando a 400 mil por célula.

O genoma codifica uma poliproteína que é proteoliticamente clivada por proteases codificadas pelo vírus para produzir proteínas enzimáticas e estruturais do vírus (ver Figura 46.3). Em adição às proteínas capsídio e a VPg, os picornavírus codificam pelo menos duas proteases e uma RNA polimerase dependente de RNA.

A maioria dos picornavírus inibe o RNA celular e a síntese proteica durante a infecção. Por exemplo, a clivagem da proteína ribossômica de ligação ao quepe (eIF4-G) das células por uma protease do poliovírus impede que a maioria do mRNA celular se ligue ao ribossomo. A inibição dos fatores de transcrição diminui a síntese do mRNA celular e mudanças na permeabilidade induzida pelo picornavírus reduzem a capacidade de ligação do mRNA celular ao ribossomo. Além disso, o mRNA viral pode competir com o mRNA celular pelos fatores necessários para a síntese proteica. Essas atividades contribuem para o efeito citopatológico do vírus na célula-alvo.

À medida que o genoma viral está sendo replicado e traduzido, as proteínas estruturais VP0, VP1 e VP3 são clivadas a partir da poliproteína por proteases codificadas por vírus e montadas em subunidades. Cinco **subunidades** se associam em **pentâmeros** e 12 **pentâmeros** associam-se para formar o **pró-capsídio**. Depois da inserção do genoma, VP0 é clivada em VP2 e VP4 para completar o **capsídio**. Até 100 mil vírions por células podem ser produzidos e liberados na lise celular. O ciclo completo de replicação pode ser de 3 a 4 horas.

Enterovírus

PATOGÊNESE E IMUNIDADE

Ao contrário de seu nome, os enterovírus não costumam causar doenças entéricas, mas eles se replicam e são transmitidos pela via fecal-oral. As doenças produzidas pelos enterovírus são determinadas principalmente pelas diferenças no tropismo tecidual e a capacidade citolítica do vírus (Figura 46.4; Boxe 46.3). Os vírions são impermeáveis ao ácido estomacal, proteases e à bile. Os enterovírus são adquiridos via sistema respiratório superior e boca. A replicação viral é iniciada na mucosa e no tecido linfoide das tonsilas e faringe. Em seguida, o vírus infecta células M e linfócitos das placas de Peyer e enterócitos na mucosa intestinal. A viremia primária espalha o vírus para tecidos-alvo portadores de receptores, incluindo células do sistema fagocítico-mononuclear dos linfonodos, baço e fígado, para iniciar uma segunda fase de replicação viral, resultando em viremia secundária e sintomas.

A maioria dos enterovírus é citolítica, replicando-se rapidamente e causando danos diretos à célula-alvo.

No caso do poliovírus, o vírus ganha acesso ao cérebro infectando o músculo esquelético e percorrendo até os nervos que inervam o cérebro, semelhante ao vírus da raiva (ver Capítulo 50). O vírus é citolítico para os neurônios motores do corno anterior e do tronco encefálico. A localização e o número de células nervosas destruídas pelo vírus governam a extensão da paralisia e definem quando outros neurônios podem inervar novamente o músculo e restaurar a atividade. A perda combinada de neurônios na poliomielite e na velhice pode resultar na paralisia em uma fase mais tardia na vida; isto é chamado de **síndrome pós-poliomielite**.

A excreção viral a partir do sangue, orofaringe ou do líquido cefalorraquidiano pode ser detectada por um curto período de tempo antes e durante os sintomas, enquanto a produção e a excreção do vírus no intestino podem durar 30 dias ou mais, mesmo na presença de uma resposta imune humoral.

O anticorpo é a principal resposta imune protetora contra os enterovírus. O anticorpo secretório pode inibir o estabelecimento inicial de infecção na orofaringe e no sistema digestório, enquanto os anticorpos séricos previnem a propagação do vírus na corrente sanguínea em direção ao tecido-alvo e, portanto, previnem doenças. A evolução temporal do desenvolvimento de anticorpos após a infecção com uma vacina viva é apresentada na Figura 46.10. A imunidade celular geralmente não está envolvida na proteção, mas participa na resolução e patogênese.

EPIDEMIOLOGIA

Os enterovírus são patógenos exclusivamente humanos (Boxe 46.4). Como o nome indica, esses vírus se propagam principalmente através da rota fecal-oral. Pode ocorrer a

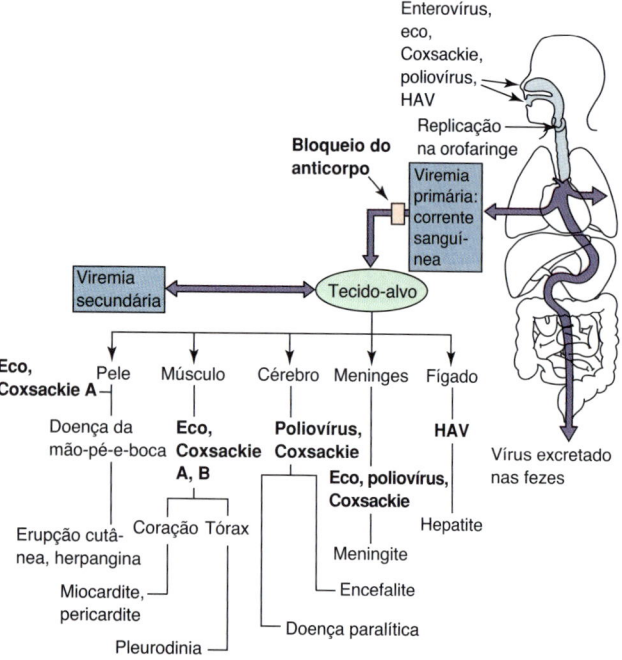

Figura 46.4 Patogênese da infecção por enterovírus. O tecido-alvo infectado por enterovírus determina a doença predominante causada pelo vírus. *Coxsackie*, vírus Coxsackie; *eco*, vírus ECHO; *HAV*, vírus da hepatite A; *polio*, poliovírus.

Boxe 46.3 Mecanismos patológicos dos picornavírus.

- Os enterovírus entram pela orofaringe, mucosa intestinal ou vias respiratórias superiores e infectam o tecido linfático subjacente; os rinovírus são restritos às vias respiratórias superiores.
- Na ausência de anticorpos séricos, o enterovírus se propaga por viremia até as células de um tecido-alvo portador de receptores.
- Diferentes picornavírus se ligam a diferentes receptores, muitos dos quais são membros da superfamília das imunoglobulinas (ou seja, moléculas de adesão intercelular-1).
- O tecido-alvo infectado determina a doença subsequente.
- Os efeitos patológicos virais, em vez da resposta imune, geralmente são responsáveis por causar as doenças.
- A resposta de anticorpos secretórios é transitória, mas pode prevenir o início da infecção.
- Os anticorpos séricos bloqueiam a propagação virêmica para o tecido-alvo, prevenindo a doença.
- O enterovírus é expelido nas fezes por longos períodos.
- A infecção é frequentemente assintomática ou causa uma doença leve, semelhante à gripe ou envolvendo o sistema respiratório superior.

excreção viral assintomática por até 1 mês, colocando o vírus no meio ambiente. Saneamento básico precário e condições de moradia com aglomeração favorecem a transmissão dos vírus (Figura 46.5). A contaminação do sistema de abastecimento de água pode resultar em epidemia por enterovírus. Surtos de doenças causadas por enterovírus são observados em escolas e creches, sendo o verão a principal estação do ano para a ocorrência dessas doenças. A disseminação dos vírus Coxsackie e vírus ECHO também pode ocorrer em gotículas de aerossóis, e causam infecções do sistema respiratório.

Com o sucesso das vacinas contra a poliomielite, o poliovírus tipo selvagem foi eliminado do Hemisfério Ocidental (Figura 46.6) e da maior parte do mundo. A poliomielite paralítica nunca foi eliminada da Nigéria, do Afeganistão e do Paquistão e os vírus se espalharam a partir desses países para outros. Um número pequeno, mas significativo, de casos relacionados com a vacina de pólio resulta de mutação no gene VP1 de uma das três cepas que restabelecem a neurovirulência (poliovírus circulante derivado da vacina [cVDPV] 2) no vírus da vacina viva. Teme-se que o poliovírus infeccioso permaneça no esgoto por períodos muito longos por causa da natureza rígida dos vírions, ampliando o risco de contato e a necessidade de programas de vacinação.

A propagação dos poliovírus ocorre com mais frequência durante o verão e o outono. A poliomielite paralítica já foi considerada uma doença da classe média, porque uma boa higiene retardaria a exposição de uma pessoa ao vírus até o final da infância, nos anos de adolescência ou na idade adulta, quando a infecção provocaria as manifestações mais graves. A infecção durante a primeira infância é, mais provavelmente, assintomática ou causa manifestações muito brandas.

Similar à infecção pelo poliovírus, a doença causada pelo vírus Coxsackie A geralmente é mais grave em adultos do que em crianças. O vírus Coxsackie B e alguns dos vírus ECHO (principalmente o vírus ECHO 11) podem ser particularmente prejudiciais para os lactentes. Enterovírus específicos são os agentes etiológicos responsáveis pelo aumento da incidência de mielite flácida aguda, semelhante à poliomielite, em 2018.

SÍNDROMES CLÍNICAS

As síndromes clínicas produzidas pelos enterovírus são determinadas por vários fatores, incluindo (1) sorotipo viral; (2) dose infectante; (3) tropismo tecidual; (4) porta de entrada; (5) idade, gênero e estado de saúde do paciente; e (6) gravidez (Tabela 46.1). O período de incubação da doença causada por enterovírus varia de 1 a 35 dias, dependendo do

---

Boxe 46.4 Epidemiologia das infecções por enterovírus.

Doenças/fatores virais

A natureza da doença se correlaciona com enterovírus específicos.
A gravidade da doença está relacionada à idade da pessoa.
Infecção frequentemente assintomática, com excreção viral.
Vírion resistente às condições ambientais (detergentes, ácido, ressecamento, tratamento insuficiente do esgoto e calor).

Transmissão

Via fecal-oral: má higiene, fraldas sujas (principalmente em creches).
Ingestão de alimentos e água contaminados.
Contato com as mãos infectadas e fômites.
Inalação de aerossóis infecciosos.

Quem corre risco?

Crianças pequenas: em risco de infecção pelo poliovírus (assintomática ou doença leve).
Crianças e adultos mais velhos: em risco de infecção pelo poliovírus (assintomática ou doença paralítica).
Recém-nascidos e neonatos: em maior risco de doenças graves causadas por vírus Coxsackie, vírus ECHO e enterovírus.

Geografia/sazonalidade

Os vírus têm distribuição mundial; o poliovírus do tipo selvagem foi praticamente erradicado na maioria dos países por causa dos programas de vacinação.
Doença mais comum no verão.

Modos de controle

Para o poliovírus, administração da vacina oral de poliovírus vivo (VOP trivalente) ou da vacina trivalente de poliovírus inativado (VIP).
Para outros enterovírus, nenhuma vacina; boa higiene limita a disseminação do vírus.

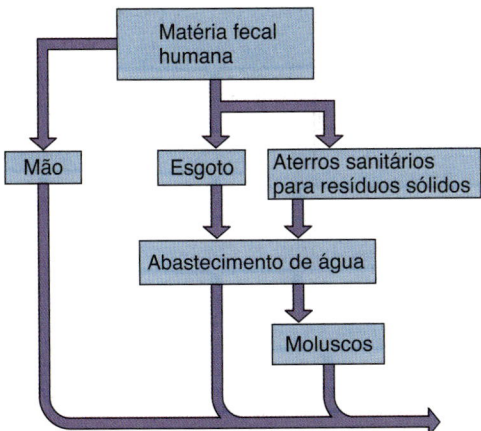

Figura 46.5 Transmissão de enterovírus. A estrutura do capsídio é resistente ao tratamento inadequado de esgoto, água salgada, detergentes e mudanças de temperatura, possibilitando a transmissão desses vírus por via fecal-oral, por fômites e pelas mãos.

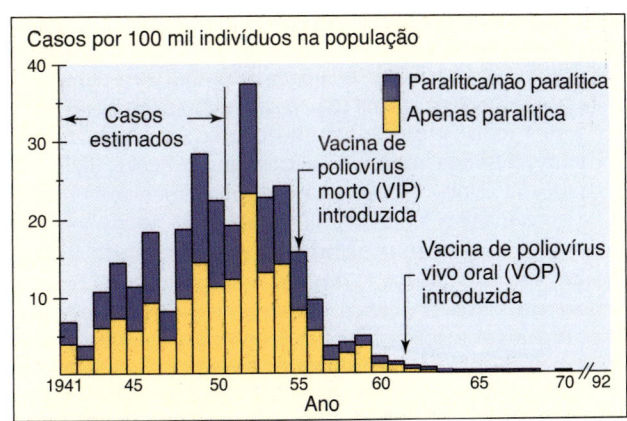

Figura 46.6 Incidência da poliomielite nos EUA. A vacina com poliovírus mortos (inativados) foi introduzida em 1955 e a vacina com poliovírus vivo oral (VOP) foi introduzida em 1961 e 1962. O poliovírus do tipo selvagem foi erradicado nos EUA. (Cortesia de Centers for Disease Control and Prevention, 1973. Against Disease: 1972. U.S. Government Printing Office, Washington, DC.)

Tabela 46.1 Resumo das síndromes clínicas associadas aos principais grupos de enterovírus.[a]

Síndrome	Ocorrência	Poliovírus	Vírus Coxsackie A	Vírus Coxsackie B	Vírus ECHO/Enterovírus[b]
Assintomática	Frequente	+	+	+	+
Doença paralítica	Esporádica	+	+	+	+ (enteroD68)
Encefalite, meningite	Surtos	+	+	+	+
Cardite	Esporádica	—	+	+	+
Doença neonatal	Surtos	—	—	+	+
Pleurodinia	Surtos	—	—	+	—
Herpangina	Comum	—	+	—	—
Doença mão-pé-e-boca	Comum	—	+	—	—
Erupção cutânea	Comum	—	+	+	+
Conjuntivite hemorrágica aguda	Epidemia	—	+	—	+ (entero70)
Infecções do sistema respiratório	Comum	+	+	+	+
Febre não diferenciada	Comum	+	+	+	+
Diarreia, doença gastrintestinal	Incomum	—	—	—	+
Diabetes melito, pancreatite	Incomum	—	—	+	—
Orquite	Incomum	—	—	+	—

[a]Membro(s) dessa família causa(m) essa doença.
[b]Enterovírus 68 ao 71+.

vírus, o tecido-alvo e a idade do indivíduo. Os vírus que afetam os sítios orais e respiratórios têm os períodos mais curtos de incubação.

Infecções por poliovírus

Existem três tipos de poliovírus, com 85% dos casos de poliomielite paralítica causados pelo tipo 1. A reversão do vírus atenuado da vacina do tipo 2 para a forma virulenta pode causar a doença associada à vacina. Infecções pelo poliovírus do tipo selvagem são raras em razão do sucesso das vacinas contra a poliomielite (ver Figura 46.6). Como observado anteriormente, entretanto, casos de poliomielite associados à vacina ocorrem e algumas populações permanecem não vacinadas, colocando-as em risco de infecção. O poliovírus pode causar um dos quatro desfechos clínicos descritos a seguir, observados em pessoas não vacinadas, dependendo da progressão da infecção (Figura 46.7):

1. A **doença assintomática** ocorre se a infecção viral for limitada à orofaringe e ao intestino. Pelo menos 90% das infecções pelo poliovírus são assintomáticas.
2. A **poliomielite abortiva, a doença menor**, é uma doença febril inespecífica que ocorre em aproximadamente 5% dos indivíduos infectados. Febre, cefaleia, mal-estar, dor de garganta e vômitos ocorrem nessas pessoas nos 3 a 4 dias seguintes à exposição.
3. A **poliomielite não paralítica ou meningite asséptica** ocorre em 1 a 2% dos pacientes com infecções por poliovírus. Nessa doença, o vírus progride para o SNC e as meninges, causando dorsalgia e espasmos musculares, além dos sintomas de doença menor.
4. A **poliomielite paralítica, a doença maior**, ocorre em 0,1 a 2,0% dos indivíduos com infecções por poliovírus e é o desfecho clínico mais grave. Manifesta-se 3 a 4 dias após a doença menor diminuir de intensidade, produzindo uma enfermidade bifásica. Nessa doença, a disseminação do vírus ocorre por via hematogênica para as células do corno anterior da medula espinal e para o cór-

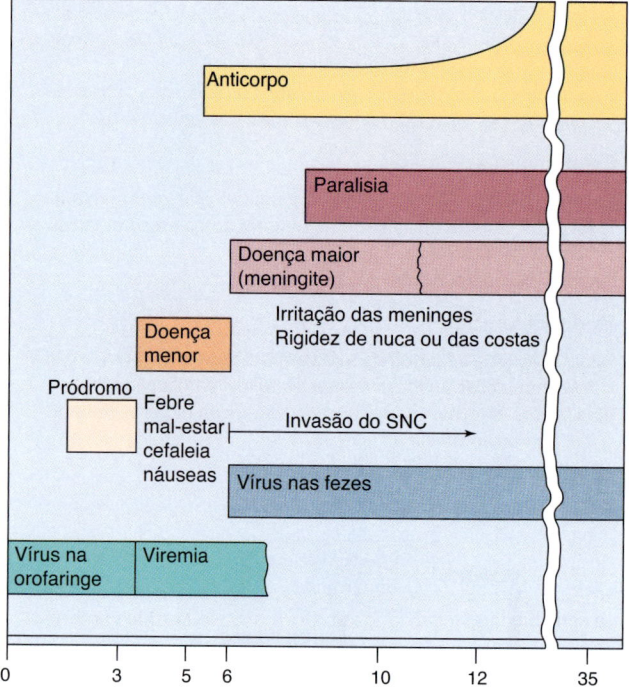

Figura 46.7 Progressão da infecção por poliovírus. A infecção pode ser assintomática ou progride para doença menor ou maior. *SNC*, sistema nervoso central.

tex motor do cérebro. A gravidade da paralisia é determinada pela extensão da infecção neuronal e por quais os neurônios são afetados. A **poliomielite paralítica** é caracterizada por uma paralisia flácida assimétrica sem perda sensorial. O grau de paralisia varia de modo que pode envolver apenas alguns grupos musculares (p. ex., uma perna) ou pode haver paralisia flácida completa dos quatro membros. A paralisia pode então progredir nos primeiros dias e resultar em uma recuperação completa, paralisia residual ou morte. A maioria das recuperações ocorre dentro de 6 meses, mas podem ser necessários até 2 anos para a remissão completa.

A **poliomielite bulbar** pode ser mais grave, pode envolver os músculos da faringe, as cordas vocais e a respiração, assim como pode resultar em morte em 75% dos pacientes. Os pulmões de ferro, câmaras que forneciam compressão respiratória externa, foram utilizados durante a década de 1950 para auxiliar a respiração de pacientes com essa forma de poliomielite. Antes dos programas de vacinação, os pulmões de ferro enchiam as enfermarias dos hospitais pediátricos.

A **síndrome pós-poliomielite** é uma sequela de poliomielite que pode ocorrer muito mais tarde na vida (30 a 40 anos depois) em 29% das vítimas originais. As pessoas afetadas sofrem deterioração dos músculos originalmente afetados. O poliovírus não está presente, mas acredita-se que a síndrome seja resultado de uma perda de neurônios nos nervos inicialmente afetados.

Infecções por vírus Coxsackie e vírus ECHO

Várias síndromes clínicas podem ser causadas tanto por um vírus Coxsackie quanto por um vírus ECHO (p. ex., meningite asséptica), mas determinadas doenças estão especificamente associadas aos vírus Coxsackie. O vírus Coxsackie A está associado a doenças envolvendo lesões vesiculares (p. ex., herpangina), enquanto o vírus Coxsackie B **(B para body, corpo)** é mais frequentemente associado à miocardite e pleurodinia. Vírus Coxsackie, o enterovírus D68 e outros picornavírus também podem causar uma doença paralítica flácida semelhante à poliomielite (Caso Clínico 46.1). O resultado mais comum da infecção é a ausência de sintomas ou uma doença gripal ou doença branda das vias respiratórias superiores.

A **herpangina** é causada por vários tipos de vírus Coxsackie A e não está relacionada com a infecção pelo herpesvírus. Febre, dor de garganta, dor ao deglutir, anorexia e vômitos acompanham esta doença. O achado clássico consiste em lesões ulceradas vesiculares ao redor do palato mole e da úvula (Figura 46.8). Menos comum, as lesões afetam o palato duro. O vírus pode ser isolado das lesões ou das fezes. A doença é autolimitada e exige apenas manejo sintomático.

A **doença mão-pé-e-boca** é um exantema vesicular geralmente causado pelo vírus Coxsackie A16. O nome é descritivo porque as principais características dessa infecção consistem em lesões vesiculares nas mãos, nos pés, na boca e na língua (Figura 46.9). O paciente fica ligeiramente febril e a doença regride em poucos dias.

A **pleurodinia (doença de Bornholm)** é uma doença aguda em que os pacientes têm início súbito de febre e dor

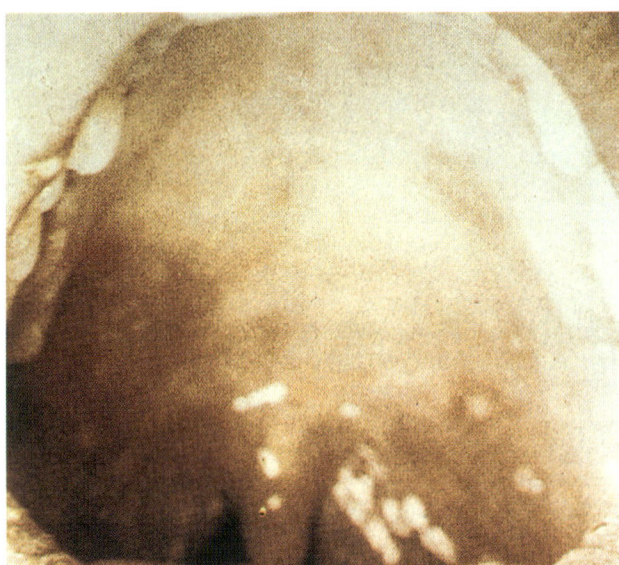

Figura 46.8 Herpangina. Vesículas discretas características são observadas nos pilares tonsilares anteriores. (Cortesia de Dr. GDW McKendrick; adaptada de Lambert, H.P., et al., 1982. Infectious Diseases Illustrated: An integrated text and color atlas. Gower, London.)

> **Caso Clínico 46.1 Doença semelhante à poliomielite causada por vírus Coxsackie A**
>
> Em um caso relatado por Yoshimura e Kurashige (Brain Dev 20:540–542, 1998), uma criança de 4 anos de idade apresentou dor abdominal, abdome distendido, incapacidade de urinar e de caminhar, que motivaram a internação no hospital. Todos os reflexos abdominais desapareceram, acompanhados por disfunção vesical e retal. A sensibilidade álgica e a sensibilidade térmica foram normais. No líquido cerebrospinal foi encontrado aumento da contagem de células, com 393 mm^3 e com 95% de neutrófilos e 5% de linfócitos. As proteínas e a glicose do líquido cerebrospinal estavam dentro dos valores normais. A análise sorológica foi negativa para poliovírus, vírus ECHO e vírus Coxsackie dos tipos A4, A7, A9, B1 e B5, vírus relatados como causadores de doença paralítica semelhante à poliomielite. Anticorpos para o vírus Coxsackie A10 foram detectados durante a fase aguda (título = 32) e após 4 semanas (título = 128). Três semanas após a admissão, a criança foi capaz de caminhar novamente, mas disfunção leve da bexiga e do reto permaneceu, mesmo 3 meses depois da admissão. Embora a imunização de rotina tenha eliminado a paralisia induzida pela poliomielite na maior parte do mundo, a doença poliomielite-símile ainda pode ser causada por outros picornavírus e revertentes das cepas de poliovírus relacionadas com a vacina.

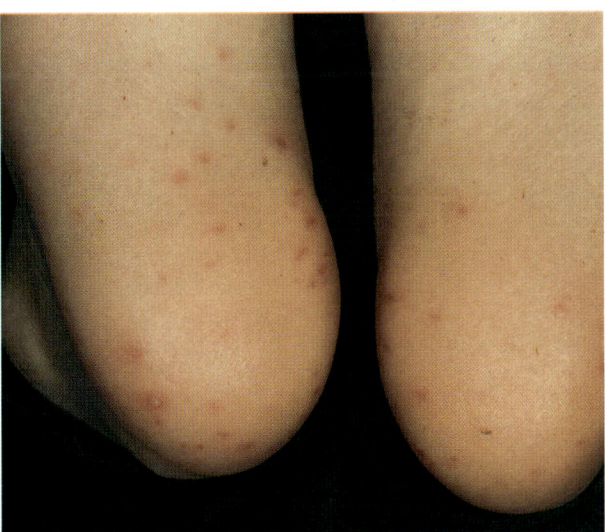

Figura 46.9 Doença mão-pé-e-boca causada pelo vírus Coxsackie A. As lesões aparecem inicialmente na cavidade oral e depois se desenvolvem dentro de 1 dia nas palmas das mãos e, como visto aqui, nas plantas dos pés. (De Habif, T.P., Clinical Dermatology: A Color Guide to Diagnosis and Therapy, third ed. Mosby, St. Louis, MO.)

de caráter pleurítico, na parte baixa do tórax unilateral que podem ser excruciantes. Dor abdominal e até mesmo vômito também podem ocorrer e os músculos no lado envolvido são extremamente dolorosos à palpação. A pleurodinia dura uma média de 4 dias, mas podem ocorrer recidivas após a condição permanecer assintomática por vários dias. O vírus Coxsackie B é o agente etiológico.

Infecções do miocárdio e do pericárdio causadas pelo vírus Coxsackie B ocorrem esporadicamente em crianças mais velhas e em adultos; contudo, são mais graves em recém-nascidos. Neonatos com essas infecções manifestam doenças febris e início inexplicável e súbito de insuficiência cardíaca. Cianose, taquicardia, cardiomegalia e hepatomegalia ocorrem. A taxa de mortalidade associada à infecção é alta e a necropsia revela, habitualmente, o envolvimento de outros sistemas de órgãos, incluindo o cérebro, o fígado e o pâncreas. Pericardite benigna aguda afeta os adultos jovens, mas pode ocorrer em pessoas mais velhas. Os sintomas se assemelham aos do infarto agudo do miocárdio com febre.

A **meningite viral (asséptica)** é uma doença febril aguda acompanhada por sintomas como cefaleia e sinais de irritação meníngea, incluindo rigidez de nuca. Petéquias ou erupção cutânea podem ocorrer em pacientes com meningite por enterovírus. A recuperação geralmente ocorre sem complicações a menos que a doença esteja associada à encefalite (meningoencefalite) ou ocorre em crianças com menos de 1 ano. Surtos de meningite por picornavírus (vírus ECHO 11) ocorrem a cada ano durante o verão e o outono. Febre, erupção cutânea e sintomas comuns semelhantes ao resfriado podem ocorrer em pacientes infectados com vírus ECHO ou vírus Coxsackie. A erupção cutânea geralmente é maculopapular, mas pode ocasionalmente apresentar lesões petequiais ou mesmo vesiculares. O tipo de erupção petequial pode ser confundido com a erupção cutânea da meningococcemia, que é de risco à vida e deve ser tratado. A doença causada por enterovírus geralmente é menos intensa para as crianças do que a meningococcemia. Os vírus Coxsackie A21 e A24, além dos vírus ECHO 11 e 20, podem causar sintomas semelhantes aos do rinovírus que lembram o resfriado comum.

Outras doenças causadas por enterovírus

O enterovírus 70 e uma variante do vírus Coxsackie A24 foram associados a uma doença ocular extremamente contagiosa, **conjuntivite hemorrágica aguda**. A infecção causa hemorragias subconjuntivais e conjuntivite. A doença tem um período de incubação de 24 horas e se resolve dentro de 1 ou 2 semanas. Os **parechovírus** (incluindo HPeV1 e HPeV2, anteriormente denominados vírus ECHO 22 e 23) são uma causa principal de doença semelhante à sepse viral, meningite e morte súbita em recém-nascidos e lactentes. O vírus Coxsackie A16, enterovírus-A71 e o D68 foram isolados de líquido cerebrospinal de crianças com paralisia flácida aguda. Algumas cepas de vírus Coxsackie B, vírus ECHO e parechovírus podem ser transmitidas pela via transplacentária para o feto. A infecção do feto ou do lactente por essa ou outra via pode produzir uma doença disseminada grave. Infecções das células beta do pâncreas por vírus Coxsackie B representam uma das principais causas de **diabetes melito insulinodependente do tipo 1** como resultado da destruição das ilhotas de Langerhans pela resposta imune gerada.

DIAGNÓSTICO LABORATORIAL

Química clínica

O líquido cerebrospinal obtido de pacientes com meningite asséptica por enterovírus pode ser distinguido daquele proveniente de meningite bacteriana. Não há neutrófilos no líquido cerebrospinal e o nível liquórico de glicose geralmente é normal ou ligeiramente baixo. O nível liquórico de proteínas é normal a ligeiramente elevado. O líquido cerebrospinal raramente é positivo para o vírus.

Cultura

Os poliovírus podem ser isolados da faringe do paciente durante os primeiros dias de doença, a partir das fezes em até 30 dias, mas só raramente do líquido cerebrospinal. O vírus cresce bem em cultura de tecido de rim de macaco. Os vírus Coxsackie e os vírus ECHO geralmente podem ser isolados da garganta e das fezes durante a infecção e muitas vezes do líquido cerebrospinal em pacientes com meningite. O vírus raramente é isolado em pacientes com miocardite, porque os sintomas ocorrem várias semanas após a infecção inicial. O vírus Coxsackie B cresce em cultura primária de células renais de macacos ou embriões humanos. Muitas cepas de vírus Coxsackie A não crescem em cultura de tecidos, mas podem ser cultivadas em filhotes de camundongos.

Estudos genômicos e sorológicos

O tipo exato de enterovírus pode ser determinado com o uso de ensaios para análise de anticorpos e antígenos específicos (p. ex., ensaio de neutralização, imunofluorescência, ELISA) ou detecção do RNA viral por RT-PCR. A RT-PCR de amostras clínicas tornou-se um método rápido e de rotina para detectar a presença de um enterovírus ou distinguir um enterovírus específico, dependendo dos *primers* (iniciadores) utilizados.

A sorologia pode ser usada para confirmar uma infecção por enterovírus a partir da detecção de IgM específica ou o achado de aumento de quatro vezes no título de anticorpos entre o período da doença aguda e o período de convalescença. Por causa dos diversos sorotipos, esta abordagem pode não ser prática para a detecção de vírus ECHO e vírus Coxsackie, a menos que um vírus específico seja suspeito.

TRATAMENTO, PREVENÇÃO E CONTROLE

A prevenção da poliomielite paralítica é um dos triunfos da medicina moderna. Em 1979, as infecções com o poliovírus tipo selvagem desapareceram dos EUA, com o número de casos de poliomielite caindo de 21 mil por ano na era da pré-vacina para 18 casos em pacientes não vacinados em 1977. Como a varíola, a poliomielite tem sido alvo de erradicação. A prestação de cuidados em saúde a países em desenvolvimento é mais difícil e por esse motivo, as doenças virais do tipo selvagem ainda existem na África, no Oriente Médio e na Ásia. A falta de informação, incompreensão e a instabilidade política na África e em outras partes do mundo também têm limitado a aceitação da vacinação contra a poliomielite. Novos programas mundiais de vacinação foram desenvolvidos para atingir a meta de erradicação.

Os dois tipos de vacina contra o poliovírus são (1) **vacina de poliovírus inativado (VIP)**, desenvolvida por Jonas Salk, e (2) **vacina oral de poliovírus (VOP) vivo atenuado**, desenvolvida por Albert Sabin. Ambas as vacinas incorporam as três cepas de poliovírus, que são estáveis, são relativamente baratas e induzem uma resposta humoral (anticorpos) protetora (Figura 46.10). A VIP se mostrou efetiva em 1955, mas a vacina oral tomou seu lugar porque é mais barata, fácil de administrar, limita a produção e transmissão do vírus e induz imunidade duradoura e nas mucosas (Tabela 46.2). A VIP é agora favorecida com base em seu perfil de segurança.

A VOP foi **atenuada** (ou seja, induz o surgimento de formas menos virulentas) por passagem em culturas de células humanas ou de macacos. A atenuação produziu um vírus que pode se replicar na orofaringe e nos intestinos, mas não consegue infectar as células neuronais. A vacina induz IgA e IgG que podem impedir a propagação do vírus no intestino e a partir dele, bem como a disseminação dentro do corpo. Um benefício da cepa da vacina viva é que ela é excretada nas fezes por semanas e pode ser disseminada para contatos próximos. A propagação imunizará ou promoverá nova imunização de contatos próximos, levando à imunização em massa. Os principais inconvenientes da vacina viva são que (1) o vírus da vacina pode infectar um indivíduo imunocomprometido e (2) existe um potencial remoto de o vírus reverter à sua forma virulenta e causar doença paralítica (menos de 1 por 4 milhões de doses administradas *versus* 1 em cada 100 pessoas infectadas com o poliovírus do tipo selvagem).

Na ausência do poliovírus do tipo selvagem, a VIP tem menor potencial para doenças relacionadas com a vacina e é

Tabela 46.2 Vantagens e desvantagens das vacinas contra a poliomielite.

Vacina	Vantagens	Desvantagens
VOP	Efetiva Imunidade duradoura Indução de resposta de anticorpos secretórios semelhante àquela da infecção natural Previne a disseminação do vírus nas fezes Disseminação do vírus atenuado para contactantes promove imunização indireta Barata e fácil de administrar Não exige a vacina de reforço Imunidade de rebanho	Risco de poliomielite associada à vacina em pessoas que receberam a vacina ou contactantes; propagação da vacina aos contactantes sem o seu consentimento Não é segura para administração em pacientes imunodeficientes
VIP	Efetiva Boa estabilidade durante o transporte e em armazenamento Administração segura em pacientes imunodeficientes Não há risco de doença relacionada com a vacina	Ausência da indução de anticorpos secretórios Vacina de reforço necessária para a imunidade duradoura Exige seringas e agulhas estéreis Injeção mais dolorosa do que a administração oral Níveis mais elevados de imunização da comunidade do que a vacina viva Não previne a replicação e disseminação do vírus a partir do sistema digestório

VIP, vacina de poliovírus inativado; *VOP*, vacina de poliovírus oral vivo.

a vacina de escolha para a imunização de rotina. As crianças devem receber a VIP aos 2 meses, 4 meses e 15 meses e depois aos 4 a 6 anos de idade. Além disso, com a eliminação do poliovírus tipo selvagem, o próximo passo é interromper o uso da vacina oral para eliminar toda a poliomielite do mundo.

Não há vacinas para outros enterovírus. A transmissão desses vírus pode presumivelmente ser reduzida por melhorias nas condições de higiene e de moradia. Os enterovírus são resistentes à maioria dos desinfetantes e detergentes comuns, mas podem ser inativados por formaldeído, hipoclorito e cloro.

Rinovírus

Os rinovírus são a causa mais importante do **resfriado comum** e infecções do sistema respiratório superior. No entanto, tais infecções são autolimitadas e não causam doenças graves. Mais de 100 sorotipos de rinovírus já foram identificados. Pelo menos 80% dos rinovírus têm um receptor comum que também é utilizado por alguns dos vírus Coxsackie. Esse receptor foi identificado como ICAM-1, que é um membro da superfamília das imunoglobulinas e é expresso em células epiteliais, fibroblastos e células linfoblastoides B.

PATOGÊNESE E IMUNIDADE

Ao contrário dos enterovírus, os rinovírus **não conseguem se replicar no sistema digestório**. Os rinovírus são **lábeis no pH ácido**. Além disso, eles **crescem melhor a 33°C**, uma característica que contribui para sua preferência por

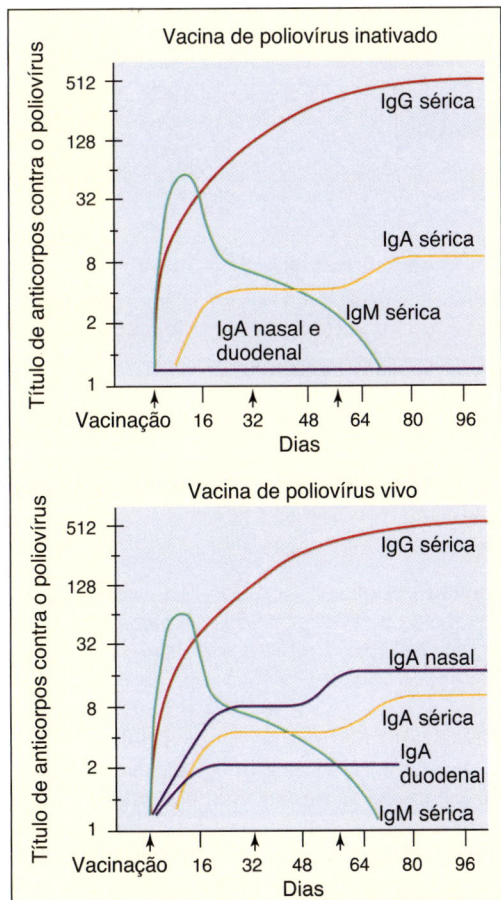

Figura 46.10 Resposta de anticorpos séricos e secretórios à inoculação intramuscular da vacina de poliovírus inativado (VIP) e à vacina oral de poliovírus vivo atenuado (VOP). Observe a IgA secretória induzida pela VOP. *Ig*, imunoglobulina. (Modificada de Ogra, P., Fishaut, M., Gallagher, M.R., 1980. Viral vaccination via the mucosal routes. Reviews of Infectious Diseases 2:352–369. Copyright 1980, University of Chicago Press.)

ambientes mais refrigerados da mucosa nasal. A infecção pode ser iniciada por apenas uma partícula viral infecciosa. Durante o pico da doença, as secreções nasais contêm concentrações de 500 a 1.000 víriuns infecciosos por mililitro. O vírus entra pelo nariz, pela boca ou pelos olhos e inicia a infecção das vias respiratórias superiores, incluindo a garganta. A maior parte da replicação viral ocorre no nariz e o início e a gravidade dos sintomas se correlacionam com o período de excreção viral e com a quantidade (título) de vírus excretado. As células infectadas liberam bradicinina e histamina, que causam a coriza.

Interferona, que é gerada em resposta à infecção, pode limitar a progressão da infecção e contribuir para os sintomas. A imunidade ao rinovírus é transitória e improvável de prevenir infecção subsequente (por causa dos diversos sorotipos do vírus). Os anticorpos IgA secretória e IgG sérica, sorotipo-específicos, são induzidos por uma infecção primária por rinovírus e podem ser detectados dentro de 1 semana de infecção. A resposta protetora da IgA secretória dissipa-se rapidamente e a imunidade começa a diminuir aproximadamente 18 meses após a infecção. A imunidade celular não tem participação importante no controle de infecções por rinovírus.

EPIDEMIOLOGIA

Os rinovírus causam pelo menos metade de todas as infecções do sistema respiratório superior (Boxe 46.5). Outros agentes que podem causar sintomas do resfriado comum são enterovírus, coronavírus, adenovírus e vírus parainfluenza. Os rinovírus podem ser transmitidos por dois mecanismos: como aerossóis e em fômites (p. ex., pelas mãos ou sobre objetos inanimados contaminados). As mãos parecem ser o principal vetor e o contato direto interpessoal é o modo predominante de propagação do patógeno. Esses vírus não envelopados são extremamente estáveis e conseguem sobreviver sobre tais objetos por muitas horas.

Os rinovírus provocam doenças clínicas em apenas metade das pessoas infectadas. Os indivíduos assintomáticos também são capazes de transmitir o vírus, mesmo que possam produzir uma menor carga viral.

Os "resfriados" causados por rinovírus ocorrem com mais frequência no início do outono e no final da primavera em pessoas que vivem em climas temperados. Isso pode refletir padrões sociais (p. ex., retorno à escola e creche) em vez de qualquer mudança no próprio vírus.

As taxas de infecção são mais altas em crianças e lactentes. Crianças menores de 2 anos "compartilham" seus resfriados com suas famílias. As infecções secundárias ocorrem em aproximadamente 50% dos membros da família, principalmente outras crianças.

Muitos sorotipos diferentes de rinovírus podem ser encontrados em uma comunidade durante uma estação fria específica, mas as cepas predominantes geralmente são os sorotipos recém-classificados. Esse padrão indica a existência de uma deriva (*drift*) antigênica gradual (mutação) semelhante àquela observada para o vírus influenza.

SÍNDROMES CLÍNICAS

Os sintomas de resfriado comum causados pelo rinovírus não podem ser facilmente distinguidos dos causados por outros patógenos respiratórios virais (p. ex., enterovírus, paramixovírus, coronavírus) (Boxe 46.6). A infecção do sistema respiratório superior começa habitualmente com espirros, e rapidamente é seguido por rinorreia. A rinorreia aumenta e é então acompanhada por sintomas de obstrução nasal. Discreta dor de garganta também ocorre, juntamente, com cefaleia e mal-estar, mas geralmente sem febre. A doença atinge o pico em 3 a 4 dias, mas a tosse e os sintomas nasais podem persistir por 7 a 10 dias ou mais.

Boxe 46.5 Epidemiologia das infecções por rinovírus.

Doenças/fatores virais

O vírion é resistente ao ressecamento e aos detergentes.
Múltiplos sorotipos inibem a imunidade prévia.
A replicação ocorre a uma temperatura ótima de 33°C e em temperaturas mais frias.

Transmissão

Contato direto via mãos infectadas e fômites.
Inalação de gotículas infecciosas.

Quem corre risco?

Pessoas de todas as idades.

Geografia/sazonalidade

Vírus encontrado em todo o mundo.
Doença mais comum no início do outono e no final da primavera.

Modos de controle

Lavar as mãos e desinfetar objetos contaminados ajudam a evitar a propagação do vírus.

Boxe 46.6 Resumos clínicos.

Poliovírus

Poliomielite: uma garota de 12 anos da Nigéria tem cefaleia, febre, náuseas e rigidez de nuca. Os sintomas melhoram e depois se repetem por vários dias, com fraqueza e paralisia das pernas. Ela não tem história de imunização contra a poliomielite.

Vírus Coxsackie A

Herpangina: lesões vesiculares na língua e no teto da boca de um paciente de 7 anos acompanham sintomas de febre, dor de garganta e dor na deglutição.

Vírus Coxsackie B (B; do inglês, *body*, corpo)

Pleurodinia: um menino de 13 anos tem febre e dor torácica intensa associada a cefaleia, fadiga e mialgia que duram 4 dias.

Vírus Coxsackie ou vírus ECHO

Meningite asséptica: um lactente de 7 meses de idade com febre e erupção cutânea está apático e exibe rigidez de nuca. Uma amostra de seu líquido cerebrospinal contém linfócitos, mas níveis normais de glicose e ausência de bactérias. A recuperação completa ocorre em 1 semana.

Rinovírus

Resfriado comum: um funcionário de escritório de 25 anos desenvolve rinorreia, tosse leve e mal-estar com febre baixa. Um colega de trabalho apresentou sintomas semelhantes nos últimos dias.

DIAGNÓSTICO LABORATORIAL

A síndrome clínica do resfriado comum geralmente é tão característica que o diagnóstico laboratorial é desnecessário.

O vírus pode ser obtido a partir de lavados nasais. Os rinovírus são cultivados em fibroblastos diploides humanos (p. ex., WI-38) a 33°C. O vírus é identificado pelo efeito citopatológico típico e a demonstração de labilidade às condições ácidas. A sorotipagem raramente é necessária, mas pode ser realizada com o uso de misturas (*pool*) de soros neutralizantes específicos. A identificação também pode ser feita por análise do genoma por RT-PCR. O desempenho dos ensaios sorológicos para documentar a infecção pelo rinovírus não é prático.

TRATAMENTO, PREVENÇÃO E CONTROLE

Existem muitos medicamentos de venda livre para o resfriado comum. Os vasoconstritores nasais podem proporcionar alívio, mas seu uso pode ser seguido por congestão de rebote e agravamento dos sintomas. A inalação de ar quente, úmido e até mesmo o vapor de canja de galinha quente podem realmente ajudar, aumentando a drenagem nasal.

Não há medicamentos antivirais disponíveis para a doença causada por picornavírus. Pleconarila e medicamentos antivirais experimentais semelhantes (p. ex., arildona, rodanina, disoxarila) contêm um grupo 3-metilisoxazol que se insere na base do cânion de ligação ao receptor e bloqueia o desnudamento do vírus. A enviroxima inibe a RNA polimerase dependente de RNA viral. O rinovírus não é um bom candidato a um programa de imunização. Os múltiplos sorotipos e outras causas do resfriado comum, o desvio antigênico aparente em antígenos do rinovírus, a exigência para a produção de IgA secretória e a transitoriedade da resposta de anticorpos representam grandes problemas para o desenvolvimento de vacinas. Além disso, a razão benefício/risco seria muito baixa porque os rinovírus não causam doenças significativas.

A lavagem das mãos e a desinfecção de objetos contaminados são os melhores meios de evitar a propagação do vírus. Lenços faciais virucidas impregnados com ácido cítrico também limitam a disseminação do rinovírus.

Bibliografia

Buenz, E.J., Howe, C.L., 2006. Picornaviruses and cell death. Trends Microbiol. 14, 28–38.
Cohen, J., Powderly, W.G., 2004. Infectious Diseases, second ed. Mosby, St Louis.
de Crom, S.C.M., Rossen, J.W.A., van Furth, A.M., et al., 2016. Enterovirus and parechovirus infection in children: a brief overview. Eur. J. Pediatr. 175, 1023. https://doi.org/10.1007/s00431-016-2725-7.
Flint, S.J., Racaniello, V.R., et al., 2015. Principles of Virology, fourth ed. American Society for Microbiology Press, Washington, DC.
Knipe, D.M., Howley, P.M., 2013. Fields Virology, sixth ed. Lippincott Williams & Wilkins, Philadelphia.
Mandell, G.L., Bennet, J.E., Dolin, R., 2015. Principles and Practice of Infectious Diseases, eighth ed. Saunders, Philadelphia.
McKinlay, M.A., Pevear, D.C., Rossmann, M.G., 1992. Treatment of the picornavirus common cold by inhibitors of viral uncoating and attachment. Annu. Rev. Microbiol. 46, 635–654.
Muir, P., 2017. Enteroviruses. Medicine 45 (12), 794–797.
Oshansky, D.M., 2005. Polio: An American Story. Oxford University Press N.Y. ISBN-13:9780195307146.
Poliovirus vaccine chapters. In: Plotkin, S.A., et al. (Ed.), 2018. Vaccines, seventh ed. Elsevier, Philadelphia.
Racaniello, V.R., 2006. One hundred years of poliovirus pathogenesis. Virology 344, 9–16.
Richman, D.D., Whitley, R.J., Hayden, F.G., 2017. Clinical Virology, fourth ed. American Society for Microbiology Press, Washington, DC.
Strauss, J.M., Strauss, E.G., 2002. Viruses and Human Disease. Academic, San Diego.
Tracy, S., Chapman, N.M., Mahy, B.W.J., 1997. Coxsackie B viruses. Curr. Top. Microbiol. Immunol. 223, 153–167.
Whitton, J.L., Cornell, C.T., Feuer, R., 2005. Host and virus determinants of picornavirus pathogenesis and tropism. Nat. Rev. Microbiol. 3, 765–776.

Websites

Enterovirus and Parechovirus Surveillance—United States, 2014–2016. MMWR 67 (18), May 11, 2018, 515–518. https://www.cdc.gov/mmwr/volumes/67/wr/mm6718a2.htm.
Alsina-Gilbert, M., Sloan, S.B., Dermatologic manifestations of enteroviral infections. www.emedicine.com/derm/topic875.htm. Accessed July 29, 2018.
Shah, S., Picornavirus—overview. www.emedicine.com/med/topic-1831.htm. Accessed July 29, 2018.
Manor Y, Shulman LM, Kaliner E, et al: Intensified environmental surveillance supporting the response to wild poliovirus type 1 silent circulation in Israel, 2013, Euro Surveill 19:20708, 2014. www.eurosurveillance.org/ViewArticle.aspx?ArticleId=20708. Accessed July 29, 2018.
Picornaviridae online. www.picornaviridae.com. Accessed July 29, 2018.
Khan, F., Datta, D., Quddus, A., et al., Progress Toward Polio Eradication—Worldwide, January 2016–March 2018. MMWR Morb Mortal Wkly Rep. 67 (18), 524–528. https://www.cdc.gov/mmwr/volumes/67/wr/mm6718a4.htm. Accessed July 29, 2018.
Buensalido, J.A.L., Rhinovirus infection. www.emedicine.com/ped/topic2707.htm. Accessed July 29, 2018.
Polio vaccines: https://www.cdc.gov/vaccines/vpd/polio/index.html. Accessed August 2, 2018.
Polio and its eradication. https://www.cdc.gov/polio/. Accessed August 2, 2018.
Non-polio enteroviruses: https://www.cdc.gov/non-polio-enterovirus/index.html. Accessed August 2, 2018.
Vital Signs: Surveillance for Acute Flaccid Myelitis—United States, 2018. MMWR Weekly 68(27);608–614. https://www.cdc.gov/mmwr/volumes/68/wr/mm6827e1.htm?s_cid=mm6827e1_e&deliveryName=USCDC_921-DM4248. Accessed July 12, 2019.

47 Coronavírus e Norovírus

Um estudante de 17 anos reclama que está resfriado.
1. Quais são as possíveis causas?
2. Quais propriedades do vírus restringem a infecção ao sistema respiratório superior?
3. Como ele é transmitido e adquirido?

Um dia depois de comer burritos em um restaurante de *fast food*, vários estudantes de Medicina queixaram-se de diarreia grave, náuseas, vômitos e febre baixa durante 2 dias. Outros clientes também tiveram gastrenterite.
4. Quais são as causas prováveis da gastrenterite? Como o período de incubação de 24 horas ajuda a restringir o diagnóstico?
5. Como esse agente causa diarreia?
6. Qual é o melhor método de detectar o agente?

RESUMOS Organismos clinicamente significativos

CORONAVÍRUS

Palavras-chave
Resfriado comum, SARS, MERS

Biologia, virulência e doença
- Tamanho médio, envelopado, genoma de RNA (+)
- Resistente aos detergentes por causa da coroa de glicoproteína (exceção à regra para vírus envelopados)
- Codifica a RNA polimerase RNA-dependente, replica no citoplasma
- A maioria dos coronavírus não pode se replicar em temperatura corporal, restrito ao sistema respiratório superior
- A maioria dos coronavírus causa o resfriado comum
- Os agentes causais da MERS e da SARS conseguem se replicar a 37°C e causam pneumonias graves

Epidemiologia
- Transmitido por aerossóis, contato direto, fecal-oral, piscinas contaminadas

Diagnóstico
- Sintomatologia, análise do genoma por RT-PCR ou secreções respiratórias

Tratamento, prevenção e controle
- Quarentena para SARS, MERS

NOROVÍRUS (CALICIVIRIDAE)

Palavras-chave
Surtos de diarreia, navios de cruzeiro, diarreia aquosa, vômitos

Biologia, virulência e doença
- Tamanho pequeno, capsídio, genoma de RNA (+)
- Muito resistente ao ambiente, incluindo detergentes e outros desinfetantes
- Codifica a RNA polimerase dependente de RNA, replica no citoplasma
- Danos na borda em escova na mucosa intestinal
- Diarreia com náuseas e vômitos

Epidemiologia
- Transmitido por via fecal-oral, em alimentos e água contaminados; muito resistente à inativação

Diagnóstico
- Sintomatologia, análise do genoma por RT-PCR

Tratamento, prevenção e controle
- Cuidados de suporte

MERS, síndrome respiratória do Oriente Médio; *RT-PCR*, reação em cadeia da polimerase com a transcriptase reversa; *SARS*, síndrome respiratória aguda grave.

Coronavírus[1]

Os coronavírus são nomeados por causa de seu aspecto semelhante ao da coroa solar (as projeções de superfície) de seus vírions à microscopia eletrônica (Figura 47.1). Os coronavírus são a segunda causa mais prevalente do **resfriado comum** (rinovírus são os primeiros). Surtos de infecção causados pelo **coronavírus da síndrome respiratória aguda grave (SARS-CoV)** na China e no Oriente Médio (coronavírus da síndrome respiratória do Oriente Médio [**MERS-CoV**]) já foram observados. Achados da microscopia eletrônica também associaram os coronavírus à gastrenterite em crianças e adultos.

ESTRUTURA E REPLICAÇÃO

Os coronavírus são os **vírions envelopados** com o genoma de **ácido ribonucleico (RNA) positivo (+)** mais longo. Os vírions têm de 80 a 160 nm de diâmetro (Boxe 47.1). As glicoproteínas na superfície do envelope aparecem como projeções em forma de clava que se apresentam como halo (*corona*) ao redor do vírus. Ao contrário da maioria dos vírus envelopados, o halo (*corona*) formado pelas glicoproteínas possibilita que o vírus resista às condições no sistema digestório e seja propagado por via fecal-oral.

O grande genoma de RNA de fita simples, de sentido positivo (27 mil a 30 mil bases) associa-se à proteína N para formar um nucleocapsídio helicoidal. A síntese proteica ocorre em duas fases, semelhante àquela dos togavírus. Na infecção, o genoma é traduzido para produzir uma poliproteína que é clivada para sintetizar uma RNA polimerase RNA-dependente (L [225 mil Da]) e outras proteínas. A transcrição e a replicação do genoma ocorrem dentro de vesículas de membrana criadas por proteínas virais. A proteína L produz e depois utiliza um molde de RNA de sentido negativo para replicar novos genomas e produzir cinco a sete **RNAs mensageiros individuais (mRNAs)** para as proteínas virais individuais.

Os vírions contêm as glicoproteínas E1 (20 mil a 30 mil Da) e E2 (160 mil a 200 mil Da) e uma nucleoproteína central (N [47 mil a 55 mil Da]); algumas cepas também contêm uma hemaglutinina neuraminidase (E3 [120 mil a 140 mil Da])

---

[1] N.R.T.: Ver Boletim Epidemiológico sobre Infecção Humana pelo Novo Coronavírus (2019-nCoV) em https://portalarquivos2.saude.gov.br/images/pdf/2020/fevereiro/07/BE-COE-Coronavirus-n020702.pdf e https://covid.saude.gov.br/.

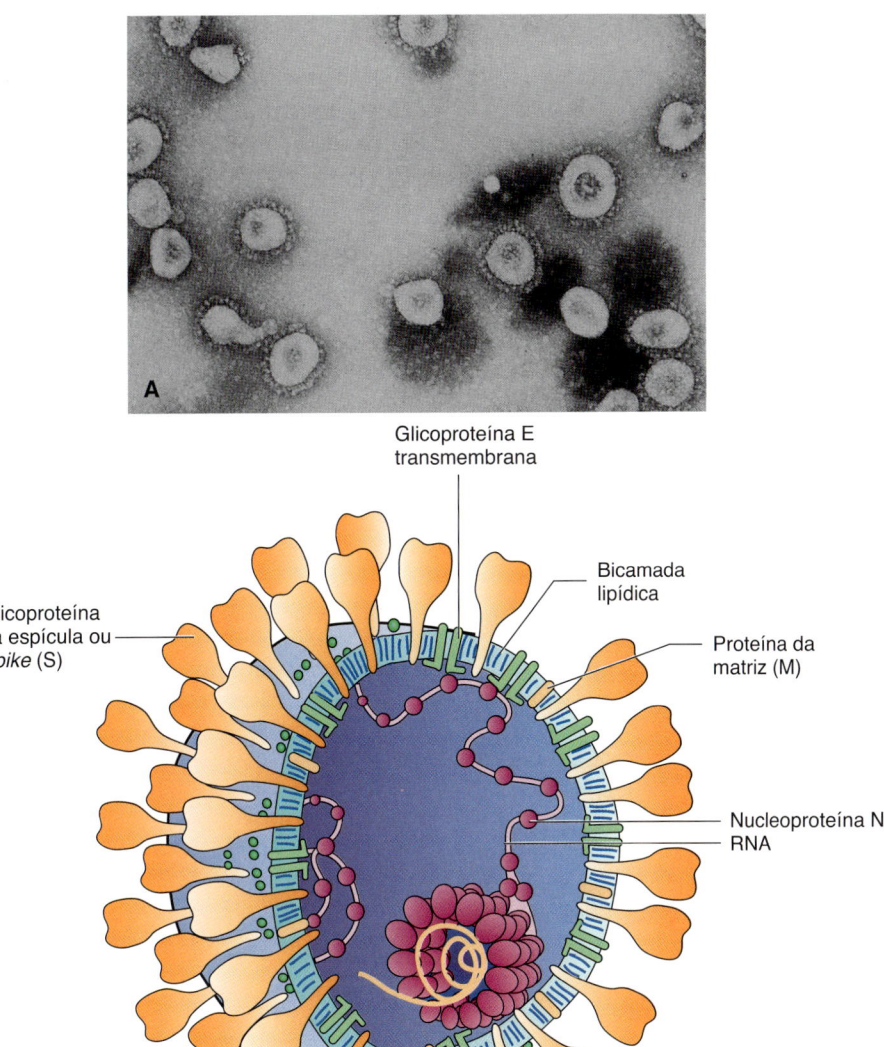

Figura 47.1 A. Micrografia eletrônica do coronavírus respiratório humano (aumento de 90.000×). **B.** Modelo de um coronavírus. O nucleocapsídio viral é uma hélice longa e flexível composta de RNA genômico de fita positiva e muitas moléculas da proteína N fosforilada do nucleocapsídio. O envelope viral consiste em uma bicamada lipídica derivada das membranas intracelulares da célula hospedeira, duas ou três glicoproteínas virais (*Spike* [S] ou espícula; E, possivelmente uma hemaglutinina-esterase [HE]) e uma proteína da matriz. (**A**, Cortesia de Centers for Disease Control and Prevention, Atlanta, Georgia. **B**, Modificada de Fields, B.F., Knipe, D.M., 1985. Virology. Raven, New York, NY.)

(Tabela 47.1). A glicoproteína E2 é responsável por mediar a fixação viral e a fusão de membranas, assim como é o alvo dos anticorpos neutralizantes. A glicoproteína E1 é uma proteína transmembrana da matriz. O esquema de replicação dos coronavírus é mostrado na Figura 47.2.

PATOGÊNESE E SÍNDROMES CLÍNICAS

A maioria dos coronavírus humanos tem uma *temperatura ótima de crescimento viral de 33 a 35°C*; portanto, a infecção permanece localizada no sistema respiratório superior. Coronavírus animais, incluindo SARS-CoV e MERS-CoV, podem replicar a 37°C e causar doenças sistêmicas em humanos. Os coronavírus causam infecções citolíticas e quando inoculados nos sistemas respiratórios de voluntários humanos, eles infectam e alteram a função das células epiteliais ciliadas (Boxe 47.2).

A propagação do vírus ocorre provavelmente por aerossóis. A maioria dos coronavírus humanos causa uma infecção do sistema respiratório superior, representando aproximadamente 10 a 15% das infecções do sistema respiratório superior em humanos. A doença é semelhante ao resfriado comum causado pelos rinovírus, mas com um período mais longo de incubação (em média, 3 dias). A infecção pode exacerbar uma doença pulmonar crônica preexistente, incluindo asma ou bronquite e, em raras ocasiões, provoca pneumonia.

As infecções ocorrem principalmente em lactentes e crianças. A doença causada por coronavírus surge esporadicamente ou em surtos no inverno e na primavera. Habitualmente, predomina uma cepa em um surto. Os anticorpos direcionados para os coronavírus estão uniformemente presentes na idade adulta, mas as reinfecções são comuns, apesar dos anticorpos séricos preexistentes.

> **Boxe 47.1** Características únicas dos coronavírus.
>
> O vírus contém víriones de tamanho médio com aspecto semelhante a uma coroa solar.
> O genoma de RNA de fita simples, de sentido positivo, é envolto por um envelope contendo a proteína de fixação viral E2, a proteína da matriz E1 e a proteína do nucleocapsídio N.
> A tradução do genoma ocorre em duas fases: (1) a fase precoce produz uma RNA polimerase (L) e (2) a fase tardia, a partir de um molde de RNA de sentido negativo, produz proteínas estruturais e não estruturais.
> A montagem do vírus ocorre no retículo endoplasmático rugoso.
> O vírus é difícil de isolar e crescer em culturas celulares de rotina.

Tabela 47.1 Principais proteínas do coronavírus humano.

Proteínas	Peso molecular (kDa)	Localização	Funções
E2 (glicoproteína peplomérica)	160 a 200	Espículas (*Spike*) no envelope (peplômero)	Ligação às células do hospedeiro; atividade de fusão
H1 (proteína hemaglutinina)	60 a 66	Peplômero	Hemaglutinação
N (nucleoproteína)	47 a 55	Cerne	Ribonucleoproteína
E1 (glicoproteína da matriz)	20 a 30	Envelope	Proteína transmembrana
L (polimerase)	225	Célula infectada	Atividade de polimerase

Modificada de Balows, A., Hausler, W.J., Lennette, E.H., et al., 1998. Laboratory Diagnosis of Infectious Diseases: Principles and Practice. Springer-Verlag, New York, NY.

As partículas semelhantes ao coronavírus também são visualizadas em micrografias eletrônicas de amostras de fezes obtidas de adultos e crianças com diarreia e gastrenterite e em lactentes com enterocolite necrosante neonatal.

SARS-CoV e MERS-CoV são zoonoses. Os surtos dessas doenças virais ocorrem quando o reservatório animal entra em contato com o homem. SARS-CoV e MERS-CoV são vírus citolíticos que podem se replicar em temperaturas corporais nas células epiteliais, linfócitos e leucócitos. Uma combinação de patogênese viral e de imunopatogênese causa danos teciduais significativos nos pulmões, nos rins, no fígado e no sistema digestório, bem como depleção de células do sistema imune.

A SARS (SARG) é uma forma de pneumonia atípica caracterizada por febre alta (> 38°C), calafrios, rigidez, cefaleia, tonturas, mal-estar, mialgia, tosse ou dificuldade respiratória, levando à síndrome da angústia respiratória aguda (SARA). Até 20% dos pacientes também desenvolverá diarreia. Pessoas com SARS foram expostas nos 10 dias anteriores. A mortalidade é de pelo menos 10% em pessoas sintomáticas. Embora o SARS-CoV seja transmitido mais provavelmente em gotículas respiratórias, também é encontrado no suor, na urina e nas fezes.

O surto de SARS começou em novembro de 2002 na província de Guangdong, no sul da China, disseminou para Hong Kong por um médico que estava trabalhando em um surto original e depois para o Vietnã, Toronto e outros locais por viajantes. O vírus demonstrou ser um coronavírus por sua morfologia à microscopia eletrônica e por RT-PCR. O vírus aparentemente foi transmitido para os seres humanos a partir de animais (gatos-de-algália, cães-guaxinins [canídeos do Sudeste Asiático] e furões-texugos-chineses [animais da família Mustelidae amplamente distribuídos no Sudeste Asiático]) criados para a alimentação. Um alerta global da Organização Mundial da Saúde (OMS) recomendou medidas de contenção para controlar a propagação do vírus e limitou o surto a 8.000 doenças individuais conhecidas, mas foram registradas pelo menos 784 mortes. As restrições de viagem e a preocupação da população resultaram em uma perda de centenas de milhões de dólares em viagens e outros negócios.

A MERS-CoV também causa a SARA, com uma taxa de mortalidade de 50% das pessoas identificadas com MERS causada pelo coronavírus. A maioria dos casos de MERS ocorreu na Península Arábica. Morcegos e camelos são os reservatórios naturais do MERS-CoV.

DIAGNÓSTICO LABORATORIAL

Os testes laboratoriais não são realizados rotineiramente para diagnosticar infecções por coronavírus que não sejam para SARS e MERS. A RT-PCR é o método de escolha para a detecção do genoma de RNA viral em amostras respiratórias e de fezes. O isolamento dos coronavírus é difícil e, particularmente para o SARS-CoV e o MERS-CoV, são necessárias condições laboratoriais rigorosas com nível de biossegurança 3 (NB-3).

TRATAMENTO, PREVENÇÃO E CONTROLE

O controle da transmissão respiratória do resfriado comum causado pelo coronavírus seria difícil e é provavelmente desnecessário por causa da baixa gravidade da infecção. A quarentena rigorosa de indivíduos infectados e a triagem para febre em viajantes de uma região com surtos de SARS-CoV e MERS-CoV limitam a propagação desses vírus. Nenhuma vacina ou terapia antiviral específica está disponível.

Norovírus

O norovírus é a causa mais comum de surtos de doença transmitida por alimentos nos EUA. Os norovírus são membros da família Caliciviridae que, assim como os astrovírus, são pequenos vírus esféricos causadores de gastrenterite. O vírus Norwalk, o norovírus prototípico, foi descoberto durante uma epidemia de gastrenterite aguda em Norwalk, Ohio, em 1968, em um exame de microscopia eletrônica a partir de amostras de fezes de adultos. Muitos dos outros vírus dessa família também levam os nomes das regiões geográficas em que foram identificados (Boxe 47.3).

ESTRUTURA E REPLICAÇÃO

Os norovírus são semelhantes e têm aproximadamente o mesmo tamanho que os picornavírus. Seu **genoma de RNA de sentido positivo** (≈7.500 bases) tem uma proteína VPg (proteína viral ligada ao genoma) e uma sequência poliadenilada na extremidade 3' semelhante àquela encontrada nos picornavírus. O genoma está contido em

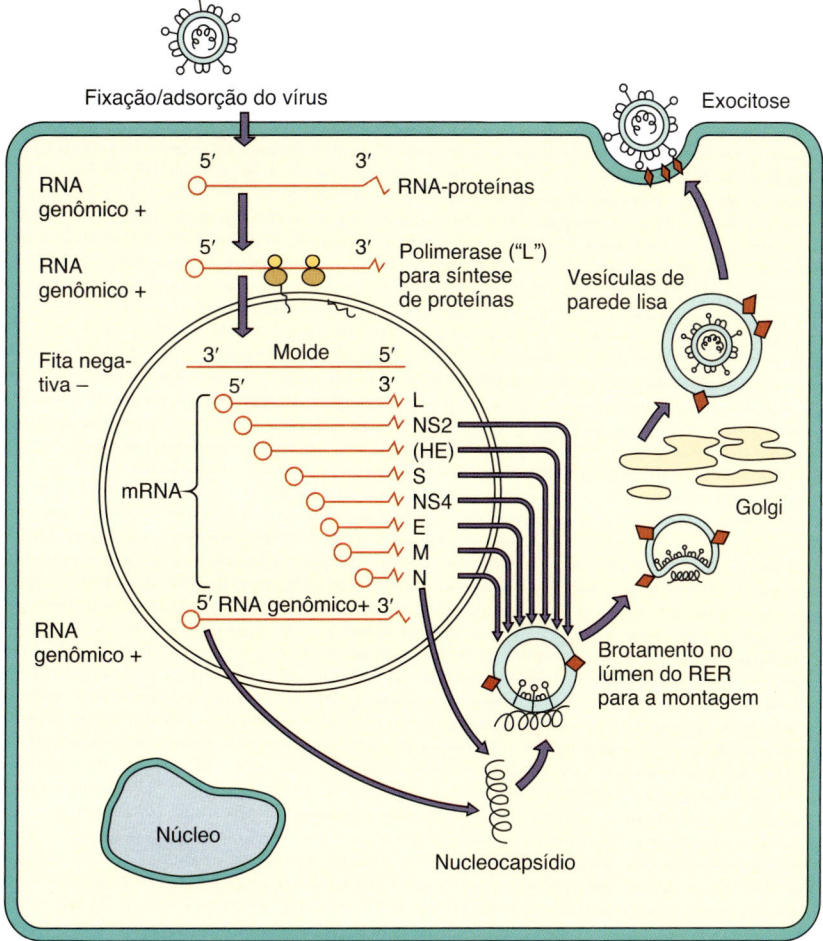

Figura 47.2 Replicação dos coronavírus humanos. A glicoproteína E2 interage com receptores em células epiteliais, o vírus se funde ou sofre endocitose pela célula e o genoma é liberado no citoplasma. A síntese de proteínas é dividida em fases precoce e tardia, semelhantes às do togavírus. O genoma se liga aos ribossomos e uma RNA polimerase dependente de RNA é traduzida. Essa enzima gera um molde de RNA completo e de sentido negativo para a produção de novos genomas com víriones e seis mRNAs individuais para as outras proteínas do coronavírus. O genoma associa-se às membranas do retículo endoplasmático rugoso, modificadas por proteínas do vírion e brota no lúmen do retículo endoplasmático rugoso. As vesículas que contêm o vírus migram para a membrana celular e o vírus é liberado por exocitose. *RER*, retículo endoplasmático rugoso. (Modificada de Balows, A., Hausler, W.J., Lennette, E.H., et al., 1988. Laboratory Diagnosis of Infectious Diseases: Principles and Practice. Springer-Verlag, New York, NY.)

Boxe 47.2 Mecanismos patológicos dos coronavírus humanos.

O coronavírus humano infecta e mata as células epiteliais do sistema respiratório superior.
O vírus se replica melhor a 33 a 35°C; portanto, prefere o sistema respiratório superior.
A reinfecção ocorre na presença de anticorpos séricos.
A glicoproteína da "coroa" auxilia esse vírus envelopado a sobreviver no sistema digestório.
A replicação de SARS-CoV e MERS-CoV ocorre a 37°C, em seguida esses vírus causam a morte das células hospedeiras e iniciam respostas inflamatórias no pulmão.

MERS-CoV, coronavírus da síndrome respiratória do Oriente Médio; *SARS-CoV*, coronavírus da síndrome respiratória aguda grave.

Boxe 47.3 Características dos norovírus.

Os vírus são pequenos vírus com capsídios que se distinguem pela morfologia do capsídio.
Eles são resistentes à pressão ambiental, tais como detergentes, ressecamento e ácidos.
São transmitidos por via fecal-oral em água contaminada, alimentos, vômitos.
Os vírus provocam surtos de gastrenterite.
A resolução da doença ocorre após 48 horas, sem consequências graves.

---

um **capsídio desnudo** composto de 60 mil Da de proteínas do capsídio. O capsídio do vírion Norwalk é icosaédrico com um contorno irregular. Os capsômeros de norovírus, outros calicivírus e astrovírus diferem em conformação. Os anticorpos de indivíduos soropositivos também podem ser utilizados para distingui-los.

A maioria dos calicivírus e astrovírus pode ser cultivada em cultura celular de rotina, mas os vírus Norwalk não podem. A expressão dos genes codificadores de proteínas estruturais de diferentes vírus Norwalk em células de cultura tecidual produz partículas semelhantes ao vírus Norwalk. Essas partículas foram utilizadas para mostrar que os vírus Norwalk se ligam aos carboidratos de antígenos do grupo sanguíneo A, B ou O na superfície da célula. Os norovírus entram e saem das células de modo similar aos picornavírus, mas transcrevem um mRNA precoce e tardio semelhante aos togavírus e coronavírus. O mRNA precoce codifica uma poliproteína contendo a RNA polimerase e outras enzimas. O mRNA tardio codifica as proteínas do capsídio.

PATOGÊNESE

Algumas cepas de norovírus infectam apenas seres humanos. Até 10 vírions são capazes de iniciar doenças em seres humanos. O vírus infecta e causa lesões no intestino delgado, prevenindo a absorção adequada de água e nutrientes, causando diarreia aquosa. O esvaziamento gástrico pode ser retardado, causando vômito. A excreção do vírus pode continuar por 2 semanas depois do término dos sintomas. A imunidade geralmente tem curta duração na melhor das hipóteses e pode não ser protetora. O grande número de cepas e a alta taxa de mutação permitem a reinfecção apesar da presença de anticorpos induzidos por uma exposição anterior.

EPIDEMIOLOGIA

O vírus Norwalk e outros vírus relacionados causam, tipicamente, surtos de gastrenterite a partir de uma fonte comum de contaminação (p. ex., água, moluscos, salada, framboesa, serviço de alimentação). Esses vírus são transmitidos principalmente pela rota fecal-oral e vômitos. O vírus é resistente ao ressecamento e calor e pode permanecer em superfícies por longos períodos. Os indivíduos infectados liberam maiores quantidades do vírus quando estão doentes e por 3 dias após a recuperação, mas continuam a liberar o vírus por até 4 semanas. Durante o pico de excreção viral, 100 bilhões de vírions são liberados por grama de fezes. Até 30% dos indivíduos infectados são assintomáticos, mas podem espalhar a infecção.

Surtos em países desenvolvidos podem ocorrer durante todo o ano e têm sido descritos em escolas, *resorts*, hospitais, casas de repouso, restaurantes e navios de cruzeiro. Surtos com fontes comuns podem muitas vezes ser rastreados até um manipulador de alimentos infectado e descuidado. Os Centers for Disease Control and Prevention estimam que quase 50% (23 milhões de casos nos EUA por ano) de todos os surtos de gastrenterite de origem alimentar podem ser atribuídos aos norovírus, o que é uma confirmação da importância desse vírus. Até 70% das crianças nos EUA desenvolvem anticorpos para os norovírus até os 7 anos de idade.

SÍNDROMES CLÍNICAS

O vírus Norwalk e vírus relacionados causam sintomas semelhantes àqueles ocasionados pelo rotavírus, mas em adultos e crianças (Caso Clínico 47.1; Boxe 47.4). A infecção causa um início agudo de sintomas como **diarreia, náuseas, vômitos** e cólicas abdominais, principalmente em crianças (Figura 47.3). Fezes sanguinolentas não são observadas e a febre pode ocorrer em até um terço dos pacientes. O período de incubação é geralmente de 12 a 48 horas e a resolução da doença acontece em 1 a 3 dias sem problemas, mas pode durar até 6 dias.

DIAGNÓSTICO LABORATORIAL

O uso da RT-PCR para a detecção do genoma de norovírus em amostras de fezes ou de vômitos agilizou o diagnóstico e

---

Caso Clínico 47.1 Surto de infecção pelo vírus Norwalk

Brummer-Korvenkontio et al. (*Epidemiol Infect* 129:335–360, 2002) descreveram um surto de gastrenterite em crianças que haviam assistido a um concerto; a infecção foi rastreada até a contaminação de uma área específica de assentos, banheiros e outras áreas visitadas por um indivíduo. Um expectador do gênero masculino estava doente antes de assistir ao concerto e depois vomitou quatro vezes no salão do concerto: em uma lixeira no corredor, nos banheiros, no chão da saída de emergência e em uma área acarpetada na passarela. Os membros da família manifestaram sintomas dentro de 24 horas. O concerto para crianças de várias escolas foi realizado no dia seguinte. Crianças sentadas na mesma sessão do caso do incidente e aqueles que atravessaram o carpete contaminado tiveram a incidência mais elevada da doença, caracterizada por diarreia aquosa e vômitos por aproximadamente 2 dias. A análise por RT-PCR de amostras fecais obtidas de duas crianças doentes detectou o RNA genômico do vírus Norwalk. O vômito infectado pode ter até um milhão de vírus por mililitro e apenas 10 a 100 vírus são necessários para transmitir a doença. O contato com calçados, mãos e roupas contaminadas ou aerossóis pode ter infectado as crianças. O capsídio do vírus Norwalk torna-o resistente a produtos de limpeza de rotina; a desinfecção geralmente exige soluções recém-preparadas de alvejante contendo hipoclorito ou limpeza a vapor.

RT-PCR, reação em cadeia da polimerase com a transcriptase reversa.

Boxe 47.4 Resumos clínicos.

Coronavírus

Resfriado comum: um funcionário de escritório de 25 anos desenvolve coriza, tosse leve, mal-estar e febre baixa. Um colega de trabalho apresentou sintomas semelhantes alguns dias antes.

SARS: um homem de negócios de 45 anos voltou de uma viagem de 2 semanas na China. Cinco dias depois de voltar para os EUA, ele desenvolveu febre de 38,6°C e tosse. Agora ele se queixa de dispneia.

Norovírus

Vírus Norwalk: no terceiro dia de um cruzeiro (período de incubação de 24 a 60 horas), um grupo de 45 passageiros manifestou diarreia aquosa, náuseas e vômitos por 12 a 60 horas, dependendo do indivíduo.

SARS, síndrome respiratória aguda grave.

---

a detecção do vírus durante os surtos. A microscopia imunoeletrônica pode ser empregada para concentrar e identificar o vírus das fezes. A adição de um anticorpo dirigido contra o agente suspeito faz com que o vírus se agregue, facilitando o reconhecimento. Ensaios imunossorventes ligados à enzima (ELISA) foram desenvolvidos para detectar o vírus, o antígeno viral e os anticorpos contra o vírus. Os outros agentes semelhantes ao calicivírus são mais difíceis de detectar.

TRATAMENTO, PREVENÇÃO E CONTROLE

Não há tratamento específico para a diarreia causada pelos calicivírus ou outros pequenos vírus esféricos causadores de gastrenterite, além da terapia de reidratação oral. Os surtos

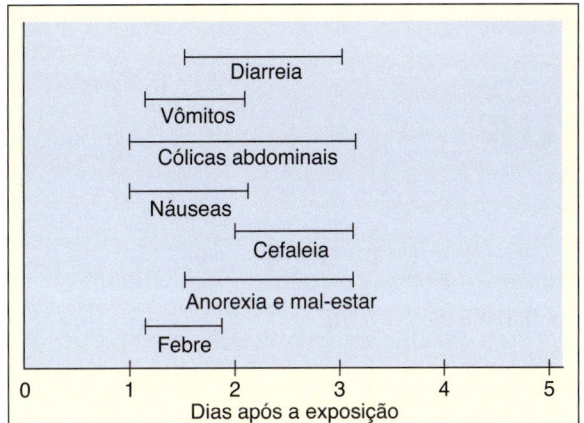

Figura 47.3 Resposta à ingestão do vírus Norwalk. Os sintomas variam em gravidade.

podem ser minimizados pela manipulação cuidadosa dos alimentos e pela manutenção da pureza do abastecimento de água. A lavagem cuidadosa das mãos também é importante. Mais resistente às pressões ambientais do que os poliovírus ou os rotavírus, o vírus Norwalk é resistente ao calor (60°C), pH 3,0, detergente e até mesmo aos níveis de cloro da água potável. As superfícies contaminadas podem ser limpas com uma diluição de 1:50 a 1:10 de alvejante doméstico.

Bibliografia

Cohen, J., Powderly, W.G., 2004. Infectious Diseases, second ed. Mosby, St Louis.

Flint, S.J., Racaniello, V.R., et al., 2015. Principles of Virology, fourth ed. American Society for Microbiology Press, Washington, DC.

Knipe, D.M., Howley, P.M., 2013. Fields Virology, sixth ed. Lippincott Williams & Wilkins, Philadelphia.

Mandell, G.L., Bennet, J.E., Dolin, R., 2015. Principles and Practice of Infectious Diseases, eighth ed. Saunders, Philadelphia.

Richman, D.D., Whitley, R.J., Hayden, F.G., 2017. Clinical Virology, fourth ed. American Society for Microbiology Press, Washington, DC.

Strauss, J.M., Strauss, E.G., 2007. Viruses and Human Disease, second ed. Academic, San Diego.

Norovírus

Balows, A., Hausler, W.J., Lennette, E.H., 1988. Laboratory Diagnosis of Infectious Diseases: Principles and Practice. Springer-Verlag, New York.

Blacklow, N.R., Greenberg, H.B., 1991. Viral gastroenteritis. N. Engl. J. Med. 325, 252–264.

Christensen, M.L., 1989. Human viral gastroenteritis. Clin. Microbiol. Rev. 2, 51–89.

Ettayebi, K., Crawford, S.E., Murakami, K., et al., Aug 2016. Replication of human noroviruses in stem cell–derived human enteroids. Science 25, aaf5211. https://doi.org/10.1126/science.aaf5211.

Hall, A.J., Vinje, J., Lopman, B., et al., 2011. Updated norovirus outbreak management and disease prevention guidelines. MMWR Morb. Mortal. Wkly. Rep. 60, 1–15.

Hall, A.J., Eisenbart, V.G., Etingüe, A., Gould, L., Lopman, B.A., Parashar, U.D., 2012. Epidemiology of Foodborne Norovirus Outbreaks, United States, 2001–2008. Emerg. Infect. Dis. 18 (10), 1566–1573. https://dx.doi.org/10.3201/eid1810.120833.

Patel, M.M., Hall, A.J., Vinje, J., et al., 2009. Noroviruses: a comprehensive review. J. Clin. Virol. 44, 1–8.

Tan, M., Huang, P., Meller, J., et al., 2003. Mutations within the P2 domain of norovirus capsid affect binding to human histo-blood group antigens: evidence for a binding pocket. J. Virol. 77, 12562–12571.

Coronavírus

Graham, R.L., Donaldson, E.F., Baric, R.S., 2013. A decade after SARS: strategies for controlling emerging coronaviruses. Nat. Rev. Microbiol. 11, 836–848.

Gu, J., Korteweg, C., 2007. Pathology and pathogenesis of severe acute respiratory syndrome. Am. J. Pathol. 170, 1136–1147.

Meulen, V., Siddell, S., Wege, H., 1981. Biochemistry and Biology of Coronaviruses. Plenum, New York.

Perlman, S., 2009. Netland J: Coronaviruses post-SARS: update on replication and pathogenesis. Nat. Rev. Microbiol. 7, 439–450.

Websites

Norovírus

Centers for Disease Control and Prevention, Norovirus. https://www.cdc.gov/norovirus/index.html. Accessed January 2, 2019.

Brennan, J., Cavallo, S.J., Garman, K., et al., 2017. Notes from the Field: Multiple Modes of Transmission During a Thanksgiving Day Norovirus Outbreak—Tennessee. MMWR Morb. Mortal. Wkly. Rep. 2018. 67, 1300–1301. https://doi.org/10.15585/mmwr.mm6746a4. Accessed January 2, 2019.

Hall, A.J., Wikswo, M.E., Pringle, K., et al., 2014. Vital signs: foodborne norovirus outbreaks—United States, 2009–2012. MMWR. 63, 1–5. www.cdc.gov/mmwr/preview/mmwrhtml/mm63e0603a1.htm?s_cid=mm63e0603a1_e. Accessed January 2, 2019.

Coronavírus

Kamps, B.S., Hoffmann, C., 2003. SARS reference. www.sarsreference.com/sarsref/preface.htm. Accessed January 2, 2019.

Centers for Disease Control and Prevention: Coronavirus https://www.cdc.gov/coronavirus/about/index.html. Accessed January 2, 2019.

Centers for Disease Control and Prevention: MERS https://www.cdc.gov/coronavirus/mers/about/symptoms.html. Accessed January 2, 2019.

Centers for Disease Control and Prevention: SARS https://www.cdc.gov/sars/about/fs-SARS.html#symptoms. Accessed January 2, 2019.

National Institute of Allergy and Infectious Diseases: MERS and SARS. https://www.niaid.nih.gov/diseases-conditions/mers-and-sars. Accessed January 2, 2019.

Trivedi, M.N., Malhotra, P., 2016. Severe acute respiratory syndrome (SARS). http://emedicine.medscape.com/article/237755-overview. Accessed January 2, 2019.

48 Paramixovírus

Um menino de 10 anos apresentou tosse, conjuntivite e coriza, juntamente com febre e linfadenopatia, progredindo para erupção cutânea que se espalhou a partir da linha de implantação do cabelo para o rosto e depois para o corpo. Nos 10 dias seguintes, a doença parecia estar seguindo sua evolução habitual, mas 1 semana após o aparecimento das lesões cutâneas, o paciente apresentou subitamente cefaleia, vômitos e confusão com evolução para coma, o que é consistente com encefalite.

1. Como o vírus do sarampo se replica?
2. Quais são os sinais característicos do sarampo?
3. Como ele é transmitido?
4. Por que o menino era suscetível ao sarampo?
5. Quais outras complicações estão associadas ao sarampo?

RESUMOS Organismos clinicamente significativos

PARAMIXOVÍRUS

Palavras-chave
- Fusão, sincícios, aerossóis, envelope
- Sarampo: tosse, conjuntivite, coriza, fotofobia, manchas de Koplik, erupção cutânea, febre, PEES, encefalite pós-sarampo
- Caxumba: parotidite, orquite, meningite asséptica
- Vírus parainfluenza: crupe (laringotraqueobronquite), tosse seca e metálica ("tosse de cachorro"), pneumonia
- RSV: recém-nascido ou lactente, pneumonia

Biologia, virulência e doença
- Grande, envelopado, genoma de RNA (−), proteína de fusão
- Codifica a RNA polimerase dependente de RNA, a replicação ocorre no citoplasma
- Os vírus parainfluenza e da caxumba se ligam ao ácido siálico e codificam a atividade de neuraminidase (glicoproteína HN); as glicoproteínas do vírus do sarampo e do RSV ligam-se às proteínas
- A proteína de fusão promove a entrada e a fusão célula-célula (sincícios)
- Resposta imune mediada por células para o controle, mas causa patogênese
- Sarampo: erupção cutânea maculopapular, febre alta com tosse, conjuntivite, coriza, manchas de Koplik (pequenas lesões cinzentas na boca); mais grave se houver deficiência de vitamina A, pneumonia de células gigantes se houver deficiência de linfócitos T, encefalite pós-sarampo, PEES após 5 a 7 anos, causada pela variante do vírus do sarampo
- Caxumba: parotidite, orquite, meningite asséptica
- Parainfluenza: resfriado comum, crupe, bronquite
- RSV: resfriado comum, pneumonia, bronquiolite, risco de morte para recém-nascidos prematuros

Epidemiologia
- Transmitido por aerossóis

Diagnóstico
- Sintomatologia, análise do genoma por RT-PCR a partir de secreções respiratórias

Tratamento, prevenção e controle
- Vacina viva atenuada contra sarampo e caxumba; RSV: imunização passiva para recém-nascidos prematuros em alto risco; ribavirina aerossolizada

RSV, vírus sincicial respiratório; *RT-PCR*, reação em cadeia da polimerase com a transcriptase reversa; *PEES*, panencefalite esclerosante subaguda.

A família Paramyxoviridae inclui os gêneros *Morbillivirus*, *Paramyxovirus* e *Pneumovirus* (Tabela 48.1; Boxe 48.1). O vírus do sarampo está incluso dentre os morbilivírus que são patógenos humanos; os **vírus parainfluenza** e **da caxumba** fazem parte dos paramixovírus que são patógenos para humanos, assim como o **vírus sincicial respiratório (RSV;** do inglês, *respiratory syncytial virus*) e o **metapneumovírus** fazem parte dos pneumovírus que também são patógenos humanos. Um novo grupo de paramixovírus altamente patogênicos, incluindo dois vírus causadores de zoonose, o Nipah e o Hendra, foi identificado em 1998, após um surto de encefalite grave na Malásia e em Cingapura. Seus vírions têm morfologias e componentes proteicos semelhantes. É importante ressaltar que os paramixovírus induzem a **fusão célula-célula (formação de sincícios e células gigantes multinucleadas)**.

Esses agentes causam algumas das principais doenças bem conhecidas. O vírus do sarampo causa infecção generalizada potencialmente grave, caracterizada por erupção cutânea maculopapular. Vírus parainfluenza e metapneumovírus causam infecções das vias respiratórias superiores e inferiores, principalmente em crianças, incluindo o resfriado comum, faringite, crupe (laringotraqueobronquite), bronquite, bronquiolite e pneumonia. O vírus da caxumba causa uma infecção sistêmica cuja manifestação clínica mais evidente é a parotidite. O RSV causa infecções leves das vias respiratórias superiores em crianças e adultos, mas pode causar pneumonia potencialmente fatal em recém-nascidos/lactentes.

Os vírus do sarampo e da caxumba têm apenas **um sorotipo** e a proteção é fornecida por **vacinas vivas** efetivas. Nos EUA e em outros países desenvolvidos, os programas de vacinação bem-sucedidos utilizando vacinas de vírus do sarampo e da caxumba vivos atenuados tornaram raros o sarampo e a caxumba. A redução do sarampo levou à eliminação virtual das graves sequelas do sarampo nesses países. Infelizmente, grandes e graves surtos de sarampo e de caxumba estão ocorrendo agora nos EUA e na Europa, em razão do aumento da não adesão aos programas de vacinação.

Tabela 48.1 Paramyxoviridae.

Gênero	Patógeno humano
Morbillivirus	Vírus do sarampo
Paramyxovirus	Vírus parainfluenza 1 a 4
	Vírus da caxumba
Pneumovirus	Vírus sincicial respiratório
	Metapneumovírus

Boxe 48.1 Características únicas da família Paramyxoviridae.

O vírion grande consiste em um genoma de RNA de sentido negativo em um nucleocapsídio helicoidal rodeado por um envelope.

Os três gêneros podem ser distinguidos pelas atividades da proteína de fixação viral: a **HN** do vírus parainfluenza e do vírus da caxumba liga-se ao ácido siálico e aos eritrócitos – atividade de hemaglutinina e neuraminidase – esta última facilita a liberação da célula; a **H** do vírus do sarampo liga-se a receptores proteicos e também é uma hemaglutinina; **G** de RSV liga-se às células, mas não é uma hemaglutinina.

O vírus se replica no citoplasma.

Os vírions penetram na célula por fusão com a membrana plasmática e saem pelo brotamento da membrana de plasma sem morte da célula.

Os vírus induzem a fusão intercelular, causando a formação de células gigantes multinucleadas (**sincícios**).

A **imunidade celular** causa muitos dos sintomas, mas é essencial para o controle da infecção.

Paramyxoviridae são transmitidos em **gotículas respiratórias** e iniciam a infecção no sistema respiratório.

O sarampo e a caxumba estabelecem a viremia e se espalham para outros locais do corpo.

Estrutura e replicação

Os paramixovírus são vírus relativamente grandes com um genoma de **ácido ribonucleico (RNA) de fita simples e sentido negativo** (5 a 8 × 10^6 Da) em um nucleocapsídio helicoidal envolto por um **envelope** pleomórfico de aproximadamente 156 a 300 nm (Figura 48.1). São semelhantes em muitos aspectos aos ortomixovírus, mas são maiores e não têm o genoma segmentado dos vírus influenza. Embora existam semelhanças nos genomas dos paramixovírus, a ordem das regiões codificadoras de proteínas difere para cada gênero. As proteínas do paramixovírus estão listadas na Tabela 48.2.

O nucleocapsídio consiste no RNA de fita simples, de sentido negativo, associado à nucleoproteína (**N**), fosfoproteína polimerase (**P**) e proteína grande (**L**). A proteína L é a RNA polimerase, a proteína P facilita a síntese de RNA e a proteína N auxilia a manter a estrutura genômica. O nucleocapsídio se associa à proteína da matriz (**M**) que reveste o interior do envelope do vírion. O envelope contém duas glicoproteínas, uma proteína de fusão (**F**) e uma proteína de fixação viral (hemaglutinina-neuraminidase [**HN**], hemaglutinina [**H**] ou a proteína glicoproteína [**G**]) (ver Boxe 48.1). Para expressar a atividade de fusão da membrana, a proteína F deve ser ativada por clivagem proteolítica, que produz glicopeptídios F_1 e F_2 mantidos juntos por uma ligação de dissulfeto. Proteínas adicionais (V e C) resultam de transcritos alternativos do gene P e facilitam o escape das proteções inatas do hospedeiro.

A replicação dos paramixovírus é iniciada pela ligação da glicoproteína HN, H ou G no envelope do vírion a seus receptores. A HN do vírus parainfluenza liga-se ao ácido siálico em glicolipídios e glicoproteínas de superfície celular. Como o vírus influenza, eles utilizam a atividade de neuraminidase para clivar o ácido siálico em glicoproteínas virais e celulares para prevenir a ligação a si mesma e às proteínas celulares infectadas para facilitar a saída da célula. Os outros paramixovírus ligam-se aos receptores de proteína e não necessitam de atividade de neuraminidase. A proteína F promove a fusão do envelope com a membrana plasmática. Os paramixovírus também são capazes de induzir a fusão célula-célula, criando células gigantes multinucleadas (sincícios).

A replicação do genoma ocorre de maneira semelhante àquela observada em outros vírus de RNA de fita negativa (ou seja, rabdovírus). A RNA polimerase é transportada na célula como parte do nucleocapsídio. A transcrição, síntese proteica e a replicação do genoma ocorrem no citoplasma da célula hospedeira. O genoma é transcrito em RNAs de mensageiros individuais (mRNAs) e um molde de RNA de sentido positivo completo. Novos genomas associam-se às proteínas L, N e P para formar nucleocapsídios helicoidais que se associam às proteínas M nas membranas plasmáticas modificadas pela glicoproteína viral. As glicoproteínas são sintetizadas e processadas como glicoproteínas celulares. Os vírions maduros então brotam da membrana plasmática da célula hospedeira e saem sem causar a morte da célula. A replicação dos paramixovírus é representada pelo ciclo infeccioso do RSV mostrado na Figura 48.2.

Vírus do sarampo

O sarampo é um dos cinco exantemas clássicos da infância, juntamente com rubéola, roséola, quinta doença da infância e varicela (catapora). Historicamente, o sarampo era uma das infecções virais mais comuns e desagradáveis, com sequelas potencialmente graves. Antes de 1960, mais de 90% da população com menos de 20 anos tinha manifestado erupção cutânea, febre alta, tosse, conjuntivite e coriza em razão do vírus do sarampo. O sarampo ainda é uma das causas mais proeminentes de doença (> 10 milhões de casos por ano) e morte (120 mil mortes em 2012) em todo o mundo em populações não vacinadas. O desenvolvimento de programas de vacinação efetivos tornou o sarampo uma doença rara em países desenvolvidos, mas ainda há crianças não vacinadas ou que não recebem suas doses de reforço, e surtos de sarampo ocorrem.

PATOGÊNESE E IMUNIDADE

O vírus do sarampo consegue infectar muitos tipos de células por causa de seus receptores, CD46 (proteína reguladora do complemento) e nectina 4 (ou receptor do poliovírus tipo 4 [PVRL4, do inglês *poliovirus receptor-like* 4]), em células epiteliais e outras células, e CD150 (molécula sinalizadora de ativação dos linfócitos [SLAM, do inglês *signaling lymphocyte-activation molecule*]) em células dendríticas e linfócitos. A ligação ao CD150 promove a disseminação hematogênica do vírus em células dendríticas e linfócitos B e T em

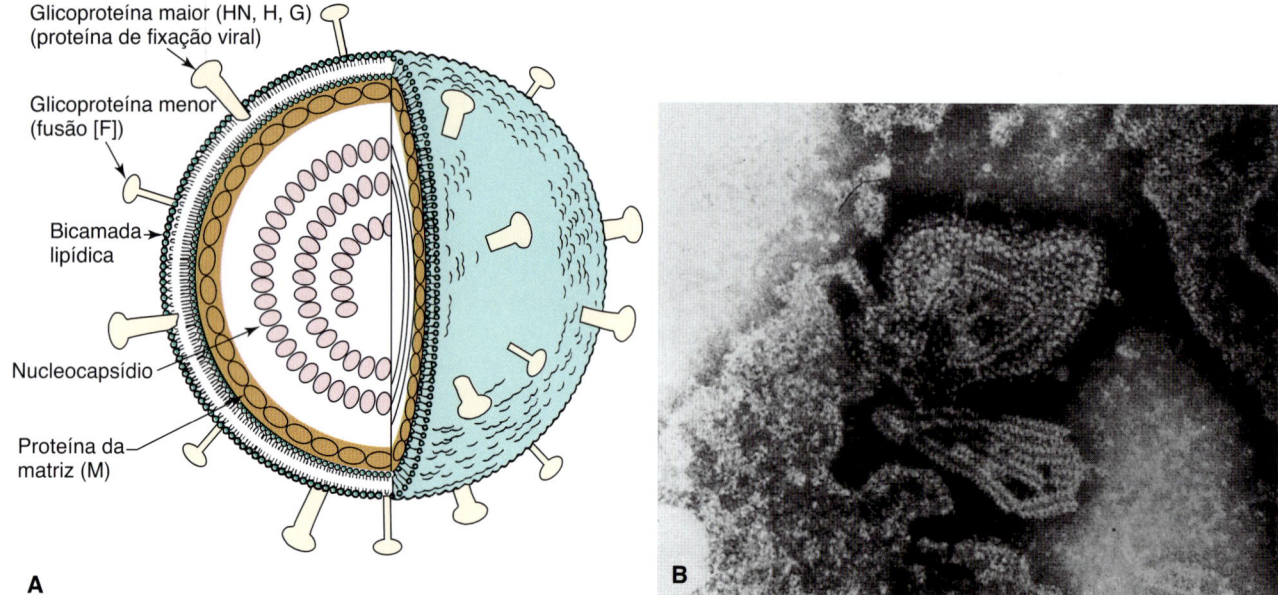

Figura 48.1 A. Modelo do paramixovírus. O nucleocapsídio helicoidal – consistindo em um RNA de fita simples, de sentido negativo e a polimerase (P), nucleoproteína (N) e a proteína grande ou maior (L) – associa-se à proteína da matriz (M) na superfície da membrana do envelope. O nucleocapsídio contém atividade de transcriptase do RNA. O envelope contém a glicoproteína de fixação viral (hemaglutinina-neuraminidase [HN], hemaglutinina [H] ou proteína-G [G], dependendo do vírus) e a proteína de fusão (F). **B.** Micrografia eletrônica de um paramixovírus rompido, mostrando o nucleocapsídio helicoidal. (A, Modificada de Jawetz, E., Melnick, J.L., Adelberg, E.A., 1987. Review of Medical Microbiology, 17th ed. Appleton & Lange, Norwalk, CT. B, Cortesia de Centers for Disease Control and Prevention, Atlanta, GA.)

Tabela 48.2 Principais proteínas dos paramixovírus codificadas pelo vírus.

Gene e proteínas[a,b]	Localização do vírion	Função da proteína
N: nucleoproteína	Principal proteína interna	Proteção do RNA viral
P: fosfoproteína e proteínas C e V	Associação à nucleoproteína	Parte do complexo de transcrição; C e V são antagonistas das respostas inatas
M: matriz	Dentro do envelope do vírion	Montagem dos vírions
F: proteína de fusão	Glicoproteína transmembrana do envelope	A proteína promove fusão das células, hemólise e entrada do vírus
G: glicoproteína (HN, H, G)[c]	Glicoproteína transmembrana do envelope	Proteína de fixação viral
L: polimerase (grande)	Associação à nucleoproteína	Polimerase

[a]Em ordem no genoma.
[b]Os pneumovírus também codificam a proteína SH e a M2.
[c]As glicoproteínas diferem para os diversos paramixovírus: HN, hemaglutinina-neuraminidase; H, hemaglutinina; G, glicoproteína.

todo o corpo. O sarampo é conhecido por sua propensão em causar a fusão celular, levando à formação de células gigantes (Boxe 48.2) e à capacidade de passar diretamente de célula a célula para escapar do controle da resposta pelos anticorpos. A produção do vírus provoca lise celular. Infecções persistentes sem lise podem ocorrer em determinados tipos de células (p. ex., células do cérebro humano).

O sarampo é **altamente contagioso** e é transmitido de pessoa para pessoa por **gotículas respiratórias** (Figura 48.3). Depois da replicação local do vírus nas células epiteliais do sistema respiratório, o vírus infecta monócitos e linfócitos, com a disseminação do vírus pelo sistema linfático e por viremia associada à célula. A ampla disseminação do vírus causa infecção da conjuntiva, do sistema respiratório, sistema urinário, pequenos vasos sanguíneos, sistema linfático e sistema nervoso central. A erupção cutânea **maculopapular** característica no sarampo é causada pela inflamação resultante de linfócitos T imunes, direcionadas às células epiteliais infectadas pelo vírus do sarampo.

A recuperação acompanha a erupção cutânea na maioria dos pacientes, que então desenvolvem **imunidade duradoura** contra o vírus. A morte causada por pneumonia, diarreia ou encefalite pode ocorrer. O curso temporal da infecção pelo vírus do sarampo é mostrado na Figura 48.4.

O sarampo pode causar encefalite de três maneiras: (1) infecção direta de neurônios, (2) encefalite pós-infecciosa, que é considerada imunomediada, e (3) panencefalite esclerosante subaguda (PEES), causada por uma variante defeituosa do vírus do sarampo gerada durante a doença aguda. O vírus da PEES apresenta replicação deficiente, permanece associado à célula e causa sintomas e efeito citopatológico em neurônios muitos anos depois da doença aguda.

O vírus do sarampo e outros paramixovírus são excelentes indutores de interferona (IFN)-α e IFN-β, mas também têm mecanismos para antagonizar sua ação. A imunidade mediada por células é essencial para o controle da infecção pelo vírus do sarampo, porque uma grande parte da produção do vírus prossegue antes da morte celular e a transmissão

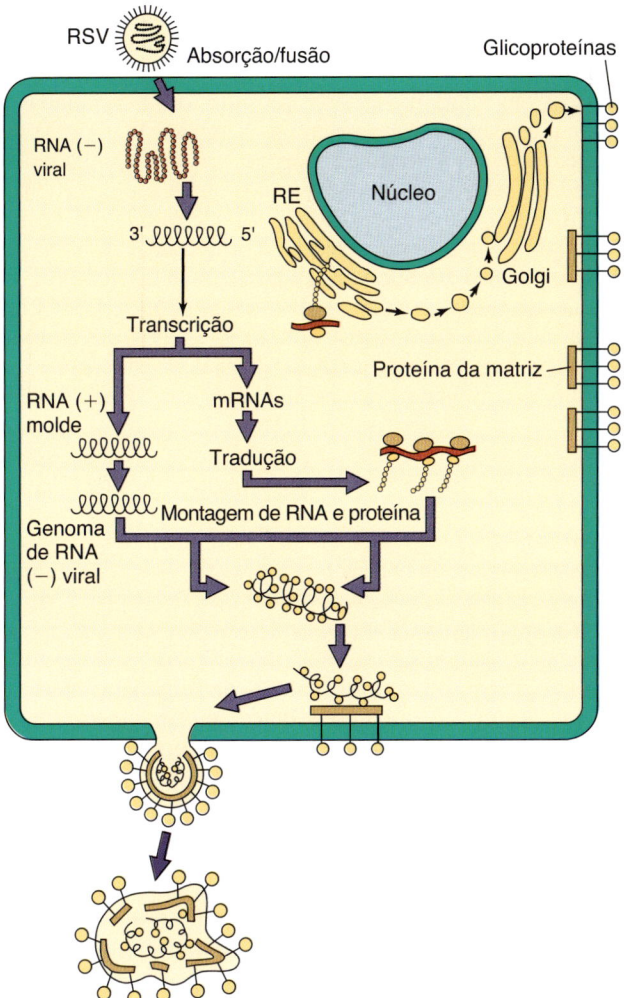

Figura 48.2 Replicação dos paramixovírus. O vírus se liga aos glicolipídios ou proteínas e se funde com a superfície da célula. Os RNAs mensageiros *(mRNAs)* individuais para cada proteína e um molde completo são transcritos do genoma. A replicação ocorre no citoplasma. Proteínas se associam ao novo genoma e o nucleocapsídio se associa às membranas plasmáticas modificadas pela matriz e glicoproteína. O vírus deixa a célula por brotamento. *(–)*, sentido negativo; *(+)*, sentido positivo; *RE*, retículo endoplasmático; *RSV*, vírus sincicial respiratório. (Modificada de Balows, A. et al., 1988. Laboratory Diagnosis of Infectious Diseases: Principles and Practice. Springer-Verlag, New York, NY.)

Boxe 48.2 Mecanismos patológicos do vírus do sarampo.

O vírus infeta as células epiteliais do sistema respiratório.
O vírus se propaga sistemicamente em linfócitos por **viremia**.
A replicação do vírus ocorre em células de conjuntivas, sistema respiratório, sistema urinário, sistema linfático, vasos sanguíneos e SNC.
A erupção cutânea é causada pela resposta dos linfócitos T às células epiteliais infectadas pelo vírus.
O vírus causa imunossupressão.
A **imunidade mediada por células** (imunidade celular) é essencial para controlar a infecção.
Sequelas no SNC podem resultar da imunopatogênese (encefalite pós-sarampo infecciosa) ou desenvolvimento de mutantes defeituosos (panencefalite esclerosante subaguda).

SNC, sistema nervoso central.

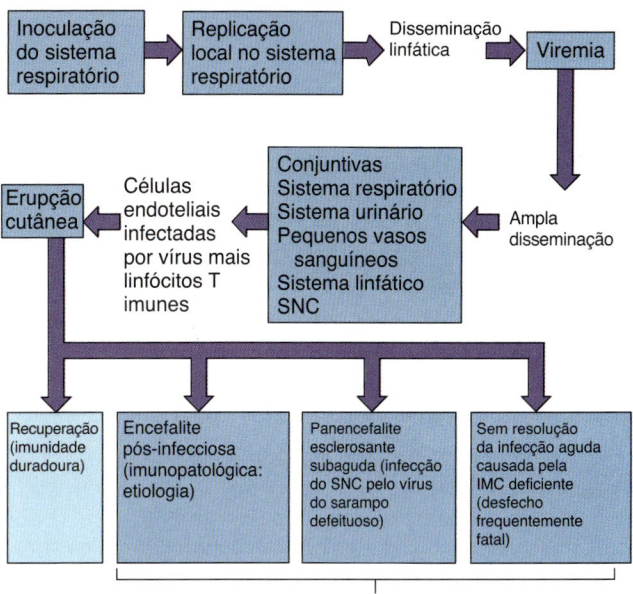

Figura 48.3 Mecanismos de propagação do vírus do sarampo no corpo humano e a patogênese do sarampo. *IMC*, imunidade mediada por células; *SNC*, sistema nervoso central.

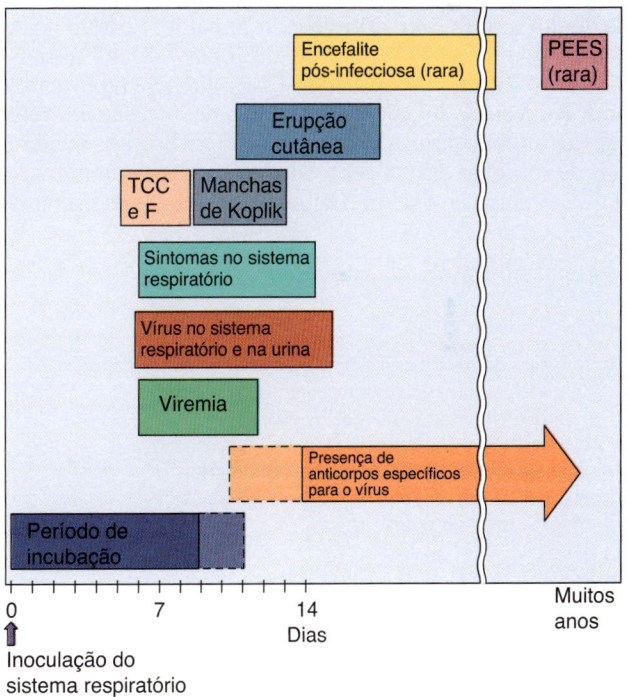

Figura 48.4 Evolução temporal de infecção pelo vírus do sarampo. Os sintomas prodrômicos característicos incluem tosse, conjuntivite, coriza e fotofobia *(T, C, C e F)*, seguidos pelo aparecimento de manchas de Koplik e erupções cutâneas. *PEES*, panencefalite esclerosante subaguda.

---

intercelular por fusão promove o escape dos anticorpos. Crianças com deficiência de linfócitos T que estão infectadas com o vírus do sarampo têm manifestação atípica que consiste em **pneumonia de células gigantes sem erupção cutânea**. A resposta imune também é responsável pela maioria dos sintomas da doença. O sarampo é mais grave para pessoas com deficiência em vitamina A. Essa vitamina é importante para a função ótima de linfócitos T efetores e resolução da infecção pelo vírus do sarampo. Anticorpos, que incluem o anticorpo materno e a imunização passiva, conseguem bloquear a disseminação virêmica, mas não a propagação intercelular do vírus para prevenir ou diminuir a doença. Existe apenas um sorotipo do vírus do sarampo e a proteção imune de doenças futuras é duradoura.

A infecção pelo sarampo é imunossupressora. O vírus deprime a resposta imunológica ao (1) infectar diretamente e eliminar monócitos e linfócitos T e B e (2) causar a supressão da produção de interleucinas (IL)-12 e respostas de linfócitos T *helper* (auxiliares) do tipo TH1. A depressão da imunidade celular e das respostas de hipersensibilidade do tipo tardio (HTT) aumenta o risco de infecções oportunísticas e outras infecções simultâneas. Essa imunossupressão dura semanas ou meses após a doença.

EPIDEMIOLOGIA

O sarampo é uma das infecções mais contagiosas conhecidas (Boxe 48.3). O vírus é eficientemente disseminado em secreções respiratórias antes e depois do início dos sintomas característicos. Em um ambiente doméstico, aproximadamente 90% das pessoas expostas que são suscetíveis ficam infectadas e 95% dessas pessoas desenvolvem doença clínica.

O vírus do sarampo tem apenas um sorotipo e infecta apenas humanos; a infecção geralmente se manifesta com sintomas. Essas propriedades facilitaram o desenvolvimento de um programa de imunização eficaz. Desde que a vacinação foi introduzida, a incidência anual de sarampo caiu drasticamente nos EUA, de 300 a 1,3 por 100 mil (estatísticas dos EUA de 1981 a 1988). Essa mudança representou uma redução de 99,5% na incidência de infecção em relação aos anos de pré-vacinação de 1955 a 1962. As incidências de sarampo devem ser relatadas aos departamentos de saúde estaduais e federais. Em áreas sem um programa de vacinação, as epidemias tendem a ocorrer em ciclos de 1 a 3 anos, quando há um acúmulo de um número suficiente de indivíduos suscetíveis. Muitos desses casos ocorrem em crianças em idade pré-escolar que não foram vacinadas e vivem em grandes áreas urbanas. A incidência de infecção atinge o pico no inverno e na primavera. O sarampo ainda é comum nas pessoas que vivem nos países em desenvolvimento, principalmente em indivíduos que recusam a imunização ou que não tenham recebido uma dose de reforço em seus anos de adolescência. Apesar da efetividade dos programas de vacinação, a baixa adesão e a população pediátrica em fase de pré-vacinação (crianças < 2 anos) continuam a fornecer indivíduos suscetíveis. O vírus pode aparecer na comunidade ou pode ser importado pela imigração de áreas do mundo com carência em programas efetivos de vacinação. Mais uma vez, os surtos de sarampo estão ocorrendo com mais frequência nos EUA, França e Inglaterra. Nos EUA, os surtos são frequentemente iniciados por casos importados de outros países e depois se espalham para indivíduos não vacinados ou que não receberam as doses de reforço, incluindo lactentes. Um surto de sarampo em uma creche (dez crianças que ainda não tinham sido vacinados e dois adultos) foi rastreado até uma criança das Filipinas.

Indivíduos imunocomprometidos, desnutridos e deficientes em vitamina A que desenvolvem sarampo podem não ser capazes de resolver a infecção, resultando em morte. O sarampo é a causa de morte mais significativa em crianças de 1 a 5 anos em vários países que não têm programas de vacinação efetivos.

SÍNDROMES CLÍNICAS

O sarampo é uma doença febril grave (Tabela 48.3). O período de incubação dura de 7 a 13 dias e o pródromo começa com 2 a 4 dias de **febre alta** e **tosse, coriza, conjuntivite** e **fotofobia**. A doença é mais infecciosa durante esse período.

Após 2 dias de doença prodrômica, surgem lesões característica na membrana mucosa conhecidas como **manchas de Koplik** (Figura 48.5). São observadas mais comumente na mucosa bucal em frente aos molares, mas podem aparecer também em outras membranas mucosas, incluindo as conjuntivas e a vagina. As lesões vesiculares, que duram de 24 a 48 horas, são geralmente pequenas (1 a 2 mm) e são

---

Boxe 48.3 Epidemiologia do sarampo.

Doença/fatores virais

O vírus tem um víron grande envelopado que é facilmente inativado por ressecamento e ácidos.
O período de contágio precede os sintomas.
Muito contagioso, com taxa de infectividade de 95%.
A gama de hospedeiros é limitada aos humanos.
Existe apenas um sorotipo.
A imunidade é duradoura.

Transmissão

Inalação de grandes gotículas de aerossóis.

Quem corre risco?

Pessoas não vacinadas, principalmente lactentes (< 1 ano).
Pessoas desnutridas, sobretudo com deficiência de vitamina A, que apresentam desfechos mais graves.
Indivíduos imunocomprometidos, que desenvolvem desfechos mais graves.

Geografia/sazonalidade

Vírus encontrado em todo o mundo.
Vírus endêmico do outono à primavera, possivelmente por causa da aglomeração em ambiente interno.

Modos de controle

A vacina atenuada viva (variantes de Schwartz ou de Moraten da cepa Edmonston B) pode ser administrada.
A imunoglobulina sérica pode ser administrada após exposição.

Tabela 48.3 Consequências clínicas da infecção pelo vírus do sarampo.

Distúrbio	Sintomas
Sarampo	Erupção cutânea maculopapular característica, tosse, conjuntivite, coriza, fotofobia, manchas de Koplik *Complicações*: otite média, crupe, pneumonia, cegueira, encefalite
Sarampo atípico	Erupção cutânea mais intensa (mais acentuada nas áreas distais); possíveis vesículas, petéquias, púrpura ou urticária
Encefalite pós-sarampo	Início agudo de cefaleia, confusão, vômitos, possível coma após a erupção cutânea se dissipar
Panencefalite esclerosante subaguda	Manifestações no sistema nervoso central (p. ex., mudanças de personalidade, comportamento e memória; espasmos mioclônicos; espasticidade; cegueira)

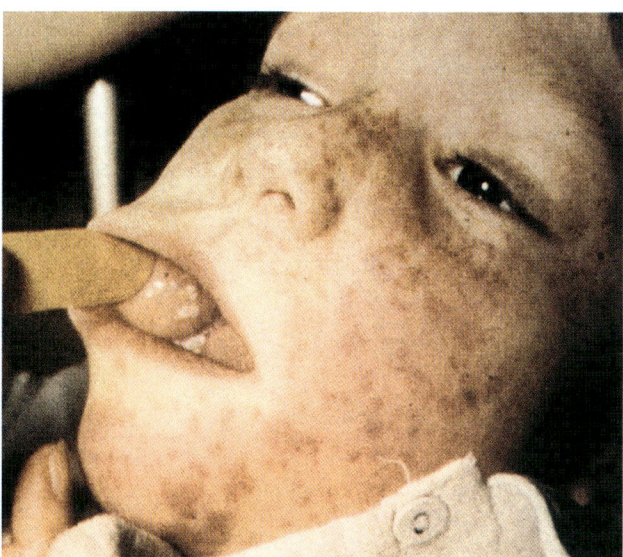

Figura 48.5 Manchas de Koplik na boca e exantema. As manchas de Koplik geralmente precedem a erupção cutânea do sarampo e podem ser vistas durante o primeiro dia ou 2 dias após o surgimento da erupção cutânea. (Cortesia do Dr. J.I. Pugh, St Albans City Hospital, West Hertfordshire, England. From Emond, R.T.D., Rowland, H.A.K., 1995. A Color Atlas of Infectious Diseases, third ed. Mosby, London, UK.)

mais bem descritas como grãos de sal rodeados por um halo vermelho. Seu aparecimento com os outros sinais da doença estabelece com precisão o diagnóstico de sarampo.

Nas 12 a 24 horas seguintes ao aparecimento das manchas de Koplik, o **exantema** do sarampo começa abaixo das orelhas e se espalha no corpo. A **erupção cutânea é maculopapular** e geralmente é muito extensa, sendo que muitas vezes as lesões se tornam confluentes. A erupção cutânea, que leva de 1 ou 2 dias para cobrir o corpo, desvanece-se na mesma ordem em que apareceu. A febre é mais alta e o paciente apresenta agravamento da doença no dia em que a erupção cutânea aparece (Figura 48.6).

A **pneumonia**, que também pode ser uma complicação grave, é responsável por 60% das mortes causadas pelo sarampo. Similar à incidência de outras complicações associadas ao sarampo, a taxa de mortalidade associada à pneumonia é maior nos indivíduos desnutridos e para os extremos da idade. A **superinfecção bacteriana** é comum em pacientes com pneumonia causada pelo vírus do sarampo.

Uma das complicações mais temidas do sarampo é a **encefalite**, que ocorre em até 0,5% desses infectados, mas com uma taxa de mortalidade de 15%. A encefalite ocorre raramente durante doenças agudas, mas geralmente começa de 7 a 10 dias após o início da doença. Essa **encefalite pós-infecciosa** é causada por reações imunopatológicas, está associada à desmielinização dos neurônios e ocorre com mais frequência em crianças mais velhas e em adultos.

O **sarampo atípico** ocorria em pessoas que receberam a vacina inativada do sarampo mais antiga e foram subsequentemente expostas ao vírus do sarampo do tipo selvagem. Raramente, ocorre também em indivíduos vacinados com a vacina de vírus atenuado. A sensibilização prévia com proteção insuficiente pode potencializar a resposta imunopatológica ao desafio com o vírus do sarampo do tipo selvagem. A doença tem início abrupto e é uma manifestação mais grave do sarampo.

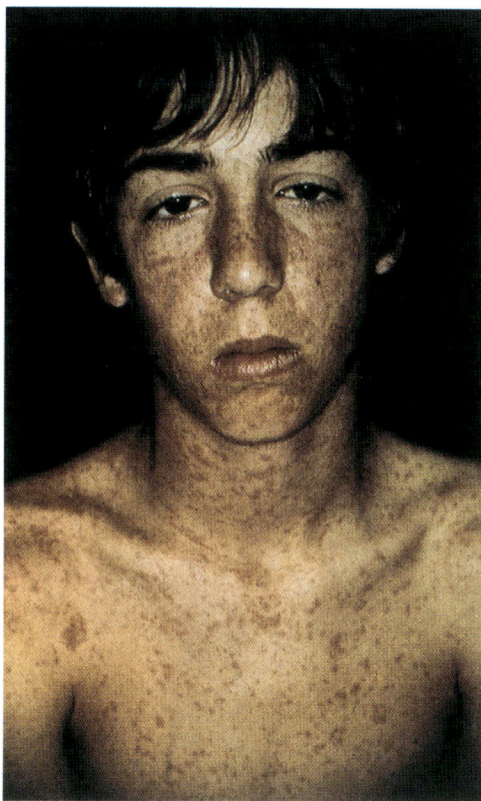

Figura 48.6 Erupção cutânea causada pelo sarampo. **A.** Uma erupção maculopapular aparece na face e torna-se confluente. **B.** A erupção cutânea aparece então no tronco. (De Habif, T.P., 2015. Clinical Dermatology: Color Guide to a Diagnosis and Therapy, sixth ed. ©2015, Elsevier.)

Infecções de crianças imunocomprometidas e desnutridas, principalmente aquelas com deficiência de vitamina A, causam a forma mais grave do sarampo (Caso Clínico 48.1). A **pneumonia de células gigantes sem erupção cutânea** ocorre em crianças com deficiência na resposta imune de linfócitos T. Embora a taxa de mortalidade por sarampo nos EUA seja de apenas 0,1%, complicações, superinfecção bacteriana grave e pneumonia em crianças desnutridas resultam em até 60% das mortes.

A PEES é uma sequela neurológica extremamente grave, muito tardia do sarampo, que aflige aproximadamente 7 em cada 1 milhão de pacientes. A incidência de PEES tem diminuído muito graças aos programas de vacinação contra o sarampo.

Essa doença ocorre quando um vírus defeituoso do sarampo persiste no cérebro, afeta múltiplos locais no cérebro (panencefalite) e atua como um vírus lento. O vírus pode replicar e espalhar diretamente de célula para célula, mas não é liberado. A PEES é mais frequente em crianças que foram inicialmente infectadas quando tinham menos de 2 anos e ocorre aproximadamente 7 anos após a manifestação clínica do sarampo. O paciente demonstra alterações da personalidade, do comportamento, da cognição e da memória, seguidos de espasmos mioclônicos, cegueira e espasticidade, progredindo para coma e morte. Níveis excepcionalmente elevados de anticorpos contra o sarampo são encontrados no sangue e no líquido cerebrospinal de pacientes com PEES. O antígeno e o genoma do vírus do sarampo também podem ser detectados em neurônios, como os corpúsculos de inclusão de Cowdry do tipo A (estes

> **Caso Clínico 48.1 Sarampo na criança imunocomprometida**
>
> A falta de respostas imunes mediadas por células possibilita que a infecção pelo vírus do sarampo de indivíduos imunocomprometidos tenha desfechos graves. Em um caso relatado por Pullan et al. (*Br Med J* 1:1562-1565, 1976), em um período de 3 dias da exposição ao vírus do sarampo, uma criança em quimioterapia para LLA recebeu imunoglobulina combinada. Apesar da terapia com IgG, 23 dias após a exposição, ela desenvolveu erupção cutânea extensa em decorrência do sarampo, que se tornou hemorrágica. Ela teve febre de 39,5°C e broncopneumonia. O vírus do sarampo foi cultivado a partir de secreções nasofaríngeas e a análise imuno-histoquímica identificou células gigantes (sincícios) contendo antígeno do vírus do sarampo nas secreções. A quimioterapia foi interrompida e a criança recebeu várias doses maciças de imunoglobulina. Ela começou a melhorar 1 mês após o início da erupção cutânea.
>
> Em outro caso, durante os 2,5 anos em que um menino estava em tratamento para LLA, ele desenvolveu infecções graves pelo herpes-vírus simples (HSV) ao redor da boca e herpes-zóster em seu tronco. Durante o terceiro ano de terapia, ele foi exposto ao sarampo de sua irmã e recebeu a terapia de IgG combinada. Após 19 dias, ele desenvolveu sintomas respiratórios leves, mas sem erupções cutâneas. Após 29 dias, ele se recusou a ir à escola e estava se comportando mal; as mudanças comportamentais progrediram. Após 9 semanas, ele desenvolveu convulsões motoras focais, aumento de sonolência, fala desarticulada e confusão, que progrediram para o coma e morte dentro de 8 dias após o início das convulsões. A sorologia indicou ausência de anticorpos contra o sarampo. A necropsia revelou citomegalovírus, mas não vírus do sarampo nos pulmões. O cérebro apresentava extensa degeneração, mas nenhum vírus foi isolado das amostras. Os cortes cerebrais apresentavam grandes corpúsculos de inclusão intranuclear e citoplasmática com estruturas tubulares que se assemelhavam aos nucleocapsídios do vírus do sarampo no citoplasma. A imunofluorescência com anticorpos de indivíduos com **PEES** ou anticorpos antissarampo revela o antígeno do vírus do sarampo. Esses casos ilustram o que o vírus do sarampo pode causar se não houver uma resposta competente de linfócitos T. A falta de controle imunitário possibilitou a progressão do vírus para o cérebro, no qual o patógeno ou uma variante (PEES) causou a encefalite.
>
> LLA, leucemia linfoblástica aguda; PEES, panencefalite esclerosante subaguda.

corpúsculos de inclusão geralmente são marcadores para o herpes-vírus simples [HSV], mas também são observados na PEES).

DIAGNÓSTICO LABORATORIAL

As manifestações clínicas do sarampo são geralmente tão características que raramente é necessário realizar testes laboratoriais para estabelecer o diagnóstico. O vírus do sarampo não deve ser isolado. Secreções do sistema respiratório, urina, sangue e tecido cerebral são as amostras recomendadas. É indicado coletar amostras respiratórias e de sangue durante o estágio prodrômico e até 1 a 2 dias após o aparecimento da erupção cutânea. O antígeno do vírus do sarampo pode ser detectado por imunofluorescência de células faríngeas ou sedimento urinário, ou a análise do genoma do vírus do sarampo pode ser identificado por reação em cadeia da polimerase com a transcriptase reversa (RT-PCR) em secreções do sistema respiratório, urina, sangue e tecido cerebral. Os efeitos citopatológicos característicos, incluindo células gigantes multinucleadas com corpúsculos de inclusão citoplasmática, podem ser detectados em células coradas pelo método de Giemsa obtidas de amostras do sistema respiratório superior e de sedimento urinário.

Anticorpos, especialmente a imunoglobulina (Ig)M, podem ser detectados quando o paciente apresenta a erupção cutânea.

TRATAMENTO, PREVENÇÃO E CONTROLE

Como foi dito anteriormente, uma vacina viva atenuada contra o sarampo, em uso nos EUA desde 1963, tem sido responsável pela redução significativa da incidência de sarampo. As cepas atenuadas, as variantes Schwartz ou Moraten da vacina original Edmonston B, estão sendo usadas atualmente. A vacina viva atenuada é administrada em todas as crianças após 12 meses de idade, quando as respostas imunes de linfócitos T são suficientemente maduras e os anticorpos da mãe foram eliminados. A vacina é administrada em combinação com as vacinas da caxumba e rubéola (vacina contra sarampo-caxumba-rubéola **[MMR; do inglês, *measles-mumps-rubella*])** e da varicela (catapora) (Boxe 48.4). Embora a imunização na primeira infância seja bem-sucedida em mais de 95% dos vacinados, a revacinação antes da escola primária ou do colegial é exigida em muitos estados. Por causa da natureza muito contagiosa do sarampo, a imunidade de rebanho induzida pela vacina é muito importante para evitar a propagação do vírus na população. Uma diminuição para 93% de imunizados dentro da população cria um risco de surto de sarampo. A complacência ou desinformação sobre os riscos de imunização leva muitos pais a deixarem de vacinar seus filhos, colocando-os em risco de infecção, doença e tornando-se fontes de contágio do vírus para outros indivíduos.

Como o sarampo é um vírus estritamente humano, com apenas um sorotipo, é um bom candidato à erradicação, mas isso é impedido por dificuldades na distribuição da vacina para regiões que não têm instalações de refrigeração adequadas (p. ex., África) e redes de distribuição.

> **Boxe 48.4** Vacina MMR (sarampo-caxumba-rubéola).[1]
>
> Composição: vírus vivos atenuados
> Sarampo: subcepas Schwartz ou Moraten da cepa Edmonston B
> Caxumba: cepa Jeryl Lynn
> Rubéola: cepa RA/27 a 3
> Cronograma de vacinação: após 12 meses de idade e dos 4 aos 6 anos ou antes do Ensino Médio (12 anos de idade)
> Eficiência: 95% de imunização duradoura com uma única dose
>
> Dados de: https://www.vaccines.gov/diseases/.

---

[1]N.R.T.: A vacina tríplice viral é atenuada, contendo vírus vivos "enfraquecidos" do sarampo, da rubéola e da caxumba; aminoácidos; albumina humana; sulfato de neomicina; sorbitol e gelatina. Contém também traços de proteína do ovo de galinha usado no processo de fabricação da vacina. No Brasil, uma das vacinas utilizadas na rede pública contém traços de lactoalbumina (proteína do leite de vaca).

Hospitais em áreas com sarampo endêmico podem desejar vacinar ou verificar o estado imunológico de seus funcionários para diminuir o risco de transmissão nosocomial. Gestantes, indivíduos imunocomprometidos e pessoas com alergias a gelatina ou neomicina (componentes da vacina) não devem receber a vacina MMR. A imunoglobulina deve ser administrada em indivíduos suscetíveis expostos que são imunocomprometidos, com a finalidade de diminuir o risco e a gravidade da doença clínica. Esse produto é mais efetivo se for administrado nos 6 dias seguintes à exposição. O tratamento com altas doses da vitamina A reduz o risco de morte por sarampo e é recomendado pela Organização Mundial da Saúde. Não há tratamento antiviral específico disponível para o sarampo.

Vírus parainfluenza

Os vírus parainfluenza, que foram descobertos no final da década de 1950, são vírus respiratórios que geralmente causam **sintomas semelhantes aos de resfriado**, mas também podem causar **doenças graves no sistema respiratório**. Quatro tipos sorológicos pertencentes ao gênero parainfluenza são patógenos humanos. Os tipos 1, 2 e 3 estão atrás apenas do RSV como causas importantes de infecção grave do sistema respiratório inferior em recém-nascidos/lactentes e crianças pequenas. Estão principalmente associados à **laringotraqueobronquite (crupe)**. O tipo 4 causa apenas leve infecção do sistema respiratório superior em crianças e adultos.

PATOGÊNESE E IMUNIDADE

Os vírus parainfluenza infectam as células epiteliais do sistema respiratório superior (Boxe 48.5). O vírus se replica mais rapidamente do que os vírus do sarampo e da caxumba e pode causar a formação de células gigantes e a lise celular. Ao contrário dos vírus do sarampo e da caxumba, os vírus parainfluenza raramente causam viremia. Eles geralmente permanecem nas vias respiratórias superiores, causando apenas sintomas semelhantes aos do resfriado. Em aproximadamente 25% dos casos, o vírus propaga-se para as vias respiratórias inferiores, e em 2 a 3% a doença pode assumir a forma grave da laringotraqueobronquite.

A resposta imune mediada por células causa dano celular e também confere proteção. As respostas de IgA são protetoras, mas de curta duração. Os vírus parainfluenza manipulam a imunidade mediada por células para limitar o desenvolvimento de memória. Múltiplos sorotipos e a curta duração da imunidade após infecção natural tornam a reinfecção comum, mas a doença na reinfecção é mais leve, sugerindo imunidade pelo menos parcial.

EPIDEMIOLOGIA

Os vírus parainfluenza são onipresentes e a infecção é comum (Boxe 48.6). O vírus é transmitido por contato interpessoal e por gotículas respiratórias. As infecções primárias geralmente ocorrem em recém-nascidos/lactentes e crianças com menos de 5 anos. As reinfecções ocorrem ao longo da vida, indicando imunidade de curta duração. Infecções com os vírus parainfluenza 1 e 2, as principais causas do crupe, tendem a ocorrer no outono, enquanto

---

Boxe 48.5 Mecanismos patológicos dos vírus parainfluenza.

Existem quatro sorotipos de vírus parainfluenza.
A infecção é **limitada ao sistema respiratório**; a doença que acomete as vias respiratórias superiores é mais comum, mas pode ocorrer doença significativa com infecção das vias respiratórias inferiores.
Os vírus parainfluenza *não* causam viremia nem se tornam sistêmicos.
As doenças incluem sintomas **semelhantes aos do resfriado**, **bronquite** (inflamação dos brônquios) e **crupe** (laringotraqueobronquite).
A infecção induz imunidade protetora de curta duração.

Boxe 48.6 Epidemiologia das infecções pelo vírus parainfluenza.

Doenças/fatores virais

O vírus apresenta um grande vírion envelopado que é facilmente inativado por ressecamento e ácidos.
O período de contágio precede os sintomas e pode ocorrer na ausência de sintomas.
A gama de hospedeiros é limitada aos humanos.
A reinfecção pode ocorrer em uma fase mais tardia na vida.

Transmissão

Inalação de grandes gotículas de aerossóis.

Quem corre risco?

Crianças: em risco de doença leve ou crupe.
Adultos: em risco de reinfecção com sintomas mais leves.

Geografia/sazonalidade

O vírus é onipresente e mundial.
A incidência é sazonal.

Modos de controle

Não existem modos de controle.

---

as infecções pelo vírus parainfluenza 3 ocorrem ao longo do ano. Todos esses vírus se disseminam prontamente dentro dos hospitais e podem causar surtos em creches e unidades pediátricas.

SÍNDROMES CLÍNICAS

Os vírus parainfluenza 1, 2 e 3 podem causar síndromes do sistema respiratório que variam de **infecção leve do sistema respiratório superior semelhante a resfriado** (coriza, faringite, bronquite leve, sibilos e febre) à **bronquiolite e pneumonia**. Crianças maiores e adultos geralmente desenvolvem infecções mais leves do que as observadas em crianças pequenas, embora pneumonia possa ocorrer em idosos.

A infecção de recém-nascidos/lactentes pelo vírus parainfluenza pode ser mais grave do que as infecções em adultos, causando bronquiolite, pneumonia e principalmente o crupe (laringotraqueobronquite). O **crupe** resulta em edema subglótico que pode obstruir as vias respiratórias. Rouquidão, tosse seca e metálica ("tosse de cachorro"), taquipneia, taquicardia e retração supraesternal se desenvolvem em pacientes infectados após um período de incubação de 2 a 6 dias. A maioria das crianças se recupera em 48 horas. O principal diagnóstico diferencial é a epiglotite causada por *Haemophilus influenzae*.

DIAGNÓSTICO LABORATORIAL

As técnicas rápidas de RT-PCR são o método preferido para detectar e identificar os vírus parainfluenza a partir das secreções respiratórias. O vírus parainfluenza é isolado de lavados nasais e secreções respiratórias e cresce bem em cultura primária de células do rim de macaco. Semelhante a outros paramixovírus, os vírions são lábeis durante o transporte até o laboratório e não podem ser congelados a -20°C. A presença de células infectadas com o vírus em aspirados ou em cultura celular é indicada pelo achado de sincícios e é identificada pelo método de imunofluorescência. De maneira semelhante à hemaglutinina dos vírus influenza, a hemaglutinina dos vírus parainfluenza promove hemadsorção e hemaglutinação. O sorotipo do vírus pode ser determinado com o uso de anticorpos específicos para bloquear a infecção (neutralização) e a hemadsorção ou hemaglutinação (inibição da hemaglutinação).

TRATAMENTO, PREVENÇÃO E CONTROLE

O tratamento do crupe consiste na administração de nebulização com vapor frio ou quente e monitoramento cuidadoso das vias respiratórias superiores. Em raras ocasiões, a intubação pode se tornar necessária. Não existem agentes antivirais específicos disponíveis.

A vacinação com vacinas de vírus mortos não é efetiva, possivelmente porque não induzem o anticorpo secretório local e a imunidade celular adequada. Nenhuma vacina viva atenuada está disponível.

Vírus da caxumba

O vírus da caxumba é a causa de **parotidite** viral aguda e benigna (edema doloroso das glândulas salivares). A caxumba é raramente encontrada em países que promovem o uso da vacina viva, que é administrada com as vacinas de vírus vivos do sarampo e da rubéola. No entanto, surtos foram relatados recentemente.

O vírus da caxumba foi isolado em ovos embrionados em 1945 e em cultura celular em 1955. O vírus está intimamente relacionado com o vírus parainfluenza 2, mas não existe imunidade cruzada com os vírus parainfluenza.

PATOGÊNESE E IMUNIDADE

A glicoproteína HN do vírus da caxumba liga-se ao ácido siálico e inicia a infecção das células epiteliais do sistema respiratório superior. O vírus progride para a glândula parótida, seja pelo ducto de Stensen ou pela corrente sanguínea (viremia) (Boxe 48.7). Como outros paramixovírus, o vírus da caxumba causa a formação de sincícios. A disseminação do vírus ocorre pela viremia por todo o corpo em direção aos testículos, ovário, pâncreas, tireoide e outros órgãos. A infecção do sistema nervoso central (SNC), principalmente das meninges, ocorre em até 50% das pessoas infectadas (Figura 48.7). Os linfócitos T são importantes para a resolução, mas também causam imunopatogênese. As respostas inflamatórias causam edema das glândulas e são as principais responsáveis pelos sintomas. A evolução temporal da infecção humana é mostrada na Figura 48.8. Existe apenas um sorotipo do vírus da caxumba e a imunidade é duradoura.

Boxe 48.7 Mecanismos patológicos do vírus da caxumba.

O vírus infecta as células epiteliais do sistema respiratório.
O vírus se propaga sistemicamente pela corrente sanguínea (viremia).
Infecção da glândula parótida, dos testículos e do sistema nervoso central.
O principal sintoma é o edema da parótida e de outras glândulas, causado por inflamação.
A imunidade mediada por células é essencial para o controle da infecção e responsável por causar alguns dos sintomas.
O anticorpo não é suficiente em decorrência da capacidade de propagação célula a célula do vírus.

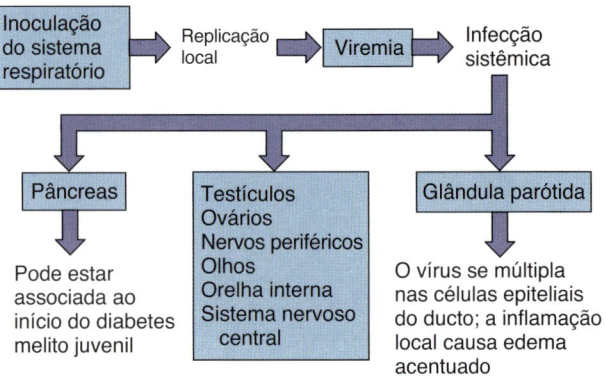

Figura 48.7 Mecanismo de disseminação do vírus da caxumba no corpo.

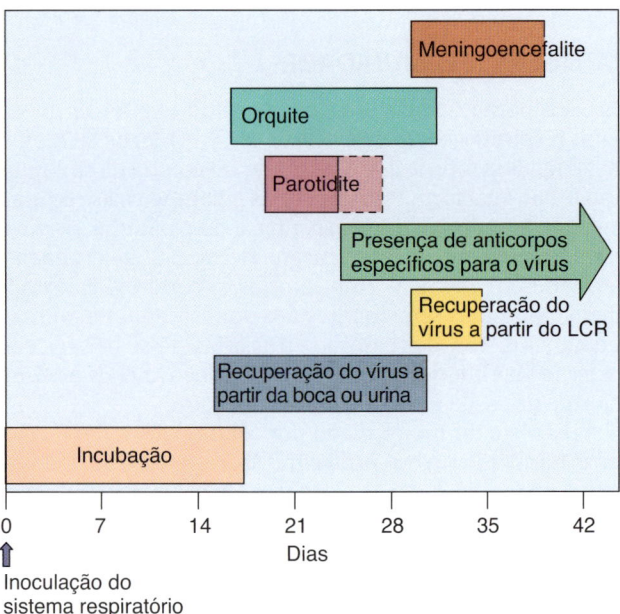

Figura 48.8 Evolução temporal de infecção pelo vírus da caxumba. *LCR*, líquido cerebrospinal.

EPIDEMIOLOGIA

A caxumba, como o sarampo, é uma doença muito contagiosa com apenas um sorotipo e infecta apenas seres humanos (Boxe 48.8). Na ausência de programas de vacinação, a infecção ocorre em 90% das pessoas até os 15 anos de idade. A disseminação do vírus acontece pelo contato interpessoal direto e por gotículas respiratórias. O vírus é liberado nas

> **Boxe 48.8** Epidemiologia do vírus da caxumba.
>
> **Doenças/fatores virais**
>
> O vírus apresenta um grande vírion envelopado que é facilmente inativado pelo ressecamento e ácidos.
> O período de contágio precede os sintomas.
> O vírus pode causar excreção assintomática.
> A gama de hospedeiros é limitada aos seres humanos.
> Existe apenas um sorotipo.
> A imunidade é duradoura.
>
> **Transmissão**
>
> Inalação de grandes gotículas de aerossóis.
>
> **Quem corre risco?**
>
> Pessoas não vacinadas, sobretudo lactentes (< 1 ano).
> Pessoas imunocomprometidas, que têm desfechos clínicos mais graves.
>
> **Geografia/sazonalidade**
>
> O vírus é encontrado em todo o mundo.
> O vírus é endêmico no final do inverno e início da primavera.
>
> **Modos de controle**
>
> A vacina viva atenuada (cepa Jeryl Lynn) faz parte da vacina sarampo-caxumba-rubéola (tríplice viral).

secreções respiratórias dos pacientes que estão assintomáticos e durante o período de 7 dias antes da doença clínica, de modo que é praticamente impossível controlar a propagação do vírus. Viver ou trabalhar em ambientes fechados promove a propagação do vírus e a incidência da infecção é maior no inverno e na primavera.

SÍNDROMES CLÍNICAS

As infecções pelo vírus da caxumba são frequentemente assintomáticas. As doenças clínicas geralmente se manifestam como uma parotidite que é quase sempre bilateral e acompanhada de febre. O início é súbito. O exame oral revela vermelhidão e edema do óstio do ducto de Stensen (glândula parótida). O edema de outras glândulas (epidídimo-orquite, ooforite, mastite, pancreatite e tireoidite) e a meningoencefalite podem ocorrer alguns dias após o início da infecção viral, mas podem se manifestar na ausência de parotidite. O edema que resulta da orquite pode causar esterilidade. O vírus da caxumba envolve o sistema nervoso central (SNC) em aproximadamente 50% dos pacientes; 10% das pessoas afetadas podem apresentar meningite leve, com 5 por 1.000 casos de encefalite.

DIAGNÓSTICO LABORATORIAL

O diagnóstico clínico da caxumba pode ser confirmado por detecção de genomas virais por RT-PCR ou análise de IgM ou de antígeno por ensaio imunossorvente ligado à enzima (ELISA). O vírus pode ser recuperado de saliva, urina, faringe, secreções do ducto de Stensen e do líquido cerebrospinal. O vírus é encontrado na saliva por aproximadamente 5 dias após o início dos sintomas e na urina por até 2 semanas. O vírus da caxumba cresce bem em células renais de macaco, causando a formação de células gigantes multinucleadas. A adsorção de eritrócitos (hemadsorção) de cobaias também ocorre em células infectadas com o vírus em decorrência da hemaglutinina viral.

TRATAMENTO, PREVENÇÃO E CONTROLE

As vacinas fornecem o único meio efetivo para prevenir a propagação da infecção pelo vírus da caxumba.[2] Desde a introdução da vacina com o vírus vivo atenuado (vacina com a cepa Jeryl Lynn) nos EUA, em 1967, e sua administração como parte da vacina MMR em crianças com 1 ano de idade, a incidência anual da infecção diminuiu, recentemente, de 76 para menos de um por 100 mil. Como no caso do sarampo, surtos causados pelo aumento do número de indivíduos que não são vacinados ou que não receberam uma imunização de reforço ocorreram. Em 2014, houve um surto em Columbus, Ohio, nas escolas e universidades, com mais de 230 casos relatados. Não há agentes antivirais disponíveis.

Vírus sincicial respiratório

O RSV, isolado pela primeira vez de um chimpanzé em 1956, é um membro do gênero *Pneumovirus*. Existem dois tipos e muitas cepas distintas de RSV que causam as mesmas doenças. A glicoproteína do RSV não se liga ao ácido siálico ou aos eritrócitos; portanto, o vírus não necessita ou tem uma neuraminidase. É a causa mais comum de **infecção aguda fatal do sistema respiratório e**m recém-nascidos/lactentes e crianças pequenas. Esse vírus infecta praticamente todas as crianças até os 2 anos de idade e as reinfecções ocorrem ao longo da vida, mesmo em pessoas idosas.

PATOGÊNESE E IMUNIDADE

O RSV provoca uma infecção que é localizada no sistema respiratório (Boxe 48.9). Ele se liga a muitas proteínas de superfície celular distintas e a proteoglicanos de sulfato de heparana. Como o nome sugere, o RSV induz a formação de sincícios. O efeito patológico do RSV é causado principalmente por lesão celular mediada pela resposta imune.

> **Boxe 48.9** Mecanismos patológicos do vírus sincicial respiratório.
>
> O vírus causa infecção localizada do sistema respiratório.
> O vírus não causa viremia nem disseminação sistêmica.
> A pneumonia resulta da propagação citopatológica do vírus (incluindo os sincícios).
> A bronquiolite é mediada provavelmente pela resposta imune do hospedeiro.
> As vias respiratórias estreitas de recém-nascidos/lactentes pequenos são prontamente obstruídas por efeitos patológicos induzidos pelo vírus.
> O anticorpo materno é insuficiente para proteger o recém-nascido/lactente de infecções.
> A infecção natural não previne a reinfecção.

---

[2]N.R.T.: No Brasil, a recomendação atual é que as crianças a partir dos 6 meses até 1 ano de idade sejam vacinadas com a tríplice viral (sarampo-caxumba-rubéola). Aos 12 meses, devem receber novamente uma dose desta vacina, e, aos 15 meses, devem receber a tetraviral (sarampo-caxumba-rubéola-varicela).

Os neutrófilos têm participação significativa na inflamação. A necrose dos brônquios e bronquíolos leva à formação de "tampões" de muco, fibrina e material necrótico nas vias respiratórias menores. As vias respiratórias estreitas de recém-nascidos/lactentes são prontamente obstruídas por esses tampões. O RSV pode agravar doenças pulmonares e asma anteriores. A imunidade natural não previne a reinfecção e a vacinação com vírus morto era considerada ineficaz ou aumentou a gravidade da doença.

EPIDEMIOLOGIA

O RSV é muito prevalente em crianças pequenas; quase todas as crianças foram infectadas até os 2 anos de idade (Boxe 48.10), com taxas anuais globais de infecção de 64 milhões e mortalidade de 160 mil. Até 25 a 40% desses casos envolvem as vias respiratórias inferiores e 1% são graves o suficiente para exigir hospitalização (ocorrendo em até 95 mil crianças nos EUA a cada ano).

As infecções por RSV quase sempre ocorrem no inverno. Ao contrário do vírus influenza, que ocasionalmente "salta" 1 ano, epidemias de infecção pelo RSV ocorrem todos os anos.

O vírus é muito contagioso, com um período de incubação de 4 a 5 dias. O vírus é excretado em secreções respiratórias por muitos dias após a infecção, principalmente por recém-nascidos/lactentes. O vírus é transmitido em aerossóis, mas também pelas mãos e por fômites.

A introdução do vírus em um berçário, principalmente em uma enfermaria de cuidados intensivos, pode ser devastador. Praticamente todas as crianças se tornam infectadas e a infecção está associada à considerável morbidez e, ocasionalmente, morte. Recém-nascidos prematuros e crianças com menos de 2 anos com cardiopatias congênitas complicadas ou doença pulmonar crônica correm alto risco de doenças graves por RSV. Surtos de doenças graves também podem ocorrer entre a população idosa (p. ex., em casas de repouso).

SÍNDROMES CLÍNICAS

O RSV acomete o sistema respiratório, podendo causar desde **resfriado comum** até **pneumonia** (Tabela 48.4; Boxe 48.11). A infecção do sistema respiratório superior com rinorreia acentuada é mais comum em crianças maiores e em adultos. Uma doença mais grave do sistema respiratório inferior, a **bronquiolite**, pode ocorrer em recém-nascidos/lactentes. Por causa da inflamação em nível dos bronquíolos, observa-se o aprisionamento de ar e diminuição da ventilação. Clinicamente, o paciente geralmente tem febre baixa, taquipneia, taquicardia e sibilos expiratórios sobre os pulmões. A bronquiolite geralmente é autolimitada, mas pode ser uma doença assustadora para ser observada em um recém-nascido/lactente. A reinfecção pode se apresentar como um resfriado comum ou exacerbação da asma. O RSV pode ser fatal em recém-nascidos prematuros, pessoas com doença pulmonar subjacente e indivíduos imunocomprometidos.

DIAGNÓSTICO LABORATORIAL

O RSV é difícil de isolar em cultura celular. O genoma viral em células infectadas e lavados nasais pode ser detectado

Tabela 48.4 Consequências clínicas da infecção pelo vírus sincicial respiratório.

Distúrbio	Faixa etária afetada
Bronquiolite, pneumonia ou ambas	Febre, tosse, dispneia e cianose em lactentes (< 1 ano) Pneumonia em idosos ou pessoas com cardiopatia crônica, doença pulmonar crônica ou imunocomprometimento
Rinite e faringite febril	Crianças
Resfriado comum	Crianças mais velhas e adultos

Boxe 48.10 Epidemiologia do vírus sincicial respiratório.

Doença/fatores virais

O vírus tem um grande vírion envelopado que é facilmente inativado por ressecamento e ácidos.
O período de contágio precede os sintomas e pode ocorrer na ausência de sintomas.
A gama de hospedeiros é limitada aos seres humanos.

Transmissão

Inalação de grandes gotículas de aerossóis.

Quem corre risco?

Lactentes: infecção do sistema respiratório inferior (bronquiolite e pneumonia).
Recém-nascidos prematuros: doença grave.
Crianças: espectro da doença, da forma leve à pneumonia.
Adultos: reinfecção com sintomas mais leves.
Imunocomprometidos, distúrbios cardíacos e pulmonares crônicos: doença grave.

Geografia/sazonalidade

O vírus é onipresente e encontrado em todo o mundo.
A incidência é sazonal.

Modos de controle

A imunoglobulina está disponível para recém-nascidos/lactentes em alto risco.
A ribavirina em aerossol está disponível para recém-nascidos/lactentes com doenças graves.

Boxe 48.11 Resumos clínicos.

Sarampo: uma jovem de 18 anos estava em casa havia 10 dias após uma viagem ao Haiti, quando desenvolveu febre, tosse, coriza e leve hiperemia conjuntival. Agora, ela apresenta erupção cutânea avermelhada, ligeiramente elevada, no rosto, no tronco e nos membros. Há várias lesões brancas de 1 mm no interior de sua boca. Ela nunca foi imunizada contra o sarampo pela desinformação de que a "alergia ao ovo" seria um problema. A vacina não é produzida em ovos.

Caxumba: um homem de 30 anos voltando de uma viagem à Rússia manifestou, em um período de 1 a 2 dias, cefaleia e diminuição do apetite, seguidas por tumefação em ambos os lados da mandíbula. A tumefação se estendeu da parte inferior da mandíbula até a região anterior da orelha. Cinco dias após o aparecimento do edema mandibular, o paciente começou a reclamar de náuseas e dor nos testículos e na porção inferior do abdome. Ele nunca recebeu imunização de reforço com a vacina MMR.

Crupe (laringotraqueobronquite): uma criança de 2 anos, apresentando irritabilidade e pouco apetite, manifesta dor de garganta, febre, rouquidão e tosse ladrante. Ouve-se um ruído de alta intensidade (estridor) na inalação. Os batimentos das bases alares do nariz indicam dificuldade para respirar.

por técnicas de RT-PCR. O imunoensaio enzimático consegue detectar o antígeno viral em lavados e a imunofluorescência pode detectar o vírus em células esfoliadas.

TRATAMENTO, PREVENÇÃO E CONTROLE

Em recém-nascidos/lactentes saudáveis, o tratamento é de suporte, consistindo em administração de oxigênio, reposição volêmica e nebulização com vapor frio. A **ribavirina** aerossolizada, um análogo de guanosina, é aprovada para o tratamento de recém-nascidos/lactentes com doença grave, mas seu uso é pouco frequente. A **imunização passiva profilática e terapêutica** com imunoglobulina anti-RSV ou anticorpo monoclonal (palivizumabe) está disponível para crianças pequenas com alto risco de doenças graves.

As crianças infectadas devem ser isoladas. Medidas de controle de infecção são necessárias para os profissionais em ambiente hospitalar que cuidam de crianças infectadas para evitar a transmissão do vírus a pacientes não infectados. Essas medidas incluem lavagem das mãos e uso de avental, óculos de proteção e máscaras.

Nenhuma vacina está atualmente disponível para a profilaxia de RSV. A vacina anteriormente disponível contendo RSV inativado fez com que os receptores desenvolvessem uma doença mais grave causada pelo RSV, quando posteriormente expostos ao vírus vivo. Esse desenvolvimento é considerado o resultado de uma resposta imunológica intensificada no momento da exposição ao vírus selvagem.

Metapneumovírus humano

O metapneumovírus humano é um membro recentemente reconhecido da subfamília Pneumovirinae. A utilização dos métodos de RT-PCR foi e continua sendo o meio de detectar os pneumovírus e distingui-los de outros vírus causadores de doenças respiratórias. Sua identidade era desconhecida até recentemente, porque é difícil o crescimento em cultura de células. O vírus é onipresente e quase todas as crianças de 5 anos já desenvolveram infecção pelo vírus e são soropositivas.

Tal como ocorre com seu "primo" próximo RSV, as infecções por metapneumovírus humano podem ser assintomáticas, causam doença semelhante a resfriado comum ou causam bronquiolite grave e pneumonia. Crianças soronegativas, idosos e indivíduos imunocomprometidos correm risco para a doença. O metapneumovírus humano provavelmente causa 15% dos resfriados comuns em crianças, principalmente aqueles complicados pela otite média. Sinais de doença geralmente incluem tosse, dor de garganta, coriza e febre alta. Aproximadamente 10% dos pacientes com metapneumovírus terão sibilos, dispneia, pneumonia, bronquite ou bronquiolite. Como ocorre com outros agentes de resfriado comum, a identificação laboratorial do vírus não é realizada rotineiramente, mas pode ser feita por RT-PCR. Os cuidados de suporte são a única terapia disponível para essas infecções.

Vírus Nipah e Hendra

Um novo paramixovírus, o vírus Nipah, foi isolado de pacientes após um surto de encefalite grave na Malásia e Cingapura em 1998. O vírus Nipah está mais estreitamente relacionado com o vírus Hendra, que foi descoberto em 1994 na Austrália, do que a outros paramixovírus. Ambos os vírus têm uma ampla gama de hospedeiros, incluindo suínos, humanos, cães, cavalos, gatos e outros mamíferos. Para o vírus Nipah, o reservatório é um morcego frugívoro (raposa-voadora). O vírus pode ser obtido de frutas contaminadas por morcegos infectados ou amplificado em porcos e depois propagado para os seres humanos. Este último é um hospedeiro acidental para esses vírus, mas o desfecho da infecção humana é grave. Os sinais de doença para o vírus Nipah incluem sintomas semelhantes àqueles da gripe, convulsões e coma. Dos 269 casos que ocorreram em 1999, 108 foram fatais. Outra epidemia em Bangladesh em 2004 teve uma taxa de mortalidade mais alta. Surtos mais recentes ocorreram na Índia e em países vizinhos.

Bibliografia

Allen, I.V., McQuaid, S., Penalva, R., Ludlow, M., Duprex, W.P., Rima, B.K., 2018. Macrophages and dendritic cells are the predominant cells infected in measles in humans. mSphere 3. e00570-17. https://doi.org/10.1128/mSphere.00570-17.

Anderson LJ, Graham BS. Challenges and Opportunities for Respiratory Syncytial Virus Vaccines. Current Topics in Microbiology and Immunology 372, 2013.

Editors (view affiliations)

Cohen, J., Powderly, W.G., 2004. Infectious Diseases, second ed. Mosby, St Louis.

Collier, L., Oxford, J., 2011. Human Virology, fourth ed. Oxford University Press, Oxford.

de Swart, R.L., Ludlow, M., de Witte, L., Yanagi, Y., van Amerongen, G., et al., 2007. Predominant infection of CD150 lymphocytes and dendritic cells during measles virus infection of macaques. PLoS Pathog. 3 (11), e178. https://doi.org/10.1371/journal.ppat.0030178.

Flint, S.J., Racaniello, V.R., et al., 2015. Principles of Virology, fourth ed. American Society for Microbiology Press, Washington, DC.

Gershon, A., Hotez, P., Katz, S., 2004. Krugman's Infectious Diseases of Children, eleventh ed. Mosby, St Louis.

Griffin, D.E., Oldstone, M.M., 2009. Measles: pathogenesis and control. Curr Top Microbiol Immunol 330 (1).

Griffiths, C., Drews, S.J., Marchanta, D.J., 2017. Respiratory syncytial virus: infection, detection, and new options for prevention and treatment. Clin. Micro. Rev. 30, 277–319.

Hart, C.A., Broadhead, R.L., 1992. Color atlas of Pediatric Infectious Diseases. Mosby, St Louis.

Hinman, A.R., 1982. Potential candidates for eradication. Rev. Infect. Dis. 4, 933–939.

Knipe, D.M., Howley, P.M., 2013. Fields Virology, sixth ed. Lippincott Williams & Wilkins, New York.

Ludlow, M., McQuaid, S., Milner, D., de Swart, R.L., Duprex, W.P., 2015. Pathological consequences of systemic measles virus infection. J. Pathol. 235, 253–265. https://doi.org/10.1002/path.4457. (wileyonlinelibrary.com).

Mandell, G.L., Bennet, J.E., Dolin, R., 2015. Principles and Practice of Infectious Diseases, eighth ed. Saunders, Philadelphia.

Meulen, V., Billeter, M.A., 1995. Measles virus. Curr. Top. Microbiol. Immunol. 191, 1–196.

Moss, W.J., Griffen, D.E., 2012. Measles. Lancet 379, 153–164.

Phadke, V.K., Bednarczyk, R.A., Salmon, D.A., et al., 2016. Association between vaccine refusal and vaccine-preventable diseases in the United States. A review of measles and pertussis. JAMA 315 (11), 1149–1158.

Strauss, J.M., Strauss, E.G., 2007. Viruses and Human Disease, second ed. Academic, San Diego.

Websites

Centers for Disease Control and Prevention, Human parainfluenza viruses (HPIVs). www.cdc.gov/parainfluenza/index.html. Accessed August 5, 2018.

Centers for Disease Control and Prevention, Measles (rubeola). www.cdc.gov/measles/index.html. Accessed August 5, 2018.

Centers for Disease Control and Prevention, Mumps. www.cdc.gov/mumps/index.html. Accessed August 5, 2018.

Centers for Disease Control and Prevention, Respiratory syncytial virus infection (RSV). www.cdc.gov/rsv/. Accessed August 5, 2018.

Chen, S.S.P., 2018. Measles. http://emedicine.medscape.com/article/966220-overview. Accessed August 5, 2018.

Clinical case of SSPE. http://path.upmc.edu/cases/case595.html. Accessed August 5, 2018.

Defendi, G.L., 2017. Mumps. http://emedicine.medscape.com/article/966678-overview. Accessed April 4, 2015.

Krilov, L.R., 2017. Respiratory Syncytial Virus (RSV) Infection. http://emedicine.medscape.com/article/971488-overview. Accessed August 5, 2018.

Measles, mumps, Rubella Vaccines. https://www.vaccines.gov/diseases/. Accessed August 5, 2018.

49 Ortomixovírus

Em 15 de abril de 2009, uma mulher de 33 anos proveniente da Califórnia, com 35 semanas de gestação, relatou história de 1 dia de mialgia, tosse seca e febre baixa ao obstetra-ginecologista. A paciente não tinha viajado recentemente para o México. O teste rápido para o diagnóstico de gripe, realizado no consultório médico, foi positivo. Em 19 de abril, ela foi examinada em um departamento de emergência local, com piora da dispneia, além de febre e tosse produtiva. Ela manifestou angústia respiratória grave e foi intubada e colocada em ventilação mecânica. Uma cesariana de emergência foi realizada e a recém-nascida era saudável. Em 21 de abril, a paciente desenvolveu a síndrome de angústia respiratória aguda (SARA). Ela começou a receber oseltamivir em 28 de abril e antibacterianos de amplo espectro, mas faleceu em 4 de maio.[1]

1. Como a mulher contraiu a infecção?
2. Qual é a apresentação normal e o que é considerado anormal em relação à manifestação clínica da gripe?
3. O que colocou a mulher em maior risco e por quê?
4. Como essa cepa do vírus influenza evoluiu?

RESUMOS Organismos clinicamente significativos

ORTOMIXOVÍRUS

Palavras-chave

Aerossóis, envelope, genoma segmentado/rearranjo, hemaglutinina, neuraminidase, deriva antigênica (surtos), variação antigênica brusca (pandemia), zoonose

Biologia, virulência e doença

- Grande tamanho, envelopado, genoma de RNA (−) segmentado
- Codifica a RNA polimerase dependente de RNA, replicação no núcleo (exceção à regra)
- Cada segmento codifica uma ou duas proteínas
- A infecção mista resulta em mistura genética de segmentos: rearranjo (*reassortment*)
- Liga-se ao ácido siálico (glicoproteína HA) e codifica a atividade de neuraminidase (glicoproteína NA)
- Os anticorpos preexistentes podem bloquear a doença
- Resposta imune mediada por células para controle, mas causa patogênese
- A infecção por vírus influenza A, mas não por influenza B, é uma zoonose (doenças que são transmitidas de animais para humanos ou de humanos para os animais)
- Sintomas gripais agudos causados por liberação intensa de citocinas
- Destruição maciça do epitélio ciliado
- Pneumonia por influenza ou infecção bacteriana secundária

Epidemiologia

- Transmitido por aerossóis
- Epidemias anuais causadas por mutações, pandemias causadas por reagrupamento de segmentos do genoma entre vírus humanos e animais

Diagnóstico

- Sintomatologia, análise do genoma por RT-PCR a partir de secreções respiratórias, testes imunológicos (ELISA), hemaglutinação e inibição da hemaglutinação

Tratamento, prevenção e controle

- A vacina antigripal anual contém duas cepas do vírus influenza A e uma ou duas cepas do vírus influenza B: as vacinas com vírus inativados contêm HA e NA, vacina nasal com vírus vivo atenuado (para 2 a 49 anos de idade)
- Neuraminidase, o canal M2 e a endonuclease *cap*-dependente são alvos de medicamentos antivirais

ELISA, ensaio imunossorvente ligado à enzima; *RT-PCR*, reação em cadeia da polimerase com a transcriptase reversa.

Os vírus influenza A e B são os membros mais importantes da família Orthomyxoviridae. A infecção pelo vírus influenza A (gripe A) é uma zoonose e pode ser encontrada em muitos animais diferentes, incluindo aves, porcos, cavalos, morcegos, focas e baleias. O vírus influenza C (vírus da gripe C) causa apenas doenças respiratórias leves, e o vírus influenza D infecta o gado, mas não é conhecido como agente etiológico de doenças humanas. Os togotovírus são arbovírus, incluindo o vírus Bourbon transmitido por carrapato. Esse vírus é assim chamado porque causou uma infecção letal em Bourbon, Kansas, em 2014. Os ortomixovírus são **envelopados e apresentam um genoma de ácido ribonucleico (RNA), de sentido negativo e segmentado**. O genoma segmentado desses vírus facilita o desenvolvimento de novas cepas por meio da mutação e rearranjo de segmentos de genes entre diferentes cepas do vírus derivadas de seres humanos e animais (vírus influenza A). Essa instabilidade genética é responsável pelas **epidemias** anuais (**mutação: deriva**) e, para a influenza A, **pandemias periódicas (rearranjo: variação brusca)** de infecção pelo vírus influenza em todo o planeta.

A gripe ou *influenza* é uma das infecções mais frequentes e significativas. Provavelmente, a **pandemia** de influenza mais conhecida é a gripe espanhola que varreu o mundo de 1918 a 1919, matando de 20 a 40 milhões de pessoas. De fato, mais pessoas morreram de gripe durante esse período do que nas batalhas da Primeira Guerra Mundial. Pandemias causadas por novos vírus influenza ocorreram em 1918, 1947, 1957, 1968, 1977 e 2009. De acordo com o Centers for Disease Control and Prevention (CDC), mais de 80.000 mortes entre 2017 e 2018 poderia ser atribuída à gripe nos EUA. Felizmente, a profilaxia com vacinas e medicamentos antivirais está disponível.

---

[1] Adaptado de Centers for Disease Control and Prevention (CDC): Novel influenza A (H1N1) virus infections in three pregnant women–United States, April–May 2009, *MMWR Morb Mortal Wkly Rep* 58:497–500. <www.cdc.gov/mmwr/preview/mmwrhtml/mm58d0512a1.htm>.

Os vírus influenza causam sintomas respiratórios e gripais clássicos, que incluem febre, mal-estar, cefaleia e mialgia (dor muscular). O termo **gripe**, no entanto, é erroneamente usado para se referir a muitas outras infecções virais e respiratórias.

Estrutura e replicação

Os vírions do vírus influenza são pleomórficos, apresentam aspecto esférico ou tubular (Figura 49.1; Boxe 49.1) e variam de 80 a 120 nm de diâmetro. O genoma dos vírus influenza A e B consiste em **oito segmentos distintos de nucleocapsídios helicoidais**, cada um dos quais contém um RNA de sentido negativo associado à **nucleoproteína (NP)** e à **transcriptase (componentes da RNA polimerase: PB1, PB2, PA)** (Tabela 49.1). O vírus influenza C tem apenas sete segmentos genômicos.

Os segmentos genômicos do vírus influenza A variam de 890 a 2.340 bases. As proteínas são codificadas em segmentos distintos, com exceção das proteínas não estruturais (NS1 e NS2) e das proteínas M1 e M2, cada uma das quais transcrita a partir de um segmento.

O envelope contém duas glicoproteínas, a **hemaglutinina (HA)** e a **neuraminidase (NA)**, além da **proteína de membrana (M2)** e é revestido internamente pela **proteína da matriz (M1)**. A **HA** forma um trímero em forma de espícula; cada unidade é ativada por uma protease e é clivada em duas subunidades mantidas unidas por uma ligação dissulfeto (ver Figura 36.7). A HA tem várias funções: é a proteína de fixação viral, de ligação ao ácido siálico em receptores da superfície de células epiteliais; promove a fusão do envelope à membrana celular em pH ácido; promove a hemaglutinação (liga-se e agrega) de eritrócitos humanos, de galinhas e cobaias; e induz a resposta protetora com anticorpos neutralizantes. *Existem 18 diferentes subtipos de HA denominados H1, H2, ..., H18*. A HA passa por alterações menores (deriva antigênica ou *drift*) e maiores (variação antigênica brusca ou *shift*) na antigenicidade e especificidade do receptor. ***As variações antigênicas bruscas ocorrem apenas no vírus influenza A.***

A glicoproteína **NA** forma um tetrâmero e tem atividade enzimática. A NA cliva o ácido siálico nos glicolipídios e glicoproteínas, incluindo o receptor celular. A clivagem do ácido siálico na HA e glicoproteínas celulares recentemente sintetizadas limita a ligação e impede a aglutinação da HA e

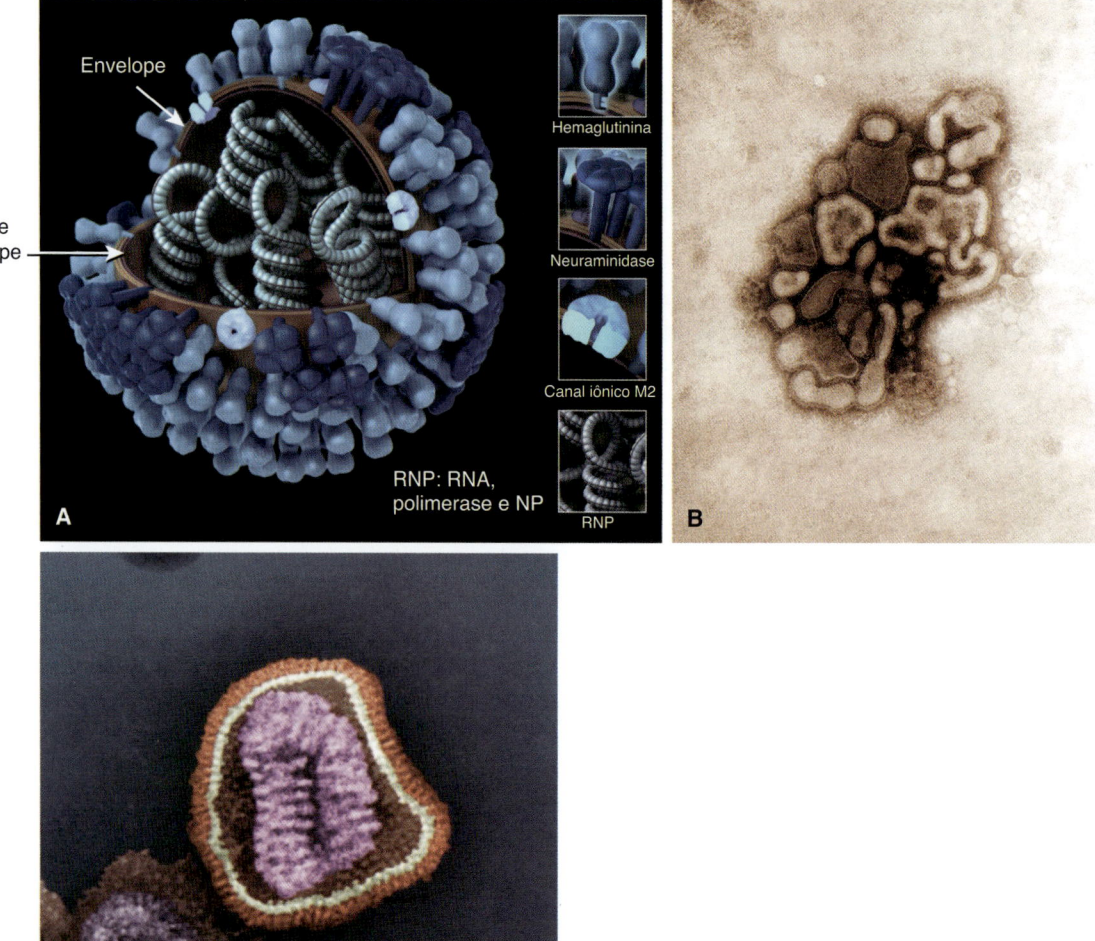

Figura 49.1 A. Modelo do vírus influenza A. **B e C.** Micrografias eletrônicas do vírus influenza A. *NP*, nucleoproteína; *RNA*, ácido ribonucleico; *RNP*, complexo de ribonucleoproteína. (Cortesia de Centers for Disease Control and Prevention, Atlanta, GA.)

> **Boxe 49.1** Características únicas dos vírus influenza A e B.
>
> - O vírion envelopado tem um genoma de oito segmentos únicos de nucleocapsídio, de RNA de sentido negativo.
> - A glicoproteína hemaglutinina é a proteína de fixação viral e a proteína de fusão; ela induz respostas de anticorpos protetores, neutralizantes.
> - O vírus influenza transcreve e replica seu genoma no núcleo da célula-alvo, mas realiza a montagem e o brotamento a partir da membrana plasmática.
> - A polimerase utiliza o mRNA celular com *cap* como *primers* (iniciadores) para a síntese de mRNA e esse é um alvo para o baloxavir marboxil.
> - Os medicamentos antivirais amantadina e rimantadina têm como alvo a proteína M2 (membrana) do vírus influenza A *apenas* para inibir a etapa de desnudamento.
> - Os medicamentos antivirais zanamivir, oseltamivir e peramivir inibem a proteína neuraminidase dos vírus influenza A e B.
> - O genoma segmentado promove a diversidade genética causada por mutação e rearranjo de segmentos na infecção com duas cepas diferentes.
> - O vírus influenza A infecta seres humanos, outros mamíferos e aves (zoonose).

Tabela 49.1 Produtos de segmentos gênicos do vírus influenza.

Segmento[a]	Proteína	Função
1	PB2	Componente da polimerase
2	PB1	Componente da polimerase
3	PA	Componente da polimerase
4	HA	Hemaglutinina, proteína de fixação viral, alvo do anticorpo neutralizante
5	NP	Proteína do nucleocapsídio
6	NA	Neuraminidase (cliva o ácido siálico e promove a liberação do vírus)
7[b]	M1	Proteína da matriz: proteína estrutural do vírus (interage com o nucleocapsídio e o envelope, promove a montagem)
	M2	Proteína de membrana (forma o canal de membrana e é alvo da amantadina, facilita o desnudamento e a produção de HA)
8[b]	NS1	Proteína não estrutural (inibe a tradução do RNA mensageiro celular)
	NS2	Proteína não estrutural (promove a exportação do nucleocapsídio a partir do núcleo)

[a] Lista em ordem decrescente de tamanho.
[b] Codifica dois RNAs mensageiros.

dos vírions e facilita a liberação do vírus a partir das células infectadas, tornando a NA um alvo para os medicamentos antivirais, incluindo o **zanamivir** e o **oseltamivir**. *A NA do vírus influenza A também sofre uma variação antigênica brusca e as diferentes NAs são designadas N1, N2, ..., N11.*

As proteínas M1, M2 e NP são tipo-específicas; portanto, são utilizadas para diferenciar o vírus influenza A dos vírus influenza B ou C. As **proteínas M1** revestem o interior do vírion e promovem a montagem. A **proteína M2** forma um canal de prótons nas membranas e promove o desnudamento e a liberação do vírus. A proteína M2 do vírus influenza A é um alvo para os medicamentos antivirais **amantadina** e **rimantadina**.

A replicação viral começa com a ligação da HA ao ácido siálico nas glicoproteínas de superfície celular (Figura 49.2). As diferentes HAs se ligam a diferentes estruturas de ácido siálico e, para o vírus influenza A (HA1 a H16), o que determina o hospedeiro, humano e animal, além do sítio no pulmão que pode ser infectado. O vírus é depois internalizado em uma vesícula revestida e transferida para um endossomo. A acidificação do endossomo causa o dobramento da HA e expõe as regiões da proteína para promoção da fusão hidrofóbica. O envelope viral então se funde com a membrana endossômica. O canal de prótons formado pela proteína M2 promove a acidificação do conteúdo do envelope para romper a interação entre a proteína M1 e a NP, permitindo o desnudamento e a liberação do nucleocapsídio no citoplasma.

Ao contrário da maioria dos vírus de RNA, o nucleocapsídio do vírus influenza é transportado para o núcleo, onde é transcrito em RNA mensageiro (mRNA). A transcriptase (PA, PB1 e PB2) utiliza o mRNA da célula hospedeira como um *primer* para a síntese de mRNA viral. Com isso, ela captura a região do RNA com *cap* metilado, que é a sequência necessária para a ligação eficiente aos ribossomos. Essa atividade de PB2 é um alvo para o **baloxavir marboxil**. Todos os segmentos genômicos são transcritos no mRNA com *cap* na extremidade 3' e poliadenilação (poliA) na extremidade 5' para proteínas individuais, com exceção dos segmentos para as proteínas M1, M2 e NS1, NS2, que são unidos de maneira distinta (utilizando enzimas celulares) para produzir dois mRNAs diferentes. Os mRNAs são traduzidos em proteínas no citoplasma. As glicoproteínas HA e NA são processadas pelo retículo endoplasmático e pelo aparelho de Golgi. A proteína M2 é inserida em membranas celulares. Seu canal de prótons impede a acidificação do Golgi e outras vesículas,

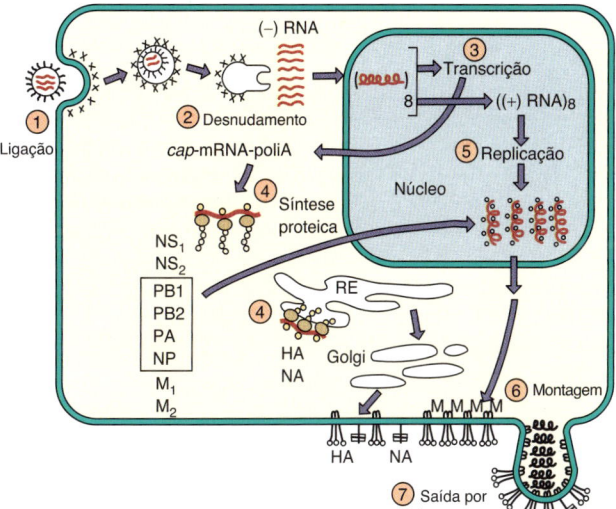

Figura 49.2 Replicação do vírus influenza A. Após a ligação *(1)* aos receptores contendo o ácido siálico, o vírus influenza é endocitado e se funde *(2)* com a membrana da vesícula. Ao contrário da maioria dos outros vírus de ácido ribonucleico *(RNA)*, a transcrição *(3)* e a replicação *(5)* do genoma ocorrem no núcleo. As proteínas virais são sintetizadas *(4)*, segmentos do nucleocapsídio se formam com os complexos de ribonucleoproteínas helicoidais e se associam *(6)* às membranas revestidas pela proteína M1 contendo M2 e as glicoproteínas hemaglutinina *(HA)* e neuraminidase *(NA)*. O brotamento do vírus *(7)* ocorre a partir da membrana plasmática e acaba provocando a morte da célula. *(−)*, sentido negativo; *(+)*, sentido positivo; *RE*, retículo endoplasmático; *NP*, proteína nucleocapsídio; *NS1, NS2*, proteínas não estruturais 1 e 2; *PA, PB1, PB2*, componentes da polimerase; *poliA*, poliadenilação.

prevenindo o dobramento induzido pela acidificação e a inativação da HA dentro da célula. A HA e a NA são, então, transportadas para a superfície da célula, na qual a proteína HA é ativada por clivagem por proteases hospedeiras.

São produzidos moldes de RNA de sentido positivo para cada segmento e o genoma de RNA de sentido negativo é replicado no núcleo. Os segmentos genômicos se associam à polimerase e proteínas NP para formar os nucleocapsídios e a proteína NS2 facilita o transporte de ribonucleocapsídios para o citoplasma, onde eles interagem com as secções de membrana plasmática revestidas pela proteína M1 contendo M2, HA e NA. O vírus brota seletivamente da superfície apical (via respiratória) da célula, como resultado da inserção preferencial da HA nessa membrana. O vírus é liberado aproximadamente 8 horas após a infecção.

Patogênese e imunidade

O vírus influenza inicialmente estabelece uma infecção local nas vias respiratórias superiores (Figura 49.3; Boxe 49.2). Para isso, o vírus primeiramente tem como alvo e provoca a morte das células epiteliais ciliadas, secretoras de muco e outras células epiteliais, causando a perda desse sistema primário de defesa. Com a ausência de epitélio ciliado, bactérias orais e nasais engolidas (p. ex., *Staphylococcus aureus*) não podem ser expelidas e podem causar pneumonia. A NA facilita o desenvolvimento da infecção por clivagem de resíduos de ácido siálico (ácido neuramínico) do muco, proporcionando acesso ao tecido. A liberação preferencial do vírus na superfície apical das células epiteliais e no pulmão promove a propagação célula a célula e a transmissão para outros hospedeiros. Nas vias respiratórias inferiores, a infecção pode causar descamação intensa do epitélio brônquico ou alveolar até a camada basal unicelular ou até a membrana basal.

Além de comprometer as defesas mucociliares do sistema respiratório, a infecção pelo vírus influenza promove a adesão bacteriana às células epiteliais. A pneumonia pode resultar de uma patogênese viral ou de uma infecção bacteriana secundária. A gripe também pode causar viremia transitória ou de baixo nível, mas raramente envolve os tecidos que não sejam os pulmões.

A infecção pelo vírus influenza é um excelente indutor da interferona, que é protetora. Interferonas α e λ promovem atividade antiviral. A proteína NS1 pode neutralizar algumas de suas ações. A interferona sistêmica e as respostas das citocinas atingem níveis máximos em 3 a 4 dias após a infecção. A interferona do tipo I é responsável por sinais/sintomas sistêmicos semelhantes àqueles observados na gripe. Esse é quase o mesmo período em que o vírus é encontrado nos lavados nasais. A recuperação causada por proteções inatas muitas vezes precede a detecção de anticorpos no soro ou nas secreções. As respostas dos linfócitos T são importantes para efetuar a recuperação e a imunopatogênese, mas anticorpos preexistentes, incluindo anticorpos induzidos pela vacina, podem prevenir a doença. Como ocorre no sarampo, a infecção pelo vírus influenza deprime a função de macrófagos e de linfócitos T, dificultando a resolução pela resposta imunológica.

A proteção contra a reinfecção está associada principalmente ao desenvolvimento de anticorpos neutralizantes contra a HA, mas os anticorpos para a NA também

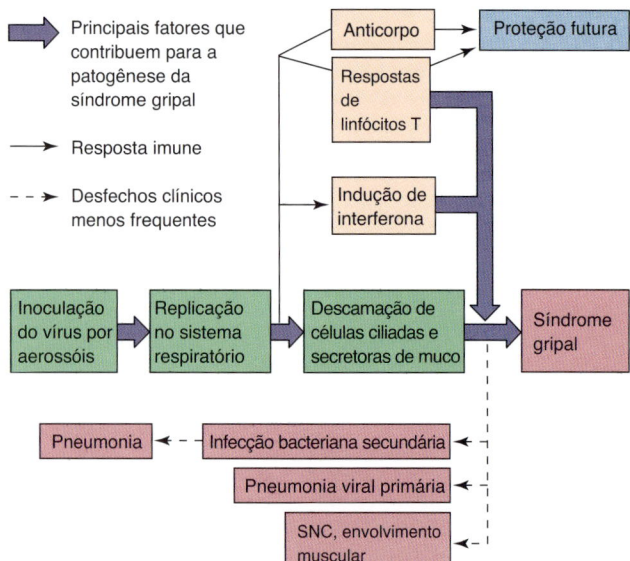

Figura 49.3 Patogênese do vírus influenza A. Os sintomas de *influenza* (gripe) são causados por efeitos patológicos e imunopatológicos causados pelo vírus, mas a infecção pode promover uma infecção bacteriana secundária. *SNC*, sistema nervoso central.

Boxe 49.2 Mecanismos patológicos dos vírus influenza A e B.

O vírus infecta o sistema respiratório (superior e inferior).

Os sinais/sintomas sistêmicos são causados pela resposta da interferona e das citocinas frente ao vírus. Os sintomas locais resultam do dano em células epiteliais, incluindo células ciliadas e secretoras de muco.

A interferona e as respostas imunes mediadas por células (células *natural killer* e linfócitos T) são importantes para resolução imunológica e imunopatogênese.

As pessoas infectadas são predispostas à superinfecção bacteriana, por causa da perda das barreiras naturais e exposição dos sítios de ligação nas células epiteliais.

Os anticorpos são importantes para a proteção futura contra infecções e são específicos para epítopos definidos nas proteínas HA e NA.

As proteínas HA e a NA do vírus influenza A podem sofrer alterações antigênicas **maiores (rearranjo: variação brusca)** e **menores (mutação: deriva)** para garantir a existência de indivíduos suscetíveis, sem imunidade prévia (*naïve*).

O vírus influenza B sofre apenas pequenas alterações antigênicas.

HA, hemaglutinina; *NA*, neuraminidase.

são protetores. A resposta dos anticorpos é específica para cada cepa do vírus influenza, enquanto a resposta imune mediada por células é mais geral e é capaz de reagir às cepas do vírus influenza do mesmo tipo (vírus influenza A ou B). Os alvos antigênicos para as respostas dos linfócitos T incluem peptídeos da HA e das proteínas do nucleocapsídio (NP, PB2) e proteína M1. As proteínas NP, PB2 e M1 diferem consideravelmente para os vírus influenza A e B, mas minimamente entre as cepas desses vírus; portanto, os linfócitos T de memória podem fornecer proteção futura contra infecção por uma cepa diferente da imunizante.

Os sintomas e o curso temporal da doença são determinados pela extensão da morte do tecido epitelial causada pelo vírus e pela resposta imune e pela ação das citocinas. A *influenza* (gripe) é, habitualmente, uma doença autolimitada que raramente envolve outros órgãos além do pulmão. O início agudo de *muitos dos sinais/sintomas clássicos da gripe (p. ex., febre, mal-estar, cefaleia e mialgia) está associado à indução de interferona e outras citocinas.* A produção do vírus pode ser controlada 4 a 6 dias após a infecção, mas o dano tecidual causado por respostas inflamatórias inatas e imunes continua. O reparo do tecido comprometido é iniciado 3 a 5 dias após o início dos sintomas, mas pode demorar até 1 mês ou mais, principalmente para indivíduos idosos. A evolução temporal da infecção pelo vírus influenza é ilustrada na Figura 49.4.

Epidemiologia

As cepas do vírus influenza A são classificadas pelas seguintes características:
1. Tipo (A).
2. Hospedeiro de origem (galinha, suíno, equino), se não humano.
3. Lugar do isolamento original.
4. Número da cepa.
5. Ano de isolamento original.
6. Tipo de HA e NA.

Por exemplo, uma cepa atual do vírus influenza poderia ser designada como A/duck/Alberta/35/76 (H1N1), ou seja, que é um vírus influenza A, isolado pela primeira vez de um pato, em Alberta, em 1976, e contém antígenos da HA (H1) e NA (N1).

As cepas do vírus influenza B são designadas por (1) tipo, (2) geografia, (3) número da cepa e (4) ano de isolamento (p. ex., B/Cingapura/3/64), mas sem menção específica dos antígenos HA ou NA, porque o vírus influenza B não sofre derivação antigênica ou causa pandemias, assim como o vírus influenza A.

As alterações antigênicas menores resultantes da mutação dos genes para HA e NA são denominadas **deriva antigênica (*antigenic drift*)**. Esse processo ocorre a cada 2 ou 3 anos, causando surtos locais da infecção por vírus influenza A e B. **As alterações antigênicas maiores (variação antigênica brusca, *antigenic shift*)** resultam do rearranjo dos genomas entre diferentes cepas, incluindo as cepas de animais. Esse processo ocorre apenas no vírus influenza A. Essas alterações são muitas vezes associadas à ocorrência de pandemias. *Ao contrário do vírus influenza A, o vírus influenza B é predominantemente um vírus de seres humanos e não sofre variação antigênica brusca.*

Variações antigênicas bruscas são incomuns, mas as pandemias que provocam podem ser devastadoras (Tabela 49.2). Por exemplo, o vírus influenza A prevalente em 1947 era o subtipo H1N1. Em 1957, houve uma variação brusca em ambos os antígenos, resultando em um subtipo H2N2. O H3N2 apareceu em 1968 e o H1N1 reapareceu em 1977. O reaparecimento do H1N1 colocou a população com menos de 30 anos de idade em risco de doença. A exposição prévia e uma resposta anamnéstica de anticorpos protegeram membros da população com mais de 30 anos de idade.

A diversidade genética do vírus influenza A é promovida por sua estrutura genômica segmentada e a capacidade de infectar e replicar em seres humanos e em muitas espécies animais (**zoonose**), incluindo aves e suínos. Os vírus híbridos são criados pela coinfecção de uma célula por diferentes cepas do vírus influenza A, possibilitando a associação aleatória de segmentos genômicos em novos vírions. Uma troca das glicoproteínas HA pode gerar um novo vírus que pode infectar uma população humana sem imunidade prévia (*naïve*). A Figura 49.5 mostra as origens do vírus pandêmico A/Califórnia/04/2009/H1N1 via múltiplos rearranjos dos vírus da gripe humana, aviária e suína, resultando em um vírus que foi capaz de infectar seres humanos (Caso Clínico 49.1).

A infecção pelo vírus influenza se propaga imediatamente por pequenas gotículas aéreas expelidas durante a conversa, a respiração e a tosse. As pessoas são mais contagiosas nos primeiros 3 a 4 dias de doença, mas o período pode se estender até 1 semana após ficar doente. A baixa umidade e as temperaturas frias estabilizam o vírus, e uma maior proximidade durante os meses de inverno promove sua propagação. O vírus também pode sobreviver em bancadas por mais de um dia.

A população mais suscetível é a das crianças, e aquelas em idade escolar são as mais propensas a espalhar a infecção.

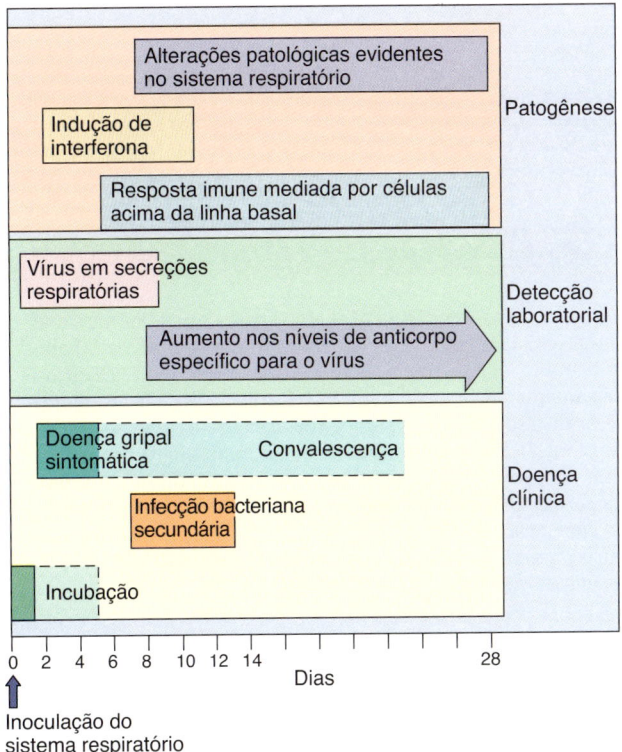

Figura 49.4 Evolução temporal da infecção pelo vírus influenza A. A "síndrome gripal" clássica ocorre em um estágio precoce. Mais tarde, a pneumonia pode resultar das patogêneses bacteriana e viral ou da imunopatogênese.

Tabela 49.2 Pandemia de influenza resultante de variação antigênica brusca (*antigenic shift*).

Ano de pandemia	Subtipo de vírus influenza A
1918	H1N1
1947	H1N1
1957	H2N2; cepa da gripe asiática
1968	H3N2; cepa da gripe de Hong Kong
1977	H1N1; russa
1997, 2003	H5N1: China, aviária
2009	H1N1, gripe suína

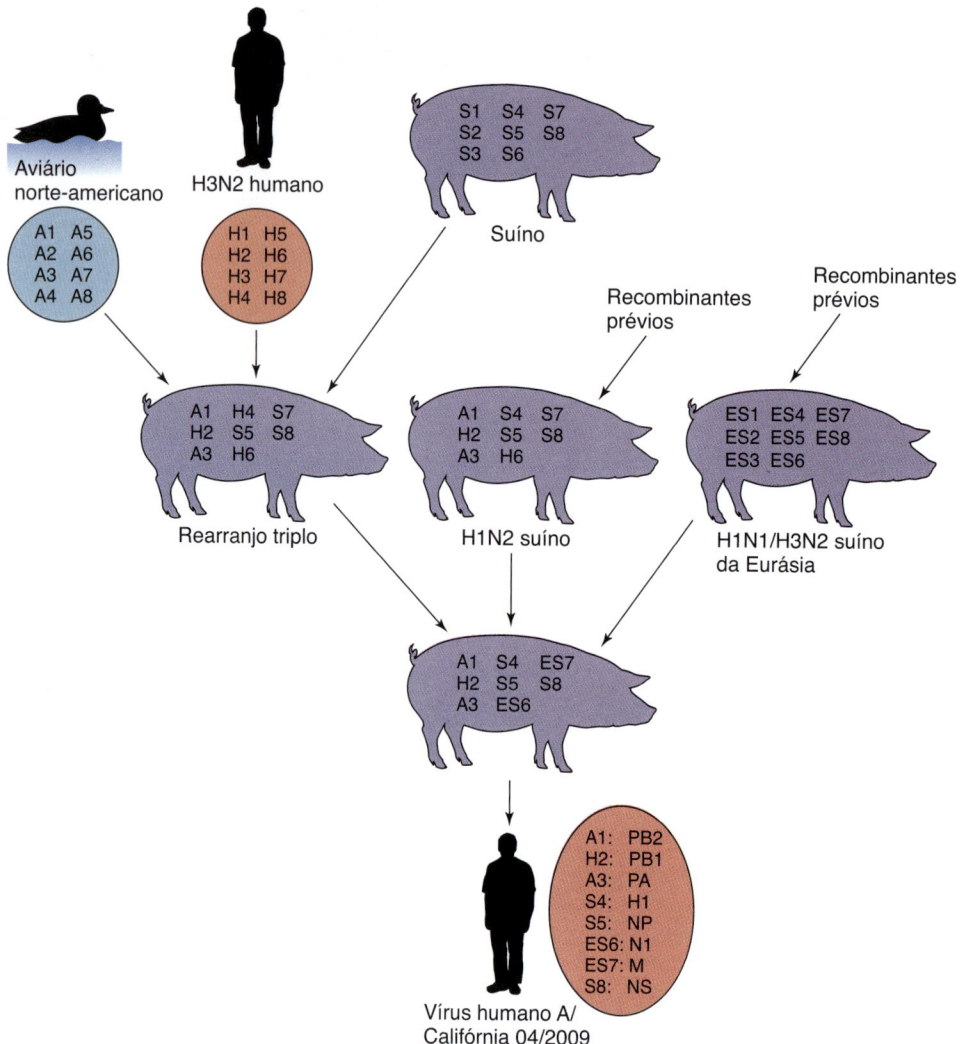

Figura 49.5 Geração da gripe suína pandêmica causada pelo vírus influenza A/Califórnia/04/2009 (H1N1) por múltiplos rearranjos de segmentos genômicos do vírus influenza A. O vírus pandêmico H1N1 surgiu da mistura de um rearranjo triplo dos vírus em aves, humanos e suínos com dois outros vírus de suínos, cada um dos quais também gerados pelo rearranjo entre os vírus da gripe suína, humana e outros. Esse novo vírus surgiu na primavera de 2009 (fora da estação), no México, mas foi identificado pela primeira vez na Califórnia.

Caso Clínico 49.1 Gripe pandêmica causada pelo vírus influenza A/Califórnia/04/2009 (H1N1)

Na primavera de 2009, um novo vírus H1N1 recombinante, resistente à amantadina e à rimantadina, foi detectado em um paciente de 10 anos na Califórnia e evoluiu para uma pandemia. Como indicado na Figura 49.5, o vírus tem origem do rearranjo triplo de múltiplos vírus influenza causadores da gripe suína, aviária e humana. O vírus originado no México se espalhou rapidamente, e em muitos casos não foi reconhecido em razão da natureza não sazonal do surto. Até 25 mil mortes ocorreram em todo o mundo, principalmente em pessoas com idade entre 22 meses e 57 anos. Indivíduos em condições clínicas crônicas, sobretudo gestantes, correm maior risco de complicações, mas ao contrário de outros surtos, esse vírus apresentou uma tendência para afetar pessoas mais jovens e mais saudáveis. Vale mencionar que indivíduos com mais de 60 anos apresentavam anticorpos reativos cruzados resultantes de exposição anterior ao vírus influenza H1N1. Inibidores da neuraminidase foram disponibilizados para a profilaxia, mas a detecção de cepas resistentes tornou-se uma preocupação. Em setembro, uma vacina tinha sido desenvolvida, aprovada e fabricada, sendo disponibilizada para distribuição com bases prioritárias e depois foi administrada com a vacina contra a gripe sazonal. A pandemia foi declarada encerrada em agosto de 2010 e o vírus H1N1 juntou-se ao H3N2 e ao influenza B como um vírus sazonal.

O contágio precede os sintomas e dura por um longo período de tempo, principalmente na população pediátrica. Crianças, indivíduos imunossuprimidos (inclusive gestantes), idosos e pessoas com doenças do coração e dos pulmões (incluindo fumantes) correm maior risco de doenças mais graves, pneumonia ou outras complicações da infecção. Mais de 90% das mortes ocorrem em pacientes com mais de 65 anos de idade, mas as pneumonias bacterianas letais, de progressão rápida, e as secundárias à gripe podem ocorrer em indivíduos jovens saudáveis.

Os vírus influenza A também são transmitidos aos seres humanos por aerossóis de animais e nas fezes de aves aquáticas domésticas e selvagens. Por causa de sua alta densidade populacional e contato próximo de humanos, porcos, galinhas e patos, a China é frequentemente o terreno fértil para novos vírus recombinantes e a fonte de muitas das cepas pandêmicas da gripe. A inalação de grandes quantidades de vírus (ambientes de moradia compartilhados) pode levar à infecção, morte das células da porção inferior do pulmão humano e doenças graves. Em 1997, uma cepa do vírus da gripe aviária extremamente patogênica (HPAIV) (H5N1) foi isolada de pelo menos 18 humanos e causou seis mortes em Hong Kong (Caso Clínico 49.2). Embora principalmente um vírus de aves, o contato próximo causou infecção humana com H7N9. Em 2013 e 2014, surtos da doença letal causada pela cepa H7N9 na China foram rastreados na transmissão de frangos para humanos em mercados de aves vivas. Surtos de gripe aviária necessitam da erradicação de todas as aves potencialmente infectadas, tais como os 1,6 milhão de frangos em Hong Kong, com o intuito de eliminar a fonte potencial do vírus.

A natureza antigênica variável do vírus influenza garante uma grande proporção de pessoas imunologicamente suscetíveis (naïve, principalmente crianças) na população a cada ano (Boxe 49.3). Um surto de gripe pode ser prontamente detectado a partir do aumento de absenteísmo nas escolas e no trabalho e o número de visitas ao departamento de emergência. A estação de maior ocorrência da gripe no Hemisfério Norte geralmente é do final do outono ao início da primavera.

Caso Clínico 49.2 Gripe aviária com o vírus influenza H5N1

O primeiro caso de gripe aviária com o vírus influenza H5N1 em um ser humano foi descrito por Ku e Chan (*J Paediatr Child Health* 35:207–208, 1999). Depois de um menino de 3 anos de idade na China desenvolver febre de 40°C e dor abdominal, ele recebeu antibacterianos e ácido acetilsalicílico (AAS). No terceiro dia, ele foi hospitalizado com dor de garganta e sua radiografia de tórax demonstrou inflamação brônquica. Os exames de sangue mostraram desvio para a esquerda com 9% de bastões. No sexto dia, o menino ainda estava febril e totalmente consciente, mas no sétimo dia, sua febre aumentou, ele estava com hiperventilação e seus níveis de oxigênio no sangue diminuíram. Uma radiografia de tórax indicou pneumonia grave. O paciente foi intubado. No oitavo dia, o menino foi diagnosticado com sepse fulminante e SARA. A terapia para SARA e outras tentativas para melhorar a absorção de oxigênio não tiveram sucesso. Ele foi tratado empiricamente para sepse, infecção pelo herpes-vírus simples (aciclovir), infecção por *Staphylococcus aureus* resistente à meticilina (vancomicina) e infecção fúngica (anfotericina B), mas sua condição se deteriorou ainda mais, com a coagulação intravascular disseminada e insuficiência hepática e renal. Ele morreu no 11º dia. Resultados laboratoriais indicaram níveis elevados de anticorpos contra o vírus influenza A no oitavo dia e esse vírus foi obtido de um isolado traqueal coletado no nono dia. O microrganismo isolado foi enviado aos Centers for Disease Control and Prevention e para outros locais, nos quais foi tipado como vírus da gripe aviária H5N1 e nomeado A/Hong Kong/156/97 (H5N1). A criança pode ter contraído o vírus enquanto brincava com patinhos e aves de estimação no jardim de infância. Embora o vírus H5N1 ainda tenha dificuldade de infectar humanos, esse caso demonstra a velocidade e a gravidade das manifestações respiratórias e sistêmicas da gripe aviária H5N1.

SARA, síndrome da angústia respiratória aguda.

Boxe 49.3 Epidemiologia dos vírus influenza A e B.

Doenças/fatores virais

O vírus tem um vírion grande e envelopado, que é facilmente inativado por ressecamento, ácidos e detergentes.

O genoma segmentado facilita grandes variações genéticas, principalmente nas proteínas hemaglutinina e neuraminidase.

O vírus influenza A infecta muitas espécies de vertebrados, incluindo outros mamíferos e aves.

A coinfecção com cepas de influenza A em animais e humanos pode gerar diferentes cepas de vírus por rearranjo genético.

A transmissão do vírus muitas vezes precede os sintomas.

Transmissão

O vírus é disseminado por inalação de pequenas gotículas de aerossol expelidas durante a conversa, a respiração e a tosse.

O vírus gosta de uma atmosfera fria e menos úmida (p. ex., estação de aquecimento no inverno).

O vírus é amplamente difundido por crianças em idade escolar.

Quem corre risco?

Pessoas soronegativas.

Adultos: síndrome gripal clássica.

Crianças: infecções assintomáticas a infecções graves do sistema respiratório.

Grupos de alto risco: pessoas idosas e imunocomprometidas, pessoas em lares de idosos ou com distúrbios cardíacos ou respiratórios subjacentes (incluindo indivíduos asmáticos e fumantes).

Geografia/sazonalidade

Ocorrência mundial. As epidemias são locais; as pandemias são mundiais.

A doença é mais comum no inverno.

Modos de controle

Os medicamentos antivirais foram aprovados para profilaxia ou tratamento precoce.

Vacinas mortas e vivas contêm cepas anuais previstas dos vírus influenza A e B.

A vigilância extensiva dos surtos de influenza A e B é conduzida para identificar novas cepas que devem ser incorporadas em novas vacinas. A prevalência de uma determinada cepa do vírus influenza A ou B muda a cada ano e reflete a imaturidade imunológica particular da população (naïve) nesse período. Em 2018, o vírus influenza A (H3N2) foi a cepa predominante e causou doenças graves, particularmente em crianças e pessoas idosas (≥ 65 anos). A vigilância também se estende às populações animais por causa da possível presença de cepas recombinantes do vírus influenza A de animais, que podem causar pandemias humanas.

Síndromes clínicas

Dependendo do grau de imunidade da cepa infectante do vírus e outros fatores, a doença pode variar de assintomática a grave (Boxe 49.4). Pacientes com doenças cardiorrespiratórias de base, pessoas com imunodeficiência (mesmo que associada à gravidez), os idosos e fumantes são mais propensos ao desenvolvimento de um caso grave.

Após um período de incubação de 1 a 4 dias, a "síndrome gripal" começa com um breve pródromo de mal-estar e cefaleia, com duração de algumas horas. O pródromo é seguido

> **Boxe 49.4** Resumo clínico.
>
> **Influenza A:** uma senhora de 70 anos tem rápido início de febre com cefaleia, mialgia, dor de garganta e tosse não produtiva. A doença progride para pneumonia com envolvimento bacteriano. Não há histórico de imunização recente com vacina do vírus influenza A. Seu marido é tratado com amantadina ou um inibidor de neuraminidase.

pelo início **abrupto e intenso** de febre alta, calafrios, mialgias graves, perda do apetite, fraqueza e fadiga, dor de garganta, coriza e congestão nasal e geralmente tosse não produtiva. A febre persiste por 3 a 8 dias e a menos que ocorra qualquer complicação, a recuperação é completa dentro de 7 a 10 dias. A gripe em crianças pequenas (< 3 anos) assemelha-se a outras infecções graves do sistema respiratório, causando potencialmente bronquiolite, crupe, otite média, vômitos e dor abdominal, acompanhados raramente por convulsões febris (Tabela 49.3). A doença causada pelo vírus influenza B é semelhante à gripe causada pelo vírus influenza A.

O vírus influenza pode causar diretamente pneumonia, mas promove com mais frequência uma superinfecção bacteriana secundária que leva à bronquite ou a uma rápida progressão e pneumonia potencialmente letal. Os danos teciduais causados pela infecção progressiva dos alvéolos com o vírus influenza podem ser extensos, levando à hipoxia e pneumonia bilateral. A infecção bacteriana secundária geralmente envolve *Streptococcus pneumoniae*, *Haemophilus influenzae* ou *S. aureus*. Nessas infecções, escarro geralmente é produzido e se torna purulento.

As respostas inflamatórias iniciadas em decorrência da doença pelo vírus influenza podem causar miocardite, miosite (inflamação muscular), encefalopatia, encefalite pós-influenza, falência de múltiplos órgãos e síndrome de Reye. A resposta inflamatória pode desencadear a sepse e exacerbar a asma e a doença cardíaca crônica. A síndrome de Reye é uma encefalite aguda que afeta crianças e ocorre após várias infecções virais febris, incluindo varicela e doenças pelos vírus influenza A e B. As crianças que recebem salicilatos (ácido acetilsalicílico) correm maior risco para essa síndrome. Além da encefalopatia, ocorre disfunção hepática. A taxa de mortalidade pode chegar a 40%.

Tabela 49.3 Doenças associadas à infecção pelo vírus influenza.

Distúrbio	Sintomas
Infecção aguda pelo vírus influenza em adultos	Início súbito de febre, mal-estar, mialgia, dor de garganta e tosse seca
Infecção aguda pelo vírus influenza em crianças	Doença aguda semelhante àquela em adultos, mas com febre mais alta, sintomas do sistema digestório (dor abdominal, vômitos), otite média, miosite e crupe mais frequente
Complicações da infecção pelo vírus influenza	Pneumonia viral primária Pneumonia bacteriana secundária Miosite e envolvimento cardíaco Síndromes neurológicas: Síndrome de Guillain-Barré Encefalopatia Encefalite Síndrome de Reye

Diagnóstico laboratorial

O diagnóstico da gripe geralmente é baseado nos sintomas característicos, sazonalidade e a presença do vírus na comunidade. Os vírus influenza são obtidos a partir de secreções respiratórias obtidas no início da doença. Técnicas rápidas detectam e identificam o genoma do vírus influenza ou antígenos do vírus (Tabela 49.4). Os ensaios rápidos de antígenos (< 30 minutos) podem detectar e distinguir os vírus influenza A e B. A reação em cadeia da polimerase com a transcriptase reversa (RT-PCR) e os ensaios RT-PCR multiplex podem detectar e distinguir os vírus influenza A e B, cepas diferentes (p. ex., H5N1), outros vírus respiratórios e bactérias. O imunoensaio enzimático ou a imunofluorescência podem ser usados para detectar o antígeno viral em células esfoliadas, secreções respiratórias ou em cultura de células. A imunofluorescência ou inibição de hemadsorção ou hemaglutinação (inibição da hemaglutinação) com anticorpos específicos (ver Figura 39.6) também consegue detectar e distinguir diferentes cepas do vírus influenza.

O vírus pode ser isolado em culturas primárias de células do rim de macaco ou da linhagem de células renais caninas Madin-Darby. Embora citolíticos, os efeitos citopatológicos do vírus são muitas vezes difíceis de distinguir, mas podem ser observados em até 2 dias (média de 4 dias). Antes do desenvolvimento de efeitos citopatológicos, a adição de eritrócitos de cobaias pode revelar a **hemadsorção** (aderência dos eritrócitos às células infectadas com expressão de HA) (ver Figura 39.5). A adição de líquidos contendo o vírus da gripe aos eritrócitos promove a formação de um agregado semelhante a um gel resultante da **hemaglutinação**. A hemaglutinação e a hemadsorção não são específicas para os vírus influenza; os vírus parainfluenza e outros vírus também exibem estas propriedades.

Tratamento, prevenção e controle

Centenas de milhões de dólares são gastos em paracetamol, anti-histamínicos e medicamentos similares para aliviar os sinais/sintomas da gripe. O medicamento antiviral **amantadina** e seu análogo **rimantadina** têm como alvo a proteína M2 e inibem a etapa de desnudamento do vírus influenza A, mas não afetam os vírus influenza B e C. Esses medicamentos não são mais recomendados nos EUA em razão da grande resistência. **Zanamivir**, **oseltamivir** e **peramivir** inibem tanto a gripe A como a gripe B, como inibidores enzimáticos da NA do vírus. Sem a NA, a HA do vírus se liga ao ácido siálico em outras glicoproteínas e partículas virais para formar grumos ou aderências à superfície da célula, impedindo a liberação do vírus. O zanamivir é inalado, enquanto o oseltamivir é administrado por via oral como um comprimido. Esses medicamentos são eficazes para a profilaxia e para tratamento durante as primeiras 24 a 48 horas após o início da doença causada pelo vírus influenza. O tratamento não pode prevenir os estágios mais tardios da imunopatogênese da doença induzida pelo hospedeiro. As cepas naturalmente resistentes ou mutantes são selecionadas quando a profilaxia antiviral é utilizada e está se tornando prevalente. Estocagens de oseltamivir foram estabelecidas em muitos países como uma resposta rápida a um surto e uma alternativa às

Tabela 49.4 Diagnóstico laboratorial de infecção pelo vírus influenza.

Teste	Detecta
Cultura primária de células renais de macacos ou de células renais caninas da linhagem Madin-Darby	A presença do vírus; efeitos citopatológicos limitados
Hemadsorção a células infectadas	A presença da proteína hemaglutinina na superfície celular
Hemaglutinação	A presença do vírus em secreções
Inibição da hemaglutinação	O tipo e a cepa do vírus influenza ou a especificidade do anticorpo
Inibição da hemadsorção pelo anticorpo	O tipo e a cepa do vírus influenza
Imunofluorescência, ELISA	Vírus influenza e antígenos virais em secreções respiratórias ou cultura tecidual
Sorologia: inibição da hemaglutinação, inibição da hemadsorção, ELISA, imunofluorescência, fixação do complemento	Soroepidemiologia
Genômica: ensaios para detecção rápida de RNA viral, RT-PCR, RT-PCR multiplex, análise de sequências	Detecção e identificação do tipo e da cepa do vírus influenza

ELISA, ensaio imunossorvente ligado à enzima; *RT-PCR*, reação em cadeia da polimerase com a transcriptase reversa.

vacinas. O **baloxavir marboxil** é um novo fármaco anti-influenza aprovado pela Food and Drug Administration (FDA) que tem como alvo a atividade da polimerase viral (PB2) que capta a estrutura *cap* da extremidade 5' dos mRNAs celulares e a utiliza como um *primer* para transcrição de mRNAs virais.

A propagação do vírus influenza pelo ar é quase impossível de limitar. Entretanto, a melhor maneira de controlar o vírus é a partir da imunização. A imunização natural, que resulta de exposição prévia, é protetora por longos períodos. As vacinas que representam as "cepas do ano" e a profilaxia com fármacos antivirais também podem prevenir infecções.

As vacinas com a subunidade do vírus influenza inativado são misturas de extratos ou proteínas HA e NA purificados de três ou quatro cepas diferentes do vírus. As proteínas HA e NA são purificadas do vírus cultivado em ovos embrionados, de células em culturas teciduais infectadas ou por tecnologia do gene recombinante. As preparações do vírion morto (inativado com formalina) também são utilizadas. Estão disponíveis vacinas contra o vírus influenza em altas doses e com adjuvantes para reforçar a imunogenicidade de indivíduos mais velhos.

A vacina trivalente incorpora antígenos dos vírus influenza A (H1N1), influenza A (H3N2) e um vírus influenza B previsto serem prevalentes na comunidade durante o próximo inverno. A vacina quadrivalente contém um vírus influenza B adicional. Por exemplo, a vacina de 2018-2019 contém o vírus influenza A (H1N1) pdm09 símile ao vírus influenza A/Michigan/45/2015, um vírus símile ao vírus influenza A (H3N2)/Singapore/INFIMH-16-0019/2016 e um vírus influenza símile ao vírus influenza B/Colorado/06/2017 (linhagem B/Victoria), enquanto a vacina quadrivalente acrescentou um vírus símile ao vírus influenza B/Phuket/3073/2013 (linhagem B/Yamagata).

Uma vacina antigripal com o vírus vivo atenuado (LAIV; do inglês, *live attenuated influenza vaccine*) também está disponível para administração como um *spray* nasal. A vacina trivalente consiste em vírus recombinantes que contém os segmentos dos genes HA e NA das cepas de influenza desejadas em um vírus doador principal que é adaptado ao frio para crescimento ótimo a 25°C. Essa vacina é restrita à infecção da nasofaringe e induzirá uma proteção mais natural, incluindo imunidade mediada por células, anticorpos séricos e imunoglobulina (Ig)A secretória da mucosa. A vacina só é recomendada para pessoas de 2 a 50 anos de idade.

A vacinação é rotineiramente recomendada para todos os indivíduos e principalmente pessoas com mais de 50 anos de idade, profissionais de saúde, gestantes que estarão em seu segundo ou terceiro trimestre durante os períodos do ano de maior incidência da gripe, pessoas que vivem em casas de repouso, indivíduos com doenças cardiopulmonares crônicas e outras pessoas que correm alto risco. A dor no local da injeção pode resultar de uma reação de Arthus a uma imunização anual. Muitas unidades de saúde exigem que seu pessoal seja vacinado. Pessoas com alergias graves a ovo podem receber as vacinas recombinantes ou produzidas em cultura de tecidos ou a vacina viva.

Embora as vacinas contra a gripe não tenham eficácia de 100% para todos os vírus, elas ainda reduzem a incidência e o risco de doenças graves. De acordo com o CDC, mais de 5 milhões de casos de gripe e 85 mil internações hospitalares foram impedidos nos EUA no período de 2016-2017 por causa da vacinação.

As abordagens mais recentes às vacinas antigripais incluem as de RNA e de DNA e as vacinas universais contra o vírus influenza A. As de RNA e DNA podem ser produzidas a partir de sequências do genoma semanas após um surto em instalações menores e possivelmente móveis. Regiões moleculares da proteína HA envolvidas na fusão estão sendo investigadas para imunizantes universais com o vírus influenza A.

TOGOTOVÍRUS

Os togotovírus têm seis ou sete segmentos genômicos e são arbovírus capazes de infectar humanos e outros vertebrados. Eles são transmitidos principalmente por carrapatos, mas também possivelmente por mosquitos. Em 2014, um homem anteriormente saudável morreu de uma doença transmitida por carrapatos que se assemelhava à febre maculosa das Montanhas Rochosas. É denominado vírus Bourbon em homenagem à Bourbon, Kansas, local de onde o patógeno foi isolado.

Bibliografia

Bradley et al. 2019. Microbiota-driven tonic interferon signals in lung stromal cells protect from influenza virus infection. Cell Reports 28, 245–256. https://doi.org/10.1016/j.celrep.2019.05.105.

Carr, C.M., Chaudhry, C., Kim, P.S., 1997. Influenza hemagglutinin is spring-loaded by a metastable native conformation. Proc. Natl. Acad. Sci. U S A. 94, 14306–14313.

Cohen, J., Powderly, W.G., 2004. Infectious Diseases, second ed. Mosby, St Louis.

Cox, N.J., Subbarao, K., 2000. Global epidemiology of influenza: past and present. Annu. Rev. Med. 51, 407–421.

Flint, S.J., Racaniello, V.R., et al., 2015. Principles of Virology, fourth ed. American Society for Microbiology Press, Washington, DC.

Galani et al. Interferon-λ mediates non-redundant front-line antiviral protection against influenza virus infection without compromising host fitness. Immunity 46, 875–890. https://dx.doi.org/10.1016/j.immuni.2017.04.025.

Henry, C., Palm, A.-K.E., Krammer, F., Wilson, P.C., 2018. From Original Antigenic Sin to the Universal Influenza Virus Vaccine. Trends Immunol. 39, 70–79. https://doi.org/10.1016/j.it.2017.08.003.

Knipe, D.M., Howley, P.M., 2013. Fields Virology, sixth ed. Lippincott Williams & Wilkins, Philadelphia.

Laver, W.G., Bischofberger, N., Webster, R.G., 2000. The origin and control of pandemic influenza. Perspect. Biol. Med. 43, 173–192.

Mandell, G.L., Bennet, J.E., Dolin, R., 2015. Principles and Practice of Infectious Diseases, eighth ed, Saunders, Philadelphia.

Michael, B.A., Oldstone, M.B.A., Compans, R.W., 2014 and 2015. Influenza Pathogenesis and Control–Volume I and II. Current Topics in Microbiology and Immunology, vol. 385 and 386. https://doi.org/10.1007/978-3-319-11155-1 and https://doi.org/10.1007/978-3-319-11158-2.

Poland, G.A., Jacobson, R.M., Targonski, P.V., 2007. Avian and pandemic influenza: an overview. Vaccine 25, 3057–3061.

Richman, D.D., Whitley, R.J., Hayden, F.G., 2009. Clinical Virology, third ed. American Society for Microbiology Press, Washington, DC.

Salomon, R., Webster, R.G., 2009. The influenza virus enigma. Cell 136, 402–410.

Sano, K., Ainai, A., Suzuki, T., Hasegawa, H., 2017. The road to a more effective influenza vaccine: up to date studies and future prospects. Vaccine 35, 5388–5395.

Strauss, J.M., Strauss, E.G., 2007. Viruses and Human Disease, second ed. Academic, San Diego.

Webster, R.G., Govorkova, E.A., 2006. H5N1 Influenza, continuing evolution and spread. N. Engl. J. Med. 355, 2174–2177.

Websites

Centers for Disease Control and Prevention, Bourbon virus. www.cdc.gov/ncezid/dvbd/bourbon/. Accessed August 7, 2018.

Centers for Disease Control and Prevention, 2010. The 2009 H1N1 pandemic: summary highlights, April 2009-2010. www.cdc.gov/h1n1flu/cdcresponse.htm. Accessed August 7, 2018.

Centers for Disease Control and Prevention, Seasonal Influenza (flu). www.cdc.gov/flu/. Accessed August 7, 2018.

Nguyen, H.H., 2018. Influenza. http://emedicine.medscape.com/article/219557-overview. Accessed August 7, 2018.

National Institute of Allergy and Infectious Disease, Flu (influenza). www.niaid.nih.gov/topics/flu/Pages/default.aspx. Accessed August 7, 2018.

Webster, R.G., 1998. Influenza: an emerging disease. wwwnc.cdc.gov/eid/article/4/3/98-0325_article.htm. Accessed August 7, 2018.

50 Rabdovírus, Filovírus e Bornavírus

Uma adolescente de 15 anos levou uma mordida na mão ao tocar em um morcego. Um mês depois, desenvolveu visão dupla, náuseas e vômitos. Ao longo de 4 dias, ela desenvolveu doença neurológica, com febre de 38,9°C. Havia a suspeita de raiva, e anticorpos específicos contra o vírus da raiva foram detectados no soro e no líquido cerebrospinal da paciente (título de 1:32). Ela foi colocada em coma induzido por medicamentos com suporte ventilatório e tratada com ribavirina intravenosa por 7 dias, quando os títulos de anticorpos no líquido cerebrospinal subiram para 1:2048. Após 3 meses, a paciente conseguia caminhar com assistência, andar de bicicleta ergométrica por 8 minutos, ingerir dieta sólida branda, resolver enigmas matemáticos, usar linguagem gestual e estava recuperando a capacidade para falar. Este é o único exemplo de paciente sobrevivente sem ter recebido imunização contra a raiva em tempo hábil após a exposição.[1]

1. Como a infecção pela raiva é confirmada?
2. Qual é a progressão habitual da doença após uma mordida de um animal com raiva?
3. Quando é detectado o anticorpo antirrábico em uma apresentação clínica normal da raiva?
4. O que é a imunização contra a raiva pós-exposição e por que ela funciona?
5. Como a ribavirina inibe a replicação do vírus da raiva e de outros vírus?

RESUMOS Organismos clinicamente significativos

RABDOVÍRUS

Palavras-chave

Cão raivoso, hidrofobia, salivação, vírion em forma de bala, corpúsculos de Negri

Biologia, virulência e doença

- Tamanho médio, em forma de bala, envelopado, genoma de RNA (−)
- Codifica a RNA polimerase RNA-dependente, replicação no citoplasma
- O anticorpo pode bloquear a doença
- Disseminação do vírus ao longo dos neurônios para as glândulas salivares e o cérebro
- O anticorpo é produzido após o vírus atingir o cérebro
- O período de incubação depende da proximidade da mordida com o SNC e a dose infecciosa

Epidemiologia

- Zoonose
- Reservatório em gambás, guaxinins, raposas, texugos, morcegos (aerossóis)

Diagnóstico

- RT-PCR, detecção de antígenos em biopsia, presença de corpúsculos de Negri em células infectadas

Tratamento, prevenção e controle

- Imunização com a vacina morta *após* a mordida e a imunoglobulina antirrábica
- Profilaxia, se risco relacionado com o trabalho
- Vacina inativada para animais de estimação
- Vacina híbrida com o vírus vacínia para animais selvagens

SNC, sistema nervoso central; *RT-PCR*, reação em cadeia da polimerase com a transcriptase reversa.

Rabdovírus

Membros da família Rhabdoviridae (da palavra grega **rhabdos**, que significa "bastão") incluem patógenos para vários mamíferos, peixes, aves e plantas. A família contém o *Vesiculovirus* (vírus da estomatite vesicular [VSVs; do inglês, *vesicular stomatitis viruses*]), *Lyssavirus* (grego para "loucura") (vírus da raiva e vírus semelhantes à raiva) e muitos outros rabdovírus de plantas, mamíferos, aves, peixes e artrópodes.

O **vírus da raiva** é o patógeno mais significativo dos rabdovírus. Até que Louis Pasteur desenvolvesse a vacina com o vírus da raiva morto, a mordida de um cão "louco" sempre levava aos sintomas característicos de **hidrofobia** e morte certa.

FISIOLOGIA, ESTRUTURA E REPLICAÇÃO

Os rabdovírus são vírus simples, que codificam apenas cinco proteínas e aparecem como **vírions envelopados em forma de bala** com um diâmetro de 50 a 95 nm e comprimento de 130 a 380 nm (Figura 50.1; Boxe 50.1). As espículas compostas de um trímero da glicoproteína (G) cobrem a superfície do vírus. A proteína de fixação viral, a proteína G, gera anticorpos neutralizantes. A proteína G do VSV é uma glicoproteína simples com glicanos N-ligados. Essa proteína G era utilizada como o protótipo para o estudo do processamento de glicoproteínas eucarióticas.

Dentro do envelope, o **nucleocapsídio helicoidal** é enrolado simetricamente em uma estrutura cilíndrica, dando-lhe a aparência de estrias (ver Figura 50.1). O nucleocapsídio é composto de uma molécula de **ácido ribonucleico (RNA), de fita simples, de sentido negativo**, de aproximadamente 12 mil bases e as proteínas nucleoproteína (N), grande (L) e não estrutural (NS). As proteínas L e NS constituem a RNA polimerase dependente do RNA. A proteína N é a principal proteína estrutural do vírus. Ela protege o RNA da digestão por ribonuclease e mantém o RNA em uma configuração aceitável para transcrição. A proteína da matriz (M) está situada entre o envelope e o nucleocapsídio.

O ciclo replicativo do VSV é o protótipo para os rabdovírus e outros vírus de RNA de fita negativa (ver Figura 36.13).

---

[1]Adaptado de Centers for Disease Control and Prevention, 2004. Recovery of a patient from clinical rabies–Wisconsin, 2004, *MMWR Morb. Mortal. Wkly. Rep.* 53:1171–1173.

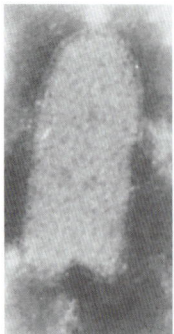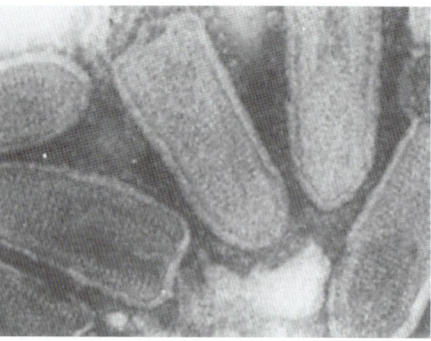

Figura 50.1 Rhabdoviridae visualizada por microscopia eletrônica: vírus da raiva *(esquerda)* e vírus da estomatite vesicular *(direita)*. (De Fields, B.N., 1985. Virology. Raven, New York, NY.)

Boxe 50.1 Características únicas dos rabdovírus.

Vírus de RNA, de fita simples, sentido negativo, envelopado, em forma de bala, que codificam cinco proteínas.
Protótipo para replicação dos vírus envelopados, de fita negativa.
Replicação no citoplasma.

Boxe 50.2 Mecanismos patológicos do vírus da raiva.

A raiva geralmente é transmitida na saliva e adquirida pela mordida de um animal com raiva.
O vírus da raiva **não é muito citolítico** e parece permanecer associado à célula, exceto na glândula salivar.
O vírus se replica no músculo, no local da mordida, com sintomas mínimos ou ausentes **(fase de incubação)**.
A duração da fase de incubação é determinada pela dose infecciosa e a proximidade do local de infecção com o SNC e o cérebro.
Após semanas ou meses, o vírus infecta os nervos periféricos e percorre pelo SNC até o cérebro **(fase prodrômica)**.
A infecção do cérebro causa sinais/sintomas clássicos, coma e morte **(fase neurológica)**.
Durante a fase neurológica, o vírus propaga-se para as glândulas, pele e outras partes do corpo, incluindo as glândulas salivares.
A infecção pelo vírus da raiva não desencadeia uma resposta humoral (anticorpos) até os estágios tardios da doença, quando a disseminação do vírus ocorre a partir do SNC para outros locais.
As glândulas salivares produzem e liberam grandes quantidades de vírus e são a principal fonte de contágio.
A administração de anticorpos consegue bloquear a progressão do vírus e a doença, se fornecida suficientemente em uma fase precoce.
O longo período de incubação possibilita a imunização ativa como tratamento pós-exposição.

SNC, sistema nervoso central.

A proteína G viral fixa-se na célula hospedeira e os vírions são internalizados por endocitose. O vírus da raiva se liga ao receptor nicotínico de acetilcolina (AChR), à molécula de adesão de célula neural (NCAM) ou outras moléculas. O envelope viral então se funde com a membrana do endossomo na acidificação da vesícula. Isso causa o desnudamento do nucleocapsídio, liberando-o para o citoplasma, onde ocorre a replicação. Em neurônios, as vesículas endossômicas podem liberar vírions da raiva integrais ao longo do axônio até a célula neuronal para facilitar a propagação neuronal.

A RNA polimerase RNA-dependente associada ao nucleocapsídio transcreve o RNA genômico viral, produzindo cinco RNAs mensageiros individuais (mRNAs). Para o vírus da raiva, isso ocorre nos corpúsculos de Negri. Esses mRNAs são então traduzidos para as cinco proteínas virais. O RNA genômico viral também é transcrito em um molde de RNA completo, de sentido positivo, utilizado para gerar novos genomas. A proteína G é sintetizada por ribossomos ligados à membrana, processada pelo aparelho de Golgi e transportada à superfície da célula em vesículas de membrana. A proteína M associa-se às membranas modificadas pela proteína G.

A montagem do vírion ocorre em duas fases: (1) montagem do nucleocapsídio no citoplasma e (2) envelopamento e liberação nas membranas citoplasmáticas ou plasmáticas. O genoma se associa à proteína N e depois às proteínas L e NS da polimerase para formar o nucleocapsídio. A associação do nucleocapsídio à proteína M induz o enrolamento em sua forma condensada e a forma característica em bala do vírion. Na maioria das células, o vírus brota a partir das membranas intracitoplasmáticas e a liberação não é eficiente. A exceção é a glândula salivar, na qual o vírus brota eficientemente da membrana plasmática e é liberado quando o nucleocapsídio inteiro é envelopado. O tempo para um ciclo único de replicação depende do tipo de célula e com o tamanho do inóculo.

PATOGÊNESE E IMUNIDADE

A infecção pelo vírus da raiva geralmente resulta da mordida de um animal com a raiva (Boxe 50.2). A infecção do animal pelo vírus da raiva causa secreção do vírus na saliva do animal e promove o comportamento agressivo e a mordida (cão raivoso), que, por sua vez, promove a transmissão do vírus. O vírus também pode ser transmitido por inalação de vírus aerossolizados (como pode ser encontrado em cavernas de morcegos), em tecidos infectados transplantados (p. ex., córnea) e por inoculação através de mucosas intactas.

O vírus multiplica-se silenciosamente no local da infecção durante dias a meses (Figura 50.2) antes de avançar para o sistema nervoso periférico e depois para o sistema nervoso central (SNC). O vírus da raiva percorre por transporte axoplasmático retrógrado até os gânglios da raiz dorsal e a medula espinal. Uma vez que o vírus ganha acesso à medula espinal, o cérebro é rapidamente infectado e a produção de vírus aumenta. As áreas afetadas são o hipocampo, tronco cerebral, células ganglionares dos núcleos pontinos e células de Purkinje do cerebelo. O vírus então se propaga do SNC por neurônios aferentes para locais extremamente inervados, como a pele da cabeça e do pescoço, **glândulas salivares**, retina, córnea, mucosa nasal, medula suprarrenal, parênquima renal e células acinosas pancreáticas. O vírus é liberado eficientemente pela glândula salivar para promover o contágio a partir de animais infectados. Depois de o vírus invadir o cérebro e a medula espinal, desenvolve-se a encefalite e os neurônios degeneram. Apesar do extenso envolvimento do SNC e do comprometimento da função do SNC, pouca alteração histopatológica é observada no tecido afetado além dos corpúsculos de Negri (ver seção sobre Diagnóstico Laboratorial para raiva).

A raiva é fatal, uma vez manifestada a doença clínica. A duração do período de incubação é determinada (1) pela concentração do vírus no inóculo, (2) pela proximidade da ferida em relação ao cérebro, (3) pela gravidade da ferida, (4) pela idade do hospedeiro e (5) pelo estado imunológico do hospedeiro.

Em contraste com outras síndromes de encefalite viral, a raiva é minimamente citolítica e raramente causa lesões

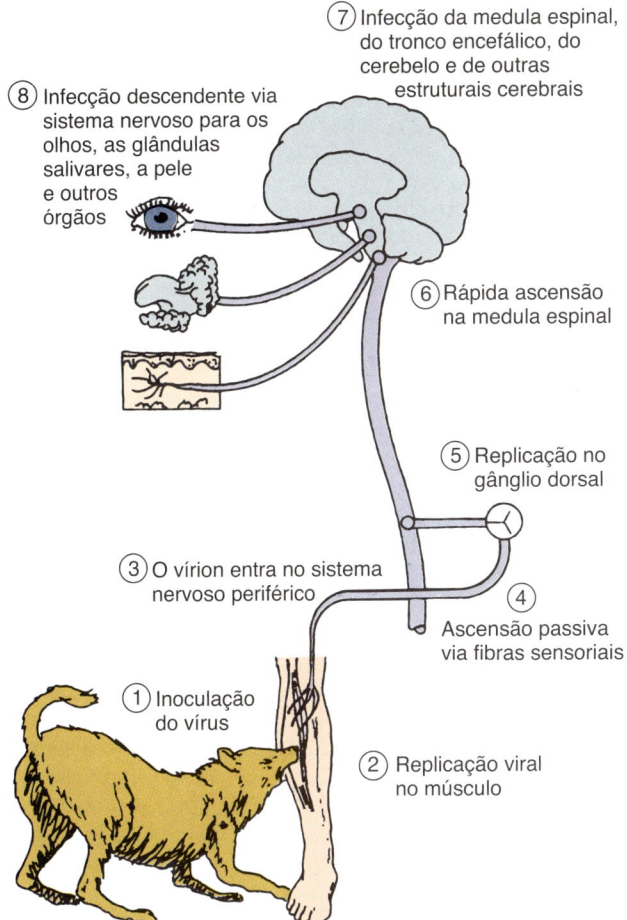

Figura 50.2 Patogênese da infecção pelo vírus da raiva. As etapas numeradas descrevem a sequência de eventos. (Modificada de Belshe, R.B., 1991. Textbook of Human Virology, second ed. Mosby, St Louis, MO.)

Boxe 50.3 Epidemiologia do vírus da raiva.

Doenças/fatores virais

O comportamento agressivo induzido pelo vírus em animais promove a disseminação do vírus.
A produção de vírus na glândula salivar causa a transmissão pela mordida.
A doença tem um período de incubação longo e assintomático.

Transmissão

Zoonose
   Reservatório: animais silvestres.
   Vetor: animais silvestres e cães e gatos não vacinados.
Fonte do vírus
   Principal: saliva em mordida de animal raivoso (incluindo morcegos).
   Menor: aerossóis em cavernas de morcegos contendo morcegos raivosos.
   Rara: transplante de córnea ou órgão contaminado.

Quem corre risco?

Veterinários e manipuladores de animais.
Pessoa mordida por um animal raivoso.
Habitantes de países sem programa de vacinação de animais de estimação.

Geografia/sazonalidade

Vírus encontrados em todo o mundo, exceto em algumas nações insulares.
Não há incidência sazonal.

Modos de controle

O programa de vacinação está disponível para animais de estimação.
A vacinação está disponível para pessoas ou profissionais em risco de contágio pelo vírus da raiva.
Programas de vacinação foram implementados para controlar a raiva em mamíferos silvestres.

---

inflamatórias. As proteínas virais inibem a apoptose e a ação da interferona. Além disso, pouco antígeno é liberado e a infecção provavelmente permanece oculta da resposta imunológica. Os anticorpos neutralizantes só se tornam evidentes após a doença estar bem estabelecida. A imunidade mediada por células parece desempenhar pouco ou nenhum papel na proteção contra a infecção pelo vírus da raiva.

O anticorpo consegue bloquear a propagação do vírus para o SNC e o cérebro, se administrado ou gerado pela vacinação durante o período de incubação. O período de incubação geralmente é longo o suficiente para possibilitar a geração de uma resposta de anticorpos protetores terapêuticos após imunização ativa com a vacina de vírus da raiva morto.

EPIDEMIOLOGIA

A raiva é a **infecção zoonótica clássica** transmitida de animais para os seres humanos (Boxe 50.3). A doença ocorre na maior parte do mundo, mas raramente no Japão, na Austrália, na Nova Zelândia, no Reino Unido e em determinados estados insulares. A raiva é mantida e propagada de três maneiras. Na raiva urbana, os cães são o transmissor primário; na raiva silvestre (floresta), muitas espécies de vida selvagem podem servir como transmissores, e então existe a raiva de morcego. Aerossóis contendo o vírus, mordidas e arranhaduras de morcegos infectados também disseminam a doença. Nos EUA, a raiva é mais frequente em gatos, porque eles não são vacinados. O principal reservatório para a raiva na maior parte do mundo, no entanto, é o cão. Na América Latina e na Ásia, é um problema por causa da existência de muitos cães abandonados não vacinados e a ausência de programas de controle da raiva. Embora raros, há casos de transmissão da raiva por meio de transplantes de córnea e órgãos.

Graças ao excelente programa de vacinação de cães nos EUA, a maioria dos casos de raiva animal no país se dá pela exposição a morcegos e silvícolas. Estatísticas para a raiva animal são coletadas pelos Centers for Disease Control and Prevention, que em 1999 registraram mais de 8.000 casos documentados em guaxinins, gambás, morcegos e animais de fazenda, além de cães e gatos (Figura 50.3). Texugos e raposas também são importantes portadores de raiva na Europa Ocidental. Na América do Sul, os morcegos vampiros transmitem raiva ao gado, resultando em perdas anuais de milhões de dólares.

Embora subnotificada, estima-se que a raiva seja responsável por 40 mil a 100 mil mortes (em sua maioria crianças) anualmente no mundo, com pelo menos 20 mil mortes na Índia, onde o vírus é transmitido por cães em 96% dos casos. Na América Latina, os casos de raiva humana resultam principalmente do contato com cães raivosos em áreas urbanas. Na Indonésia, um surto de mais de 200 casos

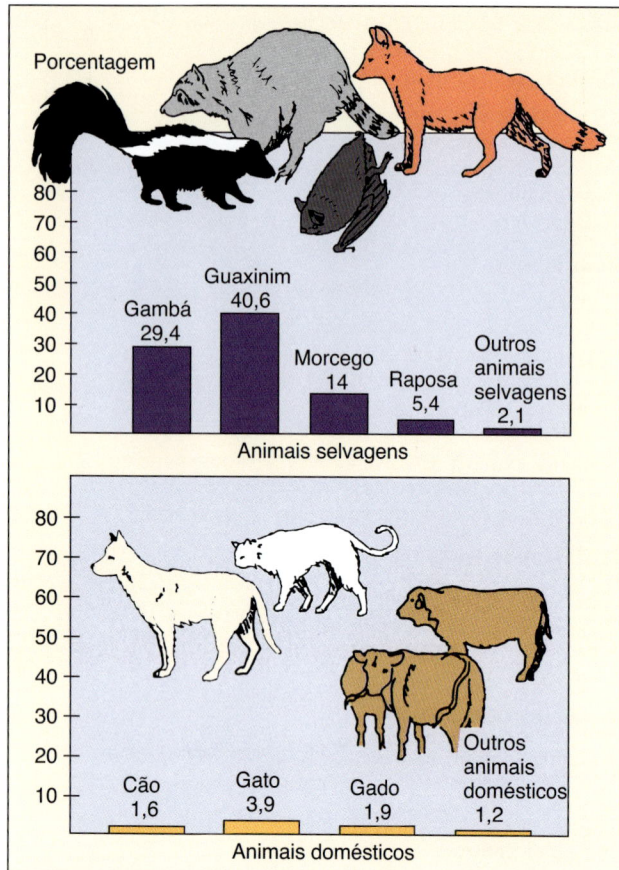

Figura 50.3 Distribuição da raiva animal nos EUA, 1999. As porcentagens se referem ao número total de casos de raiva animal. (Dados de Krebs, J.W., Rupprecht, C.E., Childs, J.E., 2000. Rabies surveillance in the United States during 1999. Am. Veter. Med. Assoc. 217, 1799–1811.)

> **Boxe 50.4** Resumo clínico.
>
> **Raiva:** uma menina de 3 anos foi encontrada com um morcego voando em seu quarto. O morcego aparentemente esteve lá durante a noite toda. Não havia evidências de mordida ou contato, e o morcego foi resgatado e libertado. Três semanas depois, a criança desenvolveu mudança no comportamento, tornando-se irritável e agitada. Esse estado rapidamente progrediu para confusão, agitação incontrolável e incapacidade de lidar com suas secreções. Ela acabou se tornando comatosa e morreu de parada respiratória.

humanos de raiva em 1999 provocou a morte de mais de 40 mil cães nas ilhas. A incidência da raiva humana nos EUA é de aproximadamente 1 caso por ano, decorrente, em grande parte, dos programas efetivos de vacinação de cães e contato humano limitado com gambás, guaxinins e morcegos. Desde 1990, os casos de raiva nos EUA são adquiridos em outros lugares ou causados principalmente por variantes do vírus em morcegos. A Organização Mundial da Saúde estima que 10 milhões de pessoas por ano recebam tratamento após exposição a animais suspeitos de infecção pelo vírus da raiva.

SÍNDROMES CLÍNICAS

A raiva é frequentemente fatal, a menos que seja tratada pela vacinação. Após um longo período de incubação, mas altamente variável, a fase prodrômica da raiva continua (Boxe 50.4; Tabela 50.1). O paciente tem sintomas como febre, mal-estar, cefaleia, dor ou parestesia (prurido) no local da mordida, sintomas gastrintestinais, fadiga e anorexia. O pródromo geralmente dura de 2 a 10 dias; após esse período, os sintomas neurológicos específicos da raiva aparecem. **Hidrofobia** (medo de água), o sintoma mais característico da raiva, ocorre em 20 a 50% dos pacientes. Ela é desencadeada por dor associada às tentativas do paciente de engolir água. Convulsões focais e generalizadas, desorientação e alucinações também são comuns durante a fase neurológica. A paralisia (15 a 60% dos pacientes) talvez seja a única manifestação da raiva e pode levar à insuficiência respiratória.

O paciente fica em coma após a fase neurológica, que dura de 2 a 10 dias. Essa fase conduz quase universalmente à morte resultante de complicações neurológicas e pulmonares.

DIAGNÓSTICO LABORATORIAL

A ocorrência de sintomas neurológicos em uma pessoa mordida por um animal geralmente estabelece o diagnóstico de raiva. Infelizmente, *evidências de infecção, incluindo sintomas e a detecção de anticorpos, não ocorrem até que seja muito tarde para a intervenção.* Os testes laboratoriais geralmente são realizados para confirmar o diagnóstico (tarde demais para o tratamento) e determinar se um animal suspeito está com raiva (pós-morte).

A detecção de antígenos usando imunofluorescência direta ou a detecção do genoma utilizando a reação em cadeia da polimerase com a transcriptase reversa (RT-PCR) são ensaios relativamente rápidos e sensíveis e são os métodos preferidos para o diagnóstico de raiva. As amostras de saliva são fáceis de serem testadas, mas o soro, fluido espinal, material de biopsia da pele da nuca, material de biopsia ou de necropsia do cérebro e esfregaços de impressão das células epiteliais da córnea também podem ser examinados.

As células infectadas terão inclusões intracitoplasmáticas que consistem em agregados de nucleocapsídios virais **(corpúsculos de Negri)** em neurônios afetados (ver Figura 39.3). Embora o achado seja diagnóstico da raiva, os corpúsculos de Negri são visualizados em apenas 70 a 90% dos tecidos cerebrais de humanos infectados.

O anticorpo não é detectável até a fase tardia da doença, mas pode ser testado a partir de soro e líquido cefalorraquidiano por meio do ensaio imunossorvente ligado à enzima (ELISA).

TRATAMENTO E PROFILAXIA

A raiva clínica é quase sempre fatal, a menos que seja tratada precocemente com a imunização pós-raiva. Uma vez que os sintomas tenham surgido, pouco mais do que os cuidados de suporte podem ser fornecidos. Há um caso de interrupção bem-sucedida da progressão da doença por tratamento com ribavirina pós-exposição (ver estudo de caso introdutório).

A profilaxia pós-exposição é a única esperança para prevenir a doença clínica evidente na pessoa afetada. Embora casos humanos de raiva sejam raros, aproximadamente 20 mil pessoas recebem anualmente a profilaxia para a

Tabela 50.1 Progressão da raiva.

Fase da doença	Sinais/sintomas	Tempo (dias)	Estado viral	Estado imunológico
Fase de incubação	Assintomático	60 a 365 dias após a mordida	Baixos títulos, vírus no músculo	—
Fase prodrômica	Febre, náuseas, vômitos, perda de apetite, cefaleia, letargia, dor no local da mordida	2 a 10	Baixos títulos, vírus no SNC e no cérebro	—
Fase neurológica	Hidrofobia, espasmos faríngeos, hiperatividade, ansiedade, depressão. Sintomas no SNC: perda de coordenação, paralisia, confusão, *delirium*	2 a 7	Altos títulos, vírus no cérebro e outros locais	Anticorpo detectável no soro e no SNC
Coma	Coma, hipotensão, hipoventilação, infecções secundárias, parada cardiorrespiratória	0 a 14	Altos títulos, vírus no cérebro e outros locais	—
Morte	—	—	—	—

SNC, sistema nervoso central.

raiva nos EUA. A profilaxia deve ser iniciada para qualquer pessoa exposta pela mordida ou por contaminação de uma ferida aberta ou membrana mucosa com a saliva ou tecido cerebral de um animal suspeito de estar infectado com o vírus, a menos que o animal seja testado e demonstrado que não tem raiva.[1]

A primeira medida protetora é o tratamento local da ferida, que deve ser lavada imediatamente com sabão e água ou outra substância que inativa o vírus. A imunoglobulina antirrábica é injetada perto da ferida.

Posteriormente, quatro imunizações com a vacina antirrábica são administradas dentro de 2 semanas, com uma dose inicial de imunoglobulina antirrábica humana ou soro antirrábico equino. A imunização passiva com imunoglobulina antirrábica humana fornece anticorpos até que o paciente passe a produzi-los em resposta à vacina. A evolução lenta da raiva permite a geração de uma imunidade ativa a tempo de proporcionar proteção.

A vacina antirrábica é composta de vírus morto preparado por inativação química a partir de células diploides humanas de culturas teciduais infectadas pelo vírus da raiva (HDCV; do inglês, *human diploid cell vaccine*) ou derivada de células de embrião de galinha. Essas vacinas causam menos reações negativas do que as mais antigas (Semple e Fermi), que eram preparadas em cérebros de animais adultos ou lactentes. O monitoramento sérico e a vacinação pré-exposição devem ser realizados em profissionais que trabalham com os animais, profissionais de laboratório que lidam com tecidos potencialmente infectados e pessoas que viajam para áreas onde a raiva é endêmica. A HDCV é administrada por via intramuscular e proporciona 2 anos de proteção.

Por fim, a prevenção da raiva humana depende do controle efetivo da raiva em animais domésticos e selvagens. O controle em animais domésticos depende da remoção de animais abandonados e indesejados e da vacinação de todos os cães e gatos. Várias vacinas orais com vírus atenuados também são utilizadas para imunizar com sucesso as raposas. Um imunizante com vírus vacínia vivo recombinante expressando a proteína G do vírus da raiva está em uso nos EUA. Essa vacina, que é injetada em iscas e lançada de paraquedas na floresta, promove a imunização bem-sucedida de guaxinins, raposas e outros animais. A injeção

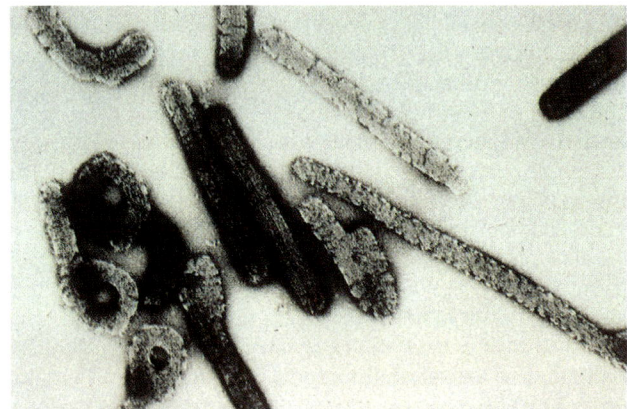

Figura 50.4 Micrografia eletrônica do vírus Ebola. (Cortesia de Centers for Disease Control and Prevention, Atlanta, GA.)

acidental de uma mulher com essa vacina híbrida de vaccínia-raiva resultou em imunização contra o vírus da varíola e contra o vírus da raiva (ver Bibliografia).

Filovírus

Os vírus **Marburg** e **Ebola** (Figura 50.4) foram classificados como membros da família Rhabdoviridae, mas agora são classificados como **filovírus (Filoviridae)**. Eles são **vírus de RNA, fita negativa, envelopados e filamentosos**. Esses agentes causam **febres hemorrágicas graves ou fatais** e são **endêmicos na África**. A conscientização sobre o vírus Ebola aumentou após um surto da doença no Zaire, em 1995, no Gabão, em 1996, e também após o lançamento do filme *Epidemia* (*Outbreak*), baseado no livro de Robin Cook e na obra *Zona Quente* (*The Hot Zone*), de Richard Preston. Em 2014, uma epidemia de Ebola matou milhares de pessoas, principalmente em países da África Ocidental, como Libéria, Serra Leoa e Guiné, e surtos mais recentes (2018) foram relatados na República Democrática do Congo.

ESTRUTURA E REPLICAÇÃO

Os filovírus têm um genoma de RNA de fita simples ($4,5 \times 10^6$ Da) que codifica sete proteínas. Os vírions formam filamentos envelopados longos com diâmetro de 80 nm, mas também podem assumir outras formas. Eles variam

---
[1] N.R.T.: No Brasil, ver esquema para profilaxia da raiva humana com vacina de cultivo celular em https://bvsms.saude.gov.br/bvs/folder/esquema_profilaxia_raiva_humana.pdf.

de 800 nm até 1.400 nm de comprimento e podem conter nenhum, um ou vários genomas. O nucleocapsídio é helicoidal e está envolto em um envelope contendo uma glicoproteína. A glicoproteína é clivada em dois componentes, e uma versão mais curta é secretada. O vírus Ebola se liga ao Niemann-Pick C1 (NPC1), que é uma proteína de transferência de colesterol, e o domínio de mucina e imunoglobulina de linfócitos T-1 (TIM-1), que também é o receptor do vírus da hepatite A. O vírus penetra na célula e se replica no citoplasma como os rabdovírus.

PATOGÊNESE

Os filovírus se replicam eficientemente, produzindo grandes quantidades de vírus em células endoteliais, monócitos, macrófagos, células dendríticas e outras células. A replicação em macrófagos, monócitos e células dendríticas induz uma "tempestade" de citocinas pró-inflamatórias semelhante à "tempestade" de citocinas induzida por superantígenos promovendo sintomas similares aos da sepse. A citopatogênese viral causa extensa necrose tecidual em células parenquimatosas do fígado, baço, linfonodos e pulmões. A infecção das células endoteliais inibe a produção de proteínas de adesão celular e causa citólise que leva à lesão e ao extravasamento vascular. Cepas com mutações no gene da glicoproteína não apresentam o componente hemorrágico da doença. A hemorragia generalizada que ocorre em pacientes afetados causa edema, choque hipovolêmico e coagulação intravascular disseminada (CID). O vírus também pode escapar das respostas inatas, incluindo a produção de interferona, bem como das respostas imunes do hospedeiro.

EPIDEMIOLOGIA

A infecção pelo vírus Marburg foi detectada pela primeira vez em profissionais de laboratório em Marburg, Alemanha, que tinham sido expostos a tecidos de macacos verdes africanos aparentemente saudáveis. Casos raros de infecção pelo vírus Marburg foram relatados no Zimbábue e no Quênia.

O vírus Ebola foi batizado com o nome do rio na República do Congo (antigo Zaire), onde foi descoberto. Surtos de doença causada pelo vírus Ebola ocorreram na República Democrática do Congo, no Sudão e, mais recentemente, na Libéria, em Serra Leoa e na Guiné. Durante um surto, o vírus Ebola é tão letal que pode eliminar a população suscetível antes de se espalhar pela região. Em áreas urbanas, a propagação do vírus é mais difícil de controlar. Em áreas rurais da África Central, até 18% da população têm anticorpos para esse vírus, indicando que infecções subclínicas ocorrem.

Esses vírus podem ser endêmicos em morcegos ou macacos selvagens e podem ser espalhados para os seres humanos e entre humanos. O contato com o reservatório animal ou contato direto com sangue ou secreções infectadas pode disseminar a doença. Esses vírus têm sido transmitidos por injeção acidental e pelo uso de seringas contaminadas. Profissionais de saúde que cuidam dos doentes, agentes funerários e manipuladores de macacos podem estar em risco. Em resposta à epidemia de 2014, triagem semelhante àquela realizada para o coronavírus da síndrome respiratória aguda grave (SRAG ou SARS; do inglês, *severe acute respiratory syndrome*) foi iniciada nos principais aeroportos e, nos EUA, todos os pacientes com sintomas gripais foram questionados quanto a seu histórico de viagem.

SÍNDROMES CLÍNICAS

Os vírus Marburg e Ebola (Caso Clínico 50.1) são as causas mais graves de febres hemorrágicas virais. A doença geralmente começa com sintomas que incluem cefaleia e mialgia. Náuseas, vômitos e diarreia ocorrem em poucos dias; uma erupção cutânea também pode se desenvolver. Posteriormente, hemorragia de múltiplos locais (principalmente do sistema digestório) e morte ocorrem em até 90% dos pacientes com doença clinicamente evidente.

DIAGNÓSTICO LABORATORIAL

Todas as amostras de pacientes com suspeita de infecção por filovírus têm de ser tratadas com extremo cuidado para evitar infecções acidentais. O manuseio desses vírus exige procedimentos de **isolamento de nível 4** que não estão disponíveis rotineiramente. Os antígenos virais podem ser detectados no tecido por análise de imunofluorescência direta e em líquidos por ELISA. A amplificação por RT-PCR do genoma viral em secreções pode ser usada para confirmar o diagnóstico e minimizar o manuseio de amostras.

TRATAMENTO, PREVENÇÃO E CONTROLE

Soro contendo anticorpos, anticorpos produzidos artificialmente (ZMAPP) e terapias com interferona e ribavirina têm sido testados em pacientes com infecções por filovírus. Indivíduos infectados devem ser colocados em quarentena e os animais contaminados devem ser sacrificados. Manuseio dos vírus, de indivíduos infectados, de cadáveres e de materiais contaminados exige procedimentos de isolamento muito rigorosos (nível 4). Várias abordagens têm sido utilizadas para desenvolver uma vacina. No surto de 2018, na República do Congo, a rVSV-ZEBOV, uma vacina recombinante na qual o VSV expressa a glicoproteína do vírus Ebola em vez de seus próprios, foi investigada. Profissionais de saúde e indivíduos em áreas ao redor do surto de Ebola que apresentam maior probabilidade de infecção (vacinação em anel)[2] tinham prioridade para serem imunizados.

Vírus da doença de Borna

O vírus da doença de Borna (BDV, *Borna disease virus*) é o único membro de uma família de vírus de RNA envelopados, de fita negativa. O BDV foi primeiramente associado à infecção de cavalos na Alemanha. O vírus tem recebido considerável interesse por causa de sua associação a doenças neuropsiquiátricas específicas, tais como esquizofrenia.

ESTRUTURA E REPLICAÇÃO

O genoma do BDV com 8.910 nucleotídios de extensão codifica cinco proteínas detectáveis, incluindo uma polimerase (L), nucleoproteína (N), fosfoproteína (P), proteína da matriz (M) e a glicoproteína do envelope (G). Ao contrário

---

[2]N.R.T.: A vacinação em anel é uma nova abordagem para o controle do Ebola no Congo. Ela consiste no rastreamento e imunização de todas as pessoas que tiveram contato direto com pelo menos um caso confirmado de Ebola.

> **Caso Clínico 50.1 Ebola**
>
> Emond et al. descreveram o seguinte caso de infecção pelo vírus Ebola (*Br Med* J 2:541–544, 1977). Seis dias após um acidente biológico (picada de agulha) enquanto manipulava o fígado de animais infectados com o vírus Ebola, um cientista queixou-se de dor abdominal e náuseas. Ele foi transferido para uma unidade de doenças infecciosas com alto nível de biossegurança e colocado em um quarto de isolamento. No dia da admissão (dia 1), o paciente manifestava cansaço, anorexia, náuseas, dor abdominal e febre de 38°C. Interferona foi administrada 2 vezes/dia e parecia ter funcionado; no entanto, na manhã seguinte a febre voltou (39°C). O paciente recebeu soro convalescente inativado por calor sem efeito imediato. No quarto dia, ele suou profusamente e sua temperatura caiu para o normal, mas surgiu uma nova erupção cutânea em seu tórax. Ao meio-dia do quarto dia, o paciente apresentou tremores violentos repentinos, febre de 40°C, náuseas, vômitos e diarreia. Esses sintomas continuaram por 3 dias, com a propagação da erupção cutânea em seu corpo. No dia 6, tratamento com mais soro de convalescença e reidratação foi administrado. O paciente teve recuperação lenta ao longo das 10 semanas seguintes. O vírus (detectado por microscopia eletrônica e inoculação de cobaias) foi encontrado em seu sangue desde o primeiro dia de sintomas. (Atualmente, a análise seria realizada por RT-PCR, com menor risco para os profissionais de laboratório.) Os títulos do vírus caíram 1.000 vezes após o tratamento com interferona e foram indetectáveis no nono dia. O tratamento do paciente e o manuseio das amostras foram realizados em condições de isolamento mais rigorosos disponíveis no momento. Embora o cientista tenha tomado precauções e molhado suas mãos com alvejante o mais rápido possível, seu destino já estava selado. Felizmente, a terapia com interferona e soro convalescente estava disponível para limitar a extensão da progressão da doença. Na ausência desse tratamento ele teria morrido de doença hemorrágica de evolução rápida.

de muitos vírus de fita negativa, o BDV replica-se no núcleo. Embora isso seja semelhante aos ortomixovírus, o BDV difere no fato de seu genoma não ser segmentado.

PATOGÊNESE

O BDV é extremamente neurotrópico e consegue se propagar no SNC. O BDV também infecta células parenquimatosas de diferentes órgãos e células mononucleares do sangue periférico. O vírus não é muito citolítico e estabelece infecção persistente no indivíduo infectado. As respostas imunes de linfócitos T são importantes para controlar as infecções por BDV, mas também contribuem para o dano tecidual, levando a doenças.

SÍNDROMES CLÍNICAS

Embora haja uma compreensão limitada da doença causada pelo BDV em seres humanos, a infecção de animais pode resultar em perdas sutis de aprendizagem e memória e meningoencefalite imunomediada fatal. Muitos dos desfechos da infecção por BDV em animais de laboratório se assemelham a doenças neuropsiquiátricas humanas, incluindo depressão, transtorno bipolar, esquizofrenia e autismo. O achado de anticorpos para o vírus e/ou de células mononucleares do sangue periférico infectadas em número superior ao de pacientes com esquizofrenia, autismo e outras doenças neuropsiquiátricas sugere que o BDV causa ou exacerba essas doenças mentais.

EPIDEMIOLOGIA

O BDV consegue infectar muitas espécies de mamíferos diferentes (zoonose), incluindo cavalos, ovelhas e humanos. A maioria dos surtos do vírus ocorreu na Europa Central, mas também foi detectada na América do Norte e Ásia. Nem o reservatório nem o modo de transmissão de BDV são conhecidos. Níveis mais altos de infecção humana são encontrados quando ocorrem surtos em cavalos.

DIAGNÓSTICO LABORATORIAL

A infecção pode ser detectada por análise direta do genoma viral e mRNA em células mononucleares do sangue periférico utilizando a RT-PCR. A análise sorológica de anticorpos para as proteínas virais continua sendo utilizada para identificar uma associação do BDV às doenças humanas.

TRATAMENTO

Como muitos outros vírus de RNA, o BDV é sensível ao tratamento com ribavirina. A ribavirina é uma abordagem terapêutica razoável para alguns transtornos psiconeurológicos, se o BDV é demonstrado como cofator.

Bibliografia

Anderson, L.J., Nicholson, T.G., Tauxe, R.V., et al., 1984. Human rabies in the United States, 1960–1979: epidemiology, diagnosis, and prevention. Ann. Intern. Med. 100, 728–735.
Burrell, C., Howard, C., Murphy, F., 2016. Fenner and White's Medical Virology, fifth ed. Academic, New York.
Centers for Disease Control and Prevention, 1988. Rabies vaccine, absorbed: a new rabies vaccine for use in humans. MMWR Morb. Mortal. Wkly. Rep. 37, 217–223.
Cohen, J., Powderly, W.G., 2004. Infectious Diseases, second ed. Mosby, St. Louis.
Flint, S.J., Racaniello, V.R., et al., 2015. Principles of Virology, fourth ed. American Society for Microbiology Press, Washington, DC.
Knipe, D.M., Howley, P.M., 2013. Fields Virology, sixth ed. Lippincott Williams & Wilkins, Philadelphia.
Mandell, G.L., Bennet, J.E., Dolin, R., 2015. Principles and Practice of Infectious Diseases, eight ed. Saunders, Philadelphia.
Plotkin, S.A., 2000. Rabies: state of the art clinical article. Clin. Infect. Dis. 30, 4–12.
Richman, D.D., Whitley, R.J., Hayden, F.G., 2017. Clinical Virology, fourth ed. American Society for Microbiology Press, Washington, DC.
Rupprecht, C.E., 2001. Human infection due to recombinant vaccinia-rabies glycoprotein virus. N. Engl. J Med. 345, 582–586.
Schnell, M.J., McGettigan, J.P., Wirblich, C., et al., 2010. The cell biology of rabies virus: using stealth to reach the brain. Nat. Rev. Microbiol. 8, 51–61.
Steele, J.H., 1988. Rabies in the Americas and remarks on the global aspects. Rev. Infect. Dis. 10 (Suppl. 4), S585–S597.
Strauss, J.M., Strauss, E.G., 2007. Viruses and Human Disease, second ed. Academic, San Diego.
Warrell, D.A., Warrell, M.J., 1988. Human rabies and its prevention: an overview. Rev. Infect. Dis. 10 (Suppl. 4), S726–S731.
Winkler, W.G., 1992. Bogel K: Control of rabies in wildlife. Sci. Am. 266, 86–92.
Wunner, W.H., Larson, J.K., Dietzschold, B., et al., 1988. The molecular biology of rabies viruses. Rev. Infect. Dis. 10 (Suppl. 4), S771–S784.

Filovírus

Centers for Disease Control and Prevention, *Ebola (Ebola virus disease)*. www.cdc.gov/vhf/ebola/. Accessed August 10, 2018.

Groseth, A., Feldmann, H., Strong, J.E., 2007. The ecology of Ebola virus. Trends. Microbiol. 15, 408–416.

King, J.W., 2018. *Ebola*. http://emedicine.medscape.com/article/216288-overview. Accessed August 10, 2018.

Klenk, H.D., 1999. Marburg and Ebola Viruses. Current Topics in Microbiology and Immunology (vol. 235), p. 225.

Mohamadzadeh, M., Chen, L., Schmaljon, A.L., 2007. How Ebola and Marburg viruses battle the immune system. Nat. Rev. Immunol. 7, 556–567.

Preston, R., 1994. The Hot Zone. Random House, New York.

Sodhi, A., 1996. Ebola virus disease. Postgrad. Med. 99, 75–76.

Bornavírus

Jordan, I., 2001. Lipkin WI: borna disease virus. Rev. Med. Virol. 11, 37–57.

Richt, J.A., et al., 1997. Borna disease virus infection in animals and humans. Emerg. Infect. Dis. 3, 129–135. wwwnc.cdc.gov/eid/article/3/3/pdfs/97-0311.pdf. Accessed August 10, 2018.

Websites

Centers for Disease Control and Prevention, Ebola hemorrhagic fever. www.cdc.gov/vhf/ebola/index.html. Accessed August 10, 2018.

Centers for Disease Control and Prevention, Rabies. www.cdc.gov/rabies/. www.cdc.gov/features/dsRabies/index.html. Accessed August 10, 2018.

Centers for Disease Control and Prevention, Rabies Vaccines. https://www.cdc.gov/vaccines/vpd/rabies/hcp/index.html. Accessed August 10, 2018.

Gompf, S.G., Pham, T.M., Somboonwit, C., et al., 2017. Rabies. http://emedicine.medscape.com/article/220967-overview. Accessed August 10, 2018.

Kapitanyan, R., Pryor II, P.W., Bertolini, J., et al., 2017. Emergency treatment of rabies. http://emedicine.medscape.com/article/785543-overview. Accessed August 10, 2018.

King, J.W., Markanday, A., 2018. Ebola virus. http://emedicine.medscape.com/article/216288-overview. Accessed August 10, 2018.

WHO, Rabies. www.who.int/topics/rabies/en/. Accessed August 10, 2018

51 Reovírus

Em janeiro, um lactente de 6 meses foi atendido na emergência após 2 dias de diarreia aquosa persistente e vômitos acompanhados de febre baixa e tosse leve. Ele parecia desidratado e foi preciso interná-lo. O paciente frequentava uma creche.

1. Além do rotavírus, quais outros agentes virais têm de ser aventados no diagnóstico diferencial dessa criança? Quais agentes precisariam ser considerados se o paciente fosse um adolescente ou um adulto?
2. Como o diagnóstico de rotavírus seria confirmado?
3. Como o vírus foi transmitido? Por quanto tempo o paciente esteve contagioso?
4. Quem corre risco de apresentar a forma grave da doença?

RESUMOS Organismos clinicamente significativos

REOVÍRUS

Palavras-chave

Diarreia fecal, diarreia infantil, duplo-duplo (capsídio e genoma de RNA segmentado de fita dupla), vacina oral

Biologia, virulência e doença

- Tamanho médio, capsídio duplo, genoma de RNA segmentado de fita dupla
- Capsídio resistente à inativação
- Codifica a RNA polimerase RNA-dependente, replica no citoplasma
- Cada segmento codifica uma ou duas proteínas
- A infecção mista resulta em mistura genética de segmentos: rearranjo
- O rotavírus induz diarreia semelhante àquela observada na cólera
- Uma das causas mais graves de diarreia em crianças pequenas
- Febre por carrapato do Colorado, zoonose, doença semelhante à dengue com erupção cutânea

Epidemiologia

- Rotavírus
- Mundial e onipresente, ocorre o ano inteiro
- Propagação fecal-oral, muito contagioso, lactentes em risco de doenças graves

Diagnóstico

- ELISA para vírus em fezes

Tratamento, prevenção e controle

- Tratamento: reidratação de suporte
- Prevenção: vacinas orais vivas administradas aos 2, 4 e 6 meses de idade
- Controle: lavagem das mãos e boa higiene

A família **Reoviridae** compreende os ortoreovírus, rotavírus, orbivírus e coltivírus (Tabela 51.1). O nome reovírus foi proposto em 1959 por Albert Sabin para um grupo de vírus respiratórios e entéricos que não estavam associados a nenhuma doença conhecida (**vírus respiratórios, entéricos, órfãos**). A família Reoviridae é constituída por vírus não envelopados com **capsídios proteicos de dupla camada** contendo de **10 a 12 segmentos dos genomas de ácido ribonucleico de fita dupla (fdRNA)**. Esses vírus são estáveis em detergentes, em amplas faixas de pH e temperatura e em aerossóis transmitidos pelo ar. Orbivírus e coltivírus são disseminados por artrópodes e são arbovírus.

Os **ortoreovírus**, também conhecidos como **reovírus de mamíferos** ou simplesmente reovírus, foram isolados pela primeira vez na década de 1950 das fezes de crianças. Eles são o protótipo dessa família de vírus e a base molecular de sua patogênese é estudada extensivamente. Em geral, esses vírus causam infecções assintomáticas em humanos.

Tabela 51.1 Família Reoviridae responsável por doenças humanas.

Vírus	Doença
Ortoreovírus[a]	Doença leve das vias respiratórias superiores, doença do sistema digestório, atresia biliar
Orbivírus/coltivírus	Doença febril com cefaleia e mialgia (zoonose)
Rotavírus	Doença do sistema digestório, doença do sistema respiratório (?)

[a]Reovírus é o nome comum para a família Reoviridae e para o gênero específico Orthoreovirus.

Os **rotavírus** provocam **gastrenterite infantil humana**, uma doença muito comum. Antes do uso das vacinas contra o rotavírus, eles foram responsáveis por aproximadamente 50% de todos os casos de diarreia em crianças que necessitam de hospitalização por causa da desidratação e, nos países em desenvolvimento, foram responsáveis por pelo menos 1 milhão de mortes anuais causadas por diarreia viral descontrolada em crianças subnutridas. Felizmente, as vacinas mais recentes são mais seguras e têm diminuído a incidência da doença em todo o mundo.

Estrutura

Os **rotavírus** e os **reovírus** compartilham muitas características estruturais, replicativas e patogênicas. Os reovírus e rotavírus apresentam uma morfologia icosaédrica com um capsídio em dupla ou tripla camada proteica (60 a 80 nm de diâmetro) (Figura 51.1; Boxe 51.1) e um genoma segmentado de fita dupla. O nome **rotavírus** é derivado da palavra latina *rota*, que significa "roda", que se refere ao aspecto do vírion em camada tripla nas micrografias eletrônicas de coloração negativa (Figura 51.2). A clivagem proteolítica do capsídio externo (como ocorre no sistema digestório) ativa o vírus para a infecção e produz uma **partícula subviral intermediária/infecciosa (ISVP; do inglês,** *intermediate/infectious subviral particle***)**.

O capsídio externo é composto de proteínas estruturais (Figuras 51.3 e 51.4) que circundam o cerne (*core*) do nucleocapsídio que inclui enzimas para a síntese de RNA e 10 (reovírus) ou 11 (rotavírus) diferentes segmentos genômicos de

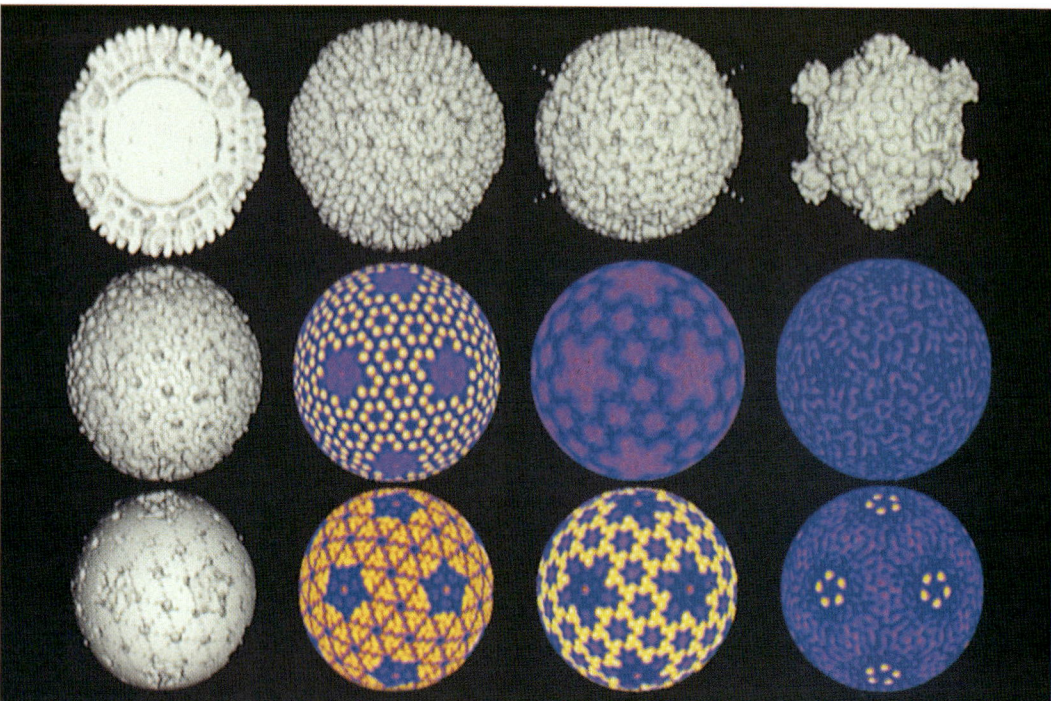

Figura 51.1 Reconstrução computadorizada de micrografias crioeletrônicas de reovírus humano tipo 1 (*Lang*). *Parte superior, da esquerda para a direita:* corte transversal do vírion, partícula subviral intermediária/infecciosa (ISVP) e partícula do cerne. A ISVP e as partículas do cerne são geradas por proteólise do vírion e desempenham papéis importantes no ciclo de replicação. *Centro e parte inferior:* imagens geradas por computador dos vírions em diferentes raios após as camadas externas características terem sido removidas. As cores ajudam a visualizar a simetria e as interações moleculares dentro do capsídio. (Cortesia de Tim Baker, Purdue University, West Lafayette, Indiana.)

Boxe 51.1 Características únicas da família Reoviridae.

- O vírion com **capsídio de camada dupla ou tripla** (60 a 80 nm) tem simetria icosaédrica contendo de 10 a 12 (dependendo do vírus) **segmentos genômicos** únicos de **fita dupla** (*vírus duplo: duplo*).
- O **vírion** é resistente às condições ambientais e gastrintestinais (p. ex., detergentes, pH ácido, ressecamento).
- Os vírions do rotavírus e ortoreovírus são ativados por proteólise leve a partículas subvirais intermediárias/infecciosas, aumentando sua infecciosidade.
- O capsídio interno contém um sistema completo de transcrição, incluindo a RNA polimerase dependente de RNA e enzimas para a adição do quepe (*cap*) na extremidade 5' (*capping*) e a poliadenilação.
- A replicação viral ocorre no citoplasma. O RNA de fita dupla permanece no cerne (*core*) interno.
- O capsídio interno agrega-se ao redor do RNA (+) e transcreve o RNA (–) no citoplasma.
- As cápsulas internas cheias de rotavírus brotam no retículo endoplasmático, adquirindo seu capsídio externo e uma membrana, que depois é perdida.
- O vírus é liberado por lise celular.

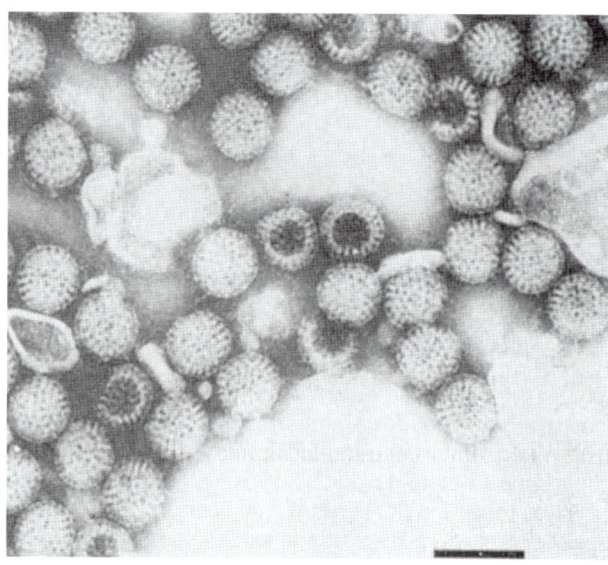

Figura 51.2 Micrografia eletrônica do rotavírus. Barra = 100 nm. (De Fields, B.N., Knipe, D.M., Chanock, R.M., et al., 1985. Virology. Raven, New York.)

---

fdRNA. Para os rotavírus, o capsídio interno que consiste em VP2 está rodeado pelo capsídio intermediário constituído principalmente pela principal proteína do capsídio (VP6) e uma camada externa que contém a proteína de fixação viral (VP4) e a glicoproteína (VP7). É interessante notar que os rotavírus se assemelham a vírus envelopados, pois eles (1) têm glicoproteínas (VP7, NSP4) que estão no exterior do vírion, (2) adquirem e, em seguida, perdem um envelope durante a montagem e (3) parecem ter uma atividade de proteína de fusão que promove a penetração direta da membrana da célula-alvo.

Os segmentos genômicos dos rotavírus e reovírus codificam proteínas estruturais e não estruturais. Como ocorre nos vírus influenza, pode ocorrer rearranjo de segmentos gênicos e assim criar vírus híbridos. Os segmentos genômicos do rotavírus, as proteínas que eles codificam e suas funções estão resumidos na Tabela 51.2 e aqueles do reovírus estão resumidos na Tabela 51.3. As proteínas do cerne (*core*) incluem atividades enzimáticas necessárias para a transcrição do RNA mensageiro (mRNA). Eles incluem uma enzima de *capping* (adição do *cap*) de metilguanosina na extremidade

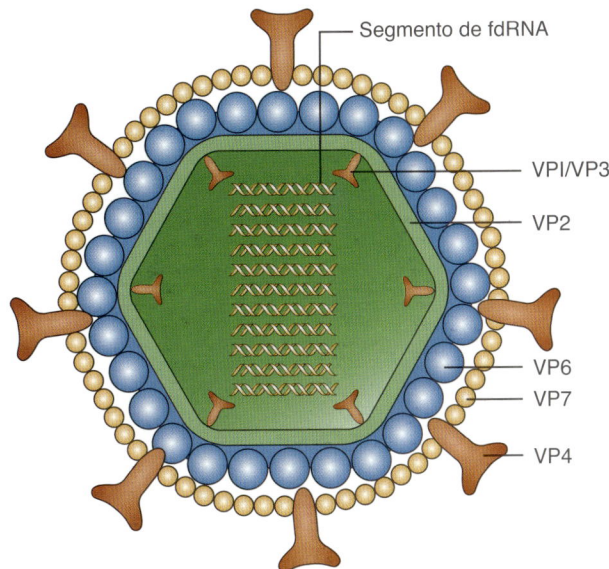

Figura 51.3 Esquema do rotavírus. Veja a Tabela 51.2 para descrições das proteínas virais. *fdRNA*, ácido ribonucleico de fita dupla.

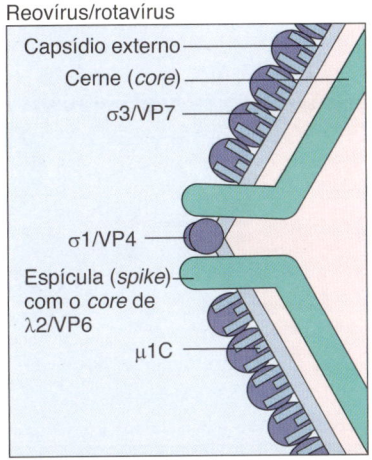

Figura 51.4 Estrutura de proteínas do cerne (*core*) e proteínas externas do rotavírus. Ver Tabela 51.2 para descrições das proteínas virais. (Modificada de Sharpe, A.H., Fields, B.N., 1985. Pathogenesis of viral infections. Basic concepts derived from the reovirus model. N. Engl. J. Med. 312, 486–497.)

5' do mRNA e uma RNA polimerase. A proteína σ1 (reovírus) e VP4 (rotavírus) estão localizadas nos vértices do capsídio e se estendem da superfície como proteínas da espícula (*spike*). Apresentam várias funções, incluindo a fixação viral e a hemaglutinação, induzindo a produção de anticorpos neutralizantes. A VP4 é ativada a partir da clivagem pela protease nas proteínas VP5 e VP8, expondo uma estrutura semelhante àquela encontrada em proteínas de fusão dos paramixovírus. Sua clivagem facilita a entrada produtiva do vírus nas células.

Replicação

A replicação dos reovírus e rotavírus começa com a ingestão do vírus (Figura 51.5). O capsídio externo do vírion protege o nucleocapsídio interno e o cerne (*core*) do ambiente, principalmente do ambiente ácido do sistema digestório. O vírion completo é então parcialmente digerido no sistema digestório e ativado por clivagem com uma protease e perda de proteínas do capsídio externo (σ3/VP7) e clivagem da proteína σ1/VP4 para produzir a ISVP. A proteína σ1/VP4 nos vértices da ISVP se liga às glicoproteínas contendo ácido siálico em células epiteliais e outras células. Receptores adicionais incluem o receptor beta-adrenérgico para o reovírus e moléculas integrinas para o rotavírus. A VP4 clivada de rotavírus também promove a penetração direta do vírion através da membrana plasmática para dentro da célula. Os vírions inteiros de reovírus e rotavírus também podem ser absorvidos pela endocitose mediada por receptores.

A ISVP libera o *core* para o citoplasma e as enzimas no *core* iniciam a produção de mRNA. O **RNA de fita dupla sempre permanece no núcleo**. A transcrição do genoma ocorre em duas fases, precoce e tardia. De maneira semelhante a um vírus de RNA de sentido negativo, cada uma das fitas de RNA (−) de sentido negativo é utilizada como molde pelas enzimas do *core* do vírion, que sintetizam os mRNAs individuais. As enzimas codificadas pelo vírus no cerne (*core*) adicionam um *cap* de metilguanosina na extremidade 5' e uma cauda poliadenilada na extremidade 3'. O quepe de metilguanosina na extremidade 5' foi primeiramente descoberto para o mRNA do reovírus e depois demonstrou-se que ocorre no mRNA celular. O mRNA então deixa o *core* e é traduzido. Mais tarde, proteínas do vírion e segmentos de RNA de sentido positivo (+) se associam em estruturas do tipo *core* dentro de grandes inclusões citoplasmáticas denominadas viroplasmas. Os segmentos de RNA (+) são copiados para produzir RNAs (−) nos novos *cores* ou cernes, replicando o genoma de fita dupla. Os novos cernes (*cores*) geram mais RNA (+) ou são montados em vírions.

Os processos de montagem dos reovírus e rotavírus são diferentes. Na montagem dos reovírus, as proteínas do capsídio externo se associam ao cerne (*core*) e o vírion deixa a célula na lise celular. A montagem do rotavírus assemelha-se àquela observada em um vírus envelopado, de modo que os cernes dos rotavírus se associam à proteína NSP4 viral na região externa do retículo endoplasmático (RE); durante o brotamento no RE, eles adquirem a glicoproteína do capsídio externo VP7. A membrana é perdida no RE e o vírus deixa a célula durante a lise celular. A síntese macromolecular é inibida nas 8 horas seguintes à infecção.

Rotavírus

Os rotavírus são agentes comuns de diarreia infantil no mundo inteiro. Os rotavírus compreendem um grande grupo de vírus causadores de gastrenterite que infectam muitos mamíferos e aves diferentes.

Os vírions do rotavírus são estáveis às condições ambientais hostis, incluindo tratamento com detergentes, pH extremos de 3,5 a 10 e até mesmo congelamento e descongelamento repetidos. No intestino, enzimas proteolíticas como a tripsina aumentam a infecciosidade.

Os rotavírus humanos e animais são divididos em sorotipos, grupos e subgrupos. Os sorotipos são diferenciados principalmente pelas proteínas do capsídio externo VP7 (glicoproteína, G) e VP4 (proteína sensível à protease, P). Os grupos são determinados principalmente com base na antigenicidade da VP6 e na mobilidade eletroforética dos segmentos genômicos. Sete grupos (A a G) de rotavírus humanos e animais foram identificados com base na proteína do capsídio interno VP6. A doença humana é causada pelo rotavírus do grupo A e ocasionalmente rotavírus dos grupos B e C.

Tabela 51.2 Funções dos produtos gênicos do rotavírus.

Segmentos gênicos	Proteína (Localização)	Função
1	VP1 (capsídio interno)	Polimerase
2	VP2 (capsídio interno)	Componente transcriptase
3	VP3 (capsídio interno)	*Capping* do mRNA
4	VP4 (proteína no capsídio externo que forma a espícula, presente nos vértices do vírion)	A ativação pela protease produz VP5 e VP8 na ISVP, hemaglutinina, proteína de fixação viral[a]
5	NSP1 (NS53)	Ligação do RNA
6	VP6 (capsídio interno)	Principal proteína estrutural do capsídio interno, ligação à NSP4 no RE para promover a montagem do capsídio externo
7	NSP3 (NS34)	Ligação do RNA
8	NSP2 (NS35)	Ligação do RNA, importante para a replicação do genoma e empacotamento
9	VP7 (capsídio externo)	Antígeno tipo-específico, principal componente do capsídio externo que é glicosilado no RE e facilita a fixação e a entrada[a]
10	NSP4 (NS28)	Proteína glicosilada no RE, que promove a ligação do capsídio interno ao RE, envelopamento transitório e adição do capsídio externo; atua como enterotoxina para mobilizar o cálcio e causa diarreia
11	NSP5 (NS26)	Ligação do RNA
11	NSP6	Liga-se à NSP5

[a]Alvo de anticorpos neutralizantes.
RE, retículo endoplasmático; ISVP, partícula subviral intermediária/infecciosa; mRNA, ácido ribonucleico mensageiro.

Tabela 51.3 Funções dos produtos gênicos do reovírus.

Segmentos genômicos (peso molecular, Da)	Proteína	Função (se conhecida)
SEGMENTOS GRANDES ($2,8 \times 10^6$)		
1	λ3 (capsídio interno)	Polimerase
2	λ2 (capsídio externo)	Enzima de *capping*
3	λ1 (capsídio interno)	Componente transcriptase
SEGMENTOS MÉDIOS ($1,4 \times 10^6$)		
1	μ2 (capsídio interno)	Liga-se ao RNA e aos microtúbulos
2	μ1C (capsídio externo)	Clivado a partir de μ1, forma complexo com σ3, promove a entrada
3	μNS	Promove a montagem viral[a]
SEGMENTOS PEQUENOS ($0,7 \times 10^6$)		
1	σ1 (capsídio externo)	Proteína de fixação viral, hemaglutinina, determina o tropismo tecidual[b]
2	σ2 (capsídio interno)	Facilita a síntese de RNA viral
3	σNS	Facilita a síntese de RNA viral
4	σ3 (capsídio externo)	Principal componente do capsídio externo com μ1C

[a]As proteínas não são encontradas no vírion.
[b]Alvo dos anticorpos neutralizantes.
Modificada de Fields, B.N., Knipe, D.M., Howley, P.M., 1996. Virology, third ed. Lippincott-Raven, New York.

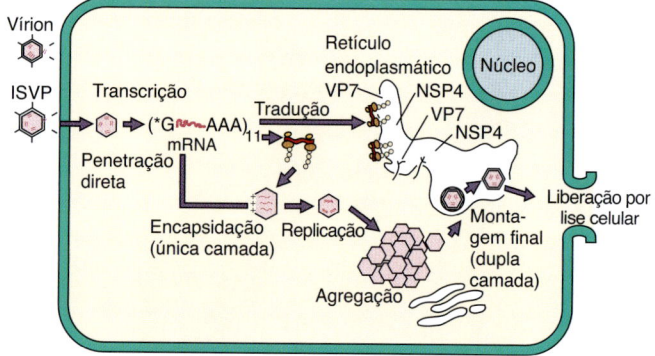

Figura 51.5 Replicação do rotavírus. Os vírions do rotavírus podem ser ativados por protease (p. ex., no sistema digestório) para produzir uma partícula subviral intermediária/infecciosa *(ISVP)*. O vírion ou a ISVP se liga, penetra na célula e perde seu capsídio externo. O capsídio interno contém as enzimas para transcrição do ácido ribonucleico mensageiro (mRNA) usando a fita (±) como molde. Alguns segmentos do mRNA são transcritos em fase precoce e outros são transcritos mais tarde. Enzimas nos cernes (*cores*) dos vírions fixam a 5′-metilguanosina no *cap (*G)* e a sequência poliadenilada na extremidade 3′ (poli A *[AAA])*) ao mRNA. O RNA (+) é o mRNA e também está envolto pelo capsídio interno como um molde para replicar o genoma segmentado ±. VP7 e NSP4 são sintetizadas como glicoproteínas e expressas no retículo endoplasmático. Os capsídios formam agregados e ancoram na proteína NSP4 presente no retículo endoplasmático, adquirindo a VP7 e seu capsídio externo e um envelope. O vírus perde o envelope e deixa a célula em lise celular.

Boxe 51.2 Mecanismos patológicos do rotavírus.

O vírus é disseminado principalmente pela **via fecal-oral**.
As ações citolítica e toxina-símile no epitélio intestinal causam perda de eletrólitos e impedem a reabsorção de água.
A **doença pode ser significativa** em lactentes < 24 meses de idade, mas pode ser assintomática em adultos.
Grandes quantidades de vírus são liberadas durante a fase diarreica.

PATOGÊNESE E IMUNIDADE

O rotavírus pode sobreviver ao ambiente ácido no estômago tamponado ou em um estômago após uma refeição e é convertido em ISVP por proteases (Boxe 51.2). Grupos de vírus têm aumentado a infecciosidade. A replicação viral ocorre após a adsorção da ISVP às células epiteliais colunares cobrindo as vilosidades do intestino delgado. Aproximadamente 8 horas após a infecção, são observadas inclusões citoplasmáticas que contêm proteínas recém-sintetizadas e RNA. Até 10^{10} partículas virais por grama de fezes podem ser liberadas durante a doença. Estudos do intestino delgado, sejam de modelos experimentais com animais infectados ou em amostras de biopsia de crianças, demonstram encurtamento e achatamento das microvilosidades e infiltração de células mononucleares na lâmina própria.

Semelhante à cólera, a infecção por rotavírus impede a absorção de água, causando uma secreção líquida de água e perda de íons, que juntos resultam em uma diarreia aquosa. A **proteína NSP4** do rotavírus atua de **maneira semelhante a uma toxina** para promover o influxo de íons cálcio em enterócitos, o que perturba o citoesqueleto e as junções oclusivas, causando o extravasamento e também a liberação de citocinas e ativadores neuronais, que alteram a absorção de água. A perda de líquido e eletrólitos pode levar à desidratação grave e até mesmo à morte, se a terapia não incluir a reposição de eletrólitos. Vale mencionar que a diarreia também promove a transmissão do vírus.

A imunidade à infecção depende de anticorpos, principalmente da imunoglobulina (Ig)A, no lúmen intestinal. Os anticorpos contra as proteínas VP7 e VP4 neutralizam o vírus. A aquisição ativa ou passiva de anticorpos (incluindo anticorpos no colostro e no leite materno) pode diminuir a gravidade da doença, mas não previne consistentemente a reinfecção. Na ausência de anticorpos, a inoculação até mesmo de pequenas quantidades de vírus causa infecção e diarreia. A infecção em lactentes e crianças pequenas geralmente é sintomática, enquanto nos adultos frequentemente é assintomática.

EPIDEMIOLOGIA

Os rotavírus são onipresentes em todo o mundo, com 95% das crianças infectadas na faixa etária de 3 a 5 anos (Boxe 51.3). Os rotavírus são transmitidos de pessoa para pessoa pela **via fecal-oral**. A excreção máxima do vírus ocorre em 2 a 5 dias após o início da diarreia, mas pode ocorrer sem sintomas. O vírus sobrevive bem nos fômites (p. ex., móveis e brinquedos) e nas mãos, porque pode resistir ao ressecamento. Os surtos ocorrem em pré-escolas e creches e em lactentes hospitalizados.

Os rotavírus são **uma das causas mais comuns de diarreia grave em crianças pequenas** em todo o mundo. Antes das vacinas, quatro em cinco crianças teriam diarreia causada por rotavírus e uma em sete delas necessitaria de assistência médica, com 20 a 50 mortes por ano nos EUA e até 500 mil mortes em todo o mundo. Na América do Norte, os surtos ocorrem durante o outono, o inverno e a primavera. A doença mais intensa ocorre em crianças com desnutrição grave. Nos países em desenvolvimento, a diarreia por rotavírus é uma doença grave, muito contagiosa, potencialmente fatal para crianças e ocorre o ano inteiro. Vários surtos de rotavírus do grupo B ocorreram na China por causa do abastecimento de água contaminada que afetou milhões de pessoas.

SÍNDROMES CLÍNICAS

O rotavírus é uma das principais causas de gastrenterite (Caso Clínico 51.1; Boxe 51.4). O período de incubação da doença diarreica causada por rotavírus é estimado em

---

Boxe 51.3 Epidemiologia do rotavírus.

Doenças/fatores virais

O capsídio viral é resistente ao ambiente e às condições gastrintestinais.
Grandes quantidades de vírus são liberadas no material fecal.
Uma infecção assintomática pode resultar na liberação de vírus.

Transmissão

O vírus é transmitido em matéria fecal, principalmente em creches.
A transmissão respiratória pode ser possível.

Quem corre risco?

Rotavírus do grupo A
Lactentes < 24 meses de idade: risco de gastrenterite infantil com desidratação potencial.
Crianças maiores e adultos: risco de diarreia leve.
Pessoas subnutridas em países subdesenvolvidos: risco de diarreia, desidratação e morte.

Rotavírus do grupo B (rotavírus da diarreia adulta)
Lactentes, crianças mais velhas e adultos na China: risco de gastrenterite grave.

Geografia/sazonalidade

O vírus é encontrado em todo o mundo.
A doença é mais comum no outono, no inverno e na primavera.

Modos de controle

Lavagem das mãos e isolamento de casos conhecidos são modos de controle.
As vacinas vivas utilizam rotavírus humanos ou bovinos atenuados recombinantes.

Caso Clínico 51.1 Infecção causada por rotavírus em adultos

Mikami et al. (*J Med Virol* 73:460–464, 2004) descreveram um surto de gastrenterite aguda que ocorreu durante um período de 5 dias em 45 de 107 crianças (de 11 a 12 anos de idade) após uma viagem escolar de 3 dias. A pessoa-fonte do surto estava doente no início da viagem. Um caso de gastrenterite aguda causada por rotavírus é definido como três ou mais episódios de diarreia e/ou dois ou mais episódios de vômito por dia. Outros sinais/sintomas incluíam febre, náuseas, fadiga, dor abdominal e cefaleia. O rotavírus responsável pelo surto foi identificado nas fezes de vários indivíduos, como o rotavírus grupo A do sorotipo G2, pela análise comparativa do padrão de migração de ácidos ribonucleicos genômicos por eletroforese, por reação em cadeia da polimerase com transcriptase reversa, além do ensaio imunossorvente ligado à enzima (ELISA) para a identificação do vírus em amostras das fezes. Embora o rotavírus seja a causa mais comum da diarreia infantil, esse vírus, especialmente a cepa G2, também causa gastrenterite em adultos. Esse artigo ilustrou os diferentes métodos laboratoriais disponíveis para a detecção de um vírus que é difícil de crescer em cultura de tecidos.

---

48 horas. Os principais achados clínicos em pacientes hospitalizados incluem **vômitos, diarreia, febre** e **desidratação**. Nem leucócitos nem sangue são encontrados nas fezes nessa forma de diarreia. A gastrenterite por rotavírus é uma doença autolimitada e a recuperação geralmente é completa e sem sequelas. Entretanto, a infecção pode ser fatal em lactentes desnutridos e desidratados antes da infecção.

> **Boxe 51.4** Resumo clínico.
>
> **Rotavírus:** um lactente de 1 ano apresenta diarreia aquosa, vômitos e febre por 4 dias. O ELISA das fezes confirma o rotavírus. A criança está muito desidratada.

DIAGNÓSTICO LABORATORIAL

Os achados clínicos em pacientes com infecção por rotavírus se assemelham àqueles observados em outras diarreias virais (p. ex., o vírus Norwalk). A maioria dos pacientes tem grandes quantidades de vírus nas fezes, tornando a detecção direta do antígeno viral o método preferido para o diagnóstico. O imunoensaio enzimático e a aglutinação em látex são métodos rápidos, fáceis e relativamente baratos para detectar o rotavírus nas fezes. As partículas virais nas amostras clínicas podem também ser prontamente detectadas em microscopia eletrônica ou por microscopia imunoeletrônica. A reação em cadeia da polimerase com transcriptase reversa (RT-PCR) é útil para detectar e distinguir os genótipos do rotavírus.

A cultura celular do rotavírus exige pré-tratamento do vírus com tripsina para gerar a ISVP para que a infecção ocorra, mas não é utilizada para fins diagnósticos.

TRATAMENTO, PREVENÇÃO E CONTROLE

Os rotavírus são adquiridos em fase precoce da vida. Sua natureza ubíqua torna difícil limitar a propagação do vírus e a infecção. Os pacientes hospitalizados com a doença devem ser isolados para limitar a disseminação da infecção para outros pacientes suscetíveis.

Não há terapia antiviral específica para a infecção pelo rotavírus. A morbidade e a mortalidade associadas à diarreia por rotavírus resultam da desidratação e desequilíbrio eletrolítico. Similar ao tratamento da cólera, a terapia com reidratação é necessária para a reposição de fluidos, de modo que o volume de sangue e os desequilíbrios ácido-base e eletrolíticos são corrigidos.

O desenvolvimento de uma vacina segura contra o rotavírus é uma alta prioridade para proteger as crianças, principalmente aquelas em países subdesenvolvidos, de doenças potencialmente fatais. Os rotavírus animais, tais como o rotavírus do macaco *rhesus* e o vírus da diarreia dos bezerros de Nebraska, compartilham determinantes antigênicos com os rotavírus humanos e não causam doenças em seres humanos. Uma vacina com rotavírus de macaco *rhesus* e de humanos combinados por meio de rearranjos ou reagrupamentos (RotaShield®) foi retirada em 1999 por causa da incidência de intussuscepção (invaginação intestinal possivelmente resultante de reações inflamatórias) em um pequeno número de crianças, e recentemente demonstrou ser semelhante aos níveis observados em não vacinados. Duas novas vacinas vivas híbridas contra o rotavírus, mais seguras, foram desenvolvidas desde então e são aprovadas pela U.S. Food and Drug Administration nos EUA e em outros lugares. A RotaTeq® consiste em cinco rotavírus bovinos combinados por reagrupamento, contendo a VP4 ou VP7 de cinco rotavírus humanos diferentes. A vacina Rotarix® é desenvolvida com uma única cepa de rotavírus humano atenuado. As **vacinas são administradas por via oral na faixa etária mais precoce possível**, aos 2, 4 e 6 meses de idade. A administração oral dessas vacinas promove a produção de IgA secretória e boas respostas de memória.[1]

Ortoreovírus (reovírus de mamíferos)

Os ortoreovírus são onipresentes. Os vírions são muito estáveis e foram detectados em esgotos e águas fluviais. Os reovírus de mamíferos ocorrem em três sorotipos referidos como **reovírus dos tipos 1, 2 e 3**; esses sorotipos se baseiam nos testes de neutralização e de inibição da hemaglutinação.

PATOGÊNESE E IMUNIDADE

Os ortoreovírus não causam doenças significativas em seres humanos. Entretanto, estudos de doenças causadas por reovírus em camundongos avançaram nossa compreensão da patogênese das infecções virais em humanos. Dependendo da cepa do reovírus, o vírus pode ser neurotrópico ou viscerotrópico em camundongos. As funções e as propriedades de virulência das proteínas do reovírus foram identificadas pela comparação das atividades dos vírus híbridos entre as cepas (reagrupamentos) que diferem em apenas um segmento genômico (codificando uma proteína). Com essa abordagem, a nova atividade é atribuível ao segmento genômico de outra cepa do vírus.

Camundongos e, presumivelmente, seres humanos conseguem elaborar respostas imunes humorais e celulares protetoras contra as proteínas do capsídio externo. Embora os ortoreovírus sejam normalmente líticos, eles também conseguem estabelecer infecção persistente em cultura de células.

EPIDEMIOLOGIA

A disseminação do vírus ocorre principalmente pela via fecal-oral e potencialmente em aerossóis. Como mencionado anteriormente, os ortoreovírus são encontrados em todo o mundo. A maioria das pessoas é infectada durante a infância.

SÍNDROMES CLÍNICAS

Os ortoreovírus infectam pessoas de todas as idades; a associação de doenças específicas a esses agentes tem sido difícil. A maioria das infecções é assintomática ou tão leve que passa despercebida. Esses vírus estão relacionados com doenças leves das vias respiratórias superiores, semelhantes ao resfriado comum (febre baixa, rinorreia e faringite), doença do sistema digestório e atresia biliar.

DIAGNÓSTICO LABORATORIAL

A infecção pelo ortoreovírus humano pode ser detectada por ensaios de detecção do antígeno viral ou do RNA genômico ou por isolamento do vírus em amostras de garganta, nasofaringe e fezes, ou ensaios sorológicos para anticorpos específicos contra o vírus.

---

[1] N.R.T.: Ver calendário vacinal da Sociedade Brasileira de Imunizações em https://sbim.org.br/images/calendarios/calend-sbim-crianca.pdf.

TRATAMENTO, PREVENÇÃO E CONTROLE

A doença causada pelo gênero *Orthoreovirus* é leve e autolimitada. Por essa razão, não é necessário tratamento e não foram desenvolvidas medidas de prevenção e controle.

Coltivírus e orbivírus

Os coltivírus e orbivírus infectam os vertebrados e invertebrados. Os coltivírus causam a febre por carrapato do Colorado e uma doença humana relacionada. Os orbivírus causam principalmente doenças em animais, incluindo a doença da língua azul em ovinos, a peste equina africana e a doença epizoótica hemorrágica dos cervos.

A **febre por carrapato do Colorado**, uma doença aguda caracterizada por febre, cefaleia e mialgia grave, era originalmente descrita no século XIX e acredita-se que agora seja uma das doenças virais transmitidas por carrapatos mais comuns nos EUA. Embora centenas de infecções ocorram anualmente, o número exato não é conhecido, porque a febre por carrapato do Colorado não é uma doença notificável.

A estrutura e a fisiologia dos coltivírus e orbivírus são semelhantes aos dos outros membros da família Reoviridae, com as principais exceções descritas a seguir:

1. O capsídio externo dos orbivírus não apresenta estrutura de capsômero visível, mesmo que o capsídio interno seja icosaédrico.
2. O vírus causa viremia, infecta precursores de eritrócitos e permanece nos eritrócitos maduros, protegido da resposta imunológica.
3. O ciclo de vida do *Orbivirus* inclui vertebrados e invertebrados (insetos).
4. Os vírus da febre por carrapato do Colorado têm 12 segmentos genômicos de RNA de fita dupla, e os orbivírus têm 10.

PATOGÊNESE

O vírus da febre por carrapato do Colorado infecta células precursoras eritroides sem causar danos graves. O vírus permanece dentro das células mesmo depois de amadurecer e se tornar eritrócito; esse fator protege o vírus da eliminação. A viremia resultante pode persistir por semanas ou meses, mesmo após o término dos sintomas. Esses dois fatores promovem a transmissão do vírus para o vetor carrapato.

Uma doença hemorrágica grave pode resultar de uma infecção de pericitos e células endoteliais vasculares e células do músculo liso vascular, debilitando a estrutura capilar. A fraqueza leva a extravasamento, hemorragia e potencialmente hipotensão e choque. A infecção neuronal pode levar à meningite e à encefalite.

EPIDEMIOLOGIA

A febre por carrapato do Colorado ocorre em áreas do oeste e noroeste dos EUA e do oeste do Canadá em elevações de 4.000 a 10 mil pés (equivale a 1.219,2 a 3.048 metros), que é o hábitat do carrapato *Dermacentor andersoni* (Figura 51.6). Os carrapatos adquirem o vírus após se alimentar de um hospedeiro com viremia e posteriormente transmitem o vírus na saliva ao se alimentarem de um novo

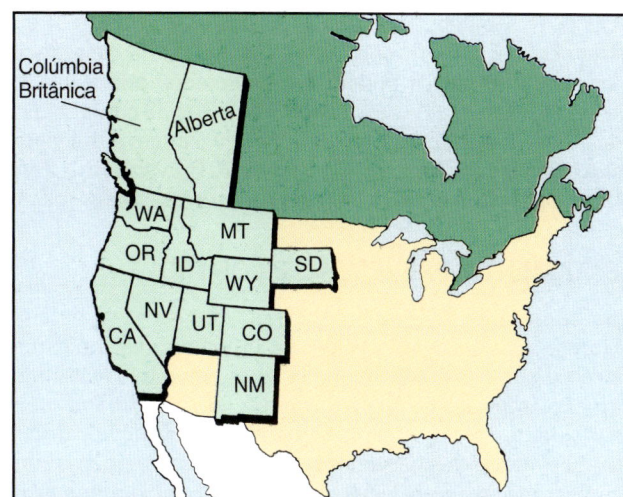

Figura 51.6 Distribuição geográfica da febre por carrapato do Colorado.

vetor. Os hospedeiros naturais desse vírus incluem muitos mamíferos, tais como esquilos, tâmias, coelhos e cervos. As doenças humanas são observadas durante as estações da primavera, verão e outono, quando os seres humanos estão mais propensos a invadir o hábitat do carrapato.

SÍNDROMES CLÍNICAS

O vírus da febre por carrapato do Colorado causa geralmente infecção leve ou subclínica. Os sintomas da doença aguda se assemelham àqueles observados na dengue. Após um período de incubação de 3 a 6 dias, as infecções sintomáticas começam com o início súbito de febre, calafrios, cefaleia, fotofobia, mialgia, artralgia e letargia (Figura 51.7). As características da infecção incluem febre bifásica, conjuntivite e possivelmente linfadenopatia, hepatoesplenomegalia e erupção cutânea maculopapular ou petequial. Leucopenia envolvendo ambos os neutrófilos e linfócitos é uma importante característica da doença. As crianças ocasionalmente desenvolvem uma doença hemorrágica mais grave. A febre por carrapato do Colorado deve ser diferenciada da febre maculosa das Montanhas Rochosas, que é uma infecção causada por riquétsias transmitidas por carrapatos e caracterizada por erupção cutânea, porque esta última exige tratamento com antibacterianos.

DIAGNÓSTICO LABORATORIAL

O diagnóstico da febre por carrapato do Colorado pode ser estabelecido pela detecção direta de antígenos virais, genoma, isolamento do vírus ou testes sorológicos. O antígeno

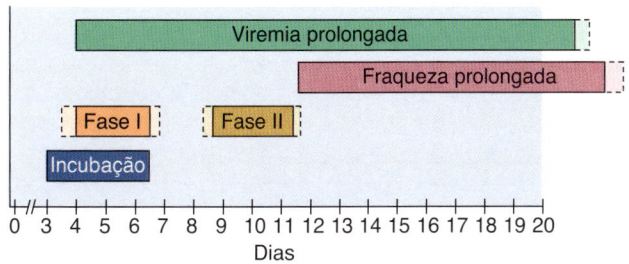

Figura 51.7 Evolução temporal da febre por carrapato do Colorado.

viral pode ser detectado nas superfícies de eritrócitos em esfregaço de sangue com o uso de imunofluorescência e os genomas virais podem ser detectados por RT-PCR. Nos EUA, testes laboratoriais podem estar disponíveis por meio dos departamentos estaduais de saúde pública ou pelos Centers for Disease Control and Prevention (CDC). A sorologia pode ser realizada para fins epidemiológicos.

TRATAMENTO, PREVENÇÃO E CONTROLE

Não há tratamento específico para a febre por carrapato do Colorado. A doença é geralmente autolimitada, indicando que a assistência de suporte é suficiente. A viremia é de longa duração, implicando que os pacientes infectados não devem doar sangue logo após a recuperação. A prevenção consiste em (1) evitar áreas infestadas de carrapatos, (2) utilizar roupas de proteção e repelentes de carrapatos e (3) remover os carrapatos antes de ocorrer a picada. Ao contrário das riquetsioses transmitidas por carrapatos, em que a alimentação prolongada é necessária para a transmissão das bactérias, o coltivírus presente na saliva do carrapato penetra na corrente sanguínea rapidamente e é suficiente para iniciar a doença.

Bibliografia

Bellamy, A.R., Both, G.W., 1990. Molecular biology of rotaviruses. Adv. Virol. 38:1–44.
Blacklow, N.R., Greenberg, H.B., 1991. Viral gastroenteritis. N. Engl. J. Med. 325, 252–264.
Burke, R.M., et al, 2018. Three rotavirus outbreaks in the postvaccine era–California, 2017. MMWR 67(16).
Burrell, C., Howard, C., Murphy, F., 2016. Fenner and White's Medical Virology, fifth ed. Academic, New York.
Christensen, M.L., 1989. Human viral gastroenteritis. Clin. Microbiol. Rev. 2, 51–89.
Cohen, J., Powderly, W.G., 2004. Infectious Diseases, second ed. Mosby, St Louis.
Flint, S.J., Racaniello, V.R., et al., 2015. Principles of Virology, fourth ed. American Society for Microbiology Press, Washington, DC.
Gershon, A.A., Hotez, P.J., Katz, S.L., 2004. Krugman's Infectious Diseases of Children, eleventh ed. Mosby, St Louis.
Greenberg, H.B., Estes, M.K., 2009. Rotaviruses: from pathogenesis to vaccination. Gastroenterology 136, 1939–1951.
Knipe, D.M., Howley, P.M., 2013. Fields Virology, sixth ed. Lippincott Williams & Wilkins, Philadelphia.
Nibert, M.L., Furlong, D.B., Fields, B.N., 1991. Mechanisms of viral pathogenesis: distinct forms of reovirus and their roles during replication in cells and host. J. Clin. Invest. 88, 727–734.
Ramig, R.F., 1994. Rotaviruses. Current Topics in Microbiology and Immunology, vol. 185. Springer-Verlag, Berlin.
Ramig, R.F., 2007. Systemic rotavirus infection. Expert. Rev. Anti. Infect. Ther. 5, 591–612.
Richman, D.D., Whitley, R.J., Hayden, F.G., 2017. Clinical Virology, fourth ed. American Society for Microbiology Press, Washington, DC.
Roy, P., 2006. Reoviruses: Entry, Assembly and Morphogenesis. Current Topics in Microbiology and Immunology, vol. 309. Springer-Verlag, Heidelberg, Germany.
Sharpe, A.H., Fields, B.N., 1985. Pathogenesis of viral infections: basic concepts derived from the reovirus model. N. Engl. J. Med. 312, 486–497.
Strauss, J.M., Strauss, E.G., 2007. Viruses and Human Disease, second ed,. Academic, San Diego.
Tyler, K.L., Oldstone, M.B.A., 1998. Reoviruses. Curr Top Microbiol Current Topics in Microbiology and Immunology, vol. 233. Springer-Verlag, Berlin.

Websites

Centers for Disease Control and Prevention, Rotavirus. www.cdc.gov/rotavirus/. Accessed August 12, 2018.
Centers for Disease Control and Prevention, Rotavirus Vaccines. https://www.cdc.gov/rotavirus/vaccination.html. Accessed August 12, 2018.
2017 Centers for Disease Control and Prevention, 2018. Three rotavirus outbreaks in the postvaccine era—California, 2017. MMWR 67 (16).
Nguyen, D.D., Henin, S.S., King, B.R., 2018. Rotavirus. http://emedicine.medscape.com/article/803885-overview. Accessed August 12, 2018.
Stevenson, A., Chandranesan, J., 2017. Reoviruses. http://emedicine.medscape.com/article/227348-overview. Accessed August 8, 2018.

52 Togavírus e Flavivírus

Uma garotinha de 5 anos da Indonésia morreu de choque hemorrágico. O sorotipo 3 do vírus da dengue em seu sangue foi confirmado por reação em cadeia da polimerase com transcriptase reversa (RT-PCR).

1. Como a criança foi infectada pelo vírus da dengue?
2. Quais são as doenças causadas pelo vírus da dengue?
3. Quais tipos de respostas imunológicas são protetoras? E quais são potencialmente prejudiciais?
4. Onde a dengue é predominante? Por quê?

RESUMOS Organismos clinicamente significativos

TOGAVÍRUS

Palavras-chave

Arbovírus: mosquito, encefalite
Rubéola: doença congênita, erupção cutânea, vacina

Biologia, virulência e doença

- Tamanho pequeno, o envelope circunda o nucleocapsídio icosaédrico, genoma de RNA (+)
- Codifica a RNA polimerase RNA-dependente, replica no citoplasma
- Produção de mRNA e proteínas precoces e tardias
- Propagação do vírus no sangue para tecidos-alvo, incluindo neurônios e cérebro
- O anticorpo consegue bloquear a viremia e doenças
- Pródromo de sintomas gripais causados por interferona e resposta de citocinas
- Arbovírus: vírus da encefalite equina (EEO, EEL, EEV)
- Rubéola: erupção benigna da infância, linfadenopatia. As complicações adultas incluem artrite, encefalite. Infecção congênita: teratogênica, catarata, surdez, microcefalia etc.

Epidemiologia

- Arbovírus: zoonose, reservatório em aves, vetores são os mosquitos *Aedes* e *Culex*
- Rubéola: propagação em aerossol, infecta apenas seres humanos, indivíduos não vacinados em risco, feto em alto risco

Diagnóstico

- RT-PCR, ELISA

Tratamento, prevenção e controle

- Arbovírus: controle de mosquitos
- Vacina com o vírus vivo atenuado da rubéola, no 1º ano de vida, integrando a MMR; reforço entre 4 e 6 anos de idade

FLAVIVÍRUS

Palavras-chave

Arbovírus: mosquito, encefalite, doenças hemorrágicas
Vírus da hepatite C (HCV): ver Capítulo 55

Biologia, virulência e doença

- Tamanho pequeno, o envelope circunda o nucleocapsídio icosaédrico, genoma de RNA (+)
- Codifica a RNA polimerase RNA-dependente, replica no citoplasma
- O anticorpo neutralizante consegue bloquear a doença
- O anticorpo não neutralizante promove a infecção pelo vírus da dengue
- Anticorpos de reação cruzada produzidos contra diferentes flavivírus
- Disseminação do vírus no sangue para tecidos-alvos: para os vírus da encefalite, neurônios e cérebro; para os vírus hemorrágicos, sistema vascular, fígado, órgãos
- Pródromo de sintomas gripais causados por resposta de interferona e citocinas
- Arbovírus
- Vírus da encefalite: vírus da encefalite de St. Louis, do Nilo Ocidental, da encefalite japonesa
- Doença hemorrágica:
  Febre amarela: icterícia, vômito de cor escura
  Dengue: febre hemorrágica, "febre quebra-ossos", síndrome do choque da dengue

Epidemiologia

- Endêmica no hábitat do mosquito
- Arbovírus: zoonose, reservatório em aves, os vetores são os mosquitos *Aedes* ou *Culex*

Diagnóstico

- RT-PCR, ELISA

Tratamento, prevenção e controle

- Arbovírus: controle de mosquitos
- Vírus da febre amarela: vacina viva atenuada

EEL, encefalite equina do leste; *ELISA*, ensaio imunossorvente ligado à enzima; *MMR*, sarampo-caxumba-rubéola; *RT-PCR*, reação em cadeia da polimerase com a transcriptase reversa; *EEV*, encefalite equina venezuelana; *EEO*, encefalite equina do oeste.

Os membros das famílias Togaviridae e Flaviviridae são vírus envelopados, com genoma de ácido ribonucleico (RNA) de fita simples e sentido positivo (Boxe 52.1). O gênero *Alphavirus* dos togavírus e o gênero *Flavivirus* diferem em tamanho, morfologia, sequência gênica e replicação, mas são discutidos em conjunto por causa das semelhanças nas doenças que causam e em sua epidemiologia. A maioria é transmitida por artrópodes e são, portanto, arbovírus (vírus transmitidos por artrópodes).

Os membros da família Togaviridae (togavírus) que causam doenças humanas pertencem aos gêneros *Alphavirus* e *Rubivirus* (Tabela 52.1). O vírus da **rubéola** é o único membro do grupo *Rubivirus*; ele é discutido separadamente porque sua manifestação clínica (**rubéola**) e seus meios de propagação diferem daqueles dos alfavírus. Os membros da família Flaviviridae incluem flavivírus, pestivírus e hepacivírus (vírus das hepatites C e G). As hepatites C e G são discutidas no Capítulo 55.

Alfavírus e flavivírus

Os alfavírus e flavivírus são classificados como arbovírus porque são transmitidos por vetores artrópodes. Esses vírus têm uma **gama** muito **ampla de hospedeiros**, incluindo vertebrados (p. ex., mamíferos, aves, anfíbios, répteis) e invertebrados (p. ex., mosquitos, carrapatos). Doenças disseminadas por animais ou com um reservatório de animais são chamadas **zoonoses**. Exemplos de alfavírus e flavivírus patogênicos estão listados na Tabela 52.2.

> **Boxe 52.1** Características únicas dos togavírus e flavivírus.
>
> Os vírus apresentam RNA de fita simples, de sentido positivo e são envelopados.
> A replicação dos togavírus inclui a síntese de proteínas precoces (não estruturais) e tardias (estruturais).
> Os togavírus se replicam no citoplasma e brotam nas membranas plasmáticas.
> Os flavivírus se replicam no citoplasma e brotam nas membranas intracelulares.

Tabela 52.1 Togavírus e flavivírus.

Grupo de vírus	Patógenos humanos
TOGAVÍRUS	
Alfavírus	Arbovírus
Rubivírus	Vírus da rubéola
Arterivírus	Nenhum
FLAVIVÍRUS	Arbovírus
Hepaciviridae	Vírus da hepatite C (HCV)
Pestivírus	Nenhum

ESTRUTURA E REPLICAÇÃO DOS ALFAVÍRUS

Os alfavírus apresentam um **capsídio icosaédrico** e um genoma de RNA de fita simples, de sentido positivo, que se assemelha ao mensageiro RNA (mRNA). Eles são ligeiramente maiores que os picornavírus (45 a 75 nm de diâmetro) e são cercados por um **envelope** (do latim *toga*, "capa"). O genoma do togavírus codifica **proteínas precoces** e **tardias**.

Os alfavírus têm duas ou três glicoproteínas que se associam para formar uma única espícula. O terminal carboxila (COOH) das glicoproteínas é ancorado no capsídio, forçando o envelope a acondicionar firmemente e a adotar a forma do capsídio (Figura 52.1). As proteínas do capsídio de todos os alfavírus são semelhantes em estrutura e apresentam antígenos de reatividade cruzada. Os vírus podem ser agrupados (complexos) e diferenciados por diferentes determinantes antigênicos em suas glicoproteínas de envelope.

Os alfavírus se ligam a receptores específicos expressos em muitos tipos diferentes de células a partir de várias espécies distintas (Figura 52.2). A gama de hospedeiros para esses vírus inclui vertebrados (p. ex., humanos, macacos, equinos, aves, répteis, anfíbios) e invertebrados (p. ex., mosquitos, carrapatos). No entanto, os vírus individuais têm diferentes tropismos teciduais, respondendo de certa forma pelas diferentes apresentações clínicas.

O vírus entra na célula por meio da endocitose mediada pelo receptor (ver Figura 52.2). O envelope viral então se funde à membrana do endossomo durante a acidificação da vesícula para liberar a cápsula e o genoma no citoplasma. Uma vez liberados no citoplasma, os genomas do alfavírus ligam-se aos ribossomos como mRNA. O genoma do alfavírus é traduzido em fases precoces e tardias. Os dois terços iniciais do RNA do alfavírus são traduzidos em uma poliproteína que inclui as proteases que subsequentemente clivam a poliproteína em quatro proteínas precoces não estruturais (NSPs 1 a 4). Essas proteínas precoces são componentes da RNA polimerase dependente do RNA. Quanto a todos os vírus de RNA de fita positiva, a montagem das enzimas para replicação do genoma ocorre em um arcabouço de membrana na vesícula. Em primeiro lugar, o RNA 42S de fita negativa e comprimento total é sintetizado como um molde para replicação do genoma e então mais mRNA 42S de sentido positivo é produzido. Além disso, um mRNA 26S tardio, correspondente a um terço do genoma, é transcrito a partir do molde. O RNA 26S codifica as proteínas do capsídio (C) e do envelope (E1 até E3). No final do ciclo de replicação, o mRNA viral pode representar até 90% do mRNA na célula infectada. A abundância de mRNAs tardios permite a produção de uma grande quantidade das proteínas estruturais necessárias para o empacotamento do vírus.

As proteínas estruturais são produzidas por clivagem da poliproteína tardia pela protease, que foi produzida a partir do mRNA 26S. A proteína C é traduzida primeiramente e é clivada a partir da poliproteína. É então produzida uma sequência de sinalização que se associa ao polipeptídio nascente com o retículo endoplasmático. Depois disso, as glicoproteínas do envelope são traduzidas, glicosiladas e clivadas da porção remanescente da poliproteína para produzir as espículas (*spikes*) contendo as glicoproteínas E1, E2 e E3. A E3 é liberada da maioria das espículas de glicoproteínas alfavírus. As glicoproteínas são processadas pela maquinaria normal da célula no retículo endoplasmático e aparelho de Golgi e são acetiladas e aciladas com os ácidos graxos de cadeia longa. As glicoproteínas do alfavírus são, então, transferidas eficientemente para a membrana plasmática.

As proteínas C se associam ao RNA genômico logo após sua síntese e formam um capsídio icosaédrico. Uma vez concluída essa etapa, o capsídio se associa a porções da membrana que expressam as glicoproteínas virais. O capsídio do alfavírus tem sítios de ligação para o terminal carboxila da espícula de glicoproteína, que fixa o envelope firmemente ao redor de si mesmo de uma forma semelhante a um pacote encolhido (ver Figuras 52.1 e 52.2). Os alfavírus são liberados com o brotamento a partir da membrana plasmática de células humanas. Eles são citolíticos para células humanas, mas não para células de insetos.

Vale mencionar que o vírus da encefalite equina do oeste (VEEO) foi criado por recombinação de dois alfavírus, o vírus da encefalite equina do leste (VEEL) e o vírus Sindbis. O início do genoma do VEEO é quase idêntico ao VEEL, com glicoproteínas e genes de virulência semelhantes, enquanto o fim do genoma se assemelha ao do vírus Sindbis.

ESTRUTURA E REPLICAÇÃO DOS FLAVIVÍRUS

Os flavivírus também têm um genoma de RNA de fita positiva, um capsídio icosaédrico e um envelope, mas são ligeiramente menores que um alfavírus (40 a 65 nm de diâmetro). A glicoproteína E viral se dobra, forma um pareamento com outra glicoproteína E e fica plana na superfície do vírion para formar uma camada proteica externa (ver Figura 52.1). A maioria dos flavivírus é antigenicamente relacionada e os anticorpos para um vírus podem reconhecer e neutralizar outro vírus.

A fixação e penetração dos flavivírus ocorrem da mesma forma como descritas para os alfavírus. O anticorpo pode aumentar a infectividade e promover a captação do vírus em macrófagos, monócitos e outras células que apresentam receptores Fc quando o vírus é revestido com anticorpos. As principais diferenças entre os alfavírus e flavivírus estão na organização de seus genomas e seus mecanismos de síntese

Tabela 52.2 Arbovírus.

Vírus	Vetor	Hospedeiro	Distribuição	Doença
ALFAVÍRUS				
Sindbis[a]	*Aedes* e outros mosquitos	Aves	África, Austrália, Índia	Subclínica
Da Floresta Semliki[a]	*Aedes* e outros mosquitos	Aves	Leste e Oeste da África	Subclínica
Encefalite equina venezuelana	*Aedes*, *Culex*	Roedores, equinos	Américas do Norte, Sul e Central	Sistêmica leve; encefalite grave
Encefalite equina do leste	*Aedes*, *Culiseta*	Aves	Américas do Norte e do Sul, Caribe	Sistêmica leve; encefalite
Encefalite equina do oeste	*Culex*, *Culiseta*	Aves	Américas do Norte e do Sul	Sistêmica leve; encefalite
Chikungunya	*Aedes*	Seres humanos, macacos	África, Ásia	Febre, artralgia, artrite
FLAVIVÍRUS				
Dengue[a]	*Aedes*	Seres humanos, macacos	Mundial, principalmente nos trópicos	Sistêmica leve; "febre quebra-ossos", febre hemorrágica da dengue e síndrome do choque da dengue
Febre amarela[a]	*Aedes*	Seres humanos, macacos	África, América do Sul	Hepatite, febre hemorrágica
Zika	*Aedes*	Seres humanos, macacos, roedores	Mundial, principalmente nos trópicos	Sistêmica, erupção cutânea, artralgia, doença congênita
Encefalite japonesa	*Culex*	Suínos, aves	Ásia	Encefalite
Encefalite do Nilo Ocidental	*Culex*	Aves	África, Europa, Ásia Central, América do Norte	Febre, encefalite, hepatite
Encefalite de St. Louis	*Culex*	Aves	América do Norte	Encefalite
Encefalite russa da primavera-verão	Carrapatos *Ixodes* e *Dermacentor*	Aves	Rússia	Encefalite
Encefalite de Powassan	Carrapatos *Ixodes*	Pequenos mamíferos	América do Norte	Encefalite

[a]Vírus prototípicos.

de proteínas. Todo o genoma do flavivírus é traduzido em uma única poliproteína de uma maneira mais semelhante ao processo para os picornavírus do que para os alfavírus (Figura 52.3). Como resultado, não há distinção temporal na tradução das diferentes proteínas virais. A poliproteína produzida a partir do genoma da febre amarela contém 10 proteínas, incluindo uma protease e componentes da RNA polimerase RNA-dependente, mais as proteínas do capsídio e do envelope.

Ao contrário do genoma do alfavírus, os genes estruturais estão na extremidade 5' do genoma de flavivírus. Como resultado, as porções da poliproteína contendo as proteínas estruturais (não as catalíticas) são sintetizadas primeiramente e com a maior eficiência, enquanto a polimerase (NS5) é a última. Esse arranjo possibilita a produção de mais proteínas estruturais, mas diminui a eficiência da síntese proteica não estrutural e o início da replicação viral. A poliproteína inteira do flavivírus se associa à membrana do retículo endoplasmático e depois é clivada em seus componentes. Ao contrário dos togavírus, os flavivírus adquirem seu envelope por brotamento no retículo endoplasmático no lugar da superfície celular. O vírus é então liberado por exocitose ou mecanismos de lise celular. Essa rota é menos eficiente e o vírus pode permanecer associado à célula.

PATOGÊNESE E IMUNIDADE NA INFECÇÃO POR ARBOVÍRUS

Por causa da aquisição dos arbovírus a partir da picada de um artrópode, como um mosquito, o conhecimento da evolução da infecção, tanto no hospedeiro vertebrado quanto no vetor invertebrado, é importante para a compreensão das doenças. As infecções de invertebrados geralmente são persistentes, com produção contínua do vírus.

A morte de uma célula infectada resulta de uma combinação de agravos induzidos pelo vírus. O aumento da permeabilidade da membrana da célula-alvo e as alterações nas concentrações de íons podem alterar as atividades enzimáticas e favorecer a tradução do mRNA viral em relação ao mRNA celular. A grande quantidade de RNA viral produzida na replicação e transcrição do genoma bloqueia o mRNA celular da ligação aos ribossomos. O deslocamento do mRNA celular da maquinaria de síntese proteica impede a reconstrução e a manutenção da célula e é uma das principais causas de morte da célula infectada pelo vírus.

As fêmeas do mosquito adquirem os alfavírus e flavivírus por hematofagia a partir de um **hospedeiro vertebrado virêmico**. *Viremia suficiente tem de ser mantida no hospedeiro vertebrado para possibilitar a aquisição do vírus pelo mosquito.* O vírus então infecta as células epiteliais do intestino médio do mosquito, propaga-se através da lâmina basal do intestino médio para a circulação e infecta as glândulas salivares. O vírus promove infecção persistente e se reproduz a títulos elevados nessas células. As glândulas salivares podem, então, liberar o vírus na saliva. Nem todas as espécies de artrópodes são capazes de produzir vírus em sua saliva. Por exemplo, o vetor habitual para o VEEO é o mosquito *Culex tarsalis*, mas algumas cepas do vírus são

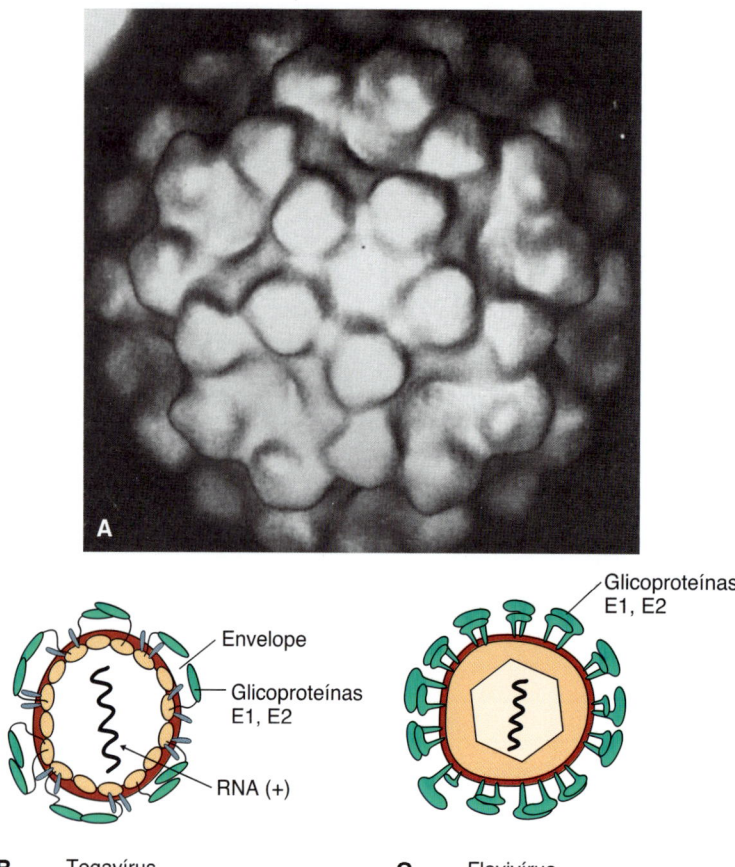

Figura 52.1 Morfologia do alfavírus. **A.** Morfologia do vírion do alfavírus obtida por microscopia crioeletrônica e processamento da imagem das micrografias para mostrar que o envelope é mantido firmemente e de acordo com a forma icosaédrica e a simetria do capsídio. **B.** Corte transversal do alfatogavírus. O envelope está firmemente associado ao capsídio. **C.** Corte transversal do flavivírus. A proteína do envelope circunda o envelope de membrana, que envolve um nucleocapsídio icosaédrico. RNA, ácido ribonucleico. (A, De Fuller, S.D., 1987. The T = 4 envelope of Sindbis virus is organized by interactions with a complementary T = 3 capsid. Cell 48, 923–934.)

limitadas ao intestino médio deste mosquito, não conseguem infectar suas glândulas salivares e, portanto, não podem ser transmitidas aos seres humanos.

Durante a picada de um hospedeiro, a fêmea do mosquito regurgita a saliva contendo o vírus na pele e na corrente sanguínea da vítima. As células-alvo primárias dos flavivírus são da linhagem monocítica-macrofágica, incluindo as células dendríticas. Embora essas células sejam encontradas em todo o corpo e possam ter características diferentes, elas expressam receptores Fc para os anticorpos e liberam citocinas na exposição. A infecção pelo flavivírus é aumentada de 200 a 1.000 vezes pelo anticorpo antiviral não neutralizante que promove a ligação do vírus aos receptores Fc e sua captação na célula. O vírus também infecta as células endoteliais dos capilares.

Esses vírus estão associados à **doença sistêmica leve**, **encefalite, doença artrogênica** ou **doença hemorrágica** (Boxe 52.2). A natureza final da doença causada por alfavírus e flavivírus é determinada por (1) tropismos tecido-específicos do tipo de vírus individual, (2) a concentração do vírus infectante e (3) respostas individuais à infecção.

A viremia inicial produz sintomas sistêmicos, tais como febre, calafrios, dores de cabeça, dores nas costas e outros sintomas gripais dentro de 7 dias após a infecção. A maioria desses sintomas pode ser atribuída aos efeitos da interferona e de outras citocinas produzidas em resposta à viremia e à infecção de células hospedeiras. A maioria das infecções virais não progride além da doença sistêmica leve associada à viremia. Viremia secundária pode produzir vírus suficientes para infectar os órgãos-alvo (p. ex., cérebro, fígado, pele, sistema vascular), dependendo do tropismo tecidual do vírus (Figura 52.4). O vírus ganha acesso ao cérebro com a infecção de células endoteliais que revestem os pequenos vasos do cérebro ou do plexo coroide. A doença hemorrágica e o choque, como para o vírus da dengue, resultam de citólise de células vasculares infectadas, induzida pelo vírus e pela resposta imune, exacerbada pela produção acentuada de citocinas (tempestade de citocinas), que induz o extravasamento vascular.

RESPOSTA IMUNE

A replicação dos alfavírus e flavivírus produz um intermediário replicativo do RNA de fita dupla que é um bom indutor de interferona (IFN)-α e IFN-β. A interferona limita a replicação do vírus e também é liberada na corrente sanguínea para estimular respostas inatas e imunes. Interferona e outras citocinas são produzidas após a infecção de células dendríticas plasmocitoides e outras células no sangue, causando início rápido dos sinais/sintomas gripais, característicos da doença sistêmica leve.

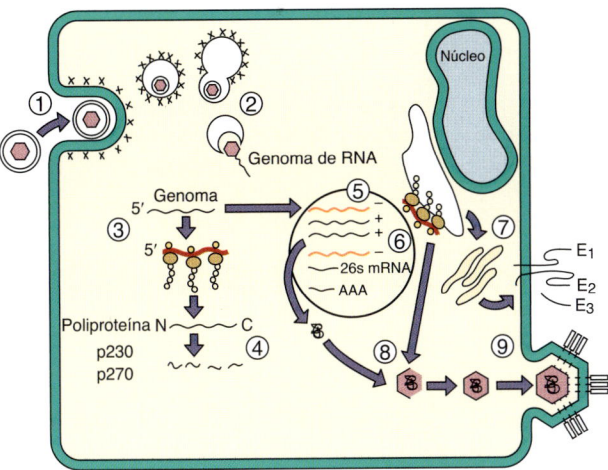
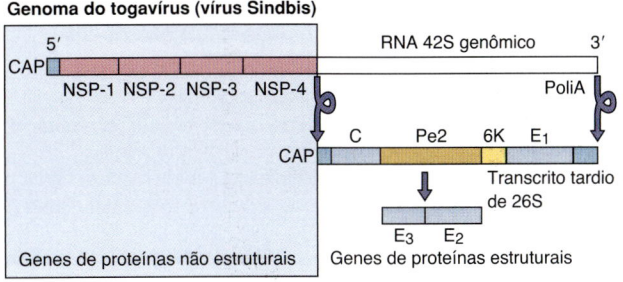
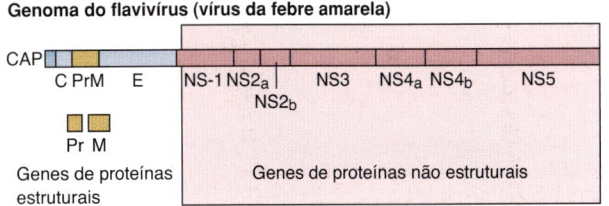

Figura 52.2 Replicação de um togavírus. **1.** Os togavírus se ligam aos receptores celulares e são internalizados em uma vesícula revestida. **2.** Com a acidificação do endossomo, o envelope viral se funde com a membrana endossômica para liberar o nucleocapsídio no citoplasma. **3.** Os ribossomos se ligam ao genoma do ácido ribonucleico *(RNA)* de sentido positivo e as poliproteínas precoces p230 ou p270 (comprimento total) são sintetizadas. **4.** As poliproteínas são clivadas para produzir proteínas não estruturais 1 a 4 (NSP1 a NSP4), que incluem uma polimerase para transcrever o genoma em um molde de RNA de sentido negativo. **5.** A montagem das enzimas de replicação ocorre nos arcabouços da membrana celular na forma de vesículas e o molde é utilizado para produzir um genoma de mRNA de sentido positivo 42S de comprimento total e um mRNA 26S tardio para as proteínas estruturais. **6.** A proteína do capsídio (C) é traduzida primeiro e é clivada. Um peptídio de sinalização é exposto, o peptídio se associa ao retículo endoplasmático **7,** no qual as glicoproteínas E são sintetizadas e glicosiladas. Elas são transferidas para o aparelho de Golgi e depois para a membrana plasmática. **8.** As proteínas do capsídio montam no RNA genômico 42S e depois se associam às regiões das membranas citoplasmáticas e plasmáticas contendo as proteínas da espícula E1, E2 e E3. **9.** O brotamento da membrana plasmática libera o vírus. *AAA,* poliadenilação; *mRNA,* ácido ribonucleico mensageiro.

A imunoglobulina (Ig)M circulante é produzida nos primeiros 6 dias de infecção, seguida pela produção de IgG. O anticorpo contra a proteína de fixação viral bloqueia a propagação hematogênica do vírus e subsequente infecção de outros tecidos. Através do reconhecimento do tipo de antígenos comuns expressos em todos os vírus na família, a imunidade a um único flavivírus pode oferecer alguma proteção contra infecções causadas por outros flavivírus. A imunidade mediada por células também é importante no controle da infecção primária.

A imunidade a esses vírus é uma espada de dois gumes. A interferona e as respostas de citocinas causam o pródromo e os sintomas sistêmicos, incluindo as artrites. A inflamação e a citólise resultante do sistema complemento e de respostas imunes mediadas por células podem destruir tecidos e contribuem significativamente para a patogênese da encefalite. As reações de hipersensibilidade a anticorpos associados à célula ou iniciadas pela formação de imunocomplexos com os víríons e os antígenos virais podem ativar o complemento e romper as células vasculares, causando os sintomas hemorrágicos. Um anticorpo para outro flavivírus que não neutraliza o vírus pode aumentar a captação dos flavivírus em macrófagos e outras células que expressam receptores Fc. As respostas imunes a uma cepa relacionada do vírus da dengue que não previne a infecção podem exacerbar a imunopatogênese, levando à febre hemorrágica da dengue (FHD) ou à síndrome do choque da dengue (SCD).

Figura 52.3 Comparação entre os genomas do togavírus (alfavírus) e do flavivírus. *Alfavírus:* As atividades enzimáticas são traduzidas da extremidade 5' do genoma de entrada, promovendo a tradução precoce rápida. As proteínas estruturais são traduzidas mais tarde a partir de um ácido ribonucleico mensageiro (mRNA) menor transcrito do molde genômico. *Flavivírus:* Os genes para as proteínas estruturais dos flavivírus estão na extremidade 5' do genoma/mRNA e apenas uma espécie de poliproteína é produzida, que representa o genoma inteiro. *PoliA,* poliadenilação.

EPIDEMIOLOGIA

Os alfavírus e a maioria dos flavivírus são arbovírus prototípicos (Boxe 52.3). Para ser um arbovírus, o vírus deve ser capaz de (1) infectar tanto vertebrados quanto invertebrados, (2) iniciar uma viremia suficiente em um hospedeiro vertebrado por um período de tempo suficiente para permitir a aquisição do vírus pelo vetor invertebrado e (3) iniciar uma infecção produtiva persistente da glândula salivar do invertebrado, fornecendo o vírus para a infecção de outros animais hospedeiros. Os **humanos geralmente são os hospedeiros "becos sem saída"**, na medida em que não podem transmitir o vírus de volta ao vetor, porque eles não mantêm uma viremia persistente. *Se o vírus não está no sangue, o mosquito não pode adquiri-lo.* Um ciclo completo de infecção ocorre quando o vírus é transmitido pelo vetor artrópode e amplificado em um hospedeiro suscetível, imunologicamente imaturo ou *naïve* **(reservatório)**, possibilitando a reinfecção de outros artrópodes (Figura 52.5). Os vetores, os hospedeiros naturais e a distribuição geográfica dos alfavírus e flavivírus representativos estão listados na Tabela 52.2.

Esses vírus são geralmente restritos a um vetor artrópode específico, seu hospedeiro vertebrado e seu nicho ecológico. O vetor mais comum é o mosquito, mas carrapatos e mosquitos-palhas espalham alguns arbovírus. Mesmo em uma região tropical invadida por mosquitos, a propagação desses vírus ainda é restrita a um gênero específico de mosquitos. Nem todos os artrópodes podem atuar como bons vetores para cada vírus. Por exemplo, *C. quinquefasciatus* é resistente à infecção pelo VEEO (alfavírus), mas é um excelente vetor para o vírus da encefalite de St. Louis (flavivírus).

As aves e pequenos mamíferos são os hospedeiros reservatórios habituais para os alfavírus e flavivírus, mas répteis e anfíbios também podem servir como hospedeiros. Uma grande população de animais virêmicos pode se desenvolver nessas espécies para continuar o ciclo de infecção do vírus.

> **Boxe 52.2** Mecanismos patológicos dos togavírus e flavivírus.
>
> Os vírus são citolíticos, exceto os da rubéola e da hepatite C.
> Os vírus estabelecem viremia e infecção sistêmica.
> Os vírus são bons indutores de interferona e citocinas, que podem ser responsáveis pelos sintomas gripais durante o pródromo.
> Os vírus, exceto os da rubéola e hepatite C, são arbovírus.
> Os flavivírus conseguem infectar células da linhagem monocítica-macrofágica.
> Os anticorpos não neutralizantes conseguem incrementar a infecção pelos flavivírus via receptores Fc nas células..
>
> | | Gripal/sistêmica[a] | Encefalite | Hepatite | Hemorragia | Choque |
> |---|---|---|---|---|---|
> | Dengue | + | – | + | + | + |
> | Febre amarela | + | – | + | + | + |
> | Zika[b] | + | – | – | – | – |
> | Encefalite de St. Louis | + | + | – | – | – |
> | Encefalite do Nilo Ocidental | + | + | – | – | – |
> | Chikungunya | + | – | – | – | – |
> | Encefalite equina do leste | + | + | – | – | – |
> | Encefalite japonesa | + | + | – | – | – |
>
> [a]Sintomas sistêmicos podem incluir artralgia.
> [b]Pode causar microcefalia no feto.

Por exemplo, o vírus da encefalite do Nilo Ocidental (VNO) foi observado pela primeira vez em 1999 como um surto em Nova York pelas mortes incomuns de aves em cativeiro no Zoológico do Bronx. A análise por RT-PCR identificou o vírus como VNO. O vírus é transmitido pelos mosquitos *C. pipiens*, e corvo, gaio-azul e outras aves silvestres são o reservatório. A propagação do vírus ocorreu nos EUA em toda a sua extensão, e até 2006 o vírus e a doença humana tinham sido observadas em quase todos os estados. O VNO estabelece uma viremia suficiente em humanos, que é considerada um fator de risco para a transmissão por transfusões de sangue. A documentação de dois desses casos levou à triagem de doadores de sangue para o VNO e a rejeição de doadores que têm febre e cefaleia durante a semana da doação de sangue.

As doenças causadas por arbovírus ocorrem durante os meses de verão e as estações chuvosas, quando os artrópodes se reproduzem e os arbovírus são encontrados em ciclos entre um reservatório hospedeiro (aves), um artrópode (p. ex., mosquitos) e hospedeiros humanos. Esse ciclo mantém e aumenta a quantidade de vírus no ambiente. No inverno, o vetor não está presente para manter o vírus. Ele pode tanto (1) persistir em larvas ou ovos de artrópodes ou em répteis ou anfíbios que permanecem no local ou (2) migrar com as aves e depois retornar durante o verão.

Quando os seres humanos viajam para o nicho ecológico do vetor mosquito, eles estão em risco de serem infectados pelo vírus. Piscinas de águas paradas, valas de drenagem e lixões nas cidades podem também fornecer áreas de reprodução para os mosquitos, como *Aedes aegypti*, que é o vetor dos vírus da febre amarela, dengue e chikungunya. Um aumento da população desses mosquitos, como já ocorreu nos EUA, aumenta o risco de infecção humana. Os departamentos de saúde em muitas áreas monitoram aves e mosquitos capturados em armadilhas para arbovírus e iniciam medidas de controle, tais como pulverização com inseticidas quando necessário.

Os surtos urbanos de infecções por arbovírus ocorrem quando os reservatórios para o vírus são os seres humanos ou animais urbanos (ver Figura 52.5). Os vírus da febre amarela, dengue, Zika e chikungunya são transmitidos pelos mosquitos *Aedes* em um **ciclo selvático** ou **silvestre**, em que os macacos são o hospedeiro natural, e também em um **ciclo urbano**, nos quais os seres humanos são o hospedeiro. *Aedes aegypti*, um vetor para cada um desses vírus, é um mosquito doméstico. Ele se reproduz em piscinas aquáticas, esgotos abertos e outras áreas com acúmulo de água nas cidades. A incidência de chikungunya tem aumentado muito desde o ano de 2000 e é prevalecente desde a África Ocidental, através do sul da Ásia, até as Filipinas e na América do Sul, nas ilhas do Caribe e região tropical dos EUA. O vírus da encefalite de St. Louis e o VNO são mantidos em um ambiente urbano porque seus vetores, os mosquitos *Culex*, reproduzem-se em águas estagnadas, incluindo poças e esgoto, e o grupo de reservatórios inclui aves da cidade (p. ex., corvos).

Além da transmissão por mosquitos, o vírus Zika também pode ser transmitido no sangue, durante o sexo desprotegido, e no útero ao feto. De acordo com os Centers for Disease Control and Prevention, o risco de transmissão por essas rotas permanece por pelo menos 3 meses após uma potencial exposição (viajar para uma região endêmica).

SÍNDROMES CLÍNICAS

Mais humanos estão infectados com alfavírus e flavivírus do que mostram os sintomas característicos significativos. A incidência da doença por arbovírus é esporádica. Infecções por alfavírus geralmente são assintomáticas ou causam doenças brandas, tais como **sintomas gripais** (calafrios, febre, erupções cutâneas, dores), que se correlacionam com a infecção sistêmica durante a viremia inicial. As infecções pelo VEEL, VEEO e o vírus da encefalite equina venezuelana (VEEV) podem progredir para a **encefalite** em humanos. Os vírus da encefalite equina geralmente representam mais um problema para o gado do que para os humanos. Um ser humano acometido pode manifestar febre, cefaleia e diminuição da consciência 3 a 10 dias após a infecção. Ao contrário da encefalite pelo herpes-vírus simples, a doença muitas vezes se resolverá sem sequelas significativas, mas há a possibilidade de paralisia, incapacidade mental, convulsões e morte.

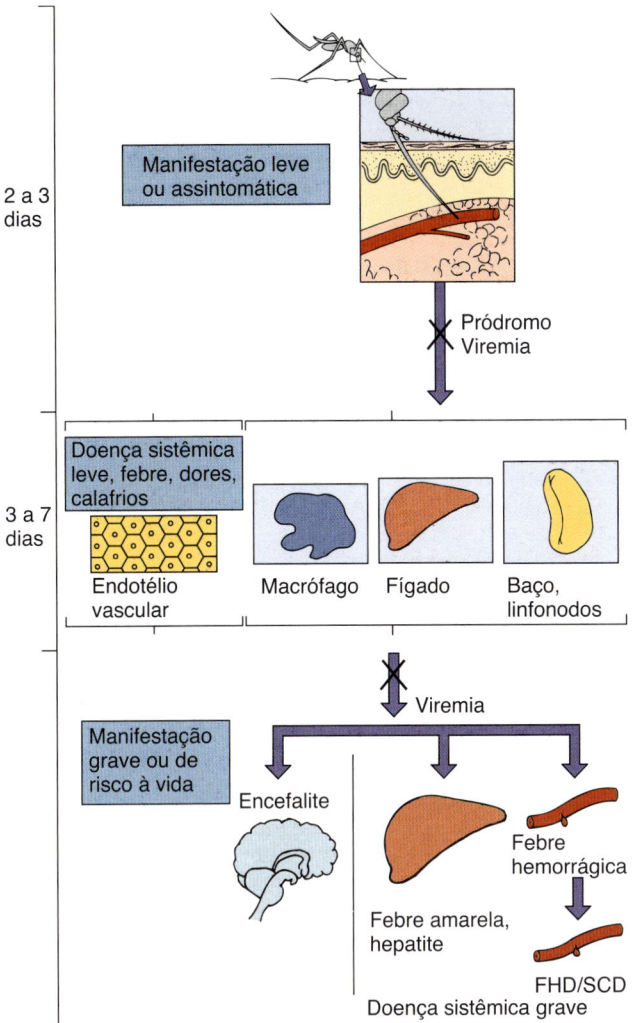

Figura 52.4 Síndromes da doença causada pelos alfavírus e flavivírus. A viremia primária pode estar associada a uma doença sistêmica leve. A maioria das infecções é limitada a essas manifestações clínicas. Se o vírus for produzido em quantidade suficiente durante a viremia secundária para atingir tecidos-alvo críticos, em seguida pode resultar em doença sistêmica grave ou encefalite. Na presença de anticorpos (X), a viremia é bloqueada. Para o vírus da dengue, a reexposição a outra cepa pode resultar na forma grave da febre hemorrágica da dengue (FHD), que pode causar a síndrome do choque da dengue (SCD) decorrente da perda de fluidos do sistema vascular.

O nome **chikungunya** (significa "aqueles que se dobram" em *swahili*) refere-se à artrite paralisante associada à doença grave causada por infecção com esses vírus. Uma infecção sintomática característica se apresenta como 1 semana de febre e dores articulares.

Muitas infecções por flavivírus são relativamente benignas, mas podem ocorrer **meningite asséptica** grave e **doença encefalítica** ou **hemorrágica**. Os vírus da encefalite incluem o vírus de **St. Louis**, do **Nilo Ocidental**, do Japão, de Murray Valley e russa de primavera-verão. Os sintomas e desfechos clínicos são semelhantes aos das encefalites causadas por togavírus. Aproximadamente 20% dos indivíduos infectados com o VNO desenvolverão febre do Nilo Ocidental, caracterizada por febre, cefaleia, cansaço e dor no corpo, ocasionalmente com uma erupção no tronco e linfadenopatia, que geralmente duram apenas alguns dias (Caso Clínico 52.1). A encefalite, meningite ou meningoencefalite ocorre em aproximadamente 1% dos indivíduos infectados pelo VNO. Pessoas com mais de 50 anos de idade e os imunocomprometidos estão em maior risco de doenças graves.

Os vírus hemorrágicos são os vírus da dengue e da febre amarela. O **vírus da dengue** é um grande problema mundial, com pelo menos 100 milhões de casos de febre da dengue e 300 mil casos de **FHD** que ocorrem anualmente. O vírus e seu vetor são encontrados nas regiões central e norte da América do Sul, casos ocorreram em Porto Rico, Texas e Flórida. A incidência da forma mais grave da FHD quadruplicou desde 1985. A febre da dengue também é conhecida como "**febre quebra-ossos**"; os sintomas e sinais consistem em febre alta, cefaleia, erupção cutânea, manifestações hemorrágicas, dorsalgia e dor óssea que duram de 6 a 7 dias. Petéquias (10 ou mais por 6,45 cm^2) sob a braçadeira do esfigmomanômetro durante *teste do torniquete* são indicativas de dengue. Em uma nova exposição a uma das quatro cepas relacionadas, o vírus da dengue também pode causar **FHD** e **SCD**. O anticorpo não neutralizante promove a captação do vírus pelos macrófagos, o que ativa os linfócitos T de memória, que liberam citocinas e iniciam as reações inflamatórias. Essas reações e o vírus resultam em enfraquecimento e ruptura da vasculatura, hemorragia interna e perda de plasma, provocando manifestações de choque e hemorragia interna. A dengue é endêmica em pelo menos 100 países na Ásia, no Pacífico, nas Américas, na África e no Caribe, representando 40% da população mundial. A Organização Mundial da Saúde (OMS) estima que 50 a 100 milhões de infecções ocorram anualmente, incluindo 500 mil casos de FHD e 22 mil mortes, a maioria entre crianças.

Boxe 52.3 Epidemiologia da infecção por alfavírus e flavivírus.

Doenças/fatores virais

O vírus envelopado deve permanecer úmido e pode ser inativado por ressecamento, sabão e detergentes.
O vírus pode infectar mamíferos, aves, répteis e insetos.
Assintomática ou inespecífica (febre gripal ou calafrios), encefalite, febre hemorrágica ou artralgia.

Transmissão

Artrópodes específicos característicos de cada vírus (zoonose: arbovírus).

Quem corre risco?

Pessoas que entram em um nicho ecológico de artrópodes infectados por arbovírus.

Geografia/sazonalidade

As regiões endêmicas para cada arbovírus são determinadas pelo hábitat do mosquito ou outro vetor.
O mosquito *Aedes*, que carrega os vírus da dengue e da febre amarela, é encontrado em áreas urbanas e em água limpa parada.
O mosquito *Culex*, que transporta os vírus da encefalite de St. Louis e do Nilo Ocidental, é encontrado em áreas florestais e urbanas.
A doença é mais comum no verão.

Modos de controle

Os mosquitos e os locais de reprodução desses insetos devem ser eliminados.
Vacinas com vírus vivo atenuado da febre amarela e vírus da encefalite japonesa inativado.

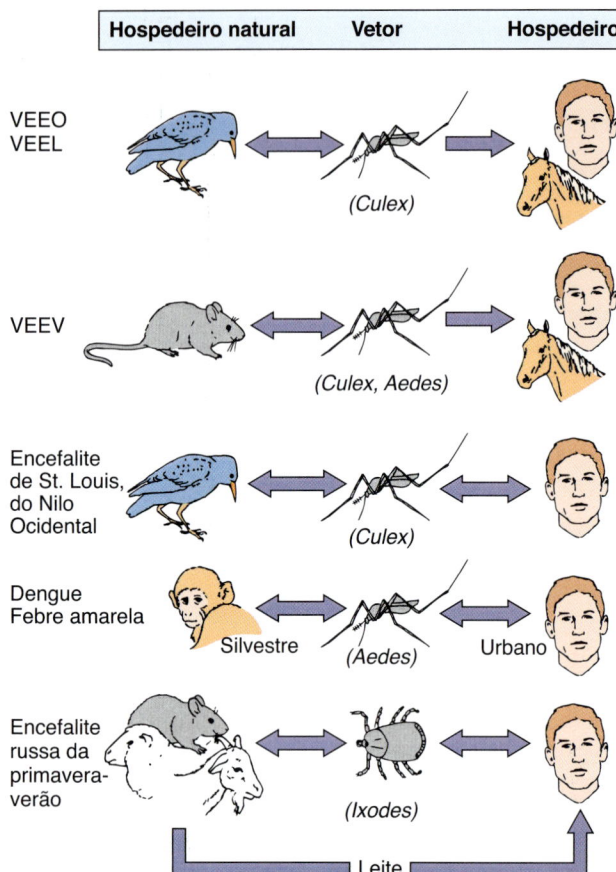

Figura 52.5 Padrões de transmissão do alfavírus e flavivírus. Aves e pequenos mamíferos são os hospedeiros que mantêm e amplificam um arbovírus, que é propagado pelo vetor insetívoro durante a hematofagia. Uma *seta dupla* indica um ciclo de replicação tanto no hospedeiro (incluindo o homem) quanto no vetor. Infecções em "beco sem saída", sem transmissão do vírus para o vetor são indicadas pela seta única. *VEEL*, vírus da encefalite equina do leste; *VEEV*, vírus da encefalite equina venezuelana; *VEEO*, vírus da encefalite equina do oeste.

As infecções pelo vírus da **febre amarela** são caracterizadas por doença grave sistêmica com degeneração de fígado, rins e coração, bem como hemorragia. O comprometimento hepático causa a icterícia da qual a doença recebe o nome, mas também podem ocorrer hemorragias gastrintestinais substanciais. A taxa de mortalidade associada à febre amarela durante as epidemias chega a 50%.

A infecção pelo **vírus Zika** é geralmente assintomática. A doença se assemelha a casos leves de dengue e chikungunya com febre, erupção cutânea, cefaleia, mialgia, artralgia e conjuntivite. A infecção se correlaciona com a maior incidência de síndrome de Guillain-Barré. Apesar da ausência de sinais/sintomas, o vírus pode ser transmitido sexualmente e verticalmente ao feto, pelo menos 3 meses após a infecção. A infecção do feto pode causar microcefalia e outras anomalias congênitas.

DIAGNÓSTICO LABORATORIAL

A detecção e caracterização dos alfavírus e flavivírus é agora realizada pelo teste de RT-PCR para detecção do mRNA viral em sangue ou outras amostras. Anticorpos monoclonais para os vírus individuais se tornaram uma ferramenta útil para distinguir as espécies e cepas individuais do vírus.

Caso Clínico 52.1 Vírus da encefalite do Nilo Ocidental

Hirsch e Warner (*N Engl J Med* 348:2239–2247, 2003) descreveram o caso de uma mulher de 38 anos de Massachusetts que apresentou cefaleia com piora progressiva acompanhada de fotofobia e febre. Como era o mês de agosto, ela estava em férias de verão e 10 dias antes (−10) tinha viajado para St. Louis, onde permaneceu por 8 dias. Enquanto estava lá, ela caminhou na floresta e visitou o zoológico. Um dia antes do surgimento desses sintomas (−1), ela passeou na costa atlântica e notou que tinha sido picada por mosquitos e removeu carrapatos de seu cão. Quatro dias depois (+4), ela foi admitida no hospital com febre (40°C), calafrios, taquicardia, confusão, vertigem e letargia. Embora parecesse lúcida, orientada e apenas um pouco adoentada, apresentou rigidez de nuca e o sinal de Kernig. Os sinais de meningite levaram ao exame do líquido cerebrospinal, que revelou IgM para o VNO e títulos baixos para o vírus da ESL. Os anticorpos da paciente neutralizaram o VNO, mas não a infecção pelo vírus ESL em células de cultura teciduais, sugerindo que a atividade para a ESL foi causada pela reatividade cruzada entre os flavivírus. Testes para outros microrganismos foram negativos. Ela foi tratada empiricamente para meningite e para HSV (aciclovir). O tratamento antibacteriano e anti-HSV para meningite e encefalite foi necessário até que os resultados laboratoriais estivessem disponíveis. No quinto dia após o início dos sintomas, ela apresentou letargia e teve dificuldades em responder a perguntas. A ressonância magnética mostrou alterações sutis no cérebro. No sexto dia, ela não era capaz de distinguir a mão direita da mão esquerda, mas sua cefaleia diminuiu e ela conseguia responder aos comandos. No sétimo dia, a paciente apresentou tremor em seu braço direito, mas seu estado mental estava melhorando e no oitavo dia, ela estava alerta e lúcida. No nono dia, a RM craniana estava normal; no décimo dia, ela estava recuperada; e no décimo primeiro dia, recebeu alta do hospital. A estação do ano, a exposição a insetos e a viagem realizada por essa mulher foram sugestivas de várias encefalites distintas causadas por arbovírus, além de infecção pelo VNO. Os vírus no diagnóstico diferencial incluíam encefalite equina do leste, ESL, vírus Powassan (flavivírus transmitido por carrapatos), HSV e VNO. Ao contrário da encefalite por HSV, a meningoencefalite por flavivírus geralmente regride com sequelas limitadas.

HSV, herpes-vírus simples; *Ig*, imunoglobulina; *RM*, ressonância magnética; *ESL*, encefalite de St. Louis; *VNO*, vírus do Nilo Ocidental.

Os alfavírus e flavivírus podem ser cultivados tanto em vertebrados como linhagens celulares de mosquitos, mas a maioria desses vírus é difícil de isolar. Vários métodos sorológicos podem ser utilizados para diagnosticar infecções, mas a reatividade cruzada sorológica entre os vírus limita a distinção das espécies de vírus reais em muitos casos.

TRATAMENTO, PREVENÇÃO E CONTROLE

Não há tratamentos para as doenças causadas por arbovírus, além da assistência de suporte. *As medidas mais fáceis de evitar a propagação de qualquer arbovírus é a eliminação de seu vetor e de seus locais de reprodução.* Depois de 1900, quando Walter Reed et al. descobriram que a febre amarela era transmitida pelo *A. aegypti*, o número de casos foi reduzido de 1.400 para nenhum em 2 anos, apenas por meio do controle da população de mosquitos. Muitos departamentos de saúde pública monitoram as populações de aves e mosquitos em uma região para os arbovírus e periodicamente pulverizam inseticidas para reduzir a população de mosquitos. Evitar o criadouro de mosquitos vetores também é uma boa medida preventiva.

Uma vacina viva contra o vírus da febre amarela e vacinas mortas contra o VEEL, VEEO, vírus da encefalite japonesa e o vírus da encefalite russa da primavera-verão estão disponíveis. A vacina viva contra o vírus da encefalite japonesa é utilizada na China. Elas são destinadas às pessoas que trabalham com o vírus ou em risco de contato. Uma vacina viva contra o VEEV está disponível, mas somente para uso em animais domésticos. Vacinas que incluam as quatro cepas do vírus da dengue estão sendo desenvolvidas para assegurar que não ocorra o reforço imunológico da doença em exposições subsequentes.[1] Uma abordagem interessante para a vacina contra o vírus da dengue consiste em vírus quiméricos nos quais a glicoproteína e outros genes para cada uma das outras cepas do vírus da dengue são inseridos tanto em um vírus da dengue do tipo 2 atenuado ou no vírus da febre amarela 17D.

A vacina contra a febre amarela é preparada a partir da cepa 17D isolada de um paciente em 1927 e cultivada por longos períodos em macacos, mosquitos, cultura de tecido embrionário e ovos embrionados. A vacina é administrada por via intradérmica e induz imunidade duradoura à febre amarela e possivelmente a outros flavivírus que apresentam reatividade cruzada.

Vírus da rubéola

O vírus da rubéola tem as mesmas propriedades estruturais e modo de replicação de outros togavírus. Entretanto, ao contrário de outros togavírus, é um **vírus respiratório** e **não causa efeitos citopatológicos facilmente detectáveis**.

A rubéola é um dos cinco **exantemas clássicos da infância**, junto com o sarampo, roséola, quinta doença da infância (eritema infeccioso por parvovírus B19) e varicela. A rubéola, que significa "pouco vermelha" em latim, foi a primeira distinguida do sarampo e de outros exantemas por médicos alemães; portanto, o nome comum para a doença, o **sarampo alemão**. Em 1941, um astuto oftalmologista australiano, Norman McAlister Gregg, reconheceu que a infecção materna pelo vírus da rubéola foi a causa das cataratas congênitas. Desde então, a infecção pelo vírus da rubéola materna tem sido correlacionada com vários outros **defeitos congênitos graves**. Esta constatação levou ao desenvolvimento de um programa único para vacinar crianças na prevenção da infecção de gestantes e neonatos.

---

[1] N.R.T.: Em junho de 2021, a farmacêutica Takeda solicitou à Agência Nacional de Vigilância Sanitária (Anvisa) o registro de uma nova vacina contra a dengue. A TAK-003 é feita com uma versão modificada do vírus vivo atenuado e protege contra os quatro sorotipos da doença. Existe uma vacina contra a dengue aprovada no Brasil, a Dengvaxia, da Sanofi-Pasteur. Mas ela só está disponível na rede particular, e para quem já teve a doença. Isso porque, em indivíduos sem contato prévio com o vírus, o imunizante pode provocar um quadro chamado *antibody-dependent-enhancement* (ADE), ou seja, amplificação da doença anticorpo-dependente.

PATOGÊNESE E IMUNIDADE

O vírus da rubéola não é citolítico, mas interfere na maquinaria celular. A replicação do vírus da rubéola impede (em um processo conhecido como **interferência heteróloga**) a replicação dos picornavírus superinfectantes. Essa propriedade possibilitou os primeiros isolamentos do vírus da rubéola em 1962.

A rubéola infecta as vias respiratórias superiores e depois se propaga para os linfonodos locais, o que coincide com um período de linfadenopatia (Figura 52.6). Esse estágio é seguido pelo estabelecimento de viremia, que espalha o

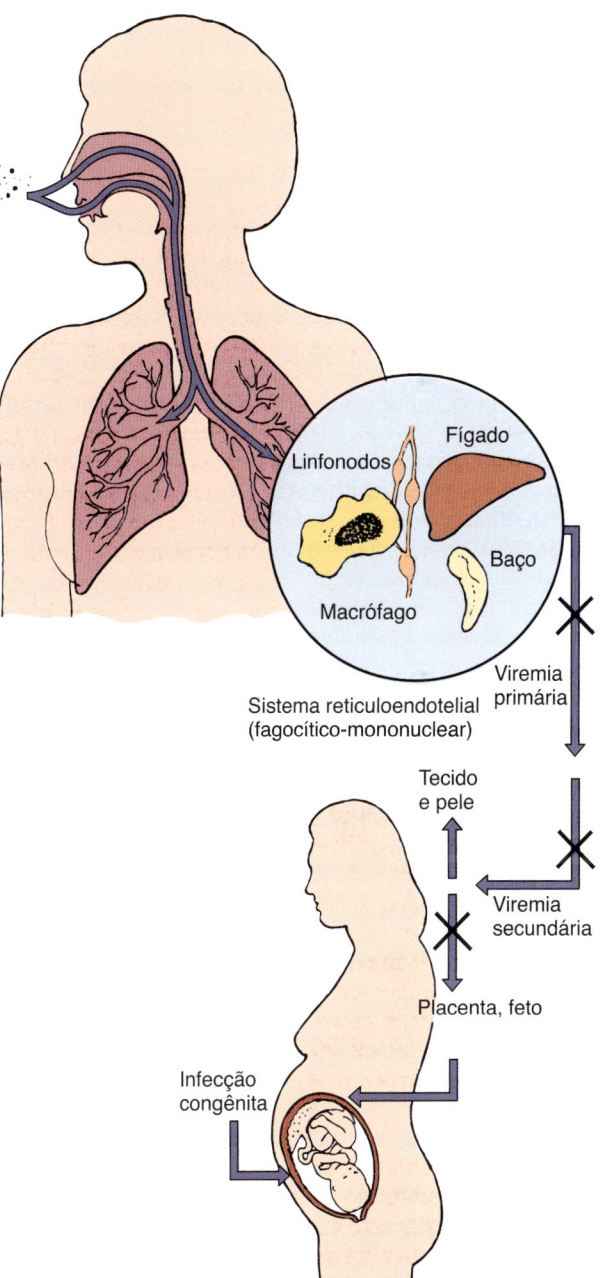

Figura 52.6 Disseminação do vírus da rubéola no hospedeiro. O vírus da rubéola penetra e infecta a nasofaringe e o pulmão e depois se espalha para os linfonodos e sistema monocítico-macrofágico. A viremia resultante dissemina o vírus para outros tecidos e para a pele. Os anticorpos circulantes conseguem bloquear a transferência do vírus nos pontos indicados (X). Em uma gestante imunologicamente deficiente, o vírus consegue infectar a placenta e se disseminar para o feto.

vírus pelo corpo. A infecção de outros tecidos e a erupção cutânea leve característica ocorrem. O período prodrômico dura aproximadamente 2 semanas (Figura 52.7). A pessoa infectada pode excretar o vírus em gotículas respiratórias durante o período prodrômico e por até 2 semanas após o início da erupção cutânea.

RESPOSTA IMUNE

O anticorpo é gerado após a viremia e seu aparecimento está correlacionado com o da erupção cutânea. O anticorpo limita a propagação virêmica, mas a imunidade celular é importante na resolução da infecção. Existe apenas um sorotipo do vírus da rubéola e a infecção natural produz uma imunidade protetora duradoura. Mais importante, o anticorpo sérico em uma gestante evita a propagação do vírus para o feto. *Os imunocomplexos muito provavelmente causam a erupção cutânea e a artralgia associadas à infecção pelo vírus da rubéola.*

INFECÇÃO CONGÊNITA

A rubéola em uma gestante pode resultar em anomalias congênitas no feto. Se a mãe não tiver anticorpos, o vírus consegue se replicar na placenta e propagar-se para o suprimento de sangue fetal e por todo o feto. A replicação do vírus da rubéola ocorre na maioria dos tecidos do feto. O vírus não é citolítico, mas o crescimento, a mitose e a estrutura cromossômica normais das células do feto podem ser alterados pela infecção. As alterações podem levar a um desenvolvimento inapropriado do feto infectado, além de **efeitos teratogênicos** associados à infecção congênita pelo vírus da rubéola. A natureza do distúrbio é determinada pelo (1) tecido afetado e (2) estágio de desenvolvimento interrompido. Desde a era da vacina, o citomegalovírus (CMV) substituiu o vírus da rubéola como a causa mais comum de defeitos congênitos.

O vírus persiste em tecidos como o cristalino por 3 a 4 anos e pode ser excretado até 1 ano após o nascimento. A presença do vírus durante o desenvolvimento da resposta imune do recém-nascido/lactente pode até apresentar um efeito tolerogênico no sistema, impedindo a eliminação efetiva do vírus após o nascimento.

EPIDEMIOLOGIA

Os seres humanos são os únicos hospedeiros para o vírus da rubéola (Boxe 52.4). A propagação do vírus ocorre nas secreções respiratórias e a aquisição do patógeno geralmente acontece durante a infância. A disseminação do vírus, antes ou na ausência de sintomas e as condições de aglomeração (p. ex., creches) promovem o contágio.

Aproximadamente 20% das mulheres em idade fértil não foram infectadas durante a infância e são suscetíveis à infecção, a menos que sejam vacinadas. Programas em muitos estados dos EUA testam a presença de anticorpos para a rubéola em futuras mães.

Antes do desenvolvimento e do uso da vacina contra a rubéola, casos de rubéola em crianças em idade escolar eram relatados a cada primavera e grandes epidemias de rubéola ocorreram em intervalos regulares de 6 a 9 anos. A gravidade da epidemia no período de 1964-1965 nos EUA é mostrada na Tabela 52.3. A rubéola congênita ocorreu em até 1% de todas as crianças nascidas em cidades como a Filadélfia durante essa epidemia. O programa de imunização conseguiu erradicar com sucesso a infecção endêmica pelo vírus da rubéola nos EUA.

SÍNDROMES CLÍNICAS

A doença causada pelo vírus da rubéola é normalmente benigna em crianças. Depois de um período de incubação de 14 a 21 dias, os sinais/sintomas em crianças consistem em **erupção cutânea maculopapular** ou **macular** de 3 dias e linfadenopatia (Figura 52.8). A infecção em adultos, no entanto, pode ser mais grave e inclui sintomas como dor óssea e articular (artralgia e artrite) e (raramente) trombocitopenia ou encefalopatia pós-infecciosa. Os efeitos imunopatológicos resultantes da imunidade celular e de reações de hipersensibilidade são uma das principais causas das formas mais graves de rubéola em adultos.

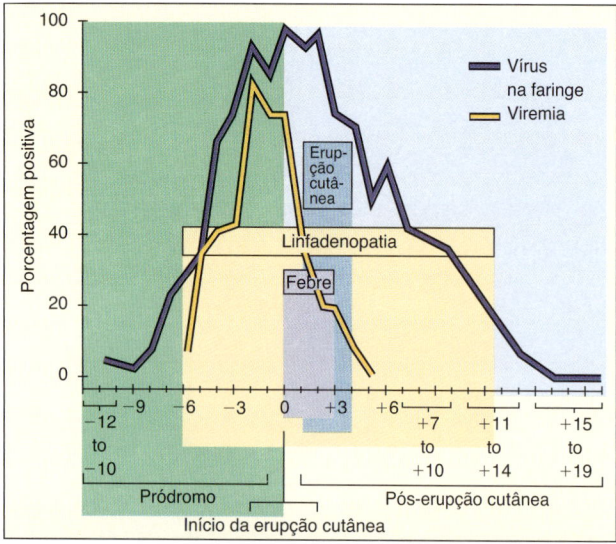

Figura 52.7 Evolução temporal da doença causada pelo vírus da rubéola. A produção de rubéola na faringe precede o aparecimento dos sintomas e continua durante todo o curso da doença. O início da linfadenopatia coincide com a viremia. Febre e erupção cutânea ocorrem em uma fase posterior. A pessoa transmite o vírus enquanto o vírus é produzido na faringe. (Modificada de Plotkin, S.A., Orenstein, W.A., Offit, P.A., 2008. Vaccines, fifth ed. Saunders, Philadelphia, PA.)

Boxe 52.4 Epidemiologia do vírus da rubéola.

Doenças/fatores virais

A rubéola infecta apenas seres humanos.
O vírus pode causar doença assintomática.
Existe um sorotipo.

Transmissão

Via respiratória.

Quem corre risco?

Crianças: doença exantematosa leve.
Adultos: doença mais grave com artrite ou artralgia.
Feto < 20 semanas: defeitos congênitos.

Modos de controle

Vacina viva atenuada administrada como parte da vacina contra sarampo-caxumba-rubéola.

Tabela 52.3 Taxa de mortalidade estimada associada à epidemia de rubéola nos EUA, entre 1964-1965.

Eventos clínicos	Números de indivíduos acometidos
Casos de rubéola	12.500.000
Artrite-artralgia	159.375
Encefalite	2.084
MORTES	
Excesso de mortes neonatais	2.100
Outras mortes	60
Total de mortes	2.160
Excesso de perda fetal	6.250
SÍNDROME DA RUBÉOLA CONGÊNITA	
Surdez infantil	8.055
Surdez/cegueira infantil	3.580
Retardo mental infantil	1.790
Outras manifestações de síndrome da rubéola congênita	6.575
Total de síndromes da rubéola congênita	20.000
Abortos terapêuticos	5.000

De National Communicable Disease Center, 1969. Rubella surveillance, Report No. 1. U.S. Department of Health, Education, and Welfare, Washington, DC.

Boxe 52.5 Achados clínicos evidentes na síndrome da rubéola congênita.

Cataratas e outros defeitos oculares
Defeitos cardíacos
Surdez
Retardo no crescimento intrauterino
Déficit de crescimento
Morte no primeiro ano
Microcefalia
Retardo mental

Boxe 52.6 Resumos clínicos.

Encefalite do Nilo Ocidental: durante o mês de agosto, um homem de 70 anos, residente em uma área pantanosa da Louisiana, desenvolveu febre, cefaleia, fraqueza muscular, náuseas e vômitos. Ele teve dificuldade para responder a perguntas. Depois, entrou em coma. Os resultados da ressonância magnética não revelaram a localização específica das lesões (ao contrário da encefalite pelo herpes-vírus simples). A doença progrediu para insuficiência respiratória e morte. Sua sobrinha de 25 anos, que vive em residência próxima, queixou-se de início repentino de febre (39°C), cefaleia e mialgias, com náuseas e vômitos que duraram 4 dias. (Ver o *website* https://doi.org/10.3810/pgm.2003.07.1456).

Febre amarela: um homem de 42 anos apresentou febre (39,4°C), cefaleia, vômitos e dorsalgia que começaram 3 dias após o retorno de uma viagem à América Central. Ele parecia normal por um curto período de tempo, mas depois suas gengivas começaram a sangrar; ele apresentou sangue na urina e vomitou sangue; desenvolveu petéquias, icterícia e pulso mais lento e enfraquecido. O indivíduo começou a melhorar 10 dias após o surgimento da doença.

Rubéola: uma criança de 6 anos da Romênia desenvolveu discreta erupção cutânea no rosto, acompanhada de febre leve e linfadenopatia. Durante os 3 dias seguintes, a erupção progrediu para outras partes do corpo. A menina não tinha histórico de imunização contra a rubéola.

Figura 52.8 Vista de perto da erupção cutânea causada pela rubéola. Pequenas máculas eritematosas são visíveis. (De Hart, C.A., Broadwell, R.L., 1992. A Color Atlas of Pediatric Infectious Disease. Wolfe, London, UK.)

A **doença congênita** é o desfecho mais grave de infecção pelo vírus da rubéola. O feto corre maior risco até a vigésima semana de gravidez. A imunidade materna ao vírus resultante da exposição prévia ou vacinação previne a propagação do vírus para o feto. As manifestações mais comuns de infecção congênita pelo vírus da rubéola são cataratas, retardo mental, anormalidades cardíacas e surdez (Boxe 52.5 e 52.6; ver Tabela 52.3). As taxas de mortalidade intrauterina no primeiro ano de vida são elevadas.

DIAGNÓSTICO LABORATORIAL

O isolamento do vírus da rubéola é difícil e raramente tentado. Quando o isolamento do vírus é necessário, ele geralmente é obtido da urina. O vírus pode ser detectado por RT-PCR para a análise do RNA viral. O diagnóstico pode ser confirmado pela presença de IgM específica contra rubéola.

Os anticorpos contra a rubéola são testados no início da gravidez para determinar o estado imunológico da mulher; esse teste é exigido em muitos estados.

TRATAMENTO, PREVENÇÃO E CONTROLE

Não há tratamento disponível para rubéola. A melhor medida para prevenir a doença é a vacinação com a cepa do vírus vivo da vacínia RA27/3, adaptada ao frio (Figura 52.9). A vacina com o vírus vivo da rubéola geralmente é administrada com as vacinas contra o sarampo e a caxumba **(vacina MMR)** após 12 meses de idade.[2] A vacina tripla é incluída rotineiramente nos cuidados prestados durante o primeiro ano de vida. A vacinação promove tanto a imunidade humoral quanto a celular.

O motivo primário do programa de vacinação contra a rubéola é prevenir a infecção congênita diminuindo o número de pessoas suscetíveis na população, principalmente crianças. Como resultado, existem menos mães

---

[2] N.R.T.: Ver calendário vacinal no Brasil no site da Sociedade Brasileira de Imunizações em https://sbim.org.br/images/calendarios/calend-sbim-crianca.pdf.

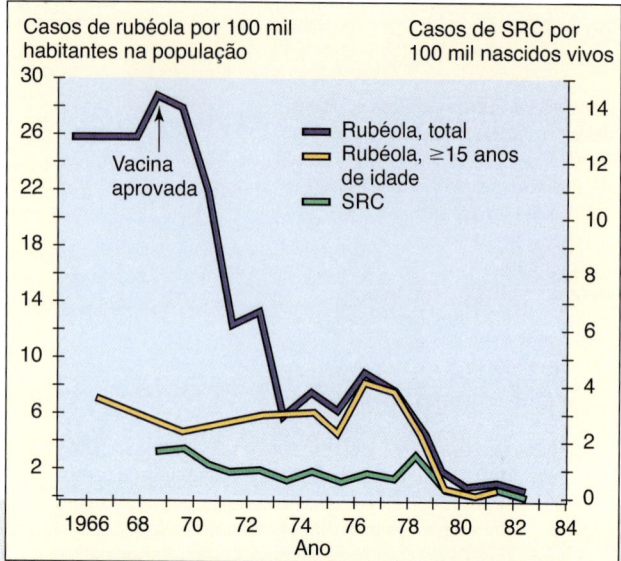

Figura 52.9 Efeito da vacinação contra o vírus da rubéola na incidência da rubéola e síndrome da rubéola congênita (SRC). (Modificada de Williams, M.N., Preblud, S.R., 1984. Current trends: rubella and congenital rubella–United States. Morbidity and Mortality Weekly Report 33, 237–247.)

soronegativas e uma menor chance de serem expostas ao vírus a partir do contato com crianças infecciosas. Visto que existe apenas um sorotipo do vírus da rubéola e os seres humanos representam o único reservatório, a vacinação de uma grande proporção da população consegue reduzir significativamente a probabilidade de exposição ao vírus.

Bibliografia

Burrell, C.J., Howard, C.R., Murphy, F.A., 2017. Fenner and White's Medical Virology 5e. Academic, Cambridge, MA.
Chambers, T.J., Hahn, C.S., Galler, R., et al., 1990. Flavivirus genome organization, expression, and replication. Annu. Rev. Microbiol. 44, 649–688.
Chambers, T.J., Monath, T.P., 2003. The flaviviruses: detection, diagnosis, and vaccine development, vol 61; The flaviviruses: pathogenesis and immunity, vol 60. Adv. Virus Res. Elsevier Academic, San Diego.
Fernandez-Garcia, M.D., Mazzon, M., Jacobs, M., et al., 2009. Pathogenesis of flavivirus infections: using and abusing the host cell. Cell. Host. Microbe. 5, 318–328.
Flint, S.J., Racaniello, V.R., et al., 2015. Principles of Virology, fourth ed. American Society for Microbiology Press, Washington, DC.
Gelfand, M.S., 2003. West Nile virus infection. What you need to know about this emerging threat. Postgrad. Med. 114, 31–38.
Gould, E.A., Solomon, T., 2008. Pathogenic flaviviruses. Lancet 371, 500–509.
Guabiraba, R., Ryffel, B., 2014. Dengue virus infection: current concepts in immune mechanisms and lessons from murine models. Immunology 141, 143–156.
Halstead, S.B., Thomas, S.J., 2018. Dengue Virus. In: Plotkin, S.A., Orenstein, W.A., Offit, P.A., Edwards, K.M. (Eds.), Vaccines, seventh ed. Elsevier. Saunders, Philadelphia.
Johnson, R.T., 1998. Viral Infections of the Nervous System. Lippincott-Raven, Philadelphia.
Knipe, D.M., Howley, P.M., 2013. Fields Virology, sixth ed. Lippincott Williams & Wilkins, Philadelphia.
Koblet, H., 1990. The "merry-go-round": alphaviruses between vertebrate and invertebrate cells. Adv. Virus. Res. 38, 343–403.
Kuhn, R.J., Zhang, W., Rossmann, M.G., et al., 2002. Structure of dengue virus: implications for flavivirus organization, maturation, and fusion. Cell 108, 717–725.
Mackenzie, J.S., Barrett, A.D.T., Deubel, V., 2002. Japanese Encephalitis and West Nile Viruses. Current Topics in Microbiology and Immunology, vol. 267. Springer-Verlag, Berlin.
Mukhopadhyay, S., Kim, B.S., Chipman, P.R., et al., 2003. Structure of West Nile virus. Science 302, 248.
Nash, D., Mostashari, F., Fine, A., et al., 2001. The outbreak of West Nile virus infection in the New York City area in 1999. N. Engl. J. Med. 344, 1807–1814.
Plotkin, S.A., Graham, B.S., 2018. Zika virus. In: Plotkin, S.A., Orenstein, W.A., Offit, P.A., Edwards, K.M. (Eds.), Vaccines, seventh ed. Elsevier. Philadelphia.
Plotkin, S.A., Reef, S., 2018. Rubella vaccine. In: Plotkin, S.A., Orenstein, W.A., Offit, P.A., Edwards, K.M. (Eds.), Vaccines, seventh ed. Elsevier. Philadelphia.
Richman, D.D., Whitley, R.J., Hayden, F.G., 2017. Clinical Virology, fourth ed. American Society for Microbiology Press, Washington, DC.
Rothman, A.L., 2010. Dengue Virus. Current Topics in Microbiology and Immunology, vol 338. Springer-Verlag, Berlin. https://doi.org/10.1007/978-3-642-02215-9.
Staples, J.E., Monath, T.P., Gershman, M.D., Barrett, A.D.T., 2018. Yellow fever vaccine. In: Plotkin, S.A., Orenstein, W.A., Offit, P.A., Edwards, K.M. (Eds.), Vaccines, seventh ed. Elsevier, Philadelphia.
Tyler, K.L., 2018. Acute viral encephalitis. N. Engl. J. Med. 379, 557–566. https://doi.org/10.1056/NEJMra1708714.

Websites

Centers for Disease Control. Vital Signs: Trends in Reported Vectorborne Disease Cases—United States and Territories, 2004–2016. https://www.cdc.gov/mmwr/volumes/67/wr/mm6717e1.htm. Accessed September 4, 2018.
Centers for Disease Control and Prevention: Division of Vector Borne Diseases. www.cdc.gov/ncezid/dvbd/. Accessed September 3, 2018.
Centers for Disease Control and Prevention: Chikungunya. https://www.cdc.gov/chikungunya/. Accessed September 3, 2018.
Centers for Disease Control and Prevention: Dengue. www.cdc.gov/dengue/. Accessed September 3, 2018.
Centers for Disease Control and Prevention: Dengue training modules. https://www.cdc.gov/dengue/training/cme/ccm/page32415.html. Accessed September 3, 2018.
Centers for Disease Control and Prevention: West Nile virus. www.cdc.gov/ncidod/dvbid/westnile/index.htm. Accessed September 3, 2018.
Centers for Disease Control and Prevention: Zika Virus. https://www.cdc.gov/zika/index.html. Accessed September 3, 2018.

53 Bunyaviridae e Arenaviridae

Um homem de 50 anos estava visitando a família na Libéria e ficou em uma casa infestada de roedores. Ele desenvolveu sintomas gripais graves, dor de garganta e hiperemia conjuntival; foi tratado com amoxicilina e cloroquina. Sua condição piorou, com aumento da febre, cefaleia intensa, aumento dos linfonodos, das tonsilas e do baço. Ele começou a tossir sangue e depois entrou em choque e faleceu.

1. Como esse indivíduo foi infectado pelo vírus da febre de Lassa?
2. Quais são as características singulares dos arenavírus?
3. Quais são as semelhanças dos arenavírus com os buniavírus? E as diferenças?

RESUMOS Organismos clinicamente significativos

BUNIAVÍRUS

Palavras-chave
Arbovírus: mosquito, encefalite
Hantavírus: roedor, doença hemorrágica

Biologia, virulência e doença
- Tamanho médio, envelopado, genoma de RNA (−) segmentado
- Codifica a RNA polimerase RNA-dependente, com replicação no citoplasma
- O anticorpo consegue bloquear a doença
- Disseminação do vírus no sangue para os tecidos, os neurônios e o cérebro
- Pródromo de sintomas gripais causados por interferona e resposta de citocinas
- Encefalite: La Crosse, encefalite da Califórnia
- Hantavírus: síndrome pulmonar

Epidemiologia
- Vírus da encefalite: zoonose, reservatório em aves, o vetor é o mosquito
- Hantavírus: inalação de aerossóis provenientes da urina ou das fezes de roedores

Diagnóstico
- RT-PCR, ELISA

Tratamento, prevenção e controle
- Arbovírus: controle de mosquitos
- Hantavírus: controle de roedores

ARENAVÍRUS

Palavras-chave
Ribossomos no vírion, roedores, vírus da febre de Lassa, doença hemorrágica, vírus da CML, meningite

Biologia, virulência e doença
- Tamanho médio, envelopado, genoma de RNA (−) segmentado
- Ribossomos não funcionais no vírion
- Codifica a RNA polimerase RNA-dependente de RNA, replicação no citoplasma
- O anticorpo pode bloquear a doença
- Vírus se espalha no sangue para tecidos, neurônios e cérebro
- Pródromo de sintomas gripais causados por interferona e resposta de citocinas
- Vírus da CML: meningite
- Febre de Lassa: febre hemorrágica

Epidemiologia
- Inalação de aerossóis pela urina ou fezes de roedores
- Vírus da CML: em todo o mundo
- Febre de Lassa: África

Diagnóstico
- RT-PCR, ELISA

Tratamento, prevenção e controle
- Controle de roedores

ELISA, ensaio imunossorvente ligado à enzima; *CML*, coriomeningite linfocítica; *RT-PCR*, reação em cadeia da polimerase com a transcriptase reversa.

Bunyaviridae e Arenaviridae compartilham algumas semelhanças. Os vírus dessas famílias são envelopados e têm ácido ribonucleico (RNA) de fita negativa com modos similares de replicação. Ambos são causadores de zoonoses; a maioria dos Bunyaviridae é arbovírus. Os hantavírus e a família Arenaviridae são transmitidos por roedores e não por insetos. Muitos dos vírus dessas famílias causam encefalite ou doença hemorrágica.

Bunyaviridae

A família Bunyaviridae constitui um "supergrupo" de pelo menos **200 vírus de RNA de fita negativa, segmentados, envelopados** (Boxe 53.1). O supergrupo de vírus de mamíferos é ainda dividido em gêneros com base em características estruturais e bioquímicas: *Bunyavirus, Phlebovirus, Nairovirus* e *Hantavírus* (Tabela 53.1). A maioria dos Bunyaviridae é **arbovírus** (*arthropod*-borne; transmitidos por artrópodes) que são transmitidos por mosquitos, carrapatos ou moscas e são endêmicos no ambiente do vetor. Os **hantavírus** são a exceção; eles são transmitidos por **roedores**. Os novos vírus humanos ainda estão em fase de descoberta, incluindo os flebovírus Heartland, transmitidos por carrapatos e encontrados nos EUA em 2012. Em 2011, a síndrome grave de febre com trombocitopenia associada ao vírus (SFTSV; do inglês, *severe fever with thrombocytopenia syndrome virus*), transmitido por carrapatos, foi descoberta na China.

ESTRUTURA

Os buniavírus são partículas aproximadamente esféricas de 90 a 120 nm de diâmetro. O envelope do vírus contém duas glicoproteínas (G1 e G2) e envolve três RNAs únicos, de fita negativa, os RNAs grande (**L**; do inglês, *large*), médio (**M**) e pequeno (**S**; do inglês, *small*) que estão associados a proteínas para formar os nucleocapsídios (Tabela 53.2). Os segmentos genômicos para o vírus La Crosse e para outros vírus relacionados com a encefalite da Califórnia formam círculos. Os nucleocapsídios incluem a RNA polimerase RNA-dependente (proteína L) e duas proteínas não estruturais (NS_s, NS_m) (Figura 53.1). Ao contrário de outros vírus

> **Boxe 53.1** Características únicas dos buniavírus.
>
> Há pelo menos 200 vírus relacionados em cinco gêneros que compartilham a morfologia e os componentes básicos.
> O vírion é envelopado com três nucleocapsídios (L, M, S) de ácido ribonucleico de sentido negativo, mas sem proteínas da matriz.
> O vírus se reproduz no citoplasma.
> O vírus consegue infectar seres humanos, animais e artrópodes.
> O vírus em um artrópode pode ser transmitido a seus ovos.

de RNA de fita negativa, os Bunyaviridae **não apresentam uma proteína da matriz**. Os gêneros de Bunyaviridae se distinguem por diferenças (1) no número e nos tamanhos das proteínas do vírion, (2) nos comprimentos das fitas L, M e S do genoma e (3) na maneira como são transcritas.

REPLICAÇÃO

A replicação dos vírus da família Bunyaviridae ocorre da mesma forma que outros vírus envelopados de RNA de fita negativa. Para a maioria dos Bunyaviridae, a glicoproteína G1 interage com β-integrinas na superfície celular e o vírus é internalizado por endocitose. Após a fusão do envelope com membranas endossômicas na acidificação da vesícula, o nucleocapsídio é liberado no citoplasma e a síntese de RNA mensageiro (mRNA) e de proteínas começa. Como o vírus influenza, os buniavírus removem a porção 5' com *cap* dos mRNAs para iniciar a síntese de mRNAs virais; mas, ao contrário do vírus influenza, isso ocorre no citoplasma. Os moldes de fita positiva distintos são utilizados para a replicação do genoma.

A fita M codifica a proteína não estrutural NS_m e as proteínas G1 (fixação viral) e G2, enquanto a fita L codifica a proteína L (polimerase) (ver Tabela 53.2). A fita S do RNA codifica duas proteínas não estruturais, N e NS_s. Para o grupo *Phlebovirus*, a fita S é de duplo sentido, de tal modo que um mRNA é transcrito a partir do genoma e o outro a partir do molde de RNA (+) para a replicação.

As glicoproteínas são sintetizadas e glicosiladas no retículo endoplasmático; em seguida, são transferidas para o aparelho de Golgi, mas não translocadas para a membrana plasmática. Os vírions são montados por brotamento no aparelho de Golgi e são liberados por lise celular ou exocitose.

PATOGÊNESE

A maioria dos Bunyaviridae é arbovírus e apresenta muitos dos mesmos mecanismos patogênicos que os togavírus e os flavivírus (Boxe 53.2). Por exemplo, os vírus são transmitidos por um vetor artrópode e são injetados no sangue para iniciar uma viremia. A progressão além desse estágio para viremia secundária e a posterior disseminação do vírus para locais-alvo, tais como o sistema nervoso central, o fígado, os rins e o endotélio vascular, causam doenças. Muitos Bunyaviridae causam encefalite; outros causam necrose hepática ou doença hemorrágica (p. ex., febre hemorrágica do Congo-Crimeia e doença hemorrágica de Hantan) de maneira semelhante aos togavírus e aos flavivírus. Na infecção posterior, a necrose hemorrágica do rim ocorre com frequência. Como os togavírus, flavivírus e arenavírus, os buniavírus são bons indutores de interferonas do tipo 1. A doença por buniavírus é causada por uma combinação de patogênese viral e imunológica.

Ao contrário de outros buniavírus, os roedores são o reservatório e o vetor para os hantavírus e os seres humanos adquirem o vírus por aerossóis respiratórios da urina infectada. Os hantavírus têm como alvo os rins e causam infecção assintomática crônica em roedores, o que leva à excreção prolongada do vírus na urina. A inalação transporta o vírus para os pulmões dos seres humanos e, assim, eles conseguem se propagar para o sistema vascular e para os rins, onde se replicam, mas não são citolíticos. Eles promovem a ruptura da função de células endoteliais, causando a permeabilidade vascular, que pode levar ao choque e induzir a respostas imunes citolíticas, provocando destruição tecidual hemorrágica e doença pulmonar letal.

EPIDEMIOLOGIA

A maioria dos buniavírus é transmitida por mosquitos, carrapatos ou flebotomíneos infectados para os roedores, aves e animais de grande porte (Boxe 53.3). Os animais tornam-se então os **reservatórios** para o vírus, continuando o ciclo de infecção. Os seres humanos são infectados quando entram no ambiente do inseto vetor (Figura 53.2), mas geralmente são hospedeiros terminais. A transmissão ocorre durante o verão, mas ao contrário de muitos outros arbovírus, muitos dos Bunyaviridae podem sobreviver a um inverno nos ovos do mosquito e permanecem em um local.

Muitos dos membros dessa família são encontrados na América do Sul, no sudeste da Europa, no Sudeste Asiático e na África e levam os nomes exóticos de seus nichos ecológicos. Os vírus do **grupo de vírus da encefalite da Califórnia** (p. ex., vírus La Crosse) são propagados por mosquitos encontrados nas florestas da América do Norte (Figura 53.3). Até 100 casos de encefalite são relatados durante o verão todos os anos nos EUA, mas a maioria das infecções é assintomática. Esses vírus são espalhados principalmente pelo mosquito *Aedes triseriatus*, de hábitos diurnos e agressivo, que se reproduz na água em buracos de árvores e em pneus descartados.

Os hantavírus não têm vetor artrópode, mas são mantidos em uma espécie de roedor específica para cada vírus. Os seres humanos são infectados pelo contato próximo com roedores ou por inalação aerossol de urina de roedor. Em maio de 1993, um surto mortal de **síndrome pulmonar por hantavírus** (SPH) ocorreu no sudoeste dos EUA, onde os estados do Arizona, Colorado, Novo México e Utah fazem fronteira (conhecido como Four Corners). O surto é atribuído ao aumento do contato com o roedor *Peromyscus maniculatus* (rato-veadeiro) que é o vetor desse vírus, durante uma estação com índice pluviométrico excepcionalmente elevado, maior disponibilidade de alimentos e aumento da população de roedores. Os vírus da subfamília Sin Nombre foram isolados de vítimas e dos roedores. Desde o referido incidente, os vírus dessa subfamília foram detectados e associados a surtos de doenças do sistema respiratório no leste e oeste dos EUA e nas Américas Central e do Sul.

SÍNDROMES CLÍNICAS

Na família Bunyaviridae, mesmo os vírus que provocam doenças graves costumam causar um quadro gripal relacionado com a viremia, febril, inespecífico e relativamente leve (Caso Clínico 53.1; ver Tabela 53.1) que é indistinguível de doenças causadas por outros vírus. O período de

Tabela 53.1 Gêneros notáveis pertencentes à família Bunyaviridae[a].

Gênero	Membros	Inseto vetor	Condições patológicas	Hospedeiros vertebrados
Bunyavirus	Vírus Bunyamwera, vírus da encefalite da Califórnia, vírus La Crosse, vírus Oropouche; 150 membros	Mosquito	Doença febril, encefalite, erupção cutânea	Roedores, pequenos mamíferos, primatas, marsupiais, aves
Phlebovirus	Vírus da febre do Vale de Rift, vírus da febre do mosquito pólvora, vírus Heartland; 38 membros	Mosca, carrapato	Febre transmitida por flebótomo, febre hemorrágica, encefalite, conjuntivite, miosite	Ovelha, gado, animais domésticos
Nairovirus	Vírus da febre hemorrágica do Congo-Crimeia; seis membros	Carrapato	Febre hemorrágica	Lebres, bovinos, caprinos, aves marinhas
Uukuvirus	Vírus Uukuniemi; sete membros	Carrapato	—	Aves
Hantavírus	Velho Mundo; vírus Hantan e outros Novo Mundo; Sin Nombre e outros	Nenhum Nenhum	Febre hemorrágica com síndrome renal, síndrome da angústia respiratória do adulto Síndrome pulmonar por hantavírus, choque, edema pulmonar	Roedores Roedores

[a]Vírus adicionais têm várias propriedades comuns com a família Bunyaviridae, mas ainda não estão classificados.

Tabela 53.2 Genoma e proteínas do vírus da encefalite da Califórnia.

Genoma[a]	Proteínas
L	RNA polimerase, 170 kDa
M	Glicoproteína G1, 75 kDa
	Glicoproteína G2, 65 kDa
	Proteína NSm (não estrutural), 15 a 17 kDa
S	Proteína N (não estrutural), 25 kDa
	Proteína NSs (não estrutural), 10 kDa

[a]RNA de fita negativa.

incubação dessas doenças é de aproximadamente 48 horas e as febres duram, tipicamente, 3 dias.

As doenças relacionadas com a **encefalite** (p. ex., o vírus La Crosse) são repentinas no início, após um período de incubação de aproximadamente 1 semana, e os sintomas neste momento consistem em febre, cefaleia, letargia e vômitos. As convulsões ocorrem em 50% dos pacientes com encefalite, geralmente no início da doença. Sinais de meningite também podem estar presentes. A doença dura de 10 a 14 dias. A morte ocorre em menos de 1% dos pacientes, mas os distúrbios convulsivos ocorrem como sequelas em até 20%.

As **febres hemorrágicas** como a febre do Vale do Rift são caracterizadas por hemorragias petequiais, equimose, epistaxe, hematêmese, melena e sangramento gengival. A morte ocorre em até 50% dos pacientes com doença hemorrágica. A **SPH** ocorre nas Américas e é uma doença terrível, manifestando-se inicialmente como um pródromo de febre, sintomas gripais e mialgia, mas seguido rapidamente por edema pulmonar intersticial, insuficiência respiratória, choque e morte em alguns dias. A febre hemorrágica com síndrome renal (FHSR) ocorre na Europa e na Ásia e está associada à presença de erupção cutânea petequial, doença hemorrágica sistêmica e insuficiência renal na SPH.

DIAGNÓSTICO LABORATORIAL

A detecção de RNA viral por reação em cadeia da polimerase-transcriptase reversa (RT-PCR) tornou-se o método aceito para detecção e identificação dos buniavírus. Os hantavírus Sin Nombre e Convict Creek foram inicialmente identificados com o teste de RT-PCR, utilizando *primers* (oligonucleotídios iniciadores) com sequências características do hantavírus.

O ensaio imunossorvente ligado à enzima (ELISA) detecta o antígeno em amostras clínicas de pacientes com viremia intensa (p. ex., febre do Vale do Rift, FHSR, febre hemorrágica do Congo-Crimeia) ou a partir de mosquitos.

TRATAMENTO, PREVENÇÃO E CONTROLE

Não há terapia específica para infecções por vírus da família Bunyaviridae. As doenças humanas são prevenidas pela interrupção do contato entre os seres humanos e o vetor, tanto artrópodes como mamíferos. Os vetores artrópodes são controlados pela (1) eliminação das condições de crescimento no vetor, (2) pulverização com inseticida, (3) instalação de redes ou telas em janelas e portas, (4) uso de roupas de proteção e (5) controle da infestação de carrapatos de animais. O controle de roedores minimiza a transmissão dos hantavírus.

Arenavírus

Os arenavírus incluem os vírus da **coriomeningite linfocítica (CML)** e **da febre hemorrágica**, tais como os vírus de **Lassa, Junin** e **Machupo** (Boxe 53.4). Esses vírus causam infecções persistentes em roedores específicos e podem ser transmitidos aos seres humanos como **zoonoses**.

ESTRUTURA E REPLICAÇÃO

Os arenavírus são visualizados em micrografias eletrônicas como **vírus envelopados pleomórficos** (diâmetro, 120 nm) com **aspecto arenoso** (o nome vem da palavra grega *arenosa*) por causa dos **ribossomos no vírion**. Embora funcionais, os ribossomos não parecem ter uma função específica. Os vírions contêm um nucleocapsídio com **dois RNAs circulares de fita simples** (S, 3.400 nucleotídios;

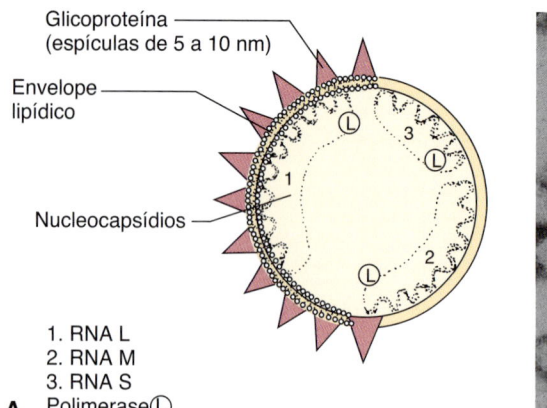
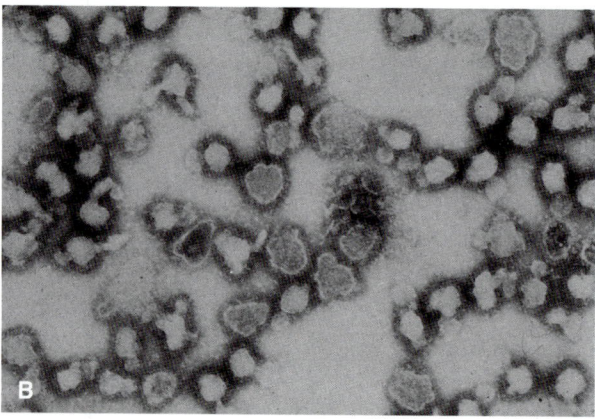

1. RNA L
2. RNA M
3. RNA S
Polimerase(L)

Figura 53.1 A. Modelo da partícula do buniavírus. **B.** Micrografia eletrônica da variante La Crosse do buniavírus. Observe as proteínas da espícula (*spike*) na superfície do envelope do vírion. *RNA*, ácido ribonucleico. (**A**, Modificada de Fraenkel-Conrat, H., Wagner, R.R., 1979. Comprehensive Virology, vol. 14. Plenum, New York, NY. **B**, Cortesia de Centers for Disease Control and Prevention, Atlanta, Georgia.)

Boxe 53.2 Mecanismos patológicos dos buniavírus.

O vírus é adquirido por picada de artrópodes (p. ex., mosquito).
Os hantavírus são adquiridos da urina ou das fezes de roedores.
A viremia inicial causa sintomas gripais.
O estabelecimento de viremia secundária pode permitir o acesso do vírus a tecidos-alvo específicos que definem a doença, incluindo o sistema nervoso central, os órgãos e o endotélio vascular.
A patogênese causada pelo vírus e pela resposta imune promove a ruptura dos tecidos.
Os anticorpos são importantes no controle da viremia; a interferona e a imunidade celular podem prevenir o surgimento da infecção e contribuir para a doença.

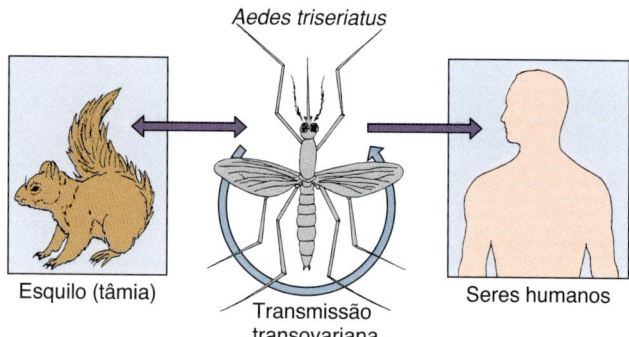

Figura 53.2 Transmissão do vírus da encefalite La Crosse (Califórnia).

Boxe 53.3 Epidemiologia das infecções pelo buniavírus.

Doenças/fatores virais

Arbovírus capazes de se replicar em células de mamíferos e artrópodes.
Arbovírus capazes de passar para os ovários e infectar ovos de artrópodes, possibilitando a sobrevida do vírus durante o inverno.

Transmissão

Arbovírus, por hematofagia de artrópodes; grupo da encefalite da Califórnia, mosquito *Aedes*.
Os mosquitos *Aedes* têm hábitos diurnos agressivos e vivem em florestas.
Os mosquitos *Aedes* depositam ovos em pequenas poças de água represadas em árvores e pneus.
Hantavírus: transmitido em aerossóis a partir de urina e fezes de roedores e pelo contato próximo com roedores infectados.

Quem corre risco?

Pessoas em hábitat de vetores artrópodes ou roedores.
Grupo da encefalite da Califórnia: campistas, guardas florestais, madeireiros.

Geografia/sazonalidade

A incidência de doenças se correlaciona com a distribuição do vetor.
Doença mais comum no verão.

Modos de controle

Eliminação do vetor ou de seu hábitat.
Evitar o hábitat do vetor.

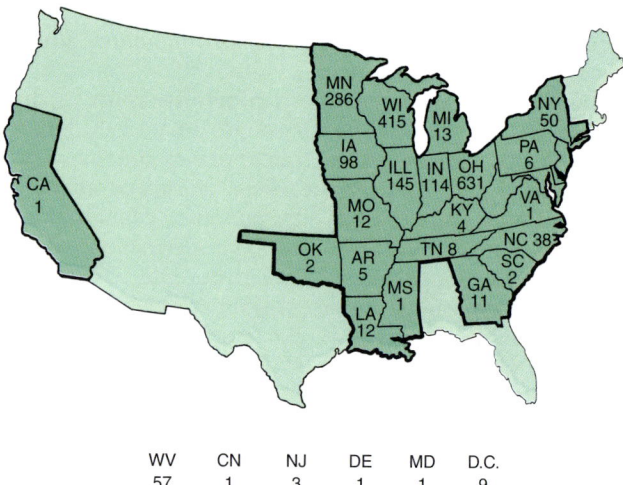

Figura 53.3 Distribuição da encefalite da Califórnia, 1964 a 2010. (Cortesia de Centers for Disease Control and Prevention, Atlanta, Georgia.)

L, 7.200 nucleotídios) e uma transcriptase. A fita L é um RNA de sentido negativo e codifica a polimerase. A fita S codifica a nucleoproteína (proteína N) e as glicoproteínas, mas tem **duplo sentido**. Considerando que o mRNA para a proteína N é transcrito diretamente da fita S de sentido duplo, o mRNA para a glicoproteína e transcrito de um molde completo da fita S. Como os togavírus, as glicoproteínas são produzidas como proteínas tardias após a replicação

> **Caso Clínico 53.1** Hantavírus na Virgínia
>
> Os Centers for Disease Control and Prevention (*Morb Mortal Wkly Rep* 53:1086–1089, 2004) relataram um caso de hantavírus em um estudante de graduação em Ciências da Vida Selvagem, de 32 anos de idade. O paciente procurou o setor de emergência em Blacksburg, Virgínia, depois de apresentar febre, tosse e dor torácica. O estudante havia capturado, manipulado e estudado camundongos durante o mês anterior. Nem ele nem seus colegas usaram luvas enquanto manipulavam os camundongos ou seus excrementos; eles não se lavaram antes de comer e tinham numerosas marcas de mordidas em suas mãos. Ele apresentava febre de 39,3°C e função pulmonar normal, mas a radiografia de tórax indicou pneumonia leve do lado direito. O paciente começou a vomitar no setor de emergência e foi internado. A pneumonia progrediu e ele tornou-se mais hipóxico, sendo, por fim, necessário instituir intubação e ventilação mecânica. No dia seguinte, ele foi medicado com proteína C ativada para prevenir coagulação intravascular disseminada. O estado geral do paciente continuou a deteriorar e ele morreu no terceiro dia após a hospitalização. Amostras de soro continham anticorpos IgM e IgG e ácido ribonucleico genômico (determinado pela reação em cadeia da polimerase com a transcriptase reversa) para a detecção de hantavírus e antígenos virais foram encontrados no baço. Embora o hantavírus tenha recebido sua maior notoriedade com o surto do vírus Sin Nombre no sudoeste dos EUA, em 1993, esse vírus pode ocorrer em qualquer lugar onde as pessoas entrem em contato com a urina e fezes de roedores carreando esses vírus. Já foram relatados casos em 31 dos estados que compõem os EUA.
>
> *Ig*, imunoglobulina.

> **Boxe 53.4** Características dos arenavírus.
>
> O vírus tem vírion **envelopado** com dois segmentos de genoma de **RNA de sentido negativo, circulares** (L, S). O vírion tem aspecto **arenoso por causa dos ribossomos**.
> O segmento do genoma S é de duplo sentido.
> As hantaviroses são zoonoses que estabelecem infecções persistentes em roedores.
> A patogênese das infecções por arenavírus é atribuída em grande parte à imunopatogênese.

do genoma. Os arenavírus realizam a replicação no citoplasma e adquirem seu envelope por brotamento a partir da membrana plasmática da célula hospedeira.

Os arenavírus causam prontamente infecções persistentes. Isso pode resultar de transcrição ineficiente dos genes da glicoproteína e, portanto, uma montagem deficiente dos vírions.

PATOGÊNESE

Os arenavírus conseguem infectar macrófagos, induzir liberação de citocinas e de interferona, além de promover danos celulares e vasculares. Efeitos imunopatológicos induzidos por linfócitos T exacerbam de forma significativa a destruição dos tecidos. O período de incubação para infecções por arenavírus é, em média, de 10 a 14 dias.

EPIDEMIOLOGIA

A maioria dos arenavírus, exceto o vírus que causa a CML, é encontrada nos trópicos da África e da América do Sul. Os arenavírus, como os hantavírus, infectam roedores específicos e são endêmicos em hábitats dos roedores. A infecção assintomática crônica é comum nesses animais e leva à excreção prolongada do vírus na saliva, na urina e nas fezes. Seres humanos podem ser infectados por inalação de aerossóis, consumo de alimentos contaminados ou contato com fômites. As mordidas de animais não são um mecanismo comum de propagação.

O vírus que causa a CML infecta hamsters e camundongos domésticos (*Mus musculus*). Foi encontrado em 20% dos camundongos em Washington, DC. O vírus da febre de Lassa infecta o roedor africano *Mastomys natalensis*. O vírus da febre de Lassa é propagado de um ser humano para outro via contato com secreções infectadas ou com líquidos corporais, mas os vírus que causam a CML e outras febres hemorrágicas raramente, ou nunca, são transmitidas dessa maneira.

De 1999 a 2000, três casos de doença hemorrágica fatal na Califórnia foram causados pelo arenavírus Whitewater Arroyo. Esse vírus é habitualmente encontrado no roedor *Neotoma albigula* (encontrado no México e nos EUA), e, portanto, sua ocorrência em seres humanos constitui uma nova doença emergente. A associação da doença foi realizada por uma RT-PCR especial.

SÍNDROMES CLÍNICAS

Coriomeningite linfocítica

O nome desse vírus, o **vírus da coriomeningite linfocítica** sugere que a meningite é um evento clínico típico, mas, na verdade, a CML geralmente causa uma doença febril com mialgia gripal (Boxe 53.5). Apenas cerca de 10% das pessoas infectada progridem para infecção do sistema nervoso central. A doença meníngea, se ocorrer, começará 10 dias após a fase inicial da doença, com recuperação total. Infiltrados mononucleares perivasculares podem ser visualizados em neurônios de todos os cortes do cérebro e nas meninges de um paciente afetado.

Febre de Lassa e outras febres hemorrágicas

A febre de Lassa, que é endêmica na África Ocidental, é uma das febres hemorrágicas mais bem conhecidas, causada por um arenavírus. Outros agentes, porém, como os vírus Junin e Machupo, causam síndromes semelhantes nos habitantes da Argentina e da Bolívia, respectivamente.

A doença clínica é caracterizada por febre, coagulopatia, petéquias e hemorragia visceral ocasional, assim como necrose hepática e esplênica, mas não vasculite. Hemorragia

> **Boxe 53.5** Resumo clínico.
>
> **Febre de Lassa:** aproximadamente 10 dias após o retorno de uma viagem para visitar a família na Nigéria, um homem de 47 anos desenvolveu sintomas gripais com febre e mal-estar mais acentuados do que o esperado. A doença se agravou progressivamente e, após 3 dias, o paciente desenvolveu dor abdominal, náuseas, vômitos, diarreia, faringite, sangramento gengival e começou a vomitar sangue. Ele entrou em choque e depois foi a óbito.

e choque também ocorrem, assim como danos cardíacos e hepáticos ocasionais. Ao contrário da CML, as febres hemorrágicas não causam lesões no sistema nervoso central. Faringite, diarreia e vômitos podem ser prevalentes, sobretudo em pacientes com febre de Lassa. Até 50% das pessoas com febre de Lassa morrem e em uma porcentagem menor das pessoas infectadas por outros arenavírus que causam febres hemorrágicas. O diagnóstico é sugerido pelo relato de viagens recentes a áreas endêmicas.

DIAGNÓSTICO LABORATORIAL

Uma infecção por arenavírus é geralmente diagnosticada com base nos achados sorológicos e genômicos (RT-PCR). Esses vírus são muito perigosos para o isolamento. É possível detectar arenavírus nas amostras da orofaringe; a urina é uma fonte do vírus da febre de Lassa, mas não do vírus da CML. O risco de infecção é substancial para profissionais de laboratório que manipulam líquidos corporais. Portanto, se o diagnóstico for suspeito, a equipe do laboratório deve ser alertada e as amostras processadas somente em instalações especializadas no isolamento de patógenos contagiosos **(nível 3 para o vírus da CML e nível 4 para o vírus da febre de Lassa e outros arenavírus)**.

TRATAMENTO, PREVENÇÃO E CONTROLE

O medicamento antiviral **ribavirina** tem atividade limitada contra os arenavírus e pode ser usado para tratar a febre de Lassa. No entanto, a terapia de suporte é, geralmente, tudo o que está disponível para pacientes com infecções por arenavírus.

Essas infecções transmitidas por roedores podem ser prevenidas ao limitar o contato com o vetor. Por exemplo, melhores condições de higiene para limitar o contato com camundongos reduziram a incidência de CML em Washington, DC. Nas áreas geográficas em que a febre hemorrágica ocorre, a captura de roedores e o armazenamento cuidadoso dos alimentos reduzem a exposição ao vírus.

A incidência de casos adquiridos em laboratório pode ser reduzida, se as amostras submetidas para isolamento do arenavírus forem processadas em instalações de biossegurança de nível 3 ou 4, pelo menos, e não no laboratório de virologia clínica usual.

Bibliografia

Avšič-Županc, T., Saksida, A., Korva, M., 2016. Hantavirus infections. Clin. Microbiol. Infect. https://doi.org/ 10.1111/1469-0691.12291.

Bishop, D.H.L., Shope, R.E., 1979. Bunyaviridae. Plenum, New York.

Burrell, C.J., Howard, C.R., Murphy, F.A., 2017. Fenner and White's Medical Virology 5e. Academic, Cambridge, MA.

Cohen, J., Powderly, W.G., 2004. Infectious Diseases, second ed. Mosby, St Louis.

Gonzalez, J.P., et al., 2007. Arenaviruses, Current Topics in Microbiology and Immunology, vol. 315. Springer-Verlag, Berlin, pp. 253–288.

Johnson, R.T., 1998. Viral Infections of the Nervous System. Lippincott-Raven, Philadelphia.

Knipe, D.M., Howley, P.M., 2013. Fields Virology, sixth ed. Lippincott Williams & Wilkins, Philadelphia.

Kolakofsky, D., 1991. Bunyaviridae. Current Topics in Microbiology and Immunology, vol. 169. Springer-Verlag, Berlin.

Oldstone, M.B.A., 2002. Arenaviruses I and II, Current Topics in Microbiology and Immunology, vol. 262–263, Berlin, Springer-Verlag.

Peters, C.J., Simpson, G.L., Levy, H., 1999. Spectrum of hantavirus infection: hemorrhagic fever with renal syndrome and hantavirus pulmonary syndrome. Annu. Rev. Med. 50, 531–545.

Schmaljohn, C.S., Nichol, S.T., 2001. Hantaviruses, Current Topics in Microbiology and Immunology, vol. 256. Springer-Verlag, Berlin.

Strauss, J.M., Strauss, E.G., 2007. Viruses and Human Disease, second ed. Academic, San Diego.

Tsai, T.F., 1991. Arboviral infections in the United States. Infect. Dis. Clin. North. Am. 5, 73–102.

Tyler, K.L., 2018. Acute viral encephalitis. N. Engl. J. Med. 379, 557–566. https://doi.org/10.1056/NEJMra1708714.

Walter, C.T., Barr, J.N., 2011. Recent advances in the molecular and cellular biology of bunyaviruses. J. Gen. Virol. 92, 2467–2484. http://vir.sgmjournals.org/content/early/2011/08/22/vir.0.035105-0.full.pdf+html.

Wrobel, S., 1995. Serendipity, science, and a new hantavirus. FASEB J. 9, 1247–1254.

Websites

Ayoade, F.O., California encephalitis. http://emedicine.medscape.com/article/234159-overview. Accessed September 4, 2018.

Centers for Disease Control and Prevention, Hantavirus. www.cdc.gov/hantavirus/index.html. Accessed September 4, 2018.

Centers for Disease Control and Prevention, Heartland virus. www.cdc.gov/ncezid/dvbd/heartland/index.html. Accessed September 4, 2018.

Centers for Disease Control and Prevention, La Crosse encephalitis. www.cdc.gov/lac/. Accessed September 4, 2018.

Centers for Disease Control and Prevention, Lassa fever. www.cdc.gov/vhf/lassa/. Accessed September 4, 2018.

Centers for Disease Control and Prevention, Lymphocytic choriomeningitis (LCMV). www.cdc.gov/vhf/lcm/. Accessed September 4, 2018.

Gompf, S.G., Smith, K.M., Choe, U., Arenaviruses. http://emedicine.medscape.com/article/212356-overview. Accessed September 4, 2018.

54 Retrovírus

Mulher de 63 anos tem tuberculose e infecção oral grave por leveduras do gênero *Candida*. Os níveis de linfócitos T CD4 eram de 50/μℓ e foram detectados 200 mil genomas do vírus da imunodeficiência humana (HIV) por mililitro de sangue. Embora monogâmica, ela descobre que seu marido não era.

1. Quais tipos de células o HIV infecta e por que isso influencia na resposta imunológica do paciente?
2. Como ocorre a replicação do vírus?
3. A que outras infecções oportunistas essa mulher está suscetível?
4. Quais são os fatores de risco para a infecção?
5. Como foi detectada a infecção pelo HIV e como a adesão ao tratamento foi monitorada?
6. Como a infecção pelo HIV pode ser tratada?

RESUMOS Organismos clinicamente significativos

RETROVÍRUS

Palavras-chave

Transcriptase reversa, integração, sincícios
HIV: AIDS, CD4, correceptor de quimiocina, doenças oportunistas
HTLV: leucemia, célula em flor (*flower cell*), linfócito T CD4

Biologia, virulência e doença

- Vírion: tamanho médio, envelope, nucleocapsídio, duas cópias do genoma de RNA (+)
- Os retrovírus simples apresentam três genes: *gag, pol, env*
- Os retrovírus complexos (HIV, HTLV) têm os genes *gag, pol, env* e outros genes importantes
- Codifica a DNA polimerase dependente de RNA (RT, transcriptase reversa), replica-se no núcleo
- O vírion carreia as enzimas RT, integrase e protease
- Replica através de intermediários do DNA, integra o DNA viral no cromossomo do hospedeiro
- Promove a formação de sincícios
- Incapacita e escapa do controle da resposta imune
- O oncornavírus pode codificar oncogenes e ter um curto período de latência antes do câncer
- HTLV-1, sem oncogene, período longo de latência antes da leucemia
- **HTLV:** leucemia linfocítica aguda de células T, paraparesia espástica tropical
- **HIV:** inicialmente infecta os macrófagos CD4/CCR5, células dendríticas e linfócitos T; a fase inicial da doença assemelha-se à mononucleose, seguida de um período latente; resulta em AIDS quando a contagem de linfócitos T CD4 cai abaixo de 200/μℓ
- **Retrovírus endógenos:** integrados e aproximadamente 8% do genoma humano

Epidemiologia

- Mundial
- Transmitido em sangue e sêmen
- Grupos de alto risco: indivíduos promíscuos, usuários de drogas por via intravenosa, lactentes de mulheres infectadas

Diagnóstico

- RT-PCR, ELISA

Tratamento, prevenção e controle

- Tratamento da infecção pelo HIV com análogos de nucleosídios, inibidores de protease e outros fármacos antivirais
- Prevenção pela triagem do suprimento de sangue, sexo seguro, profilaxia com medicamentos antivirais, educação

ELISA, ensaio imunossorvente ligado à enzima; *HTLV*, vírus linfotrópico de células T humanas; *IV*, intravenoso; *RT-PCR*, reação em cadeia da polimerase com a transcriptase reversa.

Os retrovírus são provavelmente o grupo mais estudado dos vírus na biologia molecular. Esses vírus são **envelopados**, constituídos de **ácido ribonucleico (RNA) de fita positiva** com morfologia e modos de replicação únicos. Em 1970, Baltimore e Temin demonstraram que os retrovírus codificam uma **polimerase do ácido desoxirribonucleico (DNA) RNA-dependente (transcriptase reversa [RT])** e se replicam através de um intermediário de DNA. A cópia do DNA do genoma viral é então integrada no cromossomo hospedeiro para se tornar um gene celular. Essa descoberta, que valeu a Baltimore, Temin e Dulbecco o Prêmio Nobel de 1975, contradizia o que tinha sido o dogma central da biologia molecular – que as informações genéticas passavam do DNA para o RNA e depois para as proteínas.

O primeiro retrovírus a ser isolado foi o vírus do sarcoma de Rous, que foi demonstrado por Peyton Rous, produzir tumores sólidos (sarcomas) em galinhas. Como a maioria dos retrovírus, o vírus do sarcoma de Rous provou ter uma gama bastante muito limitada de hospedeiros e espécies. Os retrovírus causadores de câncer são isolados desde então a partir de outras espécies animais e são classificados como vírus tumorais de RNA ou **oncornavírus**. Muitos desses vírus alteram o crescimento celular por meio da expressão de análogos de genes de controle do crescimento celular **(oncogenes)**. No entanto, apenas em 1981, quando Robert Gallo et al. isolaram o vírus linfotrópico de células T humanas do tipo 1 (HTLV-1) de uma pessoa com leucemia de células T humanas do adulto, um retrovírus humano foi associado à doença humana.

No final da década de 1970 e início da década de 1980, observou-se um número incomum de homens jovens homossexuais, haitianos, usuários de heroína (*heroin addicts*) e hemofílicos nos EUA (os grupos de risco iniciais do "clube dos 4 Hs") que estavam morrendo de infecções oportunistas habitualmente benignas. Seus sinais/sintomas definiram uma nova doença, denominada **síndrome da imunodeficiência adquirida (AIDS)**. Entretanto, como atualmente é conhecida, a AIDS não se limita a esses grupos, mas pode ocorrer em qualquer indivíduo exposto ao vírus. Agora, aproximadamente 37 milhões de homens, mulheres e crianças no mundo estão vivendo com o vírus que causa a AIDS. Montagnier et al., em Paris, e Gallo et al., nos EUA, relataram o isolamento do vírus da imunodeficiência humana (HIV-1) de pacientes com linfadenopatia e AIDS. Um vírus intimamente relacionado, designado **HIV-2**, foi isolado mais tarde e é prevalente na África Ocidental. O HIV parece ter sido adquirido por humanos a partir de chimpanzés e rapidamente se espalhou pela África e pelo mundo, por uma população cada vez mais móvel. Embora seja uma doença devastadora que não pode ser completamente curada, o desenvolvimento de coquetéis de medicamentos antivirais (terapia antirretroviral [TARV]) tem permitido que muitos pacientes com HIV retomem uma vida normal.

Os **retrovírus endógenos**, os parasitas ideais, são integrados, são transmitidos verticalmente e podem ocupar até 8% do cromossomo humano. Embora eles não possam produzir víriions, podem ainda contribuir ou influenciar as funções do corpo.

Nosso entendimento sobre os retrovírus tem sido paralelo ao progresso na biologia molecular e imunologia. Por sua vez, os retrovírus fornecem uma ferramenta importante para a biologia molecular, a enzima RT, e por meio do estudo de oncogenes virais também proporcionou um modo de avançar nossa compreensão sobre o crescimento celular, diferenciação e oncogênese.

As três subfamílias dos retrovírus humanos são a **Oncovirinae** (HTLV-1, HTLV-2, HTLV-5), a **Lentivirinae** (HIV-1, HIV-2) e a **Spumavirinae** (Tabela 54.1). Embora o spumavírus tenha sido o primeiro retrovírus humano a ser isolado, nenhum vírus desse tipo foi associado à doença humana.

Classificação

Os retrovírus são classificados pelas doenças que causam, pelo tropismo tecidual e gama de hospedeiros, morfologia do vírion e complexidade genética (ver Tabela 54.1). Os **oncovírus** incluem os únicos retrovírus que conseguem **imortalizar ou transformar as células-alvo**. Esses vírus também são classificados pela morfologia de seu cerne (*core*) e capsídio como tipo A, B, C ou D, como vistos nas micrografias eletrônicas (Figura 54.1; ver Tabela 54.1). Os **lentivírus são vírus lentos associados a doenças neurológicas e imunossupressoras**. Os spumavírus, representados por um vírus espumoso, causam um efeito citopatológico distinto, mas, como já observado, não parecem causar doenças clínicas.

Estrutura

Os retrovírus são vírus de RNA, aproximadamente esféricos, envelopados, com diâmetro de 80 a 120 nm (Figura 54.2 e Boxe 54.1). O envelope contém glicoproteínas virais e é adquirido por brotamento da membrana plasmática. O **envelope envolve um capsídio que contém duas cópias idênticas do genoma de RNA de fita positiva** dentro um cerne elétron-denso. O vírion também contém de 10 a 50 cópias das **enzimas RT e integrase** e **dois RNAs transportadores (tRNAs) celulares**. Esses tRNAs são pareados por base a cada cópia do genoma a ser utilizada como um *primer* para a RT. A morfologia dos cernes difere para diferentes vírus e é utilizada como um meio de classificar os retrovírus (ver Figura 54.1). O cerne do vírion do HIV assemelha-se a um cone truncado (Figura 54.3).

O genoma do **retrovírus simples** *consiste em três genes principais que codificam as poliproteínas* para as seguintes proteínas enzimáticas e estruturais do vírus: **Gag** (antígeno grupo-específico, *proteínas do capsídio, da matriz e de ligação ao ácido nucleico*), **Pol** (*polimerase, protease* e *integrase*) e **Env** (envelope, *glicoproteínas*) (Figura 54.4 e Tabela 54.2). Em cada extremidade do genoma estão as sequências de **repetição terminal longa (LTR, do inglês** *long terminal repeat*). As sequências LTR contêm promotores, *enhancers* e outras sequências gênicas utilizadas para a ligação a diferentes fatores de transcrição celular. Os vírus oncogênicos também podem conter um **oncogene** promotor do crescimento. Os retrovírus complexos, incluindo HTLV, HIV e outros lentivírus, expressam proteínas precoces e tardias e codificam várias proteínas que aumentam a virulência e necessitam do processamento transcricional mais complexo (*splicing*) do que os retrovírus simples. Embora o genoma se assemelhe a um RNA mensageiro (mRNA), ao contrário do genoma de picornavírus, não é infeccioso porque a RT e a integrase transportadas dentro do vírion são necessárias para a replicação.

As glicoproteínas virais são produzidas por clivagem proteolítica da poliproteína codificada pelo gene *env*. O tamanho das glicoproteínas difere para cada grupo de vírus. Por exemplo, a (glicoproteína) gp62 do HTLV-1 é clivada em gp46 e p21, enquanto a *gp160 do HIV é clivada em gp41 e gp120*. Essas glicoproteínas formam espículas em trímeros

Tabela 54.1 Classificação dos retrovírus.

Subfamília	Características	Exemplos
Oncovirinae	Estão associadas ao câncer e a distúrbios neurológicos	—
B	Apresentam um cerne (*core*) de nucleocapsídio excêntrico no vírion maduro	Vírus do tumor mamário de camundongos
C	Apresentam um cerne de nucleocapsídio localizado centralmente no vírion maduro	Vírus linfotrópico de células T humanas[a] (HTLV-1, HTLV-2, HTLV-5), vírus do sarcoma de Rous (galinhas)
D	Apresentam um cerne (*core*) de nucleocapsídio de formato cilíndrico	Vírus símio de Mason-Pfizer
Lentivirinae	Têm início lento da doença, causam transtornos neurológicos e imunossupressão, são vírus com cerne (*core*) de nucleocapsídio cilíndrico do tipo D	Vírus da imunodeficiência humana[a] (HIV-1, HIV-2), vírus visna (ovelhas), vírus da artrite/encefalite caprina (cabras)
Spumavirinae	Não causam doença clínica conhecida, mas provocam citopatologia "espumosa" vacuolizada característica	Vírus espumoso humano[a]
HERVs	Sequências de retrovírus que são integradas no genoma humano	Vírus de placenta humana

[a]Também classificados como retrovírus complexos em razão da exigência de proteínas acessórias para replicação.
HERVs, retrovírus endógenos humanos.

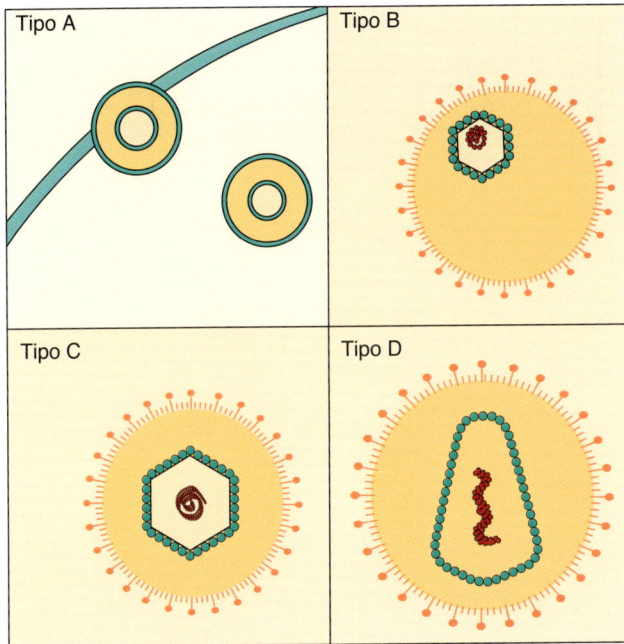

Figura 54.1 Distinção morfológica dos retrovírions. A morfologia e a posição do cerne do nucleocapsídio são utilizadas para classificar os vírus. As partículas do tipo A são formas intracitoplasmáticas imaturas que brotam através da membrana plasmática e amadurecem em partículas do tipo B, tipo C e tipo D.

Boxe 54.1 Características únicas dos retrovírus.

- O vírus tem um vírion esférico **envelopado** que é de 80 a 120 nm de diâmetro e circunda uma capsídio contendo **duas** cópias do genoma de **RNA de fita positiva** (≈ 9 kilobases para o HIV e o vírus linfotrópico de células T humanas).
- DNA polimerase dependente de RNA (**transcriptase reversa**), duas cópias de tRNA e as enzimas protease e integrase são transportadas no vírion.
- O receptor do vírus é o determinante inicial do tropismo tecidual.
- A replicação prossegue através de um intermediário do DNA denominado *provírus*.
- O provírus se **integra** de maneira aleatória no cromossomo hospedeiro e torna-se um gene celular.
- A transcrição do genoma é regulada pela interação de fatores de transcrição do hospedeiro com elementos promotores e intensificadores (*enhancer*) na porção terminal longa de repetição do genoma.
- Os **retrovírus simples** codificam os genes *gag*, *pol* e *env*. Os vírus complexos também codificam genes acessórios (p. ex., *tat*, *rev*, *nef*, *vif* e *vpu* para o HIV).
- A montagem e o brotamento ocorrem a partir da membrana plasmática.
- A morfogênese final do HIV *exige* a clivagem dos polipeptídios Gag e Gag-Pol pela protease após o envelopamento.

tRNA, RNA transportador.

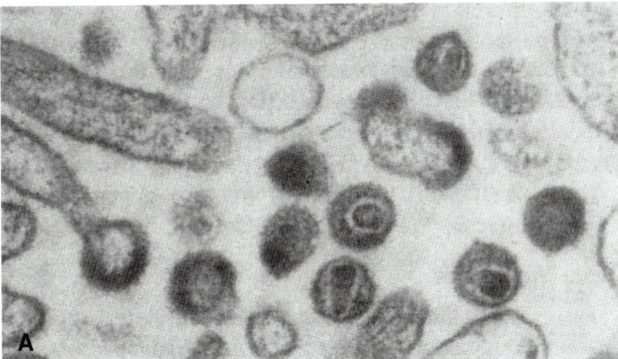

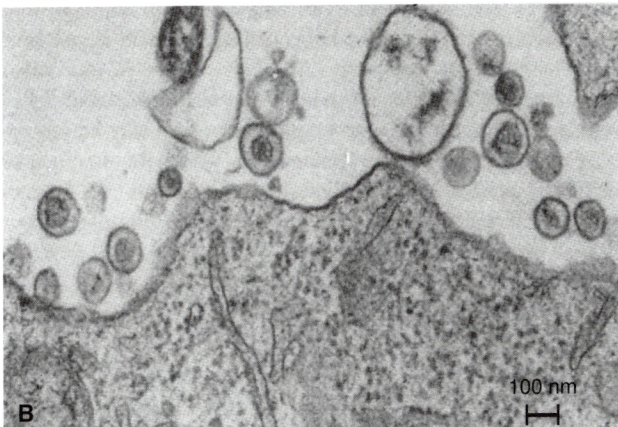

Figura 54.2 Micrografias eletrônicas de dois retrovírus. **A.** HIV. Observe o nucleocapsídio em forma de cone em vários dos vírions. **B.** Vírus linfotrópico de células T humanas. Observe a morfologia do tipo C caracterizada por um nucleocapsídio simétrico central. (De Belshe, R.B., 1991. Textbook of Human Virology, second ed. Mosby, St Louis, MO.)

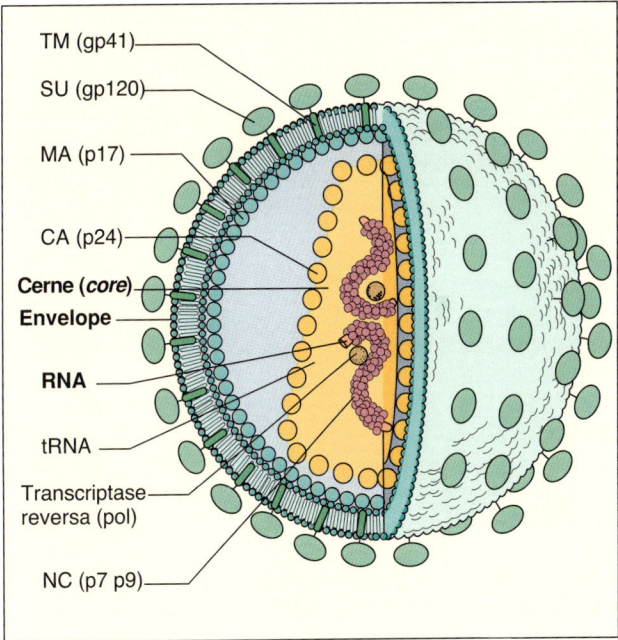

Figura 54.3 Secção transversal do HIV. O vírion envelopado contém duas fitas de ácido ribonucleico *(RNA)* idênticas, RNA polimerase, integrase e dois RNAs transportadores *(tRNA)* com pareamento de bases no genoma dentro do cerne proteico. Esse é envolto por proteínas e uma bicamada lipídica. As espículas do envelope são a proteína de fixação viral glicoproteína *(gp)*120 e a proteína de fusão gp41. *CA*, capsídio; *MA*, matriz; *NC*, nucleocapsídio; *SU*, componente de superfície; *TM*, componente transmembrana da glicoproteína do envelope. (Modificada de Gallo, R.C., Montagnier, L., 1988. AIDS in 1988. Scientific American 259, 41–48. Copyright George Kelvin.)

na forma de pirulito, que são visíveis na superfície do vírion. A maior das glicoproteínas do HIV (gp120), que se liga à superfície dos receptores da célula, determina inicialmente o tropismo tecidual do vírus e é reconhecida pela neutralização de anticorpos. A subunidade menor (gp41 no HIV)

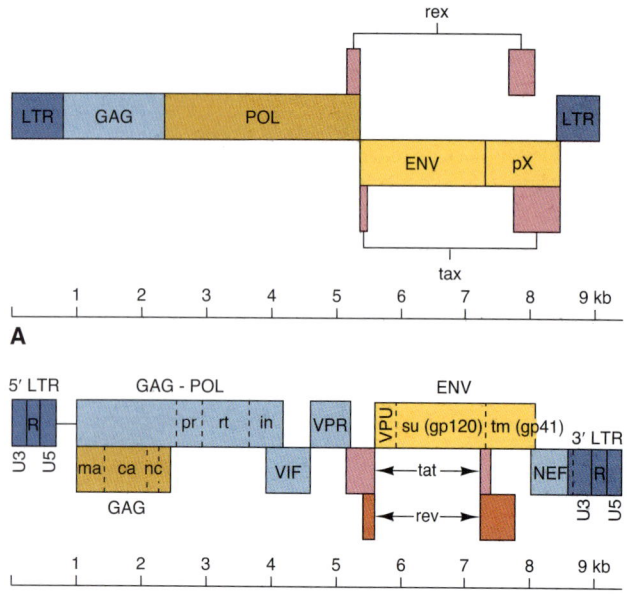

Figura 54.4 Estrutura genômica dos retrovírus humanos. **A.** Vírus linfotrópico de células T humanas (HTLV-1). O gene *pX* inclui sequências para o tax, rex, p12, p13, p30 e HBZ. **B.** HIV-1. Os genes são definidos na Tabela 54.2 e Figura 54.3. Ao contrário de outros genes desses vírus, a produção do RNA mensageiro para os genes *tax* e *rex* (HTLV-1) e genes *tat* e *rev* (HIV) necessitam da excisão de duas unidades de íntrons. O HIV-2 tem um mapa genômico, mas tem um gene *vpx*, mas não um gene *vpu*. *ENV*, gene da glicoproteína do envelope; *GAG*, gene do antígeno de grupo; *LTR*, repetição terminal longa; *POL*, gene da polimerase. Nomenclatura das proteínas para o HIV: **ca**, proteína do capsídio; **in**, integrase; **ma**, proteína da matriz; **nc**, proteína do nucleocapsídio; **pr**, protease; **rt**, transcriptase reversa; **su**, componente da glicoproteína de superfície; **tm**, componente da glicoproteína transmembrana. (Modificada de Belshe, R.B., Textbook of Human Virology, second ed. Mosby, St Louis, MO.)

Tabela 54.2 Genes do retrovírus e suas funções.

Gene	Vírus	Função
gag	Todos	Antígeno grupo-específico; proteínas do cerne e do capsídio
int	Todos	Integrase
pol	Todos	Polimerase; transcriptase reversa, protease, integrase
pro	Todos	Protease
env	Todos	Envelope: glicoproteínas
pX	HTLV	Sequência contendo tax, rex, p12, p13, p30 e HBZ: facilita a infecção viral persistente do hospedeiro
hbz	HTLV	Regulador de tax, promove a proliferação celular
tax	HTLV	Transativação de genes virais e celulares
tat	HIV-1	Transativação de genes virais e celulares
rex	HTLV	Regulação do *splicing* de RNA e promoção da exportação para o citoplasma
rev	HIV-1	Regulação do *splicing* de RNA e promoção da exportação para o citoplasma
nef	HIV-1	Diminui o CD4 de superfície celular; facilita a ativação de linfócitos T, progressão para a AIDS (essencial)
vif	HIV-1	Infectividade do vírus, promoção da montagem, bloqueio de uma proteína antiviral celular
vpu	HIV-1	Facilita a montagem e liberação do vírion, induz a degradação de CD4
vpr (vpx[a])	HIV-1	Transporte de DNA complementar para o núcleo, parada do crescimento celular; facilita a replicação em macrófagos
LTR	Todos	Promotor, elementos *enhancer* (intensificadores)

[a]Apenas no HIV-2.
HTLV, vírus linfotrópico de células T humanas; *LTR*, repetição terminal longa (sequência).

forma o bastão de pirulito e promove a fusão célula a célula. A gp120 do HIV é amplamente glicosilada e *sua antigenicidade pode desviar e a especificidade do receptor pode ser alterada por mutações que ocorrem durante a evolução de uma infecção crônica pelo HIV*. Esses fatores impedem a eliminação dos vírus pelos anticorpos.

Replicação

A replicação do HIV servirá como um exemplo para os outros retrovírus a menos que seja notado. A infecção começa com a ligação das espículas (*spike*) de glicoproteína viral (trímeros de moléculas de gp120 e gp41) ao receptor primário, **a proteína CD4**, e então um segundo receptor, um **receptor de quimiocinas** transmembrana acoplado à proteína-G do tipo 7 (Figura 54.5). *A ligação a esses receptores é o determinante inicial e principal do tropismo tecidual e da gama de hospedeiros para um retrovírus*. O correceptor utilizado na infecção inicial pelo HIV é o **CCR5**, que é expresso em **células mieloides e periféricas, ativadas, de memória central, intestinais e em outras subpopulações de linfócitos T CD4 (macrófagos, vírus trópico [M])**. Em um estágio mais tardio, durante a infecção crônica de uma pessoa, os genes *env* sofrem mutação de modo que o gp120 se liga a um receptor de quimiocina **(CXCR4)**, que é expresso principalmente em linfócitos T **(vírus T-trópico)** (Figura 54.6). Ligações ao receptor de quimiocinas ativam a célula e aproximam o envelope viral e a membrana plasmática da célula, possibilitando à gp41 interagir e promover a fusão das duas membranas. A ligação ao CCR5 e a fusão mediada por gp41 representam ambos os alvos de medicamentos antivirais. O HIV também pode se ligar a uma molécula de adesão celular, α-4 β-7 integrina (também conhecida como VLA-4 [antígeno muito tardio tipo 4] e o receptor de *homing* intestinal para linfócitos T) e o receptor de lectina, DC-SIGN (*dendritic cell-specific intercelular adhesion molecule-3-grabbing nonintegrin*) em células dendríticas e outras células.

Uma vez que o genoma é liberado no citoplasma, a fase precoce de replicação é iniciada. A RT, codificada pelo gene *pol*, utiliza o tRNA no vírion como um *primer* e sintetiza um DNA **complementar (cDNA)** de fita negativa. A RT também atua como uma ribonuclease H, degrada o genoma RNA e depois sintetiza a fita positiva de DNA (Figura 54.7). A RT é o principal alvo dos fármacos antivirais. Durante a síntese do DNA do vírion **(provírus)**, as sequências de cada extremidade do genoma (U3 e U5) são duplicadas, fixando as LTRs em ambas as extremidades. Esse processo cria sequências necessárias para a integração e cria

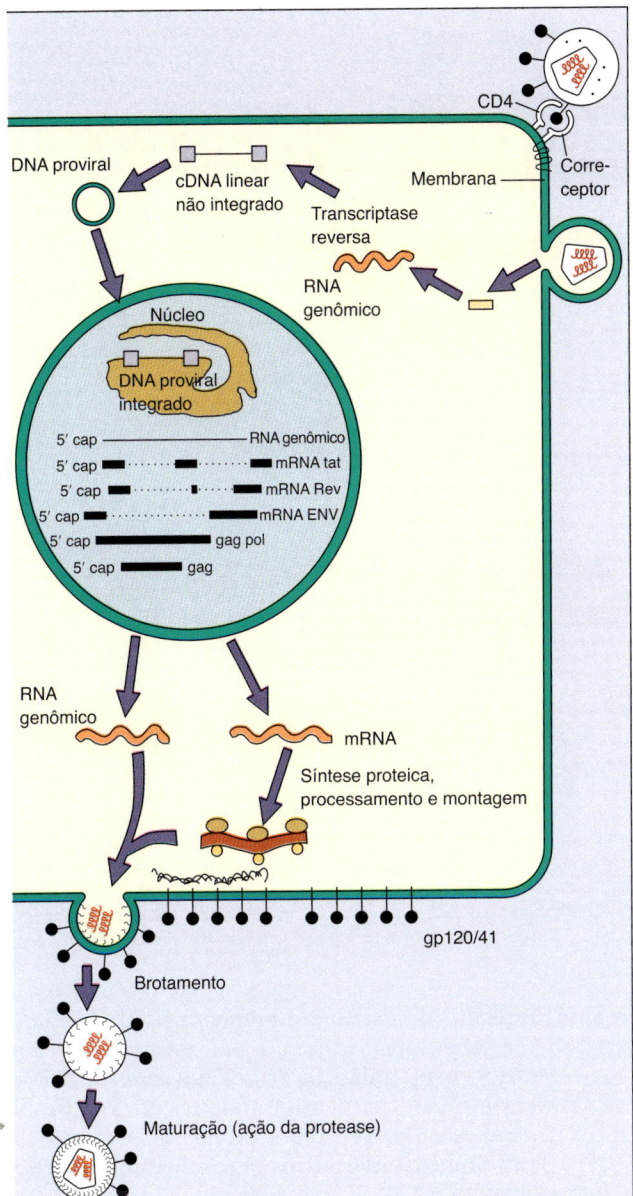

Figura 54.5 Ciclo de vida do HIV. O HIV se liga aos correceptores CD4 e de quimiocinas e entra por fusão. O genoma sofre transcrição reversa em ácido desoxirribonucleico *(DNA)* no citoplasma, entra no núcleo e é integrado ao DNA nuclear. A transcrição e a tradução do genoma ocorrem como um gene celular de maneira semelhante àquela observada para o vírus linfotrópico de linfócitos T humanos (ver Figura 54.7). O vírus realiza a montagem na membrana plasmática e sofre maturação após o brotamento da célula. *cDNA*, DNA complementar; *mRNA*, ácido ribonucleico mensageiro. (Modificada de Fauci, A.S., 1988. The human immunodeficiency virus: infectivity and mechanisms of pathogenesis. Science 239, 617–622.)

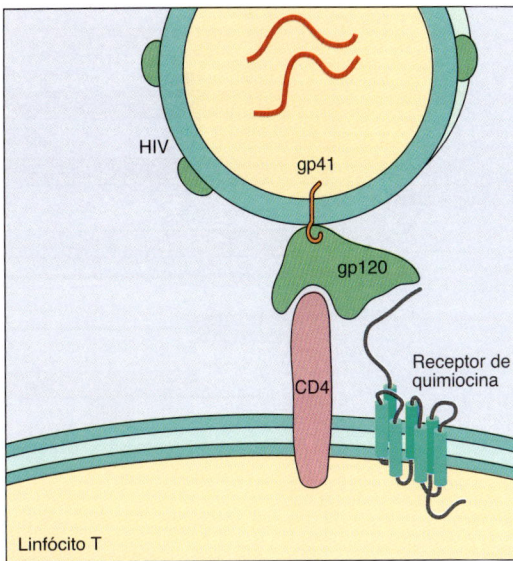

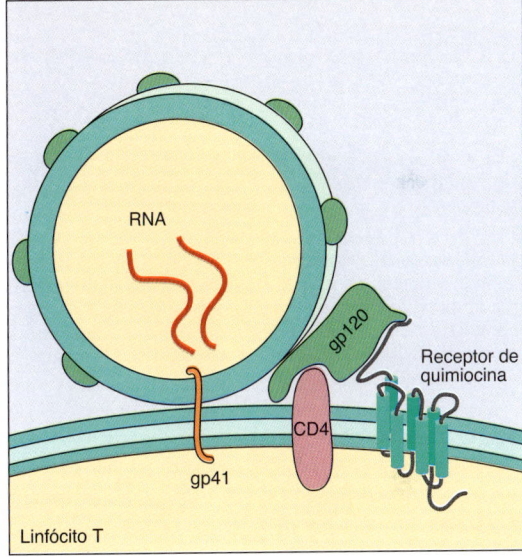

Figura 54.6 Ligação do vírus da imunodeficiência humana *(HIV)* à célula-alvo. O receptor de quimiocina CCR5 é um correceptor com CD4 na infecção inicial de um indivíduo e após a mutação do gene *env*, o receptor CXCR4 também é utilizado. *RNA*, ácido ribonucleico. (Modificada de Balter, M., 1988. New hope in HIV disease. Science 274, 1988.)

as sequências enhancer *(intensificadoras) e promotoras dentro da LTR para regulação da transcrição.* A cópia de DNA do genoma é maior do que a do RNA original.

A RT é muito propensa a erros. Por exemplo, a taxa de erro para a RT do HIV é de um erro por 2.000 bases ou aproximadamente cinco erros por genoma (HIV, 9.000 pares de bases), que é o equivalente a pelo menos um erro de digitação em cada página desse texto, mas diferentes erros para cada livro. Essa instabilidade genética do HIV é responsável por promover a geração de novas cepas do vírus durante a doença de uma pessoa, que é uma propriedade que pode alterar a patogenicidade do vírus e promover a resistência antiviral ou escape imunológico.

Ao contrário de outros retrovírus, o cDNA de fita dupla do HIV e de outros lentivírus podem entrar no núcleo através dos poros nucleares de linfócitos T em repouso. A dissolução do envelope nuclear na divisão celular é necessária por outros retrovírus. O cDNA é então ligado ao cromossomo hospedeiro com o auxílio de uma enzima codificada pelo vírus, carregada pelo vírion, a **integrase**. A integração requer o crescimento celular, mas o cDNA do HIV e de outros lentivírus pode permanecer no núcleo e no citoplasma em uma forma circular não integrada do DNA até que a célula seja ativada. A integrase é alvo de um medicamento antiviral.

Uma vez integrado, inicia-se a fase tardia e o **provírus** do DNA viral é transcrito como um gene celular pela RNA polimerase II do hospedeiro. A transcrição do genoma produz um RNA de comprimento total, que para os retrovírus

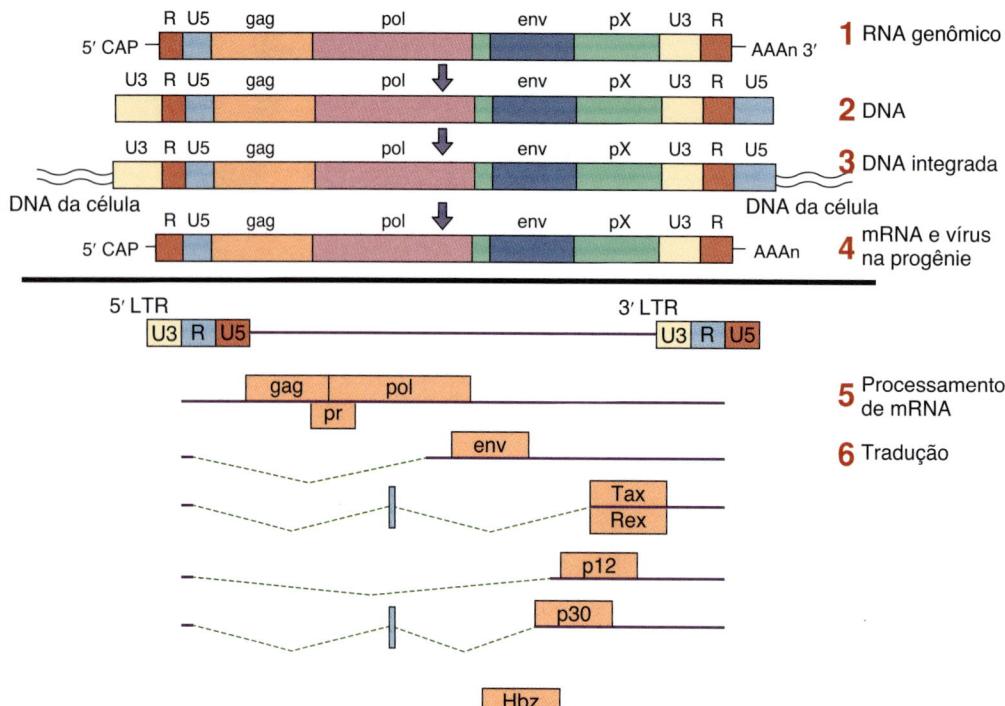

Figura 54.7 Transcrição e tradução do vírus linfotrópico de células T humanas. (Uma abordagem similar, porém mais complexa, é utilizada para o HIV.) **1.** O ácido ribonucleico *(RNA)* genômico é submetido à transcrição reversa, **2.** circulado e depois **3.** integrado à cromatina do hospedeiro. **4.** Um RNA de comprimento total e **5.** RNAs mensageiros *(mRNAs)* individuais são processados a partir desse RNA. O mRNA para tax, rex e p30 requer a excisão de duas sequências a partir das sequências de *gag-pol* e *env*. Os outros mRNAs, incluindo o mRNA de *env*, necessitam da excisão de uma sequência. **6.** A tradução desses mRNAs produz poliproteínas, que são posteriormente clivadas. AAAn, poliadenilação. Nomenclatura dos genes: *env*, glicoproteína do envelope; *gag*, gene do antígeno de grupo; *pr*, protease; *pol*, polimerase; *rex*, regulador do *splicing*; *tax*, transativador. Nomenclatura das proteínas: **C**, terminal carboxila do peptídio; **CA**, capsídio; **MA**, matriz; **N**, terminal amino; **NC**, nucleocapsídio; **PR**, protease; **SU**, componente de superfície; **TM**, componente transmembrana da glicoproteína de envelope. Prefixos: **gp**, glicoproteína; **gPr**, poliproteína precursora glicosilada; **p**, proteína; **PR**, poliproteína precursora. (Adaptada do Kannian, P., Green, P.L., 2010. Human T lymphotropic virus type 1 (HTLV-1): molecular biology and oncogenesis. Viruses 2 [9], 2037–2077.)

simples, é processado para produzir vários mRNAs que contêm as sequências dos genes *gag*, *gag-pol* ou *env*. Os transcritos completos do genoma também podem ser montados em novos vírions.

Como o provírus atua como um gene celular, sua replicação depende da extensão da metilação do DNA viral em relação à taxa de crescimento da célula, mas principalmente na capacidade da célula para reconhecer as sequências *enhancers* e promotoras codificadas na região de LTR. A estimulação da célula por citocinas ou mitógenos produzidos em resposta a outras infecções gera fatores de transcrição que se ligam à LTR, e é necessário para o HIV para ativar a transcrição do genoma integrado. Para outros retrovírus que codificam oncogenes virais, essas proteínas promovem o crescimento celular e estimulam a transcrição e, portanto, a replicação viral. *A capacidade de uma célula para transcrever o genoma retroviral é também um determinante importante de tropismo tecidual e da gama de hospedeiros para um retrovírus.*

O HTLV e o HIV são **retrovírus complexos** e sofrem duas fases de transcrição. Durante a fase precoce, o HTLV-1 expressa duas proteínas, **Tax** e **Rex**, que regulam a replicação viral. Ao contrário dos outros mRNAs virais, o mRNA para Tax e Rex requer mais de uma etapa de *splicing*. O gene *rex* codifica duas proteínas que se ligam a uma estrutura no mRNA viral, evitando novo *splicing* (junção) e promovendo o transporte do mRNA para o citoplasma. O mRNA *tax/rex*, que sofre duplo *splicing*, é expresso precocemente (em uma baixa concentração de Rex) e as proteínas estruturais são expressas tardiamente (em uma alta concentração de Rex).

Em fase tardia da infecção, o Rex aumenta seletivamente a expressão de genes estruturais com um único *splicing*, que são necessários em abundância. A proteína tax é um **ativador transcricional** e aumenta a transcrição do genoma viral a partir da sequência do gene promotor na sequência 5' LTR. O tax também ativa outros genes, incluindo aqueles da interleucina (IL)-2, IL-3, fator estimulador de colônias de granulócitos-macrófagos e do receptor para IL-2. A ativação desses genes promove o crescimento da célula T infectada, o que potencializa a replicação do vírus.

A replicação do HIV é regulada por até seis **produtos gênicos "acessórios"** (ver Tabela 54.2). A proteína **Tat**, como o Tax, é um transativador da transcrição de genes virais e celulares. A proteína **Rev** atua como a proteína Rex para regular e promover o transporte de mRNA viral para o citoplasma. A proteína **Nef** reduz a expressão na superfície celular das moléculas CD4 e do complexo principal de histocompatibilidade I (MHC I), altera as vias de sinalização dos linfócitos T, regula a citotoxicidade do vírus e é necessária para manter altas cargas virais. *A proteína Nef parece ser essencial para causar a progressão da infecção para a AIDS*. A proteína **Vif** promove a montagem e a maturação e se liga a uma proteína celular antiviral (APOBEC-3 G) para prevenir a hipermutação e a inativação do cDNA e auxilia o vírus a replicar em células mieloides e outros tipos celulares. A **proteína Vpu** reduz a expressão de CD4 na superfície da célula e aumenta a liberação do vírion. A **proteína Vpr** (Vpx no HIV-2) é importante para o transporte de cDNA para o núcleo.

A proteína Vpr também detém a célula na fase G2 do ciclo de crescimento, o que provavelmente será ótimo para a replicação do HIV. A Vpx facilita a replicação do vírus em células dendríticas e macrófagos. É interessante notar que isso facilita a apresentação de antígenos nas moléculas do MHC-1, o que promove a produção de linfócitos T CD8 citotóxicos e pode limitar a progressão da doença causada pelo HIV-2.

As proteínas traduzidas dos mRNAs *gag*, *gag-pol* e *env* são sintetizadas como poliproteínas e são, subsequentemente, clivadas em proteínas funcionais (ver Figura 54.7). As glicoproteínas virais são sintetizadas, glicosiladas e processadas pelo retículo endoplasmático e pelo aparelho de Golgi. Essas glicoproteínas são então clivadas, associam-se para formar trímeros e migram para a membrana plasmática.

As poliproteínas Gag e Gag-Pol são aciladas e, em seguida, ligam-se à membrana plasmática que contém a glicoproteína do envelope. A associação de duas cópias do genoma e de moléculas de tRNA celulares promove o brotamento do vírion.

O envelopamento e a liberação dos retrovírus ocorrem na superfície celular. O envelope do HIV capta as proteínas celulares, incluindo moléculas de MHC, no brotamento. Após o envelopamento e liberação da célula, a protease viral cliva as poliproteínas Gag e Gag-Pol para liberar a RT e formar o cerne do vírion, garantindo a inclusão desses componentes no vírion. A etapa de protease é necessária para a produção de vírions infecciosos e é um alvo para medicamentos antivirais.

A replicação e o brotamento do retrovírus não necessariamente matam a célula. O HIV também pode se espalhar de célula para célula via produção de células gigantes multinucleadas ou sincícios. Os sincícios são frágeis e sua formação aumenta a atividade citolítica do vírus.

Vírus da imunodeficiência humana

Existem quatro genótipos de HIV-1, designados M (*main*, principal), N, O e P. A maior parte do HIV-1 é do subtipo M e este é dividido em 11 subtipos ou clados, designados de A a K (para HIV-2, de A a F). As designações são baseadas em diferenças na sequência de seus genes *env* (7% a 12% de diferença) e *gag* e, portanto, a antigenicidade e o reconhecimento imunológico de gp120 e de proteínas do capsídio desses vírus.

PATOGÊNESE E IMUNIDADE

O principal determinante na patogênese e na doença causada pelo HIV é o **tropismo do vírus para as células mieloides e linfócitos T que expressam CD4** (Figura 54.8 e Boxe 54.2). A imunossupressão induzida pelo HIV (AIDS) resulta de uma redução no número de linfócitos T CD4, que dizima a capacidade de ativar e controlar as respostas inatas e imunes.

Durante a transmissão sexual, o HIV infecta a superfície das mucosas, penetra e rapidamente infecta as células do tecido linfoide associado à mucosa (MALT, *mucosa-associated lymphoid tissue*), incluindo o intestino. Os estágios iniciais da infecção são mediados por vírus M-trópicos que se ligam aos receptores de quimiocina CCR5 e CD4 em células dendríticas e outras células de linhagem de monócitos-macrófagos, bem como em células de memória, linfócitos TH1, a maioria linfócitos T associados ao intestino e a outros linfócitos T CD4. Indivíduos que são deficientes no receptor CCR5 também são resistentes à infecção pelo HIV e a ligação ao CCR5 é um alvo para um medicamento antiviral. A mutação em CCR5-delta 32, que impede a expressão de superfície desse correceptor, é predominante no norte da Europa (1% dos indivíduos é homozigoto e de 10 a 15% são heterozigotos para a mutação).

O ataque do vírus aos linfócitos T CD4 que expressam CCR5 ou α-4 β-7 integrina provoca depleção de linfócitos T CD4 no tecido linfoide intestinal. A depleção da população de linfócitos T CD4 do intestino prejudica a regulação imunológica da microbiota intestinal normal e a manutenção do epitélio da mucosa intestinal, levando ao extravasamento e à diarreia.

Macrófagos, células dendríticas, linfócitos T de memória e células-tronco hematopoéticas são persistentemente infectadas pelo HIV e são os principais reservatórios e meios de distribuição do HIV (Cavalo de Troia). O HIV pode se ligar à molécula de lectina DC-SIGN e permanecer na superfície das células dendríticas (incluindo células dendríticas foliculares). Os linfócitos T CD4 podem ser infectados pelo HIV ligado à célula ou por transmissão do vírus de célula para célula durante a ligação com a célula dendrítica. Em fase tardia da progressão da doença, a mutação no gene *env* para o gp120 ocorre para alguns dos vírus e isso muda seu tropismo de vírus M-trópicos (R5) para T-trópicos (vírus X4). A gp120 do vírus T-trópico se liga ao CD4 e ao receptor de quimiocina CXCR4. Alguns vírus podem usar ambos os receptores (vírus R5X4). Isso causa a expansão da gama de alvos virais, incluindo quase todos os linfócitos T CD4.

A morte de linfócitos T CD4 pode resultar da citólise direta induzida pelo HIV (incluindo a formação de sincícios) e a citólise imune induzida por linfócitos T citotóxicos; porém, um grande número de linfócitos T em repouso não permissivos comete um tipo de suicídio celular inflamatório (piroptose) induzido pela contagem elevada de cópias do genoma de DNA circular não integrado. A piroptose é uma forma inflamatória de morte celular que pode atrair mais linfócitos T não ativados para o local de infecção, que também sucumbem à piroptose.

A evolução da doença pelo HIV acompanha a redução do número de linfócitos T CD4 e a quantidade de vírus no sangue (Figura 54.9). O HIV infecta e provoca a depleção de linfócitos T CD4 intestinais que expressam CCR5 logo após a infecção. Durante a fase aguda subsequente da infecção, há uma grande explosão de produção do vírus (10^7 partículas por mililitro de plasma). A proliferação de linfócitos T em resposta à apresentação de antígenos por células dendríticas, macrófagos e até mesmo linfócitos T CD4 ativados infectados promove uma **síndrome semelhante à mononucleose**. Linfócitos T CD8 matam muitas células infectadas e limitam a produção do vírus. Os níveis de vírus no sangue diminuem e o indivíduo é assintomático (período latente), mas a replicação viral continua nos linfonodos, causando a alteração de sua estrutura e função, enquanto o número de linfócitos T CD4 continua a cair. Em período tardio da doença, os níveis de linfócitos T CD4 diminuem a ponto de não conseguirem manter a ação antiviral dos linfócitos T CD8, e depois as cargas virais no sangue elevam-se acentuadamente, o vírus T-trópico aumenta, os números de linfócitos T CD4 caem mais rápido, as estruturas dos linfonodos são destruídas e o paciente torna-se imunodeficiente.

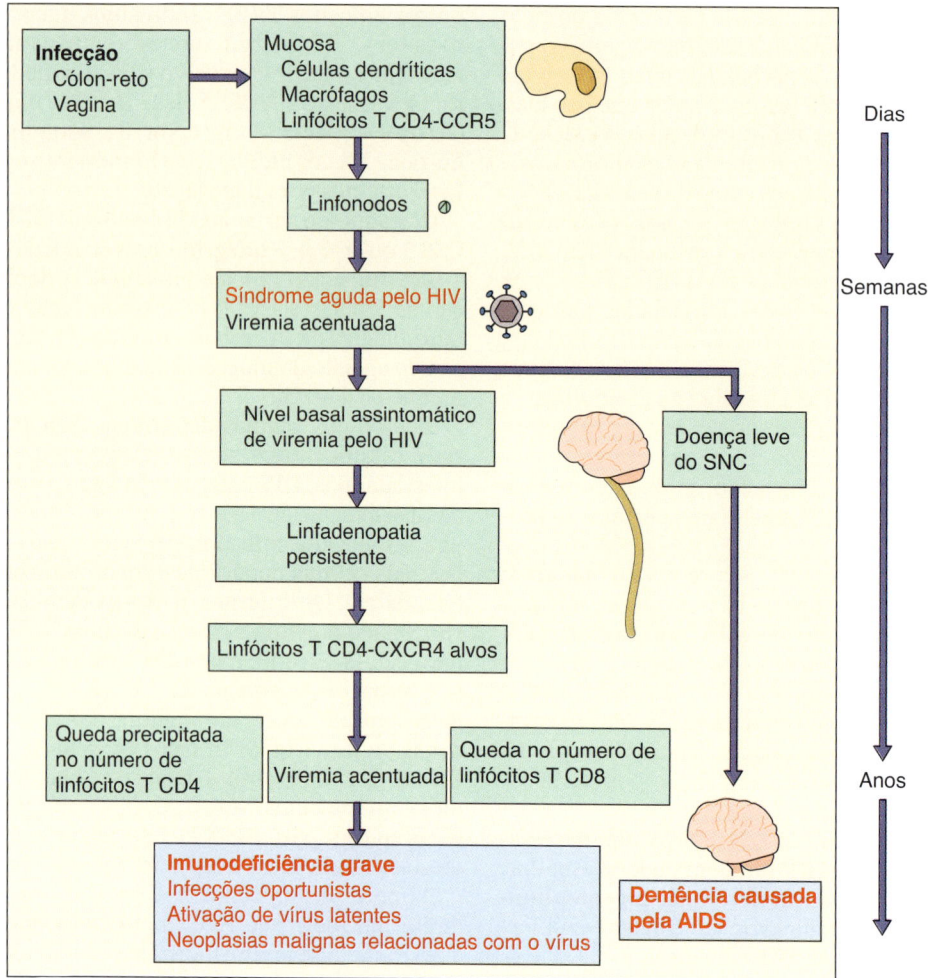

Figura 54.8 Patogênese do vírus da imunodeficiência humana *(HIV)*. O HIV causa infecção lítica e latente de macrófagos, células dendríticas e linfócitos T CD4 e altera a função neuronal. Os resultados dessas ações são a imunodeficiência e a demência causadas pela síndrome da imunodeficiência adquirida *(AIDS)*. *SNC*, sistema nervoso central. (Modificada de Fauci, A.S., 1988. The human immunodeficiency virus: infectivity and mechanisms of pathogenesis. Science 239, 617–622.)

O papel central das células T CD4 *helper* no início e controle das respostas inatas e imunes é indicado pelo surgimento de doenças oportunistas após a infecção pelo HIV (Figura 54.10). Linfócitos T CD4 ativados iniciam respostas imunes pela liberação de citocinas necessárias para a ativação de células epiteliais, neutrófilos, macrófagos, outros linfócitos T, linfócitos B e células *natural killer* (NK). As respostas de linfócitos CD4 TH17 que ativam os neutrófilos e protegem o mucoepitélio são as primeiras a ser depletadas (números de linfócitos T CD4 < 500/µℓ), aumentando a suscetibilidade a infecções fúngicas e bacterianas. Com a redução dos linfócitos T CD4 (linfócitos CD4 < 200/µℓ), ocorre a diminuição das respostas de linfócitos TH1, os quais não conseguem ativar números suficientes de linfócitos T CD8 e macrófagos para o controle de novas infecções por bactérias intracelulares e vírus latentes (p. ex., herpes-vírus e poliomavírus JC causador da leucoencefalopatia multifocal progressiva [PML], o vírus Epstein-Barr [EBV] e as neoplasias malignas associadas ao herpes-vírus humano [HHV]-8 [linfomas de Hodgkin e não Hodgkin, sarcoma de Kaposi]).

Além da imunodepressão, o HIV também pode causar anormalidades neurológicas. Micróglia e macrófagos são os tipos celulares predominantes infectados pelo HIV no

---

Boxe 54.2 Mecanismos patológicos do vírus da imunodeficiência humana.

- O HIV infecta principalmente linfócitos T CD4 e células da linhagem mieloide (p. ex., monócitos, macrófagos, macrófagos alveolares do pulmão, células dendríticas e micróglia no cérebro).
- O vírus sofre mutação durante a infecção crônica e muda de células mieloides/linfócitos T trópicos para linfócitos T trópicos com base na preferência do correceptor.
- O vírus causa infecção lítica de linfócitos T CD4 permissivos ativados e induz a morte semelhante à apoptose de linfócitos T CD4 não permissivos.
- O vírus causa infecção produtiva persistente, de baixo nível e latente de células da linhagem mieloide e linfócitos T de memória.
- O vírus causa a formação de sincícios, com células que expressam grandes quantidades de antígeno CD4 (linfócitos T); a lise subsequente das células ocorre.
- O vírus altera a função dos linfócitos T, células dendríticas e macrófagos.
- O vírus reduz o número de linfócitos T CD4 e a ativação de linfócitos T CD8, macrófagos e outras funções celulares por linfócitos *helper* (auxiliares).
- O número de linfócitos T CD8 e a função de macrófagos diminuem. Micróglia infectada compromete a função neuronal.

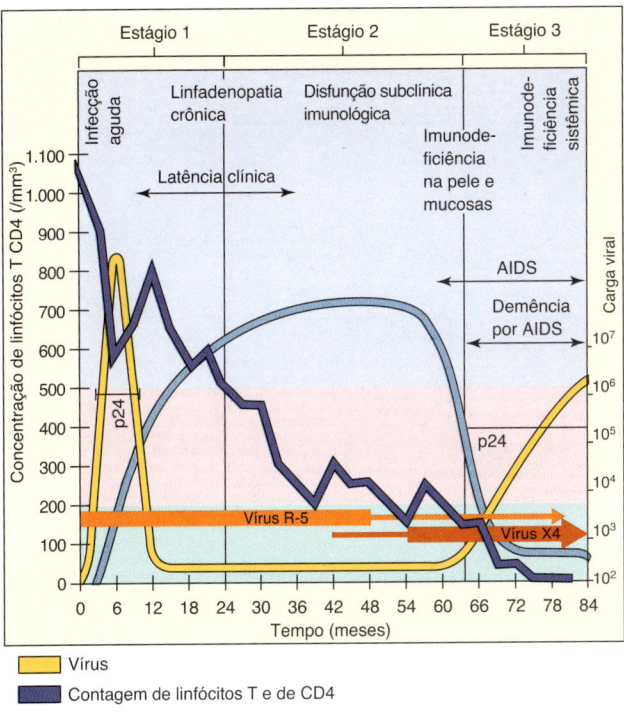

Figura 54.9 Evolução temporal e estágios do vírus da imunodeficiência humana (HIV). Um longo período de latência clínica segue-se aos sintomas semelhantes à mononucleose inicial. A infecção inicial ocorre com o vírus R5-M-trópico e após a mutação, com o vírus X4-trópico. A diminuição progressiva no número de linfócitos T CD4, mesmo durante o período de latência, permite a ocorrência de infecções oportunistas. Os estágios da doença pelo HIV são definidos pelos níveis de linfócitos T CD4 e a manifestação de doenças oportunistas. O HIV pode ser detectado pelo achado de p24, genoma do HIV ou anticorpos para o vírus. (Modificado de Redfield, R.R., Burke, D.S., 1996. HIV infection: the clinical picture. Scientific American 259, 90–98; updated 1996.)

cérebro. Monócitos e micróglia infectados pelo HIV liberam substâncias neurotóxicas ou fatores quimiotáticos que promovem respostas inflamatórias e morte neuronal no cérebro. A imunossupressão também coloca o indivíduo em risco de infecções oportunistas no cérebro.

As respostas inata e imune tentam restringir as infecções virais, mas também contribuem para a patogênese. As células infectadas têm enzimas que restringem a replicação do retrovírus (incluindo retrovírus endógenos), mas o HIV pode sobrepor-se a suas ações. O cDNA não integrado do HIV desencadeia a produção de interferona do tipo 1 e o suicídio de células inflamatórias (piroptose). Os linfócitos T CD8 são fundamentais para limitar a progressão da doença causada pelo HIV. Os linfócitos T CD8 podem eliminar as células infectadas por ação citotóxica direta e pode produzir fatores supressivos que restringem a replicação viral, incluindo quimiocinas que também bloqueiam a ligação do vírus ao seu correceptor. Indivíduos com determinados tipos de MHC (antígeno leucocitário humano [HLA, *human leukocyte antigen*] B27 ou B57) preferencialmente se ligarão aos peptídios do HIV em vez de peptídios celulares, tornando as células infectadas melhores alvos para a morte promovida por linfócitos T CD8. Assim, esses indivíduos são mais resistentes à doença pelo HIV. Os anticorpos neutralizantes são gerados contra a gp120. O vírus revestido de anticorpos pode ser infeccioso, contudo, e é absorvido por macrófagos.

O HIV tem várias formas de escapar do controle imune (Tabela 54.3). A maneira mais significativa é a capacidade de sofrer mutação e, portanto, alterar sua antigenicidade e assim escapar da eliminação pela ação de anticorpos. Infecção persistente de macrófagos e linfócitos T CD4 de repouso mantêm o vírus em células imunoprivilegiadas e as células em tecidos imunoprivilegiados (p. ex., sistema nervoso central e órgãos genitais). Por fim, a infecção de linfócitos T CD4 compromete todo o sistema imune.

EPIDEMIOLOGIA

A AIDS foi observada pela primeira vez em homens homossexuais nos EUA, mas se espalhou em proporções epidêmicas por toda a população (Figuras 54.11 e 54.12; Boxe 54.3). Embora o número de pessoas infectadas pelo HIV seja muito grande e continue a aumentar, a partir de 2016, a taxa de aumento começou a diminuir por causa das campanhas de prevenção.

O HIV-1 é geneticamente mais semelhante ao vírus da imunodeficiência de chimpanzés. O HIV-2 é mais similar ao vírus da imunodeficiência de símios. A infecção humana inicial ocorreu na África antes dos anos 1930, mas passou despercebida nas áreas rurais. A migração de pessoas infectadas para as cidades e o uso crescente de seringas não estéreis após a década de 1960 trouxeram o vírus para os centros populacionais e a aceitação cultural da prostituição promoveu sua transmissão em toda a população.

Distribuição geográfica

As infecções pelo HIV-1 estão se espalhando pelo mundo, com o número mais elevado de casos de AIDS na África Subsaariana, mas com um número crescente de casos na Ásia, nos EUA e no restante do mundo (ver Figura 54.12). O HIV-2 é mais prevalente na África (principalmente na África Ocidental) do que nos EUA e outras partes do mundo. O HIV-2 provoca uma doença semelhante, porém menos grave do que a AIDS. A transmissão heterossexual é o principal modo de propagação do HIV-1 e HIV-2 na África, com homens e mulheres igualmente afetados por esses vírus. Os diferentes clados do HIV-1 apresentam distribuições geográficas mundiais distintas.

Embora raros, há casos de sobreviventes a longo prazo. Alguns deles resultam da infecção por cepas de HIV sem uma proteína Nef funcional. A proteína Nef é necessária para promover a progressão da infecção pelo HIV para a AIDS. A resistência ao vírus também está correlacionada com a ausência de ou da mutação do correceptor de quimiocinas CCR5 para o vírus ou tipos de HLA que promovem respostas de linfócitos T citotóxicos mais vigorosas que controlam a infecção.

Transmissão

A presença do **HIV no sangue, no sêmen e nas secreções vaginais** de pessoas infectadas e o **longo período de infecção assintomática** são fatores que promovem a disseminação da doença por contato sexual e exposição ao sangue ou hemoderivados contaminados (Tabela 54.4). O feto e o recém-nascido são passíveis de adquirir o vírus de uma mãe infectada. O HIV *não* é, contudo, transmitido por contato leve, toque, abraço, beijo, tosse, espirro, picada de insetos, água, alimentos, utensílios, banheiros, piscinas ou banheiros públicos.

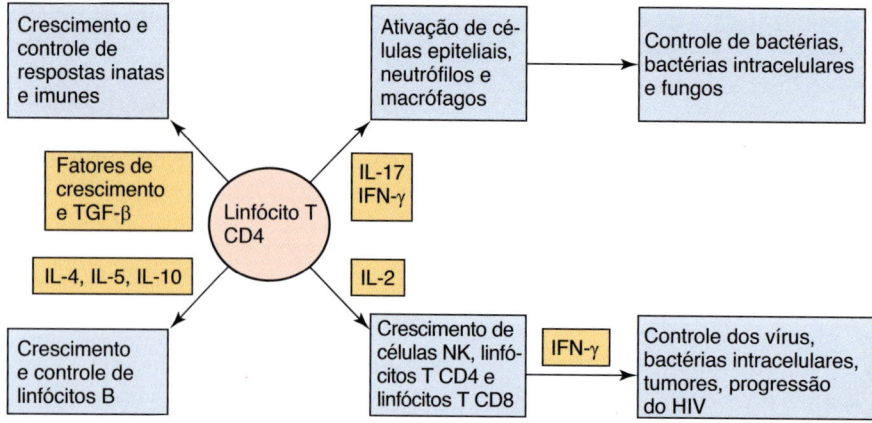

Figura 54.10 Os linfócitos T CD4 são essenciais na ativação e na regulação das respostas imunes mediadas por células, principalmente direcionadas aos patógenos intracelulares. A perda induzida pelo vírus da imunodeficiência humana (HIV) dos linfócitos T CD4 resulta na perda das funções ativadas e reguladas pelas citocinas indicadas. *IFN*, interferona; *IL*, interleucina; *NK*, *natural killer*; *TGF-β*, fator transformador do crescimento β.

Tabela 54.3 Mecanismos de escape imunológico pelo vírus da imunodeficiência humana.

Característica	Função
Infecção de células dendríticas, macrófagos e linfócitos T CD4 *helper*	Perda de ativadores celulares e controladores do sistema imune
Derivação antigênica (por mutação) de gp120	Evasão da detecção por anticorpos
Glicosilação intensa de gp120	Evasão da detecção por anticorpos
Disseminação direta de célula para célula e formação de sincícios	Evasão da detecção por anticorpos

Populações em maior risco

Pessoas sexualmente ativas (homens que fazem sexo com outros homens [HSH]) e homens e mulheres heterossexuais), usuários de drogas por via intravenosa (UDIVs) e seus parceiros sexuais, bem como recém-nascidos de mulheres HIV-positivas correm o maior risco de infecção pelo HIV, com indivíduos negros e hispânicos desproporcionalmente representados na população HIV-positiva.

Como já foi observado, a AIDS foi inicialmente descrita em homens jovens, promíscuos, homossexuais e ainda é prevalente na comunidade *gay*. O coito anal é um modo eficiente de transmissão viral. Entretanto, a transmissão heterossexual por relação sexual vaginal e o uso de drogas por via intravenosa tornaram-se as principais vias pelas quais o HIV está se espalhando na população em geral. A prevalência do HIV em drogadictos decorre do compartilhamento de seringas contaminadas, que é uma prática comum em locais de consumo de substâncias ilícitas. Somente em Nova York, mais de 80% dos UDIVs são positivos para o anticorpo anti-HIV, e essas pessoas são agora a principal fonte de transmissão heterossexual e congênita do vírus. As agulhas e tintas contaminadas utilizadas em tatuagens são outros meios potenciais pelos quais o HIV pode ser transmitido.

Antes de 1985, as pessoas que recebiam transfusões de sangue ou transplantes de órgãos e hemofílicos que recebem fatores de coagulação de uma mistura (*pool*) de sangue corriam alto risco de infecção pelo HIV. O HIV foi propagado em muitos países por profissionais de saúde que utilizam instrumentos ou agulhas de seringa compartilhadas ou esterilizadas de maneira inadequada. A triagem adequada dos suprimentos de sangue e tecidos para transplantes nos EUA e em outros lugares praticamente eliminou o perigo de transmissão do HIV em transfusões de sangue (ver Figura 54.11). Hemofílicos que recebem uma mistura de fatores de coagulação são protegidos ainda mais pelo manejo adequado do fator (aquecimento prolongado) para eliminar o vírus ou pelo uso de proteínas geneticamente modificadas.

Os profissionais da saúde correm risco de infecção pelo HIV a partir de injeções com agulhas de seringas ou cortes acidentais, ou por exposição da pele e das mucosas lesionadas ao sangue contaminado. Felizmente, estudos de vítimas de injeções com agulhas de seringas demonstraram que a soroconversão ocorre em menos de 1% daqueles indivíduos expostos ao sangue HIV-positivo.

SÍNDROMES CLÍNICAS

A AIDS é uma das epidemias mais devastadoras já registradas. A maioria das pessoas infectadas pelo HIV se tornará sintomática e a esmagadora maioria delas acabará por sucumbir à doença sem tratamento. A doença causada pelo HIV progride de uma doença assintomática inespecífica ou doença semelhante à mononucleose para uma imunossupressão profunda, referida como **AIDS** (Caso Clínico 54.1; ver Figura 54.9). As doenças relacionadas com a AIDS consistem principalmente em infecções oportunistas, neoplasias malignas e os efeitos diretos do HIV no sistema nervoso central (Tabela 54.5).

Os sintomas iniciais após a infecção pelo HIV (fase aguda, 2 a 4 semanas após a infecção) podem assemelhar-se aos da gripe ou da mononucleose negativa para o anticorpo heterófilo, com a meningite "asséptica" ou uma erupção cutânea que ocorre por até 3 meses após a infecção (Boxe 54.4). Como na mononucleose pelo EBV, os sinais/sintomas originam-se das respostas dos linfócitos T desencadeadas por infecção generalizada de células apresentadoras de antígenos (macrófagos). Esses sintomas diminuem espontaneamente após 2 a 3 semanas e são seguidos por um período de infecção assintomática ou linfadenopatia generalizada persistente que pode durar vários anos. Durante esse período, o vírus está se replicando nos linfonodos.

UDIV 6% (2.224)
Contato sexual entre indivíduos do gênero masculino + UDIV* 3% (1.201)
Contato heterossexual 24% (9.578)
Contato sexual entre indivíduos do gênero masculino 67% (26.570)

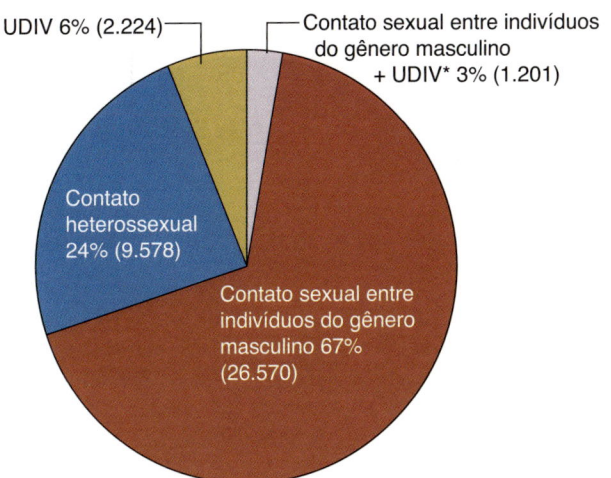

Figura 54.11 Estatística da síndrome da imunodeficiência adquirida *(AIDS)* nos EUA a partir de 2016. As porcentagens de casos de AIDS são apresentadas por categoria de exposição. Nos EUA, ao contrário da África e muitas outras partes do mundo, os homens que fazem sexo com homens (HSH) são a maior categoria de exposição. No entanto, os usuários de drogas por via intravenosa (UDIVs) e os parceiros heterossexuais estão se tornando mais frequentes. (Centers for Disease Control and Prevention, 2016. HIV Surveillance Report. https://www.cdc.gov/hiv/pdf/library/reports/surveillance/cdc-hivinfo-sheet-diagnoses-of-HIV-infection-2016.pdf). Acesso em: 10 abr. 2019.

A deterioração da resposta imune é indicada por aumento da suscetibilidade a patógenos oportunistas. O início dos sintomas se correlaciona com a redução do número de linfócitos T CD4 para menos de 500/μℓ e níveis aumentados de vírus (conforme determinado pelas técnicas de quantificação do genoma) e proteína viral p24 no sangue. Ocorre a AIDS em fase avançada quando a **contagem de linfócitos T CD4 é inferior a 200/μℓ** (muitas vezes a 50/μℓ ou indetectável) e a **carga viral é maior que 75.000 cópias/mℓ** e envolve o início de mais doenças significativas, incluindo a síndrome consuntiva pelo HIV (perda de peso e diarreia por > 1 mês) e infecções oportunistas, malignidades e demência (ver Tabela 54.5).

A AIDS pode se manifestar de várias maneiras diferentes, incluindo linfadenopatia e febre, infecções oportunistas, malignidades e demência relacionada à AIDS.

Linfadenopatia e febre

A linfadenopatia e a febre se desenvolvem de maneira insidiosa e podem ser acompanhadas de perda de peso e mal-estar. Esses achados podem persistir indefinidamente ou progredir. Os sinais/sintomas também podem incluir infecções oportunistas, diarreia, sudorese noturna e fadiga. A doença consuntiva é denominada de **caquexia** na África.

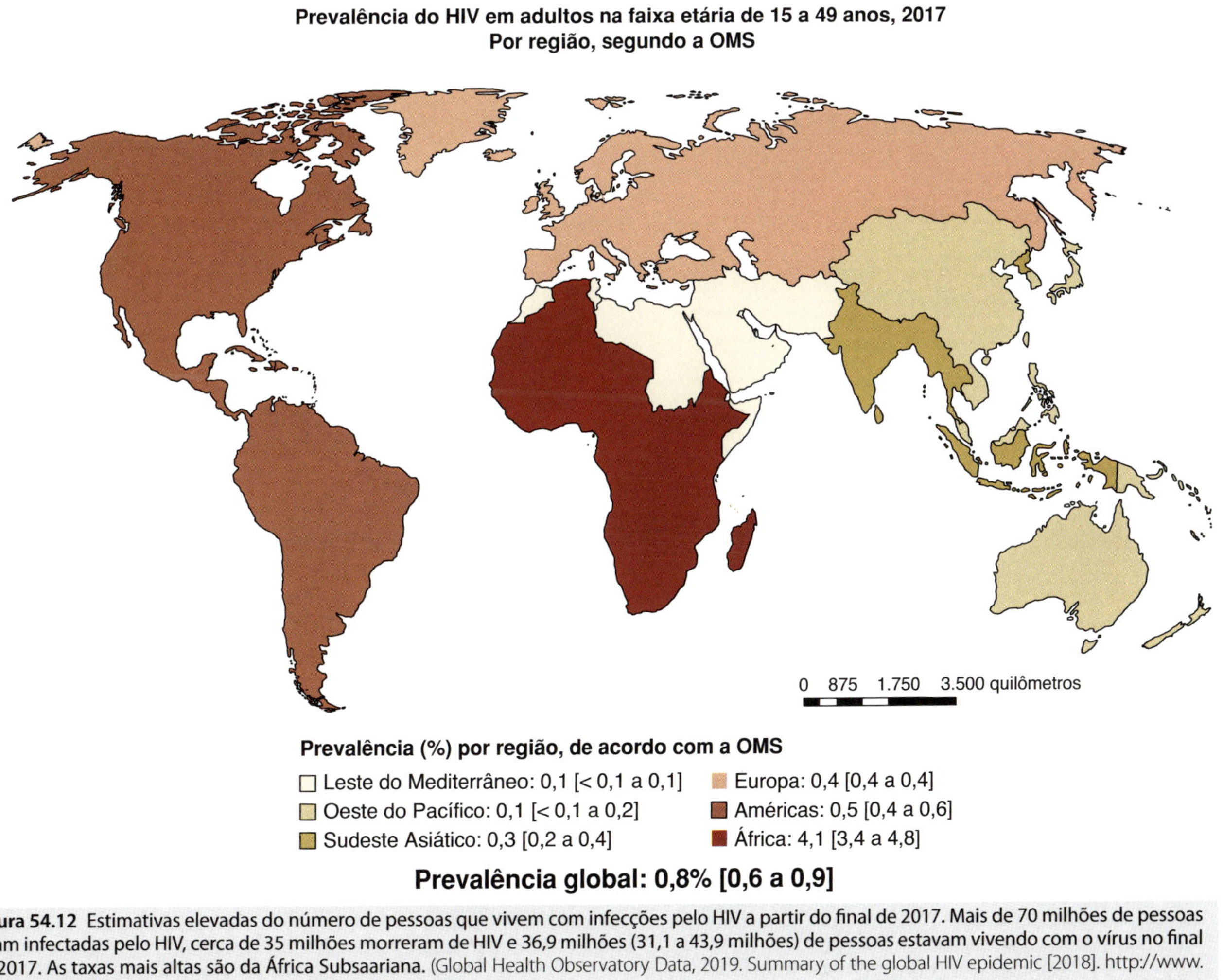

Prevalência do HIV em adultos na faixa etária de 15 a 49 anos, 2017
Por região, segundo a OMS
0 875 1.750 3.500 quilômetros
Prevalência (%) por região, de acordo com a OMS
Leste do Mediterrâneo: 0,1 [< 0,1 a 0,1]
Oeste do Pacífico: 0,1 [< 0,1 a 0,2]
Sudeste Asiático: 0,3 [0,2 a 0,4]
Europa: 0,4 [0,4 a 0,4]
Américas: 0,5 [0,4 a 0,6]
África: 4,1 [3,4 a 4,8]
Prevalência global: 0,8% [0,6 a 0,9]

Figura 54.12 Estimativas elevadas do número de pessoas que vivem com infecções pelo HIV a partir do final de 2017. Mais de 70 milhões de pessoas foram infectadas pelo HIV, cerca de 35 milhões morreram de HIV e 36,9 milhões (31,1 a 43,9 milhões) de pessoas estavam vivendo com o vírus no final de 2017. As taxas mais altas são da África Subsaariana. (Global Health Observatory Data, 2019. Summary of the global HIV epidemic [2018]. http://www.who.int/gho/hiv/en/[Acesso em: 13 set. 2018]).

Boxe 54.3 Epidemiologia das infecções pelo vírus da imunodeficiência humana.

Doença/fatores virais

O vírus envelopado é facilmente inativado e deve ser transmitido em fluidos corporais.
A doença tem um longo período prodrômico.
O vírus pode ser excretado antes do desenvolvimento de sintomas identificáveis.

Transmissão

O vírus é encontrado no sangue, no sêmen e nas secreções vaginais.
Veja a Tabela 54.4 para modos de transmissão.

Quem corre risco?

Usuários de drogas por via intravenosa, pessoas sexualmente ativas com muitos parceiros (HSH e heterossexuais), prostitutas, recém-nascidos de mulheres soropositivas para o HIV, parceiros sexuais de indivíduos infectados.
Receptores de transplante de sangue e de órgãos e hemofílicos tratados antes de 1985 (antes dos programas de pré-triagem).

Geografia/sazonalidade

Há uma epidemia em expansão em todo o mundo.
Não há incidência sazonal.

Modos de controle

Os medicamentos antivirais limitam a progressão de doenças.
Medicamentos antivirais para profilaxia pré e pós-exposição.
Não há vacinas disponíveis.
O sexo seguro e monogâmico ajuda a limitar a propagação.
Agulhas de injeção estéreis devem ser usadas.
Circuncisão.
Programas de triagem em grande escala de sangue para transfusões, órgãos para transplantes e fatores de coagulação utilizados por hemofílicos.

HSM, homens que fazem sexo com outros homens.

Tabela 54.4 Transmissão da infecção pelo vírus da imunodeficiência humana.

Vias	Transmissão específica
VIAS CONHECIDAS DE TRANSMISSÃO	
Inoculação no sangue	Transfusão de sangue e hemoderivados
	Compartilhamento de seringa por UDIV
	Picadas de agulha, ferida aberta e exposição de mucosas em profissionais de saúde
	Agulhas de tatuagem
Transmissão sexual	Relação sexual anal e vaginal
Transmissão perinatal	Transmissão intrauterina
	Transmissão periparto
	Leite materno
ROTAS NÃO ENVOLVIDAS NA TRANSMISSÃO	
Contato pessoal próximo	Membros da família
	Profissionais da saúde não expostos a sangue

UDIV, usuários de drogas por via intravenosa.

Infecções oportunistas

Infecções habitualmente benignas causadas por agentes como *Candida albicans* e outros fungos, vírus de DNA capazes de doenças recorrentes, parasitas e bactérias de crescimento intracelular provocam doenças significativas após a depleção de linfócitos T CD4 e posterior redução dos linfócitos T CD8 induzida pelo HIV (ver Tabela 54.5). A **pneumonia induzida por *Pneumocystis jirovecii* (antes denominado *Pneumocystis carinii*, PPC)** é um sinal importante de AIDS. Candidíase oral, toxoplasmose cerebral e meningite criptocócica também ocorrem com frequência, assim como as infecções virais prolongadas e graves, incluindo poxvírus por molusco contagioso, papovavírus (vírus JC, causando LMP) e recidivas do herpes-vírus (p. ex., herpes-vírus simples [HSV], vírus varicela-zóster [VZV], EBV [leucoplaquia pilosa oral, linfomas associados ao EBV], citomegalovírus [CMV; principalmente retinite, pneumonia e doença intestinal], HHV-8 [sarcoma de Kaposi]). Tuberculose e outras doenças causadas por micobactérias e diarreia causada por patógenos comuns (espécies de *Salmonella*, *Shigella* e *Campylobacter*) e agentes incomuns (*Cryptosporidium*, micobactérias e espécies de *Amoeba*) também são frequentes.

Caso Clínico 54.1 Um caso antigo de HIV/AIDS

Elliott et al. (*Ann Int Med* 98:290–293, 1983) relataram que, em julho de 1981, um homem de 27 anos queixou-se de disúria, febre, calafrios, sudorese noturna, fraqueza, dispneia, tosse com expectoração branca, anorexia e perda de peso de 7,26 kg. Durante os últimos 7 anos, ele vinha recebendo até quatro infusões mensais de um concentrado de fator VIII para corrigir sua hemofilia. Ele não tinha outro fator de risco para a infecção pelo HIV. Em agosto, infiltrados pulmonares foram visíveis pela radiografia de tórax e em setembro os resultados do exame de sangue revelaram 10,7 g/dℓ de hemoglobina, 4.200 leucócitos/$\mu\ell$ com 50% de leucócitos polimorfonucleares, 2% de bastões, 36% de linfócitos e 12% de monócitos. Também foi encontrada imunoglobulina G para o citomegalovírus, vírus Epstein-Barr, *Toxoplasma*, antígeno de superfície da hepatite B (HBsAg) e cerne do vírus da hepatite B. O diagnóstico de imunodeficiência foi sugerido pela resposta negativa nos testes cutâneos de tuberculina, caxumba e de *Candida*. *Pneumocystis jirovecii* foi detectado pela coloração de metenamina prata de uma amostra de biopsia pulmonar transbrônquica e isso levou ao tratamento oral com trimetoprima/sulfametoxazol.

Episódios de candidíase oral causada por *Candida albicans* levaram ao tratamento com cetoconazol. Em maio de 1982, o desenvolvimento de esplenomegalia e linfadenopatia levaram à admissão hospitalar, com uma contagem de leucócitos de 2.100/$\mu\ell$ e apenas 11% de linfócitos. Nesse período, *Mycobacterium avium-intracellulare* foi detectado na medula óssea, linfonodos e granulomas, enquanto a contagem total de linfócitos foi de 448/$\mu\ell$, em comparação com a contagem normal de 2.668/$\mu\ell$; os níveis não foram responsivos à estimulação mitogênica. Em julho de 1982, a contagem total de linfócitos caiu para 220/$\mu\ell$, com 45/$\mu\ell$ linfócitos T CD3-positivos (normais 1.725 e 64, respectivamente) e uma razão CD4:CD8 de 1:4 (normal 2,2:1). O estado geral do paciente deteriorou progressivamente e ele morreu no final de setembro de 1982. Citomegalovírus foi isolado do pulmão e do fígado e *M. avium-intracellulare* da maioria das amostras de tecido. Em 1981, a AIDS era uma doença recentemente descrita e o HIV não tinha sido descoberto. Anticorpos monoclonais e a imunofenotipagem eram novas tecnologias. O paciente contraiu a infecção pelo HIV a partir do concentrado do fator VIII em um período anterior ao rastreamento de rotina dos hemoderivados.

Tabela 54.5	Indicadores patológicos de síndrome da imunodeficiência adquirida.[a]
Infecção	**Doença (selecionada)**
INFECÇÕES OPORTUNISTAS	
Por protozoários	Toxoplasmose cerebral Criptosporidiose com diarreia Isosporíase com diarreia
Fúngica	Candidíase do esôfago, traqueia e pulmões Pneumonia por *Pneumocystis jirovecii* Criptococose (extrapulmonar) Histoplasmose (disseminada) Coccidioidomicose (disseminada)
Viral	Doença pelo citomegalovírus Infecção pelo herpes-vírus simples (persistente ou disseminada) Leucoencefalopatia multifocal progressiva (vírus JC) Leucoplaquia pilosa causada pelo vírus Epstein-Barr
Bacteriana	Complexo *Mycobacterium avium-intracellulare* (disseminada) Qualquer doença por micobactérias "atípicas" Tuberculose extrapulmonar Septicemia por *Salmonella* (recorrente) Infecções bacterianas piogênicas (múltiplas ou recorrentes)
NEOPLASIAS OPORTUNISTAS	
	Sarcoma de Kaposi Linfoma primário do cérebro Linfomas de Hodgkin e não Hodgkin Neoplasias malignas associadas ao HPV
OUTRAS	
	Síndrome consuntiva pelo HIV Encefalopatia pelo HIV Pneumonia intersticial linfoide

[a]Manifestações de infecção pelo HIV – definidoras de AIDS de acordo com os critérios dos Centers for Disease Control and Prevention. Modificada de Belshe, R.B., Textbook of Human Virology, second ed. Mosby, St Louis, MO.
HPV, papilomavírus humano.

Malignidades

A malignidade mais notável que se desenvolve em pacientes com AIDS é o sarcoma de Kaposi associado ao HHV-8, que é um câncer de pele raro e benigno que se dissemina para envolver órgãos viscerais em pacientes imunodeficientes. Os linfomas relacionados ao EBV também são predominantes.

Demência relacionada com a AIDS

A demência relacionada com a AIDS pode resultar de uma infecção oportunista ou infecção pelo HIV de macrófagos e células da micróglia no cérebro. Pacientes com esta condição podem sofrer lenta deterioração de suas capacidades intelectuais e exibem outros sinais de transtorno neurológico, semelhantes aos sinais dos estágios iniciais da doença de Alzheimer. A deterioração neurológica pode também resultar de infecção oportunista.

DIAGNÓSTICO LABORATORIAL

Os testes para o diagnóstico de infecção pelo HIV são realizados por um de quatro motivos: (1) identificar aqueles com a infecção, de modo que a terapia com fármacos antivirais possa ser iniciada, (2) identificar portadores que podem transmitir a infecção a outros (especialmente doadores de sangue ou de órgãos, gestantes e parceiros sexuais), (3) acompanhar a evolução da doença e confirmar o diagnóstico de AIDS ou (4) avaliar a eficácia do tratamento (Tabela 54.6).

A natureza crônica da doença possibilita o uso de testes para documentar a infecção pelo HIV, quando complementados pela detecção e quantificação do genoma com técnicas relacionadas com a PCR. O HIV é muito difícil de crescer em cultura de tecidos e o isolamento do vírus não é realizado. Infecção recente ou doença de estágio tardio são indicadas pela presença de grandes quantidades de RNA viral em amostras de sangue, o antígeno viral p24 ou a enzima RT (ver Figura 54.9).

Genômica

Métodos mais recentes de detecção e quantificação dos genomas do HIV (testes de ácido nucleico viral **[NATs]**)[1] no sangue tornaram-se um pilar fundamental para o acompanhamento do curso de uma infecção pelo HIV e a eficácia

> **Boxe 54.4** Resumo clínico.
>
> Um ex-usuário de heroína de 32 anos desenvolveu uma doença semelhante à mononucleose durante 2 semanas. Lembrou-se de ter apresentado sudorese noturna ocasional e febre por 3 anos, seguido por manifestação clínica de candidíase oral, retinite por citomegalovírus e pneumonia por *Pneumocystis*. Sua contagem de linfócitos T CD4 foi de 50/µℓ. A terapia antirretroviral foi iniciada.

Tabela 54.6	Análise laboratorial do vírus da imunodeficiência humana.
Teste	**Propósito**
SOROLOGIA	
ELISA para detecção combinada de antígeno e anticorpo	Triagem inicial
Aglutinação em látex	Triagem inicial
Teste rápido oral para detecção de anticorpos	Triagem inicial
Teste de anticorpos na urina	Triagem inicial
Western blot (para anticorpos)	Teste confirmatório[a]
RT-PCR do RNA do vírion	Detecção do vírus no sangue
RT-PCR em tempo real	Quantificação do vírus no sangue
DNA de cadeia ramificada	Quantificação do vírus no sangue
Antígeno p24	Marcador precoce de infecção
Isolamento do vírus	Teste não disponível
Contagem de linfócitos T CD4, razão linfócitos T CD4:CD8	Indicadores de doença pelo HIV

[a]A confirmação por *Western blot* não é necessária no caso de ensaio imunossorvente ligado à enzima (ELISA) de quinta geração com a detecção simultânea de anticorpos e o antígeno p24.
RT-PCR, reação em cadeia da polimerase com a transcriptase reversa.

---

[1]N.R.T.: No Brasil, ver Portaria SCTIE-MS nº 25, de 12 de junho de 2013. Decisão de incorporar o procedimento para possibilitar a testagem de amostra de sangue de doadores pelo teste de amplificação de ácidos nucleicos (NAT) para detecção dos vírus da imunodeficiência humana (HIV) e da hepatite C (HCV) no âmbito do Sistema Nacional de Sangue, Componentes e Hemoderivados no Sistema Único de Saúde – SUS. Ver http://conitec.gov.br/images/Incorporados/TesteAmplificacaoAcidosNucleico-NAT-final.pdf.

e adesão do paciente à terapia antiviral. Após a conversão do RNA viral em DNA com uma RT (fornecida pelo laboratório), o cDNA do genoma pode ser detectado por PCR e quantificado por PCR em tempo real, amplificação de DNA de cadeia ramificada e outros métodos (ver Capítulo 5). A determinação da carga viral (quantidade de genoma em sangue) é um excelente indicador do curso da doença e eficácia da terapia. Esses testes geralmente são mais caros que os testes sorológicos e não são utilizados para a triagem.

Sorologia

A triagem dos doadores de sangue e órgãos é realizada por sorologia. O desenvolvimento de anticorpos anti-HIV pode ser lento, levando de 4 a 8 semanas na maioria dos pacientes; entretanto, pode levar 6 meses ou mais em até 5% dos infectados (ver Figura 54.9). Como tal, o novo exame de triagem é um ELISA multiplex de quinta geração que combina a detecção do antígeno viral p24, que é encontrado durante a fase precoce e aguda da doença, com detecção de anticorpos do paciente contra HIV-1 e HIV-2. Antes dos ensaios combinados, *Western blot* do soro do paciente era necessário para confirmar os resultados soropositivos. O *Western blot* (ver Figura 6.6 e Figura 39.7) demonstra a existência de anticorpos contra antígenos virais (p24 ou p31) e glicoproteínas (gp41 e gp120/160). Além dos ensaios para triagem do sangue, ensaios da urina, testes do transudato da mucosa oral, assim como testes rápidos de triagem e testes de triagem domiciliar também estão disponíveis.

Estudos imunológicos

A infecção pelo HIV pode ser inferida a partir de uma análise das subpopulações de linfócitos T. O número absoluto de linfócitos CD4 e a *razão de linfócitos CD4/CD8* são *anormalmente baixos* em pessoas infectadas pelo HIV. A concentração específica de linfócitos CD4 identifica o estágio da AIDS. A escolha para iniciar a terapia é muitas vezes baseada na contagem de linfócitos T CD4.

TRATAMENTO, PREVENÇÃO E CONTROLE

Houve um aumento dos números de fármacos aprovados pela FDA e as combinações de medicamentos anti-HIV para possibilitar a personalização da terapia pessoal, com a finalidade de otimizar a eficácia e limitar os efeitos adversos em um indivíduo. Os principais (a partir de 2018) agentes anti-HIV estão listadas no Boxe 54.5, mas listas mais completas estão disponíveis *on-line* (ver Bibliografia). Os medicamentos anti-HIV aprovados pela U.S. Food and Drug Administration são classificados por seu mecanismo de ação.

A inibição da ligação ao correceptor CCR5 com um agonista do receptor (p. ex., maraviroque) ou da fusão do envelope viral e membrana celular com um peptídio (p. ex., enfuvirtida) que bloqueia a ação da molécula gp41 irá impedir o evento inicial da infecção. A inibição da integrase (p. ex., dolutegravir, raltegravir) previne todos os eventos subsequentes na replicação do vírus. A inibição da RT impede o início da replicação do vírus a partir do bloqueio da síntese de cDNA. A azidotimidina (AZT) e outros análogos de nucleotídios são fosforilados por enzimas celulares e incorporados ao cDNA pela RT para promover a terminação da cadeia de DNA. Os inibidores de RT não nucleosídios (p. ex., nevirapina) inibem a enzima por outros mecanismos. Os inibidores de protease (p. ex., darunavir) bloqueiam a morfogênese do vírion via inibição da clivagem das poliproteínas Gag e Gag-Pol. As proteínas virais e o vírion resultante são inativos. A maioria dos medicamentos anti-HIV tem efeitos adversos significativos e a busca continua por novos fármacos anti-HIV. Cada uma das etapas de replicação e todas as proteínas virais são alvos para o desenvolvimento de novos medicamentos anti-HIV.

A AZT foi a primeira terapia anti-HIV de sucesso. Embora ainda administrada a recém-nascidos cujas mães eram soropositivas por 6 semanas pós-parto, o uso único de AZT ou de outro análogos de nucleotídios por si só está diminuindo. A terapia anti-HIV está atualmente em uso como um coquetel de vários fármacos antivirais denominados **terapia antirretroviral (TARV)** (ver Boxe 54.5). O uso de uma mistura de fármacos com diferentes mecanismos de ação tem menos potencial para encontrar ou selecionar uma determinada resistência. A poliquimioterapia pode reduzir os níveis sanguíneos do vírus a quase zero e diminuir as taxas de morbidade e mortalidade em muitos pacientes com AIDS avançada. A personalização da TARV para cada paciente consegue minimizar os efeitos adversos da medicação, reduzir o número de comprimidos e possibilitar que o paciente volte à saúde e ao estilo de vida quase normais. Alguns esquemas de TARV são administrados 1 vez/dia como um comprimido único, auxiliando na adesão. A terapia deve ser iniciada para indivíduos que apresentem sintomas de AIDS, doenças definidoras de AIDS ou se a contagem de linfócitos T CD4 for inferior a $350/\mu\ell$. A terapia também pode ser considerada se as cargas virais forem altas (> 100 mil), mesmo que a contagem de linfócitos T CD4 seja superior a $350/\mu\ell$.

A profilaxia de pré-exposição ou PrEP foi recentemente aprovada pela FDA[2] para pessoas com alto risco de infecção pelo HIV (p. ex., parceiros de indivíduos infectados pelo HIV e UDIV). Atualmente, a terapia sugerida é um único comprimido que combina tenofovir e entricitabina. Essa terapia também é apropriada para a profilaxia pós-exposição (p. ex., injeção com agulhas de seringas).

O tratamento efetivo consegue reduzir o HIV a níveis indetectáveis, o que quase elimina o risco de transmissão. Até mesmo na ausência de uma vacina, a combinação de precauções adequadas, tratamento continuado e efetivo de indivíduos infectados pelo HIV e administração da PrEP a indivíduos de alto risco reduzirão significativamente o número de infecções pelo HIV nos EUA em um futuro próximo[3].

Orientação

A principal maneira de prevenir a infecção pelo HIV e controlar sua propagação consiste na orientação da população sobre os métodos de transmissão e as medidas que reduzem a propagação viral. Por exemplo, relacionamentos monogâmicos, prática do sexo seguro e uso de preservativos reduzem a possibilidade de exposição. Visto que as agulhas contaminadas são fonte importante de infecção pelo HIV em usuários de substâncias intravenosas (UDIV), as

---

[2]N.R.T.: No Brasil, ver *Protocolo clínico e diretrizes terapêuticas para profilaxia pré-exposição (PrEP) de risco à infecção pelo HIV* em https://bvsms.saude.gov.br/bvs/publicacoes/protocolo_clinico_diretrizes_terapeuticas_profilaxia_pre_exposicao_risco_infeccao_hiv.pdf.

[3]N.R.T.: No Brasil, ver *Protocolo clínico e diretrizes terapêuticas para manejo da infecção pelo HIV em adultos* em http://www.aids.gov.br/pt-br/pub/2013/protocolo-clinico-e-diretrizes-terapeuticas-para-manejo-da-infeccao-pelo-hiv-em-adultos.

> **Boxe 54.5** Potenciais agentes antirretrovirais para a infecção pelo vírus da imunodeficiência humana.[4]
>
> **Inibidores da transcriptase reversa análogos de nucleosídios**
>
> Azidotimidina (AZT) (Zidovudina)
> 3TC (Lamivudina)
> Fumarato de tenofovir disoproxil (classe de adenosina)
> ABC (Abacavir)
> FTC (Entricitabina)
>
> **Inibidores da transcriptase reversa não nucleosídios**
>
> Nevirapina
> Doravirina
> Efavirenz
> Etravirina
> Rilpivirina
>
> **Inibidores de protease (IPs)**
>
> Tipranavir
> Darunavir
> Ritonavir
> Fosamprenavir
> Atazanavir
> Saquinavir
>
> **Inibidores de ligação e de fusão**
>
> Inibidor de CCR5 (maraviroque)
> Inibidor de fusão (enfuvirtida)
>
> **Inibidor de integrase**
>
> Raltegravir
> Dolutegravir
>
> **Exemplos de TARV**
>
> Efavirenz/tenofovir/emtricitabina (EFV/TDF/FTC)
> Abacavir/zidovudina/lamivudina
> Dolutegravir/abacavir/lamivudina
> Emtricitabina, rilpivirina e tenofovir disoproxil fumarato
> Elvitegravir/cobicistat/tenofovir/emtricitabina
> Emtricitabina/tenofovir disoproxil fumarato
> Lamivudina/zidovudina
> Lopinavir/ritonavir

Modificado de U.S. Department of Health and Human Services, 2018. FDA-approved HIV medicines. https://hivinfo.nih.gov/understanding-hiv/fact-sheets/fda-approved-hiv-medicines (Acesso em: 13 set. 2018).

pessoas têm de ser ensinadas que as agulhas nunca devem ser compartilhadas. A reutilização de agulhas contaminadas em unidades de saúde foi a fonte de surtos de AIDS no antigo bloco soviético e em outros países. Em algumas localidades, esforços têm sido realizados para fornecer equipamentos estéreis a UDIVs. Uma campanha bem-sucedida de orientação anti-HIV em Uganda tem sido citada como um meio mais efetivo para salvar vidas do que os medicamentos antivirais.

Triagem de sangue, hemoderivados e órgãos

Os potenciais doadores de sangue e de órgãos são examinados antes de doarem sangue, tecidos e hemoderivados. É obrigatória a exclusão de pessoas com teste positivo para o HIV para doação de sangue. Pessoas que preveem uma necessidade futura de sangue, como as que aguardam cirurgias eletivas, devem considerar a doação de sangue com antecedência. Para limitar a epidemia mundial, a triagem do sangue também tem de ser iniciada nas nações em desenvolvimento.

Controle de infecções

Os procedimentos de controle de infecção pelo HIV são os mesmos do vírus da hepatite B (HBV). Eles incluem o uso de precauções com fluidos corporais e sangue universais, que são baseadas no pressuposto de que todos os pacientes são infecciosos para o HIV e outros patógenos transmitidos pelo sangue. As precauções incluem o uso de roupas de proteção (p. ex., luvas, máscara, jaleco) e o emprego de outras barreiras para evitar a exposição a hemoderivados. As seringas e instrumentos cirúrgicos nunca devem ser reutilizados, a menos que sejam cuidadosamente desinfetados. As superfícies contaminadas devem ser desinfetadas com alvejante a 10%, etanol ou isopropanol a 70%, glutaraldeído a 2% e formaldeído a 4% ou peróxido de hidrogênio a 6%. A lavagem de roupas em água quente e sabão deve ser suficiente para inativar o HIV.

A circuncisão dos homens reduz o risco de infecção. Esse procedimento elimina um local de infecções frequentes e um microbioma único que pode causar soluções de continuidade na pele e inflamação, possivelmente aumentando a suscetibilidade à infecção pelo HIV.

Abordagens para a profilaxia com vacinas

Existem muitas dificuldades no desenvolvimento de uma vacina contra o HIV. Uma vacina bem-sucedida tem de ser capaz de bloquear a infecção inicial e o movimento de células dendríticas e linfócitos T infectados para os linfonodos. Caso contrário, como os herpes-vírus, a infecção pelo HIV estabelece rapidamente uma infecção crônica ou latente. A vacina precisa induzir a produção de anticorpos neutralizantes e a imunidade celular. Uma grande dificuldade é que o alvo primário dos anticorpos neutralizantes, a gp120, é diferente para os diferentes clados do HIV, pois mesmo dentro de um clado, existem muitos mutantes antigenicamente distintos e o vírus sofre mutações criando extensivamente diferentes cepas durante a infecção do indivíduo. A imunidade mediada por células é necessária porque o vírus pode ser disseminado através de "pontes" intercelulares e permanece latente, como um mecanismo de evasão à resposta de anticorpos. Finalmente, a realização de testes com vacinas é difícil e dispendiosa porque um grande número de pessoas suscetíveis precisa ser avaliado e é necessário acompanhamento por longos períodos de tempo para monitorar a eficácia de cada formulação.

Várias abordagens diferentes têm sido investigadas para desenvolver uma vacina contra o HIV. Vacinas vivas atenuadas (p. ex., eliminação do gene *nef*) eram muito perigosas porque ainda causavam doenças em lactentes e podem estabelecer infecção crônica. Vacinas de subunidade proteica com gp120 ou seu precursor, gp160, por si só, produzem apenas anticorpos para uma única cepa de HIV e não tiveram sucesso. A região da haste de gp120 não difere muito entre as cepas e as vacinas que expõem essa região estimulam os anticorpos contra várias cepas. A imunização com vacinas híbridas contra o HIV que incorporam o gene para gp160 (*env*) e outros genes do HIV em um vetor

---

[4]N.R.T.: No Brasil, ver *Protocolo clínico e diretrizes terapêuticas para manejo da infecção pelo HIV em adultos*, em http://www.aids.gov.br/pt-br/pub/2013/protocolo-clinico-e-diretrizes-terapeuticas-para-manejo-da-infeccao-pelo-hiv-em-adultos.

de vírus da vacínia, varíola dos canários ou do adenovírus defeituoso ou em uma vacina de DNA ou RNA pode iniciar respostas mediadas por células. Isso pode ser seguido por um aumento de proteína com gp120 ou gp160 para ativar as células B e desenvolver anticorpos neutralizantes. As proteínas gp120 e gp160 são geneticamente modificadas e expressas em diferentes sistemas de células eucarióticas (p. ex., levedura, baculovírus).

Vírus linfotrópico de células T humanas e outros retrovírus oncogênicos

Os membros da subfamília Oncovirinae eram originalmente denominados **vírus tumorais de RNA** e associados ao desenvolvimento de leucemias, sarcomas e linfomas em muitos animais. Esses vírus não são citolíticos. Os vírus pertencentes a essa família são diferenciados por seu mecanismo de transformação celular (imortalização) e, portanto, a duração do período de latência entre a infecção e o desenvolvimento da doença (Tabela 54.7).

Os **vírus do sarcoma e da leucemia aguda** incorporaram versões modificadas de genes celulares (proto-oncogenes) codificando fatores de controle do crescimento em seu genoma **(v-onc)**. Estes incluem genes que codificam hormônios do crescimento, receptores hormonais de crescimento, quinases de proteínas, proteínas de ligação ao trifosfato de guanosina (proteínas G) e proteínas de ligação ao DNA nuclear. Esses vírus podem causar a transformação das células de modo relativamente rápido e são altamente oncogênicos. *Nenhum vírus humano desse tipo foi identificado.*

Pelo menos 35 oncogenes virais diferentes já foram identificados (Tabela 54.8). Os resultados da transformação a partir da produção excessiva ou atividade alterada da proteína que estimula o crescimento, codificada pelo oncogene. O aumento do crescimento celular promove então a transcrição que, por sua vez, promove a replicação viral. A incorporação do oncogene em muitos desses vírus causa a substituição das sequências codificadoras para os genes *gag, pol* ou *env*, de modo que a maioria desses vírus é defeituosa e necessita dos vírus auxiliares na replicação. Muitos desses vírus tornam-se endógenos e depois são transmitidos verticalmente via linhagem germinativa do animal.

Os oncovírus humanos incluem HTLV-1, HTLV-2 e HTLV-5, mas apenas HTLV-1 foi definitivamente associado à doença (ou seja, leucemia/linfoma de células T adultas [LLTA]). HTLV-2 foi isolado de formas atípicas de tricoleucemia e HTLV-5 foi isolado de um linfoma cutâneo maligno. HTLV-1 e HTLV-2 compartilham até 50% de homologia. Os **vírus da leucemia**, incluindo o HTLV-1, são competentes em termos de replicação, mas não conseguem transformar células *in vitro*. Eles causam câncer após um **longo período de latência** de pelo menos 30 anos. Os vírus da leucemia promovem o crescimento celular de maneira mais indireta do que os vírus codificadores de oncogenes. O HTLV-1 também causa mielopatia associada ao HTLV-1 (MAH) **(paraparesia espástica tropical)**, que é uma doença neurológica.

PATOGÊNESE E IMUNIDADE

O HTLV-1 é associado a células e transmitido para as células após transfusão sanguínea, relações sexuais ou aleitamento materno. O vírus entra na corrente sanguínea e infecta linfócitos T CD4 *helper*. Além do sangue e órgãos linfáticos, esses linfócitos T tendem a se situar na pele, contribuindo para os sinais/sintomas da LLTA. Os neurônios também expressam um receptor para o HTLV-1.

O gene *PX* do HTLV-1 codifica proteínas adicionais (tax, rex, p12, p13, p30 e HBZ) que promovem o crescimento celular, causam evasão da detecção pela resposta imune e facilitam a transformação leucemogênica. A proteína tax é um regulador transcricional que pode ativar promotores na região LTR do gene viral e genes celulares específicos (incluindo genes de controle do crescimento e genes de citocinas, tais como os que codificam IL-2, o receptor de IL-2 e o fator estimulador de colônias de granulócitos-macrófagos) com o intuito de promover o crescimento daquela célula. O vírus também codifica a proteína HBZ para limitar a atividade de tax e estimular a proliferação celular e persistência viral. HBZ e tax são importantes na promoção da leucemogênese. O HTLV-1 também consegue estimular o crescimento da célula, integrando genes de controle do crescimento celular próximos para possibilitar que as sequências de genes do *enhancer* e do promotor codificadas na região

Tabela 54.8 Exemplos representativos de oncogenes.

Função	Oncogene	Vírus
Tirosinoquinase	Src	Vírus do sarcoma de Rous
	Abl	Vírus da leucemia murina de Abelson
	Fes	Vírus do sarcoma felino ST
Receptores para o fator de crescimento	Erb-B (receptor EGF)	Vírus da eritroblastose aviária
	Erb-A (receptor do hormônio da tireoide)	Vírus da eritroblastose aviária
Proteínas de ligação à guanosina trifosfato	Ha-ras	Vírus do sarcoma murino de Harvey
	Ki-ras	Vírus do sarcoma murino de Kirsten
Proteínas nucleares	Myc	Vírus da mielocitomatose aviária
	Myb	Vírus da mieloblastose aviária
	Fos	Vírus do osteossarcoma murino FBJ
	Jun	Vírus do sarcoma aviário 17

EGF, fator de crescimento epidérmico; *FBJ*, Finkel-Biskis-Jinkins; *ST*, Snyder-Theilen.

Tabela 54.7 Mecanismos de oncogênese do retrovírus.

Doença	Velocidade	Efeito
Leucemia aguda ou sarcoma	Rápida: oncogene	Efeito direto / Provisão de proteínas que aumentam o crescimento
Leucemia	Lenta: transativação	Efeito indireto / Proteína de transativação (Tax) ou sequências promotoras de repetição terminal longa que aumentam a expressão de genes de crescimento celular

LTR viral promovam a expressão das proteínas celulares que estimulam o crescimento das células. Outras alterações genéticas necessárias para produzir a leucemia são mais prováveis de ocorrer por causa do crescimento estimulado da célula infectada.

Há um longo período de latência (≈ 30 anos) antes do início da leucemia. Embora o vírus possa induzir um crescimento policlonal de linfócitos T, a LLTA induzida por HTLV-1 é, habitualmente, monoclonal.

Anticorpos são induzidos contra a gp46 e outras proteínas do HTLV-1. A infecção pelo HTLV-1 também causa imunossupressão.

EPIDEMIOLOGIA

O HTLV-1 é transmitido e adquirido pelas mesmas vias estabelecidas pelo HIV. É endêmico no sul do Japão, na Austrália, no Caribe, na África Central e em afro-americanos no sudeste dos EUA. Nas regiões endêmicas do Japão e da Austrália, as crianças contraem HTLV-1 ao nascimento e no leite materno de suas mães, enquanto os adultos são infectados pelo contato sexual. O número de indivíduos soropositivos em algumas regiões do Japão chega a 35% (Okinawa) e a 40% em algumas regiões da Austrália. A taxa de mortalidade por leucemia é duas vezes maior do que a de outras regiões. O uso de drogas por via intravenosa e a transfusão de sangue estão se tornando o meio mais proeminente de transmissão do vírus nos EUA, nos quais os grupos de alto risco para a infecção pelo HTLV-1 são os mesmos descritos para a infecção pelo HIV.

O HTLV-2 é endêmico em muitos grupos ameríndios nativos. Os UDIVs correm alto risco de infecção.

SÍNDROMES CLÍNICAS

A infecção pelo HTLV é geralmente assintomática, mas pode progredir para LLTA em aproximadamente 1 em cada 20 pessoas ao longo de um período de 30 a 50 anos. A LLTA causada pelo HTLV-1 é uma neoplasia de linfócitos T CD4 *helper* que pode ser aguda ou crônica. As células malignas têm sido chamadas de *flower cells* (células em flor) porque são pleomórficas e contêm núcleos lobulados. Além de uma contagem elevada de leucócitos, essa forma de LLTA é caracterizada por lesões cutâneas semelhantes às observadas em outra leucemia, a síndrome de Sézary. A LLTA é geralmente fatal no ano seguinte ao diagnóstico, independentemente do tratamento. O HTLV-1 também pode causar outras doenças, incluindo a MAH (paraparesia espástica tropical), uveíte, dermatite infecciosa associada ao HTLV e outros distúrbios inflamatórios. A MAH pode levar à desmielinização da medula espinal e à paralisia. A infecção pelo HTLV também induz imunossupressão. É improvável que a infecção pelo HTLV-2 cause leucemia, mas pode levar a doenças neurológicas, como a MAH.

DIAGNÓSTICO LABORATORIAL

A infecção pelo HTLV-1 é diagnosticada utilizando-se o ELISA para detectar antígenos específicos do vírus no sangue, por RT-PCR para análise do RNA viral ou mesmo o ELISA para detectar anticorpos antivirais específicos.

TRATAMENTO, PREVENÇÃO E CONTROLE

Uma combinação de AZT e interferona (IFN)-α tem sido efetiva em alguns pacientes com LLTA. Entretanto, nenhum tratamento foi aprovado pela FDA para o manejo de infecção pelo HTLV-1.

As medidas usadas para limitar a propagação do HTLV-1 são as mesmas daquelas utilizadas para limitar a transmissão do HIV. Precauções sexuais, rastreamento de hemoderivados e maior conscientização dos potenciais riscos e doenças são as formas de impedir a transmissão do vírus. A triagem de rotina para detecção de HTLV-1, HIV, vírus da hepatite B e vírus da hepatite C é realizada para proteger os suprimentos de sangue. Entretanto, a infecção de crianças pela mãe (transmissão vertical) é muito difícil de ser controlada.

Retrovírus endógenos

Diferentes retrovírus se integraram e se tornaram parte dos cromossomos de seres humanos e animais. Na verdade, sequências de retrovírus constituem pelo menos 8% do genoma humano. Sequências completas e parciais do provírus com sequências gênicas semelhantes às do HTLV, do vírus de tumor mamário de camundongos e outros retrovírus podem ser detectadas em seres humanos. Esses retrovírus endógenos humanos (HERVs) geralmente não têm a capacidade de se replicar por causa das deleções ou da inserção de códons de terminação ou porque são mal transcritos. Além disso, nossas células expressam proteínas, tais como as proteínas catalíticas de edição da apolipoproteína B (APOBEC, do inglês *apolipoprotein B editing catalytic*), que suprimem a replicação de retrovírus endógenos. Um desses retrovírus pode ser detectado no tecido placentário e é ativado pela gravidez. Esse vírus produz sincitina, que é necessária para facilitar a função placentária. Outros HERVs estão associados ao câncer de próstata e a outras neoplasias malignas, além da esclerose múltipla e esclerose lateral amiotrófica (ELA).

Bibliografia

Cohen, J., Powderly, W.G., 2004. Infectious Diseases, second ed. Mosby, St Louis.
Doltch, G., Cavrois, M., Lassen, K.G., et al., 2010. Abortive HIV infection mediates CD4 T cell depletion and inflammation in human lymphoid tissue. Cell 143, 789–801.
Flint, S.J., Racaniello, V.R., et al., 2015. Principles of Virology, fourth ed. American Society for Microbiology Press, Washington, DC.
Kannian, P., Green, P.L., 2010. Human T lymphotropic virus type 1 (HTLV-1): molecular biology and oncogenesis. Viruses. 2 (9), 2037–2077. https://doi.org/10.3390/v2092037.
Knipe, D.M., Howley, P.M., 2013. Fields Virology, sixth ed. Lippincott Williams & Wilkins, Philadelphia.
Kräusslich, H.G., 1996. Morphogenesis and Maturation of Retroviruses. Springer-Verlag, Berlin.
Levy, J.A., 2007. HIV and the Pathogenesis of AIDS, seventh ed. American Society for Microbiology Press, Washington, DC.
Morse, S.A., Holmes, K.K., et al., 2011. Atlas of Sexually Transmitted Diseases and AIDS, fourth ed. Saunders, St Louis.
Ryan, F.P., 2004. Human endogenous retroviruses in health and disease: a symbiotic perspective. J. R. Soc. Med. 97, 560–565.
Stine, G.J., 2011. AIDS Update 2011. McGraw-Hill, New York.
Strauss, J.M., Strauss, E.G., 2007. Viruses and Human Disease, second ed. Academic, San Diego.

Websites sobre HIV/AIDS e HT
About.com: AIDS/HIV. http://aids.about.com/. Accessed September 11, 2018.

Avert: Global information and education on HIV and AIDS. https://www.avert.org/public-hub. Accessed September 11, 2018

Bennett, N.J., HIV disease. http://emedcine.medscape.com/article/211316-overview. Accessed September 11, 2018.

Centers for Disease Control and Prevention: HIV/AIDS statistics and surveillance. www.cdc.gov/hiv/library/reports/surveillance/index.html. Accessed September 11, 2018.

National Institutes of Health: http://aidsinfo.nih.gov/. Accessed September 11, 2018

Szczypinska, E.M., Wallace, M.R., Wainscoat, B., et al., Human T-cell lymphotropic viruses. http://emedicine.medscape.com/article/219285-overview. Accessed September 11, 2018.

UNAIDS, Homepage. www.unaids.org/. Accessed 11 September 2018.

University of California, San Francisco: HIV InSite. http://hivinsite.ucsf.edu. Accessed September 11, 2018.

U.S. Department of Health and Human Services: Clinical guidelines portal: federally approved HIV/AIDS medical practice guidelines. http://aidsinfo.nih.gov/guidelines. Accessed September 11, 2018.

Websites sobre Exposição ao HIV e Terapias

Centers for Disease Control and Prevention: Updated U.S. Public Health Service guidelines for the management of exposures to HIV and recommendations for postexposure prophylaxis. https://stacks.cdc.gov/view/cdc/20711. Accessed September 11, 2018.

Federal Drug Administration. https://www.fda.gov/ForPatients/Illness/HIVAIDS/Treatment/ucm118915.htm. Accessed September 8, 2018.

National Institutes of Health. https://aidsinfo.nih.gov/understanding-hiv-aids/fact-sheets/21/58/fda-approved-hiv-medicines. Accessed September 8, 2018.

National Institutes of Health. Drugs. https://aidsinfo.nih.gov/drugs. Accessed September 11, 2018.

Panel on Antiretroviral Guidelines for Adults and Adolescents: Guidelines for the use of antiretroviral agents in HIV-1–infected adults and adolescents. Department of Health and Human Services. https://aidsinfo.nih.gov/guidelines/html/1/adult-and-adolescent-arv/2/introduction. Accessed September 11, 2018.Case Study and Questions

55 Vírus da Hepatite

Mulher de 43 anos queixou-se de fadiga, náuseas e desconforto abdominal. Ela apresentava febre baixa, urina amarelo-escura e abdome distendido e doloroso à palpação. Os ensaios sorológicos demonstraram anticorpos imunoglobulina (Ig)M para o antígeno do cerne da hepatite B (HBcAg) e antígeno de superfície da hepatite B (HBsAg), além do antígeno "e" da hepatite B (HBeAg). Ela também apresentava IgG anti-HAV.

1. Quais manifestações são compartilhadas por todos os indivíduos com hepatite e quais são específicos do vírus da hepatite B (HBV)?
2. Como a sorologia define a evolução dessa doença?
3. Como essa infecção é transmitida?
4. Como essa infecção e a doença poderiam ser prevenidas? Como poderiam ser tratadas?

Um usuário de drogas por via intravenosa (UDIV) de 41 anos queixou-se de fadiga, náuseas e desconforto abdominal. Ele apresentou febre baixa, urina amarelo-escura (colúria) e abdome distendido e doloroso à palpação. Os ensaios sorológicos demonstraram anticorpos IgG contra o HBsAg, mas sem antígenos de hepatite ou outros anticorpos anti-HBV. A análise do soro pela reação em cadeia da polimerase com a transcriptase reversa (RT-PCR) detectou o genoma do vírus da hepatite C (HCV).

5. Essa pessoa está infectada pelo HBV? Essa pessoa já foi infectada pelo HBV?
6. Qual é o prognóstico mais provável da doença para esse paciente? E para outros pacientes com essa infecção?
7. Como essa infecção pode ser tratada?

RESUMOS Organismos clinicamente significativos

VÍRUS DA HEPATITE

Palavras-chave

Hepatite A: início agudo/súbito, picornavírus, transmissão fecal-oral
Hepatite B: transmitida por sangue, IST, hepadnavírus, transcriptase reversa, crônica, partícula de Dane, HBsAg
Hepatite C: crônica, transmitida pelo sangue, flavivírus
Hepatite D: vírus defeituoso, vírus da hepatite B como vírus auxiliar, doença fulminante
Hepatite E: fecal-oral, início agudo/súbino, gestantes

Biologia, virulência e doença

- Doença hepática define os sintomas
- Vírus não lítico: a imunidade mediada por células causa sintomas
- Hepatite A: picornavírus não lítico, início agudo, sem sequelas
- Hepatite B: hepadnavírus, envelopado e codifica a transcriptase reversa
  - Doença monitorada pela sorologia
  - Doença crônica em 5% dos casos, principalmente em crianças
  - Risco para CHP
- Hepatite C: flavivírus
  - Causa doença crônica em 70% dos pacientes
  - Risco de CHP e cirrose hepática após longo período
- Hepatite D: tipo viroide, precisa do HBV como vírus auxiliar
- Hepatite E: hepevírus, vírus semelhantes aos calicivírus, de início agudo, sem sequelas, grave para gestantes

Epidemiologia

- HAV, HEV: transmissão fecal-oral
- HBV, HCV, HDV: propagação no sangue, tecido e sêmen; ISTs

Diagnóstico

- RT-PCR, ELISA

Tratamento, prevenção e controle

- HAV: vacina inativada, higiene
- HEV: higiene
- HBV: vacina com HBsAg associado à partícula semelhante ao vírus, triagem do fornecimento de sangue, sexo seguro, medicamentos antivirais
- HCV: triagem do fornecimento de sangue, sexo seguro, medicamentos antivirais
- HDV: imunização contra o HBV

ELISA, ensaio imunossorvente ligado à enzima; *HAV*, vírus da hepatite A; *HBsAg*, antígeno de superfície da hepatite B; *HBV*, vírus da hepatite B; *HCV*, vírus da hepatite C; *HDV*, vírus da hepatite D; *HEV*, vírus da hepatite E; *CHP*, carcinoma hepatocelular primário; *RT-PCR*, reação em cadeia da polimerase com a transcriptase reversa; *IST*, infecção sexualmente transmissível.

O alfabeto dos vírus da hepatite[1] inclui pelo menos seis vírus, de A até E e G (Tabela 55.1; um resumo é fornecido no Boxe 55.1). Embora o órgão-alvo de cada um desses vírus seja o fígado e os sinais/sintomas básicos da hepatite sejam semelhantes, eles diferem muito em relação à estrutura, modo de replicação, modo de transmissão e evolução temporal, bem como sequelas da doença que causam. Os **vírus das hepatites A e B (HAV, HBV)** são os clássicos da hepatite, e os **vírus das hepatites C, D, E e G (HCV, HDV [o agente delta], HEV e HGV)** são denominados **vírus da hepatite não A, não B (NANBH,** *non-A, non-B hepatitis*). Outros vírus também podem causar hepatite.

Cada um dos vírus da hepatite infecta e inicia respostas inflamatórias que causam danos ao fígado, provocando **icterícia e a liberação de enzimas hepáticas**. O vírus específico que causa a doença pode ser distinguido pela natureza e pela sorologia da doença. Esses vírus são prontamente disseminados porque as pessoas são contagiosas antes ou mesmo sem apresentar sinais/sintomas.

A **hepatite A**, também conhecida como **hepatite infecciosa**, é causada por um picornavírus, um vírus de ácido ribonucleico (RNA). Ele é disseminado pela via fecal-oral, tem um período de incubação de aproximadamente 1 mês, após o qual a icterícia surge abruptamente, não causa doença hepática crônica e raramente causa doenças fatais.

---

[1] N.R.T.: No Brasil, ver Boletim Epidemiológico da Secretaria de Vigilância em Saúde | Ministério da Saúde Número Especial | Jul. 2021, em https://www.gov.br/saude/pt-br/media/pdf/2021/julho/26/boletim-epidemiologico-de-hepatite-2021.pdf.

A **hepatite B**, anteriormente conhecida como **hepatite sérica**, é causada por um hepadnavírus com um genoma de ácido desoxirribonucleico (DNA); é transmitido por via parenteral pelo sangue ou agulhas, contato sexual e via perinatal; tem um período de incubação médio de aproximadamente 3 meses, após o qual *a icterícia se manifesta de maneira insidiosa*; é seguido por hepatite crônica em 5 a 10% dos pacientes; e está associado causalmente ao carcinoma hepatocelular primário (CHP). Mais de um terço da população mundial foi infectada pelo HBV, resultando em 1 a 2 milhões de mortes por ano. A incidência de HBV está diminuindo, no entanto, principalmente em recém-nascidos/lactentes, por causa do desenvolvimento e uso da vacina de subunidades do HBV[2].

O **HCV** é causado por um flavivírus com um genoma de RNA, é transmitido pelas mesmas vias que o HBV com mais de 170 milhões de portadores da doença cronicamente infectados, é mais provável de causar infecção assintomática e doença crônica do que o HBV e aumenta o risco de CHP.

O **HGV** também é um flavivírus e causa infecções crônicas.

O **HEV** é um vírus entérico, encapsidado com genoma de RNA pertencente a sua própria família, e a doença que esse vírus causa é semelhante àquela observada com o HAV, mas pode ser grave em mulheres grávidas.

A **hepatite D**, ou **hepatite delta**, é única na medida em que requer a replicação ativa do HBV como um "vírus auxiliar" e ocorre somente em pacientes que têm infecção ativa pelo HBV. Este fornece um envelope para o RNA de HDV e seus antígenos. O HDV exacerba os sintomas causados pelo HBV.

---

[2] N.R.T.: No Brasil, a primeira dose da vacina contra hepatite B é aplicada ainda na maternidade. Ver Calendário Vacinal da Sociedade Brasileira de Pediatria, em https://www.sbp.com.br/fileadmin/user_upload/23107b-DocCient-Calendario_Vacinacao_2021.pdf.

Boxe 55.1 Tudo que você quer saber sobre os vírus da hepatite *à la* Dr. Seuss.

Hepatite A, B, C	Hepatitis A, B, C
Hepatite D, E, G	Hepatitis D, E, G
O fígado é o alvo	Liver is the target
Mas a resposta imune me machuca	But immune response hurts me
O fígado sofre de A a G	Liver suffers from A to G
Coma o vírus, ele não vai ficar	Eat the virus, it won't stay
E e A vão embora	E and A go away
Fezes, água e molusco ponto, ponto A	Poop, water, and shellfish dot dot A
Esse é o vírus agudo que desaparece	That's the acute virus that goes away
A mulher grávida teme o E	Pregnant woman fears the E
É mortal, mas não para mim	It is deadly but not for me
B e C e também D	B and C and also D
Sangue, tecido e sêmen podem carregar os três	Blood, tissue, and semen can carry the three
B e C ficam comigo	B and C stay with me
O CHP com C e B	PHC with C and B
Para o bebê, a B é crônica	For the baby, chronic B
HBsAg você vai ver	HBsAg you will see
Com os anti-HBs, não mais doente	Anti-HBs no more sick
As vacinas fazem isso, esse é o truque	Vaccines do this, that's the trick
Antivirais para B e C	Antivirals for B and C
Imunizar para A ou B	Immunize for A or B
Negócios arriscados de A a G	Risky business A through G
Olhos amarelos você vai ver	Yellow eyes you will see

Por K.S.Rosenthal

HBsAg, antígeno de superfície da hepatite B; CHP, carcinoma hepatocelular primário.

Tabela 55.1 Características comparativas dos vírus da hepatite.

Característica	Hepatite A	Hepatite B	Hepatite C	Hepatite D	Hepatite E
Nome comum	"Infeccioso"	"Sérico"	"Não A, não B, pós-transfusão"	"Agente delta"	"Entérico, não A, não B"
Estrutura do vírus	Picornavírus; capsídio, RNA (+)	Hepadnavírus; envelope, DNA	Flavivírus; envelope, RNA (+)	Semelhante aos viroides; envelope, RNA circular	Hepevírus; capsídio, RNA (+)
Transmissão	Fecal-oral	Parenteral, sexual	Parenteral, sexual	Parenteral, sexual	Fecal-oral
Início	Abrupto	Insidioso	Insidioso	Abrupto	Abrupto
Período de incubação (dias)	15 a 50	45 a 160	14 a 180+	15 a 64	15 a 50
Gravidade	Leve	Ocasionalmente grave, 3 a 10% de cronicidade em adultos; 30 a 90% em lactentes e crianças	Geralmente subclínica; 70% de cronicidade	Coinfecção com HBV ocasionalmente grave; superinfecção por HBV frequentemente grave	Pacientes normais, leve; gestantes, grave
Taxa de mortalidade	< 0,5%	1 a 2%	≈ 4%	Alta a muito alta	Pacientes normais, 1 a 2%; gestantes, 20%
Cronicidade/ estado de portador	Não	Sim	Sim	Sim	Não
Outras associações da doença	Nenhuma	Carcinoma hepatocelular primário, cirrose	Carcinoma hepatocelular primário, cirrose	Cirrose, hepatite fulminante	Nenhuma
Diagnóstico laboratorial	Sintomas e IgM anti-HAV	Sintomas, níveis séricos de HBsAg, HBeAg e IgM anti-HBc, genoma	Sintomas e ELISA para anticorpos anti-HCV, teste do genoma	ELISA para anticorpos anti-HDV	—

ELISA, ensaio imunossorvente ligado à enzima; HAV, vírus da hepatite A; HBc, cerne (core) da hepatite B; HBeAg, antígeno "e" da hepatite B; HBsAg, antígeno de superfície da hepatite B; HBV, vírus da hepatite B; HCV, vírus da hepatite C; HDV, vírus da hepatite D; IgM, imunoglobulina M.

Vírus da hepatite A

O HAV causa hepatite infecciosa e é transmitido pela via fecal-oral. As infecções por HAV muitas vezes resultam do consumo de água, mariscos ou outros alimentos contaminados. O HAV é um **picornavírus** e era anteriormente denominado *enterovírus 72*, mas foi colocado em seu próprio gênero, o *Hepatovirus*.

ESTRUTURA

O HAV tem um **capsídio icosaédrico, desnudo**, de 27 nm, circundando um genoma de **RNA de fita simples, de sentido positivo**, que consiste em aproximadamente 7.470 nucleotídios (Figura 55.1). Como o picornavírus, o genoma de HAV tem uma proteína VPg ligada à extremidade 5' e uma sequência poliadenilada ligada à extremidade 3'. O capsídio é ainda mais estável do que outros picornavírus a tratamentos com ácidos e outros (Boxe 55.2). Existe apenas um sorotipo de HAV, mas vários genótipos.

REPLICAÇÃO

A replicação do HAV ocorre como em outros picornavírus (ver Capítulo 46). O vírus interage especificamente com a glicoproteína 1 do receptor de células do HAV (HAVCR-1, que também é conhecida como a proteína do domínio de mucina

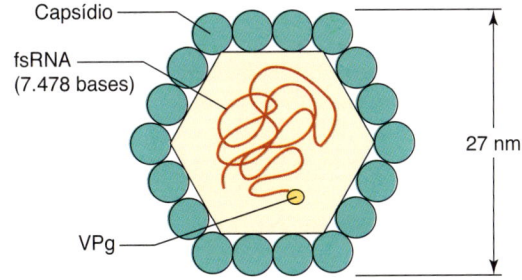

Figura 55.1 Estrutura do picornavírus do vírus da hepatite A. O capsídio icosaédrico é composto por quatro polipeptídios virais (VP1 a VP4). O capsídio contém um ácido ribonucleico de sentido positivo, de fita simples *(fsRNA)*, que tem uma proteína viral genômica *(VPg)* na extremidade 5'.

Boxe 55.2 Características do vírus da hepatite A.

Estável em:

Ácido a pH 1
Solventes (éter, clorofórmio)
Detergentes
Água salgada, água subterrânea (meses)
Ressecamento (estável)

Temperatura:

4°C por semanas: estável
56°C por 30 minutos: estável
61°C por 20 minutos: inativação parcial

Inativado por:

Tratamento de água potável com cloro
Formalina (0,35%, 37°C, 72 horas)
Ácido peracético (2%, 4 horas)
β-propiolactona (0,25%, 1 hora)
Radiação ultravioleta (2 μW/cm²/min)

---

e imunoglobulina de células T [TIM-1]) expressa em células hepáticas e células T. A estrutura de HAVCR-1 pode variar para diferentes indivíduos e formas específicas se correlacionam com a gravidade da doença. Ao contrário de outros picornavírus, porém, o HAV não é citolítico e é liberado por exocitose. Isolados de laboratório do HAV foram adaptados para crescer em linhagens de células primárias e contínuas de rim de macaco, mas os isolados clínicos são difíceis de crescer na cultura de células.

PATOGÊNESE

O HAV é ingerido e provavelmente entra na corrente sanguínea através do revestimento epitelial da orofaringe ou dos intestinos para atingir seu alvo, que é a célula do parênquima hepático (Figura 55.2). O vírus replica em hepatócitos e células de Kupffer. Ele é produzido nessas células e é liberado para a bile e dali para as fezes. Em seguida, é excretado em grandes quantidades nas fezes aproximadamente 10 dias antes do surgimento dos sintomas de icterícia ou de os níveis de anticorpos poderem ser detectados.

O HAV multiplica-se lentamente no fígado sem produzir efeitos citopáticos aparentes. Embora a interferona limite a replicação viral, as células *natural killer* e as células T citotóxicas são necessárias para eliminar as células infectadas. Anticorpo, complemento e a citotoxicidade celular dependente do corpo também facilitam a eliminação do vírus e a indução da imunopatologia. A icterícia, resultante de danos ao fígado, ocorre por causa da inflamação do fígado quando as respostas imunes celulares e os anticorpos contra o vírus podem ser detectados. A resposta de anticorpos contra a reinfecção é duradoura.

A patologia hepática causada pela infecção por HAV é indistinguível histologicamente a partir daquela causada pelo HBV. É muito provavelmente causada por imunopatologia e não pela citopatologia induzida por vírus. Entretanto, ao contrário do **HBV, o HAV não pode iniciar uma infecção crônica** e não está associada ao câncer hepático.

EPIDEMIOLOGIA

Aproximadamente 40% dos casos agudos de hepatite são causados por HAV (Boxe 55.3). A disseminação do vírus ocorre prontamente em uma comunidade, porque a maioria

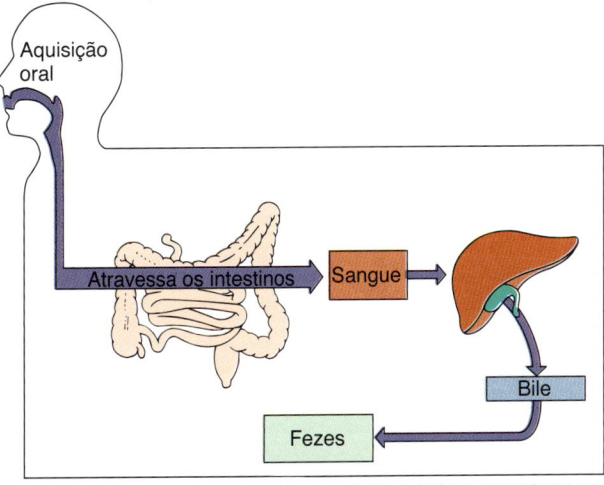

Figura 55.2 Propagação do vírus da hepatite A no corpo.

> **Boxe 55.3** Epidemiologia do vírus da hepatite A e do vírus da hepatite E.
>
> **Doença/fatores virais**
>
> Os vírus do capsídio são fortemente resistentes à inativação.
> O período contagioso estende-se desde a fase pré até a fase pós-sintomática.
> O vírus pode causar excreção assintomática.
>
> **Transmissão**
>
> O vírus pode ser transmitido por via fecal-oral.
> A ingestão de alimentos e água contaminados pode causar infecção.
> O HAV em moluscos provém de águas contaminadas com esgotos.
> O HEV é proveniente de porcos e animais de caça.
> O vírus pode ser transmitido por manipuladores de alimentos, creches e crianças.
>
> **Quem corre risco?**
>
> Pessoas em áreas de grande aglomeração e insalubres.
> Viajantes para regiões de alto risco.
> *Crianças:* doença leve, possivelmente assintomática; as creches são uma das principais fontes de disseminação do HAV.
> *Adultos:* hepatite de início abrupto.
> *Mulheres grávidas:* alta mortalidade associada ao HEV.
>
> **Geografia/sazonalidade**
>
> O vírus é encontrado em todo o mundo.
> Não há incidência sazonal.
>
> **Modos de controle**
>
> Boa higiene.
> HAV: proteção passiva de anticorpos para contatos.
>   Vacina morta.
>   Vacina viva na China.

HAV, vírus da hepatite A: *HEV*, vírus da hepatite E.

das pessoas infectadas é contagiosa antes de 10 a 14 dias da ocorrência dos sintomas e 90% das crianças infectadas e 25 a 50% dos adultos infectados têm infecções **produtivas, mas inaparentes**.

O vírus é liberado nas fezes em altas concentrações e é transmitido pela via **fecal-oral**. O vírus se propaga em água, em alimentos e por mãos sujas contaminadas pelo vírus. O HAV é resistente a detergentes, ácido (pH de 1) e temperaturas de até 60°C, e pode sobreviver por muitos meses em água doce e água salgada. O esgoto bruto ou tratado inadequadamente pode contaminar o abastecimento de água e contaminar os moluscos. Esses animais, principalmente amêijoas, ostras e mexilhões, são fontes importantes do vírus, porque são filtradores eficientes e, portanto, podem concentrar as partículas virais, mesmo de soluções diluídas. Isso é exemplificado por uma epidemia de HAV que ocorreu em Xangai, China, em 1988, quando 300 mil pessoas foram infectadas com o vírus após comer amêijoas obtidas de um rio poluído com esgoto.

Os surtos de HAV geralmente se originam de uma fonte comum (p. ex., abastecimento de água, restaurante, creche). A excreção assintomática e um longo período de incubação (15 a 40 dias) dificultam a identificação da fonte. Os serviços de creche são uma das principais fontes de propagação do vírus entre colegas de classe e seus pais. Como as crianças e os funcionários em creches podem ser transitórios, o número de contatos em risco de infecção pelo HAV a partir de um único dia de funcionamento pode ser maior.

As infecções pelo HAV são relativamente comuns, com maior incidência em condições precárias de higiene e de aglomeração. A maioria das pessoas infectadas pelo HAV nos países em desenvolvimento compreende crianças que têm doenças leves e depois imunidade protetora duradoura contra a reinfecção. Nos EUA, a incidência caiu significativamente com o uso da vacina.

SÍNDROMES CLÍNICAS

Os sintomas causados pelo HAV são muito semelhantes àqueles causados pelo HBV e resultam de danos mediados pela resposta imune no fígado. Os **sintomas ocorrem abruptamente** de 15 a 50 dias após a exposição, intensificam-se por 4 a 6 dias antes da fase ictérica (icterícia) e podem durar até 2 meses (Figura 55.3). Os sintomas iniciais incluem febre, fadiga, náuseas, perda de apetite, vômitos e dores abdominais. A fase ictérica é indicada pela icterícia, urina escura (bilirrubinúria) e fezes claras, podendo ser acompanhadas de dor abdominal. Como já foi observado, a doença em crianças geralmente é mais branda que a dos adultos e normalmente é assintomática. A icterícia é observada em 70 a 80% dos adultos, mas somente em 10% das crianças (< 6 anos de idade). Sintomas em geral diminuem durante o período de icterícia. A excreção viral nas fezes precede o início dos sintomas em aproximadamente 14 dias, mas para antes da interrupção dos sintomas. A recuperação completa ocorre 99% das vezes dentro de 2 a 4 semanas após o início da doença.

A hepatite fulminante é menos provável na infecção pelo HAV, mas ocorre em 1 a 3 pessoas a cada 1.000 e está associada a uma taxa de mortalidade de 80%. Ao contrário do HBV, os sintomas relacionados com a formação de imunocomplexos (p. ex., artrite, erupção cutânea) raramente ocorrem em indivíduos com a doença causada pelo HAV.

DIAGNÓSTICO LABORATORIAL

O diagnóstico da infecção pelo HAV é geralmente realizado com base na evolução temporal dos sintomas clínicos, identificação de uma fonte infectada conhecida e de modo mais confiável, resultados de testes sorológicos específicos. A melhor maneira de demonstrar uma infecção aguda pelo HAV é a detecção de IgM anti-HAV, mensurada por ensaio imunossorvente ligado à enzima (ELISA). O isolamento do vírus não é realizado, pois não estão disponíveis sistemas eficientes de cultura teciduais para o crescimento do vírus. O RNA viral em sangue ou fezes também pode ser detectado por reação em cadeia da polimerase com a transcriptase reversa (RT-PCR) ou análise por PCR em tempo real para monitorar o curso da doença.

TRATAMENTO, PREVENÇÃO E CONTROLE

A propagação do HAV é reduzida pela interrupção da transmissão fecal-oral do vírus. Isto é conseguido evitando-se a ingestão de água ou alimentos potencialmente contaminados, principalmente moluscos bivalves não cozidos e pelo processamento adequado do esgoto. A lavagem adequada das mãos, sobretudo em creches, hospitais psiquiátricos e outras instalações de cuidados, é de vital importância. O tratamento de água potável com cloro é geralmente suficiente para matar o vírus.

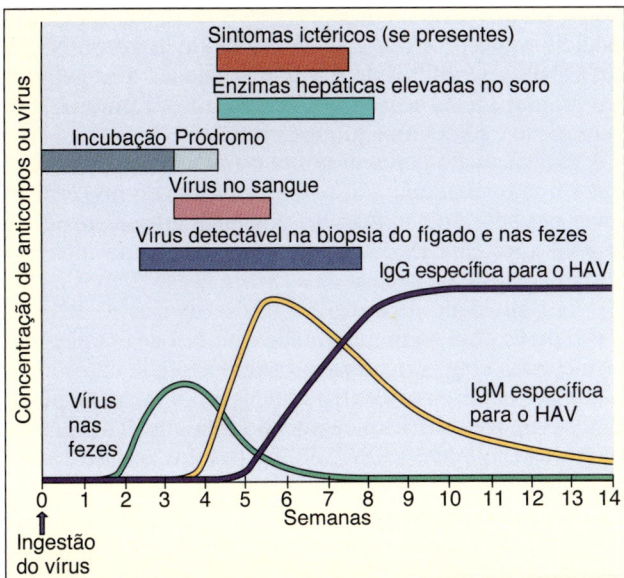

Figura 55.3 Evolução temporal da infecção pelo vírus da hepatite A (HAV). Note que a pessoa se torna contagiosa antes do início dos sintomas, sendo esses correlacionados com o início das respostas imunes. *Ig*, imunoglobulina.

A **profilaxia com imunoglobulina sérica** administrada antes ou no início do período de incubação (ou seja, < 2 semanas após a exposição) tem eficácia de 80 a 90% na prevenção de doenças clínicas.

As **vacinas de HAV inativado** são recomendadas para todas as crianças após 1 ano de idade e para adultos em alto risco para infecção, incluindo os viajantes para regiões endêmicas, usuários de drogas por via intravenosa (UDIVs) e homens homossexuais. A vacina é administrada em duas doses, com intervalos de 6 meses e pode ser administrada com a vacina contra o HBV. As vacinas vivas contra o VHA estão em uso na China. Existe apenas um sorotipo de HAV e esse patógeno infecta apenas humanos; todos esses são fatores que ajudam a garantir o sucesso de um programa de imunização.

Vírus da hepatite B

O HBV é o principal membro dos **hepadnavírus**. Outros membros dessa família (Boxe 55.4) incluem os vírus da hepatite da marmota, esquilo terrestre e de pato. Esses vírus têm tropismos pelos tecidos e gama de hospedeiros limitados. O HBV infecta o fígado e, em menor grau, os rins e o pâncreas de seres humanos e chimpanzés. Avanços na biologia molecular tornaram possível o estudo do HBV, apesar da gama limitada de hospedeiros do vírus e os difíceis sistemas de cultura celular nos quais ele pode ser cultivado.

ESTRUTURA

O HBV é um pequeno vírus de DNA envelopado com várias propriedades (Figura 55.4). De modo especial, o **genoma consiste em um pequeno DNA circular, de fita parcialmente dupla**, com apenas 3.200 bases. Embora seja um vírus de DNA, ele codifica uma **transcriptase reversa** e promove a replicação por meio de um **intermediário de RNA**.

Boxe 55.4 Características únicas dos hepadnavírus.

O vírus apresenta um vírion envelopado contendo um genoma de DNA circular, de fita parcialmente dupla.
A replicação ocorre através de um intermediário de RNA circular sobreposto.
O vírus codifica e carrega uma transcriptase reversa.
O vírus codifica várias proteínas (HBsAg [L, M, S]; antígenos HBe/HBc) que compartilham sequências genéticas, mas com diferentes códons de iniciação em fase de leitura.
O HBV tem um tropismo tecidual estrito para o fígado.
As células infectadas pelo HBV produzem e liberam grandes quantidades de partículas de HBsAg sem DNA.
O genoma de HBV pode se integrar ao cromossomo do hospedeiro.

HBc, antígeno do cerne (*core*) da hepatite B; *HBe*, antígeno *e* da hepatite B; *HBsAg*, antígeno de superfície da hepatite B; *HBV*, vírus da hepatite B.

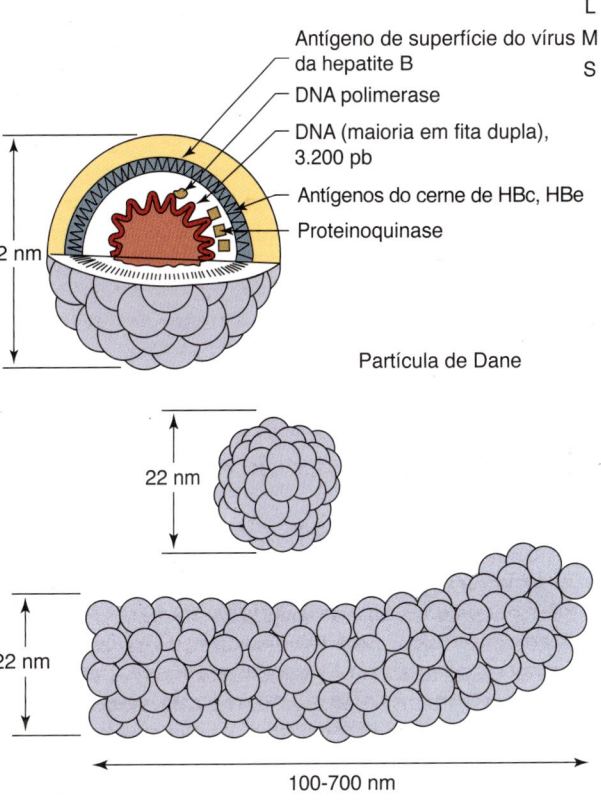

Figura 55.4 Partículas do vírus da hepatite B (partícula de Dane) e do antígeno de superfície da hepatite B *(HBsAg)*. O HBsAg esférico é constituído principalmente pela forma S do HBsAg, com alguns Ms. O HBsAg filamentoso tem as formas S, M e L. *pb*, par de bases; *DNA*, ácido desoxirribonucleico; *L*, gp42; *M*, gp36; *S*, gp27.

O vírion, também chamado de **partícula de Dane**, tem 42 nm de diâmetro. Os vírions são incomumente estáveis para um vírus envelopado. Eles resistem ao tratamento com éter, pH baixo, congelamento e aquecimento moderado. Essas características ajudam na transmissão de uma pessoa para outra e dificultam a desinfecção.

O **vírion** do HBV **inclui uma proteinoquinase e uma polimerase** com atividade de transcriptase reversa e ribonuclease H, bem como uma proteína P fixada ao genoma. Todos estão circundados por um capsídio icosaédrico formado pelo **antígeno do cerne (*core*) da hepatite B (HBcAg)** e um envelope contendo três formas da glicoproteína **antigênica de superfície da hepatite B (HBsAg)**. A proteína do **antígeno *e* da hepatite B (HBeAg)** compartilha a maior parte de sua sequência proteica com o HBcAg, mas é processada de maneira diferente pela célula, é secretada principalmente no soro, não realiza a automontagem (como o antígeno do nucleocapsídio) e expressa diferentes determinantes antigênicos.

As **partículas contendo o HBsAg** são liberadas no soro de pessoas infectadas e superam o número de vírions reais. Essas partículas podem ser esféricas (mas menores do que as partículas de Dane) ou filamentosas (ver Figura 55.4). São imunogênicas e foram processadas na primeira vacina comercial contra o HBV.

O HBsAg, originalmente denominado de *antígeno australiano*, inclui três glicoproteínas (L, M e S) codificadas pelo mesmo gene e lidas na mesma fase de leitura, mas traduzidas em proteína de diferentes códons de iniciação AUG (adenina, uracila, guanina). A glicoproteína S (gp27; 24-27 kDa) está completamente contida na glicoproteína M (gp36; 33-36 kDa), que está contida na glicoproteína L (gp42; 39-42 kDa); todas compartilham as mesmas sequências de aminoácidos no terminal carboxila. Todas as três formas do HBsAg são encontradas no vírion. A glicoproteína S é o componente principal das partículas HBsAg; ocorre sua autoassociação em partículas esféricas de 22 nm que são liberadas das células. As partículas filamentosas do HBsAg encontradas no soro contêm principalmente S, bem como pequenas quantidades das glicoproteínas M e L e outras proteínas e lipídios. Existem dez genótipos e sorotipos do HBV.

REPLICAÇÃO

A replicação do HBV é singular por vários motivos (ver Boxe 55.4). Em primeiro lugar, o HBV apresenta tropismo claramente definido para o fígado. Seu pequeno genoma também necessita de economia, como ilustrado pelo padrão de sua transcrição e tradução. Além disso, o *HBV replica através de um intermediário do RNA e produz, assim como libera, partículas antigênicas chamarizes (HBsAg)* (Figura 55.5).

A fixação do HBV aos hepatócitos é mediada por glicoproteínas do HBsAg. O receptor da célula hepática é o cotransportador de sódio/ácido biliar (polipeptídio de cotransporte de taurocolato de sódio [NTCP, do inglês *sodium taurocholate cotransporting polypeptide*]). Ao penetrar na célula, o nucleocapsídio entrega o genoma ao núcleo, onde a fita de DNA parcial do genoma é concluída para formar um DNA circular de fita dupla completo, que é um minicromossomo viral. A transcrição do genoma é controlada por elementos de transcrição celular encontrados em hepatócitos. O DNA é transcrito a partir de diferentes pontos de partida no círculo, mas têm a mesma extremidade 3'. Existem três classes principais (2.100, 2.400 e 3.500 bases) e duas classes menores (900 bases) de RNAs mensageiros sobrepostos (mRNAs) (Figura 55.6). O mRNA com 3.500 pb é maior do que o genoma. Ele codifica os antígenos HBc e HBe, a polimerase e um *primer* de proteínas para replicação de DNA e atua como molde para replicação do genoma. O HBe e o HBc são proteínas relacionadas que são traduzidas a partir de diferentes códons de iniciação em fase de mRNAs intimamente relacionados. Isto causa diferenças em seu processamento e estrutura, com a saída de HBe da célula e incorporação de HBc no vírion. Da mesma maneira, o mRNA de 2.100 bases codifica as glicoproteínas pequenas e médias de diferentes códons de iniciação em fase. O mRNA de 2.400 bases, que codifica a glicoproteína grande, sobrepõe-se ao mRNA de 2.100 bases. O mRNA de 900 bases codifica a proteína X, que promove a replicação viral como um transativador da transcrição e como uma quinase proteica.

A replicação do genoma utiliza o mRNA de 3.500 bases maior do que o genoma. Este é acondicionado no cerne do nucleocapsídio que contém a DNA polimerase dependente de RNA (proteína P). Essa polimerase apresenta atividade de **transcriptase reversa** e de ribonuclease H, mas o HBV não tem atividade de integrase dos retrovírus. O RNA de 3.500 bases atua como um molde e o DNA de fita negativa é sintetizado com um *primer* proteico derivado da proteína P, que permanece covalentemente ligado à extremidade 5'. Posteriormente, o RNA é degradado pela atividade da ribonuclease H, quando o DNA de fita positiva é sintetizado a partir do molde de DNA de sentido negativo. Entretanto, esse

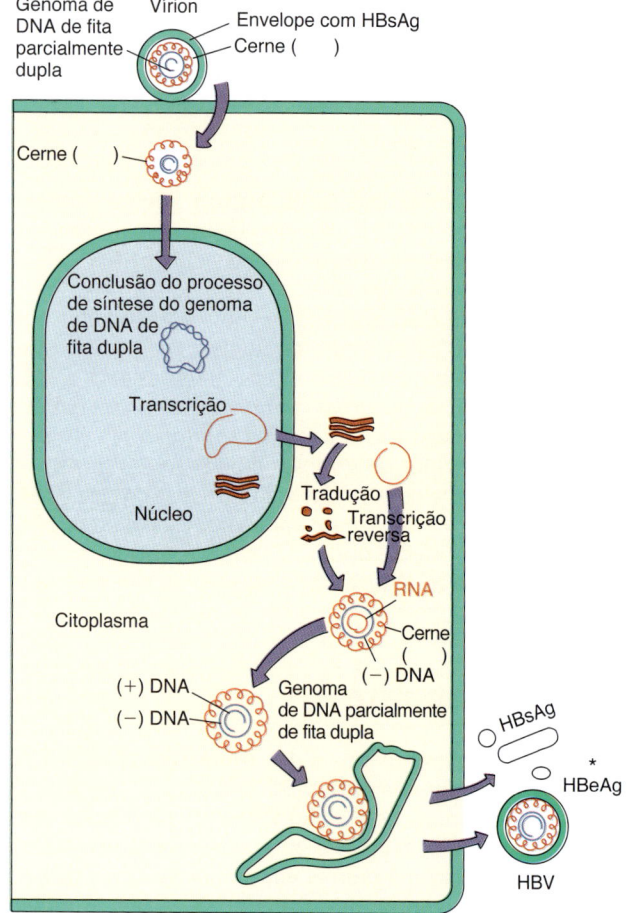

Figura 55.5 Replicação do vírus da hepatite B *(HBV)*. Após a entrada nos hepatócitos e o desnudamento do cerne do nucleocapsídio, o genoma do ácido desoxirribonucleico *(DNA)* de fita parcialmente dupla é transportado ao núcleo e completado. A transcrição do genoma produz quatro RNAs mensageiros (mRNAs), incluindo um mRNA maior do que o genoma (3.500 bases). O mRNA passa então para o citoplasma e é traduzido em proteínas. A montagem das proteínas do cerne ocorre em torno do mRNA com 3.500 pb e o DNA de sentido negativo é sintetizado pela atividade da transcriptase reversa no cerne *(core)*. O ácido ribonucleico *(RNA)* é então degradado, enquanto o DNA de sentido positivo (+) é sintetizado. O cerne preenchido se associa às membranas do retículo endoplasmático contendo o HBsAg, é envelopado antes que o processo de síntese do DNA de sentido positivo seja concluído e, em seguida, liberado por exocitose com partículas contendo HBsAg. *HBeAg*, antígeno *e* da hepatite B; *HBsAg*, antígeno de superfície da hepatite B.

processo é interrompido pelo envelopamento do nucleocapsídio na membrana do retículo endoplasmático contendo o HBsAg, capturando genomas contendo uma fita de DNA incompleta e circular completa. O vírion e as partículas contendo HBsAg são então liberadas do hepatócito por exocitose, sem causar a morte da célula.

O genoma inteiro também pode ser integrado à cromatina da célula hospedeira. O HBsAg, mas não outras proteínas, pode ser frequentemente detectado no citoplasma de células contendo o DNA do HBV. O DNA viral integrado está presente em carcinomas hepatocelulares.

PATOGÊNESE E IMUNIDADE

O HBV é um vírus não citolítico que causa a doença ao iniciar a inflamação do fígado. O HBV pode causar doença aguda ou crônica, sintomática ou assintomática. Qual dessas ocorre é determinada pela resposta imunológica do indivíduo frente à infecção (Figura 55.7).

A principal fonte do vírus infeccioso é o sangue, mas o HBV pode ser encontrado no sêmen, saliva, leite, secreções vaginal e menstrual e líquido amniótico. A maneira mais eficiente para adquirir o HBV é por meio da injeção do vírus na corrente sanguínea (Figura 55.8). Vias de transmissão comuns, mas menos eficientes de infecção incluem o contato sexual e o parto. O vírus começa a replicação em hepatócitos do fígado nos primeiros 3 dias após sua aquisição, com o mínimo de efeito citopático. Os sinais/sintomas podem não ser observados por 45 dias ou mais, porque são causados principalmente pela imunopatologia. A dose infecciosa, a via da infecção e a resposta imunológica do hospedeiro determinam o período de incubação. A infecção continua por um tempo relativamente longo sem causar danos ao fígado (ou seja, elevação dos níveis de enzimas hepáticas) ou sintomas. Cópias do genoma do HBV permanecem no núcleo por longos períodos como pequenos minicromossomos de DNA circular ou podem se integrar na cromatina do hepatócito. Os minicromossomos podem gerar o vírus e o HBsAg. O acúmulo intracelular de formas filamentosas do HBsAg pode produzir a citopatologia do hepatócito em aspecto de vidro fosco, característico da infecção pelo HBV. Partículas do HBsAg continuam a ser liberadas no sangue,

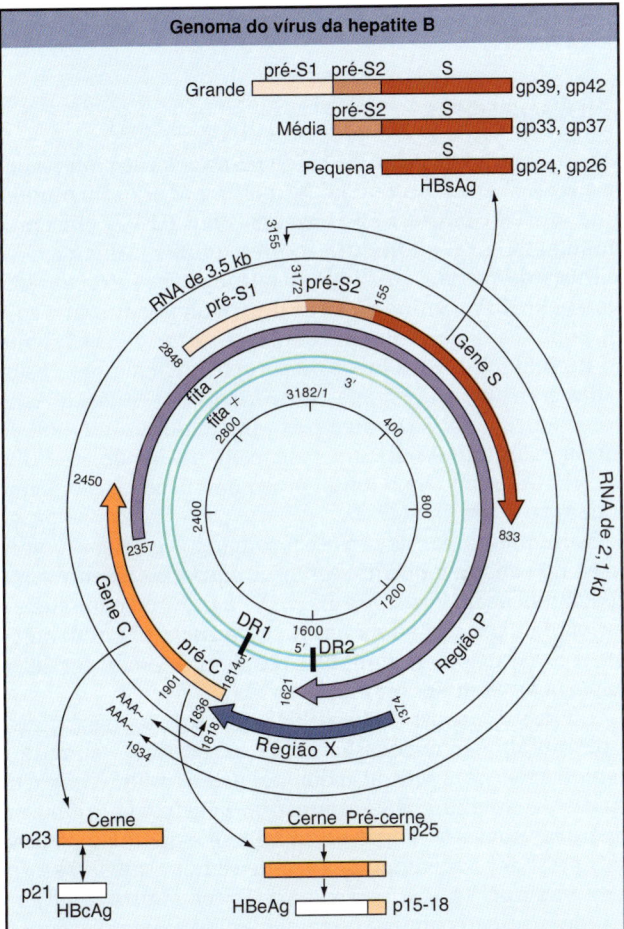

Figura 55.6 DNA, RNA, RNA mensageiro (mRNA) e proteínas do vírus da hepatite B. Os *círculos verdes internos* representam o genoma do DNA, com o número de nucleotídios no centro. DR1 e DR2 são sequências de repetição direta do DNA e são importantes para a replicação e integração do genoma. O transcrito de 3.500 bases *(círculo externo de linha fina preta)* é maior do que o genoma e é o molde para a replicação do genoma. Os arcos em negrito representam o mRNA para proteínas virais. Note que várias proteínas são traduzidas a partir do mesmo mRNA, mas de diferentes códons AUG e que diferentes mRNAs se sobrepõem. *AAA*, poliA (poliadenilação) na extremidade 3' do mRNA; *AUG*, adenina, uracila, guanina; *C*, C mRNA para o antígeno do cerne da hepatite B (HBcAg); *HBsAg*, antígeno de superfície da hepatite B; *l*, glicoproteína grande (l, do inglês *large*); *m*, glicoproteína média; *P*, polimerase; *s*, glicoproteína pequena (s, do inglês *small*); *S*, mRNA para o antígeno das HBs; *X*, X mRNA. (De Cohen, J., Powderly, W.G., Opal, S.M., 2010. Infectious Diseases, third ed. Mosby, Philadelphia, PA.)

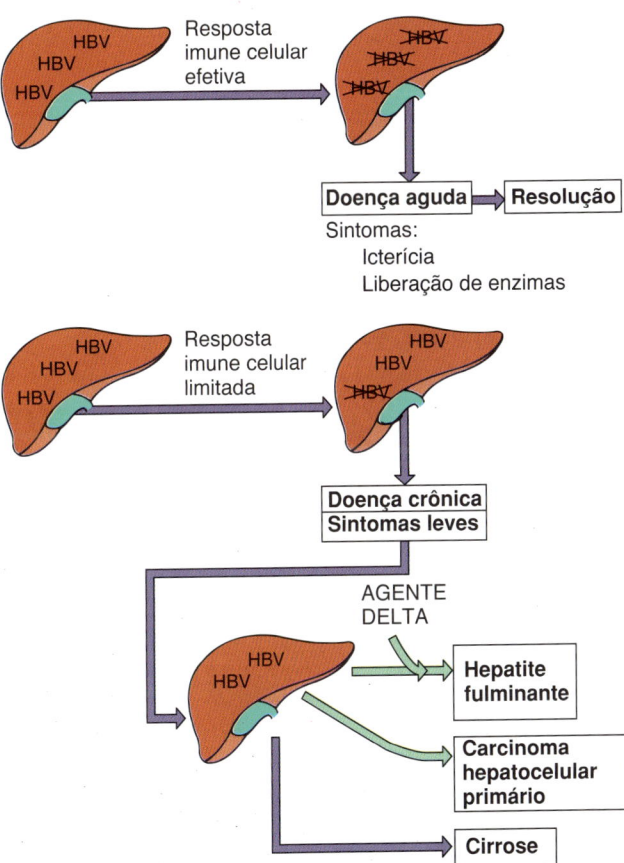

Figura 55.7 Principais determinantes das infecções aguda e crônica pelo vírus da hepatite B *(HBV)* infecção. O HBV infecta o fígado, mas não causa a citopatologia direta. A lise mediada pela imunidade celular de células infectadas provoca os sinais/sintomas e soluciona a infecção. Imunidade insuficiente pode levar a doenças crônicas. A doença crônica pelo HBV predispõe uma pessoa a desfechos clínicos mais graves. As *setas roxas* indicam os sintomas, e as *setas verdes* indicam um possível desfecho.

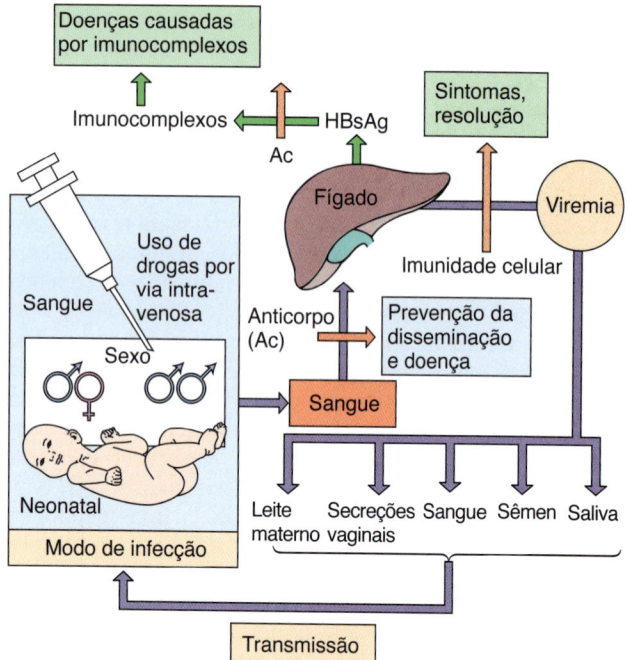

Figura 55.8 Propagação do vírus da hepatite B (HBV) no corpo. A infecção inicial com HBV ocorre por injeção, sexo desprotegido e parto. O vírus então se espalha para o fígado, replica-se, induz viremia e é transmitido em várias secreções corporais, além do sangue, para começar novamente o ciclo. Os sintomas são causados pela imunidade celular e por imunocomplexos formados entre o anticorpo e o antígeno de superfície da hepatite B (HBsAg). IV, intravenosa.

mesmo após o término da liberação do vírion e até a resolução da infecção. *Um indivíduo é altamente infeccioso quando ambos os componentes do vírion, HBsAg e HBeAg, podem ser detectados no sangue.*

A imunidade mediada por células e a inflamação são responsáveis por causar os sintomas e efetuar a resolução da infecção pelo HBV, eliminando o hepatócito infectado. Uma resposta insuficiente de células T à infecção geralmente resulta na ocorrência de sintomas leves, uma incapacidade de resolver a infecção e o desenvolvimento da hepatite crônica ("sem dor, não há vitória") (ver Figura 55.7). A infecção crônica também esgota as células T CD8, impedindo-as de eliminar as células infectadas. Os anticorpos (quando gerados pela vacinação) podem proteger contra infecção inicial, impedindo o transporte do vírus para o fígado. Mais tarde na infecção, a grande quantidade de HBsAg no soro liga e bloqueia a ação do anticorpos de neutralização, o que limita a capacidade dos anticorpos de resolver uma infecção. Complexos imunes formados entre HBsAg e anti-HBs contribuem para o desenvolvimento das reações de hipersensibilidade (tipo III), levando a problemas como vasculite, artralgia, erupção cutânea e danos renais.

Os anticorpos para HBc e HBe estão presentes no soro, mas não podem neutralizar a infecção e não são protetores. A proteína HBeAg e o HBsAg são liberados da célula, induzem e são expostos aos anticorpos no sangue e ligam-se aos respectivos anticorpos. Desse modo, os anticorpos anti-HBe e anti-HBs não são detectáveis enquanto o antígeno for produzido. O antígeno HBc está presente em células ou vírions e inacessível ao anticorpo no sangue. Como resultado, o anti-HBc está livre para ser detectado durante e após a evolução da infecção.

Lactentes e crianças pequenas apresentam resposta imune mediada por células imaturas e são menos capazes de resolver a infecção, mas sofrem menos danos teciduais e manifestam sintomas mais brandos. Até 90% dos recém-nascidos infectados pela via perinatal tornam-se portadores crônicos. A replicação viral persiste nestes indivíduos por longos períodos.

Durante a fase aguda da infecção, o parênquima hepático apresenta alterações degenerativas que consistem em edema e necrose celular, principalmente em hepatócitos ao redor da veia central de um lóbulo hepático. O infiltrado de células inflamatórias é composto principalmente por linfócitos. A inflamação no dano tecidual resulta das ações combinadas de células citolíticas e as citocinas inflamatórias que elas produzem. A resolução da infecção permite a regeneração do parênquima. Infecções fulminantes, ativação de infecções crônicas ou coinfecção com o agente delta pode levar a danos hepáticos permanentes e à cirrose.

EPIDEMIOLOGIA

Nos EUA, mais de 12 milhões de pessoas foram infectadas pelo HBV (1 em 20), com 5.000 mortes por ano. No mundo, uma em três pessoas foi infectada com HBV, com aproximadamente 1 milhão de mortes anuais. Mais de 350 milhões de pessoas em todo o mundo têm infecção crônica pelo HBV. Em nações em desenvolvimento, até 15% da população pode ser infectada durante o nascimento ou na infância. Altas taxas de soropositividade são observadas na Itália, na Grécia, na África e no Sudeste Asiático (Figura 55.9). Em algumas regiões do mundo (sul da África e Sudeste Asiático), a soroconversão é de até 50%. O CHP, uma sequela a longo prazo da infecção, também é endêmico nessas regiões.

Os inúmeros portadores assintomáticos crônicos com o vírus no sangue e outras secreções corporais promovem a disseminação do vírus. Nos EUA, 0,1 a 0,5% da população é constituída por portadores crônicos, mas isso é muito baixo em comparação com muitas áreas do mundo. A condição de portador pode ser para toda a vida.

O vírus é transmitido pelas vias sexual, parenteral e perinatal. A transmissão ocorre a partir de sangue e hemoderivados contaminados por transfusão, compartilhamento de agulhas, acupuntura, *piercing* da orelha ou de outras partes do corpo ou tatuagem e por meio do contato pessoal envolvendo a troca de sêmen, saliva e secreções vaginais (p. ex., sexo, parto) (ver Figura 55.8). A equipe médica corre risco em acidentes biológicos envolvendo seringas ou instrumentos afiados. As pessoas em risco especial estão listadas no Boxe 55.5. A promiscuidade sexual e o consumo abusivo de drogas são os principais fatores de risco para a infecção pelo HBV. O HBV pode ser transmitido aos recém-nascidos/lactentes pelo contato com o sangue da mãe no parto e no leite materno. Recém-nascidos de mulheres portadoras crônicas correm maior risco de infecção. A triagem sorológica em bancos de sangue reduziu muito o risco de aquisição do vírus a partir de sangue contaminado ou hemoderivados. Hábitos sexuais mais seguros adotados para prevenir a transmissão do vírus da imunodeficiência humana (HIV) e a administração da vacina contra o HBV também foram responsáveis por diminuir a transmissão e a incidência do HBV.

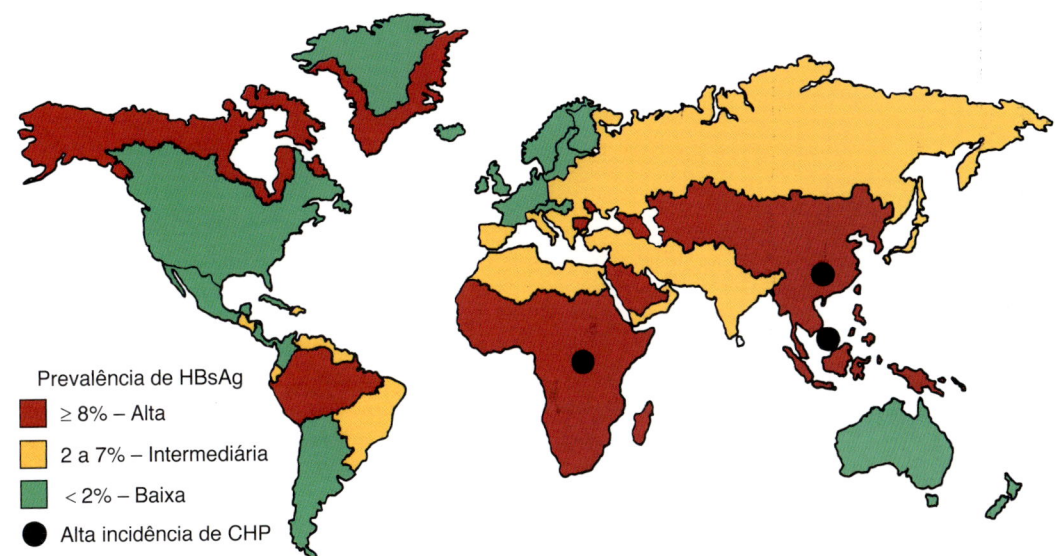

Figura 55.9 Prevalência mundial de portadores da hepatite B e do carcinoma hepatocelular primário *(CHP)*. *HBsAg*, antígeno de superfície do vírus da hepatite B. (Cortesia de Centers for Disease Control and Prevention, Atlanta, Georgia.)

Uma das maiores preocupações relacionadas ao HBV é sua associação ao CHP. Esse tipo de carcinoma provavelmente é responsável por 250 mil a 1 milhão de mortes por ano em todo o mundo; nos EUA, aproximadamente 5.000 mortes por ano são atribuídas ao CHP.

SÍNDROMES CLÍNICAS

Infecção aguda

Como já foi observado, a manifestação clínica do HBV em crianças é menos grave do que em adultos e a infecção pode até mesmo ser assintomática. A doença clinicamente aparente ocorre em até 25% dos indivíduos infectados com o HBV (Figuras 55.10 a 55.12).

A infecção pelo VHB é caracterizada por um **longo período de incubação e um início insidioso**. Sintomas durante o período prodrômico podem incluir febre, mal-estar e anorexia, seguidos de náuseas, vômitos, desconforto abdominal e calafrios. Os sintomas clássicos ictéricos de danos hepáticos (p. ex., icterícia, urina escura, acolia fecal) seguem logo em seguida. A recuperação é indicada por um declínio na febre e apetite renovado.

A hepatite fulminante ocorre em aproximadamente 1% dos casos de pacientes ictéricos e pode ser fatal. É marcada por sintomas mais graves e indicações de danos hepáticos graves, tais como ascite e hemorragia.

A infecção pelo HBV pode promover reações de hipersensibilidade que são causadas por imunocomplexos de HBsAg e anticorpos. Esses podem produzir erupções cutâneas, poliartrite, febre, vasculite necrosante aguda e glomerulonefrite.

Infecção crônica

A hepatite crônica ocorre em 5 a 10% das pessoas com infecções pelo HBV, geralmente após uma doença inicial leve ou inaparente. Aproximadamente um terço dessas pessoas desenvolve hepatite crônica ativa, com a contínua destruição do fígado levando à cicatrização do órgão, cirrose, insuficiência hepática ou CHP. Outros dois terços têm hepatite crônica passiva e são menos propensos a ter

Boxe 55.5 Grupos de alto risco para a infecção pelo vírus da hepatite B.

Pessoas de regiões endêmicas (*i. e.*, China, partes da África, Alasca, Ilhas do Pacífico).
Filhos de mulheres com infecção crônica pelo vírus da hepatite B.
Usuários de drogas por via intravenosa.
Pessoas com múltiplos parceiros sexuais.
Profissionais de saúde que têm contato com sangue.
Residentes e membros da equipe das instituições para atendimento a pessoas com deficiência intelectual.
Hemofílicos e outros pacientes que necessitam de tratamento com sangue e hemoderivados[a].
Pacientes em hemodiálise e receptores de sangue e de órgãos[a].

[a]Os procedimentos de triagem do suprimento de sangue, hemoderivados e de órgãos para transplante levaram à redução do risco.

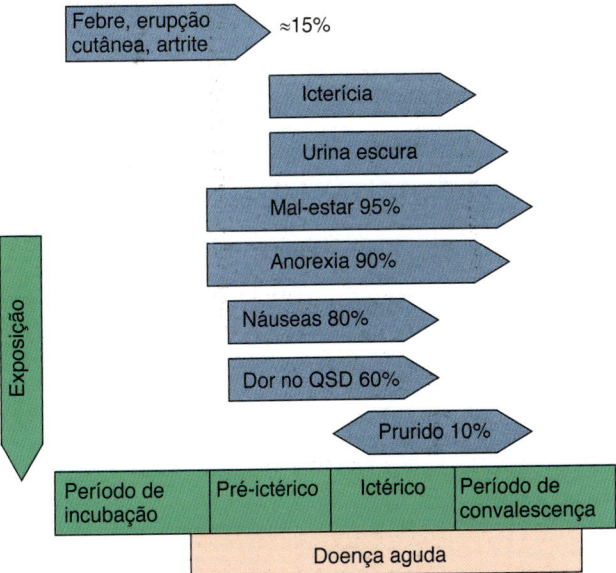

Figura 55.10 Os sintomas de infecção viral aguda, característicos da hepatite B, estão correlacionados com os quatro períodos clínicos dessa doença. *QSD*, quadrante superior direito. (Modificada de Hoofnagle, J.H., 1983. Type A and type B hepatitis. Laboratory Medicine 14, 705–716.)

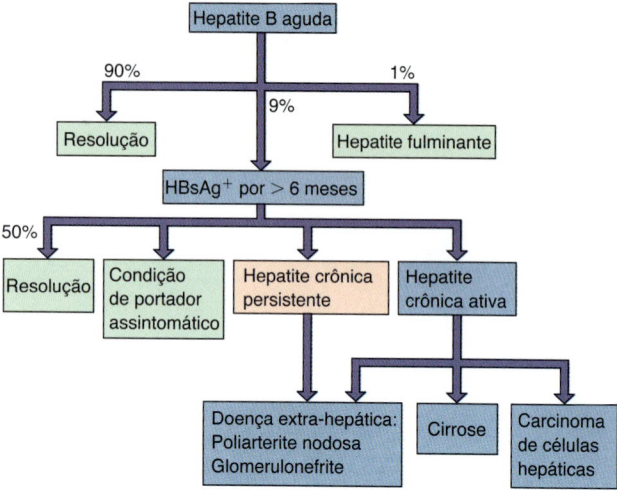

Figura 55.11 Desfechos clínicos da infecção causada pelo vírus da hepatite B. *HBsAg*, antígeno de superfície da hepatite B. (Modificada de White, D.O., Fenner, F., 1986. Medical Virology, third ed. Academic, New York.)

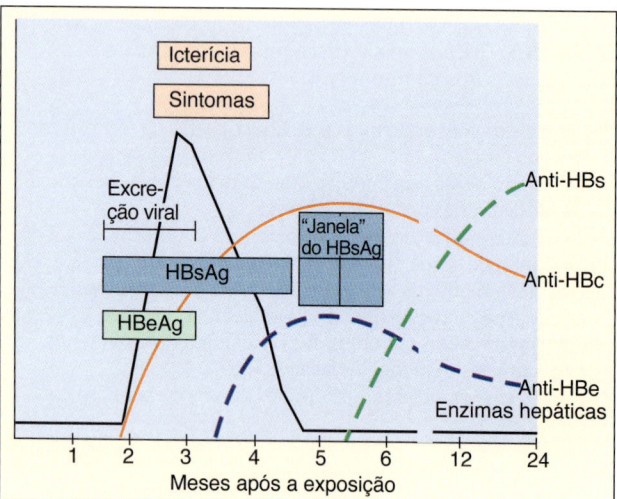

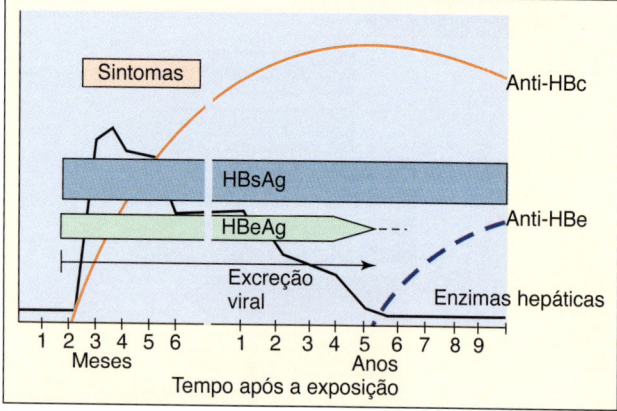

Figura 55.12 A. Eventos sorológicos associados à evolução característica da doença aguda pelo vírus da hepatite B. **B.** Desenvolvimento do estado de portador da hepatite B crônica. O sorodiagnóstico de rotina depende da detecção de imunoglobulina M anti-HBc durante a "janela do antígeno de superfície da hepatite B *(HBsAg)*", quando HBs e anti-HBs são indetectáveis. *Anti-HBc*, anticorpo para o antígeno do cerne da hepatite B [HBcAg]; *Anti-HBe*, anticorpo para o antígeno "e" da hepatite B [HBeAg]; *Anti-HBs*, anticorpo para HBsAg. (Modificada de Hoofnagle, J.H., 1981. Serologic markers of hepatitis B virus infection. Annual Review of Medicine 32, 1–11.)

problemas. A hepatite crônica pode ser detectada acidentalmente, ao encontrar níveis elevados de enzimas hepáticas em um perfil bioquímico de rotina do sangue. Pessoas cronicamente infectadas são a principal fonte de propagação do vírus e estão em risco para doenças fulminantes, se elas forem coinfectadas com o HDV.

Carcinoma hepatocelular primário

A Organização Mundial da Saúde estima que 80% de todos os casos de CHP podem ser atribuídos a infecções crônicas pelo HBV. O genoma HBV é integrado a essas células do CHP e as células expressam os antígenos HBV. O CHP geralmente é fatal e é uma das três causas mais comuns de mortalidade por câncer no mundo. Em Taiwan, pelo menos 15% da população é portadora de HBV e quase a metade morre de CHP ou cirrose. O CHP, como o câncer cervical, é uma neoplasia maligna humana evitável por vacinação.

O HBV pode induzir CHP, promovendo a reparação contínua do fígado e crescimento celular em resposta à inflamação e aos danos teciduais ou pela integração no cromossomo hospedeiro e estimulando o crescimento celular diretamente. Essa integração pode estimular rearranjos genéticos, realizar a justaposição de promotores virais próximos aos genes de controle de crescimento celular, alterar a estrutura dos cromossomos e estimular o reparo do DNA propenso a erros. O gene *X* do HBV também pode transativar (ligar) a transcrição das proteínas celulares e estimular o crescimento e a viabilidade celular. Essas ações podem promover uma mutação posterior para promover a carcinogênese. O período de latência entre a infecção pelo HBV e CHP pode ser de apenas 9 anos ou até 35 anos.

DIAGNÓSTICO LABORATORIAL

O diagnóstico inicial da hepatite pode ser feito com base nos sintomas clínicos e a presença de enzimas hepáticas no sangue (ver Figura 55.12). Entretanto, a sorologia da infecção pelo HBV descreve a evolução e a natureza da doença (Tabela 55.2). As infecções agudas e crônicas pelo HBV podem ser distinguidas pela presença de HBsAg e HBeAg no soro e o padrão de anticorpos para os antígenos individuais do HBV.

O HBsAg e o HBeAg são secretados no sangue durante a replicação viral. A detecção do HBeAg é a melhor correlação para a presença de vírus infecciosos. Uma infecção crônica ou não resolvida pode ser discriminada pelo achado contínuo de HBeAg, HBsAg ou ambos, além da falta de anticorpos detectáveis a esses antígenos. Anticorpos para HBsAg indicam resolução da infecção ou vacinação. Imunocomplexos de HBeAg e HBsAg e anticorpos inibem a produção de anticorpos e a detecção oculta do antígeno complexado. Embora por diferentes razões, HBsAg/anti-HBs, HBeAg/anti-HBe e Clark Kent/Superman nunca podem ser vistos juntos.

Anticorpos para HBcAg indicam infecção atual ou anterior pelo HBV e IgM anti-HBc é a melhor maneira de diagnosticar uma infecção aguda recente, principalmente durante a resolução da infecção e quando o HBsAg e os anticorpos anti-HBs não podem ser detectados (a janela).

A quantidade de vírus no sangue pode ser determinada por ensaios quantitativos de análise do genoma, utilizando a PCR e técnicas relacionadas. O conhecimento da carga viral pode auxiliar no monitoramento do curso da infecção crônica pelo HBV e da eficácia dos medicamentos antivirais.

Tabela 55.2 Interpretação de marcadores sorológicos de infecção pelo vírus da hepatite B.

Reatividade sorológica	ESTADO DE DOENÇA					ESTADO SAUDÁVEL	
	Precoce (pré-assintomática)	Aguda precoce	Aguda	Crônica	Aguda tardia	Com resolução	Vacinado
Anti-HBc	–	–	+[a]	+	+/–	+	–
Anti-HBe	–	–	–	–	+/–	+/–[b]	–
Anti-HBs	–	–	–	–	–	+	+
HBeAg	–	+	+	+	–	–	–
HBsAg	+	+	+	+	+	–	–
Vírus infeccioso	+	+	+	+	+	–	–

[a]A imunoglobulina M anti-HBc deve estar presente.
[b]O anti-HBe pode ser negativo após uma doença crônica.
HBc, cerne da hepatite B; *HBeAg*, antígeno "e" da hepatite B; *HBsAg*, antígeno de superfície da hepatite B.

TRATAMENTO, PREVENÇÃO E CONTROLE

A **imunoglobulina para a hepatite B** pode ser administrada dentro de 1 semana após a exposição e em recém-nascidos de mulheres HBsAg-positivas para prevenir e amenizar a doença. A infecção crônica pelo HBV pode ser tratada com medicamentos direcionados contra a polimerase (p. ex., **lamivudina, entecavir, telbivudina ou tenofovir**, que são inibidores da transcriptase reversa do HIV) ou análogos de nucleosídios **adefovir dipivoxila e fanciclovir**. Esses tratamentos aprovados pela U.S. Food and Drug Administration (FDA) são administrados por 1 ano. Infelizmente, a resistência ao fármaco antiviral pode se desenvolver. A **interferona (IFN)-α peguilada** também pode ser eficaz e é administrada por um período mínimo de 4 meses.

A transmissão do HBV em sangue ou hemoderivados foi reduzida consideravelmente pela triagem do sangue doado à procura de HBsAg e anti-HBc. Esforços adicionais para prevenir a transmissão do HBV incluem sexo seguro e evitar estilos de vida que facilitam a propagação do vírus. Contatos domiciliares e parceiros sexuais de portadores de HBV correm maior risco, assim como pacientes em hemodiálise, receptores de derivados do plasma, profissionais da área da saúde expostos ao sangue e recém-nascidos de mulheres portadoras de HBV.

A **vacinação** é recomendada para recém-nascidos/lactentes, crianças e principalmente para pessoas em grupos de alto risco (ver Boxe 55.5). A vacinação é útil mesmo após a exposição de recém-nascidos de mulheres HBsAg-positivas e pessoas acidentalmente expostas, por via percutânea ou de mucosas, ao sangue ou às secreções de uma pessoa HBsAg-positiva. A imunização das mulheres deve diminuir a incidência de transmissão aos recém-nascidos/lactentes e crianças mais velhas, o que também reduz o número de portadores crônicos de HBV. A prevenção da infecção crônica pelo HBV reduzirá a incidência de CHP. O sorotipo único e limitado à gama de hospedeiros (seres humanos) do HBV ajuda a facilitar o sucesso do programa de imunização.

As vacinas contra o HBV formam partículas semelhantes a vírus. A vacina inicial do HBV foi derivada de partículas de HBsAg de 22 nm em plasma humano obtido de pessoas com infecção crônica. As vacinas mais recentes são geneticamente modificadas pela inserção de um plasmídio contendo o gene *S* para o HBsAg em uma levedura (*Saccharomyces cerevisiae*). A proteína realiza a automontagem em partículas, o que aumenta sua imunogenicidade e é administrada com alúmen. A vacina deve ser administrada em uma série de três injeções; a segunda e a terceira devem ser administradas de 1 e 6 meses após a primeira dose.

Uma nova vacina contra o HBV, a Heplisav-B®, é para adultos com idade igual ou superior a 18 anos. Ela incorpora as partículas do HBsAg derivadas da levedura com um adjuvante de oligodesoxinucleotídio de citosina-guanosina com ligações fosforotioato (CpG-ODN). Esse adjuvante que estimula o receptor *Toll-like* 9 melhora a imunogenicidade da vacina. Apenas duas injeções, com 1 mês de intervalo, são necessárias.

São usadas **precauções universais com sangue e líquidos corporais** para limitar a exposição ao HBV. Parte-se do pressuposto que todos os pacientes estão infectados. As luvas são necessárias para o manuseio de sangue e fluidos corporais; o uso de roupas de proteção e proteção dos olhos também podem ser necessários. Cuidados especiais devem ser tomados com as agulhas e instrumentos pontiagudos. Materiais contaminados com HBV podem ser desinfetados com soluções de alvejante a 10%, mas ao contrário da maioria dos vírus envelopados, o HBV não é prontamente inativado por detergentes.

Vírus da hepatite C e G

O HCV foi identificado em 1989 após o isolamento de um RNA viral de um chimpanzé infectado com sangue de uma pessoa com NANBH. O RNA viral obtido a partir do sangue era convertido a DNA com a transcriptase reversa, suas proteínas eram expressas e os anticorpos de indivíduos com NANBH eram então empregados para detectar as proteínas virais. Esses estudos levaram ao desenvolvimento do ELISA, testes genômicos e outros métodos para a detecção do vírus.

O HCV é a causa predominante das infecções virais NANBH e era a principal causa de hepatite pós-transfusão antes da triagem de rotina do fornecimento de sangue para o HCV. Existem mais de 180 milhões de portadores de HCV no mundo, que representam 3% da população, e mais de 4 milhões nos EUA. O HCV é transmitido por mecanismos similares àqueles observados no HBV, mas tem um potencial ainda maior para estabelecer hepatite crônica persistente. Muitos indivíduos infectados pelo HCV também são infectados com HBV ou HIV. A hepatite crônica frequentemente leva à cirrose e potencialmente ao carcinoma hepatocelular.

ESTRUTURA E REPLICAÇÃO

O HCV é o único membro do gênero *Hepacivirus* da família **Flaviviridae**. Existem sete genótipos principais de HCV (clados), até uma centena de subtipos e extensa diversidade genética e antigênica dentro de cada subtipo. O HCV tem de 30 a 60 nm de diâmetro, um **genoma de RNA de sentido positivo** e é **envelopado**. O genoma do HCV (9.100 nucleotídios) codifica 10 proteínas, incluindo duas glicoproteínas (E1, E2) (Figura 55.13). A **RNA polimerase dependente do RNA viral é propensa a erros** e gera mutações na glicoproteína e outros genes. Isso gera a variabilidade antigênica e a resistência aos fármacos antivirais. Essa variabilidade torna o desenvolvimento de uma vacina muito difícil.

O HCV infecta apenas humanos e chimpanzés. O HCV liga-se a múltiplos receptores de superfície celular expressos em hepatócitos e linfócitos B que também facilitam sua entrada na célula. Os receptores incluem os receptores de superfície CD81 (tetraspanina), o membro da classe B do receptor *scavenger* do tipo I (SRB1, do inglês *scavenger receptor class B type I*) e o uso de proteínas de junção estreita claudina-1 e ocludina como correceptores. O HCV também pode ser coberto pela lipoproteína de baixa densidade ou a lipoproteína de densidade muito baixa e depois usar o receptor da lipoproteína para facilitar a captação pelos hepatócitos. Após a entrada, a replicação do vírus ocorre da mesma maneira que em outros flavivírus. O vírion é "construído" e brota no retículo endoplasmático e permanece associado à célula. As proteínas do HCV inibem a apoptose e a ação da IFN-α pela ligação ao receptor do fator de necrose tumoral e à proteinoquinase R, assim como por degradação proteolítica de outras proteínas nas vias da interferona. Além de atuar com a polimerase, a proteína NS5A atua na interferona e em outras vias do hospedeiro. Essas ações evitam a morte da célula hospedeira e promovem o escape das proteções do hospedeiro, causando a infecção persistente.

PATOGÊNESE

A capacidade do HCV de permanecer associado à célula e prevenir a morte da célula hospedeira promove a infecção persistente, mas resulta na doença hepática posteriormente na vida. Até 10^{12} partículas por dia podem ser produzidas em indivíduos com infecção crônica, potencialmente assintomáticos. A capacidade do vírus de escapar da ação da interferona e sofrer mutação para alterar sua antigenicidade auxilia na evasão do controle imunológico e no estabelecimento de doenças crônicas. As respostas imunes mediadas por células são necessárias para resolver a infecção, mas também causam danos aos tecidos. O anticorpo anti-HCV não é protetor. Quanto ao HBV, uma vez estabelecida, a infecção crônica pode esgotar as células T CD8 citotóxicas para que não possam promover a resolução da infecção. A extensão do infiltrado linfocítico, da inflamação, fibrose portal e periporta, bem como a necrose lobular nas biopsias hepáticas podem ser usadas para classificar a gravidade da doença. Sugere-se que as citocinas da inflamação e o reparo contínuo do fígado e indução do crescimento celular que ocorrem durante a infecção crônica pelo HCV são fatores predisponentes no desenvolvimento do CHP.

EPIDEMIOLOGIA

O HCV é **transmitido principalmente e eficientemente no sangue infectado** e de modo menos eficiente por contato sexual. UDIVs e indivíduos que fizeram tatuagens estão em maior risco de adquirir infecção pelo HCV. Os procedimentos de triagem levaram a uma redução dos níveis de transmissão por transfusão de sangue e doação de órgãos (Boxe 55.6). Quase todos (> 90%) os indivíduos infectados pelo HIV que são ou foram UDIVs são infectados pelo HCV. Os recém-nascidos de mulheres HCV-positivas também estão em maior risco de infecção. O HCV é particularmente prevalecente no sul da Itália, na Espanha, na Europa Central, no Japão e **em** partes do Oriente Médio (p. ex., quase 20% dos doadores de sangue do Egito são HCV-positivos). A prevalência do HCV em indivíduos nascidos entre 1945 e 1965 (geração *baby boomers*) é aproximadamente seis vezes maior do que no restante da população. A **alta incidência de infecções crônicas assintomáticas** promove a propagação do vírus na população.

SÍNDROMES CLÍNICAS

O HCV causa três tipos de doenças (Figura 55.14): (1) hepatite aguda com resolução da infecção e recuperação em 15% dos casos, (2) infecção crônica persistente com possível progressão para a doença em fase mais tardia da vida em 70% das pessoas infectadas e (3) progressão rápida e grave para cirrose hepática em 15% dos pacientes (Caso Clínico 55.1). Viremia pode ser detectada 1 a 3 semanas após a transfusão de sangue contaminado por HCV. A viremia dura de 4 a 6 meses em pessoas com infecção aguda e mais de 10 anos naqueles com infecção persistente. Em sua forma aguda, a infecção pelo HCV é semelhante à infecção aguda por HAV e HBV, mas a resposta

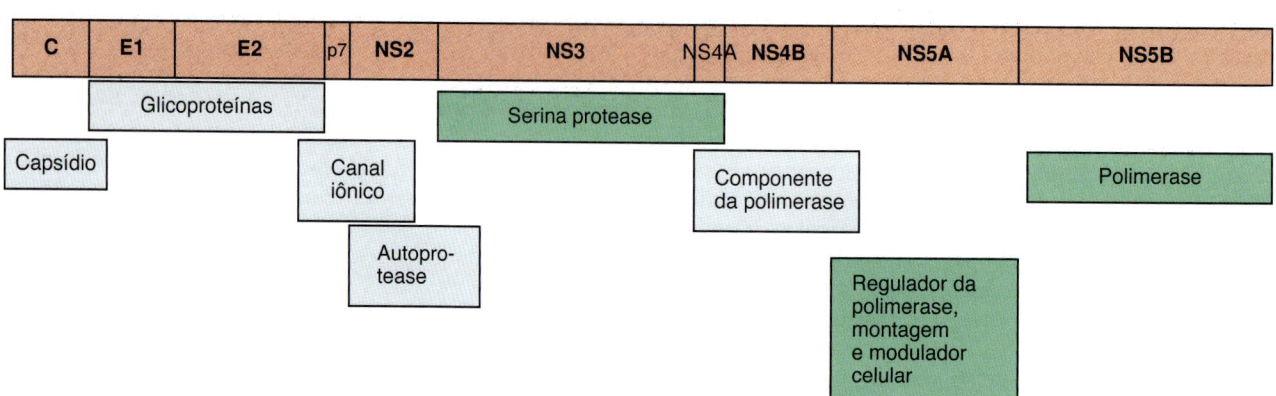

Figura 55.13 Desfechos clínicos da infecção pelo vírus da hepatite C. As enzimas em verde são os alvos dos fármacos antivirais.

> **Boxe 55.6** Epidemiologia dos vírus das hepatites B, C e D.
>
> **Doença/fatores virais**
>
> O vírus envelopado é lábil ao ressecamento. O HBV é menos sensível aos detergentes do que outros vírus envelopados.
> O vírus é eliminado durante os períodos assintomáticos.
> O HBV (10%) e o HCV (70%) causam infecção crônica com potencial excreção do vírus.
>
> **Transmissão**
>
> No sangue, sêmen e secreções vaginais (HBV: saliva e leite materno).
> Via transfusão, ferimentos com seringas, equipamento compartilhado na aplicação de drogas intravenosas, relações sexuais e aleitamento materno.
>
> **Quem corre risco?**
>
> *Crianças:* doença assintomática leve com estabelecimento de infecção crônica.
> *Adultos:* início insidioso da hepatite.
> Pessoas infectadas pelo HBV, coinfectadas ou superinfectadas por HDV: sinais/sintomas abruptos, mais graves com possível doença fulminante.
> Adultos com HBV ou HCV crônica: em alto risco de cirrose e carcinoma hepatocelular primário.
>
> **Geografia/sazonalidade**
>
> Os vírus são encontrados em todo o mundo.
> Não há incidência sazonal.
>
> **Modos de controle**
>
> Prevenção de comportamentos de alto risco.
> HBV: vacinas contra partículas semelhantes ao vírus (HBsAg).
> Triagem das unidades de sangue doado para detecção de HBV e HCV.
>
> *HBV*, vírus da hepatite B; *HCV*, vírus da hepatite C; *HDV*, vírus da hepatite D.

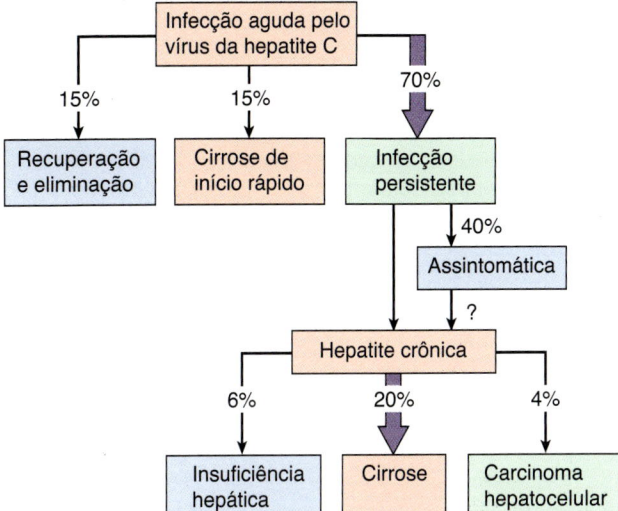

Figura 55.14 Proteínas da hepatite C e sua função. As proteínas em destaque são alvos de medicamentos antivirais. (Adaptada de Scheel, T.K.H., Rice, C.M., 2013. Understanding the hepatitis C virus life cycle paves the way for highly effective therapies. Nature Medicine 19 [7], 837–849.)

inflamatória é menos intensa e os sintomas são geralmente mais leves. Mais comumente (> 70% dos casos), a doença inicial é assintomática, mas estabelece a doença crônica persistente. O sintoma predominante é a fadiga crônica. A doença crônica persistente frequentemente progride para hepatite crônica ativa em 10 a 15 anos e para cirrose (20% dos casos crônicos) e insuficiência hepática (20% dos casos cirróticos) após 20 anos. Danos hepáticos induzidos pelo HCV podem ser exacerbados pelo consumo de álcool, certos medicamentos e outros vírus da hepatite para promover a cirrose. O HCV promove o desenvolvimento do carcinoma hepatocelular após 30 anos em até 5% dos pacientes cronicamente infectados.

DIAGNÓSTICO LABORATORIAL

O diagnóstico e a detecção da infecção pelo HCV são baseados no reconhecimento de anticorpos anti-HCV por ELISA ou detecção do genoma de RNA. A soroconversão ocorre dentro de 7 a 31 semanas após a infecção. A triagem do suprimento de sangue de doadores normais é realizada por ELISA. O anticorpo nem sempre é detectável em indivíduos com viremia, pacientes imunocomprometidos ou aqueles que recebem hemodiálise. A detecção e a quantificação do genoma por RT-PCR, DNA de cadeia ramificada e técnicas relacionadas representam o padrão-ouro para confirmar o diagnóstico de HCV e para o seguimento do sucesso da terapia com medicamentos antivirais. Os ensaios genéticos são menos específicos para a cepa e podem detectar o RNA de HCV em pessoas soronegativas.

> **Caso Clínico 55.1** Vírus da hepatite C
>
> Em um caso relatado por Morsica et al. (*Scand J Infect Dis* 33:116–120, 2001), uma mulher de 35 anos foi internada com mal-estar e icterícia. Elevação dos níveis sanguíneos de bilirrubina (71,8 µmol/ℓ; valor normal < 17 µmol/ℓ) e ALT (410 UI/ℓ; valor normal < 30 UI/ℓ) indicava dano hepático. A sorologia foi negativa para anticorpos contra hepatite A, hepatite B, hepatite C, vírus Epstein-Barr, citomegalovírus e HIV-1. Entretanto, sequências de RNA genômico de HCV foram detectadas por análise da reação em cadeia da polimerase com a transcriptase reversa. Os níveis de ALT atingiram seu pico na terceira semana após a admissão e retornaram ao normal até a oitava semana. Os genomas do HCV no sangue foram indetectáveis até a oitava semana. O anticorpo anti-HCV também foi detectado até a oitava semana. Suspeitou-se que ela foi infectada por seu parceiro sexual e isso foi confirmado pela genotipagem do vírus obtido de ambos os indivíduos. A confirmação foi fornecida por análise de sequências parciais do gene *E2* a partir de dois isolados virais. A divergência genética de 5% detectada entre os isolados foi menor do que a divergência esperada de ≈ 20% para cepas não relacionadas. Antes da análise, o parceiro sexual não tinha conhecimento de sua infecção crônica pelo HCV. Ainda mais do que o HBV, que também é transmitido por contatos sexuais e via parenteral, o HCV causa infecções crônicas e inaparentes. A transmissão inaparente do vírus, como nesse caso, aumenta a propagação do vírus. A análise molecular demonstra a instabilidade genética do genoma do HCV, que é um possível mecanismo para facilitar a infecção crônica, alterando sua aparência antigênica para promover o escape da resposta imunológica.
>
> *ALT*, aspartato amino transferase; *HBV*, vírus da hepatite B; *HCV*, vírus da hepatite C.

TRATAMENTO, PREVENÇÃO E CONTROLE

Novos regimes antivirais de HCV utilizando antivirais de ação direta (DAAs, do inglês *direct acting antivirals*) tornaram possível a cura de 90% dos indivíduos infectados com HCV

(Tabela 55.3) e substituíram as terapias anteriores. Esses medicamentos são direcionados contra a protease (NS3/4A), a proteína NS5A e a polimerase (NS5B). Os inibidores da polimerase incluem análogos de nucleotídios e análogos não nucleotídios. Esses medicamentos antivirais são geralmente administrados como misturas. A IFN-α recombinante ou interferona peguilada (tratada com polietilenoglicol para aumentar sua vida biológica), sozinha ou com ribavirina, foram os únicos tratamentos disponíveis para o HCV até 2011, quando os dois primeiros inibidores de protease específicos do vírus foram aprovados para uso. Essa combinação era menos eficaz e com mais efeitos adversos.

As precauções para evitar a transmissão do HCV são semelhantes aos do HBV e de outros patógenos transmitidos pelo sangue. O fornecimento de sangue e os doadores de órgãos são rastreados para o HCV. As pessoas com HCV não devem compartilhar nenhum item de cuidado pessoal ou agulhas de seringa que podem estar contaminadas com sangue; além disso, devem praticar sexo seguro. O consumo de álcool deve ser limitado porque agrava os danos hepáticos causados pelo HCV.

Vírus da hepatite G

O HGV (também conhecido como vírus GB-C [GBV-C]) é semelhante ao HCV em muitas maneiras. O HGV é um flavivírus, é transmitido pelo sangue e tem uma predileção por infecção crônica pela hepatite. É identificado pela detecção do genoma por RT-PCR ou outros métodos de detecção do RNA.

Vírus da hepatite D

Aproximadamente 15 milhões de pessoas no mundo estão infectadas com HDV (agente delta) e o vírus é responsável por causar 40% das infecções por **hepatite fulminante**. O HDV é único, na medida em que utiliza o HBV e proteínas de células-alvo para replicar e produzir sua única proteína. É um parasita viral, provando que "até as pulgas têm pulgas". O **HBsAg é essencial para o acondicionamento do vírus**. O agente delta assemelha-se aos agentes satélites de vírus em plantas e aos viroides em tamanho, estrutura genômica e requisitos de um vírus auxiliar para replicação (Figura 55.15).

ESTRUTURA E REPLICAÇÃO

O **genoma de RNA do HDV é muito pequeno** (≈ 1.700 nucleotídios) e, ao contrário de outros vírus, o RNA de fita simples é circular e forma um bastonete como resultado de seu extenso pareamento de bases. O vírion tem aproximadamente o mesmo tamanho que o vírion do HBV (35 a 37 nm de diâmetro). O genoma é rodeado pelo cerne antigênico delta, que, por sua vez, é circundado por um envelope contendo o HBsAg. O **antígeno delta** existe como uma forma pequena (24 kDa) ou grande (27 kDa); a forma pequena é predominante.

O agente delta se liga e é internalizado por hepatócitos da mesma maneira que o HBV, porque tem o HBsAg em seu envelope. Os processos de transcrição e replicação do genoma do HDV são incomuns. A RNA polimerase II da célula hospedeira faz uma cópia do RNA para replicar o genoma. O genoma então forma uma estrutura de RNA chamada **ribozima**, que cliva o RNA circular para produzir um mRNA para o pequeno antígeno delta. O gene para o antígeno delta sofre mutação por uma enzima celular (adenosina desaminase ativada por RNA de fita dupla) durante a infecção, permitindo a produção do antígeno delta grande. A produção desse antígeno limita a replicação do vírus, mas também promove a associação do genoma ao HBsAg para formar um vírion e o vírus é então liberado da célula.

PATOGÊNESE

O agente delta só pode se replicar e causar doenças em indivíduos com infecções ativas pelo HBV. Visto que os dois agentes são transmitidos pelas mesmas vias, uma pessoa pode ser **coinfectada** pelo HBV e pelo agente delta. Uma pessoa com HBV crônica também pode ser **superinfectada** pelo agente delta. A progressão mais rápida e grave ocorre em portadores de HBV superinfectados pelo HDV em relação a pessoas coinfectadas pelo HBV e pelo agente delta porque, durante a coinfecção, o HBV precisa primeiro

Tabela 55.3 Fármacos e combinações de antivirais contra a hepatite C.

Fármaco antiviral	Alvo
Daclatasvir	NS5A
Simeprevir	Protease NS3/4A
Sofosbuvir	Polimerase NS5B
Elbasvir-grazoprevir	NS5A + protease NS3/4A
Glecaprevir-pibrentasvir	Protease NS3/4A + NS5A
Ledipasvir-Sofosbuvir	NS5A + polimerase NS5B
Sofosbuvir-velpatasvir-voxilaprevir	Polimerase NS5B + NS5A + protease NS3/4A
Ombitasvir-paritaprevir-ritonavir	NS5A + protease NS3/4A + inibidor de CYP3A4
Ombitasvir-paritaprevir-ritonavir-dasabuvir	NS5A + protease NS3/4A + inibidor de CYP3A4 + polimerase NS5B
Sofosbuvir-velpatasvir	Polimerase NS5B + NS5A
Ribavirina	Antiviral de amplo espectro
Interferona peguilada alfa-2a, interferona peguilada alfa-2b	Antiviral natural peguilado

estabelecer sua infecção antes que o HDV possa replicar (Figura 55.16), enquanto a superinfecção de uma pessoa infectada pelo HBV possibilita a replicação imediata do agente delta e em mais células.

Ao contrário da doença causada por HBV, os danos hepáticos ocorrem como resultado do efeito citopático direto do agente delta combinado à imunopatologia subjacente da doença pelo HBV. O agente delta exacerba a doença pelo HBV. A infecção persistente por agentes delta é frequentemente estabelecida em portadores de HBV. Os anticorpos são produzidos contra o agente delta, mas a proteção é fornecida por anticorpos contra o HBsAg, gerados pela vacinação ou infecção, pois é o antígeno externo e a proteína de fixação viral para o HDV.

EPIDEMIOLOGIA

O agente delta infecta crianças e adultos com infecção subjacente pelo HBV (ver Boxe 55.6) e pessoas que são persistentemente infectadas, tanto pelo HBV como pelo HDV, são consideradas uma fonte para o vírus. O agente tem distribuição mundial, infectando aproximadamente 5% dos mais de 300 milhões de portadores de HBV e é endêmico no sul da Itália, na Bacia Amazônica, em partes da África e no Oriente Médio. Epidemias de infecção pelo HDV ocorrem na América do Norte e na Europa Ocidental, geralmente em UDIVs. O HDV é transmitido pelas mesmas vias que o HBV e os mesmos grupos correm risco de infecção, sendo mais elevado em UDIVs, hemofílicos e outros que recebem hemoderivados. A triagem do suprimento de sangue reduziu o risco para os receptores de hemoderivados.

SÍNDROMES CLÍNICAS

O agente delta agrava as infecções pelo HBV (Boxe 55.7). É mais provável que a hepatite fulminante ocorra em pessoas infectadas pelo agente delta do que em pessoas infectadas com os outros vírus da hepatite. Essa forma muito grave de hepatite causa alteração da função cerebral (encefalopatia hepática), icterícia extensa e necrose hepática acentuada, o que é fatal em 80% dos casos. A infecção crônica com o agente delta pode ocorrer em pessoas com HBV crônica.

DIAGNÓSTICO LABORATORIAL

O agente pode ser detectado pelo achado do genoma de RNA, do antígeno delta ou de anticorpos anti-HDV. ELISA e radioimunoensaio estão disponíveis para a detecção viral. O antígeno delta pode ser detectado no sangue durante a fase aguda da doença em uma amostra de soro tratada com detergente. RT-PCR pode ser utilizada para detectar o genoma do vírion no sangue.

Tratamento, prevenção e controle

Não há tratamento específico conhecido para a hepatite causada por HDV. Como o agente delta depende do HBV para replicação e é transmitido pelas mesmas vias, a prevenção da infecção pelo HBV evita a infecção pelo HDV. A imunização com a vacina para o HBV protege contra a infecção pelo vírus delta. Se uma pessoa já tiver contraído o HBV, a infecção pelo agente delta pode ser prevenida reduzindo o risco de exposição pelo uso de drogas por via intravenosa.

Vírus da hepatite E

O HEV (E-NANBH) (o E significa *entérico* ou *epidêmico*) é transmitido predominantemente por via fecal-oral, sobretudo em água contaminada (ver Boxe 55.3). O HEV é um membro da família Hepeviridae, com um genoma de RNA de fita positiva e estrutura de capsídio desnudo. Embora o HEV seja encontrado em todo o mundo, ele é

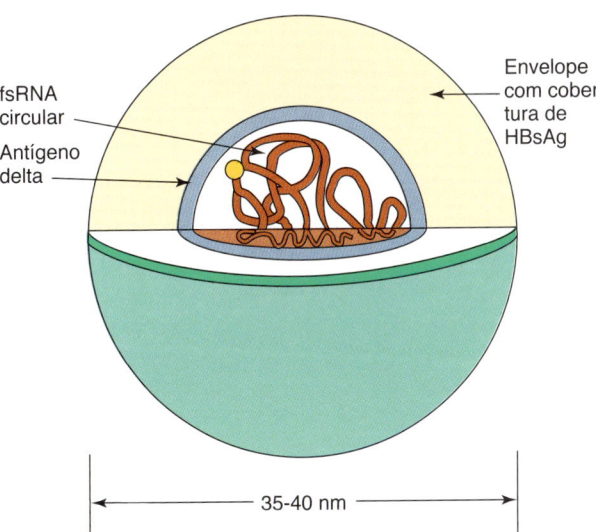

Figura 55.15 Vírion do vírus da hepatite delta. *HBsAg*, antígeno de superfície da hepatite B; *fsRNA*, RNA de fita simples.

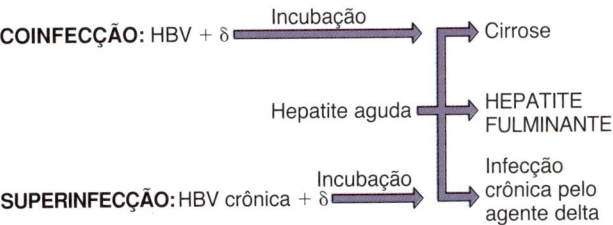

Figura 55.16 Consequências da infecção pelo vírus delta. O vírus delta (δ) requer a presença do vírus da hepatite B *(HBV)*. A superinfecção de um indivíduo já infectado com o HBV (portador) causa progressão grave e mais rápida do que a coinfecção *(seta mais curta)*.

Boxe 55.7 Resumos clínicos.

Hepatite A: um homem de 37 anos desenvolve febre, calafrios, cefaleia e fadiga 4 semanas após comer em um botequim. Em 2 dias, desenvolveu anorexia, vômitos e dor no quadrante superior direito do abdome, seguidos por icterícia, colúria e acolia que persistem por 12 dias. Em seguida, os sinais/sintomas diminuíram.

Hepatite B: um usuário de drogas por via intravenosa de 27 anos desenvolve sinais/sintomas de hepatite 60 dias após o uso de uma agulha contaminada.

Hepatites B e D: um outro usuário de drogas por via intravenosa desenvolve sinais/sintomas de hepatite, alteração da capacidade mental e necrose hepática maciça e depois morre.

Hepatite C: foram detectadas enzimas hepáticas elevadas em um indivíduo durante exame físico. O vírus da hepatite C no sangue foi detectado pelo ensaio imunossorvente ligado à enzima. Dez anos mais tarde, ele desenvolveu cirrose e insuficiência hepática, necessitando de transplante de fígado.

mais problemático nos países em desenvolvimento. Nos países desenvolvidos, a infecção pelo HEV é uma zoonose e é adquirida a partir do consumo de porcos e carne suína mal cozida ou de caça. Epidemias foram relatadas na Índia, no Paquistão, no Nepal, na Birmânia, na África do Norte e no México.

Os sinais/sintomas e a evolução da doença por HEV são semelhantes aos da doença por HAV; o HEV causa apenas doença aguda. No entanto, os sinais/sintomas causados por HEV podem ocorrer mais tarde que os da doença por HAV. A taxa de mortalidade associada à doença pelo HEV é de 1 a 2%, aproximadamente dez vezes mais do que o associado à doença causada por HAV. A infecção pelo HEV é particularmente grave em gestantes (taxa de mortalidade de ≈ 20%).

Bibliografia

Bartenschlager, R., 2013. Hepatitis C Virus: From Molecular Virology to Antiviral Therapy. Current Topics in Microbiology and Immunology, vol. 369. Springer-Verlag, Heidelberg, Germany.
Casey, J.L., 2006. Hepatitis Delta Virus. Current Topics in Microbiology and Immunology, vol. 307. Springer-Verlag, Heidelberg, Germany.
Catalina, G., Navarro, V., Hepatitis, C., 2000. A challenge for the generalist. Hosp. Pract. 35, 97–108.
Cohen, J., Powderly, W.G., 2004. Infectious Diseases, second ed. Mosby, St Louis.
Dustin, L.B., Bartolini, B., Capobianchi, M.R., Pistello, M., 2016. Hepatitis C virus: life cycle in cells, infection and host response, and analysis of molecular markers influencing the outcome of infection and response to therapy. Clin. Microbiol. Infect. 22, 826–832.
Flint, S.J., Racaniello, V.R., et al., 2015. Principles of Virology, fourth ed. American Society for Microbiology Press, Washington, DC.
Ganem, D., Prince, A.M., 2004. Hepatitis B virus infection–natural history and clinical consequences. N. Engl. J. Med. 350, 1118–1119.
Grimm, D., Thimme, R., Blum, H.E., 2011. HBV life cycle and novel drug targets. Hepatol. Int. 5, 644–653.
Hagedorn, C.H., Rice, C.M., 2000. The Hepatitis C Viruses. Current Topics in Microbiology and Immunology, vol. 242. Springer-Verlag, Berlin.
Knipe, D.M., Howley, P.M., 2013. Fields Virology, sixth ed. Lippincott Williams & Wilkins, Philadelphia.
Lok, A.S.F., 2002. Chronic hepatitis B. N. Engl. J. Med. 346, 1682–1683.
Tam, A.W., Smith, M.M., Guerra, M.E., et al., 1991. Hepatitis E virus: molecular cloning and sequencing of the full-length viral genome. Virology 185, 120–131.
Tan, S.L., 2006. Hepatitis C viruses. Genomes and Molecular Biology. Horizon. https://www.ncbi.nlm.nih.gov/books/NBK1613/.
Taylor, J.M., 2006. Hepatitis delta virus. Virology 344, 71–76.

Websites

Centers for Disease Control and Prevention, Viral hepatitis. www.cdc.gov/hepatitis/. Accessed September 21, 2018.
Gilroy, R.K., Hepatitis, A., http://emedicine.medscape.com/article/177484-overview. Accessed September 21, 2018.
Hepatitis, B Foundation, Statistics. www.hepb.org/hepb/statistics.htm. Accessed September 21, 2018.
Hepatitis C therapies. https://www.hepatitisc.uw.edu/page/treatment/drugs. Accessed September 21, 2018.
Infectious Disease Society of America, HCV guidelines. https://www.hcvguidelines.org/. Accessed September 21, 2018.
Mukhrjee, S., Dhawan, V.K., Hepatitis, C. http://emedicine.medscape.com/article/177792-overview. Accessed September 21, 2018.
National Institute of Allergy and Infectious Diseases, Viral hepatitis. https://www.niaid.nih.gov/diseases-conditions/hepatitis. Accessed September 21, 2018.
Nature: Hepatitis C. www.nature.com/nature/outlook/hepatitis-c/index.html. Accessed September 21, 2018.
Pascarella, S., Negroa, F., Hepatitis D virus: an update. http://onlinelibrary.wiley.com/doi/10.1111/j.1478-3231.2010.02320.x/pdf. Accessed September 21, 2018.
WHO Alert: Hepatitis. www.who.int/csr/disease/hepatitis/whocdscsredc2007/en/index4.html. Accessed September 21, 2018
WHO Alert, Hepatitis C factsheet. www.who.int/mediacentre/factsheets/fs164/en/. Accessed September 21, 2018.

56 Doenças Causadas por Príons

Um homem de 73 anos queixou-se de fraqueza, perda de memória, dificuldade na fala e movimentos involuntários de seu braço direito. Após 3 meses, mioclonia (espasmos musculares) e outros sinais neurológicos foram observados e ele foi hospitalizado. A proteína 14-3-3 foi detectada no líquido cerebrospinal (LCS), mas não havia evidências de infecção. A condição do paciente continuou a se agravar, ele entrou em coma e morreu 4 meses após o início dos sintomas. Na necropsia, os cortes cerebrais mostraram vacuolização e fibrilas e placas amiloides, mas sem evidências de células inflamatórias.

1. Quais sinais clínicos indicam uma doença causada por príons?
2. Por que os príons são tão resistentes à desinfecção?
3. Por que não havia evidência de resposta imune?

RESUMOS Organismos clinicamente significativos

PRÍONS

Palavras-chave

Doença de Creutzfeldt-Jakob, encefalopatia espongiforme, kuru, demência pré-senil, mioclonia

Biologia, virulência e doença

- Os príons são agregados de proteínas infecciosas resistentes à inativação
- Os príons consistem em subunidades montadas com uma conformação alternada de proteínas normais do hospedeiro (PrP)
- Proteínas PrP normais ligam-se à PrP^{Sc} ou a PrP^{Sc} multimérica, o que altera sua conformação, além de ligar e estender as fibrilas
- Acumulam-se no cérebro, onde causam a formação de vacúolos espongiformes
- Ausência de resposta imune e inflamação
- Formas adquiridas, genéticas e esporádicas de doença causada por príons
- Doença de Creutzfeldt-Jacob (demência pré-senil), kuru, doença de Gerstmann-Sträussler-Scheinker, insônia familiar fatal

Epidemiologia

- Transmitido por dispositivos cirúrgicos contaminados, por injeção, em alimentos ou por transmissão genética

Diagnóstico

- Sintomatologia, RM, ensaios indiretos

Tratamento, prevenção e controle

- Rigorosos procedimentos de desinfecção
- Sem meios de prevenção ou controle

RM, ressonância magnética.

As encefalopatias espongiformes, que são doenças neurodegenerativas lentas, são causadas por partículas proteináceas infecciosas denominadas *príons*. Ao contrário dos vírus convencionais, os príons não têm genoma ou víríons, não induzem resposta imune e são extremamente resistentes à inativação por calor, desinfetantes e radiação (Tabela 56.1). **As doenças causadas por príons (ou doenças priônicas) podem ser esporádicas, genéticas ou adquiridas.** Depois de longos períodos de incubação, esses agentes causam danos ao sistema nervoso central (SNC), levando à encefalopatia espongiforme subaguda. O longo período de incubação, que pode durar 30 anos em humanos, dificulta o estudo desses agentes.

As doenças priônicas humanas adquiridas (por infecção) incluem o kuru, a doença de Creutzfeldt-Jakob (DCJ) e a variante de DCJ (vDCJ). As doenças genéticas causadas por príons incluem a DCJ, a síndrome de Gerstmann-Sträussler-Scheinker (GSS) e a insônia familiar fatal (IFF). Ocorrências esporádicas de DCJ e IFF acontecem mais comumente (85 a 90% dos casos) do que as formas genéticas (10 a 15%) ou adquiridas (1 a 3%). As doenças em animais incluem o tremor epizoótico (*scrapie*), a encefalopatia espongiforme bovina (EEB ["doença da vaca louca"]), a doença debilitante crônica (em mula, veado e alce) e a encefalopatia transmissível das martas (Boxe 56.1).

Carlton Gajdusek recebeu o Prêmio Nobel em 1976 por demonstrar que o kuru tem uma etiologia infecciosa e desenvolver um método para análise do agente. Stanley Prusiner ganhou o Prêmio Nobel em 1997 por desenvolver um modelo de infecção em *hamsters* para o agente do tremor epizoótico ou *scrapie*. Ele e seus colaboradores foram capazes de purificar, caracterizar e depois clonar os genes para o tremor epizoótico e outros agentes priônicos, além de demonstrar que a proteína do príon relacionada com a doença é suficiente para causar doenças.

Estrutura e fisiologia

O príon é uma proteína infecciosa denominada proteína priônica do *scrapie* (**PrP^{Sc}**), que é resistente à protease, hidrofóbica, forma agregados fibrilares e não tem ácidos nucleicos. Consiste em uma conformação alternada de uma glicoproteína de superfície celular normal denominada proteína priônica celular (**PrP^{C}**) (27 mil a 30 mil Da). A PrP^{C} é sensível à protease e é mantida na membrana celular por uma ligação entre sua serina terminal e um lipídio especial denominado glicofosfatidilinositol (proteína ligada ancorada ao GPI). A PrP^{C} interage e modula a função de várias proteínas de membrana no cérebro, incluindo canais de potássio, receptores N-metil-D-aspartato (NMDA) e a molécula de adesão da célula neural. A ligação à PrP^{Sc} altera a conformação da proteína PrP^{C}, que é rica em configuração α-helicoidal para uma forma enriquecida de folha-β para produzir a proteína aberrante denominada **PrP^{Sc}**, que cria uma fibrila (Tabela 56.2). A PrP^{Sc} é resistente à protease, forma agregados em bastões amiloides (fibrilas) e é livre de células.

Tabela 56.1 Comparação entre os vírus clássicos e os príons.		
Característica	**Vírus**	**Príon**
Agentes infecciosos filtráveis	Sim	Sim
Presença de ácido nucleico	Sim	Não
Morfologia definida (microscopia eletrônica)	Sim	Não
Presença de proteínas	Sim	Sim
DESINFECÇÃO POR:		
Formaldeído	Sim	Não
Proteases	Algumas	Não
Calor (80°C)	Maioria	Não
Radiação ionizante e ultravioleta	Sim	Não
DOENÇA		
Efeito citopatológico	Sim	Não
Período de incubação	Depende do vírus	Longo
Resposta imune	Sim	Não
Produção de interferona	Sim	Não
Resposta inflamatória	Sim	Não

Tabela 56.2 Comparação entre a proteína priônica do *scrapie* e a proteína priônica celular (normal).		
Característica	**PrP^{Sc}**	**PrP^{C}**
Estrutura	Multimérica	Monomérica
Resistência à protease	Sim	Não
Presença de fibrilas de *scrapie*	Sim	Não
Localização dentro ou sobre as células	Vesículas citoplasmáticas e meio extracelular	Membrana plasmática
Renovação (*turnover*)	Dias	Horas

PrP^{C}, proteína priônica celular; PrP^{Sc}, proteína priônica do tremor epizoótico (*scrapie*).

> **Boxe 56.1** Doenças causadas por príons (doenças priônicas).
>
> **Humanos**
> Kuru
> Doença de Creutzfeldt-Jakob
> Variante da DCJ
> Síndrome de Gerstmann-Sträussler-Scheinker
> Insônia familiar fatal
> Insônia fatal esporádica
>
> **Animais**
> Tremor epizoótico ou *scrapie* (ovinos e caprinos)
> Encefalopatia transmissível por martas
> Encefalopatia espongiforme bovina (EEB [doença da vaca louca])
> Doença debilitante crônica (mula, cervo e alce)

A teoria atual para explicar como uma proteína aberrante poderia causar doenças é denominada *redobramento (refolding) proteico mediado por molde*. Um agregado linear de PrP^{Sc} se liga a uma estrutura aniônica na superfície celular, como uma glicosaminoglicana e a PrP^{C} normal na superfície da célula. Isso faz com que a PrP^{C} se redobre, adquira a estrutura da PrP^{Sc} e se junte à cadeia. A ligação à PrP^{Sc} força a estrutura α-helicoidal da PrP^{C}, causando a mudança para uma estrutura em folha mais β-pregueada da PrP^{Sc}. A PrP^{Sc} atua como um molde para transmitir sua conformação para cada nova PrP^{Sc}, que pode então perpetuar a mudança, análoga a uma mutação no molde genético de um vírus que perpetua uma mudança no genoma de ácido desoxirribonucleico (DNA) ou ácido ribonucleico (RNA). Quando a cadeia de PrP^{Sc} se rompe, cria novos *primers* sobre os quais mais príons podem ser formados. A PrP^{C} continua a ser sintetizada pela célula e à medida que se ligam aos *primers* para a PrP^{Sc}, o ciclo continua. A versão humana da PrP^{C} é codificada no cromossomo 20. O fato de que essas placas consistem em proteínas do hospedeiro pode explicar a falta de uma resposta imunológica a esses agentes em pacientes com as encefalopatias espongiformes.

Diferentes "cepas" de PrP^{Sc} ocorrem por causa de mutações na PrP^{C} (genética) ou por causa dos padrões alternativos de dobramento autoperpetuantes da proteína (esporádicos ou adquiridos). Mutações específicas no códon 129 determinam a gravidade da DCJ. A modificação conformacional, em vez da mutação genética, é outra propriedade que distingue os príons dos vírus. As diferentes "cepas" ou tipos conformacionais podem ter propriedades distintas e aspectos variáveis em relação à doença (p. ex., período de incubação).

A agregação de outras proteínas em príons ou estruturas semelhantes aos príons pode causar ou contribuir para a ocorrência de doenças humanas, tais como doença de Alzheimer, doença de Huntington e doença de Parkinson.

Patogênese

A infecção pelo príon pode ocorrer por ingestão, penetração por meio de cortes na pele ou por infecção direta do cérebro ou tecido neuronal contendo príons. Após a ingestão, os príons acumulam-se no tecido linfoide secundário altamente inervado nas células dendríticas foliculares e linfócitos B e depois percorrem dos neurônios até o sistema nervoso central e o cérebro.

A **encefalopatia espongiforme** descreve a aparência dos neurônios vacuolizados, bem como a perda de sua função e a ausência de resposta imune ou inflamação (Boxe 56.2). A formação de placas e fibrilas amiloides, a proliferação e hipertrofia dos astrócitos, assim como a vacuolização dos neurônios e das células da glia adjacentes são observadas (Figura 56.1). A PrPS^{C} atinge altas concentrações no cérebro e é captada por neurônios e células fagocíticas, mas é difícil de degradar, que é uma característica que pode contribuir para a vacuolização do tecido cerebral. Os príons também podem ser isolados de outros tecidos, além do cérebro, mas as alterações patológicas são observadas apenas no cérebro. A ausência de inflamação ou resposta imune possibilita a diferenciação dessa doença da encefalite viral clássica. Marcadores proteicos (proteína tau ou proteína cerebral 14-3-3) podem ser detectados no líquido cerebrospinal de indivíduos sintomáticos, mas isso não é específico para a doença priônica.

O período de incubação da DCJ e do kuru pode ser de até 30 anos, mas quando os sintomas se tornam evidentes, a doença progride rapidamente e a morte geralmente ocorre no período de 1 ano.

> **Boxe 56.2** Características patogênicas dos príons.
>
> Sem efeito citopatológico *in vitro*.
> Tempo longo de duplicação de pelo menos 5,2 dias.
> Longo período de incubação.
> Causa vacuolização de neurônios (espongiforme), placas amiloides, gliose.
> Causa perda de controle muscular, calafrios, tremores, demência.
> Ausência de antigenicidade.
> Ausência de inflamação.
> Ausência de resposta imunológica.
> Ausência de produção de interferona.

Epidemiologia

A DCJ é transmitida predominantemente por (1) injeção, (2) transplante de tecido contaminado (p. ex.., córneas), (3) contato com dispositivos médicos contaminados (p. ex., eletrodos cerebrais) e (4) alimentos (Boxe 56.3). A DCJ geralmente afeta pessoas com mais de 50 anos. A DCJ, IFF e a síndrome de GSS também são hereditárias e famílias com histórias genéticas dessas doenças também foram identificadas. As doenças são raras, mas ocorrem em todo o mundo.

O kuru estava limitado a uma área muito pequena do planalto da Nova Guiné. O nome da doença significa "calafrio" ou "tremor" e a doença estava relacionada com as práticas de canibalismo da tribo Fore da Nova Guiné. Antes da intervenção de Gajdusek, era costume dessas pessoas comerem os corpos de seus parentes falecidos. Quando Gajdusek começou seu estudo, ele observou que mulheres e crianças, em particular, eram as mais suscetíveis à doença e ele deduziu que os motivos eram que as mulheres e as crianças preparavam os alimentos e ingeriam as vísceras e os cérebros que os homens não desejavam comer. O risco de infecção era maior porque manipulavam o tecido contaminado, tornando possível que o agente fosse introduzido através da conjuntiva ou cortes na pele. Além disso, eles ingeriam o tecido neural, que contém as maiores concentrações do agente kuru. A interrupção desse costume canibalista impediu a propagação do kuru.

Uma epidemia de EEB (doença da vaca louca) em 1980 no Reino Unido e a incidência incomum de uma DCJ rapidamente progressiva em pessoas mais jovens (< 45 anos) em 1996 geraram preocupação de que a carne contaminada era a fonte dessa nova variante da DCJ (denominada **vDCJ**). A infecção do gado foi muito provavelmente causada pelo uso de produtos animais contaminados (p. ex., vísceras de ovelha, cérebro) como suplemento proteico na alimentação do gado. A ingestão de carne bovina contaminada provavelmente é a causa de 153 casos de vDCJ, mais de 98% dos quais ocorreram no Reino Unido.

Síndromes clínicas

Os agentes priônicos causam uma doença neurológica progressiva e degenerativa com um longo período de incubação, mas com rápida evolução para morte após o início dos sintomas (Figura 56.2; Caso Clínico 56.1; Boxe 56.4). As encefalopatias espongiformes são caracterizadas por perda

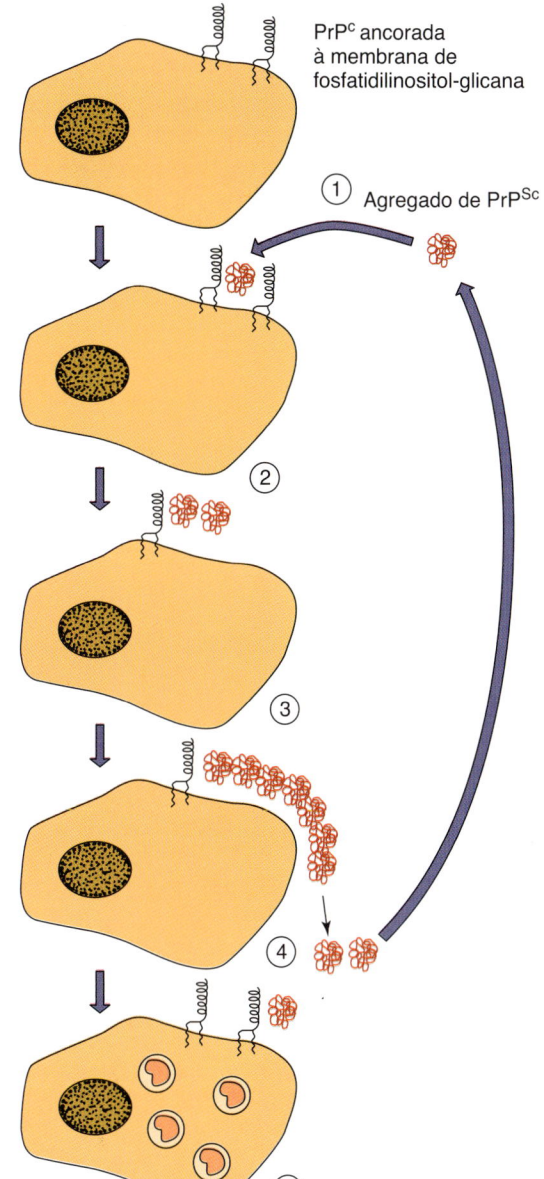

Figura 56.1 Modelo de redobramento de proteínas mediado por molde para proliferação de príons. A PrP^C é uma proteína celular normal que está ancorada à membrana celular por fosfatidilinositol glicana. A PrP^{Sc} é uma proteína globular hidrofóbica que se agrega e com a PrP^C na superfície da célula *(1)*. A PrP^C adquire a conformação da PrP^{Sc} *(2)*. A célula sintetiza nova PrP^C *(3)* e uma cadeia é construída ao longo de glicosaminoglicanos aniônicos da superfície celular *(4)*. A cadeia é rompida com a fagocitose ou forças de cisalhamento e libera agregados de PrP^{Sc} que agem como cristais formados para começar um novo ciclo. Uma forma de PrP^{Sc} é internalizada por células neuronais e acumula-se *(5)*. Outros modelos foram propostos.

de controle muscular, calafrios, tremores e espasmos mioclônicos, perda de coordenação, demência rapidamente progressiva e morte.

Diagnóstico laboratorial

Não existem métodos para detectar diretamente os príons no tecido e também não há resposta sorológica. O diagnóstico inicial tem de ser realizado por motivos clínicos.

> **Boxe 56.3** Epidemiologia da doença causada por príons.
>
> **Doenças/fatores virais**
>
> Os agentes são resistentes aos procedimentos padrões de desinfecção microbiana.
> As doenças têm períodos de incubação muito longos, até 30 anos.
> A aquisição de doenças pode ser infecciosa, genética ou esporádica (ocorrência aleatória).
>
> **Transmissão**
>
> A transmissão ocorre através do **tecido infectado** ou a síndrome pode ser **hereditária**.
> A infecção pode ocorrer por ingestão, através de cortes na pele, transplante de tecidos contaminados (p. ex., córnea) e o uso de dispositivos médicos contaminados (p. ex., eletrodos cerebrais).
>
> **Quem corre risco?**
>
> Membros (principalmente mulheres e crianças) da tribo Fore na Nova Guiné corriam risco de kuru por causa do ritual de canibalismo.
> Cirurgiões, pacientes transplantados e submetidos a cirurgia cerebral, além de outros indivíduos, correm risco de DCJ e síndrome de GSS.
>
> **Geografia/sazonalidade**
>
> A síndrome de GSS e a DCJ têm ocorrência esporádica em todo o mundo.
> Não há incidência sazonal.
>
> **Modos de controle**
>
> Não há tratamentos disponíveis.
> A interrupção do ritual de canibalismo levou ao desaparecimento de kuru.
> Eliminação de produtos animais da alimentação do gado para prevenção do desenvolvimento e transmissão de vDCJ.
> Para síndrome de GSS e DCJ, ferramentas neurocirúrgicas e eletrodos devem ser desinfetados em solução de hipoclorito a 5% ou hidróxido de sódio a 1,0 M ou autoclavados a 15 psi durante 1 hora.
>
> *DCJ*, doença de Creutzfeldt-Jakob; *GSS*, Gerstmann-Sträussler-Scheinker; *vDCJ*, variante da doença de Creutzfeldt-Jakob.

> **Caso Clínico 56.1** Transmissão da doença de Creutzfeldt-Jakob por transfusão
>
> Em um caso relatado por Wroe et al. (*Lancet* 368:2061–2067, 2006), um homem de 30 anos consultou seu médico de família por causa de fadiga e incapacidade de concentração. Os sintomas foram atribuídos à infecção do sistema respiratório. Exames neurológicos do paciente nesse período foram normais. A anamnese foi significativa pelo fato de que durante a cirurgia realizada 7 anos antes, o paciente tinha recebido um concentrado de eritrócitos, incluindo sangue de um doador que morreu 1 ano depois com a vDCJ. Nos 6 meses seguintes à manifestação inicial, o paciente teve dificuldade em manter o equilíbrio, tendência a cambalear, alguns problemas de memória, tremor nas mãos e "dores lancinantes" nos membros inferiores. Inicialmente, não foram observadas evidências de alterações da visão ou do estado mental. Depois de mais 6 semanas, seu estado mental e memória diminuíram, o equilíbrio e a caminhada tornaram-se difíceis e dolorosos, a neuroimagem por ressonância magnética e o eletroencefalograma indicaram mudanças e um novo exame de sangue revelou a proteína priônica da vDCJ (PrP^{Sc}). O estado mental e a capacidade física do paciente continuaram a diminuir; ele ficou mudo, acamado, pouco responsivo e morreu 8 anos e 8 meses após a transfusão. A análise por *Western immunoblot* de amostras de necropsia do cérebro e tonsilas revelou a proteína PrP^{Sc}. Placas de PrP e a encefalopatia espongiforme foram observadas no cérebro.
>
> Em razão do longo período de incubação das doenças priônicas, a prevenção da transmissão transfusional da DCJ é difícil. A vDCJ se manifesta mais rápido e esse caso indica a clássica progressão em cinco etapas: (1) incubação (6 anos), (2) fadiga prodrômica e dificuldade de concentração (18 meses), (3) declínio neurológico progressivo (9 meses), (4) fase neurológica tardia (4 meses), e (5) fase terminal. A análise por *immunoblot* da proteína priônica tratada consegue agora distinguir a PrP^{Sc} da proteína normal em amostras que podem ser coletadas das tonsilas do paciente (ou na necropsia, a partir do cérebro).
>
> *DCJ*, doença de Creutzfeldt-Jakob; *vDCJ*, variante da doença de Creutzfeldt-Jakob.

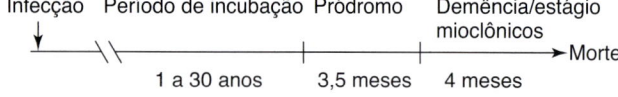

Figura 56.2 Progressão da doença transmissível de Creutzfeldt-Jakob.

A confirmação inicial do diagnóstico pode ser feita por ressonância magnética, detecção de níveis elevados de proteína 14-3-3 ou proteína tau no líquido cerebrospinal ou uma forma resistente da PrP à proteinase K pelo método de *Western blot*, utilizando anticorpos para a PrP em biopsia de tonsila. A capacidade da PrP^{Sc} de iniciar a polimerização da PrP normal é utilizada no ensaio cíclico de enovelamento errado de proteínas (PMCA, do inglês *protein-misfolding cyclic assay*) para amplificar o número de unidades de PrP^{Sc} e pode ser usado para detectar os príons. Um novo ensaio denominado conversão induzida por tremores em tempo real (**RT-QuIC, do inglês *real-time quaking-induced conversion***) avalia amostras de líquido cerebrospinal ou do escovado nasal à procura de PrP^{Sc}. A agregação da PrP em fibrilas priônicas aumenta a fluorescência de tioflavina T, que pode ser prontamente mensurada.

Na necropsia, as placas amiloides características, os vacúolos espongiformes e a PrP detectada por imuno-histologia podem ser observados.

Tratamento, prevenção e controle

Não existe tratamento para o kuru ou a DCJ. Os agentes causadores também são resistentes aos procedimentos de desinfecção utilizados para outros vírus, incluindo formaldeído, detergentes e radiação ionizante. A autoclavagem a 15 psi durante 1 hora (em vez de 20 minutos) ou tratamento com solução de hipoclorito a 5% ou hidróxido de sódio a 1,0 M pode ser usado para descontaminação. Visto que esses agentes podem ser transmitidos em instrumentos e eletrodos cerebrais, tais itens devem ser cuidadosamente desinfetados antes de serem reutilizados.

O surto de EEB e vDCJ no Reino Unido promoveu a legislação com o intuito de proibir produtos de origem animal na pecuária e incentivou um monitoramento mais cuidadoso do gado bovino. A doença priônica não tem sido um problema para o gado bovino nos EUA. O gado bovino precisa

> **Boxe 56.4** Resumos clínicos.
>
> **Doença de Creutzfeldt-Jakob:** um homem de 63 anos queixou-se de perda de memória e comprometimento da visão e da coordenação muscular. No decorrer do ano seguinte, ele desenvolveu demência senil e movimentos espasmódicos irregulares, perda progressiva da função muscular e depois foi a óbito.
>
> **Variante da doença de Creutzfeldt-Jakob:** um rapaz de 25 anos é atendido por um psiquiatra para tratamento de ansiedade e depressão. Após 2 meses, ele apresentou problemas de equilíbrio e controle muscular, além de dificuldades para lembrar-se de fatos. Ele desenvolveu mioclonia e morreu 12 meses após o aparecimento dos sintomas.

ter menos de 5 anos de idade para minimizar a possibilidade de acúmulo de PrP aberrante e para que o tecido muscular tenha a menor concentração de PrP.

Bibliografia

Aguzzi, A., Nuvolone, M., Zhu, C., 2013. The immunobiology of prion diseases. Nat. Rev. Immunol. 13, 888–902.

Aguzzi, A., Zhu, C., 2012. Five questions on prion diseases. PLoS Pathog. 8, e1002651.

Belay, E.D., 1999. Transmissible spongiform encephalopathies in humans. Annu. Rev. Microbiol. 53, 283–314.

Brown, P., Coker-Vann, M., Pomeroy, K., et al., 1986. Diagnosis of Creutzfeldt-Jakob disease by Western blot identification. N. Engl. J. Med. 314, 547–551.

Cohen, J., Powderly, W.G., 2004. Infectious Diseases, second ed. Mosby, St Louis.

Flint, S.J., Racaniello, V.R., et al., 2015. Principles of Virology, fourth ed. American Society for Microbiology Press, Washington, DC.

Halfmann, R., Alberti, S., Lindquist, S., 2010. Prions, protein homeostasis, and phenotypic diversity. Trends. Cell. Biol. 20, 125–133.

Hsich, G., Kenney, K., Gibbs, C.J., et al., 1996. The 14-3-3 brain protein in cerebrospinal fluid as a marker for transmissible spongiform encephalopathies. N. Engl. J. Med. 335, 924–930.

Knipe, D.M., Howley, P.M., 2013. Fields Virology, sixth ed. Lippincott Williams & Wilkins, Philadelphia.

Lee, K.S., Caughey, B., 2007. A simplified recipe for prions. Proc. Natl. Acad. Sci. U S A. 104, 9551–9552.

Manson, J.C., 1999. Understanding transmission of the prion diseases. Trends. Microbiol. 7, 465–467.

Mercer, R.C., Ma, L., Watts, J.C., et al., 2013. The prion protein modulates A-type K^+ currents mediated by Kv4.2 complexes through dipeptidyl aminopeptidase-like protein 6. J. Biol. Chem. 288, 37241–37255.

Orrú, C.D., Groveman, B.R., Hughson, A.G., et al., 2015. Rapid and sensitive RT-QuIC detection of human Creutzfeldt-Jakob disease using cerebrospinal fluid. MBio. 6 (1), e0245114. https://doi.org/10.1128/mBio.02451-14.

Prusiner, S.B., 1992. Molecular biology and genetics of neurodegenerative diseases caused by prions. Adv. Virus. Res. 41, 241–280.

Prusiner, S.B., 1996. Prions, Prions, Prions. Current Topics in Microbiology and Immunology, vol. 207. Springer-Verlag, Berlin.

Prusiner, S.B., 2012. A unifying role for prions in neurodegenerative diseases. Science 336, 1511–1512.

Richman, D.D., Whitley, R.J., Hayden, F.G., 2017. *Clinical Virology*, fourth ed. American Society for Microbiology Press, Washington, DC.

Takada, L.T., Geschwind, M.D., 2013. Prion diseases. Semin. Neurol. 33, 348–356.

Websites

Centers for Disease Control and Prevention, Prion diseases. https://www.cdc.gov/prions/index.html. Accessed September 22, 2018.

CJD Foundation, https://cjdfoundation.org/info.html.

Freudenrich, C.C., How mad cow disease works. https://animals.howstuffworks.com/animal-facts/mad-cow-disease1.htm. Accessed September 22, 2018.

Genetics Home Reference: Prion disease. http://ghr.nlm.nih.gov/condition=priondisease. Accessed September 22, 2018.

National Prion Disease Pathology Surveillance Center, Homepage. www.cjdsurveillance.com/. Accessed September 22, 2018.

SEÇÃO 6

Micologia

RESUMO DA SEÇÃO
- 57 Classificação, Estrutura e Replicação de Fungos, 592
- 58 Patogênese das Doenças Fúngicas, 599
- 59 Papel dos Fungos na Doença, 609
- 60 Diagnóstico Laboratorial de Doenças Fúngicas, 611
- 61 Agentes Antifúngicos, 622
- 62 Micoses Superficiais e Cutâneas, 634
- 63 Micoses Subcutâneas, 644
- 64 Micoses Sistêmicas Causadas por Fungos Dimórficos, 654
- 65 Micoses Oportunísticas, 671
- 66 Infecções Fúngicas e Similares de Etiologia Incomum ou Incerta, 698

57 Classificação, Estrutura e Replicação de Fungos

Este capítulo fornece uma visão geral da classificação, estrutura e reprodução dos fungos. Os aspectos mais básicos, organização celular e morfologia desses microrganismos são discutidos, bem como as categorias gerais de micoses humanas. Simplificamos propositalmente a taxonomia dos fungos e a usamos para destacar os principais filos de fungos causadores de doenças em humanos: os Ascomycota (Ascomicetos), os Basidiomycota (Basidiomicetos), os Glomeromycota (Zigomicetos) e os Microspora (Microsporidia).

A importância dos fungos

Os fungos representam um grupo onipresente e diverso de microrganismos, cujo objetivo principal é degradar a matéria orgânica. Todos os fungos levam uma existência heterotrófica como sapróbios (organismos que vivem de matéria morta ou em decomposição), simbiontes (organismos que vivem juntos e nos quais a associação é de vantagem mútua), comensais (organismos que vivem em uma relação próxima em que um se beneficia do relacionamento e o outro não se beneficia nem é prejudicado), ou como parasitas (organismos que vivem sobre ou dentro de um hospedeiro dos quais derivam benefícios sem dar nenhuma contribuição útil em troca; no caso de patógenos, a relação é prejudicial para o hospedeiro).

Os fungos surgiram nas últimas duas décadas como as principais causas de doenças humanas (Tabela 57.1), principalmente entre aqueles indivíduos imunocomprometidos ou hospitalizados com doenças subjacentes graves. Entre esses grupos de pacientes, os fungos atuam como patógenos oportunistas, causando morbidade e mortalidade consideráveis. A incidência geral de micoses invasivas específicas continua a aumentar com o tempo e a lista de patógenos fúngicos oportunistas também aumenta a cada ano. Resumindo, *não existem fungos não patogênicos*! Esse aumento nas infecções fúngicas pode ser atribuído ao número cada vez maior de pacientes imunocomprometidos, incluindo pacientes transplantados, indivíduos com síndrome da imunodeficiência adquirida (AIDS), pacientes com câncer, e em quimioterapia, e aqueles indivíduos que estão hospitalizados com outras graves condições de base e que se submetem a uma variedade de procedimentos invasivos.

Taxonomia, estrutura e replicação de fungos

Os fungos são classificados em seu próprio reino, separados, no chamado Reino Fungi. Eles são microrganismos eucarióticos que se diferenciam de outros eucariotos por uma parede celular rígida composta de quitina e glucana e uma membrana celular na qual o ergosterol é substituído por colesterol como o principal componente esterol (Figura 57.1).

A taxonomia clássica dos fungos depende consideravelmente da morfologia e do modo de produção de esporos. Cada vez mais, no entanto, as características ultraestruturais e bioquímicas e as **características moleculares** são aplicadas, muitas vezes resultando em alterações na designação taxonômica original. O advento do sequenciamento rápido do ácido desoxirribonucleico (DNA) resultou

Tabela 57.1 Taxas de incidência e mortalidade de infecções fúngicas invasivas selecionadas.

Patógeno	Número de casos por ano (Incidência)	Taxas de mortalidade (% nas populações infectadas)
Espécies de *Candida*	> 700.000	46 a 75
Cryptococcus neoformans	> 1.000.000	20 a 70
Espécies de *Aspergillus*	> 300.000	30 a 95
Pneumocistose	> 400.000	20 a 80
Agentes de mucormicose	> 11.000	30 a 90
Micoses endêmicas	> 100.000	< 1 a 70
Blastomicose	~ 3.000	< 2 a 68
Coccidioidomicose	~ 20.000	< 1 a 70
Histoplasmose	~ 25.000	28 a 50
Paracoccidioidomicose	~ 4.000	5 a 27
Talaromicose (peniciliose)	> 8.000	2 a 75

Modificada de Bongomin, F., Gago, S., Oladele, R.O., Denning, D.W., 2017. Global and multinational prevalence of fungal diseases–estimate precision. J. Fungi 3, 57; Pianalto, K.M., Alspaugh, J.A., 2016. New horizons in antifungal therapy. J. Fungi 2, 26.

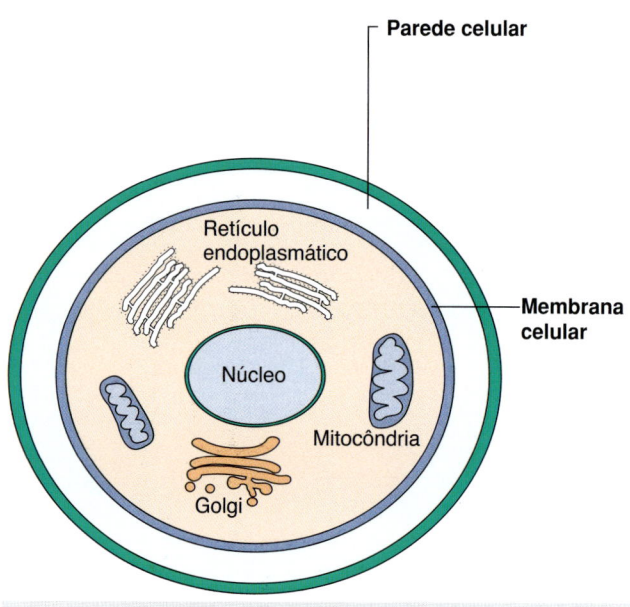

Figura 57.1 Diagrama de uma célula fúngica.

em uma revolução na taxonomia dos fungos com base em uma abordagem filogenética para o reconhecimento de espécies que se baseia na análise comparativa de caracteres variáveis dos ácidos nucleicos para definir uma espécie de fungo. Desse modo, uma espécie é definida como um grupo de microrganismos que compartilham a concordância de múltiplas genealogias de genes (sequências de DNA em diferentes localizações de genes), em vez de organismos que compartilham uma morfologia comum ou que podem se acasalar.

Os fungos podem ser unicelulares ou multicelulares. O agrupamento mais simples, baseado na morfologia, une os fungos em **leveduras** ou **fungos filamentosos**. Uma levedura pode ser definida, morfologicamente, como uma célula que se reproduz por brotamento ou por fissão (Figura 57.2), na qual um progenitor ou célula-"mãe" destaca uma porção de si mesma para produzir uma célula descendente ou "filha". As células-filhas podem se alongar para formar **pseudo-hifas** semelhantes a salsichas. As leveduras são geralmente unicelulares e produzem colônias arredondadas, pastosas ou mucoides em ágar. Os fungos filamentosos, por outro lado, são organismos multicelulares que consistem em estruturas tubulares filiformes, denominadas **hifas** (ver Figura 57.2), que se alongam em suas pontas por um processo conhecido como **extensão apical**. As hifas são **cenocíticas** (ocas e multinucleadas) ou septadas (divididas por partições ou paredes transversais) (ver Figura 57.2). As hifas se formam juntas para produzir uma estrutura semelhante a uma esteira ou tapete denominada **micélio**. As colônias formadas por fungos filamentosos são frequentemente descritas como **filamentosas**, **algodonosas** ou **pulverulentas**. Quando crescem em ágar ou outras superfícies sólidas, os fungos filamentosos produzem hifas, denominadas **hifas vegetativas**, que crescem na superfície do meio de cultura ou abaixo dela, e hifas que se projetam acima da superfície do meio (**hifas aéreas**). As hifas aéreas podem produzir estruturas especializadas conhecidas como **conídios** (elementos reprodutivos assexuados) (Figura 57.3). Os conídios podem ser produzidos por um processo blástico (brotamento) ou tálico, no qual segmentos de hifas se fragmentam em células ou **artroconídios**. Os conídios são facilmente transportados pelo ar e servem para disseminar o fungo. O tamanho, a forma e certas características de desenvolvimento dos conídios são usados como um meio de identificar gêneros e espécies dos fungos. **Dimórficos** é a denominação dada a muitos fungos de importância médica porque podem existir tanto na forma de levedura quanto na forma filamentosa.

A maioria dos fungos exibe respiração aeróbia, embora alguns sejam facultativamente anaeróbios (fermentadores) e outros sejam estritamente anaeróbios. Metabolicamente, fungos são heterotróficos e bioquimicamente versáteis, produzindo tanto os metabólitos primários (p. ex., ácido cítrico, etanol, glicerol) como os secundários (p. ex., antibacterianos [penicilina], alcaloides do ergot, aflatoxinas). Em relação às bactérias, os fungos têm crescimento lento, com tempos de duplicação celular em termos de horas em vez de minutos.

Um esquema taxonômico simplificado listando os quatro principais táxons de fungos de importância médica é mostrado na Tabela 57.2. Das centenas de milhares de fungos diferentes estimados, sabe-se que menos de 500 causam doenças em humanos, embora esse número pareça estar aumentando.

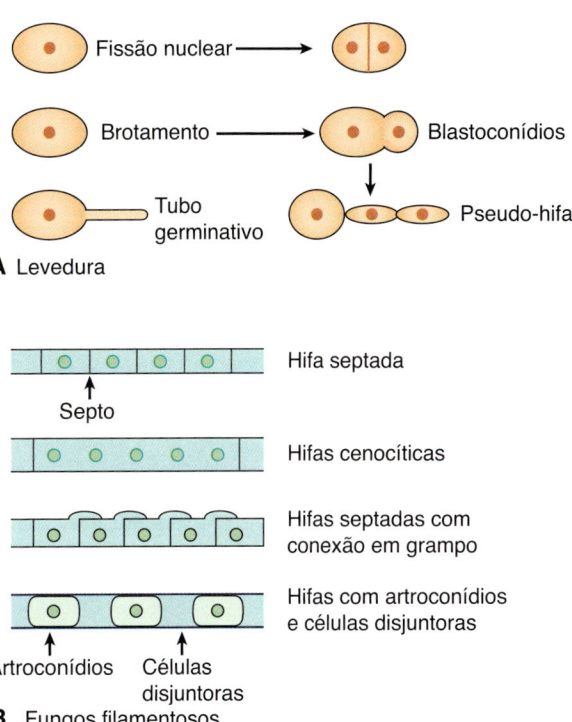

Figura 57.2 Morfologia da célula fúngica. **A.** Células de levedura se reproduzindo por fissão nuclear e por formação de blastoconídios. O alongamento de células de levedura em brotamento para formar pseudo-hifas é mostrado, assim como a formação de um tubo germinativo. **B.** Tipos de hifas visualizados com vários fungos filamentosos.

Os fungos se reproduzem pela formação de esporos que podem ser sexuais (envolvendo meiose, precedida pela fusão do protoplasma e núcleos de dois tipos de acasalamento ou *mating types* compatíveis) ou assexuais (envolvendo apenas mitose). Os fungos pertencentes aos filos Ascomycota, Basidiomycota, Glomeromycota e Microspora produzem esporos sexuados e assexuados (Tabela 57.3). A forma do fungo que produz esporos sexuados é denominada **teleomorfo** e a forma que produz esporos assexuados é denominada **anamorfo**. O fato de o teleomorfo e o anamorfo do mesmo fungo terem nomes diferentes (p. ex., *Ajellomyces capsulatum* [teleomorfo] e *Histoplasma capsulatum* [anamorfo]) é uma fonte de confusão para os não micologistas.

Diante dessa confusão e para reconhecer o efeito da taxonomia molecular, o código da nomenclatura micológica foi modificado para aplicar uma política na qual um dado fungo terá apenas um nome; não será mais necessário fornecer nomes diferentes para morfologias diferentes do mesmo fungo. Todos os nomes legítimos propostos para uma espécie podem servir como o nome correto para essa espécie. Atualmente, é permitido referir-se a um fungo por sua designação assexuada se essa for a forma geralmente obtida em cultura. Por exemplo, *H. capsulatum* é o anamorfo do ascomiceto *A. capsulatum*. O anamorfo é o estágio mais frequentemente encontrado na cultura e somente em certas condições especiais o estágio sexuado é formado. Assim, o isolado clínico é conhecido como *H. capsulatum*.

Os esporos assexuados consistem em dois tipos gerais: **esporangiósporos** e **conídios**. Esporangiósporos são esporos assexuados produzidos em uma estrutura de contenção ou **esporângios** (ver Figura 57.3) e são característicos de gêneros pertencentes aos Mucorales, como *Rhizopus* e

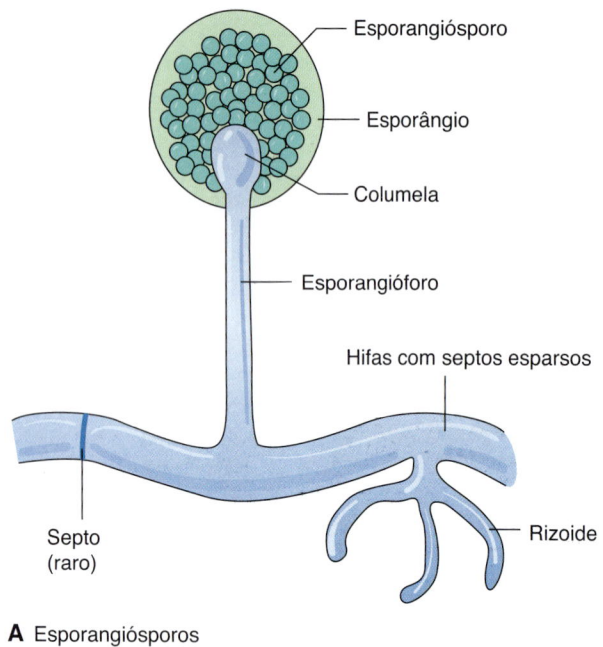

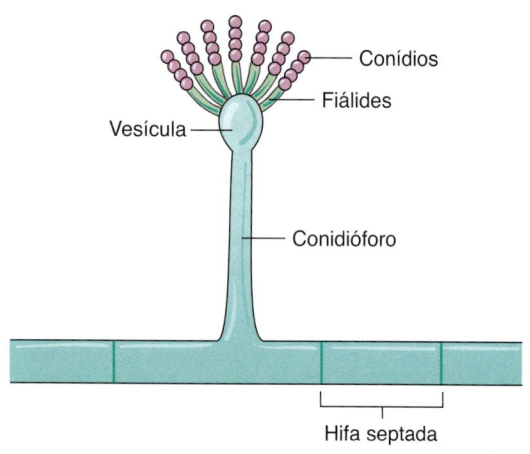

Figura 57.3 Exemplos de formação de esporos assexuados e estruturas associadas vistas com **A.** Mucorales e **B.** *Aspergillus* spp.

Mucor spp. Os conídios são esporos assexuados que nascem desnudos em estruturas especializadas, como visto em *Aspergillus* spp. (ver Figura 57.3), *Penicillium* spp. e os dermatófitos.

Ascomycota (Ascomicetos)

O filo Ascomycota contém quase 50% de todas as espécies de fungos nomeados e é responsável por ~80% dos fungos de importância médica. A reprodução sexuada leva ao desenvolvimento de ascósporos, que são produzidos em uma estrutura semelhante a uma bolsa especializada conhecida como asco. A reprodução assexuada consiste na produção de conídios, a partir de uma célula geradora ou conidiogênica.

O filo Ascomycota consiste em quatro classes de importância médica: Pneumocystidomycetes, Saccharomycetes, Eurotiomycetes e Sordariomycetes. A classe Pneumocystidomycetes contém o gênero *Pneumocystis*, que anteriormente era classificado como um protozoário, porém atualmente pertence ao Reino Fungi com base em comparações de sequência de genes. A classe Saccharomycetes contém as leveduras dos ascomicetos, enquanto os Eurotiomycetes e os Sordariomycetes contêm os ascomicetos filamentosos.

Pneumocystidomycetes: Esta é uma nova classe recentemente descrita para incluir um organismo, *Pneumocystis carinii*, anteriormente considerado um protozoário. A reclassificação de *Pneumocystis* foi baseada em evidências moleculares de que era mais relacionado com o ascomiceto *Schizosaccharomyces pombe*. Outros estudos moleculares resultaram na denominação de cepas de origem humana, como *P. jirovecii*. O microrganismo existe em forma trófica vegetativa que se reproduz assexuadamente por fissão binária. A fusão de tipos de acasalamento compatíveis resulta em um cisto esférico ou uma caixa de esporos, que na maturidade contém oito esporos.

Saccharomycetes: A classe dos Saccharomycetes contém as leveduras dos ascomicetos (ordem Saccharomycetales), caracterizadas por células de levedura vegetativas que proliferam por brotamento ou fissão (ver Figura 57.2A). Muitos membros da ordem Saccharomycetales têm um estágio anamórfico pertencente ao gênero *Candida* (ver Tabela 57.2). Esse gênero, que consiste em aproximadamente 200 espécies anamórficas, apresenta teleomorfos em mais de dez gêneros diferentes, incluindo *Clavispora*, *Debaryomyces*, *Issatchenkia*, *Kluyveromyces* e *Pichia*. Sob o conceito de "um fungo, um nome", muitos deles serão renomeados.

Eurotiomycetes: Na classe dos Eurotiomycetes, a reprodução sexuada leva à formação de um saco de parede delgada ou asco, que contém os ascósporos haploides. Essa classe tem sete ordens que incluem espécies patogênicas para humanos. Entre as mais importantes estão: a ordem Onygenales, que contém os dermatófitos e uma série de patógenos sistêmicos dimórficos (incluindo *H. capsulatum* e *Blastomyces dermatitidis*), e a ordem Eurotiales, que contém os teleomorfos dos gêneros anamórficos *Aspergillus* e *Penicillium*.

Sordariomycetes: Na classe Sordariomycetes, a ordem Hypocreales contém os teleomorfos do gênero anamórfico *Fusarium*, e a ordem Microascales contém os teleomorfos (*Pseudallescheria*) do gênero anamórfico *Scedosporium* (ver Tabela 57.2). Além disso, os teleomorfos de numerosos fungos melanizados (demáceos) de importância médica pertencem a ordens desta classe.

Basidiomycota (Basidiomicetos)

A maioria dos membros do grupo dos Basidiomicetos tem uma forma filamentosa distinta, mas alguns são leveduras típicas. A reprodução sexuada leva à formação de basidiósporos haploides na parte externa de uma célula generativa denominada **basídio**. Os patógenos humanos mais proeminentes no filo Basidiomycetes são as leveduras dos basidiomicetos com estágios anamórficos pertencentes aos gêneros *Cryptococcus*, *Malassezia* e

Tabela 57.2 Fungos de importância médica (Reino Fungi).

Designação taxonômica	Gêneros representativos	Doença em humanos
FILO: GLOMEROMYCOTA (ZIGOMICETOS)		
Ordem: Mucorales	*Rhizopus, Mucor, Lichtheimia, Saksenaea*	Mucormicose: oportunística em pacientes com diabetes, leucemia, queimaduras graves ou desnutrição; infecções rinocerebrais
Ordem: Entomophthorales	*Basidiobolus, Conidiobolus*	Entomoftoromicose: infecções subcutâneas e gastrintestinais
FILO: BASIDIOMYCOTA (BASIDIOMICETOS)	Teleomorfos das espécies de *Cryptococcus, Malassezia* e *Trichosporon*	Criptococose e numerosas micoses
FILO: ASCOMYCOTA (ASCOMICETOS)		
Classe: Pneumocystidomycetes	*Pneumocystis jirovecii*	Pneumonia por *Pneumocystis*
Classe: Saccharomycetes	Teleomorfos de espécies de *Candida; Saccharomyces*	Várias micoses
Classe: Eurotiomycetes Ordem: Onygenales	*Arthroderma* (teleomorfos de *Trichophyton* e *Microsporum*); *Ajellomyces* (teleomorfos de espécies de *Blastomyces* e *Histoplasma*)	Dermatofitoses; micoses sistêmicas
Ordem: Eurotiales	Teleomorfos de espécies de *Aspergillus*	Aspergilose
Classe: Sordariomycetes Ordem: Hypocreales	Teleomorfos de espécies de *Fusarium*	Ceratite e outras micoses invasivas
Ordem: Microascales	*Pseudallescheria* (teleomorfo de espécies de *Scedosporium*)	Pneumonia, micetoma e micoses invasivas
FILO: MICROSPORA (MICROSPORIDIA)	*Encephalitozoon, Enterocytozoon, Nosema, Trachipleistophora*	Ceratoconjuntivite, sinusite, pneumonite, diarreia, encefalite, infecção disseminada

Modificada de Brandt, M.E., Warnock, D.W., 2015. Taxonomy and classification of fungi. In: Jorgensen, J.H., et al. (Eds.), 2015. Manual of Clinical Microbiology, eleventh ed. American Society for Microbiology Press, Washington, DC.

Tabela 57.3 Características biológicas, morfológicas e reprodutivas de fungos patogênicos.

Grupo de microrganismo	Gêneros representativos	Morfologia	Reprodução
Mucormycetes	*Rhizopus, Mucor, Lichtheimia, Basidiobolus*	Hifas cenocíticas largas, de paredes finas, 6 a 25 μm com lados não paralelos; esporos contidos no esporângio; estruturas semelhantes a raízes chamadas *rizoides*, características de alguns gêneros	Assexuada: produção de esporangiósporos dentro do esporângio Sexuada: produção de zigósporos formados pela fusão de tipos de acasalamento (*mating types*) compatíveis
Basidiomycetes	Leveduras de basidiomicetos anamórficos (*Cryptococcus, Malassezia, Trichosporon*)	Leveduras com brotamento, hifas e artroconídios Hifas que produzem basidiósporos (não vistos na natureza ou em pacientes) Hifas com conexões de grampo	Assexuada: produção de conídios por brotamento de uma célula-mãe ou dentro de um fragmento de hifa Sexuada: fusão de núcleos compatíveis seguida por meiose para formar basidiósporos ou não identificada
Pneumocystidomycetes	*Pneumocystis jirovecii*	Formas tróficas e estruturas semelhantes a cistos	Assexuada: fissão binária Sexuada: fusão de tipos de acasalamento compatíveis para formar o zigoto; compartimentalização de esporos dentro do cisto
Saccharomycetes	*Candida* e *Saccharomyces*	Leveduras em brotamento e hifas, pseudo-hifas	Assexuada: produção de conídios por brotamento a partir de uma célula-mãe Sexuada: não vista ou por conjugação entre duas células individuais ou por conjugação da "mãe-broto"
Eurotiomycetes	Espécies de dermatófitos, *Blastomyces, Histoplasma, Aspergillus, Fusarium* e *Scedosporium*	Leveduras em brotamento, hifas septadas, conídios assexuados derivados de estruturas especializadas	Assexuada: produção de conídios por brotamento de uma célula-mãe Sexuada: ascósporos produzidos em uma estrutura especializada chamada *asco* ou não observada

Trichosporon. O gênero *Cryptococcus*, que contém mais de 30 espécies diferentes, conta com teleomorfos (estágios sexuais) que foram atribuídos aos gêneros *Filobasidium* e *Filobasidiella*.

Os basidiomicetos filamentosos são cada vez mais reconhecidos como agentes de infecções fúngicas oportunísticas. Na cultura, esses microrganismos frequentemente produzem colônias brancas estéreis de crescimento rápido com **conexões em grampo** (ver Figura 57.2B), que são excrescências de hifas que formam um desvio ao redor do septo para facilitar a migração de um núcleo. Enquanto a maioria dos basidiomicetos filamentosos são fungos apodrecedores de madeira, a causa de infecção em humanos mais frequentemente relatada é o fungo *Schizophyllum commune*.

Glomeromycota (Mucormycetes, anteriormente Zygomycetes ou Zigomicetos)

Os Glomeromycota (Mucormycetes) incluem fungos filamentosos com hifas cenocíticas largas e esparsamente septadas. O subfilo Mucoromycotina foi proposto para acomodar a ordem **Mucorales** e o subfilo Entomophthoromycotina inclui os **Entomophthorales**. Esses fungos produzem **zigósporos sexuais** após a fusão de dois tipos de acasalamento (*mating type*) compatíveis. Os esporos assexuados da ordem Mucorales (ver Figura 57.3) estão contidos em um esporângio (esporangiósporos). Os esporângios nascem nas pontas dos esporangióforos semelhantes a talos que terminam em um inchaço bulboso chamado **columela** (ver Figura 57.3). A presença de estruturas semelhantes a raízes, denominadas **rizoides**, é útil na identificação de gêneros específicos dentro dos Mucorales. A ordem Mucorales é a mais importante clinicamente e inclui os gêneros *Lichtheimia* (anteriormente *Absidia*), *Mucor*, *Rhizopus* e *Rhizomucor*. A outra ordem, a Entomophthorales, é menos comum e inclui os gêneros *Basidiobolus* e *Conidiobolus*. Esses microrganismos causam mucormicose subcutânea tropical. Os esporos assexuados são carregados isoladamente em esporóforos curtos e são ejetados à força quando maduros.

Microspora (Microsporidia)

Microsporidia é um filo de eucariotos intracelulares obrigatórios, unicelulares e formadores de esporos. Anteriormente categorizados como protistas, os organismos do filo Microspora foram recentemente atribuídos ao Reino Fungi com base em estudos genéticos, indicando que esses organismos eram derivados de um ancestral quitrídio endoparasita do ramo divergente mais antigo da árvore filogenética do fungo. Além disso, características estruturais dos organismos, como a presença de quitina na parede dos esporos, núcleos diplocarióticos e placas elétron-densas do fuso associadas ao envelope nuclear, sugerem uma possível relação entre fungos e microsporídios. Por outro lado, o ciclo de vida dos microsporídios é único e diferente de qualquer outra espécie de fungo. Mais de 200 gêneros de microsporídios e 1.500 espécies que são patogênicas em todos os principais grupos de animais foram identificados. Atualmente, nove gêneros diferentes estão envolvidos como fonte de infecções em humanos (*Anncaliia*, *Encephalitozoon*, *Endoreticulatus*, *Enterocytozoon*, *Nosema*, *Pleistophora*, *Vittaforma*, *Tubulinosema* e *Trachipleistophora*) e microsporídios não classificados que foram atribuídos ao grupo coletivo *Microsporidium*.

Classificação das micoses humanas

Além da classificação taxonômica formal dos fungos, as infecções fúngicas podem ser classificadas de acordo com os tecidos infectados e por características específicas dos grupos de microrganismos. Essas classificações incluem as micoses superficiais, cutâneas e subcutâneas; as endêmicas e as oportunísticas (Tabela 57.4).

MICOSES SUPERFICIAIS

As micoses superficiais são aquelas infecções que se limitam às áreas mais superficiais da pele e do cabelo. Elas são não destrutivas e de importância cosmética apenas. A infecção clínica denominada **pitiríase versicolor** é caracterizada por descoloração ou despigmentação e descamação da pele. **Tinea nigra** refere-se a manchas maculares pigmentadas de cor marrom ou preta localizadas principalmente nas palmas das mãos. Os grupos clínicos da piedra negra e branca envolvem os cabelos e são caracterizados por nódulos compostos por hifas que envolvem a haste capilar. Os fungos associados a essas infecções superficiais incluem *Malassezia furfur*, *Hortaea werneckii*, *Piedraia hortae* e *Trichosporon* spp.

MICOSES CUTÂNEAS

As micoses cutâneas são infecções da camada queratinizada da pele, cabelos e unhas. Essas infecções podem provocar uma resposta do hospedeiro e se tornar sintomáticas. Os sinais e sintomas incluem prurido, descamação, cabelos quebradiços, manchas na pele em forma de anel e unhas espessas e descoloridas. Dermatófitos são fungos classificados nos gêneros *Trichophyton*, *Epidermophyton* e *Microsporum*. As infecções da pele que envolvem esses organismos são chamadas de **dermatofitoses**. **Tinea unguium** refere-se a infecções dos dedos dos pés relacionadas com esses agentes. As onicomicoses incluem infecções das unhas causadas por dermatófitos, bem como fungos não dermatofíticos, como *Candida* spp. e *Aspergillus* spp.

MICOSES SUBCUTÂNEAS

As micoses subcutâneas envolvem as camadas mais profundas da pele, incluindo a camada córnea, o músculo e tecido conjuntivo, e são causadas por um amplo espectro de fungos taxonomicamente diversos. Os fungos obtêm acesso aos tecidos mais profundos geralmente por inoculação traumática, em que permanecem localizados, causando a formação de abscessos, úlceras não cicatrizantes e fístulas drenantes. O sistema imune do hospedeiro reconhece os fungos, resultando em destruição variável do tecido e frequentemente hiperplasia epiteliomatosa. As infecções podem ser causadas por fungos filamentosos

Tabela 57.4 Classificação das micoses humanas e agentes etiológicos representativos.

Micoses superficiais	Micoses cutâneas e subcutâneas	Micoses endêmicas	Micoses oportunísticas

Piedra negra:
  Piedraia hortae
Tinea nigra:
  Hortae werneckii
Pitiríase versicolor:
  Malassezia furfur
Piedra branca:
  Trichosporon spp.
	Dermatofitoses:
	  Microsporum spp.
	  Trichophyton spp.
	  Epidermophyton floccosum
	Tinea unguium:
	  Trichophyton spp.
	  E. floccosum
	Onicomicose:
	  Candida spp.
	  Aspergillus spp.
	  Trichosporon spp.
	  Geotrichum spp.
	Ceratite micótica:
	  Fusarium spp.
	  Aspergillus spp.
	  Candida spp.
	Cromoblastomicose:
	  Fonsecaea spp.
	  Phialophora spp.
		Blastomicose:
		  Blastomyces dermatitidis
		Histoplasmose:
		  Histoplasma capsulatum
		Coccidioidomicose:
		  Coccidioides immitis/posadasii
		Peniciliose:
		  Talaromyces (Penicillium) marneffei
		Paracoccidioidomicose:
		  Paracoccidioides brasiliensis
		Emonsíase
		Emergomicose:
		  Emergomyces pasteurianus
		  E. africanus
			Aspergilose:
			  Aspergillus fumigatus
			  A. flavus
			  A. niger
			  A. terreus
			Candidíase:
			  Candida albicans
			  C. glabrata
			  C. parapsilosis
			  C. tropicalis
			Criptococose:
			  Cryptococcus neoformans
			Tricosporonose:
			  Trichosporon spp.
			Hialo-hifomicose:
			  Acremonium spp.
			  Fusarium spp.
			  Paecilomyces spp.
			  Scedosporium spp.
			Mucormicose:
			  Rhizopus spp.
			  Mucor spp.
			  Lichtheimia corymbifera
			Feo-hifomicose:
			  Alternaria spp.
			  Curvularia spp.
			  Bipolaris spp.
			  Exophiala spp.
			Pneumocistose:
			  Pneumocystis jirovecii
			  Microsporidiose

hialinos, como *Acremonium* spp., *Sarocladium* spp. e *Fusarium* spp., e por fungos pigmentados ou demáceos, como *Alternaria* spp., *Cladosporium* spp. e *Exophiala* spp. (feo-hifomicoses, cromoblastomicoses). As micoses subcutâneas tendem a permanecer localizadas e raramente se disseminam sistemicamente.

MICOSES ENDÊMICAS

As micoses endêmicas são infecções fúngicas causadas pelos patógenos fúngicos dimórficos clássicos *H. capsulatum*, *B. dermatitidis*, *Emergomyces pasteurianus* (anteriormente *Emmonsia pasteuriana*), *E. africanus*, *Coccidioides immitis*, *C. posadasii*, *Paracoccidioides brasiliensis* e *Talaromyces (Penicillium) marneffei*. Esses fungos apresentam dimorfismo térmico (existem como leveduras ou esférulas a 37°C e fungos filamentosos a 25°C) e geralmente estão confinados a regiões geográficas onde ocupam nichos ambientais ou ecológicos específicos. As micoses endêmicas são frequentemente chamadas de **micoses sistêmicas** porque esses microrganismos são verdadeiros patógenos e podem causar infecção em indivíduos saudáveis. Todos esses agentes produzem uma infecção primária no pulmão, com disseminação subsequente para outros órgãos e tecidos.

MICOSES OPORTUNÍSTICAS

As micoses oportunísticas são infecções atribuíveis a fungos normalmente encontrados como comensais humanos ou no meio ambiente. Com exceção de *Cryptococcus neoformans* e *C. gattii*, esses organismos exibem virulência inerentemente baixa ou limitada e causam infecção em indivíduos debilitados, imunossuprimidos ou que carregam dispositivos protéticos implantados ou cateteres vasculares. Praticamente qualquer fungo pode servir como um patógeno oportunista e a lista daqueles identificados como tal se torna maior a cada ano. Os patógenos fúngicos oportunistas mais comuns são as leveduras *Candida* spp. e *C. neoformans*, o fungo filamentoso *Aspergillus* spp. e o fungo *P. jirovecii*. Em razão de sua virulência inerente, *C. neoformans* é frequentemente considerado um patógeno "sistêmico". Embora possa causar infecção em indivíduos imunologicamente hígidos, ele é claramente visto com mais frequência como patógeno oportunista na população imunocomprometida.

Resumo

Com o número cada vez maior de indivíduos em risco de infecção fúngica, é imperativo que os médicos "pensem em fungos" ao enfrentar uma infecção suspeita. A lista de patógenos fúngicos documentados é extensa e não se pode mais ignorar ou descartar fungos como "contaminantes" ou clinicamente insignificantes quando isolados de material clínico. Também é aparente que o prognóstico e a resposta à terapia podem variar com o tipo de fungo que causa infecção e com o estado imunológico do hospedeiro. Desse modo, os médicos devem se familiarizar com os vários fungos, suas características epidemiológicas e patogênicas e as abordagens ideais para o diagnóstico e a terapia. Essas questões serão discutidas em detalhes nos capítulos subsequentes, de acordo com o esquema de classificação mostrado na Tabela 57.4.

Bibliografia

Brandt, M.E., Warnock, D.W., 2011. Taxonomy and classification of fungi. In: Versalovic, J., et al. (Ed.), Manual of Clinical Microbiology, tenth ed. American Society for Microbiology Press, Washington, DC.

Brandt, M.E., Park, B.J., 2013. Think fungus-prevention and control of fungal infections. Emerg. Infect. Dis. 19, 1688–1689.

Bongomin, F., Gago, S., Oladele, R.O., Denning, D.W., 2017. Global and multi-national prevalence of fungal diseases–estimate precision. J. Fungi. 3, 57. https://doi.org/10.3390/jof3040057.

De Hoog, G.S., Chaturvedi, V., Denning, D.W., et al., 2015. Name changes in medically important fungi and their implications for clinical practice. J. Clin. Microbiol. 53, 1056–1062.

Hawksworth, D.L., Crous, P.W., Dianese, J.C., et al., 2011. The Amsterdam declaration on fungal nomenclature. IMA Fungus 2, 105–112.

58 Patogênese das Doenças Fúngicas

Embora se saiba muito a respeito da base molecular e genética da patogênese bacteriana e viral, a nossa compreensão sobre a das infecções fúngicas é limitada. Comparativamente, poucos fungos são suficientemente virulentos para serem considerados **patógenos primários** (Tabela 58.1). Os patógenos primários são capazes de iniciar a infecção em um hospedeiro normal, aparentemente imunocompetente. Eles são capazes de colonizar o hospedeiro, encontrar nichos microambientais adequados com substratos nutricionais suficientes, evitar ou subverter os mecanismos normais de defesa do hospedeiro e então multiplicar-se dentro do nicho microambiental. Entre os patógenos fúngicos primários reconhecidos estão quatro fungos ascomicetos, os patógenos dimórficos endêmicos *Blastomyces dermatitidis*, *Coccidioides immitis* (e *Coccidioides posadasii*), *Histoplasma capsulatum* e *Paracoccidioides brasiliensis*. Cada um desses microrganismos apresenta fatores de virulência putativos que torna possível a cada um deles romper ativamente as defesas do hospedeiro que normalmente restringem o crescimento invasivo de outros microrganismos (ver Tabela 58.1). Quando um grande número de conídios, de qualquer um desses quatro fungos, é inalado por humanos, mesmo que esses indivíduos sejam hígidos e imunocompetentes, comumente ocorrem: infecção, colonização, invasão de tecidos e disseminação sistêmica do patógeno. Tal como acontece com a maioria dos patógenos microbianos primários, esses fungos também podem servir como **patógenos oportunistas**, uma vez que as formas mais graves de cada micose são vistas com mais frequência em indivíduos com comprometimento de suas defesas imunológicas inatas e/ou adquiridas.

Em geral, indivíduos hígidos e imunocompetentes têm uma alta resistência inata à infecção fúngica, apesar de estarem constantemente expostos às formas infecciosas de vários fungos presentes na microbiota comensal normal (endógena) ou no ambiente (exógena). Os fungos patogênicos oportunistas, como *Candida* spp., *Cryptococcus neoformans* e *Aspergillus* spp., em geral só causam infecção quando existem rupturas nas barreiras protetoras da pele e membranas mucosas ou quando falhas no sistema imunológico do hospedeiro tornam possível que eles penetrem, colonizem e se reproduzam no hospedeiro (ver Tabela 58.1). No entanto, apesar da existência desses fungos oportunistas, há fatores associados ao microrganismo e não ao hospedeiro, que contribuem para a capacidade do fungo de causar doenças (ver Tabela 58.1).

Além de seu papel como patógeno oportunista, os fungos filamentosos podem produzir toxinas que são responsáveis por uma variedade de doenças e síndromes clínicas em humanos e animais. Essas micotoxinas são metabólitos fúngicos secundários que causam doenças, conhecidas coletivamente como **micotoxicoses**, após ingestão, inalação ou contato direto com a toxina. As micotoxicoses podem se manifestar como doença aguda ou crônica, variando de morte rápida à formação de tumor. Nesse sentido, as micotoxicoses são análogas às patologias causadas por outros "venenos", como pesticidas ou resíduos de metais pesados. A apresentação dos sintomas e a gravidade de uma micotoxicose dependem do tipo de micotoxina, da quantidade e duração da exposição e da rota de exposição, além de idade, sexo e condição de saúde do indivíduo exposto. Ademais, uma variedade de outras circunstâncias, como desnutrição, consumo abusivo de álcool, estado de doença infecciosa e outras exposições a toxinas, podem agir sinergicamente para agravar o efeito e a gravidade do envenenamento por micotoxinas.

Patógenos fúngicos primários

Todos os patógenos fúngicos sistêmicos primários são agentes de infecções respiratórias e nenhum é parasita obrigatório. Cada um tem uma **fase sapróbica** caracterizada por hifas filamentosas septadas, normalmente encontradas no solo ou na vegetação em decomposição, que produzem as células infecciosas transportadas pelo ar. Da mesma maneira, a **fase parasitária** de cada fungo é adaptada para crescer a 37°C e se reproduzir assexuadamente no nicho ambiental alternativo da mucosa respiratória do hospedeiro (ver Capítulo 64, Figura 64.1). Essa capacidade de existir em formas morfogênicas alternativas **(dimorfismo)** é uma das várias características especiais (fatores de virulência) que possibilitam a esses fungos lidar com as condições ambientais hostis do hospedeiro (ver Tabela 58.1).

BLASTOMYCES DERMATITIDIS

Como os outros patógenos fúngicos dimórficos endêmicos, *B. dermatitidis* frequentemente causa infecção respiratória autolimitada (ver Capítulo 64). No entanto, a blastomicose se diferencia das demais micoses endêmicas pela alta incidência de doença clínica, em comparação com a forma leve ou assintomática entre os indivíduos infectados em epidemias. O potencial patogênico de *B. dermatitidis* é enfatizado pela gravidade clínica da maioria dos casos esporádicos de blastomicose.

Os fatores importantes para a sobrevivência *in vivo* de *B. dermatitidis* e de qualquer um dos patógenos dimórficos endêmicos são a capacidade desse patógeno inalado de atingir os alvéolos, de sofrer transformação para uma fase alternativa (levedura ou esférula) capaz de se replicar a 37°C e de colonizar a mucosa respiratória. Após a inalação de conídios ou fragmentos de hifas de *B. dermatitidis*, os elementos da fase sapróbica do fungo presumivelmente entram em contato e aderem à camada epitelial do alvéolo e então se transformam na fase de levedura parasitária em um processo conhecido como **dimorfismo térmico**. Essa conversão de conídios (2 a 10 μm de diâmetro) para a forma de levedura que apresenta maiores dimensões (8 a 30 μm de diâmetro) oferece uma importante vantagem de sobrevivência para o fungo. Enquanto os conídios

Tabela 58.1 Características de patógenos fúngicos primários e oportunistas.

	Hábitat/infecção	Patogênese	Fatores de virulência putativos	Formas clínicas de micose
PATÓGENOS PRIMÁRIOS				
Blastomyces dermatitidis Fase sapróbica: • Micélio septado e conídios Fase parasitária: • Levedura grande, de base larga e com brotamento	Hábitat sapróbico: • Solo e detritos orgânicos • Área endêmica: sudeste dos EUA e vale dos rios Ohio-Mississippi Modos de infecção: • Inalação de conídios	Conversão de conídios inalados para leveduras; invasão de leveduras localizadas no hospedeiro induz reação inflamatória; a levedura escapa do reconhecimento por macrófagos e dissemina via corrente sanguínea	• Crescimento a 37°C • Dimorfismo térmico • Modulação das interações entre levedura e sistema imune do hospedeiro • Geração da resposta TH2 • Eliminação de WI-1	• Blastomicose pulmonar primária • Blastomicose pulmonar crônica • Blastomicose disseminada • Cutânea • Ossos, sistema geniturinário e cérebro
Coccidioides immitis (posadasii) Fase sapróbica: • Hifas septadas e artroconídios Fase parasitária: • Esférulas com endósporos	Hábitat sapróbico: • Solo do deserto: sudoeste dos EUA, México, regiões das Américas Central e do Sul Modo de infecção: • Inalação de artroconídios • Inoculação percutânea (rara)	Artroconídios inalados alcançam os alvéolos; conversão para esférula que dá origem aos endósporos; endósporos fagocitados, mas sobrevivem; grandes (60 a 100 μm) esférulas escapam da fagocitose; ambiente alcalino possibilita a sobrevivência dentro do fagossomo	• Crescimento a 37°C • Dimorfismo térmico • Resistência de conídios à morte fagocítica • Estimulação de resposta TH2 ineficiente • Produção de urease • Produção de proteinase extracelular • Mimetismo molecular	• Infecção pulmonar inicial • Coccidioidomicose pulmonar crônica • Coccidioidomicose disseminada • Meningite • Ossos e articulações • Geniturinária • Cutânea • Oftálmica
Histoplasma capsulatum Fase sapróbica: • Hifas septadas, microconídios e macroconídios tuberculados Fase parasitária: • Levedura pequena, intracelular, com brotamento	Hábitat sapróbico: • Solo enriquecido com guano de aves/morcego • Metade leste dos EUA, a maioria da América Latina, partes da Ásia, Europa, Oriente Médio; var. *duboisii* ocorre na África Modo de infecção: • Inalação de conídios	Conídios inalados convertidos em levedura; levedura ingerida por macrófagos; sobrevivem e proliferam dentro do fagossomo; algumas leveduras permanecem dormentes dentro de macrófagos, outras proliferam e matam os macrófagos, liberando as células-filhas	• Crescimento a 37°C • Dimorfismo térmico • Sobrevivência em macrófagos • Modulação do pH do fagossomo • Absorção de ferro e cálcio • Alteração da composição do envoltório celular	• Clinicamente pulmonar assintomática e disseminação "críptica" • Histoplasmose pulmonar aguda • Mediastinite e pericardite • Histoplasmose pulmonar crônica • Mucocutânea • Disseminada
Paracoccidioides brasiliensis Fase sapróbica: • Hifas septadas, conídios Fase parasitária: • Levedura com múltiplos brotamentos	Hábitat sapróbico: • Solo e vegetação • Américas Central e do Sul Modo de infecção: • Inalação de conídios	Conídios inalados convertidos em leveduras grandes com brotamentos multipolares; ingeridos, mas não eliminados por macrófagos; podem permanecer dormentes por até 40 anos. Disseminam para a mucosa oral e nasofaríngea	• Crescimento a 37°C • Dimorfismo térmico • Sobrevivência intracelular • Influências hormonais • Alteração do envoltório celular • Resposta TH2 ineficaz para gp43	• Diversas manifestações clínicas • Comprometimento crônico de um único órgão • Envolvimento multifocal crônico (pulmões, boca, nariz) • Doença juvenil progressiva: comprometimento dos linfonodos, pele e vísceras
PATÓGENOS OPORTUNISTAS				
Espécies de *Candida* Fases sapróbicas e parasitárias são as mesmas: leveduras com brotamentos, hifas, pseudo-hifas	Hábitat sapróbico: • Mucosa gastrintestinal mucosa vaginal, pele, unhas Modo de infecção: • Translocação gastrintestinal • Cateteres intravasculares	Crescimento exagerado na mucosa com invasão subsequente; barreira das mucosas geralmente prejudicada; disseminação hematogênica; transmissão das mãos de profissionais da saúde para o ponto central do cateter; colonização do cateter e disseminação hematogênica	• Crescimento a 37°C • Transição brotamento-hifa • Aderência • Hidrofobicidade da superfície celular • Mananas da parede celular • Proteases e fosfolipases • Mudança fenotípica	• Colonização simples da mucosa • Candidíase mucocutânea • Candidíase oral/vaginal • Disseminação hematogênica • Candidíase hepatoesplênica • Endoftalmite
Cryptococcus neoformans Fases sapróbicas e parasitárias são as mesmas: levedura encapsulada com brotamento	Hábitat sapróbico: • Solo enriquecido com guano de aves (pombo) Modo de infecção: • Inalação de leveduras aerossolizadas • Inoculação percutânea	Células de leveduras inaladas ingeridas por macrófagos; sobrevivência intracelular; a cápsula inibe a fagocitose; a cápsula e a melanina protegem da lesão oxidativa; disseminação hematogênica e linfática para o cérebro	• Crescimento a 37°C • Cápsula de polissacarídio • Melanina • Tipo de acasalamento-alfa (*alpha-mating type*)	• Pneumonia criptocócica primária • Meningite • Disseminação hematogênica • Criptococose geniturinário (próstata) • Criptococose cutânea primária

Continua

Tabela 58.1 Características de patógenos fúngicos primários e oportunistas. *(continuação)*

	Hábitat/infecção	Patogênese	Fatores de virulência putativos	Formas clínicas de micose
Aspergillus spp. Fase sapróbica: ■ Micélio septado, cabeças conidiais e conídios Fase parasitária: ■ Micélio septado; conídios e cabeças conidiais geralmente observados apenas nas lesões cavitárias	Hábitat sapróbico: ■ Solo, plantas, água, pimenta, ar Modo de infecção: ■ Inalação de conídios ■ Transferência para feridas via curativos/ esparadrapos contaminados	Os conídios inalados ligam-se ao fibrinogênio e à laminina no alvéolo; conídios germinam e as hifas secretam proteases e invadem o epitélio; a invasão vascular resulta em trombose e infarto de tecidos; disseminação hematogênica	■ Crescimento a 37°C ■ Ligação ao fibrinogênio e laminina ■ Secreção de elastase e proteases ■ Catalase ■ Gliotoxina (?) e outras micotoxinas	■ Aspergilose broncopulmonar alérgica ■ Sinusite ■ Aspergiloma ■ Aspergilose invasiva ■ Pulmão ■ Cérebro ■ Pele ■ Gastrintestinal ■ Coração

De Cole, G.T., 2003. Fungal pathogenesis. In: Anaissie, E.J., McGinnis, M.R., Pfaller, M.A., (Eds.), Clinical Mycology. Churchill Livingstone, New York.

são pequenos o bastante para serem facilmente ingeridos e mortos pelos neutrófilos humanos, as células de leveduras são capazes de resistir ao ataque fagocítico de neutrófilos e células mononucleares durante os estágios iniciais da resposta inflamatória. Em vez de se adaptar ao microambiente intracelular de fagolisossomos como *H. capsulatum*, as células leveduriformes de *B. dermatitidis* liberam seu antígeno imunodominante da superfície celular e, subsequentemente, modificam sua composição de envoltório celular, possibilitando que escapem do reconhecimento por macrófagos. Assim, eles são capazes de colonizar tecidos e se disseminar pela corrente sanguínea.

Modulação das interações entre leveduras e o sistema imunológico do hospedeiro

A principal porção imunorreativa presente na superfície das células leveduriformes, mas não nos conídios de *B. dermatitidis*, é uma glicoproteína de envoltório celular de 120 kDa, a BAD1 (anteriormente WI-1). Essa glicoproteína parece desempenhar um papel fundamental na patogênese de *B. dermatitidis*, na medida em que promove a adesão da célula leveduriforme aos macrófagos e induz uma resposta potente dos sistemas imunes humoral e celular. A BAD1 é expressa por todos os isolados virulentos de *B. dermatitidis* examinados até agora. As cepas *knockout* de BAD1 são não patogênicas em modelos murinos de infecção, ressaltando o papel proeminente de BAD1 na patogenicidade de *B. dermatitidis*.

Além de seu papel na adesão, a BAD1 demonstrou modular a imunidade do hospedeiro no início do curso da infecção, facilitando o estabelecimento de *B. dermatitidis* no pulmão. A BAD1 interfere na imunidade do hospedeiro ao bloquear a produção da citocina pró-inflamatória, fator de necrose tumoral (TNF)-α, por macrófagos e neutrófilos, por meio de mecanismos dependentes e independentes do fator de crescimento transformador (TGF)-β. A BAD1 exibida na superfície de células leveduriformes de *B. dermatitidis* induz a produção de TGF-β por fagócitos, o que suprime a produção de TNF-α. Por outro lado, a BAD1 solúvel é liberada de células leveduriformes nos alvéolos pulmonares *in vivo* e suprime a produção de TNF-α, mas de uma maneira que é independente de TGF-β.

Parece que cepas mutantes avirulentas de *B. dermatitidis* com altos níveis de expressão de BAD1 em sua superfície celular são reconhecidas por macrófagos, fagocitadas e rapidamente eliminadas do hospedeiro. Em contraste, cepas virulentas desse fungo liberam grandes quantidades de BAD1 durante o crescimento e, por meio desse processo, são capazes de evitar o reconhecimento por macrófagos.

A apresentação de BAD1 quer permaneça associada à superfície celular ou liberada no meio extracelular, é um aspecto fundamental da patogenicidade desse fungo.

Também parece que a composição de carboidratos da parede celular da levedura desempenha um papel na apresentação e na eliminação de BAD1 e, portanto, na patogenicidade. Um dos principais componentes da parede celular da célula leveduriforme é a 1,3-α-glucana. Existe uma relação inversa entre a quantidade de 1,3-α-glucana presente na parede celular de *B. dermatitidis* e a quantidade de BAD1 detectável na superfície celular. As cepas virulentas de *B. dermatitidis* produzem células leveduriformes que apresentam paredes espessas contendo grandes quantidades de 1,3-α-glucana e, quando maduras, têm a BAD1 pouco detectável em sua superfície celular. Por outro lado, as cepas avirulentas exibem paredes finas que não têm 1,3-α-glucana, mas contêm a BAD1 abundante em sua superfície. Especula-se que a incorporação de 1,3-α-glucana na parede celular mascare a glicoproteína de superfície BAD1 e tenha um papel na liberação de um antígeno modificado (componente de 85 kDa) no microambiente do sítio de infecção. Ao mascarar o antígeno BAD1, a levedura é capaz de escapar do reconhecimento por macrófagos e promover disseminação hematogênica.

A apresentação do antígeno de superfície modula a via T *helper* da resposta imune

Há diferentes subpopulações de células T CD4 *helper* (TH, T auxiliares) que secretam diferentes padrões de citocinas em resposta a um estímulo antigênico. Após um encontro inicial com um antígeno, as células TH podem se tornar polarizadas, secretando predominantemente interleucina (IL)-2 e interferona (IFN)-γ (padrão TH1) ou predominantemente IL-4, IL-5 e IL-10 (padrão TH2). IFN-γ e IL-2 ativam macrófagos e células T citotóxicas e células *natural killer* (NK), respectivamente, para eliminação de organismos intracelulares; enquanto as citocinas TH2 favorecem o crescimento e a diferenciação de células B, a mudança de isótipo para imunoglobulina (Ig)E e a diferenciação e ativação de eosinófilos, que são respostas que podem levar à proteção contra alguns patógenos, além de terem sido implicadas em reações alérgicas e de hipersensibilidade.

A resposta imune mediada por células T na infecção por *B. dermatitidis* é essencial para a imunoproteção contra esse patógeno. Camundongos imunizados com BAD1 (WI-1) desenvolvem uma resposta TH2 robusta ao antígeno. Vale salientar que, em um modelo murino experimental de blastomicose, os animais infectados que desenvolveram características de uma resposta TH2 morreram com uma infecção crônica e progressiva, enquanto os animais infectados que desenvolveram uma resposta TH1 restringiram a disseminação do patógeno e foram capazes de responder à terapia antifúngica e recuperaram-se da doença. Desse modo, uma resposta TH2 robusta pode não ser útil na eliminação da infecção por *B. dermatitidis* e pode até retardar sua eliminação. Ao liberar grandes quantidades de BAD1 solúvel, as células leveduriformes desse fungo podem ser capazes de superar os dois braços da resposta imune por meio da evasão da resposta celular e da estimulação de uma resposta humoral dominante, mas ineficaz.

COCCIDIOIDES IMMITIS

Coccidioides immitis e *C. posadasii* são patógenos primários capazes de causar uma ampla gama de manifestações clínicas da doença (ver Capítulo 64). Esses fungos são endêmicos no deserto a sudoeste dos EUA e, embora ambos demonstrem morfologias diferentes em suas fases sapróbica e parasitária, eles se distinguem dos outros fungos dimórficos endêmicos pelas características únicas da fase parasitária (ver Capítulo 64, Figura 64.1). Entre os vários fatores de virulência putativos que podem contribuir para a patogenicidade desse organismo estão a resistência dos conídios infecciosos à morte fagocítica, a capacidade de estímulo a uma resposta imune TH2 ineficaz (semelhante a *B. dermatitidis*), a produção de urease e proteinases extracelulares e a capacidade para o mimetismo molecular (ver Tabela 58.1).

Resistência de conídios à morte fagocítica

A fase sapróbica de *C. immitis* (e *C. posadasii*) consiste em hifas filamentosas septadas que, quando maduras, produzem artroconídios em forma de barril separados uns dos outros por células disjuntoras vazias (ver Capítulo 57, Figura 57.2B; Capítulo 64, Figuras 64.1D e 64,7). Os artroconídios são muito hidrofóbicos e facilmente aerossolizados. Esses conídios são pequenos o suficiente (3 a 5 µm × 2 a 4 µm) de modo que, quando inalados, podem ser transportados para o interior do sistema respiratório, frequentemente até os alvéolos. A parede externa dos conídios é composta, principalmente, por proteínas (50%), incluindo pequenos polipeptídios ricos em cisteína, conhecidos como **hidrofobinas** em razão de seus perfis hidropáticos distintos. O restante da composição da parede inclui lipídios (25%), carboidratos (12%) e um pigmento não identificado. Acredita-se que essa camada externa hidrofóbica tem propriedades antifagocíticas porque sua remoção resultou no aumento da fagocitose de artroconídios de *C. immitis* por neutrófilos polimorfonucleares (PMNs) humanos, em comparação à fagocitose de artroconídios intactos. Muito importante: nem os conídios intactos nem os com a camada de parede externa removida foram efetivamente mortos após a ingestão por PMNs. Parece que os artroconídios infecciosos de *C. immitis* têm barreiras ativas e passivas contra o ataque realizado pelas defesas inatas do hospedeiro nos pulmões.

Estimulação de uma resposta imune TH2 ineficaz por *C. immitis*

Sabe-se que todos os indivíduos com infecções causadas por *Coccidioides immitis* produzem anticorpos para uma glicoproteína predominante (SOWgp) de uma camada da parede externa das células parasitárias (esférulas). Ambos os braços da via imunológica *T helper*, TH1 e TH2, são estimulados por SOWgp. A ativação da via TH1 é conhecida por estar associada à resolução espontânea da infecção por *Coccidioides* em camundongos. Ademais, foi demonstrado que camundongos que são suscetíveis a *C. immitis* mostram uma resposta TH2 à infecção, enquanto as linhagens resistentes desenvolvem mais uma resposta TH1. Portanto, conforme o descrito para *B. dermatitidis*, as respostas TH2 para a SOWgp podem não contribuir para a eliminação de *C. immitis* e podem até ser prejudiciais no controle da infecção. As formas mais graves da coccidioidomicose são acompanhadas por uma diminuição da imunidade mediada por células e altos níveis séricos de anticorpos fixadores de complemento específicos para *C. immitis*, consistentes com uma resposta predominantemente TH2. Embora não se saiba muito sobre o perfil de citocinas em humanos durante as infecções por *Coccidioides*, as vias IL-17, TNF-α e IFN-γ são todas importantes para o controle da infecção. Desse modo, é razoável investigar quais antígenos imunodominantes de *C. immitis* induzem um aumento profundo em IL-10 e IL-4 e podem direcionar a uma resposta imune para uma via TH2. Essa imunomodulação pode contribuir para o aumento da gravidade da infecção fúngica. Pacientes com deficiências em sua resposta imune celular, seja por causa da terapia farmacológica ou por causa de uma mutação genética, parecem estar em maior risco de adquirir coccidioidomicose sintomática e/ou grave.

Produção de urease

O nicho ambiental para a forma sapróbica de *C. immitis* é o solo alcalino do deserto. Demonstrou-se que as fases sapróbica e parasitária desse organismo liberam amônia e íons de amônio quando cultivado *in vitro*, resultando em uma alcalinização do meio de cultura. Os endósporos de *C. immitis* liberam muito mais amônia/íons de amônio do que as esférulas, quando cultivados em qualquer condição ácida (pH 5,0). Foi demonstrado que os endósporos recém-liberados são circundados por um halo alcalino produzido por amônia/íons de amônio.

Os endósporos de *C. immitis* são fagocitados facilmente por macrófagos alveolares, mas uma vez ingeridos são capazes de sobreviver intracelularmente. Foi demonstrado que endósporos intracelulares viáveis são circundados por um halo alcalino em sua superfície celular, sugerindo que a produção de amônia/íons de amônio pode contribuir para a sobrevivência do patógeno dentro do fagossomo do macrófago ativado.

A capacidade de *C. immitis* de gerar um microambiente alcalino e responder à acidificação pelo aumento da quantidade de amônia/íons de amônio liberados por suas células parasitárias são características que podem contribuir para a patogênese desse fungo. Embora os detalhes da produção de amônia e como a alcalinidade da superfície celular afeta a função dos fagócitos sejam mal compreendidos, tem sido proposto que a principal fonte de amônia produzida por *C. immitis* é derivada da atividade da urease. A urease é uma metaloenzima localizada na fração citoplasmática das células microbianas; ela catalisa a hidrólise da ureia para produzir amônia e carbamato. O carbamato subsequentemente hidrolisa para produzir outra molécula de amônia. A quantidade máxima de proteína urease detectada em *C. immitis* está presente em esférulas endosporuladas, o que se correlaciona com o estágio de desenvolvimento, no qual as maiores quantidades de amônia/íon de amônio foram registradas. Juntas, essas informações sugerem que a atividade da urease contribui para a patogenicidade de *C. immitis*.

Proteinases extracelulares

Os patógenos fúngicos produzem uma variedade de proteinases ácidas, neutras e alcalinas que são ativas em uma extensa faixa de pH e exibem ampla especificidade ao substrato. Sugere-se que determinadas enzimas extracelulares secretadas por fungos possam desempenhar papéis importantes no crescimento invasivo, podendo levar à morte do hospedeiro infectado. As proteinases secretadas podem propiciar a entrada nas barreiras cutâneas e mucosas, neutralização parcial das defesas ativas do hospedeiro, transmigração das camadas endoteliais e subsequente disseminação hematogênica, levando ao estabelecimento de infecção em vários sítios anatômicos.

Coccidioides immitis, como um patógeno fúngico primário, é capaz de romper a barreira da mucosa respiratória, entrar na corrente sanguínea e/ou no sistema linfático e se disseminar para outros órgãos do corpo. Ambas as formas sapróbica (célula conidial) e parasitária do fungo expressam diversas proteinases durante o crescimento celular. A célula conidial produz uma proteinase extracelular de 36 kDa capaz de destruir o colágeno humano, elastina e hemoglobina, bem como IgG e IgA. A clivagem de imunoglobulinas secretórias por patógenos fúngicos oportunistas foi correlacionada com a capacidade desses organismos de colonizar a mucosa do hospedeiro. Acredita-se que uma proteinase alcalina de 66 kDa capaz de digerir proteínas estruturais, encontrada no tecido pulmonar, seja secretada durante todo o curso da doença causada por *C. immitis*. Todos os pacientes com coccidioidomicose produzem anticorpos dirigidos contra essa enzima e acredita-se que essa proteinase alcalina possa desempenhar um papel importante na colonização do tecido do hospedeiro e invasão por esférulas e endósporos de *C. immitis*.

Mimetismo molecular

Quando as moléculas produzidas por um microrganismo patogênico são estrutural, antigênica e funcionalmente semelhantes às moléculas do hospedeiro, essa característica é denominada **mimetismo molecular**. Em alguns casos, a infecção pode resultar na geração de anticorpos pelo hospedeiro, apresentando reação cruzada com os tecidos do hospedeiro e ocasionando uma doença de tipo autoimune. Foi demonstrado que os fungos produzem moléculas que são funcionalmente, mas não necessariamente estruturalmente, semelhantes às moléculas do hospedeiro ("mimetismo funcional"). Foram identificadas moléculas fúngicas que funcionam de maneira semelhante às integrinas, receptores do complemento e hormônios sexuais.

Uma proteína de ligação ao estrógeno foi isolada de frações citosólicas de *C. immitis*. Sabe-se que as concentrações fisiológicas de progesterona e 17-β-estradiol estimulam a taxa de crescimento de *C. immitis* e liberação de endósporos. Essa informação coincide com o reconhecimento da gravidez, principalmente no terceiro trimestre, como um importante fator de risco para a coccidioidomicose disseminada.

HISTOPLASMA CAPSULATUM

Sabe-se que a maioria das pessoas infectadas por *H. capsulatum* se recuperam sem complicações e sem terapia antifúngica específica (ver Capítulo 64). No entanto, a reativação da histoplasmose pulmonar e extrapulmonar em pacientes imunocomprometidos que originalmente apresentaram disseminação críptica do fungo é documentada em toda a literatura. A inalação de conídios do ambiente, juntamente com a falha em expelir o fungo por mecanismos mucociliares, fornece a oportunidade para os conídios inalados se transformarem em leveduras, que são ingeridas por fagócitos mononucleares. *Histoplasma capsulatum* é encontrado quase exclusivamente dentro das células hospedeiras, nas quais pode se replicar ativamente ou permanecer dormente.

Histoplasma capsulatum reside em macrófagos do hospedeiro

A conversão de conídios inalados de *H. capsulatum* em células leveduriformes é crítica para a sobrevivência do patógeno no hospedeiro e ocorre poucas horas após a infecção. Embora, teoricamente, um único conídio possa ser suficiente para estabelecer uma infecção, geralmente é presumido que um inóculo muito grande de conídios seja necessário para estabelecer a doença disseminada em um indivíduo saudável e imunocompetente. Os fagócitos que são mobilizados para o sítio da infecção são eficazes em eliminar os conídios ingeridos, mas são menos eficazes contra as leveduras.

O fato de os macrófagos serem as células hospedeiras primárias nas quais reside a fase de levedura de *H. capsulatum*, acredita-se ser uma estratégia importante para a sobrevivência e disseminação do patógeno. Leveduras de *H. capsulatum* conseguem refúgio de obstáculos extracelulares, tais como proteínas surfactantes pulmonares antimicrobianas, envolvendo a família β-integrina de receptores fagocíticos para promover a entrada em macrófagos. Além disso, as leveduras de *H. capsulatum* ocultam as β-glucanas imunoestimuladoras para evitar a ativação de receptores de sinalização, como o receptor de β-glucana, a Dectina-1. As leveduras de *H. capsulatum* neutralizam espécies reativas de oxigênio produzidas por fagócitos pela expressão de enzimas de defesa do estresse oxidativo, incluindo a superóxido dismutase e a catalase extracelular. Existem vários fatores que são considerados importantes na capacidade do fungo de persistir dentro do fagolisossomo do macrófago e aumentar significativamente a patogenicidade do organismo: modulação do pH, absorção de ferro e cálcio e alteração da parede celular da levedura.

Modulação do pH do fagolisossomo

As células leveduriformes de *H. capsulatum* são rapidamente ingeridas pelos macrófagos alveolares. Após a ingestão, o pH do fagolisossomo contendo uma ou mais células de leveduras é elevado (6,0 a 6,5), acima do que é ideal para muitas das enzimas lisossomais. Essa modulação do pH não apenas interfere na atividade da enzima, mas também influencia o processamento do antígeno dentro da célula e contribui para a sobrevivência do patógeno *in vivo*. A manutenção do pH do fagossomo mais neutro mostrou ser essencial para a infecção de macrófagos por *H. capsulatum*; entretanto, os mecanismos por trás dessa característica da patogênese intracelular desse fungo permanecem desconhecidos. Embora seja tentador implicar a urease de *H. capsulatum* nesse processo, não é considerado um fator importante porque o pH só é elevado no fagossomo que contém a célula leveduriforme. Se a urease fúngica estivesse envolvida, a amônia/íons de amônio produzidos deveriam se difundir para fora do fagossomo e elevar o pH no restante da célula hospedeira.

Absorção de ferro e cálcio

O ferro é um cofator importante de várias metaloenzimas e proteínas contendo heme. Leveduras do *H. capsulatum* têm múltiplas estratégias para absorver ferro no interior das células hospedeiras. A capacidade do fungo de modular o pH intrafagolisossomal entre 6,0 e 6,5 é essencial para a absorção de ferro pelas células leveduriformes. Um pH superior a 6,5 torna o ferro inacessível para *H. capsulatum*. Um método importante pelo qual *H. capsulatum* absorve uma quantidade de ferro limitada intracelularmente é pela produção de sideróforos que são quelantes do ferro férrico e formam complexos de ferro solúveis. As células leveduriformes de *H. capsulatum* devem usar ferro ferroso e, portanto, expressar múltiplos sistemas redutores e transportadores de ferro. Mutantes de *H. capsulatum* que são incapazes de produzir sideróforos têm proliferação reduzida nos macrófagos em cultura e, dessa maneira, capacidade reduzida de estabelecer infecção pulmonar. Discrepâncias na produção de sideróforos entre diferentes cepas do fungo sugerem que pode haver estratégias alternativas de aquisição de ferro que operam além da produção de sideróforos.

Tal como acontece com o ferro, as células leveduriformes dentro do fagolisossomo devem ter um mecanismo eficiente para ligar e transportar Ca^{2+}. As células de leveduras, exceto as micelianas, liberam grandes quantidades de uma proteína de ligação ao cálcio, a CBP1 (*calcium-binding protein*) no microambiente circundante. Foi sugerido que CBP1 é importante na aquisição de cálcio durante o parasitismo intracelular. A expressão específica de CBP1 na fase de levedura pode fornecer a *H. capsulatum* outro mecanismo adaptativo importante para sua sobrevivência no fagolisossomo do macrófago.

Alteração da composição da parede de célula leveduriformes

Da mesma maneira que *B. dermatitidis*, a maioria das cepas de *H. capsulatum* apresenta 1,3-α-glucana em sua parede celular. As leveduras de tipo selvagem (*wild-type*) com 1,3-α-glucana podem infectar e sobreviver dentro dos macrófagos, assim como podem proliferar dentro do fagolisossomo e, por fim, eliminar o fagócito, liberando as células leveduriformes que infectam novos macrófagos. Em contraste com a cepa original de tipo selvagem, mutantes espontâneos de *H. capsulatum* que perderam o componente 1,3-α-glucana demonstraram ter virulência significativamente atenuada e podem infectar e persistir dentro de macrófagos sem danos à célula hospedeira. Funcionalmente, a α-glucana promove a virulência do *Histoplasma* ao impedir o reconhecimento da levedura pelas células imunes do hospedeiro. O polissacarídio α-glucana forma a superfície mais externa da parede celular da levedura, ocultando eficazmente as β-glucanas da parede celular que normalmente seriam detectadas por receptores Dectina-1 em macrófagos do hospedeiro. A Dectina-1 é o receptor primário para a detecção de β-glucanas fúngicas, induzindo uma resposta inflamatória que pode incluir aumento da produção de espécies reativas de oxigênio e liberação de citocinas pró-inflamatórias. Notavelmente, algumas cepas norte-americanas de *H. capsulatum* naturalmente carecem de α-glucana; elas apresentam reconhecimento variável pela Dectina-1, mas permanecem virulentas. O mecanismo molecular pelo qual essas cepas contornaram a necessidade de α-glucana permanece desconhecido. Assim, parece que microambientes distintos encontrados nas células hospedeiras podem influenciar a seleção de variantes que têm o potencial de persistência a longo prazo no hospedeiro, bem como aquelas que produzem um processo proliferativo mais rápido.

PARACOCCIDIOIDES BRASILIENSIS

A infecção causada por *P. brasiliensis* é iniciada pela inalação de conídios que alcançam os pulmões, após o qual o fungo pode se disseminar por via hematogênica ou linfática praticamente para todas as partes do corpo (ver Capítulo 64). Uma característica única da paracoccidioidomicose (PCM), em comparação com as outras micoses endêmicas, é que as infecções pulmonares primárias que subsequentemente se disseminam de modo mais frequente, manifestam-se como lesões da mucosa da boca, nariz e, ocasionalmente, do sistema digestório.

O envoltório celular da levedura de *P. brasiliensis* é rico em glucanas solúveis em álcali, como 1,3-α-glucana. Como ocorre com vários outros patógenos fúngicos dimórficos endêmicos, acredita-se que a presença de 1,3-α-glucana na camada mais externa do envoltório celular da levedura é essencial para a sobrevivência do fungo *in vivo*. Parece que os macrófagos são elementos-chave da resposta inata à infecção por *P. brasiliensis*. Os macrófagos são capazes de conter a infecção por *P. brasiliensis*, mas geralmente não eliminam as células leveduriformes. Apesar de uma resolução clínica precoce da infecção, lesões residuais contendo células de leveduras viáveis podem reativar até 40 anos depois, causando recidiva e sequelas graves. As características de *P. brasiliensis* consideradas importantes na patogênese da infecção incluem resposta a fatores hormonais, expressão de 1,3-α-glucana e resposta imune ao antígeno imunodominante, gp43.

Influências hormonais na infecção

Embora a reatividade do teste cutâneo à paracoccidioidina seja comparável entre homens e mulheres, que vivem em áreas endêmicas da paracoccidioidomicose, a proporção de doença sintomática para homem/mulher é de cerca de 11:1. A infecção subclínica parece ocorrer na mesma taxa em ambos os sexos; entretanto, em homens, a progressão para doença disseminada clinicamente evidente é muito mais frequente. Essa observação levou à hipótese de que os fatores hormonais desempenham um papel muito importante na patogênese da PCM.

Em contraste com *C. immitis*, em que o estrógeno estimula o crescimento fúngico e a endosporulação, a transição dos conídios para a forma de levedura de *P. brasiliensis* é inibida por esse hormônio. Isso resulta na rápida eliminação da infecção em mulheres, enquanto a infecção pode progredir nos homens. Uma explicação alternativa é que os hormônios sexuais masculinos têm efeito inibitório na resposta imune, o que facilita o estabelecimento da infecção, o que continua sendo uma área de investigação ativa. Apesar disso, parece que os eventos iniciais da interação fungo-hospedeiro após a infecção natural são modulados por fatores hormonais e, portanto, significativamente diferentes em homens e mulheres. Essas diferenças podem ser responsáveis pela suscetibilidade marcadamente maior no sexo masculino para a paracoccidioidomicose.

Papel das glucanas da parede celular na patogênese de *Paracoccidioides brasiliensis*

A parede celular de *P. brasiliensis* contém quatro polissacarídios principais: galactomanana, 1,3-α-glucana, 1,3-β-glucana e quitina. O componente 1,3-α-glucana é expresso apenas na forma de levedura do organismo e sua expressão se correlaciona com a virulência. Cepas mutantes de *P. brasiliensis* que carecem de glucana são avirulentas e muito mais suscetíveis à digestão por neutrófilos.

A fração 1,3-β-glucana da parede celular atua como um importante imunomodulador e, quando exposto na parede celular do fungo, induz uma intensa resposta inflamatória. As β-glucanas são expostas quando os níveis de 1,3-α-glucana são reduzidos, levando à hipótese de que a proporção de 1,3-α-glucana para 1,3-β-glucana na parede celular de *P. brasiliensis* pode ser mais importante na patogênese do que os componentes polissacarídicos individuais. É importante perceber que a relação entre a proporção de α-/β-glucana na parede celular desse fungo e o tipo de resposta imune são semelhantes às observadas tanto na histoplasmose quanto na blastomicose. Em cada caso, níveis elevados de 1,3-α-glucana da célula leveduriforme estão relacionados com o aumento da virulência, e a ausência ou diminuição dos níveis desse componente estão relacionados com a redução da virulência. A alteração na composição da parede celular das células leveduriformes de todos os três patógenos dimórficos também está relacionada com a capacidade de os patógenos tornarem-se sequestrados dentro das células e tecidos, e de persistirem como elementos viáveis por anos após a infecção.

Respostas ao antígeno imunodominante, gp43

Na fase de levedura, *P. brasiliensis* secreta uma glicoproteína imunodominante de 43 kDa (gp43) que é um importante antígeno sorodiagnóstico e um suposto fator de virulência. A gp43 é um receptor para laminina-1 e pode ser responsável pela adesão da célula leveduriforme à membrana basal do hospedeiro. Esse antígeno também se liga a macrófagos e induz uma resposta humoral forte e uma resposta de hipersensibilidade do tipo tardio (HTT) em humanos.

A defesa imunológica contra a infecção por *P. brasiliensis* depende da imunidade celular e não da humoral. Uma resposta de HTT deficiente se correlaciona com o aumento da gravidade da doença. Camundongos imunizados com gp43 desenvolvem uma resposta imune do tipo TH1 e TH2, ao passo que gp43 e um segundo antígeno, gp70, são os principais contribuintes para uma resposta humoral em humanos. É possível que a reatividade imunológica do paciente à gp43 e à gp70 seja dominada por uma via TH2 com resposta inadequada de células T. Se a imunidade mediada por células do paciente frente à infecção por *P. brasiliensis* é, na verdade, comprometida por essa hiporresponsividade das células T, esse poderia ser um mecanismo (como visto na histoplasmose e coccidioidomicose) subjacente para a imunopatogênese da PCM.

Patógenos oportunistas

O estado do hospedeiro é de importância primária na determinação da patogenicidade de fungos oportunistas, como *Candida* spp., *C. neoformans* e *Aspergillus* spp. Na maioria dos casos, esses organismos podem existir como colonizadores benignos ou como saprófitas ambientais e só causam infecções graves quando há uma falha nas defesas do hospedeiro. Existem fatores associados a esses organismos, no entanto, que podem ser considerados "fatores de virulência", na medida em que contribuem para o processo patológico e, em alguns casos, podem explicar as diferenças na patogenicidade dos vários organismos.

ESPÉCIES DE *CANDIDA*

As espécies de *Candida* spp. são os patógenos fúngicos oportunistas mais comuns (ver Capítulo 65). Já está bem estabelecido que espécies de *Candida* colonizam a mucosa gastrintestinal e atingem a corrente sanguínea pela translocação gastrintestinal ou via cateteres vasculares contaminados, interagem com as defesas do hospedeiro e saem do compartimento intravascular para invadir tecidos profundos de órgãos-alvo, como fígado, baço, rins, coração e cérebro. As características desse microrganismo que aparentemente contribuem para a patogenicidade incluem: a capacidade de aderir aos tecidos, de exibir dimorfismo levedura-hifa, hidrofobicidade da superfície celular, secreção de proteinase e mudança (*switching*) fenotípica (ver Tabela 58.1).

A habilidade de *Candida* spp. em aderir a uma variedade de tecidos e superfícies inanimadas é considerada importante nos estágios iniciais da infecção. A capacidade de adesão das várias espécies de *Candida* está diretamente relacionada com a sua classificação de virulência em vários modelos experimentais. A adesão é alcançada por uma combinação de mecanismos específicos (interação ligante-receptor) e inespecíficos (forças eletrostáticas e de van der Waals).

A capacidade de sofrer a transformação de levedura em hifa tem sido considerada como tendo alguma importância na patogenicidade. A maioria das espécies de *Candida* é capaz de tal transformação, que foi comprovada ser regulada tanto pelo pH quanto pela temperatura. A transformação de levedura-hifa é uma forma de o gênero *Candida* spp. responder às mudanças no microambiente. As hifas de *Candida albicans* exibem **tigmotropismo** (sentido do tato), o que possibilita que cresçam ao longo de sulcos e poros e pode auxiliar na infiltração de superfícies epiteliais.

A composição da superfície celular de *Candida* spp. pode afetar a hidrofobicidade da célula e a resposta imune à célula. O tipo e o grau de glicosilação das manoproteínas na superfície celular podem afetar a hidrofobicidade da célula e, portanto, a adesão às células epiteliais. Os tubos germinativos de *C. albicans* são hidrofóbicos, enquanto os brotamentos ou blastoconídios são hidrofílicos. As várias glicoproteínas de *C. albicans* também suprimem a resposta imune ao organismo por mecanismos que não são bem compreendidos.

Conforme discutido com os patógenos primários, a capacidade de *Candida* spp. para secretar várias enzimas também pode influenciar a patogenicidade do organismo. Várias espécies de *Candida* secretam aspartil proteinases que hidrolisam proteínas do hospedeiro envolvidas nas defesas contra infecções, tornando possível que as leveduras rompam as barreiras do tecido conjuntivo. Da mesma maneira, as fosfolipases são produzidas pela maioria das espécies de *Candida*, causando infecção em humanos. Essas enzimas causam danos às células hospedeiras e são consideradas importantes na invasão tecidual.

A capacidade de *Candida* spp. de mudar rapidamente de um morfotipo para outro é denominada **mudança fenotípica (phenotypic *switching*)**. Embora originalmente aplicada a mudanças na morfologia macroscópica das colônias, sabe-se agora que os diferentes fenótipos derivados desse mecanismo, observados em meios de cultura sólidos, representam diferenças na formação de brotamentos e hifas, expressão de glicoproteínas do envoltório celular, secreção de enzimas proteolíticas, suscetibilidade a danos oxidativos por neutrófilos e suscetibilidade e resistência aos antifúngicos. A mudança fenotípica contribui para a virulência de *Candida* spp., propiciando que o organismo se adapte rapidamente às mudanças em seu microambiente, facilitando sua capacidade de sobrevivência, invasão de tecidos e escape das defesas do hospedeiro.

CRYPTOCOCCUS NEOFORMANS

Cryptococcus neoformans é uma levedura encapsulada que causa infecção humana mundialmente. Embora esse organismo possa infectar hospedeiros aparentemente normais, causa doença com muita frequência e com maior gravidade em hospedeiros imunocomprometidos. Ao considerar a patogênese da criptococose, é útil avaliar tanto as defesas do hospedeiro quanto possíveis fatores de virulência.

Existem três linhas principais de defesa contra a infecção por *C. neoformans*: macrófagos alveolares, células fagocíticas inflamatórias e respostas de células T e células B. O desenvolvimento de criptococose depende em grande parte da competência das defesas celulares do hospedeiro e do número e virulência das células leveduriformes inaladas.

A primeira linha de defesa é formada por macrófagos alveolares. Essas células têm a propriedade de ingerir as leveduras, mas são limitadas em sua capacidade de matá-las. Macrófagos que contêm células leveduriformes ingeridas produzem várias citocinas para o recrutamento de neutrófilos, monócitos, células NK e células da corrente sanguínea para os pulmões. Eles também atuam como células apresentadoras de antígenos e induzem a diferenciação e proliferação de linfócitos T e B, específicos para *C. neoformans*. As células recrutadas são eficazes para eliminar *C. neoformans* por mecanismos intracelulares e extracelulares (tanto oxidativos como não oxidativos).

A resposta de anticorpos a esse organismo é não protetora, mas serve para opsonizar as leveduras, potencializando a citotoxicidade mediada por células. Do mesmo modo, o sistema complemento aumenta a eficácia da resposta dos anticorpos e fornece opsoninas e fatores quimiotáticos para fagocitose e recrutamento de células inflamatórias.

Uma resposta eficaz do hospedeiro contra *C. neoformans* é uma interação complexa de fatores imunológicos celulares e humorais. Quando esses fatores são prejudicados, ocorre a disseminação da infecção fúngica, geralmente pela migração de macrófagos contendo leveduras viáveis, desde o pulmão até os vasos linfáticos, e da corrente sanguínea para o cérebro.

Os principais fatores que são inerentes ao fungo *C. neoformans* e que possibilitam a evasão do patógeno às defesas do hospedeiro e o estabelecimento de infecção incluem a capacidade de crescer a 37°C, produzir uma cápsula polissacarídica espessa, sintetizar melanina e ser um fenótipo do tipo acasalamento-alfa (*alpha-mating*; MATalpha) (ver Tabela 58.1).

A cápsula de *C. neoformans* protege a célula da fagocitose e das citocinas induzidas pelo processo fagocítico; também suprime a imunidade celular, assim como a imunidade humoral. A cápsula pode bloquear fisicamente o efeito de opsonização do complemento e de anticorpos anti-*Cryptococcus*, e a carga negativa que ela confere produz uma repulsão eletrostática entre as células leveduriformes e as células efetoras do hospedeiro. Além disso, o material capsular interfere na apresentação de antígenos e limita a produção de óxido nítrico (células criptocócicas tóxicas) pelas células hospedeiras.

A melanina é produzida pelo fungo em virtude de uma enzima fenoloxidase ligada à membrana e é depositada dentro do envoltório celular. Acredita-se que a melanina aumente a integridade do envoltório celular e a carga líquida negativa da célula, protegendo-a ainda mais da fagocitose. A melanização é considerada responsável pelo neurotropismo de *C. neoformans* e pode proteger a célula de estresse oxidativo, temperaturas extremas, redução do ferro e peptídios microbicidas.

O fenótipo de acasalamento-alfa (*alpha-mating*) está associado à presença do gene **STE12alpha**, que é comprovadamente capaz de modular a expressão de vários outros genes cujas funções são importantes para a produção da cápsula e da melanina.

ESPÉCIES DE *ASPERGILLUS*

A aspergilose é a infecção invasiva mais comum causada por fungos filamentosos em todo o mundo. As espécies de *Aspergillus* são fungos sapróbios onipresentes na natureza e podem ser encontrados no solo, plantas em vasos, vegetais em decomposição, pimentas e áreas de construção. Os fungos do gênero *Aspergillus* spp. podem causar doença em humanos pela colonização das vias respiratórias com reações alérgicas subsequentes, colonização de cavidades preexistentes (aspergiloma) ou por invasão de tecidos.

A principal via de infecção na aspergilose é a inalação de conídios aerossolizados (2,5 a 3 μm), que se instalam nos pulmões, nasofaringe ou nos seios da face. Nos pulmões, macrófagos alveolares e neutrófilos desempenham um papel importante na defesa do hospedeiro contra *Aspergillus* spp. Os macrófagos ingerem e eliminam os conídios, enquanto os neutrófilos aderem e eliminam as hifas que surgem na germinação dos conídios. Essas formas de hifas que não são eliminadas podem invadir o tecido pulmonar e o sistema vascular, levando à trombose e necrose local do tecido e à disseminação hematogênica para outros órgãos-alvo (cérebro).

Espécies de *Aspergillus* secretam vários produtos metabólicos, como as gliotoxinas e uma variedade de enzimas, incluindo elastase, fosfolipase, várias proteases e a catalase, que podem desempenhar um papel na virulência. A gliotoxina inibe a fagocitose de macrófagos, bem como a ativação e proliferação de células T; no entanto, não é comprovada a produção de quantidades clinicamente significativas de gliotoxina em doenças humanas.

Os conídios de *Aspergillus fumigatus* ligam-se ao fibrinogênio humano e à laminina na membrana basal alveolar. Acredita-se que esse possa ser um primeiro passo importante que propicie ao fungo estabelecer residência nos tecidos do hospedeiro. A ligação ao fibrinogênio e à laminina pode facilitar a adesão dos conídios, enquanto a secreção de elastase e de proteases ácidas pode auxiliar na invasão da célula hospedeira pelas hifas.

A aspergilose invasiva está altamente associada à neutropenia e à função neutrofílica prejudicada. Os conídios de *Aspergillus* são resistentes à morte por neutrófilos, mas as hifas e os conídios em germinação são rapidamente eliminados. Na doença granulomatosa crônica, os neutrófilos são incapazes de gerar a explosão respiratória (liberação rápida de espécies reativas de oxigênio) para eliminar os microrganismos produtores de catalase. Esses fungos produzem catalase, enzima que decompõe o peróxido de hidrogênio. A forte associação de aspergilose à doença granulomatosa crônica ressalta a importância da função dos neutrófilos na defesa do hospedeiro contra a aspergilose e fornece evidências indiretas para a catalase como um fator de virulência. O risco aumentado de aspergilose em indivíduos que recebem altas doses de corticosteroides é geralmente considerado como causado pelo comprometimento do macrófago e talvez da função das células T. Além disso, demonstrou-se que os corticosteroides aumentam o crescimento de *Aspergillus* spp. na cultura. Não se sabe se as espécies de *Aspergillus* têm proteínas específicas de ligação a esteroides, análogas às que foram encontradas em outros fungos.

MICOTOXINAS

Existem mais de 100 fungos toxigênicos e mais de 300 compostos agora reconhecidos como micotoxinas. O número de pessoas acometidas por micotoxicoses, porém, é desconhecido. A maioria das micotoxicoses resulta da ingestão de alimentos contaminados. A ocorrência de micotoxinas em alimentos é mais comumente causada pela contaminação pré-coleta do material por fungos toxigênicos que são fitopatógenos. Além disso, os grãos armazenados podem ser danificados por insetos ou umidade, fornecendo uma porta de entrada para fungos toxigênicos presentes no ambiente de armazenamento. As micotoxicoses são mais comuns em países com poucos recursos, nos quais os métodos de manipulação e armazenamento de alimentos são inadequados, a desnutrição é prevalente e existem poucas regulamentações destinadas a proteger as populações expostas.

Algumas micotoxinas são dermonecróticas e o contato cutâneo ou de mucosa com substratos infectados por fungos filamentosos pode resultar em doença. Da mesma maneira, a inalação de toxinas transmitidas por esporos também constitui uma forma importante de exposição. Além da terapia de suporte, quase não há tratamentos para a exposição às micotoxinas. Felizmente, as micotoxicoses não são transmissíveis de pessoa para pessoa.

Entre os fungos fitopatogênicos, a composição de micotoxinas desempenha um papel na causa ou exacerbação da doença em plantas. Embora as micotoxinas possam ser tóxicas para os humanos e algumas possam ter propriedades imunossupressoras potentes, existem pouquíssimas evidências de que elas aumentem a capacidade de o fungo crescer e causar doença em hospedeiros vertebrados. Esses fungos, como *Aspergillus fumigatus*, que são patógenos oportunistas importantes e capazes de produzir gliotoxinas (inibidores da ativação e proliferação de células T), geralmente não produzem a toxina em quantidades significativas durante o curso da doença humana para ter efeito no processo patológico. Enquanto um fungo oportunista deve ser capaz de crescer à temperatura do corpo humano (37°C) para causar doenças, a temperatura ótima para a biossíntese da maioria das micotoxinas é muito mais baixa (20 a 30°C). Por essas e outras razões, a importância da exposição à micotoxina durante o curso de uma infecção por um fungo toxigênico é amplamente desconhecida. Uma lista de micotoxicoses em que há evidências consideráveis do comprometimento de uma micotoxina específica é fornecida na Tabela 58.2. Deve-se notar que essa lista se destina a ser representativa e não definitiva.

Tabela 58.2 Doenças relacionadas com as micotoxinas postuladas por acometer seres humanos, com base em dados analíticos ou epidemiológicos.

Doença	Toxina	Substrato	Fungo	Manifestação clínica
Akakabi-byo (doença do bolor vermelho)	Metabólitos de *Fusarium*	Trigo, cevada, aveia, arroz	*Fusarium* spp.	Dores de cabeça, vômitos, diarreia
ATA	Tricotecenos (toxina T-2, DAS)	Grãos de cereais (pão tóxico)	*Fusarium* spp.	Vômito, diarreia, angina, inflamação da pele
NEB	Ocratoxina	Grãos de cereais	*Aspergillus* spp. *Penicillium* spp.	Nefrite crônica
Beribéri cardíaco	Citreoviridina	Arroz	*Penicillium* spp.	Palpitações, vômitos, mania, insuficiência respiratória
Ergotismo (gangrenoso e convulsivo)	Alcaloides do ergot	Centeio, grãos de cereais	*Claviceps purpurea* *Claviceps fusiformis*	Gangrenoso: vasoconstrição, edema, prurido, necrose de extremidades Convulsivo: dormência, formigamento, prurido, cãibras, convulsões, alucinações
Câncer de esôfago	Fumonisinas	Milho	*Fusarium moniliforme*	Disfagia, dor, hemorragia
Hepatite e câncer hepático	Aflatoxinas	Grãos de cereais, amendoim	*Aspergillus flavus* *A. parasiticus*	Hepatite aguda e crônica, insuficiência hepática
Envenenamento por Kodua	Ácido ciclopiazônico	Painço	*Penicillium* spp. *Aspergillus* spp.	Sonolência, tremores, tontura
Envenenamento por cana mofada	Ácido 3-nitropropiônico	Cana-de-açúcar	*Arthrinium* spp.	Distonia, convulsões, espasmos carpopedais, coma
Doença de Onyalai	Metabólitos de *Fusarium*	Painço	*Fusarium* spp.	Trombocitopenia, púrpura

Continua

Tabela 58.2 Doenças relacionadas com as micotoxinas postuladas por acometer seres humanos, com base em dados analíticos ou epidemiológicos. *(continuação)*

Doença	Toxina	Substrato	Fungo	Manifestação clínica
Estaquibotrio-toxicose	Tricotecenos (toxina T-2, DAS)	Feno, grãos de cereais, forragem (contato com a pele, pó de feno inalado)	*Stachybotrys, Fusarium, Myrothecium, Trichoderma, Cephalosporium* spp.	Tremores, perda de visão, dermonecrose, sangramento gastrintestinal (cavalos e gado), inflamação nasal, dermatite, dor de cabeça, fadiga, sintomas respiratórios (humanos), hemorragia pulmonar idiopática em lactentes (?)
Doença do arroz amarelo	Citrinina	Trigo, aveia, cevada, arroz	*Penicillium* spp. *Aspergillus* spp.	Nefropatia

ATA, aleucia tóxica alimentar; *NEB*, nefropatia endêmica dos Bálcãs; *DAS*, diacetoxiscirpenol.
Dados de Kuhn, D.M., Ghannoum, M.A., 2003. Indoor mold, toxigenic fungi, and *Stachybotrys chartarum*: infectious disease perspective. Clinical Microbiology Reviews 16, 144–172; Smith, M., McGinnis, M.R., 2009. Mycotoxins and their effect on humans. In: Anaissie, E.J., McGinnis, M.R., Pfaller, M.A. (Eds.), Clinical Mycology, second ed. Churchill Livingstone, New York; Bennett, J.W., Klich, M., 2003. Mycotoxins. Clinical Microbiology Reviews 16, 497–516.

Bibliografia

Ampel, N.M., Hoover, S.E., 2015. Pathogenesis of coccidioidomycosis. Curr. Fungal. Infect. Rep. 9, 253–258.

Cole, G.T., 2003. Fungal pathogenesis. In: Anaissie, E.J., McGinnis, M.R., Pfaller, M.A. (Eds.), Clinical Mycology. Churchill Livingstone, New York.

Cramer, Jr., R.A., Perfect, J.R., 2009. Recent advances in understanding shuman opportunistic fungal pathogenesis mechanisms. In: Annaisie, E.J., McGinnis, M.R., Pfaller, M.A. (Eds.), Clinical Mycology, second ed. Churchill Livingstone, New York.

Dignani, M.C., et al., 2009. Candida. In: Annaisie, E.J., McGinnis, M.R., Pfaller, M.A. (Eds.), Clinical Mycology, second ed. Churchill Livingstone, New York.

Edwards, J.A., Rappleye, C.A., 2011. *Histoplasma* mechanisms of pathogenesis – one portfolio doesn't fit all. FEMS. Microbiol. Lett. 324, 1–9.

Finkel-Jiminez, B., Wuthrich, M., Klein, B.S., 2002. BAD1, an essential virulence factor of *Blastomyces dermatitidis*, suppresses host TNF-α production through TGF-β-dependent and -independent mechanisms. J. Immunol. 168, 5746–5755.

Gonzalez, A., Hernandez, O., 2016. New insights into a complex fungal pathogen: the case of *Paracoccidioides* spp. Yeast 33, 113–128.

Heitman, S.G.F., et al., 2006. Molecular Principles of Fungal Pathogenesis. American Society for Microbiology Press, Washington, DC.

Nemecek, J.C., et al., 2006. Global control of dimorphism and virulence in fungi. Science 312, 583–588.

Throckmorton, K., et al., 2015. Mycotoxins. In: Jorgensen, J.H., et al. (Ed.), Manual of Clinical Microbiology, eleventh ed. American Society for Microbiology Press, Washington, DC.

59 Papel dos Fungos na Doença

Um resumo dos fungos (leveduras e fungos filamentosos) mais comumente associados a doenças humanas é apresentado neste capítulo. As doenças fúngicas em humanos se desenvolvem como processos patogênicos em um ou mais sistemas orgânicos. Os sistemas afetados podem ser tão superficiais quanto as camadas externas da pele ou tão profundos quanto o coração, sistema nervoso central ou órgãos abdominais. Embora um único fungo possa estar associado à infecção envolvendo um único sistema de órgãos (p. ex., *Cryptococcus neoformans* e o sistema nervoso central), o mais frequente é que vários organismos diferentes sejam capazes de produzir uma síndrome de doenças semelhantes. Como o manejo de determinada infecção pode se diferenciar de acordo com o agente etiológico, para orientar os esforços diagnósticos e terapêuticos subsequentes, é útil desenvolver um diagnóstico diferencial que inclua os patógenos fúngicos mais prováveis.

Como o desenvolvimento de uma infecção fúngica depende de fatores que costumam superar o potencial de virulência do organismo infectante, diversos fatores devem ser levados em consideração, como o estado imunológico do hospedeiro, a oportunidade de interação entre o hospedeiro e o fungo (p. ex., o fungo é **endógeno** ao paciente ou **exógeno**?) e a potencial dose infecciosa (p. ex., no caso de um fungo dimórfico endêmico) na determinação da possibilidade de uma infecção fúngica; o significado dos dados microbiológicos (p. ex., resultados de cultura), a necessidade de tratamento e com qual agente. As infecções fúngicas ocorrem frequentemente em pacientes muito doentes, e não é possível resumir aqui as interações incrivelmente complexas que, em última análise, levam ao estabelecimento de infecções e doenças em cada sistema orgânico. Em vez disso, este capítulo fornece uma lista muito ampla de fungos comumente associados a infecções em locais característicos do corpo e/ou manifestações clínicas específicas (Tabela 59.1). Essas informações devem ser usadas em conjunto com as do Capítulo 60, Tabela 60.1, como auxílio no estabelecimento de um diagnóstico diferencial e para a seleção das amostras clínicas mais prováveis, que ajudarão a estabelecer um diagnóstico etiológico específico. Outros fatores que podem ser importantes para determinar a frequência relativa com a qual determinados fungos causam doenças (p. ex., idade, comorbidades, imunidade do hospedeiro, exposições epidemiológicas e fatores de risco) são abordados nos capítulos individuais desse texto ou nos textos sobre doenças infecciosas mais abrangentes citados neste e em outros capítulos.

Tabela 59.1 Resumo dos fungos associados a doenças em humanos.

Sistema afetado	Patógenos
INFECÇÕES DO SISTEMA RESPIRATÓRIO SUPERIOR	
Orofaríngea	*Candida* spp., *Cryptococcus neoformans*, *Histoplasma capsulatum*, *Blastomyces dermatitidis*, *Paracoccidioides brasiliensis*, *Talaromyces* (*Penicillium*) *marneffei*, *Geotrichum candidum*
Sinusite	*Aspergillus* spp., Mucormycetes, *Fusarium* spp., fungos filamentosos demáceos (p. ex., *Alternaria*, *Bipolaris*, *Exophiala* spp.)
Laríngea	*Histoplasma capsulatum*, *Sporothrix schenckii*, *Blastomyces dermatitidis*
Esofágica	*Candida* spp.
INFECÇÕES DE OUVIDO	
Otite externa	*Aspergillus niger*, *Candida* spp.
INFECÇÕES DOS OLHOS	
Endoftalmite	*Candida* spp., *Aspergillus* spp., *Blastomyces dermatitidis*, *Coccidioides immitis/posadasii*, *Fusarium* spp., *Histoplasma capsulatum*, *Cryptococcus neoformans*
Ceratite	*Candida* spp., *Fusarium* spp., fungos filamentosos demáceos, *Scedosporium* spp., *Purpureocillium lilacinum*
Sino-orbital	Mucormycetes, *Aspergillus* spp., fungos filamentosos demáceos
Dacriocistite e canaliculite	*Candida albicans*, *Aspergillus niger*
INFECÇÕES PLEUROPULMONARES E BRÔNQUICAS	
Bronquite	*Aspergillus* spp., *Cryptococcus neoformans*
Pneumonia	*Aspergillus* spp., Mucormycetes, *Fusarium* spp., *Scedosporium apiospermum*, *Trichosporon* spp., fungos filamentosos demáceos, *Cryptococcus neoformans/gattii*, *Histoplasma capsulatum*, *Blastomyces dermatitidis*, *Coccidioides immitis/posadasii*; *Paracoccidioides brasiliensis*, *Talaromyces* (*Penicillium*) *marneffei*, *Pneumocystis jirovecii*, *Candida* spp. (rara)
Bola fúngica	*Aspergillus* spp., Mucormycetes, *Scedosporium apiospermum*, *Fusarium* spp., *Candida* spp.
Empiema	*Aspergillus* spp., Mucormycetes, *Scedosporium apiospermum*, *Fusarium* spp., *Candida* spp., *Coccidioides immitis/posadasii*

Continua

Tabela 59.1 Resumo dos fungos associados a doenças em humanos. *(continuação)*

Sistema afetado	Patógenos
INFECÇÕES DO SISTEMA GENITURINÁRIO	
Vulvovaginal	*Candida* spp., *Saccharomyces cerevisiae*
Cistite e pielonefrite	*Candida* spp. (mais comum), *Cryptococcus neoformans*, *Aspergillus* spp., *Coccidioides immitis/posadasii*, *Histoplasma capsulatum*, *Blastomyces dermatitidis* (raro), *Trichosporon* spp. (raro), *Saprochaete capitata* (anteriormente *Blastoschizomyces capitatus* [raro]), *Rhodotorula* spp. (raro)
Epididimite e orquite	*Candida* spp., *Cryptococcus neoformans*, *Aspergillus* spp., *Coccidioides immitis/posadasii*, *Histoplasma capsulatum*, *Blastomyces dermatitidis* (todos raros)
Prostatite	*Candida* spp. (comum), *Cryptococcus neoformans* (comum), *Blastomyces dermatitidis* (comum), *Histoplasma capsulatum*, *Aspergillus* spp. (raro), *Coccidioides immitis/posadasii* (raro)
INFECÇÕES INTRA-ABDOMINAIS	
Peritonite	*Candida* spp., *Rhodotorula* spp., *Trichosporon* spp., *Aspergillus* spp. (raro)
Abcessos viscerais	*Candida* spp., *Trichosporon* spp., *Saprochaete capitata* (anteriormente *Blastoschizomyces capitatus*)
INFECÇÕES CARDIOVASCULARES	
Endocardite	*Candida* spp., *Trichosporon* spp., *Rhodotorula* spp., *Aspergillus* spp., outros hialo-hifomicetos (p. ex., *Fusarium*, *Sarocladium* [*Acremonium*]), fungos filamentosos demáceos
Pericardite	*Candida* spp., *Aspergillus* spp., *Histoplasma capsulatum*, *Coccidioides immitis/posadasii*
SISTEMA NERVOSO CENTRAL	
Meningite	*Candida* spp., *Cryptococcus neoformans/gattii*, *Aspergillus* spp., Mucormycetes (raro), *Coccidioides immitis/posadasii*, *Histoplasma capsulatum*, *Blastomyces dermatitidis* (raro), *Rhodotorula* spp., *Saprochaete capitata* (anteriormente *Blastoschizomyces capitatus*), *Talaromyces* (*Penicillium*) *marneffei*
Abcesso cerebral	*Candida* spp., *Cryptococcus neoformans/gattii*, *Aspergillus* spp., Mucormycetes, *Scedosporium apiospermum*, *Trichosporon* spp., *Trichoderma* spp., fungos filamentosos demáceos (principalmente *Cladophialophora bantiana* e *Curvularia* [*Bipolaris*] *hawaiiensis*), fungos dimórficos endêmicos (raro)
INFECÇÕES DE PELE E DE TECIDO MOLES	
Superficial e cutânea	Dermatófitos, *Candida* spp., *Neoscytalidium* spp., *Scopulariopsis* spp., *Aspergillus* spp., *Malassezia* spp., *Purpureocillium lilacinum*
Subcutânea	Fungos filamentosos demáceos, *Fusarium* spp., *Acremonium* spp., *Scedosporium apiospermum*, *Sporothrix schenckii*, *Basidiobolus* sp., *Conidiobolus* spp.
Feridas (cirúrgicas ou traumáticas)	*Candida* spp., Mucormycetes, *Aspergillus* spp., *Fusarium* spp., *Trichosporon* spp., *Rhodotorula* spp., *Lomentospora* (*Scedosporium*) *prolificans*
Nódulos cutâneos (hematogênicos)	*Candida* spp., *Aspergillus* spp., Mucormycetes, *Cryptococcus neoformans*, *Trichosporon* spp., *Blastomyces dermatitidis*, *Coccidioides immitis/posadasii*, *Talaromyces* (*Penicillium*) *marneffei*, *Fusarium* spp., *Acremonium* spp., fungos filamentosos demáceos (raros), *Histoplasma capsulatum* var. *duboisii*
INFECÇÕES ÓSSEAS E ARTICULARES	
Osteomielite	*Blastomyces dermatitidis*, *Coccidioides immitis/posadasii*, *Candida* spp., *Cryptococcus neoformans*, *Aspergillus* spp., Mucormycetes, fungos filamentosos demáceos (micetoma), outros hialo-hifomicetos (p. ex., *Trichosporon*), *Histoplasma capsulatum* var. *duboisii*
Artrite	*Coccidioides immitis/posadasii*, *Blastomyces dermatitidis*, *Cryptococcus neoformans*, *Candida* spp., *Aspergillus* spp., fungos filamentosos demáceos (micetoma; raro), *Histoplasma capsulatum* (raro), *Paracoccidioides brasiliensis* (raro), *Sporothrix schenckii* (raro)
OUTRAS INFECÇÕES	
Articulação protética	*Candida* spp., todos os outros muito raros
Disseminação hematogênica	*Candida* spp., *Histoplasma capsulatum*, *Blastomyces dermatitidis*, *Coccidioides immitis/posadasii*, *Cryptococcus neoformans/gattii*, *Paracoccidioides brasiliensis*, *Sporothrix schenckii*, *Aspergillus* spp., *Fusarium* spp., *Trichosporon* spp., *Malassezia* spp., *Saprochaete capitata* (anteriormente *Blastoschizomyces capitatus*), *Talaromyces* (*Penicillium*) *marneffei*, outros (p. ex., *Rhodotorula*, *Acremonium*, *Saccharomyces* spp. em pacientes neutropênicos ou transplantados)

Bibliografia

Anaisse, E.J., McGinnis, M.R., Pfaller, M.A., 2009. Clinical Mycology, second ed. Churchill Livingstone, New York.

Guarner, J., Brandt, M.E., 2011. Histopathologic diagnosis of fungal infection in the 21st century. Clin. Microbiol. Rev. 24, 247–280.

Jorgensen, J.H., et al., 2015. Manual of Clinical Microbiology, eleventh ed. American Society for Microbiology Press, Washington, DC.

Pfaller, M.A., Diekema, D.J., 2010. Epidemiology of invasive mycoses in North Am. Crit. Rev. Microbiol. 36, 1–53.

Pfaller, M.A., Diekema, D.J., 2004. Rare and emerging opportunistic fungal pathogens: concern for resistance beyond *Candida albicans* and *Aspergillus fumigatus*. J. Clin. Microbiol. 42, 4419–4431.

60 Diagnóstico Laboratorial de Doenças Fúngicas

O espectro das doenças fúngicas varia de infecções cutâneas e mucosas superficiais que podem ser localmente irritantes a processos altamente invasivos associados a patógenos oportunistas e sistêmicos clássicos. Infecções graves são relatadas com uma variedade cada vez maior de patógenos, incluindo fungos patogênicos bem conhecidos, como *Candida*, *Cryptococcus neoformans*, *Histoplasma capsulatum* e *Aspergillus*, bem como fungos filamentosos hialinos e demáceos menos conhecidos (ver Capítulo 57, Tabelas 57.1 e 57.2). A micologia médica moderna tornou-se o estudo das micoses causadas por fungos taxonomicamente diversos.

As micoses oportunísticas representam um desafio diagnóstico significativo para médicos e micologistas em razão da complexidade da população de pacientes em risco e da crescente gama de fungos que podem infectar esses indivíduos. O diagnóstico e o tratamento bem-sucedidos de infecções fúngicas no paciente comprometido dependem altamente de uma abordagem conjunta que envolve médicos clínicos, médicos micologistas e patologistas.

Este capítulo fornece uma descrição geral dos princípios de coleta e processamento de amostras necessários para o diagnóstico da maioria das infecções fúngicas. Uma visão geral da microscopia direta, cultura, testes imunológicos e de diagnóstico molecular também é fornecida. Detalhes específicos desses e de outros procedimentos utilizados no diagnóstico de infecções fúngicas podem ser encontrados em vários textos de referência listados na Bibliografia.

Reconhecimento clínico de infecções fúngicas

O diagnóstico imediato de micoses invasivas requer um alto índice de suspeita e uma avaliação dos fatores de risco específicos que podem predispor o paciente a tais infecções. Suspeita clínica; história e exame físico completos, incluindo pesquisa de lesões cutâneas e mucosas; inspeção de todos os dispositivos implantados (cateteres etc.); um exame oftalmológico cuidadoso; estudos de diagnóstico por imagem; e, finalmente, a obtenção de amostras adequadas para o diagnóstico laboratorial são etapas essenciais que devem ser realizadas para otimizar o diagnóstico e o tratamento de infecções fúngicas. Infelizmente, embora fungos específicos possam estar associados a cenários de casos "clássicos", como a onicomicose e lesões cutâneas de membros inferiores causadas por *Fusarium* em um paciente com neutropenia ou infecção sinusal causada por *Rhizopus* em um paciente diabético com cetoacidose, os sinais e sintomas clínicos não são específicos para infecções fúngicas e, muitas vezes, não são úteis na distinção entre infecções bacterianas e fúngicas no paciente em risco para ambos os tipos de infecção. Cada vez mais, é importante saber não só que o paciente está infectado com um fungo, como também qual é o fungo, e assim fornecer o melhor tratamento e suporte clínicos. Desse modo, o diagnóstico de infecções fúngicas depende de três abordagens laboratoriais básicas: (1) microbiológica, (2) imunológica e (3) histopatológica (Boxe 60.1). Essas abordagens podem ser complementadas por métodos moleculares e bioquímicos de detecção e identificação de organismos. O uso de métodos mais novos para detecção de antígenos fúngicos e ácidos nucleicos oferece uma grande promessa para o diagnóstico rápido de infecções fúngicas.

Diagnóstico laboratorial convencional

COLETA E PROCESSAMENTO DE AMOSTRAS

Como acontece com todos os tipos de processos infecciosos, o diagnóstico laboratorial de infecção fúngica depende diretamente da coleta adequada de material clínico apropriado e da entrega imediata das amostras ao laboratório. A seleção de amostras para cultura e exame microscópico é baseada não apenas nas informações obtidas em exames clínicos e estudos radiográficos, mas também na consideração do patógeno fúngico mais provável que pode causar um tipo específico de infecção (Tabela 60.1). As amostras devem ser coletadas assepticamente ou após limpeza e descontaminação adequadas do local a ser colhido. Uma quantidade adequada de

---

Boxe 60.1 Métodos laboratoriais de diagnóstico de doenças fúngicas.

Métodos microbiológicos convencionais

Microscopia direta (colorações de Gram, Giemsa e branco de calcoflúor)
Cultura
Identificação
Teste de suscetibilidade

Métodos histopatológicos

Colorações de rotina (H&E)
Colorações especiais (GMS, PAS, Mucicarmim)
Imunofluorescência direta
Hibridização *in situ*

Métodos imunológicos

Anticorpo
Antígeno

Métodos moleculares

Detecção direta (amplificação de ácidos nucleicos)
Identificação
Tipagem de cepas (genotipagem)

Métodos bioquímicos

Metabólitos
Componentes do envoltório celular
Enzimas

GMS, metenamina de prata de Grocott-Gomori (do inglês, *Gomori methenamine silver*); *H&E*, hematoxilina & eosina; *PAS*, ácido periódico-Schiff.

material clínico deve ser enviada imediatamente para cultura e microscopia. Muitas amostras encaminhadas ao laboratório, infelizmente, são de baixa qualidade e com quantidade insuficiente, e, portanto, não são adequadas para um diagnóstico apropriado. As amostras devem ser enviadas, sempre que possível, em um recipiente estéril à prova de vazamentos e acompanhadas de uma história clínica relevante. O laboratório depende de informações clínicas para tomar decisões sobre a melhor maneira de processar a amostra e garantir a recuperação do agente etiológico. A história clínica também é útil na interpretação dos resultados de cultura e de outros testes de laboratório, principalmente ao lidar com amostras de locais não estéreis, como escarro e pele. Além disso, as informações clínicas alertam os profissionais do laboratório que eles podem estar lidando com um patógeno potencialmente perigoso, como *Coccidioides immitis/posadasii* ou *H. capsulatum*.

O transporte das amostras para o laboratório deve ser imediato; no entanto, o processamento tardio de amostras para cultura de fungos pode não ser tão prejudicial quanto o de amostras para exames bacteriológicos, virológicos ou parasitológicos. Em geral, se o processamento for tardio, as amostras para cultura de fungos podem ser armazenadas a 4°C por um curto período de tempo, sem perda da viabilidade do organismo.

Tabela 60.1 Sítios do corpo, coleta de amostra e procedimentos diagnósticos para infecções fúngicas selecionadas.

Sítio de infecção e organismo infectante	Opções de amostra	Métodos de coleta	Procedimento diagnóstico
SANGUE			
Candida, Cryptococcus neoformans, Histoplasma capsulatum, Fusarium, Aspergillus terreus, Talaromyces marneffei, Trichosporon	Sangue total	Punção venosa (estéril)	Cultura, caldo, cultura, lise-centrifugação, amplificação de ácidos nucleicos
	Soro	Punção venosa (estéril)	Antígeno (*Aspergillus, Candida, Cryptococcus* e *Histoplasma*), amplificação de ácidos nucleicos β-D-glucana
	Urina	Estéril	Antígeno (*Histoplasma*)
MEDULA ÓSSEA			
Histoplasma capsulatum, Talaromyces marneffei	Aspirado	Estéril	Exame microscópico, cultura
	Soro	Punção venosa (estéril)	Sorologia, antígeno (*Histoplasma*), anticorpo
	Urina	Estéril	Antígeno (*Histoplasma*)
SISTEMA NERVOSO CENTRAL			
Candida, Cryptococcus neoformans/gattii, Aspergillus, Scedosporium, fungos filamentosos demáceos, Mucormycetes, *Histoplasma, Coccidioides*	Fluido espinal	Estéril	Exame microscópico, cultura, antígeno (*Cryptococcus*)
	Biopsia	Estéril, não estéril para histopatologia	Microscopia direta, cultura (não macerar o tecido)
	Soro	Estéril	Antígeno (*Aspergillus, Cryptococcus* e *Histoplasma*)
OSSOS E ARTICULAÇÃO			
Candida, Fusarium, Aspergillus, Histoplasma capsulatum, Coccidioides immitis/posadasii, Blastomyces dermatitidis, Talaromyces marneffei, Sporothrix schenckii	Aspirado	Estéril	Exame microscópico direto, cultura
	Biopsia	Estéril, não estéril para histopatologia	Microscopia direta, cultura (não macerar o tecido)
	Soro	Punção venosa	Sorologia, antígeno, anticorpo
OLHOS			
Fusarium, Candida, Cryptococcus neoformans, Aspergillus, Mucormycetes	Córnea	Raspagem ou biopsia	Microscopia direta, cultura
	Fluido vítreo	Aspirado estéril	Microscopia direta, cultura
SISTEMA UROGENITAL			
Candida, Cryptococcus neoformans, Trichosporon, Rhodotorula	Urina	Estéril	Microscopia direta, cultura
Raramente: *Histoplasma capsulatum, Blastomyces dermatitidis, Coccidioides immitis/posadasii*	Secreções vaginais, uretrais, prostáticas ou corrimento	Swab (solução salina)	Microscopia direta, montagem úmida, calcoflúor branco/KOH, cultura
	Soro	Punção venosa	Sorologia (anticorpo)
	Biopsia	Estéril, não estéril para histopatologia	Microscopia direta, cultura (não macerar o tecido)

Continua

Tabela 60.1 Sítios do corpo, coleta de amostra e procedimentos diagnósticos para infecções fúngicas selecionadas. *(continuação)*

Sítio de infecção e organismo infectante	Opções de amostra	Métodos de coleta	Procedimento diagnóstico
SISTEMA RESPIRATÓRIO *Cryptococcus neoformans/gattii*, *Aspergillus*, *Fusarium*, Mucormycetes, *Scedosporium apiospermum*, fungos filamentosos demáceos, fungos dimórficos endêmicos, *Pneumocystis jirovecii*	Escarro	Induzido, sem conservante	Microscopia direta, cultura, amplificação de ácidos nucleicos
	Lavado	Sem conservante	Microscopia direta, cultura, galactomanana (*Aspergillus*), β-D-glucana, amplificação de ácidos nucleicos
	Transbrônquica	Aspirado ou biopsia	Microscopia direta, cultura
	Biopsia pulmonar a céu aberto	Estéril, não estéril para histopatologia	Microscopia direta, cultura (não macerar o tecido)
	Soro	Punção venosa	Sorologia, antígeno, anticorpo, amplificação de ácido nucleico, β-D-glucana
	Urina	Estéril	Antígeno (*Histoplasma*)
PELE E MEMBRANAS MUCOSAS *Candida*, *Cryptococcus neoformans*, *Trichosporon*, *Aspergillus*, Mucormycetes, *Fusarium*, fungos filamentosos demáceos, fungos dimórficos endêmicos, *Sporothrix schenckii*	Biopsia	Estéril, não estéril para histopatologia	Microscopia direta, cultura (não macerar o tecido)
	Mucosa	*Swab* (com solução salina)	Microscopia direta, montagem úmida, branco de calcoflúor/KOH, cultura
	Raspado de pele	Não estéril	Branco de calcoflúor/KOH
	Soro	Punção venosa	Sorologia, antígeno, anticorpo, amplificação de ácidos nucleicos
	Urina	Estéril	Antígeno (*Histoplasma*)
MÚLTIPLOS SÍTIOS SISTÊMICOS *Candida*, *Cryptococcus neoformans/gattii*, *Trichosporon*, fungos filamentosos hialinos, fungos filamentosos demáceos, fungos dimórficos endêmicos	Sangue total	Punção venosa (estéril)	Cultura, caldo ou lise-centrifugação, amplificação de ácidos nucleicos
	Soro	Punção venosa (estéril)	Sorologia, antígeno, anticorpo, amplificação de ácido nucleico, β-D-glucana
	Urina	Estéril	Antígeno (*Histoplasma*)
	Biopsia	Estéril, não estéril para histopatologia	Exame microscópico direto, cultura (não macerar o tecido)

KOH, hidróxido de potássio.

Semelhante às amostras para exame bacteriológico, há amostras que são melhores do que outras para o diagnóstico de infecções fúngicas (ver Tabela 60.1). Culturas de sangue e de outros fluidos corporais normalmente estéreis devem ser feitas se as indicações clínicas sugerirem um processo hematogênico ou envolvimento de um espaço fechado, como o sistema nervoso central. As lesões cutâneas devem ser biopsiadas e o material enviado para exame histopatológico e cultura. As infecções da mucosa oral e da vagina são, em geral, mais bem diagnosticadas pela apresentação clínica e exame microscópico direto de secreções ou raspagem da mucosa, uma vez que as culturas geralmente apresentam um crescimento que representa a microbiota normal ou mesmo contaminantes. Da mesma maneira, o diagnóstico de infecções fúngicas gastrintestinais é melhor quando obtido por biopsia e exame histopatológico em lugar de cultura. Coletas de escarro ou urina de 24 horas não são apropriadas para o exame micológico, uma vez que, em geral, ficam cobertos por crescimento de contaminantes bacterianos e fúngicos.

COLORAÇÃO E MICROSCOPIA DIRETA

O exame microscópico direto de secções de tecido e amostras clínicas é geralmente considerado um dos métodos mais rápidos e econômicos de diagnosticar infecções fúngicas. A detecção microscópica de leveduras ou estruturas de hifas no tecido pode ser realizada em menos de uma hora, enquanto os resultados da cultura podem levar dias ou mesmo semanas para estarem disponíveis. Em certos casos, o fungo pode não apenas ser detectado, mas também identificado por microscopia, porque apresenta uma morfologia distinta. Especificamente, a detecção de cistos, células leveduriformes ou esférulas características pode fornecer um diagnóstico etiológico de infecções causadas por *Pneumocystis jirovecii*, *H. capsulatum*, *Blastomyces dermatitidis* ou *C. immitis/posadasii*, respectivamente. Embora a aparência morfológica de *Candida*, um mucoromiceto ou *Trichosporon* no tecido possa levar ao diagnóstico do tipo de infecção (ou seja, candidíase, mucormicose, tricosporonose), a espécie real do fungo que causa a infecção permaneceria desconhecida, aguardando a cultura. A detecção microscópica de fungos no tecido serve para guiar o laboratório na seleção do meio mais apropriado para a cultura da amostra e é útil para determinar a importância dos resultados da cultura. O último é particularmente verdadeiro quando o organismo isolado em cultura é um componente conhecido da microbiota normal ou é frequentemente encontrado no meio ambiente.

A microscopia direta é claramente útil no diagnóstico de infecções fúngicas; no entanto, podem ocorrer resultados falso-negativos e falso-positivos. A microscopia é menos sensível do que a cultura, e um exame direto negativo não descarta uma infecção fúngica.

Uma série de diferentes colorações e técnicas microscópicas pode ser empregada para detectar e caracterizar os fungos diretamente no material clínico (Tabela 60.2). As abordagens utilizadas com mais frequência no laboratório de micologia clínica incluem o reagente fluorescente branco de calcoflúor ou a coloração de esfregaços e preparações de aposição em lâmina (*imprint* ou *touch preparation*), utilizando-se as colorações de Gram ou Giemsa. O branco de calcoflúor cora as paredes celulares dos fungos, fazendo com que os microrganismos fiquem fluorescentes para uma detecção mais fácil e rápida (Figura 60.1). A coloração de Gram é útil para a detecção de leveduras, como espécies de *Candida* ou *Cryptococcus* (Figura 60.2) e fungos filamentosos, como *Aspergillus* (Figura 60.3). Os fungos são tipicamente gram-positivos, mas podem parecer pontilhados ou gram-negativos (ver Figuras 60.2 e 60.3). A coloração de Giemsa é particularmente útil para detectar as formas de leveduras intracelulares de *H. capsulatum* em esfregaços de sangue periférico, medula óssea ou preparações de tecido por *imprint* (Figura 60.4).

O patógeno respiratório *P. jirovecii* pode ser detectado no escarro induzido ou em amostras obtidas por broncoscopia. Os cistos podem ser corados com a coloração de metenamina de prata de Grocott-Gomori (GMS) (Figura 60.5) ou por um anticorpo monoclonal fluorescente, e as formas tróficas e intracísticas são coradas com a coloração de Giemsa (Figura 60.6).

As colorações como hematoxilina & eosina (H&E), GMS e ácido periódico-Schiff (PAS) são realizadas em laboratório de citologia e/ou histopatologia e são usadas para detecção de fungos em preparações citológicas, aspirados com agulha fina, tecidos, fluidos corporais e exsudatos (ver Tabelas 60.1 e 60.2). Essas colorações podem detectar fungos como *B. dermatitidis*, *H. capsulatum*, *C. immitis/posadasii*, *Candida* spp., *C. neoformans* e as hifas de Mucormycetes (Figura 60.7), *Aspergillus* e outros fungos filamentosos. Os fungos podem ser visualizados com a coloração H&E, mas um pequeno número de microrganismos pode passar despercebido. As colorações mais específicas para fungos são a GMS e o PAS, que apresentam utilidade na detecção de pequenos números de

Tabela 60.2 Métodos selecionados e colorações comumente utilizadas para detecção microscópica direta de elementos fúngicos em amostras clínicas.

Método/coloração	Uso	Comentários
Coloração branco de calcoflúor	Detecção de todos os fungos, incluindo *Pneumocystis jirovecii*	Rápido (1 a 2 min); detecta quitina no envoltório celular de fungos por fluorescência brilhante Usado em combinação com hidróxido de potássio. Requer microscópio fluorescente com filtros adequados A fluorescência de fundo pode tornar o exame de algumas amostras difícil
Tratamento com anticorpo monoclonal fluorescente	Exame de amostra respiratória para *P. jirovecii*	Método sensível e específico para detecção de cistos de *P. jirovecii* Não cora as formas extracísticas (tróficas)
Coloração de Giemsa	Exame de medula óssea, esfregaços de sangue periférico, preparações de tecido por *imprint* e espécimes respiratórios	Detectar *Histoplasma capsulatum* intracelular e as formas intracísticas e tróficas de *P. jirovecii* Não cora a parede do cisto de *Pneumocystis* Cora outros organismos além de *Histoplasma* e *Pneumocystis*
Coloração de Gram	Detecção de bactérias e fungos	Normalmente realizada em amostras clínicas Irá corar a maioria dos elementos fúngicos na forma de leveduras e hifas A maioria dos fungos cora como gram-positivos, mas alguns, como o *Cryptococcus neoformans*, exibem pontilhados ou parecem gram-negativos
Coloração H&E	Coloração histológica de uso geral	Melhor coloração para demonstrar a reação do hospedeiro em tecido infectado Cora a maioria dos fungos, mas um pequeno número de organismos pode ser difícil de diferenciar do fundo Útil na demonstração de pigmento natural em fungos demáceos
Coloração GMS	Detecção de fungos em cortes histológicos e cistos de *P. jirovecii* em amostras respiratórias	Melhor coloração para detectar todos os fungos Cora hifas e células leveduriformes em preto contra um fundo verde Normalmente realizada em laboratório de histopatologia
Coloração de Mucicarmim	Coloração histopatológica para mucina	Útil para demonstrar o material capsular de *C. neoformans* Também pode corar os envoltórios celulares de *Blastomyces dermatitidis* e *Rhinosporidium seeberi*
Coloração PAS	Coloração histológica para fungos	Cora leveduras e hifas no tecido. Artefatos PAS-positivos podem se assemelhar a células de leveduras

GMS, metenamina de prata de Grocott-Gomori; *H&E*, hematoxilina e eosina; *PAS*, ácido periódico-Schiff.
Modificada de Pfaller, M.A., McGinnis, M.R., 2009. The laboratory and clinical mycology. In: Anaissie, E.J., McGinnis, M.R., Pfaller, M.A. (Eds.), Clinical Mycology, second ed. Churchill Livingstone, New York.

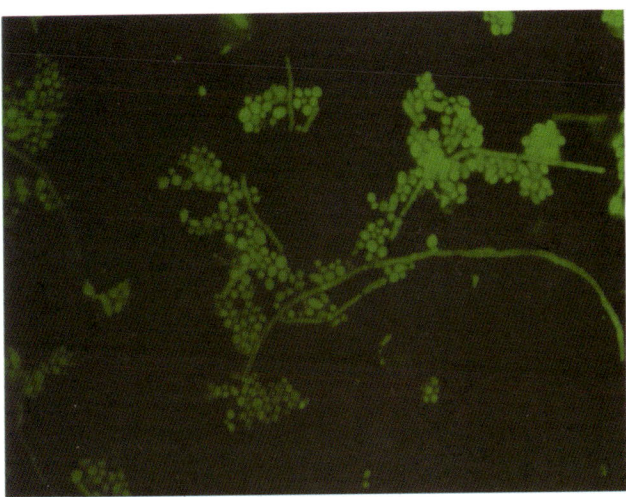

Figura 60.1 Coloração branco de calcoflúor demonstrando leveduras em brotamento e pseudo-hifas de *Candida albicans*.

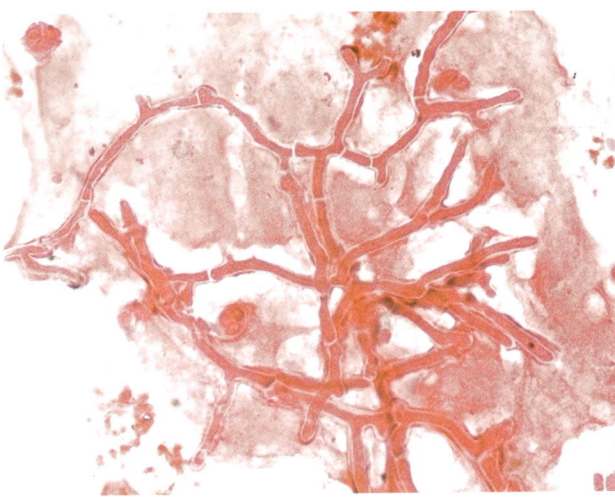

Figura 60.3 Coloração de Gram de *Aspergillus*. Essa amostra não reteve o corante cristal violeta e parece gram-negativa.

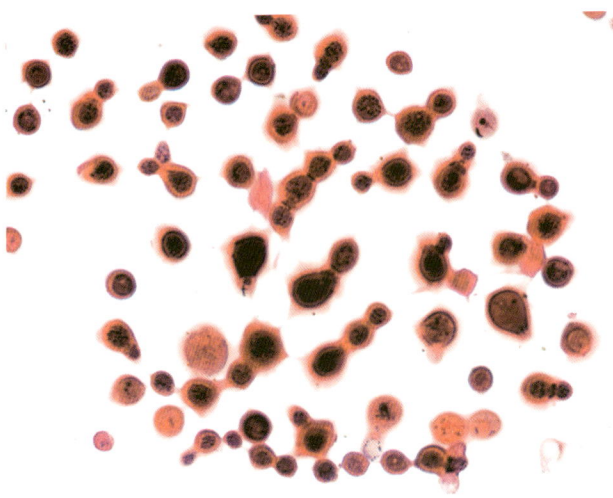

Figura 60.2 Coloração de Gram de *Cryptococcus neoformans*. Espécie de levedura com brotamento, encapsulada, de tamanho variável, mostrando um padrão pontilhado resultante da retenção irregular do corante cristal violeta.

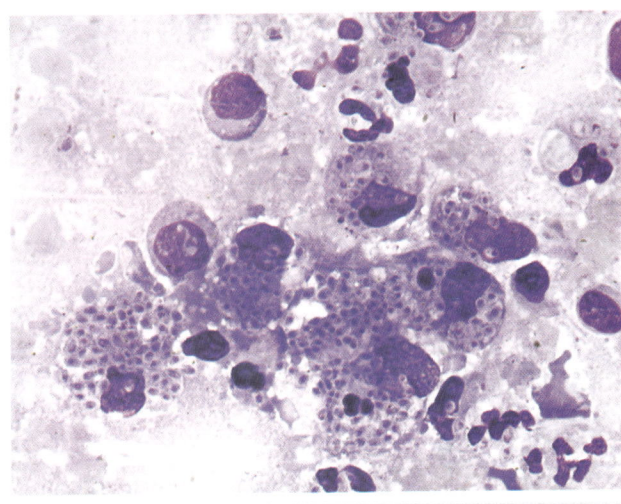

Figura 60.4 Coloração de Giemsa mostrando formas de levedura intracelular de *Histoplasma capsulatum*.

microrganismos e servem para definir claramente os aspectos característicos da morfologia fúngica. O exame histológico do tecido fixado oferece a oportunidade de determinar se o fungo está invadindo o tecido ou apenas se apresenta superficialmente; essa informação é útil para diferenciar entre infecção e colonização. As características morfológicas microscópicas de vários dos patógenos fúngicos mais comuns são apresentadas na Tabela 60.3.

CULTURA

O isolamento do fungo em cultura é geralmente considerado o método diagnóstico mais sensível de uma infecção fúngica. A cultura também é necessária, na maioria dos casos, para identificar os agentes etiológicos. A recuperação ideal de fungos a partir de material clínico depende da obtenção de uma amostra adequada e, em seguida, a aplicação de métodos de cultura que irão garantir a recuperação de microrganismos que geralmente estão presentes em pequenas quantidades e têm crescimento lento. Nenhum meio de cultura

Figura 60.5 Coloração com prata de cistos de *Pneumocystis jirovecii*.

único é suficiente para isolar todos os fungos importantes do ponto de vista médico, e é geralmente aceito que pelo menos dois tipos de meios, seletivos e não seletivos, devem ser usados. O meio não seletivo permitirá o crescimento de fungos

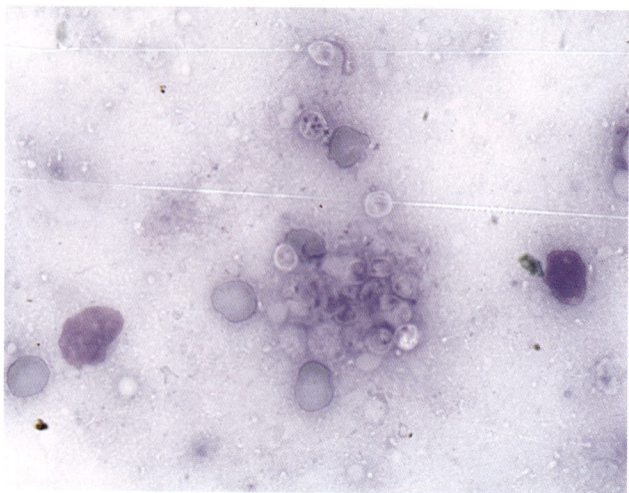

Figura 60.6 Coloração de Giemsa mostrando formas intracísticas e tróficas de *Pneumocystis jirovecii*.

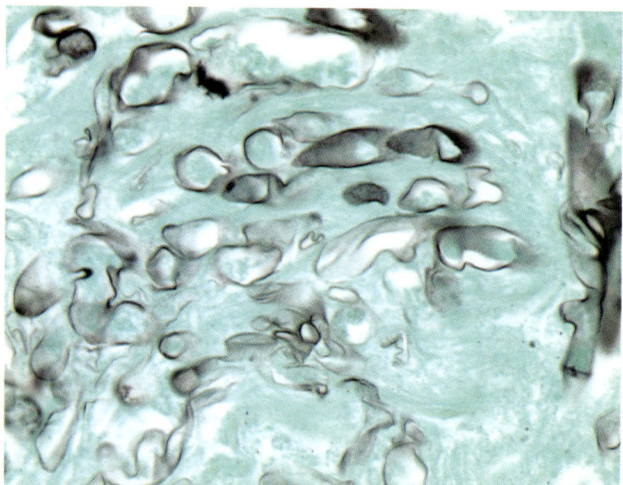

Figura 60.7 Coloração com prata de *Rhizopus*.

leveduriformes e filamentosos de crescimento rápido, bem como de fungos fastidiosos de crescimento mais lento. Os fungos crescerão na maioria dos meios usados para bactérias; no entanto, o crescimento pode ser lento e um meio mais enriquecido, como ágar infusão de cérebro e coração (BHI, *brain heart infusion*) ou ágar SABHI (Sabouraud dextrose e BHI), é recomendado. Fungos dimórficos fastidiosos, como *H. capsulatum* e *B. dermatitidis*, de modo geral, requerem um meio contendo sangue, como BHI com 5 a 10% de sangue de carneiro, para recuperação ideal do material clínico. A cicloheximida é frequentemente adicionada a este meio para inibir leveduras e fungos filamentosos de crescimento mais rápido que podem contaminar a amostra. Embora a cicloheximida não afete os patógenos dimórficos endêmicos, ela inibirá o crescimento de muitos patógenos oportunistas (p. ex., *Candida*, *Aspergillus*) que também podem ser o agente etiológico da infecção. Por esse motivo, deve-se sempre combinar meios contendo cicloheximida com meios complementares sem cicloheximida. As amostras que podem estar contaminadas com bactérias devem ser inoculadas em meios seletivos, como SABHI ou BHI suplementados com antibacterianos (penicilina mais estreptomicina são frequentemente utilizadas). Determinados fungos podem exigir meios especializados. Por exemplo,

Malassezia furfur, um agente que causa infecções superficiais da pele e infecções de cateteres vasculares, requer um meio contendo óleo de oliva ou outra fonte de ácidos graxos de cadeia longa para uma recuperação ideal.

Os meios foram formulados para fornecer a identificação presuntiva de leveduras com base nas características morfológicas das colônias. A adição de certos substratos ou cromógenos ao meio ágar permite a detecção direta de atividades enzimáticas específicas características de espécies selecionadas de levedura. O CHROMagar® *Candida* é um meio que pode ser usado para isolamento simultâneo e identificação presuntiva de *Candida albicans*, *C. tropicalis* e *C. krusei*. O CHROMagar® é seletivo para fungos e o uso desse meio encurta o tempo de identificação presuntiva dos organismos e permite uma detecção mais fácil de diversas espécies de leveduras presentes em um espécime, com base em cores características de colônias produzidas por diferentes espécies de *Candida* (ver Figura 65.5). Esse meio cromogênico pode ser associado ao teste rápido de trealose (TRT) para a identificação de *C. glabrata* e tem se mostrado útil na rápida identificação e determinação da suscetibilidade ao fluconazol de espécies de *Candida* diretamente de hemoculturas positivas. Outros meios cromogênicos e um teste colorimétrico rápido baseado na detecção de L-prolina aminopeptidase e β-galactosaminidase foram desenvolvidos especificamente para a rápida identificação de *C. albicans*.

A detecção de fungemia é uma medida importante no diagnóstico de infecção fúngica invasiva. Embora possa ocorrer contaminação das hemoculturas por fungos, na maioria das vezes, as hemoculturas positivas para fungos são significativas. Lamentavelmente, as hemoculturas costumam ser negativas, apesar da presença de doença disseminada, especialmente quando o organismo infectante é um fungo filamentoso. A detecção de fungemia melhorou com o desenvolvimento de instrumentos de monitoramento contínuo da hemocultura e formulações de meios aprimorados que levam em consideração as necessidades de crescimento de fungos, bem como de bactérias. Além desses sistemas em caldo, o método de lise-centrifugação com semeadura em ágar fornece um procedimento flexível e sensível para a detecção de fungemia causada por patógenos leveduriformes, filamentosos e dimórficos (ver Tabela 60.1).

Depois de inoculadas, as culturas de fungos devem ser incubadas ao ar, na temperatura adequada e por um período suficiente para garantir a recuperação dos fungos a partir das amostras clínicas. A maioria dos fungos cresce de modo ideal em temperaturas de 25 a 30°C, embora a maioria das espécies de *Candida* possa ser recuperada de hemoculturas incubadas de 35 a 37°C. As placas de cultura devem ser seladas com fita permeável a gases para evitar a desidratação. As amostras enviadas para cultura de fungos são geralmente incubadas por 2 semanas; entretanto, a maioria das hemoculturas torna-se positiva em 5 a 7 dias. A determinação do significado clínico de um isolado fúngico deve ser feita em consulta com o médico responsável no contexto do ambiente clínico do paciente.

IDENTIFICAÇÃO DAS CARACTERÍSTICAS DE VÁRIOS FUNGOS

A determinação da identidade do agente etiológico específico da doença fúngica pode ter uma relação direta com o prognóstico e considerações terapêuticas. Tornou-se claro que uma única abordagem terapêutica, por exemplo, o uso de anfotericina B é inadequado para muitas infecções fúngicas (ver Capítulo 61). A identificação de patógenos fúngicos pode ter implicações diagnósticas e epidemiológicas adicionais. Conhecer o gênero e a espécie do agente infeccioso também pode fornecer acesso a registros de fungos e à literatura, nos quais as experiências de outros podem servir como um guia para a evolução clínica da infecção e para a resposta à terapia, principalmente para as micoses oportunísticas mais incomuns.

Tabela 60.3 Aspectos característicos de fungos oportunistas e patogênicos selecionados em espécimes clínicos e em culturas.

Fungos	Características morfológicas microscópicas em espécimes clínicos	ASPECTOS MORFOLÓGICOS CARACTERÍSTICOS NA CULTURA		Testes adicionais para identificação
		Macroscópico	Microscópico	
Candida	Leveduras ovais em brotamento, com 2 a 6 μm de diâmetro. Hifas e pseudo-hifas podem estar presentes	Morfologia variável. Colônias geralmente pastosas, brancas a acastanhadas e opacas. Pode apresentar morfologia lisa ou enrugada	Aglomerados de blastoconídios, pseudo-hifas e/ou clamidósporos terminais em algumas espécies	Produção de tubo germinativo pelas espécies *Candida albicans*, *C. dubliniensis* e *C. stellatoidea*. PNA-FISH, MALDI-TOF MS. Sequenciamento de genes. Assimilação de carboidratos. Morfologia em ágar fubá, CHROMagar™, teste rápido de trealose
Cryptococcus neoformans	Leveduras esféricas em brotamento de tamanho variável, com 2 a 15 μm. Cápsula pode estar presente. Sem hifas ou pseudo-hifas	As colônias são brilhantes, mucoides, em forma de cúpula e de cor creme a acastanhada	Células esféricas com brotamento, de tamanho variável. Cápsula presente. Sem pseudo-hifas. As células podem ter vários brotos de base estreita	Testes de urease (+), fenoloxidase (+) e nitrato redutase (−). Aglutinação em látex, LFD ou teste EIE para antígeno polissacarídico. Coloração de Mucicarmim e da melanina em tecidos
Aspergillus	Hifas septadas, ramificadas dicotomicamente (ângulo de 45°) e de largura uniforme (3 a 6 μm)	Varia com a espécie. *A. fumigatus*: azul-esverdeada a cinza. *A. flavus*: amarela-esverdeada. *A. niger*: preta	Varia com a espécie. Conidióforos com vesículas aumentadas cobertas com métulas em forma de frasco ou fiálides. Hifas são hialinas e septadas	Identificação baseada em morfologia microscópica e das colônias. Sequenciamento de genes. MALDI-TOF MS
Mucormicose	Hifas largas, paredes finas, septação esparsa, 6 a 25 μm com laterais não paralelas e ramos aleatórios. Hifas são mal coradas com a coloração GMS e frequentemente coram bem com a coloração de H&E	As colônias apresentam crescimento rápido, cotonosas e têm coloração castanho-acinzentada a cinza-escuro	Hifas largas em forma de fita com septos raros. Esporângio ou esporangiola produzida a partir de esporangióforos. Rizoides presentes em algumas espécies	Identificação baseada em características morfológicas microscópicas. Sequenciamento de genes
Fungos filamentosos demáceos, ver Capítulo 57, Tabela 57.5	Hifas pigmentadas (marrom, castanho ou preto), 2 a 6 μm de largura. Podem ser ramificados ou não ramificados. Muitas vezes com constrição no ponto de septação	As colônias são, em geral, de crescimento rápido, e com coloração acinzentada, olivácea, preta ou marrom	Varia dependendo do gênero e espécie. Hifas são pigmentadas. Os conídios podem ser isolados ou em cadeias, lisos ou rugosos e demáceos	Identificação baseada em morfologia microscópica e das colônias. Sequenciamento de genes
Histoplasma capsulatum	Leveduras com pequenos brotamentos (2 a 4 μm) dentro de macrófagos	As colônias têm crescimento lento, cor branca ou marrom-acastanhada (25°C). Colônias na fase leveduriforme (37°C) são lisas, brancas e pastosas	Hifas finas e septadas, que produzem macroconídios tuberculados e microconídios de parede lisa (25°C). Leveduras pequenas e ovais, com brotamento produzido a 37°C	Demonstração de dimorfismo regulado por temperatura, a partir da conversão da fase filamentosa para de levedura a 37°C; testes de exoantígeno e de sonda de ácido nucleico permitem a identificação sem a conversão de fase
Blastomyces dermatitidis	Leveduras grandes (8 a 15 μm), de parede espessa e com brotamento de base larga	As colônias variam de membranosas, semelhantes a leveduras, a colônias de cotonosas, brancas, semelhantes aos fungos filamentosos a 25°C. Quando cultivadas a 37°C, as colônias da fase leveduriforme são enrugadas, pregueadas e glabras	Hifas septadas, hialinas com conídios lisos unicelulares (25°C). Leveduras grandes, de paredes espessas, com brotamento a 37°C	Demonstração de dimorfismo regulado por temperatura; testes de exoantígeno e sonda de ácido nucleico

Continua

Tabela 60.3 Aspectos característicos de fungos oportunistas e patogênicos selecionados em espécimes clínicos e em culturas. *(continuação)*

Fungos	Características morfológicas microscópicas em espécimes clínicos	ASPECTOS MORFOLÓGICOS CARACTERÍSTICOS NA CULTURA		Testes adicionais para identificação
		Macroscópico	Microscópico	
Coccidioides immitis/ posadasii	Esférulas de parede espessa, esféricas, com 20 a 200 μm. Esférulas maduras contêm pequenos endósporos de 2 a 5 μm	Colônias aparecem inicialmente úmidas e glabras, rapidamente se tornam felpudas e cinza-esbranquiçadas com um reverso acastanhado ou marrom	Hifas hialinas com artroconídios retangulares separados por células disjuntoras vazias	Testes de exoantígeno e de sonda de ácido nucleico
Sporothrix schenckii	Células leveduriformes de tamanhos variados. Algumas podem apresentar aspecto alongado ou em forma de charuto. A reação tecidual forma corpos asteroides	Colônias inicialmente lisas, úmidas e leveduriforme, ficando aveludadas com o desenvolvimento de hifas aéreas (25°C). Colônias pastosas de cor castanha a marrom a 37°C	Hifas septadas, finas e ramificadas. Conídios nascidos em aglomerados na forma de roseta no final do conidióforo (25°C). Leveduras com brotamento, de tamanho variável produzidas a 37°C	Demonstração de dimorfismo térmico; exoantígeno e sonda de ácido nucleico
Talaromyces marneffei	Células leveduriformes intracelulares ovais com septo	As colônias produzem pigmento vermelho difusível a 25°C	Hifas septadas com métulas, fiálides com cadeias de conídios em uma distribuição de "pincel" (25°C). Células leveduriformes se dividem por fissão (37°C)	Demonstração de dimorfismo térmico. Sequenciamento de genes
Pneumocystis jirovecii	Cistos são redondos, colapsados ou em forma crescente. Formas tróficas vistas em colorações especiais	(Não aplicável)	(Não aplicável)	Coloração imunofluorescente, coloração GMS, Giemsa, azul de toluidina (ver Tabela 60.2)

EIE, ensaio imunoenzimático; *GMS*, metenamina prata de Grocott-Gomori; *H&E*, hematoxilina e eosina; *LFD* (do inglês, *lateral flow device*), dispositivo de fluxo lateral, *PNA-FISH* (do inglês, *peptide nucleic acid–fluorescent in situ hybridization*), hibridização *in situ* fluorescente com ácido nucleico peptídico; *MALDI-TOF MS*, espectrometria de massa por tempo de voo com ionização por dessorção a *laser* assistida por matriz.

Diferenciar os fungos leveduriformes dos filamentosos é o primeiro passo para identificar um isolado fúngico. A morfologia macroscópica da colônia geralmente fornece uma boa pista: fungos leveduriformes formam colônias pastosas, opacas, enquanto os bolores formam colônias grandes, filamentosas que variam em textura, cor e topografia. O exame microscópico fornece um delineamento adicional e geralmente é o necessário para a identificação de muitos fungos (ver Tabela 60.3). A identificação de gênero e espécie, dependendo do fungo, requer um estudo microscópico mais detalhado para delinear estruturas características. A identificação de leveduras geralmente requer testes bioquímicos e fisiológicos adicionais, enquanto a identificação tanto de leveduras quanto de fungos filamentosos pode ser aprimorada por caracterização imunológica, molecular e proteômica especializada (ver Tabela 60.3).

Entre os métodos rápidos mais novos para identificação de *Candida* e outras leveduras estão as técnicas de hibridização *in situ* fluorescente com ácido nucleico peptídico (PNA-FISH) e a espectrometria de massa por tempo de voo com ionização por dessorção a *laser* assistida por matriz (MALDI-TOF MS). Os testes PNA-FISH® (OpGen, Gaithersburg, MD) são baseados em uma sonda PNA marcada com fluoresceína que detecta especificamente *C. albicans*, *C. tropicalis* ou *C. glabrata* como espécies individuais ou detecta um grupo de espécies de leveduras (p. ex., *C. albicans* e *C. parapsilosis* fluorescem em verde e *C. glabrata* e *C. krusei* fluorescem em vermelho com o kit Yeast Traffic Light® PNA FISH®) em hemoculturas com a análise de sequências-alvo específicas para o rRNA. As sondas são adicionadas a esfregaços feitos diretamente do conteúdo do frasco de hemocultura e são hibridizadas por 90 minutos. Modificações recentes nas sondas e reagentes resultaram em um teste de segunda geração (*Quick*FISH) que encurta o tempo do ensaio para 30 minutos. Os esfregaços são subsequentemente examinados por microscopia de fluorescência. O teste demonstrou ter excelente sensibilidade (99%), especificidade (100%), valor preditivo positivo (100%) e valor preditivo negativo (99,3%). Essa abordagem pode proporcionar uma economia de tempo de 24 a 48 horas em comparação com os métodos convencionais de laboratório empregados para identificação. O teste permite que os médicos sejam notificados sobre a identidade das leveduras juntamente com resultados positivos de hemocultura. A identificação rápida e precisa de *C. albicans*, *C. tropicalis*, *C. parapsilosis*, *C. glabrata* e *C. krusei* deve promover a terapia antifúngica ideal com os agentes mais econômicos, resultando em melhores resultados e economia significativa de antifúngicos para os hospitais.

O método MALDI-TOF MS usa padrões de massas de proteínas e peptídeos específicos de espécies para identificar microrganismos. Ele tem sido altamente preciso na identificação de uma ampla gama de bactérias e, recentemente, mostrou fornecer uma ferramenta rápida e confiável para a identificação de leveduras, fungos leveduriformes e fungos filamentosos. A técnica envolve a extração de proteínas das células fúngicas, gotejando (*spotting*) a amostra em uma área (*grid*) e sobrepondo o *spot* com uma matriz. O espectro é gerado rapidamente (≈10 minutos por amostra) e é comparado com um banco de dados de referência. Em diversos estudos, o método demonstrou ser altamente preciso e fornece uma combinação do menor gasto de consumíveis, é de fácil interpretação dos resultados e tem um tempo de resposta rápido. As limitações incluem a falta de bancos de dados robustos para as leveduras menos comuns e desempenho relativamente baixo na identificação de fungos filamentosos além das espécies de *Aspergillus*.

A identificação de fungos leveduriformes em nível de espécie, em geral, requer a determinação do perfil bioquímico e fisiológico do microrganismo, além da avaliação da morfologia microscópica (ver Tabela 60.3). Embora o sequenciamento de ácidos nucleicos e os métodos proteômicos estejam rapidamente se tornando os métodos-padrão para a identificação de fungos filamentosos, o método clássico de identificar esses patógenos é baseado quase inteiramente em sua morfologia microscópica. As características importantes incluem a forma, método de produção e disposição dos conídios ou esporos e o tamanho e aparência das hifas. O preparo do material para o exame microscópico deve ser feito de maneira que produza o mínimo de alteração do arranjo das estruturas reprodutivas e seus conídios ou esporos. A determinação da presença de melanina e dimorfismo termorregulado também são características importantes. Testes imunológicos e/ou baseados em sondas de ácido nucleico são frequentemente usados para identificar os patógenos dimórficos endêmicos, e o sequenciamento de ácidos nucleicos é aplicado como um auxílio na identificação de uma variedade de fungos filamentosos. Os aspectos característicos de diversos patógenos filamentosos e dimórficos comumente isolados estão listados na Tabela 60.3.

Abordagens moleculares baseadas em amplificação estão sendo desenvolvidas para fornecer uma identificação mais rápida e objetiva de leveduras e fungos filamentosos em comparação com os métodos fenotípicos tradicionais. Os alvos ribossômicos e as regiões do espaçador transcrito interno (ITS, do inglês, *internal transcribed spacer*) têm se mostrado particularmente promissores para a identificação molecular de alguns fungos. Vários estudos recentes confirmaram o enorme potencial dessas abordagens como ferramentas poderosas na identificação de leveduras e fungos filamentosos de importância clínica; no entanto, os bancos de dados de sequências existentes são limitados em relação à qualidade e à precisão das sequências depositadas. Atualmente, com a disponibilidade de técnicas de sequenciamento aprimoradas, bancos de dados mais amplos e confiáveis e *kits* e *softwares* mais facilmente disponíveis, essa tecnologia se tornou uma alternativa competitiva às técnicas de identificação micológica clássicas, utilizadas para fungos de importância clínica.

Marcadores imunológicos, moleculares e bioquímicos para detecção direta de infecções fúngicas invasivas

Testes diagnósticos rápidos, sensíveis e específicos para infecções fúngicas graves permitiriam a aplicação mais oportuna e focada de medidas terapêuticas específicas. Como tal, os testes para a detecção de anticorpos e antígenos, metabólitos e ácidos nucleicos específicos de fungos têm grande apelo. Um progresso considerável foi feito em várias dessas áreas nos últimos anos (Tabela 60.4); embora com poucas exceções, tais testes ainda permanecem confinados a laboratórios de referência ou ao ambiente de pesquisa.

A determinação de títulos de anticorpos (Ac) e/ou antígenos (Ag) no soro pode ser útil no diagnóstico de infecções fúngicas. Quando realizados em série, os títulos de Ac/Ag também fornecem um meio de monitorar a progressão da doença e a resposta do paciente à terapia. Com exceção dos testes de anticorpos para histoplasmose e coccidioidomicose; entretanto, a maioria dos testes para anticorpos carece de sensibilidade e especificidade para o diagnóstico de infecções fúngicas invasivas.

A detecção do envoltório celular fúngico e dos antígenos citoplasmáticos e metabólitos no soro ou em outros fluidos corporais representa o método mais direto de fornecer um diagnóstico sorológico de infecção fúngica invasiva (ver Tabela 60.4). Os melhores exemplos dessa abordagem são os testes disponíveis comercialmente para a detecção de antígenos polissacarídicos de *C. neoformans* e *H. capsulatum*. Esses testes têm se mostrado de grande valor no diagnóstico rápido de meningite criptocócica e de histoplasmose disseminada, respectivamente. Os imunoensaios para a detecção de galactomanana do *Aspergillus* e manana e antimanana de *Candida* já se encontram comercialmente disponíveis.

Outro componente específico da parede celular do fungo é a 1,3-β-glucana. Esse material pode ser detectado no soro de pacientes infectados por *Candida*, *Aspergillus*, e *P. jirovecii* por meio de sua interação no ensaio de lisado de limulus. Estudos desse teste para β-glucana, que indicam a presença de fungos, mas não identificam o gênero causador da infecção, têm sido promissores em alguns pacientes de populações selecionadas.

A detecção de metabólitos fúngicos tem potencial para o diagnóstico rápido tanto de candidíase quanto de aspergilose (ver Tabela 60.4). A detecção de D-arabinitol no soro parece ser uma indicação de candidíase disseminada por via hematogênica, enquanto a detecção de níveis elevados de D-manitol no fluido de lavado broncoalveolar pode ser útil no diagnóstico de aspergilose pulmonar. Em razão da falta de um teste comercialmente disponível e aos problemas com a variabilidade na sensibilidade e especificidade, dependendo da metodologia utilizada, a eficácia do diagnóstico para detecção de metabólitos permanece incerta.

A aplicação da reação em cadeia da polimerase (PCR) para detectar diretamente ácidos nucleicos específicos de fungos em material clínico oferece uma grande promessa para o diagnóstico rápido de infecções fúngicas. Uma variedade de sequências-alvo foi investigada e considerada por seu valor diagnóstico potencial para a maioria dos patógenos fúngicos oportunistas e sistêmicos mais comuns (ver Tabela 60.4). Desenvolvimentos recentes, em tempo real, como a tecnologia do *gene chip* e o acoplamento da nanotecnologia com a detecção pela ressonância magnética, facilitarão o amplo uso dessa tecnologia, embora ainda não estejam disponíveis na maioria dos laboratórios de micologia. Uma recente meta-análise de PCR no diagnóstico de candidíase invasiva demonstrou que o uso de sangue total como amostra-teste, alvos pan-fúngicos *multilocus* (p. ex., alvos dos genes rRNA, P450) e

Tabela 60.4 Marcadores antigênicos, bioquímicos e moleculares para detecção direta de infecções fúngicas invasivas.

Microrganismo	Componentes do envoltório celular ou da cápsula	Antígenos citoplasmáticos	Metabólitos	Sequências de DNA genômico[a]
Candida	Mananas LA RIE EIE 1,3-β-glucana Teste Limulus Quitina Espectrofotometria	Enolase EIE Immunoblot Anticorpo antienolase EIE Produto de decomposição de 47 kDa da HSP-90 Ensaios dot ligado à enzima Ensaio de imunoligação	D-arabinitol Rápido enzimático/FID Espectroscopia de massa/GLC	Actina Quitina sintase P450 ITS Genes do RNA ribossômico
Cryptococcus neoformans	Polissacarídio capsular LA EIE LFD	—	D-manitol Espectroscopia de massa/GLC	Genes do RNA ribossômico ITS Gene URA5
Aspergillus	Galactomanana LA EIE RIE LFD 1,3-β-glucana Teste Limulus Quitina Espectrofotometria	—	D-manitol GLC/FID Espectroscopia de massa/GLC	P450 Genes de RNA ribossômico ITS Protease alcalina Mitocondrial
Blastomyces dermatitidis	Envoltório celular RIE para proteína de adesão de envoltório celular de 120 kDa	—	—	Genes do RNA ribossômico ITS
Histoplasma capsulatum	Envoltório celular RIE e EIE para o antígeno polissacarídico	—	—	Genes do RNA ribossômico ITS
Talaromyces marneffei	Manoproteína do envoltório celular EIE	—	—	ITS
Coccidioides immitis	—	—	—	Genes do RNA ribossômico

[a]Todas as sequências detectadas pela reação em cadeia da polimerase.
EIE, ensaio imunoenzimático; FID (do inglês, flame ionization detector), detector por ionização de chama; GLC (do inglês, gas-liquid chromatography), cromatografia gás-líquido; HSP-90 (do inglês, heat shock protein-90), proteína de choque térmico-90; ITS (internal transcribed spacer), espaçador transcrito interno; LA (latex agglutination), aglutinação em látex; LFD (do inglês lateral flow device), dispositivo de fluxo lateral; P450, gene de lanosterol 14-alfadesmetilase; RIE, radioimunoensaio.
Modificada de Mujeeb, I., et al., 2002. Fungi and fungal infections. In: McClatchey, K.D. (Ed.), Clinical Laboratory Medicine, second ed. Lippincott Williams & Wilkins, Philadelphia, PA.

um limite de detecção in vitro não superior a dez unidades formadoras de colônias (UFC)/mℓ, forneceram sensibilidade e especificidade ideais.

Atualmente, há vários ensaios de PCR disponíveis no mercado, incluindo Septifast® da Roche (Roche Diagnostics, Indianapolis, IN), que é capaz de detectar várias espécies de Candida e A. fumigatus; o MycAssay® (Myconostica, Cambridge, Reino Unido); e AsperGenius® (PathoNostics, Maastricht, Holanda) para o diagnóstico de aspergilose invasiva. Já o Septifast® foi avaliado em pacientes neutropênicos e não neutropênicos, com resultados decepcionantes, uma vez que foram observados resultados falso-positivos e falso-negativos para Candida e Aspergillus; desse modo, o sistema Septifast® tem sensibilidade e especificidade limitadas e não parece promissor para infecções fúngicas. O MycAssay® Aspergillus também foi avaliado em vários estudos com um desempenho semelhante ao do ensaio de galactomanana. O MycAssay® para Pneumocystis também foi relatado como tendo uma sensibilidade e especificidade de 100% no lavado broncoalveolar (LBA) em um estudo comparativo recente. O ensaio PathoNostics AsperGenius® é validado para uso com LBA e pode ser usado para diagnosticar a aspergilose invasiva e detectar resistência aos azólicos na mesma amostra. Um dos ensaios mais promissores para candidíase é o teste T2Candida® (T2Biosystems, Lexington, MA), que pode detectar cinco espécies de Candida diretamente no sangue total, sem a necessidade de cultura. Esse teste foi comparado a vários sistemas de hemocultura automatizados e contra amostras de sangue enriquecidas ("batizadas") e amostras de pacientes, demonstrando uma boa sensibilidade e especificidade, além de tempo reduzido para positividade. O teste T2Candida® apresenta um limite de detecção de 1 UFC/mℓ.

Além da detecção de fungos em material clínico, métodos imunológicos, moleculares e proteômicos também se mostraram úteis na identificação de fungos em cultura. As sondas de ácido nucleico são úteis na identificação de patógenos dimórficos endêmicos, e a análise de sequências de ácido desoxirribonucleico ribossômico está sendo aplicada para leveduras e fungos filamentosos oportunistas comuns e incomuns. Com a expansão dos bancos de dados de fungos, o MALDI-TOF MS está rapidamente se estabelecendo como uma abordagem rápida, precisa e econômica para a identificação de leveduras e fungos filamentosos em cultura. Os testes de imunodifusão de exoantígenos são amplamente aplicados para identificar *H. capsulatum*, *B. dermatitidis* e *C. immitis/posadasii*, evitando a necessidade de demonstrar o dimorfismo térmico na identificação desses agentes (ver Tabela 60.3).

Bibliografia

Avini, T., et al., 2011. PCR diagnosis of invasive candidiasis: systematic review and meta-analysis. J. Clin. Microbiol. 49, 665–670.

Borman, A.M., Johnson, E.M., 2013. Genomics and proteomics as compared to conventional phenotypic approaches for the identification of the agents of invasive fungal infections. Curr. Fungal. Infect. Rep. 7, 235–243.

Clancy, C.J., Nguyen, M.H., 2018. Non-culture diagnostics for invasive candidiasis: promise and unintended consequences. J. Fungi. 4, 27. https://doi.org/10.3390/jof4010027.

Guarner, J., Brandt, M.E., 2011. Histopathologic diagnosis of fungal infections in the 21st century. Clin. Microbiol. Rev. 24, 247–280.

Karageorgopoulos, D.E., et al., 2011. β-D-glucan assay for the diagnosis of invasive fungal infections: a meta-analysis. Clin. Infect. Dis. 52, 750–770.

Neely, L.A., et al., 2013. T2 magnetic resonance enables nanoparticle-mediated rapid detection of candidemia in whole blood. Sci. Transl. Med. 5 182ra54.

Pfaller, M.A., 2015. Invasive fungal infections and approaches to their diagnosis. Meth. Microbiol. 42, 219–287.

61 Agentes Antifúngicos

A terapia antifúngica passou por uma extraordinária transformação nos últimos anos. Antigamente, o tratamento de micoses era de domínio exclusivo dos agentes anfotericina B e 5-fluorocitosina (flucitosina, 5-FC), que eram tóxicos e difíceis de usar. Atualmente, houve um avanço em razão da disponibilidade de novos agentes sistemicamente ativos e de novas formulações de agentes mais antigos que proporcionam eficácia comparável, senão superior, com uma toxicidade significativamente menor.

Neste capítulo, revisaremos os agentes antifúngicos, tanto sistêmicos quanto tópicos (Tabela 61.1). Discutiremos seu espectro, potência, modo de ação e indicações clínicas para uso como agentes terapêuticos. Além disso, discutiremos os mecanismos de resistência às várias classes de agentes antifúngicos e os métodos in vitro para determinar a suscetibilidade e resistência dos fungos aos agentes disponíveis.

A terminologia apropriada para essa discussão está resumida no Boxe 61.1 e na Figura 61.1, respectivamente.

Agentes antifúngicos sistemicamente ativos

A **anfotericina B** e suas formulações lipídicas são antifúngicos macrolídeos poliênicos utilizados no tratamento de micoses graves com risco de morte (ver Tabela 61.1). Outro poliênico, a nistatina, é um agente tópico. Uma formulação lipídica de nistatina foi desenvolvida para uso sistêmico, mas permanece sob investigação.

A estrutura básica dos poliênicos consiste em um grande anel de lactona, uma cadeia lipofílica rígida contendo de três a sete ligações duplas e uma porção hidrofílica flexível contendo vários grupos hidroxila (Figura 61.2). A anfotericina B contém sete ligações duplas conjugadas e pode ser inativada pelo calor, luz e extremos de pH. É pouco solúvel em água e não é absorvida pela via de administração oral ou intramuscular. A formulação convencional de anfotericina B para administração intravenosa (IV) é a anfotericina B desoxicolato. As formulações lipídicas da anfotericina B foram desenvolvidas em um esforço para contornar a natureza nefrotóxica da anfotericina B convencional e na maioria dos casos substitui a forma convencional com desoxicolato.

A anfotericina B (e suas formulações lipídicas) exerce sua ação antifúngica por pelo menos dois mecanismos diferentes. O mecanismo primário envolve a ligação da anfotericina B ao ergosterol, o principal esterol da membrana dos fungos. Essa ligação produz canais iônicos, que destroem a integridade osmótica da membrana celular do fungo e levam ao extravasamento de constituintes intracelulares e à morte celular (Figura 61.3). A anfotericina B também se liga ao colesterol, que é o principal esterol de membrana das células de mamíferos, mas o faz com menos celeridade do que o ergosterol. A ligação da anfotericina B ao colesterol é responsável, em grande parte, pela toxicidade observada quando a anfotericina B é administrada em humanos. Um mecanismo adicional de ação da anfotericina B envolve dano direto à membrana resultante da geração de uma cascata de reações oxidativas desencadeadas pela oxidação da própria anfotericina B. Esse processo pode ser um importante contribuinte para a rápida atividade fungicida da anfotericina B por meio da geração de radicais livres tóxicos.

O espectro de atividade da anfotericina B é amplo e inclui a maioria das cepas de *Candida*, *Cryptococcus neoformans*, *Aspergillus* spp., os Mucormycetes e os patógenos dimórficos endêmicos (*Blastomyces dermatitidis*, *Coccidioides immitis*, *Histoplasma capsulatum*, *Paracoccidioides brasiliensis*) (ver Tabela 61.2). *Aspergillus terreus*, *Fusarium* spp., *Scedosporium* spp., *Lomentospora prolificans*, *Trichosporon* spp. e certos fungos demáceos podem ser resistentes à anfotericina B. Da mesma maneira, a suscetibilidade reduzida à anfotericina B foi observada entre algumas cepas de *C. guilliermondii*, *C. glabrata*, *C. krusei*, *C. lusitaniae*, *C. auris* e *C. rugosa*. A resistência à anfotericina B foi associada a alterações nos esteróis de membrana (geralmente uma redução no ergosterol).

A anfotericina B é amplamente distribuída em vários tecidos e órgãos, incluindo fígado, baço, rim, medula óssea e pulmão. Embora concentrações desprezíveis de anfotericina B possam ser encontradas no líquido cefalorraquidiano, geralmente é eficaz no tratamento de infecções fúngicas do sistema nervoso central. A anfotericina B é considerada fungicida contra a maioria dos fungos.

As principais indicações clínicas para anfotericina B incluem candidíase invasiva, criptococose, aspergilose, mucormicose, blastomicose, coccidioidomicose, histoplasmose, paracoccidioidomicose, talaromicose e esporotricose. As formulações lipídicas da anfotericina B oferecem um melhor perfil de eficácia para toxicidade e são recomendadas principalmente para o tratamento de infecções fúngicas documentadas em indivíduos com falha na anfotericina B convencional ou com função renal prejudicada.

Os principais efeitos adversos da anfotericina B incluem nefrotoxicidade, bem como efeitos adversos relacionados com a infusão, como febre, calafrios, mialgias, hipotensão e broncospasmo. A principal vantagem das formulações lipídicas de anfotericina B são os efeitos adversos significativamente reduzidos, principalmente a nefrotoxicidade. As formulações lipídicas não são superiores à anfotericina B convencional em termos de eficácia e são bem mais caras.

AZÓLICOS

A classe de antifúngicos azólicos pode ser dividida em termos de estrutura em imidazólicas (dois nitrogênios no anel azólico) e triazólicas (três nitrogênios no anel azólico) (ver Figura 61.2). Entre os antifúngicos imidazólicos, apenas o cetoconazol tem atividade sistêmica. Todos os triazólicos têm atividade sistêmica e incluem fluconazol, itraconazol, voriconazol, posaconazol e isavuconazol (ver Tabela 61.1).

Tanto os imidazólicos quanto os triazólicos atuam inibindo a enzima lanosterol 14-α-desmetilase dependente do citocromo P450 do fungo (Figura 61.4). Essa enzima está envolvida na conversão de lanosterol em ergosterol e sua inibição interrompe a síntese da membrana na célula fúngica. Dependendo do organismo e do azólico específico, a inibição da síntese do ergosterol resulta na inibição do crescimento das células fúngicas (fungistática) ou morte celular (fungicida). Em geral, os azólicos exibem atividade fungistática contra fungos leveduriformes, como *Candida* spp. e *C. neoformans*; no entanto, itraconazol, voriconazol, posaconazol e isavuconazol parecem ser fungicidas contra *Aspergillus* spp.

O cetoconazol é um membro lipofílico, absorvido por via oral, pertencente à classe dos agentes antifúngicos imidazólicos. Seu espectro de atividade inclui os patógenos dimórficos endêmicos, *Candida* spp., *C. neoformans* e *Malassezia* spp., embora seja, de modo geral, menos ativo do que os agentes antifúngicos triazólicos (Tabela 61.2). É variavelmente ativo contra *Scedosporium* spp. e tem pouca ou nenhuma atividade clínica útil contra os Mucormycetes, *Aspergillus* spp., *L. prolificans* ou *Fusarium* spp.

A absorção do cetoconazol pela via de administração oral é irregular e requer pH gástrico ácido. Sua lipofilicidade garante penetração e concentração em tecidos adiposos

Tabela 61.1 Agentes antifúngicos sistêmicos e tópicos em uso e em desenvolvimento.

Agentes antifúngicos	Via	Mecanismo de ação	Comentários
ALILAMINAS			
Naftifina	Tópico	Inibição de esqualeno epoxidase	A terbinafina tem um espectro muito amplo e atua sinergicamente com outros antifúngicos
Terbinafina	Oral, tópico		
ANTIMETABÓLITO			
Flucitosina	Oral	Inibição da síntese de DNA e RNA	Utilizado em combinação com anfotericina B e fluconazol; toxicidade e resistência secundárias são problemas
IMIDAZÓLICOS			
Cetoconazol, bifonazol, clotrimazol, econazol, miconazol, oxiconazol, sulconazol, terconazol, tioconazol	Oral, tópico	Inibe as enzimas dependentes do citocromo P450, como a lanosterol 14-α-desmetilase	O cetoconazol tem atividade de amplo espectro modesta e problemas de toxicidade
TRIAZÓLICOS			
Fluconazol	Oral, IV	O mesmo que imidazólicos, porém com ligação mais específica ao alvo	Espectro limitado (leveduras); boa penetração no sistema nervoso central; boa atividade *in vivo*; resistências primária e secundária observadas com *Candida krusei*, *C. auris* e *C. glabrata*, respectivamente
Itraconazol	Oral	O mesmo que os imidazólicos, mas com ligação mais específica à enzima-alvo	Atividade de amplo espectro; absorção errática; toxicidade e interações medicamentosas são problemas
Voriconazol	Oral, IV	O mesmo que os imidazólicos, mas com ligação mais específica à enzima-alvo	Amplo espectro, incluindo leveduras e fungos filamentosos; ativo contra *Candida krusei*; muitas interações medicamentosas Agente de primeira escolha para aspergilose invasiva
Posaconazol	Oral, IV	O mesmo que os imidazólicos, mas com ligação mais específica à enzima-alvo	Amplo espectro, incluindo atividade contra Mucormycetes
Isavuconazol	Oral, IV	O mesmo que os imidazólicos, mas com ligação mais específica à enzima-alvo	Amplo espectro, incluindo leveduras e fungos filamentosos; aprovado para tratamento de aspergilose invasiva e mucormicose invasiva
EQUINOCANDINAS			
Caspofungina, anidulafungina, micafungina	IV	Inibição da síntese de glucana da parede celular fúngica	Caspofungina é aprovada para tratamento de candidíase e aspergilose invasivas; anidulafungina é aprovada para tratamento de candidíase invasiva; micafungina é aprovada para tratamento de candidíase invasiva; atividade fungicida contra *Candida*
POLIÊNICOS			
Anfotericina B	IV, tópico	Liga-se ao ergosterol, causando dano oxidativo direto à membrana	Agente estabelecido; amplo espectro; tóxico
Formulações lipídicas (complexo lipídico de anfotericina B ou dispersão coloidal, anfotericina B lipossomal)	IV	Igual à anfotericina B	Amplo espectro; menos tóxica, cara
Nistatina	Suspensão oral, tópica	Igual à anfotericina B	Formulação lipossomal (IV) sob investigação

Continua

Tabela 61.1 Agentes antifúngicos sistêmicos e tópicos em uso e em desenvolvimento. *(continuação)*

Agentes antifúngicos	Via	Mecanismo de ação	Comentários
OUTROS			
Nikomicina Z	IV	Inibição da síntese de quitina da parede celular fúngica	Agente em investigação: possivelmente útil em combinação com outros antifúngicos
APX001A/APX001	Oral	Inibição da síntese de GPI	Agente em investigação; atividade de amplo espectro, incluindo *Candida* spp. e *Aspergillus* spp., bem como outros fungos filamentosos difíceis de tratar, como *Mucorales*, *Fusarium solani* e *Lomentospora prolificans*
VT-1598, VT-1129 e VT-1161	Oral	Inibidores da lanosterol 14α-desmetilase específica de fungos (CYP51A)	Agentes em investigação: atividade de amplo espectro contra *Candida* spp., *Coccidioides immitis* e *C. posadasii*, além de *Trichophyton* spp. (VT-1161); atividade in vitro contra *Candida* spp. incluindo *C. auris*, *Cryptococcus* spp., *Aspergillus* spp., *Rhizopus oryzae*, *Blastomyces dermatitidis*, *Coccidioides* spp. e *Histoplasma capsulatum* (VT-1598); ativo contra muitas espécies de *Cryptococcus*, incluindo *C. neoformans* e *C. gattii* (VT-1129)
CD101 SCY-078 F901318 (F2 G Ltd.) Amorolfina Butenafina HC Ciclopirox olamina Griseofulvina Haloprogina Tolnaftato Undecilenato	IV e tópico Oral Oral e IV Tópico Tópico Tópico Oral Tópico Tópico Tópico	Igual a outras equinocandinas Classe de triterpenos estruturalmente distinta do inibidor da β-1,3-D-glucana sintase Inibidor da atividade da di-hidroorotato desidrogenase Diversos, variados	Agente em investigação: ativo contra espécies de *Candida* suscetíveis e resistentes à equinocandina, incluindo *C. auris*, bem como *Aspergillus* spp. Agente em investigação: atividade in vitro e in vivo contra as espécies mais comuns de *Candida* e contra *C. auris*, *Aspergillus* spp., *Paecilomyces variotii* e *L. prolificans* Agente em investigação: atividade potente contra uma ampla variedade de fungos filamentosos e dimórficos, incluindo *Aspergillus* spp., *H. capsulatum*, *B. dermatitidis*, *C. immitis*, *Fusarium* spp., *T. marneffei* e *L. prolificans*

GPI, glicosilfosfatidilinositol; IV, intravenosa.

Boxe 61.1 Terminologia.

Espectro antifúngico: essa é a faixa de atividade de um agente antifúngico. Um agente antifúngico de amplo espectro inibe uma extensa variedade de fungos, incluindo os leveduriformes e filamentosos, enquanto um agente de espectro estreito é ativo apenas contra um número limitado de fungos.

Atividade fungistática: este é o nível de atividade antifúngica que **inibe** o crescimento de um organismo. Isso é determinado *in vitro* testando uma concentração padronizada de microrganismos contra uma série de diluições antifúngicas. A menor concentração do fármaco que inibe o crescimento do organismo é referida como **CIM**.

Atividade fungicida: é a capacidade que um agente antifúngico tem de **matar** um microrganismo *in vitro* ou *in vivo*. A menor concentração do fármaco que mata 99,9% da população-teste é chamada de **CFM**.

Combinações antifúngicas: essas combinações de agentes antifúngicos podem ser usadas (1) para aumentar a eficácia no tratamento de uma infecção fúngica refratária, (2) para ampliar o espectro da terapia antifúngica empírica, (3) para prevenir o surgimento de organismos resistentes e (4) para obter um efeito sinérgico de eliminação do fungo.

Sinergismo antifúngico: são combinações de agentes antifúngicos que aumentam a atividade antifúngica quando usados em conjunto, em comparação com a atividade de cada agente isoladamente.

Antagonismo antifúngico: é uma combinação de agentes antifúngicos em que a atividade de um deles interfere na do outro agente.

Bombas de efluxo: são famílias de transportadores de fármacos que servem para bombear ativamente os agentes antifúngicos para fora das células fúngicas, diminuindo a quantidade do antifúngico intracelular disponível para se ligar ao alvo.

CFM, concentração fungicida mínima; CIM, concentração inibitória mínima.

---

e exsudatos purulentos; no entanto, por ter alta ligação (> 99%) às proteínas, penetra fracamente no sistema nervoso central.

O cetoconazol pode causar efeitos adversos graves, incluindo toxicidade gástrica e hepática, náuseas, vômitos e erupção cutânea. Em altas doses, efeitos adversos endócrinos significativos foram observados secundários à supressão dos níveis de testosterona e cortisol.

Em razão da disponibilidade de agentes mais potentes e menos tóxicos, as indicações clínicas para o uso do cetoconazol são bastante limitadas. É, na melhor das hipóteses, um agente de segunda linha para o tratamento de formas sem risco à vida e não meníngeas de histoplasmose, blastomicose, coccidioidomicose e paracoccidioidomicose em indivíduos imunocompetentes. Da mesma maneira, pode ser usado no tratamento de candidíase mucocutânea e esporotricose linfocutânea.

O **fluconazol** é um triazólico de primeira geração com excelente biodisponibilidade oral e baixa toxicidade. O fluconazol é usado extensivamente e é ativo contra a maioria das espécies de *Candida*, *C. neoformans*, dermatófitos, *Trichosporon* spp., *H. capsulatum*, *C. immitis* e *P. brasiliensis* (ver Tabela 61.2). Entre as espécies de *Candida*, a diminuição da suscetibilidade é observada com *C. auris*, *C. krusei*, *C. glabrata*, *C. guilliermondii* e *C. rugosa*. Enquanto *C. krusei* e *C. auris* devem ser consideradas intrinsecamente resistentes ao fluconazol, as infecções por *C. glabrata* podem ser tratadas com sucesso com altas doses (p. ex., 800 mg/dia) de fluconazol. A resistência pode se desenvolver quando o fluconazol é utilizado para tratar a histoplasmose e tem apenas atividade limitada contra *B. dermatitidis*. O fluconazol não é ativo contra fungos filamentosos oportunistas, incluindo *Aspergillus* spp., *Fusarium* spp. e Mucormycetes.

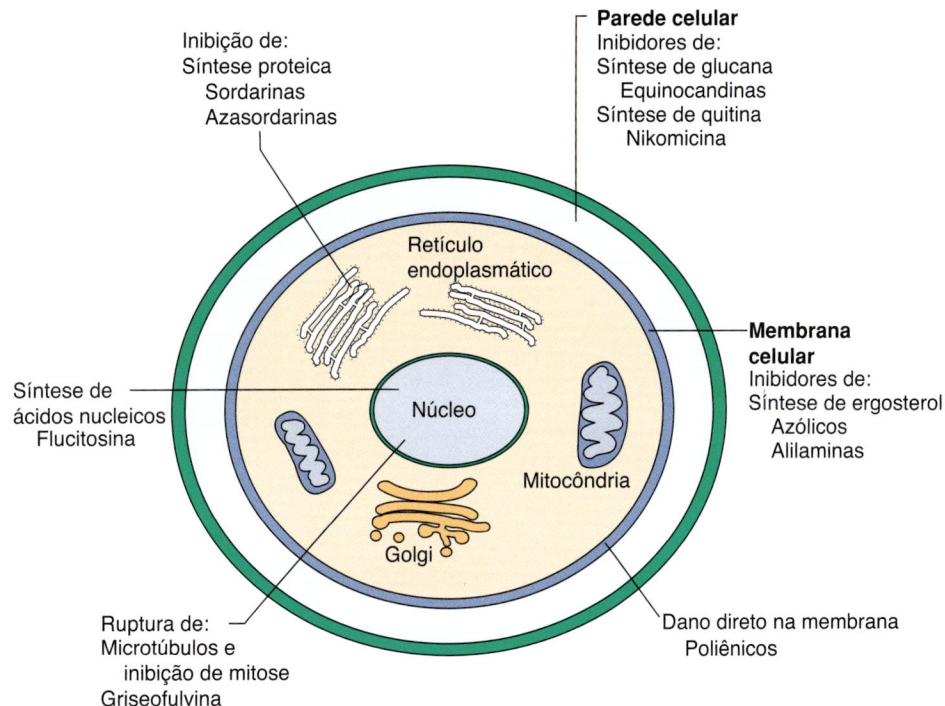

Figura 61.1 Sítios de ação dos antifúngicos.

O fluconazol é um agente hidrossolúvel e pode ser administrado por via oral ou intravenosa. A ligação às proteínas é baixa e o fármaco é distribuído a todos os órgãos e tecidos, incluindo o sistema nervoso central. Efeitos adversos graves, como dermatite esfoliativa ou insuficiência hepática, são incomuns.

Em razão de sua baixa toxicidade, facilidade de administração e atividade fungistática contra a maioria dos fungos leveduriformes, o fluconazol tem um papel importante no tratamento da candidíase, criptococose e coccidioidomicose. É empregado como terapia primária para candidemia e candidíase de mucosas e como profilaxia em populações selecionadas de alto risco. É utilizado na terapia de manutenção da meningite criptocócica em pacientes com síndrome da imunodeficiência adquirida (AIDS) e é o agente de escolha no tratamento da meningite causada por *C. immitis*. O fluconazol é um agente de segunda linha no tratamento da histoplasmose, blastomicose e esporotricose.

O **itraconazol** é um triazólico lipofílico que pode ser administrado por via oral em cápsulas ou em solução. O itraconazol tem um amplo espectro de atividade antifúngica, incluindo contra *Candida* spp., *C. neoformans*, *Aspergillus* spp., dermatófitos, fungos demáceos, *Scedosporium* spp., *Sporothrix schenckii* e os patógenos dimórficos endêmicos (ver Tabela 61.2). O itraconazol tem atividade contra algumas, mas não todas, cepas de *C. glabrata* e *C. krusei* resistentes ao fluconazol. As cepas de *A. fumigatus* resistentes ao itraconazol têm sido cada vez mais relatadas em algumas, mas não em todas, regiões do mundo. Os Mucormycetes, *Fusarium* e *L. prolificans*, são resistentes ao itraconazol.

Tal como acontece com o cetoconazol, a absorção oral do itraconazol é imprevisível e requer um pH gástrico ácido. A absorção é aumentada com a solução oral quando administrada em jejum. O itraconazol é altamente ligado às proteínas e exibe atividade fungistática contra fungos leveduriformes e atividade fungicida contra *Aspergillus* spp.

A eficácia do itraconazol no tratamento de candidíase hematogênica não foi avaliada adequadamente, embora seja útil no tratamento de candidíase, nas formas cutâneas e das mucosas. O itraconazol é frequentemente utilizado no tratamento de infecções dermatofíticas e é o tratamento de escolha para esporotricose linfocutânea e formas de histoplasmose, blastomicose e paracoccidioidomicose não ameaçadoras à vida e não meníngeas. Pode ser útil na coccidioidomicose não meníngea, para o tratamento de manutenção da meningite criptocócica e para algumas formas de feo-hifomicose (ver Tabela 61.2). O itraconazol é considerado um agente de segunda linha para o tratamento da aspergilose invasiva; no entanto, não é útil no tratamento de infecções causadas por *Fusarium* spp., os Mucormycetes ou *L. prolificans*.

Em contraste com o fluconazol, as interações medicamentosas são comuns com o itraconazol. A hepatotoxicidade grave é rara e outros efeitos adversos, como intolerância gastrintestinal, hipopotassemia, edema, erupção cutânea e transaminases elevadas, ocorrem com pouca frequência.

O **voriconazol** é um triazólico de amplo espectro com atividade contra *Candida* spp., *C. neoformans*, *Trichosporon* spp., *Aspergillus* spp., *Fusarium* spp., fungos demáceos e patógenos dimórficos endêmicos (ver Tabela 61.2). Entre as espécies de *Candida*, o voriconazol é ativo contra *C. krusei* e algumas, mas não todas, cepas de *C. albicans* e *C. glabrata* com suscetibilidade reduzida ao fluconazol. Embora o voriconazol não tenha atividade contra os Mucormycetes, ele é ativo contra fungos resistentes à anfotericina B, incluindo *A. terreus* e *Scedosporium* spp.

O voriconazol está disponível em formulações orais e IV. Apresenta excelente penetração no sistema nervoso central e em outros tecidos. O voriconazol exibe atividade fungistática contra fungos leveduriformes e é fungicida contra *Aspergillus* spp.

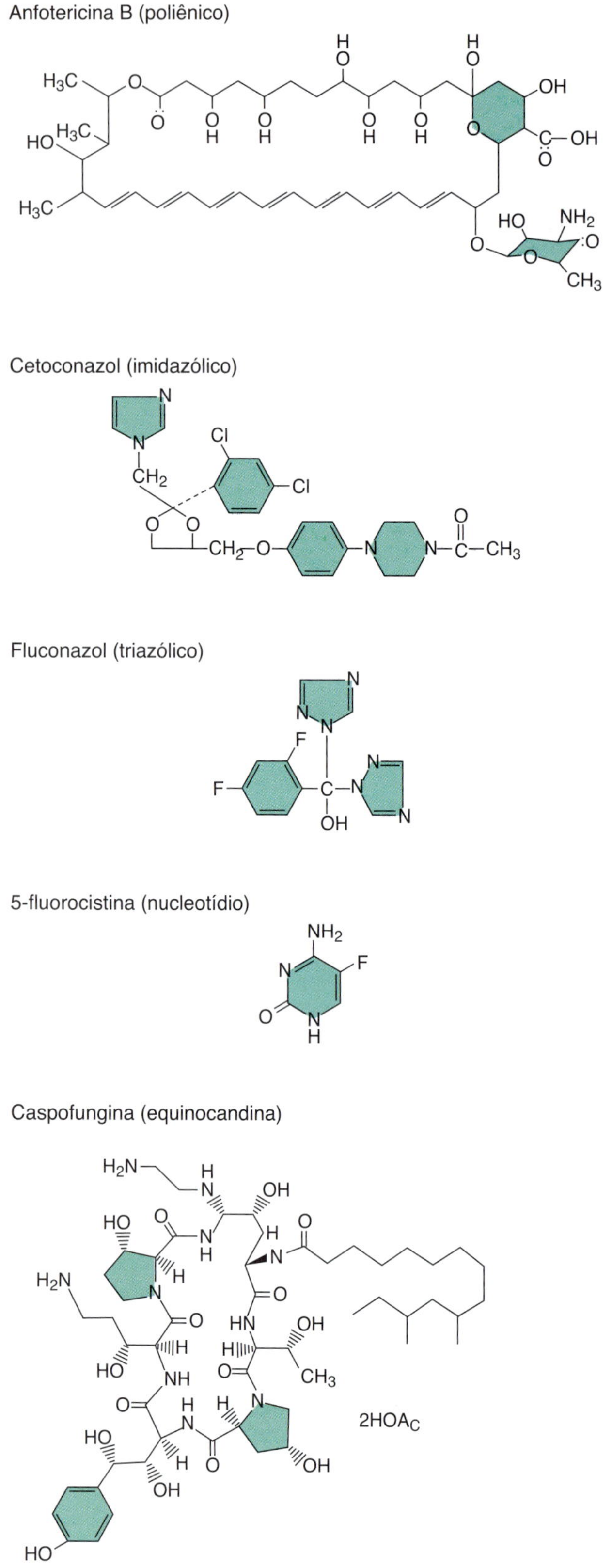

Figura 61.2 Estruturas químicas de antifúngicos representando cinco classes diferentes.

(Anfotericina B (poliênico); Cetoconazol (imidazólico); Fluconazol (triazólico); 5-fluorocistina (nucleotídio); Caspofungina (equinocandina))

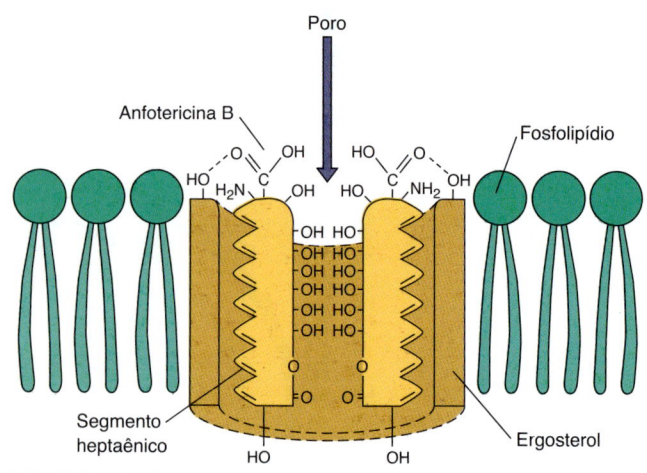

Figura 61.3 Mecanismos de ação da anfotericina B.

O voriconazol tem uma indicação primária para o tratamento da aspergilose invasiva. Também está aprovado para o tratamento de infecções causadas por *Scedosporium* spp. e *Fusarium* spp. em pacientes intolerantes ou com infecções refratárias a outros agentes antifúngicos. O voriconazol tem eficácia comprovada no tratamento de diversas formas de candidíase e tem sido usado com sucesso no tratamento de uma variedade de infecções causadas por patógenos emergentes ou refratários, incluindo abscessos cerebrais causados por *Aspergillus* spp. e *Scedosporium* spp.

O voriconazol geralmente é bem tolerado, embora aproximadamente um terço dos pacientes apresentem distúrbios visuais transitórios. Outros efeitos adversos incluem anormalidades nas enzimas hepáticas, reações cutâneas e alucinações ou confusão. Interações com outros medicamentos que são metabolizados pelo sistema enzimático P450 hepático são comuns.

O **posaconazol** é um derivado triazólico com uma estrutura química semelhante à do itraconazol. O posaconazol demonstra atividade potente contra *Candida*, *Cryptococcus*, fungos dimórficos e filamentosos, incluindo *Aspergillus* e os Mucormycetes.

O posaconazol está disponível como suspensão oral, formulação IV e em comprimido. Em contraste com o voriconazol, a absorção de posaconazol é aumentada com a ingestão de alimentos, sobretudo em concomitância com uma refeição gordurosa. Há uma variabilidade relativamente ampla de paciente para paciente nos picos de concentração sérica, sugerindo que o monitoramento terapêutico do posaconazol pode ser importante na otimização da aplicação desse agente. Semelhante ao voriconazol, o posaconazol exibe atividade fungistática contra fungos leveduriformes e é fungicida contra *Aspergillus* spp.

O posaconazol tem a aprovação da U.S. Food and Drug Administration (FDA) para profilaxia de infecção fúngica invasiva em receptores de transplante de células-tronco hematopoéticas (TCTH) que apresentem doença de enxerto contra o hospedeiro (DECH) e pacientes com doenças hematológicas malignas e neutropenia prolongada. Esse fármaco também é aprovado pela FDA para o tratamento da candidíase orofaríngea. Na Europa, o posaconazol é adicionalmente aprovado para as seguintes infecções fúngicas refratárias à anfotericina B e/ou itraconazol: aspergilose, fusariose, cromoblastomicose, micetoma e coccidioidomicose.

Em geral, o posaconazol é bem tolerado. Os eventos adversos mais comuns são leves e incluem queixas gastrintestinais, erupção cutânea, rubor facial, boca seca e cefaleia. Tal

Tabela 61.2 Espectro e atividade relativa de agentes antifúngicos sistemicamente ativos.

Microrganismo	AMB	FC	ISA	ITZ	FCZ	VCZ	ECH
Candida spp.							
C. albicans	++++	++++	++++	++++	++++	++++	++++
C. glabrata	+++	++++	+++	++	++	+++	++++
C. parapsilosis	++++	++++	++++	++++	++++	++++	+++
C. tropicalis	+++	++++	++++	+++	++++	++++	++++
C. krusei	++	+	++++	++	0	++++	++++
Cryptococcus neoformans/gattii	++++	+++	++++	++	+++	++++	0
Aspergillus spp.	++++	0	++++	++++	0	++++	+++
Fusarium spp.	+++	0	++	+	0	+++	0
Mucormycetes	++++	0	++	0	0	0	+
DIMÓRFICO ENDÊMICO							
Blastomyces dermatitidis	++++	0	++++	++++	+	++++	++
Coccidioides immitis	++++	0	++++	++++	++++	++++	++
Histoplasma capsulatum	++++	0	++++	++++	++	++++	++
Talaromyces marneffei	++++	0		++++	++	++++	
Sporothrix schenckii	++++	0		++++	++		
Fungos filamentosos demáceos	++++	+	++++	++++	+	++++	0

0, inativo ou não recomendado; +, atividade ocasional; ++, atividade moderada com resistência observada; +++, atividade confiável com resistência ocasional; ++++, muito ativo, resistência rara ou não descrita; *AMB*, anfotericina B; *ECH*, equinocandinas (anidulafungina, caspofungina e micafungina); *FC*, flucitosina; *FCZ*, fluconazol; *ISA*, isavuconazol; *ITZ*, itraconazol; *VCZ*, voriconazol.

como acontece com outros azólicos, foi descrita a toxicidade hepática e recomenda-se o monitoramento dos testes de função hepática antes e durante o tratamento com posaconazol. Interações com outros medicamentos que são metabolizados pelo sistema enzimático hepático P450 são comuns.

O **isavuconazol** é um agente antifúngico triazólico solúvel em água que pode ser administrado por via oral ou intravenosa. O isavuconazol tem uma farmacocinética previsível e proporcional à dose e concluiu os ensaios clínicos para os tratamentos de candidemia e candidíase invasiva, aspergilose invasiva e infecções por fungos filamentosos raros. O isavuconazol mostrou boa atividade *in vitro* contra *Candida* e outras espécies de leveduras e *Aspergillus* spp., diferente de *A. niger*, e foi aprovado pela FDA para o tratamento de aspergilose invasiva e mucormicose invasiva.

EQUINOCANDINAS

As equinocandinas são uma nova classe altamente seletiva de lipopeptídeos semissintéticos (ver Figura 61.2) que inibem a síntese de 1,3-β-glucanas, que são constituintes importantes da parede celular fúngica (Figura 61.5; ver Tabela 61.1 e Figura 61.1). Como as células de mamíferos não contêm 1,3-β-glucanas, essa classe de agentes é seletiva em sua toxicidade para fungos nos quais as glucanas desempenham um papel importante na manutenção da integridade osmótica da célula fúngica. As glucanas também são importantes na divisão e no crescimento celular. A inibição do complexo enzimático da síntese de glucanas resulta na atividade fungicida contra *Candida* spp. e atividade fungistática contra *Aspergillus* spp. Atualmente, existem três equinocandinas (anidulafungina, caspofungina e micafungina) aprovadas para uso no tratamento ou prevenção de várias micoses (ver Tabela 61.1).

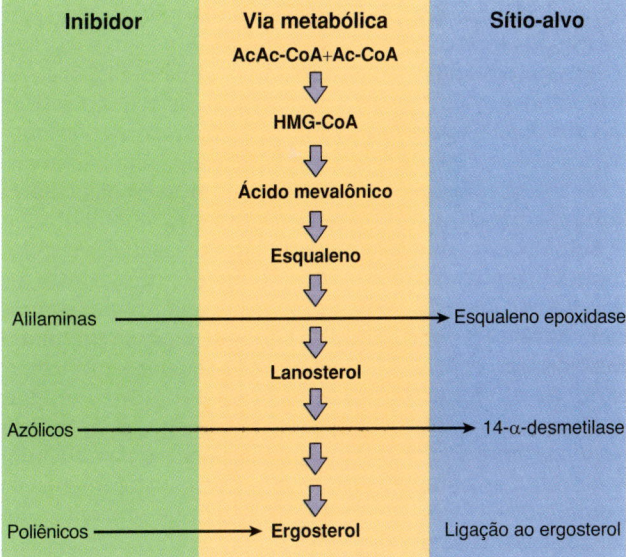

Figura 61.4 Via metabólica para a síntese de ergosterol, apresentando locais de inibição por agentes antifúngicos da classe das alilaminas, dos azólicos e dos poliênicos. Ac-CoA, acetil-coenzima A; HMG-CoA, hidroximetil glutaril-coenzima A.

O espectro de atividade das equinocandinas é limitado aos fungos nos quais 1,3-β-glucanas constituem o componente de glucana dominante da parede celular. Como tal, são ativas contra *Candida* e *Aspergillus* spp. e têm atividade variável contra os fungos demáceos e os patógenos dimórficos endêmicos (ver Tabela 61.2). As equinocandinas são inativas contra *C. neoformans*, *Trichosporon* spp., *Fusarium* spp. e outros fungos filamentosos hialinos e os Mucormycetes.

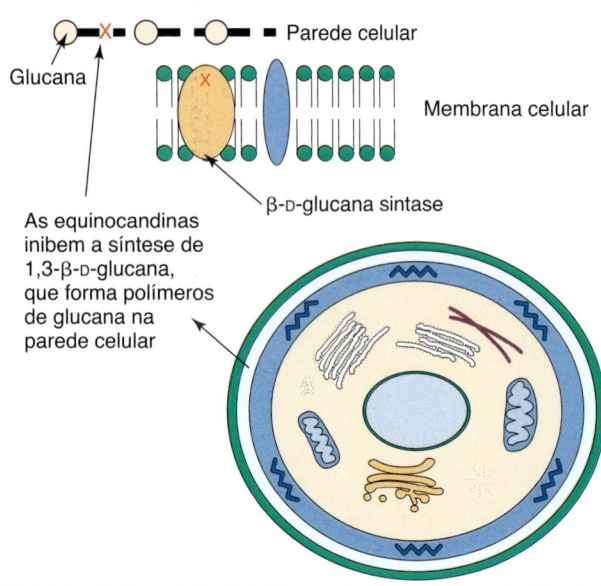

Figura 61.5 Mecanismo de ação das equinocandinas.

Elas apresentam excelente atividade contra cepas de *Candida* spp. resistentes ao fluconazol, embora cepas de *C. glabrata* com corresistência tanto aos azólicos quanto às equinocandinas tenham sido descritas nos EUA. A resistência primária adquirida a essa classe de agentes parece ser incomum entre os isolados clínicos de *Candida* spp. e *Aspergillus* spp.

As equinocandinas devem ser administradas por via intravenosa e têm alta (> 95%) ligação às proteínas. Elas são distribuídas para os órgãos principais, embora as concentrações no líquido cefalorraquidiano sejam baixas. Todas as equinocandinas são muito bem toleradas e apresentam poucas interações medicamentosas.

Entre as três equinocandinas aprovadas pela FDA, todas contam com espectro e potência semelhantes contra as espécies de *Candida* e *Aspergillus*. A caspofungina é aprovada para o tratamento de candidíase invasiva, incluindo candidemia, e para o tratamento de pacientes com aspergilose invasiva refratária ou intolerante a outras terapias antifúngicas aprovadas. A anidulafungina é aprovada para o tratamento de candidíase esofágica e candidemia, enquanto a micafungina é aprovada para o tratamento de candidíase esofágica e candidemia, além de prevenção da candidíase invasiva.

ANTIMETABÓLITOS

A **flucitosina** é o único agente antifúngico disponível que funciona como um antimetabólito. É um análogo da pirimidina fluorada que exerce atividade antifúngica interferindo na síntese de ácido desoxirribonucleico (DNA), ácido ribonucleico (RNA) e proteínas na célula fúngica (ver Figura 61.1). A flucitosina entra na célula fúngica via citosina permease e é desaminada em 5-fluoruracila (5-FU) no citoplasma. O 5-FU é convertido em ácido 5-fluorouridílico, que então compete com a uracila na síntese de RNA, com a codificação incorreta do RNA resultante e inibição da síntese de DNA e proteínas.

O espectro antifúngico da flucitosina é limitado a *Candida* spp., *C. neoformans*, *Rhodotorula* spp., *Saccharomyces cerevisiae* e fungos filamentosos demáceos selecionados (ver Tabela 61.2). Embora a resistência primária à flucitosina seja rara entre os isolados de *Candida* spp., a resistência pode se desenvolver entre *Candida* e *C. neoformans* durante a monoterapia com flucitosina. Esse antifúngico não é ativo contra *Aspergillus* spp., os Mucormycetes ou outros fungos filamentosos hialinos.

A flucitosina é solúvel em água e tem excelente biodisponibilidade quando administrada por via oral. Altas concentrações de flucitosina podem ser alcançadas no soro, líquido cefalorraquidiano e outros fluidos corporais. As principais toxicidades são observadas quando as concentrações séricas de flucitosina excedem 100 μg/mℓ e incluem supressão da medula óssea, hepatotoxicidade e intolerância gastrintestinal. O monitoramento das concentrações séricas de flucitosina é importante para evitar a toxicidade.

A flucitosina não é usada como monoterapia em decorrência da propensão para resistência secundária. As combinações de flucitosina com anfotericina B ou fluconazol demonstraram ser eficazes no tratamento tanto de criptococose quanto de candidíase.

ALILAMINAS

A classe alilamina de agentes antifúngicos inclui terbinafina, que tem atividade sistêmica e naftifina, que é um agente tópico (ver Tabela 61.1). Esses agentes inibem a enzima esqualeno epoxidase, que resulta em uma diminuição do ergosterol e um aumento no esqualeno dentro da membrana da célula fúngica (ver Figuras 61.1 e 61.4).

A **terbinafina** é um agente antifúngico lipofílico com um amplo espectro de atividade, que inclui dermatófitos, *Candida* spp., *Malassezia furfur*, *C. neoformans*, *Trichosporon* spp., *Aspergillus* spp., *S. schenckii* e *T. marneffei* (ver Tabela 61.2). Essa substância está disponível em formulações orais e tópicas e atinge altas concentrações em tecidos adiposos, pele, cabelo e unhas.

A terbinafina é eficaz no tratamento de praticamente todas as formas de dermatomicoses, incluindo onicomicose, e exibe poucos efeitos adversos. Esse medicamento tem demonstrado eficácia clínica no tratamento da esporotricose, aspergilose e cromoblastomicose, mostrando-se promissor também no tratamento de infecções causadas por *Candida* spp. resistente ao fluconazol, quando utilizado em combinação com fluconazol.

GRISEOFULVINA

A griseofulvina é um agente oral usado no tratamento de infecções causadas por dermatófitos. Acredita-se que esse antifúngico iniba o crescimento do fungo pela interação com os microtúbulos dentro da célula do fungo, resultando na inibição da mitose (ver Tabela 61.1 e Figura 61.1).

A griseofulvina é considerada um agente de segunda linha no tratamento de dermatofitoses. Agentes mais novos, como o itraconazol e a terbinafina, têm ação mais rápida e proporcionam maior eficácia. A griseofulvina também está associada a uma série de efeitos adversos leves, incluindo náuseas, diarreia, dor de cabeça, hepatotoxicidade, erupção cutânea e efeitos adversos neurológicos.

Agentes antifúngicos tópicos

Uma grande variedade de preparações antifúngicas de uso tópico está disponível para o tratamento de infecções fúngicas das mucosas e cutâneas superficiais (ver Tabela 61.1). As preparações tópicas estão disponíveis para a maioria das classes de agentes antifúngicos, incluindo poliênicos (anfotericina B, nistatina, pimaricina), alilaminas (naftifina e terbinafina) e vários imidazólicos e agentes (ver Tabela 61.1). Cremes, loções, pomadas, pós e *sprays* estão disponíveis para uso no tratamento de infecções cutâneas e onicomicose, enquanto as infecções mucosas são mais bem tratadas com suspensões, comprimidos, trociscos ou supositórios.

O uso de terapia tópica ou sistêmica para tratamento de infecções fúngicas cutâneas ou mucosas geralmente depende da condição do hospedeiro e do tipo e extensão da infecção. Considerando que a maioria das infecções dermatofíticas cutâneas e a candidíase oral ou vaginal respondem à terapia tópica, a natureza refratária das infecções, como onicomicose ou *tinea capitis* ("micose" do couro cabeludo), geralmente exige terapia sistêmica de longo prazo.

Agentes antifúngicos em investigação

Atualmente, há vários agentes antifúngicos em diferentes fases da avaliação clínica. Esses agentes em investigação incluem alguns com modos de ação estabelecidos e algumas novas classes de agentes antifúngicos, como uma formulação lipossomal de nistatina, novos inibidores de *CYP51A* fúngico (VT-1129, VT-1598 e VT-1161), equinocandinas (rezafungina), inibidores de glucana sintase não equinocandinas (SCY-078), um inibidor da síntese de quitina (nikomicina Z), um inibidor de síntese de pirimidina orotomida (F901318) e um inibidor da biossíntese da âncora de glicofosfatidilinositol (GPI) (APX001/APX001A) (ver Tabela 61.1). Os mecanismos de ação e espectros de atividade da nistatina lipossomal e da equinocandina rezafungina são essencialmente os mesmos dos membros atualmente disponíveis de cada classe (ver Tabelas 61.1 e 61.2). Em um grau variável, os agentes mais novos, em cada classe, oferecem o potencial para propriedades farmacocinéticas e farmacodinâmicas mais favoráveis, redução da toxicidade ou das interações medicamentosas ou possível melhora da atividade contra determinados patógenos que são refratários aos agentes atualmente disponíveis.

VT-1598, VT-1129 e VT-1161 foram desenvolvidos como inibidores de lanosterol 14α-desmetilase (*CYP51A*) específicos para fungos, direcionados seletivamente para a enzima fúngica em relação à enzima humana e resultam em menos interações medicamentosas. VT-1161 mostra potente atividade *in vitro* e *in vivo* contra *Candida* spp., *C. immitis* e *C. posadasii*, além de *Trichophyton* spp., porém não é ativo contra *Aspergillus* spp. como monoterapia. O VT-1598 exibe uma gama de antifúngicos ainda mais ampla; mostra atividade *in vitro* contra *Candida* spp., incluindo *C. auris*, *Cryptococcus* spp., *Aspergillus* spp., *Rhizopus oryzae*, *B. dermatitidis*, *Coccidioides* spp. e *H. capsulatum*. VT-1129 inibe o crescimento de muitas espécies de *Cryptococcus*, incluindo *C. neoformans* e *C. gattii*. VT-1129 recebeu a designação de Produto Qualificado para Doenças Infecciosas (QIDP, do inglês, *Qualified Infectious Disease Product*) e está em fase 1 dos ensaios clínicos para o tratamento de meningite criptocócica. O VT-1598 está em desenvolvimento pré-clínico para o tratamento de coccidioidomicose e o VT-1161 está em fase 2b dos ensaios clínicos para tratamento de onicomicose e candidíase vulvovaginal recorrente.

O **CD101** foi desenvolvido para superar o problema da administração intravenosa diária de equinocandina enquanto preserva os benefícios de baixa toxicidade e da atividade específica para o fungo, associados a esta classe de medicamentos. Ajustes na estrutura química principal da equinocandina reduziram a depuração (*clearance*) da rezafungina e proporcionaram uma meia-vida mais longa ao composto, aproximadamente três vezes maior do que a da anidulafungina. Portanto, a administração por via intravenosa 1 vez/semana fornece níveis sistêmicos apropriados de rezafungina para o tratamento de infecções fúngicas invasivas. Esse composto exibe atividade contra *Candida* spp., incluindo *C. auris*, bem como *Aspergillus* spp., e está atualmente em fase 2 dos ensaios clínicos para o tratamento de candidemia.

A **SCY-078** é uma classe de triterpenos estruturalmente distinta do inibidor da β-1,3-D-glucana sintase, que foi desenvolvida para tratar infecções fúngicas invasivas em formulações orais e IVs. Ao contrário das equinocandinas atuais, é biodisponível VO e a atividade não é comprometida pelas mutações mais comuns dentro da proteína Fks alvo. SCY-078 mostra atividade *in vitro* e *in vivo* contra as espécies mais comuns de *Candida* e contra *C. auris*, *Aspergillus* spp., *Paecilomyces variotii* e *L. prolificans*. A SCY-078 está atualmente em ensaios clínicos de fase 2 em sua formulação oral para o tratamento de candidíase invasiva. A formulação IV está em fase 1 de desenvolvimento clínico.

A **F901318** está em uma nova classe de agentes antifúngicos orotomida que inibem uma enzima envolvida na biossíntese de pirimidina chamada di-hidroorotato desidrogenase. Foi desenvolvida em formulações orais e IVs para o tratamento de infecções sistêmicas por fungos filamentosos. Apresenta atividade potente contra uma ampla gama de fungos filamentosos e dimórficos, incluindo *Aspergillus* spp., *H. capsulatum*, *B. dermatitidis*, *C. immitis*, *Fusarium* spp., *T. marneffei* e *L. prolificans*. Particularmente, é ativo contra cepas resistentes de *Aspergillus* spp. aos azólicos e resistentes à anfotericina B. A F901318 mostra pouca ou nenhuma atividade contra *Candida* spp. ou fungos da ordem Mucorales. Essa classe de antifúngicos está atualmente na fase 1 dos ensaios clínicos para avaliação da segurança da formulação IV.

O **APX001A/APX001** é um inibidor de moléculas pequenas da biossíntese de GPI de fungos, que exibe uma potente atividade antifúngica de amplo espectro contra *Candida* spp. e *Aspergillus* spp., bem como outros fungos que são difíceis de tratar, como *Mucorales*, *Fusarium solani* e *L. prolificans*. O profármaco APX001 pode ser administrado por via oral e convertido na forma ativa APX001A *in vivo*. O APX001A é ativo contra isolados de fungos que são resistentes aos azólicos e/ou resistentes às equinocandinas, incluindo o patógeno emergente *C. auris*. Os estudos de fase 1 foram concluídos e os estudos de fase 2 para o tratamento de candidíase invasiva e aspergilose invasiva estão em andamento.

Combinações de agentes antifúngicos no tratamento de micoses

A alta mortalidade de infecções fúngicas oportunísticas estimulou o desenvolvimento de novos agentes antifúngicos, incluindo alguns com novos mecanismos de ação (ver Tabela 61.1). Além do uso agressivo de novos agentes antifúngicos, incluindo voriconazol e caspofungina, como monoterapia, o uso de combinações à base de azólicos, equinocandinas e poliênicos para o tratamento das micoses mais difíceis de tratar, como infecções por fungos oportunistas, é foco de intenso interesse e discussão. A lógica por trás da terapia combinada é que, usando combinações de agentes antifúngicos, pode-se obter um resultado clínico melhor do que com a monoterapia. O impulso para o uso de terapia antifúngica combinada é especialmente forte para as infecções como a aspergilose invasiva, em que a mortalidade associada é inaceitavelmente alta.

Ao considerar a terapia combinada, busca-se obter **sinergia** e evitar **antagonismo**. A **sinergia** é alcançada quando o resultado obtido com a combinação de agentes é significativamente melhor do que o obtido com qualquer um dos medicamentos isoladamente. Por outro lado, o **antagonismo** ocorre quando a combinação é menos ativa ou eficaz do que qualquer um dos fármacos isoladamente. No caso da terapia antifúngica, existem vários mecanismos que podem ser considerados no desenvolvimento de uma estratégia de tratamento combinado eficaz. (1) Diferentes estágios da mesma via bioquímica podem ser inibidos. Essa é uma abordagem clássica para obter sinergia com agentes anti-infecciosos. Um exemplo desta abordagem para a terapia antifúngica seria a combinação de terbinafina com um azólico, em que ambos os agentes atacam a via do esterol em pontos diferentes (ver Figura 61.4), resultando na inibição da síntese de ergosterol e no rompimento da membrana celular do fungo. (2) Pode-se alcançar o aumento da penetração de um agente na célula em virtude da ação permeabilizante de outro agente na parede celular ou na membrana celular do fungo. A combinação de anfotericina B (ruptura da membrana celular) e flucitosina (inibição da síntese de ácido nucleico intracelularmente) é um exemplo clássico dessa interação. (3) A inibição do transporte de um agente para fora da célula por outro agente pode ser alcançada. Muitos fungos usam bombas de efluxo dependentes de energia para bombear ativamente esses agentes para fora da célula, evitando os efeitos tóxicos do antifúngico. Demonstrou-se que a inibição dessas bombas por agentes como a reserpina aumenta a atividade dos agentes antifúngicos azólicos contra *Candida* spp. (4) A inibição simultânea de diferentes alvos de células fúngicas pode ser alcançada. A inibição da síntese da parede celular fúngica por um agente como a caspofungina, associada à interrupção da função da membrana celular pela anfotericina B ou azólicos, é um exemplo desse tipo de combinação.

Embora o valor potencial da terapia antifúngica combinada seja atraente, há várias desvantagens possíveis para essa estratégia que devem ser consideradas. O antagonismo entre os agentes antifúngicos, quando utilizados em combinação, também é uma possibilidade distinta e pode ocorrer por meio de vários mecanismos diferentes. (1) A ação de um agente resulta na diminuição do alvo de outro. A ação dos agentes antifúngicos azólicos esgota a membrana celular de ergosterol, que é o principal alvo para anfotericina B. (2) A ação de um agente antifúngico resulta na modificação do alvo de outro agente. A inibição da síntese de ergosterol por agentes antifúngicos azólicos resulta no acúmulo de esteróis metilados, aos quais a anfotericina B se liga de modo menos eficiente. (3) O bloqueio do sítio-alvo de um agente por outro pode ocorrer. Agentes lipofílicos, como o itraconazol, podem adsorver a superfície da célula fúngica e inibir a ligação da anfotericina B para os esteróis de membrana.

Apesar desses possíveis cenários positivos e negativos, os dados suportam a obtenção de sinergia quando diversas combinações que são usadas clinicamente são limitadas. Da mesma maneira, o antagonismo pode ser demonstrado em laboratório, mas não foi observado antagonismo clinicamente significativo com combinações de antifúngicos. Ao considerar todos os dados laboratoriais e clínicos para a terapia antifúngica combinada, chega-se a um número muito limitado de casos em que esse tipo de terapia demonstrou ser benéfico no tratamento de micoses invasivas (Tabela 61.3).

Os dados mais sólidos existem para o tratamento da criptococose, em que a combinação de anfotericina B e flucitosina demonstrou ser benéfica no tratamento da meningite criptocócica. Esses dados são menos significativos para a combinação de flucitosina com fluconazol ou anfotericina B com triazólicos; no entanto, essas combinações também parecem ser benéficas no tratamento da criptococose.

A candidíase é geralmente tratada adequadamente com um único agente antifúngico, como anfotericina B, equinocandina ou fluconazol; no entanto, a terapia combinada pode ser útil em determinadas situações. A combinação de

Tabela 61.3 Resumo das combinações antifúngicas potencialmente úteis para o tratamento de micoses comuns.

Infecção	Combinação de antifúngicos	Comentários
Candidíase	AMB + FCZ	Considerável sucesso clínico em humanos com candidemia
	AMB + FC	Sucesso clínico em humanos com peritonite
Criptococose	AMB + FC	Considerável sucesso clínico em humanos com meningite criptocócica
	AMB + FCZ	Sucesso clínico em humanos com meningite criptocócica
	FC + FCZ	Sucesso clínico em humanos com meningite criptocócica
Aspergilose	AMB + FC	Benefício *in vivo* (modelo animal); poucos dados em humanos
	AMB + azólicos	Sem benefícios em animais
	AMB + equinocandinas	Benefício *in vivo* (modelo animal); poucos dados em humanos
	Triazólicos + equinocandinas	Benefício *in vivo* (modelo animal); poucos dados em humanos

AMB, anfotericina B; *FC*, flucitosina; *FCZ*, fluconazol.

anfotericina B e fluconazol apresenta benefícios comprovados no tratamento da candidemia; da mesma maneira, a combinação de terbinafina mais um azólico é promissora no tratamento da candidíase orofaríngea refratária. A flucitosina em combinação com anfotericina B ou triazólicos tem efeitos positivos na sobrevivência e na carga tecidual da infecção em modelos animais de candidíase. Atualmente, a terapia combinada de candidíase deve ser reservada para cenários individuais específicos, como meningite, endocardite, infecção hepatoesplênica e candidíases que são recorrentes ou refratárias à terapia com agente único.

Embora o cenário clínico da aspergilose invasiva seja a situação em que a terapia combinada é mais atraente, faltam dados para apoiar seu uso. Até o momento, não existem ensaios clínicos publicados que avaliem o uso da terapia combinada no tratamento da aspergilose invasiva. Estudos *in vitro* e em animais produziram resultados variáveis. Combinações de equinocandinas com azólicos ou anfotericina B produziram resultados positivos; do mesmo modo, anfotericina B mais rifampicina parecem sinérgicas. Os estudos com flucitosina ou rifampicina mais anfotericina B ou azólicos têm sido inconsistentes. Apesar da necessidade imediata de melhores opções de tratamento para aspergilose invasiva, há poucas evidências de que a terapia combinada melhore o desfecho clínico. A terapia combinada deve ser empregada com cautela até que mais dados clínicos estejam disponíveis.

Mecanismos de resistência a agentes antifúngicos

Dado o papel proeminente de *Candida* spp. como agente etiológico de micoses invasivas, não é surpreendente que a maior parte de nossa compreensão dos mecanismos de resistência a agentes antifúngicos venha de estudos de *C. albicans* e outras espécies de *Candida*. Pouco se conhece sobre os mecanismos de resistência em *Aspergillus* spp. e *C. neoformans* e quase não há informação disponível sobre os mecanismos de resistência antifúngica para outros patógenos fúngicos oportunistas.

Em contraste com os mecanismos de resistência aos agentes antibacterianos, não há evidências de que os fungos sejam capazes de destruir ou modificar os agentes antifúngicos como meio de alcançar resistência; do mesmo modo, os genes de resistência antifúngica não são transmissíveis de célula para célula da maneira que ocorre com muitos genes de resistência bacteriana. É aparente, no entanto, que bombas de efluxo de múltiplos fármacos, alterações do alvo e o acesso reduzido a alvos de drogas são mecanismos importantes de resistência a agentes antifúngicos, assim como o são para resistência antibacteriana (Tabela 61.4). Diferentemente do que ocorre nas bactérias, com o rápido surgimento e disseminação da resistência a múltiplos fármacos de alto nível, a resistência antifúngica geralmente se desenvolve lentamente e envolve o surgimento de espécies intrinsecamente resistentes ou uma alteração gradual de estruturas ou funções celulares que resultam em resistência a um agente a que houve exposição anterior.

POLIÊNICOS

A resistência aos poliênicos, e à anfotericina B em particular, permanece incomum, apesar do uso extensivo por mais de 60 anos. Houve relatos de suscetibilidade diminuída à anfotericina B em isolados de *C. lusitaniae*, *C. glabrata*, *C. krusei*, *C. guilliermondii* e *C. auris*. Embora a resistência primária possa ser observada, grande parte das resistências à anfotericina B entre *Candida* spp. é secundária à exposição

Tabela 61.4 Mecanismos envolvidos no desenvolvimento de resistência a agentes antifúngicos em fungos patogênicos.

Fungo	Anfotericina B	Flucitosina	Itraconazol	Fluconazol	Equinocandinas
Aspergillus fumigatus	—	—	Enzima-alvo alterada, 14-α-desmetilase Diminuição no acúmulo de azólicos	—	—
Candida albicans	Redução no ergosterol Substituição dos esteróis de ligação aos poliênicos Mascaramento de ergosterol	Perda de atividade da permease Perda de atividade da citosina desaminase Perda da atividade da uracila fosforribosil-transferase	—	Superexpressão ou mutação de 14-α-desmetilase Superexpressão de bombas de efluxo, genes *CDR* e *MDR*	Mutação do gene *fks1*
C. glabrata	Alteração ou diminuição do conteúdo de ergosterol	Perda de atividade da permease	—	Superexpressão de bombas de efluxo (genes *CgCDR*)	Mutação no gene *fks1* e/ou *fks2*
C. krusei	Alteração ou diminuição do conteúdo de ergosterol	—	—	Efluxo ativo Afinidade reduzida para a enzima-alvo, 14-α-desmetilase	Mutação do gene *fks1*
C. lusitaniae	Alteração ou diminuição do conteúdo de ergosterol Produção de esteróis modificados	—	—	—	—
Cryptococcus neoformans	Defeitos na síntese de esterol Ergosterol diminuído Produção de esteróis modificados	—	—	Alterações na enzima-alvo Superexpressão da bomba de efluxo *MDR*	—

à anfotericina B durante a terapia. Os fungos do gênero *Aspergillus* spp. são geralmente suscetíveis à anfotericina B; no entanto, *A. terreus* é o único que parece ser resistente *in vitro* e *in vivo*. Embora a resistência secundária à anfotericina B seja relatada em *C. neoformans*, é bastante rara.

O mecanismo de resistência à anfotericina B parece ser o resultado de alterações qualitativas e quantitativas na célula fúngica. Mutantes resistentes à anfotericina B de *Candida* spp. e *C. neoformans* demonstraram ter um conteúdo de ergosterol reduzido, substituição de esteróis de ligação ao poliênico (ergosterol) por aqueles que se ligam de maneira ineficiente aos poliênicos (fecosterol) ou mascaramento de ergosterol nas membranas celulares, de modo que a ligação com os poliênicos é impedida em virtude de fatores estéricos ou termodinâmicos. O mecanismo molecular da resistência à anfotericina B não foi determinado; no entanto, a análise de esterol de cepas resistentes de *Candida* spp. e *C. neoformans* sugere que eles são defeituosos nos genes *ERG2*, *ERG3* ou *ERG6* que codificam para as enzimas esterol C-8 isomerase, esterol C-5 dessaturase e esterol C-24 metiltransferase, respectivamente.

AZÓLICOS

O uso onipresente de azólicos, principalmente fluconazol, para o tratamento e prevenção de infecções fúngicas deu origem a relatos de resistência emergente a essa classe de agentes antifúngicos. Felizmente, a resistência primária ao fluconazol é rara entre a maioria das espécies de *Candida* que causa infecção da corrente sanguínea. Entre as cinco espécies mais comuns de *Candida* isoladas do sangue de pacientes infectados (*C. albicans*, *C. glabrata*, *C. parapsilosis*, *C. tropicalis* e *C. krusei*), apenas *C. krusei* é considerada intrinsecamente resistente ao fluconazol. Entre as demais espécies, aproximadamente 10% de *C. glabrata* exibem resistência primária ao fluconazol e menos de 2% de *C. albicans*, *C. parapsilosis* e *C. tropicalis* são resistentes a esse agente. Surpreendentemente, a espécie recém-emergente, *C. auris*, parece ser intrinsecamente resistente ao fluconazol e exibe resistência variável à anfotericina B e às equinocandinas. Os novos triazólicos (voriconazol, posaconazol e isavuconazol) são mais potentes do que o fluconazol contra *Candida* spp., incluindo atividade contra *C. krusei* e algumas cepas resistentes ao fluconazol de outras *Candida* spp.; no entanto, existe uma forte correlação positiva entre a atividade do fluconazol e a dos outros triazólicos, sugerindo algum grau de resistência cruzada dentro da classe.

A resistência primária ao fluconazol também é rara entre os isolados clínicos de *C. neoformans*. A resistência secundária foi descrita em isolados obtidos de indivíduos com AIDS e meningite criptocócica recorrente.

Embora a resistência aos azólicos seja considerada rara entre *Aspergillus* spp., o aumento da resistência foi observado em várias regiões geográficas desde 1999. Evidências recentes na Holanda e Dinamarca sugerem a possibilidade de que a resistência aos azólicos em *A. fumigatus* pode ser um efeito adverso do uso de fungicidas ambientais. A resistência cruzada entre itraconazol, posaconazol e voriconazol varia de acordo com o mecanismo de resistência.

A resistência aos azólicos em *Candida* spp. pode ser o resultado dos seguintes mecanismos: uma modificação na quantidade ou qualidade das enzimas-alvo, acesso reduzido do fármaco ao alvo ou alguma combinação desses mecanismos. Assim, mutações pontuais no gene *(ERG11)* que codifica a enzima-alvo, a lanosterol 14-α-desmetilase, leva a um alvo alterado com afinidade diminuída para os azólicos. A superexpressão de *ERG11* resulta em superprodução da enzima-alvo, criando a necessidade de maiores concentrações do fármaco dentro da célula para inativar todas as moléculas dessa enzima. A regulação positiva de genes que codificam para bombas de efluxo de múltiplos fármacos resulta em efluxo ativo dos agentes antifúngicos azólicos para fora da célula. A regulação positiva de genes que codificam a **bomba de efluxo do tipo facilitador principal (MDR)** leva à resistência ao fluconazol, enquanto a regulação positiva de genes que codificam os transportadores do cassete de ligação de **adenosina trifosfato (ATP) (CDR)** leva à resistência a múltiplos azólicos. Esses mecanismos podem atuar individual, sequencial ou simultaneamente, resultando em cepas de *Candida* que exibem níveis progressivamente mais elevados de resistência aos azólicos.

Os mecanismos de resistência aos azólicos em *Aspergillus* spp. agora estão bem caracterizados em *A. fumigatus*, mas não em outras espécies de *Aspergillus*. Parece que tanto o aumento do efluxo do fármaco como as alterações na enzima-alvo 14-α-desmetilase servem como mecanismos de resistência ao itraconazol, posaconazol e voriconazol entre os isolados de *A. fumigatus*. Mutações específicas no gene *CYP51A* que codifica a enzima-alvo podem resultar em resistência a um, dois ou todos os três triazólicos. Mecanismos de resistência adicionais e ainda indefinidos também podem contribuir para a resistência aos azólicos em isolados de *A. fumigatus* de pacientes submetidos à terapia de longo prazo com essa classe de antifúngicos.

Da mesma maneira, a resistência secundária ao fluconazol entre isolados de *C. neoformans* foi associada à superexpressão de bombas de efluxo MDR e à alteração da enzima-alvo. *Cryptococcus neoformans* também demonstrou ter uma bomba de efluxo do tipo CDR.

EQUINOCANDINAS

Caspofungina, anidulafungina e micafungina demonstram potente atividade fungicida contra *Candida* spp., incluindo cepas resistentes a azólicos. Isolados clínicos de *Candida* spp. com suscetibilidade reduzida às equinocandinas são incomuns, mas cada vez mais reconhecidas entre pacientes submetidos a tratamento de longo prazo com esses agentes. Esforços para produzir mutantes de *C. albicans* resistentes à caspofungina em laboratório demonstraram que a frequência com que esses mutantes surgem é muito baixa (1 em 10^8 células), sugerindo um baixo potencial para o surgimento de resistência no ambiente clínico. A resistência à equinocandina também é rara entre isolados clínicos de *Aspergillus*; no entanto, foram selecionados mutantes resistentes à equinocandina derivados de laboratório.

O mecanismo de resistência às equinocandinas, que foi caracterizado em cepas de laboratório de *C. albicans* e cepas clínicas de *C. albicans*, *C. glabrata*, *C. tropicalis*, *C. krusei* e *C. lusitaniae* é parte de um complexo enzimático de síntese de glucana alterada que mostra uma sensibilidade diminuída à inibição por agentes pertencentes a essa classe. Essas cepas têm mutações pontuais no gene *fks1* ou *fks2* (*C. glabrata*) que codifica uma proteína de membrana integral (Fks1p, Fks2p), que é a subunidade catalítica do complexo enzimático de síntese de glucana. A mutação *fks* resulta em cepas que são resistentes a todas as equinocandinas, mas retêm suscetibilidade aos agentes antifúngicos poliênicos e azólicos. É importante ressaltar que a atividade do novo inibidor da glucana sintase, SCY-078, não é comprometida pelas mutações mais comuns na proteína Fks alvo.

O gene *fks* também é essencial em *Aspergillus* spp., e mutantes *fks1* de *A. fumigatus* derivados de laboratório demonstraram suscetibilidade reduzida a todas as equinocandinas *in vitro* e *in vivo*. A cepa de *A. fumigatus* resistente à equinocandina demonstrou ter diminuído a aptidão (*fitness*) para causar infecção em relação a uma cepa do tipo selvagem, sugerindo que tal fato pode ser responsável pela escassez de cepas clínicas que expressam resistência à equinocandina.

FLUCITOSINA

A resistência primária à flucitosina é incomum entre os isolados clínicos de *Candida* spp. e *C. neoformans*. A resistência secundária, no entanto, está bem documentada para ocorrer entre isolados de *Candida* spp. e *C. neoformans* durante a monoterapia com esse agente.

A resistência à flucitosina pode se desenvolver em virtude da diminuição da absorção do antifúngico (perda da atividade da permease) ou pela perda da atividade enzimática necessária para converter a flucitosina em 5-FU (citosina desaminase) e ácido 5-fluorouridílico (FUMP pirofosforilase). A uracila fosforribosiltransferase, outra enzima na via de resgate da pirimidina, também é importante na formação de FUMP (5-fluorouracilmonofosfato) e a perda de sua atividade é suficiente para conferir resistência à flucitosina.

ALILAMINAS

Embora possam ocorrer falhas clínicas durante o tratamento de infecções fúngicas com terbinafina e naftifina, não foi demonstrado que elas sejam o resultado da resistência a esses agentes. Há evidências de que a bomba de efluxo de múltiplas drogas CDR1 pode utilizar a terbinafina como substrato, sugerindo que a resistência mediada por efluxo a alilaminas é uma possibilidade.

FATORES CLÍNICOS QUE CONTRIBUEM PARA A RESISTÊNCIA

A terapia antifúngica pode falhar clinicamente, apesar de o fármaco utilizado ser ativo contra o fungo infectante. A complexa interação entre hospedeiro, fármaco e patógeno fúngico pode ser influenciada por uma ampla variedade de fatores, incluindo o estado imunológico do hospedeiro, o sítio e a gravidade da infecção, a presença de um corpo estranho (p. ex., cateter, enxerto vascular), a atividade do fármaco no local da infecção, a dose e a duração da terapia e a adesão do paciente ao regime antifúngico. Deve-se reconhecer que a presença de neutrófilos, o uso de medicamentos imunomoduladores, infecções concomitantes (p. ex., vírus da imunodeficiência humana [HIV]), procedimentos cirúrgicos, idade e estado nutricional do hospedeiro podem ser mais importantes na determinação do desfecho da infecção do que a capacidade do agente antifúngico de inibir ou matar o organismo infectante.

TESTE DE SUSCETIBILIDADE AOS ANTIFÚNGICOS

O teste de suscetibilidade *in vitro* aos agentes antifúngicos é desenvolvido para determinar a atividade relativa de um ou mais agentes contra o patógeno infectante na esperança de selecionar a melhor opção para o tratamento da infecção. Assim, os testes de sensibilidade aos antifúngicos são realizados pelas mesmas razões que os testes com agentes antibacterianos. Os testes de suscetibilidade antifúngica irão (1) fornecer uma estimativa confiável da atividade relativa de dois ou mais agentes antifúngicos contra o organismo testado, (2) correlacionar com a atividade antifúngica *in vivo* e prever o resultado provável da terapia, (3) fornecer um meio para monitorar o desenvolvimento de resistência entre uma população de organismos normalmente suscetível e (4) prever o potencial terapêutico de agentes em investigação que foram recentemente desenvolvidos.

Os métodos padronizados para a realização de testes de sensibilidade antifúngica são reprodutíveis, precisos e estão disponíveis para uso em laboratórios clínicos. O teste de suscetibilidade aos antifúngicos tem sido utilizado de maneira cada vez mais apropriada, como um complemento de rotina para o tratamento de infecções fúngicas. Foram desenvolvidas diretrizes para o uso de testes antifúngicos como complemento de outros estudos laboratoriais. A aplicação seletiva de testes de suscetibilidade aos antifúngicos, juntamente com a identificação mais ampla de fungos em nível de espécie, é particularmente útil em infecções fúngicas de difícil manejo. Deve-se ter em mente, no entanto, que a suscetibilidade *in vitro* de um organismo infectante ao agente antimicrobiano é apenas um dos vários fatores que podem influenciar a probabilidade de sucesso em uma terapia para uma infecção (consulte a seção Fatores Clínicos que contribuem para a resistência).

Bibliografia

Garbati, M.A., et al., 2012. The role of combination antifungal therapy in the treatment of invasive aspergillosis: a systematic review. Int. J. Infect. Dis. 16, e76–e81.

Johnson, E.M., Arendrup, M.C., 2015. Susceptibility test methods: yeasts and filamentous fungi. In: Jorgensen, J.H., et al. (Ed.), Manual of Clinical Microbiology, eleventh ed. American Society for Microbiology Press, Washington, DC.

McCarthy, M.W., et al., 2017. Novel agents and drug targets to meet the challenges of resistant fungi. J. Infect. Dis. 216 (S3), S474–S483.

Moro, F., et al., 2017. Molecular basis of antifungal drug resistance in yeasts. Int. J. Antimicrob. Agents 50, 599–606.

Pianalto, K.M., Alspaugh, J.A., 2016. New horizons in antifungal therapy. J. Fungi 2, 26. https://doi.org/10.3390/jof2040026.

Sharma, C., Chowdhary, A., 2017. Molecular basis of antifungal resistance in filamentous fungi. Int. J. Antimicrob. Agents 50, 607–616.

62 Micoses Superficiais e Cutâneas

Darrell, um estudante de medicina de 24 anos, adora seu novo cachorrinho buldogue, Delbert. Recentemente, ele comprou o Delbert de um criador local de "quintal". Darrell começou a dar "beijos" frequentes no focinho de Delbert, o que seu animal de estimação adora, porque ele sabe que uma guloseima está por vir. Após cerca de 3 meses de posse orgulhosa de um filhote de cachorro e "beijinhos", Darrell percebeu que seu bigode começou a coçar e seu lábio superior estava começando a inchar. Ao longo de um período de 1 semana, seu lábio superior ficou edemaciado e inflamado e pequenas áreas pustulosas tornaram-se aparentes entre os fios esparsos de seu bigode; alterações semelhantes também ocorreram no focinho de Delbert. Isso preocupou Darrell, e ele prontamente levou o cachorro ao veterinário. O veterinário deu uma olhada na dupla, prescreveu uma receita para Delbert e disse a Darrell que ele deveria procurar um dermatologista.

1. Qual foi a causa provável da condição de Darrell/Delbert? Seja específico.
2. Como você faria o diagnóstico?
3. Como você trataria essa infecção?
4. Quem transmitiu a condição?

RESUMOS Microrganismos clinicamente significativos

DERMATÓFITOS

Palavras-chave

Tínea, preparação de KOH, dermatofitose, azólicos, terbinafina, lesão circular e descamativa com clareamento central e queda de cabelo

Biologia, virulência e doença

- Incluem fungos filamentosos dos gêneros *Trichophyton*, *Epidermophyton* e *Microsporum*
- Queratinofílicos e queratinolíticos; capazes de invadir e causar ruptura da pele, dos pelos/cabelo e das unhas
- Nas infecções de pele, do cabelo e das unhas, há invasão apenas das camadas queratinizadas externas
- Várias formas de dermatofitose (tíneas) classificadas de acordo com o local anatômico ou estrutura envolvida
- Os sinais e sintomas clínicos variam

Epidemiologia

- Classificados em três categorias com base no hábitat natural: geofílico, zoofílico e antropofílico
- Geofílico: vivem no solo, patógenos ocasionais de animais e humanos
- Zoofílico: parasitam o pelo e pele de animais, mas podem ser transmitidos para os seres humanos
- Antropofílico: infectam humanos, podem ser transmitidos direta ou indiretamente de pessoa para pessoa
- Ocorrem em todo o mundo, principalmente em regiões tropicais e subtropicais

Diagnóstico

- Demonstração de hifas fúngicas por microscopia direta de amostras de pele, cabelo ou unha
- Isolamento de microrganismos em cultura

Tratamento, prevenção e controle

- Infecções localizadas que não envolvem pelo, cabelo ou unhas podem ser tratadas de modo eficaz com agentes antifúngicos tópicos (azólicos, terbinafina, haloprogina)
- Todos os outros exigem terapia oral (griseofulvina, itraconazol, fluconazol, terbinafina)

KOH, hidróxido de potássio.

As infecções fúngicas da pele e estruturas da pele são extremamente comuns. Essas infecções são geralmente categorizadas pelas estruturas que os fungos colonizam ou invadem da seguinte maneira:

1. **Micoses superficiais:** limitadas às camadas mais externas da pele e cabelo.
2. **Micoses cutâneas:** infecções que envolvem as camadas mais profundas da epiderme e seus tegumentos, os pelos/cabelo e as unhas.
3. **Micoses subcutâneas:** envolvendo a derme, os tecidos subcutâneos, os músculos e a fáscia.

As micoses subcutâneas serão discutidas separadamente no Capítulo 63. Este capítulo tratará das micoses superficiais e cutâneas.

Micoses superficiais

Os agentes das micoses superficiais são fungos que colonizam as camadas externas queratinizadas da pele, dos pelos/cabelo e das unhas.

As infecções causadas por esses microrganismos provocam pouca ou nenhuma resposta imune do hospedeiro e são não destrutivas, e, portanto, assintomáticas. Geralmente, são apenas de interesse estético e são fáceis de diagnosticar e tratar.

PITIRÍASE (TINHA) VERSICOLOR

A pitiríase versicolor é uma infecção fúngica superficial comum que é vista em todo o mundo. Em ambientes tropicais, acomete de 30 a 35% da população. É causada por uma espécie de levedura lipofílica do complexo *Malassezia furfur*: *M. furfur*, *M. sympodialis*, *M. globosa*, *M. restrita*, *M. slooffiae*, *M. obtusa*, *M. dermatis*, *M. japonica* e *M. yamatoensis*. Em laudos clínicos de rotina, referir-se a esses microrganismos como membros do complexo *M. furfur* geralmente é suficiente.

Morfologia

Quando observados em raspados de pele, os membros do complexo *M. furfur* aparecem como aglomerados de células leveduriformes, esféricas ou ovais, de paredes espessas, com 3 a 8 μm de diâmetro (Figura 62.1). As células leveduriformes podem estar misturadas com hifas curtas, raramente ramificadas, que tendem a se orientar de modo terminoterminal. As células leveduriformes representam fialoconídios e mostram a formação de brotos polares com um "lábio" ou colarinho ao redor do ponto de início do broto na célula-mãe (Figura 62.2). Na cultura em meio padrão contendo ou sobreposto com óleo de oliva, as espécies do complexo M. furfur crescem como colônias de leveduras de cor creme a castanha compostas de células de leveduras em brotamento; as hifas são produzidas com pouca frequência.

Epidemiologia

A pitiríase versicolor é uma doença de pessoas hígidas que ocorre em todo o mundo, mas é prevalente em regiões tropicais e subtropicais. Os adultos jovens são os mais comumente afetados. *Malassezia furfur* e outros membros do complexo de espécies não são encontrados como saprófitas na natureza e a pitiríase versicolor não é documentada em animais. Acredita-se que a infecção humana resulte da transferência direta ou indireta de material queratinizado infectado de uma pessoa para outra.

Síndromes clínicas

As lesões da pitiríase versicolor são pequenas máculas hipopigmentadas ou hiperpigmentadas. A parte superior do tronco, os braços, o tórax, os ombros, o rosto e o pescoço são os mais frequentemente envolvidos, mas qualquer parte do corpo pode ser afetada (Figura 62.3). As lesões são manchas descoloridas irregulares e bem demarcadas que podem ser elevadas e cobertas por escamas finas. Como as espécies do complexo M. furfur tendem a interferir na produção de melanina, as lesões são hipopigmentadas em indivíduos de pele escura. Em indivíduos de pele clara, as lesões variam de rosa ao marrom-claro e tornam-se mais evidentes quando deixam de bronzear após a exposição à luz solar. Ocorre pouca ou nenhuma reação no hospedeiro e as lesões são assintomáticas, com exceção de prurido leve em casos graves. O complexo M. furfur também foi associado à foliculite, dacriocistite obstrutiva, infecções sistêmicas em pacientes recebendo infusões lipídicas intravenosas e dermatite seborreica, principalmente em pacientes com a síndrome da imunodeficiência adquirida (AIDS).

Diagnóstico laboratorial

O diagnóstico laboratorial da pitiríase versicolor é feito pela visualização direta dos elementos fúngicos ao exame microscópico das escamas epidérmicas em hidróxido de potássio a 10% (KOH) com ou sem calcoflúor branco. Os microrganismos são, em geral, numerosos e podem ser visualizados pela coloração com hematoxilina e eosina (H-E) ou ácido periódico de Schiff (PAS) (ver Figura 62.1). As lesões também apresentam fluorescência com uma cor amarelada quando expostas à lâmpada de Wood.

Embora, geralmente, a cultura não seja necessária para estabelecer o diagnóstico, ela pode ser realizada em meios micológicos sintéticos suplementados com azeite de oliva como fonte de lipídios. O crescimento de colônias leveduriformes

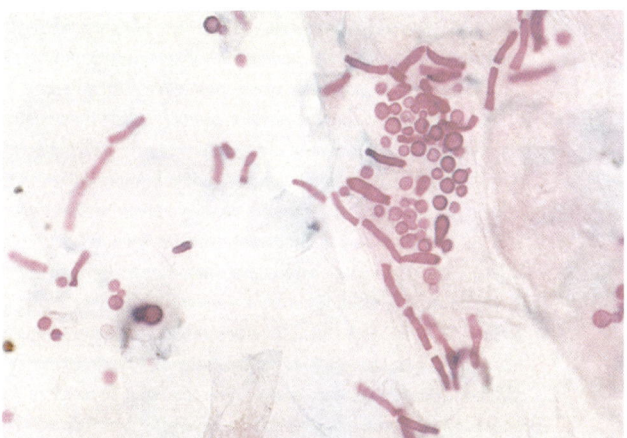

Figura 62.1 Pitiríase versicolor. Raspado da pele, corado com ácido periódico de Schiff, mostrando células leveduriformes e hifas curtas e raramente ramificadas que geralmente são orientadas de modo término-terminal (× 100). (De Connor, D.H., Chandler, F.W., Schwartz, D.A., et al., 1997. Pathology of Infectious Diseases. Appleton & Lange, Stamford, CT.)

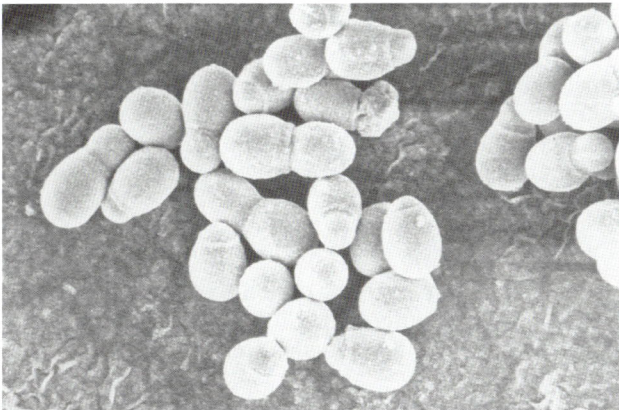

Figura 62.2 Micrografia eletrônica de varredura de *Malassezia furfur* demonstrando o colarinho em forma de lábios ao redor do ponto de início do broto na célula-mãe. (Cortesia de S.A. Messer.)

Figura 62.3 Pitiríase versicolor. Inúmeras manchas hiperpigmentadas de coloração marrom-clara no tórax e nos ombros. (De Chandler, F.W., Watts, J.C., 1987. Pathologic Diagnosis of Fungal Infections. American Society for Clinical Pathology Press, Chicago, IL.)

aparece após a incubação a 30°C durante 5 a 7 dias. Microscopicamente, as colônias são compostas de células leveduriformes em brotamento com hifas ocasionais.

Tratamento

Embora a cura espontânea tenha sido relatada, a doença geralmente é crônica e persistente. O tratamento consiste no uso de azólicos tópicos ou xampu de sulfeto de selênio. Para infecção mais disseminada, podem ser utilizados o cetoconazol oral ou itraconazol.

TINHA NEGRA

Tinha negra é uma feo-hifomicose superficial causada pelo fungo *Hortaea werneckii* (anteriormente *Exophiala werneckii*).

Morfologia

Microscopicamente, *H. werneckii* aparece como hifas septadas, demáceas (escuras [marrom a preto] pigmentadas), frequentemente ramificadas, com 1,5 a 3,0 μm de largura. Artroconídios e células em brotamento alongadas também estão presentes (Figura 62.4). *Hortaea werneckii* também cresce em cultura em meios micológicos padrão a 25°C, nos quais é um fungo filamentoso negro que produz aneloconídios (conídios com anelídeos ou anéis), que muitas vezes deslizam pelas laterais do conidióforo.

Epidemiologia

Tinha negra é uma condição tropical ou subtropical. Supostamente, é contraída pela inoculação traumática do fungo nas camadas superficiais da epiderme. É mais frequente na África, Ásia e Américas Central e do Sul. Crianças e adultos jovens são os mais afetados, com maior incidência em mulheres.

Síndrome clínica

Tinha negra aparece como uma mácula solitária, irregular, pigmentada (marrom a preta), em geral, nas palmas das mãos ou plantas dos pés (Figura 62.5). Não há descamação ou invasão dos folículos capilares e a infecção não é contagiosa. Em razão de sua localização superficial, há pouco ou nenhum desconforto ou reação do hospedeiro. Como a lesão macroscopicamente pode se assemelhar a um melanoma (neoplasia maligna), a biopsia ou excisão local pode ser considerada. Esses procedimentos invasivos podem ser evitados por um simples exame microscópico de raspados de pele da área afetada.

Diagnóstico laboratorial

Tinha negra é facilmente diagnosticada pelo exame microscópico de raspados de pele colocados em solução de KOH 10 a 20%. As leveduras e hifas pigmentadas estão confinadas às camadas externas do estrato córneo e são facilmente detectadas nos cortes corados por H-E (ver Boxe 60.1) (ver Figura 62.4). Uma vez que os elementos fúngicos são detectados, os raspados de pele devem ser colocados em meios micológicos com antibióticos. Uma colônia demácea leveduriforme deve aparecer em 3 semanas, tornando-se aveludada com a idade. O exame microscópico revela células biceluares, cilíndricas, leveduriformes e, dependendo da idade da colônia, hifas toruloides.

Tratamento

A infecção responde bem à terapia tópica, incluindo pomada de Whitfield, cremes azólicos e terbinafina.

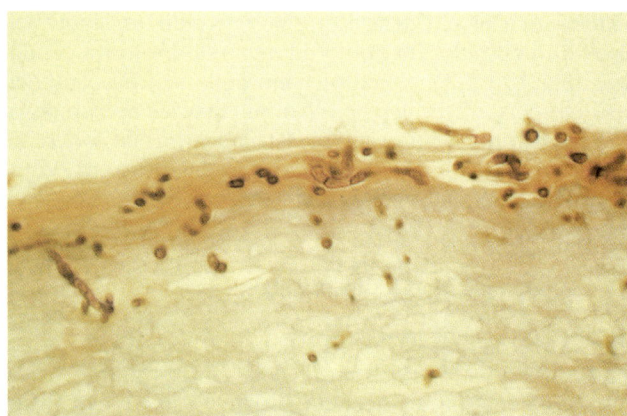

Figura 62.4 Tinha negra. Hifas demáceas de *Hortaea werneckii* (hematoxilina e eosina, 100×). (De Connor, D.H., et al., 1997. Pathology of Infectious Diseases. Appleton & Lange, Stamford, CT.)

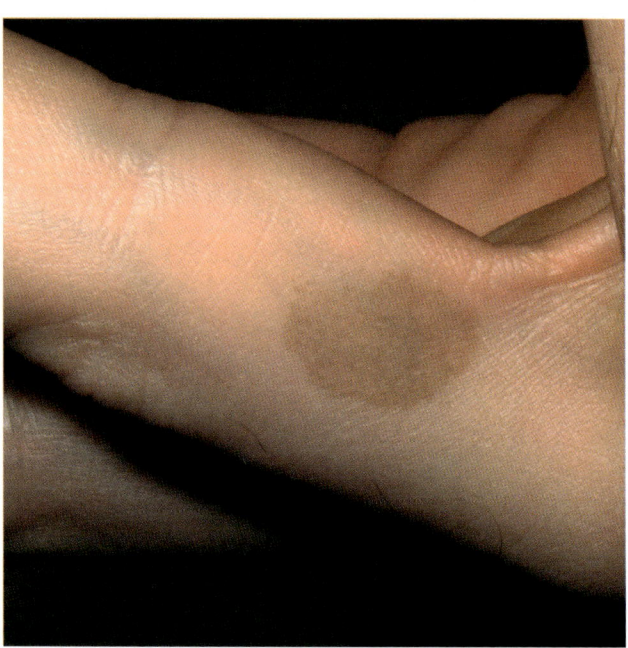

Figura 62.5 Tinha negra. Máculas de pigmentação escura com bordas irregulares na palma da mão. (De Chandler, F.W., Watts, J.C., 1987. Pathologic Diagnosis of Fungal Infections. American Society for Clinical Pathology Press, Chicago, IL.)

PIEDRA BRANCA

A piedra branca é uma infecção superficial dos pelos causada por fungos leveduriformes do gênero *Trichosporon*: *T. ovoides* (causa piedra branca no couro cabeludo), *T. inkin* (causa a maioria dos casos de piedra branca púbica) e *T. asahii*.

Morfologia

O exame microscópico revela elementos de hifas, artroconídios (células retangulares resultantes da fragmentação de células de hifas) e blastoconídios (células de leveduras em brotamento).

Epidemiologia

Essa condição ocorre em regiões tropicais e subtropicais e está relacionada com a falta de higiene.

Síndromes clínicas

A piedra branca afeta os pelos da virilha e das axilas. O fungo envolve a haste do pelo e forma uma tumefação de coloração branca a marrom ao longo dos fios capilares. As tumefações são macias e pastosas e podem ser facilmente removidas esfregando-se parte dos pelos entre o polegar e o indicador. A infecção não danifica a haste do pelo.

Diagnóstico laboratorial

Quando o exame microscópico revela elementos fúngicos como hifas, artroconídios e/ou células de leveduras em brotamento, os pelos infectados devem ser colocados em meios micológicos sem cicloheximida (porque a cicloheximida inibirá *Trichosporon* spp.). *Trichosporon* spp. Isolados formarão colônias de cor creme, secas e enrugadas em 48 a 72 horas de incubação em temperatura ambiente. As várias espécies de *Trichosporon* podem ser identificadas da mesma maneira que outras leveduras isoladas. Devem ser determinadas as assimilações de carboidrato, assimilação de nitrato de potássio (KNO_3) (negativa), produção de urease (positiva) e morfologia em ágar de farinha de milho (tanto artroconídios quanto blastoconídios).

Tratamento

O tratamento pode ser realizado com o uso de azólicos tópicos; no entanto, melhores condições de higiene e o corte dos pelos infectados também são efetivos e geralmente eliminam a necessidade de tratamento clínico.

PIEDRA PRETA

Outra condição que afeta os pelos, principalmente o couro cabeludo, é a piedra preta, cujo agente causador é a *Piedraia hortae*.

Morfologia

O microrganismo cresce como fungo filamentoso pigmentado (marrom a preto avermelhado). Conforme a cultura envelhece, ascósporos fusiformes são formados dentro de estruturas especializadas (ascos). Essas estruturas (ascos e ascósporos) também são produzidas dentro da massa de hifas rígidas que envolvem a haste do cabelo.

Epidemiologia

A piedra preta é incomum e relatada em regiões tropicais, em áreas na África, na Ásia e nas Américas Central e do Sul. É considerada uma condição de higiene deficiente.

Síndromes clínicas

A piedra preta manifesta-se como pequenos nódulos escuros que circundam os fios de cabelo. É assintomática e geralmente envolve o couro cabeludo. A massa de hifas é mantida unida por uma substância parecida com cimento e contém ascos e ascósporos, que é a fase sexuada do fungo.

Diagnóstico laboratorial

O exame do nódulo revela hifas ramificadas, pigmentadas, mantidas unidas por uma substância semelhante a cimento. *Piedraia hortae* pode ser cultivada em meios micológicos de rotina. Crescimento muito lento pode ser observado a 25°C e pode começar como uma colônia leveduriforme, tornando-se mais tarde aveludada à medida que as hifas se desenvolvem. Os ascos podem ser observados microscopicamente, geralmente variando de 4 a 30 μm e contendo até oito ascósporos.

Tratamento

O tratamento da piedra preta é facilmente realizado com um corte de cabelo e lavagens adequadas e regulares.

Micoses cutâneas

As micoses cutâneas incluem infecções causadas por fungos dermatófitos (dermatofitose) e fungos não dermatófitos (dermatomicose) (Tabela 62.1). Em razão da grande importância dos dermatófitos como agentes etiológicos das micoses cutâneas, a maior parte desta seção tratará desses fungos. Os fungos não dermatofíticos serão discutidos sobre seu papel na onicomicose. As infecções superficiais e cutâneas causadas por *Candida* spp. serão discutidas no Capítulo 65.

DERMATOFITOSES

O termo **dermatofitose** se refere a um complexo de doenças causadas por qualquer uma das várias espécies de fungos filamentosos taxonomicamente relacionados pertencentes aos gêneros *Trichophyton*, *Epidermophyton* e *Microsporum* (Tabelas 62.1 a 62.3). Esses fungos são conhecidos coletivamente como **dermatófitos** e todos apresentam capacidade de causar doenças em humanos e/ou animais. Todos têm em comum a capacidade de invadir a pele, o cabelo ou as unhas. Em cada caso, esses fungos são queratinofílicos e queratinolíticos; assim, eles são capazes de romper as superfícies de queratina dessas estruturas. No caso de infecções de pele, os dermatófitos invadem apenas a camada superior externa da epiderme, que é o estrato córneo. A penetração abaixo da camada granulosa da epiderme é rara; da mesma maneira, com cabelos e unhas, por fazerem parte da pele, apenas as camadas queratinizadas são invadidas. As várias formas de dermatofitose são chamadas de tinhas (ou tíneas) (infecção fúngica da pele e unhas, causando prurido, vermelhidão e erupção cutânea circular). Clinicamente, as tinhas são classificadas de acordo com o local anatômico ou estrutura afetada: (1) tinha do couro cabeludo, das sobrancelhas e dos cílios; (2) tinha da barba; (3) tinha da pele glabra do corpo; (4) tinha inguinal; e (5) tinha do pé; e (6) tinha das unhas (também conhecida como **onicomicose**). Os sinais e sintomas clínicos da dermatofitose variam de acordo com os agentes etiológicos, a reação do hospedeiro e o local da infecção.

Morfologia

Cada gênero de fungos filamentosos dermatofíticos é caracterizado por um padrão específico de crescimento em cultura e pela produção de macroconídios e microconídios (ver Tabela 62.2). A identificação adicional no nível de espécie requer consideração da morfologia da colônia, produção de esporos e requisitos nutricionais *in vitro*.

Microscopicamente, o gênero *Microsporum* é identificado pela observação de seus macroconídios, enquanto os microconídios são as estruturas características do gênero *Trichophyton* (ver Tabela 62.2). *Epidermophyton floccosum* não produz microconídios, mas seus macroconídios de parede lisa carreados em grupos de dois ou três são bastante

Tabela 62.1 Agentes comuns e incomuns de dermatomicoses e dermatofitoses superficiais e cutâneas.

Fungos	TIPO DE INFECÇÃO									
	TP	TCO	TCR	TCA	TBA	TVR	O	TN	PP	PB
DERMATÓFITOS										
Trichophyton rubrum	X	X	X	—	—	—	X	—	—	—
Complexo T. mentagrophytes	X	X	X	X	—	—	X	—	—	—
T. tonsurans	—	X	—	X	—	—	X	—	—	—
T. verrucosum	—	X	—	X	X	—	—	—	—	—
T. equinum	—	—	—	X	—	—	—	—	—	—
T. violaceum	—	—	—	X	—	—	—	—	—	—
T. schoenleinii	—	—	—	X	—	—	—	—	—	—
T. megninii	—	—	—	—	—	—	X	—	—	—
Epidermophyton floccosum	X	—	X	—	—	—	X	—	—	—
Microsporum canis	—	X	—	X	—	—	—	—	—	—
M. audouinii	—	—	—	X	—	—	—	—	—	—
NÃO DERMATÓFITOS										
Scopulariopsis brevicaulis	—	—	—	—	—	—	X	—	—	—
Neoscytalidium spp. e Scytalidium spp.	X	—	—	—	—	—	X	—	—	—
Malassezia spp.	—	—	—	—	—	X	—	—	—	—
Candida albicans	X	—	X	—	—	—	X	—	—	—
Aspergillus terreus	—	—	—	—	—	—	X	—	—	—
Sarocladium (Acremonium) spp.	—	—	—	—	—	—	X	—	—	—
Fusarium spp.	—	—	—	—	—	—	X	—	—	—
Trichosporon spp.	—	—	—	—	—	—	—	—	—	X
Piedraia hortae	—	—	—	—	—	—	—	—	X	—
Hortaea werneckii	—	—	—	—	—	—	—	X	—	—

PP, piedra preta; O, onicomicose; TBA, tinha da barba; TCA, tinha da cabeça; TCO, tinha do corpo; TCR, tinha inguinal; TN, tinha negra; TP, tinha dos pés; TVR, tinha versicolor; PB, piedra branca; X, agentes etiológicos de dermatomicoses ou dermatofitoses.

Tabela 62.2 Aspectos in vitro e in vivo característicos dos dermatófitos.

Gênero	In vitro		Cabelo in vivo	
	Macroconídios	Microconídios	Invasão	Fluorescência[a]
Epidermophyton	De paredes lisas, sustentadas em grupos de dois ou três	Ausente	NA	NA
Microsporum	Numerosos, grandes, grossos e com paredes rugosas[b]	Raro	Ectotrix	+/−[c]
Trichophyton	Raro, liso, de paredes finas	Numerosos, esféricos, em forma de lágrima ou pino[d]	Endotrix[e]	+/−[f]

[a]Fluorescência com lâmpada de Wood.
[b]Exceto M. audouinii.
[c]M. gypseum (Nannizzia gypsea) não fluorescente.
[d]Exceto T. schoenleinii.
[e]T. verrucosum, ectotrix; T. schoenleinii, fávico.
[f]T. schoenleinii é fluorescente.
NA, não aplicável.

característicos (Figura 62.6). *Microsporum canis* produz macroconídios característicos, com parede espessa e rugosa, grandes e multicelulares (cinco a oito células por conídio) (Figura 62.7). *Trichophyton rubrum* produz microconídios que apresentam forma de lágrima ou pino e carregados ao longo das laterais das hifas (Figura 62.8), enquanto o complexo *T. mentagrophytes* produz macroconídios únicos, em forma de charuto e aglomerados de microconídios esféricos, semelhantes a cachos de uvas (Figura 62.9). *Trichophyton tonsurans* produz microconídios de tamanhos e formatos variáveis, com conídios esféricos relativamente grandes, muitas vezes localizados ao lado de pequenos conídios de paredes paralelas e outros microconídios de diversos tamanhos e formas (Figura 62.10).

Tabela 62.3 Classificação dos dermatófitos de acordo com o nicho ecológico.

Nicho ecológico	Espécie	Hospedeiros principais	Distribuição geográfica	Prevalência
Antropofílico	Epidermophyton floccosum	—	Mundial	Comum
	Microsporum audouinii	—	Mundial	Comum
	M. ferrugineum	—	África, Ásia	Endêmico
	Trichophyton concentricum	—	Ásia, Ilhas do Pacífico	Endêmico Raro
	T. megninii	—	Europa, África	Endêmico
	Complexo T. mentagrophytes	—	Mundial	Comum
	T. rubrum	—	Mundial	Comum
	T. schoenleinii	—	Europa, África	Endêmico
	T. soudanense	—	África	Endêmico
	T. tonsurans	—	Mundial	Comum
	T. violaceum	—	Europa, África, Ásia	Comum
Zoofílico	M. canis	Cão, gato, cavalo	Mundial	Comum
	M. (Lophophyton) gallinae	Galinha	Mundial	Raro
	M. nanum (Nannizzia nana)	Suíno	Mundial	Raro
	M. (Nannizzia) persicolor	Ratazana	Europa, EUA	Raro
	T. equinum	Cavalo	Mundial	Raro
	Complexo T. mentagrophytes (isolados granulares)	Roedor	Mundial	Comum
	T. erinacei	Ouriço	Europa, Nova Zelândia, África	Ocasional
	T. simii	Macaco	Índia	Ocasional
	T. verrucosum	Vaca	Mundial	Comum
Geofílico	Complexo M. gypseum (Nannizzia gypsea)	—	Mundial	Ocasional
	T. vanbreuseghemii (Arthroderma gertleri)	—	Mundial	Raro

De Hiruma, M., Yamaguchi, H., 2003. Dermatophytes. In: Anaissie, E.J., McGinnis, M.R., Pfaller, M.A. (Eds.), Clinical Mycology. Churchill Livingstone, New York.

Em biopsias de pele, todos os dermatófitos são morfologicamente semelhantes e aparecem como hifas septadas hialinas, cadeias de artroconídios ou cadeias dissociadas de artroconídios que invadem o estrato córneo, folículos capilares e pelos. Quando o cabelo está infectado, o padrão de invasão fúngica pode ser **ectotrix**, **endotrix** ou **fávico**, dependendo da espécie de dermatófito (Figura 62.11). As hifas septadas podem ser vistas na haste do cabelo nos três padrões. No padrão **ectotrix**, os **artroconídios** são formados na parte externa do cabelo (Figura 62.12; ver Figura 62.11); no padrão **endotrix**, os artroconídios são formados dentro do cabelo (ver Figura 62.11); e no padrão **fávico**, hifas, artroconídios e espaços vazios que lembram bolhas de ar (padrão faveolado) são formados dentro do cabelo (ver Figura 62.11). Os dermatófitos geralmente podem ser visualizados na coloração de H-E; no entanto, eles são observados de modo adequado com colorações especiais para fungos, como metenamina de prata de Grocott-Gomori (GMS) e PAS (ver Figura 62.12 e Capítulo 60).

Ecologia e epidemiologia

Com base em seu hábitat natural, os dermatófitos podem ser classificados em três categorias diferentes (ver Tabela 62.3): (1) **geofílico**, (2) **zoofílico** e (3) **antropofílico**. Os dermatófitos geofílicos vivem no solo e são patógenos ocasionais de animais e seres humanos. Os dermatófitos zoofílicos normalmente parasitam o pelo e a pele dos animais, mas podem ser transmitidos aos seres humanos. Os dermatófitos antropofílicos geralmente infectam seres humanos e podem ser transmitidos direta ou indiretamente de pessoa para pessoa. Essa classificação é bastante útil no prognóstico e enfatiza a importância da identificação do agente etiológico das dermatofitoses. Espécies de dermatófitos considerados antropofílicos tendem a causar infecções crônicas, relativamente não inflamatórias, de difícil cura. Por outro lado, os dermatófitos zoofílicos e geofílicos tendem a ocasionar uma reação profunda do hospedeiro, gerando lesões que são extremamente inflamatórias e respondem bem à terapia. Em alguns casos, essas infecções podem cicatrizar espontaneamente.

Os dermatófitos apresentam distribuição mundial (ver Tabela 62.3) e a infecção pode ser adquirida a partir da transferência de artroconídios ou hifas, ou material queratinizado contendo esses elementos, de um hospedeiro infectado para um hospedeiro suscetível não infectado. Os dermatófitos podem permanecer viáveis na pele descamada ou em fios de cabelo por longos períodos e a infecção pode ser por contato direto ou indireto via fômites. Indivíduos de ambos os gêneros e de todas as idades são suscetíveis à dermatofitose; no entanto, tinha da cabeça é mais comum em crianças pré-púberes e tinha inguinal, bem como tinha dos pés, são doenças principalmente de homens adultos. Embora as dermatofitoses ocorram em todo o mundo, sobretudo em regiões tropicais e subtropicais, as espécies individuais de dermatófitos podem variar

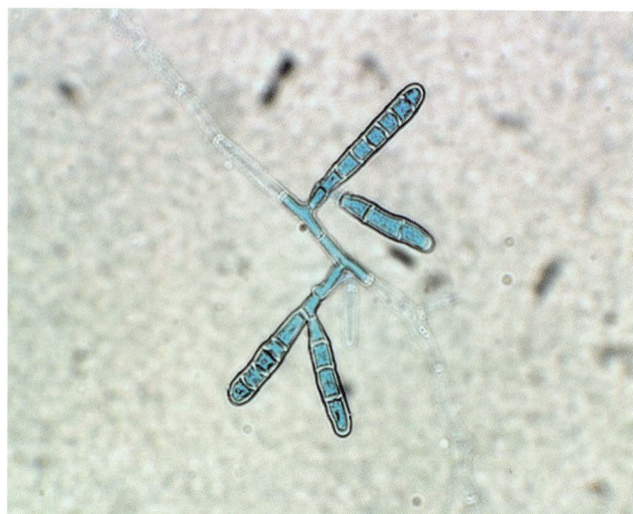

Figura 62.6 *Epidermophyton floccosum*. Lactofenol azul-algodão mostrando macroconídios de paredes lisas.

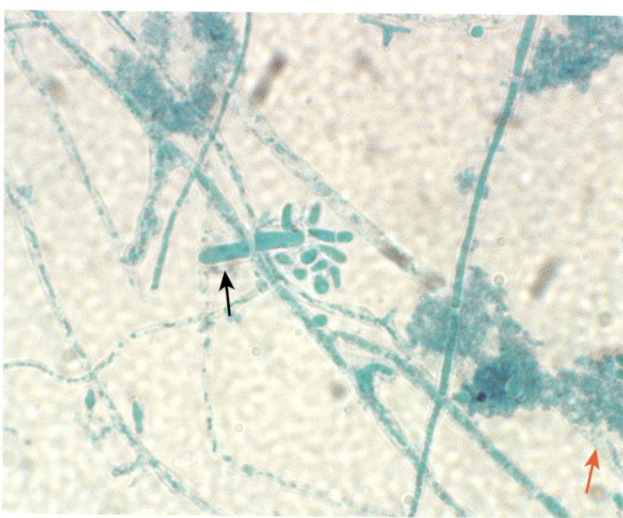

Figura 62.9 *Trichophyton mentagrophytes*. Lactofenol azul-algodão mostrando macroconídios em forma de charuto *(seta preta)* e aglomerados de microconídios em forma de uva *(seta vermelha)*.

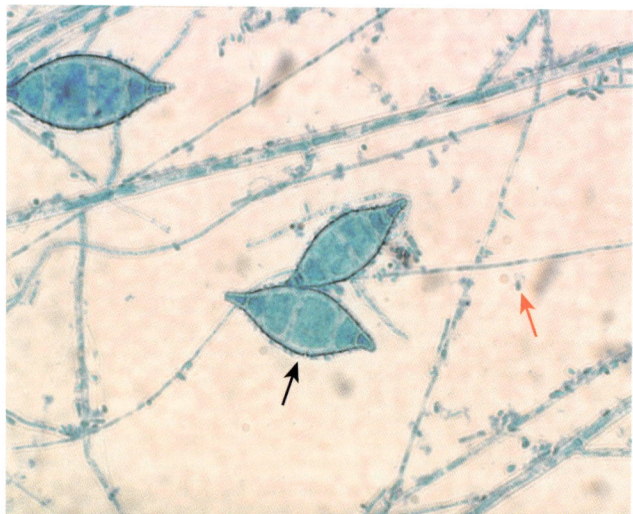

Figura 62.7 *Microsporum canis*. Lactofenol azul-algodão mostrando macroconídios de paredes rugosas *(seta preta)* e microconídios *(seta vermelha)*.

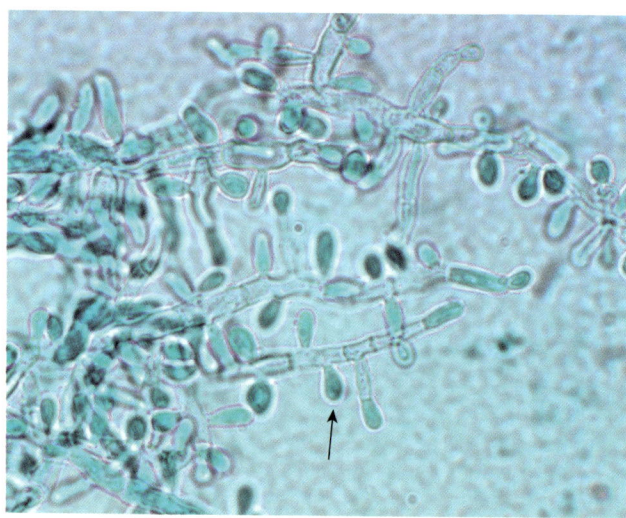

Figura 62.10 *Trichophyton tonsurans*. Lactofenol azul-algodão mostrando microconídios *(seta preta)*.

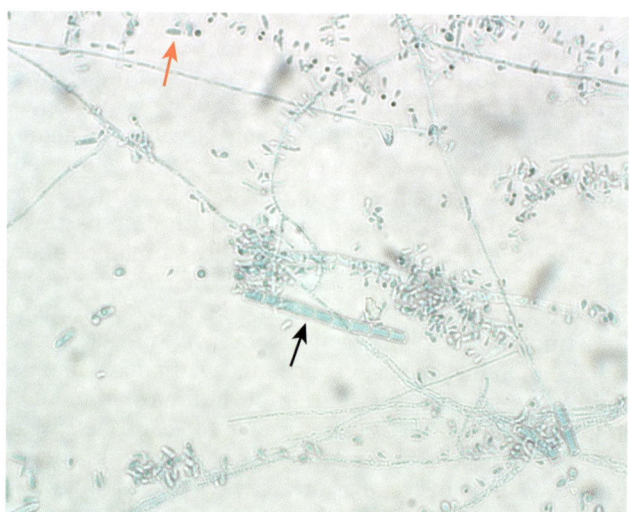

Figura 62.8 *Trichophyton rubrum*. Lactofenol azul-algodão mostrando macroconídios multicelulares *(seta preta)* e microconídios em forma de lágrima e pinos *(seta vermelha)*.

em sua distribuição geográfica e em sua virulência para seres humanos (ver Tabela 62.3). Por exemplo, *T. concentricum*, agente de tinha imbricada, está confinado às ilhas do Pacífico Sul e à Ásia, enquanto *T. tonsurans* substituiu *Microsporum audouinii* como o agente principal de tinha da cabeça nos EUA. Dermatofitoses geralmente são endêmicas, mas podem se tornar epidêmicas em cenários selecionados (p. ex., tinha da cabeça em crianças em idade escolar). Em escala mundial, o complexo *T. rubrum* e *T. mentagrophytes* representam de 80 a 90% de todas as dermatofitoses.

Síndromes clínicas

As dermatofitoses manifestam uma ampla gama de apresentações clínicas, que podem ser afetadas por fatores tais como as espécies de dermatófitos, o tamanho do inóculo, o local da infecção e o estado imunológico do hospedeiro (Casos Clínicos 62.1 e 62.2). Qualquer manifestação de doença pode resultar de várias espécies diferentes de dermatófitos, conforme mostrado na Tabela 62.1.

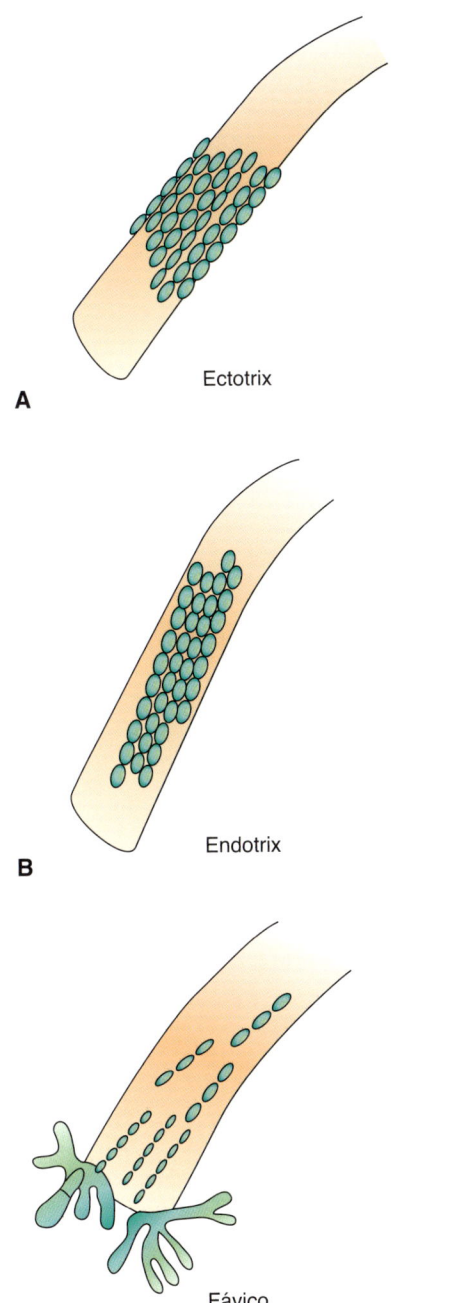

Figura 62.11 Esquema de (**A**) infecção do cabelo ou pelo no padrão ectotrix; (**B**) infecção do cabelo ou pelo no padrão endotrix; e (**C**) infecção do cabelo ou pelo no padrão fávico.

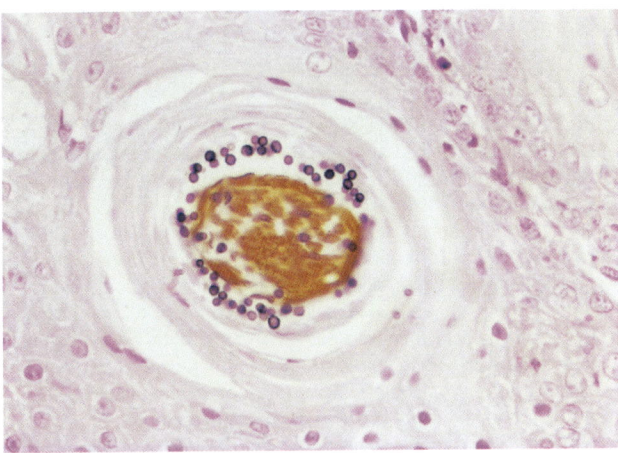

Figura 62.12 Artroconídios em torno de uma haste capilar. Infecção capilar do tipo ectotrix causada por *Microsporum canis* (metenamina de prata Grocott-Gomori–hematoxilina e eosina, 160×.) (De Connor, D.H., et al., 1997. Pathology of Infectious Diseases. Appleton & Lange, Stamford, CT.)

O padrão clássico de dermatofitose é o padrão de um anel de descamação inflamatória com diminuição da inflamação em direção ao centro da lesão. Tinhas em áreas com pelos frequentemente se apresentam como manchas de alopecia elevadas, circulares ou anulares com eritema e descamação (Figura 62.13) ou como pápulas, pústulas, vesículas e quérions (inflamação grave envolvendo a haste do cabelo) difusamente mais dispersos (Figura 62.14). Os pelos infectados por determinadas espécies, como *M. canis*, *M. audouinii* e *T. schoenleinii*, frequentemente apresentam fluorescência amarelo-esverdeada quando expostos à lâmpada de Wood (ver Tabela 62.2). Habitualmente, as infecções da pele glabra (sem pelos) se apresentam como manchas eritematosas e descamativas que se expandem em um padrão centrípeto com clareamento central. As dermatofitoses do pé e da mão muitas vezes são complicadas pela onicomicose (Figura 62.15), na qual a lâmina ungueal é invadida e destruída pelo fungo. A onicomicose é causada por vários dermatófitos (ver Tabela 62.1) e estima-se que afete cerca de 3% da população na maioria dos países com clima temperado. É uma doença observada, principalmente, em adultos, com as unhas dos pés sendo mais afetadas comumente do que as unhas das mãos. A infecção é, em geral, crônica e as unhas tornam-se espessas, descoloridas, salientes, friáveis e deformadas (ver Figura 62.15). *Trichophyton rubrum* é o agente etiológico mais comum na maioria dos países. Uma forma rapidamente progressiva de onicomicose que se origina na prega ungueal proximal e envolve a parte superior e inferior da unha é observada em pacientes com AIDS.

Diagnóstico laboratorial

O diagnóstico laboratorial das dermatofitoses depende da demonstração de hifas fúngicas por microscopia direta de amostras da pele, cabelo ou unha e o isolamento de microrganismos em cultura. As amostras são colocadas em uma gota de 10 a 20% de KOH em uma lâmina de vidro e examinadas microscopicamente. Os elementos fúngicos na forma de hifas hialinas, filamentosas, características de dermatófitos, podem ser visualizados em raspados de pele, de unhas e nos pelos. No exame de amostras para visualização de elementos fúngicos, o calcoflúor branco tem sido empregado com excelentes resultados.

As culturas são sempre úteis e podem ser obtidas pelo raspado de áreas afetadas e colocação das amostras de pele, cabelo ou fragmentos cortados na parte distal da lâmina ungueal em meios micológicos padrões, como ágar Sabouraud, com e sem antibióticos ou meio para teste de dermatófitos. As colônias se desenvolvem em 7 a 28 dias. Seu aspecto macroscópico e microscópico, assim como as necessidades nutricionais, podem ser utilizados na identificação. Mais recentemente, métodos moleculares e de proteômica têm sido usados para fornecer meios rápidos e específicos para identificar microrganismos incomuns que são difíceis de identificar pelas abordagens fenotípicas convencionais.

Caso Clínico 62.1 Dermatofitose em um hospedeiro imunocomprometido

Squeo et al. (*J Am Acad Dermatol* 39: 379–380, 1998) descreveram um caso de um receptor de transplante renal de 55 anos com onicomicose e tinha dos pés crônica, que apresentava nódulos dolorosos à palpação na face medial do calcanhar esquerdo. Ele então desenvolveu pápulas e nódulos no pé direito e na panturrilha. Uma biopsia de pele revelou células redondas de parede espessa, positivas na coloração por ácido periódico de Schiff, com 2 a 6 μm de diâmetro na derme. Na cultura de biopsia da pele, foi observado o crescimento de *Trichophyton rubrum*, que é descrito como um patógeno invasivo em hospedeiros imunocomprometidos. A apresentação clínica, a histopatologia, bem como o crescimento inicial da cultura fúngica sugeriram *Blastomyces dermatitidis* no diagnóstico diferencial antes da identificação final de *T. rubrum*.

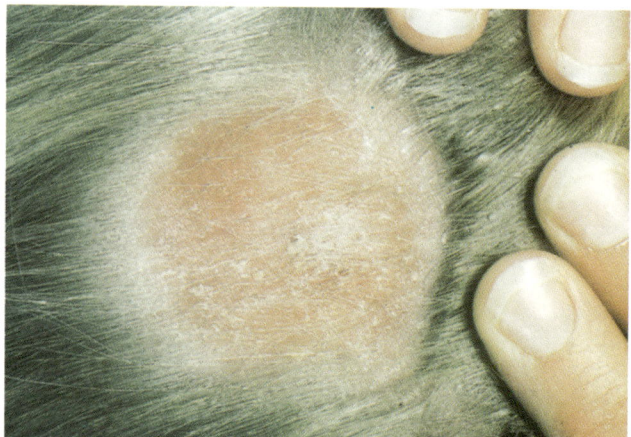

Figura 62.13 Tinha da cabeça causada por *Microsporum canis*. (Extraída de Hay, R.J., 2003. Cutaneous and subcutaneous mycoses. In: Anaissie, E.J., McGinnis, M.R., Pfaller, M.A. (Eds.), Clinical Mycology. Churchill Livingstone, New York.)

Caso Clínico 62.2 Tinha da cabeça em uma mulher adulta

Martin e Elewski (*J Am Acad Dermatol* 49: S177–S179, 2003) descreveram uma mulher de 87 anos com história de 2 anos de erupção cutânea pruriginosa e dolorosa no couro cabeludo e queda de cabelo. Seu tratamento anterior para essa condição incluía vários esquemas terapêuticos com antibióticos sistêmicos e prednisona, sem sucesso. O interessante em sua história social era o fato de ela ter adquirido recentemente vários gatos de rua que mantinha dentro de casa. No exame físico, havia numerosas pústulas por todo o couro cabeludo, com eritema difuso, crostas e escamas até o pescoço. Havia poucos fios de cabelo e linfadenopatia cervical posterior proeminente. Ela não tinha sulcos ou depressões ungueais. O exame do couro cabeludo com a lâmpada de Wood produziu resultados negativos. Foram realizadas biopsia de pele e culturas de fungos, bactérias e vírus. Na cultura bacteriana cresceram espécies raras de *Enterococcus*, enquanto as culturas de vírus não apresentaram crescimento. A amostra de biopsia do couro cabeludo revelou parasitismo do tipo endotrix por dermatófitos. Na cultura de fungos cresceu *Trichophyton tonsurans*. A paciente foi tratada com griseofulvina e xampu de sulfeto de selênio. Na consulta de acompanhamento, após 2 semanas, a paciente demonstrou novo crescimento de cabelo e resolução da erupção pustular. Com a rápida resposta clínica e o crescimento da cultura de *T. tonsurans*, o tratamento com griseofulvina foi continuado por 8 semanas. O cabelo voltou a crescer normalmente, sem alopecia permanente. Adultos com alopecia precisam ser avaliados para tinha da cabeça, incluindo culturas de fungos.

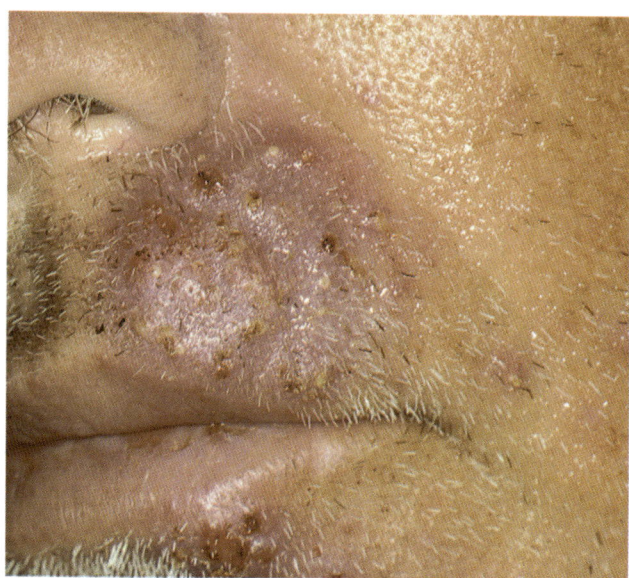

Figura 62.14 Tinha da barba causada por *Trichophyton verrucosum*. (De Chandler, F.W., Watts, J.C., 1987. Pathologic Diagnosis of Fungal Infections. American Society for Clinical Pathology Press, Chicago, IL.)

Tratamento

Dermatofitoses que são localizadas e que não afetam os cabelos ou as unhas geralmente podem ser tratadas de maneira efetiva com agentes tópicos; todos os outros exigem terapia oral. Os agentes tópicos incluem azólicos (miconazol, clotrimazol, econazol, tioconazol e itraconazol), terbinafina e haloprogina. A pomada de Whitfield (ácidos benzoico e salicílico) é um agente opcional para a dermatofitose, mas as respostas são geralmente mais lentas do que aquelas observadas com agentes que apresentam atividades antifúngicas específicas.

Agentes antifúngicos orais com atividade sistêmica contra dermatófitos incluem griseofulvina, itraconazol, fluconazol

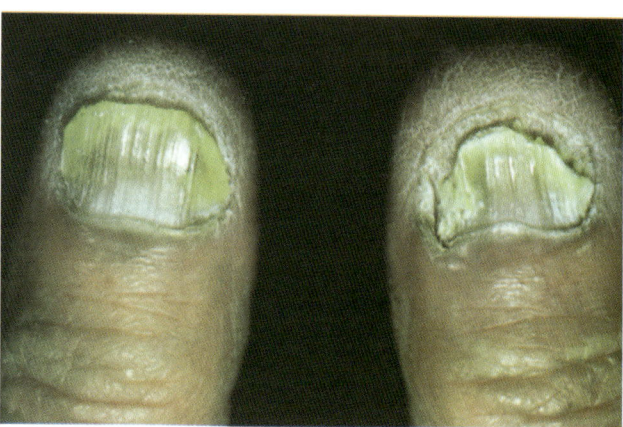

Figura 62.15 Onicomicose causada por *Trichophyton rubrum*. (De Hay, R.J., 2003. Cutaneous and subcutaneous mycoses. In: Anaissie, E.J., McGinnis, M.R., Pfaller, M.A. [Eds.], Clinical Mycology. Churchill Livingstone, Nova York.)

e terbinafina. Os azólicos e a terbinafina são mais rápidos e amplamente eficazes do que a griseofulvina, principalmente para o tratamento da onicomicose.

ONICOMICOSE CAUSADA POR FUNGOS NÃO DERMATÓFITOS

Diversos fungos filamentosos não dermatófitos, bem como espécies de *Candida*, foram associados à infecções nas unhas (ver Tabela 62.1). Estes microrganismos incluem *Scopulariopsis brevicaulis*, *Neoscytalidium dimidiatum*, *Scytalidium hyalinum* e uma variedade de outros, incluindo espécies de *Aspergillus*, *Fusarium* e *Candida*. Entre esses microrganismos, *S. brevicaulis*, *Neoscytalidium* spp. e *Scytalidium* spp. são patógenos comprovados nas unhas. Os outros fungos certamente podem ser a causa da patologia das unhas; no entanto, a interpretação dos exames de cultura das unhas com esses microrganismos deve ser feita com cautela porque eles podem simplesmente representar a colonização saprofítica de material ungueal anormal. Critérios usados para determinar o papel etiológico para esses fungos inclui o isolamento em várias ocasiões e o achado de estruturas anormais de hifas ou conídios no exame microscópico do material ungueal.

As infecções causadas por *S. brevicaulis*, *N. dimidiatum* e *S. hyalinum* são notoriamente difíceis de tratar porque não são, habitualmente, suscetíveis a antifúngicos. A remoção cirúrgica parcial de unhas infectadas, associada ao itraconazol oral, terbinafina ou tratamento intensivo com esmalte de unha contendo amorolfina a 5% ou pomada de Whitfield (ácido salicílico e ácido benzoico em uma base de propilenoglicol) pode ser útil para obter uma resposta clínica.

Bibliografia

Borman, A.M., Summerbell, R.C., 2015. *Trichophyton, Microsporum, Epidermophyton*, and agents of superficial mycoses. In: Jorgensen, J.H., et al. (Ed.), Manual of Clinical Microbiology, eleventh ed. American Society for Microbiology Press, Washington, DC.

Chandler, F.W., Watts, J.C., 1987. Pathologic Diagnosis of Fungal Infections. American Society for Clinical Pathology Press, Chicago.

Ghannoum, M.A., Isham, N.C., 2009. Dermatophytes and dermatophytoses. In: Anaissie, E.J., McGinnis, M.R., Pfaller, M.A. (Eds.), Clinical Mycology, second ed. Churchill Livingstone, New York.

Mendoza, N., et al., 2009. Cutaneous and subcutaneous mycoses. In: Anaissie, E.J., McGinnis, M.R., Pfaller, M.A. (Eds.), Clinical Mycology, second ed. Churchill Livingstone, New York.

Procop, G.W., Pritt, B.S., 2015. Pathology of Infectious Diseases. Elsevier, Philadelphia.

63 Micoses Subcutâneas

Uma "ecoturista" de 40 anos estava em uma longa viagem às selvas da Costa Rica. Durante esse tempo, ela acampou, subiu em árvores, avançou em riachos, arrastou-se pela lama e suportou chuvas torrenciais. Após 2 semanas na "aventura", ela perdeu seus sapatos e continuou a caminhar descalça por mais 2 semanas, durante as quais sofreu pequenos cortes e escoriações em ambos os pés. Aproximadamente 6 meses após retornar para casa, em algum lugar no centro-oeste dos EUA, ela notou uma discreta tumefação no lado direito do pé. Não houve dor, inflamação, nem drenagem do pé. A mulher vem até você para obter orientações médicas.

1. Qual é o diagnóstico diferencial desse processo?
2. Quais tipos de fungos podem causar essa infecção?
3. Como você procederá para estabelecer o diagnóstico?
4. Quais são as opções terapêuticas e a probabilidade de sucesso?

RESUMOS Microrganismos clinicamente significativos

ESPOROTRICOSE (*Sporothrix schenckii*)

Palavras-chave

Esporotricose, nódulos linfocutâneos

Biologia, virulência e doenças

- Fungo termodimórfico; cresce como fungo filamentoso em temperatura ambiente (p. ex., 25°C) e como uma levedura pleomórfica a 37°C e nos tecidos
- A infecção é crônica; lesões nodulares e ulcerativas se desenvolvem ao longo dos vasos linfáticos que drenam o local primário de inoculação

Epidemiologia

- Esporádica, mais comum em climas mais quentes: Japão, América do Norte e América do Sul
- Surtos relacionados com trabalhos florestais, mineração, jardinagem
- Infecção clássica associada à inoculação traumática de solo, vegetal ou matéria orgânica contaminada com fungo
- Transmissão zoonótica relatada em caçadores de tatus e em associação a gatos infectados

Diagnóstico

- Infecção subcutânea com disseminação linfangítica
- O diagnóstico definitivo exige cultura de pus ou tecido infectado
- No tecido, o microrganismo apresenta aspecto de levedura pleomórfica com brotamento

Tratamento, prevenção e controle

- Tratamento clássico: iodeto de potássio oral em solução saturada
- Itraconazol: seguro, bastante efetivo, tratamento de escolha
- Alternativas: terbinafina, fluconazol, posaconazol
- A aplicação local de calor demonstrou ser efetiva

MICETOMA EUMICÓTICO OU EUMICETOMA (espécies de *Phaeoacremonium*, *Curvularia*, *Fusarium*, *Madurella*, *Mediacopsis*, *Nigrograna*, *Trematosphaeria*, *Exophiala*, *Falciformispora* e *Scedosporium*)

Palavras-chave

Grãos, trajeto fistuloso, demáceo, subcutâneo, micetoma

Biologia, virulência e doença

- É causado por uma grande variedade de fungos verdadeiros (em oposição aos micetomas actinomicóticos, que são causados por bactérias)
- Processo infeccioso granulomatoso, crônico, localizado, envolvendo tecidos cutâneos e subcutâneos
- Nódulo subcutâneo indolor; aumenta de modo gradual, mas progressivamente em tamanho
- A disseminação local pode romper os planos do tecido, destruindo músculos, fáscias e ossos
- Rara disseminação hematogênica ou linfática

Epidemiologia

- Principalmente em áreas tropicais com baixa pluviosidade; mais comum na África e na Índia
- Implantação traumática em partes expostas do corpo; pés e mãos mais comuns; costas, ombros, parede torácica também podem estar envolvidos
- Homens são afetados com mais frequência do que mulheres
- O agente etiológico varia de país para país
- Micetomas não contagiosos

Diagnóstico

- Demonstração de grãos ou grânulos visíveis a olho nu nas fístulas de drenagem; também podem ser vistos na biopsia do tecido
- Exame microscópico de grânulos
- Cultura geralmente necessária para identificação do microrganismo

Tratamento, prevenção e controle

- Geralmente mal-sucedido; fraca resposta à maioria dos agentes antifúngicos
- A terapia antifúngica específica pode retardar a progressão: terbinafina, voriconazol, posaconazol
- Excisão local geralmente não é efetiva; a amputação é o único tratamento definitivo

ENTOMOFTOROMICOSE (*Conidiobolus coronatus* e *Basidiobolus ranarum*)

Palavras-chave

Entomoftoromicose, subcutânea, fenômeno de Splendore-Hoeppli, mucormicótica

Biologia, virulência e doença

- Entomoftoromicose subcutânea causada por Mucormycetes da ordem Entomophthorales: *Conidiobolus coronatus*, *Basidiobolus ranarum*
- Forma subcutânea crônica de mucormicose
- Ocorre esporadicamente como resultado de implantação subcutânea ou inalação de fungos presentes em restos de plantas
- *Basidiobolus ranarum*: a infecção se manifesta com massas móveis, elásticas, em formato de disco, localizadas nos ombros, pelve, quadris e coxas; pode se tornar muito grande e ulcerar
- *Conidiobolus coronatus*: confinado à área rinofacial; deformidade facial pode ser bastante grave
- Angioinvasão não ocorre; disseminação ou envolvimento de estruturas profundas raras

Epidemiologia

- Ambos os tipos são vistos mais comumente na África e Índia

Continua

> **RESUMOS** Microrganismos clinicamente significativos *(continuação)*
>
> - Ambos os fungos são saprófitos presentes em folhas e restos vegetais
> - Doenças raras sem fatores predisponentes conhecidos
> - *Basidiobolus ranarum*: a infecção ocorre após implantação traumática do fungo no tecido subcutâneo das coxas, nádegas, tronco; ocorre principalmente em crianças; razão homem:mulher de 3:1
>
> - *Conidiobolus coronatus*: a infecção ocorre após a inalação de esporos de fungos, com subsequente invasão de tecidos da cavidade nasal, seios paranasais, tecidos moles faciais; visto predominantemente em adultos jovens; razão homem:mulher de 10:1
>
> **Diagnóstico**
> - Diagnóstico clínico geralmente evidente com base no aspecto físico macroscópico
>
> - Ambos os tipos de entomoftoromicose subcutânea requerem biopsia para o diagnóstico definitivo
>
> **Tratamento, prevenção e controle**
> - Ambos os tipos de infecção podem ser tratados com itraconazol; pode ser usado iodeto de potássio oral em solução saturada
> - A cirurgia reconstrutiva facial pode ser necessária no caso de infecção por *C. coronatus*

Muitos patógenos fúngicos podem produzir lesões subcutâneas como parte do processo da doença; no entanto, alguns fungos são comumente introduzidos por inoculação traumática através da pele e têm tendência a envolver as camadas mais profundas da derme, tecido subcutâneo e ossos. Embora possam apresentar-se clinicamente como lesões na superfície da pele, raramente se espalham para órgãos distantes. Em geral, o curso clínico é crónico e insidioso; uma vez estabelecidas, as infecções são refratárias à maioria das terapias antifúngicas. As principais infecções fúngicas subcutâneas incluem a esporotricose linfocutânea, a cromoblastomicose, o micetoma eumicótico, a entomoftoromicose subcutânea e a feo-hifomicose subcutânea. Dois processos adicionais fúngicos subcutâneos ou semelhantes às infecções fúngicas, lobomicose e rinosporidiose, são discutidos separadamente no Capítulo 66.

As micoses subcutâneas são síndromes clínicas causadas por múltiplas etiologias fúngicas (Tabela 63.1). Os agentes causadores das micoses subcutâneas são, em geral, considerados como tendo baixo potencial patogênico e são comumente isolados do solo, madeira, ou vegetação em decomposição. A exposição é amplamente ocupacional ou relacionada com *hobbies* (p. ex., jardinagem, coleta de madeira). Os pacientes infectados geralmente não apresentam defeito imunológico de base.

Esporotricose linfocutânea

A esporotricose linfocutânea é causada por *Sporothrix schenckii*, que é um fungo dimórfico onipresente no solo e na vegetação em decomposição. Estudos moleculares recentes demonstraram que *S. schenckii sensu lato* é um complexo de várias espécies filogenéticas. Além de *S. schenckii sensu stricto*, as espécies *S. brasiliensis*, *S. globosa* e *S. luriei* também estão envolvidas na esporotricose humana. *Sporothrix brasiliensis* é altamente virulento e tem causado grandes epidemias no Brasil; a transmissão ocorre principalmente por

Tabela 63.1 Agentes comuns de micoses subcutâneas.

Doença	Agente(s) etiológico(s)	Morfologia típica no tecido	Reação habitual do hospedeiro
Esporotricose	*Sporothrix schenckii*, *S. brasiliensis*, *S. globosa* e *S. luriei*	Leveduras pleomórficas, esféricas a ovais ou em formato de charuto, de 2 a 10 μm de diâmetro com brotamentos únicos ou múltiplos (raros) Ver Figura 63.3	O fenômeno de Splendore-Hoeppli supurativo e granulomatoso misto envolve o fungo (corpo asteroide) Ver Figura 63.4
Cromoblastomicose	*Cladophialophora (Cladosporium) carrionii* *Fonsecaea pedrosoi* *Phialophora verrucosa* *Rhinocladiella* spp. *Exophiala* spp.	Células muriformes marrons (corpos escleróticos) grandes, de 6 a 12 μm de diâmetro, esféricas, de paredes espessas, com septações ao longo de um ou dois planos; hifas pigmentadas podem estar presentes Ver Figura 63.6	Granulomatosa e supurativa mista Hiperplasia pseudoepiteliomatosa
Micetoma eumicótico	*Phaeoacremonium* spp. *Fusarium* spp. *Aspergillus nidulans* *Scedosporium* spp. *Madurella* spp. *Exophiala jeanselmei*, entre outros	Grânulos, de 0,2 a vários milímetros de diâmetro, compostos por hifas septadas largas (2 a 6 μm), hialinas (grânulos claros) ou demáceas (grânulos pretos) que se ramificam e formam clamidoconídios	Supurativa com múltiplos abscessos, fibrose e trajetos fistulosos; fenômeno de Splendore-Hoeppli
Entomoftoromicose subcutânea	*Basidiobolus ranarum* *Conidiobolus coronatus*	Fragmentos de hifas curtas e pouco coradas, de 6 a 25 μm de diâmetro, lados não paralelos, septos esparsos, ramos aleatórios Ver Figura 63.10	Abscessos eosinofílicos e tecido de granulação, fenômeno de Splendore-Hoeppli ao redor das hifas
Feo-hifomicose subcutânea	*Exophiala jeanselmei* *E. dermatitidis* *Alternaria* spp. *Chaetomium* spp. *Curvularia* spp. *Phialophora* spp., entre outros	Hifas pigmentadas (marrons), de 2 a 6 μm de diâmetro, ramificadas ou não, frequentemente contraídas em septações proeminentes, formas de levedura e clamidoconídios podem estar presentes Ver Figura 63.11	Granulomas císticos ou sólidos subcutâneos; epiderme sobrejacente raramente afetada

Modificada de Chandler, F.W., Watts, J.C., 1987. Pathologic Diagnosis of Fungal Infections. American Society for Clinical Pathology Press, Chicago, IL.

meio de gatos de rua. *Sporothrix globosa* parece ser menos agressivo e é prevalente principalmente na Ásia, onde as crianças costumam ser infectadas, mas alguns casos foram relatados nas Américas. *Sporothrix luriei* é uma espécie rara que só foi relatada na África do Sul, na Índia e na Itália.

A infecção por *Sporothrix* spp. é crônica e é caracterizada por lesões nodulares e ulcerativas que se desenvolvem ao longo dos vasos linfáticos que drenam o local primário de inoculação (Figura 63.1). A disseminação para outros locais, como ossos, olhos, pulmões e sistema nervoso central, é extremamente rara (< 1% de todos os casos) e não será discutida posteriormente. À temperatura ambiente, *Sporothrix* spp. cresce como um fungo filamentoso (Figura 63.2); a 37°C e nos tecidos, é uma levedura pleomórfica (Figura 63.3, ver Tabela 63.1).

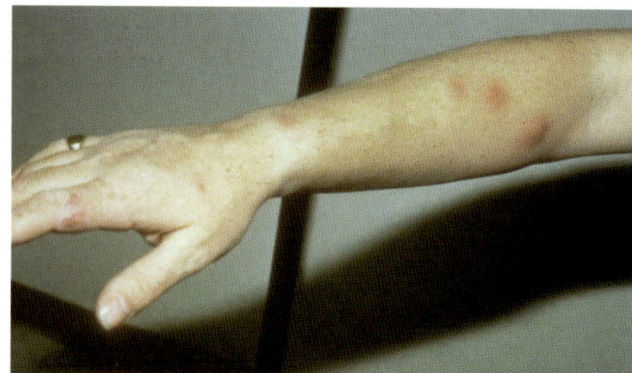

Figura 63.1 Forma linfocutânea clássica de esporotricose, demonstrando uma cadeia de nódulos subcutâneos ao longo da drenagem linfática do braço. (De Chandler, F.W., Watts, J.C., 1987. Pathologic Diagnosis of Fungal Infections. American Society for Clinical Pathology Press, Chicago, IL.)

MORFOLOGIA

Os membros do complexo *S. schenckii* são termodimórficos. As culturas na forma miceliana crescem rapidamente e têm uma superfície membranosa enrugada que gradualmente se torna acastanhada, marrom ou preta. Microscopicamente, a forma filamentosa consiste em hifas estreitas, hialinas e septadas que produzem conídios ovais abundantes (2 × 3 μm a 3 × 6 μm) agrupados em delicados esterigmas ou em uma roseta ou formação de "pétalas de margarida" em conidióforos (ver Figura 63.2). A forma de levedura consiste em células esféricas, ovais ou alongadas ("em formato de charuto") semelhantes a leveduras, com 2 a 10 μm de diâmetro, com brotamentos únicos ou (raramente) múltiplos (ver Tabela 63.1 e Figura 63.3). Embora essa seja a "fase tecidual" de *Sporothrix*, as formas de levedura raramente são vistas no exame histopatológico do tecido.

EPIDEMIOLOGIA

A esporotricose é normalmente esporádica e é mais comum em climas mais quentes. As principais áreas endêmicas conhecidas da atualidade estão no Japão e nas Américas do Norte e do Sul, principalmente México, Brasil, Uruguai, Peru e Colômbia. Surtos de infecção relacionados com o trabalho florestal, mineração e jardinagem ocorreram. A infecção clássica está associada à inoculação traumática de solo ou vegetal ou matéria orgânica contaminada com o fungo. A transmissão zoonótica é relatada em caçadores de tatus e *S. brasiliensis* é transmitido a partir de mordeduras ou arranhaduras de gatos errantes, que são considerados hospedeiros primários desse fungo. Entre 1998 e 2001, um grande surto (178 pacientes) de esporotricose transmitida por gatos causada por *S. brasiliensis* foi relatada no Rio de Janeiro, Brasil.

SÍNDROMES CLÍNICAS

A esporotricose linfangítica aparece classicamente após trauma local em uma extremidade (Caso Clínico 63.1). O local inicial da infecção aparece como um pequeno nódulo, que pode ulcerar. Os nódulos linfáticos secundários aparecem cerca de 2 semanas após o surgimento da lesão primária e consistem em uma cadeia linear de nódulos subcutâneos indolores que se prolongam proximalmente ao longo do curso da drenagem linfática da lesão primária

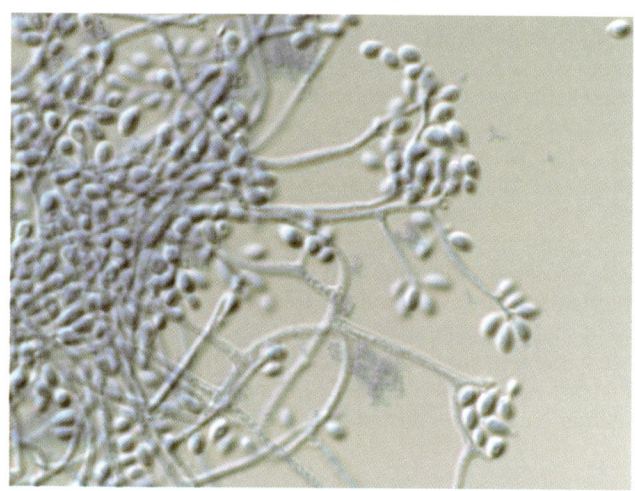

Figura 63.2 Fase filamentosa de *Sporothrix schenckii*.

(ver Figura 63.1). Com o tempo, os nódulos podem ulcerar e secretar pus. As lesões cutâneas primárias podem permanecer "fixas" sem propagação linfangítica. Clinicamente, essas lesões parecem nodulares, verrucosas ou ulcerosas e, em geral, podem assemelhar-se a um processo maligno, tal como o carcinoma escamoso celular. Outras causas infecciosas de lesões linfangíticas e ulcerosas que devem ser descartadas incluem infecções micobacterianas e por nocárdias.

DIAGNÓSTICO LABORATORIAL

O diagnóstico definitivo geralmente requer cultura de pus ou tecido infectado. *Sporothrix* spp. crescem dentro de 2 a 5 dias em uma variedade de meios micológicos e apresentam aspecto de levedura com brotamento a 35°C e como fungo filamentoso a 25°C (ver Figuras 63.2 e 63.3). A confirmação laboratorial pode ser estabelecida convertendo o crescimento miceliano para a forma de levedura por subcultura a 37°C ou imunologicamente por meio da utilização do teste de exoantígeno. Nos tecidos, o microrganismo aparece como uma levedura pleomórfica, com brotamento, de 2 a 10 μm (ver Figura 63.3), mas raramente é observada em lesões humanas. O fenômeno de **Splendore-Hoeppli** (eosinofílico) ao redor das células leveduriformes (corpos asteroides) pode ser útil (Figura 63.4), mas também é

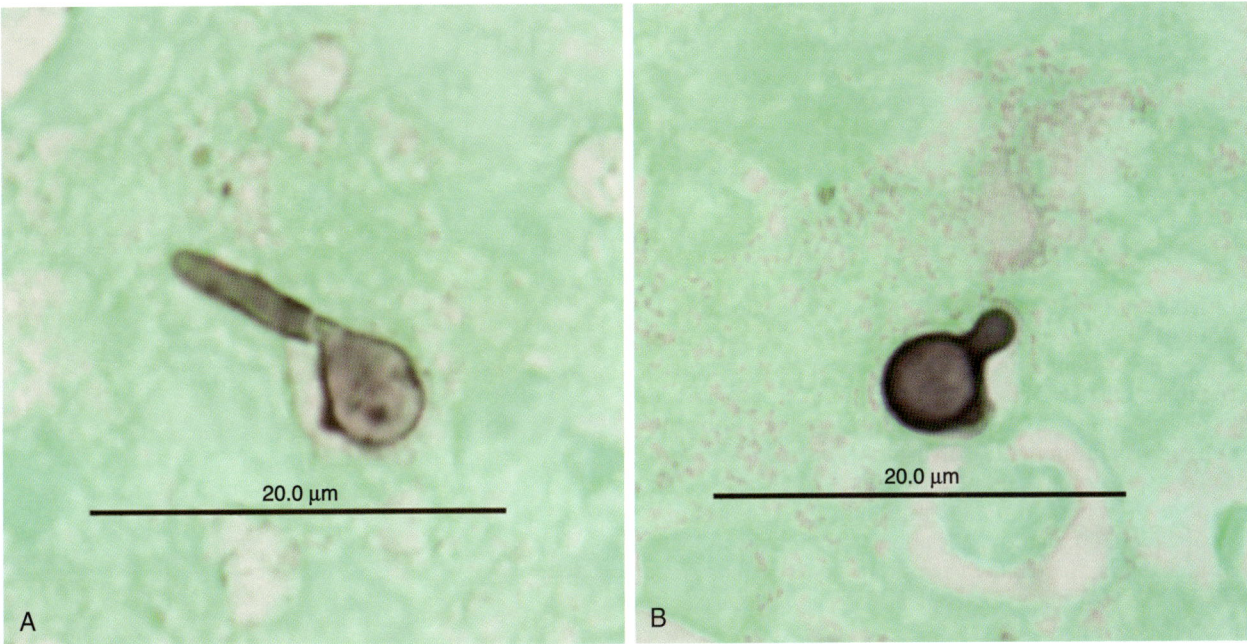

Figura 63.3 A e B. Biopsia pulmonar com esporotricose disseminada. A levedura em **A** tem um longo brotamento em formato de charuto (metenamina de prata de Grocott-Gomori). (De Anaissie, E.J., McGinnis, M.R., Pfaller, M.A. (Eds.), 2009. Clinical Mycology. Churchill Livingstone, London, UK.)

Caso Clínico 63.1 Esporotricose

Haddad et al. (*Med Mycol* 40: 425–427, 2002) descreveram um caso de esporotricose linfangítica após lesão com espinha de peixe. O paciente do gênero masculino, 18 anos, pescador, residente na zona rural do estado de São Paulo, Brasil, feriu o terceiro dedo esquerdo com as espinhas dorsais de um peixe que foi capturado durante seu trabalho. Subsequentemente, a área ao redor da lesão desenvolveu edema, ulceração, dor e secreção purulenta. O médico da atenção primária interpretou a lesão como um processo bacteriano piogênico e prescreveu tetraciclina oral, durante 7 dias. Nenhuma melhora foi observada e a terapia foi alterada para cefalexina, com resultados semelhantes.

Ao exame, 15 dias após o acidente, o paciente apresentava úlcera exsudativa e nódulos no dorso da mão e braço esquerdos, formando um padrão linfangítico nodular ascendente. As hipóteses diagnósticas consideradas foram esporotricose linfangítica localizada, leishmaniose esporotricoide e micobacteriose atípica (*Mycobacterium marinum*). O exame histopatológico do material da lesão revelou um padrão de inflamação granulomatosa ulcerada crônica com microabscessos intraepidérmicos. Não foram encontrados bacilos álcool-ácido resistentes ou elementos fúngicos. A cultura do material de biopsia em ágar Sabouraud desenvolveu um fungo filamentoso caracterizado por hifas finas septadas, com conídios dispostos em uma roseta na extremidade dos conidióforos, consistente com *Sporothrix schenckii*. Uma reação intradérmica à esporotriquina também foi positiva. O paciente foi tratado com iodeto de potássio via oral, com resolução clínica após 2 meses de terapia.

A apresentação clínica nesse caso era típica de esporotricose; entretanto, a fonte da infecção (espinha de peixe) era incomum. Apesar da maior incidência de infecção por *M. marinum* entre pescadores e aquaristas, a esporotricose deve ser lembrada quando esses trabalhadores apresentam lesões em padrão linfangítico ascendente após serem feridos pelo contato com peixes.

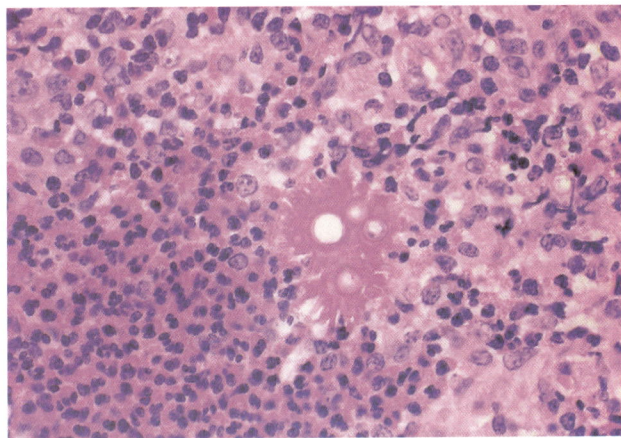

Figura 63.4 Corpos asteroides na esporotricose. As células esféricas leveduriformes estão rodeadas pelo fenômeno de Splendore-Hoeppli (hematoxilina e eosina, 160×). (De Connor, D.H., Chandler, F.W., Schwartz, D.A., et al., 1997. Pathology of Infectious Diseases. Appleton & Lange, Stamford, CT.)

observado em outros tipos de infecção (ver Tabela 63.1). Um teste sorológico está disponível comercialmente, mas raramente é usado no diagnóstico da esporotricose.

TRATAMENTO

O tratamento clássico para a esporotricose linfocutânea é o iodeto de potássio oral em solução saturada. A eficácia e o baixo custo desse medicamento o torna uma opção favorável, principalmente em países com escassez de recursos; no entanto, precisa ser administrado diariamente durante 3 a 4 semanas e tem efeitos adversos frequentes (náuseas, aumento da glândula salivar). Foi demonstrado que o itraconazol pode ser seguro e extremamente efetivo em doses baixas e é o tratamento de escolha atual. Os pacientes que não respondem, podem ser tratados com uma dose mais elevada de itraconazol, terbinafina ou iodeto de potássio. Fluconazol ou posaconazol podem ser utilizados se o paciente não tolerar outros agentes. A remissão espontânea é rara, porém foi observada em 13 dos 178 casos no Brasil. A aplicação local de calor também demonstrou ser eficaz.

Cromoblastomicose

A cromoblastomicose (cromomicose) é uma infecção fúngica crônica que afeta a pele e o tecido subcutâneo. É caracterizada pelo desenvolvimento de nódulos ou placas verrucosas de crescimento lento (Figura 63.5). A cromoblastomicose é mais comumente vista nos trópicos, nos quais o ambiente quente e úmido, juntamente com a falta de calçados e roupas de proteção, predispõe os indivíduos a inoculação direta com o solo ou com matéria orgânica infectada. Os microrganismos mais frequentemente associados à cromoblastomicose são fungos pigmentados (demáceos) dos gêneros *Fonsecaea*, *Exophiala*, *Cladosporium*, *Cladophialophora*, *Rhinocladiella* e *Phialophora* (ver Tabela 63.1).

MORFOLOGIA

Os fungos que causam a cromoblastomicose são todos filamentosos demáceos (naturalmente pigmentados), mas são morfologicamente diversos e a maioria é capaz de produzir várias formas diferentes quando cultivados em cultura. Por exemplo, *Exophiala* spp. podem crescer como levedura e produzir células que apresentam conídios, denominadas **anelídeos**, e como uma forma leveduriforme que pode aparecer em colônias recentemente isoladas. Embora a forma básica desses microrganismos seja de fungos filamentosos pigmentados, os diferentes mecanismos de esporulação produzidos em cultura tornam difícil a identificação específica, que por sua vez exige sequenciamento de ácidos nucleicos.

Em contraste com a morfologia diversa observada na cultura, nos tecidos todos os fungos que causam cromoblastomicose formam, caracteristicamente, células muriformes (corpos escleróticos, **corpos de Medlar**) que são acastanhadas por causa da melanina em suas paredes celulares (Figura 63.6; ver Tabela 63.1). As células muriformes se dividem por septação interna e aparecem como células com linhas verticais e horizontais dentro do mesmo plano ou em planos diferentes (ver Figura 63.6). Além das células muriformes, hifas pigmentadas também podem estar presentes. As células fúngicas podem estar livres no tecido, mas na maioria das vezes estão contidas em macrófagos ou células gigantes.

EPIDEMIOLOGIA

A cromoblastomicose afeta, habitualmente, indivíduos que trabalham nas zonas rurais dos trópicos. Os agentes etiológicos crescem em plantas lenhosas e no solo. A maioria das infecções ocorre em homens e envolve pernas e braços, o que é provavelmente o resultado da exposição profissional. Outros locais do corpo incluem ombros, pescoço, tronco, nádegas, rosto e orelhas. Três espécies de fungos da ordem Chaetothyriales são responsáveis por praticamente todos os casos de cromoblastomicose: *C. carrionii*, *F. pedrosoi* e *P. verrucosa*.

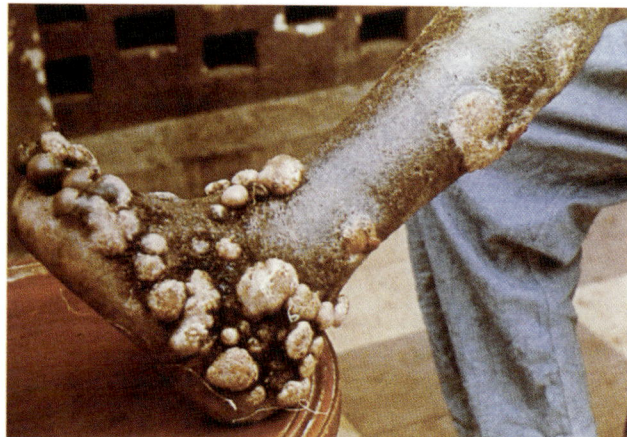

Figura 63.5 Cromoblastomicose do pé e da perna. (De Connor, D.H., et al., 1997. Pathology of Infectious Diseases. Appleton & Lange, Stamford, CT.)

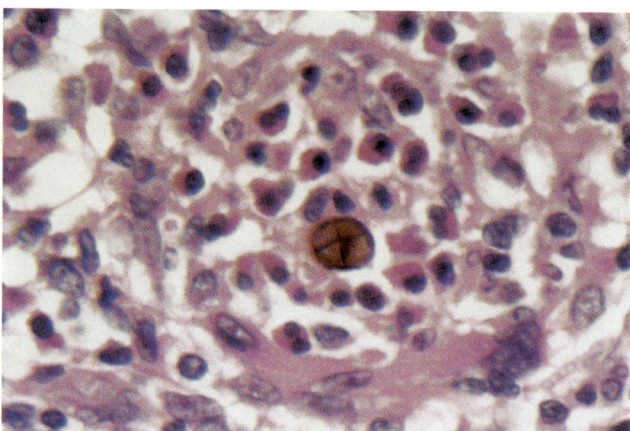

Figura 63.6 Célula muriforme com pigmento acastanhado ou corpo de Medlar, da cromoblastomicose (hematoxilina e eosina, 250×). (De Connor, D.H., et al., 1997. Pathology of Infectious Diseases. Appleton & Lange, Stamford, CT.)

Fatores climáticos locais podem influenciar a distribuição de diferentes infecções e diferentes agentes etiológicos. Por exemplo, em Madagascar, infecções causadas por *F. pedrosoi* são observadas em áreas de alta pluviosidade (200 a 300 cm anualmente), enquanto na mesma ilha, infecções causadas por *C. carrionii* ocorrem em áreas de baixa pluviosidade (50 a 60 cm anualmente). Nas Américas, *F. pedrosoi* é a principal causa de cromoblastomicose e as lesões frequentemente envolvem as extremidades inferiores. Por outro lado, na Austrália, a causa mais comum é *C. carrionii* e as lesões são mais frequentes nos membros superiores, em especial nas mãos. Já, as infecções causadas por *P. verrucosa* ocorrem principalmente em zonas de clima tropical, enquanto *R. aquaspersa* é um agente raro de cromoblastomicose na América Latina. Não há relatos de transmissão pessoa a pessoa dos agentes da cromoblastomicose.

SÍNDROMES CLÍNICAS

A cromoblastomicose tende a ser crônica, pruriginosa, progressiva, indolente e resistente ao tratamento (Caso Clínico 63.2). Na maioria dos casos, os pacientes não procuram atendimento médico até que a infecção esteja bem estabelecida. As lesões iniciais são pequenas pápulas com verrugas

> **Caso Clínico 63.2 Cromoblastomicose**
>
> Marques et al. (*Med Mycol* 42:261–265, 2004) descreveram um fazendeiro de 52 anos do Brasil com queixas de lesões cutâneas pruriginosas de pigmentação escura. A condição apareceu 2 anos antes e progrediu lentamente desde então. O paciente negou traumatismo anterior, mas lembrava-se de uma picada de inseto em seu braço esquerdo. Inicialmente, a lesão que se desenvolveu nesse local era uma pequena pápula elevada e eritematosa. Posteriormente, um novo conjunto de lesões apareceu na perna esquerda e, mais recentemente, na testa e no lado esquerdo da face. O exame físico revelou placas descamativas extensas situadas em diferentes locais (face, braço e perna). O exame direto com KOH das biopsias das lesões mostrou numerosas células escleróticas arredondadas, pigmentadas, com divisão bilateral (corpúsculos de Medlar), confirmando o diagnóstico clínico de cromoblastomicose. As culturas das biopsias revelaram a presença de um fungo filamentoso de pigmentação escura que foi identificado com base na conidiação característica como *Rhinocladiella aquaspersa*. As lesões diminuíram na terapia com cetoconazol, com diminuição dos sintomas de prurido. Infelizmente, o paciente não voltou para ser acompanhado. A cromoblastomicose causada por *R. aquaspersa* é relativamente incomum. Além disso, este caso é incomum, porque as lesões estavam dispersas em três regiões anatômicas diferentes. É importante notar que a ocorrência de lesões faciais é muito incomum.

e geralmente aumentam lentamente. Existem diferentes tipos morfológicos da doença, que vão desde lesões verrucosas a placas planas. As infecções estabelecidas surgem como crescimentos múltiplos, grandes, verrucosos, "semelhantes a couve-flor" que são geralmente agrupados na mesma região (ver Figura 63.5). Lesões satélite podem ocorrer secundariamente à autoinoculação. Lesões em placas frequentemente apresentam cicatrizes centrais à medida que se expandem. A ulceração e a formação de cisto podem ocorrer. As lesões extensas são hiperqueratóticas e o membro está fortemente distorcido em decorrência de fibrose e linfedema secundário (ver Figura 63.5). A infecção bacteriana secundária também pode ocorrer e contribuir para a linfadenite regional, estase linfática e, por fim, elefantíase.

DIAGNÓSTICO LABORATORIAL

A apresentação clínica (ver Figura 63.5), os achados histopatológicos de células muriformes acastanhadas (ver Figura 63.6) e o isolamento em cultura de um dos fungos causais (ver Tabela 63.1) confirmam o diagnóstico. Raspados obtidos da superfície das lesões verrucosas em que são observados pequenos pontos escuros podem resultar na demonstração das células características quando montadas em hidróxido de potássio a 20% (KOH). As amostras de biopsias coradas por H-E (ver Capítulo 60) também irão mostrar microrganismos na epiderme ou em microabscessos contendo macrófagos e células gigantes. A reação inflamatória é supurativa e granulomatosa, com fibrose dérmica e **hiperplasia pseudoepiteliomatosa**. Os microrganismos são facilmente cultivados a partir das lesões, embora a identificação possa ser difícil. Não existem testes sorológicos disponíveis para cromoblastomicose.

TRATAMENTO

O tratamento com agentes antifúngicos específicos não é, com frequência, efetivo em razão do estágio avançado da infecção na apresentação. Os medicamentos que parecem ser mais efetivos são o itraconazol e a terbinafina. Mais recentemente, posaconazol tem sido utilizado com modesto sucesso. Esses agentes costumam ser combinados com flucitosina em casos refratários. Em um esforço para melhorar a resposta ao tratamento, muitas vezes são feitas tentativas para reduzir as lesões maiores com calor local ou crioterapia antes da administração de agentes antifúngicos. Em razão do risco do desenvolvimento de recidivas no tecido cicatricial, a cirurgia não é indicada. Carcinomas de células escamosas (espinocelulares) podem se desenvolver em lesões de longa duração e aqueles com áreas atípicas ou protuberâncias carnosas devem ser biopsiadas para descartar essa complicação.

Micetoma eumicótico

Micetomas eumicóticos ou eumicetomas são aqueles causados por fungos verdadeiros, ao contrário dos micetomas actinomicóticos, que são causados por actinomicetos aeróbios (bactérias). Esta seção tratará apenas dos micetomas eumicóticos.

Tal como acontece com a cromoblastomicose, a maioria dos micetomas eumicóticos é observada nos trópicos. Um micetoma é definido, clinicamente, como um processo infeccioso localizado, crônico, granulomatoso, envolvendo os tecidos cutâneo e subcutâneo. É caracterizado pela formação de múltiplos granulomas e abscessos que contêm grandes agregados de hifas fúngicas conhecidas como **grânulos** ou **grãos**. Esses grãos contêm células que apresentam modificações marcantes de estrutura interna e externa, que vão desde reduplicações da parede celular até a formação de uma matriz extracelular rígida, semelhante ao cimento. Os abscessos drenam externamente pela pele, frequentemente com extrusão de grânulos. O processo pode ser bastante extenso e deformador, com destruição de músculo, fáscia e ossos. Os agentes etiológicos do micetoma eumicótico abrangem vários fungos, incluindo as espécies *Phaeoacremonium*, *Curvularia*, *Fusarium*, *Madurella*, *Mediacopsis*, *Nigrograna*, *Trematosphaeria*, *Exophiala*, *Falciformispora* e *Scedosporium* (ver Tabela 63.1).

MORFOLOGIA

Os grânulos de micetomas eumicóticos são compostos de hifas fúngicas septadas com 2 a 6 μm ou mais de largura e são demáceos (grão preto) ou hialinos (grão claro ou branco), dependendo do agente etiológico (Figura 63.7). As hifas são frequentemente distorcidas e bizarras em formato e tamanho. Frequentemente, estão presentes clamidoconídios grandes, esféricos e de paredes espessas. As hifas podem ser incorporadas em uma substância amorfa semelhante a cimento. O fenômeno de Splendore-Hoeppli frequentemente forma interdigitações entre os elementos micelianos na periferia do grânulo. Os grânulos eumicóticos podem ser diferenciados dos grânulos actinomicóticos com base nas características morfológicas (filamentos ramificados *versus* hifas septadas e clamidoconídios) e coloração (bastonetes gram-positivos contra hifas positivas para PAS e GMS) (ver Capítulo 60). A cultura geralmente é necessária para a identificação definitiva do fungo (ou actinomiceto) envolvido.

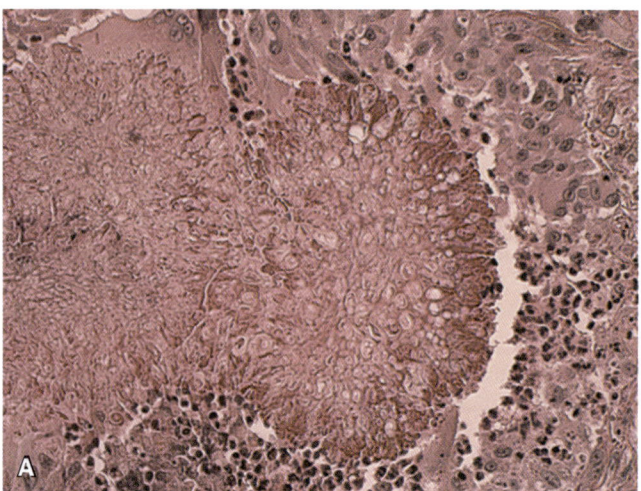 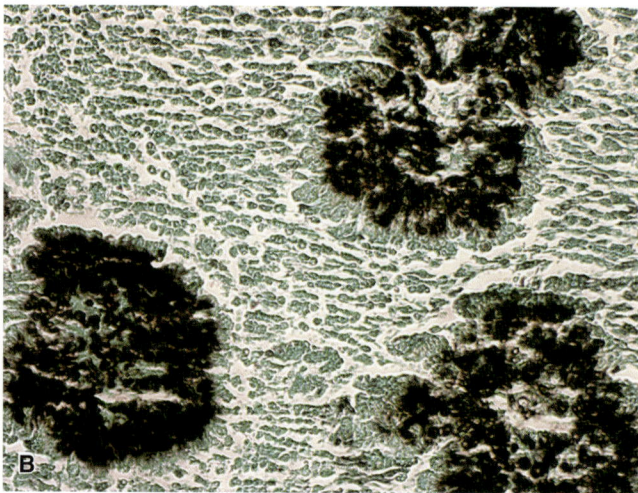

Figura 63.7 A. Grânulo de micetoma de *Curvularia geniculata*. **B.** Hifas demáceas compactas e clamidoconídios incorporados em substância semelhante ao cimento.

EPIDEMIOLOGIA

Os micetomas são vistos principalmente em áreas tropicais com baixa pluviosidade. Micetomas eumicóticos são mais frequentes na África e no subcontinente indiano, mas também podem ser encontrados no Brasil, na Venezuela e no Oriente Médio. O clima tem uma influência definitiva na prevalência e distribuição do micetoma. Os rios que inundam todos os anos durante a estação chuvosa em muitos países da África e da Ásia influenciam a distribuição dos agentes causais. As chuvas também auxiliam na disseminação dos agentes etiológicos na matéria orgânica. Todos os pacientes são infectados de fontes naturais por meio de implantação percutânea traumática do agente etiológico em partes expostas do corpo. Pés e mãos são mais comuns, mas infecções nas costas, nos ombros e na parede torácica também são observadas. Os homens são mais afetados do que as mulheres. Os micetomas não são contagiosos.

Os fungos que causam micetomas eumicóticos diferem de país para país e os agentes que são comuns em uma região raramente são relatados em outras. Por exemplo, *M. mycetomatis* está limitado a climas semiáridos a áridos, enquanto espécies de *Falciformispora* são encontradas na floresta tropical. Micetomas adquiridos localmente em climas temperados são invariavelmente causados pelo complexo *S. apiospermum*.

SÍNDROMES CLÍNICAS

Semelhante à cromoblastomicose, os pacientes com micetoma eumicótico mais comumente apresentam infecção de longa data. A lesão mais precoce é um nódulo ou placa subcutânea, pequena e indolor que aumenta de tamanho lentamente, mas progressivamente. À medida que o micetoma se desenvolve, a área afetada aumenta gradualmente e fica desfigurada como resultado da inflamação crônica e fibrose. Com o tempo, os trajetos fistulosos aparecem na superfície da pele e drenam o líquido serosanguinolento, que geralmente contém grânulos visíveis a olho nu. A infecção comumente rompe os planos do tecido e destrói músculos e ossos localmente. A disseminação hematogênica ou linfática de um foco primário para locais distantes ou órgãos é extremamente rara.

DIAGNÓSTICO LABORATORIAL

A chave para o diagnóstico de micetoma eumicótico é a demonstração de grãos ou grânulos. Os grãos podem ser visíveis a olho nu nas fístulas de drenagem ou podem ser expressos em uma lâmina de vidro. O material também pode ser obtido por biopsia cirúrgica profunda.

Os grãos podem ser visualizados microscopicamente pela montagem em KOH a 20%. As hifas geralmente são claramente visíveis, assim como a presença ou ausência de pigmentação. Os grãos podem ser lavados e depois cultivados ou fixados e seccionados para histopatologia.

Os grãos são facilmente visualizados em tecido corado com H-E (ver Figura 63.7). Colorações especiais como PAS e GMS também podem ser úteis. Embora a cor, o formato, as dimensões e a morfologia microscópica possam ser características de um agente etiológico específico, a cultura geralmente é necessária para a identificação definitiva do microrganismo. A maioria dos microrganismos crescerá em meio micológico padrão; no entanto, a inclusão de um antibiótico como a penicilina pode ser útil para inibir bactérias contaminantes, possibilitando o maior crescimento do fungo.

TRATAMENTO

O tratamento do micetoma eumicótico geralmente não é bem-sucedido. A resposta dos vários agentes etiológicos à anfotericina B, cetoconazol ou itraconazol é variável e frequentemente insatisfatória, embora tal terapia possa retardar a evolução da infecção. Respostas promissoras ao tratamento foram relatadas recentemente para terbinafina, voriconazol e posaconazol. A excisão local geralmente não é efetiva ou possível e a amputação é o único tratamento definitivo. Como essas infecções geralmente são lentamente progressivas e podem ser retardadas pela terapia antifúngica específica, a decisão de amputar deve levar em consideração a taxa de progressão, a sintomatologia, a disponibilidade de próteses adequadas e as circunstâncias individuais do paciente. Por todas essas razões, é imperativo diferenciar o micetoma eumicótico do micetoma actinomicótico (ou actinomicetoma). A terapia clínica é, geralmente, efetiva em casos de micetoma actinomicótico.

Entomoftoromicose subcutânea

A **entomoftoromicose** subcutânea, também conhecida como mucormicose subcutânea, é causada por Mucormycetes das ordens Entomophthorales (*C. coronatus*) e Basidiobolales (*B. ranarum*) (ver Tabela 63.1). Ambos os fungos causam uma forma subcutânea crônica de mucormicose que ocorre esporadicamente como resultado da implantação traumática do fungo presente em restos de plantas em ambientes tropicais. Eles diferem porque causam infecções em diferentes localizações anatômicas: *B. ranarum* causa infecção subcutânea dos membros proximais em crianças, enquanto a infecção por *C. coronatus* é localizada na área facial, predominantemente em adultos (Figuras 63.8 e 63.9).

MORFOLOGIA

O aspecto dos agentes da entomoftoromicose subcutânea no tecido difere daquele dos mucoromicetos mucoráceos. As hifas são esparsas e frequentemente aparecem como fragmentos de hifas cercados pelo fenômeno de Splendore-Hoeppli intensamente eosinofílico (Figura 63.10). A resposta inflamatória é granulomatosa e rica em eosinófilos. Os fragmentos de hifas têm paredes finas e pouco coradas. Embora os septos sejam raros, eles são mais proeminentes do que aqueles vistos com os Mucoraceae. As hifas do filo Entomophthoromycota não são angioinvasivas.

EPIDEMIOLOGIA

Ambos os tipos de entomoftoromicose subcutânea são observados mais comumente na África e, em menor grau, na Índia. A infecção causada por *B. ranarum* também foi relatada no Oriente Médio, na Ásia e na Europa, enquanto a causada por

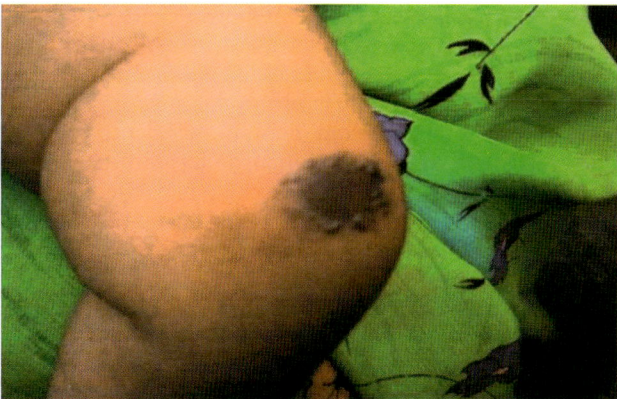

Figura 63.9 Entomoftoromicose subcutânea causada por *Basidiobolus ranarum*. A coxa direita está muito edemaciada e endurecida. (De Chandler, F.W., Watts, J.C., 1987. Pathologic Diagnosis of Fungal Infections. American Society for Clinical Pathology Press, Chicago, IL.)

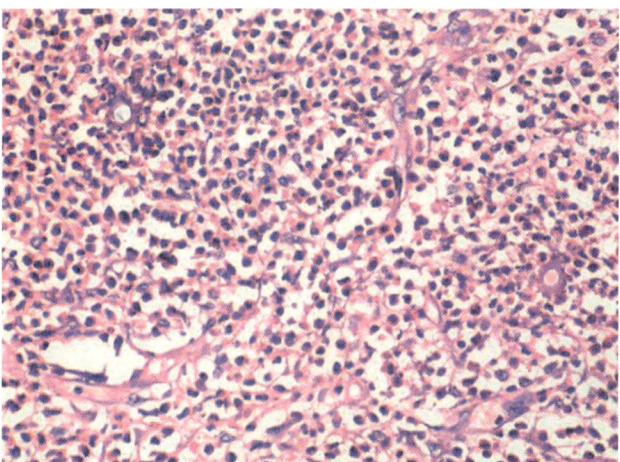

Figura 63.10 Entomoftoromicose subcutânea. Fragmentos largos de hifas rodeados por fenômeno de Splendore-Hoeppli eosinofílico (hematoxilina e eosina, 160×). (De Chandler, F.W., Watts, J.C., 1987. Pathologic Diagnosis of Fungal Infections. American Society for Clinical Pathology Press, Chicago, IL.)

C. coronatus foi relatada na América Latina, na África e na Índia. Ambos os fungos são saprófitos encontrados em folhas e restos de plantas. *Basidiobolus ranarum* também foi encontrado no conteúdo intestinal de pequenos répteis e anfíbios. Ambas são doenças raras sem fatores predisponentes conhecidos (p. ex., acidose ou imunodeficiência). Acredita-se que a infecção causada por *B. ranarum* ocorra após a implantação traumática do fungo no tecido subcutâneo das coxas, das nádegas e do tronco. Essa forma de entomoftoromicose subcutânea ocorre principalmente em crianças (80% com menos de 20 anos) com uma razão homem:mulher de 3:1. As infecções por *C. coronatus* ocorrem após a inalação dos esporos dos fungos, que então invadem os tecidos da cavidade nasal, seios paranasais e tecidos moles da face. Essa doença apresenta razão homem:mulher de 10:1 e é observada predominantemente em adultos jovens. A infecção em crianças é rara.

SÍNDROMES CLÍNICAS

Os pacientes infectados por *B. ranarum* apresentam massas móveis em formato de disco, elásticas, que podem ser

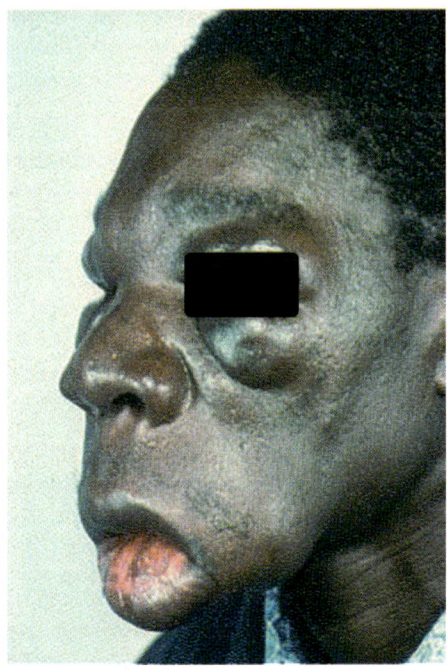

Figura 63.8 Entomoftoromicose subcutânea causada por *Conidiobolus coronatus*. (De Chandler, F.W., Watts, J.C., 1987. Pathologic Diagnosis of Fungal Infections. American Society for Clinical Pathology Press, Chicago, IL.)

bem grandes e localizadas nos ombros, pelve, quadris e coxas (ver Figura 63.9). As massas se expandem localmente e acabam ulcerando. A disseminação ou envolvimento de estruturas mais profundas é rara. Infecções invasivas esporádicas com comprometimento gastrintestinal (GI) em adultos e crianças já foram descritas em todo o mundo. Um grupo de casos de basidiobolomicose GI também foi relatado no Arizona; tal apresentação pode mimetizar a malignidade GI.

A infecção por *C. coronatus* está confinada à área rinofacial e muitas vezes não chega ao atendimento médico até que haja edema significativo do lábio superior ou da face (ver Figura 63.8). O edema é firme e indolor e pode progredir lentamente para envolver a ponte nasal e as faces superior e inferior, incluindo a órbita. A deformidade facial pode ser bastante significativa; contudo, em razão da falta de angioinvasão, a extensão intracraniana não ocorre.

DIAGNÓSTICO LABORATORIAL

Ambos os tipos de entomoftoromicose subcutânea exigem biopsia para diagnóstico, apesar dos aspectos clínicos característicos das infecções. O quadro histopatológico é o mesmo para ambos os microrganismos (ver Figura 63.10) e é marcado por agregados focais de inflamação, com eosinófilos e hifas mucormicóticas típicas frequentemente rodeadas pelo fenômeno de Splendore-Hoeppli (eosinofílico). Os microrganismos podem ser cultivados a partir de material clínico em meio micológico padrão.

TRATAMENTO

A excisão cirúrgica, o iodeto de potássio e a terapia prolongada com azólicos (geralmente itraconazol) têm sido utilizados com sucesso para a infecção causada por *Basidiobolus*. Para infecções causadas por *Conidiobolus*, o iodeto de potássio foi historicamente utilizado com resultados variáveis. A terapia prolongada com azólicos orais deve agora ser utilizada e é considerada bem-sucedida. Mais recentemente, a combinação de itraconazol e iodeto de potássio forneceu resultados encorajadores em uma pequena série de casos, alguns dos quais conseguiram resolução completa da infecção. A cirurgia reconstrutiva facial pode ser necessária no caso de infecção por *Conidiobolus*, uma vez que persiste fibrose extensa após a erradicação do fungo.

Feo-hifomicose subcutânea

Feo-hifomicose é um termo utilizado para descrever um conjunto heterogêneo de infecções fúngicas causadas por fungos pigmentados ou demáceos, que estão presentes nos tecidos como hifas irregulares (Figura 63.11) em lugar das células muriformes escleróticas observadas na cromoblastomicose (ver Tabela 63.1 e Figura 63.6). Essas infecções podem ser causadas por uma ampla variedade de fungos, todos os quais existem na natureza como saprófitos do solo, madeira e vegetação em decomposição. Os processos feo-hifomicóticos podem ser superficiais, subcutâneos ou profundamente invasivos ou disseminados. As formas superficiais (ver Capítulo 62) e profundamente invasivas (ver Capítulo 65) são discutidas em seus respectivos capítulos. A forma subcutânea é discutida nesta seção.

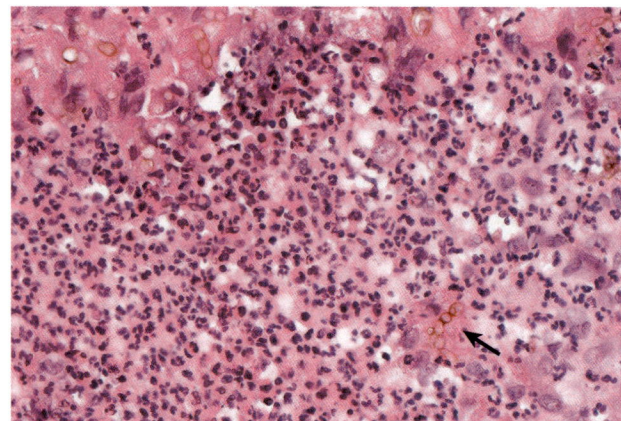

Figura 63.11 Feo-hifomicose subcutânea. Células leveduriformes demáceas e hifas septadas de *Exophiala spinifera* (hematoxilina e eosina, 250×). (De Chandler, F.W., Watts, J.C., 1987. Pathologic Diagnosis of Fungal Infections. American Society for Clinical Pathology Press, Chicago, IL.)

MORFOLOGIA

Os agentes da feo-hifomicose subcutânea são numerosos e diversos (ver Tabela 63.1), mas todos eles crescem como fungos filamentosos negros em cultura, enquanto nos tecidos, observam-se elementos fúngicos leveduriformes e hifas, irregulares e de paredes escuras (ver Figura 63.11). As hifas variam de 2 a 6 μm de largura e podem ser ramificadas ou septadas, e frequentemente apresentam constrição no ponto de septação. Podem haver dilatações vesiculares bizarras e de paredes espessas, que podem chegar a 25 μm de diâmetro, bem como estruturas leveduriformes em brotamento. A pigmentação da parede celular varia de claro a escuro e pode exigir colorações especiais, como a coloração de Fontana-Masson para a melanina, com o intuito de confirmar a natureza demácea do fungo. Na cultura, os diferentes fungos crescem como fungos filamentosos pretos ou marrons e são identificados por seu modo característico de esporulação.

EPIDEMIOLOGIA

Mais de 20 fungos demáceos diferentes foram citados como causas de feo-hifomicose subcutânea. Os agentes etiológicos mais frequentes são *Exophiala*, *Alternaria*, *Curvularia* e *Phaeoacremonium* spp. (ver Tabela 63.1). Como esses fungos são encontrados no solo e nos restos de plantas, acredita-se que a via de infecção seja secundária à implantação traumática do fungo. Na verdade, lascas de madeira foram encontradas em material histopatológico, sugerindo o modo de inoculação e, possivelmente, a formação do cisto feo-hifomicótico característico é uma reação à implantação. Não há explicação porque alguns microrganismos provocam o aparecimento de cistos feo-hifomicóticos e outros provocam micetomas. Certos agentes etiológicos, como *P. verrucosa*, podem causar os dois tipos de infecção.

SÍNDROMES CLÍNICAS

Mais comumente, a feo-hifomicose subcutânea se apresenta como um cisto inflamatório solitário (Caso Clínico 63.3). As lesões geralmente ocorrem nos pés e nos membros inferiores,

> **Caso Clínico 63.3 Feo-hifomicose em um paciente com transplante renal**
>
> Marques et al. (*Med Mycol* 44:671–676, 2006) descreveram um caso de feo-hifomicose subcutânea em um receptor de transplante renal. O paciente era um homem diabético de 49 anos que havia recebido terapia imunossupressora com prednisona e ciclosporina A durante 5 anos após o transplante renal. Ele relatava lesões exsudativas nos pés há 1 ano. O paciente negava traumatismo local, mas trabalhava em atividades rurais no momento da queixa inicial. Ele havia sido tratado para infecção bacteriana presumida, sem resposta. O exame dermatológico revelou dois tumores císticos eritematosos confluentes no dorso do pé esquerdo, com pontos de drenagem emitindo uma secreção serossanguinolenta. A tomografia computadorizada (TC) local mostrou apenas lesões hipodensas circunscritas. A aspiração por agulha e uma biopsia de grandes dimensões foram obtidas para confirmar o diagnóstico presuntivo de feo-hifomicose.
>
> O exame histopatológico revelou infiltrados inflamatórios intensos e raros elementos fúngicos na forma de hifas. A cultura do material de biopsia revelou fungos filamentosos de crescimento lento que acabaram demonstrando coloração bege a marrom-acinzentada. O microrganismo foi identificado como *Phaeoacremonium parasiticum* por uma combinação de morfologia e métodos de identificação molecular. O paciente foi tratado com itraconazol associado à irrigação local e diminuição da dosagem de ciclosporina A, obtendo resposta satisfatória.
>
> Este caso ilustra uma tendência evidente de pacientes imunocomprometidos submetidos a transplante de órgãos com infecções localizadas causadas por *P. parasiticum* que adquiriram suas infecções sem traumatismo reconhecido. Não está claro se essas infecções são adquiridas por meio de pequenas fissuras da pele ou por inalação ou ingestão de uma partícula infecciosa, com translocação subsequente para leitos capilares subcutâneos, nos quais discreta diminuição da temperatura ou outras condições locais podem favorecer o crescimento.

embora as mãos e outros locais do corpo possam estar envolvidos. As lesões crescem lentamente e se expandem ao longo de um período de meses ou anos. Elas podem ser firmes ou flutuantes e geralmente são indolores. Se localizados próximos a uma articulação, podem ser confundidas com um cisto sinovial e podem se tornar grandes o suficiente para interferir nos movimentos. Outras manifestações incluem a formação de lesões pigmentadas semelhantes a placas que são endurecidas, mas indolores à palpação.

DIAGNÓSTICO LABORATORIAL

O diagnóstico é feito na excisão cirúrgica do cisto. Ao exame histopatológico, o aspecto é de cisto inflamatório com cápsula fibrosa, reação granulomatosa e necrose central. Elementos fúngicos demáceos agrupados e individuais são vistos dentro de células gigantes e extracelularmente em meio aos debris ou restos necróticos (ver Figura 63.11). Em geral, a pigmentação é facilmente visualizada no exame de tecido corado com H-E. Os microrganismos crescem em cultura e podem ser identificados por seu padrão de esporulação. A identificação molecular da maioria das espécies é atualmente realizada pelo sequenciamento de genes ribossomiais e comparação com bancos de dados específicos.

TRATAMENTO

O principal tratamento é a excisão cirúrgica. Lesões em placas podem não ser sensíveis a essa abordagem e geralmente respondem ao tratamento com itraconazol, associado ou não a flucitosina. Posaconazol, voriconazol e terbinafina também podem ser ativos contra esses grupos de fungos.

Bibliografia

Ahmed, A.O.A., et al., 2015. Fungi causing eumycotic mycetoma. In: Jorgensen, J.H., et al. (Ed.), Manual of Clinical Microbiology, eleventh ed. American Society for Microbiology Press, Washington, DC.

Basto de Lima Barros, M., et al., 2004. Cat-transmitted sporotrichosis epidemic in Rio de Janeiro, Brazil: description of a series of cases. Clin. Infect. Dis. 38, 529–535.

Chandler, F.W., Watts, J.C., 1987. Pathologic Diagnosis of Fungal Infections. American Society for Clinical Pathology Press, Chicago.

Connor, D.H., Chandler, F.W., Schwartz, D.A., et al., 1997. Pathology of Infectious Diseases. Appleton & Lange, Stamford, CT.

Garcia-Hermoso, D., et al., 2015. Agents of systemic and subcutaneous mucormycosis and entomophthoromycosis. In: Jorgensen, J.H., et al. (Ed.), Manual of Clinical Microbiology, eleventh ed. American Society for Microbiology Press, Washington, DC.

Guarro, J., De Hoog, G.S., 2015. *Curvularia, Exophiala, Scedosporium, Sporothrix*, and other melanized fungi. In: Jorgensen, J.H., et al. (Ed.), Manual of Clinical Microbiology, eleventh ed. American Society for Microbiology Press, Washington, DC.

Kauffman, C.A., et al., 2007. Clinical practice guidelines for the management of sporotrichosis: 2007 update by the Infectious Diseases Society of America. Clin. Infect. Dis. 45, 1255.

Procop, G.W., Pritt, B.S., 2015. Pathology of Infectious Diseases. Elsevier, Philadelphia.

64 Micoses Sistêmicas Causadas por Fungos Dimórficos

Jane e Joan eram duas pessoas que apreciavam "a vida ao ar livre" em seus 30 anos. Nos últimos 5 anos, elas estiveram praticando espeleologia no sul do Missouri, viajando como mochileiras no norte de Wisconsin e acampando no Arizona. Mais recentemente, estiveram reformando uma casa velha de fazenda na zona rural de Iowa e, nesse processo, tiveram que derrubar um velho galinheiro que ficava nos fundos da casa. Cerca de 1 semana após o início da execução da obra, ambas apresentaram uma doença gripal e Jane desenvolveu tosse e dispneia. Elas procuraram a clínica da família para serem examinadas. Na clínica, Joan parecia bem, mas Jane estava dispneica e parecia doente. O médico pensou se seria uma boa ideia solicitar uma radiografia de tórax de Jane. Joan também decidiu fazer, por precaução. A radiografia de tórax de Jane mostrou pneumonia bilateral difusa. Embora a radiografia de Joan não mostrasse pneumonia, observou-se que ela apresentava um nódulo solitário à direita no lobo superior.

1. A quais patógenos fúngicos dimórficos Jane e Joan foram expostas?
2. O que constitui um fungo dimórfico?
3. Além do dimorfismo, qual característica é comum a todas as micoses endêmicas?
4. Descreva os ciclos de vida dos patógenos endêmicos dimórficos.
5. Em sua opinião, qual é a causa da pneumonia de Jane? Como você faria o diagnóstico?
6. Como você trataria a pneumonia dela?
7. O que você acha que é responsável pelo nódulo pulmonar de Joan? Como você faria o diagnóstico? Como você a trataria?

RESUMOS Microrganismos clinicamente significativos

BLASTOMICOSE
(*Blastomyces dermatitidis* e *B. gilchristii*)

Palavras-chave

Vale do Rio Mississippi, levedura com brotamento de base larga, saudável e imunocomprometido, granuloma

Biologia, virulência e doença

- Fungos termodimórficos: grandes células leveduriformes em brotamento não encapsuladas em tecido e em cultura a 37°C; colônias de fungos filamentosos se formam em cultura a 25°C
- Via comum de infecção é a inalação de conídios
- Gravidade dos sinais/sintomas e a evolução da doença dependem da extensão da exposição e do estado imunológico do indivíduo exposto; a maioria é assintomática
- Forma clássica de blastomicose: envolvimento cutâneo crônico

Epidemiologia

- Nicho ecológico: matéria orgânica em decomposição
- Área de endemicidade: estados do sudeste e centro-sul dos EUA, principalmente na fronteira com as bacias dos rios Ohio e Mississippi; estados do centro-oeste dos EUA e províncias canadenses que fazem fronteira com os Grandes Lagos; e uma área em Nova York e Canadá ao longo do Rio São Lourenço
- Surtos de infecção foram associados ao contato ocupacional ou recreativo com o solo

Diagnóstico

- Detecção microscópica do fungo em tecido ou outro material clínico, com confirmação por cultura
- Detecção de antígeno e PCR

Tratamento, prevenção e controle

- Blastomicose pulmonar em pacientes imunocomprometidos e aqueles com doença pulmonar progressiva devem ser tratados
- Todos os pacientes com evidências de disseminação hematogênica precisam de terapia antifúngica
- Formulação lipídica de anfotericina B: tratamento de escolha para doença meníngea e outras manifestações clínicas potencialmente fatais
- Doença leve ou moderada: itraconazol; fluconazol, posaconazol ou voriconazol podem substituir itraconazol

COCCIDIOIDOMICOSE
(*Coccidioides immitis* e *C. posadasii*)

Palavras-chave

Febre do vale, granuloma causado por coccidioides, artroconídios, esférula, teste cutâneo, teste de precipitina

Biologia, virulência e doença

- Coccidioidomicose causada por duas espécies indistinguíveis: *C. immitis* e *C. posadasii*
- *Coccidioides immitis* está localizado na Califórnia; *C. posadasii* causa a maioria das infecções fora da Califórnia
- Doença causada pela inalação de artroconídios infecciosos
- Doença assintomática ou subclínica, gripal autolimitada, doença pulmonar aguda e crônica, disseminação de um ou vários sistemas orgânicos (multissistêmica)
- Fungos dimórficos; endosporulação de esférulas em tecido, fungos filamentosos em cultura a 25°C e na natureza

Epidemiologia

- Endêmico no deserto do sudoeste dos EUA, no norte do México, em áreas dispersas das Américas Central e do Sul
- Microrganismo encontrado no solo; crescimento no ambiente reforçado por excrementos de morcegos e roedores; ciclos de seca/chuva aumentam a dispersão do microrganismo
- Pessoas com ≥ 65 anos e pessoas com infecção pelo HIV são acometidas desproporcionalmente
- Risco mais alto de doença disseminada em determinados grupos étnicos (filipino, afro-americano, nativo americano, hispânico), homens (9:1), mulheres no terceiro trimestre de gravidez, indivíduos com imunidade celular deficiente, indivíduos nos extremos etários

Diagnóstico

- Exame histopatológico de tecido ou outro material clínico, isolamento de fungo em cultura, sorologia
- O exame histopatológico revela esférulas endosporuladas no escarro, exsudatos ou no tecido é suficiente para estabelecer o diagnóstico

Continua

RESUMOS Microrganismos clinicamente significativos *(continuação)*

- A cultura a 25°C leva dias e oferece risco para os funcionários do laboratório; todo trabalho com fungos filamentosos deve ser realizado em cabine de biossegurança adequada
- A sorologia (antígeno e anticorpo) pode ser útil para a triagem inicial, confirmação ou avaliação prognóstica

Tratamento, prevenção e controle

- A maioria dos indivíduos com infecção primária não precisa de terapia
- Para aqueles com fatores de risco concomitantes ou uma apresentação mais grave: formulação lipídica de anfotericina B seguida por um azólico oral como terapia de manutenção (doença grave)
- Doença pulmonar cavitária crônica: azólico por no mínimo 1 ano
- Infecções disseminadas extrapulmonares não meníngeas: azólico oral
- Coccidioidomicose meníngea: fluconazol; itraconazol, posaconazol ou voriconazol são escolhas secundárias

HISTOPLASMOSE
(*Histoplasma capsulatum*)

Palavras-chave

Leveduras intracelulares, excrementos de aves e morcegos, galinheiro, cavernas, guano, granulomas

Biologia, virulência e doença

- Histoplasmose causada por duas variedades de *H. capsulatum*
- *Histoplasma capsulatum* var. *capsulatum*: causa infecções pulmonares e disseminadas
- *Histoplasma capsulatum* var. *duboisii*: causa predominantemente lesões cutâneas e ósseas
- Doença causada pela inalação de microconídios infecciosos
- A gravidade dos sinais/sintomas e a evolução da doença dependem da extensão da exposição e do estado imunológico do indivíduo infectado; a maioria é assintomática, autolimitada; doença semelhante à gripe também ocorre
- Fungo termodimórfico: fungo filamentoso hialino na natureza e em cultura a 25°C, levedura com brotamento no tecido (intracelular) e em cultura a 37°C

Epidemiologia

- *Histoplasma capsulatum* var. *capsulatum*: localizado nos vales dos rios Ohio e Mississippi; ocorre em todo o México e nas Américas Central e do Sul
- *Histoplasma capsulatum* var. *duboisii*: confinado à África tropical (p. ex., Gabão, Uganda, Quênia)
- Encontrado em solo com alto teor de nitrogênio (p. ex., áreas contaminadas com fezes de pássaros ou morcegos)
- Surtos da doença estão associados à exposição a abrigos de pássaros, cavernas e edifícios em estado de degradação ou em projetos de renovação urbana envolvendo escavação e demolição
- Indivíduos imunocomprometidos e crianças são mais propensos a desenvolver doenças sintomáticas
- Reativação da doença e disseminação comum em indivíduos imunossuprimidos, principalmente aqueles com AIDS

Diagnóstico

- Microscopia direta, cultura de material clínico, sorologia (antígeno e anticorpo), β-D-glucana e PCR são úteis
- A fase de levedura do microrganismo pode ser detectada no escarro, em lavado broncoalveolar, em esfregaços de sangue periférico, na medula óssea e no tecido corado pelos métodos de Giemsa, GMS ou PAS
- As culturas devem ser manuseadas em uma cabine de biossegurança
- O diagnóstico sorológico inclui testes de anticorpos e antígenos

Tratamento, prevenção e controle

- Infecções agudas graves: formulação lipídica de anfotericina B seguida por itraconazol oral
- Histoplasmose pulmonar crônica: formulação lipídica de anfotericina B seguida por itraconazol
- Infecção disseminada: formulação lipídica de anfotericina B seguida por itraconazol

PARACOCCIDIOIDOMICOSE (*Paracoccidioides brasiliensis* e *P. lutzii*)

Palavras-chave

"Roda de leme de navio", blastomicose sul-americana, úlcera, múltiplos brotamentos

Biologia, virulência e doença

- Fungo termodimórfico: fase filamentosa ou miceliana de crescimento lento na natureza e a 25°C, fase de levedura (tamanho variável com um ou vários brotamentos) em tecido e em cultura a 37°C
- A via usual de infecção é a inalação ou possível inoculação traumática de conídios ou fragmentos de hifas
- A paracoccidioidomicose pode ser subclínica ou progressiva com formas pulmonares agudas ou crônicas ou formas disseminadas agudas, subagudas ou crônicas

Epidemiologia

- Endêmica em toda a América Latina, áreas de alta umidade, vegetação rica, temperaturas moderadas, solo ácido
- Nicho ecológico ainda não está bem estabelecido
- Doença evidente é pouco comum em crianças e adolescentes; em adultos, doenças mais comuns em homens com idade entre os 30 e 50 anos
- A maioria dos pacientes com doença clinicamente aparente reside em áreas rurais e tem contato próximo com o solo
- Sem relatos de epidemias ou transmissão interpessoal

Diagnóstico

- Demonstração de fungos leveduriformes característicos no exame microscópico do material clínico: oval a redondo com paredes duplas refráteis e brotamentos únicos ou múltiplos; morfologia da "roda de leme de navio"
- Pode ser isolado na cultura e deve ser manuseado em cabine de biossegurança
- O teste sorológico pode ajudar a sugerir o diagnóstico, avaliando a resposta à terapia

Tratamento, prevenção e controle

- Itraconazol: tratamento de escolha para a maioria das formas clínicas da doença
- Formas mais graves ou refratárias: formulação lipídica de anfotericina B seguida por terapia com itraconazol ou sulfonamida

GMS, metenamina de prata de Grocott-Gomori; *PAS*, ácido periódico de Schiff; *PCR*, reação em cadeia da polimerase.

Os patógenos fúngicos dimórficos são organismos que existem na forma de fungos filamentosos na natureza ou no laboratório, nas temperaturas de 25 a 30°C e na forma de levedura ou esférula nos tecidos ou quando cultivados em meio enriquecido em laboratório a 37°C (Figura 64.1). A maioria dos microrganismos pertencentes a esse grupo é considerada patógeno sistêmico primário, em virtude de sua capacidade de causar infecção tanto em hospedeiros "normais" quanto em imunocomprometidos, e por sua propensão a envolver os órgãos e tecidos profundos após a disseminação do fungo pelos pulmões depois de sua inalação da natureza. Os patógenos dimórficos sistêmicos incluem *Blastomyces* spp. (*B. dermatitidis*, *B. gilchristii*, *B. helicus*, *B. parvus* e *B. silverae*), *Coccidioides* spp. (*C. immitis* e *C. posadasii*), *Histoplasma capsulatum* var. *capsulatum* e *H. capsulatum* var. *duboisii*, *Paracoccidioides* spp. (*P. brasiliensis* e *P. lutzii*), *Emergomyces* spp. (gênero abreviado *Es.*; *Es. pasteurianus*, *Es. africanus*, *Es. orientalis*, *Es. canadensis* e *Es. europaeus*) e *Talaromyces* (anteriormente *Penicillium*) *marneffei* (Tabela 64.1). Esses microrganismos também são conhecidos como patógenos endêmicos, na

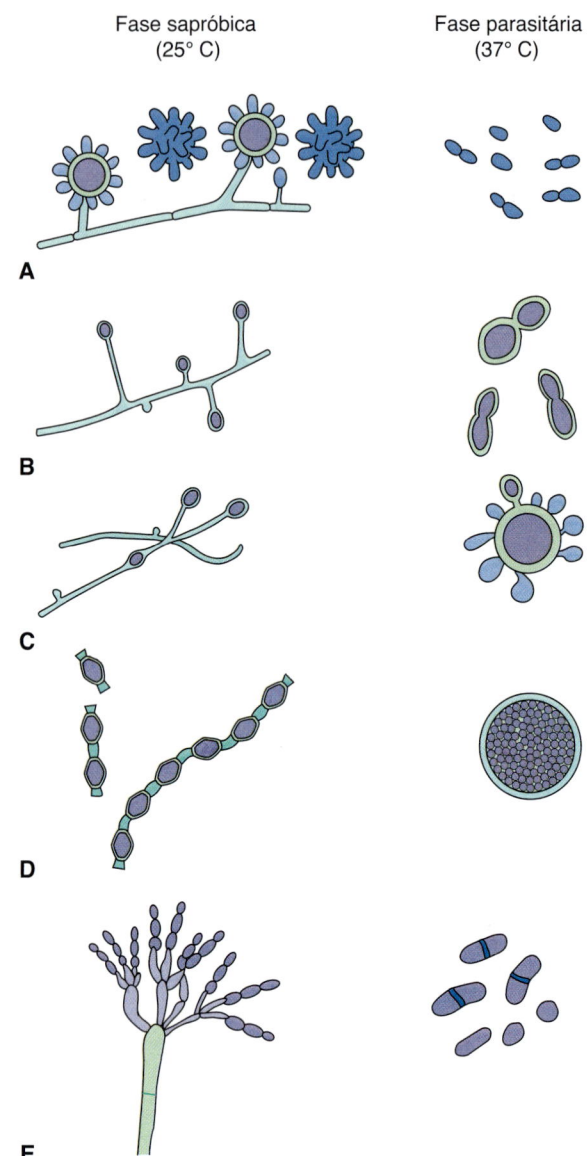

Figura 64.1 Fases sapróbica e parasitária de fungos dimórficos endêmicos. **A.** *Histoplasma capsulatum*. **B.** *Blastomyces dermatitidis*. **C.** *Paracoccidioides brasiliensis*. **D.** *Coccidioides immitis*. **E.** *Talaromyces marneffei*.

medida em que seu hábitat natural é delimitado a regiões geográficas específicas (Figura 64.2) e a infecção causada por um determinado fungo é adquirida pela inalação de esporos daquela localização geográfica e ambiente específicos (ver Tabela 64.1). *Histoplasma capsulatum*, *Coccidioides* spp. (*C. immitis* e *C. posadasii*), *Emergomyces* spp. (*Es. pasteurianus* e *Es. africanus*) e *T. marneffei* surgiram como os principais patógenos oportunistas em indivíduos com síndrome da imunodeficiência adquirida (AIDS) e outras formas de imunossupressão. O reconhecimento dessas micoses endêmicas pode ser complicado pelo fato de que elas podem se manifestar somente depois que o paciente deixa a área de endemicidade. Frequentemente, a infecção pode ser quiescente, apenas reativando quando o indivíduo se torna imunossuprimido e está morando em uma área na qual o fungo não é endêmico. Além desses patógenos dimórficos, agentes anteriormente classificados sob o gênero *Emmonsia* (agora obsoleto), nomeadamente *Adiaspiromyces crescens* (anteriormente *Emmonsia crescens*) e *Blastomyces parvus* (anteriormente *Emmonsia parva*), existem como fungos filamentosos na natureza a 25°C e como adiásporos não replicantes nos pulmões de animais e humanos.

Blastomicose

A blastomicose é uma infecção fúngica sistêmica causada pelos patógenos dimórficos *B. dermatitidis* e *B. gilchristii*. Recentemente, espécies adicionais de *Blastomyces* foram propostas com base em achados taxonômicos moleculares: *B. percursus*, *B. parvus* (anteriormente *E. parva*), *B. helicus* (anteriormente *E. helica*) e *B. silverae*. *Blastomyces percursus*, *B. helicus* e *B. silverae* são semelhantes a *B. dermatitidis/gilchristii* em fenótipo e patogenicidade. Como tal, a espécie mais familiar, *B. dermatitidis*, será usada neste capítulo ao discutir a blastomicose. *Blastomyces parvus* difere dessas espécies em alguns aspectos fenotípicos e exibe uma patogênese distinta e será discutida separadamente.

Como outras micoses endêmicas, a blastomicose está confinada a regiões geográficas específicas, com a maioria das infecções originando-se na bacia do Rio Mississippi, ao redor dos Grandes Lagos e na região sudeste dos EUA (ver Figura 64.2). A doença também é endêmica em outras partes do mundo, incluindo a África e partes das Américas Central e do Sul.

MORFOLOGIA

Como fungo termodimórfico, *B. dermatitidis* produz células leveduriformes não encapsuladas em tecido e em cultura no meio enriquecido a 37°C e colônias de fungos filamentosos, brancas a acastanhadas, em meio micológico padrão em temperatura de 25°C. A forma filamentosa do fungo produz conídios redondos a ovais ou em forma de pera (2 a 10 µm) localizados em ramos de hifas terminais longos ou curtos (Figura 64.3). Culturas mais antigas também podem produzir clamidósporos de paredes espessas com 7 a 18 µm de diâmetro. Essa forma de *B. dermatitidis* não tem utilidade diagnóstica e pode não ser diferenciada de *Chrysosporium* spp. monomórfico ou de uma cultura inicial de *H. capsulatum*.

As leveduras de *B. dermatitidis* são observadas em tecido e em cultura a 37°C. Essa forma é bastante distintiva (Figura 64.4). As células de levedura são esféricas, hialinas, de 8 a 15 µm de diâmetro, multinucleadas e apresentam paredes espessas de "contorno duplo". O citoplasma é frequentemente retraído da parede celular rígida como resultado do encolhimento durante o processo de fixação. As células de levedura se reproduzem pela formação de brotamentos ou **blastoconídios**. Os brotamentos geralmente são únicos e ligados à célula-mãe por bases largas (ver Figura 64.4).

As formas de levedura podem ser visualizadas em tecidos corados com Hematoxilina & eosina (H-E); contudo, as colorações de fungos, metenamina de prata Grocott-Gomori (GMS) e ácido periódico de Schiff (PAS), ajudam a localizar os microrganismos e delinear sua morfologia.

Blastomyces parvus difere das outras espécies do gênero porque produz adiásporos termodependentes e não replicantes a 37°C e *in vivo*, em lugar de propágulos semelhantes a leveduras, e exibe uma fase filamentosa na natureza e em temperatura de 25°C. A fase filamentosa produz pequenos conídios

Tabela 64.1 Características das micoses endêmicas causadas por fungos dimórficos.

Micose	Etiologia	Ecologia	Distribuição geográfica	Morfologia no tecido	Manifestação clínica
Blastomicose	*Blastomyces dermatitidis* *B. gilchristii*	Matéria orgânica em decomposição	América do Norte (vales dos rios Ohio e Mississippi) África	Leveduras com brotamento, de base larga (8 a 15 μm de diâmetro)	Doença pulmonar (< 50% Extrapulmonar: pele, osso, geniturinário, sistema nervoso central Doença disseminada em pacientes imunocomprometidos
Coccidioidomicose	*Coccidioides immitis* *C. posadasii*	Solo, poeira	Sudoeste dos EUA, México, América Central e América do Sul	Esférulas (20 a 60 μm) contendo endósporos (2 a 4 μm)	Infecção pulmonar assintomática (60%) no hospedeiro normal Infecção pulmonar progressiva e disseminação (pele, osso, articulações, meninges) em pacientes imunocomprometidos
Histoplasmose *capsulati*	*Histoplasma capsulatum* var. *capsulatum*	Solo com alto teor de nitrogênio (excrementos de aves/morcegos)	América do Norte (vales dos rios Ohio e Mississippi), México, Américas Central e do Sul	Leveduras pequenas (2 a 4 μm), com brotamento, ovais, de base estreita (intracelular)	Infecção pulmonar assintomática (90%) em hospedeiro normal e exposição de baixa intensidade Doença disseminada em hospedeiro imunocomprometido e em crianças
Histoplasmose *duboisii*	*Histoplasma capsulatum* var. *duboisii*	Solo com alto teor de nitrogênio	Áreas tropicais da África	Levedura maior (8 a 15 μm), de parede espessa, em brotamento Istmo proeminente e cicatriz de brotamento	Baixa taxa de doença pulmonar Maior frequência de envolvimento da pele e ossos
Paracoccidioidomicose	*Paracoccidioides brasiliensis* *P. lutzii*	Provavelmente associada ao solo	Américas do Sul e Central	Levedura com múltiplos brotamentos, paredes finas a moderadamente espessas (15 a 30 μm; roda de leme)	Doença pulmonar autolimitada Infecção pulmonar progressiva e disseminação (pele, mucosa, ossos, linfonodos, vísceras e meninges) Mais comum em crianças e pacientes imunocomprometidos
Talaromicose marneffei	*Talaromyces marneffei*	Solo Rato de bambu	Sudeste Asiático	Leveduras globosas a alongadas, em forma de salsicha (3 a 5 μm) que são intracelulares e se dividem por fissão	Infecção disseminada (pele, tecidos moles, vísceras) mais comum na AIDS Assemelha-se à histoplasmose, criptococose ou tuberculose
Emergomicose	*Emergomyces pasteurianus* *Es. africanus*	Provavelmente associado ao solo Roedor como possível reservatório	Europa, Índia, China, África do Sul	Células de leveduras globosas a ovais, pequenas (2 a 4 μm de diâmetro), paredes finas, com brotamento de base estreita, única ou múltipla Células maiores com brotamento de base mais larga às vezes estão presentes	Infecção disseminada (pele, tecidos moles, vísceras) mais comum na AIDS Assemelha-se à histoplasmose, criptococose ou tuberculose

Modificada de Anstead, G.M., Patterson, T.F., 2009. Endemic mycoses. In: Anaissie, E.J., McGinnis, M.R., Pfaller, M.A. (Eds.), Clinical Mycology, second ed. Churchill Livingstone, New York.

unicelulares (cerca de 4 μm de tamanho) nas laterais das hifas ou em ramos laterais curtos. Dentro do hospedeiro, os conídios se transformam em adiásporos, que se assemelham às esférulas da espécie *Coccidioides* (ver Figura 64.1).

EPIDEMIOLOGIA

O nicho ecológico de *B. dermatitidis* parece ser na matéria orgânica em decomposição. Estudos em seres humanos e animais indicam que a infecção é adquirida após a inalação de conídios aerossolizados produzidos pelo fungo que cresce no solo e em resíduos de folhagem (Figura 64.5). Surtos de infecção estão associados ao contato ocupacional ou recreativo com o solo e os indivíduos infectados incluem todas as idades e ambos os gêneros. Um grande surto de blastomicose em Wisconsin foi marcado por agrupamento geográfico e étnico com um número desproporcional de infecções ocorrendo em pessoas da etnia Hmong, sugerindo uma possível predisposição genética à infecção por esse fungo. A blastomicose não é transmitida de paciente para paciente; no entanto, foi relatada a blastomicose cutânea primária e pulmonar adquirida em laboratório.

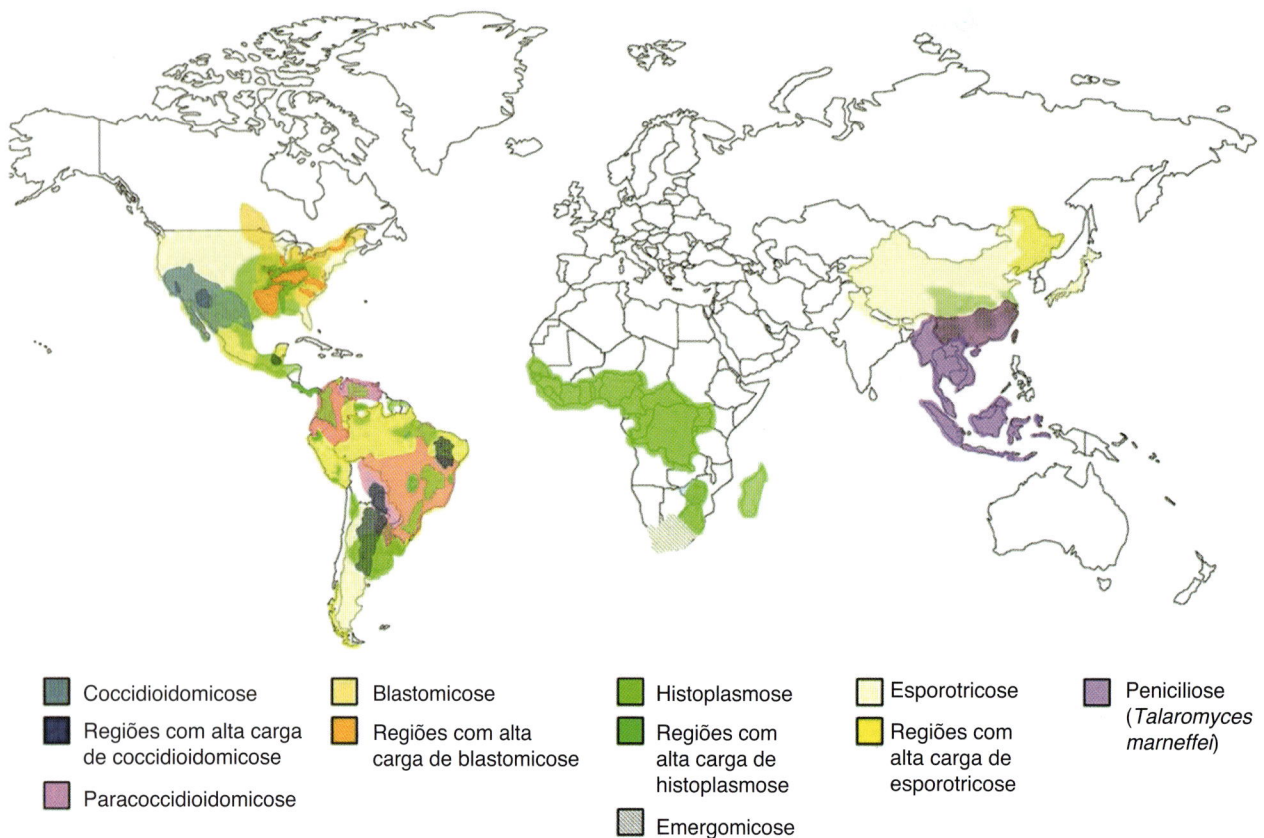

Figura 64.2 Principal distribuição geográfica regional das micoses endêmicas. (De Lee, P.P., Lau, Y.L., 2017. Cellular and molecular defects underlying invasive fungal infections-revelations from endemic mycoses. Frontiers in Immunology 8, 735.)

Legenda:
- Coccidioidomicose
- Regiões com alta carga de coccidioidomicose
- Paracoccidioidomicose
- Blastomicose
- Regiões com alta carga de blastomicose
- Histoplasmose
- Regiões com alta carga de histoplasmose
- Esporotricose
- Regiões com alta carga de esporotricose
- Peniciliose (*Talaromyces marneffei*)
- Emergomicose

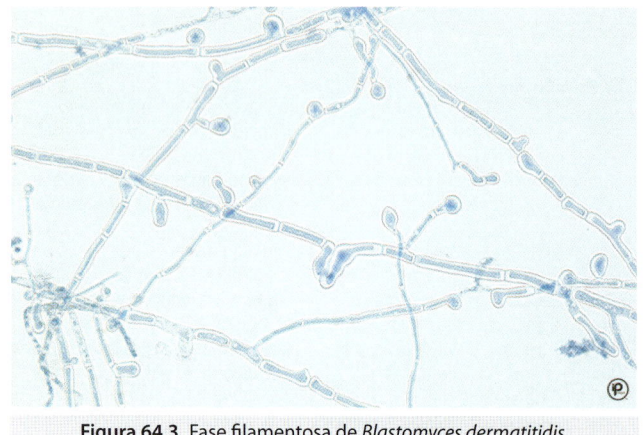

Figura 64.3 Fase filamentosa de *Blastomyces dermatitidis*.

Figura 64.4 Coloração pelo método de Giemsa do fungo *Blastomyces dermatitidis*, mostrando leveduras com brotamento de base larga.

Na América do Norte, a área de endemicidade sobrepõe-se à da histoplasmose (ver Figura 64.2) e inclui os estados do sudeste e do centro sul, principalmente os que fazem fronteira com as bacias dos rios Ohio e Mississippi; os estados do centro-oeste e as províncias canadenses que fazem fronteira com os Grandes Lagos; e uma área em Nova York e no Canadá ao longo do Rio São Lourenço. A blastomicose também é endêmica na África. Estima-se que um a dois casos de blastomicose sintomática que necessitam de terapia ocorram por 100 mil habitantes a cada ano em áreas com doença endêmica. Entre os animais, os cães são os mais suscetíveis; a taxa de infecção é estimada em 10 vezes a dos humanos.

SÍNDROMES CLÍNICAS

A via habitual de infecção na blastomicose é a inalação de conídios (ver Figura 64.5 e Caso Clínico 64.1). Como acontece com a maioria das micoses endêmicas, a gravidade dos sintomas e o curso da doença dependem da extensão da exposição e do estado imunológico do indivíduo exposto. Com base principalmente em estudos de surtos de blastomicose, parece que a doença sintomática ocorre em menos da metade dos indivíduos infectados. A doença clínica causada por *B. dermatitidis* pode se apresentar como doença pulmonar ou uma doença extrapulmonar disseminada. Entre os pacientes com disseminação extrapulmonar, dois terços

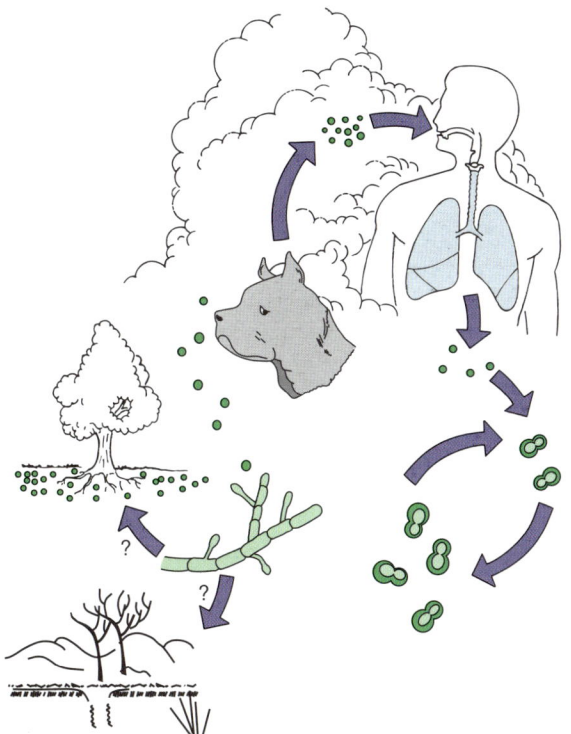

Figura 64.5 História natural do ciclo de *Blastomyces dermatitidis*, na fase filamentosa (saprófita) e leveduriforme (parasitária).

apresentam envolvimento de pele e ossos. Outros locais de disseminação hematogênica incluem próstata, fígado, baço, rim e sistema nervoso central (SNC).

A blastomicose pulmonar pode ser assintomática ou apresentar-se como uma doença gripal leve. A infecção mais grave assemelha-se à pneumonia bacteriana com início agudo, febre alta, infiltrados lobares e tosse. Pode ocorrer progressão para síndrome de angústia respiratória do adulto fulminante com febre alta, infiltrados difusos e insuficiência respiratória. Uma forma respiratória mais subaguda ou crônica de blastomicose pode se assemelhar a tuberculose ou câncer de pulmão, com apresentação radiográfica de massas pulmonares ou infiltrados fibronodulares.

A forma clássica de blastomicose é a do envolvimento cutâneo crônico. A forma cutânea da blastomicose é quase sempre resultado de disseminação hematogênica do pulmão, na maioria das vezes sem lesões pulmonares evidentes ou sintomas sistêmicos. As lesões podem ser papulares, pustulares ou indolentes, ulcerativas-nodulares e verrucosas com superfícies crostosas e bordas serpiginosas elevadas. Geralmente, são indolores e localizadas em áreas expostas, como rosto, couro cabeludo, pescoço e mãos. Podem ser confundidas com carcinoma de células escamosas. Se não tratada, a blastomicose cutânea assume uma evolução crônica, com remissões e exacerbações e aumento gradual no tamanho das lesões.

A blastomicose é relativamente incomum entre indivíduos com AIDS ou outras condições de imunocomprometimento. Porém, quando ocorre nesses indivíduos, tende a ser aguda, comprometer o SNC e ter um prognóstico muito pior.

A doença pulmonar muito rara e incomum causada por *B. parvus* ocorre após a inalação de conídios aerossolizados, liberados da fase miceliana do fungo presente no solo. Nos pulmões, os conídios aumentam consideravelmente, de

---

Caso Clínico 64.1 Blastomicose do sistema nervoso central

Buhari et al. (*Infect Med* 24[Suppl 8]:12–14, 2007) relataram um caso de blastomicose do SNC. O paciente era um morador de rua de 56 anos, de Detroit, que apresentava história de hemiparesia esquerda, afasia e cefaleia generalizada há 2 semanas. Não havia história de erupção cutânea, sintomas respiratórios ou febre. Sua história patológica pregressa era significativa por causa de craniotomia esquerda há 30 anos por hemorragia intracraniana causada por traumatismo. Ele morava em um prédio abandonado e não fazia uso de medicamentos. Ao exame, apresentava afasia expressiva, hemiparesia esquerda de início recente e sopro carotídeo bilateral. Os demais exames físicos foram normais, pois havia análises químicas séricas e parâmetros hematológicos de rotina. Ele foi negativo para anticorpos anti-HIV. A radiografia de tórax era normal. Uma tomografia computadorizada com contraste da cabeça demonstrou múltiplas lesões com realce anular no cérebro direito, com edema vasogênico circundante e desvio da linha média; encefalomalácia significativa e atrofia generalizada foram encontradas no hemisfério cerebral esquerdo.

Os exames de soro e urina foram negativos para os antígenos de *Cryptococcus* (soro) e *Histoplasma* (soro e urina). Os testes cutâneos de tuberculina não foram reativos e os exames de imagem dos seios da face, tórax e abdome foram normais. Uma biopsia cerebral foi realizada e o exame histopatológico revelou inflamação granulomatosa e leveduras em brotamento consistentes com *Blastomyces dermatitidis*. A cultura subsequente confirmou o diagnóstico de blastomicose do SNC. O paciente foi tratado com dexametasona e anfotericina B, mas desenvolveu hipertensão arterial e bradicardia, com subsequente parada cardiorrespiratória e morte.

Esse é um exemplo de apresentação incomum de blastomicose do SNC sem outras evidências de doença disseminada. A síndrome clínica de hipertensão arterial, bradicardia e parada cardiorrespiratória sugere que o paciente morreu de aumento da pressão intracraniana, seja como complicação da infecção ou por biopsia cerebral diagnóstica.

SNC, sistema nervoso central.

---

2 a 4 μm a 40 a 500 μm de diâmetro. Essas células inchadas são chamadas de adiásporos e não se replicam nem se disseminam *in vivo*. No hospedeiro, esses adiásporos provocam uma reação de corpo estranho, resultando em doença pulmonar granulomatosa. Na maioria dos casos, a inalação de um pequeno número de conídios não teria consequências clínicas, porque os adiásporos não se replicam *in vivo*; no entanto, a gravidade da doença depende do tamanho do inóculo e da resposta do hospedeiro. O espectro clínico pode variar de uma pneumonia subclínica à doença pulmonar difusa com insuficiência respiratória hipóxica e, raramente, morte.

DIAGNÓSTICO LABORATORIAL

O diagnóstico de blastomicose depende da detecção microscópica do fungo em tecido ou outro material clínico, com confirmação por cultura (Tabela 64.2). As amostras mais úteis para o diagnóstico de blastomicose pulmonar incluem escarro, lavado broncoalveolar ou biopsia pulmonar. O exame direto do material corado com as colorações de GMS, PAS, Papanicolaou ou Giemsa deve ser realizado; da mesma maneira, preparações úmidas frescas de escarro, líquido cerebrospinal,

Tabela 64.2 Diagnóstico de micoses endêmicas causadas por fungos dimórficos.

Micose	Cultura	MORFOLOGIA NA CULTURA		Histopatologia	Sorologia
		25°C	37°C		
Blastomicose	Escarro, LBA, tecido pulmonar, biopsia de pele, líquido cerebrospinal	Filamentosos, conídios redondos a ovais ou em formato de pera (2 a 10 μm de diâmetro)	Levedura com brotamento de parede espessa e de base larga (8 a 15 μm)	Levedura com brotamento, de base larga	Anticorpo: CF, ID, EIE (baixa sensibilidade e especificidade) Antígeno: soro, líquido cerebrospinal e urina
Coccidioidomicose	Escarro, LBA, tecido, líquido cerebrospinal	Filamentoso com artroconídios em formato de barril (3 a 6 μm)	NA	Esférulas (20 a 60 μm) contendo endósporos	Anticorpo: TP, FC, ID, LPA, EIE (diagnóstico e prognóstico) Antígeno: urina, líquido cerebrospinal
Histoplasmose *capsulati*	Escarro, LBA, sangue, medula óssea, tecido, líquido cerebrospinal	Filamentoso com macroconídios tuberculados (8 a 15 μm) e microconídios ovais e pequenos (2 a 4 μm)	Levedura pequena (2 a 4 μm), com brotamento	Levedura com brotamento intracelular	Anticorpo: FC, ID, EIE Antígeno: soro, líquido cerebrospinal e urina (92% sensível na doença disseminada)
Paracoccidioidomicose	Escarro, LBA, tecido	Filamentoso, microconídios redondos (2 a 3 μm) e clamidósporos intercalares	Levedura com brotamento, grande (15 a 30 μm), múltiplo	Leveduras grandes, com múltiplos brotamentos	Anticorpo: ID, FC (especificidade variável; FC útil para monitoramento de resposta)
Talaromicose *marneffei*	Sangue, medula óssea, tecido, líquido cerebrospinal	Filamentoso com pigmento vermelho difusível Conidióforos que terminam em conídios lisos, elipsoidais, conspícuos, com penicilos	Levedura pleomórfica alongada (1 a 8 μm) com septos transversais	Levedura alongada intracelular com septos transversais	Em desenvolvimento
Emergomicose	Sangue, medula óssea, tecido respiratório, tecido hepático, linfonodo e tecido cutâneo	Filamentoso, hifas hialinas septadas (1 a 1,5 μm de diâmetro) com numerosos conídios ovais de parede lisa	Células leveduriformes pequenas (2 a 4 μm de diâmetro), de parede fina, globosa a oval com brotamento único ou múltiplo de base estreita Células maiores com brotamento de base mais larga, às vezes são encontradas	Células leveduriformes com brotamento de base estreita, pequenas (2 a 5 μm), ovais a esféricas, intracelulares e extracelulares semelhantes em tamanho àquelas observadas em *H. capsulatum*	Em desenvolvimento

LBA, lavagem broncoalveolar; *FC*, fixação do complemento; *EIE*, ensaio imunoenzimático; *ID*, imunodifusão; *LPA*, aglutinação de partículas de látex (do inglês, *latex particle agglutination*); *NA*, não aplicável; *TP*, teste de precipitina em tubo.

urina, pus, raspado de pele e esfregaços por impressão de tecidos podem ser examinados diretamente utilizando calcoflúor branco e microscopia de fluorescência para detectar as formas de levedura características. Quando são encontradas as formas típicas de levedura com brotamento e base larga, o diagnóstico definitivo pode ser realizado.

Os cortes de tecido corados com PAS ou GMS são mais úteis para demonstrar os adiásporos característicos de *B. parvus*. Os adiásporos devem ser diferenciados das esférulas de *C. immitis*. Os adiásporos não contêm endósporos e são normalmente muito maiores do que as esférulas vazias de *C. immitis*.

A cultura do material clínico em meios micológicos seletivos e não seletivos incubados em temperatura de 25 a 30°C e também a 37°C deve ser realizada. A forma miceliana do fungo é facilmente cultivada entre 25 e 30°C; no entanto, o crescimento é lento, geralmente exigindo 4 semanas ou mais. A forma miceliana (ver Figura 64.3) não tem valor diagnóstico e a identidade deve ser confirmada por conversão para a forma de levedura a 37°C, por teste de exoantígeno (detecção imunológica do antígeno A livre de células) ou por hibridização de sonda de ácido nucleico. Deve-se ter cuidado ao manusear a cultura em uma cabine de biossegurança apropriada porque os conídios são infecciosos.

Embora estejam disponíveis testes sorológicos para detectar anticorpos direcionados aos antígenos de *B. dermatitidis* (ver Tabela 64.2), eles não são sensíveis nem específicos e têm pouca utilidade no diagnóstico. Um teste para detectar o antígeno no soro e na urina está disponível comercialmente, mas a reação cruzada com outras micoses endêmicas é considerável e não está claro qual papel desempenhará no diagnóstico. Testes seriados em urina podem ser úteis para monitorar a doença. A detecção de níveis séricos de (1-3)-β-D-glucana (BDG) não se mostrou útil no diagnóstico de blastomicose, enquanto a PCR em tempo real tem valor quando realizada em sangue, tecido ou amostras respiratórias.

TRATAMENTO

A decisão de tratar pacientes com blastomicose precisa levar em consideração a forma clínica e a gravidade da doença, bem como o estado imunológico do paciente e a toxicidade dos agentes antifúngicos. Claramente, a blastomicose pulmonar em pacientes imunocomprometidos e naqueles com doença pulmonar progressiva deve ser tratada; da mesma maneira, todos os pacientes com evidências de disseminação hematogênica (p. ex., pele, osso, todos os locais não pulmonares) requerem terapia antifúngica. A anfotericina B, de preferência a formulação lipídica, é o agente de escolha para o tratamento de doenças meníngeas ou potencialmente fatais. A doença leve ou moderada pode ser tratada com itraconazol. Fluconazol, isavuconazol, posaconazol ou voriconazol podem ser alternativas para os pacientes incapazes de tolerar o itraconazol. Dependendo da gravidade da doença e da condição do hospedeiro, taxas de sucesso terapêutico com anfotericina B ou azólicos variam de 70 a 95%. A sobrevida de pacientes com AIDS e outros pacientes imunocomprometidos é cerca de metade desse valor. Os últimos pacientes podem precisar de terapia supressora a longo prazo com itraconazol ou outro azólico ativo, em um esforço para evitar recidivas da infecção.

Coccidioidomicose

A coccidioidomicose é uma micose endêmica causada por uma das duas espécies indistinguíveis, C. immitis e C. posadasii. A doença é causada pela inalação de artroconídios infecciosos (Figura 64.6) e pode variar de infecção assintomática (na maioria das pessoas) para infecção progressiva e morte. As duas espécies diferem na distribuição geográfica e no genótipo: C. immitis está localizado na Califórnia e C. posadasii é responsável pela maioria das infecções fora da Califórnia. Além dessas diferenças, não parece haver outra no fenótipo ou na patogenicidade. Como tal, o nome mais familiar C. immitis será usado neste capítulo.

Como a sífilis e a tuberculose, a coccidioidomicose causa uma ampla variedade de lesões e é chamada de "o grande imitador". Sinônimos para coccidioidomicose incluem **granuloma coccidioidomicótico** e **febre do Vale de San Joaquin**, entre outros.

MORFOLOGIA

Coccidioides immitis (C. posadasii) é um fungo dimórfico que existe como um fungo filamentoso na natureza e quando cultivado em laboratório a 25°C e, como uma esférula com endosporulação em tecido e em condições muito específicas in vitro (Figuras 64.7 e 64.8; ver a Tabela 64.2 e Figura 64.1). Várias morfologias de fungos filamentosos podem ser vistas em cultura a 25°C. O crescimento inicial é branco a cinza, úmido e glabro, ocorrendo em 3 a 4 dias. Desenvolve rapidamente micélios aéreos abundantes e a colônia aumenta em "floração" circular. As colônias maduras geralmente apresentam cor castanha a marrom ou lilás.

Microscopicamente, as hifas vegetativas dão origem a hifas férteis que produzem artroconídios hialinos alternados (separados por células disjuntoras) (ver Figuras 64.1 e 64.7). Quando liberados, os conídios infecciosos estão caracteristicamente "em formato de barril" e têm um adorno anular em ambas as extremidades. À medida que a cultura envelhece, as hifas vegetativas também se fragmentam em artroconídios.

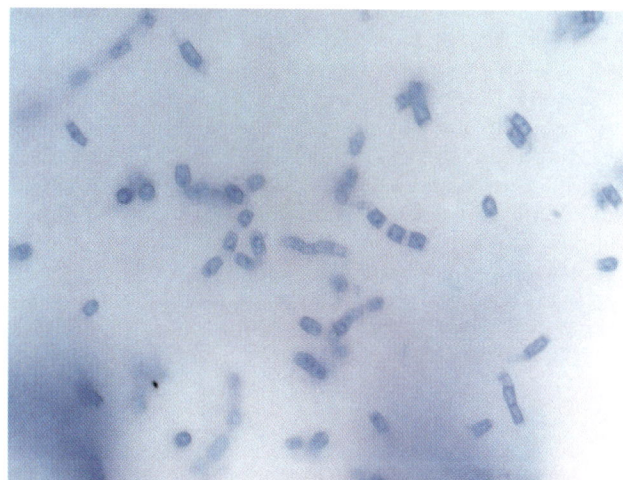

Figura 64.7 Fase filamentosa (miceliana) de Coccidioides immitis.

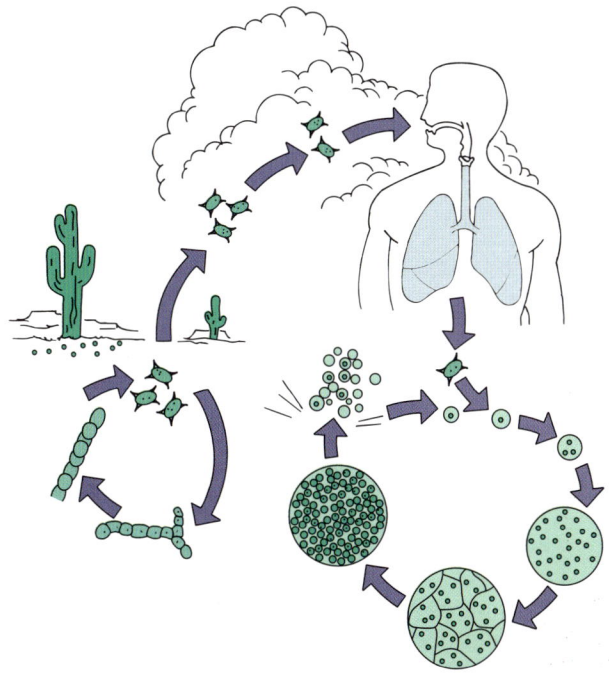

Figura 64.6 História natural do ciclo de Coccidioides immitis, na fase filamentosa (saprófita) e de esférulas (parasitária).

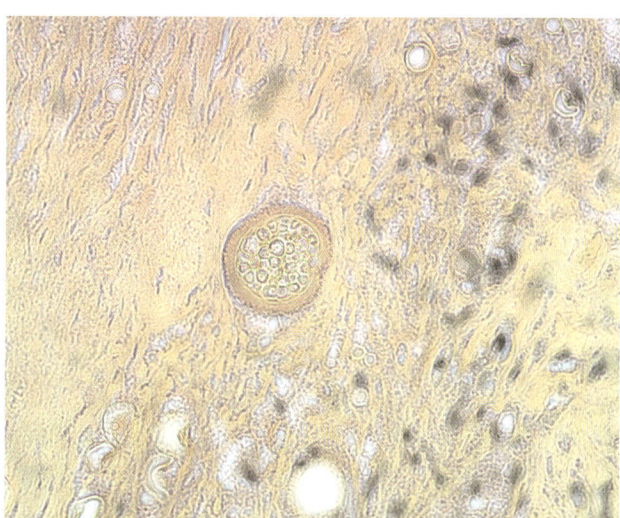

Figura 64.8 Esférula de Coccidioides immitis preenchida com endósporos.

Com a inalação, os artroconídios (2,5 a 4 µm de largura) tornam-se arredondados à medida que são convertidos em esférulas no pulmão (ver Figuras 64.1 e 64.8). Na maturidade, as esférulas (20 a 60 µm de diâmetro) produzem endósporos por um processo conhecido como **clivagem progressiva**. A ruptura das paredes das esférulas libera os endósporos, que por sua vez formam novas esférulas (ver Figura 64.6). Em aproximadamente 10 a 30% das cavidades pulmonares associadas à coccidioidomicose podem ser produzidos artroconídios e hifas septadas ramificadas.

EPIDEMIOLOGIA

Nos EUA, a região endêmica de coccidioidomicose inclui o centro e o sul da Califórnia, o sul do Arizona, o sul do Novo México, partes de Utah e Washington e o oeste do Texas. A região de endemicidade se estende para o sul nas regiões desérticas do norte do México e partes das Américas Central e do Sul (ver Figura 64.2). *Coccidioides immitis* é encontrado no solo e o crescimento do fungo no ambiente é intensificado por fezes de morcegos e roedores. A exposição aos artroconídios infecciosos é maior no final do verão e no outono, quando prevalecem condições com grandes concentrações de poeira no solo. Ciclos de seca e chuva aumentam a dispersão do organismo, porque chuvas pesadas facilitam o crescimento do microrganismo nos resíduos nitrogenados do solo e a seca subsequente e as condições de vento favorecem a aerossolização de artroconídios (ver Figura 64.6). A aquisição da coccidioidomicose ocorre principalmente por inalação de artroconídios e, em áreas endêmicas, as taxas de infecção podem ser de 16 a 42% no início da idade adulta. A incidência de coccidioidomicose é de aproximadamente 42,6 casos por 100 mil habitantes na população, anualmente, na área endêmica; no entanto, sabe-se que afeta desproporcionalmente pessoas com idade igual ou superior a 60 anos (≈ 69 por 100 mil) e aqueles que residem no estado do Arizona (≈ 248 por 100 mil).

SÍNDROMES CLÍNICAS

Coccidioides immitis é, provavelmente, o mais virulento de todos os patógenos fúngicos humanos (Caso Clínico 64.2). A inalação de apenas alguns artroconídios provoca coccidioidomicose primária, que pode incluir doença pulmonar assintomática (≈ 60% dos pacientes) ou uma doença gripal autolimitada marcada por febre, tosse, dor torácica e perda de peso. Pacientes com coccidioidomicose primária podem ter várias reações alérgicas (≈ 10%) secundárias à formação de imunocomplexos, incluindo erupção cutânea macular eritematosa, eritema multiforme e eritema nodoso.

A doença primária geralmente regride sem terapia e confere imunidade potente e específica à reinfecção, que é detectada pelo teste cutâneo de coccidioidina. Em regiões endêmicas, a pneumonia primária por coccidioidomicose pode ser responsável por 17 a 29% de todas as pneumonias adquiridas na comunidade. Em pacientes sintomáticos por 6 semanas ou mais, a doença progride para coccidioidomicose secundária, que pode incluir nódulos, doença cavitária ou doença pulmonar progressiva (25 a 30% dos casos); a disseminação para um ou múltiplos tecidos e órgãos (multissistêmica) ocorre em aproximadamente 1% dessa população. Os locais extrapulmonares de infecção incluem pele, tecidos moles, ossos, articulações e meninges. Pessoas de determinados grupos étnicos (p. ex., filipino, afro-americano, nativo americano e hispânico) correm maior risco de disseminação; o envolvimento meníngeo é uma sequela comum (Tabela 64.3). Além da etnia, homens (9:1), mulheres no terceiro trimestre de gravidez, indivíduos com imunodeficiência celular (incluindo AIDS, receptores de transplantes de órgãos e aqueles tratados com antagonistas do fator de necrose tumoral) e indivíduos nos extremos etários correm alto risco de doença disseminada (ver Tabela 64.3). A taxa de mortalidade na doença disseminada ultrapassa 90% sem tratamento e a infecção crônica é comum.

Caso Clínico 64.2 Coccidioidomicose

Stafford et al. (*Infect Med* 24[Suppl 8]:23–25, 2007) descreveram um soldado afro-americano do Exército dos EUA de 31 anos que apresentou febre, calafrios, suores noturnos e tosse seca de 4 semanas de duração. Além disso, ele havia detectado recentemente uma massa indolor na mama direita. Não havia nada digno de nota em sua história patológica pregressa. Ele estava lotado em Fort Irwin, Califórnia, onde trabalhava como reparador de telefones. Seu exame físico era normal, exceto por uma massa subcutânea firme e indolor, sobrejacente à mama direita. Vários linfonodos pequenos (menos de 1 cm), indolores à palpação, foram encontrados nas axilas e na virilha. Os estudos laboratoriais revelaram uma contagem de leucócitos de 11,9/µl, com 30% de eosinófilos. No soro, o exame bioquímico revelou níveis elevados de fosfatase alcalina. Os resultados das hemoculturas, testes de antígeno de *Cryptococcus* sérico, antígeno de *Histoplasma* na urina e de anticorpo anti-HIV foram negativos, assim como um teste tuberculínico intradérmico. Uma radiografia de tórax mostrou micronódulos intersticiais bilaterais em padrão miliar, bem como plenitude de paratraqueal do lado direito. A TC do tórax confirmou a existência de micronódulos difusos de 1 a 2 mm em todos os lobos. A TC também revelou uma massa parenquimatosa lobular no lobo médio direito e uma massa na parede torácica direita. Um aspirado com agulha fina da massa mamária direita revelou esférulas cheias de endósporos, consistentes com coccidioidomicose. Na cultura do material cresceu *Coccidioides immitis*. Um painel de sorologia para *C. immitis* foi positivo e revelou títulos de fixação do complemento com imunoglobulina G em uma diluição maior que 1:256. A análise do líquido cerebrospinal foi normal, mas uma cintilografia óssea revelou várias regiões com aumento da atividade osteoblástica envolvendo a escápula esquerda, quinta costela anterior direita e regiões vertebrais médio-torácicas. O tratamento foi iniciado com anfotericina B, mas o aumento da dor no pescoço levou a exames de imagem adicionais, que demonstraram uma lesão lítica do corpo da primeira vértebra cervical e uma massa paravertebral. Apesar da terapia antifúngica, o aumento progressivo da massa exigiu desbridamento cirúrgico. O paciente continuou com a formulação lipídica de anfotericina B, com planos de terapia antifúngica de longo prazo, talvez permanente.

Esse é um exemplo dos graves distúrbios provocados pela coccidioidomicose. Os indícios diagnósticos de coccidioidomicose disseminada nesse paciente incluíram pródromo infeccioso, eosinofilia periférica, linfadenopatia hilar, padrão característico de envolvimento de órgãos (pulmões, ossos, tecidos moles), residência em uma área endêmica e etnia afro-americana (grupo de maior risco para disseminação).

TC, tomografia computorizada.

Tabela 64.3 Fatores de risco para coccidioidomicose disseminada.

Fator de risco	Risco mais alto
Idade	Lactentes e idosos
Sexo	Masculino
Genética	Filipino > afro-americano > nativo americano > hispânico > asiático
Título de anticorpos séricos por FC	> 1:32
Gravidez	Final da gravidez e pós-parto
Teste cutâneo	Negativo
Imunidade mediada por célula deprimida	Malignidade, quimioterapia, tratamento com esteroides, infecção pelo HIV

FC, fixação do complemento.
De Mitchell, T.G., 2004. Systemic fungi. In: Cohen, J., Powderly, W.G. (Eds.), Infectious Diseases, second ed. Mosby, St Louis, MO.

DIAGNÓSTICO LABORATORIAL

O diagnóstico de coccidioidomicose inclui o uso do exame histopatológico de tecido ou outro material clínico, isolamento do fungo na cultura e teste sorológico (ver Tabela 64.2). A visualização microscópica direta de esférulas endosporuladas no escarro, exsudatos ou tecido é suficiente para estabelecer o diagnóstico (ver Figura 64.8) e é preferível em relação à cultura pela natureza altamente infecciosa do fungo filamentoso quando cultivado em cultura. Os exsudatos clínicos devem ser examinados diretamente em hidróxido de potássio (KOH) na concentração de 10 a 20% com calcoflúor branco, e o tecido da biopsia pode ser corado com H-E ou colorações específicas para fungos, como GMS ou PAS (ver Figura 64.8).

As amostras clínicas podem ser cultivadas em meio micológico de rotina a 25°C. As colônias de *C. immitis* se desenvolvem em 3 a 5 dias e a esporulação típica pode ser observada em 5 a 10 dias. Em razão da natureza extremamente infecciosa do fungo, todas as placas ou tubos devem ser selados com fita permeável a gás (placas) ou tampas de rosca (tubos) e apenas examinados em cabine de biossegurança adequada. A identificação de *C. immitis* da cultura pode ser realizada usando o teste de imunodifusão (ID) de exoantígeno ou hibridização de ácido nucleico. A conversão do fungo filamentoso em esférulas *in vitro* geralmente não é realizada fora de ambientes de pesquisa.

Existem vários procedimentos sorológicos para triagem inicial, confirmação ou avaliação prognóstica (ver Tabela 64.2). Para o diagnóstico inicial, o uso combinado do teste de ID e do teste de aglutinação de partículas de látex (LPA) detecta aproximadamente 93% dos casos. Os testes de fixação de complemento (FC) e precipitina em tubo (TP) também podem ser usados para diagnóstico e prognóstico. Um imunoensaio enzimático (EIE) para detecção de anticorpos IgG e IgM no soro ou no líquido cerebrospinal está disponível comercialmente. Os estudos prognósticos frequentemente usam títulos seriados de FC; títulos crescentes indicam um sinal de mau prognóstico e títulos decrescentes indicam melhora. Um teste de antígeno de *Coccidioides* na urina foi desenvolvido, mas sua sensibilidade relativamente baixa de 71% limita sua utilidade clínica. O teste de antígeno pode ser útil no exame do líquido cerebrospinal, e juntamente com o teste de anticorpos nesse tipo de amostra, pode atingir um rendimento diagnóstico de 98% em pacientes com meningite associada à coccidioidomicose. A (1-3)-β-D-glucana no soro foi submetida à avaliação limitada na detecção de coccidioidomicose e tem valor limitado (sensibilidade de 44%) nessa população. Um ensaio baseado na reação em cadeia da polimerase (PCR) foi recentemente aprovado pela U.S. Food and Drug Administration (FDA) para a detecção de *Coccidioides* em amostras clínicas. Poucos estudos clínicos foram publicados até o momento, embora pareça que a sensibilidade da PCR é semelhante àquela observada na cultura (~ 50%).

TRATAMENTO

A maioria dos indivíduos com coccidioidomicose primária não precisa de terapia antifúngica específica. Para aqueles com fatores de risco simultâneos (ver Tabela 64.3), como transplante de órgãos, infecção pelo vírus da imunodeficiência humana (HIV), altas doses de corticosteroides ou quando houver evidências de infecção anormalmente grave, o tratamento é necessário. A coccidioidomicose primária no 3º trimestre da gravidez ou durante o período pós-parto imediato exige tratamento com anfotericina B.

Pacientes imunocomprometidos ou outros com pneumonia difusa devem ser tratados com anfotericina B seguida por um azólico (fluconazol, itraconazol, isavuconazol, posaconazol ou voriconazol) como terapia de manutenção. A duração total da terapia deve ser de pelo menos 1 ano. Os pacientes imunocomprometidos devem ser mantidos com um azólico oral como profilaxia secundária.

A pneumonia cavitária crônica deve ser tratada com um azólico por via oral durante um período mínimo de 1 ano. Quando a resposta é subótima, as alternativas incluem mudar para outro antifúngico azólico (p. ex., de itraconazol para fluconazol), aumentar a dose do azólico no caso de fluconazol ou mudar para anfotericina B. O tratamento cirúrgico é necessário no evento de ruptura de uma cavidade para o espaço pleural, hemoptise ou para lesões refratárias localizadas.

O tratamento de infecções extrapulmonares não meníngeas disseminadas baseia-se na terapia oral com fluconazol ou itraconazol (isavuconazol, posaconazol e voriconazol também são opções). No caso de envolvimento vertebral ou resposta clínica inadequada, recomenda-se o tratamento com anfotericina B, juntamente com o desbridamento cirúrgico e estabilização adequados.

A coccidioidomicose meníngea é tratada com a administração de fluconazol ou itraconazol (opção secundária em razão da penetração insuficiente no SNC) indefinidamente. Isavuconazol, posaconazol e voriconazol também são escolhas alternativas. A administração intratecal de anfotericina B é recomendada apenas em caso de fracasso da terapia com azólicos, em virtude de sua toxicidade quando administrada por esta via.

Emergomicose e adiaspiromicose

Como resultado de estudos taxonômicos moleculares, dois novos gêneros foram recentemente propostos (*Adiaspiromyces* e *Emergomyces*) a partir do gênero anterior *Emmonsia* (agora obsoleto). *Adiaspiromyces* inclui uma espécie que foi associada a doenças humanas. *Adiaspiromyces crescens* (anteriormente *E. crescens*) é o agente da adiaspiromicose, que é uma doença pulmonar geralmente autolimitada descrita no Capítulo 66.

O gênero recém-proposto, *Emergomyces*, contém *Es. pasteurianus* como espécie-tipo (anteriormente *E. pasteuriana*) e quatro espécies recentemente identificadas: *Es. africanus*, *Es. orientalis*, *Es. canadensis* e *Es. europaeus*. Foi descoberto que espécies de *Emergomyces* causam doenças humanas em pacientes imunocomprometidos na Europa, Ásia, África e América do Norte. A espécie termodimórfica *Es. pasteurianus* é a mais comum e *Es. africanus* é o agente de micose endêmica mais comumente identificado no diagnóstico da doença na África do Sul. O quadro clínico clássico da emergomicose é de doença disseminada, frequentemente com envolvimento cutâneo, em indivíduos imunocomprometidos. As demais espécies de *Emergomyces* são relatadas em um pequeno número de infecções na Ásia (*Es. orientalis*), Europa (*Es. europaeus*) e América do Norte (*Es. canadensis*). *Emergomyces* spp. são distinguidos das espécies clássicas semelhantes à *Emmonsia* (*E. parva* [agora *Blastomyces parvus*]) e *E. crescens* (agora *A. crescens*) por pequenas células leveduriformes em lugar de adiásporos na fase parasitária.

MORFOLOGIA

As espécies de *Emergomyces* são fungos termodimórficos que crescem como fungo filamentoso a 25°C e como levedura a 37°C. Na temperatura de 25°C, as colônias crescem em uma taxa lenta a moderada, assumindo um aspecto cerebriforme e tornando-se marrom-claro com segmentos pulverulentos ao longo do tempo. A microscopia óptica revela hifas hialinas septadas (1 a 1,5 μm de diâmetro) com numerosos conídios ovais de parede lisa. Os conídios são sustentados em hastes curtas que se formaram perpendicularmente a uma vesícula intumescida. As vesículas dão origem a quatro a oito hastes ou pedículos, cada um formando um conídio terminal, estabelecendo um arranjo em formato de flor de quatro a oito conídios agrupados. Quando maduros, os conídios apresentam paredes celulares bem tuberculadas. Nenhum adiásporo é observado nas culturas incubadas a 37 ou 40°C.

Na incubação a 37°C por 10 a 14 dias, as culturas micelianas convertem-se para a fase de levedura. As colônias de leveduras são lisas e de cor bege a marrom-claro. As células leveduriformes são pequenas (2 a 4 μm de diâmetro), paredes finas, globosas a ovais, com brotamento único ou múltiplo de base estreita. Células maiores com brotamentos de base mais larga às vezes são encontradas.

EPIDEMIOLOGIA

Casos de emergomicose foram relatados em quatro continentes: Europa, Ásia, África e América do Norte. Portanto, há poucas informações para documentar áreas específicas de endemicidade.

A maior carga de emergomicose descrita é em pessoas infectadas pelo HIV na África do Sul, na qual a maioria dos casos é atribuída ao *Es. africanus*. Os casos sul-africanos foram todos diagnosticados inicialmente após a introdução, em 2008, da PCR, de ampla cobertura, para diagnóstico e identificação de fungos. Assim, o aparente agrupamento de casos e a "emergência" de *Emergomyces* spp. na África do Sul pode simplesmente representar uma melhor detecção do microrganismo causador, em lugar da introdução de um novo patógeno oportunista. Todos os casos da África do Sul ocorreram em adultos com infecção pelo HIV em estágio avançado e todos os casos tiveram envolvimento cutâneo extenso. Embora faltem dados de vigilância em toda a África, um estudo de vigilância clínica e laboratorial diagnosticou 17 casos de emergomicose comprovados por cultura ao longo de 15 meses em hospitais públicos na Cidade do Cabo. A detecção molecular de *Es. africanus* foi demonstrada em amostras de solo e do ar da África do Sul.

Emergomyces pasteuranus é a espécie mais comum, causando doenças em três continentes. A emergomicose causada por *Es. pasteuranus* foi relatada na Itália, Espanha, França, Índia, China e África do Sul. As outras espécies são representadas por um a quatro pacientes infectados em localizações geográficas distintas.

Quase todos os casos de emergomicose foram relatados em pacientes imunocomprometidos. A maioria dos casos foi diagnosticada em pacientes com infecção avançada pelo HIV ou outros defeitos na imunidade mediada por células, incluindo imunossupressão para transplante de órgãos.

SÍNDROMES CLÍNICAS

A via primária de infecção, conservada entre *Emergomyces* spp., presume-se que seja a inalação de conídios transportados pelo ar e liberados de micélios saprofíticos no solo. Uma vez no tecido do hospedeiro humano, conídios de *Emergomyces* spp. são convertidos em células leveduriformes, capazes de replicação e disseminação extrapulmonar. Todos os casos relatados de infecção disseminada causada por *Emergomyces* spp. foram observados em adultos imunocomprometidos, a grande maioria dos quais sofria de infecção pelo HIV em estágio avançado. Todos os pacientes sul-africanos tinham contagens de linfócitos T CD4+ muito baixas (mediana, 16 células/mm^3), eram profundamente anêmicos e tinham lesões cutâneas generalizadas. As lesões variaram de pápulas e placas eritematosas à placas ulceradas, de consistência amolecida e com crostas. A maioria dos casos (85%) apresentava achados na radiografia de tórax que simulam tuberculose. Embora se presuma que a inalação seja a via de infecção, a doença limitada aos pulmões é incomum. Foi relatada doença extrapulmonar envolvendo outros órgãos além da pele, incluindo fígado, linfonodo e colo do útero. A emergomicose disseminada parece ser uma doença progressiva em muitos pacientes, particularmente os imunocomprometidos, nos quais as taxas de letalidade se aproximam de 50% e, como tal, a terapia antifúngica é indicada.

DIAGNÓSTICO LABORATORIAL

As células leveduriformes de *Emergomyces* spp. são prontamente detectadas por exame histopatológico de biopsias de pele e podem ser isoladas em cultura de sangue, medula óssea, tecido respiratório, tecido hepático, linfonodo e tecido cutâneo. Não existem ensaios sorológicos comercialmente disponíveis desenvolvidos especificamente para emergomicose. Foi relatada reatividade cruzada no EIE do antígeno de *Histoplasma* (galactomanana). Métodos moleculares são utilizados para a detecção de *Es. africanus* em amostras clínicas e ambientais e para identificação de isolados cultivados para nível de espécie. A identificação é geralmente obtida por amplificação e sequenciamento da região do espaçador transcrito interno (ITS) do gene ribossômico, empregando os *primers* ITS1 e ITS4, *primers* ITS1 e ITS2 ou *primers* da região 28S rDNA (subunidade grande ou D1/D2). Não existem testes moleculares disponíveis comercialmente para diagnóstico de *Emergomyces* spp.

TRATAMENTO

Não existem ensaios clínicos randomizados disponíveis para orientar o manejo da emergomicose disseminada. Assim, parece prudente seguir as diretrizes da Infectious Diseases Society of America para o manejo de outras micoses endêmicas em pessoas imunocomprometidas. Em geral, isso inclui o uso de anfotericina B (preferencialmente uma formulação lipídica) seguida por um agente antifúngico triazólico por um período mínimo de 12 meses. Esquemas terapêuticos mais longos podem ser necessários em pacientes que não alcancem a reconstituição imunológica.

Histoplasmose

A histoplasmose é causada por duas variedades de *H. capsulatum*: *H. capsulatum* var. *capsulatum* e *H. capsulatum* var. *duboisii* (ver a Tabela 64.1). *H. capsulatum* var. *capsulatum* causa infecções pulmonares que disseminadas na metade leste dos EUA e na maior parte da América Latina, enquanto *H. capsulatum* var. *duboisii* causa predominantemente lesões na pele e nos ossos e se restringe às áreas tropicais da África (ver Figura 64.2).

MORFOLOGIA

Ambas as variedades de *H. capsulatum* são fungos termodimórficos, existindo como um fungo filamentoso hialino na natureza e em cultura a 25°C, e como uma levedura de brotamento intracelular em tecido e em cultura a 37°C (Figuras 64.9 a 64.11; ver Tabela 64.2). Em cultura, as formas de fungos filamentosos de *H. capsulatum* var. *capsulatum* e var. *duboisii* são indistinguíveis macro e microscopicamente. As colônias filamentosas crescem lentamente e se desenvolvem como colônias de hifas brancas ou marrons após vários dias a 1 semana. A forma filamentosa produz dois tipos de conídios: (1) macroconídios esféricos grandes (8 a 15 μm), de paredes espessas e com projeções semelhantes a espículas (macroconídios tuberculados) que surgem de conidióforos curtos (Figura 64.12, ver Figura 64.1) e (2) microconídios ovais, pequenos (2 a 4 μm) com paredes lisas ou ligeiramente rugosas que são sésseis ou em hastes curtas (ver Figuras. 64.1 e 64.12). As células leveduriformes têm paredes finas, ovais e medem de 2 a 4 μm (var. *capsulatum*) (ver Figura 64.10) ou paredes mais espessas e 8 a 15 μm (var. *duboisii*) (ver Figura 64.11). As células leveduriformes de ambas as variedades de *H. capsulatum* são intracelulares *in vivo* e são uninucleadas (ver Figuras 64.10 e 64.11).

EPIDEMIOLOGIA

A histoplasmose *capsulati* está localizada nas amplas regiões dos vales dos rios Ohio e Mississippi nos EUA e ocorre em todo o México e nas Américas Central e do Sul (ver Figura 64.2 e Tabela 64.1). Surtos de histoplasmose foram relatados após

distúrbios ambientais externos em estados não endêmicos, incluindo Califórnia, Flórida, Idaho, Minnesota, Montana, Nova York, Dakota do Norte e Carolina do Sul. Também foram relatados casos na Índia, na China e na África do Sul. A histoplasmose *duboisii* ou histoplasmose africana está

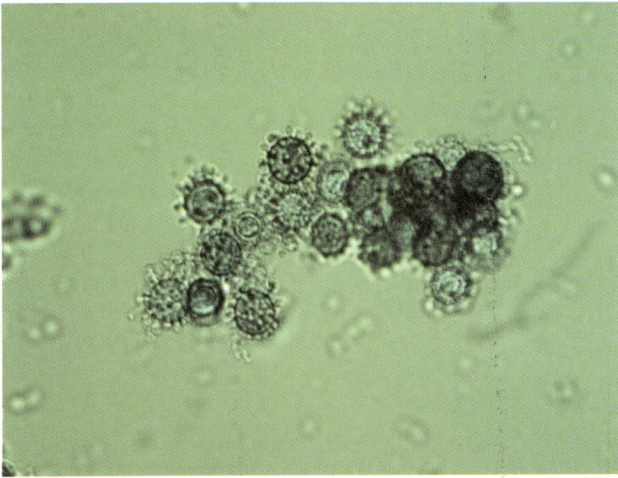

Figura 64.9 Fase filamentosa ou miceliana de *Histoplasma capsulatum* mostrando macroconídios tuberculados.

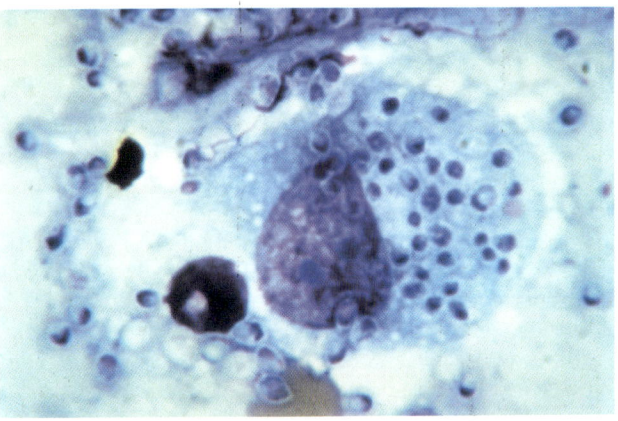

Figura 64.10 Preparação corada pelo método de Giemsa mostrando formas de leveduras intracelulares de *Histoplasma capsulatum* var. *capsulatum*.

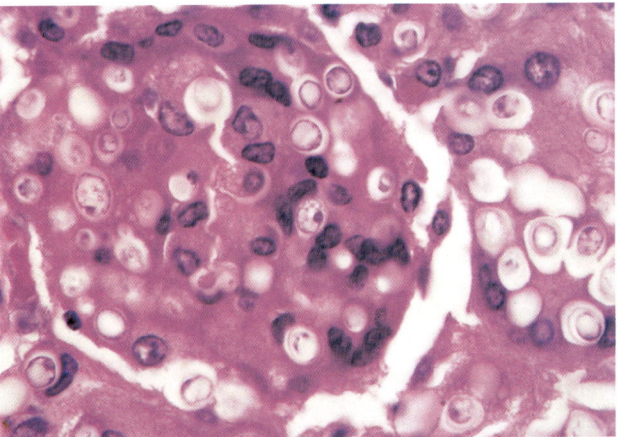

Figura 64.11 Corte de tecido corado com Hematoxilina & eosina mostrando células leveduriformes intracelulares de *Histoplasma capsulatum* var. *duboisii*. (De Connor DH., Chandler FW., Schwartz DA., et al., 1997. Pathology of Infectious Diseases. Appleton & Lange, Stamford, CT.)

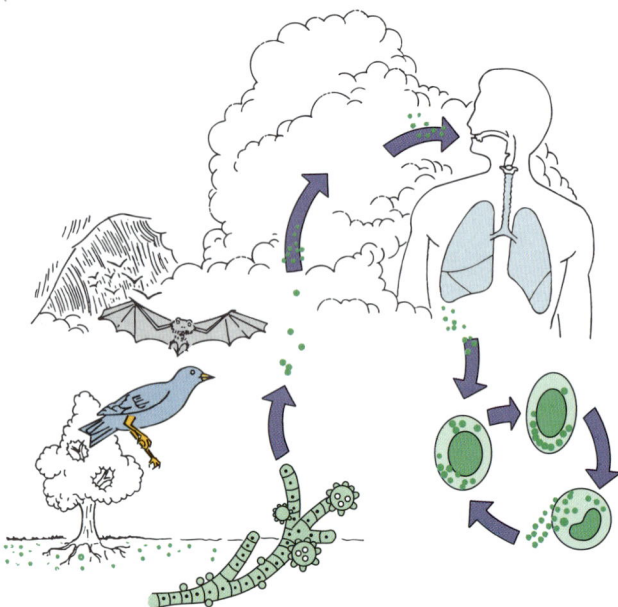

Figura 64.12 História natural do ciclo de *Histoplasma capsulatum*, na fase filamentosa (sapróbica) e de levedura (parasitária).

Caso Clínico 64.3 Histoplasmose disseminada

Mariani e Morris (*Infect Med* 24[Suppl 8]:17–19, 2007) descreveram um caso de histoplasmose disseminada em uma paciente com AIDS. A paciente era uma salvadorenha de 42 anos que deu entrada no hospital para avaliação de dermatose progressiva envolvendo narina direita, bochecha e lábio, apesar da antibioticoterapia. Ela foi positiva para HIV (contagem de linfócitos T CD4 igual a $21/\mu\ell$) e morava em Miami há 18 anos. A lesão apareceu pela primeira vez na narina direita 3 meses antes da internação. A paciente procurou atendimento médico e foi tratada sem sucesso com antibióticos orais. Nos 2 meses seguintes, a lesão aumentou de tamanho, envolvendo a narina direita e a região malar direita, acompanhada por febre, mal-estar e perda de peso de 22,5 kg. Uma área necrótica se desenvolveu na face superior da narina direita, estendendo-se até o lábio superior. Foi realizado um diagnóstico presuntivo de leishmaniose, baseado em parte no país de origem da paciente e uma possível exposição à picada de flebotomíneo.

Os estudos laboratoriais revelaram anemia e linfopenia. A radiografia de tórax era normal e a tomografia computadorizada da cabeça mostrou massa de partes moles em cavidade nasal direita. A avaliação histopatológica de uma biopsia de pele mostrou inflamação crônica, com leveduras em brotamento intracitoplasmáticas. Na cultura da biopsia cresceu *Histoplasma capsulatum* e a pesquisa de antígeno de *Histoplasma* na urina foi positiva. A paciente foi tratada com anfotericina B seguida por itraconazol com bons resultados.

Esse caso ressalta a capacidade do *H. capsulatum* de permanecer clinicamente latente por muitos anos, apenas para reativar na imunossupressão do hospedeiro. As manifestações cutâneas da histoplasmose são geralmente uma consequência da progressão da doença primária (latente) para a disseminada. A histoplasmose não é endêmica no sul da Flórida, mas é endêmica em grande parte da América Latina, onde a paciente viveu antes de se mudar para Miami. Um alto índice de suspeita e confirmação com biopsias de pele, culturas e pesquisa de antígeno na urina são cruciais para o tratamento adequado e oportuno da histoplasmose disseminada.

---

confinada às áreas tropicais da África, incluindo Gabão, Uganda e Quênia (ver Figura 64.2 e Tabela 64.1).

O hábitat natural da forma miceliana de ambas as variedades de *H. capsulatum* é o solo com alto teor de nitrogênio, como o encontrado em áreas contaminadas com fezes de aves ou morcegos. Surtos de histoplasmose têm sido associados à exposição a abrigos de pássaros, cavernas e edifícios em estado de degradação ou projetos de renovação urbana envolvendo escavação e demolição. A aerossolização de microconídios e fragmentos de hifas no solo perturbado, com subsequente inalação por indivíduos expostos, é considerada a base para esses surtos (ver Figura 64.12). Embora as taxas de ataque possam chegar a 100% em algumas exposições, a maioria dos casos permanece assintomática e é detectada apenas por testes cutâneos. Indivíduos imunocomprometidos e crianças são mais propensos a desenvolver doença sintomática por qualquer uma das variedades de *Histoplasma*. A reativação e a disseminação da doença são comuns em indivíduos imunossuprimidos, sobretudo aqueles com AIDS.

SÍNDROMES CLÍNICAS

A via usual de infecção para ambas as variedades de histoplasmose é a inalação de microconídios, que por sua vez germinam em leveduras no pulmão e podem permanecer localizados ou disseminar-se hematogenicamente ou pelo sistema linfático (Caso Clínico 64.3 e ver Figura 64.12). Os microconídios são fagocitados rapidamente por macrófagos pulmonares e neutrófilos, e acredita-se que a conversão para a forma de levedura parasitária seja intracelular.

Histoplasmose *capsulati*

A apresentação clínica da histoplasmose causada por *H. capsulatum* var. *capsulatum* depende da intensidade da exposição e do estado imunológico do hospedeiro. A infecção assintomática ocorre em 90% dos indivíduos após uma exposição de baixa intensidade. No caso de exposição a um inóculo pesado, entretanto, a maioria dos indivíduos exibe alguns sintomas. A forma autolimitada de histoplasmose pulmonar aguda é caracterizada por doença gripal, com febre, calafrios, cefaleia, tosse, mialgias e dor torácica. Evidências radiográficas de adenopatia hilar ou mediastinal e infiltrados pulmonares irregulares podem ser observadas. A maioria das infecções agudas regride com cuidados de suporte e não exige tratamento antifúngico específico. Em casos raros, geralmente após a exposição muito intensa, ocorre a síndrome de angústia respiratória aguda (SARA). Em aproximadamente 10% dos pacientes, podem ser observadas sequelas inflamatórias, como linfadenopatia persistente com obstrução brônquica, artrite, artralgias ou pericardite. Outra complicação rara da histoplasmose é uma condição conhecida como fibrose mediastinal, na qual a resposta persistente do hospedeiro ao microrganismo resulta em fibrose maciça e constrição das estruturas mediastinais, incluindo o coração e os grandes vasos.

A histoplasmose pulmonar progressiva ocorre após infecção aguda em aproximadamente 1 em 100 mil casos por ano. Os sinais/sintomas pulmonares crônicos estão associados a cavidades e fibrose apicais e são mais prováveis de ocorrer em pacientes com doença pulmonar subjacente prévia. Essas lesões geralmente não cicatrizam espontaneamente e a persistência do microrganismo leva à destruição progressiva e fibrose secundária à resposta imune ao patógeno.

A histoplasmose disseminada segue-se à infecção aguda em 1 em 2.000 adultos e a frequência é muito mais elevada em crianças e adultos imunocomprometidos. A doença disseminada pode ter evolução crônica, subaguda ou aguda. A histoplasmose disseminada crônica é caracterizada por perda de peso e fadiga, com ou sem febre. Úlceras orais e hepatoesplenomegalia são comuns.

A histoplasmose disseminada subaguda é caracterizada por febre, perda de peso e mal-estar. Úlceras orofaríngeas e hepatoesplenomegalia são proeminentes. O envolvimento da medula óssea pode produzir anemia, leucopenia e trombocitopenia. Outros locais de envolvimento incluem as suprarrenais, valvas cardíacas e o SNC. A histoplasmose disseminada subaguda não tratada resultará em morte em 2 a 24 meses. A histoplasmose disseminada aguda é um processo fulminante que é mais comumente visto em indivíduos gravemente imunossuprimidos, incluindo aqueles com AIDS, receptores de transplantes de órgãos e aqueles que recebem esteroides ou outra quimioterapia imunossupressora. Além disso, crianças com menos de 1 ano e adultos com condições clínicas debilitantes também estão em risco, se houver exposição suficiente ao fungo. Em contraste com as outras formas de histoplasmose, a doença disseminada aguda pode se apresentar com um quadro semelhante ao choque séptico, com febre, hipotensão, infiltrados pulmonares e angústia respiratória aguda. Úlceras orais e gastrintestinais e sangramento, insuficiência adrenal, meningite e endocardite também podem ser observados. Se não tratada, a histoplasmose disseminada aguda é fatal em questão de dias a semanas.

Histoplasmose *duboisii*

Ao contrário da histoplasmose clássica, as lesões pulmonares são incomuns na histoplasmose africana. A forma localizada da histoplasmose *duboisii* é uma doença crônica caracterizada por linfadenopatia regional, com lesões cutâneas e ósseas. As lesões cutâneas são papulares ou nodulares e acabam evoluindo para abscessos, que ulceram. Cerca de um terço dos pacientes exibirá lesões ósseas caracterizadas por osteólise e envolvimento de articulações contíguas. O crânio, o esterno, as costelas, as vértebras e os ossos longos são os mais frequentemente envolvidos, geralmente com abscessos sobrejacentes e fístulas drenantes.

Uma forma disseminada mais fulminante de histoplasmose *duboisii* pode ser observada em indivíduos com imunodeficiência profunda. A disseminação hematogênica e linfática para a medula óssea, fígado, baço e outros órgãos ocorre e é marcada por febre, linfadenopatia, anemia, perda de peso e organomegalia. Essa forma da doença é uniformemente fatal, a menos que seja prontamente diagnosticada e tratada.

DIAGNÓSTICO LABORATORIAL

O diagnóstico de histoplasmose pode ser feito por microscopia direta, cultura de sangue, medula óssea ou outro material clínico e por sorologia, incluindo detecção de antígeno no sangue, no líquido cerebrospinal e na urina (Tabela 64.4; ver Tabela 64.2). A fase de levedura do microrganismo pode ser detectada no escarro, fluido de lavado broncoalveolar, esfregaços de sangue periférico, medula óssea e tecido corado pelos métodos de Giemsa, GMS ou PAS (ver

Tabela 64.4 Exames laboratoriais para histoplasmose.

Exame	SENSIBILIDADE (% VERDADEIRO-POSITIVOS) NAS DIFERENTES FORMAS DA DOENÇA		
	Disseminada	Pulmonar crônica	Autolimitada[a]
Antígeno	92	21	39
Cultura	85	85	15
Histopatologia	43	17	9
Sorologia	71	100	98

[a]Inclui histoplasmose pulmonar aguda, síndrome reumatológica e pericardite.
De Wheat, L.J., 2004. Endemic mycoses. In: Cohen, J., Powderly, W.G. (Eds.), Infectious Diseases, second ed. Mosby, St Louis, MO.

Figura 64.10). Em cortes de tecido, as células de *H. capsulatum* var. *capsulatum* são leveduriformes, hialinas, esféricas a ovais, com 2 a 4 μm de diâmetro e uninucleadas, com brotamentos únicos ligados por uma base estreita. As células são geralmente intracelulares e agrupadas. *Histoplasma capsulatum* var. *duboisii* também são intracelulares, leveduriformes e uninucleados, mas são muito maiores (8 a 15 μm) e têm paredes espessas de "contorno duplo". Geralmente estão em macrófagos e células gigantes (ver Figura 64.11).

Por causa da alta carga de microrganismos em pacientes com doença disseminada, culturas de amostras respiratórias, sangue, medula óssea e dos tecidos são valiosas. Elas são menos úteis em doenças autolimitadas ou localizadas (ver Tabela 64.4). O crescimento da forma miceliana em cultura é lento e, uma vez isolado, a identificação deve ser confirmada por conversão para a fase de levedura ou pelo uso de teste de exoantígeno ou hibridização de ácido nucleico. Tal como acontece com os outros patógenos dimórficos, as culturas de *Histoplasma* devem ser manipuladas com cuidado em uma cabine de biossegurança.

O diagnóstico sorológico de histoplasmose inclui pesquisas de antígeno e anticorpo (ver Tabela 64.2). Os ensaios de detecção de anticorpos incluem um ensaio de FC e um teste de ID. Esses testes são, em geral, utilizados em conjunto para maximizar a sensibilidade e a especificidade, mas nenhum dos dois é útil no cenário agudo; a FC e a ID costumam ser negativas em pacientes imunocomprometidos com infecção disseminada. Um EIE para detecção de anticorpos IgG e IgM no soro ou líquido cerebrospinal está disponível comercialmente.

A detecção do antígeno de *Histoplasma* no soro e na urina por EIE tornou-se muito útil, sobretudo no diagnóstico de doenças disseminadas (ver Tabelas 64.2 e 64.4). A sensibilidade da detecção do antígeno é maior em amostras de urina do que no sangue e varia de 21% na doença pulmonar crônica a 92% na doença disseminada. As mensurações seriadas do antígeno podem ser usadas para avaliar a resposta à terapia e para estabelecer a recidiva da doença. O exame do líquido cerebrospinal à procura de anticorpos IgG e IgM anti-*Histoplasma* complementa a detecção do antígeno e melhora a sensibilidade (98%) para o diagnóstico de meningite por *Histoplasma*. Tanto a BDG quanto a PCR têm sido úteis no diagnóstico da histoplasmose. Enquanto a BDG tem apenas sensibilidade e especificidade modestas (87 e 65%, respectivamente), a PCR mostrou excelente sensibilidade (100%) e especificidade (95%) e é aplicada a uma ampla gama de amostras clínicas.

TRATAMENTO

Como a maioria dos pacientes com histoplasmose se recupera sem terapia, a primeira decisão tem de ser a necessidade ou não de instituir terapia antifúngica específica. Alguns pacientes imunocompetentes com infecção mais grave exibem sinais/sintomas prolongados e podem se beneficiar do tratamento com itraconazol. Em casos de histoplasmose pulmonar aguda grave com hipoxemia e síndrome de angústia respiratória aguda (SARA), a anfotericina B deve ser administrada de forma aguda, seguida por itraconazol oral (fluconazol, isavuconazol, posaconazol e voriconazol também são opções) para completar um esquema terapêutico de 12 semanas.

A histoplasmose pulmonar crônica também requer tratamento, pois se considera que ocorre progressão da doença, se não for tratada. O tratamento com anfotericina B, seguida de itraconazol ou outro azólico por 12 a 24 meses, é recomendado.

A histoplasmose disseminada geralmente responde bem à terapia com anfotericina B. Uma vez estabilizado, o tratamento do paciente pode ser modificado para itraconazol oral (fluconazol, isavuconazol, posaconazol e voriconazol também são opções) a ser administrado durante 6 a 18 meses. Pacientes com AIDS precisam de terapia vitalícia com itraconazol. Agentes azólicos alternativos incluem isavuconazol, posaconazol, voriconazol ou fluconazol; no entanto, resistência secundária ao fluconazol foi descrita em pacientes em terapia de manutenção de longo prazo.

A histoplasmose do SNC é universalmente fatal, se não tratada. A terapia de escolha é a anfotericina B seguida por fluconazol durante 9 a 12 meses.

Pacientes com histoplasmose mediastinal obstrutiva grave precisam de terapia com anfotericina B. O itraconazol pode ser utilizado para terapia ambulatorial.

Paracoccidioidomicose

A paracoccidioidomicose é uma infecção fúngica sistêmica causada pelos patógenos dimórficos *P. brasiliensis* e *P. lutzii*. Essa infecção também é conhecida como blastomicose sul-americana e é a principal micose endêmica causada por fungos dimórficos nos países da América Latina. A paracoccidioidomicose primária geralmente ocorre em jovens como um processo pulmonar autolimitado. Nesse estágio, raramente apresenta evolução progressiva aguda ou subaguda. A reativação de uma lesão quiescente primária pode ocorrer anos mais tarde, resultando em doença pulmonar crônica progressiva com ou sem envolvimento de outros órgãos.

MORFOLOGIA

A fase filamentosa ou miceliana de *P. brasiliensis*/*P. lutzii* cresce lentamente *in vitro* a 25°C. Colônias brancas tornam-se evidentes em 3 a 4 semanas e, por fim, adquirem aspecto aveludado. Colônias glabras, enrugadas e acastanhadas também podem ser vistas. A forma miceliana é indefinida e não diagnóstica mostrando hifas septadas hialinas com clamidoconídios intercalados. A identificação específica exige a conversão para a forma de levedura ou por teste de exoantígenos.

A forma de levedura característica é observada em tecido e em cultura a 37°C. Células leveduriformes, de tamanho variável (3 a 30 μm ou mais de diâmetro), ovais a redondas, com paredes duplas refringentes e brotamentos únicos ou múltiplos (blastoconídios) são características deste fungo (Figura 64.13). Os blastoconídios estão conectados à célula-mãe por um istmo estreito e seis ou mais de vários tamanhos podem ser produzidos a partir de uma única célula, tal como a morfologia denominada "roda de leme do navio". A variabilidade em tamanho e número de blastoconídios e sua conexão com a célula-mãe são características identificadoras (ver Figura 64.13). Essas características são mais bem observadas pela coloração GMS, mas também podem ser vistas em tecidos corados com H-E ou em montagens de KOH de amostras clínicas.

EPIDEMIOLOGIA

A paracoccidioidomicose é endêmica em toda a América Latina, mas é mais prevalente na América do Sul do que na América Central (ver Figura 64.2). A incidência mais alta é observada no Brasil, seguido pela Colômbia, Venezuela, Equador e Argentina. Todos os pacientes diagnosticados fora da América Latina moravam anteriormente na América Latina. A ecologia das áreas endêmicas inclui alta umidade, rica vegetação, temperaturas moderadas e solo ácido. Essas condições são encontradas ao longo de rios desde a selva amazônica até pequenas florestas indígenas no Uruguai. *Paracoccidioides brasiliensis* foi isolado do solo nessas áreas; entretanto, seu nicho ecológico não está bem estabelecido. Acredita-se que a porta de entrada seja por inalação ou inoculação traumática (Figura 64.14), embora mesmo isso seja mal compreendido. A infecção natural só foi documentada em tatus.

Embora a infecção ocorra em crianças (pico de incidência de 10 a 19 anos), a doença manifesta é incomum em crianças e adolescentes. Em adultos, a doença é mais comum em homens com 30 a 50 anos de idade. A inibição mediada por estrógeno da transição de micélio para levedura pode ser responsável pela razão homem:mulher de 15:1 da doença clínica. A maioria dos pacientes com doença clinicamente evidente vive em áreas rurais e tem contato próximo com o solo. Não há relatos de epidemias ou transmissão interpessoal. A depressão da imunidade mediada por células correlaciona-se com a forma progressiva aguda da doença.

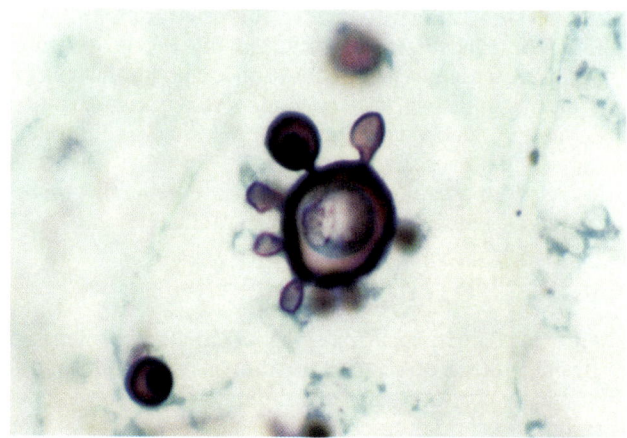

Figura 64.13 Forma de levedura de *Paracoccidioides brasiliensis* corada com metenamina de prata de Gomori mostrando múltiplos brotamentos com morfologia de "roda de leme de navio". (De Connor, D.H., et al., Pathology of Infectious Diseases. Appleton & Lange, Stamford, CT.)

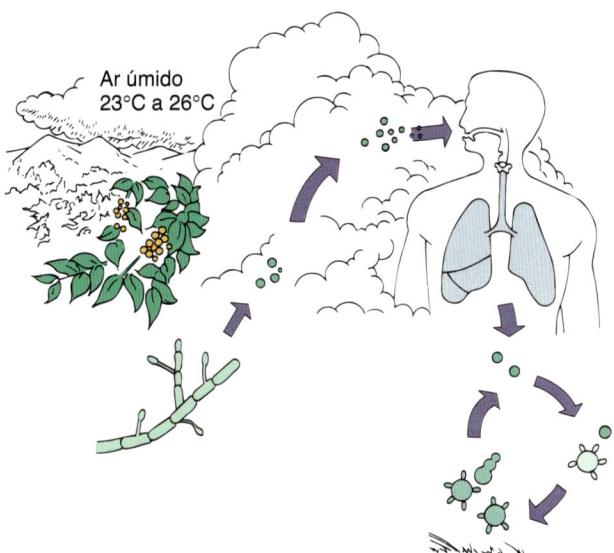

Figura 64.14 História natural do ciclo de *Paracoccidioides brasiliensis* nas fases filamentosa (sapróbica) e de levedura (parasitária).

SÍNDROMES CLÍNICAS

A paracoccidioidomicose pode ser subclínica ou progressiva com formas pulmonares agudas ou crônicas ou formas disseminadas agudas, subagudas ou crônicas da doença. A maioria das infecções primárias é autolimitada; no entanto, o organismo pode ficar dormente por longos períodos de tempo e reativar para causar doença clínica concomitante com defesas do hospedeiro prejudicadas. Uma forma disseminada subaguda é observada em pacientes mais jovens e indivíduos imunocomprometidos com linfadenopatia acentuada, organomegalia, comprometimento da medula óssea e manifestações osteoarticulares que mimetizam a osteomielite. A fungemia recorrente resulta em disseminação e lesões cutâneas frequentes. Lesões pulmonares e das mucosas não são observadas nessa forma da doença.

Os adultos apresentam, mais frequentemente, uma forma pulmonar crônica da doença caracterizada por distúrbios respiratórios, muitas vezes como única manifestação. A doença progride lentamente ao longo de meses a anos, com tosse persistente, escarro purulento, dor no peito, perda de peso, dispneia e febre. As lesões pulmonares são nodulares, infiltrativas, fibróticas e cavitárias.

Embora 25% dos pacientes apresentem apenas manifestações pulmonares da doença, a infecção pode se disseminar para locais extrapulmonares na ausência de diagnóstico e tratamento. As localizações extrapulmonares proeminentes incluem pele e mucosa, linfonodos, glândulas suprarrenais, fígado, baço, SNC e ossos. As lesões da mucosa são dolorosas e ulceradas, e geralmente estão confinadas à boca, aos lábios, às gengivas e ao palato. Mais de 90% desses indivíduos são homens.

DIAGNÓSTICO LABORATORIAL

O diagnóstico é estabelecido pela demonstração das formas características de levedura no exame microscópico de escarro, lavado broncoalveolar, raspados ou biopsia de úlceras, drenagem de pus dos linfonodos, líquido cerebrospinal ou tecido (ver Tabela 64.2). O microrganismo pode ser visualizado por vários métodos de coloração, incluindo fluorescência por calcoflúor branco, H-E, GMS, PAS ou coloração de Papanicolaou (ver Figura 64.13). A existência de múltiplos brotamentos diferencia *P. brasiliensis/P. lutzii* de *Cryptococcus neoformans* e *B. dermatitidis*.

O isolamento do microrganismo em cultura exige confirmação por demonstração de dimorfismo térmico ou teste de exoantígeno (detecção de exoantígeno 1, 2 e 3). As culturas devem ser manipuladas em uma cabine de biossegurança.

O teste sorológico usando ID ou FC para demonstrar anticorpos pode ser útil na sugestão do diagnóstico e na avaliação da resposta à terapia (ver Tabela 64.2). A aplicação de testes diagnósticos para detecção de antígeno e baseados em PCR tem valor limitado até o momento.

TRATAMENTO

O itraconazol é o tratamento de escolha para a maioria das formas de doença e, em geral, tem de ser administrado por um período mínimo de 6 meses. Infecções mais graves ou refratárias exigem terapia com anfotericina B, seguida por itraconazol ou sulfonamida. As recidivas são comuns com a terapia utilizando sulfonamida e tanto a dose quanto a duração precisam ser ajustadas com base em parâmetros clínicos e micológicos. O fluconazol tem alguma atividade contra esse microrganismo, embora recidivas frequentes tenham limitado seu uso para o tratamento dessa doença.

Talaromicose (peniciliose) *marneffei*

A talaromicose *marneffei* é uma micose disseminada causada pelo fungo dimórfico *Talaromyces* (antigo *Penicillium*) *marneffei*. Essa infecção envolve o sistema fagocítico mononuclear e ocorre principalmente em indivíduos infectados pelo HIV na Ásia tropical, principalmente Tailândia, nordeste da Índia, China, Hong Kong, Vietnã e Taiwan (ver Figura 64.2).

MORFOLOGIA

Talaromyces marneffei é a única espécie de *Talaromyces* que é um fungo dimórfico patogênico. Em sua fase filamentosa em cultura a 25°C, exibe estruturas de esporulação típicas do gênero (ver Figura 64.1). A identificação é auxiliada pela formação de um pigmento vermelho solúvel que se difunde no ágar (ver Tabela 64.3).

Em temperatura de 37°C em cultura e nos tecidos, *T. marneffei* cresce como um microrganismo leveduriforme que se divide por fissão e exibe um septo transverso (Figura 64.15). A forma de levedura é intracelular *in vivo* e, desse modo, assemelha-se a *H. capsulatum*, embora seja um pouco mais pleomórfica e alongada e não forme brotamentos (ver Tabela 64.2 e Figuras 64.10 e 64.15).

EPIDEMIOLOGIA

Talaromyces marneffei emergiu como um patógeno fúngico importante entre os indivíduos infectados pelo HIV no Sudeste Asiático (ver Figura 64.2). Casos importados foram relatados na Europa e nos EUA. Embora a doença seja encontrada predominantemente em pacientes com

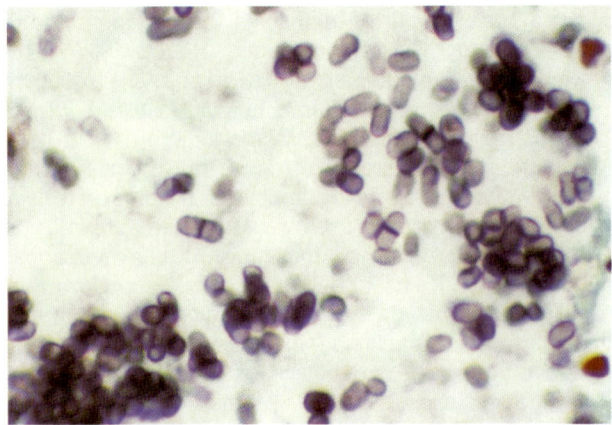

Figura 64.15 Células leveduriformes de *Talaromyces marneffei* coradas com metenamina de prata de Gomori, incluindo formas com septos transversais largos e únicos (centro). (De Connor, D.H., et al., 1997. Pathology of Infectious Diseases. Appleton & Lange, Stamford, CT.)

HIV/AIDS, sua epidemiologia está mudando com um melhor controle da infecção pelo HIV em todo o mundo e em indivíduos não infectados pelo HIV, incluindo aqueles com imunodeficiência mediada por células ou pacientes que recebem terapias de anticorpos monoclonais (p. ex., anti CD-20) e inibidores da quinase, também são vulneráveis. A talaromicose (peniciliose) *marneffei* tornou-se um indicador precoce da infecção pelo HIV no Sudeste Asiático. Embora *T. marneffei* tenha sido inicialmente isolado de um roedor, *Rhizomys sinensis*, no Vietnã em 1956, a exposição ao solo e material em decomposição, principalmente em condições úmidas e chuvosas, é provavelmente o fator de risco essencial; ocupações agrícolas têm sido independentemente associadas a risco aumentado. As tentativas de isolar o microrganismo do solo tiveram sucesso apenas limitado e ainda faltam provas de um reservatório ambiental. Notavelmente, microrganismos isolados de ratos-de-bambu e seres humanos mostraram compartilhar genótipos idênticos. Isso sugere que os roedores são vetores de infecções humanas ou que tanto seres humanos quanto roedores são infectados de uma fonte ambiental ainda não identificada. Infecção adquirida em laboratório foi relatada em um indivíduo imunocomprometido exposto à forma miceliana em cultura.

SÍNDROMES CLÍNICAS

A talaromicose *marneffei* ocorre quando um hospedeiro suscetível inala conídios de *T. marneffei* do ambiente e a infecção disseminada se desenvolve. A infecção pode mimetizar tuberculose, leishmaniose e outras infecções oportunistas relacionadas com a AIDS, como histoplasmose e criptococose. Os pacientes apresentam febre, tosse, infiltrados pulmonares, linfadenopatia, organomegalia, anemia, leucopenia e trombocitopenia. As lesões cutâneas refletem a disseminação hematogênica e têm aspecto semelhantes a molusco contagioso na face e no tronco.

DIAGNÓSTICO LABORATORIAL

Talaromyces marneffei é prontamente isolado de amostras clínicas, incluindo sangue, medula óssea, lavado broncoalveolar e tecido. Em culturas entre 25 a 30°C, o isolamento de fungos filamentosos que exibem morfologia típica semelhante ao *Penicillium* e um pigmento vermelho difusível é extremamente sugestivo. A conversão para a fase de levedura a 37°C é confirmatória. A detecção microscópica de leveduras elípticas com fissão dentro dos fagócitos em preparações do creme leucocitário (*buffy coat*) ou esfregaços de medula óssea, lesões ulcerativas na pele ou nódulos linfáticos têm valor diagnóstico (ver Figura 64.15). Testes sorológicos que detectam antígenos e anticorpos já foram desenvolvidos, embora nenhum teste comercial padronizado esteja disponível. Métodos de PCR e sequenciamento de ácido desoxirribonucleico (DNA) têm sido aplicados tanto para detecção direta em amostras clínicas, quanto para identificação de *T. marneffei* em cultura.

TRATAMENTO

Anfotericina B, voriconazol e itraconazol são frequentemente prescritos para tratar a infecção em decorrência de *T. marneffei*. A administração de anfotericina B por 2 semanas deve ser seguida por itraconazol por mais 10 semanas. Pacientes com AIDS precisam de tratamento de longa duração com itraconazol ou voriconazol para prevenir recidivas da infecção. A terapia com fluconazol foi associada a uma alta taxa de fracasso e não é recomendada. As equinocandinas, assim como o isavuconazol, posaconazol e terbinafina, podem ser úteis, mas são necessários mais dados.

Bibliografia

Armstrong, P.A., et al., 2018. Multistate epidemiology of histoplasmosis, United States, 2011-2014. Emerg. Infect. Dis. 24, 425–431.
Brown, J., et al., 2013. Coccidioidomycosis: epidemiology. Clin. Epidemiol. 5, 185–197.
Connor, D.H., et al., 1997. Pathology of infectious diseases. Appleton & Lange, Stamford, Conn.
Dukik, K., et al., 2017. Novel taxa of thermally dimorphic systemic pathogens in the *Ajellomycetaceae* (*Onygenales*). Mycoses 60, 296–309.
Restrepo, A., et al., 2012. Paracoccidioidomycosis: Latin Americas own fungal disorder. Curr. Fungal. Infect. Rep 6, 303–311.
Roy, M., et al., 2013. A large community outbreak of blastomycosis in Wisconsin with geographic and ethnic clustering. Clin. Infect. Dis. 57, 655–662.
Schwartz, I.S., et al., 2018. Emergomyces: a new genus of dimorphic fungal pathogens causing disseminated disease among immunocompromised persons globally. Curr Fungal Infect Rep 12, 44–50.
Scully, M.C., Baddley, J.W., 2018. Epidemiology of histoplasmosis. Curr. Fungal. Infect. Rep. 12, 51–58.
Smith, J.A., Kauffman, C.A., 2010. Blastomycosis, Proc Am Thorac Soc 7, 173–180.
Thompson III, G.R., Gomez, B.L., 2015. Histoplasma, Blastomyces, Coccidioides, and other dimorphic fungi causing systemic mycoses. In: Jorgensen, J.H., et al. (Ed.), Manual of Clinical Microbiology, eleventh ed. American Society for Microbiology Press, Washington, DC.
Vanittanakom, N., et al., 2006. *Penicillium marneffei* infection and recent advances in the epidemiology and molecular biology aspects. Clin. Microbiol. Rev. 19, 95.

65 Micoses Oportunísticas

George é um homem de 45 anos que foi submetido a um transplante alogênico de células-tronco hematopoéticas como parte de seu tratamento para leucemia aguda. O transplante correu bem e, após o enxerto, George teve alta do hospital. Durante o curso de seu transplante, os médicos prescreveram profilaticamente o antifúngico voriconazol em razão das preocupações em relação à aspergilose, que havia sido um problema no hospital nos últimos anos. Após a alta, George passou bem e sua profilaxia antifúngica foi mantida; no entanto, em uma visita clínica no dia 140 pós-transplante, ele apresentou erupção cutânea e função hepática elevada. Cerca de 1 semana depois, George começou a ter diarreia com sangue e seu médico ficou preocupado com a doença do enxerto contra o hospedeiro (DECH). Uma biopsia retal foi realizada confirmando DECH e a administração da terapia imunossupressora do paciente foi aumentada, assim como sua dose diária de voriconazol. Os sinais e sintomas de DECH continuaram e, por fim, George foi readmitido no hospital, onde manifestou estado confuso, febril e falta de ar. Uma radiografia de tórax mostrou um infiltrado em formato de cunha no campo pulmonar inferior direito e os estudos de imagem dos seios da face mostraram opacificação bilateral.

1. Qual é o diagnóstico diferencial desse processo?
2. Sobre quais patógenos fúngicos você se preocuparia em um indivíduo imunossuprimido recebendo voriconazol profilaticamente?
3. Como você faria o diagnóstico?
4. Qual regime terapêutico você faria?

RESUMOS Organismos clinicamente significativos

CANDIDÍASE

Palavras-chave

Candida, pseudo-hifas, endógena, exógena, levedura, imunocomprometido, candidíase vaginal, orofaríngea

Biologia, virulência e doença

- Leveduras oportunistas que causam infecções variando de doenças superficiais cutâneas e das mucosas a infecções com disseminação hematogênica, frequentemente fatais
- A maioria das infecções é causada por cinco espécies principais: *Candida albicans*, *C. glabrata*, *C. parapsilosis*, *C. tropicalis* e *C. krusei*
- A morfologia varia de leveduras com brotamento a pseudo-hifas e hifas verdadeiras
- A reprodução ocorre por formação de blastoconídios (brotamentos)
- Grupo mais importante dos patógenos fúngicos oportunistas
- Pode ser adquirido na comunidade (infecções das mucosas) ou associado ao ambiente hospitalar (doença invasiva)

Epidemiologia

- *Candida* spp. são organismos colonizadores conhecidos de humanos e outros animais de sangue quente
- O sítio primário de colonização é o trato gastrintestinal (TGI); comensais na vagina, uretra, pele e unhas
- A maioria das infecções é endógena, envolvendo a microbiota do hospedeiro normalmente comensal
- A transmissão exógena em hospitais também ocorre
- *Candida albicans* predomina na maioria dos tipos de infecção
- As consequências de ICSs causadas por espécies de *Candida* são graves; os fatores de risco incluem neoplasias hematológicas e neutropenia, cirurgia abdominal, prematuridade em recém-nascidos e idade > 70 anos

Diagnóstico

- Aparência clínica, exame microscópico direto e cultura
- Infecções em decorrência da disseminação hematogênica e a candidemia dificultam o diagnóstico apenas com base clínica
- O diagnóstico laboratorial envolve a obtenção de material clínico apropriado, seguido de exame microscópico direto; cultura; e (cada vez mais) aplicação da análise molecular, antigênica e proteômica

Tratamento, prevenção e controle

- Infecção cutânea e das mucosas: os agentes antifúngicos tópicos e sistemicamente ativos incluem azólicos (itraconazol, fluconazol, miconazol e muitos outros), poliênicos (anfotericina B e nistatina)
- Candidíase invasiva e candidemia: administração oral ou intravenosa, dependendo do agente antifúngico e da gravidade da doença e/ou imunossupressão; azólicos (fluconazol, voriconazol, posaconazol, isavuconazol), equinocandinas (anidulafungina, caspofungina, micafungina), formulações de anfotericina B (desoxicolato e formulações lipídicas), flucitosina

CRIPTOCOCOSE

Palavras-chave

Cápsula, levedura com brotamento, SNC, neurotrópico, tinta da China, antígeno, AIDS

Biologia, virulência e doença

- Micose sistêmica causada pelos fungos *Cryptococcus neoformans* e *C. gattii*
- *Cryptococcus neoformans* inclui sorotipos capsulares A, D e AD; var. *grubii* (sorotipo A) e var. *neoformans* (sorotipo D)
- *Cryptococcus gattii* inclui sorotipos B e C
- Organismos leveduriformes, esféricos a ovais, encapsulados, que se replicam por brotamento
- Ambas as espécies podem causar doença pulmonar hematogenicamente disseminada e do sistema nervoso central (SNC)

Epidemiologia

- Geralmente adquirido pela inalação de células aerossolizadas de *C. neoformans* e *C. gattii*
- Ambas as espécies são patogênicas para indivíduos imunocompetentes
- *Cryptococcus neoformans*: mais frequentemente encontrado como patógeno oportunista; observado no mundo inteiro em solo contaminado com excrementos de aves
- *Cryptococcus gattii*: encontrada em climas tropicais e subtropicais em associação a árvores de eucalipto; o foco no noroeste do Pacífico tem sido associado a abetos de Douglas

Continua

> **RESUMOS** Organismos clinicamente significativos *(continuação)*

- A doença é semelhante, embora a infecção por *C. gattii* tenda a ocorrer em indivíduos imunocompetentes e tenha uma mortalidade associada mais baixa
- A incidência diminuiu progressivamente desde o início dos anos 1990 em decorrência do uso generalizado de fluconazol e do tratamento bem-sucedido da infecção por vírus da imunodeficiência humana (HIV) com fármacos antivirais

Diagnóstico
- Pode se apresentar como processo pneumônico ou (mais comumente) como infecção do SNC
- O diagnóstico pode ser feito por cultura de sangue, LCR ou outro material clínico
- O exame microscópico do LCR pode revelar células de levedura com brotamento e encapsuladas características
- Meningite criptocócica: diagnóstico por detecção de antígeno polissacarídio no soro ou LCR

Tratamento, prevenção e controle
- Meningite criptocócica e outras formas disseminadas são universalmente fatais se não tratadas
- Terapia antifúngica: anfotericina B (desoxicolato ou formulação lipídica) mais flucitosina, seguida por terapia de manutenção/consolidação com fluconazol (de preferência) ou itraconazol
- Manejo eficaz da pressão do SNC e SIRI crucial para o tratamento bem-sucedido da meningite criptocócica

ASPERGILOSE

Palavras-chave
Hifas septadas ramificadas, pneumonite de hipersensibilidade, angioinvasiva, aspergiloma, conídios

Biologia, virulência e doença
- Amplo espectro de doenças causadas por fungos filamentosos (bolores) do gênero *Aspergillus*
- A exposição a esporos no ambiente pode causar reações alérgicas em hospedeiros hipersensibilizados ou doenças destrutivas, invasivas, pulmonares e disseminadas em hospedeiros altamente imunocomprometidos
- A grande maioria das infecções são causadas por *A. fumigatus* (mais comuns), *A. flavus*, *A. niger* e *A. terreus*
- Fungos filamentosos hialinos que produzem grandes quantidades de esporos (conídios) servem como propágulos infecciosos na inalação pelo hospedeiro
- Aspergilose invasiva marcada por angioinvasão e destruição de tecidos causada por infarto
- Disseminação comum via hematogênica da infecção para sítios extrapulmonares (mais frequentemente cérebro, coração, rins, TGI, fígado, baço) por causa da natureza angioinvasiva do fungo

Epidemiologia
- Espécies de *Aspergillus* são comuns no mundo inteiro; conídios onipresentes no ar, solo, matéria em decomposição
- Em ambiente hospitalar, *Aspergillus* spp. pode ser encontrado no ar, chuveiros, tanques de armazenamento de água, plantas em vasos
- Conídios (esporos) são constantemente inalados; as vias respiratórias são a porta de entrada mais frequente e importante
- A reação do hospedeiro, os achados patológicos associados e o prognóstico da infecção dependem mais de fatores do hospedeiro do que da virulência ou patogênese de espécies individuais

Diagnóstico
- Métodos sorológicos, de cultura, histopatológicos, moleculares, bioquímicos e antigênicos complementados por estudos de imagem

Tratamento, prevenção e controle
- O tratamento geralmente envolve a administração de corticosteroides juntamente com higienização pulmonar
- O tratamento da aspergilose pulmonar crônica pode envolver esteroides e terapia antifúngica de longo prazo, geralmente com um agente antifúngico azólico
- A profilaxia para pacientes de alto risco (neutropênicos), em geral, é realizada pela administração de azólicos ativos para fungos filamentosos (itraconazol, posaconazol, voriconazol)
- A terapia antifúngica específica da aspergilose invasiva geralmente envolve a administração de voriconazol ou uma formulação lipídica de anfotericina B; o isavuconazol foi recentemente aprovado pela U.S. Food and Drug Administration para o tratamento da aspergilose invasiva
- Esforços para diminuir a imunossupressão e/ou reconstituição das defesas imunológicas do hospedeiro são importantes, assim como a ressecção cirúrgica do tecido infectado, se possível
- A ressecção dos aspergilomas deve ser considerada apenas em casos de hemoptise grave

ICSs, infecções da corrente sanguínea; *SNC*, sistema nervoso central; *LCR*, líquido cefalorraquidiano; *GI*, gastrintestinal; *SIRI*, síndrome inflamatória de reconstituição imunológica.

A frequência de micoses invasivas causadas por patógenos fúngicos oportunistas aumentou significativamente nas últimas duas décadas. Essa expansão nas infecções está associada à morbidade e mortalidade excessivas (ver Capítulo 57, Tabela 57.1) e está diretamente relacionada com o aumento da população de pacientes em risco de desenvolvimento de infecções fúngicas graves. Os grupos de alto risco incluem indivíduos submetidos a transplante de medula óssea (TMO), transplante de órgãos sólidos, cirurgia de grande porte (principalmente cirurgia gastrintestinal [GI]), aqueles com síndrome de imunodeficiência adquirida (AIDS), doença neoplásica, terapia imunossupressora, idade avançada e nascimento prematuro (Tabela 65.1). As causas mais bem conhecidas de micoses oportunísticas incluem *Candida albicans*, *Cryptococcus neoformans* e *Aspergillus fumigatus* (Boxe 65.1). A frequência estimada de micoses invasivas causadas por esses patógenos é > 700 mil infecções/ano para *Candida*, > 1 milhão para *C. neoformans* e > 300 mil para *Aspergillus* (ver Capítulo 57, Tabela 57.1). Além desses agentes, é cada vez mais importante a lista crescente de "outros" fungos oportunistas (ver Boxe 65.1). Patógenos fúngicos novos e emergentes incluem espécies de *Candida* e *Aspergillus* diferentes de *C. albicans* e *A. fumigatus*; microsporídios; fungos leveduriformes oportunistas, tais como *Trichosporon* spp., *Malassezia* spp., *Rhodotorula* spp. e *Saprochaete capitata* (anteriormente *Blastoschizomyces capitatus*); os Mucormycetes; fungos filamentosos hialinos, tais como espécies de *Fusarium*, *Sarocladium*, *Scopulariopsis*, *Purpureocillium* (*Paecilomyces*) e *Trichoderma*; e uma grande variedade de fungos demáceos, incluindo *Scedosporium* spp. e *Lomentospora prolificans* (ver Boxe 65.1). As infecções causadas por esses organismos variam de fungemia relacionada ao uso de cateter e peritonite a infecções mais localizadas envolvendo pulmão, pele e seios paranasais para disseminação hematogênica generalizada. Muitos desses fungos eram considerados não patogênicos e agora são causas reconhecidas de micoses invasivas em pacientes comprometidos. As estimativas da incidência anual das micoses menos comuns são praticamente inexistentes; no entanto, dados de uma pesquisa de base populacional conduzida pelo Centro de Controle e Prevenção de

Tabela 65.1 Fatores predisponentes para micoses oportunísticas.

Fatores	Possível papel na infecção	Principais patógenos oportunistas
Agentes antimicrobianos (quantidade e duração)	Promove a colonização fúngica Fornece acesso intravascular	*Candida* spp., outras leveduras
Corticosteroide adrenal	Imunossupressão	*Cryptococcus neoformans*, *Aspergillus* spp., Mucormycetes, outros fungos filamentosos, *Pneumocystis*
Quimioterapia	Imunossupressão	*Candida* spp., *Aspergillus* spp., *Pneumocystis*
Malignidade hematológica/de órgãos sólidos	Imunossupressão	*Candida* spp., *Aspergillus* spp., Mucormycetes, outros fungos filamentosos e leveduriformes, *Pneumocystis*
Colonização anterior	Translocação através da mucosa	*Candida* spp.
Cateter de demora (cateter venoso central, transdutor de pressão, Swan-Ganz)	Acesso vascular direto Produto contaminado	*Candida* spp., outros fungos leveduriformes
Nutrição parenteral total	Acesso vascular direto Contaminação do infusato	*Candida* spp., *Malassezia* spp., outras leveduras
Neutropenia (leucócitos < 500/mm^3)	Imunossupressão	*Aspergillus* spp., *Candida* spp., outros fungos filamentosos e leveduriformes
Grandes cirurgias ou queimaduras	Rota da infecção Acesso vascular direto	*Candida* spp., *Fusarium* spp., Mucormycetes
Ventilação assistida	Rota da infecção	*Candida* spp., *Aspergillus* spp.
Hospitalização ou permanência em unidade de terapia intensiva	Exposição a agentes patogênicos Exposição a fatores de risco adicionais	*Candida* spp., outros fungos leveduriformes, *Aspergillus* spp.
Hemodiálise, diálise peritoneal	Rota de infecção Imunossupressão	*Candida* spp., *Rhodotorula* spp., outros fungos leveduriformes
Desnutrição	Imunossupressão	*Pneumocystis*, *Candida* spp., *C. neoformans*
Infecção pelo HIV/AIDS	Imunossupressão	*C. neoformans*, *Pneumocystis*, *Candida* spp., Microsporidia
Idade avançada	Imunossupressão Várias comorbidades	*Candida* spp.

AIDS, síndrome da imunodeficiência adquirida; HIV, vírus da imunodeficiência humana.

Boxe 65.1 Agentes de micoses oportunísticas.[a]

***Candida* spp.**

C. albicans
C. glabrata
C. parapsilosis
C. tropicalis
C. krusei
C. lusitaniae
C. guilliermondii
C. dubliniensis
C. rugosa
C. auris

***Cryptococcus neoformans* e outros fungos leveduriformes oportunistas**

C. neoformans/gattii
Malassezia spp.
Trichosporon spp.
Rhodotorula spp.
Saprochaete capitata

Microsporidia

***Aspergillus* spp.**

A. fumigatus
A. flavus
A. niger
A. versicolor
A. terreus

Mucormycetes

Rhizopus spp.
Mucor spp.
Rhizomucor spp.
Lichtheimia corymbifera
Cunninghamella spp.

Outros fungos filamentosos hialinos

Fusarium spp.
Sarocladium spp.
Paecilomyces spp.
Purpureocillium lilacinum
Trichoderma spp.
Scopulariopsis spp.

Fungos filamentosos demáceos

Alternaria spp.
Bipolaris spp.
Cladophialophora spp.
Curvularia spp.
Exophiala spp.
Exserohilum spp.
Lomentospora prolificans
Scedosporium spp.
Wangiella spp.

Pneumocystis jirovecii

[a]Lista não completa.

infectados pelo vírus da imunodeficiência humana (HIV), usuários de dentaduras, pessoas diabéticas e pacientes recebendo quimioterapia antineoplásica ou em tratamento com antibacterianos.

Praticamente todos os seres humanos podem apresentar uma ou mais espécies de *Candida* em todo seu TGI e os níveis de colonização podem aumentar para aqueles detectáveis em doenças ou outras circunstâncias nas quais os mecanismos de supressão microbiana pelo hospedeiro ficam comprometidos.

A fonte predominante de infecção em decorrência de *Candida* spp., desde a doença cutânea e mucosa superficial até a disseminação hematogênica, é o paciente. Ou seja, a maioria dos tipos de candidíase representa infecção **endógena** em que a microbiota do hospedeiro, normalmente comensal, aproveita a "oportunidade" de causar infecção. Para isso, deve haver uma redução da barreira anti-*Candida* do hospedeiro. Nos casos de ICSs causadas por espécies de *Candida*, a transferência do microrganismo da mucosa GI para a corrente sanguínea requer crescimento prévio de um número elevado de leveduras em seu hábitat comensal, juntamente com uma ruptura na integridade da mucosa GI.

A transmissão **exógena** de *Candida* também pode ser responsável por uma proporção de determinados tipos de candidíase. Os exemplos incluem o uso de soluções de irrigação contaminadas, fluidos de nutrição parenteral, transdutores de pressão vascular, valvas cardíacas e córneas. A transmissão de *Candida* spp. de profissionais de saúde a pacientes e de paciente para paciente tem sido bem documentada, principalmente no ambiente de unidade de terapia intensiva. As mãos dos profissionais de saúde servem como reservatórios potenciais para a transmissão nosocomial de *Candida* spp.

Entre as várias espécies de *Candida* capazes de causar infecção em humanos (ver Quadro 65.1 e Tabela 65.3), *C. albicans* predomina na maioria dos tipos de infecção. As infecções em sítios genitais, cutâneos e orais quase sempre envolvem *C. albicans*. Uma gama mais ampla de espécies é vista causando ICSs e outras formas de candidíase invasiva e, embora *C. albicans* geralmente predomine (ver Tabela 65.3), a frequência com que esta e outras espécies de *Candida* são isoladas do sangue varia consideravelmente de acordo com a assistência clínica (ver Tabela 65.3), a idade do paciente (Figura 65.3) e o ambiente local, regional ou global (Tabela 65.4). Enquanto *C. albicans* e *C. parapsilosis* predominam como causas de ICSs entre bebês e crianças, uma diminuição nas infecções por *C. albicans* e *C. parapsilosis* e um aumento proeminente nas infecções por *C. glabrata* é observado entre os idosos (ver Figura 65.3). Além disso, embora *C. glabrata* seja a segunda espécie mais comum causadora de ICSs na América do Norte, ela é encontrada em menor frequência na América Latina, onde *C. parapsilosis* e *C. tropicalis* são mais comuns (ver Tabela 65.4).

As diferenças nos números e tipos de *Candida* spp. que causam infecções podem ser influenciadas por vários fatores, incluindo idade do paciente, aumento da imunossupressão, exposição a medicamentos antifúngicos ou diferenças nas práticas de controle de infecção. Cada um desses fatores, isoladamente ou combinados, podem afetar a prevalência de diferentes espécies de *Candida* em cada instituição. O uso de azólicos (p. ex., fluconazol) para profilaxia antifúngica em pacientes com malignidade hematológica e receptores de transplante de células-tronco, por exemplo, pode aumentar a probabilidade de infecções causadas por *C. glabrata* e *C. krusei*,

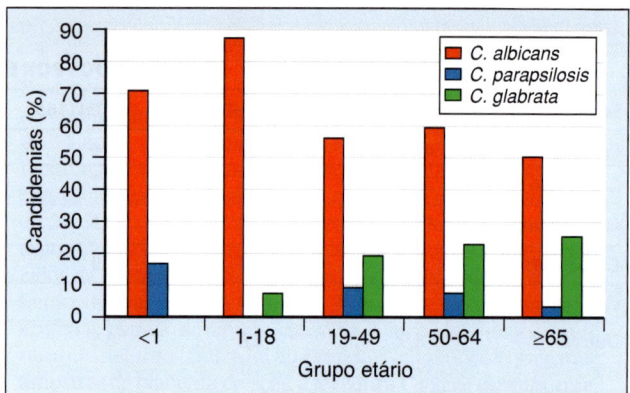

Figura 65.3 Porcentagem de todas as candidemias causadas por espécies selecionadas de *Candida* em cada faixa etária. Os dados são da Emerging Infections and the Epidemiology of Iowa Organisms Survey, 1998–2001. (Dados de Pfaller, M.A., Diekema, D.J., 2007. Epidemiology of invasive candidiasis: a persistent public health problem. Clin. Microbiol. Rev. 20, 133.)

que são duas espécies com suscetibilidade reduzida a essa classe de antifúngicos (ver Tabela 65.3). Além disso, a interrupção nas precauções de controle de infecção e no cuidado adequado de cateteres vasculares pode levar a mais infecções por *C. parapsilosis*, que é a espécie predominante isolada nas mãos de profissionais de saúde e uma causa frequente de fungemia relacionada com o uso de cateter. Nos últimos anos, *C. auris* emergiu, simultaneamente, em três continentes como uma importante nova causa de infecções nosocomiais, com linhagens clonais geograficamente restritas e altas taxas de transmissão inter e intra-hospitalar. Uma grande variedade de infecções profundas, além da candidemia, foi relatada e essa espécie multirresistente aos antifúngicos (intrinsecamente resistente ao fluconazol com resistências relatadas para anfotericina B, as equinocandinas e 5-FC) demonstrou persistir em ambientes hospitalares e causar colonização a longo prazo de pacientes em unidades de tratamento intensivo, levando a diretrizes específicas para o manejo de pacientes infectados ou colonizados por esse organismo.

As consequências de uma ICS por *Candida* em paciente hospitalizado são graves. Pacientes hospitalizados com candidemia apresentam risco duas vezes maior de morte no hospital do que aqueles com ICSs não causadas por *Candida* spp. Entre todos os pacientes com ICSs nosocomiais (adquiridas no hospital), a candidemia foi considerada um preditor independente de morte no hospital. Embora as estimativas de mortalidade possam ser confundidas pela natureza grave das doenças de base em muitos desses pacientes, estudos de coorte correspondentes confirmaram que a mortalidade diretamente atribuída à infecção fúngica é bastante alta (Tabela 65.5). Notavelmente, o excesso ou a mortalidade atribuível decorrente da candidemia não diminuiu daquela observada em meados da década de 1980 para a observada nos dias atuais, apesar da introdução de novos antifúngicos com boa atividade contra a maioria das espécies de *Candida*.

Claramente, sabe-se mais sobre a epidemiologia da candidemia nosocomial do que qualquer outra infecção fúngica. A evidência acumulada permite propor uma visão geral da candidemia nosocomial (Figura 65.4). Certos indivíduos hospitalizados estão claramente em risco aumentado de adquirir candidemia durante a hospitalização por causa de sua condição clínica de base: pacientes com neoplasias hematológicas malignas e/ou neutropenia; submetidos à

Tabela 65.4 Distribuição por região geográfica das espécies de *Candida* isoladas de infecção da corrente sanguínea.

Região	Número de isolados	% DE ISOLADOS POR ESPÉCIE				
		CA	CG	CP	CT	CK
Ásia-Pacífico	366	44,8	14,2	25,4	12,0	0,8
Europa	1.097	50,3	16,0	17,8	8,1	2,6
América Latina	433	43,0	8,8	24,0	17,6	1,8
América do Norte	1.211	41,5	25,3	14,3	9,0	3,3
TOTAL	3.107	45,2	18,4	18,2	10,3	2,5

Modificada de Pfaller, M.A., et al., 2013. Echinocandin and triazole antifungal susceptibility profiles for clinical opportunistic yeast and mold isolates collected from 2010 to 2011: application of new CLSI clinical breakpoints and epidemiological cutoff values for characterization of geographic and temporal trends of antifungal resistance. J. Clin. Microbiol. 51, 2571–2581.
CA, Candida albicans; CG, C. glabrata; CK, C. krusei; CP, C. parapsilosis; CT, C. tropicalis.

Tabela 65.5 Excesso de mortalidade atribuível a infecções nosocomiais por *Candida* e *Aspergillus*.

Tipo de taxa de mortalidade	PORCENTAGEM DE MORTALIDADE		
	CANDIDA[a]		ASPERGILLUS[b]
	1988	2001	1991
Mortalidade bruta			
Casos	57	61	95
Controles	19	12	10
Mortalidade atribuível	38	49	85

[a]Pacientes com candidemia. Dados de Wey, S.B., Mori, M. Pfaller, M.A., et al., 1988. Hospital-acquired candidemia: attributable mortality and excess length of stay. Arch. Intern. Med. 148, 2642–2645; Gudlagson, O., et al., 2003. Attributable mortality of nosocomial candidemia, revisited. Clin. Infect. Dis. 37, 1172–1177.
[b]Pacientes com transplante de medula óssea com aspergilose pulmonar invasiva. Dados de Pannuti, C.S., Gingrich, R.D., Pfaller, M.A., et al., 1991. Nosocomial pneumonia in adult patients undergoing bone marrow transplantation: a 9-year study. J. Clinical Oncol. 9, 1.

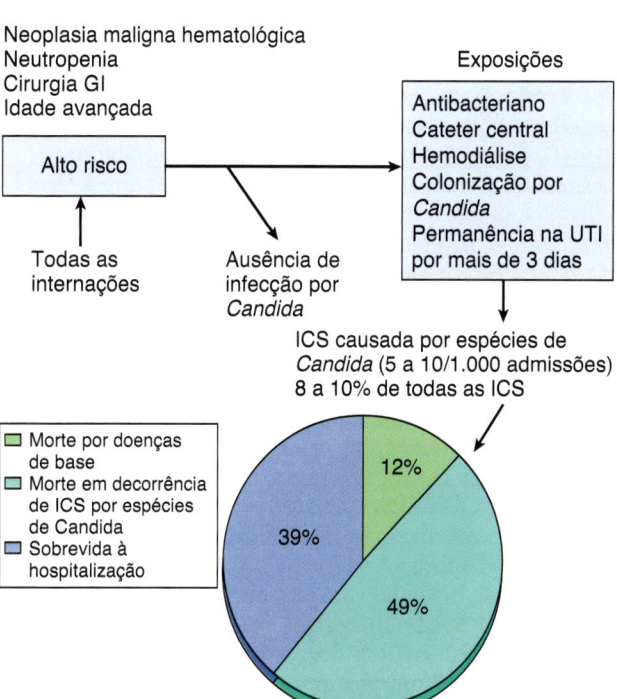

Figura 65.4 Visão global da candidemia adquirida em hospital. *ICS*, infecções da corrente sanguínea; *GI*, gastrintestinal; *UTI*, unidade de terapia intensiva. (Modificada de Lockhart, S.R., Diekema D.J., Pfaller M.A., et al., 2009. The epidemiology of fungal infections. In: Anaissie, E.J., McGinnis, M.R., Pfaller, M.A. [Eds.], Clinical Mycology, second ed. Churchill Livingstone, New York.)

cirurgia gastrintestinal, bebês prematuros e pacientes com mais de 70 anos (ver Tabela 65.1 e Figura 65.4). Em comparação com indivíduos controle, sem os fatores de risco específicos ou exposições, a probabilidade de esses pacientes já de alto risco contrair candidemia no hospital é aproximadamente duas vezes maior para cada classe de antibacterianos que recebem, sete vezes maior se eles tiverem um cateter venoso central, dez vezes maior se for constatado que *Candida* está colonizando outros sítios anatômicos e 18 vezes maior se o paciente tiver sido submetido à hemodiálise aguda. A hospitalização em unidade de terapia intensiva oferece a oportunidade de transmissão de *Candida* entre os pacientes e tem se mostrado um fator de risco independente adicional.

Os dados epidemiológicos disponíveis indicam que entre 20 e 40 de cada 1.000 pacientes de alto risco expostos aos fatores de risco mencionados anteriormente contrairão ICS causada por *Candida* spp. (8 a 10% de todas as ICSs nosocomiais; ver a Tabela 65.2). Aproximadamente 49% desses pacientes morrerão como consequência de sua infecção, 12% morrerão de sua doença de base e 39% sobreviverão à hospitalização (ver Figura 65.4). Esse quadro não mudou e pode até ser pior, em relação ao visto em meados da década de 1980. O resultado para quase metade dos pacientes com candidemia poderia ser aperfeiçoado por meios mais eficazes de prevenção, diagnóstico e terapia. Claramente, o mais desejável deles é a prevenção, que é abordada de maneira adequada pelo controle rigoroso das exposições, principalmente limitando o uso de antibacteriano de amplo espectro, melhorando o cuidado com o uso de cateter e aderindo às práticas de controle de infecção.

SÍNDROMES CLÍNICAS

Com o cenário certo, as espécies de *Candida* podem causar infecção clinicamente aparente praticamente em qualquer sistema orgânico (Tabela 65.6; ver Caso Clínico 65.1). As infecções variam de candidíase cutânea e da superfície mucosa até a disseminação hematogênica generalizada envolvendo órgãos-alvo, como fígado, baço, rim, coração e cérebro. Na última situação, a mortalidade diretamente atribuível ao processo infeccioso se aproxima de 50% (ver Tabela 65.5 e Figura 65.4).

DIAGNÓSTICO LABORATORIAL

O diagnóstico laboratorial de candidíase envolve a obtenção de material clínico apropriado seguido por exame de microscopia direta e cultura (ver Capítulo 60). Raspados de lesões cutâneas ou de mucosas podem ser examinados diretamente após o tratamento com 10 a 20% de hidróxido de potássio (KOH) contendo branco de calcoflúor. A presença de leveduras em brotamento e pseudo-hifas é facilmente detectada no exame com um microscópio de fluorescência (ver Figura 60.1). A cultura em meio micológico padrão permitirá o isolamento do organismo para posterior identificação das espécies. Cada vez mais, as amostras são semeadas diretamente em um meio cromogênico seletivo, como o CHROMagar® Candida, que permite a detecção de espécies mistas de Candida dentro da amostra e a rápida identificação de C. albicans (colônias verdes) e C. tropicalis (colônias azuis) com base em seu aspecto morfológico (Figura 65.5).

Todos os outros tipos de infecção necessitam de cultura para o diagnóstico, a menos que o tecido possa ser obtido para exame histopatológico (ver Capítulo 60). Sempre que possível, as lesões cutâneas devem ser biopsiadas e os cortes histológicos corados com GMS (Grocott-Gomori) ou outra coloração específica para fungos. A visualização de leveduras com brotamento e pseudo-hifas características é suficiente para o diagnóstico de candidíase (Figura 65.6). Culturas de sangue, tecido e fluidos corporais normalmente estéreis também devem ser realizadas. A identificação de isolados de Candida em nível de espécie é importante, em virtude das diferenças na resposta aos vários agentes antifúngicos (ver Capítulo 61). Isso pode ser realizado conforme descrito no Capítulo 60, utilizando o teste de tubo germinativo (C. albicans), vários testes/meios cromogênicos (ver Figura 65.5), hibridização in situ com fluorescência de ácido nucleico peptídico (PNA-FISH) e painéis de assimilação de carboidratos, disponíveis comercialmente. Por outro lado, o uso de métodos baseados em sequência de ácido nucleico ou proteômica fornece um meio rápido, preciso e econômico de identificação de espécies.

Marcadores imunológicos, bioquímicos e moleculares para o diagnóstico de candidíase são descritos no Capítulo 60. Embora esses métodos não estejam amplamente disponíveis atualmente, avanços recentes na tecnologia de detecção direta são uma grande promessa para o diagnóstico rápido de candidíase invasiva.

TRATAMENTO, PREVENÇÃO E CONTROLE

Há uma grande variedade de opções de tratamento para a candidíase (ver Capítulo 61). As infecções de mucosas e cutâneas podem ser tratadas com diversos cremes tópicos, loções, pomadas e supositórios contendo vários agentes antifúngicos azólicos (ver Tabela 61.1). A terapia oral sistêmica dessas infecções também pode ser realizada com fluconazol ou itraconazol.

A colonização da bexiga ou cistite pode ser tratada com instilação de anfotericina B diretamente na bexiga (lavagem da bexiga) ou também por administração oral de fluconazol. Ambas as medidas provavelmente não terão sucesso se o cateter vesical não puder ser removido.

Infecções mais profundas requerem terapia sistêmica, cuja escolha depende do tipo de infecção, da espécie infectante e do estado geral do hospedeiro. Em muitos casos, o

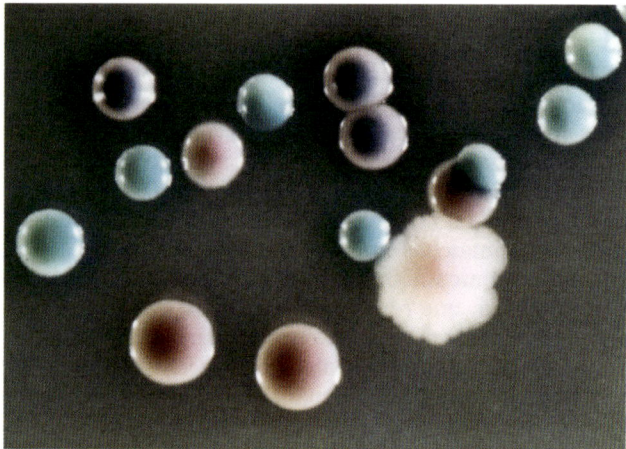

Figura 65.5 Diferenciação de espécies de Candida por isolamento em CHROMagar® Candida. As colônias verdes são C. albicans; as colônias cinza-azuladas são C. tropicalis; e a colônia grande, rugosa e rosa-claro é C. krusei. As colônias lisas, de cor rosa ou malva, são outras espécies de leveduras (apenas C. albicans, C. tropicalis e C. krusei podem ser reconhecidas com segurança nesse meio; outras espécies têm colônias que variam de branco a rosa e malva). (De Anaissie, E.J., McGinnis, M.R., Pfaller, M.A. [Eds.], 2009. Clinical Mycology, 2 ed. Churchill Livingstone, New York.)

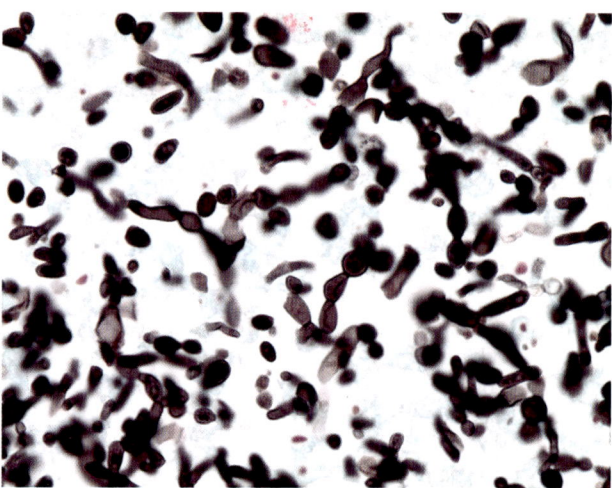

Figura 65.6 Candida corada com metenamina de prata de Grocott-Gomori demonstrando leveduras em brotamento e pseudo-hifas (1.000 ×).

fluconazol oral pode ser bastante eficaz no tratamento da candidíase. Esse medicamento pode ser utilizado no tratamento da peritonite, bem como na terapia de manutenção de longo prazo da doença invasiva após um regime inicial de terapia intravenosa. O fluconazol é eficaz quando administrado por via intravenosa para o tratamento da candidemia em pacientes não neutropênicos. Os pacientes que se tornam candidêmicos durante a profilaxia com fluconazol ou aqueles com infecção documentada causada por C. auris, C. krusei ou C. glabrata resistente ao fluconazol requerem tratamento com anfotericina B (formulação convencional ou lipídica) ou equinocandina (anidulafungina, caspofungina ou micafungina). Nas condições clínicas em que C. auris, C. glabrata ou C. krusei são agentes etiológicos plausíveis (p. ex., terapia/profilaxia anterior com fluconazol ou uma situação endêmica), a terapia inicial com uma equinocandina ou uma formulação de anfotericina B é recomendada, com uma mudança para fluconazol (menos tóxico do que a anfotericina B, mais barato e disponível por via oral em comparação com as equinocandinas) com base nos resultados de identificação final da espécie e dos testes de suscetibilidade. Em todos os casos, deve-se tomar cuidado para remover o foco da infecção, se possível. Desse modo, cateteres vasculares devem ser removidos ou trocados, os abscessos devem ser drenados e outros materiais implantados potencialmente infectados devem ser removidos na medida do possível; da mesma maneira, os esforços devem ser direcionados para a reconstituição imunológica.

Como na maioria das doenças infecciosas, a prevenção é claramente preferível ao tratamento de uma infecção já estabelecida por *Candida*. Evitar agentes antimicrobianos de amplo espectro, o cuidado meticuloso com o uso de cateter e a adesão rigorosa às precauções de controle de infecções são imprescindíveis. A diminuição da colonização obtida pela profilaxia com fluconazol demonstrou ser eficaz quando utilizada em grupos **específicos** de alto risco, como pacientes com transplante de medula óssea (TMO) e/ou de fígado. Tal profilaxia tem o potencial para selecionar ou criar cepas ou espécies que são resistentes ao agente administrado. De fato, isso foi observado em certas instituições com a emergência de *C. glabrata*, *C. auris* e *C. krusei* resistentes ao fluconazol, mas o benefício geral nos grupos de pacientes de alto risco supera os possíveis perigos. A transferência dessa abordagem para outros grupos de pacientes, entretanto, é repleta de problemas e não deve ser realizada sem um estudo cuidadoso e sem a estratificação de risco para identificar os indivíduos com maior probabilidade de se beneficiar da profilaxia antifúngica.

Micoses oportunísticas causadas por *Cryptococcus neoformans* e outros fungos leveduriformes não *Candida*

Da mesma maneira que espécies de *Candida* se aproveitam de condições imunossupressoras, dispositivos internos e uso de antibacterianos de amplo espectro, também existem vários fungos leveduriformes não *Candida*, que encontraram uma "oportunidade" para colonizar e infectar pacientes imunocomprometidos. Esses organismos podem ocupar nichos ambientais ou serem encontrados em alimentos e na água; além disso, fazem parte da microbiota humana normal. A lista dessas leveduras oportunistas é longa, mas limitaremos essa discussão a dois patógenos principais, *C. neoformans* e *C. gattii*, além de quatro gêneros que apresentam problemas específicos como patógenos oportunistas: *Malassezia* spp., *Trichosporon* spp., *Rhodotorula* spp. e *S. capitata* (anteriormente *B. capitatus*).

CRIPTOCOCOSE

A criptococose é uma micose sistêmica causada pelos fungos leveduriformes basidiomicetos encapsulados *C. neoformans* e *C. gattii*. *Cryptococcus neoformans* tem distribuição mundial e é encontrado como um saprófita onipresente de solo, sobretudo aquele enriquecido com fezes de pombo. *Cryptococcus neoformans* inclui os sorotipos capsulares A e D, enquanto *C. gattii* inclui os sorotipos B e C. Estudos filogenéticos recentes resultaram na proposta de uma reorganização completa dos complexos de espécies (CEs) designados anteriormente como *C. neoformans* e *C. gattii*. *Cryptococcus neoformans* foi mantido para descrever espécies anteriormente referidas como *C. neoformans* var. *grubii*; *C. deneoformans* foi elevado para abranger isolados do sorotipo D (anteriormente *C. neoformans* var. *neoformans*) e pelo menos cinco espécies crípticas são reconhecidas no CEs *C. gattii*. Para as finalidades desse capítulo, limitaremos nossa discussão a *C. neoformans* e *C. gattii*.

Morfologia

Microscopicamente, *C. neoformans* e *C. gattii* são leveduras esféricas a ovais, encapsuladas, com 2 a 20 µm de diâmetro. A replicação ocorre por brotamento a partir de uma base relativamente estreita. Brotamentos únicos geralmente são formados, mas múltiplos brotamentos e cadeias de células em brotamento às vezes estão presentes (Figura 65.7). Tubos germinativos, hifas e pseudo-hifas costumam estar ausentes no material clínico.

No tecido e na coloração com tinta da China, as células são variáveis em tamanho; formato, esféricas, ovais ou elípticas; e são rodeadas por zonas opticamente claras, suavemente contornadas e esféricas ou "halos" que representam a cápsula polissacarídica extracelular (Figura 65.8).

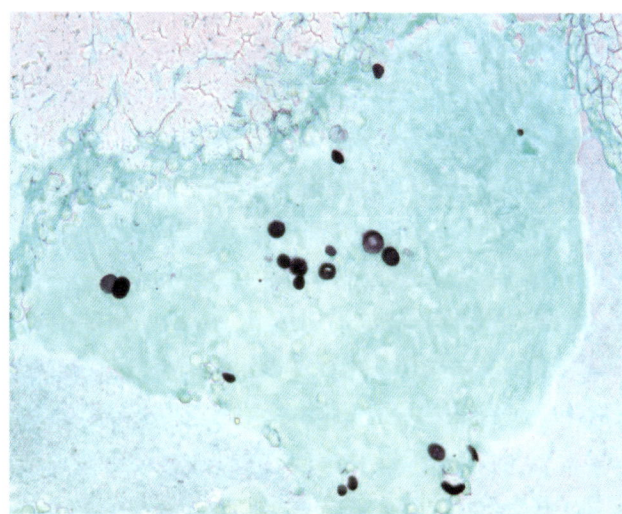

Figura 65.7 *Cryptococcus neoformans*. Morfologia microscópica, coloração de metenamina de prata de Grocott-Gomori.

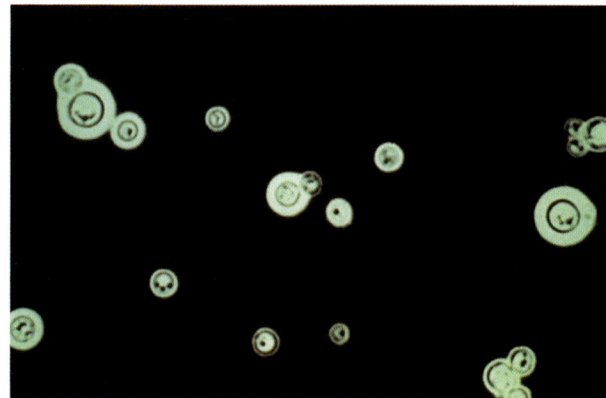

Figura 65.8 *Cryptococcus neoformans*. Preparação de tinta da China demonstrando a grande cápsula ao redor das células de leveduras em brotamento (1.000 ×).

A cápsula é um marcador distinto que pode ter um diâmetro de até cinco vezes o da célula fúngica e é facilmente detectado com coloração de mucina, como o Mucicarmim de Mayer (Figura 65.9). O microrganismo cora fracamente com H-E, mas é facilmente detectado com as colorações de PAS e GMS. O envoltório celular de *C. neoformans* contém melanina, que pode ser demonstrada pela coloração de Fontana-Masson.

Epidemiologia

A criptococose é geralmente adquirida pela inalação de células aerossolizadas de *C. neoformans* e *C. gattii* do ambiente (Figura 65.10). A disseminação subsequente dos pulmões, geralmente para o SNC, produz doença clínica em indivíduos suscetíveis. A criptococose cutânea primária pode ocorrer após a inoculação transcutânea, mas é rara.

Embora *C. neoformans* e *C. gattii* sejam patogênicos para indivíduos imunocompetentes, *C. neoformans* é mais frequentemente encontrado como um patógeno oportunista. É a causa mais comum de meningite fúngica e tende a ocorrer em pacientes com imunidade celular deficiente.

Considerando que *C. neoformans* e *C. deneoformans* são encontrados em todo o mundo em associação ao solo contaminado com excrementos de aves, o hábitat ambiental do complexo de espécies *C. gattii* foi originalmente identificado como sendo o eucalipto *Eucalyptus camaldulensis*, entretanto várias outras famílias de plantas foram identificadas como fontes. Isolados do complexo de espécies *C. gattii* foram relatados em áreas subtropicais e em áreas temperadas da Europa, Ásia, Oceania, África e América. Um foco endêmico de *C. gattii* foi identificado na Ilha de Vancouver, na Colúmbia Britânica, ocorrendo também nos estados de Oregon e Washington, estendendo-se até a Califórnia. Casos esporádicos de infecção por *C. gattii* foram detectados em várias áreas distintas dos EUA. Tanto *C. neoformans* (var. *neoformans* e var. *grubii*) quanto *C. gattii* causam doença semelhante, embora a infecção por *C. gattii* tenha a tendência de ocorrer em indivíduos imunocompetentes e tenha uma mortalidade associada mais baixa, porém com sequelas neurológicas mais graves em razão da formação de granuloma no SNC.

Cryptococcus neoformans é um importante patógeno oportunista de pacientes com AIDS. Os indivíduos com contagens de linfócitos CD4+ inferiores a $100/mm^3$ (geralmente < $200/mm^3$) apresentam alto risco de criptococose disseminada e do SNC. A incidência de criptococose parece ter atingido o ápice nos EUA no início de 1990 (65,5 infecções por milhão ao ano) e diminuiu progressivamente desde então em virtude do uso generalizado de fluconazol e, mais importante, do tratamento bem-sucedido da infecção pelo HIV com novos medicamentos antirretrovirais.

Síndromes clínicas

A criptococose pode se manifestar como um processo pneumônico ou, mais comumente, como uma infecção do SNC secundária à disseminação hematogênica e linfática de um foco pulmonar primário (Caso Clínico 65.2). Com menos frequência, uma infecção mais amplamente disseminada pode ser observada nas formas cutânea, mucocutânea, óssea e visceral da doença.

A criptococose pulmonar tem apresentação variável, desde um processo assintomático até uma pneumonia bilateral mais fulminante. Os infiltrados nodulares podem ser unilaterais ou bilaterais, tornando-se mais difusos em infecções graves. A cavitação é rara.

Cryptococcus neoformans e *C. gattii* são altamente neurotrópicos e a forma mais comum de doença é a cerebromeníngea. A evolução da doença é variável e pode ser bastante crônica; no entanto, é inevitavelmente fatal se não for tratada. Tanto as meninges quanto o tecido cerebral subjacente estão envolvidos e o quadro clínico é de febre, cefaleia, meningismo, distúrbios visuais, estado mental anormal e convulsões. O quadro clínico é altamente dependente do estado imunológico do paciente e tende a ser dramaticamente grave em pacientes com AIDS e outros pacientes gravemente comprometidos tratados com esteroides ou outros agentes imunossupressores.

As lesões parenquimatosas ou os criptococomas são incomuns em infecções causadas por *C. neoformans*, mas representam a manifestação mais comum de criptococose do SNC em hospedeiros imunocompetentes infectados com *C. gattii*.

Outras manifestações de criptococose disseminada incluem lesões cutâneas, que ocorrem em 10 a 15% dos pacientes e podem mimetizar um molusco contagioso; infecções oculares, incluindo coriorretinite, vitrite e invasão do nervo

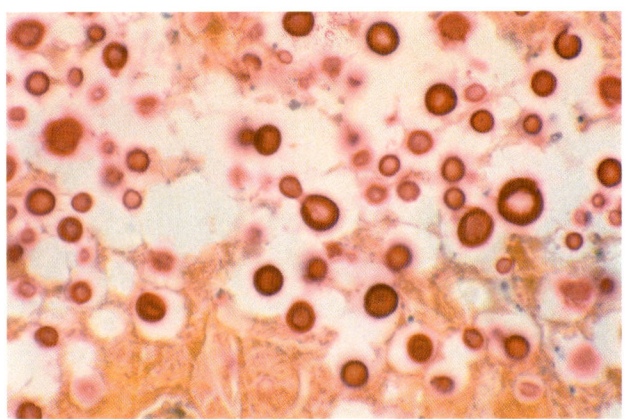

Figura 65.9 *Cryptococcus neoformans* corado com Mucicarmin (1.000 ×).

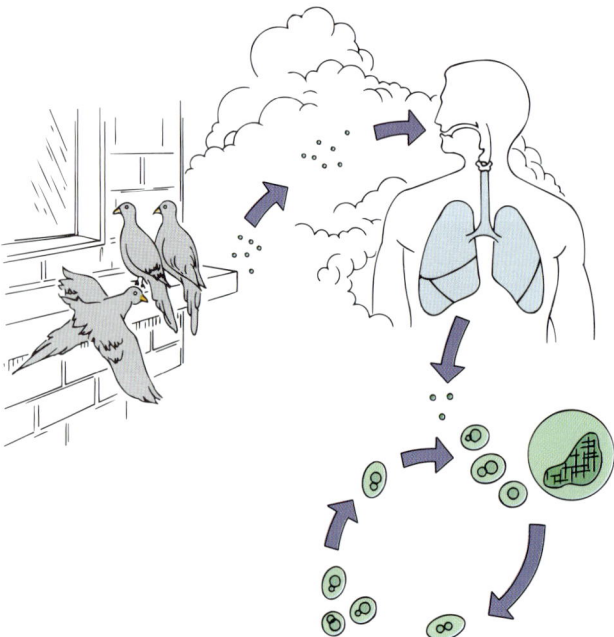

Figura 65.10 História natural do ciclo saprofítico e parasitário de *Cryptococcus neoformans*.

> **Caso Clínico 65.2 Criptococose**
>
> Pappas et al. descreveram um caso de criptococose em um receptor de transplante de coração. O paciente de 56 anos, submetido a uma cirurgia de transplante cardíaco 3 anos antes, apresentou celulite de início recente na perna esquerda e uma leve dor de cabeça de 2 semanas de duração. O paciente estava em terapia imunossupressora crônica com ciclosporina, azatioprina e prednisona e foi internado para administração por via intravenosa de antibacterianos. Apesar de 5 dias de nafcilina IV, o paciente não apresentou melhora e uma biopsia de pele da área da celulite foi obtida para estudos histopatológicos e cultura. Os resultados laboratoriais revelaram a presença de uma levedura compatível com *Cryptococcus neoformans*. Também foi realizada uma punção lombar e o exame do LCR revelou a presença de líquido turvo e uma pressão de abertura elevada de 420 mm H_2O. O exame microscópico revelou a presença de leveduras em brotamento encapsuladas. Os títulos de antígeno criptocócico de LCR e sangue estavam, notadamente, elevados. As culturas de sangue, LCR e biopsia de pele detectaram o crescimento de *C. neoformans*. Foi iniciada terapia antifúngica sistêmica com anfotericina B e flucitosina. Infelizmente, o paciente sofreu declínio progressivo do estado mental, apesar do manejo agressivo da pressão intracraniana e da maximização das doses de antifúngicos. Ele manifestou declínio lento e progressivo, levando o paciente a óbito 13 dias após o início da terapia antifúngica. As culturas de LCR obtidas 2 dias antes da morte permaneceram positivas para *C. neoformans*.
>
> Nesse caso, o paciente era altamente imunocomprometido e apresentava celulite e cefaleia. Essa manifestação clínica deve levantar a suspeita de um patógeno atípico como *C. neoformans*. Um diagnóstico rápido e preciso é importante, considerando a alta mortalidade associada à criptococose. Infelizmente, apesar desses esforços e do uso de terapia agressiva, muitos desses pacientes irão sucumbir à infecção.
>
> *LCR*, líquido cefalorraquidiano; *IV*, intravenosa.

ocular; lesões ósseas envolvendo as vértebras e proeminências ósseas; e comprometimento prostático, que pode ser um reservatório assintomático de infecção.

Diagnóstico laboratorial

O diagnóstico de infecção em decorrência de *C. neoformans* e *C. gattii* pode ser feito por cultura de sangue, líquido cefalorraquidiano (LCR) ou outro material clínico (ver Capítulo 60). O exame microscópico do LCR pode revelar a presença de leveduras encapsuladas com brotamento características. As células de *C. neoformans*, quando presentes no LCR ou em outro material clínico, podem ser visualizadas com a coloração de Gram (ver Capítulo 60, Figura 60.2), bem como com a tinta da China (ver Figura 65.8) ou outras colorações (ver Figura 65.7). A cultura de material clínico em meio micológico de rotina produzirá colônias mucoides compostas por leveduras redondas, encapsuladas e em brotamento que são urease-positivas em 3 a 5 dias. A identificação das espécies pode ser realizada por testes de assimilação de carboidratos, por crescimento em ágar semente de Níger (as colônias de *C. neoformans* tornam-se de cor marrom a preta) ou por teste direto para atividade de fenoloxidase (positiva).

Mais comumente, no entanto, o diagnóstico de meningite criptocócica é feito pela detecção direta do antígeno polissacarídio capsular no soro ou no LCR (Tabela 65.7). A detecção do antígeno criptocócico é realizada usando-se um dos vários kits de aglutinação em látex ou imunoensaio enzimático disponíveis comercialmente. O desenvolvimento de um ensaio de detecção de antígeno de fluxo lateral fornece um teste rápido, à beira do leito (*point-of-care*), potencial para uso em campo. Esses ensaios demonstram rapidez, sensibilidade e especificidade para o diagnóstico de doenças criptocócicas causadas por *C. neoformans* e *C. gattii* (ver Tabela 65.7). Enquanto o teste de β-D-glucana não é útil para o diagnóstico de criptococose, os métodos moleculares como a reação em cadeia da polimerase (PCR) são bastante promissores.

Tratamento

A meningite criptocócica (e outras formas disseminadas de criptococose) se não tratada é universalmente fatal. Além da administração imediata de terapia antifúngica apropriada, o manejo eficaz da pressão do SNC e da síndrome de reconstituição imunológica (SRI) é crucial para o sucesso do tratamento da meningite criptocócica. Todos os pacientes devem receber anfotericina B mais flucitosina de forma aguda por 2 semanas (terapia de indução), seguida por consolidação de 8 semanas com fluconazol oral (de preferência) ou itraconazol. Os pacientes com AIDS geralmente requerem terapia de manutenção contínua com fluconazol ou itraconazol. Em pacientes sem AIDS, o tratamento pode ser interrompido após a terapia de consolidação; no entanto, a recidiva pode ser observada em até 26% desses pacientes dentro de 3 a 6 meses após a descontinuação da terapia. Desse modo, um tratamento de consolidação prolongado com azólicos por até 1 ano pode ser aconselhável, mesmo em pacientes sem AIDS.

O tratamento desses pacientes deve ser seguido tanto por avaliação clínica quanto micológica, e esta última requer a repetição da punção lombar a ser realizada (1) no final da terapia de indução de 2 semanas para garantir a esterilização do LCR, (2) no final da terapia de consolidação e (3) sempre que indicado por uma mudança no estado clínico durante o acompanhamento. As amostras de LCR coletadas durante o seguimento devem ser cultivadas. A determinação de proteínas do LCR, glicose, a contagem de células e a detecção do título de antígeno criptocócico são úteis na avaliação da resposta à terapia, mas não são altamente preditivos do desfecho clínico. A falha em esterilizar o LCR no 14º dia de terapia é um indicativo de probabilidade muito maior de fracasso da terapia de consolidação.

Tabela 65.7 Sensibilidade da detecção de antígeno, microscopia com a tinta da China e cultura de líquido cefalorraquidiano no diagnóstico de meningite criptocócica.

Teste	% SENSIBILIDADE	
	Pacientes com AIDS	Pacientes sem AIDS
Antígeno	100	86 a 95
Tinta da China	82	50
Cultura	100	90

AIDS, síndrome da imunodeficiência adquirida.
Modificada de Viviani, M.A., Tortorano, A.M., 2009. Cryptococcus. In: Anaissie, E.J., McGinnis, M.R., Pfaller, M.A. (Eds.), 2009. Clinical Mycology, 2 ed. Churchill Livingstone, New York.

OUTRAS MICOSES CAUSADAS POR FUNGOS LEVEDURIFORMES

Entre os patógenos leveduriformes não *Candida* e não *Cryptococcus*, as infecções nosocomiais causadas por *Malassezia* spp., *Trichosporon* spp., *Rhodotorula* spp. e *S. capitata* são as mais evidentes, seja porque são difíceis de detectar ou porque podem representar problemas específicos no que diz respeito à resistência antifúngica.

Infecções causadas por *Malassezia* spp. (*M. furfur* e *M. pachydermatis*) são geralmente relacionadas com o uso de cateter e tendem a ocorrer em bebês prematuros ou em outros pacientes que recebem infusões de lipídios. Ambos os microrganismos são leveduras com brotamento (Figura 65.11; ver também o Capítulo 62, Figura 62.2). *Malassezia furfur* é um colonizador de pele comum e é o agente etiológico da tínea (pitiríase) versicolor (ver Capítulo 62), enquanto *M. pachydermatis* é uma causa frequente de otite em cães, bem como um microrganismo comensal de pele humana.

Entre as espécies de *Malassezia*, *M. furfur* é conhecida por sua exigência de lipídios exógenos para crescimento. Essa exigência de crescimento, mais seu nicho ecológico na pele, explica parte da epidemiologia de *M. furfur*, pois as infecções nosocomiais causadas por esse microrganismo estão diretamente relacionadas com a administração de suplementos lipídicos intravenosos por meio de um cateter venoso central. Embora *M. pachydermatis* não exija lipídios exógenos para o crescimento, os ácidos graxos estimulam o seu crescimento e as infecções causadas por esse microrganismo têm sido associadas à nutrição parenteral e à administração intravenosa de lipídios. Apesar de a maioria das infecções por *Malassezia* spp. serem esporádicas, surtos de fungemia foram observados entre crianças que receberam suplementação lipídica intravenosa. O crescimento do microrganismo é favorecido pela infusão rica em lipídios, fazendo com que ele ganhe acesso à corrente sanguínea por meio do cateter. Um surto importante de fungemia por *M. pachydermatis* em uma unidade de terapia intensiva pediátrica foi relacionado com enfermeiras que tinham cães com otite por *M. pachydermatis*. A cepa do surto foi encontrada nas mãos das enfermeiras e de pelo menos um dos cães afetados.

Espécies de *Malassezia* devem ser consideradas quando leveduras são observadas microscopicamente em frascos de hemocultura ou em material clínico, mas nenhum microrganismo é recuperado no meio contendo ágar de rotina. Para isolar *Malassezia* spp., especialmente *M. furfur*, em meio com ágar, as placas devem ser inoculadas e então cobertas com azeite de oliva estéril. O azeite de oliva fornece a necessidade de lipídios e o crescimento deve ser detectado em 3 a 5 dias.

O tratamento da fungemia causada por *Malassezia* spp. geralmente não requer a administração de agentes antifúngicos. A infecção diminui assim que a infusão de lipídios é interrompida e as linhas intravasculares são removidas.

O gênero *Trichosporon* atualmente consiste em seis espécies que são de importância clínica: *T. asahii* e *T. mucoides* (agora classificados no gênero *Cutaneotrichosporon*) são conhecidos por causar infecções invasivas profundas; *T. asteroides* e *T. cutaneum* (agora classificados no gênero *Cutaneotrichosporon*) causam infecções superficiais da pele; *T. ovoides* causa piedra branca no couro cabeludo e *T. inkin* causa piedra branca nos pelos pubianos. Morfologicamente, esses organismos são semelhantes e aparecem em material clínico como hifas, artroconídios e células de leveduras em brotamento.

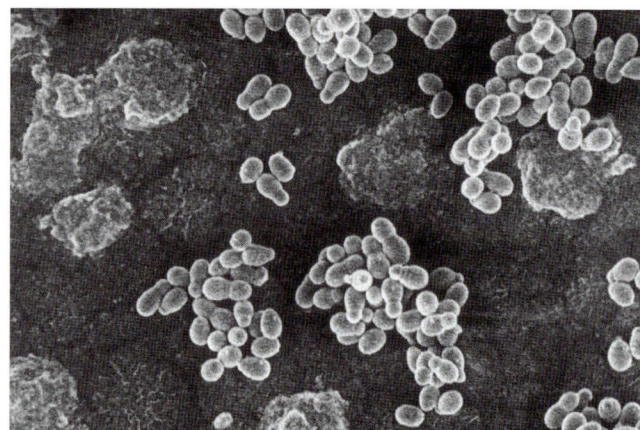

Figura 65.11 Micrografia eletrônica de varredura de *Malassezia furfur* aderindo ao lúmen de um cateter venoso central. (Cortesia de S.A. Messer.)

Trichosporon spp. causa fungemia associada a cateter em pacientes neutropênicos, mas também pode ganhar acesso à corrente sanguínea através do trato respiratório ou TGI. A disseminação hematogênica generalizada pode se manifestar como hemoculturas positivas e múltiplas lesões cutâneas. A tricosporonose hepática crônica pode mimetizar a candidíase hepática, e, além disso, ela é observada na recuperação da neutropenia. O gênero *Trichosporon* foi relatado como a causa mais comum de infecção por leveduras não *Candida* em pacientes com neoplasias hematológicas e tem mortalidade superior a 80%. A suscetibilidade à anfotericina B é variável e esse agente não apresenta atividade fungicida contra *Trichosporon*. Foram relatadas falhas clínicas com anfotericina B, fluconazol e a combinação dos dois; o desfecho geralmente é desanimador na ausência de recuperação de neutrófilos. As espécies de *Trichosporon* são resistentes às equinocandinas, mas parecem responder clinicamente ao tratamento com voriconazol.

Rhodotorula spp. são caracterizados pela produção de pigmentos carotenoides (produzem colônias nas cores rosa a vermelho ou salmão) e células leveduriformes com brotamento multilaterais encapsuladas de modo variável. As principais espécies clinicamente relevantes de *Rhodotorula* incluem *R. glutinis*, *R. mucilaginosa* (sin. *R. rubra*) e *R. dariensis*. Essas leveduras são encontradas como comensais na pele, unhas e membranas mucosas, bem como em queijos, laticínios e fontes ambientais, incluindo ar, solo, cortinas de chuveiro, argamassa de banheira e escovas de dente. As espécies de *Rhodotorula* estão emergindo como importantes patógenos humanos em pacientes imunocomprometidos e naqueles com dispositivos internos. *Rhodotorula* foi apontado como causa de infecção de cateter venoso central e fungemia, infecções oculares, peritonite e meningite. A anfotericina B tem excelente atividade contra *Rhodotorula* e, associada à remoção do cateter, é uma abordagem ideal para infecções causadas por esse microrganismo. A flucitosina também tem excelente atividade, mas não deve ser considerada para monoterapia. Nem o fluconazol nem as equinocandinas devem ser usados para tratar infecções causadas por espécies de *Rhodotorula*, e o papel dos novos triazólicos de amplo espectro (p. ex., voriconazol, isavuconazol e posaconazol) é incerto, aguardando dados clínicos.

Entre as leveduras patogênicas oportunistas emergentes, *S. capita* (anteriormente *B. capitatus*) é um fungo raramente descrito que produz infecção sistêmica grave em pacientes imunocomprometidos, particularmente aqueles com doenças hematológicas malignas. Esse microrganismo produz hifas e artroconídios, é amplamente distribuído na natureza e pode ser encontrado como parte da microbiota normal da pele. Infecção em decorrência de *S. capitata* se apresenta de maneira semelhante àquela de *Trichosporon* em pacientes neutropênicos, com fungemia frequente e disseminação para múltiplos órgãos (incluindo o cérebro) e mortalidade de 60 a 80%. As hemoculturas geralmente são positivas. Tal como acontece com *Trichosporon*, uma forma disseminada crônica semelhante à candidíase disseminada crônica pode ser observada na resolução da neutropenia.

A abordagem ideal para a terapia de infecções causadas por *S. capitata* ainda não está definida. Alguns clínicos consideram que esse fungo tem suscetibilidade reduzida à anfotericina B. A excelente atividade *in vitro* do voriconazol sugere que ele pode ser um agente útil para o tratamento de infecções causadas por esse microrganismo. A remoção rápida de cateteres venosos centrais, a imunoterapia adjuvante e novas terapias antifúngicas (p. ex., voriconazol ou fluconazol em alta dose mais anfotericina B) são recomendadas para o tratamento dessa infecção rara, mas devastadora.

Microsporidia

FISIOLOGIA E ESTRUTURA

Os microsporídios são parasitas intracelulares obrigatórios, nucleados, unicelulares, que foram considerados microrganismos eucarióticos primitivos com base na presença de ribossomos semelhantes a procariotos e na aparente ausência de membranas verdadeiras de Golgi, peroxissomos e mitocôndrias. As análises de sequências do genoma inteiro e de sintenia indicam que os microrganismos do filo Microsporidia pertencem ao reino Fungi porque são derivados de um ancestral quitrídio endoparasita do primeiro ramo divergente da árvore filogenética dos fungos. Recentemente, os Microsporidia foram propostos estarem ligados ou inseridos dentro do novo filo Cryptomycota, que filogeneticamente representa formas fúngicas intermediárias. Além disso, as características estruturais dos organismos, como a presença de quitina na parede dos esporos, núcleos diplocarióticos e placas elétron-densas do fuso associadas ao envelope nuclear, sugerem uma possível relação entre fungos e microsporídios, enquanto o ciclo de vida dos microsporídios é único e diferente daquele encontrado em outras espécies de fungos. Os microrganismos são caracterizados pela estrutura de seus esporos, que apresentam um complexo mecanismo de extrusão tubular usado para injetar o material infeccioso (esporoplasma) nas células. Os microsporídios foram detectados em tecidos humanos e implicados como participantes em doenças humanas. Quatorze espécies de microsporídios foram identificadas como patógenos humanos: *Anncaliia* (anteriormente *Brachiola*) *algerae, A.* (anteriormente *Brachiola*) *connori, A. vesicularum, Encephalitozoon cuniculi, E. hellem, E. intestinalis* (sin. *Septata intestinalis*), *E. bieneusi, Microsporidium ceylonensis, M. africanum, Nosema ocularum, Pleistophora ronneafiei, Trachipleistophora hominis, T. anthropophthera* e *Vittaforma corneae*. Os microsporídios não classificados, pertencentes ao grupo coletivo Microsporidium, também foram considerados envolvidos em doenças humanas. *Enterocytozoon bieneusi* e *E. intestinalis* são as duas causas mais comuns de doença entérica, enquanto a maioria das espécies responsáveis por doenças extraintestinais e disseminadas pertence ao gênero *Encephalitozoon*, como *E. hellem, E. cuniculi* e *E. intestinalis*. Outras espécies, como *A. connori, V. corneae, T. anthropophthera* e *T. hominis*, foram descritas em casos raros de microsporidiose disseminada.

PATOGÊNESE

A infecção por microsporídios é iniciada pela ingestão de esporos. Após a ingestão, os esporos passam para o duodeno, no qual o esporoplasma, com seu material nuclear, é injetado em uma célula adjacente ao intestino delgado. Uma vez dentro de uma célula hospedeira adequada, os microsporídios se multiplicam extensivamente, seja dentro de um vacúolo parasitóforo ou livre dentro do citoplasma. A multiplicação intracelular inclui uma fase de divisões repetidas por fissão binária (merogonia) e uma fase que culmina na formação de esporos (esporogonia). A propagação dos parasitas ocorre de célula para célula, causando morte celular e inflamação local. Embora algumas espécies sejam altamente seletivas no tipo de célula que invadem, coletivamente, os microsporídios são capazes de infectar todos os órgãos do corpo e as infecções disseminadas foram descritas em indivíduos gravemente imunocomprometidos. Após a esporogonia, os esporos maduros contendo o esporoplasma infeccioso podem ser excretados no ambiente, dando continuidade ao ciclo.

EPIDEMIOLOGIA

Os microsporídios são distribuídos mundialmente e apresentam uma ampla gama de hospedeiros entre animais invertebrados e vertebrados. *Enterocytozoon bieneusi* e *E. intestinalis* têm recebido cada vez mais atenção como causas de diarreia crônica em pacientes com AIDS. Organismos semelhantes a *Encephalitozoon* e *Enterocytozoon* foram relatados em tecidos de pacientes acometidos pela AIDS com hepatite e peritonite. *Trachipleistophora* e *Nosema* são conhecidos por causar miosite em pacientes imunocomprometidos. A espécie *Nosema* causa ceratite localizada, bem como infecção disseminada em uma criança com imunodeficiência combinada grave. Espécies de *Microsporidium* e *E. hellem* causaram infecção da córnea humana.

Embora o reservatório para a infecção humana seja desconhecido, a transmissão é provavelmente realizada pela ingestão de esporos que foram eliminados na urina e nas fezes de animais ou indivíduos infectados. Tal como acontece com a infecção por *Cryptosporidium*, os indivíduos com AIDS e outros defeitos imunes celulares parecem ter maior risco de infecção por microsporídios.

SÍNDROMES CLÍNICAS

Os sinais e sintomas clínicos de microsporidiose são bastante variáveis nos casos humanos relatados (Caso Clínico 65.3). A infecção intestinal causada por *E. bieneusi* em pacientes com AIDS é marcada por diarreia persistente e debilitante semelhante à observada em pacientes com criptosporidiose, ciclosporíase e cistoisosporíase. A apresentação clínica da infecção por outras espécies de microsporídios depende do

> **Caso Clínico 65.3** Microsporidiose
>
> Coyle et al. (*N Engl J Med* 351:42–47, 2004) descreveram um caso de miosite fatal causada pelo microsporídio *Brachiola* (*Anncaliia*) *algerae*. A paciente era uma mulher de 57 anos com artrite reumatoide e diabetes, que apresentava história de 6 semanas de fadiga crescente, dores musculares e articulares generalizadas, fraqueza profunda e febre. A paciente fazia uso de agentes imunossupressores (prednisona, metotrexato, leflunomida) para artrite reumatoide e não tinha evidência de infecção pelo vírus da imunodeficiência humana (HIV). Nos 6 meses anteriores à internação, ela começou a tomar infliximabe, que é um anticorpo monoclonal com alta afinidade de ligação para o TNF-α. A paciente residia em uma pequena cidade no nordeste da Pensilvânia e não tinha histórico de viagens recentes, nem contato com animais. Na admissão, sua creatinoquinase sérica estava elevada e o teste para HIV foi negativo. Uma biopsia muscular da região anterior da coxa esquerda continha microrganismos consistentes com microsporídios. O aspecto morfológico sugeriu a espécie *Brachiola* (*Anncaliia*), e a identidade foi confirmada pela reação em cadeia da polimerase com o uso de *primers* específicos para *B. (A.) algerae*, que é um patógeno de mosquito.
>
> A dor muscular piorou e a paciente tornou-se cada vez mais debilitada, necessitando de ventilação mecânica após o desenvolvimento de insuficiência respiratória. Apesar da administração de albendazol e itraconazol, uma biopsia muscular repetida do músculo quadríceps direito revelou a presença de microsporídios. Quatro semanas após a admissão, a paciente morreu de infarto cerebrovascular maciço. Uma biopsia muscular *post mortem* revelou necrose e organismos persistentes.
>
> *Brachiola (A.) algerae* é um patógeno microsporídio bem conhecido de mosquitos, mas não havia sido relatado anteriormente como causa de miosite em humanos. O presente relato de caso ilustra que patógenos de insetos como *B. (A.) algerae* são capazes de causar doenças disseminadas em humanos. A terapia anti-TNF-α (infliximabe) pode ter predisposto a paciente à infecção por esse agente.
>
> *TNF-α*, fator de necrose tumoral-α.

sistema orgânico envolvido e varia de dor ocular localizada e perda de visão (espécies de *Microsporidium* e *Nosema*) a distúrbios neurológicos e hepatite (*E. cuniculi*) até um quadro mais generalizado de disseminação com febre, vômito, diarreia e má absorção (espécies de *Nosema*). Em um relato de infecção disseminada por *A. connori*, o microrganismo foi observado acometendo os músculos do estômago, intestino, artérias, diafragma e coração e as células parenquimatosas do fígado, pulmões e glândulas adrenais.

DIAGNÓSTICO LABORATORIAL

O diagnóstico da infecção por microsporídios pode ser feito pela detecção dos microrganismos no material de biopsia e pelo exame de microscopia de luz no LCR e urina. Os esporos medindo entre 1,0 e 2,0 μm podem ser visualizados por técnicas de coloração de Gram (gram-positivo), álcool-ácido resistência, PAS, imunoquímica, tricrômico modificado e Giemsa. Uma técnica de coloração baseada em corantes cromotrópicos para detecção por microscopia de luz de esporos de *E. bieneusi* e *E. (S.) intestinalis* em fezes e aspirados duodenais também foi descrita. Anticorpos monoclonais contra *Encephalitozoon* spp. e *E. bieneusi* foram gerados, alguns dos quais foram avaliados para fins de diagnóstico em amostras fecais. Recentemente, um ensaio de imunofluorescência (EIF) comercial tornou-se disponível, mas ainda não foi aprovado pela U.S Food and Drug Administration (FDA). A microscopia eletrônica é considerada o padrão-ouro para confirmação diagnóstica de microsporidiose e para identificação do nível de gênero e espécie; no entanto, sua sensibilidade é desconhecida. Técnicas de diagnóstico adicionais, incluindo PCR, cultura e teste sorológico, estão sob investigação. Esses métodos ainda não são considerados confiáveis o suficiente para o diagnóstico de rotina. Métodos moleculares também podem ser utilizados para identificar o organismo infectante para gênero e espécie.

TRATAMENTO, PREVENÇÃO E CONTROLE

O manejo da infecção por microsporídios geralmente inclui o tratamento oral com o fármaco albendazol. Estudos clínicos demonstraram a eficácia do albendazol contra espécies do gênero *Encephalitozoon* em pacientes infectados pelo HIV, para os quais é o tratamento de escolha para microsporidiose intestinal ocular e disseminada, embora seja apenas parcialmente ativo contra *E. bieneusi*. A fumagilina tem sido usada com sucesso contra espécies do gênero *Encephalitozoon* e contra *V. corneae in vitro* e, em humanos, para o tratamento da microsporidiose intestinal causada por *E. bieneusi*. A nitazoxanida tem atividade contra *E. intestinalis* e *V. corneae* e é eficaz no tratamento de infecções causadas por *E. bieneusi* em pacientes com AIDS. Tal como acontece com a maioria das infecções oportunísticas, a terapia antirretroviral desempenha um papel fundamental na erradicação de microsporídios em pacientes infectados com HIV e a terapia antirretroviral eficaz provavelmente reduzirá a incidência de infecções causadas por microsporídios no futuro.

Tal como acontece com *Cryptosporidium*, é difícil prevenir a infecção por microsporídios. Os mesmos métodos de melhoria da higiene pessoal e de saneamento utilizados para outros protozoários intestinais devem ser mantidos para essa doença.

Aspergilose

A aspergilose compreende um amplo espectro de doenças causadas por membros do gênero *Aspergillus* (Boxe 65.2). A exposição ambiental ao *Aspergillus* pode causar reações alérgicas em hospedeiros hipersensibilizados ou doença pulmonar destrutiva invasiva ou disseminada em indivíduos altamente imunossuprimidos. Embora aproximadamente 19 espécies de *Aspergillus* tenham sido documentadas como agentes de doenças em humanos, a maioria das infecções é causada por *A. fumigatus*, *A. flavus*, *A. niger* e *A. terreus*. Estudos taxonômicos moleculares mostraram que todas as espécies mencionadas anteriormente são, na verdade, complexos de espécies que contêm espécies crípticas morfologicamente indistinguíveis, algumas das quais podem exibir perfis de resistência antifúngica importantes e características patogênicas.

MORFOLOGIA

Aspergillus spp. crescem em cultura como fungos hialinos. Em nível macroscópico, as colônias de *Aspergillus* podem ser pretas, marrons, verdes, amarelas, brancas ou de outras

> **Boxe 65.2** Espectro de doenças causadas por espécies de *Aspergillus*.
>
> **Reações alérgicas**
> Cavidade nasal
> Seios paranasais
> Trato respiratório inferior
>
> **Colonização**
> Seios paranasais obstruídos
> Brônquios
> Cavidades pulmonares pré-formadas
>
> **Infecções cutâneas superficiais**
> Ferimentos
> Sítios de cateter
>
> **Infecções invasivas limitadas**
> Brônquios
> Parênquima pulmonar
> Pacientes levemente imunodeficientes
>
> **Infecção pulmonar francamente invasiva**
> Pacientes gravemente imunodeficientes
> Disseminação sistêmica
> Morte

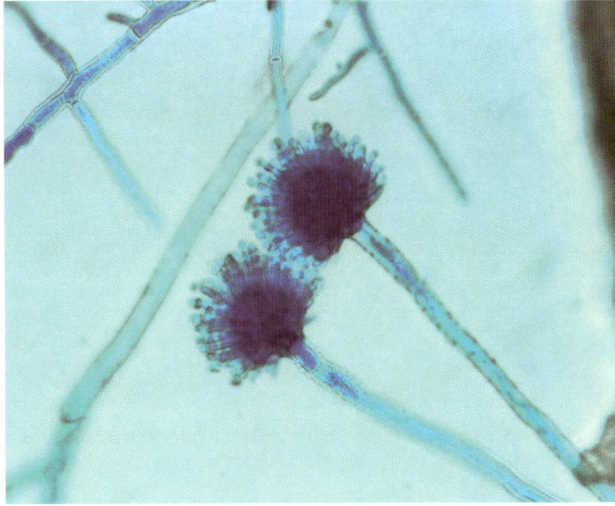

Figura 65.12 *Aspergillus fumigatus*. Preparação de lactofenol azul de algodão mostrando cabeças conidiais.

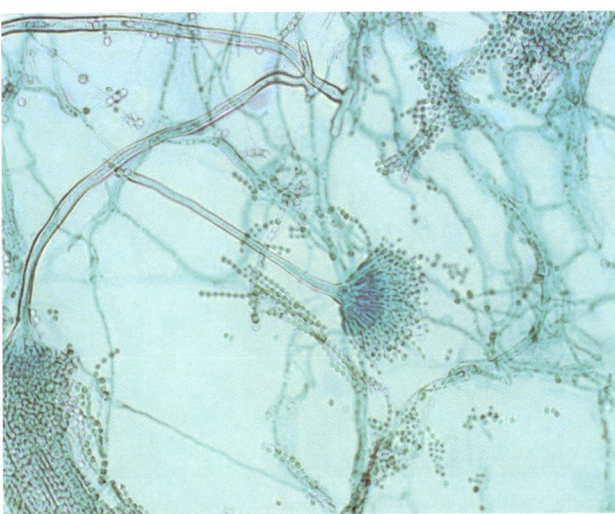

Figura 65.13 *Aspergillus terreus*. Preparação de lactofenol azul de algodão mostrando a cabeça conidial.

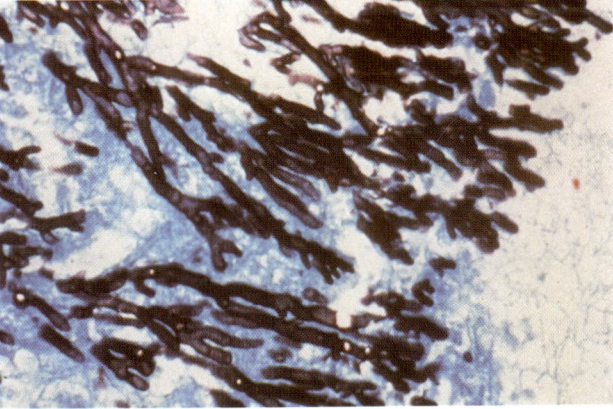

Figura 65.14 *Aspergillus* em tecido mostrando hifas septadas, com ramificação em ângulo agudo (metenamina de prata de Grocott-Gomori, 1.000 ×).

cores, dependendo da espécie e das condições de crescimento. O aspecto das colônias pode fornecer uma sugestão inicial quanto à espécie de *Aspergillus*, mas a identificação definitiva requer exame microscópico das hifas e da estrutura da cabeça conidial.

As espécies de *Aspergillus* crescem como hifas septadas ramificadas que produzem cabeças de conídios quando expostas ao ar na cultura e no tecido. Uma cabeça conidial consiste em um conidióforo com uma vesícula terminal, sobre a qual são sustentadas uma ou duas camadas de fiálides ou esterigmas (ver Capítulo 57, Figura 57.3 B). As fiálides alongadas, por sua vez, produzem colunas de conídios esféricos, que são os propágulos infecciosos dos quais a fase miceliana do fungo se desenvolve. A identificação de espécies individuais de *Aspergillus* depende em parte da diferença em suas cabeças conidiais, incluindo a disposição e a morfologia dos conídios (Figuras 65.12 e 65.13). Em muitos casos, as espécies crípticas dentro de um complexo de espécies podem exigir métodos moleculares para identificação.

No tecido, as hifas de *Aspergillus* spp. coram fracamente com H-E, mas são bem visualizadas pelas colorações para fungos PAS, GMS e Gridley (Figura 65.14). As hifas são homogêneas, de largura uniforme (3 a 6 μm), com contornos paralelos, septações regulares e um padrão progressivo de ramificação em formato de árvore (ver Figura 65.14). Os ramos são dicotômicos e geralmente surgem em ângulos agudos (≈ 45°). As hifas podem ser vistas dentro dos vasos sanguíneos (angioinvasão), causando trombose. As cabeças dos conídios raramente são visualizadas no tecido, mas podem surgir dentro de uma cavidade (Figura 65.15). *Aspergillus terreus*, uma espécie de importância clínica, pode ser identificado no tecido por seus aleurioconídios esféricos ou ovais que se desenvolvem a partir das paredes laterais do micélio (Figura 65.16); caso contrário, as hifas de *Aspergillus* spp. são morfologicamente indistinguíveis uma da outra nos tecidos.

EPIDEMIOLOGIA

Aspergillus spp. são comuns em todo o mundo. Seus conídios são onipresentes no ar, no solo e na matéria em decomposição. No ambiente hospitalar, *Aspergillus* spp. podem ser encontrados

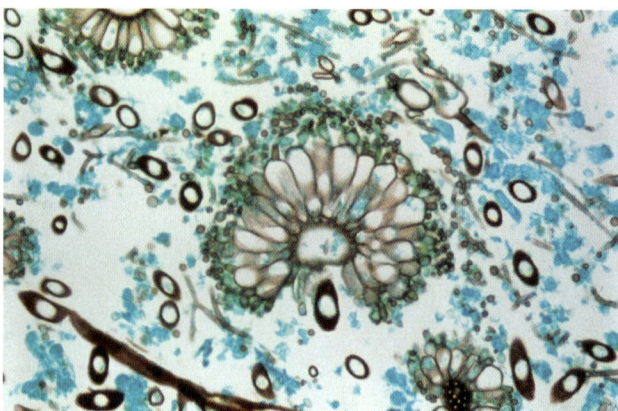

Figura 65.15 *Aspergillus niger* em uma lesão pulmonar cavitária mostrando hifas e a cabeça conidial do fungo (metenamina de prata de Grocott-Gomori, 1.000 ×).

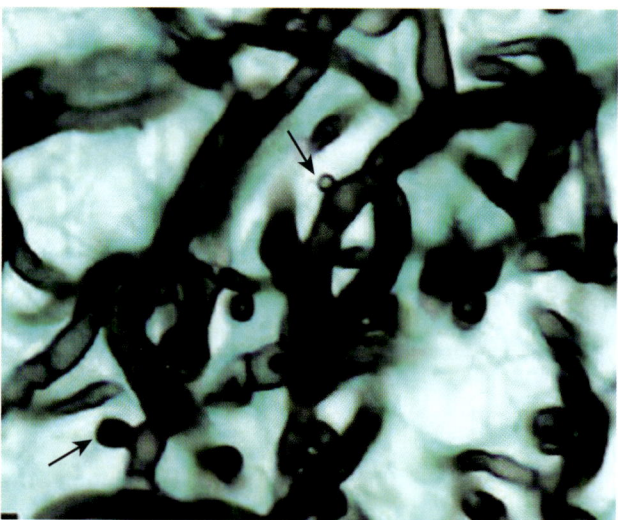

Figura 65.16 *Aspergillus terreus* em tecido. As setas apontam para aleurioconídios (metenamina de prata de Grocott-Gomori, 1.000 ×). (De Walsh, T.J., et al., 2003. Experimental pulmonary aspergillosis caused by Aspergillus terreus: pathogenesis and treatment of an emerging fungal pathogen resistant to amphotericin B. J. Infect. Dis. 188, 305–319.)

no ar, chuveiros, tanques de armazenamento de água e vasos de plantas. Como resultado, eles são inalados constantemente. O tipo de reação do hospedeiro, os achados patológicos associados e o desfecho final da infecção dependem mais dos fatores do hospedeiro do que da virulência ou patogênese de espécies individuais de *Aspergillus*. O trato respiratório é a porta de entrada mais frequente e mais importante.

SÍNDROMES CLÍNICAS

As manifestações alérgicas da aspergilose constituem um espectro de apresentações baseadas no grau de hipersensibilidade aos antígenos de *Aspergillus* (Caso Clínico 65.4). Na forma broncopulmonar, asma, infiltrados pulmonares, eosinofilia periférica, IgE sérica elevada e evidências de hipersensibilidade a antígenos de *Aspergillus* (teste cutâneo) podem ser observados. A sinusite alérgica indica evidências laboratoriais de hipersensibilidade que acompanha os sintomas do trato respiratório superior com obstrução e secreção nasal, cefaleia e dor facial.

Caso Clínico 65.4 Aspergilose invasiva

Guha et al. (*Infect Med* 24[Suppl 8]:8–11, 2007) descreveram um caso de aspergilose invasiva em um receptor de transplante renal. A paciente era uma mulher de 34 anos que apresentava histórico de fraqueza, tontura, dor na panturrilha esquerda e fezes pretas tipo alcatrão há 2 dias. Ela negou dor no peito, tosse ou falta de ar. Seu histórico médico anterior era significativo para diabetes levando à insuficiência renal, para a qual ela recebeu um transplante renal de um doador falecido em 2002. Três semanas antes da apresentação, a paciente desenvolveu rejeição aguda do enxerto. Ela foi colocada em um regime imunossupressor de alemtuzumabe, tacrolimo, sirolimo e prednisona. Na admissão, ela estava taquicárdica, hipotensa e febril. O exame físico revelou um cordão venoso sensível palpável na fossa poplítea. A radiografia de tórax inicial não mostrou anormalidades. Os estudos laboratoriais mostraram anemia e azotemia.[1] A contagem de leucócitos era $4.800/\mu\ell$ com 80% de neutrófilos. A paciente recebeu 4 unidades de concentrado de hemácias e foi iniciado tratamento empírico com gatifloxacino. As hemoculturas foram positivas para *Escherichia coli* suscetível à gatifloxacino. No 6º dia de internação, desenvolveu uma erupção cutânea vesicular nas nádegas e na panturrilha esquerda, cujas culturas foram positivas para o herpes-vírus simples, e ela foi colocada em tratamento com aciclovir. A condição clínica da paciente se estabilizou, exceto por sua função renal; a hemodiálise intermitente foi iniciada no hospital no dia 8. No 12º dia de internação hospitalar, a paciente apresentou diminuição da responsividade, evoluiu para obnubilação[2] e foi entubada por desconforto respiratório. A radiografia de tórax mostrou nódulos pulmonares bilaterais difusos. A cultura do líquido do lavado broncoalveolar foi positiva para espécies de *Aspergillus* e foram observados corpos de inclusão viral sugestivos de citomegalovírus. A imunossupressão diminuiu e a anfotericina B lipossomal foi iniciada. A paciente teve um infarto agudo do miocárdio e ficou em coma. Vários infartos agudos no lobo frontal e cerebelo foram vistos em uma ressonância magnética do cérebro. A condição da paciente continuou a piorar e múltiplos nódulos de pele se desenvolveram em seus braços e tronco. Amostras de biopsia dos nódulos de pele cresceram *A. flavus* em cultura. A paciente morreu no 23º dia de internação hospitalar. Na necropsia, *A. flavus* foi detectado em vários órgãos, incluindo coração, pulmão, glândula adrenal, tireoide, rim e fígado.

Esse caso serve como um exemplo extremo de aspergilose disseminada em um hospedeiro imunocomprometido.

[1] N.R.T.: Azotemia é uma alteração bioquímica caracterizada pela alta concentração de produtos nitrogenados no sangue, como ureia, creatina e ácido úrico.

[2] N.R.T.: Obnubilação é um estado de perturbação da consciência, com ofuscação da visão e obscurecimento do pensamento.

Tanto os seios paranasais quanto as vias respiratórias inferiores podem se tornar colonizados por *Aspergillus* spp., resultando em bronquite por *Aspergillus* e aspergiloma verdadeiro ("bola fúngica"). A bronquite em decorrência de *Aspergillus* ocorre, em geral, no contexto de doença pulmonar de base, como fibrose cística, bronquite crônica ou bronquiectasia. A condição é evidenciada pela formação de cilindros brônquicos ou tampões compostos de hifas e material mucinoso. Os sintomas permanecem os mesmos da doença de base; não resulta em lesão tecidual, embora a terapia antifúngica possa ser útil. O aspergiloma pode se formar nos seios paranasais ou também em uma cavidade pulmonar pré-formada secundária à tuberculose antiga ou outra doença pulmonar cavitária crônica. Os aspergilomas podem ser observados no exame radiográfico, mas geralmente são assintomáticos. O tratamento geralmente não é justificado, a menos que ocorra hemorragia pulmonar. Nessa condição, que pode ser grave e de risco à vida, está indicada a excisão cirúrgica da cavidade e da bola fúngica. Além disso, o desbridamento radical dos seios paranasais pode ser necessário para aliviar qualquer sintomatologia ou hemorragia causada por uma bola fúngica dos seios da face. A terapia antifúngica oral pode ajudar os sintomas, mas raramente elimina o fungo na cavidade ou nos seios da face.

As formas de aspergilose invasiva variam de doença superficialmente invasiva, que pode ocorrer no contexto de imunossupressão leve (p. ex., terapia com esteroides de baixa dosagem, doença vascular do colágeno ou diabetes) à aspergilose destrutiva pulmonar localmente invasiva ou disseminada. As formas mais limitadas de invasão geralmente incluem aspergilose brônquica pseudomembranosa necrosante e aspergilose pulmonar necrosante crônica. A aspergilose brônquica pode causar sibilos, dispneia e hemoptise. A maioria dos pacientes com aspergilose pulmonar necrosante crônica tem doença pulmonar estrutural subjacente, que pode ser tratada com corticosteroides em baixas doses. Essa é uma infecção crônica que pode ser localmente destrutiva, com o desenvolvimento de infiltrados e bolas fúngicas visualizados no exame radiográfico. Não está associada à invasão ou disseminação vascular. A ressecção cirúrgica de áreas afetadas e a administração de terapia antifúngica são eficazes no tratamento dessa condição.

A aspergilose pulmonar invasiva e a aspergilose disseminada são infecções devastadoras observadas em pacientes com neutropenia grave e imunodeficientes. Os principais fatores predisponentes para essa complicação infecciosa incluem contagem de neutrófilos inferior a 500/mm^3, quimioterapia citotóxica e corticoterapia. Os pacientes apresentam febre e infiltrados pulmonares, geralmente acompanhados de dor torácica pleurítica e hemoptise. O diagnóstico definitivo costuma ser tardio, porque o escarro e as hemoculturas geralmente são negativos. A mortalidade dessa infecção, apesar da terapia antifúngica específica, é bastante alta, geralmente excedendo 70% (ver Tabela 65.5). A disseminação hematogênica da infecção para sítios extrapulmonares é comum em razão da natureza angioinvasiva do fungo. Os locais mais frequentemente envolvidos incluem cérebro, coração, rins, TGI, fígado e baço.

DIAGNÓSTICO LABORATORIAL

Como acontece com outros fungos onipresentes, o diagnóstico de aspergilose requer cautela ao avaliar o isolamento de uma espécie de *Aspergillus* de espécimes clínicos. A recuperação de tecido removido cirurgicamente ou de sítios estéreis, acompanhada de histopatologia positiva (hifas hialinas, septadas, com ramificação dicotômica) deve sempre ser considerada significativa; o isolamento de sítios normalmente contaminados (p. ex., respiratórios) requer um exame mais minucioso.

A maioria dos agentes etiológicos da aspergilose cresce rapidamente em meios micológicos de rotina sem cicloheximida. A identificação no nível de espécie dos principais patógenos humanos pode ser feita pela observação de características microscópicas e em cultura a partir do crescimento em ágar batata dextrose. A morfologia microscópica (conidióforos, vesículas, métulas, fiálides e conídios) é observada adequadamente com uma cultura em lâmina e é necessária para a identificação das espécies.

A aspergilose invasiva causada por *A. fumigatus* e a maioria das outras espécies raramente é documentada por hemoculturas positivas. Na verdade, a maioria dos isolados de espécies de *Aspergillus* na corrente sanguínea tem demonstrado representar pseudofungemia ou eventos terminais na necropsia. Notadamente, o *A. terreus*, entre todas as espécies de *Aspergillus*, demonstrou causar aspergilemia verdadeira. Semelhante a outros fungos filamentosos angioinvasivos (p. ex., *Fusarium*, *Scedosporium* spp.), *A. terreus* é capaz de esporulação adventícia, na qual esporos semelhantes a leveduras ou a aleurioconídios são formados no tecido e são mais prováveis de serem detectados no sangue obtido para cultura (ver Figura 65.16). O reconhecimento desses aleurioconídios ao exame microscópico de tecido, de aspirados com agulha fina ou espécimes de broncoscopia pode permitir uma identificação rápida e presuntiva de *A. terreus*.

O diagnóstico rápido da aspergilose invasiva progrediu pelo desenvolvimento de imunoensaios para pesquisa do antígeno galactomanana de *Aspergillus* no soro, fluido de lavado broncoalveolar (LBA) e LCR. A forma mais amplamente disponível desse teste utiliza um formato de imunoensaio enzimático e está disponível como um kit comercial ou em laboratórios de referência. Esse teste parece ser razoavelmente específico, mas exibe sensibilidade variável. É utilizado de modo adequado em amostras seriadas de pacientes de alto risco (principalmente pacientes neutropênicos e de TMO) como uma indicação precoce para iniciar a terapia antifúngica empírica ou preemptiva e para buscar um diagnóstico definitivo de maneira mais agressiva. Um imunoensaio de fluxo lateral (IFL) foi desenvolvido para a detecção de uma glicoproteína extracelular de *Aspergillus*, que está presente nas paredes celulares dos tubos germinativos em crescimento e secretada nas pontas das hifas em crescimento, mas ausente nos conídios não germinados. A simplicidade do teste de IFL sugere a possibilidade de uso como um teste *point-of-care* (no leito do paciente) em soro ou fluido do LBA. O teste para detecção de β-D-glucana tem sido aplicado para o diagnóstico de aspergilose invasiva, mas apresenta falta de especificidade. Em contraste, os ensaios baseados em PCR provaram ser sensíveis e específicos para o diagnóstico de aspergilose invasiva e esforços para padronizar esse método estão em andamento. Vários ensaios de PCR multiplex em tempo real para a detecção de ácido desoxirribonucleico (DNA) de *Aspergillus* estão disponíveis comercialmente na Europa. Uma das abordagens mais bem-sucedidas para o diagnóstico de aspergilose invasiva é usar uma combinação de detecção de antígeno (galactomanana ou β-D-glucana) e PCR. Foi demonstrado em inúmeras publicações que o uso desses testes em combinação auxilia no diagnóstico precoce de aspergilose invasiva.

TRATAMENTO E PREVENÇÃO

A prevenção da aspergilose em pacientes de alto risco é fundamental. Pacientes neutropênicos e outros pacientes de alto risco são geralmente alojados em instalações nas quais o ar é filtrado para minimizar a exposição aos conídios de *Aspergillus*.

A terapia antifúngica específica da aspergilose geralmente envolve a administração de voriconazol (isavuconazol e posaconazol são alternativas ao voriconazol) ou uma das formulações lipídicas de anfotericina B. É importante perceber que *A. terreus* é considerado resistente à anfotericina B e deve ser tratado com um agente alternativo, como o voriconazol (ou outro triazólico ativo para fungos filamentosos). A introdução do voriconazol oferece uma opção de tratamento mais eficaz e menos tóxica do que a anfotericina B (ver Capítulo 61). Esforços concomitantes para diminuir a imunossupressão e/ou reconstituir as defesas imunológicas do hospedeiro são componentes importantes do tratamento da aspergilose. Da mesma maneira, a ressecção cirúrgica das áreas envolvidas é recomendada, se possível. A resistência aos triazólicos ativos para fungos filamentosos (isavuconazol, itraconazol, posaconazol e voriconazol) é incomum, mas foi relatada em vários locais em todo o mundo. Uma potencial associação ao uso de fungicidas azólicos na agricultura foi relatada na Holanda.

Mucormicose

A mucormicose refere-se às doenças causadas por fungos do subfilo Mucoromycotina e Entomoftoromicotina. Os principais patógenos humanos entre os Mucormycetes são representados por duas ordens, os Mucorales e os Entomophthorales. As ordens Entomophthorales e Basidiobolales contêm dois gêneros patogênicos, *Conidiobolus* e *Basidiobolus*, respectivamente. Esses agentes geralmente induzem uma infecção granulomatosa crônica dos tecidos subcutâneos e são discutidos no Capítulo 63.

Na ordem Mucorales, os gêneros patogênicos incluem *Rhizopus*, *Mucor*, *Lichtheimia* (anteriormente *Absidia*), *Rhizomucor*, *Saksenaea*, *Cunninghamella*, *Syncephalastrum* e *Apophysomyces*. As infecções causadas por Mucormycetes são raras, ocorrendo a uma taxa anual de 1,7 a 3,4 infecções por milhão de habitantes nos EUA. Infelizmente, quando ocorrem, as infecções causadas por esses agentes são geralmente agudas e rapidamente progressivas, com taxas de mortalidade de 70 a 100%.

MORFOLOGIA

Macroscopicamente, os Mucorales patogênicos crescem rapidamente, produzindo colônias lanosas de coloração cinza a marrom em 12 a 18 horas. A identificação adicional no nível de gênero e espécie é baseada na morfologia microscópica. Microscopicamente, os mucormicetos são fungos com hifas cenocíticas largas, hialinas e esparsamente septadas. Os esporos assexuados da ordem Mucorales estão contidos em um esporângio e são chamados de esporangiósporos. Os esporângios nascem nas pontas dos esporangióforos semelhantes a talos que terminam em um inchaço bulboso denominado columela (Figura 65.17; ver também o Capítulo 57, Figura 57.3 A). A presença de estruturas semelhantes a raízes, chamadas rizoides, é útil na identificação de gêneros específicos dentro dos Mucorales. Tal como acontece com os *Aspergillus*, a identificação dos Mucorales é realizada de modo mais adequado por métodos moleculares.

No tecido, os Mucormycetes (ordem Mucorales) são visualizados como hifas hialinas (não pigmentadas) em formato de fita, sem septos ou esparsamente septadas (Figura 65.18).

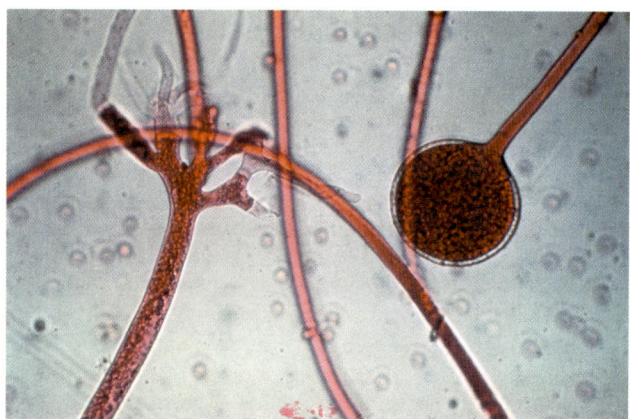

Figura 65.17 *Rhizopus* sp. mostrando a presença de esporângio e rizoides.

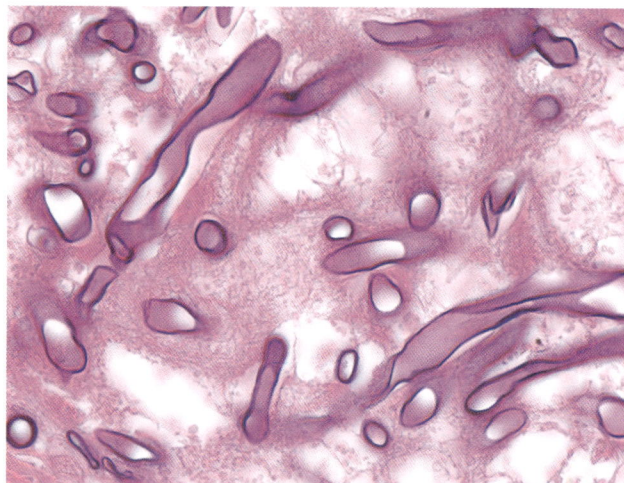

Figura 65.18 *Rhizopus* sp. em tecido mostrando hifas largas, em formato de fita, não septadas (Grocott-Gomori & eosina, 1.000 ×).

Em contraste com *Aspergillus* spp. e outros fungos filamentosos hialinos, a largura das hifas frequentemente excede 10 µm, e as hifas têm contornos irregulares e pleomórficos, muitas vezes dobrando-se e torcendo-se de volta a si mesmas. O padrão de ramificação das hifas é aleatório e não progressivo, e os ramos geralmente surgem das hifas originais em ângulos retos. As paredes das hifas são finas, coram fracamente com GMS e outras colorações para fungos e costumam ser mais facilmente detectadas com H-E (ver Figura 65.18). Os Mucormycetes são tipicamente angioinvasivos.

EPIDEMIOLOGIA

A mucormicose é uma doença esporádica que ocorre em todo o mundo. *Rhizopus arrhizus* é a causa mais comum de mucormicose humana; entretanto espécies adicionais de *Rhizopus*, *Rhizomucor*, *Lichtheimia* e *Cunninghamella* são conhecidas por causar doença invasiva em indivíduos hospitalizados. Os organismos são onipresentes no solo e na vegetação em decomposição, e a infecção pode ser adquirida por inalação, ingestão ou contaminação de feridas com esporangiósporos do meio ambiente. Assim como acontece com *Aspergillus* spp., a propagação nosocomial dos Mucormycetes pode ocorrer por meio de sistemas de ar-condicionado, particularmente durante a construção. Surtos focais de mucormicose também foram associados ao uso de bandagens ou fitas adesivas contaminadas em curativos de feridas cirúrgicas, resultando em mucormicose cutânea primária. Notadamente, pacientes imunocompetentes podem desenvolver infecções cutâneas pós-trauma, representando até 18% de todos os casos de mucormicose em um estudo de casos diagnosticados na França. Além disso, casos cutâneos necrosantes foram relatados após um tornado em Joplin, no Missouri, ou como causa de infecções após ferimentos relacionados com combates no Afeganistão.

A mucormicose invasiva ocorre em pacientes imunocomprometidos e é clinicamente semelhante à aspergilose. Estima-se que os Mucormycetes possam causar infecção em 1 a 9% dos transplantes de órgãos sólidos, principalmente aqueles com diabetes melito subjacente. Os fatores de risco incluem terapia com corticosteroides e deferoxamina, cetoacidose diabética, insuficiência renal, malignidade hematológica, mielossupressão e exposição à atividade de construção de hospitais. A mucormicose foi observada após o TMO em pacientes recebendo profilaxia antifúngica com voriconazol, que é um agente não ativo contra os Mucormycetes.

SÍNDROMES CLÍNICAS

Existem várias formas clínicas de mucormicose causadas por membros da ordem Mucorales. O envolvimento dos seios da face (sinusite isolada, formas rinocerebral e sino-orbital) é a apresentação mais comum em pacientes diabéticos e usuários de drogas intravenosas, enquanto a infecção pulmonar é a segunda apresentação mais comum e o inverso é verdadeiro em pacientes em hematologia.

A mucormicose rinocerebral é uma infecção invasiva aguda da cavidade nasal, seios paranasais e a órbita que envolve as estruturas faciais e se estende até o SNC, envolvendo as meninges e o cérebro. A maioria dessas infecções ocorre em pacientes com acidose metabólica, particularmente cetoacidose diabética e em pacientes com neoplasias hematológicas.

A mucormicose pulmonar ocorre como uma infecção primária em pacientes neutropênicos e pode ser diagnosticada como aspergilose invasiva. As lesões apresentam infarto pulmonar, secundário à invasão das hifas e subsequente trombose dos vasos pulmonares. As radiografias de tórax mostram uma broncopneumonia rapidamente progressiva, consolidação segmentada ou lobar e sinais de cavitação. Pode-se observar a formação de bola fúngica que imita o aspergiloma. A hemorragia pulmonar com hemoptise fatal pode ocorrer como resultado da invasão vascular pelo fungo.

A natureza angioinvasiva dos Mucormycetes mucoráceos frequentemente produz infecção disseminada, com infarto do tecido em vários órgãos. Os sintomas na apresentação apontam para envolvimento neurológico, pulmonar ou gastrintestinal. O comprometimento do TGI geralmente resulta em hemorragia maciça ou perfuração.

A mucormicose cutânea pode ser um sinal de disseminação hematogênica. As lesões tendem a ser nodulares com centro equimótico. A mucormicose cutânea primária pode ocorrer após lesão traumática, em curativos cirúrgicos ou como colonização de feridas por queimaduras. A infecção pode ser superficial ou se estender rapidamente para o tecido subcutâneo. Após os tornados devastadores de 2011 nos EUA, foram registrados vários casos de mucormicose profundamente invasiva em indivíduos não imunocomprometidos, secundária à inoculação cutânea por detritos voadores.

DIAGNÓSTICO LABORATORIAL

Em razão do prognóstico extremamente escasso de mucormicose, todos os esforços devem ser feitos para obter o tecido para o exame de microscopia direta, estudo histológico e cultura. Os Mucormycetes são um grupo extremamente onipresente de fungos, pelo que a demonstração de elementos fúngicos característicos nos tecidos merece, consideravelmente, mais importância do que o simples isolamento em cultura.

As amostras apropriadas incluem raspados da mucosa nasal, aspirados de conteúdo sinusal, fluido de lavado broncoalveolar e biopsia de todo e qualquer tecido necrótico infectado. O exame direto do material em KOH com branco de calcoflúor pode revelar a presença de hifas largas e cenocíticas. As secções histopatológicas coradas com H-E ou PAS são mais úteis (ver Figura 65.18). Podem ser observadas hifas largas, tortuosas, irregularmente ramificadas e com septos esparsos.

O tecido para cultura deve ser triturado e não homogeneizado, sendo colocado em meio micológico padrão sem cicloheximida. As culturas negativas são comuns, ocorrendo cerca de 40% das vezes, apesar da demonstração microscópica de hifas nos tecidos. O diagnóstico de mucormicose não pode ser estabelecido ou excluído apenas com base na cultura; depende de um painel de evidências colhidas tanto pelo clínico quanto pelo microbiologista. Infelizmente, ainda não se encontram disponíveis testes sorológicos ou moleculares específicos para os Mucormycetes (ver Capítulo 60).

TRATAMENTO

A anfotericina B continua a ser a terapia de primeira linha para a mucormicose, frequentemente suplementada por desbridamento cirúrgico e reconstituição imunitária. A maioria dos Mucormycetes parece bastante suscetível à anfotericina B e esses fungos geralmente não são suscetíveis aos azólicos ou equinocandinas (ver Capítulo 61). Entre os triazólicos de amplo espectro, porém, destacam-se o posaconazol e o isavuconazol, na medida em que ambos parecem ser ativos contra os Mucormycetes. Os antifúngicos posaconazol e isavuconazol têm eficácia documentada em modelos murinos de mucormicose e com experiência limitada no tratamento de infecções em humanos. Em contraste, o voriconazol é inativo contra esses agentes, e a mucormicose de escape foi relatada em pacientes com TMO recebendo profilaxia com voriconazol.

Micoses causadas por outros fungos filamentosos hialinos

A lista de fungos filamentosos hialinos, também conhecidos como hialo-hifomicetos, é bastante longa e está muito além do escopo desse capítulo abordar todos eles (Caso Clínico 65.5; ver Boxe 65.1). Os agentes da hialo-hifomicose (infecção causada por fungos filamentosos não pigmentados) apresentam taxonomia diversa e compartilham várias características, na medida em que muitos patógenos exibem uma menor suscetibilidade a vários agentes antifúngicos e quando presentes nos tecidos, aparecem como fungos filamentosos hialinos (não pigmentados), septados, com ramificações, que podem ser indistinguíveis de *Aspergillus*. A cultura é necessária para identificar esses agentes e pode ser crítica na escolha da terapia mais apropriada.

> **Caso Clínico 65.1 Fusariose**
>
> Badley et al. descreveram um homem de 38 anos, submetido à quimioterapia para leucemia mieloide aguda recentemente diagnosticada, que desenvolveu neutropenia e febre. Ele foi tratado com agentes antibacterianos de amplo espectro, mas permaneceu febril após 96 horas. Tinha um cateter jugular interno esquerdo. As culturas de sangue e de urina não mostraram crescimento. Para combater uma potencial infecção fúngica, o voriconazol foi adicionado ao regime terapêutico. Após 1 semana de tratamento, o paciente ainda estava febril e neutropênico, sendo sua terapia antifúngica alterada para caspofungina. Quatro dias depois, o paciente desenvolveu uma erupção na pele levemente dolorosa. Inicialmente, a erupção se desenvolveu nas extremidades superiores e consistia em lesões papulares, eritematosas e em forma de placas com centros que se tornaram necróticos. Amostras para hemoculturas e biopsia de tecido foram enviadas ao laboratório para análise. O laudo laboratorial indicava que as hemoculturas eram positivas para "leveduras" pela presença de células em brotamento e pseudo-hifas. A biopsia de pele mostrou a presença de "fungos filamentosos" compatíveis com *Aspergillus*. No entanto, o teste de galactomanana sérico foi negativo. Houve crescimento de *Fusarium solani* em todas as culturas. A terapia antifúngica com caspofungina foi descontinuada, e o paciente passou a receber uma preparação lipídica de anfotericina B e voriconazol. Apesar da terapia antifúngica, as lesões aumentaram em número nas 2 semanas seguintes e se espalharam para as extremidades do corpo, tronco e face. A neutropenia e a febre persistiram, o paciente faleceu aproximadamente 3 semanas após o diagnóstico inicial.
>
> A combinação de lesões cutâneas e hemoculturas positivas são achados típicos na fusariose. Embora a "levedura" tenha sido relatada nas hemoculturas, um exame mais detalhado revelou os microconídios e hifas de *Fusarium*; da mesma maneira, o aspecto de hifas septadas na biopsia de pele pode representar vários fungos filamentosos hialinos diferentes, incluindo *Fusarium*.

contaminados. Juntamente com as micotoxinas ingeridas por via oral, os efeitos sistêmicos da exposição às micotoxinas inaladas também foram atribuídos a *Fusarium*, embora esses efeitos tenham sido muito menos caracterizados.

Vários estudos filogenéticos moleculares demonstraram que as espécies de *Fusarium*, outrora consideradas espécies individuais por características morfológicas, são agora conhecidos por representarem complexos de espécies (CE). Os complexos de espécies mais comuns (espécies clinicamente relevantes indicadas entre parênteses) isolados de amostras clínicas incluem: CE *Fusarium fujikuroi* (*F. verticillioides*, *F. thapsinum* e *F. proliferatum*), CE *F. solani* (*F. falciforme*, *F. petroliphilum*, *F. keratoplasticum*, *F. solani*) e CE *F. oxysporum* (*F. oxysporum*). Como objetivo deste capítulo, nós iremos nos concentrar nesses três CEs. O sinal característico de fusariose disseminada é o aparecimento de múltiplos nódulos cutâneos purpúricos com necrose central (ver Caso Clínico 65.5). A biopsia desses nódulos geralmente revela a presença de hifas hialinas septadas, com ramificações, invadindo vasos sanguíneos na derme (Figura 65.19). Culturas do material de biopsia e de sangue são úteis para estabelecer o diagnóstico de infecção por *Fusarium*. Embora as hemoculturas sejam quase sempre negativas nas infecções invasivas causadas por *Aspergillus* spp., aproximadamente 75% dos pacientes com fusariose terão hemoculturas positivas. As colônias de *Fusarium* spp. crescem rapidamente em cultura, com aspecto cotonoso a lanoso, planas e difundidas. As cores podem incluir azul-esverdeado, bege, salmão, lavanda, vermelho, violeta e roxo. Microscopicamente, as espécies de *Fusarium* são caracterizadas pela produção de macroconídios e de microconídios. Os microconídios são unicelulares ou bicelulares, ovoides a cilíndricos e geralmente sustentados como bolas mucosas ou cadeias curtas. Os macroconídios são fusiformes ou em formato de foice e constituem muitas células (Figura 65.20). *Fusarium* spp. apresentam frequentemente resistência à

Embora as infecções causadas pela maioria desses fungos sejam relativamente incomuns, a sua incidência parece estar aumentando. Acredita-se que a maioria das infecções disseminadas seja adquirida pela inalação de esporos ou pela progressão de lesões cutâneas previamente localizadas. Nesse capítulo, a discussão de gêneros específicos limita-se aos fungos filamentosos hialinos selecionados, que apresentam importância clínica: *Fusarium* spp., *Sarocladium* spp., *Paecilomyces* spp., *Purpureocillium* spp., *Trichoderma* spp. e *Scopulariopsis* spp. Esses microrganismos tendem a causar infecções em pacientes neutropênicos, são frequentemente disseminados na natureza e são quase uniformemente fatais na ausência de reconstituição imunológica. Vários desses microrganismos são capazes de conidiação adventícia (geração de esporos nos tecidos) com disseminação hematogênica concomitante, hemoculturas positivas e lesões cutâneas múltiplas.

As espécies de *Fusarium* são reconhecidas com maior frequência como causas de infecção disseminada em pacientes imunocomprometidos. *Fusarium* é também uma importante causa de ceratite fúngica, principalmente entre os usuários de lentes de contato. Existem numerosos metabólitos secundários tóxicos (micotoxinas) produzidos por espécies de *Fusarium* consideradas responsáveis por doenças em humanos, particularmente associadas ao consumo de grãos

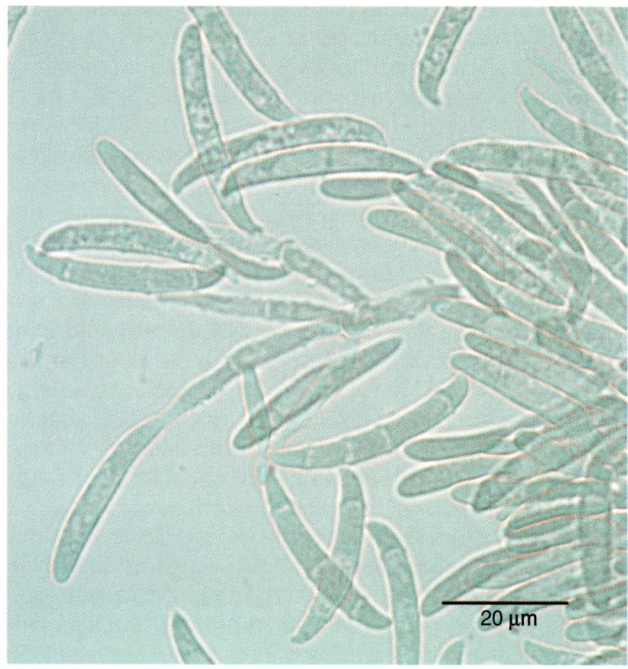

Figura 65.19 *Fusarium* spp. em tecido mostrando hifas septadas, com ramificação de ângulo agudo, que são indistinguíveis daquelas encontradas em *Aspergillus* spp. (De Chandler, F.W., Watts, J.C., 1987. Pathologic Diagnosis of Fungal Infections. American Society for Clinical Pathology Press, Chicago, IL)

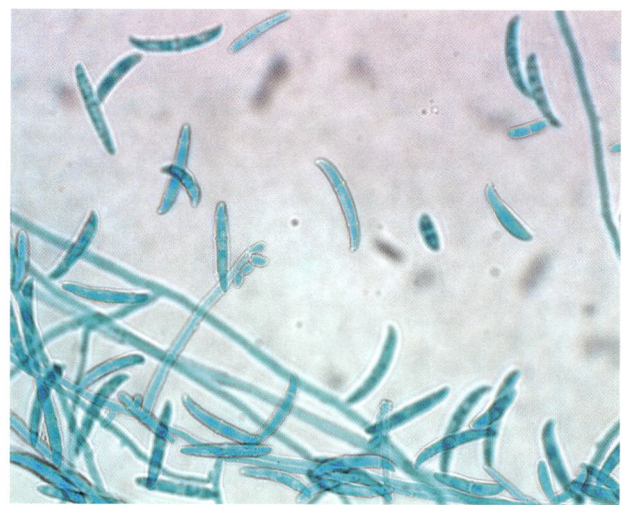

Figura 65.20 *Fusarium oxysporum*, preparação de lactofenol azul-algodão.

anfotericina B *in vitro*, e as infecções de escape ocorrem comumente em pacientes tratados com esse agente. Voriconazol e posaconazol são utilizados com sucesso em alguns pacientes com fusariose refratária à anfotericina B. A terapia primária com uma formulação lipídica de anfotericina B, voriconazol ou posaconazol, mais esforços vigorosos na reconstituição imune, são recomendados para o tratamento da fusariose.

As infecções invasivas causadas por *Sarocladium* (*Acremonium*) spp. são quase exclusivamente observadas em pacientes com neutropenia, transplante ou outras condições de imunodeficiência e ocorrem de maneira semelhante àquela observada na infecção por *Fusarium*, com lesões cutâneas disseminadas por via hematogênica e hemoculturas positivas. Espécies de *Sarocladium* são normalmente encontradas no solo, vegetação e alimentos em decomposição. As colônias são cinza-esbranquiçadas ou rosa, com uma superfície aveludada a cotonosa. Os conídios podem ser unicelulares em cadeias ou uma massa de conídios originando-se de fiálides curtas, não ramificadas e cônicas. O tratamento ideal para infecções causadas por *Sarocladium* spp. ainda não está estabelecido. A resistência é observada para os antifúngicos anfotericina B, itraconazol e equinocandinas. Um relato recente sobre o tratamento bem-sucedido de uma infecção pulmonar causada por *S. strictum* (antigamente *Acremonium*) com posaconazol sugere que os novos triazólicos podem ser úteis no tratamento de infecções causadas por *Sarocladium*/*Acremonium*.

Embora raros, *Paecilomyces* spp. podem causar doenças invasivas em receptores de órgãos e células-tronco hematopoéticas, indivíduos com AIDS e outros pacientes imunocomprometidos. A porta de entrada da infecção é muitas vezes através de rompimento da pele ou cateteres intravasculares. A disseminação da infecção pode ser auxiliada por conidiações adventícias que ocorrem dentro dos tecidos. As duas espécies mais comuns de importância médica são *P. lilacinus* e *P. variotii*. Em uma reorganização taxonômica recente, *P. lilacinus* foi atribuído ao gênero *Purpureocillium* (*Purpureocillium lilacinum*). Microscopicamente, os conídios das espécies *Paecilomyces*/*Purpureocillium* são unicelulares, ovoides a fusiformes e formam cadeias. As fiálides têm uma base inchada e um pescoço longo e afilado. A suscetibilidade à anfotericina B é variável, com resistência observada com *P.* (*Paecilomyces*) *lilacinum*. O voriconazol é empregado com sucesso no tratamento de infecções cutâneas graves e doenças disseminadas.

Trichoderma spp. são excelentes exemplos de fungos anteriormente rotulados como não patogênicos que emergiram como importantes agentes patogênicos oportunistas em pacientes imunocomprometidos e nos indivíduos submetidos a diálise peritoneal. A doença fatal disseminada causada por *T. longibrachiatum* ocorre em pacientes com neoplasias malignas hematológicas, após transplante de medula óssea ou transplante de órgãos sólidos. A maioria das espécies de *Trichoderma* apresenta suscetibilidade reduzida à anfotericina B, itraconazol, fluconazol e flucitosina. O voriconazol parece ter atividade contra os poucos isolados testados.

Scopulariopsis spp. são saprófitos onipresentes no solo, que raramente estão associados a doenças invasivas em humanos. *Scopulariopsis brevicaulis* é a espécie mais frequentemente isolada. A infecção está geralmente confinada às unhas; no entanto, foi observada uma infecção profunda grave em pacientes neutropênicos com leucemia após transplante de medula óssea. Foram descritas infecções tanto locais quanto disseminadas, com envolvimento do septo nasal, pele e tecidos moles, sangue, pulmões e cérebro. O diagnóstico é feito por cultura e histopatologia. *Scopulariopsis* spp. crescem de maneira moderada a rápida em meios micológicos padrão. As colônias são inicialmente lisas, tornando-se granulares a pulverulentas com o tempo. Os conidióforos são simples ou ramificados; as células conidiogênicas apresentam a forma de anelídeos ou anélides que se formam isoladamente ou em grupos, ou podem formar uma estrutura semelhante a uma vassoura ou *escópula*, similar à observada em *Penicillium* spp. Os aneloconídios são inicialmente lisos, tornam-se ásperos na maturidade, têm formato de lâmpadas e formam cadeias basipetais. *Scopulariopsis* spp. geralmente são resistentes ao itraconazol e moderadamente suscetíveis à anfotericina B. As infecções invasivas podem necessitar de tratamento cirúrgico e médico, além de serem frequentemente fatais.

Feo-hifomicose

A feo-hifomicose é definida como uma infecção dos tecidos causada por hifas ou leveduras demáceas (pigmentadas). As infecções causadas por fungos demáceos constituem um grupo significativo e cada vez mais prevalente de doenças fúngicas oportunísticas e podem assumir a forma de doença disseminada ou tornam-se localizadas no pulmão, seios paranasais ou SNC. A inoculação primária, resultando em infecção subcutânea localizada, ocorre geralmente em países subdesenvolvidos e foi discutida no Capítulo 64.

Os fungos demáceos que são documentados como agentes de infecção em humanos abrangem um grande número de gêneros diferentes; no entanto, as causas mais comuns de infecção em humanos incluem espécies de *Alternaria*, *Bipolaris*, *Cladosporium*, *Curvularia*, *Scedosporium*, *Lomentospora* e *Exserohilum*. Além disso, vários dos fungos demáceos parecem ser neurotrópicos: *Curvularia spicifera* (anteriormente *Bipolaris*), *Cladophialophora bantiana*, *Verruconis gallopava*, *Exophiala dermatitidis* e *Rhinocladiella mackenziei*. O abscesso cerebral é a apresentação mais comum do SNC. As infecções por *Bipolaris* (*Curvularia*) spp. e *Exserohilum* spp. podem apresentar-se inicialmente como sinusite, que depois se estende até o SNC. *Exserohilum rostratum* foi responsável por um grande surto iatrogênico nos EUA causado por preparações contaminadas de metilprednisolona, levando a numerosos casos fatais de meningite e vasculite do SNC em indivíduos imunocompetentes. Notadamente, tanto a PCR como os testes para detecção de β-D-glucana foram bastante úteis no diagnóstico e manejo desses pacientes.

Nos tecidos, as hifas com ou sem elementos fúngicos leveduriformes estão presentes. A melanização das células vegetativas ou conídios, que resulta em coloração da colônia que varia de verde-oliva ou cinza a preto, é causada pela deposição de di-hidroxinaftaleno melanina nas paredes celulares. A quantidade de melanina expressa no tecido hospedeiro pode ser muito pequena e difícil de ser observada utilizando colorações histológicas tradicionais. Na maioria das vezes, o pigmento do tipo melanina de coloração marrom-clara a escura no envoltório celular é visível no tecido corado por H-E ou Papanicolaou (Figura 65.21). A coloração com a técnica de Fontana-Masson (uma coloração específica para melanina) pode ajudar a visualizar os elementos demáceos. O uso da coloração de Fontana-Masson é, portanto, recomendado como rotina para diferenciar os fungos com hifas melanizadas dos que causam "hialo-hifomicose", por exemplo, o gênero *Fusarium*. Entretanto, isso não se aplica ao *Scedosporium* ou *L. prolificans*, pois eles não produzem hifas melanizadas, mas são capazes de produzir conídios melanizados *in vitro* ou *in vivo* ou ambos (Figura 65.22).

Os fungos demáceos diferem consideravelmente no espectro clínico da infecção e na resposta à terapia. Além disso, os diferentes gêneros não são facilmente diferenciados no exame histopatológico. Portanto, um diagnóstico microbiológico preciso, baseado na cultura do tecido infectado, é importante para o manejo clínico ótimo das infecções causadas por esses fungos.

Alternaria spp. são causas importantes de sinusite paranasal tanto em indivíduos saudáveis como imunocomprometidos. Outros sítios de infecção incluem pele e tecidos moles, córnea, trato respiratório inferior e peritônio. *Alternaria alternata* é o patógeno humano desse gênero mais bem documentado. Em cultura, as colônias de *Alternaria* apresentam crescimento rápido, cotonoso e coloração cinza a preto. Os conidióforos geralmente são solitários e simples ou ramificados. Os conídios desenvolvem-se em cadeias ramificadas e são demáceos, muriformes e lisos ou rugosos e afunilados em direção à extremidade distal com um bico curto nos seus ápices (Figura 65.23).

Cladosporium spp. geralmente causam infecções cutâneas superficiais, mas podem também causar infecções profundas. Esses fungos crescem rapidamente com uma colônia aveludada, cinza-oliva a preta. Os conidióforos surgem a partir das hifas e são demáceos, altos e ramificados. Os conídios podem ser lisos ou rugosos e unicelulares ou multicelulares, formando cadeias ramificadas no ápice do conidióforo.

Curvularia spp. são habitantes onipresentes do solo e estão envolvidos tanto em infecções disseminadas quanto locais. Os sítios de infecção incluem endocardite, infecções locais no sítio do cateter, septo nasal e seios paranasais, trato respiratório inferior, pele e tecidos subcutâneos, ossos e córnea. Nos tecidos, as hifas podem parecer não pigmentadas. Espécies comuns encontradas como sendo agentes etiológicos de infecções em humanos incluem *C. geniculata*, *C. lunata*, *C. pallescens* e *C. senegalensis*. Em cultura, as colônias apresentam crescimento rápido, são lanosas e de coloração cinza a preto acinzentado. Microscopicamente, os conídios são demáceos, solitários ou em grupos, septados, simples ou ramificados, simpodiais e geniculados.

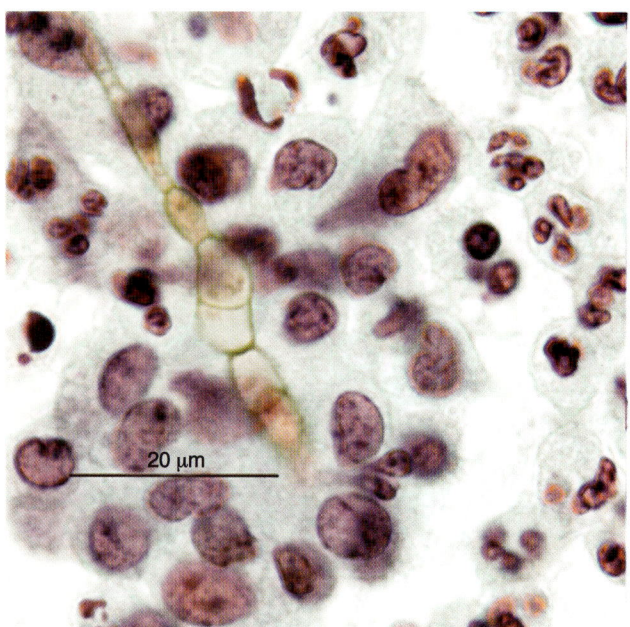

Figura 65.21 *Scedosporium apiospermum*. Preparação de lactofenol azul-algodão mostrando conídios e hifas septadas melanizados.

As infecções causadas pelos gêneros *Curvularia/Bipolaris* e *Exserohilum* manifestam-se de maneira semelhante àquelas causadas por *Aspergillus* spp., exceto que a doença progride mais lentamente. As apresentações clínicas incluem disseminação com invasão vascular e necrose tecidual, envolvimento do SNC e seios paranasais, além de associação à doença broncopulmonar alérgica. Esses microrganismos causam sinusite em hospedeiros "normais" (atópicos ou asmáticos) e doenças mais invasivas em hospedeiros imunocomprometidos. Em cultura, tanto *Bipolaris* quanto *Exserohilum* formam colônias de crescimento rápido, lanosas, cinza a preto. Microscopicamente, os conidióforos são simpodiais e geniculados. Os conídios são demáceos, de oblongos a cilíndricos e multicelulares (Figura 65.24). As espécies de *Bipolaris* relevantes em infecções humanas são *B. australiensis*, *B. hawaiiensis* e *B. spicifera*. Recentemente, essas espécies foram transferidas para o gênero *Curvularia*.

Scedosporium spp. (*S. apiospermum*, *S. aurantiacum*, *S. boydii* e *S. dehoogii*) e *Lomentospora* (anteriormente *Scedosporium*) *prolificans* representam dois importantes patógenos oportunistas resistentes aos antifúngicos. *Scedosporium apiospermum* pode ser facilmente isolado do solo e é um agente ocasional de micetoma em todo o mundo; no entanto, é causador de infecções graves disseminadas e localizadas em pacientes imunocomprometidos. Além da doença disseminada e generalizada, *S. apiospermum* foi relatado como causador de úlceras da córnea, endoftalmite, sinusite, pneumonia, endocardite, meningite, artrite e osteomielite. *Scedosporium apiospermum* é indistinguível de *Aspergillus* spp. e *Fusarium* spp. no exame histopatológico. Essa distinção é importante clinicamente porque *S. apiospermum* é resistente à anfotericina B e suscetível ao voriconazol, isavuconazol e posaconazol. Em cultura, as colônias são lanosas a algodonosas e inicialmente brancas, tornando-se marrom-esfumaçada a verde. Microscopicamente, os conídios são unicelulares, alongados e marrom-claros e são sustentados isoladamente ou em bolas tanto em conidióforos curtos quanto longos (ver Figura 65.22).

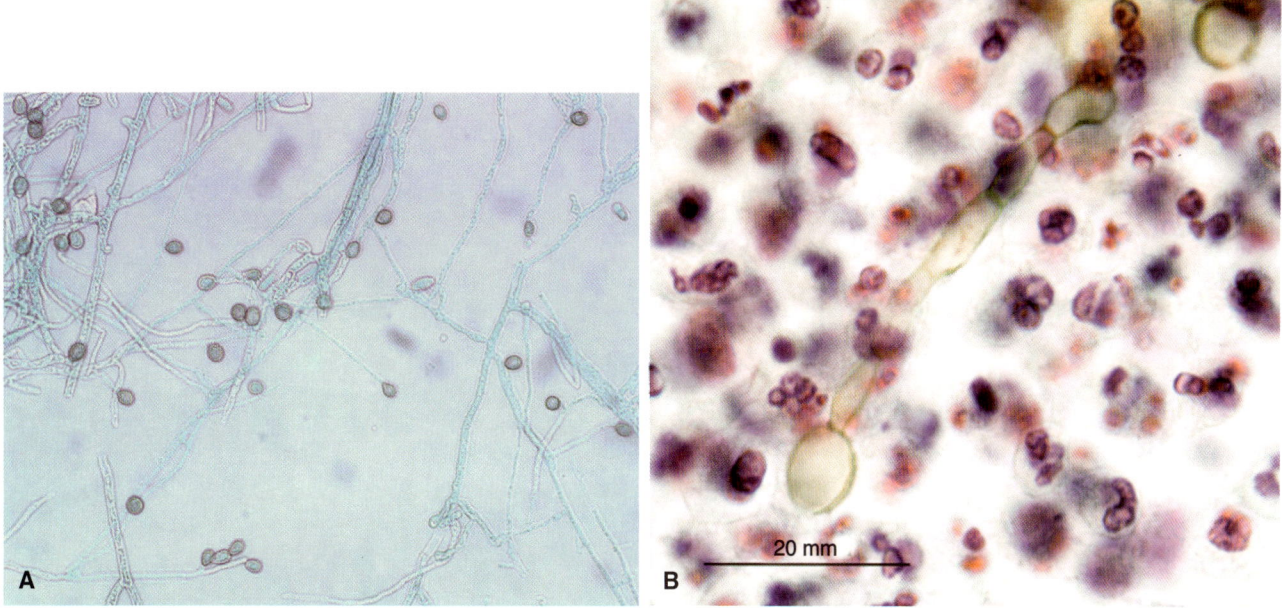

Figura 65.22 A e B. Aspirado de agulha fina de uma massa flutuante mostrando as hifas pigmentadas de *Phialophora verrucosa* (*Papanicolaou*). (De Anaissie, E.J., McGinnis, M.R., Pfaller, M.A. [Eds.], 2009. Clinical Mycology, 2 ed. Churchill Livingstone, New York.)

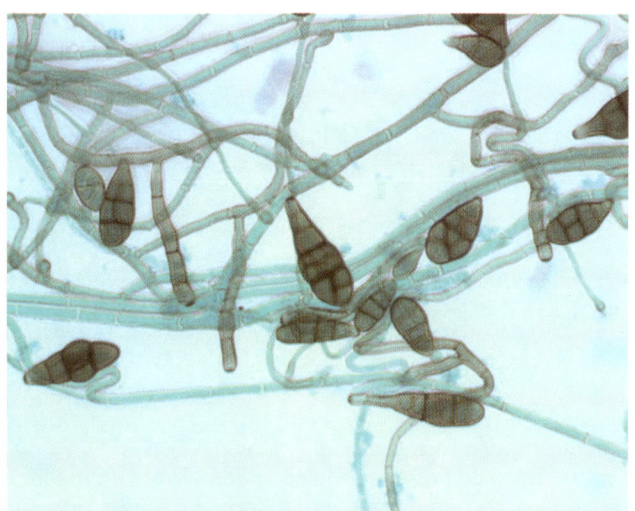

Figura 65.23 *Alternaria* sp. Preparação de lactofenol azul-algodão mostrando cadeias pigmentadas escuras de conídios muriformes.

Figura 65.24 *Bipolaris* (*Curvularia*) sp. Preparação de lactofenol azul-algodão mostrando conídios pigmentados *(seta preta)* sustentados por conidióforos geniculados *(seta vermelha)*.

Lomentospora prolificans é um agente emergente de micose invasiva, potencialmente virulento e altamente agressivo. Embora muito menos comum do que *Fusarium* ou *S. apiospermum*, as infecções causadas por *L. prolificans* estão associadas ao trauma de tecidos moles e são caracterizadas por invasão local generalizada, necrose de tecido e osteomielite. *Lomentospora prolificans* se assemelha a *S. apiospermum* na morfologia macroscópica e microscópica. A formação de aneloconídios por *L. prolificans* em tufos úmidos nos ápices de anelídeos com bases inchadas é a característica mais útil para diferenciar esse organismo de *S. apiospermum*. *Lomentospora prolificans* é considerado resistente a praticamente todos os agentes antifúngicos sistemicamente ativos, incluindo os triazólicos de espectro estendido e as equinocandinas. A ressecção cirúrgica continua a ser a única terapia definitiva para a infecção por *L. prolificans*.

O tratamento ideal da feo-hifomicose profunda ainda não foi estabelecido, embora na maioria das vezes inclua a administração precoce de anfotericina B e a excisão cirúrgica agressiva. Apesar desses esforços, a feo-hifomicose não responde bem ao tratamento e as recidivas são comuns. O posaconazol é utilizado com sucesso para tratar a infecção disseminada causada por *E. spinifera*. Em pacientes com abscessos cerebrais, a excisão completa da lesão é associada à melhora da sobrevida. A terapia de longo prazo com triazólicos (posaconazol ou voriconazol) combinada com excisão cirúrgica repetida pode prevenir recorrências. O tratamento dos casos iatrogênicos de infecção causada por *E. rostratum* inclui formulações lipídicas de anfotericina B e voriconazol.

Pneumocistose

Pneumocystis jirovecii (anteriormente *P. carinii*) é um microrganismo que causa infecção quase exclusivamente em pacientes debilitados e imunossuprimidos, principalmente aqueles com infecção pelo HIV. É a infecção oportunística mais comum entre indivíduos com AIDS; contudo, a incidência tem diminuído consideravelmente nos últimos anos com a utilização de terapia antirretroviral altamente ativa. Embora anteriormente considerado como um parasita protozoário, evidências moleculares e genéticas recentes colocam-no entre os fungos (ver Capítulo 57).

O ciclo de vida de *P. jirovecii* inclui tanto componentes sexuais como assexuais. Durante o curso da infecção humana, *P. jirovecii* pode existir como formas tróficas livres (1,5 a 5 μm de diâmetro), como um esporocisto uninucleado (4 a 5 μm) ou como um cisto (5 μm) contendo até oito corpos intracísticos ovoides a fusiformes (Figura 65.25). Após a ruptura do cisto, a parede do cisto pode ser vista como uma estrutura vazia e colapsada (Figura 65.26).

O reservatório de *P. jirovecii* na natureza é desconhecido. Embora a transmissão aérea tenha sido documentada experimentalmente entre roedores, as cepas de roedores são geneticamente distintas daquelas dos humanos, tornando improvável que os roedores sirvam como reservatórios zoonóticos para doenças em humanos.

O trato respiratório é a principal porta de entrada do *P. jirovecii* em humanos. A pneumonia é claramente a apresentação mais comum de pneumocistose, embora manifestações extrapulmonares possam ser vistas em pacientes com AIDS. Foi relatado envolvimento dos linfonodos, baço, medula óssea, fígado, intestino delgado, sistema geniturinário, olhos, ouvidos, pele, ossos e tireoide. Evidências recentes sugerem que tanto a reativação da infecção antiga, quiescente, quanto a infecção primária podem ocorrer. Pacientes desnutridos, debilitados e imunossuprimidos, particularmente pacientes com AIDS apresentando contagens baixas de CD4 (< 200/μℓ), estão em alto risco de infecção.

A característica principal da infecção por *P. jirovecii* é uma pneumonite intersticial com infiltrado mononuclear composto predominantemente por plasmócitos. O início da doença é insidioso, com sinais e sintomas incluindo dispneia, cianose, taquipneia, tosse não produtiva e febre. O aspecto radiográfico é tipicamente de infiltrados intersticiais difusos, com aspecto de vidro fosco estendendo-se a partir da região hilar, mas as radiografias podem parecer normais ou mostrar nódulos ou cavitação. A taxa de mortalidade é alta entre os pacientes não tratados e o óbito é causado por insuficiência respiratória.

Histologicamente, um exsudato espumoso é observado dentro dos espaços alveolares, com um intenso infiltrado intersticial composto predominantemente por plasmócitos. Outros padrões, incluindo dano alveolar difuso, inflamação granulomatosa não caseosa e necrose coagulativa semelhante a infarto, também podem ser observados.

O diagnóstico de infecção por *P. jirovecii* é quase inteiramente baseado no exame microscópico de material clínico, incluindo lavado bronco-alveolar (LBA), escovado brônquico, escarro induzido e espécimes de biopsia pulmonar a céu aberto ou transbrônquica.

O exame de LBA demonstrou ter uma sensibilidade de 90 a 100% e geralmente exclui a necessidade de biopsia transbrônquica ou pulmonar a céu aberto. O exame microscópico do escarro induzido pode ser útil em pacientes com AIDS com uma carga fúngica muito alta; no entanto, tem uma taxa de falso negativo de 20 a 25%. Uma variedade de colorações histológicas e citológicas tem sido utilizada para detectar *P. jirovecii*, incluindo GMS, Giemsa, PAS, azul de toluidina, branco de calcoflúor e imunofluorescência. A coloração de Giemsa demonstra as formas tróficas, mas não cora a parede do cisto (ver Figura 65.25), enquanto a coloração de GMS é específica para a parede do cisto (ver Figura 65.26). As técnicas de imunofluorescência coram as formas tróficas e a parede do cisto. A utilização do teste de β-D-glucana tem se mostrado bastante útil para o diagnóstico rápido da pneumonia por *Pneumocystis* com alto grau de sensibilidade e especificidade. Além disso, a PCR é bastante promissora e está disponível comercialmente na Europa.

A base da profilaxia e do tratamento é o sulfametoxazol-trimetoprima. Terapias alternativas têm sido aplicadas em pacientes com AIDS, incluindo pentamidina, trimetoprima-dapsona, clindamicina-primaquina, atovaquona e trimetrexato.

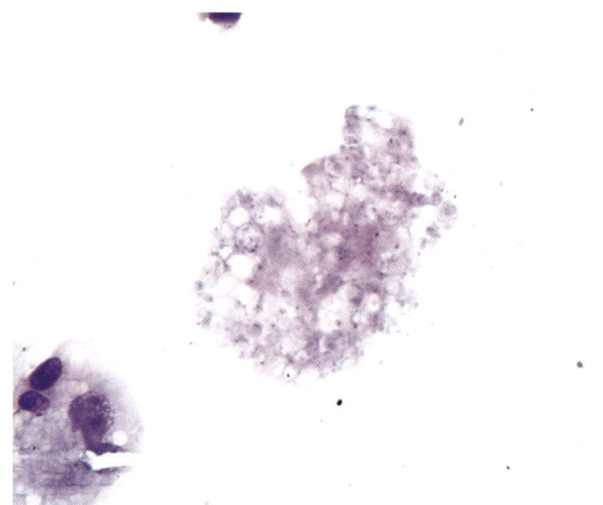

Figura 65.25 *Pneumocystis jirovecii* em fluido do lavado broncoalveolar. A coloração de Giemsa mostra formas intracísticas (1.000 ×).

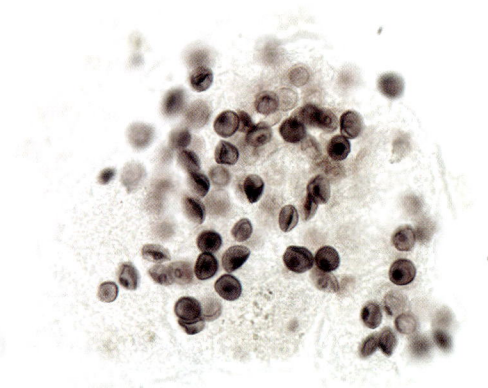

Figura 65.26 *Pneumocystis jirovecii* em fluido de lavado broncoalveolar. A coloração de metenamina de prata de Grocott-Gomori mostra cistos típicos intactos e colapsados (1.000 ×).

Bibliografia

Anaissie, E.J., McGinnis, M.R., Pfaller, M.A., 2009. Clinical Mycology, second ed. Churchill Livingstone, New York.

Bongomin, F., Gago, S., Oladele, R.O., Denning, D.W., 2017. Global and multi-national prevalence of fungal diseases—estimate precision. J. Fungi 3, 57. https://doi.org/10.3390/jof3040057.

Chandler, F.W., Watts, J.C., 1987. Pathologic Diagnosis of Fungal Infections. American Society for Clinical Pathology Press, Chicago.

Dignani, M.C., Solomkin, J.S., Anaissie, E.J., 2009. Candida. In: Anaissie, E.J., McGinnis, M.R., Pfaller, M.A. (Eds.), Clinical Mycology, second ed. Churchill Livingstone, New York.

Gudlagson, O., et al., 2003. Attributable mortality of nosocomial candidemia, revisited. Clin. Infect. Dis. 37, 1172–1177.

Lockhart, S.R., et al., 2009. The epidemiology of fungal infections. In: Anaissie, E.J., McGinnis, M.R., Pfaller, M.A. (Eds.), Clinical Mycology, second ed. Churchill Livingstone, New York.

Pannuti, C.S., et al., 1991. Nosocomial pneumonia in adult patients undergoing bone marrow transplantation: a 9-year study. J. Clin. Oncol. 9 (1).

Pfaller, M.A., Diekema, D.J., 2007. Epidemiology of invasive candidiasis: a persistent public health problem. Clin. Microbiol. Rev. 20, 133–163.

Pfaller, M., et al., 2012. Epidemiology and outcomes of candidemia in 3648 patients: data from the Prospective Antifungal Therapy (PATH Alliance) registry, 2004-2008. Diagn. Microbiol. Infect. Dis. 74, 323–331.

Pfaller, M.A., et al., 2013. Echinocandin and triazole antifungal susceptibility profiles for clinical opportunistic yeast and mold isolates collected from 2010 to 2011: application of new CLSI clinical breakpoints and epidemiological cutoff values for characterization of geographic and temporal trends of antifungal resistance. J. Clin. Microbiol. 51, 2571–2581.

Vallabhaneni, S., et al., 2017. Trends in hospitalizations relative to invasive aspergillosis and mucormycosis in the United States, 2000-2013. Open Forum Infect. Dis. https://doi.org/10.1093/ofid/ofw268.

Viviani, M.A., 2009. Tortorano AM: Cryptococcus. In: Anaissie, E.J., McGinnis, M.R., Pfaller, M.A. (Eds.), Clinical Mycology, second ed. Churchill Livingstone, New York.

Wiener, L.M., et al., 2016. Antimicrobial-resistant pathogens associated with healthcare-associated infections: summary of data reported to the national healthcare Safety Network at the centers for disease control and prevention, 2011-2014. Infect. Control Hosp. Epidemiol 37, 1288–1301.

Wey, S.B., et al., 1988. Hospital-acquired candidemia: attributable mortality and excess length of stay. Arch. Intern. Med. 148, 2642–2645.

66 Infecções Fúngicas e Similares de Etiologia Incomum ou Incerta

Jim é um ex-fumante de 50 anos que foi ao médico de família para um exame físico anual. No processo, foi realizada uma radiografia de tórax, que revelou um nódulo no lobo superior esquerdo do pulmão. Por causa de sua idade e pelo histórico de tabagismo, Jim foi submetido a uma toracotomia e o nódulo foi removido. O exame patológico revelou fibrose e várias estruturas esféricas grandes, mas nenhuma evidência de câncer.

1. Qual é o diagnóstico diferencial de um nódulo pulmonar solitário?
2. Descreva como podemos diferenciar as esférulas de *Rhinosporidium seeberi* daquelas de *Coccidioides immitis* e *Adiaspiromyces* spp.
3. Descreva o processo patológico da adiaspiromicose.
4. Qual dos seguintes agentes pode ser identificado usando sistemas de identificação de levedura disponíveis comercialmente?
   a. *Lacazia loboi*.
   b. *Pythium insidiosum*.
   c. *Rhinosporidium seeberi*.
   d. *Prototheca wickerhamii*.

RESUMOS Organismos clinicamente significativos

CLORELOSE

Palavras-chave

Cloroplastos, lesões verdes, exposição à água, algas

Biologia, virulência e doença

- Infecção em humanos e animais causada por uma alga verde unicelular do gênero *Chlorella*
- *Chlorella*: unicelular, ovoide, esférica ou poligonal, reproduz-se por endosporulação
- Lesões recentes no fígado, linfonodos e tecido cutâneo são verdes no exame macroscópico; esfregaços revelam organismos que contêm grânulos verdes refráteis (cloroplastos)
- Uma única infecção humana relatada até agora; a maioria das infecções ocorre em ovinos e bovinos

Epidemiologia

- Uma única infecção humana em Nebraska; resultou da exposição de uma ferida cirúrgica à água de rio
- As infecções em animais domésticos e selvagens variam de comprometimento dos linfonodos e de órgãos profundos a lesões cutâneas e subcutâneas, presumivelmente relacionados com a exposição à água que contém o organismo

Diagnóstico

- Infecções por *Chlorella* spp. diagnosticadas por cultura e exame histopatológico de tecido infectado
- Na cultura, as colônias são verdes brilhantes
- O exame a fresco de exsudato da ferida ou preparações de *imprint* (técnica de aposição em lâmina) de tecido infectado revelam células endosporuladas ovoides com grânulos citoplasmáticos verdes característicos
- No tecido, as células são coradas com GMS e PAS, mas não com H-E

Tratamento, prevenção e controle

- Desbridamento repetido, irrigação com solução de Dakin, preenchimento com gaze e remoção para drenagem e granulação
- A terapia com anfotericina B combinada com a administração de tetraciclina pode ser útil

LACAZIOSE

Palavras-chave

Trauma cutâneo, solo, vegetação, água, golfinhos, nódulos cutâneos, tropical

Biologia, virulência e doença

- Infecção fúngica crônica da pele causada por *Lacazia loboi*
- *Lacazia loboi*: fungo ascomiceto, reproduz-se por brotamento sequencial, forma cadeias de células esféricas a ovais conectadas por estreitas pontes em formato de tubo
- Nódulos cutâneos de desenvolvimento lento de vários tamanhos e formatos
- Lesões nodulares semelhantes aos queloides mais comuns; ocorrem na face, orelhas, braços, pernas, pés
- As lesões aumentam em tamanho e número ao longo de um período de 40 a 50 anos
- A maioria dos pacientes é assintomática; nenhuma manifestação sistêmica da doença

Epidemiologia

- Doença humana endêmica em regiões tropicais das Américas Central e do Sul
- *Lacazia loboi* é considerada um saprófito de solo e vegetação
- Modo de infecção: trauma cutâneo; ocorre em indivíduos envolvidos na agricultura e desmatamento
- A lacaziose ocorre em golfinhos marinhos e de água doce, sugerindo reservatório aquático

Diagnóstico

- Com base na demonstração de células leveduriformes em exsudato de lesão ou secções de tecido
- A biopsia revela um infiltrado granulomatoso disperso e várias formas fúngicas na derme e no tecido subcutâneo

Tratamento, prevenção e controle

- Excisão cirúrgica de lesões localizadas
- Não responde à terapia antifúngica

RINOSPORIDIOSE

Palavras-chave

Lesões polipoides, orofaringe, esporângio, trofócito, endoconídios, granulomatosa

Biologia, virulência e doença

- Doença granulomatosa em humanos e animais causada por *Rhinosporidium seeberi*
- Caracterizada pelo desenvolvimento de pólipos conjuntivais nasofaríngeos e oculares
- Duas formas de desenvolvimento observadas no tecido: uma forma grande esférica (esporângio) e outra trófica menor

Epidemiologia

- ≈ 90% de todos os casos conhecidos de rinosporidiose ocorrem na Índia e no Sri Lanka

Continua

RESUMOS Organismos clinicamente significativos *(continuação)*		
▪ Hábitat natural desconhecido ▪ Ocorre principalmente em homens com idade entre 20 e 40 anos ▪ Parece estar associado a ambientes rurais e aquáticos ▪ Sem evidências de que a rinosporidiose é contagiosa	**Diagnóstico** ▪ Exame histopatológico dos tecidos afetados; a presença característica de trofócitos e esporângios em tecido corado com H-E de rotina é considerada de valor diagnóstico	▪ *Rhinosporidium seeberi* não é cultivado em cultura **Tratamento, prevenção e controle** ▪ O único tratamento eficaz é a excisão cirúrgica das lesões ▪ Recidivas são comuns

GMS, metenamina de prata de Grocott-Gomori; *H-E*, Hematoxilina & eosina; *PAS*, ácido periódico-Schiff.

Até agora, discutimos as micoses causadas por fungos razoavelmente bem caracterizados que podem servir como colonizadores, patógenos oportunistas ou patógenos verdadeiros. Embora muitos desses microrganismos tenham passado por uma reclassificação taxonômica menor ao longo do tempo, todos eles compartilham as características do reino Fungi (ver Capítulo 57). Uma importante exceção a essa afirmação é *Pneumocystis jirovecii* (anteriormente *P. carinii*), que é um organismo anteriormente considerado um protozoário e agora classificado como um fungo da classe Pneumocystidomycetes com base em evidências moleculares (ver Capítulos 57 e 65). O fato de que *P. jirovecii* não pode ser cultivado em meios artificiais dificultou sua caracterização e atribuição à categoria taxonômica adequada. Neste capítulo, discutiremos várias infecções que historicamente têm sido consideradas como representativas de processos fúngicos ou semelhantes com base na apresentação clínica e histopatológica, mas igualmente a *P. jirovecii*, têm sido difíceis de serem classificadas porque não podem ser cultivadas em meios artificiais. Em um caso, evidências moleculares recentes sugeriram que um organismo anteriormente considerado como fungo (*Rhinosporidium seeberi*) é, na verdade, um parasita protista. Também discutimos duas infecções por algas e duas infecções incomuns causadas pelos oomicetos *Pythium insidiosum* e *Lagenidium* spp. Além de incomuns, bem como raras, essas infecções são diagnosticadas com base na detecção de estruturas características no exame histopatológico do tecido. Uma lista das infecções, dos agentes etiológicos e da morfologia característica no tecido é fornecida na Tabela 66.1.

Adiaspiromicose

Em humanos, a adiaspiromicose é uma infecção pulmonar rara, autolimitada, causada pela inalação de conídios assexuados dos saprófitas do solo *Adiaspiromyces* (anteriormente *Emmonsia*) *crescens* e *Blastomyces parvus* (anteriormente *Emmonsia parva*). Os sinônimos incluem **haplomicose** ou **adiaspirose**.

Tabela 66.1 Características morfológicas de infecções fúngicas e similares de etiologia incomum ou incerta.

Doença	Agente(s) etiológico(s)	Morfologia característica no tecido	Reação habitual do hospedeiro
Adiaspiromicose	*Adiaspiromyces* (*Emmonsia*) *crescens* *Blastomyces parvus* (anteriormente, *Emmonsia parva*)	Grandes adiaconídios, diâmetro de 200 a 400 µm com paredes espessas (20 a 70 µm); ver Figura 66.1	Fibrótica granulomatosa e não caseosa
Clorelose	*Chlorella* spp. (alga verde clorofilada)	Microrganismos unicelulares, endosporulados, redondos, de 4 a 15 µm de diâmetro, contendo múltiplos grânulos citoplasmáticos (cloroplastos); as lesões são pigmentadas de verde; ver Figura 66.2	Piogranulomatosa
Lacaziose (lobomicose)	*Lacazia loboi*	Leveduras esféricas em brotamento, com 5 a 12 µm de diâmetro, que formam cadeias de células conectadas por estruturas tubulares; brotamento secundário pode estar presente; ver Figura 66.3	Granulomatosa
Prototecose	*Prototheca wickerhamii*, *P. zopfii* (algas verdes aclorofiladas)	Esférulas esféricas, ovais ou poliédricas, de 2 a 25 µm de diâmetro, contendo 2 a 20 endósporos quando maduros; ver Figura 66.5	Variável; nenhuma resposta à reação granulomatosa
Pitiose insidiosa Lagenidiose	*Pythium insidiosum* *Lagenidium* spp. (não são fungos verdadeiros; pertencem ao reino protista Stramenopila)	Hifas e fragmentos curtos de hifas que são hialinas, de paredes finas, septos esparsos, irregularmente ramificadas, de 5 a 7 µm (*Pythium*) a 9 a 18 µm (*Lagenidium*) de largura com contornos não paralelos; angioinvasivo; ver Figura 66.6	Granulomatosa, necrosante, supurativa, arterite
Rinosporidiose	*Rhinosporidium seeberi* (parasita protista aquático do clado Mesomycetozoea)	Grandes esporângios (diâmetro de 100 a 350 µm) com paredes finas (3 a 5 µm) que envolvem vários endósporos (diâmetro de 6 a 8 µm) com distribuição zonal; ver Figuras 66.7 e 66.8	Inflamatória crônica inespecífica ou granulomatosa

Dados de Chandler, F.W., Watts, J.C., 1987. Pathologic Diagnosis of Fungal Infections. American Society for Clinical Pathology Press, Chicago, IL; Connor, D.H., et al., 1997. Pathology of Infectious Diseases, vol 2. Appleton & Lange, Stamford, CT.

MORFOLOGIA

Os fungos *A. crescens* e *B. parvus* crescem como fungos filamentosos em cultura em temperatura ambiente e na natureza. As hifas são septadas e ramificadas. Os pequenos (2 a 4 µm) aleurioconídios são sustentados por conidióforos que surgem em ângulos retos em relação às hifas vegetativas. Na incubação a 40°C *in vitro* ou quando introduzidos nos pulmões, os conídios se transformam em **adiaconídios**, que então sofrem grande aumento, mas não mostram evidências de replicação (p. ex., brotamento, formação de endósporos).

Quando maduros, os adiaconídios são esférulas de paredes espessas medindo 200 a 400 µm ou mais de diâmetro (Figura 66.1; ver Tabela 66.1). As paredes da esférula são refráteis, com 20 a 70 µm de espessura e, quando coradas com Hematoxilina & eosina (H-E), compreendem duas camadas: uma externa estreita, eosinofílica, contendo fenestrações periódicas, e uma interna larga e hialina, composta predominantemente de quitina (ver Figura 66.1). As paredes conidiais coram com as colorações para fungos com metenamina de prata de Grocott-Gomori (GMS), ácido periódico-Schiff (PAS) e de Gridley, mas não com Mucicarmin (Tabela 66.2). No tecido pulmonar humano, os adiaconídios geralmente estão vazios, mas podem conter pequenos glóbulos eosinofílicos ao longo da superfície interna das paredes (ver Figura 66.1).

EPIDEMIOLOGIA

Embora a adiaspiromicose humana seja incomum, a infecção é prevalente em roedores em todo o mundo. Da mesma maneira, o fungo pode ser encontrado na natureza, predominantemente em climas temperados. Doenças em humanos foram relatadas na França, Tchecoslováquia, Rússia, Honduras, Guatemala, Venezuela e Brasil. Os roedores podem servir como reservatórios zoonóticos para a doença. O provável modo de infecção é por inalação de conídios de fungos aerossolizados por solo contaminado.

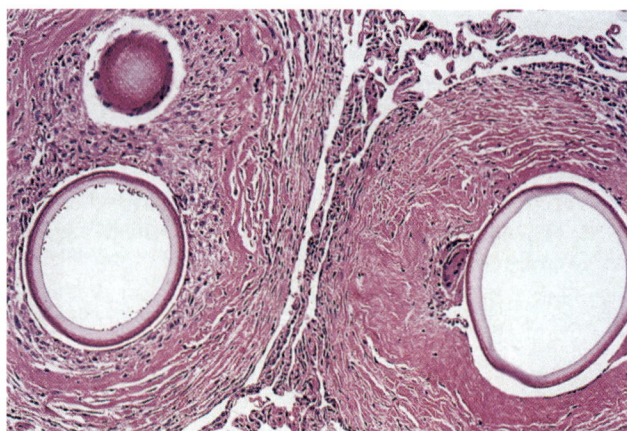

Figura 66.1 Adiaspiromicose pulmonar. A coloração Hematoxilina & eosina (H-E) define duas camadas na parede do adiaconídio. Cada adiaconídio induziu uma resposta fibrogranulomatosa (H-E, x40). (De Connor D.H., et al., 1997. Pathology of Infectious Diseases, vol 2. Appleton & Lange, Stamford, CT.)

SÍNDROMES CLÍNICAS

Tal como acontece com muitas infecções fúngicas, a maioria dos casos documentados de adiaspiromicose é assintomática. Os nódulos pulmonares podem ser detectados radiográfica ou incidentalmente na necropsia ou em espécimes cirúrgicos de pulmão removidos por outro motivo.

Três formas de adiaspiromicose humana foram reconhecidas: granuloma solitário, doença granulomatosa localizada e doença granulomatosa difusa disseminada. Pacientes com a forma granulomatosa disseminada de adiaspiromicose pulmonar podem apresentar febre, tosse e dispneia progressiva causada por compressão e deslocamento das vias respiratórias distais e do parênquima alveolar pelos granulomas em expansão. A replicação fúngica nos pulmões não ocorre e a disseminação para sítios extrapulmonares não foi relatada. A gravidade da doença parece ser totalmente compatível com o número de conídios inalados.

Tabela 66.2 Características morfológicas comparativas de fungos e microrganismos semelhantes a fungos que aparecem como grandes esférulas no tecido.

Característica	ORGANISMOS		
	Coccidioides immitis	*Rhinosporidium seeberi*[a]	*Adiaspiromyces crescens*[b]
Diâmetro externo da esférula (µm)	20 a 200	10 a 350	200 a 400
Espessura da parede da esférula (µm)	1 a 2	3 a 5	20 a 70
Diâmetro dos endósporos (µm)	2 a 5	6 a 10[c]	Nenhum
Pigmentação	Nenhuma	Nenhuma	Nenhuma
Hifas ou artroconídios	Raros	Nenhum	Nenhum
Reação do hospedeiro	Granulomas necróticos	Pólipos mucosos com inflamação aguda e crônica	Granulomas fibróticos
Crescimento em cultura	+	–	±[d]
Reações das colorações especiais			
Metenamina de prata de Grocott-Gomori	+	+	+
Ácido periódico-Schiff	+	+	+
Mucicarmim	–	+	–

[a]Não é um fungo. Recentemente classificado como um parasita protista aquático do clado Mesomicetozoea.
[b]Adiaconídio.
[c]Endósporos dispostos em distribuição zonal característica. Os endósporos maduros contêm glóbulos eosinofílicos distintos.
[d]Cresce como um fungo filamentoso em meio contendo ágar. Organismo não recuperável do tecido. Modificada de Chandler, F.W., Watts, J.C., 1987. Pathologic Diagnosis of Fungal Infections. American Society for Clinical Pathology Press, Chicago, IL.

DIAGNÓSTICO LABORATORIAL

O diagnóstico de adiaspiromicose é estabelecido a partir do exame histopatológico do pulmão afetado e a identificação dos adiaconídios característicos. Cada adiaconídio é circundado por uma resposta granulomatosa epitelioide e de células gigantes, que é ainda envolvida por uma cápsula densa de tecido fibroso (ver Figura 66.1). Todos os granulomas estão em um estágio semelhante de desenvolvimento, refletindo uma exposição única sem replicação subsequente no pulmão.

As esférulas representadas por adiaconídios não devem ser confundidas com as de *C. immitis* ou *R. seeberi*, que são dois outros microrganismos que produzem grandes esférulas no tecido (ver Tabela 66.2). Em contraste com *C. immitis*, os adiaconídios de *A. crescens* e *B. parvus* são muito maiores, têm uma parede mais espessa e não contêm endósporos. Os esporângios de *R. seeberi* são diferenciados pela zonação dos esporangiósporos e pelos glóbulos eosinofílicos distintos vistos dentro dos esporangiósporos maduros (ver Tabela 66.2). Nenhum outro fungo de importância médica tem paredes tão espessas quanto às dos adiaconídios de *A. crescens* e *B. parvus*. A cultura de tecido infectado não é útil porque os adiaconídios não representam uma forma replicativa do fungo.

TRATAMENTO

A adiaspiromicose pulmonar humana é uma infecção autolimitada. Não é necessária a terapia antifúngica específica.

Clorelose

A clorelose é uma infecção que afeta humanos e animais, é causada por uma alga verde unicelular do gênero *Chlorella*. Diferentemente da *Prototheca*, outra alga que causa infecção humana, a *Chlorella* contém cloroplastos, que conferem às lesões da clorelose uma cor verde distinta. A maioria das infecções por esse organismo ocorre em ovinos e bovinos. Uma única infecção humana foi relatada até agora.

MORFOLOGIA

Chlorella spp. são unicelulares, ovoides, esféricos ou poligonais e têm 4 a 5 μm de diâmetro. Eles se reproduzem por endosporulação. Os microrganismos contêm numerosos cloroplastos verdes que aparecem como grânulos citoplasmáticos. Os cloroplastos contêm grânulos de amido, que se coram intensamente com as colorações para fungos GMS, PAS e Gridley. As paredes celulares podem parecer duplamente contornadas (Figura 66.2; ver Tabela 66.1). *Chlorella* spp. reproduzem-se assexuadamente por septação interna e clivagem citoplasmática, produzindo até 20 células-filhas (esporangiósporos) dentro do esporângio (célula-mãe). Na maturação, a parede externa dos esporângios se rompe, liberando os esporangiósporos, cada um dos quais passa a produzir seus próprios esporangiósporos.

EPIDEMIOLOGIA

O único caso em seres humanos ocorreu em Nebraska e resultou da exposição de um ferimento cirúrgico à água

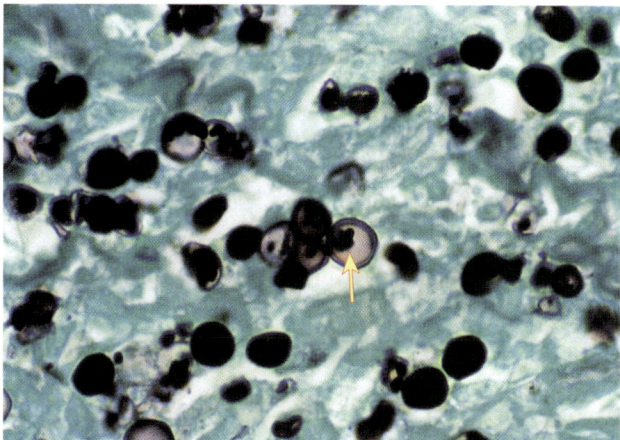

Figura 66.2 *Chlorella* spp. mostrando cloroplastos intracelulares e parede celular duplamente contornada (metenamina de prata de Gomori, ×400). (De Connor D.H., et al., 1997. Pathology of Infectious Diseases, vol 2. Appleton & Lange, Stamford, CT.)

de rio. As infecções em animais domésticos (ovinos e bovinos) e selvagens (castores) variam desde o envolvimento de linfonodos e órgãos profundos até lesões cutâneas e subcutâneas, presumivelmente relacionadas com a exposição à água que contém o organismo.

SÍNDROMES CLÍNICAS

Como observado anteriormente, o caso de clorelose em humano envolveu uma cicatrização de ferida cirúrgica contaminada com água de rio. A ferida posteriormente drenou um exsudato amarelo esverdeado. A infecção foi curada por desbridamento cirúrgico repetido durante um período de 10 meses. Em animais, lesões recentes no fígado, linfonodos e tecido subcutâneo são verdes, o exame macroscópico e os esfregaços revelam organismos que contêm grânulos refráteis verdes (cloroplastos).

DIAGNÓSTICO LABORATORIAL

As infecções causadas por *Chlorella* spp. podem ser diagnosticadas por cultura e por exame histopatológico de tecido infectado. O organismo cresce bem na maioria dos meios sólidos, produzindo colônias verdes brilhantes. Montagens a fresco de exsudato da ferida ou preparações *imprint* do tecido infectado revelam células endosporuladas ovoides com grânulos citoplasmáticos verdes característicos que representam cloroplastos. No tecido, as células coram bem com GMS e PAS, mas não com H-E. A partir da análise histopatológica, eles podem ser diferenciados da *Prototheca*, pela presença de cloroplastos intracelulares.

TRATAMENTO

O tratamento no único caso de clorelose em humanos consistiu em desbridamento repetido, irrigação com solução de Dakin e tamponamento e remoção com gaze para drenagem e granulação. Alternativamente, a terapia com anfotericina B combinada com a administração de tetraciclina tem se mostrado eficaz no tratamento da prototecose e pode ser útil também para a clorelose.

Lacaziose (lobomicose)

A lacaziose é uma infecção fúngica crônica da pele causada por *Lacazia loboi* (anteriormente *Loboa loboi*). *Lacazia loboi* é atualmente classificada como um fungo ascomiceto da ordem Onygenales e da família Ajellomycetaceae. A doença é observada principalmente nos trópicos das Américas do Sul e Central. A infecção natural ocorre apenas em humanos e golfinhos, embora tenha sido reproduzida experimentalmente pela injeção do tecido infectado em *hamsters* e tatus. O microrganismo nunca foi cultivado *in vitro*.

MORFOLOGIA

Lacazia loboi é esférica a oval e tem aspecto leveduriforme. Os fungos têm de 6 a 12 μm de diâmetro e apresentam um envoltório celular espesso birrefringente. *Lacazia loboi* se reproduz por brotamento sequencial e geralmente forma cadeias de células conectadas por pontes estreitas tubulares (Figura 66.3). Algumas das células podem ter um ou dois brotamentos secundários e ser confundidas com a forma de "roda de leme" do *Paracoccidioides brasiliensis*. *Lacazia loboi* é geralmente intracelular, embora formas extracelulares possam ser vistas.

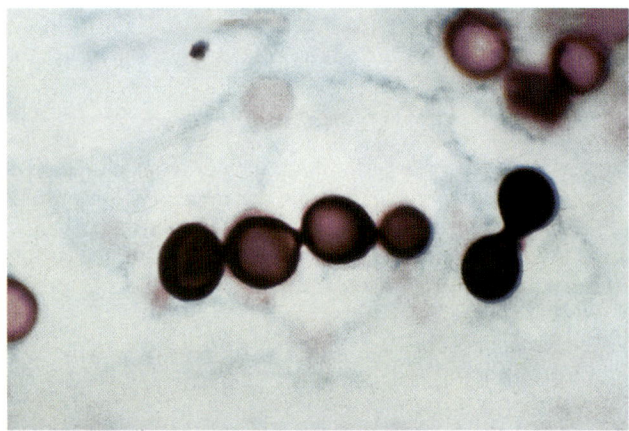

Figura 66.3 *Lacazia loboi*. Os fungos formam uma única cadeia com células individuais unidas por pontes tubulares (Gridley, ×400). (De Chandler, F.W., Watts, J.C., 1987. Pathologic Diagnosis of Fungal Infections. American Society for Clinical Pathology Press, Chicago, IL.)

EPIDEMIOLOGIA

A doença humana é endêmica nas regiões tropicais das Américas Central e do Sul e foi relatada no centro e oeste do Brasil, Bolívia, Colômbia, Costa Rica, Equador, Guiana, Guiana Francesa, México, Panamá, Peru, Suriname e Venezuela. Casos isolados foram relatados na Holanda e um único caso foi relatado nos EUA em um paciente com histórico de viagens para a Venezuela.

Acredita-se que *L. loboi* seja um saprófita do solo ou da vegetação, e a lacaziose predomina em regiões tropicais com vegetação densa, como a floresta tropical amazônica. Acredita-se que o trauma cutâneo seja o modo de infecção. Um reservatório de origem vegetal não foi identificado.

Considerando o fato de que a lacaziose ocorre em golfinhos marinhos e de água doce, um hábitat aquático também é provável. A infecção entre golfinhos foi relatada na Flórida, na costa do Texas, na fronteira hispano-francesa, na costa sul do Brasil e no estuário do Rio Suriname. Um caso de transmissão de golfinho para humano foi relatado; no entanto, não há evidência de transmissão de pessoa para pessoa.

A lacaziose ocorre principalmente em homens ou mulheres envolvidos na agricultura e no desmatamento. Agricultores, mineiros, caçadores e trabalhadores de seringueiras têm um aumento na incidência da doença. Não há predileção racial, e a lobomicose afeta todas as faixas etárias, com a idade máxima de início entre 20 e 40 anos.

SÍNDROMES CLÍNICAS

A lacaziose é caracterizada por nódulos cutâneos de desenvolvimento lento, de tamanho e forma variados (Figura 66.4 e Caso Clínico 66.1). As lesões dérmicas são polimórficas, variando de máculas, pápulas, nódulos queloidais e placas a lesões verrucosas e ulceradas; todas essas características podem estar presentes em um único paciente (ver Figura 66.4). A lesão nodular tipo queloide é a mais

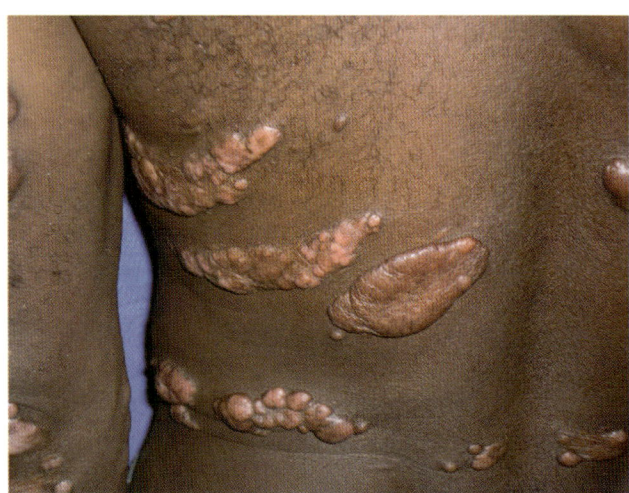

Figura 66.4 Lesões múltiplas do tipo queloide observadas na lacaziose. (De Chandler, F.W., Watts, J.C., 1987. Pathologic Diagnosis of Fungal Infections. American Society for Clinical Pathology Press, Chicago, IL.)

comum. A doença é caracterizada por um longo período de meses a anos de dormência. O aumento do número e do tamanho das lesões também é um processo lento, progredindo ao longo de um período de 40 a 50 anos. As lesões tendem a surgir em áreas traumatizadas da pele, como rosto, orelhas, braços, pernas e pés. A doença não envolve membranas mucosas ou órgãos internos. A disseminação cutânea local pode ocorrer por meio da autoinoculação. Além de prurido ocasional e hipestesia ou anestesia da área afetada, os pacientes são assintomáticos. Não há manifestações sistêmicas da doença.

DIAGNÓSTICO LABORATORIAL

O diagnóstico é baseado na demonstração da presença de células de leveduras características no exsudato da lesão ou secções de tecido. A biopsia revela infiltrado granulomatoso disperso, juntamente com numerosas formas fúngicas na derme e tecido subcutâneo. O granuloma consiste principalmente em células gigantes, macrófagos e células epitelioides. Tanto as células gigantes quanto os macrófagos contêm fungos que foram fagocitados.

> **Caso Clínico 66.1 Lacaziose**
>
> Elsayed et al. (*Emerg Infect Dis* 10:715–718, 2004) descreveram um caso de lacaziose em uma geóloga canadense. A paciente foi à consulta com o dermatologista apresentando uma lesão em forma de placa de crescimento lento de 1,5 cm de diâmetro, coloração vermelho-escuro, não sensível, circundada por cicatriz queloidal na face posterior do antebraço direito. Localizava-se na cicatriz de uma tentativa anterior de excisão de uma lesão semelhante 2 anos antes. A lesão original foi notada pela primeira vez enquanto a paciente esteve visitando o Sudeste Asiático em 1996, embora ela não tenha procurado atendimento médico até retornar ao Canadá, 1 ano depois. Naquela época, foi diagnosticada a coccidioidomicose, com base na história de viagem a uma região endêmica e na presença de organismos ovais, leveduriformes em cortes histológicos. No entanto, *Coccidioides immitis* nunca foi cultivado da lesão e os estudos sorológicos para essa infecção permaneceram negativos. Ela permaneceu bem até que uma nova lesão reapareceu no sítio da cicatriz e aumentou gradativamente de tamanho. A paciente contava com um extenso histórico de viagens, incluindo estadas prolongadas no México, Costa Rica, América do Sul, Indonésia e Filipinas. Durante suas viagens, ela geralmente vivia em acampamentos rurais e tinha ampla exposição à água doce, solo e cavernas subterrâneas. Seu histórico médico incluía episódios de disenteria amebiana, dengue e helmintíase intestinal, mas fora isso não apresentava qualquer alteração. Amostras biopsiadas da nova lesão foram obtidas e submetidas a exame patológico e microbiológico. Os cortes corados com Hematoxilina & eosina mostraram dermatite granulomatosa difusa, superficial e profunda com células gigantes multinucleadas. Foram observadas células fúngicas intracelulares e extracelulares não coradas com paredes refringentes espessas. As células fúngicas foram fortemente coradas com colorações de metenamina de prata de Grocott-Gomori e ácido periódico-Schiff; as células eram esféricas ou em formato de limão, com aproximadamente 10 μm de diâmetro e tamanho uniforme. Foram visualizadas células únicas ou em cadeias curtas em brotamento, unidas por pontes estreitas tubulares. Os organismos não eram cultiváveis. A morfologia fúngica foi consistente com *Lacazia loboi*. A lesão foi totalmente removida, sem recidiva subsequente. Deve-se suspeitar dessa doença em pacientes com lesões cutâneas queloidais únicas ou múltiplas, particularmente se eles viajaram para áreas remotas da América Latina.

Lacazia loboi cora intensamente com as colorações GMS e PAS. A coloração H-E revela a parede celular hialina espessa e duplamente contornada e um ou mais núcleos hematoxilinofílicos.

Embora, em nível macroscópico, as lesões da lacaziose se assemelhem aos queloides, microscopicamente, os queloides têm fibrose acentuada, o que não é o caso da lacaziose. Da mesma maneira, os queloides não apresentam granulomas e elementos fúngicos. A morfologia e o padrão de brotamento de *L. loboi* são distintos e não devem ser confundidos com os de *P. brasiliensis* (brotamentos múltiplos, tamanho variável), *B. dermatitidis* e *Histoplasma capsulatum* var. *duboisii* (sem cadeias de células) ou *Sporothrix schenckii* e *H. capsulatum* var. *capsulatum* (ambos menores, 2 a 8 μm *versus* 5 a 12 μm). O último fungo também crescerá em cultura, enquanto *L. loboi* nunca foi cultivado *in vitro*.

TRATAMENTO

A excisão cirúrgica de lesões localizadas é a terapia ideal. A doença mais disseminada geralmente reaparece quando tratada cirurgicamente e não responde à terapia antifúngica. A clofazimina é empregada nessas situações, mas no momento o tratamento médico da lacaziose não é satisfatório.

Prototecose

A prototecose é uma infecção de humanos e animais causada por algas aclorofiladas do gênero *Prototheca*. Esses microrganismos pertencem à mesma família das algas verdes do gênero *Chlorella*. Duas espécies, *P. wickerhamii* e *P. zopfii*, são conhecidas por causar infecção. Três formas de prototecose humana foram descritas: (1) cutânea, (2) bursite olecraniana e (3) disseminada.

MORFOLOGIA

As prototecas são microrganismos unicelulares, ovais ou esféricos que se reproduzem assexuadamente por septação interna e clivagem irregular dentro dos esporângios hialinos. Cada esporângio contém entre 2 e 20 esporangiósporos dispostos em uma configuração de "mórula" (Figura 66.5). Os esporangiósporos são liberados após a ruptura do esporângio e, por sua vez, desenvolvem-se em formas endosporuladas maduras. As células medem de 3 a 30 μm de diâmetro e diferem das observadas em *Chlorella* pela falta de cloroplastos. As prototecas diferem dos fungos pela ausência de glucosamina em suas paredes celulares. As duas espécies de *Prototheca* que causam doenças humanas diferem uma da outra em tamanho: *P. wickerhamii* mede 3 a 15 μm de diâmetro, enquanto *P. zopfii* mede 7 a 30 μm de diâmetro. Ambas as espécies são prontamente coradas pelos métodos de PAS, GMS e de Gridley para fungos (ver Figura 66.5) e são organismos gram-positivos.

EPIDEMIOLOGIA

Os fungos *Prototheca* spp. são saprófitos ambientais onipresentes que foram isolados da grama, do solo, da água e de animais selvagens e domésticos. A prototecose humana foi relatada em todos os continentes, com exceção da Antártica.

SÍNDROMES CLÍNICAS

Pelo menos metade de todos os casos de prototecose são infecções cutâneas simples. Na maioria das vezes, essas infecções ocorrem em pacientes imunocomprometidos por causa da terapia imunossupressora, síndrome da imunodeficiência adquirida (AIDS), desnutrição, doença renal ou hepática, câncer ou distúrbios autoimunes. As lesões surgem, em geral, em áreas expostas à implantação traumática e estão presentes em uma forma indolente, como nódulos e pápulas ou como erupção eczematoide.

Os indivíduos que apresentam bursite olecraniana normalmente não são imunocomprometidos, mas a maioria relata algum tipo de trauma penetrante ou não no cotovelo afetado. Os sinais e sintomas da bursite olecraniana geralmente ocorrem várias semanas após o trauma e incluem endurecimento leve da bursa, sensibilidade, eritema e produção de uma quantidade variável de líquido serossanguinolento.

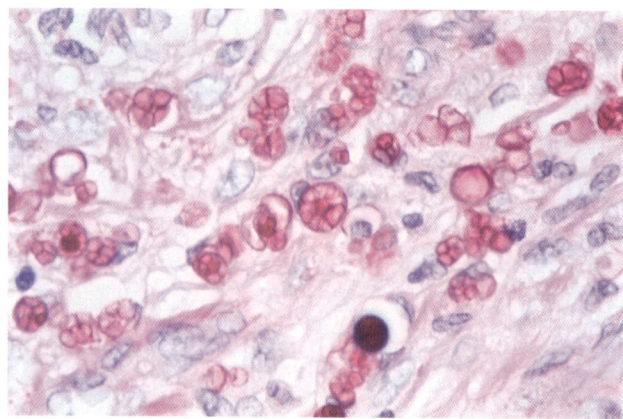

Figura 66.5 *Prototheca wickerhamii*. Células de algas únicas e endosporuladas que são facilmente demonstradas com coloração de ácido periódico-Schiff. Uma forma clássica de "mórula" está presente (×1.000).

A prototecose disseminada é rara, mas foi relatada em indivíduos sem deficiência imunológica conhecida. Um paciente com prototecose visceral apresentou dor abdominal, estudos de função hepática anormais inicialmente consideraram o sintoma como resultado de colangite. O paciente tinha múltiplos nódulos peritoneais que se assemelhavam ao câncer metastático, mas eram, na verdade, manifestações de prototecose. Outro paciente apresentou lesões causadas por prototecas na testa e nariz.

DIAGNÓSTICO LABORATORIAL

Prototheca spp. crescem facilmente em uma ampla variedade de meios sólidos de 30 a 37°C. As colônias são leveduriformes, brancas e cremosas em aparência e consistência. Uma montagem a fresco do material de cultura pode ser corada com lactofenol azul-algodão para revelar a presença de esporângios e esporangiósporos característicos. Os organismos são bem ativos metabolicamente e podem ser identificados no nível de espécie usando um dos vários painéis de identificação de leveduras disponíveis comercialmente para determinar o perfil de assimilação de carboidratos.

No exame histopatológico de tecido infectado, *Prototheca* spp. aparecem como esporangiósporos em forma de cunha e dispostos em um padrão radial ou "mórula" dentro do esporângio (ver Figura 66.5). Os microrganismos são mais bem visualizados por colorações utilizadas para demonstrar fungos em tecidos, os procedimentos para detecção de fungos são GMS, PAS e Gridley. Além das diferenças de tamanho observadas anteriormente, as duas espécies de *Prototheca* diferem no fato de que *P. wickerhamii* tende a produzir formas de mórula muito simétricas, enquanto essas formas são raras com *P. zopfii*, que exibe divisões internas mais aleatórias. A resposta inflamatória na prototecose é predominantemente granulomatosa.

TRATAMENTO

O tratamento da bursite olecraniana geralmente envolve a bursectomia. A drenagem repetida tem fracassado; no entanto, a drenagem associada à instilação local de anfotericina B foi curativa em um paciente. O tratamento da prototecose cutânea com uma variedade de agentes antibacterianos, antifúngicos e antiprotozoários tópicos e sistêmicos não tem sido bem-sucedido. A excisão local associada ao uso tópico de anfotericina B, tetraciclina sistêmica e cetoconazol sistêmico tem se mostrado útil, apesar da hepatotoxicidade relacionada com o cetoconazol. A prototecose disseminada é tratada com agentes antifúngicos sistêmicos; tanto a anfotericina B quanto o cetoconazol são utilizados.

Pitiose insidiosa

A pitiose insidiosa é uma doença "semelhante a uma infecção fúngica" em humanos e animais, causada pelo patógeno vegetal *Pythium insidiosum*. Embora descrito como um "fungo aquático", esse microrganismo não é um fungo verdadeiro, é um oomiceto pertencente ao reino protista Stramenopila, próximo às algas verdes e algumas plantas inferiores na árvore evolutiva. Em humanos, a pitiose causa ceratite e infecções orbitárias, bem como um processo vascular cutâneo e subcutâneo marcado por lesões granulomatosas de desenvolvimento rápido, levando à insuficiência arterial progressiva, infarto do tecido, aneurismas e, ocasionalmente, morte. Em animais (gatos, cães, cavalos, bovinos), é uma infecção óssea, subcutânea ou pulmonar. Cães e cavalos também podem apresentar infecção intestinal.

MORFOLOGIA

Pythium insidiosum cresce como colônias brancas com hifas vegetativas submersas e hifas aéreas curtas em meio de cultura sólido. Como esse organismo é um patógeno de plantas, ele requer culturas de água contendo as folhas apropriadas para produzir zoosporângios e zoósporos *in vitro*. Na natureza, *P. insidiosum* produz zoósporos biflagelados que se fixam e penetram nas folhas de várias gramíneas e nenúfares. Os zoósporos têm um forte tropismo para pele e cabelo, assim como os nenúfares e folhas de grama. Se os zoósporos entrarem em contato com o tecido lesionado, eles encistam, formam tubos germinativos que produzem hifas e causam doenças invasivas.

No tecido, *P. insidiosum* existe como hifas ou fragmentos de hifas de parede fina, hialinas, com septos esparsos, que se ramificam com pouca frequência. Os elementos na forma de hifas têm 5 a 7 μm de largura com contornos não paralelos e superficialmente semelhantes aos observados no filo Mucormycota (Figura 66.6). Como os Mucormycetes, *P. insidiosum*

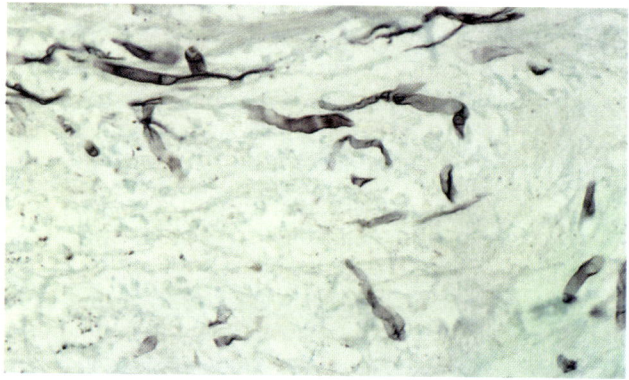

Figura 66.6 *Pythium insidiosum* invadindo uma parede arterial. Hifas raramente septadas e fracamente coradas, além de fragmentos de hifas que se assemelham aos dos Mucormycetes (metenamina de prata de Grocott-Gomori, ×160). (De Connor D.H., et al., 1997. Pathology of Infectious Diseases, vol 2. Appleton & Lange, Stamford, CT.)

é angioinvasivo. No tecido, os elementos em hifas de *P. insidiosum* coram com GMS, mas não com H-E ou outras colorações para fungos.

EPIDEMIOLOGIA

Pythium insidiosum cresce em ambientes aquáticos a úmidos em regiões tropicais a subtropicais. Infecções causadas por esse patógeno hidrofílico foram registradas em áreas tropicais, subtropicais e em algumas áreas temperadas do mundo. No continente americano, a pitiose é comum nas regiões tropicais das Américas Central, do Norte e do Sul, com a maioria dos casos relatados no Brasil, Colômbia, Costa Rica, EUA e Venezuela. Nos EUA, as infecções são prevalentes em animais e humanos que habitam os estados ao sul, como Alabama, Geórgia, Flórida, Louisiana, Mississippi, Carolina do Norte, Carolina do Sul e Texas. No entanto, casos da doença também foram relatados em estados do norte, incluindo Califórnia, Illinois, Indiana, Kansas, Nova Jersey, Missouri, Tennessee, Virgínia e no extremo norte de Wisconsin e Nova York. Na Ásia, a pitiose foi relatada no Japão, Índia, Indonésia, ilhas do Pacífico, Coreia do Sul e Tailândia e em áreas próximas, incluindo Austrália, Nova Guiné e Nova Zelândia.

SÍNDROMES CLÍNICAS

A doença humana causada por *P. insidiosum* ocorre em pacientes com talassemia que desenvolveram pitiose insidiosa dos membros inferiores (Caso Clínico 66.2). O processo patológico foi marcado por isquemia progressiva dos membros inferiores, necrose, trombose das artérias principais causada por invasão das hifas, gangrena, formação de aneurisma e, por fim, hemorragia fatal. A pitiose orbital foi diagnosticada erroneamente como uma infecção fúngica mucormicótica. Formas menos graves da infecção incluem ceratite e infecções cutâneas localizadas após a lesão.

Em cavalos, a pitiose se apresenta como inflamação localizada e feridas necróticas nas pernas e abdome inferior com centros necróticos. Artrite séptica, osteíte e tenossinovite também são comuns.

DIAGNÓSTICO LABORATORIAL

O organismo pode ser isolado de material clínico a fresco semeado em meio micológico, como o ágar Sabouraud dextrose. A demonstração de zoósporos biflagelados pode ser realizada usando culturas de água com grama ou isca de lírio incubadas a 37°C por 1 hora. Os ensaios sorológicos utilizando as tecnologias do ensaio imunoenzimático (ELISA) ou de *Western blot* têm sido úteis na detecção precoce da doença em humanos e animais.

O exame histopatológico do tecido infectado mostra uma arterite necrosante e trombose. É observada invasão vascular por hifas esparsamente septadas e ramificadas irregularmente (ver Figura 66.6). A reação inflamatória perivascular aguda é eventualmente substituída por granulomas que contêm hifas esparsas e fragmentos de hifas. Os elementos em hifas de *P. insidiosum* podem estar envolvidos pelo fenômeno eosinofílico de Splendore-Hoeppli. A pitiose insidiosa em humanos deve ser diferenciada de mucormicose cutânea e subcutânea, esporotricose, micetoma e neoplasias.

Caso Clínico 66.2 Pitiose

Bosco et al. (*Emerg Infect Dis* 11:715–718, 2005) descreveram um caso de pitiose em um homem brasileiro de 49 anos. O paciente deu entrada no hospital para tratamento de lesão cutânea na perna, inicialmente com diagnóstico de mucormicose cutânea. O paciente afirmou que uma pequena pústula se desenvolveu em sua perna esquerda 3 meses antes da internação, 1 semana depois que ele pescou em um lago com água parada. A pústula foi inicialmente diagnosticada como celulite bacteriana; foi tratada com antibacterianos intravenosos, sem melhora. A biopsia da lesão mostrou inflamação granulomatosa supurativa associada a várias hifas não septadas (evidenciada pela coloração de metenamina de prata de Grocott-Gomori), achado que levou ao diagnóstico de mucormicose. O tratamento foi alterado para anfotericina B. Após receber 575 mg (dose cumulativa) de anfotericina B mais dois desbridamentos cirúrgicos, o paciente apresentou apenas leve melhora, sendo encaminhado para outro hospital. Na admissão, o exame físico revelou úlcera pré-tibial de 15 cm de diâmetro, com borda proximal infiltrativa e nodular. As análises bioquímicas do soro mostraram azotemia, hipopotassemia e anemia como efeitos adversos do tratamento com anfotericina B. Sua contagem de leucócitos foi de 4.200/mm^3 com 9% de eosinófilos. A glicemia estava normal e a sorologia para o vírus da imunodeficiência humana (HIV) foi negativa. Os resultados de uma segunda biopsia sugeriram novamente mucormicose. O paciente recebeu itraconazol e iodeto de potássio sem melhora significativa. As tentativas de isolar o organismo em laboratório falharam. Com a progressão da doença, considerou-se um extenso desbridamento cirúrgico. Um regime terapêutico de anfotericina B foi iniciado e a lesão foi desbridada, incluindo a fáscia lata. Um enxerto de pele foi colocado e produziu uma recuperação aceitável. O tecido foi submetido à cultura e teste molecular, utilizando os *primers* genéricos para as regiões do espaçador transcrito interno (ITS; do inglês *internal transcribed spacer*) do DNA ribossômico de fungos. As culturas desenvolveram colônias incolores, que no exame microscópico mostraram hifas largas, ramificadas e esparsamente septadas sem corpos de frutificação, que foram posteriormente identificadas como *Pythium insidiosum*. O uso da reação em cadeia da polimerase, seguido pelo sequenciamento dos amplicons de ITS, forneceram resultados indicando 100% de identidade com *P. insidiosum*. Este caso ilustra as questões clínicas e diagnósticas que cercam a pitiose humana.

TRATAMENTO

Embora o iodeto de potássio tenha sido usado para tratar infecções cutâneas, o tratamento médico da pitiose insidiosa geralmente não é eficaz. O desbridamento cirúrgico e a excisão do tecido infectado têm sido utilizados com algum sucesso. Existem algumas evidências de que os antifúngicos azólicos, como fluconazol, cetoconazol, itraconazol e miconazol, exibem atividade *in vitro* contra esse organismo. Um caso de pitiose orbitária respondeu bem a uma combinação de itraconazol e terbinafina, embora o uso combinado desses fármacos não tenha sido útil em outros casos de pitiose. A imunoterapia tem sido útil no tratamento da pitiose equina e tem uma taxa de cura de 55% em doenças humanas.

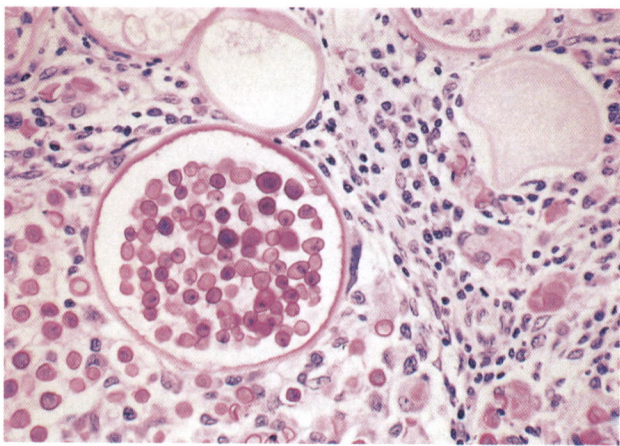

Figura 66.7 Esporângio maduro de *R. seeberi*. As paredes dos endoconídios maduros são carminofílicas (Mucicarmim de Mayer, ×100). (De Connor. D.H., et al., 1997. Pathology of Infectious Diseases, vol 2. Appleton & Lange, Stamford, CT.)

Lagenidiose

Como *P. insidiosum*, *Lagenidium* spp. são oomicetos que causam infecções em outros mamíferos, mas raramente em humanos. Membros do gênero *Lagenidium* também causam infecções em animais inferiores, incluindo caranguejos, nematoides e larvas de mosquitos, entre outros. Em mamíferos, a infecção se apresenta com envolvimento da pele e subsequentemente se dissemina para os vasos sanguíneos. Esses organismos são atualmente classificados no Reino Stramenopila, Filo Heterokonta, Classe Oomycota, Ordem Lagenidiales e Família Lagenidiaceae. Pelo menos três espécies foram relatadas recentemente: *L. giganteum*, afetando cães americanos; *L. deciduum* (*L. vilelae*), afetando um gato americano; e *L. albertoi*, causando ceratite em um homem tailandês.

MORFOLOGIA

Em contraste com outros patógenos abordados neste capítulo, *Lagenidium* spp. crescem prontamente em meios de isolamento fúngicos de rotina. Em meio contendo ágar, esses microrganismos crescem prontamente a 37°C como colônias submersas brancas a amarelas sem micélios aéreos. Semelhante a *P. insidiosum*, *Lagenidium* spp. produzem hifas em forma de fita de 9 a 18 μm, com estruturas esféricas de 20 a 45 μm de diâmetro. Em meio líquido, vesículas podem ser vistas nas pontas das hifas indiferenciadas. A presença de estruturas sexuais (oogônias) ainda não foi descrita.

EPIDEMIOLOGIA

Atualmente, a maioria dos casos de lagenidiose em mamíferos foi relatada nos EUA e nas mesmas áreas de infecções por *P. insidiosum*: estados que fazem fronteira com o Golfo do México, bem como Arkansas, Geórgia, Illinois, Indiana, Maryland, Carolina do Norte e do Sul, Tennessee, Virgínia, entre outros. *Lagenidium* completa seu ciclo de vida em ambientes aquáticos, possivelmente usando plantas ou hospedeiros animais inferiores. Além das regiões observadas anteriormente, um caso de ceratite humana causada por *Lagenidium* foi relatado na Tailândia e a lagenidiose em um cão foi relatada na Austrália. Acredita-se que a infecção seja iniciada quando zoósporos presentes em um ambiente contaminado ganham acesso através de lesões cutâneas abertas. A lagenidiose não parece ser transmitida de um hospedeiro infectado para outro e as tentativas de estabelecer a infecção em camundongos não tiveram sucesso.

SÍNDROMES CLÍNICAS

Tal como acontece com *P. insidiosum*, *Lagenidium* spp. causam infecções que variam desde o envolvimento cutâneo superficial ao subcutâneo e arterial. A infecção sistêmica parece ser rara. Em humanos e animais, os sítios de infecção são a córnea, o trato gastrintestinal e membros.

DIAGNÓSTICO LABORATORIAL

O diagnóstico de infecção por *Lagenidium* spp. pode ser feito por microscopia direta e cultura de material retirado do local da infecção. No exame microscópico de amostras citológicas coradas com Giemsa, os *Lagenidium* spp. aparecem como hifas de ramificação ampla. Na cultura em ágar Sabouraud dextrose, colônias brancas a amareladas, planas e glabras submersas no ágar podem ser vistas após incubação a 37°C por 24 a 48 horas. Microscopicamente, as hifas são cenocíticas, largas (9 a 18 μm) com grandes estruturas esféricas conectadas por curtos segmentos de hifas. A observação de estruturas esféricas conectadas por pequenos túbulos pode ser usada para diferenciar *Lagenidium* spp. de *P. insidiosum*; no entanto são necessários estudos moleculares para fazer essa distinção. A detecção de anticorpos utilizando os testes ELISA e *Western blot* tem sido utilizada tanto para o diagnóstico quanto para o monitoramento da resposta à terapia. Uma forte reação cruzada com antígenos de *P. insidiosum* é observada com o método de ELISA.

TRATAMENTO

Em contraste com os fungos, os oomicetos carecem de ergosterol em suas membranas citoplasmáticas, o que impede a eficácia com agentes antifúngicos direcionados a essa via do esterol. Apesar dessa característica, vários agentes antifúngicos têm sido usados tanto clinicamente quanto *in vitro*, com resultados mistos. Assim como na pitiose, a ressecção cirúrgica precoce é recomendada como tratamento de escolha.

Rinosporidiose

A rinosporidiose é uma doença granulomatosa de humanos e animais que se caracteriza pelo desenvolvimento de pólipos que afetam principalmente a nasofaringe e a conjuntiva ocular de indivíduos infectados. A doença é causada por *Rhinosporidium seeberi*, que é um microrganismo com uma história taxonômica confusa. Esse organismo foi considerado um protozoário e um fungo e, mais recentemente, foi colocado em um novo clado de parasitas protistas aquáticos, os Mesomicetozoários. Como *R. seeberi* não cresce em meio sintético, essa reclassificação foi baseada na análise da sequência da subunidade menor 18S do ácido desoxirribonucleico ribossômico (rDNA) desse organismo. Essa análise colocou *R. seeberi* entre os Mesomicetozoários (anteriormente DRIP: *Dermocystidium*, agente Rosette,

Ichthyophonus e *Psorospermium*), que é um clado de parasitas de peixes que formam um ramo da árvore evolutiva próximo à divergência animal-fungo.

MORFOLOGIA

Visto que *R. seeberi* não cresce em meio artificial, as descrições morfológicas são inteiramente baseadas no organismo, em como ele aparece no tecido infectado. Duas formas de desenvolvimento de *R. seeberi* são visualizadas no tecido: a grande forma esférica ou esporângio e o trofócito menor. O esporângio é considerado a forma madura do organismo e mede de 100 a 350 μm de diâmetro. A parede do esporângio tem 3 a 5 μm de espessura e é composta por uma camada hialina interna e uma fina camada externa eosinofílica. O esporângio contém numerosos endoconídios dispostos em uma formação zonal característica, na qual os endoconídios imaturos pequenos, achatados e uninucleados (1 a 2 μm) formam uma massa crescente na periferia de uma parede do esporângio, com os endoconídios maiores e maduros arranjados sequencialmente em direção ao centro. Os endoconídios maduros variam em tamanho de 5 a 20 μm de diâmetro e contêm vários glóbulos citoplasmáticos refráteis. Esse arranjo zonal de endoconídios imaturos, em maturação e totalmente maduros é diagnóstico desse patógeno e o distingue de outros organismos endosporulantes esféricos no tecido (ver Tabela 66.2).

Considera-se que os trofócitos se desenvolvem diretamente de endoconídios que foram liberados do esporângio. Os trofócitos variam em tamanho de 10 a 100 μm de diâmetro e têm paredes eosinofílicas refráteis (2 a 3 μm de espessura), citoplasma granular e um núcleo redondo e pálido com nucléolo proeminente. Por fim, os trofócitos aumentam e se transformam em esporângios maduros por meio de um processo de endosporulação.

As paredes de ambos os esporângios e endoconídios coram com colorações fúngicas GMS e PAS. Além disso, as paredes dos endoconídios e a parede interna do esporângio coram positivamente com o corante de mucina, Mucicarmim (Figura 66.7; ver Tabela 66.2).

EPIDEMIOLOGIA

Aproximadamente 90% de todos os casos conhecidos de rinosporidiose ocorrem na Índia e no Sri Lanka. A doença também ocorre nas Américas, Europa e África. O hábitat natural e a extensão da distribuição de *R. seeberi* na natureza são desconhecidos. A doença ocorre principalmente em homens jovens de 20 a 40 anos e parece estar associada a ambientes rurais e aquáticos. Não há evidências de que a rinosporidiose seja contagiosa.

SÍNDROME CLÍNICA

A rinosporidiose se manifesta como massas polipoides ou semelhantes a tumores, de crescimento lento, geralmente da mucosa nasal ou conjuntiva (Caso Clínico 66.3). As lesões também podem ser vistas nos seios paranasais, laringe e genitália externa. Acredita-se que a disseminação secundária para a pele circundante resulte da autoinoculação por arranhadura. Na maioria dos pacientes, a doença permanece localizada e os sintomas são principalmente a obstrução nasal e o sangramento, resultantes da formação de pólipos. A disseminação sistêmica limitada é relatada, mas é rara.

> **Caso Clínico 66.3** Rinosporidiose
>
> Gaines e Clay (*South Med J* 89:65–67, 1996) descreveram três casos de rinosporidiose em meninos que não haviam viajado para fora dos EUA. Na verdade, não havia história de viagem para fora do estado da Geórgia. Todos os pacientes residiam em áreas rurais do nordeste do estado. Um apresentava lesão polipoide da conjuntiva e os outros dois, pólipos nasais. Em cada caso, as lesões foram excisadas e o exame histopatológico revelou estruturas morfologicamente típicas de *Rhinosporidium seeberi*. Nenhum outro tratamento foi administrado e o acompanhamento não mostrou evidências de recidiva. Apesar da natureza muito rara desses casos, a aparência distinta das formas de desenvolvimento de *R. seeberi* em cortes histopatológicos tem valor diagnóstico.

DIAGNÓSTICO LABORATORIAL

O diagnóstico de rinosporidiose é feito pelo exame histopatológico do tecido afetado. A aparência distinta dos trofócitos e esporângios em secções coradas pelo método de H-E de rotina tem utilidade diagnóstica. Embora outros organismos que ocorrem no tecido na forma de grandes esférulas possam ser confundidos com *R. seeberi*, eles geralmente são facilmente diferenciados desse microrganismo pela consideração do tecido envolvido e das características morfológicas e de coloração da esférula e dos endoconídios (ver Tabela 66.2).

TRATAMENTO

O único tratamento eficaz é a excisão cirúrgica das lesões. As recidivas são comuns, principalmente em sítios da mucosa, como orofaringe e seios paranasais, nos quais a excisão completa costuma ser difícil de ser realizada.

Bibliografia

Burns, R.A., et al., 2000. Report of the first human case of lobomycosis in the united states. J. Clin. Microbiol. 38, 1283–1285.
Chandler, F.W., Watts, J.C., 1987. Pathologic Diagnosis of Fungal Infections. American Society for Clinical Pathology Press, Chicago.
Connor, D.H., et al., 1997. Pathology of Infectious Diseases, vol. 2. Appleton & Lange, Stamford, Conn.
Fredericks, D.N., et al., 2000. *Rhinosporidium seeberi*: a human pathogen from a novel group of aquatic protistan parasites. Emerg. Infect. Dis. 6, 273–282.
Grooters, A.M., 2003. Pythiosis, lagenidiosis, and zygomycosis in small animals. Vet. Clin. Small. Anim. 33, 695–720.
Herr, R.A., et al., 1999. Phylogenetic analysis of *Rhinosporidium seeberi*'s 18S small-subunit ribosomal DNA groups this pathogen among members of the protoctistan mesomycetozoa clade. J. Clin. Microbiol. 37, 2750–2754.
Krajaejun, T., et al., 2006. Clinical and epidemiological analysis of human pythiosis in thailand. Clin. Infect. Dis. 43, 569.
Lass-Florl, C., Mayr, A., 2007. Human protothecosis. Clin. Microbiol. Rev. 20, 230–242.
Mendoza, L., et al., 2004. Orbital pythiosis: a nonfungal disease mimicking orbital mycotic infections, with a retrospective review of the literature. Mycoses. 47 (14).
Reinprayoon, U., et al., 2013. *Lagenidium* sp. ocular infection mimicking ocular pythiosis. J. Clin. Microbiol. 51, 2778–2780.
Taborda, P.R., et al., 1999. *Lacazia loboi* gen. nov., comb. nov., the etiologic agent of lobomycosis. J. Clin. Microbiol. 37, 2031–2033.
Vilela, R., Mendoza, L., Lacazia, Lagenidium, Pythium, Rhinosporidium, 2015. In: Jorgensen, J.H., et al. (Ed.), Manual of Clinical Microbiology, eleventh ed. American Society for Microbiology Press, Washington, DC.

SEÇÃO 7

Parasitologia

RESUMO DA SEÇÃO

- 67 Classificação, Estrutura e Replicação dos Parasitas, 710
- 68 Patogênese das Doenças Parasitárias, 717
- 69 Papel dos Parasitas nas Doenças, 721
- 70 Diagnóstico Laboratorial de Doenças Parasitárias, 723
- 71 Agentes Antiparasitários, 732
- 72 Protozoários Intestinais e Urogenitais, 740
- 73 Protozoários do Sangue e dos Tecidos, 754
- 74 Nematódeos, 776
- 75 Trematódeos, 795
- 76 Cestódeos, 806
- 77 Artrópodes, 818

67 Classificação, Estrutura e Replicação dos Parasitas

Este capítulo é uma introdução à classificação e fisiologia dos parasitas. Esta breve revisão visa melhorar a compreensão que o leitor tem das inter-relações entre organismos parasitários, sua epidemiologia e transmissão de doenças, os processos patológicos específicos envolvidos e as possibilidades para prevenção e controle de enfermidades. Tentamos deliberadamente simplificar a taxonomia, utilizando-a para abordar as principais divisões envolvidas na parasitologia médica: especificamente, os protozoários intestinais e urogenitais, protozoários do sangue e dos tecidos, nematódeos, trematódeos, cestódeos e artrópodes.

Importância dos parasitas

A parasitologia médica é o estudo de animais invertebrados capazes de causar doenças em seres humanos e outros animais. Embora as doenças parasitárias sejam frequentemente consideradas "tropicais" e, portanto, de pouca importância para os médicos que praticam em países desenvolvidos e de clima mais temperado, é evidente que o mundo se tornou um lugar muito pequeno e que o conhecimento sobre doenças parasitárias é essencial. O efeito global das infecções parasitárias e do número de mortes associadas a parasitas é espantoso e precisa ser motivo de preocupação dos profissionais da área de saúde (Tabela 67.1). Cada vez mais turistas, missionários, voluntários do Corpo da Paz e outros estão visitando e trabalhando por longos períodos de tempo em partes exóticas e remotas do mundo. Portanto, correm risco de infecções parasitárias e outras infecções que são raras nos EUA e em outros países mais desenvolvidos. Outra fonte de pacientes infectados é o número cada vez maior de refugiados de países em desenvolvimento. Finalmente, os problemas de imunossupressão profunda que acompanham os avanços na terapia médica (p. ex., transplante de órgãos), bem como aqueles associados a pessoas infectadas pelo vírus da imunodeficiência humana (HIV), colocam um número crescente de indivíduos em risco de desenvolver infecções causadas por determinados parasitas. Tendo em vista essas considerações, tanto profissionais do atendimento clínico como profissionais de laboratório devem estar cientes da possibilidade de doenças parasitárias e devem ser treinados na solicitação, na execução e na interpretação dos exames laboratoriais apropriados para auxiliar no diagnóstico e na terapia.

Classificação e estrutura

Os parasitas eucarióticos dos seres humanos estão agora divididos em cinco linhagens monofiléticas denominadas supergrupos, dos quais quatro incluem parasitas humanos: o SAR, Excavata, Amoebozoa e Opisthokonta (Tabela 67.2). Tradicionalmente, a classificação dos parasitas leva em consideração a morfologia de estruturas intracitoplasmáticas, tais como o núcleo, o tipo de organelas locomotoras e o modo de reprodução (Tabela 67.3). Mais recentemente, o novo consenso taxonômico emergiu principalmente com base em avanços em nosso entendimento da bioquímica e da biologia molecular dos organismos inferiores (p. ex., Protistas e Stramenopila). Comparações de sequências da pequena subunidade do ácido ribonucleico ribossômico (SSU rRNA; do inglês *small subunit ribosomal ribonucleic acid*) e de proteínas tornaram possível a organização de organismos dentro de grupos com base em distâncias evolutivas. Além disso, a identificação de determinadas organelas encontradas em células eucarióticas com suas origens procarióticas tornou possível organizar todos os organismos vivos dentro de um esquema taxonômico geral realista e evolutivamente sólido. Os Protistas e Stramenopila são animais cujas funções vitais ocorrem em uma única célula. Os membros do clado Animalia, também conhecidos como metazoários, são animais multicelulares nos quais as funções vitais ocorrem em estruturas celulares organizadas como sistemas de tecidos e órgãos.

PROTISTAS (PROTOZOÁRIOS)

Protistas ou protozoários são microrganismos simples que variam em tamanho de 2 a 100 μm. Seu protoplasma é envolto por uma membrana celular e contém numerosas organelas, incluindo um núcleo ligado à membrana, um retículo endoplasmático, grânulos de armazenamento de alimentos e vacúolos contráteis e digestivos. O núcleo contém cromatina aglomerada ou dispersa e um cariossoma

Tabela 67.1 Carga global estimada de doenças parasitárias.

Infecção	Número estimado de infectados	Mortes (anual)[a]
Malária	> 500 milhões	2,5 milhões
Filariose linfática	44 milhões	0
Leishmaniose	4 milhões	62.500
Ancilostomíase	400 milhões	–
Esquistossomose	290 milhões	5.500
Tricuríase	400 milhões	0
Tripanossomíase africana	20.000	6.900
Ascaridíase	800 milhões	4.500
Oncocercose	17,7 milhões (270 mil cegos)	0
Doença de Chagas (tripanossomíase americana)	9,4 milhões	10.600

[a]Dados de mortalidade incluídos quando disponíveis. Modificada de Herricks, J.R., et al., 2017. The global burden of disease study 2013: what does it mean for the NTDs? PLoS Neglected Tropical Diseases 11, e0005424.

Tabela 67.2 Parasitas de importância médica.

Supergrupo	Clado	Organismos
Excavata	Metamonada: Fornicata	Giardia, Chilomastix
	Metamonada: Parabasala	Dientamoeba, Trichomonas
	Discicristata: Heterolobosea	Naegleria
	Discicristata: Euglenozoa	Leishmania, Trypanosoma
Amoebozoa	Centramoebida	Acanthamoeba, Balamuthia
	Entamoebida	Entamoeba
SAR	Apicomplexa (esporozoários)	Cryptosporidium, Cyclospora, Toxoplasma, Babesia, Plasmodium
	Ciliophora	Neobalantidium coli
	Stramenopila	Blastocystis spp.
Opisthokonta	Animalia: Nematódeos (vermes cilíndricos)	Trichinella, Trichuris, Ancylostoma, Necator, Ascaris, Dracunculus, Enterobius, Strongyloides
	Animalia: Platelmintos	Trematódeos, cestódeos
	Animalia: Artrópodes	Crustáceos, aranhas, insetos, insetos verdadeiros

central. Os órgãos de motilidade variam de simples extrusões citoplasmáticas ou pseudópodes para estruturas mais complexas, tais como cílios. A reprodução é geralmente por fissão binária e esses microrganismos são anaeróbios facultativos.

Os Protistas englobam cinco supergrupos, quatro dos quais contêm parasitas de hospedeiros humanos: os supergrupos Opisthokonta, Amoebozoa, Excavata, Archaeplastida e SAR. Os **Opisthokonta** incluem os fungos, os animais e vários clados protistas que são fundamentais para compreender a origem do metabolismo animal e fúngico, assim como a origem da multicelularidade nos animais. Os **Amoebozoa** incluem basicamente gêneros com locomoção ameboide, mas alguns incluem estágios ciliados em seu ciclo de vida. Exemplos importantes nesse supergrupo são os gêneros Entamoeba, Endolimax, Iodamoeba, Acanthamoeba, Balamuthia e Sappinia. Os **Excavata** incluem muitas linhagens parasitárias. Muitas são bem conhecidas dos microbiologistas clínicos, tais como Giardia, Trichomonas, tripanossomas e Leishmania. Os **Archaeplastida** incluem as algas verdes e as algas vermelhas e não contêm parasitas humanos; eles não serão discutidos mais aqui. Finalmente, o supergrupo **SAR** inclui três clados monofiléticos muito diversos, Stramenopiles, Alveolata e Rhizaria. Stramenopiles inclui Blastocystis, juntamente com as algas marrons e vários parasitas vegetais. Os Alveolata incluem o Ciliophora (p. ex., Balantidium), o Dinoflagellata e o Apicomplexa (grupo de parasitas, historicamente denominado Sporozoa ou esporozoários). Os parasitas do filo Apicomplexa importantes incluem Cryptosporidium, Toxoplasma, Cyclospora, Sarcocystis, Babesia e Plasmodium. A última linhagem no supergrupo SAR é Rhizaria e não inclui parasitas humanos.

Metamonada: *Giardia, Enteromonas, Chilomastix, Retortamonas, Dientamoeba, Trichomonas, Pentatrichomonas*

Esses gêneros pertencem ao supergrupo Excavata e são inseridos no clado Metamonada. Eles são anaeróbios ou microaerófilos. Previamente descrito pelo termo obsoleto "flagelados", esses organismos contêm mitocôndrias reduzidas, alimentação por pinocitose e são responsáveis por infecções intestinais, exceto Trichomonas vaginalis (um parasita do sistema geniturinário) e T. tenax (um parasita oral). Dientamoeba e Trichomonas spp. não formam cistos e Dientamoeba não apresenta cílios; todos os outros membros desse grupo contam com cílios para a motilidade e para formar cistos como meio de sobrevida às condições ambientais adversas e para auxiliar na transmissão. O número e a posição dos cílios variam muito em diferentes espécies. Além disso, estruturas especializadas associadas aos cílios podem produzir um aspecto morfológico característico que pode ser útil na identificação das espécies.

Discicristata: *Naegleria, Leishmania, Trypanosoma*

Esses gêneros pertencem ao supergrupo Excavata e são colocados no clado Discicristata. Além de muitas características compartilhadas no arranjo do citoesqueleto, eles apresentam mitocôndrias com cristas planas ou em forma de disco.

Naegleria é uma ameba de vida livre, que se alimenta de bactérias e é geralmente encontrada no solo ou encistados em sedimentos de água doce e sedimento ressuspenso perturbado. Algumas cepas de N. fowleri são parasitas oportunistas que causam meningoencefalite amebiana primária.

Leishmania e Trypanosoma infectam hospedeiros vertebrados e são transmitidos por espécies de vetores insetos sanguívoros (hematófagos) (com raras exceções). Existem aproximadamente 53 espécies de Leishmania com cerca de 20 infectantes para seres humanos. A forma promastigota infecciosa tem um cílio e ocorre no trato intestinal de mosquitos flebotomíneos. A forma amastigota (sem cílios) é encontrada como um parasita intracelular de fagócitos mononucleares no sangue e no sistema circulatório.

Nos seres humanos, o complexo de espécies T. brucei é responsável pela "doença do sono" (tripanossomíase africana) e é transmitido pela mosca tsé-tsé (Glossina spp.) através das glândulas salivares. Os agentes causais são T. brucei rhodesiense (Tbr) e T. b. gambiense (Tbg). Trypanosoma cruzi causa a doença de Chagas (tripanossomíase americana) e é transmitido por insetos da subfamília Triatominae (barbeiros); as fezes de insetos na pele do hospedeiro contêm células infecciosas que penetram nos tecidos do hospedeiro.

Amoebozoa: *Acanthamoeba, Balamuthia, Entamoeba, Endolimax, Iodamoeba*

Esses gêneros de protistas ameboides pertencem ao supergrupo Amoebozoa. A locomoção de amebas é realizada pela extrusão de pseudópodes ("pés falsos"). As amebas são fagocíticas e contêm mitocôndrias com cristas tubulares.

As amebas Acanthamoeba e Balamuthia pertencem ao clado Centramoebida e são planas e alongadas, com pseudópodes e subpseudópodes característicos. Elas se alimentam de bactérias por fagocitose no solo, formando cistos resistentes para quiescência e dispersão. Ambos os gêneros têm espécies que podem ser parasitas oportunistas em seres humanos causando encefalite amebiana granulomatosa.

Tabela 67.3 Características biológicas, morfológicas e fisiológicas dos parasitas patogênicos.

Classe de organismos	Morfologia	Reprodução	Organelas de locomoção	Respiração	Nutrição
PROTOZOÁRIOS					
Ameba	Unicelular; formas de cistos e trofócitos	Fissão binária	Pseudópodes	Anaeróbia facultativa	Assimilação por pinocitose ou fagocitose
Ciliados	Unicelular; formas de cistos e trofozoítos; possivelmente intracelular	Fissão binária ou conjugação	Cílios	Anaeróbia facultativa	Difusão simples ou ingestão via citóstoma, pinocitose ou fagocitose. Vacúolo alimentar
Esporozoários	Unicelular, frequentemente intracelular; múltiplas formas, incluindo trofozoítos, esporozoítos, cistos (oocistos), gametas	Esquizogonia e esporogonia	Nenhuma	Anaeróbia facultativa	Difusão simples
HELMINTOS					
Nematódeos	Multicelular; cilíndrico, liso, fusiforme, trato alimentar tubular; possibilidade de dentes ou placas para fixação	Sexos separados	Sem organela única; motilidade muscular ativa	Adultos: geralmente anaeróbia. Larvas: possivelmente aeróbia	Ingestão ou absorção de líquidos corporais, tecido ou conteúdos digestivos
Trematódeos	Multicelulares; em forma de folha com ventosas orais e ventrais, trato alimentar em fundo cego	Hermafrodita (o grupo *Schistosoma* tem sexos distintos)	Sem organela única; motilidade dirigida por músculos motilidade	Adultos: geralmente anaeróbia	Ingestão ou absorção de líquidos corporais, tecido ou conteúdo digestivo
Cestódeos	Multicelular; cabeça com corpo segmentado (proglótides); falta de trato alimentar; cabeça equipada com ganchos e/ou ventosas para fixação	Hermafrodita	Sem organela única; geralmente fixação à mucosa; possível motilidade muscular (proglótides)	Adultos: geralmente anaeróbia	Absorção de nutrientes do intestino
ARTRÓPODES					
Miriápodes	Alongados; muitas pernas; cabeça e tronco distintos; garras com venenos no primeiro segmento	Sexos distintos	Pernas	Aeróbia	Carnívora
Crustáceos: Pentastomídeos	Vermiforme; cilíndrico ou achatado; duas regiões do corpo distintas; órgãos digestórios e reprodutivos; ausência dos sistemas circulatório e respiratório	Sexos distintos	Motilidade dirigida por músculos	Aeróbia	Ingestão de líquidos corporais e tecido
Crustáceos: Copepoda (copépodes) e Decapoda (caranguejos e lagostins)	Carapaça externa rígida; um par de maxilas; cinco pares de pernas birremes	Sexos distintos	Pernas	Aeróbia	Ingestão de líquidos corporais e tecido, carnívoro
Chelicerata: Aracnídeos	Corpo dividido em cefalotórax e abdome; oito pernas e presas com venenos	Sexos distintos	Pernas	Aeróbia	Carnívoro
Hexapoda: insetos	Corpo: cabeça, tórax e abdome; um par de antenas; três pares de apêndices, até dois pares de asas	Sexos distintos	Pernas, asas	Aeróbia	Ingestão de líquidos e tecidos

O gênero *Entamoeba* contém o principal parasita humano *Entamoeba histolytica* e pertence ao clado Entamoebida. Essas espécies se alimentam de bactérias intestinais por fagocitose. A dispersão é feita por cistos que se formam nas fezes.

Os gêneros *Endolimax* e *Iodamoeba* estão relacionados com a família Entamoebidae e, do mesmo modo, têm mitocôndrias não aeróbias reduzidas, com dispersão de cistos. O gênero *Endolimax* é conhecido de amostras intestinais de vários animais nos quais ele se alimenta de bactérias por fagocitose, com uma espécie, *E. nana*, encontrada em amostras humanas. A espécie *Iodamoeba buetschlii* ocorre em intestinos humanos e se alimenta por fagocitose de bactérias e leveduras.

Apicomplexa: *Babesia, Plasmodium, Cryptosporidium, Cyclospora, Cystoisospora, Sarcocystis, Toxoplasma*

Esses gêneros pertencem ao clado Apicomplexa no supergrupo SAR. Os organismos do filo Apicomplexa são frequentemente referidos como **Sporozoa** ou Coccidia. O filo Apicomplexa engloba gêneros que são parasitas de animais vertebrados e invertebrados. As principais características são vesículas achatadas contra a membrana da célula em pelo menos um estágio do ciclo de vida e um complexo apical para penetração na célula hospedeira. A locomoção é, tipicamente, por deslizamento e flexão do corpo. A nutrição é por pinocitose.

Ciliophora: *Neobalantidium* (anteriormente *Balantidium*) *coli*

O gênero *Neobalantidium*, anteriormente conhecido como *Balantidium*, pertence ao clado *Ciliophora* no supergrupo SAR. *Neobalantidium* ocorre em vários mamíferos nos quais é um endossimbionte intestinal, que muitas vezes é não patogênico e assintomático. *Neobalantidium coli* é o único ciliado (ou seja, Ciliophora) que sabidamente é um parasita humano. Ele forma cistos em fezes excretadas e é habitualmente transmitido por via orofecal. O excistamento ocorre nos intestinos em que o trofozoíto ingere bactérias por fagocitose. *Neobalantidium coli* contém dois núcleos: um grande macronúcleo e um pequeno micronúcleo. A locomoção dos ciliados envolve o movimento coordenado de fileiras de estruturas piliformes ou cílios.

Stramenopila (anteriormente *Chromista*): *Blastocystis*

Blastocystis pertence ao sub-reino Stramenopiles no supergrupo SAR. *Blastocystis* fica sozinho e sem classificação adicional no Stramenopiles como um gênero de comensais anaeróbios ou parasitas intestinais de muitos vertebrados e alguns invertebrados. As células não têm morfologia típica e apresentam aspecto leveduriforme, embora sejam observadas formas ameboides. O resquício da mitocôndria retém um pequeno número de genes e seu metabolismo recebe considerável atenção. Os trofozoítos se alimentam de líquidos intestinais e também existe uma forma de cisto. O Stramenopila foi criado para acomodar vários organismos semelhantes a plantas, principalmente algas, que eram originalmente quimeras entre os hospedeiros biflagelados eucarióticos e as algas vermelhas simbiontes que haviam perdido seus cloroplastos ao longo do tempo evolutivo e, ainda assim, retêm elementos de sua ancestralidade de algas vermelhas. Embora previamente colocado entre os Fungi e Protozoa, as espécies de *Blastocystis* spp. são agora colocadas no Stramenopila com base na análise do 18S rRNA e outras evidências moleculares.

ANIMALIA (METAZOÁRIOS)

No supergrupo Opisthokonta, os parasitas de interesse humano se enquadram nos Metazoários no clado Animalia. Esse clado inclui todos os organismos eucariotos que não sejam dos reinos Protozoa, Stramenopila ou Fungi. Este capítulo discute dois grandes grupos de organismos de grande importância: os helmintos ("vermes") e os artrópodes (caranguejos, insetos, carrapatos e outros).

Helmintos

Os helmintos são organismos multicelulares complexos que são alongados e bilateralmente simétricos. Eles são consideravelmente maiores que os parasitas protozoários e geralmente são macroscópicos, variando em tamanho de menos de 1 mm até 1 m ou mais. A superfície externa de alguns vermes é coberta com uma cutícula protetora, que é acelular e pode ser lisa ou ter cristas, espinhos ou tubérculos. A cobertura protetora de vermes achatados é conhecida como **tegumento**. Muitas vezes, os helmintos apresentam estruturas elaboradas de fixação, tais como ganchos, ventosas, dentes ou placas. Essas estruturas são, em geral, localizadas anteriormente e podem ser úteis na classificação e identificação dos organismos (ver Tabela 67.3). Os helmintos normalmente têm sistemas nervosos e excretores primitivos. Alguns apresentam tratos alimentares; entretanto, nenhum tem sistema circulatório. Os helmintos de interesse humano são separados em dois grupos de parasitas: o Nematoda (nematódeos) e o Platyhelminthes (platelmintos).

Nematoda. O clado Nematoda (nematódeos) tem corpos cilíndricos não segmentados. Os sexos dos nematódeos são distintos e eles têm sistema digestório completo. Os nematódeos podem ser parasitas intestinais ou infectar o sangue e o tecido.

Platyhelminthes. O clado Platyhelminthes (platelmintos) consiste em vermes que apresentam corpos achatados semelhantes a folhas ou segmentos. Os platelmintos podem ainda ser divididos em trematódeos e cestódeos.

Os trematódeos têm corpos em forma de folhas. A maioria é hermafrodita, com órgãos sexuais masculinos e femininos em um único corpo. Seu sistema digestório é incompleto e só contam com tubos saculares. Seu ciclo de vida é complexo; os caramujos servem como primeiros hospedeiros intermediários e outros animais ou plantas aquáticas servem como segundos hospedeiros intermediários.

Cestódeos ou tênias apresentam corpos compostos por segmentos de proglótides. Todos são hermafroditas e não têm sistemas digestórios, com a nutrição absorvida pelas paredes do corpo. Os ciclos de vida de alguns cestódeos são simples e diretos, enquanto os de outros são complexos e exigem um ou mais hospedeiros intermediários.

Arthropoda (artrópodes)

O Arthropoda é o maior grupo de animais no clado Animalia. Os artrópodes são organismos multicelulares complexos que podem estar envolvidos diretamente em causar doenças invasivas ou superficiais (infestação) ou indiretamente como hospedeiros intermediários e vetores de muitos agentes infecciosos, incluindo parasitas protozoários e helmintos (Tabela 67.4). Além disso, o envenenamento por picada de artrópodes pode resultar em reações adversas nos seres humanos que vão desde reações alérgicas e de

Tabela 67.4 Transmissão e distribuição de parasitas patogênicos.

Organismo	Forma infecciosa	Mecanismo de transmissão	Distribuição
PROTOZOÁRIOS INTESTINAIS			
Entamoeba histolytica	Cisto/trofozoíto	Indireto (fecal-oral) Direto (venéreo)	Mundial
Giardia duodenalis/intestinalis	Cisto	Via fecal-oral	Mundial
Dientamoeba fragilis	Cisto	Via fecal-oral	Mundial
Neobalantidium coli	Trofozoíto ? Cisto	Via fecal-oral	Mundial
Cystoisospora belli	Oocisto	Via fecal-oral	Mundial
Cryptosporidium spp.	Oocisto	Via fecal-oral	Mundial
Cyclospora spp.	Oocisto	Via fecal-oral	Mundial
PROTOZOÁRIOS UROGENITAIS			
Trichomonas vaginalis	Trofozoíto	Via direta (venérea)	Mundial
PROTOZOÁRIOS DO SANGUE E TECIDOS			
Naegleria e Acanthamoeba spp.	Cisto/trofozoíto	Inoculação direta, inalação	Mundial
Plasmodium spp.	Esporozoíto	Mosquito Anopheles	Áreas tropicais e subtropicais
Babesia spp.	Corpo piriforme	Carrapato Ixodes	América do Norte, Europa
Toxoplasma gondii	Oocisto e cistos teciduais	Via fecal-oral, carnivorismo	Mundial
Leishmania spp.	Promastigota	Mosquito Phlebotomus	Áreas tropicais e subtropicais
Trypanosoma cruzi	Tripomastigota	Inseto triatomíneo	Américas do Norte, Central e do Sul
T. brucei	Tripomastigota	Mosca tsé-tsé	África
NEMATÓDEOS			
Enterobius vermicularis	Ovo	Via fecal-oral	Mundial
Ascaris lumbricoides	Ovo	Via fecal-oral	Áreas de saneamento precário
Toxocara spp.	Ovo	Via fecal-oral	Mundial
Trichuris trichiura	Ovo	Via fecal-oral	Mundial
Ancylostoma duodenale	Larva filariforme	Penetração direta na pele a partir de solo contaminado	Áreas tropicais e subtropicais
Necator americanus	Larva filariforme	Penetração direta na pele, autoinfecção	Áreas tropicais e subtropicais
Strongyloides stercoralis	Larva filariforme	Penetração direta na pele, autoinfecção	Áreas tropicais e subtropicais
Trichinella spiralis	Larva encistada no tecido	Carnivorismo	Mundial
Wuchereria bancrofti	Larva de terceiro estágio	Mosquito	Áreas tropicais e subtropicais
Brugia malayi	Larva de terceiro estágio	Mosquito	Áreas tropicais e subtropicais
Loa Loa	Larva filariforme	Mosca Chrysops	África
Mansonella spp.	Larva de terceiro estágio	Moscas hematófagas	África, Américas Central e do Sul
Onchocerca volvulus	Larva de terceiro estágio	Dípteros hematófagos Simulium	África, Américas Central e do Sul
Dracunculus medinensis	Larva de terceiro estágio	Ingestão de crustáceos do gênero Cyclops infectados	África, Ásia
Dirofilaria immitis	Larva de terceiro estágio	Mosquito	Japão, Austrália, EUA
TREMATÓDEOS			
Fasciolopsis buski	Metacercária	Ingestão de metacercárias encistadas em plantas aquáticas	China, Sudeste Asiático, Índia
Fasciola hepatica	Metacercária	Metacercária em plantas aquáticas	Mundial
Opisthorchis (Clonorchis) sinensis	Metacercária	Metacercária encistada em peixe de água doce	China, Japão, Coreia, Vietnã
Paragonimus westermani	Metacercária	Metacercária encistada em crustáceos de água doce	Ásia, África, Índia, América Latina

Continua

Tabela 67.4 Transmissão e distribuição de parasitas patogênicos. *(continuação)*

Organismo	Forma infecciosa	Mecanismo de transmissão	Distribuição
Schistosoma spp.	Cercária	Penetração direta da pele por cercárias de nado livre	África, Ásia, Índia, América Latina
CESTÓDEOS			
Taenia solium	Cisticerco, ovo embrionado ou proglótide	Ingestão de carne suína infectada; ingestão de ovo (cisticercose)	Países que consomem carne suína: África, Sudeste Asiático, China, América Latina
T. saginata	Cisticerco	Ingestão de cisticerco em carne	Mundial
Diphyllobothrium latum	Espargano	Ingestão de espargano em peixe	Mundial
Echinococcus granulosus	Ovo embrionado	Ingestão de ovos de cães infectados	Países produtores de ovinos: Europa, Ásia, África, Austrália, EUA
E. multilocularis	Ovo embrionado	Ingestão de ovos de animais infectados, via fecal-oral	Canadá, norte dos EUA, Europa Central
Hymenolepsis nana	Ovo embrionado	Ingestão de ovos, via fecal-oral	Mundial
H. diminuta	Cisticerco	Ingestão de larvas de besouro infectadas em produtos de grãos contaminados	Mundial
Dipylidium caninum	Cisticercoide	Ingestão de pulgas infectadas	Mundial

hipersensibilidade locais ao choque anafilático grave e até a morte. Existem quatro grandes categorias de artrópodes de interesse na Medicina.

Myriapoda. Os Myriapoda (miriápodes) consistem em duas classes de importância médica: Chilopoda (centopeias) e Diplopoda (milípedes). Algumas centopeias podem ter mordidas venenosas. Os milípedes produzem secreções defensivas tóxicas.

Crustacea. Entre os crustáceos estão formas aquáticas familiares, tais como caranguejos, lagostins, camarões, copépodes e pentastomídeos. Vários deles são hospedeiros intermediários nos ciclos de vida de vários helmintos intestinais ou de sangue e tecidos. Os pentastomídeos ou vermes com formato de língua são endoparasitas sugadores de sangue de répteis, aves e mamíferos. Os pentastomídeos adultos são parasitas brancos e cilíndricos ou achatados que têm duas regiões corporais distintas: um cefalotórax anterior e um abdome. Os seres humanos podem servir como hospedeiros intermediários para esses parasitas.

Chelicerata. Somente a classe Arachnida dos Chelicerata contém espécies de importância médica, tais como ácaros, carrapatos, aranhas e escorpiões. Ao contrário dos insetos, esses animais não têm asas nem antenas e os adultos apresentam quatro pares de pernas, em oposição a três pares para insetos. De importância médica são aqueles que servem como vetores para doenças microbianas (ácaros e carrapatos) ou como animais venenosos que promovem a picada (aranhas) ou ferroada (escorpiões).

Hexapoda. Os Hexapoda de importância médica estão contidos na classe Insecta e consistem em formas familiares aquáticas e terrestres, tais como mosquitos, moscas, outros dípteros, pulgas, piolhos, outros insetos, vespas e formigas. Apresentam asas e antenas e as formas adultas têm três pares de pernas. De importância clínica são os muitos insetos que servem como vetores para doenças microbianas (mosquitos, pulgas, piolhos e insetos) ou como animais venenosos que picam (abelhas, vespas e formigas).

Fisiologia e replicação

PROTOZOA (PROTOZOÁRIOS)

As exigências nutricionais dos protozoários parasitas são geralmente simples e exigem a assimilação de nutrientes orgânicos. As amebas e alguns outros protozoários realizam essa assimilação pelo processo primitivo de pinocitose ou fagocitose de material solúvel ou particulado (ver Tabela 67.3). O material engolfado fica encerrado em vacúolos digestivos. Os Metamonada e ciliados geralmente ingerem alimentos em um local ou estrutura definitiva, o peristômio ou citóstoma. Outros parasitas unicelulares assimilam nutrientes por difusão simples. O material alimentar ingerido é retido em grânulos intracitoplasmáticos ou em vacúolos. As partículas não digeridas e as escórias são eliminadas da célula por extrusão do material na superfície da célula. A respiração na maioria dos protozoários parasitas é realizada por processos anaeróbios facultativos.

Para garantir a sobrevida sob condições ambientais adversas ou desfavoráveis, muitos protozoários parasitas se desenvolvem na forma de cisto, que é menos ativa metabolicamente. Esse cisto é cercado por uma parede celular externa espessa capaz de proteger o organismo de outros agravos físicos e químicos que seriam letais. A forma de cisto é uma parte integrante do ciclo de vida de muitos protozoários parasitas e facilita a transmissão do microrganismo de hospedeiro para hospedeiro no ambiente externo (ver Tabela 67.4). Parasitas que não conseguem formar cistos precisam confiar na transmissão direta de hospedeiro para hospedeiro ou exigem um vetor artrópode para completar seus ciclos de vida (ver Tabela 67.4).

Além da formação de cisto, muitos protozoários parasitas desenvolveram mecanismos elaborados de evasão imune que propiciam uma resposta ao ataque do sistema imunológico do hospedeiro, mudando continuamente seus antígenos de superfície, assegurando a sobrevida contínua dentro do hospedeiro. A reprodução dos protozoários é, geralmente, por fissão binária simples (merogonia), embora o ciclo de vida de alguns protozoários, tais como os esporozoários, inclua ciclos de fissão múltipla (esquizogonia) alternando com um período de reprodução sexual (esporogonia ou gametogonia).

ANIMALIA (METAZOÁRIOS)

Helmintos

As exigências nutricionais dos parasitas helmínticos são atendidas por ingestão ativa do tecido e/ou líquidos do hospedeiro, com destruição tecidual resultante ou por absorção mais passiva de nutrientes dos líquidos e conteúdo intestinal circundante (ver Tabela 67.3). A motilidade muscular de muitos helmintos gasta uma energia considerável e os vermes metabolizam rapidamente os carboidratos. Os nutrientes são armazenados na forma de glicogênio, cujo conteúdo é elevado na maioria dos helmintos. Semelhante à respiração em protozoários, a respiração em helmintos é principalmente anaeróbica, embora as formas larvares possam necessitar de oxigênio.

Uma proporção significativa da necessidade energética dos helmintos é dedicada a apoiar o processo reprodutivo. Muitos vermes são bastante prolíficos, produzindo até 200 mil descendentes por dia. Em geral, os parasitas helmintos depositam os ovos (ovíparos), embora algumas espécies possam gerar crias jovens vivas (vivíparos). As larvas resultantes são sempre morfologicamente distintas dos parasitas adultos e precisam passar por várias fases de desenvolvimento (mudas) antes de atingir a idade adulta.

A principal barreira protetora da maioria dos helmintos é a camada externa resistente (cutícula ou tegumento). Os vermes também secretam enzimas que destroem as células hospedeiras e neutralizam mecanismos de defesa imunológica e celular. Semelhante aos parasitas protozoários, alguns helmintos têm a capacidade de alterar as propriedades antigênicas de suas superfícies externas e assim, promover a evasão da resposta imune do hospedeiro. Isso é conseguido, em parte, incorporando antígenos do hospedeiro em sua camada cuticular externa. Dessa maneira, o verme evita o reconhecimento imunológico e, em algumas doenças (p. ex., a esquistossomose), possibilita que o parasita sobreviva dentro do hospedeiro por décadas.

Artrópodes

Os artrópodes têm corpos segmentados, apêndices articulados pareados e sistemas digestório e nervoso bem desenvolvidos. Os sexos são separados. A respiração por formas aquáticas é feita por brânquias e por formas terrestres, via estruturas tubulares do corpo. Todos têm exoesqueleto (cobertura rígida de quitina).

Resumo

A conscientização médica das doenças parasitárias é, sem dúvida, mais essencial agora do que em qualquer outro momento da história da prática médica. Os médicos de hoje precisam estar preparados para responder perguntas de pacientes sobre a proteção contra a malária e os riscos de beber água e comer frutas e vegetais frescos em áreas remotas onde possam estar viajando. Com esse conhecimento das doenças parasitárias, o médico também consegue avaliar sinais, sintomas e períodos de incubação em viajantes de regresso, fazer um diagnóstico e iniciar o tratamento para um paciente com uma possível doença parasitária. Os riscos de doenças parasitárias em indivíduos imunossuprimidos e naqueles com síndrome da imunodeficiência adquirida (AIDS) também precisam ser compreendidos e levados em consideração.

Conhecimento adequado sobre doenças parasitárias nos currículos das faculdades de Medicina é extremamente importante para os médicos que atendem a viajantes para outros países e populações de refugiados. Muitos parasitas importantes responsáveis pelas doenças humanas são transmitidos por vetores artrópodes ou são adquiridos pelo consumo de alimentos ou água contaminados. Os diversos modos de transmissão e distribuição de doenças parasitárias são apresentados com detalhes apropriados nos capítulos seguintes; entretanto, os dados na Tabela 67.4 são fornecidos como um resumo.

Bibliografia

Adl, M.S., et al., 2012. The revised classification of eukaryotes. J. Eukaryotic. Microbiol. 59 (5), 429–493.

Cox, F.E.G., 2002. History of human parasitology. Clin. Microbiol. Rev. 15, 595–612.

Cox, F.E.G., 2015. Taxonomy and classification of human parasitic protozoa and helminths. In: Jorgensen, J.H., et al. (Ed.), Manual of Clinical Microbiology, eleventh ed. American Society for Microbiology Press, Washington, DC.

Garcia, L.S., 2016. Diagnostic Medical Parasitology, sixth ed. American Society for Microbiology Press, Washington, DC.

Herricks, J.R., et al., 2017. The global burden of disease study 2013: what does it mean for the NTDs? PLoS. Negl. Trop. Dis. 11, e0005424.

Hoetz, P.J., Molyneux, D.H., Fenwick, A., et al., 2007. Control of neglected tropical diseases. N. Engl. J. Med. 357, 1018–1027.

Hollingsworth, T.D., 2018. Counting down the 2020 goals for 9 neglected tropical diseases: what have we learned from quantitative analysis and transmission modeling? Clin. Infect. Dis. 66 (Suppl. 4), S237–S244.

John, D.T., Petri Jr., W.A., 2006. Markell and Voge's Medical Parasitology, ninth ed. Saunders, St Louis.

Jorgensen, J.H., et al., 2015. Manual of Clinical Microbiology, eleventh ed. American Society for Microbiology Press, Washington, DC.

68 Patogênese das Doenças Parasitárias

Em virtude da grande diversidade entre os parasitas humanos, não é surpreendente que a patogênese das doenças causadas por protozoários e helmintos seja extremamente variável. Apesar dos vários parasitas humanos exibirem uma ampla gama de mecanismos patogênicos, na maioria dos casos, os organismos por si só não são altamente virulentos, são incapazes de replicar dentro do hospedeiro ou ter ambas as características. Assim, a gravidade das doenças causadas por muitos parasitas está relacionada com a dose infectante e ao número de organismos adquiridos ao longo do tempo. Ao contrário de muitas infecções bacterianas e virais, as infecções parasitárias são frequentemente crônicas, durando de meses a anos. As exposições repetidas resultam em uma carga parasitária cada vez maior. Quando a infecção por um determinado organismo está associada a uma forte resposta imunológica, há sem dúvida uma considerável contribuição imunopatológica para as manifestações da doença atribuídas à infecção.

Fatores importantes que devem ser considerados ao discutir a patogenicidade dos parasitas estão listados no Boxe 68.1. Os parasitas são quase sempre exógenos ao hospedeiro humano e, portanto, devem entrar no corpo por ingestão ou penetração direta de barreiras anatômicas. O tamanho do inóculo e a duração da exposição em grande parte influenciam o potencial de um organismo para causar doenças; da mesma maneira, a rota de exposição é crucial para a maioria dos parasitas. Por exemplo, as cepas patogênicas de *Entamoeba histolytica* são improváveis como causa de doenças quando expostas à pele intacta, mas podem causar disenteria grave após ingestão. Muitos parasitas têm meios ativos e autodirigidos de invadir o hospedeiro humano. Após a invasão, os parasitas se ligam a células ou órgãos específicos do hospedeiro, evitam a detecção pelo sistema imune, replicam (a maioria dos protozoários e alguns helmintos), produzem substâncias tóxicas que destroem os tecidos e causam doenças secundárias à própria resposta imune do hospedeiro (ver Boxe 68.1). Além disso, alguns parasitas promovem obstrução física e danos aos órgãos e tecidos, apenas em decorrência de seu tamanho. Este capítulo discute fatores que são importantes para a patogenicidade dos parasitas e fornece exemplos de organismos e processos patológicos relacionados com cada fator.

Exposição e entrada

Embora muitas doenças infecciosas sejam causadas por organismos **endógenos** que fazem parte da microbiota normal do hospedeiro humano, esse não é o caso da maioria das doenças causadas por protozoários e helmintos parasitas. Esses organismos são praticamente sempre adquiridos de uma fonte exógena e, como tal, desenvolveram inúmeras maneiras de entrar no corpo do hospedeiro humano. As portas de entrada mais comuns incluem a ingestão ou a penetração direta através da pele ou outras superfícies (Tabela 68.1). A transmissão de doenças parasitárias é frequentemente facilitada pela contaminação ambiental por resíduos humanos e animais. Isso é mais aplicável a doenças transmitidas por via fecal-oral, mas também se aplica às helmintíases, tais como a ancilostomíase e estrongiloidíase, que dependem da penetração larval da pele.

Muitas doenças parasitárias são adquiridas por picadas de vetores **artrópodes**. A transmissão de doenças dessa maneira é extraordinariamente efetiva, como evidenciado pela ampla distribuição de doenças, tais como malária, tripanossomíase e filariose. Exemplos de parasitas e suas portas de entrada são listados na Tabela 68.1. Esta compilação não deve ser considerada completa; na verdade, a lista fornece exemplos de alguns dos parasitas mais comuns e os meios pelos quais eles entram no corpo humano.

Fatores adicionais que determinam o desfecho da interação entre o parasita e o hospedeiro são as vias de **exposição** e o tamanho do **inóculo**. A maioria dos parasitas humanos tem uma gama limitada de órgãos ou tecidos nos quais eles conseguem se replicar ou sobreviver. Por exemplo, o simples contato da pele com a maioria dos protozoários intestinais não resulta em doenças; pelo contrário, os organismos devem ser ingeridos para que o processo patológico seja iniciado. Além disso, um número mínimo de organismos é necessário para estabelecer a infecção. Embora algumas doenças parasitárias possam ser adquiridas por ingestão ou inoculação de apenas alguns organismos, um inóculo de tamanho considerável é geralmente necessário. Considerando que um indivíduo pode adquirir malária por uma picada única de um mosquito fêmea infectada, grandes inóculos são em geral necessários para provocar doenças como amebíase em seres humanos.

Boxe 68.1 Fatores associados à patogenicidade dos parasitas.

Dose infecciosa e exposição
Penetração de barreiras anatômicas
Fixação ou adesão
Replicação
Danos a células e tecidos
Ruptura, evasão e inativação das defesas do hospedeiro

Tabela 68.1 Portas de entrada do parasita.

Porta de entrada	Exemplos
Ingestão	*Giardia* spp., *Entamoeba histolytica*, *Cryptosporidium* spp., cestódeos, nematódeos
Penetração direta	
Picada de artrópodes	*Plasmodium* (malária), *Babesia* spp., filária, *Leishmania* spp., tripanossomas
Penetração transplacentária	*Toxoplasma gondii*
Penetração dirigida pelo organismo	Ancilóstomo, *Strongyloides* spp., esquistossomos

Aderência e replicação

A maioria das infecções é iniciada pela ligação do organismo aos tecidos do hospedeiro, seguido de replicação para estabelecer a colonização. O ciclo de vida de um parasita é baseado na espécie e nos **tropismos teciduais**, que determinam os órgãos ou tecidos do hospedeiro nos quais um parasita consegue sobreviver. A adesão do parasita às células ou tecidos do hospedeiro pode ser relativamente inespecífica, ser mediada por peças bucais mecânicas ou perfurantes ou resultar da interação entre estruturas na superfície do parasita conhecidas como **adesinas** e receptores glicoproteicos ou glicolipídicos específicos encontrados em alguns tipos de células, mas não em outros. Estruturas de superfície específicas que facilitam a adesão de parasitas incluem **glicoproteínas** de superfície, tais como glicoforinas A e B, receptores do complemento, componentes adsorvidos da cascata do complemento, fibronectina e conjugados de N-acetilglucosamina. Exemplos de alguns dos mecanismos de aderência identificados nos parasitas humanos são listados na Tabela 68.2.

Entamoeba histolytica é um bom modelo para estudar a importância das **adesinas** na virulência. A patogênese da amebíase invasiva requer a aderência de amebas à camada da mucosa do cólon, adesão parasitária e lise do epitélio colônico e células inflamatórias agudas, assim como a resistência dos trofozoítos amebianos aos mecanismos de defesa humoral e celular. A aderência amebiana a mucinas do cólon, a células epiteliais e aos leucócitos é mediada por uma lectina de superfície que pode ser inibida por galactose (gal) ou N-acetil-D-galactosamina (GalNAc). A ligação da lectina de aderência, inibida por galactose, aos carboidratos na superfície da célula hospedeira é necessária para os trofozoítos de *E. histolytica* a fim de exercer sua atividade citolítica. A presença da lectina de aderência inibida pela galactose é uma característica que distingue as cepas de *E. histolytica* patogênicas das não patogênicas.

Vários mecanismos de adesão estão associados a infecções específicas. Por exemplo, o **antígeno do grupo sanguíneo Duffy** atua como um local de ligação ao *Plasmodium vivax*. Os eritrócitos da maioria dos africanos ocidentais, em contraste aos dos europeus, não apresentam o antígeno Duffy. Assim, a malária causada por *P. vivax* é quase desconhecida na África Ocidental. No entanto, a malária vivax clínica foi relatada em indivíduos Duffy-negativos em Madagascar. As moléculas do parasita e do hospedeiro que possibilitam a invasão dos eritrócitos humanos independente do antígeno Duffy ainda não foram identificadas.

As estruturas físicas dos parasitas podem agir com moléculas de adesão para promover a ligação às células hospedeiras. *Giardia duodenalis* (anteriormente *lamblia*) é um protozoário parasita que utiliza um disco ventral para aderir ao epitélio intestinal por um mecanismo de sucção. As forças contráteis e/ou de sucção geradas pelo disco ventral, que é uma estrutura única baseada em microtúbulos, pode ter um papel dominante na fixação. A ligação e/ou a adesão moleculares provavelmente são um mecanismo secundário que auxilia no reconhecimento de uma orientação mais adequada da célula parasitária para adesão. Esta interação da lectina proporciona a orientação correta durante a adesão e pode contribuir para a especificidade celular.

Após a ligação ao tipo específico de célula ou tecido, a próxima etapa no estabelecimento da infecção é a replicação do parasita. A maioria dos protozoários parasitas se reproduz dentro ou fora das células no hospedeiro humano, enquanto a replicação geralmente não é observada nos helmintos capazes de estabelecer infecção humana.

A temperatura também tem participação importante na capacidade dos parasitas de infectar um hospedeiro e causar doenças. Isso é bem ilustrado pelas espécies de *Leishmania*. *Leishmania donovani* se reproduz bem a 37°C e causa leishmaniose visceral, envolvendo a medula óssea, o fígado e o baço. Por outro lado, *L. tropica* cresce bem entre as temperaturas de 25 a 30°C, mas mal a 37°C e causa infecção cutânea sem comprometimento de órgãos mais profundos.

Danos celulares e teciduais

Embora alguns microrganismos provoquem doenças por multiplicação localizada e elaboração de potentes **toxinas** microbianas, a maioria dos organismos inicia o processo da doença por invasão de tecidos normalmente estéreis,

Tabela 68.2 Exemplos de mecanismos de aderência dos parasitas.

Organismo	Doença	Alvo	Mecanismo de adesão e receptor
Plasmodium vivax	Malária	Eritrócito	Merozoíto (adesão por mediadores não complemento), antígeno Duffy
P. falciparum	Malária	Eritrócito	Merozoíto e glicoforinas A e B
Babesia spp.	Babesiose	Eritrócito	Receptor C3b mediado por complemento
Giardia duodenalis	Diarreia	Epitélio duodenal e jejunal	Sucção mecânica; microtúbulos e adesão mediada por lectinas
Entamoeba histolytica	Disenteria	Epitélio do cólon	Lectina e conjugados de N-acetilglucosamina
Trypanosoma cruzi	Doença de Chagas (tripanossomíase americana)	Fibroblasto	Penetrina, fibronectina e receptor de fibronectina
Leishmania major	Leishmaniose	Macrófago	C3bi adsorvido e CR3
L. mexicana	Leishmaniose	Macrófago	Glicoproteína de superfície (gp63) e CR2
Necator americanus *Ancylostoma duodenale*	Ancilostomíase	Epitélio intestinal	Peças bucais mecânicas e perfurantes

com replicação e destruição subsequentes. De modo geral, protozoários e helmintos parasitas não produzem toxinas com potências comparáveis às de toxinas bacterianas clássicas, como a toxina do antraz e a toxina botulínica; entretanto, as doenças parasitárias podem ser estabelecidas pela elaboração de produtos tóxicos, danos teciduais mecânicos e reações imunopatológicas (Tabela 68.3).

Inúmeros autores sugerem que os produtos tóxicos elaborados por protozoários parasitas são responsáveis por pelo menos alguns aspectos da patologia (ver Tabela 68.3). **Proteases** e **fosfolipases** podem ser secretadas e são liberadas na destruição dos parasitas. Essas enzimas podem causar destruição celular, respostas inflamatórias e patologia macroscópica dos tecidos. Por exemplo, o parasita intestinal *E. histolytica* produz proteinases que degradam a membrana basal epitelial e proteínas de ancoragem celular, alterando a camada de células epiteliais. Além disso, as amebas produzem fosfolipases e uma proteína semelhante a um ionóforo que lisam os neutrófilos respondedores do hospedeiro, resultando na liberação de constituintes dos neutrófilos que são tóxicos para os tecidos do hospedeiro. A expressão de determinadas proteinases aumenta em relação à virulência da cepa de *E. histolytica*. Ao contrário dos protozoários parasitas, muitas das consequências patogênicas das infecções helmínticas estão relacionadas com o tamanho, movimento e longevidade dos parasitas. O hospedeiro é exposto a danos a longo prazo e à estimulação imunológica, bem como às consequências físicas puras de serem habitados por grandes corpos estranhos. As formas mais evidentes de danos diretos de parasitas helmínticos são aquelas resultantes de bloqueio mecânico dos órgãos internos ou dos efeitos da pressão exercida por parasitas em crescimento. Grandes *Ascaris* adultos podem bloquear fisicamente o intestino e os ductos biliares, enquanto o bloqueio do fluxo linfático, levando à elefantíase, está associado à presença de *Wuchereria* adultos no sistema linfático. Algumas manifestações neurológicas de cisticercose são causadas pela pressão exercida pelos cistos larvares de *Taenia solium* em lenta expansão no sistema nervoso central (SNC) e nos olhos. A migração de helmintos (geralmente formas larvares) através de tecidos corporais, como pele, pulmões, fígado, intestinos, olhos e SNC, pode danificar os tecidos diretamente e iniciar reações de hipersensibilidade.

Como ocorrem com muitos agentes infecciosos, as manifestações de doenças parasitárias não são causadas apenas pelos danos teciduais mecânicos ou químicos produzidos pelo parasita, mas também são provocadas pelas respostas do hospedeiro à presença do parasita. Hipersensibilidade celular é observada em doenças causadas por protozoários e helmintos (Tabela 68.4). Durante uma infecção parasitária, produtos de células hospedeiras, tais como citocinas e linfocinas, são liberados a partir de células ativadas. Esses mediadores influenciam a ação de outras células e podem contribuir diretamente para a patogênese de infecções parasitárias. As **reações imunopatológicas** variam de reações anafiláticas agudas a reações de hipersensibilidade do tipo tardio mediadas por células (ver Tabela 68.4). O fato de muitos parasitas apresentarem vida longa significa que muitas alterações inflamatórias se tornam irreversíveis, produzindo modificações funcionais nos tecidos. Exemplos incluem hiperplasia dos ductos biliares secundária à presença de vermes no fígado e fibrose extensa levando à disfunção geniturinária e hepática na esquistossomose crônica. A migração das formas larvares de helmintos pelos tecidos, como a pele, pulmões, fígado, intestino, SNC e olhos, provoca alterações inflamatórias imunomediadas nestas estruturas. Finalmente, as alterações inflamatórias crônicas em torno dos parasitas, tais como *Clonorchis* (*Opisthorchis*) *sinensis* e *Schistosoma haematobium*, estão relacionadas com a indução de alterações carcinomatosas nos ductos biliares e na bexiga, respectivamente.

Disrupção, evasão e inativação das defesas do hospedeiro

Embora os processos de destruição de células e tecidos sejam muitas vezes suficientes para iniciar uma doença clínica, o parasita precisa ser capaz de escapar do sistema de defesa imunológico do hospedeiro para a manutenção do processo patológico. Semelhante a outros organismos, os parasitas induzem as respostas imunes humoral e celular; no entanto, os parasitas são particularmente hábeis em interferir ou evitar esses mecanismos de defesa (Tabela 68.5).

Os microrganismos conseguem mudar a expressão antigênica, tal como observado com os tripanossomas africanos. A variação rápida de expressão de antígenos nas glicocálices desses microrganismos ocorre cada vez que o hospedeiro exibe uma nova resposta humoral. Alterações semelhantes já foram observadas em espécies de *Plasmodium*, *Babesia* e *Giardia*. Alguns microrganismos produzem antígenos que mimetizam os antígenos do hospedeiro (**mimetismo**) ou adquirem moléculas do hospedeiro que ocultam o local antigênico (**mascaramento**), impedindo o reconhecimento imunológico pelo hospedeiro.

Muitos protozoários parasitas evadem a resposta imune ao assumir uma localização intracelular no hospedeiro.

Tabela 68.3 Alguns mecanismos patológicos em doenças parasitárias.

Mecanismo	Exemplos
PRODUTOS TÓXICOS DOS PARASITAS	
Enzimas hidrolíticas, proteinases, colagenase, elastase	Esquistossomos (cercárias), *Strongyloides* spp., ancilóstomo, *Entamoeba histolytica*, tripanossomas africanos, *Plasmodium falciparum*
Ionóforo amebiano	*E. histolytica*
Endotoxinas	Tripanossomas africanos, *P. falciparum*
Catabólitos do indol	Tripanossomas
DANO MECÂNICO AOS TECIDOS	
Bloqueio de órgãos internos	*Ascaris* spp., tênias, esquistossomos, filárias
Atrofia por pressão	*Echinococcus* spp., *Cysticercus* spp.
Migração através dos tecidos	Larvas de helmintos
IMUNOPATOLOGIA	
Hipersensibilidade	Ver Tabela 68.4
Autoimunidade	Ver Tabela 68.4
Enteropatias perdedoras de proteínas	Ancilóstomos, tênias, *Giardia* spp., *Strongyloides* spp.
Alterações metaplásicas	*Opisthorchis* spp., esquistossomos

Tabela 68.4 Reações imunopatológicas à doença parasitária.

Reação	Mecanismo	Resultado	Exemplo
Tipo 1: anafilática	Antígeno + anticorpo imunoglobulina E ligados à maioria das células: liberação de histaminas	Choque anafilático; broncospasmo; inflamação local	Helmintíase, tripanossomíase africana
Tipo 2: citotóxica	Anticorpo + antígeno na superfície celular: ativação do complemento ou citotoxicidade celular dependente de anticorpos	Lise de antígenos microbianos ligados à célula	Infecção por *Trypanosoma cruzi*
Tipo 3: imunocomplexo	Complexo anticorpo + antígeno extracelular	Inflamação e dano tecidual; deposição de imunocomplexos em glomérulos, articulações, vasos cutâneos, cérebro; glomerulonefrite e vasculite	Malária, esquistossomose, tripanossomíase
Tipo 4: mediada por células (tipo tardio)	Reação de linfócitos T sensibilizados com antígeno, liberação de linfocinas, desencadeada por citotoxicidade	Inflamação, acúmulo de células mononucleares, ativação de macrófagos. Dano tecidual	Leishmaniose, esquistossomose, tripanossomíase

Modificada de Mims, C, et al., 1995. Mims Pathogenesis of Infectious Disease, fourth ed. Academic, London.

Tabela 68.5 Interferência ou evasão microbiana das defesas imunes.

Tipo de interferência ou evasão	Mecanismo	Exemplos
Variação antigênica	Variação de antígenos de superfície no hospedeiro	Tripanossomas africanos, *Plasmodium* spp., *Babesia* spp., *Giardia* spp.
Mimetismo molecular	Antígenos microbianos que mimetizam os antígenos do hospedeiro, levando à fraca resposta de anticorpos	*Plasmodium* spp., tripanossomas, esquistossomos
Ocultação do local antigênico (mascaramento)	Aquisição de cobertura de moléculas do hospedeiro	Cisto hidático, filárias, esquistossomos, tripanossomas
Localização intracelular	Falha na apresentação do antígeno microbiano na superfície da célula hospedeira. Inibição da fusão do fagolisossomo. Escape do fagossomo no citoplasma, com subsequente replicação	*Plasmodium* spp. (eritrócitos), tripanossomas, *Leishmania* spp., *Toxoplasma* spp. *Toxoplasma* spp. *Leishmania* spp., *Trypanosoma cruzi*
Imunossupressão	Supressão de respostas de linfócitos B e T específicas para o parasita. Degradação de imunoglobulinas	Tripanossomas, *Plasmodium* spp. Esquistossomos

Os microrganismos que residem em macrófagos desenvolveram vários mecanismos para evitar a morte intracelular. Estes incluem a prevenção da fusão do fagolisossomo, resistência à morte após exposição a enzimas lisossômicas e escape de células fagocitadas do fagossomo para o citoplasma, com replicação subsequente do parasita (ver Tabela 68.5).

A imunossupressão do hospedeiro é frequentemente observada durante infecções parasitárias. A imunossupressão pode ser específica do parasita ou generalizada, envolvendo uma resposta a vários antígenos parasitários e não parasitários. Mecanismos propostos incluem sobrecarga de antígenos, competição antigênica, indução de células supressoras e produção de fatores supressores específicos de linfócitos. Alguns helmintos, tais como *S. mansoni*, também produzem proteinases que conseguem degradar as imunoglobulinas.

Finalmente, está se tornando evidente que o microbioma hospedeiro desempenha um papel distinto na patogênese das infecções parasitárias. Isso é especialmente verdadeiro para o microbioma intestinal e parasitas entéricos, como *E. histolytica*, *Giardia* spp. e *Cryptosporidium* spp.

Bibliografia

Anstey, N.M., et al., 2009. The pathophysiology of vivax malaria. Trends. Parasitol. 25, 220–227.

Boyett, D., et al., 2014. Wormholes in host defense: how helminths manipulate host tissues to survive and reproduce. PLoS. Pathogens. 10, e1004014.

Certad, G., et al., 2017. Pathogenic mechanisms of cryptosporidium and giardia. Trends. Parasitol. 33, 561–576.

Choi, B.I., et al., 2004. Clonorchiasis and cholangiocarcinoma: etiologic relationship and imaging diagnosis. Clin. Microbiol. Rev. 17, 540–552.

Cunningham, M.W., Fujinami, R.S., 2000. Molecular Mimicry, Microbes, and Autoimmunity. American Society for Microbiology Press, Washington, DC.

Girones, N., Cuervo, H., Fresno, M., 2005. Trypanosoma Cruzi-Induced Molecular Mimicry and Chagas Disease. Current Topics in Microbiology and Immunology, vol. 296. Springer-Verlag, Berlin.

Graczyk, T.K., Knight, R., Tamang, L., 2005. Mechanical transmission of human protozoan parasites by insects. Clin. Microbiol. Rev. 18, 128–132.

Leggett, H.C., et al., 2012. Mechanisms of pathogenesis, infective dose and virulence in human parasites. PLoS. Pathogens 8, e1002512.

Yoshida, N., et al., 2011. Invasion mechanisms among emerging foodborne protozoan parasites. Trends. Parasitol. 27, 459–466.

Zambrano-Villa, S., et al., 2002. How protozoan parasites evade the immune response. Trends. Parasitol. 18, 272–278.

69 Papel dos Parasitas nas Doenças

Um resumo dos parasitas (protozoários e helmintos) mais comumente associados à doença humana é apresentado neste capítulo. Embora muitos parasitas estejam associados a um único sistema de órgãos (p. ex., sistema digestório) e, portanto, causem um processo patológico envolvendo esse sistema, algumas das manifestações mais drásticas das doenças parasitárias ocorrem quando o parasita deixa sua localização "normal" no corpo humano. Além disso, vários parasitas diferentes podem provocar uma síndrome semelhante. O manejo de uma infecção parasitária específica pode diferir tremendamente dependendo do agente etiológico e muitos esquemas terapêuticos antiparasitários são bastante tóxicos. Portanto, para orientar tanto os esforços diagnósticos quanto os terapêuticos, é útil gerar um diagnóstico diferencial que inclua os parasitas mais prováveis.

O desenvolvimento e o prognóstico de uma infecção parasitária muitas vezes dependem de fatores além da virulência inata do organismo. Ao determinar a possibilidade de uma infecção parasitária, o significado de quaisquer dados microbiológicos e a necessidade de tratar e com qual agente, é preciso levar em consideração inúmeros fatores, tais como o histórico de exposição (p. ex., viagem a uma área endêmica), a potencial dose infecciosa e/ou carga parasitária, o uso de profilaxia (p. ex., profilaxia antimalárica) e o estado imunológico do hospedeiro. A apresentação de uma determinada infecção parasitária pode ser bem diferente em um viajante não imune para uma região endêmica em comparação com um residente semi-imune dessa mesma região. As estratégias de tratamento e prevenção também serão diferentes.

Este capítulo fornece uma lista muito ampla dos vários agentes parasitários comumente associados a infecções em locais específicos do corpo e/ou manifestações clínicas específicas (Tabela 69.1). Essas informações devem ser utilizadas em conjunto com a Tabela 70.1 para ajudar a estabelecer um diagnóstico diferencial e selecionar as amostras clínicas que mais provavelmente ajudarão a estabelecer um diagnóstico etiológico específico. Outros fatores que podem ser importantes para determinar a frequência relativa com que os parasitas específicos causam doença (p. ex., relato de viagens e exposição, manifestações clínicas específicas) são abordados nos capítulos individuais ou em obras mais abrangentes sobre doenças infecciosas, citados neste e em outros capítulos.

Tabela 69.1 Resumo dos parasitas associados a doenças humanas.

Sistema afetado e doenças	Patógenos
SANGUE	
Malária	*Plasmodium falciparum, P. knowlesi, P. malariae, P. ovale, P. vivax*
Babesiose	*Babesia* spp.
Filariose	*Wuchereria bancrofti, Brugia malayi, Mansonella* spp., *Loa loa*
MEDULA ÓSSEA	
Leishmaniose	*Leishmania donovani, L. tropica*
SISTEMA NERVOSO CENTRAL	
Meningoencefalite	*Naegleria fowleri, Trypanosoma brucei gambiense, T. b. rhodesiense, T. cruzi, Toxoplasma gondii*
Encefalite granulomatosa	*Acanthamoeba* spp., *Balamuthia mandrillaris*
Lesão de massa / Abscesso cerebral	*T. gondii, Taenia solium, Schistosoma japonicum, Acanthamoeba* spp., *B. mandrillaris*
Meningite eosinofílica / Malária cerebral	*Angiostrongylus cantonensis, Toxocara* spp., *Baylisascaris* (larva migrans neural), *P. falciparum*
Paragonimíase cerebral	*Paragonimus westermani*
OLHOS	
Ceratite	*Acanthamoeba* spp., *Onchocerca volvulus*
Coriorretinite / Conjuntivite	*T. gondii, O. volvulus, L. loa*
Cisticercose ocular (lesão expansiva)	*T. solium*
Toxocaríase	*Toxocara* spp. (larva migrans ocular; mimetiza o retinoblastoma)
INTESTINOS	
Prurido anal	*Enterobius vermicularis*
Colite	*Entamoeba histolytica, Neobalantidium coli*

Continua

Tabela 69.1 Resumo dos parasitas associados a doenças humanas. *(continuação)*

Sistema afetado e doenças	Patógenos
Diarreia/disenteria	E. histolytica, Giardia duodenalis (intestinalis), Cryptosporidium parvum, Cyclospora cayetanensis, Cystoisospora belli, Schistosoma mansoni, Strongyloides stercoralis, Trichuris trichiura
Megacólon tóxico	T. cruzi
Obstrução Perfuração	Ascaris lumbricoides, Fasciolopsis buski
Prolapso retal	T. trichiura
FÍGADO, BAÇO	
Abscesso	E. histolytica, Fasciola hepatica
Hepatite	T. gondii
Obstrução biliar	A. lumbricoides, F. hepatica, Opisthorchis (Clonorchis) sinensis
Cirrose/hepatoesplenomegalia	L. donovani, L. tropica, Toxocara canis e T. cati (larva migrans visceral), S. mansoni, S. japonicum
Lesões de massa	T. solium, Echinococcus granulosus, E. multilocularis
GENITURINÁRIO	
Vaginite/uretrite	Trichomonas vaginalis, E. vermicularis
Insuficiência renal	Plasmodium spp., L. donovani
Cistite/hematúria	S. haematobium, P. falciparum (febre hemoglobinúrica)
CORAÇÃO	
Miocardite	T. gondii, T. cruzi
Megacardia/bloqueio atrioventricular (BAV) completo	T. cruzi
PULMÕES	
Abscesso	E. histolytica, P. westermani
Nódulo/massa	Dirofilaria immitis, E. granulosus, E. multilocularis
Pneumonite	A. lumbricoides, S. stercoralis, Toxocara spp., P. westermani, T. gondii, Ancylostoma brasiliense
LINFÁTICOS	
Linfedema	W. bancrofti, B. malayi, outras filárias
Linfadenopatia	T. gondii, tripanossomas
MÚSCULOS	
Miosite generalizada	Trichinella spiralis, Sarcocystis lindemanni, Toxocara spp.
Miocardite	T. spiralis, T. cruzi, Toxocara spp.
PELE E TECIDO SUBCUTÂNEO	
Lesão ulcerativa	Leishmania spp., Dracunculus medinensis
Nódulos/tumefações	O. volvulus, L. loa, T. cruzi, Acanthamoeba spp., Toxocara spp.
Erupção cutânea/vesículas	T. gondii, A. brasiliense, outros vermes migratórios, esquistossomos (dermatite cercariana)
SISTÊMICA	
Disseminação geral e disfunção de múltiplos órgãos	P. falciparum, T. gondii, L. donovani, T. cruzi, Toxocara spp., S. stercoralis, T. spiralis
Deficiência de ferro, anemia	Ancilóstomos ou ancilostomídeos (A. duodenale, Necator americanus)
Anemia megaloblástica (deficiência de vitamina B_{12})	Diphyllobothrium latum

Bibliografia

Cohen, J., Powderly, W.G., Opal, S.M., 2016. Infectious Diseases, fourth ed. Elsevier Science, Philadelphia.

Farrar, J., et al., 2015. Manson's Tropical Diseases, twenty-third ed. Elsevier Science, London.

Garcia, L.S., 2016. Diagnostic Medical Parasitology, sixth ed. American Society for Microbiology Press, Washington, DC.

John, D.T., Petri Jr., W.A., 2009. Markell and Voge's Medical Parasitology, nineth ed. Saunders, St Louis.

Procop, G.W., Pritt, B.S., 2015. Pathology of Infectious Diseases. Elsevier, Philadelphia.

70 Diagnóstico Laboratorial de Doenças Parasitárias

O diagnóstico de parasitoses pode ser muito difícil, sobretudo em um cenário não endêmico. As manifestações clínicas de doenças parasitárias raramente são específicas o suficiente para levantar a possibilidade desses processos na mente do médico e os exames laboratoriais de rotina raramente são úteis. Embora a eosinofilia periférica seja amplamente reconhecida como um indicador útil de doença parasitária, esse fenômeno é característico apenas das helmintíases e, mesmo nesses casos, frequentemente não é detectada. Assim, o médico deve manter alto índice de suspeição e basear-se em informações detalhadas sobre viagens, ingestão de alimentos, transfusão e história socioeconômica para considerar a possibilidade de doenças parasitárias. O diagnóstico adequado exige que (1) o médico considere a hipótese de infecção parasitária e comunique a possibilidade para o laboratório de análises clínicas, (2) amostras apropriadas sejam obtidas e transportadas para o laboratório em tempo hábil, (3) o laboratório de modo competente execute os procedimentos adequados para a recuperação e identificação do agente etiológico, (4) os resultados laboratoriais sejam efetivamente comunicados ao médico e (5) os resultados sejam corretamente interpretados pelo médico e aplicados para o cuidado do paciente. Além disso, para a maioria das doenças parasitárias, a seleção e interpretação de testes apropriados baseiam-se em uma compreensão do **ciclo de vida** do parasita e a **patogênese** do processo da doença em seres humanos.

Inúmeros métodos para o diagnóstico de doenças parasitárias foram descritos (Boxe 70.1). Alguns são úteis na detecção de uma grande variedade de parasitas, enquanto outros são particularmente úteis para um ou alguns parasitas. Embora a base da microbiologia clínica diagnóstica seja o isolamento do patógeno causal na cultura, o diagnóstico de doenças parasitárias é realizado quase inteiramente pela demonstração morfológica (geralmente microscópica) de parasitas em material clínico. Ocasionalmente, a demonstração de uma resposta de anticorpos específica (sorodiagnóstico) auxilia no estabelecimento do diagnóstico. A detecção de antígenos do parasita em soro, urina ou fezes agora fornece um método rápido e sensível de diagnóstico de infecções por determinados organismos; o desenvolvimento de ensaios baseados na análise de ácidos nucleicos provou ser um excelente meio de detecção e identificação de vários parasitas em amostras biológicas, tais como sangue, fezes, urina, escarro e biopsias teciduais, obtidas de pacientes infectados. Em geral, é melhor para o laboratório oferecer um número limitado de procedimentos executados de modo competente do que oferecer uma grande variedade de testes pouco frequentes e mal executados.

O presente capítulo fornece uma descrição geral dos princípios de coleta e processamento de amostras necessários para diagnosticar a maioria das infecções parasitárias. Detalhes específicos desses e outros procedimentos de utilidade geral e limitada podem ser encontrados em vários textos de referência listados na Bibliografia.

Ciclo de vida do parasita como auxiliar no diagnóstico

Os parasitas podem ter ciclos de vida complexos envolvendo um ou múltiplos hospedeiros. Entender o ciclo de vida dos organismos parasitas é a chave para a compreensão das características importantes da distribuição geográfica, transmissão e patogênese de muitas doenças parasitárias. Os ciclos de vida dos parasitas muitas vezes sugerem dicas úteis também para o diagnóstico. Por exemplo, no ciclo de vida das filárias que infectam os seres humanos, certas espécies, como *Wuchereria bancrofti*, têm uma **"periodicidade noturna"**, pois durante a noite são encontrados maiores números de microfilárias no sangue. A amostragem do sangue desses pacientes durante o dia pode não detectar as microfilárias, enquanto as amostras de sangue coletadas entre as 22 horas e 4 horas da manhã podem demonstrar muitas microfilárias. Além disso, nematódeos intestinais como *Ascaris lumbricoides* e ancilóstomos, que residem no lúmen do intestino, produzem grandes números de ovos que podem ser facilmente detectados nas fezes de um paciente infectado. Em contraste, outro nematódeo intestinal, *Strongyloides stercoralis*, deposita seus ovos na parede intestinal e não no lúmen intestinal. Como resultado, ovos raramente são observados no exame de fezes; para fazer o diagnóstico, o parasitologista deve estar alerta para a presença de larvas. Por fim, os parasitas podem causar sintomas clínicos quando as formas diagnósticas ainda não estão presentes no local habitual. Por exemplo, em algumas infecções por nematódeos intestinais, a **migração** de larvas pelos tecidos pode causar intensa sintomatologia semanas antes que os ovos característicos sejam encontrados nas fezes.

Boxe 70.1 Métodos laboratoriais para o diagnóstico de doenças parasitárias.

Exame macroscópico
Exame microscópico
    Preparação a fresco
    Colorações permanentes
    Concentrados de fezes
Exame sorológico
    Resposta de anticorpos
    Detecção de antígenos
Hibridização de ácidos nucleicos
    Sondas e técnicas de amplificação
    Detecção
    Identificação
    Tipagem de cepas
Cultura
Inoculação em animais
Xenodiagnóstico

Considerações diagnósticas gerais

A importância da coleta apropriada de amostras, o número e a cronologia das amostras, o transporte oportuno para o laboratório e o exame imediato por um microscopista experiente não podem ser extremamente enfatizados. Visto que a maioria dos exames parasitológicos e identificações é baseada inteiramente no reconhecimento da morfologia característica dos organismos, qualquer condição que possa obscurecer ou distorcer a aparência morfológica do parasita pode resultar em identificação errônea ou diagnóstico falho. Como observado anteriormente e no Boxe 70.1, pode haver alternativas à microscopia para a detecção e identificação de determinados parasitas. Esses testes (p. ex., a detecção de antígenos, amplificação/detecção do ácido nucleico) estão se tornando mais amplamente utilizados (sobretudo a detecção de antígenos e com base na análise de ácidos nucleicos). Eles oferecem a promessa de uma detecção mais rápida e sensível e testes diagnósticos específicos para doenças parasitárias. Essas opções de testes diagnósticos podem expandir as capacidades dos testes de muitos laboratórios, tornando possível aos laboratórios com proficiência limitada em parasitologia oferecer os exames diagnósticos para algumas doenças parasitárias. Uma lista de procedimentos diagnósticos comuns e incomuns e dos espécimes a ser coletados para infecções parasitárias selecionadas é fornecida na Tabela 70.1.

Infecções parasitárias do sistema urogenital e do intestino

Protozoários e helmintos podem colonizar ou infectar o sistema urogenital e o intestino de seres humanos. Mais comumente, esses parasitas são amebas, ciliados ou nematódeos (Tabela 70.2). Entretanto, a infecção por parasitas dos grupos dos trematódeos, cestódeos ou coccídeos também pode ser observada.

Tabela 70.1 Locais do corpo, coleta de amostras e procedimentos diagnósticos das infecções parasitárias selecionadas.

Organismo infectante	Opções de amostras clínicas	Métodos de coleta	Procedimento diagnóstico
SANGUE			
Plasmodium spp., *Babesia* spp., filárias, *Leishmania*, *Toxoplasma*, *Trypanosoma* spp.	Sangue total, anticoagulante	Punção venosa	Exame microscópico (coloração de Giemsa) ou coloração fluorescente com laranja de acridina Esfregaço sanguíneo delgado Esfregaço sanguíneo espesso Concentração no sangue (filárias) Sorologia Anticorpo Antígeno NAAT (sem conservante)
MEDULA ÓSSEA			
Leishmania spp., *Trypanosoma cruzi*	Aspirado	Estéril	Exame microscópico (coloração de Giemsa) Cultura NAAT (sem conservante)
	Soro	Punção venosa	Sorologia Anticorpo Antígeno NAAT (sem conservante)
SISTEMA NERVOSO CENTRAL			
Acanthamoeba spp., *Balamuthia* spp., *Naegleria* spp., tripanossomas, *Taenia solium*, *Toxoplasma gondii*	Líquido espinal Biopsia Soro	Estéril Punção venosa	Exame microscópico Esfregaço a fresco Coloração permanente Cultura Sorologia (anticorpo) NAAT (sem conservante)
ÚLCERAS CUTÂNEAS			
Leishmania spp., *Acanthamoeba* spp., *Entamoeba histolytica*	Aspirado Biopsia Soro	Estéril mais esfregaço Estéril, não estéril para histologia Punção venosa	Exame microscópico (coloração de Giemsa) Cultura Sorologia (anticorpo) NAAT (sem conservante)
OLHO			
Acanthamoeba spp., *Loa loa*, *T. gondii*	Raspado da córnea	Salina estéril, esfregaço seco ao ar	Exame microscópico Preparação a fresco Coloração permanente Sorologia (antígeno)
	Biopsia da córnea Humor aquoso/vítreo	Solução salina estéril Aspirado estéril	Cultura (*Acanthamoeba* spp.) NAAT (sem conservante)

Continua

Tabela 70.1 Locais do corpo, coleta de amostras e procedimentos diagnósticos das infecções parasitárias selecionadas. *(continuação)*

Organismo infectante	Opções de amostras clínicas	Métodos de coleta	Procedimento diagnóstico
SISTEMA GASTRINTESTINAL			
E. histolytica	Fezes frescas Fezes conservadas Material de retossigmoidoscopia Biopsia	Recipiente com cera Formalina, PVA Fresco, PVA Esfregaços com fixador de Schaudinn	Exame microscópico Preparação a fresco Coloração permanente NAAT (fezes frescas ou biopsia)
	Soro	Punção venosa	Sorologia Antígeno (fezes) Anticorpo (soro) Cultura NAAT (sem conservante)
Giardia spp.	Fezes frescas Fezes conservadas Conteúdo duodenal	Recipiente com cera Formalina, PVA Entero-Test ou aspirado	Exame microscópico Preparação a fresco Colorações permanentes Antígeno EIF EIE Cultura NAAT (sem conservante) Microarranjo
Cryptosporidium spp.	Fezes frescas Fezes conservadas Biopsia	Recipiente com cera Formalina, PVA Salina	Exame microscópico (álcool-ácido resistente) Antígeno EIF EIE NAAT (sem conservante) Microarranjo
Oxiúro	Esfregaço por impressão anal	Fita adesiva de celofane	Exame macroscópico Exame microscópico (ovos)
Helmintos	Fezes frescas Fezes conservadas	Recipiente com cera Formalina, PVA	Exame macroscópico (adultos) Exame microscópico (larvas e ovos) Cultura (*Strongyloides*) Sorologia (antígeno) NAAT (sem conservante)
	Soro	Punção venosa	Sorologia (anticorpo) NAAT (sem conservante)
FÍGADO, BAÇO			
E. histolytica, Leishmania spp.; *Clonorchis* spp., *Opisthorchis* spp., *Fasciola* spp.	Aspirados Biopsia	Estéril, coletados em quatro alíquotas distintas (fígado) Estéril; não estéril para a histologia	Exame microscópico Preparação a fresco Colorações permanentes
	Soro	Punção venosa	Sorologia Antígeno Anticorpo Cultura NAAT (sem conservante)
PULMÃO			
Raramente: amebas (*E. histolytica*), trematódeos (*Paragonimus westermani*), larvas (*Strongyloides stercoralis*) ou ganchos dos escólex de cestódeos	Escarro Lavado Aspirado transbrônquico Biopsia do escovado Biopsia aberta de pulmão	Induzido, sem conservante Sem conservante Esfregaços secos ao ar Esfregaços secos ao ar Preparação a fresco; não estéril para histologia	Exame microscópico Coloração de Giemsa Coloração de Gram Hematoxilina & eosina Sorologia (antígeno) NAAT (sem conservante)
	Soro	Punção venosa	Sorologia Antígeno Anticorpo NAAT (sem conservante)
MÚSCULO			
Trichinella spiralis, T. cruzi	Biopsia	Não estéril para histologia	Exame microscópico (colorações permanentes) Cultura (*T. cruzi*) Xenodiagnóstico (*T. cruzi*)
Larva migrans cutânea	Soro Sangue total	Punção venosa	Sorologia Anticorpo Antígeno Cultura (*T. cruzi*) Xenodiagnóstico (*T. cruzi*) NAAT (sem conservante)

Continua

Tabela 70.1 Locais do corpo, coleta de amostras e procedimentos diagnósticos das infecções parasitárias selecionadas. *(continuação)*

Organismo infectante	Opções de amostras clínicas	Métodos de coleta	Procedimento diagnóstico
PELE			
Onchocerca volvulus, Leishmania spp. Larva migrans cutânea	Raspados Corte de pele Biopsia	Asséptico, esfregaço ou frasco Sem conservante Não estéril para histologia	Exame microscópico Preparação a fresco Colorações permanentes Cultura (*Leishmania* spp.) NAAT (sem conservante)
	Soro	Punção venosa	Sorologia Antígeno Anticorpo Cultura (*Leishmania* spp.) NAAT (sem conservante)
SISTEMA UROGENITAL			
Trichomonas vaginalis	Secreção vaginal	*Swab* com solução salina, meio de cultura	Exame microscópico
	Secreções prostáticas	*Swab* com solução salina, meio de cultura	Preparação a fresco
	Secreções uretrais	*Swab* com solução salina, meio de cultura	Colorações permanentes Antígeno (EIF) Cultura Sorologia (anticorpo) Sonda de ácido nucleico
Schistosoma haematobium	Urina Biopsia	Amostra única sem conservante Não estéril para histologia	Exame microscópico Sorologia (antígeno)

EIE, ensaio imunoenzimático; *EIF*, ensaio de imunofluorescência; *NAAT*, teste de amplificação de ácidos nucleicos; *PVA*, polivinil álcool.

Nas infecções intestinais e urogenitais, uma preparação a fresco simples ou um esfregaço corado é frequentemente inadequado. Coleta e exames repetidos das amostras são muitas vezes necessários para otimizar a detecção de organismos que são eliminados de maneira intermitente ou em números variáveis. A concentração de amostras por técnicas de sedimentação ou flutuação pode ser necessária para detectar baixos números de ovos (de vermes) ou cistos (de protozoários) em espécimes fecais. Considerando que o exame microscópico de rotina das fezes para ovos e parasitas é útil para a detecção de infecções causadas por helmintos e amebas, os médicos muitas vezes (inadequadamente) favorecem essa abordagem como um método de triagem para parasitas intestinais e subutilizam os imunoensaios para *Giardia* e *Cryptosporidium*, apesar de sua superioridade em termos epidemiológicos e de desempenho em pacientes que correm baixo risco para outros parasitas (p. ex., helmintos e *Entamoeba histolytica*).

Ocasionalmente, outras amostras além de fezes ou urina têm de ser examinadas (ver Tabela 70.1). A detecção ideal de pequenos patógenos intestinais, tais como *Giardia duodenalis* e *S. stercoralis*, exige a aspiração de conteúdo duodenal ou mesmo a biopsia do intestino delgado. Além disso, a detecção de parasitas no cólon, tais como *E. histolytica* e *Schistosoma mansoni*, pode exigir proctoscopia ou retossigmoidoscopia com aspiração ou biopsia de lesões das mucosas. A amostragem da pele perianal é um modo útil de recuperar os ovos de *Enterobius vermicularis* (oxiúros) ou espécies de *Taenia* (tênias).

COLETA DE AMOSTRAS DE FEZES

Pacientes, profissionais de saúde e profissionais de laboratório devem ser devidamente orientados sobre a coleta e o manuseio das amostras biológicas. As amostras de fezes devem ser coletadas em recipientes limpos, largos e à prova d'água, com uma tampa hermética para garantir e manter a umidade adequada. As amostras não devem estar contaminadas com água, solo ou urina, porque a água e o solo às vezes contêm organismos de vida livre que podem ser confundidos com parasitas humanos, e a urina pode destruir trofozoítos móveis e causar a eclosão de ovos de helmintos. As amostras de fezes não devem conter bário, bismuto ou medicamentos contendo óleo mineral, antibióticos, antimaláricos ou outras substâncias químicas, porque tais amostras comprometem a detecção de parasitas intestinais. A coleta de amostras deve ser adiada por 5 a 10 dias para possibilitar

Tabela 70.2 Parasitas intestinais mais comumente identificados nos laboratórios dos EUA.

Organismo	% do total de amostras positivas (*n* = 2.933)
Giardia duodenalis (lamblia)	54
Dientamoeba fragilis	25
Entamoeba histolytica/E. dispar	7
Cryptosporidium parvum	5
Ascaris lumbricoides	2
Trichuris trichiura	2
Strongyloides stercoralis	1
Enterobius vermicularis	1
Hymenolepis nana	1
Ancilóstomos	< 1
Taenia	< 1
Cystoisospora spp.	< 1
Cyclospora	< 1
Coccídeos	< 1
Outros helmintos	< 1

Dados compilados de Branda, J.A., et al., 2006. A rational approach to the stool ova and parasite examination. Clin. Infect. Dis. 42, 972–978; Polage, C.R., et al., 2011. Physician use of parasite tests in the United States from 1997 to 2006 and in a Utah *Cryptosporidium* outbreak in 2007. J. Clin. Microbiol. 49, 591–596.

a eliminação do bário e por, no mínimo, 2 semanas após os antibióticos, como a tetraciclina, para que os parasitas intestinais possam se recuperar dos efeitos tóxicos (mas não curativos) dos medicamentos.

As amostras de fezes após a administração de um purgante podem ser coletadas quando organismos não são detectados em amostras de fezes normalmente eliminadas; no entanto, apenas alguns purgantes (sulfato de sódio e bifosfato de sódio tamponado) são satisfatórios. Várias amostras de fezes obtidas após a administração de um purgante podem ser examinadas em lugar de, ou além de, várias amostras normalmente eliminadas.

As amostras de fezes formadas não conservadas devem chegar ao laboratório nas 2 horas seguintes à sua eliminação. Se as fezes forem líquidas e, portanto, com maior probabilidade de conter trofozoítos, devem chegar ao laboratório para exame dentro de 30 minutos. Fezes pastosas ou líquidas devem ser examinadas dentro de 1 hora após o encaminhamento. Se o exame não é possível dentro dos limites de tempo recomendados, todas as amostras de fezes frescas devem ser colocadas em conservantes, tais como formalina a 10%, álcool polivinílico (PVA), mertiolato-iodo-formalina (MIF) ou acetato de sódio-formalina (ASF). As amostras de fezes podem ser armazenadas a 4°C, mas não devem ser incubadas ou congeladas.

O número de amostras necessárias para demonstrar os parasitas intestinais varia, dependendo da qualidade da amostra, da acurácia do exame realizado, da gravidade da infecção e do propósito do exame. Se o médico estiver interessado apenas em determinar se existem helmintos, um ou dois exames podem ser suficientes, desde que os métodos de concentração sejam utilizados. Para um exame parasitário de rotina, um total de três amostras fecais é recomendado. O exame de três amostras utilizando uma combinação de técnicas garante a detecção de mais de 99% das infecções. Em uma pesquisa realizada nos EUA, o exame de três amostras foi necessário para detectar 100% dos pacientes infectados (Tabela 70.3).

É inapropriado que várias amostras sejam coletadas do mesmo paciente no mesmo dia. Também não é recomendado que três amostras sejam examinadas durante 3 dias consecutivos (uma por dia). A série de três amostras deve ser coletada em um período não superior a 10 dias. Muitos parasitas não aparecem em amostras fecais em números consistentes em uma base diária; portanto, a coleta de amostras em dias alternados tende a render uma porcentagem maior de achados positivos.

Tornou-se evidente que, nos EUA, a solicitação de exame parasitológico nas fezes de pacientes com diarreia adquirida no ambiente hospitalar (início há mais de 3 dias após a admissão) é geralmente inapropriada porque a frequência de aquisição de parasitas protozoários ou helmintos em um hospital é cada vez mais rara. Um pedido de exame de fezes para pesquisa de ovos e parasitas em um paciente hospitalizado deve ser acompanhado por uma clara declaração de indicações clínicas e apenas após a exclusão das causas mais comuns de diarreia adquirida no ambiente hospitalar (p. ex., induzida por antibióticos).

TÉCNICAS DE EXAMES DAS FEZES

As amostras devem ser examinadas sistematicamente por um microscopista especializado para análise de ovos e larvas de helmintos, assim como para protozoários intestinais.

Tabela 70.3 Número de amostras necessárias para detecção de parasitas intestinais.

Número de amostras por paciente	% de pacientes infectados detectados (n = 130)
1	71,5
2	86,9
3	100

Dados compilados de Branda, J.A., et al., 2006. A rational approach to the stool ova and parasite examination. Clin. Infect. Dis. 42, 972–978.

Para uma ótima detecção desses vários agentes infecciosos, é necessária uma combinação de diversas técnicas de exame parasitológico.

Exame macroscópico

A amostra fecal deve ser examinada quanto à consistência e presença de sangue, muco, vermes e proglótides.

Preparação direta a fresco

As fezes frescas devem ser examinadas ao microscópio com a técnica de preparação a fresco com salina e iodo para detectar trofozoítos móveis ou larvas (*Strongyloides*). As montagens a fresco com salina e iodo também são utilizadas para detectar ovos de helmintos, cistos de protozoários e células hospedeiras, tais como leucócitos e eritrócitos. Essa abordagem também é útil no exame do material proveniente de escarro, urina, *swabs* vaginais, aspirados duodenais, retossigmoidoscopia, abscessos e biopsias de tecidos.

Concentração

Todas as amostras fecais devem ser colocadas em formalina a 10% para preservar a morfologia dos parasitas e devem ser concentradas utilizando um procedimento como a sedimentação com acetato de etila de formalina (ou formalina-éter) ou flutuação com sulfato de zinco. Esses métodos separam os cistos de protozoários e os ovos de helmintos da maior parte do material fecal e, assim, aumentam a capacidade de detectar pequenos números de organismos geralmente não observados pelo uso de apenas um esfregaço direto. Após a concentração, o material é corado com iodo e examinado microscopicamente.

Lâminas de coloração permanente

A detecção e a identificação correta de protozoários intestinais muitas vezes dependem do exame do esfregaço realizado com coloração permanente. Essas lâminas fornecem um registro permanente dos protozoários que são identificados. Os detalhes citológicos revelados por um dos métodos de coloração permanente são essenciais para a identificação acurada e a maioria das identificações deve ser considerada provisória até ser confirmada pela lâmina corada permanentemente. As colorações permanentes comuns utilizadas são o tricrômico, a hematoxilina férrica e o ácido fosfotúngstico-hematoxilina. As lâminas são feitas tanto pela preparação de esfregaços de material fecal fresco e sua colocação em solução fixadora de Schaudinn ou por fixação de um pequeno volume de material fecal em fixador de PVA. Deve-se notar que um pedido de exame microscópico de rotina das fezes para pesquisa de ovos e parasitas não inclui necessariamente as colorações especiais requeridas para detectar organismos como *Cryptosporidium* ou *Cyclospora*. Se esses organismos forem considerados no diagnóstico diferencial, o pedido de exame de fezes deve declarar isso explicitamente, para que as colorações especiais (álcool-acidorresistência [*Cryptosporidium*, *Cyclospora*]) e procedimentos (imunoensaio [*Cryptosporidium*]) necessários possam ser realizados.

COLETA E EXAME DE OUTRAS AMOSTRAS ALÉM DAS FEZES

Frequentemente, amostras que não sejam de material fecal precisam ser coletadas e examinadas para diagnosticar infecções causadas por patógenos intestinais. Elas incluem amostras perianais; material de retossigmoidoscopia; aspirados de conteúdos duodenais; abscessos hepáticos e escarro, urina e amostras urogenitais.

Amostras perianais

A coleta de amostras perianais é frequentemente necessária para diagnosticar infecções por oxiúros (*E. vermicularis*) e, ocasionalmente, por *Taenia* (tênia). Os métodos incluem a preparação de uma lâmina de fita adesiva de celulose transparente ou um *swab* anal. A preparação da lâmina de fita adesiva de celulose é o método de escolha para a detecção de ovos de oxiúros. Espécimes coletados por ambos os métodos devem ser obtidos pela manhã antes que o paciente tome banho ou vá ao banheiro. O método da fita adesiva exige que a superfície adesiva da fita seja pressionada firmemente contra as pregas perianais, direita e esquerda, e depois espalhada sobre a superfície de uma lâmina de microscópio; o *swab* anal deve ser esfregado suavemente sobre a área perianal e transportado para o laboratório para exame microscópico. Com qualquer método de coleta, as lâminas ou *swabs* devem ser mantidas a 4°C, se o transporte para o laboratório for atrasado.

Material de retossigmoidoscopia

O material da retossigmoidoscopia pode ser útil para o diagnóstico de infecção por *E. histolytica* que não foi detectada pelos exames fecais de rotina. As amostras consistem em material de raspado ou aspirado a partir da superfície da mucosa. Pelo menos seis áreas devem ser amostradas. Após a coleta, o material deve ser colocado em um tubo contendo 0,85% de solução salina e mantido aquecido durante o transporte para o laboratório. As amostras devem ser examinadas imediatamente em busca de trofozoítos móveis.

Aspirados duodenais

A amostragem e o exame do conteúdo duodenal é um meio de isolar larvas de *Strongyloides*; ovos de espécies de *Clonorchis*, *Opisthorchis* e *Fasciola*; e outros parasitas do intestino delgado, tais como *Giardia*, *Cystoisospora* e *Cryptosporidium*. As amostras podem ser obtidas por intubação endoscópica ou pelo uso da cápsula entérica ou teste do barbante (Entero-Test). A biopsia endoscópica da mucosa do intestino delgado pode revelar *Giardia* e *Cryptosporidium*, bem como as larvas de *Strongyloides*. As amostras devem ser coletadas em solução salina e transportadas diretamente para o laboratório para exame microscópico.

Aspirado de abscesso hepático

Lesões supurativas do fígado e dos espaços subfrênicos podem ser causadas por *E. histolytica* (amebíase extraintestinal). A amebíase extraintestinal pode ocorrer na ausência de história pregressa de infecção intestinal sintomática. A amostra deve ser coletada da margem do abscesso hepático em lugar do centro necrótico. A primeira porção removida geralmente é branco-amarelada e raramente contém amebas. As porções posteriores, que são avermelhadas, são mais propensas a conter microrganismos. Um mínimo de duas porções separadas de material do exsudato deve ser removido. Após a aspiração, o colapso do abscesso e o subsequente influxo de sangue muitas vezes liberam amebas do tecido. Aspirações subsequentes têm uma chance maior de revelar parasitas. O material aspirado deve ser transportado imediatamente para o laboratório.

Escarro

Ocasionalmente, parasitas intestinais são detectados no escarro. Esses parasitas incluem as larvas de *Ascaris*, *Strongyloides* e ancilóstomos; ganchos dos escólex de cestódeos e protozoários intestinais, como *E. histolytica* e espécies de *Cryptosporidium*. A amostra deve ser escarro profundo em vez de ser primariamente a saliva, e deve ser levada imediatamente para o laboratório. O exame microscópico deve incluir a preparação a fresco com solução salina e preparações com colorações permanentes.

Urina

O exame de amostras de urina pode ser útil no diagnóstico de infecções causadas por *Schistosoma haematobium* (ocasionalmente outras espécies também) e *Trichomonas vaginalis*. A detecção de ovos na urina pode ser realizada de maneira direta ou por concentração, usando a técnica de centrifugação e sedimentação. Os ovos podem estar presos no muco ou no pus e são mais frequentemente encontrados nas últimas gotas da amostra, e não na primeira porção. A produção de ovos de esquistossomos é variável; portanto, os exames devem ser realizados ao longo de vários dias. *Trichomonas vaginalis* pode ser encontrado no sedimento urinário de homens e mulheres.

Amostras urogenitais

Amostras urogenitais são coletadas se houver suspeita de infecção por *T. vaginalis*. A identificação é baseada nos exames de corrimentos vaginais e uretrais, secreções prostáticas ou sedimento de urina, a partir da preparação a fresco. As amostras devem ser colocadas em um recipiente com um pequeno volume de solução de salina a 0,85% e enviadas imediatamente ao laboratório para exame. Se nenhum microrganismo for detectado nas preparações diretas a fresco, a cultura pode ser utilizada.

Infecções parasitárias do sangue e dos tecidos

Parasitas localizados no sangue ou nos tecidos do hospedeiro são mais difíceis de detectar do que os parasitas intestinais e urogenitais. O exame microscópico de esfregaços de sangue é um método direto e útil para detectar *Plasmodium*, tripanossomas e microfilárias. Infelizmente, a concentração de microrganismos é frequentemente variável; assim, a coleção de múltiplas amostras é necessária durante vários dias. A preparação tanto de preparações a fresco (microfilárias e tripanossomas) e de esfregaços de sangue espesso e delgado com coloração permanente é a base do diagnóstico. O exame de escarro pode revelar ovos de helmintos (*Paragonimus*) ou larvas (espécies de *Ascaris* e *Strongyloides*) após técnicas apropriadas de concentração. A biopsia de pele (oncocercose) ou do músculo (triquinose) pode ser necessária para o diagnóstico de algumas infecções por nematódeos (ver Tabela 70.1).

ESFREGAÇOS DE SANGUE

O diagnóstico clínico de doenças parasitárias, como malária, leishmaniose, tripanossomíase e filariose baseiam-se em grande parte na coleta bem cronometrada de amostras de sangue e no exame microscópico realizado por especialistas de esfregaços de sangue espesso e delgado, corados e preparados adequadamente. O momento ideal para obtenção de sangue para exame parasitológico varia de acordo com o parasita específico esperado.

Tendo em vista que a malária é uma das poucas parasitoses que podem ser gravemente fatais, a coleta de sangue e o exame de esfregaços de sangue devem ser realizados imediatamente se o diagnóstico for suspeito. Os laboratórios que oferecem esse serviço devem estar preparados para fazê-lo em uma base de 24 horas, 7 dias por semana. Como os níveis de parasitemia podem ser baixos ou oscilantes, recomenda-se que esfregaços de sangue sejam coletados e examinados 6, 12 e 24 horas após a amostra inicial. A detecção de tripanossomos no sangue é ocasionalmente possível durante a fase aguda inicial da doença. *Trypanosoma cruzi* (doença de Chagas, tripanossomíase americana) também pode ser detectado durante períodos febris subsequentes. Depois de vários meses a 1 ano, os tripomastigotas da tripanossomíase africana (*T. brucei rhodesiense* e *T. b. gambiense*) são mais bem demonstrados no líquido cerebrospinal do que no sangue. Amostras de sangue para detecção de microfilárias noturnas (*W. bancrofti* e *Brugia malayi*) devem ser obtidas entre 22 horas e 4 horas da manhã, enquanto para o *Loa loa* diurno, são obtidas amostras por volta do meio-dia.

Dois tipos de esfregaços de sangue são preparados para o diagnóstico de infecções parasitárias no sangue, espesso e delgado. Embora as preparações a fresco de esfregaços de sangue possam ser examinadas à procura de parasitas móveis (microfilárias e tripanossomas), a maioria dos laboratórios de análises clínicas prossegue diretamente à preparação de esfregaços espessos e delgados para coloração. No esfregaço delgado, o sangue é espalhado sobre a lâmina em uma camada fina (unicelular) e os eritrócitos permanecem intactos após a fixação e coloração. No esfregaço espesso, os eritrócitos são lisados antes da coloração e apenas os leucócitos, plaquetas e parasitas (se presentes) são visíveis. Esfregaços espessos possibilitam o exame de um volume maior de sangue, o que aumenta a possibilidade de detectar infecções brandas. Infelizmente, o aumento da distorção dos parasitas torna a identificação das espécies, quando utilizados esfregaços espessos, particularmente difícil. O uso adequado dessa técnica geralmente exige muita experiência e conhecimento especializado.

Ocasionalmente, outros procedimentos de concentração de sangue são utilizados para detectar infecções leves. Métodos alternativos de concentração para a detecção de parasitas sanguíneos incluem o uso de centrifugação por micro-hematócrito, o exame do creme leucocitário, uma técnica de centrifugação tripla para detecção de baixos números de tripanossomas e uma técnica de filtração em membrana para detecção de microfilárias.

Uma vez preparados, os esfregaços sanguíneos devem ser corados. A coloração mais confiável de parasitas sanguíneos é obtida com a coloração de Giemsa tamponado em pH 7,0 a 7,2, embora colorações especiais possam ser utilizadas ocasionalmente para identificar espécies de microfilárias. A coloração de Giemsa é útil sobretudo para a coloração de protozoários (*Plasmodium* e tripanossomas); entretanto, a bainha das microfilárias nem sempre pode ser corada pelo método de Giemsa. Nesse caso, as colorações à base de hematoxilina podem ser utilizadas.

OUTRAS AMOSTRAS ALÉM DO SANGUE

O exame de tecidos e fluidos corporais além do sangue pode ser necessário, com base na apresentação clínica e considerações epidemiológicas. Os esfregaços e concentrados do líquido cefalorraquidiano são necessários para detectar trofozoítos de *Naegleria fowleri*, tripanossomas e larvas do nematódeo *Angiostrongylus cantonensis* dentro do sistema nervoso central. O líquido cefalorraquidiano deve ser prontamente examinado porque as formas trofozoítas dos parasitas protozoários são muito lábeis (tripanossomas) ou tendem a arredondar e a tornar-se não móveis (*N. fowleri*). O exame de esfregaços de *imprint* tecidual de linfonodos, material de biopsia hepática, baço ou medula óssea corada com *Giemsa* é muito útil na detecção de parasitas **intracelulares**, tais como espécies de *Leishmania* e *Toxoplasma gondii*. Além disso, as biopsias de vários tecidos são um excelente meio para detectar infecções localizadas ou disseminadas causadas por parasitas protozoários e helmintos. As montagens com salina de cortes superficiais de pele são muito úteis na detecção de microfilárias de *Onchocerca volvulus*. O exame de escarro (induzido) é indicado quando há suspeita de paragonimíase pulmonar (verme do pulmão) ou formação de abscesso com *E. histolytica*. As larvas de *Strongyloides* podem ser detectadas no escarro na síndrome da hiperinfecção.

Alternativas à microscopia

Na maioria dos casos, o diagnóstico de doença parasitária é realizado no laboratório por detecção microscópica e identificação morfológica do parasita em amostras clínicas. Em alguns casos, o parasita não pode ser detectado, apesar de uma pesquisa cuidadosa por causa dos níveis baixos ou ausentes de organismos em material clínico prontamente disponível. Nesses casos, o clínico deverá confiar em métodos alternativos baseados na detecção de material derivado de parasitas (antígenos ou ácidos nucleicos) ou pela resposta do hospedeiro à invasão parasitária (anticorpos). Abordagens adicionais utilizadas em infecções selecionadas incluem cultura, inoculação em animais e xenodiagnóstico.

IMUNODIAGNÓSTICO

Os métodos de imunodiagnóstico são utilizados há muito tempo como auxiliares no diagnóstico de doenças parasitárias. A maioria desses testes sorológicos baseia-se na detecção de respostas de anticorpos específicos à presença do parasita. As abordagens analíticas incluem o uso de aglutinação clássica, fixação do complemento e os métodos de difusão em gel, bem como os ensaios de imunofluorescência (EIFs) mais modernos, ensaio imunoenzimático (EIE), imunoensaio de fluxo lateral (IFL) e ensaios de *Western blot*. A detecção de anticorpos é útil e indicada no diagnóstico de muitas doenças causadas por protozoários (p. ex., amebíase extraintestinal, tripanossomíase sul-americana, leishmaniose, malária e babesiose adquiridas por transfusão e toxoplasmose) e doenças helmínticas (p. ex., clonorquíase, cisticercose, hidatidose, filariose linfática, esquistossomose, triquinelose e toxocaríase). Existe um problema com a detecção de anticorpos como método diagnóstico: por causa da persistência de anticorpos durante meses a anos após a infecção aguda, a demonstração de anticorpos raramente pode diferenciar entre infecção aguda e crônica.

Ao contrário da detecção de anticorpos, a determinação de **antígeno parasitário** circulante no soro, na urina ou nas fezes pode fornecer um marcador mais apropriado para a presença de infecção ativa e também pode indicar a carga parasitária. Além disso, as demonstrações de antígeno parasitário específico no fluido da lesão, tais como material de um abscesso amebiano ou fluido de um cisto hidático, podem fornecer um diagnóstico definitivo do organismo infectante. Os ensaios mais comuns de detecção de antígenos utilizam um formato de EIE; entretanto, imunofluorescência, radioimunoensaio, métodos imunocromatográficos e de *imunoblot* também se mostraram úteis. Vários ensaios comerciais para a detecção de antígenos dos parasitas estão agora disponíveis em *kits*. Estes incluem métodos de EIE e de ensaio imunocromatográfico para a detecção de *Giardia*, *E. histolytica*, *Entamoeba dispar* e espécies de *Cryptosporidium* nas fezes, o EIE para a detecção de *T. vaginalis* em amostras urogenitais e de EIF para a detecção de espécies de *Giardia*, *Cryptosporidium* e *Trichomonas*. Vários testes de detecção de antígenos também estão disponíveis para detecção de **parasitas do sangue** (malária, filariose) em conjunto com o exame microscópico de esfregaços de sangue espesso e delgado. A sensibilidade e a especificidade relatadas para a maioria desses *kits* são bastante satisfatórias. As vantagens dessas abordagens incluem a economia de mão de obra e um aumento potencial na sensibilidade. De fato, numerosos estudos têm demonstrado que os imunoensaios são mais sensíveis do que o exame microscópico na detecção de infecções causadas por *Giardia* e *Cryptosporidium*. Além disso, testes diagnósticos rápidos para a detecção de antígenos de *Plasmodium* spp. podem ter um desempenho superior ao microscópio em certas situações e estão sendo considerados para uso no campo, principalmente porque as terapias combinadas mais caras com artemisinina tornam o diagnóstico laboratorial da malária mais econômico que a terapia empírica na era de resistência à cloroquina. As desvantagens são a perda de conhecimento especializado em parasitologia e o fato de que, em alguns casos, os testes de ensaio disponíveis são apenas para um único organismo, enquanto o exame microscópico convencional proporciona a oportunidade para reconhecer muitos parasitas diferentes. Embora os ensaios para detecção de antígenos sejam descritos para muitos outros parasitas, eles não estão amplamente disponíveis. A disponibilidade de um amplo painel de ensaios para detecção de antígenos potencialmente torna o uso de métodos de pesquisa de antígenos como uma alternativa viável para o exame microscópico tedioso.

ABORDAGENS BASEADAS NO DIAGNÓSTICO MOLECULAR

Além dos métodos de imunodiagnóstico, observou-se um aumento considerável no diagnóstico de doenças parasitárias a partir da aplicação de métodos moleculares baseados na **hibridização, amplificação e sequenciamento de ácidos nucleicos**. Essa abordagem se aproveita do fato de que todos os organismos contêm sequências de ácidos nucleicos que podem ser utilizadas em um ensaio de hibridização para distinguir cepas, espécies e gêneros. Portanto, os parasitas podem ser simultaneamente detectados e identificados no material clínico, dependendo da especificidade do método molecular utilizado. Outra vantagem dos sistemas de detecção baseados em ácidos nucleicos é que são independentes do estado imunológico do paciente ou de histórico de infecção anterior, identificando a infecção ativa. Finalmente, o uso de testes de amplificação de ácido nucleico (NAATs) alvo, como a reação em cadeia da polimerase (PCR), amplificação mediada por *loop* (LAMP) e amplificação baseada em sequências de ácidos nucleicos (NASBA), fornece notável sensibilidade, possibilitando a detecção de até um microrganismo em uma amostra biológica (Tabela 70.4). Deve ser observado que ao aplicar o NAAT para a detecção de parasitas intestinais, fixadores ou conservantes de fezes podem inibir a amplificação e o uso de fezes frescas sem conservantes é recomendado para os testes com a finalidade de evitar resultados falso-negativos.

Os métodos baseados em ácido nucleico podem ser aplicados para detectar parasitas não apenas em amostras clínicas de sangue, fezes ou tecidos de pacientes infectados, mas também em seu vetor natural. A aplicação do "fingerprinting" de ácido desoxirribonucleico (DNA) ou de tipagem de cepas possibilita a identificação precisa do parasita no nível de subespécie ou de cepa e tem valor considerável em estudos epidemiológicos. Os formatos dos ensaios utilizando sondas de ácidos nucleicos variam de métodos *dot blot* e de hibridização Southern à hibridização *in situ* em tecidos à PCR ou outros métodos de amplificação de alvo acoplados a uma detecção e caracterização rápida do amplicon. O uso de técnicas de marcação não isotópica do DNA expande consideravelmente a aplicabilidade potencial desses ensaios em todo o mundo.

Os testes moleculares estão se tornando mais prontamente disponíveis na maioria dos laboratórios de análises clínicas. Ensaios para *Trichomonas vaginalis*, *E. histolytica*, complexo *E. histolytica*, *Giardia* spp., *Cyclospora* spp. e *Cryptosporidium* spp. estão comercialmente disponíveis e aprovados pela U.S. Food and Drug Administration (FDA). Painéis gastrintestinais e intestinais estão disponíveis, e conseguem investigar simultaneamente múltiplos patógenos gastrintestinais, incluindo patógenos bacterianos, virais e parasitários. Assim como na detecção de antígenos, somente patógenos selecionados podem ser detectados e outros patógenos podem não ser detectados. Painéis adicionais para *Blastocystis* spp., *Dientamoeba fragilis*, microsporídeos e *S. stercoralis* estão em desenvolvimento.

Independentemente do formato do ensaio, sondas de ácido nucleico e as técnicas de amplificação são agora utilizadas rotineiramente para a detecção e a identificação de inúmeras espécies e cepas, incluindo as espécies de *Plasmodium*, *Leishmania*, *T. cruzi* e *T. gondii* (ver Tabela 70.4). O uso difundido dessas técnicas exige desenvolvimento adicional de procedimentos simples para manipulação e preparação

Tabela 70.4 Exemplos de técnicas para detecção de parasitoses baseadas na análise da reação em cadeia da polimerase.

Microrganismo	Gene	Sensibilidade para o alvo (%)	Comentários
Plasmodium vivax	Gene do circumsporozoíto	91 a 96	Amostras de sangue seco em papel de filtro são utilizadas
Espécies de Leishmania	Sequência de kDNA minicircular	87 a 100	Resultados são comparados com a cultura e a microscopia das amostras de biopsia
Trypanosoma cruzi	Sequência de kDNA minicircular	100	Resultados são comparados com a sorologia e xenodiagnóstico de amostras de sangue
Toxoplasma gondii	Gene B1 Gene de sequência de elementos repetitivos Antígeno de superfície principal P30 Sequências de DNA recombinante	46 a 99	PCR do LBA, líquido cerebrospinal e líquido amniótico demonstra grande potencial para o diagnóstico de toxoplasmose
Entamoeba histolytica	Sequência repetitiva em tandem P145 SSU rRNA	96 > 90	Resultados são comparados com o diagnóstico microscópico de amostras das fezes O teste diferencia cepas patogênicas das não patogênicas (E. dispar)

LBA, lavado broncoalveolar; *kDNA*, ácido desoxirribonucleico do cinetoplasto; *PCR*, reação em cadeia da polimerase; *SSU rRNA*, subunidade menor do ácido ribonucleico ribossômico.

de amostras e requerem testagens clínica e de campo substanciais antes que possam ser aplicadas amplamente para auxiliar no diagnóstico clínico.

CULTURA

Embora a cultura seja o padrão para o diagnóstico da maioria das doenças infecciosas, ela não é comumente utilizada nos laboratórios de parasitologia. Alguns protozoários parasitas, como *T. vaginalis*, *E. histolytica*, espécies de *Acanthamoeba*, *N. fowleri*, espécies de *Leishmania*, *Plasmodium falciparum*, *T. cruzi* e *T. gondii*, podem ser cultivados com relativa facilidade. Entretanto, a cultura de outros parasitas não é bem-sucedida ou é muito difícil ou laboriosa para ter valor prático nos esforços para o diagnóstico de rotina.

INOCULAÇÃO EM ANIMAIS

A inoculação em animais é um método sensível de detecção da infecção causada por parasitas de sangue e tecidos, como *T. b. gambiense*, *T. b. rhodesiense*, *T. cruzi*, espécies de *Leishmania* e *T. gondii*. Embora útil, essa abordagem não é prática para a maioria dos laboratórios de análises clínicas e está, em grande parte, confinada aos ambientes de pesquisa.

XENODIAGNÓSTICO

A técnica de xenodiagnóstico utiliza vetores artrópodes produzidos em laboratório para detectar baixos níveis de parasitas nos indivíduos infectados. Classicamente, essa abordagem era utilizada para diagnosticar a doença de Chagas ao permitir que um inseto triatomíneo não infectado se alimentasse de um indivíduo suspeito de ter a doença. Posteriormente, o inseto era dissecado e examinado microscopicamente à procura de evidências de estágios de desenvolvimento de *T. cruzi*. Embora essa técnica seja utilizada em áreas endêmicas, obviamente não é prática para a maioria dos laboratórios de análises clínicas.

Bibliografia

Branda, J.A., et al., 2006. A rational approach to the stool ova and parasite examination. Clin. Infect. Dis. 42, 972–978.

Garcia, L.S., Paltridge, G.P., Shimizu, R.Y., 2015. General approaches for detection and identification of parasites. In: Jorgensen, J.H., et al. (Ed.), Manual of Clinical Microbiology, eleventh ed. American Society for Microbiology Press, Washington, DC.

Garcia, L.S., et al., 2018. Laboratory diagnosis of parasites from the gastrointestinal tract. Clin. Microbiol. Rev. 31, e0002517.

McHardy, I.H., Wu, M., Shimizu-Cohen, R., Couturier, M.R., Humphries, R.M., 2014. Detection of intestinal protozoa in the clinical laboratory. J. Clin. Microbiol. 52, 712–720.

Momcilovic, S., et al., 2019. Rapid diagnosis of parasitic diseases: current scenario and future needs. Clin. Microbiol. Infect. 25,: 290–309 .

Polage, C.R., et al., 2011. Physician use of parasite tests in the United States from 1997 to 2006 and in a Utah *Cryptosporidium* outbreak in 2007. J. Clin. Microbiol. 49, 591–596.

Pritt, B.S., 2015. Molecular diagnostics in the diagnosis of parasitic infection. Meth. Microbiol. 42, 111–160.

Ricciardi, A., Ndao, M., 2015. Diagnosis of parasitic infections: what's going on? J. Biomol. Screen. 20, 6–21.

Shimizu, R., Garcia, L.S., 2015. Specimen collection, transport, and processing: parasitology. In: Jorgensen, J.H., et al. (Ed.), Manual of Clinical Microbiology, eleventh ed. American Society for Microbiology Press, Washington, DC.

Stensvold, C.R., et al., 2011. The impact of genetic diversity in protozoa on molecular diagnosis. Trends Parasitol. 27, 53–58.

Van Lieshout, L., Roestenberg, M., 2015. Clinical consequences of new diagnostic tools for intestinal parasites. Clin. Microbiol. Infect. 21, 520–528.

Verweij, J.J., Stensvold, C.R., 2014. Molecular testing for clinical diagnosis and epidemiological investigations of intestinal parasitic infections. Clin. Microbiol. Rev. 27, 371–418.

71 Agentes Antiparasitários

A abordagem quimioterápica para o manejo de doenças infecciosas mudou claramente a face da Medicina. Infelizmente, poucos dos agentes anti-infecciosos que se mostram tão bem-sucedidos contra patógenos bacterianos têm sido efetivos contra os parasitas. Em muitos casos, os médicos continuam a contar com agentes antiparasitários da era pré-antibiótica. Esses e alguns agentes mais recentes permanecem limitados em eficácia e são relativamente tóxicos. Muitos agentes antiparasitários exigem administração prolongada ou parenteral e são efetivos apenas em determinadas condições patológicas. Felizmente, nos últimos anos, surgiram novos agentes que constituem avanços significativos no tratamento de doenças parasitárias. Em cada caso, os fármacos anteriormente disponíveis eram tóxicos e frequentemente ineficazes.

Em grande parte, as dificuldades no tratamento de doenças parasitárias decorrem do fato de que os parasitas são **eucariontes** (ou eucariotas) e, portanto, são mais semelhantes ao hospedeiro humano do que os patógenos bacterianos procariontes (ou procariotas) tratados de modo mais bem-sucedido. Além disso, a evolução crônica e prolongada da infecção, os ciclos de vida complexos e os múltiplos estágios de desenvolvimento de muitos parasitas aumentam as dificuldades de uma intervenção quimioterápica efetiva.

Fatores adicionais complicadores nos países com menos recursos, nos quais a maioria das doenças parasitárias ocorre, incluem (1) a existência de várias infecções e a alta probabilidade de reinfecção, (2) a falta de acesso a métodos de testagem diagnóstica, (3) o grande número de indivíduos imunocomprometidos pela desnutrição e pela infecção causada pelo vírus da imunodeficiência humana (HIV) e (4) a influência esmagadora da pobreza e da falta de saneamento, que facilitam a transmissão de muitas infecções parasitárias. Embora as abordagens farmacológicas possam ser utilizadas efetivamente para tratar e prevenir muitas infecções parasitárias, alguns agentes apresentam efeitos adversos ou acabam enfrentando resistência (microbiana e social). Em sua grande maioria, os agentes antiparasitários são muito caros para uso generalizado em países com baixos recursos. Assim, a abordagem global para a prevenção e o tratamento de doenças parasitárias deve envolver várias estratégias, incluindo a melhoria das condições de higiene e saneamento, controle do vetor da doença, acesso a testes diagnósticos rápidos (*point-ofcare*), uso de **vacinações** se disponíveis (em grande parte indisponíveis para doenças parasitárias) e administração profilática e terapêutica de quimioterapia segura e efetiva. Vale notar que a quimioterapia em larga escala administrada 1 a 3 vezes por ano em regiões endêmicas reduziu a transmissão, assim como as taxas de morbidade e mortalidade de algumas infecções, incluindo a filariose linfática, oncocercose, esquistossomose e a infecção por nematódeos intestinais. Essas estratégias também precisam incluir esforços para diminuir a transmissão da infecção causada pelo HIV.

Alvos para ação dos fármacos antiparasitários

Como mencionado anteriormente, os parasitas são eucariontes e, portanto, têm mais similaridades do que diferenças com o hospedeiro humano. Consequentemente, muitos agentes antiparasitários atuam em vias (síntese de ácidos nucleicos, metabolismo de carboidratos) ou alvos (função neuromuscular) compartilhados pelo parasita e pelo hospedeiro. Por isso, o desenvolvimento de medicamentos antiparasitários seguros e efetivos baseados em **diferenças bioquímicas** entre o parasita e o hospedeiro tem sido difícil. A **toxicidade diferencial** é comumente alcançada por captação preferencial, alteração metabólica do fármaco pelo parasita ou diferenças na suscetibilidade de locais funcionalmente equivalentes no parasita e no hospedeiro. Felizmente, com o melhor entendimento da biologia e bioquímica de parasitas e do mecanismo de ação de agentes antimicrobianos, houve também o reconhecimento de potenciais alvos específicos de parasitas para ataque quimioterápico. Cada vez mais, os pesquisadores estão explorando projetos genômicos recém-concluídos de parasitas protozoários para identificar potenciais alvos de medicamentos para análise em larga escala. Exemplos de estratégias quimioterápicas que exploram as diferenças entre o parasita e o hospedeiro são fornecidos na Tabela 71.1. Estes são discutidos com mais detalhes à medida que lidamos com os agentes específicos.

Resistência a fármacos

A resistência a agentes antimicrobianos é uma consideração importante no tratamento de infecções resultantes de patógenos bacterianos e fúngicos e certamente é importante na quimioterapia de doenças parasitárias. Infelizmente, nossa compreensão da base molecular e genética para a resistência à maioria dos agentes antiparasitários é bastante limitada. A maior compreensão da epidemiologia e dos mecanismos de resistência aos medicamentos pode fornecer a orientação valiosa para uma melhor utilização dos compostos existentes e para o desenvolvimento de novos agentes. O uso de marcadores moleculares de resistência aos fármacos acrescentou outra dimensão aos esforços de vigilância e gerou conhecimentos sobre a propagação global da resistência aos medicamentos tanto em protozoários como helmintos. Marcadores moleculares já foram identificados para resistência de *Plasmodium falciparum* à cloroquina, sulfadoxina-pirimetamina, atovaquona-proguanil e, a um grau limitado, outros antimaláricos. Para cloroquina e sulfadoxina-pirimetamina, os marcadores moleculares envolvem polimorfismos de nucleotídios (SNP) únicos nos genes que codificam uma proteína transportadora de membrana vacuolar e enzimas envolvidas na síntese do folato, respectivamente. Parasitas que desenvolveram tanto resistência à

Tabela 71.1 Estratégias quimioterápicas que exploram diferenças entre o parasita e o hospedeiro.

Local diferenciado de ataque	Fármaco	Organismo
Mecanismo de concentração do fármaco específico para o parasita	Cloroquina	*Plasmodium* spp.
Via do ácido fólico (parasita não consegue utilizar folato exógeno)	Pirimetamina ou sulfametoxazol-trimetoprima	*Plasmodium* ou *Toxoplasma* spp.
Inibidor dos mecanismos dependentes de tripanotiona para redução de grupos tiol oxidados	Arsênicos, difluorometilornitina	Tripanossomas
Interferência em neuromediadores únicos para os parasitas	Pamoato de pirantel, dietilcarbamazina	*Ascaris* spp.
Interage com canais de cloreto, resultando na hiperpolarização das células, paralisia e morte dos parasitas	Ivermectina	Filárias
Interação com tubulina específica dos parasitas	Benzimidazólicos	Muitos helmintos
Inibição da topoisomerase II	Pentamidina	Tripanossomas
Inibição de piruvato-ferredoxina oxidorredutase	Nitazoxanida	*Cryptosporidium* e *Giardia*

cloroquina quanto à sulfadoxina-pirimetamina e posteriormente desenvolveram resistência a um terceiro fármaco operacional são denominados "multidrogarresistentes" (MDR). Pacientes infectados com plasmódios contendo um maior número de cópias do *pfmdr1* (gene *MDR 1* de *P. falciparum*), que codifica o PfPGH-1, um suposto transportador de bomba, foram encontrados apresentando respostas reduzidas às combinações de mefloquina, quinina, lumefantrina e artemisinina, que contêm esses medicamentos. Mais recentemente, o gene *pfcrt* (transportador de resistência à cloroquina) foi associado ao efluxo de fármacos em parasitas cultivados e polimorfismos de nucleotídios únicos no gene *pfcrt* foram observados em infecções recorrentes após o tratamento com arteméter-lumefantrina. A resistência de *P. falciparum* ao componente atovaquona presente no fármaco atovaquona-proguanil mapeia para o mesmo *locus* que determina a resistência de *Pneumocystis jirovecii* à atovaquona. Esses esforços levaram a estudos adicionais e melhor compreensão de mecanismos de resistência a fármacos em *Trichomonas* (metronidazol), *Leishmania* (antimoniais pentavalentes), tripanossomas africanos (melarsoprol, pentamidina) e esquistossomos (oxamniquina). A compreensão mais aprofundada sobre os mecanismos de ação e resistência a agentes antiparasitários é necessária para otimizar a eficácia da quimioterapia antiparasitária.

Agentes antiparasitários

Embora o número de agentes antiparasitários efetivos seja pequeno em relação à vasta gama de agentes antibacterianos, a lista está em expansão (Tabela 71.2). Certamente, uma meta primária da terapia antiparasitária é semelhante à da terapia antibacteriana, que é erradicar o organismo de maneira rápida e completa. Em muitos casos, no entanto, os agentes e os regimes de tratamento utilizados para doenças parasitárias são desenvolvidos simplesmente para diminuir a carga parasitária, para evitar as complicações sistêmicas de infecção crônica ou para realizar ambas as ações. Portanto, as metas da terapia antiparasitária, sobretudo quando aplicada em áreas endêmicas, podem ser bem diferentes daquelas geralmente consideradas para a terapia de infecção microbiana nos EUA ou outros países desenvolvidos. Considerando a significativa toxicidade de muitos desses agentes, em todos os casos, a necessidade de tratamento tem de ser ponderada em relação à toxicidade do fármaco. A decisão de não instituir a terapia é, muitas vezes, correta, principalmente quando o medicamento pode causar efeitos adversos.

Indivíduos imunocomprometidos representam um problema singular em relação à quimioterapia antiparasitária. Por um lado, a **profilaxia**, tal como a administrada para toxoplasmose, pode ser efetiva na prevenção de infecções. No entanto, uma vez estabelecida a infecção, a cura radical pode não ser possível e a **terapia supressora** de longo prazo pode ser indicada. Em algumas doenças, tais como criptosporidiose e microsporidiose, a terapia efetiva (curativa) não está disponível prontamente e é preciso ter cuidado para evitar a toxicidade desnecessária enquanto são fornecidos cuidados de suporte ao paciente.

O restante do presente capítulo fornece uma visão geral das principais classes de agentes antiprotozoários e anti-helmínticos. Esses e outros agentes antiparasitários, seus mecanismos de ação e suas indicações clínicas estão listados na Tabela 71.2. O tratamento de infecções específicas é discutido nos capítulos que abordam os parasitas. A Bibliografia neste capítulo lista várias revisões excelentes para informações mais completas e para discussões sobre os agentes antiparasitários que estão disponíveis.

AGENTES ANTIPROTOZOÁRIOS

Similar aos agentes antibacterianos e antifúngicos, os agentes antiprotozoários são geralmente direcionados às células em crescimento, jovens, em proliferação relativamente rápida. Mais comumente, esses agentes têm como alvo a síntese de ácidos nucleicos, a síntese de proteínas ou vias metabólicas específicas (p. ex., o metabolismo do folato) dos parasitas protozoários.

Metais pesados

Os metais pesados utilizados para o tratamento de infecções parasitárias incluem compostos arsênicos (melarsoprol) e antimoniais (estibogliconato de sódio, antimoniato de meglumina). Acredita-se que esses agentes oxidem grupos sulfidrilas de enzimas que são catalisadores essenciais no metabolismo de carboidratos. O melarsoprol inibe a piruvato quinase do parasita, causando diminuição das concentrações de adenosina trifosfato (ATP), piruvato e fosfoenolpiruvato. Os arsênicos também inibem a *sn*-glicerol-3-fosfato oxidase, que é necessária para a regeneração de nicotinamida adenina dinucleotídio (NAD) em tripanossomas, mas não é encontrada em células de mamíferos. Os antimoniais, estibogliconato de sódio e antimoniato de meglumina, inibem a enzima glicolítica fosfofrutoquinase e certas enzimas do ciclo de Krebs existentes nos protozoários

Tabela 71.2 Mecanismos de ação e indicações clínicas dos principais agentes antiparasitários.

Classe do fármaco	Mecanismo de ação	Exemplos	Indicações clínicas
ANTIPROTOZOÁRIOS			
Metais pesados: arsênicos e antimoniais	Inativam os grupos sulfidrilas Interrupção da glicólise	Melarsoprol, estibugliconato de sódio, antimoniato de meglumina	Tripanossomíase, leishmaniose
Análogos de aminoquinolina	Acúmulo em células parasitadas Interfere na replicação do DNA Ligação à ferriprotoporfirina IX Elevação do pH intravesicular Interferência na digestão de hemoglobina	Cloroquina, mefloquina, quinina, primaquina, halofantrina, lumefantrina	Profilaxia e terapia de malária Cura radical (exoeritrocítica – apenas primaquina)
Antagonistas do ácido fólico	Inibição da di-hidropteroato sintetase e di-hidrofolato redutase	Sulfonamidas, pirimetamina, trimetoprima	Toxoplasmose, malária, ciclosporíase
Inibidores da síntese proteica	Bloqueio da síntese de peptídios no nível do ribossomo	Clindamicina, espiramicina, paromomicina, tetraciclina, doxiciclina	Malária, babesiose, amebíase, criptosporidiose, leishmaniose
Diamidinas	Incerto Ligação ao DNA Inibição de di-hidrofolato redutase, síntese de DNA, RNA e proteína Interferência no transporte de aminoácidos	Pentamidina	Pneumocistose, leishmaniose, tripanossomíase
Nitroimidazólicos	Incerto Inibição da síntese de proteínas e de RNA Inibição do metabolismo da glicose e interferência na função mitocondrial	Metronidazol, benznidazol, tinidazol	Amebíase, giardíase, tricomoníase, tripanossomíase americana (doença de Chagas)
Nitrofuranos	Depleção de glutationa, tripanotiona e metalotioneína Estresse oxidativo	Nifurtimox	Doença de Chagas, estágio tardio da tripanossomíase africana (*Trypanosoma brucei gambiense*)
Sesquiterpênicos	Reação com o heme, causando dano às membranas dos parasitas pela ação de radicais livres (artemisininas) Inibição de metionina aminopeptidase do tipo 2 (fumagilina) Inibição da síntese de RNA e DNA (fumagilina)	Artemisinina, artemeter, artesunato Fumagilina	Malária (artemisininas)
Análogo de ornitina	Inibição de ornitina descarboxilase Interferência no metabolismo de poliaminas	Difluorometilornitina	Tripanossomíase africana
Análogo de fosfocolina	Disrupção das vias de sinalização celular e metabolismo de lipídios; induz a morte celular apoptótica	Miltefosina	Leishmaniose
Acetanilida	Desconhecido	Furoato de diloxanida	Amebíase intestinal
Naftilamina sulfatada	Inibição de sn-glicerol-3-fosfato oxidase e glicerol-3-fosfato desidrogenase, causando diminuição da síntese de ATP	Suramina	Tripanossomíase africana
Tiazolídicos	Inibição de piruvato-ferredoxina oxidorredutase	Nitazoxanida	Criptosporidiose, giardíase
ANTI-HELMÍNTICOS			
Benzimidazólicos	Inibição de fumarato redutase Inibição do transporte de glicose Disrupção da função microtubular	Mebendazol, tiabendazol, albendazol	Anti-helmínticos de amplo espectro: nematódeos, cestódeos
Tetra-hidropirimidina	Bloqueio da ação neuromuscular Inibição de fumarato redutase	Pamoato de pirantel	Ascaridíase, oxiuríase, ancilostomíase
Piperazinas	Causam paralisia neuromuscular Estimulação de células fagocíticas	Piperazina, dietilcarbamazina	Filariose linfática Larva migrans visceral
Avermectinas	Bloqueio da ação neuromuscular Hiperpolarização de nervos e células musculares Inibição da reprodução de filárias	Ivermectina	Infecções por filárias, estrongiloidíase, ascaridíase, escabiose

Continua

Tabela 71.2 Mecanismos de ação e indicações clínicas dos principais agentes antiparasitários. *(continuação)*

Classe do fármaco	Mecanismo de ação	Exemplos	Indicações clínicas
Pirazinoisoquinolina	Agonista de cálcio Causa contrações musculares tetânicas Causa disrupção do tegumento Fornece sinergia com as defesas do hospedeiro	Praziquantel	Anti-helmíntico de amplo espectro: cestódeos, trematódeos
Fenol	Desacoplamento da fosforilação oxidativa	Niclosamida	Teníase intestinal
Quinolona	Alquilação de DNA Inibição da síntese de DNA, RNA e proteínas	Bitinol, oxamniquina	Paragonimíase, esquistossomose
Organofosfato	Anticolinesterase Bloqueio da ação neuromuscular	Metrifonato	Esquistossomose
Naftilamina sulfatada	Inibição de glicerofosfato oxidase e desidrogenase	Suramina	Oncocercose

ATP, adenosina trifosfato; *DNA*, ácido desoxirribonucleico; *RNA*, ácido ribonucleico.

do gênero *Leishmania*. Também foi demonstrado que interferem com o metabolismo de glutationa e tripanotiona, resultando em uma maior sensibilidade dos organismos ao estresse oxidativo. Em cada exemplo, a inibição do metabolismo dos parasitas é **parasiticida**. Infelizmente, os compostos de metais pesados são tóxicos para o hospedeiro e para o parasita. A toxicidade é maior em células que são mais metabolicamente ativas, tais como as células neuronais, tubulares renais, intestinais e células-tronco da medula óssea. Sua toxicidade diferencial e o valor terapêutico são em grande parte relacionados com o aumento da absorção pelo parasita e sua intensa atividade metabólica.

O melarsoprol é o fármaco de escolha para a tripanossomíase envolvendo o sistema nervoso central. Ele consegue penetrar a barreira hematencefálica e é efetivo em todos os estágios da tripanossomíase. Os compostos antimoniais são restritos ao manejo da leishmaniose. O antimoniato de meglumina e o estibogliconato de sódio são agentes importantes para o tratamento da leishmaniose e são ativos contra todas as formas da doença. Terapia prolongada é, habitualmente, necessária para a leishmaniose disseminada e recidivas são comuns. Apesar do uso de antimoniais no mundo inteiro para o tratamento da leishmaniose, por mais de seis décadas, com pouca evidência de resistência, a resistência adquirida se tornou uma ameaça clínica nos últimos anos. Até o momento, essa resistência é única para *Leishmania donovani*, que causa leishmaniose visceral na região hiperendêmica de Bihar, Índia. Muitos dos mecanismos de resistência propostos para as diferentes espécies de *Leishmania* spp. envolvem uma concentração intracelular reduzida do fármaco ativo, seja por diminuição da absorção ou aumento do efluxo da célula.

Derivados de quinolina

Os derivados da quinolina incluem as 4-aminoquinolinas (cloroquina, hidroxicloroquina e amodiaquina), os alcaloides de cinchona (quinina, quinidina), as 8-aminoquinolinas (primaquina) e os compostos sintéticos da quinolina (mefloquina, halofantrina, lumefantrina). Todos esses compostos têm atividade antimalárica e se acumulam preferencialmente em eritrócitos parasitados. Vários mecanismos de ação possíveis foram propostos, incluindo (1) ligação ao ácido desoxirribonucleico (DNA) e interferência com a replicação de DNA, (2) ligação à ferriprotoporfirina IX liberada da hemoglobina em eritrócitos infectados, produzindo um complexo tóxico, e (3) elevação do pH de vesículas ácidas intracelulares do parasita, interferindo assim com sua capacidade para degradar a hemoglobina. A quinina, quinidina, as 4-aminoquinolinas e as quinolinas sintéticas destroem rapidamente a fase eritrocitária da malária; assim, podem ser utilizadas na **profilaxia** para prevenir doenças clínicas ou de modo **terapêutico** para acabar com o episódio agudo. As 8-aminoquinolinas (p. ex., primaquina) acumulam-se nas células teciduais e destroem os estágios extraeritrocíticos (hepáticos) da malária, resultando em uma cura radical da infecção.

A cloroquina continua sendo o fármaco de escolha para a profilaxia e o tratamento de cepas suscetíveis da malária. A cloroquina é ativa contra todas as cinco espécies de *Plasmodium* que infectam os seres humanos (*P. falciparum*, *P. knowlesi*, *P. vivax*, *P. ovale*, *P. malariae*) e é bem tolerada, barata e efetiva pela via oral. Infelizmente, a resistência de *P. falciparum* à cloroquina está difundida na Ásia, na África e na América do Sul, limitando muito o uso desse agente. A resistência de *P. vivax* à cloroquina também é relatada em Papua-Nova Guiné, nas Ilhas Salomão, na Indonésia e no Brasil.

A quinina e a quinidina são prescritas primariamente para tratar a infecção por *P. falciparum* resistente à cloroquina. Presumivelmente, são ativas também contra as cepas de *P. vivax* resistentes à cloroquina. A quinina é usada por via oral apenas para tratar ataques leves e pela via intravenosa para tratar ataques agudos de *P. falciparum* MDR. Tanto a quinina quanto a quinidina são bastante tóxicas e não rapidamente parasiticidas; portanto, não devem ser utilizadas isoladamente, mas, sim, em combinação com um antibiótico sulfonamida ou tetraciclina com atividade antimalárica.

A mefloquina é um agente antimalárico 4-quinolinemetanol utilizado para a profilaxia e tratamento da malária causada por *P. falciparum*. Ela apresenta um alto nível de atividade contra a maioria dos parasitas resistentes à cloroquina. Infelizmente, cepas de *Plasmodium falciparum* resistentes à mefloquina são relatadas no Sudeste Asiático e na África.

A halofantrina é um composto sintético de fenantrinametanol com eficácia comprovada no tratamento da malária causada por *P. vivax* e *P. falciparum*. Não é recomendada para a profilaxia da malária por causa de sua toxicidade.

A halofantrina é mais ativa do que a mefloquina; no entanto, a resistência cruzada entre esses medicamentos é observada. É considerada um agente de segunda linha para o tratamento da malária por causa de seu custo e toxicidade.

A lumefantrina também é um composto de fenantrina-metanol que está disponível apenas como uma formulação fixa, combinada com o arteméter. Estudos no Camboja levantaram a possibilidade de eficácia decrescente para o arteméter-lumefantrina, com taxas de insucesso para o tratamento da infecção por *P. falciparum* entre 15 e 30%. Os alelos *pfcrt* do tipo selvagem e vários alelos *pfcrt* mutantes foram associados à suscetibilidade alterada à lumefantrina e artemisinina.

Antagonistas do ácido fólico

Semelhante a outros organismos, os parasitas protozoários precisam de ácido fólico para a síntese de ácidos nucleicos e, em último caso, de DNA. Os protozoários não conseguem absorver folato exógeno, portanto, são suscetíveis a fármacos que inibem a síntese do folato. Os **antagonistas** do ácido fólico que são úteis no tratamento de infecções por protozoários incluem as diaminopirimidinas (pirimetamina e trimetoprima) e as sulfonamidas. Esses compostos bloqueiam etapas distintas na via do ácido fólico. As sulfonamidas inibem a conversão do ácido aminobenzoico em ácido di-hidropteroico. As diaminopirimidinas inibem a di-hidrofolato redutase, que efetivamente bloqueia a síntese de tetra-hidrofolato, que é um precursor necessário para a formação de purinas, pirimidinas e alguns aminoácidos. Esses agentes são eficazes em concentrações muito abaixo daquelas necessárias para inibir a enzima em mamíferos para que a seletividade possa ser alcançada. Quando uma diaminopirimidina é combinada com uma sulfonamida, um **efeito sinérgico** é alcançado via bloqueio de duas etapas na mesma via metabólica, resultando em inibição bastante efetiva do crescimento de protozoários.

A diaminopirimidina trimetoprima é combinada com sulfametoxazol para tratar a toxoplasmose. Outra diaminopirimidina, a pirimetamina, exibe grande afinidade pela di-hidrofolato redutase de esporozoários e é muito efetiva quando combinada com uma sulfonamida no tratamento da malária e toxoplasmose. A resistência aos antifolatos é causada por mutações pontuais específicas no local ativo da di-hidrofolato redutase dos parasitas e é em grande parte restrita às espécies de plasmódios.

Inibidores da síntese de proteínas

Vários antibióticos que inibem a síntese de proteínas em bactérias também exibem atividade antiparasitária *in vitro* e *in vivo*. Esses agentes incluem a clindamicina, espiramicina, tetraciclina e doxiciclina.

A clindamicina e as tetraciclinas são ativas contra espécies de *Plasmodium*, espécies de *Babesia* e amebas. A doxiciclina é prescrita para a quimioprofilaxia da malária causada por *P. falciparum* resistente à cloroquina, e a tetraciclina pode ser usada com a quinina para o tratamento de infecção por *P. falciparum* resistente à cloroquina. A clindamicina pode ser útil no tratamento da toxoplasmose do sistema nervoso central. A espiramicina é recomendada como alternativa aos antifolatos no tratamento da toxoplasmose. Embora a espiramicina pareça ativa contra espécies de *Cryptosporidium in vitro*, não foi demonstrado que seja eficaz clinicamente para a criptosporidiose humana. Estudos recentes sugerem que a paromomicina, um aminoglicosídeo mais antigo, pode ser pelo menos parcialmente eficaz no tratamento da criptosporidiose. A paromomicina, que não é absorvida sistemicamente, também é empregada como fármaco secundário na amebíase e giardíase. Demonstrou-se que o tratamento da filariose causada por *Onchocerca volvulus* com a doxiciclina causa a inibição do desenvolvimento de vermes, bloqueia a embriogênese e a fertilidade e reduz a viabilidade. A atividade da doxiciclina nesse organismo é causada por sua ação sobre o simbionte bacteriano *Wolbachia* que é essencial à biologia do parasita e à patogênese da doença.

Diamidinas

A pentamidina, uma diamidina, é um agente relativamente tóxico. Seu mecanismo de ação não foi claramente definido e pode não ser uniforme contra diferentes organismos. Inibe a enzima di-hidrofolato redutase e interfere na glicólise aeróbica em protozoários. Também interfere no transporte de aminoácidos, precipita nucleotídios e coenzimas contendo nucleotídios e inibe a síntese de DNA, RNA e proteínas.

A pentamidina é efetiva no tratamento das formas teciduais de *Leishmania* spp. e as formas iniciais (pré-sistema nervoso central) de tripanossomíase africana. A pentamidina não penetra no SNC; portanto, não é útil nos estágios tardios da infecção por *Trypanosoma brucei gambiense*. A pentamidina também pode inibir a atividade da topoisomerase II do cinetoplasto e pode agir contra os tripanossomas em parte por esse mecanismo.

Nitroimidazólicos

Os nitroimidazólicos incluem o conhecido agente antibacteriano metronidazol, assim como benznidazol e tinidazol. O mecanismo de ação desses compostos não é claro. Já foi sugerido que inibem a síntese de DNA e RNA ao mesmo tempo que promovem a inibição do metabolismo da glicose e a interferência na função mitocondrial. O metronidazol se liga aos resíduos guanina e citosina do parasita, causando a perda da estrutura helicoidal e quebra das fitas de DNA.

Os nitroimidazólicos têm excelente penetração nos tecidos do corpo e, portanto, são efetivos sobretudo para o tratamento de amebíase disseminada. O metronidazol é o fármaco de escolha para a tricomoníase e é efetivo no tratamento de giardíase. O benznidazol é usado para o tratamento da doença de Chagas aguda e pode ter benefícios também em doenças crônicas. O tinidazol parece ser mais efetivo e menos mutagênico do que o metronidazol. O tinidazol foi recentemente aprovado pela U.S. Food and Drug Administration (FDA) para o tratamento de amebíase, giardíase e tricomoníase vaginal.

Sesquiterpênicos

Os sesquiterpênicos são agentes antimicrobianos representados por artemisininas, arteméter, di-hidroartemisinina, arte-éter e artesunato. Esses agentes reagem com a estrutura heme, causando **danos às membranas parasitárias pela ação de radicais livres**. As artemisininas são as mais ativas dos compostos antimaláricos disponíveis e produzem uma redução fracionária da biomassa parasitária de aproximadamente 10^4 por ciclo assexual.

As artemisininas são eficazes contra as formas em pequenos anéis, bem como os esquizontes maduros tanto de *P. viva* quanto de *P. falciparum*, que são estágios menos suscetíveis às quinolinas ou quininas. As formas em anel presentes no estágio mais precoce são imediatamente eliminadas (dentro de 6 a 12 horas) após exposição às artemisininas. Os derivados de artemisinina também têm a vantagem de reduzir o transporte de gametócitos e assim, a transmissão. Esses agentes são extremamente efetivos quando utilizados em combinação com mefloquina, halofantrina ou lumefantrina no tratamento da malária grave, incluindo a malária causada por *P. falciparum* MDR. Os tratamentos combinados baseados em artemisinina são agora considerados a melhor opção para a malária falciparum, combinando compostos não relacionados com diferentes alvos moleculares (e, portanto, com diferentes mecanismos de resistência em potencial), retardando a emergência de resistências. A resistência às artemisininas está associada às mudanças de um único aminoácido no domínio kelch da proteína K13, resultando em alterações no desenvolvimento celular e proteostasia. De interesse é a aparente eficácia da mefloquina-artesunato no tratamento de helmintíases, como a esquistossomose.

Atovaquona-proguanil (Malarone)

A atovaquona é uma hidroxinaftoquinona e o proguanil é um antifolato. A combinação desses dois agentes, Malarone® (combinação de 250 mg de atovaquona e 100 mg de cloridrato de proguanil), é utilizada para a profilaxia e o tratamento da malária. A atovaquona inibe o sistema de transporte de elétrons na mitocôndria de parasitas, bloqueando a síntese de ácido nucleico e inibindo a replicação. O proguanil inibe seletivamente a di-hidrofolato redutase de plasmódios; no entanto, em combinação com atovaquona, diminui diretamente a concentração efetiva em que a atovaquona causa o colapso do potencial da membrana mitocondrial. Malarone® é efetivo contra todos os estágios de desenvolvimento de *P. falciparum* e é recomendado para profilaxia e tratamento da malária causada por *P. falciparum*. Também é ativo contra os estágios eritrocíticos de *P. vivax* e *P. ovale* e mostra boa eficácia no tratamento de infecções por *P. malariae*. Há relatos de insucessos clínicos e resistência de *P. falciparum* a Malarone® associada a mutações monogênicas, como observado no gene que codifica o citocromo b.

Miltefosina

A miltefosina é um análogo de fosfocolina oral utilizado para o tratamento da leishmaniose visceral e está se tornando cada vez mais importante por causa da crescente resistência de cepas de *Leishmania* aos antimoniais pentavalentes. A miltefosina interfere na sinalização celular, parece agir em enzimas-chave envolvidas no metabolismo de éter lipídicos presentes na superfície de parasitas e induz a morte de células apoptóticas, mas os mecanismos exatos de sua atividade parasiticida são desconhecidos. A miltefosina é ativa contra as cepas de *L. donovani* resistentes a antimoniais pentavalentes e as cepas sensíveis a antimoniais, constatando-se uma taxa de cura de 94 a 97% em 6 meses nos pacientes com leishmaniose visceral. A resistência é causada pela diminuição da absorção e/ou aumento do efluxo do fármaco. Além de *Leishmania* spp., a miltefosina tem atividade contra *Trypanosoma cruzi*, *T. brucei*, *Entamoeba histolytica* e *Acanthamoeba* spp. A miltefosina foi aprovada em 2014 pela FDA para o tratamento das formas visceral, mucocutânea e cutânea da leishmaniose.[1]

Nitazoxanida

A nitazoxanida é um novo derivado de 5-nitrotiazol com atividade de amplo espectro contra vários protozoários e helmintos intestinais. A nitazoxanida inibe a piruvato-ferredoxina oxidorredutase, que é uma enzima essencial ao metabolismo energético anaeróbio em protozoários, assim como em bactérias anaeróbias. O mecanismo de ação desse agente contra helmintos é desconhecido. A nitazoxanida é licenciada nos EUA para o tratamento de criptosporidiose e giardíase em indivíduos imunocompetentes com mais de 12 meses. Também é comprovadamente efetiva *in vitro* e/ou *in vivo* contra infecções causadas por muitos protozoários e helmintos entéricos, incluindo *Ascaris lumbricoides*, *Neobalantidium coli*, *Blastocystis*, *Cyclospora cayetanensis*, *Echinococcus* spp., *E. histolytica*, *Fasciola hepatica*, ancilóstomos, *Hymenolepis nana*, *Cystoisospora belli*, *Taenia saginata*, *Trichomonas vaginalis* e *Trichuris trichiura*.

Outros agentes antiprotozoários

Vários agentes adicionais utilizados na terapia, seus mecanismos de ação (se conhecido) e o uso clínico estão listados na Tabela 71.2.

AGENTES ANTI-HELMÍNTICOS

A estratégia para o uso de fármacos anti-helmínticos é bem diferente daquele para o uso de fármacos para o tratamento da maioria das infecções por protozoários. A maior parte dos medicamentos anti-helmínticos tem como alvos organismos adultos **não proliferativos**, enquanto no caso dos protozoários, os alvos são as células geralmente mais jovens, de proliferação mais rápida. O ciclo de vida dos helmintos é frequentemente bastante complexo e a adaptação à sobrevida no hospedeiro humano depende fortemente da (1) coordenação neuromuscular para movimentos de alimentação e para a manutenção de uma localização favorável do verme no hospedeiro, (2) metabolismo dos carboidratos como a principal fonte de energia, com a glicose como o substrato primário, e (3) a integridade microtubular, porque a postura e a eclosão dos ovos, o desenvolvimento larval, o transporte de glicose e a atividade e a secreção de enzimas são prejudicados quando os microtúbulos são modificados. A maioria dos agentes anti-helmínticos é direcionada a uma dessas funções bioquímicas no organismo adulto.

Os mecanismos de ação e as indicações clínicas para os agentes anti-helmínticos comuns estão listados na Tabela 71.2.

---

[1] N.R.T.: No Brasil, o Ministério da Saúde disponibilizou a miltefosina a partir de 2021 para tratamento da leishmaniose cutânea em centros de referência. A dose preconizada para adultos é de 2,5 mg/kg/dia, 100 mg/dia ou 150 mg/dia (dose máxima de 150 mg/dia) VO, durante 28 dias. Reações adversas gastrintestinais são frequentes; alterações laboratoriais hepáticas e renais são menos frequentes. O medicamento **não pode ser usado na gravidez**, pelo risco de danos ao feto. É necessário que o paciente assine um termo de responsabilidade conforme sexo e idade, e um termo de devolução do medicamento que sobrar do tratamento, se for o caso. Esse medicamento pode ser usado em cardiopatas. Ver http://www.riocomsaude.rj.gov.br/Publico/MostrarArquivo.aspx?C=oKxv2KkjA%2Bs%3D#:~:text=%E2%9C%93%20O%20Minist%C3%A9rio%20da%20Sa%C3%BAde,cut%C3%A2nea%20em%20centros%20de%20refer%C3%AAncia.

Benzimidazólicos

Os benzimidazólicos são agentes anti-helmínticos de amplo espectro e incluem o mebendazol, flubendazol, tiabendazol, triclabendazol e albendazol. A estrutura básica desses agentes consiste em anéis de imidazol e benzeno ligados. Três mecanismos de ação foram propostos para os benzimidazólicos: (1) inibição da fumarato redutase, (2) inibição do transporte de glicose, resultando em depleção de glicogênio, interrupção da formação de ATP e paralisia ou morte, e (3) disrupção da função microtubular. Os benzimidazólicos bloqueiam a montagem de dímeros de tubulina em polímeros de tubulina em um processo mimetizado pela colchicina, que é um poderoso medicamento antimitótico e embriotóxico. Visto que a tubulina é importante para a motilidade dos parasitas, os fármacos como os benzimidazólicos, que se ligam à tubulina do parasita, considera-se que agem contra parasitas nematódeos, reduzindo ou eliminando sua motilidade.

Os benzimidazólicos têm um amplo espectro de atividade, incluindo nematódeos intestinais (*Ascaris*, *Trichuris*, *Necator* e *Ancylostoma*; *Enterobius vermicularis*), assim como vários cestódeos (espécies de *Taenia*, *Hymenolepis* e *Echinococcus*). O triclabendazol é o agente de escolha para a fascioliáse e é uma alternativa ao praziquantel para a terapia de paragonimíase e infecções intestinais por trematódeos. O mebendazol é ativo contra os nematódeos e cestódeos intestinais previamente listados. O tiabendazol é ativo contra vários nematódeos, mas os efeitos adversos graves e frequentes limitam seu uso sistêmico primário ao tratamento da estrongiloidíase. O albendazol tem um espectro semelhante ao do mebendazol e pode ter maior atividade contra espécies de *Echinococcus*. Além de sua atividade anti-helmíntica de amplo espectro, o albendazol também é ativo contra espécies de *Giardia*. O albendazol é cada vez mais utilizado em combinação com dietilcarbamazina (DEC) ou ivermectina para o tratamento de filariose e loíase; é particularmente útil para essas infecções como parte de um esquema de dose única nos programas de quimioterapia em massa.

Tetra-hidropirimidinas

O pamoato de pirantel, uma tetra-hidropirimidina, é um agonista colinérgico que exerce efeito potente sobre as células musculares de nematódeos por ligação a receptores colinérgicos, o que resulta em despolarização celular e contração muscular. Essa **ação paralítica** sobre nematódeos intestinais leva à expulsão do verme do trato intestinal do hospedeiro.

O pamoato de pirantel não é facilmente absorvido do intestino e é ativo contra as espécies de *Ascaris*, oxiúros e ancilóstomos. Oxantel, um análogo de pirantel, pode ser utilizado com pirantel para proporcionar uma terapia efetiva para os três principais nematódeos transmitidos pelo solo: espécies de *Ascaris*, ancilóstomos e espécies de *Trichuris*.

Piperazinas

A piperazina anti-helmíntica mais comumente utilizada é a dietilcarbamazina (DEC). A DEC é predominantemente um agente microfilaricida e considera-se que age por estimulação de receptores colinérgicos e despolarização de células musculares, com subsequente paralisia dos vermes. Entretanto, evidências adicionais sugerem que o fármaco aumenta a aderência de leucócitos às microfilárias e, assim, modifica a membrana de superfície do parasita ou estimula diretamente as células fagocíticas.

A DEC é ativa contra as filárias que produzem a oncocerose (*O. volvulus*) e a filariose linfática (*Wuchereria bancrofti* e *Brugia malayi*). Infelizmente, a destruição das microfilárias nos tecidos pode aumentar a patologia para o hospedeiro, em virtude da resposta inflamatória aos antígenos parasitários e aos endossimbiontes do gênero *Wolbachia* liberados com a exposição à DEC. Informações recentes sugerem que o tratamento em dose única com DEC exerce efeitos antiparasitários semelhantes aos obtidos com esquemas terapêuticos de 14 a 21 dias sem os efeitos adversos graves observados com os esquemas de multidoses. Além de seu uso como terapia individual para infecções causadas por filárias, a DEC também é utilizada em programas de quimioterapia em massa para a comunidade, seja individualmente ou em combinação com ivermectina ou albendazol.

Avermectinas

A ivermectina, uma avermectina, interage com o canal de cloreto nas membranas das células nervosas e musculares, resultando em hiperpolarização das células afetadas e consequente paralisia e morte dos parasitas. O fármaco também inibe a função reprodutiva da fêmea adulta de *O. volvulus* e altera a capacidade de evasão do sistema imune do hospedeiro pelas microfilárias de *O. volvulus*.

Embora a ivermectina seja muito usada para controlar infecções por nematódeos que residem no intestino de animais domésticos e de fazenda, sua aplicação em humanos é limitada principalmente para o tratamento de filariose ocular e linfática. A ivermectina é efetiva no tratamento da estrongiloidíase, bem como para vários nematódeos parasitas intestinais, incluindo espécies de *Ascaris*, *Trichuris* e *Enterobius*. Quando utilizada para tratar a filariose, a ivermectina tem menos efeitos adversos do que a DEC, e uma única dose consegue eliminar microfilárias por até 6 meses. A ivermectina tem um efeito drástico sobre as microfilárias que residem nos tecidos de *O. volvulus* e reduz a gravidade da patologia ocular vista na oncocercose. Por causa de sua capacidade de reduzir o número de microfilárias na pele de pessoas com oncocercose, a ivermectina tem sido efetiva na redução da transmissão de oncocercose em áreas endêmicas.

Pirazinoisoquinolinas

O praziquantel, uma pirazinoisoquinolina, é um anti-helmíntico ativo contra um amplo espectro de trematódeos e cestódeos. O medicamento é rapidamente absorvido por helmintos suscetíveis, nos quais atua como um **agonista de cálcio**. A entrada do cálcio em várias células resulta em níveis elevados de cálcio intracelular, contração muscular tetânica e destruição do tegumento. O praziquantel parece agir com o sistema imunológico do hospedeiro para produzir um efeito anti-helmíntico sinérgico. O fármaco causa a ruptura da superfície e do tegumento do parasita, possibilitando que anticorpos ataquem os antígenos de parasitas não expostos normalmente na superfície (Figura 71.1). O dano irreversível ao parasita provavelmente ocorre quando o complemento ou os leucócitos do hospedeiro são recrutados para os locais nos quais os anticorpos estão ligados.

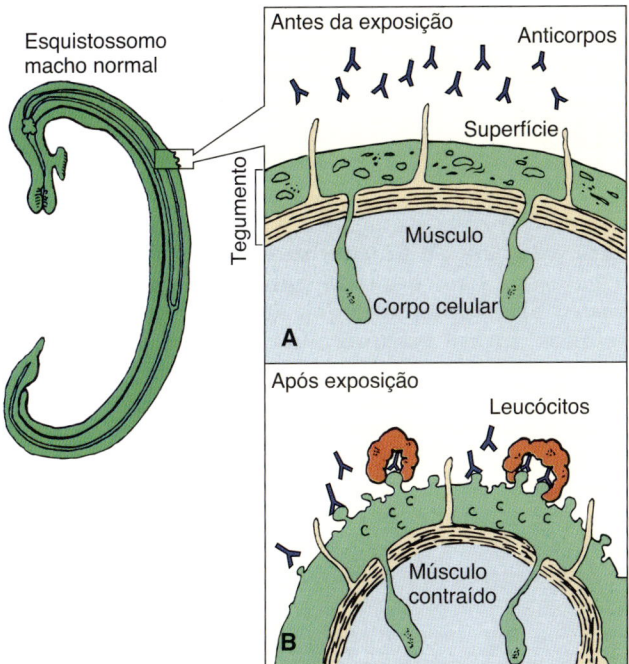

Figura 71.1 Antes da exposição ao praziquantel, o esquistossomo consegue evitar os inúmeros anticorpos direcionados aos antígenos de superfície e localizados internamente. **A.** Corte transversal da superfície dorsal de um esquistossomo macho normal. Um a 2 segundos após a exposição ao praziquantel, os músculos do esquistossomo contraem em virtude do influxo de íons cálcio induzido por fármacos no tegumento do esquistossomo. **B.** A mudança na permeabilidade da superfície do esquistossomo para os íons externos inicia o aparecimento de pequenos orifícios e estruturas semelhantes a balões, tornando o parasita vulnerável à aderência de leucócitos do hospedeiro mediada por anticorpos, que eliminam o helminto. (De Wingard Jr., L.B., et al., 1991. Human Pharmacology: Molecular to Clinical. Mosby, St Louis, MO.)

O praziquantel tem uma atividade de espectro extremamente ampla contra trematódeos, incluindo espécies de *Fasciolopsis*, *Clonorchis*, *Opisthorchis*, *Paragonimus* e de *Schistosoma*. Também é ativo contra os cestódeos, incluindo espécies de *Echinococcus*, *Taenia* e *Dipylidium*. O praziquantel é um fármaco de escolha para o tratamento de esquistossomose, clonorquíase, opistorquíase e infecções intestinais por trematódeos. Atualmente, existem evidências confiáveis de que o praziquantel reduz a hepatoesplenomegalia e a hipertensão portal na esquistossomose. A maioria das teníases responde ao praziquantel. O praziquantel também é utilizado no tratamento da neurocisticercose e da equinococose, isoladamente ou em combinação com albendazol.

Fenois

O fenol niclosamida é um anti-helmíntico não absorvível com atividade seletiva contra as tênias intestinais. O medicamento é absorvido por cestódeos intestinais, mas não por nematódeos. Ele atua causando o desacoplamento da fosforilação oxidativa nas mitocôndrias, resultando em perda do ATP em helmintos que imobilizam o parasita para que ele seja expulso com as fezes. A niclosamida é efetiva no tratamento da teníase intestinal em seres humanos e animais.

Outros agentes anti-helmínticos

Agentes anti-helmínticos adicionais, incluindo oxamniquina, metrifonato e suramina, estão descritos na Tabela 71.2. Esses agentes costumam ser considerados secundários para o tratamento de infecções por trematódeos (oxamniquina e metrifonato) e por filárias (suramina).

Bibliografia

Abubakar, I., et al., 2007. Treatment of cryptosporidiosis in immunocompromised individuals: systematic review and meta-analysis. Brit. J. Clin. Pharmacol. 63, 387–393.

Aronson, N., et al., 2016. Diagnosis and Treatment of Leishmaniasis: Clinical Practice Guidelines by the Infectious Diseases Society of America (IDSA) and the American Society of Tropical Medicine and Hygiene (ASTMH). Clin. Infect. Dis. 63, e202–e264.

Baird, J.K., 2009. Resistance to therapies for infection by *Plasmodium vivax*. Clin. Microbiol. Rev. 22, 508–534.

Edwards, G., Krishna, S., 2004. Pharmacokinetic and pharmacodynamic issues in the treatment of parasitic infections. Eur. J. Clin. Microbiol. Infect. Dis. 23, 233–242.

Gardner, T.B., Hill, D.R., 2001. Treatment of giardiasis. Clin. Microbiol. Rev. 14, 114–128.

Hastings, I., 2011. How artemisinin-containing combination therapies slow the spread of antimalarial drug resistance. Trends Parasitol. 27, 67–72.

Hotez, P.J., Molyneux, D.H., Fenwick, A., 2007. Control of neglected tropical diseases. N. Engl. J. Med. 357, 1018–1027.

James, C.E., et al., 2009. Drug resistance mechanisms in helminths: is it survival of the fittest? Trends Parasitol. 25, 328–335.

Leder, K., Weller, P.F., 2015. Antiparasitic agents. In: Jorgensen, J.H., et al. (Ed.), Manual of Clinical Microbiology, eleventh ed. American Society for Microbiology Press, Washington, DC.

Lin, J.T., et al., 2010. Drug-resistant malaria: the era of ACT. Curr. Infect. Dis. Rep. 12, 165–173.

Secor, W.E., Le Bras, J., Clain, J., 2015. Mechanisms of resistance to antiparasitic agents. In: Jorgensen, J.H., et al. (Ed.), Manual of Clinical Microbiology, eleventh ed. American Society for Microbiology Press, Washington, DC.

Talisuna, A.O., Bloland, P., D'Alessandro, U., 2004. History, dynamics, and public health importance of malaria parasite resistance. Clin. Microbiol. Rev. 178, 235–254.

Wingard Jr., L.B., et al., 1991. *Human pharmacology*: Molecular to Clinical. Mosby, St Louis.

72 Protozoários Intestinais e Urogenitais

Uma veterinária de 31 anos queixou-se de diarreia, que apresentou durante 2 semanas. A diarreia foi descrita como fina, aquosa e não sanguinolenta. A paciente descreveu de 10 a 14 episódios diários de eliminação de fezes diarreicas, cuja frequência não foi influenciada por vários medicamentos antidiarreicos de venda livre. O exame físico revelou uma mulher bem desenvolvida e bem nutrida, que parecia um pouco fatigada e levemente desidratada. Os exames laboratoriais incluíram um teste sorológico negativo para o vírus da imunodeficiência humana (HIV), retossigmoidoscopia flexível normal e coprocultura negativa para patógenos bacterianos. O exame microscópico das fezes à procura de leucócitos foi negativo, assim como o teste para a toxina de *Clostridium difficile*. Uma amostra de fezes foi enviada para pesquisa de ovos e parasitas e, após medidas de concentração apropriadas, foram encontrados oocistos álcool-ácido resistentes.

1. Qual parasita foi encontrado nas fezes da paciente?
2. Qual foi a fonte provável da infecção dessa paciente?
3. Se essa pessoa fosse HIV positiva, quais outros patógenos intestinais teriam sido considerados?
4. Além do exame microscópico convencional, quais outros métodos poderiam ter sido utilizados para diagnosticar essa infecção?
5. Essa paciente deveria ter recebido terapia antimicrobiana específica? Em caso afirmativo, o que teria sido prescrito? Em caso negativo, por que não?

RESUMOS Microrganismos clinicamente significativos

AMEBAS (AMOEBOZOA)

Palavras-chave

Protozoários amebas, trofozoítos, cisto, amebíase intestinal, amebíase extraintestinal, amebíase hepática, úlcera em forma de frasco, *Entamoeba*

Biologia, virulência e doença

- Microrganismos unicelulares primitivos com um ciclo de vida simples em duas fases
- Motilidade realizada por extensão de um pseudópode
- A maioria das amebas encontradas em seres humanos é comensal
- Patógenos humanos: *Entamoeba histolytica* (mais importante), *E. polecki*

Epidemiologia

- *Entamoeba histolytica* tem distribuição mundial, com maior incidência em regiões tropicais e subtropicais
- Em algumas áreas, cerca de 50% da população está infectada (prevalência média de 10 a 15%); a prevalência nos EUA é de 4 a 5%
- Muitos portadores assintomáticos; eliminam os cistos nas fezes (reservatório)
- Principal fonte de contaminação de alimentos e de água é o portador assintomático que elimina os cistos

Diagnóstico

- O exame microscópico das fezes permite a identificação de cistos e trofozoítos de *E. histolytica*
- É preciso diferenciar das espécies de amebas não patogênicas e comensais
- Testes sorológicos específicos confirmam o diagnóstico
- O exame de amostras de fezes pode ser negativo na amebíase extraintestinal
- Novas abordagens diagnósticas: antígeno fecal, PCR, sonda de DNA

Tratamento, prevenção e controle

- Amebíase aguda tratada com metronidazol, seguido de iodoquinol, furoato de diloxanida ou paromomicina
- O estado de portador pode ser erradicado com iodoquinol, furoato de diloxanida ou paromomicina
- A eliminação do ciclo de infecção exige a introdução de medidas de saneamento adequado, orientação sobre vias de transmissão, cloração e filtração dos sistemas de abastecimento de água
- Os viajantes para países em desenvolvimento devem evitar o consumo de água (incluindo cubos de gelo), evitar frutas não descascadas e vegetais crus; ferver a água e limpar bem frutas e vegetais antes do consumo

CILIADOS (METAMONADA [ANTERIORMENTE FLAGELADOS])

Palavras-chave

Giardíase, tricomoníase, riachos contaminados, teste de antígeno das fezes, cílios, preparação a fresco, diarreia, deficiência de IgA

Biologia, virulência e doença

- Metamonada clinicamente importantes: *Giardia duodenalis* (*lamblia/intestinalis*), *Dientamoeba fragilis*, *Trichomonas vaginalis*
- O ciclo de vida de *G. duodenalis* apresenta tanto cistos como trofozoítos; *D. fragilis* tem um estágio de trofozoíto (estágio de cisto em camundongos); *T. vaginalis* tem apenas um estágio de trofozoíto
- A maioria dos flagelados se move pelo movimento de chicoteamento dos cílios que impulsionam o organismo nos ambientes fluidos
- Infecção por *G. duodenalis* iniciada por ingestão de cistos; portador assintomático (50% dos indivíduos infectados); a doença sintomática varia de diarreia leve a síndrome disabsortiva grave
- A maioria das infecções por *D. fragilis* é assintomática
- *Trichomonas vaginalis* causa infecções urogenitais
- As doenças provocadas pelo filo Metamonada resultam de irritação mecânica, inflamação da mucosa gastrintestinal e geniturinária (*Trichomonas*)

Epidemiologia

- *Giardia duodenalis* tem distribuição mundial
- A giardíase é adquirida por via fecal-oral
- Fatores de risco para a giardíase: condições sanitárias precárias, viagens a áreas endêmicas conhecidas, consumo de água inadequadamente tratada, creches, práticas sexuais oroanais
- *Dientamoeba fragilis* tem distribuição mundial; transmissão por vias fecal-oral e oroanal
- *Trichomonas vaginalis* apresenta distribuição mundial; transmissão principalmente por relação sexual

Diagnóstico

- *Giardia* pode ser detectada por exame microscópico de amostras fecais ou aspirados duodenais
- Detecção do antígeno fecal de *Giardia* por ensaio imunoenzimático, microscopia de imunofluorescência

Continua

RESUMOS Microrganismos clinicamente significativos *(continuação)*

- Infecção por *D. fragilis* diagnosticada por exame microscópico de espécimes fecais
- Tricomoníase: exame microscópico de secreção vaginal ou uretral

Tratamento, prevenção e controle

- Fármaco de escolha para o tratamento da giardíase (tanto pacientes sintomáticos quanto portadores): metronidazol ou nitazoxanida; alternativas: furazolidona, tinidazol, paromomicina, albendazol, quinacrina
- Prevenção e controle de giardíase envolvem evitar a contaminação de água e alimentos
- Não há consenso sobre a melhor abordagem para tratamento de infecções por *D. fragilis*; infecção pode ser evitada por condições sanitárias adequadas
- O fármaco de escolha para tricomoníase é o metronidazol; higiene pessoal, evitar o compartilhamento de artigos de banho e roupas e práticas sexuais seguras são importantes ações preventivas

CILIADOS (CILIOPHORA)
Palavras-chave

Macronúcleo, fezes de porco, citóstoma, cílios, ulceração intestinal

Biologia, virulência e doença

- Organismos protozoários cuja locomoção envolve o movimento coordenado de fileiras de estruturas filiformes (cílios)
- *Neobalantidium coli*: único parasita Ciliophora de seres humanos
- *Neobalantidium coli* tem uma boca primitiva em forma de funil chamada citóstoma, um núcleo grande e outro pequeno envolvidos na reprodução, vacúolos alimentares e dois vacúolos contráteis
- A doença produzida por *N. coli* é semelhante à amebíase; os sintomas incluem dor abdominal, dor à palpação do abdome, tenesmo, náuseas, anorexia, fezes aquosas com sangue e pus, ulceração da mucosa intestinal; infecção extraintestinal muito rara

Epidemiologia

- *Neobalantidium coli* distribuído em todo o mundo; suínos e macacos são os reservatórios mais importantes
- Infecções transmitidas por via fecal-oral
- Surtos associados à contaminação de sistemas de abastecimento de água com fezes de suínos

- A transmissão interpessoal é responsável pelos surtos
- Fatores de risco incluem o contato com suínos e condições de higiene precárias

Diagnóstico

- Exame microscópico das fezes para trofozoítos e cistos

Tratamento, prevenção e controle

- O fármaco de escolha é a tetraciclina; iodoquinol e metronidazol são alternativas
- Medidas preventivas importantes: higiene pessoal, manutenção das condições sanitárias, monitoramento cuidadoso das fezes de porcos

SPOROZOA (esporozoários)
Palavras-chave

Coccídeos, oocisto, diarreia crônica, álcool-ácido resistentes, antígeno fecal, transmissão por água, frutas e vegetais contaminados

Biologia, virulência e doença

- Os esporozoários constituem um grupo muito grande de protozoários denominados Apicomplexa ou Coccidia
- Todos os esporozoários demonstram características típicas: reprodução assexuada (esquizogonia) e sexuada (gametogonia); compartilham hospedeiros alternativos
- Esporos intestinais: *Cystoisospora belli*, *Sarcocystis* spp., *Cryptosporidium* spp, *Cyclospora cayetanensis*
- *Cystoisospora belli*: parasita coccídeo do epitélio intestinal; causa a síndrome de má absorção
- *Sarcocystis* spp. podem ser detectados em amostras fecais; náuseas, dor abdominal e diarreia após a ingestão de carne contaminada; infecções musculares podem ocorrer se esporocistos são ingeridos
- *Cryptosporidium* spp. causam doença intestinal, geralmente enterocolite autolimitada caracterizada por diarreia aquosa sem sangue
- *Cyclospora*: doença autolimitada em hospedeiros imunocompetentes, prolongada em indivíduos infectados pelo HIV

Epidemiologia

- *Cystoisospora* estão distribuídos mundialmente; doenças frequentes em pacientes com AIDS; infecção relatada com frequência crescente tanto em pacientes hígidos quanto em pacientes imunocomprometidos
- *Sarcocystis* spp. são isolados de porcos e bovinos
- *Cryptosporidium* spp. são distribuídos no mundo inteiro
- *Cryptosporidium hominis* e *C. parvum* causam a maioria das infecções humanas; *C. ubiquitum* e *C. felis* são patógenos humanos emergentes
- *Cyclospora*: distribuição mundial; infecção adquirida através de água contaminada; surtos nos EUA correlacionados com o consumo de frutas e verduras contaminadas

Diagnóstico

- Infecção por *C. belli* é diagnosticada adequadamente pelo exame cuidadoso do sedimento de fezes concentradas
- Esporocistos de *Sarcocystis* spp. podem ser detectados em amostras de fezes humanas
- *Cryptosporidium* spp. podem ser detectados em amostras de fezes não concentradas de pacientes imunocomprometidos com diarreia
- O diagnóstico da ciclosporíase é baseado na detecção microscópica de oocistos nas fezes
- As infecções causadas por *Cryptosporidium* e *Cyclospora* podem ser diagnosticadas por PCR

Tratamento, prevenção e controle

- *Cystoisospora belli*: o tratamento de escolha é a associação de trimetoprima e sulfametoxazol; prevenção e controle realizados a partir da manutenção da higiene pessoal e saneamento, evitando o contato sexual oral-anal
- Nenhum tratamento conhecido para a sarcocistose intestinal ou muscular em humanos
- Nenhuma terapia amplamente efetiva foi desenvolvida para o manejo da infecção por *Cryptosporidium* em pacientes imunocomprometidos; a nitazoxanida é aprovada pela FDA para o tratamento de criptosporidiose em indivíduos não imunocomprometidos com mais de 12 meses de idade
- A ciclosporíase é tratada com sucesso modesto por sulfametoxazol-trimetoprima

FDA, U.S. Food and Drug Administration; *PCR*, reação em cadeia da polimerase.

Os protozoários podem colonizar e infectar a orofaringe, duodeno e intestino delgado, cólon, além do trato urogenital dos seres humanos. A maioria desses parasitas pertence ao grupo das amebas e ciliados; no entanto, a infecção por parasitas esporozoários/coccídeos também pode ser encontrada (ver Tabelas 67.4 e 70.2). Esses organismos são transmitidos por **via fecal-oral**. Nos EUA, a transmissão de protozoários intestinais é particularmente problemática em creches, nas quais vários surtos de diarreia causados pelas espécies de *Giardia* ou *Cryptosporidium* têm sido documentados. Em outras partes do mundo, a disseminação das infecções entéricas causadas por protozoários pode ser controlada em parte por melhores condições de saneamento e por cloração e filtração dos sistemas de abastecimento de água; contudo, isso pode ser difícil ou impossível em muitos países em desenvolvimento.

Amebas (Amoebozoa)

As amebas são microrganismos **unicelulares** primitivos. Seu ciclo de vida é relativamente simples e dividido em dois estágios: o estágio de alimentação ativa móvel (trofozoíto) e o estágio quiescente, resistente e infeccioso (cisto). A replicação é realizada por fissão binária (divisão do trofozoíto) ou pelo desenvolvimento de inúmeros trofozoítos dentro do cisto maduro multinucleado. A motilidade é realizada por extensão de um **pseudópode**, com extrusão do ectoplasma celular e, em seguida, delineando o resto da célula em um movimento semelhante ao de um caracol que vai ao encontro desse pseudópode. Os trofozoítos amebianos permanecem ativamente móveis, desde que o ambiente seja favorável. A forma de cisto se desenvolve quando ocorre a queda de temperatura ambiente ou do nível de umidade.

A maioria das amebas encontradas em seres humanos são **comensais** (*Entamoeba coli, E. hartmanni, E. dispar, E. moshkovskii, E. gingivalis, Endolimax nana, Iodamoeba buetschlii*). No entanto, *E. histolytica* é um patógeno humano importante. Outras amebas, sobretudo *E. polecki*, podem causar doenças humanas, mas raramente são isoladas. Algumas amebas de vida livre (*Naegleria* spp., *Balamuthia* spp., *Acanthamoeba* spp.) estão presentes no solo e em lagoas ou piscinas de água doce quente e podem ser patógenos humanos oportunistas, causando meningoencefalite ou ceratite (ver Capítulo 73).

ENTAMOEBA HISTOLYTICA

Fisiologia e estrutura

As formas de cisto e trofozoítos de *E. histolytica* são detectadas em amostras fecais de pacientes infectados (Figura 72.1). Os trofozoítos também podem ser encontrados nas criptas do intestino grosso. Nas fezes recém-eliminadas, podem ser observados trofozoítos ativamente móveis, enquanto nas fezes formadas os cistos são geralmente a única forma reconhecida. Para o diagnóstico da amebíase, a distinção entre os trofozoítos e cistos de *E. histolytica* e os das amebas comensais, como a *E. coli*, é importante (ver Tabela 72.1).

Patogênese

Após a ingestão, os cistos passam pelo estômago, onde a exposição ao ácido gástrico estimula a liberação do trofozoíto patogênico no duodeno. Os trofozoítos se dividem e provocam substancial necrose local no intestino grosso. A base para essa destruição tecidual é pouco compreendida, embora seja atribuída à produção de uma **citotoxina**. A ligação entre trofozoítos de *E. histolytica* e as células hospedeiras através de uma proteína de aderência inibida pela galactose é necessária para a ocorrência de citólise e necrose de tecidos. A lise de células epiteliais colônicas, neutrófilos humanos, linfócitos e monócitos por trofozoítos está associada à alteração letal da permeabilidade da membrana da célula hospedeira, resultando em um aumento irreversível dos níveis de cálcio intracelular. A liberação de constituintes tóxicos dos neutrófilos após a lise de neutrófilos pode contribuir para a destruição dos tecidos. As ulcerações em forma de frasco da mucosa intestinal estão presentes com a inflamação, hemorragia e infecção bacteriana secundária. Pode ocorrer invasão na mucosa mais profunda com extensão para a cavidade

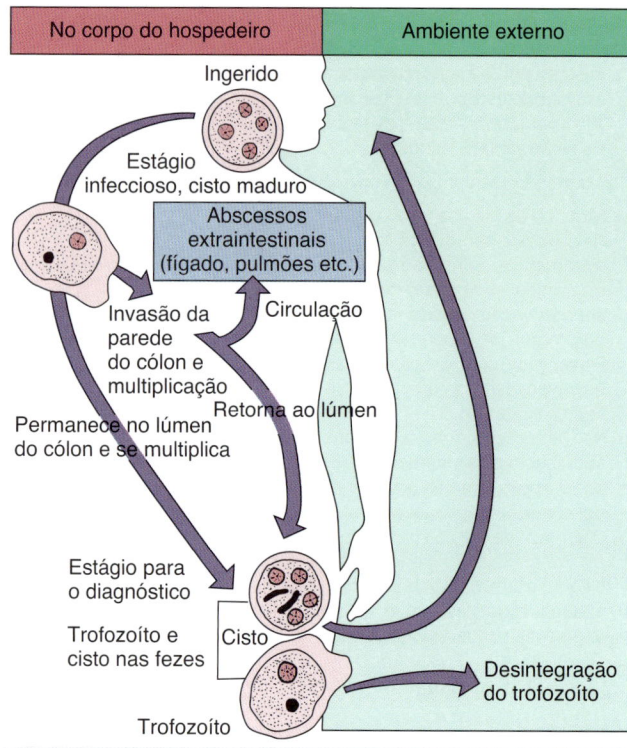

Figura 72.1 Ciclo de vida de *Entamoeba histolytica*.

Tabela 72.1 Identificação morfológica de *Entamoeba histolytica* e *Entamoeba coli*.

	E. histolytica[a]	*E. coli*
TAMANHO (DIÂMETRO, µM)		
Trofozoíto	12 a 50 µm	20 a 30 µm
Cisto	10 a 20 µm	10 a 30 µm
Padrão de cromatina nuclear periférica	Delgado, anel disperso	Grosso, aglomerado
Cariossoma	Central, agudo	Excêntrico, grosso
Eritrócitos ingeridos	Presentes	Ausentes
ESTRUTURA DO CISTO		
Número de núcleos	1 a 4	1 a 8
Corpos cromatoides	Extremidades arredondadas	Extremidades dispersas, desgastadas

[a]*Entamoeba histolytica* é morfologicamente indistinguível das espécies comensais *E. dispar, E. moshkovskii* e *E. bangladeshi*.

peritoneal. Isso pode levar ao envolvimento secundário de outros órgãos, principalmente o fígado, mas também os pulmões, o cérebro e o coração. A amebíase extraintestinal está associada aos trofozoítos. As amebas são encontradas apenas em ambientes que apresentam baixa pressão de oxigênio, porque os protozoários são mortos pelas concentrações de oxigênio no ambiente.

A ligação da lectina, análise de zimodemas, a análise do ácido desoxirribonucleico (DNA) genômico e a coloração com anticorpos monoclonais específicos têm sido utilizadas como marcadores para identificar cepas invasivas de *E. histolytica*. Agora é reconhecido que a ameba morfologicamente identificada como *E. histolytica* compreende, na verdade, quatro espécies distintas. A espécie patogênica é a *E. histolytica* e as espécies não patogênicas são *E. dispar*,

E. moshkovskii e *E. bangladeshi*. Os perfis de zimodema e as diferenças bioquímicas, moleculares e imunológicas são estáveis e suportam a existência de quatro espécies. Vale notar que essas quatro espécies são morfologicamente indistinguíveis umas das outras.

Epidemiologia

Entamoeba histolytica apresenta distribuição mundial. Embora seja encontrada em áreas frias, como o Alasca, o Canadá e a Europa Oriental, sua incidência é maior em regiões tropicais e subtropicais que têm saneamento precário e água contaminada. A prevalência média da infecção nessas áreas é de 10 a 15%, sendo até 50% da população infectada em algumas áreas. Muitas pessoas infectadas são portadoras assintomáticas que representam um reservatório para a transmissão de *E. histolytica* para outros indivíduos. A prevalência de infecção nos EUA é de 4 a 5%.

Pacientes infectados com *E. histolytica* liberam trofozoítos não infecciosos e cistos infecciosos em suas fezes. Os trofozoítos não podem sobreviver no ambiente externo ou no transporte através do estômago, se ingeridos. Portanto, a principal fonte de contaminação da água e dos alimentos é o portador assintomático que elimina os cistos. Esse é um problema particular em hospitais para doentes mentais, acampamentos de militares e de refugiados, prisões e creches lotadas. Moscas e baratas também podem servir como vetores mecânicos para a transmissão de cistos de *E. histolytica*. Os esgotos contendo cistos podem contaminar sistemas de água, poços, nascentes e áreas agrícolas nas quais os resíduos humanos são utilizados como fertilizantes. Finalmente, os cistos podem ser transmitidos por práticas sexuais oroanais, com a amebíase prevalente em populações homossexuais. A transmissão direta do trofozoíto nos contatos sexuais pode provocar amebíase cutânea.

Síndromes clínicas

O desfecho da infecção pode ser estado de portador, amebíase intestinal ou amebíase extraintestinal. Se a cepa de *E. histolytica* tiver baixa virulência, se o inóculo for baixo ou se o sistema imune do paciente estiver intacto, os organismos podem se reproduzir e os cistos ser eliminados em amostras de fezes sem sintomas clínicos. Embora as infecções com *E. histolytica* possam ser assintomáticas, a maioria dos indivíduos assintomáticos é infectada por *E. dispar* ou *E. moshkovskii*, sendo caracterizadas por perfis específicos de isoenzimas (zimodemas), ensaios baseados na análise do DNA, sua suscetibilidade à lise mediada pelo complemento e sua incapacidade de aglutinar na presença da lectina concanavalina A. A detecção de portadores de *E. histolytica* em áreas com baixa endemicidade é importante para fins epidemiológicos.

Pacientes com amebíase intestinal desenvolvem sintomas clínicos relacionados com a destruição tecidual localizada no intestino grosso, e incluem dor abdominal, cólicas e colite com diarreia. A doença mais grave é caracterizada por uma grande quantidade de fezes sanguinolentas por dia. Sinais sistêmicos de infecção (febre, leucocitose, calafrios) estão presentes em pacientes com amebíase extraintestinal. O fígado é primariamente envolvido porque os trofozoítos no sangue são removidos à medida que passam por esse órgão. A formação de abscessos é comum (Caso Clínico 72.1). O lobo direito é o mais comumente envolvido. A dor sobre o fígado com hepatomegalia e a elevação do diafragma são observadas.

Caso Clínico 72.1 Vírus da imunodeficiência humana e abscesso hepático amebiano

Liu et al. (*J Clin Gastroenterol* 33:64–68, 2001) descreveram um homem homossexual de 45 anos que desenvolveu amebíase intestinal e hepática. O paciente inicialmente apresentou febre intermitente, seguida por dor no quadrante superior direito do abdome e diarreia. Na internação hospitalar, ele estava sem febre, mas apresentava leucocitose e provas de função hepática anormais. Os exames das fezes foram positivos para sangue oculto e leucócitos. Ele foi submetido à colonoscopia e múltiplas úlceras bem definidas foram detectadas no reto e no cólon. O diagnóstico de colite amebiana foi confirmado pela demonstração de numerosos trofozoítos no exame histopatológico de amostras de biopsia do cólon. A ultrassonografia do abdome revelou uma grande massa heterogênea no fígado, consistente com um abscesso. A drenagem percutânea do abscesso apresentou pus com aspecto de chocolate e o exame da biopsia da margem do abscesso revelou apenas o material necrótico sem evidência de amebas. A amplificação da região 16S do RNA ribossômico de amebas pela reação em cadeia da polimerase em amostras de aspirado foi positiva, indicando infecção por *Entamoeba histolytica*. O paciente foi tratado com metronidazol, seguido por iodoquinol para erradicar as amebas luminais. A investigação subsequente revelou histórico de viagens à Tailândia 2 meses antes do início da doença atual. A sorologia para HIV também foi positiva. O paciente melhorou rapidamente na terapia antiamebíase e teve alta com a terapia antirretroviral.

Embora os cistos amebianos sejam detectados com frequência nas fezes de homens homossexuais, estudos anteriores nos países ocidentais sugeriram que quase todos os microrganismos isolados pertenciam às espécies não patogênicas, *Entamoeba dispar*, e a amebíase invasiva era considerada rara em indivíduos HIV-positivos. Esse caso ilustra que a amebíase invasiva, como a colite e abscesso hepático amebianos, pode acompanhar a infecção pelo HIV. A possível associação de amebíase invasiva com a infecção pelo HIV deve ser aventada em pacientes que vivem ou apresentam uma história de viagens para áreas endêmicas de *E. histolytica*.

Diagnóstico laboratorial

A identificação dos trofozoítos de *E. histolytica* (Figura 72.2) e cistos nas fezes, além de trofozoítos em tecidos, possibilita o diagnóstico de amebíase (ver Tabela 72.1). É preciso tomar cuidado para distinguir entre essas amebas e amebas comensais, assim como entre estas amebas e leucócitos polimorfonucleares. O exame microscópico das amostras fecais é intrinsecamente insensível, porque, de modo geral, os protozoários não são distribuídos de maneira homogênea na amostra e os parasitas estão concentrados nas úlceras intestinais e nas margens do abscesso, não nas fezes ou no centro necrótico do abscesso. Por isso, várias amostras fecais devem ser coletadas. A amebíase extraintestinal é, por vezes, diagnosticada em exames de imagem do fígado e de outros órgãos. Testes sorológicos específicos, juntamente com o exame microscópico do material de abscesso, podem confirmar o diagnóstico. Praticamente todos os pacientes com amebíase hepática e a maioria dos pacientes (mais de 80%) com doença intestinal apresentam resultados sorológicos positivos no momento da apresentação clínica. Isso pode ser menos útil em áreas endêmicas nas quais a prevalência de resultados sorológicos positivos é mais elevada.

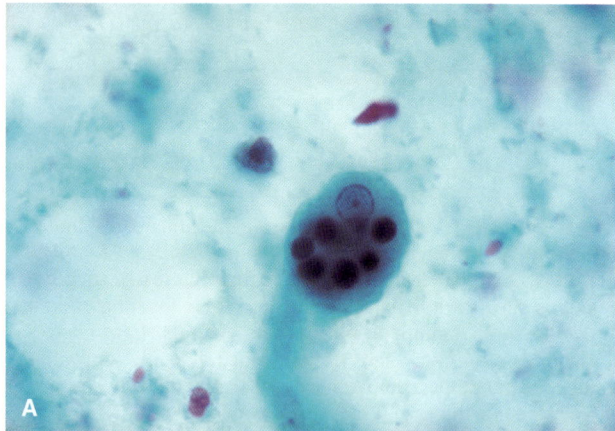
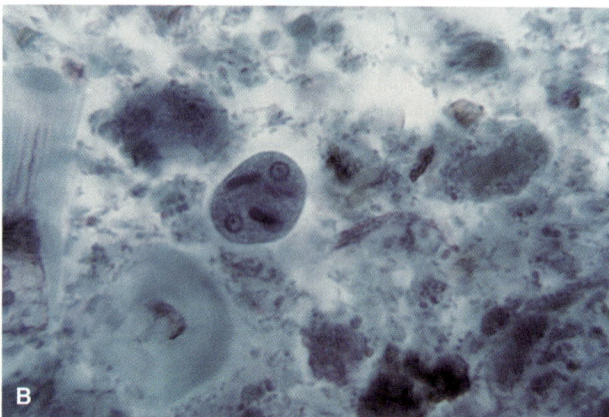

Figura 72.2 *Entamoeba histolytica* **trofozoíto (A) e cisto (B).** Os **trofozoítos** são móveis e variam em tamanho de 12 a 60 μm (média, 15 a 30 μm). O núcleo único na célula é redondo com um ponto central (cariossoma) e uma distribuição uniforme de grânulos de cromatina ao redor da membrana nuclear. Os eritrócitos ingeridos podem estar no citoplasma. Os cistos são menores (10 a 20 μm, com um tamanho médio de 15 a 20 μm) e contêm de um a quatro núcleos (geralmente quatro). Corpos cromatoides arredondados podem estar presentes no citoplasma. (De CDC Public Health Image Library.)

Os exames de amostras fecais são frequentemente negativos em doenças extraintestinais. Além dos testes microscópicos e sorológicos convencionais, os pesquisadores desenvolveram vários testes imunológicos para a detecção de antígeno fecal, bem como a reação em cadeia da polimerase (PCR) e ensaios com sonda de DNA para a detecção de cepas patogênicas de *E. histolytica* (*versus* cepas não patogênicas de *E. dispar* e *E. moshkovskii*). Essas novas abordagens diagnósticas estão agora disponíveis comercialmente (ver Capítulo 70).

Tratamento, prevenção e controle

A amebíase aguda e fulminante é tratada com metronidazol, seguido por iodoquinol, furoato de diloxanida ou paromomicina. O carreamento assintomático pode ser erradicado com iodoquinol, furoato de diloxanida ou paromomicina. Como já observado, a infecção humana resulta da ingestão de alimentos ou água contaminados com fezes humanas ou como resultado de práticas sexuais específicas. A eliminação do ciclo de infecção exige a instituição de medidas sanitárias adequadas e orientação sobre as vias de transmissão. A cloração e a filtração do abastecimento de água limitam a propagação destas e outras infecções entéricas por protozoários, mas não são possíveis em muitos países em desenvolvimento. Os médicos devem alertar os viajantes aos países em desenvolvimento sobre os riscos associados ao consumo de água (incluindo cubos de gelo), frutas não descascadas e vegetais crus. A água deve ser fervida e as frutas e vegetais cuidadosamente lavados antes do consumo.

OUTRAS AMEBAS INTESTINAIS

Outras amebas que podem parasitar o sistema digestório humano incluem *E. coli*, *E. hartmanni*, *E. polecki*, *E. nana*, *I. buetschlii* e *Blastocystis* spp. *E. polecki*, que é principalmente um parasita de suínos e macacos, pode causar doença humana, inclui diarreia leve e transitória. O diagnóstico de infecção por *E. polecki* é confirmado pela detecção microscópica de cistos em amostras de fezes. O tratamento é o mesmo das infecções por *E. histolytica*.

Blastocystis spp., anteriormente considerado como levedura não patogênica, é atualmente o centro de considerável controvérsia em relação à sua posição taxonômica e patogenicidade. *Blastocystis* foi recentemente colocado no Reino Stramenopila (antigo Chromista), com base na análise da região 18S do ácido ribonucleico ribossômico (rRNA) e outras evidências moleculares. Clinicamente, existem pelo menos 17 subtipos (genótipos) dentro do gênero *Blastocystis*, nove dos quais foram detectados em fezes humanas. *Blastocystis* isolados em seres humanos que, no passado, eram referidos como *B. hominis* devem ser denominados *Blastocystis* spp., porque não há um único subtipo específico para os seres humanos. O microrganismo é encontrado em amostras de fezes de indivíduos assintomáticos, assim como de pessoas com diarreia persistente. Tem sido sugerido que o achado de um grande número desses parasitas (cinco ou mais por campo microscópico de imersão em óleo) na ausência de outros patógenos intestinais indica a doença. Outros investigadores concluíram que a "blastocistose sintomática" é atribuída a um patógeno não detectado ou a problemas intestinais funcionais. O organismo pode ser detectado em preparações a fresco ou em esfregaços de espécimes fecais corados pelo tricrômico. O tratamento com iodoquinol ou metronidazol tem sido bem-sucedido na erradicação dos microrganismos do intestino e no alívio de sintomas. Entretanto, o papel definitivo desse microrganismo na doença ainda não foi demonstrado.

As amebas intestinais não patogênicas são importantes porque precisam ser diferenciadas de *E. histolytica*, *E. polecki* e *Blastocystis* spp. Isso é particularmente verdadeiro para *E. coli*, que é frequentemente detectada em amostras de fezes coletadas de pacientes expostos a alimentos ou água contaminados. A identificação precisa das amebas intestinais requer exame microscópico cuidadoso das formas de cistos e trofozoítos presentes em amostras de fezes coradas e não coradas (ver Tabela 72.1). Além disso, a diferenciação entre *E. dispar* e *E. moshkovskii* de *E. histolytica* é atualmente possível usando reagentes imunológicos específicos.

Ciliados (Metamonada [anteriormente flagelados] e Ciliophora)

O filo Metamonada de importância clínica inclui *Giardia duodenalis* (*lamblia/intestinalis*), *Dientamoeba fragilis* e *Trichomonas vaginalis*. Ciliados comensais não patogênicos, tais como *Chilomastix mesnili* (entérico) e *T. tenax* (oral), também podem ser observados. Microrganismos do gênero *Giardia*, semelhantes a *E. histolytica*, apresentam estágios de cisto e trofozoíto em seus ciclos de vida. Por outro lado, nenhum estágio de cisto foi observado para as espécies de *Trichomonas*. O estágio de cisto em *D. fragilis* foi observado (raramente) em seres humanos, embora o papel da forma de cistos na transmissão da infecção por *D. fragilis* seja incerto. Ao contrário das amebas, a maioria dos ciliados se locomove pelo movimento dos cílios semelhantes a chicotes, que impulsionam os organismos pelos ambientes fluidos. Doenças produzidas pelo grupo Metamonada são principalmente resultantes de irritação mecânica e inflamação. Por exemplo, *G. duodenalis* (*lamblia/intestinalis*) adere às vilosidades intestinais com um disco adesivo, resultando em danos localizados no tecido. A invasão tecidual com extensa destruição, como observado com *E. histolytica*, é rara com os ciliados.

GIARDIA DUODENALIS (G. LAMBLIA; G. INTESTINALIS)

A literatura se refere a esse microrganismo como *G. duodenalis*, *G. lamblia* e *G. intestinalis*, refletindo a ambiguidade em torno da classificação e nomenclatura desse parasita. Estudos adicionais são necessários para determinar as designações ou agrupamentos das espécies; entretanto, *G. duodenalis* é atualmente a designação de espécie aceita e será utilizada neste capítulo.

Fisiologia e estrutura

Tanto as formas de cisto como de trofozoítos de *G. duodenalis* são detectadas em amostras fecais de pacientes infectados (Figura 72.3).

Patogênese

A infecção por *G. duodenalis* é iniciada pela ingestão de cistos (Figura 72.4). A dose mínima infecciosa para humanos é estimada em 10 a 25 cistos. O ácido gástrico estimula o excistamento com a liberação de trofozoítos no duodeno e jejuno, nos quais os organismos se multiplicam por **fissão binária**. Os trofozoítos podem se ligar às vilosidades intestinais por um disco de sucção ventral proeminente. Embora as pontas das vilosidades possam parecer achatadas e a inflamação da mucosa com hiperplasia dos folículos linfoides possa ser observada, a necrose tecidual franca não ocorre. Além disso, a disseminação metastática da doença além do trato gastrintestinal é muito rara.

Epidemiologia

A espécie de *Giardia* apresenta distribuição mundial; esse organismo tem uma distribuição selvática ou "silvestre" em muitos riachos, lagos e resorts de montanha. A distribuição selvática é mantida em reservatórios animais, tais como castores e ratos almiscarados. A giardíase é adquirida pelo consumo de água contaminada e tratada inadequadamente, pela ingestão de frutas ou verduras malcozidas e contaminadas ou por transmissão interpessoal pela via fecal-oral ou oral-anal. O estágio de cisto é resistente às concentrações de cloro (1 a 2 partes por milhão) utilizadas na maioria das instalações de tratamento de água. Assim, o tratamento adequado da água deve incluir o uso de produtos químicos mais filtração.

Os fatores de risco associados às infecções de *Giardia* incluem más condições sanitárias, viagem para áreas endêmicas conhecidas, consumo de água não tratada

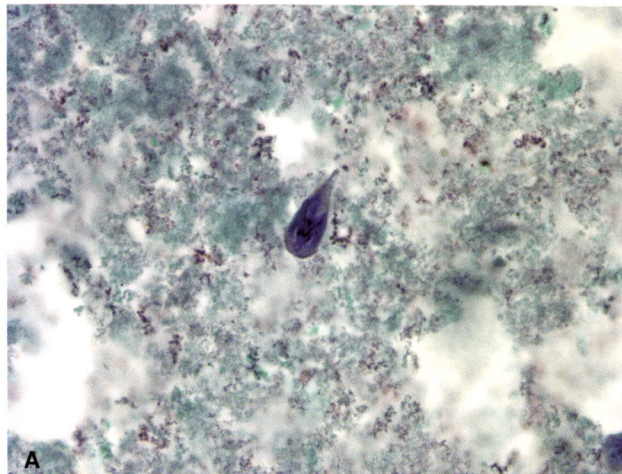
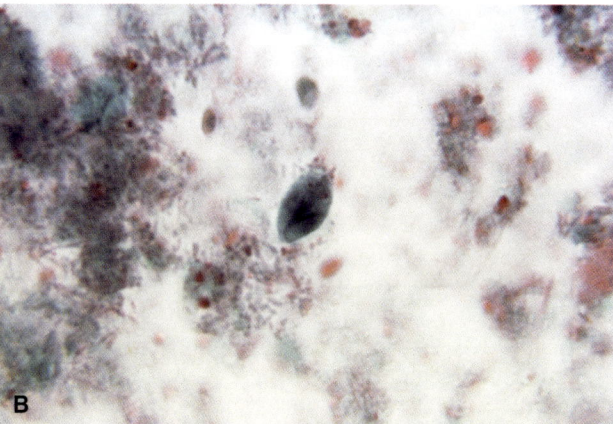

Figura 72.3 Trofozoíto (**A**) e cisto de *Giardia duodenalis* (**B**). Os trofozoítos têm de 9 a 12 μm de comprimento e de 5 a 15 μm de largura. Existem flagelos, assim como dois núcleos com grandes cariossomas centrais, um grande disco de sucção ventral para a fixação do flagelado às vilosidades intestinais e dois corpúsculos parabasais oblongos abaixo dos núcleos. A morfologia dá a aparência que os trofozoítos estão olhando para trás, para o visualizador. Os cistos são menores, de 8 a 12 μm de comprimento e de 7 a 10 μm de largura. Núcleos e corpúsculos parabasais são observados. (De CDC Public Health Image Library.)

adequadamente (p. ex., de córregos de montanha contaminados), creches e práticas sexuais oroanais. As infecções podem ocorrer em surtos e em condições endêmicas em creches e outros estabelecimentos institucionais, e entre os membros da família de crianças infectadas. Atenção cuidadosa à lavagem das mãos e o tratamento de todos os indivíduos infectados são importantes medidas para o controle da propagação da infecção nesses ambientes.

Síndromes clínicas

A infecção por *Giardia* pode resultar em estado de portador assintomático (observado em aproximadamente 50% dos indivíduos infectados) ou em doença sintomática, desde uma leve diarreia até um quadro grave da síndrome da má absorção (Caso clínico 72.2). O período de incubação antes do desenvolvimento da doença sintomática varia de 1 a 4 semanas (em média, 10 dias). O início da doença é repentino, com diarreia aquosa e de odor fétido, cólicas abdominais, flatulência e esteatorreia. Sangue e pus raramente são encontrados em amostras de fezes, o que é consistente com a ausência de destruição de tecidos. A recuperação espontânea geralmente

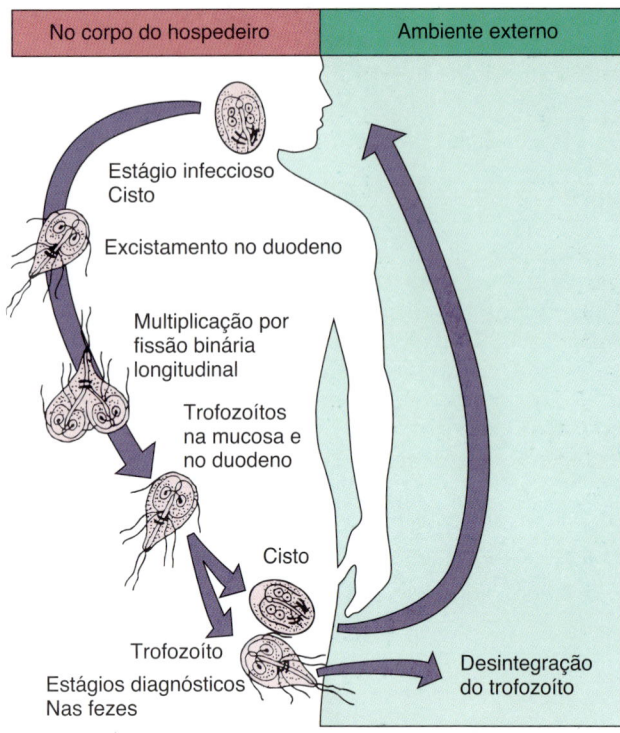

Figura 72.4 Ciclo de vida de *Giardia duodenalis*.

Caso Clínico 72.2 Giardíase resistente a fármacos

Abboud et al. (*Clin Infect Dis* 32:1792–1794, 2001) descreveram um caso de giardíase resistente ao metronidazol e resistente ao albendazol que foi tratado com sucesso pela nitazoxanida. O paciente era um homem de 32 anos, homossexual, com AIDS, que foi internado no hospital por causa de diarreia intratável. O exame de fezes revelou inúmeros cistos de *Giardia duodenalis* (*G. lamblia*). O paciente foi tratado sem sucesso cinco vezes com metronidazol e albendazol sem melhora da diarreia ou eliminação de cistos. Embora a terapia antirretroviral combinada também tenha sido administrada, ela não foi efetiva e a análise genotípica viral (HIV) observou mutações associadas à alta resistência à maioria dos medicamentos antirretrovirais. O paciente foi posteriormente tratado para giardíase com nitazoxanida, o que resultou na resolução da diarreia e resultados negativos dos testes para eliminação do cisto nas fezes. A resistência da cepa infectante de *G. duodenalis* tanto para o metronidazol como para o albendazol foi confirmada por estudos *in vivo* e *in vitro*. A nitazoxanida pode ser considerada uma terapia alternativa útil para a giardíase causada por cepas resistentes.

---

ocorre após 10 a 14 dias, embora uma doença mais crônica com múltiplas recaídas possa se desenvolver. Isso é problemático sobretudo para pacientes com deficiência de imunoglobulina A ou divertículo intestinal.

Diagnóstico laboratorial

Com o início da diarreia e do desconforto abdominal, as amostras de fezes devem ser examinadas para detecção de cistos e trofozoítos (ver Figura 72.3). A excreção de espécies de *Giardia* pode ocorrer em "chuveiros", com muitos microrganismos sendo encontrados nas fezes em um determinado dia e nenhum ou poucos parasitas detectados no dia seguinte. Por isso, o médico nunca deve aceitar os resultados de uma única amostra de fezes com resultado negativo como prova de que o paciente está livre de parasitas intestinais. Uma amostra de fezes por dia durante 3 dias deve ser examinada. Se as fezes permanecerem persistentemente negativas em um paciente que apresenta grande suspeita de giardíase, amostras adicionais podem ser coletadas por aspiração duodenal, Entero-Test® ou teste do barbante, ou mesmo de biopsia do intestino delgado superior. Além da microscopia convencional, vários testes imunológicos para a detecção de **antígeno fecal** estão disponíveis comercialmente. Estes testes incluem a imunoeletroforese contracorrente, o ensaio imunoenzimático, um ensaio imunocromatográfico e a coloração por imunofluorescência. As sensibilidades relatadas variam de 88 a 98% e as especificidades de 87 a 100%. Várias publicações têm documentado a sensibilidade superior dos métodos de imunoensaio em comparação com o exame microscópico de rotina das fezes para a detecção de *Giardia*. Mais recentemente, vários ensaios moleculares foram desenvolvidos para a detecção de *G. duodenalis* em amostras clínicas. Painéis multiplex com testes de amplificação de ácidos nucleicos (NAAT) foram aprovados pela U.S. Food and Drug Administration (FDA) com sensibilidades e especificidades relatadas de 98 a 100% e 99%, respectivamente.

Tratamento, prevenção e controle

É importante erradicar as espécies de *Giardia* de portadores assintomáticos e pacientes enfermos. O medicamento de escolha é o metronidazol ou nitazoxanida com furazolidona, tinidazol, paromomicina, albendazol ou quinacrina como alternativas aceitáveis. A prevenção e o controle de giardíase envolvem evitar o consumo de água e alimentos contaminados, principalmente por viajantes e desportistas entusiastas ao ar livre. A proteção é proporcionada pela fervura da água de córregos e lagos ou em países com alta incidência de doença endêmica. A manutenção do funcionamento adequado dos sistemas de filtração no abastecimento municipal de água também é necessária, porque os cistos são resistentes aos procedimentos padrão de cloração. Esforços de saúde pública devem ser feitos para identificar o reservatório de infecção com o intuito de prevenir a propagação da doença. Além disso, o comportamento sexual de alto risco deve ser evitado.

DIENTAMOEBA FRAGILIS

Fisiologia e estrutura

Dientamoeba fragilis foi inicialmente classificada como uma ameba; entretanto, as estruturas internas do trofozoíto são características de um ciliado (Metamonada). Um estágio cístico foi detectado em humanos, mas seu papel na transmissão não é claro.

Epidemiologia

Dientamoeba fragilis tem distribuição mundial. O modo de transmissão de *D. fragilis* não é completamente compreendido. Alguns observadores acreditam que o microrganismo pode ser transportado de pessoa a pessoa dentro da casca protetora dos ovos do verme, tais como as do *Enterobius vermicularis*, o oxiúro. A transmissão ocorre pelas vias fecal-oral e oroanal.

Síndromes clínicas

A maioria das infecções com *D. fragilis* são assintomáticas, com colonização do ceco e cólon superior. No entanto, alguns pacientes podem desenvolver doença sintomática com desconforto abdominal, flatulência, diarreia intermitente, anorexia e perda de peso. Não há evidências de invasão tecidual por esse microrganismo, embora ocorra irritação da mucosa intestinal.

Diagnóstico laboratorial

A infecção é confirmada pelo exame microscópico de amostras de fezes nas quais podem ser vistos trofozoítos característicos. O trofozoíto é pequeno (5 a 12 μm), com um ou dois núcleos. O cariossoma central consiste em quatro a seis grânulos discretos. A excreção do parasita pode oscilar acentuadamente dia a dia, assim a coleta de várias amostras de fezes pode ser necessária. O exame de uma amostra fecal após uso de purgante também pode ser útil. Vários ensaios de PCR estão disponíveis para a detecção de *D. fragilis*, embora nenhum deles seja aprovado pela FDA nos EUA.

Tratamento, prevenção e controle

Múltiplos agentes antimicrobianos diferentes têm sido utilizados para tratamento da infecção por *D. fragilis* com sucesso variável. Estes incluem doxiciclina, iodoquinol, metronidazol, paromomicina e secnidazol. Entretanto, não há consenso sobre a melhor abordagem para o tratamento de infecções por esse microrganismo. O reservatório e o ciclo de vida de *D. fragilis* não são conhecidos. Desse modo, recomendações específicas para a prevenção e controle são difíceis. As infecções, no entanto, podem ser evitadas mantendo-se condições sanitárias adequadas. A erradicação de infecções por parasitas do gênero *Enterobius* também reduz a transmissão da infecção por *Dientamoeba*.

TRICHOMONAS VAGINALIS

Fisiologia e estrutura

Trichomonas vaginalis não é um protozoário intestinal; ao contrário, é a causa de infecções urogenitais. O microrganismo tem quatro cílios e uma membrana curta e ondulante, que são responsáveis pela motilidade. *Trichomonas vaginalis* existe apenas como trofozoíto e é encontrado na uretra e na vagina de mulheres e na uretra e na próstata de homens.

Epidemiologia

Esse parasita tem distribuição mundial, com relações sexuais como modo primário de transmissão (Figura 72.5). Ocasionalmente, as infecções são transmitidas por fômites (artigos de higiene, vestuários), embora essa transmissão seja limitada pela labilidade do trofozoíto. Os recém-nascidos podem ser infectados pela passagem através do canal do parto infectado da mãe. A prevalência de *T. vaginalis* nos países desenvolvidos é relatada como de 5 a 20% nas mulheres e de 2 a 10% nos homens.

Síndromes clínicas

A maioria das mulheres infectadas é assintomática ou apresenta pouco corrimento vaginal aquoso. A vaginite pode ocorrer com a inflamação mais acentuada e a erosão do revestimento epitelial, que está associada a prurido, queimadura

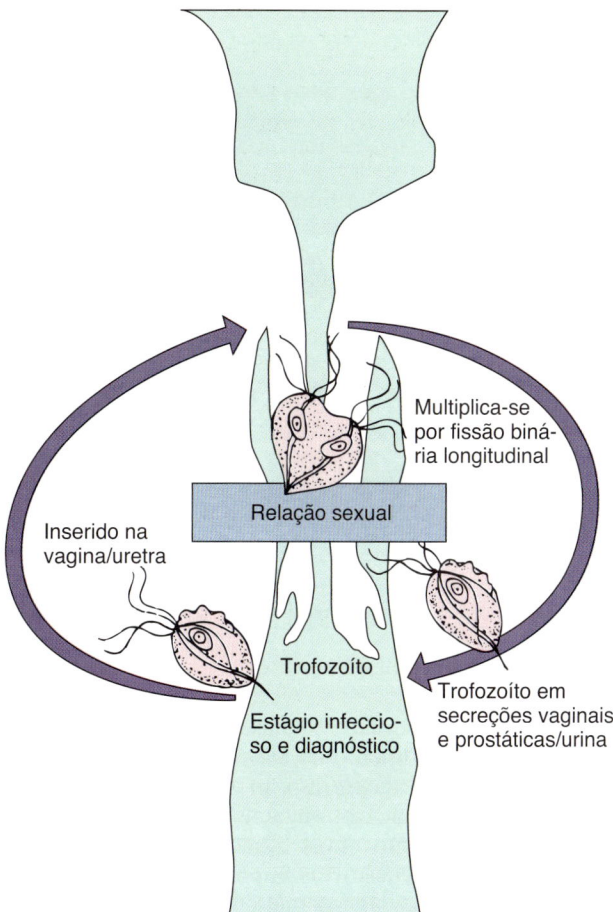

Figura 72.5 Ciclo de vida de *Trichomonas vaginalis*.

e disuria. A infecção também está associada à ruptura prematura de membranas, parto prematuro, outros desfechos adversos da gestação e infecções das margens cirúrgicas pós-histerectomia. Homens são primariamente portadores assintomáticos que servem como reservatório para infecções em mulheres. No entanto, os homens ocasionalmente manifestam uretrite, prostatite e outros problemas do trato urinário. Os neonatos podem adquirir o organismo pela passagem através do canal de parto e relatos documentaram *Trichomonas vaginalis* como causa de pneumonia e conjuntivite neonatais.

Diagnóstico laboratorial

O exame microscópico de corrimento vaginal ou uretral à procura dos trofozoítos característicos é o método diagnóstico de escolha (Figura 72.6). Esfregaços corados (Giemsa, Papanicolaou) ou não corados podem ser examinados. O rendimento diagnóstico pode ser melhorado pelo cultivo do microrganismo (93% de sensibilidade) ou usando coloração com anticorpo monoclonal fluorescente (86% de sensibilidade). Um ensaio com sonda de ácido nucleico também está disponível comercialmente. Os testes sorológicos podem ser úteis na vigilância epidemiológica.

Tratamento, prevenção e controle

O fármaco de escolha é o metronidazol. Tanto parceiros sexuais masculinos quanto femininos precisam ser tratados para evitar a reinfecção. A resistência ao metronidazol foi relatada e pode exigir um novo tratamento com doses mais

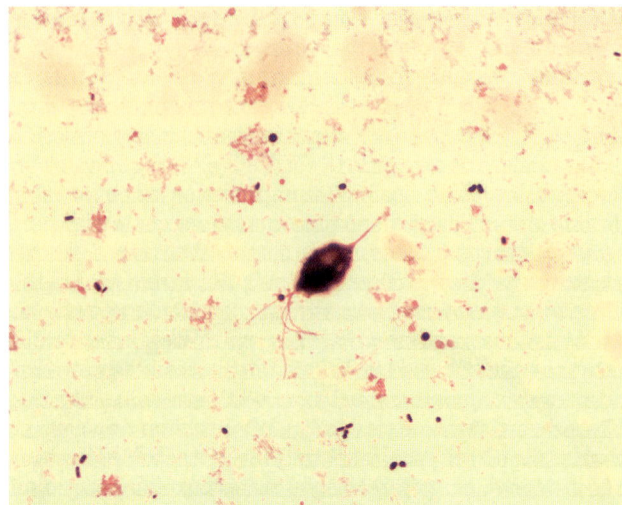

Figura 72.6 Trofozoíto de *Trichomonas vaginalis*. O trofozoíto tem de 7 a 23 μm de comprimento e 6 a 8 μm de largura (média, 13 × 7 μm). O flagelo e uma membrana curta e ondulante estão presentes em um lado e um axóstilo se estende através do centro do parasita.

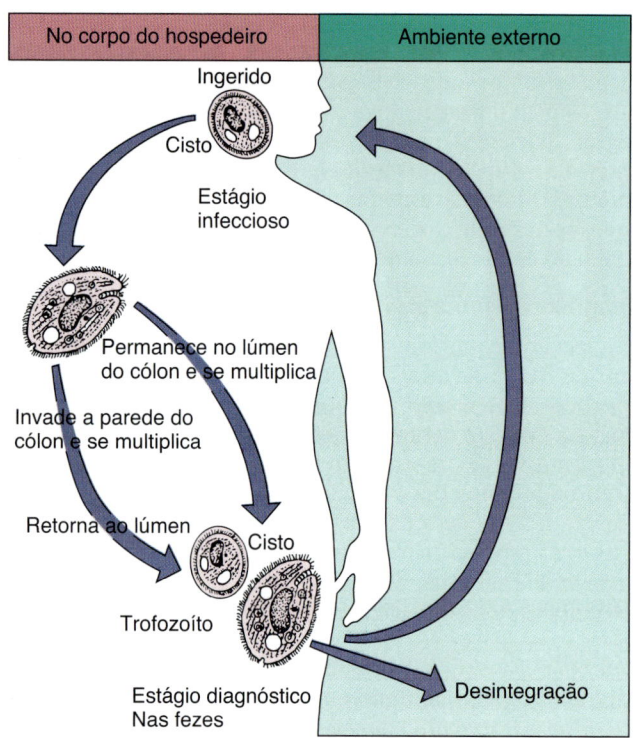

Figura 72.7 Ciclo de vida de *Neobalantidium coli*.

altas. Mais recentemente, o tinidazol recebeu a aprovação da FDA para o tratamento da tricomoníase em adultos e pode ser usado como agente de primeira linha ou para casos refratários ao metronidazol. Higiene pessoal, evitar artigos de higiene e vestuário compartilhados e práticas sexuais seguras são ações preventivas importantes. A eliminação do estado de portador assintomático em homens é fundamental para a erradicação da doença.

NEOBALANTIDIUM COLI

O protozoário intestinal *N. coli* é o único membro do grupo Ciliophora que é patogênico para os seres humanos. A doença produzida por *N. coli* é semelhante à amebíase porque os microrganismos elaboram substâncias proteolíticas e citotóxicas que medeiam a invasão de tecidos e a ulceração intestinal.

Fisiologia e estrutura

O ciclo de vida de *N. coli* é simples, envolvendo a ingestão de cistos, o excistamento e a invasão do revestimento da mucosa do intestino grosso, do ceco e do íleo terminal por trofozoítos (Figura 72.7). O trofozoíto é coberto com fileiras de cílios piliformes que auxiliam na motilidade. Morfologicamente mais complexo do que as amebas, *N. coli* tem uma boca primitiva semelhante a funil denominada **citóstoma**, que é um núcleo grande e pequeno envolvido na reprodução, vacúolos alimentares e dois vacúolos contráteis.

Epidemiologia

Neobalantidium coli é distribuído em todo o mundo. Suínos e (menos comumente) macacos são os reservatórios mais importantes. As infecções são transmitidas pela via fecal-oral; os surtos estão associados à contaminação do abastecimento de água com fezes de porcos. A transmissão interpessoal, inclusive por manipuladores de alimentos, é responsável pelos surtos. Fatores de risco associados a doenças humanas incluem o contato com suínos e as condições higiênicas precárias.

Síndromes clínicas

Como com outros protozoários parasitas, o estado de portador assintomático de *N. coli* pode existir. A doença sintomática é caracterizada por dor abdominal e sensibilidade, tenesmo, náuseas, anorexia e fezes aquosas com sangue e pus. A ulceração da mucosa intestinal, como no caso da amebíase, pode ser observada; uma complicação secundária causada por invasão bacteriana na mucosa intestinal erodida pode ocorrer. A invasão extraintestinal de outros órgãos é extremamente rara na neobalantidíase.

Diagnóstico laboratorial

O exame microscópico das fezes à procura de trofozoítos e cistos é realizado. O trofozoíto é muito grande, variando em comprimento de de 50 a 200 μm e em largura de 40 a 70 μm. A superfície é coberta com cílios e a estrutura interna saliente é um **macronúcleo**; também existe um **micronúcleo**. Dois vacúolos pulsantes e contráteis também são visualizados em preparações a fresco dos trofozoítos. O cisto é menor (40 a 60 μm de diâmetro), é envolto por uma parede claramente refrátil e tem um único núcleo no citoplasma. *Neobalantidium coli* é um microrganismo grande em comparação aos outros protozoários intestinais e é prontamente detectado em preparações microscópicas a fresco.

Tratamento, prevenção e controle

O fármaco de escolha é a tetraciclina; iodoquinol e metronidazol são antimicrobianos alternativos. Ações de prevenção e controle são semelhantes às instituídas para a amebíase. A higiene pessoal apropriada, a manutenção das condições sanitárias e o cuidadoso monitoramento das fezes de porcos são medidas preventivas importantes.

Sporozoa (Apicomplexa)

Os esporozoários constituem um grupo muito grande chamado **Apicomplexa** ou **Coccidia**, alguns membros os quais são discutidos nesta seção com os parasitas intestinais e outros com os parasitas do sangue e dos tecidos. Todos os esporozoários demonstram características típicas, principalmente a existência de reprodução assexuada **(esquizogonia)** e sexuada **(gametogonia)**. A maioria dos membros do grupo também compartilha os hospedeiros alternativos; por exemplo, na malária, os mosquitos abrigam o ciclo sexual e os seres humanos, o ciclo assexual. Os esporozoários intestinais discutidos neste capítulo incluem as espécies de *Cystoisospora* (anteriormente *Isospora*), *Sarcocystis*, *Cryptosporidium* e *Cyclospora*.

CYSTOISOSPORA (ANTERIORMENTE ISOSPORA) BELLI

Fisiologia e estrutura

Cystoisospora belli é um parasita coccídeo do epitélio intestinal. Tanto a reprodução sexuada quanto a assexuada no epitélio intestinal podem ocorrer, resultando em danos teciduais (Figura 72.8). O produto final da gametogênese é o oocisto, que é o estágio diagnóstico encontrado nas amostras de fezes.

Epidemiologia

Cystoisospora são distribuídos em todo o mundo, mas são pouco frequentemente detectados em amostras de fezes. Esse parasita é relatado com frequência crescente em pacientes hígidos e imunocomprometidos. Isso se deve provavelmente em virtude do aumento da consciência da doença causada por espécies de *Cystoisospora* em pacientes com a síndrome da imunodeficiência adquirida (AIDS). A infecção por esse microrganismo ocorre após a ingestão de água e alimentos contaminados ou contato sexual oroanal.

Síndromes clínicas

Os indivíduos infectados podem ser portadores assintomáticos ou sofrer de doença gastrintestinal leve a grave. A doença mais comum mimetiza a giardíase, com a síndrome disabsortiva caracterizada por fezes líquidas e com odor fétido. A diarreia crônica com perda de peso, anorexia, mal-estar e fadiga podem ser observados, embora seja difícil distinguir esse quadro clínico da doença subjacente do paciente.

Diagnóstico laboratorial

O exame cuidadoso do sedimento concentrado das fezes e a coloração especial com iodo ou um procedimento de coloração álcool-ácido resistente modificado revela os parasitas (Figura 72.9). A biopsia do intestino delgado é utilizada para estabelecer o diagnóstico quando os resultados dos testes em amostras fecais são negativos.

Tratamento, prevenção e controle

O fármaco de escolha é a combinação de trimetoprima e sulfametoxazol (TMP-SMX), com a combinação de pirimetamina e sulfadiazina sendo uma alternativa aceitável. A prevenção e o controle são efetuados mantendo a higiene pessoal e condições sanitárias adequadas e evitando-se o contato sexual oroanal.

ESPÉCIES DE SARCOCYSTIS

As espécies de *Sarcocystis* podem ser isoladas de suínos e bovinos e são idênticas em todos os aspectos às espécies de *Cystoisospora*, com uma exceção: os oocistos de *Sarcocystis* se rompem antes da eliminação das fezes e apenas os esporocistos são encontrados. As infecções clínicas por *Sarcocystis* em seres humanos podem se manifestar como doença intestinal, se a carne infectada for ingerida, ou como doença muscular, se os esporocistos forem ingeridos. As doenças intestinais são caracterizadas por náuseas, dor abdominal e diarreia. Alguns indivíduos podem ser infectados e não mostram sinais clínicos. Os sarcocistos nos músculos em humanos estão associados à febre e à dor muscular. Achados recentes indicam que os surtos de diarreia, de origem

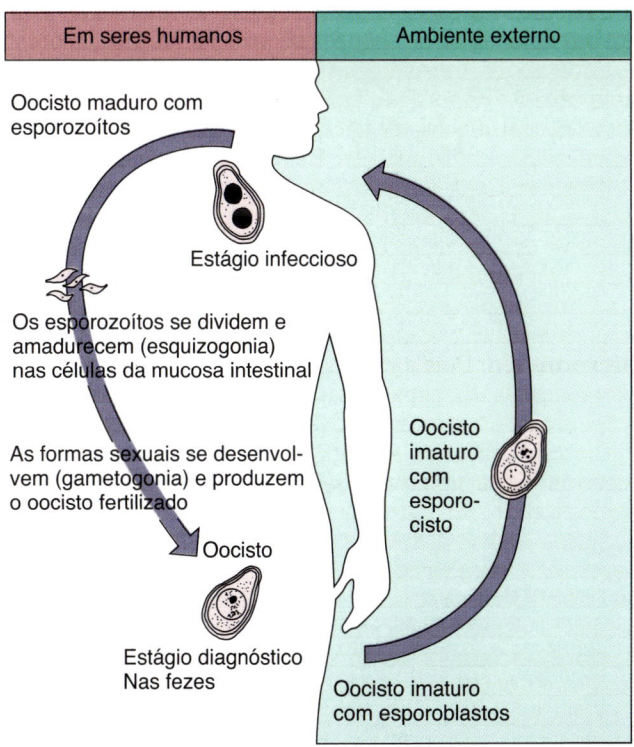

Figura 72.8 Ciclo de vida das espécies de *Cystoisospora* (anteriormente *Isospora*).

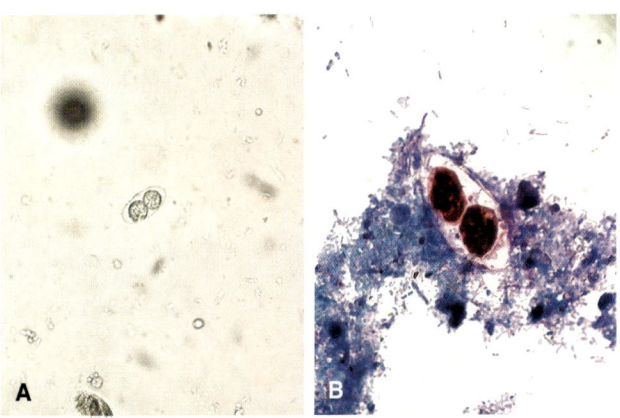

Figura 72.9 Oocisto de *Cystoisospora belli* contendo dois esporoblastos. **A.** Preparação a fresco. **B.** Coloração de álcool-ácido resistência. Os oocistos são ovoides (aproximadamente 25 μm de comprimento e 15 μm de largura) com extremidades afuniladas.

alimentar, podem ocorrer em humanos que comem carne de cavalo crua contendo sarcocistos de *S. fayeri*. Esses sarcocistos produzem uma proteína denominada fator de despolimerização da actina de 15-kDa que induz diarreia em sistemas modelos. Não há tratamento conhecido para sarcocistose intestinal ou muscular em seres humanos. Não há tentativas publicadas de tratar pacientes com envenenamento alimentar por *S. fayeri*. O mais provável é que possa ser evitado pelo cozimento da carne de cavalo antes do consumo, com base na estrutura da toxina.

ESPÉCIES DE *CRYPTOSPORIDIUM*

Fisiologia e estrutura

O ciclo de vida das espécies de *Cryptosporidium* é típico dos coccídeos, como ocorre na doença intestinal, mas essa espécie se difere na localização intracelular do organismo nas células epiteliais (Figura 72.10). Em contraste com a profunda invasão intracelular observada com espécies de *Cystoisospora*, *Cryptosporidium* são encontrados apenas na borda em escova do epitélio intestinal. Os coccídeos se ligam à superfície das células e replicam por uma série de processos (merogonia, gametogonia, esporogonia), levando à produção de novos oocistos infecciosos. Após a esporogonia, os oocistos maduros podem excistar no sistema digestório do hospedeiro, levando à infecção de novas células ou podem ser excretados no ambiente.

Epidemiologia

As espécies de *Cryptosporidium* estão distribuídas em todo o mundo. A infecção é relatada em uma grande variedade de animais, incluindo mamíferos, répteis e peixes. Existem mais de 30 espécies diferentes de *Cryptosporidium*; entretanto, *C. hominis* e *C. parvum* são as espécies que mais comumente infectam os seres humanos. Atualmente, a transmissão de criptosporidiose pela água está bem documentada como uma importante via de infecção. O surto maciço de criptosporidiose em Milwaukee em 1993 (aproximadamente 300 mil indivíduos infectados) foi correlacionado com a contaminação do abastecimento de água municipal. Os criptosporídeos são resistentes aos procedimentos habituais de purificação da água (cloração e ozônio) e acredita-se que o escoamento de resíduos locais e da água de superfície em sistemas de abastecimento de água municipal é uma importante fonte de contaminação. A propagação zoonótica a partir de reservatórios animais para os seres humanos, bem como a transmissão de pessoa para pessoa pelas vias fecal-oral e oroanal, também são meios comuns de infecção. Equipes de veterinários, manipuladores de animais, crianças, homens homossexuais e indivíduos imunocomprometidos (idosos, pacientes com AIDS, pessoas com imunodeficiência primária e pacientes com câncer e transplantados submetidos à terapia imunossupressora) correm risco particularmente alto para infecção. Muitos surtos já foram descritos em piscinas municipais e creches, nas quais a transmissão fecal-oral é comum.

Síndromes clínicas

Como em outras infecções por protozoários, a exposição a *Cryptosporidium* podem resultar no estado de portador assintomático (Caso Clínico 72.3). A doença em indivíduos antes saudáveis é geralmente uma **enterocolite** leve e autolimitada, caracterizada por diarreia aquosa sem sangue. A remissão espontânea após uma média de 10 dias é característica. Por outro lado, a doença em pacientes imunocomprometidos (p. ex., pacientes com AIDS), caracterizada por 50 ou mais episódios diários de eliminação de fezes e perda acentuada de líquidos, pode ser grave e durar por meses a anos. Em alguns pacientes com AIDS, infecções disseminadas por *Cryptosporidium* foram relatadas.

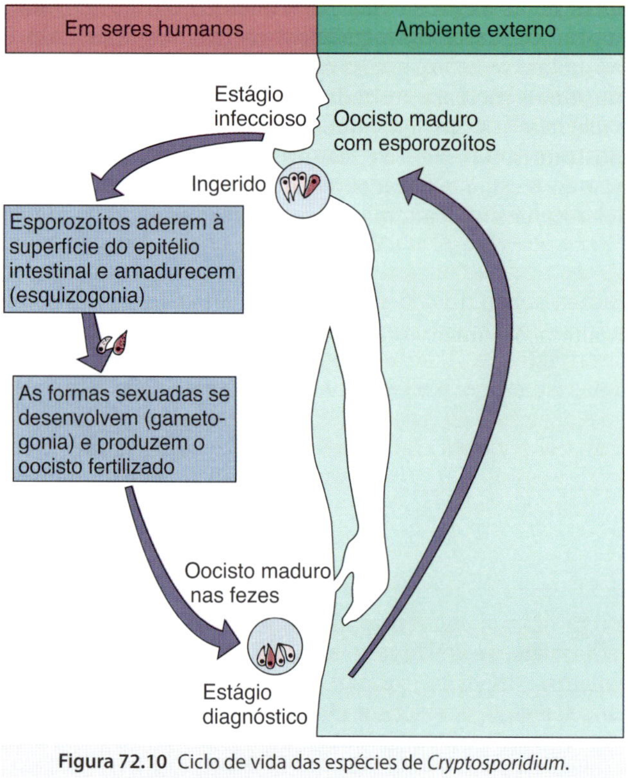

Figura 72.10 Ciclo de vida das espécies de *Cryptosporidium*.

Caso Clínico 72.3 Criptosporidiose

Quiroz et al. (*J Infect Dis* 181:685–700, 2000) descreveram um surto de criptosporidiose que estava associado a um manipulador de alimentos. No outono de 1998, um surto de gastrenterite em universitários foi relatado ao Departamento de Saúde. Os achados preliminares sugeriram que a doença estava associada à alimentação em um dos refeitórios do campus; quatro funcionários dessa cafeteria tinham uma doença semelhante. Acreditava-se que a epidemia era causada por um agente viral até que *Cryptosporidium parvum* foi detectado em amostras fecais de vários funcionários da cafeteria. Em um estudo de caso-controle de 88 pacientes-caso e 67 indivíduos-controle, a alimentação em uma das duas cafeterias estava associada à doença diarreica. *Cryptosporidium parvum* foi detectado em amostras de fezes de 16 (70%) dos 23 estudantes doentes e dois dos quatro funcionários doentes. Um manipulador de alimentos doente com criptosporidiose confirmada em laboratório preparou produtos crus nos dias que antecederam o surto. Todos os 25 *C. parvum* isolados e submetidos à análise do DNA, incluindo três do manipulador de alimentos doente, foram do genótipo 1. Esse surto ilustra o potencial de criptosporidiose para causar doenças de origem alimentar. Evidências epidemiológicas e moleculares indicam que um manipulador de alimentos doente foi a provável fonte do surto.

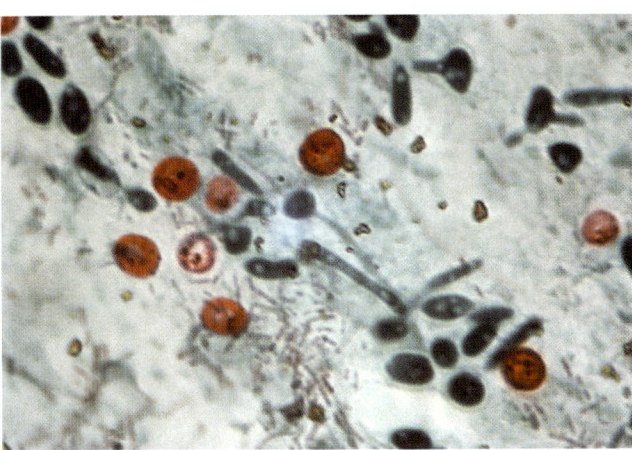

Figura 72.11 Oocistos de *Cryptosporidium* corados por técnica álcool-ácido resistentes (aproximadamente 5 a 7 μm de diâmetro). (De CDC Public Health Image Library.)

Diagnóstico laboratorial

Cryptosporidium pode ser detectado em números elevados em amostras de fezes concentradas obtidas de indivíduos imunocomprometidos com diarreia. Os oocistos geralmente medem de 5 a 7 μm e podem ser concentrados pela técnica de centrífugo-flutuação modificada com sulfato de zinco ou o procedimento de flutuação em solução de açúcar de Sheather. Os espécimes podem ser corados usando o método **álcool-ácido resistente** modificado (Figura 72.11) ou por um ensaio de imunofluorescência direta. Tanto o ensaio imunoenzimático como o ensaio imunocromatográfico para a detecção de antígenos nas fezes está disponível comercialmente. Deve-se observar que *Cryptosporidium* não será detectado no exame microscópico de rotina para ovos e parasitas (especificar a necessidade de coloração álcool-ácido resistente) e que os dados agora sugerem que os imunoensaios são superiores aos métodos microscópicos para detecção desse organismo em amostras fecais. O número de oocistos excretados nas fezes pode oscilar; portanto, um mínimo de três amostras deve ser examinado. Os procedimentos sorológicos são utilizados em estudos epidemiológicos e de soroprevalência, mas ainda não estão amplamente disponíveis para o diagnóstico e o monitoramento de infecções. Os testes de PCR para *Cryptosporidium* spp. são comercialmente disponíveis como parte dos ensaios com painéis multiplex gastrintestinais ou entéricos direcionados para patógenos diarreicos importantes. Eles oferecem alta sensibilidade, especificidade e a capacidade para detectar coinfecções, assim como podem levar à detecção mais frequente de *Cryptosporidium*, que não é comumente solicitado em testes para patógenos da diarreia.

Tratamento, prevenção e controle

A nitazoxanida é aprovada pela FDA para o tratamento de criptosporidiose em indivíduos não imunocomprometidos com mais de 12 meses de idade, mas ainda não foi aprovada para tratamento de criptosporidiose em indivíduos imunocomprometidos. Infelizmente, nenhuma terapia amplamente efetiva foi desenvolvida para o tratamento de infecções por *Cryptosporidium* em pacientes imunocomprometidos. Os fármacos paromomicina e azitromicina são utilizados para tratar a criptosporidiose em pacientes infectados pelo HIV e comprovadamente reduzem a carga parasitária. Há também evidências sugerindo que alguns compostos antirretrovirais exercem um efeito inibitório direto sobre *Cryptosporidium*. A espiramicina pode ajudar a controlar a diarreia em alguns pacientes nos estágios iniciais da AIDS que têm criptosporidiose, mas não é efetiva em pacientes que progrediram para os estágios tardios da AIDS. A espiramicina não foi mais efetiva do que o placebo no tratamento de diarreia por criptosporídeos em lactentes. A terapia consiste principalmente em medidas de suporte para restaurar a perda acentuada de líquidos com a diarreia aquosa.

Em razão da ampla distribuição desse organismo em seres humanos e outros animais, é difícil prevenir a infecção. Os mesmos métodos para melhorar a higiene pessoal e o saneamento utilizados para outros protozoários intestinais devem ser mantidos para essa doença. Os sistemas de abastecimento de água contaminados devem ser tratados com cloração e filtração. Além disso, evitar atividades sexuais de alto risco é fundamental.

ESPÉCIES DE *CYCLOSPORA*

Fisiologia e estrutura

Cyclospora é um parasita coccídeo taxonomicamente relacionado com as espécies de *Cystoisospora*, *Cryptosporidium parvum* e *Toxoplasma gondii*. Uma única espécie infectando seres humanos, *C. cayetanensis*, foi identificada até o momento.

Cyclospora são similares a *Cystoisospora* na medida em que os oocistos são excretados sem esporos e precisam de um período de tempo fora do hospedeiro para que ocorra a maturação. Na ingestão, o oocisto esporulado é submetido ao processo de excistamento no lúmen do intestino delgado, liberando os esporozoítos. Os esporozoítos infectam as células para formar merozoítos do tipo I e estes formam os merozoítos do tipo II. Os merozoítos do tipo II diferenciam-se dentro das células da mucosa em estágios sexuais, os microgametócitos e os macrogametócitos. O macrogametócito é fertilizado pelo microgametócito e produz um zigoto. Os oocistos são então formados e excretados no ambiente, como oocistos não esporulados. Os mecanismos patogênicos pelos quais as espécies de *Cyclospora* causam doenças clínicas não são conhecidos; no entanto, o organismo geralmente infecta a porção superior do intestino delgado e causa substanciais alterações histopatológicas. O microrganismo é encontrado dentro de vacúolos no citoplasma das células epiteliais do jejuno e sua presença está associada a alterações inflamatórias, atrofia das vilosidades e hiperplasia da cripta.

As características morfológicas das espécies de *Cyclospora* são semelhantes às das espécies de *Cystoisospora* e *C. parvum* com algumas exceções. Os oocistos das espécies de *Cyclospora* são esféricos e têm de 8 a 10 μm de diâmetro, ao contrário dos oocistos menores de *C. parvum* (5 a 7 μm) e os oocistos elípticos muito maiores das espécies de *Cystoisospora* (15 a 25 μm). Os oocistos das espécies de *Cyclospora* contêm dois esporocistos, cada um dos quais contém dois esporozoítos, que por sua vez contêm um núcleo ligado à membrana e micronemas característicos dos esporozoários. Por outro lado, o oocisto do *Cryptosporidium* contém quatro esporozoítos desnudos ou não encistados, enquanto o oocisto de *Cystoisospora* contém dois esporocistos, cada um contendo quatro esporozoítos.

Epidemiologia

Como ocorre com *Cryptosporidium*, *Cyclospora* é amplamente distribuído em todo o mundo e infecta vários répteis, aves e mamíferos. Embora a transmissão direta de animal para seres humanos ou de um ser humano para outro não seja documentada, existem atualmente evidências convincentes de que a infecção por *Cyclospora* é adquirida via água contaminada. Em regiões endêmicas, como o Nepal, estudos documentaram um surto anual de ciclosporíase que coincide com a estação chuvosa. A prevalência da infecção (sintomática e assintomática) varia de 2 a 18% em áreas endêmicas e é estimada em 0,1 a 0,5% nos países desenvolvidos. Surtos nos EUA ocorreram durante os meses de verão e foram correlacionados com o consumo de frutas e vegetais contaminados; a transmissão pela água contaminada também foi documentada. Semelhante ao *Cryptosporidium*, espécies de *Cyclospora* são resistentes à cloração e não são prontamente detectadas por métodos utilizados atualmente para garantir a segurança dos fornecimentos de água potável.

Síndromes clínicas

As manifestações clínicas da ciclosporíase se assemelham àquelas da criptosporidiose e incluem náuseas leve, anorexia, cólicas abdominais e diarreia aquosa. Fadiga, mal-estar, flatulência e distensão abdominal também foram relatados. Em hospedeiros imunocompetentes, a diarreia é autolimitada, mas pode ser prolongada e durar semanas. Nos indivíduos imunocomprometidos (especialmente, pacientes infectados pelo HIV), a doença clínica é tipicamente prolongada e grave e está associada a uma alta taxa de recorrência. A infecção das vias biliares por *Cyclospora* foi relatada em pacientes com AIDS.

Diagnóstico laboratorial

O diagnóstico da ciclosporíase é baseado na detecção microscópica de oocistos nas fezes. Os oocistos podem ser detectados por microscopia óptica do material fecal não corado (preparação a fresco), em que aparecem como corpos não refráteis, esféricos a ovais, ligeiramente enrugados, com 8 a 10 µm de diâmetro; eles têm um aglomerado interno de glóbulos ligados à membrana (Figura 72.12). Em amostras frescas, *Cyclospora* fluorescem quando examinados em microscopia de fluorescência ultravioleta equipada com um filtro de excitação de 365 nm.

Os oocistos de *Cyclospora* podem ser concentrados com a técnica de centrífugo-flutuação com sulfato de zinco ou o procedimento de flutuação com solução de açúcar de Sheather. Os microrganismos são álcool-ácido resistentes, então eles podem ser detectados utilizando uma das muitas técnicas de álcool-ácido resistência, incluindo a coloração modificada de Ziehl-Neelsen ou a coloração álcool-ácido resistente de Kinyoun (Figura 72.13). Uma característica distintiva das espécies de *Cyclospora* é sua aparência variável na coloração álcool-ácido resistente, que varia de não corada a rosa mosqueada e até vermelho-profundo.

A sensibilidade relativa, a especificidade e o valor preditivo dos vários métodos diagnósticos da infecção por *Cyclospora* não são conhecidos. Atualmente, não existem técnicas de imunodiagnóstico para auxiliar no diagnóstico e no monitoramento dessas infecções. Muita atenção tem sido dada aos métodos moleculares para detectar oocistos de *C. cayetanensis* nas fezes, em amostras de água e em frutas e verduras por causa dos inúmeros surtos de infecções por *C. cayetanensis*. Painéis gastrintestinais estão disponíveis e podem testar simultaneamente para múltiplos patógenos entéricos, incluindo patógenos bacterianos, virais e parasitas. Um ensaio multiplex para *Giardia* spp., *E. histolytica*, *Cyclospora* spp. e *Cryptosporidium* spp. está comercialmente disponível e aprovado pela FDA.

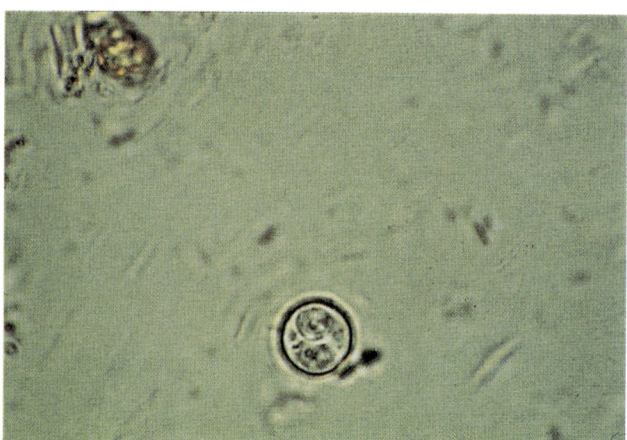

Figura 72.12 Oocisto esporulado de *Cyclospora cayetanensis*. Os oocistos têm de 8 a 10 µm de diâmetro e contêm dois esporocistos, cada um com dois esporozoítos (preparação a fresco com solução salina, 900×). (Cortesia de Mr. J. Williams; from Peters, W., Giles, H.M., 1995. Color Atlas of Tropical Medicine and Parasitology, fourth ed. Mosby, London.)

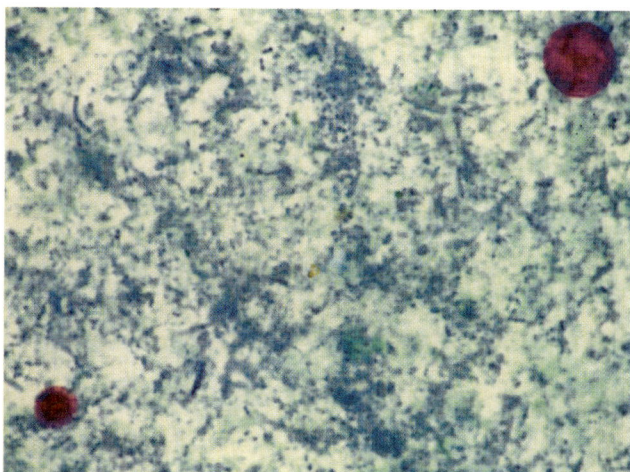

Figura 72.13 Oocistos de *Cryptosporidium parvum (inferior esquerdo)* e *Cyclospora cayetanensis (superior direito)*. Ambos os parasitas coram em vermelho com a coloração de Ziehl-Neelsen; no entanto, *Cyclospora* tipicamente incorporam quantidades variáveis da coloração e os oocistos são maiores (8 a 10 µm em comparação com 5 a 7 µm). (Cortesia de Mr. J. Williams; from Peters, W., Giles, H.M., 1995. Color Atlas of Tropical Medicine and Parasitology, fourth ed. Mosby, London.)

Tratamento, prevenção e controle

O medicamento de escolha para o tratamento de infecção por *C. cayetanensis* é a associação trimetoprima (160 mg) e sulfametoxazol (800 mg) administrada 2 vezes/dia durante 7 dias. A efetividade desse medicamento foi demonstrada em relatos informais, em um grande estudo aberto com pacientes infectados pelo HIV e em um ensaio controlado por placebo. Em pacientes infectados pelo HIV, parece que a alta taxa de recidiva pode ser atenuada com terapia supressora a longo prazo com sulfametoxazol-trimetoprima

(TMP-SMX). Embora vários agentes adicionais, incluindo metronidazol, nitazoxanida, ciprofloxacino, norfloxacino, quinacrina, ácido nalidíxico, tinidazol e furoato de diloxanida, sejam utilizados em vários ensaios clínicos, a efetividade desses agentes não foi comprovada.

Como no caso das espécies de *Cryptosporidium*, a prevenção da infecção por *Cyclospora* é difícil. Embora *Cyclospora* pareçam ser resistentes à cloração, o tratamento de abastecimento de água com cloro e filtração ainda é uma prática razoável. Além disso, os mesmos métodos de aprimoramento da higiene pessoal e do saneamento utilizados para outros protozoários intestinais devem ser usados como medidas preventivas para essa doença.

Bibliografia

Abubakar, I., et al., 2007. Treatment of cryptosporidiosis in immunocompromised individuals: systematic review and meta-analysis. Brit. J. Pharmacol. 63, 387–393.

Connor, D.H., et al., 1997. Pathology of Infectious Diseases. Appleton & Lange, Stamford, Conn.

Espinosa-Cantellano, M., Martinez-Palomo, A., 2000. Pathogenesis of intestinal amebiasis: from molecules to disease. Clin. Microbiol. Rev. 13, 318–331.

Fayer, R., 2004. *Sarcocystis* spp. in humans. Clin. Microbiol. Rev. 17, 894–902.

Feng, Y., Xiao, L., 2011. Zoonotic potential and molecular epidemiology of *Giardia* species and giardiasis. Clin. Microbiol. Rev. 24, 110–140.

Garcia, L.S., et al., 2018. Laboratory diagnosis of parasites from the gastrointestinal tract. Clin. Microbiol. Rev. 31:e00025–17.

Gardner, T.B., Hill, D.R., 2001. Treatment of giardiasis. Clin. Microbiol. Rev. 14, 114–128.

Lindsay, D.S., Weiss, L.M., 2015. *Cystoisospora, Cyclospora,* and *Sarcocystis*. In: Jorgensen, J.H., et al. (Ed.), Manual of Clinical Microbiology, eleventh ed. American Society for Microbiology Press, Washington, DC.

McHardy, I.H., Wu, M., Shmizu-Cohen, R., Couturier, M.R., Humphries, R.M., 2014. Detection of intestinal protozoa in the clinical laboratory. J. Clin. Microbiol. 52, 712–720.

Novak-Weekly, S.M., Leber, A.L., 2015. Intestinal and urogenital amebae, flagellates, and ciliates. In: Jorgensen, J.H., et al. (Ed.), Manual of Clinical Microbiology, eleventh ed. American Society for Microbiology Press, Washington, DC.

Ortega, Y.R., Sanchez, R., 2010. Update on Cyclospora cayetanensis, a food-borne and waterborne parasite. Clin. Microbiol. Rev. 23, 218–234.

Peters, W., Giles, H.M., 1995. Color Atlas of Tropical Medicine and Parasitology, fourth ed. Mosby, London.

Stark, D., et al., 2009. Clinical significance of enteric protozoa in the immunosuppressed human population. Clin. Microbiol. Rev. 22, 634–650.

Tan, K.S.W., 2008. New insights on classification, identification, and clinical relevance of Blastocysis spp. Clin. Microbiol. Rev. 21, 639–665.

Verweij, J.J., Stensvold, C.R., 2014. Molecular testing for clinical diagnosis and epidemiological investigations of intestinal parasite infections. Clin. Microbiol. Rev. 27, 371–418.

73 Protozoários do Sangue e dos Tecidos

Uma paciente de 44 anos que recebeu um transplante cardíaco queixou-se ao médico do atendimento primário sobre cefaleia, náuseas e vômitos por aproximadamente 1 ano após o transplante. Ela não apresentava lesões cutâneas. A tomografia computadorizada (TC) da cabeça revelou lesões com realce em anel. Uma biopsia das lesões foi realizada. Todas as culturas (bacterianas, fúngicas, virais) foram negativas. Colorações específicas do tecido revelaram inúmeras estruturas semelhantes a cistos de tamanho variável.

1. Qual foi o diagnóstico diferencial dos agentes infecciosos nessa paciente? Qual foi o agente etiológico mais provável?
2. Quais outros testes teriam sido feitos para confirmar o diagnóstico?
3. Quais aspectos da anamnese poderiam sugerir um risco de infecção por esse agente?
4. Quais eram as opções terapêuticas e a probabilidade que a terapia seria bem-sucedida?

RESUMOS Microrganismos clinicamente significativos

PLASMODIUM

Palavras-chave

Malária, febre cotidiana, febre terçã, febre quartã, febre hemoglobinúrica, malária cerebral, febre terçã benigna, febre terçã maligna, formas de anéis múltiplos, gametócitos, mosquito *Anopheles*, regiões tropicais e subtropicais, profilaxia

Biologia, virulência e doença

- Plasmódios: coccídeos ou esporozoários parasitas de eritrócitos
- Cinco espécies que infectam seres humanos e compartilham um ciclo de vida comum
- Vias de aquisição: mosquito, transfusão, compartilhamento de agulhas, congênita
- *Plasmodium falciparum* provoca diariamente (cotidiano) calafrios e febre com náuseas, vômitos, diarreia progredindo para periodicidade terçã (36 a 48 h) com doença fulminante (terçã maligna); nenhum estágio hepático persistente
- *Plasmodium knowlesi* produz diariamente (cotidiano) febre, calafrios, cefaleia, abalos musculares, dor abdominal, tosse (manifestações graves em 7% dos casos; angústia respiratória e insuficiência hepatorrenal); nenhum estágio hepático persistente
- *Plasmodium vivax* causa "malária terçã benigna" com paroxismos de febre e calafrios a cada 48 horas; um espectro de síndromes graves, potencialmente fatais, semelhante ao observado na malária por *P. falciparum* pode ser visto; um estágio hepático pode causar recidivas e recrudescência
- *Plasmodium ovale* causa malária terçã benigna semelhante à provocada por *P. vivax*, com recidivas e também recrudescências
- *Plasmodium malariae* tem um longo (18 a 40 dias) período de incubação e causa doença moderada a grave com periodicidade de 72 horas (malária quartã ou paludismo); nenhum estágio hepático persistente

Epidemiologia

- A infecção por *Plasmodium* spp. é responsável por 216 milhões de episódios com aproximadamente 500 mil mortes anuais, 90% das quais na África
- O vetor é o mosquito *Anopheles*, que é amplamente distribuído em regiões tropicais, subtropicais e regiões temperadas
- *Plasmodium falciparum*: ocorre quase exclusivamente em regiões tropicais e subtropicais
- *Plasmodium knowlesi*: infecta macacos do Velho Mundo e cada vez mais seres humanos, na Malásia e países vizinhos no Sudeste Asiático
- *Plasmodium vivax*: distribuição geográfica mais ampla (regiões tropicais, subtropicais, temperadas); 80% dos casos ocorrem na América do Sul e no Sudeste Asiático
- *Plasmodium ovale*: distribuído principalmente na África tropical; também encontrado na Ásia e na América do Sul
- *Plasmodium malariae*: ocorre nas mesmas áreas tropicais e subtropicais como outros parasitas maláricos, mas menos frequentes

Diagnóstico

- Método mais amplamente utilizado: detecção de parasitas em esfregaços de sangue espesso e delgado corados pelos métodos de Giemsa ou Wright
- Detecção de antígenos usando um TDR; utilizado tanto nos laboratórios de diagnóstico e no campo como um complemento ao exame microscópico dos esfregaços sanguíneos

Tratamento, prevenção e controle

- O tratamento da malária é baseado na anamnese em relação a viagens para áreas endêmicas, revisão clínica e diagnóstico diferencial imediatos, análises laboratoriais precisas e rápidas, além do uso correto de medicamentos antimaláricos
- A cloroquina ou quinina parenteral é o medicamento de escolha para cepas suscetíveis de *Plasmodium*; resistência generalizada à cloroquina observada em *P. falciparum* e *P. vivax*
- Quimioprofilaxia com cloroquina, doxiciclina, Malarone® ou mefloquina juntamente com a prevenção de picadas de mosquitos (redes, repelentes de insetos, roupas) necessárias para a prevenção
- Eliminação dos locais de reprodução dos mosquitos

BABESIA

Palavras-chave

Babesia, zoonose, carrapatos, formas de tétrade, esplenectomia, intracelular, eritrócitos

Biologia, virulência e doença

- Parasitas esporozoários intracelulares, morfologicamente assemelham-se aos plasmódios
- Zoonose que infecta vários animais
- *Babesia microti*: causa habitual da babesiose nos EUA; transmitida pelo carrapato *Ixodes*
- Período de incubação de 1 a 4 semanas
- Sinais/sintomas: mal-estar geral, febre sem periodicidade, cefaleia, calafrios, sudorese, fadiga, fraqueza
- Anemia hemolítica associada à insuficiência renal pode ocorrer
- Esplenectomia ou asplenia funcional, imunossupressão, infecção pelo HIV, idade avançada aumenta a suscetibilidade a infecções e doenças mais graves

Epidemiologia

- > 70 espécies diferentes de *Babesia* encontradas na África, na Ásia, na Europa, na América do Norte
- *Ixodes dammini*: vetor carrapato encontrado ao longo da costa do nordeste dos EUA

RESUMOS Microrganismos clinicamente significativos *(continuação)*

- Hospedeiros reservatórios naturais: *Apodemus sylvaticus, Myodes glareolus, Microtus agrestis*, outros pequenos roedores
- A doença pode ser grave em pessoas infectadas pelo HIV
- *Babesia microti* cada vez mais transmitida por transfusões de sangue

Diagnóstico
- O exame de esfregaços do sangue é o método diagnóstico de escolha
- Testes sorológicos e PCR também utilizados para diagnosticar a babesiose

Tratamento, prevenção e controle
- Tratamento de escolha para doença leve a moderada: combinação de atovaquona e azitromicina
- Tratamento para doenças graves: clindamicina, quinina, exsanguineotransfusão
- Roupas protetoras, repelentes de insetos podem minimizar a exposição aos carrapatos
- A rápida remoção dos carrapatos pode ser protetora

TOXOPLASMA GONDII

Palavras-chave
Fezes de gato, carne crua, linfadenite, lesão no SNC, encefalomielite, ninhada de gato, infecção congênita, AIDS

Biologia, virulência e doença
- Parasita coccídeo intracelular típico, encontrado em uma grande variedade de animais, incluindo aves e seres humanos
- Hospedeiro reservatório essencial: gatos domésticos comuns e outros felinos
- A maioria das infecções por *T. gondii* é assintomática
- Os sinais/sintomas ocorrem quando o parasita se move do sangue para os tecidos; incluem febre, calafrios, cefaleia, mialgia, linfadenite, fadiga
- Doença crônica marcada pela hepatite, encefalomielite e miocardite
- A coriorretinite pode levar à cegueira
- A infecção congênita tem graves sequelas
- A reativação da toxoplasmose cerebral é uma das principais causas de encefalite em pacientes com AIDS

Epidemiologia
- Infecções humanas ubíquas
- Infecção por ingestão indevida de carne cozida de animais que são hospedeiros intermediários ou ingestão de oocistos infecciosos presentes nas fezes contaminadas de gatos
- A infecção transplacentária pode ocorrer durante a gravidez
- Taxa de infecção grave afetada pelo estado imunológico do paciente
- Doença no hospedeiro imunocomprometido considerada ser causada pela reativação de infecção anteriormente latente em vez de nova exposição ao organismo

Diagnóstico
- Aumento dos títulos de anticorpos documentados em amostras de sangue coletadas de modo seriado
- O painel de testes (PST) é usado para determinar aquisição recente *versus* aquisição passada de infecção
- Diagnóstico de encefalite por *Toxoplasma* geralmente envolve o estudo de imagem do cérebro
- Microscopia, técnicas sorológicas e moleculares podem ser necessárias para o diagnóstico definitivo

Tratamento, prevenção e controle
- Tratamento de escolha: regime com dose inicial alta de pirimetamina mais sulfadiazina, seguido de doses menores de ambos os medicamentos por tempo indeterminado (pacientes com AIDS e outros pacientes imunocomprometidos)
- Clindamicina ou espiramicina podem ser usadas no primeiro trimestre de gravidez
- Pacientes de alto risco podem ser considerados para a profilaxia
- Medidas preventivas adicionais: evitar o consumo e manuseio de carne crua ou malcozida, evitar a exposição a fezes de gato

LEISHMANIA

Palavras-chave
Calazar, febre dum-dum, doença cutânea e mucocutânea, leishmaniose visceral, mosquito flebotomíneo, leishmaniose dérmica pós-calazar

Biologia, virulência e doença
- *Leishmania*: parasitas intracelulares obrigatórios transmitidos de animal para humano ou de humano para humano por picadas de mosquito flebotomíneo fêmea infectado
- Muitas espécies diferentes podem infectar os seres humanos, produzindo uma variedade de doenças (cutâneas, cutâneas difusas, mucocutâneas, viscerais)
- As síndromes clínicas dependem das espécies envolvidas; espécies mais comuns: cutâneas (*L. tropica*), mucocutâneas (*L. braziliensis*), visceral (*L. donovani, L. infantum*), leishmaniose dérmica pós-calazar (*L. donovani*)

Epidemiologia
- Reservatórios naturais: roedores, gambás, tamanduás, preguiças, cães, gatos
- A infecção pode ser transmitida pelo ciclo animal-vetor-humano ou humano-vetor-humano, por contato direto com a lesão infectada ou mecanicamente por mosquitos
- Leishmaniose mucocutânea na maioria das vezes ocorre na Bolívia, Brasil, Peru; a leishmaniose cutânea é muito mais difundida em todo o Oriente Médio e em áreas focais da América do Sul
- Leishmaniose visceral (calazar, febre dum-dum): ≈ 50 mil casos por ano, 90% localizada em Bangladesh, Brasil, Índia, Nepal, Sudão

Diagnóstico
- Diagnóstico de leishmaniose visceral, cutânea ou mucocutânea feita com base nos achados clínicos em áreas endêmicas
- O diagnóstico definitivo depende da detecção de amastigotas em amostras clínicas ou promastigotas em cultura; técnicas moleculares são utilizadas para o diagnóstico, prognóstico e identificação de espécies

Tratamento, prevenção e controle
- O fármaco de escolha para todas as formas de leishmaniose é o composto antimonial pentavalente estibogliconato de sódio (Pentostam®)
- Fluconazol e miltefosina eficazes em doenças cutâneas
- Estibogliconato permanece como o fármaco de escolha para a leishmaniose mucocutânea
- A prevenção envolve o tratamento imediato de infecções humanas e controle de hospedeiros reservatórios, juntamente com o controle do vetor

TRIPANOSSOMAS

Palavras-chave
Doença do sono, mosca tsé-tsé, insetos reduvídeos, chagoma, sinal de Romaña, megaesôfago, sinal de Winterbottom, doença de Chagas

Biologia, virulência e doença
- *Trypanosoma*, um hemoflagelado, causa duas formas distintas de doença: a tripanossomíase africana e a tripanossomíase americana
- Tripanossomíase africana (doença do sono): doença crônica com vários anos de duração, transmitida por moscas tsé-tsé, fatal sem tratamento
- Tripanossomíase americana (doença de Chagas): formas assintomática, aguda ou crônica, transmitidas por insetos reduvídeos

Epidemiologia
- *Trypanosoma brucei gambiense* limitado às regiões tropicais da África Ocidental e Central, correlacionado com o alcance do vetor, a mosca tsé-tsé
- *Trypanosoma b. rhodesiense* encontrado na África Oriental, principalmente em países produtores de gado
- Os animais domésticos e de caça selvagem atuam como hospedeiros reservatórios para *T. b. rhodesiense*
- *Trypanosoma cruzi* ocorre amplamente tanto em insetos reduvídeos quanto em uma grande variedade de reservatórios animais nas Américas do Norte, Central e do Sul
- Por causa da natureza crônica da infecção, a triagem de doadores de órgãos sólidos e de sangue para a doença de Chagas se tornou importante

RESUMOS Microrganismos clinicamente significativos *(continuação)*

Diagnóstico
- Os agentes da doença do sono podem ser demonstrados em esfregaços de sangue, aspirados de linfonodos e líquido cefalorraquidiano concentrado
- *Trypanosoma cruzi* pode ser demonstrado em esfregaços de sangue no início da fase aguda da doença

Tratamento, prevenção e controle
- Suramina: fármaco de escolha para tratamento dos estágios sanguíneos agudos e linfáticos, em ambas as formas da doença do sono encontradas na Gâmbia e Rodésia; a pentamidina é um tratamento alternativo
- Melarsoprol: medicamento de escolha para a doença do SNC
- Medidas de controle efetivas: abordagem integrada para reduzir o reservatório humano de infecção, uso de armadilhas para moscas e inseticidas
- Fármacos de escolha para o tratamento da doença de Chagas: benznidazol e nifurtimox
- Importância do controle do vetor: inseticida, erradicação dos ninhos, construção de casas para evitar o acasalamento de insetos

SNC, sistema nervoso central; *PCR*, reação em cadeia da polimerase; *TDR*, teste diagnóstico rápido; *PST*, perfil sorológico para *T. gondii*.

Os protozoários do sangue e dos tecidos estão intimamente relacionados com os parasitas protozoários intestinais em praticamente todos os aspectos, exceto por seus sítios de infecção (Boxe 73.1). Os parasitas da malária (espécies de *Plasmodium*) infectam tanto o sangue como os tecidos.

Espécies de *Plasmodium*

Os plasmódios são parasitas coccídeos ou esporozoários (Apicomplexa) de células sanguíneas e, como ocorre com outros coccídeos, necessitam de dois hospedeiros: o mosquito para os estágios de reprodução sexuada e os seres humanos e outros animais para os estágios de reprodução assexuada. A infecção por *Plasmodium* spp. (ou seja, a malária) representa 216 milhões de episódios com aproximadamente 500 mil mortes anuais, 90% das quais ocorrem na África.

As cinco espécies de plasmódios que infectam os seres humanos são *P. falciparum*, *P. knowlesi*, *P. vivax*, *P. ovale* e *P. malariae* (Tabela 73.1). Essas espécies compartilham um ciclo de vida comum, como ilustrado na Figura 73.1. A infecção humana é iniciada pela picada do mosquito *Anopheles*, que introduz os **esporozoítos** infecciosos do plasmódio através da saliva para o sistema circulatório. Os esporozoítos são transportados até as células parenquimatosas do fígado, no qual ocorre a reprodução assexuada **(esquizogonia)**. Essa fase de crescimento é denominada de **ciclo exoeritrocítico** e dura de 8 a 25 dias, dependendo da espécie de plasmódio. Algumas espécies (p. ex., *P. vivax*, *P. ovale*) podem estabelecer uma fase quiescente no fígado, na qual os esporozoítos (denominados **hipnozoítos** ou **formas dormentes**) não se dividem. Esses plasmódios viáveis podem levar à recaída de infecções meses a anos após a doença clínica inicial (recaída por malária). Os hepatócitos acabam se rompendo, liberando os plasmódios (denominados **merozoítos** neste estágio), que por sua vez se ligam a receptores específicos na superfície de eritrócitos e entram nas células, iniciando o ciclo eritrocítico.

A replicação assexuada tem vários estágios (anel, trofozoíto, esquizonte) que culminam com a ruptura do eritrócito, liberando até 24 merozoítos, o que inicia outro ciclo de replicação, infectando outros eritrócitos. Alguns merozoítos também se desenvolvem dentro dos eritrócitos em **gametócitos** machos e fêmeas. Se um mosquito ingerir os gametócitos machos e fêmeas maduros durante a hematofagia, o ciclo

Tabela 73.1 Parasitas da malária em humanos.

Parasita	Doença
Plasmodium vivax	Malária terçã benigna
P. ovale	Malária terçã benigna ou oval
P. malariae	Malária quartã ou malária malariae
P. falciparum	Malária terçã maligna
P. knowlesi	Malária símia ou cotidiana

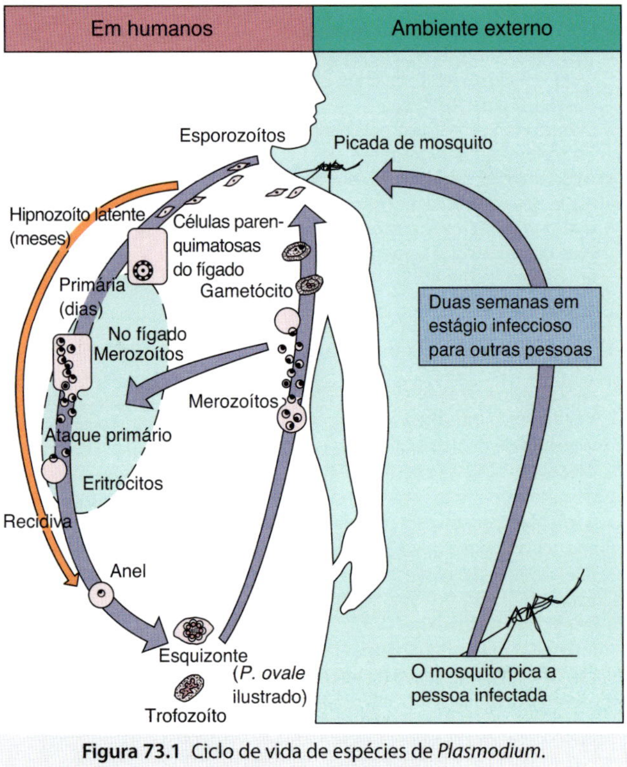

Boxe 73.1 Protozoários de importância médica do sangue e dos tecidos.

Espécies *Plasmodium*
Espécies de *Babesia*
Espécies de *Toxoplasma*
Espécies de *Sarcocystis*
Espécies de *Acanthamoeba*
Espécies de *Balamuthia*
Espécies de *Naegleria*
Espécies de *Leishmania*
Espécies de *Trypanosoma*

Figura 73.1 Ciclo de vida de espécies de *Plasmodium*.

reprodutivo sexuado da malária pode ser iniciado, com produção final de esporozoítos infecciosos para seres humanos. Esse estágio reprodutivo sexuado no mosquito é necessário para a manutenção da malária em uma população.

A maioria dos casos de malária observados nos EUA é adquirida por visitantes ou residentes de países com doença endêmica (malária importada). Entretanto, o vetor apropriado, o mosquito *Anopheles*, é encontrado em várias regiões dos EUA e a transmissão doméstica da doença é observada (malária introduzida). Além da transmissão por mosquitos, a malária pode ser adquirida por transfusões de sangue de um doador infectado (malária transfusional). Esse tipo de transmissão também pode ocorrer entre os dependentes de narcóticos que compartilham agulhas e seringas (malária em usuários de drogas). A aquisição congênita, embora rara, é também um modo possível de transmissão (malária congênita).

PLASMODIUM FALCIPARUM

Fisiologia e estrutura

Plasmodium falciparum não demonstra seletividade em eritrócitos do hospedeiro e invade qualquer eritrócito em qualquer etapa de sua existência. Além disso, vários merozoítos podem infectar um único eritrócito; assim, três ou até quatro pequenos anéis podem ser visualizados em um eritrócito infectado (Figura 73.2). *Plasmodium falciparum* é frequentemente visto na célula hospedeira, na extremidade ou periferia da membrana celular, parecendo quase como se estivesse "preso" na parte externa da célula (ver Figura 73.2). Isso é chamado de posição de **appliqué** ou **accolé** e é distintivo para esta espécie.

Estágios de crescimento de trofozoíto e esquizontes de *P. falciparum* são raramente visualizados em esfregaços, porque suas formas são sequestradas no fígado e no baço. Somente em infecções de maior gravidade eles são encontrados na circulação periférica. Portanto, os esfregaços de sangue periférico de pacientes com a malária causada por *P. falciparum* caracteristicamente contêm apenas as formas jovens, em anel e ocasionalmente gametócitos. Os gametócitos com aspecto crescente característico são diagnósticos para a espécie (Figura 73.3). Os eritrócitos infectados não se expandem e ficam distorcidos como ocorre na infecção por *P. vivax* e *P. ovale*. Ocasionalmente, grânulos avermelhados, conhecidos como **fissuras de Maurer**, são observados em *P. falciparum*. *Plasmodium falciparum*, semelhante a *P. knowlesi* e *P. malariae*, não produz hipnozoítos no fígado. Recidivas a partir desse sítio não são observadas.

Epidemiologia[1]

Plasmodium falciparum ocorre quase exclusivamente em regiões tropicais e subtropicais. A coinfecção com o vírus da imunodeficiência humana (HIV) é comum nessas regiões e representa um fator de risco para a malária grave.

Síndromes clínicas

O período de incubação de *P. falciparum* é o mais curto de todos os plasmódios, variando de 7 a 10 dias e não se estende por meses a anos. Após os sintomas iniciais semelhantes à gripe, *P. falciparum* produz rapidamente calafrios diariamente (tipo

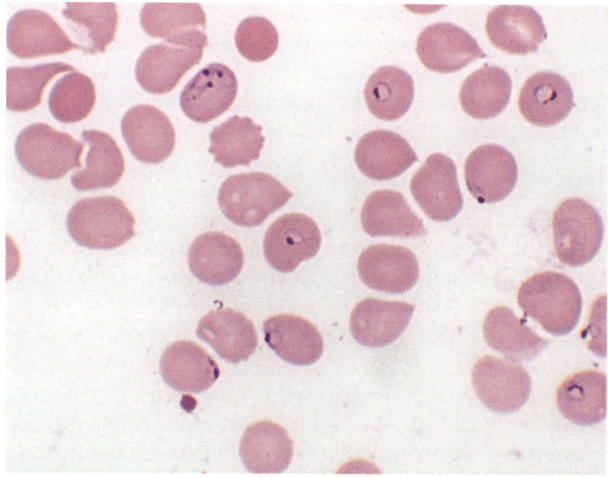

Figura 73.2 Formas de anéis de *Plasmodium falciparum*. Observe as várias formas em anel e as formas em *appliqué (accolé)* no interior de eritrócitos individuais, aspecto característico deste microrganismo.

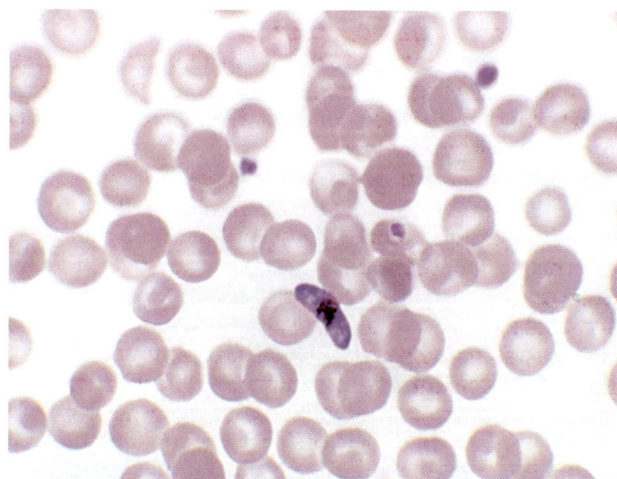

Figura 73.3 Gametócito maduro de *Plasmodium falciparum*. O achado dessa forma em salsicha é diagnóstica de malária causada por *P. falciparum*.

cotidiano) e febre e náuseas graves, vômitos e diarreia. A periodicidade dos ataques então se torna **terçã (36 a 48 horas)** e a doença fulminante se desenvolve. O termo **malária terçã maligna** é apropriado para essa infecção. Visto que os sintomas desse tipo de malária são semelhantes aos das infecções intestinais, as náuseas, os vômitos e a diarreia levaram à observação de que a malária é um "imitador maligno".

Embora qualquer infecção por malária possa ser fatal, *P. falciparum* é o parasita mais provável como causa de morte se a infecção não for tratada. O aumento do número de eritrócitos infectados e destruídos resulta em detritos celulares tóxicos, aderência de eritrócitos ao endotélio vascular e aos eritrócitos adjacentes, além da formação de obstrução capilar por massas de eritrócitos, plaquetas, leucócitos e pigmento malárico.

O envolvimento do cérebro (malária cerebral) é observado com mais frequência na infecção por *P. falciparum*. A obstrução capilar a partir do acúmulo de pigmento malárico e massas de células podem resultar em coma e morte.

Os danos renais também estão associados à malária causada por *P. falciparum*, resultando em uma doença chamada **febre hemoglobinúrica**. A hemólise intravascular com

---

[1] N.R.T.: No Brasil, ver Guia de Tratamento da Malária, 2ª edição 2020, em <https://www.gov.br/saude/pt-br/media/pdf/2021/fevereiro/22/guia-tratamento-malaria-2ed-el-27ªgo20-isbn.pdf>.

rápida destruição dos eritrócitos provoca hemoglobinúria acentuada e pode resultar em insuficiência renal aguda, necrose tubular, síndrome nefrótica e morte. O envolvimento do fígado é caracterizado por dor abdominal, vômitos de bile, diarreia grave e desidratação rápida.

Diagnóstico laboratorial

Esfregaços de sangue espesso e fino são pesquisados para avaliar a presença de anéis característicos de *P. falciparum*, que frequentemente ocorrem em múltiplos dentro de uma única célula, bem como na posição de *accolé* (ver Figura 73.2). Os gametócitos em forma crescente distintivos também são diagnósticos (ver Figura 73.3). Uma parasitemia elevada (> 10% de eritrócitos infectados) que consiste apenas em formas de anel é sugestiva de infecção por *P. falciparum*, mesmo que não sejam observados gametócitos.

Os profissionais do laboratório devem realizar uma busca minuciosa dos esfregaços de sangue, porque podem ocorrer infecções mistas com qualquer combinação das cinco espécies, mas na maioria das vezes a combinação envolve *P. falciparum* e *P. vivax*. A detecção e a correta notificação de uma infecção mista afetam diretamente o tratamento escolhido.

Cada vez mais a detecção de antígenos utilizando um **teste diagnóstico rápido (TDR)** está sendo utilizada tanto no campo quanto nos laboratórios diagnósticos como ensaio complementar para o diagnóstico por microscopia convencional. Os TDRs utilizam a tecnologia de tira com fluxo lateral imunocromatográfico e o uso de anticorpos monoclonais dirigidos para alvos espécie-específicos ou pan-*Plasmodium*. Esses testes são simples, rápidos (resultados em < 20 minutos) e baratos. Os anticorpos monoclonais específicos para *P. falciparum* foram desenvolvidos para a **proteína 2 rica em histidina (HRP-2, do inglês *histidine-rich protein* 2)** e a lactato desidrogenase de *P. falciparum*. Alvos conservados em todas as malárias humanas **(antígenos pan-maláricos)** foram identificados nas enzimas **lactato desidrogenase de *Plasmodium* (PLDH)** e **aldolase**. Até o momento, um TDR foi aprovado pela U.S. Food and Drug Administration (FDA). É o *kit* para teste diagnóstico de malária, o BinaxNOW® (Binax, Scarborough, Maine), baseado nos antígenos HRP-2 e PLDH, com alta sensibilidade e especificidade para *P. falciparum* (94 a 100% e 94,2%, respectivamente), mas muito menor para as espécies não *falciparum* (67 a 86%), particularmente para *P. knowlesi*, *P. malariae* e *P. ovale*.

Vários métodos de detecção de ácidos nucleicos já foram descritos para o diagnóstico da malária, incluindo a hibridização de ácido desoxirribonucleico (DNA)/ácido ribonucleico (RNA), reação em cadeia da polimerase (PCR), amplificação com base na sequência de ácidos nucleicos (NASBA, do inglês *nucleic acid sequence-based amplification*) e amplificação mediada por *loop* (LAMP, do inglês *loop-mediated amplification*). Desses, o método mais comumente utilizado é a PCR, na qual o gene da subunidade menor 18S do RNA ribossômico é o alvo mais comum. Diversos formatos de PCR convencional e em tempo real foram descritos para a detecção de *Plasmodium*, diferenciação de espécies/subespécies e identificação de marcadores de resistência do parasita a medicamentos antimaláricos. Vários testes de amplificação de ácido nucleico (NAATs) são comercialmente disponíveis fora dos EUA para a detecção de parasitas da malária; infelizmente, os NAATs não foram aprovados ou autorizados pela FDA para uso diagnóstico *in vitro*.

Tratamento, prevenção e controle

O tratamento da malária é baseado no histórico em relação a viagens para áreas endêmicas, revisão clínica e diagnóstico diferencial imediatos, avaliação laboratorial precisa e rápida, além do uso correto de fármacos antimaláricos.

Considerando que as cepas de *P. falciparum* resistentes à cloroquina estão presentes em todas as áreas endêmicas (África, Sudeste Asiático e América do Sul), com exceção da América Central e do Caribe, os médicos devem rever todos os protocolos atuais para o tratamento adequado das infecções por *P. falciparum*, observando particularmente onde a **resistência à cloroquina** ocorre. Se o histórico do paciente indicar que a origem não é de uma área com casos de resistência à cloroquina, então o fármaco de escolha é tanto a cloroquina quanto a quinina parenteral. Pacientes infectados com *P. falciparum* resistente à cloroquina (ou *P. vivax*) podem ser tratados com outros agentes, incluindo mefloquina ± artesunato, arteméter-lumefantrina, atovaquona-proguanil (Malarone®),[2] quinina, quinidina, pirimetamina-sulfadoxina (Fansidar®)[3] e doxiciclina. Visto que a quinina e a pirimetamina-sulfadoxina são potencialmente tóxicas, elas são utilizadas mais frequentemente para tratamento do que para profilaxia. A amodiaquina, um análogo da cloroquina, é efetiva contra *P. falciparum* resistente à cloroquina; contudo, a toxicidade limita seu uso. Agentes mais recentes com excelente atividade contra cepas de *P. falciparum* multirresistentes a fármacos incluem os fenantreno metanóis, halofantrina e lumefantrina, além das artemisininas, o arteméter e o artesunato, ambos derivados sesquiterpênicos (ver Capítulo 71).

Combinações das artemisininas de ação rápida com um composto antimalárico existente ou recentemente introduzido demonstraram ser muito efetivas tanto no tratamento quanto no controle da malária causada por *P. falciparum*. A redução rápida na biomassa do parasita (aproximadamente 10^8 vezes em 3 dias) produzida pelas artemisininas deixa um número relativamente pequeno de microrganismos a ser eliminado pelo segundo agente (geralmente mefloquina ou lumefantrina). Isso reduz consideravelmente a exposição da população parasitária à mefloquina ou lumefantrina, reduzindo a chance de escape de um mutante resistente. Combinações de artesunato e mefloquina e de arteméter e lumefantrina foram bem toleradas e altamente eficazes no tratamento da malária falciparum MDR em indivíduos semi-imunes e não imunes. Recentemente, a diminuição da suscetibilidade *in vivo* aos compostos de artemisinina foi detectada em cepas de *P. falciparum* ao longo da fronteira entre Tailândia e Camboja (sub-região do Mekong), que é um local histórico para a resistência emergente aos agentes antimaláricos. Fora da sub-região do Mekong, níveis significativos de falha terapêutica combinada com artemisinina são causados principalmente pela resistência ao medicamento parceiro em vez do componente artemisinina. Resistência substancial à artemisinina ainda não foi documentada.

Embora a base racional para a exsanguineotransfusão de eritrócitos na malária grave seja convincente, não há ensaios clínicos prospectivos comparando essa terapia a outras. Não

---

[2]N.R.T.: Malarone® é uma associação de 250 mg de atovaquona e 100 mg de cloridrato de proguanil.

[3]N.R.T.: Comercializado no Brasil na forma de comprimidos de 500 mg de sulfadoxina e 25 mg de pirimetamina e solução injetável de 500 mg de sulfadoxina e 25 mg de pirimetamina em ampolas de 2,5 mℓ.

obstante, a exsanguineotransfusão de eritrócitos (ou exsanguineotransfusão de sangue total), se disponível, deve ser considerada nos casos de malária grave complicada por sinais clínicos de malária cerebral, lesão pulmonar aguda, hemólise grave com acidemia, choque ou um nível elevado ou crescente de parasitemia, apesar da terapia antimicrobiana intravenosa adequada. O uso de anticonvulsivantes (fenobarbital) e dexametasona na malária cerebral é provavelmente inefetivo ou prejudicial e não é recomendado.

Quando há incerteza se *P. falciparum* é resistente à cloroquina, é aconselhável supor que a cepa é resistente e tratar o paciente adequadamente. Se o laboratório relata uma infecção mista envolvendo *P. falciparum* e *P. vivax*, o tratamento precisa erradicar não apenas *P. falciparum* dos eritrócitos, mas também os estágios hepáticos de *P. vivax* para evitar recidivas. Falhas por parte do laboratório para detectar e relatar uma infecção mista podem resultar em tratamento inadequado e atraso desnecessário em alcançar a cura completa.

A quimioprofilaxia e a erradicação imediata das infecções são fundamentais para romper o ciclo de transmissão mosquito-humano. O controle da criação de mosquitos e proteção de indivíduos por meio de triagem, redes, roupas de proteção e repelentes de insetos também são essenciais. A resistência à cloroquina dificulta o manejo desses pacientes, mas pode ser resolvida pelo conhecimento do médico sobre os esquemas apropriados. Imigrantes e viajantes para áreas endêmicas devem ser cuidadosamente investigados, utilizando esfregaços de sangue ou testes sorológicos para detectar possíveis infecções. O desenvolvimento de vacinas para proteger as pessoas que vivem ou viajam para áreas endêmicas está sendo pesquisada.

PLASMODIUM KNOWLESI

Fisiologia e estrutura

Plasmodium knowlesi é um parasita da malária de **macacos do Velho Mundo** (macacos de cauda longa [*Macaca fascicularis*] e de cauda de porco [*M. nemestrina*]). *Plasmodium knowlesi* é transmitido por membros do grupo de mosquitos *A. leucosphyrus* que reside na copa superior das florestas e tem contato infrequente com humanos. Ao contrário de outras malárias de primatas, *P. knowlesi* exibe especificidade relaxada de hospedeiro e é permissivo em seres humanos sob condições naturais e experimentais e em primatas não humanos. Como *P. falciparum*, a invasão eritrocítica por *P. knowlesi* não se restringe a eritrócitos jovens ou velhos, possibilitando o desenvolvimento de altos níveis de parasitemia. Tem um ciclo de vida de 24 horas **(tipo cotidiano)** e o desenvolvimento do parasita em eritrócitos não é síncrono. A infecção por *P. knowlesi* geralmente é identificada equivocadamente como *P. falciparum* ou *P. malariae*, porque seus primeiros trofozoítos se assemelham às formas de anel de *P. falciparum* e seus últimos estágios mimetizam os de *P. malariae*. Em contraste com *P. falciparum*, *P. knowlesi* não parece promover o sequestro na microvascularização e as complicações neurológicas observadas com a infecção por *P. falciparum* não foram descritas.

Os eritrócitos infectados com *P. knowlesi* apresentam uma morfologia normal e todos os estágios de desenvolvimento podem ser observados no sangue periférico.

Plasmodium knowlesi, semelhantemente a *P. falciparum* e *P. malariae*, não parecem produzir hipnozoítos no fígado. Não são observadas recidivas de origem hepática.

Epidemiologia

Até agora, as infecções humanas por *P. knowlesi* foram descritas em grande número apenas na Malásia; entretanto, em razão dos relatos de infecção nos países vizinhos da Tailândia, Cingapura, Brunei, Indonésia, Mianmar, Vietnã e Filipinas, é possível que *P. knowlesi* seja um parasita natural de macacos em toda a região do Sudeste Asiático.

Síndromes clínicas

Os perfis clínicos e laboratoriais da infecção por *P. knowlesi* são semelhantes aos dos pacientes infectados com os outros parasitas da malária. Os pacientes apresentam tipicamente uma doença febril inespecífica com febre e calafrios diários. Outros sintomas frequentes incluem cefaleia, abalos musculares, mal-estar, dor abdominal, dispneia e tosse produtiva. Taquipneia, pirexia e taquicardia são sinais clínicos. Trombocitopenia e leve disfunção hepática na admissão hospitalar são comuns.

Aproximadamente, 7% dos casos de infecção por *P. knowlesi* até agora foram considerados graves, de acordo com os critérios da Organização Mundial da Saúde, e a complicação mais frequente é angústia respiratória com etiologia pulmonar em vez de metabólica. Mortes e doenças graves resultam de insuficiência pulmonar e hepatorrenal. A gravidade da infecção é relacionada com altos níveis de parasitemia produzidos por seu ciclo eritrocítico rápido e único de 24 horas e sua capacidade de infectar todos os estágios dos eritrócitos. É fortemente recomendado que a infecção com *P. knowlesi* seja considerada quando o exame microscópico sugere *P. malariae*, mas o paciente apresenta uma doença grave, hiperparasitemia (> 0,1%; ou seja, > 5.000 parasitas/$\mu\ell$) ou um histórico recente de visitas em bosques ou suas proximidades no Sudeste Asiático.

Diagnóstico laboratorial

Embora as formas em anel de *P. knowlesi* sejam morfologicamente semelhantes às de *P. falciparum*, os estágios de trofozoíto, esquizonte e gametócitos são indistinguíveis dos estágios de *P. malariae* por microscopia óptica. Indicações para a identificação de *P. knowlesi* por microscopia que são úteis, se presentes, incluem trofozoítos iniciais com formas de anéis finos, pontos duplos de cromatina e dois a três parasitas por eritrócito (semelhante a *P. falciparum*); trofozoítos com aparência de olho de ave e/ou trofozoítos maduros em forma de banda similar àquela observada em *P. malariae*; e esquizontes maduros com uma contagem média mais elevada de merozoítos (16 por eritrócitos) do que em *P. malariae* (10 a 12 por eritrócito). A PCR específica para *P. knowlesi* é o único método confiável para identificar essa espécie emergente de *Plasmodium*.

Atualmente, nenhum TDR disponível comercialmente foi desenvolvido para detectar especificamente *P. knowlesi*. O desempenho desses ensaios na infecção com *P. knowlesi*, principalmente os TDRs que apresentam como alvos *P. falciparum* e *P. vivax*, foi relatado em alguns casos. A PLDH produzida pelas quatro outras espécies de *Plasmodium* que causam a malária humana também está presente em *P. knowlesi*. Anticorpos para os alvos pan-malária, PLDH e aldolase, também apresentam reação cruzada com essas enzimas observadas em *P. knowlesi*. Nesse momento, os TDRs não são recomendados por causa dos resultados não confiáveis e a baixa sensibilidade na detecção de *P. knowlesi*.

Tratamento, prevenção e controle

Em virtude da gravidade potencial da infecção por *P. knowlesi*, deve-se realizar o tratamento como na malária por *P. falciparum*, se a identificação da espécie é baseada apenas em microscopia ou se a coinfecção com *P. falciparum* não pode ser descartada com precisão utilizando-se a PCR. *Plasmodium knowlesi* sozinho parece ser suscetível a inúmeras alternativas terapêuticas, com a maioria dos pacientes respondendo prontamente à cloroquina.

A prevenção da infecção por *P. knowlesi* se baseia em prevenir a picada de mosquitos e a administração de medicamentos preventivos, quando indicada. Embora as precauções gerais para evitar as picadas de mosquitos *Anopheles* provavelmente sejam aplicadas, deve-se reconhecer que as atuais medidas de controle interno para a malária não previnem a transmissão zoonótica da malária por vetores que se alimentam principalmente na floresta. A infecção zoonótica por *P. knowlesi* provavelmente representa um problema para o controle da malária.

PLASMODIUM VIVAX

Fisiologia e estrutura

Plasmodium vivax (Figura 73.4) é seletivo de modo que promove a invasão apenas de eritrócitos jovens, imaturos. Enquanto **o antígeno do grupo sanguíneo Duffy** na superfície do eritrócito tem sido considerado há muito tempo como o receptor primário para *P. vivax* (ver Capítulo 68), a malária clínica por *P. vivax* foi relatada recentemente em indivíduos Duffy negativos em Madagascar. As interações entre o parasita e as moléculas do hospedeiro que permitem a invasão de eritrócitos humanos por *P. vivax* independente do antígeno Duffy ainda são desconhecidas. Em infecções causadas por *P. vivax*, os eritrócitos infectados são geralmente aumentados e contêm inúmeros grânulos cor-de-rosa ou **pontos de Schüffner**, o trofozoíto tem forma de anel, mas de aparência ameboide, os trofozoítos mais maduros e os esquizontes eritrocíticos contendo até 24 merozoítos estão presentes e os gametócitos são redondos. Os esquizontes maduros frequentemente contêm grânulos com pigmento **hemozoína** marrom-dourado **(pigmento malárico)**.

Epidemiologia

Plasmodium vivax é o mais prevalente dos plasmódios humanos, com a distribuição geográfica mais ampla, incluindo as regiões tropicais, subtropicais e temperadas. A maioria esmagadora (> 80%) dos casos clínicos de malária vivax ocorre na América do Sul e no Sudeste Asiático.

Síndromes clínicas

Após um período de incubação (geralmente de 10 a 17 dias), o paciente manifesta sintomas vagos semelhantes aos da gripe com cefaleia, mialgia, fotofobia, anorexia, náuseas e vômitos (Caso Clínico 73.1).

À medida que a infecção avança, aumenta o número de eritrócitos rompidos, que liberam os merozoítos, restos celulares tóxicos e hemoglobina na circulação. Juntos, estes produzem o padrão característico de calafrios, febre e rigidez malárica. Esses **paroxismos** normalmente reaparecem periodicamente (geralmente a cada 48 horas) quando o ciclo de infecção, replicação e a lise celular progridem. Os paroxismos podem permanecer relativamente leves ou progredir para ataques graves, com horas de sudorese, calafrios, tremores, temperaturas persistentemente altas (39,4 a 41,1°C) e exaustão.

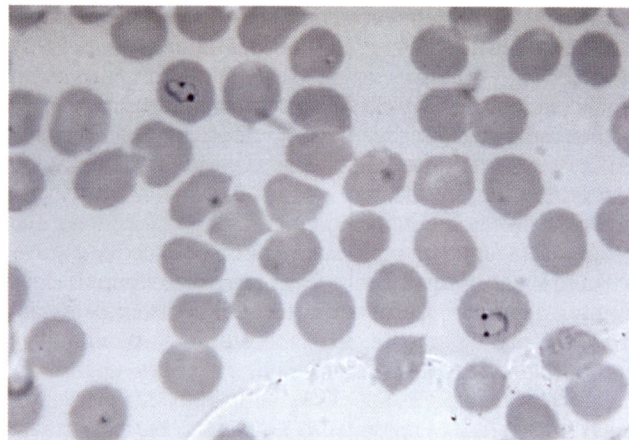

Figura 73.4 *Plasmodium vivax* em forma de anel com pontos duplos de cromatina. Essa característica lembra mais *P. falciparum* do que *P. vivax*. Os anéis de *P. vivax* têm muito citoplasma e um grande ponto de cromatina e pseudópodes ocasionais. Os eritrócitos são normais, até 1,5 vez do tamanho normal, redondos e contêm pontos de Schüffner finos. (De Public Health Image Library.)

Caso Clínico 73.1 Malária

Mohin e Gupta (*Infect Dis Clin Pract* 15:209–212, 2007) descreveram um caso de malária grave causada por *Plasmodium vivax*. O paciente era um homem de 59 anos que apresentou história de 1 dia de febre alta depois de retornar recentemente da Guiana, na América do Sul. Ele não fez uso de medicamentos antes, durante ou depois da viagem. Ele observou que seus sintomas eram semelhantes aos de uma malária 5 anos antes, que também foi adquirida na Guiana. Um esfregaço de sangue periférico como parte do exame inicial mostrou inúmeros eritrócitos com esquizontes consistentes com a infecção por *Plasmodium*, com mais de 5% de parasitemia. Vários testes realizados no sangue, incluindo uma PCR DNA, foram enviados para a determinação de espécies de parasitas. O paciente iniciou a terapia oral com quinina e doxiciclina em razão de preocupações com a malária resistente à cloroquina. Posteriormente, durante os próximos 4 dias, o paciente desenvolveu trombocitopenia grave e insuficiência renal não oligúrica, insuficiência respiratória aguda e circulatória, apesar de uma diminuição na parasitemia a menos de 0,5%. Ele recebeu quinina IV e uma exsanguineotransfusão para tratar a infecção por *P. falciparum*, suspeita na época por causa da gravidade de seus sintomas. No dia seguinte, no entanto, os resultados da PCR do sangue revelaram que o parasita era *P. vivax* e não *P. falciparum*. O paciente melhorou gradualmente e foi tratado com primaquina para evitar recidivas.

Esse caso mostra que, embora incomum, o comprometimento respiratório e circulatório grave pode complicar a malária causada por *P. vivax*. Esse parasita deve ser considerado se a condição do paciente se deteriora apesar da presença de níveis relativamente baixos de parasitas. Ao contrário de *P. falciparum*, as infecções por *P. vivax* apresentam o risco adicional de recidiva, o que justifica o tratamento apropriado e adequado. Esse caso também enfatiza a importância da quimioprofilaxia e medidas de proteção pessoal para qualquer pessoa que planeje uma viagem a uma região infestada por malária.

PCR, reação em cadeia da polimerase.

Plasmodium vivax causa **"malária terçã benigna"**, que se refere ao ciclo de paroxismo a cada 48 horas (em pacientes não tratados) e a compreensão de que a maioria dos pacientes é tolerante aos ataques e pode sobreviver por anos sem tratamento. Entretanto, evidências recentes sugerem que *P. vivax* possa causar um **espectro de síndromes graves, que ameaçam a vida** e que são notavelmente semelhantes àquelas causadas por *P. falciparum*. Relatos de malária vivax marcada pelo delírio, convulsões, insuficiência renal, choque, disfunção hepática, anemia grave, lesão e edema pulmonar e a angústia respiratória aguda são provenientes do Sudeste Asiático, do Oriente Médio e da América do Sul. Além disso, se não forem tratadas, as infecções crônicas por *P. vivax* podem levar a lesões cerebrais, renais e hepáticas como resultado do pigmento malárico, debris celulares e obstrução capilar desses órgãos por massas de eritrócitos aderentes.

Diagnóstico laboratorial

O exame microscópico de esfregaços sanguíneos espessos e delgados é o método de escolha para confirmar o diagnóstico clínico de malária e a identificação específica das espécies responsáveis pela doença. O esfregaço espesso é um método de concentração e pode ser utilizado para detectar os plasmódios. Com treinamento, também pode ser usado para diagnosticar a espécie. O esfregaço delgado é mais adequado para estabelecer a identificação das espécies. Os esfregaços de sangue podem ser coletados a qualquer momento ao longo do curso da infecção, mas o melhor momento é no período intermediário, entre os paroxismos de calafrios e de febre, quando é encontrado o maior número de microrganismos intracelulares. Pode ser necessário repetir os esfregaços em intervalos de 4 a 6 horas.

Os procedimentos sorológicos estão disponíveis, mas são utilizados principalmente para pesquisas epidemiológicas ou para triagem de doadores de sangue. Os resultados sorológicos geralmente permanecem positivos por aproximadamente 1 ano, mesmo após o tratamento completo da infecção. Os TDRs podem ser empregados como coadjuvantes à microscopia no diagnóstico da malária causada por *P. vivax*; no entanto, a sensibilidade é geralmente muito menor do que a da detecção de *P. falciparum*: 69 a 85% versus 94 a 100%, respectivamente.

Tratamento, prevenção e controle

O tratamento da infecção por *P. vivax* envolve uma combinação de medidas de suporte e quimioterapia. Repouso absoluto, alívio da febre e cefaleia, regulação do equilíbrio hídrico e, em alguns casos, a transfusão de sangue são medidas de suporte.

Os esquemas quimioterápicos são os seguintes:
1. Supressão: visa evitar infecções e sintomas clínicos (ou seja, uma forma de profilaxia).
2. Terapêutico: visa erradicar o ciclo eritrocítico.
3. Cura radical: visa erradicar o ciclo exoeritrocítico no fígado.
4. Gametocida: visa destruir os gametócitos eritrocíticos para prevenir a transmissão de mosquitos.

A cloroquina é o medicamento de eleição para a supressão e o tratamento da infecção por *P. vivax*, seguido de primaquina para a cura radical e eliminação dos gametócitos. As formas resistentes à cloroquina de *P. vivax* surgiram na Indonésia, nas Ilhas Salomão, na Nova Guiné e no Brasil.

Pacientes infectados por *P. vivax* resistentes à cloroquina podem ser tratados com outros agentes, incluindo mefloquina ± artesunato, quinina, pirimetamina-sulfadoxina e doxiciclina. A primaquina é particularmente efetiva para evitar uma recidiva das formas latentes de *P. vivax* no fígado. Considerando que os medicamentos antimaláricos são potencialmente tóxicos, é imperativo que os médicos revisem cuidadosamente os esquemas terapêuticos recomendados.

PLASMODIUM OVALE

Fisiologia e estrutura

Plasmodium ovale é semelhante a *P. vivax* em muitos aspectos, incluindo sua seletividade para eritrócitos jovens e flexíveis. Como consequência, a célula hospedeira se torna ampliada e distorcida, geralmente em forma oval. As fissuras de Schüffner aparecem como grânulos rosa-claro e a borda da célula é frequentemente fimbriada ou irregular. O esquizonte de *P. ovale*, quando maduro, contém cerca da metade do número de merozoítos vistos em *P. vivax* e o pigmento malárico apresenta cor marrom-escura. Recentemente, a análise genética *multilocus* identificou polimorfismos em *P. ovale*, levando à descrição de cepas clássicas e variantes. Agora, é amplamente aceito que *P. ovale* compreende duas subespécies intimamente relacionadas que coexistem nas mesmas regiões geográficas sem reprodução cruzada, *P. ovale curtisi* (cepa clássica) e *P. ovale wallikeri* (cepa variante). Essas duas subespécies são morfologicamente indistinguíveis, mas foi relatado que a duração da latência é distinta.

Epidemiologia

Plasmodium ovale é distribuído principalmente na África tropical, na qual é frequentemente mais predominante do que *P. vivax*. Ele também é encontrado na Ásia e América do Sul.

Síndromes clínicas

O quadro clínico das crises terçãs causadas por *P. ovale* (terçã benigna ou malária oval) é semelhante à infecção por *P. vivax*. As infecções não tratadas duram apenas cerca de 1 ano, em vez de vários anos para *P. vivax*. Tanto a fase de recidiva quanto a de recrudescência são semelhantes ao *P. vivax*.

Diagnóstico laboratorial

Como no caso do *P. vivax*, são examinados esfregaços de sangue espesso e delgado para a visualização de células hospedeiras ovais características, com pontos de Schüffner e uma parede celular irregular. Testes sorológicos revelam reação cruzada com *P. vivax* e outros plasmódios. Os TDRs não são recomendados para o diagnóstico de infecção por *P. ovale*.

Tratamento, prevenção e controle

O esquema terpêutico, incluindo o uso da primaquina para prevenir recidivas de formas hepáticas latentes, é semelhante ao utilizado para infecções por *P. vivax*. A prevenção da infecção por *P. ovale* envolve as mesmas medidas de *P. vivax* e outros plasmódios.

PLASMODIUM MALARIAE

Fisiologia e estrutura

Em contraste com *P. vivax* e *P. ovale*, *P. malariae* pode infectar somente eritrócitos maduros com membranas celulares relativamente rígidas. Como resultado, o crescimento do parasita deve estar em conformidade ao tamanho e forma do eritrócito. Isso não produz nenhum aumento ou distorção dos eritrócitos, como visto em *P. vivax* e *P. ovale*, mas resulta em formas distintas do parasita, visualizadas na célula hospedeira, "formas em banda e barras", bem como formas muito compactas, com coloração escura. O esquizonte de *P. malariae* não apresenta aumento ou distorção de eritrócitos e é geralmente composto de oito merozoítos que aparecem em uma roseta em torno de um grânulo de pigmento central marrom-escuro. Ocasionalmente, grânulos avermelhados chamados **pontos Ziemann** aparecem na célula hospedeira.

Ao contrário de *P. vivax* e *P. ovale*, hipnozoítos de *P. malariae* não são encontrados no fígado e não ocorre recidiva. A recrudescência ocorre e os ataques podem se desenvolver após aparente redução dos sintomas.

Epidemiologia

A infecção por *P. malariae* ocorre principalmente nas regiões subtropicais e temperadas como as de outros plasmódios, mas é menos frequente.

Síndromes clínicas

O período de incubação de *P. malariae* é o mais longo dos plasmódios, geralmente de 18 a 40 dias, mas possivelmente vários meses a anos. Os primeiros sintomas são gripais, com padrões febris periódicos de 72 horas (malária quartã). Os episódios são moderados a graves e duram várias horas. Infecções não tratadas podem durar 20 anos.

Diagnóstico laboratorial

Ao se observarem as formas em barra ou banda e o esquizonte em roseta, característicos desse parasita, em esfregaços sanguíneos espessos e delgados é estabelecido o diagnóstico da infecção por *P. malariae*. Como observado, os testes sorológicos indicam reação cruzada com outros plasmódios. Os TDRs não são recomendados para o diagnóstico de infecções com *P. malariae*.

Tratamento, prevenção e controle

O tratamento é semelhante ao prescrito para infecções por *P. vivax* e *P. ovale* e deve ser realizado para prevenir infecções recrudescentes. O tratamento para evitar a recidiva causada por formas hepáticas latentes não é necessário porque *P. malariae* não apresenta essas formas. Mecanismos preventivos e de controle são discutidos para *P. vivax* e *P. ovale*.

Espécies de *Babesia*

Babesia é um gênero de parasitas esporozoários intracelulares que morfologicamente assemelham-se a plasmódios. A babesiose é uma zoonose que infecta vários animais, tais como veados, gado e roedores; os humanos são hospedeiros acidentais. A infecção é transmitida por carrapatos *Ixodes*. *Babesia microti* é a causa comum de babesiose nos EUA.

FISIOLOGIA E ESTRUTURA

A infecção humana segue-se ao contato com um carrapato infectado (Figura 73.5). Os **corpúsculos piriformes** infecciosos são introduzidos na corrente sanguínea e infectam os eritrócitos. Os trofozoítos intraeritrocíticos se multiplicam por **fissão binária**, formando tétrades e, em seguida, lisam o eritrócito, liberando os merozoítos; estes podem reinfectar outras células para manter a infecção. As células infectadas também podem ser ingeridas por carrapatos nos períodos de alimentação, nos quais a replicação adicional pode ocorrer. A infecção na população de carrapatos também pode ser mantida por transmissão transovariana. As células infectadas em humanos se assemelham às formas em anel de *P. falciparum*, mas o pigmento malárico ou outros estágios de crescimento caracteristicamente visualizados com infecções por plasmódios não são observados no exame cuidadoso de esfregaços de sangue (Figura 73.6).

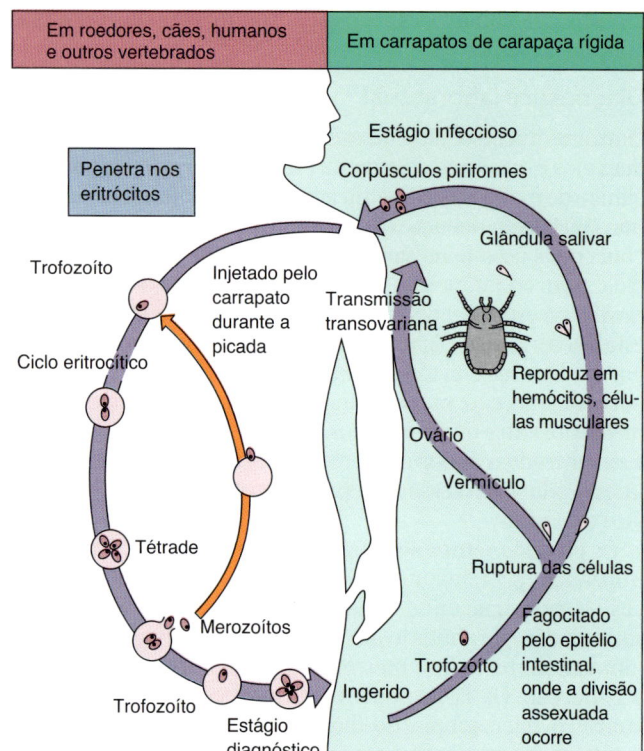

Figura 73.5 Ciclo de vida das espécies de *Babesia*.

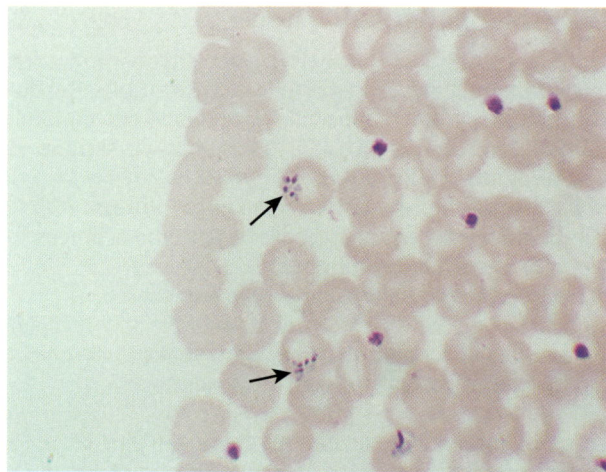

Figura 73.6 *Babesia microti* em formas de anéis. Notar a formação de múltiplos anéis *(setas)* no interior dos eritrócitos individuais e a similaridade àqueles observados em *Plasmodium falciparum* na Figura 73.2.

EPIDEMIOLOGIA

Mais de 70 espécies diferentes de *Babesia* são encontradas na África, na Ásia, na Europa e na América do Norte, com *B. microti* responsável pelas doenças ao longo da costa do nordeste dos EUA (p. ex., Ilha de Nantucket, Martha's Vineyard, Shelter Island). *Ixodes dammini* é o vetor carrapato responsável pela transmissão da babesiose nessa região, e o reservatório natural são *Apodemus sylvaticus*, *Myodes glareolus*, *Microtus agrestis* e outros pequenos roedores. Estudos sorológicos realizados em áreas endêmicas demonstraram uma alta incidência de exposição anterior a *Babesia*. Presumivelmente, a maioria das infecções é assintomática ou leve. *Babesia divergens*, que tem sido relatada com mais frequência na Europa, causa infecções graves, muitas vezes fatais, em pessoas que foram submetidas à esplenectomia. A parasitemia grave e persistente por *B. microti* ocorre em pacientes imunossuprimidos infectados pelo HIV, com baços intactos. Embora a maioria das infecções seja acompanhada por picadas de carrapatos, *B. microti* é cada vez mais transmitida por transfusões de sangue nos EUA. Um recente surto de casos de babesiose transmitida por transfusão (BTT), atribuídos a *B. microti*, foi relacionado com pelo menos 12 fatalidades em receptores de transfusão diagnosticados com babesiose, elevando a BTT a um problema político-chave na medicina transfusional. A prevenção de casos relacionados com transfusões ocorre principalmente por meio da triagem com um questionário preenchido por doador de sangue; aqueles com história pregressa de babesiose são proibidos de doar sangue por um tempo indeterminado.

Existe a necessidade de um método de triagem viável e econômico para os produtos sanguíneos. Atualmente, não há nenhum teste aprovado pela FDA para esse propósito.

SÍNDROMES CLÍNICAS

Após um período de incubação de 1 a 4 semanas, pacientes sintomáticos manifestam mal-estar geral, febre sem periodicidade, cefaleia, calafrios, sudorese, fadiga e fraqueza. Como a infecção progride com o aumento da destruição de eritrócitos, a anemia hemolítica se desenvolve e o paciente pode desenvolver insuficiência renal. Hepatomegalia e esplenomegalia podem se desenvolver em estágios avançados. A parasitemia de baixo grau pode persistir por semanas. Esplenectomia ou asplenia funcional, imunossupressão, infecção pelo HIV e idade avançada aumentam a suscetibilidade de uma pessoa a infecções e à doença mais grave.

DIAGNÓSTICO LABORATORIAL

O exame de esfregaços de sangue é o método de escolha para o diagnóstico. A equipe de profissionais do laboratório tem de ser experiente em diferenciar espécies de *Babesia* e *Plasmodium*. *Babesia* pode ser confundida com *P. falciparum*, com os eritrócitos infectados por múltiplas formas de anel pequenas (ver Figura 73.6). Os pacientes infectados podem ter esfregaços negativos por causa dos baixos níveis de parasitemia. Essas infecções podem ser diagnosticadas pela inoculação de amostras de sangue em *hamsters*, que são altamente suscetíveis à infecção. Testes sorológicos e amplificação do DNA de *Babesia* por PCR também estão disponíveis para uso diagnóstico.

TRATAMENTO, PREVENÇÃO E CONTROLE

O tratamento de escolha para doenças leves a moderadas é a combinação de atovaquona e azitromicina, enquanto clindamicina e quinina, assim como a exsanguineotransfusão são indicadas para doenças graves. Outros esquemas antiprotozoários, incluindo cloroquina e pentamidina, têm sido utilizados com resultados variáveis. No entanto, a maioria dos pacientes com doença leve se recupera sem terapia específica. A exsanguineotransfusão também é bem-sucedida em pacientes que realizaram esplenectomias e que apresentam infecções graves causadas por *B. microti* ou *B. divergens*. O uso de roupas de proteção e repelentes de insetos consegue minimizar a exposição a carrapatos em áreas endêmicas, que é essencial para a prevenção de doenças. Os carrapatos precisam se alimentar de seres humanos por várias horas antes que os microrganismos sejam transmitidos, de modo que a remoção imediata de carrapatos possa ser protetora.

Toxoplasma gondii

Toxoplasma gondii é um parasita coccídeo característico relacionado com *Plasmodium*, *Cystoisospora* e outros membros do clado Apicomplexa. *Toxoplasma gondii* é um parasita intracelular encontrado em uma grande variedade de animais, incluindo aves e humanos. Existe apenas uma espécie e parece haver pouca variação entre cepas. O hospedeiro reservatório essencial de *T. gondii* é o gato doméstico comum e outros felinos.

FISIOLOGIA E ESTRUTURA

Os microrganismos se desenvolvem nas células intestinais do gato e durante um ciclo extraintestinal com passagem para os tecidos através da corrente sanguínea (Figura 73.7).

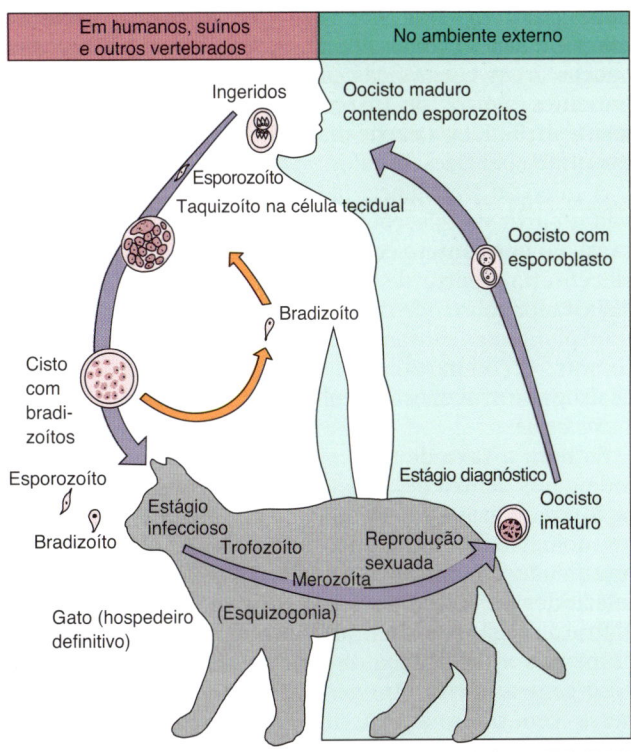

Figura 73.7 Ciclo de vida de *Toxoplasma gondii*.

Os microrganismos do ciclo intestinal são eliminados nas fezes dos gatos e amadurecem até se tornarem cistos infecciosos dentro de 3 a 4 dias no ambiente externo. Os oocistos são semelhantes aos do *Cystoisospora belli*, que é o parasita protozoário do intestino humano, e podem ser ingeridos por ratos e outros animais (incluindo humanos), com a produção de infecção aguda e crônica de vários tecidos, incluindo o cérebro. A infecção em gatos é estabelecida quando os tecidos de roedores infectados são ingeridos.

Algumas formas infecciosas (**trofozoítos**) do oocisto se desenvolvem como tipos delgados, de formato crescente, chamados **taquizoítos**. Essas formas, que se multiplicam rapidamente, são responsáveis pela infecção inicial e danos aos tecidos. De crescimento lento, formas mais curtas denominadas **bradizoítos**, também se desenvolvem e formam cistos em infecções crônicas.

EPIDEMIOLOGIA

A infecção humana por *T. gondii* é onipresente; no entanto, ela é cada vez mais evidente de modo que alguns indivíduos imunocomprometidos (pacientes com a síndrome da imunodeficiência adquirida [AIDS]) têm maior probabilidade de desenvolverem manifestações graves. A grande variedade de animais que abrigam o microrganismo, como carnívoros, herbívoros e aves, é responsável pela ampla transmissão.

A infecção humana pode ser adquirida de várias maneiras: (1) ingestão de carne contaminada malcozida contendo cistos de *T. gondii*; (2) ingestão de oocistos das mãos, alimentos, solo ou água contaminada com fezes de gato; (3) transplante de órgãos ou transfusão de sangue; (4) transmissão transplacentária; e (5) inoculação acidental de taquizoítos. Estudos sorológicos mostram aumento da prevalência de taquizoítos em populações humanas nas quais o consumo de carne não cozida ou sucos de carne são populares. É digno de nota que os testes sorológicos das populações humanas e de roedores são negativos nas poucas áreas geográficas em que os gatos não estavam presentes. Surtos de toxoplasmose nos EUA são geralmente atribuídos a carne malcozida (p. ex., hambúrguer) e contato com fezes de gatos.

A infecção transplacentária pode ocorrer na gravidez, seja a partir de infecções adquiridas de carne e sucos de carne ou por contato com fezes de gato. A infecção transplacentária a partir de uma mãe infectada tem um efeito devastador sobre o feto. A infecção por sangue ou órgãos transplantados contaminados pode ocorrer, mas não é comum. O compartilhamento de agulhas entre usuários de drogas intravenosas também facilita a transmissão de *Toxoplasma*.

Embora a taxa de soroconversão seja semelhante em indivíduos dentro de uma localização geográfica, a taxa de infecção grave é acentuadamente afetada pelo estado imunológico do indivíduo. Pacientes com defeitos na imunidade celular, principalmente aqueles que estão infectados pelo HIV ou que foram submetidos a transplante de órgãos ou à terapia imunossupressora, são mais propensos a ter doença disseminada ou do sistema nervoso central (SNC). Em geral, acredita-se que a doença nesse cenário seja causada por reativação de infecção previamente latente em lugar de nova exposição ao microrganismo.

SÍNDROMES CLÍNICAS

A maioria das infecções por *T. gondii* é benigna e assintomática, com sintomas que ocorrem quando o parasita se desloca do sangue aos tecidos, nos quais se torna um parasita intracelular (Caso Clínico 73.2). Quando ocorre uma doença sintomática, a infecção é caracterizada por destruição celular, reprodução de mais microrganismos e, por fim, formação de cisto. Muitos tecidos podem ser afetados; entretanto, o microrganismo tem predileção pelas células do pulmão, coração, órgãos linfoides e SNC, incluindo os olhos.

Os sinais/sintomas de doenças agudas incluem calafrios, febre, cefaleia, mialgia, linfadenite e fadiga; os sintomas ocasionalmente se assemelham aos da mononucleose infecciosa. Nas doenças crônicas, os sinais e sintomas incluem linfadenite, ocasionalmente uma erupção cutânea, evidências de hepatite, encefalomielite e miocardite. Em alguns casos, coriorretinite é observada e pode levar à cegueira.

A infecção congênita com *T. gondii* também ocorre em recém-nascidos de mulheres infectadas durante a gestação. Se a infecção ocorrer no primeiro trimestre, o resultado é um aborto espontâneo, natimorto ou doença grave. Manifestações no recém-nascido infectado após o primeiro trimestre incluem epilepsia, encefalite, microcefalia, calcificações intracranianas, hidrocefalia, retardo psicomotor ou mental, coriorretinite, cegueira, anemia, icterícia, erupção cutânea, pneumonia, diarreia e hipotermia. Os recém-nascidos podem ser assintomáticos, desenvolvendo a doença apenas meses a anos depois. A maioria das vezes estas crianças desenvolvem **coriorretinite** com ou sem cegueira ou outros transtornos neurológicos, incluindo retardo, convulsões, microcefalia e perda auditiva.

Caso Clínico 73.2 Toxoplasmose

Vincent et al. (*Infect Med* 23:390, 2006) descreveram uma mulher de 67 anos com uma história de 3 anos de doença de Hodgkin que recebeu quimioterapia, seguida por transplante de células-tronco autólogas. Pouco tempo depois, ela se tornou febril e neutropênica; o tratamento foi iniciado com antibióticos de amplo espectro. Os resultados das culturas de sangue e urina foram negativos. Após a resolução da neutropenia (1 mês pós-transplante), ocorreram confusão e letargia. Os estudos de imagem do cérebro revelaram microinfartos em ambos os hemisférios e no mesencéfalo. Não havia alterações dignas de nota no material coletado por punção lombar. Com base na suspeita de toxoplasmose, pirimetamina e sulfadiazina foram adicionadas ao esquema terapêutico da paciente. Quando a necrólise epidérmica tóxica (NET) se desenvolveu, a sulfadiazina foi descontinuada e a clindamicina, iniciada. Com a falência de múltiplos órgãos, a paciente morreu 1 semana depois. Na necropsia, formas de cisto com bradizoítos foram detectadas no cérebro e no coração da paciente. Os achados histopatológicos e a coloração imuno-histoquímica confirmaram o diagnóstico de toxoplasmose disseminada.

A toxoplasmose disseminada é rara, principalmente depois do transplante de células-tronco autólogas. A causa provável de reativação e disseminação do *Toxoplasma* nessa paciente foi a imunossupressão mediada por células associada à doença de Hodgkin e seu tratamento. Além do cérebro, o coração, o fígado e os pulmões são frequentemente envolvidos em casos de toxoplasmose disseminada.

Em pacientes idosos imunocomprometidos, um espectro diferente de doenças é encontrado. A reativação da toxoplasmose latente é um problema especial para essas pessoas. As manifestações iniciais de infecção por *Toxoplasma* em pacientes imunocomprometidos são geralmente neurológicas, muitas vezes consistentes com encefalopatia difusa, meningoencefalite ou lesões expansivas encefálicas. A reativação da toxoplasmose cerebral emergiu como causa importante de encefalite em pacientes com AIDS. A doença é geralmente multifocal, com mais de uma lesão expansiva aparecendo simultaneamente no cérebro. Os sinais/sintomas são relacionados com a localização das lesões e podem incluir hemiparesia, convulsões, deficiência visual, confusão e letargia. Outros locais de infecção que têm sido relatados incluem olhos, pulmões e testículos. Embora a doença seja vista predominantemente em pacientes com AIDS, também pode ocorrer com manifestações similares em outros pacientes imunocomprometidos, sobretudo aqueles submetidos a transplantes de órgãos sólidos.

DIAGNÓSTICO LABORATORIAL

Testagem sorológica é necessária para o diagnóstico de infecção aguda ativa; o diagnóstico é estabelecido pelo achado de títulos crescentes de anticorpos documentados em amostras de sangue coletadas sequencialmente. Como o contato com o microrganismo é comum, ensaios para diferentes isótipos de anticorpos e a atenção ao aumento dos títulos são essenciais para diferenciar infecção aguda e ativa de infecção assintomática prévia ou infecção crônica. Um painel de testes referido como perfil sorológico para *T. gondii* (PST) é utilizado por laboratórios de referência especializados para determinar se a infecção é consistente com aquisições recentes ou em um passado mais distante. O PST consiste em (1) reação de Sabin-Feldman para medir anticorpos IgG, (2) ensaios imunossorventes ligados à enzima (ELISAs) para medir anticorpos IgM, IgA e IgE, (3) ensaio de aglutinação imunossorvente para medir os níveis de anticorpos IgE e (4) teste de aglutinação diferencial para medir os níveis de anticorpos IgG.

A avaliação inicial no paciente imunocompetente envolve a triagem de anticorpos IgG para *T. gondii*. Apesar de muitos estudos e diretrizes sugerirem a utilidade da testagem para IgM em paralelo, os anticorpos IgM para *T. gondii* podem persistir por mais de 12 meses após uma infecção aguda, levando a um resultado falso-positivo. Se os títulos de IgG não forem esclarecedores, amostras seriadas devem ser coletadas com 3 semanas de intervalo e testadas em paralelo. Se o título IgG for negativo (menos de 1:16), então a infecção por *Toxoplasma* é excluída. Um aumento de duas vezes no título de anticorpos indica infecção aguda, assim como a conversão de um resultado negativo para um positivo. Um único título elevado não é suficiente para fornecer o diagnóstico da toxoplasmose, porque os títulos de IgG podem permanecer elevados por muitos anos após a infecção.

A toxoplasmose em pacientes com malignidades, transplantes de órgãos ou AIDS é, geralmente, atribuída à reativação de uma infecção crônica assintomática (latente). O diagnóstico de encefalite por *Toxoplasma* geralmente envolve um estudo de imagem (TC ou ressonância magnética) do cérebro. No entanto, as anormalidades cerebrais associadas ao *Toxoplasma* podem ser indistinguíveis do linfoma cerebral relacionado com a AIDS ou doença cerebral chagásica. Portanto, microscopia, técnicas sorológicas e moleculares devem ser utilizadas para um diagnóstico definitivo.

O diagnóstico pode ser muito difícil para esses pacientes; o anticorpo IgM é geralmente indetectável e o achado de anticorpo IgG somente confirma infecção passada. Na ausência de evidência sorológica de infecção aguda, o diagnóstico pode ser confirmado apenas pela detecção histológica do microrganismo em tecidos ou detecção de ácidos nucleicos por PCR. Pacientes imunossuprimidos que são negativos para anticorpos IgG correm risco de infecção aguda adquirida, enquanto pacientes soropositivos, de reativação.

Os métodos usados para diagnosticar toxoplasmose aguda em mulheres grávidas são as mesmas usadas para adultos imunocompetentes. A FDA emitiu um aviso aos médicos contra o uso de *kits* comerciais para detecção de IgM anti-*T. gondii* como o único método de diagnóstico durante a gravidez em razão dos resultados frequentemente falso-positivos e falso-negativos nesses pacientes. Testes confirmatórios em um laboratório de referência em toxoplasmose são altamente recomendados. Se não houver anticorpos IgM e IgG, a infecção ativa pode ser excluída.

O diagnóstico pré-natal de toxoplasmose congênita pode ser obtido por ultrassonografia e amniocentese. A análise por PCR de líquidos para detectar *T. gondii* é o teste de escolha, oferecendo excelentes valores preditivos positivos e negativos. Como os anticorpos IgG maternos estão presentes nos recém-nascidos, a detecção de anticorpos IgA e IgM é a base do sorodiagnóstico da toxoplasmose no recém-nascido.

A demonstração desses microrganismos como trofozoítos e cistos em tecidos e líquidos corporais é o método diagnóstico definitivo (Figura 73.8). Amostras de biopsia de linfonodos, cérebro, miocárdio ou outros tecidos suspeitos, bem como líquidos corporais, incluindo líquido cerebrospinal, líquido amniótico ou lavado broncoalveolar, podem ser examinados diretamente à procura de microrganismos. Novas colorações fluorescentes com anticorpos fluorescentes podem facilitar a detecção direta de *T. gondii* no tecido. Os métodos de cultura para *T. gondii* são em grande parte experimentais e normalmente não disponíveis em laboratórios clínicos. Os dois métodos disponíveis são para inocular material potencialmente infectado no peritônio do camundongo ou na cultura de tecidos.

Os avanços no desenvolvimento de métodos de detecção baseados em PCR são promissores e podem proporcionar abordagens rápidas e sensíveis para a detecção do

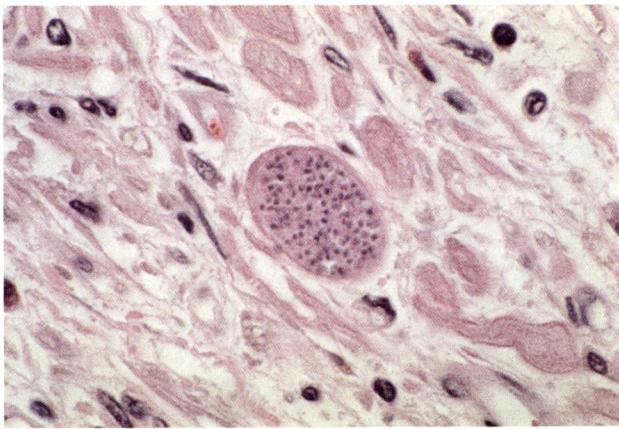

Figura 73.8 Cisto de *Toxoplasma gondii* no tecido. Centenas de microrganismos podem ser encontrados no cisto, que pode se tornar ativo e iniciar doenças com a redução da imunidade do hospedeiro (p. ex., imunossupressão em pacientes transplantados e em doenças como a AIDS).

microrganismo no sangue, líquido cerebrospinal, líquido amniótico e outras amostras clínicas. O uso mais importante da PCR é direcionado para o diagnóstico pré-natal de toxoplasmose congênita usando líquido amniótico. Quando os resultados sorológicos maternos indicam infecção potencial durante a gravidez, a PCR de líquido amniótico demonstrou ser mais sensível para a confirmação de infecção fetal do que os métodos convencionais de inoculação de camundongos e células em cultura de tecidos, além de testes de sangue para IgM. A tecnologia da PCR para *Toxoplasma* é oferecida no *Toxoplasma* Serology Laboratory, Palo Alto, Califórnia, e por alguns laboratórios de análises clínicas comerciais. Atualmente, sistemas comerciais estão disponíveis e se comparam favoravelmente aos sistemas desenvolvidos por laboratórios de referência.

TRATAMENTO, PREVENÇÃO E CONTROLE

A terapia para toxoplasmose depende da natureza do processo infeccioso e a imunocompetência do hospedeiro. A maioria das infecções semelhantes à mononucleose em hospedeiros normais regride espontaneamente e não exige terapia específica. Por outro lado, a infecção disseminada ou do SNC em indivíduos imunocomprometidos tem de ser tratada. Antes da associação de *T. gondii* com infecção pelo HIV, pacientes imunocomprometidos com toxoplasmose foram tratados por 4 a 6 semanas. No cenário da infecção pelo HIV, a descontinuação da medicação após 4 a 6 semanas está associada a uma taxa de recidiva de 25%. Esses pacientes são atualmente tratados com um esquema inicial de alta dose de pirimetamina mais sulfadiazina e depois são mantidos em doses mais baixas de ambos os fármacos indefinidamente. Embora essa combinação de medicamentos seja o regime de escolha, a toxicidade (erupção cutânea e supressão da medula óssea) pode necessitar de mudanças para agentes alternativos. A clindamicina mais pirimetamina é a alternativa mais bem estudada. Atovaquona e azitromicina (cada um individualmente ou com pirimetamina) também apresentam algumas atividades, embora sua eficácia e segurança em comparação às da clindamicina-pirimetamina precisem ser avaliadas. A sulfametoxazol-trimetoprima é outra alternativa para a pirimetamina-sulfadiazina no tratamento de toxoplasmose disseminada ou do SNC. O uso de corticosteroides é indicado como parte da terapia do edema cerebral e infecções oculares que envolvem ou ameaçam a mácula.

Infecções no primeiro trimestre de gravidez são difíceis de tratar em decorrência da teratogenicidade da pirimetamina em animais de laboratório. Tanto a clindamicina quanto a espiramicina são opções com aparente sucesso. A espiramicina não parece ser efetiva para o tratamento da toxoplasmose em pacientes imunocomprometidos.

Visto que mais pacientes imunocomprometidos em risco de infecção disseminada são identificados, maior ênfase é dada às medidas preventivas e profilaxia específica. Atualmente, exames sorológicos de rotina em pacientes antes do transplante de órgãos e no início da infecção pelo HIV estão sendo realizados. Os indivíduos com testes sorológicos positivos correm risco muito mais elevado para o desenvolvimento de doenças e agora estão sendo considerados para a profilaxia. A sulfametoxazol-trimetoprima, que também é utilizada como profilaxia para prevenir *Pneumocystis jirovecii*, também parece ser efetiva na prevenção de infecções com *T. gondii*. Medidas preventivas adicionais para gestantes e hospedeiros imunocomprometidos devem incluir evitar o consumo e o manuseio de carne crua ou malcozida e também evitar a exposição a fezes de gatos. Como é o caso com outros protozoários, a disponibilidade da terapia antirretroviral levou a uma grande redução na toxoplasmose associada à AIDS. Em particular, os casos de encefalite por *Toxoplasma* foram consideravelmente reduzidos e agora são muito incomuns em regiões com acesso à terapia antirretroviral.

Sarcocystis lindemanni

Sarcocystis lindemanni é um coccídeo típico intimamente relacionado com as formas intestinais de *S. suihominis*, *S. bovihominis* e *C. belli*, assim como ao parasita *T. gondii* do sangue e tecidos. *Sarcocystis lindemanni* ocorre em todo o mundo em vários animais, principalmente ovinos, bovinos e suínos. Os seres humanos são infectados acidentalmente apenas como resultado da ingestão de carne desses animais. A maioria das infecções é assintomática, mas ocasionalmente a infecção pode causar miosite, que é caracterizada por edema muscular, dispneia e eosinofilia. A infecção do miocárdio é observada, mas é extremamente rara. Não há tratamento específico para a infecção muscular.

Amebas de vida livre

Espécies de *Naegleria*, espécies de *Acanthamoeba*, espécies de *Balamuthia*, *Sappinia pedata*, *Paravahlkampfia francinae* e outras amebas de vida livre são encontradas em solos e em lagos, riachos e outros ambientes aquáticos contaminados. A maioria das infecções humanas por essas amebas é adquirida durante os meses quentes de verão por pessoas expostas às amebas, ao nadarem em água contaminada. A inalação de cistos na poeira pode ser responsável por algumas infecções, enquanto as infecções oculares por espécies de *Acanthamoeba* estão associadas à contaminação das lentes de contato com soluções de limpeza não estéreis.

SÍNDROMES CLÍNICAS

Os protozoários *Naegleria*, *Acanthamoeba*, *Balamuthia*, *Sappinia* e *Paravahlkampfia* são patógenos oportunistas (Caso Clínico 73.3). Embora a colonização das vias nasais seja geralmente assintomática, essas amebas conseguem invadir a mucosa nasal e se estendem até o cérebro. A **meningoencefalite amebiana** primária (MAP) é mais comumente causada por *N. fowleri*. A destruição do tecido cerebral é caracterizada por meningoencefalite fulminante, rapidamente fatal. Os sinais/sintomas incluem cefaleia frontal intensa, dor de garganta, febre, congestão nasal com alteração dos sentidos do paladar e do olfato, rigidez de nuca e sinal de Kernig (sinal de irritação meníngea). O líquido cerebrospinal é purulento e pode conter muitos eritrócitos e amebas móveis. Clinicamente, a evolução da doença é rápida, com a morte geralmente ocorrendo em 4 ou 5 dias. Os achados *post mortem* mostram trofozoítos de *Naegleria* no cérebro, mas nenhuma evidência de cistos (Figura 73.9). Embora todos os casos tenham sido fatais antes de 1970, sobrevida tem sido relatada em alguns casos quando a doença foi rapidamente diagnosticada e tratada.

> **Caso Clínico 73.3 Encefalite amebiana**
>
> Rahimian e Kleinman (*Infect Med* 22:382–385, 2005) descreveram um homem de 43 anos, proveniente da República Dominicana, que procurou atendimento médico após uma convulsão. O paciente tinha história pregressa de diabetes melito e hipertensão arterial, mas negou convulsões. Resultados de TC sem contraste foram normais. O exame neurológico não revelou alteração evidente e o paciente foi encaminhado para casa. Aproximadamente 2 semanas mais tarde, ele foi readmitido no hospital por causa de paralisia facial à esquerda de aparecimento súbito. A TC sem contraste revelou espessamento e hipodensidade de aparecimento recente na substância cinzenta frontal direita. Fraqueza generalizada progressiva se desenvolveu, juntamente com a paralisia do membro superior esquerdo. A repetição da TC sem contraste revelou aumento do tamanho da área hipodensa frontal direita, com edema vasogênico e uma nova lesão hipodensa parietal esquerda. Nesse período, disartria e cefaleia occipital bilateral também foram observadas. O paciente era um profissional de construção civil que negou o uso de drogas injetáveis, recente tratamento dentário e fatores de risco para a infecção pelo HIV. Seu histórico de viagens foi significativo apenas em relação a uma viagem à República Dominicana 2 anos antes. O exame clínico evidenciou disartria, paralisia facial à esquerda e também no membro superior esquerdo. Uma punção lombar revelou contagem de leucócitos elevada, níveis de proteínas no líquido cerebrospinal de 50 mg/dℓ e níveis de glicose de 145 mg/dℓ (a glicose sérica era de 327 mg/dℓ). A coloração de Gram do líquido cerebrospinal foi negativa. A ressonância magnética da cabeça mostrou duas grandes lesões com realce em anel, com possível necrose central. Os resultados de um teste de HIV foram negativos. Uma biopsia cerebral mostrou infiltrado linfocítico, predominantemente nas áreas perivasculares. Um exame mais atento revelou trofozoítos e cistos amebianos consistentes com o diagnóstico de encefalite amebiana. Resultados da PCR foram consistentes com infecção por *Balamuthia mandrillaris*. A terapia com pentamidina foi iniciada, mas o paciente morreu 3 dias depois.
>
> A encefalite por *Balamuthia* foi descrita tanto em indivíduos imunossuprimidos como em indivíduos imunocompetentes. Muitos pacientes infectados não têm história pregressa de nado ou exposição à água contaminada. Acredita-se que a porta de entrada seja o sistema respiratório ou a ulceração da pele, com disseminação para o cérebro. A maioria dos casos de encefalite amebiana foi diagnosticada *post mortem*. Atualmente, uma PCR específica para *Balamuthia* tem sido utilizada para o diagnóstico, como foi feito nesse caso. A maioria dos pacientes morre semanas após o aparecimento dos sintomas neurológicos, apesar do tratamento com pentamidina.
>
> *TC*, tomografia computadorizada; *PCR*, reação em cadeia da polimerase.

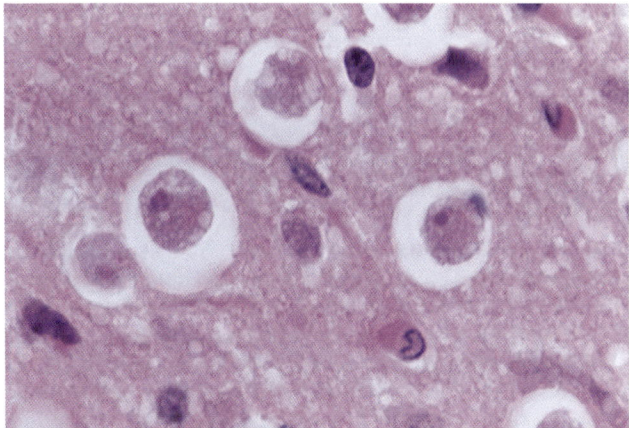

Figura 73.9 Inúmeros trofozoítos de *Naegleria* no tecido cerebral de um paciente com meningoencefalite amebiana. (De CDC Public Health Image Library.)

relatos prévios de MAP não fatais podem ter sido causados por esse microrganismo.

Em contraste com *Naegleria*, os parasitas *Acanthamoeba* e *Balamuthia* provocam encefalite amebiana granulomatosa e abscessos cerebrais únicos ou múltiplos, principalmente em pacientes imunocomprometidos. O curso da doença é mais lento, com um período de incubação de pelo menos 10 dias. A doença resultante é a encefalite granulomatosa crônica com edema do tecido cerebral.

A infecção dos olhos e da pele causada por *Acanthamoeba* também pode ocorrer. A ceratite é geralmente associada a traumatismos oculares ocorridos antes do contato com solo, poeira ou água. O uso de lentes de contato higienizadas de forma inadequada também está associado a essa doença. A invasão pela espécie *Acanthamoeba* produz ulceração da córnea e dor ocular grave. Casos de infecção cutânea disseminada e infecção subcutânea aparente com *Acanthamoeba* e *Balamuthia* são descritos em pacientes com AIDS e em receptores de transplante de órgãos sólidos. Essas infecções incluem múltiplos nódulos de tecidos moles, que na biopsia contêm amebas. O envolvimento do SNC ou tecido profundo também pode ocorrer nessa forma de infecção.

DIAGNÓSTICO LABORATORIAL

Para o diagnóstico de infecções causadas por amebas de vida livre, amostras de secreção nasal, líquido cerebrospinal e (no caso de infecções oculares) raspados da córnea devem ser coletadas. As amostras devem ser examinadas utilizando-se uma preparação a fresco com solução salina e esfregaços corados com iodo. A coloração pelo método de Giemsa, coloração de Gram ou pelo corante fluorescente calcofúlor branco também podem ser utilizados. As espécies de *Naegleria* e *Acanthamoeba* são difíceis de diferenciar, exceto por microscopistas experientes. No entanto, a observação de uma ameba em um tecido normalmente estéril é diagnóstica (ver Figura 73.9). Na infecção por *Naegleria*, somente os **trofozoítos ameboides** são encontrados nos tecidos, enquanto na infecção por *Acanthamoeba* e *Balamuthia*, tanto os trofozoítos como os cistos são encontrados nos tecidos. As amostras clínicas podem ser cultivadas em placas de ágar semeadas com bacilos entéricos gram-negativos vivos. Amebas presentes nas amostras usam as bactérias como fonte nutricional e podem ser detectadas dentro de 1 ou 2 dias pela presença de trilhas

Outras pequenas amebas de vida livre provocam, raramente, encefalite em humanos. *Sarcocystis diploidea* é uma ameba de vida livre encontrada em solo contaminado com fezes de alces e búfalos. *Sarcocystis diploidea* foi identificado em uma lesão cerebral excisada de um homem imunocompetente de 38 anos apresentando cefaleia bifrontal, borramento visual e perda de consciência após infecção nos seios paranasais. Recentemente, uma nova espécie de ameba de vida livre do gênero *Paravahlkampfia* (*P. francinae*) foi isolada do líquido cerebrospinal de um paciente com cefaleia, dor de garganta e sintomas de vômito característicos de MAP. O paciente se recuperou em poucos dias, sugerindo que os

que se formam na superfície do ágar à medida que as amebas se movem. Os protozoários do gênero *Balamuthia* não crescem em placas de ágar utilizadas para *Naegleria* e *Acanthamoeba*, mas são isolados na cultura de tecidos utilizando linhagens de células de mamíferos. A maioria dos casos de infecção por *Balamuthia* é diagnosticada por ensaios com anticorpos imunofluorescentes.

Uma PCR multiplex em tempo real que identifica simultaneamente *Acanthamoeba*, *Balamuthia* e *N. fowleri* no líquido cerebrospinal e em amostras de biopsia tecidual foi desenvolvida nos Centers for Disease Control and Prevention (CDC). A PCR multiplex em tempo real é um método rápido, sensível e robusto que tem muitas vantagens em relação à PCR convencional. Esse teste é utilizado no CDC para identificar *Acanthamoeba*, *Balamuthia* e *N. fowleri* em amostras de pacientes com grande sucesso. Em vista de suas sensibilidade e especificidade elevadas, esse ensaio consegue identificar especificamente uma única ameba em uma amostra. Infelizmente, esses testes baseados em biologia molecular não estão disponíveis rotineiramente em laboratórios de análises clínicas pela falta de reagentes comercialmente disponíveis.

TRATAMENTO, PREVENÇÃO E CONTROLE

O tratamento de infecções por amebas de vida livre é extremamente inefetivo. A meningoencefalite amebiana causada por *Naegleria*, *Acanthamoeba* ou *Balamuthia*, não responde à maioria dos agentes antimicrobianos. O tratamento de escolha para *Naegleria* é a anfotericina B combinada com miconazol e rifampicina. Alguns pacientes com infecções do SNC por *Acanthamoeba* foram curados com uma combinação de fármacos que incluía amicacina, voriconazol, sulfa e miltefosina, enquanto vários pacientes com infecções por *Balamuthia* sobreviveram após tratamento inicial com isetionato de pentamidina e, posteriormente, com uma combinação de sulfadiazina, claritromicina e fluconazol. A capacidade da miltefosina e do voriconazol para penetrar no tecido cerebral e líquido cerebrospinal e sua baixa toxicidade, torna esses medicamentos, possibilidades atrativas no tratamento da doença amebiana do SNC. Em combinação com outros antimicrobianos, esses dois medicamentos podem formar a base de uma terapia ótima para infecções por *Acanthamoeba*, *Balamuthia* e *Naegleria*. Por exemplo, a miltefosina em conjunto com outros fármacos tem sido utilizada no tratamento bem-sucedido de infecções do SNC causadas por *Acanthamoeba*, *Balamuthia* e *N. fowleri*. A ceratite amebiana e as infecções cutâneas podem responder ao miconazol tópico, gliconato de clorexidina ou isetionato de propamidina. O tratamento da ceratite amebiana pode exigir transplante de córnea repetido ou, raramente, enucleação do olho. A ampla distribuição desses microrganismos em águas doces e salobras dificulta a prevenção e o controle de infecções. Recomenda-se que as fontes conhecidas de infecção sejam proibidas para banhos, mergulho e esportes aquáticos, embora isso seja geralmente difícil de ser aplicado. Piscinas com fissuras nas paredes, possibilitando a infiltração do solo, devem ser reparadas para evitar a criação de uma fonte de infecção.

Leishmania

Leishmania são parasitas intracelulares obrigatórios que são transmitidos de animal para humano ou de ser humano para ser humano por picadas de mosquito flebotomíneo fêmea infectada. No caso de *Leishmania* do Velho Mundo, existe apenas um subgênero, *Leishmania*; no entanto, no Novo Mundo, o gênero foi dividido em subgêneros (*Leishmania* e *Viannia*) de acordo com o desenvolvimento do microrganismo no sistema digestório (peripilariano ou suprapilariano) do flebotomíneo. Dependendo da área geográfica, muitas espécies diferentes podem infectar os seres humanos, produzindo várias doenças que vão desde as formas cutâneas, cutâneas difusas e mucocutâneas à forma visceral (Tabela 73.2). Novas espécies de *Leishmania* estão sendo detectadas com frequência. Enquanto a literatura mais antiga se concentrava principalmente em três espécies, *L. donovani* (leishmaniose visceral), *L. tropica* (leishmaniose cutânea) e *L. braziliensis* (leishmaniose cutânea), a taxonomia atual da leishmaniose está em fase de evolução. A diferenciação das espécies é atualmente baseada em técnicas moleculares, em vez da distribuição geográfica e apresentação clínica.

FISIOLOGIA E ESTRUTURA

Os ciclos de vida de todos os parasitas causadores de leishmaniose são bastante similares (Figura 73.10), enquanto as infecções associadas diferem em termos de epidemiologia, tecidos afetados e manifestações clínicas. A fase de **promastigota** (forma longa e fina com um flagelo livre) é encontrada na saliva de mosquitos flebotomíneos infectados. A infecção humana é iniciada pela picada de um flebotomíneo infectado, que injeta os promastigotas na pele, na qual eles perdem seus flagelos; entram na fase de **amastigota**; e invadem as células do sistema fagocítico-mononuclear. A mudança de promastigota para amastigota ajuda a evitar a resposta imunológica do hospedeiro. Mudanças nas moléculas de superfície do organismo desempenham um papel importante na ligação aos macrófagos e na evasão da resposta imune, incluindo a manipulação das vias de sinalização dos macrófagos. A reprodução ocorre na fase de amastigota e à medida que as células se rompem, a destruição de tecidos específicos (p. ex., tecidos cutâneos, órgãos viscerais, tais como o fígado e o baço) se desenvolve. O estágio de amastigota (Figura 73.11) é diagnóstico para leishmaniose e o estágio infeccioso para os flebotomíneos. Os amastigotas ingeridos transformam-se no estágio promastigota no flebotomíneo, multiplicando-se por fissão binária no intestino médio da mosca. Após o desenvolvimento, esta etapa migra para a probóscide do mosquito, na qual novas infecções humanas podem ser introduzidas durante a alimentação. Os ciclos de vida de *Leishmania* são semelhantes para as formas cutânea, mucocutânea e visceral, exceto que as células do sistema fagocítico-mononuclear infectadas podem ser encontradas em todo o corpo na leishmaniose visceral.

EPIDEMIOLOGIA

A leishmaniose é uma zoonose transmitida por mosquitos fêmeas adultas, pertencentes aos gêneros *Phlebotomus* e *Lutzomyia*. Os reservatórios naturais incluem roedores, gambás, tamanduás, preguiças, gatos e cães. Em áreas do mundo onde a leishmaniose é endêmica, a infecção pode ser transmitida por um ciclo humano-vetor-humano. A infecção pode também ser transmitida por contato direto com uma lesão infectada ou mecanicamente por *Stomoxys calcitrans* ou *Stomoxys calcitrans* (moscas hematófagas).

Tabela 73.2 Leishmaniose em humanos.

Parasita	Doença	Distribuição geográfica
L. donovani (subgênero Leishmania)	Leishmaniose visceral Leishmaniose mucocutânea Leishmaniose cutânea Leishmaniose dérmica	África, Ásia, América do Sul
L. infantum L. chagasi (subgênero Leishmania)	Leishmaniose visceral	África, Europa, área do Mediterrâneo, Sudeste Asiático, Américas Central e do Sul
L. tropica (subgênero Leishmania)	Leishmaniose cutânea Leishmaniose visceral (rara)	Afeganistão, Índia, Turquia, ex-URSS, Oriente Médio, África, Índia
L. major (subgênero Leishmania)	Leishmaniose cutânea	Oriente Média, Afeganistão, África, ex-URSS
L. aethiopica (subgênero Leishmania)	Leishmaniose cutânea Leishmaniose cutânea difusa Leishmaniose mucocutânea	Etiópia, Quênia, Iêmen, ex-URSS
L. mexicana (subgênero Leishmania)	Leishmaniose cutânea Leishmaniose cutânea difusa Leishmaniose mucocutânea	Texas, Belize, Guatemala, México
L. braziliensis (subgênero Viannia)	Leishmaniose cutânea Leishmaniose mucocutânea	Américas Central e do Sul
L. peruviana (subgênero Viannia)	Leishmaniose cutânea	Panamá, Colômbia, Costa Rica
L. garnhami (subgênero Leishmania)	Leishmaniose cutânea	Venezuela
L. colombiensis	Leishmaniose cutânea	Colômbia, Panamá, Venezuela
L. venezuelensis (subgênero Leishmania)	Leishmaniose cutânea	Venezuela
L. lainsoni (subgênero Viannia)	Leishmaniose cutânea	Brasil
L. amazonensis (subgênero Leishmania)	Leishmaniose cutânea Leishmaniose cutânea difusa	Brasil, Venezuela
L. naiffi (subgênero Viannia)	Leishmaniose cutânea	Brasil, Ilhas do Caribe
L. pifanoi (subgênero Leishmania)	Leishmaniose cutânea Leishmaniose cutânea difusa	Brasil, Venezuela

URSS, União das Repúblicas Socialistas Soviéticas.
Dados de Barratt, J.L.N., et al., 2010. Importance of nonenteric protozoan infections in immunocompromised people. Clin. Microbiol. Rev. 23, 795–836.

A leishmaniose mucocutânea ocorre predominantemente na Bolívia, no Brasil e no Peru, enquanto a forma cutânea é muito mais difundida em todo o Oriente Médio (Afeganistão, Argélia, Irã, Iraque, Arábia Saudita e Síria) e em áreas focais na América do Sul (Brasil, Peru). A leishmaniose cutânea tem sido diagnosticada em militares dos EUA lotados no Afeganistão, no Iraque e no Kuwait.

A **leishmaniose visceral (calazar, febre dum-dum)** ocorre a uma taxa de aproximadamente 500 mil novos casos por ano, 90% dos quais estão localizados em Bangladesh, Brasil, Índia, Nepal e Sudão. Essa infecção pode ocorrer como uma doença endêmica, epidêmica ou esporádica e é uma zoonose, exceto na Índia, na qual o **calazar** ("febre negra" em Hindi) é uma antroponose (humano-vetor-humano). Indivíduos com leishmaniose dérmica pós-calazar podem ser reservatórios muito importantes para manter a infecção na população, em razão da alta concentração de organismos na pele. Em contraste com as formas cutâneas e mucocutâneas da leishmaniose, para as quais um grande número de espécies desse parasita é considerado o agente etiológico, somente *L. donovani*, *L. infantum* e *L. chagasi* causam comumente a leishmaniose visceral. *Leishmania infantum* é encontrada em países ao longo da Bacia do Mediterrâneo (Europa, Oriente Próximo e África) e em partes da China, da África do Sul e da ex-União Soviética, enquanto *L. chagasi* é encontrada na América Latina. *Leishmania donovani* é concentrada na África e na Ásia. Embora *L. tropica* habitualmente cause leishmaniose cutânea, cepas viscerotrópicas raras têm sido relatadas no Oriente Médio, na África e na Índia.

SÍNDROMES CLÍNICAS

Dependendo das espécies de *Leishmania* envolvidas, a infecção pode resultar em doença cutânea, cutânea difusa, mucocutânea ou visceral. Com a propagação do HIV pandêmico, há um reconhecimento cada vez maior da leishmaniose visceral relacionada com o HIV, causada por *L. donovani* no sul da Ásia e na África e por *L. chagasi* (*L. infantum*) na América do Sul. Nesses pacientes coinfectados, a leishmaniose se manifestará como uma infecção oportunista, com parasitas detectados em locais atípicos e uma elevada taxa de mortalidade associada.

O primeiro sinal de **leishmaniose cutânea**, uma pápula vermelha, aparece no local da picada do mosquito de 2 semanas a 2 meses após a exposição inicial. A lesão fica irritada e intensamente pruriginosa, começa a aumentar de tamanho e ulcerar.

Gradualmente, a úlcera se torna dura e crostosa e exsuda um material fino e seroso. Nessa fase, infecção bacteriana secundária pode complicar a doença. A lesão pode cicatrizar sem tratamento em questão de meses, mas geralmente deixa uma cicatriz desfigurante. A espécie que é comumente associada à leishmaniose cutânea, *L. tropica*, também pode existir

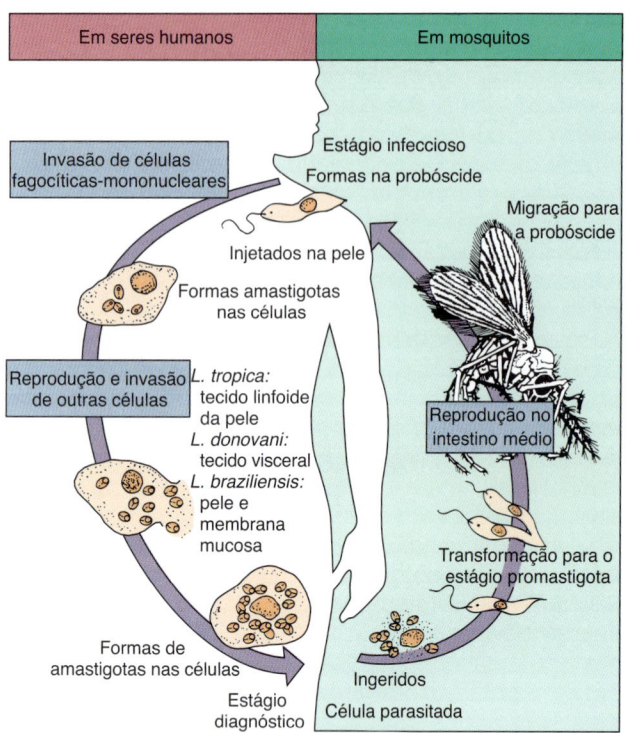

Figura 73.10 Ciclo de vida das espécies de *Leishmania*.

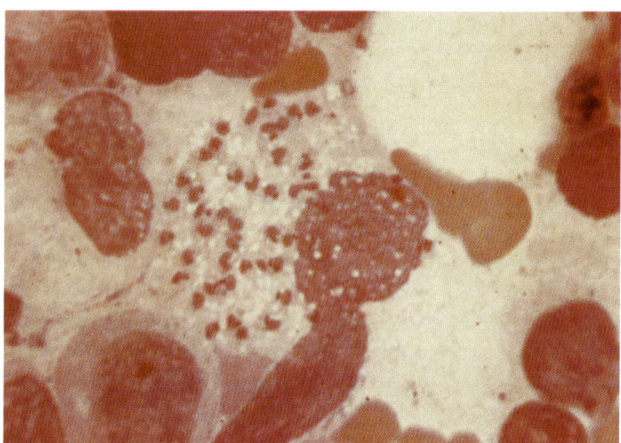

Figura 73.11 Amastigotas de *Leishmania donovani* corados pelo método de Giemsa (corpúsculos de Leishman-Donovan) encontrados na técnica de aposição em lâmina do baço. Um pequeno cinetoplasto, de coloração escura pode ser visualizado próximo ao núcleo esférico em alguns parasitas. (De Connor, D.H., et al., 1997. Pathology of Infectious Diseases, vol 2, Appleton & Lange, Stamford, CT.)

em uma forma viscerotrópica. Um tipo nodular disseminado de leishmaniose cutânea tem sido relatado na Etiópia, provavelmente causado por alergia aos antígenos de *L. aethiopica*.

A **leishmaniose mucocutânea** é produzida com mais frequência pelo complexo *L. braziliensis*. O período de incubação e o aparecimento das úlceras cutâneas primárias na infecção por *L. braziliensis* são similares aos encontrados em outras formas de leishmaniose cutânea. A diferença essencial na doença clínica é o envolvimento e a destruição das mucosas e estruturas teciduais relacionadas. Lesões primárias não tratadas podem evoluir para a forma mucocutânea em até 80% dos casos. A propagação para a mucosa nasal e oral pode se tornar aparente concomitantemente com a lesão primária ou muitos anos após a lesão primária ter cicatrizado. As lesões na mucosa não cicatrizam espontaneamente e infecções bacterianas secundárias são comuns, produzindo mutilação facial grave e desfigurante e, ocasionalmente, morte.

A **forma visceral da leishmaniose** pode se apresentar como uma doença fulminante e rapidamente fatal; como um processo debilitante mais crônico; ou como uma infecção assintomática e autolimitada. O período de incubação pode ser de várias semanas a 1 ano, com um início gradual de febre, diarreia e anemia. Calafrios e sudorese que podem se assemelhar a manifestações de malária são comuns no início da infecção. À medida que os microrganismos proliferam e invadem as células do sistema fagocítico-mononuclear, o aumento acentuado do fígado e do baço, perda de peso e a emaciação ocorrem. Danos renais também podem ocorrer quando as células dos glomérulos são invadidas. Com a persistência da doença, desenvolvem-se áreas da pele, profundamente pigmentadas e granulomatosas, referidas como **leishmaniose dérmica pós-calazar**. Nessa condição, lesões dérmicas maculares ou hipopigmentadas estão associadas a poucos parasitas, enquanto as lesões eritematosas e nodulares estão associadas a um grande número de parasitas.

DIAGNÓSTICO LABORATORIAL

Embora o diagnóstico de leishmaniose visceral, mucocutânea ou cutânea seja feito clinicamente em áreas endêmicas, o diagnóstico definitivo depende da detecção tanto dos amastigotas em amostras clínicas quanto dos promastigotas em cultura. A demonstração dos amastigotas em esfregaços corados adequadamente a partir de técnica de aposição em lâmina ou amostras de biopsia de úlceras determina o diagnóstico de leishmaniose cutânea e mucocutânea. Amostras para o diagnóstico de leishmaniose visceral incluem punção esplênica, aspirados de linfonodos, biopsia do fígado, aspirados do esterno, medula óssea da crista ilíaca e preparações do creme leucocitário do sangue venoso. Essas amostras podem ser examinadas microscopicamente, cultivadas e submetidas a métodos de detecção molecular. Técnicas moleculares para a detecção de DNA ou RNA de *Leishmania* foram utilizadas para diagnóstico, prognóstico e identificação de espécies e são mais sensíveis do que a microscopia ou a cultura, principalmente para a detecção de leishmaniose mucocutânea. Visto que as infecções causadas por *Leishmania* subgênero *Viannia* são consideradas mais agressivos e com maior probabilidade de resultar em insucessos terapêuticos, as técnicas moleculares para identificar o microrganismo no nível de espécie e cepas podem ser muito importantes para a terapia. Os testes sorológicos estão disponíveis; entretanto, eles não são particularmente úteis para o diagnóstico de leishmaniose mucocutânea ou leishmaniose visceral. A detecção de antígenos na urina é utilizada para o diagnóstico de leishmaniose visceral.

TRATAMENTO, PREVENÇÃO E CONTROLE[4]

Atualmente, o fármaco de escolha para todas as formas de leishmaniose é o composto antimonial pentavalente estiboglicanato de sódio. Nos últimos anos, o uso amplo desse

---

[4]N.R.T.: No Brasil, ver Manual de Vigilância da Leishmaniose Tegumentar, 2017, em <https://bvsms.saude.gov.br/bvs/publicacoes/manual_vigilancia_leishmaniose_tegumentar.pdf> e Boletim Epidemiológico Leishmanioses nº 001/2021 em <http://www.riocomsaude.rj.gov.br/Publico/MostrarArquivo.aspx?C=oKxv2 KkJA%2Bs%3D>.

agente tem sido ameaçado pelo desenvolvimento de fármaco-resistência. Além disso, o tratamento medicamentoso pode ser complicado por variação na suscetibilidade das espécies de *Leishmania* aos fármacos, variação na farmacocinética e variação na interação entre a resposta imune do hospedeiro e o medicamento. A toxicidade dos antimoniais também é considerável e, como resultado, várias abordagens alternativas para o tratamento da leishmaniose foram desenvolvidas.

A terapia padrão para a leishmaniose cutânea consiste em injeções de compostos antimoniais diretamente na lesão ou por via parenteral. Recentemente, tanto o fluconazol como a miltefosina se mostraram eficazes. Outros agentes incluem anfotericina B, pentamidina e várias formulações de paromomicina. Alternativas à quimioterapia para leishmaniose cutânea incluem crioterapia, calor e excisão cirúrgica.

O estibogliconato ainda é o medicamento de escolha para a leishmaniose mucocutânea, com a anfotericina B como alternativa. De importância, pacientes clinicamente curados da infecção por *L. braziliensis*, caracterizada por cronicidade, latência e metástase com acometimento da mucosa, foram considerados positivos na PCR até 11 anos depois da terapia. O acompanhamento com esfregaços, culturas e/ou PCR é necessário para garantir que o tratamento foi efetivo.

O papel do estibogliconato no tratamento de leishmaniose visceral tem sido desafiado nos últimos anos. Embora seja observado em grande parte do mundo que mais de 95% dos pacientes com leishmaniose visceral não tratados previamente respondem a antimoniais pentavalentes; foi relatada a falha primária generalizada desses agentes na região de Bihar do Norte, na Índia. A incidência de resposta primária foi de apenas 54%; 8% dos que responderam inicialmente ao tratamento tiveram recidiva. O mau uso generalizado do fármaco é responsável por essa resistência emergente. Felizmente, nos últimos anos, quatro novas terapias potenciais foram introduzidas para a leishmaniose visceral: formulação de anfotericina B lipossomal, miltefosina oral, uma formulação parenteral de paromomicina e sitamaquina oral (8-aminoquinolona). A miltefosina apresenta eficácia (> 95% de taxa de cura) e tolerabilidade notáveis. Infelizmente, dados preliminares da Índia sugerem uma taxa de recidiva crescente (até 30%) em pacientes tratados com miltefosina, indicando que a resistência aos medicamentos pode se desenvolver e que estratégias devem ser estudadas para evitá-la.

A prevenção das diversas formas de leishmaniose envolve tratamento imediato das infecções humanas e controle de hospedeiros reservatórios, juntamente com o controle de vetores insetos. A proteção contra os mosquitos por triagem e repelentes de insetos também é essencial. Além disso, a proteção dos trabalhadores florestais e da construção civil em áreas endêmicas é mais difícil e a doença nesses lugares pode ser efetivamente controlada apenas pela vacinação. O trabalho para desenvolver uma vacina está em andamento.

Tripanossomas

Trypanosoma, outro hemoflagelado, causa duas formas distintas de doença (Tabela 73.3). Uma infecção é denominada **tripanossomíase africana ou doença do sono** e é produzida por *T. b. gambiense* e *T. b. rhodesiense*. É transmitida por moscas tsé-tsé (gênero *Glossina*). A segunda infecção é denominada **tripanossomíase americana ou doença de Chagas**, produzida por *T. cruzi*. Esse protozoário é transmitido por insertos verdadeiros (triatomídeos e reduvídeos, também chamados *barbeiros*; Caso Clínico 73.4).

TRYPANOSOMA BRUCEI GAMBIENSE

Fisiologia e estrutura

O ciclo de vida das formas africanas da tripanossomíase é ilustrado na Figura 73.12. O estágio infeccioso do organismo é o **tripomastigota** (Figura 73.13), que está presente nas glândulas salivares da mosca transmissora tsé-tsé. O organismo nessa fase tem um **flagelo livre** e uma **membrana ondulante** que percorre todo o comprimento do corpo. Os tripomastigotas penetram na ferida criada pela picada da mosca e têm acesso ao sangue e à linfa, invadindo por fim o SNC. A reprodução dos tripomastigotas em sangue, linfa e o líquido cerebrospinal ocorre por fissão binária ou longitudinal. Esses tripomastigotas no sangue são então infecciosos para picar moscas tsé-tsé (*Glossina*), nas quais a reprodução adicional ocorre no intestino médio. Os microrganismos migram então para as glândulas salivares, nas

Tabela 73.3 Espécies de *Trypanosoma* responsáveis por doenças humanas.

Parasita	Vetor	Doença
Trypanosoma brucei gambiense e *T. b. rhodesiense*	Mosca tsé-tsé	Tripanossomíase africana (doença do sono)
T. cruzi	Reduvídeos	Tripanossomíase americana (doença de Chagas)

Caso Clínico 73.4 Tripanossomíase

Herwaldt et al. (*J Infect Dis* 181:395–399, 2000) descreveram um caso em que a mãe de um menino de 18 meses do Tennessee encontrou um inseto triatomíneo no berço dele, que ela guardou porque se assemelhava a um inseto mostrado em um programa de televisão sobre os insetos que se alimentam de mamíferos. Um entomologista identificou o inseto como *Triatoma sanguisuga*, que é um vetor da doença de Chagas. O inseto foi encontrado ingurgitado com sangue e infectado com *Trypanosoma cruzi*. A criança tinha apresentado febre intermitente durante as 2 a 3 semanas anteriores, mas estava saudável, exceto por edema faríngeo e múltiplas picadas de insetos em suas pernas, sem origem conhecida. Amostras de sangue total obtidas da criança foram negativas no exame do creme leucocitário e hemocultura, mas positivo para *T. cruzi* pela reação em cadeia de polimerase e hibridização do DNA, sugerindo que ele tinha parasitemia baixa. Amostras obtidas após o tratamento com benznidazol foram negativas. Ele não desenvolveu anticorpo contra *T. cruzi*; 19 parentes e vizinhos também foram negativos. Dois dos três guaxinins capturados nas proximidades tiveram hemoculturas positivas para *T. cruzi*. O caso da criança com infecção por *T. cruzi*, o quinto caso relatado de infecção autóctone nos EUA, não seria identificado sem a atenção de sua mãe e a disponibilidade de técnicas moleculares sensíveis. Considerando a existência de insetos triatomíneos infectados e hospedeiros mamíferos no sul dos EUA, não é surpreendente que seres humanos poderiam ser infectados por *T. cruzi*. Além disso, dadas as manifestações clínicas inespecíficas da infecção, é provável que outros casos tenham sido negligenciados.

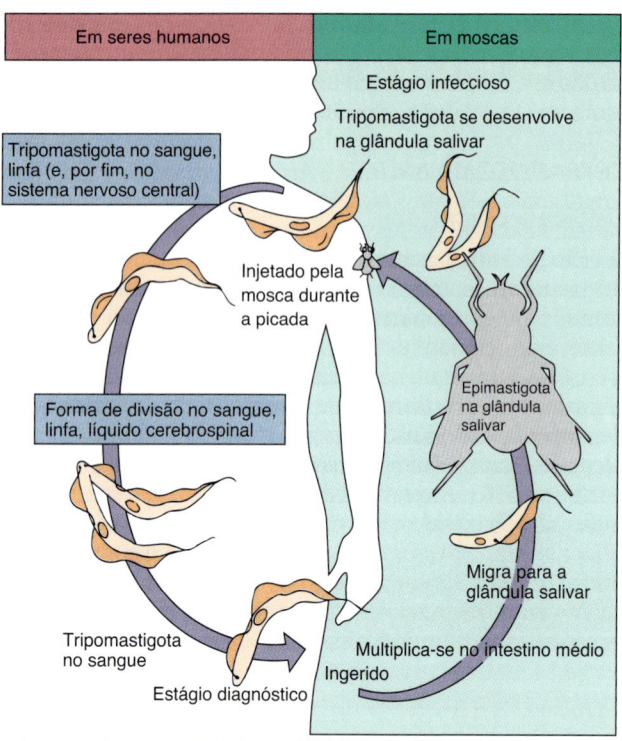

Figura 73.12 Ciclo de vida de *Trypanosoma brucei*.

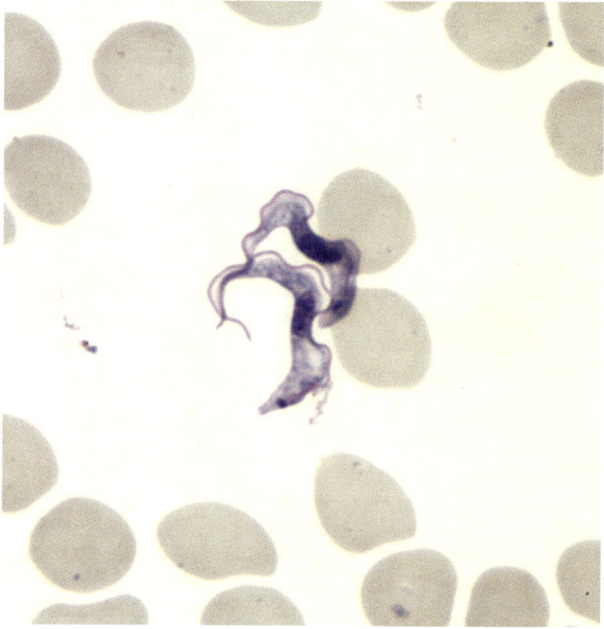

Figura 73.13 Estágio de tripomastigota de *Trypanosoma brucei gambiense* em um esfregaço de sangue. (De CDC Public Health Image Library.)

quais uma forma de **epimastigota** (com um flagelo livre, mas apenas uma membrana ondulada parcial) continua a reprodução para o estágio de tripomastigota infeccioso. As moscas tsé-tsé tornam-se infectantes 4 a 6 semanas depois da hematofagia em paciente doente.

Epidemiologia

Trypanosoma b. gambiense é limitado às regiões oeste tropical e central da África, correlacionado com o alcance do vetor, a mosca tsé-tsé (gênero *Glossina*). Essa mosca transmissora de *T. b. gambiense* prefere margens sombreadas de riachos para reprodução e proximidade de habitações humanas. Pessoas que trabalham em tais áreas correm maior risco de infecção. Um reservatório animal não foi comprovado, embora várias espécies de animais tenham sido infectadas experimentalmente.

Síndromes clínicas

O período de incubação da **doença do sono causada por T. b. gambiense** varia de alguns dias a semanas. *Trypanosoma b. gambiense* provoca doença crônica, muitas vezes terminando fatalmente, com o envolvimento do SNC após vários anos de duração. Um dos primeiros sinais de doença é uma **úlcera** ocasional no local da picada da mosca. À medida que a reprodução dos microrganismos prossegue, ocorre invasão dos linfonodos, além de febre, mialgia, artralgia e linfadenopatia. Linfadenopatia cervical posterior é característica da doença da Gâmbia e é denominada **sinal de Winterbottom**. Pacientes, nessa fase aguda, muitas vezes exibem hiperatividade.

A doença crônica progride para o envolvimento do SNC, com letargia, tremores, meningoencefalite, retardo mental e deterioração geral. Nos estágios finais da doença crônica, convulsões, hemiplegia e incontinência ocorrem e o paciente tem dificuldade para despertar ou gerar uma resposta, evoluindo por fim para um estado comatoso. A morte é o resultado dos danos no SNC e outras infecções, tais como malária ou pneumonia.

Diagnóstico laboratorial

Os microrganismos podem ser demonstrados em esfregaços de sangue delgado e espesso, em preparações de sangue concentrado contendo anticoagulante e nos aspirados de linfonodos e concentrados do líquido cerebrospinal (ver Figura 73.13). Métodos de concentração dos parasitas no sangue podem ser úteis. As abordagens incluem a centrifugação de amostras heparinizadas e a cromatografia de troca aniônica. Os níveis de parasitemia variam muito e podem ser necessárias tentativas de visualizar o microrganismo ao longo de vários dias. As preparações devem ser fixadas e coradas imediatamente para evitar a desintegração dos tripomastigotas. Os testes sorológicos também são técnicas diagnósticas úteis. Imunofluorescência, ELISA, precipitina e métodos de aglutinação têm sido utilizados. ELISA é utilizado para detectar antígenos em soro e líquido cerebrospinal. Os testes com biomarcadores (detecção de antígenos) não são amplamente utilizados em razão da sensibilidade limitada do teste quando há um número limitado de tripomastigotas no sangue ou no líquido cerebrospinal. A maioria dos reagentes não está disponível comercialmente. Os laboratórios de referência têm empregado a PCR para detectar infecções e para diferenciar as espécies (*T. b. gambiense* versus *T. b. rhodesiense*), mas esses métodos não são usados rotineiramente no campo.

Tratamento, prevenção e controle

Suramina é o fármaco de escolha para tratar os estágios agudos da doença no sangue e na linfa, com pentamidina como alternativa. A suramina e a pentamidina não atravessam a barreira hematencefálica; portanto, o melarsoprol é o antiparasitário de escolha quando há suspeita de envolvimento do SNC. A difluorometilornitina (DFMO) é um fármaco citostático com atividade contra os estágios agudo e tardio (SNC) da doença. As medidas de controle mais efetivas incluem uma abordagem integrada para reduzir o reservatório humano de infecção e o uso de armadilhas para moscas e inseticidas; no entanto, os recursos econômicos são limitados e programas efetivos têm sido difíceis de sustentar.

TRYPANOSOMA BRUCEI RHODESIENSE

Fisiologia e estrutura

O ciclo de vida de *T. b. rhodesiense* é semelhante ao de *T. b. gambiense* (ver Figura 73.12), ambos com estágios de tripomastigota e epimastigota e transmissão por moscas tsé-tsé.

Epidemiologia

O microrganismo é encontrado principalmente na África Oriental, principalmente nos países produtores de gado, onde as moscas tsé-tsé se reproduzem no mato e não ao longo das margens dos riachos. *Trypanosoma b. rhodesiense* também difere de *T. b. gambiense* porque hospedeiros animais domésticos (bovinos e ovinos) e animais de caça selvagens atuam como hospedeiros reservatórios. Esse ciclo de transmissão e o vetor tornam o microrganismo mais difícil de controlar do que *T. b. gambiense*.

Síndromes clínicas

O período de incubação de *T. b. rhodesiense* é menor do que de *T. b. gambiense*. A doença aguda (febre, abalos musculares e mialgia) ocorre com rapidez e progride para uma doença fulminante, rapidamente fatal. As pessoas infectadas geralmente morrem em 9 a 12 meses, se não forem tratadas.

Esse microrganismo mais virulento também se desenvolve em maiores números no sangue. Linfadenopatia é incomum e a invasão do SNC ocorre no início da infecção, com letargia, anorexia e transtorno mental. Os estágios crônicos descritos para *T. b. gambiense* não são frequentemente observados, porque além do acometimento rápido do SNC, o microrganismo provoca danos renais e miocardite, levando à morte.

Diagnóstico laboratorial

O exame do sangue e do líquido cerebrospinal é realizado da mesma forma para *T. b. gambiense*. Testes sorológicos estão disponíveis; entretanto, a variabilidade marcante dos antígenos de superfície dos tripanossomas limita a utilidade diagnóstica dessa abordagem.

Tratamento, prevenção e controle

Aplica-se o mesmo protocolo de tratamento utilizado para *T. b. gambiense*, com a terapia precoce para as manifestações neurológicas mais rápidas. Diferentemente de *T. b. gambiense*, a DFMO não é efetiva contra os estágios tardios da infecção por *T. b. rhodesiense*. Medidas de prevenção e de controle semelhantes são necessárias, tais como o controle da mosca tsé-tsé e uso de roupas de proteção, telas, redes e repelente de insetos. Além disso, o tratamento precoce é essencial para controlar a transmissão, detectar infecções e determinar o tratamento em animais domésticos. O controle de infecções em animais de caça é difícil, mas a infecção pode ser reduzida se as medidas para controlar a população de moscas tsé-tsé, especialmente a erradicação de locais de reprodução no mato e na pastagem, são aplicadas.

TRYPANOSOMA CRUZI

Fisiologia e estrutura

O ciclo de vida de *T. cruzi* (Figura 73.14) difere do *T. brucei* pelo desenvolvimento de uma forma adicional denominada **amastigota** (Figura 73.15). O amastigota é uma forma intracelular sem flagelo e sem membrana ondulante. É menor que o tripomastigota, é oval e se encontra nos tecidos. O tripomastigota infeccioso, que é encontrado nas fezes de um **inseto reduvídeo ("barbeiro")**, entra na ferida criada pela picada e alimentando o inseto. Os insetos são chamados de **barbeiros** porque picam frequentemente as pessoas ao redor da boca e em outros locais da face. Eles são notórios pela picada, pela sucção de sangue e líquidos teciduais e, em seguida, pela defecação dentro da ferida. Os microrganismos nas fezes do inseto penetram na ferida; a penetração é geralmente auxiliada quando o paciente esfrega ou

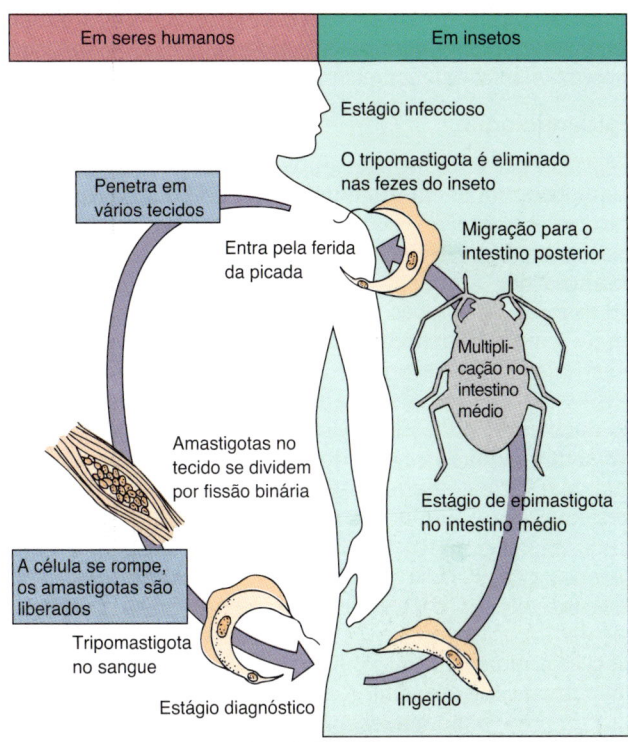

Figura 73.14 Ciclo de vida de *Trypanosoma cruzi*.

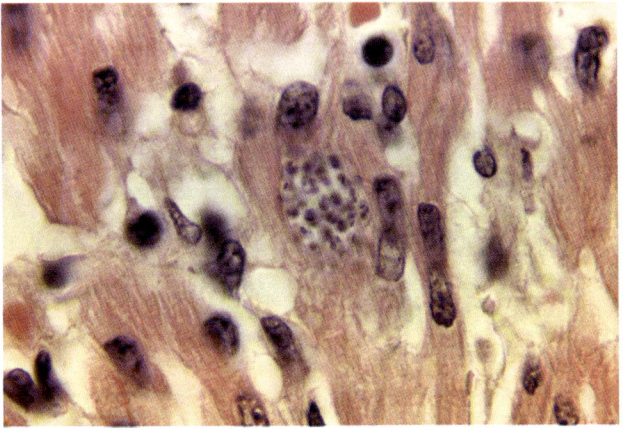

Figura 73.15 Estágio de amastigota de *Trypanosoma cruzi* no músculo cardíaco. (De CDC Public Health Image Library.)

arranha o local. Além de contrair infecções por *T. cruzi* através da ferida com a picada do inseto ou mucosas expostas, a infecção pode ocorrer por transfusão de sangue, transferência placentária, transplante de órgãos e ingestão acidental de insetos reduvídeos parasitados ou suas fezes em alimentos ou bebidas.

Os tripomastigotas migram então para outros tecidos (p. ex., músculo cardíaco, fígado, cérebro), perdem o flagelo e a membrana ondulante e tornam-se a forma amastigota intracelular, menor e oval. Esses amastigotas intracelulares multiplicam-se por fissão binária e acabam destruindo as células do hospedeiro. Em seguida, eles são liberados para entrar no novo tecido hospedeiro como amastigotas intracelulares ou para se tornarem tripomastigotas infectantes para os insetos reduvídeos hematófagos. Os tripomastigotas ingeridos desenvolvem-se em epimastigotas no intestino médio do inseto e se reproduzem por fissão binária longitudinal. Os microrganismos migram para o interior do inseto, desenvolvem-se em tripomastigotas metacíclicos e então deixam o inseto juntamente com as fezes eliminadas após a picada, alimentação e defecação, iniciando uma nova infecção humana.

Epidemiologia

Trypanosoma cruzi ocorre amplamente tanto em insetos reduvídeos como em um amplo espectro de animais reservatórios nas Américas do Norte, Central e do Sul. As doenças humanas são encontradas com mais frequência nas crianças das Américas do Sul e Central, nas quais 16 a 18 milhões de pessoas são infectadas. Há uma correlação direta entre os hospedeiros reservatórios animais selvagens infectados e a presença de insetos infectados, cujos ninhos são encontrados em habitações humanas. Os casos de doença de Chagas (tripanossomíase americana) naturalmente adquiridos são raros nos EUA, porque os insetos preferem formar ninhos em tocas de animais e porque as moradias não são tão abertas para a formação de ninhos como as das Américas do Sul e Central. A doença de Chagas era considerada uma doença das áreas rurais; no entanto, agora é considerada ubíqua por causa da migração das áreas rurais para os centros urbanos e da migração de pessoas infectadas para áreas em que a doença de Chagas nunca seria suspeita. Acreditava-se que a transmissão ocorria principalmente via picadas por vetores, mas a contaminação fecal do fornecimento de alimentos pelo vetor também é uma fonte significativa de infecção. A transmissão oral da doença de Chagas causada por sucos de frutas contaminados com o vetor reduvídeo ou fezes contendo tripomastigotas metacíclicos infecciosos é documentada na América do Sul e pode ser mais comum do que se pensava anteriormente. Por exemplo, no Brasil, a infecção oral constitui atualmente o mecanismo mais proeminente de transmissão de *T. cruzi*. Um problema muito sério é a aquisição de doenças por transfusão de sangue e transplante de órgãos. Pacientes infectados com sorologia positiva podem permanecer assintomáticos, mas transmitem a infecção. A triagem dos doadores de sangue com um ensaio imunoenzimático (EIE) foi implementada nos EUA.

Síndromes clínicas

A doença de Chagas pode ser assintomática, aguda ou crônica (ver Caso Clínico 73.4). Um dos primeiros sinais é o desenvolvimento de uma área eritematosa e indurada, denominada **chagoma**, no local da picada do inseto. Isso é frequentemente seguido por uma erupção cutânea e edema ao redor dos olhos e do rosto (**sinal de Romaña**). A doença é mais grave em crianças com menos de 5 anos e frequentemente é observada como um processo agudo com o envolvimento do SNC. A infecção aguda também é caracterizada por febre, calafrios, mal-estar, mialgia e fadiga. Os parasitas são encontrados no sangue durante a fase aguda; no entanto, eles são esparsos em pacientes com mais de 1 ano de idade. A morte pode ocorrer algumas semanas após um episódio agudo; o paciente pode se recuperar ou entrar na fase crônica à medida que os microrganismos proliferam e penetram no coração, no fígado, no baço, no cérebro e nos linfonodos.

A doença de Chagas crônica é caracterizada por hepatoesplenomegalia, miocardite e aumento do esôfago e cólon, como resultado da destruição de células nervosas (p. ex., plexo de Auerbach) e outros tecidos que controlam o crescimento desses órgãos.

Megacardia e alterações eletrocardiográficas são comumente observadas na forma crônica da tripanossomíase americana. O envolvimento do SNC pode produzir granulomas no cérebro, com formação de cisto e meningoencefalite. A morte por doença de Chagas crônica resulta da destruição tecidual nas muitas áreas invadidas pelos organismos e a morte súbita resulta do bloqueio atrioventricular BAV completo e lesões cerebrais.

Diagnóstico laboratorial

Trypanosoma cruzi pode ser demonstrado em esfregaços de sangue espesso e delgado ou sangue concentrado anticoagulado no início da fase aguda. Com a progressão da infecção, os microrganismos deixam a corrente sanguínea e se tornam difíceis de localizar. A biopsia dos linfonodos, fígado, baço ou medula óssea pode demonstrar os microrganismos no estágio de amastigota. Hemocultura ou inoculação em animais de laboratório podem ser úteis quando a parasitemia é baixa. Em áreas endêmicas, o xenodiagnóstico é amplamente utilizado. Testes sorológicos também estão disponíveis. Vários EIE e métodos imunocromatográficos diagnósticos utilizando lisados de parasitas e antígenos recombinantes foram aprovados por FDA para triagem de doadores de sangue e pacientes. A FDA e a American Association of Blood Banks (AABB) exigem a triagem do sangue doado à procura de anticorpos específicos contra tripanossomíase americana e é recomendado que a United Network Organ Sharing (UNOS) realize testes nos doadores de tecidos à procura de anticorpos específicos contra tripanossomíase americana. As técnicas de amplificação de genes, como a PCR, são utilizadas para detectar o microrganismo na corrente sanguínea; no entanto, essas abordagens não são amplamente disponíveis e não foram adaptadas para uso no campo.

Tratamento, prevenção e controle

O tratamento da doença de Chagas é limitado pela falta de agentes confiáveis. Os medicamentos de escolha são benznidazol e nifurtimox. Embora ambos os fármacos tenham atividade comprovada contra a fase aguda da doença, são menos eficazes contra a doença de Chagas e apresentam efeitos adversos graves. Os agentes alternativos incluem o alopurinol. A orientação em relação à doença, a transmissão de insetos e os reservatórios com animais silvestres é fundamental. O controle de insetos, erradicação de ninhos e construção de casas para evitar a formação de ninhos dos insetos também são essenciais. O uso de diclorodifeniltricloroetano (DDT) em casas infestadas de insetos tem promovido queda na transmissão da malária e da doença de Chagas. A triagem do sangue por métodos sorológicos ou exclusão de doadores de sangue de áreas endêmicas previne algumas infecções que, de outra maneira, estariam associadas à terapia transfusional.

O desenvolvimento de uma vacina é possível, porque *T. cruzi* não apresenta a ampla variação antigênica observada nos tripanossomas africanos.

Bibliografia

Barratt, J.L.N., et al., 2010. Importance of nonenteric protozoan infections in immunocompromised people. Clin. Microbiol. Rev. 23, 795–836.

Bruckner, D.A., Labarca, J.A., 2015. *Leishmania* and *Trypanosoma*. In: Jorgensen, J.H., et al. (Ed.), Manual of Clinical Microbiology, eleventh ed. American Society for Microbiology Press, Washington, DC.

Cox-Singh, L., Culleton, R., 2015. *Plasmodium knowlesi*: from severe zoonosis to animal model. Trends Parasitol. 31, 232–238.

Leiby, D.A., 2011. Transfusion-transmitted *Babesia* spp.: bulls-eye on *Babesia microti*. Clin. Microbiol. Rev. 24 (14–28).

Lin, J.T., et al., 2010. Drug-resistant malaria: the era of ACT. Curr. Infect. Dis. Rep. 12, 165–173.

Matheson, B.A., Pritt, B.S., 2017. Update on malaria diagnostics and test utilization. J. Clin. Microbiol. 55, 2009–2017.

Prestel, C., et al., 2018. Malaria diagnostic practices in U.S. laboratories in 2017. J. Clin. Microbiol. 56 e00461–18.

Price, R.N., et al., 2007. Vivax malaria: neglected and not benign. Am. J. trop. Med. Hyg. 77 (Suppl. 6), 79–87.

Pritt, B.S., 2015. *Plasmodium* and *Babesia*. In: Jorgensen, J.H., et al. (Ed.), Manual of Clinical Microbiology, eleventh ed. American Society for Microbiology Press, Washington, DC.

Visvesvara, G.S., 2015. Pathogenic and opportunistic free-living amebae. In: Jorgensen, J.H., et al. (Ed.), Manual of Clinical Microbiology, eleventh ed. American Society for Microbiology Press, Washington, DC.

Wassmer, S.C., et al., 2015. Investigating the pathogenesis of severe malaria: a multidisciplinary and cross-geographical approach. Am. J. Trop. Med. Hyg. 93 (Suppl. 3), 42–56.

Yerlikaya, S., et al., 2018. A systematic review: performance of rapid diagnostic tests for the detection of *Plasmodium knowlesi*, *Plasmodium malariae*, and *Plasmodium ovale* monoinfections in human blood. J. Infect. Dis. 218, 265–276.

Yoshida, N., et al., 2011. Invasion mechanisms among emerging foodborne protozoan parasites. Trends Parasitol. 27, 459–466.

74 Nematódeos

Um menino de 10 anos foi levado por seu pai para avaliação de dor abdominal aguda, náuseas e diarreia leve que persistiam por aproximadamente 2 semanas. Na véspera da avaliação, o menino relatou a seus pais que ele eliminou um grande verme no banheiro durante a defecação. Ele deu a descarga no vaso sanitário antes que os pais pudessem ver o verme. O exame físico foi completamente normal. O menino não tinha febre, tosse, nem erupção cutânea e não se queixava de prurido anal. Seu histórico de viagem era normal. O exame da amostra de fezes revelou o diagnóstico.

1. Quais parasitas intestinais de humanos são nematódeos?
2. Qual nematódeo era provável neste caso? Quais organismos podem ser encontrados nas fezes?
3. Qual foi o modo mais provável de aquisição deste parasita?
4. Este paciente corre risco de autoinfecção?
5. Descreva o ciclo de vida deste parasita.
6. Este parasita pode causar sinais/sintomas extraintestinais? Quais outros órgãos podem ser invadidos e o que poderia estimular a invasão extraintestinal?

RESUMOS Microrganismos clinicamente significativos

ASCARIS LUMBRICOIDES

Palavras-chave

Ascaris, obstrução intestinal, eosinofilia pulmonar, decorticado, nematódeo

Biologia, virulência e doença

- Nematódeos: helmintos mais comuns reconhecidos nos EUA
- Vermes cilíndricos rosados grandes (20 a 35 cm de comprimento) com ciclo de vida moderadamente complexo, mas nematódeos intestinais típicos
- Infecções causadas pela ingestão de apenas alguns ovos podem não provocar sintomas
- Mesmo um único Ascaris adulto é perigoso: ele migra para o fígado, penetra no intestino, causa danos mecânicos aos tecidos
- Migração de um grande número de larvas de Ascaris para os pulmões pode provocar pneumonite
- Um bolo fecal emaranhado de Ascaris maduros no intestino pode levar à obstrução e à perfuração
- Uma grande carga de Ascaris pode resultar em dor à palpação do abdome, febre, distensão abdominal, náuseas

Epidemiologia

- Ascaris lumbricoides é prevalente em áreas com saneamento precário e onde as fezes humanas (esterco humano) são utilizadas como fertilizante
- ≈ 1 bilhão de pessoas infectadas em todo o mundo
- Nenhum reservatório animal conhecido
- Ovos de Ascaris são muito duros; conseguem sobreviver a temperaturas extremas, persistem por meses nas fezes e no esgoto

Diagnóstico

- Exame microscópico do sedimento das fezes concentradas
- Ascaris adultos podem ser visualizados em radiografias abdominais; colangiografias podem revelar Ascaris nas vias biliares
- A fase pulmonar da doença pode ser diagnosticada pelo achado de larvas e eosinófilos no escarro

Tratamento, prevenção e controle

- Tratamento da infecção sintomática é extremamente efetivo
- Medicamentos de escolha: albendazol ou mebendazol
- Pacientes com infecções mistas (Ascaris mais outros helmintos, Giardia ou Entamoeba histolytica) devem ser tratados para ascaridíase primeiro para evitar a estimulação da migração de Ascaris
- Prevenção: orientação, melhoria das condições de saneamento, evitar o uso de fezes humanas como fertilizante

ONCHOCERCA VOLVULUS

Palavras-chave

Microfilárias, macrofilárias, nódulos, "virilha caída", mosca negra, África, endossimbionte Wolbachia, biopsia de pele, cegueira dos rios

Biologia, virulência e doença

- Filárias: vermes cilíndricos longos e delgados; parasitas do sangue, linfa, tecidos subcutâneos e conjuntivos; transmitidas por mosquitos ou moscas hematófagas
- Onchocerca volvulus: nematódeo filarioide transmitido por moscas negras (Simulium damnosum)
- A oncocercose afeta > 18 milhões de pessoas no mundo inteiro; causa cegueira em ≈ 5% das pessoas infectadas
- Todos os vermes individuais e todos os estágios do ciclo de vida de O. volvulus contêm a bactéria endossimbionte Wolbachia
- Oncocercose clínica caracterizada por infecção envolvendo pele, tecido subcutâneo, linfonodos, olhos
- Sinais/sintomas: febre, eosinofilia, urticária; a migração de microfilárias para os olhos causa graves danos aos tecidos e cegueira

Epidemiologia

- Onchocerca volvulus é endêmico em muitas partes do África, sobretudo no Congo e nas bacias do rio Volta; o termo comum é "cegueira dos rios"
- Prevalência: homens > mulheres; 50% dos homens em áreas endêmicas ficam cegos antes dos 50 anos de idade

Diagnóstico

- Diagnóstico feito por demonstração de microfilárias em biopsias de pele coletadas das regiões infraescapular ou glútea
- Em pacientes com doença ocular, O. volvulus pode ser visto na câmara anterior com ajuda de uma lâmpada de fenda

Tratamento, prevenção e controle

- Remoção cirúrgica dos nódulos frequentemente utilizada para eliminar vermes adultos e interromper a produção de microfilárias
- Ivermectina: dose única reduz o número de microfilárias nos olhos e na pele
- Proteção contra picadas de moscas negras, diagnóstico imediato e tratamento de infecções para impedir a transmissão

Os helmintos mais comumente reconhecidos nos EUA são primariamente nematódeos intestinais, embora em outros países as infecções por nematódeos de sangue e tecidos possam causar doença devastadora. Os nematódeos representam a forma mais facilmente reconhecida de parasitas intestinais em virtude de seu grande tamanho e corpos cilíndricos, não segmentados (Figura 74.1). Esses parasitas vivem principalmente como vermes adultos no intestino e as infecções por nematódeos são mais comumente confirmadas pela detecção de ovos característicos nas fezes. A identificação dos ovos deve ser realizada de modo sistemático, levando em consideração o tamanho e o formato do ovo, a espessura da casca e a existência ou não de estruturas especializadas, tais como plugues polares, botões, espinhos e opérculos. O achado de larvas dentro dos ovos e as características delas também podem ser úteis. Os nematódeos mais comuns de importância médica estão listados na Tabela 74.1.

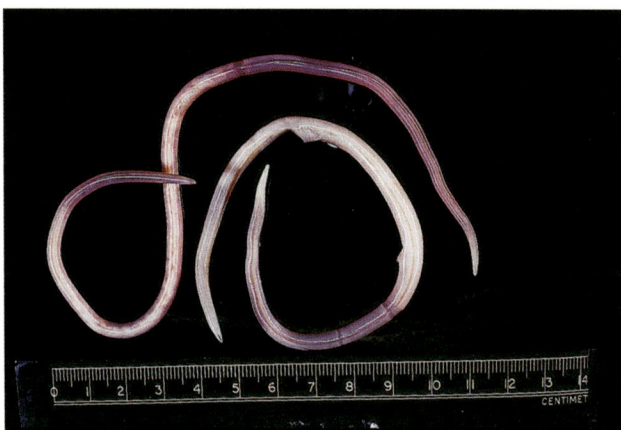

Figura 74.1 *Ascaris lumbricoides* adulto. (Peters, W., Pasvol, G. 2007. Atlas of Tropical Medicine and Parasitology, 6th ed., Elsevier, Philadelphia, PA.)

Tabela 74.1 Nematódeos de importância médica.

Parasita	Doença
Enterobius vermicularis	Enterobiose ou enterobíase
Ascaris lumbricoides	Ascaridíase ou Ascaríase
Toxocara canis	Larva migrans visceral
T. cati	Larva migrans visceral
Baylisascaris procyonis	Larva migrans neural
Trichuris trichiura	Tricuríase
Ancylostoma duodenale	Ancilostomíase ou ancilostomose
Necator americanus	Ancilostomíase ou ancilostomose
A. braziliense	Larva migrans cutânea
Strongyloides stercoralis	Estrongiloidíase
Trichinella spiralis	Triquinelose ou triquinose
Wuchereria bancrofti	Filariose ou filaríase
Brugia malayi	Filariose ou filaríase
Loa loa	Loíase
Espécies de *Mansonella*	Filariose ou filaríase
Onchocerca volvulus	Oncocercose, cegueira dos rios
Dirofilaria immitis	Dirofilariose canina
Dracunculus medinensis	Dracunculose ou dracunculíase

As **filárias** são vermes cilíndricos longos e delgados encontrados no sangue, na linfa, nos tecidos subcutâneos e em tecidos conjuntivos. Todos esses nematódeos são transmitidos por mosquitos ou moscas hematófagas. A maioria produz larvas chamadas **microfilárias** que são demonstradas em amostras de sangue ou em tecidos subcutâneos e cortes de pele.

Enterobius vermicularis

FISIOLOGIA E ESTRUTURA

Enterobius vermicularis, o **oxiúro**, é um verme pequeno e branco familiar aos pais que o encontram nas dobras perianais ou vagina de uma criança infectada. A infecção é iniciada pela ingestão de ovos embrionados (Figura 74.2). A eclosão das larvas ocorre no intestino delgado e estas migram para o intestino grosso, no qual amadurecem em vermes adultos em 2 a 6 semanas. A fertilização da fêmea pelo macho produz os ovos assimétricos característicos. Esses ovos são depositados nas dobras perianais pela fêmea migrante. Até 20 mil ovos são depositados sobre a pele perianal. Os ovos amadurecem rapidamente e são infecciosos em poucas horas.

EPIDEMIOLOGIA

Enterobius vermicularis ocorre em todo o mundo, mas é mais comum em regiões de clima temperado, nas quais a transmissão interpessoal é mais elevada em condições de grande aglomeração, tais como em creches, escolas e instituições de cuidados mentais. Estima-se que 500 milhões de casos de infecção por oxiúros sejam relatados em todo o mundo e essa é a helmintíase mais comum na América do Norte.

A infecção ocorre quando os ovos são ingeridos e as larvas de *E. vermicularis* se desenvolvem na mucosa intestinal.

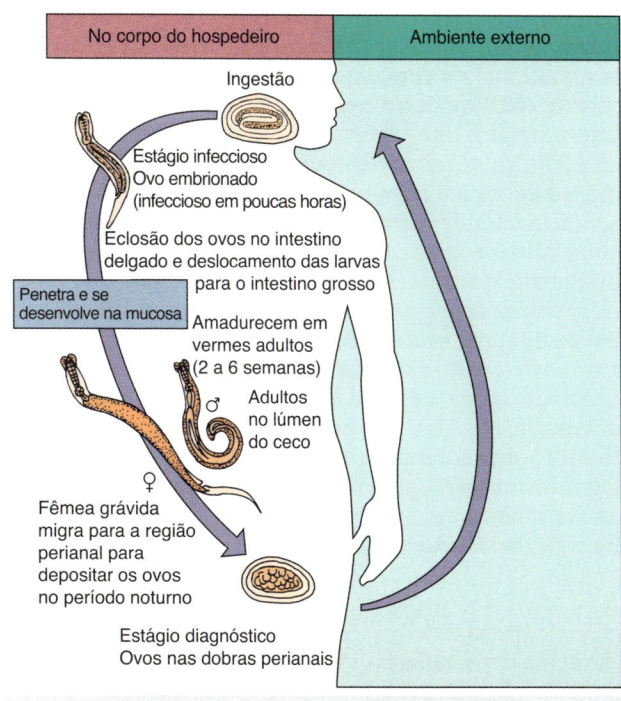

Figura 74.2 Ciclo de vida de *Enterobius vermicularis*.

Esses ovos podem ser transmitidos das mãos para a boca pelas crianças que coçam as dobras perianais em resposta à irritação causada por vermes fêmeas migrantes que depositam os ovos, ou os ovos podem ser encontrados em roupas ou em brinquedos em creches. Os parasitas também podem sobreviver a longos períodos na poeira que se acumula sobre portas, sobre peitoris de janelas e sob as camas nos quartos habitados por pessoas infectadas. A poeira carregada de ovos pode ser inalada e engolida para produzir a infestação. Além disso, a **autoinfecção ("retroinfecção")** pode ocorrer a partir da eclosão dos ovos nas dobras perianais, com a migração das larvas para o reto e intestino grosso. Indivíduos infectados que lidam com alimentos também podem representar uma fonte de infecção. Nenhum reservatório animal para *Enterobius* é conhecido. Os médicos devem estar cientes da epidemiologia relacionada com a *Dientamoeba fragilis*; esse organismo se correlaciona com aem com a presença de *E. vermicularis* e acredita-se que o protozoário *D. fragilis* seja transportado na casca do ovo desses helmintos.

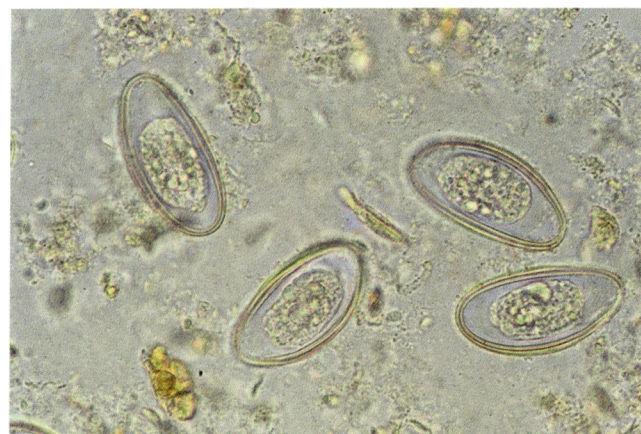

Figura 74.3 Ovo de *Enterobius vermicularis*. Os ovos de parede fina têm 50 a 60 × 20 a 30 μm, são ovoides e achatados de um lado (não é porque as crianças sentam sobre os ovos, mas é uma maneira fácil de correlacionar a morfologia do ovo com a epidemiologia da doença).

SÍNDROMES CLÍNICAS

Muitas crianças e adultos são assintomáticos e servem somente como carreadores. Pacientes que são alérgicos às secreções dos vermes migratórios manifestam prurido grave, perda do sono e fadiga. O prurido pode causar coçadura repetitiva da área irritada e levar à infecção bacteriana secundária. Vermes que migram para a vagina podem produzir distúrbios geniturinários e granulomas.

Vermes presos à parede do intestino podem provocar inflamação e formação de granuloma ao redor dos ovos. Embora os vermes adultos ocasionalmente invadam o apêndice vermiforme, não há ainda correlação comprovada entre a invasão de oxiúros e apendicite. A penetração através da parede intestinal para a cavidade peritoneal, fígado e pulmões tem sido registrada com pouca frequência.

DIAGNÓSTICO LABORATORIAL

O diagnóstico de **enterobiose** é geralmente sugerido pelas manifestações clínicas e confirmado pela detecção dos ovos característicos na mucosa anal. Ocasionalmente, os vermes adultos são observados pelos profissionais do laboratório em amostras de fezes, mas o método de escolha para o diagnóstico envolve o uso de um *swab* anal com uma superfície adesiva que recolhe os ovos (Figura 74.3) para exame microscópico. A amostragem pode ser feita com fita adesiva transparente ou *swabs* disponíveis comercialmente. A amostra deve ser coletada pela manhã quando a criança levanta da cama e antes do banho ou defecação, para recolher os ovos postos pelos vermes migratórios durante a noite. Os pais podem coletar a amostra e entregá-la ao médico para exame microscópico imediato. Três *swabs*, um por dia durante 3 dias consecutivos, podem ser necessários para o diagnóstico a partir da visualização dos ovos característicos. Raramente se observam os ovos em amostras fecais. Sinais sistêmicos de infecção, como a eosinofilia, são raros.

TRATAMENTO, PREVENÇÃO E CONTROLE

O fármaco de escolha é o albendazol ou mebendazol. O pamoato de pirantel e a piperazina são efetivos, mas a reinfecção é comum. Para evitar a reintrodução do oxiúro e a reinfecção no ambiente familiar, é costume tratar a família inteira simultaneamente. Embora as taxas de cura sejam altas, a reinfecção é comum. A repetição do tratamento após 2 semanas pode ser útil na prevenção da reinfecção.

Higiene pessoal, corte das unhas, lavagem cuidadosa das roupas de cama e tratamento imediato de indivíduos infectados contribuem em conjunto para o controle. Quando a limpeza é feita na casa de uma família infectada, a remoção de poeira debaixo das camas, em peitoris de janelas e por cima das portas deve ser feita com um esfregão úmido para evitar a inalação de ovos infecciosos.

Ascaris lumbricoides

FISIOLOGIA E ESTRUTURA

Ascaris lumbricoides são nematódeos grandes (20 a 35 cm de comprimento), cor-de-rosa (ver Figura 74.1), que têm um ciclo de vida mais complexo do que *E. vermicularis*, mas são de outra forma característicos de um nematódeo intestinal (Figura 74.4).

O ovo infeccioso ingerido libera uma larva que penetra na parede duodenal, cai na corrente sanguínea, é transportada para o fígado e coração e depois entra na circulação pulmonar. As larvas se libertam nos alvéolos dos pulmões, nos quais crescem e sofrem a maturação. Em cerca de 3 semanas, as larvas são transferidas para o sistema respiratório superior pela tosse, deglutidas e retornam ao intestino delgado.

À medida que os vermes macho e fêmea amadurecem no intestino delgado (principalmente jejuno), a fertilização da fêmea pelo macho inicia a produção de ovos, o que pode chegar a 200 mil ovos por dia por um período de até 1 ano. As fêmeas também podem produzir ovos não fertilizados na ausência dos machos. Os ovos são encontrados nas fezes de 60 a 75 dias após a infecção inicial. Os ovos fertilizados tornam-se infecciosos após aproximadamente 2 semanas no solo.

EPIDEMIOLOGIA

Ascaris lumbricoides é predominante em áreas nas quais o saneamento é precário e nas quais as fezes humanas são

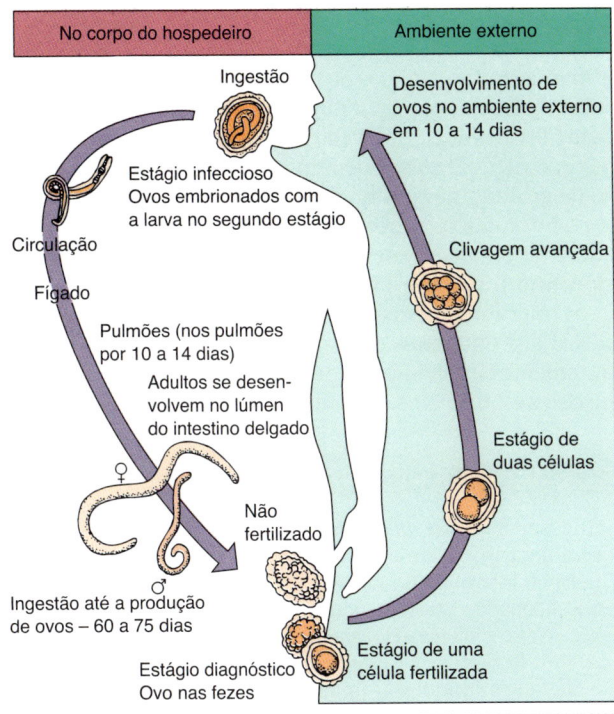

Figura 74.4 Ciclo de vida de *Ascaris lumbricoides*.

usadas como fertilizante. Como os alimentos e a água estão contaminados por ovos de *Ascaris*, esse parasita, mais do que qualquer outro, afeta a população de todo o planeta. Embora nenhum reservatório animal de *A. lumbricoides* seja conhecido, uma espécie quase idêntica encontrada em porcos, *A. suum*, consegue infectar os seres humanos. Esta espécie é observada em suinocultores e está associada ao uso de esterco de porco para jardinagem. Os ovos de *Ascaris* são bastante resistentes e podem sobreviver a temperaturas extremas e persistem por vários meses nas fezes e no esgoto. A ascaríase é a infecção helmíntica mais comum em todo o mundo, com um número estimado de 1 bilhão de pessoas infectadas.

SÍNDROMES CLÍNICAS

Infecções causadas pela ingestão de apenas alguns ovos podem não produzir sintomas; entretanto, mesmo um único verme adulto de *Ascaris* pode ser perigoso porque pode migrar para o ducto biliar, resultando em danos hepáticos (Caso Clínico 74.1). Além disso, como o verme tem um corpo flexível e resistente, ele ocasionalmente perfura o intestino, criando peritonite com infecção bacteriana secundária. Os vermes adultos não se prendem à mucosa intestinal, mas dependem do movimento constante para manter sua posição dentro do lúmen intestinal.

Após a infecção com muitas larvas, a migração dos vermes para os pulmões pode provocar uma pneumonite semelhante a uma crise asmática. O envolvimento pulmonar está relacionado com o grau de hipersensibilidade induzido por infecções anteriores e a intensidade da exposição atual e pode ser acompanhado por eosinofilia e dessaturação de oxigênio. Além disso, um bolo emaranhado de vermes maduros no intestino pode resultar em obstrução, perfuração e oclusão do apêndice. Como mencionado anteriormente, a migração para o ducto biliar, a vesícula biliar e o fígado pode produzir graves danos aos tecidos. Essa migração pode ocorrer em

Caso Clínico 74.1 Ascaridíase hepática

Hurtado et al. (*N Engl J Med* 354:1295–1303, 2006) descreveram um caso de uma mulher de 36 anos de idade que manifestou dor recorrente no QSD do abdome. Um ano antes, ela também apresentou a mesma dor, além de provas de função hepática anormais e sorologia positiva para hepatite C. Uma ultrassonografia abdominal mostrou dilatação biliar e a CPRE mostrou múltiplos cálculos no ducto biliar comum, no ducto hepático esquerdo e no ducto intra-hepático esquerdo. A maioria dos cálculos foi removida. O exame do aspirado do ducto biliar foi negativo para ovos e parasitas. Um mês antes da atual admissão, a paciente manifestou dor recorrente no QSD do abdome e icterícia. A CPRE mostrou múltiplos cálculos nos ductos hepáticos principais comum e esquerdo; a remoção parcial foi realizada.

Um mês depois, a paciente foi internada com dor epigástrica e febre. Ela nasceu no Vietnã e imigrou para os EUA quando tinha pouco mais de 20 anos. Não tinha histórico de viagens recentes. Uma TC contrastada do abdome mostrou perfusão anormal do lobo hepático esquerdo e dilatação de radículas biliares esquerdas com múltiplos defeitos de enchimento. A CPRE mostrou obstrução parcial do ducto hepático principal esquerdo, alguns cálculos pequenos e bile purulenta. A ressonância magnética revelou realce difuso do lobo esquerdo e da veia porta esquerda sugestivo de inflamação. Observou-se o crescimento de *Klebsiella pneumoniae* em hemoculturas e o exame de uma amostra de fezes revelou algumas larvas rabditiformes de *Strongyloides stercoralis*. Foram colocados *stents* biliares e a paciente foi tratada com levofloxacino. Duas semanas depois, a paciente foi internada no hospital e hepatectomia parcial foi realizada para tratamento de colangite piogênica. O exame macroscópico do lobo hepático esquerdo mostrou ductos biliares ectasiados contendo cálculos tintos de bile. O exame microscópico do material do cálculo revelou coleções de ovos de parasitas e um nematódeo fragmentado. Espécies de *Klebsiella* foram identificadas em culturas pelo laboratório de microbiologia. Os resultados foram consistentes com colangio-hepatite piogênica recorrente com infecção por *Ascaris lumbricoides* e espécies de *Klebsiella*. Além dos antibióticos para a infecção bacteriana, a paciente foi tratada com ivermectina para a infecção por *Strongyloides* e albendazol para o nematódeo *Ascaris*.

A migração aberrante de *A. lumbricoides* para a árvore pancreatobiliar, com posterior deposição de ovos, seguida por morte e degeneração dos vermes e dos ovos, tornou-se um nicho para a formação de cálculos e infecção bacteriana secundária. Embora incomum nos EUA, estima-se que a ascaridíase hepática contribua para mais de 35% dos casos de doença biliar e pancreática no subcontinente indiano e partes do Sudeste Asiático.

CPRE, colangiopancreatografia retrógrada endoscópica; *QSD*, quadrante superior direito.

resposta à febre, outros medicamentos que não os utilizados para tratar a ascaridíase e alguns anestésicos. Pacientes com muitas larvas também podem apresentar dor à palpação do abdome, febre, distensão abdominal e vômitos.

DIAGNÓSTICO LABORATORIAL

O exame do sedimento fecal concentrado revela ovos fertilizados e não fertilizados, de superfície irregular, e tintos por bile. Os ovos são ovais, com 55 a 75 µm de comprimento e 50 µm de largura. A casca externa de parede espessa pode ser parcialmente removida (**ovo decorticado**). Ocasionalmente, os vermes adultos são eliminados com as fezes e isso pode ser muito dramático por causa de seu comprimento (20 a 35 cm) (ver Figura 74.1). Os radiologistas também podem visualizar os vermes no intestino e as colangiografias muitas vezes revelam sua presença nas vias biliares. A fase pulmonar da doença pode ser diagnosticada pela descoberta de larvas e eosinófilos em escarro.

TRATAMENTO, PREVENÇÃO E CONTROLE

O tratamento da infecção sintomática é extremamente efetivo. O fármaco de escolha é o albendazol ou mebendazol; o pamoato de pirantel e a piperazina são medicamentos alternativos. Pacientes com infecções parasitárias mistas (*A. lumbricoides*, outros helmintos, *Giardia duodenalis* e *Entamoeba histolytica*) nas fezes devem ser tratados primeiro para a ascaridíase para evitar a estimulação da migração de vermes e possível perfuração intestinal. Orientação, melhoria do saneamento e evitar o uso de fezes humanas como fertilizante são fundamentais. Um programa de tratamento em massa em áreas altamente endêmicas foi sugerido, mas isso pode não ser economicamente viável. Além disso, os ovos podem persistir em solo contaminado por 3 anos ou mais. Certamente, melhores condições de higiene pessoal entre os indivíduos que manipulam alimentos é um aspecto importante de controle.

Toxocara e Baylisascaris

FISIOLOGIA E ESTRUTURA

Toxocara canis, *T. cati* e *B. procyonis* são ascarídeos que são naturalmente parasitas nos intestinos de cães, gatos e guaxinins, respectivamente. Esses nematódeos podem acidentalmente infectar seres humanos, produzindo condições patológicas conhecidas como **larva migrans visceral (LVM), larva migrans neural (LVN) e larva migrans ocular (LMO)**. Quando ingeridos por seres humanos, os ovos desses nematódeos podem eclodir em forma de larvas que não podem seguir o ciclo normal de desenvolvimento como no hospedeiro natural. Eles podem penetrar no intestino humano e alcançar a corrente sanguínea e depois migrar como larvas para vários tecidos humanos. As espécies de *Toxocara* são as causas mais comuns de LMV e LMO, enquanto *B. procyonis* com a cada vez mais reconhecido como causa de LMN fatal. Embora as espécies de *Toxocara* não se desenvolvam além da forma larvar migratória, as larvas de *B. procyonis* continuam a crescer para um tamanho extenso dentro do hospedeiro humano.

EPIDEMIOLOGIA

Onde houver cães e gatos infectados, os ovos são uma ameaça para os seres humanos; da mesma maneira, o contato com guaxinins ou suas fezes apresenta um risco significativo de infecção por *B. procyonis*. Isso é particularmente verdadeiro para crianças que estão mais expostas facilmente ao solo contaminado e que tendem a colocar objetos em suas bocas.

SÍNDROMES CLÍNICAS

As manifestações clínicas de LMV, LMN e LMO em humanos estão relacionadas com a migração das larvas pelos tecidos (Caso Clínico 74.2). As larvas podem invadir qualquer tecido do corpo no qual eles podem induzir sangramento, a formação de granulomas eosinofílicos e necrose. Pacientes podem ser assintomáticos e ter apenas eosinofilia, mas eles também podem desenvolver doenças graves diretamente relacionadas com o número e localização das lesões causadas pelas larvas migrantes, bem como o grau de sensibilização do hospedeiro aos antígenos das larvas. Os órgãos mais predominantemente envolvidos são os pulmões, coração, rins, fígado, músculos esqueléticos, olhos e sistema nervoso central (SNC).

Caso Clínico 74.2 Baylisascaríase

Gavin et al. (*Pediatr Infect Dis* J 21:971–975, 2002) descreveram um caso de um menino de 2 anos e meio, previamente normal, internado no hospital com febre e início recente de encefalopatia. A história patológica pregressa foi significativa para pica e geofagia e ele estava recebendo sulfato ferroso para anemia ferropriva. Ele estava em boas condições de saúde até 8 dias antes da admissão, quando apresentou temperatura de 38,5°C e tosse leve. Três dias antes da admissão, ele desenvolveu letargia progressiva e sonolência marcante. Ele estava irritável, confuso e atáxico. A família vivia no subúrbio de Chicago e não havia alguém doente ou animais de estimação em casa. Não havia histórico de viagens. Na admissão, ele era febril e letárgico, mas irritável e agitado quando perturbado. Apresentava rigidez de nuca com hipertonicidade generalizada, hiper-reflexia e respostas plantares extensoras bilaterais. A contagem de leucócitos estava elevada e havia eosinofilia. O exame do líquido cerebrospinal revelou níveis proteicos elevados e leucócitos com 32% de eosinófilos. As colorações de Gram, álcool-ácido resistente e tinta nanquim foram negativas, assim como os testes para antígenos bacterianos e criptocócico. A terapia antirretroviral e antibacteriana de amplo espectro foi iniciada empiricamente; entretanto, o paciente se tornou comatoso, com opistótono, postura de descerebração, hipertonicidade e tremores. A ressonância magnética craniana demonstrou áreas de hipersinal envolvendo ambos os hemisférios cerebelares. Culturas de líquido cerebrospinal e sangue para bactérias, fungos, micobactérias e vírus foram negativas. As sorologias virais foram negativas, assim como testes de anticorpos contra *Toxocara*, cisticercose, coccidioidomicose, blastomicose e histoplasmose. A história epidemiológica detalhada revelou que 18 dias antes da hospitalização, a família participou de um piquenique em um subúrbio vizinho. Vários guaxinins eram vistos regularmente nas proximidades e o paciente foi observado brincando e comendo a terra sob as árvores. Anticorpos séricos e liquóricos contra *Baylisascaris procyonis* de terceiro estágio foram demonstrados por ensaio de imunofluorescência indireta, com títulos aumentando de 1/4 para 1/1.024 durante um período de 2 semanas. O paciente foi tratado com albendazol e corticosteroides por 4 semanas, mas permaneceu em estado grave com acentuada espasticidade generalizada e cegueira cortical. Exames subsequentes do solo e de detritos no local em que a criança brincava revelaram milhares de ovos infectantes da espécie *Baylisascaris procyonis*. Esse caso ressalta os efeitos devastadores da larva migrans neural. Em muitas regiões da América do Norte, grandes populações de guaxinins com altas taxas de infecção endêmica por *Baylisascaris procyonis* (p. ex., 60 a 80%) vivem em proximidade com os seres humanos, sugerindo que o risco de infecção é provavelmente considerável.

A LMN é uma sequela comum de infecção com *B. procyonis* e é atribuída à extensa migração larvar somática dessa espécie. O crescimento contínuo e a migração dentro do SNC provocam extensos danos mecânicos dos tecidos. Sinais e sintomas causados pelas larvas migrantes incluem tosse, sibilos, febre, erupção cutânea, anorexia, convulsões, fadiga e desconforto abdominal. No exame, os pacientes podem ter hepatoesplenomegalia e lesões nodulares pruriginosas na pele. A morte pode resultar de insuficiência respiratória, arritmia cardíaca ou lesão cerebral. A doença ocular também pode ocorrer com o movimento de larvas pelo olho e pode ser confundido com retinoblastoma maligno. O diagnóstico imediato é necessário para prevenir a enucleação.

DIAGNÓSTICO LABORATORIAL

O diagnóstico de LMV, LMN e LMO é baseado em achados clínicos, achado de **eosinofilia**, exposição conhecida a cães, gatos ou guaxinins e confirmação sorológica. Estão disponíveis ensaios imunossorventes ligados à enzima ELISA e parecem oferecer o melhor marcador sorológico para a doença. O exame das fezes de pacientes infectados não é útil, porque não há vermes adultos que ponham ovos. Entretanto, o exame de material fecal de animais de estimação infectados frequentemente dá suporte ao diagnóstico. O exame tecidual para larvas pode fornecer um diagnóstico definitivo, mas pode ser negativo por causa de erros de amostragem.

TRATAMENTO, PREVENÇÃO E CONTROLE

O tratamento é principalmente sintomático, porque os agentes antiparasitários não têm benefício comprovado. A terapia anti-helmíntica com albendazol, mebendazol, dietilcarbamazina (DEC) ou tiabendazol é frequentemente prescrita. A terapia com corticosteroides pode ser muito útil se o paciente apresentar grave comprometimento pulmonar, miocárdico ou do SNC, porque um componente importante da infecção é a resposta inflamatória ao organismo. Apesar do tratamento anti-helmíntico dos casos de LMN por *B. procyonis*, não há sobreviventes neurologicamente intactos. Essas zoonoses podem ser consideravelmente reduzidas se os proprietários de animais de estimação conscientemente erradicarem os vermes de seus animais e limparem o material fecal de pátios e *playgrounds* escolares. As áreas de lazer para crianças e as caixas de areia devem ser cuidadosamente monitoradas. Os guaxinins não devem ser incentivados a visitar casas ou quintais para alimentação e a guarda de guaxinins como animais de estimação deve ser fortemente desencorajada.

Trichuris trichiura

FISIOLOGIA E ESTRUTURA

Trichuris trichiura, que se assemelha a um chicote por apresentar a extremidade anterior delgada e a extremidade posterior mais espessa (Figura 74.5), tem um ciclo de vida simples (Figura 74.6). Os ovos ingeridos eclodem na forma de larvas no intestino delgado e depois migram para o ceco, onde penetram na mucosa e amadurecem para a forma adulta. Cerca de 3 meses após a infecção inicial, a fêmea fertilizada começa a liberar os ovos, podendo produzir de 3 mil a 10 mil ovos por dia. As fêmeas podem viver por até 8 anos.

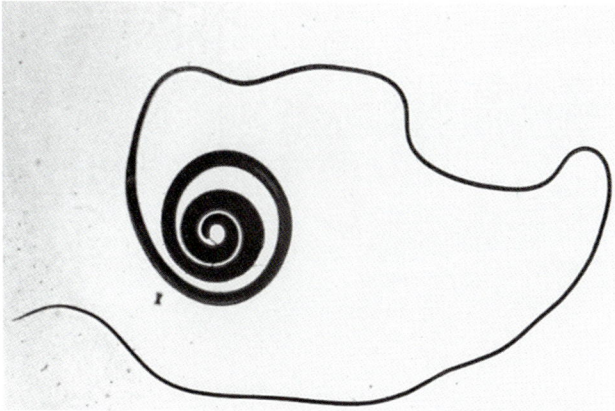

Figura 74.5 *Trichuris trichiura*, macho adulto. (De John, D.T., Petri Jr., W.A., 2006. Markell and Voge's Medical Parasitology, 9th ed. Elsevier, Philadelphia, PA.)

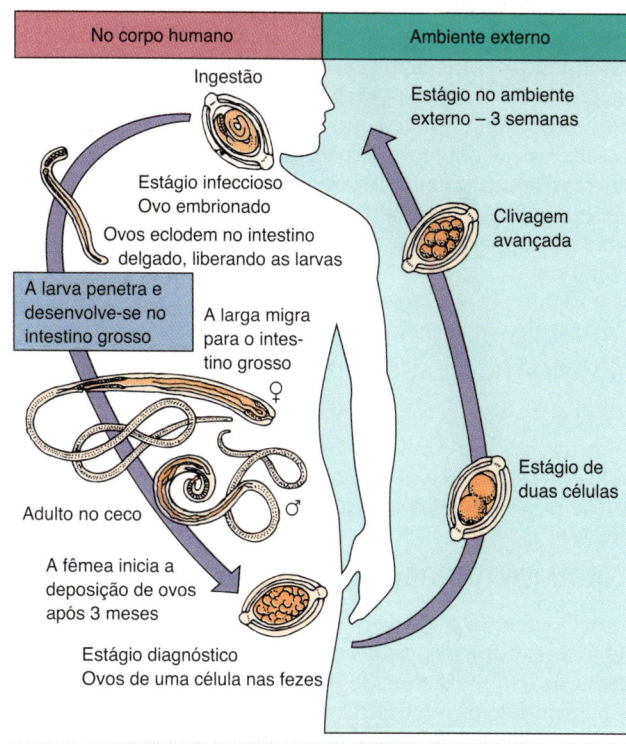

Figura 74.6 Ciclo de vida de *Trichuris trichiura*.

Os ovos passam para o solo, onde amadurecem e se tornam infecciosos em 3 semanas. Os ovos de *T. trichiura* são característicos, apresentam coloração marrom-escura pela impregnação da bile, forma de barril e a plugues polares na casca do ovo (Figura 74.7).

EPIDEMIOLOGIA

Como *A. lumbricoides*, *T. trichiura* tem distribuição mundial e sua prevalência está diretamente correlacionada com a falta de saneamento e o uso de fezes humanas como fertilizante. Nenhum reservatório animal é reconhecido.

SÍNDROMES CLÍNICAS

As manifestações clínicas da **tricuríase** são geralmente relacionadas com a intensidade da carga parasitária. A maioria das infecções apresenta um pequeno número de *Trichuris* e

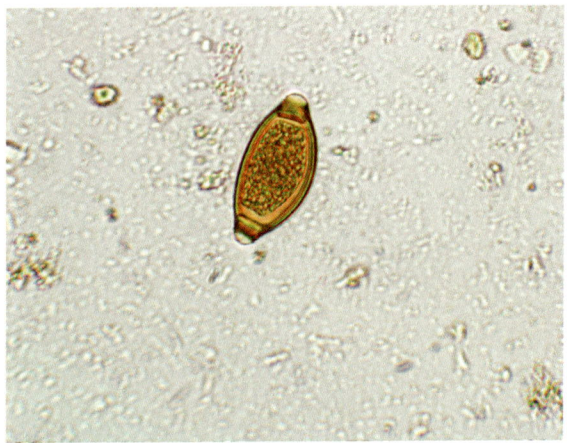

Figura 74.7 Ovo de *Trichuris trichiura*. Os ovos têm formato de barril, medindo 50 × 24 μm, com uma parede espessa e dois plugues proeminentes nas extremidades. Internamente, existe um ovo não segmentado.

geralmente é assintomática, embora possa ocorrer infecção bacteriana secundária, porque as cabeças dos vermes penetram profundamente na mucosa intestinal. Infecções com muitas larvas podem produzir dor e distensão abdominal, diarreia sanguinolenta, fraqueza e perda de peso. Apendicite pode ocorrer enquanto os vermes enchem o lúmen, o prolapso do reto é visto em crianças em virtude da irritação e da força durante a defecação. Anemia e eosinofilia também são observadas nas infecções graves.

DIAGNÓSTICO LABORATORIAL

O exame das fezes revela os ovos característicos, corados por impregnação da bile, com plugues polares (ver Figura 74.7). Infestações leves podem ser difíceis de detectar por causa da escassez de ovos nas amostras de fezes.

TRATAMENTO, PREVENÇÃO E CONTROLE

O medicamento antiparasitário de escolha é o albendazol ou mebendazol. As quimioterapias combinadas demonstram eficácia mais elevada, tais como o uso de albendazol mais pamoato de oxantel. Como no caso de *A. lumbricoides*, a prevenção de *T. trichiura* depende de orientação, boa higiene pessoal, saneamento adequado e evitar o uso de fezes humanas como fertilizante.

Ancilóstomos

ANCYLOSTOMA DUODENAL E *NECATOR AMERICANUS*

Fisiologia e estrutura

Os dois ancilóstomos humanos são *A. duodenale* (**ancilóstomo do Velho Mundo**) e *N. americanus* (**ancilóstomo do Novo Mundo**). Ambos diferem apenas em relação à distribuição geográfica, estrutura das peças bucais (Figura 74.8) e tamanho relativo, essas duas espécies são discutidas em conjunto como agentes de ancilostomíase. A fase humana do ciclo de vida do ancilóstomo é iniciada quando uma larva filariforme (forma infecciosa) penetra na pele intacta (Figura 74.9). Em seguida, a larva entra na circulação, é levada aos pulmões e, de maneira semelhante a *A. lumbricoides*, é expelida pela tosse, deglutida e se desenvolve até a idade adulta no intestino delgado. Os vermes adultos depositam de 10 mil a 20 mil ovos por dia, que são liberados nas fezes. A deposição dos ovos é iniciada de 4 a 8 semanas após a exposição inicial e pode persistir por até 5 anos. Em contato com o solo, as larvas **rabditiformes** (não infecciosas) são liberadas dos ovos e dentro de 2 semanas se desenvolvem em larvas **filariformes**. As larvas filariformes podem então penetrar na pele exposta (p. ex., pés descalços) e iniciar um novo ciclo de infecção humana.

Ambas as espécies têm peças bucais projetadas para sugar o sangue do tecido intestinal lesionado. *Ancylostoma duodenale* contém dentes quitinosos e *N. americanus* apresenta placas quitinosas cortantes (ver Figura 74.8).

Epidemiologia

A transmissão da infecção por ancilóstomo exige a deposição de fezes contendo ovos em solo sombreado e bem drenado e é favorecida por condições quentes e úmidas (tropicais). Infecções por ancilóstomos são relatadas em todo o mundo, em locais em que o contato direto com o solo contaminado pode levar a doenças humanas, mas elas ocorrem principalmente em regiões subtropicais e tropicais quentes e em regiões do sul dos EUA. Estima-se que mais de 900 milhões de indivíduos em todo o mundo estejam infectados com ancilóstomos, incluindo 700 mil nos EUA.

Síndromes clínicas

Larvas que penetram na pele podem provocar reação alérgica e erupção cutânea nos locais de entrada e as larvas que migram nos pulmões podem causar pneumonite e eosinofilia. Vermes adultos provocam sinais/sintomas gastrintestinais de náuseas, vômitos e diarreia. Como há perda de sangue provocada pelos vermes, desenvolve-se anemia hipocrômica microcítica. A perda diária de sangue é estimada em 0,15 a 0,25 mℓ para cada *A. duodenale* adulto e 0,03 mℓ para cada *N. americanus* adulto. Nas infecções crônicas e graves, emaciação e retardo mental e físico podem ocorrer relacionados com a anemia por perda de sangue e deficiências nutricionais. Além disso, os locais intestinais podem ser secundariamente infectados por bactérias quando os vermes migram ao longo da mucosa intestinal.

Diagnóstico laboratorial

O exame das fezes revela os ovos característicos, segmentados e não apresentam coloração da bile, mostrados na Figura 74.10. Vermes adultos raramente são vistos porque permanecem firmemente aderidos à mucosa intestinal. As larvas não são encontradas em amostras de fezes, a menos que a amostra tenha sido deixada à temperatura ambiente por 1 dia ou mais. Os ovos de *A. duodenale* e *N. americanus* não podem ser diferenciados. As larvas devem ser examinadas para identificar especificamente esses ancilóstomos, embora isso seja clinicamente desnecessário.

Tratamento, prevenção e controle

O fármaco de escolha é o albendazol ou mebendazol; o pamoato de pirantel é uma alternativa. Além da erradicação dos vermes para interromper a perda de sangue, a terapia com ferro é indicada para aumentar os níveis de hemoglobina ao normal. A transfusão de sangue pode ser necessária em casos graves de anemia. Orientação, melhores condições

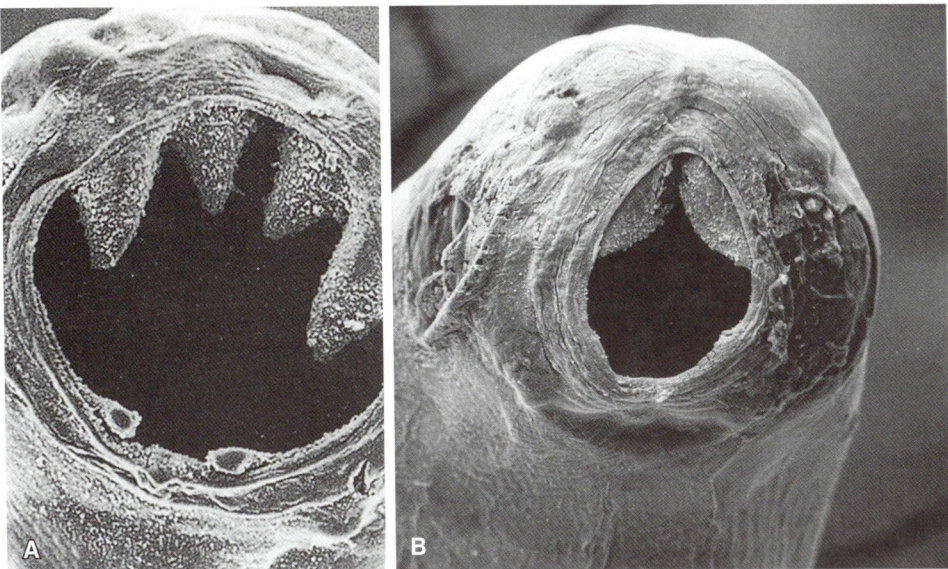

Figura 74.8 Micrografias eletrônicas de varredura de peças bucais de ancilóstomos adultos. **A.** *Ancylostoma duodenale* (630×). **B.** *Necator americanus* (470×). (De Peters, W., Pasvol, G., 2007. Atlas of Tropical Medicine and Parasitology, sixth ed. Elsevier, Philadelphia, PA.)

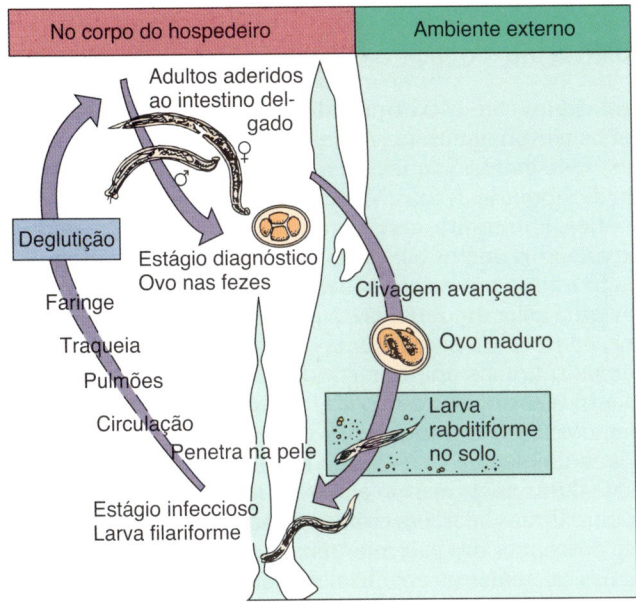

Figura 74.9 Ciclo de vida de ancilóstomos humanos.

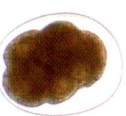

Figura 74.10 Ovo de ancilóstomo humano. Os ovos têm de 60 a 75 μm de comprimento e 35 a 40 μm de largura, apresentam casca delgada e envolvem uma larva em desenvolvimento.

de saneamento e o descarte controlado das fezes humanas são medidas preventivas fundamentais. Uso de calçados em áreas endêmicas ajuda a reduzir a prevalência da infecção.

ANCYLOSTOMA BRAZILIENSE

Fisiologia e estrutura

Ancylostoma braziliense, uma espécie de ancilóstomo, é naturalmente parasita nos intestinos de cães e gatos e infecta acidentalmente os seres humanos. Esse verme provoca uma doença chamada **larva migrans cutânea**, que também é denominada **bicho geográfico**. As larvas filariformes desse ancilóstomo penetram na pele intacta, mas não conseguem se desenvolver mais em seres humanos. As larvas permanecem presas na pele do hospedeiro humano por semanas ou meses, vagueando pelo tecido subcutâneo e criando túneis serpiginosos.

Epidemiologia

Como os nematódeos *Ascaris*, a ameaça de infecção por *A. braziliense* é maior nas crianças que entram em contato com o solo ou caixas de areia contaminadas com fezes de animais contendo ovos de ancilóstomos. As infecções são predominantes durante todo o ano nas praias em regiões subtropicais tropicais; no verão, a infecção é relatada do extremo norte até a fronteira do Canadá com os EUA.

Síndromes clínicas

As larvas migrantes podem provocar uma grave reação eritematosa e vesicular. O prurido e a coçadura da pele irritada podem levar à infecção bacteriana secundária. Cerca da metade dos pacientes desenvolvem infiltrados pulmonares transitórios com eosinofilia periférica **(síndrome de Löffler)**, presumivelmente resultante da migração pulmonar das larvas.

Diagnóstico laboratorial

Ocasionalmente, as larvas são recuperadas em biopsia de pele ou após congelamento da pele, mas a maioria dos exames é baseada no aspecto clínico dos túneis e no relato de contato com fezes de cães e gatos. As larvas são raramente encontradas no escarro.

Tratamento, prevenção e controle

O fármaco de escolha é o albendazol; ivermectina e tiabendazol são opções alternativas. Os anti-histamínicos podem ser úteis no controle do prurido. Essa zoonose, como no caso da infecção de animais por *Ascaris*, pode ser reduzida pela orientação dos donos dos animais de estimação em relação ao tratamento de seus animais para verminoses, bem como recolher as fezes de quintais, praias e caixas de areia. Em áreas endêmicas, calçados ou sandálias devem ser usados para evitar a infecção.

Strongyloides stercoralis

FISIOLOGIA E ESTRUTURA

Embora a morfologia desses vermes e a epidemiologia de suas infecções sejam semelhantes ao do ancilóstomo, o ciclo de vida de *S. stercoralis* (Figura 74.11) difere em três aspectos: (1) os ovos eclodem em larvas no intestino e antes são eliminados nas fezes, (2) as larvas podem amadurecer em larvas filariformes no intestino e causar autoinfecção e (3) um ciclo de vida livre, não parasitário, pode ser estabelecido fora do hospedeiro humano.

No desenvolvimento direto, como o ancilóstomo, a larva de *S. stercoralis* que penetra na pele cai na circulação e segue o curso pulmonar. O nematódeo é expelido na tosse e engolido, com o desenvolvimento da forma adulta no intestino delgado. As fêmeas adultas enterram na mucosa do duodeno e reproduzem por partenogênese. Cada fêmea produz cerca de uma dúzia de ovos cada dia, que eclodem dentro da mucosa e liberam as larvas **rabditiformes** no lúmen da intestino. As larvas rabditiformes são diferenciadas das larvas de ancilóstomos pela pequena cápsula bucal e seu grande primórdio genital. As larvas rabditiformes são eliminadas nas fezes e podem continuar o ciclo direto, desenvolvendo-se em larvas **filariformes** infecciosas ou desenvolvem-se em vermes adultos de vida livre e iniciam o ciclo indireto.

No desenvolvimento indireto, as larvas no solo se desenvolvem em adultos de vida livre e produzem ovos e larvas. Várias gerações dessa forma não parasitária podem ocorrer antes que novas larvas se tornem parasitas penetrantes da pele.

Finalmente, na **autoinfecção**, as larvas rabditiformes no intestino não são eliminadas com as fezes, mas se tornam larvas filariformes. Estas penetram na mucosa intestinal ou na pele perianal e seguem o curso através da circulação e em estruturas pulmonares, são expelidas na tosse e depois são deglutidas; neste ponto, essas larvas se tornam adultas, produzindo mais larvas no intestino. Esse ciclo pode persistir por anos e pode levar à **hiperinfecção** e à infecção maciça ou disseminada, muitas vezes fatal.

EPIDEMIOLOGIA

Semelhante aos ancilóstomos em termos de exigências de temperaturas quentes e umidade, *S. stercoralis* demonstra baixa prevalência, mas uma distribuição geográfica um pouco mais ampla, incluindo partes do norte dos EUA e Canadá. A transmissão sexual também ocorre. Reservatórios animais, tais como animais domésticos, são reconhecidos.

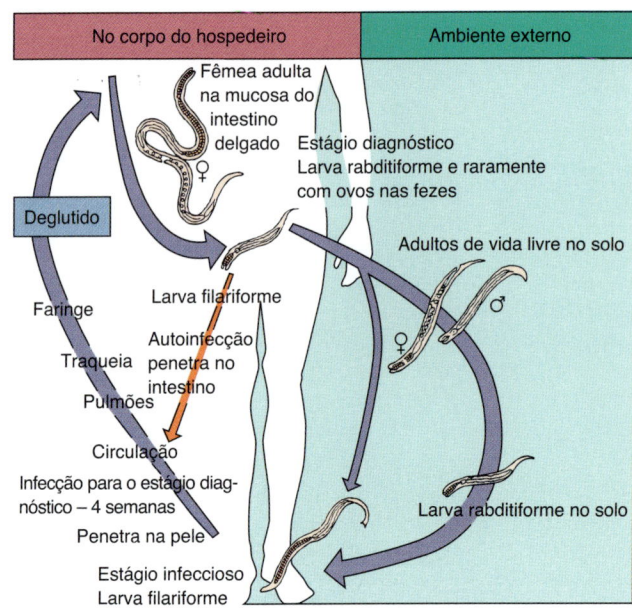

Figura 74.11 Ciclo de vida de *Strongyloides stercoralis*.

SÍNDROMES CLÍNICAS

Indivíduos com **estrongiloidíase** são frequentemente afetados por pneumonite em decorrência das larvas migrantes semelhantes àquelas encontradas na ascaridíase e ancilostomíase. A infecção intestinal é geralmente assintomática. Entretanto, cargas parasitárias acentuadas podem envolver os ductos biliares e pancreáticos, o intestino delgado inteiro e o cólon, causando inflamação e ulceração levando a dor espontânea e à palpação do epigástrio, vômitos, diarreia (ocasionalmente com sangue) e má absorção. Sinais/sintomas que mimetizam úlcera péptica, em associação à eosinofilia periférica, devem sugerir fortemente o diagnóstico de estrongiloidíase.

A autoinfecção pode levar a estrongiloidíase crônica, que pode durar anos, mesmo em áreas não endêmicas. Embora muitas dessas infecções crônicas possam ser assintomáticas, até dois terços dos pacientes têm sintomas episódicos recorrentes referentes ao envolvimento da pele, pulmões e intestinos. Os indivíduos com estrongiloidíase crônica correm risco de desenvolver hiperinfecção grave e potencialmente fatal, se o equilíbrio hospedeiro-parasita for perturbado por qualquer medicamento ou doença que comprometa o estado imunológico do hospedeiro (Caso Clínico 74.3). A **síndrome de hiperinfecção** é observada mais comumente em indivíduos imunocomprometidos por processos malignos (sobretudo hematológicos) e/ou terapia com corticosteroides. A síndrome da hiperinfecção também é observada em pacientes que se submeteram ao transplante de órgãos sólidos e em pessoas subnutridas. A perda de função imune celular pode estar associada à conversão de larvas rabditiformes a larvas filariformes, seguida pela disseminação das larvas pela circulação para praticamente qualquer órgão. Mais comumente, a infecção extraintestinal envolve o pulmão e inclui broncospasmo, infiltrações difusas e ocasionalmente cavitação. É comum a disseminação generalizada que envolve os linfonodos abdominais, fígado, baço, rins, pâncreas, tireoide, coração, cérebro e meninges. Sinais/sintomas intestinais de síndrome da hiperinfecção incluem diarreia profunda, má

Caso Clínico 74.3 Hiperinfecção por *Strongyloides*

Gorman et al. (*Infect Med* 23:480, 2006) descreveram um caso de miosite necrosante complicada por hemorragia alveolar difusa e septicemia após terapia com corticosteroide. O paciente era um homem de 46 anos de idade, do Camboja, com história pregressa de fenômeno de Raynaud. Ele foi à clínica de reumatologia com agravamento dos sintomas da síndrome de Raynaud e mialgia difusa. O paciente foi empregado como motorista de caminhão e tinha emigrado do Camboja 30 anos antes. Estudos laboratoriais pertinentes incluíram níveis acentuadamente elevados de creatinoquinase e aldolase. Provas de função pulmonar mostraram diminuição da capacidade vital forçada, do volume expiratório forçado e da capacidade de difusão do monóxido de carbono. Uma TC de alta resolução do tórax mostrou alterações discretas com padrão de vidro moído, em ambas as bases pulmonares, e espessamento dos septos interlobulares. A biopsia dos músculos revelou necrose de miócitos e atrofia aleatória, mas sem células inflamatórias. A broncoscopia não apresentou alterações evidentes e todas as culturas foram negativas. Foi iniciado o tratamento com prednisona para suposta miopatia necrosante secundária à doença indiferenciada do tecido conjuntivo.

Ele foi internado no hospital depois de 1 mês com profunda fraqueza muscular e dispneia, que melhorou com a administração de metilprednisolona e imunoglobulina intravenosa. Três semanas depois, o paciente foi readmitido com febre, náuseas, vômitos, dor abdominal e artralgia difusa. A TC do abdome sugeriu intussuscepção do intestino delgado e colite, mas os sintomas melhoraram sem tratamento. Outra TC de alta resolução mostrou padrão faveolado inicial e agravamento dos infiltrados intersticiais. O paciente foi programado para uma biopsia pulmonar; entretanto, enquanto aguardava a biopsia, ele sofreu deterioração abrupta e fulminante, com hemoptise e insuficiência respiratória hipoxêmica, que exigiu intubação e ventilação mecânica. A radiografia de tórax mostrou novos infiltrados, difusos e bilaterais. O paciente desenvolveu abdome agudo acompanhado por púrpura na parte inferior do tronco. Uma TC abdominal mostrou pancolite. Em seguida, o paciente desenvolveu choque séptico refratário causado por *Escherichia coli* e acidose láctica. A broncoscopia mostrou hemorragia alveolar difusa e várias larvas de *Strongyloides stercoralis* foram demonstradas na coloração de um aspirado de secreções endotraqueais. A sorologia foi positiva para anticorpos contra *Strongyloides*. Apesar do tratamento com ivermectina, albendazol, cefepima, vancomicina, vasopressores, esteroides e diálise, o paciente morreu.

Esse caso de síndrome de hiperinfecção por *Strongyloides* enfatiza a importância da triagem e do tratamento de pessoas em risco de infecção latente por *S. stercoralis* (endêmica em regiões tropicais e subtropicais) antes do início da terapia imunossupressora. Precauções de contato devem ser tomadas em pacientes com síndrome de hiperinfecção em razão do risco de infecção dos profissionais da saúde e visitantes em exposição às larvas infecciosas nas fezes e secreções do paciente.

TC, tomografia computadorizada.

DIAGNÓSTICO LABORATORIAL

O diagnóstico de estrongiloidíase pode ser difícil em virtude da eliminação intermitente de um pequeno número de larvas de primeiro estágio nas fezes. O exame do sedimento fecal concentrado revela as larvas do nematódeo (Figura. 74.12), mas ao contrário das infecções por anciclóstomo, nas infecções por *S. stercoralis*, os ovos geralmente não são observados. A coleta de três amostras de fezes, uma por dia durante 3 dias (como realizada para *G. duodenalis*), é recomendada porque as larvas de *S. stercoralis* podem ocorrer em "chuveiros", com muitas eliminadas em 1 dia e poucas ou nenhuma no dia seguinte. Vários autores preferem o **método de Baermann com gaze e funil** para concentração de larvas de *S. stercoralis* a partir de amostras fecais. Esse método utiliza um funil com uma torneira e uma gaze inserida. O funil é preenchido com água morna a um nível que apenas cubra a gaze e uma amostra de fezes é colocada sobre a gaze, parcialmente em contato com a água. As larvas nas fezes migram pela gaze para a água e depois sedimentam no pescoço do funil, onde podem ser detectadas por microscopia de baixa potência. Quando ausentes das fezes, as larvas podem ser detectadas em aspirados duodenais ou no escarro no caso de infecção intensa. Finalmente, a cultura de larvas nas fezes utilizando culturas com carvão vegetal ou um método de cultivo de ágar em placa pode ser usado, embora estes não sejam rotineiros na maioria dos laboratórios. A demonstração de anticorpos contra *Strongyloides* no sangue pode ser útil como um teste de triagem ou como um ensaio complementar para o diagnóstico. O diagnóstico por meio de testes de amplificação de ácidos nucleicos (NAATs) foi desenvolvido para testar fezes e urina e está agora disponível em muitos laboratórios de referência.

TRATAMENTO, PREVENÇÃO E CONTROLE

Todos os pacientes infectados devem ser tratados para evitar a autoinfecção e potencial disseminação (hiperinfecção) do parasita. O fármaco de escolha é a ivermectina, com albendazol ou mebendazol como terapias alternativas. A sorologia para *Strongyloides* e pelo menos três exames de fezes

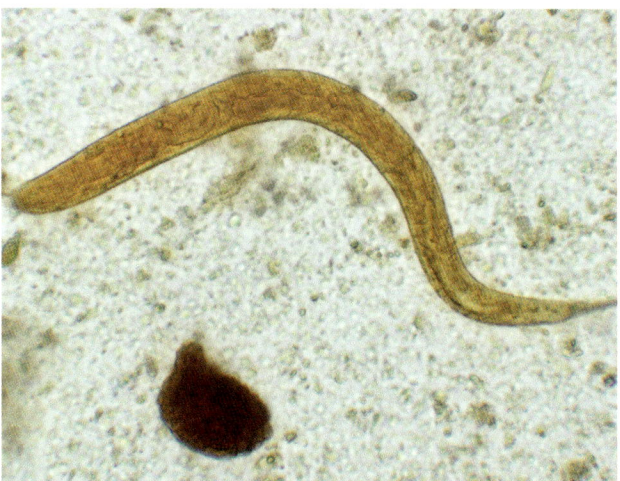

Figura 74.12 Larvas de *Strongyloides stercoralis*. As larvas têm de 180 a 380 μm de comprimento e de 14 a 24 μm de largura. Elas são diferenciadas das larvas de anciclóstomos pelo comprimento da cavidade bucal e do esôfago e pela estrutura do primórdio genital.

absorção e anormalidades nos eletrólitos. Vale ressaltar que a síndrome da hiperinfecção está associada a uma taxa de mortalidade de aproximadamente 86%. Sepse bacteriana, meningite, peritonite e endocardite secundária à disseminação das larvas pelo intestino são frequentes e com complicações muitas vezes fatais da síndrome da hiperinfecção.

para excluir a infecção por *S. stercoralis* devem ser realizados para todos os pacientes em áreas endêmicas (e outros pacientes em situação de risco) que estão se preparando para a terapia imunossupressora (p. ex., antes do transplante de órgãos ou tratamento de neoplasias malignas) para evitar os riscos de síndrome da hiperinfecção. As medidas rigorosas de controle da infecção devem ser reforçadas quando os médicos cuidam de pacientes com hiperinfecção, porque as fezes, a saliva, o vômito e os líquidos corporais podem conter larvas filariformes infecciosas. Como no caso do ancilóstomo, o controle das espécies de *Strongyloides* demanda orientação, saneamento adequado e tratamento imediato das infecções existentes.

Trichinella spiralis

FISIOLOGIA E ESTRUTURA

Trichinella spiralis é a mais importante causa de doenças humanas, mas outras espécies, tais como *T. pseudospiralis* e *T. britovi*, também causam **triquinose (ou triquinelose)**. A forma adulta desse organismo vive na mucosa duodenal e jejunal de mamíferos carnívoros em todo o mundo. A forma larval infecciosa é encontrada nos músculos estriados de mamíferos carnívoros e onívoros. Entre os animais domésticos, os suínos são os mais frequentemente envolvidos. A Figura 74.13 ilustra o ciclo de vida simples e direto, que termina na musculatura dos seres humanos, onde as larvas acabam morrendo e calcificando.

A infecção começa quando a carne que contém larvas encistadas é digerida. As larvas deixam a carne no intestino delgado e em 2 dias se desenvolvem em vermes adultos. Uma única fêmea fertilizada produz mais de 1.500 larvas em 1 a 3 meses. Essas larvas se movem da mucosa intestinal para a corrente sanguínea e são transportadas na circulação a vários locais musculares em todo o corpo, nos quais eles se enrolam em fibras musculares estriadas e ficam encistados (Figura 74.14). Os músculos invadidos com mais frequência incluem os extraoculares do olho; a língua; os músculos deltoide, peitoral e intercostais; o diafragma; e o músculo gastrocnêmio. As larvas encistadas permanecem viáveis por muitos anos e são infecciosas se ingeridas por um novo hospedeiro animal. As larvas de *T. pseudospiralis* nos músculos não induzem a formação de cistos e geram menos inflamação do que a infecção causada por *T. spiralis*.

EPIDEMIOLOGIA

Triquinose ocorre no mundo inteiro em seres humanos e sua prevalência está associada ao consumo de carne suína. Além de sua transmissão a partir de porcos, muitos animais carnívoros e onívoros abrigam o organismo e são fontes potenciais de infecção humana. Vale mencionar que os ursos polares e morsas no Ártico são responsáveis por surtos em populações humanas, principalmente com uma cepa de *T. spiralis* (*T. nativa*) que é mais resistente ao congelamento do que as cepas de *T. spiralis* encontradas nos EUA continental e outras regiões temperadas. Estima-se que mais de 1,5 milhão de americanos sejam portadores de cistos vivos de *Trichinella* em sua musculatura e que de 150 mil a 300 mil adquiram novas infecções anualmente.

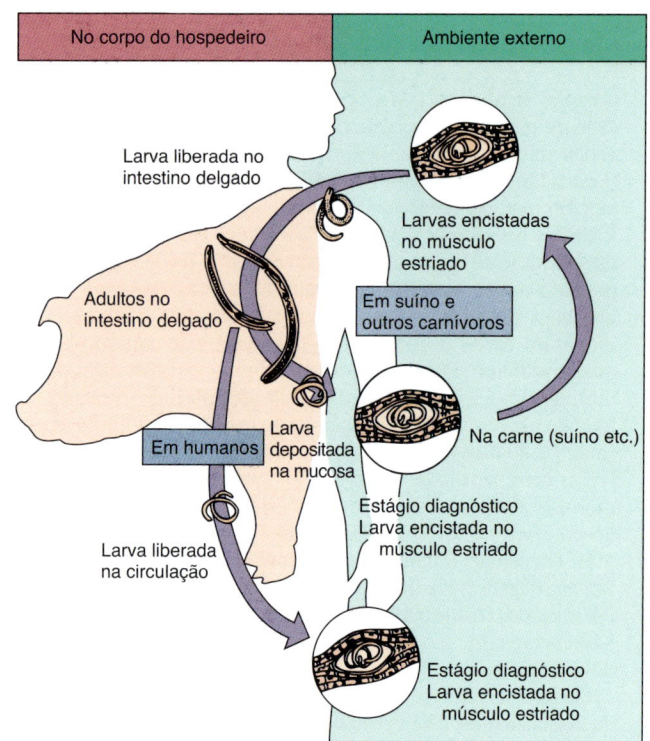

Figura 74.13 Ciclo de *Trichinella spiralis*.

SÍNDROMES CLÍNICAS

Triquinose é uma das poucas parasitoses teciduais ainda observadas nos EUA. Como ocorre em outras parasitoses, a maioria dos pacientes tem sintomas mínimos ou ausentes. A apresentação clínica depende em grande parte da carga tecidual dos organismos e da localização das larvas migrantes. Pacientes com até 10 larvas depositadas por grama de tecido são geralmente assintomáticos, aqueles com pelo menos 100 geralmente têm doenças significativas, e aqueles com 1.000 a 5.000 têm uma evolução muito grave que ocasionalmente termina em morte. Em infecções leves com poucas larvas migrantes, os pacientes podem desenvolver apenas uma síndrome gripal com febre branda e diarreia leve. Quando há migração mais substancial das larvas, sinais/sintomas como

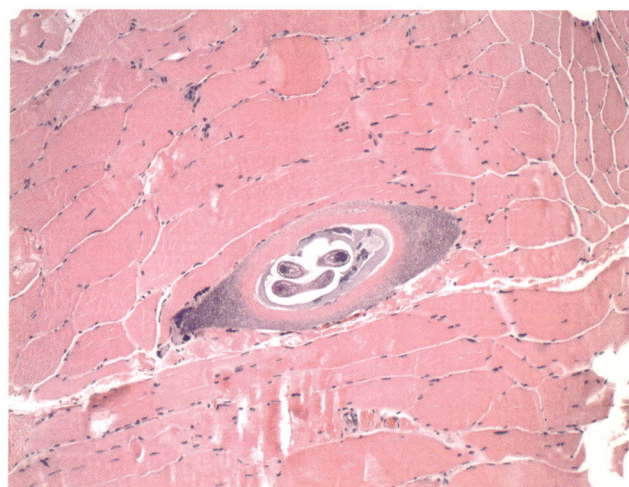

Figura 74.14 Larva encistada de *Trichinella spiralis* em uma amostra de biopsia muscular. (De CDC Public Health Image Library.)

febre persistente, desconforto gastrintestinal, eosinofilia acentuada, mialgia e edema periorbital ocorrem. Hemorragias subungueais, um achado comum, são provavelmente causadas por vasculite resultante de secreções tóxicas das larvas migrantes. Em infecções com alta carga parasitária, sinais/sintomas neurológicos graves, incluindo psicose, meningoencefalite e acidente vascular encefálico (AVE), podem ocorrer.

Pacientes que sobrevivem à migração, destruição muscular e encistamento de larvas em infecções moderadas apresentam declínio dos sinais/sintomas clínicos em 5 ou 6 semanas. Triquinose letal ocorre quando há combinação de miocardite, encefalite e pneumonite; o paciente morre 4 a 6 semanas após a infecção. A parada respiratória segue-se frequentemente à invasão intensa e destruição muscular no diafragma.

DIAGNÓSTICO LABORATORIAL

O diagnóstico é geralmente estabelecido com observações clínicas, principalmente quando um surto pode ser rastreado até o consumo de carne de porco ou de urso malcozida. O laboratório pode confirmar o diagnóstico se as larvas encistadas são detectadas na carne examinada ou em uma amostra de biopsia muscular do paciente. **Eosinofilia** significativa é um achado característico em pacientes com triquinose. Ensaios sorológicos também estão disponíveis para a confirmação do diagnóstico. Habitualmente, não há títulos significativos de anticorpos antes da terceira semana de doença, mas depois podem persistir por anos.

TRATAMENTO, PREVENÇÃO E CONTROLE

O tratamento da triquinose é principalmente sintomático porque não existem bons agentes antiparasitários para as larvas nos tecidos. O tratamento dos vermes adultos no intestino com mebendazol interrompe a produção de novas larvas. Esteroides, juntamente com tiabendazol ou mebendazol, são recomendados para sinais/sintomas graves. Em infecções causadas por *T. pseudospiralis*, o albendazol é efetivo. A orientação em relação à transmissão de doenças a partir de carne de porco e de urso é essencial, principalmente a recomendação de que essas carnes devem ser cozidas até que o interior esteja cinza. O cozimento por micro-ondas e a defumação ou desidratação da carne não matam todas as larvas.

As leis que regulamentam a alimentação de porcos com lixo ajudam a controlar a transmissão, assim como os regulamentos que controlam a procura de ursos por alimentos em depósitos de lixo e parques públicos. O congelamento de carne de porco, como realizado em frigoríficos inspecionados federalmente, reduziu a transmissão. O congelamento rápido da carne de porco a −40°C destrói efetivamente os organismos, assim como a baixa temperatura de armazenamento a −15°C por 20 dias ou mais.

Wuchereria bancrofti e *Brugia malayi*

FISIOLOGIA E ESTRUTURA

Em razão de suas muitas semelhanças, *W. bancrofti* e *B. malayi* são discutidas em conjunto. A infecção humana é iniciada pela introdução de larvas infectantes, presentes na saliva de um mosquito hematófago, em uma ferida de picada (Figura 74.15). Várias espécies de mosquitos *Anopheles*, *Aedes* e *Culex* são vetores da **filariose bancroftiana e da Malásia**. As larvas migram do sítio da picada para o sistema linfático, principalmente nos braços, membros inferiores ou regiões inguinais, nos quais ocorre o crescimento das larvas até a idade adulta. De 3 a 12 meses após o início da infecção, o verme macho adulto fertiliza a fêmea, que, por sua vez, produz as microfilárias no estágio de larvas com bainhas, que têm acesso à circulação. O achado de **microfilárias** no sangue confirma o diagnóstico de doença humana e é infeccioso para mosquitos hematófagos. No mosquito, as larvas se movem através do estômago e dos músculos torácicos em estágios do desenvolvimento, e finalmente migram para a probóscide. Nesse local, tornam-se larvas infectantes de terceiro estágio e são transmitidas pelo mosquito hematófago. A forma adulta nos seres humanos pode persistir por até 10 anos. Esses organismos abrigam **bactérias endossimbiontes** do gênero *Wolbachia* e dependem destes endossimbiontes para as atividades metabólicas e reprodutivas normais.

EPIDEMIOLOGIA

A infecção por *W. bancrofti* ocorre em áreas tropicais e subtropicais e é endêmica na África Central, ao longo da costa do Mediterrâneo e em muitas partes da Ásia, incluindo China, Coreia, Japão e Filipinas. Essa infecção também ocorre no Haiti, em Trinidad, no Suriname, Panamá, na Costa Rica e no Brasil.[1] Nenhum reservatório animal foi identificado.

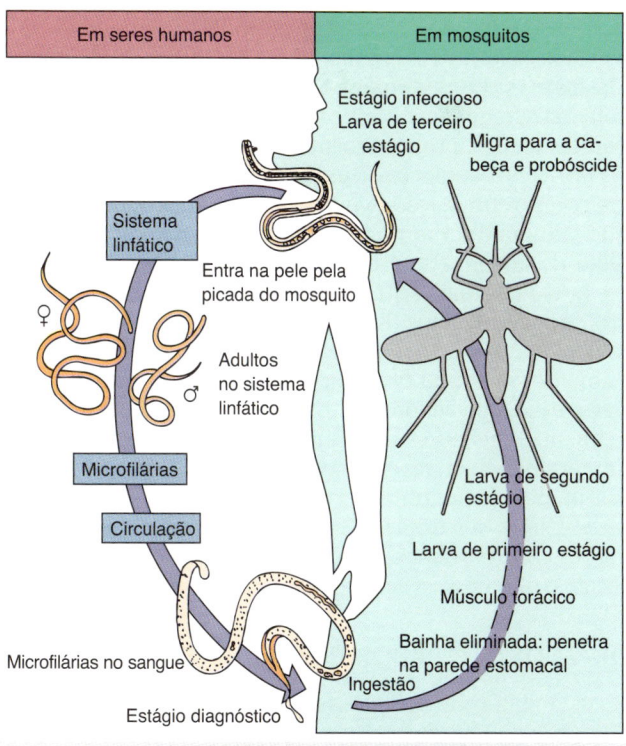

Figura 74.15 Ciclo de vida de *Wuchereria bancrofti*.

---

[1] N.R.T.: Em 2020, a filariose linfática estava em fase de eliminação no Brasil. A área endêmica está restrita a quatro municípios situados na região metropolitana do Recife (PE): Recife, Olinda, Jaboatão dos Guararapes e Paulista. Ver <https://www.gov.br/saude/pt-br/assuntos/saude-de-a-a-z/f/filariose-linfatica-elefantiase>.

Brugia malayi é encontrada principalmente na Malásia, na Índia, na Tailândia, no Vietnã e em partes da China, na Coreia, no Japão e em muitas ilhas do Pacífico. Reservatórios animais, tais como gatos e macacos, são reconhecidos.

SÍNDROMES CLÍNICAS

Em alguns pacientes, não há sinais de doença, mesmo que haja muitas microfilárias nas amostras de sangue. Em outros pacientes, os sinais/sintomas agudos precoces são febre, linfangite e linfadenite com calafrios e ataques febris recorrentes. Acredita-se que a apresentação aguda resulte da resposta inflamatória aos vermes "adolescentes" em processo de muda e adultos mortos ou moribundos nos vasos linfáticos. À medida que a infecção progride, os linfonodos aumentam de tamanho, possivelmente envolvendo muitas partes do corpo, incluindo os membros, o escroto e os testículos, com formação ocasional de abscessos. Isso resulta da obstrução física da linfa nos vasos causada pelos vermes adultos e pela reatividade do hospedeiro no sistema linfático. Esse processo pode ser complicado por infecções bacterianas recorrentes, que contribuem para os danos teciduais. O espessamento e a hipertrofia dos tecidos infectados pelos vermes podem levar ao aumento dos tecidos, principalmente dos membros, progredindo para **elefantíase**. Esse tipo de filariose é, portanto, uma doença crônica, debilitante e desfigurante que exige diagnóstico e tratamento imediatos. Ocasionalmente, ascite e efusões (derrames) pleurais secundárias à ruptura dos vasos linfáticos aumentados para a cavidade peritoneal ou pleural podem ser observadas.

A eosinofilia pulmonar tropical (EPT) é uma síndrome causada pela hiper-responsividade imunológica às microfilárias presas nos pulmões. Essa síndrome afeta os homens com mais frequência do que as mulheres, mais comumente adultos jovens, principalmente na terceira década de vida. As principais características incluem história de residência em regiões endêmicas da filariose, tosse paroxística e sibilos que geralmente são noturnos, perda de peso, febre baixa, além de adenopatia e eosinofilia sanguínea pronunciada (≈ 3.000 eosinófilos/$\mu\ell$). Os pacientes raramente têm microfilárias no sangue. Radiografias do tórax podem ser normais em 20 a 30% dos casos, mas geralmente mostram aumento da trama broncoalveolar, lesões intersticiais difusas e/ou opacidades de aspecto mosqueado consideravelmente evidentes nos campos pulmonares inferiores. Embora não haja um critério clínico ou laboratorial isolado que ajude a distinguir a EPT de outras doenças pulmonares, a residência nos trópicos, o achado de altos níveis de anticorpos contra as filárias e uma rápida resposta à DEC favorecem o diagnóstico de eosinofilia tropical.

DIAGNÓSTICO LABORATORIAL

A eosinofilia é um achado comum durante episódios de inflamação aguda; no entanto, a demonstração de microfilárias no sangue é necessária para o diagnóstico definitivo. Como no caso da malária, as microfilárias podem ser demonstradas em esfregaços de sangue corados pelo método de Giemsa em infecções por *W. bancrofti* e *B. malayi* (Figuras 74.16 e 74.17). Essas duas espécies de nematódeos apresentam periodicidade noturna e subperiódica na produção de microfilárias. A periodicidade noturna resulta em

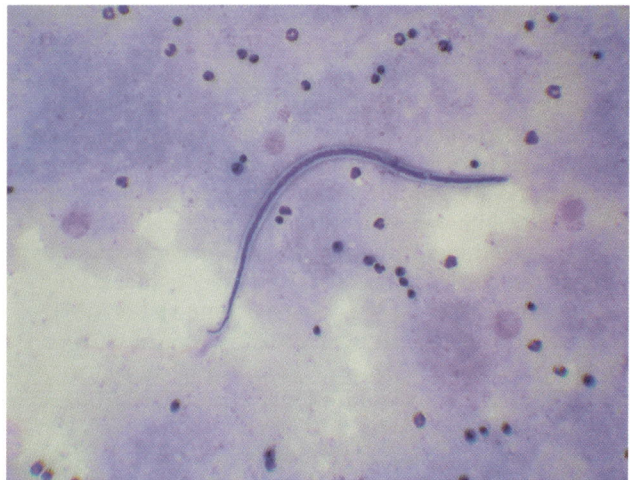

Figura 74.16 Coloração de Giemsa da microfilária de *Wuchereria bancrofti* com bainha no esfregaço de sangue; 245 a 295 μm de comprimento × 7 a 10 μm de largura.

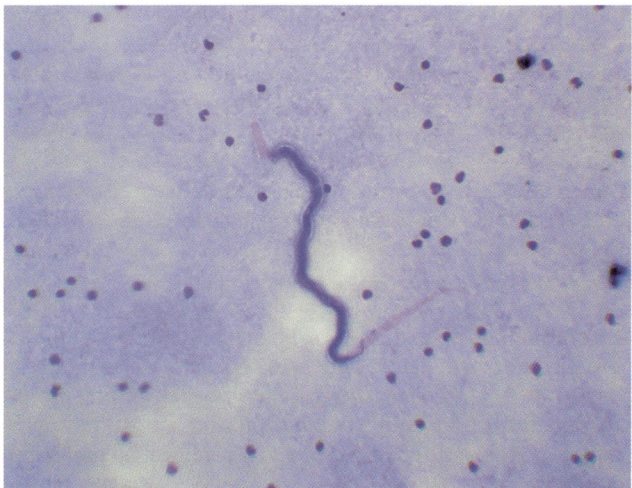

Figura 74.17 Coloração de Giemsa de microfilária de *Brugia malayi* em esfregaço de sangue; 180 a 230 μm de comprimento × 5 a 6 μm de largura.

maior número de microfilárias no sangue à noite, enquanto na forma subperiódica, as microfilárias estão sempre presentes, com um pico à tarde.

Os esfregaços do creme leucocitário concentram os leucócitos e são úteis para a detecção de microfilárias. Um número pequeno de microfilárias no sangue pode ser detectado com uma técnica de filtração por membrana na qual o sangue com anticoagulante é misturado com salina e forçado através de um filtro de membrana de 5-μm. Após várias lavagens com solução salina ou água destilada, o filtro é examinado microscopicamente à procura de microfilárias vivas ou é seco, fixado e corado da mesma maneira que o esfregaço de sangue delgado.

As microfilárias de *W. bancrofti*, assim como de *B. malayi* e *Loa loa*, têm bainha. A bainha de *B. malayi* cora em rosa-brilhante no método de Giemsa, enquanto as bainhas de *W. bancrofti* e *L. loa* não costumam corar. Essa característica pode ser o primeiro passo na identificação dos tipos específicos de filariose. A identificação adicional é baseada no estudo das estruturas da cabeça e da cauda (Figura 74.18). Clinicamente, uma identificação exata da espécie não é essencial,

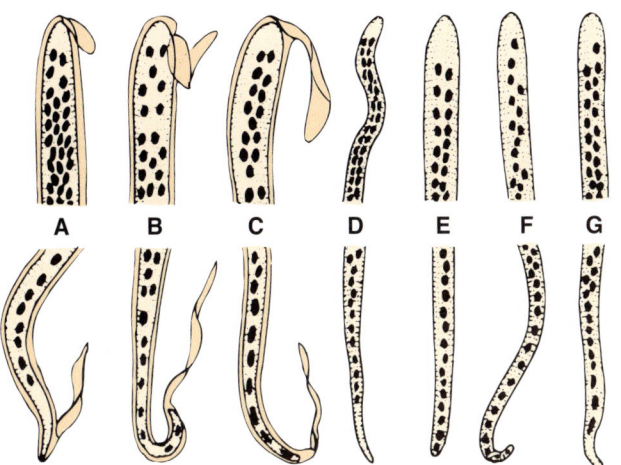

Figura 74.18 Diferenciação de microfilárias. A identificação das microfilárias é baseada na presença de uma bainha que cobre também as larvas, assim como a distribuição de núcleos na região da cauda. **A.** *Wuchereria bancrofti*. **B.** *Brugia malayi*. **C.** *Loa loa*. **D.** *Onchocerca volvulus*. **E.** *Mansonella perstans*. **F.** *Mansonella streptocerca*. **G.** *Mansonella ozzardi*.

porque o tratamento de todas as infecções por agentes de filariose, com exceção de *Onchocerca volvulus*, é idêntico.

Os testes sorológicos para anticorpos contra filárias também estão disponíveis em laboratórios de referência para que um diagnóstico possa ser alcançado. Ensaios para antígenos circulantes de *W. bancrofti* possibilitam o diagnóstico de infecção microfilarêmica e críptica (amicrofilarêmica). Os testes para detecção de antígenos são comercialmente disponíveis para uso em sangue total, plasma ou soro (embora não nos EUA). Esses ensaios têm sensibilidades que variam de 96 a 100% e especificidades que se aproximam de 98%. O antígeno circulante pode ser detectado em sangue obtido a qualquer hora do dia ou da noite, evitando a necessidade de períodos específicos de coleta de sangue, dependendo da periodicidade das microfilárias. Nenhum dos testes é aprovado pela U.S. Food and Drug Administration (FDA). Atualmente, não existem testes de antígenos circulantes para filaríase causada por *Brugia malayi*. NAATs conseguem detectar o ácido desoxirribonucleico (DNA) do parasita e atualmente é a técnica mais sensível para o diagnóstico definitivo; no entanto, não há plataformas disponíveis comercialmente.

TRATAMENTO, PREVENÇÃO E CONTROLE

O tratamento é de pouco benefício na maioria dos casos de filariose linfática crônica em razão da fibrose e do linfedema. Atualmente, o tratamento tem como alvo o estágio de microfilárias. A descoberta da **bactéria endossimbionte *Wolbachia*** levanta a possibilidade do uso de antibióticos como a doxiciclina para tratar o verme adulto. Essas bactérias do gênero *Wolbachia* são vitais para o desenvolvimento de larvas do parasita e a fertilidade e viabilidade dos vermes adultos. O uso de antibióticos (p. ex., as tetraciclinas) direcionados para *Wolbachia* reduziu os níveis de microfilárias e de antígeno filarial circulante. O medicamento de escolha para tratamento de microfilárias de *W. bancrofti* e *B. malayi* é a DEC. A ivermectina e o albendazol também podem ser utilizados, muitas vezes em combinação com a DEC. A terapia de suporte e cirúrgica para a obstrução linfática podem representar alguma ajuda estética. A orientação em relação à filariose, controle de mosquitos, uso de roupas de proteção e repelentes de insetos, assim como o tratamento das infecções para evitar transmissão posterior, é essencial. O controle de infecções por *B. malayi* é mais difícil em virtude da doença em reservatórios animais.

Loa loa

FISIOLOGIA E ESTRUTURA

O ciclo de vida de *L. loa* é semelhante ao ilustrado na Figura 74.15, exceto que o vetor é uma mosca hematófaga *Chrysops*. Aproximadamente 6 meses após a infecção, a produção de microfilárias começa e pode persistir por 17 anos ou mais. As microfilárias apresentam bainha e, em contraste com as filárias linfáticas, os núcleos estão dispostos de modo um tanto irregular e se estendem até a extremidade da cauda. A bainha não cora pelo método de Giemsa. Os vermes adultos podem migrar através dos tecidos subcutâneos, músculos e na frente do globo ocular.

EPIDEMIOLOGIA

Loa loa está confinado às florestas tropicais equatoriais da África e é endêmico na África Ocidental tropical, na bacia do Rio Congo e em partes da Nigéria. Os macacos nessas áreas servem como hospedeiros reservatórios no ciclo de vida, com as moscas *Chrysops* (mosca comum nas regiões central e oriental da África) como vetores.

SÍNDROMES CLÍNICAS

Os sintomas geralmente não aparecem até cerca de 1 ano após a picada de mosca, porque os vermes são lentos em alcançar a idade adulta. Um dos primeiros sinais de infecção é o chamado **edema de Calabar (edema inflamatório localizado transitório)**. Essas tumefações são transitórias e, geralmente, aparecem nos membros. São produzidas enquanto os vermes migram através dos tecidos subcutâneos, criando grandes áreas nodulares, que são dolorosas e pruriginosas. Visto que a eosinofilia (50 a 70%) é observada, os edemas de Calabar são atribuídos a reações alérgicas aos vermes ou aos seus produtos metabólicos.

Vermes adultos de *L. loa* também podem migrar sob a conjuntiva, provocando irritação, congestão dolorosa, edema das pálpebras e comprometimento visual. A existência de um verme no olho pode, obviamente, causar ansiedade no paciente. A infecção pode ser de longa duração e, em alguns casos, assintomática.

DIAGNÓSTICO LABORATORIAL

A observação clínica de edema de Calabar ou migração de vermes adultos no olho, combinada com a eosinofilia, deve alertar o médico para considerar a infecção por *L. loa*. As microfilárias podem ser encontradas no sangue (Figura 74.19). Ao contrário das outras filárias, *L. loa* é encontrado principalmente durante o dia. Anticorpos IgG e IgG4 contra filárias, embora não sejam específicos, podem ser úteis para confirmar o diagnóstico de loíase em visitantes a áreas endêmicas com sintomas clínicos sugestivos ou eosinofilia inexplicada. Ensaios baseados em NAAT para a detecção e

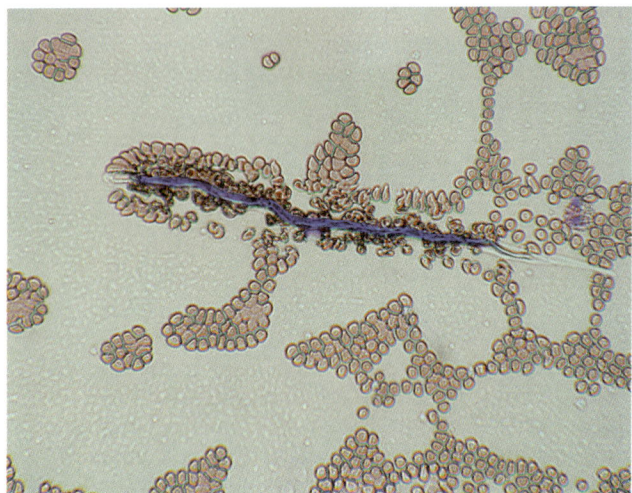

Figura 74.19 Coloração de Giemsa de microfilárias de *Loa loa* com bainha no esfregaço de sangue; 230 a 250 μm de comprimento × 6 a 9 μm de largura.

a quantificação do DNA de *L. loa* no sangue estão disponíveis atualmente em laboratórios de pesquisa e são extremamente sensíveis e específicos.

TRATAMENTO, PREVENÇÃO E CONTROLE

DEC é efetiva contra vermes adultos e microfilárias; no entanto, a destruição dos parasitas pode induzir reações alérgicas graves que requerem tratamento com corticosteroides. Albendazol ou ivermectina (não aprovados pela FDA) são comprovadamente efetivos na redução da carga de microfilárias. A remoção cirúrgica dos vermes que migram através do olho ou da ponte do nariz pode ser realizada imobilizando o verme com instilação de algumas gotas de cocaína a 10%. Orientação a respeito da infecção e seu vetor, principalmente para as pessoas que entram nas áreas endêmicas conhecidas, é essencial. Proteção contra picadas de moscas por meio de triagem, roupas apropriadas e repelentes de insetos, juntamente com o tratamento dos casos, é fundamental para reduzir a incidência de infecção. No entanto, a doença em reservatórios animais (p. ex., macacos) limita a viabilidade de controlar essa doença.

Espécies de *Mansonella*

Infecções causadas por espécies de *Mansonella* (*M. ozzardi*, *M. perstans* e *M. streptocerca*) são menos importantes do que as discutidas anteriormente, mas os médicos devem estar cientes dos nomes porque eles podem encontrar pacientes com essas infecções, as quais são geralmente assintomáticas, mas podem causar dermatite, linfadenite, hidrocele e, raramente, obstrução linfática resultando em elefantíase.

Todas as espécies de *Mansonella* produzem microfilárias sem bainha no sangue (*M. ozzardi*, *M. perstans*) e nos tecidos subcutâneos (*M. streptocerca*) e todas são transmitidas por insetos hematófagos (espécies de *Culicoides*) ou moscas negras (espécies de *Simulium*). A ivermectina é o tratamento de escolha para *M. ozzardi* e *M. streptocerca*, enquanto a DEC é prescrita para *M. perstans*. Consistente com a identificação de uma espécie de *Wolbachia* em *M. perstans*, um ensaio clínico randomizado em Mali demonstrou a utilidade do tratamento com doxiciclina para essa infecção. A identificação das espécies, se desejado, pode ser realizada com esfregaços de sangue, observando a estrutura das microfilárias (ver Figura 74.18). Testes sorológicos e NAATs também estão disponíveis.

A prevenção e o controle exigem medidas que envolvam repelentes de insetos, triagem e outras precauções como para todas as doenças transmitidas por insetos.

MANSONELLA PERSTANS

Mansonella perstans ocorre primariamente em partes da África tropical e nas Américas Central e do Sul. Pode produzir reações cutâneas alérgicas, edema e edema de Calabar semelhantes aos observados na infecção por *L. loa*. Os hospedeiros reservatórios são chimpanzés e gorilas.

MANSONELLA OZZARDI

Mansonella ozzardi é encontrado principalmente nas Américas Central e do Sul e nas Índias Ocidentais; provoca linfadenopatia e, ocasionalmente, hidrocele. Não existem hospedeiros reservatórios conhecidos.

MANSONELLA STREPTOCERCA

Mansonella streptocerca ocorre primariamente na África, sobretudo na bacia do Rio Congo. Pode produzir edema na pele e, raramente, uma forma de elefantíase. Os macacos servem como hospedeiros reservatórios.

Onchocerca volvulus

FISIOLOGIA E ESTRUTURA

A infecção ocorre após a introdução de larvas de *O. volvulus* através da pele durante a picada e a alimentação do vetor *Simulium* ou mosca negra (Figura 74.20). As larvas de *O. volvulus* migram da pele para o tecido subcutâneo e desenvolvem-se em vermes adultos machos e fêmeas. Os adultos tornam-se envoltos em nódulos subcutâneos fibrosos, dentro dos quais permanecem viáveis por até 15 anos. A fêmea após a fertilização pelo macho, começa a produzir até 2.000 microfilárias sem bainha por dia. As microfilárias saem da cápsula e migram para a pele, os olhos e outros tecidos corporais. Essas microfilárias sem bainha que aparecem no tecido cutâneo são infectantes para as moscas negras hematófagas. Vale notar que todos os vermes individuais e todos os estágios do ciclo de vida contêm os **endossimbiontes bacterianos do gênero *Wolbachia***. Entende-se agora que a eliminação dos endossimbiontes pelo tratamento com antibióticos causa inibição do desenvolvimento do verme, bloqueia a embriogênese e a fertilidade, além de reduzir a viabilidade do nematódeo. Sugere-se que várias vias bioquímicas que estão intactas em *Wolbachia*, mas ausentes ou incompletas no nematódeo, incluindo a biossíntese do grupo heme, nucleotídios, além de cofatores enzimáticos, possam representar a contribuição da bactéria à biologia do nematódeo.

EPIDEMIOLOGIA

Onchocerca volvulus é um nematódeo endêmico em muitas partes da África, sobretudo na bacia do Congo e na bacia do

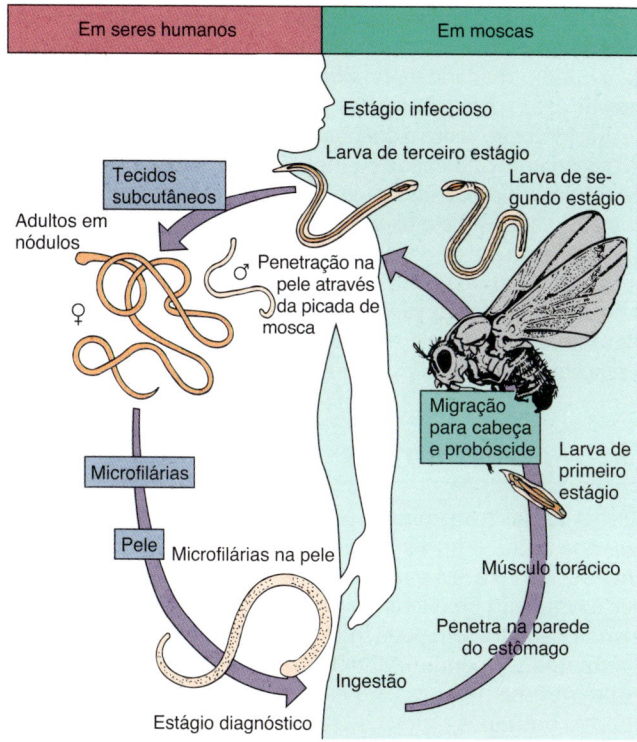

Figura 74.20 Ciclo de vida de *Onchocerca volvulus*.

> **Caso Clínico 74.4 Oncocercose**
>
> Imtiaz et al. (*Infect Med* 22:187–189, 2005) descreveram o caso de um homem de 21 anos que emigrou do Sudão para os EUA 1 ano antes de apresentar erupção maculopapular associada a prurido intenso. A erupção cutânea e o prurido ocorreram durante os últimos 3 a 4 anos. No passado, o paciente foi submetido a múltiplos tratamentos para esta condição, incluindo corticosteroides, sem alívio. O paciente negou quaisquer sintomas sistêmicos, mas queixou-se de borramento visual. Ao exame físico, sua pele era um pouco mais espessa em diferentes partes do corpo e ele tinha lesões maculopapulares difusas com aumento da pigmentação; algumas lesões apresentavam nódulos queloides, bem como enrugamento. Nenhuma linfadenopatia foi observada. O restante do exame físico foi normal.
>
> Em virtude do prurido intenso sem resposta ao tratamento, do borramento visual e da prevalência da oncocercose em seu país de origem, biopsias de pele foram realizadas na área escapular. Microfilárias de *Onchocerca volvulus* foram reveladas no exame microscópico. Ivermectina foi prescrita e a condição clínica do paciente melhorou. A oncocercose, embora não seja comum nos EUA, deve ser considerada em imigrantes e expatriados com sintomas sugestivos, se eles vieram de áreas em que a doença é endêmica.

Rio Volta. No hemisfério ocidental, ocorre em muitos países das Américas Central e do Sul. A **oncocercose** afeta > 18 milhões de pessoas no mundo inteiro e causa cegueira em aproximadamente 5% das pessoas infectadas.

Várias espécies da mosca negra (gênero *Simulium*) servem como vetores, mas o vetor principal é *Simulium damnosum* ("a maldita mosca negra"). Essas moscas negras procriam em correntes de água de fluxo rápido, o que torna o controle ou a erradicação por inseticidas quase impossível, porque os produtos químicos são rapidamente removidos dos ovos e larvas.

Há prevalência de infecção maior nos homens do que nas mulheres em áreas endêmicas em razão do trabalho perto dos riachos em que as moscas negras se reproduzem. Estudos em áreas endêmicas na África mostraram que 50% dos homens estão totalmente cegos antes de atingir os 50 anos. Isto é responsável pelo termo comum **"cegueira dos rios"**, que é aplicada à oncocercose ou oncocercíase. Esse medo da cegueira criou um problema adicional em muitas partes da África, porque vilarejos inteiros deixam a área próxima de riachos e terras agrícolas que poderiam produzir alimentos. As populações migrantes vão para áreas nas quais enfrentam a fome.

SÍNDROMES CLÍNICAS

A oncocercose clínica é caracterizada por infecção acometendo a pele, o tecido subcutâneo, os linfonodos e os olhos (Caso Clínico 74.4). As manifestações clínicas da infecção são causadas pela reação inflamatória aguda e crônica aos antígenos liberados pelas microfilárias à medida que migram pelos tecidos. O período de incubação das larvas infecciosas para vermes adultos é de vários meses a 1 ano. Os sinais iniciais de doença são febre, eosinofilia e urticária. Quando os vermes amadurecem, copulam e produzem microfilárias, nódulos subcutâneos começam a surgir em qualquer parte do corpo. Esses nódulos são mais perigosos quando são encontrados na cabeça e no pescoço, porque as microfilárias podem migrar para os olhos e causar sérios danos aos tecidos, levando à cegueira. Os mecanismos para o desenvolvimento da doença ocular são considerados como uma combinação tanto da invasão direta pela microfilária como da deposição de complexos antígeno-anticorpo nos tecidos oculares. Está evidente que o endossimbionte bacteriano *Wolbachia* tem participação importante na patogênese inflamatória da oncocercose. A liberação de *Wolbachia* após a morte das microfilárias na córnea causa edema local e opacidade pela indução do infiltrado de neutrófilos e macrófagos e sua ativação no estroma da córnea. Os pacientes progridem de conjuntivite com fotofobia para ceratite esclerosante e puntiforme. A doença oftálmica interna com uveíte, coriorretinite e neurite óptica também podem ocorrer.

Na pele, o processo inflamatório resulta em perda de elasticidade e áreas de despigmentação, espessamento e atrofia. Uma série de condições cutâneas, incluindo prurido, hiperqueratose e o espessamento mixedematoso, está relacionada com esse parasita. Uma forma de elefantíase, denominada **"virilha caída"**, também ocorre quando os nódulos estão localizados perto da genitália.

DIAGNÓSTICO LABORATORIAL

O diagnóstico da oncocercose é feito pela demonstração de microfilárias em biopsias da pele na região infraescapular ou glútea. Uma amostra é obtida pela elevação da pele com uma agulha e raspando-se a camada epidérmica com uma lâmina de barbear. A amostra é incubada em solução salina por várias horas e depois é inspecionada com um microscópio de dissecação à procura de microfilárias sem bainha (Figura 74.21). Em pacientes com doença ocular, o organismo também pode ser visto na câmara anterior com o auxílio de uma lâmpada em fenda. Os métodos sorológicos que utilizam antígenos recombinantes são úteis juntamente com ensaios que utilizam a reação em cadeia da polimerase para detectar DNA de *Onchocerca* em amostras de corte de pele.

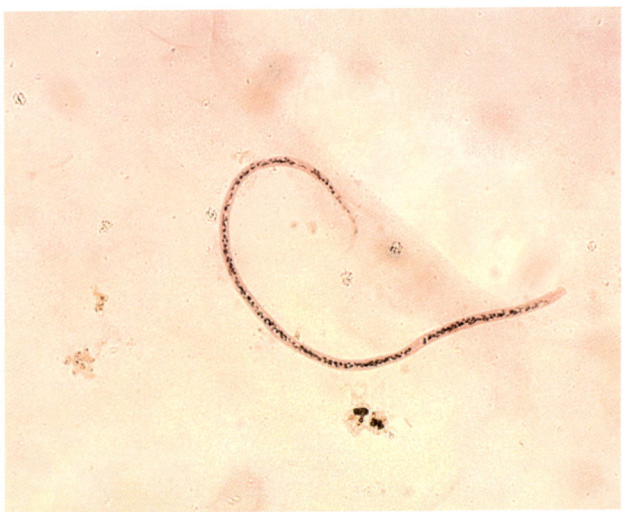

Figura 74.21 Microfilárias de *Onchocerca volvulus* sem bainha, coradas pelo método de Giemsa; 300 a 315 μm de comprimento × 5 a 9 μm de largura.

TRATAMENTO, PREVENÇÃO E CONTROLE

A remoção cirúrgica do nódulo encapsulado é, com frequência, realizada para eliminar os vermes adultos e interromper a produção de microfilárias (Figura 74.22). Além disso, o tratamento com ivermectina é recomendado. Uma única dose oral de ivermectina reduz bastante o número de microfilárias na pele e nos olhos, diminuindo a probabilidade de desenvolver a oncocercose incapacitante. Em áreas endêmicas, a dose de ivermectina pode ser repetida a cada 6 a 12 meses para manter a supressão de microfilárias dérmicas e oculares. A supressão de microfilárias dérmica reduz a transmissão desta doença transmitida por vetores; assim, a quimioterapia em massa pode se mostrar uma estratégia de sucesso para a prevenção de oncocercose. No momento, não existem evidências firmes de que *O. volvulus* está se tornando resistente à ivermectina; no entanto, sempre que um único agente é utilizado para o controle de doenças, com doses variáveis ao longo de um período de tempo, é prudente estar atento à possibilidade de desenvolvimento de resistência. Ensaios de campo em seres humanos com medicamentos ativos contra *Wolbachia*, tais como doxiciclina, mostraram tanto esterilização como atividade macrofilaricida. Com base nestes ensaios, a doxiciclina na dose de 200 mg/dia durante 6 semanas é recomendada para pacientes nos quais é desejada a maior atividade macrofilaricida possível e que se afastaram de áreas com transmissão contínua.

A orientação sobre a doença e sua transmissão é essencial. Proteção contra picadas de moscas negras por meio do uso de roupas de proteção, triagem e repelentes de insetos, bem como o diagnóstico e tratamento imediato de infecções para prevenir transmissão adicional, são fundamentais.

Embora o controle da criação da mosca negra seja difícil, porque os inseticidas são levados pela correnteza nos riachos, alguma forma de controle biológico desse vetor pode reduzir a reprodução de moscas e a transmissão de doenças.

Dirofilaria immitis

Várias filárias transmitidas por mosquitos infectam cães, gatos, guaxinins e linces na natureza e, ocasionalmente, são encontradas em seres humanos. *Dirofilaria immitis* é notório por formar um bolo letal de vermes no coração do cão. Esse nematódeo também pode infectar seres humanos, produzindo um nódulo, denominado **lesão numular**, no pulmão. Só muito raramente esses vermes são encontrados nos corações de seres humanos.

A lesão numular no pulmão é um desafio para o radiologista e o cirurgião, porque se assemelha a um processo maligno que exige remoção cirúrgica. Infelizmente, nenhum exame laboratorial consegue fornecer um diagnóstico acurado de **dirofilariose**. Eosinofilia periférica é rara e os achados radiográficos são insuficientes para possibilitar que o médico diferencie a dirofilariose pulmonar do carcinoma broncogênico. Os testes sorológicos não são suficientemente sensíveis ou específicos para impedir a intervenção cirúrgica. Um diagnóstico definitivo é feito quando uma amostra de toracotomia é examinada microscopicamente, revelando os cortes transversais típicos do parasita.

A transmissão dessa parasitose pode ser monitorada pelo controle de mosquitos e o uso profilático de ivermectina em cães.

Dracunculus medinensis

O nome *Dracunculus medinensis* significa "pequeno dragão de Medina". Essa é uma parasitose muito antiga, considerada por alguns estudiosos como sendo a "serpente de fogo" notada por Moisés com os israelitas no Mar Vermelho.

FISIOLOGIA E ESTRUTURA

Dracunculus medinensis não é uma filária, mas é um nematódeo invasor de tecidos de importância médica em muitas partes do mundo. Os vermes têm um ciclo de vida muito simples, dependendo de água doce e de um microcrustáceo **(copépode)** do gênero *Cyclops* (Figura 74.23). Quando as espécies de *Cyclops* que abrigam as larvas de *D. medinensis* são ingeridas na água potável, a infecção é iniciada com a liberação das larvas no estômago. Estas penetram na parede do sistema digestório e migram para o espaço retroperitoneal, no qual amadurecem. Essas larvas não são microfilárias e não aparecem no sangue ou outros tecidos. Vermes machos e fêmeas acasalam no retroperitônio e a fêmea fertilizada migra então para os tecidos subcutâneos, geralmente nas extremidades. Quando a fêmea

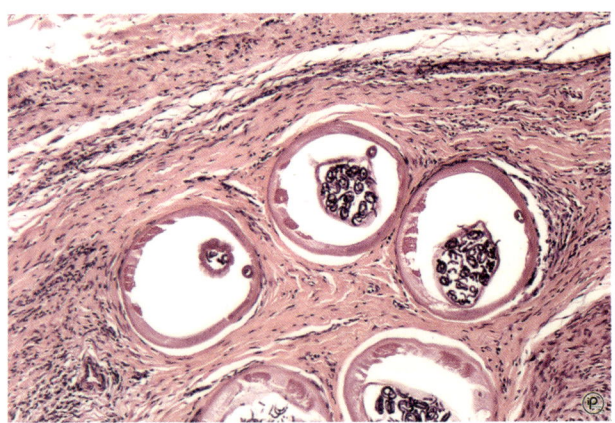

Figura 74.22 Corte transversal de uma fêmea adulta de *Onchocerca volvulus* em um nódulo excisado, mostrando inúmeras microfilárias.

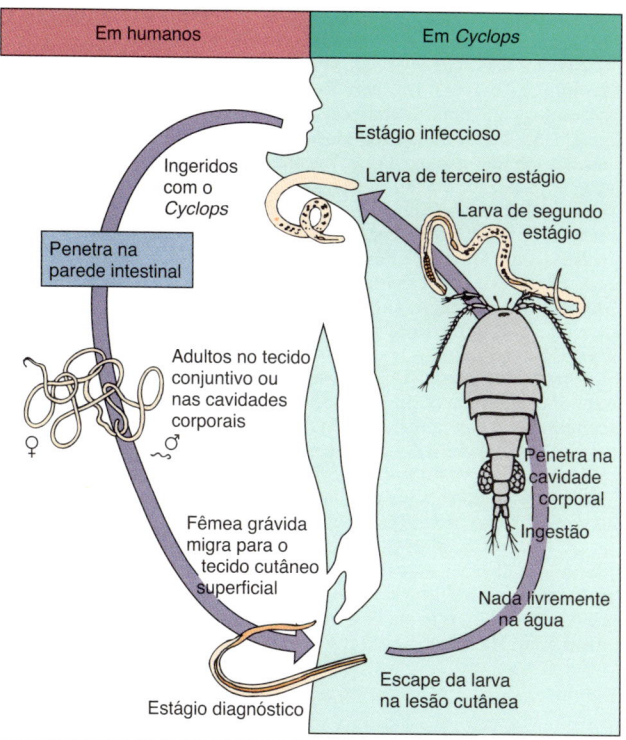

Figura 74.23 Ciclo de vida de *Dracunculus medinensis*.

fertilizada fica grávida, uma vesícula é formada no tecido hospedeiro, que irá ulcerar. Quando a úlcera é completamente formada, o verme projeta um laço do útero através da úlcera. Em contato com a água, as larvas são liberadas. Depois são ingeridas por espécies de *Cyclops* em água doce, nas quais são então infecciosas para seres humanos ou animais que bebem a água contendo esse microcrustáceo.

EPIDEMIOLOGIA

Dracunculus medinensis ocorre em muitas partes da Ásia e da África equatorial. A dracunculíase (ou dracunculose) é uma parasitose paralisante muito próxima da erradicação, com apenas 19 casos humanos relatados em 2019. A doença é geralmente transmitida quando pessoas que têm pouco ou nenhum acesso a fontes adequadas de água potável ingerem a água parada contaminada por pulgas-d'água (*Cyclops*) infectadas por larvas infecciosas.

Um esforço contínuo e intensivo por parte da Organização Mundial da Saúde, de governos locais e de muitas outras organizações humanitárias diminuiu significativamente a incidência anual de doenças em mais de 99% nos últimos anos. Dos 20 países endêmicos para a doença em meados da década de 1980, apenas dois relataram sua ocorrência em 2019: Chade (18 casos) e Angola (um caso). A agitação política e a guerra dificultaram os esforços de erradicação. Além disso, o reconhecimento de infecções caninas e, mais recentemente, da transmissão via ingestão de carne de hospedeiros paratênicos (*i. e.*, peixe e sapo) complicou significativamente os esforços de erradicação.

As infecções humanas geralmente resultam da ingestão de água dos chamados **"poços em degrau"**, nos quais as pessoas ficam de pé ou tomam banho na água, momento em que a fêmea grávida do verme descarrega as larvas de lesões nos braços, pernas, pés e tornozelos para infectar as espécies de *Cyclops* na água. Lagoas e a água parada são ocasionalmente a fonte de infecção quando seres humanos as utilizam para beber água.

SÍNDROMES CLÍNICAS

Sintomas de infecção geralmente não aparecem até a fêmea grávida criar a vesícula e a úlcera na pele para a liberação de larvas. Isso geralmente ocorre 1 ano após a exposição inicial. No local da úlcera, observam-se eritema e dor, assim como uma reação alérgica ao verme. Há também a possibilidade de formação de abscesso e infecção bacteriana secundária, levando à destruição dos tecidos e reação inflamatória com dor intensa e desprendimento da pele.

Se o verme for rompido nas tentativas de removê-lo, podem ocorrer reações tóxicas, e se o verme morrer e calcificar, pode haver a formação de nódulos e alguma reação alérgica. Uma vez que a fêmea grávida libera todas as larvas, ela pode recuar para tecidos mais profundos, nos quais é gradualmente absorvida ou pode simplesmente ser expelida do local.

DIAGNÓSTICO LABORATORIAL

O diagnóstico é estabelecido pela observação de úlcera característica e pela "inundação" da úlcera com água para recuperar as larvas do verme. Ocasionalmente, o exame radiográfico revela *Dracunculus* em várias partes do corpo.

TRATAMENTO, PREVENÇÃO E CONTROLE

O antigo método de enrolar lentamente o verme em um galho ainda é utilizado em muitas áreas endêmicas (Figura 74.24). A remoção cirúrgica é também um procedimento prático e confiável para o paciente. Não há evidências de que qualquer agente quimioterápico exerça efeito direto sobre *D. medinensis*, embora vários benzimidazois exerçam efeito anti-inflamatório e eliminem o verme ou facilitem a remoção cirúrgica.

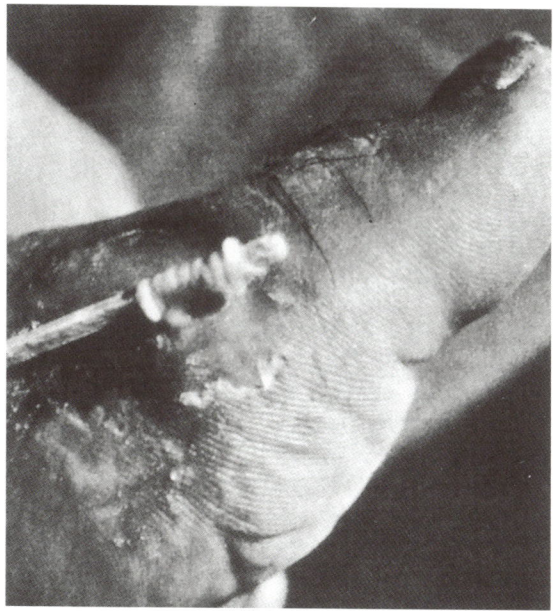

Figura 74.24 Remoção de um *Dracunculus medinensis* adulto de uma úlcera exposta, enrolando o verme lentamente ao redor de um bastão. (De Binford, C.H., Conner, D.H., 1976. Pathology of Tropical and Extraordinary Diseases. Armed Forces Institute of Pathology, Washington, DC.)

O tratamento com mebendazol está associado à migração aberrante dos vermes, tornando mais provável o aparecimento de *D. medinensis* em outros locais anatômicos que não os membros inferiores.

O conhecimento do ciclo de vida do verme e evitar o uso de água contaminada por espécies de *Cyclops* são medidas essenciais. Proteção da água para ingestão pela proibição de banhos e da lavagem de roupas em poços é essencial. As pessoas que vivem ou viajam para áreas endêmicas devem ferver a água antes de bebê-la. O tratamento da água com produtos químicos e o uso de peixes que consomem espécies de *Cyclops* como alimentos também ajudam a controlar a transmissão. O diagnóstico e o tratamento imediato dos casos também limitam a transmissão posterior. Essas medidas preventivas foram incorporadas em um esforço global contínuo para eliminar a dracunculíase com sucesso considerável.

Bibliografia

Barry, M., 2007. The tail end of guinea worm—global eradication without a drug or a vaccine. N. Engl. J. Med. 356, 2561–2564.

Chatterjee, S., Nutman, T.B., 2015. Filarial nematodes. In: Jorgensen, J.H., et al. (Ed.), Manual of Clinical Microbiology, eleventh ed. American Society for Microbiology Press, Washington, DC.

Despommier, D., 2003. Toxocariasis: clinical aspects, epidemiology, medical ecology and molecular aspects. Clin. Microbiol. Rev. 16, 265–272.

Garcia, L.S., 2005. Diagnostic Medical Parasitology, fifth ed. American Society for Microbiology Press, Washington, DC.

Gavin, P.J., Kazacos, K.R., Shulman, S.T., 2005. Baylisascariasis. Clin. Microbiol. Rev. 18, 703–718.

Gottstein, B., et al., 2009. Epidemiology, treatment, and control of trichinellosis. Clin. Microbiol. Rev. 22, 127–145.

Hotez, P.J., et al., 2008. Helminth infections: the great neglected tropical diseases. J. Clin. Invest. 118, 1311–1321.

Hotez, P.J., et al., 2004. Hookworm infection. N. Engl. J. Med. 351, 799–807.

James, C.E., et al., 2009. Drug resistance mechanisms in helminths: is it survival of the fittest? Trends Parasitol. 25, 328–335.

Keiser, P.B., Nutman, T.B., 2004. *Strongyloides stercoralis* in the immunocompromised population. Clin. Microbiol. Rev. 17, 208–217.

Procop, G.W., Neafie, R.C., 2015. Less common helminths. In: Jorgensen, J.H., et al. (Ed.), Manual of Clinical Microbiology, eleventh ed. American Society for Microbiology Press, Washington, DC.

Sheorey, H., Biggs, B.A., Ryan, N., 2015. Nematodes. In: Jorgensen, J.H., et al. (Ed.), Manual of Clinical Microbiology, eleventh ed. American Society for Microbiology Press, Washington, DC.

Tamarozzi, F., et al., 2011. Onchocerciasis: the role of *Wolbachia* bacterial endosymbionts in parasite biology, disease pathogenesis, and treatment. Clin. Microbiol. Rev. 24, 459–468.

75 Trematódeos

Um homem egípcio de 45 anos foi encaminhado para avaliação de hematúria e polaciuria de 2 meses de duração. Esse indivíduo tinha vivido no Oriente Médio durante a maior parte de sua vida, mas no ano passado ele morou nos EUA. Ele negou a existência de distúrbios renais ou urológicos. Seu exame físico foi normal. Uma amostra de urina do jato médio estava notavelmente sanguinolenta.

1. Qual foi o diagnóstico diferencial de hematúria neste paciente?
2. Qual foi o agente etiológico do processo urológico deste paciente?
3. Quais exposições podem colocar um indivíduo em risco por esta infecção?
4. Quais são as principais complicações desta infecção?
5. Como essa doença é tratada?

RESUMOS Microrganismos clinicamente significativos

FASCIOLOPSIS BUSKI

Palavras-chave
Vegetação aquática, hospedeiro intermediário, caramujo, trematódeo intestinal, opérculo, cercárias, metacercárias, hospedeiros reservatórios

Biologia, virulência e doença
- Trematódeos: membros dos platelmintos; geralmente achatados, carnudos, em formato de folha
- *Fasciolopsis buski*: o maior o mais prevalente e o mais importante trematódeo intestinal; com 1,5 a 3,0 cm de comprimento (raramente encontrado em fezes ou amostras coletadas durante a cirurgia)
- Ciclo de vida característico dos trematódeos intestinais
- Sintomatologia da infecção por *F. buski* se relaciona diretamente com a carga parasitária no intestino delgado; inclui inflamação, ulceração e hemorragia da mucosa, desconforto abdominal e diarreia, obstrução intestinal, eosinofilia

Epidemiologia
- A distribuição depende da localização do hospedeiro caramujo apropriado; mais frequente no Sudeste Asiático e no subcontinente indiano
- Porcos, cães e coelhos são hospedeiros reservatórios em regiões endêmicas

Diagnóstico
- O exame microscópico das fezes revela ovos grandes, dourados, corados por bile com um opérculo no topo
- Vermes adultos raramente podem ser encontrados nas fezes ou amostras coletadas na cirurgia

Tratamento, prevenção e controle
- Fármaco de escolha: praziquantel; alternativa é a niclosamida
- Educação sobre consumo seguro de vegetação aquática infecciosa, o saneamento apropriado e o controle das fezes humanas reduzem a incidência de doenças
- A população de caramujos pode ser eliminada com moluscicidas
- Controle dos hospedeiros reservatórios reduz a transmissão do verme

ESQUISTOSSOMOS E ESQUISTOSSOMOSE

Palavras-chave
Caramujos, câncer de bexiga, cirrose, fibrose periporta em haste de cachimbo, síndrome de Katayama, coceira do nadador (dermatite cercariana)

Biologia, virulência e doença
- Esquistossomose (bilharzíase, febre do caramujo): parasitose importante de áreas tropicais, ≈ 230 milhões de infecções em todo o mundo
- Três esquistossomos (trematódeos do sangue) são responsáveis pela maioria das doenças humanas: *Schistosoma mansoni, S. haematobium* e *S. japonicum*
- Os esquistossomos diferem de outros trematódeos: apresentam machos e fêmeas (não hermafrodita), ventosas orais e ventrais, sistema digestório incompleto
- As formas infecciosas são as cercárias penetrantes na pele liberadas de caramujo
- Doença resulta principalmente da resposta imune do hospedeiro aos ovos; importância clínica diretamente relacionada com o número e localização dos ovos
- Manifestações clínicas de infecção crônica: hepatoesplenomegalia e cirrose, varizes esofágicas, obstrução do colo da bexiga, carcinoma de células escamosas da bexiga, mielite transversal e outras formas de envolvimento do sistema nervoso central

Epidemiologia
- *Schistosoma mansoni*: mais amplamente distribuído; endêmico na África, Arábia Saudita, Madagascar; também se estabeleceu no Hemisfério Ocidental
- *Schistosoma japonicum* (verme oriental do sangue): encontrado apenas na China, Japão, Filipinas e na ilha de Sulawesi na Indonésia
- *Schistosoma haematobium*: ocorre predominantemente em todo o Vale do Nilo e muitas outras partes da África
- Infecção adquirida pela primeira vez na primeira infância; prevalência e intensidade da infecção com pico na idade de 15 a 20 anos; intensidade decresce com a idade
- Os hospedeiros reservatórios incluem animais domésticos, primatas, roedores, marsupiais
- Doença de progresso econômico: desenvolvimento de projetos de irrigação de terras no deserto e áreas tropicais resultou em dispersão de humanos e caramujos infectados a áreas anteriormente não envolvidas

Diagnóstico
- Demonstração de ovos nas fezes ou urina dos pacientes em exame microscópico
- Morfologia dos ovos específica para cada espécie: *S. mansoni*, espícula lateral proeminente; *S. japonicum*, espícula menos proeminente; *S. haematobium*, espícula terminal
- Os testes sorológicos foram desenvolvidos para detectar a presença de anticorpos antiesquistossomos específicos; sorologia positiva não faz distinção entre infecção atual e passada
- Imagem de ultrassom útil para determinar a extensão da doença

Tratamento, prevenção e controle
- Tratamento de escolha: praziquantel
- Melhoria do saneamento, controle de depósitos fecais humanos; controle dos hospedeiros reservatórios é essencial

A classe Trematoda (trematódeos) pertence ao filo Platyhelminthes (platelmintos) e geralmente são vermes achatados, carnudos e em formato de folha (Figura 75.1). Em geral, são equipados com duas ventosas musculares: um tipo oral, que é o começo de um sistema digestório incompleto, e um sugador ventral, que é simplesmente um órgão de fixação. O sistema digestório consiste em tubos laterais que não se unem para formar uma abertura excretora. A maioria dos vermes é **hermafrodita**, com os órgãos reprodutores masculinos e femininos em um único corpo. Os esquistossomos são a única exceção; eles têm corpos cilíndricos (semelhantes aos nematódeos) e existem vermes machos e fêmeas separados.

Todos os trematódeos precisam de hospedeiros intermediários para a conclusão dos seus ciclos de vida e, sem exceção, os primeiros hospedeiros intermediários são moluscos (caramujos e amêijoas). Nesses hospedeiros, um ciclo reprodutivo assexual é um tipo de propagação de células germinativas. Alguns trematódeos necessitam de vários hospedeiros intermediários secundários antes de chegarem ao hospedeiro final e se transformarem em trematódeos adultos. Essa variação é discutida nas seções sobre as espécies individuais.

Os ovos dos trematódeos são equipados com uma "tampa" na parte superior da casca. Denominado **opérculo**, a tampa se abre para possibilitar que a larva encontre seu hospedeiro caramujo apropriado. Os esquistossomos não têm opérculo; ao contrário, a casca do ovo se divide para liberar a larva. Os trematódeos clinicamente significativos são resumidos na Tabela 75.1.

Fasciolopsis buski

São reconhecidos vários tipos de trematódeos intestinais, incluindo *Fasciolopsis buski* (ver Figura 75.1), *Heterophyes heterophyes*, *Metagonimus yokogawai*, *Echinostoma ilocanum* e *Gastrodiscoides hominis*. *F. buski* é o maior trematódeo intestinal, mais frequente e mais importante. Os outros trematódeos são semelhantes a *F. buski* em muitos aspectos (epidemiologia, síndromes clínicas, tratamento) e não são discutidos posteriormente. É importante apenas que os médicos reconheçam a relação entre esses diferentes trematódeos parasitas.

FISIOLOGIA E ESTRUTURA

Este grande trematódeo intestinal tem um ciclo de vida característico (Figura 75.2). Os humanos ingerem o estágio larval encistado **(metacercária)**, quando retiram as cascas a partir da vegetação aquática (p. ex., castanhas-d'água) com seus dentes. As metacercárias são raspadas da casca, deglutidas e se desenvolvem em trematódeos imaturos no duodeno. O parasita se fixa à mucosa do intestino delgado com duas ventosas musculares, desenvolve-se em uma forma adulta e passa por autofertilização. A produção de ovos é iniciada 3 meses após a infecção inicial com as metacercárias. Os ovos operculados são eliminados nas fezes para a água, no qual o opérculo no topo da casca do ovo se abre, libertando uma fase de nado livre **(miracídio)**. As glândulas na extremidade anterior pontiaguda do miracídio produzem substâncias líticas que possibilitam a penetração dos tecidos moles dos caramujos. No tecido dos caramujos, o miracídio se desenvolve a partir de uma série de estágios por propagação de células germinativas assexuadas. O estágio final **(cercária)** no caracol é uma forma de nado livre que, depois de liberada do caramujo, encista na vegetação aquática, tornando-se as metacercárias ou o estágio infeccioso.

EPIDEMIOLOGIA

Visto que o parasita depende da distribuição de seu hospedeiro caramujo apropriado, *F. buski* é encontrado apenas na China, no Vietnã, na Tailândia, em partes da Indonésia, na Malásia e na Índia. Porcos, cães e coelhos são hospedeiros reservatórios nessas áreas endêmicas.

SÍNDROMES CLÍNICAS

A sintomatologia da infecção por *F. buski* está diretamente relacionada com a carga parasitária no intestino delgado.

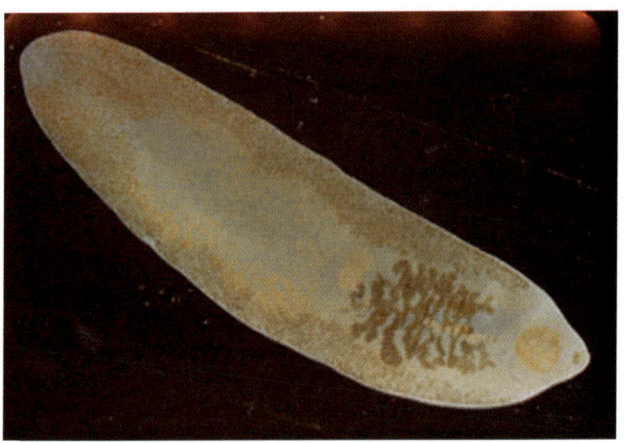

Figura 75.1 *Fasciolopsis buski* adulto (tamanho natural). (De Peters, W., Pasvol, G., 2007. Atlas of Tropical Medicine and Parasitology, sixth ed. Elsevier, Philadelphia, PA.)

Tabela 75.1 Trematódeos de importância médica.

Trematódeo	Hospedeiro intermediário	Vetor biológico	Hospedeiro reservatório
Fasciolopsis buski	Caramujo	Plantas aquáticas (p. ex., castanhas-d'água)	Suínos, cães, coelhos, humanos
Fasciola hepatica	Caramujo	Plantas aquáticas (p. ex., agrião)	Ovinos, gatos, humanos
Clonorchis (Opisthorchis) sinensis	Caramujo, peixe de água doce	Peixe não cozido	Cães, gatos, humanos
Paragonimus westermani	Caramujo, caranguejos, lagostins de água doce	Caranguejos, lagostins não cozidos	Suínos, macacos, humanos
Espécies de *Schistosoma*	Caramujo	Nenhum	Primatas, roedores, animais domésticos, gado, humanos

Capítulo 75 • Trematódeos

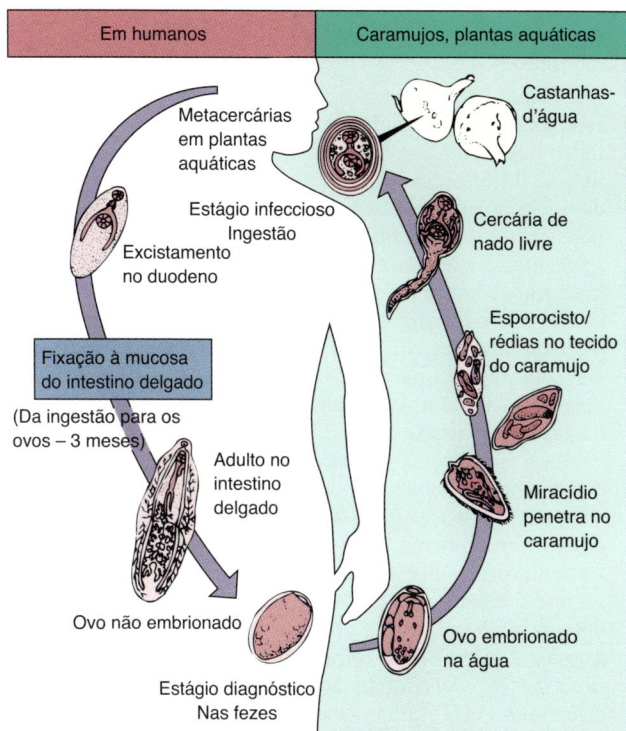

Figura 75.2 Ciclo de vida de *Fasciolopsis buski* (trematódeo intestinal gigante).

A fixação dos vermes no intestino delgado pode produzir inflamação, ulceração e hemorragia. As infecções graves produzem desconforto abdominal semelhante ao de uma úlcera duodenal, bem como a diarreia. As fezes podem ser profusas, uma síndrome de má absorção semelhante à giardíase é comum e a obstrução intestinal pode ocorrer. Também ocorre eosinofilia acentuada. Embora a morte possa ocorrer, é considerada rara.

DIAGNÓSTICO LABORATORIAL

O exame das fezes revela ovos grandes, dourados, corados por bile e com opérculo na parte superior (Figura 75.3). As medidas e o aspecto dos ovos de *F. buski* são semelhantes aos do trematódeo *Fasciola hepatica*, e a diferenciação dos ovos dessas espécies geralmente não é possível. Vermes adultos grandes (aproximadamente 1,5 a 3,0 cm) (ver Figura 75.1) raramente são encontrados em fezes ou amostras coletadas na cirurgia. Tentativas foram feitas para o desenvolvimento de uma ferramenta de diagnóstico molecular para discriminação entre *F. buski* e outros fasciolídeos que utilizam sequências ribossômicas.

TRATAMENTO, PREVENÇÃO E CONTROLE

O fármaco de escolha é o praziquantel e a alternativa é o mebendazol. Educação a respeito do consumo seguro de vegetais aquáticos infecciosos (sobretudo castanhas-d'água), saneamento adequado e o controle das fezes humanas reduzem a incidência de doenças. Além disso, a população de caramujos pode ser eliminada com moluscicidas. Quando a infecção ocorre, o tratamento deve ser iniciado prontamente para minimizar sua propagação. O controle dos hospedeiros reservatórios também reduz a transmissão do verme.

Fasciola hepatica

São reconhecidos vários trematódeos de fígado, incluindo *Fasciola hepatica*, *Clonorchis sinensis*, *Opisthorchis felineus* e *Dicrocoelium dendriticum*. Somente *F. hepatica* e *C. sinensis* são discutidos neste capítulo, embora os ovos de outros trematódeos sejam ocasionalmente detectados nas fezes de pacientes em outras áreas geográficas.

FISIOLOGIA E ESTRUTURA

Esta espécie é um parasita de herbívoros (particularmente ovinos e bovinos) e seres humanos. Seu ciclo de vida (Figura 75.4) é semelhante ao de *F. buski*, com infecção humana

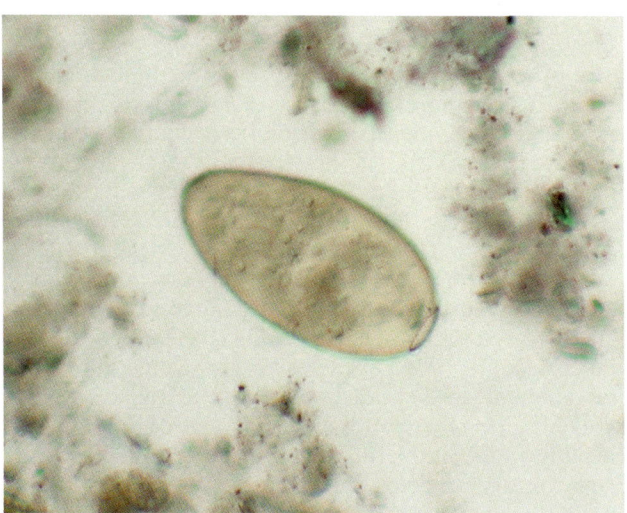

Figura 75.3 Ovo de *Fasciolopsis buski*, 130 a 150 μm de comprimento e 65 a 90 μm de largura, com um opérculo fino em uma das extremidades.

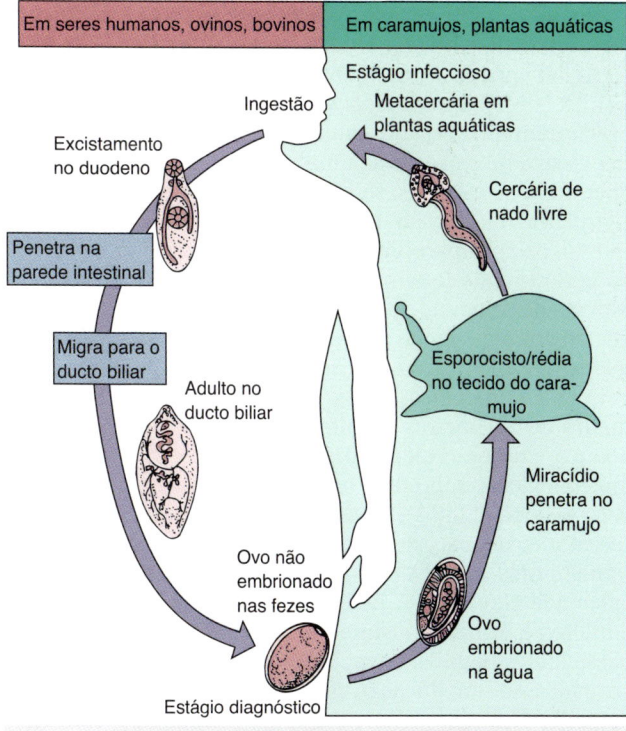

Figura 75.4 Ciclo de vida de *Fasciola hepatica*.

resultante da ingestão de agriões que abrigam as metacercárias encistadas. Os trematódeos na forma de larvas depois migram através da parede duodenal e da cavidade peritoneal, penetram na cápsula hepática, atravessam o parênquima hepático e entram nos ductos biliares para se tornarem vermes adultos. Aproximadamente 3 a 4 meses após a infecção inicial, os vermes adultos começam a produzir ovos operculados que são idênticos àqueles encontrados com *F. buski*, como visto no exame de fezes.

EPIDEMIOLOGIA

As infecções são relatadas em todo o mundo em áreas de criação de ovinos, com o caramujo apropriado como hospedeiro intermediário. Estas áreas incluem Austrália, China, Egito, Bolívia, Peru e muitos outros países da América Latina. Os surtos são diretamente relacionados ao consumo humano de agrião contaminado em áreas onde existem herbívoros infectados. A infecção humana é rara nos EUA, mas vários casos bem documentados foram relatados em viajantes provenientes de áreas endêmicas.

SÍNDROMES CLÍNICAS

A migração da larva através do fígado provoca irritação desse tecido, dor à palpação e hepatomegalia (Caso Clínico 75.1). Dor no quadrante superior direito do abdome, calafrios, febre e eosinofilia significativa são comuns. À medida que os trematódeos se instalam nos ductos biliares, a irritação mecânica e as secreções tóxicas provocam hepatite, hiperplasia do epitélio e obstrução biliar. Alguns vermes penetram nas áreas erodidas dos ductos e invadem o fígado para produzir focos necróticos. Em infecções graves, pode ocorrer infecção bacteriana secundária e cirrose portal é comum.

DIAGNÓSTICO LABORATORIAL

O exame de fezes revela ovos operculados indistinguíveis dos ovos de *F. buski* (ver Figura 75.3). A identificação exata é crucial porque o tratamento não é o mesmo para ambas as infecções. Enquanto *F. buski* responde favoravelmente ao praziquantel, *F. hepatica* não. Quando a identificação exata é desejada, o exame de uma amostra da bile do paciente diferencia as espécies; se houver ovos na bile, eles são de *F. hepatica*, não *F. buski*, que é limitado ao intestino delgado. Os ovos podem aparecer nas amostras de fezes de pessoas que comeram fígado de ovinos ou bovinos infectados. A natureza espúria desse achado pode ser confirmada pela abstinência de consumo de fígado pelo paciente seguida por novo exame de fezes. Em razão do longo período pré-patente (intervalo entre a penetração do agente etiológico e o aparecimento das primeiras manifestações), a fascioliíase é uma doença em que o diagnóstico sorológico é valioso. Testes imunológicos, sobretudo o ensaio imunossorvente ligado à enzima (ELISA), baseados em antígenos excretores/secretores de parasitas, cisteína protease ou antígenos semelhantes à saposina apresentam sensibilidade e especificidade elevadas. A detecção de antígenos do parasita em fezes é útil para distinguir entre infecções presentes e passadas. O diagnóstico molecular e notadamente os testes baseados na amplificação mediada por laço (LAMP) para detecção de ácidos nucleicos do parasita nas fezes são alternativas promissoras.

> **Caso Clínico 75.1 Fascioliíase**
>
> Echenique-Elizondo et al. (JOP 6:36–39, 2005) descreveram um caso de pancreatite aguda causada pelo trematódeo hepático *Fasciola hepatica*. A paciente era uma mulher de 31 anos, que foi internada no hospital por causa de início repentino de náuseas e dor abdominal alta. Ela não apresentava outras condições de saúde e negava abuso de substâncias psicoativas, etilismo, litíase biliar, traumatismo abdominal ou cirurgia. No exame físico, ela manifestava dor intensa à palpação do epigástrio e tinha sons intestinais hipoativos. A bioquímica sérica mostrou níveis elevados das enzimas pancreáticas (amilase, lipase, fosfolipase pancreática A2 e elastase). Leucocitose foi encontrada, assim como níveis séricos elevados de fosfatase alcalina e bilirrubina. Níveis séricos de ureia, creatinina, desidrogenase láctica e cálcio foram normais. A ultrassonografia e a tomografia computadorizada de abdome mostraram aumento difuso do pâncreas e a colangiografia demonstrou dilatação e vários defeitos de enchimento no ducto biliar comum. Foi realizada esfincterotomia endoscópica, com extração de numerosos trematódeos de grandes dimensões que foram identificados como *F. hepatica*. A paciente foi tratada com uma única dose oral de triclabendazol (10 mg/kg). O acompanhamento da paciente demonstrou níveis bioquímicos normais no sangue e nenhuma evidência de doença após 2 anos do procedimento.

TRATAMENTO, PREVENÇÃO E CONTROLE

Em contraste com *F. buski*, *F. hepatica* responde mal ao praziquantel. O tratamento com o composto benzimidazol triclabendazol tem sido efetivo. As medidas preventivas são semelhantes às do controle de *F. buski*; pessoas que vivem em áreas frequentadas por ovinos e bovinos devem evitar principalmente a ingestão de agriões e outra vegetação aquática não cozida.

Clonorchis sinensis

FISIOLOGIA E ESTRUTURA

Clonorchis sinensis, também denominado *Opisthorchis sinensis*, na literatura mais antiga, é comumente chamado de **"trematódeo hepático chinês"**. A Figura 75.5 ilustra seu ciclo de vida, que envolve dois hospedeiros intermediários. Este trematódeo apresenta ciclos de vida diferentes de outros vermes no sentido de que os ovos são ingeridos pelo caramujo e depois a reprodução começa nos tecidos moles desse hospedeiro. *Clonorchis sinensis* também precisa de um segundo hospedeiro intermediário, tal como um peixe de água doce, no qual as cercárias encistam e se desenvolvem em metacercárias infecciosas. Quando o peixe de água doce não cozido que abriga as metacercárias é ingerido, os vermes desenvolvem-se primeiro no duodeno e depois migram para os ductos biliares, nos quais tornam-se adultos. O verme adulto sofre autofertilização e começa a produzir ovos. *Clonorchis sinensis* pode sobreviver no trato biliar por até 50 anos, produzindo aproximadamente 2.000 ovos por dia. Esses ovos são eliminados nas fezes e novamente ingeridos por caramujos, reiniciando o ciclo.

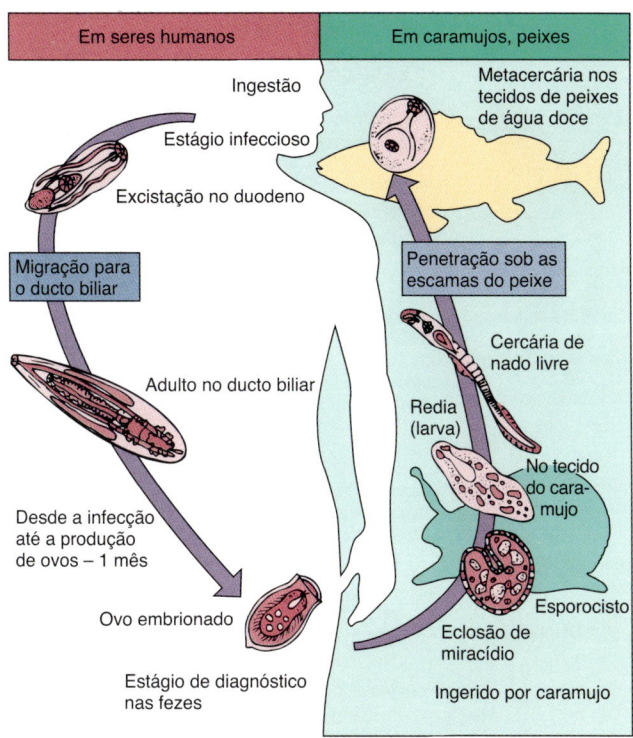

Figura 75.5 Ciclo de vida de *Clonorchis sinensis*.

EPIDEMIOLOGIA

Clonorchis sinensis é encontrado na China, Japão, Coreia e Vietnã, com estimativas de aproximadamente 15 milhões de indivíduos infectados. É uma das infecções mais frequentes observadas entre refugiados asiáticos e pode ser rastreada pelo consumo de peixes de água doce crus, em conserva, defumados ou secos que abrigam as metacercárias viáveis. Cães, gatos e mamíferos comedores de peixe também podem servir como hospedeiros de reservatórios.

SÍNDROMES CLÍNICAS

A infecção em humanos é geralmente leve e assintomática (Caso Clínico 75.2). Infecções graves com muitos vermes nos ductos biliares provocam febre, diarreia, dor epigástrica, hepatomegalia, anorexia e, ocasionalmente, icterícia. A obstrução biliar pode ocorrer e a infecção crônica resultar em adenocarcinoma dos ductos biliares. A invasão da vesícula biliar pode provocar colecistite, colelitíase e função hepática alterada, bem como abscessos hepáticos.

DIAGNÓSTICO LABORATORIAL

O diagnóstico é feito a partir do isolamento de ovos característicos nas fezes. Os ovos medem de 27 a 35 μm × 12 a 19 μm e são caracterizados por um opérculo distinto com ombros e um botão minúsculo no polo posterior **(abopercular)** (Figura 75.6). Em infecções leves, a repetição dos exames de fezes ou aspirados duodenais pode ser necessária. Na infecção sintomática aguda, geralmente há eosinofilia e uma elevação dos níveis séricos de fosfatase alcalina. Exames de imagem conseguem detectar anormalidades das vias biliares. Foi desenvolvido um ELISA para detecção de coproantígenos, que demonstrou especificidade e sensibilidade elevadas, enquanto ELISAs para anticorpos

---

Caso Clínico 75.2 Colangite causada por *Clonorchis (Opisthorchis) sinensis*

Stunell et al. (*Eur Radiol* 16:2612–2614, 2006) descreveram uma mulher asiática de 34 anos que foi ao departamento de emergência local relatando dor no quadrante superior direito do abdome, febre e calafrios há 2 dias. Ela tinha emigrado da Ásia para a Irlanda 18 meses antes, com história pregressa de episódios intermitentes de dor abdominal alta durante um período de 3 anos. Ao ser examinada, ela estava agudamente doente e a pele, fria e pegajosa ao toque. Ela estava febril, taquicardíaca e apresentava discreta icterícia (escleras). Seu abdome estava doloroso à palpação, com contratura no quadrante superior direito. Estudos hematológicos e bioquímicos de rotina revelaram leucocitose acentuada e alterações das provas de função hepática com padrão obstrutivo. A TC contrastada do abdome mostrou múltiplas opacidades ovaladas nos ductos biliares intra-hepáticos dilatados no lobo direito do fígado. O restante do parênquima hepático estava normal. Ao estabilizar a paciente, uma CPRE foi realizada para descompressão biliar, que demonstrou dilatação dos ductos biliares intra-hepáticos e extra-hepáticos, com múltiplos defeitos de enchimento e estenose. Uma amostra de fezes enviada para análise mostrou *Clonorchis (Opisthorchis) sinensis* (ovos e formas adultas). A paciente se recuperou com tratamento farmacológico (praziquantel) e teve amostras fecais negativas 30 dias após o tratamento. Esse caso e o Caso Clínico 75.1 demonstram as várias complicações da infestação por vermes trematódeos do fígado. Vale destacar que o praziquantel é o fármaco de escolha para tratar a infecção hepática pelo trematódeo oriental (*C. sinensis*), enquanto o triclabendazol é usado para tratar a fasciolíase, enfatizando a importância de uma história epidemiológica e a identificação do parasita.

CPRE, colangiopancreatografia retrógrada endoscópica; *TC*, tomografia computadorizada.

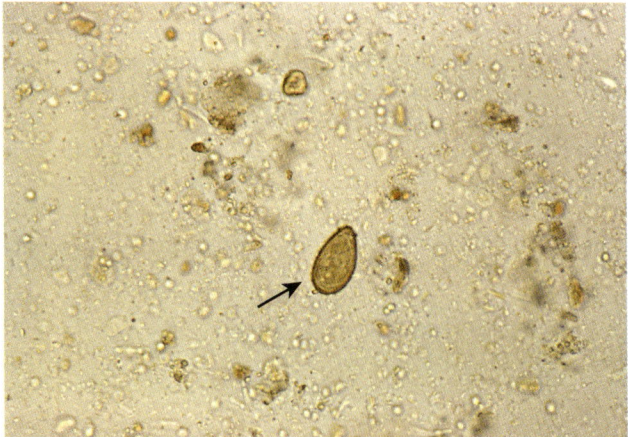

Figura 75.6 Ovo de *Clonorchis sinensis* (seta). Esses ovos são ovoides e pequenos (27 a 35 μm de comprimento e 12 a 19 μm de largura) e têm uma casca marrom-amarelada e espessa, com um opérculo proeminente em uma extremidade e um pequeno botão na outra. (De CDC Public Health Image Library.)

---

circulantes apresentam alta sensibilidade, mas baixa especificidade. Plataformas com testes de amplificação de ácidos nucleicos (NAATs) foram desenvolvidas para detectar e discriminar entre zoonoses transmitidas pelos peixes e causadas por opistorquídeos e membros da família relacionada Heterophyidae, com base na análise de sequências mitocondriais e ribossômicas.

TRATAMENTO, PREVENÇÃO E CONTROLE

O fármaco de escolha é o praziquantel. A prevenção de infecções é realizada evitando-se o consumo de peixes não cozidos e pela implementação de políticas sanitárias adequadas, incluindo o descarte de fezes humanas, de cães e de gatos em locais adequadamente protegidos, de modo que não possam contaminar o abastecimento de água com os caramujos e os peixes que são hospedeiros intermediários do parasita.

Paragonimus westermani

FISIOLOGIA E ESTRUTURA

Paragonimus westermani é uma das várias espécies de *Paragonimus* que infectam seres humanos e muitos outros animais. A Figura 75.7 mostra um ciclo de vida familiar do ovo ao caramujo até a metacercária infecciosa. O estágio infeccioso ocorre em um segundo hospedeiro intermediário: nos músculos e guelras de caranguejos e lagostins de água doce. Nos seres humanos que ingerem carne infectada, as larvas eclodem no estômago e migram através da parede intestinal até a cavidade abdominal, depois através do diafragma e, finalmente, para a cavidade pleural. Formas adultas de *P. westermani* residem nos pulmões e produzem ovos que são liberados de bronquíolos rompidos e aparecem no escarro ou, quando deglutidos, nas fezes.

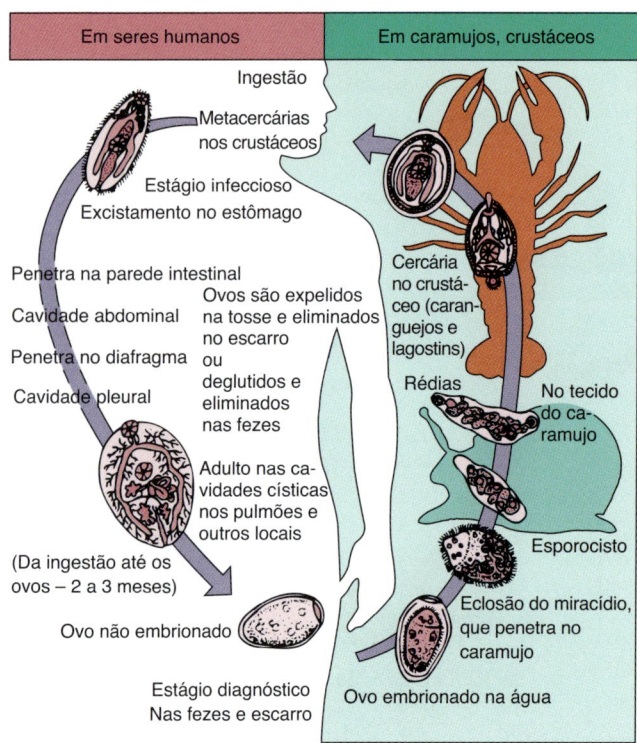

Figura 75.7 Ciclo de vida de *Paragonimus westermani*.

EPIDEMIOLOGIA

A paragonimíase ocorre em muitos países da Ásia, da África e da América Latina. Pode ser encontrada em refugiados do Sudeste Asiático. Sua prevalência está diretamente relacionada com o consumo de caranguejos e lagostins de água doce crus. Estima-se que aproximadamente 3 milhões de pessoas sejam infectadas por esse trematódeo pulmonar. Até 1% de todos os imigrantes indochineses para os EUA estão infectados com *P. westermani*. Uma ampla variedade de animais que se alimentam na margem de coleções de água doce (p. ex., javalis, porcos e macacos) serve como hospedeiros reservatório e algumas infecções humanas resultam da ingestão de carne contendo larvas do verme, que migram desses hospedeiros. As infecções humanas endêmicas nos EUA são geralmente causadas por uma espécie relacionada, *P. kellicotti*, que é encontrada em caranguejos e lagostins nas águas do meio-oeste e do leste dos EUA.

SÍNDROMES CLÍNICAS

As manifestações clínicas da paragonimíase podem resultar de larvas que migram através de tecidos ou de adultos estabelecidos nos pulmões ou em outros locais ectópicos (Caso Clínico 75.3). O início da doença coincide com a migração larvar e é associado a febre, calafrios e eosinofilia significativa. Os vermes adultos nos pulmões provocam primeiramente uma reação inflamatória que resulta em febre, tosse e aumento de expectoração. À medida que a destruição do tecido pulmonar progride, a cavitação ocorre ao redor dos vermes, o escarro torna-se tinto de sangue e escuro com os ovos (chamado escarro ferruginoso) e os pacientes sentem intensa dor torácica. A cavidade resultante pode tornar-se secundariamente infectada por bactérias. Dispneia, bronquite crônica,

---

Caso Clínico 75.3 Paragonimíase

Singh et al. (*Indian J Med Microbiol* 23:131-134, 2005) descreveram um caso de paragonimíase pleuropulmonar mimetizando tuberculose pulmonar. O paciente era um homem de 21 anos que foi internado no hospital por dispneia progressiva, com cefaleia, febre, tosse com pouca hemoptise, fadiga, dores pleuríticas, anorexia e perda de peso há 1 mês. Ele foi tratado para tuberculose durante 6 meses sem melhora clínica. Dois meses antes da internação, após a ingestão de três caranguejos crus, ele teve um episódio de 3 dias de diarreia aquosa. Na admissão hospitalar, o paciente estava caquético e afebril. Havia macicez bilateral à percussão e a ausência de murmúrio vesicular nos dois terços inferiores do tórax. Ele apresentava anemia, baqueteamento digital sem linfadenopatia, cianose ou icterícia. Uma radiografia de tórax mostrou efusões pleurais que também foram confirmadas por tomografia computadorizada. A toracocentese guiada por ultrassonografia do pulmão direito produziu cerca de 200 mℓ de líquido amarelado. O líquido era exsudativo e continha 2.700 leucócitos/mℓ, 91% dos quais eram eosinófilos. A coloração de Gram do líquido foi negativa, assim como a cultura de bactérias e fungos. Esfregaços do escarro revelaram ovos operculados de coloração amarelada consistentes com infecção por *Paragonimus westermani*. O paciente foi tratado com praziquantel durante 3 dias e respondeu bem. Vale mencionar que o derrame pleural do lado direito não se repetiu após a toracocentese e tratamento com praziquantel. Este caso enfatiza a importância do diagnóstico etiológico do processo pleuropulmonar para diferenciar a paragonimíase da tuberculose nas regiões endêmicas para as duas condições.

bronquiectasias e efusão (derrame) pleural podem ser observadas. Infecções crônicas levam à fibrose do tecido pulmonar. A localização de larvas, adultos e ovos em locais ectópicos pode provocar sinais/sintomas clínicos graves, dependendo do local envolvido. A migração de larvas pode resultar na invasão da medula espinal e do cérebro, provocando doença neurológica grave (problemas visuais, fraqueza motora e crises convulsivas) referida como **paragonimíase cerebral**. Migração e infecção também podem ocorrer em locais subcutâneos, na cavidade abdominal e no fígado.

DIAGNÓSTICO LABORATORIAL

O exame do escarro e das fezes revela ovos operculados de coloração marrom dourada (Figura 75.8). Efusões pleurais, quando existentes, devem ser examinadas à procura de ovos. As radiografias do tórax frequentemente mostram infiltrados, cistos nodulares e efusão pleural. Eosinofilia significativa é um achado comum. Os procedimentos sorológicos estão disponíveis em laboratórios de referência e podem ser úteis, particularmente em casos com envolvimento extrapulmonar (p. ex., sistema nervoso central). Uma gama de NAATs para o diagnóstico das espécies de *Paragonimus*, incluindo a reação em cadeia da polimerase (PCR) convencional, PCR em tempo real e LAMP, está em avaliação.

TRATAMENTO, PREVENÇÃO E CONTROLE

O fármaco de escolha é o praziquantel; triclabendazol é uma alternativa. É essencial a educação sobre o consumo de caranguejos e lagostins de água doce crus, assim como a carne de animais encontrados em áreas endêmicas. Caranguejos e lagostins em conserva ou embebidos em vinho não matam as metacercárias do estágio infeccioso. Saneamento adequado e controle do descarte das fezes humanas são medidas essenciais.

Esquistossomos

A esquistossomose é uma importante infecção parasitária das áreas tropicais, com cerca de 230 milhões de infecções em todo o mundo. Os três esquistossomos mais frequentemente associados a doenças humanas são *Schistosoma mansoni*, *S. japonicum* e *S. haematobium*. Eles produzem coletivamente a doença chamada **esquistossomose**, também conhecida como **bilharzíase** ou **febre do caramujo**. Como discutido anteriormente, os esquistossomos diferem de outros vermes trematódeos: esses parasitas apresentam machos e fêmeas em vez de hermafroditas e seus ovos não têm um opérculo. Eles também são parasitas intravasculares obrigatórios e não são encontrados em cavidades, ductos e outros tecidos. As formas infecciosas são **cercárias** que penetram na pele e são liberadas de caramujos e diferem de outras espécies por não serem ingeridos na vegetação, nos peixes ou crustáceos.

A Figura 75.9 ilustra o ciclo de vida dos diferentes esquistossomos. A infecção é iniciada por cercárias de água doce, ciliadas e de nado livre, que penetram na pele intacta, entram na circulação e se desenvolvem na circulação porta intra-hepática (*S. mansoni* e *S. japonicum*) ou nas veias e plexos vesicais, prostáticos, retais e uterinos (*S. haematobium*). A fêmea tem um corpo longo, delgado e cilíndrico, enquanto o macho, mais curto, que parece cilíndrico, é na verdade achatado (Figura 75.10). O aspecto cilíndrico deriva do dobramento

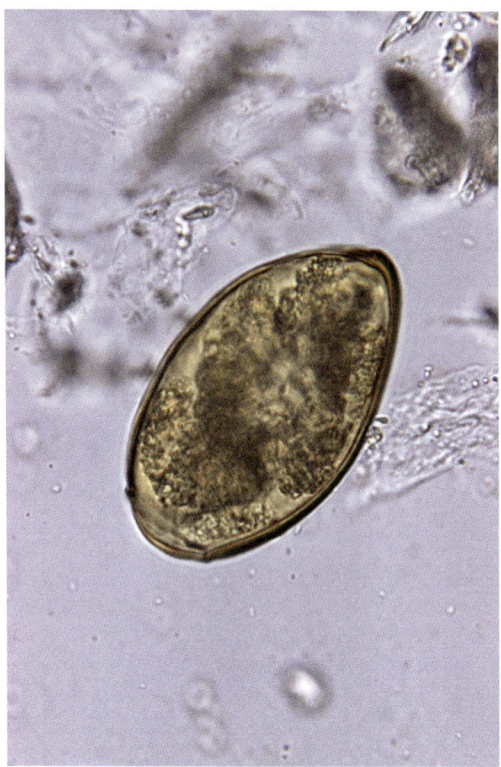

Figura 75.8 Ovo de *Paragonimus westermani*. Esses grandes ovos com formato ovoide (80 a 120 μm de comprimento e 45 a 70 μm de largura) têm uma casca, cor marrom amarelada e um opérculo distinto. (De CDC Public Health Image Library.)

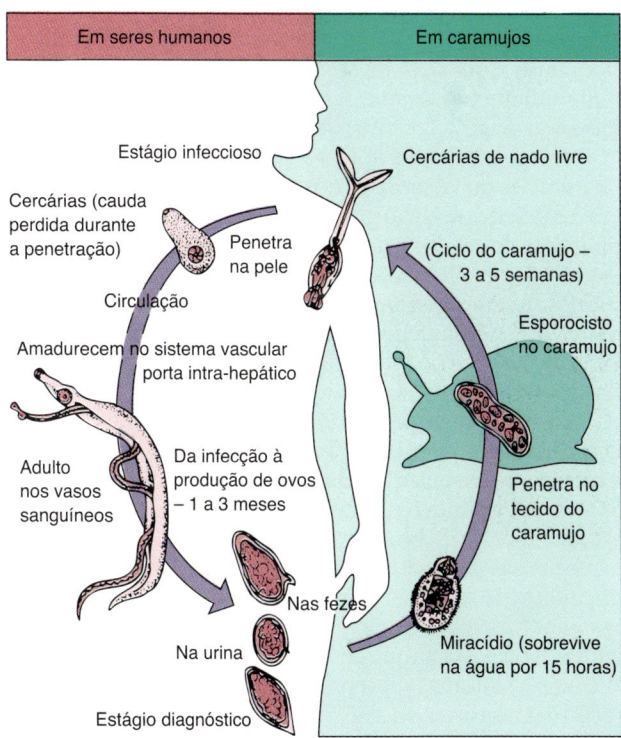

Figura 75.9 Ciclo de vida dos esquistossomos.

das laterais do corpo para produzir um sulco, o canal ginecóforo, no qual a fêmea reside para a fertilização. Ambos os sexos têm ventosas orais e ventrais e um sistema digestório incompleto, que é característico de um verme trematódeo.

Figura 75.10 Vermes vivos, macho e fêmea, de *Schistosoma mansoni*. A fêmea delgada *(direita)* é normalmente vista dentro do sulco ou canal ginecóforo do macho *(esquerda)* (×14). (De Peters, W., Pasvol, G., 2007. Atlas of Tropical Medicine and Parasitology, sixth ed. Elsevier, Philadelphia, PA; courtesy Professor R.E. Howells.)

À medida que os vermes se desenvolvem na circulação do sistema porta hepático, eles elaboram uma notável defesa contra a resistência do hospedeiro. Eles se revestem de substâncias que o hospedeiro reconhece como próprio; consequentemente, há pouca resposta do hospedeiro dirigida contra sua presença nos vasos sanguíneos. Este mecanismo protetor é responsável por infecções crônicas que podem durar de 20 a 30 anos ou mais.

Depois de se desenvolverem na veia porta, os vermes adultos machos e fêmeas pareiam e migram para suas localizações finais, onde começam a fertilização e a produção de ovos. *Schistosoma mansoni* e *S. japonicum* são encontrados em veias mesentéricas e produzem esquistossomose intestinal; *S. haematobium* ocorre em veias ao redor da bexiga urinária e causa esquistossomose vesicular. Ao alcançar as vênulas da submucosa de suas respectivas localidades, os vermes iniciam a oviposição, que pode continuar na taxa de 300 a 3.000 ovos por dia durante 4 a 35 anos. Embora a resposta inflamatória do hospedeiro aos vermes adultos seja mínima, os ovos desencadeiam uma intensa reação inflamatória, com infiltrados de células mononucleares e polimorfonucleares e a formação de microabscessos. Além disso, as larvas no interior dos ovos produzem enzimas que ajudam na destruição dos tecidos e permitem que os ovos atravessem a mucosa e entrem no lúmen do intestino e da bexiga, onde passam para o ambiente externo nas fezes e na urina, respectivamente.

Os ovos eclodem rapidamente ao chegarem à água doce para a liberação de **miracídios** móveis. Os miracídios então invadem o hospedeiro caramujo apropriado, onde se desenvolvem em milhares de cercárias infecciosas. As cercárias de nado livre são liberadas na água, onde são imediatamente infecciosas para seres humanos e outros mamíferos.

A infecção é semelhante em todas as três espécies de esquistossomos humanos, de modo que a doença resulta principalmente da resposta imune do hospedeiro aos ovos do parasita. Os sinais e sintomas mais precoces são causados pela penetração das cercárias na pele. As reações de hipersensibilidade imediata e do tipo tardio aos antígenos do parasita resultam em erupção cutânea papular intensamente pruriginosa.

O início da oviposição resulta em um complexo sintomático conhecido como **síndrome de Katayama**, que é marcado por febre, calafrios, tosse, urticária, artralgias, linfadenopatia, esplenomegalia e dor abdominal. Esta síndrome é normalmente observada 1 a 2 meses após a exposição primária e pode persistir por 3 meses ou mais. Acredita-se que resulte da liberação acentuada de antígenos dos parasitas, com subsequente formação de imunocomplexos. As anormalidades laboratoriais associadas incluem leucocitose, eosinofilia e gamopatia policlonal.

A fase mais crônica e significativa da esquistossomose é causada pelos ovos em vários tecidos e a formação resultante de granulomas e fibrose. Os ovos retidos induzem inflamação extensa e cicatrização, cuja importância clínica está diretamente relacionada com a localização e o número de ovos.

Em razão das diferenças em alguns aspectos da doença e da epidemiologia, as espécies de *Schistosoma* são discutidas separadamente.

SCHISTOSOMA MANSONI

Fisiologia e estrutura

Schistosoma mansoni geralmente reside nos pequenos ramos da veia mesentérica inferior, próximos do cólon inferior. As espécies de *Schistosoma* podem ser diferenciadas pela morfologia característica do ovo (Figuras 75.11 a 75.13). Os ovos de *S. mansoni* são ovais, apresentam uma **espícula lateral afiada** e 115 a 175 μm × 45 a 70 μm (ver Figura 75.11).

Epidemiologia

A distribuição geográfica das várias espécies de *Schistosoma* depende da disponibilidade de um hospedeiro caramujo adequado. *Schistosoma mansoni* é o mais difundido dos esquistossomos e é endêmico na África, na Arábia Saudita e em Madagascar. Também se tornou bem estabelecido no Hemisfério Ocidental, particularmente no Brasil, em Suriname, na Venezuela, em partes das Índias Ocidentais e em Porto Rico. Casos provenientes dessas áreas podem ser encontrados nos EUA. Em todas elas, também existem reservatórios, especificamente primatas, marsupiais e roedores. A esquistossomose pode ser considerada uma doença do progresso econômico; o desenvolvimento de extensos projetos de irrigação terrestre em áreas desérticas e tropicais resultou na dispersão de seres humanos e caramujos infectados para áreas não envolvidas.

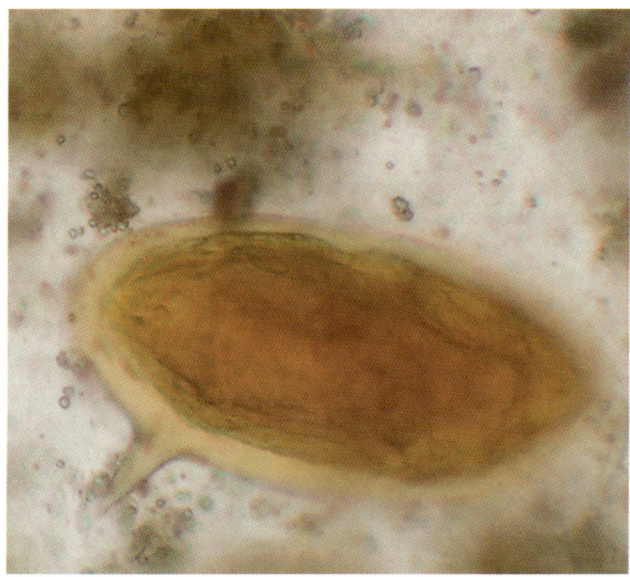

Figura 75.11 Ovo de *Schistosoma mansoni*. Esses ovos têm 115 a 175 μm de comprimento e 45 a 70 μm de largura, contêm um miracídio e estão envoltos em uma casca fina com uma espícula lateral proeminente.

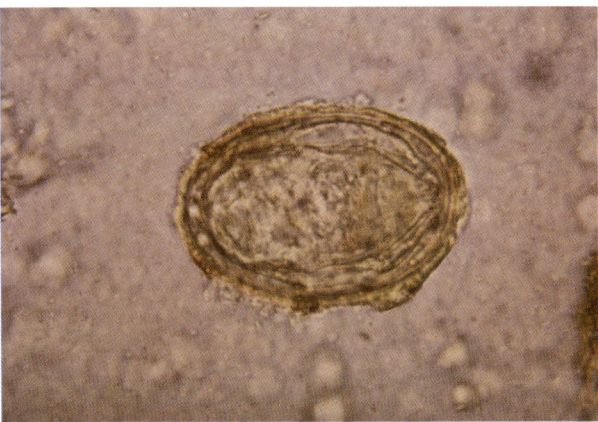

Figura 75.12 Ovo de *Schistosoma japonicum*. Esses ovos são menores do que os de *Schistosoma mansoni* (70 a 100 μm de comprimento e 55 a 65 μm de largura) e apresentam uma espícula que é imperceptível. (De CDC Public Health Image Library.)

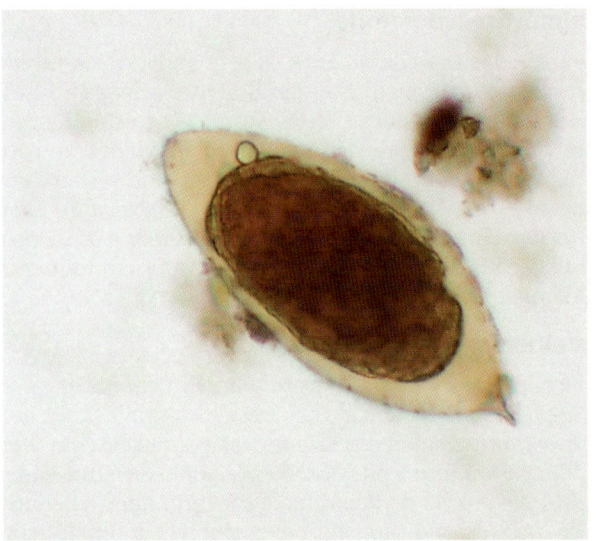

Figura 75.13 Ovo de *Schistosoma haematobium*. Esses ovos são semelhantes em tamanho aos do *Schistosoma mansoni*, mas podem ser diferenciados pela presença de uma espícula terminal, em vez de lateral.

Síndromes clínicas

Como observado anteriormente, a penetração de cercárias através da pele íntegra pode ser observada como dermatite com reações alérgicas, prurido e edema (Caso Clínico 75.4). Vermes migratórios nos pulmões podem provocar tosse; assim que chegam ao fígado, podem dar início à hepatite.

Infecções por *S. mansoni* podem provocar anormalidades hepáticas e intestinais. À medida que os trematódeos se alojam nos vasos mesentéricos e começa a postura de ovos, é possível observar sinais/sintomas como febre, mal-estar, dor abdominal e dor à palpação do fígado. A deposição de ovos na mucosa intestinal resulta em inflamação e espessamento da parede intestinal com dor abdominal associada, diarreia e sangue nas fezes. Os ovos podem ser transportados pela veia porta até o fígado, onde a inflamação pode levar à fibrose periporta e, por fim, hipertensão portal e suas manifestações associadas.

A infecção crônica por *S. mansoni* provoca hepatoesplenomegalia intensa com grandes acúmulos de líquido ascítico na cavidade peritoneal. No exame macroscópico, o fígado é preenchido por granulomas brancos (pseudotubérculos). Embora os ovos de *S. mansoni* sejam depositados principalmente no intestino, podem aparecer na medula espinal, nos pulmões e em outros locais. Um processo fibrótico semelhante ocorre em cada local. Problemas neurológicos graves podem ocorrer quando os ovos são depositados na medula espinal e no cérebro. Na esquistossomose fatal causada por *S. mansoni*, o tecido fibroso, reagindo aos ovos no fígado, envolve a veia porta em uma camada espessa e grosseiramente visível (**"fibrose periporta em formato de haste de cachimbo"**).

Diagnóstico laboratorial

O diagnóstico de esquistossomose é geralmente estabelecido pelo achado de ovos característicos nas fezes. O exame de fezes revela os grandes ovos dourados com uma espícula lateral afiada (ver Figura 75.11). Técnicas de concentração podem ser necessárias em infecções leves. Usando biopsia retal, o clínico pode ver os rastros de ovos postos pelos vermes nos vasos retais. A quantificação da produção de ovos nas fezes é útil ao estimar a gravidade da infecção e ao seguir a resposta à terapia. Testes sorológicos também estão disponíveis, mas são, em

---

Caso Clínico 75.4 Esquistossomose

Ferrari (Medicine [Baltimore] 78:176–190, 1999) descreveu um caso de neuroesquistossomose causada por *Schistosoma mansoni* em um homem brasileiro de 18 anos. O paciente foi internado no hospital por causa do início recente de paraplegia. Ele estava em boa saúde até 33 dias antes da admissão, quando notou o início de dor lombar progressiva com irradiação para os membros inferiores. Nesse período, ele foi avaliado três vezes em outra instituição e as radiografias das regiões torácica inferior, lombar e sacral da coluna foram normais. Ele foi medicado com anti-inflamatórios, com alívio transitório em seus sintomas. Quatro semanas após o início da dor, a doença progrediu de maneira aguda com disfunção erétil, retenção fecal e urinária e paraparesia progredindo para a paraplegia. Nesse momento, a dor desapareceu, substituída por acentuada perda de sensibilidade nos membros inferiores. Ao ser hospitalizado, ele informou exposição à infecção por esquistossomos. O exame neurológico revelou paraplegia flácida, perda sensorial acentuada e ausência de reflexos superficiais e profundos no nível T11 e abaixo dele. O exame do líquido cerebrospinal revelou 84 leucócitos/mℓ (98% de linfócitos, 2% de eosinófilos) e 1 eritrócito, 82 mg/dℓ de proteína total e 61 mg/dℓ de glicose. A mielografia, a mielografia por TC e a RM mostraram discreto alargamento do cone medular. O diagnóstico de neuroesquistossomose foi confirmado pelo achado de ovos viáveis e mortos de *S. mansoni* na biopsia da mucosa retal. A concentração liquórica de IgG contra o antígeno solúvel do ovo de *S. mansoni* quantificada por ELISA foi de 1,53 μg/mℓ. Ele foi tratado com prednisona e praziquantel. Apesar da terapia, sua condição permaneceu inalterada na consulta de acompanhamento 7 meses mais tarde. *Schistosoma mansoni* é a causa mais frequentemente relatada de MRS em todo o mundo. A MRS está entre as formas mais graves de esquistossomose e o prognóstico depende em grande parte do diagnóstico e do tratamento precoces.

TC, tomografia computadorizada; *RM*, ressonância magnética; *ELISA*, ensaio imunossorvente ligado à enzima; *MRS*, mielorradiculopatia esquistossomótica.

grande parte, de interesse apenas epidemiológico. O desenvolvimento de testes mais recentes usando antígenos específicos do estágio pode permitir a distinção entre doença ativa e inativa e, portanto, tem maior aplicação clínica. Dois antígenos detectados na urina de pacientes com esquistossomose, os antígenos circulantes anódicos e catódicos (ACA e ACC), têm sido alvo do diagnóstico rápido (*point-of-care*) de esquistossomose, notadamente para detecção de infecção por *S. mansoni*. Um *kit* de fluxo lateral para detecção de ACC está disponível comercialmente e tem sido amplamente utilizado em estudos na África e no Brasil, mas não tem aprovação pela U.S. Food and Drug Administration (FDA). Houve interesse no uso de NAAT para a detecção de ácido desoxirribonucleico (DNA) do esquistossomo livre de células, obtido a partir de amostras de plasma, sangue, saliva e urina. Os testes moleculares provaram ser extremamente sensíveis e são adequados para investigações epidemiológicas em ambientes de baixa intensidade, mas os custos relativos de instrumentação e de reagentes continuam a ser um problema para o diagnóstico com base em testes rápidos utilizando ferramentas moleculares.

Tratamento, prevenção e controle

O fármaco de escolha é o praziquantel e a alternativa é oxamniquina. A terapia anti-helmíntica pode interromper a oviposição, mas não afeta as lesões causadas por ovos já depositados em tecidos. A **dermatite esquistossomótica** e a síndrome de Katayama podem ser tratadas com a administração de anti-histamínicos e corticosteroides. A educação sobre os ciclos de vida desses vermes e controle dos caramujos por moluscicidas são essenciais. A melhoria do saneamento e o controle dos depósitos de fezes humanas são críticos. Infelizmente, o tratamento com praziquantel proporciona baixos índices de cura em algumas áreas, levantando o espectro da resistência emergente a esse importante agente terapêutico. A adição do artemêter, um antimalárico, em combinação com o praziquantel demonstrou melhoria da atividade contra *S. mansoni* e *S. haematobium*. Ao contrário do praziquantel, o artemêter age contra os esquistossomos jovens no hospedeiro e pode ser utilizado como agente quimioprofilático. Os ensaios clínicos com vacinas estão em andamento, mas o antígeno alvo ideal não foi identificado.

SCHISTOSOMA JAPONICUM

Fisiologia e estrutura

Schistosoma japonicum se localiza em ramos da veia mesentérica superior ao redor do intestino delgado e nos vasos mesentéricos inferiores. Os ovos de *S. japonicum* (ver Figura 75.12) são menores, quase esféricos e apresentam uma **espícula minúscula**. Esses ovos são produzidos em maior número do que os de *S. mansoni* e *S. haematobium*. Em razão do tamanho, formato e número de ovos, eles são transportados para mais locais no corpo (fígado, pulmões, cérebro), e a infecção com poucos adultos de *S. japonicum* pode ser mais grave do que as infecções envolvendo números semelhantes de *S. mansoni* ou *S. haematobium*.

Epidemiologia

Este **verme trematódeo oriental do sangue** é encontrado apenas na China, nas Filipinas e na ilha de Sulawesi, Indonésia. Problemas epidemiológicos correlacionam-se diretamente com uma ampla gama de hospedeiros reservatórios, muitos dos quais são domésticos (gatos, cães, gado, cavalos e porcos).

Síndromes clínicas

Os estágios iniciais da infecção com *S. japonicum* são similares aos observados em *S. mansoni*, com dermatites, reações alérgicas, febre e mal-estar, seguidos de desconforto abdominal e diarreia. A síndrome de Katayama associada ao surgimento de oviposição é observada mais comumente com *S. japonicum* do que com *S. mansoni*. Na infecção crônica por *S. japonicum*, observam-se comumente a doença hepatoesplênica, hipertensão porta, varizes esofágicas hemorrágicas e o acúmulo de líquido ascítico. Granulomas que aparecem como pseudotubérculos no fígado e sobre ele são comuns, juntamente com a fibrose periporta em formato de haste de cachimbo, conforme descrito para *S. mansoni*.

Schistosoma japonicum frequentemente envolve estruturas cerebrais quando os ovos alcançam o cérebro e os granulomas se desenvolvem ao seu redor. As manifestações neurológicas incluem letargia, deficiência da fala, defeitos visuais e convulsões.

Diagnóstico laboratorial

O exame das fezes demonstra os pequenos ovos dourados com pequenas espículas e, geralmente, a biopsia retal é igualmente reveladora. Testes sorológicos estão disponíveis. Um imunoensaio de fluxo lateral que tem como alvo o ACA está sendo desenvolvido e tem sido testado com sucesso para o diagnóstico sensível de *S. japonicum* e *S. haematobium* em ambientes de baixa intensidade e próximos à erradicação. Os NAATs têm sido utilizados em inquéritos epidemiológicos.

Tratamento, prevenção e controle

O fármaco de escolha é o praziquantel. Prevenção e controle podem ser alcançados por medidas similares às de *S. mansoni*, principalmente orientar as populações em áreas endêmicas quanto à purificação adequada da água, saneamento e controle de depósitos fecais humanos. O controle de *S. japonicum* também deve envolver a ampla gama de hospedeiros de reservatórios e considerar o fato de que as pessoas trabalham em arrozais e em projetos de irrigação nos quais existam caramujos infectados. O tratamento em massa pode oferecer um suporte e uma vacina pode ser desenvolvida futuramente.

SCHISTOSOMA HAEMATOBIUM

Fisiologia e estrutura

Após o desenvolvimento no fígado, esses vermes trematódeos do sangue migram aos plexos vesical, prostático e uterino da circulação venosa, ocasionalmente ao sistema porta hepático e apenas raramente em outras vênulas.

Ovos grandes com uma **espícula terminal afiada** (ver Figura 75.13) são depositados na parede da bexiga e, ocasionalmente, nos tecidos uterinos e prostáticos. Aqueles depositados na parede da bexiga podem romper-se e são encontrados na urina.

Epidemiologia

Schistosoma haematobium ocorre em todo o Vale do Nilo e em muitas outras partes da África, incluindo ilhas da costa do leste. Esse parasita também aparece na Ásia Menor, Chipre, sul de Portugal e Índia. Os hospedeiros reservatórios incluem macacos, babuínos e chimpanzés.

Síndromes clínicas

Os estágios iniciais de infecção com *S. hematobium* são semelhantes às de infecções envolvendo *S. mansoni* e *S. japonicum*, com dermatites, reações alérgicas, febre e mal-estar. Ao contrário dos outros dois esquistossomos, *S. haematobium* provoca hematúria, disúria e polaciuria como sinais/sintomas precoces. Associada à hematúria, a bacteriúria é frequentemente uma condição crônica. A deposição de ovos nas paredes da bexiga acaba resultando em fibrose, com perda da capacidade vesical e o desenvolvimento de uropatia obstrutiva.

Pacientes com infecções por *S. haematobium* envolvendo muitos trematódeos apresentam frequentemente carcinoma espinocelular de bexiga. É comumente afirmado que a principal causa de câncer de bexiga no Egito e em outras partes da África é a infecção por *S. haematobium*. Os granulomas e pseudotubérculos vistos na bexiga também podem ser encontrados nos pulmões. A fibrose do leito pulmonar causada pela deposição de ovos leva à dispneia, tosse e hemoptise.

Diagnóstico laboratorial

O exame das amostras de urina revela a presença de ovos grandes, com **espículas terminais**. Ocasionalmente, a biopsia da bexiga é útil para estabelecer o diagnóstico. Os ovos de *S. hematobium* podem ser encontrados nas fezes, se os vermes migraram para os vasos mesentéricos. Testes sorológicos (antígeno e anticorpos) e NAATs também estão disponíveis.

Tratamento, prevenção e controle

O fármaco de escolha é o praziquantel. No momento, orientação, o possível tratamento em massa e o desenvolvimento de uma vacina são as melhores abordagens para o controle da doença causada por *S. haematobium*. Os problemas básicos dos projetos de irrigação (p. ex., a construção de barragens), populações humanas migratórias e múltiplos hospedeiros reservatórios tornam a prevenção e o controle extremamente difíceis. Um recente relato da segurança e eficácia de mefloquina-artesunato no tratamento da esquistossomose causada por *S. haematobium* é de grande interesse, dado o potencial para o desenvolvimento de resistência ao praziquantel entre os esquistossomos.

DERMATITE CERCARIANA

Vários esquistossomos não humanos têm cercárias que penetram na pele humana, provocando dermatite grave (dermatite cercariana, **"coceira do nadador"**), mas esses esquistossomos não conseguem se desenvolver em vermes adultos. Os hospedeiros naturais são aves e outros animais de caça em lagos de água doce de todo o mundo e algumas praias marinhas. O intenso prurido e a urticária consequente à penetração cutânea podem levar à infecção bacteriana secundária com a coçadura dos locais de infecção.

O tratamento consiste em trimeprazina oral e aplicações tópicas de agentes paliativos. Quando indicados, sedativos podem ser administrados. O controle é difícil por causa da migração das aves e a transferência de caramujos vivos de lago para lago. Moluscicidas, como o sulfato de cobre, produziram alguma redução nas populações de caramujos. A secagem imediata da pele quando as pessoas saem dessas águas oferece alguma proteção.

Bibliografia

Connor, D.H., et al., 1997. Pathology of Infectious Diseases. Appleton & Lange, Stamford, Conn.
Garcia, L.S., 2016. Diagnostic Medical Parasitology, sixth ed. American Society for Microbiology Press, Washington, DC.
John, D.T., Petri Jr., W.A., 2006. Markell and Voge's Medical Parasitology, ninth ed. Elsevier, Philadelphia.
Jones, M.K., et al., 2015. Trematodes. In: Jorgensen, J.H., et al. (Ed.), Manual of Clinical Microbiology, eleventh ed. American Society for Microbiology Press, Washington, DC.
Keiser, J., Utzinger, J., 2009. Food-borne trematodiases. Clin. Microbiol. Rev. 22, 466–483.
Keiser, J., et al., 2010. Efficacy and safety of mefloquine, artesunate, mefloquine-artesunate, and prazequantel against *Schistosoma haematobium*: randomized, exploratory open-label trial. Clin. Infect. Dis. 50, 1205–1213.
McManus, D.P., Loukas, A., 2008. Current status of vaccines for schistosomiasis. Clin. Microbiol. Rev. 21, 225–242.
Meltzer, E., et al., 2006. Schistosomiasis among travelers: new aspects of an old disease. Emerg. Infect. Dis. 12, 1696–1700.
Strickland, G.T., 2000. Hunter's Tropical Medicine and Emerging Infectious Diseases. WB Saunders, Philadelphia.
Van Lieshout, L., Roestenberg, M., 2015. Clinical consequences of new diagnostic tools for intestinal parasites. Clin. Microbiol. Infect. 21, 520–528.
fur11Verweij, J.J., Stensvold, C.R., 2014. Molecular testing for clinical diagnosis and epidemiological investigations of intestinal parasitic infections. Clin. Microbiol. Rev. 27, 371–418.

76
Cestódeos

Um homem hispânico de 30 anos entrou no departamento de emergência após uma convulsão neurológica focal. O paciente tinha emigrado recentemente do México e estava em seu estado normal de boa saúde antes da convulsão. O exame neurológico não revelou achados focais persistentes. Uma tomografia computorizada (TC) da cabeça revelou inúmeras pequenas lesões císticas em ambos os hemisférios cerebrais. A calcificação puntiforme foi observada em várias das lesões. Uma punção lombar revelou um nível de glicose de 65 mg/dℓ (normal) e um nível de proteína de 38 mg/dℓ (normal) no líquido cerebrospinal. A contagem de leucócitos era de 20/mm^3 (anormal) com uma contagem diferencial de 5% de neutrófilos, 90% linfócitos e 5% de monócitos. O teste cutâneo com proteína purificada foi negativo com controles positivos. O teste sorológico para o vírus da imunodeficiência humana (HIV) foi negativo.

1. Qual foi o diagnóstico diferencial do processo neurológico desse paciente?
2. Qual parasita ou quais parasitas podem ter causado essa condição?
3. Quais testes diagnósticos estavam disponíveis para essa infecção?
4. Quais eram as opções terapêuticas para esse paciente?
5. Como as pessoas podem ser infectadas por esse parasita?
6. Quais locais teciduais (junto com o sistema nervoso central) podem estar envolvidos? Como esses focos adicionais de infecção seriam documentados?

RESUMOS Organismos clinicamente significativos

TAENIA SOLIUM

Palavras-chave
Tênia, cisticercose, proglótide, tênia de porco, escólex, oncosfera

Biologia, virulência e doença
- *Taenia solium* (tênia de porco): cestódeo; corpo liso, segmentado, em forma de fita (estróbilo); cabeça (escólex) equipada com quatro ventosas musculares em forma de copo e uma coroa de ganchos que servem como órgãos de fixação
- Ciclo de vida complexo envolvendo hospedeiro intermediário; os humanos podem servir como uma forma de hospedeiro intermediário (cisticercose) que abriga estágios larvares em locais extraintestinais
- *Taenia solium* adulta no intestino raramente causa desconforto abdominal, indigestão crônica, diarreia
- Cisticercose: infecção de humanos com o estágio larvar de *T. solium* (cisticerco), que habitualmente infecta suínos

Epidemiologia
- A infecção por *T. solium* diretamente correlacionada com a ingestão de carne de porco insuficientemente cozida
- Cisticercose encontrada em áreas onde *T. solium* é predominante; diretamente correlacionada com a contaminação fecal humana
- Infecção por *T. solium* e cisticercose predominante nos países da América Latina, África, Ásia e países eslavos; observadas com pouca frequência nos EUA

Diagnóstico
- O exame das fezes pode revelar ovos e proglótides
- Cisticercose geralmente diagnosticada por detecção de cisticercos calcificados em exames radiográficos dos tecidos moles, remoção cirúrgica de nódulos subcutâneos e visualização de cistos nos olhos
- Lesões centrais do sistema nervoso podem ser detectadas por exames de imagem
- Os estudos sorológicos podem ser úteis no diagnóstico de cisticercose

Tratamento, prevenção e controle
- Fármaco de escolha para infecção por *T. solium*: niclosamida; praziquantel, paromomicina e quinacrina são alternativas efetivas
- Prevenção da infecção por *T. solium*: cozinhar até que o interior da carne esteja cinzento; congelar a -20°C por pelo menos 12 horas
- Fármaco de escolha para cisticercose: praziquantel ou albendazol
- Remoção cirúrgica de cistos cerebrais e oculares pode ser necessária
- Prevenção e controle: tratamento de seres humanos que albergam *T. solium* adulto, eliminação controlada das fezes humanas

DIPHYLLOBOTHRIUM LATUM

Palavras-chave
Tênia de peixe, deficiência de vitamina B12, peixe gefilte, copépode

Biologia, virulência e doença
- *Diphyllobothrium latum* (tênia de peixe): uma das maiores tênias que infectam humanos (609,6 a 914,4 cm de comprimento)
- O ciclo de vida de *D. latum* é complexo; dois hospedeiros intermediários: crustáceos de água doce, peixe de água doce
- Humanos infectados quando comem peixe cru ou malcozido contendo formas larvares
- *Diphyllobothrium latum* estabelece a infecção no intestino delgado; pode atingir um comprimento de 609,6 a 914,4 cm e produzir mais de 1 milhão de ovos por dia
- A maioria das infecções por *D. latum* é assintomática; os sintomas incluem dor epigástrica, cãibras abdominais, náuseas, perda de peso

Epidemiologia
- A infecção por *D. latum* ocorre em todo o mundo, com predominância em regiões de lagos frios onde o peixe cru ou em conserva é popular
- Cozimento insuficiente em fogueiras e degustar e temperar "peixe gefilte" (peixe recheado) são responsáveis por muitas infecções
- Descarga de esgoto bruto em lagos de água doce contribui para a propagação dessa tênia

Diagnóstico
- Exame microscópico das fezes revela ovo operculado corado com bile e com botão na parte inferior da casca
- Proglótides características também podem ser detectadas

Tratamento, prevenção e controle
- Fármaco de escolha é a niclosamida; praziquantel e paromomicina são alternativas aceitáveis
- Suplementação com vitamina B12 pode ser necessária em pessoas com evidências clínicas de deficiência de B12
- Prevalência desta infecção reduzida por evitar a ingestão de peixe cru ou malcozido, controle do descarte de resíduos humanos, tratando prontamente as infecções

Os corpos de cestódeos ou **tênias** são achatados e em forma de fita (Figura 76.1), e as cabeças são equipadas com órgãos de fixação. A cabeça ou **escólex** do verme geralmente tem quatro ventosas musculares, em forma de copo, e uma coroa de ganchos (Figura 76.2). Uma exceção é o *Diphyllobothrium latum*, a tênia de peixe, cujo escólex é equipado com um par de sulcos longos, laterais e musculares e carece de ganchos.

Os segmentos individuais das tênias são chamados **proglótide** (ver Figura 76.2) e a cadeia de proglótides é chamada estróbilo (ver Figura 76.1). À medida que novos estróbilos se desenvolvem, os existentes amadurecem assim que se tornam mais distais. As proglótides mais distais estão grávidas, quase completamente ocupadas por um útero cheio de ovos, que são eliminados com as fezes do carreador, seja dentro de proglótides completas ou livres após a ruptura da proglótide. A diferenciação dos vários cestódeos adultos pode ser realizada por exame da estrutura das proglótides liberadas (comprimento, largura, número de ramos uterinos) ou (mais raramente) do escólex (número e colocação de ventosas, existência ou não de ganchos).

Todas as tênias são hermafroditas, com órgãos reprodutores de machos e fêmeas presentes em cada proglótide madura. Os ovos da maioria das tênias não apresentam opérculos e contêm um **embrião hexacanto** de seis ganchos; a única exceção, *D. latum*, apresenta um ovo não embrionado, operculado, semelhante aos ovos de trematódeos. As tênias não têm sistema digestório e os alimentos são absorvidos do intestino do hospedeiro através da parede mole do corpo do verme. A maioria das tênias encontradas no intestino humano têm ciclos de vida complexos envolvendo hospedeiros intermediários e, em alguns casos (cisticercose, equinococose, esparganose), os seres humanos são uma forma de hospedeiro intermediário que abriga os estágios larvais. A presença de larvas extraintestinais é, às vezes, mais grave do que a de vermes adultos no intestino. Os cestódeos de importância médica mais comuns estão listados na Tabela 76.1.

Figura 76.1 Forma adulta intacta de *Diphyllobothrium latum*. A cadeia de proglótides (estróbilo) pode atingir um comprimento de 10 m. (From Peters, W., Pasvol, G., 2007. Atlas of Tropical Medicine and Parasitology, sixth ed. Elsevier, Philadelphia, PA.)

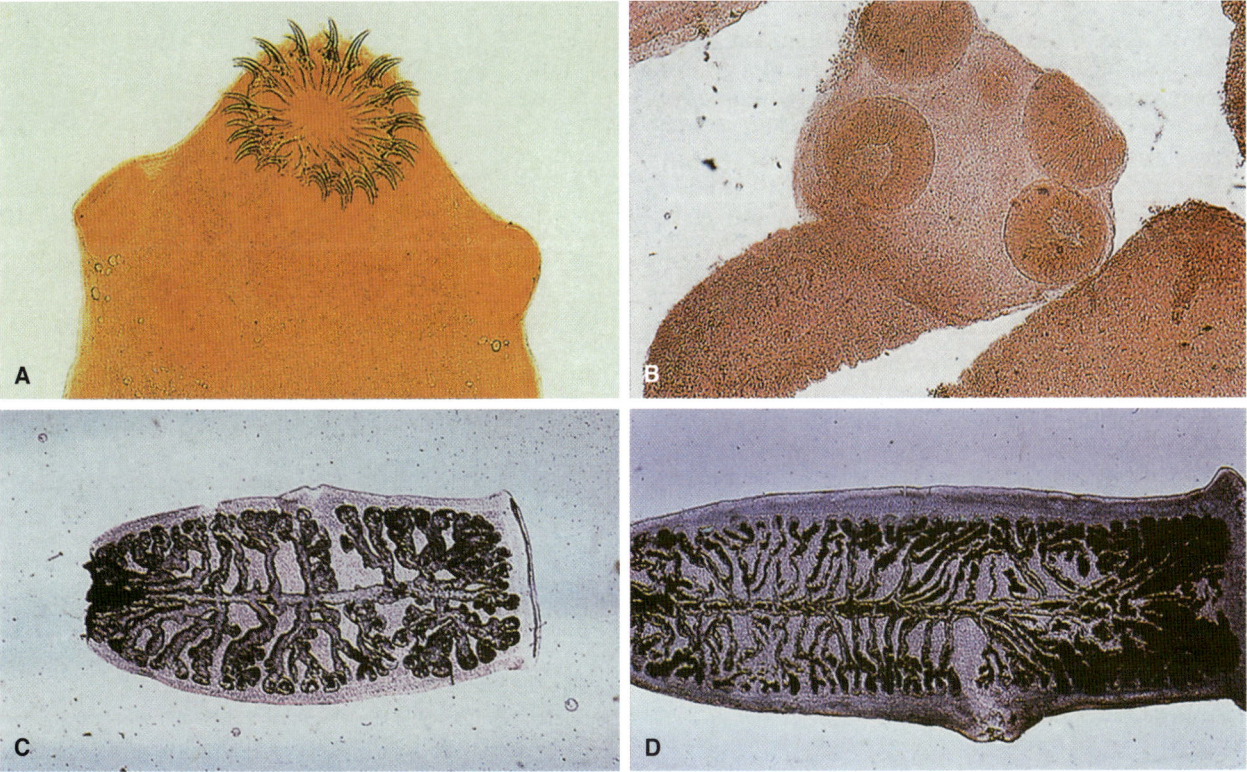

Figura 76.2 Escóleces e proglótides de **(A e C)** *Taenia solium* e **(B e D)** *T. saginata*. O escólex de *T. solium* **(A)** apresenta ganchos, além de quatro ventosas. *Taenia saginata* não tem ganchos **(B)**. As proglótides grávidas de *T. solium* **(C)** contêm um útero central com menos de uma dúzia de ramos laterais. Os segmentos grávidos de *T. saginata* **(D)** contêm um útero central com 15 a 20 ramos laterais. (De Peters, W., Pasvol, G., 2007. Atlas of Tropical Medicine and Parasitology, sixth ed. Elsevier, Philadelphia, PA. C and D, Courtesy Professor D. Greenwood.)

Tabela 76.1 Cestódeos de importância médica.		
Cestódeo	Reservatório das larvas	Reservatório das formas adultas
Taenia solium	Suínos Humanos	Seres humanos —
Taenia saginata	Gado bovino	Seres humanos
Diphyllobothrium latum	Crustáceos e peixes de água doce	Seres humanos, cães, gatos, ursos
Echinococcus granulosus	Herbívoros, humanos	Cães
E. multilocularis	Herbívoros, humanos	Raposas, lobos, cães, gatos
Hymenolepsis nana	Roedores, humanos	Roedores, seres humanos
H. diminuta	Insetos	Roedores, seres humanos
Dipylidium caninum	Pulgas	Cães, gatos

Taenia solium

FISIOLOGIA E ESTRUTURA

O estágio larval ou **cisticerco** das espécies de *Taenia* consiste em um escólex, que é invaginado em uma bexiga repleta de líquido. Os cistos larvares se desenvolvem nos tecidos do hospedeiro intermediário, apresentam de 4 a 6 mm de comprimento × 7 a 11 mm de largura e têm aspecto perolado nos tecidos. Depois que uma pessoa ingere músculo de porco contendo larvas do verme, a fixação do escólex com suas quatro ventosas musculares e a coroa de ganchos (ver Figura 76.2) inicia a infecção no intestino delgado (Figura 76.3). O verme produz então proglótides até que os estróbilos se desenvolvam, podendo ter vários metros de comprimento. As proglótides sexualmente maduras contêm ovos e quando elas deixam o hospedeiro nas fezes, podem contaminar a água e a vegetação ingeridas por suínos. As proglótides grávidas têm comprimento e largura semelhantes (1 × 1 cm) e contêm poucos (< 12) ramos laterais uterinos (ver Figura 76.2). Os ovos em suínos tornam-se a forma larval de seis ganchos, chamada *oncosfera*, que penetra na parede intestinal do porco, migra na circulação para os tecidos e se torna um cisticerco para completar o ciclo.

EPIDEMIOLOGIA

A infecção por *T. solium* está diretamente correlacionada com o consumo de carne de porco malcozida e predomina na África, na Índia, no Sudeste Asiático, na China, no México, em países da América Latina e em países eslavos. É incomum nos EUA.

SÍNDROMES CLÍNICAS

Taenia solium adulta no intestino raramente causa sintomas apreciáveis. O intestino pode estar irritado nos locais de fixação e podem ocorrer desconforto abdominal, indigestão crônica e diarreia. A maioria dos pacientes se conscientiza da infecção somente quando observam proglótides ou estróbilos de proglótides nas fezes.

DIAGNÓSTICO LABORATORIAL

O exame das fezes pode revelar proglótides e ovos; o tratamento pode provocar a eliminação de toda a tênia e possibilita a identificação. Os ovos são esféricos, de 30 a 40 μm de diâmetro, e apresentam uma casca espessa, radialmente estriada, contendo um embrião hexacanto de seis ganchos (Figura 76.4). Os ovos são idênticos aos de *T. saginata* (**tênia do boi**), e, portanto, somente os ovos não são suficientes para a identificação das espécies. O exame essencial das proglótides revela sua estrutura interna, que é importante para a diferenciação de *T. solium* e *T. saginata*. As proglótides grávidas de *T. solium* são menores que as de *T. saginata* e contêm apenas de 7 a 12 ramos uterinos laterais, em comparação com 15 a 30 para a tênia do boi (ver Figura 76.2). Recentemente, foram desenvolvidos ensaios sorológicos estágio-específicos com alta sensibilidade e especificidade, que são direcionados para a tênia adulta. A detecção de anticorpos por meio do ensaio de imunoeletrotransferência ligada à enzima (*immunoblot*) é o método de escolha, com uma sensibilidade de 98% e uma especificidade de 100%. A detecção de

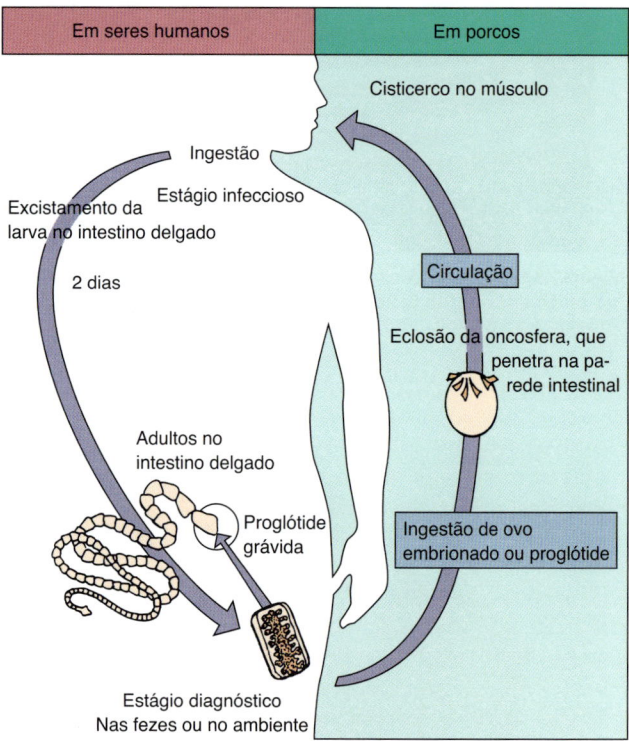

Figura 76.3 Ciclo de vida de *Taenia solium* (tênia de porco).

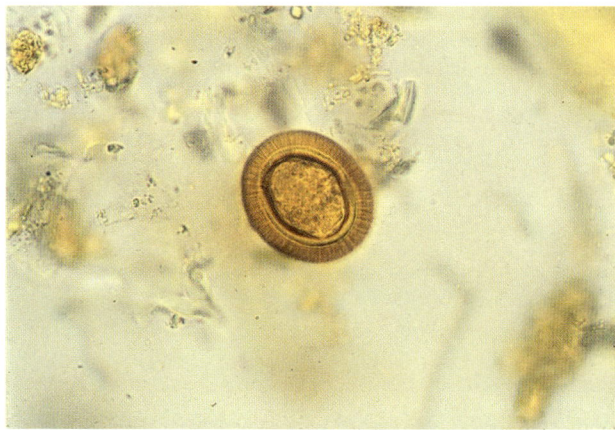

Figura 76.4 Ovo de tênia. Os ovos são esféricos, 30 a 40 μm de diâmetro, e contêm três pares de ganchos internamente. Os ovos das diferentes espécies de *Taenia* não podem ser diferenciados.

coproantígenos por ensaio imunossorvente ligado à enzima (ELISA) é muito mais sensível do que a microscopia e, portanto, altamente recomendado para o diagnóstico de teníase humana (principalmente no caso de *T. solium*, em razão dos riscos de transmissão de cisticercose), bem como para monitorar a eficácia do tratamento, mas sua disponibilidade ainda é limitada. Técnicas de PCR espécie-específicas que diferenciam *T. saginata* de *T. solium* já foram descritas. A maioria desses ensaios exige o material parasitário real, embora alguns sejam aparentemente capazes de estabelecer a diferença com o ácido desoxirribonucleico (DNA) dos ovos nas fezes.

TRATAMENTO, PREVENÇÃO E CONTROLE

O fármaco de escolha é a niclosamida. Praziquantel, paromomicina ou quinacrina são alternativas efetivas. Prevenção de infecções por **T. solium** exige que a carne de porco seja cozida até que o interior da carne esteja cinzento ou, seja congelada a -20°C por pelo menos 12 horas. A higienização é crítica; devem ser feitos todos os esforços para manter as fezes humanas contendo ovos de *T. solium* sem contato com a água e vegetação ingeridas por porcos.

Cisticercose

Fisiologia e estrutura

A **cisticercose** envolve a infecção de pessoas pelo estágio larval de *T. solium* (o cisticerco), que normalmente infecta porcos (Figura 76.5). Ingestão humana de água ou vegetais contaminados com ovos de *T. solium* provenientes de fezes humanas inicia a infecção. A autoinfecção pode ocorrer quando ovos de uma pessoa infectada com o verme adulto são transferidos da área perianal para a boca a partir de dedos contaminados. Uma vez ingeridos, os ovos eclodem no estômago do hospedeiro intermediário, liberando o embrião hexacanto ou **oncosfera**. A oncosfera penetra na parede intestinal e migra na circulação para os tecidos, onde se desenvolve em cisticerco em 3 a 4 meses. Os cisticercos podem se desenvolver em músculos, tecido conjuntivo, cérebro, pulmões e olhos e permanecem viáveis por até 5 anos.

EPIDEMIOLOGIA

A cisticercose é encontrada nas áreas em que *T. solium* é predominante e está diretamente correlacionada com a contaminação fecal humana. Além da transmissão fecal-oral, a autoinfecção pode ocorrer quando uma proglótide contendo ovos é regurgitada do intestino delgado para o estômago, permitindo a eclosão dos ovos e a liberação da oncosfera infecciosa.

SÍNDROMES CLÍNICAS

Alguns cisticercos em áreas não vitais (p. ex., tecidos subcutâneos) podem não induzir sintomas, mas doenças graves podem seguir-se quando os cisticercos se alojam em áreas vitais, como o cérebro e os olhos (Caso Clínico 76.1). No cérebro, eles podem produzir hidrocefalia, meningite, danos no nervo craniano, convulsões, reflexos de hiperativos e defeitos visuais. Nos olhos, perda da acuidade visual e, se as larvas se alojarem ao longo do trato óptico, podem resultar em

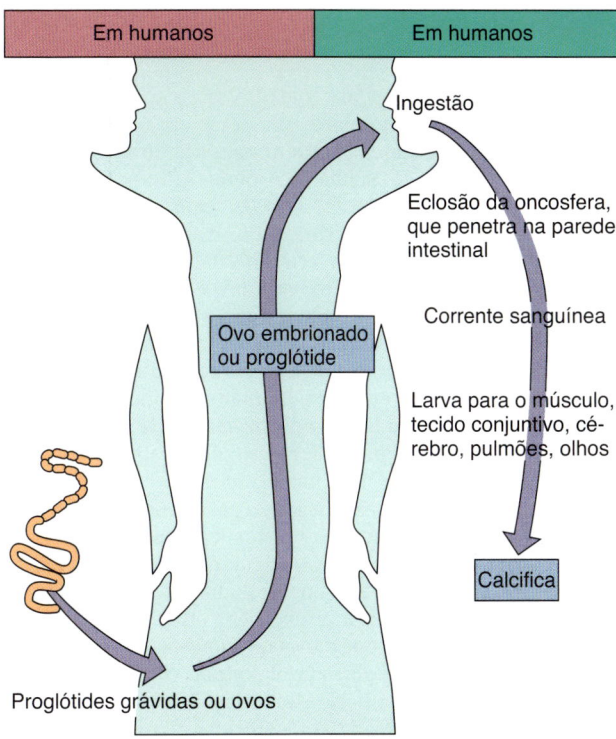

Figura 76.5 Desenvolvimento de cisticercose humana.

defeitos do campo visual. A reação tecidual às larvas viáveis pode ser apenas moderada, minimizando assim os sintomas. Entretanto, a morte das larvas resulta na liberação de material antigênico que estimula uma reação inflamatória acentuada; exacerbação dos sintomas pode resultar em febre, dores musculares e eosinofilia.

DIAGNÓSTICO LABORATORIAL

A cisticercose é, geralmente, estabelecida pelo aparecimento de cisticercos calcificados em radiografias de tecidos moles, remoção cirúrgica dos nódulos subcutâneos e visualização de cistos nos olhos. Lesões do sistema nervoso central (SNC) podem ser detectadas por TC, cintigrafia ou ultrassonografia. A sorologia é direcionada para a detecção de anticorpos contra *T. solium* e confirmação do diagnóstico de neurocisticercose; resultados falso-positivos podem ocorrer em pessoas com outras helmintíases. A detecção de antígeno de *T. solium* no soro ou líquido cerebrospinal é realizada em casos de cisticercose humana. Embora esses ensaios consigam detectar cargas parasitárias de < 50 cistos em animais infectados, ainda não foram aplicadas rotineiramente, exceto em ambientes de pesquisa. A detecção de antígenos de *T. solium* provavelmente representa uma ferramenta útil para monitorar a evolução de pacientes com neurocisticercose subaracnóidea grave, em que ocorrem altos níveis de antígenos. Já foram descritas técnicas de reação em cadeia da polimerase (PCR) espécies-específicas que possibilitam a diferenciação entre *T. saginata* e *T. solium*.

TRATAMENTO, PREVENÇÃO E CONTROLE

O fármaco de escolha para a cisticercose é o praziquantel ou albendazol. A administração concomitante de esteroides pode ser necessária para minimizar a resposta inflamatória

> **Caso Clínico 76.1** Neurocisticercose
>
> Chatel et al. (*Am J Trop Med Hyg* 60:255–256, 1999) descreveram um caso de neurocisticercose em um viajante italiano para a América Latina. O paciente tinha 49 anos e relatava 30 dias de estadia na América Latina (El Salvador, Colômbia e Guatemala) 3 meses antes de apresentar febre e mialgia. O exame clínico e os resultados dos exames laboratoriais de rotina foram normais, exceto por níveis elevados de creatinofosfoquinase e eosinofilia leve. Ele recebeu terapia anti-inflamatória sintomática, rapidamente melhorou e foi liberado com um diagnóstico de polimiosite. Dois anos depois, ele foi internado no hospital com cefaleia retro-ocular e hemianopsia direita recorrente. O exame neurológico revelou reflexo de Babinski à esquerda sem disfunções motoras ou sensoriais. Não houve achados dignos de nota nos exames laboratoriais, incluindo um exame de fezes negativo para ovos e parasitas. A RM cerebral revelou vários cistos intraparenquimatosos, subaracnóideos e intraventriculares (4 a 15 mm de diâmetro) com edema focal perilesional e realce anular. Uma resposta específica de anticorpos à cisticercose foi demonstrada por ELISA e técnicas de *immunoblotting*. O paciente foi tratado com albendazol por dois ciclos de 8 dias cada um. Um ano depois, ele estava com boa saúde e a RM cerebral revelou redução significativa no diâmetro das lesões. Esse caso fornece um interessante lembrete dos riscos mínimos, mas reais, para viajantes que adquirem infecções por *Taenia solium* durante viagens ao exterior.
>
> *RM*, ressonância magnética.; *ELISA*, ensaio imunossorvente ligado a enzima.

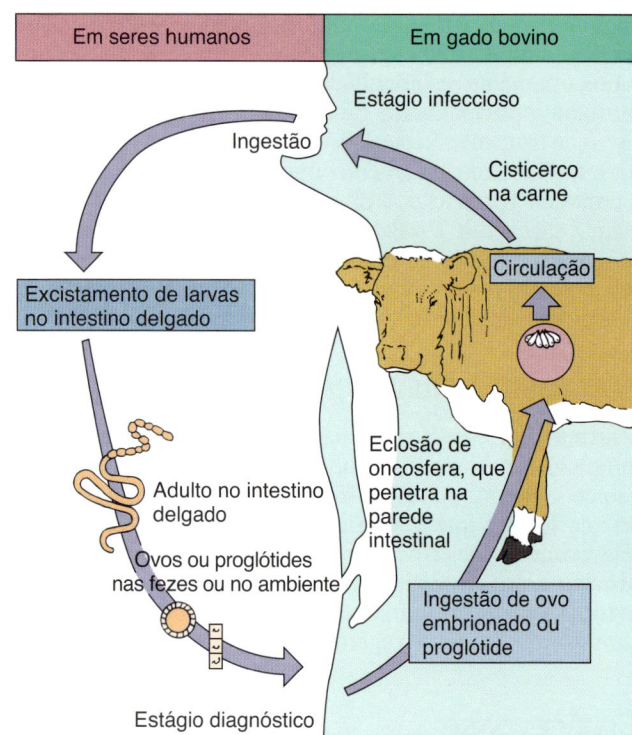

Figura 76.6 Ciclo de vida de *Taenia saginata* (tênia do boi).

às larvas moribundas. A remoção cirúrgica de cistos cerebrais e oculares pode ser necessária. Essenciais para a prevenção e controle da infecção humana são o tratamento de casos humanos que albergam formas adultas de *T. solium* (para reduzir a transmissão de ovos) e o descarte controlado das fezes humanas. Essas medidas também reduzem a probabilidade de infecção em suínos.

Taenia saginata

FISIOLOGIA E ESTRUTURA

O ciclo de vida de *T. saginata* (a tênia do boi) é semelhante ao de *T. solium* (Figura 76.6), com infecção resultante após ingestão de cisticercos presentes em carne bovina insuficientemente cozida. Depois de excistamento, as larvas se desenvolvem em adultos no intestino delgado e iniciam a produção de ovos em proglótides maduras. O verme adulto pode parasitar o jejuno e o intestino delgado de humanos por até 25 anos, atingindo uma extensão de 10 m. Em contraste com infecções causadas por *T. solium*, a cisticercose produzida por *T. saginata* não ocorre em seres humanos. A forma adulta de *T. saginata* também difere de *T. solium*, porque não apresenta uma coroa de ganchos no escólex e tem uma estrutura diferente dos ramos uterinos nas proglótides (ver Figura 76.2). As proglótides grávidas são mais longas do que largas (18 a 20 mm × 5 a 7 mm) e contêm de 15 a 30 ramos uterinos laterais. Esses aspectos são importantes para diferenciar entre as duas tênias, mas que não afetam a terapia.

EPIDEMIOLOGIA

Taenia saginata ocorre no mundo inteiro e é uma das causas mais frequentes de infecções por cestódeos nos EUA. Seres humanos e o gado bovino perpetuam o ciclo de vida: as fezes humanas contaminam a água e a vegetação com ovos, que são então ingeridas pelo gado. Os cisticercos no gado produzem tênias adultas nos seres humanos quando a carne malpassada ou insuficientemente cozida é consumida.

SÍNDROMES CLÍNICAS

A síndrome que resulta da infecção por *T. saginata* é semelhante à infecção intestinal causada por *T. solium*. Os pacientes são geralmente assintomáticos ou podem queixar-se de dores abdominais vagas, indigestão crônica e sensação de fome. As proglótides são eliminadas diretamente através do ânus.

DIAGNÓSTICO LABORATORIAL

O diagnóstico de infecção por *T. saginata* é semelhante ao de *T. solium*, com recuperação de proglótides e ovos ou recuperação de um verme inteiro, cujo escólex não tem ganchos. Estudo dos ramos uterinos nas proglótides diferencia *T. saginata* da *T. solium*. Antígenos em fezes (coproantígenos) são detectados por ELISA desde 1990, mas esse ensaio é utilizado principalmente em ambientes de pesquisa em razão de sua disponibilidade limitada. As técnicas de PCR espécie-específicas são descritas para detectar DNA de parasitas e diferenciar *T. saginata* de *T. solium*.

TRATAMENTO, PREVENÇÃO E CONTROLE

O tratamento é idêntico ao da fase intestinal de *T. solium*. Tanto o praziquantel como a niclosamida são altamente eficazes na eliminação do verme adulto. A orientação sobre o cozimento da carne e o controle do descarte de fezes humanas são medidas fundamentais.

Diphyllobothrium latum

FISIOLOGIA E ESTRUTURA

Uma das maiores tênias (609,6 a 914,4 cm) (ver Figura 76.1), *D. latum* (**tênia de peixe**) tem um ciclo de vida complexo envolvendo dois hospedeiros intermediários: crustáceos e peixes de água doce (Figura 76.7). A larva em forma de fita na carne do peixe de água doce é chamada de **espargano**. A ingestão desse espargano em peixe cru ou insuficientemente cozido inicia a infecção. O escólex de *D. latum* tem a forma de uma lanceta e sulcos laterais longos (**bótrios**), que servem como órgãos de fixação. As proglótides (Figura 76.8) de *D. latum* são muito mais largas do que longas (≈ 8 por 4 mm), têm uma estrutura uterina central que se assemelha a uma roseta e produzem ovos com um opérculo (como os ovos de trematódeos) e um botão na casca, na parte inferior do ovo. Os vermes adultos podem produzir ovos durante meses ou anos. Mais de 1 milhão de ovos por dia são liberados no fluxo fecal. Ao alcançar a água doce, os ovos operculados, não embrionados, requerem um período de 2 a 4 semanas para desenvolver uma forma larval de nado livre denominada **coracídio**. O coracídio totalmente desenvolvido deixa o ovo através do opérculo e é ingerido por pequenos crustáceos que são denominados **copépodes** (p. ex., espécies de *Cyclops* e de *Diaptomus*); então, o coracídio se desenvolve em uma forma de larva denominada **procercoide**. O crustáceo que abriga o estágio larval é então ingerido por um peixe e a **plerocercoide** infecciosa ou larvas de espargano desenvolvem-se na musculatura dos peixes. Se, por sua vez, o peixe é ingerido por outro peixe, o espargano simplesmente migra para os músculos do segundo peixe. Os seres humanos são infectados quando comem peixe cru ou malcozido contendo as formas larvares.

EPIDEMIOLOGIA

A infecção por *D. latum* ocorre mundialmente e é mais frequente em regiões de lagos frios, onde o peixe cru ou em conserva é popular. O cozimento insuficiente em fogueiras e degustação e tempero do *gelfite fish* (prato da culinária judaica) é responsável por muitas infecções. Um reservatório de animais selvagens infectados, tais como ursos, martas, morsas e membros das famílias de canídeos e felinos que comem peixe, também é uma fonte de infecções humanas. A prática de despejar o esgoto bruto em lagos de água doce contribui para a propagação dessa tênia.

SÍNDROMES CLÍNICAS

Clinicamente, como é o caso da maioria das infecções por tênia adulta, a maioria das infecções por *D. latum* é assintomática (Caso Clínico 76.2). Ocasionalmente, as pessoas se queixam de dor epigástrica, cólicas abdominais, náuseas, vômitos e perda de peso. Até 40% dos portadores de *D. latum* podem ter baixos níveis séricos de vitamina B_{12}, presumivelmente por causa da competição entre o hospedeiro e o verme pela dieta de vitamina B_{12}. Uma pequena porcentagem (0,1% a 2%) de indivíduos infectados com

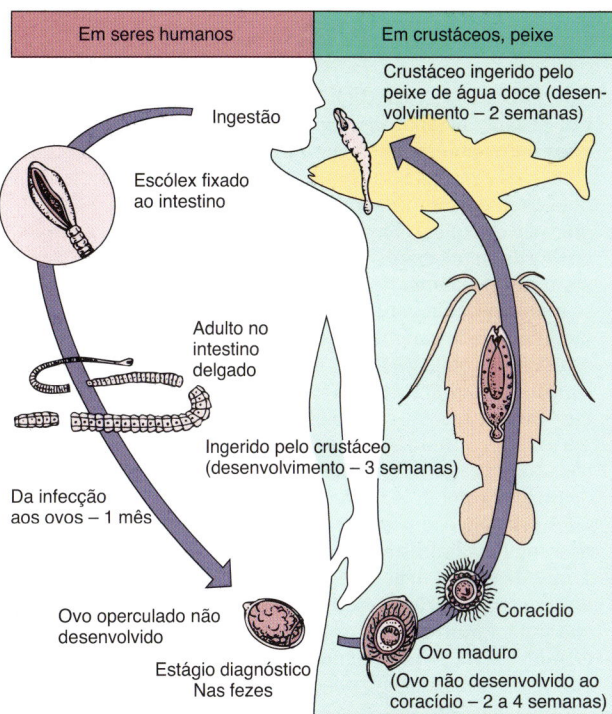

Figura 76.7 Ciclo de vida de *Diphyllobothrium latum* (tênia de peixe).

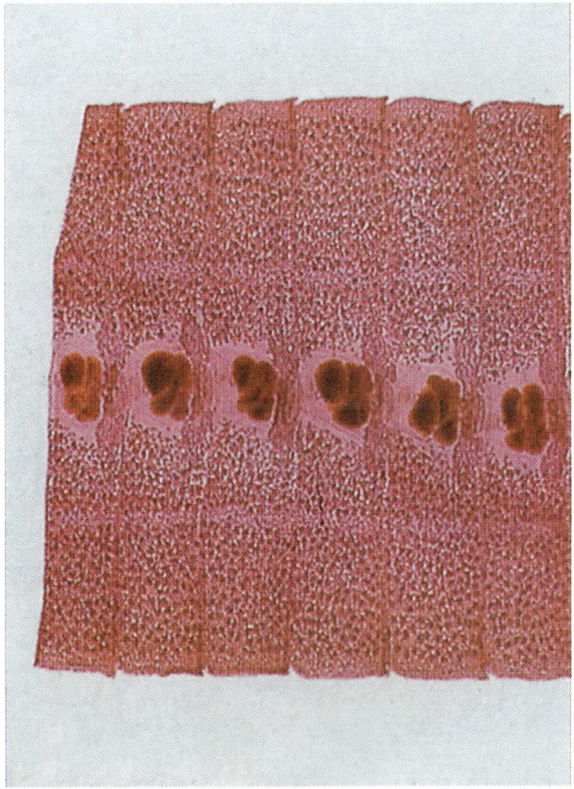

Figura 76.8 Proglótides de *Diphyllobothrium latum*. Em contraste com as da *Taenia*, as proglótides de *D. latum* são mais largas do que longas. (De Peters, W., Pasvol, G., 2007. Atlas of Tropical Medicine and Parasitology, sixth ed. Elsevier, Philadelphia, PA.)

D. latum desenvolve sinais clínicos de deficiência de vitamina B_{12}, incluindo anemia megaloblástica e manifestações neurológicas, tais como dormência, parestesia e perda da sensibilidade vibratória.

> **Caso Clínico 76.2** Difilobotríase
>
> Lee et al. (*Korean J Parasitol* 39:319–321, 2001) relataram um caso de difilobotríase em uma criança. A menina de 7 anos foi encaminhada a uma clínica ambulatorial após a eliminação de uma cadeia de proglótides de tênia medindo 42 cm de comprimento. Ela não tinha histórico de comer peixe cru, exceto uma vez quando ela ingeriu salmão cru juntamente com sua família, aproximadamente 7 meses antes. O salmão foi pescado em um rio local. Ela não se queixou de desconforto gastrintestinal e todos os testes bioquímicos do sangue e hematológicos foram normais. Os estudos coprológicos foram positivos para ovos de *Diphyllobothrium latum*. O verme foi identificado como *D. latum*, com base nas características biológicas das proglótides: morfologia externa estreita e larga, útero espiralado, número de alças uterinas e posição da abertura genital. Uma única dose de praziquantel 400 mg foi administrada, mas o exame de fezes permaneceu positivo 1 semana depois. Outra dose de 600 mg foi administrada e outro exame das fezes realizado 1 mês depois foi negativo. Entre quatro membros da família que consumiram o peixe cru, apenas dois, a menina e sua mãe, foram identificadas como infectadas. A ingestão de salmão cru, principalmente aqueles produzidos por aquicultura, é um risco para difilobotríase humana.

DIAGNÓSTICO LABORATORIAL

O exame de fezes revela o ovo operculado, tinto de bile com seu botão na parte inferior da casca (Figura 76.9). As proglótides típicas com a estrutura uterina em roseta também podem ser encontradas em amostras fecais. As técnicas de concentração geralmente não são necessárias, porque os vermes produzem grandes números de ovos. Nem a detecção sorológica nem a molecular são relevantes para o diagnóstico de infecções causadas por *D. latum*.

TRATAMENTO, PREVENÇÃO E CONTROLE

O agente antiparasitário de escolha é a niclosamida; praziquantel e paromomicina são alternativas aceitáveis.

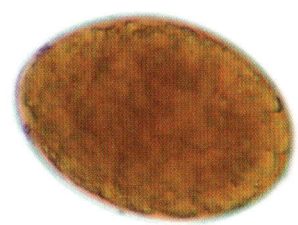

Figura 76.9 Ovo de *Diphyllobothrium latum*. Ao contrário de outros ovos de tênia, os ovos de *D. latum* são operculados. Eles têm um tamanho de 45 × 90 μm.

A suplementação com vitamina B_{12} pode ser necessária em pessoas com evidências clínicas de deficiência em vitamina B_{12}. A prevalência dessa infecção é reduzida ao evitar a ingestão de peixes insuficientemente cozidos, controlando o descarte de fezes humanas (principalmente o tratamento adequado do esgoto antes de seu descarte em lagos) e tratando prontamente as infecções.

Esparganose

FISIOLOGIA E ESTRUTURA

As formas larvais de várias tênias estreitamente relacionadas com a *D. latum* (na maioria das vezes, espécies de *Spirometra*) podem provocar doença em locais subcutâneos e nos olhos. Nesses casos, os seres humanos atuam como o hospedeiro final do estágio larval ou **espargano.** As infecções são adquiridas principalmente ao beber água de lagoa ou vala que contenham os crustáceos (copépodes), que transportam as larvas da tênia. Essa forma larval penetra na parede intestinal e migra para vários locais do corpo, no qual se desenvolve em um espargano. As infecções também podem ocorrer se girinos, sapos e serpentes forem ingeridos crus ou se a carne desses animais é aplicada em feridas como uma cataplasma. O verme no estágio larval deixa a carne relativamente fria do animal morto e migra para a carne humana quente.

EPIDEMIOLOGIA

Já foram relatados casos em várias partes do mundo, incluindo os EUA, mas a infecção é mais frequente na Ásia. Independentemente da localização, ingerir água contaminada e comer girino, sapo e carne de cobra crua levam à infecção.

SÍNDROMES CLÍNICAS

Em locais subcutâneos, a **esparganose** pode produzir reações inflamatórias teciduais e nódulos. No olho, a reação dos tecidos é intensamente dolorosa e o edema periorbital é comum. As úlceras de córnea podem se desenvolver com envolvimento ocular. A doença ocular é frequentemente associada ao uso de carne de rã ou cobra como uma cataplasma sobre uma ferida próxima ao olho.

DIAGNÓSTICO LABORATORIAL

Secções de tecido removidas cirurgicamente mostram aspectos característicos da tênia, incluindo parênquima altamente convoluto e corpúsculos calcários de coloração escura.

TRATAMENTO, PREVENÇÃO E CONTROLE

A remoção cirúrgica é a abordagem habitual. O medicamento praziquantel pode ser usado; entretanto, nenhum dado clínico comprova sua eficácia. A orientação sobre a possível contaminação da água potável com crustáceos que abrigam as larvas do cestódeo é essencial, sendo que a contaminação muito provavelmente ocorre em águas de tanques e valas. A ingestão de carne crua de sapo e cobra ou seu uso como cataplasmas sobre feridas também deve ser evitado.

Echinococcus granulosus

FISIOLOGIA E ESTRUTURA

A infecção por *E. granulosus* é outro exemplo de infecção humana acidental, com os seres humanos servindo como hospedeiros intermediários acidentais em um ciclo de vida que ocorre naturalmente em outros animais. Formas adultas de *E. granulosus* são encontradas na natureza nos intestinos de canídeos (cão, raposa, lobo, coiote, chacal, dingo); o estágio de cisto larval é encontrado nas vísceras de herbívoros (ovelhas, bovinos, suínos, cervos, alces) (Figura 76.10). *Echinococcus granulosus* tem um escólex semelhante ao de *Taenia* com quatro discos de sucção e uma fileira dupla de ganchos, assim como um estróbilo contendo três proglótides: uma imatura, uma madura e uma grávida. Formas adultas no intestino canino produzem ovos infecciosos que são eliminados nas fezes. Os ovos são idênticos em aparência aos observados nas espécies de *Taenia*. Quando esses ovos são ingeridos por seres humanos, ocorre a eclosão da **oncosfera**, um estágio larval com seis ganchos. A oncosfera penetra na parede do intestino humano e entra na circulação para ser transportada para vários locais teciduais, principalmente o fígado e pulmões, mas também o sistema nervoso central e os ossos. Esse mesmo ciclo ocorre nas vísceras dos herbívoros. Quando o herbívoro é morto por um predador canídeo ou as vísceras são oferecidas como alimentos a esses animais, a ingestão de cistos produz formas adultas no intestino desses animais e o ciclo é completado com nova produção de ovos. As formas adultas não se desenvolvem nos intestinos de herbívoros ou seres humanos.

Nos seres humanos, as larvas formam um **cisto hidático** unilocular, que é uma estrutura expansiva, semelhante a um tumor e de crescimento lento, envolta por uma membrana germinativa laminada. Essa membrana produz estruturas em sua parede denominadas **cápsulas prolígeras**, onde as cabeças de tênias **(protoescólices)** se desenvolvem. Os cistos-filhos podem se desenvolver no cisto-mãe original e também produzem cápsulas prolígeras e protoescólices. Os cistos e cistos-filhos acumulam líquido enquanto crescem. Esse líquido é potencialmente tóxico; se derramado nas cavidades do corpo, podem resultar em choque anafilático e morte. O derramamento e o escape de protoescólices podem levar ao desenvolvimento de cistos em outros locais, porque os protoescólices têm o potencial germinativo para formar novos cistos. Por fim, as cápsulas prolígeras e os cistos-filhos se desintegram dentro do cisto-mãe, liberando os protoescólices acumulados. Estes se tornam conhecidos como **areia hidática**. Esse tipo de cisto de equinococo é denominado **cisto unilocular** para diferenciá-lo de cistos relacionados que crescem de forma diferente. O cisto unilocular geralmente tem cerca de 5 cm de diâmetro, mas foram relatados alguns cistos de até 20 cm de largura, contendo quase 2 ℓ de líquido cístico. O cisto pode morrer e ficar calcificado por longos períodos.

EPIDEMIOLOGIA

A infecção humana com o cisto unilocular de *E. granulosus* está diretamente correlacionada com a criação de ovinos em muitos países na Europa, América do Sul, África, Ásia, Austrália e Nova Zelândia. A doença ocorre no Canadá e nos EUA, com casos relatados no Alasca, Utah, Novo México, Arizona, Califórnia e o vale inferior do Mississippi. A infecção humana segue a ingestão de água ou vegetação contaminada, assim como a transmissão mão-boca de fezes caninas que carregam os ovos infecciosos.

SÍNDROMES CLÍNICAS

Visto que o cisto unilocular cresce lentamente, podem se passar de 5 a 20 anos antes do aparecimento de quaisquer sintomas (Caso Clínico 76.3). Em muitos casos, parece que o cisto é tão antigo quanto seu hospedeiro. A pressão do cisto em expansão em um órgão é geralmente o primeiro sinal de infecção. Na maioria dos casos, os cistos estão localizados no fígado ou no pulmão. No fígado, o cisto pode exercer pressão tanto nos ductos biliares quanto nos vasos sanguíneos e criar dor e ruptura biliar. Nos pulmões, os cistos podem produzir tosse, dispneia e dores no peito. A ruptura dos cistos pode ocorrer em 20% dos casos, produzindo febre, urticária e, ocasionalmente, choque anafilático e morte, que são causados pela liberação de conteúdo antigênico do cisto. A ruptura do cisto também pode levar à disseminação da infecção resultante da liberação de milhares de protoescólices. Nos ossos, o cisto é responsável pela erosão da cavidade da medula óssea e do próprio osso. No cérebro, podem ocorrer danos graves como resultado do crescimento tumoriforme do cisto no tecido cerebral.

DIAGNÓSTICO LABORATORIAL

O diagnóstico da **hidatidose** é difícil e depende principalmente dos achados clínicos, radiográficos e sorológicos. Exames radiológicos, cintigrafia, TC e ultrassonografia são valiosos e podem proporcionar a primeira evidência do cisto. Aspiração dos conteúdos do cisto pode revelar protoescólices

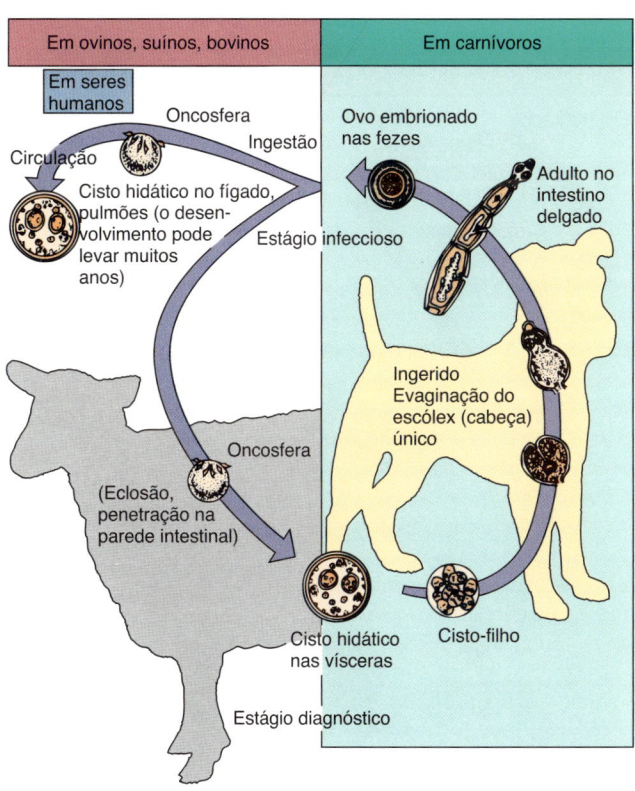

Figura 76.10 Ciclo de vida de *Echinococcus granulosus*.

> **Caso Clínico 76.3 Equinococose**
>
> Yeh et al. (*N Engl J Med* 357:489-494, 2007) descreveram uma gestante de 36 anos, com 21 semanas de gestação, que apresentou uma história de 4 semanas de tosse seca (improdutiva). A paciente negou manifestações sistêmicas e não tinha novos animais de estimação, exposições ambientais ou contatos com pessoas doentes. Era sua primeira gravidez e não havia complicações. Ela não tinha condições clínicas, não era fumante nem etilista. Era consultora financeira e gostava de correr e fazer caminhadas. Ela viajou para a Austrália, Ásia Central e África Subsaariana no passado. A paciente parecia bem, com ganho de peso adequado para o segundo trimestre de gravidez. Seu exame físico, incluindo ausculta de seus pulmões, era normal. A tosse dela não melhorou com a inalação de um broncodilatador. Exames de imagem não foram realizados por causa de sua gravidez. Ela teve um parto vaginal normal, sem complicações 4 meses depois. Ela continuou com tosse seca e foi ao médico meses após o parto para reavaliação da tosse. Nesse momento, seu exame físico e estudos laboratoriais foram normais. Uma radiografia de tórax revelou uma massa de tecidos moles, com 7 cm de diâmetro, adjacente à borda direita do coração. A TC de alta resolução do tórax confirmou a existência de uma estrutura homogênea e cheia de líquido sem septos, que se pensava estar no mediastino. A ecocardiografia subsequente também confirmou uma estrutura cística simples com paredes delgadas circundando o líquido anecoico, que estava comprimindo o átrio direito. Com base nos achados radiográficos e ecocardiográficos, os médicos da paciente acharam que a massa era muito provavelmente um cisto benigno no pericárdio. Como ela não manifestava dispneia, a paciente recusou a ressecção cirúrgica. No entanto, em decorrência do agravamento da tosse nos meses seguintes, ela consultou um cirurgião torácico para a ressecção eletiva. Os achados intraoperatórios revelaram um cisto intraparenquimatoso no pulmão direito que não estava conectado ao pericárdio ou brônquio. O cisto foi removido intacto, sem derramamento macroscópico do conteúdo. A coloração da parede do cisto com hematoxilina e eosina após corte transversal mostrou uma camada laminada acelular. O exame microscópico do conteúdo cístico mostrou protoescólices com ganchos e ventosas em um fundo de histiócitos e *debris* eosinofílicos, consistente com *Echinococcus granulosus*. A TC do abdome após a remoção do cisto torácico não revelou doença hepatobiliar. A triagem pós-operatória para detecção de anticorpos séricos contra *Echinococcus* foi positiva. O praziquantel foi administrado por 10 dias após a cirurgia e albendazol por 1 mês após a cirurgia sem complicações. Após esse esquema terapêutico, a paciente apresentou resolução da tosse e retornou a seu nível normal de atividade. Não havia evidências de doença recorrente na TC realizada 6 meses após a cirurgia.
>
> *TC*, tomografia computadorizada.

(areia hidática); entretanto, está contraindicada em razão do risco de anafilaxia e disseminação da infecção. Os testes sorológicos podem ser úteis, mas os resultados são negativos em 10 a 40% das infecções. É mais sensível em casos hepáticos do que nos casos pulmonares.

TRATAMENTO, PREVENÇÃO E CONTROLE

A ressecção cirúrgica do cisto é o tratamento de escolha. Em alguns casos, o cisto é primeiramente aspirado para remover o líquido e a areia hidática e, posteriormente, é instilado com formalina para matar e desintoxicar o líquido remanescente; finalmente, é enrolado em uma bolsa marsupial e suturado. Se a condição é inoperável por causa da localização do cisto, a terapia farmacológica com altas doses de albendazol, mebendazol ou praziquantel pode ser considerada. O fator mais importante de prevenção e controle da **equinococose** é a orientação sobre a transmissão da infecção e o papel dos canídeos no ciclo de vida. Higiene pessoal adequada e a lavagem das mãos e dos utensílios de cozinha nos ambientes habitados por cães são essenciais. Não deve ser permitida a presença de cães nas proximidades do abate de animais e nunca devem ser alimentados com as vísceras de animais mortos. Em algumas áreas, o sacrifício de cães abandonados tem reduzido a incidência de infecção.

Echinococcus multilocularis

FISIOLOGIA E ESTRUTURA

De modo semelhante à infecção com *E. granulosus*, a infecção humana com *E. multilocularis* é acidental (Figura 76.11). Tênias adultas de *E. multilocularis* são encontradas principalmente em raposas e lobos, embora cães e gatos de fazenda abriguem esses parasitas em alguns ambientes rurais. Os hospedeiros intermediários que abrigam o estágio de cisto são roedores (ratos, ratazanas, musaranhos e lemingues). Os seres humanos são infectados pelo estágio de cisto como resultado de contato com fezes de raposa, cão ou gato contaminadas com ovos. Os caçadores e trabalhadores que manuseiam peles podem se tornar infectados pela inalação da poeira fecal que transporta os ovos.

Os ovos infectados eclodem e penetram no trato intestinal para se tornarem oncosferas. Essas formas entram na

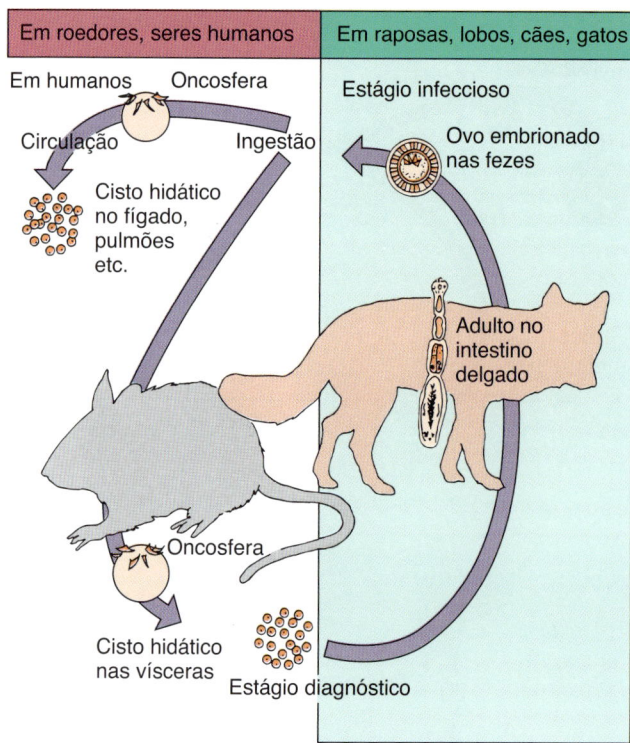

Figura 76.11 Ciclo de vida de *Echinococcus multilocularis*.

circulação e se alojam principalmente no fígado e nos pulmões, mas também possivelmente no cérebro.

O **cisto hidático alveolar** se desenvolve como uma estrutura alveolar ou faveolada que não é coberta por uma membrana laminada do cisto-mãe limitante unilocular. O cisto cresce via brotamentos exógenos, semelhantes a um carcinoma.

EPIDEMIOLOGIA

Echinococcus multilocularis é encontrado principalmente nas áreas do norte, como o Canadá, a antiga União Soviética, o norte do Japão, Europa Central e Alasca, Montana, Dakota do Norte e Dakota do Sul, Minnesota e Iowa nos EUA. Existem evidências de que o ciclo de vida pode estar se estendendo a outros estados do meio-oeste, onde raposas e camundongos transmitem o organismo para cães e gatos e, por fim, para os seres humanos.

SÍNDROMES CLÍNICAS

Echinococcus multilocularis, por seu lento crescimento, pode estar presente em tecidos humanos por muitos anos antes do aparecimento de sinais/sintomas. No fígado, os cistos acabam simulando um carcinoma, com aumento do fígado e obstrução das vias biliares e da veia porta. Frequentemente, ocorrem metástases para os pulmões e o cérebro. A desnutrição, a ascite e a hipertensão portal provocadas por *E. multilocularis* criam a aparência de cirrose hepática. Entre todas as infecções humanas causadas por cestódeos, a infecção por *E. multilocularis* é uma das mais letais. Se a infecção não for tratada, a taxa de mortalidade é de aproximadamente 70%.

DIAGNÓSTICO LABORATORIAL

Ao contrário de *E. granulosus*, a forma tecidual de *E. multilocularis* não apresenta protoescólices e o material se assemelha tanto a uma neoplasia que até patologistas o confundem com carcinoma. Exames de imagem são úteis e métodos sorológicos estão disponíveis.

TRATAMENTO, PREVENÇÃO E CONTROLE

A remoção cirúrgica do cisto é indicada, principalmente se uma área hepática total possa ser ressecada. A mesma área cirúrgica se aplica a lesões no pulmão, nas quais um lobo pode ser ressecado. Mebendazol e albendazol, quando utilizados para o tratamento de *E. granulosus*, promovem curas clínicas. Tal como acontece com *E. granulosus*, orientação, higiene pessoal adequada e a desparasitação de cães e gatos de fazenda são fundamentais. É extremamente importante para tratar os animais que têm contato com crianças.

Hymenolepis nana

FISIOLOGIA E ESTRUTURA

Hymenolepis nana, a **tênia anã**, tem apenas de 2 a 4 cm de comprimento, ao contrário das *Taenia*, que têm vários metros de comprimento. O ciclo de vida também é simples e não precisa de um hospedeiro intermediário (Figura 76.12), embora camundongos e tenebrionídeos possam ser infectados e entrar no ciclo.

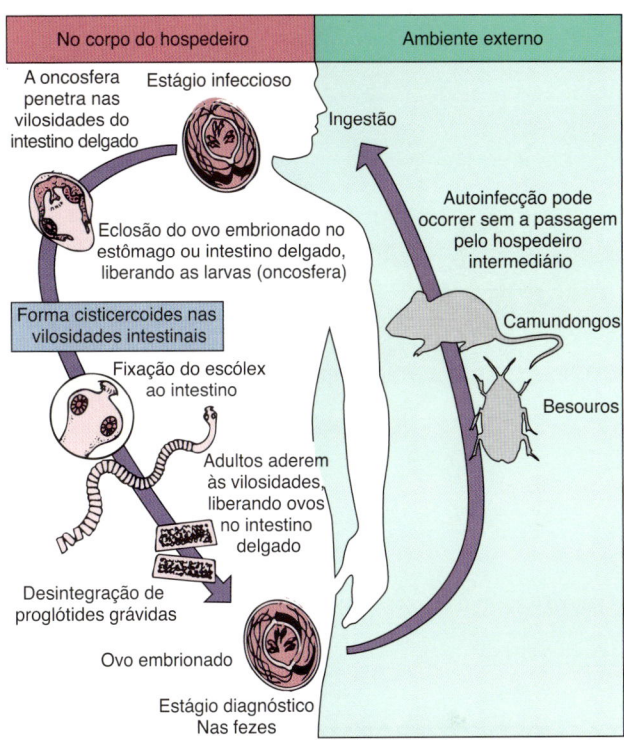

Figura 76.12 Ciclo de vida de *Hymenolepis nana* (tênia anã).

A infecção começa quando os ovos embrionados são ingeridos e se desenvolvem nas vilosidades intestinais em um estágio cisticercoide larval. Esta larva cisticercoide fixa suas quatro ventosas musculares e a coroa de ganchos para o intestino delgado e, na maturação, o verme adulto produz um estróbilo de proglótides carregados de ovos. Os ovos eliminados nas fezes são, então, imediata e diretamente infecciosos, iniciando outro ciclo. A infecção também pode ser adquirida pela ingestão de insetos infectados como hospedeiros intermediários.

Hymenolepis nana também pode causar autoinfecção, com um subsequente aumento da carga parasitária. Os ovos conseguem eclodir no intestino, desenvolvem-se em uma larva cisticercoide e depois evoluem para vermes adultos sem deixar o hospedeiro. Isso pode levar à hiperinfecção com cargas muito intensas de vermes e sinais/sintomas clínicos graves.

EPIDEMIOLOGIA

Hymenolepis nana ocorre no mundo inteiro em seres humanos e é um parasita comum de camundongos. É a teníase mais comum na América do Norte e, ocasionalmente, desenvolve seu estágio de cisticerco em tenebrionídeos; seres humanos e camundongos podem ingerir esses tenebrionídeos em grãos e farinha contaminados. As crianças correm risco especial de infecção e, em razão do ciclo de vida simples do parasita, famílias com crianças em creches têm problemas no controle da transmissão desse organismo.

SÍNDROMES CLÍNICAS

Se houver apenas *H. nana* no intestino, não há sinais/sintomas. Em infecções graves, principalmente se a autoinfecção e a hiperinfecção ocorrerem, os pacientes manifestam diarreia, dor abdominal, cefaleia, anorexia e outras queixas imprecisas.

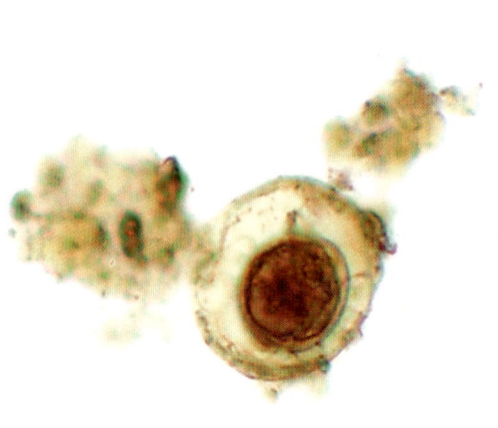

Figura 76.13 Ovo de *Hymenolepis nana*. Os ovos têm de 30 a 45 μm de diâmetro e apresentam uma casca delgada contendo um embrião de seis ganchos.

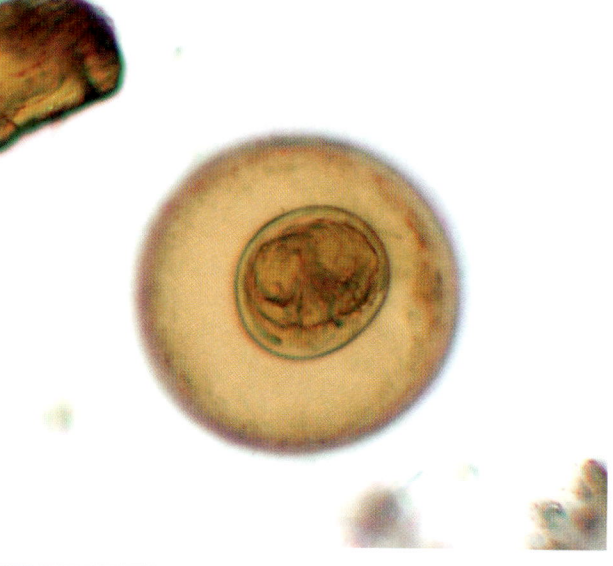

Figura 76.14 Ovo de *Hymenolepis diminuta*. Os ovos são grandes (70 a 85 μm × 60 a 80 μm) e têm um embrião de seis ganchos cercado por uma membrana que é amplamente separada da casca externa.

DIAGNÓSTICO LABORATORIAL

O exame das fezes revela o ovo de *H. nana* característico, com seu embrião de seis ganchos e filamentos polares (Figura 76.13). Técnicas como cultura, sorologia, detecção de antígenos e de ácidos nucleicos não são relevantes para a identificação de *H. nana*.

TRATAMENTO, PREVENÇÃO E CONTROLE

O fármaco de escolha é o praziquantel; uma alternativa é a niclosamida. Tratamento de casos, a melhoria do saneamento e higiene pessoal adequada, principalmente nos ambientes familiares e institucionais, são essenciais para o controle da transmissão de *H. nana*.

Hymenolepis diminuta

FISIOLOGIA E ESTRUTURA

Hymenolepis diminuta, intimamente relacionada com *H. nana*, é principalmente uma tênia de ratos e camundongos, mas também se encontra em seres humanos. Difere de *H. nana* em comprimento, medindo de 20 a 60 cm. O escólex não apresenta ganchos e o ovo é maior e tinto com bile, sem filamentos polares (Figura 76.14). O ciclo de vida de *H. diminuta* é mais complexo do que o de *H. nana* e demanda larvas de tenebrionídeos para alcançar o estágio de cisticerco infeccioso.

EPIDEMIOLOGIA

Infecções foram encontradas no mundo inteiro, incluindo nos EUA. Larvas de tenebrionídeos e de outros insetos são infectados quando se alimentam de fezes de rato que carreiam ovos de *H. diminuta*. Os seres humanos são infectados pela ingestão de larvas de tenebrionídeos em produtos de grãos contaminados (p. ex., farinha, cereais).

SÍNDROMES CLÍNICAS

Infecções leves não produzem sintomas, mas cargas parasitárias mais pesadas produzem náuseas, desconforto abdominal, anorexia e diarreia.

DIAGNÓSTICO LABORATORIAL

O exame das fezes detecta o característico ovo tinto com bile, que não apresenta filamentos polares.

TRATAMENTO, PREVENÇÃO E CONTROLE

O fármaco de escolha é a niclosamida, com praziquantel como alternativa. Controle de roedores em áreas onde os produtos de grãos são produzidos ou armazenados é essencial. Inspeção minuciosa de produtos de grãos não cozidos para detectar larvas também é importante.

Dipylidium caninum

FISIOLOGIA E ESTRUTURA

Dipylidium caninum, uma pequena tênia com aproximadamente 15 cm de comprimento, é principalmente um parasita de cães e gatos, mas pode infectar humanos, principalmente crianças cujas bocas são lambidas por animais de estimação infectados. O ciclo de vida envolve o desenvolvimento de larvas dos vermes em pulgas de cães e gatos. Essas pulgas, quando esmagadas pelos dentes do animal de estimação infectado, são transportadas na língua para a boca da criança quando ela beija o animal de estimação ou o animal a lambe. Engolir a pulga infectada leva à infecção intestinal.

As dimensões e o formato das proglótides maduras e terminais de *D. caninum* são semelhantes a sementes de abóbora. Os ovos são característicos porque ocorrem em sacos cobertos com uma membrana resistente e transparente. Pode haver até 25 ovos em um saco e raramente é visto um ovo livre.

EPIDEMIOLOGIA

Dipylidium caninum ocorre em todo o mundo, principalmente em crianças. Sua distribuição e sua transmissão estão diretamente correlacionadas com cães e gatos infectados com pulgas.

SÍNDROMES CLÍNICAS

As infecções leves são assintomáticas; as cargas parasitárias mais intensas provocam desconforto abdominal, prurido anal e diarreia. O prurido anal resulta da migração ativa de proglótides móveis.

DIAGNÓSTICO LABORATORIAL

O exame das fezes revela os pacotes de ovos sem cor (Figura 76.15) e as proglótides podem estar presentes em fezes trazidas aos médicos pelos pacientes.

TRATAMENTO, PREVENÇÃO E CONTROLE

O fármaco de escolha é a niclosamida; praziquantel e paromomicina são agentes antiparasitários alternativos. Cães e gatos devem ser desverminados e não se deve permitir que lambam a boca das crianças. Animais de estimação devem ser tratados para erradicar as pulgas.

Bibliografia

Budke, C.M., Deplazes, P., Torgenson, P.R., 2006. Global socioeconomic impact of cystic echinococcosis. Emerg. Infect. Dis. 12, 296–303.
Cabello, F.C., 2007. Salmon aquaculture and transmission of the fish tapeworm. Emerg. Infect. Dis. 13, 169–171.
Eckert, J., Deplazes, P., 2004. Biological, epidemiological, and clinical aspects of echinococcosis, a zoonosis of increasing concern. Clin. Microbiol. Rev. 17, 107–135.

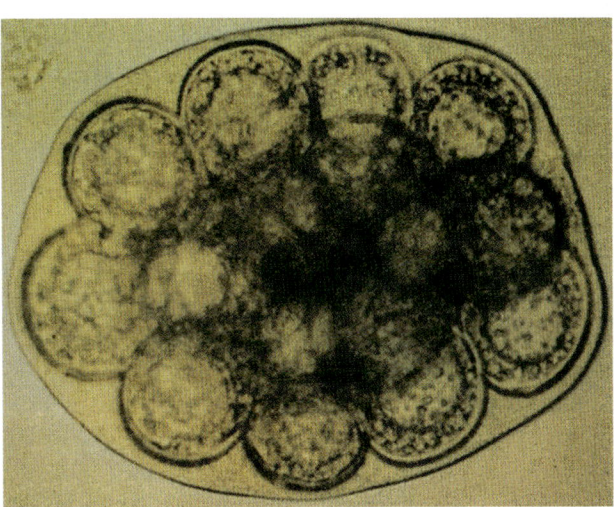

Figura 76.15 Ovos de *Dipylidium caninum*. Ovos livres raramente são visualizados. Em vez disso, "sacos" de ovos que contêm de 8 a 15 oncosferas de seis ganchos envoltas por uma membrana fina são mais comumente encontrados em amostras fecais. (De Murray, P.R., et al., 1999. Manual of Clinical Microbiology, seventh ed. American Society for Microbiology Press, Washington, DC.)

Garcia, H.H., Jimenez, J.A., Escalante, H., 2015. Cestodes. In: Jorgensen, J.H., et al. (Ed.), Manual of Clinical Microbiology, eleventh ed. American Society for Microbiology Press, Washington, DC.
Garcia, H.H., et al., 2002. Current consensus guidelines for treatment of neurocysticercosis. Clin. Microbiol. Rev. 15, 747–756.
Garcia, L.S., 2006. Diagnostic Medical Parasitology, fifth ed. American Society for Microbiology Press, Washington, DC.
John, D.T., Petri Jr., W.A., 2006. Markell and Voge's Medical Parasitology, ninth ed. Elsevier, Philadelphia.
Scholz, T., et al., 2009. Update on the human broad tapeworm (genus *Diphyllobothrium*), including clinical relevance. Clin. Microbiol. Rev. 22, 146–160.
Sorvillo, F.J., DeGiorgio, C., Waterman, S.H., 2007. Deaths from cysticercosis, United States. Emerg. Infect. Dis. 13, 230–235.

77 Artrópodes

Uma criança de 4 anos com queixa de prurido nas mãos é levada ao médico pela mãe. A criança ficava em uma creche durante o dia, enquanto sua mãe trabalhava. A menina sentia prurido intenso e apresentava erupção cutânea nas mãos e nos braços havia cerca de 2 semanas. O prurido tornou-se mais intenso e interferiu em seu sono. No exame físico, a criança parecia bem nutrida e cuidada. A pele nas mãos, nos punhos e nos antebraços estava avermelhada e escoriada. "Trilhas ou rastros" elevados, serpiginosos, foram observados nas laterais de seus dedos das mãos, nas regiões anteriores dos punhos e nas pregas poplíteas. Várias das trilhas estavam inflamadas e começaram a formar pústulas. A mãe declarou que outras crianças da creche apresentavam lesões semelhantes.

1. Qual foi o diagnóstico provável?
2. Como esse diagnóstico seria confirmado?
3. Como essa criança teria sido tratada e qual conselho teria sido dado à mãe em relação à prevenção?
4. Essa criança necessitou de antibioticoterapia? Em caso afirmativo, por quê?
5. O que deveria ter sido feito em relação às outras crianças na creche?

RESUMOS Microrganismos clinicamente significativos

MYRIAPODA (miriápodes)
Palavras-chave

Centopeias, maxilípedes, *Scolopendra*, sais de Epsom, lixo

Biologia, virulência e doença
- Myriapoda ou miriápodes (antigo Chilopoda ou quilópodes) consiste em formas terrestres, tais como as centopeias
- As centopeias são artrópodes alongados, multissegmentados (15 a > 181 segmentos), com muitas pernas e que respiram por traqueias
- De importância médica em virtude das garras venenosas, que podem produzir uma picada dolorosa com edema localizado
- A picada da maioria das centopeias é inofensiva para os seres humanos

Epidemiologia
- A maioria das centopeias consiste em insetívoros predadores
- Encontrados em ambientes escuros e úmidos
- Contato humano quase sempre causado por exposição acidental durante atividades ao ar livre

Diagnóstico
- Observação macroscópica do organismo característico

Tratamento, prevenção e controle
- O tratamento da picada de centopeia inclui medidas locais (p. ex., compressa, sais de Epsom)
- O controle consiste em remover o lixo perto de moradias

CRUSTACEA (crustáceos)
Palavras-chave

Caranguejo, copépode, decápode, lagostim, hospedeiro intermediário, helminto intestinal

Biologia, virulência e doença
- Crustáceos incluem formas aquáticas familiares: decápodes (caranguejos, lagostim, camarão); copépodes (pulgas d'água)
- Vários são hospedeiros intermediários em ciclos de vida de vários helmintos intestinais ou de sangue e tecidos

Epidemiologia
- Distribuição mundial
- Helmintíases adquiridas pelo consumo de água contaminada, ingestão de carne crua do hospedeiro intermediário

Diagnóstico
- Identificação do helminto parasita específico

Tratamento, prevenção e controle
- Depende do parasita infectante

CHELICERATA (ARACHNIDA ou aracnídeos)
Palavras-chave

Aranha, escorpião, ácaro, carrapato, veneno, vetor

Biologia, virulência e doença
- Chelicerata ou quelicerados (anteriormente Arachnida) incluem formas terrestres familiares, tais como ácaros, carrapatos, aranhas, escorpiões
- Os quelicerados não têm asas ou antenas; os adultos têm quatro pares de pernas
- Ácaros e carrapatos servem como vetores para doenças microbianas; escorpiões e algumas aranhas de importância clínica pelas picadas venenosas

Epidemiologia
- Aranhas: pilhas de gravetos ou toras, porões
- Escorpiões: sudoeste dos EUA, México, Venezuela
- Ácaros: em todo o mundo
- Carrapatos: no mundo inteiro em áreas arborizadas e rurais

Diagnóstico
- Morfologia macroscópica
- Diagnóstico clínico e laboratorial de infecção específica
- Reconhecimento do evento de envenenamento

Tratamento, prevenção e controle
- Sintomático para picadas
- Tratamento específico para doenças infecciosas
- Roupas protetoras, repelente de insetos, remoção de gravetos e lixo de moradias (dentro e fora)

HEXAPODA (INSETOS)
Palavras-chave

Inseto, mosquito, mosca, pulga, vespa, reação local, vetor

Biologia, virulência e doença
- A maior e mais importante de todas as classes de artrópodes
- Representa ≈ 70% de todas as espécies de animais conhecidas; incluem mosquitos, moscas, pulgas, piolhos, baratas, abelhas, vespas, besouros, mariposas
- O corpo consiste em cabeça, tórax e abdome; um par de antenas, três pares de apêndices, um ou dois pares de asas ou sem asas
- A importância clínica varia, relacionada com peças bucais e hábitos alimentares, vetores e lesões mecânicas

Epidemiologia
- Mundial e extremamente variável

Diagnóstico
- Morfologia macroscópica
- Diagnóstico clínico e laboratorial de infecção específica

Tratamento, prevenção e controle
- Roupas protetoras, repelente de insetos
- Inseticidas, remoção do hábitat
- Cuidados de suporte para a reação local à picada
- Remoção imediata de carrapatos
- Terapia específica para infecções

Os artrópodes representam o maior filo entre os animais, com mais de 1 milhão de espécies. O filo Arthropoda compreende animais invertebrados com um corpo segmentado, vários pares de apêndices articulados, simetria bilateral e um exoesqueleto quitinoso e rígido que periodicamente passa por alterações morfológicas (muda) com o crescimento do animal. Caracteristicamente, os artrópodes evoluem do ovo para a forma adulta por um processo conhecido como **metamorfose**. À medida que amadurecem, passam por vários estágios morfológicos distintos, incluindo ovo, larva ou ninfa, pupa (alguns insetos) e adulto. Quatro subfilos de artrópodes têm importância médica, com base no número ou na gravidade das doenças que causam: Myriapoda, Crustacea, Chelicerata (Arachnida) e Hexapoda (Insecta) (Tabela 77.1).

Os artrópodes ou suas larvas podem afetar a saúde humana de muitas maneiras. A maioria dos artrópodes atua indiretamente em doenças humanas; eles transmitem, mas não provocam doenças. Os artrópodes podem transmitir doenças de modo mecânico, como quando as moscas transportam patógenos bacterianos entéricos das fezes para a alimentação humana. De suma importância é a capacidade de muitos artrópodes para atuar como **vetores** biológicos **e hospedeiros intermediários** no ciclo de transmissão e desenvolvimento de vírus, bactérias, protozoários e metazoários (Tabela 77.2). Alguns artrópodes causam lesões diretas por suas picadas ou ferroadas. Outras espécies, tais como piolhos, ácaros da sarna e larvas invasoras de tecido, podem agir como parasitas verdadeiros. Outras espécies atuam tanto como parasitas quanto como vetores de doenças.

O propósito do presente capítulo não é a descrição detalhada da entomologia médica. Ao contrário, nosso propósito é fornecer uma breve visão geral de vários dos aspectos mais importantes dos artrópodes e sua relação com as doenças humanas. Mais informações detalhadas sobre os artrópodes de importância médica, assim como a terapia e o controle de infestações por artrópodes, podem ser encontradas nas referências listadas na Bibliografia.

Tabela 77.1 Classes de artrópodes de importância médica.

Filo	Subfilo	Organismos
Arthropoda	Myriapoda	Centopeias (Chilopoda), milípedes (Diplopoda)
	Crustacea	Copépodes, decápodes (caranguejos, lagostins), pentastomídeos
	Chelicerata (Arachnida)	Aranhas, escorpiões, ácaros, carrapatos
	Hexapoda (Insecta)	Moscas, mosquitos, piolhos, pulgas, insetos, insetos picadores

Myriapoda (miriápodes)

CENTÍPEDES (QUILOPODA)

Fisiologia e estrutura

Centípedes (centopeias) são artrópodes alongados, multissegmentadas (de 15 a mais de 181 segmentos), com muitas pernas e traqueias. Apresentam uma cabeça e um tronco distintos. O corpo é achatado dorsoventralmente e cada segmento do tronco tem um único par de pernas. Os **maxilípedes** (apêndices torácicos) estão situados no primeiro segmento e são utilizados para capturar presas. Os milípedes são, às vezes, classificados com centopeias; no entanto, os milípedes (Diplopoda) não têm os maxilípedes das centopeias e têm dois pares de pernas por segmento.

Epidemiologia

A maioria das centopeias é insetívora predadora, e comumente são encontradas em ambientes escuros e úmidos, tais como áreas abaixo de troncos, entre o lixo e dentro de edifícios antigos. Picadas humanas são quase invariavelmente o resultado de exposição acidental às centopeias durante as atividades ao ar livre.

Síndromes clínicas

Picadas de centopeia podem ser extremamente dolorosas e causar edema no local da picada. Os relatos dos efeitos das picadas de centopeia em humanos são conflitantes. Uma espécie, *Scolopendra gigantea*, que é encontrada nas Américas Central e do Sul, além das Ilhas Galápagos, já causou várias mortes. Com exceção de *Scolopendra* e gêneros tropicais relacionados, a picada da maioria das centopeias é inofensiva para os seres humanos.

Tratamento, prevenção e controle

O tratamento de uma picada de centopeia inclui medidas locais, tais como a aplicação de compressas de bicarbonato de sódio ou soluções de sais de Epsom. O controle consiste em remover o lixo perto de moradias.

Crustacea (crustáceos)

Os crustáceos são principalmente artrópodes respiradores de guelras de água doce e salgada. Aqueles de importância médica são encontrados em água doce e servem como hospedeiros intermediários de vários vermes ou como endoparasitas (pentastomídeos) de répteis, aves e mamíferos, incluindo humanos (ver Tabela 77.2).

Os copépodes ou pulgas d'água são representados pelos gêneros *Cyclops* e *Diaptomus*. Os crustáceos maiores, denominados **decápodes**, incluem caranguejos e lagostins. Esses crustáceos também servem como os segundos hospedeiros intermediários do trematódeo *Paragonimus westermani* (ver Tabela 77.2).

COPÉPODES

Fisiologia e estrutura

Os copépodes são organismos aquáticos, pequenos e simples. Eles carecem de uma carapaça, apresentam um par de maxilas e têm cinco pares de pernas birramosas natatórias. Existem formas livres e parasitárias. Os gêneros *Diaptomus* e *Cyclops* são de importância médica.

Os copépodes são um hospedeiro intermediário no ciclo de vida de vários parasitas humanos, incluindo *Dracunculus medinensis* (dracunculíase), *Diphyllobothrium latum* (difilobotríase), *Gnathostoma spinigerum* (gnatostomíase) e espécies de *Spirometra* (esparganose). Os copépodes estão associados a um único caso de abscesso perirretal, mas geralmente não são considerados uma causa primária de infecção.

Tabela 77.2 Doenças humanas selecionadas transmitidas por artrópodes.

Vetor primário ou hospedeiro intermediário	Doença	Agente etiológico
CHELICERATA		
Ácaro: espécies de *Leptotrombidium*	Tifo rural (doença de tsutsugamushi)	*Orientia tsutsugamushi*
Ácaro: *Liponyssoides sanguineus*	Riquetsiose variceliforme	*Rickettsia akari*
Carrapato: espécies de *Dermacentor*	Tularemia	*Francisella tularensis*
Carrapato: espécies de *Dermacentor* e outros carrapatos ixodídeos	Febre maculosa das Montanhas Rochosas	*R. rickettsii*
Carrapato: espécies de *Dermacentor, Boophilus*	Febre Q	*Coxiella burnetii*
Carrapato: espécies de *Dermacentor*	Febre do carrapato do Colorado	Coltivírus
Carrapato: espécies de *Ornithodoros*	Febre recorrente	Espécies de *Borrelia*
Carrapato: espécies de *Ixodes*	Babesiose	*Babesia microti*
Carrapato: espécies de *Ixodes*	Doença de Lyme	*Borrelia burgdorferi*
Carrapato: *D. variabilis, Amblyomma americanum*	Erliquiose	*Ehrlichia chaffeensis*
CRUSTACEA		
Copépode: espécies de *Cyclops*	Difilobotríase	*Diphyllobothrium latum*
Copépode: espécies de *Cyclops*	Dracunculíase	*Dracunculus medinensis*
Decápode: caranguejo, lagostim; várias espécies de água doce	Paragonimíase	*Paragonimus westermani*
HEXAPODA (INSECTA)		
Piolhos: *Pediculus humanus*	Tifo epidêmico	*R. prowazekii*
Piolhos: *P. humanus*	Febre das trincheiras	*Bartonella quintana*
Piolhos: *P. humanus*	Febre recorrente transmitida por piolho	*Borrelia recurrentis*
Pulga: *Xenopsylla cheopis*, várias outras pulgas de roedores	Peste	*Yersinia pestis*
Pulga: *X. cheopis*	Tifo murino	*R. typhi*
Pulga: várias espécies	Tênia do cão	*Dipylidium caninum*
Inseto hemíptero: espécies de *Triatoma, Panstrongylus*	Doença de Chagas (tripanossomíase americana)	*Trypanosoma cruzi*
Besouros: *Tenebrio, Tribolium*	Tênia anã	*Hymenolepis nana*
Dípteros: espécies de *Glossina* (moscas tsé-tsé)	Tripanossomíase africana	*T. b. rhodesiense* e *T. b. gambiense*
Dípteros: espécies de *Simulium*	Oncocercose ou oncocercíase	*Onchocerca volvulus*
Dípteros: espécies de *Chrysops*	Tularemia	*Francisella tularensis*
Dípteros: espécies de *Phlebotomus, Lutzomyia* (flebotomíneos)	Leishmaniose	Espécies de *Leishmania*
Dípteros: espécies de *Lutzomyia* (flebotomíneos)	Bartonelose	*B. bacilliformis*
Mosquito: espécies de *Anopheles*	Malária	Espécies de *Plasmodium*
Mosquito: *Aedes aegypti*	Febre amarela	Flavivírus
Mosquito: espécies de *Aedes*	Dengue	Flavivírus
Mosquito: *Culiseta melanura, Coquillettidia perturbans, A. vexans*	Encefalite equina do Leste	Alfavírus
Mosquito: *A. triseriatus*	Encefalite de La Crosse (encefalite viral da Califórnia)	Buniavírus
Mosquito: espécies de *Culex*	Encefalite de St. Louis	Flavivírus
Mosquito: espécies de *Culex*	Encefalite equina venezuelana	Alfavírus
Mosquito: *C. tarsalis*	Encefalite equina do Oeste	Alfavírus
Mosquito: várias espécies	Filariose bancroftiana	*Wuchereria bancrofti*
Mosquito: várias espécies	Filariose da Malásia	Espécies de *Brugia*
Mosquito: várias espécies	Dirofilariose	*Dirofilaria immitis*

Epidemiologia

Os copépodes apresentam distribuição mundial e servem como hospedeiros intermediários de doenças helmínticas nos EUA e Canadá, bem como na Europa e nos trópicos. A infecção humana com esses parasitas helmínticos resulta da ingestão de água contaminada com copépodes ou da ingestão de carne crua ou insuficientemente cozida de peixe infectado. Pseudossurtos de copépodes presentes em espécimes de fezes humanas submetidas a exame de ovos e parasitas foram relatados em Nova York. Até 40% das fezes concentradas submetidas a exame de ovos e parasitas foram encontradas contendo copépodes, presumivelmente em decorrência da contaminação de um sistema de fornecimento de água hospitalar. O único caso relatado de aparente infecção humana com copépodes ocorreu nesse hospital.

Síndromes clínicas

Os sinais e sintomas clínicos associados a infecções helmínticas nas quais os copépodes servem como hospedeiros intermediários são descritos nos Capítulos 74 e 76. O único caso de infecção humana aparente com copépodes ocorreu em um homem de 22 anos com a doença de Crohn que teve um abscesso perirretal. A drenagem do abscesso revelou material purulento que, em exame microscópico, continha numerosos copépodes rodeados de leucócitos. Deduziu-se que os copépodes foram introduzidos nas lesões perirretais preexistentes durante banhos de assento que foram preparados com água de torneira não filtrada, que poderia conter os copépodes. Embora os copépodes contidos no material de abscesso fossem viáveis e pudessem ter se alimentado com sucesso do tecido corporal, acreditava-se que fosse improvável que os copépodes tivessem sido a causa primária do abscesso.

Diagnóstico laboratorial

O diagnóstico laboratorial de infecções helmínticas, nas quais os copépodes servem como hospedeiros intermediários, é descrito nos Capítulos 74 e 76. Em geral, a infecção é demonstrada por detecção do organismo infectante por meio de exame microscópico de material clínico.

Tratamento, prevenção e controle

O tratamento específico da infecção helmíntica associada aos copépodes é abordado nos Capítulos 74 e 76. A prevenção dessas infecções exige atenção às medidas padrão de saúde pública, como a cloração e a filtração da água e cozimento completo de todos os peixes. As pessoas infectadas devem ser proibidas de banhar-se na água utilizada para beber e água suspeita de contaminação deve ser evitada.

DECÁPODES

Os decápodes incluem os camarões grandes, camarões pequenos, lagostas, lagostins e caranguejos. O cefalotórax desses animais é sempre coberto por uma carapaça. Eles têm três pares anteriores de apêndices torácicos que são modificados em maxilípedes birramosos e cinco pares posteriores que são desenvolvidos em pernas unirramosas. Caranguejos e lagostins apresentam relevância clínica como segundos hospedeiros intermediários do trematódeo *P. westermani*. Os aspectos parasitários, epidemiológicos e clínicos da infecção com *P. westermani* são descritos no Capítulo 75. O cozimento completo de caranguejos e lagostins é o meio mais efetivo de prevenção da infecção por esse trematódeo.

Pentastomida

PENTASTOMÍDEOS

Os pentastomídeos são endoparasitas sugadores de sangue encontrados em répteis, aves e mamíferos. Seu *status* taxonômico é incerto. Alguns cientistas incluem os pentastomídeos entre os artrópodes porque suas larvas se assemelham superficialmente às dos ácaros. Outros os consideram anelídeos e ainda há quem os colocam em um filo distinto. Para fins desta discussão, eles são considerados como pertencentes aos artrópodes. Com base em estudos moleculares, os pentastomídeos são agora considerados por alguns especialistas como uma subclasse dentro de Crustacea.

Fisiologia e estrutura

Os pentastomídeos são artrópodes degenerados, semelhantes a vermes que vivem principalmente nas passagens nasais e respiratórias dos répteis, aves e mamíferos. Os pentastomídeos adultos são parasitas brancos, cilíndricos ou achatados que apresentam duas regiões do corpo distintas: uma cabeça anterior ou cefalotórax e um abdome. Os adultos são alongados e podem atingir um comprimento de 1 a 10 cm. A cabeça tem uma boca e dois pares de ganchos. Embora o abdome possa ter aspecto anulado, ele não é segmentado (Figura 77.1). Os pentastomídeos têm órgãos digestórios e reprodutores; no entanto, não apresentam sistemas circulatórios e respiratórios.

Os pentastomídeos adultos são encontrados nos pulmões dos répteis (*Armillifer armillatus* e *Porocephalus crotali*) e nas passagens nasais de mamíferos (*Lingulata serrata*). Muitos vertebrados, incluindo humanos, podem servir como hospedeiros intermediários. Os ovos embrionados são eliminados nas fezes ou nas secreções respiratórias do hospedeiro definitivo infectado e contaminam a vegetação ou a água, que, por sua vez, é ingerida por um dos vários possíveis hospedeiros intermediários (peixes, roedores, caprinos,

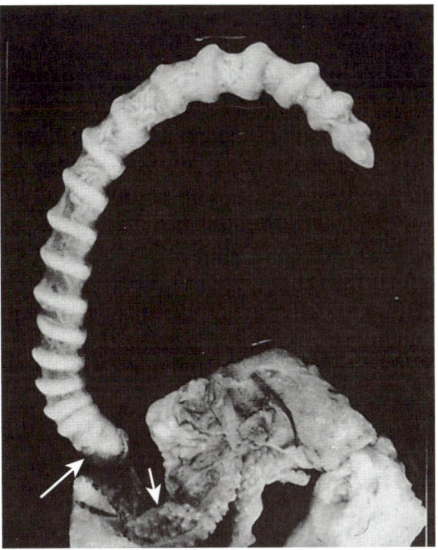

Figura 77.1 Pentastomídeo fêmea adulta (*Armillifer armillatus*) fixada à superfície respiratória do pulmão *(seta curta)* de uma serpente africana. Observe o cefalotórax curto *(seta longa)* e um abdome longo e anulado. (De Binford, C.H., Connor, D.H., 1976. Pathology of Tropical and Extraordinary Diseases, vol 2. Armed Forces Institute of Pathology, Washington, DC.)

ovinos ou humanos). Os ovos eclodem no intestino e as larvas primárias penetram na parede intestinal e se prendem ao peritônio. As larvas amadurecem no peritônio e desenvolvem-se em larvas infecciosas, encistam nas vísceras ou morrem e calcificam. Nas secções teciduais, as larvas encistadas podem ser identificadas por glândulas acidófilas, uma cutícula quitinosa e ganchos proeminentes, presentes na extremidade anterior do organismo. Glândulas subcuticulares e fibras de músculo estriado também podem ser observadas sob a cutícula.

Os seres humanos podem ser infectados ao ingerir carne malcozida de hospedeiros intermediários infectados (p. ex., caprinos, ovinos) contendo larvas infecciosas. Neste último exemplo, as larvas infecciosas migram do estômago para os tecidos nasofaríngeos, onde elas se tornam adultos pentastomídeos e produzem os sintomas da **síndrome de halzoun** (ver a seção Síndromes clínicas). Nesse caso, o hospedeiro humano é considerado um hospedeiro temporário definitivo.

Epidemiologia

A maioria das infecções por pentastomídeos são relatadas na Europa, África e nas Américas do Sul e Central. A infecção é comum na Malásia, onde estudos de necropsia revelam a **pentastomíase** em até 45% das pessoas. Como descrito anteriormente, a infecção é adquirida por ingestão de vegetais crus ou água contaminada com ovos de pentastomídeos ou pelo consumo de carne crua ou malcozida de animais infectados.

Síndromes clínicas

Na maioria dos casos, a infecção é assintomática e é descoberta acidentalmente durante o exame radiográfico (larvas calcificadas), na cirurgia ou na necropsia. Pneumonite, pneumotórax, peritonite, meningite, nefrite e icterícia obstrutiva são atribuídas a infecções por pentastomídeos; no entanto, frequentemente não há evidências definitivas de uma relação causal entre doença e a presença do parasita. A infecção localizada do olho tem sido relatada, presumivelmente secundária à inoculação direta.

A síndrome de halzoun (caracol, em árabe), causada pela fixação de pentastomídeos adultos aos tecidos nasofaríngeos, é caracterizada por desconforto faríngeo, tosse paroxística, espirros, disfagia e vômitos. A asfixia é raramente relatada.

Diagnóstico laboratorial

O diagnóstico é feito pela identificação de um pentastomídeo em uma amostra de biopsia obtida na cirurgia ou na necropsia. Ocasionalmente, larvas calcificadas são observadas em radiografias do abdome ou do tórax, proporcionando um diagnóstico presuntivo. Não existem testes sorológicos úteis.

Tratamento, prevenção e controle

O tratamento geralmente não é justificado. Em pacientes sintomáticos, a remoção cirúrgica de parasitas livres ou encistados deve ser realizada. As medidas preventivas incluem cozimento completo de carne e vegetais e prevenção de água contaminada.

Chelicerata (Arachnida)

ARANHAS

As aranhas têm muitos aspectos característicos que permitem sua fácil identificação. Especificamente, apresentam oito pernas, não contêm antenas, têm um corpo dividido em duas regiões (cefalotórax e abdome) e um abdome não segmentado com fieiras posteriormente. Todas as aranhas verdadeiras produzem veneno e matam suas presas pela picada; entretanto, poucas têm presas (**quelíceras**) suficientemente poderosas para perfurar a pele humana ou veneno potente o suficiente para provocar mais do que uma irritação transitória da pele local. As aranhas venenosas podem ser classificadas como aquelas que causam **aracnidismo sistêmico** e as que causam **aracnidismo necrótico**. Essa classificação se baseia no tipo de dano tecidual produzido.

O aracnidismo sistêmico é causado principalmente por tarântulas e viúvas-negras. As tarântulas (família Theraphosidae) são aranhas grandes e peludas de regiões tropicais e subtropicais. Por não serem muito agressivas, as tarântulas são de pouca importância médica, além de evitarem as habitações humanas. Sua picada causa dor intensa e uma fase de agitação, seguida por torpor e sonolência. A aranha viúva-negra, *Latrodectus mactans*, é difundida ao longo das regiões sul e oeste dos EUA. As espécies de *Latrodectus* relacionadas são encontradas em todas as regiões temperadas e tropicais de todos os continentes, mas nenhuma é primariamente doméstica; portanto, seu contato com humanos é limitado.

O aracnidismo necrótico é produzido por aranhas que pertencem ao gênero *Loxosceles*. As picadas dessas aranhas podem produzir reação tecidual grave. *Loxosceles reclusa*, a aranha-marrom reclusa, é uma aranha de importância médica pertencente a esse gênero.

Aranhas viúvas-negras

Fisiologia e estrutura

A aranha viúva-negra fêmea (*L. mactans*) é facilmente reconhecida por seu abdome globoso, brilhante e preto com uma ampulheta laranja ou avermelhada característica na superfície ventral (Figura 77.2). As fêmeas variam de 5 a 13,5 mm de comprimento do corpo, mas os machos são muito menores.

Figura 77.2 Aranha viúva-negra fêmea (*Latrodectus mactans*). (De Peters, W., 1992. A Colour Atlas of Arthropods In Clinical Medicine. Wolfe, London.)

O veneno da aranha viúva-negra é uma potente neurotoxina periférica, que é liberada por um par de estruturas mandibulares ou quelíceras. Somente a aranha *Latrodectus* fêmea é perigosa para os seres humanos; o macho pequeno e frágil fornece uma picada ineficaz.

Epidemiologia

Essas aranhas são encontradas em pilhas de madeira e galhos, construções antigas de madeira, porões, troncos ocos e latrinas. Tendo em vista estes locais, a picada é frequentemente localizada na genitália, nas nádegas ou nos membros. As aranhas viúvas-negras são comuns no sul dos EUA, mas são encontradas em todas as regiões temperadas e tropicais, tanto do Novo como do Velho Mundo.

Síndromes clínicas

Como é verdade na maioria dos casos de envenenamento, o quadro clínico depende de fatores como a quantidade de veneno injetado, a localização da picada e a idade, peso e sensibilidade do paciente. Logo após a picada, há uma dor aguda, mas pouco ou nenhum inchaço imediato, seguido pela vermelhidão local, edema e queimadura. Sinais e sintomas sistêmicos geralmente ocorrem dentro de uma hora após a picada e incluem cãibras, dores no peito, náuseas, vômitos, diaforese, espasmos intestinais e dificuldades visuais. Contrações tetânicas abdominais produzindo um abdome "em tábua" são bem características e podem imitar um abdome cirúrgico agudo. Os sinais/sintomas agudos geralmente diminuem dentro de 48 horas; no entanto, em casos graves, a paralisia e o coma podem preceder a insuficiência cardíaca ou respiratória. A taxa de mortalidade por causa da picada da viúva-negra é estimada em 4 a 5%.

Tratamento, prevenção e controle

Adultos saudáveis geralmente se recuperam, mas crianças pequenas ou indivíduos enfraquecidos sofrem consideravelmente com essas picadas e podem morrer se não forem tratados. Os espasmos musculares podem ser graves e exigir a administração intravenosa de gliconato de cálcio ou outros agentes relaxantes musculares. Um anticorpo antiveneno específico está disponível e continua sendo o tratamento de escolha. É valioso se administrado logo após a picada. E uma vez que é preparado do soro de cavalos hiperimunizados, os pacientes devem ser testados quanto à sensibilidade ao soro de cavalo antes da administração. A hospitalização é aconselhável para o cuidado de pessoas com picadas conhecidas ou suspeitas.

A boa administração doméstica pode ser o controle mais simples e eficaz de aranhas em casas. Isso inclui retirar teias de aranha e remoção cuidadosa de detritos ao redor das casas e galpões adjacentes. As crianças devem ser desencorajadas a brincar em pilhas de madeira e em cabanas de madeira.

Aranhas-marrons reclusas

Fisiologia e estrutura

Aranhas que produzem aracnidismo necrótico pertencem ao gênero *Loxosceles*. Essas aranhas são amarelas a marrons e de tamanho médio (de 5 a 10 mm de comprimento) com pernas relativamente longas (Figura 77.3). Eles normalmente exibem duas características distintivas: uma marca escura em formato de violino no lado dorsal do cefalotórax e seis olhos dispostos em três pares, formando um semicírculo. O veneno injetado pela aranha fêmea ou macho é uma necrotoxina (que também pode conter propriedades hemolíticas) e causa lesões necróticas com danos profundos nos tecidos.

Epidemiologia

Quatro espécies do gênero *Loxosceles* são encontradas nas Américas. *Loxosceles reclusa* é encontrada nas regiões sul e central dos EUA, *L. arizonica* está presente nos estados ocidentais e *L. laeta* é localizada na América do Sul. *Loxosceles reclusa* é encontrada ao ar livre em pilhas de madeira e detritos em climas mais quentes e em porões ou áreas de depósitos em regiões mais frias. *Loxosceles laeta* é encontrada em armários e cantos dos quartos. Os humanos são picados apenas quando a aranha é ameaçada ou perturbada.

Síndromes clínicas

Inicialmente, a picada de espécies de *Loxosceles* tende a ser indolor; no entanto, várias horas depois, coceira, edema e dor podem se desenvolver na área da picada. Frequentemente, uma vesícula ou bolha podem se formar no local. Sintomas sistêmicos gerais são incomuns, mas quando presentes podem incluir calafrios, dor de cabeça e náuseas.

Figura 77.3 Aranha-marrom reclusa fêmea (*Loxosceles laeta*). (De Peters, W., 1992. A Colour Atlas of Arthropods in Clinical Medicine. Wolfe, London; cortesia do Professor H. Schenone.)

Dentro de 3 a 4 dias, a bolha é eliminada e pode ser seguida por ulceração e necrose radiante, que não se cura, mas continua a se espalhar por semanas ou meses.

A coagulação intravascular e a hemólise podem ocorrer e serem acompanhadas por hemoglobinúria e insuficiência cardíaca e renal. Essa síndrome hemolítica pode ser fatal e ocorre mais comumente após a picada de *L. laeta*. Na América do Sul, essa síndrome é conhecida como **loxoscelismo visceral**.

Diagnóstico

A discriminação de uma espécie de aranha não é possível apenas pela aparência da lesão; contudo, um diagnóstico preciso é comumente baseado na aparência da formação de bolhas em torno de marcas de punção e a natureza da lesão em desenvolvimento. Deve-se notar que as lesões dérmicas necróticas são muitas vezes classificadas como loxoscelismo, mesmo quando não há informações se as espécies apropriadas estão presentes na área. A aranha pode ser facilmente identificada pelos aspectos característicos anteriormente descritos. Um ensaio imunossorvente ligado à enzima (ELISA) foi desenvolvido para confirmar o diagnóstico de picada de aranha-marrom reclusa, mas não é amplamente disponível.

Tratamento, prevenção e controle

O tratamento das picadas de aranha-marrom reclusa é variável e com base na gravidade da reação necrótica. A maioria das picadas nos EUA é inconsequente e não exige terapia específica. A limpeza da ferida por picada e o fornecimento de profilaxia para tétano e antibióticos para prevenir infecções secundárias podem ser indicados. A cura ocorre geralmente sem complicações e o desbridamento ou excisão não devem ser realizados em um período de 3 a 6 semanas para permitir o início da cura natural. A excisão e o enxerto de pele podem ser necessários para picadas que não tenham cicatrizado em 6 a 8 semanas. A terapia sistêmica com corticosteroides pode ser útil no tratamento da síndrome hemolítica, mas é de pouco valor comprovado na prevenção ou tratamento de necrose cutânea. Embora não esteja disponível nos EUA, um antiveneno é utilizado na América do Sul para o tratamento de loxoscelismo visceral.

As medidas preventivas são similares àquelas recomendadas para aranhas viúvas-negras. As aranhas *Loxosceles* (e outras) podem ser controladas em habitações com compostos inseticidas.

ESCORPIÕES

Fisiologia e estrutura

O escorpião característico é alongado, com garras visíveis, em formato de pinça (ou **pedipalpos**) na extremidade anterior do corpo, quatro pares de pernas locomotoras e um abdome nitidamente organizado, que se afunila em um ferrão curvo, oco, em formato de agulha (Figura 77.4). Quando o escorpião é perturbado, ele usa o ferrão para a defesa. Tanto o escorpião macho quanto a fêmea podem picar. O veneno é injetado através do ferrão a partir de duas glândulas venenosas no abdome. A maioria dos escorpiões é incapaz de penetrar na pele humana ou injetar veneno suficiente para causar danos reais; no entanto, algumas espécies são capazes de infligir feridas dolorosas que podem causar a morte.

Figura 77.4 Escorpião (espécies de *Centruroides*). (De Peters, W., 1992. A Colour Atlas of Arthropods in Clinical Medicine. Wolfe, London; cortesia do Dr. J.C. Cokendolpher.)

Epidemiologia

Escorpiões considerados perigosos podem ser encontrados no sudoeste dos EUA, México e Venezuela, e inclui várias espécies do gênero *Centruroides*, que é responsável por até 1.000 mortes anuais. Também são importantes várias espécies de *Tityus*, encontradas em Trinidad, Argentina, Brasil, Guiana e Venezuela. Crianças menores de 5 anos são provavelmente mais propensas a picadas fatais por escorpiões.

Os escorpiões têm hábitos noturnos e durante o dia permanecem escondidos sob troncos ou rochas e em outros lugares úmidos e escuros. À noite, eles podem invadir habitações humanas, onde se escondem em calçados, toalhas, roupas e armários.

Síndromes clínicas

O efeito de uma picada de escorpião em um paciente é muito variável e depende de fatores como a espécie e a idade do escorpião, o tipo e a quantidade de veneno injetado e a idade, o tamanho e a sensibilidade da pessoa que foi picada. Embora a picada de muitos escorpiões seja relativamente atóxica e provoque apenas sintomas locais, outras picadas podem resultar em casos graves. Os escorpiões produzem dois tipos de veneno: uma neurotoxina e uma toxina hemorrágica ou hemolítica. A toxina hemolítica é responsável pelas reações no local da picada, incluindo dor radiante e ardente, inchaço, descoloração e necrose. A neurotoxina produz a reação local mínima, mas efeitos sistêmicos bastante graves, incluindo calafrios, diaforese, salivação excessiva, dificuldade para falar e deglutir, espasmo muscular, taquicardia e convulsões generalizadas. Em casos graves, a morte pode ser consequência do edema pulmonar e paralisia respiratória.

Diagnóstico

Sinais e sintomas locais ou sistêmicos associados à evidência física de um único ponto de penetração na pele são geralmente suficientes para estabelecer o diagnóstico. O paciente pode ter observado ou capturado o escorpião para identificação. Embora o escorpião seja relativamente fácil de identificar, ele é importante para compreender que outros aracnídeos não venenosos se assemelham muito a escorpiões. Um entomologista ou parasitologista devem ser consultados se houver uma questão taxonômica.

Tratamento, prevenção e controle

O tratamento das picadas de escorpião varia. Se não houver sinais/sintomas sistêmicos, o tratamento paliativo pode ser necessário. A dor pode ser aliviada por analgésicos ou injeção local de xilocaína; no entanto, os opiáceos parecem aumentar a toxicidade. A crioterapia local (compressas frias) reduz o edema e retarda a absorção sistêmica da toxina. Compressas quentes provocam vasodilatação e podem acelerar a distribuição de toxinas sistemicamente e são, portanto, contraindicadas. O antiveneno está disponível e é eficaz se administrado logo após a picada, sendo geralmente espécie-específico. Sem a identificação do agente ofensor, o antiveneno deve ser administrado de maneira presuntiva, de acordo com as espécies comuns na área. Crianças muito pequenas com sintomas sistêmicos devem ser tratadas como emergências médicas. O tratamento de suporte deve ser realizado em casos de sintomas sistêmicos e de choque.

As medidas preventivas incluem o uso de pesticidas químicos para reduzir a população de escorpiões. A remoção de entulhos ao redor das moradias pode reduzir os esconderijos e os locais de reprodução.

ÁCAROS

Os ácaros são artrópodes pequenos, de oito patas, caracterizados por um corpo em formato de saco e sem antenas. Um grande número de espécies de ácaros apresenta vida livre ou é normalmente associado a outros vertebrados (p. ex., aves, roedores), podendo causar dermatites nos seres humanos em raras ocasiões. O número de ácaros considerados verdadeiros parasitas humanos ou que representam problemas médicos reais é pequeno e inclui o ácaro do camundongo doméstico (*Liponyssoides sanguineus*), ácaro da escabiose humana (*Sarcoptes scabiei*), o ácaro do folículo humano (*Demodex folliculorum*) e a larva de trombiculídeo (*Leptotrombidium deliense* ou *L. akamushi*). Os ácaros afetam os seres humanos de três maneiras: causam dermatite, servem como vetores de doenças infecciosas e agem como uma fonte de alergênios.

Sarcoptes scabiei

Fisiologia e estrutura

Sarcoptes scabiei causa uma doença infecciosa da pele conhecida como **escabiose ou sarna**. Os ácaros adultos medem de 300 a 400 μm de comprimento e têm um corpo oval, em formato de saco, em que o primeiro e segundo pares de patas são amplamente separados do terceiro e do quarto (Figura 77.5). O corpo tem cristas paralelas transversais dorsais, espículas e pelos. Os ovos medem de 100 a 150 μm.

Os ácaros adultos penetram na pele, criando sulcos serpiginosos nas camadas superiores da epiderme. As fêmeas dos ácaros depositam seus ovos nas galerias criadas na pele, e os estágios larval e ninfa que se desenvolvem também se enterram na pele. As fêmeas vivem e depositam ovos e fezes nas galerias epidérmicas por até 2 meses. Caracteristicamente, os locais preferidos de infestação são as pregas interdigitais e poplíteas, o punho e as regiões inguinais, além das pregas inframamárias. Os ácaros e suas secreções causam intenso prurido nas áreas envolvidas. O ácaro é um parasita obrigatório e pode se perpetuar em um único hospedeiro por tempo indeterminado.

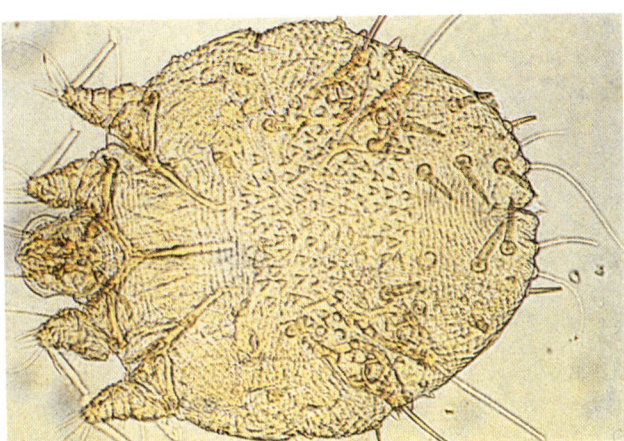

Figura 77.5 Espécie de *Sarcoptes*. (De Peters, W., 1992. A Colour Atlas of Arthropods in Clinical Medicine. Wolfe, London.)

Epidemiologia

A escabiose tem distribuição cosmopolita, com uma prevalência global estimada de cerca de 300 milhões de casos. O ácaro é um parasita obrigatório de animais domésticos e humanos; no entanto, consegue sobreviver por horas ou dias longe do hospedeiro, facilitando sua propagação. A transmissão é realizada por contato direto ou por contato com objeto contaminado, como roupas. A transmissão sexual tem sido bem documentada. A disseminação da infecção para outras áreas do corpo é realizada por coçadura e transferência manual do ácaro pela pessoa afetada. A escabiose pode ocorrer em caso de epidemia entre pessoas em condições de aglomeração, como creches, casas de repouso, acampamentos militares e prisões.

Síndromes clínicas

O sintoma clínico diagnóstico excepcional é o intenso prurido, geralmente nas pregas interdigitais e nos lados dos dedos das mãos, nádegas, genitália externa, punhos e cotovelos. As lesões não complicadas aparecem como galerias escavadas cutâneas, curtas e ligeiramente elevadas. No final da galeria, há frequentemente uma vesícula contendo a fêmea de ácaro. O intenso prurido geralmente leva à escoriação da pele em decorrência da coçadura, o que por sua vez produz crostas e infecção bacteriana secundária. Os pacientes manifestam seus primeiros sintomas de semanas a meses após a exposição; entretanto, o período de incubação pode ser de apenas 1 a 4 dias em pessoas sensibilizadas por exposição prévia. A hipersensibilidade do hospedeiro (tipo tardio ou tipo IV) provavelmente desempenha um papel importante na determinação das manifestações clínicas variáveis da escabiose.

Algumas pessoas imunodeficientes desenvolvem uma variante da escabiose, chamada **escabiose norueguesa**, caracterizada por dermatite generalizada com descamação e crosta extensas e a presença de milhares de ácaros na epiderme. Essa doença é extremamente contagiosa e sugere que a imunidade do hospedeiro também participe na supressão de *S. scabiei*.

Diagnóstico

O diagnóstico clínico de escabiose é baseado nas lesões características e sua distribuição. O diagnóstico definitivo depende da demonstração do ácaro em raspados de pele. Como o ácaro adulto é encontrado com mais frequência nas porções terminais de uma galeria recente, é melhor fazer os raspados nessas áreas. Os raspados são colocados em uma lâmina de microscópio limpa com a adição de uma ou duas gotas de uma solução de hidróxido de potássio a 20%, coberta com uma lamínula e examinada em um microscópio de baixa potência. Com a experiência, o ácaro e os ovos podem ser reconhecidos. A biopsia de pele também pode revelar os ácaros e ovos em cortes de tecido.

Tratamento, prevenção e controle

O tratamento padrão e muito efetivo da escabiose é a loção de hexacloreto de gamabenzeno (lindano) a 1%. Uma ou duas aplicações (da cabeça aos pés) em intervalos semanais é efetivo contra a sarna. O lindano é absorvido pela pele e aplicações repetidas podem ser tóxicas. Por esse motivo, seu uso não é aconselhável no tratamento de lactentes, crianças pequenas ou gestantes e lactantes.

Recentemente, um creme de permetrina a 5% substituiu as loções de lindano como tratamento de escolha para a escabiose. Os ensaios clínicos mostraram que a permetrina é mais efetiva e menos tóxica que o lindano. Outras preparações usadas para tratar a sarna incluem ivermectina oral, preparações de crotamiton-enxofre (6%), benzoato de benzila e monossulfeto de tetraetiltiuram. As duas últimas preparações não estão disponíveis nos EUA.

A prevenção primária da escabiose é alcançada de maneira adequada com bons hábitos de higiene, limpeza pessoal e lavagem rotineira de vestuários e roupas de cama. A prevenção secundária inclui a identificação e o tratamento de pessoas infectadas e possivelmente seus contatos domésticos e sexuais. Em uma situação epidêmica, o tratamento simultâneo de todas as pessoas afetadas e seus contatos pode ser necessário. Seguido por limpeza completa do ambiente (p. ex., fervura das roupas e lençóis) e vigilância contínua para evitar a recorrência.

Ácaros dos folículos pilosos humanos

Fisiologia e estrutura

Os ácaros do folículo piloso humano incluem duas espécies do gênero *Demodex*, *D. folliculorum* e *D. brevis*. Esses ácaros são minúsculos (0,1 a 0,4 mm) com um corpo vermiforme, quatro pares de pernas e um abdome anulado. *Demodex folliculorum* parasita os folículos pilosos da face da maioria dos adultos humanos, enquanto *D. brevis* é encontrado nas glândulas sebáceas da cabeça e do tronco.

Epidemiologia

O gênero *Demodex* é constituído por parasitas obrigatórios do tegumento humano e são cosmopolitas em sua distribuição. As infestações são incomuns em crianças pequenas e aumentam na época da puberdade. Estima-se que de 50 a 100% dos adultos sejam infestados com esses ácaros.

Síndromes clínicas

O papel das espécies de *Demodex* na doença humana é incerto (Caso Clínico 77.1). Eles têm sido associados a acne, comedões, blefarite, anormalidades do couro cabeludo e erupções tronculares. Mais recentemente, foliculite papular extensa resultante da infestação por *Demodex* foi descrita em pessoas com síndrome da imunodeficiência adquirida (AIDS). Fatores como má higiene pessoal, aumento da produção de sebo, hipersensibilidade aos ácaros e imunossupressão

> **Caso Clínico 77.1 Foliculite por *Demodex***
>
> Antille et al. (*Arch Dermatol* 140:457–460, 2004) relataram um caso de foliculite por *Demodex* em um homem de 49 anos. O paciente teve rosácea por 12 anos e apresentava rosácea telangiectásica e papular nas regiões malares e na testa. Sua condição piorou progressivamente apesar dos tratamentos sistêmicos intermitentes com ciprofloxacino. Seis meses antes, o paciente tinha interrompido todos os tratamentos, exceto os medicamentos anti-hipertensivos e antiuricêmicos. Um tratamento alternado com solução de clindamicina e pomada de tacrolimo a 0,03% 1 vez/dia foi inicialmente efetivo e bem tolerado. Três semanas mais tarde, porém, ele apresentou uma exacerbação aguda com intenso eritema e formação de pústulas extensas. Um esfregaço da pústula revelou numerosos ácaros do gênero *Demodex*, que também foram vistos em uma amostra de biopsia que confirmou o diagnóstico de rosácea. O tratamento com tacrolimo foi interrompido e a exacerbação regrediu rapidamente com terapia de ciprofloxacino sistêmico. Este último tratamento foi interrompido 1 mês depois e não houve recidiva durante um acompanhamento de 11 meses. Esse caso é um exemplo de uma situação em que as propriedades imunossupressoras do tacrolimo facilitaram o crescimento excessivo de ácaros foliculares do gênero *Demodex*, resultando em dermatite pustular.

aumentam a suscetibilidade do hospedeiro e intensificam a apresentação da infestação por *Demodex*. A maioria das pessoas infestadas com estes ácaros permanece assintomática.

Diagnóstico
Os ácaros podem ser demonstrados microscopicamente no material expresso a partir de um folículo infestado, e são visualizados como achados incidentais em cortes histológicos da pele facial.

Tratamento
O tratamento efetivo consiste em uma única aplicação de hexacloreto de gamabenzeno a 1%.

Ácaros trombiculídeos

Fisiologia e estrutura
Os ácaros adultos da família Trombiculidae infestam gramíneas e arbustos, enquanto suas larvas atacam os seres humanos e outros vertebrados, provocando dermatite grave. As larvas têm três pares de pernas e são cobertas com ramificações características, pelos em formato de penas.

As larvas aparecem como pequenos pontos avermelhados, pouco visíveis presos à pele, na qual usam as peças bucais em formato de gancho para ingerir líquidos teciduais. As larvas de trombiculídeos se fixam, tipicamente, às áreas da pele em que as roupas são apertadas ou restritas, como os pulsos, tornozelos, axilas, virilhas e cintura. Após a alimentação, as larvas ingurgitadas caem no chão onde sofrem a muda e desenvolvem-se em ninfas e adultos.

Epidemiologia
As larvas de trombiculídeos que são importantes na América do Norte incluem as de *Eutrombicula alfreddugesi* e *E. esplendens*. Na Europa, a espécie importante é *Trombicula autumnalis*. As larvas de trombiculídeos são um problema sobretudo para os entusiastas de atividades ao ar livre, como campistas e amantes de piquenique. Na Europa e nas Américas, estão associadas a lesões intensamente pruriginosas; contudo, na Ásia, na Austrália e na orla do Pacífico Ocidental, são vetores da riquetsiose tifo rural ou febre tsutsugamushi (*Orientia tsutsugamushi*) (ver Tabela 77.2 e Capítulo 34).

Síndromes clínicas
A saliva injetada na pele no momento da fixação dos ácaros provoca intenso prurido e dermatite. As lesões cutâneas aparecem como pequenas marcas eritematosas que progridem a pápulas e podem persistir por semanas. As larvas de ácaros podem ser visíveis no centro da área avermelhada e inchada. A irritação pode ser tão grave que causa febre e perturbação do sono. A infecção bacteriana secundária das lesões escoriadas pode ocorrer.

Tratamento, prevenção e controle
O tratamento da dermatite provocada por trombiculídeos é amplamente sintomático e consiste em antipruriginosos, anti-histamínicos e esteroides. O uso de repelentes de insetos, como o *N,N*-9-dietil-*m*-toluamida (DEET) pode ser de alguma ajuda na prevenção para pessoas que vão para áreas infestadas de ácaros trombiculídeos.

CARRAPATOS

Fisiologia e estrutura
Os carrapatos são ectoparasitas hematófagos de vários vertebrados, incluindo os seres humanos. Os carrapatos são oportunistas em vez de específicos do hospedeiro e tendem a sugar o sangue de vários animais grandes e pequenos. Os carrapatos têm um ciclo de vida de quatro estágios que inclui o ovo, a larva, a ninfa e o adulto. Embora os estágios de larva, ninfa e adulto sejam todos hematófagos, é o carrapato adulto que geralmente pica os seres humanos.

Os carrapatos compreendem duas grandes famílias, Ixodidae ou carrapatos duros e Argasidae ou carrapatos moles. Os carrapatos moles apresentam um corpo coriáceo, que não apresenta um escudo dorsal rígido e as peças bucais estão localizadas ventralmente e não são visíveis de cima (Figura 77.6). Os carrapatos duros têm uma placa ou escudo dorsal rígido e as peças bucais são claramente visíveis de cima (Figura 77.7). Tanto carrapatos duros quanto moles servem como ectoparasitas de humanos. Os carrapatos moles diferem dos carrapatos duros principalmente em relação ao comportamento alimentar. Carrapatos moles completam o ingurgitamento em questão de minutos ou no máximo algumas horas; os carrapatos duros se alimentam lentamente, demorando de 7 a 9 dias para serem ingurgitados.

Epidemiologia
Os carrapatos são encontrados em áreas arborizadas e rurais em todo o mundo. Na América do Norte, as espécies importantes de carrapatos duros incluem *Dermacentor variabilis* (o carrapato americano do cão), *D. andersoni* (o carrapato da madeira das Montanhas Rochosas), *Amblyomma americanum* (o carrapato estrela solitária), *Rhipicephalus sanguineus* (o carrapato marrom do cão) e *Ixodes dammini* (o carrapato do cervo ou veado). Esses carrapatos são encontrados de modo variável nos EUA e são vetores importantes de várias doenças infecciosas, incluindo febre maculosa das Montanhas Rochosas (espécies de *Dermacentor*), tularemia (espécies de *Dermacentor*), febre Q (espécies de *Dermacentor*), doença de Lyme (espécies de *Ixodes*), babesiose (espécies de *Ixodes*) e

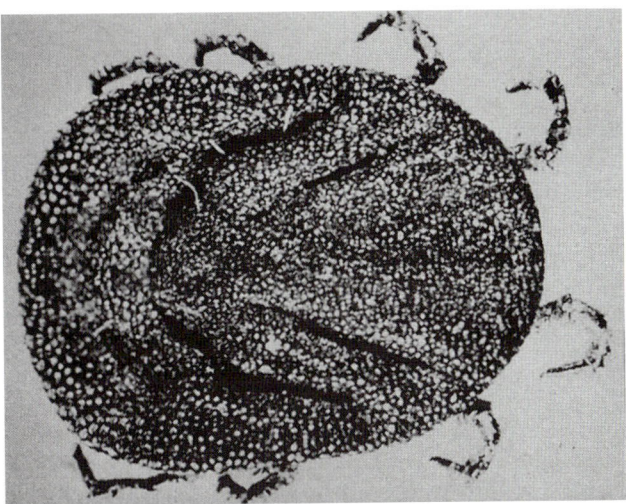

Figura 77.6 Carrapato mole (espécies de *Ornithodoros*). (De Strickland, G.T., 1991. Hunter's Tropical Medicine, seventh ed. WB Saunders, Philadelphia, PA.)

> **Caso Clínico 77.2 Febre por picada de carrapato africano**
>
> Owen et al. (*Arch Dermatol* 142:1312–1314, 2006) descreveram uma mulher de meia-idade que retornou de uma viagem ao Zimbábue com uma doença gripal e uma escara de inoculação; ela também relatou uma viagem para uma fazenda de caça. A biopsia da lesão cutânea revelou um padrão histopatológico consistente com patogênese infecciosa. A coloração imuno-histoquímica confirmou a presença de microrganismos do gênero *Rickettsia*. Em face da história da paciente e a constelação clínica de sinais e sintomas, um diagnóstico de febre por picada de carrapato africano foi confirmado. A paciente foi tratada com doxiciclina e evoluiu sem complicações.
>
> A febre por picada de carrapato africano é causada pela *Rickettsia africae* que emergiu recentemente como uma doença significativa em viajantes internacionais. O vetor é o carrapato *Amblyomma*, endêmico na África Subsaariana. Esse é um exemplo de apenas uma das muitas riquetsioses transmitidas por carrapatos.

Figura 77.7 Carrapato duro (*Ixodes dammini*). (De Peters, W., 1992. A Colour Atlas of Arthropods in Clinical Medicine. Wolfe, London; cortesia do Professor A. Spielman.)

erliquiose (*D. variabilis* e *A. americanum*) (ver Tabela 77.2). Carrapatos moles do gênero *Ornithodoros* transmitem espiroquetas da febre recorrente (espécies de *Borrelia*) em áreas limitadas no Ocidente (ver Tabela 77.2). Em geral, pessoas em risco de exposição ao carrapato estão envolvidas em atividades ao ar livre em áreas arborizadas. A exposição aos carrapatos também pode ocorrer durante estadas em cabanas habitadas por pequenos roedores, que geralmente servem como hospedeiros para carrapatos e outros ectoparasitas.

Síndromes clínicas

As picadas de carrapatos geralmente têm menos consequência e são limitadas a pequenas pápulas eritematosas (Caso Clínico 77.2). As consequências mais graves da picada de carrapatos incluem o desenvolvimento de um tipo de paralisia (paralisia do carrapato) ou uma reação de hipersensibilidade (alergia à carne vermelha) resultante de substâncias liberadas por carrapatos durante a alimentação e transmissão de várias doenças causadas por riquétsias, bactérias, vírus, espiroquetas e protozoários em seres humanos e outros animais.

Os carrapatos podem se fixar em qualquer ponto do corpo, mas tipicamente preferem o couro cabeludo, a linha de implantação do cabelo, as orelhas, as axilas e a região inguinal. A picada inicial é, geralmente, indolor e o carrapato pode não ser detectado por várias horas após o contato. Depois de o carrapato cair e ser removido manualmente, a área pode ficar avermelhada, dolorida e pruriginosa. A ferida pode tornar-se secundariamente infectada e necrótica, exigindo a terapia antibiótica. Deve-se notar que depois de remover o carrapato, as peças bucais muitas vezes permanecem imersas na pele. A remoção das peças bucais não é crítica, porque elas também serão isoladas como um corpo estranho ou serão removidas no processo de coçadura.

Três espécies de carrapato, *D. andersoni*, *D. variabilis* e *A. americanum*, foram relatadas como causadoras de **paralisia do carrapato**. Isso é caracterizado por paralisia flácida ascendente, febre e intoxicação geral, que pode levar a comprometimento respiratório e morte. A paralisia é causada por substâncias tóxicas liberadas na saliva do carrapato e pode ser revertida pela remoção do carrapato. A paralisia do carrapato é observada mais comumente em crianças pequenas e quando a fixação do carrapato está em oposição ao sistema nervoso central (p. ex., couro cabeludo, cabeça, pescoço).

Uma enigmática **alergia à carne vermelha** está associada às picadas de carrapatos estrela solitária no leste dos EUA. Associações semelhantes também são relatadas na Europa e Austrália, com carrapatos de ovelha (*I. ricinus*) e carrapato da paralisia (*I. holocyclus*), respectivamente, suspeitos de serem os responsáveis. A reação de hipersensibilidade grave ao tratamento com cetuximabe foi considerada geograficamente limitada e causada por reatividade da IgE com a **galactose-alfa-1,3-galactose (alfa-gal)**. Tal reatividade da IgE também foi associada à alergia à carne vermelha recentemente reconhecida, que se manifestou como urticária ou anafilaxia, 3 a 6 horas após a ingestão de carne bovina, suína ou de cordeiro. O início tardio dos sintomas distingue esse tipo de alergia de outras alergias alimentares.

Pacientes com múltiplas picadas de carrapatos recentes e posteriores estudos detalhados de casos individuais, a associação epidemiológica entre IgE antialfa-gal e picadas de carrapato estrela solitária e a correlação de IgE às proteínas do carrapato, todos em conjunto, forneceram evidências de causalidade. A maioria dos pacientes tem um tipo sanguíneo diferente do B, que é biologicamente consistente com a similaridade estrutural do alfa-gal e dos determinantes do grupo sanguíneo B. O alfa-gal é um dos principais componentes dos tecidos internos do carrapato, assim as associações demonstradas são biologicamente plausíveis. Tratamentos específicos não foram descritos, além de evitar a carne vermelha e as picadas de carrapatos; aparentemente, a alergia se resolverá na ausência de picadas adicionais de carrapatos. Esse exemplo incomum de lesão direta e tardia causada por artrópodes ainda não foi totalmente compreendido.

Os carrapatos também estão envolvidos na transmissão de infecções, como doença de Lyme, febre maculosa das Montanhas Rochosas, erliquiose, febre do carrapato do Colorado, febre recorrente, tularemia, febre Q e babesiose (ver Tabela 77.2). Para discussão dos aspectos clínicos e microbiológicos dessas infecções, consultar as seções apropriadas deste livro (ver Capítulos 29, 32, 34 e 73).

Diagnóstico

O diagnóstico de picadas de carrapatos e doenças transmitidas por carrapatos geralmente se baseia na demonstração de um carrapato ou em relato de exposição para áreas infestadas. A identificação de um carrapato adulto é geralmente simples e baseada nas observações de um organismo que é dorsoventralmente achatado e tem quatro pares de pernas e nenhuma segmentação visível (ver Figuras 77.6 e 77.7). Um entomologista ou parasitologista deve ser consultado para identificação adicional. O diagnóstico de doenças infecciosas específicas transmitidas por carrapatos é abordado nas respectivas seções deste livro (ver Capítulos 29, 32, 34 e 73).

Tratamento, prevenção e controle

A remoção precoce dos carrapatos fixados é de importância primordial e pode ser realizada por tração constante no corpo do carrapato, agarrada com pinça o mais próximo possível da pele. Cuidados devem ser tomados para evitar torcer ou esmagar o carrapato, o que pode deixar as peças bucais presas à pele ou injetar material potencialmente infeccioso dentro da ferida. A tração constante é superior aos estímulos tóxicos ou técnicas oclusivas para a remoção de carrapatos. Após a retirada, a ferida deve ser limpa e observada quanto à presença de infecção secundária. Como os carrapatos podem abrigar agentes altamente infecciosos, o clínico deve usar precauções apropriadas de controle de infecção (p. ex., uso de luvas, lavagem das mãos, descarte adequado de carrapatos e material contaminado) durante a remoção. A remoção de carrapatos é imperativa em casos de paralisia por carrapato. A menos que o carrapato seja removido, a quadriplegia e a paralisia respiratória podem ser observadas; a taxa de letalidade sem remoção de carrapatos se aproxima a 10%. A recuperação completa geralmente é vista dentro de 48 horas após a remoção do artrópode.

As medidas preventivas utilizadas nas áreas infestadas de carrapatos incluem o uso de roupas de proteção que se adaptam bem aos tornozelos, pulsos, cintura e pescoço para que os carrapatos não possam ter acesso à pele. Os repelentes de insetos, como o DEET, geralmente são eficazes. Pessoas e animais de estimação devem ser inspecionados para carrapatos após visitas a áreas infestadas por estes ectoparasitas.

Hexapoda (Insecta)

Os insetos ou **hexápodes** constituem os maiores e mais importantes de todas as classes de artrópodes, sendo responsáveis por aproximadamente 70% de todas as espécies de animais conhecidas. Os insetos incluem animais, como mosquitos, moscas, pulgas, piolhos, baratas, abelhas, vespas, escaravelhos e traças, para citar apenas alguns. O corpo do inseto é dividido em três partes (cabeça, tórax e abdome) e está equipado com um par de antenas, três pares de apêndices e um ou dois pares de asas ou sem asas. O significado médico de qualquer inseto está relacionado com o seu modo de vida, particularmente suas peças bucais e hábitos alimentares. Os insetos podem servir como vetores para vários patógenos bacterianos, virais, protozoários e metazoários. Alguns insetos são meramente vetores mecânicos para a transmissão de patógenos, enquanto em outros insetos, os patógenos sofrem multiplicação ou desenvolvimento cíclico dentro do hospedeiro inseto. Os métodos pelos quais os insetos transmitem os patógenos variam e são discutidos aqui. Os insetos também podem ser patogênicos por si mesmos, causando lesões mecânicas através das picadas, lesões químicas por injeção de toxinas e reações alérgicas a materiais transmitidos por picadas ou ferroadas. Existem mais de 30 ordens de insetos, mas apenas os de maior importância médica são discutidos nesta seção.

DÍPTEROS HEMATÓFAGOS

Diptera é a grande ordem de insetos voadores. Todos os dípteros têm um único par de asas membranosas funcionais e várias modificações das peças bucais, que foram adaptadas para perfurar a pele e sugar sangue ou sucos teciduais. Sua característica mais importante é seu papel como vetores mecânicos ou biológicos de uma série de doenças infecciosas, incluindo leishmaniose, tripanossomíase, malária, filariose, oncocercose, tularemia, bartonelose e as encefalites virais (ver Tabela 77.2). As moscas sugadoras de sangue incluem mosquitos, flebotomíneos e moscas-negras, todos são capazes de transmitir doenças aos seres humanos. Outros dípteros, como mutucas e *Stomoxys calcitrans*, são capazes de infligir picadas dolorosas, mas não são conhecidas por transmitir patógenos humanos. Embora a mosca doméstica comum não promova picadas, certamente é capaz de transmissão mecânica de várias infecções virais, bacterianas e por protozoários aos hospedeiros humanos. As doenças infecciosas transmitidas por moscas hematófagas são bem cobertas em outros capítulos deste livro (ver Capítulos 29, 73 e 74). A seção seguinte trata apenas das lesões resultantes da picada desses insetos e dos efeitos das substâncias salivares introduzidas na pele humana e tecidos.

Mosquitos

Fisiologia e estrutura

Os mosquitos adultos são pequenos e têm pernas delicadas, um par de asas, antenas longas e peças bucais muito alongadas adaptadas para a perfuração e sucção. As duas principais subfamílias de mosquitos (família Culicidae), os Anophelinae e os Culicidae, compartilham uma série de similaridades em seus ciclos de vida e desenvolvimento. Eles depositam os ovos sobre ou perto da água, são bons voadores e se alimentam de néctar e açúcares. As fêmeas da maioria das espécies também se alimentam de sangue, que necessitam para cada ninhada de 100 a 200 ovos. As fêmeas podem realizar a refeição de sangue a cada 2 a 4 dias. No ato da alimentação, o mosquito fêmea injeta saliva, que produz danos mecânicos no hospedeiro, mas também pode transmitir doenças e produzir reações imunes imediatas e tardias.

Epidemiologia
O gênero *Anopheles*, da subfamília Anophelinae, contém as espécies responsáveis pela transmissão de malária humana. Nos trópicos, esses mosquitos se reproduzem continuamente em ambientes de alta pluviosidade. Essas espécies variam em sua capacidade de transmissão da malária e, dentro de cada área geográfica, o número de espécies que servem como vetores da malária é pequeno. A espécie *Anopheles gambiae* é um vetor importante da malária na África Subsaariana.

Mosquitos de *Aedes*, o maior gênero da subfamília Culicidae, são encontrados em todos os hábitats, desde os trópicos até o Ártico. Essa espécie pode desenvolver grandes populações em pântanos, tundra, pastagens ou inundações e têm um grave impacto sobre a vida selvagem, o gado e os seres humanos. *Aedes aegypti*, o mosquito da febre amarela, geralmente se reproduz em recipientes sintéticos (vasos, sarjetas, latas) e é o vetor primário da febre amarela e dengue em ambientes urbanos em todo o mundo.

Síndromes clínicas
Os danos mecânicos induzidos pela alimentação do mosquito picador são geralmente menores, mas podem ser acompanhados de dor leve e irritação. A picada é geralmente seguida em poucos minutos por um pequeno vergão achatado cercado por uma vermelhidão intensa. A reação tardia consiste em prurido, inchaço e vermelhidão da região da ferida. Como resultado, pode ocorrer uma infecção secundária à arranhadura.

Tratamento, prevenção e controle
A atenção médica geralmente não é procurada para uma picada, a menos que ocorra uma infecção secundária. Anestésicos ou anti-histamínicos locais podem ser úteis no tratamento de reações a picadas de mosquitos.

As medidas preventivas em áreas infestadas por mosquitos incluem o uso de telas de janela, redes e roupas de proteção. Os repelentes de insetos, como o DEET, são geralmente eficazes. As medidas de controle dos mosquitos que envolvem o uso de inseticidas têm sido eficazes em algumas áreas.

Ceratopogonídeos
Fisiologia e estrutura
Ceratopogonídeos representam várias moscas minúsculas, conhecidos popularmente no Brasil como **mosquito-pólvora, maruim ou meruim (em inglês, como gnats, midges** e **punkies)**. A maioria das moscas que atacam seres humanos pertence ao gênero *Culicoides*; são minúsculas (0,5 a 4 mm de comprimento) e delgadas o suficiente para passar por uma malha fina de telas de janela comuns. As fêmeas sugam o sangue e tipicamente se alimentam ao anoitecer, quando podem atacar em grandes números.

Epidemiologia
Os maruins podem ser importantes pragas em praias e áreas de *resort* próximas a pântanos salgados. Aqueles pertencentes ao gênero *Culicoides* são os principais vetores da filariose na África e nas regiões tropicais do Novo Mundo.

Síndromes clínicas
As peças bucais dos maruins são como lancetas e sua picada é dolorosa. As picadas podem produzir lesões locais que duram horas ou dias.

Tratamento, prevenção e controle
O tratamento local é paliativo, com loções, anestésicos e medidas antissépticas. O tratamento dos locais de reprodução com pesticidas e repelentes pode ser útil contra algumas das espécies comuns dessas pragas.

Flebotomíneos
Fisiologia e estrutura
Os flebotomíneos (mosquito-palha) pertencem a uma única subfamília dos Psychodidae, os Phlebotominae. Eles são insetos pequenos (1 a 3 mm), delicados, peludos, fracos voadores que sugam o sangue de seres humanos, cães e roedores. Eles transmitem uma série de infecções, incluindo a leishmaniose (ver Tabela 77.2). As fêmeas se infectam quando se alimentam de pessoas infectadas.

Epidemiologia
As larvas de flebotomíneos se desenvolvem em hábitats não aquáticos, como solo úmido, paredes rochosas e pilhas de lixo. Em muitas áreas, os flebotomíneos causam problemas como pragas. Eles também servem como vetores de doenças infecciosas, como a leishmaniose no Mediterrâneo, no Oriente Médio, Ásia e América Latina.

Síndromes clínicas
A picada pode ser dolorosa e pruriginosa ao redor da lesão local. As pessoas sensibilizadas podem ter reações alérgicas. A **febre do flebotomíneo** é caracterizada por intensa cefaleia frontal, mal-estar, dor retro-orbital, anorexia e náuseas.

Tratamento, prevenção e controle
Os flebotomíneos são muito sensíveis aos inseticidas, que devem ser aplicados em locais de reprodução e telas de janela. Vários repelentes de insetos também podem ser úteis.

Simulídeos
Fisiologia e estrutura
Os membros da família Simuliidae são comumente chamados de **simulídeos** ou popularmente como **borrachudos**. Têm de 1 a 5 mm de comprimento, são corcundas e têm peças bucais compostas de seis "lâminas" capazes de rasgar a pele (Figura 77.8). Os simulídeos são insetos sugadores de sangue e se reproduzem em riachos e rios de fluxo rápido. Eles são de grande importância como vetores de oncocercose (ver Tabela 77.2).

Epidemiologia
Os simulídeos são comuns na África e na América do Sul, onde servem como vetores de oncocercose. Na América do Norte, são comuns em torno das regiões lacustres do Canadá e do norte dos EUA. Eles são pragas para os caçadores e

Figura 77.8 Simulídeos (espécies de *Simulium*), o vetor da oncocercose. (De Peters, W., 1992. A Colour Atlas of Arthropods in Clinical Medicine. Wolfe, London; cortesia do Dr. S. Meredith.)

pescadores nestas áreas. Em grande número, podem causar perda significativa de sangue e representam uma grande ameaça para animais domésticos e selvagens.

Síndromes clínicas

Várias respostas têm sido observadas em seres humanos após a picada dos simulídeos. A picada da fêmea lesiona a superfície da pele e induz sangramento que continua por algum tempo depois da partida do mosquito. Geralmente, há uma mancha hemorrágica distinta no local da picada. Múltiplas picadas podem resultar em considerável perda de sangue. A picada é dolorosa e acompanhada de inflamação local, prurido e inchaço.

A reação local também pode ser acompanhada de uma resposta sistêmica que varia de acordo com o número de picadas e a sensibilidade da pessoa. Essa síndrome é conhecida como a **febre dos simulídeos** e é caracterizada por cefaleia, febre e adenite. Ela geralmente diminui em 48 horas e é considerada uma reação de hipersensibilidade às secreções salivares do mosquito.

Além das respostas locais e sistêmicas à picada do simulídeo, uma **síndrome hemorrágica** é descrita após a picada de simulídeos em algumas áreas do Brasil. Essa síndrome se assemelha à púrpura trombocitopênica e é caracterizada por hemorragias cutâneas locais e disseminadas associadas ao sangramento de mucosas. Acredita-se que essa síndrome hemorrágica pode ser produzida por um fenômeno de hipersensibilidade ou resposta a uma toxina causada por várias picadas dos simulídeos.

Diagnóstico

A picada do simulídeo é caracteristicamente marcada por um ponto de sangue seco e hemorragia subcutânea no local da ferida. Em pessoas com a síndrome hemorrágica, as contagens de plaquetas são reduzidas; há um tempo prolongado de hemorragia e retração deficiente do coágulo em cerca de metade dos pacientes.

Tratamento, prevenção e controle

O tratamento inclui as medidas paliativas usuais (p. ex., anestésicos, anti-histamínicos, loções) para aliviar o prurido local e o edema. Pacientes com a síndrome hemorrágica mostraram uma melhoria significativa com a terapia com corticosteroide.

As medidas preventivas incluem roupas de proteção. Em geral, os repelentes de insetos são ineficazes contra os simulídeos. Algum controle é obtido despejando inseticidas nos rios e riachos.

TABANÍDEOS

A família Tabanidae consiste em espécies que incluem mutucas, *Chrysops moscardo* e *Cordylobia anthropophaga*, que atacam principalmente animais. Eles são grandes, com comprimento que varia de 7 a 30 mm. Os machos se alimentam de sucos vegetais e as fêmeas, de sangue. No ato da picada, as fêmeas deixam uma ferida profunda, causando o fluxo de sangue, que esses dípteros ingerem. A mosca pode servir como um vetor mecânico de doenças infecciosas quando as peças bucais ficam contaminadas em um hospedeiro e transferem organismos para outros hospedeiros em seguida. Esses simulídeos não são considerados vetores importantes de doenças infecciosas em humanos.

DÍPTEROS MUSCOIDES

Fisiologia e estrutura

Os dípteros muscoides incluem três insetos de importância médica: a mosca doméstica, *Musca domestica*; a mosca dos estábulos, *Stomoxys calcitrans*; e as **moscas tsé-tsé**, do gênero *Glossina*. A mosca dos estábulos, muitas vezes confundida com a mosca doméstica, é uma verdadeira sugadora de sangue capaz de servir como um vetor mecânico a curto prazo de várias infecções bacterianas, virais e por protozoárias. A mosca tsé-tsé (Figura 77.9) também é uma mosca picadora e serve como o vetor biológico e hospedeiro intermediário para os agentes da tripanossomíase africana, *Trypanosoma brucei rhodesiense* e *T. b. gambiense*. A mosca doméstica comum representa uma série de gêneros que são

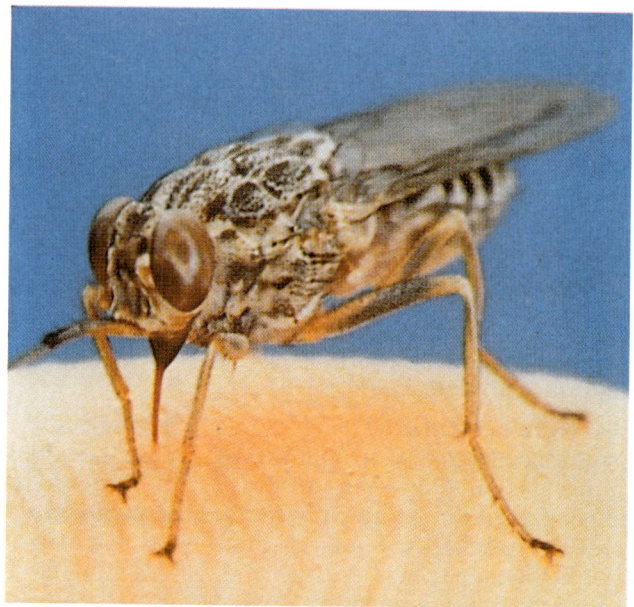

Figura 77.9 Mosca tsé-tsé, o vetor da tripanossomíase africana. (De Peters, W., 1992. A Colour Atlas of Arthropods in Clinical Medicine. Wolfe, London; cortesia de Wellcome Foundation, Berkhamsted, England.)

moscas não perfurantes ou contaminantes. Em razão dos seus hábitos de vida e alimentação, elas transmitem mecanicamente diversos agentes para os seres humanos.

Epidemiologia

A mosca tsé-tsé é encontrada nas regiões leste e central da África, onde é de grande importância médica e veterinária como hospedeiro intermediário e vetor biológico de uma série de tripanossomas que infectam humanos e animais. A mosca doméstica e a mosca dos estábulos apresentam distribuição cosmopolita e servem como indicadores de falta de saneamento. A mosca doméstica, *M. domestica*, deposita os ovos em qualquer matéria (fezes, lixo, matéria vegetal em decomposição) que servirá como alimento para o desenvolvimento de larvas de mosca. A mosca dos estábulos (*Stomoxys calcitrans*) comumente deposita seus ovos em matéria vegetal úmida e em decomposição, como aparas de grama ou montes de adubo encontrados em comunidades suburbanas.

Prevenção e controle

O controle das populações de moscas tsé-tsé tem sido problemático em razão de sua ampla distribuição, principalmente em áreas rurais e não desenvolvidas. Repelentes de insetos e inseticidas podem ser efetivos contra moscas adultas. A melhoria do saneamento é importante no controle da mosca doméstica. Os resíduos vegetais devem ser protegidos da chuva ou serem destruídos.

MOSCAS CAUSADORAS DE MIÍASE

A **miíase** é o termo aplicado à doença produzida por larvas que vivem como parasitas em tecidos humanos (Caso Clínico 77.3). Clinicamente, a miíase pode ser classificada de acordo com a parte do corpo envolvida (p. ex., miíase nasal, intestinal ou urinária). O número de moscas produtoras de miíase e a diversidade em exigências de estilo de vida são enormes. Somente as relações do hospedeiro e os locais prediletos de algumas das mais importantes espécies são cobertos nesta seção.

Caso Clínico 77.3 Miíase furuncular

Bakos et al. (*Arch Dermatol* 143:123–124, 2007) descreveram uma mulher de 54 anos que se queixava de um nódulo inflamatório doloroso na face interna da perna direita havia 2 semanas. Ela lembrou-se vagamente de ter sido picada nessa área por um "inseto". Após 1 semana de tratamento antibiótico prescrito para aliviar a reação inflamatória ao redor da picada, um nódulo mal delimitado foi observado, com um pequeno poro em cima do qual houve a exsudação de líquido serossanguíneo. A dermoscopia revelou uma abertura central rodeada de vasos sanguíneos dilatados, nos quais uma estrutura amarelada com espinhos em formato de barbela preta na extremidade foi observada com extrusão intermitente. Isso correspondeu à extremidade posterior da larva *Dermatobia hominis* (mosca-varejeira ou da berne humana). A lesão foi ocluída com uma camada dupla de emplastro por 24 horas e a larva morta e imóvel foi removida com pinça e compressão suave. A miíase furuncular causada por *D. hominis* é uma doença comum nos países tropicais da América tropical. O diagnóstico de miíase furuncular deve ser sempre considerado em todas as lesões em forma de bolhas que não respondem ao tratamento comum, principalmente em viajantes que retornam de países tropicais.

A **miíase específica** refere-se à miíase causada por moscas que necessitam de um hospedeiro para o desenvolvimento de larvas. Um exemplo importante é a mosca-varejeira de humanos (ou berne), *Dermatobia hominis*, encontrada nas regiões úmidas do México e das Américas Central e do Sul. A mosca-varejeira adulta prende seus ovos ao abdome de moscas ou mosquitos hematófagos, os quais, por sua vez, distribuem os ovos enquanto obtém a refeição de sangue de um animal ou humano. As larvas penetram na pele através da ferida criada pela picada do inseto. As larvas se desenvolvem em mais de 40 a 50 dias, durante os quais aparece uma dolorosa lesão conhecida como **berne**. Quando as larvas atingem a maturidade, elas saem do hospedeiro para a pupa. A lesão resultante pode levar semanas a meses para curar e pode ficar secundariamente infectada. Se a larva morrer antes de deixar a pele, forma-se um abscesso.

A **miíase semiespecífica** é causada por moscas que habitualmente depositam seus ovos em matéria animal ou vegetal em decomposição; desenvolve-se em um hospedeiro, se a entrada for facilitada por feridas ou lesões. Os representantes desse grupo incluem a mosca-verde, *Phaenicia*; mosca-azul, *Cochliomyia*; e a mosca-preta, *Phormia*. Essas moscas estão em distribuição mundial e sua presença é encorajada pela falta de saneamento. Elas depositam ocasionalmente seus ovos nas feridas ou feridas abertas de animais e humanos. Outro grupo que causa a miíase em humanos são as moscas da carne ou sarcófagos. Estas moscas têm uma distribuição mundial e tipicamente se reproduzem no material em decomposição. Podem depositar suas larvas em alimentos que, se ingeridos, servem como fonte de infecção.

As moscas que produzem **miíase acidental** não têm exigências específicas para desenvolvimento em um hospedeiro. A infecção acidental pode ocorrer quando os ovos são depositados sobre aberturas orais ou geniturinárias e as larvas resultantes ganham acesso ao intestino ou ao sistema geniturinário. Moscas que podem produzir miíase incluem *M. domestica*.

PIOLHOS HEMATÓFAGOS

Fisiologia e estrutura

Embora várias espécies de piolhos (*Anoplura*) infestem os humanos como parasitas que se alimentam de sangue, apenas o piolho do corpo é importante na medicina como vetor de riquétsia, agente causador do tifo e da febre das trincheiras, e também como vetor das espiroquetas da febre recorrente (ver Tabela 77.2). O **piolho do corpo**, *Pediculus humanus*, e o **piolho da cabeça**, *P. humanus capitis*, são insetos alongados, sem asas e achatados, com três pares de patas e peças bucais adaptadas para perfuração de carne e sucção de sangue (Figura 77.10). O piolho púbico, *Phthirus pubis*, tem um abdome curto, semelhante ao do caranguejo, com garras na segunda e terceira pernas (Figura 77.11).

Epidemiologia

Epidemias de piolhos da cabeça são relatadas com frequência nos EUA, particularmente em crianças em idade escolar. Os piolhos da cabeça habitam os fios de cabelo da cabeça e são transmitidos por contato físico ou compartilhamento de escovas de cabelo ou chapéus. Os piolhos púbicos sobrevivem com a hematofagia ao redor dos pelos das áreas púbicas e perianais do corpo. A transmissão ocorre, com frequência, de uma pessoa para outra por contato sexual e assentos de

Figura 77.10 Piolho do corpo (*Pediculus humanus*). (De Peters, W., 1992. A Colour Atlas of Arthropods in Clinical Medicine. Wolfe, London; cortesia de Oxford Scientific Films [Dr. R.J. Warren].)

Figura 77.11 Piolho púbico (*Phthirus púbis*). (De Peters, W., 1992. A Colour Atlas of Arthropods in Clinical Medicine. Wolfe, London; cortesia do Dr. R.V. Southcott.)

banheiro ou roupas contaminadas. Os piolhos do corpo geralmente são encontrados em roupas. Ao contrário dos piolhos da cabeça ou púbicos, eles se movem para o corpo para alimentação e retornam às roupas após a obtenção de sangue. Todos os piolhos injetam líquido salivar no corpo durante a ingestão de sangue, causando diversos graus de sensibilização no hospedeiro humano.

Síndromes clínicas

Prurido intenso é a característica habitual da infestação por piolhos (**pediculose**). O paciente pode ter pápulas pruriginosas, vermelhas ao redor das orelhas, rosto, pescoço ou ombros. Podem ocorrer infecção secundária e adenopatia regional.

Diagnóstico

O diagnóstico é feito pela demonstração dos piolhos ou ovos de um paciente que se queixa de prurido. Frequentemente, o paciente observa os insetos e o diagnóstico pode ser feito por telefone. Os ovos ou **lêndeas** são brancos e redondos e podem ser encontrados presos às hastes dos fios de cabelo ou pelos púbicos (piolhos da cabeça e púbicos) ou em roupas (piolhos do corpo).

Tratamento, prevenção e controle

A loção de hexacloreto de gamabenzeno (lindano) aplicada no corpo inteiro e deixada por 24 horas é um tratamento efetivo para eliminação dos piolhos. Raspar os pelos das áreas afetadas é um complemento desejável. Piolhos adultos em roupas devem ser destruídos pela aplicação de lindano ou diclorodifeniltricloroetano (DDT) em pó ou por fervura. Os piolhos podem sobreviver no ambiente por até 2 semanas; assim, itens como escovas, pentes e a roupa de cama deve ser tratados com um pediculicida ou fervidos.

A melhor estratégia para a prevenção primária é a orientação e a prática de bons hábitos de higiene. A prevenção secundária pode ser praticada por uma política de vigilância de rotina (p. ex., inspeção do couro cabeludo) em escolas, creches, acampamentos militares e outras instituições. Repelentes podem ser necessários para pessoas que correm um alto risco de exposição em condições de aglomeração.

PULGAS

Fisiologia e estrutura

As pulgas (*Siphonaptera*) são pequenos insetos sem asas e com os corpos comprimidos lateralmente e as pernas longas adaptadas para saltar (Figura 77.12). Suas peças bucais são adaptadas para sucção ou "sifonagem" de sangue do hospedeiro.

Epidemiologia

As pulgas apresentam distribuição cosmopolita. A maioria das espécies é adaptada a um determinado hospedeiro; contudo, conseguem facilmente se alimentar em seres humanos, sobretudo quando privadas de seu hospedeiro preferencial.

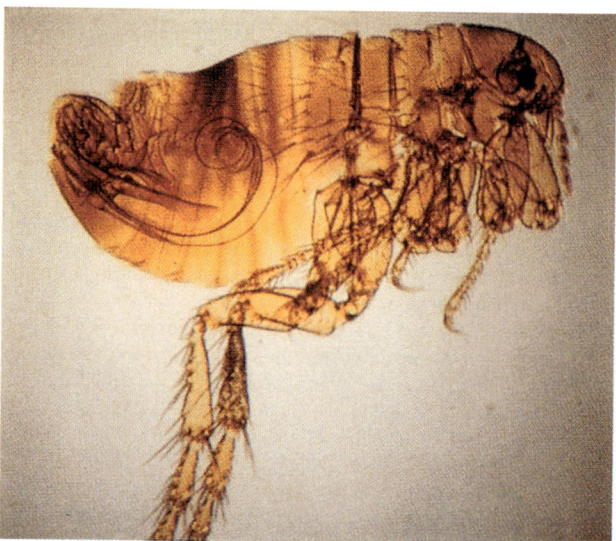

Figura 77.12 Pulga. (De Peters, W., 1992. A Colour Atlas of Arthropods in Clinical Medicine. Wolfe, London.)

As pulgas são importantes como vetores da peste e do tifo murino e como hospedeiros intermediários para tênias de cães (*Dipylidium caninum*) e roedores (espécies de *Hymenolepis*) que ocasionalmente infectam seres humanos.

Em contraste com a maioria das pulgas que não invadem o tegumento humano, *Tunga penetrans* pode causar danos consideráveis ao invadir ativamente a pele. *Tunga penetrans* fêmea se enterra na pele, muitas vezes sob as unhas dos pés ou entre os dedos dos pés, onde suga o sangue e deposita seus ovos. *Tunga penetrans* é encontrada em regiões tropicais e subtropicais da América, bem como na África e no Extremo Oriente. Não é conhecida a transmissão de patógenos humanos.

Síndromes clínicas

Como acontecem com as picadas de outros artrópodes sugadores de sangue, as picadas de pulgas resultam em lesões pruriginosas, eritematosas de gravidade variável, que dependem da intensidade da infestação e da sensibilidade da pessoa. A irritação causada pela saliva da pulga pode produzir achados físicos que variam de pequenos vergões vermelhos a uma erupção cutânea vermelha difusa. A infecção secundária pode ser uma complicação.

A invasão cutânea pela *Tunga penetrans* produz uma pápula eritematosa dolorosa e pruriginosa. O tecido infestado pode ficar extremamente inflamado e ulcerado. A infecção secundária é comum. Em casos graves, a infestação pode ser complicada por tétano ou gangrena gasosa, resultando em amputação.

Diagnóstico

O diagnóstico de infestação por pulgas é inferido em um paciente com picadas irritantes, que também é dono de um animal de estimação (cão ou gato). O exame do paciente e do animal de estimação geralmente revela o inseto característico. O diagnóstico da tungíase é feito pela detecção da porção escura do abdome de *Tunga penetrans* à medida que ela se projeta da superfície da pele no centro de uma lesão inflamada.

Tratamento, prevenção e controle

O tratamento paliativo com antipruriginosos e anti-histamínicos é indicado para a maioria das picadas de pulgas. A remoção cirúrgica de *Tunga penetrans* é indicada.

Os inseticidas comercialmente disponíveis podem controlar as pulgas na fonte. Os repelentes aplicados topicamente conseguem proteger as pessoas contra picadas de pulgas. O uso de pós ou coleiras antipulga em animais de estimação também são medidas preventivas efetivas.

HEMÍPTEROS

Fisiologia e estrutura

Os **hemípteros** se referem especificamente a dois insetos hematófagos (sugadores de sangue) – **percevejos** e **triatomíneos** (Figuras 77.13 e 77.14). Ambos os insetos são caracterizados por uma longa probóscide que é dobrada ventralmente sob o corpo quando não está em uso. O percevejo (*Cimex lectularius*) é um inseto marrom-avermelhado com aproximadamente 4 a 5 mm de comprimento. Tem asas curtas, mas não podem voar. O triatomíneo ou "**barbeiro**" tem marcas amarelas ou laranja no corpo e uma cabeça alongada. Os triatomíneos têm asas e são aéreos.

Figura 77.13 Percevejo (*Cimex lectularis*). (De Peters, W., 1992. A Colour Atlas of Arthropods in Clinical Medicine. Wolfe, London.)

Figura 77.14 Triatomíneo. (De Peters, W., 1992. A Colour Atlas of Arthropods in Clinical Medicine. Wolfe, London; cortesia do Dr. D. Minter.)

Epidemiologia

Tanto os percevejos quanto os triatomíneos são noturnos e se alimentam indiscriminadamente da maioria dos mamíferos. Os percevejos apresentam distribuição cosmopolita, enquanto os triatomíneos são limitados às Américas. Os percevejos se escondem durante o dia em rachaduras e fendas de móveis de madeira, sob papel de parede solto, em colchões de espuma e colchões de molas. Os triatomíneos vivem em rachaduras e fendas das paredes e nos telhados de colmo. Os percevejos não participam na transmissão de doenças humanas, enquanto os triatomíneos são vetores importantes da tripanossomíase americana (doença de Chagas) (ver Tabela 77.2 e Capítulo 73).

Síndromes clínicas

As picadas de percevejos e triatomíneos produzem lesões que variam de pequenas marcas vermelhas a bolhas hemorrágicas. Os percevejos tendem a picar de maneira linear no tronco e nos braços, enquanto os triatomíneos picam com maior frequência na face. O clássico edema periorbital secundário a uma picada de triatomíneo é conhecido como o **sinal de Romaña**. A intensidade da reação a uma picada depende do grau de sensibilização do paciente. Além de causar lesões locais, repetidas exposições a picadas de percevejos podem (raramente) levar a reações anafiláticas ou, mais frequentemente, estar associadas a transtornos neurológicos e insônia em crianças e adultos.

Diagnóstico

O padrão e a localização das picadas sugerem percevejos ou insetos triatomíneos. A detecção de pequenas manchas de sangue na roupa de cama ou dos próprios insetos mortos é frequentemente o primeiro sinal de infestação de percevejos.

Tratamento, prevenção e controle

Paliativos tópicos são apropriados para o alívio do prurido. Os anti-histamínicos podem ser indicados se a dermatite for grave. O controle consiste na higiene adequada e nas aplicações de inseticidas no ambiente. O controle de infestações por percevejos tornou-se mais desafiador em virtude do desenvolvimento de resistência aos inseticidas comumente usados.

HIMENÓPTEROS

Fisiologia e estrutura

A ordem Hymenoptera compreende as abelhas, vespas, marimbondos e formigas. O ovipositor modificado da fêmea, o aparelho para postura de ovos, serve como órgão picador e é usado para defesa ou captura de presas para alimentos. Os membros dos himenópteros são conhecidos por seus complexos sistemas sociais, castas e elaboradas estruturas de colmeias ou ninhos.

Epidemiologia

Dos himenópteros, as abelhas ou Apidae vivem em organizações sociais complexas, como colmeias ou em locais subterrâneos menos estruturados. Apenas as abelhas e as mamangavas (*Bombus*) representam uma preocupação para os seres humanos em razão de sua capacidade de picar. Vespidae incluem vespas, vespões e vespas-amarelas; todos são insetos agressivos e uma das principais causas de picadas em seres humanos. No ato da picada, o inseto estimulado insere a bainha para abrir a ferida. Imediatamente a seguir, ocorre a propulsão dos estiletes e a injeção do veneno.

Um grupo de formigas que gera preocupação nos EUA é a **formiga-de-fogo**, *Solenopsis invicta*. As formigas-de-fogo são particularmente comuns nos estados do Sudeste. Elas estão bem camufladas em grandes montes com crostas duras e atacam quando perturbadas. Picam sua vítima com mandíbulas fortes e depois picam repetidamente.

Síndromes clínicas

Estima-se que de 50 a 100 pessoas morrem a cada ano nos EUA de reações às picadas dos himenópteros. Reações tóxicas graves, como febre e cãibras musculares, podem ser causadas por até mesmo dez ferroadas. Reações alérgicas são a consequência mais grave, mas outras incluem dor, edema, prurido e sensação de calor no local da picada. O choque anafilático das picadas de abelhas resultou em morte em alguns exemplos.

Tratamento, prevenção e controle

Ainda não foi descoberto tratamento satisfatório para picadas. Se o ferrão for deixado na ferida, deve ser removido imediatamente. A injeção de norepinefrina é, às vezes, necessária para combater a anafilaxia (*kits* de emergência estão disponíveis por prescrição para pessoas sensíveis). Para o alívio do desconforto local, é útil a aplicação da loção de calamina ou um creme de corticosteroide tópico para lesões locais mais graves.

Embora não existam repelentes efetivos contra esses insetos, seus ninhos podem ser destruídos com qualquer um de vários compostos inseticidas disponíveis comercialmente. A evitação geral de áreas habitadas por himenópteros é aconselhada para pessoas sensíveis.

Bibliografia

Binford, C.H., Connor, D.H., 1976. Pathology of Tropical and Extraordinary Diseases. Armed Forces Institute of Pathology, Washington, DC.
Hwang, S.W., et al., 2005. Bed bug infestations in an urban environment. Emerg. Infect. Dis. 11, 533–537.
John, D.T., Petri Jr., W.A., 2006. Markell and Voge's Medical Parasitology, ninth ed. WB Saunders, St Louis.
Najarian, H.H., 1967. Textbook of Medical Parasitology. Williams & Wilkins, Baltimore.
Peters, W., 1992. A Colour Atlas of Arthropods in Clinical Medicine. Wolfe, London.
Strickland, G.T., 2000. Hunter's Tropical Medicine and Emerging Infectious Diseases, eighth ed. WB Saunders, Philadelphia.
Swanson, D.L., Vetter, R.S., 2005. Bites of brown recluse spiders and suspected necrotic arachnidism. N. Engl. J. Med. 352, 700–707.
Telford, S.R., Mathison, B.A., 2011. Arthropods of medical importance. In: Jorgensen, J.H., et al. (Ed.), Manual of Clinical Microbiology, tenth ed. American Society for Microbiology Press, Washington, DC.
Van Horn, K.G., et al., 1992. Copepods associated with a perirectal abscess and copepod pseudo-outbreaks in stools for ova and parasite examinations. Diagn. Microbiol. Infect. Dis. 15, 561–565.Case Study and Questions

Índice Alfabético

A
Abscesso(s), 167, 722
- cerebrais, 243, 336
- de Brodie, 192
- hepático amebiano, 728
Ácaros, 824
Aciclovir, 420
Ácido(s)
- desoxirribonucleico, 24
- lipoteicoicos, 124, 184
- micólicos de cadeia curta, 227, 232
- nucleicos, 27, 414
- - sequenciamento dos, 28
- p-aminossalicílico, 181
- peracético, 12
- pirúvico, 131
- ribonucleico, 24, 488
- teicoicos, 124, 184
- tuberculoesteárico, 241
Acinetobacter, 290, 293
Acne, 61
Acrodermatite crônica atrófica, 347
Actinomicose, 332
Actinomyces, 331
Adefovir, 421
Adenopatia crônica regional, 306
Adenosina trifosfato, 131
Adenovírus, 376, 435
- terapêuticos, 440
Adesão, 147
Adesinas, 289, 718
Adiaspiromicose, 663, 699
Adjuvantes, 64
Administração antimicrobiana, 5
Adressinas, 39
Aeromonas, 280, 285
Ágar
- chocolate, 22, 249
- inibidor de bolores, 23
- MacConkey, 22
- Mueller-Hinton, 22
- Sabouraud-dextrose, 22
- sal-manitol, 23
- sangue, 22
- xilose-lisina desoxicolato, 23
Agente(s)
- antifúngicos, 622
- - combinação de, 630
- - em investigação, 629
- - tópicos, 629
- anti-helmínticos, 737
- antiprotozoários, 733
- antisséptico, 13, 14
- oxidantes, 15

Aggregatibacter
- *actinomycetemcomitans*, 262
- *aphrophilus*, 262
Aglutinação em látex, 36
Alarmônios, 137
Alcoóis, 13
Aldeídos, 14
Alfavírus, 533
Alilaminas, 628, 633
Aloenxertos, 98
Amantadina, 417, 509
Amebas, 740, 742
Amicacina, 178
Aminoácidos desaminados, 132
Aminoglicosídios, 177
Amoebozoa, 711, 740, 742
Amostras
- de bacteriologia, 165
- do trato respiratório
- - inferior, 167
- - superior, 166
- fecais, 168, 726
- genitais, 168
- perianais, 728
- urogenitais, 728
Amoxicilina, 219
Amplificação
- isotérmica mediada por *loop*, 27
- por deslocamento de cadeia, 27
Anabolismo, 130
Anafilatoxinas, 86
Anamnésticas, 36
Anaplasma, 355, 361
Ancilóstomos, 782
Ancylostoma
- *braziliense*, 783
- *duodenal*, 782
Anéis anulares, 19
Anemia, 722
Anergia, 71
Anfotericina B, 622
Angiomatose bacilar, 305
Animalia, 716
Antagonistas do ácido fólico, 736
Antibacteriano(s), 9, 123, 175
- bactericida, 173
- bacteriostático, 173
- betalactâmicos, 173, 176
- resistência aos, 289
Anticódon, 133
Anticorpo(s), 31, 64, 89, 92, 611
- de superfície, 64
- monoclonal, 64, 82
- policlonal, 82

Antifúngicos, 622
- azólicos, 622
Antígeno(s), 64, 611
- apresentação cruzada do, 70
- protetor, 216
Antimetabólito, 174, 181, 628
Antirretrovirais, 564
Antissepsia, 13
Antitoxina diftérica, 230
Antivirais, 417
Antraz, 217
Apicomplexa, 713
Apoptose, 75, 274, 394
Aranhas, 822
Arbovírus, 400, 407
Arenavírus, 545
Armadilha extracelular de neutrófilos, 88
Artralgia, 403
Artrite, 261, 403
- gonocócica, 253
- reativa, 197
- séptica, 192
Artrópodes, 163, 716, 717
Ascaridíase hepática, 779
Ascaris lumbricoides, 778
Ascomycota, 594
Aspergillus spp., 606, 609
Aspergilose, 630, 687
Aspirados
- de abscesso hepático, 728
- duodenais, 728
Atovaquona-proguanil, 737
Autofluorescência, 19
Autolisinas, 123
Avermectinas, 738
Avidez, 82
Azidotimidina, 418, 421
Azitromicina, 285, 299, 354
Azólicos, 632
Azurófilos, 45

B
Babesia, 762
Babesiose, 721
Bacillus
- *anthracis*, 216
- *cereus*, 219
Bacilos
- Calmette-Guérin, 236
- curtos, 223
- curvos, 281
- filamentosos, 244
- gram-negativos, 170, 248, 296, 299, 303, 334

- gram-positivos, 169, 331
- Koch-Weeks, 261
Bacitracina, 177
Baço, 39
Bactérias, 2, 116
- álcool-ácido resistentes, 156, 233, 245
- em forma de espiral, 170
- *Gordonia*, 246
- gram-negativas, 117, 121
- gram-positivas, 117, 120
- oportunistas, 146
- *Tsukamurella*, 246
- virulentas, 146
Bacteriemia, 164, 187, 191, 211, 291, 299, 305, 336
- primária, 225
Bacteriófago, 139
Bacteroides fragilis, 329
Baloxavir marboxil, 509
Barreiras, 38
Bartonella, 304
Basidiomycota, 594
Basófilos, 38, 45, 53
Bastonetes
- gram-negativos, 157, 288
- gram-positivos, 156, 169, 227
Baylisascaríase, 780
Benzimidazólicos, 738
Betalactamases, 174, 250
- de classe C, 175
- de espectro estendido, 174
Betalactâmicos, 301
Bile, 50
Biofilme, 148
Biotina, 33
Biotipos, 258
Blastoconídios, 656
Blastomicose, 656
Blastomyces dermatitidis, 599
Bocavírus, 472
Bolor, 3
Bordetella, 307
- *pertussis*, 303
Borrelia, 344
Botulismo, 318, 325
Bronquiolite, 404, 504
Brucella, 303, 309
Brucelose, 309
Brugia malayi, 787
Buniavírus, 545
Burkholderia, 292
- *cepacia*, 290, 292
- *pseudomallei*, 290, 292

C

Calcineurina, 66
Caldo de tioglicolato, 22
Calor úmido, 14
Camicinas, 176
Campylobacter, 295, 296
Câncer, 408
- gástrico, 300

Cancro, 341
- mole, 258
Cancroide, 258, 261
Candida spp., 605, 609, 673
Candidíase, 630, 674
Capsídios, 377
Cápsula de polissacarídio, 183
Caquexia, 561
Carbapenêmicos, 176
Carbúnculos, 190
Carcinoma hepatocelular primário, 578
Cardiobacterium, 310
Carotenoides, 233
Carrapato, 357, 826
Catabolismo, 130
Catapora, 450
Caxumba, 406, 504
Cefalosporinas, 176
- de amplo espectro, 262
Ceftriaxona, 212, 254
Célula(s)
- apresentadoras de antígenos, 39
- B, 39, 75, 76
- da resposta
-- imune adaptativa, 39
-- inata, 55
- de Langerhans, 53
- de memória, 71, 80
-- desenvolvimento de, 68
-- responsivas a antígenos, 42
- dendríticas, 46, 53
- epitelioides, 53
- fagocíticas, 42
- gigantes multinucleadas, 53
- *natural killer*, 38, 91
- produtoras
-- de anticorpos, 42
-- de citocinas, 41
- sanguíneas, 43
- T, 39, 65, 92
-- antígeno às, 68
-- CD8, 72
-- *helper*, 234
-- inatas, 75
- transplantadas, 70
- tronco pluripotente, 39
- tumorais, 70
Celulite, 243, 260
- localizada, 263
- por *Clostridium*, 322
Centípedes, 819
Ceratite, 447, 722
Ceratoconjuntivite, 440
Ceratopogonídeos, 829
Cereolisina, 219
Cervicite, 370
Cetoconazol, 623
Cetolídios, 179
Chelicerata, 715, 820, 822
Chikungunya, 539
Chlamydia
- *pneumoniae*, 368, 372

- *psitacci*, 368, 372
- *trachomatis*, 366, 367
Choque
- séptico, 62
- tóxico, 187
Ciclo anfibólico, 132
Cicloserina, 177
Cidofovir, 421, 431
Ciliados, 740
Ciliophora, 713, 741
Ciprofloxacino, 219
Cisteína, 313
Cisticercose, 809
Cistite, 436
Citocinas, 38
- pró-inflamatórias, 59
Citocromo oxidase, 288
Citologia, 410
Citomegalovírus, 458
Citometria de fluxo, 34
Citoplasma, 118
Citotoxicidade celular dependente de anticorpos, 53
Citotoxina(s), 185, 319
Citrobacter, 278
Clindamicina, 179, 220
Clofazimina, 181
Clonorchis sinensis, 798
Cloranfenicol, 179
Clorelose, 701
Cloreto
- de benzalcônio, 15
- de cetilapiridínio, 15
Clorexidina, 13
Clostridium
- *botulinum*, 325
- *difficile*, 318
- *perfringens*, 317
- *tetani*, 323
Clusters de diferenciação, 39
Coccidioides
- *immitis*, 602
- *posadasii*, 602
Coccidioidomicose, 661
Cocos
- gram-negativos, 157, 169, 334
- gram-positivos, 155, 169, 183, 193, 329
Códons, 133
Colangite, 799
Cólera, 283
Colite
- associada a
-- antibacterianos, 320
-- antibióticos, 10
- ulcerativa, 10
Colonização, 147
Coloração(ões), 613
- de Gram, 116, 253, 321
- de organismos álcool-ácido resistentes, 19
- diferenciais, 19
- fluorescentes, 21

- pelo método de Gram, 19
- Wright-Giemsa, 19
Coltivírus, 531
Complexo(s)
- antígeno-anticorpo, 32
- CD3, 65
- de ataque à membrana, 52
- TCR, 65
Compostos
- de cloro, 15
- de iodo, 15
- fenólicos, 15
- quaternários de amônio, 15
Concentração inibitória mínima, 171
Condensador, 18
Condroblastomicose, 648
Conjugação, 141
Conjuntivite, 261, 369, 440, 485, 722
Copepodes, 819
Coqueluche, 307
Coriomeningite linfocítica, 549
Coronavírus, 488
Corpúsculos de inclusão, 410
Corynebacterium diphtheriae, 223, 227
Coxiella burnetti, 356, 363
Criptococose, 630, 681
Criptosporidiose, 750
Crise aplásica, 474
Cromossomos bacterianos, 119
Crupe, 402, 504
Crustacea, 715, 819, 820
Cryptococcus neoformans, 606, 681
Cryptosporidium, 750
Cultura, 285
- celular, 23, 411
- *in vitro*, 21
Cutibacterium, 333
Cyclospora, 751
Cystoisospora, 749

D

Dapsona, 181
Daptomicina, 177
Decápodes, 821
Defensinas, 50
Defesa(s)
- antimicrobianas, 85
- fagocítica, 41
- inatas, 91
Dengue, 408, 539
Derivados de proteína purificada, 233
Dermatite
- atópica, 10, 61
- cercariana, 805
Dermatófitos, 634
Dermatofitose, 637
Derme, 39
Desafio viral
- primário, 94
- secundário, 95
Desbridamento, 325

Desinfecção, 12
Desinfetantes, 14, 15
- de alto nível, 13
- de nível intermediário, 13
Destruição tecidual, 148
Detecção de antígeno, 261
Diabetes tipo 2, 10
Diagnóstico microbiológico, 4
Diamidinas, 736
Diarreia, 318, 440
Didesoxicitidina, 422
Didesoxinosina, 422
Dientamoeba fragilis, 746
Difteria, 228
- cutânea, 229
- respiratória, 228
Dióxido de carbono, 248
Difolobotríase, 812
Diphyllobothrium latum, 811
Diplococos, 248
Dípteros
- hematófagos, 828
- muscoides, 830
Dipylidium caninum, 816
Dirofilaria immitis, 792
Dirofilariose, 792
Disbiose, 10
Discicristata, 711
Displasia, 430
Divisão celular, 125
DNA
- clonagem de, 143
- complementar, 26
- polimerase, 25
- replicação do, 13
Docosanol, 418
Doença(s)
- bacterianas, 147, 160
- broncopulmonar, 243
- celíaca, 10
- da arranhadura do gato, 306
- de Creutzfeldt-Jakob, 585
- de Kawasaki, 408
- de Lyme, 344, 346
- de Ritter, 188
- de Weil, 349
- diarreica, 220, 285
- do trato respiratório inferior, 261
- do vômito, 220
- dos legionários, 314
- dos separadores de lã, 217
- estafilocócicas, 187
- fúngicas, 611
- granulomatosa crônica, 103, 292
- infecciosa, 4
- inflamatória(s)
- - da pele, 61
- - pélvica, 370
- mão-pé-e-boca, 483
- meningocócica, 253
- parasitárias, 723
- priônicas, 586
- pulmonar grave, 217, 293

- respiratórias, 263, 436
- sexualmente transmissíveis, 406
- sistêmicas oportunísticas, 285
- virais, 2, 392, 393
Doxiciclina, 219, 350
Dracunculus medinensis, 792

E

Ebola, 521
Echinococcus
- *granulosus*, 813
- *multilocularis*, 814
Ectima gangrenoso, 291
Eczema, 61, 447
Ehrlichia, 355, 361
Eikenella corrodens, 255
Elefantíase, 788
Eletroforese
- de contracorrente, 33
- em foguete, 33
- em gel de campo pulsado, 28
Emergomicose, 663
Empiema, 191
Encefalite, 406, 408, 499, 547
- do Nilo Ocidental, 540
- granulomatosa, 722
- herpética, 449
Encefalopatia espongiforme, 586
Endocardite, 187, 191, 227, 262, 291, 310, 364
- por enterococos, 214
- subaguda, 248
Endoftalmite traumática, 220
Endógenos, 69
Endospóros, 318
Endotoxina, 61, 84, 121, 268
Ensaio(s)
- de imunoabsorbância ligada à enzima, 34
- sorológicos, 35
- visual de fluxo lateral, 35
Entamoeba histolytica, 718, 742
Enterite
- aguda, 298
- necrosante, 322
Enterobacter, 267, 278
Enterobius vermicularis, 777
Enterococcus, 197, 212
Enterocolite necrosante, 10
Enterotoxinas, 186, 219, 319, 321
- estafilocócicas, 186
Enterovírus, 480
Entomoftoromicose, 644, 651
Enzimas
- de restrição, 28
- estafilocócicas, 186
Eosinófilos, 45, 97
Epidemia, 405
Epiderme, 39
Epiglotite, 260
Epissomos, 139
Epítopos, 64
- conformacional, 64

- linear, 64
Equinocandinas, 627, 632
Erisipela, 243
Erisipeloide, 227
Eritromicina, 230, 262, 299
Erliquiose
- granulocítica humana, 362
- monocítica humana, 362
Erysipelothrix rhusiopathiae, 226
Escabiose, 824
Escarro, 728
Escherichia coli, 265, 269
Esclerose múltipla, 408
Escorpiões, 823
Esferoplastos, 122
Esfregaços de sangue, 729
Esparganose, 812
Espiroquetas, 160, 340
Esporos, 125, 321
Esporotricose linfocutânea, 644
Esporozoários, 741
Esporulação, 138, 321
Esquistossomos, 801
Esquistossomose, 801
Estado lisogênico, 140
Estafilococos coagulase-negativos, 182
Estavudina, 422
Esterilização, 12
- por gás de plasma
Esterilizantes químicos, 12
Estreptograminas, 180
Estreptolisina, 201
Estreptomicina, 178
Estrongiloidíase, 784
Etambutol, 177
Etanol, 15
Etionamida, 177
Euceriontes, 116
Eucariotos, 3
Eumicetoma, 644
Exantemas virais, 405
Exógenos, 69
Exotoxinas, 149, 289
Expansão clonal, 81
Expressão gênica, 134

F

Fagocitose, 56, 58
Fanciclovir, 419, 420, 421, 447, 450, 453, 579
Faringite, 202, 353, 404, 504
- exsudativa, 229
- febril aguda, 439
Fasciite necrosante, 243, 336
Fasciola hepatica, 797
Fascioliase, 798
Fasciolopsis buski, 796
Fator
- de ativação de macrófagos, 92
- de edema, 216
- de necrose tumoral, 234
- letal, 216
Febre(s), 50, 305, 561

- amarela, 408
- da mordida de rato, 316
- de Haverhill, 315
- de Lassa, 549
- de Pontiac, 314
- escarlatina, 202
- faringoconjuntival, 439
- hemorrágicas virais, 405, 547
- maculosa das Montanhas Rochosas, 357
- Q, 360
- recorrente, 347
- reumática, 204
Fenóis, 739
Fenômeno satélite, 262
Feo-hifomicose subcutânea, 652, 693
Ferida(s), 167
- por queimadura, 290
Fermentação, 131
Ferro, 130
Fibrolisina, 187
Filárias, 777
Filariose, 721
Filovírus, 521
Fímbrias, 122
Flagelos, 122
Flavivírus, 533
Flebotomíneos, 829
Flucitosina, 633
Fluconazol, 624
Fluorocromos, 19, 236
Fluoroquinolonas, 315, 354
Fluxo urinário, 50
Foliculite, 187, 190, 290, 826
Fosfato de polirribitol, 259
Fosfolipase, 289, 719
Francisella, 311
- *tularensis*, 304
Fungemia, 164
Fungos, 3, 592, 609, 616
- dimórficos, 3
- filomatosos hialinos, 691
Furúnculos, 190
Fusariose, 692

G

Ganciclovir, 421
Gangrena gasosa, 322
Gastrenterite, 217, 270, 283, 299, 337, 440, 525
Gastrite, 300
Genes bacterianos, 133
Genética viral, 390
Gentamicina, 178, 220, 313
Germicida, 12
Giardia duodenalis, 745
Giardíase, 746
Glicilclinas, 179
Glicólise, 131
Glicopeptídios, 177
Glicoproteínas, 718
Glomeromycota, 596
Glomerulonefrite, 204

Glutaraldeído, 12
Gonococcemia, 252
Gonococos, 250
Gonorreia, 251
Granuloma, 53, 89, 100
Grânulos
- primários, 43
- secundários, 45
Granzimas, 53, 75
Griseofulvina, 628

H

Haemophilus, 257
- *aegyptius*, 258, 261
- *influenziae*, 257, 261
Halogênios, 15
Hanseníase, 238
Hantavírus, 549
Haptenos, 64
Helicobacter pylori, 295, 299
Helmintos, 716, 721, 724, 777
Hemadsorção, 413
Hemaglutinação, 413
- passiva, 36
Hemaglutinina, 508
Hemina, 258
Hemípteros, 833
Hemolisina de Kanagawa, 282
Hepadnavírus, 573
Hepatite, 570, 722
- A, 571
- B, 573
- C, 579
- D, 582
- E, 583
- G, 582
Hepatovírus, 477
Hepcidina, 61
Herpes
- do gladiador, 447
- genital, 447
Herpes-vírus, 392, 402, 442
- simples, 444
Herpes-zóster, 106, 400, 405, 450, 463, 500
Hexaclorofeno, 15
Hexapoda, 715, 820, 828
Hialuronidase, 186
Hibridização, 611
Hidrofobia, 520
Hidropsia fetal, 475
Hidroxicloroquina, 159, 356, 364, 735
Himenópteros, 834
Hiperinfecção, 785
Hiperqueratose, 430
Hipersensibilidade
- anafilática, 79
- de contato, 102
Histoplasma capsulatum, 603
Histoplasmose, 665
Hymenolepis
- *diminuta*, 816
- *nana*, 815

I

Ilhas de patogenicidade, 146
- de *Vibrio*, 282

Imiquimode, 424, 431
Impetigo, 187, 190, 243
- pustular, 191

Imunidade
- celular, 224
- - deficiente, 408
- da pele, 90
- de intestino, 90
- de mucosas, 90
- de rebanho, 105, 401
- específica para antígeno, 94
- humoral, 75, 94
- mediada por células T, 94

Imunização, 111
- ativa, 105
- passiva, 105
- natural, 105

Imunodeficiência, 102
- de linfócitos, 104

Imunodifusão, 32
- dupla de Ouchterlony, 32
- radial simples, 32

Imunoeletroforese, 32
Imunoensaio enzimático, 33, 285
Imunofluorescência, 33
- direta, 611

Imunogenética, 79
Imunógenos, 64
Imunoglobulina, 51, 76, 106
Imunologia, 3, 4
Imunomoduladores, 423
Imunopatogênese, 149
- bacteriana, 90
- viral, 95

Imunoprecipitação, 32
Imunossupressão, 102
Inalação, 217
Índices de refração, 18
Infecção(ões), 4
- bacterianas, 104
- cardiovasculares, 610
- controle das, 424
- cutâneas, 243, 293, 336, 610
- de feridas, 283
- - crônicas, 10
- de ouvido, 290, 609
- do miocárdio, 484
- do pericárdio, 484
- do sistema
- - geniturinário, 609
- - nervoso central, 406, 610
- - respiratório superior, 609
- do trato urinário, 272, 336
- fúngicas, 3
- geniturinárias, 609
- ginecológicas, 336
- intra-abdominais, 336
- líticas, 394
- microbiana, 84
- não líticas, 394

- oculares, 217, 220, 609
- oportunísticas, 104, 563
- parasitárias, 45
- perinatal, 460
- pulmonares, 290, 609
- urogenitais, 369
- viral, 70

Inflamação, 59
- aguda, 61
- crônica, 61

Inflamassoma, 55
Influenza, 507
Ingestão, 217
Inibição
- da hemaglutinação, 35
- da síntese
- - de ácido nucleico, 174
- - de proteínas, 174

Inibidores
- da betalactamase, 175
- da protease, 423
- da síntese de proteínas, 736

Inoculação, 217
Interferonas, 38, 52, 91, 234, 431
Interleucina, 45
Intoxicação alimentar, 187, 318
Invasão, 147
Iodóforos, 13
Isavuconazol, 627
Isoniazida, 177
Isopropanol, 15
Itraconazol, 625

K

Kingella kingae, 255
Klebsiella, 276
Kuru, 586

L

Lacaziose, 702
Lactobacillus, 332
Lagenidiose, 706
Lamivudina, 422
Laringite, 402
Lectinas, 57
Legionella pneumophila, 304, 313
Leishmania, 768
Leishmaniose, 722, 769
Leptospira, 348
Leucemia de célula T adulta, 407
Leucócitos
- migração de, 57
- polimorfonucleares, 41

Leucoencefalopatia multifocal progressiva, 433
Leucotrienos, 61
Levedura, 3
Leveduriformes, 684
Linfadenite, 263
Linfadenopatia, 561
Linfócitos, 46
Linfocitose, 455
Linfogranuloma venéreo ocular, 369
Linfonodos, 39

Lipídio(s), 132, 268
- A, 84

Lipofílicas, 227
Lipopeptídios, 177
Lipopolissacarídio, 121, 124, 268, 281, 367
Lipoproteína, 122
Líquido cefalorraquidiano, 164
Lisossomos primários, 87
Listeria monocytogenes, 223
Loa loa, 789
Lobomicose, 702
Lúpus eritematoso sistêmico, 408

M

Macrófagos, 45, 53, 59, 87, 96
- esplênicos, 88

Macrolídios, 179, 301, 315, 354
Malária, 721
Manchas de Koplik, 498
Mansonella, 790
Marcadores
- bioquímicos, 619
- imunológicos, 619
- moleculares, 619

Mastócitos, 45, 53, 97
Medula óssea, 44
Meios de cultura, 22
Melioidose, 293
Membrana(s)
- citoplasmática, 119, 184
- mucosas, 49

Meningicoccemia, 252
Meningite, 211, 225, 252, 260, 273, 406, 449, 482, 722
- bacteriana, 164
- viral, 484
- - asséptica, 350

Meningoencefalite, 436, 722
Metabolismo
- bacteriano, 130
- - humano, 132
- intermediário, 130

Metabolômica, 10
Metais pesados, 733
Metamonada, 711
Metapneumovírus humano, 505
Metazoários, 716
Métodos
- de amplificação de ácidos nucleicos, 25
- de exame, 19
- de Ziehl-Neelsen, 19, 236
- microscópicos, 18

Metronidazol, 180, 321, 325
Micetoma, 243
- eumicótico, 644, 649

Micobactérias, 122
- de crescimento rápido, 241

Micoplasmas, 122
Micoses, 630, 634
- cutâneas, 596, 637
- endêmicas, 597
- oportunísticas, 597, 673

- subcutâneas, 596
Micotoxicoses, 599
Micotoxinas, 607
Microbiologia, 4
Microbioma, 6
- fundamental, 6
- secundário, 7
Microbiota
- depletada, 9
- intestinal, 9
- normal, 6, 8, 145
- saudável, 9
Microscopia, 18, 284
- de campo
- - claro, 18
- - escuro, 18
- de contraste de fase, 19
- de fluorescência, 19
- direta, 613
- eletrônica, 19, 411
Microspora, 596
Microsporidiose, 686
Mielite, 406
Miíase, 831
Microfilárias, 777
Miltefosina, 737
Miocardite, 229, 436, 722
Mionecrose, 318, 322
Miosite, 322, 722
Mobiluncus, 333
Molécula(s)
- acessórias, 67
- carreadora, 64
- de adesão celular, 39, 43, 67
Molusco, 282
- contagioso, 465, 468
Monocamada de células, 23
Monócitos, 45, 53
Monoclonais, 31
Mononucleose infecciosa, 455
Moraxella catarrhalis, 290, 294
Morganella, 277
Morte celular programada, 75
Moscas, 831
Mosquitos, 828
Mucormicose, 690
Mutação, 138
- somática, 81
Mycobacterium
- *avium*, 232
- *leprae*, 231
- *tuberculosis*, 231, 234
Mycoplasma, 170
- *genitalium*, 352
- *hominis*, 352
- *pneumoniae*, 352
Myriapoda, 715, 819

N
Necator americanus, 782
Neisseria
- *gonorrheae*, 247, 251
- *meningitidis*, 247, 252
Nematódeos, 777

Neobalantidium coli, 748
Neoplasia(s), 430
- oportunistas, 563
Neuraminidase, 508
Neurocisticercose, 810
Neurotoxicidade, 229
Neutrófilos, 38, 41, 52, 53, 56, 96
- segmentados, 4
New Delhi metalo-betalactamase, 176
Nicotinamida adenina
    dinucleotídio, 258
Nitazoxanida, 737
Nitroimidazólicos, 736
Nocardia, 232, 241
Nocardiose, 244
Norovírus, 490

O
Obesidade, 10
Oftalmia neonatal gonocócica, 252
Olhos, 167
Oligonucleotídios, 24
Onchocerca volvulus, 790
Oncocercose, 791
Onicomicose, 643
Opsoninas, 86
Orbivírus, 531
Órgãos
- do sistema imune, 44
- linfoides
- - primários, 39
- - secundários, 39
Ortomixovírus, 507
Ortoreovírus, 525, 530
Oseltamivir, 509
Osteocondrite, 290
Osteomielite, 187
Otite, 261
- externa, 290
- média, 211
Ouvidos, 167
Oxazolidinonas, 179
Óxido de etileno, 12, 14
Oxiúro, 777

P
Panarício herpético, 447
Pandemia, 401, 405, 507
Papilomas, 430
Papilomavírus, 425
Paraclorometaxilenol, 13
Paracoccidioides brasiliensis, 604
Paracoccidioidomicose, 668
Paragonimíase, 800
Paragonimus westermani, 800
Paramixovírus, 494
Parasitas, 3, 710, 717, 721, 726
Parede celular
- ruptura da, 174
Parvovírus, 472
Pasteurella
- *canis*, 263
- *multocida*, 263

Patogênese viral, 394
Patógenos
- bacterianos, 155, 165
- fúngicos primários, 599
PCR
- com transcrição reversa, 26
- em tempo real, 26
- multiplex, 26
Pele, 39, 49, 147
Peliose, 305
Penicilinas, 175, 194, 227, 230,
    264, 316, 325, 350
- de amplo espectro, 175
Pentastomida, 821
Peptídios antimicrobianos, 50, 96
Peptidoglicano, 110, 120, 184
Perforinas, 53, 75, 94
Peróxido de hidrogênio, 12, 15
Picornavírus, 376, 477
Piedra
- branca, 636
- preta, 637
Pilinas, 249
Piodermite, 202
Piolhos hematófagos, 831
Piperazinas, 738
Pirazinamida, 181
Pirazinoisoquinolinas, 738
Pitiose insidiosa, 704
Pitiríase versicolor, 634
Placas de Payer, 39
Plasmídios, 119, 139
Plasmócitos, 48, 80
Plasmodium
- *falciparum*, 757
- *knowlesi*, 759
- *malariae*, 761
- *ovale*, 761
- *vivax*, 760
Pleurodinia, 483
Pneumocistose, 696
Pneumolisina, 209
Pneumonia, 187, 191, 210, 248,
    261, 353, 369, 436, 461, 504
Poder de resolução, 18
Policlonais, 31
Poliênicos, 631
Polimixinas, 177
Poliomavírus, 425
Poliomielite, 482
Polipeptídios, 177
Polissacarídio, 268
- pneumocócico, 211
Polyomaviridae, 431
Porinas, 174
Posaconazol, 626
Poxvírus, 465, 469
Prebióticos, 11
Precipitação, 32
Primase, 136
Príons, 398, 585
Probióticos, 10
Procariontes, 116

Procariotos, 2
Proctite, 370
Projeto microbioma humano, 6
Properdina, 86
Prostaglandinas, 61
Protease, 718
Proteína(s), 414
- M, 152
- C reativa, 61, 86
- da quimiotaxia, 282
- de adesão de superfície, 184
- de ligação à manose, 51
- Opa, 249
- porinas, 249
- Rmp, 250
- tirosinoquinases, 65
Proteinoquinase R, 92
Proteômica, 10
Proteus, 277
Protistas, 710
Prototecose, 703
Protozoários, 710, 715, 721, 724, 756
Pseudomembrana, 229
Pseudomonas aeruginosa, 287, 288, 290
Psitacose, 372
Pulgas, 832
Pus, 88, 150
Pústula, 190

Q
Quarentena, 5, 105, 401
Quelantes, 50
Quimiocinas, 38, 57
Quimiotaxia, 57, 122
Quinolina, 735
Quinolonas, 180

R
Rabdovírus, 517
Radioimunoensaio, 35
Raiva, 408, 517
Reação
- de Shwartzman, 122
- em cadeia de polimerase, 25, 230
- linfocítica mista, 99
Receptores
- de células T, 64
- de opsoninas, 52
- inibitórios, 55
- *Toll-like*, 45
Recombinação, 138
- homóloga, 143
- não homóloga, 143
Reovírus, 376, 525
Reparo, 138
Replicação viral, 380
Replicons, 139
Repopulação, 10
Resfriado comum, 404, 485, 488, 504
Respiração
- aeróbica, 132
- anaeróbica, 132
Resposta(s)
- anamnésicas, 65, 82
- antibacterianas, 84, 87
- antifúngicas, 97
- antiparasitárias, 97
- antitumorais, 98
- antivirais, 90, 92
- associadas à microbiota normal, 59
- autoimunes, 100
- de anticorpos, 80
- de hipersensibilidade, 99
- fagocíticas, 57, 8
- imunes, 85, 98
- - adaptativas, 39
- - específicas ao antígeno, 38, 62
- imunológicas, 38
- inatas, 38, 75
- - do hospedeiro, 49
- inflamatória, 41
- secundária, 82
- T *helper*, 75
Retossigmoidoscopia, 728
Retrovírus, 376, 551
- endógenos, 567
Rhodococcus equi, 245
Ribavirina, 418, 422, 505
Ribossomo bacteriano, 119
Rickettsia
- *prowazzekii*, 355
- *rickettsi*, 355
Rifabutina, 180
Rifampicina, 180
Rimantadina, 417, 509
Rinite, 504
Rinosporidiose, 706
Rinovírus, 477, 478, 485
Riquetsiose, 360
RNA mensageiro, 133
RNA polimerase, 133
Rotavírus, 525, 527
Rubéola, 541

S
Salmonella, 265, 273
Sangue, 164
Sarampo, 499, 504
Sarcocystis, 749
- *lindemanni*, 766
Sarcoma de Kaposi, 463
Sarcoptes scabiei, 824
Sarna, 824
Schistosoma
- *haematobium*, 804
- *mansoni*, 802
Separador de células ativado por fluorescência, 34
Sepse, 61, 90, 161
Septicemia, 227, 252, 273, 323
- contínua, 164
- intermitente, 164
- primária, 284
Serratia, 277
Sesquiterpênicos, 736

Shigella, 266, 274
Sífilis, 340
Simulídeos, 829
Sinapse imunológica, 75, 94
Sincícios, 410
Síndrome
- Chédiak-Higashi, 103
- da imunodeficiência adquirida, 551
- da pele escaldada estafilocócica, 186, 188
- de Guillain-Barré, 297
- de Katayama, 802
- de Lady Windermere, 240
- de Reiter, 370
- de Waterhouse-Friderichsen, 252
- do choque tóxico, 189, 327
- - estreptocócico, 203
- pós-poliomielite, 483
- respiratória aguda grave, 488
Sintomas prodrômicos, 90
Sinusite, 211, 261
Sistema
- complemento, 50
- fagocítico mononuclear, 45
Soroconversão, 36
Sorologia, 36
- viral, 415
Sorotipagem, 117
Sporozoa, 741, 749
Staphylococcus aureus, 142, 182, 187
Stenotrophomonas maltophilia, 293
Stramenopila, 713
Streptobacillus, 315
Streptococcus
- *agalactiae*, 196, 205
- *pneumoniae*, 197, 208
- *pyogenes*, 196, 199
- *viridans*, 207
Strongyloides stercoralis, 784
Sulfametoxazol, 155, 181, 194, 244, 266, 293, 303, 696, 733, 741, 749, 752
Sulfonamidas, 181
Superantígenos, 90, 100
Surtos, 401

T
Tabanídeos, 830
Taenia
- *saginata*, 810
- *solium*, 808
Talaromicose *marneffei*, 669
Tecido(s), 167
- linfoide associado à mucosa, 39, 44, 49
Técnicas imunológicas, 31
Tempestade de citocinas, 61
Terapia
- antirretroviral, 564
- imunossupressora para transplantes, 103

Testes
- de aglutinação microscópica, 350
- de amplificação de ácidos nucleicos, 253, 278, 285
- de difusão em ágar, 171
- de diluição em caldo, 171
- de suscetibilidade
- - aos antifúngicos, 633
- - bacteriana, 169
- de toxigenicidade, 230
Tétano, 318, 324
Tetanoespamina, 323
Tetanolisina, 323
Tetraciclinas, 179, 316, 354
Tetra-hidropirimidinas, 738
Tifo, 358
Tigmotropismo, 605
Timo, 44
Timpanocentese, 167
Tinha negra, 636
Título, 36
Tobramicina, 178
Togavírus, 376, 533
Togotovírus, 515
Tolerância
- imunológica central, 65
- periférica, 65
Tonsilas, 41
Tonsilite, 402
Topoisomerases, 137
Toxina(s), 148
- binária, 320
- de edema, 216
- esfoliativas, 186
- estafilocócicas, 185
- letal, 216
- necrótica, 219
Toxocara, 780
Toxoplasma gondii, 763
Toxoplasmose, 764
Tracoma, 369
Tradução, 133
Transcrição, 133
Transdução, 142
Transformação, 141
Transmissão viral, 399
Transpeptidação, 133
Transpósons, 140
Traqueobronquite, 353
Treponema pallidum, 339
Trichinella spiralis, 786
Trichomonas vaginalis, 747
Trichuris trichiura, 781

Triclosana, 13
Tricoleucoplaquia oral, 457
Tricuríase, 781
Trimetoprima, 181
Tripanossomas, 771
Tripanossomíase, 771
Triquinose, 786
Tromantadina, 418
Tropismo, 382, 392, 718
Trypanosoma
- *brucei*
- - *gambiense*, 771
- - *rhodesiense*, 773
- *cruzi*, 773
Tuberculose pulmonar, 235
Tularemia, 312

U
Ubiquitina, 70
Úlcera(s)
- crônica, 229
- de córnea, 291
- duodenais, 300
- gástrica, 300
- peniana, 277
Unidade
- de transdução de sinal, 66
- lítica, 52
Uretra, 251
Urina, 167, 728

V
Vacina(s), 105, 285
- acelulares, 308
- bacterianas, 107
- de DNA e RNA, 110
- de subunidade, 107
- DPT, 230
- inativadas, 106
- MMR, 543
- polivalente, 209
- virais, 109
- vivas, 108
Vacínia, 468
Vacúolo fagocitário, 57, 87
Vaginite, 10
Vaginose bacteriana, 333
Vancomicina, 123, 177, 212, 220, 321
Vapor saturado, 12
Varicela, 450
Varíola, 465
Verrugas, 426, 430

Vetores
- de clonagem, 143
- de expressão, 143
Via
- alternativa, 50
- clássica, 51
- da lectina, 50
- de pentose fosfato, 132
Vibrio
- *cholerae*, 280, 283
- *parahaemolyticus*, 280, 283
- *vulnificus*, 280, 284
Viremia, 94, 393, 451
Vírion, 376, 526
Virulência bacteriana, 145
Vírus, 2, 376, 392
- Coxsackie, 478
- da caxumba, 502
- da doença de Borna, 522
- da hepatite, 569
- da imunodeficiência humana, 557, 743
- de DNA, 385
- de RNA, 386
- detecção de, 412
- Ebola, 521
- ECHO, 479
- envelopados, 380, 400
- Epstein-Barr, 453
- Hendra, 505
- isolamento do, 411
- lentos, 400
- linfotrópico de células T, 566
- Marburg, 521
- Nipah, 505
- Norwalk, 492
- oncogênicos, 395
- parainfluenza, 501
- sincical respiratório, 503
- varicela-zóster, 450
Voriconazol, 625

W
Western blot, 28, 34, 416
Wuchereria bancrofti, 787

Y
Yersinia, 266, 275

Z
Zanamivir, 509
Zika, 408, 538